石油钻井作业手册

（上册）

主编　路保平　李国华

中国石油大学出版社
CHINA UNIVERSITY OF PETROLEUM PRESS

图书在版编目(CIP)数据

石油钻井作业手册/路保平,李国华主编.—东营:
中国石油大学出版社,2014.9
ISBN 978-7-5636-4425-4

Ⅰ.①石… Ⅱ.①路… ②李… Ⅲ.①油气钻井—钻
井作业—技术手册 Ⅳ.①TE2-62

中国版本图书馆 CIP 数据核字(2014)第 208741 号

书　　名: 石油钻井作业手册
作　　者: 路保平　李国华

责任编辑: 高　颖　穆丽娜(电话 0532—86983568)
封面设计: 赵志勇

出 版 者: 中国石油大学出版社(山东 东营　邮编 257061)
网　　址: http://www.uppbook.com.cn
电子信箱: shiyoujiaoyu@126.com
印 刷 者: 山东临沂新华印刷物流集团有限责任公司
发 行 者: 中国石油大学出版社(电话 0532—86981532,86983437)
开　　本: 185 mm×260 mm　印张:75　字数:1 861 千字
版　　次: 2014 年 11 月第 1 版第 1 次印刷
定　　价: 498.00 元

《石油钻井作业手册》
编写组

主　编:路保平　李国华

副主编:苏　勤　马开华

成　员:(按姓名笔画排序)

王敏生　毛　迪　冯江鹏　刘修善　安本清
孙明光　杨顺辉　杨培叠　李洪乾　豆宁辉
宋　健　宋明全　张传进　张进双　张明昌
范红康　赵　彦　侯立中　徐恩信　郭健康
崔卫华　鲍洪志

审稿组

主　审:赵复兴　王宝新

成　员:(按姓名笔画排序)

马开华　王敏生　牛新明　毛克伟　许云芳
刘春文　刘修善　苏　勤　李　郇　李　枫
宋明全　陈天成　赵金海　侯绪田　秦　疆
徐恩信　蒋志军　鲍洪志　熊有全

考，经过三年不懈努力，系统總结多年海外鉆井实践经验，编写完成《石油鉆井作業手册》，並將付梓。在此，謹向為中國石化海外油氣工業實現跨越式發展的仁人志士致以衷心感謝！向《石油鉆井作業手册》的作者們表示誠摯祝賀！

《石油鉆井作業手册》融規范性、可讀性、借鑒性和實用性於一體。希望海外油氣勘探開發工作者擁有此書，增強能力，勇於探索，開拓創新，為發展我國海外油氣工業做出更大貢獻，創造新的輝煌。

張耀倉

甲午年夏

序言

钻井工程是油气勘探开发的重要手段。在油公司勘探开发投资中，钻井工程支出占到百分之四十以上，其执行结果直接关系油气勘探开发质量和效益。油公司与钻井服务公司合作过程中形成的国际惯例，更加突出油公司的管理责任。

中国石化国际石油勘探开发公司开创了海外油气业务发展新局面。在多年海外油气勘探开发实践中，各级技术与管理工作者持续总结提升，建立起较为完善的钻井工程技术管理体系和标准规范，为中国石化海外油气勘探开发提供了有力保障。

在国家“十二五”重点图书的安排下，中国石化国际石油勘探开发公司协同中国石化石油工程技术研究院组织双方钻井工作者，发挥各自优

前　言

随着中国石化国际化战略的实施与“走出去”步伐的加快，海外项目的科学化管理与实施亟须一部与国际油公司钻井生产管理控制体系相适应的石油钻井作业指导参考手册。为此，中国石化国际石油勘探开发公司与中国石化石油工程技术研究院以试行了多年的内部手册《海外钻井手册》为基础，于2012年启动了《石油钻井作业手册》的编写工作。

本手册的编写本着“准确、先进、全面、实用和方便”的原则，参考了《IADC钻井手册》《壳牌钻井工程师手册》《法国钻井数据手册》《钻井手册(甲方)》等相关手册及国内外规范和标准50余本，吸纳了国际油公司的新技术与作业经验，特别是综合考虑了国内外近年来的钻井技术进展，介绍了钻井作业新技术、新工具与新工艺，同时覆盖了钻井作业HSE管理、钻井项目管理等方面的内容。

本手册由路保平、李国华主编，赵复兴、王宝新主审。主编对全书的内容与结构、编审方式等进行了详细设计，并组织编写人进行认真撰写。初稿完成后，审稿组专家对手册进行了多轮严格审查，历经两年多的时间进行修改完善，最终由主编审阅后定稿。手册第一章“钻井设计”由鲍洪志、孔祥成编写，路保平、侯绪田审定；第二章“钻前准备”由安本清、王恒、申开华编写，侯立中、刘春文审定；第三章“钻机的选择与应用”由冯江鹏、郑德帅编写，李邨、姜成生审定；第四章“井身结构”由李洪乾、李祖光、邢树宾、于玲玲编写，鲍洪志、张传进审定；第五章“套管及套管柱设计”由宋健、韩卫华编写，毛克伟、丁士东审定；第六章“钻具与钻柱设计”由张进双、狄勤丰、白彬珍、臧艳彬编写，陈天成、闫光庆审定；第七章“钻头与辅助破岩工具”由孙明光、豆宁辉编写，路保平、李枫审定；第八章“钻井参数的优选”由路保平、张传进编写，鲍洪志、侯绪田、牛新明、赵金海审定；第九章“井控技术”由徐恩信、王钧编写，赵复兴、熊有全、刘春文审定；第十章“定向钻井技术”由刘修善、李梦刚编写，李国华、王敏生审定；第十一章“欠平衡钻井和控制压力钻井”由杨顺辉、赵向阳编写，侯绪田、陈天成审定；第十二章“钻井取心”由范红康编写，牛新明、孙明光审定；第十三章“钻井故障与井下复杂问题”由崔卫华、何青水、肖超、李燕、徐济银编写，王宝新、姜成生审定；第十四章“钻井液”由郭健康、金军斌、肖超、何青水编写，宋明全、林永学审定；第十五章“固井”由张明昌、杨红歧编写，毛克伟、马开华、丁士东审定；第十六章“特殊钻井技术”由王敏生、光新军编写，刘修善、闫光庆审定；第十七章“测试和完井”由杨培叠、何汉平编写，蒋志军、张宁审定；第十八章“钻井作业 HSE 管理”由赵彦、戴月兵编写，李国华、苏勤审定；第十九章“钻井项目管理”由侯立中、李启明编写，李国华、苏勤审定。

本手册被列为“十二五”国家重点图书，其内容全面，融入了国内外先进技术与管理理念，既有理论知识，也有实践经验，突出了技术在现场的可操作性，体现了中国石化海外项目运作的特色。本手册适用于现场钻井管理和工程技术人员使用，也可供科研院所技术人员、大专院校师生参考。

本手册在编写过程中得到了石油钻井界众多老前辈、专家、学者的大力支持，他们对手册的编写提出了许多宝贵意见。值手册出版之际，向所有为手册出版付出辛勤劳动的人员，以及手册所引资料的作者表示衷心感谢！

本手册涉及内容多、技术领域广泛，加上作者水平有限，错误之处在所难免，恳请广大专家、学者及工程技术人员批评指正。

2014 年 9 月

目　录

上　册

下 册

第一章　钻井设计

钻井设计是依据地质信息和地理环境等资料编制的详细钻井程序计划书，是完成地质钻探目的、保证钻井工程质量以及实现安全、优质、高速和经济钻井的重要程序，是钻井工程施工的指南和技术依据。

施工单位将根据钻井工程设计的内容和要求组织施工和技术协作，并按照设计进行单井预算和决算。钻井工程设计的科学性、先进性、针对性和经济性程度关系到一口井钻井工程和完井工程的成败和效益。优先采用已成熟的工艺和行之有效的技术，可以提高勘探开发工程质量，降低工程的风险，科学有效地发现和保护油气层，保证钻井成本经济合理。

第一节　钻井设计的任务与原则

一、钻井设计主要任务

钻井设计的任务是根据地质部门提供的地质设计书，进行一口井施工工程参数及技术措施的设计，并给出钻井进度预测和成本预算。钻井工程是一个多学科、多工种的系统工程。钻井设计要以现代钻井工艺理论为准则，采用新的研究成果，以现代计算机技术，用最优化科学理论去设计和规划钻井工程中的工艺技术。

二、钻井设计主要原则

1. 实现地质目的

先地质设计后钻井设计是做好钻井设计的前提。地质设计应提供钻井设计所需的相关资料，明确地质目的，详细提供钻井设计所必需的地层性质、压力系统、地层温度等基础数据，使钻井设计依据充分，以实现地质目的为中心进行钻井设计。

2. 安全

安全是钻井设计的第一原则，应贯穿整个钻井设计之中。从井身结构设计到每一项作业程序，都要将安全性放在首位，包括井下安全以及地面安全。对于重大的作业和高风险作业，应制定相应安全应急程序及预案。

3. 标准化

钻井设计应依据资源国、国际、国家、行业及企业标准，并采用最新标准。钻井设计的标准化、规范化，能够保持钻井设计的合理性、正确性，因此必须严格执行标准。钻井设计人员、管理人员及审批人员应熟练掌握相关标准及技术规范。

4. 采用先进、成熟及适用技术

把先进、成熟的钻井技术成果应用到钻井设计中，基于先进、成熟的技术成果及设计工具，与油田(区域)钻井地质情况有机结合，提高钻井设计的水平。

5. 科学、合理及经济

充分研究区域地质环境、地质特点，以及邻近的地质和钻井资料，提高钻井设计的针对性，使钻井设计对钻井施工具有良好的指导作用，具有较强的可操作性。在基于经济性的前提下将钻井阶段安全问题与油气层的发现和保护、油气井的寿命、油气井的长期效益有机结合起来。

三、钻井设计要点

(1) 根据地质设计的钻探深度和工程施工的最大负荷，合理地选择钻机装备，使钻井负荷不超过选用的钻机最大额定负荷能力的80%。

(2) 井身结构设计中，保证同一井段地层压力系统平衡，尽量避免喷漏同在一个井眼中；井内钻井液液柱压力和地层压力之间的压差不宜过大，以免发生压差卡钻；易漏、易坍塌、易缩径和易卡钻等井段，考虑下套管封住复杂地层井段；探井及复杂井应考虑备用一层套管。

(3) 在满足钻井安全的前提下，钻井液密度设计的基本原则是大于地层压力当量密度，并按有关推荐标准选择一定的安全附加值。

(4) 固井设计应满足封固套管鞋并有效封固易蠕变、坍塌、漏失等复杂或特殊的地层，保证下步安全钻井的要求，还要满足有效封固油、气、水层，保证测试及开采期间不发生层间窜漏的要求。

(5) 钻井设计要体现成本控制，达到提高钻井效率、降低钻井成本的目的。主要考虑：在安全的前提下，简化井身结构；选用先进适用的工艺和配套技术；在满足要求的前提下，选用综合成本低的钻井设备、工具和材料。

(6) 探井钻井设计应以保证实施地质任务为前提，充分考虑录井、中途测试、完井、试油、试采等方面的需要。主要目的层段设计应有利于发现和保护油气层，非目的层段设计应主要考虑满足钻井工程施工作业和降低成本的需要。

(7) 开发井钻井设计应结合油气藏特征，根据开发需要选择井型，采用合适的工艺技术，保证钻井质量，提高油气井产量，满足油气井高效开发的要求。

(8) 应依据和充分利用已钻井资料，以利于提高钻井设计的针对性和符合率。

(9) 钻井设计应按照规定的格式逐项编写。设计单位应取全取准设计所需的各项基础资料，并充分运用各种辅助设计手段，保证设计的水平和质量。

(10) 设计人员要跟踪设计执行情况，及时分析总结现场反馈意见。当设计与现场生产实际情况不符合时，应按相关程序修改设计。

第二节　钻井设计的主要内容

钻井设计的基本内容主要包括设计依据、工程设计、生产信息及完井提交资料等。

一、设计依据

1. 相关技术标准及规定

收集与展示设计采用的国家、行业及企业标准，应采用较新的标准。

2. 健康、安全、环境要求

根据相关的健康、安全与环境标准，制定本设计的相关要求。

3. 区域地质概况

包括地层构造概况、圈闭条件、油源条件、储盖条件、保存条件、成藏配置关系等内容。

4. 地理及环境资料

包括井位坐标、地面海拔、磁偏角数据、地理位置、构造位置、测线位置、气象资料、地形地貌及交通情况。

5. 钻井地质要求

明确钻井目的、设计井深、井型和井别、靶点坐标、目的层位、完钻层位及完井方法等。

6. 钻遇地层

依据地质设计对地层分层进行描述，包括地层年代、岩性、深度等。

7. 地层可钻性及地层压力与温度预测

根据区域地球物理资料以及邻井的钻井、录井、测井及测试等资料进行地层可钻性及地层压力系统与地层温度预测等。

8. 技术指标及质量要求

直井井身质量包括井斜角、全角变化率、水平位移和井眼扩大率，定向井井身质量包括狗腿严重度、最大井斜角、中靶要求和井眼扩大率。此外还包括取心要求以及固井质量要求等。

9. 井下复杂情况提示

根据邻井资料以及地球物理资料，预测本井的各地层复杂情况，提示预防。

10. 录取资料要求

包括地质、钻井液、录井要求，地球物理测井、中途测试等资料录取要求。

二、工程设计

1. 井眼轨道设计

根据地质提出的井位和靶点位置，结合地层特性，选择合适的井身剖面类型，设计出井眼轨道。

2. 井身结构

根据预测的地层压力、复杂地层深度，确定必封点、井身结构，包括设计原则、各开次套管尺寸与井深、固井水泥返深等。

3. 钻具组合

在满足钻井作业要求的条件下，以尽量简化钻具结构为原则，依据井眼直径、井斜控制要求、地层因素及钻压使用范围，选择钻铤直径和长度、稳定器位置和数量、钻杆尺寸和钢级，进行强度校核并指出各套钻具的用途（如造斜、稳斜、降斜、通井、钻水泥塞和取心等）。

4. 钻柱扭矩、摩阻计算

计算作业期间起下钻、上提及下放钻具、套管的悬重及摩阻，以及钻进、空转和划眼等各种工况的扭矩和摩阻。

5. 钻井主要设备

根据井身结构、钻具结构和摩阻计算结果等，优选钻机，包括钻机主要参数、基本配置等。

6. 钻头选型及钻井参数设计

根据地层的软硬程度、地层可钻性、岩性和邻井使用钻头情况，确定各井段的钻头计划，并进行机械参数及水力参数设计。

7. 取心设计

根据地质取心要求和取心层位地层特性，选择合适的取心工具和钻头，设计钻井取心参数，制定取心作业程序及注意事项。在探井设计中，可根据需要设计一定数量的工程取心。

8. 地层破裂压力试验

制定地漏试验要求和试验程序，并给出压力与泵入量关系曲线示意图。

9. 油气井压力控制

根据地层压力确定井口压力大小，依据地层流体特性按相关标准确定井口设计的等级，包括防喷器组合配套、井控装置试压、井控设备安装要求、含硫化氢油气井井控要求等。

10. 钻井液

根据地层岩性、井内温度和压力确定钻井液体系，以达到防漏、防塌、防卡、保护油气层等要求；对钻井液处理设备的运行提出要求，对钻井液的关键性能提出控制指标及处理原则。

11. 固井设计

根据地层压力及流体特性等进行固井设计，包括套管柱强度设计、套管柱管串结构及扶正器安放、水泥及水泥浆设计、注水泥浆及流变参数设计。

12. 分井段(含取心)施工重点要求

按开次或分井段进行施工要点描述，规定相关操作程序与作业步骤。

13. 完井设计

包括套管头规范、采油树型号选择、完井技术措施和完井管柱等。

14. 弃井设计

设计弃井程序，应明确临时弃井和永久弃井。根据封隔油气水层的要求，设计注水泥塞的数量、位置、长度，或桥塞数量和坐封位置，以及水泥塞、桥塞的试压要求等。

15. 特殊工艺技术

包括定向井、欠平衡及控压钻井等技术。

16. 施工进度计划

根据地质要求、作业难度、现场经验、邻井作业情况和套管程序等，测算出各井段的施工时间，做出全井进度计划，并画出进度计划曲线。

17. 材料计划及费用预算

根据作业需要及要求，制定出全井的物资及材料计划。

根据已做出的作业时间、各种设备租金和人员服务费、使用材料的数量和价格，以及其他费用，做出全井成本预算。

三、生产信息及完井提交资料

规定生产报表等信息的编写以及完井提交验收的资料。

第三节　钻井设计编制流程

钻井设计基本流程通常包括资料收集、资料分析与研究、概念设计(重点井)、详细设计、研讨与审查、审批程序等,见图 1-3-1。

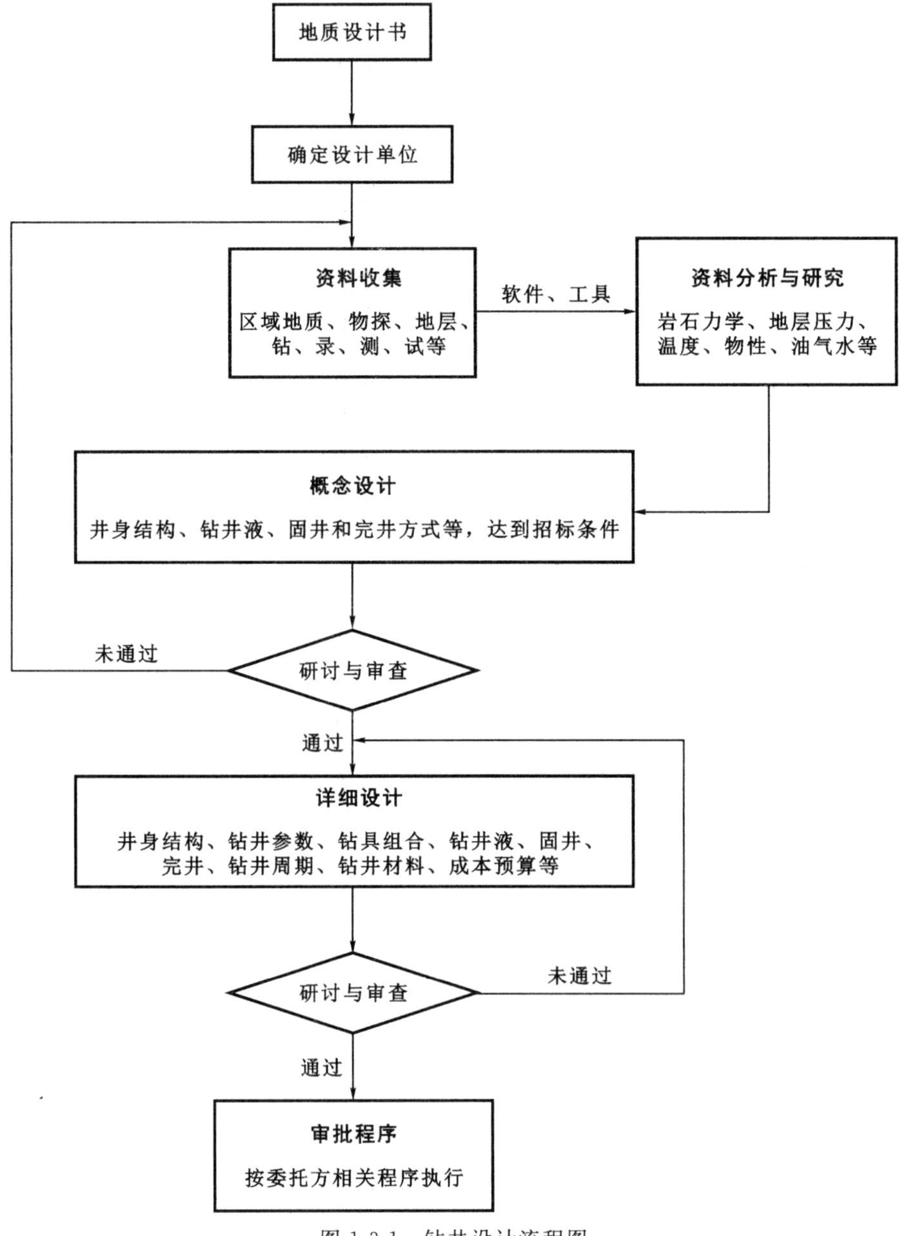

图 1-3-1　钻井设计流程图

第四节　钻井设计资质与审批程序

一、设计资质

（1）从事钻井工程设计的单位应持有相应级别的设计资质。

（2）设计人员应具有相应资格。承担“三高”（高温、高压、高含硫）井工程设计人员应拥有相关专业三年以上现场工作经验和高级工程师以上任职资格。

二、审批程序

按委托方审批程序。

第五节　钻井设计格式

钻井设计格式见附录1A，施工单位可根据资源国及公司要求适当调整钻井设计格式。

附录 1A　钻井工程设计格式

构造：____________________

井号：____________________　井别：________________

钻井工程设计

××公司

年　月

____井钻井工程设计

编写单位：

编 写 人：

职务： 签名： 日期

职务： 签名： 日期

职务： 签名： 日期

职务： 签名： 日期

职务： 签名： 日期

审 核 人：

职务： 签名： 日期

审 批 人：

职务： 签名： 日期

____井钻井工程设计审批表

<table>
<tr><td>钻井部审核意见：
1.
2.
3.
审核人签字：
日期：　　年　月　日</td></tr>
<tr><td>××公司审核意见：
1.
2.
审核人签字：
日期：　　年　月　日</td></tr>
<tr><td>××公司审批意见：
1.
2.
审批人签字：
日期：　　年　月　日</td></tr>
</table>

____井钻井工程设计评审人员名单

	姓　名	职称/职务	工作单位	签　名
组　长				
成　员				

____井钻井工程设计评审意见

1.

2.

设计修改记录

修改编号	修改内容	修改日期	提议人	审批人
1				
2				
3				

设计分发表

序　号	应用场所	持有者
1		
2		
3		

目 录

5 地质附图

5.1 区域构造及地理位置图

5.2 区块构造剖面图

5.3 区块井位位置图

5.4 地质剖面柱状图

5.5 其他

6 钻井设计综合表示例

1 钻井设计依据

1.1 采用的技术标准及规范

1.2 健康、安全与环境管理

1.3 区块地质概况

1.3.1 地层构造概况

1.3.2 本区块已钻井情况

1.4 地理及环境资料

井位坐标：纵(X)________________，横(Y)________________

磁偏角：________

地面海拔：________________ m

地理位置：________________________________

构造位置：________________________________

测线位置：________________________________

气象资料(在预计施工期内，本地区的风向、风力、气温和雨量等有关情况)：

地形地貌及交通情况：

1.5 钻井地质要求

钻井目的：________________________________

设计井深：________________ m（以转盘面高度为准）

转盘面高度：________________ m

井型：________________井别：________________

靶点坐标：纵（x）________________，横（y）________________

目的层位：________________________________

完钻层位及完钻原则：________________________________

完井方法：________________________________

1.6 钻遇地层

表 1A-1 地层描述

地质分层				底界深度/m	岩性剖面图	岩性描述	地层产状		故障提示
界	系	统	组				倾角/(°)	走向/(°)	

1.7 地层可钻性及压力与温度预测

1.7.1 地层可钻性预测

表 1A-2 地层可钻性预测

地　层		深度/m	岩石抗压强度/MPa	地层可钻性级值
系	组			

1.7.2 邻井压力情况

表 1A-3 邻井压力情况

井　号	层　位	井段/m	压力系数

续表 1A-3

井　号	层　位	井段/m	压力系数

1.7.3 地层压力预测

表 1A-4 地层压力预测

层　位	深度/m	孔隙压力当量密度/(g·cm^{-3})	钻井液密度/(g·cm^{-3})	破裂压力当量密度/(g·cm^{-3})

1.7.4 地层孔隙压力、破裂压力预测实例图

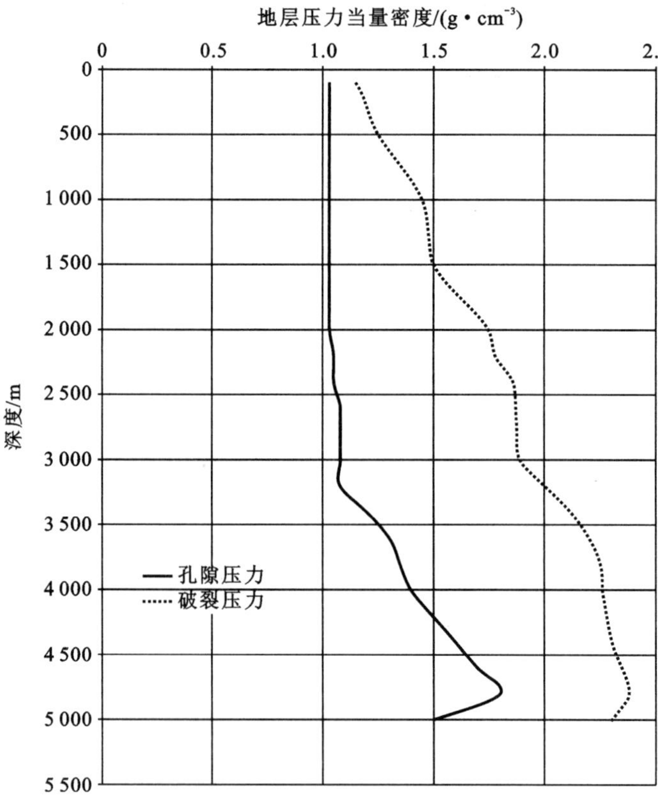

图 1A-1 地层压力剖面预测实例图

1.7.5 地层温度预测

1.8 技术指标及质量要求

1.8.1 井身质量要求

表 1A-5 井身质量要求

井段/m	允许最大全角变化率/[(°)·(30 m)$^{-1}$]	允许最大井斜角/(°)	允许最大水平位移/m	允许最大平均井径扩大率/%	备注

1.8.2 固井质量要求

表 1A-6 固井质量要求

开钻次数	钻头尺寸/mm	井段/m	套管尺寸/mm	套管下深/m	水泥封固井段/m	人工井底深度/m	固井质量要求

1.8.3 取心质量要求

表 1A-7 取心质量要求

层位	取心方法	取心井段/m	取心进尺/m	岩心直径/mm	收获率/%	取心目的
全井设计取心 m,其中机动取心 m,收获率不低于 %						
全井设计井壁取心 颗,取心收获率不低于 %						

1.8.4 录取资料要求

1.8.4.1 地质、钻井液、录井要求

表 1A-8 地质、钻井液、录井要求

岩屑录井		气测录井		钻井液密度、黏度测定	
井段 /m	取样间隔 /m	井段 /m	取样间隔 /m	井段 /m	取样间隔 /h
荧光录井		钻时录井		Cl^-,Ca^{2+}测定	
井段 /m	间隔距离/m 湿/干照	井段 /m	连续测量	井段 /m	测量的间隔时间 /h
1. 钻时加快或油气侵时,连续测量密度、黏度,并每循环1～2周测一次全套性能					
2. 打开油气层后,每次下钻到底,每________分钟测量密度、黏度,观察后效反应					
3. 循环观察:					
4. 工程对综合录井要求:悬重、钻压、转速、扭矩、泵压、排量、钻井液量、钻井液出口温度、钻井液出口密度要连续测量,发现其中一项有异常时要及时通知钻井监督					

1.8.4.2 地球物理测井

表 1A-9 测井项目及要求

内容 名称	测量井段/m	测井项目	比例尺	对钻井作业要求
中途对比电测				
完井全套电测				
特殊测井				
钻开油气层后, 天内必须进行综合测井				

1.8.4.3 中途测试要求

表 1A-10 中途测试要求

层　位	井段/m	测试目的	测试方法	对钻井作业要求
测试原则：				

1.9 井下复杂情况提示

表 1A-11 井下复杂情况提示

地质分层	井深/m	复杂情况描述	备　注

1.10 录取资料要求

2 工程设计

2.1 井眼轨道设计

2.1.1 轨道设计数据表

表 1A-12 轨道设计数据表

井深 /m	井斜角 /(°)	方位角 /(°)	垂深 /m	N 坐标	E 坐标	水平位移 /m	闭合方位 /(°)	全角变化率 /[(°)·(30 m)$^{-1}$]

2.1.2 井眼轨道垂直投影示意图

2.1.3 井眼轨道水平投影示意图

2.1.4 防碰计算

表 1A-13 防碰设计

<table>
<tr><th rowspan="2">序 号</th><th colspan="2">设计井</th><th colspan="3">邻 井</th><th rowspan="2">最近距离/m</th></tr>
<tr><th>井深/m</th><th>垂深/m</th><th>井 号</th><th>井深/m</th><th>垂深/m</th></tr>
<tr><td></td><td></td><td></td><td></td><td></td><td></td><td></td></tr>
<tr><td></td><td></td><td></td><td></td><td></td><td></td><td></td></tr>
<tr><td></td><td></td><td></td><td></td><td></td><td></td><td></td></tr>
<tr><td></td><td></td><td></td><td></td><td></td><td></td><td></td></tr>
<tr><td></td><td></td><td></td><td></td><td></td><td></td><td></td></tr>
</table>

2.1.5 防碰扫描图

2.2 井身结构

2.2.1 井身结构设计原则

2.2.2 井身结构设计数据

表 1A-14 井身结构数据

开钻次序	井深 /m	钻头尺寸 /mm	套管尺寸 /mm	套管下入深度 /m	环空水泥浆返深 /m

2.2.3 井身结构实例图

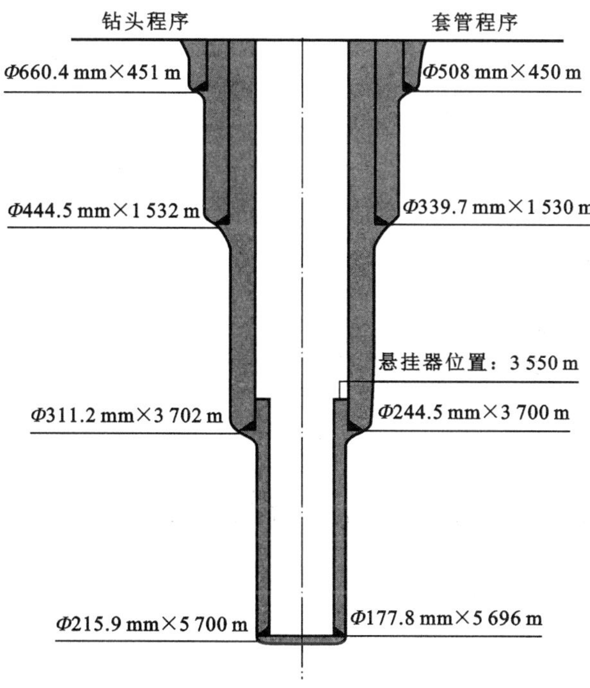

图 1A-2 井身结构实例图

2.3 钻具组合

2.3.1 钻具组合表

表 1A-15 钻具组合

开钻次序	钻进井段/m	钻具组合(包括钻头、减震器、稳定器、震击器、钻铤和钻杆、井下动力钻具等的外径、长度及安放位置)	备注

2.3.2 钻具组合强度校核表

表 1A-16 钻具组合强度校核

井眼尺寸/mm	井段/m	钻井液密度/(g·cm⁻³)	钻具参数						累计重量/kN	抗拉		抗扭	
			钻具名称	钢级	内径/mm	外径/mm	长度/m	重量/kN		实际抗拉强度/kN	安全系数	实际扭矩/(kN·m)	安全系数

2.3.3　钻具强度校核图(包括抗拉强度和抗扭强度校核图)

2.4　摩阻、扭矩计算

2.5　钻井主要设备

2.5.1　钻机类型选择依据

(提出选择钻机类型的依据,确定设计安全系数。)

2.5.2　钻井主要设备表

表 1A-17　钻井主要设备

序　号	名　称		型　号	规　格	数　量	备　注
1	钻　机					
2	井　架					底座高度:
3	提升系统	绞　车				
		天　车				
		游动滑车				
		大　钩				
		水龙头				
4	顶部驱动装置					
5	转　盘					
6	循环系统配置	钻井泵 1#				
		钻井泵 2#				
		钻井泵 3#				
		钻井液罐				含储备罐
7	机械钻机动力系统	柴油机 1#				
		柴油机 2#				
		柴油机 3#				
		柴油机 4#				
8	电动钻机动力系统	发电机				
		柴油机				
		直流电机				
		SCR				
		电机控制中心				

续表 1A-17

序号	名称		型号	规格	数量	备注
9	发电机组	发电机 1#				
		发电机 2#				
		发电机 3#				
		MCC				
10	钻机控制系统	自动压风机				
		电动压风机				
		气源净化装置				
		刹车系统				
11	固控系统	振动筛 1#				
		振动筛 2#				
		振动筛 3#				
		除砂器				
		除泥器				
		离心机				
		除气器				
		清洁器				
12	加重装置	加重漏斗				
		电动加重泵				
		气动下灰装置				
13	井控系统	环形防喷器				
		双闸板防喷器				
		单闸板防喷器				
		四　通				
		控制装置				
		节流管汇				
		压井管汇				
		液气分离器				
14	仪器仪表	钻井参数仪表				含死绳固定器
		测斜仪				
		测斜绞车				
15	液压大钳					

2.6 钻头选型及钻井参数设计

2.6.1 钻头选型设计

表 1A-18 钻头设计

序 号	尺寸/mm	型 号	钻进井段/m	进尺/m	纯钻时间/h	机械钻速/$(m \cdot h^{-1})$

2.6.2 钻井参数设计

表 1A-19 钻井参数

开钻次序	钻头序号	层位	井段/m	喷嘴组合/mm	钻井液		机械参数		水力参数							
					密度/$(g \cdot cm^{-3})$	塑性黏度/$(mPa \cdot s)$	钻压/kN	转速/$(r \cdot min^{-1})$	排量/$(L \cdot s^{-1})$	钻头压降/MPa	冲击力/N	喷射速度/$(m \cdot s^{-1})$	钻头水功率/kW	比水功率/$(W \cdot mm^{-2})$	环空返速/$(m \cdot s^{-1})$	功率利用率/%

2.7 取心设计

2.7.1 取心井段及工具

表 1A-20 取心工具

层 位	取心井段/m	取心进尺/m	岩心直径/mm	取心钻头类型×外径×内径	取心工具型号×数量

2.7.2 取心钻具组合及钻进参数设计

表 1A-21 取心钻具组合及钻进参数

序 号	井段/m	钻具组合	钻进参数		
			钻压/kN	转速/$(r \cdot min^{-1})$	排量/$(L \cdot s^{-1})$

2.7.3 取心技术措施

2.8 地层破裂压力试验

2.9 油气井压力控制

2.9.1 各次开钻井口装置实例图

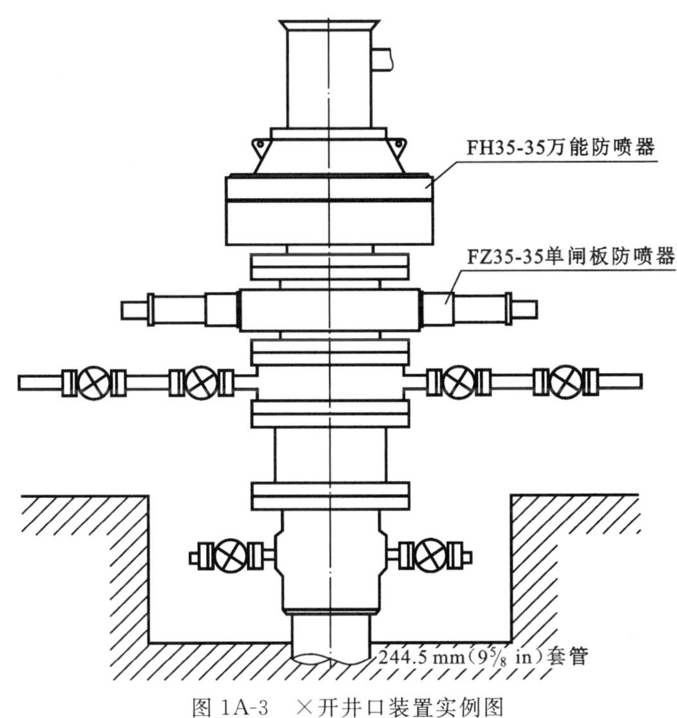

图 1A-3 ×开井口装置实例图

2.9.2 节流管汇及压井管汇实例图

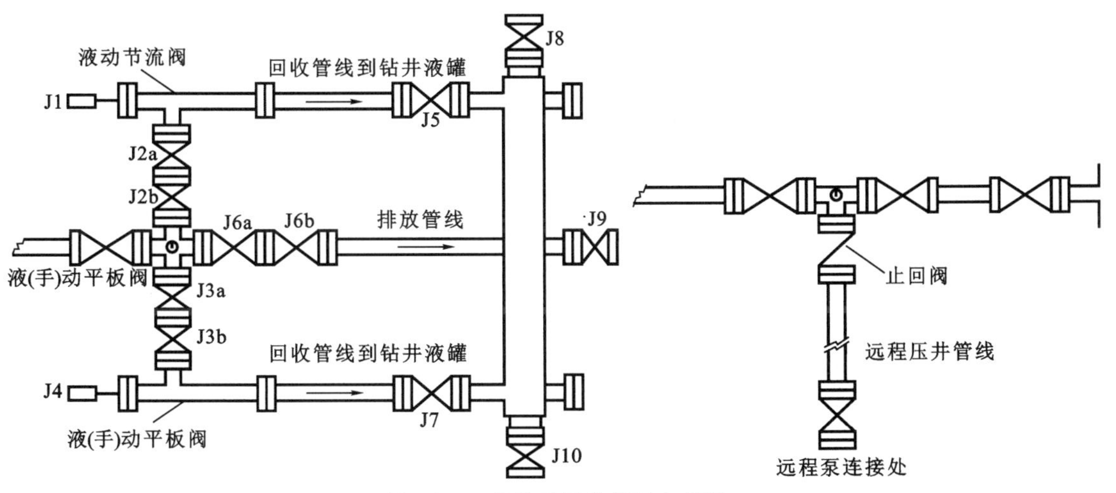

图 1A-4 节流及压井管汇实例图

2.9.3 各次开钻试压要求

2.9.3.1 井控装置试压要求

表 1A-22 井控装置试压要求

开钻次序	井控装置名称	型　号	试压要求				
			介　质	低压压力/MPa	高压压力/MPa	时间/min	允许压降/MPa

2.9.3.2 各次开钻套管试压要求

表 1A-23 各次开钻套管试压要求

开钻次数	套管尺寸/mm	介　质	压力/MPa	试压时间/min	允许压降/MPa

2.9.4 井控要求

2.10 钻井液

2.10.1 钻井液设计

表 1A-24 钻井液性能

层　位	井段/m	常规性能										固相含量	
		密度/(g·cm^{-3})	马氏漏斗黏度/s	滤失量/mL	泥饼/mm	pH 值	含砂/%	高温高压滤失量/mL	摩阻系数	静切力/Pa		总固含量/%	膨润土含量/(g·L^{-1})
										10 s	10 min		

续表 1A-24

层位	井段/m	流变参数				滤液						备注
		塑性黏度/(mPa·s)	动切力/Pa	n 值	K 值	总矿化度/(mg·L^{-1})	Cl^-/(mg·L^{-1})	Ca^{2+}/(mg·L^{-1})	K^+/(mg·L^{-1})	p_f	p_m	

表 1A-25 钻井液性能维护及处理

层位	井段/m	类型	配方	处理方法与维护措施	储备液		备注
					密度/(g·cm^{-3})	体积/m^3	

2.10.2 钻井液材料用量设计

表 1A-26 钻井液材料用量

开钻次序						
钻头直径/mm						
井段/m						
井筒容积/m^3						
钻井液用量/m^3						
材料名称	用量/m^3(或 t)					合计

2.10.3 保护油气层要求

2.11 固井设计

2.11.1 固井施工主要技术难点

2.11.2 固井工具选择与技术要求

2.11.3 套管柱设计

表 1A-27 套管柱设计数据

套管层次	井段/m	规格		长度/m	钢级	壁厚/mm	重量			抗挤		抗压		抗拉	
		尺寸/mm	扣型				每米重/(kN·m^{-1})	段重/kN	累计重/kN	最大载荷/MPa	安全系数	最大载荷/MPa	安全系数	最大载荷/kN	安全系数
表层套管															
技术套管															
生产套管															

2.11.4 套管强度校核图(包括抗外挤强度、抗内压强度和抗拉强度校核图)

2.11.5 套管串结构数据

表 1A-28 套管串结构数据

套管层次	井深/m	套管下深/m	套管串结构 (套管钢级、壁厚、长度以及浮鞋、浮箍、分级箍、悬挂器等位置)
表层套管			
技术套管			
生产套管			

2.11.6 套管扶正器安放要求

表 1A-29 套管扶正器安放要求

套管层次	套管尺寸/mm	钻头尺寸/mm	井段/m	扶正器型号	扶正器间距/m	扶正器数量
表层套管						
技术套管						
生产套管						

2.11.7 固井参数设计

2.11.7.1 固井基本参数设计

表 1A-30 固井基本参数

套管层次	套管尺寸/mm	水泥浆体系	封固井段/m	水泥浆上返深度/m	水泥塞长度/m	固井方式
表层套管						
技术套管						
生产套管						

2.11.7.2 水泥浆配方及性能

表 1A-31 注水泥浆设计

水泥浆	套管层次		
	表层套管	技术套管	生产套管
配　方			
试验条件			
密度/$(g \cdot cm^{-3})$			
API 滤失量/mL			
稠化时间/min			
自由水含量/$[mL \cdot (250\ mL)^{-1}]$			

续表 1A-31

<table>
<tr><td colspan="2" rowspan="2">水泥浆</td><td colspan="3">套管层次</td></tr>
<tr><td>表层套管</td><td>技术套管</td><td>生产套管</td></tr>
<tr><td rowspan="4">流变性能</td><td>塑性黏度/(mPa・s)</td><td></td><td></td><td></td></tr>
<tr><td>动切力/Pa</td><td></td><td></td><td></td></tr>
<tr><td>n 值</td><td></td><td></td><td></td></tr>
<tr><td>K 值</td><td></td><td></td><td></td></tr>
<tr><td colspan="2">抗压强度 MPa/____ h</td><td></td><td></td><td></td></tr>
</table>

2.11.7.3 前置液配方及性能

表 1A-32 前置液配方及性能

<table>
<tr><td colspan="2" rowspan="2">水泥浆</td><td colspan="3">套管层次</td></tr>
<tr><td>表层套管</td><td>技术套管</td><td>生产套管</td></tr>
<tr><td colspan="2">配 方</td><td></td><td></td><td></td></tr>
<tr><td colspan="2">密度/(g・cm^{−3})</td><td></td><td></td><td></td></tr>
<tr><td rowspan="4">流变性能</td><td>塑性黏度/(mPa・s)</td><td></td><td></td><td></td></tr>
<tr><td>动切力/Pa</td><td></td><td></td><td></td></tr>
<tr><td>n 值</td><td></td><td></td><td></td></tr>
<tr><td>K 值</td><td></td><td></td><td></td></tr>
</table>

注:现场施工前应根据实际情况做复核和混配试验。

2.11.7.4 水泥用量

表 1A-33 水泥用量

<table>
<tr><td>套管层次</td><td>套管尺寸
/mm</td><td>钻头尺寸
/mm</td><td>理论环空容积
/m³</td><td>水泥浆返深
/m</td><td>水泥塞面深度
/m</td><td>水泥等级</td><td>注水泥量
(附加 %)/t</td></tr>
<tr><td>表层套管</td><td></td><td></td><td></td><td></td><td></td><td></td><td></td></tr>
<tr><td rowspan="3">技术套管</td><td></td><td></td><td></td><td></td><td></td><td></td><td></td></tr>
<tr><td></td><td></td><td></td><td></td><td></td><td></td><td></td></tr>
<tr><td></td><td></td><td></td><td></td><td></td><td></td><td></td></tr>
<tr><td rowspan="2">生产套管</td><td></td><td></td><td></td><td></td><td></td><td></td><td></td></tr>
<tr><td></td><td></td><td></td><td></td><td></td><td></td><td></td></tr>
</table>

2.11.7.5 外加剂用量

表 1A-34 外加剂用量

套管层次 材料名称	表层套管/t	技术套管/t	生产套管/t	合计/t

2.12 分井段(含取心)施工重点要求

2.13 完井设计

2.13.1 套管头规范

2.13.2 采油树型号

2.13.3 完井方法及完井管柱

2.13.4 完井要求

2.13.5 完井井口装置实例图

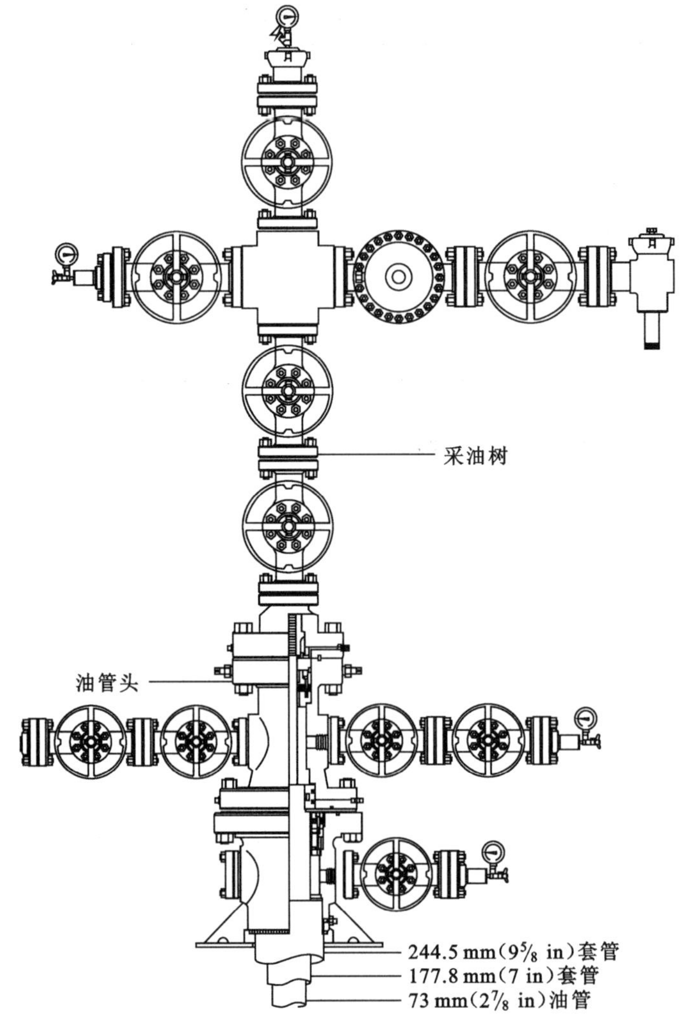

图 1A-5 完井井口实例图

2.14 弃井设计

2.15 特殊工艺设计

2.16 钻井进度计划

2.16.1 钻井进度计划表

表 1A-35 钻井进度计划

序 号	井眼尺寸/mm	井段/m	施工项目 内 容	进度计划/d	累计/d
1					
2					
3					
合 计					

2.16.2 钻井进度计划实例图

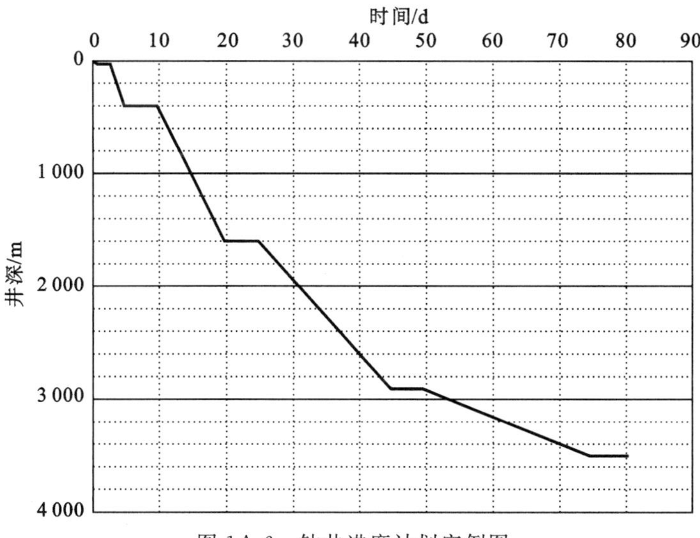

图 1A-6 钻井进度计划实例图

2.17 材料计划及成本预算

2.17.1 主要材料消耗计划

表 1A-36 主要材料消耗计划

序 号	材料名称	型号规格	单 位	数 量	备 注

2.17.2 成本预算

表 1A-37 成本预算

项 目	金额/元	备 注
一、钻前费用		
二、钻井工程		
（一）材料		
1. 钻头		
2. 钻井液		
3. 钻具		
4. 柴油		
5. 机油		
6. 其他材料		
（二）工资及附加工资		
（三）设备折旧		
（四）其他费用		
1. 运输费		
2. 水电费		
3. 保温费		
4. 设备维修费		
5. 钻具管理费		
三、测井费用		
1. 中途电测		
2. 完井电测		
3. 井壁取心		
四、固井工程		
1. 套管		
2. 水泥		
3. 固井费		
五、施工管理费		
1. 设计费		
2. 监督费		
3. 项目管理费		

3　生产信息及完井提交资料

3.1　生产信息

(1) 钻井工程日、月报表；
(2) 钻井液日、月报表；
(3) 钻井参数仪记录卡；
(4) 指重表卡；
(5) 井控记录；
(6) 钻具记录；
(7) 钻头使用记录；
(8) 钻井液处理记录；
(9) 测斜记录；
(10) 固井施工现场记录；
(11) 固井参数仪记录卡；
(12) 取心记录；
(13) 录井工程参数记录。

3.2　完井提交资料

(1) 钻井井史；
(2) 钻井施工设计；
(3) 各次固井施工设计及总结；
(4) 钻井工程完井报告；
(5) 复杂情况处理记录及总结；
(6) 事故处理记录及总结；
(7) 钻井液技术总结；
(8) 综合录井记录；
(9) 特殊施工作业设计及总结；
(10) 完井交井验收报告。

4　邻井已钻井情况

5　地质附图

5.1　区域构造及地理位置图

5.2 区块构造剖面图

5.3 区块井位位置图

5.4 地质剖面柱状图

5.5 其他

6 钻井设计综合表示例

表 1A-38　钻井设计综合表

井　号		区　块		地球物理坐标	纬度：	经度：	钻井周期		
井　别		井　型		网格坐标	北(N)：	东(E)：	钻井成本		
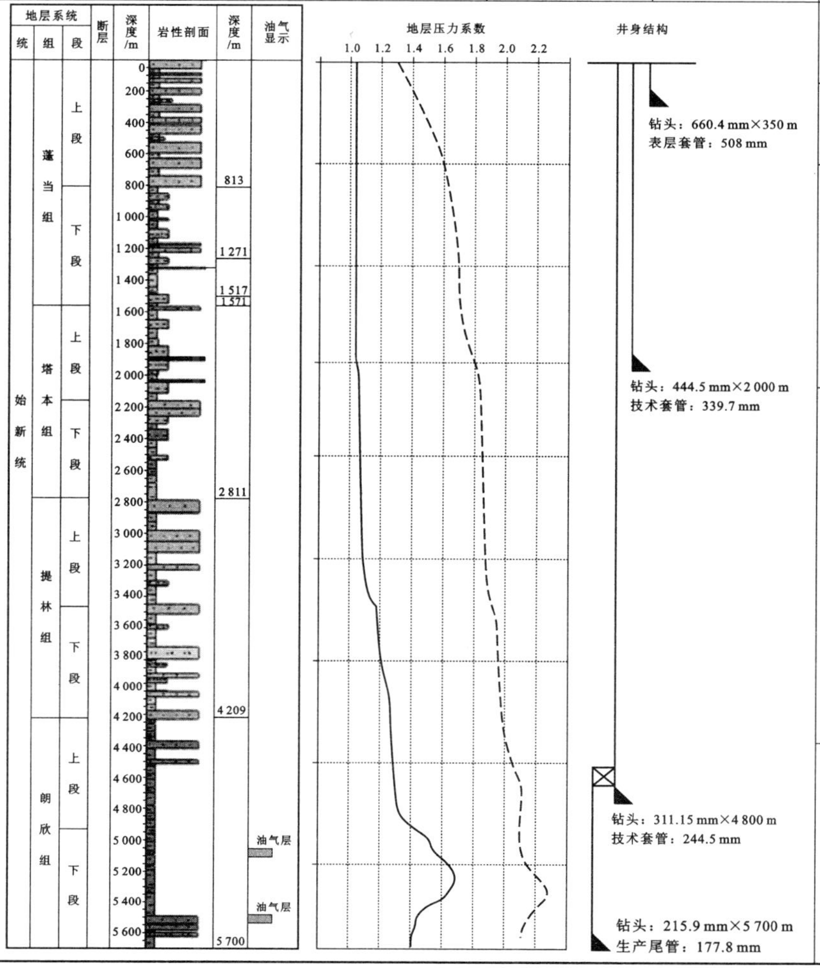 地层系统（统、组、段）；断层；深度/m；岩性剖面；深度/m；油气显示		地层压力系数		井身结构	钻头、套管	重点提示	钻具结构及钻井参数	钻井液体系及性能	固井要求	电测要求等

地层系统：统——始新统；组——蓬当组（上段、下段），塔本组（上段、下段），提林组（上段、下段），朗欣组（上段、下段）

深度/m：0　200　400　600　800　1 000　1 200　1 400　1 600　1 800　2 000　2 200　2 400　2 600　2 800　3 000　3 200　3 400　3 600　3 800　4 000　4 200　4 400　4 600　4 800　5 000　5 200　5 400　5 600

深度/m：813　1 271　1 517　1 571　2 811　4 209　5 700

油气显示：油气层　油气层

地层压力系数：1.0　1.2　1.4　1.6　1.8　2.0　2.2

井身结构：

钻头：660.4 mm×350 m
表层套管：508 mm

钻头：444.5 mm×2 000 m
技术套管：339.7 mm

钻头：311.15 mm×4 800 m
技术套管：244.5 mm

钻头：215.9 mm×5 700 m
生产尾管：177.8 mm

参考文献

[1] 《钻井手册(甲方)》编写组.钻井手册(甲方)(上、下).北京:石油工业出版社,1990.
[2] 刘希圣.钻井工艺原理.北京:石油工业出版社,1988.
[3] 陈庭根,管志川.钻井工程理论与技术.东营:中国石油大学出版社,2006.
[4] 陈平.钻井与完井工程.东营:中国石油大学出版社,2005.
[5] SY/T 5333—2012 钻井工程设计格式.
[6] 董星亮.海洋钻井手册.北京:石油工业出版社,2011.

第二章　钻前准备

本章描述油公司作业部门在开钻前应做的工作，内容主要包括井场建设、营地建设、供水工程、道路的修建和维护、钻机安装、钻井材料和人员准备、相关的规范和标准、设计方式方法、合同和合同执行流程等，适用于所有陆上石油天然气钻井及浅海人工岛钻井。

第一节　井　场

一、井场踏勘

1. 井位标记

地质部门下发井位坐标后，服务公司应按油公司要求，在即将钻井的地表上做井位标记。

井位标记桩（见图 2-1-1）规格要求如下：

（1）长度共 80 cm，地面、地下各 40 cm，地面部分为白色，地下部分为黑色。

（2）材质为钢筋混凝土。至少有 4 根 Φ12 mm 钢筋植入其中。

（3）上端面标写井号。

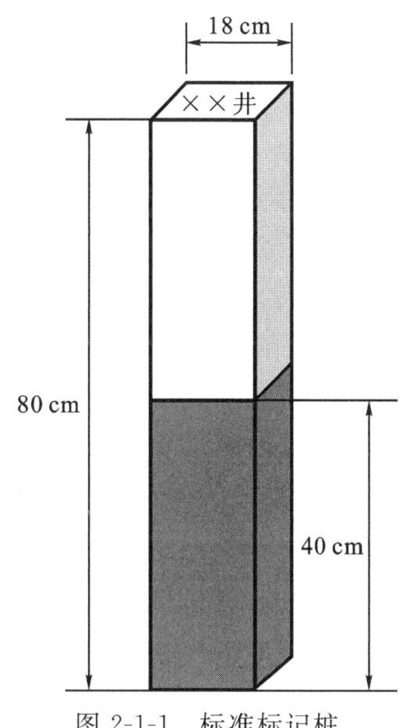

图 2-1-1　标准标记桩

2. 现场踏勘

作业部门收到井位坐标后，需组织现场踏勘。现场踏勘要解决两个问题：一是能不能在标定的井位上钻井；二是如果能钻井，其经济性是否可行。

现场踏勘的内容和注意事项如下：

（1）了解该井施工时间段内的自然环境和气候情况。

（2）根据钻井井场需要的面积尺寸，掌握井场边界情况。

（3）要准备以下物资：GPS 仪、100 m 皮尺、200 m 皮尺、5 m 卷尺、铁锹、柴刀、石灰粉、红漆、记号笔、计算器、电脑、相机、记录簿、铅笔、罗盘、水准仪、地图、标记桩（两根）、三角板、角度仪、榔头、大铁钉、风向仪、工鞋、雨鞋、药品等。边远地区还要考虑粮食、饮水、汽油和帐篷。

（4）现场踏勘人员由油公司作业部钻井总监或经理牵头，参加人员有：钻井工程师、了解具体位置的地质人员、钻前总监、HSE 人员、资源国地方政府官员。如果钻井承包商、钻前施工承包商和运输承包商已经确定，应让他们派人员参加，并听取他们的意见。

(5) 根据井场尺寸、风向和地形，确定井架方位。井架方位的确定原则：一是面朝盛行风方向；二是适应地形地貌；三是尽可能面朝赤道。

从井位点向四周延伸至整个井场，用石灰粉画一个井场外形（圈地）。根据所圈地形确定井场是否符合要求，并形成踏勘报告。

(6) 钻前踏勘报告（示意样本）填写内容见表 2-1-1。

表 2-1-1 钻前踏勘报告样本

<table>
<tr><td>井 号</td><td colspan="2"></td><td>日 期</td><td></td></tr>
<tr><td colspan="5">井场部分</td></tr>
<tr><td>井口坐标</td><td>X：</td><td colspan="2">Y：</td><td>海拔：</td></tr>
<tr><td>圈地尺寸</td><td>长：</td><td colspan="2">宽：</td><td>面积：</td></tr>
<tr><td>地 形</td><td colspan="4">山地、丘陵、平地（多种地形可用%相加的形式表达）</td></tr>
<tr><td>地 貌</td><td colspan="4">森林、灌木、杂草、岩石、泥土、人工林地、人工草场、农地、农田、水塘、河流、沼泽、沙漠、戈壁等（多种地貌可用%相加的形式表达）</td></tr>
<tr><td>近边情况</td><td colspan="4">道路、河流、林地等（可用%相加的形式表达），是否要排障、排雷</td></tr>
<tr><td>远边情况</td><td colspan="4">学校、城镇、机关、厂矿等</td></tr>
<tr><td>场内水流</td><td colspan="4">可绘制示意图</td></tr>
<tr><td colspan="5">水源部分</td></tr>
<tr><td>钻井水源</td><td colspan="4">河流、水塘、水井等，注意一年中水量变化情况</td></tr>
<tr><td colspan="5">营地部分</td></tr>
<tr><td>营地尺寸</td><td colspan="4">营地地形、尺寸、附着物等，是否要排障、排雷</td></tr>
<tr><td>风险评估</td><td colspan="4">洪水、火灾、滑坡等</td></tr>
<tr><td colspan="5">道路部分</td></tr>
<tr><td>道路描述</td><td colspan="4">分三段：正规道、简易道、入场道</td></tr>
<tr><td>正规道</td><td colspan="4">全程查看，提出“超长、超宽、超高”解决方案</td></tr>
<tr><td>简易道</td><td colspan="4">加宽、加固、加会车点、加桥、加涵洞、空中障碍加高、弯度加宽、坡度更改</td></tr>
<tr><td>入场道</td><td colspan="4">新修线路长度、路面设计，工作量预算等</td></tr>
<tr><td colspan="5">结论部分</td></tr>
<tr><td>可能结论</td><td colspan="4">① 原地钻井；② 有条件原地钻井或小范围移位；③ 不能钻井</td></tr>
<tr><td>不能钻井的原因</td><td colspan="4">① 自然灾害：常见的有火山、地震、洪水、泥石流、山体滑塌、暴雨、飓风等；
② 环境保护：自然风景保护区、动植物保护区、农田、鱼塘、沿海等，一旦污染，损失巨大；
③ 障碍物：特殊建筑物、墓地、高压电线、地雷、核电设施、军事禁区、文物遗址等，有障碍物的地方拿不到钻井许可；
④ 居民区：有硫化氢、天然气溢出的可能</td></tr>
<tr><td>踏勘人员签名</td><td colspan="4">（仅限于油公司人员）</td></tr>
</table>

(7) 如果不能在标定的井位上钻井，就要同地质人员一同协商，经相关部门批准，采取移动井位等方法。井位变化后要形成井位变更书。

二、井场设计

1. 井场尺寸

井场尺寸是根据钻机大小、钻井目的、施工方案等来确定的。井场尺寸由三个部分组成，即基本尺寸、附加尺寸、空白尺寸。

基本尺寸：所有钻机、井型要占用的最小井场尺寸，代号 J。

附加尺寸：为了满足钻井材料存放、大型压裂施工等目的而占用的土地尺寸，代号 H。

空白尺寸：井场围墙内的空白土地，代号 B。空白尺寸主要用于临时堆放物资或储存备用物资，有条件时尽可能大一些。井场尺寸可参考表 2-1-2 确定。

表 2-1-2 井场尺寸

	钻机	功率/hp	550	750	1 000	1 500	1 500	2 000	>2 000
		钻深/m	1 000	2 000	3 000	4 000	5 000	7 000	>7 000
J	长/m		60	60	70	100	100	120	>120
	宽/m		60	65	70	90	100	100	>100
	面积/m²		3 600	3 900	4 900	9 000	10 000	12 000	>12 000
H	钻井液料场/m²		100	400	900	1 024	1 225	1 600	2 500
	管材料场/m²		400～900	900～2 000	1 500～2 400	2 000～2 800	2 000～3 200	2 400～4 000	2 500～4 500
	水池/m²		400～900	900～2 000	1 500～2 400	2 000～2 800	2 000～3 200	2 400～4 000	2 500～4 500
	污水池/m²		600～1 350	1 350～3 000	2 250～3 600	3 000～4 200	3 000～4 800	3 600～6 000	3 750～6 750
	生活营地/m²		400～2 000	2 000～3 000	3 000～4 000	3 500～5 000	4 000～6 000	4 600～7 000	4 700～10 000
	井场环路/m²		1 000～2 000	1 000～3 000	1 400～4 000	2 000～6 000	3 000～8 000	3 500～10 000	5 000～15 000
	放喷管线/m²		2 000	2 000	2 000	2 000	2 000	2 000	2 000
	放喷池/m²		2 000	2 000	2 000	2 000	2 000	2 000	2 000
	直升机场/m²		2 800	2 800	2 800	2 800	2 800	2 800	2 800
B	空白尺寸/m²		0～100 000	0～120 000	0～150 000	0～180 000	0～200 000	0～300 000	0～400 000

注：① 井场面积按 A 型和 K 型井架钻机考虑；

② 井场总面积为 J 和 H(去除 J 中已包括的基本料场、污水池、井场房屋等基本面积)与 B 各部面积之和；

③ 空白尺寸和附加部分可根据具体需要确定；

④ 丛式井面积适当增加，需进行大型压裂的井场应增加 10%以上的基本面积；

⑤ 表中未列出的钻机井场尺寸可按算术平均法确定；

⑥ 1 hp = 746 W。

2. 围墙和大门

围墙和大门把井场与外界隔开，以方便安全保卫和内部管理。大门需有横杆、岗亭和登记簿，人员和车辆出入须登记。围墙可以是栅栏、篱笆、连板、刺铁丝、土墙、水沟，或者它们的组合。大门上须标记井名、钻井队名、入场须知等。

3. 井场地面硬化

根据钻井类型、当地气候和完工后土地恢复要求，井场地面硬化有多种形式，如黏土硬化、砂石硬化、管排硬化、木板硬化、钢板硬化和自然冰硬化等。硬化标准是保证大型设备的安装和工作。

4. 井口方井(圆井)

井口方井(圆井)由油公司钻井工程师负责设计，围砌材质可采用钢筋水泥、砖混、石混、铁桶、木墙等。在有条件的情况下，可以由井场施工的单位将导管(地面以下部分)安装好，以节省时间和费用。

5. 排水系统

排水系统须保证井场外面的水不流入井场，井场内污、清水分流，积水能及时排出井场，避免污水流出造成环境污染。污水池必须有防水材料与地表隔离；井场中部应稍高于四周，以利于排水；井场、钻台下、机房下、泵房要有通向污水池的排水沟；雨季时，井场周围应挖防洪排水沟；钻井液土池和废液池周围要有截水沟，防止自然水侵入；柴油机房、发电房、油罐区下面要有环形沟，用以将油污收入回收罐。在环境敏感地区施工必须使用“岩屑不落地”的净化、分离设施，使岩屑及时运出，污水处理后循环利用。

6. 封闭化粪池

井场活动房的下水道必须连接到封闭化粪池。

7. 垃圾焚烧坑

必须在适当位置设置一小一大两个方形焚烧坑，用于焚烧生活垃圾和工业垃圾。生活坑边长 2 m、深 1 m；工业坑边长 5 m、深 3 m。如果附近有垃圾处理场，也可将垃圾直接送到垃圾处理场。井场室内外均要配备各种垃圾桶，并设置不要乱丢垃圾的标志。

8. 井场周围环境要求

(1) 油气井井口距高压线及其他永久设施的距离不小于 75 m，距民宅不小于 100 m，距铁路、高速公路不小于 200 m，距学校、医院和大型油库等人口稠密、高危场所不小于 500 m。

(2) 含硫油气井应保证周围群众不受硫化氢扩散的影响，其井位选择应距人口稠密的村镇 1 000 m 以上，且在较为空旷、盛行风通畅的位置，对 3 000 m 以内民宅、学校、厂矿等在设计上要有显著标示。

(3) 井口距江堤、水坝、水库、核电设施的距离应根据资源国的有关规定执行。

井场基本尺寸及功能参见图 2-1-2。

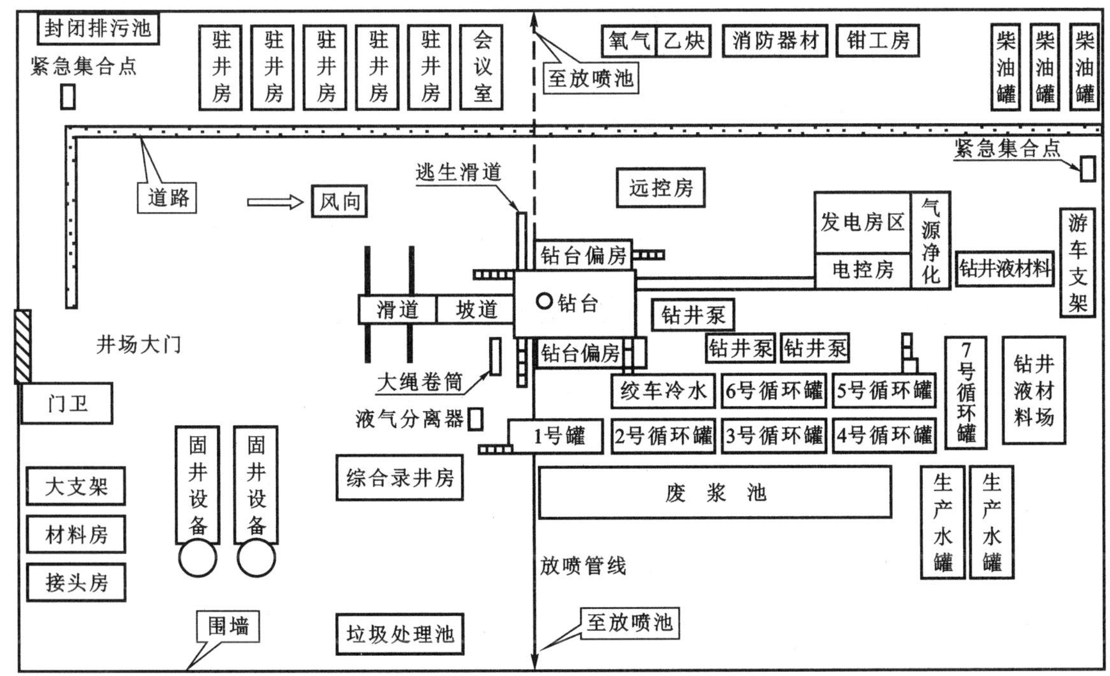

图 2-1-2 井场布置示意图(电动 2 000 hp 钻机)

三、钻机设备基础

1. 钻机基础形式与选型

钻机设备基础分现浇基础(永久基础)、活动基础(预制基础)、桩基础、混合基础几种形式。现浇基础包括毛石灌浆基础、素混凝土基础、钢筋混凝土基础,由油公司按钻井承包商提供的设备平面图进行设计和施工;活动基础包括钢筋混凝土基础、钢管排基础、钢木基础、条石基础、木方基础等,由钻井承包商负责提供;桩基础分灌注桩基础、预制桩基础两种形式;混合基础为以上多种基础形式的组合。

钻井设备基础的重点是底座、钻井泵和钻井液罐的基础,要考虑自重、载荷、卡钻拉力、起井架时局部压力、振动、水浸、施工时间和土地恢复等因素。钻机基础选型必须确保钻机安全生产的需求,遵循就地取材、综合成本最低的原则,主要依据的是地基承载力及钻机基础上部载荷。一般情况下,基础优先选择顺序为:活动基础—现浇基础—桩基础。根据地基承载力与钻机钻探能力的不同,可参照表 2-1-3 合理选用基础形式。

表 2-1-3 钻机基础选型

钻机钻探能力/m	地基承载力/kPa		
	<80	80~150	>150
≤4 500	现浇基础	活动基础优先	活动基础
>4 500	桩基础	现浇基础	活动基础优先

2. 钻机基础计算

钻机基础的结构及计算见附录2B。

3. 钻机基础布置

(1) 对称布置钻机基础,力求使设备扰力作用中心、设备和基础质量中心、基础底面几何形心位于同一铅直面上。

(2) 活动基础应布置在与设备底座纵梁垂直的方向上;整体运移的钻机基础可布置在与设备底座纵梁平行的方向上。

(3) 所有井场设备基础顶面应位于同一水平面上;井场设备有特殊安装要求时,也可设计不同的设备基础水平面。

(4) 钻机基础顶面高出地面不小于100 mm;整体运移的钻机基础顶面须低于地面0～50 mm。

(5) 设备底座边缘至基础边缘距离不小于300 mm。

(6) 预留钻井鼠洞及排水沟位置。

(7) 钻机基础宜设置在挖方区。

4. 钻机基础保护

(1) 对于沙漠、海滩、沼泽、地表裂缝多及表层窜漏严重的地区等特殊地质条件的井位,应考虑打导管、冲鼠洞、钻表层等作业对基础稳定性的影响。

(2) 钻井井场应设置良好的排水系统或抗滑桩,避免雨水浸泡或渗入基础底部,造成基础不均匀沉降或滑移。

(3) 基础采用大开挖施工方案时,对土质场地,基坑放坡坡度不大于1∶1;对岩质场地,基坑放坡坡度不大于1∶0.2。现场操作时须结合岩土层的实际情况确定放坡坡度。

5. 基础地基持力层(直接承受基础载荷的土层)要求

(1) 基础地基持力层应根据基础的形式和构造、作用在地基上的载荷及其性质、工程地质和水文地质条件、地基土冻胀和融陷的影响等因素确定。

(2) 确定基础地基持力层的要求。

① 在满足地基稳定和变形要求的前提下,钻机基础应尽量浅埋。

② 当上层地层承载力大于下层时,宜利用上层土作持力层。

③ 当表层地基承载力满足设计要求时,钻机活动基础可以平置或浅埋摆放在持力层上。对于湖区、水网地区,地表有淤泥、植耕浮土较浅的,应对淤泥、浮土进行清除或处理后将钻机基础摆放在满足承载力设计要求的持力层上。

④ 利用软弱土层作持力层时,有下列几种情况:

a. 对于淤泥和淤泥质土,宜利用其上覆较好土层作为持力层;当上覆土层较薄时,应采取避免施工时对淤泥和淤泥质土扰动的措施。

b. 对于充填土、建筑垃圾和性能稳定的工业废料,当均匀性和密实度较好时,均可用其作为持力层。

c. 对于有机质含量较多的生活垃圾和对基础有侵蚀性的工业废料等杂填土，未经处理不宜作为持力层。

⑤ 对于局部软弱土层以及暗塘、暗沟等，可采用基础梁、换土、桩基或其他方法处理。

⑥ 现浇基础在满足地基稳定和变形要求的前提下，基础宜浅埋；当上层地基土的承载力大于下层土时，宜利用上层土作为持力层。

⑦ 对于土特性均匀统一、未经扰动的稳定土层，且承载力特征值不小于 150 kPa 时，可直接作为钻机基础的持力层。

⑧ 当地基承载力或变形不能满足设计要求时，可选用机械压(夯)实、垫层、打桩等方法进行地基加固处理，处理后的地基承载力应通过试验确定。

⑨ 基础宜埋置在地下水位以上；当必须埋置在地下水位以下时，应采取地基土在施工时不受扰动的措施。

⑩ 当建井周期短且不跨越冻土融化期时，可不考虑地基的冻胀性，将基础直接放置在冻土表层上，否则须按 GB 5007—2011 规定计算基础的最小埋深；在冻胀、强冻胀地基上，按 GB 5007—2011 规定采取防冻害措施。

四、钻前施工其他重要事项

钻前工程施工之前须完成以下工作。

1. 资源国审批

井位确定后，须办理申报资源国审批手续。

不同国家和地区有不同的审批要求和分类，如用水许可、用地许可、噪声许可、用路许可等，必须一一申报，不可漏项。

圈地后，要及时同地方政府签订征地合同，如果地面上有附着物，还要签订附着物赔偿合同。值得注意的是，征地合同和附着物赔偿合同应包括入场道路和营地，在道路和营地的合同中不再赘述。

2. 井位再确认标记

由于钻前施工时要平整地面，为避免原始标记丢失，在动工之前要在井场外围 50～150 m 的范围内另设两个标记桩，并确保这两个标记桩是不会被挪动的，同时记录这两个标记桩到原始标记桩的距离和高差，以便原始标记桩被毁仍可准确找到井位，并根据高差变化计算出井位的新海拔数据。

3. 自然环境评价报告

资源国政府最敏感的是环保问题，所以在施工之前要对周围自然环境进行评估，记录工程施工前当地的自然环境状况，以便于在施工结束并恢复原貌时进行对比。自然环境评估主要包含以下内容：

(1) 项目概况；

(2) 项目周围环境现状，主要包含区域地理特征、气象水文及自然资源(如水资源、动植物资源、人文建筑等)状况；

(3) 项目对环境可能造成影响的分析、预测和评估，主要包括废弃的固体物质、排放的气体与液体、放射性及噪音对当地环境的影响，钻井液对地下水资源的破坏分析；

(4) 项目对环境的保护措施及其技术论证；

(5) 项目对环境影响的经济损益分析；

(6) 项目实施环境监测的建议。

自然环境评估应聘请具有相关资质的单位、团体或政府部门来完成，环境评估报告包括施工前和项目完成后各一份，用以验收时进行对比。

4. 井位复查

当钻前施工至方井(圆井)完成时，应聘请具有测量资质的第三方公司对井位坐标进行一次复查，目的是：① 检查钻前施工是否挪动了井位；② 对施工后海拔高度的改变加以确认；③ 对原服务公司所作标记进行验证，以确保井位在准确的坐标上。

5. 井场保卫

不同的国家或地区有不同的井场保卫标准，因此，在不同的国家或地区，同油公司签订保卫合同的服务公司也有所不同，可以是军队、警察、保安部队、保安公司、政府、民兵等。对此，应根据当地的井场保卫标准和治安形势、施工人员组成、项目重要程度、政府相关规定等实际情况来确定。

根据治安状况的需要，井场的四角和大门处可安装摄像头，实施全天候监控、记录。

五、井场施工

1. 井场施工的步骤

(1) 根据井场功能设计，做出具有具体尺寸的设计；

(2) 根据设计确定工作范围，计算出工作量；

(3) 根据市场价格和工作量做出标的；

(4) 对钻前公司进行资格审查，确认三家以上的钻前公司，发出标书；

(5) 经过技术标筛选后，商务标最能满足标的者中标，并授标、签合同；

(6) 钻前监督到位后即可开展钻前施工；

(7) 钻前监督每日将钻前日报发给作业部(施工前油公司须解决通信方式、器材工具等问题)；

(8) 井场施工完备，作业部要依合同对井场施工进行验收。

2. 工作量计算

井场工作量计算见表 2-1-4。

表 2-1-4　井场工作量计算表

序　号	工作内容	工作量/价格	材料量/价格	人工量/价格	小　计
1	土石方				
2	泥浆污水池				
3	井场排水系统				
4	围栏和大门				
5	井场硬化				
6	钻机基础				
7	其他设备基础				
8	方(圆)井				
9	导　管				
10	封闭化粪池				
11	焚烧池				
12	场内道路				
13	料　场				
14	井场维护				
合　计					

3. 工程招标

确定好施工方案，计算出工作量，然后公开招标。参与投标的施工方须对其所具资质、施工经验、设备和经济实力提供相关证明材料，油公司除了审核资料外还要到公司现场实地考察设备情况。整个招标过程按照公平、公正原则，确保最有实力、价格最合理的施工方中标。根据工作量大小，井场、营地、入场道路工程可以一起招标，也可以分开进行。

4. 合同

井场、营地和入场道路施工合同一般参照工程建设合同制定。施工合同应包括以下主要内容：

(1) 项目概况；

(2) 合同施工范围，以井场、营房、道路施工设计为准，列出主要施工流程、详细工作量；

(3) 合同工期，包括工程开工日期、工程计划进度表、工期延误处理办法等；

(4) 承包方式，分单价承包和总价承包；

(5) 合同价格，依据承包方式计算；

(6) 税费的承担；

(7) 双方的权利和义务；

(8) 施工辅助设施，包括施工中的用水、用电、通信、供应、住房、道路解决方案；

(9) 钻前监督的衣食住行费用；

(10) 安全保卫；

(11) 施工中的材料供应计划,包括施工中的各种建筑材料及提供方;

(12) 规定材料采购要求;

(13) 施工设备要求;

(14) 施工质量要求;

(15) 保质期;

(16) 安全生产及环保要求;

(17) 人员保障及资源配置;

(18) 实际工作量最终确认方式;

(19) 结算和支付方式;

(20) 合同变更;

(21) 竣工验收和完工计算,完工验收方式明细,完工验收标准;

(22) 工程担保及保险;

(23) 暂停与补偿;

(24) 违约责任;

(25) 不可抗力;

(26) 争议与仲裁;

(27) 合同解除和终止;

(28) 特别规定;

(29) 其他;

(30) 合同附件等。

5. 施工监督

(1) 监督介入时间:油公司配备的钻前监督在施工前 60 d 介入,参与设计、招标和合同谈判。如果不能参加上述工作,必须熟悉待监工程设计和合同的详细内容。

(2) 监督选择:监督既要懂工民建、道路修建,还要懂钻井施工流程;既要有较高的语言水平,还要有管理、沟通和组织协调能力,能处理好突发事件;身体健康。

(3) 监督内容:根据合同和设计要求对包括井场、营地、道路、水井等所有钻前施工进行监督,内容主要包括施工质量、施工进度、HSE 管理、支付结算控制程序、信息管理、工程变更和竣工验收等。

(4) 钻前日报:由钻前监督填写,包括从钻前施工的第一天到钻前工程全部验收合格时的每日工作内容。设备运输、安装期间的日报,由钻井监督在钻井日报上填写。钻前日报应将井场、营地、入场道路、供水(水源)工程放在一起,以便于资料存档。如果道路钻前监督和井场钻前监督相距太远,且通信不便,可由钻前总监根据收集的资料填写。现场的原始资料作为附件保存。表 2-1-5 为推荐的钻前日报格式,具体使用时可根据工作量的不同进行增减修改。

6. 井场验收

(1) 井场施工验收必须以合同为准则,合同以外的标准不能作为验收依据。

表 2-1-5 钻前日报表(样本)

公　司				日　期			
井　号				天　气			
井　场		营　地		道　路		水源工程(按水井)	
1. 投入设备	数　量	1. 投入设备	数　量	1. 投入设备	数　量	1. 投入设备	数　量
翻斗车		翻斗车		翻斗车		钻　机	
装载机		装载机		装载机		水　泵	
推土机		推土机		推土机		2. 投入人力	
水罐车		水罐车		水罐车		3. 工程进度/%	
刮平机		刮平机		刮平机		水井号	
压路机		压路机		压路机		井　深	
油罐车		油罐车		油罐车		进　尺	
挖土机		挖土机		挖土机		当日工作	
服务车		服务车		服务车			
其　他		其　他		其　他			
2. 投入人力		2. 投入人力		2. 投入人力			
3. 工程进度/%		3. 工程进度/%		3. 工程进度/%			
井场土石方		营地土石方		入场道路			
井场硬化		营地硬化		原有土路			
钻机基础		污水池		国道省道		水泵安装进度	
污水池		围栏和大门		其　他		水管安装进度	
围栏和大门		排水系统					
排水系统		化粪池					
化粪池		垃圾处理池					
4. 承包商		4. 承包商		4. 承包商		4. 承包商	
5. 说明 钻前监督 (签字)							

(2) 验收内容如下:

① 合同中的工作量是否完成,合同工作量有无增减;

② 是否达到质量要求;

③ 施工工期是否推迟及其原因;

④ HSE 工作是否合格。

有的工程质量需要通过时间或气候自然条件变化得到验证,如排水系统、污水池、井场内外坡堤等,因此合同中必须设定保质期,在保质期内出现的问题须由承包商来维护,可以通过合同尾款来约束。

从施工的第一天起，油公司就要安排钻前监督进驻井场，对井场施工进行全面监理，若发现问题及时整改。如因各种原因验收不合格，须下达书面整改通知，限定整改时间，明确整改内容。再次验收只验收整改内容。

第二节　井场道路

一、道路踏勘

1. 道路踏勘职责

道路踏勘由油公司作业部负责。

2. 踏勘程序

(1) 准备作业区地图，标出钻机设备位置、办公室位置及井位坐标。

(2) 选两到三条路线，组织相关人员实地查看，记录好关键点。

3. 踏勘报告

(1) 各条路线情况对比。

(2) 每条路线分三段，每段踏勘的具体内容见表 2-2-1。

表 2-2-1　道路踏勘表

路　段	长度/km	情况描述
正规路		具体限高点、限重点、限宽点、限长点
简易路		路基、路宽、弯度、坡度、小桥、涵洞、排水、村庄、车流、限高、限重、限宽、关卡、河流、电缆、电线、标记情况等
入场路		土地、附着物、土石方量、入场方位等

二、道路设计

1. 路线选择

路线选择原则如下(按优先次序)：

(1) 通行原则：必须保障钻井、固井、测试、压裂等大型设备能安全顺利地运送到井场。

(2) 安全原则：在钻井施工期间，应保证该路线能安全顺利通行，不致因发生洪水、滑坡、山石滚落等自然灾害造成阻断。在一些国家或地区还要考虑部落关卡、地雷区等人为因素。

(3) 利用原有道路原则：要尽可能利用原有道路，以减少施工难度。

(4) 距离最近原则：特别是新修的入场道路，越短越好。

(5) 成本最低原则：同等条件下，选择成本最低的路线。

2. 路线分段命名

一般情况下，钻机设备运输路线的构成形式见图 2-2-1。路线通常分三段命名，从 A 到 C 和从 B 到 C 是柏油路或水泥路，称之为正规路；从 C 到 D 是沙石路或土路，称之为简易路；从 D 到 E 原本没有可供车辆行驶的路，必须新开辟一条道路到达井场，称之为入场道路。入场道路是工作的重点。这条选定的路线（$BCDE$）称之为主线（BE），设计中要描述主线（BE）的总长度与正规路（BC）、简易路（CD）和入场道路（DE）的各自长度。

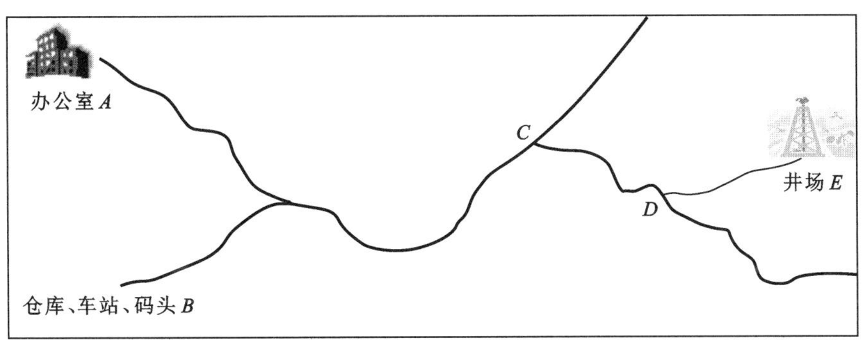

图 2-2-1　路线命名

3. 正规路

正规路一般不能改变。选择时首先要取得路政许可，再沿路检查各限高点高度、各桥梁限重吨位、最窄点宽度等。如果同实际设备的外形尺寸和重量有冲突，则应采取如下措施：

（1）利用低平板车运送较高设备；

（2）拆卸设备到合适大小；

（3）绕路；

（4）收费站应走最外宽道。

需要注意的是，钻井、固井、测试、压裂承包商和运输分包商是运输活动的主体，油公司须尽到提示、帮扶和不安全时制止的义务。

4. 简易路整改设计

简易路整改应遵循以下基本原则。

（1）宽度：在有条件的情况下，应达到一级公路宽度，即平原微丘地区路基宽 8.5 m、路面宽 7 m；山岭重丘地区路基宽 7.5 m、路面宽 6 m。当受条件限制，路宽只能达到 4 m（三级标准）时，要确定转弯半径是否能满足要求；如果道路无法加宽，应在每 300～500 m 处加修会车台，会车台的宽度要达到 2.5～3.5 m，有效长度为 30 m。

（2）高限：在简易路上应全程检查道路上方横穿公路的电缆、电线、水管、横幅、牌门、渡槽、高架桥等。这些横穿公路的障碍物一般有两种情况：一种是可升高的；一种是不可升高的。对于第一种情况，可将其升高到 5 m 以上；如果有第二种情况存在，应采取其他措施，如下挖增加相对高度、拆卸设备、绕路等。

（3）弯度：凡是有弯度的地方，根据弯度大小加宽 0.3～2.7 m。

(4) 路面平整度：由于运送钻机的拖板轴距在 10 m 左右、底盘高只有 40 cm，因此规定路面 10 m 的平整度不能超过 30 cm。

(5) 路面硬化：要根据原有路基的情况对路面进行加固，加固材料按三到四级公路标准，即采用碎石、砖块、矿渣或其他当地筑路材料；厚度视原基础情况从 10 cm 到 80 cm，用压路机压实。

(6) 桥涵加固：简易路上一般为 15 m 以内的小桥，有多种加固方式，包括铺管材、板材（木板、钢板等），或采用土石、钢筋混凝土加固。推荐使用 20 cm 厚的钢筋混凝土直接将桥面铺满，两端搭接在实地上，搭接长度大于 0.5 m，接口修平。钢筋尺寸和布筋方案、水泥标号等要符合路桥要求。

简易路上的涵洞多为砖砌或水泥结构，必须加固。根据涵洞流量，推荐使用预制水泥管或螺纹管横埋于路下，埋管后路面修平，路面距管顶的厚度要达到 50 cm（钢管）或 80 cm（预制水泥管）。

(7) 排水：路面中间与边缘的坡度为 3%，道路两边的排水沟要畅通。

(8) 道路标记：主要有安全标记、警示标记、指路标记等。

5. 入场道路设计

(1) 入场道路特点：车流量小，平均每天 20 辆左右；多为大型车辆，车辆（有效载货部分）长度可达12 m，最长 15 m，载重量从 10 t 到 70 t；道路使用时间短，一般为半年到两年。

(2) 路宽设计原则：对于路程短（不超过 5 km）、钻井日费高、道路修建成本低、土地便宜、没有农作物和农业设施、机型超过 4 000 m 的大钻机及搬迁车辆多等情况，应采用双车道，其宽度见表 2-2-2；对于路程长，受地形、农地、建筑物等限制，钻机偏小、车辆流量小、施工的井较简单、材料供应少等情况，可采用单车道，其宽度应按表 2-2-3 设计。

表 2-2-2　双车道路宽设计表

单位：m

等　级	平原、微丘			山岭、重丘		
	路　基	行车道	路　肩	路　基	行车道	路　肩
一	8.5	7.0	0.75	7.5	6.0	0.75
二	7.5	6.0	0.75	7.0	6.0	0.5

表 2-2-3　单车道路宽设计表

单位：m

等　级	平原、微丘			山岭、重丘		
	路　基	行车道	路　肩	路　基	行车道	路　肩
三	5.0	3.5	0.75	4.5	3.5	0.5
四	4.5	3.0	0.75	4.0	3.0	0.5

由于运送钻机的车辆都是重型车辆，一般建议不要采用表 2-2-3 中的四级标准。

以上表中描述的是直路情况，如果是弯道则需要加宽，加宽宽度应根据转弯半径确定，具体见表 2-2-4。

表 2-2-4　弯道路面加宽设计表　　单位:m

转弯半径	40	50	60	70	80	100	120	150	200	250	300	400	500
双车道			2.7	2.2	1.9	1.6	1.5	1.3	1.0	0.8	0.7	0.5	0.3
单车道	2.7	2.3	2.1	1.8	1.6	1.4	1.3	1.1	0.9	0.7	0.6	0.5	0.3

注:转弯半径以公路外弧线为计算基准。

(3) 弯度设计:转弯半径与地形条件、通行车辆的大小有关,入场道路设计最小转弯半径见表 2-2-5。

表 2-2-5　转弯半径设计表

<table>
<tr><th>地　形</th><th>钻　机</th><th>平原、微丘</th><th>山岭、重丘</th></tr>
<tr><td rowspan="4">一般入场道转弯半径/m</td><td>4 000 m 以下</td><td>70</td><td>40</td></tr>
<tr><td>4 000～7 000 m</td><td>80</td><td>50</td></tr>
<tr><td>7 000 m 以上</td><td>90</td><td>60</td></tr>
<tr><td>车装钻机</td><td>120</td><td>90</td></tr>
<tr><td rowspan="4">极限转弯半径/m</td><td>4 000 m 以下</td><td>40</td><td>35</td></tr>
<tr><td>4 000～7 000 m</td><td>50</td><td>40</td></tr>
<tr><td>7 000 m 以上</td><td>60</td><td>50</td></tr>
<tr><td>车装钻机</td><td>90</td><td>70</td></tr>
</table>

(4) 会车台:如果路宽设计选用单车道,则需加建一定数量的会车台,要求见表 2-2-6。

表 2-2-6　会车台设计

<table>
<tr><th>会车台示意</th><th>要　求</th></tr>
<tr><td rowspan="3">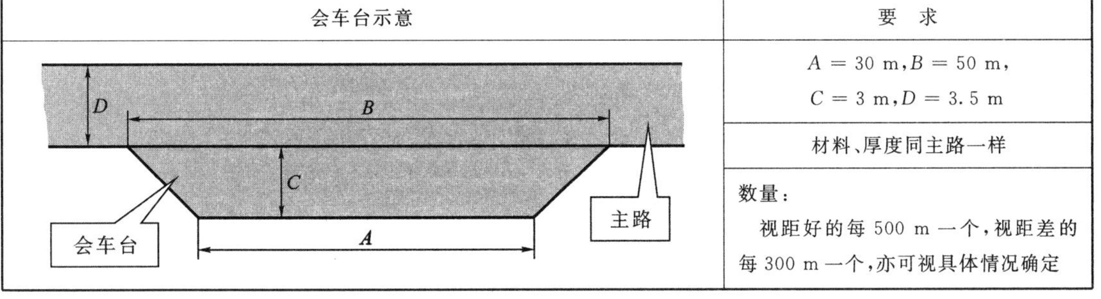
</td><td>$A = 30$ m,$B = 50$ m,
$C = 3$ m,$D = 3.5$ m</td></tr>
<tr><td>材料、厚度同主路一样</td></tr>
<tr><td>数量:
视距好的每 500 m 一个,视距差的每 300 m 一个,亦可视具体情况确定</td></tr>
</table>

(5) 纵坡坡度和纵坡长度:坡度越小越好;连续纵坡不能太长,否则会导致刹车过热失灵,造成事故。入场道路的最大纵坡坡度和纵坡长度限制见表 2-2-7。

表 2-2-7　纵坡坡度和纵坡长度限制表

地形条件	最大纵坡坡度/%	纵坡长度限制/m
平原、微丘	3～5	300
山岭、重丘	7	500

(6) 道路边坡、路堑深度、路堤高度:一般情况下,入场道路的边坡坡度为 1∶1.5,堑深和堤高不应超过 2 m;实际情况取决于地质条件,按岩土性质由软到硬,推荐数值见表 2-2-8。

表 2-2-8　道路边坡、路堑深度、路堤高度

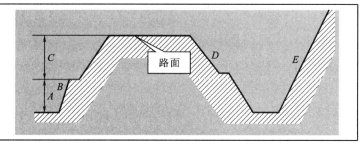

	岩土性质(软—硬)
路堑深度 A/m	0.5～5
路堑坡度 B	1∶0.1～1∶2
路堤高度 C/m	0.5～3
路堤坡度 D	1∶1.3～1∶1.7
外坡坡度 E	1∶1.3～1∶1.7

(7) 路基压实:道路修建土石方工作完成后,路基必须压实,压实深度和压实度要求见表 2-2-9。

表 2-2-9　路基压实要求

填挖类别	压实深度/cm	压实度/%
填　方	80	>93
挖　方	0～30	>93

(8) 路面硬化:路面硬化按三级标准,对入场道路可简化铺填层次。一般情况下,第一层为粗料,厚度 30 cm;第二层为精料,厚度 20 cm。在不同的路基、气候条件下,可根据需要按表 2-2-10 对厚度进行增减。

表 2-2-10　路面硬化要求

内　容	层　次	厚度/cm	材　料	适用条件	路面硬化示意
正常路面	第一层	30	毛石、砖头、片石	正常地质条件和气候条件	
	第二层	20	碎石、矿渣、砂土、地方专用材料		
加厚路面	第一层	50	毛石、砖头、片石	湖区、沼泽、农田、多雨地区等	
	第二层	30	碎石、矿渣、砂土、地方专用材料		
减薄路面	第一层	10	砾石、砖头、片石	硬地、多石路基、少雨地区等	
	第二层	20	碎石、矿渣、砂土、地方专用材料		

三、道路施工

道路施工的流程为:道路踏勘—踏勘报告—道路设计(包括路线选择和工作量计算)—征地—招标—签合同—开工指令—施工—全程监督—完工—验收—维护—付款—终止。

道路施工和井场、营地施工的程序基本相同,可放在同一个合同中,由同一监督监理。

第三节　生活营地

一、营地踏勘

1. 营地选择的原则

(1) 在井场周围 500 m 至 10 km 的范围内选择，在此范围内距井场越近越好。含硫井的营地须距井口 1 km 以上，且必须考虑风向。

(2) 当距井场较近时，必须设置在井口的上风方向，地势须高于井口。

(3) 必须选择在没有泥石流、洪水及其他自然灾害影响的地方。

(4) 最好在入场道路或简易道路的路边，营地路不宜过长。

(5) 选择在天然平地、施工工程量少、土地及附着物便宜的地方。

(6) 处于风景好、安静、有利于员工休息的环境。

(7) 满足承包商和当地人的要求。

2. 踏勘报告

(1) 营地选择方案：根据以上原则，选择 2～3 个可能营地，经过比较优选其一。

(2) 描述营地情况：大小、地势地貌、周围情况、位置、气候影响、防火、排水情况。

(3) 工作量：土石方工作量、用水用电解决方案、营地道路施工方案。

二、营地设计

1. 营地功能设计

营地的主要功能即住宿、膳食、停车、安全。按功能可划为 A，B，C 三个不同的区域，其中，A 区为大门、停车场、食堂、水罐、发电房等；B 区为住宿区；C 区为排污区。A，B，C 区的面积比例为 2∶2∶1(见图 2-3-1)。

2. 营房布局方式

营房布局方式应根据营房类型、地形及气候条件等因素确定。三种典型营地布局见图 2-3-2。三种方式的各自特点是：排列式互不干扰，院落式可省掉围墙，组合式能节省空间。营地整体布局由油公司总体设计，营房布局由钻井承包商安排，营房数量应写入钻井合同。

3. 营地面积

营地面积取决于下列因素。

(1) 钻机大小：钻机大、岗位人员多，营地需求大。

(2) 井的复杂程度：井深、套管层次多、施工时间长，营地面积应相应增加。

(3) 地形地价：地形平坦、地价便宜，营地可以加大。

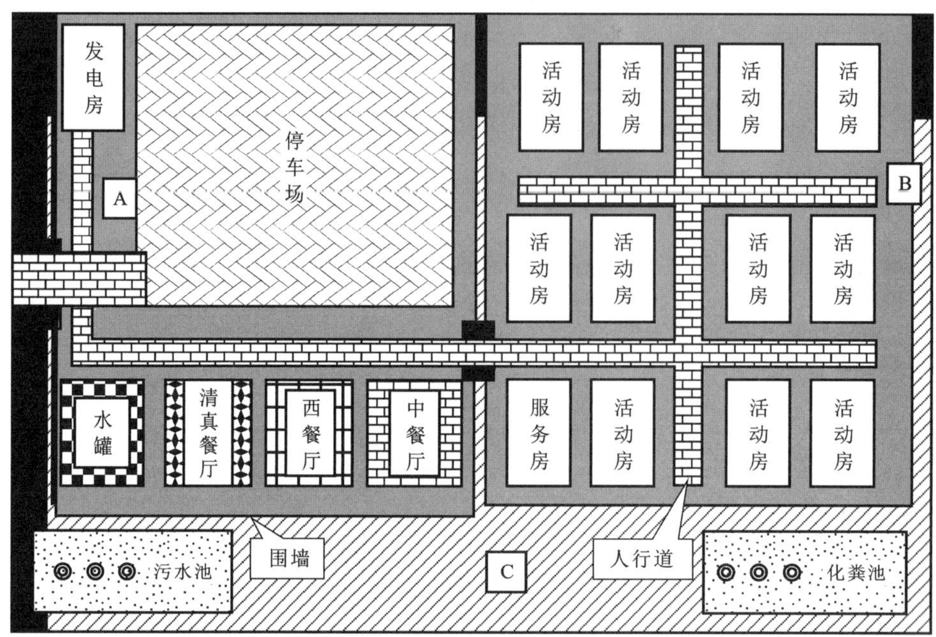

图 2-3-1　生活营地功能区域划分

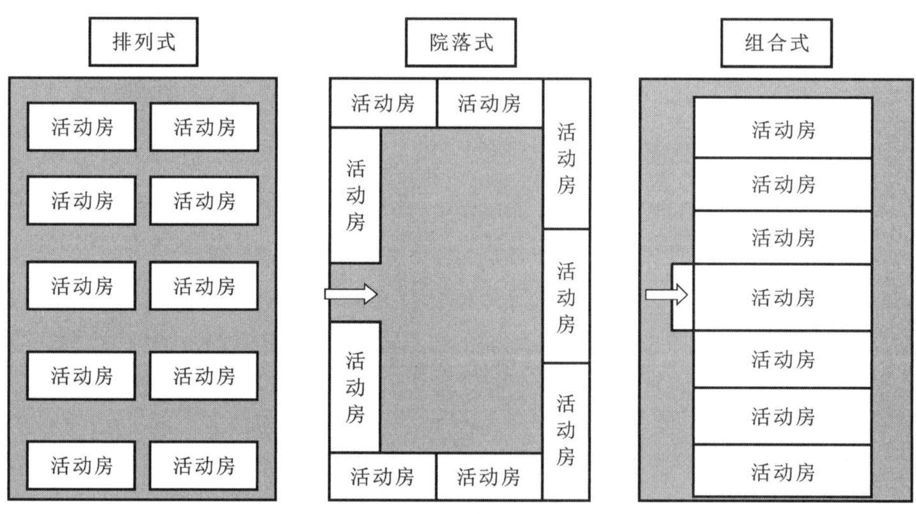

图 2-3-2　营地布局

(4) 井的类别：勘探井施工人员多，需要的营地较大；开发井施工人员少，需要的营地较小。

(5) 旅居方便程度：如果附近有方便的旅店或可居住区，可不考虑流动人口和车辆所需占用的面积。

综合以上因素，在钻机主合同中应根据确定营房床位数确定出营房数量，连同餐厅、发电房、水罐、污水池、化粪池、停车场等营地设施计算出营房和设施的占地总面积，再除以 25% 的容积率(或乘以 4)即为营地占地总面积。根据具体情况，一般在 400～10 000 m^2 之间。

4. 营地的其他设计

(1) 地面硬化：A 区地面硬化须达到入场道路的标准；B 区地面硬化可分为两种情况，一种是活动房直接摆放在地面上，地面也要达到入场道路的标准，另一种是活动房有预制基础，地面硬化要求可比道路降低 50%(指厚度)；C 区的地面硬化要求比道路降低 50%。

(2) 内外边坡坡度：根据岩土性质、稳定性选择坡度，一般为 1∶1.1～1∶1.5。

(3) 排水排污系统：营地周围挖横截面积(0.4 × 0.4)m^2 的排水沟，该排水沟只排雨水和水罐溢水；发电房周围必须有环形回收沟，严禁废油流出营地；餐厅污水必须流入污水池，活动房污水必须流入化粪池；人多、面积大的营地，污水池和化粪池要分开，小营地可以合并为一个；污水池和化粪池都必须是封闭式的，见图 2-3-3。

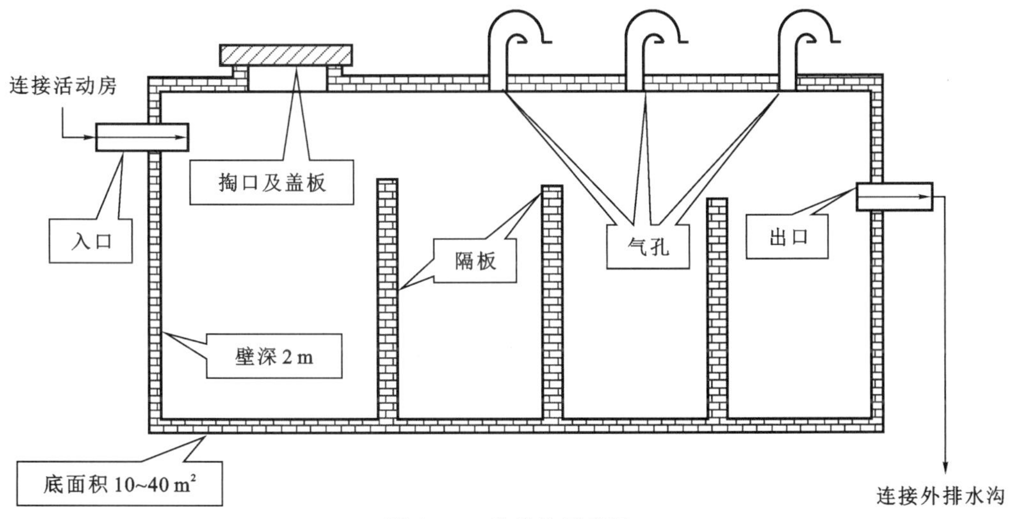

图 2-3-3　化粪池示意图

(4) 围墙和大门：采用同井场一致的围墙和大门；大门应有专人看守，并设平衡杆控制、管理车辆；围墙宜采用色调和谐、田园风光式的栅栏和篱笆，尽量不要使用带刺铁丝网等材料。

三、营地施工

(1) 工作量测算：施工前须准确测算工作量以用于招标，其中征地、清理地面附着物、入营道路建设等均应包括在内。

(2) 施工程序：施工程序同井场一样，包括招标、签合同、监理、验收等，可参照井场相关内容。

第四节　供水工程

一、水源踏勘

1. 寻找水源

踏勘中应寻找在井场周围 10 km 范围内存在的所有水源，包括地下水源(含水井)和地表水源(包括河水、塘水、泉水、水库)。同时，要根据水文资料了解水源在一个钻井作业期内供水能力可能变化的情况，用以提供确定水源决策的依据。

2. 踏勘报告

将所找到的每一个水源编号，并标在图上，通过优先顺序进行取舍，最后确定一个或几个水源作为最终解决方案，形成踏勘报告。

3. 优先取舍顺序

水源的优先取舍顺序为：① 保证供水量；② 首次投入少；③ 维护费用低；④ 距井场近。

4. 水源决策

水源决策依据原则见表 2-4-1。

表 2-4-1　水源决策依据原则

<table>
<tr><td rowspan="2">决策项目</td><td colspan="2">决策内容</td></tr>
<tr><td>地下水</td><td>地表水</td></tr>
<tr><td>水源类别</td><td colspan="2">① 优先使用地表水；
② 如果地表水水源在 3 km 以外，且井场近处有地下水，则使用地下水</td></tr>
<tr><td>集水工程</td><td>是否要钻水井：
① 已有水井距井场很近，则不必钻井；
② 如果近处无水井、井场地下有水源，可以钻水井</td><td>是否要修建水坝：
水源为湍急流水且没有形成 2 m 深的水潭，或水流较小时，需建一小水坝或挖一个深坑，以供水泵吸水</td></tr>
<tr><td rowspan="2">举水工程</td><td>水泵类型：
① 水位距地面 50 m 以上的使用轴流泵；
② 水位在 10～50 m 的使用电潜泵；
③ 水位在 10 m 以内的使用离心泵</td><td>水泵类型：
① 扬程 1～20 m 的使用离心泵；
② 扬程 20～50 m 的使用电潜泵；
③ 扬程 50～100 m 的使用轴流泵；
④ 扬程 100 m 以上的使用活塞泵</td></tr>
<tr><td colspan="2">水泵动力选择：
电源距水源 1 000 m 以内时可用电动机，否则用柴油机</td></tr>
<tr><td>运水工程</td><td colspan="2">输水设备：
① 水源距井场 3 km 以内，使用水管线；
② 水源距井场超过 3 km，使用水罐车运水；
③ 在具备可靠水源和良好服务条件的地区，可寻求供水服务商（部门）提供设备和供水服务，服务合同中须明确供水量、价格、验收方式等</td></tr>
<tr><td>储水工程</td><td colspan="2">储水设施：
① 如果水源供水量大于钻井泵排量，则只需用水罐储水。
② 如果水源供水量不足，则要建一个蓄水池。蓄水池大小按现场实际条件确定，可从 50 m^3 到 5 000 m^3。
③ 水罐由钻井承包商提供，在钻机主合同中体现；水池则应在井场设计中考虑，由钻前承包商完成</td></tr>
</table>

二、供水工程设计

1. 水井设计

水井设计由水井承包商提供，油公司钻井（钻前）工程师主要审查其井位位置、安全性、出水量、设备及材料要求。

2. 水泵吸水坑(非水井)设计

水泵吸水坑设计由油公司钻井(钻前)工程师完成,保证水深始终大于 2 m,并不会被砂石填平,不会被洪水冲没。

3. 水泵选择

由钻井工程师根据钻井所需水量和现场实测的扬程、距离、水源温度等因素来确定水泵的泵型、功率、动力类型等。

4. 输水管线选择

输水管线的选择由钻井工程师完成,可利用废旧钻井管材或合成塑料管。水管尺寸的设计主要根据水量、泵功率和输送距离来决定,因水管尺寸会影响泵的选择,因此两者须同时进行设计。设计中出水量的计算应按理论出水量(包括水泵的扬程、真空度、排量等标牌数据)的 70%～80%取值。

5. 水罐车选择

根据用水量、车辆越野能力、罐车的自装卸能力、道路情况等因素来选择水罐车。

6. 水池设计

在井场设计中体现。

7. 泵房设计

远离井场的供水泵需设计泵房,面积为 5～20 m^2,用以保证设备、工具、配件以及人、畜安全。泵房近处应建有面积为 5～12 m^2 的值班房,以供操作人员宿居、休息。

8. 供水量计算

水量需求主要取决于钻机大小、井内漏失情况等。在正常情况下,粗略的计算方法是:井场所有容器(井筒、钻井液罐、水罐、水池、污水池、设备)容积的两倍除以钻井时间(有进尺的总天数)即每天用水量。在井下发生漏失的情况下,如果是“有进无出”的严重漏失,则供水量必须达到钻井泵的排量;如果是一般漏失,则供水量按粗算用水量加上井下漏失量计算。

9. 水质要求

钻井用水主要包括钻井液、固井和设备冷却三部分。一般情况下,自然水(井水和河水)即能满足要求。当确定水源后,需要进行取样化验,其目的:一是看能否作为生活用水,若不能则要寻找生活用水水源;二是了解水的硬度及其他特性,为钻井液、水泥浆材料计划提供依据。生活用水水质基本要求见表 2-4-2,各个国家或地区的规定会有所不同。

通过化验,如果水质达不到生活用水的要求,则须通过其他渠道解决生活用水的来源。至于饮用水,现大多使用合格的桶装水或瓶装水。

表 2-4-2　生活用水(非饮用水)水质基本要求

检测序号	检测项目	单　位	最大允许值	检测序号	检测项目	单　位	最大允许值
1	菌落总数	CFU/mL	500	9	pH 值		6.5～9.5
2	砷	mg/L	0.05	10	溶解性总固体	mg/L	1 500
3	氟化物	mg/L	1.2	11	总硬度	mg/L	550
4	硝酸盐	mg/L	20	12	耗氧量	mg/L	5
5	色　度	铂钴度	20	13	铁	mg/L	0.5
6	浑浊度	NTU 散射	5	14	锰	mg/L	0.3
7	味　度		不得含有	15	氯化物	mg/L	300
8	肉眼可见物		不得含有	16	硫酸盐	mg/L	300

三、供水工程施工

(1) 实施:供水工程施工由承包商完成,油公司负责计算工作量、招标、签订合同及全过程的监督。

(2) 注意事项:合同工作量中须包括水源维护、水泵保养等。

(3) 验收:依照合同进行验收。

第五节　搬迁安装

一、搬迁工作必备条件

1. 钻前工程

除钻井液罐周围的污水池外,井场建设的主体工程、营地建设、正规路调查、简易路整改、入场路修建、供水工程等须全部完工并验收合格。

2. 合同

钻井服务主合同及运输、固井、钻井液服务、下套管服务、测录井服务、钻井监督服务、钻井材料和井下工具供应、安全保卫等合同已签署完毕。

3. 生活用水

生活水源和运送方式已解决,生活水罐到位并储水,满足生活用水要求。

4. 环境

钻井承包商和运输承包商到完工后的钻前工地查看并予确认。

5. 搬迁车辆、人员

运输承包商已按与钻井承包商签订的运送钻机合同,准备好运输车辆、装卸设备和人员。

6. 搬迁计划

钻井承包商已做好搬迁计划，确定了设备、活动营房、库房、爬犁的摆放位置和搬迁顺序。

7. 应急预案

钻井承包商完成了应急预案的制订。

8. 搬迁路线

调查了解在同一路段同一时间有无冲突或其他影响因素。

9. 天气

保证搬迁期间没有恶劣天气(大风、大雨、闪电、雷鸣、扬尘、暴热、严寒等)。

10. 许可证书和民事赔偿

确认已取得钻前工程各项许可，各种土地附着物和其他民事赔偿均已完成。

搬迁条件检查表见表 2-5-1。

表 2-5-1 搬迁条件检查表

分　类	序　号	内　容	是/否	分　类	序　号	内　容	是/否
钻前工程	1	井场主体工程完工		油公司准备与协调	22	钻井监督到位	
	2	营地完工验收合格			23	钻井日报准备	
	3	道路完工验收合格			24	通信设备调试好	
	4	供水工程验收合格			25	钻前监督到位	
	5	生活用水准备			26	修路设备待命	
合　同	6	钻井服务主合同			27	HSE 监督到位	
	7	运输合同			28	搬迁路线无冲突	
	8	固井服务合同			29	民事赔偿完成	
	9	钻井液服务合同		许可证	30	井场土地使用证	
	10	下套管服务合同			31	营地土地使用证	
	11	录井合同			32	入场道路土地证	
	12	监督人力合同			33	钻水井许可	
	13	钻井材料合同			34	其他水源使用许可	
	14	井下工具合同			35	用路许可	
	15	测井合同			36	用电许可	
	16	安全保卫合同			37	噪声许可	
	17	套管合同			38	排污许可	
承包商准备	18	现场查看钻前工程			39	环境评估报告获准	
	19	钻机运输车辆、设备		天气条件	40	允许搬迁安装	
	20	搬迁安装计划			41	视天气情况变化而定	
	21	搬迁安装应急预案			42	不允许搬迁安装	

二、搬迁安装

1. 承包商

（1）钻井承包商是搬迁的主体，其他承包商配合搬迁；当搬迁各方有冲突时，以钻机设备的搬迁为主。

（2）搬迁过程中道路修建承包商须在路边待命，观察重车通过后的道路状况，发现损坏及时修补；工程机械处于待命状态，一旦出现陷车阻路情况，应及时解救，并修复陷车路段。

（3）钻井承包商和其他运输承包商必须按预先计划的单车载重量、限制尺寸（长、高、宽）、行车限速等规定进行钻机搬迁；单行路段须有专人指挥单边放行。

（4）井场和营地修建承包商须在各自施工的现场进行观察记录，有问题时及时修复整改。

（5）供水工程承包商要在现场查看供水设备情况，实测实际供水速度。

（6）运输承包商按搬迁计划运送钻井管材、工具、材料。

2. 监督

（1）钻井监督是现场的总指挥，负责审查服务公司搬迁计划，对各承包商进行协调，联系地方部门和其他可能的用路单位并进行协调。搬迁过程中出现问题要及时解决并上报。钻井白班监督在新井场，夜班监督在老井场。从搬迁第一天起，钻井监督就应向作业部报送钻井日报，重点报告搬迁安装进展情况。由钻前监督报送的钻前日报要延续到开钻，主要报告钻前工程有无质量问题或出现的其他问题。对于没有配备 HSE 现场监督的项目，HSE 的所有职责均由钻井监督负责。

（2）钻前监督在搬迁期间要组织各钻前承包商及时维护损坏的钻前工程，组织修路设备在路边待命，保障搬迁车辆顺利通行；及时记录存在的问题，为承包商工作的评价、结算提供依据。

（3）HSE 监督在搬迁期间主要负责对服务公司应急预案的审查，监督所用设备工具（如吊索等）是否符合安全标准、是否有违规操作等。

3. 注意事项

（1）工作时间安排：在钻井总监的调度之下，一开钻井所需的承包商（包括设备和人员）要在同一时间段到达现场，工作时间按各自的搬迁安装工作量计算。承包商工作时间安排计划见表 2-5-2。

（2）计划：搬迁安装计划由钻井监督将各承包商搬迁安装计划进行汇总，并根据合同中各方的权利和义务进行编制，主要包括各承包商起始工作日期和完工日期、每日投入车辆及设备的数量和规格、投入的总人工和每日新老井场人工安排、生活设施（包括食宿、防暑防寒、急救、通信等物资器材）准备情况、搬迁路途整改协调情况、HSE 应急预案等内容。

（3）设备数量和质量：搬迁安装期间，钻井监督要对照合同检查服务公司提供的设备及工具的数量和质量、规格型号、新旧程度等，如有不符则要求服务公司解决，不能解决的上报作业部。

表 2-5-2　承包商工作时间安排

承包商	搬迁安装各承包商工作时间安排														开钻验收
	一周							二周	三周	四周	五周	六周	七周	八周	
钻　井															
录　井															
固　井															
下套管															
井下附件															
套管头															
……															

三、设备安装质量

影响安装质量的因素主要有：设备基础的施工质量、设备技术状况、施工人员的技术水平等。不同类型的钻机有不同的安装标准，安装验收检查项目、标准要求参见表 2-5-3。实际操作中，具体到某一种钻机，可制定出详细的验收标准。

表 2-5-3　设备安装验收表

分　类	验收项目	技术标准	验收情况
主体设备	外观	平、正、稳、牢、全、灵、通、严	
防护部件	栏杆、护罩、梯子、台板	齐全、完好、牢靠、整齐	
运转部件	轴承、链条、皮带、万向节	不旷不卡、松紧有度、润滑良好	
控制部件	阀件、开关、油气水管路	灵活、畅通、不渗不漏	
制动部件	绞车、转盘、顶驱制动	迅速、可靠	
保险部件	防碰天车、安全阀、安全销	可靠、标准	
连接部件	螺杆、销子、卡子	紧固牢靠、安全销齐全、润滑无锈	
井架与底座	1. 底座	无裂缝、无开焊、无变形，底座与基础接触面积达 90%以上	
	2. 井架各部拉筋、附件、连接销	紧固牢靠、保险销齐全	
	3. 大门坡道	固定牢靠	
	4. 井架四角水平高差	小于 5 mm	
	5. 天车、井口、转盘同心度偏差	小于 20 mm	
	6. 逃生装置	钻台上有逃生滑道，二层台上有安全逃生装置	
绳　索	1. 内外钳吊绳	直径 12.7 mm 钢丝绳	
	2. 内外钳尾绳	直径 22 mm 钢丝绳＋3 副绳卡	
	3. 液压大钳吊绳	直径 12.7 mm 钢丝绳，尾桩固定牢靠	
	4. 大绳死端	压板背帽齐全、固定牢靠，防滑绳卡 2 只	

续表 2-5-3

分　类	验收项目	技术标准	验收情况
绳　索	5. 大绳活端	压板固定牢靠，防滑绳卡 3 只	
	6. 井架起落大绳	无明显变形、扭曲、磨损、腐蚀，每一扭上断丝不得超过 2 丝	
	7. 录井钢丝绳	直径 3～4 mm 钢丝绳，重锤拉紧，不与井架接触	
传动系统	1. 绞车水平度	小于 2/1 000(滚筒面)	
	2. 转盘水平度允差	小于 2/1 000(旋转平面)	
	3. 绞车滚筒排绳器	安装正确	
	4. 压风机	位置合理、固定牢靠	
	5. 水龙头	转动灵活，油和钻井液不渗漏	
	6. 顶驱装置	转动灵活、不渗不漏	
循环系统	1. 钻井泵四角高差	小于 3.0 mm	
	2. 钻井泵空气包	预充压缩氮气，充压值为工程设计泵压的 1/3，或根据说明书	
	3. 钻井泵安全阀和保险销	符合说明书和设计要求	
	4. 钻井泵上水管	有过滤装置	
	5. 高压循环部分	有过滤装置	
	6. 循环槽	前高后低，逐罐低 15～20 mm	
	7. 所有循环罐	既能单独使用，又能合并使用	
	8. 循环罐搅拌器	试运转不漏油，声音正常	
	9. 固控设备	齐全、完好，满足设计要求	
	10. 立管	接口足够，阀门开关灵活，固定牢靠	
仪　表	1. 钻井仪表固定	有减震和避震措施	
	2. 指重表、压力表	位置正确，灵敏、可靠，量程适当	
	3. 连接管线	排列整齐、标志清晰、固定牢靠	
	4. 其他仪表	灵敏、准确、可靠	
柴油机	1. 柴油机四角高差	小于 2 mm	
	2. 柴油机工作环境	应有顶棚，防雨、防沙	
	3. 排气管	排气管要有自动灭火装置	
录井设备	1. 录井仪	位置合适、方向正确	
	2. 集气装置	气量合适、高度正常	
	3. 各种探头	安装合理、对钻井无影响、反应灵敏	
	4. 样品房	有晒砂台、岩心台等	
固井设备	1. 固井机泵	摆放位置合理、技术状况良好	
	2. 灰罐	地基坚实，四角高差小于 2 mm	
	3. 水罐	地基坚实、防水，四角高差小于 4 mm	
	4. 现场水泥浆化验仪器	现场配备	

续表 2-5-3

分　类	验收项目	技术标准	验收情况
电　器	1. 井场所有电器	防爆	
	2. 电缆	在地下 0.5 m 或地上 3 m，或在电缆专用槽中；跨路电缆须设保护管	
	3. 探照灯	数量、照度足够	
方井/圆井	1. 方井	长、宽、高达到设计要求，墙体达到设计要求	
	2. 圆井	直径、高度、墙体达到设计要求	
导　管	1. 下入深度	达到设计要求	
	2. 环空固结程度	不渗不漏、牢固可靠	
	3. 导管材料	达到设计要求	
	4. 导管垂直度误差	小于 1°	
	5. 上端面	方井底面以上 1 m 左右，加保护盖	
	6. 地面以上部分	开钻前由钻井承包商连接，连接方式可采用对焊或密封接箍，要求不同轴度小于 2 mm、轴线角度小于 1°	

第六节　开钻检查

一、开钻检查组织

开钻检查是指开钻前对开钻必备的条件所做的全面检查，以保证开钻顺利进行和开钻后工作的连续性。

开钻检查人员组成：组织者为钻井总监，成员有钻前总监及监督、钻井工程师、钻井监督、HSE 监督、地质（勘探）代表、钻井液工程师、材料工程师、计划成本工程师。

开钻检查应遵循事先介入原则：钻井监督从到达井场之日即介入各项钻前施工和开钻准备的检查，对照设计和合同要求检查施工进度及人员、材料、工具的到位情况，以及有关安全环保和生活保障等设施。钻前监督发现问题要及时向钻井监督和钻前总监汇报，其他巡井的钻井总监、钻井工程师等发现问题要及时通过钻井监督让服务公司整改，避免问题堆积到开钻检查时而影响工作时效。

开钻检查应对包括人员、材料、工具、HSE、生活、文档等项目的准备到位情况进行全面检查，原则上必须按设计要求保证一开和其后的连续两个开次所需条件全部满足方可开钻。

二、工作人员检查

1. 油公司和监督方人员

油公司和监督方人员检查见表 2-6-1（单井项目）。

表 2-6-1 油公司和监督方人员检查表

驻地	序号	职务	人数	人员资质	持证要求	检查情况
前方	1	钻井监督	4	按合同规定	IADC 井控操作证、H_2S 防护培训证、急救培训证	
	2	HSE 监督	2		IADC 井控操作证、H_2S 防护培训证	
	3	材料监督	2			
后方	1	钻井经理	1	项目任命、董事会批准	IWCF 井控操作证、H_2S 防护培训证	
	2	钻井总监	2	按合同规定	IADC 井控操作证、H_2S 防护培训证	
	3	钻井工程师	2		IWCF 井控操作证、H_2S 防护培训证	
	4	材料总监	2			
	5	计划成本工程师	2			
	6	钻前总监	2		急救培训证	
	7	固井完井工程师	2		IWCF 井控操作证	
	8	钻井液工程师	2		IWCF 井控操作证、H_2S 防护培训证	

2. 钻井服务骨干人员

钻井服务骨干人员（主要是现场人员）检查见表 2-6-2。

表 2-6-2 钻井服务骨干人员检查表

序号	人员岗位	人数	人员安排	持证要求	检查情况
1	平台经理	2	一人一班（学历资质符合合同要求）	IADC 井控操作证、H_2S 防护培训证、急救培训证	
2	HSE 管理	2			
3	司钻	4	每班一人，现场两人，12 h 倒班		
4	带班队长	4			
5	井架工	4	每班一人，现场两人，12 h 倒班	IADC 井控操作证、H_2S 防护培训证	
6	钻工	12	每班三人，现场六人，12 h 倒班		
7	场地工	4	每班一人，现场两人，12 h 倒班		
8	营地经理	2	每班一人		
9	厨师	按需		厨师证、体检报告	
10	材料采办员	2	每班一人（学历资质符合合同要求）		
11	驾驶员			驾驶证	
12	特车驾驶员			特车驾驶证	
13	机械师	2	每班一人	IADC 井控操作证、H_2S 防护培训证	
14	电气师	2			
15	电焊师	2			
16	护士	1	每班一人（驻井）	护士执照	

3. 其他服务人员

其他服务人员(包括固井人员、录井人员、测井人员、钻井液人员、下套管人员、套管头安装人员、保安、保洁、门卫及其他人员)的检查按合同执行。

三、开钻材料、工具检查

开钻前钻井服务方须根据钻井设计要求准备好各类工具、仪器、器材,其规格应符合规定要求。检查内容主要包括以下方面。

(1) 钻具和表层套管规格:丈量、编号并做好记录;检查、通径、清洗;特殊井下工具及套管附件应绘草图。

(2) 各种配合接头:规格(包括长度、内径、螺纹类型)、原始记录。

(3) 各种井口工具:备齐、符合标准。

(4) 指重表及各种仪表:按技术规定调校好;钻井液性能测定仪器配备达到要求。

(5) 钻井液:调整井应按设计要求配足,性能达到要求;探井、高压井除配够正常钻井所需的钻井液外,还应根据设计要求备好加重材料;根据设计,第一阶段开钻所需各种处理剂应一次到位,质量符合技术要求。

(6) 油料:燃油、润滑油(脂)等的规格、数量充分满足施工需求,质量符合要求。

(7) 各种辅助设备、工具、设备配件及其他生产物资、器材应有足够的常用储备。

开钻材料、工具检查内容见表 2-6-3。开钻材料检查要提前两个开次,即第一次开钻前要检查到第三次开钻的全部材料,第一次开钻固井后检查四开的材料,以此类推。每一开次填一张表(内容可按照合同要求调整),确定是否具备开钻条件。

表 2-6-3 开钻材料、工具检查表

开钻次序:		井段:		钻头尺寸:		套管尺寸:	
序 号	名 称	设计要求		实际情况		所在地点	检查结论
		规 格	数 量	规 格	数 量		
							(合格与否)

四、开钻 HSE 检查

开钻 HSE 检查事项见表 2-6-4。

表 2-6-4　开钻 HSE 检查表

序　号	检查项目	技术要求	检查结果
1	文件资料	岗位责任制/巡回检查制	
		定期维护保养制	
		HSE 工作计划书	
		HSE 作业指导书	
		HSE 现场检查表	
		HSE 应急计划	
		安全、消防、急救、逃生设备布置图	
		逃生、集合线路图	
2	营　地	配有足够的冷藏、冷冻设备;沙漠中要有冷藏车	
		中餐、西餐、清真餐分开	
		生活服务人员上班期间穿专用工作服,戴专用工作帽	
		生、熟案分开,生、熟食分开存放	
		各种炊具必须完好、干净、无漏电、无锈	
		配有足够的消毒设备	
		生活区各过道、卧室、公共场所配备足够的灭火器	
		厨房、淋浴室、卫生间排水通畅,污水排入封闭污水池	
		每栋营房有接地保护,接地电阻不大于 4 Ω	
		井场到营房铺设电缆掩埋深度大于 0.5 m	
		在井区范围内不得有含酒精的饮料	
		营地设有 4～5 个大垃圾桶,所有垃圾入内	
		营房服务达到星级宾馆标准	
3	职业健康	作业人员持有体检报告,无精神病、癔症、传染性肝炎、性病等病症	
		作业人员购买了有效的医保	
		工作区内必须戴安全帽、穿安全靴、穿工衣	
		钻井液工配备专用防护手套	
		柴油机房、发电房配备听力保护设备	
		从事具有伤害眼睛隐患工作的人员必须配备护目镜、面罩或其他保护装备;钻台和钻井液罐上配有洗眼装置	
		高空作业必须有安全带	
		二层台逃生装置安全好用;地面沙坑符合要求	
		钻台设逃生滑道,数量、规格符合要求	
4	医务和急救	营地有医务室、氧气瓶、起搏器、急救担架、急救包等;如营地较远,医务室应设在井场	
		药品清单、药品管理制度齐全;药品有效期不得超出	

续表 2-6-4

<table>
<tr><th>序 号</th><th>检查项目</th><th colspan="3">技术要求</th><th>检查结果</th></tr>
<tr><td rowspan="4">4</td><td rowspan="4">医务和急救</td><td colspan="3">配救护车一辆、专职驾驶员两名(倒班休假)</td><td></td></tr>
<tr><td colspan="3">距急救医疗机构车程超过 6 h 的井场,附近须设直升机起落场地,以便联系救急服务</td><td></td></tr>
<tr><td colspan="3">备齐应急联系电话号码表</td><td></td></tr>
<tr><td colspan="3">开钻前实施一次急救演练</td><td></td></tr>
<tr><td rowspan="5">5</td><td rowspan="5">易燃易爆</td><td colspan="3">装盛易爆物品的容器要进行泄漏检查</td><td></td></tr>
<tr><td colspan="3">易爆物品贴有标签,并指定专人保管</td><td></td></tr>
<tr><td colspan="3">氧气瓶、乙炔瓶须分库存放在专用支架上,阴凉通风,严禁暴晒,并远离火源</td><td></td></tr>
<tr><td colspan="3">压风机的自动停机和过压溢气装置可靠</td><td></td></tr>
<tr><td colspan="3">放喷燃烧池设置远程点火装置</td><td></td></tr>
<tr><td rowspan="13">6</td><td rowspan="13">安全标示</td><td colspan="3">井场设置两处风向标,营地设置一个(建议用视觉效果好的风袋,避免产生视差)</td><td></td></tr>
<tr><td colspan="3">井场入口处安全标志(穿戴劳保用品警示、井场逃生线路图等)齐全,非工作人员入场必须登记</td><td></td></tr>
<tr><td colspan="3">上钻台处设戴安全帽、穿工衣工鞋、防掉、防滑、防坠等安全提示标志</td><td></td></tr>
<tr><td colspan="3">紧急集合点设“紧急集合点”标志</td><td></td></tr>
<tr><td colspan="3">在井架梯子入口处、高空作业处设置“系保险带”标志</td><td></td></tr>
<tr><td colspan="3">在油罐区设置“严禁烟火”标志</td><td></td></tr>
<tr><td colspan="3">在发电房、开关盒等处设置“有电危险”标志</td><td></td></tr>
<tr><td colspan="3">在绞车、柴油机、发电机等设备处设置“防机械伤人”标志</td><td></td></tr>
<tr><td colspan="3">在配电盘处设置“高压危险、不得靠近”,“当心触电”标志</td><td></td></tr>
<tr><td colspan="3">在发电机组、柴油机等处设置“保护听力”标志</td><td></td></tr>
<tr><td colspan="3">在井场、营地设置“严禁乱丢垃圾”标志</td><td></td></tr>
<tr><td colspan="3">在入场道路适当位置设置“急弯”、“长坡”、“限速”等标志</td><td></td></tr>
<tr><td colspan="3"></td><td></td></tr>
<tr><td rowspan="10">7</td><td rowspan="10">消防器材配备</td><td>地 点</td><td>消防设备</td><td>配备数量</td><td></td></tr>
<tr><td rowspan="8">消防房</td><td>泡沫灭火器</td><td>2</td><td></td></tr>
<tr><td>干粉灭火器</td><td>10</td><td></td></tr>
<tr><td>二氧化碳灭火器</td><td>4</td><td></td></tr>
<tr><td>防火铲</td><td>6</td><td></td></tr>
<tr><td>消防斧</td><td>4</td><td></td></tr>
<tr><td>消防桶</td><td>8</td><td></td></tr>
<tr><td>消防水龙带</td><td>1</td><td></td></tr>
<tr><td>水 枪</td><td>2</td><td></td></tr>
<tr><td>钻台上</td><td>泡沫灭火器</td><td>2</td><td></td></tr>
</table>

续表 2-6-4

<table>
<tr><th>序　号</th><th>检查项目</th><th colspan="3">技术要求</th><th>检查结果</th></tr>
<tr><td rowspan="17">7</td><td rowspan="17">消防器材配备</td><td>地　点</td><td>消防设备</td><td>配备数量</td><td></td></tr>
<tr><td>钻台下</td><td>泡沫灭火器</td><td>2</td><td></td></tr>
<tr><td>固控系统</td><td>干粉灭火器</td><td>2</td><td></td></tr>
<tr><td>油　罐</td><td>干粉灭火器</td><td>1</td><td></td></tr>
<tr><td>材料房</td><td>干粉灭火器</td><td>1</td><td></td></tr>
<tr><td>值班房</td><td>干粉灭火器</td><td>1</td><td></td></tr>
<tr><td>录井房</td><td>干粉灭火器</td><td>1</td><td></td></tr>
<tr><td>钻井液房</td><td>干粉灭火器</td><td>1</td><td></td></tr>
<tr><td>机　房</td><td>干粉灭火器</td><td>3</td><td></td></tr>
<tr><td>发电房</td><td>干粉灭火器</td><td>2</td><td></td></tr>
<tr><td>SCR 房</td><td>干粉灭火器</td><td>1</td><td></td></tr>
<tr><td>每间营房</td><td>干粉灭火器</td><td>1</td><td></td></tr>
<tr><td rowspan="2">食堂操作间（每间）</td><td>干粉灭火器</td><td>2</td><td></td></tr>
<tr><td>灭火毯</td><td>3</td><td></td></tr>
<tr><td>焊接切割</td><td>焊接切割前先准备消防设备</td><td>2</td><td></td></tr>
<tr><td>井　场</td><td>消防砂两处，每处 2 m^3</td><td>4 m^3</td><td></td></tr>
<tr><td colspan="3">消防器材应有检查、保养、有效期合格证，并挂牌专人负责；摆放合理，使用方便，每月按要求检查</td><td></td></tr>
<tr><td rowspan="7">8</td><td rowspan="7">安全系统与设备</td><td colspan="3">硫化氢和可燃气体报警系统：安装地点为方井、振动筛边、钻台；报警方式应是声光同时报警；开钻前用标准样品对报警系统进行测试</td><td></td></tr>
<tr><td colspan="3">正压式空气呼吸器 20 套</td><td></td></tr>
<tr><td colspan="3">房间内必须安装火警/烟雾报警系统</td><td></td></tr>
<tr><td colspan="3">对附近 3 km 范围内的居民，协同当地政府部门就硫化氢和可燃气防护进行宣传和培训</td><td></td></tr>
<tr><td colspan="3">引雷器：天线高度、引线粗细、接地要达到要求</td><td></td></tr>
<tr><td colspan="3">天车警示灯：亮度、闪烁、防爆均达到要求</td><td></td></tr>
<tr><td colspan="3">钻台汽笛报警声响信号约定明确</td><td></td></tr>
<tr><td rowspan="5">9</td><td rowspan="5">井控设备</td><td colspan="3">井控设备的安装：按钻井设计安装</td><td></td></tr>
<tr><td colspan="3">设备有合格证书</td><td></td></tr>
<tr><td colspan="3">最近一次的试压报告</td><td></td></tr>
<tr><td colspan="3">使用、检修和维护保养档案</td><td></td></tr>
<tr><td colspan="3">试压：如果最近一次试压不到 90 d，则检查该次试压报告；如果超过 90 d，则需在开钻前对防喷器进行试压</td><td></td></tr>
</table>

续表 2-6-4

<table>
<tr><th>序　号</th><th>检查项目</th><th colspan="2">技术要求</th><th>检查结果</th></tr>
<tr><td rowspan="9">10</td><td rowspan="9">环境保护</td><td rowspan="2">钻井液废液处理</td><td>经污水处理机处理，达到排放标准后排放</td><td></td></tr>
<tr><td>干燥地区自然蒸发，余下固化再处理</td><td></td></tr>
<tr><td rowspan="2">钻屑处理</td><td>送至钻屑池填埋</td><td></td></tr>
<tr><td>加固结材料制成墙砖或运出</td><td></td></tr>
<tr><td rowspan="2">废油管理</td><td>加强钻机密封、防漏处置，减少废油</td><td></td></tr>
<tr><td>废油回收系统</td><td></td></tr>
<tr><td colspan="2">各种污水池有隔膜同土地隔开</td><td></td></tr>
<tr><td colspan="2">生活污水进封闭污水池，沉淀后再向外排</td><td></td></tr>
<tr><td colspan="2">所有废料、垃圾分类集中堆放，进行掩埋或焚烧</td><td></td></tr>
</table>

五、文档、软件和用品检查

开钻前钻井监督需按表 2-6-5 所列文档和用品检查、备齐。

表 2-6-5　文档软件和用品开钻检查表

<table>
<tr><th>分　类</th><th>序　号</th><th>名　称</th><th>版　式</th><th>检查结果</th></tr>
<tr><td rowspan="4">合同和设计</td><td>1</td><td>同钻井有关的所有合同(装订成册、打包刻盘)</td><td>硬拷贝和电子版</td><td></td></tr>
<tr><td>2</td><td>钻井工程设计、钻井施工设计</td><td>硬拷贝和电子版</td><td></td></tr>
<tr><td>3</td><td>地质设计</td><td></td><td></td></tr>
<tr><td>4</td><td>一开钻井和下套管固井装井口程序和措施</td><td>电子版(工程师提供)</td><td></td></tr>
<tr><td rowspan="14">各类空表</td><td>1</td><td>钻井工程班报表</td><td>空表，硬拷贝</td><td></td></tr>
<tr><td>2</td><td>钻井液班报表</td><td>空表，硬拷贝</td><td></td></tr>
<tr><td>3</td><td>钻井工程日报表</td><td>电子版</td><td></td></tr>
<tr><td>4</td><td>钻井液日报表</td><td>电子版</td><td></td></tr>
<tr><td>5</td><td>钻井工程月报表</td><td>电子版</td><td></td></tr>
<tr><td>6</td><td>钻井液月报表</td><td>电子版</td><td></td></tr>
<tr><td>7</td><td>钻井井史</td><td>电子版</td><td></td></tr>
<tr><td>8</td><td>钻井工程完井报告模板</td><td>电子版</td><td></td></tr>
<tr><td>9</td><td>钻具登记表</td><td>电子版</td><td></td></tr>
<tr><td>10</td><td>成本核算表</td><td>电子版</td><td></td></tr>
<tr><td>11</td><td>钻井监督日志</td><td>电子版</td><td></td></tr>
<tr><td>12</td><td>作业指令书</td><td>电子版</td><td></td></tr>
<tr><td>13</td><td>日费计算表</td><td>电子版</td><td></td></tr>
<tr><td>14</td><td>井控工作表</td><td>电子版</td><td></td></tr>
</table>

续表 2-6-5

分　类	序　号	名　称	版　式	检查结果
软　件	1	总部信息采集点输入终端		
	2	钻井数据手册		
办公用品	1	网　络		
	2	电脑＋U 盘＋硬盘		
	3	打印设备		
	4	复印设备		
	5	扫描设备		
	6	相　机		
	7	电　话		
劳保用品	1	工作服（两套以上）		
	2	工作鞋（两双以上）		
	3	安全帽		
	4	太阳镜		
	5	工作手套（按需）		

六、试运转检查

为了确保开钻后工作的可持续性，关键设备需要试运转。试运转时，应对导管和方井采取保护措施。试运转检查表见表 2-6-6。

表 2-6-6　开钻试运转检查表

分　类	检查设备	试运转方式	检查结果
循环系统	钻井泵、高压管线、闸门组、压井管汇、立管、立压表、录井压力探头、水龙带、顶驱、接头、钻头、方井、导管、出水管、高架管（槽）、脱气器、振动筛、除砂除泥离心机、搅拌机、录井液面与密度等探头、循环罐、吸水管、钻井仪表、各润滑点、各冷却点	试运转 90～120 min。 参数如下： 排量：达到设计排量； 压力：设计最高压力的 1.1～1.2 倍	
提升系统	井架、天车、防碰天车、游车、大绳（大绳死、活绳固定）、排绳器、绞车、刹车、电磁刹车、顶驱、钻井仪表、录井钢绳、各润滑点、各冷却点、二层台可视系统、泵房可视系统	各种速度上提下放不少于 40 次，同步检查	
配浆系统	钻井泵、阀门组、传送带、配浆斗、泥浆枪、搅拌机	配制至少 100 m^3 钻井液，配浆时同步检查	
供电电器系统	柴油机、发电机、可控硅房、电缆、马达、各用电设备	运转 48 h 以上	

续表 2-6-6

分　类	检查设备	试运转方式	检查结果
固井系统	高压管线	试压达到施工压力的 1.2 倍	
	注水泥浆设备	试打水泥浆 2 m^3(用于筑砂样台)同步检查	
录井系统	工程资料录取部分	试运转 48 h	
监督系统	监视画面清楚、数据准确;录井工程传来的数据同钻台传来的一致	试运转 48 h	
气控系统	电动压风机、自动压风机、气管线、控制阀、气囊	在运转循环和提升系统时同步检查	
供暖和制冷	供暖:锅炉、管线、燃料、散热器	运转 48 h 以上	
	制冷:空调		
通信设施	网　络	运转 48 h 以上	
	电话和传真	实时工作畅通	
安保系统	井场大门和四角的可视系统	运转 48 h	

七、钻前会议

1. 钻前会议人员组成

钻前会议与会人员见表 2-6-7。

表 2-6-7　钻前会议与会人员表

部　门	序　号	岗　位	人　数	签　字
油公司人员	1	钻井总监(会议主持人)	1	
	2	钻井工程师	1	
	3	HSE 工程师	1	
	4	钻前总监	1	
	5	材料总监	1	
	6	成本工程师	1	
	7	地质部门代表	1	
监督方人员	1	钻井监督(会议记录人)	2	
	2	HSE 监督	1	
	3	材料监督	1	
	4	地质监督	1	

续表 2-6-7

部　门	序　号	岗　位	人　数	签　字
钻井服务人员	1	平台经理	1	
	2	带班队长	2	
	3	钻井工程师	1	
	4	HSE 人员	1	
	5	司　钻	2	
	6	井架工、泥浆工、场地工	6	
	7	钻　工	6	
	8	司机长	1	
	9	机械工程师	1	
	10	焊　工	1	
	11	电　工	1	
	12	营地经理	1	
	13	厨师长	1	
	14	保管员	1	
	15	特车人员	3～5	
其他上井服务人员	1	固井领队	1	
	2	固井工程师	1	
	3	录井领队	1	
	4	录井工程师	1	
	5	下套管服务方领队	1	
	6	井下工具服务方领队	1	
	7	井口装置服务方领队	1	
	8	其他上井服务人员	5～10	
	9	保洁服务人员	3～5	

2. 会议时间、地点、要求

(1) 会议由钻井总监主持。

(2) 时间:开钻前(开钻检查全部合格后)。

(3) 地点:钻井施工现场。

(4) 要求钻井服务方提前安排会后开钻以及开钻后连续作业的各项工作。

(5) 会后由油公司作业部整理出会议记录。

3. 会议议程

钻前会议议程见表 2-6-8。

表 2-6-8　钻前会议议程

发言顺序	汇报人	汇报内容
1	油公司地质代表	地质设计中的主要内容
2	油公司钻井工程师	钻井工程设计中的主要内容
3	油公司 HSE 人员	HSE 主要要求，应急预案主要内容
4	油公司钻井总监	油公司管理要求
5	平台经理	保证钻井、生活服务质量的承诺和措施
6	各服务商负责人	保证安全优质服务承诺和措施
7	钻井总监	简单小结，签署开钻通知书，宣布开钻

4. 开钻通知书

钻前会议结束前，由钻井总监填写钻井开钻通知书并签字，分发给钻井监督和服务公司各单位。钻井开钻通知书样本见表 2-6-9。

表 2-6-9　钻井开钻通知书

<table>
<tr><td>井号：</td><td>业主：</td><td colspan="2">钻井承包商：</td></tr>
<tr><td>钻井监督：</td><td>钻前监督：</td><td>平台经理：</td><td>日期：</td></tr>
</table>

钻井开钻通知书

监督、井队及现场人员：

通过各方共同努力，本井井场、营地、道路、用水、设备搬迁安装等工程已全部完成，并验收合格。对人员、材料、工具、HSE、文档、软件、试运转进行检查，达到预定要求。经钻前会议讨论决定准予开钻。

请各方协调合作，注意安全，保证质量，按设计和合同施工。

钻井总监(签字)：________

年　月　日

附录2A 钻前资料归档(资料包)

钻前归档资料内容及要求见表2A-1。

表2A-1 钻前归档资料包

序 号	类 别	资料名称	备 注
1	井位坐标	井位坐标书	由地质部门交作业部
2		井位坐标变更书	
3		钻前任务书	由上级下达给作业部
4		井位坐标复查报告	由测量承包商提供给作业部
5	踏勘报告	踏勘报告(包括井场、营地、道路、水源)	由作业部提供
6	钻前设计	井场设计	总设计由作业部提供
7		营地设计	
8		入场道路设计	
9		水源工程设计	
10	政府许可证书	各种许可证书(路、地、水等)	由公共事务部提供
11	招投标文件	四项工程的招标书	由作业部或采办部提供
12		四项工程中标者投标书	
13		其他招投标文件(授标书、谈判备忘、澄清文件等)	
14	合 同	四项工程施工合同	由作业、采办或合同部提供
15	开工通知	各工程开工指令(ORDERS)	由作业部下给承包商,复印存档
16	钻前日报	钻前日报	由钻前监督报给作业部,存档
17	完工报告	井场、营地、道路、供水	由承包商上交给作业部
18	验收报告	井场验收报告	由作业部提供
19		营地验收报告	
20		道路验收报告	
21		水源工程验收报告	
22		设备安装验收报告	
23		开钻人员检查报告	
24		材料工具检查报告	
25		HSE检查报告	
26		文档、软件和物品检查报告	
27		开钻试运转检查报告	
28	开钻通知书	开钻通知书(ORDER)	

续表 2A-1

序号	类别	资料名称	备注
29	交接书	钻前情况交接书	由钻前监督交钻井监督
30	付款文件	工作量确认书、变更书	由钻前监督交作业部
31		发票(复印件)	由承包商交钻井部,存档
32		发票审查签字单(付款单)	由钻井部提供,签字、存档
33	环评报告	钻前环境评估报告	由环境评估承包商提供

注:开钻后的井场、营地、道路、水源工程等维护工作已事先写入合同。一旦需要,可由作业部下达开工指令、承包商施工、钻前或钻井监督确认工作量,最后付款来完成,相应资料也应按类别存档。

附录 2B 钻机基础计算

2B.1 地基承载力计算

2B.1.1 地基承载力特征值可由载荷试验或其他原位测试、公式计算,并结合工程实践经验等方法综合确定。

2B.1.2 当基础宽度大于 3 m 或埋置深度大于 0.5 m 时,地基承载力特征值应按下式进行修正:

$$f_a = f_{ak} + \eta_b \gamma (b-3) + \eta_d \gamma_0 (d-0.5) \tag{2B-1}$$

式中 f_a——修正后的地基承载力特征值,kPa;

f_{ak}——地基承载力特征值,kPa;

η_b,η_d——基础宽度和埋深的地基承载力修正系数,可按基底下土的类别查表 2B-1 得到;

γ——基础底面以下土的重度,地下水位以下取浮重度,kN/m^3;

b——基础底面宽度,m,当基宽小于 3 m 时按 3 m 取值,大于 6 m 时按 6 m 取值;

γ_0——基础底面以上土的平均重度,地下水位以下取浮重度,kN/m^3;

d——基础埋置深度,m。

表 2B-1 承载力修正系数

土的类别		η_b	η_d
淤泥和淤泥质土		0	1.0
人工填土 孔隙比或液性指数≥0.85 的黏性土		0	1.0
红黏土	含水比>0.8 含水比≤0.8	0 0.15	1.2 1.4
大面积压实填土	压实系数>0.95,黏粒含量≥10%的粉土 最大干密度>2.1 t/m^3 的级配砂石	0	1.5 2.0
粉　土	黏粒含量≥10%的粉土 黏粒含量<10%的粉土	0.3 0.5	1.5 2.0
孔隙比或液性指数均小于 0.85 的黏性土 粉砂、细砂(不包括很湿与饱和时的稍密状态) 中砂、粗砂、砾砂和碎石土		0.3 2.0 3.0	1.0 3.0 4.4

2B.2 钻机基础载荷与载荷组合

2B.2.1 按承载能力极限状态设计钻机基础,并取作用效应的基本组合为载荷设计组合,即恒载与活载荷组合,要求取其全部且只考虑单向活载荷。

2B.2.2 井架基础强度计算时，应考虑下列载荷。

(1) 恒载：井架、底座及安装在其上面的设备、工具自重、钻台满立根且最大套管悬持工况下的载荷及绷绳载荷。

(2) 活载荷：钻机最大钩载为风载，按 SY/T 5025—1999 计算。

(3) 钻机动力附加系数。

2B.2.3 动力机房和钻井泵基础强度计算时，可以不考虑传动活载荷，只计恒载荷，即设备和基础自重。

2B.3 现浇基础计算

2B.3.1 基础构造。

(1) 基础垫层厚度不宜小于 70 mm，垫层混凝土强度等级应为 C10。

(2) 基础受力钢筋最小直径不宜小于 10 mm，间距应为 100～200 mm；箍筋直径不小于 8 mm，间距不大于 300 mm。

(3) 基础钢筋保护层厚度不小于 40 mm。

(4) 混凝土强度等级不应低于 C20，表面砂浆强度等级不应低于 M5。

(5) 滩海、沙漠、山区等特殊地基，钻机基础混凝土强度等级均采用 C30。

2B.3.2 计算基础底面面积。

(1) 基础埋置深度、基础高度应符合基础地基持力层要求。

(2) 按地基承载力计算确定作用于基础顶面的竖向力设计值。

(3) 基础底面面积为：

$$A \geqslant \frac{kN}{f_a - \gamma_0 d} \tag{2B-2}$$

式中 A——基础底面面积，m^2；

k——钻机动力附加系数，一般取 1.1～1.3；

N——作用于基础顶面上的竖向力设计值，kN；

f_a——修正后的地基承载力特征值，kPa；

γ_0——基础底面以上土的平均重度，地下水位以下取浮重度，kN/m^3；

d——基础埋置深度，m。

2B.3.3 计算基础底面压力。

轴心载荷作用下，基础底面的压力为：

$$p_k = \frac{N + G_k}{A} \tag{2B-3}$$

式中 p_k——相应于载荷效应标准组合时，基础底面处的平均压力值，kPa；

N——作用于基础顶面上的竖向力设计值，kN；

G_k——基础自重和基础上的土重，kN；

A——基础底面面积，m^2。

2B.3.4 轴心载荷作用下，基础底面的压力应符合下式要求：

$$p_k \leqslant f_a \tag{2B-4}$$

式中 p_k——相应于载荷效应标准组合时，基础底面处的平均压力值，kPa；

f_a——修正后的地基承载力特征值，kPa。

2B.3.5 对于一般稳定性地基或当钻机建井周期较短时，可不进行地基变形和稳定性验算；对于特殊地基（软弱地层、湿陷性黄土地基等），按 GB 5007—2011 进行承载力验算。

2B.3.6 当地基受力层范围内有软弱下卧层时，按 GB 5007—2011 进行承载力验算，满足 2B.3.4 的要求，否则需重新确定基础宽度，并进行验算，直至满足要求。

2B.4 活动基础计算

2B.4.1 基础构造。

(1) 基础厚度不应小于 100 mm，当厚度大于 700 mm 时，宜用变厚度截面基础，其坡度不大于 1∶3。

(2) 基础端部应向外伸出设备外缘，其长度不宜小于 200 mm。

(3) 钢筋混凝土基础顶部和底部的纵向受力钢筋宜通长配筋，间距不宜大于 300 mm，其最小直径不宜小于 10 mm，最小配筋百分率宜为 0.20%；基础截面的四角须设有纵向受力钢筋，并沿截面周边对称布置。受力钢筋接头位置应互相错开，接头搭接长度为钢筋直径的 40～50 倍。通常采用双面焊接，焊接长度为钢筋直径的 5 倍，并且在同一截面接头不能超过 25%。

(4) 在采用绑扎骨架的钢筋混凝土基础中，承受剪力的钢筋，宜优先采用箍筋。要求沿基础全长设置箍筋，其直径不宜小于 8 mm，间距宜为 200～300 mm，且箍筋形式为封闭式。箍筋末端应做成不小于 135°的弯钩，弯钩端头平直段长度不应小于箍筋直径的 5 倍或 50 mm。

(5) 当设置弯起钢筋时，弯终点外应留有锚固长度，其长度宜为钢筋直径的 10～20 倍；对光面钢筋，其末端应设置弯钩。弯起钢筋的弯起角取 45°或 60°。

(6) 在基础两侧，沿其高度每隔 100～150 mm 应设置直径不小于 10 mm 的纵向构造筋。

(7) 受力钢筋的混凝土保护层最小厚度（从钢筋外缘算起）为 45 mm，箍筋和构造钢筋的保护层厚度不应小于 15 mm。

(8) 混凝土强度等级宜为 C20～C25，采用 HPB235 或 HRB335 钢筋。

2B.4.2 基础计算。

(1) 根据设备底座的外形尺寸及吊装运输条件，初选条形基础的底面尺寸。条形基础宽度不宜大于1.2 m，长度不宜大于 6 m。

(2) 按基础地基持力层要求规定，初选基础高度，其高度宜为 300～500 mm。

(3) 所需基础底面面积为：

$$A \geqslant \frac{kN}{f_a} \tag{2B-5}$$

式中 A——基础底面面积，m^2；

N——作用于基础顶面上的竖向力设计值，kN；

k——钻机动力附加系数，对于井架基础取 1.2，对于机泵房基础取 1.0；

f_a——修正后的地基承载力特征值，kPa。

(4) 所需条形基础布置数量：

$$n \geqslant \frac{A}{A'} \tag{2B-6}$$

式中 n——预制基础数量；

A——基础底面面积，m^2；

A'——单个基础底面面积，m^2。

（5）基础底面压力按 2B.3.3 计算。

（6）轴心载荷作用下，基础底面的压力符合 2B.3.4 的要求。

（7）预制基础本身强度应满足基础的承载力设计要求。轴心受压时基础本身强度应符合下式要求：

$$Q_s \leqslant A_s f_s \tag{2B-7}$$

式中 Q_s——相应于载荷效应基本组合时的单块基础竖向力设计值，kN；

A_s——单块基础顶部受压面积，m^2；

f_s——预制基础横向抗压强度设计值，kPa。

（8）其他材质基础本身的抗压强度不应低于 30 MPa。

2B.5 桩基础计算

2B.5.1 桩和桩基的构造。

（1）摩擦型桩的中心距不宜小于桩身直径的 3 倍；扩底灌注桩的中心距不宜小于扩底直径的 1.5 倍，当扩底直径大于 2 m 时，桩端净距不宜小于 1 m。在确定桩距时尚应考虑施工工艺中挤土等效应对邻近桩的影响。

（2）扩底灌注桩的扩底直径不应大于桩身直径的 3 倍。

（3）桩底进入持力层的深度根据地质条件、载荷及施工工艺确定，宜为桩身直径的 1～3 倍。在确定桩底进入持力层深度时，尚应考虑特殊土、岩溶以及震陷液化等影响。嵌岩灌注桩周边嵌入完整和较完整的未风化、微风化、中风化硬质岩体的最小深度不宜小于 0.5 m。

（4）布置桩位时宜使桩基承载力合力点与竖向永久载荷合力作用点重合。

（5）预制桩的混凝土强度等级不应低于 C30；灌注桩不应低于 C20；预应力桩不应低于 C40。

（6）桩的主筋应经计算确定。打入式预制桩的最小配筋率不宜小于 0.8%；静压预制桩的最小配筋率不宜小于 0.6%；灌注桩最小配筋率不宜小于 0.2%～0.65%（小直径桩取大值）。

2B.5.2 桩基础计算。

（1）群桩中单桩桩顶轴心竖向力计算：

$$Q_k = \frac{F_k + G_k}{n} \tag{2B-8}$$

式中 Q_k——相应于载荷效应标准组合轴心竖向力作用下任一单桩的竖向力，kN；

F_k——相应于载荷效应标准组合时作用于桩基承台顶面的竖向力，kN；

G_k——桩基承台自重及承台上土自重标准值，kN；

n——桩基中的桩数。

（2）轴心竖向力作用下，单桩承载力计算应符合下式要求：

$$Q_k \leqslant R_a \tag{2B-9}$$

式中 Q_k——相应于载荷效应标准组合轴心竖向力作用下任一单桩的竖向力,kN;

R_a——单桩竖向承载力特征值,kN。

(3) 单桩竖向承载力特征值应通过单桩竖向静载荷试验确定。在同一条件下的试桩数量,不宜少于总桩数的 1%,且不应少于 3 根。

(4) 初步设计时单桩竖向承载力特征值可按下式估算:

$$R_a = q_{pa}A_p + u_p \sum q_{sia} l_i \tag{2B-10}$$

式中 R_a——单桩竖向承载力特征值,kN;

q_{pa},q_{sia}——桩端阻力、桩侧力特征值,由当地静载荷试验结果统计分析算得,kN/m^2;

A_p——桩横截面面积,m^2;

u_p——桩身周边长度,m;

l_i——第 i 层岩土的厚度,m。

(5) 当桩端嵌入完整及较完整的硬质岩中时,可按下式估算单桩竖向承载力特征值:

$$R_a = q_{pa}A_p \tag{2B-11}$$

式中 R_a——单桩竖向承载力特征值,kN;

q_{pa}——桩端阻力特征值,kN/m^2;

A_p——桩横截面面积,m^2。

(6) 桩身混凝土强度应满足桩的承载力设计要求。轴心受压时桩身强度应符合下式要求:

$$Q \leqslant A_p f_c \psi_c \tag{2B-12}$$

式中 Q——相应于载荷效应基本组合时的单桩竖向力设计值,kN;

A_p——桩横截面面积,m^2;

f_c——混凝土轴心抗压强度设计值,kN/m^2;

ψ_c——工作条件系数,预制桩取 0.75,灌注桩取 0.6～0.7(水下灌注桩或长桩时用低值)。

(7) 桩基设计时,应结合地区经验考虑桩、土、承台的共同作用。

(8) 桩基承台的构造,除满足抗冲切、抗剪切、抗弯承载力和上部结构的要求外,尚应符合下列要求:

① 承台的宽度不应小于 500 mm;边桩中心至承台边缘的距离不宜小于桩的直径或边长,且桩的外边缘至承台边缘的距离不小于 150 mm。

② 承台的最小厚度不应小于 300 mm。

③ 承台的配筋,对于矩形承台其钢筋应按双向均匀通长布置,钢筋直径不宜小于 10 mm,间距不宜大于 200 mm。

④ 承台混凝土强度等级不应低于 C20,纵向钢筋的混凝土保护层厚度不应小于 70 mm,当有混凝土垫层时不应小于 40 mm。

参考文献

[1] SY/T 5466—2004 钻前工程及井场布置技术要求.
[2] LY 5104—98 林区公路工程技术标准.
[3] GB 5749—2006 生活饮用水卫生标准.
[4] 彭社琴,赵其华. 基础工程. 北京:中国建筑工业出版社,2012.
[5] SY/T 5972—2009 钻机基础选型.

第三章　钻机的选择与应用

钻机选择作为钻井设计的一个组成部分是非常重要的，钻机选择合适与否会直接影响钻井的成本及机械钻速。钻机选择的原则就是在满足钻井工程、HSE 等要求的情况下，选择出尽可能经济的钻机。

正确选择钻机的型号是进行经济有效钻井的重要条件。如果选择超过需求的大型钻机，就会额外增加钻机的费用；如果选择动力不足的钻机，较低的机械钻速就会增加钻井综合成本，甚至不能完成钻井任务。

最低钻机技术规范要求应在钻井设计完成后，钻井作业招标邀请发出之前进行确定。应向钻井承包商提供这些技术要求，从而保证承包商所提供的钻机适合钻井作业。在选择最低钻机技术要求时，除了必须考虑绞车、钻井泵、钻柱、防喷装置、固控设备、井架底座等性能因素外，还要考虑钻井区域和待钻井的特殊要求。

本章介绍钻机选择的原则、确立钻机选择的方法和程序；按照钻机主要系统进行分类，分别介绍主要设备的基本原理以及常用的产品型号及参数，以供选择，并给出部分设备的使用保养要点；介绍钻机检查与验收，并提供相应的检查表单。

第一节　钻机的选择

一、钻机选择的原则

钻机的选择原则首先是满足钻井工程的需要，其核心内容是科学准确地评价钻井工程的需求，选择出经济的钻机，同时能够满足 HSE 等的要求。

二、钻机选择的方法

1. 钻井工程分析

要完成钻井任务，形成合格的井眼，要求钻机能够有效提升和旋转钻柱、套管等管柱，要有足够的排量携带出岩屑，另外，钻机井控设备应能够有效控制井底压力，避免发生安全事故。

1）提升载荷与旋转扭矩的分析

钻井设计完成后，除去探井可能加深等特殊情况外，井的深度基本确定，也就意味着需要准备相应长度的钻杆；井身结构确定后，各个开次需要的套管组成也就确定了。在施工过程中，要保证上述所有管柱都能够根据需要被有效提升和旋转。

在直井中，钻柱或套管柱与井壁的摩擦力较小，为安全起见，不考虑钻井液浮力，钻机对管柱的提升力为钻柱或套管在空气中的悬重，则需要的最大提升力为：

$$W_{max}=\max(W_{dp},W_{ci}) \tag{3-1-1}$$

式中 W_{max}——最大提升力，kN；

W_{dp}——最大井深时的钻柱悬重，kN；

W_{ci}——各开次套管的悬重，kN，$i=1,2,\cdots$代表开次。

在定向井、水平井钻井施工中，井下管柱的受力比较复杂，钻柱或套管与井壁的摩擦力很大，不能忽略，同时由于管柱的一部分重力也被井壁承担，因此管柱的提升力以及旋转扭矩的计算不能按直井的计算方法，而需要采用专业软件进行模拟计算。

2）钻井液排量及体积的分析

钻井过程中形成的岩屑需要被携带出井筒。为了有效携带岩屑，需要钻井液具备一定的性能和排量。根据井身结构和已经选择好的钻柱，可以计算出钻柱内、钻柱与套管环空、钻柱与裸眼环空的体积，再结合需要的排量，就可以计算出需要的钻井液体积。每个开次的井眼直径不同，所需要的最小钻井液排量也不同。

（1）确定最小排量。

要确定最小排量必须先计算携带岩屑所需的最低环空返速。确定方法有多种，一种是根据现场经验来确定，另一种是用经验公式来计算，通常使用的计算公式为：

$$v_a=\frac{18.24}{\rho_m D_h} \tag{3-1-2}$$

式中 v_a——最低环空返速，m/s；

ρ_m——钻井液密度，g/cm^3；

D_h——井径或套管内径，cm。

最低环空返速确定以后，即可根据钻柱外环空体积计算所需的最小钻井液排量：

$$Q_a=\frac{\pi}{40}(D_h^2-D_p^2)v_a \tag{3-1-3}$$

式中 Q_a——最小钻井液排量，L/s；

D_p——钻柱外径，cm。

（2）产生的循环压耗。

携带岩屑至地面需要一定排量的钻井液从泵、地面管汇、钻柱内、钻头、环空最后返回至地面，这个过程中将产生压耗，因此要维持这个循环就需要钻井泵提供足够的循环压力。

（3）需要的钻井液体积。

钻井液需求最多的工况发生在每开次钻井完成，套管尚未下入且钻柱全部起出的情况下。假设第 i 开次需要的钻井液体积是 V_{mi}，其计算公式为：

$$V_{mi}=V_{xi}+V_{ri}+V_{bi} \tag{3-1-4}$$

式中 V_{mi}——第 i 开次所需要的钻井液体积，m^3；

V_{xi}——第 i 开次地面循环钻井液体积，m^3；

V_{ri}——第 i 开次井眼容积钻井液体积，m^3；

V_{bi}——第 i 开次所需要补充的钻井液体积，m^3。

计算时要注意考虑井眼扩径等因素，裸眼井段的钻井液体积要附加10％的余量。

3）井底压力的控制

为安全控制井底压力，除了配置合理密度的钻井液之外，包括防喷器在内的井控设备也是必需的。钻井井控装置组合配套安装调试与维护标准（SY/T 5964—2006）对防喷器组的组成有明确的要求。如果需要欠平衡钻井，则需要在常规防喷器组上加装旋转控制头等装置，同时还要考虑其选择的底座净空高度是否满足防喷器组安装要求。

2. 钻机性能需求

经过对钻井工程的分析，可得到钻井过程中需要的最大提升拉力、钻井液的最小排量、钻井液的体积等。在这些数据的基础上，附加一定的安全系数，就可以确定对于钻机各主要设备的需求，选择出经济有效的钻机设备。

1）提升系统的选择

提升系统包括绞车、天车、游动滑车、钻井钢丝绳以及各种各样的悬挂设备。基于钻井分析得到的提升拉力要求，进行提升系统的选择。

绞车的基本参数包括名义钻深，因此可以按照井深直接选择。

选择天车、游动滑车、水龙头以及大钩时，最大钩载或最大静负荷要大于计算最大提升力的1.5～2倍。如果是开发井，提升系统的安全系数一般选择1.5；如果是探井，提升系统的安全系数应在1.8～2以上。

2）井架与底座

井架与底座要根据以下要求进行选择：

（1）根据设计井深以及选择的钻杆尺寸，计算出需要的立根数量。井架立根容量要大于需要的值，底座的立根盒负荷要大于所需要的立根重量。

（2）最大静载荷要大于计算最大提升力的1.5～2倍。

（3）如果需要安装顶驱，则选择的井架应该满足安装顶驱的需要。

（4）如果需要进行欠平衡钻井，则选择的底座净空高度应能满足安装防喷器组的要求。

3）旋转系统

钻机的旋转系统主要由顶驱或水龙头、转盘、钻具组成。顶驱的选择依据是最大提升力和扭矩的需要。

转盘的选择依据主要是扭矩能够满足钻井过程中的需求，同时开口直径应满足钻井过程中下入井内的各类管柱、工具的尺寸。

4）钻井液循环系统

钻井液循环系统是钻机设备的重要组成部分，由钻井泵、钻井液罐以及固控设备等组成。

钻井泵的主要性能参数是功率，基本要求是在满足携岩的最小排量情况下，泵压要达到循环压耗的要求，即选择的钻井泵功率要大于最小排量与循环压耗之积。为了更好地清洗井底，达到良好的携岩效果，理想的钻井泵应该具有功率大、泵压高、排量大且调速范围宽的特点。考虑钻井过程中可能出现的井下复杂情况，以及泵的损坏与维护，一般配置备用泵，所以现场最少配备2台钻井泵，深井、复杂结构井钻井过程中应配备3台钻井泵。

钻井液罐为储存和处理钻井液的容器，其容积应至少满足钻井过程中所需要的钻井液的最大体积。考虑到循环系统以及漏失等井下复杂情况，选择钻井液罐时，其容积应为理论需求的1.5～2倍以上。

振动筛、除砂器、除泥器、离心机和真空脱气器等设备的性能应保证其处理量大于钻井过程中最大的钻井液循环流量。

5）动力系统

提供动力的柴油机、柴油发电机组需要考虑的重要技术指标为输出功率。

钻井过程中，需要动力输入的主要设备有：绞车、转盘、顶驱（可选）、钻井泵、空气压缩机、固控设备、钻井液搅拌器、井场照明及生活用电等。所选动力系统的功率要满足在钻井作业过程中最大负荷时功率的需求。

电驱动钻机具有一系列优点，在条件允许的情况下推荐选择电驱动钻机。

6）钻井仪表

指重表、多参数仪等钻井仪表的选择主要基于设备的量程和精度能否满足钻井工程的需求。

三、钻机选择的程序

钻机选择的程序见图 3-1-1。

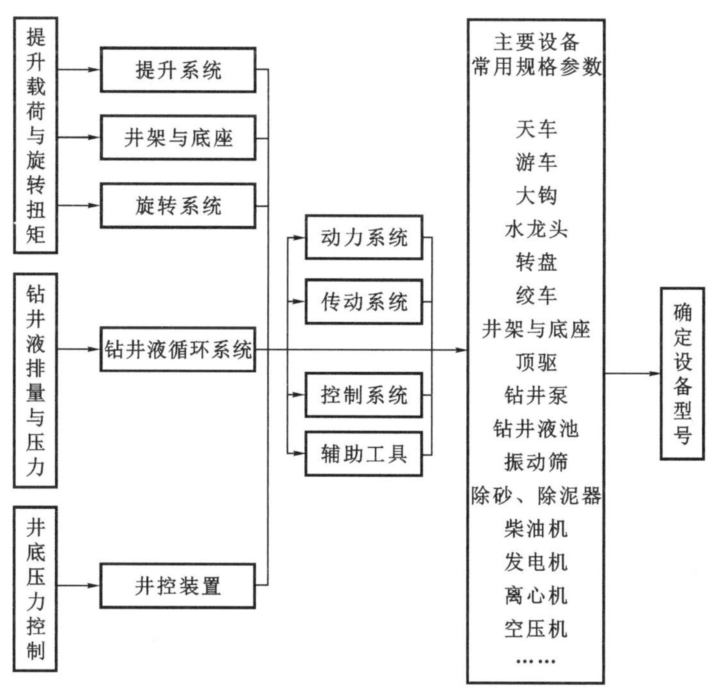

图 3-1-1　钻机选择的程序

第二节　钻机主要设备及使用

一、石油钻机类型及常用钻机参数

钻机按照驱动形式可分为柴油机驱动钻机、电驱动钻机、液压驱动钻机等。其中电驱动方式又分为直流电驱动和交流变频电驱动两种。

钻机的主要参数包括：

1）钻井深度

钻井深度是指一台钻机用 114 mm($4\frac{1}{2}$ in)钻杆所能钻达的井深，是钻机的主要性能参数。

2）最大负荷

最大负荷是指钻机大钩所允许的最大静载荷，代表了一台钻机的极限承载能力。

3）钻机总功率

钻机总功率是指为驱动工作机所配备的动力机的总功率。

石油行业标准钻机的分类和参数见表 3-2-1。

表 3-2-1　石油钻机的基本参数

<table>
<tr><td colspan="2">钻机级别</td><td>ZJ10/600</td><td>ZJ15/900</td><td>ZJ20/1350</td><td>ZJ30/1700</td><td>ZJ40/2250</td><td>ZJ50/3150</td><td>ZJ70/4500</td><td>ZJ90/6750</td><td>ZJ120/9000</td></tr>
<tr><td rowspan="2">名义钻深 /m</td><td>127 mm 钻杆</td><td>500～800</td><td>700～1 400</td><td>1 100～1 800</td><td>1 500～2 500</td><td>2 000～3 200</td><td>2 800～4 500</td><td>4 000～6 000</td><td>5 000～8 000</td><td>7 000～10 000</td></tr>
<tr><td>114 mm 钻杆</td><td>500～1 000</td><td>800～1 500</td><td>1 200～2 000</td><td>1 600～3 000</td><td>2 500～4 000</td><td>3 500～5 000</td><td>4 500～7 000</td><td>6 000～9 000</td><td>7 500～12 000</td></tr>
<tr><td rowspan="2">最大钩载</td><td>kN</td><td>600</td><td>900</td><td>1 350</td><td>1 700</td><td>2 250</td><td>3 150</td><td>4 500</td><td>6 750</td><td>9 000</td></tr>
<tr><td>t</td><td>60</td><td>90</td><td>135</td><td>170</td><td>225</td><td>315</td><td>450</td><td>675</td><td>900</td></tr>
<tr><td rowspan="2">绞车额定功率</td><td>kW</td><td>110～200</td><td>257～330</td><td>330～400</td><td>400～550</td><td>735</td><td>1 100</td><td>1 470</td><td>2 210</td><td>2 940</td></tr>
<tr><td>hp</td><td>150～270</td><td>350～450</td><td>450～550</td><td>550～750</td><td>1 000</td><td>1 500</td><td>2 000</td><td>3 000</td><td>4 000</td></tr>
<tr><td rowspan="2">游动系统绳数</td><td>钻井绳数</td><td>6</td><td>8</td><td>8</td><td>8</td><td>8</td><td>10</td><td>10</td><td>12</td><td>12</td></tr>
<tr><td>最多绳数</td><td>6</td><td>8</td><td>8</td><td>10</td><td>10</td><td>12</td><td>12</td><td>16</td><td>16</td></tr>
<tr><td rowspan="2">钻井钢丝绳直径</td><td>mm</td><td>22</td><td>26</td><td>29</td><td>32</td><td>32</td><td>35</td><td>38</td><td>42</td><td>52</td></tr>
<tr><td>in</td><td>$\frac{7}{8}$</td><td>1</td><td>$1\frac{1}{8}$</td><td>$1\frac{1}{4}$</td><td>$1\frac{1}{4}$</td><td>$1\frac{3}{8}$</td><td>$1\frac{1}{2}$</td><td>$1\frac{5}{8}$</td><td>2</td></tr>
<tr><td>钻井泵单台功率</td><td>kW</td><td>260</td><td>370</td><td>590</td><td colspan="2">735</td><td>960</td><td colspan="2">1 180</td><td>1 470</td></tr>
<tr><td>系统功率</td><td>hp</td><td>≥350</td><td>≥500</td><td>≥800</td><td colspan="2">≥1 000</td><td>≥1 300</td><td colspan="2">≥1 600</td><td>≥2 000</td></tr>
<tr><td>转盘开口直径</td><td>mm</td><td colspan="2">381,455</td><td colspan="3">445,520,700</td><td colspan="4">700,950,1 260</td></tr>
<tr><td>钻台高度</td><td>m</td><td>3,4</td><td colspan="2">4,5</td><td colspan="2">5.6,7.5</td><td colspan="4">7.5,9,10.5,12</td></tr>
<tr><td colspan="2">井　架</td><td colspan="9">石油钻机普遍采用可提升 28 m 钻杆立柱的井架，对 10/600,15/900,20/1 350 三级钻机也可采用提升 19 m 立柱的井架，对 120/9 000 一级钻机亦可采用提升 37 m 立柱的井架</td></tr>
</table>

二、提升系统

提升系统包括绞车、天车、游动滑车、钻井钢丝绳以及各种悬挂设备。

1. 绞车

绞车是钻机的提升设备，主要用于起下钻具、下套管、控制钻压以及起放井架等。绞车一般由滚筒轴、猫头轴、传动制动机构、润滑机构及壳体等组成。绞车按传动轴数量可分为单轴、双轴、三轴及多轴绞车，按滚筒数分为单滚筒和多滚筒绞车。

绞车以其输入功率来标定。应利用各开次钻柱或套管在空气中最大重量以及提升速度来计算绞车需要的功率。钻机的最小标定提升速度推荐值为 0.5 m/s。用于计算推荐绞车需用功率额定值时，总提升功率的推荐值为 65%。具体技术规范见表 3-2-2。

表 3-2-2　绞车基本技术参数

型　号	JC10B	JC15DB	JC20DB	JC20DY	JC30	JC40DB	JC40B	JC45B	JC45D	JC50B	JC50D	JC70B	JC70D
名义钻深（114 mm 钻杆）/m	1 000	1 500	2 000	2 000	3 000	4 000	4 000	5 000	5 000	5 000	5 000	7 000	7 000
最大输入功率/kW	210	400	500	400	400	735	735	1 100	1 100	1 100	1 100	1 470	1 470
最大快绳拉力/kN	80	150	200	200	200	280	280	341	350	350	350	450	450
钢丝绳公称直径/mm	22	26	29	29	29	32	32	35	35	35	35	38	38
滚筒尺寸（直径×宽度）/（mm×mm）	400×650	473×900	473×1 000	560×1 120	473×1 000	644×1 208	660×1 208	685×1 160	685×1 160	685×1 160	770×1 460	770×1 310	770×1 310
刹车轮毂尺寸（直径×宽度）/（mm×mm）	1 100×230	1 500（盘刹）	1 500（盘刹）	1 500（盘刹）	1 500（盘刹）	1 168×265	1 168×265	1 270×267	1 270×267	1 270×267	1 370×270	1 370×270	1 370×270
提升速度挡数	2	2	2	3	5	4	4	6	4	4	4	4	4
转盘速度挡数	2	2	2	3	5	2	2	3	2	2	2		2
辅助刹车		FDWS15	FDWS20	FDWS20	FDWS30	FDWS40	FDWS40	FDWS40	FDWS45	FDWS50	SDF45	FDWS70	FDWS70
最大外形尺寸（长×宽×高）/（mm×mm×mm）	7 390×2 500×2 410	10 350×3 400×2 577	6 800×3 256×2 463	7 040×2 850×2 470	13 800×3 400×2 500	7 000×3 200×3 010	6 300×2 628×2 699	7 000×3 658×2 630	7 000×2 565×2 630	6 760×2 565×2 881	7 670×2 830×3 050	6 600×3 000×2 110	7 670×2 812×3 216
质量/kg	9 819	29 500	29 020	29 530	35 500	37 800	28 000	35 663	35 728	34 203	38 476	36 500	44 000

在直井眼中计算时，可以假设浮力被钻杆的摩阻所抵消；在定向井眼中，必须考虑钻杆的摩阻。

1）绞车使用要点

（1）起下钻时，为节约时间，合理地利用绞车功率，应根据大钩负荷，按规定选择合理的起升速度和挡位。

（2）链条是绞车的主要传动件，更换链条时应整盘更换。

（3）挂合换挡离合器时，动作要平稳，严禁猛烈撞击。

（4）绞车传动轴未停止转动前不得改变传动方向。

（5）挂合气胎离合器时动作要平稳。

（6）在上提钻具的过程中需要刹车时，必须先摘开低速或高速气胎离合器。

（7）下钻过程中严禁用水或油浇刹车鼓，以免造成刹车鼓龟裂或刹车失灵。

（8）起下钻前应先检查防碰天车。

（9）绞车运转过程中护罩必须整齐、装牢，严禁在运转过程中从事加注润滑脂或润滑油等进入绞车内部或靠近运转部位的作业。

（10）刹把在 40°～50°应能刹住。在负载条件下不得调节刹带。

（11）遇到游车下放速度过慢、刹带离不开刹车毂的情况时，应设法调节，但不允许用撬杠撬刹带。

（12）每班应检查一次活绳端固定情况。

对应每个提升装置系数，绞车还有一个钢丝绳拉力额定值。所需的钢丝绳拉力值可以通过计算得出，并且可以与绞车额定值进行比较。随着天车与游车构成的滑轮系统中钢丝绳数的增加，钢丝绳所承受的拉力将下降。钢丝绳拉力的计算公式为：

$$F=\frac{W}{NE} \tag{3-2-1}$$

式中 F——钢丝绳拉力，kN；

W——滑车所承载的载荷，kN；

N——游车上大绳绳数；

E——钢丝绳拉力的效率因子。

可利用表 3-2-3 中的效率因子（E）计算钢丝绳拉力值。

表 3-2-3　钢丝绳拉力效率因子

钢丝绳数量	效率因子	钢丝绳数量	效率因子
6	0.874	12	0.770
8	0.841	14	0.740
10	0.810		

2）钢丝绳使用要点

（1）待用的钢丝绳倒出时必须绷紧，避免打结。弯曲的钢丝绳应用人力拉直，禁止用锤子或其他工具敲击。

（2）使用时勿使钢丝绳与井架任何部位相摩擦。

（3）切割钢丝绳时，应先用软铁丝绑好两端，再用剁绳器切断。

（4）卡绳卡时，两绳卡之间的距离应不小于绳径的 6 倍。特殊绳头卡固，可根据情况调整距离。

（5）绞车大绳每周应检查一次润滑状态，当浸油麻芯被挤出时，应立即换用新的钢丝绳。

(6) 大绳在绞车滚筒上必须始终排列整齐(最好使用钢丝绳排绳器)。

(7) 大绳加载操作要平稳柔和,以减小钢丝绳所受的冲击载荷。

(8) 倒大绳时,应使新绳从卷筒上旋转下放,不允许钢丝绳扭劲。

(9) 井深超过 2 000 m 以后,每次下钻前,要检查大绳的断丝和磨损情况。

2. 天车及游车大钩

天车、游动滑车和大钩是以额定载荷的方式标定性能的,额定值考虑了相应的安全系数。如果这些部件处于良好的工作状况,将安全地满负荷运转。选定游动滑车和大钩的最低额定值时,一般通过计算最重的套管管柱在空气中的大钩载荷来确定。但是,如果预测阻力较大,则大钩载荷应将管柱在井眼内的阻力考虑在内。

大钩是起升钻具和下套管的重要设备,由钩身、钩杆、钩座、提环、止推轴承及弹簧组成,钩身能转动,钩口和侧钩有闭锁装置,大钩配有缓冲减震装置。

在天车工作前,必须由专人检查天车轮的灵活性。各滑轮的转动应灵活,无阻滞现象;当转动一个滑轮时,其相邻滑轮不应随之转动;所有连接必须固定牢靠,不得有松动现象;各滑轮轴承应定期逐个注满润滑脂;天车轴及天车底座应固定牢靠,护罩和防跳杆应齐全完好、固定牢靠。当出现顿钻或提断钻具等事故时,应仔细检查钢丝绳是否跳槽。滑轮槽严重磨损或偏磨时,应视情况换位使用或更换滑轮。轴承温度过高、发出噪声或滑轮不稳和抖动时,应及时采取降温措施,更换润滑脂或磨损的轴承。滑轮有裂痕或轮缘缺损时,严禁继续使用,应及时更换。

在游车工作前,应检查各滑轮是否旋转灵活及各连接部件是否紧固。在工作时,因为每个滑轮转动圈数不一,滑轮应定期"调头"使用,以使滑轮的磨损情况趋于平衡。每周应将游车直放到钻台上仔细保养一次。保养时应检查下列内容:各条油路是否通畅;钢丝绳是否碰磨护罩;各固定螺栓有无松动;焊接钢板的焊缝有无裂纹等。各轴承应每周注润滑油一次,注油时注到少量油脂挤出轴承外面为止。冬季,在寒冷地区,应使用防冻润滑脂。搬运游车时,应用起重机吊挂上横梁顶部的游车鼻子,不允许放在地面上拖运。

1) 型号选择

天车的载荷大于大钩的载荷。如果忽略摩擦力,则滑车和滑轮系统中的所有钢丝绳之间的拉力是相等的。大钩载荷以及游动滑车、大钩和其他起升设备的重量平均分配到各钢丝绳上。用来承受大钩静载荷所需的天车承载能力可通过公式计算得出。

提升大钩需要的功率可以通过下式计算得出:

$$P_{\text{大钩}} = Hv \tag{3-2-2}$$

式中 $P_{\text{大钩}}$——提升大钩需要的功率,kW;

H——大钩载荷,kN;

v——提升速度,m/s。

2) 技术参数

天车、游车及大钩技术参数见表 3-2-4～表 3-2-7。

表 3-2-4 兰州石油化工机械厂天车基本技术参数

型　号	最大静载荷 /kN	滑轮外径 /mm	滑轮数	钢丝绳直径 /mm	外形尺寸(长×宽×高) /(mm×mm×mm)	质量/kg
TC135	1 350	915	5	29	2 500×2 050×1 920	2 400
TC135 1	1 350	915	5	29	2 500×2 050×1 920	2 410
TC225	2 250	1 120	6	32	2 717×2 634×3 204	4 790
TC250-1	2 500	1 120	6	32	2 717×2 575×2 379	4 669
TC315	3 150	1 270	7	32	2 924×2 160×2 379	6 284
TC450	4 500	1 527	7	35	2 935×1 320×2 300	7 497
TC450S	4 500	1 524	7	38	2 886×2 410×1 797	8 903
TC450-2	4 500	1 524	7	38	2 886×2 410×1 797	8 770
TC585	5 850	1 524	8	42	3 070×3 000×3 600	10 000

表 3-2-5 宝鸡石油机械厂天车基本技术参数

型　号	最大静载荷 /kN	滑轮外径 /mm	滑轮数	钢丝绳直径 /mm	外形尺寸(长×宽×高) /(mm×mm×mm)	质量/kg
TC30	300	475	4	24	738×472×575	245
TC50	500	610	5	24	860×670×588	464
TC90	900	660	5	26	1 208×1 092×1 207	1 500
TC135	1 350	1 016	5	29	2 320×1 436×1 781	2 775
TC170	1 700	1 016	6	29	2 668×2 460×1 855	4 540
TC225	2 250	1 120	6	32	2 667×2 709×2 469	5 270
TC315	3 150	1 270	7	35	3 112×2 783×2 800	7 600
TC450	4 500	1 524	7	38	3 407×2 722×2 856	9 750

表 3-2-6 常用游车(游车大钩)基本技术参数

型　号	最大静负荷/kN	滑轮外径 /mm	滑轮数	钢丝绳直径/mm	外形尺寸(长×宽×高) /(mm×mm×mm)	质量/kg	生产厂家
YC50	500		4	24	953×552×620	532	宝鸡石油机械厂
YC135	1 350		4	29	1 353×595×840	1 761	
YC170	1 700		5	29	2 123×1 045×840	2 068	
YC225	2 250	1 120	5	32	2 234×1 129×630	3 805	兰州石油化工机械厂
YC250	2 500	1 120	5	32	2 294×1 190×630	3 805	
YC315	3 150	1 270	6	35	2 680×1 350×974	6 842	
YC350	3 500	1 270	6	35	2 680×1 350×974	6 842	
YC450	4 500	1 524	6	35	3 075×1 600×800	8 135	
YC450S	4 500	1 524	6	35	3 075×1 600×800	8 135	
YC585	5 850	1 524	7	42	3 100×1 600×965	9 600	

表 3-2-7 大钩基本技术参数

型 号	最大钩载/kN	弹簧行程/mm	主钩口开口尺寸/mm	外形尺寸(长×宽×高)/(mm×mm×mm)	质量/kg	生产厂家
DG-50	500	140	130	1 660×522×500	419	宝鸡石油机械厂
DG-100	1 000	140	140	1 900×765×700	1 310	
DG-135	1 350	150	165	1 997×700×730	1 685	
DG-225	2 250	180	190	2 545×780×750	2 180	兰州石油化工机械厂
DG-250	2 500	180	190	2 545×780×750	2 180	
DG-315	3 150	200	220	2 953×890×830	3 410	
DG-350	3 500	200	220	2 953×890×830	3 410	
DG-450	4 500	200	220	2 950×890×883	3 496	
DG-450S	4 500	200	220	2 953×880×930	3 496	
DG-585	5 850	200	238	3 156×930×930	3 900	

三、井架和底座

井架和底座是用来支撑和安装各钻井设备及工具、提供钻井操作的场所。井架用来安装天车,悬挂游车、大钩、水龙头和钻具,承受钻井工作载荷,排放钻具立柱;底座支撑绞车、转盘等设备。

井架的主要技术参数包括井架高度、最大钩载、立根盒容量。如果需要安装顶驱,则必须考虑井架尺寸(包括井架高度和井架开口尺寸)是否足够;钩载要能满足工程进行中的最大负载状况(最大负载可能发生的情况包括各开次钻柱悬重及各开次下套管负载),施工定向井、水平井时还要考虑上提钻柱和套管时附加的摩擦阻力;立根盒容量要满足能够排放最大井深时所需要的钻柱的要求。

按 API 规定,井架额定值为临界载荷的 50%。

底座的主要技术参数包括:转盘大梁下净高度(又称净空高度)、转盘大梁负荷和立根盒负荷。转盘大梁下净高度主要影响防喷器的安装,尤其是在欠平衡等特殊钻井时需要安装旋转控制头等设备,需要较大的净空高度;转盘大梁负荷与井架的最大钩载一致即可;立根盒负荷要满足排放最大井深时所需要的钻柱的要求。

1. 常用井架及底座的基本参数

以宝鸡石油机械厂钻机为例,其井架及底座基本参数见表 3-2-8 和表 3-2-9。

表 3-2-8 井架基本技术参数

型 号	井架形式	井架高度/m	最大钩载/kN	立根容量(114 mm 钻杆)/m	井架可承受最大风载/(km·h^{-1})
JJ60/29-A	A 形	29	588	1 000	172
JJ90/39-A	A 形	39	882	1 500	172

续表 3-2-8

型　号	井架形式	井架高度/m	最大钩载/kN	立根容量 (114 mm 钻杆)/m	井架可承受 最大风载/(km·h^{-1})
JJ135/40-A	A　形	40	1 323	2 000	172
JJ170/41-A	A　形	41	1 666	3 000	172
JJ225/42-k	A　形	42	2 205	4 000	172
JJ315/43-A	A　形	43	3 087	5 000	172
JJ90/38-K	K　形	38	882	1 500	172
JJ135/40-K	K　形	40	1 323	2 000	172
JJ170/41-K	K　形	41	1 666	3 000	172
JJ225/43-K	K　形	43	2 205	4 000	172
JJ315/45-K	K　形	45	3 087	5 000	172
JJ450/45-K	K　形	45	4 410	7 000	172
TJ2-41	塔　式	41	2 205	4 000	80
HJJ315/45-T	塔　式	45	3 087	5 000	172
HJJ450/45-T	塔　式	45	4 410	7 000	172
HJJ450/49-T	塔　式	49	4 410	7 000	172

表 3-2-9　底座基本技术参数

型　号	形　式	钻台高度 /m	动力机台 高度/m	转盘大梁下净高度 /m	转盘大梁 负荷/kN	立根盒负荷 /kN
D260/3-T	拖橇式	3	2.16	1.9	588	392
D290/3.9-Tl	拖橇式	(3.2) 3.9	(2.6) 3.54	(2.55) 3.2	882	588
D2135/4.5-T	拖橇式	(3.2) 4.5	1.5	(2.5) 3.5	1 323	784
D2170/4-T	拖橇式	(3.6) 4	(2.55) 2.95	(2.51) 2.91	1 666	882
D2135/4.5-C	车装式	4.5	1.5	3.5	1 323	784
TJ2-41	箱叠式	4.5	1.5	3.2	2 205	1 274
D2225/6-K	块　式	(4.5) 6	0.4～1.4	(3.2) 4.8	2 205	1 274
D2225/7.5-K	块　式	7.5	1.4	6.2	2 450	1 274
D2315/6-K	块　式	6	1.5	4.5	3 087	1 764
D2450/6.7-K	块　式	(6) 6.7	(3) 0.4～1.4	(4.5) 5.5	4 410	2 352
D2315/9-S	升举式	9	9	7.69	3 087	1 764
D2450/9-S	升举式	9	9	7.5	4 410	2 352

注：括号内表示第二种参数。

2. 使用要点

(1) 做好对井架的保养维护,时刻保持井架完好。井架在起升之后和下放以前要进行彻底的检查,以保证没有部件发生变形和所有的螺栓齐全紧固并配备合适的锁定垫圈。没有办理安装质量验收和交接手续的井架不能使用。

(2) 拆装绞车时,力求达到平稳施工。

(3) 钻井队要定期、定人、定部位对井架进行检查和维护。定期检查要求每个白班和下套管前各进行一次;定人检查要求每个班的井架工负责检查;定部位检查要求每个井架工各承包一部分井架结构进行检查。在风、雨多发季节,钻井队每班都要对井架绷绳及绷绳坑进行检查。对天车、猴台、指梁、死绳固定器、转盘、钻杆盒大梁、立管台、二层台的固定情况,由井队安全员每周检查一次。对查出的问题,要立即组织整改。

(4) 不准随便割、拆、换井架的横梁、拉筋、螺丝、卡子、零件、附件。

(5) 下套管之前对井架进行全面检查、整改,钻具要分两边矗立,尽可能使井架受力平衡;要封闭好指梁,防止钻井绳进入。下套管时,若发现井架无安全保障,应立即将套管坐在转盘上,停止活动套管。

(6) 在风力超过 8 级时,不要把钻具全部起出,已起出的钻具也要部分下入;把井架垂直拉紧,以保持井架的稳定性。

(7) 不准将立管硬挂在井架拉筋上。立管必须上吊下垫,用立管固定胶块卡牢、卡紧。

(8) 不准进行超负荷操作。

(9) 采取防止基础下沉、倾斜的维护措施。

(10) 严格执行操作规程,避免因操作不当造成井架及其附件损坏。

(11) 在处理卡钻事故前,必须仔细检查死绳固定器的固定情况。

四、旋转系统

旋转系统的功能是驱动钻具旋转以破碎岩石。旋转系统主要由水龙头、转盘、钻具组成。其工作原理为:转盘驱动方钻杆带动整个钻柱(由钻杆和钻铤等钻具组成)和钻头旋转,钻头直接破碎岩石,水龙头提供高压钻井液的通道。

顶部驱动(简称顶驱)装置结合了水龙头和转盘的功能,可从井架上部空间直接旋转钻杆,完成钻杆旋转钻进、循环钻井液、接立柱、上卸扣和倒划眼等多种钻井操作。顶驱装置可显著提高钻井作业的能力和效率,已成为石油钻井行业的标准产品。

1. 水龙头

水龙头是钻机提升部件与旋转钻具之间的过渡部件。水龙头主要由鹅颈管、冲管总成、中心管、壳体、提环和主轴承等组成,主要功用是悬挂旋转着的钻柱,承受大部分以至全部钻具重量,向转动着的钻具内输送高压钻井液。水龙头上部的提环与大钩相连,下部中心管与方钻杆相连。水龙头上的鹅颈管与水龙带相连接,中心管与钻具相连形成钻井液循环通道,具体技术规范见表 3-2-10。

表 3-2-10　水龙头基本技术参数(以兰州石油机械厂产品为例)

型　号	最大静负荷/kN	最高转速/($r \cdot min^{-1}$)	高压工作压力/MPa	中心管内径/mm	接头螺纹		外形尺寸(长×宽×高)/(mm×mm×mm)	质量/kg
					接中心管	接方钻杆		
SL135	1 350	300	35	64	4½ in REGLH	6⅝ in REGLH	2 520×758×840	1 341
SL225	2 250	300	35	75	6⅝ in REGLH	6⅝ in REGLH	2 880×1 026×820	2 246
SL250	2 500	300	35	75	6⅝ in REGLH	6⅝ in REGLH	2 880×1 026×820	2 246
SL250-2	2 500	300	35	75	6⅝ in REGLH	6⅝ in REGLH	2 880×1 026×820	2 563
SL450	4 500	300	35	75	7⅝ in REGLH	6⅝ in REGLH	3 015×1 096×960	2 700
SL450S	4 500	300	35	75	7⅝ in REGLH	6⅝ in RECLH	3 015×1 000×960	3 461
SL450-Ⅱ	4 500	300	35	75	7⅝ in REGLH	6⅝ in REGLH	3 015×1 096×960	3 460
SL586	5 850	300	35	75	7⅝ in REGLH	6⅝ in RECLH	3 115×1 143×990	4 000

2. 转盘

转盘通过方形孔与方钻杆相接,旋转驱动钻具,传递扭矩;在不转动时通过吊卡或卡瓦承托井下全部管柱重量。转盘主要由箱体、转台、主轴承、副轴承、齿圈、输入轴总成、锁紧装置、方瓦、箱盖等部分组成。

1) 转盘的动力要求

直井钻井时对于转盘的动力要求相对较小。在定向钻井中,由于存在较大的摩擦阻力,需要的输入功率通常较大。

钻井施工设计时,可利用计算机模拟来计算钻杆的扭矩,从而确定所需要的转盘功率。在定向钻井中,转盘功率可能需要几百马力。

转盘功率可以由下式计算得出:

$$P_p = \frac{2\pi n T}{60\ 000} \tag{3-2-3}$$

式中　P_p——转盘功率,kW;

n——转盘转速,r/min;

T——扭矩,N·m。

显然,影响钻杆扭矩的因素有很多,包括井眼尺寸、井眼深度、钻头类型、钻铤尺寸、钻杆尺寸、钻压、转速、钻井液性能、狗腿的位置、井斜角、狗腿度,以及是否使用扩眼钻头和稳定器、地层特性,等等。由于钻杆的扭矩难以准确预测,有时需要靠经验辅助确定。

计算转盘功率也可以使用如下经验公式：

$$P_p = 0.735Fn \tag{3-2-4}$$

式中 P_p——转盘功率，kW；

F——扭矩系数；

n——转盘转速，r/min。

扭矩系数一般按如下估算：

(1) 对于小于 3 000 m 的浅井，扭矩系数为 1.5～1.75。

(2) 对于 3 000～4 500 m 深的井，扭矩系数为 1.75～2.0。

(3) 利用重型钻柱钻深井时，扭矩系数为 2.0～2.25。

(4) 利用大扭矩聚晶金刚石复合片钻头进行钻井时，扭矩系数为 2.0～3.0。

上述经验估算量受很多变量的影响，但实际应用证明，对于转盘功率的估算值还是合理的。然而，对于大斜度井，要求扭矩和功率必须通过有效的计算机软件程序进行计算。

2) 常用转盘型号及技术参数

常用转盘型号及基本技术参数见表 3-2-11。

表 3-2-11 转盘基本技术参数

型 号	通孔直径/mm	最大静负荷/kN	最大工作扭矩/(N·m)	最高转速/(r·min^{-1})	齿轮传动比	外形尺寸(长×宽×高)/(mm×mm×mm)	质量/kg	生产厂家
ZP175	444.5	1 350	13 729	300	3.58	1 935×280×585	3 888	兰州石油化工机械厂
ZP205	520.7	3 150	22 555	300	3.22	2 291.5×1 475×668	5 530	
ZP275	698.5	4 500	27 459	300	3.67	2 392×1 670×685	6 163	
ZP375	952.5	5 850	32 362	300	3.56	2 468×1 810×718	7 548	
ZP375AS	952.5	5 850	32 362	300	3.56	2 468×1 810×718	8 026	
ZP495	1 257.3	7 250	36 285	300	3.93	2 940×2 184×813	11 626	

3. 顶驱装置

越来越多的石油钻机装备了顶驱装置。继美国 Varco 公司之后，挪威 Maritime Hydraulics 公司、法国 ACB-Bretbr 公司和 TRITEN 公司、加拿大 CANRIG 公司和 Tesco 公司，以及中国北京石油机械厂、宝鸡石油机械厂等都研制和生产了顶驱装置。

1) 顶驱装置基本功能及优点

顶驱已作为当前主要的钻井方式，与用方钻杆钻井相比，顶驱钻井装置具有以下特定优点：

(1) 节省接单根时间。

顶部驱动钻井装置不使用方钻杆，不受方钻杆长度限制，可避免钻进时频繁的接单根时间。取而代之的是利用立柱钻进，可大大节省上卸扣的时间，从而提高钻井时效。

(2) 倒划眼防止卡钻。

顶部驱动钻井装置具有使用整立柱倒划眼的能力，可在不增加起钻时间的前提下顺利地循环和旋转，将钻具提出井眼，有效地预防和处理井下复杂情况。

(3) 下钻长井段划眼。

顶部驱动钻井装置提供了不接方钻杆钻过砂桥和缩径点的可能。使用顶部驱动钻井装置下钻时,可在数秒内接好钻柱,立刻划眼,从而减少卡钻的危险。

(4) 人员安全。

顶部驱动钻井装置可将钻进过程中接单根次数减少二分之二,从而降低了事故发生率。

使用顶驱设备接单根时只需要在钻具上打背钳。钻杆上卸扣装置总成上的倾斜装置可以使吊环、吊卡向下摆至鼠洞,大大降低人员工作的危险程度。

(5) 井控能力得到提高。

顶驱装置配备有内部防喷部件,如果需要,可以在钻进和起下钻具过程中利用保护接头上方的液压安全阀快速关闭钻杆水眼。这样,如果钻井过程中发生溢流现象,无须利用人工抢装安全阀。

(6) 设备安全。

顶部驱动钻井装置采用马达旋转上扣,运转平稳,并可从扭矩表上观察上扣扭矩,避免上扣扭矩过盈或不足。通过设定顶驱钻井作业的最大扭矩,在钻井中出现蹩钻而使扭矩超过设定范围时可以使马达自动停止旋转,待调整钻井参数后再正常钻进,避免设备超负荷长时间运转或者出现井下钻具损坏。

2) 常用顶驱装置基本技术参数

常用顶驱装置基本技术参数见表 3-2-12～表 3-2-15。

表 3-2-12 CANRIG 顶部驱动钻井系统基本技术参数

型号		6027E		8035E	1050E		1165E
额定钻深	m	3 600		5 000	7 000		9 000
	ft	12 000		16 000	24 000		30 000
额定负荷	t	275		350	500		650
额定轴承负荷	t	166		323	413		472
连续输出功率	hp	600		900	1 130		1 130
	kW	450		670	840		840
传动比		5.563∶1	9.387∶1	5∶1	5∶1	7.12∶1	7.12∶1
最大连续扭矩	lbf·ft	14 500	24 400	22 000	30 000	42 700	42 700
	N·m	19 660	33 100	29 800	40 700	57 900	57 900
最大间歇扭矩	lbf·ft	17 800	30 000	24 000	33 700	48 000	48 000
	N·m	24 100	40 700	32 500	45 700	65 100	65 100
最高转速	r/min	320	200	265	265	185	185
卸扣扭矩	lbf·ft	60 000	60 000	67 500	71 000	75 000	90 000
	N·m	81 000	81 000	91 500	96 000	10 1000	122 000
质量	lb	19 000		27 000	28 000		29 000
	kg	8 600		12 300	12 700		13 200

注:1 ft = 0.304 8 m,1 lb = 0.453 59 kg,1 lbf = 4.45 N。

表 3-2-13　VARCO 顶部驱动钻井系统基本技术参数

型　号	TDX-1250	TDX-1000	HPS-1000
额定提升载荷	1 250 t	1 000 t	1 000 t
电机额定功率	2×1 340 hp	2 000 hp	2×1 150 hp
低速挡传动比	6.1∶1	6.9∶1	5.3∶1(6.16∶1)
低速挡最高转速	250 r/min	250 r/min	280 r/min
低速挡最大扭矩	142 361 N·m (105 000 lbf·ft),连续	123 380 N·m (91 000 lbf·ft),连续	106 000 N·m (78 181 lbf·ft),连续
最大连续扭矩时的转速	130 r/min	116 r/min	150 r/min
最大间歇扭矩	203 337 N·m (150 000 lbf·ft)	203 337 N·m (150 000 lbf·ft)	150 500 N·m (111 000 lbf·ft)
中心管直径	101.6 mm(4 in)	95.25 mm(3.75 in)	78 mm(3.125 in)
冲　管	517 bar(7 500 psi)	517 bar(7 500 psi)	517 bar(7 500 psi)
额定扭矩	203 337 N·m (150 000 lbf·ft)	203 337 N·m (150 000 lbf·ft)	156 000 N·m (115 000 lbf·ft)
可用钻杆直径	88.9～177.8 mm (3½～7 in)	88.9～177.8 mm (3½～7 in)	73～168.3 mm (2⅞～6⅝ in)
接头外径	114.3～254 mm (4½～10 in)	114.3～254 mm (4½～10 in)	76.2～219 mm (3～8⅝ in)
内防喷阀额定压力	1 034 bar(15 000 psi)	1 034 bar(15 000 psi)	1 034 bar(15 000 psi)
上内防喷阀扣型	7⅝ in API 常规 右旋母扣(遥控)	7⅝ in API 常规 右旋母扣(遥控)	7⅝ in API 常规右旋公扣 和母扣(遥控)
下内防喷阀扣型	7⅝ in API 常规 右旋公扣和母扣(手动)	7⅝ in API 常规 右旋公扣和母扣(手动)	7⅝ in API 常规 右旋公扣和母扣(手动)
旋转角度/定位	360°/无限制	360°/无限制	360°/无限制
顶驱工作高度	7 925 mm (26 ft)	6 604 mm(21.7 ft)	8 407 mm(27.6 ft)
额定吊环载荷	350,500,750,1 000 或 1 250 t API	350,500,750 或 1 000 t API	350,500,750 或 1 000 t API
适应温度	−20～+45 ℃	−20～+55 ℃	−20～+40 ℃
质　量	54 431 kg(120 000 lb)	41 280 kg(91 000 lb)	27 215 kg(60 000 lb)

注:1 bar = 0.1 MPa,1 psi = 6 894.757 Pa。

表 3-2-14　北京石油机械厂顶部驱动钻井系统参数

型　号	DQ30Y	DQ40Y	DQ40BCQ	DQ50BC	DQ70BSE
驱动方式	液压驱动 (Hydraulic)	液压驱动 (Hydraulic)	交流变频驱动 (AC VFD)	交流变频驱动 (AC VFD)	交流变频驱动 (AC VFD)
名义钻井深度 (114 mm 钻杆)	3 000 m	4 000 m	4 000 m	5 000 m	7 000 m

续表 3-2-14

型　号	DQ30Y	DQ40Y	DQ40BCQ	DQ50BC	DQ70BSE
额定载荷	2 000 kN (220 t)	2 250 kN (250 t)	2 250 kN (250 t)	3 150 kN (350 t)	4 500 kN (500 t)(US)
工作电源	380 V AC/50 Hz (可选 60 Hz)	380 V AC/50 Hz (可选 60 Hz)	600 V AC/50 Hz (可选 60 Hz)	600 V AC/50 Hz (可选 60Hz)	600 V AC/50 Hz (可选 60 Hz)
额定功率(连续)	300 kW (408 hp)	400 kW (544 hp)	295 kW (400 hp)	368 kW (500 hp)	295 kW×2 (400 hp×2)
转速范围	0～150 r/min	0～180 r/min	0～200 r/min	0～180 r/min	0～200 r/min
工作扭矩(连续)	22 kN·m (16 200 lbf·ft)	30 kN·m (22 000 lbf·ft)	30 kN·m (22 000 lbf·ft)	40 kN·m (29 500 lbf·ft)	50 kN·m (36 900 lbf·ft)
最大卸扣扭矩	40 kN·m (29 500 lbf·ft)	45 kN·m (33 200 lbf·ft)	45 kN·m (33 200 lbf·ft)	60 kN·m (44 300 lbf·ft)	75 kN·m (55 300 lbf·ft)
背钳夹持范围	87～200 mm (钻杆)	87～200 mm (钻杆)	87～200 mm (钻杆)	87～220 mm (钻杆)	87～220 mm
液压系统工作压力	35 MPa(5 000 psi)	35 MPa(5 000 psi)			16 MPa(2 280 psi)
液压辅助系统工作压力	16 MPa (2 280 psi)	16 MPa (2 280 psi)	16 MPa (2 280 psi)	16 MPa (2 280 psi)	16 MPa (2 280 psi)
中心管通孔直径	64 mm	75 mm	75 mm	75 mm	75 mm(3 in)
中心管通孔额定压力	35 MPa (5 000 psi)	35 MPa (5 000 psi)	35 MPa (5 000 psi)	35 MPa (5 000 psi)	35 MPa (5 000 psi)
本体工作高度	5.4 m(17.7 ft)	5.6m(18.4 ft)	5.3 m(17.4 ft)	5.9 m(19.4 ft)	6.1 m(20 ft)
本体宽度	990 mm(3.25 ft)	1 330 mm(4.36 ft)	1 196 mm(3.92 ft)	1 537 mm(5.04 ft)	1 594 mm(5.23 ft)
导轨距井口中心距离	500 mm(1.64 ft)	纵向：622 mm 横向：467 mm	纵向：525 mm 横向：346 mm	纵向：700 mm 横向：467 mm	930 mm(3.05 ft)

型　号	DQ70BSC	DQ70BSD	DQ90BSC	DQ90BSD	DQ120BSC
驱动方式	交流变频驱动 (AC VFD)	交流变频驱动 (AC VFD)	交流变频驱动 (AC VFD)	交流变频驱动 (AC VFD)	交流变频驱动 (AC VFD)
名义钻井深度(114 mm 钻杆)	7 000 m	7 000 m	9 000 m	9 000 m	12 000 m
额定载荷	4 500 kN(500 t) (US)	4 500 kN(500 t) (US)	6 750 kN(750 t) (US)	6 750 kN(70 t) (US)	9 000 kN(1 000 t) (US)
供电电源	600 V AC/50 Hz (可选 60 Hz)	600 V AC/50 Hz (可选 60 Hz)	600 V AC/50 Hz (可选 60 Hz)	600 V AC/50 Hz (可选 60 Hz)	600 V AC/50 Hz (可选 60 Hz)
额定功率(连续)	295 kW×2 (400 hp×2)	368 kW×2 (500 hp×2)	368 kW×2 (500 hp×2)	440 kW×2 (600 hp×2)	440 kW×2 (600 hp×2)
转速范围	0～200 r/min	0～200 r/min	0～200 r/min	0～200 r/min	0～200 r/min

续表 3-2-14

型　号	DQ70BSC	DQ70BSD	DQ90BSC	DQ90BSD	DQ120BSC
工作扭矩(连续)	50 kN·m (36 900 lbf·ft)	60 kN·m (44 300 lbf·ft)	70 kN·m (51 600 lbf·ft)	85 kN·m (62 700 lbf·ft)	85 kN·m (62 700 lbf·ft)
最大卸扣扭矩	75 kN·m (55 300 lbf·ft)	90 kN·m (66 400 lbf·ft)	110 kN·m (81 100 lbf·ft)	135 kN·m (99 600 lbf·ft)	135 kN·m (99 600 lbf·ft)
背钳夹持范围	87～220 mm	87～220 mm	87～220 mm	87～220 mm	87～250 mm
液压辅助系统工作压力	16 MPa (2 280 psi)	16 MPa (2 280 psi)	16 MPa (2 280 psi)	16 MPa (2 280 psi)	16 MPa (2 280 psi)
中心管通孔直径	75 mm(3 in)	75 mm(3 in)	89 mm(3½ in)	89 mm(3½ in)	102 mm(4 in)
中心管通孔额定压力	35 MPa (5 000 psi)	52 MPa (7 540 psi)	52 MPa (7 540 psi)	52 MPa (7 540 psi)	52 MPa (7 540 psi)
本体工作高度	6.1 m(20 ft)	6.4 m(21 ft)	6.5 m(21.3 ft)	6.7 m(22 ft)	6.9 m(22.6 ft)
本体宽度	1 663 mm(5.46 ft)	1 778 mm(5.83 ft)	1 778 mm(5.83 ft)	2 096 mm(6.88 ft)	2 096 mm(6.88 ft)
导轨距井口中心距离	930 mm(3.05 ft)	930 mm(3.05 ft)	960 mm(3.15 ft)	1 090 mm(3.58 ft)	1 090 mm(3.58 ft)

表 3-2-15　宝鸡石油机械厂顶部驱动钻井系统参数

顶驱型号	DQ40/2250DB	DQ50/3150DB	DQ70/4500DB	HDQ70/4500DB	DQ90/6750DB
名义钻深(114 mm 钻杆)/m	2 500～4 000	3 500～5 000	4 500～7 000	4 500～7 000	6 000～9 000
额定载荷	2 250 kN(250 t)	3 150 kN(350 t)	4 500 kN(500 t)	4 500 kN(500 t)	6 750 kN(750 t)
最大连续钻井扭矩	31 400 N·m (23 160 lbf·ft)	46 700 N·m (34 444 lbf·ft)	52 600 N·m (38 796 lbf·ft)	58 000 N·m (42 779 lbf·ft)	80 000 N·m (59 005 lbf·ft)
最大卸扣扭矩	53 000 N·m (39 030 lbf·ft)	70 000 N·m (51 630 lbf·ft)	78 900 N·m (58 194 lbf·ft)	87 000 N·m (64 168 lbf·ft)	140 000 N·m (103 259 lbf·ft)
刹车扭矩	35 000 N·m (25 815 lbf·ft)	53 000 N·m (39 090 lbf·ft)	53 000 N·m (39 090 lbf·ft)	80 000 N·m (59 005 lbf·ft)	100 000 N·m (73 756 lbf·ft)
转速范围/($r \cdot min^{-1}$)	0～191	0～227	0～227	0～227	0～241
保护接头与钻杆连接扣型	NC50	NC50	NC50	NC50	NC50
背钳夹持钻杆范围/mm	79.4～203.2	79.4～203.2	79.4～203.2	79.4～203.2	79.4～203.2
背钳最大通径/mm	216	216	216	216	216
中心管内径/mm	76	76	76	76	102
额定压力/MPa	35	35	35	35	52.5
主电机额定功率/kW	1×315	2×280	2×315	2×350	2×450

续表 3-2-15

顶驱型号	DQ40/2250DB	DQ50/3150DB	DQ70/4500DB	HDQ70/4500DB	DQ90/6750DB
主体工作高度（挂大钩时）/m	4.85	5.5	5.52	5.52	6.45
主体工作高度（挂游车时）/m	5.36	5.965	5.985	5.985	6.91
主体质量/kg	8 700	11 300	11 300	11 300	20 000

五、钻井液循环系统

钻井液循环系统主要由钻井泵、钻井液循环系统以及固控设备等组成，用于完成钻井过程中钻井液的配置、储存、处理和循环功能。

1. 钻井泵

钻井过程中必须保持适当的钻井液循环，以便携带岩屑，保持井眼清洁；钻井液经过钻头喷嘴产生压力降，产生射流辅助钻头破岩，因此钻井过程中大部分动力都消耗在钻井液循环系统上。

用于循环钻井液的钻井泵分为双作用泵或单作用泵。通过选择不同尺寸的缸套来满足压力和排量的各种要求。对于特定的钻井泵，每种缸套尺寸都对应一个不同的最大排出压力额定值。制造商提供的技术资料列出了所生产的钻井泵的理论排量额定值和排出压力额定值。

1）钻井泵的选择

钻井泵是根据理论排量进行输送时所需的轴输入功率进行标定的。钻井泵选型时首先要根据理论计算出钻井施工时需要的水功率。

水功率可以通过下列公式计算得出：

$$P_{hp} = Qp \tag{3-2-5}$$

式中 P_{hp}——水功率，kW；

Q——钻井泵的排量，m^3/s；

p——钻井泵的排出压力，kPa。

在计算选择钻井泵的功率时，必须考虑钻井泵的体积效率。钻井泵的体积效率随着吸入条件、泵冲数、钻井泵的工作状况以及钻井液性能的不同而有所变化。对于双缸泵，泵冲大于40 冲/min 时，体积效率为 90%；泵冲低于 40 冲/min 时，体积效率为 95%。通常三缸泵作业的体积效率为 96%～98%。良好的吸入条件对于体积效率的影响大于任何其他因素。如果灌注泵受磨损或由于轴的密封装置不密封而吸入空气，那么钻井泵的泵效就会大大降低。钻井泵的额定功率（即轴输入功率）可以在考虑泵效系数后由水功率除以效率因子（0.85）计算得出。

驱动钻井泵的动力机应具有连续功率，其最小值应不小于利用上述方法计算得出的钻井泵功率额定值。

2）常用钻井泵技术参数

表 3-2-16～表 3-2-20 列出了兰州石油化工机械厂以及宝鸡石油机械厂生产的各型号钻井泵的技术参数。

表 3-2-16　兰州石油化工机械厂钻井泵系列基本技术参数

型　号	3NB500C	3NB1000	3NB1300	3NB1600
额定输入功率	368 kW(500 hp)	735 kW(1 000 hp)	956 kW(1 300 hp)	1 176 kW(1 600 hp)
额定泵冲/(冲·min^{-1})	95	110	120	120
冲程/mm	254	305	305	305
齿轮传动比	3.821	3.833	3.81	3.81
传动轴额定转速/(r·min^{-1})	363	422	457	458
最高工作压力/MPa	34.3	34.3	34.3	34.3
阀尺寸/in	6	6	7	7
最大缸套直径/mm	160	170	180	190
最大缸套排量/(L·s^{-1})	24.26	38	46.4	51.9
最大缸套泵压/MPa	13.72	17.44	18.4	20.4
吸入管直径/mm	254	305	305	305
排出管直径/mm	100	100	100	100
外形尺寸（长×宽×高）/(mm×mm×mm)	4 220×2 640×2 430	5 170×2 089×2 530	5 010×1 942×1 918	5 040×2 850×2 077
质量/t	15.94	21.45	23	24.641

表 3-2-17　宝鸡石油机械厂 F-1000 钻井泵基本技术参数

齿轮类型	人字齿轮	润滑形式	强制加飞溅	吸入管口法兰直径	305 mm
齿轮速比	4.207∶1	额定泵冲	140 冲/min	排出管口法兰直径	130 mm
最大缸套直径×冲程	170 mm×254 mm	额定功率	735 kW	质　量	18 790 kg

泵冲/(冲·min^{-1})	额定功率		缸套直径/mm 和额定压力/MPa						
			170	160	150	140	130	120	110
			16.4	18.5	21.1	24.2	28.0	32.9	34.3
	kW	hp	排量/(L·s^{-1})						
150	788	1072	43.24	38.30	33.66	29.33	25.29	21.55	18.10
140	735	1000	40.36	35.75	31.42	27.37	23.60	20.11	16.90
130	683	929	37.47	33.20	29.18	25.42	21.91	18.67	15.69
120	630	857	34.59	30.64	26.93	23.46	20.23	17.24	14.48
110	578	786	31.71	28.09	24.69	21.51	18.54	15.80	13.28

续表 3-2-17

泵冲/(冲·min⁻¹)	额定功率		缸套直径/mm 和额定压力/MPa						
			170	160	150	140	130	120	110
			16.4	18.5	21.1	24.2	28.0	32.9	34.3
	kW	hp	排量/(L·s⁻¹)						
100	525	714	28.83	25.53	22.44	19.55	16.86	14.36	12.07
1			0.288 3	0.255 3	0.224 4	0.195 5	0.168 6	0.143 6	0.120 7

表 3-2-18　宝鸡石油机械厂 F-1300 钻井泵基本技术参数

齿轮类型	人字齿轮	润滑形式	强制加飞溅	吸入管口法兰直径	305 mm
齿轮速比	4.206∶1	额定泵冲	120 冲/min	排出管口法兰直径	130 mm
最大缸套直径×冲程	180 mm×305 mm	额定功率	960 kW	质　量	24 572 kg

泵冲/(冲·min⁻¹)	额定功率		缸套直径/mm 和额定压力/MPa					
			180	170	160	150	140	130
			18.5	20.7	23.4	26.6	30.5	34.3
	kW	hp	排量/(L·s⁻¹)					
130	1 036	1 408	50.42	44.97	39.83	35.01	30.50	26.30
120	956	1 300	46.54	41.51	36.77	32.32	28.15	24.27
110	876	1 192	42.66	38.05	33.71	29.62	25.81	22.25
100	797	1 083	38.78	34.59	30.64	26.93	23.46	20.23
90	717	975	34.90	31.31	27.58	24.24	21.11	18.21
1			0.387 8	0.345 9	0.306 4	0.269 3	0.234 6	0.202 3

表 3-2-19　宝鸡石油机械厂 F-1600 钻井泵基本技术参数

齿轮类型	人字齿轮	润滑形式	强制加飞溅	吸入管口法兰直径	305 mm
齿轮速比	4.206∶1	额定泵冲	120 冲/min	排出管口法兰直径	130 mm
最大缸套直径×冲程	180 mm×305 mm	额定功率	1 180 kW	质　量	24 791 kg

泵冲/(冲·min⁻¹)	额定功率		缸套直径/mm 和额定压力/MPa					
			180	170	160	150	140	130
			22.7	25.5	28.8	32.7	34.3	34.3
	kW	hp	排量/(L·s⁻¹)					
130	1 275	1 733	50.42	44.97	39.83	35.01	30.50	26.30
120	1 176	1 600	46.54	41.51	36.77	32.32	28.15	24.27
110	1 078	1 467	42.66	38.05	33.71	29.62	25.81	22.25
100	980	1 333	38.78	34.59	30.64	26.93	23.46	20.23
90	882	1 200	34.90	31.13	27.58	24.24	21.11	18.21
1			0.387 8	0.345 9	0.306 4	0.269 3	0.234 6	0.202 3

表 3-2-20　宝鸡石油机械厂 F-2200 钻井泵基本技术参数

齿轮类型	人字齿轮	润滑形式	强制加飞溅	吸入管口法兰直径	305 mm
齿轮速比	3.512 2∶1	额定泵冲	105 冲/min	排出管口法兰直径	130 mm
最大缸套直径×冲程	180 mm×305 mm	额定功率	1 640 kW	质　量	43 080 kg

泵冲/(冲·min^{-1})	额定功率/kW	缸套直径/mm 和额定压力/MPa									
		230	220	210	200	190	180	170	160	150	140
		19	20.8	22.8	25.1	27.9	31.0	34.8	39.3	44.7	51.3
		排量/(L·s^{-1})									
105	1 640	77.65	71.05	64.37	58.72	52.99	47.56	42.42	37.58	33.03	28.77
90	1 406	66.56	60.90	55.49	50.33	45.42	40.77	36.36	32.21	28.31	24.66
80	1 250	59.160	54.13	49.32	44.74	40.37	36.24	32.32	28.36	25.16	21.92
70	1 094	51.76	47.36	43.16	39.14	35.33	31.71	28.28	25.05	22.02	19.18
60	937	44.37	40.60	36.99	33.55	30.28	27.18	24.24	21.47	18.87	16.44
1		0.739 5	0.676 6	0.616 5	0.559 2	0.504 7	0.453 0	0.404 0	0.357 9	0.314 6	0.274 0

2. 钻井液储存及配浆系统

1）钻井液体积计算

在地面钻井液罐中保持多少钻井液量取决于井筒容积、混配钻井液的速度以及处理钻井液能力。

在大多数钻井作业中，地面钻井液罐中保持的钻井液量应当是起下钻柱时灌满井眼所需的容积加上 15～20 m^3。过多的钻井液储备会增加钻井液配备及处理的成本。

2）配浆系统

合理设计的配浆系统包括高速离心泵、漏斗装置、一个重浆罐和/或一个预混罐。加重用重浆罐应当有 1.5～8 m^3 的容量，并与钻井泵的吸入口相连接。化学药剂罐应当有 15～30 m^3 的容量，也应该和钻井泵的吸入口相连。

漏斗系统的布置应能满足离心泵以 3 000～4 500 L/min 的速度进行加料作业。最好有一台备用混合泵。

3. 固控设备

钻井液固相控制系统就是所有用于钻井液固相控制的设备的总称。钻井液固相控制是要清除钻井液中的有害固相，以满足钻井工艺对钻井液性能的要求。该系统的主要作用是防止油气通道被堵塞、破坏，降低钻井扭矩和摩阻，降低环空抽汲的压力波动，提高钻井速度，延长钻头寿命，减轻设备的磨损等。

在不同的钻井区域内，使用的钻井液循环系统不同，对于固相控制装置的要求也大不相同。对于未加重的钻井液，通过稀释作用进行固相控制是比较有效的，处理费用不高且不易产生环境问题。需要用机械方法进行固相控制时，不同固控设备的合理配置是很重要的。

1）振动筛

振动筛是固相控制装置组合中最重要的组成部分。理论上，振动筛应在使用 120 目筛布的情况下能很好地处理从井内循环出来的钻井液。如果振动筛的性能不好，钻井液的处理费用就会增加。

普通振动筛可以配置不同目数的筛布。复合振动筛的应用极其广泛，固相清除的效果也很好。颗粒在多层筛网上的分离能力取决于最细的筛网。细筛网通常位于下层。表 3-2-21 中列出了几种振动筛的基本参数。

表 3-2-21　振动筛基本参数

型号规格	胜利油田 ZS6A	胜利油田 ZS6B	Derrick
外形尺寸（长×宽×高）/（mm×mm×mm）	3 700×2 300×1 200	3 900×2 600×1 338	4 000×1 900×1 380
单筛处理量/（$L\cdot s^{-1}$）	30～40	35～55	40～50
激振频率/Hz	23.83	24.16	20.46
振幅/mm	3.6	5.0	2.5
振动强度/（$m\cdot s^{-2}$）	40.18	53.88	41.16
激振力/kN	0～40	63	
电机功率/kW	2.2	3.0	2.3
振动方向角/（°）	45	45	
隔振系数	0.077	0.097	
抛掷指数	2.065	3.547	

2）除砂器、除泥器

除砂器、除泥器都是由一组水力旋流器和一个处理旋流器底流并回收钻井液的小型超细网目振动筛组成的，见图 3-2-1。根据旋流器直径大小的不同，分为除砂器和除泥器。液流从进液口切向进入后，由于离心力的作用，密度大的颗粒被甩向外壁，沿旋流器内壁螺旋下行流向底流口，密度小的液体则反向螺旋上行，经涡流导管流出排液口。除砂器的固相颗粒分离粒径一般为 44～74 μm；除泥器的固相颗粒分离粒径一般为 8～44 μm。

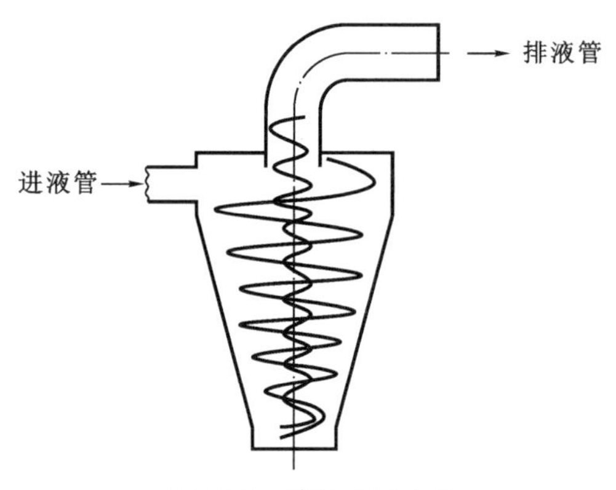

图 3-2-1　旋流器示意图

钻井液除砂器和除泥器处理的钻井液能力应当是井眼钻井液循环量的 2～4 倍。如果以 4 500 L/min 的排量钻 17½ in 井眼，那么旋流器的处理能力应至少为 9 000 L/min。对于 7⅞ in 或 8 ½ in 井眼，大多数情况下，3 400～4 500 L/min 的处理能力是比较合适的。

旋流器应当从一个罐中吸入钻井液，然后将钻井液排放进下一个相连的罐中。

唐山石油机械厂除砂器及除泥器基本参数见表 3-2-22 和表 3-2-23。

表 3-2-22 唐山石油机械厂除砂器基本参数

型　号	CSQ200	CSQ250	CSQ300
处理量	≤120 m^3/h(≤528 gal/min)	≤180 m^3/h(≤792 gal/min)	≤240 m^3/h(≤1 056 gal/min)
旋流器大小/in	8	10	12
工作压力/MPa	0.15～0.35		
进液管通径/mm	125	150	150
排液管通径/mm	150	200	200
分离粒度/μm	47～76	47～76	47～76
筛网面积/m^2	1.0(0.6 m×1.6 m)		

注：1 gal = 0.003 785 4 m^3。

表 3-2-23 唐山石油机械厂除泥器基本参数

型　号	CNQ100	CNQ125
处理量	≤240 m^3/h(1 056 gal/min)	≤300 m^3/h(1 320 gal/min)
筛网面积/m^2	1.0(600 mm×1 600 mm)	1.0(600 mm×1 600 mm)
旋流器大小/in	4	5
旋流器数量/个	4～12	4～12
工作压力/MPa	0.15～0.35	
匹配砂泵/kW	15～55	22～75
进液管通径/mm	100～150	
排液管通径/mm	125～200	
分离粒度/μm	15～47	

3）离心机

高速卧式螺旋沉降离心机是钻井液处理的关键设备之一，可分离大于 2 μm 的固相，有效地解决旋流装置不能分离超细有害固相的问题，迅速恢复钻井液密度等性能参数，是实现安全钻井的可靠保证。离心机的工作效率较高，大部分离心机可以处理 200～300 L/min 的钻井液，有些离心机的处理能力也能达到 560 L/min。通常离心机布置在其他固控设备之后。

根据情况要求，离心机上的管件可以换向。此外，离心机既可单独使用，也可与一个或多个相似的装置安装在一起，从而完成连续处理工作。

濮阳石油机械厂钻井液离心机基本参数见表 3-2-24。

表 3-2-24 濮阳石油机械厂钻井液离心机基本参数

型　号	GLW355×1280-N	GLW450×1260-N	LW500×1000-N	GLW500×1250-N
转鼓直径/mm	355	450	500	500
转鼓长度/mm	1 280	1 260	1 000	1 250
长径比 i	3.6	2.8	2	2.5
最高转速/($r \cdot min^{-1}$)	2 500～3 200	2 500～3 200	1 600～1 800	2 500～3 200

续表 3-2-24

型　号	GLW355×1280-N	GLW450×1260-N	LW500×1000-N	GLW500×1250-N
分离因数 F_r	2 035	2 600	1 100	2 900
最大处理量/($m^3 \cdot h^{-1}$)	10～20	30～50	40～60	40～55
最小分离点/μm	2	2	5	3
电机功率/kW	22+7.5	30+7.5	30+7.5	37+7.5
质量/kg	2 200	3 000	2 800	3 500
外形尺寸(长×宽×高)/(mm×mm×mm)	3 100×1 470×1 070	2 750×1 500×1 070	2 750×1 580×1 400	3 060×1 670×1 400
类　型	高速防爆双变频	高速防爆双变频	中　速	高速防爆双变频

六、动力系统

动力系统主要由柴油机或发电机组以及辅助系统组成，其作用是为绞车、转盘、钻井泵等工作机提供动力。

1. 柴油机及柴油发电机组

钻井现场上使用的大部分钻机动力设备主要有济南柴油机股份公司生产的190系列柴油机、美国卡特彼勒公司生产的CAT系列柴油发电机组以及中原特种车辆修理制造总厂生产的VOLVO系列(一般作为辅助发电机)柴油发电机组。它们的主要技术参数见表3-2-25～表3-2-28。

表 3-2-25　济南柴油机股份公司190系列柴油机主要技术参数

型　号		$C12V190Z_LP$	$C12V190Z_LP$-1	$C12V190Z_LP$-2	$C12V190Z_LP$-3	$C8V190Z_L$	$C8V190Z_LP$-1
形　式		四冲程、直喷式燃烧室、水冷、增压、中冷					
气缸数		12				8	
气缸直径/mm		190					
额定转速/($r \cdot min^{-1}$)		1 500	1 200	1 000	1 300	1 500	1 200
额定功率/kW	12 h	882	735	588	810	588	471
	持续	794	662	529	729	529	424
最大扭矩/(N·m)		6 177	6 434	6 177	6 380	4 117	4 095
最大扭矩转速/($r \cdot min^{-1}$)		1 050	840	700	910	1 050	840
燃油消耗率/[$g \cdot (kW \cdot h)^{-1}$]		204～214				206～216	
机油消耗率/[$g \cdot (kW \cdot h)^{-1}$]		1.0				1.1	
排气温度/℃		≤600					

续表 3-2-25

型　号	C12V190Z_LP	C12V190Z_LP-1	C12V190Z_LP-2	C12V190Z_LP-3	C8V190Z_L	C8V190Z_LP-1
调速方式	全程式机械调速					
油底壳机油容量/L	220	220	220	220	160	160
冷却方式	强制水冷					
润滑方式	压力和飞溅润滑					
启动方式	气马达或电马达启动					
外形尺寸(长×宽×高)/(mm×mm×mm)	4 301×1 980×2 678				3 950×1 980×2 678	
质量/kg	7 500				6 300	

表 3-2-26　美国卡特彼勒公司 CAT3512DITA 柴油发电机组主要技术参数

1. 柴油机			
类　型	四冲程涡轮增压	冲程/mm	190
额定功率/kW	1 030	空气滤清器	单级或双级
额定转速/(r·min^{-1})	1 500	缸径/mm	170
怠速/(r·min^{-1})	550	气缸单缸排量/L	4.3
2. 发电机			
冷却方式	空气冷却	出线方式	三相星形带中性点
调压方式	自动调压(AVR)	空载电压调整范围	额定电压×(75%～110%)
电压调节反应时间/s	0.02	额定功率因数	0.7
额定电压/V	600	额定电流/A	1 443
额定转速/(r·min^{-1})	1 500	首次大修期/h	≥27 000

表 3-2-27　底特律 12V4000×系列柴油发电机主要技术参数

1. 底特律 12V4000×系列 T123-7K16 柴油机			
气缸数及排列方式	12 缸 V 形排列	转速/(r·min^{-1})	1 500
缸径/mm	160	冲程/mm	190
排气量/L	49	类　型	四冲程涡轮增压
额定输出,ISO 持续功率/kW	1 095	润滑油量/L	220
100%负载油耗/(kg·h^{-1})	262.10	冷却水量/L	300
50%负载油耗/(kg·h^{-1})	133.91	外形尺寸(长×宽×高)/(mm×mm×mm)	2 409×1 400×1 735
2. 发电机			
型　号	Marathon 744FSL4238S	额定输出功率/kW	1 200
相　数	3	频率/Hz	50
额定电压/V	600	功率因数	0.7
励磁电压/V	44	励磁电流/A	1.83

表 3-2-28　中原特种车辆修理制造总厂 VOLVO/300 kW 柴油发电机组技术规范

1. 柴油机		
机　型	TAD1232GE/HC14F	TAD1241GE/HC14F
排量/L	12	12
型　式	直列六缸四冲程直喷发动机	直列六缸四冲程电喷发动机
额定功率/kW	300	300
发动机转速/($r \cdot min^{-1}$)	1 500	1 500
发动机缸径/mm	130.17	130.17
冲程/mm	150	150
燃料消耗率/[$g \cdot (kW \cdot h)^{-1}$]	208	198
2. 发电机		
启动蓄电池电压/V	24	24
接线方式	三相四线,Y 形连接	三相四线,Y 形连接
频率/Hz	50	50
电压/V	220/380	220/380
电压/频率瞬态稳定时间/s	<1/5	<1/5
外形尺寸(长×宽×高)/(mm×mm×mm)	3 200×1 090×1 670	3 378×1 120×1 587
质量/kg	2 645	2 665

2. 钻机用的主要电动机

钻机用电动机主要有绞车、转盘、顶驱和钻井泵电动机。电动机可分为直流电动机和交流电动机两种。直流电动机具有启动转矩大、调速范围宽、调速平滑等优点,因此在启动、调速要求较高的生产机械中得到较多的应用。但和交流电动机相比,它的结构复杂,可靠性差,使用维护也不方便。交流电动机具有比较多的优点,如结构简单、制造容易、成本较低、运行可靠和便于维护等。交流电动机的缺点主要是功率因数低、调速性能较差。但随着现代交流变频技术的发展,该缺点已经得到很好的解决。表 3-2-29、表 3-2-30 分别列出了宝鸡石油机械厂 90D 和 120D 两种先进钻机所使用的电动机参数。

表 3-2-29　宝鸡石油机械厂 ZJ90DB1 钻机用电动机技术参数

用　途	绞车电机	转盘电机	钻井泵电机	自动送钻电机
额定功率/kW	1 100	800	700	37
额定电压/V	600(AC)	600(AC)	600(AC)	400(AC)
额定电流/A	1 245	1 020	798	68
额定转速/($r \cdot min^{-1}$)	500	740	1 000	1 475
最高转速/($r \cdot min^{-1}$)	2 200	1 350(恒功)	1 200(恒功)	

续表 3-2-29

用　途	绞车电机	转盘电机	钻井泵电机	自动送钻电机
额定频率/Hz	25.3	33.5	50.5	50
最高频率/Hz	140	140	140	50
额定转矩/(N·m)	21 000	10 324	6 685	240
极　数	6	6	6	4

表 3-2-30　宝鸡石油机械厂 ZJ120DB1 钻机用电动机技术参数

用　途	绞车电机	转盘电机	钻井泵电机	自动送钻电机
额定功率/kW	1 100	800	900	37
额定电压/V	600(AC)	600(AC)	600(AC)	400(AC)
额定电流/A	1 245	1 033	1 020	68
额定转速/(r·min^{-1})	500	740	1 000	1 475
最高转速/(r·min^{-1})	2 200	2 800	1 500	2 800
额定频率/Hz	25.3	37.5	55.5	50
额定转矩/(N·m)	21 010	10 324	7 814	240
极　数	6	6	6	4

七、传动系统

传动系统是把柴油机组或发电机组等动力系统的动力传送并分配到各个工作机组，一般分为机械传动、液压传动和电力传动。

1. 机械传动和液压传动装置

钻机必须通过一些中间设备来接受发动机的驱动。传动系统就是用来将发动机的动力按工作的要求分别传送给不同的工作机组，以解决发动机驱动特性与使用要求之间的矛盾。此类传动系统，有的简单，如单独驱动；有的则比较复杂，如统一驱动，由并车、变速、换向机构组成。

1）单独驱动

这种驱动形式的优点是各工作机之间无牵制现象，所选的发动机和工作机应匹配合理，传动简单，效率高，拆卸、安装简便、迅速；缺点是设备多，功率储备大，成本高，整套钻机的动力设备功率利用率低。

2）分组驱动

分组驱动是指按分组驱动布置，常把绞车、转盘合为一组，钻井泵为一组。分组驱动钻机功率利用率高，传动系统也比统一驱动简单。同时各工作机可以分别安装在不同高度的底座上，安装方便、工作稳定，如车装钻机。

3）统一驱动

统一驱动是指把一台或几台动力机产生的动力通过皮带或链条并车，使动力集中起来，统一输出，再分别传给各工作机组，如大庆130型、CJ45型。统一驱动的特点是不管工作机工作与否，几台柴油机的动力始终集中在一起，各工作机的输出功率可以互相调剂使用，工作可靠性强；缺点是并车机构和传动系统复杂，传动效率低。

机械传动主要有以下几种形式：

(1) 柴油机+联动箱(或分动箱)。

该传动方案主要在ZJ-15L，ZJ-30B，ZJ45等钻机上使用，皮带并车，属于统一驱动方案。它的特点是传动较复杂，效率较低，故障多。

(2) 柴油机+液力变矩器+整体链条传动箱。

该传动方案主要在ZJ-50L和ZJ-70L等钻机上使用，链条并车，属于统一驱动方案，传动简单，传动效率较高，整体尺寸较大，搬迁不便。YBLT900变矩器技术参数见表3-2-31。

表3-2-31　YBLT900变矩器技术参数

最大输入功率/kW	1 000	最大输入转速/(r·min^{-1})	1 500	供油压力/MPa	0.3～0.47
最大输入力矩/(kN·m)	6.5	最大输出力矩/(kN·m)	38	工作油温度/℃	≤110
最高效率/%	85±2	工作腔直径/mm	90	使用油品	6号液力传动油
加油量/L	240	净质量/kg	2 100	外形尺寸(长×宽×高)/(mm×mm×mm)	1 330×9 50×1 073

(3) 柴油机+液力耦合整车减速箱+整体链条传动箱。

该型传动方案主要在大庆Ⅱ-130改造钻机上使用，链条并车，属于统一驱动方案，传动简单，传动效率较高。

2. 电驱动钻机电力传动装置

电驱动用于石油钻机，与传统的机械驱动方式相比较，具有调速特性好，经济性能高，传动效率高，对负载的适应能力强，安装运移性好，可靠性强，故障率低，处理事故能力强，操作更加安全、方便、灵活，易于实现自动控制等一系列的优越性。特别是全数字控制系统的出现，使得电驱动控制系统控制性能更完善、可靠性更高、功能调整更便捷、故障诊断及维修更方便。

1) 电驱动石油钻机电气传动控制系统

(1) 柴油发电机组或高压电网构成的配电系统。

(2) 电动机驱动的钻井泵、绞车、转盘、顶驱的电力传动控制系统。

(3) 固控、辅助电动机、照明、井场各区域供电等组成的MCC控制系统。

2) 电力传动控制系统

(1) 可控硅整流控制系统(SCR)。

SCR系统是将柴油发电机组输出的交流电(一般为交流600 V电源)输入传动柜中的SCR晶闸管整流组件，通过整流输出0～750 V连续可调的直流电。通过指配接触器对直流电动机供电，驱动钻井泵、绞车、转盘和顶驱等设备的直流电动机，实现对钻机绞车、钻井泵、转盘或顶驱的速度及扭矩控制，实现无级调速，满足直流电驱动钻机动力要求。SCR控制系统由微处理器和大规模集成电路构成的全数字控制系统来完成。IPS公司SCR系统的主要技术参数见表3-2-32。

表 3-2-32　IPS 公司 2200/50D SCR 系统主要技术参数

一、引擎、发电机交流控制柜		4. 调压器控制模块	
1. 引擎、发电机			
输出功率/kW	100	额定输出励磁电流/A(励磁电压为 63 V DC 或 100 V DC 时)	10
功率因数	0.7		
转速/(r·min^{-1})	1 500	由空负载到满负载的功率调节率	±1%
额定电压/V	600	通常响应时间/s	1
频率/Hz	50	由空负载到满负载的电压调节率	±3%
2. 线路断路器		励磁电源提供的最大电流/A	12
控制电压/V	120(DC)		
电流/A	2 000	励磁电源提供的最大电压/V	240
3. 计量模块		5. 调速器控制模块	
工作温度/℃	−20～50	由空负载到满负载的速度调节率	
		通常响应时间/s	0.6
控制电压/V	24(DC)		
欠压保护/V	530	二、SCR 整流器	
过压保护/V	700	型　号	2200
欠频保护/Hz	46	输入电压/V	600(AC)
过频保护/Hz	54		

SCR 驱动钻机的特点如下：

① 驱动钻机设备的直流电动机具有软工作特性，可根据钻井工艺需要和载荷变化进行无级调节，且调速范围广；其超载荷适应性强，一般超载荷系数为 1.6～2.5。

② 直流电动机启动与制动较平稳，允许频繁启动与制动，调节与使用均很方便，能够最大限度地满足钻井工艺需要，适应性强。

③ 直流电驱动钻机操作方便，调速所需时间短，具有较好的事故处理能力。

④ 采用动力制动，确保绞车刹车系统操作安全省力，减少事故，节约起下钻时间，适用于深井快速起下钻具。

⑤ 转盘工作转速可以进行无级调节，适用于精确处理打捞作业，能够较好地判断井下发生的各种事故。

⑥ 极大地简化了传动系统，提高了传动效率。能量从柴油机转轴传到绞车传动轴的传动效率为 87.5%，比机械驱动石油钻机传动效率提高 12.5%。

(2) 交流变频电控系统(VFD)。

VFD 系统是将发电机或者电网输出的交流电先用晶闸管或二极管整流成直流电，经大容量电容器滤波，再用电力电子器件晶闸管完成逆变过程，得到电压和频率均可调的交流电，进而驱动钻井泵、绞车、转盘和顶驱的交流变频电机。

交流变频驱动钻机的特点如下：

① 能够精确控制转速和转矩。可实现精确无级平滑调节和控制交流变频电动机的工作转速和转矩，其调节频率与变频电动机的工作转速呈线性关系，使用非常方便。

② 转速调节方便且范围广。变频电动机能方便地实现工作转速从 0～100％精确无级调速和正、反两个方向进行的调节。因此，驱动绞车可以取消换挡机构，驱动顶驱也不必采用两挡，只需使用单速传动机构，大大地简化了绞车和顶驱结构。

③ 在变频调速系统控制下具有全扭矩。变频电动机处于零转速时变频调速装置仍然具有全扭矩输出，可以实现“悬停”功能，直流电机是无法实现该功能的，这种特性对于钻井作业来说是非常安全可靠的。

④ 可提高电动机工作效率。变频电动机可快速地加、减速度，从而使启动和停车过程时间缩短。

⑤ 无突变现象。变频电动机转速和转矩无级达到平滑调节，最大限度地满足了石油钻机钻井性能和作业工况的要求。

⑥ 具有全刹车控制特性。变频电动机可在全转矩条件下进行制动，使其在所有转速下提供更大的间歇转矩和更为精确的控制。

⑦ 启动电流小，工作效率高，过载能力强。

普通交流电动机全压启动时的启动电流为电动机额定电流的 5～8 倍，而变频调速电动机的启动电流只有额定电流的 1.7 倍。由于启动电流小，对电网的冲击性也较小，尤其对柴油发电机组电网来说，优越性更为显著。东营高原电气有限公司 VFD-ZJ40LDB 交流变频电控系统主要技术参数见表 3-2-33。

表 3-2-33　东营高原电气有限公司 VFD-ZJ40LDB 交流变频电控系统主要技术参数

<table>
<tr><td rowspan="4">转盘电动机</td><td>额定功率/kW</td><td>450</td><td rowspan="6">送钻变频柜</td><td>输入电压/V</td><td>400(三相电源)</td></tr>
<tr><td>额定电压/V</td><td>400(三相电源)</td><td>输入频率/Hz</td><td>50</td></tr>
<tr><td>额定频率/Hz</td><td>20.0</td><td>输出电压/V</td><td>0～400(三相电源)</td></tr>
<tr><td>额定转速/(r·min^{-1})</td><td>392</td><td>输出频率/Hz</td><td>0～200(恒转矩),300(恒功率)</td></tr>
<tr><td rowspan="4">自动送钻电动机</td><td>额定功率/kW</td><td>37</td><td>额定输出电流/A</td><td>92</td></tr>
<tr><td>额定电压/V</td><td>380</td><td>送钻变频柜额定功率/kW</td><td>45</td></tr>
<tr><td>额定频率/Hz</td><td>50</td><td rowspan="4">工作环境条件</td><td>控制室温度/℃</td><td>不高于 28</td></tr>
<tr><td>额定转速/(r·min^{-1})</td><td>1 500</td><td>海拔/m</td><td><1 000(每增加 1 000 m,降容 8%)</td></tr>
<tr><td rowspan="2">转盘变频柜</td><td>额定功率/kW</td><td>630</td><td>相对湿度/%</td><td><90(环境温度 20 ℃时)</td></tr>
<tr><td>输入电压/V</td><td>400(三相电源)</td><td>环　境</td><td>不应有过量的酸、碱、盐腐蚀性气体和爆炸性气体</td></tr>
<tr><td colspan="2">外形尺寸(长×宽×高)/(m×m×m)</td><td>9.5×2.9×3.1</td><td colspan="2">输入频率/Hz</td><td>50</td></tr>
<tr><td colspan="2">质量/kg</td><td>12 000</td><td colspan="2">输出频率/Hz</td><td>0～200(恒转矩),300(恒功率)</td></tr>
<tr><td colspan="2">额定输出电流/A</td><td>1 100</td><td colspan="2">输出电压/V</td><td>0～400(三相电源)</td></tr>
</table>

3）MCC 交流电动机控制系统

辅助设备如钻井液循环系统中的混合泵、灌注泵、除砂器和除泥器，以及驱动电动机的冷却风机等，均由交流电动机驱动，其控制由交流电动机控制中心（MCC）实现。

MCC 控制系统电源由 600 V/400 V 电力变压器供电，或由应急发电机组直接提供 380 V 电源。MCC 系统完成交流电动机的启动操作，启动方式有直接启动、降压启动和软启动等。

MCC 系统多采用抽屉式结构。井场照明和其他生产、生活用电设备也由 MCC 控制中心控制。

4）电传动系统的使用安全技术要求

（1）应随时检查 SCR 房、MCC 房内的制冷设备运转情况，确保房内卫生清洁，保证正压防爆；温度不高于 27 ℃，以免各电器元件因温度升高而失灵或损坏；环境温度高于 20 ℃时，相对湿度不大于 90%。

（2）周围环境中不应有过量的酸、碱、盐、腐蚀性气体和爆炸性气体。

（3）SCR 房重 22 t，MCC 房重 18 t，吊装时必须用两台吊车从房子两端抬着吊装，以免房子变形而使房内电器件受损。

（4）发电机组及 SCR 房就位后，各房之间要连接好活动翻板以防雨雪，每个房内必须配备灭火器和应急灯，安装符合防爆要求的电气线路和照明灯。

（5）管线槽要铺设整齐，电缆线、气管线、水管线要平整，对应连接，不得接错。

（6）经常检查螺钉紧固部位是否松动。

（7）定期清理母线与支撑件（地线）间、插头座的插针间和 SCR 的散热器上的灰尘。

（8）平时要注意检查保护电路是否正常。

（9）定期检查和清理电动机的空气过滤器和碳刷（直流电机）。

（10）每班必须检查开关、指示灯是否正常，熔断器是否正常，风机和空调是否工作正常，发电机负荷分配是否均衡。

（11）每月应检查所有接线端子的螺钉是否松动，导线有无磨破，保护电路是否正常，电接点处有无异常现象，继电器工作是否正常，以及清除柜内的灰尘情况。

（12）每年应停电进行一次全面检查。

（13）当发电机组不运行时，务必将发电柜上的“运行”开关旋至“停机”位置，以保证蓄电池不致放电。特别是钻机搬运过程中，必须保证“运行”开关处在“停机”位置。

八、钻井仪表

1. 指重表

钻井指重表是石油钻井中必须使用的一种钻井仪表。指重表主要用于测量钻具悬重和钻压大小及其变化。根据悬重和钻压的大小及其变化，了解钻头、钻柱的工作情况，指导钻进、打捞作业和井下复杂情况的处理。

钻井指重表按其工作原理可分为液压式和电子式两大类，普遍使用液压式指重表。在液压式指重表中，性能较好和使用较多的有日本产 W 系列、国产 JZ 系列和 MZ 系列以及美国产 FS 系列几种，见表 3-2-34、表 3-2-35。

表 3-2-34 JZ 型指重表技术规格

指重表类型	最大死绳拉力/kN	负载大绳股数	相应载荷/kN	重量指示仪误差	记录仪误差	灵敏限/kN	工作环境温度/℃	死绳固定器输出压力/MPa
JZ40A(直拉式)	100	4	400	±1%		5	−40～50	4.2
		6	600					
JZ40(卧式)	100	4	400	±1%		5	−40～50	6
		6	600					
JZ60(直拉式)	100	4	400	±1%		5	−40～50	4.2
		6	600					
		8	800					
JZ100(卧式)	150	6	900	±1%	±2.5%	10	−40～50	6
		8	1 200					
		10	1 500					
JZ100A(立式)	150	6	900	±1%	±2.5%	10	−40～50	6
		8	1 200					
		10	1 500					
JZ150A(卧式)	180	6	1 080	±1%	±2.5%	10	−40～50	6
		8	1 440					
		10	1 800					
JZ150(立式)	180	6	1 080	±1%	±2.5%	10	−40～50	6
		8	1 440					
		10	1 800					
JZ200(立式)	200	6	1 200	±1%	±2.5%	15	−40～50	6
		8	1 600					
		10	2 000					
JZ250(立式)	240	8	1 920	±1%	±2.5%	20	−40～50	6
		10	2 400					
		12	2 880					
JZ400(立式)	350	8	2 800	±1%	±2.5%	20	−40～50	6
		10	3 500					
		12	4 200					
JZ500(立式)	420	10	4 200	±1%	±2.5%	20	−40～50	6
		12	5 040					

表 3-2-35　FS 型指重表系统规格

系　列	AWA6H,AWA9H,AWA8H-3,AWA8H-5	AWA8H-2,AWA8H-4
绳径/mm	22,25,28,32	25,28
绳　数	4,6,8,10	4,6,8,10
单绳负荷/kN	181.2	181.2
传感器负荷/kN	102.82	102.82
系统校准压力/MPa	9.71	9.71
传感器有效面积/mm²	103.8	103.8

2. 多参数仪

钻井多参数仪是与钻机或修井机配套的仪表,用于测量钻机的各种参数(见图 3-2-2)。系统由司钻仪表显示台、电脑终端及软件、各种传感器及安装电缆和液压管线等组成。仪器可监测大钩悬重、钻压、转盘扭矩等几十种参数。仪器采用大屏幕触摸式液晶显示器并配以指重表、泵压表等液压表。数据采集采用总线节点及工业模块技术,对钻井过程进行实时监测,帮助司钻掌握钻机的工作状态。仪器可以存储、打印、查询,为现场优化钻井、故障判断和排除提供依据,为钻后评估提供历史数据,并可通过网络实时传递相关信息到基地和油公司办公室,为实时决策提供帮助。

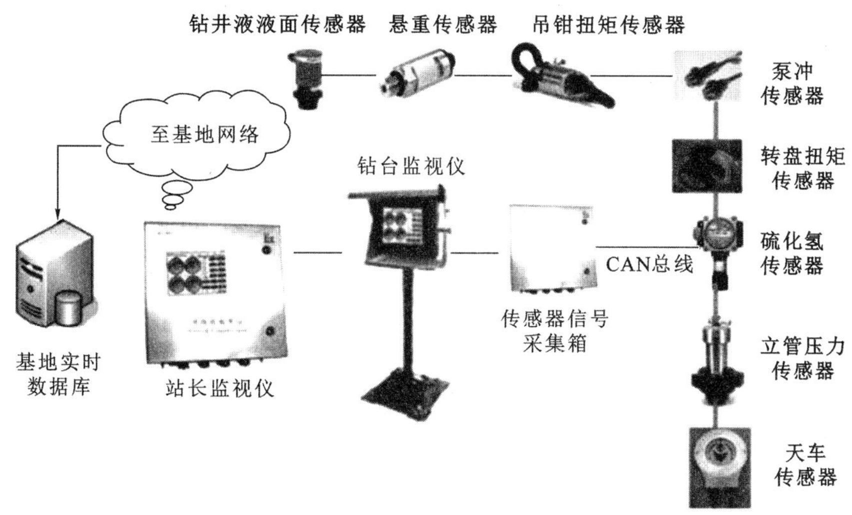

图 3-2-2　钻井多参数仪结构示意图

1) 江汉仪表厂 SZJ 系列及参数仪

SZJ 系列多参数钻井仪表系统是江汉石油管理局仪表厂设计生产的仪表,工作环境温度为−30～70 ℃。

(1) 传感器。

该套系统配备有悬重、钻压、转盘扭矩等传感器,其传感器性能指标见表 3-2-36。

表 3-2-36　**SZJ** 系列传感器参数

类　型	测量范围	误差/%
指重表	0～5 000 kN	±1.5
转盘扭矩	0～40 kN·m	±5
立管压力	0～35 MPa	±1.5
吊钳扭矩	0～100 kN·m	±1.5
转盘转速	0～300 r/min	±1.5
泵　冲	0～300 冲/min	±1.5
钻井液回流百分比	0～100%	±2

(2) 司钻仪表显示台。

该部分主要接收悬重传感器、立管压力传感器、转盘扭矩传感器、吊钳扭矩传感器等信号，并处理转换数据进行显示，在司钻专用终端上配有四块液压表盘(指重表、吊钳扭矩、立管压力及转速扭矩)，见图 3-2-3。

(3) 系统可供选择的其他配置。

根据用户的特殊需要，该系统还可配置钻井液温度传感器、钻井液密度传感器、钻井液液面传感器及对应的二次仪表。这些传感器信号均可进采集器进行运算及存储，从而计算出钻井液进口流量等参数。

2) 上海神开钻井多参数仪

该仪器是由传感器、数据采集接口、工控计算机、钻台监视仪、彩色打印机构成的数据采集、测量、显示系统，见图 3-2-4。仪器可监测 17 项参数，包括悬重、泵压、钻压、大钩位置、泵冲和总泵次、转盘转速、出口流量、转盘扭矩、井深、钻时、大钳扭矩、总烃、钻头用时等，工作温度为－40～60 ℃。传感器参数见表 3-2-37。

该系统具有自动实时数据采集、处理、输出、自动保存、自动声光报警等多种功能，可实时监测、远距离传输通信和显示，可提供钻井动画、曲线监测和回放、仪表仿真等多个监测画面，可实现中英文、中俄文自由转换及公/英制单位的切换。

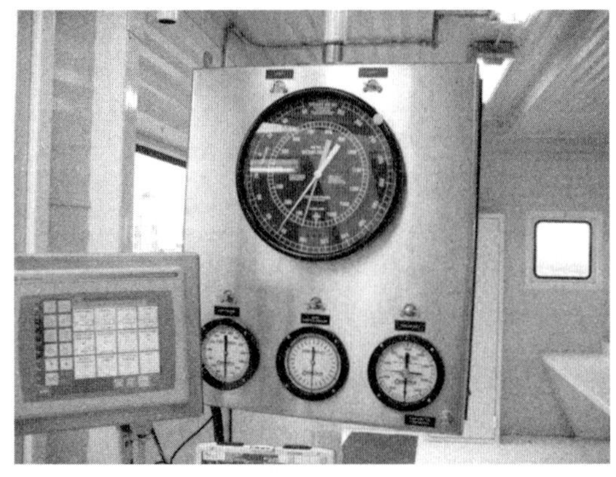

图 3-2-3　司钻仪表显示台

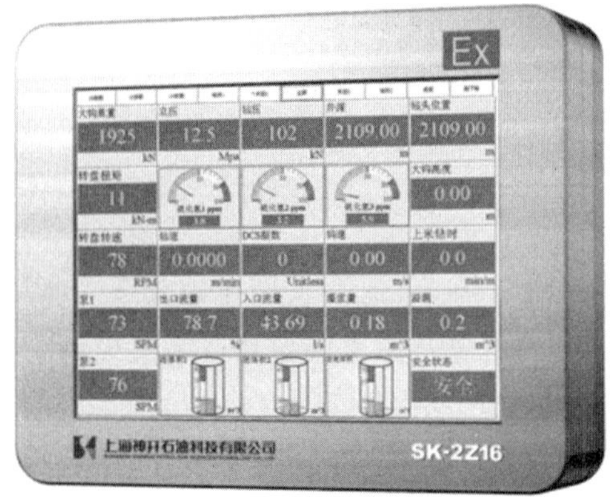

图 3-2-4　神开钻井多参数仪

表 3-2-37　SK 系列传感器参数

类　型	测量范围	误差/%	输出信号/mA
泵　冲	0～240 冲/min,更高可选	1	4～20
深　度	0～9 999 m	±1	—
立管压力	0～30 MPa	±2	4～20
吊钳扭矩	0～100 kN·m	±2.5	4～20
转盘扭矩	0～50 kN·m	±2	4～20
大钩悬重	0～4 000 kN	±2	—
钻井液出口流量	0～100%	5	4～20
总烃含量	0～5%		4～20

资料输出方式:可以按时间间隔打印工程参数报表或曲线图。装备有能显示参数数据以及动画的屏幕,可以通过字母、数字方式及图形曲线等方式显示。钻井工程参数监视仪可通过计算机控制大屏幕液晶显示和光柱趋势显示。

操作使用:该软件操作便捷、简单。它由程序图标菜单来控制和选择,其程序图标功能模块是由钻井动画、钻井主参数、网络设置、系统初始化、采集卡测试、传感器标定、起下钻、系统报警、钻具管理、钻井曲线、气测解释、色谱谱图远程显示等众多模块组成,用鼠标点取图标菜单即可调用这些功能模块进行操作。

3）马丁/戴克-托特克智能化钻井监视仪

马丁/戴克-托特克公司的钻井监视仪能够在钻井、起下钻及其他重要钻机活动期间提供精确的钻井和流体参数。它使用了容易识别的大型液晶显示器。钻机监视仪可以为钻机工作人员提供重要的钻机和循环系统数据,并可以设置相应的报警点。利用集成键盘,可以在钻井期间或钻机操作期间很容易地设定或修改报警点、报警确认和显示作业参数,例如活动罐、滑车绳数、钻井液增/减量、顶驱/转盘齿轮选择、起下钻和机械钻速等。

钻井监视仪能够监测钩载和钻压、立管压力、转速和扭矩、井深、循环钻井液总量、单泵的泵冲和三台泵的泵冲以及钻井液返回量等。这些数据来自各种传感器反馈的信息,包括电压、电流和脉冲等。这些信号经综合数据采集系统处理,通过 T-POT 通信网络传送到显示器。如果需要的话,这些信息还可以传输给个人计算机,进行远程显示、存档和打印。

九、钻井辅助设备与工具

1. 吊卡

吊卡是用来悬挂、提升和下放钻杆、套管或油管的工具。按用途,吊卡可分为钻杆吊卡、套管吊卡和油管吊卡;按结构,吊卡可分为侧开式吊卡、对开式吊卡和闭锁式吊卡;按原理,吊卡可分为机械式吊卡和气动式吊卡。

吊卡标准规定见表 3-2-38～表 3-2-41。

表 3-2-38　吊卡形式

种　类	形　式		
	侧开式	对开式	闭锁环式
钻杆吊卡	平台肩、锥形台肩	平台肩、锥形台肩	
套管吊卡	平台肩	平台肩	
油管吊卡	平台肩	平台肩	平台肩

表 3-2-39　钻杆吊卡技术规范①

钻杆公称直径及加厚形式/mm(in)	钻杆接头焊接部位最大外径/mm	平台阶吊卡孔径/mm		锥形台阶吊卡孔径/mm	吊卡最大载荷系列/kN
		上　孔	下　孔		
60.3(2⅜) EU	65.1	69	63	67	900 1 125 1 350 2 250 3 150 4 500
73.0(2⅞) EU	81.0	84	76	83	
88.9(3½) EU	98.4	102	92	101	
101.6(4) IU	104.8	109	105		
	106.4②			109	
101.6(4) EU	114.3	118	105	121	
114.3(4½) IU	117.5	122	118		
	119.1②			121	
114.3(4½) EU	127.0	131	118	133	
127.0(5) IEU	130.2	134	131	133	900　1 125 1 350　2 250 3 150　4 500
139.7(5½) IU		149	144		
139.7(5½) EU	144.5	149	144	148	

注:① IU 表示内加厚钻杆,EU 表示外加厚钻杆,IEU 表示内外加厚钻杆。

② 数据 106.4 mm 和 119.1 mm 仅指锥形台阶钻杆接头焊接部位的最大外径。

表 3-2-40　套管吊卡技术规范

套管吊卡/mm(in)	吊卡孔径/mm	吊卡最大载荷系列/kN
114.3(4½)	117	900 1 125 1 350 2 250 3 150 4 500
127.0(5)	130	
139.7(5½)	142	
168.3(6⅝)	171	
177.8(7)	181	
193.7(7⅝)	197	
219.1(8⅝)	222	
244.5(9⅝)	248	
273.0(10)	277	

续表 3-2-40

套管吊卡/mm(in)	吊卡孔径/mm	吊卡最大载荷系列/kN
298.4(11¾)	303	900 1 125 1 350 2 250 3 150 4 500
325.0(12¾)	329	
339.7(13⅜)	344	
406.4(16)	411	
473.1(18⅝)	478	
508.0(20)	513	

表 3-2-41 油管吊卡技术规范

油管公称直径及加厚形式/mm(in)	油管加厚部分的外径/mm	吊卡孔径/mm		吊卡最大载荷系列/kN
		上 孔	下 孔	
48.3(1.9)		50	50	225 360 585 675 900 1 125 1 350
48.3(1.9) EU	53.0	56	50	
60.3(2⅜)		63	63	
60.3(2⅜) EU	65.9	68	63	
73.0(2⅞)		76	76	
73.0(2⅞) EU	78.6	82	76	
88.9(3½)		92	92	
88.9(3½) EU	95.2	98	92	
101.6(4)		104	104	
101.6(4) EU	108.0	110	104	
114.3(4½)		117	117	
114.3(4½)	120.6	123	117	

1) 钻杆吊卡

钻杆吊卡一般采用优质合金钢加工而成，主要由主体、活门、锁销总成、手柄等部件组成，主体与活门易磨面进行了特殊表面处理，增加了耐磨性，使吊卡的使用寿命大大增加。吊卡按照 API SPEC 8 技术规范设计制造。

2) 套管吊卡及油管吊卡

如东石油机械厂生产的绞销式套管卡盘，额定载荷有 200 t，500 t。卡盘体可持 18⅝～20 in 套管，放入内衬可分别卡持 2⅜～8⅝ in，9⅝～10¾ in，11¾～13⅜ in，16 in 套管。

2. 吊环

吊环是石油、天然气钻井和井下修井作业过程中起下钻柱的主要悬挂工具之一，其下端挂于吊卡两侧吊耳中，上端挂在大钩的两侧耳环内，主要用于悬挂吊卡。按结构，吊环可分为单臂吊环和双臂吊环两种，见表 3-2-42、表 3-2-43。吊环规格说明见图 3-2-5。

表 3-2-42　单臂吊环技术规范

<table>
<tr><th rowspan="2">型　号</th><th colspan="5">吊环上耳与大钩配合尺寸/mm</th><th colspan="5">吊环下耳与吊卡配合尺寸/mm</th><th rowspan="2">吊环长度 L/mm</th></tr>
<tr><th>E</th><th>R</th><th>R1</th><th>C</th><th>F</th><th>d</th><th>r</th><th>J</th><th>b</th><th>G</th></tr>
<tr><td>DH360</td><td>≤60</td><td>≥38.10</td><td rowspan="2">≤22.23</td><td rowspan="2">≥120</td><td rowspan="2">≥180</td><td rowspan="2">≤40</td><td rowspan="2">≥58.80</td><td rowspan="2">≥20</td><td rowspan="2">≥100</td><td rowspan="2">≥150</td><td>1 200</td></tr>
<tr><td>DH585</td><td>≤70</td><td>≥63.50</td><td>1 500</td></tr>
<tr><td>DH675</td><td>≤70</td><td>≥63.50</td><td>≤28.58</td><td>≥120</td><td>≥180</td><td>≤45</td><td>≥50.80</td><td>≥20</td><td>≥100</td><td>≥150</td><td>1 500</td></tr>
<tr><td>DH900</td><td>≤80</td><td rowspan="2">≥63.50</td><td rowspan="2">≤28.58</td><td rowspan="2">≥140</td><td>≥190</td><td>≤45</td><td rowspan="2">≥50.80</td><td>≥20</td><td rowspan="2">≥100</td><td rowspan="2">≥150</td><td>1 500</td></tr>
<tr><td>DH1350</td><td>≤100</td><td>≥210</td><td>≤47.64</td><td>≥25</td><td>1 800</td></tr>
<tr><td>DH2250</td><td rowspan="2">≤140</td><td rowspan="2">≥101.60</td><td rowspan="2">≤34.93</td><td rowspan="2">≥200</td><td rowspan="2">≥250</td><td>≤61.92</td><td rowspan="2">≥69.85</td><td>≥30</td><td rowspan="2">≥140</td><td rowspan="2">≥200</td><td>2 700</td></tr>
<tr><td>DH3150</td><td>≤74.62</td><td>≥35</td><td>3 300</td></tr>
<tr><td>DH4500</td><td>≤160</td><td>≥120.65</td><td>≤47.63</td><td>≥240</td><td>≥300</td><td>≤95.26</td><td>≥82.55</td><td>≥50</td><td>≥170</td><td>≥250</td><td>3 600</td></tr>
<tr><td>DH6750</td><td>≤190</td><td>≥127.00</td><td>≤63.50</td><td></td><td>≥305</td><td>≤114.3</td><td>≥127.00</td><td>≥50</td><td>≥190</td><td>≥318</td><td>3 600</td></tr>
</table>

表 3-2-43　双臂吊环技术规范

<table>
<tr><th rowspan="2">型　号</th><th colspan="4">吊环上耳与大钩配合尺寸/mm</th><th colspan="4">吊环下耳与吊卡配合尺寸/mm</th><th rowspan="2">吊环长度 L/mm</th></tr>
<tr><th>E</th><th>R</th><th>R1</th><th>C</th><th>F</th><th>d</th><th>r</th><th>J</th></tr>
<tr><td>SH225</td><td>≤35</td><td rowspan="2">≥38.10</td><td rowspan="3">≤22.23</td><td>≥90</td><td>≥30.00</td><td>≤29.00</td><td rowspan="3">≥20</td><td>≥58</td><td>600</td></tr>
<tr><td>SH360</td><td>≤45</td><td>≥100</td><td>≥40.00</td><td rowspan="2">≤50.80</td><td rowspan="2">≥10</td><td rowspan="2">1 100</td></tr>
<tr><td>SH585</td><td>≤65</td><td>≥63.50</td><td>≥120</td><td>≥45</td></tr>
<tr><td>SH675</td><td>≤75</td><td>≥63.50</td><td>≤28.58</td><td>≥160</td><td>≥45</td><td>≤50.80</td><td>≥20</td><td>≥100</td><td>1 500</td></tr>
<tr><td>SH900</td><td>≤80</td><td rowspan="2">≥63.50</td><td rowspan="2">≤28.58</td><td rowspan="2">≥160</td><td>≥45</td><td rowspan="2">≤50.80</td><td>≥25</td><td rowspan="2">≥100</td><td>1 500</td></tr>
<tr><td>SH1350</td><td>≤100</td><td>≥47.64</td><td>≥35</td><td>1 700</td></tr>
</table>

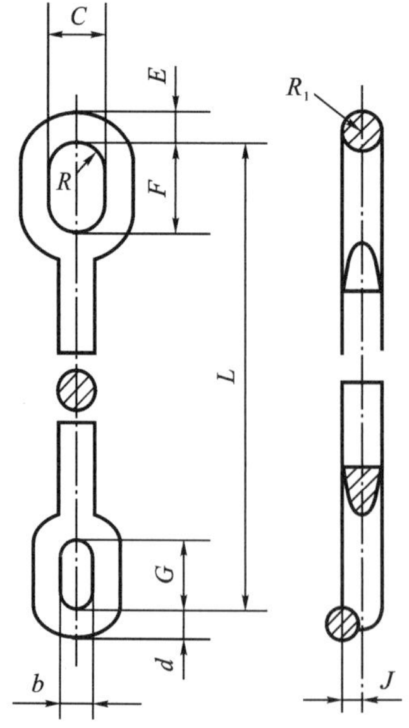

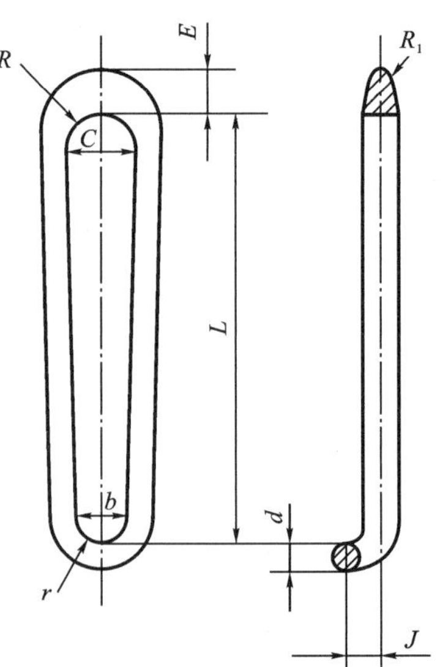

图 3-2-5　吊环尺寸代号

3. 吊钳

吊钳是用于石油天然气钻井和修井作业中旋紧或卸开钻柱、套管、油管等连接螺纹的工具。一般作业中内外钳同时使用。

吊钳按结构可分为多扣合钳和单扣合钳两种；按功用可分为钻杆吊钳、套管吊钳、油管吊钳；按性能又可分为B型吊钳和液压大(吊)钳，其中B型吊钳为多扣合钳。

1) Q10Y-M型钻杆液压大钳

主要性能参数包括：

(1) 液压系统：额定流量0.185 L/s，最高工作压力16.6 MPa，电机功率40 kW。

(2) 压力系统：工作压力0.51 MPa，不同压力下的钳头扭矩见表3-2-44。

表3-2-44　Q10Y-M不同压力下钳头扭矩

液压系统压力/MPa	钳头扭矩/(kN·m)	
	高　挡	低　挡
16.6	5.90	100.00
15	5.20	95.05
13	4.40	81.10
11	3.60	66.10
9	2.70	53.90
7	1.90	41.70
5	1.07	29.50

(3) 动力站质量：1 510 kg。

(4) 钳头腭板适用于五种尺寸范围的管径：203～183 mm，178～158 mm，162～142 mm，146～126 mm，121～101 mm。

(5) 移送气缸：最大行程1 500 mm，前进推力2 360 N(气源压力为0.6 MPa时)，后退拉力1 710 N(气源压力为0.6 MPa时)。

(6) 外形尺寸：长×宽×高为1 700 mm×1 000 mm×1 140 mm(包括吊杆高度)。

(7) 大钳质量：2 400 kg。

(8) 总质量：4 000 kg(包括大钳、液压系统、移送气缸等)。

2) 套管动力钳

基本技术参数包括：

(1) 适用管径范围：114.3～339.7 mm($4\frac{1}{2}$～$13\frac{3}{8}$ in)。

(2) 最大工作压力：16 MPa。

(3) 流量范围：1.83～2.67 L/s。

(4) 油马达最大工作压力，16 MPa；理论流量，112 mL/s。

(5) 高传动比转速，33.93 r/min；低传动比转速，188.46 r/min。

(6) 最大扭矩(油马达进出口压差为16 MPa时)：高挡7.1 kN·m，低挡32～38 kN·m。

(7) 钳头转速：高挡28～42 r/min，低挡5～7 r/min。

(8) 液压动力源:流量 1.83～2.67 L/s,压力 16 MPa。

(9) 外形尺寸:长×宽×高(钳门闭合时)为 1 520 mm×850 mm×670 mm。

(10) 大钳质量:560 kg。

液压动力钳典型型号的技术规范见表 3-2-45。

表 3-2-45　美国艾克公司液压动力钳技术规范

型　号	夹持管径/mm	质量/kg	最大扭矩/(kN·m)
350WIT Hydra-Shift 型	26.67～88.9	362.88	9.490
3500DITH-S 型液压固定钳	26.67～114.3	653.18	
4½ Hydra-Shift 型	26.67～114.3	294.84	6.780
4½ H-S 型液压固定钳	26.67～141.29	703.08	
4½标准型	26.67～114.3	353.81	11.526
4½标准型液压固定钳	26.67～141.29	771.12	
4½ Hydra-Shift cm T 型	26.67～114.3	567	(高挡)2.576 (低挡)10.846
5½ Hydra-Shift(LS)型	6.67～139.7	607.82	(高挡)9.490 (低挡)20.337
液压固定钳	26.67～153.67	1 215.65	
5½ Hydra-Shift(VS)型	26.67～139.7	621.43	(高挡高速)2.169 (高挡低速)4.745 (低挡高速)10.846 (低挡低速)23.048
液压固定钳	26.67～153.67	1 224.72	
5½标准型	26.67～139.7	444.53	16.272
液压固定钳	26.67～153.67	1 215.65	
5½ UHT 型	52.39～139.7	707.62	27.120
液压固定钳	52.39～153.67	1 315.44	
7⅝标准型	52.39～193.68	498.96	20.340
液压固定钳	52.39～215.9	1 315.44	
8⅝ Hydra-Shift 型	52.39～219.08	997.92	40.665
液压固定钳	52.39～244.48	1 746	
10¾标准型	101.6～273.65	498.96	24.408
液压固定钳	102～298	1 215.65	
13⅜标准型	101.6～346.08	571.54	27.120
液压固定钳	101.6～365.13	1 338.12	

续表 3-2-45

型　号	夹持管径/mm	质量/kg	最大扭矩/(kN·m)
14Hydra-Shift 型	101.6～355.6	988.84	(高挡高速)8.135 (高挡低速)14.913 (低挡高速)25.760 (低挡低速)47.453
14UHT 型	101.6～355.6	1 134	67.790
液压固定钳	101.6～355.6	2 268	
17Hydra-Shift 型	139.7～431.8	1 451	47.460
20 标准型	177.8～508	1 242.86	47.460
20 标准型液压固定钳	177.8～533.4	2 404.08	
20Hydra-Shift 型	177.8～533.4	1 973	(高挡高速)5.423 (高挡低速)10.847 (低挡高速)40.675 (低挡低速)81.349
20UHF 型	219.08～508	2 358.72	108.480
25Hydra-Shift 型	273.05～635	1 814	81.349
24UHF 型	339.73～609.6	3 628.8	108.480
36Hydra-Shift 型	406.4～914.4	3 175	101.686
36UHF 型	406.4～914.4	5 896.8	135.581
6¾ 型钻杆钳	60.33～171.45	3 420.14	67.800
870 型	104.78～203.2	3 265.92	101.700
10 型钻杆/钻铤钳	101.6～254	4 536	169.477
12 型钻杆/钻铤钳	101.6～304.8	5 443.2	203.373

4. 卡瓦

卡瓦是用来卡住并悬挂下井的钻杆、钻铤、动力钻具、套管等管柱的工具。

按作用原理，卡瓦分为机械卡瓦和气动卡瓦两种；按结构，卡瓦分为三片式、四片式、多片式三种；按用途，卡瓦分为钻杆卡瓦、钻铤卡瓦和套管卡瓦三种。卡瓦的技术规范见表 3-2-46～表 3-2-48。

表 3-2-46　钻杆卡瓦技术规范

名义尺寸/mm	88.9			127.0			139.7	
配用卡瓦牙尺寸/mm	60.3	73.0	88.9	101.6	114.3	127.0	139.7	168.3
最大载荷系列/kN	675，1 125			675，1 125，2 250			1 125，2 250	
卡瓦与管柱接触长度及载荷/mm(kN)	280(675)，350(1 125)，420(2 250)							

表 3-2-47 钻铤卡瓦技术规范

名义尺寸/mm	114.3～152.4	139.7～177.8	171.4～209.6	203.2～241.3	215.9～254.0	235.0～285.8
最大载荷系列/kN	360					

表 3-2-48 套管卡瓦技术规范

名义尺寸/mm	114.3	127.0	139.7	168.3	177.8	193.7	219.1	244.5	273.0	298.4	339.7	406.4	508.0	660.4
最大载荷系列/kN	1 125，2 250											1 125		

5. 气动绞车

气动绞车是以压缩的空气作为动力，通过齿轮减速机构驱动卷筒来实现重物的牵引或提升的机械装置。它具有结构紧凑、操作方便、安全可靠、易于维护、无级变速等优点。作为防爆牵引或提升的动力设备，尤其适合于石油钻采等场所使用。宝鸡石油机械厂气动绞车技术参数见表 3-2-49。

表 3-2-49 宝鸡石油机械厂气动绞车技术参数

型 号	JFH-5/35(L/V)	输入空气压力/MPa	0.8
最大拉力/kN	50	压缩空气消耗量/($m^3 \cdot s^{-1}$)	0.21
最高速度/($m \cdot s^{-1}$)	0.58	卷筒容绳量/m	120
额定功率/kW	16	钢丝绳直径/mm	16～19
底盘联结尺寸/(mm×mm)	912×500(高底座)	质量/kg	550
外形尺寸(长×宽×高)/(mm×mm×mm)	1 360×675×1 140	外形尺寸(长×宽×高)/(mm×mm×mm)	1 360×790×1 140

6. 旋扣器

1) 钻杆气动旋扣钳

钻杆气动旋扣钳是用来旋紧和卸开钻杆接头螺纹的钻井工具。气动旋扣钳技术规范见表 3-2-50。

表 3-2-50 气动旋扣钳技术规范

钻杆直径/mm(in)	旋扣转速/($r \cdot min^{-1}$)	最大功率时旋扣力矩/(kN·m)	制动力矩/(kN·m)
139.7(5½)	56.8	10	15～20
127(5)	62.5	9	13～18
114.3(4½)	69.5	8	12～16
101.6(4)	78	7.1	10～14.5
88.9(3½)	89.3	6.2	9.5～12.6

(1) 气动系统。

工作压力:0.7~0.9 MPa。

气马达额定功率:8.82 kW。

空气消耗量:10.3 m^3/min。

气马达额定转速:3 200 r/min。

(2) 压力滚柱选用与安装位置见表 3-2-51。

表 3-2-51 压力滚柱选用与安装位置

钻杆直径		压力滚柱直径		夹紧臂中安装位置
mm	in	mm	in	
139.7	5½	101.6	4	前 孔
127.0	5	127.0	5	前 孔
114.3	4½	120.65	4¾	后 孔
101.6	4	146.5	5¾	后 孔
88.9	3½	168.27	6⅝	后 孔

(3) 在气压 0.7~0.9 MPa 时,旋扣转速、旋扣力矩以及钳子制动力矩见表 3-2-50。

气缸直径为 200 mm,行程为 152.4 mm;外形尺寸(长×宽×高)为 1 400 mm×530 mm×835 mm;钳子质量为 378 kg,总质量为 467 kg。

2) 方钻杆旋扣器

方钻杆旋扣器用于钻井中连接方钻杆与钻杆单根。

按结构分为内置和外置两种。内置式安于水龙头内,又称为两用水龙头;外置式安于水龙头下方。旋扣器的动力来源于气动马达。

技术规范(以 FSK-15 型为例):

(1) 工作压力:0.5~0.9 MPa。

(2) 额定输出功率:15 kW。

(3) 额定功率中心管最大扭矩:不小于 1 200 N·m。

(4) 上扣时间:不大于 9 s。

(5) 上扣时中心管转速:110 r/min。

(6) 输出齿轮行程:40~45 mm。

7. 空气压缩机

空气压缩机为钻机气动设备提供动力。复盛牌 SA 系列双螺杆式空气压缩机基本参数见表 3-2-52。

8. 铁钻工

铁钻工(Iron Roughneck)是先进的钻具上卸扣工具。铁钻工由主钳背钳及旋扣器组成,上扣/卸扣的全部操作都集成在一个气动控制盒上,按一次按钮即可完成所有操作,同时该气

表 3-2-52　复盛牌 SA 系列双螺杆式空气压缩机基本参数

型　号		SA-220AII	SA-230AII	SA-340AII	SA-350AII	SA-475A	SA-4100A	SA-5175A	SA-5200A	SA-5250A	SA-5300A	SA-5350A
排气量/排气压力/($m^3 \cdot min^{-1}$)/MPa		2.4/0.7	3.6/0.7	4.9/0.7	6.1/0.7	10.3/0.7	13.0/0.7	23.5/0.7	26.5/0.7	32.0/0.7	36.0/0.7	42.0/0.7
		2.2/0.8	3.4/0.8	4.6/0.8	5.8/0.8	9.6/0.8	12.3/0.8	22.1/0.8	25.5/0.8	30.4/0.8	34.3/0.8	40.5/0.8
		2.0/1.0	3.0/1.0	4.0/1.0	5.1/1.0	8.5/1.0	10.9/1.0	19.7/1.0	22.3/1.0	27.4/1.0	30.2/1.0	38.1/1.0
		1.7/1.2	2.6/1.2	3.6/1.2	4.6/1.2	7.6/1.2	9.8/1.2	17.7/1.2	19.7/1.2	24.8/1.2	27.7/1.2	34.6/1.2
排气温度/℃		环境温度+15 ℃以内										
润滑油量/L		22		26		90		140	160			
噪声/dB		70±3		72±3		75±3			82±3			
电动机	功率/kW	15	22	30	37	55	75	132	160	185	220	250
	启动方式	Y—△启动										
	电压	380 V/50 Hz										
外形尺寸	长/mm	1 104		1 300		2 180		2 840	3 095			
	宽/mm	910		1 140		1 400		1 800	2 130			
	高/mm	1 500		1 600		1 750		1 920	2 370			
质量/kg		775	825	1 020	1 070	2 160	2 320	3 950	5 800	6 080	6 300	6 600

动控制盒可以安装在安全的地方，实现远程控制。用来给铁钻工定位的伸缩臂(MiniScope)是一个紧凑的、重量较轻的装置，它由液压缸带动的伸缩梁来实现两个方向的力(拉伸和推动)以推动铁钻工到井口上扣，结束后将铁钻工拉回静止位置。表 3-2-53 中列出了 NOV 和 CANRIG 公司的两种铁钻工技术规范。

表 3-2-53　铁钻工基本参数

生产厂家/型号	NOV/ST80	CANRIG/TM80
管径范围/mm	108～216	108～216
旋扣速度/($r \cdot min^{-1}$)	100	100
旋扣扭矩/(N·m)	2 373	2 373
最大上扣扭矩/(N·m)	81 500	81 500
最大卸扣扭矩/(N·m)	108 500	108 500
工作高度范围/mm	812～1 727	812～1 727
水平行程/mm	1 170	1 625
垂直行程/mm	889	762
质量/kg	2 813	2 554

第三节　钻机检查与验收

一、基本原则和内容

对钻机进行检查是招投标过程中的重要内容，也是选择承包商的重要依据。它的内容包括对钻机设备性能和参数的检查、对设备的维护保养记录以及人员资质的检查。检查的基本原则是检查承包商提供的设备、人员是否符合钻井工程和招标合同书的要求，并根据检查结果进行承包商在技术方面的优先排序。检查的基本内容如下：

(1) 提供的钻井所有设备应该具备符合行业标准的生产许可证以及相应的出厂合格证书，并且都在有效期内；提供的钻机及所有设备的性能参数应该满足合同的性能参数要求。

(2) 检查钻机及相关设备的运行记录及维护保养记录，从而判断该钻机的运行效率和工作现状。

(3) 检查施工队伍的人员资质，检查承包商是否具备承担合同的经历和资质。

实际检查钻机时要在上面三个方面的基础上，根据实际情况调整检查内容，同时注意以下检查内容：

(1) 提供的钻机设备和各项技术文件与合同文件所写的是否一致。

(2) 全面了解查询该钻机以前施工作业中运转的情况。

(3) 查看了解钻机的备件配备情况和承包商后勤支持保障能力。

(4) 如果投标时投标人列出了拟与合作或分包公司的单位，还应审核这些相关单位的技术能力和施工经验。

(5) 钻机搬迁计划是否满足业主对开工时间的要求，计划是否合理、可行。

(6) 安装后开钻前，检查了解钻机设备及人员是否与合同一致，各种设备的试验、试压结果要符合相关的技术规范要求，对主要设备、系统一定要进行不少于 2 h 模拟钻井作业的运转联动试验，确保主要设备、系统安装的安全、完整、可靠。

二、钻机检查表单实例

对于投标的多个承包商，需要从技术和商务两个方面进行比较。技术方面应对钻机设备情况进行检查，以评价其能力。检查的具体内容包括两项：钻机性能评估和现场实物检查、钻机安全性检查。本节将分别给出 API 提供的关于这两方面的检查表单，以供参考，甲方也可根据自己实际情况的要求制定可操作的检查表单进行检查，或委托第三方进行检查。

1. 钻机性能评估和现场实物检查

检查日期：____________________

钻机名称：____________________

钻机生产厂家：________________

钻井承包商：________________

(√)好　　(—)不可用　　(×)需要校正

1）钻台

(1) 检查井架最大承载能力。□

(2) 是否有液压猫头？运转是否正常？□

(3) 220 r/min 条件下旋转机构是否设定了最大扭矩？□

(4) 有无套管钳液压装置？□

(5) 铁钻工状态是否良好？□

(6) 是否有立管和固井软管？□

(7) 有无测井钢丝？□

(8) 钻柱旋扣器是否在良好工况？□

(9) 钻井液管汇和水龙带的状态是否良好？□

(10) 检查节流管汇和仪表的状态。□

(11) 上次节流管汇仪表检查时间是否在规定范围内？□

(12) 节流管汇是否符合要求？□

(13) 是否有节流管汇图纸？□

(14) 井架是否有手动或液压的排管系统？□

(15) 检查总体卫生和工具存放情况。□

(16) 套管对扣台的状况是否良好？□

(17) 下套管设备的状态是否良好？□

2）钻井液、泵房和散装系统

(1) 检查钻井泵的型号和状况。□

(2) 可用的缸套尺寸是否齐全？□

(3) 泵是否灌注？□

(4) 钻井液可以同时在两个不同的罐中配浆吗？□

(5) 检查钻井液罐的数量和容积。□

(6) 固控设备是否良好？□

(7) 钻井液房是否正常通风？□

(8) 钻井液/泵房的卫生情况。□

(9) 钻井泵房的通风能力。□

(10) 散装系统的状态。□

(11) 振动筛的尺寸和工况。□

(12) 检查所有阀门是否处于正常工况。□

(13) 检查平板阀关闭情况下的密封。□

(14) 供给泵的状态及排量是否与钻井液系统匹配？□

(15) 检查供给泵的盘根是否刺漏？□

(16) 检查固控设备的状态。□

(17) 检查固控设备的型号。□

3）散装系统的最大容积

（1）水泥：__________

（2）膨润土：__________

（3）重晶石：________

4）防喷器、防喷器区域和管架

（1）防喷器的连接形式是否符合规范？□

（2）检查防喷器的图纸、尺寸和工作压力。□

（3）检查分流器/防喷器(有图纸)。□

（4）防喷器按规定试压了吗？□

（5）安装变径闸板了吗？□

（6）防喷器的胶芯是否抗油基钻井液？□

5）井控

（1）钻井队人员是否熟悉井控程序？□

（2）防喷演习是否按规定进行？□

（3）钻井液液面监测系统是否在所有的循环罐上可用？□

（4）灌浆泵能否正常工作？□

（5）灌浆罐容积是否合适？□

（6）节流和压井管汇是否每周进行测试？□

（7）是否安装了分流器？□

6）钻柱测试设备

（1）检查钻柱测试管线额定压力。□

（2）检查存放测试设备的区域。□

（3）电缆是否通过钻机的任何空间？□

（4）是否安装气体和硫化氢报警器？□

2. 钻机安全性检查

1）钻井泵和罐区

（1）剪钉式安全阀正确固定、摆放和保护。□

（2）放喷管线固定牢靠。□

（3）高压软管两端连接好。□

（4）底座在正常工况。□

（5）钻井泵皮带、机油尺和发动机防护。□

（6）振动筛防护。□

（7）人行通道、扶栏、梯子在良好工况。□

（8）灭火器充装好，贴好标签并密封好。□

（9）化学药品桶安全存放。□

（10）在药品混合区，有个人保护设备、洗眼器和中和剂可用。□

2）钻井液房区

（1）袋装钻井液安全堆放。□

(2) 有洗眼器、中和剂和个人保护设备并可用。□
(3) 可看到化学药品警示标志。□
(4) 钻井液漏斗高度适中。□
(5) 铲车正常维护并安全操作。□
(6) 所有转动设备正确防护。□
(7) 整体卫生状况。□

3) 发电房
(1) 可以看到高压警示标志。□
(2) 听力保护可用并且有标志。□
(3) 底座绝缘且干净。□
(4) 所有的开关进行标识。□
(5) 发电机接地。□
(6) 发电机防滑门正确固定。□
(7) 发电机底座干净。□
(8) 灭火器充装好,贴好标签并密封好。□
(9) 所有运转设备正确防护。□
(10) 整体卫生状况。□

4) 燃料罐
(1) 可看到禁止吸烟的标志。□
(2) 可看到容积标识。□
(3) 罐排气口状况。□
(4) 梯子良好。□
(5) 没有渗漏。□
(6) 灭火器充装好,贴好标签并密封好。□
(7) 燃料罐安全放置于井场。□
(8) 液化石油气罐和调节器安装正确。□
(9) 罐开口正确防护。□
(10) 整体卫生状况。□

5) 管排区
(1) 管架和大门跑道平齐。□
(2) 两端正确固定并垫好。□
(3) V 形大门坡和跑道在良好工况。□
(4) 井架工况良好且有梯子。□
(5) 有管子定位器且工况良好。□
(6) 整体卫生状况。□

6) 底座
(1) 所有的装配销在合适的位置且固定住。□
(2) 底部和顶部接头销子和螺栓固定。□
(3) 所有横梁和拉筋都处于良好工况。□

(4) 钻井大绳正确安装在固定器上并放入槽内,确保没有钻井液。□
(5) 圆井区域无杂物。□
(6) 基础工况良好。□
(7) 空气罐每天排放且提供泄压阀。□
(8) 灭火器充装好,贴好标签并密封好。□
(9) 提供足够的照明。□
(10) 提供钻机拆装和维修保养的通道。□
(11) 整体卫生状况。□

7) 防喷器

(1) 防喷器组正确安装和测试。□
(2) 液压控制方便可用。□
(3) 阀门标识清楚。□
(4) 仪表在正常工作状态。□
(5) 防喷器的检修架安全可靠且有梯子。□
(6) 节流管汇固定牢靠。□
(7) 手轮和杆在合适的位置。□
(8) 整体卫生状况。□

8) 井架

(1) 井架销子和定位器在合适的位置。□
(2) 逃生绳安装在合适的高度和角度并固定。□
(3) 逃生装置安装在下滑绳上。□
(4) 助爬器安装调试好,在钻台和天车间使用。□
(5) 安全绳和安全带在良好工况。□
(6) 吊管钩或指梁和二层台对接(连接在一起)并处于待命工况。□
(7) 立柱固定,钻井液软管两端固定好。□
(8) 井架上所用的工具和设备安全固定。□
(9) 井架照明充足并有护罩,固定好。□
(10) 井架梯子在安全状态。□
(11) 整体卫生状况。□

9) 大钳

(1) 大钳尾绳足够粗并在待用工况。□
(2) 松扣急拉绳在待命工况。□
(3) 所有的大钳尾绳和松扣急拉绳上的 3 个卡子卡牢并正确安装。□
(4) 安装大钳牙板并紧固牢靠。□
(5) 把手安全销在合适的位置,没有螺栓和螺帽。□
(6) 大钳和钳牙在待命工况。□
(7) 大钳平衡锤足够安全可靠。□
(8) 平衡锤滑轮固定好。□
(9) 平衡锤位置留有净空高度。□

10）猫头、滚筒和气动绞车

(1) 猫头光滑并加防护罩。□

(2) 检查猫头上的钢丝绳尺寸。□

(3) 自动猫头在正常待命状态。□

(4) 猫头绳安全接牢。□

(5) 旋链在待命工况。□

(6) 保险立柱在待命工况并正确固定。□

(7) 每班检查防碰天车。□

(8) 气动绞车大绳在待命工况并和引绳正确缠绕。□

(9) 气动绞车正确防护。□

(10) 吊绳、滑车和吊杆处于良好状态。□

(11) 整体卫生。□

11）钻台

(1) 梯子踏板是非滑动的。□

(2) 梯子水平、安全、干净。□

(3) 钻台扶手、梯子和高架通道。□

(4) 钻台和高架通道有脚踏板。□

(5) 钻台和管架区工况良好。□

(6) V形大门正确保护。□

(7) 钻台无油污和绊倒危险。□

(8) 钻盘周围使用防滑材料。□

(9) 绞车传动带和风扇防护。□

(10) 转盘驱动链条防护。□

(11) 绞车并车正确防护。□

(12) 有方钻杆旋塞扳手和安全阀可用。□

(13) 灭火器充装好，贴好标签并密封好。□

(14) 整体卫生。□

12）钻台偏房

(1) 存放足够的急救箱。□

(2) 公告牌上有要求的标语。□

(3) 手工具齐全并正确存放。□

(4) 贴有安全帽标志。□

(5) 卫生情况良好。□

13）职工宿舍

(1) 干净整洁。□

(2) 正确排放。□

(3) 有烟雾监测器。□

(4) 提供两个安全通道。□

(5) 灭火器充装好，贴好标签并密封好。□

14）个人保护设备

下面的个人保护设备可用并且按要求穿戴：

(1) 安全帽。□

(2) 安全靴和安全鞋。□

(3) 护目镜。□

(4) 手套。□

(5) 防护服。□

(6) 听力保护器。□

(7) 额外的安全帽。□

15）综合

(1) 听力保护装置在需要的地方随时可用。□

(2) 需要听力保护的地方有标识。□

(3) 护目镜可用并且张贴有保护眼睛的标识。□

(4) 每周召开安全会议，现场有文件记录，每班有合格的医生值班。□

(5) 每班有合格的急救人员。□

(6) 现场的梯子正常可用。□

(7) 队员穿戴合适的服装。□

(8) 所有现场人员佩戴安全帽。□

(9) 承包商和服务人员穿戴安全鞋。□

(10) 电插座、插头和线路工况良好。□

(11) 照明充足且正确维护。□

(12) 钢丝绳吨英里记录及时更新并且在井场有文件记录。□

(13) 现场进行防喷演习且有记录。□

(14) 进行钻机安全测试且在现场。□

(15) 台床砂轮防护并在不用时正确放置。□

(16) 承包商正确张贴安全和健康标识。□

(17) 及时更新安全和健康文件。□

(18) 有政府的文件许可。□

16）总体

(1) 优良。□

(2) 平均。□

(3) 差。□

测试人：__________

参与讨论人：__________

参考文献

[1] 赵金洲，张桂林. 钻井工程技术手册. 第2版. 北京：中国石化出版社，2011.
[2] 陈庭根，管志川. 钻井工程理论与技术. 东营：中国石油大学出版社，2006.
[3] 赵留运. 石油钻井司钻. 东营：中国石油大学出版社，2007.

第四章　井身结构

井身结构是钻井工程设计的基础,合理的井身结构既能最大限度地避免漏、喷、卡、塌等复杂情况的发生,使各项钻井工序得以安全顺利地进行,又能最大限度地减少钻井费用,降低钻井成本。

合理的井身结构设计,就是按照地质要求,根据地层孔隙压力、地层破裂压力、地层坍塌压力等地质数据,综合考虑钻井设备现状、钻井工艺技术水平、施工能力等一系列因素,确定合理的套管层次、各层套管下入深度、井眼尺寸(钻头尺寸)与套管尺寸的配合等,以满足地质、钻井及油气田开发等方面的要求。

本章在介绍地层孔隙压力、地层破裂压力、地层坍塌压力等井身结构设计所必需的地质数据的概念、机理、计算及预测方法的基础上,提出井身结构设计的原则及依据,系统阐述最常用的井身结构设计的概念、约束条件、设计步骤,并给出设计实例。

第一节　井身结构设计原则与依据

一、设计原则

1. 满足勘探和开发要求

(1) 井身结构设计应有利于科学有效地发现、认识和保护油气层,有利于地质目的的实现。

(2) 对于探井,井身结构设计应满足地质的资料要求(如取心、测井、测试和加深等),考虑探井作业的不确定性,并应考虑加深和井下实际情况的需要,预留一层技术套管。

(3) 对于开发井,井身结构应满足完井、采油及增产作业的要求。

2. 压力平衡原则

(1) 压力平衡是井身结构设计的基本原则,在各井段均应满足压力平衡。

(2) 套管下深的确定原则:保证下部井段钻进、起下钻及压井作业产生的井内压力不致压破上层套管鞋处地层以及裸眼段地层。

3. 安全作业原则

(1) 井身结构设计应满足安全、环境与健康体系的要求。

(2) 尽量避免同一裸眼井段存在两套压力体系和漏、喷、塌、卡等复杂情况的产生,为全井安全、优质、高速钻进,试油(气),开采创造条件。

(3) 井身结构设计应满足井控作业要求。

(4) 井内钻井液液柱压力和地层压力之间的压差,不致产生压差卡钻和卡套管等事故;当实际地层压力超过预测值发生溢流时,在一定范围内应具有处理溢流的能力。

(5) 如果可能钻遇浅层气,井身结构设计应满足浅层气钻井要求。

(6) 保证钻井作业期间的井眼稳定,应考虑易漏地层对井壁稳定的影响;如果可能钻遇不稳定地层,井身结构设计应考虑该井段作业时间尽量小于井眼的失稳周期;应考虑盐岩层和塑性泥岩层等特殊地层的影响。

(7) 应考虑定向井作业的特殊要求。

4. 经济性原则

(1) 在满足安全、高效作业的前提下,减少套管层数。

(2) 套管和井眼尺寸的优选应考虑不同井眼尺寸的钻井效率和材料消耗,以缩短钻井时间,降低建井成本。

(3) 套管和井眼尺寸及主要工具易配套,有利于生产组织运行。

5. 先进性原则

在保证安全钻井及必要技术能力的前提下,应尽量采用先进的钻井工艺、钻井工具,体现井身结构设计的科学性与先进性,实现优质、高效钻井。

二、设计依据

(1) 地质设计:地层孔隙压力、地层破裂压力及坍塌压力剖面、地层岩性、完井方式和油层套管尺寸要求。

(2) 相邻区块参考井、同区块邻井实钻资料。

(3) 钻井装备及工艺技术水平。

(4) 井位附近水源、矿产分布情况:河流河床底部深度、饮用水水源的地下水底部深度、附近水源分布情况、地下矿产采掘区开采深度、开发调整井的注水(气)层位深度。

(5) 钻井行业标准及技术规范。

(6) 资源国相关政策、法规。

第二节　地层压力预测与检测

一、压力与计算

1. 静液压力

静液压力的计算公式为:

$$p_{\mathrm{h}}=10^{-3}\rho g H \tag{4-2-1}$$

式中 p_h——静液压力，MPa；

ρ——液体密度，g/cm^3；

g——重力加速度，m/s^2；

H——液柱的垂直高度，m。

关于垂直高度 H，在陆地钻井中，其起始点由转盘补心(RKB)算起；在海洋钻井中，其起始点需从出口管高度算起。

静液压力梯度的计算公式为：

$$G_h = p_h / H = 10^{-3} \rho g \tag{4-2-2}$$

式中 G_h——静液压力梯度，MPa/m。

在表示地层静液压力梯度时，经常使用当量钻井液密度这一概念。当量钻井液密度指的是将井内某一深度所受各种压力之和折算成的钻井液密度。

将地层孔隙压力、地层破裂压力、循环压力等折算为钻井液密度，分别称为地层孔隙压力当量钻井液密度、地层破裂压力当量钻井液密度、循环压力当量钻井液密度。

当量钻井液密度可按下式进行计算：

$$\rho_e = \frac{10^3 p}{gH} \tag{4-2-3}$$

式中 ρ_e——当量钻井液密度，g/cm^3；

p——压力，MPa；

H——井深，m；

g——重力加速度，m/s^2。

2. 上覆岩层压力

上覆岩层压力的计算公式为：

$$p_0 = \int_0^H 10^{-3} [\phi \rho_f + (1-\phi) \rho_{ma}] g \, dh \tag{4-2-4}$$

式中 p_0——上覆岩层压力，MPa；

h——地层垂直高度，m；

ϕ——岩石孔隙度，%；

ρ_{ma}——岩石骨架密度，g/cm^3；

ρ_f——孔隙流体密度，g/cm^3；

H——垂直深度，m。

上覆岩层压力梯度的计算公式：

$$G_0 = \frac{p_0}{H} = \frac{1}{H} \int_0^H 10^{-3} [\phi \rho_f + (1-\phi) \rho_{ma}] g \, dh \tag{4-2-5}$$

式中 G_0——上覆岩层压力梯度，MPa/m。

表 4-2-1 和表 4-2-2 是几种常见的岩石骨架密度及流体密度。

由于岩石的压实作用随深度而不同，因此上覆岩层压力梯度并不是一个常数，而是随深度变化的函数，并且不同的构造其压实程度也是不同的，因而不同构造下上覆压力梯度随深度的变化关系也不同。

表 4-2-1 几种岩石骨架密度

岩石骨架	岩石骨架密度/(g·cm⁻³)	岩石骨架	岩石骨架密度/(g·cm⁻³)
砂岩(1)(孔隙度>10%)	2.65	硬石膏	2.98
砂岩(2)(孔隙度<10%)	2.68	石　膏	2.35
石灰岩	2.71	岩　盐	2.03
白云岩	2.87		

表 4-2-2 几种孔隙流体密度

孔隙流体	矿化度/(mg·L⁻¹)	孔隙流体密度/(g·cm⁻³)
淡　水	0	1.000
	6 000	1.003
微咸水	7 000	1.004
	10 000	1.005
	20 000	1.011
	30 000	1.016
	50 000	1.028
盐　水	60 000	1.033
	80 000	1.045
	100 000	1.057
	330 000	1.193

3. 地层压力

正常地层压力等于地表到该深度处的地层水作用的静液压力，其计算公式为：

$$p_p = p_h = 10^{-3}\rho g H \tag{4-2-6}$$

地层压力梯度的计算公式如下：

$$G_p = p_p / H = 10^{-3}\rho g \tag{4-2-7}$$

式中 p_p——地层压力，MPa；

p_h——静液压力，MPa；

H——液柱的垂直高度，m；

ρ——液体密度，g/cm³；

G_p——静液压力梯度，MPa/m。

地层压力还有另外一种常用的表示方法，即用地层压力系数来表示。地层压力系数是指某点压力与该深度处的清水柱静压力之比，无因次，数值上等于平衡该压力所需钻井液密度值。

地层压力系数的计算公式为：

$$K = \frac{10^3 p_p}{\rho_w g H} \tag{4-2-8}$$

式中 K——地层压力系数，无因次；

p_p——地层压力，MPa；

ρ_w——清水密度，g/cm^3；

H——地层垂直深度，m。

在正常压实状态下，地层压力等于从地表到地下某处连续地层水的静液柱压力，也称为正常地层压力。正常地层压力的大小与沉积环境有关，当地层水为淡水时，地层压力梯度为0.009 81 MPa/m；当地层水为盐水时，地层压力梯度为0.010 5 MPa/m。

在异常压实环境中，地层压力往往大于或小于正常地层压力，这些统称为异常地层压力。

4. 有效应力

上覆岩层压力、地层压力及有效应力之间的计算关系为：

$$p_0 = p_p + \sigma \tag{4-2-9}$$

式中 p_0——上覆岩层压力，MPa；

p_p——地层压力，MPa；

σ——有效应力，MPa。

如以压力梯度的形式表示，则可写成：

$$G_0 = G_p + G_\sigma \tag{4-2-10}$$

式中 G_0——上覆岩层压力梯度，MPa/m；

G_p——地层压力梯度，MPa/m；

G_σ——有效应力梯度，MPa/m。

5. 地层破裂压力

在井下一定深度裸露的地层，其承受压力的能力是有限的，压力过大会使地层破裂而发生漏失。地层破裂压力指的就是某一深度地层产生破裂（原有裂缝张开延伸或产生新的裂缝）时所能承受的压力。

在钻井过程中，为了保护油气层，并实现安全钻进，避免出现井漏、井涌等复杂状况，应严格选择钻井液的密度，确保井内流体压力略高于地层孔隙压力。但是，井内流体压力绝不能超过地层的破裂压力，即钻井过程中必须保持井内流体压力介于地层孔隙压力及地层破裂压力之间才能确保钻井施工优质、快速、安全地进行。

影响地层破裂压力的因素很多，最主要的可归纳为三类：

(1) 地层自身的特性，主要包括地层中天然裂缝的发育情况、地层强度（主要是抗拉伸强度）及地层弹性常数（主要是泊松比）的大小。

(2) 地层压力的影响。地层孔隙压力对地层破裂压力有很大的影响，一般来说，如果某段地层的孔隙压力越大，其破裂压力也越大。

(3) 地应力的影响。地层破裂是地层综合受力作用的结果，除孔隙流体因素外，与地应力的大小也有很大关系。

6. 地层坍塌压力和漏失压力

井眼形成后导致井壁周围的岩石应力集中，当井壁周围的岩石所受的切向应力和径向应力的差达到一定数值后，将形成剪切破坏，造成井眼坍塌，此时的钻井液液柱压力即为地层坍塌压力。地层坍塌压力的大小与岩石本身特性及其所处的应力状态等因素有关。

地层漏失压力是指某一深度的地层产生钻井液漏失时的压力。对于正常压力的高渗透性砂岩、裂缝性地层以及断层破碎带、不整合面等处，地层漏失压力往往比破裂压力小，而且对钻井安全作业危害很大。

地层坍塌压力及漏失压力的确定对于合理调配钻井液密度和钻井设计及施工都有着重要的意义，是井身结构设计中极为重要的两个基础参数。

二、异常地层压力

在正常沉积环境中，地层压力保持为静液柱压力，即 $p_p = p_h$，否则称之为异常压力。在异常压实环境中，当地层压力大于正常地层压力时，称为异常高压地层，即 $p_p > p_h$；反之，当地层压力小于正常地层压力时，称为异常低压地层，即 $p_p < p_h$。

常采用地层压力梯度 G_p 来反映异常地层压力的性质和大小，即当 $G_p = 0.01$ MPa/m 时，为正常地层压力；当 $G_p > 0.01$ MPa/m 时，为异常高压；当 $G_p < 0.01$ MPa/m 时，为异常低压。

在钻井作业中，正常地层压力、异常高压及异常低压均可能遇到，这是长期以来困扰钻井工程界的一大技术难题。合理预测异常地层压力的分布，对钻井工程设计及钻井施工的安全意义重大。

异常高压的成因比较复杂，概括起来有十几种成因机制，包括沉积压实不均、水热增压、渗透作用、构造作用、矿物脱水作用、有机质降解、压力传递、气体运移、浮力作用、地层抬升剥蚀、等势面不规则等。针对具体盆地而言，起主导作用的往往只是其中一个或几个因素。其中，沉积压实不均、水热增压、矿物脱水作用、构造作用及渗透作用是普遍公认的影响因素。

形成异常低压的机理主要包括以下几个方面：上覆地层的抬升和剥蚀；不同的热效应；地下水流动的不平衡；封闭层的渗漏；岩石扩容作用；浓度差作用；气体饱和储集层的埋藏等。

三、地层压力预测方法

地层压力预测是钻前对欲钻地层的孔隙压力大小和分布状况的分析估算。通常地层压力预测只能依靠地层层速度。求取地层层速度的方法主要有 DIX 公式法、叠前反演方法、叠后反演方法。在获取地层层速度后，利用层速度计算地层孔隙压力模型求取地层孔隙压力。

1. 地层层速度获取方法

1) DIX 公式法

在常规地震测量中，地震速度就是能量传播方向上波前的速度。但在实际测量中不能直接获取地震速度，而需根据正常时差信息估算出叠加速度。在地层介质水平或起伏不大的条件下，可将叠加速度转换为均方根速度，进而用 DIX 公式提取层速度资料。DIX 基本公式为：

$$v_n^2 = \frac{t_{0,n} v_{R,n}^2 - t_{0,n-1} v_{R,n-1}^2}{t_{0,n} - t_{0,n-1}} \tag{4-2-11}$$

式中 v_n——第 n 层层速度,m/s;

v_R——均方根速度,m/s;

t_0——地震波反射到地面的双程时间,s。

2) 叠前反演方法

叠前反演方法求取层速度通常有地震波旅行时反演和层析反演方法。

地震数据包括两个主要的信息源:波的旅行时(运动学参数)和波形(动力学参数),两者分别从介质的不同方面来拾取信号。旅行时一般提供低频空间分量(背景速度场)的信息;波形则对反射物体的细致构造及状态最为敏感,所以它提供高频空间分量(反射系数)的信息。一般而言,地震波波形可提供更为丰富的地下信息,但利用波形信息进行反演的方法对原始地震资料的要求较为苛刻,抗干扰能力较差。在一些干扰较为严重的地区,原始资料中的波形信息往往已经遭到很大破坏,波形发生了严重畸变,即使采取一些去噪措施也难以恢复波形原来的真实面目。因此,旅行时反演方法仍有其不可替代的优点,特别是在叠前道集中利用反射波旅行时求取层速度,受人为处理方法的影响较小,比较准确和客观。

层析反演可提供速度场。速度场与地质构造的联系紧密,比常规叠加速度分析更可行。层析反演是一种基本的3D传播时间的反演方法,其基本概念始于地下构造的最初设想(初始模型)和相关参数(如速度)。层析反演通常是在深度域中进行的。先用Snell定律追踪穿过这一初始模型的射线,然后确定出剩余传播时间。计算出的旅行时与从真实数据中观测到的存在区别。射线的剩余旅行时用来指导、更新初始模型。但层析反演也存在多解性,它需要使用地质和钻井进行约束,通过迭代,得到准确的速度模型。

3) 叠后反演方法

叠后反演是一种求取波形动力学参数的方法。在已知背景速度场信息的基础上,通过叠后反演可以获得一个全频带的绝对速度,提供更为丰富的地下信息。常用的有约束稀疏脉冲反演和遗传算法反演。约束稀疏脉冲反演技术是在稀疏脉冲反演的基础上,以地震解释的层位及断层结构作为地质框架控制,以测井资料作为约束条件,从井点出发,首先完成井旁道反演,再由井旁道开始对所有地震道进行外推内插来完成波阻抗反演,这样可克服地震分辨率的限制,最佳地逼近测井分辨率,同时又使反演结果保持较好的横向连续性。

2. 地层孔隙压力预测方法

Phillippon方法是很有代表性的地层压力预测法,其计算式为:

$$p_p = \frac{v_{max} - v_{int}}{v_{max} - v_{min}} p_0 \tag{4-2-12}$$

式中 p_p——预测的地层孔隙压力,MPa;

v_{max}——孔隙度为0时岩石的声速,m/s;

v_{min}——孔隙度为50%时岩石的声速,m/s;

v_{int}——计算出的层速度,m/s;

p_0——上覆岩层压力,MPa。

在异常压力幅度不太大的中浅层深度范围内,地层压力与速度呈对数关系,其中的参数均可通过地震速度求得,不需要大量的速度谱建立正常趋势线。但该方法只能反映地层孔隙压力随深度的变化趋势,精度和分辨率受层速度 v_{int} 的控制。

四、地层压力检测方法

地层压力检测是借助测、录井资料求取地层孔隙压力的一种方法，由于测井资料具有更高的精度，该方法比借助地震资料求取地层孔隙压力的精度更高。常用的地层压力检测方法有声波时差法、密度测井法、电阻率测井法、d_c 指数法、标准化钻速法和页岩密度法等。

1. 声波时差法

声波时差是测量在一定距离地层中声波的传播时间，记录声波传播速度的倒数，其大小取决于岩性、压实程度、孔隙度及孔隙空间流体含量。在岩性、地层水性质变化不大时，声波时差主要反映地层孔隙度的大小，而上覆地层压力为孔隙度的单值函数，因此，可将声波时差转换为地层压力：

$$\phi = \phi_0 e^{-kH} \tag{4-2-13}$$

$$\phi = \frac{\Delta t - \Delta t_{ma}}{\Delta t_f - \Delta t_{ma}} \tag{4-2-14}$$

式中 ϕ, ϕ_0——地层、上覆地层孔隙度，%；

Δt——地层声波时差，μs/m；

Δt_f——孔隙流体声波时差，μs/m；

Δt_{ma}——岩石颗粒声波时差，μs/m；

k——正常压实趋势线斜率；

H——目的层深度，m。

由于 Δt_f 和 Δt_{ma} 对于同一地区为常数，故 ϕ 和 Δt 为线性关系，所以式(4-2-13)可写为：

$$\Delta t = \Delta t_0 e^{-kH} \tag{4-2-15}$$

式中 Δt——地层声波时差，μs/m；

Δt_0——正常压实趋势线截距，μs/m；

k——正常压实趋势线斜率；

H——目的层深度，m。

对式(4-2-15)两边取对数，则有：

$$\ln \Delta t = -kH \ln e + \ln \Delta t_0 \tag{4-2-16}$$

移项可得：

$$H = -\frac{1}{k}(\ln \Delta t - \ln \Delta t_0) \tag{4-2-17}$$

在单对数坐标纸上或用计算机绘图仪绘制 H 与 $\ln \Delta t$ 关系曲线，即可确定 k 值。用等效深度法确定欠压实井段 A 点(见图 4-2-1)高压目的层地层压力 p_{pA}。泥岩在压实过程中，由式(4-2-9)可知：

$$\sigma = p_0 - p_p \tag{4-2-18}$$

式中 p_0——上覆岩层压力，MPa；

p_p——地层压力，MPa；

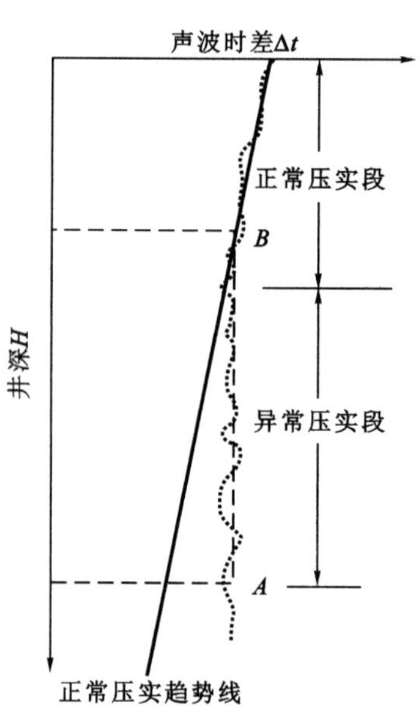

图 4-2-1 等效深度法示意图

σ——有效应力,MPa。

若泥岩压实程度高,随深度增加,ϕ 正常,p_0 正常;若泥岩压实程度低,则 $\phi_{异常} > \phi_{正常}$。

等效深度法的基本思路:设地层中某一异常高压目的层 A 点与正常压实地层中 B 点的有效应力相等,即 $\phi_A = \phi_B$,$\Delta t_A = \Delta t_B$,$\sigma_A = \sigma_B$。换言之,A 点较 B 点所增加的上覆地层载荷由 A 点所增大的地层压力承担。因此,可导出计算地层压力和压力梯度公式为:

$$\sigma_A = p_{0A} - p_{pA}$$

$$\sigma_B = p_{0B} - p_{pB}$$

由于 $\sigma_A = \sigma_B$,所以有:

$$\begin{aligned} p_{pA} &= p_{0A} - (p_{0B} - p_{pB}) \\ &= G_{0A}H_A - (G_{0B}H_B - G_{pB}H_B) \end{aligned} \tag{4-2-19}$$

式中 p_{pA},p_{pB}——A,B 点地层压力,MPa;

p_{0A},p_{0B}——A,B 点上覆岩层压力,MPa;

G_{0A},G_{0B}——A,B 点上覆岩层压力梯度,MPa/m;

G_{pB}——B 点地层压力梯度,MPa/m;

H_A,H_B——A,B 点目的层深度,m。

假设 $G_{0A} = G_{0B} = G_0$,原则上讲,由于地层压实作用不同,上覆岩层压力梯度可能稍有变化,但计算结果表明,可用其理论值 $G_0 = 0.023\ 1$ MPa/m。将 G_0 及地层水压力梯度值 $G_w = 0.01$ MPa/m 代入式(4-2-19),则:

$$\begin{aligned} p_{pA} &= 0.023\ 1(H_A - H_B) + 0.01H_B \\ &= 0.023\ 1H_A - 0.013\ 1H_B \end{aligned} \tag{4-2-20}$$

因为 $\Delta t_A = \Delta t_B$,则式(4-2-17)可写为:

$$H_B = -\frac{1}{k}(\ln \Delta t_A - \ln \Delta t_0) \tag{4-2-21}$$

将式(4-2-21)代入式(4-2-20)得:

$$p_{pA} = 0.023\ 1H_A + 0.013\ 1 \times \frac{1}{k}(\ln \Delta t_A - \ln \Delta t_0) \tag{4-2-22}$$

$$G_{pA} = \frac{p_{pA}}{H_A} \tag{4-2-23}$$

式中 G_{pA}——A 点地层压力梯度,MPa/m。

2. 密度测井法

1) 求取泥岩密度

密度测井是常用的一种测井方式。密度测井曲线记录的是地层岩石密度在各井深处数值的大小,其中泥页岩地层密度与地层孔隙度的关系可以表示为:

$$\phi_0 = \frac{\rho_{b0} - \rho_{ma}}{\rho_f - \rho_{ma}}$$

$$\phi = \frac{\rho_b - \rho_{ma}}{\rho_f - \rho_{ma}} \tag{4-2-24}$$

式中 ρ_{b0},ρ_b——埋藏深度为 0 和 H 处泥岩地层的密度,g/cm^3;

ρ_f——流体密度，g/cm³；

ρ_{ma}——泥岩骨架密度，g/cm³；

ϕ_0，ϕ——埋藏深度为 0 和 H 处泥岩地层的孔隙度，%。

泥岩密度 ρ_b 随埋藏深度 H 变化的关系式为：

$$\rho_b \approx \rho_{b0} 10^{-KH} \tag{4-2-25}$$

式中 K——无因次系数；

H——埋藏深度，m。

因此，正常压实地层随着埋深的增加，泥岩孔隙度减小，地层密度逐渐增大，而在异常高压带，泥岩地层密度则减小，偏离正常趋势（见图 4-2-2），据此可检测和预测地层压力。

2）数据整理

运用自然伽马曲线计算泥质含量，删除非泥页岩数据和泥质含量低于某一定值的数据。泥质含量 V_{cl} 的计算式为：

$$V_{cl} = \frac{2^{3.7I_{she}} - 1}{2^{3.7} - 1} = \frac{2^{3.7I_{she}} - 1}{11.996} \tag{4-2-26}$$

式中 I_{she}——泥质指数，无因次，$I_{she} = \dfrac{GR - GR_{min}}{GR_{max} - GR_{min}}$；

GR——某井深处实测自然伽马值，API；

GR_{max}，GR_{min}——整口井（或井段）中 GR 的最大值与最小值，API。

泥页岩地层中，井眼扩大对密度测井资料影响很大，因此应通过井径测井曲线分析，对实际井径扩大的数据予以去掉，一般取井径不大于钻头直径 6 cm 井段的数据。薄的泥页岩地层会使测井曲线出现尖峰值，因此应取厚度大于 2 m 的泥页岩。

3）建立正常压实趋势线

去掉异常数据后的数据库数据，将各井的密度随井深变化的趋势线绘制成 lg ρ_{en}-H 图（见图 4-2-3）。正常趋势线的形式分为直线式（$\rho_{en} = aH + b$）、半对数式（lg $\rho_{en} = aH + b$），趋势线通过回归获得。

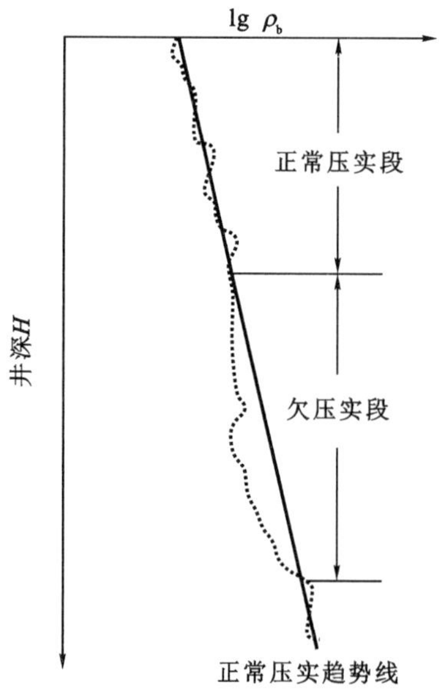

图 4-2-2 泥岩密度随井深变化示意图

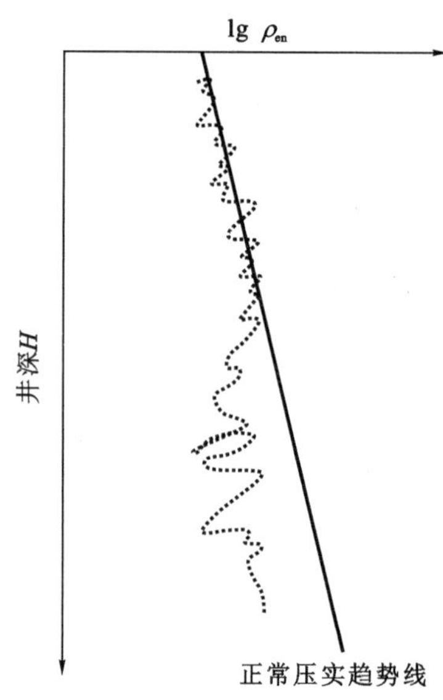

图 4-2-3 地层密度随井深变化示意图

4）地层压力的计算与确定

建立了地区正常趋势线后，就可以利用正常趋势线方程计算任意井深处的 ρ_{en} 值，即 ρ_{en}^{n} 值。将其与实际 ρ_{en} 值进行比较，利用求压公式就可定量地计算出地层压力的当量钻井液密度大小。

反算式：

$$\rho_p = \left(\frac{\rho_{en}^{n}}{\rho_{en}}\right)\rho_w \tag{4-2-27}$$

伊顿式：

$$\rho_p = \rho_b - (\rho_b - \rho_w)\left(\frac{\rho_{en}^{n}}{\rho_{en}}\right)^{1.2} \tag{4-2-28}$$

式中 ρ_p——地层压力当量钻井液密度，g/cm^3；

ρ_b——上覆岩层压力当量钻井液密度，g/cm^3；

ρ_w——正常地层压力当量钻井液密度，g/cm^3；

ρ_{en}——计算点处实测密度值，g/cm^3；

ρ_{en}^{n}——计算点对应的正常趋势线上的密度值，g/cm^3。

3. 电阻率测井法

在正常压力地层中，随深度增大，地层压实程度加大，孔隙度减小，导电流体也减少，页岩电阻率加大。在一定的地区，页岩电阻率（对数）与井深之间存在一条正常趋势线；在异常压力地层中，由于地层欠压实，孔隙度增大，地层流体多，地温高，页岩电阻率向着低于正常电阻率的一侧偏离正常趋势线，其偏离值越大，地层压力越高。

基本步骤是：通过正常地层孔隙压力井段的电阻率数据，建立正常电阻率趋势线方程，根据所测地层电阻率偏离正常趋势线的大小，计算出该处的地层孔隙压力。

$$p_p = p_0 - [(p_0 - p_n)(R_0/R_n)^{1.2}] \tag{4-2-29}$$

式中 p_p——地层孔隙压力，Pa；

p_0——地层上覆岩层压力，Pa；

p_n——正常地层孔隙压力，Pa；

R_0——所求点的实测电阻率，$\Omega \cdot m$；

R_n——所求点在正常趋势线上的电阻率，$\Omega \cdot m$。

4. d_c 指数法

d_c 指数根据钻速方程导出：

$$R_p = KN^e(W/D_b)^d \tag{4-2-30}$$

式中 R_p——机械钻速，m/min；

K——岩石可钻性系数，无因次；

N——转速，r/min；

e——转速指数，无因次；

W——钻压，kN；

D_b——钻头直径，mm；

d——钻压指数，无因次。

假定钻井条件和岩性（都是泥、页岩）不变，K 为常数，取 $K=1$，并认为泥页岩属软地层，取 $e=1$，做方程变换，并换算成公制单位得：

$$d=\frac{\lg\dfrac{0.000\,911\,7R_{\mathrm{p}}}{N}}{\lg\dfrac{0.068\,47W}{D_{\mathrm{b}}}} \tag{4-2-31}$$

式中 R_{p}——机械钻速，m/min；

N——转速，r/min；

W——钻压，kN；

D_{b}——钻头直径，mm；

d——钻压指数，无因次。

为了消除钻井液密度的变化对 d 指数的影响，Rehm 和 Meclendon 提出了修正的 d 指数法，即 d_{c} 指数法。d_{c} 指数按下式计算：

$$d_{\mathrm{c}}=d\frac{\rho_{\mathrm{w}}}{\rho_{\mathrm{m}}} \tag{4-2-32}$$

式中 d_{c}——修正的 d 指数，无因次；

d——钻压指数，无因次；

ρ_{w}——地层水的密度，g/cm^3；

ρ_{m}——实际钻井液密度，g/cm^3。

根据 d_{c} 指数偏离正常趋势线的值应用下式可计算相应的地层压力：

$$\rho_{\mathrm{p}}=\rho_{\mathrm{n}}\frac{d_{\mathrm{cn}}}{d_{\mathrm{ca}}} \tag{4-2-33}$$

式中 ρ_{p}——所求井深处的地层压力当量钻井液密度，g/cm^3；

ρ_{n}——所求井深处的正常地层压力当量钻井液密度，g/cm^3；

d_{cn}——所求井深处的正常 d_{c} 指数值；

d_{ca}——所求井深处的实测 d_{c} 指数值。

5. 标准化钻速法

标准化钻速法是将不同条件下取得的钻速转化为同一条件下的标准化钻速，并通过标准化钻速的变化来检测地层压力变化的随钻检测方法。

在钻井过程中影响钻速的因素很多，正常钻井时主要有井径、岩性、钻井液密度、钻头类型及钝化、钻压、转速、水力参数和地层压力 8 个方面。采用的监测方法能正确、全面考虑前 7 个因素的影响，并使其标准化，从而使钻速的变化仅反映地层压力的变化。常用的一些利用钻井资料检测地层压力的方法都没能全面考虑上述 8 种因素的影响。标准化钻速法是通过钻速正常趋势线的偏移和不同的斜率消除井径、岩性、循环当量钻井液密度、钻头类型及其钝化的影响，通过标准化钻速公式消除钻压、转速、水力参数的影响，具体处理方法如下：

1）井径、岩性和钻井液密度

井径、岩性和循环当量钻井液密度对钻速的影响表现为当其改变时会引起钻速的突变，所以在检测过程中只要对不同井径、不同岩性和不同钻井液密度分别作出钻速正常趋势线，即可消除其影响。

2）钻头类型及其钝化

钻头类型及其钝化对钻速影响表现为钻速逐渐下降的程度，在检测过程中只要对不同类型的钻头分别作出不同斜率的钻速正常趋势线即可消除其影响。

3）钻压、转速和水力参数

钻井实践证明，钻速与钻压、转速和水力参数有如下关系：

$$R_p = K(W - M)N^{\lambda} \frac{p_b Q}{D_h^2} \tag{4-2-34}$$

式中 R_p——机械钻速，m/min；

K——岩石可钻性系数，无因次；

W——钻压，kN；

N——转速，r/min；

M——门限钻压，kN；

λ——钻速指数；

p_b——钻头压降，MPa；

Q——排量，L/s；

D_h——井径，mm。

规定一组标准值 W_n, N_n, p_{bn}, Q_n，则有：

$$R_n = K(W_n - M)N_n^{\lambda} \frac{p_{bn} Q_n}{D_h^2} \tag{4-2-35}$$

式(4-2-35)除以式(4-2-34)得：

$$R_n = R_p \frac{W_n - M}{W - M}\left(\frac{N_n}{N}\right)^{\lambda} \frac{p_{bn} Q_n}{p_b Q} \tag{4-2-36}$$

通过式(4-2-36)即可对任意一点的钻速进行标准化。

经过上述处理后，正常情况下钻速仅反映地层压力的变化。具体工作步骤如下：

(1) 通过五点法试验确定门限钻压和钻速指数。

(2) 用式(4-2-36)换算标准化钻速。

(3) 绘制标准化钻速曲线和钻速正常趋势线。标准化钻速曲线根据计算 R_n 值作出，而建立钻速正常趋势线的步骤如下：

① 第一条钻速正常趋势线的建立。

可通过回归该井段的标准化钻速来建立。

② 其余钻速正常趋势线的建立。

a. 查出钻头的 IADC 编码。

b. 计算牙齿磨损量：

$$H_f = \left[\sqrt{1 + \frac{A_f(p_n + Q_n)}{D_2 - D_1 W} t} - 1\right] / C_1 \tag{4-2-37}$$

c. 计算牙齿磨损因数：

$$C_2 = \frac{t_f - t_0}{t_0 H_f} \times 1.12^{[4(S_0 - S) + (T_0 - T)]} \tag{4-2-38}$$

d. 计算本段钻速正常趋势线的斜率：

$$K = K' \times \frac{c_2}{c_2'} \tag{4-2-39}$$

e. 画出本段钻速正常趋势线。

通过本段标准化钻速的起点，按计算出的斜率即可作图。

式中 H_f——牙齿磨损量；

p_n, Q_n, C_1——钻头的类型参数；

D_1, D_2——钻头的尺寸参数；

W——钻压，kN；

N——转速，r/min；

t——钻头使用时间，h；

t_0——钻时起始值，h；

t_f——钻时最终值，h；

C_2——牙齿磨损因数；

S_0——上段钻头系列号；

S——本段钻头系列号；

T_0——上段钻头类型号；

T——本段钻头类型号；

K'——上段钻速正常趋势线的斜率；

K——本段钻速正常趋势线的斜率；

c_2'——上段钻头牙齿磨损系数；

c_2——本段钻头牙齿磨损系数；

A_f——地层研磨性系数，$mm^3/(kN \cdot m)$。

4）计算地层压力

步骤如下：

（1）计算检测井段的循环当量钻井液密度 ρ_{cd}。

（2）计算井底原始压差：

$$\Delta p_0 = \frac{\rho_{cd} - G_m}{10} H \tag{4-2-40}$$

（3）计算原始压差影响系数：

$$C_{p0} = e^{-0.01182\Delta p_0} \tag{4-2-41}$$

（4）计算零压差下的钻速：

$$R_0 = \frac{R_m}{C_{p0}} \tag{4-2-42}$$

（5）计算实际压差影响系数：

$$C_p = \frac{R_n}{R_0} \tag{4-2-43}$$

（6）计算实际压差：

$$\Delta p = 84.6 \ln\left(\frac{1}{C_p}\right) \tag{4-2-44}$$

(7) 计算地层压力当量钻井液密度：

$$\rho=\rho_{cd}-\frac{\Delta p}{H}\times 10 \tag{4-2-45}$$

式中 Δp_0——井底原始压差，Pa；

G_m——钻速正常趋势线所代表的当量地层压力，g/cm^3；

H——井深，m；

C_{p0}——原始压差影响系数；

R_0——零压差下的钻速，m/h；

R_m——钻速正常趋势线所代表的钻速，m/h；

C_p——实际压差影响系数；

R_n——标准化钻速，m/h；

Δp——实际压差，Pa；

ρ——地层压力当量钻井液密度，g/cm^3。

6. 页岩密度法

一般情况下，随着深度的增加，页岩压实程度增加，孔隙度减小。但在压力过渡带或异常高压地层，由于岩石欠压实，孔隙度比正常情况下大，其密度比正常情况下小。因此，可利用岩石密度的变化检测地层压力。其方法是，在钻进中，取页岩井段返出的岩屑测其密度，作出密度与深度的关系曲线，通过正常压力地层的密度值画出正常趋势线。偏离正常趋势线的点即压力异常点，开始偏离的部分即过渡带的顶部，见图 4-2-4。

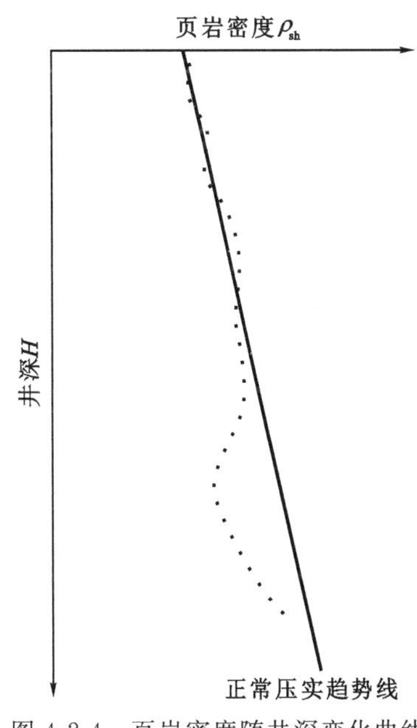

图 4-2-4 页岩密度随井深变化曲线

1) 岩屑的选取

岩屑选取的可靠性直接影响岩屑密度的准确度。在页岩井段，每钻进 3～5 m 取一次砂样，钻速快时可 10 m 或 20 m 取一次，钻速慢时重要层位也可每米取一次。选取岩屑时注意记准迟到时间，除去掉块和磨圆的岩屑。用清水洗去岩屑上的钻井液，用吸水纸将岩屑擦干(或烘干，取一致的干度)。

2) 岩石密度的称量方法

(1) 钻井液密度计称量。将岩屑放入密度计的量杯中，再加淡水充满量杯，加盖后称得杯内的密度值 ρ_T，最后利用下式计算页岩密度 ρ_{sh}。

$$\rho_{sh}=\frac{1}{2-\rho_T} \tag{4-2-46}$$

式中 ρ_{sh}——页岩密度，g/cm^3；

ρ_T——页岩与淡水混合物的密度，g/cm^3。

(2) 密度液法。把岩屑放入标准密度液内，看其在液柱内停留的位置，直接读出密度大小。

3）页岩密度法的作图方法

将 ρ_{sh} 值按相应的深度画到坐标纸上，纵坐标是井深 H，横坐标是 ρ_{sh}。根据上部正常压力井段的页岩密度数据作出正常压实趋势线并延长。画正常压实趋势线时应尽量使密度数据点分布在趋势线的两侧，以利准确求值。

4）用透明标准图版求出测点的地层压力

把透明的标准图版覆盖在 H-ρ_{sh} 图上，使标准图版的正常地层压力当量密度线与 H-ρ_{sh} 图上的正常密度趋势线重合，则偏离正常趋势线的点落在透明版的某线上或两线间。图版上所表示的密度值即该地层的地层压力当量密度值。

五、常用实测地层压力工具

1. Geo-Tap 随钻地层压力测量系统

1）工具简介

哈里伯顿公司生产的 Geo-Tap 随钻压力测量系统是全球首个利用电缆型极板和探头设计的随钻地层压力测试器，主要由电池堆集和测压总成等组成。它可以在任意井斜角条件下测试地层孔隙压力，在开泵或是关泵条件下都可进行测试，可在 5～7 min 左右精确获取 150 个测试点的地层压力数据。

2）基本原理

系统中的 GeoSpan 结构用于连接地面软件系统与井底工具串，使地面操作者接收到地面发出压力的信号后，通过工具内的传感器对其编码、识别，并执行相应的操作。当仪器下至井底确定深度后，地面系统发出下行指令，指令通过 GeoSpan 传至井下工具，井下工具接收到指令后伸出探针，其外部的塑料密封圈紧贴井壁，吸入管刺穿滤饼伸入地层，吸取地层流体进行压力测试。

2. TesTrak 随钻地层压力测量系统

1）工具简介

TesTrak 随钻地层压力测量装置是由贝克休斯公司开发的新一代随钻地层压力测量系统。该系统采用一个类似于电缆测试器的极板密封部件，将一部分井壁封隔开并与储层压力系统相连。在钻井过程的短暂中断期间，该工具伸出一个橡胶垫密封元件，贴紧井壁并与储层建立压力联系。智能泵控制系统在一个闭环中控制井下操纵测试器，综合流量分析（FRA）程序允许进行不同的测试。

TesTrak 系统除了进行基本测试外，还可以用来进行优化测试，以固定的压降和固定的压力恢复时间进行基本测试，在测试中静水压力或地层压力下降幅度不受控制。当预定时间过去后，不论压力是否稳定，压力恢复终止。这种测试可能会使压降过大，造成压力在规定时间内无法达到真正的地层压力值，通常适用于高流度地层。而优化和重复的压降和压力恢复测试可根据井下分析采用不同的压降速率。井下智能控制系统可应用 FRA 算法分析每个压力测试数据组，并根据 FRA 指示和地层流度优化压降速率、压降和压力恢复持续时间。该测试仪可测量井周任意方向的压力，并能避免岩屑堵塞。极板密封部件移动距离可达 35.6 mm。

设计的井底总成包括专用于 TesTrak 测试仪的脉冲发生器和双向通信系统，不妨碍现有的旋转转向单元。

2）基本原理

通过钻井液将信号从地面送到随钻地层测试仪，在测试仪定向后，极板密封部件推向井壁，连续监视密封压力，保证有效密封，一旦极板达到密封，测试仪开始进行压力测试。测完后，从井壁释放极板密封部件，通过钻井液脉冲遥测装置将测量数据传送到地面，可得到以下数据：两个环空压力、三个地层压力、前两次测试的最小压降、最后一次测试计算得出的流度值和 FRA 提供的相关系数。直接比较三个地层压力可进行最佳质量控制，而流度值、FRA 提供的数据和温度变化也可实时检验数据的准确性。

3. Stetho Scope 随钻地层压力测量系统

1）工具简介

斯伦贝谢公司推出的 Stetho Scope 随钻地层压力测量装置具有测量速度快、测量准确性高、操作灵活等特点。系统采用探头式压力测量仪器，整套装置安装在钻铤上，其上有两个推靠活塞和一个反方向安装的探头部件。这种设计可保证在测量中无须使仪器定向，并将测量期间探头周围流体流动降至最低，从而节省测量时间，并提高测量精度。

该公司先后研制了 Stetho Scope 475，675，825 三种型号的随钻地层压力测量装置，它们只是在适应井眼尺寸上有所差别，测量原理和结构基本相同，均使用两个定位活塞和伸出探头式的测量方式。

2）基本原理

测量过程中钻具先停止旋转，待系统稳定后推靠活塞和探头部件分别向两侧伸出到达井壁，进而测量地层孔隙流体的信息。这种双向支撑的方式由于使用了推靠活塞，避免了因单独使用探头而导致探头伸出长度过大造成受力倾斜。该套系统可以准确获得测量点的地层压力和环空压力变化曲线，进而根据测量得到的曲线得到地层孔隙度、渗透率等参数。测量结果不仅可以保存在地下存储设备中，也可以通过钻井液脉冲的形式将信息传送到地面接收设备。

4. 环空压力随钻测量系统(CPWD)

1）工具简介

中国石油集团钻井工程技术研究院的环空压力随钻测量系统（CPWD）主要包括井下工具及地面系统两大部分。其中，地面系统由地面传感器、仪器房、信号处理前端箱、工业控制计算机外围设备和相关软件组成；井下工具部分则包括无线随钻测量工具（MWD）和环空压力随钻测量工具（PWD）。MWD 及 PWD 均可独立使用。

2）基本原理

环空、柱内的压力传感器和温度传感器分别将相应的温度及压力信息转换为电信号，同时舱体温度传感器也将舱体温度信息转换为电信号（舱体温度测量为保证电子线路可靠工作而设置）。这三路电信号经各自的放大器处理后接入多路开关，在 CPU 的控制下分时接入模数转换器，并经转换器转换成数字信号后被 CPU 读入，再经 CPU 进一步处理后存入

EEPROM存储器。整个电子部分靠电池供电，CPU对电池的工作电流及工作按时进行监测，以保证电子部分能可靠工作。

CPWD系统的井下结构确保其可实现井下实时存储式PWD功能。而I^2C接口及电源开关是专为与MWD直连而设置的，根据MWD的接口要求配备一块相应的接口转换电路板，就实现了PWD与MWD的直连，从而实现了测量数据实时上传至地面。

六、地层破裂压力预测

常用的地层破裂压力获取方法主要有伊顿（Eaton）法、斯蒂芬（Stephen）法、黄荣樽法以及现场水力压裂法等。

1. 伊顿法

伊顿认为裸露地层所受到的侧向压力等于地层水平主地应力时地层开始起裂，而水平地应力是由上覆岩层压力引起的，他提出了上覆岩层压力不是常数而是深度的函数，其值可由密度测井曲线求得。破裂压力预测模型为：

$$p_f = p_p + \frac{\mu}{1-\mu}(p_0 - p_p) \tag{4-2-47}$$

式中 p_f——地层破裂压力，MPa；

p_p——地层孔隙压力，MPa；

p_0——上覆岩层压力，MPa；

μ——地层的泊松比，无量纲。

伊顿法参数较少，使用简单，比较适用于地层沉积较新、受构造运动影响较小的连续沉积盆地，对于地层年代较老、受构造运动影响大的地区效果欠佳。

2. 斯蒂芬法

斯蒂芬提出水平均匀构造地应力的设想与伊顿相同，认为破裂压力只是张开地层中已有裂缝所需要的流体压力。该压力等于垂直裂缝面的水平地应力，公式为：

$$p_f = p_p + \left(\frac{\mu}{1-\mu} + \beta\right)(p_0 - p_p) \tag{4-2-48}$$

式中 p_f——地层破裂压力，MPa；

p_p——地层孔隙压力，MPa；

p_0——上覆岩层压力，MPa；

β——均匀构造应力系数，无量纲；

μ——实验室实测的泊松比，无量纲。

斯蒂芬法与伊顿法的主要区别在于前者将构造应力所产生的影响从岩石泊松比中分解出来，在计算时可直接使用实测的泊松比，而不同于伊顿法须靠破裂压力反算。

3. 黄荣樽法

黄荣樽教授提出一种新的预测地层破裂压力的方法，主张地层的破裂是由井壁上的应力状态决定的，而且考虑了地下实际存在的非均匀地应力场的作用和地层本身强度的影响，预测模型表示为：

$$p_f = p_p + S_t + \left(\frac{2\mu}{1-\mu} - K\right)(p_0 - p_p) \tag{4-2-49}$$

式中 p_f——地层破裂压力，MPa；

p_p——地层孔隙压力，MPa；

p_0——上覆岩层压力，MPa；

S_t——地层抗拉强度，MPa；

μ——地层的泊松比，无量纲；

K——非均匀地质相适应系数，无量纲。

4. 现场水力压裂法

现场水力压裂法是获取地层破裂压力的直接方法。现场水力压裂试验一般应遵循以下步骤：

(1) 下套管固井后，钻开几米裸眼井段的新地层。

(2) 用水泥车以恒定的低泵速向井中泵入钻井液，记录井口压力与泵入时间的变化曲线。

(3) 井口压力突然下降表示地层破裂，继续向井内泵入钻井液致使裂缝延伸穿过井壁应力集中区，实施瞬时停泵，记录瞬时停泵时的压力值。

(4) 待泵压平稳后，再次开泵，记录裂缝开启压力。完整的水力压裂试验曲线见图 4-2-5。

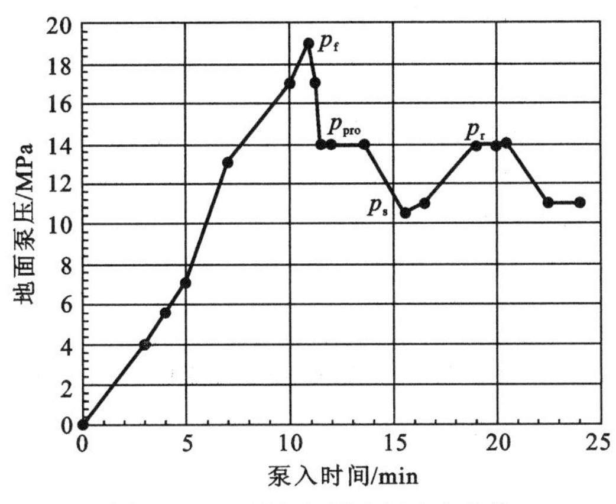

图 4-2-5 地层破裂压力试验曲线

从图 4-2-5 中可以确定以下压力值：

(1) 破裂压力 p_f：压力最大的点，表示液压克服地层的抗拉强度而使其破裂，形成井漏，造成压力突然下降。

(2) 延伸压力 p_{pro}：压力趋于平缓的点，为裂隙不断向远处扩展所需的压力。

(3) 瞬时停泵压力 p_s：当裂缝延伸到离开井壁应力集中区，即 6 倍井眼半径以外时(估计从破裂点起约历时 1～3 min)，进行瞬时停泵，记录停泵时的压力 p_s。由于此时裂缝仍开启，p_s 应与垂直于裂缝的最小水平地应力 σ_h 相平衡，即 $p_s = \sigma_h$。

此后，随着停泵时间的延长，钻井液向裂缝两边渗滤，使液压进一步下降。此时由于地应力的作用，裂隙将闭合。

(4) 裂缝重张压力 p_r：瞬时停泵后重新开泵向井内加压，使闭合的裂缝重新张开。由于张开闭合裂缝所需的压力 p_r 与破裂压力 p_f 相比不需克服岩石的拉伸强度，因此可以认为破裂层的拉伸强度等于这两个压力的差值。

七、地层坍塌压力预测

1. 剪切破坏条件下的坍塌压力

硬脆性泥页岩地层的坍塌破坏服从库仑准则，易发生剪切破坏。需要按考虑渗透作用及不考虑渗透作用两种情况加以分析。

1) 不考虑渗透作用的情况

不考虑渗透作用下的地层坍塌压力计算公式为：

$$\rho_{b1}=\frac{\eta(3\sigma_H-\sigma_h)-2CK_m+\alpha p_p(K_m^2-1)}{(K_m^2+\eta)H}\times 100 \tag{4-2-50}$$

其中：

$$K_m=\cot\left(45^\circ-\frac{\varphi}{2}\right)$$

式中 ρ_{b1}——地层剪切条件下的坍塌压力当量密度，g/cm^3；

σ_H——地层最大水平主应力，MPa；

σ_h——地层最小水平主应力，MPa；

C——岩石黏聚力，MPa；

η——应力非线性修正系数，无量纲；

p_p——地层孔隙压力，MPa；

α——有效压力系数，无量纲；

H——地层垂深，m；

φ——岩石内摩擦角，(°)。

该公式将井壁近似看作不渗透井壁，未考虑钻井液向地层的渗透作用，适用于渗透率极低的泥页岩地层。

2) 考虑渗透作用的情况

考虑渗透作用下的地层坍塌压力计算公式为：

$$\rho_{b1}=\frac{\eta[3\sigma_H-\sigma_h-(\xi-\varphi)p_p]+K_m^2p_p\varphi-2CK_m}{(1-\alpha+\varphi)K_m^2-\eta(\xi-\varphi-1-\alpha)}\times\frac{100}{H} \tag{4-2-51}$$

其中：

$$\xi=\frac{\alpha(1-2\mu_s)}{1-\mu_s}$$

式中 μ_s——地层静态泊松比，无量纲。

该公式将井壁近似看作渗透井壁，考虑钻井液向地层的渗透作用。适用于渗透性较好的地层。

2. 拉伸崩落条件下的坍塌压力

拉伸崩落条件下的坍塌压力计算公式为：

$$\rho_{b2}=\frac{100}{H}(p_p-S_t) \tag{4-2-52}$$

式中 ρ_{b2}——地层拉伸崩落条件下的坍塌压力当量密度，g/cm³；

p_p——地层孔隙压力，MPa；

H——地层垂深，m；

S_t——岩石抗拉强度，MPa。

该公式适用于井筒钻井液压力小于地层孔隙压力时的过渡带欠压实超压低渗泥页岩。

3. 地层坍塌压力取值

地层坍塌压力最终取值按下式计算：

$$\rho_b=\max(\rho_{b1},\rho_{b2}) \tag{4-2-53}$$

式中 ρ_b——地层坍塌压力当量密度，g/cm³；

ρ_{b1}——地层剪切坍塌压力当量密度，g/cm³；

ρ_{b2}——地层拉伸崩落条件下的坍塌压力当量密度，g/cm³。

第三节　井身结构设计系数

一、地质数据

地质数据包括：

(1) 岩性剖面及其故障提示；

(2) 地层孔隙压力剖面；

(3) 地层破裂压力剖面。

二、设计系数

1. 抽汲压力当量密度 S_b

$$S_b=p_{sb}/(0.00981H) \tag{4-3-1}$$

式中 S_b——抽汲压力当量密度，g/cm³；

p_{sb}——抽汲压力，MPa；

H——井深，m。

根据设计井实际施工参数，先计算出该井施工中可能出现的最大抽汲压力，由式(4-3-1)计算抽汲压力值，以当量钻井液密度形式表示。

对于某一个区域，若钻机类型、井深、井身结构、管柱(钻柱、套管)组合、钻井液性能都已定型，则抽汲压力通常在某一范围内波动，可选用参数井(或前面已钻井)的抽汲压力作为后续井的设计参数。S_b 的取值范围一般为 0.015～0.040 g/cm^3。

2. 激动压力当量密度 S_g

$$S_g = p_{sg}/(0.009\ 81H) \tag{4-3-2}$$

式中 S_g——激动压力当量密度，g/cm^3；

p_{sg}——激动压力，MPa；

H——井深，m。

对于某一个区域，若钻机类型、井深、井身结构、管柱(钻柱、套管)组合、钻井液性能都已定型，则激动压力通常在某一范围内波动，可选用参数井(或前面已钻井)的激动压力作为后续井的设计参数。S_g 的取值范围一般为 0.015～0.040 g/cm^3。

3. 地层破裂压力当量密度安全允值 S_f

S_f 以当量钻井液密度表示，单位为 g/cm^3。S_f 是考虑地层破裂压力检测误差而附加的，此值与地层破裂压力检测精度有关，可由地区统计资料确定。S_f 的取值一般为 0.03 g/cm^3。

4. 溢流允值 S_k

$$S_k = p_{sd}/(0.009\ 81H_m) \tag{4-3-3}$$

式中 S_k——溢流允值，g/cm^3；

p_{sd}——立管压力，MPa；

H_m——出现溢流时的井深，m。

S_k 以当量钻井液密度表示，单位为 g/cm^3。S_k 是考虑地层压力预测误差，当溢流压井时限定的地层压力增加值。此值由地区压力预测精度和统计数据确定，取值范围一般为 0.05～0.10 g/cm^3。

5. 压差允值(Δp_n 或 Δp_a)

在裸眼中，如果钻井液液柱压力与地层孔隙压力之间的差值过大，将可能发生压差卡钻事故。如果是在下套管过程中，将可能发生卡套管事故，使已钻成的井眼无法进行固井和完井作业。

压差允值和工艺技术有很大关系。如果使用优质的具有良好润滑性能的钻井液体系，则压差允值可以提高。压差允值也与裸眼井段的孔隙压力大小有关。若在正常压力井段，为钻开下部高压层需要使用加重钻井液，则压差卡钻易发生在正常压力井段的较深部位(即易发生在靠近压力过渡带的正常孔隙压力地层)；若在异常高压井段，则易卡部位发生在最小孔隙压力点。因此，压差允值有正常压力井段压差允值(Δp_n)与异常压力井段压差允值(Δp_a)之分，一般 Δp_a 值大于 Δp_n 值。各油田可以通过卡钻资料(卡点深度、当时钻井液密度、卡点地层孔隙压力等)反算出当时的压差值，再由大量的压差值进行统计分析得出该地区适合的压差允值。

Δp_n 的取值范围一般为 12～15 MPa，Δp_a 的取值范围一般为 15～20 MPa。

三、必封点

在裸眼井段中存在地层压力、地层破裂压力和井内有效液柱压力，为确保安全，要求裸眼井内钻井液有效液柱压力必须大于或等于地层压力，以避免井喷，但又必须小于或等于地层破裂压力，即

$$p_f \geqslant p_b \geqslant p_p \tag{4-3-4}$$

式中 p_f——地层破裂压力，MPa；

p_b——井内有效液柱压力，MPa；

p_p——地层压力，MPa。

把满足式(4-3-4)的极限长度井段定义为可行裸露段。可行裸露段的底界深度即为必封点深度。

1. 工程约束条件下必封点深度的确定

1）正常作业工况（起下钻、钻进）下必封点深度的确定

在满足近平衡压力钻井条件下，某一层套管井段钻进中所用钻井液密度 ρ_m 应大于或等于该井段最大地层压力当量密度 $\rho_{p\max}$ 与该井深区间钻进中可能产生的最大抽汲压力当量密度 S_b 之和，以防止起钻中抽汲造成溢流，即

$$\rho_m \geqslant \rho_{p\max} + S_b \tag{4-3-5}$$

式中 ρ_m——钻井液密度，g/cm^3；

$\rho_{p\max}$——裸眼井段最大地层压力当量密度，g/cm^3；

S_b——抽汲压力梯度当量密度，g/cm^3。

在使用这一钻井液密度情况下，由于产生激动压力而使井内压力升高，因此井内有效液柱压力梯度当量密度应表示为：

$$\rho_{bn\max} = \rho_{p\max} + S_b + S_g \tag{4-3-6}$$

式中 $\rho_{bn\max}$——正常作业情况下最大井内压力当量密度，g/cm^3；

$\rho_{p\max}$——裸眼井段最大地层压力当量密度，g/cm^3；

S_b——抽汲压力当量密度，g/cm^3；

S_g——激动压力当量密度，g/cm^3。

由于地层破裂压力检测过程中可能会存在一定的误差，因此引入地层破裂压力当量密度安全允值 S_f，则式(4-3-6)可改写为：

$$\rho_{ff} = \rho_f - S_f \tag{4-3-7}$$

式中 ρ_{ff}——安全地层破裂压力当量密度，g/cm^3；

ρ_f——地层破裂压力当量密度，g/cm^3；

S_f——破裂压力当量密度安全允值，g/cm^3。

在正常作业情况下，为保证井下压力平衡，要求裸眼井段内某一深度处的压力当量密度小于或等于该井段最小安全地层破裂压力当量密度，即

$$\rho_{bn\max} \leqslant \rho_{ff\min} \tag{4-3-8}$$

式中　$\rho_{bn\,max}$——正常作业情况下最大井内压力当量密度，g/cm³；

$\rho_{ff\,min}$——裸眼井段最小安全地层破裂压力当量密度，g/cm³。

2）出现溢流约束条件下必封点深度的确定

正常钻进时，按近平衡压力钻井所设计的钻井液密度为：

$$\rho_m = \rho_p + S_b \tag{4-3-9}$$

式中　ρ_m——设计钻井液密度，g/cm³；

ρ_p——地层压力当量密度，g/cm³；

S_b——抽汲压力当量密度，g/cm³。

当钻至某一井深出现溢流时，为了平衡地层孔隙压力、制止溢流，需进行压井，将产生最大井内压力梯度，即

$$p_{sd} = 0.009\ 81 S_k H_m \tag{4-3-10}$$

式中　p_{sd}——立管压力，MPa；

H_m——出现溢流时的井深，m；

S_k——溢流允值，g/cm³。

当溢流关井后，井内压力系统存在以下平衡关系：

$$p_{ba\,max} = p_{m\,max} + p_{sd} \tag{4-3-11}$$

式中　$p_{ba\,max}$——发生溢流关井状况下最大井内压力，MPa；

$p_{m\,max}$——裸眼井段最大钻井液压力，MPa；

p_{sd}——立管压力，MPa。

将式(4-3-11)转化为当量密度形式，则有：

$$0.009\ 81\rho_{ba\,max}H = 0.009\ 81H(\rho_{p\,max} + S_b) + 0.009\ 81S_k H_m \tag{4-3-12}$$

式中　$\rho_{ba\,max}$——发生溢流关井状况下最大井内压力当量密度，g/cm³；

H——裸眼井段最浅井深，m；

$\rho_{p\,max}$——裸眼井段最大地层压力当量密度，g/cm³；

S_b——抽汲压力梯度当量密度，g/cm³；

S_k——溢流允值，g/cm³；

H_m——出现溢流时的井深，m。

化简式(4-3-12)得：

$$\rho_{ba\,max} = \rho_{p\,max} + S_b + \frac{H_m}{H}S_k \tag{4-3-13}$$

由式(4-3-13)可见，当 H 值较小时(即深度较浅时)，最大井内压力当量密度值较大；反之，当 H 值较大时，最大井内压力当量密度值较小；最大井内压力当量密度值随井深变化呈双曲线分布。

同式(4-3-8)，在发生溢流关井情况下，为保证井下压力平衡，要求裸眼井段内某一深度处的压力当量密度应小于或等于该井段最小安全地层破裂压力当量密度，即

$$\rho_{ba\,max} \leqslant \rho_{ff\,min} \tag{4-3-14}$$

式中　$\rho_{ba\,max}$——发生溢流关井状况下最大井内压力当量密度，g/cm³；

$\rho_{ff\,min}$——裸眼井段最小安全地层破裂压力当量密度，g/cm³。

3）压差卡钻约束条件下必封点深度的确定

在下套管过程中，当套管进入低压力井段时，理论上存在压差卡套管的可能。为避免这一复杂状况发生，应严格控制井下钻井液液柱压力与地层孔隙压力最大压差允值，即

$$p_{m\max} - p_{p\min} \leqslant \Delta p_n (\text{或} \ \Delta p_a) \tag{4-3-15}$$

式中 $p_{m\max}$——裸眼井段最大钻井液压力，MPa；

$p_{p\min}$——裸眼井段正常或最小地层孔隙压力，MPa；

Δp_n——正常压力地层压差卡钻临界值，MPa；

Δp_a——异常压力地层压差卡钻临界值，MPa。

将式(4-3-15)转换为密度形式，有：

$$\Delta p = 0.009\,81(\rho_{m\max} - \rho_{p\min}) H_n \leqslant \Delta p_n (\text{或} \ \Delta p_a) \tag{4-3-16}$$

式中 Δp——钻井液液柱压力与地层孔隙压力最大压差，MPa；

$\rho_{m\max}$——裸眼井段最大钻井液密度，g/cm^3；

$\rho_{p\min}$——裸眼井段正常或最小地层孔隙压力当量密度，g/cm^3；

H_n——正常或最小地层孔隙压力最大井深，m；

Δp_n——正常压力地层压差卡钻临界值，MPa；

Δp_a——异常压力地层压差卡钻临界值，MPa。

用式(4-3-6)及式(4-3-13)计算出该层套管必封点深度后，须用式(4-3-16)加以修正。

2. 地质复杂层必封点深度的确定

对于地质复杂层(如坍塌层、盐膏层、漏失层等)、水层、非目的油气层，以及钻井工艺技术难于解决的其他层段，应考虑作为设计的必封点。

第四节 井身结构设计程序

一、设计方法

1. 自下而上设计方法

自下而上的井身结构设计方法，即传统井身结构设计方法。该方法遵循的基本原则是：在有效保护油气层的前提下最大限度地保证裸眼井段的安全钻进，避免钻进过程中发生漏、喷、塌、卡事故，确保钻井施工安全、顺利钻达目的层。

该方法根据裸眼井段安全钻进应满足的压力平衡、压差卡钻约束条件，自全井最大地层孔隙压力处开始，自下而上逐层设计各层套管下入深度。

2. 自上而下设计方法

自上而下设计方法根据在裸眼井段安全钻进必须满足的压力平衡、压差卡钻约束条件，在已确定了表层套管下深的基础上，从表层套管鞋处开始向下逐层设计每一层技术套管的下入深度，直至目的层位。

3. 两种设计方法的比较

传统的自下而上方法设计出的每层套管下入的深度最浅，可使套管费用最少，适合于已探明地区的开发井或地质环境较清楚区块的井身结构设计。上部套管下入深度的合理性取决于对下部地层特性了解的准确程度和充分程度。

对于深层钻井，尤其是深探井钻井，所钻地层跨越的地质年代较多，地质条件变化大，同一井段包括压力梯度相差较大的多层压力体系，这些地质因素增加了钻井难度，容易引起井漏、井喷、井斜、井壁垮塌和卡钻等事故发生。特别是在新探区，在地质情况不十分清楚的情况下，常因地质预告不准确而导致井身结构设计不合理，造成钻井过程中复杂情况的发生。因此，对于深探井，套管层次设计不应该以套管下入深度最浅、套管费用最低为主要目标，而应以确保钻井成功率、顺利钻达目的层为首要目标，不宜采用传统的自下而上的设计方法来确定每层套管的下深。

自上而下的设计方法，套管下深根据上部已钻地层的资料确定，不受下部地层的影响，有利于井身结构的动态设计；每层套管下入的深度最深，从而为后续钻进留有足够的套管余量，有利于保证顺利钻达目的层位。该方法与传统的自下而上的设计方法相结合，可以给出套管的合理下深区间。对于新探区或下部地层地质环境不清楚的井，宜采用自上而下和自下而上相结合的方法。

二、设计步骤

1. 自下而上设计步骤

自下而上设计步骤见图 4-4-1。

1）绘制压力曲线图

收集所设计地区的地层压力剖面和破裂压力剖面，据此绘制出地层孔隙压力和地层破裂压力当量密度曲线，如图 4-4-2 所示。图中以纵坐标表示井深，横坐标表示地层孔隙压力和破裂压力当量密度值。

2）确定井身结构设计参数

根据已知条件，确定抽汲压力当量密度、激动压力当量密度、地层破裂压力当量密度安全允值、溢流允值、压差允值等基本设计参数。

3）技术套管设计

采用自下而上设计方法时，由下而上逐层确定下

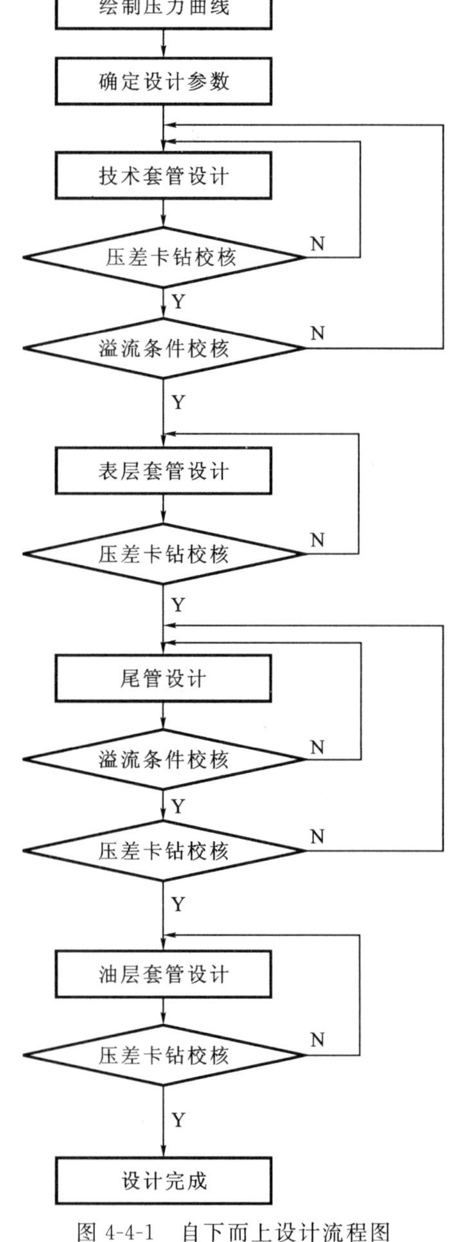

图 4-4-1　自下而上设计流程图

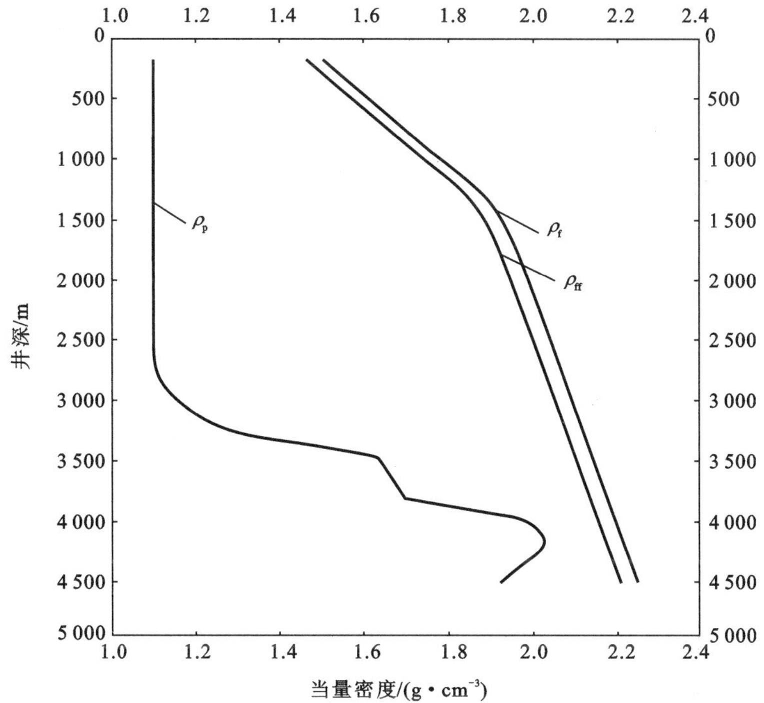

图 4-4-2 压力当量密度曲线图

ρ_f—地层破裂压力当量密度曲线；ρ_p—地层孔隙压力当量密度曲线；ρ_{ff}—安全地层破裂压力当量密度曲线

入深度。由于油层套管的下入深度主要取决于完井方法和油气层的位置，因此设计步骤是由技术套管开始的。

自下而上技术套管(无尾管)设计步骤示意图如图 4-4-3 所示。自下而上技术套管(有尾管)设计步骤示意图如图 4-4-4 所示。

(1) 根据压力当量密度曲线图中最大地层孔隙压力当量密度，选择钻井液密度的确定方法并计算最大钻井液密度 $\rho_{m\max}$。

(2) 选择正常作业工况，用式(4-3-6)确定最大井内压力当量密度 $\rho_{bn\max}$。

(3) 用式(4-3-8)计算裸眼井段所允许的最小安全地层破裂压力当量密度 $\rho_{ff\min}$，自横坐标上找出最小安全地层破裂压力当量密度 $\rho_{ff\min}$，上引垂线与安全地层破裂压力曲线相交，交点井深即为初选技术套管下入深度 H_3。

(4) 验证初选技术套管下入深度 H_3 有无压差卡钻风险，利用式(4-3-16)计算钻井液液柱压力与地层孔隙压力最大压力差值 Δp。

(5) 根据以下原则确定技术套管下入复选深度 H_{21} 和技术套管下入深度 H_2：

① 若 $\Delta p \leqslant \Delta p_n$(或 Δp_a)，则不易发生压差卡钻，初选深度 H_3 即为技术套管下入复选深度 H_{21}，需要进行溢流条件校核。

② 若 $\Delta p > \Delta p_n$(或 Δp_a)，则存在发生压差卡钻的可能，此时技术套管下入深度应小于初选深度 H_3，需利用式(4-3-16)计算在 H_n 深度处压力差为 Δp_n(或 Δp_a)时允许的最大钻井液密度 $\rho_{m2\max}$，用式(4-3-5)计算地层孔隙压力当量密度 $\rho_{p2\max}$，并在横坐标上找出对应点引垂线与地层孔隙压力当量密度曲线相交，交点井深即为技术套管下入深度 H_2，并需要进一步设计尾管。

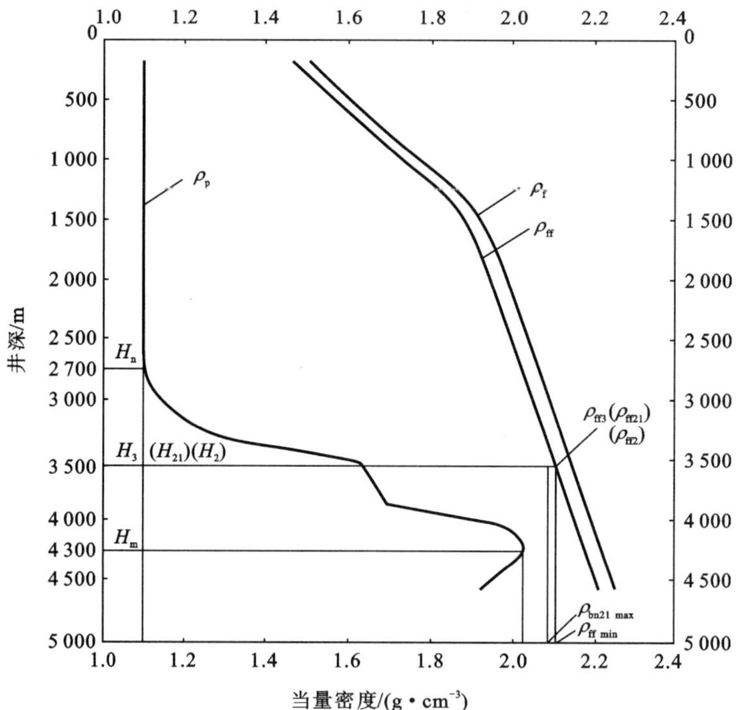

图 4-4-3 自下而上技术套管(无尾管)设计步骤示意图

ρ_f—地层破裂压力当量密度曲线;ρ_p—地层孔隙压力当量密度曲线;ρ_{ff}—安全地层破裂压力当量密度曲线

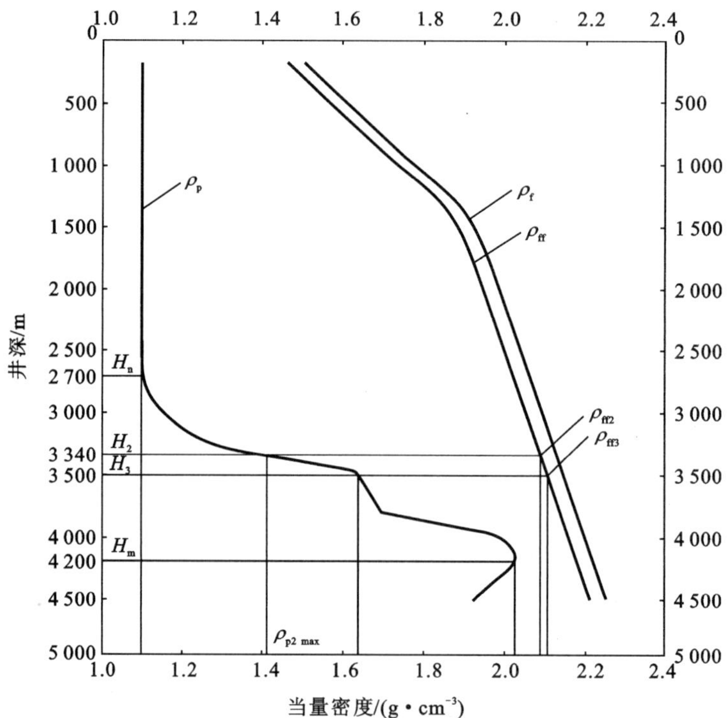

图 4-4-4 自下而上技术套管(有尾管)设计步骤示意图

ρ_f—地层破裂压力当量密度曲线;ρ_p—地层孔隙压力当量密度曲线;ρ_{ff}—安全地层破裂压力当量密度曲线

(6) 按溢流压井条件校核技术套管下入复选深度 H_{21} 处是否存在压漏的危险，即根据全井最大地层孔隙压力当量密度 $\rho_{p\,max}$ 对应的井深 H_m，用式(4-3-13)计算 H_{21} 处最大井内压力当量密度 $\rho_{ba21\,max}$。当 $\rho_{ba21\,max}$ 值小于且接近 H_{21} 处地层破裂压力当量密度 ρ_{f21} 时，满足设计要求，即 $H_2=H_{21}$，否则应增加技术套管下入深度再进行试算，并按步骤(5)和(6)校核是否发生压差卡钻，最终确定技术套管下入深度 H_2。

(7) 重复步骤(1)～(6)逐次设计其他各层技术套管，直至表层套管。

4) 表层套管设计

(1) 根据最浅一层技术套管下入深度 H_2 处以上最大地层孔隙压力当量密度，按技术套管设计部分步骤(1)～(3)初选表层套管下入深度 H_{11}，用式(4-3-13)计算溢流关井时表层套管鞋处承受的压力当量密度 $\rho_{ba11\,max}$。若计算结果 $\rho_{ba11\,max}$ 小于且接近安全地层破裂压力当量密度 ρ_{ff11}，则满足设计要求，即表层套管下入深度 H_1 等于表层初选深度 H_{11}，见图 4-4-5。

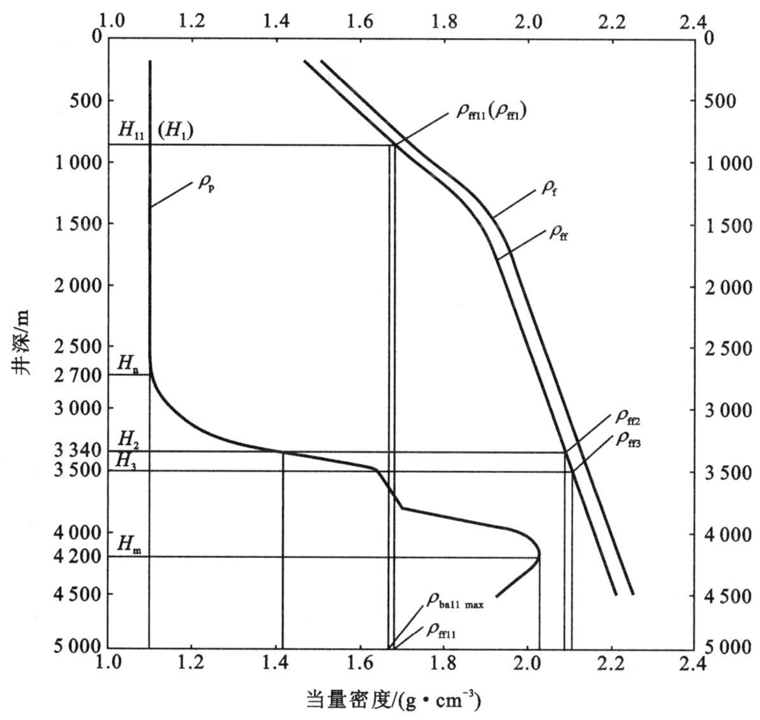

图 4-4-5　表层套管设计步骤示意图 1

ρ_f—地层破裂压力当量密度曲线；ρ_p—地层孔隙压力当量密度曲线；ρ_{ff}—安全地层破裂压力当量密度曲线

(2) 若计算结果 $\rho_{ba11\,max}$ 大于安全破裂压力当量密度 ρ_{ff11}，则应加深表层套管下入深度至 H_{12} 再进行试算；若 $\rho_{ba12\,max}$ 小于且接近安全地层破裂压力当量密度 ρ_{ff12}，则满足设计要求，即 $H_1=H_{12}$，见图 4-4-6。

(3) 设计表层套管下入深度时一般不需要进行压差卡钻校核。

5) 尾管设计

(1) 当技术套管下入深度 H_2 小于初选深度 H_3 时，需要下尾管并确定尾管下入深度 H_4。

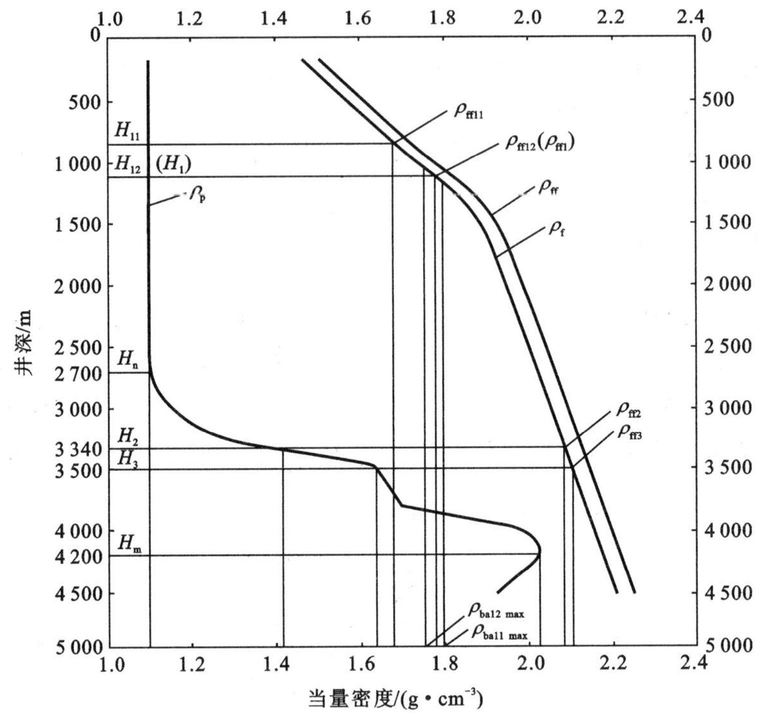

图 4-4-6　表层套管设计步骤示意图 2

ρ_f—地层破裂压力当量密度曲线；ρ_p—地层孔隙压力当量密度曲线；ρ_{ff}—安全地层破裂压力当量密度曲线

(2) 根据技术套管下入深度 H_2 处地层破裂压力当量密度值 ρ_{f2}，确定尾管最大下入深度 H_5 处的最大压力当量密度 $\rho_{bn5\ max}$，用式(4-3-6)计算尾管最大下入深度 H_5 处的允许最大钻井液密度 $\rho_{m5\ max}$。

(3) 用式(4-3-5)计算尾管最大下入深度 H_5 处的允许最大地层压力当量密度 $\rho_{p5\ max}$。

(4) 在横坐标上找出 $\rho_{p5\ max}$值，引垂线与地层孔隙压力当量密度线相交，最深交点井深即为尾管最大下入深度 H_5。

(5) 给定溢流允许值 S_k 压井时，用式(4-3-13)计算技术套管鞋 H_2 处的压力当量密度 $\rho_{ba2\ max}$，当 $\rho_{ba2\ max}$小于该深度地层安全破裂压力当量密度值时，则尾管最大下入深度 H_5 满足设计要求，否则应减少尾管下入深度重新计算，见图 4-4-7。

(6) 校核尾管在下入深度 H_5 是否存在卡钻的风险，方法同技术套管设计部分步骤(4)～(5)。若 $H_5 > H_3$，则 $H_4 = H_5$，不卡尾管；若 $H_5 < H_3$，则需再设计一层尾管。

6) 油层套管设计

生产套管下入深度需根据油层位置、完井方式确定，并要进行压差校核，具体方法同技术套管设计部分步骤(4)～(5)。

2. 自上而下设计步骤

自上而下设计步骤见图 4-4-8。

1) 绘制压力曲线图

收集所设计地区的地层压力剖面和破裂压力剖面，据此绘制出地层孔隙压力当量密度曲线、地层破裂压力当量密度曲线。

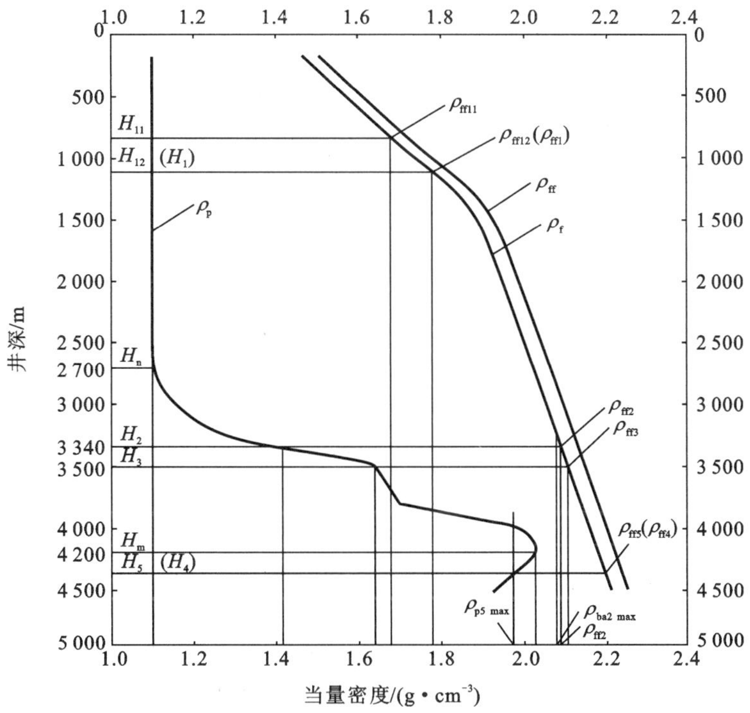

图 4-4-7 自下而上尾管设计步骤示意图

ρ_f—地层破裂压力当量密度曲线；ρ_p—地层孔隙压力当量密度曲线；ρ_{ff}—安全地层破裂压力当量密度曲线

2）确定井身结构设计参数

根据已知条件，确定抽汲压力当量密度、激动压力当量密度、地层破裂压力当量密度安全允值、溢流允值、压差允值等基本设计参数。

3）表层套管设计

表层套管设计步骤示意图见图 4-4-9。根据地质基本参数，按设计原则确定表层套管下入深度 H_1。

4）技术套管设计

（1）根据 H_1 处的安全地层破裂压力当量密度 ρ_{ff1}，确定下部裸眼井段允许最大压力当量密度 $\rho_{bn3\ max}$，选择正常钻进作业工况。用式（4-3-6）计算下部裸眼井段允许最大钻井液密度 $\rho_{m3\ max}$。

（2）用式（4-3-5）计算下部裸眼井段允许最大地层孔隙压力当量密度 $\rho_{p3\ max}$。

（3）在压力当量密度曲线图横坐标上找出 $\rho_{p3\ max}$ 值，引垂线与地层孔隙压力当量密度线相交，最浅交点井深即为初步确定的技术套管下入深度 H_3，见图 4-4-10。

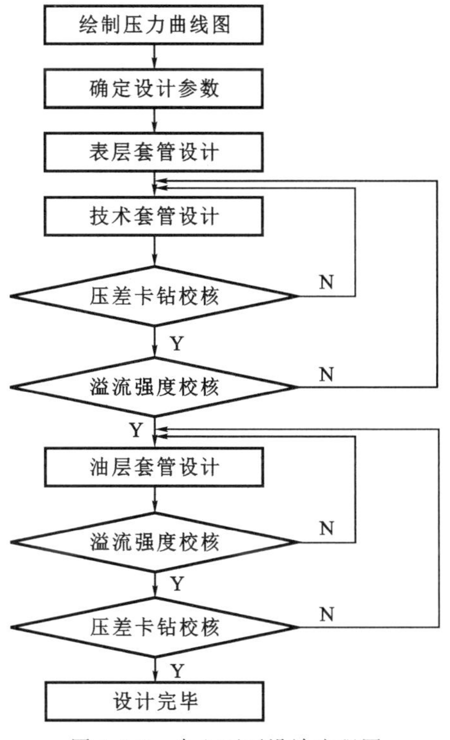

图 4-4-8 自上而下设计流程图

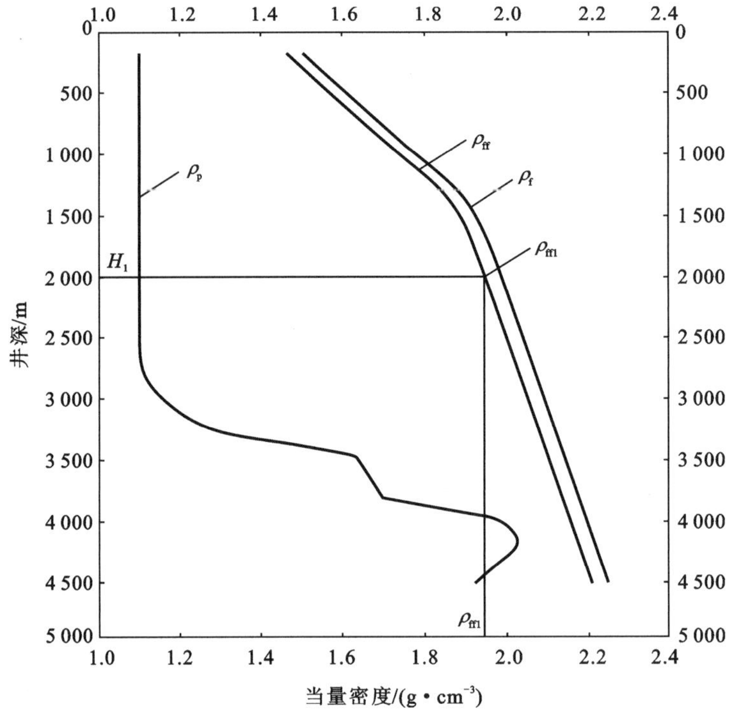

图 4-4-9　自上而下表层套管设计步骤示意图

ρ_f—地层破裂压力当量密度曲线；ρ_p—地层孔隙压力当量密度曲线；ρ_{ff}—安全地层破裂压力当量密度曲线

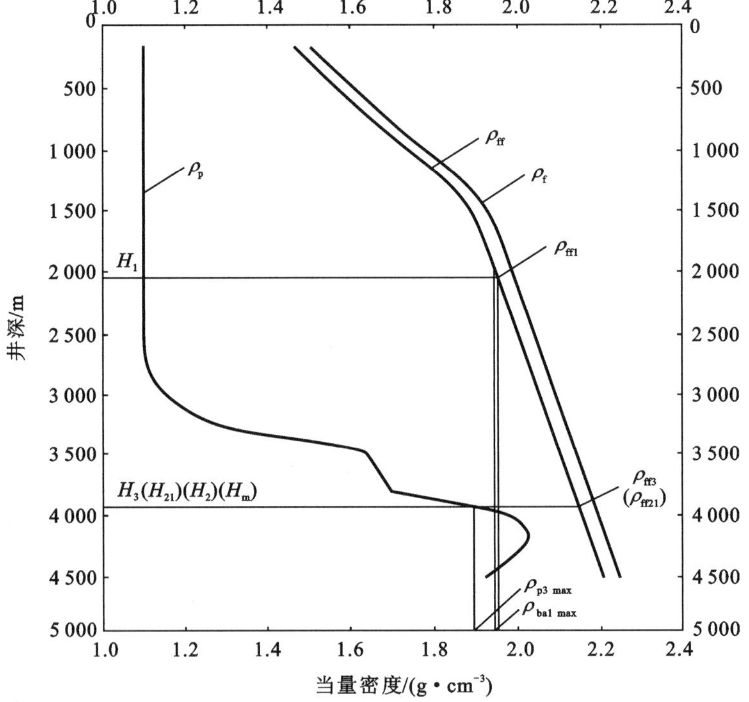

图 4-4-10　自上而下技术套管(无尾管)设计步骤示意图

ρ_f—地层破裂压力当量密度曲线；ρ_p—地层孔隙压力当量密度曲线；ρ_{ff}—安全地层破裂压力当量密度曲线

(4) 验证初选技术套管下入深度 H_3 有无压差卡钻的危险，用式(4-3-16)计算钻井液液柱压力与地层孔隙压力最大压力差值 Δp。

(5) 根据以下原则确定技术套管下入复选深度 H_{21}：

① 若 $\Delta p \leqslant \Delta p_n$(或 Δp_a)，则初选深度 H_3 即为技术套管下入复选深度。

② 若 $\Delta p > \Delta p_n$(或 Δp_a)，则技术套管下入深度应小于初选深度 H_3，需用式(4-3-16)计算在 H_n 深度处压力差为 Δp_n(或 Δp_a)时允许的最大钻井液密度 $\rho_{m2\ max}$，用式(4-3-5)计算地层孔隙压力当量密度 $\rho_{p2\ max}$，并在压力当量密度曲线图横坐标上找出对应点引垂线与地层孔隙压力当量密度曲线相交，交点井深即为技术套管复选深度 H_{21}，见图 4-4-11。

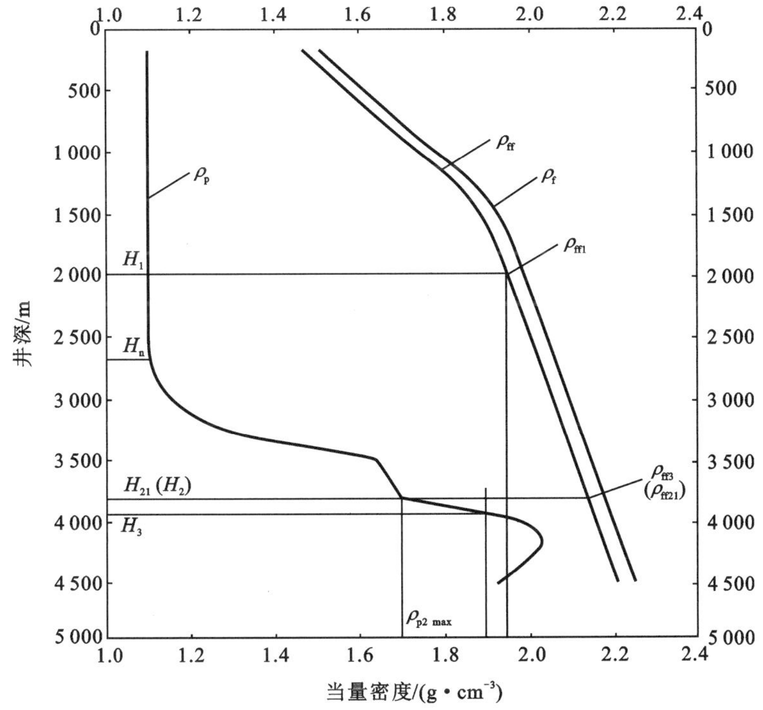

图 4-4-11　自上而下技术套管(有尾管)设计步骤示意图

ρ_f—地层破裂压力当量密度曲线；ρ_p—地层孔隙压力当量密度曲线；

ρ_{ff}—安全地层破裂压力当量密度曲线

(6) 按溢流压井条件校核表层套管鞋处是否有压漏的危险，即根据 H_{21} 以上裸眼井段最大地层压力对应井深 H_m，用式(4-3-13)计算出 H_1 处最大井内压力当量密度 $\rho_{bal\ max}$。当 $\rho_{bal\ max}$小于且接近 H_1 处安全地层破裂压力当量密度 ρ_{ff1} 时，满足设计要求，即 $H_2 = H_{21}$，否则应减小技术套管下入深度进行试算。

(7) 自上层套管鞋开始，按步骤(1)～(6)依次设计其他各层技术套管(尾管)，直至油层套管。

5) 油层套管设计

(1) 油层套管下入深度根据油层位置完井方式确定。

（2）按溢流压井条件校核最深一层技术套管鞋处是否有压漏的危险，具体方法同技术套管设计部分步骤（6）。

（3）验证油层套管有无压差卡钻的危险，具体方法同技术套管设计部分步骤（4）和（5）。

三、套管尺寸与井眼尺寸的配合

套管尺寸及井眼（钻头）尺寸的选择和配合涉及采油、勘探以及钻井工程的顺利进行和成本。

1. 设计中应考虑的因素

（1）生产套管尺寸应满足油气田开发的要求。根据生产层的产能、油管尺寸、增产措施及井下作业等要求来确定。

（2）对于探井，应满足顺利钻达设计目的层的要求。由于地质上的变化很难保证预测数据的准确性，须考虑原设计井深是否需要加深，是否要在井眼尺寸上留有余量以便增下技术套管，以及对岩心尺寸的要求等。

（3）要考虑到工艺水平，如井眼情况、曲率大小、井斜角以及地质复杂情况带来的问题，并应考虑管材、钻头等库存规格的限制。

2. 套管和井眼尺寸的选择和确定

（1）确定开发井的井身结构尺寸一般由下而上、由内而外依次进行。首先确定生产套管尺寸，再确定下入生产套管的井眼尺寸，然后确定技术套管尺寸等，依此类推，直到确定表层套管的井眼尺寸，最后确定导管尺寸。

（2）确定新探区探井的井身结构尺寸应由上而下、由外而内依次进行。首先确定表层套管尺寸，再确定下入表层套管的井眼尺寸，然后确定技术套管尺寸等，依此类推，直到确定生产套管的井眼尺寸。

（3）生产套管根据采油方面的要求确定，勘探井则按照勘探方面的要求确定。

（4）套管与井眼之间的间隙设计应保证套管安全下入并满足固井质量的要求。间隙过大则不经济，过小会导致下套管困难及注水泥后水泥过早脱水而形成水泥桥。间隙值一般最小在 9.5～12.7 mm（3/8～1/2 in）范围，最好为 19 mm（3/4 in）。

（5）下一开次的钻头尺寸应小于上层套管的通径。

3. 套管和井眼尺寸的标准组合

图 4-4-12 为套管和井眼尺寸选择图。图的流程表明要下该层套管可能需要的井眼尺寸，实线表示常用的套管与井眼尺寸配合，虚线表示不常用配合。当选用虚线所示的组合时，需对套管接箍、钻井液密度、注水泥及井眼曲率大小等予以注意。

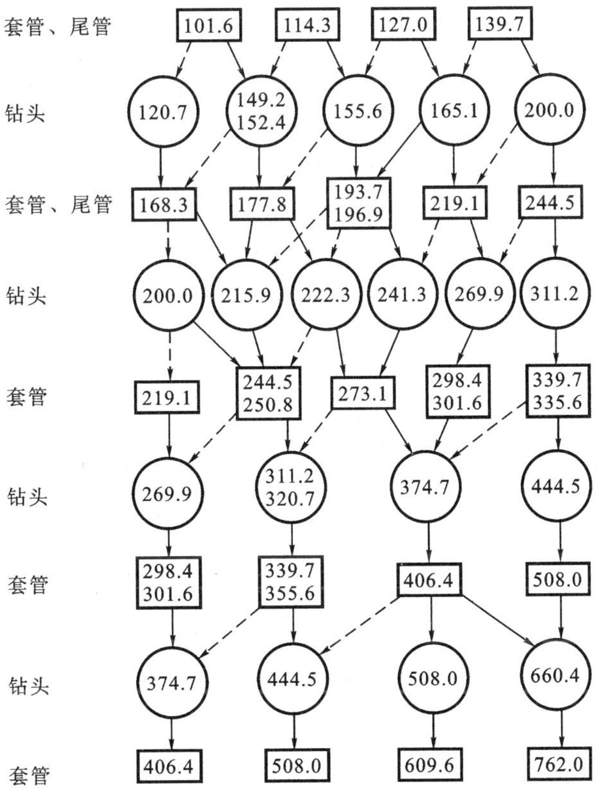

图 4-4-12　套管与钻头(井眼尺寸)配合推荐图

(数据的单位均为 mm)

第五节　井身结构设计实例

某井设计井深 4 873 m,已知其地层压力和地层破裂压力数据。该井无地质复杂层。设计参数取以下值:$S_b=0.036\ g/cm^3$,$S_g=0.036\ g/cm^3$,$S_k=0.06\ g/cm^3$,$S_f=0.024\ g/cm^3$,$\Delta p_n=16.56$ MPa,$\Delta p_a=21.36$ MPa。

一、绘制压力曲线图

根据所提供的数据绘制压力曲线图,如图 4-5-1 所示。图中以纵坐标表示井深,横坐标表示地层孔隙压力、地层破裂压力当量密度值。

二、确定井身结构设计系数

根据已知条件,主要设计参数如下:$S_b=0.036\ g/cm^3$,$S_g=0.036\ g/cm^3$,$S_k=0.06\ g/cm^3$,$S_f=0.024\ g/cm^3$,$\Delta p_n=16.56$ MPa,$\Delta p_a=21.36$ MPa。

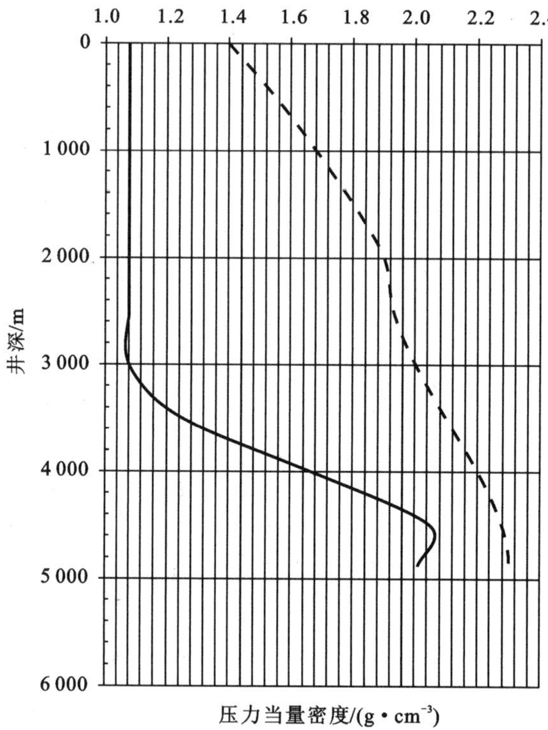

图 4-5-1　地层压力和破裂压力当量密度曲线图

—— 地层压力曲线；- - - 地层破裂压力曲线

三、技术套管设计

1. 计算设计地层破裂压力当量密度

如图 4-5-2 所示，最大地层孔隙压力当量密度 $\rho_{p\max}$ 为 2.113 g/cm^3，综合考虑抽汲压力、激动压力的影响，由式(4-3-6)得该井段最大井内压力当量密度为：

$$\rho_{bn\max}=\rho_{p\max}+S_b+S_g=2.113+0.036+0.036=2.185\ (g/cm^3)$$

考虑地层破裂压力误差的影响，由式(4-3-6)及式(4-3-7)有：

$$\rho_{f\min}=\rho_{bn\max}+S_f=2.185+0.024=2.209\ (g/cm^3)$$

故设计地层破裂压力当量密度取值为 2.209 g/cm^3。

2. 确定技术套管下入深度假定点

从图 4-5-2 的横坐标上找到设计地层破裂压力当量密度 2.209 g/cm^3 处，引垂直线与地层破裂压力曲线相交，该点对应井深为 4 146 m，则初选技术套管下入深度 H_3 为 4 146 m。

3. 验证初选深度有无压差卡钻危险

由图 4-5-2 查得：在井深 4 146 m 处，$\rho_{pH3}=1.74$ g/cm^3，$H_n=3\ 384$ m，$\rho_{p\min}=1.08$ g/cm^3。由式(4-3-16)得：

$$
\begin{aligned}
\Delta p &= 0.00981(\rho_{m\,max} - \rho_{p\,min})H_n \\
&= 0.00981 \times (1.74 + 0.036 - 1.08) \times 3384 \\
&= 23.10\ (\text{MPa})
\end{aligned}
$$

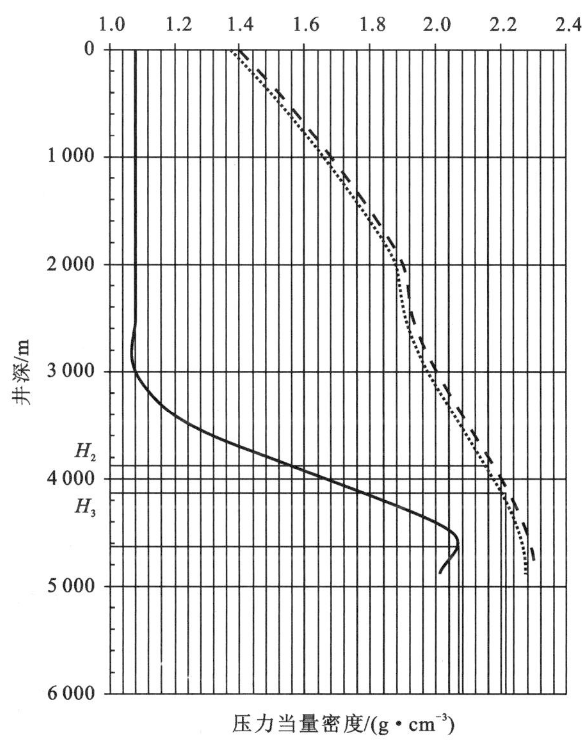

图 4-5-2　技术套管设计步骤

—— 地层压力曲线；- - - 地层破裂压力曲线；······ 安全地层破裂压力曲线

由于 23.10 MPa > 16.56 MPa，故技术套管下入该初选深度存在卡钻危险，技术套管下入深度应当减小。

令 $\Delta p = \Delta p_n$，由式(4-3-16)，在井深 H_n 处压差为 Δp_n 时所允许的最大钻井液密度为：

$$
\rho_{m2\,max} = \frac{\Delta p}{0.00981 \times H_n} + \rho_{p\,min} = \frac{16.56}{0.00981 \times 3384} + 1.08 = 1.579\ (\text{g/cm}^3)
$$

由式(4-3-5)有：

$$
\rho_{p2\,max} = \rho_{m2\,max} - S_b = 1.579 - 0.036 = 1.543\ (\text{g/cm}^3)
$$

由图 4-5-2 中可查得，地层压力当量密度为 1.543 g/cm^3 时，所对应井深为 3 826 m，因此技术套管下入深度 H_2 为 3 826 m。

四、表层套管设计

根据技术套管下入深度 3 826 m 处的地层孔隙压力当量密度值，在给定 0.06 g/cm^3 的溢流允值条件下，初选表层套管下入深度 H_{11} = 1 450 m，根据式(4-3-13)有：

$$\rho_{\text{ba1 max}} = \rho_{\text{m max}} + S_b + S_f + \frac{H_m}{H_{11}} S_k$$

$$= 1.543 + 0.036 + 0.024 + \frac{3\ 826}{1\ 450} \times 0.06 = 1.761\ (\text{g/cm}^3)$$

由图 4 5 3 查得，井深 1 450 m 处，地层破裂压力当量密度值为 1.78 g/cm^3，即 $\rho_{\text{ba1 max}}$小于且接近 ρ_{f11}，所以所设定的表层套管下入深度满足设计要求。

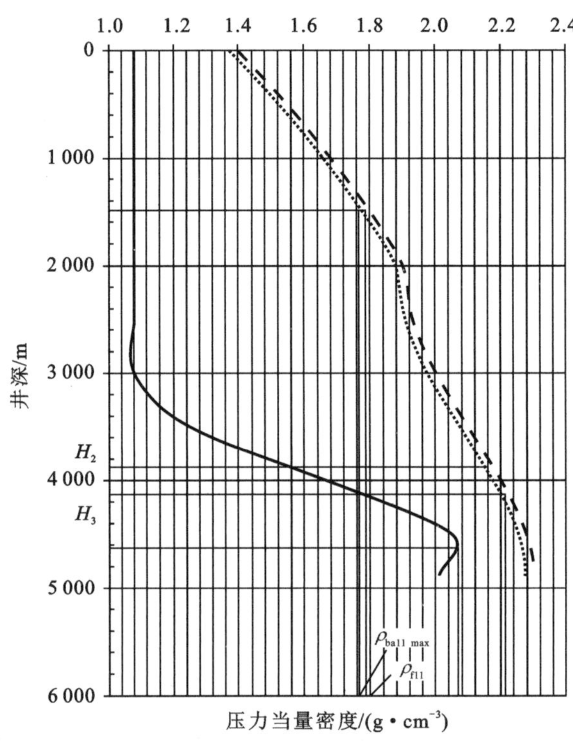

图 4-5-3　表层套管设计步骤

—— 地层压力曲线；- - - 地层破裂压力曲线；……… 安全地层破裂压力曲线

五、尾管设计

由于技术套管实际下入深度小于初选深度，故需要下尾管。

校核尾管下入 4 146 m 深度产生压差卡钻的可能性。由式(4-3-16)有：

$$\Delta p = 0.009\ 81(\rho_{\text{m max}} - \rho_{\text{p min}}) H_n$$

$$= 0.009\ 81 \times (1.74 + 0.036 - 1.543) \times 4\ 146$$

$$= 9.477\ (\text{MPa})$$

由于 9.477 MPa < 21.36 MPa，故下入中间尾管时不存在卡套管的风险。

在给定 0.06 g/cm^3 的溢流允值条件下，验证压井时技术套管鞋处是否存在被压裂的危险，根据式(4-3-13)有：

$$\rho_{\text{ba2 max}} = \rho_{\text{m max}} + S_b + S_f + \frac{H_m}{H_2} S_k = 1.74 + 0.036 + 0.024 + \frac{4\ 146}{3\ 826} \times 0.06 = 1.865\ (\text{g/cm}^3)$$

由图 4-5-4 查得，井深 3 826 m 处地层破裂压力当量密度为 2.172 g/cm³，由于 1.865 MPa < 2.172 MPa，故当钻至 4 146 m 井深时，若发生溢流，不会压裂技术套管鞋处的地层。

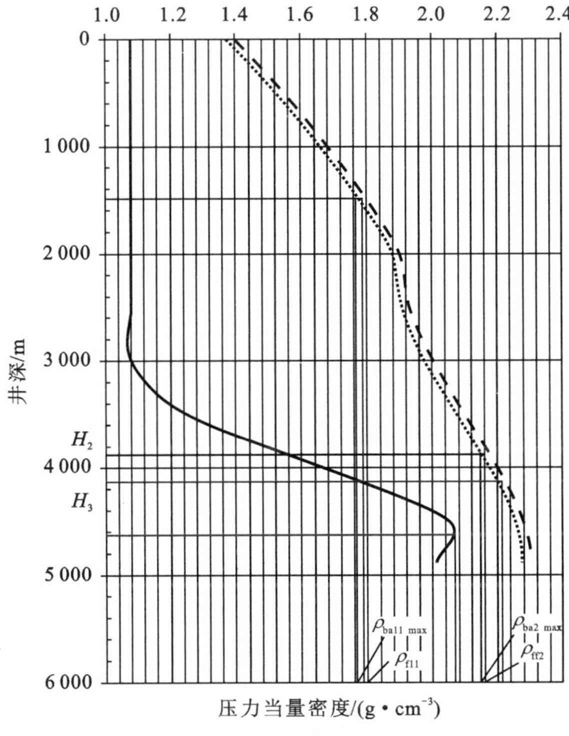

图 4-5-4　尾管设计步骤

—— 地层压力曲线；– – – 地层破裂压力曲线；········ 安全地层破裂压力曲线

六、油层套管设计

验证油层套管下入 4 878 m 深度是否存在卡套管的风险，由式(4-3-16)得：

$$\begin{aligned}\Delta p &= 0.009\,81(\rho_{m\,max} - \rho_{p\,min})H_n \\ &= 0.009\,81 \times (2.113 + 0.036 - 1.74) \times 4\,146 = 16.635\ (\text{MPa})\end{aligned}$$

由于 16.635 MPa < 21.36 MPa，故油层套管下至 4 878 m 井深时不会发生卡套管。

综上所述，该井井身结构设计见表 4-5-1。

表 4-5-1　井身结构设计结果

套管层次	下入深度/m
表层套管	1 450
技术套管	3 826
中间尾管	4 146
油层套管	4 878

参考文献

[1] 《钻井手册(甲方)》编写组. 钻井手册(甲方)(上、下). 北京:石油工业出版社,1990.

[2] 陈平. 钻井与完井工程. 北京:石油工业出版社,2005.

[3] 陈庭根,管志川. 钻井工程理论与技术. 东营:中国石油大学出版社,2006.

[4] 孙明光. 钻井、完井工程基础知识手册. 北京:石油工业出版社,2002.

[5] 楼一珊,金业权. 岩石力学与石油工程. 北京:石油工业出版社,2006.

[6] 邓金根. 井壁稳定预测技术. 北京:石油工业出版社,2008.

[7] 刘向君,罗平亚. 石油测井与井壁稳定. 北京:石油工业出版社,1999.

[8] 王振峰. 莺琼盆地高温高压地层钻井压力预监测技术研究. 北京:石油工业出版社,2004.

[9] 周开吉. 钻井工程设计. 北京:石油工业出版社,1996.

[10] 华保钦. 中国异常地层压力分布、起因及在油气运移中的作用. 中国科学(B辑),1993,23(12):1 309-1 315.

[11] 王鹏,唐雪平,邓乐,等. 环空压力随钻测量系统研究. 石油机械,2012,40(1):29-32.

[12] 刘建立,陈会年,高炳堂. 国外随钻地层压力测量系统及其应用. 石油钻采工艺,2010,32(1):94-98.

[13] 刘鹏飞,刘良跃,司念亭,等. 哈里伯顿 Geo-Tap 随钻测压工具在渤中 25-1E3s 井的应用. 石油钻探技术,2009,37(3):42-44.

[14] 杨进,高德利. 地层压力随钻监测和预测技术研究. 石油大学学报(自然科学版),1999,23(1):35-37.

[15] 孙超,高晶,王晓波,等. 基于测井资料的地层压力分析技术. 钻采工艺,2008,31(增刊):1-5.

[16] 艾池,冯福平,李洪伟. 地层压力预测技术现状及发展趋势. 石油地质与工程,2007,21(6):71-73,76.

[17] 冯福平,李召兵,刘小明. 基于岩石力学理论的测井地层压力预测. 石油地质与工程. 2009,23(3):101-103.

[18] 王薇,张海,任剑,等. 地层压力的预测方法综述. 内蒙古石油化工. 2010(5):46-47.

[19] SY/T 5431—2008 井身结构设计方法.

[20] SY/T 5623—2009 地层压力预(监)测方法.

[21] Sonny Rogers W M. IADC Drilling Manual. Houston:Technical Toolboxes Inc,2000.

[22] Proett M A,Seifert D J,Chin W C,et al. Formation testing in the dynamic drilling environment:The PWLA 45th Annual Logging Symposium held in Noordwijk,2004.

[23] Proett M A,Chin W C. New exact spherical flow solution with storage for early-time test interpretation with applications to early-evaluation drillstem and wireline formation testing. SPE 39768,1998.

[24] Proett M A,Walker M,Welshans D,et al. Formation testing while drilling,a new era information testing. SPE 84087-MS,2003.

[25] Ward C D,Andreassen E. Pressure while drilling data improves reservoir drilling performance. SPE 37588,1998.

[26] Frank S,Beales V J,Meister M,et al. Field experience with a new formation pressure testing-during-drilling tool. SPE 87091-MS,2004.

第五章　套管及套管柱设计

套管是油气井井筒的重要组成部分，其费用占一口井总成本的15%～30%。套管选择和套管柱强度设计直接影响到井筒质量的优劣。如何通过优化套管柱设计实现经济、安全的目的是钻井工程设计的重要原则。随着石油天然气勘探开发不断向深部地层、深海、极地等更为严酷的环境发展，在API套管规范的基础上，各套管生产商又研制了许多特殊钢级、特殊螺纹的套管种类。本章将系统介绍套管规范、套管强度计算方法以及套管柱设计方法，供现场设计和管理人员参考。

第一节　套管规范

一、套管规格

套管规格主要指套管的钢级、尺寸、壁厚、机械性能等。当前，石油天然气工程所用的套管大部分是API标准套管。随着石油天然气开发的发展，高温高压、含腐蚀流体、煤层气、页岩气、致密砂岩气等特殊环境下的油气藏不断被纳入勘探开发范畴，API标准套管难以满足特殊工况的要求，因此非API标准套管的应用将越来越广泛。

1. API标准套管

API标准套管常用的钢级有H,J,K,N,C,L,P,Q几种。API规范规定，钢级代号后面的数值乘以1 000即为套管以psi为单位的最小屈服强度(如H-40的最小屈服强度为40×1 000＝40 000 psi)，这一规定也基本适用于非API标准套管。API标准套管的物理性能见表5-1-1。

表5-1-1　API标准套管物理性能

API标准	最小屈服强度/MPa(kpsi)	最大屈服强度/MPa	最小抗拉强度/MPa	API标准适用范围	是否适用酸性环境
H-40	276(40)	552	414	5A	是
J-55	379(55)	552	517	5A	是
K-55	379(55)	552	665	5A	是
C-75	517(75)	620	665	5AC	是
L-80	552(80)	665	665	5AC	是
N-80	552(80)	758	689	5A	否

续表 5-1-1

API 标准	最小屈服强度 /MPa(kpsi)	最大屈服强度 /MPa	最小抗拉强度 /MPa	API 标准 适用范围	是否适用 酸性环境
C-90	620(90)	725	690	(5AC)	是
P-110	758(110)	965	865	A5X	否
Q-125	861(125)	1 040	930	(5AQ)	否

2. 非 API 标准套管

在超深、高温高压、超高温、含 H_2S 和 CO_2 腐蚀气体、盐膏层等特殊地质和工况条件下，API 标准钢级的油井管往往难以满足安全要求，必须采用非 API 标准油井管才能满足特殊工况和地质条件要求。非 API 标准钢级油井管出现于 20 世纪 80 年代，经过 30 多年的发展，产量已占油井管总量的 35%。主要的非 API 标准套管系列有住友公司的 SM 系列、JFE 集团的 NK 和 KO 系列、V&M(Vallourec & Mannesmann，瓦卢瑞克·曼瑞斯曼)公司的 VM 系列、Tenaris 公司的 TN 系列、天津钢管厂的 TP 系列、宝山钢铁公司的 BG 系列、无锡西姆莱斯的 WSP 系列等。按照套管使用条件，非 API 标准套管主要有以下几种。

1) 超高强度套管

API 标准中原有高强度的 V-150 钢级，由于在现场实践中其冲击韧性不够而易引发质量问题，所以该钢级在 1984 年被取消。然而在油田的现场作业中，由于实际需要，促使各个油井管生产商研发高强度的油井套管。超高强度钢的强度和冲击韧性取决于钢质纯净度、组织构成、晶粒细化程度以及合金组成等。一般采用超纯净冶炼技术，降低超高强度钢中磷、硫杂质元素和气体含量，减少夹杂物数量并对其进行变性处理，从而实现高的冲击韧性。超高强度套管的代表性产品有：V&M 公司的 VM-140，VM-150，VM-155；住友公司的 SM-125G，SM-140G，SM-150G，SM-155G；NKK 公司(JFE 集团)的 NK-140，NKV-150；川崎公司(JFE 集团)的 KO-140V，KO-150V；Tenaris 公司的 TN-135DW，TN-140DW，TN-150DW；天津钢管厂的 TP-110V，TP-125V，TP-140V，TP-155V，TP-165V 和 TP-170V；宝山钢铁公司的 BG-140，BG-150；西姆莱斯公司的 WSP-140，WSP-150。表 5-1-2 是日本住友公司和天津钢管厂所生产的深井用超高强度套管性能，与表 5-1-1 中同钢级套管的性能对比可以看出，非 API 套管钢级的超高强度套管的抗拉强度、屈服强度均高于 API 钢级套管的同类性能。

表 5-1-2　部分超高强度套管性能

生产商	套管钢级	屈服强度/MPa		抗拉强度/MPa
		最　低	最　高	
住友公司	SM-125G	879	1 090	984
	SM-140G	984	1 195	1 055
	SM-150G	1 055	1 265	1 125
	SM-155G	1 090	1 301	1 146

续表 5-1-2

生产商	套管钢级	屈服强度/MPa		抗拉强度/MPa
		最　低	最　高	
天津钢管厂	TP-110V	758	965	862
	TP-125V	862	1 034	931
	TP-140V	965	1 172	1 034
	TP-155V	1 069	1 276	1 138
	TP-165V	1 138	1 344	1 207
	TP-170V	1 172	1 379	1 241

2）高抗挤套管

套管抗挤强度与管体屈服强度、几何尺寸精度（壁厚偏差、椭圆度）、残余应力以及径厚比有关，减小热轧时的壁厚偏差，调节热处理条件，并将冷却时圆度和直度的变形减至最低，是提高套管抗挤强度的有效途径。什么是高抗挤套管并没有明确的规定，一般认为，最小挤毁强度高于 API BUL 5C2 规定值的 25%～30%的套管为高抗挤套管。高抗挤套管主要用于深井、超深井以及盐膏层等塑性地层中。与同钢级同壁厚的 API 标准套管相比，高抗挤套管的优点在于：第一，具有较高的抗外挤强度；第二，具有较轻的重量，并可增大管柱内径，为下开次钻井、后期测试作业等提供有利条件。典型高抗挤套管型号见表 5-1-3。

表 5-1-3　高抗挤套管

生产商	系列名称	套管钢级
JFE 集团	JFE-T	JFE-95T，JFE-110T
V&M 公司	VM-HC	VM-80HC，VM-95HC，VM-110HC，VM-125HC，VM-140HC
Tenaris 公司	TN-HC	TN-80HC，TN-95HC，TN-110HC，TN-125HC，TN-140HC
	IC	P-110IC，P-Q125IC
住友公司	SM-T	SM-80T，SM-95T/TT，SM-110T/TT，SM-125TT
天津钢管厂	TP-T/TT	TP-80T/TT，TP-95T/TT，TP-110T/TT，TP-125T/TT，TP-130TT，TP-140TT，TP-150T/TT
宝山钢铁公司	BG-TT	BG-80TT，BG-90TT，BG-95TT，BG-110TT，BG-125TT，BG-140TT
西姆莱斯公司	WSP-T	WSP-80T，WSP-95T，WSP-110T，WSP-125T

3）低温高韧性套管

在极地等寒冷环境下，要求油井管在保证强度的同时还要有良好的低温冲击韧性和较低的韧脆转变温度，生产过程中通过采用淬火和回火处理来保证套管具有高屈服强度和良好的低温韧性。寒冷环境下的套管型号见表 5-1-4。

4）热采井套管

热采井中，由于井筒温度变化剧烈（从 320 ℃甚至更高降至室温），套管热胀冷缩产生很大的热应力，这是热采井套管发生损坏的主要原因。因此，热采井所选用套管应具有较好的热稳定性和较低的线膨胀系数，并具有较高的屈服强度以及较好的抗射孔变形性能等。生产过程中一般通过采用纯净钢冶炼技术、限动芯棒精密钢管轧制技术、高强高韧钢管热处理技术以及套管螺纹抗黏扣加工处理技术等提高套管性能。热采井套管型号见表 5-1-5。

表 5-1-4　低温高韧性套管

生产商	系列名称	套管钢级
JFE 集团	JFE-L	JFE-80L,JFE-95L,JFE-110L,JFE-125L
住友公司	SM-L	SM-90L/LL,SM-95L/LL,SM-110L/LL
Tenaris 公司	TN-LT	TN-55LT,TN-80LT,TN-95LT,TN-110LT,TN-125LT
天津钢管厂	TP-L/LL	TP-55L/LL,TP-80L/LL,TP-95L/LL,TP-110L/LL,TP-125L/LL,TP-140L/LL,TP-150L/LL

表 5-1-5　热采井套管

生产商	系列名称	套管钢级
Tenaris 公司	TN-TH	TN-55TH,TN-80TH
天津钢管厂	TP-H	TP-90H,TP-100H,TP-110H,TP-90H-13Cr,TP-90H-9Cr
宝山钢铁公司	BG-H	BG-80H,BG-90H,BG-100H,BG-110H
西姆莱斯公司	WSP-H	WSP-80H,WSP-105H

3. 耐腐蚀套管

油藏中的腐蚀气体主要指 H_2S 和 CO_2,这两种气体溶于水后所形成的弱酸对石油管材具有极强的腐蚀作用,在 H_2S,CO_2 与 Cl^- 共存的情况下,会加剧对石油管材的腐蚀。耐酸性腐蚀套管可分为抗 H_2S 腐蚀、抗 CO_2 腐蚀、抗 H_2S+CO_2 腐蚀以及抗 $H_2S+CO_2+Cl^-$ 腐蚀套管。

1) 耐腐蚀套管的主要类型

(1) 抗 H_2S 腐蚀套管。

油井管在 H_2S 环境中易发生氢脆,或称为硫化氢应力腐蚀。产生硫化氢应力腐蚀的主要原因是电化学腐蚀、氢损伤和扩散聚集。抗 H_2S 腐蚀套管主要通过优化钢材化学元素含量(降低锰含量,控制硫、磷含量,足够的铬含量等)、热处理条件,以及控制和减小钢管生产过程中的残余应力等措施来提高套管抗硫化氢腐蚀的能力。抗 H_2S 应力腐蚀套管的代表性产品见表 5-1-6。

表 5-1-6　抗 H_2S 腐蚀套管

生产商	系列名称	套管钢级
JFE 集团	JFE-S/SS	JFE-80S,JFE-85S/SS,JFE-90S/SS,JFE-95S/SS,JFE-110S/SS
V&M 公司	VM-S/SS	VM-80S,VM-90S/SS,VM-95S/SS,VM-95SS-D,VM-100SS,VM-110SS/VM-110SS-D,VM-125SS
Tenaris 公司	TN-S/SS	TN-80S/SS,TN-90S/SS,TN-95S/SS,TN-100SS,TN-110SS,TN-125SS
住友公司	SM-S	SM-80S,SM-90S,SM-95S,SM-100S,SM-110S,SM-125S,SM-C100,SM-C110

续表 5-1-6

生产商	系列名称	套管钢级
天津钢管厂	TP-S/SS	TP-80S/SS，TP-90S/SS，TP-95S/SS，TP-100S/SS，TP-110S/SS
宝山钢铁公司	BG-S/SS	BG-55SS，BG-80S/SS，BG-90S/SS，BG-95S/SS，BG-110S/SS
西姆莱斯公司	WSP-S/SS	WSP-80S/SS，WSP-95S/SS，WSP-110S/SS

(2) 抗 CO_2 腐蚀套管。

CO_2 腐蚀是由于 CO_2 气体溶于水形成碳酸而产生电化学腐蚀，钢材表面的腐蚀产物($FeCO_3$)、结垢产物($CaCO_3$)加剧了钢材局部腐蚀，由点蚀引发环状腐蚀和台面腐蚀。这种局部腐蚀往往穿孔速度很快，造成管材屈服强度下降，从而引发管材破坏。金属铬元素(Cr)的加入可以提高钢材的耐蚀性，其机理是铬元素在腐蚀环境下生成 Cr_2O_3 保护膜，一般采用加入 12%～14%铬来增加钢材耐 CO_2 腐蚀性能。13Cr 套管是较为常见的耐 CO_2 腐蚀套管。当温度超过 150 ℃以上，尤其是环境中同时有 H_2S 存在时，推荐使用超级 13Cr、双相不锈钢(22Cr，25Cr)等套管，见表 5-1-7。

表 5-1-7　抗 CO_2 腐蚀套管

生产商	应用环境	套管钢级
JFE 集团	含 CO_2 潮湿环境	JFE-13Cr-80，JFE-13Cr-85，JFE-13Cr-95
	高温 CO_2 潮湿环境	JFE-HP1-13Cr-95，JFE-HP1-13Cr-110，JFE-HP2-13Cr-95，JFE-HP2-13Cr-110
	高强度高温 CO_2 潮湿环境	JFE-UHP-15Cr-125
V&M 公司	耐 CO_2 腐蚀	VM80-13Cr，VM85-13Cr，VM90-13Cr，VM95-13Cr
	CO_2＋低 H_2S 或 Cl^-(低于 180 ℃)	VM95-13CrSS，VM110-13CrSS
	CO_2＋低 H_2S＋Cl^-(低于 250 ℃)	VM22-65，VM22-110，VM22-125，VM22-140(双相不锈钢)；VM25-75，VM25-125，VM25-140，VM25S-80，VM25S-125，VM25S-140(超级双相不锈钢)
Tenaris 公司	中等腐蚀，低 CO_2 分压	TN-55CS，TN-70CS，75CS
	Cl^- 共存，高 CO_2 含量	TN-80Cr3，TN-95Cr3，TN-110Cr3
住友公司	耐 CO_2 腐蚀	SM13Cr-80，SM13Cr-85，SM13Cr-95，SM13CrI-80，SM13CrI-110，SM13CrM-95，SM13CrM-110，SM13CrS-95，SM13CrS-110
	CO_2＋低 H_2S	SM22Cr-110，SM22Cr-125，SM25Cr-110，SM25Cr-125，SM25CrW-125
天津钢管厂	TP-NC-13Cr	TP-80NC-13Cr，TP90NC-13Cr，TP95NC-13Cr，TP100NC-13Cr，TP110NC-SUP13Cr

续表 5-1-7

生产商	应用环境	套管钢级
宝山钢铁公司	经济型耐 CO_2 腐蚀	BG55-1Cr,BG80-1Cr,BG80-3Cr,BG90-3Cr,BG95-3Cr,BG110-3Cr,BG125-3Cr
	耐 CO_2+H_2S 腐蚀	BG80S-3Cr, BG80SS-3Cr, BG90S-3Cr, BG90SS-3Cr, BG95S-3Cr, BG95SS-3Cr, BG110S-2Cr
	超级 13Cr	BG13Cr-110,BG13Cr-110U,BG13Cr-110S
西姆莱斯公司	WSP-13Cr	WSP-13Cr80,WSP-13Cr95,WSP-13Cr110

(3) 双相合金套管。

在 CO_2,H_2S,Cl^- 共存的环境下,必须使用铁镍基或镍基合金套管。镍是很好的抗腐蚀元素,它与腐蚀性气体可以生成强吸附性产物隔离管材与溶液,从而有效阻隔腐蚀。铬可强烈地改善镍在强氧化性介质中的耐蚀性,钼可以显著提高镍基合金、铁镍基合金的耐蚀点和缝隙腐蚀性能,因此在严酷工况下,所选用的铁镍基合金和镍合金含以上几种元素。同时,镍基合金需通过专门的冶炼技术尽可能降低碳含量(质量分数小于 0.03%),以避免析出相中碳化物对钢材防腐蚀性能的损伤。耐腐蚀合金套管型号见表 5-1-8。

表 5-1-8　合金套管

生产商	套管钢级
V&M 公司	VM28-110/125/135,VM825-110/120,VMG3-110/125,VMG50-110/125
住友公司	SM2535-110/125,SM2242-110/125,SM2035-110/125; 更为严酷的环境选用 SM2550-110/125/130/140,SM2050-110/125/130/140, SM2060-110/125/130/140/150/155,SMC276-110/125/130/140/150
Tenaris 公司	Duplex22Cr,Super Duplex25Cr,G-3,C-276,Alloy28/29/825(和 Sandvik,PCC Energy 公司共同研发)
宝山钢铁公司	BG2250-110,BG2250-125,BG2242-110,BG2830-110,BG2235-110,BG2532-110

(4) 兼顾抗挤和耐腐蚀套管。

兼顾抗挤和耐腐蚀的套管见表 5-1-9。

表 5-1-9　兼顾抗挤和耐腐蚀套管

生产商	系列名称	套管钢级
JFE 集团	JFE-TS	JFE-80TS,JFE-95TS
V&M 公司	VM-HCS/HCSS	VM-80HCS/HCSS,VM-90HCS/HCSS,VM-95HCS/HCSS,VM-110HCS
住友公司	SM-TS	SM-80TS,SM-90TS,SM-95TS,SM-C110T
Tenaris 公司	TN-HS	TN-80HS,TN-95HS,TN-100HS,TN-110HS
天津钢管厂	TP-TS/SS	TP-80TS/SS,TP-90TS/SS,TP-95TS/SS,TP-100TS/SS,TP-110TS/SS
宝山钢铁公司	BG-TS	BG-80TS,BG-95TS,BG-110TS
西姆莱斯公司	WSP-TS/SS	WSP-95TS/SS,WSP-110TS/SS

2) 腐蚀环境下套管钢级的选择

(1) H_2S 腐蚀。

根据 API RP55,NACE MR0175 和 ISO 15156 等国际标准的规定,一般满足下列条件的环境称为酸性环境：

① 含有水和 H_2S 的天然气，当气体总压力≥0.4 MPa，气体中的 H_2S 分压≥0.000 34 MPa 时，称为酸性天然气。

② 当天然气与油之比＞890 m^3/m^3 时，是否为酸性环境可依据①判断。当天然气与油之比≤890 m^3/m^3 时，若满足下列条件，则可引起敏感材料硫化物开裂：

a. 系统总压力＞1.8 MPa，天然气中的 H_2S 分压≥0.000 34 MPa；

b. 天然气中的 H_2S 分压≥0.07 MPa；

c. 天然气中的 H_2S 体积分数大于15%。

在酸性环境下，必须采用抗 H_2S 腐蚀套管。H_2S 的电化学腐蚀比较轻，通常在选用套管时着重考虑 H_2S 引起的氢损伤，包括硫化物应力开裂(SSC)、应力腐蚀开裂(SCC)和氢致开裂(HIC)、阶梯形裂纹(SWC)等。

(2) CO_2 腐蚀。

CO_2 在有水存在时会对套管产生电化学腐蚀，CO_2 分压是影响腐蚀速率的主要因素。美国防腐蚀工程师协会(NACE)认为，当 CO_2 分压小于 0.021 MPa 时，不需要采用防腐措施；当 CO_2 分压在 0.021～0.21 MPa 之间时，应考虑防腐；当 CO_2 分压大于 0.21 MPa 时，属于严重 CO_2 腐蚀环境，需采用特殊防腐管材。

13Cr 钢广泛用于抗 CO_2 腐蚀。13Cr 钢的临界使用温度是 150 ℃。在腐蚀不太严重时也可采用 9Cr。更轻微的腐蚀，或油井使用时限较短，配合缓蚀剂使用，可酌情采用 5Cr，3Cr 等含 Cr 更低的套管。

超级 13Cr 钢(如住友公司的 SM-13CrM，SM-13CrS 系列；JFE 集团的 JFE-HP1-13Cr，JFE-HP2-13Cr 系列)含有 Ni 和 Mo 元素，临界温度是 175 ℃。双相不锈钢(22Cr，25Cr)拥有极好的抗 CO_2 腐蚀性能，临界温度可达 250 ℃。

(3) $H_2S + CO_2 + Cl^-$ 共存环境下的腐蚀。

在少量 H_2S 存在的情况下，双相不锈钢(如 22Cr，25Cr，25CrW)比马氏体不锈钢(13Cr)更值得推荐，在 Cl^- 含量很高的情况下，推荐采用 22Cr 和 25Cr 钢等；在 H_2S 分压(绝对压力)小于 0.000 34 MPa(0.05 psi)的环境下，超级 13Cr 钢有着较好的抗应力开裂、应力腐蚀开裂的能力；在 H_2S 分压大于 0.000 34 MPa(0.05 psi)的环境下，不推荐使用 13Cr 钢，因为 13Cr 钢没有抗应力开裂、应力腐蚀开裂的能力。

在井下环境极为严酷，H_2S，CO_2 和 Cl^- 等介质共存的环境下，必须使用铁镍基或镍基合金套管。H_2S/CO_2 环境主要采用镍(Ni)-铁(Fe)-铬(Cr)-钼(Mo)合金，其中，铬可强烈地改善镍在强氧化性介质中的耐蚀性，在镍基和铁镍基合金中含量通常为15%～35%；钼主要改善镍在还原性酸性介质中的耐蚀性，在点蚀和缝隙腐蚀环境中，钼可显著提高镍基及铁镍基合金的耐点蚀和缝隙腐蚀性能，在 Ni-Fe-Cr-Mo 合金中含量可达16%。铜(Cu)的作用类似 Mo，在 Ni-Fe-Cr-Mo 合金中加入 Cu 可改善其在 HCl，H_2SO_4，H_3PO_4 和 HF 中的耐蚀性；钛(Ti)和铌(Nb)可降低铬碳化物的析出，降低合金对晶间腐蚀的敏感性。

腐蚀环境下套管选择原则是先通过强度计算确定满足受力条件的钢级，然后结合腐蚀浓度、温度和压力等综合因素，正确选择既满足强度要求又耐腐蚀的钢材品种。日本住友公司有关腐蚀环境下的套管钢级的选择见图 5-1-1、图 5-1-2，中国石化集团腐蚀环境下套管选材见图 5-1-3、图 5-1-4。

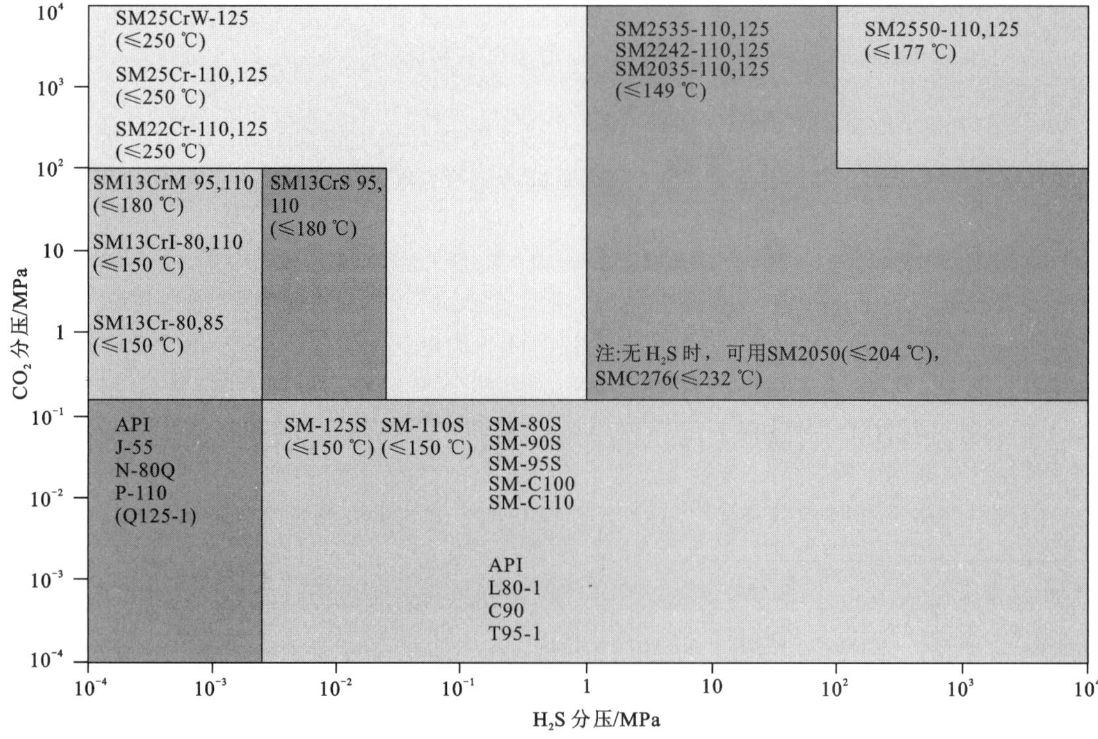

图 5-1-1　日本住友公司腐蚀环境下套管钢级的推荐

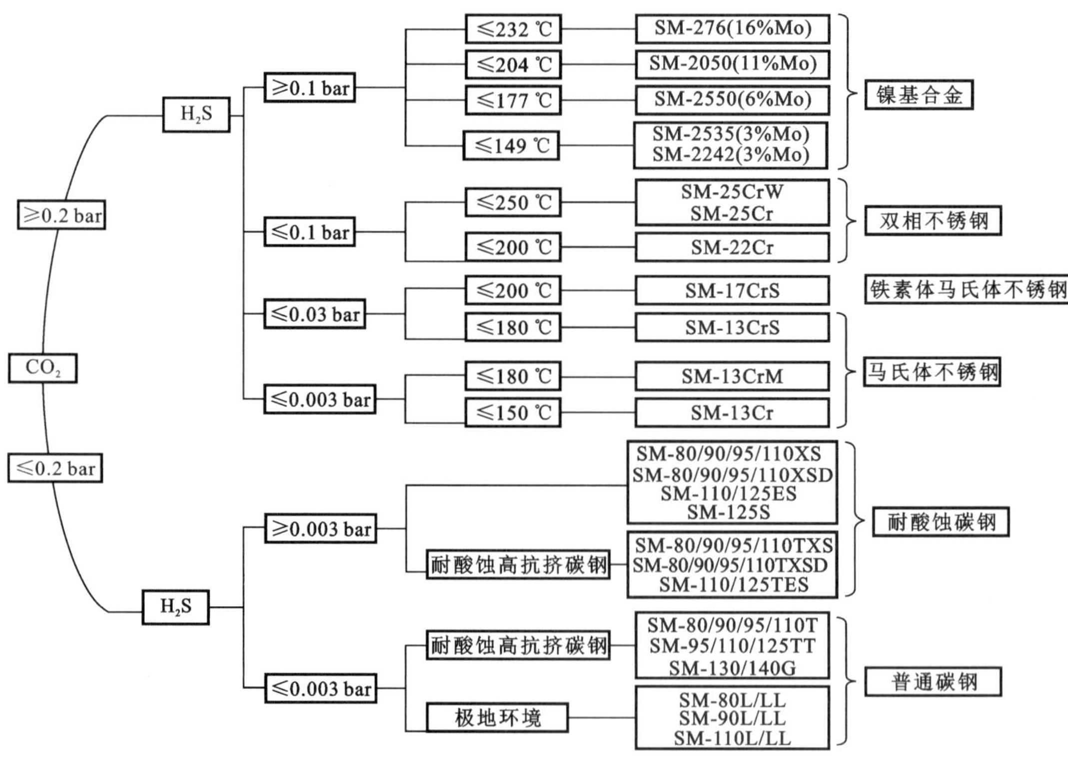

图 5-1-2　日本住友公司耐腐蚀套管选择指南

1 bar＝0.1 MPa

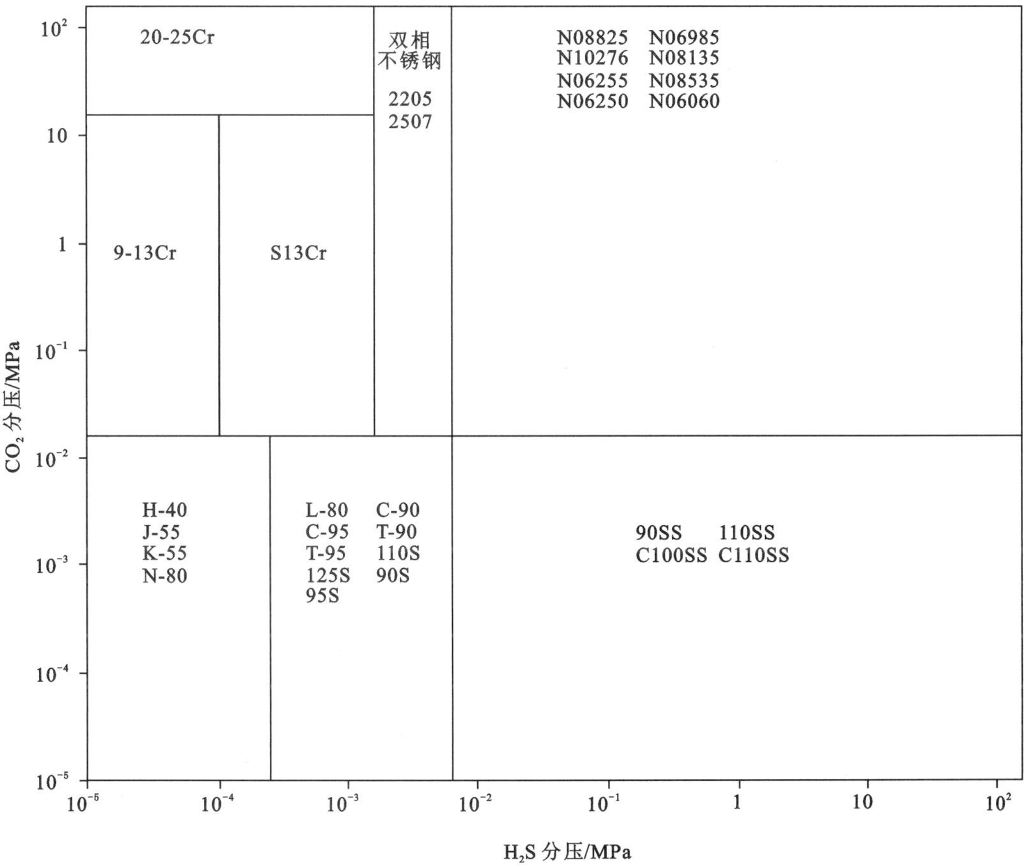

10^2
20-25Cr
双相不锈钢
2205
2507
N08825 N06985
N10276 N08135
N06255 N08535
N06250 N06060
10
1
9-13Cr
S13Cr
10^{-1}
CO_2 分压/MPa
10^{-2}
H-40
J-55
K-55
N-80
L-80 C-90
C-95 T-90
T-95 110S
125S 90S
95S
90SS 110SS
C100SS C110SS
10^{-3}
10^{-4}
10^{-5}
10^{-5} 10^{-4} 10^{-3} 10^{-2} 10^{-1} 1 10 10^2
H_2S 分压/MPa

图 5-1-3　中国石化集团腐蚀环境下套管选材分析图

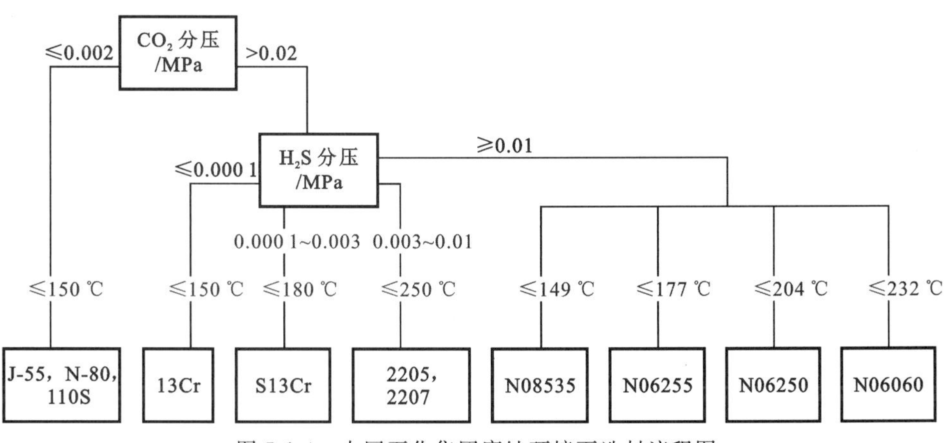

图 5-1-4　中国石化集团腐蚀环境下选材流程图

二、套管螺纹

螺纹是套管柱质量和强度的重要部分，通过螺纹连接而成的套管柱在油气井中要长期承受拉伸、压缩、弯曲、内压、外挤等复合应力的作用，所以套管柱必须具备结构和密封的完整性才能满足油井生产的要求。套管柱结构和密封完整性在很大程度上取决于套管螺纹的质量和强度，因此螺纹选择是套管柱设计的重要内容。套管螺纹的基本连接类型分为 API 标准螺纹和非 API 标准螺纹(特殊螺纹)。API 标准螺纹是油田现场最常用的螺纹类型，具有加工容易、成本低、易修复、操作要求低等优点，但是在特殊环境下，如高温高压井、深井、热采井等，则需要使用特殊螺纹。

1. API 标准螺纹

API 标准螺纹分为四种，即短圆螺纹(STC)、长圆螺纹(LTC)、梯形螺纹(BTC)和直联型螺纹(XC)。

1) API 螺纹的结构特点

API 圆螺纹分为短圆螺纹和长圆螺纹，牙型为三角形，齿顶、齿底为圆弧状，牙型角为 60°，承载面、导向面角均为 30°，锥度为 1∶16，螺距为 8 扣/in。螺纹旋紧后，通过螺纹过盈啮合和螺纹密封脂实现密封。API 圆螺纹由于承载面角度大，上扣和拉伸情况下径向应力高，因此螺纹连接强度低，只有管体强度的 60%～80%。

API 梯形螺纹与圆螺纹相比，可以提高套管轴向抗拉或抗压强度。牙型为偏梯形、平顶平底，牙型角为 13°，承载面角为 3°，导向面角为 10°，螺纹锥度随套管尺寸的不同而有所变化，规格小于 339.7 mm(13⅜ in)的套管锥度为 1∶16，规格大于 406.4 mm(16 in)的套管锥度为 1∶12，螺距为 5 扣/in。3°承载侧面可提高螺纹在高拉伸载荷下的抗滑脱性能，而 10°导向侧面可以提高螺纹轴向抗压缩性能。但梯形螺纹气密封性较低，在轴向拉力和一定的弯曲应力作用下，气体密封压力进一步降低。API 圆螺纹、梯形螺纹剖面见图 5-1-5。

直联型螺纹无接箍，内外螺纹直接加工在管子的端部，螺纹端一般进行加厚处理。螺纹连接后，螺纹接头扭矩台肩紧密接触，起到限位作用，同时使啮合构件处于合适的过盈配合位置。直联型螺纹设置了金属对金属密封结构，螺距为 6 扣/in。

2) API 标准套管螺纹的失效机理

套管螺纹是套管柱最薄弱的环节，套管失效问题中约 80%为螺纹失效。螺纹失效形式表现为脱、漏、黏，其失效机理各不相同。

(1) 套管螺纹泄漏机理。

API 标准螺纹的密封作用通过螺纹过盈啮合和螺纹密封脂来实现。泄漏的原因主要有以下几个方面：① 上扣扭矩不足，内外螺纹处于松配合，气体泄漏通道增大(见图 5-1-6)。② 螺纹密封脂质量不合格，造成密封脂在压力作用下被挤出，导致螺纹不密封，或者螺纹密封脂在高温环境下变质，降低了螺纹密封性能。③ 黏扣破坏内外螺纹啮合状态，使螺纹间形成较大的泄漏通道。④ 内外螺纹不匹配，导致螺纹泄漏通道增大，降低了密封性能。

(2) 套管螺纹滑脱机理。

API 套管螺纹的连接强度低于管体屈服强度，因此螺纹抗拉强度决定了套管的抗拉强度。井筒中套管柱的每个螺纹都要承受悬挂于其下面的全部管柱重量，当施加于接箍螺纹的载荷超过螺纹的连接强度时，管体就会从接箍处脱出。研究表明，API 套管螺纹连接后，各牙螺纹受力不均匀，啮合螺纹两端受力最大，中部受力最小，因此接箍两端是应力集中区和容易损坏的部位。

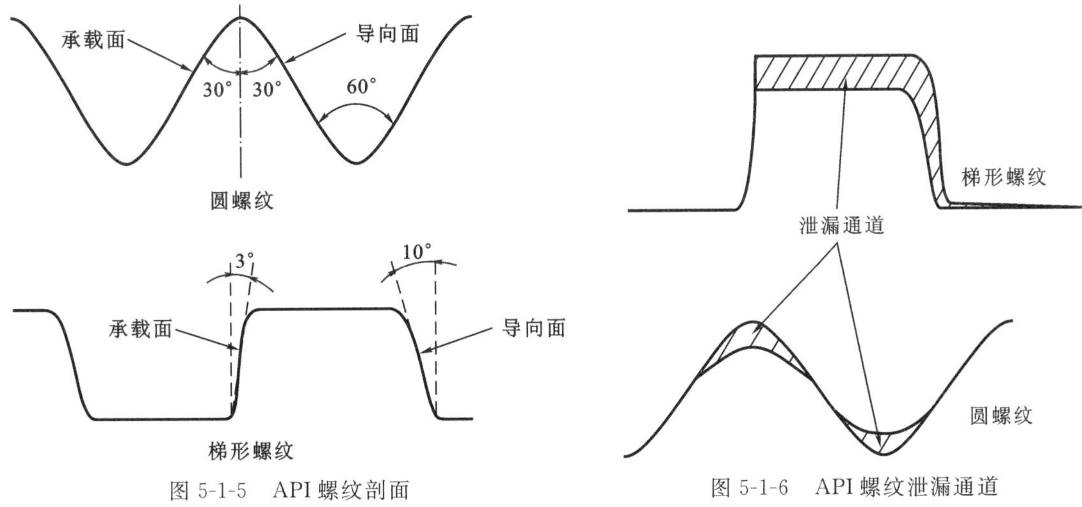

图 5-1-5　API 螺纹剖面

图 5-1-6　API 螺纹泄漏通道

(3) 套管螺纹黏扣机理。

套管螺纹黏扣主要是在高接触压力、高温和高速加载的作用下，金属表面发生弹性和塑性变形、犁沟、挤压剥落和嵌入金属的损伤过程，这是一种发生在金属表面的冷焊。如果金属间进一步发生滑动和旋转，可能会引起冷焊部位的撕裂。黏扣机理可以从上扣扭矩、接触应力和过盈量几何约束三个方面来分析。黏扣的核心因素是接触应力，因为接触应力增大了界面摩擦阻力，增加了黏扣倾向；上扣扭矩是发生黏扣的主要外力因素，它不仅增加了螺纹啮合部位的应力应变分布，降低材质抵抗形变的能力，而且增大了齿面接触应力；过盈量几何约束通过改变主应力分布和应力集中情况影响了黏扣倾向。通过合理控制螺纹参数(如非 API 标准螺纹)，降低螺纹表面粗糙度，采用特殊螺纹脂，磷化、镀铜、镀锌等表面处理技术以及改进现场操作方法等可以提高套管螺纹抗黏扣性能。非 API 螺纹就是通过以上措施达到易对扣、不易错扣的目的，降低或避免了螺纹黏扣的风险。

2. 特殊螺纹

由于 API 螺纹的密封能力存在一定的局限性，且连接强度低、易黏扣等原因，导致 API 螺纹在高温高压、气井等特殊环境下极易失效。为了满足特殊地质环境的要求，非 API 标准螺纹即特殊螺纹在 API 标准螺纹的基础上逐渐发展起来。特殊螺纹具有连接强度高(与管体强度相同甚至更高)、密封性能好、抗弯能力强、易上扣、抗过扭矩能力强、抗黏扣性能好以及防腐蚀性能好等优点。

1) 特殊螺纹的结构特点

特殊螺纹的结构特点：金属-金属的密封结构，具有更高连接效率的螺纹部分(梯形螺纹或改进型梯形螺纹)和扭矩台肩部分。

(1) 金属-金属主密封结构。

特殊螺纹的密封功能与 API 螺纹不同，API 螺纹的密封功能主要通过螺纹配合和密封脂来实现，而特殊螺纹的密封功能则通过金属-金属的主密封及扭矩台肩为辅助密封的结构来实现。金属-金属密封形式有球面、柱面和锥面相互过盈配合(见图 5-1-7)，扭矩台肩有直角台肩、逆向台肩和多台肩等形式(见图 5-1-8)。特殊螺纹的密封面上接触压力越高、接触面积越大，接头密封能力就越好。由图 5-1-7 可知，锥面-锥面密封的接触面积大，而锥面-球面、柱面-球面实际为线密封，因此在相同的接触压力下，锥面-锥面密封形式更易获得良好的密封效果，但是锥面-锥面密封加工精度高，若密封面锥度不匹配则会降低其密封效果。在拉伸载荷下，柱面-球面比其他两种密封结构能保持较好的密封效果。在现有特殊螺纹油套管中，三种密封结构均有采用，通过平衡接触压力和接触面积获得良好的密封效果。

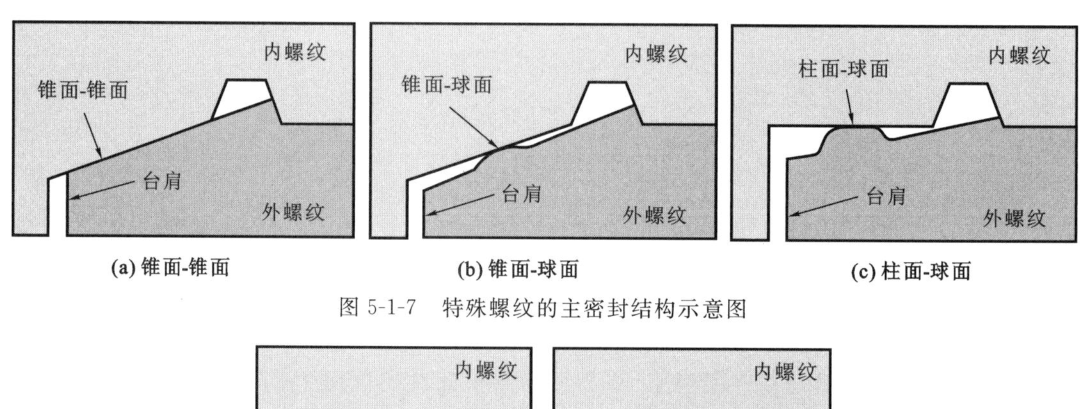

图 5-1-7　特殊螺纹的主密封结构示意图

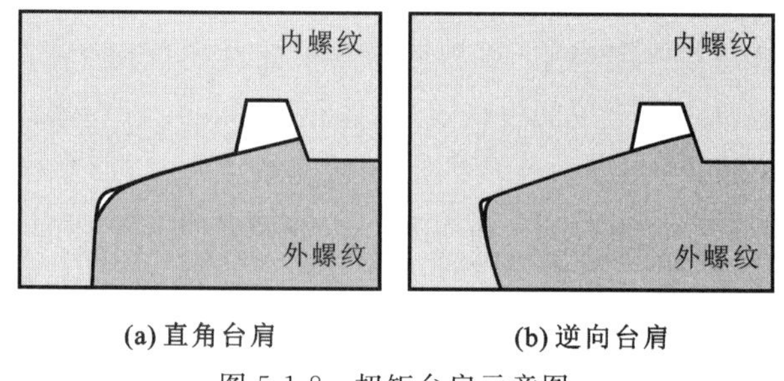

图 5-1-8　扭矩台肩示意图

(2) 扭矩台肩。

特殊螺纹的扭矩台肩分为直角台肩、负角（逆向）台肩、双台肩（主、副台肩）等。图 5-1-8 是直角台肩和逆向台肩示意图。扭矩台肩具有辅助密封、抗过扭矩、提高螺纹抗黏扣能力等作用。

特殊螺纹的扭矩台肩在上扣后产生一定的轴向过盈，起辅助密封作用；扭矩台肩还具有上扣定位作用，保证密封面配合良好，使接头具备抗过扭矩能力；扭矩台肩可以限定螺纹过盈量，减少螺纹上扣产生的周向应力，优化螺纹应力分布，提高抗黏扣能力；扭矩台肩在轴向压缩载荷下可以分担部分载荷，保护密封面关键部位不因发生变形而损坏。

(3) 螺纹部分。

特殊螺纹大多采用改进型梯形螺纹，也有采用钩形或楔形螺纹，其螺纹几何参数进行了优化，齿形导向角和承载角与 API 梯形螺纹不同。螺纹几何参数的改进，使得螺纹对扣快、上扣容易，同时可提高螺纹连接强度。特殊螺纹还采用变螺距设计，从而优化螺纹应力分布，避免出现应力集中，提高连接强度、改进螺纹的抗黏扣能力。另外，有的产品通过磷化、镀铜、喷砂与镀锌等特殊处理工艺来增强螺纹的抗黏扣性能。

2) 常用的特殊螺纹类型

有 30 多家生产商和研究机构研发了 140 多种有专利权的油井管特殊螺纹（其中套管 59 种），特殊螺纹油井管产量已占油井管总产量的 21%。较为常用的特殊螺纹有：日本 JFE 集团和英国 Hunting 公司联合研制的 FOX 特殊螺纹；V&M 公司生产的 VAM 系列；TenarisHydril公司生产的Blue™,Wedge™,Legacy™系列;Hunting公司生产的Seal-Lock,SEG系列;日本住友公司生产的TM,SM-EF系列;日本钢管公司(NKK)生产的NK3SB,NK2SC,NKEL,NKSL系列;新日铁公司生产的NCSS,NSCT,BDS,TDS系列;天津钢管厂生产的TOP-CQ,TOP-FJ等系列。

(1) FOX。

FOX特殊螺纹由日本JFE集团和英国Hunting公司联合研制,该类螺纹由API梯形螺纹发展而来,母扣采用变螺距方法,使得螺纹连接载荷更加合理;而金属对金属密封结构,使得螺纹具有良好的气密封性能。

FOX螺纹的公扣螺距是标准的。母扣螺距分为三部分,每个部分螺距都不一样,靠外部分螺距较大(与公扣的标准螺距相比),中间部分是标准螺距,母扣靠里部分螺距较小。螺纹连接后,螺纹间隙不同,上扣扭矩和管柱重量产生的轴向载荷使得不同载荷面的间隙变得相近,里段、外段螺纹减少载荷,中段优先承受载荷,载荷分布更加合理,减小了黏扣风险,螺距分布情况见图5-1-9。

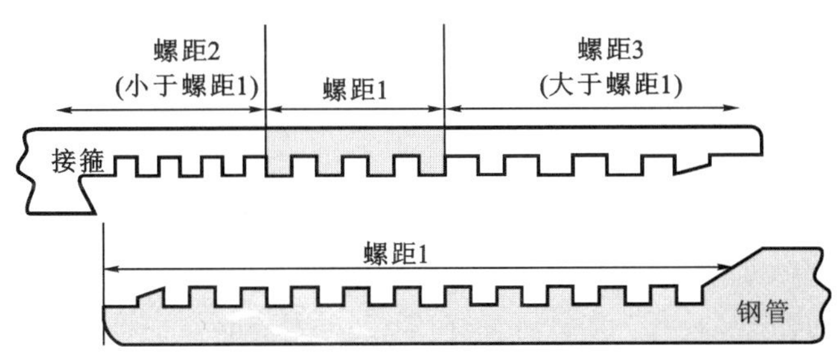

图5-1-9 FOX螺距分布情况

FOX螺纹公母扣的密封部分采用金属对金属密封结构,密封结构由三段圆弧组成,三段圆弧的组合、过渡降低了局部应力集中,提高了抗过扭矩和抗疲劳能力,提高了密封性能,其密封结构见图5-1-10。与常规的双锥度设计相比,FOX上扣时更易平稳导入,公扣段轴向和径向的压力作用可产生良好的密封性能。

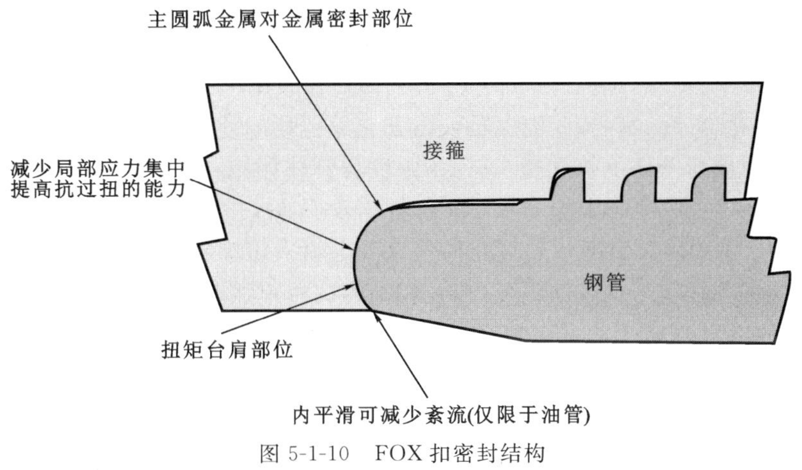

图5-1-10 FOX扣密封结构

(2) VAM系列。

VAM螺纹是由V&M公司开发、由API梯形螺纹发展而来的一种气密螺纹,采用金属对金属锥面密封、反角 15°扭矩台肩双重密封形式，其螺纹连接形式见图 5-1-11。VAM 螺纹提高了螺纹密封能力。V&M 公司与住友公司等联合开发了诸多 VAM 螺纹的改进形式，有 VAM 21，VAM FJL，VAM Standard，NEW VAM，VAM TOP，VAM AG，VAM MUST 等。VAM 系列螺纹中还有用于海洋的隔水管螺纹，如 VAM TOP FE，VAM LDR，VAM TTR 等。VAM 部分螺纹性能特点见表 5-1-10。

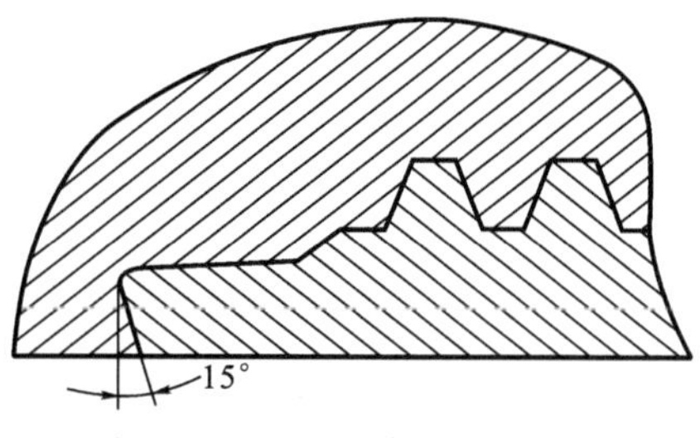

图 5-1-11　VAM 螺纹连接形式

表 5-1-10　部分 VAM 特殊螺纹性能特点

螺纹名称	接箍类型	特　点	尺寸范围/in
VAM SG	整体接箍	用于页岩地层	4½，5，5½
VAM HTF	整体接箍	高扭矩、平式、气密扣(套管钻井等)	4½～9⅝
VAM SW	螺纹连接的接箍	热采井	
VAM HW ST	螺纹连接的接箍	高温高压	5～14
VAM HP	螺纹连接的接箍	高温高压	7⅝，10¾
VAM ET	整体接箍	膨胀管	4½～9⅝

(3) TenarisHydril 公司 Blue™等系列。

TenarisHydril(即泰纳瑞斯)公司研发了 Blue™，Wedge500™，Wedge600™系列特殊螺纹，并研发了 DOPELESS 即免用螺纹密封脂技术。该项技术为油气作业和 HSE 带来实质性的益处，适用于环保要求苛刻和敏感环境中。

Blue™专为最复杂和对环境最敏感的井而设计，采用特殊倒角、粗牙螺纹、大锥度深对扣、接箍内扭矩台肩设计等，螺纹具有较好的抗黏扣、抗弯曲、抗滑脱性能，可用于表层套管、技术套管、水平井、套管钻井、热采井、高温高压等不同环境。其中，Blue™ Thermal Liner 专门用于热采井，尺寸范围从 2⅜ in 到10¾ in。该螺纹母扣的特殊倒角选项可降低作业过程中接箍端面磕挂的风险；坚固耐用的粗牙螺纹和大锥度深对扣设计，可实现轻松上扣；特殊的接箍内扭矩台肩设计使螺纹在旋转过程中能够承受更大的扭矩和更高的抗压缩性能。这种螺纹可用于套管钻井、尾管、水平井和大位移井、热采井。Blue™ Near Flush 螺纹适用于小间隙环境，螺纹在复合载荷条件下抗外挤/抗内压强度与管体相同，确保了螺纹的密封性能，同时，优化的台肩设计和倒钩形螺纹设计提高了螺纹压缩效率和抗拉效率，其尺寸范围为 5～13⅝ in。

Wedge500™系列螺纹针对大斜度定向井以及必须采用旋转下管柱方式等高扭矩应用环境，具有超高的抗弯强度与抗压缩强度，以及较高的抗扭矩强度，主要类型包括 Wedge563™，523™，521™，513™，511™，533™，503™以及 553™等 8 个品种。该系列螺纹的命名原则见表 5-1-11。

Wedge600™系列是 TenarisHydril 公司新研发的特殊螺纹，目前仅有 Wedge625™特殊螺纹，主要用于深井、定向井/大斜度井以及页岩气井，具有较高的密封性能及抗内压/抗外挤强度、抗弯曲及压缩效率，其螺纹处套管外径与套管本体外径接近(大于套管外径 5%)，外径尺寸范围为 4½～7 in。

表 5-1-11　Wedge500^{TM}系列螺纹命名原则

第一位数字	第二位数字	第三位数字
500 系列	加工方式和管端工艺	密封方式
5-Wedge 螺纹	0—螺纹加工于外加厚管端的直联型螺纹	1—楔形螺纹和螺纹脂密封
	1—螺纹加工于未加厚管端上的完全齐平式直联型螺纹封	
	2—螺纹加工于未加厚公端，扩孔母端上的直联型螺纹	
	3—螺纹加工于内外加厚管端的直联型螺纹	3—金属对金属密封以及楔形螺纹和螺纹脂密封
	5—螺纹加工于未加厚公端，加厚母端上的直联型螺纹	
	6—管端不进行加厚处理的接箍型螺纹	

TenarisHydril 公司传统的特殊螺纹统称为 Legacy^{TM}系列，主要有 3SB^{TM}，MS^{TM}，HW^{TM}，ER^{TM}，PJD^{TM}，SLX^{TM}，MACⅡ^{TM}等。

（4）Hunting 公司 Seal-Lock 等系列。

Hunting 公司先后开发出 TS 系列油管整体特殊螺纹、Seal-Lock 系列油井管特殊螺纹、FOX 以及 TKC 系列改进型 API 螺纹等。Hunting 公司螺纹的主要特点是金属对金属密封和多重密封结构、倒钩螺纹设计等，具有密封性能好、不易错扣、连接强度高、不易倒扣等优点。Hunting 公司主要特殊螺纹的性能特点见表 5-1-12。

表 5-1-12　Hunting 公司部分特殊螺纹情况

螺纹系列	螺纹名称	接箍类型	特　点	规格范围/in
Seal Lock	Seal Lock APEX	带接箍	高连接强度	$2\frac{3}{8}\sim13\frac{5}{8}$
	Seal Lock HC	带接箍	适用于腐蚀环境	$4\frac{1}{2}\sim13\frac{5}{8}$
	Seal Lock Boss	带接箍	BTC 改进型	$7\frac{5}{8}\sim20$
	Seal Lock Flush	整体直联型接箍	气密扣，适用于尾管	
	Seal Lock Semi Flush	整体直联型接箍	小井眼定向井	$4\frac{1}{2}\sim20$
	Seal Lock GS	带接箍	热采井	$4\frac{1}{2}\sim13\frac{5}{8}$
	Seal Lock HT	带接箍	高扭矩，定向井	$2\frac{3}{8}\sim7$
TS	TS-HD	整体接箍	油　管	$2\frac{3}{8}\sim4\frac{1}{2}$
	TS-HD SR	整体接箍	油　管	$2\frac{3}{8}\sim4\frac{1}{2}$
	TS-HP	整体接箍	油　管	$2\frac{3}{8}\sim4\frac{1}{2}$
	TS-HP SR	整体接箍	油　管	$2\frac{3}{8}\sim4\frac{1}{2}$
FOX		带接箍	气密扣	$2\frac{3}{8}\sim13\frac{5}{8}$

（5）JFE BEAR。

JFE BEAR 是 JFE 公司开发出的一种高性能螺纹，其主要的设计特点见表 5-1-13 和图 5-1-12，其尺寸范围为 $2\frac{3}{8}\sim9\frac{5}{8}$ in，管体尺寸不同，螺纹的螺距有差别，采用 1∶16 的锥度及金属对金属的密封结构。

表 5-1-13　JFE BEAR 螺纹设计特点

设　计	优　点
减小插入钢管的牙侧和接箍螺纹之间的缝隙	提高抵御由压缩载荷所导致损伤的性能
螺纹的承载牙侧角为负角	提高弯曲和拉力载荷下的密封性能
公扣、母扣承载牙侧角不同	提高抗外压能力
螺纹的插入牙侧角为 25°	易对扣，不易错扣
公扣、母扣螺纹顶端圆弧半径不同	增强抗黏扣能力

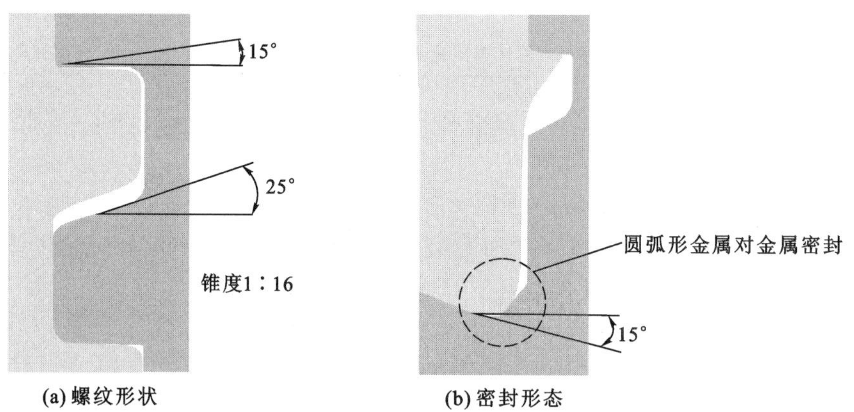

图 5-1-12　JFE BEAR 螺纹简况

（6）天津钢管厂 TP 系列特殊螺纹。

天津钢管厂 TP 系列特殊螺纹已开发出 13 种类型，其特殊螺纹情况见表 5-1-14。

表 5-1-14　天津钢管厂 TP 系列特殊螺纹

扣　型	接箍类型	螺纹形式	密封形式	规格范围 /in	主要特点与用途
TP-CQ	带接箍	改进型 BTC	锥面-锥面金属密封	5～13⅝	复合载荷下的优质气密性能
TP-CQ(EX)	带接箍	改进型 BTC	大角度锥面-锥面金属密封	2⅜～4½	油管，气密扣
TP-G2	带接箍	钩形螺纹	锥面-锥面金属密封	2⅜～20	适用于定向井、水平井、深井、超深井
TP-FJ	直联型	BTC	锥面-锥面金属密封	5～10¾	内外平齐，适用于老井修复
TP-NF	特殊间隙接箍	BTC	锥面-锥面金属密封	5～13⅜	小接箍、气密扣，适用于小间隙环空
TP-JC	带接箍	锯齿形螺纹	螺纹密封	5～13⅜	中、低压气井油管、套管
TP-QR	带接箍	粗牙螺纹	螺纹＋扭矩台肩	13⅜～20	不易错扣，大口径套管
TP-TS	带接箍	特殊 BTC	螺纹＋扭矩台肩	4½～13⅜	中高压气井
TP-PEAK	带接箍	特殊 BTC	锥面-锥面金属密封	4½～13⅜	接头抗压缩能力高，适用于 SAGD 热采井和水平井等
TP-BM	带接箍	BTC	螺纹密封	5～13⅜	接头连接强度、抗压缩、抗过扭矩能力强，适用于低压气井
TP-LC	带接箍	改进型 LTC	螺纹密封	4½～13⅜	中低压气井

(7) 宝山钢铁公司 BG 系列特殊螺纹。

宝山钢铁公司 BG 系列螺纹有 BGT1 和 BGC 两种。BGT1 是适用于油管的特殊螺纹，是改进型梯形螺纹，采用柱面、锥面、球面密封结构，扭矩台肩有辅助密封作用。BGC 螺纹为改进型梯形螺纹，适用于套管，连接强度与管体相当；采用柱面、球面密封多重密封形式，尤其是主密封设计，使得接头在拉伸和压缩载荷下仍具有良好密封效果；采用 15°逆向扭矩内台肩设计。宝山钢铁公司的这两种螺纹均为内平光滑结构。

(8) 无锡西姆莱斯公司 WSP 系列特殊螺纹。

无锡西姆莱斯公司开发了 WSP 系列特殊螺纹，其中 WSP-1T 螺纹为改进型 API 梯形螺纹，采用球面-柱面密封形式，逆向扭矩台肩提高了接头抗复合载荷能力，内平光滑结构；WSP-2T 螺纹为改进型 API 梯形螺纹，抗扭强度高；WSP-3T 螺纹是 VAM 的互换型螺纹；WSP-FJ(4T)螺纹是无接箍式螺纹，适用于小间隙环空；WSP-SC 螺纹是带接箍的、高连接强度特殊螺纹，同样适用于小间隙环空。该公司还研发了自锁式特殊螺纹 WSP-HK、快速上扣的大螺距特殊螺纹 WSP-BIG、特殊气密螺纹 WSP-NF 等，具体情况见表 5-1-15。

表 5-1-15　无锡西姆莱斯 WSP 系列特殊螺纹

扣　型	接箍类型	螺纹形式	密封形式	规格范围/in	主要特点与用途
WSP-1T	带接箍	改进型 BTC	球面-柱面金属密封＋台肩	$2\frac{3}{8}$～20	天然气井、热采井
WSP-2T	带接箍	改进型 API 梯形螺纹	锥面-锥面金属密封＋台肩	$4\frac{1}{2}$～20	天然气井、大位移井
WSP-3T	带接箍	改进型 BTC	锥面-锥面金属密封	$2\frac{3}{8}$～20	VAM 螺纹互换
WSP-FJ(4T)	直联型	钩形螺纹	锥面-锥面金属密封＋台肩	$2\frac{3}{8}$～$5\frac{1}{2}$	小井眼、小间隙环空
WSP-SC	特殊间隙接箍	钩形螺纹	锥面-锥面金属密封＋台肩	5～$13\frac{3}{8}$	适用于小间隙环空
WSP-HK	带接箍	钩形螺纹	锥面-锥面金属密封＋台肩	5～$13\frac{3}{8}$	自锁螺纹
WSP-BIG	带接箍	直角螺纹	螺纹＋扭矩台肩	14～20	不易错扣，大口径套管
WSP-NF	带接箍	双级螺纹	螺纹＋扭矩台肩	$4\frac{1}{2}$～$13\frac{3}{8}$	高压气井

(9) 无接箍套管。

无接箍套管包括直联型套管、整体连接套管、平齐式接头套管，其共同特征是不采用接箍连接，直接在管子两端加工内外螺纹，这样套管连接后的内外径完全相同或基本相同，从而增大了套管与井眼间的环空间隙，从优化井身结构、套管下入和提高水泥环封固质量的角度来说十分有利。除 API 标准直联型套管外，各个生产商均研发出具有专利的无接箍套管，表 5-1-16 列举了几个主要生产商的无接箍套管类型。

无接箍套管具有以下优点：① 在相同井眼尺寸条件下，无接箍套管与井眼的间隙更大，可增加水泥环厚度，有利于提高水泥环封隔质量；② 无接箍套管不存在接箍断面，可以减少与井壁的摩阻，有利于套管下入；③ 相同井眼尺寸下，下入的无接箍套管尺寸一般大于有接箍套管，为下一开次或完井留下空间，有利于井身结构优化。

由于无接箍套管接头与管体在几何尺寸上基本一致，接头在强度上难以达到与管体相同。与有接箍套管相比，无接箍套管存在轴向抗拉伸、抗压缩能力低的问题，接头部分抗拉强度仅为管体的 50%～70%，而接头抗压缩能力仅为管体的 15%～40%。在使用无接箍套管时，还涉及扣型选择、套管附件、下套管工具以及钻具配套等问题。因此，在选用无接箍套管时，应进行严密论证，充分考虑各种因素，以防出现后续钻进和完井的问题。

表 5-1-16　无接箍套管类型及生产商

生产商	扣　型	外径/in	钢　级	备　注
Tenaris 公司	FL-4S	$4\sim9\frac{5}{8}$	API 系列钢级	完全平齐型
	ST-L	$4\sim13\frac{5}{8}$	API 系列钢级	内微加厚型
	NJO	$4\sim13\frac{5}{8}$	API 系列钢级	加厚型
V&M 公司	BDS	$4\frac{1}{2}\sim13\frac{5}{8}$	API 系列钢级，VM 系列钢级	加厚型
	MUST	$5\frac{1}{2}\sim10\frac{3}{4}$	API 系列钢级，VM 系列钢级	完全平齐型
	FLUSH	$5\sim12\frac{3}{4}$	API 系列钢级，VM 系列钢级	完全平齐型
	FJL	$4\frac{1}{2}\sim13\frac{3}{8}$	API 系列钢级，VM 系列钢级	完全平齐型
NKK 公司	NK-EL	$5\sim10\frac{3}{4}$	API 系列钢级，NK 系列钢级	加厚型
	NK-FJ1	$4\sim7\frac{3}{4}$	API 系列钢级，NK 系列钢级	加厚型
	NK-FJ2	$4\sim7\frac{3}{4}$	API 系列钢级，NK 系列钢级	完全平齐型
	NK-HW	$5\sim14$	API 系列钢级，NK 系列钢级	加厚型
TenarisHydril 公司	Supreme LX	$4\frac{1}{2}\sim13\frac{3}{8}$	API 系列钢级，140，150	加厚型
	Type 521	$4\frac{1}{2}\sim18\frac{5}{8}$	API 系列钢级，140，150	加厚型
	MAC	$5\sim16$	API 系列钢级	加厚型
天津钢管厂	TP-FJ	$5\sim10\frac{3}{4}$	API 系列钢级，TP 系列钢级	完全平齐型
宝山钢铁公司	BG-FJ	$4\frac{1}{2}\sim18\frac{5}{8}$	API 系列钢级，BG 系列钢级	完全平齐型
无锡西姆莱斯公司	WSP-FJ(4T)	$2\frac{3}{8}\sim5\frac{1}{2}$	API 系列钢级，WSP 系列钢级	完全平齐型
	WSP-IF	$2\frac{3}{8}\sim4\frac{1}{2}$	API 系列钢级，WSP 系列钢级	加厚型

三、套管标记

API 对主要套管标记进行了规定，其中无缝管标记为 S，电焊管标记为 E。API 不同钢级套管的接箍和颜色见表 5-1-17，非 API 套管颜色标记由生产商自行确定。JFE 公司 API 套管和非 API 套管标示见图5-1-13、图 5-1-14。

表 5-1-17　套管钢级和颜色标记

钢　级	颜色标记	颜色环带
J-55	绿　色	绿　环
K-55	绿　色	绿色双环
H-40	无色或黑色	
C-75	蓝　色	蓝　环
L-80	红　色	褐　环
N-80	红　色	红　环

续表 5-1-17

钢　级	颜色标记	颜色环带
C-95	褐　色	褐　环
P-110	白　色	白　环
Q-125	白　色	绿　环

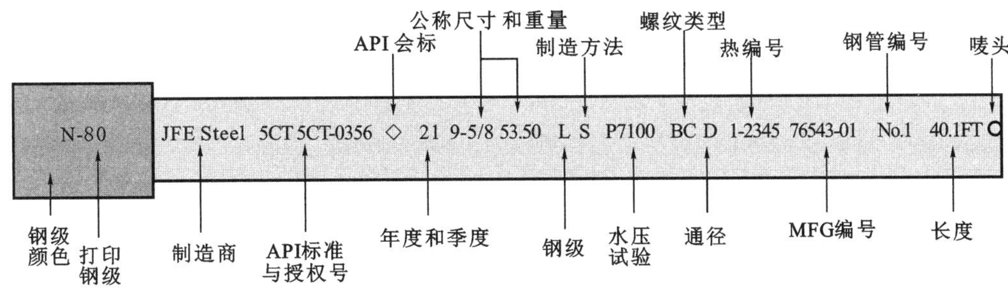

图 5-1-13　JFE 公司 API 套管标示

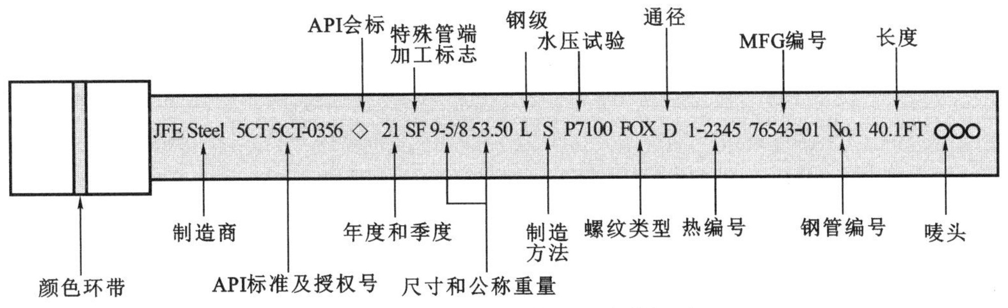

图 5-1-14　JFE 公司非 API 套管标示

API 标准套管钢级的命名原则前面已有介绍，非 API 套管的命名原则基本与 API 套管钢级相同，所不同的是钢级名称中添加了其使用环境的符号。以住友钢级 SM-80T 为例，SM 为厂家代号，代表住友；80 为套管屈服强度，单位为 kpsi；T 为套管适用的环境，T 代表高抗挤(其他如 S 代表耐腐蚀，L 代表低温，H 代表热采井用套管)。

部分非 API 标准套管钢级用双字母来表示该钢级适用于更严酷环境，如 TT 代表超高抗挤强度，SS 代表适用于更苛刻的酸性环境，LL 代表适用于更低温度的环境等。

第二节　套管柱载荷分析

套管柱在井下所承受的载荷可分为三种，即作用在套管柱外壁上的外挤压力、作用在套管柱内壁上的内压力和作用在套管柱上的轴向拉力。套管能承受的外挤压力和内压力的额定值与套管所受的轴向拉力有关，轴向拉力降低了套管的抗外挤强度，但增大了抗内压强度。套管柱从入井开始就受到各种外载荷的作用，并且在以后不同的工况下所受的外载荷大小是变化的。为了保证套管柱在井眼中的安全，必须对各种可能出现的工况下套管的受力情况及外载荷的大小进行分析计算，确定最危险(即外载荷最大)的工况，计算在最危险工况下套管所受外载荷是否超过套管强度，若外载荷超过套管强度，则必须重新选择更高钢级或壁厚的套管，重新进行计算。

一、有效外挤压力

套管柱所受的外挤压力主要来自套管外钻井液液柱压力（没有水泥封固的自由套管段）、钻井液液柱压力、地层中流体压力、易流动岩层的侧压力等。套管柱在承受外挤压力作用时，套管内可能还作用有内压力，该内压力能够抵消一部分外压力（该内压力习惯上称为套管内压力），因此实际对套管起挤压作用的载荷大小是减去该内压力后所剩余的外压力，称为有效外挤压力。

有效外挤压力＝套管外压力－套管内压力

对于表层套管和技术套管，如果在下一井段钻进过程中发生井漏，此时有效外挤压力将最大（管内压力很小）。但是在不同阶段，发生的漏失情况不同。对于表层套管，因为其下深比较浅，很可能发生井漏后井内钻井液液面（称为漏失面）在表层套管以下（即全掏空），这时套管内压力为零；对于技术套管，一般不会发生全掏空的情况，因此技术套管的下部还有套管内压力作用。同样是技术套管，在不同地区，井内漏失程度也会有差别，因此有效外挤压力也会不同。

对于油层套管（即生产套管），一般在采油后期产层压力降得很低的时候产生最大有效外挤压力（开发后期可能抽油或气举采油），因为这时套管内的内压力会降得很低，若近似认为内压力为零，则其受力情况与表层套管类似，即全掏空。

1. 外压力

对于外压力的计算，在水泥面（环空内水泥的顶面）以上应按钻井液液柱压力计算。对于水泥封固段，当发生上述最大有效外挤压力时，环空中的水泥已经凝固，水泥环有助于套管承受外压力，水泥面以下可以按盐水柱压力计算，但是从安全角度考虑，一般将水泥面以下水泥环段的外压力也按钻进时的钻井液液柱压力计算。

因此，套管柱的外压力计算式为：

$$p_{ob}=0.00981\rho_m H \tag{5-2-1}$$

式中 p_{ob}——套管外压力，MPa；

H——井深，m；

ρ_m——钻进时钻井液密度，g/cm^3。

岩盐层、钾盐层和膏盐层属于可溶性地层或称为塑性地层，对于塑性蠕变地层，套管外载荷不能再按照式(5-2-1)计算，需按照上覆压力计算，计算式为：

$$p_{ob}=\frac{\mu}{1-\mu}G_0 H \tag{5-2-2}$$

式中 μ——地层岩石泊松比，一般取0.3～0.5；

G_0——上覆岩层压力梯度，MPa/m。

2. 套管内压力

对于表层套管、油层套管这种可能全掏空的情况，套管内压力为零；对于技术套管非全掏空的情况，在漏失面以上，套管内压力为零，在漏失面以下套管内压力为钻井液液柱压力。对

于技术套管非全掏空的情况,套管内压力的计算式为:

$$p_{ib}=0.009\ 81\rho_{min}(1-k_m)H \tag{5-2-3}$$

式中 p_{ib}——套管内压力,MPa;

k_m——掏空系数($k_m=0\sim1$),1 表示全掏空;

ρ_{min}——下次钻进时钻井液最小密度,g/cm^3。

在探井地质情况不是很清楚时,技术套管按全掏空计算。

对于生产套管和生产尾管,套管内压力根据完井液密度计算,计算式为:

$$p_{ib}=0.009\ 81\rho_w(1-k_m)H \tag{5-2-4}$$

式中 ρ_w——完井液密度,g/cm^3。

3. 有效外挤压力

由上所述,可得套管柱有效外挤压力的计算方法。

(1) 表层套管、技术套管。

非塑性蠕变地层:

$$p_{ce}=0.009\ 81[\rho_m-\rho_{min}(1-k_m)]H \tag{5-2-5}$$

式中 p_{ce}——有效外挤压力,MPa。

塑性蠕变地层:

$$p_{ce}=\left[\frac{\mu}{1-\mu}G_0-0.009\ 81\rho_{min}(1-k_m)\right]H \tag{5-2-6}$$

(2) 生产套管和生产尾管。

非塑性蠕变地层:

$$p_{ce}=0.009\ 81[\rho_m-\rho_w(1-k_m)]H \tag{5-2-7}$$

塑性蠕变地层:

$$p_{ce}=\left[\frac{\mu}{1-\mu}G_0-0.009\ 81\rho_w(1-k_m)\right]H \tag{5-2-8}$$

图 5-2-1 是套管有效外挤压力分布情况。在全掏空情况下,井口有效外挤压力最小,为零;井底有效外挤压力最大,等于套管外液柱压力,见图 5-2-1(a)。在套管内有液柱的情况下,套管载荷分布不同,井口仍然为零,但最大有效外挤压力也可能没有出现在井底,而是在套管中段某点,见图 5-2-1(b)。

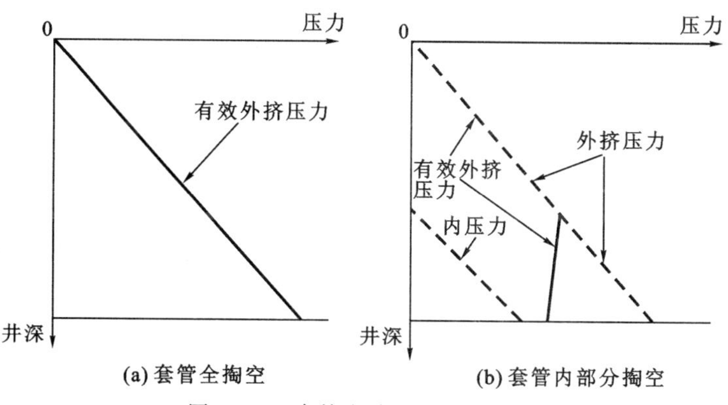

图 5-2-1 套管有效外挤压力分布

二、有效内压力

井口敞开时，套管所受的内压力等于套管内液柱或气柱压力；井口关闭时，套管所受的内压力等于井口压力与管柱内液柱或气柱压力之和。套管柱所受的内压力主要来自于钻井液、地层流体（油、气、水）压力以及特殊作业（如压井、酸化压裂、挤水泥等）时所施加的压力。对于表层套管和技术套管，如果在下一井段钻进过程中发生井涌而进行压井，则套管柱所受的有效内压力最大；对于油层套管，油井和气井的情况不一样，要根据采油、采气工艺情况考虑相关的危险工况。

1. 套管内压力

1）表层套管和技术套管

对于表层套管和技术套管，其内压力等于井口压力与套管内流体压力之和。

井口压力采用以下三者之一：

(1) 井口关闭，套管内全部为天然气，任意两点间的压力差是天然气相对密度和两点间平均压力的函数，那么井口压力与套管鞋处内压力推荐采用以下近似公式计算：

$$p_s = p_{bs}/e^{1.1155\times10^{-4}\rho_s H_s} \tag{5-2-9}$$

式中 p_s——井口压力，MPa；

p_{bs}——套管鞋处内压力，MPa；

ρ_s——天然气相对密度（按纯甲烷为 0.55），无因次；

H_s——套管鞋处井深，m。

套管鞋处最大压力按下一次使用的最大钻井液密度或套管鞋处破裂压力梯度计算，即

$$p_{bs} = 0.00981\rho_{max}H_s \tag{5-2-10}$$

式中 ρ_{max}——下一次钻进时钻井液的最大密度，g/cm³。

(2) 井口防喷装置（防喷器及压井管线等）许用最高压力。

(3) 套管鞋处附近地层破裂压力所决定的最大井口压力。根据压力平衡关系，可得这种情况下的井口压力计算式：

$$p_s = 0.00981(\rho_f - \rho_{max})H_s \tag{5-2-11}$$

式中 ρ_f——套管鞋处附近地层破裂压力当量密度，g/cm³。

对于油井，任意井深处套管内压力为井口压力与套管内该点以上液柱压力之和；对于气井或套管内充满天然气的情况，应根据下式计算：

$$p_{ib} = p_{bs}/e^{1.1155\times10^{-4}\rho_s(H_s-h)} \tag{5-2-12}$$

式中 h——计算点井深，m。

2）生产套管

不采用油管生产的油井，在生产初期套管内压力与地层孔隙压力相当，其最大内压力为：

$$p_{ib\,max} = G_p H_s \tag{5-2-13}$$

式中 G_p——地层压力梯度，MPa/m。

任意井深处套管内压力也可以根据式(5-2-13)计算。

采用油管生产，由于封隔器的使用，当油管失效发生泄漏时，天然气进入油管和套管环

空，是套管的最危险工况，此时在环空封闭情况下，套管内最大压力发生在环空底部，其内压力为油气层压力与完井液液柱压力之和，而任意井深处的压力为：

$$p_{ib}=G_pH_s+0.00981\rho_w h \tag{5-2-14}$$

对于气井，按套管内充满天然气考虑，任意井深处内压力为地层压力。

2. 套管外压力

当发生前述最大有效内压力时，环空中的水泥浆已经凝固成水泥环，尽管在水泥面以上套管所受的外压力可能是钻井液液柱压力，水泥环也有助于套管承受内压力，但在套管外压力计算中一般无论是水泥面以上还是水泥面以下均按地层盐水柱压力计算，因为在自由套管段，由于钻井液固相沉降，其液柱压力可能降低；而在水泥封固段，水泥环可能并不完整，地层压力可能作用于套管柱上；按盐水柱计算套管外压力可使有效内压力偏大而使管柱趋于安全。

3. 有效内压力

由上所述，可得套管柱有效内压力的计算方法，即

$$p_{be}=p_{ib}-0.00981\rho_{sw}h \tag{5-2-15}$$

式中 p_{be}——套管柱有效内压力，MPa；

ρ_{sw}——套管外盐水密度，g/cm³。

图 5-2-2 是套管内载荷分布情况。

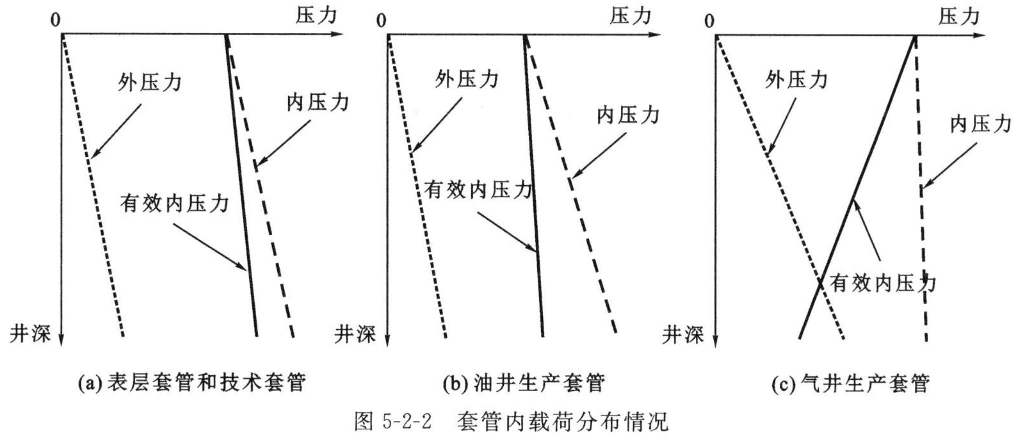

图 5-2-2 套管内载荷分布情况

三、轴向载荷

套管所承受的有效轴向力按套管在钻井液中的浮重计算，在斜井段要加上弯曲载荷，其他轴向力如冲击、摩擦等难以计算的部分一般考虑在安全系数之内；而温度、压力对套管轴向力的影响则可通过针对不同井型情况加以考虑，如热采井需考虑套管被加热后轴向和径向应力变化等。

1. 套管弯曲引起的附加力

当套管随井眼弯曲时，由于套管弯曲变形增大了轴向拉力，一般推荐的计算公式为：

$$F_b = 2.32 \times 10^{-3} D_{co} q_c \theta \tag{5-2-16}$$

式中 F_b——弯曲引起的附加应力，kN；

D_{co}——套管外径，mm；

q_c——套管单位质量，kg/m；

θ——造斜段增斜率，(°)/100 m。

2. 注水泥引起的套管柱附加力

进行注水泥作业时，若水泥浆量较大，水泥浆与套管外钻井液密度差较大，水泥浆未返出套管鞋时，管内水泥浆将使套管产生一个拉应力，可近似按下式计算：

$$F_c = \pi(\rho_c - \rho_m) D_{ci}^2 L / 40 \tag{5-2-17}$$

式中 F_c——注水泥产生的附加力，kN；

ρ_c——水泥浆密度，g/cm³；

ρ_m——钻井液或套管外流体密度，g/cm³；

D_{ci}——套管内径，mm；

L——套管内水泥浆长度，m。

以上是进行套管柱设计和强度校核的一些基础内容，在不同地区、油田和井型条件下，套管柱受力情况不同，应根据具体情况具体分析。

第三节 套管强度计算方法

套管强度包括抗挤毁强度、抗拉强度和抗内压强度。套管强度计算方法是进行套管柱强度设计和校核的基础。

一、抗挤毁强度

套管挤毁是指套管在外挤压力作用下发生的强度破坏或结构失稳现象，即当外挤压力达到某一临界值时，管壁径向上发生较大位移，从而导致套管发生严重变形，这一临界压力称为套管抗挤毁强度。API 根据套管不同外径(D_{co})与壁厚(t)比值和屈服强度，将套管、油管、钻杆的抗挤毁强度分为四种公式分别进行计算，即屈服挤毁强度、塑性挤毁强度、过渡挤毁强度、弹性挤毁强度。这四种公式的应用范围取决于径厚比。

1. 屈服挤毁强度

当 $D_{co}/t < (D_{co}/t)_{YP}$ 时：

$$p_{co} = 2Y_{Pa} \frac{D_{co}/t - 1}{(D_{co}/t)^2} \tag{5-3-1}$$

其中：

$$(D_{co}/t)_{YP}=\frac{\sqrt{(A-2)^2+8(B+0.0068947C/Y_{Pa})}+(A-2)}{2(B+0.0068947C/Y_{Pa})} \tag{5-3-2}$$

$$A=2.8762+1.5485\times10^{-4}Y_{Pa}+4.47\times10^{-7}Y_{Pa}^2-1.62\times10^{-10}Y_{Pa}^3 \tag{5-3-3}$$

$$B=0.026233+7.34\times10^{-5}Y_{Pa} \tag{5-3-4}$$

$$C=-465.93+4.475715Y_{Pa}-2.2\times10^{-4}Y_{Pa}^2+1.12\times10^{-7}Y_{Pa}^3 \tag{5-3-5}$$

式中 D_{co}——套管外径，mm；

t——套管壁厚，mm；

p_{co}——套管抗挤毁强度，MPa；

Y_{Pa}——管材在轴向应力下的最小屈服强度，MPa；

$(D_{co}/t)_{YP}$——屈服挤毁与塑性挤毁交点的径厚比。

2. 塑性挤毁强度

当$(D_{co}/t)_{YP}\leqslant D_{co}/t<(D_{co}/t)_{Pt}$时：

$$p_{co}=Y_{Pa}\left(\frac{A}{D_{co}/t}-B\right)-0.0068947C \tag{5-3-6}$$

其中：

$$(D_{co}/t)_{Pt}=\frac{Y_{Pa}(A-F)}{0.0068947C+Y_{Pa}(B-G)} \tag{5-3-7}$$

$$G=FB/A \tag{5-3-8}$$

$$F=\frac{3.238\times10^5\left(\frac{3B/A}{2+B/A}\right)^3}{Y_{Pa}\left(\frac{3B/A}{2+B/A}-B/A\right)\left(1-\frac{3B/A}{2+B/A}\right)^2} \tag{5-3-9}$$

式中 $(D_{co}/t)_{Pt}$——塑性挤毁与过渡挤毁交点的径厚比。

3. 过渡挤毁强度

当$(D_{co}/t)_{Pt}\leqslant D_{co}/t<(D_{co}/t)_{te}$时：

$$p_{co}=Y_{Pa}\left(\frac{F}{D_{co}/t}-G\right) \tag{5-3-10}$$

其中：

$$(D_{co}/t)_{te}=\frac{2+B/A}{3B/A} \tag{5-3-11}$$

式中 $(D_{co}/t)_{te}$——过渡挤毁与弹性挤毁交点的径厚比。

4. 弹性挤毁强度

当$D_{co}/t\geqslant(D_{co}/t)_{te}$时：

$$p_{co}=\frac{3.238\times10^5}{(D_{co}/t)(D_{co}/t-1)^2} \tag{5-3-12}$$

以上计算公式是基于套管挤毁实验结果通过数学回归处理建立的经验公式或修正的理论公式。这些公式没有考虑套管生产过程中的残余应力、套管几何尺寸、轴向载荷、弯曲应力以及横向上不均匀载荷对套管抗挤毁强度的影响。为提高套管柱设计的可靠性和准确性，研究人员对以上影响因素开展了大量的实验分析和广泛的理论研究，一些研究成果已得到广泛应用。

二、抗拉强度

套管的抗拉强度校核分为管体屈服强度和螺纹连接强度两种情况，其中螺纹的连接强度包括螺纹断裂强度和滑脱强度。

1. 管体屈服强度

套管抗拉强度是使管体钢材达到最小屈服强度时所需要的拉力载荷，计算公式如下：

$$T_{ye}=7.85\times10^{-4}(D_{co}^2-D_{ci}^2)Y_P \tag{5-3-13}$$

式中 T_{ye}——管体屈服强度，kN；

Y_P——管材最小屈服强度，MPa；

D_{ci}——套管内径，mm。

2. 螺纹连接强度

1）圆螺纹

（1）螺纹断裂强度：

$$T_o=9.5\times10^{-4}A_{jP}U_P \tag{5-3-14}$$

式中 T_o——螺纹断裂强度，kN；

A_{jP}——最末一扣管壁截面积，mm²；

U_P——管材最小极限强度，MPa。

（2）螺纹滑脱强度：

$$T_o=9.5\times10^{-4}A_{jP}L_j\left(\frac{4.99D_{co}^{-0.59}U_P}{0.5L_j+0.14D_{co}}+\frac{Y_P}{L_j+0.14D_{co}}\right) \tag{5-3-15}$$

其中：

$$A_{jP}=0.785[(D_{co}-3.6195)^2-D_{ci}^2] \tag{5-3-16}$$

式中 L_j——螺纹配合长度，mm。

2）梯形螺纹

（1）管体螺纹强度：

$$T_o=9.5\times10^{-4}A_pU_P[25.623-1.007(1.083-Y_P/U_P)D_c] \tag{5-3-17}$$

（2）接箍螺纹强度：

$$T_o=9.5\times10^{-4}A_cU_c \tag{5-3-18}$$

其中：

$$A_p=0.785(D_{co}^2-D_{ci}^2) \tag{5-3-19}$$

$$A_c=0.785(D_{cj}^2-D_{ci}^2) \tag{5-3-20}$$

式中 D_{cj}——接箍内径,mm;

U_c——接箍最小极限强度,MPa。

3) 直联型套管螺纹强度

直联型套管连接强度由下式计算:

$$T_o = A_{cr} U_c \tag{5-3-21}$$

式中 A_{cr}——临界横截面积,mm^2。

对于外螺纹:

$$A_{cr} = 0.785\ 4(M^2 - D_b^2) \tag{5-3-22}$$

对于内螺纹:

$$A_{cr} = 0.785\ 4(D_p^2 - D_j^2) \tag{5-3-23}$$

式中 M——外螺纹公称外径,mm;

D_b——外螺纹临界内径,mm;

D_p——内螺纹临界外径,mm;

D_j——内螺纹公称内径,mm。

三、抗内压强度

1. 管体抗内压强度

套管抗内压强度是使管体钢材达到最小屈服强度时所需的内压力,计算公式为:

$$p_{bo} = 0.875\left(\frac{2Y_P t}{D_{co}}\right) \tag{5-3-24}$$

式中 p_{bo}——抗内压强度,MPa。

2. 接箍抗内压强度

$$p_{bo} = \frac{D_{ce} - D_s}{D_{ce}} Y_P \tag{5-3-25}$$

式中 D_{ce}——接箍名义外径,mm;

D_s——机紧后螺纹端面处接箍螺纹根部直径,mm。

第四节 套管双轴应力计算

一、双轴应力椭圆方程

套管柱在井筒中会受到管内压力、管外压力和轴向拉力或压缩力的共同作用,由于多数套管属于薄壁管,径向应力可以忽略不计,可以认为套管柱受到自重引起的轴向应力和切向应力的共同作用,根据第四强度理论,套管破坏的强度条件是:

$$\sigma_z^2 + \sigma_t^2 - \sigma_z \sigma_t = \sigma_s^2 \tag{5-4-1}$$

式中 σ_z——套管自重引起的轴向拉应力，MPa；

σ_t——由外挤或内压引起的周向应力，MPa；

σ_s——钢材屈服极限强度，MPa。

上式可改写为：

$$\left(\frac{\sigma_z}{\sigma_s}\right)^2-\frac{\sigma_z\sigma_t}{\sigma_s^2}+\left(\frac{\sigma_t}{\sigma_s}\right)^2=1 \tag{5-4-2}$$

式(5-4-2)是一个椭圆方程，以 σ_z/Y_P 的百分比为横坐标，以 σ_t/Y_P 的百分比为纵坐标，可以绘出如图 5-4-1 所示的应力图，称为双向应力椭圆。从图中可以看出：

第一象限是拉伸与内压共同作用，套管的抗内压强度在轴向拉力下增加，套管强度设计中一般不予考虑；

第二象限是轴向压缩与套管内压力共同作用，在实际应用中很少出现这种情况，因此也不考虑；

第三象限是轴向压缩与套管外压力共同作用，这种现象也很少出现，因此亦不予考虑；

第四象限是轴向拉力和外挤压力共同作用，这是套管最常见的受力情况，因此在套管强度设计中必须加以考虑。

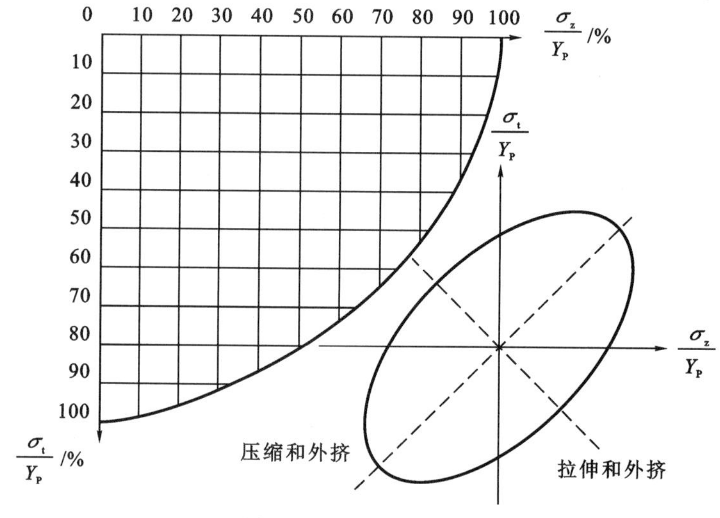

图 5-4-1 双向应力椭圆

二、轴向载荷对套管抗挤/抗内压强度的影响

在轴向载荷 T_b 作用下轴向拉应力 σ_z 为：

$$\sigma_z=T_b/A \tag{5-4-3}$$

式中 T_b——轴向载荷，kN；

A——套管横截面积，cm^2。

切向应力可以由薄壁筒推得：

$$\int_0^{\pi}p_{ca}\frac{D_{co}}{2}\sin\theta d\theta=2p_{ca}\frac{D_{co}}{2}=2\sigma_t t \tag{5-4-4}$$

所以：

$$\sigma_t=\frac{p_{ca}D_{co}}{2t} \tag{5-4-5}$$

式中 p_{ca}——轴向拉力作用下的套管抗挤强度，MPa。

因为 σ_t 为切向压应力，所以：

$$\sigma_t=-\frac{p_{ca}D_{co}}{2t} \tag{5-4-6}$$

当无轴向拉力作用时，$\sigma_z=0$，套管抗挤强度为 p_{co}，则：

$$\sigma_t=-\frac{p_{co}D_{co}}{2t} \tag{5-4-7}$$

因为 $\sigma_z=0$，所以 $\sigma_s^2=\sigma_t^2$，于是：

$$\sigma_s=\frac{p_{co}D_{co}}{2t} \tag{5-4-8}$$

将式(5-4-3)、式(5-4-5)、式(5-4-8)代入式(5-4-2)得：

$$\frac{\left(\frac{T_b}{A}\right)^2}{\sigma_s^2}-\frac{\frac{T_b}{A}}{\sigma_s}\cdot\frac{\frac{-p_{ca}D_{co}}{2t}}{\frac{p_{co}D_{co}}{2t}}+\frac{\left(\frac{-p_{ca}D_{co}}{2t}\right)^2}{\left(\frac{p_{co}D_{co}}{2t}\right)^2}=1 \tag{5-4-9}$$

将上式简化得：

$$\left(\frac{p_{ca}}{p_{co}}\right)^2+\frac{p_{ca}}{p_{co}}\frac{T_b}{A\sigma_s}+\frac{T_b^2}{(A\sigma_s)^2}=1 \tag{5-4-10}$$

上式中只有 p_{ca} 未知，解方程求得 p_{ca}：

$$p_{ca}=p_{co}\left[\sqrt{1-0.75\left(\frac{T_b}{A\sigma_s}\right)^2}-0.5\left(\frac{T_b}{A\sigma_s}\right)\right] \tag{5-4-11}$$

将 $T_{ye}=A\sigma_s$ 代入上式得：

$$p_{ca}=p_{co}\left[\sqrt{1-0.75\left(\frac{T_b}{T_{ye}}\right)^2}-0.5\left(\frac{T_b}{T_{ye}}\right)\right] \tag{5-4-12}$$

用同样方法可以导出轴向拉力(或压缩力)作用下套管抗内压强度计算式：

$$p_{ba}=p_{bo}\left[\sqrt{1-0.75\left(\frac{T_b}{T_{ye}}\right)^2}-0.5\left(\frac{T_b}{T_{ye}}\right)\right] \tag{5-4-13}$$

在拉力作用下 T_b 为正，抗内压强度增加；在压缩力作用下 T_b 为负，抗内压强度降低。

三、外压力对套管轴向抗拉强度的影响

由套管应力椭圆方程可知，外压力同样也会降低套管抗拉强度：

$$T_{ay}=T_{ye}\left[\sqrt{1-0.75\left(\frac{p_oD_{co}}{2t\sigma_s}\right)^2}-0.5\left(\frac{p_oD_{co}}{2t\sigma_s}\right)\right] \tag{5-4-14}$$

式中 p_o——外压力，MPa；

T_{ay}——外压力作用下套管抗拉强度，kN。

由式(5-4-14)可以看出，当外压力等于套管最小抗挤强度，即 $p_o=2\delta\sigma_s/D_{co}$ 时，$T_{ay}=0$，套管已不能承受任何轴向载荷。在外压力和轴向载荷都很大时，必须考虑外压力对轴向载荷的影响，但是由于套管柱上部的轴向力很大时其外压力较小，所以很多套管强度设计和校核时并不考虑该影响。

四、套管柱双轴应力设计

套管双轴应力设计即通过计算轴向载荷对套管抗挤强度的影响，计算套管可下入深度和长度，常用的方法有线性化法、解析法和联解法，这里介绍一下线性化法。

利用最小二乘法，寻求足够精确和计算简易的双轴应力计算方法，主要是通过将应力椭圆第四象限部分线性化的方法，见图 5-4-2，引入下列变换：

$$x=\sigma_z/\sigma_s,\quad y=p_{ca}/p_{co} \tag{5-4-15}$$

应力椭圆方程改写为：

$$x^2+xy+y^2=1 \tag{5-4-16}$$

椭圆在第四象限是对称于直线 $y=x$ 的，与 x 和 y 轴分别交于(1,0)和(0,1)，β 与直线 $y=x$ 约相交于(0.6,0.6)，该椭圆曲线在(0.6,0)和(0,0.6)两区内大致对称，可将这两段曲线分别用直线代替，这两条直线仍然对称于 $y=x$，其截距分别是 α 和 β，那么这两条直线的方程为：

$$\begin{cases}\dfrac{x}{\alpha}+\dfrac{y}{\beta}=1\\[2mm]\dfrac{x}{\beta}+\dfrac{y}{\alpha}=1\end{cases} \tag{5-4-17}$$

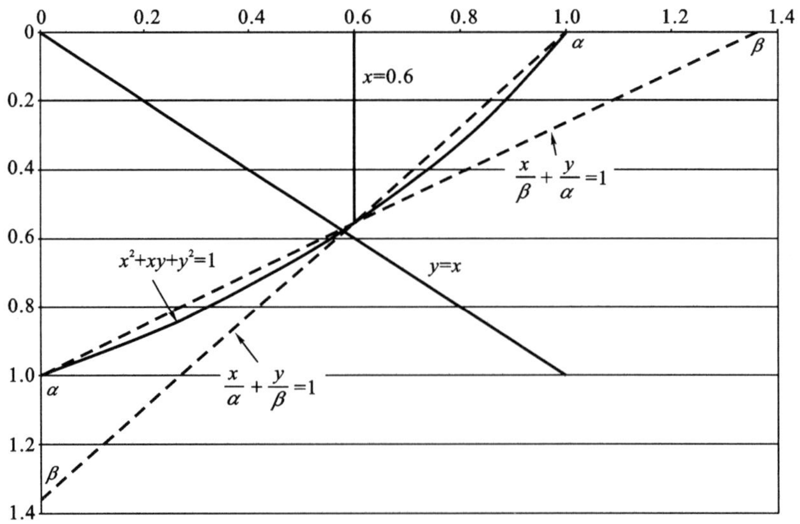

图 5-4-2　椭圆应力线性化

由最小二乘法计算两直线与椭圆曲线之间的误差平方和 F 最小值，即

$$F=\int_0^{\alpha}(y_1-y_2)\mathrm{d}x \tag{5-4-18}$$

其中：

$$\begin{cases}y_1=\sqrt{1-0.75x^2}-0.5x & (0\leqslant x\leqslant 1)\\ y_1=0 & (0\leqslant x\leqslant \alpha)\end{cases}$$

$$\begin{cases}y_2=\alpha-\dfrac{\alpha}{\beta}x & (0\leqslant x<0.6)\\ y_2=\beta-\dfrac{\beta}{\alpha}x & (0.6\leqslant x\leqslant \alpha)\end{cases}$$

其中，在 $0\leqslant x\leqslant 1$ 范围内，由式(5-4-16)解出 y，得 $y=\sqrt{1-0.75x^2}-0.5x$，代入 y_1 和 y_2，然后由极值条件(使 F 最小) $\dfrac{\partial F}{\partial \alpha}=0,\dfrac{\partial F}{\partial \beta}=0$，确定待定系数 α 和 β，对含参数的积分求导，得 $\alpha=1.03,\beta=1.38$，从而得到计算双轴应力的线性化公式为：

$$\begin{cases}\dfrac{p_{\mathrm{ca}}}{p_{\mathrm{co}}}=1.03-0.74\dfrac{T_{\mathrm{b}}}{T_{\mathrm{y}}} & (T_{\mathrm{b}}/T_{\mathrm{y}}\leqslant 0.6)\\ \dfrac{p_{\mathrm{ca}}}{p_{\mathrm{co}}}=1.38-1.35\dfrac{T_{\mathrm{b}}}{T_{\mathrm{y}}} & (T_{\mathrm{b}}/T_{\mathrm{y}}>0.6)\end{cases} \tag{5-4-19}$$

式中　T_{y}——套管抗拉强度，kN。

由于现场作业中一般要求抗拉安全系数在 1.6 以上，即轴向拉力一般小于套管抗拉强度的 62%，因此有实用价值的公式是：

$$\frac{p_{\mathrm{ca}}}{p_{\mathrm{co}}}=1.03-0.74\frac{T_{\mathrm{b}}}{T_{\mathrm{y}}}\quad \text{或}\quad p_{\mathrm{ca}}=p_{\mathrm{co}}\left(1.03-0.74\frac{T_{\mathrm{b}}}{T_{\mathrm{y}}}\right) \tag{5-4-20}$$

根据式(5-4-20)可以计算出在轴向拉力下套管实际的抗挤强度，根据其实际抗挤强度可决定套管下入深度。设第 i 段套管底端下入深度为 H_i，第 $i+1$ 段和第 i 段套管承受的轴向拉力分别为 T_{i+1} 和 T_{i-1}，则：

$$T_{i+1}=T_{i-1}+0.009\,81(H_i-H_{i+1})q_iB \tag{5-4-21}$$

式中　q_i——第 i 段套管单位质量，kg/m；

H_i——第 i 段套管下深，m；

B——浮力系数，无因次。

第 i 段套管应满足线性化双轴应力方程，即

$$\frac{p_{\mathrm{ca}i+1}}{p_{\mathrm{co}i+1}}=1.03-0.74\frac{T_{i-1}+(H_i-H_{i+1})q_iB}{T_{\mathrm{y}i+1}} \tag{5-4-22}$$

设第 $i+1$ 段套管下端实际抗挤强度为 $p_{\mathrm{ca}i+1}$，其可下入深度为：

$$H_{i+1}=p_{\mathrm{ca}i+1}/(0.009\,81\rho_{\mathrm{m}}S_{\mathrm{c}}) \tag{5-4-23}$$

式中　S_{c}——抗挤安全系数，无因次。

联立以上两式，可解出 H_{i+1} 为：

$$H_{i+1}=\frac{1.03T_{\mathrm{y}i+1}-0.74(T_{i-1}+H_iq_iB)}{T_{\mathrm{y}i+1}\dfrac{0.009\,81\rho_{\mathrm{m}}S_{\mathrm{c}}}{p_{\mathrm{co}i+1}}-0.74q_iB} \tag{5-4-24}$$

第五节　套管柱设计方法与实例

一、套管柱设计方法

1. 套管柱设计原则与方法

套管柱设计的目的是在最经济的条件下使井筒得到可靠保护，保证在油气井整个生产期间作用于套管上的最大应力不超过允许的安全范围，即

套管强度 ≥ 外载 × 安全系数

一般情况下，套管柱设计原则应满足以下几个方面的要求：

(1) 满足钻井作业、油气开采和储层改造的工艺要求。

(2) 套管强度与套管所承受的载荷相比应有足够的安全系数。

(3) 经济性好。

(4) 便于现场操作。

常用的套管柱设计方法有等安全系数法、边界载荷法、最大载荷法、AMOCO 设计方法及 BEB 设计方法等。

1) 等安全系数法

由于轴向载荷的分布是自下而上地增加，而外挤压力是由上而下地增加，为达到既安全又经济的目的，套管柱应由多段不同钢级与壁厚的套管组成，并且各段套管中最危险截面的最小安全系数应等于或大于规定的安全系数，这就是等安全系数法。其设计步骤如下：

(1) 首先进行抗内压强度校核，以井口压力作为整个套管柱所承受的最大有效内压力。

(2) 按抗挤强度选择下部第一段套管，管内按全掏空计算，下部第一段套管的抗挤强度安全系数必须大于规定值。

(3) 根据第二段套管抗挤强度，确定套管可下入深度。由于井越浅外挤压力越小，因此第二段套管可以选择壁厚和钢级较低的套管类型，其可下入深度由下式计算：

$$H = p_{co}/(0.00981\rho_m S_c) \tag{5-5-1}$$

根据第二段套管可下入深度可以得出第一段套管的可用长度。重复上述步骤，由下而上按照抗挤强度选择各段套管，当达到一定深度，该处抗拉强度不满足要求时，转为按照抗拉强度进行上部套管设计。

(4) 按照抗拉强度设计上部套管，第 i 段套管顶截面的抗拉系数＝套管抗拉强度/下部套管浮重之和。

(5) 水泥封固面之上的自由套管按双轴应力校核。

(6) 最上一根套管选用最大壁厚套管(入井套管内径最小)，因为它要承载全部套管柱重量。

2) 边界载荷法

该方法的抗内压和抗挤设计与等安全系数法相同，而抗拉设计则是以可用强度来选用各段套管，可用强度为该段套管的抗拉强度与边界载荷的差。边界载荷是根据第一段套管抗拉

强度和安全系数所计算出来的。具体计算程序如下：

按抗拉设计的第一段套管：

可用强度＝抗拉强度/抗拉安全系数

边界载荷＝抗拉强度－可用强度

按抗拉设计的第二段套管：

可用强度＝抗拉强度－边界载荷

以后各段套管的抗拉强度均减去同一边界载荷，得出可用强度，以此计算出套管可用长度，这样设计出的各套管段之间的边界载荷相等，在套管柱受拉时，各段套管拉力余量相等，避免套管的强度剩余过多，可以减少套管重量，使设计更加合理经济。

3）最大载荷法

最大载荷法是由美国C·M·普林斯蒂提出的一种设计方法。该方法将套管按表层套管、技术套管、油层套管进行分类，根据不同套管柱类型在实际环境下所承受的有效载荷来设计，先按抗内压强度筛选套管，然后根据有效外挤压力和拉应力进行强度校核，并考虑双轴应力对套管抗挤强度的影响。该方法最大的特点是对套管所受外载荷的计算准确，设计精确。

（1）表层套管。

内压力：假定套管内充满天然气，不考虑套管外液柱压力的作用，井口压力低于井底，表层套管选用方法同技术套管。

外压力：考虑到可能出现的漏失，表层套管按全掏空计算，根据外压力选出的各段套管要进行双轴应力校核。

（2）技术套管。

内压力：井口压力选用井口设备的最大工作压力，井底压力按照套管鞋处破裂压力乘以安全系数所得的值或附加0.12 g/cm³。发生井涌时，由于气柱位置不同，内压力载荷分布也不同，图5-5-1(a)是井内有天然气时内压力载荷分布情况，曲线1为天然气位于套管内钻井液柱之上的压力分布情况，曲线2为天然气位于套管内钻井液柱之下的压力分布情况。

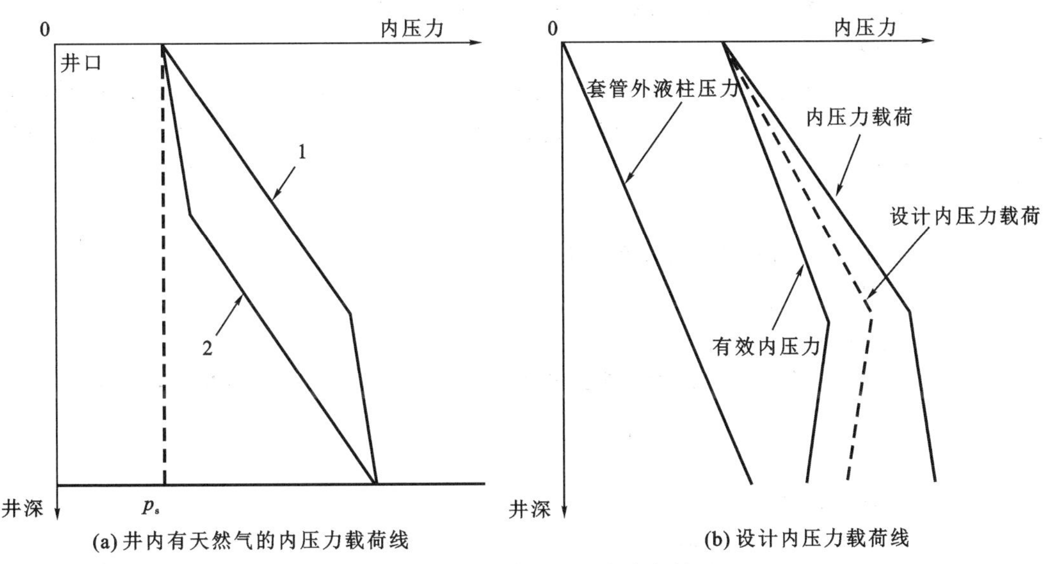

图5-5-1　井涌时套管内压力分布情况

设钻井液液柱长为 x，天然气气柱长为 y，则有以下关系式：

$$\begin{cases} x + y = H \\ p_s + xG_m + yG_g = G_f Hk \end{cases} \tag{5-5-2}$$

式中 G_m——套管内钻井液压力梯度，MPa/m；

G_g——天然气压力梯度，MPa/m；

G_f——套管鞋处地层破裂压力梯度，MPa/m；

H——套管下深，m；

k——安全系数。

由式(5-5-2)可以求得天然气气柱长度和钻井液液柱长度，显然图 5-5-1(a)中曲线 1 所受内压力大于情况 2，因此要依据情况 1 来计算套管内压力；套管外压力按照盐水压力梯度来计算，则有效内压力分布情况如图 5-5-1(b)所示。依据设计内压力载荷分布情况，从井口或井底开始，根据套管性能，选出合适的套管。

外压力：发生井漏时，技术套管出现最危险工况，有效外挤压力为管内外压力差，根据安全系数计算出外压力载荷线并画在图上，在该图中根据抗内压强度选出的各段套管进行抗挤强度校核，不满足要求者进行更换，这样就得到了抗内压和抗挤强度均符合要求的套管柱。

轴向拉力：根据设计出的套管柱，计算套管在钻井液中的浮重，然后对套管进行抗拉强度校核，不满足要求者进行更换。

双轴应力：根据双轴应力计算方法，按照轴向拉力分布情况，对套管进行各段套管强度校核，不符合要求的进行更换。

(3) 油层套管。

内压力：内压力的最危险工况基于以下两点假设。第一，套管内完井液与套管外钻井液密度相同；第二，油管顶部泄漏，井口油管压力作用到全部套管柱上。根据以上两点假设求得内压力，再乘以安全系数，得到设计内压力载荷线，然后根据内压力载荷线进行套管选择。

外压力：开发后期可能采用气举方式采油，套管外压力按照下套管时井内最高钻井液密度计算，套管内按全掏空计算，乘以安全系数后得到设计外压力载荷线。

4) AMOCO 设计方法

美国 AMOCO 公司设计方法的独到之处在于：按双轴应力进行抗挤强度设计，计算套管外载荷时考虑了套管接箍处的受力，计算抗内压强度时考虑了拉应力的影响。该设计方法有图解法和解析法。

5) BEB 设计方法

BEB 是德国一家公司 BEB 提出的设计方法，其设计步骤如下：

(1) 表层及技术套管。

① 抗外挤计算。

a. 漏失面深度计算。假定最大漏失出现在下一开次钻进，其最大漏失深度为：

$$H_1 = H_{s2}\left(1 - \frac{G_{p2}}{G_{m2}}\right) \tag{5-5-3}$$

式中 H_1——漏失面深度，m；

H_{s2}——下层套管下深，m；

G_{p2}——下一开次最大孔隙压力梯度，MPa/m；

G_{m2}——下一开次钻井液压力梯度，MPa/m。

b. 漏失面处外压力计算。

$$p_{ol}=H_1G_m \tag{5-5-4}$$

式中 G_m——本开次钻井液压力梯度，MPa/m；

p_{ol}——漏失面处外压力，MPa。

c. 套管鞋处外压力计算。

$$p_{os}=p_{ol}+(H_s-H_1)(G_{cm}-G_{m2}) \tag{5-5-5}$$

式中 p_{os}——套管鞋处外压力，MPa；

G_{cm}——固井时钻井液压力梯度，MPa/m。

d. 零轴向力点(中和点)深度计算。

$$H_{ZEO}=H_s\left(1-\frac{\rho_m}{\rho_s}\right) \tag{5-5-6}$$

式中 H_{ZEO}——中和点深度，m；

ρ_s——钢材密度，g/cm^3。

e. 抗外挤设计。利用上述计算数值绘出外压力载荷线，根据载荷线选择各段套管，套管的每项强度乘以安全系数均应小于外载荷。

f. 双轴应力校核。计算出因轴向载荷造成的各段套管实际抗挤强度，并画于载荷图上，不满足抗挤强度要求的进行更换。

② 抗内压计算。

a. 井口最大内压力，把40%井涌量作为技术套管的内压力：

$$p_{s\,max}=0.4H_{s2}G_{m2} \tag{5-5-7}$$

b. 井涌液面深度＝0.4×下开次套管深度。

c. 液面处内压力＝井口压力－液面深度×管外压力梯度。

d. 套管鞋处有效内压力＝液面处内压力＋管内外液柱有效内压力。

根据上述计算绘制内压力载荷线，取抗内压安全系数为1.1，选择满足要求的各段套管。

③ 抗外挤/抗内压排列组合。

将抗挤、抗内压设计选出的套管绘制成对比图，在同一井段选择壁厚和钢级更高的套管，由此得出满足抗挤强度和抗内压强度要求的套管柱。

④ 抗拉强度校核。

根据各段套管在空气中的重量进行校核，将结果按照井段、段长、重量、钢级、壁厚等内容进行列表。

⑤ 水泥凝固后套管最大许可试压压力计算。

根据套管剩余抗拉强度计算最大试压压力。

剩余抗拉强度＝套管抗拉强度/抗拉安全系数－该点以下套管浮重

最大试压压力＝剩余抗拉强度×4/(π×套管外径^2)

⑥ 列出套管设计总表。

(2) 油层套管。

① 抗外挤计算。

a. 根据外压力值绘制外压力载荷线，同时计算中和点。

套管鞋处外压力＝套管鞋深度×完钻时钻井液压力梯度

b. 由外压力载荷线（考虑抗挤安全系数及双轴应力）选择套管并列表。

c. 计算中和点以上套管重量。

d. 进行双轴应力计算，绘制出所选套管实际抗挤强度。

② 抗内压计算。

a. 按已知钻井液密度或油层压力计算井底压力。

b. 井口压力等于井底压力减去气柱重所造成的压力。

c. 根据上述计算绘制气柱压力线。

d. 根据上述计算绘制内压力载荷线，选择满足要求的套管。

套管鞋处内压力＝井口压力＋套管鞋深度×（完井液压力梯度－盐水压力梯度）

③ 抗外挤/抗内压排列组合同技术套管。

④ 抗拉强度校核同技术套管。

⑤ 最大许可试压压力计算同技术套管。

⑥ 列出套管设计总表。

6）中国采用的套管柱设计方法

中国于2008年发布了《套管柱结构与强度设计》标准。该方法先按抗外挤强度自下而上进行设计，同时进行抗拉强度和抗内压强度校核。当设计的抗拉强度或抗内压强度不满足要求时，选择更高一级的套管，改为抗拉强度或抗内压强度设计，并进行抗挤强度校核，一直到满足设计要求为止。

2. 套管柱设计安全系数

中国石油天然气行业标准SY/T 5724—2008《套管柱结构与强度设计》对套管设计中的安全系数规定如下：

抗外挤安全系数 $S_c = 1.00 \sim 1.125$，抗内压安全系数 $S_i = 1.05 \sim 1.15$，抗拉安全系数 $S_t = 1.60 \sim 2.00$。

美国AMOCO公司对安全系数的选择分别如下：

（1）抗内压安全系数。

抗内压安全系数取1.0，其主要原因是：第一，计算套管内压力时，按照三种情况中压力最大的来计算；第二，没有考虑水泥环对套管的支撑平衡作用；第三，套管抗内压计算值偏于保守。

（2）抗外挤安全系数。

在水泥面以下抗外挤安全系数选0.85，水泥面以上取1.0，主要原因如下：第一，水泥环的支撑能够提高套管抗挤强度；第二，套管柱下部受到压缩力作用，根据双轴应力公式，压缩应力能够提高套管抗挤强度；第三，一般手册中所给套管的抗挤强度是最小值，95%以上套管的强度都能超过最小抗挤强度。需要特别指出的是，在水泥封固质量不高时，射孔会大大降低套管抗挤强度，因此需要特别予以关注。

（3）抗拉安全系数。

抗拉安全系数一般取1.60，根据套管螺纹不同，分别校核螺纹处和套管本体的抗拉安全系数。

安全系数的选取一定要根据油田地质和工程实际情况，并参考以往的设计，避免过高或过低的情况出现；对于腐蚀环境、盐膏层、热采井等，则应根据实际情况具体分析。

3. 特殊环境下套管柱设计应考虑的因素

特殊环境下的套管柱设计应针对井筒条件和套管失效机理，通过优化套管柱设计，避免套管失效情况的出现，提高套管柱强度，保证油井生产期限内套管柱的安全。

1）导致套管失效的主要因素

套管或油井管失效形式可用八个字概括：脱、漏、黏、挤、破、裂、磨、蚀。具体如下：

脱——管体螺纹从接箍内滑脱；

漏——螺纹连接处失去密封；

黏——螺纹黏结；

挤——管体挤毁；

破——管体受内压爆破；

裂——管体拉断、管体错断、接箍纵裂、管体射孔开裂等；

磨——管体被钻柱磨损；

蚀——腐蚀及应力腐蚀。

上述失效形式的主要原因在于油井管的材料因素和结构因素，其中材料因素包括钢材的成分、组织、性能及冶金质量，集中体现在油井管钢级上；结构因素是指油井管的几何形状和尺寸，主要体现在螺纹连接上。

（1）地质因素。

① 泥岩吸水膨胀和蠕变。注水开发中，注入水进入泥岩地层，泥岩中的黏土矿物尤其是蒙托石、伊利石、高岭石遇水膨胀，并在远场地应力作用下发生蠕变。蠕变向井筒周围发展，造成套管外部载荷增加，在套管柱上形成非均匀载荷。随着时间的增长，非均匀载荷增大，当套管的抗挤强度低于其所承受的载荷时，套管就会被挤压变形甚至错断。

② 盐岩蠕变。盐层在高温、高压下的蠕变和塑性变形特别明显，盐膏层、上覆岩层和井眼围岩发生蠕变和塑性变形后，在套管柱上产生非均匀的挤压应力和剪切力，当套管所承受的载荷超过套管抗挤强度时，套管就会发生变形、挤扁甚至错断。

③ 油层出砂。随着采油的进行，油层大量出砂造成油层部位砂岩井段与套管之间形成空洞，由此改变了出砂部位套管的受力状态，破坏了井筒周围的应力平衡，为套管纵向弯曲创造了条件。同时由于空洞的出现，引发砂岩层的流动和上部地层的沉陷，最后造成管外井壁坍塌而挤压套管，导致套损。

④ 地壳运动、地震。地壳运动（指地壳升降运动）能导致套管损坏。地壳运动方向有两个：一是水平运动（板块运动），二是升降运动。地壳缓慢的升降运动产生的应力可以导致套管被拉伸损坏，而损坏的程度和时间则取决于地壳运动升降速度和空间上分布的差异。地震活动使得大量注入水通过断裂带或固井后的第二交界面进入地层，地层中的泥页岩吸水膨胀，产生黏塑性变形，使岩体产生水平蠕变运动，油水井套管遭到破坏。

⑤ 断层运移。油田开采过程中，随着采油的进行和后期增产措施的应用，油藏附近地层结构发生变化，如果油井位于断层，在地应力和侵入注入水的润滑作用下，可能破坏断层的相对静止状态，断层发生滑移，导致套管发生剪切破坏。

⑥ 地层流体腐蚀。原油天然气中含有的硫、CO_2 与 H_2S 及地层水中和注入水中含有的各种腐蚀性物质与套管发生反应而腐蚀管体。

⑦ 寒冷地区永冻层的反复解冻、冻结。在寒冷地区进行油气勘探开发时，井内流体温度高而使永冻层解冻，解冻后造成上覆地层下沉，导致套管变形。如果完井后油井没有投产或生产间断，已解冻的永冻层会重新结冻，体积增加，造成套管损坏。

(2) 工程因素。

① 磨损。磨损较多发生于技术套管，经过长期钻进和多次起下钻，套管会出现磨损，在狗腿度严重或全角曲率较大的井段，会加剧套管的磨损。磨损会降低套管的抗挤强度和抗内压强度，当外载荷超过套管磨损后的剩余强度时，套管就会发生破裂、挤毁等损坏。

② 注水。注水开发中，无论是高压注水还是欠注性注水(采多注少)都会改变油井周围地层的压力平衡状态，再加上断层的影响等因素，会破坏套管柱周围地层纵向、横向上的压力平衡，当套管纵向、横向外应力的等效外挤合力超过套管(包括射孔井段套管)的抗挤强度时，套管会发生接头泄漏，管体缩径、弯曲变形、错断、破裂等。

③ 射孔。射孔会降低套管的抗挤强度，会在套管上形成局部应力集中和残余应力，同时孔眼的存在会改变套管应力分布情况，当地层应力和后期增产措施等产生的外载荷超过了射孔段剩余强度时，套管发生变形、损坏。若套管外水泥环完整且胶结良好，则可以有效降低套管损坏概率；如果水泥环胶结质量差或者射孔工艺选择不当，则会造成套管或者套管外水泥环的破裂，套管损坏的概率大大增加。

④ 热采。稠油井注蒸汽热采过程中，套管膨胀产生压缩应力，当压缩应力超过套管屈服强度时，套管发生变形损坏；再者，在停注蒸汽降温时，套管柱收缩，产生拉伸应力，反复的拉伸压缩，容易造成套管本体和螺纹的破坏。

⑤ 固井质量。固井质量不合格，造成套管外水泥环不均匀，套管外载荷分布不均匀，当注水或进行储层改造时，会加剧套管所受载荷的不均匀程度，在应力集中井段容易出现套管破损。

(3) 套管材质及设计因素。

套管本体材质在冶金和机械加工过程中，若出现微孔、微裂缝，或螺纹加工不合格，抗剪、抗拉强度低等问题，在油气生产过程中会慢慢出现套损问题而导致套管失效。在套管设计中，由于对套管力学环境和服役条件认识不足，选择了较低钢级、壁厚的套管或螺纹类型而不能满足密封、强度要求时，则会导致套管失效。

2) 热采井套管柱设计

(1) 热采井套管失效机理。

热采井套管失效的主要形式有套管变形、套管错位、螺纹泄漏和滑脱等，其中套管变形占热采井套管损坏总井数的 46%，套管错位占 23%，螺纹泄漏和滑脱占 16%。套管损坏多发生在注汽封隔器附近至油层部位。

热采井套管损坏的原因有很多，普遍认为套管中热应力的产生与变化是套管失效的主要原因。稠油热采过程中，一个热采周期内井筒内的温度先是升高到 350 ℃甚至 500 ℃以上，然后冷却至常温，套管所承受的温差可达 300 ℃以上。稠油热采井注水泥时，水泥返至地面，套管被固定，其受热膨胀时不能自由伸长，因此形成压缩应力；而在套管冷却过程中，则形成拉伸应力。在持续高温和轴向拉应力下，套管钢材的拉伸屈服强度降低，套管产生疲劳裂纹和压缩变形，造成套管损坏。如果是API圆螺纹和梯形螺纹，在高温轴向载荷下，接头与套管螺纹的径向变形超过允许公差，则会造成接箍泄漏和滑脱。

非均匀载荷力是热采井套管损坏的另一个重要原因，而地层出砂和固井质量差都可以使套管柱外壁产生非均匀载荷。稠油油藏地层胶结疏松，大排量降压开采造成地层出砂，引起地层坍塌，使套管承受的外载荷失衡，导致套管柱变形、断裂和错位。固井质量差会造成套管柱外的水泥环不均匀，甚至水泥返高没有达到设计要求，套管柱失去水泥环和地层的支撑，在管柱周围形成自由空间，注采时套管在非均匀外挤载荷作用下出现应力集中，导致弯曲变形和错断。

(2) 套管选择。

热采井套管所用钢材必须具有良好的高温力学性能，即在高温和载荷共同作用下具有较高的抵抗塑性变形和破坏的能力。套管受热产生的压缩应力主要与钢材的弹性模量和热膨胀系数有关，而不同套管钢材的弹性模量和热膨胀系数基本相同，因此，在相同温度下套管受热产生的压缩应力基本相同。但是套管受热产生的拉伸应力不仅与弹性模量和热膨胀系数有关，还与高温下套管变形量、降温后残余变形、螺纹接头的变形有关。由此可见，评价热采井套管主要是评价其拉伸应力的变化情况。在温度从室温上升到350 ℃时，N-80和P-110套管的屈服强度和抗拉强度下降20%左右，而热采井专用套管的下降幅度一般在10%左右。

对于火驱采油用套管，还应考虑高温氧化腐蚀和原油燃烧所产生的二氧化碳、硫化氢等腐蚀。

套管螺纹选择是热采井套管设计的又一关键环节，优质的特殊螺纹可以有效防止套管损坏，这一观点已为现场实践所证明。热采井套管对螺纹的要求如下：第一，套管需要承受反复的拉伸、压缩载荷作用，螺纹需要有较高的连接强度，常用的特殊螺纹普遍采用API梯形螺纹或改进型梯形螺纹；第二，良好的气密封能力，尤其是在较大的拉伸和压缩载荷下仍能保持密封性能；第三，接头应力分布合理，防止黏扣；第四，螺纹可以释放部分热应力，通过扭矩台肩设计，使套管的热压缩载荷很大部分作用在扭矩台肩上，而在拉伸状态下台肩所分担的载荷又释放出来，这样扭矩台肩在一定程度上起到了热应力补偿器的作用。

(3) 热采井套管柱设计。

热采井套管柱设计除了按照常规方法进行套管选择和强度校核外，还要考虑以下因素：第一，热应力下套管强度的变化，保证套管在350 ℃温度下屈服强度满足设计要求，并具有较低的线膨胀系数；第二，套管自由段所承受的非均匀载荷带来的应力集中；第三，产层衰竭或地层出砂后造成的非均匀载荷；第四，地层黏土膨胀而产生的剪切应力。其主要设计内容如下：

① 根据预应力对抗挤强度的影响从最底部套管开始计算可下入深度(预应力值为预定)。

② 根据预应力对抗拉强度的影响从套管底部计算可下入深度。

③ 计算热应力对抗内压强度的影响。

④ 考虑热应力影响最大的油层部位的套管柱设计。

⑤ 设计自下而上，分别按抗挤、抗拉、抗内压安全系数进行设计，并控制最小抗挤、抗拉段长。

⑥ 计算井口套管允许的最大轴向载荷和套管允许的最大压应力。

⑦ 计算套管鞋处允许的最高温度。

具体设计内容要根据油田生产的现场实际情况进行调整。

(4) 现有热采井套管柱设计存在的不足。

现有热采井套管柱设计主要存在以下不足：

① 对套管柱危险工况的认定上存在差异，因此套管柱受力分析和载荷计算的方法和结果不同，可能导致套管强度难以满足实际井眼条件的要求。

② 提拉预应力固井是基于整个套管柱均匀受热和热应力在套管柱各个截面上相同的前提条件下进行设计的，这与套管柱在井内的实际情况不一致。理论研究、实验分析和现场调查也表明，提拉预应力难以有效解决热采井套管损坏难题。

③ 套管强度设计中，热应力对套管强度的影响考虑不够充分。

综上所述，在热采井套管柱设计中，由于现行套管柱设计存在的不足，即使套管强度达到了设计要求，套管损坏问题仍然可能出现，因此，必须根据油田实际地质情况和热采工艺，通过对比和分析，找出适用于本地区的套管设计方法。

3) 腐蚀环境下套管柱设计

(1) 油套管腐蚀损坏的三个显著特征。

① 气、水、烃、固相共存的多相流腐蚀介质，由于各相间的互相促进，其腐蚀性能有时会比单相介质强得多。

② 高温和/或高压环境，特别对于深井和超深井，其井下温度多在 120～140 ℃，压力多在 100 MPa 以上，这样的环境会加快腐蚀速度。

③ H_2S，CO_2，O_2，Cl^- 和水是油气田最主要的腐蚀介质。H_2S 和 CO_2 一般来自地层的油气，CO_2 也可能来自二次采油时注入的气举气体，O_2 一般来自地面注入的液体如钻井液、回注水等。在含量相同的情况下，O_2 的腐蚀性大于 CO_2 和 H_2S，分别是 CO_2，H_2S 腐蚀性的 80 倍和 400 倍。Cl^- 本身不产生腐蚀，但其迁移率很高，可大大促进腐蚀。水是电化学腐蚀的载体。

(2) 油气田腐蚀的类型。

① 常规腐蚀：双金属腐蚀；缝隙腐蚀，如硫酸盐还原菌(SRB)形成的沉淀瘤状物处发生的腐蚀；点蚀；杂散电流腐蚀(由油井套管外部杂散的交流或直流电流所引起，在电流强度相同时，直流电所造成的腐蚀是交流电的 100 倍)；弱酸腐蚀(CO_2、H_2S、元素硫和多硫化物溶于水可形成弱酸)；强酸腐蚀，如酸化压裂中加入盐酸所致的腐蚀；Ca，Zn，Mg 的浓卤化物盐中存在溶解氧时也会促进腐蚀。

② 流体力学-化学腐蚀：空泡腐蚀；冲刷腐蚀(出砂井对套管、油管的冲刷腐蚀)；冲蚀腐蚀(主要是流体冲刷破坏腐蚀产物膜而提高腐蚀速率)，如含 CO_2 高压天然气对油管、井口附件结构的冲蚀，促进了 CO_2 对油套管的腐蚀和冲蚀；流动导致反应介质或腐蚀产物的传质速率加快，或者说金属表面反应加速而促使腐蚀速率加快等。

③ 固体力学-化学腐蚀：腐蚀疲劳(油管在抽油杆泵往复应力和油水介质作用下的疲劳、套管钻井的疲劳)；硫化物开裂，包括氮鼓泡(HB)、氢致开裂(HIC)和硫化物应力开裂(SSC)以及如不锈钢在盐水中的氯化物应力开裂(SCC)等。

④ 微生物细菌生长繁殖过程产物腐蚀：如 SRB 在硫酸盐和良好碳源供给条件下，在适宜的温度和无氧垢下生长繁殖，并参与金属腐蚀的阴极去极化过程，析出 H_2S，产生 H_2S 腐蚀、

应力腐蚀开裂和氧的阴极去极化腐蚀。

(3) 腐蚀环境下套管柱设计。

腐蚀井套管设计与常规井套管设计在套管载荷和强度校核方面基本相同,但在钢级、螺纹选择上,腐蚀井必须根据井内腐蚀介质的实际情况选择合适的套管钢级和螺纹连接方式。腐蚀井套管一般选用非 API 钢级和特殊螺纹。不同厂家根据不同的腐蚀环境研发出抗腐蚀的套管系列。在订货时应根据油田实际地质、工程条件,参照套管生产商的推荐,按照经济安全的原则,提出合理的订货要求。

4) 深井、超深井套管柱设计

深井、超深井地质环境复杂,常属于高温高压地层,套管柱层次多,同时,深井、超深井钻完井时间长,井下工况存在较多不确定性,套管螺纹脱扣、密封失效、套管本体磨损、腐蚀、挤毁等常有发生,因此,在进行深井、超深井套管设计时,要考虑以下几个方面:

(1) 套管载荷计算。

深井、超深井套管设计中,必须对套管服役条件进行深入研究,准确判断套管载荷情况,这样才能保证套管选材正确,避免套管失效。常规套管设计中,套管外载荷按液柱压力或上覆岩层压力计算,没有考虑地层弹性的影响;由于地层不同,其弹性模量、地应力不同,即套管外压力不同。因此,在深井、超深井设计时,应考虑实际地层因素的影响,针对地层弹性模量和泊松比进行强度校核,使套管设计更加安全、经济合理。

(2) 套管柱强度设计。

① 螺纹强度设计。常规设计方法只考虑了套管管体的强度,对于螺纹的强度考虑不够。API 标准螺纹强度低于管体强度;当载荷低于套管本体强度时,仍有可能高于螺纹的强度而导致螺纹失效;因此进行深井、超深井套管设计时,有必要根据实际服役条件,把螺纹作为薄弱点,进行螺纹强度设计和校核。

② 密封设计。影响油套管密封设计的主要因素包括螺纹泄漏压力、复合载荷、环境介质、压力、温度,其中螺纹泄漏压力是最重要的因素,也是最难解决的。泄漏压力的确定涉及诸多因素的可靠性问题,单纯理论计算难以实现,比较科学的方法是通过螺纹实验模拟井下工况来确定。

③ 抗腐蚀设计。针对腐蚀环境,确定准确的腐蚀条件,选择经济合理的套管钢级和螺纹。

④ 温度对套管强度的影响。深井、超深井井底温度可能超过 200 ℃,套管材料的屈服强度随着温度的增高有降低趋势,而套管强度是根据钢材常温性能来确定的,因此,当温度较高时,套管性能也会发生变化。在进行深井、超深井套管设计时,必须考虑温度对套管的影响。

(3) 套管选择。

① 选用超高强度套管应注意钢材韧性和应力腐蚀开裂的问题。选用韧性高的非 API 套管,在满足安全要求的前提下,尽量选择低一钢级的超高强度套管。

② 选用非 API 高抗挤套管解决套管深井挤毁失效问题。深井、超深井中大多存在盐膏层等塑性流动地层,这些地层加剧了套管非均匀外挤载荷,因此对套管抗挤强度要求很高,非 API 高抗挤套管能够满足深井、超深井复杂地质情况的要求。

③ 选用特殊规格套管或无接箍套管解决间隙过小问题。无接箍套管和特殊规格套管能够在不增加套管层次的情况下,增大下一开次钻头和套管选择范围,从而实现优化井身结构

的目的。

5）盐层井套管柱设计

（1）盐层井套管失效机理。

盐岩层（含膏岩层）塑性流动使套管受到轴向和径向地层应力变动的作用，当有效外挤合力超过套管的实际抗挤强度时，套管就会局部或整体屈服而失稳变形，由此使套管接头泄漏或套管变形后开裂、破碎。出现上述情况除与套管柱的抗挤特性及射孔开裂的套管或射孔段套管的抗挤强度降低有关外，主要还与盐岩层塑性流动造成套管外地层外挤力变化有关。

造成套管挤毁的其他原因有：① 套管柱设计时，对盐岩的特性认识不足，如对不均匀性外挤力未加考虑，只按正常地层条件静水柱压力或钻井液柱压力设计套管所需的抗挤毁强度；② 对大段盐岩层没有采用适当壁厚的高抗挤技术套管并及时封固；③ 钻开盐岩层时未采取或未及时采取防止盐层溶解的措施，导致盐岩层井眼扩大严重，不能保证封固质量；④ 为了提高试油效率和降低对油层的回压，在试油射孔前应把管内液面降低，然后再射孔，若液面低于盐岩段顶部，则会加大套管的有效外挤力。

（2）盐层套管柱设计。

盐层蠕变、塑性软泥岩所造成的套损是盐层井套管失效的主要形式，为提高套管抗挤毁强度，可以采用非 API 厚壁套管、双层套管以及增加水泥环厚度的措施来防止套管被挤毁。应用较多的是非 API 厚壁套管的方法，即通过增加套管壁厚提高套管抗挤毁强度，实现井筒安全。在进行套管柱设计时，套管外载荷采用上覆岩层压力来计算。这里主要介绍非 API 厚壁套管的强度计算方法。

① 非 API 厚壁套管抗挤强度计算。

厚壁套管抗挤强度按照厚壁壳体的三轴应力计算：

$$p_{ca}=\left[\sqrt{1-0.75(\sigma_a-\sigma_r)^2/Y_P^2}-0.5(\sigma_a-\sigma_r)/Y_P^2\right]p_{co} \tag{5-5-8}$$

其中：

$$p_{co}=\frac{D_{co}^2-D_{ci}^2}{2D_{co}^2}Y_P \tag{5-5-9}$$

$$\sigma_r=p_i \tag{5-5-10}$$

式中 p_{ca}——三轴应力下的套管抗挤强度，MPa；

σ_a——轴向应力，MPa；

σ_r——径向应力，MPa。

② 非 API 厚壁套管抗内压强度计算。

$$p_{ba}=\left[\frac{D_{ci}^2}{\sqrt{3D_{co}^4+D_{ci}^4}}\left(\frac{\sigma_a+p_{ob}}{Y_P}\right)+\sqrt{1-\frac{3D_{co}^4}{3D_{co}^4+D_{ci}^4}\left(\frac{\sigma_a+p_{ob}}{Y_P}\right)^2}\right]p_{bo} \tag{5-5-11}$$

其中：

$$p_{bo}=\frac{D_{co}^2-D_{ci}^2}{\sqrt{3D_{co}^4+D_{ci}^4}}Y_P \tag{5-5-12}$$

6）定向井

定向井的套管柱设计原则上与垂直井相同，主要特点是计算套管在弯曲井眼内可弯曲半径以及弯曲应力对套管的抗拉强度、抗内压强度的影响。

(1) 定向井中套管可弯曲半径。

$$R=\frac{ED_{co}}{200Y_P}K_1K_2 \tag{5-5-13}$$

式中 R——套管可弯曲半径,cm;

E——钢材的弹性模量,$E=206\times10^3$ MPa;

K_1——抗弯安全系数,推荐 $K_1=1.8$;

K_2——螺纹连接处的安全系数,推荐 $K_2=3$。

套管可弯曲半径必须小于井眼实际的弯曲半径,否则应重新校核。

(2) 定向井的弯曲应力。

定向井弯曲应力的计算参照式(5-2-16)。

(3) 在内压和弯曲联合作用下,螺纹连接强度、抗拉强度将有较大降低,API BUL 5c4 有专用数据可供使用。定向井水平井套管柱设计中,需要借助专业软件进行强度校核。

(4) 轴向拉力。

稳斜段:

$$T_{ei+1}=T_{ei}+q_{ei}(\cos\alpha+\mu\sin\alpha)(L_i-L_{i+1}) \tag{5-5-14}$$

造斜段:

$$\begin{cases}N>0,T_{ei+1}=(T_{ei}-A\sin\beta_i-B\cos\beta_i)e^{-\mu(\beta_{i+1}-\beta_i)}+A\sin\beta_{i+1}+B\cos\beta_{i+1}\\N<0,T_{ei+1}=(T_{ei}+A\sin\beta_i-B\cos\beta_i)e^{-\mu(\beta_{i+1}-\beta_i)}-A\sin\beta_{i+1}+B\cos\beta_{i+1}\end{cases} \tag{5-5-15}$$

其中:

$$A=\frac{2\mu}{1+\mu^2}q_{ei}R$$

$$B=-\frac{1-\mu^2}{1+\mu^2}q_{ei}R$$

$$N=q_{ei}\cos\beta_i-\frac{T_{ei}}{R}$$

式中 T_{ei}—— 斜井段第 i 段套管顶端拉力,kN;

L_i——第 i 段套管下深,m;

μ——摩阻系数;

α——井斜角,(°);

β_i——第 i 段井斜角的余角,(°);

R——井筒曲率半径,m;

q_{ei}——第 i 段套管在流体中的单位重量,N/m。

$N>0$,管柱和下井壁接触;$N<0$,管柱和上井壁接触。

二、套管柱设计实例

1. 技术套管设计方法

按最大载荷法进行套管强度设计和校核。

已知：244.475 mm 套管下入深度 3 500 m，井口装置额定压力 35 MPa，套管鞋处地层破裂压力当量密度 2.08 g/cm^3，钻井液密度 1.44 g/cm^3，下一开次钻井液最高密度 2.04 g/cm^3。盐水层压力梯度 0.010 49 MPa/m，该井为气井，天然气压力梯度 0.002 7 MPa/m。

1）抗内压设计

井口内压力可认为是井口设备额定压力，即 $p_s = 35$ MPa。

井底内压力等于套管鞋处地层破裂压力当量密度附加 0.12 g/cm^3，即 $p_{bs} = 0.009\ 81H(\rho_f + 0.12) = 0.009\ 81 \times 3\ 500 \times (2.08 + 0.12) = 75.537$ (MPa)。

设钻井液在井筒上部，由公式(5-5-2)得：

$$\begin{cases} x + y = 3\ 500 \\ 35 + 2.04 \times 0.009\ 81x + 0.002\ 7y = 75.537 \end{cases}$$

解方程得钻井液液柱长＝1 796 m，天然气气柱长＝1 704 m。

气柱顶部内压力＝井口设备额定压力＋套管内钻井液液柱压力＝35＋2.04×0.009 81×1 796＝70.935 (MPa)。

套管外压力按照盐水层压力梯度计算，即 $p_{ob} = G_s H = 0.010\ 49 \times 3\ 500 = 36.715$ (MPa)。

根据上述计算结果绘制套管内压力载荷、套管外压力载荷以及有效内压力载荷线，见图 5-5-2。

根据图 5-5-2 选出各段套管，各段套管性能参数见表 5-5-1。

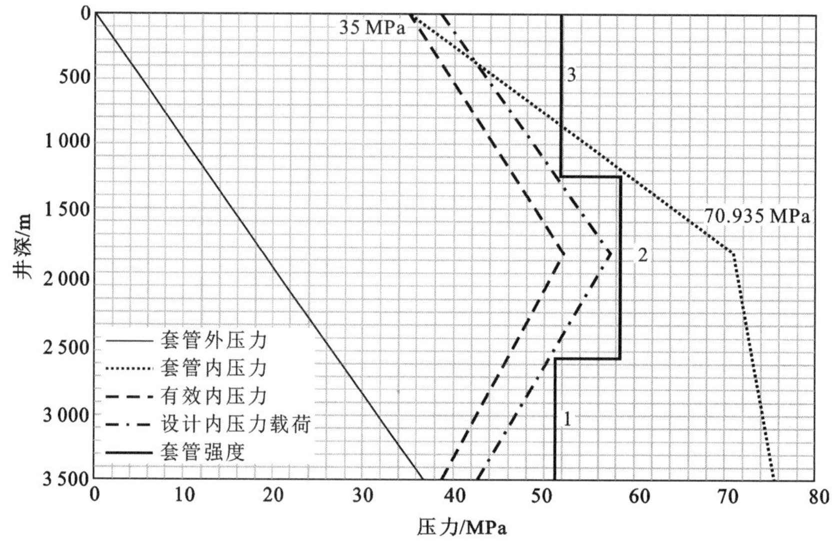

图 5-5-2 技术套管内压力设计载荷线

表 5-5-1 套管性能参数

序 号	井段/m	段长/m	钢 级	壁厚/mm	扣 型	单位重量/(N·m^{-1})	抗拉强度/kN	抗挤强度/MPa	抗内压强度/MPa
3	0～1 250	1 250	C-95	11.05	LTC	634.8	4 216.9	28.406	51.779
2	1 250～2 550	1 300	C-95	13.84	LTC	780.7	5 426.8	50.608	58.330
1	2 550～3 500	950	C-75	13.84	LTC	780.7	4 443.8	43.782	51.228

2）抗外挤设计

抗外挤计算考虑套管部分掏空。套管掏空的情况出现在下一开次钻进发生漏失时，此时钻井液密度 2.04 g/cm³，假设在 3 500 m 钻遇盐水层发生井漏，此时地层孔隙压力 $p_p=3\ 500\times 0.010\ 49=36.715$（MPa）。

套管内钻井液液面井深 $H=36.715/(0.009\ 81\times 2.04)=1\ 834$（m）。

套管鞋处外压力 $p_{ob}=\rho_m gH=1.44\times 0.009\ 81\times 3\ 500=49.442$（MPa）。

根据以上计算绘制套管外挤压力设计载荷线，并把所选套管抗挤强度画在图上，见图 5-5-3。从图中可以看出，三段套管抗挤强度均满足要求。

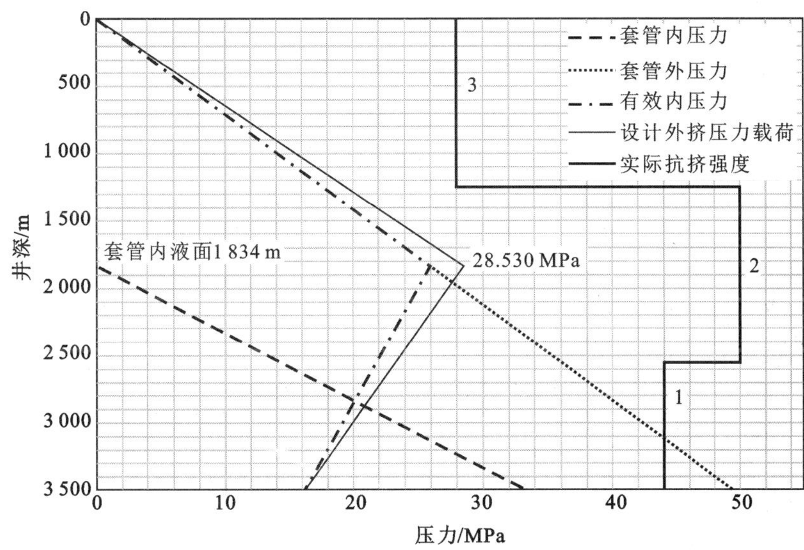

图 5-5-3　技术套管外挤压力设计载荷线

3）抗拉设计

计算各段套管所承受的轴向载荷，其中最下端套管受向上的浮力作用，最上端套管受拉力作用，向上浮力为负。

第 1 段下：$T_{1下}=p_{ob}\times\frac{\pi}{40}(D_{co}^2-D_{ci}^2)=-49.442\times\frac{\pi}{40}(24.447\ 5^2-21.679\ 5)=-495.706$（kN）。

第 1 段上：$T_{1上}=T_{1下}+Lq_e=-495.706+950\times 780.7/1\ 000=245.959$（kN）。

第 2 段下端轴向载荷＝第 1 段上端轴向载荷，即 $T_{2下}=T_{1上}=245.959$（kN）。

第 2 段上：$T_{2上}=T_{2下}+Lq_e=245.959+1\ 300\times 780.7/1\ 000=1\ 260.869$（kN）。

第 3 段下：$T_{3下}=T_{2上}+F_{2上}=1\ 260.869+0.009\ 81\times 1\ 250\times 1.44\times\frac{\pi}{40}(24.447\ 5^2-22.237\ 5^2)=1\ 403.952$（kN）。

第 3 段上：$T_{3上}=T_{3下}+Lq_e=1\ 403.952+1\ 250\times 634.8/1\ 000=2\ 197.452$（kN）。

利用以上数据绘制套管拉力载荷分布情况，下部加 45 t 拉力，上部取安全系数 1.6，套管轴向拉力设计载荷线见图 5-5-4。从图中可以看出，套管抗拉强度均满足要求。

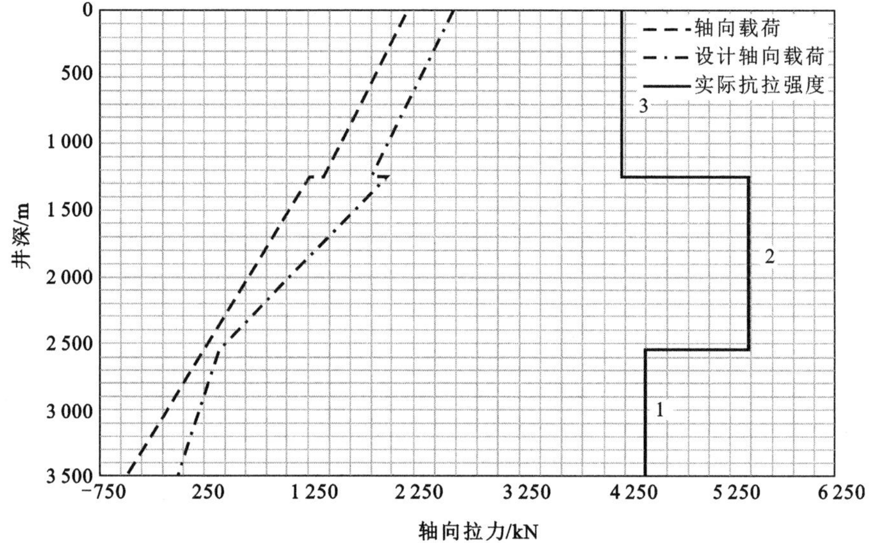

图 5-5-4　技术套管轴向拉力设计载荷线

4）双轴应力校核

根据双轴应力强度计算的基本公式，当套管受到轴向应力时，其抗挤强度可用式(5-4-12)。所选套管轴向拉力下的抗挤强度计算结果见表 5-5-2。

表 5-5-2　轴向拉力下套管抗挤强度

序号 位置	3		2		1	
	T_b/kN	p_{ca}/MPa	T_b/kN	p_{ca}/MPa	T_b/kN	p_{ca}/MPa
顶　端	2 197.452	20.635	1 260.869	45.048	245.959	42.707
底　端	1 403.952	23.893	245.959	49.634	−495.706	45.724

将上述计算结果绘制在图上，校核双轴应力作用下的实际抗挤强度，见图 5-5-5。从图中可以看出，所选套管均满足要求。

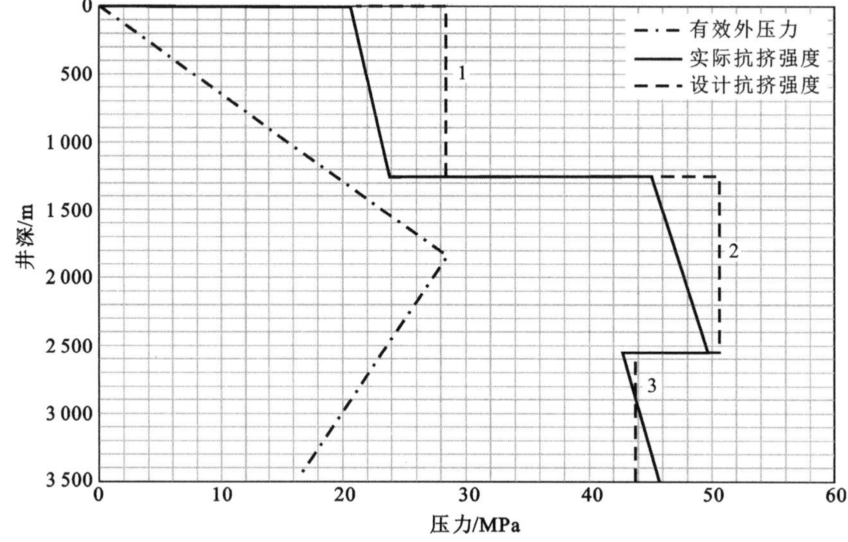

图 5-5-5　技术套管双轴应力校核后的外压力载荷线

2. 油层套管设计方法

1) 等安全系数法

已知:外径为 139.7 mm 的油层套管下深 3 500 m,钻井液密度 1.20 g/cm^3,地层压力当量密度 1.07 g/cm^3,水泥返深 2 300 m,安全系数中抗拉 $S_t=1.80$、抗挤 $S_c=1.00$、抗内压 $S_i=1.10$。

(1) 计算井口最大内压力。

套管内充满天然气时,井口压力最高。

$$p_{s\max}=\frac{G_pH_s}{e^{1.1155\times10^{-4}\times0.55\times L}}=\frac{0.00981\times1.07\times3500}{e^{1.1155\times10^{-4}\times0.55\times3500}}=29.639\ (\text{MPa})$$

则设计内压力$=p_{s\max}\times S_i=29.639\times1.10=32.603$ (MPa),即抗内压强度小于 32.603 MPa 的套管均不能选用。

(2) 确定下部第 1 段套管。

井底最大外压力出现在套管全掏空的情况,此时外压力为:

$$p_{ob}=0.00981\times1.20\times3500=41.202\ (\text{MPa})$$

第 1 段套管选用 N-80 套管,壁厚 7.72 mm,抗挤强度 43.299 MPa,抗内压强度 53.365 MPa,抗拉强度 1 548.0 kN,套管单位质量 25.3 kg/m。

第 2 段套管选用钢级低一级的 K-55 套管,壁厚 7.72 mm,抗挤强度 33.853 MPa,抗内压强度 36.677 MPa,抗拉强度 1 210.1 kN,套管单位质量 25.3 kg/m。其可下入深度为:

$$H_2=\frac{p_{co}}{0.00981\rho_mS_c}=\frac{33.853}{0.00981\times1.20\times1.00}=2876\ (\text{m})$$

第 1 段套管长度:

$$L_1=3500-2876=624\ (\text{m})$$

则第 1 段套管的安全系数为:

抗挤安全系数:

$$S_{c1}=p_{co}/p_{ob}=43.299/41.202=1.05$$

抗内压安全系数:

$$S_{i1}=p_{bo}/p_{ib}=53.365/29.639=1.80$$

抗拉安全系数:

$$S_{t1}=T_y/T_b=1548.0/[624\times(1-1.20/7.85)\times25.3\times0.00981]=11.80$$

(3) 确定第 2 段套管使用长度。

第 2 段套管可用长度由第 3 段套管根据可抗挤强度确定的可下入深度来确定。第 3 段套管选用 K-55 套管,壁厚 6.99 mm,抗挤强度 27.855 MPa,抗内压强度 33.164 MPa,抗拉强度 1 063.1 kN,管体屈服强度 1 103.2 kN,套管单位质量 23.07 kg/m。第 3 段套管可下入深度为:

$$H_3=\frac{p_{co}}{0.00981\rho_mS_c}=\frac{27.855}{0.00981\times1.20\times1.00}=2366\ (\text{m})$$

第 2 段套管长度为:

$$L_2=H_2-H_3=2876-2366=510\ (\text{m})$$

由于第 3 段套管超过了水泥返高，因此应对水泥面处套管进行双轴应力校核。

水泥面处套管所受轴向拉力载荷为水泥面以下套管柱在钻井液中的浮重，即

$$T_b=\sum q_e L=(q_1L_1+q_2L_2+q_3L_3')B$$
$$=(25.3\times 624+25.3\times 510+23.07\times 66)\times(1-1.20/7.85)\times 0.00981$$
$$=251.076\ (\mathrm{kN})$$

根据式(5-4-12)计算抗挤强度 p_{ca3}：

$$p_{ca3}=p_{co}\left[\sqrt{1-0.75(T_b/T_{ye})^2}-0.5(T_b/T_{ye})\right]$$
$$=27.855\times\left[\sqrt{1-0.75\times(251.076/1\,103.2)^2}-0.5\times(251.076/1\,103.2)\right]$$
$$=24.139\ (\mathrm{MPa})$$

抗挤安全系数 $S_{c3}=p_{ca3}/p_{ob}=24.139/(0.00981\times 1.2\times 2\,300)=0.89<1$，不满足设计要求。

因为第 3 段套管在水泥面处的实际抗挤强度不满足要求，因此将第 2 段套管向上延伸 300 m，即 $L_2'=810$ m。

第 3 段套管底部实际抗挤强度根据式(5-4-12)计算，得 $p'_{ca3}=23.256$ MPa，其抗挤安全系数 $S_{c3}=p'_{ca3}/p_{ob}=23.256/(0.00981\times 1.20\times 2\,066)=0.96<1$，仍不满足设计要求，第 2 段套管再向上延伸 150 m，即 $L''_2=960$ m，前两段套管浮重 T_b 为 333.099 kN。

第 3 段套管底部实际抗挤强度根据式(5-4-12)计算，$p''_{ca3}=22.681$ MPa，其抗挤安全系数 $S_{c3}=p''_{ca3}/p_{ob}=22.681/(0.00981\times 1.20\times 1\,916)=1.01>1$，满足要求。

第 2 段套管长度为 960 m，其安全系数为：

抗挤安全系数：

$$S_{c2}=p_{co}/p_{ob}=33.853/(0.00981\times 1.20\times 2\,876)=1.00$$

抗内压安全系数：

$$S_{i2}=p_{bo}/p_{ib}=36.677/29.639=1.24$$

抗拉安全系数：

$$S_{t2}=T_y/T_b=1\,210.1/333.099=3.63$$

(4) 第 3 段套管设计。

第 3 段套管若仍按照抗挤设计，则其抗拉强度将不能满足要求，因此改为按抗拉强度设计。

按照剩余强度计算第 3 段套管长度：

$$L_3=\frac{1}{qB}\left(\frac{T_y}{S_t}-T_b\right)$$
$$=\frac{1}{23.07\times 0.00981\times(1-1.20/7.85)}\times\left(\frac{1\,063.1}{1.80}-333.099\right)=1\,345\ (\mathrm{m})$$

前三段套管在钻井液中的重量为 590.611 kN，则第 3 段套管安全系数为：

抗拉安全系数：

$$S_{t3}=T_y/T_b=1\,063.1/590.611=1.80$$

抗内压安全系数：

$$S_{i3}=p_{bo}/p_{ib}=33.164/29.639=1.12$$

抗挤安全系数：

$$S_{c3}=p_{co}/p_{ob}=22.681/(0.00981\times1.20\times1916)=1.01$$

(5) 第 4 段套管设计。

第 4 段选用 N-80 套管，壁厚 7.72 mm，套管单位质量 25.3 kg/m，抗挤强度 43.299 MPa，抗内压强度 53.365 MPa，抗拉强度 1 548 kN。

第 4 段套管可用长度为：

$$L_4=\frac{1}{qB}\left(\frac{T_y}{S_t}-T_b\right)$$

$$=\frac{1}{25.3\times0.00981\times(1-1.20/7.85)}\times\left(\frac{1548}{1.80}-590.611\right)=1281\ (\mathrm{m})$$

第 4 段套管实际长度 $L_4=3500-624-960-1345=571$ m，全部套管柱浮重 721.540 kN，其安全系数为：

抗拉安全系数：

$$S_{t4}=T_y/T_b=1548.0/721.540=2.18$$

抗内压安全系数：

$$S_{i4}=p_{bo}/p_{ib}=53.365/29.639=1.80$$

抗挤安全系数：

$$S_{c4}=p_{co}/p_{ob}=43.299/(0.00981\times1.20\times571)=6.42$$

(6) 设计结果见表 5-5-3。

表 5-5-3　等安全系数法套管设计结果

序　号	井段/m	段长/m	壁厚/mm	钢　级	扣　型	安全系数		
						抗　挤	抗内压	抗　拉
4	0～571	571	7.72	N-80	LTC	6.42	1.80	2.18
3	571～1 916	1 345	6.99	K-55	LTC	1.01	1.12	1.80
2	1 916～2 876	960	7.72	K-55	LTC	1.00	1.24	3.63
1	2 876～3 500	624	7.72	N-80	LTC	1.05	1.80	11.80

2) 边界载荷法

已知：外径为 139.7 mm 的油层套管下深 3 500 m，钻井液密度 1.20 g/cm^3，地层压力当量密度 1.07 g/cm^3，水泥返深 2 300 m，安全系数中抗拉 $S_t=1.80$、抗挤 $S_c=1.00$、抗内压 $S_i=1.10$(与等安全系数法相同)。

(1) 按抗内压强度筛选套管。

与等安全系数法相同，最大内压力为套管内充满天然气时的压力乘以安全系数 1.10，即套管抗内压强度不能小于 32.603 MPa。

(2) 第 1 段套管选用。

套管鞋处外压力按钻井液密度计算，即 $p_{ob}=\rho_m gH=1.20\times0.00981\times3500=41.202$ (MPa)。

第 1 段套管选用 C-75 套管，壁厚 7.72 mm，单位质量 25.3 kg/m，抗挤强度 41.664

MPa,抗内压强度 49.987 MPa,抗拉强度 1 454.6 kN。

第 2 段套管选用 J-55 套管,壁厚 7.72 mm,单位质量 25.3 kg/m,抗挤强度 33.853 MPa,抗内压强度 36.680 MPa,抗拉强度 1 098.7 kN。

根据抗挤强度计算第 2 段套管可下入深度:

$$H_2=\frac{p_{co}}{0.009\ 81\rho_m S_c}=\frac{33.853}{0.009\ 81\times 1.20\times 1.00}=2\ 876\ (\text{m})$$

第 1 段套管使用长度 $L_1=3\ 500-2\ 876=624$ m,其在钻井液中的重量为 131.256 kN,安全系数为:

抗挤安全系数:

$$S_{c1}=p_{co}/p_{ob}=41.664/41.202=1.01$$

抗内压安全系数:

$$S_{i1}=p_{bo}/p_{ib}=49.987/29.639=1.69$$

抗拉安全系数:

$$S_{t1}=T_y/T_b=1\ 454.6/131.256=11.08$$

(3) 第 2 段套管选用。

第 3 段套管选用 K-55 套管,壁厚 6.99 mm,单位质量 23.07 kg/m,抗挤强度 27.855 MPa,抗内压强度 33.164 MPa,抗拉强度 1 063.1 kN,浮力系数 0.847 1。

由于第 3 段套管可能穿过水泥封固面,因此采用双轴应力进行校核设计,由式(5-4-24)得:

$$\begin{aligned}H_3&=\frac{1.03T_y-0.74T_b}{T_y\dfrac{0.009\ 81\rho_m S_c}{p_{co}}-0.74q_2B}\\&=\frac{1.03\times 1\ 063.1-0.74\times(131.256+2\ 876\times 25.3\times 0.00\ 981\times 0.847\ 1)}{1\ 063.1\times\dfrac{0.009\ 81\times 1.20\times 1.00}{27.855}-0.74\times 25.3\times 0.009\ 81\times 0.847\ 1}\\&=1\ 905\ (\text{m})\end{aligned}$$

第 2 段套管长度 $L_2=2\ 876-1\ 905=971$ m,其在钻井液中的重量为 204.121 kN,安全系数为:

抗挤安全系数:

$$S_{c2}=p_{co}/p_{ob}=33.853/(0.009\ 81\times 1.20\times 2\ 876)=1.00$$

抗内压安全系数:

$$S_{i2}=p_{bo}/p_{ib}=36.680/29.639=1.24$$

抗拉安全系数:

$$S_{t2}=T_y/T_b=1\ 098.7/(131.256+204.121)=3.28$$

(4) 第 3 段套管选用。

改用抗拉强度设计。

可用抗拉强度:

$$T_{\text{可用抗拉强度}}=T_y/S_t=1\ 063.1/1.80=590.611\ (\text{kN})$$

剩余抗拉强度:

$$\begin{aligned}T_{\text{剩余抗拉强度}}&=T_{\text{可用抗拉强度}}-\text{第 1 段套管浮重}-\text{第 2 段套管浮重}\\&=590.611-131.256-204.121=255.234\ (\text{kN})\end{aligned}$$

第 3 段套管可用长度：

$L_3 = T_{剩余抗拉强度}$ / 套管单位浮重 $= 255.234/(0.00981 \times 23.06 \times 0.8471) = 1331$ (m)

第 3 段套管浮重为 255.234 kN。由于第 3 段套管是用双轴应力的抗挤强度计算出来的，其抗挤强度满足要求，其安全系数为：

抗内压安全系数：

$$S_{i3} = p_{bo}/p_{ib} = 33.164/29.639 = 1.12$$

抗拉安全系数：

$$S_{t3} = T_y/T_b = 1\,063.1/(255.234 + 131.256 + 204.121) = 1.80$$

(5) 第 4 段套管选用。

第 4 段选用 N-80 套管，壁厚 7.72 mm，单位质量 25.3 kg/m，抗挤强度 43.299 MPa，抗内压强度 53.365 MPa，抗拉强度 1 548 kN。

边界载荷：

$$T_{边界载荷} = 1\,063.1 - 590.611 = 472.489\ (\text{kN})$$

可用抗拉强度：

$$T_{可用抗拉强度} = 1\,548 - 472.489 = 1\,075.511\ (\text{kN})$$

剩余抗拉强度：

$$T_{剩余抗拉强度} = 1\,075.511 - 255.234 - 131.256 - 204.121 = 484.9\ (\text{kN})$$

第 4 段套管可用长度：

$$L_4 = 484.9/(0.00981 \times 25.3 \times 0.8471) = 2\,306\ (\text{m})$$

第 4 段套管实际使用长度为 574 m，套管浮重为 120.602 kN，其安全系数为：

抗内压安全系数：

$$S_{i4} = p_{bo}/p_{ib} = 53.365/29.639 = 1.80$$

抗拉安全系数：

$$S_{t4} = T_y/T_b = 1\,548/(131.256 + 204.121 + 255.234 + 120.680) = 2.18$$

(6) 计算结果见表 5-5-4。

表 5-5-4 边界载荷法套管设计结果

序 号	井段/m	段长/m	壁厚/mm	钢 级	扣 型	安全系数		
						抗 挤	抗内压	抗 拉
4	0～574	574	7.72	N-80	LTC	—	1.80	2.18
3	574～1 905	1 331	6.99	K-55	LTC	—	1.12	1.80
2	1 905～2 876	971	7.72	J-55	LTC	1.00	1.24	3.28
1	2 876～3 500	624	7.72	C-75	LTC	1.01	1.69	11.08

3) 最大载荷法

已知：139.7 mm 套管下深 3 500 m，地层压力梯度 0.022 86 MPa/m，钻井液、完井液密度均为 2.10 g/cm^3。本井为气井，天然气气柱压力梯度 0.002 7 MPa/m。

(1) 抗内压设计。

井口最大压力：

$$p_{s\max}=p_b-G_gH=0.022\ 86\times 3\ 500-0.002\ 7\times 3\ 500=70.56\ (\text{MPa})$$

套管内压力载荷情况见图 5-5-6，选择 C-95 套管，壁厚 10.54 mm，单位质量 34.23 kg/m，抗挤强度 89.218 MPa，抗内压强度 80.875 MPa，抗拉强度 2 402 kN。图 5-5-6 显示了套管内压力、设计内压力载荷以及套管抗内压强度。

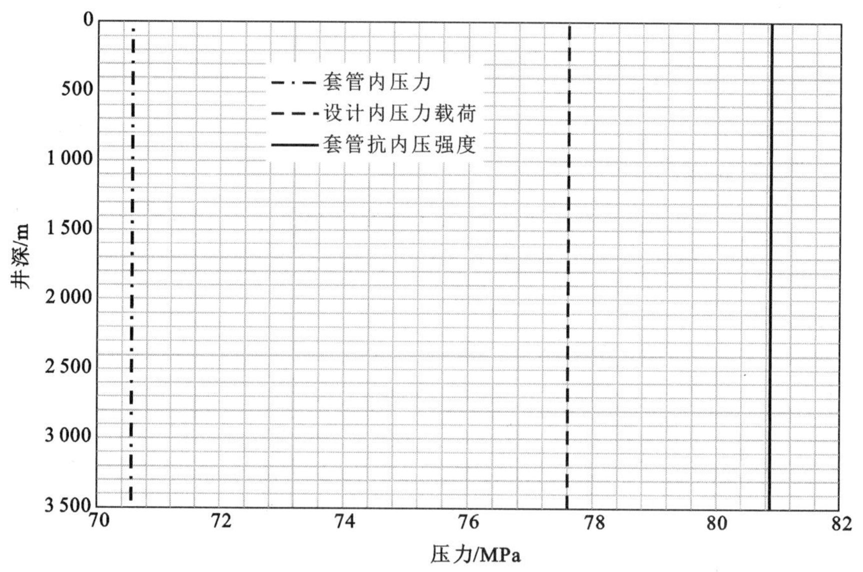

图 5-5-6　套管内压力设计载荷线

（2）抗外挤设计。

按套管全掏空计算套管抗挤强度，此时套管鞋处最大外压力：

$$p_{ob}=0.009\ 81\rho_mH=0.009\ 81\times 2.10\times 3\ 500=72.104\ (\text{MPa})$$

抗挤安全系数为 1.10。将套管外压力、设计外压力载荷以及套管抗挤强度绘制在图上，见图 5-5-7。

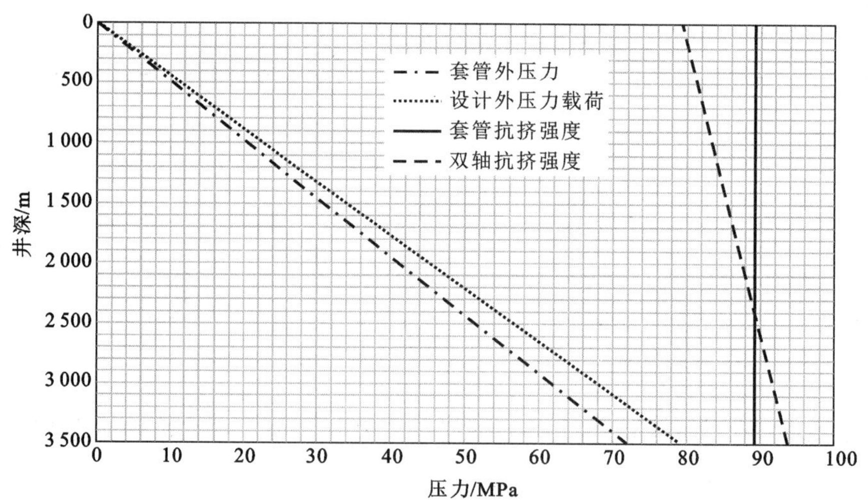

图 5-5-7　套管外压力设计载荷线

(3) 抗拉设计。

管柱在钻井液中的浮重：

$$T_b = qLB = 34.23 \times 3\ 500 \times 0.009\ 81 \times (1 - 1.20/7.85) = 860.879\ (\text{kN})$$

套管所受浮力：

$$F_a = -p_{ob}A_c = -72.104 \times 3.141\ 5 \times (13.97^2 - 11.86^2)/40 = -308.363\ (\text{kN})$$

井口所受拉力：

$$T_b = 860.879 - 308.363 = 552.516\ (\text{kN})$$

在下部附加 441.46 kN 拉力，在上部乘以抗拉安全系数 1.60，得到设计轴向载荷线，见图 5-5-8。

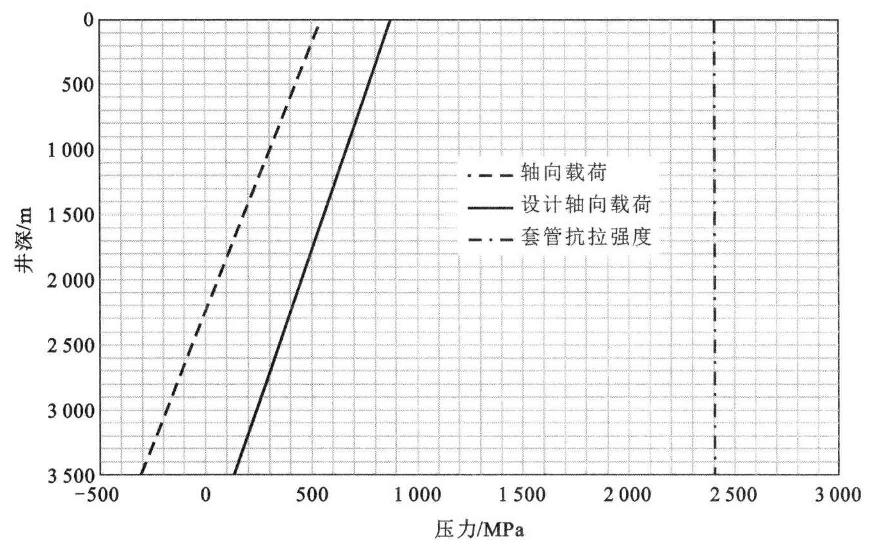

图 5-5-8　套管轴向载荷线

(4) 双轴应力校核。

根据式(5-4-12)计算套管抗挤强度。其中，井口套管抗挤强度为 79.113 MPa；井底套管受压缩力，抗挤强度为 93.721 MPa。将双轴应力校核后的抗挤强度绘制在图 5-5-7 上，虚线为双轴应力校核后的套管抗挤强度，可以看出套管强度仍然满足要求。

4) BEB 设计方法

已知：139.7 mm 套管设计下深 3 500 m，钻井液密度 1.20 g/cm³，水泥浆密度 1.80 g/cm³，抗拉安全系数 1.80，抗挤安全系数 1.00，抗内压安全系数 1.10。

(1) 抗挤设计。

① 套管全掏空情况下，套管鞋处外压力：

$$p_{ob} = 0.009\ 81\rho_m H = 0.009\ 81 \times 1.20 \times 3\ 500 = 41.202\ (\text{MPa})$$

② 零轴向力(中和点)计算：

$$H_{ZEO} = H_s\left(1 - \frac{\rho_m}{\rho_s}\right) = 3\ 500 \times \left(1 - \frac{1.20}{7.85}\right) = 2\ 965\ (\text{m})$$

③ 根据以上计算绘制套管外载荷线，选出满足抗挤要求的各段套管(套管性能见表 5-5-5)，并将套管抗挤强度绘在图上，见图 5-5-9。

④ 计算中和点以上套管重量。第 1 段套管顶端所受轴向载荷：

$$T_{b1顶}=q_eL=248.1\times(2\ 965-2\ 500)/1\ 000=115.359\ (kN)$$

表 5-5-5　套管性能参数

序　号	井段/m	段长/m	钢　级	壁厚/mm	扣　型	单位重量/(N·m⁻¹)	抗拉强度/kN	抗挤强度/MPa	抗内压强度/MPa
3	0～1 000	1 000	K-55	6.99	LTC	226.2	1 063.1	27.855	33.164
2	1 000～2 500	1 500	K-55	7.72	LTC	248.1	1 210.1	33.853	36.677
1	2 500～3 500	1 000	N-80	7.72	LTC	248.1	1 548.0	53.365	43.299

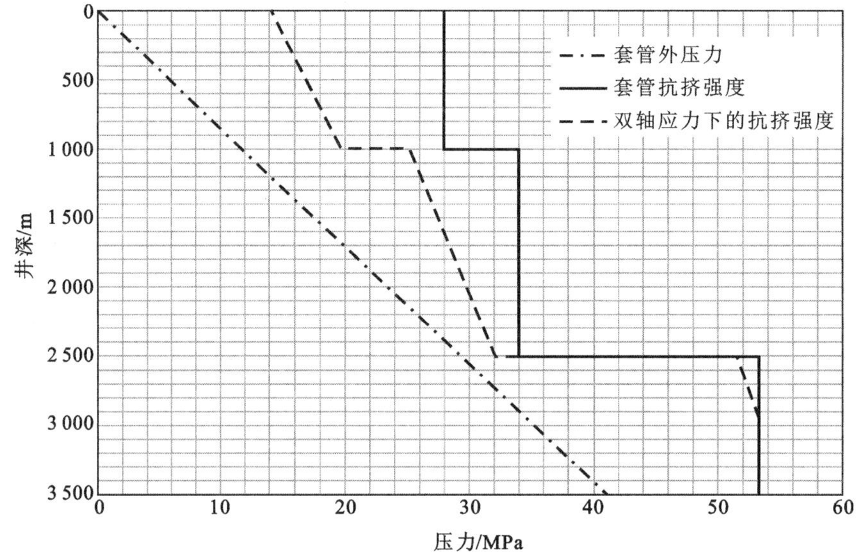

图 5-5-9　抗挤设计载荷线

第 2 段套管底端载荷＝第 1 段套管顶端载荷，即

$$T_{b2底}=T_{b1顶}=115.359\ (kN)$$

第 2 段套管顶端载荷：

$$T_{b2顶}=115.359+1\ 500\times248.1/1\ 000=487.509\ (kN)$$

第 3 段套管底端载荷＝第 2 段套管顶端载荷，即

$$T_{b3底}=T_{b2顶}=487.509\ (kN)$$

第 3 段套管顶端载荷：

$$T_{b3顶}=487.509+1\ 000\times226.2/1\ 000=713.709\ (kN)$$

⑤ 双轴应力作用下的套管实际抗挤强度根据式(5-4-12)计算，结果见表 5-5-6。

表 5-5-6　双轴应力作用下套管实际抗挤强度

序号 / 位置	3		2		1	
	T_b/kN	p_{ca}/MPa	T_b/kN	p_{ca}/MPa	T_b/kN	p_{ca}/MPa
顶　端	713.709	14.062	487.509	24.046	115.359	51.536
底　端	487.509	19.580	115.359	32.130	0	53.365

将以上结果绘制在图上，见图 5-5-9。从图中可以看出，套管抗挤强度均满足要求。

(2) 抗内压设计。

① 套管鞋处内压力按最大钻井液密度计算：

$$p_{bs}=0.00981\rho_m H=0.00981\times1.20\times3500=41.202\ (\text{MPa})$$

② 井内全部是天然气时，井口压力：

$$p_s=p_{bs}/e^{1.1155\times10^{-4}\rho_s H_s}=41.202/e^{1.1155\times10^{-4}\times0.55\times3500}=33.240\ (\text{MPa})$$

③ 关井时，套管鞋处有效内压力：

$$\begin{aligned}p_{be}&=p_s+\text{套管内外液柱压差}\\&=33.240+0.00981\times(1.00-1.15)\times3500\\&=28.090\ (\text{MPa})\end{aligned}$$

④ 井口设计内压力载荷：

$$p_s S_i=33.240\times1.10=36.564\ (\text{MPa})$$

套管鞋处设计内压力载荷：

$$p_{be}S_i=28.090\times1.10=30.900\ (\text{MPa})$$

绘制套管内压力载荷线，见图 5-5-10。从图中可以看出，第 3 段套管不能满足要求，更换为 C-75 套管，壁厚 7.72 mm，抗内压强度 49.987 MPa，抗拉强度 1 454.6 kN。

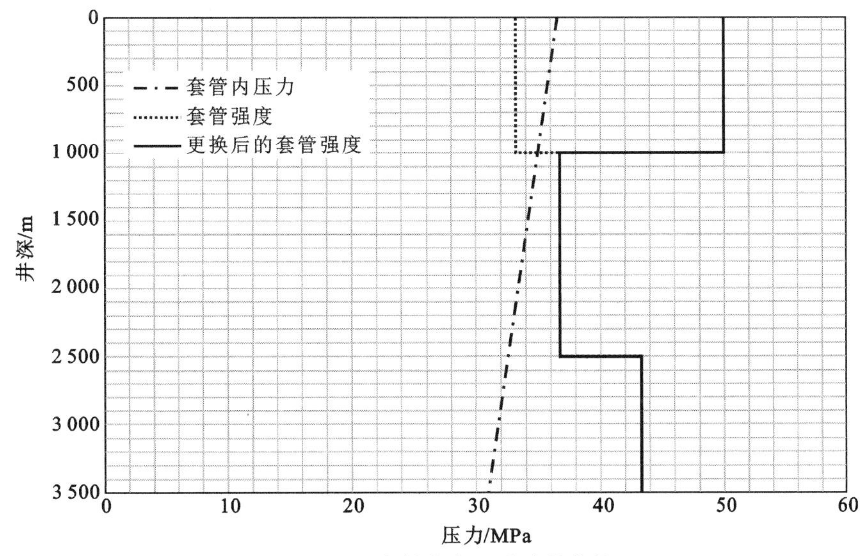

图 5-5-10 套管抗内压设计载荷线

(3) 抗拉强度校核。

第 1 段套管顶部抗拉安全系数 $S_{t1}=T_y/T_b=1548.0/115.359=13.42>1.80$，满足要求。

第 2 段套管顶部抗拉安全系数 $S_{t2}=T_y/T_b=1209.9/487.509=2.48>1.80$，满足要求。

第 3 段套管顶部抗拉安全系数 $S_{t3}=T_y/T_b=1454.6/713.709=2.04>1.80$，满足要求。

因此，套管抗拉、抗内压、抗挤强度均满足要求。

(4) 最大许可试压压力计算。

最薄弱套管在第 2 段套管顶部,该处套管剩余强度:

$$p'_{co}=\frac{T_y}{S_t}-T_b=\frac{1\ 209.9}{1.80}-487.509\times\left(1-\frac{1.20}{7.85}\right)=259.182\ (\text{kN})$$

最大许可试压压力:

$$p=\frac{40\times p'_{co}}{\pi D_c^2}=\frac{40\times 259.182}{\pi\times 13.97^2}=17.0\ (\text{MPa})$$

5) 美国 AMOCO 套管设计方法

已知:177.8 mm 油层套管下深 2 500 m,套管外水泥浆返深 1 500 m,水泥浆密度 1.80 g/cm³,钻井液密度 1.40 g/cm³,完井液密度 1.01 g/cm³。该井为气井,气层压力当量密度 1.30 g/cm³,采用封隔器进行生产,套管最小段长 305 m。

(1) 可选套管性能见表 5-5-7。

表 5-5-7　套管性能参数

钢　级	壁厚/mm	扣　型	单位重量 /(N·m⁻¹)	抗拉强度 /kN	抗内压强度 /MPa	抗挤强度 /MPa	管体屈服强度 /kN
K-55	8.05	LTC	335.7	1 516.8	30.061	22.546	1 628
K-55	9.19	LTC	379.4	1 783.7	34.336	29.785	1 846
C-75	8.05	LTC	335.7	1 850.5	40.955	25.855	2 219.7
C-75	9.19	LTC	379.4	2 175.2	46.815	35.991	2 517.7

(2) 抗挤设计。

抗挤安全系数取 1.00,井底最大外压力以钻井液密度计算:

$$p_{ob}=0.009\ 81\rho_m H=0.009\ 81\times 1.40\times 2\ 500=34.335\ (\text{MPa})$$

因此,底部选用 C-75、壁厚 9.19 mm 的套管。第 1 段套管使用长度由第 2 段套管的可下入深度来确定。

在轴向载荷下,套管抗挤强度为:

$$p_{ca}=p_{co}\left[\sqrt{1-0.75\left(\frac{\sigma_z+p_i}{\sigma_s}\right)^2}-0.5\left(\frac{\sigma_z+p_i}{\sigma_s}\right)\right] \tag{a}$$

套管抗挤强度应与套管外压力载荷相等,则可列出下列两式:

$$(p_o-p_i)_1=(p_o-p_i)_2-9.81\times 10^{-3}(\rho_2-\rho_1)(H_2-H_1) \tag{b}$$

$$\sigma_2=\sigma_1+q_1(H_1-H_2)/A_2+p_1(A_1-A_2)/A_2 \tag{c}$$

式中　$(p_o-p_i)_1$——第 1 段套管底部内外压力差,MPa;

H_1,H_2——第 1 段、第 2 段套管下深,m;

q_1——第 1 段套管单位重量,N/m;

A_1,A_2——第 1 段、第 2 段套管横截面积,mm²;

σ_1,σ_2——第 1 段、第 2 段套管底部轴向应力,MPa;

ρ_1,ρ_2——套管内、外液体密度,g/cm³;

$p_1(A_1-A_2)/A_2$—— 套管交界处台肩力,MPa。

以上三式联立解出 $H_1 - H_2$：

$$H_1 - H_2 = \frac{-b - \sqrt{b^2 + 4ac}}{2a} \tag{d}$$

其中：

$$a = C_3^2 + C_4^2 - C_3 C_4$$

$$b = C_2(2C_3 - C_4) - C_1(2C_4 - C_3)$$

$$c = 1 - C_2^2 - C_1^2 - C_1 C_2$$

$$C_1 = \frac{(p_o - p_i)_1}{p_{co}}$$

$$C_2 = \frac{F_1 + A_1 (p_i)_1}{Y}$$

$$C_3 = \frac{q_1 - 9.81 A_1 \rho_1}{Y}$$

$$C_4 = \frac{0.009\ 81(\rho_2 - \rho_1)}{p_{co}}$$

$$Y = A_1 \sigma_1$$

式中　F_1——底部轴向载荷，N。

第 2 段套管选用 K-55、壁厚 9.19 mm 的长圆扣套管。

$$(p_o - p_i)_1 = 0.009\ 81 \times 2\ 500 \times 1.40 = 34.335\ (\text{MPa})$$

$$A_1 = A_2 = \frac{\pi}{4} \times (17.78^2 - 15.94^2) = 48.678\ (\text{cm}^2)$$

$$F_1 = -0.009\ 81 \times 1.40 \times 2\ 500 \times 48.678/10 = -167.229\ (\text{kN})$$

$$q_1 = 379.4\ (\text{N/m})$$

$$p_{co} = 29.785\ (\text{MPa})$$

$$C_1 = 34.335/29.785 = 1.152\ 8$$

$$C_2 = (-167.229 + 48.678 \times 0)/1\ 846 = -0.090\ 5$$

$$C_3 = (379.4 - 9.81 \times 48.678 \times 0)/(1\ 846 \times 1\ 000) = 2.055\ 3 \times 10^{-4}$$

$$C_4 = 0.009\ 81 \times (1.40 - 0)/29.785 = 4.611\ 0 \times 10^{-4}$$

将上述数值代入后得：

$$a = 1.600\ 9 \times 10^{-7}$$

$$b = -8.216\ 3 \times 10^{-4}$$

$$c = -0.232\ 7$$

将 a，b，c 代入式(d)得：

$$L_1 = H_1 - H_2 = \frac{-b - \sqrt{b^2 + 4ac}}{2a} = 300\ (\text{m})$$

设计段长要求不得小于 305 m，取 $L_1 = 305$ m，第 2 段套管下深 $= 2\ 500 - 305 = 2\ 195$ m。用同样方法算出其余井段，见表 5-5-8。

表 5-5-8　套管性能参数

序　号	井段/m	段长/m	钢　级	壁厚/mm	扣　型	单位重量/(N·m⁻¹)	抗拉强度/kN	抗挤强度/MPa	抗内压强度/MPa
1	2 500～2 195	305	C-75	9.19	LTC	379.4	2 175.2	35.991	46.815
2	2 195～1 815	380	K-55	9.19	LTC	379.4	1 783.7	29.785	34.336
3	1 815～1 510	305	C-75	8.05	LTC	335.7	1 850.5	25.855	40.995
4	1 510～0	1 510	K-55	8.05	LTC	335.7	1 516.8	22.546	30.061

(3) 抗内压设计。

以油气生产期间天然气充满套管计算内压力，不关井，天然气从井底膨胀到井口，压力仍为油气层压力，即 31.88 MPa，管外压力取盐水层(盐水层密度为 1.07 g/cm^3)液柱压力，套管鞋处有效压力为：

$$p_{be}=31.88+0.00981\times(1.01-1.07)\times2500=30.41\ (\mathrm{MPa})$$

套管底部在轴向载荷作用下的实际抗内压强度为：

$$p_{ia1}=p_{bo}\left(1-\frac{t}{D_{co}}\right)\sqrt{1-0.25\left(\frac{\sigma_z+p_i}{\sigma_s}\right)^2}+0.5\left(\frac{\sigma_z+p_i}{\sigma_s}\right)$$

式中：

$$\sigma_z=F_1/A_1=-167.137\times10/48.678=-34.335\ (\mathrm{MPa})$$

$$p_{bo}=46.815\ (\mathrm{MPa})$$

$$t/D_{co}=9.19/177.8=0.0517$$

$$p_i=0.00981\times(1.01+1.30)\times2500=56.653\ (\mathrm{MPa})$$

$$\sigma_s=516.987\ (\mathrm{MPa})$$

则第 1 段套管实际抗内压强度为 45.395 MPa，满足要求。应用上述方法对各段套管进行抗内压强度校核，计算过程从略，结果见表 5-5-9。

由于 1 510 m 以上套管不能满足抗内压要求，需重新设计，考虑到现场作业方便，改用 C-75，壁厚 8.05 mm 套管，根据上面计算，满足要求。

表 5-5-9　套管性能参数

序　号	井段/m	段长/m	钢　级	壁厚/mm	位　置	轴向应力/MPa	理论抗内压强度/MPa	实际抗内压强度/MPa	是否满足要求
1	2 500～2 195	305	C-75	9.19	底　端	−34.335	46.815	45.395	是
					顶　端	−10.693		46.423	是
2	2 195～1 815	380	K-55	9.19	底　端	−10.693	34.336	34.193	是
					顶　端	14.126		34.336	是
3	1 815～1 510	305	C-75	8.05	底　端	14.126	40.995	40.995	是
					顶　端	37.857		40.995	是
4	1 510～0	1 510	K-55	8.05	底　端	37.857	30.061	30.061	否
					顶　端	155.587		30.061	否

(4) 抗拉设计。

计算各段套管抗拉强度,结果见表 5-5-10。

表 5-5-10　套管抗拉强度设计

序　号	井段/m	段长/m	钢　级	壁厚/mm	抗拉强度/kN	顶端拉力/kN	安全系数
1	2 500～2 195	305	C-75	9.19	2 175.2	−51.346	42.36
2	2 195～1 815	380	K-55	9.19	1 783.7	84.694	21.06
3	1 815～0	1 815	C-75	8.05	1 850.5	694.715	2.66

由表中数据可以看出,套管抗拉强度满足要求。

6) 定向井设计方法

定向井设计过程中,套管所受内外压力应根据垂直井深计算。

已知:定向井井身剖面设计见图 5-5-11,总井深 3 300 m,总垂深 2 227 m,造斜点垂深 1 080 m,造斜终点测深 1 830 m,最大井斜角 66.78°,曲率半径 617 m,本井为气井。安全系数:抗拉 $S_t=1.80$,抗内压 $S_i=1.05$,抗挤 $S_c=1.125$。

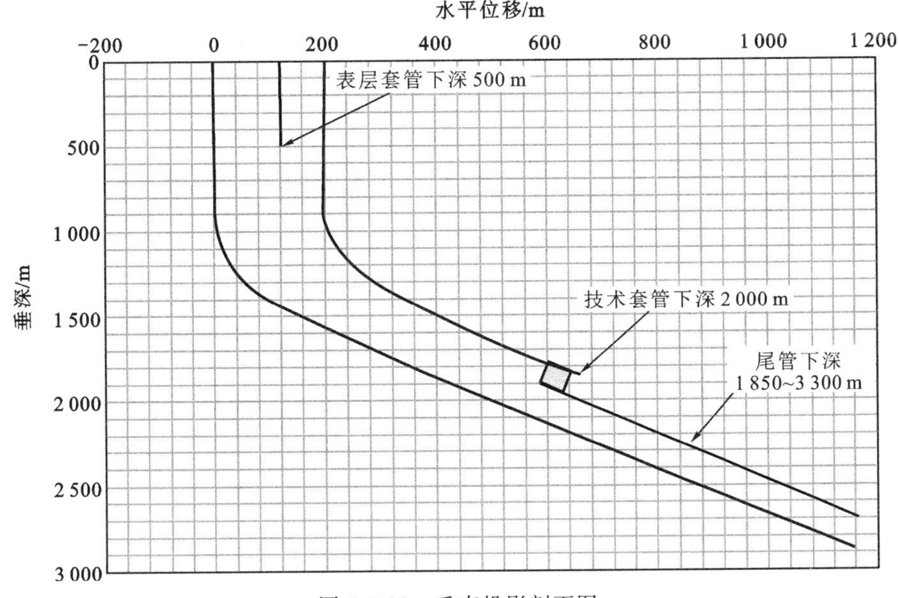

图 5-5-11　垂直投影剖面图

(1) 表层套管设计。

表层套管所在井段均为垂直井眼,此处不再叙述。

(2) 技术套管设计。

套管设计的基础数据如下:套管尺寸 244.5 mm;下深,测深 2 000 m,垂深 1 714 m;下次钻进最小钻井液密度 1.40 g/cm³,最大钻井液密度 1.75 g/cm³,固井时钻井液密度 1.40 g/cm³;掏空系数 0.65;破裂压力梯度 0.019 62 MPa/m;地层孔隙压力梯度 0.014 72 MPa/m,摩阻系数 0.4。

① 抗挤设计。

最大有效外挤压力：

$$p_{ob}=0.00981[\rho_m-(1-k_m)\rho_m]H$$
$$=0.00981\times[1.40-(1-0.65)\times1.40]\times1714=15.30\ (\text{MPa})$$

根据有效外挤力选择 N-80 长圆扣套管，壁厚 10.03 mm，单位质量 59.53 kg/m，抗挤强度 21.305 MPa，抗内压强度 39.645 MPa，抗拉强度 3 278.3 kN，管体屈服强度 4 074.6 kN。

抗挤安全系数 $S_c=p_{co}/p_{ob}=21.305/15.30=1.39>1.125$，满足要求。

② 抗拉设计。

套管在钻井液中的单位长度有效重量：

$$q_e=59.53\times9.81\times(1-1.40/7.85)=479.8\ (\text{N/m})$$

稳斜段从 1 830 m 到 2 000 m，稳斜段顶部轴向拉力根据式(5-5-14)得：

$$T_{ei+1}=T_{ei}+q_{ei}(\cos\alpha+\mu\sin\alpha)(H_i-H_{i+1})$$
$$=479.8\times(2000-1830)\times(\cos66.78+0.4\sin66.78)/1000=60.468\ (\text{kN})$$

造斜段轴向拉力根据式(5-5-15)计算，此例中 $N=340>0$，则造斜点套管拉力根据式(5-5-15)计算，为 204.43 kN。

井口处轴向力：

$$T_b=1080\times479.8/1000+204.43=722.655\ (\text{kN})$$

抗拉安全系数 $S_t=T_y/T_b=3278.3/722.655=4.54>1.80$，满足要求。

③ 抗内压设计。

下次钻进井底最大内压力：

$$p_{bs}=1.75\times2227\times0.00981=38.232\ (\text{MPa})$$

井口压力：

$$p_s=p_{bs}/e^{1.1155\times10^{-4}\rho_s H_s}=38.232/e^{1.1155\times10^{-4}\times0.55\times2227}=33.349\ (\text{MPa})$$

抗内压安全系数 $S_i=p_{bo}/p_s=39.645/33.349=1.19>1.05$，满足要求。

(3) 油层尾管设计。

已知：套管尺寸 177.8 mm，下套管时钻井液密度 1.75 g/cm^3，完井液密度 1.10 g/cm^3，天然气相对密度 0.55，地层压力梯度 0.016 87 MPa/m，地层破裂压力 0.021 MPa/m。

① 抗挤设计。

最大压力：

$$p_{ob}=2227\times1.75\times0.00981=38.232\ (\text{MPa})$$

选用 N-80 套管，壁厚 10.36 mm，采用 TP-G2 气密螺纹，套管单位质量 43.16 kg/m，抗挤强度 48.401 MPa，抗拉强度 3 008 kN，抗内压强度 56.276 MPa。

抗挤安全系数 $S_c=p_{co}/p_{ob}=48.401/38.232=1.27>1.125$，满足要求。

② 抗拉设计。

套管在钻井液中的单位重量：329.0 N/m。

根据式(5-5-15)计算尾管顶部拉力：363.758 kN。

抗拉安全系数 $S_t=T_y/T_b=3008/363.758=8.27>1.80$，满足要求。

③ 抗内压设计。

井底最大压力：

$$\begin{aligned} p_{bs} &= G_f H_s + 0.00981 \rho_w H_s \\ &= 0.01962 \times 2227 + 0.00981 \times 1.10 \times 2227 \\ &= 61.601\ (\text{MPa}) \end{aligned}$$

尾管顶部压力：

$$p_{ib} = p_{bs}/e^{1.1155\times10^{-4}\rho_s H_s} = 67.73/e^{1.1155\times10^{-4}\times0.55\times(2227-1655)} = 59.477\ (\text{MPa})$$

抗内压安全系数：$S_i = p_{bo}/p_{ib} = 56.276/59.477 = 0.95 < 1.0$，不满足要求。

改选相同壁厚的 P-110 套管，TP-2G 螺纹，抗挤强度 58.812 MPa，抗拉强度 4 133 kN，抗内压强度 77.38 MPa。抗挤安全系数 1.54，抗拉安全系数 11.36，抗内压安全系数 1.30，均满足要求。

该井套管强度设计结果见表 5-5-11。

表 5-5-11 套管设计结果

套管程序	井段 /m	套管尺寸 /mm	套管钢级	壁厚 /mm	扣　型	单位质量 /(kg·m^{-1})	安全系数		
							抗　挤	抗内压	抗　拉
技术套管	0～2 000	244.5	N-80	10.03	LTC	59.53	1.39	1.19	4.54
油层尾管	1 850～3 330	177.8	P-110	10.36	TP-G2	43.16	1.54	1.30	11.36

尾管设计方法与技术套管或生产套管设计方法相同：当尾管为技术套管时，参照技术套管设计方法进行设计和校核；当尾管为生产套管时，则按照生产套管进行设计和校核。

附录 5A 主要套管生产商非 API 套管系列产品

表 5A-1 天津钢管厂非 API 套管系列

品种	应用	外径范围/mm	钢级	壁厚范围/mm	机械性能					扣型	备注
					屈服强度/MPa		抗拉强度/MPa	硬度			
					最小	最大		HRC	HRC变化率/%		
TP系列	抗挤套管系列	114.3～339.7	TP-80T，TP-95T，TP-95TT，TP-110T，TP-110TT，TP-125T，TP-125TT，TP-140T，TP-140TT，TP-130TT	5.21～16.9	552～965	665～1 206	655～1 103	—	—	SLB/TP-FJ	适用于盐岩层、深井等较复杂的地质条件
	抗 H_2S 腐蚀套管系列	114.3～339.7	TP-80TS/TSS，TP-90TS/TSS，TP-95TS/TSS，TP-100TS/TSS，TP-110TS/TSS，TP-80S/SS，TP-90S/SS，TP-95S/SS，TP-100S/SS，TP-110TSS	5.21～15.88	552～758	758～965	655～862	22～25.4	—	SLB	适用于含 H_2S 的环境
	抗 CO_2 腐蚀套管系列	114.3～339.7	TP-80NC-13Cr，TP-90NC-13Cr，TP-95NC-13Cr，TP-100NC-13Cr，TP-110NC-SUP13Cr，TP-80TNC-13Cr，TP-90TNC-13Cr，TP-95TNC-13Cr，TP-100TNC-13Cr，TP-110TNC-SUP13Cr	5.21～13.72	552～758	665～862	655～862	22～25.4	—	SLB	适用于含 CO_2 的环境
	热采井套管系列	114.3～339.7	TP-90H，TP-100H，TP-110H，TP-125H，TP-120H	5.21～17.14	621～862	724～1 034	689～931	—	—	SLB	适用于超稠油热采井耐热环境

续表 5A-1

品种	应用	外径范围/mm	钢级	壁厚范围/mm	机械性能					扣型	备注
					屈服强度/MPa		抗拉强度/MPa	硬度			
					最小	最大		HRC	HRC变化率/%		
TP系列	深井用套管系列	177.8～206.4	TP-140H,TP-150H	12.65～16.00	965～1 034	1 172～1 206	1 034～1 103	—	—	B/TP-FJ	适用于超深井
	超深复杂井用超高强度套管系列	114.3～346.08	TP-110V,TP-125V,TP-140V,TP-155V,TP-165V,TP-170V	5.21～15.88	758～1 190	965～1 428	862～1 309	—	—	SLB/TP-CQ/TP-FJ/TP-NF	适用于超深复杂井
	储气井用套管系列	117.8～273.1	TP-80CQJ,TP-110CQJ	9.19～11.99	552～758	758～965	655～862	—	—	L/C TP-CQ	适用于高压天然气储气井
	超低温套管系列	114.3～508.0	TP-55L/LL,TP-80L/LL,TP-95L/LL,TP-110L/LL,TP-125L/LL,TP-140L/LL,TP-150L/LL	5.21～17.15	385～1 034	462～1 206	424～1 103	—	—	S/L/B/TP-CQ/TP-FJ/TP-NF	适用于低温环境

表 5A-2 宝山钢铁公司非 API 套管系列产品

品种	应用	外径范围/mm	钢级	壁厚范围/mm	机械性能					扣型	备注
					屈服强度/MPa		抗拉强度/MPa	硬度			
					最小	最大		HRC	HRC变化率/%		
BG系列	耐腐蚀系列	114.3～273.05	BG-80S,BG-80SS,BG-80S-3Cr,BG-90S,BG-90SS,BG-90S-3Cr,BG-95S,BG-95SS,BG-95S-3Cr,BG-95-13Cr,BG-110-3Cr,BG-110S,BG-110SS	6.35～20.24	552～758	665～965	655～862	23～25.4	—	PLBCX	适用于含 H_2S,CO_2 的环境

续表 5A-2

品种	应用	外径范围/mm	钢级	壁厚范围/mm	机械性能					扣型	备注
					屈服强度/MPa		抗拉强度/MPa	硬度			
					最小	最大		HRC	HRC变化率/%		
BG系列	抗挤、高抗挤系列	114.3～273.05	BG-80T, BG-80TT, BG-90T, BG-90TT, BG-95T, BG-95TT, BG-110T, BG-110, BG-125T, BG-125	6.35～15.11	552～965	758～1 172	689～1 034	30	—	PLBCX	适用于超深复杂井
	抗挤抗硫系列	127.0～273.05	BG-90TS, BG-95TS, BG-110TS	7.52～20.24	621～758	724～965	689～862	—	—	PLBCX	适用于含 H_2S 超深井
	超高强度系列	114.3～273.05	BG-140, BG-150	5.21～15.11	965～1 034	1 172～1 206	1 034～1 103	—	—	PSBX	适用于超深复杂井

注：套管详细性能可查阅宝山钢铁公司主页 http://www.baosteel.com。

表 5A-3　无锡西姆莱斯非 API 套管系列产品

品种	应用	外径范围/mm	钢级	壁厚范围/mm	机械性能					扣型	备注
					屈服强度/MPa		抗拉强度/MPa	硬度			
					最小	最大		HRC	HRC变化率/%		
WSP系列	高抗挤套管	114.3～339.7	WSP-80T, WSP-95T, WSP-110T, WSP-125T	5.21～33.84	552～862	665～1 034	655～931	—	—	API/ WSP-1T WSP-2T/ WSP-3T	适用于盐岩层、深井等复杂地层条件
	优质热采井用油套管	60.3～177.8	WSP-80T, WSP-105T	4.63～12.65	552～735	665～882	655～809			API/WSP-1T WSP-2T/ WSP-3T	适用于稠油热采井高温环境

续表 5A-3

品种	应用	外径范围/mm	钢级	壁厚范围/mm	机械性能					扣型	备注
					屈服强度/MPa		抗拉强度/MPa	硬度			
					最小	最大		HRC	HRC变化率/%		
WSP系列	经济型抗 CO_2/H_2S 油套管	60.3～339.7	WSP-80SS3Cr，WSP-95SS3Cr，WSP-110SS3Cr	4.83～12.19	552～758	665～965	655～862			API/WSP-1T WSP-2T/ WSP-1TC/ WSP-3T	适用于抗腐蚀性要求较高的天然气开采环境
	抗 H_2S 腐蚀油套管	60.3～339.7	WSP-80S，WSP-80SS，WSP-95S，WSP-95SS，WSP-110S，WSP-110SS	4.83～13.84	552～758	665～965	655～862			API/WSP-1T WSP-2T/ WSP-3T	适用于有 H_2S 腐蚀环境
	抗挤抗 H_2S 腐蚀套管	114.3～339.7	WSP-95TS，WSP-95TSS，WSP-110TS，WSP-110TSS	5.21～13.84	655～758	758～965	724～862			API/WSP-1T WSP-2T/ WSP-3T	适用于有 H_2S 腐蚀环境及地层压力较大的地质条件
	超高强度系列油套管	60.3～339.7	WSP-140，WSP-150	4.83～13.84	965～1 034	1 172～1 206	1 304～1 103			BC/WSP-1T WSP-2T/ WSP-3T	适用于深井、超深井
	抗 CO_2 腐蚀油套管	60.3～177.8	WSP-13Cr80，WSP-13Cr95，WSP-13Cr110	4.83～19.05	552～758	665～965	655～862			API/WSP-1T WSP-2T/ WSP-3T	适用于有 CO_2 腐蚀的环境

注：套管详细性能可查阅无锡西姆莱斯公司主页 http://www.wsphl.com。

表 5A-4　攀钢集团成都钢铁有限公司非 API 套管系列产品

<table>
<tr><th rowspan="4">品　种</th><th rowspan="4">应　用</th><th rowspan="4">外径
范围
/mm</th><th rowspan="4">钢　级</th><th rowspan="4">壁厚
范围
/mm</th><th colspan="5">机械性能</th><th rowspan="4">扣　型</th><th rowspan="4">备　注</th></tr>
<tr><th colspan="2">屈服强度/MPa</th><th rowspan="3">抗拉
强度
/MPa</th><th colspan="2">硬　度</th></tr>
<tr><th rowspan="2">最　小</th><th rowspan="2">最　大</th><th rowspan="2">HRC</th><th rowspan="2">HRC
变化率
/%</th></tr>
<tr></tr>
<tr><td rowspan="2">CS
系列</td><td>耐腐蚀系列</td><td>114.3～
273.05</td><td>CS-90S,CS-95S</td><td>6.35～
20.24</td><td>620～
655</td><td>724～
758</td><td>689～
724</td><td></td><td></td><td>API</td><td>适用于含 H_2S,
CO_2 的环境</td></tr>
<tr><td>抗挤、高抗挤
系列</td><td>114.3～
339.7</td><td>CS-80T,CS-110T</td><td>6.35～
16.13</td><td>552～
758</td><td>665～
965</td><td>655～
862</td><td>—</td><td>—</td><td>API</td><td>适用于超深
井</td></tr>
</table>

表 5A-5　宝鸡石油钢铁公司非 API 套管系列产品

<table>
<tr><th rowspan="4">品　种</th><th rowspan="4">应　用</th><th rowspan="4">外径
范围
/mm</th><th rowspan="4">钢　级</th><th rowspan="4">壁厚
范围
/mm</th><th colspan="5">机械性能</th><th rowspan="4">扣　型</th><th rowspan="4">备　注</th></tr>
<tr><th colspan="2">屈服强度/MPa</th><th rowspan="3">抗拉
强度
/MPa</th><th colspan="2">硬　度</th></tr>
<tr><th rowspan="2">最　小</th><th rowspan="2">最　大</th><th rowspan="2">HRC</th><th rowspan="2">HRC
变化率
/%</th></tr>
<tr></tr>
<tr><td rowspan="2">BSG
系列</td><td>抗 H_2S
腐蚀系列</td><td>139.7～
177.8</td><td>BSG-80S,BSG-80SS,BSG-90S,
BSG-90SS,BSG-110S,BSG-110SS,
BSG-125S,BSG-125SS</td><td>7.72～
13.72</td><td>552～
758</td><td>665～
965</td><td>655～
862</td><td>23～25.4</td><td>—</td><td>PSLB</td><td>适用于含 H_2S,
CO_2 的环境</td></tr>
<tr><td>抗挤系列</td><td>114.3～
177.8</td><td>BSG-80T,BSG-80TT,BSG-90T,BSG-90TT,
BSG-110T,BSG-110TT,BSG-125T,
BSG-125TT</td><td>6.35～
13.72</td><td>552～
965</td><td>758～
1 172</td><td>689～
1 034</td><td>30</td><td>—</td><td>PSLB</td><td>适用于超深
复杂井</td></tr>
</table>

表 5A-6 泰纳瑞斯公司(Tenaris)非 API 套管系列产品

品种	应用	外径范围/mm	钢级	壁厚范围/mm	机械性能					扣型	备注
					屈服强度/MPa		抗拉强度/MPa	硬度			
					最小	最大		HRC	HRC变化率/%		
TN系列	耐腐蚀套管系列	114.3～406.4	TN80SS,TN90SS,TN95SS,TN100SS,TN110SS,TN125SS,TN80S,TN90S,TN95S	5.21～28.17	552～862	655～966	655～793	22～36	—	SLBE	适用于酸性环境
	抗挤套管系列	114.3～406.4	TN80HC,TN95HC,TN110HC,TN125HC,TN140HC	5.21～28.17	552～966	759～1 173	690～1 035	—	—	SLBE	适用于盐岩层、深井等较复杂的地质条件
	高抗挤	114.3～508.0	P110-IC,P110-ICY,Q125-IC,Q125-ICY	5.21～28.17	759～931	966～1 035	862～931	—	—	SLBE	适用于深井环境
	抗 H_2S 腐蚀高抗挤	114.3～406.4	TN80HS,TN95HS,TN100HS,TN110HS	5.21～28.17	552～759	655～862	655～862	22～29	—	SLBE	适用于存在酸性气体的超深井
	深井适用	114.3～406.4	TN135DW,TN140DW,TN150DW	5.21～28.17	931～1 035	1 035～1 138	966～1 104	37～40	—	SLBE	适用于超深井环境
	经济型抗 H_2S 腐蚀	114.3～247.0	TN55CS-Cr1,TN70CS-Cr1,TN75CS-Cr1,TN80Cr3,TN95Cr3,TN110Cr3	5.21～26.04	379～759	552～966	552～862	25	—	SLBE	适用于低酸性环境
	超低温套管系列	114.3～406.4	TN55LT,TN80LT,TN95LT,TN110LT,TN125LT	5.21～28.17	375～862	621～1 035	655～931	—	—	SLBE	适用于低温环境
	热采井套管系列	114.3～406.4	TN55TH,TN80TH	5.21～28.17	375～552	517～655	655	21～22	—	SLBE	适用于超稠油热采井耐热环境

续表 5A-6

品种	应用	外径范围/mm	钢级	壁厚范围/mm	机械性能					扣型	备注
					屈服强度/MPa		抗拉强度/MPa	硬度			
					最小	最大		HRC	HRC变化率/%		
TN系列	高延展性	114.3～247.0	TN35HD，TN45HD，TN60HD，TN70HD	5.21～26.04	241～483	386～621	414～566	22	—	SLBE	适用于高塑性地层，延展率22%～30%
	合金套管	114.3～406.4	TN80Cr13，TN85Cr13，TN95Cr13，TN95Cr13M，TN110Cr13M，TN95Cr13S，TN110Cr13S	5.21～28.17	552～759	655～897	655～793	23～31	—	SLBE	适用于强酸性环境

注：详细套管性能可查阅 Tenaris 公司主页 http://www.tenaris.com/en/MediaAndPublications/BrochuresAndCatalogs/PremiumConnections.aspx。

表 5A-7 V&M 集团(瓦鲁来克&曼内斯曼)主要非 API 套管系列产品

品种	应用	外径范围/mm	钢级	壁厚范围/mm	机械性能					扣型	备注
					屈服强度/MPa		抗拉强度/MPa	硬度			
					最小	最大		HRC	HRC变化率/%		
VAM系列	经济抗腐蚀	114.3～247.0	VAM55CS-Cr1，VAM70CS-Cr1，VAM75CS-Cr1	5.21～26.04	379～759	552～966	552～862	25	—	VAM TOP/VAM TOF HT/DINO VAM	适用于低酸性环境
	抗 H_2S 腐蚀套管系列	114.3～406.4	VAM80SS，VAM90SS，VAM95SS，VAM100SS，VAM110SS，VAM125SS，VAM80S，VAM90S，VAM95S	5.21～28.17	552～862	655～966	655～793	22～36	—	VAM21/VAM TOP HC/VAM HW ST/VAM HP	适用于酸性环境

续表 5A-7

品种	应用	外径范围/mm	钢级	壁厚范围/mm	机械性能					扣型	备注
					屈服强度/MPa		抗拉强度/MPa	硬度			
					最小	最大		HRC	HRC变化率/%		
VAM系列	抗挤套管系列	114.3～406.4	VAM80HC，VAM95HC，VAM110HC，VAM125HC，VAM140HC	5.21～28.17	552～966	759～1 173	690～1 035	—	—	VAM21/VAM TOP HC/VAM HW ST/VAM HP/VAM MUST	适用于盐岩层、深井等较复杂的地质条件
	抗腐蚀高抗挤	114.3～406.4	VAM80HS，VAM95HS，VAM100HS，VAM110HS	5.21～28.17	552～759	655～862	655～862	22～29	—	VAM21/VAM TOP HC/VAM HW ST/VAM HP/VAM MUST	适用于存在酸性气体的超深井
	超低温套管	114.3～406.4	VAM55LT，VAM80LT，VAM95LT，VAM110LT，VAM125LT	5.21～28.17	375～862	621～1 035	655～931	—	—	VAM21/VAM TOP HC/VAM HW ST/VAM HP	适用于低温环境
	耐腐蚀合金	114.3～406.4	VAM85Cr13，VAM95Cr13，VAM110Cr13，VAM110Cr13	5.21～28.17	586～759	703～862	644～862	—	—	VAM TOP/VAM TOP HT/VAM TOP HC	适用于高酸性环境

注：套管详细性能可查阅 V&M 公司主页 http://www.vmtubes.com.cn/zh-hans/content/product/productsc。

表 5A-8　住友金属非 API 套管主要系列产品

品种	应用	外径范围/mm	钢级	壁厚范围/mm	机械性能					扣型	备注
					屈服强度/MPa		抗拉强度/MPa	硬度			
					最小	最大		HRC	HRC变化率/%		
SM系列	深井系列	114.3～508	SM-130G，SM-140G，SM-130CY	5.21～28.17	896～659	965～1 172	930～1 034	22～36	—	SLB	适用于深井环境
	抗挤套管系列	114.3～508	SM-8OT，SM-95T，SM-110T，SM-95TT，SM-110TT，SM-125TT	5.21～28.17	552～862	758～1 059	689～931	—	—	SLB	适用于盐岩层、深井等较复杂的地质条件
	低耐 H_2S 腐蚀系列	114.3～508	SM-125S	5.21～28.17	862	965	895	36	—	SLB	适用于低酸性环境
	中耐 H_2S 腐蚀系列	114.3～508	SM-110ES，SM-125ES	5.21～28.17	758～862	862～956	793～895	22～25.4	—	SLB	适用于中酸性环境
	高耐 H_2S 腐蚀系列	114.3～508	SM-80XS，SM-90XS，SM-95XS，SM1 110XS	5.21～28.17	552～758	655～721	655～689	30～36	—	SLB	适用于高酸性环境
	中耐 H_2S 腐蚀高抗挤系列	114.3～508	SM-110TES，SM-125TES	5.21～26.04	758～862	862～965	793～895	22～25.4	—	SLB	适用于含酸性气体高地应力环境
	高耐 H_2S 腐蚀高抗挤系列	114.3～508	SM-80TXS，SM-90TXS，SM-95TXS，SM1 110TXS	5.21～28.17	552～758	655～828	655～793	22～25.4	—	SLB	适用于含酸性气体高地应力环境
	北极系列（低温）	114.3～508	SM-80L，SM-95L，SM-110L，SM-80LL，SM-95LL，SM-110LL	5.21～28.17	552～758	758～965	689～862	21～22	—	SLB	适用于超低温环境
新SM系列	耐 CO_2 腐蚀系列	114.3～508.0	SM13Cr-80，SM13Cr-85，SM13Cr-95，SM13Cri-80，SM13CrM-95，SM13CrM-110	5.21～28.17	552～758	655～862	655～758	23～32			适用于含 CO_2 环境

表 5A-8

品种	应用	外径范围/mm	钢级	壁厚范围/mm	机械性能					扣型	备注
					屈服强度/MPa		抗拉强度/MPa	硬度			
					最小	最大		HRC	HRC变化率/%		
新SM系列	耐CO_2低耐H_2S腐蚀系列	114.3～508.0	SM13CrS-95，SM13CrS-110，SM17CrS-110，SM17CrS-125，SM22Cr-110，SM22Cr-125，SM25Cr-110，SM25Cr-125，SM25CrW-125	5.21～28.17	655～862	758～1 000	721～895	28～37			适用于含CO_2酸性环境
	耐CO_2中耐H_2S腐蚀系列	114.3～508.0	SM2535-110，SM2535-125，SM2535-140，SM2242-110，SM20S5-110，SM20Q5-125，SM2550-110，SM2550-125，SM2050-110，SM2050-125，SMC276-110，SMC276-125，SMC276-140	5.21～28.17	758～965	955～1 138	793～1 000	32～40			适用于含CO_2酸性环境

注：套管详细性能可查阅住友公司主页 http://www.tubular.nssmc.com/product-services/octg/materials/materials。

表 5A-9　TMK 公司非 API 套管系列产品

品种	应用	外径范围/mm	钢级	壁厚范围/mm	机械性能					扣型	备注
					屈服强度/MPa		抗拉强度/MPa	硬度			
					最小	最大		HRC	HRC变化率/%		
HC系列	抗挤套管系列	114.3～406.4	HC-L80，HC-P110	5.21～28.17	621～828	655～897	655～828	22～36	—	SLBE	适用于酸性环境
	耐H_2S腐蚀高抗挤	114.3～406.4	HC-NS110	5.21～28.17	759	910	834	—	—	SLBE	适用于盐岩层、深井等复杂地质环境

注：套管详细性能可查阅 TMK 公司主页 http://www.tmk-group.com/。

表 5A-10　美钢联(USS)非 API 套管系列产品

品　种	应　用	外径范围/mm	钢　级	壁厚范围/mm	机械性能					扣　型	备　注
					屈服强度/MPa		抗拉强度/MPa	硬　度			
					最　小	最　大		HRC	HRC变化率/%		
特殊扣系列	PATRIOT HC	114.3～193.7	L-80,P-110,Q-125	6.35～15.113	552～862	621～966	586～897	25	—	PATRIOT HC	适用于大位移井
	USS CDC	114.3～339.7	J-55,K-55,M-65,N-80(1,Q),L-80,C-90,T-95,C-95,P-110,Q-125	6.35～15.113	379～862	455～966	416～897	22～25	—	USS CDC	适用于套管钻井

注:套管详细性能可查阅 USS 公司主页 http://www.ussteel.com/uss/portal/home/。

参考文献

[1] 徐惠峰. 钻井技术手册(三)固井. 北京:石油工业出版社,1990.

[2] 田青超. 抗挤毁套管产品开发理论和实践. 北京:冶金工业出版社,2013.

[3] 《钻井手册(甲方)》编写组. 钻井手册(甲方)(上、下). 北京:石油工业出版社,1990.

[4] 李勤,张传友,肖功业. 高挤毁石油套管的试制. 钢管,2003,33(4):28-31.

[5] 李平全. 套管抗挤特性及高抗挤套管. 钢管,2007,36(1):57-60.

[6] JFE 钢铁株式会社. JFE OCTG 油井管. Tokyo,Japan:JFE 钢铁株式会社,2012[2012-6-15]. http://www. jfe-steel. co. jp/ch/products/index. html.

[7] 曹勇,穆东,韩会全. 焊接油套管的生产工艺及其发展. 钢管,2011,40(6):20-25.

[8] 毕永德,许文妍,赵游云. 抗硫化氢应力腐蚀石油套管系列产品的开发与应用. 天津冶金,2005,6:23-26.

[9] 耿春雷,顾军,徐永模,等. 油气田中 CO_2/H_2S 腐蚀与防护技术的研究进展. 材料导报 A,2011,25(1):119-122.

[10] 董晓焕,赵国仙,冯耀荣,等. 13Cr 不锈钢的 CO_2 腐蚀行为研究. 石油矿场机械,2003,32(6):1-3.

[11] 张国超,林冠发,孙育禄,等. 13Cr 不锈钢腐蚀性能的研究现状与进展. 全面腐蚀控制,2011,25(4):16-20.

[12] 徐东林,刘烈炜,张报飞,等. 几种合金元素对油套管钢 H_2S/CO_2 腐蚀的影响. 石油化工与腐蚀,2008,25(1):20-23.

[13] 杨瑞成,聂福荣,郑丽,等. 镍基耐蚀合金特性、进展及其应用. 甘肃工业大学学报,2002,28(4):29-33.

[14] Q/SH 0015—2006 含硫化氢含二氧化碳气井油套管选用技术要求.

[15] 高连新,金烨,张居勤,等. 优质热采井用石油套管的研制. 上海交通大学学报,2004,38(10):1 708-1 714.

[16] 卢小庆,郦江洪,马兆中,等. 稠油热采井专用套管 TP90H 的开发. 天津冶金,2004(4):7-9.

[17] Sumitomo Industry, Ltd. Sumitomo products for oil and gas industry. Tokyo, Japan: http://www. tubular. nssmc. com/product-services/octg/materials/materials.

[18] 万仁溥. 现代完井工程. 北京:石油工业出版社,2008.

[19] 李瑞涛,杨美金,王耀锋,等. 特殊螺纹接头的研究现状分析. 焊管,2009,32(1):11-14.

[20] JFE 钢铁株式会社. JFE FOX 螺纹接头. Tokyo,Japan:JFE 钢铁株式会社,2012[2012-6-15]. http://www. jfe-steel. co. jp/ch/products/index. html.

[21] V&M 钢管公司. VAM Book. Pairs, France and Berlin, Germany, V&M 钢管公司,2012[2012-10-19]. http://www. vmtubes. com. cn/zh-hans/content/product/productsc.

[22] 泰纳瑞斯公司. Premium connection for demanding environments. 阿根廷/意大利/日本/墨西哥,TenarisHydril 2012[2012-10-19]. http://www. tenaris. com/en/MediaAndPublications/BrochuresAndCatalogs/PremiumConnections. aspx.

[23] 廖凌,崔顺贤,叶顶鹏,等. 汉廷特殊螺纹接头油套管的技术特点与应用分析. 钢管,2009,38(4):44-48.

[24] JFE 钢铁株式会社. JFE BEAR 特殊接头. Tokyo,Japan:JFE 钢铁株式会社,2012[2012-6-15]. http://www. jfe-steel. co. jp/ch/products/index. html.

[25] 严泽生,孙开明. 套管油管使用手册. 北京:石油工业出版社,2011.
[26] 宝山钢铁集团股份有限公司. 特殊螺纹接头油套管产品手册. 上海,中国:宝山钢铁股份有限公司,2012[2012-10-25]. http://www. baosteel. com.
[27] 王峰. 油套管特殊螺纹接头的研制与应用. 石油矿场机械,2004,33(2):85-87.
[28] 张毅,高连新. 特殊螺纹接头油井管的设计和选用. 北京科技大学学报,2012,34(增1):10-16.
[29] 隋义勇,郑振兴,樊灵,等. 油水井套管损坏类型及机理分析. 石油地质与工程,2007,21(3):98-101.
[30] 姜守华. 油井套损机理综述. 国外油田工程,2001,17(12):19-24.
[31] 李星. 油水井套管损坏因素及机理分析. 断块油气田,1996,3(6):55-60.
[32] 周鹰,张新委,孙洪安,等. 油水井套损机理及综合防护技术应用研究. 特种油气藏,2005,12(3):79-86.
[33] 吕拴录,李鹤林,藤学清,等. 油套管粘扣和泄漏失效分析综述. 石油矿场机械,2011,40(4):21-25.
[34] 高连新,金烨. 套管连接螺纹的受力分析与改善措施. 上海交通大学学报,2004,38(10):1 729-1 732.
[35] 李平全. 油气田生产开发期套管的损坏原因分析——油套管标准研究、油套管失效分析及典型案例(2). 钢管,2006,35(5):53-60.
[36] SY/T 5724—2008 套管柱结构与强度设计.
[37] 路利军,冯少波,张波. 稠油热采井套管柱强度设计方法研究. 石油天然气学报,2009,31(2):364-366.
[38] 刘坤芳,张兆银,孙晓明,等. 注蒸汽井套管热应力分析及管柱强度设计. 石油钻探技术,1994,22(4):36-40.
[39] 廖华林,管志川,冯光通,等. 深井超深井套管损坏机理与强度设计考虑因素. 石油钻采工艺,2009,31(2):1-6.
[40] 杨龙,林凯,韩勇,等. 深井、超深井套管特性分析. 石油钻采工艺,2003,25(2):32-36.
[41] 闫相祯,杨恒林,杨秀娟. 泥岩蠕变导致套管变形损坏机理分析. 石油钻采工艺,2002,26(3):65-68.
[42] 郝俊芳. 套管强度计算与设计. 北京:石油工业出版社,1987.
[43] 赵章明. 油气井腐蚀防护与材质选择指南. 北京:石油工业出版社,2011.
[44] 宋治,冯耀荣. 油井管与管柱技术及应用. 北京:石油工业出版社,2007.
[45] 练章华. 地应力与套管损坏机理. 北京:石油工业出版社,2009.
[46] 沈忠厚. 油井设计基础和计算. 北京:石油工业出版社,1988.

第六章　钻具与钻柱设计

钻具是钻井工具的简称，通常包括方钻杆、钻杆、加重钻杆、钻铤、转换接头、稳定器、扩眼器、减震器及其他井下工具。钻具连接起来形成钻柱，为避免井下出现复杂情况，提高钻井效率，钻柱上常安装有稳定器、减震器、震击器、扩眼器及其他特殊工具。随着钻井深度的增加和钻井工艺的发展，对钻柱的性能要求越来越高。由于钻具出现问题常常导致井下复杂或钻井故障，甚至造成井的报废，因此合理的钻柱设计、严格的钻具管理对预防钻具故障、确保井身质量、提高钻井速度具有重要意义，同时必须加强钻具的管理和检查。

第一节　钻具种类及规范

一、方钻杆

1. 方钻杆结构

在转盘驱动钻井方式下，方钻杆位于钻柱最上端，上接水龙头，承受全部入井钻具的重量，采用高强度合金钢制造，具有更高的抗拉强度和抗扭强度。方钻杆由驱动部分、上下接头等构成。上部接头螺纹为左旋螺纹，下部接头螺纹为右旋螺纹。方钻杆按两端接头连接的不同可分为细扣方钻杆和无细扣方钻杆。API 标准系列采用无细扣方钻杆，其两端接头与方钻杆对焊在一起或与方钻杆做成一体。

方钻杆按驱动部分的断面形状可分四方方钻杆和六方方钻杆，通常方钻杆尺寸指的是驱动部分对边宽（D_{FL}）。四方方钻杆和六方方钻杆结构见图 6-1-1 和图 6-1-2。四方方钻杆主要有 63.5 mm(2½ in)，76.2 mm(3 in)，88.9 mm(3½ in)，108 mm(4¼ in)和 133.4 mm(5¼ in)；六方方钻杆主要有 76.2 mm(3 in)，88.9 mm(3½ in)，108 mm(4¼ in)，133.4 mm(5¼ in)和 152.4 mm(6 in)。可根据设计钻柱和所采用钻井工艺选择合适公称尺寸和断面形状的方钻杆。方钻杆驱动部分的寿命直接与方补心的配合有关，四方方钻杆比六方方钻杆允许有更大的间隙。

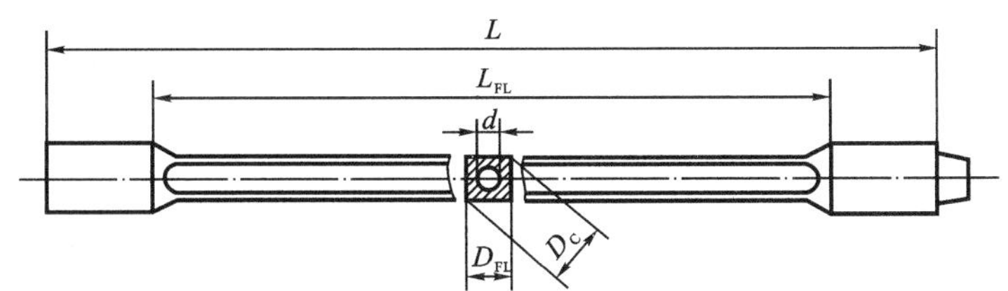

图 6-1-1　四方方钻杆结构示意图

L—方钻杆全长；L_{FL}—有效长度；d—内径；D_{FL}—驱动部分对边宽；D_C—驱动部分对角宽

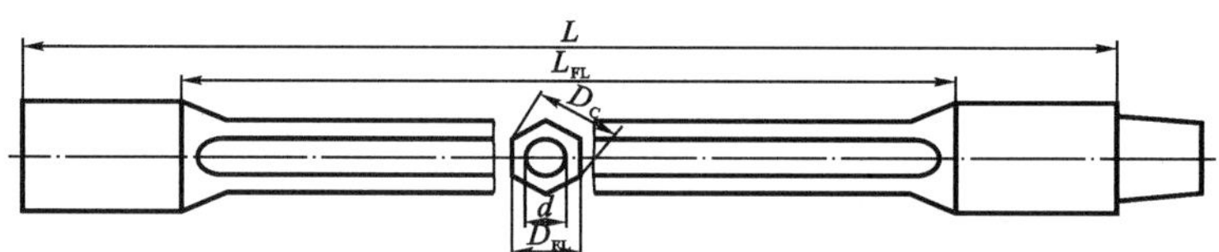

图 6-1-2　六方方钻杆结构示意图

图中各符号说明同图 6-1-1

2. 方钻杆规范

方钻杆规范是按驱动部分对边宽来分类的。API SPEC7 标准方钻杆长 12～17 m，上端车成反扣，防止旋转过程中自动卸扣。API 方钻杆规范要求见表 6-1-1 和表 6-1-2。

表 6-1-1　API 四方方钻杆规范要求

规格/mm(in)	驱动长度/mm		全长/mm		驱动部分		上端内螺纹				下端外螺纹				内径/mm
	标准	选用	标准	选用	对边宽/mm	对角宽/mm	扣型	外径/mm	长度/mm	倒角直径/mm	螺纹类型	外径/mm	长度/mm	倒角直径/mm	
63.5 (2½)	11 280	—	12 190	—	63.5	83.3	6⅝ in REG	196.9	406.4	186.1	NC26 (2⅜ in IF)	85.7	520	100.4	38.1
76.2 (3)	11 280	—	12 190	—	76.2	100.0	6⅝ in REG	196.9	406.4	186.1	NC31 (2⅞ in IF)	104.8	508	100.4	44.5
88.9 (3½)	11 280	—	12 190	—	88.9	115.1	6⅝ in REG	196.9	406.4	186.1	NC38 (3½ in IF)	127	508	116.3	57.2
108 (4¼)	11 280	15 540	12 190	16 460	108.0	141.3	6⅝ in REG	196.9	406.4	186.1	NC50 (4½ in IF)	161.9	508	154.4	71.4
133.4 (5¼)	11 280	15 540	12 190	16 460	133.4	175.4	6⅝ in REG	196.9	406.4	186.1	(5½in FH)	177.8	508	170.7	82.6

表 6-1-2　API 六方方钻杆规范要求

规格/mm(in)	驱动长度/mm		全长/mm		驱动部分		上端内螺纹				下端外螺纹				内径/mm
	标准	选用	标准	选用	对边宽/mm	对角宽/mm	扣型	外径/mm	长度/mm	倒角直径/mm	螺纹类型	外径/mm	长度/mm	倒角直径/mm	
76.2 (3)	11 280	—	12 190	—	76.20	85.72	6⅝ in REG	196.9	406.4	186.1	NC26 (2⅜ in IF)	85.7	508	82.9	38.1
88.9 (3½)	11 280	—	12 190	—	88.90	100.80	6⅝ in REG	196.9	406.4	186.1	NC31 (2⅞ in IF)	104.8	508	100.4	44.5
108 (4¼)	11 280	15 540	12 190	16 460	108	122.2	6⅝ in REG	196.9	406.4	186.1	NC38 (3½ in IF)	120.7	508	116.3	57.2
133.4 (5¼)	11 280	15 540	12 190	16 460	133.4	151.6	6⅝ in REG	196.9	406.4	186.1	NC50 (4½ in IF)	161.9	508	154	82.6
152.4 (6)	11 280	15 540	12 190	16 460	152.40	173.04	6⅝ in REG	196.9	406.4	186.1	(5½in FH)	177.8	508	170.7	88.9

中国石油天然气行业标准 SY/T 6509 制定的方钻杆的结构见图 6-1-3 和图 6-1-4，其规范见表 6-1-3。

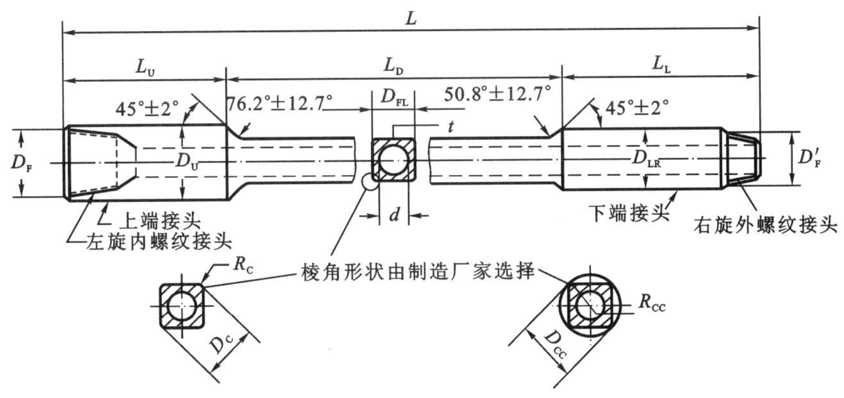

图 6-1-3　四方方钻杆结构图

L—方钻杆全长；L_U—上端母扣长度；L_D—驱动部分长度；L_L—下端公扣长度；D_F—上端母扣倒角直径；D_U—上端母扣外径；t—偏心最小壁厚；d—方钻杆内径；D_{LR}—下端公扣外径；D'_F—下端公扣倒角直径；D_{FL}—驱动部分对边宽；D_C—驱动部分对角宽；R_C—驱动部分倒角半径；R_{CC}—驱动部分半径；D_{CC}—驱动部分对角宽

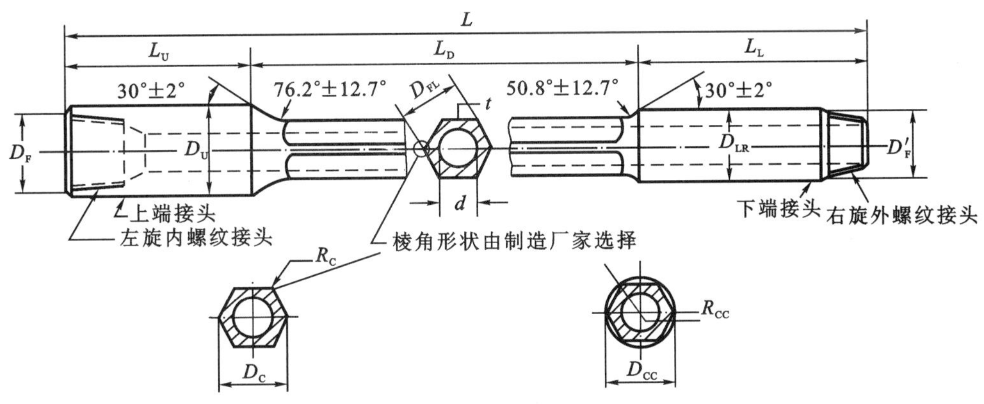

图 6-1-4　六方方钻杆结构图

图中各符号说明同图 6-1-3

表 6-1-3　中国产方钻杆规范要求

四方方钻杆											
方钻杆规格		驱动长度/m		全长/m		驱动部分					偏心最小壁厚/mm
in	mm	标　准	选　用	标　准	选　用	对边宽/mm	对角宽 D_C/mm	对角宽 D_{CC}/mm	倒角半径/mm	半径/mm	
2½	63.5	11.28	—	12.19	16.46	63.5	83.3	82.55	7.9	41.3	11.43
3	76.2	11.28	—	12.19	—	76.2	100.0	98.43	9.5	49.2	11.43
3½	88.9	11.28	—	12.19	—	88.9	115.1	112.70	12.7	56.4	11.43
4¼	108.0	11.28	15.54	12.19	16.46	108.0	141.3	139.70	12.7	69.9	12.07
5¼	133.4	11.28	15.54	12.19	16.46	133.4	175.4	171.45	15.9	85.7	15.88

续表 6-1-3

上端母扣							下端公扣				
扣型(左旋)		外径/mm		长度/mm	倒角直径/mm		扣　型	外径/mm	长度/mm	倒角直径/mm	内径/mm
标　准	选　用	标　准	选　用		标　准	选　用					
6⅝ in REG	4½ in REG	196.9	146.1	406.4	186.1	134.5	NC26	85.7	508	82.9	38.1
6⅝ in REG	4½ in REG	196.9	146.1	406.4	186.1	134.5	NC31	104.8	508	100.4	44.5
6⅝ in REG	4½ in REG	196.9	146.1	406.4	186.1	134.5	NC38	120.7	508	116.3	57.2
6⅝ in REG	4½ in REG	196.9	146.1	406.4	186.1	134.5	NC46	158.8	508	145.3	71.4
							NC50	161.9	508	154.0	71.4
6⅝ in REG	—	196.9	—	406.4	186.1	134.5	5½ in FH	177.8	508	170.7	82.6
							NC56	177.8	508	171.1	82.6

六方方钻杆											
方钻杆规格		驱动长度/m		全长/m		驱动部分					偏心最小壁厚/mm
in	mm	标　准	选　用	标　准	选　用	对边宽/mm	对角宽 D_C/mm	对角宽 D_{CC}/mm	倒角半径/mm	半径/mm	
3	76.2	11.28	—	12.19	16.46	76.2	85.7	85.73	6.4	42.9	12.1
3½	88.9	11.28	—	12.19	—	88.9	100.8	100.00	6.4	50.0	13.3
4¼	108.0	11.28	15.54	12.19	16.46	108.0	122.2	121.44	7.9	60.7	15.9
5¼	133.4	11.28	15.54	12.19	16.46	133.4	151.6	149.86	9.5	75.0	15.9
6	152.4	11.28	15.54	12.19	16.46	152.4	173.0	173.02	9.5	86.5	15.9

上端母扣							下端公扣				
扣型(左旋)		外径/mm		长度/mm	倒角直径/mm		扣　型	外径/mm	长度/mm	倒角直径/mm	内径 mm
标　准	选　用	标　准	选　用		标　准	选　用					
6⅝ in REG	4½ in REG	196.9	146.1	406.4	186.1	134.5	NC26	85.7	508	82.9	38.1
6⅝ in REG	4½ in REG	196.9	146.1	406.4	186.1	134.5	NC31	104.8	508	100.4	44.5
6⅝ in REG	4½ in REG	196.9	146.1	406.4	186.1	134.5	NC38	120.7	508	116.3	57.2
6⅝ in REG	—	196.9	—	406.4	186.1	—	NC46	158.8	508	145.3	76.2
							NC50	161.9	508	154.0	82.6
6⅝ in REG	—	196.9	—	406.4	186.1	—	5½ in FH	177.8	508	170.7	88.9
							NC56	177.8	508	171.1	88.9

3. 方钻杆性能参数

中国石油天然气行业标准规定的方钻杆的机械性能见表 6-1-4。

四方方钻杆和六方方钻杆的强度参数见表 6-1-5。

表 6-1-4　方钻杆机械性能参数表

下端接头外径范围/mm	屈服强度/MPa	抗拉强度/MPa	伸长率/%	表面布氏硬度(HB)	夏比冲击功/J
85.7～174.6	≥758	≥965	≥13	≥285	≥54
177.8	≥689	≥930	≥13	≥285	≥54

表 6-1-5　四方方钻杆和六方方钻杆的强度参数表

方钻杆类型及尺寸/mm(in)		内径/mm	下部公扣		推荐最小套管外径/in	抗拉屈服值/kN		抗扭屈服值/(N·m)		抗弯屈服值/(N·m)	抗内压屈服值/MPa
			扣　型	外径/in		下部公扣	驱动部分	下部公扣	驱动部分	驱动部分	驱动部分
四方	63.5(2½)	31.75	NC26(2⅜ in IF)	3⅜	4½	1 850	1 980	13 100	16 800	16 800	205.5
	76.2(3)	44.45	NC31(2⅞ in IF)	4⅛	5½	2 380	2 590	19 600	26 700	27 100	175.8
	88.9(3½)	57.15	NC38(3½ in IF)	4¾	6⅝	3 220	3 230	30 800	39 300	40 100	152.1
	108.0(4¼)	71.44	NC46(4 in IF)	6¼	8⅝	4 680	4 660	53 350	68 100	70 000	134.5
	108.0(4¼)	71.44	NC50(4½ in IF)	6⅜	8⅝	6 320	4 660	77 600	68 100	70 000	134.5
	133.4(5¼)	82.55	5½ in FH	7	9⅝	7 150	7 580	99 000	137 000	139 400	142.0
六方	76.2(3)	38.1	NC26(2⅜ in IF)	3⅜	4½	1 580	2 400	11 250	27 800	25 200	184.1
	88.9(3½)	47.63	NC31(2⅞ in IF)	4⅛	5½	2 200	3 160	18 150	42 700	38 800	174.8
	108.0(4¼)	57.15	NC38(3½ in IF)	4¾	6⅝	3 220	4 660	30 800	77 000	69 800	172.4
	133.4(5¼)	76.2	NC46(4 in IF)	6¼	8⅝	4 260	6 710	48 050	138 700	126 100	142.0
	133.4(5¼)	82.55	NC50(4½ in IF)	6⅜	8⅝	5 120	6 210	63 350	130 300	118 800	142.0
	152.4(6)	88.9	5½ in FH	7	9⅝	6 500	8 610	89 900	20 400	185 800	125.5

二、钻杆与接头

钻杆是钻柱中最长的部分，用来传递扭矩、循环钻井液，主要由钻杆管体和钻杆接头两部分组成。根据钻杆的机械特性分为普通钻杆和特种钻杆；根据钻杆的结构分为普通平台肩钻杆(直台肩钻杆)、斜台肩钻杆、双台肩钻杆等，钻杆结构见图 6-1-5 和图 6-1-6；根据钻杆的材质又可分为普通钻杆和无磁钻杆。

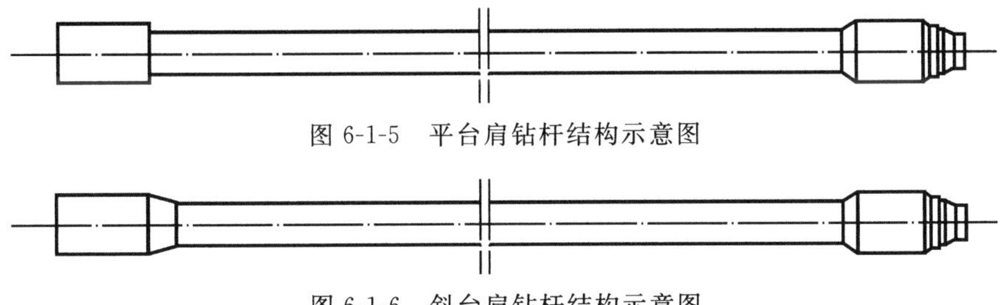

图 6-1-5　平台肩钻杆结构示意图

图 6-1-6　斜台肩钻杆结构示意图

1. 钻杆管体

1）钻杆结构

钻杆管体是轧制的无缝管材，通常采用对焊方式与钻杆接头连接在一起。为了加强管体与接头的连接强度，钻杆管体两端对焊部分是镦粗加厚的，API 标准分内加厚（IU）、外加厚（EU）和内外加厚（IEU）三种，见图 6-1-7 和图 6-1-8。加厚过渡段一般长 20～65 mm，也有的达到 120～160 mm。为了防止钻杆过渡带失效，一般过渡段长大于 150 mm，过渡带圆角半径在 300 mm 以上。

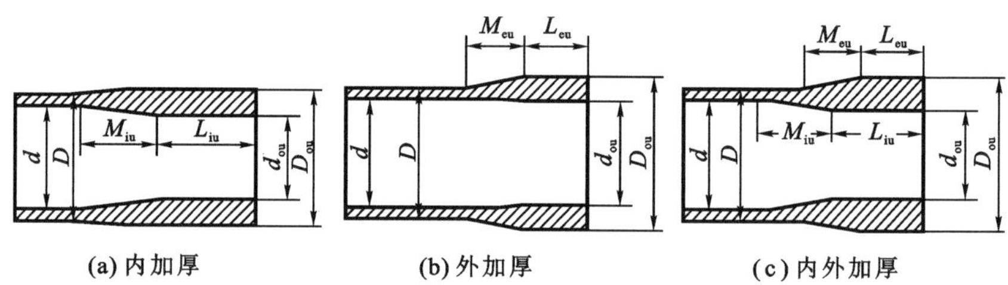

图 6-1-7　API 钻杆加厚端尺寸图（D，E 钢级）

d—内径；D—外径；M_{iu}—最小内锥面长度；L_{iu}—内加厚长度；

d_{ou}—加厚内径；D_{ou}—加厚外径；$M_{eu}+L_{eu}$—加厚管端至锥尾消失长度

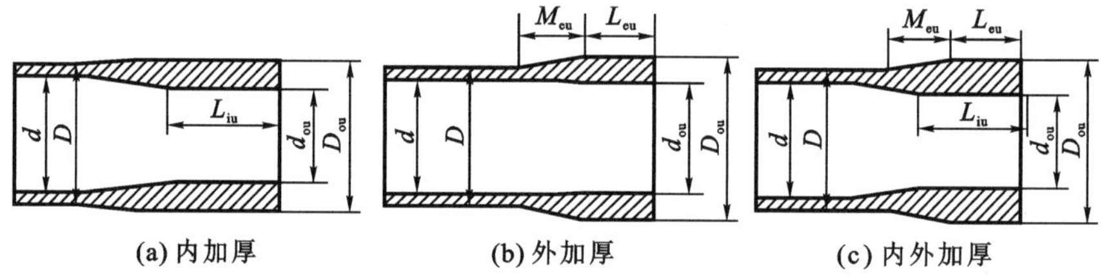

图 6-1-8　API 钻杆加厚端尺寸图（X，G，S 钢级）

图中各符号说明同图 6-1-7

不同钢级的 API 对焊钻杆管体尺寸规格见表 6-1-6 和表 6-1-7。

表 6-1-6　API 对焊钻杆尺寸（D，E 钢级）

钻杆直径 /mm(in)	加厚形式	公称质量 /(kg·m^{-1})	壁厚 /mm	内径 /mm	加厚尺寸/mm		理论质量	
					外　径	内　径	本体 /(kg·m^{-1})	两端加厚部分 /kg
73.0(2⅞)	内加厚	15.51	9.19	54.64	73.02	33.34	14.47	1.45
88.9(3½)		14.17	6.45	76.00	88.90	57.15	13.12	2.00
		19.91	9.35	70.20	88.90	49.21	18.34	2.00
		23.11	11.40	66.10	88.90	49.21	21.79	1.54
101.6(4)		20.88	8.38	84.84	107.95	69.85	19.27	2.09
114.3(4½)		20.51	6.88	100.54	120.65	85.72	18.23	2.36
127(5)		24.23	7.52	111.96	127.00	95.25	22.16	3.00

续表 6-1-6

钻杆直径/mm(in)	加厚形式	公称质量/(kg·m^{-1})	壁厚/mm	内径/mm	加厚尺寸/mm		理论质量	
					外　径	内　径	本体/(kg·m^{-1})	两端加厚部分/kg
60.3(2⅜)	外加厚	9.92	7.11	46.13	67.46	46.10	9.34	0.82
73.0(2⅞)		15.51	9.19	54.64	81.76	54.64	14.47	1.09
88.9(3½)		14.71	6.45	76.00	100.02	76.00	13.12	1.18
		19.84	9.35	70.20	100.02	66.09	18.34	1.81
		23.11	11.40	66.10	100.02	66.09	21.79	1.27
101.6(4)		17.67	6.65	88.84	115.90	84.84	19.27	2.27
114.3(4½)		20.51	6.88	100.54	128.60	100.53	18.23	2.54
		24.76	8.56	97.18	128.60	97.18	22.32	2.54
		29.83	10.92	92.46	128.60	92.46	27.84	2.54
114.3(4½)	内外加厚	24.76	8.56	97.18	120.65	80.17	22.32	3.68
		29.82	10.92	92.46	121.44	76.20	27.84	3.91
127.0(5)		29.08	9.19	108.62	131.78	93.66	26.70	3.91
		38.18	12.70	101.60	131.78	87.31	35.80	3.54
139.7(5½)		32.66	9.17	121.36	146.05	101.60	29.52	4.81
		36.84	10.54	118.62	146.05	101.60	33.57	4.09

表 6-1-7　API 对焊钻杆尺寸(X,G,S 钢级)

钻杆直径/mm(in)	加厚形式	公称质量/(kg·m^{-1})	壁厚/mm	内径/mm	加厚尺寸/mm		理论质量	
					外　径	内　径	本体/(kg·m^{-1})	两端加厚部分/kg
73.0(2⅞)	内加厚	15.51	9.19	54.64	73.02	33.34	14.48	2.45
88.9(3½)		19.84	9.35	70.20	88.90	49.21	18.34	3.36
101.6(4)		20.88	8.35	84.84	107.95	66.68	19.26	4.00
127.0(5)		24.23	7.52	111.96	127.00	90.49	22.15	6.17
60.3(2⅜)	外加厚	9.92	7.11	46.10	67.46	39.69	9.32	2.09
73.0(2⅞)		15.51	9.19	54.64	82.55	49.21	14.48	2.82
88.9(3½)		19.84	9.35	70.20	101.6	63.50	18.34	4.63
		23.12	11.40	66.10	101.60	63.50	21.79	3.72
101.6(4)		20.88	8.38	84.84	117.48	77.79	19.26	6.54
114.3(4½)		24.76	8.56	97.18	131.78	90.49	22.31	7.81
114.3(4½)		29.82	10.92	92.46	131.78	87.31	27.84	7.27
127.0(5)		29.08	9.19	108.62	131.78	90.49	26.71	7.63
		38.18	12.70	101.60	131.78	84.14	35.79	6.99

续表 6-1-7

钻杆直径 /mm(in)	加厚形式	公称质量 /(kg·m⁻¹)	壁厚 /mm	内径 /mm	加厚尺寸/mm		理论质量	
					外　径	内　径	本体 /(kg·m⁻¹)	两端加厚部分 /kg
88.9(3½)	内外加厚	23.12	11.40	66.10	96.04	49.21	21.79	5.03
114.3(4½)		24.76	8.56	97.18	120.65	73.02	22.31	3.95
114.3(4½)		29.82	10.92	92.46	121.44	71.44	27.84	7.99
127.0(5)		29.08	9.19	108.62	131.78	90.49	26.71	7.63
127.0(5)		38.18	12.70	101.60	131.78	84.14	35.79	6.99
139.7(5½)		32.66	9.17	121.36	146.05	96.84	29.51	9.53
		36.84	10.54	118.62	146.05	96.84	33.57	8.36

2）长度及钢级

API 标准的钻杆管体长度有三类：第一类长度 5.5～6.7 m，除在一些水井和地质钻井上还在应用外，石油天然气钻井已较少使用；第二类长度 8.23～9.14 m；第三类长度 11.6～13.7 m。其中，第二类长度使用较广。API 规定钻杆的钢级主要有 E 级、X 级、G 级、S 级等，其中，X 级、G 级、S 级钻杆强度较高。钻杆钢级代号见表 6-1-8，钢级性能参数见表 6-1-9，钻杆公称质量和壁厚数据见表 6-1-10。

表 6-1-8　API 钻杆钢级代号

标准等级		高强度等级	
钢　级	符　号	钢　级	符　号
N-80	N	G-105	G
E-75	E	S-135	S
C-75	C	V-150	V
X-95	X	UD-165	UD

表 6-1-9　API 钻杆钢级性能表

钢　级	最小屈服强度 /MPa	最大屈服强度 /MPa	最小抗拉强度 /MPa	夏比冲击功 /J
E-75	517	724	689	54
X-95	655	862	724	54
G-105	724	931	793	54
S-135	931	1 138	1 000	54

表 6-1-10　API 钻杆公称质量和壁厚数据表

尺寸规格 /in	公称质量 /(lb·ft⁻¹)	平端质量		外　径		壁　厚		钢　级	加厚端,供对焊钻杆接头用
		lb·ft⁻¹	kg·m⁻¹	in	mm	in	mm		
2⅜	6.65	6.27	9.33	2.375	60.3	0.280	7.11	E,X,G,S	外加厚
2⅞	10.40	9.72	14.47	2.875	73.0	0.362	9.19	E,X,G,S	内加厚或外加厚
3½	9.50	8.81	13.12	3.500	88.9	0.254	6.45	E	内加厚或外加厚
3½	13.30	12.32	18.34	3.500	88.9	0.368	9.35	E,X,G,S	内加厚或外加厚
3½	15.50	14.64	21.79	3.500	88.9	0.449	11.40	E	内加厚或外加厚
3½	15.50	14.64	21.79	3.500	88.9	0.449	11.40	X,G,S	外加厚或内外加厚
4	14.00	12.95	19.27	4.000	101.6	0.330	8.38	E,X,G,S	内加厚或外加厚
4½	13.75	12.25	18.23	4.500	114.3	0.271	6.88	E	内加厚或外加厚
4½	16.60	15.00	22.32	4.500	114.3	0.337	8.56	E,X,G,S	外加厚或内外加厚
4½	20.00	18.71	27.84	4.500	114.3	0.430	10.92	E,X,G,S	外加厚或内外加厚
5	16.25	14.88	22.16	5.000	127.0	0.296	7.52	X,G,S	内加厚
5	19.50	17.95	26.70	5.000	127.0	0.362	9.19	E	内外加厚
5	19.50	17.95	26.70	5.000	127.0	0.362	9.19	X,G,S	外加厚或内加厚
5	25.60	24.05	35.80	5.000	127.0	0.500	12.70	E	内外加厚
5	25.60	24.05	35.80	5.000	127.0	0.500	12.70	X,G,S	外加厚或内加厚
5½	21.60	19.83	29.52	5.500	139.7	0.361	9.17	E,X,G,S	内外加厚
5½	24.70	22.56	33.57	5.500	139.7	0.415	10.54	E,X,G,S	内外加厚
6⅝	25.20	22.21	33.04	6.625	168.3	0.330	8.38	E,X,G,S	内外加厚
6⅝	27.72	24.24	36.06	6.625	168.3	0.362	9.19	E,X,G,S	内外加厚

3）钻杆色标识别法

为了避免和减少钻杆损坏带来的损失,应定期对钻杆进行检查并分级。API-IADC 规定了在用钻杆的分级方法,利用涂在钻杆两端接头和钻杆本体上的色标颜色识别钻杆的等级,一级钻杆标记为两条白色带,二级钻杆标记为一条黄色带,三级钻杆标记为一条橙色带,报废钻杆标记为红色带。推荐采用同样的方法对钻杆接头进行分级鉴别,现场修复的接头标记为绿色带,报废或进厂修复的接头标记为红色带,见图 6-1-9。

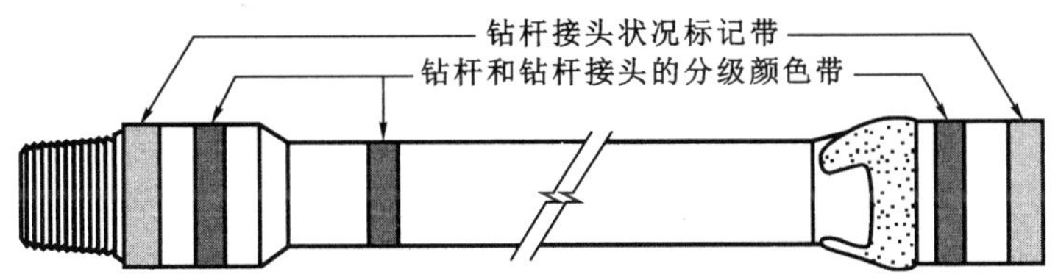

图 6-1-9　钻杆和接头识别色标位置图

钻杆接头通常通过铣槽标志打印制造厂代号或商标、执行标准号、接头代号、钢级代号等。API 钻杆铣槽标志和中国产钻杆铣槽标志见图 6-1-10 和图 6-1-11。

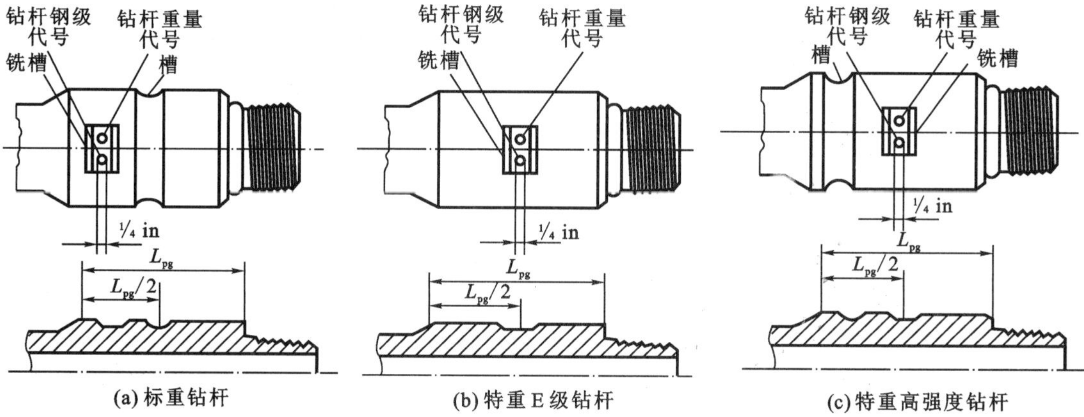

(a) 标重钻杆　　(b) 特重 E 级钻杆　　(c) 特重高强度钻杆

图 6-1-10　API 钻杆铣槽标志

L_{pg}—钻杆铣槽长度

(a) 标准质量钻杆　　(b) 加重质量钻杆

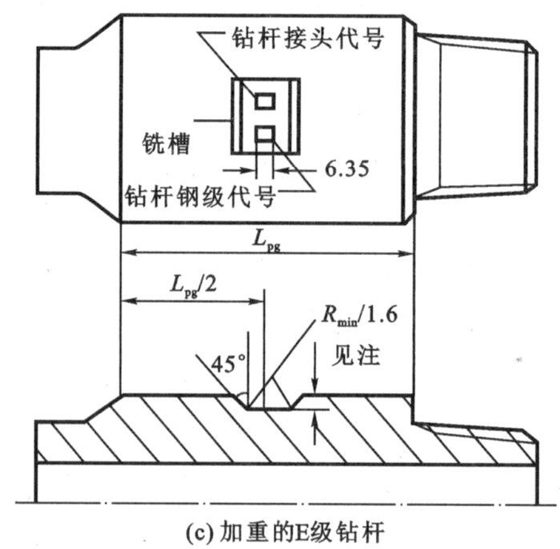

(c) 加重的E级钻杆

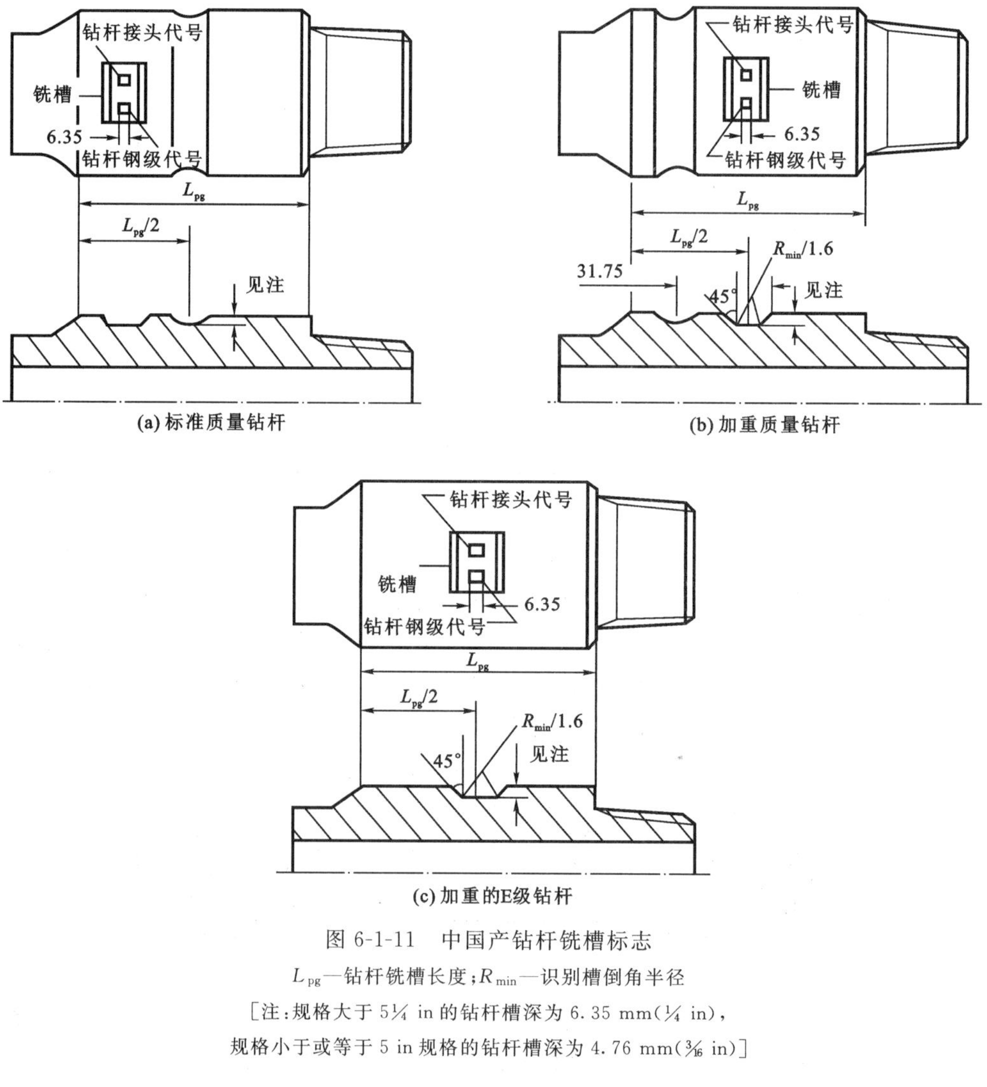

图 6-1-11　中国产钻杆铣槽标志

L_{pg}—钻杆铣槽长度；R_{min}—识别槽倒角半径

[注：规格大于 5¼ in 的钻杆槽深为 6.35 mm(¼ in)，规格小于或等于 5 in 规格的钻杆槽深为 4.76 mm(3/16 in)]

API 钻杆标记槽通常打在公接头根部，钻杆代号表示方法如下：

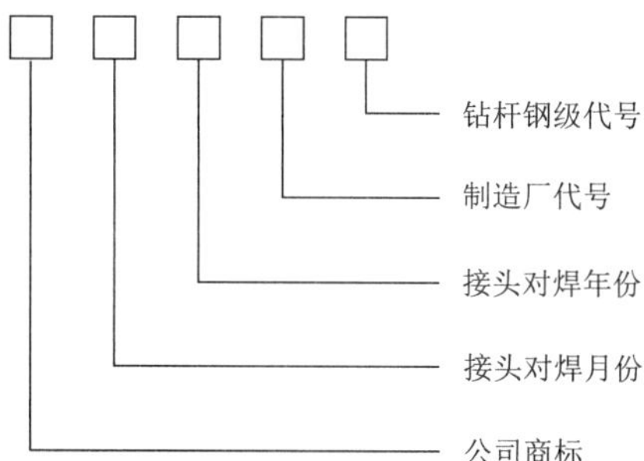

中国产钻杆标记代号表示方法如下：

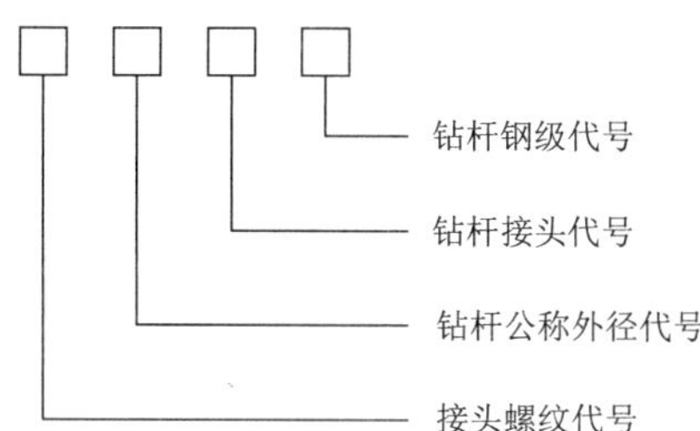

4）钻杆强度数据

API 标准给出了各种尺寸、不同壁厚和钢级钻杆的抗拉、抗扭、抗挤、抗内压等强度数据，其中最小抗拉强度决定了钻杆的下入深度，抗扭强度表征了抗扭转破坏的能力，一般钻杆的抗扭强度根据管体材料的最小屈服强度的 57.7%校核。一级、二级钻杆分别按外径均匀磨损、最小壁厚为新钻杆名义壁厚的 80%和 70%计算。API 新钻杆、一级钻杆、二级钻杆的强度参数分别见表 6-1-11、表 6-1-12 和表 6-1-13。

表 6-1-11　API 新钻杆强度数据表

钻杆尺寸/mm (in)	公称质量/(kg·m^{-1})	最小抗挤强度/MPa				最小抗内压强度/MPa				抗扭屈服强度/(N·m)				最小抗拉强度/kN			
		E	X	G	S	E	X	G	S	E	X	G	S	E	X	G	S
60.3 (2⅜)	7.22	76.1	96.4	106.6	131.5	72.4	91.7	101.4	130.3	6 454	8 162	9 030	11 606	435.5	551.6	609.7	783.9
60.3 (2⅜)	9.90	107.5	136.2	150.6	193.6	106.7	135.1	149.3	192.0	8 460	10 711	11 850	15 239	615.4	779.5	861.5	1 107.6
73.0 (2⅜)	10.20	72.2	89.2	96.6	117.6	68.3	86.5	85.6	122.9	10 941	13 856	15 321	19 700	605.1	766.4	847.1	1 089.1
73.0 (2⅜)	15.49	113.8	144.2	159.3	204.9	114.0	114.3	159.6	205.1	15 633	19 809	21 896	28 147	954.3	1 208.8	1 336.0	1 717.8
88.9 (3½)	14.15	69.2	83.2	90.0	108.8	65.6	83.2	92.0	118.2	19 144	24 256	26 805	34 465	864.9	1 095.6	1 210.9	1 556.9
88.9 (3½)	19.81	97.3	123.3	136.2	175.1	95.2	120.5	133.2	171.3	25 110	31 807	31 156	45 189	1 209.1	1 531.5	1 692.7	2 176.3

续表 6-1-11

钻杆尺寸/mm(in)	公称质量/(kg·m^{-1})	最小抗挤强度/MPa				最小抗内压强度/MPa				抗扭屈服强度/(N·m)				最小抗拉强度/kN			
		E	X	G	S	E	X	G	S	E	X	G	S	E	X	G	S
88.9(3½)	23.08	115.6	146.5	161.9	208.1	116.1	147.1	162.5	209.0	28 540	36 146	39 956	51 327	1 437.1	1 820.3	2 011.9	2 586.7
101.6(4)	17.65	58.0	68.7	73.8	87.2	59.3	75.1	83.0	106.7	26 357	33 380	36 905	47 440	1 027.3	1 301.3	1 438.3	1 849.3
101.6(4)	20.85	78.3	99.2	109.6	139.0	74.7	94.6	104.5	134.4	31 523	39 929	44 132	56 727	1 270.5	1 609.3	1 778.7	2 286.9
101.6(4)	23.38	88.9	112.7	124.4	160.0	86.0	108.9	120.4	154.7	34 926	44 240	48 904	62 883	1 443.2	1 828.0	2 020.5	2 597.5
114.3(4½)	20.48	49.6	57.9	61.71	71.1	54.5	69.0	76.3	98.1	35 061	44 417	49 094	63 113	1 202.2	1 522.8	1 683.2	2 164.0
114.3(4½)	24.72	71.6	87.9	95.3	115.8	67.8	85.9	94.9	121.1	41 691	52 809	58 368	75 045	1 471.7	1 864.1	2 060.4	2 649.0
114.3(4½)	29.78	89.4	113.2	125.1	160.8	86.5	109.6	120.1	155.7	49 948	63 262	69 920	89 891	1 835.9	2 325.5	2 570.3	3 304.6
114.3(4½)	33.98	102.1	129.4	143.0	183.9	100.5	127.4	140.8	181.0	55 467	70 258	77 661	99 842	2 098.1	2 657.5	2 937.3	3 776.5
127.0(5)	24.20	48.8	55.8	59.4	67.8	53.6	67.8	75.0	96.5	47 427	60 076	66 394	85 376	1 460.6	1 850.2	2 044.9	2 629.2
127.0(5)	29.04	69.0	82.8	89.6	108.3	65.5	83.0	91.7	118.0	55 711	70 570	78 000	100 290	1 761.3	2 231.0	2 465.8	3 170.3
127.0(5)	38.12	93.1	117.8	130.3	167.5	90.5	114.5	126.7	162.9	70 719	89 579	99 015	127 311	2 360.3	2 990.0	3 304.4	4 248.6
139.7(5½)	28.59	41.9	47.8	50.3	56.0	50.0	63.4	70.1	90.0	59 900	75 872	83 857	107 815	1 657.0	2 099.0	2 320.0	2 982.6
139.7(5½)	32.61	58.2	69.0	74.1	87.6	59.4	75.2	83.2	106.9	68 632	86 935	96 087	123 542	1 946.1	2 465.1	2 724.6	3 503.0
139.7(5½)	36.78	72.1	37.8	96.5	117.6	68.3	86.5	95.6	122.9	76 563	96 982	107 191	137 819	2 213.7	2 804.1	3 099.2	3 984.7
168.3(6⅝)	37.53	33.2	36.5	37.8	41.6	45.1	57.1	63.1	81.1	95 653	121 156	133 914	—	2 179.1	2 760.3	3 050.9	—

表 6-1-12 API 一级钻杆强度数据表

钻杆尺寸/mm(in)	公称质量/(kg·m^{-1})	最小抗挤强度/MPa				最小抗内压强度/MPa				抗扭屈服强度/(N·m)				最小抗拉强度/kN			
		E	95	105	135	E	95	105	135	E	95	105	135	E	95	105	135
60.3 ($2\frac{3}{8}$)	7.22	58.8	70.1	75.2	88.9	66.2	83.8	92.7	119.1	5 050	6 398	7 071	9 091	342	433	479	616
60.3 ($2\frac{3}{8}$)	9.90	92.2	116.8	129.1	166	97.5	123.6	136.6	175.6	6 523	8 261	9 131	11 740	479	606	670	862
73.0 ($2\frac{7}{8}$)	10.20	52.7	62.2	66.4	77.1	62.4	79.1	87.4	112.4	8 585	10 874	12 019	15 452	476	603	666	856
73.0 ($2\frac{7}{8}$)	15.49	98.1	124.2	137.3	176.5	104.2	132	145.8	187.5	12 010	15 212	16 813	21 619	741	938	1 037	1 333
88.9 ($3\frac{1}{2}$)	14.15	48.8	57.1	60.8	69.6	60	76.1	84.1	108.1	15 041	19 052	21 057	27 073	680	862	963	1 225
88.9 ($3\frac{1}{2}$)	19.81	82.8	104.9	116	149.1	87	110.2	121.8	156.6	19 471	24 664	27 260	35 048	944	1 195	1 321	1 696
88.9 ($3\frac{1}{2}$)	23.08	99.8	126.4	139.7	179.6	106.1	134.1	148.6	191.1	21 891	27 729	30 648	39 404	1 115	1 412	1 561	2 007
101.6 (4)	17.65	39.3	44.9	47.1	51.3	54.2	68.6	75.9	97.5	20 758	26 292	29 059	37 362	810	1 026	1 134	1 457
101.6 (4)	20.85	62.1	74.4	80.1	95.4	68.3	86.5	95.6	122.9	24 670	31 249	34 538	44 406	997	1 263	1 396	1 795
101.6 (4)	23.38	75.2	95.3	104.7	128.2	78.6	99.6	110	141.5	27 207	34 462	39 090	48 972	1 129	1 430	1 581	2 033
114.3 ($4\frac{1}{2}$)	20.48	32.3	35.8	36.9	40.7	49.8	63.1	69.8	89.7	27 663	35 040	38 728	49 792	949	1 202	1 328	1 078
114.3 ($4\frac{1}{2}$)	24.72	51.9	61.1	65.3	75.6	62	78.5	86.7	111.5	32 728	42 455	45 820	58 910	1 157	1 466	1 620	2 083
114.3 ($4\frac{1}{2}$)	29.78	75.7	95.8	105.8	129.7	79.1	100.1	110.7	142.3	38 889	49 260	54 446	70 001	1 436	1 819	2 011	2 586
114.3 ($4\frac{1}{2}$)	33.98	87.3	110.5	122.2	157.1	91.9	116.4	128.7	165.5	42 826	54 246	59 957	77 086	1 635	2 071	2 289	2 943
127.0 (5)	24.20	31	34	34.9	39	49	62	68.6	88.2	37 430	47 412	52 402	67 375	1 153	1 460	1 614	2 075
127.0 (5)	29.04	48.5	56.8	60.4	69.1	59.9	75.9	83.9	107.8	43 773	55 446	61 282	78 791	1 386	1 755	1 940	2 494
127.0 (5)	38.12	79	100.1	110.6	141.4	82.7	104.8	115.8	148.9	54 970	69 629	76 959	98 946	1 845	2 337	2 582	3 320

续表 6-1-12

钻杆尺寸/mm(in)	公称质量/(kg·m⁻¹)	最小抗挤强度/MPa				最小抗内压强度/MPa				抗扭屈服强度/(N·m)				最小抗拉强度/kN			
		E	95	105	135	E	95	105	135	E	95	105	135	E	95	105	135
139.7(5½)	28.59	25.8	28.5	29.9	32.5	45.7	57.9	64	82.3	47 134	59 703	65 988	84 840	1 309	1 658	1 833	2 356
139.7(5½)	32.61	39.5	45.1	47.3	51.7	54.3	68.8	76	97.7	54 047	68 461	75 667	97 285	1 534	1 943	2 147	2 761
139.7(5½)	36.78	52.6	62.1	66.4	77.1	62.4	79	87.4	112.4	60 090	76 114	84 126	10 812	1 741	2 205	2 437	3 133
168.3(6⅝)	37.53	20.2	22.4	23.1	23.6	41.2	52.2	57.7	74.1	75 609	96 971	107 177	137 799	1 724	2 183	2 413	3 102
168.3(6⅝)	41.25	24.9	27.8	29.1	31.4	45.2	57.3	63.3	81.4	81 609	10 821	115 855	148 956	1 879	2 380	2 631	3 382

表 6-1-13　API 二级钻杆强度数据表

钻杆尺寸/mm(in)	公称质量/(kg·m⁻¹)	最小抗挤强度/MPa				最小抗内压强度/MPa				抗扭屈服强度/(N·m)				最小抗拉强度/kN			
		E	95	105	135	E	95	105	135	E	95	105	135	E	95	105	135
60.3(2⅜)	7.22	47.2	55.1	58.5	66.6	57.9	73.4	81.1	104.2	7 371	5 536	6 119	7 866	297	376	415	534
60.3(2⅜)	9.90	83.7	106.0	117.2	150.6	85.4	108.1	119.5	153.6	5 600	7 094	7 839	10 079	413	523	578	744
73.0(2⅞)	10.20	41.7	48.0	50.6	56.0	54.6	69.2	76.5	98.4	7 435	9 418	10 409	13 383	413	523	578	744
73.0(2⅞)	15.49	89.2	113.0	124.9	160.6	91.2	115.5	127.6	164.1	10 292	13 036	14 408	18 525	639	809	894	1 149
88.9(3½)	14.15	38.2	43.4	45.5	49.2	52.2	66.5	73.6	94.6	13 032	16 508	18 245	23 458	591	748	827	1 063
88.9(3½)	19.81	74.9	94.8	103.7	126.8	76.1	96.4	106.6	137.0	16 765	21 236	23 472	30 178	816	1 033	1 142	1 468
88.9(3½)	23.08	90.8	115.0	127.2	163.5	92.9	117.6	130.0	167.2	18 748	23 747	26 247	33 746	961	1 217	1 345	1 729
101.6(4)	17.65	29.7	32.4	33.6	37.5	47.4	60.1	66.4	85.4	18 007	22 809	25 210	32 414	703	891	985	1 266
101.6(4)	20.85	50.3	59.1	63.0	72.5	59.7	75.7	83.6	107.5	21 338	27 028	29 874	38 409	865	1 095	1 210	1 556

续表 6-1-13

钻杆尺寸/mm(in)	公称质量/(kg·m^{-1})	最小抗挤强度/MPa				最小抗内压强度/MPa				抗扭屈服强度/(N·m)				最小抗拉强度/kN			
		E	95	105	135	E	95	105	135	E	95	105	135	E	95	105	135
101.6(4)	23.38	65.7	79.1	85.3	102.3	68.8	87.1	96.3	123.8	23 476	29 736	32 866	42 255	977	1 238	1 368	1 759
114.3(4½)	20.48	23.4	26.5	27.7	29.6	43.6	55.2	61.0	78.5	24 018	30 423	33 626	43 233	825	1 045	1 155	1 484
114.3(4½)	24.72	41.0	47.1	49.5	54.6	54.2	68.7	75.9	97.6	28 347	35 906	39 686	51 025	1 004	1 272	1 406	1 808
114.3(4½)	29.78	66.4	80.0	86.3	103.6	69.2	87.6	96.9	124.5	33 552	42 499	46 972	60 394	1 243	1 575	1 741	2 238
114.3(4½)	33.98	79.0	100.1	110.6	141.4	80.4	101.9	112.6	144.8	36 825	46 646	51 556	66 286	1 412	1 789	1 977	2 541
127.0(5)	24.20	22.6	25.5	26.5	28.0	42.9	54.3	60.0	77.1	32 504	41 173	45 507	58 509	1 002	1 270	1 403	1 804
127.0(5)	29.04	38.0	43.2	45.2	48.8	52.4	66.4	73.4	94.3	37 930	48 045	53 102	68 274	1 203	1 524	1 684	2 165
127.0(5)	38.12	71.3	87.1	94.4	114.4	72.4	91.7	101.4	130.3	47 382	60 018	66 335	85 288	1 596	2 021	2 234	2 872
139.7(5½)	28.59	19.5	21.6	22.2	22.5	40.0	50.7	56.0	72.0	40 957	51 878	57 339	73 721	1 139	1 442	1 594	2 049
139.7(5½)	32.61	29.9	32.6	33.8	37.7	47.5	60.2	66.5	85.5	46 887	59 390	65 641	84 396	1 332	1 688	1 865	2 398
139.7(5½)	36.78	41.7	48.0	50.5	56.0	54.6	69.2	76.5	98.3	52 040	65 919	72 858	93 673	1 510	1 913	2 114	2 719
168.3(6⅝)	37.53	15.4	16.2	16.2	16.2	36.1	45.7	50.5	64.9	65 919	83 288	92 055	118 356	1 500	1 900	2 100	2 700
168.3(6⅝)	41.25	19.1	20.9	21.5	21.7	39.6	50.1	55.4	71.2	70 920	89 832	99 288	127 657	1 635	2 070	2 288	2 942

2. 钻杆接头

1) 钻杆接头

钻杆接头与管体通常采用摩擦焊对焊在一起，连接部位的强度有所降低，所以在连接处都要镦粗加厚，以补偿强度的减弱。细扣螺纹连接已趋于淘汰，按照加厚形式的不同，粗牙螺纹端通常包括内平、贯眼、正规类型以及数字型。接头类型以字母符号表示，各国常用接头的缩略语见表 6-1-14。

表 6-1-14　各国接头术语的缩略语

缩略语	中　国	ZG	GY	NP		
	美　国	REG	FH	IF	NC	OH
	俄罗斯	3H	3ш	3y		
术　语		正规型	贯眼型	内平型	数字型	开眼型
缩略语	美　国	DSL	H-90	IU	EU	IEU
术　语		双流型接头	休斯 90°螺纹	内加厚	外加厚	内外加厚

(1) 内平型接头。

该型接头螺纹用于连接外加厚和内外加厚钻杆，形成钻杆加厚处的内径、接头内径及管体内径相等或近似的通径。此规格的螺纹均采用 V-0.065 平顶平底三角形牙型(牙顶宽度为 0.065 in)。内平接头的钻井液流动阻力小，有利于水功率的利用，但接头外径大，容易磨损，强度较低。

(2) 贯眼型接头。

该型接头螺纹适用于内加厚或内外加厚钻杆，形成的钻杆接头内径等于管体加厚处内径，但小于钻杆管体内径的通径。此规格的螺纹分别采用 V-0.065，V-0.050(牙底为圆形，平顶宽度为 0.050 in)，V-0.040(牙底为圆弧，平顶宽度为 0.040 in)三种牙型。贯眼型接头的钻井液流动阻力大于内平式接头，但外径较小。

(3) 正规型接头。

该型接头螺纹适用于内加厚钻杆，形成的钻杆接头内径小于钻杆加厚部分内径，而加厚部分内径小于管体内径。正规型螺纹主要用于钻头连接，螺纹牙型为 V-0.050 和 V-0.040。正规接头的钻井液流动阻力最大，但外径小、强度大。

(4) 数字型接头。

旧 API 钻杆接头种类繁多，美国石油学会、钻井和服务设备委员会为了改进旋转台肩式接头螺纹连接的工作性能，采用了新型 NC 接头系列。

NC 型接头以字母 NC 和两位数字表示，如 NC26 和 NC31 等。NC 接头(National Coarse Thread)意为国家标准粗牙螺纹，也称为数字接头。两位数字表示丝扣螺纹基面直径的大小，取直径的英寸数值和 1/10 英寸整数值来表示，如 NC26 表示接头为 NC 型，丝扣螺纹基面直径为 2.668 in。数字型螺纹的牙型和锥度较内平型、贯眼型、正规型螺纹更合理。数字型螺纹牙型尺寸规格见表 6-1-15。

表 6-1-15　数字型螺纹牙型尺寸

牙型代号	螺距 /mm	锥　度	原始三角形高度 /mm	牙型高度 /mm	牙顶削平高度 /mm	牙底削平高度 /mm	牙顶宽度 /mm	牙底宽度 /mm	牙底圆弧半径 /mm	圆角半径 /mm
V-0.038R	6.350	1∶6	5.487	3.095	1.426	0.965	1.651	—	0.965	0.381
V-0.038R	6.350	1∶4	5.471	3.083	1.423	0.965	1.651	—	0.965	0.381
V-0.040	5.080	1∶4	4.376	2.993	0.875	0.508	1.016	—	0.508	0.381
V-0.050	6.350	1∶4	5.471	3.743	1.094	0.635	1.270	—	0.635	0.381

续表 6-1-15

牙型代号	螺距 /mm	锥度	原始三角形高度 /mm	牙型高度 /mm	牙顶削平高度 /mm	牙底削平高度 /mm	牙顶宽度 /mm	牙底宽度 /mm	牙底圆弧半径 /mm	圆角半径 /mm
V-0.050	6.350	1∶6	5.487	3.755	1.097	0.635	1.270	—	0.635	0.381
V-0.055	4.233	1∶8	3.660	1.420	1.209	1.031	1.397	1.194	—	0.381
V-0.065	6.350	1∶6	5.487	2.831	1.426	1.229	1.651	1.422	—	0.381

钻杆接头螺纹基本尺寸应符合图 6-1-12 和表 6-1-16 的规定。

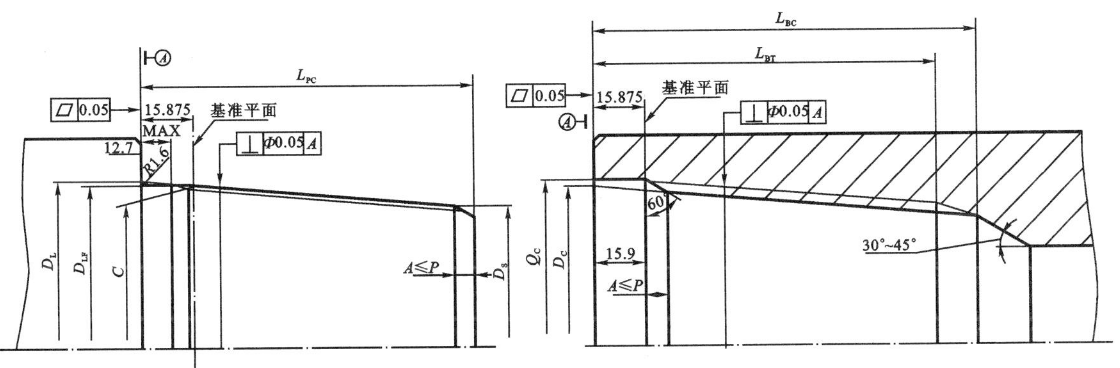

图 6-1-12 钻杆接头螺纹结构图

D_L—外螺纹大端大径；D_{LF}—外螺纹根部直径；C—基面直径；L_{PC}—外螺纹锥部长度；D_S—外螺纹小端大径；L_{BC}—内螺纹锥部长度；L_{BT}—内螺纹有效长度；D_C—内螺纹大端小径；Q_C—扩锥孔大端直径

表 6-1-16 钻杆接头螺纹牙型尺寸

螺纹代号	螺纹牙型	螺距/mm（牙数·in^{-1}）	锥度	基面直径 C /mm	外螺纹大端大径 D_L /mm	外螺纹根部直径 D_{LF} /mm	外螺纹小端大径 D_S /mm	外螺纹锥部长度 L_{PC} /mm	内螺纹有效螺纹长度 L_{BT} /mm	内螺纹锥部长度 L_{BC} /mm	扩锥孔大端直径 Q_C /mm	内螺纹大端小径 D_C /mm
数字型(NC)												
NC10	V-0.055	4.233(6)	1∶8	27.000	30.226	—	25.451	38.10	41.28	53.98	30.58	27.742
NC12	V-0.055	4.233(6)	1∶8	32.131	35.357	—	29.794	44.45	47.63	60.33	35.71	32.873
NC13	V-0.055	4.233(6)	1∶8	35.331	38.557	—	32.995	44.45	47.63	60.33	38.91	36.076
NC16	V-0.055	4.233(6)	1∶8	40.869	44.094	—	38.532	44.45	47.63	60.33	44.48	41.611
NC23	V-0.038R	6.350(4)	1∶6	59.817	65.100	61.90	52.400	76.20	79.38	92.08	66.68	59.828
NC26	V-0.038R	6.350(4)	1∶6	67.767	73.050	69.85	60.350	76.20	79.38	92.08	74.61	67.778
NC31	V-0.038R	6.350(4)	1∶6	80.848	86.131	82.96	71.323	88.90	92.08	104.78	87.71	80.859
NC35	V-0.038R	6.350(4)	1∶6	89.687	94.971	92.08	79.096	95.25	98.43	111.13	96.84	89.698
NC38	V-0.038R	6.350(4)	1∶6	96.723	102.006	98.83	85.065	101.60	104.76	117.48	103.58	96.734
NC40	V-0.038R	6.350(4)	1∶6	103.429	108.712	105.56	89.662	114.30	117.48	130.18	110.33	103.440

续表 6-1-16

螺纹代号	螺纹牙型	螺距/mm（牙数·in^{-1}）	锥　度	基面直径 C /mm	外螺纹大端大径 D_L /mm	外螺纹根部直径 D_{LF} /mm	外螺纹小端大径 D_S /mm	外螺纹锥部长度 L_{PC} /mm	内螺纹有效螺纹长度 L_{BT} /mm	内螺纹锥部长度 L_{BC} /mm	扩锥孔大端直径 Q_C /mm	内螺纹大端小径 D_C /mm
数字型(NC)												
NC44	V-0.038R	6.350(4)	1:6	112.192	117.475	114.27	98.425	114.30	117.48	130.18	119.06	112.203
NC46	V-0.038R	6.350(4)	1:6	117.500	122.784	119.61	103.734	114.30	117.48	130.18	124.62	117.511
NC50	V-0.038R	6.350(4)	1:6	128.059	133.350	130.42	114.300	114.30	117.48	130.18	134.94	128.070
NC56	V-0.038R	6.350(4)	1:4	142.646	149.250	144.86	117.500	127.00	130.18	142.88	150.81	143.990
NC61	V-0.038R	6.350(4)	1:4	156.921	163.525	159.15	128.600	139.70	142.88	155.58	165.10	158.265
NC70	V-0.038R	6.350(4)	1:4	179.146	185.750	181.38	147.650	152.40	155.58	158.58	187.88	180.490
NC77	V-0.038R	6.350(4)	1:4	196.621	203.200	198.83	161.950	165.10	168.28	180.98	204.78	197.965
正规型(REG)												
2⅜ in REG	V-0.040	5.080(5)	1:4	60.080	66.675	63.88	47.625	76.20	79.38	92.08	68.26	61.423
2⅞ in REG	V-0.040	5.080(5)	1:4	69.605	76.200	73.41	53.970	88.90	92.08	104.78	77.79	70.948
3½ in REG	V-0.040	5.080(5)	1:4	82.293	88.900	86.11	65.075	95.25	98.43	111.13	90.49	83.636
4½ in REG	V-0.040	5.080(5)	1:4	110.868	117.475	114.88	90.475	107.95	111.13	123.83	119.06	112.211
5½ in REG	V-0.050	6.350(4)	1:4	132.944	140.208	137.41	110.058	120.65	123.83	136.53	141.68	133.630
6⅝ in REG	V-0.050	6.350(4)	1:6	146.248	152.197	149.40	131.039	127.00	130.18	142.88	153.99	145.601
7⅝ in REG	V-0.050	6.350(4)	1:4	170.549	177.800	175.00	144.475	133.35	136.53	149.23	180.18	171.235
8⅝ in REG	V-0.050	6.350(4)	1:6	194.731	201.981	199.14	167.843	136.53	139.70	152.40	204.38	195.417
贯眼型(FH)												
3½ in FH	V-0.040	5.080(5)	1:4	94.844	101.448	—	77.622	95.25	98.43	111.13	102.79	96.187
4 in FH	V-0.065	6.350(4)	1:6	103.429	108.712	105.56	89.662	114.30	117.48	130.18	110.33	103.440
4½ in FH	V-0.040	5.080(5)	1:4	115.113	121.717	—	96.317	101.60	104.78	117.48	123.83	116.456
5½ in FH	V-0.050	6.350(4)	1:6	142.011	147.955	—	126.797	127.00	130.18	142.88	150.02	141.364
6⅝ in FH	V-0.050	6.350(4)	1:6	165.598	171.526	—	150.368	127.00	130.18	142.88	173.83	164.951
内平型(IF)												
2⅜ in IF	V-0.065	6.350(4)	1:6	67.767	73.050	69.85	60.350	76.20	79.38	92.08	74.61	67.778
2⅞ in IF	V-0.065	6.350(4)	1:6	80.848	86.131	82.96	71.323	88.90	92.08	104.78	87.71	80.859
3½ in IF	V-0.065	6.350(4)	1:6	96.723	102.006	98.83	85.065	101.60	104.78	117.48	103.58	96.734
4 in IF	V-0.065	6.350(4)	1:6	117.500	122.784	119.61	103.734	114.30	117.48	130.18	124.62	117.511
4½ in IF	V-0.065	6.350(4)	1:6	128.059	133.350	130.42	114.300	114.30	117.48	130.18	134.94	128.070
5½ in IF	V-0.065	6.350(4)	1:6	157.201	162.484	—	141.326	127.00	130.18	142.88	163.91	157.212

注：对 NC10～NC16 的 Q_C 极限偏差为±0.13 mm，所有螺纹的扩锥孔部分的锥度与螺纹的锥度相同，该孔允许加工成直孔，直孔尺寸和偏差与锥孔的大端相同。

(5) 接头互换关系。

API SPEC 7 称钻具接头螺纹为“旋转台肩连接”，是连接钻柱构件最主要的机械结构，互换程度高、结合紧密、装拆容易。数字型接头中的 V-0.038R 螺纹牙型具有 0.065 in 的平螺纹顶和 0.038 in 的圆形螺纹底，可与 V-0.065 螺纹牙型相连接。内平螺纹的牙型结构易导致应力集中，API 标准不再推荐。如 4½IF 和 4IF 为 NC50 和 NC46 数字型螺纹取代；贯眼型螺纹除 5½FH 和 6⅝FH 两种使用 V-0.050 牙型、1∶6 锥度的大规格螺纹外，其余均在 API 废弃之列；正规型螺纹主要用于钻柱末端，应力集中问题不明显，API 标准全部进行了保留，并在 API SPEC 7 第 40 版中增添了 V-0.055(平牙底，牙顶宽度 0.055 in)牙型的 1 in REG 和 1½ in REG 两种规格的螺纹。

在数字型接头中有几种螺纹牙型和旧 API 标准钻具接头有相同的节圆直径、锥度、螺距和螺纹长度，它们之间可以互换。有些接头的螺纹参数比较接近也可进行配合(如外螺纹长度、锥度略有差别，中径差在 1.5 mm 范围之内)，但产生的连接强度有所降低。数字型接头与旧 API 标准接头和其他几种专用螺纹的互换对照关系见表 6-1-17，俄罗斯国家标准(GOST)规定的螺纹规范与 API 标准接头公差有所不同，但大部分连接可等效互换，对应关系见表 6-1-18。

表 6-1-17 数字型接头与其他接头互换对照表

数字型	内平型	贯眼型	小井眼	超井眼	双流线型	全开型
NC	IF	FH	SH	XH	DSL	WO
NC26	2⅜ in IF	—	2⅞ in SH	—	—	—
NC31	2⅞ in IF	—	3½ in SH	—	—	—
NC38	3½ in IF	—	4½ in SH	—	—	—
NC40	—	4 in FH	—	—	4½ in DSL	—
NC46	4 in IF	—	—	4½ in XH	—	4 in WO
NC50	4½ in IF	—	—	5 in XH	5½ in DSL	4½ in WO

表 6-1-18 俄罗斯国家标准(GOST)接头等效互换表

GOST	API	GOST	API	GOST	API
Z-30	NC10	Z-94	NC35	Z-147	5½ in FH
Z-35	NC12	Z-101	3½ in FH	Z-149	NC56
Z-38	NC13	Z-102	NC38	Z-152	6⅝ in REG
Z-44	NC16	Z-108	NC40	Z-163	NC61
Z-65	NC23	Z-117	4½ in REG	Z-171	6⅝ in FH
Z-66	2⅜ in REG	Z-118	NC44	Z-177	7⅝ in REG
Z-73	NC26	Z-121	4½ in FH	Z-185	NC70
Z-76	2⅞ in REG	Z-122	NC46	Z-201	8⅝ in REG
Z-86	NC31	Z-133	NC50	Z-203	NC77
Z-88	3½ in REG	Z-140	5½ in REG	—	—

2）螺纹表示方法

方钻杆、钻铤、钻头和其他配合接头等都与上面的钻杆接头粗螺纹相同，钻具接头螺纹型式、螺纹牙型和规格种类见表6-1-19。

表 6-1-19 钻具接头螺纹的类型

序 号	螺纹型式	螺纹牙型	规格与种类
1	数字型(NC)	V-0.038R	NC23～NC77 共计 13 种
2	内平型(IF)	V-0.065	2⅜～5½in 共计 6 种
3	贯眼型(FH)	V-0.065/0.050/0.040	3½～6⅝ in 共计 5 种
4	正规型(REG)	V-0.050/0.040	1～8⅝ in 共计 10 种

V-0.038R：牙底圆弧半径为 0.038 in 的牙型代号；
V-0.040：牙底为圆弧，牙顶宽度为 0.040 in 的牙型代号；
V-0.050：牙底为圆弧，牙顶宽度为 0.050 in 的牙型代号；
V-0.055：平牙底，牙顶宽度为 0.055 in 的牙型代号；
V-0.065：平牙底，牙顶宽度为 0.065 in 的牙型代号

中国现场常用三位数字来表示螺纹接头的类型，如411，420，530等。第一位数字表示钻杆直径（以 in 为单位），用2，3，4，5，6分别表示 73 mm(2⅞ in)，89 mm(3½ in)，114 mm(4½ in)，140 mm(5½ in)，168 mm(6⅝ in)钻杆的名义尺寸；第二位数字表示接头类型，用1，2，3分别表示内平、贯眼、正规三种类型；第三位数字用0和1分别表示接头内螺纹和外螺纹。例如，311 表示 3½ in(89 mm)钻杆，内平式公接头；530 表示 5½ in(139.7 mm)钻杆，正规式母接头。API接头扣型与中国扣型名称的对照关系见表6-1-20，常用钻具转换接头螺纹参数见表6-1-21。

表 6-1-20 API 接头扣型与中国通称对照表

中国油田现场通称	API 标准接头扣型	每英寸扣数	公扣小头直径 /mm	母扣台肩内径 /mm
211×210	NC26(2⅜ in IF)	4	60.35	74.61
211×210	NC31(2⅞ in IF)	4	71.31	87.71
231×230	2⅞ in REG	5	53.97	77.78
331×330	3½ in REG	5	65.07	90.48
311×310	NC38(3½ in IF)	4	85.06	103.58
321×320	3½ in FH	5	77.62	102.79
431×430	4½ in REG	5	90.47	119.06
4A11×4A10	NC46(4 in IF)	4	103.73	124.61
411×410	NC50(4½ in IF)	4	114.30	134.91
421×420	4½ in FH	5	96.31	123.83
521×520	5½ in FH	4	126.79	150.02
531×530	5½ in REG	4	110.06	141.68

续表 6-1-20

中国油田现场通称	API 标准接头扣型	每英寸扣数	公扣小头直径/mm	母扣台肩内径/mm
621×620	6⅝ in FH	4	150.37	173.83
631×630	6⅝ in REG	4	131.03	153.99
731×730	7⅝ in REG	4	144.47	180.18
831×830	8⅝ in REG	4	167.87	204.39
	NC40(4 in FH)	4	89.66	110.33
	2⅜ in REG	5	47.62	68.20
	NC44	4	98.42	119.06
	NC56	4	117.50	150.81
	NC61	4	126.60	165.10
	NC70	4	147.65	187.33
	NC77	4	161.85	204.79

表 6-1-21　常用钻具转换接头螺纹参数表

序号	代号	螺纹类型	螺纹规范		接　头		公螺纹			母螺纹	
			牙/in	锥度	外径/mm	内径/mm	大径/mm	小径/mm	螺纹长/mm	镗孔/mm	螺纹长/mm
1		NC23	4	1∶6	79	32	65.1	52.4	76.2	66.7	92
2	2A10	NC26 (2⅜ in IF)	4	1∶6	(86)88.9	(44.5)38	73	60.35	76.2	74.6	92
3	210	NC31 (2⅞ in IF)	4	1∶6	105	51	86.13	71.32	88.9	87.7	104.8
4		NC35	4	1∶6	121	51	94.97	79.09	95.2	96.8	111.1
5	310	NC38 (3½ in IF)	4	1∶6	127	(60)57	102.00	85.07	101.6	103.6	117.5
6	4A20	NC40 (4 in FH)	4	1∶6	133	71	108.71	89.66	114.3	110.3	130.2
7		NC44	4	1∶6	152	57.71	117.48	98.43	114.3	119.1	130.2
8	4A10	NC46 (4 in IF)	4	1∶6	(152)160	57.71	122.48	103.73	114.3	124.6	130.2
9	410	NC50 (4½ in IF)	4	1∶6	(162) 177.8	71	133.35	114.30	114.3	134.9	130.2
10		NC56	4	1∶4	197	71	149.25	117.50	127.0	150.8	142.9
11		NC61	4	1∶4	229	71	163.52	128.80	139.7	165.1	155.6
12		NC70	4	1∶4	247	76	185.75	147.65	152.4	187.3	168.3

续表 6-1-21

序号	代号	螺纹类型	螺纹规范		接头		公螺纹			母螺纹	
			牙/in	锥度	外径/mm	内径/mm	大径/mm	小径/mm	螺纹长/mm	镗孔/mm	螺纹长/mm
13		NC77	4	1∶4	279	76	203.20	161.95	165.1	204.8	181.0
14	2A30	2⅜ in REG	5	1∶4	80	32	66.67	47.625	76.2	68.3	92.1
15	230	2⅞ in REG	5	1∶4	95	32	76.20	53.975	88.9	77.8	104.8
16	330	4½ in REG	5	1∶4	108	38	88.90	65.075	95.2	90.5	111.1
17	430	4½ in REG	5	1∶4	140	57	117.47	90.475	108.0	119.1	123.8
18	530	5½ in REG	4	1∶4	172	70	140.21	110.06	120.6	141.7	136.5
19	630	6⅝ in REG	4	1∶6	197	71	152.20	131.04	127.0	154.0	142.9
20	730	7⅝ in REG	4	1∶4	241	76	177.80	144.48	133.4	180.2	149.2
21	320	3½ in FH	5	1∶4	118	54	101.45	77.622	95.2	102.8	111.1
22	420	4½ in FH	5	1∶4	146	64	121.72	96.317	101.6	123.8	117.5
23	520	5½ in FH	4	1∶6	177.8	76	147.96	126.79	127.0	150.0	142.9
24	620	6⅝ in FH	4	1∶6	203	71	171.50	150.36	127.0	173.8	142.9
25	830	8⅝ in REG	4	1∶4			201.98	167.84	136.52	204.4	152.4

3）钻杆接头规格

(1) 钻杆接头螺纹。

根据钻杆内螺纹接头台肩不同，分为18°锥形台肩和直角台肩。台肩为18°锥形台肩的内螺纹接头称为斜坡钻杆接头，台肩为直角的钻杆接头称为直台肩钻杆接头。钻杆接头结构图和接头尺寸规格见图 6-1-13 和表 6-1-22。

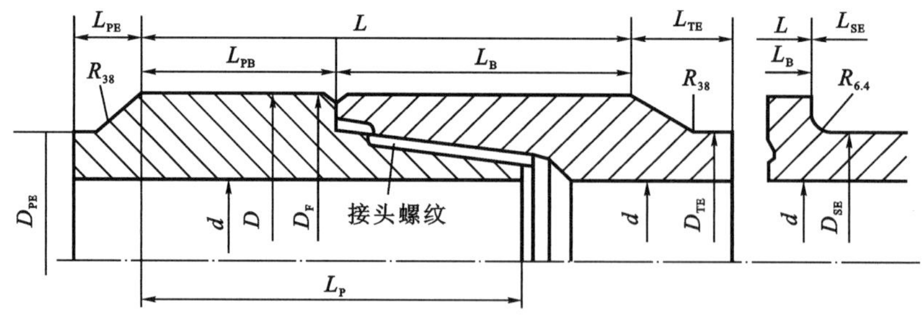

图 6-1-13　钻杆接头结构图

D_{PE}—外螺纹焊颈最大直径；L_{PE}—外螺纹焊颈长度；L_{PB}—外螺纹接头大钳空间长度；L_B—内螺纹接头大钳空间长度；L—内外接头组合长度；L_{SE}，L_{TE}—内螺纹焊颈长度；d—外螺纹接头内径；D—内、外螺纹接头外径；D_F—内、外螺纹接头台肩倒角直径；L_P—外螺纹接头体长度；D_{SE}，D_{TE}—内螺纹焊颈最大直径；R_{38}，$R_{6.4}$—过渡圆角半径

表 6-1-22　钻杆接头尺寸规格

钻杆				钻杆接头									
钻杆接头代号	规格和类型	公称质量/(kg·m^{-1})	钢级	内、外螺纹接头外径 D/mm	外螺纹接头内径 d/mm	内、外螺纹接头台肩倒角直径 D_F/mm	外螺纹接头体长度 L_P/mm	外螺纹接头大钳空间 L_{PB}/mm	内螺纹接头大钳空间 L_B/mm	内、外接头组合长度 L/mm	外螺纹焊颈最大直径 D_{PE}/mm	内螺纹焊颈最大直径 D_{TE}，D_{SE}/mm	外螺纹接头对钻杆抗扭强度比
NC26 (2⅜ in IF)	2⅜ in EU	9.90	E75	85.7	44.45	82.95	254.0	177.8	203.2	381	65.09	65.09	1.10
			X95	85.7	44.45	82.95	254.0	177.8	203.2	381	65.09	65.09	0.87
			G105	85.7	44.45	82.95	254.0	177.8	203.2	381	65.09	65.09	0.79
NC31 (2⅞ in IF)	2⅞ in EU	15.49	E75	104.8	53.98	100.41	266.7	177.8	228.6	406.4	80.96	80.96	1.03
			X95	104.8	50.80	100.41	266.7	177.8	228.6	406.4	80.96	80.96	0.90
			G105	104.8	50.80	100.41	266.7	177.8	228.6	406.4	80.96	80.96	0.82
			S135	111.1	41.28	100.41	266.7	177.8	228.6	406.4	80.96	80.96	0.82
NC38	3½ in EU	14.15	E75	120.7	76.20	116.28	292.1	203.2	266.7	469.9	98.43	98.43	0.91
NC38 (3½ in IF)	3½ in EU	19.81	E75	120.7	68.26	116.28	304.8	203.2	266.7	469.9	98.43	98.43	0.98
		23.09	X95	120.7	65.09	116.28	304.8	203.2	266.7	469.9	98.43	98.43	0.87
			G105	127.0	61.91	116.28	304.8	203.2	266.7	469.9	98.43	98.43	0.86
			S135	127.0	53.98	116.28	304.8	203.2	266.7	469.9	98.43	98.43	0.80
			E75	127.0	65.09	116.28	304.8	203.2	266.7	469.9	98.43	98.43	0.97
			X95	127.0	61.91	116.28	304.8	203.2	266.7	469.9	98.43	98.43	0.83
			G105	127.0	53.98	116.28	304.8	203.2	266.7	469.9	98.43	98.43	0.90
NC40 (4 in FH)	3½ in EU	23.09	S135	139.7	57.15	127.40	292.1	177.8	254.0	431.8	98.43	98.43	0.87
	4 in IU	20.85	E75	133.4	71.44	127.40	292.1	177.8	254.0	431.8	106.36	106.36	1.01
			X95	133.4	68.26	127.40	292.1	177.8	254.0	431.8	106.36	106.36	0.86
			G105	139.7	61.91	127.40	292.1	177.8	254.0	431.8	106.36	106.36	0.93
			S135	139.7	50.80	127.40	292.1	177.8	254.0	431.8	106.36	106.36	0.87
NC46 (4 in IF)	4 in EU	20.85	E75	152.4	82.55	145.26	292.1	177.8	254.0	431.8	144.30	144.30	1.43
			X95	152.4	82.55	145.26	292.1	177.8	254.0	431.8	144.30	144.30	1.13
			G105	152.4	82.55	145.26	292.1	177.8	254.0	431.8	144.30	144.30	1.02
			S135	152.4	76.20	145.26	292.1	177.8	254.0	431.8	144.30	144.30	0.94
	4½ in IU	20.48	E75	152.4	85.73	145.26	292.1	177.8	254.0	431.8	119.06	119.06	1.20

续表 6-1-22

钻杆				钻杆接头									
钻杆接头代号	规格和类型	公称质量/(kg·m⁻¹)	钢级	内、外螺纹接头外径 D/mm	外螺纹接头内径 d/mm	内、外螺纹接头台肩倒角直径 D_F/mm	外螺纹接头体长度 L_P/mm	外螺纹接头大钳空间 L_{PB}/mm	内螺纹接头大钳空间 L_B/mm	内、外接头组合长度 L/mm	外螺纹焊颈最大直径 D_{PE}/mm	内螺纹焊颈最人直径 D_{TE}，D_{SE}/mm	外螺纹接头对钻杆抗扭强度比
NC46 (4 in IF)	4½ in IEU	24.73	E75	158.8	82.55	145.26	292.1	177.8	254.0	431.8	119.06	119.06	1.09
			X95	158.8	76.20	145.26	292.1	177.8	254.0	431.8	119.06	119.06	1.01
			G105	158.8	76.20	145.26	292.1	177.8	254.0	431.8	119.06	119.06	0.91
			S135	158.8	69.85	145.26	292.1	177.8	254.0	431.8	119.06	119.06	0.81
	4½ in IEU	20.79	E75	158.75	76.20	145.3	292.1	177.8	254.0	431.0	119.07	119.07	1.07
			X95	158.75	69.85	145.3	292.1	177.8	254.0	431.0	119.07	119.07	0.96
			G105	158.75	63.50	145.3	292.1	177.8	254.0	431.0	119.07	119.07	0.96
			S135	158.75	57.45	145.3	292.1	177.8	254.0	431.0	119.07	119.07	0.81
NC50 (4½ in IF)	4½ in EU	20.48	E75	168.28	98.43	154.0	292.1	177.8	254.0	431.8	127.00	127.00	1.32
	4½ in EU	24.73	E75	168.28	95.25	154.0	292.1	177.8	254.0	431.8	127.00	127.00	1.23
			X95	168.28	95.25	154.0	292.1	177.8	254.0	431.8	127.00	127.00	0.97
			G105	168.28	95.25	154.0	292.1	177.8	254.0	431.8	127.00	127.00	0.88
			S135	168.28	88.90	154.0	292.1	177.8	254.0	431.8	127.00	127.00	0.81
	4½ in EU	29.79	E75	168.28	92.08	154.0	292.1	177.8	254.0	431.8	130.18	130.28	1.02
			X95	168.28	88.90	154.0	292.1	177.8	254.0	431.8	130.18	130.28	0.96
			G105	168.28	88.90	154.0	292.1	177.8	254.0	431.8	130.18	130.28	0.86
			S135	168.28	76.20	154.0	292.1	177.8	254.0	431.8	130.18	130.28	0.87
	5 in IEU	29.05	E75	168.28	95.26	154.0	292.1	177.8	254.0	431.8	130.18	130.28	0.92
			X95	168.28	88.90	154.0	292.1	177.8	254.0	431.8	130.18	130.28	0.86
			G105	168.28	82.55	154.0	292.1	177.8	254.0	431.8	130.18	130.28	0.89
			S135	168.28	69.85	154.0	292.1	177.8	254.0	431.8	130.18	130.28	0.86
	5 in IEU	38.13	E75	168.28	88.90	154.0	292.1	177.8	254.0	431.8	130.18	130.28	0.86
			X75	168.28	76.20	154.0	292.1	177.8	254.0	431.8	130.18	130.28	0.86
			G105	168.28	69.85	154.0	292.1	177.8	254.0	431.8	130.18	130.28	0.87

续表 6-1-22

钻　杆				钻杆接头									
钻杆接头代号	规格和类型	公称质量 /(kg·m^{-1})	钢　级	内、外螺纹接头外径 D/mm	外螺纹接头内径 d/mm	内、外螺纹接头台肩倒角直径 D_F/mm	外螺纹接头体长度 L_P /mm	外螺纹接头大钳空间 L_{PB} /mm	内螺纹接头大钳空间 L_B/mm	内、外接头组合长度 L/mm	外螺纹焊颈最大直径 D_{PE} /mm	内螺纹焊颈最大直径 D_{TE}，D_{SE} /mm	外螺纹接头对钻杆抗扭强度比
5½ in FH	5 in IEU	29.05	E75	177.80	95.25	170.7	330.2	203.2	254.0	457.2	130.18	130.28	1.53
			X95	177.80	95.25	170.7	330.2	203.2	254.0	457.2	130.18	130.28	1.21
			G105	177.80	95.25	170.7	330.2	203.2	254.0	457.2	130.18	130.28	1.09
			S135	184.15	88.90	170.7	330.2	203.2	254.0	457.2	130.18	130.28	0.98
	5 in IEU	38.13	E75	177.80	88.90	170.7	330.2	203.2	254.0	457.2	130.18	130.28	1.21
			X95	177.80	88.90	170.7	330.2	203.2	254.0	457.2	130.18	130.28	0.95
			G105	184.15	88.90	170.7	330.2	203.2	254.0	457.2	130.18	130.28	0.99
			S135	184.15	82.55	170.7	330.2	203.2	254.0	457.2	130.18	130.28	0.83
	5½ in IEU	32.62	E75	177.80	101.60	170.7	330.2	203.2	254.0	457.2	144.46	144.46	1.11
			X95	177.80	95.25	170.7	330.2	203.2	254.0	457.2	144.46	144.46	0.98
			G105	184.15	88.90	170.7	330.2	203.2	254.0	457.2	144.46	144.46	1.02
			S135	190.50	76.20	170.7	330.2	203.2	254.0	457.2	144.46	144.46	0.96
	5½ in IEU	36.79	E75	177.80	101.60	170.7	330.2	203.2	254.0	457.2	144.46	144.46	0.99
			X95	184.15	88.90	170.7	330.2	203.2	254.0	457.2	144.46	144.46	1.01
			G105	184.15	88.90	170.7	330.2	203.2	254.0	457.2	144.46	144.46	0.92
			S135	190.50	76.20	180.2	330.2	203.2	254.0	457.2	144.46	144.46	0.86
6½ in FH	6⅝ in IEU	37.54	E75	203.20	127.00	195.7	330.2	203.2	254.0	482.6	176.21	176.21	1.04
			X95	203.20	127.00	195.7	330.2	203.2	254.0	482.6	176.21	176.21	0.82
			G105	209.55	120.65	195.7	330.2	203.2	254.0	482.6	176.21	176.21	0.87
			S135	215.90	107.95	195.7	330.2	203.2	254.0	482.6	176.21	176.21	0.86
	6⅝ in IEU	41.29	E75	203.20	127.00	195.7	330.2	203.2	254.0	482.6	176.21	176.21	0.96
			X95	209.55	120.65	195.7	330.2	203.2	254.0	482.6	176.21	176.21	0.89
			G105	209.55	120.65	195.7	330.2	203.2	254.0	482.6	176.21	176.21	0.81
			S135	215.90	107.95	195.7	330.2	203.2	254.0	482.6	176.21	176.21	0.80

（2）钻杆接头强度。

钻杆接头强度主要指其抗拉强度和抗扭强度，因接头壁厚比管体大得多，所以接头的抗拉屈服强度远大于管体的抗拉强度。钻杆接头的机械性能参数见表 6-1-23。

表 6-1-23　接头机械性能参数

抗拉强度/MPa	屈服强度/MPa	伸长量/%	夏比冲击功/J	接头布氏硬度(HB)
≥965	≥827	≥13	≥14	≥285

注:夏比冲击功取－20 ℃试验温度下三次冲击试验结果的平均值。

接头的抗扭强度与钢材强度、接头尺寸、螺纹牙型、螺纹导程、螺纹锥度、接触面摩擦系数等有关,但主要取决于其内外径。正确采用大钳紧扣是防止接头损坏的重要措施。应严格按照规定扭矩上扣,API RP 7G 标准规定了各种尺寸规范和级别接头的紧扣扭矩。最低紧扣扭矩应不小于推荐值的 90%,否则因螺纹连接不紧会带来摆动研磨、台肩密封失效、冲击载荷下自动上扣等损害。

(3) 钻杆接头识别。

钻井作业所需接头种类繁多,正确选配和连接钻具是一项重要的工作,不能出现差错。识别接头螺纹类型一般先看接头本体的标记槽,右旋接头有一道标记槽,槽宽 10 mm、槽深 1～1.5 mm;左旋接头有两道标记槽,第一道标记槽宽 10 mm、槽深 1～1.5 mm,第二道槽宽 5 mm、槽深 1～1.5 mm。标记槽内用钢字码打有“310”,“411”等螺纹型号。

钢字码不清楚或没有钢字码时,可以通过观察螺纹的牙尖宽度、锥度大小或测量接头有关尺寸的方法来识别接头类型。公接头用游标卡尺外卡量取外螺纹大小端直径,母螺纹用内卡量取内螺纹镗孔直径,根据测量数据从接头数据表中可查得接头螺纹的尺寸和类型,也可以利用接头尺直接读出接头的尺寸和螺纹类型。

3. 特殊钻杆

1) 防硫钻杆

在高含 H_2S 的油气田,高强度钻杆材料对腐蚀环境的敏感性增强,发生腐蚀和应力致裂的风险性增加。防硫钻杆是应用较广泛的一种高性能钻具,主要用于酸性气田钻井作业。中国宝钢和海隆公司防硫钻杆的管体和接头性能指标见表 6-1-24 和表 6-1-25。

表 6-1-24　宝钢防硫钻杆性能指标

钢　级	管体屈服强度 /psi(MPa)	接头屈服强度 /psi(MPa)	冲击韧性	抗硫性能
BGD95MS	95 000～110 000 (655～758)	110 000～125 000 (758～862)	管体≥100 J,接头≥90 J	管体 70%SMYS
BGD95SS	95 000～110 000 (655～758)	110 000～125 000 (758～862)	管体≥100 J,接头≥90 J	管体 85%SMYS 接头 65%SMYS
BGD105MS	105 000～120 000 (724～827)	110 000～125 000 (758～862)	管体≥100 J,接头≥90 J	管体 70%SMYS
BGD105SS	105 000～120 000 (724～827)	110 000～125 000 (758～862)	管体≥100 J,接头≥90 J	管体 85%SMYS 接头 65%SMYS

表 6-1-25　海隆公司防硫钻杆性能指标

性能参数		HL95SS	HL105SS
管体性能	化学成分	w(S)≤0.005,w(P)≤0.010	w(S)≤0.005,w(P)≤0.010
	金相组织	95%以上回火索氏体	95%以上回火索氏体
	晶粒度	ASTM E112 8 级或更细	ASTM E112 8 级或更细
	屈服强度	655/758 MPa(95/110 kpsi)	724/827 MPa(105/120 kpsi)
	抗拉强度	724/896 MPa(105/130 kpsi)	793/965 MPa(115/140 kpsi)
	延伸率/%	≥17	≥17
	冲击功 (7.5 mm×10 mm× 55 mm,−20 ℃)	≥80 J(59 lbf·ft)	≥80 J(59 lbf·ft)
	洛氏硬度(HRC)	18～27,平均≤25	21～29,平均≤28
	抗硫性能	≥557 MPa(80.8 kpsi) ≥85%最小屈服强度	≥616 MPa(89.2 kpsi) ≥85%最小屈服强度
钻杆接头性能(HLTJ110SS)	化学成分	w(S)≤0.005,w(P)≤0.010	w(S)≤0.005,w(P)≤0.010
	金相组织	90%以上回火索氏体	90%以上回火索氏体
	晶粒度	7 级或更细	7 级或更细
	屈服强度	758/862 MPa (110/125 kpsi)	758/862 MPa (110/125 kpsi)
	抗拉强度	862/1 000 MPa(125/145 kpsi)	862/1 000 MPa(125/145 kpsi)
	延伸率/%	≥15	≥15
	冲击功 (10 mm×10 mm× 55 mm,−20 ℃)	单个≥90 J(66 lbf·ft)	单个≥90 J(66 lbf·ft)
	洛氏硬度(HRC)	单个≤32,平均≤30	单个≤32,平均≤30
	抗硫性能	≥493 MPa(71.5 kpsi) ≥65%最小屈服强度	≥493 MPa(71.5 kpsi) ≥65%最小屈服强度

2) 高强度钻杆

深井、超深井、大位移井对所使用钻杆的抗拉、抗扭强度提出了更高的要求。通常提高钻杆抗拉强度的方法主要有提高钻杆的材料钢级和增加壁厚两种方法,如国民油井公司的 Z-140 和 V-150 格兰特钻杆等,性能参数见表 6-1-26。

表 6-1-26　格兰特高强度钻杆数据

钢　级	屈服强度/psi		抗拉强度/psi		延伸率	工具接头
	最　小	最　大	最　小	最　大		
S-135	135 000	155 000	145 000	—	API 标准	API 标准
Z-140	140 000	160 000	150 000	—		
V-150	150 000	165 000	160 000	—		

在钻杆强度设计中，接头的抗扭强度是薄弱环节，针对钻杆接头抗扭强度不足的问题，通常采用特殊类型螺纹结构来提高接头性能。在API标准接头外径和螺纹形式一定的条件下，母接头的抗扭强度不变，公接头的抗扭强度随着水眼尺寸的增大而减小。

生产厂家开发出了多种特殊高抗扭的连接螺纹，其中双台肩螺纹最具代表性。双台肩钻杆的主要特点是较API标准钻杆多了一个副台肩密封面，接头水眼尺寸大，抗扭强度为普通接头的1.3～1.4倍，可以有效地解决钻杆抗扭强度不足的问题。如格兰特公司的双台肩接头外螺纹鼻端的内部副台肩可以用作附加摩擦面和机械止位，外部主台肩面作为接头的密封面。

与常规API接头相比，格兰特公司的GPDS，HT，XT，TurboTorque等特种接头水眼更大、外径更小，且内径平滑，从而大大优化了井眼的水力性能，抗扭强度相比数字型接头提高40%～80%，可以满足特殊钻井作业要求。格兰特公司特种接头螺纹与API接头结构对比见图6-1-14，各尺寸系列的高抗扭钻杆规格见表6-1-27。

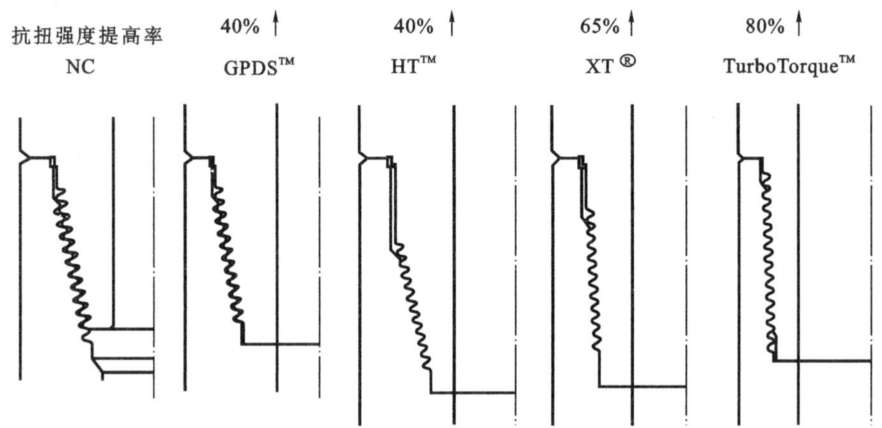

图 6-1-14 格兰特高抗扭接头与NC接头对比图

表 6-1-27 格兰特高抗扭钻杆性能参数

管体外径 /in	扣 型	公接头外径 /in	公接头内径 /in	推荐上扣扭矩 /(lbf·ft)	最小上扣扭矩 /(lbf·ft)
2⅞	GPDS™31	4.125	2.000	10 300	8 600
	HT™2⅜P	2.875	1.375	4 200	3 500
	HT™2⅜S	3.125	1.975	4 600	3 800
		3.125	1.938	4 800	4 000
	HT™2⅞P	3.125	1.500	5 100	4 300
	XT®27	3.375	1.844	8 500	7 100
	XT®31	4.125	2.000	12 500	10 400

续表 6-1-27

管体外径 /in	扣　型	公接头外径 /in	公接头内径 /in	推荐上扣扭矩 /(lbf·ft)	最小上扣扭矩 /(lbf·ft)
3½	GPDS™38	4.750	2.563	14 900	12 400
	HT™38	4.750	2.438	17 000	14 200
		4.750	2.688	15 200	12 600
		4.875	2.563	17 700	14 700
		5.000	2.563	17 700	14 800
		4.750	2.563	16 100	13 400
	XT®31	4.125	2.000	12 500	10 400
	XT®34	4.400	2.000	17 800	14 800
	XT®38	4.750	2.438	20 600	17 200
	XT-M™38	4.750	2.438	18 400	15 400
	XT-M™39	5.000	2.438	23 300	19 400
4	GPDS™38	5.000	2.438	17 500	14 600
		4.875	2.438	17 400	14 500
		5.000	2 563	15 500	12 900
	GPDS™40	5.250	2.563	21 900	18 200
		5.250	2.688	19 700	16 400
		5.375	2.688	19 700	16 500
	HT™38	4.938	2.563	17 700	14 800
	HT™40	5.250	2.688	21 500	17 900
	TT®190	4.875	2.688	29 700	21 200
		5.000	2.563	33 000	23 600
	uXT-M™39	4.938	2.563	29 600	21 100
	XT®38	4.875	2.438	21 100	17 600
		4.750	2.563	18 900	15 800
	XT®39	4.875	2.563	22 200	18 500
		4.875	2.688	21 200	17 700
		4.875	2.813	19 800	16 500
		4.938	2.563	23 400	19 500
		5.000	2.563	24 500	20 400
		4.906	2.813	19 800	16 500
		4.875	2.750	20 700	17 200
		5.250	2.563	24 700	20 500
	XT®40	5.250	2.563	29 900	24 900
	XT-F™39	5.000	2.563	24 500	20 400
		4.875	2.563	22 200	28 500
	XT-M™39	4.875	2.688	18 900	15 800

续表 6-1-27

管体外径 /in	扣 型	公接头外径 /in	公接头内径 /in	推荐上扣扭矩 /(lbf·ft)	最小上扣扭矩 /(lbf·ft)
4½	CT-M™43	5.250	3.250	19 500	16 200
5	GPDS™50	6.625	3.250	43 300	36 100
		6.625	2.750	55 600	46 400
		6.625	3.000	49 800	41 500
		6.625	3.375	39 900	33 200
	HT™50	6.625	3.250	46 800	39 000
		6.625	3.500	39 700	33 100
		6.500	3.500	39 600	33 000
	TT®525	6.500	3.875	57 900	41 300
	XT®50	6.500	3.750	46 200	38 500
		6.625	3.250	60 200	50 200
		6.625	3.750	46 400	38 600
	XT®50	6.500	4.250	41 200	34 300
	XT-M™50	6.625	3.500	50 300	41 900
5½	GPDS™50	6.625	3.500	36 300	30 200
	GPDS™55	7.000	4.000	43 800	36 500
		7.000	3.500	55 800	46 500
		7.250	4.000	44 100	36 800
		7.000	3.750	52 200	43 500
		7.250	3.500	61 300	51 100
		7.125	4.000	44 000	36 700
	HT™55	7.000	4.000	46 300	38 600
		7.125	4.000	46 500	38 800
		7.000	3.750	52 700	43 900
		7.375	4.000	46 800	39 000
		7.250	4.000	46 700	38 900
		7.250	3.875	51 200	42 700
		7.125	3.250	64 200	53 500
		7.125	3.875	51 100	42 500
	TT®550	6.625	4.250	59 300	42 400
	XT®54	6.625	4.000	49 900	41 600
		6.750	4.000	52 000	43 300
		6.750	4.250	42 300	35 200
	XT-F™57	7.000	4.250	56 600	47 200

续表 6-1-27

管体外径/in	扣 型	公接头外径/in	公接头内径/in	推荐上扣扭矩/(lbf·ft)	最小上扣扭矩/(lbf·ft)
5⅞	CT-M™43	7.000	4.250	51 600	43 000
		7.000	4.000	58 800	48 900
	TT®585	7.000	4.500	72 500	52 800
	uXT™57	7.000	4.250	71 500	51 100
	XT®57	7.000	4.250	56 600	47 200
		7.000	4.000	63 700	53 100
	XT-M™57	7.000	4.250	51 600	43 000
6⅝	GPDS™65	8.500	4.250	94 900	79 100
	GT-M™69	8.500	5.500	50 800	42 400
	XT®65	8.000	5.000	81 200	67 700
	XT®69	8.500	5.250	100 300	83 600

注:1 lbf·ft = 1.355 N·m。

3) 铝合金钻杆

在强度相同的条件下,铝合金钻杆重量仅为钢钻杆的一半,因而在设备、动力、运输和劳动力方面都可大大节约,由于壁厚的增加,其耐磨性得到增强;铝合金钻杆有较大的回弹力,因而其抗冲击能力增强,从而改善了钻头在井底的工作条件,使其寿命延长;抗腐蚀性强,除不易氧化外,也不易受酸性物质的侵蚀。不足之处是屈服强度相对较低,特别是在高温情况下,屈服强度明显下降;壁厚要比钢钻杆大,水马力有所降低。美国雷诺公司铝合金钻杆的尺寸规格及机械性能参数见表 6-1-28 和表 6-1-29。

俄罗斯阿克瓦基科公司研制的铝合金钻杆有整体钻杆和钢接头铝合金钻杆两种。钢接头铝合金钻杆具有固定台肩和锥形稳定面的锥形螺纹丝扣连接,这种连接在一定温度下装配完成,比三角形丝扣连接的抗疲劳强度提高 60%以上,其规格见表 6-1-30。

表 6-1-28 雷诺公司铝合金钻杆尺寸规格

公称尺寸/mm(in)	公称质量/(kg·m⁻¹)	带接头质量/(kg·m⁻¹)	外径/mm	横截面积/mm²	壁厚/mm
88.9(3½)	9.25	11.72	93.98	3 307	13.00
101.4(4)	9.76	14.41	106.68	3 487	11.69
114.3(4½)	11.62	16.01	116.84	4 155	12.70

加厚部分		接头数据			
内径/mm	外径/mm	外径/m	内径/mm	大钳夹紧位置/mm	
				母接头	公接头
67.95	98.43	120.65	67.47	279.4	177.8
83.3	117.48	146.05	82.55	311.15	196.85
91.4	127.79	155.58	91.28	311.15	196.85

表 6-1-29　雷诺公司铝合金钻杆机械性能

级　别	公称尺寸/mm(in)	抗拉强度/kN	抗扭强度/(N·m)	抗挤强度/MPa	抗内压强度/MPa
1 级	88.9(3½)	1 322.3	26 886	84.9	96.9
	101.4(4)	1 395.8	31 970	69.3	76.5
	114.3(4½)	1 662.9	44 742	69.0	76.0
2 级	88.9(3½)	1 032.9	16 744	63.8	79.4
	101.4(4)	1 087.1	21 558	50.7	61.6
	114.3(4½)	1 297.9	28 133	50.2	61.2
3 级	88.9(3½)	779.9	14 168	56.5	69.5
	101.4(4)	880.6	19 049	45.3	53.4
	114.3(4½)	992.1	23 456	44.0	53.0

表 6-1-30　阿克瓦基科公司铝合金钻杆性能参数

D16T 铝合金钻杆性能参数						
钻杆类型	外径×壁厚/(mm×mm)	钻杆长度/mm	抗拉强度(允许～最大)/kN	抗扭强度(允许～最大)/(N·m)	抗挤强度/MPa	抗内压强度/MPa
内加厚	90×9	9 170	588～735	10.3～12.9	54.4	56.9
	103×9	9 210	691～864	13.7～17.1	45.7	49.7
	147×11	12 230	1 221～1 527	35.4～44.3	35.7	42.6
	147×13	12 230	1 423～1 779	40.2～50.2	46.5	50.3
	147×15	12 230	1 618～2 020	44.5～55.6	56.7	58.0
外加厚	131×13	9 220	1 253～1 566	30.9～38.6	54.6	56.4
	164×9	9 000	1 358～1 607	44.0～52.0	22.0	29.0
	168×11	9 010	1 410～1 763	47.6～59.5	28.3	37.2
1953T1 铝合金钻杆性能参数						
钻杆类型	外径×壁厚/(mm×mm)	钻杆长度/mm	抗拉强度(允许～最大)/kN	抗扭强度(允许～最大)/(N·m)	抗挤强度/MPa	抗内压强度/MPa
内加厚	90×9	9 170	890～1 113	15.4～19.1	75.0	84.0
	103×9	9 210	1 020～1 276	20.2～25.3	61.2	73.4
	147×11	12 230	1 805～2 256	52.3～65.4	45.8	62.9
	147×13	12 230	2 102～2 627	59.4～74.2	62.5	74.4
	147×15	12 230	2 389～2 986	60.2～75.2	78.7	85.7
外加厚	131×13	9 220	1 850～2 313	45.6～57.0	75.4	83.4
	164×9	9 000	1 900～2 250	61.0～72.0	33.0	40.0

4）钛合金钻杆

钛合金具有优异的物理、机械性能，强度高，密度低（为普通钢材的57%），弹性系数小于钢铁的一半，疲劳寿命是普通钢材的 10 倍以上。对于高压、高速、含固体微颗粒的流体具有很好的防冲蚀性、抗断裂性和抗震性，可在强腐蚀性环境下使用，满足 NACE MR-01-75 标准，能够有效避免压力腐蚀断裂(SCC)、硫化物诱发腐蚀断裂(SSC)和裂隙腐蚀/点蚀等常见井下材料破坏。美国 RTI Energy System 钛合金钻杆与钢质钻杆机械物理性能和单位质量对比见表 6-1-31 和表 6-1-32。

表 6-1-31　美国 RTI Energy System 钛合金钻杆与常规钻杆机械性能

钻杆合金	屈服强度/kpsi	抗拉强度/lbf	抗扭强度/(lbf·ft)	弹性模量/(10^6 psi)	单位质量/(lb·ft^{-1})
S135	135	786 810	91 300	30.0	26.35
G105	105	612 000	71 000	30.0	25.24
Ti-6Al-4V	120	699 430	81 100	16.5	15.97

注：1 psi = 0.006 895 MPa，1 kpsi = 1 000 psi。

表 6-1-32　美国 RTI Energy System 钛合金钻杆和普通钻杆单位质量比较　　单位：lb/in

钻杆级别	外径/in	2⅞	3½	4	5	5½
	壁厚/mm	9.19	9.35	8.38	9.19	9.17
S135		10.5	13.30	14.00	19.50	21.90
G105		10.5	13.30	14.00	19.50	21.90
Ti(Cr5 或 Cr29) Ti-6Al-4V(0.1Ru)		6.19	7.85	8.24	11.42	12.63
单位质量降低百分比/%		58.95	59.02	58.85	58.56	57.67

5) 高韧性钻杆

高韧性钻杆的特点是具有独特的化学成分和特殊的淬火-回火热处理工艺，可满足低温环境及酸性环境钻井的需要。高韧性钻杆一般采用经过精炼的纯净钢材，其中硫、磷等杂质和有害气体含量均有严格要求(如 S 的质量分数≤0.010%，P 的质量分数≤0.015%)，并加入 Cr 和 Mo 等提高淬透性和回火稳定性的合金元素。一般环境用高韧性钻杆，其屈服强度可达 931 MPa；酸性环境用 TSS-95 高韧性钻杆，最小屈服强度达655 MPa，最大屈服强度达 758 MPa，最小抗拉强度达 724 MPa，最高硬度(HRC)为 26。

6) 抗疲劳钻杆

普通设计的钻杆焊颈厚，内加厚区锥度部分短，接近管体处应力集中大，易在加厚过渡区消失处发生早期疲劳或腐蚀疲劳。为提高钻杆的寿命，必须使内锥面部分的长度(L_{miu})和从母管至内锥面的过渡圆弧半径(R)加大，即必须满足 $L_{miu}>100$ mm，$R\geqslant300$ mm 的要求。据此，NKK、新日铁和住友金属等公司对钻杆加厚工艺进行了改进，生产出了新一代钻杆，抗疲劳寿命可提高 2 倍以上。

三、加重钻杆

加重钻杆管壁比钻杆厚、比钻铤薄，管体连接有特别加长的钻杆接头，钻杆具有中间加厚结构，一般加在钻具组合中钻杆与钻铤之间，防止钻柱截面突变，缓和两者弯曲刚度的变化，减少钻杆的疲劳。可用它替代一部分钻铤，在钻深井中可以减少扭矩和提升负荷，增加钻深能力。起下钻不用提升短节和安全卡瓦，操作方便，减少起下钻时间。中间的外加厚段起小型稳定器作用，更能适应受压产生的挠曲和井眼弯曲。在定向井中使用，可以有效降低钻具摩阻，同时由于和井壁接触面积小，降低了压差卡钻的风险。

1. 钢级及强度

加重钻杆用钢符合 API SPEC 5 标准，如法国 SMFI 生产的加重钻杆为 E 级，美国 Smith 公司的 Drilco 加重钻杆为 D 级，加重钻杆接头用钢与正常钻杆接头用钢相同。中国根据 SY/T 5146《整体加重钻杆》标准生产的 JZ-5 Ⅰ型和 JZ-5 Ⅱ型加重钻杆采用 42CrMo 钢制造；JZ-5 Ⅰ型的耐磨带用含有粗颗粒碳化钨特制焊条敷焊，JZ-5 Ⅱ型的耐磨带采用铁铬硼硅粉喷焊。

2. 结构、尺寸及规格

加重钻杆除两端有超长的外加厚接头外，中部还有一外加厚部分用以保护管体使其不受磨损，长度为 13 m 的加重钻杆有 2 个中间加厚部分。中国产加重钻杆为整体式。不论整体的还是对焊的，在其两端接头和中部加厚部分都有表面耐磨带。中国产整体式加重钻杆结构图和规格尺寸见图 6-1-15 和表 6-1-33，加重钻杆机械性能参数见表 6-1-34。加重钻杆多是管体和接头对焊而成，美国 Drilco 加重钻杆规格尺寸和性能参数见表 6-1-35。

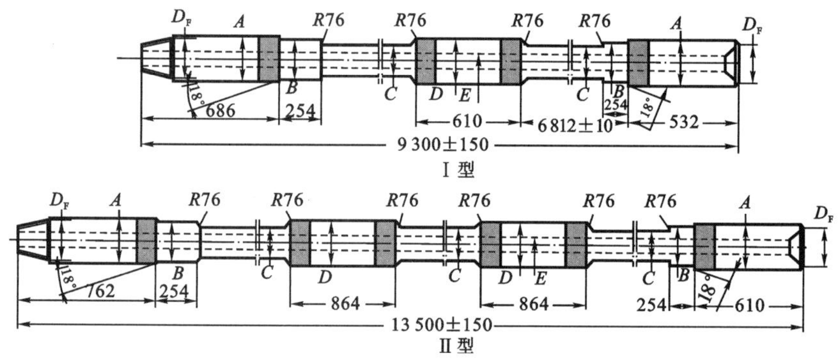

图 6-1-15　中国产加重钻杆结构示意图

A—接头外径；B—管体加厚部分端部直径；C—加重钻杆本体外径；D—管体中部加厚部分直径；E—加重钻杆本体内径；D_F—内外螺纹台肩倒角直径

表 6-1-33　中国产加重钻杆的规格尺寸

规格	外径		内径		接头				管体 加厚部分尺寸/mm		单根质量/kg
					扣型	外径		内外螺纹台肩倒角/mm			
	mm	in	mm	in		mm	in		中部	端部	
Ⅰ型加重钻杆(单根长度 9 300 mm)											
ZH-JZ66-6⅝FH-Ⅰ	168.3	6⅝	114.3	4½	6⅝ in FH	209.6	8¼	195.70	184.2	176.21	965
ZH-JZ55-5½FH-Ⅰ	139.7	5½	92.1	3⅝	5½ in FH	177.8	7	170.7	152.4	144.50	730

续表 6-1-33

规格	外径		内径		接头				管体		单根质量/kg
					扣型	外径		内外螺纹台肩倒角/mm	加厚部分尺寸/mm		
	mm	in	mm	in		mm	in		中部	端部	
Ⅰ型加重钻杆(单根长度 9 300 mm)											
ZH-JZ50-NC50-Ⅰ	127.0	5	76.2	3	NC50	168.3	6⅝	154.0	139.7	130.2	700
ZH-JZ45-NC46-Ⅰ	114.3	4½	71.4	$2\frac{13}{16}$	NC46	158.8	6¼	145.3	127.0	117.5	585
ZH-JZ35-NC38-Ⅰ	88.9	3½	52.39	$2\frac{1}{16}$	NC38	120.7	4¾	116.3	101.6	92.1	370
ZH-JZ29-NC31-Ⅰ	73.03	2⅞	50.8	2	NC31	104.8	4⅛	100.4	84.1	81.0	220
Ⅱ型加重钻杆(单根长度 13 500 mm)											
ZH-JZ50-NC50-Ⅱ	127.0	5	76.2	3	NC50	165.1	6½	154.0	139.7	130.2	945
ZH-JZ45-NC46-Ⅱ	114.3	4½	71.4	$2\frac{13}{16}$	NC46	158.8	6¼	145.3	120.0	117.5	790

表 6-1-34 中国产加重钻杆机械性能参数

抗拉强度/MPa	屈服强度/MPa	拉伸率/%	硬度(HB)	夏比冲击功/J
≥964	≥758	≥13	285～341	平均值≥54 最小值≥47

表 6-1-35 美国 Drilco 加重钻杆规范和性能参数

单根总长/m	公称直径/mm(in)	管体				接头					单根质量/kg	上扣扭矩/(kN·m)
		内径/mm	壁厚/mm	屈服张力/kN	屈服扭矩/(kN·m)	接头类型和尺寸	外径/mm	内径/mm	屈服张力/kN	屈服扭矩/(kN·m)		
9.30	88.9 (3½)	52.4	18.3	1 540	26.6	NC38 (3½ in IF)	120.6	55.6	3 339	23.9	345	13.4
	101.6 (4)	65.1	18.3	1 817	37.6	NC40 (4 in FH)	133.4	68.3	3 172	32.0	405	18.0
	114.3 (4½)	69.8	22.2	2 444	55.3	NC46 (4 in IF)	158.8	73.0	4 568	52.7	559	29.6
	127.0 (5)	76.2	25.4	3 082	76.8	NC50 (4½ in IF)	165.1	79.4	5 645	69.8	673	40.0
13.40	114.3 (4½)	69.8	22.2	2 444	55.3	NC46 (4 in IF)	158.8	73.0	4 568	52.7	795	29.6
	127.0 (5)	76.2	25.4	3 082	76.8	NC50 (4½ in IF)	165.1	79.4	5 645	69.8	968	40.0

3. 技术特点

（1）整体接头的耐磨表面大，接头螺纹可多次修理，管壁厚度大，重量增加。

（2）管体外径和接头外径与普通钻杆一致，内径至少等于钻铤内孔直径，适用于钻杆或钻铤的工艺和操作。

（3）中间的外加厚段起小型稳定器作用，更能适应受压产生的挠曲，比钻铤更能适应井眼弯曲。弯曲时只有两端的接头和中部的加厚段与井壁接触，有利于防卡且管体不受磨损。

（4）两端接头和中部加厚部分焊有硬质合金或铁基合金粉末，工作寿命大为延长。

小井眼水平井钻井由于弯曲交变应力大，钻具必须有足够的韧性和相当的刚度和强度，以防止产生螺旋变形并能承受轴向和扭转负荷，同时还要求重量尽量轻，以减少由于躺在水平井段而产生的大的摩擦力。为防止受压时产生螺旋变形，可以把接头和中部加厚部分外径加大，并增加中间加厚部分的个数，以便使管体与井壁不接触。

4. 与钻铤的尺寸配合

在直井中，加重钻杆放在钻柱的受拉部位，在钻铤以上接15～21根加重钻杆将会降低过渡带的疲劳损坏。为防止疲劳，钻柱转换区的抗弯截面模数比不应过大（≤5.5）。每种条件的钻铤外径应选择在上限值以下。不同规格加重钻杆匹配的最大尺寸钻铤见表6-1-36。

表6-1-36 加重钻杆与最大尺寸钻铤匹配

加重钻杆			钻　铤			抗弯截面模数比
外径/mm(in)	内径/mm	截面模数/mm³	外径/mm(in)	内径/mm	截面模数/mm³	
88.9(3½)	52.4	60 632	152.4(6)	57.2	339 212	5.6
101.6(4)	65.1	85 213	165.1(6½)	57.2	434 257	5.1
114.3(4½)	69.9	126 180	184.2(7¼)	71.4	598. 128	4.7
127(5)	76.2	175 342	209.6(8¼)	71.4	88 918	5.1

四、钻铤及扣型

钻铤是钻柱的主要组成部分，其作用是给钻头提供钻压，下部钻具组合较大的刚度使钻头工作稳定。钻铤种类有圆钻铤、螺旋钻铤、无磁钻铤、方钻铤等。普通钻铤为圆形截面，中心有水眼，壁厚较大，水眼较小，单位长度的质量比同尺寸的钻杆大4～5倍。绝大多数钻铤是在管体上直接加工连接螺纹。钻铤由合金钢制造，一般用棒料或空心棒镗孔制成。

1. 常用钻铤

按SY/T 5369—2012标准制造的中国钻铤与API钻铤性能指标基本一致，常用钻铤尺寸及基本结构参数见表6-1-37。

表 6-1-37　钻铤尺寸和基本结构参数

钻铤型号	外径		内径		长度/mm	公称质量/(kg·m^{-1})	弯曲强度比
	mm	in	mm	in			
NC23-31	79.4	3⅛	31.8	1¼	9 150	32.8	2.57∶1
NC26-35(2⅜ in IF)	88.9	3½	38.1	1½	9 150	40.2	2.42∶1
NC31-41(2⅞ in IF)	104.8	4⅛	50.8	2	9 150	52.1	2.43∶1
NC35-47	120.7	4¾	50.8	2	9 150	74.5	2.85∶1
NC38-50(3½ in IF)	127.0	5	57.2	2¼	9 150/9 450	79.0	2.38∶1
NC44-60	152.4	6	57.2	2¼	9 150/9 450	123.7	2.49∶1
NC44-60	152.4	6	71.4	2 13/16	9 150/9 450	111.8	2.84∶1
NC44-62	158.8	6¼	57.2	2¼	9 150/9 450	135.6	2.91∶1
NC46-62(4 in IF)	158.8	6¼	71.4	2 13/16	9 150/9 450	111.8	2.63∶1
NC46-65(4 in IF)	165.1	6½	57.2	2¼	9 150/9 450	147.5	2.76∶1
NC46-65(4 in IF)	165.1	6½	71.4	2 13/16	9 150/9 450	135.6	3.05∶1
NC46-67(4 in IF)	171.4	6¾	57.2	2¼	9 150/9 450	160.9	3.18∶1
NC50-67(4½ in IF)	171.4	6¾	71.4	2 13/16	9 150/9 450	148.5	2.37∶1
NC50-70(4½ in IF)	177.8	7	57.2	2¼	9 150/9 450	174.3	2.54∶1
NC50-72(4½ in IF)	184.2	7¼	71.4	2 13/16	9 150/9 450	177.3	3.12∶1
NC56-77	196.8	7¾	71.4	2 13/16	9 150/9 450	207.1	2.70∶1
NC56-80	203.2	8	71.4	2 13/16	9 150/9 450	223.5	3.02∶1
6⅝ in REG	209.6	8¼	71.4	2 13/16	9 150/9 450	238.4	2.93∶1
NC61-90	228.6	9	71.4	2 13/16	9 150/9 450	290.6	3.70∶1
7⅝ in REG	241.3	9½	76.2	3	9 150/9 450	321.8	2.81∶1
NC70-97	247.6	9¾	76.2	3	9 150/9 450	341.2	2.57∶1
NC70-100	247.6	9¾	76.2	3	9 150/9 450	341.2	2.57∶1
8⅝ in REG	279.4	11	76.2	3	9 150/9 450	445.5	2.84∶1

注：① 括号内为可以互换的螺纹类型；

② 弯曲强度比指内螺纹危险断面抗弯截面模数与外螺纹危险断面抗弯截面模数之比。

钻铤根据外形与材料可分为以下三种形式。

1）圆柱式

圆柱式钻铤采用普通合金钢材料制成，管体横截面内外皆为圆形，钻铤结构见图 6-1-16。

2）螺旋式

螺旋式钻铤是用普通合金钢制成、管体外表面具有螺旋槽的钻铤，其结构见图 6-1-17。螺旋式钻铤是在圆钻铤外圆柱面上加工出三条右旋螺旋槽，重量比同尺寸圆钻铤少 4%。在外螺纹端接头部分留有一段305～560 mm、内螺纹端接头部分留有一段 460～610 mm 不加工螺旋槽的圆钻铤段，以便于接卸操作和修扣。在定向钻井中，因井斜较大，钻铤与井壁接触面积大,更容易发生黏附卡钻。螺旋钻铤可减少与井壁的接触面积,所以得到广泛应用。

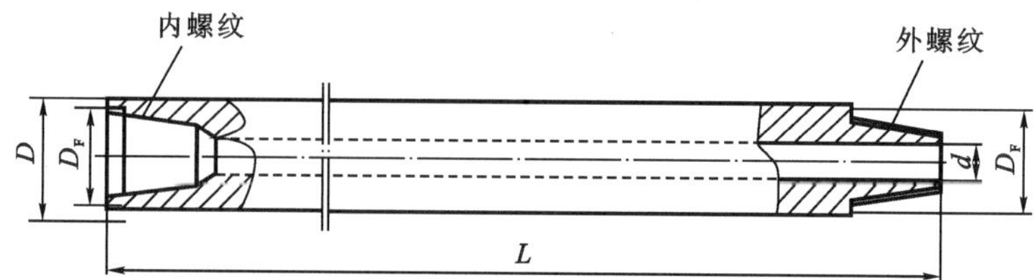

图 6-1-16 圆柱式钻铤结构示意图

D—钻铤外径;d—钻铤内径;D_F—台肩倒角直径;L—钻铤长度

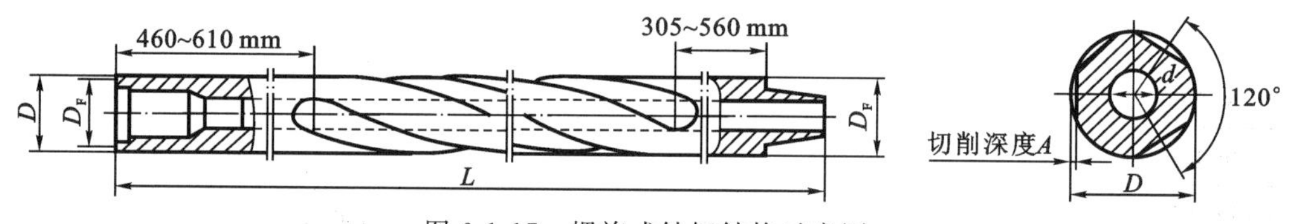

图 6-1-17 螺旋式钻铤结构示意图

D—钻铤外径;d—钻铤内径;D_F—台肩倒角直径;L—钻铤长度

3) 无磁式

无磁式钻铤是用磁导率很低的不锈合金钢制成、管体横截面内外皆为圆形的钻铤。无磁式钻铤的材料主要包括以下几种:

(1) 蒙乃尔钢。

以金属镍为基体并添加铜、铁、锰等的合金钢(含铜 30%,含镍 65%)。蒙乃尔钢抗钻井液腐蚀性能好,同时具有高强度、无磁性的特点。

(2) 铬-镍钢。

约含 18%的铬和 13%的镍。铬-镍钢易发生塑性变形而导致螺纹过早损坏,特别是对需要大上紧扭矩的大钻铤更加不利。

(3) 以铬和锰为基础的奥氏体钢。

含锰大于 18%。多数无磁钻铤都是用奥氏体钢制造(其制造方法为半热锻形变强化方法),其缺点是对盐水钻井液应力腐蚀很敏感。

(4) 铍铜合金。

用铍铜制造的无磁钻铤抗钻井液腐蚀性好,尤其对硫化物应力破坏抵抗性更高;磁化率低,接头不易磨损,机加工性能好。铍铜合金中含铜 2%,含铍 98%。

中国标准和 API 规范的钻铤机械性能应符合表 6-1-38 和表 6-1-39 的技术要求。

表 6-1-38 圆柱/螺旋式钻铤机械性能参数

外径范围/mm(in)	最小屈服强度/MPa	最小抗拉强度/MPa	伸长率/%	布式硬度(HB)	夏比冲击功/J
79.4~171.4 (3⅛~6¾)	≥758	≥965	≥13	285~341	≥54
177.8~279.4 (7~11)	≥689	≥930	≥13	285~341	≥54

注:特殊工况下,可将夏比冲击功确定为大于 70 J。

表 6-1-39 无磁钻铤机械性能参数

外径范围/mm(in)	最小屈服强度/MPa	最小抗拉强度/MPa	伸长率/%	布式硬度(HB)	夏比冲击功/J
79.4～171.4 (3⅛～6¾)	≥758	≥965	≥18	285～360	≥75
177.8～279.4 (7～11)	≥689	≥930	≥20	285～360	≥75

2. 特殊钻铤

1) 方钻铤

方钻铤刚度较大，比同尺寸外径的圆钻铤刚度更大；有较长的棱边同井壁接触，能连续扶正钻头和支撑井壁，具有较好的防斜性能。

2) 偏重钻铤

偏重钻铤就是在普通钻铤上的一侧钻一排盲孔，造成一边重一边轻，当钻具旋转时就产生一个朝向重边的离心力，且转速越高，离心力越大。钻具每转一圈就产生一次钟摆力和离心力的重合，对井壁形成较大的冲击纠斜力，使井斜角减小。用这种偏重钻铤可以组成钟摆钻具进行纠斜。

3) 柔性钻铤

柔性钻铤主要用于钻大曲率水平井，它由数根短钻铤靠特殊切口连接而成，这些切口使柔性钻铤能朝任意方向产生小的弯曲，并能承受拉伸载荷、压缩载荷和扭矩，内部装有高压橡胶软管防止钻井液从切口漏出以形成可靠的钻井液通道。

3. 钻铤螺纹及扣型

钻铤的损坏主要是连接螺纹的损坏，很多情况下不是由扭转应力造成的，而是弯曲应力导致的后果。根据钻铤尺寸选用合适的螺纹和扣型，对保障其抗弯强度很重要。根据钻井条件，螺纹弯曲强度比的允许范围是(3.2～1.9)∶1，内螺纹与外螺纹连接时的强度比为2.5∶1时，通常被认为是平衡的，也称为等强度连接。钻铤外径比内径磨损快得多，当螺纹的弯曲强度下降到2.0∶1以下时，可能出现接头胀大或螺纹接头断裂。所以，根据作业地区允许的最小弯曲强度比，选择合适的钻铤内外径连接方式十分重要。

多数钻铤一端为外螺纹，一端为内螺纹，特殊的有双内螺纹钻铤。钻铤两端的螺纹类型与钻杆接头相同，都是粗螺纹，锥度分为1∶4和1∶6两种，螺距有每扣6.35 mm和每扣5.08 mm两种。常用钻铤系列的尺寸规格和扣型见表6-1-40。

表 6-1-40 钻铤尺寸系列、规范和扣型

外径		内径/mm	长度/m	公称质量/(kg·m⁻¹)	扣型	倒角直径/mm
mm	in					
79.4	3⅛	31.8	9.15	32.8	NC23-31	76.2
88.9	3½	38.1	9.15	40.2	2A11×2A10	82.9
104.8	4⅛	50.8	9.15	52.1	211×210	100.4

续表 6-1-40

外径		内径/mm	长度/m	公称质量/(kg·m⁻¹)	扣型	倒角直径/mm
mm	in					
120.7	4¾	50.8	9.15	74.5	NC35-47(311×310)	114.7
127.0	5	57.2	9.15	79.0	311×310	121.0
152.4	6	57.2	9.15	123.7	NC44-60	144.5
152.4	6	71.4	9.15	111.8	NC44-60	144.5
158.8	6¼	57.2	9.15	135.6	NC46-62(4A11×4A10)	149.2
158.8	6¼	71.4	9.15	124.8	NC46-62(4A11×4A10)	150.0
165.1	6½	57.2	9.15	147.5	NC46-65(4A11×4A10)	154.8
165.1	6½	71.4	9.15	135.6	NC46-65(4A11×4A10)	154.8
171.4	6¾	57.2	9.15	160.9	NC46-67(4A11×4A10)	159.5
171.4	6¾	71.4	9.15	148.5	NC50-67(411×410)	159.5
177.8	7	57.2	9.15	174.3	411×410	164.7
177.8	7	71.4	9.15	163.9	411×410	164.7
184.2	7¼	71.4	9.15	177.3	NC50-72(411×410)	169.5
196.8	7¾	71.4	9.15	207.1	NC56-77	185.3
203.2	8	71.4	9.15	223.5	NC56-80(631×630)	190.1
209.6	8¼	71.4	9.15	238.4	631×630	195.7
228.6	9	71.4	9.15	290.6	NC61-90	212.7
241.3	9½	76.2	9.15	321.8	731×730	223.8
247.6	9¾	76.2	9.15	341.2	NC70-97	232.6
254.0	10	76.2	9.15	362.0	NC70-100	237.3
279.4	11	76.2	9.15	444.5	831×830	266.7

与钻杆接头一样，正确使用大钳紧扣是防止连接螺纹损坏的重要因素，否则易导致钻铤黏扣、刺漏和折断等。API 标准推荐了各种尺寸钻铤的最小紧扣力矩，最大紧扣扭矩一般推荐在最小值基础上附加 10%。

五、其他钻井工具

1. 稳定器

1）稳定器的作用

稳定器是底部钻具组合的重要组成部分。在钻铤柱的适当位置安放一定数量的稳定器可以组成各种形式的下部钻具组合，可以防止井壁对钻具的磨损，提高钻头的工作稳定性，延长钻头的寿命。稳定器在钻柱中的安装位置不同，可以满足钻直井时防斜、纠斜的要求；钻定向井时，稳定器可起到控制井眼轨迹的作用。

2）稳定器的种类

稳定器根据外部形状和结构特点，可分为整体式（包括螺旋翼片式、直棱翼片式）稳定器、可换套式稳定器和滚轮式稳定器（也称牙轮铰孔器）等三大类，见表 6-1-41。

表 6-1-41　稳定器主要类型

整体式				可换套式	滚轮式
螺旋翼片式		直棱翼片式			
短　型	长　型	短　型	长　型		
	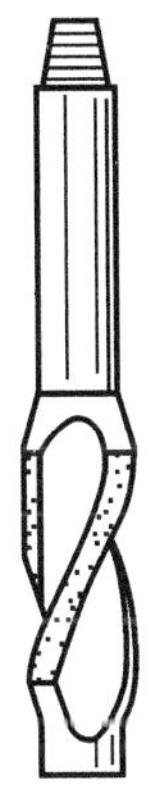	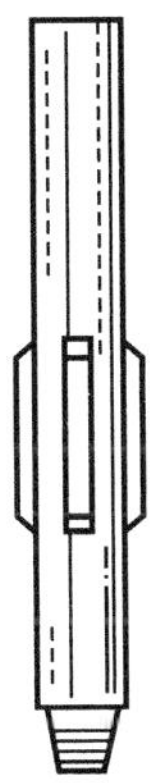			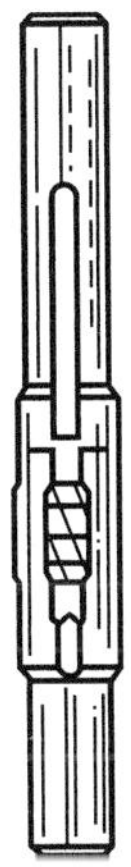

(1) 整体式稳定器包括螺旋翼片式稳定器和直棱翼片式稳定器两种，均可制作成长型或短型以适应不同地层和工艺要求，是使用最广泛的稳定器。

(2) 可换套式稳定器的主要优点是对井壁的破坏性小、使用安全，螺旋套外径磨损可以更换，可延长本体的使用寿命并降低成本。

(3) 滚轮式稳定器与井壁摩擦阻力小，具有较强的修整井壁能力，可以确保井眼规则。滚轮式稳定器分为镶齿型、窄齿型和宽齿型等三种，其中宽齿型适用于软地层，窄齿型适用于硬地层，镶齿型适用于研磨地层。

3）稳定器的规格

稳定器的型号表示方法如下：

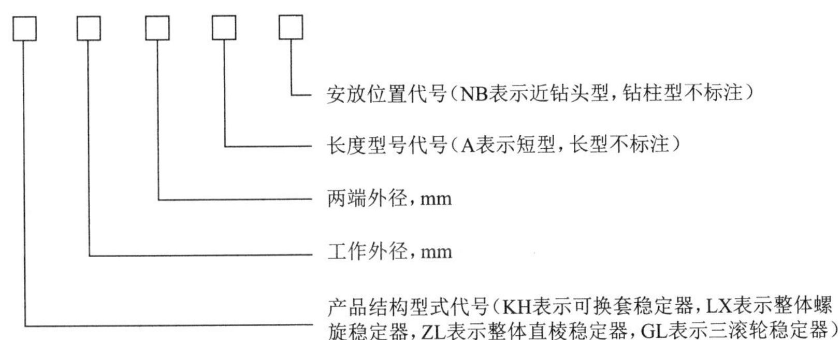

稳定器材料经过热处理后，其力学性能应符合表 6-1-42 的规定。

表 6-1-42　稳定器力学性能参数

项　目	性能指标					
	最小抗拉强度/MPa	最小屈服强度/MPa	最小断面收缩率/%	最小断面伸长率/%	最小冲击功/J	硬质合金柱硬度
本　体						
中心管	965	758	40	13	54	HRA≥85
接　头						
稳定套	735	539	30	13	47	

适用于各种钻头直径的稳定器有效稳定长度见表 6-1-43。

表 6-1-43　稳定器有效稳定长度

适用钻头直径/mm(in)	有效稳定长度/mm	
	短　型	长　型
152.4(6)	300	400
215.9(8½)	300	450
241.3(9½)	400	550
311.1(12¼)	400	550
406.4(16)	400	550
444.5(17½)	500	650
660.4(26)	500	650

钻井中常用的是整体式螺旋稳定器，根据稳定器在钻柱中的安装位置又可分为钻柱型和井底型(近钻头型)两种，稳定器连接螺纹见表 6-1-44。

表 6-1-44　螺旋稳定器连接螺纹

稳定器规格/in	稳定器两端/mm(in)	钻柱型稳定器		井底型稳定器	
		上端(内螺纹)	下端(外螺纹)	上端(内螺纹)	下端(内螺纹)
6	120.65(4¾)	NC38	NC38	NC38	3½ in REG
8½	158.75(6¼)	NC44	NC44	NC44	4½ in REG
		NC46	NC46	NC46	
	165.1(6½)	NC50	NC50	NC50	4½ in REG
12¼	203.2(8)	6⅝ in REG	6⅝ in REG	6⅝ in REG	6⅝ in REG
17½	203.2(8)	6⅝ in REG	6⅝ in REG	6⅝ in REG	6⅝ in REG
	228.6(9)	7⅝ in REG	7⅝ in REG	7⅝ in REG	7⅝ in REG
17½～26	228.6(9)	7⅝ in REG	7⅝ in REG	7⅝ in REG	7⅝ in REG

(1) 整体式螺旋稳定器。

整体式螺旋稳定器的结构和螺旋形状见图 6-1-18，稳定器规格和断面尺寸见表 6-1-45

和表 6-1-46。

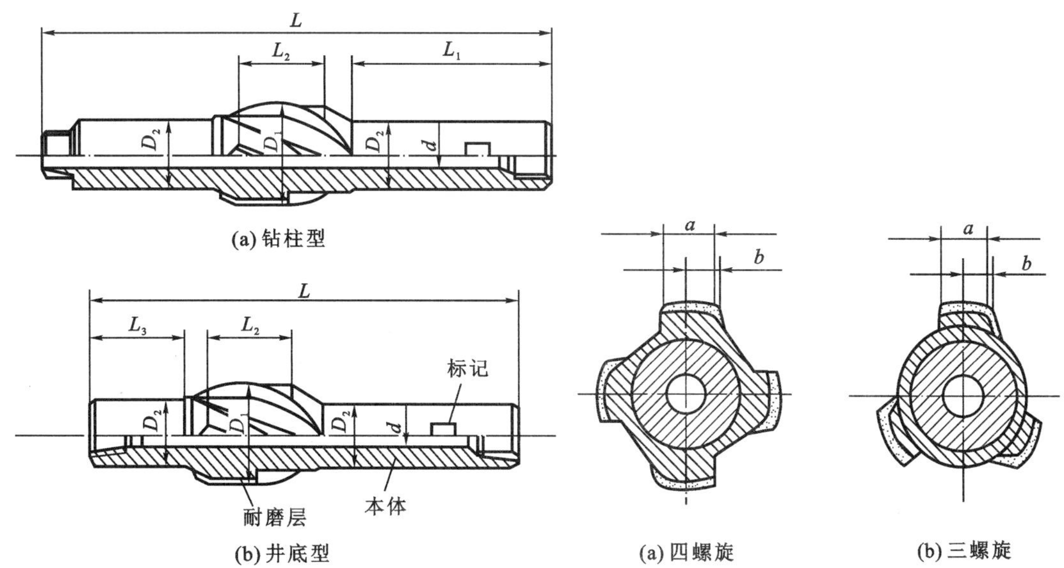

图 6-1-18　整体式螺旋稳定器结构图

L—稳定器总长度；L_1—稳定器下端长度；L_2—稳定器翼部长度；L_3—稳定器上端长度；
D_1—稳定器外径；D_2—本体外径；d—本体内径；a—稳定器翼肋顶部宽度；b—稳定器翼肋底部半宽

表 6-1-45　整体式螺旋稳定器规格

稳定器工作外径 D_1/mm	$L_2\pm5$/mm	D_2/mm	d/mm	$L\pm20$/mm 短型 井底型 $L_3=150$	短型 钻柱型 $L_1=350$	长型 井底型 $L_3=300$	长型 钻柱型 $L_1=700$	适用钻头直径/mm(in)
152.4 152 151								152.4(6)
158.7 158 157	400 500	121	51	950 1 050	1 100 1 200	1 450 1 550	1 650 1 750	158.7(6¼)
165.1 164 163								165.1(6½)
190.5 190 189	400	159	57	950	1 100	1 450	1 650	190.5(7½)
200.0 199 198	500	178	71	1 050	1 200	1 550	1 750	200.0(7⅞)

续表 6-1-45

稳定器工作外径 D_1/mm	$L_2 \pm 5$/mm	D_2/mm	d/mm	$L \pm 20$/mm				适用钻头直径/mm(in)
				短　型		长　型		
				井底型 L_3-150	钻柱型 L_1-350	井底型 L_3-300	钻柱型 L_1-700	
212.7 212 211	400 500 600	159 178	57 71	950 1 050 1 150	1 100 1 200 1 300	1 450 1 550 1 650	1 650 1 750 1 850	212.7(8⅜)
215.9 215 214								215.9(8½)
222.2 221 220								222.2(8¾)
241.3 240 239	400 500 600	178	71	950 1 050 1 150	1 100 1 200 1 300	1 450 1 550 1 650	1 650 1 750 1 850	241.3(9½)
244.5 244 243								244.5(9⅝)
250.8 250 249								250.8(9⅞)
311.1 310 309	500 600 700	203 229	76	1 150 1 250 1 350	1 300 1 400 1 500	1 750 1 850 1 950	1 950 2 050 2 150	311.1 (12¼)
444.4 443 441	500 600 700			1 350 1 450 1 550	1 500 1 600 1 700	1 950 2 050 2 150	2 150 2 250 2 350	444.5 (17½)
660.4 658 655	500 600 700	229		1 950 2 050 2 150	2 100 2 200 2 300	2 550 2 650 2 750	2 750 2 850 2 950	660.4(26)

表 6-1-46　整体式螺旋稳定器断面尺寸

稳定器工作外径/mm	四螺旋/mm		三螺旋/mm	
	a	b	a	b
152.4 (152.0, 151.0)	40	23	50	28
158.7 (158.0, 157.0)				
165.1 (164.0, 163.0)				

续表 6-1-46

稳定器工作外径/mm	四螺旋/mm		三螺旋/mm	
	a	*b*	*a*	*b*
190.5 (190.0，189.0)	50	28	60	33
200.0 (199.0，198.0)				
212.7 (212.0，211.0)				
215.9 (215.0，214.0)				
222.2 (221.0，220.0)				
241.3 (240.0，239.0)	60	33	70	38
244.5 (244.0，243.0)				
250.8 (250.0，249.0)				
311.2 (310.0，309.0)	80	43	90	48
444.4 (443.0，442.0)	110	58	120	63

注：螺旋表面镶嵌硬质合金时无 *b* 尺寸。

(2) 可换套式稳定器。

WH 型可换套式稳定器和 WHG 可换套滚轮式稳定器的技术参数分别见表 6-1-47 和表 6-1-48。

表 6-1-47　WH 型可换套式稳定器技术参数

工作外径/mm	内径/mm	有效稳定长度		适用钻头直径/mm(in)	心轴两端外径		钻柱型			井底型		
		尺寸/mm	代　号		尺寸/mm(in)	代　号	上端螺纹	下端螺纹	总长/mm	上端螺纹	下端螺纹	总长/mm
311.2	71.4	400	4	311.2 (12¼)	210 (8¼)	8	NC61	NC61	1880	NC61	6⅝ in REG	1 626
406.4	76	400	4	406.4 (16)	241 (9)	9	7⅝ in REG	7⅝ in REG	2108	7⅝ in REG	7⅝ in REG	1 854
558.8	76	400	4	558.8 (22)	241 (9)	9	7⅝ in REG	7⅝ in REG	2 108	7⅝ in REG	7⅝ in REG	1 854
609.6	76	300	3	609.6 (24)	241 (9)	9	7⅝ in REG	7⅝ in REG	2 108	7⅝ in REG	7⅝ in REG	1 854
711.2	76	300	3	711.2 (28)	241 (9)	9	7⅝ in REG	7⅝ in REG	2108	7⅝ in REG	7⅝ in REG	1 854

表 6-1-48　WHG 可换套滚轮式稳定器的技术参数

工作外径/mm	内径/mm	有效稳定长度		适用钻头直径/mm(in)	心轴两端外径		钻柱型			井底型		
		尺寸/mm	代　号		尺寸/mm(in)	代　号	上端螺纹	下端螺纹	总长/mm	上端螺纹	下端螺纹	总长/mm
311.2	71.4	300	3	311.2 (12¼)	210 (8¼)	8	NC61	NC61	2 000	NC61	6⅝ in REG	1 800
406.4	76	400	4	406.4 (16)	241 (9)	9	7⅝ in REG	7⅝ in REG	2 600	7⅝ in REG	7⅝ in REG	2 400
558.8	76	400	4	558.8 (22)	241 (9)	9	7⅝ in REG	7⅝ in REG	2 600	7⅝ in REG	7⅝ in REG	2 400
609.6	76	400	4	609.6 (24)	241 (9)	9	7⅝ in REG	7⅝ in REG	2 600	7⅝ in REG	7⅝ in REG	2 400
711.2	76	400	4	711.2 (28)	241 (9)	9	7⅝ in REG	7⅝ in REG	2 600	7⅝ in REG	7⅝ in REG	2 400

4）稳定器的检验

稳定器检验项目包括外观、基本尺寸、无损检测、接头螺纹、镶嵌或敷焊耐磨材料的分布均匀度、牢固程度和硬度。

（1）稳定器外观应规则，无毛刺等缺陷。

（2）表面涂层均匀，字符和标志准确、清晰、牢固。

（3）两端丝扣按钻具丝扣标准进行检验。

（4）稳定器翼片磨损量符合表 6-1-49 的规范要求。

表 6-1-49　稳定器翼片磨损量要求

尺寸范围/in	钻头稳定器/mm	钻柱稳定器/mm
26～17½	＜3.175	＜4.76
12¼～8½	＜1.6	＜3.175

2. 随钻震击器

1）随钻震击器的作用

随钻震击器是一种钻井作业井下解卡工具，钻进时接入钻具组合，在钻井过程中发现钻具遇卡时，操纵震击器通过向上或向下的震击作用解卡。当需要上击时，快速提拉钻柱，钻柱拉伸后积聚能量，一旦锁定机构解脱，钻柱的弹性力使震击头碰撞产生强大的上击作用力；当需要下击时，迅速下放钻具，利用上部钻具的重量产生向下的震击作用。随钻震击器是减少深井、定向井、复杂井卡钻事故的主要工具之一。

2）随钻震击器的种类

随钻震击器按工作原理分为机械式、液压式和液压机械式；按震击方向分为随钻上击器、随钻下击器和随钻双向震击器；按照结构分为整体式随钻震击器和分体式随钻震击器。

3）随钻震击器的规格型号

随钻震击器的型号表示方法如下：

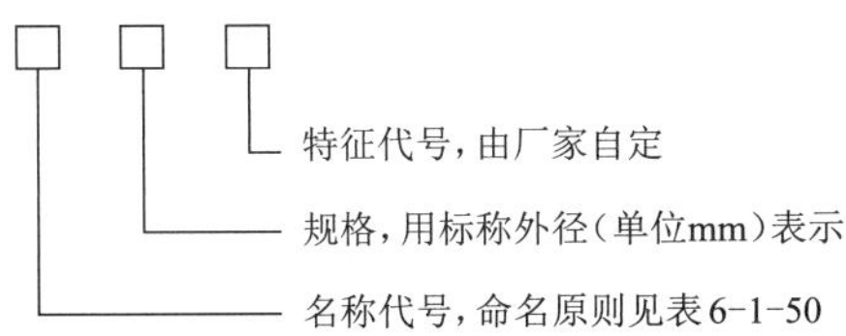

表 6-1-50 随钻震击器和震击加速器的名称代号

产品名称	产品代号	意 义
超级上击器	CS	C—超级，S—上击
地面下击器	DX	D—地面，X—下击
开式下击器	KX	K—开式，X—下击
闭式下击器	BX	B—闭式，X—下击
液压上击器	YS	Y—液压，S—上击
机械上击器	JS	J—机械，S—上击
随钻上击器	SSJ	第一个 S—随钻，SJ—上击
随钻下击器	SX	S—随钻，X—下击
整体式随钻震击器	ZS	Z—整体，S—随钻
全机械式随钻震击器	QJ	QJ—全机械式
震击加速器	ZJS	ZJS—震击加速器

不同规格随钻震击器的震击力及接头类型见表 6-1-51，随钻震击器及加速器的单向总行程见表 6-1-52。

表 6-1-51 不同规格随钻震击器的震击力及接头类型

规格/mm(in)	203.2(8)	197(7¾)	165.1(6½)	158.8(6¼)	120.7(4¾)
最大上击力/lb	180 000	180 000	140 000	140 000	110 000
最大下击力/lb	100 000	100 000	80 000	80 000	60 000
扣 型	6⅝ in REG	6⅝ in REG	4½ in IF	4½ in IF	3½ in IF
接 头	双 母	双 母	双 母	双 母	双 母

表 6-1-52 随钻震击器及加速器的单向总行程

自由落体震击器	短行程/mm	200～550
	长行程/mm	450～2 000
液压震击器/mm		120～400
机械震击器/mm		120～250
加速器/mm		120～400

4）整体式随钻震击器

（1）机械整体式随钻震击器。

① 结构和工作原理。

机械式随钻震击器主要由卡瓦式锁紧机构、弹性机构和打击机构等组成。其中弹性机构用于储能，锁紧机构在达到极限位置时突然张开，使卡瓦心轴突然释放，打击面产生打击，从而在钻柱中产生震击力。机械式震击器可设计成震击力可调与不可调两种：可调震击器通过调节螺母可准确、稳定地调节释放力的大小；不可调震击器其震击力在产品组装时设定，整机长度短，工作安全可靠。机械式震击器对金属材料及其热处理、机械加工精度等要求较高。

机械整体式随钻震击器出厂及正常工作时处于复位状态，卡瓦的内棱带嵌入卡瓦心轴的沟槽内，此时卡瓦“抱紧”卡瓦心轴。由于卡瓦被其两侧的弹性套限位不能移动，从而使卡瓦心轴也不能轴向移动。震击作业时，上提或下压钻柱，弹性机构受力开始变形，卡瓦与卡瓦套之间产生相对位移，钻柱被拉伸或压缩而储存能量。当钻柱对随钻震击器的拉力或压力达到释放力时，卡瓦外棱带进入卡瓦套内的棱带沟槽，卡瓦突然张开，使心轴突然释放，心轴在钻柱拉力或压力的作用下从卡瓦中迅速拉出。此时，被拉伸或压缩的钻柱突然恢复，其储存的能量瞬时释放，从而产生强烈的震击力。

② 型号和规范。

中国产 QJ 型、JZ 型和 JSZ 型机械整体式随钻震击器主要技术参数见表 6-1-53、表 6-1-54 和表 6-1-55。

表 6-1-53　QJ 型机械整体式随钻震击器技术参数

型　号		QJ120A-1	QJ159A	QJ165A	QJ178A	QJ203A	QJ229A
外径/mm		120	159	165	178	203	229
内径/mm		45	57		57	70	70
最大释放力/kN	上　击	500	700	750	800	900	1 100
	下　击	300	400	400	500	550	600
出厂标定释放力/kN	上　击	400±20	600±30	650±30	700±30	800±40	1 000±50
	下　击	250±20	350±20		350±30	400±30	500±40
最大抗拉负荷/kN		1 200	1 500	1 500	1 800	2 200	2 500
最大工作扭矩/(kN·m)		12	14	14	15	18	20
长度/mm		5 646	5 640	5 640	5 790	5 800	5 800
连接螺纹		3½ in IF	4½ in IF			6⅝ in REG	7⅝ in REG

表 6-1-54　JZ 型机械整体式随钻震击器技术参数

型　号	外径/mm	内径/mm	接头螺纹	最大抗拉载荷/kN	最大工作扭矩/(kN·m)	开泵面积/cm^2	上击行程/mm	下击行程/mm	总长/mm
JZ95	95	28	2⅞ in REG	800	8	32	200	200	5 800
JZ121	121	51.4	NC38	1 400	13	60	198	205	6 343
JZ159Ⅲ	159	57	NC46	2 200	15	100	149	166	6 517

续表 6-1-54

型　号	外径/mm	内径/mm	接头螺纹	最大抗拉载荷/kN	最大工作扭矩/(kN·m)	开泵面积/cm^2	上击行程/mm	下击行程/mm	总长/mm
JZ165	165	57	NC50	2 200	15	100	149	166	6 517
JZ178	178	71.4	NC50	2 300	15	100	147.5	167.5	6 570
JZ203	203		6⅝ in REG	2 500	20	176	144.5	176.5	7 244

表 6-1-55　JSZ 型机械整体式随钻震击器技术参数

型　号	外径/mm	内径/mm	接头螺纹	上击行程/mm	下击行程/mm	最大上震击力/kN	最大下震击力/kN	总长/mm
JSZ195	159	63.5	NC50	227	152	630	360	4 223
JSZ203	203	71	6⅝ in REG	232	226	820	460	4 904

③ 使用与操作。

a. 机械随钻震击器结构较为复杂，不能长期处于压缩弯曲工作状态，一般推荐安装在中和点以上的钻柱受拉位置。但如果位置过高，钻头和稳定器被卡，震击器和卡点之间的距离太大会降低震击效果。通常安置在最上倒数第二和第三根钻铤之间，在中和点之上 3～5 t 张力部位。

b. 现场进行下击负荷调节时，随钻震击器必须在解锁和压力状况下用专用扳手转动调节套，逆时针转动增加震击负荷，顺时针转动减小震击负荷，根据随钻震击器调试报告确定调节量。现场调节上击负荷时，随钻震击器必须在解锁位置。

c. 下钻时应先开泵循环，再缓慢下放，切忌直通井底造成人为下击。若在下钻过程中发生遇阻卡钻时，可启动随钻震击器实施上击解卡。

d. 在正常钻进过程中，随钻震击器应处于打开位置，在受拉状态下工作。但当下部钻柱重量不大于随钻震击器上击锁紧力的一半时，可在锁紧状态下工作。

e. 向上震击作业时，下放钻具直到指重表读数小于随钻震击器以上钻具悬重 3～5 t(即压到震击器心轴上的力)，随钻震击器回到锁紧位置(如已为锁紧状态下井的震击器，不进行此步骤)，上提钻具产生震击。

f. 向下震击作业时，与上击器回位方法相同，使随钻震击器回到锁紧位置(已处于锁紧状态的震击器不进行此步骤)，下放钻具产生震击。

(2) 液压整体式随钻震击器。

① 结构和工作原理。

液压整体式随钻震击器可由提拉速度的变化获得不同的上击力；下击为自由落体，其震击力的大小由震击器以上钻具重量决定。上击动作通过活塞、旁通体、密封体、下筒等部件获得。

上击时，先下放钻柱，使心轴向下移动，活塞离开密封体，打开旁通油道。当心轴台肩碰到传动套端面时随钻震击器关闭。再上提钻柱使随钻震击器受到一定的拉力，这时随钻震击器的活塞由下部大腔逐渐进入小腔，密封体与活塞下端面的通道封闭，只有活塞底部的两条泄油槽可以通过少量液压油，形成节油阻力，其余液压油被阻于活塞上部，油压增高、阻力增大，使震击器上面的钻柱在拉力作用下发生弹性伸长而储存了能量；当活塞运动到下筒上部大腔时，因间隙增大，压力腔的液压油在短时间内释放能量，活塞突然失去阻力，使钻柱骤然卸载而产生弹性收缩，震击器下轴以极高的速度撞击传动套下端，给连接在外筒下部的被卡钻具以强烈的向上震击力。

下击时，先下放钻柱，使震击器关闭，然后上提钻柱使震击器内的活塞刚进入下筒小腔时猛放钻柱，使震击器以上的钻柱迅速下落，直至震击器的心轴接头下端面打击传动套上端面，给连接在外筒下部的被卡钻具以强烈的向下震击力。

② 技术参数。

YSZ 型液压整体式随钻震击器技术参数见表 6-1-56。

表 6-1-56　YSZ 型液压整体式随钻震击器技术参数

型　号	外径/mm	水眼/mm	接头螺纹	总长/mm	拉开行程/mm	最大工作扭矩/(kN·m)	最大抗拉载荷/kN	最大震击力/kN	出厂标定震击力/kN
YSZ121	121	50	NC38	5 757	650	13	1 400	300	200
YSZ159Ⅱ	159	57	NC50	6 435	700	15	2 000	700	350
YSZ178	178	60	NC50	6 425	700	15	2 000	700	350
YSZ203	203	70	6⅝ in REG	6 446	700	18	2 300	800	450

5）分体式随钻震击器

分体式随钻震击器由随钻上击器和随钻下击器两个独立的震击器组成，其中上击器为液压式震击器，下击器为机械式震击器。两者既可以配套使用，也可以单独使用。

（1）结构和工作原理。

① 上击器工作原理。

上击器一般为拉开状态。需要向上震击时，先下放钻柱，使上击器的心轴向下移动，将锥形活塞推入压力体的工作腔。当心轴下台肩与浮子体的端面台肩贴合时，上击器完全闭合。钻柱向下的作用力不得超过下击器的释放力，否则下击器将向下震击。上击器闭合后，上提钻柱使上击器心轴向上运动，锥形活塞随之上移。由于液压油的阻尼作用，锥形活塞移动受阻，因而上击器以上的钻柱受拉伸产生弹性伸长。当锥形活塞到达压力体的卸荷腔时，液压油突然卸载，心轴在上击器以上钻柱弹性变形产生的拉力作用下，高速向上运动，直到延伸轴的上端面撞击到花键体的台肩面，使下击器以下的管柱受到强烈的向上震击。

② 下击器工作原理。

钻进过程中，下击器一般处于拉开状态，摩擦心轴与摩擦卡瓦脱离。需要向下震击时，下放钻柱使下击器的摩擦卡瓦向下移动。由于卡瓦上的内棱带径向尺寸小于摩擦心轴的外棱带径向尺寸，使摩擦卡瓦的向下运动受阻，上部钻柱的部分重力施加到下击器上。继续下放钻柱，当施加在下击器上的重力达到预先调定的释放力时，摩擦卡瓦从摩擦心轴的外棱带上滑脱、突然释放，下击器外部的花键体和心轴等组合件在上部钻柱的重力作用下急速下行。当扶正体端面撞击到心轴台肩时，对下击器以下的管柱产生向下震击。

（2）型号和规范。

SS/SX 型、ZSJ/ZXJ 型分体式随钻震击器主要技术参数见表 6-1-57 和表 6-1-58。

表 6-1-57　SS/SX 型分体式随钻震击器技术参数

型　号	QJ120A-1	QJ159A	QJ165A	QJ178A
外径/mm	159	159	165	165
内径/mm	70	70	70	70
密封压力/MPa	30	30	30	30
最大工作扭矩/(kN·m)	14	14	14	14
最大抗拉载荷/kN	1 500	1 500	1 500	1 500
最大释放力(±20%)/kN	700	350	700	350
标定释放力/kN	300～450	180～250	300～450	180～250
拉开行程/mm	343	198	343	343
泵开面积/cm^2	38.09	87.58	38.09	87.58
长度/mm	5 600	5 200	5 600	5 200
连接螺纹	4½ in IF	4½ in IF	4½ in IF	4½ in IF

表 6-1-58　ZSJ/ZXJ 型分体式随钻震击器技术参数

型　号	ZSJ46 ZXJ46	ZSJ56 ZXJ56	ZSJ62Ⅱ ZXJ62Ⅱ	ZSJ64 ZXJ64	ZSJ70 ZXJ70	ZSJ76 ZXJ76	ZSJ80 ZXJ80
外径/mm	121	146	159	165	178	197	203
内径/mm	51	57	57	57	70	71.4	71.4
连接螺纹	NC38	4½ in FH	NC46	NC50	5½ in FH	6⅝ in REG	6⅝ in REG
最大抗拉载荷/kN	1 400	2 000	2 200	2 200	2 300	2 500	2 500
最大工作扭矩/(kN·m)	13	15	15	15	15	18	20
最大上击力/kN	270	450	550	550	550	750	750
最大上击行程/mm	305	330	346	346	346	370	370
最大下击力/kN	250	400	550	550	550	600	600
最大下击行程/mm	182	182	182	182	182	181	181
最大工作温度/℃	180	180	180	180	180	180	180
上击器总长/mm	6 391	5 738	6 738	6 736	6 359	6 670	6 597
下击器总长/mm	5 125	5 000	5 371	5 457	5 457	5 249	5 249

(3) 使用与操作。

① 确保随钻震击器处于受拉状态。

② 随钻震击器下井前进行如下检查：

a. 确认上击器和下击器均处于拉开状态；

b. 确认下击器的标定释放力不超过下击器上部钻柱重力的 1/3～1/2；

c. 确认随钻震击器壳体各部位连接螺纹已按规定力矩上紧；

d. 检查上击器油堵和下击器调节螺钉已上紧。

③ 下钻时应严格控制下放速度，防止在井眼缩径处遇阻导致下击器误击。若已经产生下击，可向上轻提钻柱，使卡瓦回位，并暂停作业数分钟。震击器在井内以及起下钻过程中始

终处于拉开状态。

④ 一般情况下，随钻震击器的上击器和下击器在正常钻进时均处于拉开状态。当随钻震击器在受压情况下钻进时，其压力不能超过下击器入井前标定释放力的一半。在受压状态下钻进时，上击器有可能关闭，上提钻柱时可能会产生轻微向上震击。

⑤ 向上震击作业。

首先下放钻柱，对上击器加压 40～60 kN，使上击器复位；然后上提钻柱产生上击。震击力的大小可以通过调节提升载荷和提升速度控制。

⑥ 向下震击作业。

首先下放钻柱，使下击器承受的钻柱重力超过下击器的预调释放力，震击器将产生下击。震击后，用最低提升速度上提钻柱，直至悬重超过下击器上部钻柱重力的 50～100 kN，使下击器复位。

3. 扩眼器

扩眼器是在钻进的同时用来进行扩眼的工具，又称扩大器划眼钻头。扩眼器在处理井下复杂情况、降低钻井综合成本、提高建井质量和安全性等方面具有显著的优势，扩眼器正逐渐成为一种重要的石油钻井配套工具。按照执行机构的不同，扩眼器可分为以重力驱动的机械式、以流体压力驱动的液压式和以离心力驱动的偏心式三类。

1）机械式随钻扩眼工具

机械式扩眼器以 TRI-MAX Industries 公司的 EWD™ 随钻扩眼器（见图 6-1-19）和 Andergauge 公司的 Underreamer™ 扩眼器（见图 6-1-20）为代表。这两种工具的结构原理相似，均是采用重力外推扩眼总成进行扩眼作业，扩眼总成采用 PDC 切削刃，并能在起钻前主动收回。Andergauge 公司的 Underreamer 扩眼器系列见表 6-1-59，胜利油田钻井院 JK 系列机械式扩眼器见表 6-1-60。

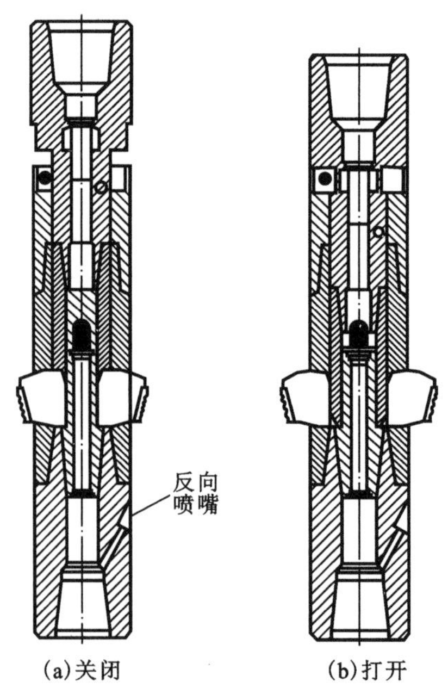

图 6-1-19　TRI-MAX Industries 公司的 EWD™ 扩眼器

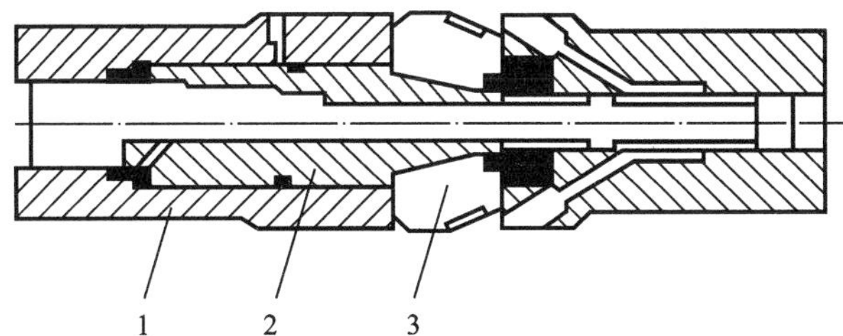

图 6-1-20 Andergauge 公司的 Underreamer™扩眼器

1—本体；2—控制机构；3—扩眼体

表 6-1-59 Andergauge 公司的 Underreamer 扩眼器系列

扩眼直径/in	9⅞	12¼	14½
通过直径/in	8⅜	10⅝	12¼
工具直径/in	6¾	8	8
最大工作排量/(gal·min^{-1})	800	1 000	1 200
最高温度/℃	150	150	150
最大许用抗拉极限/lbf	330 000	450 000	675 000
最大抗拉极限/lbf	550 000	759 000	1 125 000
停泵时的销钉剪力/lbf	2 000	2 000	2 500
有效活塞面积/in^2	7.17	10.11	13.07
内部水眼/in	1.50	1.75	2.00
最大许用扭矩/(lbf·ft)	35 000	35 000	35 000
工作压降(钻井液密度 10 ppg)/psi	74(500 gal/min)	74(700 gal/min)	74(750 gal/min)

注：1 ppg = 1 lb/gal，1 g/cm^3 = 8.33 ppg。

表 6-1-60 胜利油田钻井院 JK 系列机械式扩眼器

型 号	通过井径/mm	领眼直径/mm	扩眼井径/mm	总长/mm	上部扣型	下部扣型
JK-178	152.4	152.4	178	780	NC38	3½ in REG
JK-245	215.9	215.9	245	780	NC50	4½ in REG

2）液压式随钻扩眼工具

液压式随钻扩眼工具出现较早，主要有 Bakersfeild Bit & Tool 公司的 Gaugemaster Driller Underreamer™扩眼工具(见图 6-1-21)。Gaugemaster Driller Underreamer™采用牙轮扩眼总成，实现了地面遥控启动，不需额外起下钻来调整钻井工具，较常规扩眼工具有了较大进展。

图 6-1-21 Gaugemaster Driller Underreamer™扩眼器

Halliburton Security DBS公司的NBR™近钻头扩眼工具的外形和长度与三翼变径稳定器相似，结构见图6-1-22。NBR™扩眼器总成内部预置有弹簧，当钻柱内与环空之间的压差产生的驱动力小于弹簧弹力时，扩眼总成缩回；设有剪切销钉，保证在钻进套管鞋时扩眼总成处于缩回状态。NBR™对领眼钻头的适应性很好，可直接安装于钻头上方或下部钻具组合的其他部位，可用于滑动导向和旋转导向钻进的扩眼作业。NBR™扩眼器产品系列见表6-1-61。

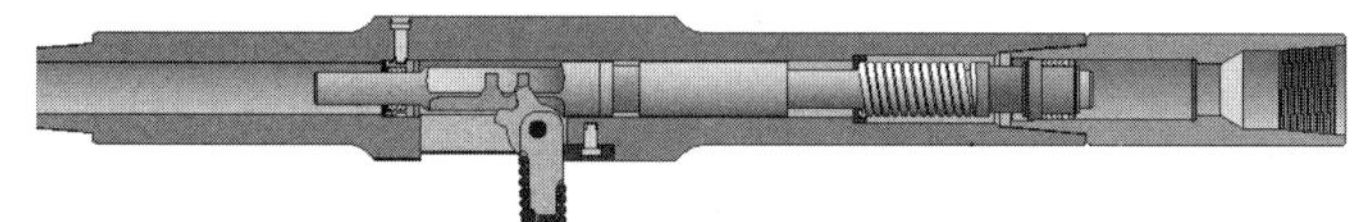

图 6-1-22　NBR™扩眼器

表 6-1-61　Halliburton Security DBS公司的NBR™扩眼器系列

UR 型号	475	600	800	1 200	1 700	2 600
工具外径/in	5	6¼	8½	12¼	17½	26
扩眼直径/in	8½	16	17½	26	32	36
上部扣型	2⅞ in IF	3½ in IF	4½ in IF	6⅝ in REG	7⅝ in REG	7⅝ in REG
下部扣型	2⅞ in IF	3½ in IF	4½ in IF	6⅝ in REG	7⅝ in REG	7⅝ in REG
最大排量/(gal·min^{-1})	180	280	550	920	1 000	1 200
最大压降/psi	800	600	600	600	600	1 200
上扣扭矩/(lbf·ft)	10 000	16 000	23 000	41 000	62 000	62 000
鱼颈直径/in	4⅛	5¾	6½	8	9½	11
本体长度/in	—	16.89	22.83	25.20	25.63	22.64
本体+上部短节长度/in	12.01	30.91	38.19	44.02	45.87	37.79

液压式随钻扩眼工具的优点是结构简单，可以扩出较大尺寸的井眼。它的不足之处是液压式随钻扩眼工具是靠流体的压力推动执行机构，使扩眼总成完成破岩扩眼作业的，如果不能形成足够的流体压力，则难以驱动执行机构或保持扩眼总成工作的稳定。这限制了液压式随钻扩眼工具在深井、高钻井液黏度等情况下的应用。另外，液压式随钻扩眼工具对密封结构和水力元件的结构、材质等要求较高，处理不当也容易造成工具失效。胜利油田钻井院研发了KKQ型系列液压式扩孔器，产品系列见表6-1-62。

表 6-1-62　胜利油田钻井院液压式扩孔器

工具外径/mm	扩眼直径/mm	通过井径/mm	排量/(L·s^{-1})	刀翼数量	上部扣型	下部扣型
114	140	118	8～11	4	NC31	2⅞ in REG
142	178	152	12～15	6	NC38	3½ in REG
210	245	216	20～30	6	NC50	4½ in REG
290	352	311	30～40	6	6⅝ in REG	6⅝ in REG

威德福公司的 RipTide 扩眼器分为上、下两个短节，上短节为控制部分，下短节为扩眼器部分，上部分可通过两种方式控制动作——投球和无线电射频识别。采用 RFID 方式控制扩眼器开闭时，泵送一个小型的射频发射器到扩眼器部位时，扩眼器控制部分接收到"开"或者"闭"的指令后开始动作，可实现定点、定井段扩眼作业。

3）偏心式扩眼器

BakerHughes Christens 公司的 DOSRWDTM 随钻扩眼器是在双心钻头的基础上发展起来的。DOSRWDTM 的扩眼总成与本体结构为一体，位于本体结构的一侧，在本体结构上与扩眼总成相对的另一侧设计有硬质合金垫块和保径，由于扩眼总成呈不对称分布，钻柱旋转所形成的离心力迫使扩眼总成沿径向外移进行破岩扩眼作业，结构见图 6-1-23。DOSRWDTM 扩眼器的优点是不必单独钻领眼，可以灵活地选用牙轮钻头或 PDC 钻头作为领眼钻头，硬质合金垫块和保径用于提高扩眼工具的工作稳定性。

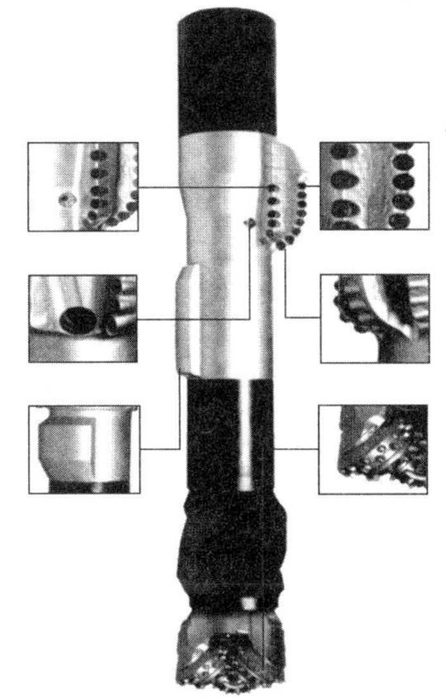

图 6-1-23 BakerHughes Christens 公司的偏心式扩眼器

NOV 国民油井公司研发了双芯（偏心）钻头，可以实现随钻扩孔，减小钻后扩孔所需的起下钻和额外钻井时间。

胜利油田钻井院 SK 系列双心 PDC 扩孔器的尺寸规范见表 6-1-63。

表 6-1-63 胜利油田钻井院 SK 系列双心 PDC 扩孔器

型 号	领眼直径/mm	通过井径/mm	扩眼井径/mm	总长/mm	上部扣型	下部扣型
SK-178	120.65	152	178	576	NC38	2⅞ in REG
SK-245	152.4	216	245	750	NC50	3½ in REG

4. 减震器

1）减震器的作用

钻井作业过程中，纵向、横向、旋转冲击振动有时会远远超过钻头实际载荷（钻压和扭矩），直接影响到钻头、井下钻具和地面设备的安全。钻柱上安装减震器以降低冲击载荷对钻柱的危害，延长钻头的工作寿命。

2）减震器的分类

按照减震形式可以分为单向减震器和双向减震器；按照减震元件可以分为液压减震器、碟簧减震器和橡胶减震器；按照适用工作温度可分为普通型（≤120 ℃）和高温型（120～180 ℃）。

3）减震器的规格型号

减震器的型号表示方法如下：

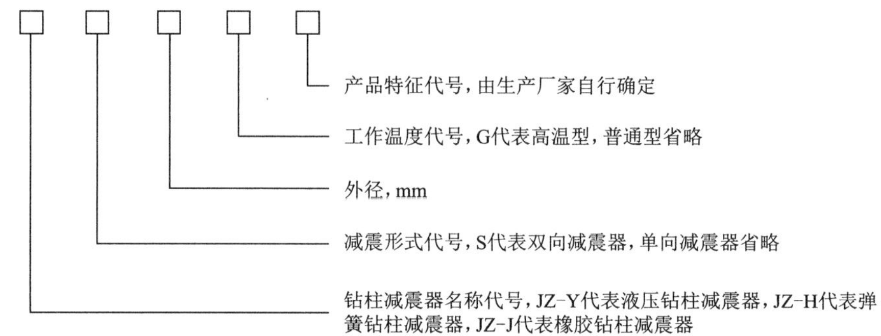

减震器的基本性能参数见表 6-1-64。

减震器主要零件的金属材料热处理后的力学性能应符合表 6-1-65 的规定。

表 6-1-64　减震器基本性能参数表

外径/mm	121	159/165	178	203	229	254	279
上接头内螺纹	NC38	NC46	NC50	6⅝ in REG	7⅝ in REG	8⅝ in REG	8⅝ in REG
下接头外螺纹	NC38	NC46	NC50	6⅝ in REG	7⅝ in REG	8⅝ in REG	8⅝ in REG
水眼直径/mm	38	45 51	51 57	64 71	71	71 76	71 76
最大工作压力/kN	≥250	≥300	≥350	≥450	≥540	≥600	≥600
最大工作扭矩/(kN·m)	10	15	15	20	20	25	30
最大工作拉力/kN	≥1 000	≥1 500	≥1 500	≥2 000	≥2 000	≥2 500	≥3 000
弹性刚度/(kN·mm^{-1})	3.0～6.5						

表 6-1-65　减震器主要零件的力学性能参数表

外径/mm	抗拉强度/MPa	屈服强度/MPa	伸长率/%	冲击功/J	硬度(HB)
≤160	≥ 965	≥758	≥13	≥ 54	≥ 285
>160	≥ 930	≥689			

4）液压减震器

(1) 结构及工作原理。

液压单向减震器主要由花键心轴、花键筒体、密封筒体、液压缸、冲管、过渡接头、防掉螺母、下接头及密封元件等组成，见图 6-1-24。

液压双向减震器主要由心轴、扶正外筒、花键外筒、液压缸、活塞、冲管、下接头、对开卡环、防掉螺母、密封装置及液体弹簧(硅油)等组成，见图 6-1-25。

液压减震器的工作原理如下：

① 钻压传递。钻压通过心轴、活塞作用在液体弹簧上，经压缩硅油传递给下接头及钻头。

② 扭矩传递。转盘的扭矩由上部钻柱传递给心轴，通过心轴与活塞的螺纹、活塞与花键外筒的花键传递给油缸及下接头而驱动钻头。

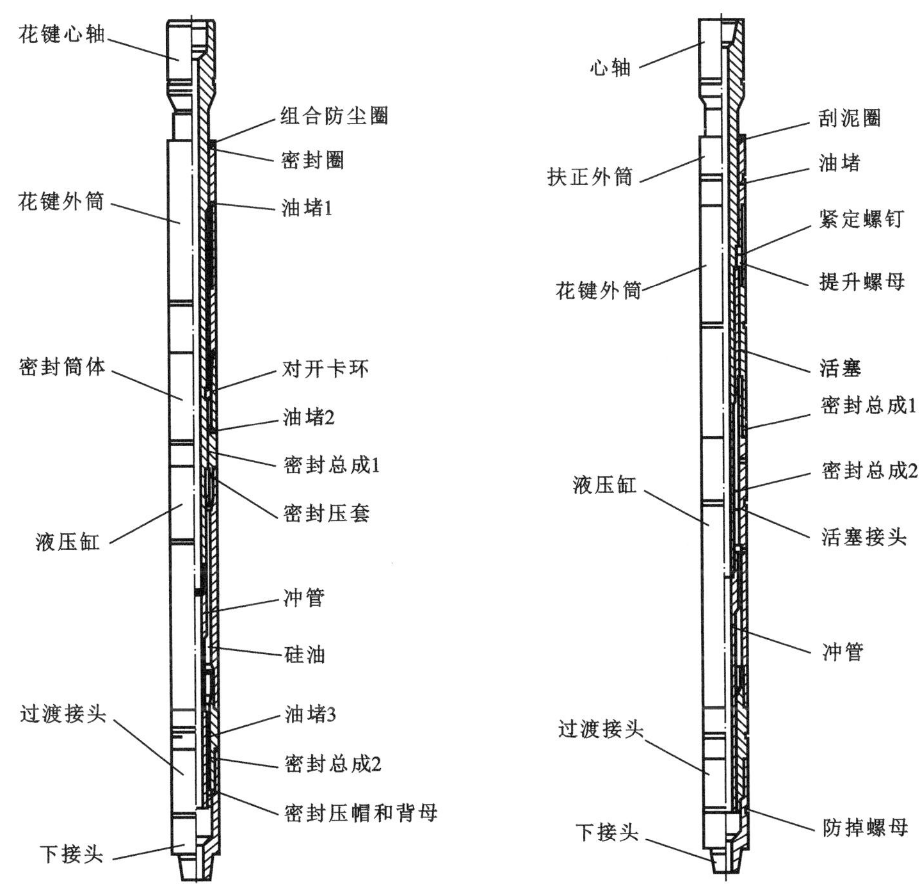

图 6-1-24　液压单向减震器　　图 6-1-25　液压双向减震器

③ 减震。减震机构主要由心轴、活塞、上液压腔(阻尼腔)和下液压腔(工作腔)组成。钻井过程中,钻柱和钻头受到冲击,使轴向负荷发生变化,该负荷使减震器下部液压腔(工作腔)中的硅油发生压缩或膨胀,从而吸收钻柱或钻头的冲击能量。在硅油变形的同时,心轴对花键外筒做轴向运动,上液压腔(阻尼腔)中的液体高速流过环隙阻尼,产生大量摩擦热,吸收部分冲击能量,从而达到减缓钻柱振动和减小冲击载荷的作用。

(2) 技术参数。

JZ-Y 型、YJ 型、JZ-YS 型及 SJ 型液压减震器技术参数见表 6-1-66～表 6-1-69。

表 6-1-66　JZ-Y 型液压单向减震器技术参数

型　号	外径/mm	内径/mm	总长/mm	接头螺纹	最大下压力/kN	允许上提拉力/kN	最大工作扭矩/(kN·m)	弹性刚度/(kN·mm^{-1})
JZ-Y121	121	38	3 800	3½ in IF	250	1 000	10	3.0～3.5
JZ-Y159-Ⅰ	159	45	4 200	4 in IF	300	1 500	15	3.5～5.0
JZ-Y165-Ⅰ	165	45	4 200	4 in IF	300	1 500	15	3.5～5.0
JZ-Y178-Ⅰ	178	57	3 800	4½ in IF	350	1 500	15	3.5～5.0
JZ-Y203	203	64	4500	6⅝ in REG	480	2 000	20	4.0～5.5
JZ-Y229	229	70	3 900	7⅝ in REG	540	2 000	20	4.0～6.5

表 6-1-67　YJ 型液压单向减震器技术参数

型　号	外径/mm	内径/mm	最大工作行程/mm	最大活塞行程/mm	环境温度/℃	最大工作扭矩/(kN·m)	最大下压力/kN	允许上提拉力/kN	长度/mm	接头螺纹	平均刚度/(kN·mm⁻¹)
YJ121	121	38	100	203	190	10	260	980	4 116	3½ in REG	3.5
YJ178ⅡA	178	57	125	203	190	14.7	390	1 470	3 745	NC50	4.7
YJ203Ⅱ	203	68	120	140	190	19.6	490	1 960	3 945	6⅝ in REG	4.3
YJ229Ⅱ	229	70	120	140	190	19.6	540	1 960	3 885	7⅝ in REG	4.7

表 6-1-68　JZ-YS 型液压双向减震器技术参数

型　号	外径/mm	内径/mm	总长/mm	接头螺纹	最大下压力/kN	允许上提拉力/kN	最大工作扭矩/(kN·m)	弹性刚度/(kN·mm⁻¹)
JZ-YS159-Ⅰ	159	45	4 800	4 in IF	300	1 500	15	3.5～5.0
JZ-YS165-Ⅰ	165	45	4 800	4 in IF	300	1 500	15	3.5～5.0
JZ-YS178-Ⅰ	178	50	5 200	4½ in IF	350	1 500	15	3.5～5.0
JZ-YS203-Ⅰ	203	64	5 100	6⅝ in REG	480	2 000	20	4.0～5.5
JZ-YS229-Ⅱ	229	70	4 800	7⅝ in REG	540	2 000	20	4.0～6.5

表 6-1-69　SJ 型液压双向减震器技术参数

型　号	外径/mm	内径/mm	最大工作行程/mm	最大活塞行程/mm	环境温度/℃	最大工作扭矩/(kN·m)	最大下压力/kN	允许上提拉力/kN	长度/mm	接头螺纹	平均刚度/(kN·mm⁻¹)
SJ121	121	38	100	203	190	10	300	1 200	4 208	NC35	3.5
SJ159Ⅲ	159	47	120	203	190	15	340	1 500	5 510	NC46	3.5
SJ178Ⅲ	178	57	120	203	190	15	340	1 900	6 210	NC50	3.9
SJ203Ⅱ	203	65	120	220	190	20	440	1 960	5 641	6⅝ in REG	3.9
SJ229Ⅱ	229	71.4	120	230	190	20	540	2 160	5 902	7⅝ in REG	3.5

5）机械减震器

(1) 结构及工作原理。

机械减震器主要由花键心轴、花键筒体、碟簧筒体、衬套、对开卡环、垫片、碟簧组、调整环、调整套、活塞、密封套、隔套、下接头及密封元件等组成。机械减震器的工作原理如下：

① 钻压传递。钻压通过花键心轴作用在碟形弹簧上，经碟簧组传递给调整套、调整环、下接头及钻头。

② 扭矩传递。转盘的扭矩由上部钻柱传递给花键心轴，通过花键心轴与花键筒体的花键传递给碟簧筒体及下接头而驱动钻头。

③ 减震。减震机构主要由花键心轴、碟簧组、调整套和调整环组成。钻井过程中，钻柱和钻头受到冲击，使轴向负荷发生变化，该负荷使减震器内的碟簧组发生弹性变形，从而吸收钻柱或钻头的冲击能量。当钻头上的冲击负荷减少或消失，蝶形弹簧复原，减震器恢复到初始长度。

(2) 技术参数。

JZ-H 型机械减震器技术参数见表 6-1-70。

表 6-1-70 JZ-H 型机械减震器技术参数

型　号	外径/mm	内径/mm	总长/mm	接头螺纹	最大下压力/kN	允许上提拉力/kN	最大工作扭矩/(kN·m)	弹性刚度/(kN·mm^{-1})
JZ-H159-Ⅰ	159	50	3 000	4 in IF	300	1 500	15	3.5～5.0
JZ-H165-Ⅰ	165	50	3 000	4 in IF	300	1 500	15	3.5～5.0
JZ-H178-Ⅰ	178	50	3 000	4½ in IF	350	1 500	15	3.5～5.0
JZ-H203-Ⅱ	203	64	3 000	6⅝ in REG	480	2 000	20	4.0～5.5
JZ-H229	229	70	3 500	7⅝ in REG	540	2 000	20	4.0～6.5
JZ-H279	279	80	4 500	8⅝ in REG	700	2 500	25	5.0～7.5

6) 减震器的使用与操作

(1) 减震器的安装位置。

根据钻柱振动特点和减震器工作特性，光钻铤钻具组合的减震器直接安装在钻头之上；刚性满眼钻具组合中，由于减震器抗弯刚度较小，为防止钻头偏斜、提高防斜效果，一般安装在稳定器以上部位；使用动力钻具时，减震器安装在动力钻具之上。

(2) 下井前的检查。

确认减震器技术参数与井下工况和钻井参数相匹配；减震器下井前，需经台架试验合格；测量工作行程，并在钻台上用 1～3 根钻铤对减震器加压，卸载后测量并记录行程数值；下井前应检查油堵是否漏油。

(3) 起钻后的检查。

起钻后，在钻台上同样用 1～3 根钻铤对减震器加压，卸载后测量并记录行程数值，若该值与下井前记录的数值相差 25 mm 以上，说明碟簧组出现疲劳失效，应进行维修更换后再次使用。

(4) 使用注意事项。

① 减震器适用于牙轮钻头和研磨性取心钻头。

② 搬运过程中应注意保护螺纹及心轴镀铬部分。

③ 起下钻时，严禁大钳卡在油堵及螺纹端面位置。

④ 操作时应平稳送钻，严禁溜钻、顿钻。

⑤ 减震器下井工作 500 h 以上，起钻后须拆检维修。

⑥ 井底有落物或打捞作业时严禁使用。

第二节　钻具的管理与使用

一、钻具验收和管理

1. 成品钻具的验收

(1) 成品钻具内径必须畅通，钻杆接头须带有耐磨带，特别注意清除切屑。

(2) 成品钻具螺纹部分应涂敷螺纹脂,新车制的钻具螺纹应经镀铜等表面处理。

(3) 新钻具或修理过的钻具螺纹必须经过螺纹量规检验合格,检测前螺纹部分应进行认真清洗,不合格的钻具不得送井。

(4) 钻铤螺纹和配合接头螺纹必须定期采用荧光磁粉检测或经螺纹裂纹检测仪检测,不合格的不准出站。

(5) 新钻具到达管具供应维修中心或使用单位后,应验收其质量保证书和商检证书,并对钻具的进货日期、生产厂商、钢级、规格、壁厚、长度等进行登记;对未经检验或商检资料不全的钻具,管具供应维修中心或使用单位有权拒收。

(6) 应逐根检查管体外观、探伤,螺纹精度检查抽查量不低于10%,验收报告分送供应部门和存档,不合格钻具通报供应部门并上报。

2. 钻杆的分级管理

(1) 根据钻杆内外部磨损、损伤、腐蚀、疲劳裂缝状况将钻杆分为三级,分级标准和钻杆分级检验记录及评判表见表6-2-1和表6-2-2。

表6-2-1 API钻杆分级标准表

钻杆状况	一级钻杆	二级钻杆	三级钻杆
外部状况:			
外壁磨损			
壁厚	剩余壁厚不小于公称壁厚的80%	剩余壁厚不小于公称壁厚的70%	任何超过二级的缺陷或损伤
凹伤与压痕	直径减小不超过公称外径的3%	直径减小不超过公称外径的4%	
卡瓦部位机械损伤			
压痕、缩径	直径减小不超过公称外径的3%	直径减小不超过公称外径的4%	
刻痕、铲凿	深度不超过邻近壁厚的10%	深度不超过邻近壁厚的20%	
应力引起直径变化			
变细/拉长	直径减小不超过公称外径的3%	直径减小不超过公称外径的4%	
变粗/缩短	直径增大不超过公称外径的3%	直径增大不超过公称外径的4%	
腐蚀、切割与凿孔			
腐蚀	剩余壁厚不小于公称壁厚的80%	剩余壁厚不小于公称壁厚的70%	
径向	剩余壁厚不小于公称壁厚的80%	剩余壁厚不小于公称壁厚的70%	
轴向	剩余壁厚不小于公称壁厚的80%	剩余壁厚不小于公称壁厚的80%	
疲劳裂纹	无	无	无
内部状况:			
腐蚀凹痕			
壁厚	从最深凹陷底部测量出的剩余壁厚不小于公称壁厚的80%	从最深凹陷底部测量出的剩余壁厚不小于公称壁厚的70%	
腐蚀与磨损			
壁厚	剩余壁厚不小于公称壁厚的80%	剩余壁厚不小于公称壁厚的70%	
疲劳裂纹	无	无	无

注:① 本表适用于各种尺寸、重量和钢级的钻杆,以公称尺寸为基础计算,二级及三级钻杆管体均需配用二级钻杆接头。

② 可沿轴向按不超过本表外部腐蚀的剩余壁厚规定数值将其磨光,磨光处与外轮廓平滑过渡。

③ 无论哪一级钻杆,一旦发现疲劳裂纹或刺穿,必须用红色油漆带做标记,不能再继续使用。

表 6-2-2　钻杆分级检验记录及评判表　　单位:mm

检验项目				检验结果	单项分级	评　价
接　头		1	外　径			
		2	内螺纹接头台肩面最小宽度			
管体	外部	3	外径磨损后最小剩余壁厚			
		4	凹伤、压痕深度			
		5	卡瓦部位压痕、变细处外径			
		6	卡瓦部位刻痕、铲凿深度			
		7	应力引起的变细处外径			
		8	应力引起的变粗处外径			
		9	腐蚀坑处最小剩余壁厚			
		10	轴向切割与凿孔处剩余壁厚			
		11	径向切割与凿孔处剩余壁厚			
		12	疲劳裂纹			
	内部	13	腐蚀坑处最小剩余壁厚			
		14	腐蚀与磨损处最小剩余壁厚			
		15	疲劳裂纹			
综合分级评价结果						

(2) 钻杆采取分级管理或分级成套管理,规定如下:

① 分级管理。管具供应维修中心或相应单位按钻杆质量分级标准对钻杆进行检验分级,并按钻井设计给施工井队配备相应级别的钻杆。

② 分级成套管理。管具供应维修中心或相应单位按钻杆质量分级标准对钻杆进行检验分级后,再将同一级别的钻杆按钻井设计成套配备给井队使用。

③ 建立钻杆使用档案,每根或每套钻杆设一张卡片,卡片一式两份,一份由管具供应维修中心或相应单位存档,一份随钻杆送井。钻杆分级检查标准中接头和管体尺寸说明见图 6-2-1,钻杆分级卡片见表 6-2-3 和表 6-2-4,钻杆成套卡片见表 6-2-5 和表 6-2-6。

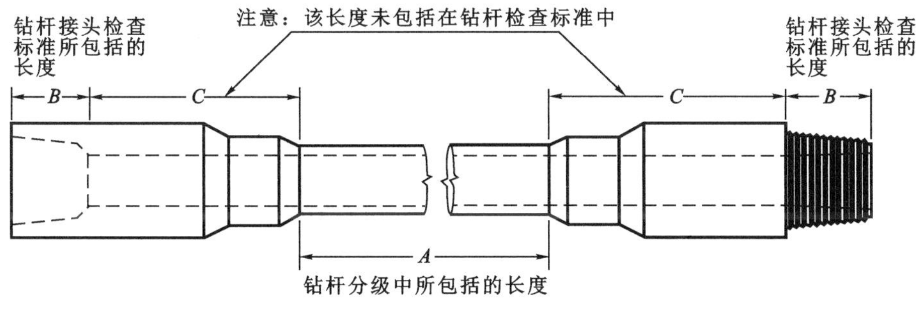

图 6-2-1　钻杆分级检查标准说明

A—钻杆本体长度;B—钻杆螺纹长度;C—钻杆接头长度

表 6-2-3 钻杆分级卡片(正面)

公称尺寸		钢 级		厂 家		生产日期		编 号	
级别变更	检验日期			确定级别				检验人	

表 6-2-4 钻杆分级卡片(反面)

使用记录						备 注
井 队	井 号	钻井进尺/m	起止时间	累计进尺/m	旋转时间/h	

表 6-2-5 钻杆成套卡片(正面)

公称尺寸		钢 级		制造厂家		生产日期	
成套日期		数 量	根	编 号			
	检验日期	确定级别		剔除根数	剔除编号		检验人

表 6-2-6 钻杆成套卡片(反面)

使用记录							
井 队	井 号	钻井进尺/m	起止时间	累计进尺/m	旋转时间/h	总根数	使用编号

④ 动用钻具须经有关部门审批。因事故造成钻具埋井，在事故处理完后由井队填写埋井报告，经审核后上报备案。

(3) 钻具的发放。

① 新、旧钻具发放前一律打钢印统一标记，标记内容为钻具钢级和编号等。

② 钢印打在外螺纹接头螺纹消失端光面上。对车有应力分散槽的接头，钢印应打在外螺纹接头表面刻槽内。

③ 钻铤、钻杆车制螺纹后仍在外螺纹处打钢印，钻杆切头对焊后也要在对焊后的接头上打钢印。

④ 钻具出站应戴护丝，装车时应按内、外螺纹接头分别排序。

⑤ 经检验并有合格标记的钻具才能送井。钻具送井时，发放卡片随钻具一起送井，由钻井技术员负责签收。

⑥ 送井钻具经井队验收，其质量若不符合钻井设计要求，井队有权拒绝签收，管具供应维修中心或相应单位方予以回收或转井。

二、钻具的使用要求

合理的使用及操作规程对于发挥钻具最佳性能、延长寿命以及降低钻具和下部钻具组合的综合成本至关重要，同时也可以防止井下紧扣、松扣和刺漏，以及卸扣扭矩过高现象的发生。

(1) 钻具下井。

① 钻具到井场后，应核对其规格、数量与钢级，不符合钻井设计要求的不得下井。

② 钻具螺纹应清洗干净，上钻台应戴好护丝；钻具下井前应检查、测量并记录接头水眼直径。

③ 新加工的螺纹未经磷化或镀铜表面处理的，使用前应进行磨合。

④ 入井钻具及打捞工具等必须丈量长度和内、外径，并做好记录；与钻铤连接的配合接头的水眼直径不能小于钻铤的水眼直径。

⑤ 钻杆接头必须符合标准规定，否则不得下井。

⑥ 钻杆弯曲超过规定的不得下井。

⑦ 钻杆水眼不通的不得下井。

⑧ 钻杆、钻铤螺纹磨损量超过规定的不得下井。

⑨ 钻杆、钻铤使用过程中，必须定期错扣倒换。

⑩ 下井钻杆必须用双钳紧扣，大钳不得咬在钻杆管体上。

⑪ 钻具下井前，其螺纹及台肩部分必须涂敷符合规定要求的螺纹脂。

⑫ 不得将铁杆等硬物插进内涂层钻杆水眼。

⑬ 钻井作业中，通过内涂层钻杆水眼的井下工具及仪器必须带有防护装置，以防损伤内涂层。

⑭ 涂层钻杆使用前，要观察涂层状况，不允许有开裂与剥落存在。

(2) 起出钻具。

① 起钻时要检查钻具是否弯曲，以及钻具内、外螺纹和管体有无损伤、刺漏等。

② 卡瓦卡紧位置应在钻杆内螺纹接头下方 0.3～0.5 m。

③ 钻具卸扣时应防止拉弯钻具和卸坏螺纹。

④ 钻具下钻台时要带好护丝，将打捞工具、配合接头、钻头提升短节和其他工具卸掉，戴好护丝。

⑤ 钻超深井或遇到卡钻事故的井，应按照油田规定要求对钻杆、钻铤等钻具进行全面检查、探伤。

(3) 钻具存放。

① 管具供应维修中心或相应单位的钻具按规格分别存放在距地面 0.5 m 以上的管架上，管架间跨距为 3～4 m。

② 钻具叠放必须采取防滑措施，叠放层数最多不超过 6 层。

③ 管架基础要牢固、平整，垫杠上、下对齐。

④ 钻具应摆放在井场活动管架上，两端探出不超过 1.5 m。

⑤ 在转井、回收、装卸和运输过程中，钻具应戴好护丝，不得拖拉和碰撞。

⑥ 存放时，钻杆的橡胶护箍必须卸掉。

⑦ 钻具应定期进行防锈防腐处理，若有锈蚀，应设法除去。

⑧ 井场钻具分类排放，按内螺纹接头朝钻台方向排列整齐。

⑨ 钻具上面不得放置重物及酸、碱性化学药品，不得在上面进行电、气焊作业。

三、钻具的检查要求

（1）方钻杆、钻杆允许直线度要求见表 6-2-7 和表 6-2-8。

表 6-2-7　方钻杆允许直线度要求

方钻杆	校　直	在　用
全长允许直线度/mm	<3.0	<8.0
每米允许直线度/mm	<1.0	<1.5

表 6-2-8　钻杆允许直线度要求

长度/m	全长允许直线度/mm		两端 3 m 内允许直线度/mm		每米允许直线度/mm	
	校　直	在　用	校　直	在　用	校　直	在　用
6～8	<3.0	<4.5	<1.5	<2.0	<1.5	<2.0
8～12	<4.0	<6.0	<2.0	<3.0		
>12	<5.0	<7.5	<3.0	<4.0		

（2）方钻杆表面不应有裂纹、结疤、凹痕，不允许在表面进行焊补作业，方部和圆角要平整，方钻杆与方补心的间隙应满足表 6-2-9 的要求。

表 6-2-9　方钻杆与方补心间隙

方钻杆类型	方钻杆公称尺寸/mm	与方补心的间隙/mm
四　方	63.5～88.9	0.38～2.72
四　方	107.9～152.4	0.38～3.12
六　方	76.2～152.4	0.38～1.52

（3）钻杆接头螺纹按如下规定进行检查：

① 台肩面如因黏结或碰撞后凹凸不平，采用专用工具修磨时，修磨方法与修磨量符合行业规定要求，修后应与管体轴线垂直。

② 螺纹磨损经齿规检查不超标，剩余牙顶宽度为标准牙顶宽度的一半。

③ 严重锈蚀或有钻井液冲蚀痕的螺纹不能使用。

④ 内螺纹镗孔处因撞击等原因产生径向变形后，镗孔大端最小处直径不小于其最小极

限值且不影响旋合和密封时仍可使用。

⑤ 因处理事故和复杂情况，钻杆受过强行扭转和提拉后，应检查其外螺纹伸长与内螺纹胀大情况。当外螺纹的螺距伸长量或内螺纹孔直径超过最大极限尺寸时，必须重新修扣，被拉长的外螺纹必须进行无损探伤，检查有无裂纹。

(4) 接头长度不小于规定值，钻杆管体分级按照规定执行，钻杆管体不允许焊补。

(5) 钻铤允许直线度见表 6-2-10，钻铤螺纹台肩宽度、钻铤管体伤痕不得超过标准要求，钻铤螺纹磨损后用齿规检查。

表 6-2-10 钻铤允许直线度要求

长度/m	全长允许直线度/mm		两端 2 m 内允许直线度/mm		每米允许直线度/mm	
	校　直	在　用	校　直	在　用	校　直	在　用
<9	<3.0	<5.0	<1.5	<2.5	<1.5	<2.0
>9	<4.0	<6.0	<2.5	<3.5		

(6) 钻具的回收管理。

① 钻具必须及时回收，钻具回收后，其内、外表面和螺纹部分必须及时清洗。

② 方钻杆转运时，短途应使用专用架，长途应装在套管内，两端拴牢。

③ 钻具回收后，应检查钻具的规格、钢级和编号，目检钻具管体外观和螺纹。

④ 管体检查内容有：a. 硬伤、挤扁及刺漏；b. 弯曲；c. 水眼；d. 探伤。

⑤ 接头检查内容包括：a. 外径、长度、偏磨；b. 承载台肩；c. 密封台肩；d. 螺纹胀大、拉长、损坏。

⑥ 管具供应维修中心或相应单位对焊的钻杆，使用前要进行无损探伤检查，钻具检查结果要填表建档。

第三节　钻柱设计与计算

一、钻柱的工作状态

在钻井过程中，起下钻和正常钻进是钻柱的两种主要工作状态。在起下钻时，钻柱不接触井底，整个钻柱处于悬持状态，钻柱在自重作用下处于受拉伸的直线稳定状态。在正常钻进时，由于部分钻柱的重量作为钻压施加在钻头上，使得下部钻柱受压。当钻压达到某一临界值时，下部钻柱将失去直线稳定状态发生正弦屈曲。如果继续加大钻压，则使钻柱正弦屈曲构型的横向变形加剧。当钻压增大到新的临界值时，钻柱将会发生螺旋屈曲，并与井眼内壁保持连续接触。

在正常钻进时，整个钻柱处于旋转状态。作用在钻柱上的力除轴向力(拉力和压力)外，还有因旋转产生的离心力。在上部受拉部分，钻柱在离心力的作用下也可能呈现弯曲状态，其弯曲半波长度较大，而下部由于压力不断增大，再加上离心力的作用，其弯曲或屈曲半波长度变小。此外，钻柱在钻进扭矩的作用下很难保持平面的弯曲状态。总的来说，在轴向力、离心力和扭矩的联合作用下，钻柱轴线一般呈变节距的空间螺旋曲线形状，在井底螺距最小，向上逐渐加大。

1. 钻柱运动形式

钻杆在井眼里的旋转运动存在三种形式。

(1) 自转：钻柱围绕自身弯曲轴线旋转。

钻柱自转时在整个圆周上与井壁接触，产生均匀的磨损，但受到交变弯曲应力的作用。在软岩石弯曲井段，自转易在井筒内形成键槽，导致起钻时钻柱受阻。

(2) 公转：钻柱围绕井眼轴线旋转并沿着井壁滑动。

钻柱公转时不受交变弯曲应力的作用，但产生不均匀的单向磨损(偏磨)，从而加快了钻柱的磨损和破坏。

(3) 公转与自转的结合：钻柱围绕井眼轴线旋转，但不是沿着井壁滑动而是沿着井壁反向滚动。

钻柱旋转运动会同时围绕自身轴线和井眼轴线旋转，受到交变弯曲应力的作用，整个钻柱或部分钻柱处于旋转形式转变的过渡状态，做无规则的旋转摆动时最不稳定，将造成钻柱的强烈振动，导致钻具失效。

2. 钻柱振动状态

轴向拉压工作应力是疲劳破坏的主要应力；横向弯曲动应力由于受井眼限制，数值较小，是疲劳破坏的次要应力；扭转应力相对拉压应力小。钻柱在综合作用力下通常有以下几种振动状态：

(1) 纵向振动。钻头转动会引起钻柱的纵向振动，在钻柱中和点附近产生交变的轴向应力。纵向振动与钻头结构、所钻地层岩性、泵排量、钻压、转速等因素有关。

(2) 扭转振动。当破岩能量不断变化时，会引起钻柱的扭转振动，产生交变剪应力和钻柱疲劳，降低钻柱寿命。扭转振动与钻头结构、岩石均匀程度及钻压、转速等工程因素有关。

(3) 横向摆振。在临界转速条件下，钻柱将产生摆振，造成钻柱涡动(公转)，引起钻柱严重偏磨。

二、钻铤设计与计算

钻铤和钻柱下部结构的设计应达到如下目的：给钻头有效加载；提供防止产生狗腿和键槽的刚性；延长钻头轴承的使用寿命，提高其综合性能；产生一个全尺寸、平滑的井眼(有效井眼直径)；把有害的振动降到最小；尽量减少压差卡钻等钻井故障。

钻柱设计包括尺寸选择和强度设计两方面，一是要满足抗拉、抗挤强度等要求，满足安全作业；二是尽量降低整个钻柱的重量，以便在钻机负荷能力下钻进更深。

1. 钻铤外径确定

钻进时底部钻具组合(BHA)限制了钻头偏离井眼轴线的侧向运动，同时井眼也会限制BHA的最大偏移量，因此钻铤和钻头的尺寸决定了井眼通径和井身质量。井眼通径的计算公式如下：

$$D_{\text{drift}}=\frac{D_{\text{b}}+D_{\text{dc}}}{2} \tag{6-3-1}$$

式中 D_{drift}——井眼通径，mm；

D_{b}——钻头外径，mm；

D_{dc}——钻铤外径，mm。

根据上述理论，霍奇提出了允许最小钻铤外径的计算公式：

$$D_{\text{dc min}}=2D_{\text{cc}}-D_{\text{b}} \tag{6-3-2}$$

式中 $D_{\text{dc min}}$——允许最小钻铤外径，mm；

D_{cc}——套管接箍外径，mm。

钻铤柱中最下一段钻铤（一般不少于一柱）的外径应不小于这一允许最小外径，才可保证套管的顺利下入。如果下部组合中安放稳定器，则可采用外径较小的钻铤。在设计选用钻柱尺寸时，根据各开次钻头直径可按表 6-3-1 选择钻铤或无磁钻铤。

表 6-3-1 钻头直径对应的推荐钻铤尺寸

井眼尺寸/mm(in)	下井套管尺寸/mm(in)	推荐钻铤范围 最小～最大/mm(in)	理想 API 钻铤尺寸/in
155.6(6⅛)	114.3(4½)	98.4～120.75(3.875～4.750)	4⅛,4¾
158.8(6¼)	114.3(4½)	120.7～123.8(3.750～4.875)	4⅛,4¾
171.5(6¾)	114.3(4½)	82.6～130.2(3.250～5.125)	3½,4⅛,4¾,5
200.0(7⅞)	114.3(4½)	54.0～158.8(2.125～6.250)	3⅛,3½,4⅛,5,6,6¼
200.0(7⅞)	139.7(5½)	107.3～158.8(4.225～6.250)	4¾,5,6,6¼
212.7(8⅜)	139.7(5½)	94.6～171.5(3.725～6.750)	4⅛,4¾,5,6,6½,6¼,6¾
212.7(8⅜)	168.3(6⅝)	162.7～171.5(6.405～6.750)	6½,6¾
215.9(8½)	168.3(6⅝)	159.5～171.5(6.280～6.750)	6½,6¾
215.9(8½)	177.8(7)	173.0～171.5(6.812～6.750)	6¾
222.3(8¾)	168.3(6⅝)	153.2～181.0(6.030～7.125)	6¼,6½,6¾,7
222.3(8¾)	177.8(7)	166.7～181.0(6.562～7.125)	6¾,7
241.3(9½)	177.8(7)	173.0～193.7(6.812～7.625)	6,6¼,6½,6¾,7,7¼
241.3(9½)	193.7(7⅝)	190.5～200.0(7.500～7.875)	7¾
250.8(9⅞)	177.8(7)	138.1～203.2(5.437～8.000)	6,6¼,6½,6¾,7,7¼,7¾,8
250.8(9⅞)	193.7(7⅝)	181.0～203.2(7.125～8.000)	7¼,7¾,8
269.9(10⅝)	193.7(7⅝)	161.9～215.9(6.375～8.500)	6½,6¾,7,7½,7¾,8,8½
269.9(10⅝)	219.1(8⅝)	219.1～215.9(8.625～8.500)	8¼
279.4(11)	219.1(8⅝)	209.6～225.4(8.250～8.875)	8¼
311.2(12¼)	244.5(9⅝)	228.6～257.2(9.000～10.125)	9,9½,9¾,10
311.2(12¼)	273.1(10¾)	285.8～257.2(11.250～10.125)	10
249.3(13¾)	273.1(10¾)	247.7～285.8(9.750～11.250)	9¾,10,11
374.7(14¾)	298.5(11¾)	273.1～304.8(10.750～12.000)	11,12
444.5(17½)	339.7(13⅜)	285.8～339.7(11.250～13.375)	12
508.0(20)	406.4(16)	355.6～374.7(14.000～14.750)	14
609.6(24)	473.1(18⅝)	393.7～425.5(15.500～16.750)	16
660.4(26)	508.0(20)	406.4～495.3(16.000～19.500)	16

采用复合钻铤结构时，合理控制钻铤柱相邻两段不同钻铤(外径、内径、材质)的抗弯刚度的比值(这一比值应小于2.5)，可以避免连接处的应力集中和破坏；通常相邻两段钻铤外径差值不宜超过25.4～38.1 mm。

按式(6-3-2)计算的最小钻铤尺寸常常过大，以致不能用常规尺寸的打捞工具，因而钻铤选择还应考虑与打捞筒及套铣工具的配合，配合尺寸关系见表6-3-2。

表 6-3-2　钻铤与套铣管、打捞筒的配合尺寸

钻头尺寸/mm(in)	打捞筒		套铣管		打捞和套铣落鱼最大外径/mm(in)
	尺寸/mm(in)	落鱼最大外径/mm(in)	尺寸/mm(in)	落鱼最大外径/mm(in)	
155.6(6⅛)	146.0(5¾)	130.2(5⅛)	139.7(5½)	120.6(4¾)	120.6(4¾)
155.8(6¼)	146.0(5¾)	130.2(5⅛)	146.0(5¾)	123.8(4⅞)	123.8(4⅞)
171.4(6¾)	161.9(6⅜)	133.4(5¼)	152.4(6)	130.2(5⅛)	130.2(5⅛)
200.0(7⅞)	187.3(7⅜)	155.8(6¼)	187.3(7⅜)	165.1(6½)	158.8(6¼)
212.7(8⅜)	200.0(7⅞)	171.4(6¾)	193.7(7⅝)	171.4(6¾)	171.4(6¾)
215.9(8½)	203.2(8)	174.6(6⅞)	193.7(7⅝)	171.4(6¾)	171.4(6¾)
222.2(8¾)	209.6(8¼)	181.0(7⅛)	206.4(6⅛)	181.0(7⅛)	181.0(7⅛)
241.3(9½)	228.6(9)	200.0(7⅞)	228.6(9)	203.2(8)	200.0(7⅞)
250.8(9⅝)	231.8(9¼)	203.2(8)	228.6(9)	203.2(8)	203.2(8)
269.9(10⅝)	246.6(9¾)	219.1(8⅜)	244.5(9⅝)	215.9(8½)	215.9(8½)
279.4(11)	266.7(10½)	225.4(8⅞)	273.1(10¾)	244.5(9⅝)	225.4(8⅞)
311.2(12¼)	298.4(11¾)	257.2(10⅛)	298.4(11¾)	266.7(10½)	257.2(10⅛)
349.2(13¾)	323.8(12¾)	285.8(11¼)	323.8(12¾)	292.1(11½)	285.8(11¼)
374.6(14¾)	349.2(13¾)	304.8(12)	339.7(13⅜)	304.8(12)	304.8(12)
444.5(17½)	384.2(15⅛)	339.7(13⅜)	406.4(16)	368.3(14½)	339.7(13⅜)
508.0(20)	425.4(16¾)	374.6(14¾)	473.1(18⅝)	441.3(17⅜)	374.6(14¾)
609.6(24)	514.3(20¼)	425.4(16¾)	533.4(21)	495.3(19½)	425.4(16¾)
660.4(26)	628.6(24¾)	558.8(22)	533.4(21)	495.3(19½)	495.3(19½)

2. 钻铤长度确定

根据钻铤的重量并考虑钻铤尺寸选择的有关因素，确定各段钻铤的长度和钻铤柱的总长度。设计钻铤长度时应保证“中和点”始终处于钻铤柱上，确保最大钻压时钻杆不受压缩载荷。所需钻铤的重量由下式计算：

$$W_{dc}=\frac{WOB}{K_b(1-S_f)} \tag{6-3-3}$$

式中　W_{dc}——钻铤在空气中的重量(中和点以下钻铤的重量)，kN；

WOB——设计的最大钻压，kN；

S_f——安全系数，合理取值范围为10%～20%；

K_b——浮力系数，$K_b=1-\frac{\rho_m}{\rho_s}$；

ρ_m——钻井液密度，g/cm^3；

ρ_s——钻铤密度，g/cm³。

斜井按下式确定所需钻铤的重量：

$$W_{dc}=\frac{WOB}{K_b(1-S_f)\cos\alpha} \tag{6-3-4}$$

式中 α——井斜角，(°)。

选用钻铤长度如下：

$$L_c=\frac{W_{dc}}{q_c} \tag{6-3-5}$$

式中 L_c——钻铤长度，m；

q_c——单位长度钻铤在空气中的重量，kN/m。

三、钻杆柱设计与计算

1. 钻杆柱拉伸强度

钻杆柱的设计主要考虑钻柱本身重量的拉伸载荷，并采用一定的设计系数来考虑起下钻时的动载或其他力的作用。对一些特殊作业，有时需进行抗挤或抗内压强度的校核。在以抗拉伸计算为主的钻杆柱强度设计中，主要考虑由钻杆柱浮重引起的静拉载荷，其他载荷(如动载、摩擦力、卡瓦挤压力的影响及解卡上提力等)通过附加一定的设计系数来考虑。

1) 钻杆柱强度设计

钻杆柱任一截面上的静拉伸载荷应满足以下条件：

$$F_t=\left(1-\frac{\rho_m}{\rho_s}\right)\times(q_pL_p+q_cL_c)-WOB\leqslant F_a \tag{6-3-6}$$

式中 F_t——钻杆柱截面上的静拉伸载荷，kN；

F_a——钻杆柱的最大安全静拉力，kN；

ρ_m——钻井液密度，g/cm³；

ρ_s——钻柱钢材密度，g/cm³；

q_p，q_c——分别为钻杆、钻铤线重，kN/m；

L_c——钻铤柱长度，m；

L_p——截面以下钻杆长度，m。

钻杆柱所能承受的最大安全静拉力的大小取决于钻杆材料的屈服强度、钻杆尺寸以及钻杆柱的实际工作条件。

起下钻时，作用在钻杆柱上的轴向力除钻柱的浮重外，还有井壁及钻井液对钻柱的摩擦力和提升或下放速度变化产生的动载。

摩擦力的大小与钻井液性能、井壁岩石性质、钻柱结构、井眼深度及井身结构等因素有关，现场可根据如下经验公式参考计算：

$$F_f=(0.2\sim0.3)F_t \tag{6-3-7}$$

式中 F_f——钻柱摩擦力，kN。

动载与起下钻操纵状况及提升时加速、下放时减速情况有关：

$$F_d = \frac{v}{gt} F_t \tag{6-3-8}$$

式中　F_d——提升加速或下放减速产生的动载，kN；

v——大钩提升或下放速度，m/s；

t——加速或减速持续的时间，s；

g——重力加速度，m/s^2。

上述钻柱轴向力计算针对的是直井，在倾斜或弯曲井眼中，钻柱自重计算、钻井液柱压力的影响以及摩擦力的确定等是比较复杂的。

（1）钻杆在屈服强度下的抗拉力 F_y。

$$F_y = 0.1\sigma_y A_p \tag{6-3-9}$$

式中　σ_y——钻杆钢材的最小屈服强度，MPa；

A_p——钻杆的横截面积，cm^2；

F_y——最小屈服强度下的抗拉力，kN。

钻杆所承受的拉伸载荷必须小于钻杆材料屈服强度下的抗拉力 F_a。

（2）钻杆的最大允许拉伸力 F_p。当钻杆所受拉伸载荷达到 F_y 时，材料将发生屈服而产生轻微的永久伸长。为了避免这种情况的发生，一般取 F_y 的 90%作为钻杆的最大允许拉伸力 F_p，即

$$F_p = 0.9F_y \tag{6-3-10}$$

式中　F_p——钻杆的最大允许拉伸力，kN。

（3）钻杆的最大安全静拉力 F_a。最大安全静拉力是指允许钻杆所承受的由钻柱重力（浮重）引起的最大载荷。考虑到其他一些拉伸载荷，如起下钻时的动载及摩擦力、解卡上提力及卡瓦挤压的作用等，钻杆的最大安全静拉力必须小于其最大允许拉伸力，以确保安全。用于确定钻杆的最大安全静拉力的方法主要有：安全系数设计法、卡瓦挤毁条件法和拉力余量设计法。

① 安全系数设计法。考虑起下钻时的动载及摩擦力，一般取一个安全系数 S_t，以保证钻柱的工作安全，即

$$F_a = \frac{F_p}{S_t} \tag{6-3-11}$$

式中　S_t——安全系数，一般取 1.30。

② 卡瓦挤毁条件法。对于深井钻柱来说，由于钻柱重力大，当它坐于卡瓦中时，将受到很大的箍紧力，卡瓦挤压作用下钻柱抗拉强度降低。当合成应力（大于纯拉伸应力）接近或达到材料的最小屈服强度时，就会导致卡瓦挤毁钻杆。为了防止钻杆被卡瓦挤毁，要求钻杆的屈服强度与拉伸应力的比值不能小于一定数值，可根据钻杆抗挤毁条件由下式确定：

$$\frac{\sigma_y}{\sigma_t} = \left[1 + \frac{d_p K_S}{2L_S} + \left(\frac{d_p K_S}{2L_S}\right)^2\right]^{\frac{1}{2}} \tag{6-3-12}$$

式中　σ_y——钻杆材料的屈服强度，MPa；

σ_t——由悬挂在吊卡下面钻柱重力引起的拉应力，MPa；

d_p——钻杆外径，cm；

K_S——卡瓦的侧压系数，$K_S=\dfrac{1}{\tan(\alpha+\varphi)}$；

L_S——卡瓦长度，cm；

α——卡瓦锥角，一般为 9°27′45″；

φ——摩擦角，$\varphi=\arctan\mu$；

μ——摩擦系数，一般取 0.08。

这里将 K_S 值和$\dfrac{\sigma_y}{\sigma_t}$值计算结果列于表 6-3-3，设计时可直接查表。

表 6-3-3　防止卡瓦挤毁钻杆的 σ_y/σ_t 值

卡瓦长度/mm	摩擦系数 μ	卡瓦的侧压系数 K_S	钻杆尺寸/mm						
			60.3	73.0	88.9	104.6	108.0	127.0	139.7
			最小比值 σ_y/σ_t						
304.8	0.06	4.35	1.27	1.34	1.43	1.50	1.58	1.66	1.73
	0.08	4.00	1.25	1.31	1.39	1.45	1.52	1.59	1.66
	0.10	3.68	1.22	1.28	1.35	1.41	1.47	1.54	1.60
	0.12	3.42	1 621	1.26	1.32	1.38	1 643	1.49	1.55
	0.14	3.18	1.19	1.24	1.30	1.34	1.40	1.45	1.50
406.4	0.06	4.36	1.20	1.24	1.30	1.36	1.41	1.47	1.52
	0.08	4.00	1.18	1.22	1.28	1.32	1.37	1.42	1.47
	0.10	3.68	1.16	1.20	1.25	1.29	1.34	1.38	1.43
	0.12	3.42	1.15	1.18	1.23	1.27	1.31	1.35	1.39
	0.14	3.18	1.14	1.17	1.21	1.25	1.28	1.32	1.365

注：摩擦系数 0.08 用于正常润滑的情况。

考虑卡瓦挤压的影响，要限制钻杆的拉伸载荷，使屈服强度 σ_y 与拉伸应力 σ_t 的比值不能小于表 6-3-3 中的数值，并以此值作为设计系数，确定钻杆的最大安全静拉力，即

$$F_a=F_p\left(\frac{\sigma_y}{\sigma_t}\right)^{-1} \tag{6-3-13}$$

③ 拉力余量设计法。考虑钻柱被卡时的上提解卡力，钻柱的最大允许静拉力应小于其最大安全拉伸力一个合适的数值，并以它作为余量，称为拉力余量（记为 MOP），以确保钻柱不被拉断。

$$F_a=F_p-MOP \tag{6-3-14}$$

式中　MOP——拉力余量，一般取 200～500 kN。

在采用拉力余量法设计钻柱时，必须使钻柱每个断面上的拉力余量相同，这样在提拉钻柱时就不会因某个薄弱面影响和限制总的提拉载荷的大小。若用 F_y 代替 F_p，可得：

$$F_a=0.9\,\frac{F_y}{S_t} \tag{6-3-15}$$

$$F_a=0.9\,\frac{F_y}{\sigma_y/\sigma_t} \tag{6-3-16}$$

$$F_a = 0.9F_y - MOP \tag{6-3-17}$$

一般地，在钻杆柱设计中，钻杆的最大安全静拉力取决于安全系数、σ_y/σ_t 值和拉力余量三个因素。可分别用式(6-3-15)、式(6-3-16)及式(6-3-17)计算 F_a，然后从三者中取最小者作为最大安全静拉力，据此计算钻杆柱的最大允许长度。

2. 钻杆柱长度的确定

(1) 单一钻杆柱长度设计。对于相同尺寸、壁厚和钢级的钻杆柱，可以通过最大安全静拉力 F_a 的计算来求取该钻杆柱的最大允许长度 L，即

$$F_a = (Lq_p + L_c q_c)K_b \tag{6-3-18}$$

因此，最大允许长度为：

$$L = \frac{\dfrac{F_a}{K_b} - L_c q_c}{q_p} \tag{6-3-19}$$

式中 F_a——钻杆柱的最大安全静拉力，kN；

L——钻杆柱的最大允许长度，m；

q_p——单位长度钻杆在空气中的重量，kN/m；

L_c——钻铤柱长度，m；

K_b——浮力系数；

q_c——单位长度钻铤在空气中的重量，kN/m。

如果最大允许长度 L 满足不了设计井深的要求，则重新选择更高一级的钻杆进行计算，直到满足要求为止。

(2) 复合钻杆柱长度设计。在深井和超深井钻井中，经常采用复合钻杆柱，即采用不同尺寸(上大下小)或不同壁厚(上厚下薄)或不同钢级(上高下低)的钻杆组成的钻杆柱。这种复合钻杆柱和单一钻杆柱相比具有很多优点，它既能满足强度要求，又能减轻钻柱的重力，允许在一定钻机负荷能力下钻达更大的井深；如果再采用高强度钻杆或铝合金钻杆，还可以进一步提高钻柱的许可下入深度和钻机的钻井深度。

设计复合钻杆柱时，应自下而上逐段确定各段钻杆的最大长度。承载能力最低的钻杆应置于钻铤之上，承载能力较强的钻杆应置于较弱钻杆之上。自钻铤上面第一段钻杆起，各段钻杆的最大长度按下列公式计算：

$$L_1 = \frac{F_{a1}}{q_{p1}K_b} - \frac{q_c L_c}{q_{p1}} \tag{6-3-20}$$

$$L_2 = \frac{F_{a2}}{q_{p2}K_b} - \frac{q_c L_c + q_{p1}L_1}{q_{p2}} \tag{6-3-21}$$

$$L_3 = \frac{F_{a3}}{q_{p3}K_b} - \frac{q_c L_c + q_{p1}L_1 + q_{p2}L_2}{q_{p3}} \tag{6-3-22}$$

$$L_4 = \frac{F_{a4}}{q_{p4}K_b} - \frac{q_c L_c + q_{p1}L_1 + q_{p2}L_2 + q_{p3}L_3}{q_{p4}} \tag{6-3-23}$$

式中 L_1, L_2, L_3, L_4——钻铤上面第一、第二、第三、第四段钻杆的最大允许长度，m；

$F_{a1}, F_{a2}, F_{a3}, F_{a4}$——相应各段钻杆的最大安全静拉力，kN；

$q_{p1}, q_{p2}, q_{p3}, q_{p4}$——相应各段单位长度钻杆在空气中的重量，kN/m。

如果各段钻杆的实际长度不等于理论计算长度，则应把实际的 L_1 代入式(6-3-21)计算 L_2，把实际的 L_2 代入式(6-3-22)计算 L_3，把实际的 L_3 代入式(6-3-23)计算 L_4。

3. 抗挤强度计算

在钻杆测试作业中钻柱会承受很大的外挤力。此外，下入带止回阀的钻柱或钻头喷嘴被堵塞时，若未向钻柱内灌钻井液，也会产生较大的外挤力，由于这些原因造成钻杆挤毁的情况并不少见。因此，为了避免钻杆管体被挤毁，要求钻杆柱某部位所受最大外挤压力应小于该处钻杆的最小抗挤强度。为安全起见，一般以一个适当的安全系数去除钻杆的最小抗挤强度作为其许用抗挤强度，即

$$p_{ca} = p/S_t \tag{6-3-24}$$

式中 p_{ca}——钻杆许用抗挤强度，MPa；

p——钻杆的最小抗挤强度，MPa；

S_t——安全系数，一般应不小于 1.125。

有轴向应力时，钻柱的抗挤强度降低，根据双轴应力椭圆得到有轴向应力时的抗挤强度为：

$$p_{cc} = kp_c \tag{6-3-25}$$

$$k = 1.03 - 0.74 \times \frac{F_t}{F_y} \tag{6-3-26}$$

式中 k——抗挤强度降低系数，$k \leqslant 1$；

p_{cc}——有轴向应力时的抗挤强度，MPa；

p_c——无轴向应力时的抗挤强度，MPa；

F_t——钻柱轴向拉力，kN；

F_y——钻杆屈服时的轴向载荷，kN。

此时的抗挤强度条件为：

$$p_{ca} \leqslant p_{cc}/S_t \tag{6-3-27}$$

钻杆中途测试时，通常在钻柱底部安装一封隔器，用于封隔下部地层和管外环空，钻杆将承受很大的外挤力。拔封隔器时钻柱要受拉，则根据第三强度准则计算的抗外挤强度条件为：

$$\sqrt{\sigma_t^2 + \left(\frac{2}{1-\lambda^2}\right)^2 p_h^2 + \left(\frac{2}{1-\lambda^2}\right)\sigma_t p_h} \leqslant \frac{\sigma_y}{S_t} \tag{6-3-28}$$

$$\lambda = D_i/D_o \tag{6-3-29}$$

式中 σ_t——封隔器处钻柱的拉应力，MPa；

D_i, D_o——封隔器处钻柱的内、外径，mm；

p_h——封隔器处的静液压力，MPa；

λ——封隔器处钻柱的内外径之比。

4. 抗扭强度计算

在钻斜井、深井、扩眼和处理卡钻事故时，钻杆受到的扭矩很大，抗扭强度计算显得极其

重要。钻井过程中钻杆承受的实际扭矩的准确计算比较困难,可用下式近似估算:

$$T = 9.67\frac{P}{n} \tag{6-3-30}$$

式中 T——钻杆承受的扭矩,kN·m;

P——钻柱旋转所需功率,kW;

n——转速,r/min。

一般情况下,加于钻杆上的扭矩不允许超过钻杆接头的紧扣扭矩。推荐的钻杆接头紧扣扭矩在 API RP 7G 标准中已有规定。接头的紧扣扭矩为:

$$T_a = \frac{SA}{12}\left(\frac{e}{12\pi} + \frac{R_t f}{\cos\theta} + R_s f\right) \tag{6-3-31}$$

$$R_t = \frac{C + \left[C - \frac{1}{12}(L_{pc} - 0.625) \times t_{pr}\right]}{4} \tag{6-3-32}$$

$$R_s = \frac{1}{4}(OD + Q_c) \tag{6-3-33}$$

$$A_b = \frac{\pi}{4}\left[OD^2 - (Q_c - E)^2\right] \tag{6-3-34}$$

$$E = \frac{1}{32}t_{pr} \tag{6-3-35}$$

$$A_p = \begin{cases} \frac{\pi}{4}\left[(C-B)^2 - ID^2\right] & \text{无应力槽} \\ \frac{\pi}{4}(D_{RG}^2 - ID^2) & \text{有应力槽} \end{cases} \tag{6-3-36}$$

$$B = 2\left(\frac{H}{2} - S_{rs}\right) + t_{pr} \times \frac{1}{8} \times \frac{1}{12} \tag{6-3-37}$$

式中 T_a——接头紧扣扭矩,lbf·ft;

S——推荐紧扣应力,psi;

A——A_p 和 A_b 中的较小值,in^2;

A_p——公扣横截面积,in^2;

A_b——母扣横截面积,in^2;

e——螺距,in;

f——配合面、螺纹及台肩处的摩擦系数;

θ——牙形角的一半,(°);

L_{pc}——公扣长度,in;

t_{pr}——锥度,in/ft;

H——未削平的螺纹高度,in;

S_{rs}——根部切削量,in;

C——螺纹中径,in;

D_{RG}——应力槽的外径,in;

ID——接头内径,in;

OD——接头外径，in；

Q_c——母扣镗孔内径，in。

钻杆接头的紧扣扭矩是防止钻杆接头损坏的唯一最主要的因素。现场操作过程中，应严格按照钻杆生产商推荐的扭矩紧扣。若紧扣扭矩过小，在轴向载荷的作用下接头台肩易发生分离，容易导致脱扣；若紧扣扭矩过大，则会在接头丝扣处产生很高的轴向载荷，造成丝扣变形、折断，公接头伸长、剪断，母接头胀大、胀裂等钻具事故。

5. 拉扭综合强度计算

钻进以及遇卡钻柱解卡过程中，钻柱受到扭矩与轴向载荷的共同作用。对扭矩与轴向载荷共同作用时的钻杆强度校核分为两个部分：钻杆本体和接头。在钻杆强度校核方法的基础上，对组成钻柱的每种钻杆进行校核，使钻柱的每一组成部分都处在安全范围内。根据第三强度理论，在拉扭复合载荷下钻杆本体的最大允许上提拉力为：

$$p_Q = A\sqrt{Y_m^2 - \left(\frac{Q_t D_o}{0.096\,167J}\right)^2} \tag{6-3-38}$$

$$J = \frac{\pi}{32}(D_o^4 - D_i^4) \tag{6-3-39}$$

式中 p_Q——最大允许上提拉力，lb；

Q_t——施加的扭矩，lb·ft；

A——钻杆横截面积，in^2；

Y_m——材料的最小屈服强度，psi；

D_o——钻杆外径，in；

J——极惯性矩，in^4；

D_i——钻杆内径，in。

拉力与扭矩共同作用下钻杆接头不同屈服条件的计算公式为：

$$T_y = \frac{Y_m A}{12}\left(\frac{e}{2\pi} + \frac{R_t f}{\cos\theta} + R_s f\right) \tag{6-3-40}$$

$$p_1 = Y_m A_p \tag{6-3-41}$$

$$p_o = \frac{12(A_b + A_p)T_a}{A_b\left(\frac{e}{2\pi} + \frac{R_t f}{\cos\theta} + R_s f\right)} \tag{6-3-42}$$

$$p_{T4T2} = (A_b + A_p)\left[Y_m - \frac{12T_a}{A_p\left(\frac{e}{2\pi} + \frac{R_t f}{\cos\theta} + R_s f\right)}\right] \tag{6-3-43}$$

$$p_{T3T2} = \frac{Y_m A_p\left(\frac{e}{2\pi} + \frac{R_t f}{\cos\theta} + R_s f\right) - 12T_{DH}}{R_s f} \tag{6-3-44}$$

$$T_1 = \frac{Y_m}{12}\left[A_b\left(\frac{e}{2\pi} + \frac{R_t f}{\cos\theta} + R_s f\right)\right] \tag{6-3-45}$$

$$T_2 = \frac{Y_m}{12}\left[A_p\left(\frac{e}{2\pi} + \frac{R_t f}{\cos\theta} + R_s f\right)\right] \tag{6-3-46}$$

$$T_3=\frac{Y_m}{12}\left[A_p\left(\frac{e}{2\pi}+\frac{R_t f}{\cos\theta}\right)\right] \tag{6-3-47}$$

$$T_4=\frac{Y_m}{12}\left[\left(\frac{A_p A_b}{A_p+A_b}\right)\left(\frac{e}{2\pi}+\frac{R_t f}{\cos\theta}+R_s f\right)\right] \tag{6-3-48}$$

式中 T_y——钻杆接头的屈服扭矩,lbf·ft;

p_1——距紧扣台肩⅝ in 处公接头的屈服强度,lbf;

p_o——施加紧扣扭矩后使钻杆台肩分离所需要的拉力,lbf;

p_{T4T2}——施加紧扣扭矩后,使公接头屈服所需要的拉力,lbf;

p_{T3T2}——施加某一扭矩后,使公接头屈服所需要的拉力,lbf;

T_{DH}——施加的井下扭矩,lbf·ft;

T_1——母接头的扭转强度,lbf·ft;

T_2——公接头的扭转强度,lbf·ft;

T_3——公接头在屈服拉力 p_1 下发生台肩分离后所需的附加紧扣扭矩,lbf·ft;

T_4——在拉力作用下公接头和台肩同时产生屈服时的紧扣扭矩,lbf·ft。

API RP 7G 标准给出了各种尺寸、钢级及不同级别钻杆的抗扭强度数据,上述参数的取值可在标准中查得或由钻杆生产商提供。

第四节 防斜打直钻井工具

一、井斜主要影响因素

明确井斜发生的原因是采取相应措施进行井斜控制、提高井眼质量的前提。钻井实践表明,造成井斜的原因有很多种,包括所钻遇地层的性质、钻具组合结构、钻进技术措施和钻进参数的选择、现场操作等。归纳起来主要可以分为三类:一是地质因素,二是钻具组合及钻井参数,三是现场工艺因素。

1. 地质因素

影响井斜的主要地质因素包括各向异性、地层产状、岩性软硬交替以及断层等。其中,起主要作用的是地层各向异性和地层产状(如层状结构、地层倾角等)。

1) 地层各向异性的影响

由于岩层的成层状况、层理、节理、纹理以及岩石的成分、结构、胶结物、颗粒大小等因素导致岩层在不同方向上的强度、硬度以及可钻性等岩石力学性质有所不同,这种差异称为地层的各向异性。大量钻井实践表明,在具有明显层理的地层中钻进时,垂直于地层层面方向岩石的可钻性好,岩石破碎容易;平行于地层层面方向岩石的可钻性差,岩石破碎困难;钻头趋向于沿着破碎阻力最小的方向,即垂直于地层层面的方向钻进,使得钻头钻进向地层法线方向靠近。

2) 地层产状对井斜的影响

泥页岩、砂岩等沉积岩地层经过地壳运动,地层产状由最初沉积时的水平状态变为不同程度的倾斜状态。由于钻井的各向异性指数和地层倾角的影响，钻头所受的阻力在各个方向上是不均匀的，地层下倾方向的阻力大于上倾方向的阻力，使钻头向上倾方向倾斜，这就是井斜产生的主要原因。现场实践表明，地层倾角小于45°时，井眼向地层上倾方向发生偏斜；地层倾角超过60°时，井眼将顺着地层面下滑发生偏斜；地层倾角在45°～60°之间是不稳定区。根据地层倾角大小及其对井斜的影响程度，将地层造斜性划分成几个级别，见表6-4-1。

表 6-4-1　地层造斜性级别定性划分表

地层倾角/(°)	地层造斜性	对井斜和钻速的影响
0～10	低	不易井斜，可施加大钻压提高钻速
10～30	中　等	较容易井斜，适当控制钻压，井斜可控制
>30	高	极易井斜，严格控制钻压，井斜也逐渐增大，对钻速影响较大

3）地层岩性软硬交替变化的影响

当钻遇软硬地层交界时，钻头不同位置受力不同，导致钻头不同部位吃入地层多少不同，从而使井眼偏离原轴线，发生井斜。当钻头从软地层进入硬地层时，首先进入硬地层的一侧机械钻速低，吃入地层相对较少，从而使井眼向地层上倾方向倾斜，见图6-4-1(a)。

当钻头由硬地层进入软地层时，开始时在软地层一侧吃入多，而在硬地层一侧吃入少，井眼有向地层下倾方向倾斜的趋势；但当钻头快钻出硬地层时，此处岩石不能再支承钻头的重负荷，岩石将沿着垂直于层面方向发生破碎，在硬地层一侧留下一个台肩，迫使钻头回到地层上倾方向，见图6-4-1(b)。

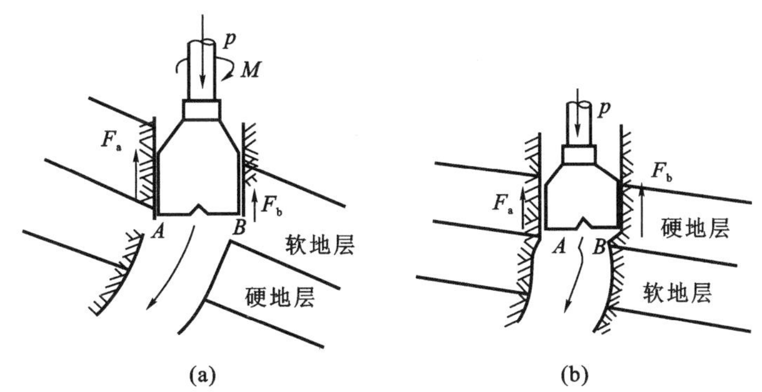

图 6-4-1　地层岩性软硬交替变化对井斜的影响

p—轴向作用力；M—钻头扭矩；F_a—硬地层对钻头的作用力；F_b—软地层对钻头的作用力

2. 钻具组合及钻井参数

钻进过程中，靠下部钻具的重量给钻头施加钻压。钻头在钻具弯曲的作用下发生倾斜并产生侧向力，对井底形成不对称切削，使井眼方向发生偏离造成井斜。理论研究和钻井实践证明，下部钻具组合自身特性(包括与井眼的间隙)及钻压决定了它的弯曲程度和对井斜的影响程度，具体有以下两点：

(1) 钻压增大，钻具弯曲，钻头倾角随之加大，钻具与井壁切点以下的钻铤重量减小，钟摆力降低，不利于控制井斜。

(2) 当钻头和井眼直径一定时，钻铤直径越小，钻铤与井眼的间隙越大，钻具弯曲造成的钻头倾角也越大，越容易发生井斜。钻压相同时，使用刚度较大的钻铤不易发生弯曲，且钻具切点位置较高，因而钻头倾角小，有利于控制井斜。因此，在选择钻具组合时，应该尽可能选择直径、刚度较大的钻铤。

3. 其他井斜影响因素

主要是人为因素的影响，在实际施工中应尽量避免：

(1) 井架安装质量不符合标准，造成天车、转盘、井口不在一条铅垂线上，或者转盘面不水平，使得钻具入井就发生倾斜或弯曲，导致钻头斜向一边，开钻就造成井斜。

(2) 井径扩大也是导致井斜的一个重要原因。井眼扩大后，增加了钻具与井眼之间的间隙，并使钻头可以在井眼内左右移动，从而加剧了钻具受压后的弯曲程度，更容易造成井斜。

二、常用防斜钻具组合

1. 钟摆钻具组合

钟摆钻具组合的纠斜原理是：利用井筒内钻具切点以下钻铤重量的横向分力使钻头压向下井壁，达到逐渐减小井斜的效果。这个横向分力(即钟摆力)可以抵抗地层造斜力和钻具弯曲引起的偏斜力。切点以下的钻铤段越长、单位长度越重、井斜角越大，钟摆力也越大。

钟摆钻具适于纠斜而不是防斜。常见的钟摆钻具组合包括光钻铤组合、单稳定器组合、双稳定器组合。根据近钻头稳定器到钻头的距离大小又可分为小钟摆、中钟摆和大钟摆组合。

1) 单稳定器钟摆钻具组合

单稳定器钟摆钻具组合的结构示意图见图 6-4-2。

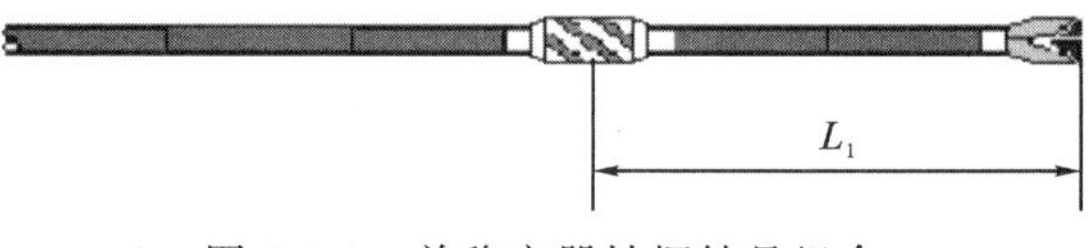

图 6-4-2　单稳定器钟摆钻具组合

对单稳定器钟摆钻具组合来说，决定其井斜控制效果的关键结构参数有两个：一是稳定器外径，二是稳定器距离钻头的距离(见图 6-4-2 中的 L_1)。一般情况下，稳定器外径越接近井径，对于钟摆钻具组合的降斜能力的发挥越好。

当稳定器外径一定时，单稳定器钟摆钻具组合的降斜力将随着 L_1 的增加呈增长趋势(在一定范围内)。合理的 L_1 取值与井眼尺寸密切相关。同时，L_1 的取值必须考虑动力学效应，当 L_1 较大时，转速增加虽然不会明显影响降斜力的大小，但会影响钻具组合的动态安全性。常见的 L_1 取值见表 6-4-2。

表 6-4-2　单稳定器钟摆钻具组合稳定器位置推荐

井眼尺寸/mm	L_1/m
444.5	18～36
311.2	18～27
215.9	18

2）双稳定器钟摆钻具组合

对双稳定器钟摆钻具组合来说，决定其井斜控制效果的关键结构参数有两个：一是稳定器外径的配合，二是近钻头稳定器距离钻头的距离（见图 6-4-3 中的 L_1）。一般情况下，两个稳定器之间的距离（见图 6-4-3 中的 L_2）取单根钻铤长度。上稳定器外径尽可能接近井径，而近钻头稳定器的外径可略小于上稳定器。双稳定器钟摆钻具组合的结构见图 6-4-3。

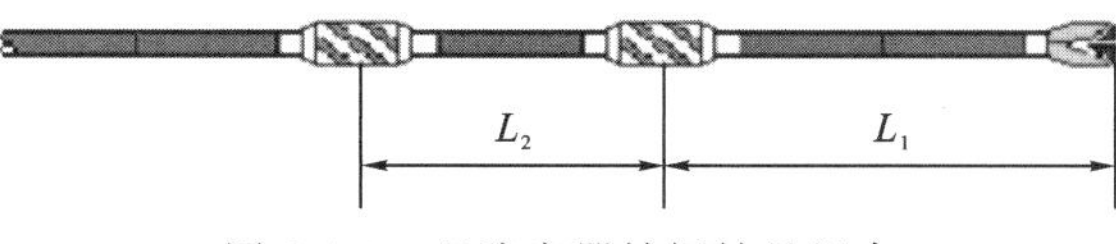

图 6-4-3　双稳定器钟摆钻具组合

当稳定器外径一定时，双稳定器钟摆钻具组合的降斜力随着 L_1 的变化规律（在一定范围内）与单稳定器钟摆钻具组合基本一致。同样，虽然 L_1 的有效增大能够增加降斜力，但可能影响钻具组合的动态安全性。常见的 L_1 取值见表 6-4-2。

2. 满眼钻具组合

满眼钻具组合防斜理论认为：钻头沿其轴线方向或趋于轴线方向钻进，钻铤弯曲变形和钻头横向位移造成的钻头偏斜是引起井斜变化的主要原因。在钻头之上适当位置处安放两个或多个与井眼直径相近的稳定器，能够达到减小钻铤弯曲变形并限制钻头横向位移、防止井斜增大的效果。使用满眼钻具组合时，井斜通常呈稳定或缓慢上升的趋势。该钻具组合主要适用于井斜不严重的情况，并可以采用较大的钻压。满眼钻具组合一般采用三稳定器组合，见图 6-4-4。

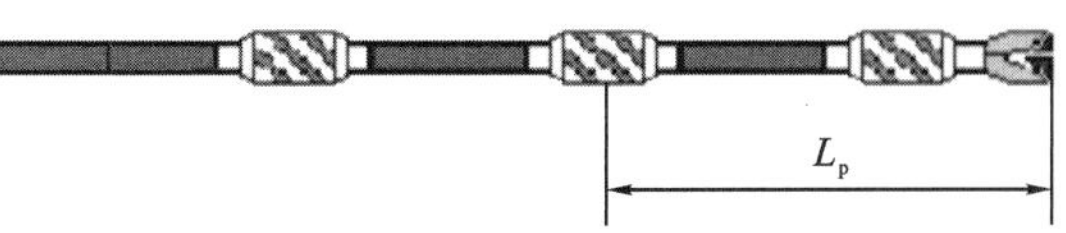

图 6-4-4　三稳定器满眼钻具组合

满眼钻具组合的防斜原理在于尽可能减小钻具横向变形和钻头偏转，因此，稳定器的选择尽可能以全尺寸为好，井径扩大将会使稳定器失去有效支撑，导致满眼钻具组合失效。

稳定器的安放位置则以减小横向变形为出发点，其中近钻头稳定器应紧接钻头，为增强近钻头稳定器的效果，可增加近钻头稳定器的长度；上稳定器一般在距离中稳定器上部一根钻铤的位置；中稳定器的安放高度可以根据式（6-4-1）计算。

$$L_p = \sqrt[4]{\frac{16EI \cdot e}{q\sin\alpha}} \tag{6-4-1}$$

式中　L_p——中稳定器到钻头的距离，m；

EI——钻铤的抗弯刚度，kN·m²；

e——中稳定器与井眼的间隙值，m；

q——单位长度钻铤在钻井液中的重量，kN/m；

α——井斜角，(°)。

3. 动力钻具组合

井斜较大时，推荐动力钻具防斜打直技术：一种以防斜为主，另一种以纠斜为主。

1）以防斜为主的动力钻具组合

防斜动力钻具组合与常规钟摆钻具组合具有相同的机理，其特点是：在钻头上方直接连接动力钻具(一般为螺杆钻具),形成带动力钻具的钟摆钻具组合。使用井下动力钻具可以克服常规钟摆钻具组合钻压偏小而造成的钻头破碎地层岩石能力不足的缺点。鉴于井下动力钻具的高转速,一般宜采用 PDC 钻头或高速牙轮钻头与之匹配。钻具组合结构参数的选择与常规钟摆钻具组合基本一致。

2)以纠斜为主的动力钻具组合

对高陡构造且可钻性极差的地层而言,利用常规钟摆钻具组合或带井下动力钻具的钟摆钻具组合不但钻速低,而且井斜控制效果无法得到保证。此时,可转变观念,改用以纠斜为主的动力钻具组合,即利用带有预弯结构的井下动力钻具组合。对井眼轨迹进行连续跟踪,一旦井斜接近或超出设计要求,即可采用滑动方式进行纠斜作业。

4. 柔性钻具组合

钻杆柔性防斜钻具:第一稳定器以上添加一根刚性较小的钻具,也称为柔性钟摆钻具。这种钻具组合能够减小上部钻具的弯矩对钟摆钻具降斜效果的影响,较适合钻压较小的作业条件。

柔性接头防斜钻具:在钻头和第一稳定器间增加柔性接头,不传递弯矩。这种钻具组合在原理上有其合理的一面,但同样存在钟摆力有限、适合小钻压的缺点,而且安全性也是其最大的问题。

5. 偏轴钻具组合

偏轴钻具组合的作用原理是:钻具在井眼的限制下受到较大的钻压作用,形成以偏轴接头为中心的双向弯曲变形,把底部钻具组合的无规律涡动转变为稳定的公转回旋运动,以动态降斜力进行井斜控制。偏轴钻具组合能够提供大于常规钟摆钻具组合的降斜力,但其根本上仍属于钟摆钻具组合,因此降斜力有限。此外,这种钻具组合的运动特征比较复杂,对钻头的工作稳定性影响较大,并易造成钻铤偏磨。偏轴钻具组合由一个偏轴接头和若干根钻铤组成,见图6-4-5。

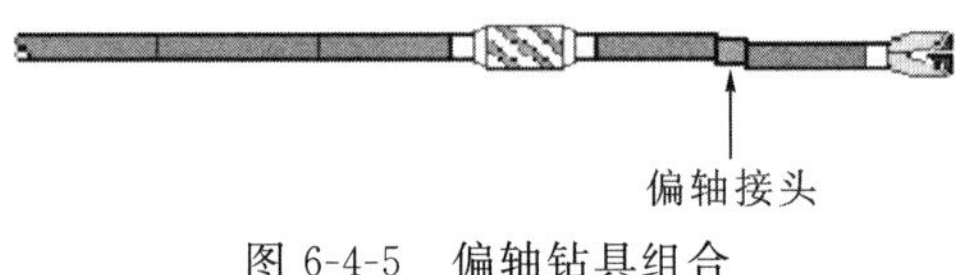

图 6-4-5　偏轴钻具组合

在偏轴钻具组合中,关键的设计参数有两个:一是偏轴距;二是偏轴接头的安放高度。当偏轴距达到一定值时,偏轴钻具组合才能起到有效作用。对不同尺寸井眼推荐的偏轴距取值见表6-4-3。偏轴接头安放位置过低,钻具振动剧烈,转动不平稳;位置过高,钻头对下井壁的侧向力大幅度降低。分析认为,偏轴接头的最佳安放高度在钻头之上一个钻铤位置处。

表 6-4-3　偏轴距推荐值

井眼尺寸/mm	偏轴距/mm
444.5 mm	60.5
311.2 mm	54
241.3 mm	35
215.9 mm	30

6. 偏心钻具防斜

图 6-4-6 偏心钻具组合

偏心钻具组合是在钟摆钻具的适当位置安放一个质量偏心短节(偏心质量块在一侧凸出)而形成的,见图 6-4-6。它的设计思想是使其在旋转过程中具有足够的离心力和较好的扶正作用,以改善钟摆钻具较大的钻头外侧倾角(即钻头轴线向增斜方向偏离)。

钻进过程中,当偏心质量块转至下井壁时,能够对钻柱起到一定的支撑作用,从而降低钻头外侧倾角,减小钻头对上井壁的切削;当偏心质量块转至上井壁时,钻柱在较大的离心力作用下能够尽量靠近上井壁,从而使钻头切削下井壁,降低井斜角。

三、自动垂直钻井系统

垂直钻井系统可以在钻具旋转的同时自动追踪地心引力,有效克服地层的自然造斜力,主动纠斜,使井眼轨迹垂直。垂直钻井系统能够提高机械钻速和钻井效率,减少划眼和起下钻时间,解放钻压,解决了钻速和防斜之间的矛盾,显著提高井身质量并降低钻井成本。主要的垂直钻井系统包括 VDS,Verti-Trak,PowerV,V-Pilot,ZBE 等。

1. VDS 垂直钻井系统

VDS 垂直钻井系统主要组成部分包括:钻井液脉冲阀——把井下的信息传递到地面;传感器及控制器——测量及决定工具的导向方向;液压导向系统——产生降斜力,纠正井斜。

VDS 导向套中沿圆周四个方向上均匀布置有四副导向活塞及活塞缸,导向活塞位于对中活塞的下部,所有活塞的压力都由中心轴内的钻井液提供。通过导向棱块向外伸出、压紧井壁以产生导向力,一个不旋转的导向套紧挨着钻头,有一中轴通过导向套的中间,把钻头与旋转的钻杆连接起来,带动钻头旋转钻进。

导向棱块由四个活塞驱动,活塞由液压阀控制。井斜由双轴加速度计测量,测量的数据随时反馈到微处理器中,微处理器经过计算判断,发出命令控制液压阀,进而控制棱块的伸缩。同时微处理器还发出一组信息,控制钻井液脉冲阀把井斜角及棱块的位置等参数传送到地面,系统的电力由一组电池供应。四个导向活塞内的压力可以独立进行控制。如果井眼偏离垂直方向,井下微处理器将 1～2 个控制阀关闭,使相应的导向活塞失去压力,这样导向活塞就会在旋转中轴产生一合力,然后通过中轴在钻头上形成一侧向力,使井眼轨迹回到垂直方向。VDS 系统的导向结构见图 6-4-7。

2. Verti-Trak 垂直钻井系统

1) Verti-Trak 系统的组成

Verti-Trak 闭环自动垂直钻井系统是在 VDS 和 SDD 的基础上研制成功的,主要由 MWD 系统、高性能马达以及肋板三部分组成,综合了闭环导向系统、高性能马达及 MWD 技术。Verti-Trak 系统由井斜传感器、控制电路、涡轮发电机、脉冲发生器以及液压控制系统组成,系统结构示意图见图 6-4-8。

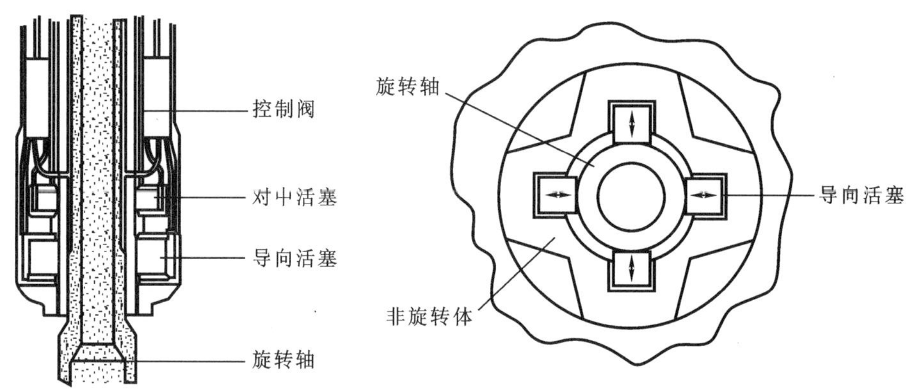

图 6-4-7　VDS 系统导向结构示意图

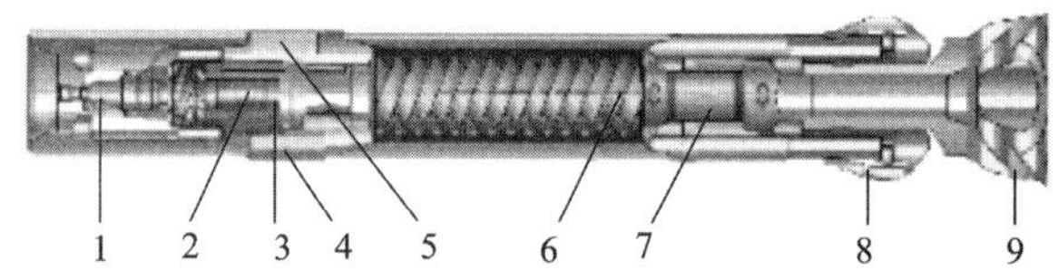

图 6-4-8　Verti-Trak 垂直钻井系统结构示意图

1—脉冲发生器；2—涡轮发电机；3—油泵；4—液压装置；5—井下电子包/井斜传感器；6—高性能马达；7—柔性轴；8—伸缩块；9—钻头

涡轮发电机给整个系统供电，并同时启动液压泵；MWD 通过重力加速计监测井眼的偏斜；液压控制系统通过控制阀将液压传递到合适的 1～2 个肋板上，使其在井壁上产生一个反作用力，从而使井眼回到垂直方向。MWD 传输的数据反映井斜、温度、液压力、交流电压以及肋板的工作状态，肋板相当于马达上的稳定器。

2）Verti-Trak 系统的工作原理

Verti-Trak 工作模式有两种：① 导向工作模式，有一个或两个肋板在液压的作用下伸出；② 划眼/非导向钻进工作模式，三个肋板全部收回。两种工作模式可以很方便地通过开、停泵后的排量控制来进行设定。

钻进时，当重力传感器 MWD(距离钻头 10 m)检测到有井斜趋势时，启动液压部件，通过 1～2 个肋板向井壁施加一个 3 t 左右的反作用力，以对抗这一趋势，使井眼回到垂直方向，实现纠斜，同时 MWD 实时传送井斜角数据到地面以便跟踪和监测。当井眼完全垂直时，三个肋板全部收回，对井壁施加相同的力，将钻头始终保持居中，使井眼按垂直方向钻进。这一过程自动完成，不需要人为干预。通过选择欠尺寸稳定器在钻具组合中的位置及稳定器外径的大小，可以对预期降斜率的大小进行设定。在钻进时通过调整钻压、排量等技术参数也可以对降斜率做适当的微调。

Verti-Trak 系统能应用于高倾角地层、断层及破碎地层，能够减少钻具的旋转次数，减轻钻具和套管的磨损。同时，因钻具所受扭矩小，也能减轻钻具的疲劳损伤，减少钻具事故；双向通信功能可以适时了解近钻头处的井身质量控制效果和工具工作状况，有利于及时发现和处理井下出现的问题；对井斜的控制基本不受钻井参数和地层造斜趋势的影响，能有效减少井眼扭曲、狗腿和台阶，钻出的井眼更加规则；机械钻速大大提高，可为测井和固井提供良好的井眼条件。

3) 主要产品系列和性能参数

Verti-Trak 系统的产品系列及其性能参数见表 6-4-4。

表 6-4-4 Verti-Trak 系统产品系列及性能参数

Verti-Trak	9.5 in	6.75 in	4.75 in
总长/m	7.32	6.40	7.32
导向头长度/m	2.50	2.19	3.20
外径/in	9.50	6.75	4.75
井眼尺寸/in	12.0～28.0	8.375～10.625	5.75～6.75
导向能力/[(°)·(30 m)$^{-1}$]	6.5	6.5	10
最高温度/℃	150		
导向模式	推靠式		
最大承压/MPa	137.9		
供电类型	涡轮发电机		
下传方式	流量改变		
井斜传感器位置/m	1.19	0.95	1.19
最大转速/(r·min^{-1})	300	400	400
最大钻压/kN	444.82	244.65	100.08
流量范围/(L·min^{-1})	1 136～6 057	757～3 407	473～1 325

3. Power-V 垂直钻井系统

Power-V 自动垂直钻井系统可实现在旋转钻进中对井斜和方位的控制。该工具应用钻井液驱动导向块作用于地层来控制井眼轨迹。在钻井工程作业中，Power-V 既可独立使用，也可与 MWD/LWD 联合使用，从而实现实时传输功能。在高陡构造地层钻进，可有效解决防斜和施加钻压之间的矛盾，在保持井眼垂直的同时可以大幅度提高机械钻速。

1) Power-V 系统的组成

Power-V 系统主要由两部分组成：上部的 Control Unit(电子控制部分，简称 CU)和下部的 Bias Unit(机械导向部分，简称 BU)。在两者中间还有一个辅助部分 Extension Sub(加长短节，简称 ES)。Pover-V 系统的结构见图 6-4-9。

控制器(CU)是 Power-V 的指挥中枢，内部有钻井液驱动的发电机、陀螺、钻柱转速传感器、流量变化传感器、振动传感器、温度传感器及电池控制的时钟等，可以独立于外面的钻铤而旋转或者静止不转。机械导向部分是一个纯机械执行装置，下接钻头，上接 CU，主要由一个钻井液导流阀和三个伸缩块组成。伸缩块的伸缩动力由钻井液提供，并由控制阀分配。伸缩块的伸出由钻井液导流阀控制。钻井液导流阀为一盘阀，由上、下两部分组成。上盘阀带有一个环形长孔，与高压钻井液相通。上盘阀与测量控制部分的控制轴相连，并受其控制。下盘阀固定在导向部分的钻铤本体上，有三个均匀分布的圆孔，分别与三个活塞腔相连。加长短节内部装有一个钻井液滤网，负责过滤分流后驱动机械导向部分推力块的钻井液。

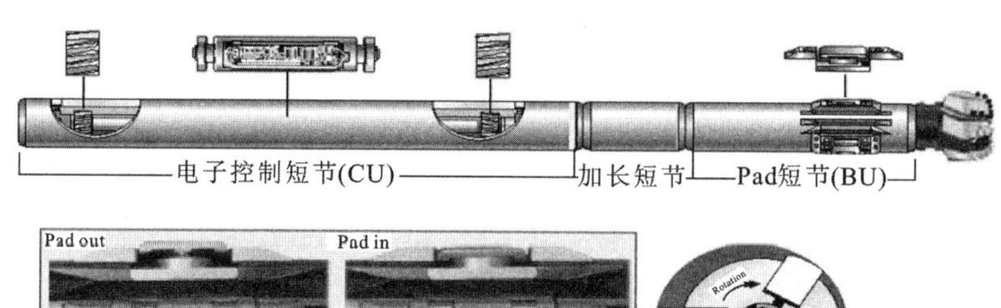

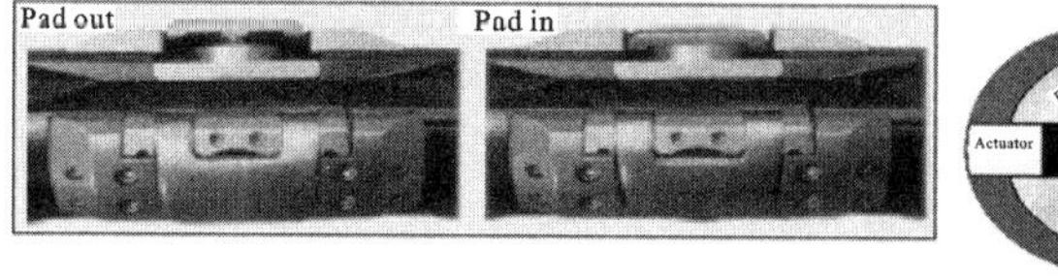

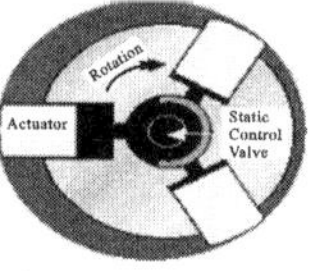

图 6-4-9 Power-V 系统结构示意图

2) Power-V 系统的工作原理

开泵后,发电机发电,传感器测量到井底的井斜角和方位角(即高边),然后通过上下两个扭矩发生器的作用把测量控制部分稳定在这一方位上,从而实现无论钻柱如何旋转,CU 内部的控制轴始终对准在需要的方位上,这个方位加上一个校对值后就是地面工程师所要求的高边工具面角的反方向,通过控制轴将上盘阀的环形孔位置调整并稳定在高边方位,当下盘阀随钻柱转动时,其上面的三个圆孔转到上盘阀的环形孔位置时,高压钻井液通过圆孔进入活塞,推动活塞伸出,带动导向块推靠井壁,从而对钻具产生一个指向低边(与井斜方向相反)的侧向力,使钻具回到垂直状态。当井斜方位角发生改变时,测量传感器测量到方位角改变后会自动调整上盘阀的环形孔的位置,然后基于相同的原理对钻具施加侧向力,从而保证钻具始终保持垂直状态的趋势,实现垂直钻进。

钻进时 Power-V 系统自动感应井斜,自动设定并调整仪器的侧向力,使井眼快速返回垂直状态。它解决了由滑动钻进和钻压限制造成的低钻速问题,侧向力能有效地克服自然造斜力;解决了由连续滑动钻进造成的狗腿度大的问题,允许施加更高的钻压,从而大幅度提高钻速。

3) 主要产品系列和性能参数

Power-V 系统的产品系列及其性能参数见表 6-4-5。

表 6-4-5 Power-V 系统产品系列及性能参数

Power-V	1100	900	825	675	475
外径/in	9½	9.0	8¼	6¾	4¾
井眼尺寸/in	15½～28	12～14¾	10⅝～11⅝	8½～9⅞	5½～6¾
最高温度/℃	150				
最大承压/MPa	172.4				
钻头压降/MPa	4.1～5.5				
供电类型	涡轮发电机				
下传方式	流量改变				
导向模式	推靠式				
最大转速/(r·min^{-1})	220				
最大钻压/kN	289.13	289.13	289.13	289.13	222.41
流量范围/(L·min^{-1})	1 136～7 571	1 136～7 571	1 136～7 571	757～3 596	379～1 438
Power-V 高温系列	HT 825,HT 675,HT 475,最高温度为 175 ℃				

4. ZBE 垂直钻井系统

1）系统组成和工作原理

ZBE 垂直钻井系统主要由驱动轴、测斜仪、电子控制系统、导向液缸、四个导向滑块、发电机、液压泵、不旋转外壳、脉冲发生器、稳定器组成。驱动轴贯穿整个系统，两端分别与钻具和钻头相连接。

重力加速度测斜仪检测到井斜后，将信号传输到电子控制系统，电子控制系统将激发导向液缸产生动作，将导向滑块推出支撑在井壁上，并防止外壳旋转，给钻头一个侧向力，使钻头导向。测量和控制元件所需的电力和液压动力由发电机和液压泵产生，发电机的动力由旋转钻柱与不旋转外壳之间的相对运动提供。

2）主要产品系列和性能参数

ZBE 系统的产品系列及其性能参数见表 6-4-6。

表 6-4-6　ZBE 系统产品系列及性能参数

ZBE	2000	3000	4000	5000
总长/m	1.93	2.47	3.15	3.35
井眼尺寸/in	6～6¾	8½～9⅞	12¼～13⅞	14¾～17½
导向能力/[(°)·(30 m)$^{-1}$]	6.5	6.5	6.5	10
最高温度/℃	125			
导向模式	推靠式			
最大承压/MPa	59.0	82.7	82.7	59.0
供电类型	发电机			
下传方式	正脉冲			
最大转速/(r·min^{-1})	250	250	200	200
最大钻压/kN	70	200	250	400
作业扭矩/(kN·m)	11	15	30	30
最大流量/(L·min^{-1})	1 100	1 700	2 500	4 160
含砂量	1%			
公　扣	NC38	NC46	NC56	NC56
母　扣	3½ in REG	4½ in REG	6⅝ in REG	7⅝ in REG

参考文献

[1] 《钻井手册(甲方)》编写组. 钻井手册(甲方)(上、下). 北京:石油工业出版社,1990.

[2] 杜晓瑞,王桂文,王德良,等. 钻井工具手册. 北京:石油工业出版社,2000.

[3] 赵金洲,张桂林. 钻井工程技术手册. 第 2 版. 北京:中国石化出版社,2011.

[4] 王胜启,高志强,秦礼曹. 钻井监督技术手册. 北京:石油工业出版社,2008.

[5] Gabolde Gilles,Nguyen Jean-Paul. 钻井数据手册. 第 6 版. 北京:地质出版社,2007.

[6] 陈谱. 钻井技术手册(四)　钻具. 北京:石油工业出版社,1992.

[7] 孙明光. 钻井、完井工程基础知识手册. 北京:石油工业出版社,2002.
[8] 阿扎 J J,罗埃罗·萨摩埃尔 G. 钻井工程手册. 张磊,赵军,胡景宏,译. 北京:石油工业出版社,2011.
[9] 董星亮,曹式敬,唐海雄,等. 海洋钻井手册. 北京:石油工业出版社,2011.
[10] 周开吉,郝俊芳. 钻井工程设计. 东营:石油大学出版社,1996.
[11] 陈庭根,管志川. 钻井工程理论与技术. 东营:中国石油大学出版社,2006.
[12] ANSI/API SPEC 7-2 Specification for threading and gauging of rotary shouldered thread connections,2008.

第七章　钻头与辅助破岩工具

钻头是钻探工程中用来破碎地层岩石钻出井眼必不可少的工具。根据不同地层的破岩要求，钻头分为多种类型，主要包括牙轮钻头、PDC钻头和金刚石钻头等。本章主要介绍钻头类型及特点、选型及应用、磨损分级与评价、钻头辅助破岩工具等。

第一节　牙轮钻头

一、牙轮钻头类型与特点

由于牙轮钻头能够适应从软到坚硬的多种地层，在钻井作业中使用比较普遍。牙轮钻头按工作牙轮数量分为单牙轮钻头、双牙轮钻头、三牙轮钻头、四牙轮钻头；按切削材质分为铣齿(钢齿)牙轮钻头和镶齿牙轮钻头。典型的三牙轮钻头结构见图7-1-1。

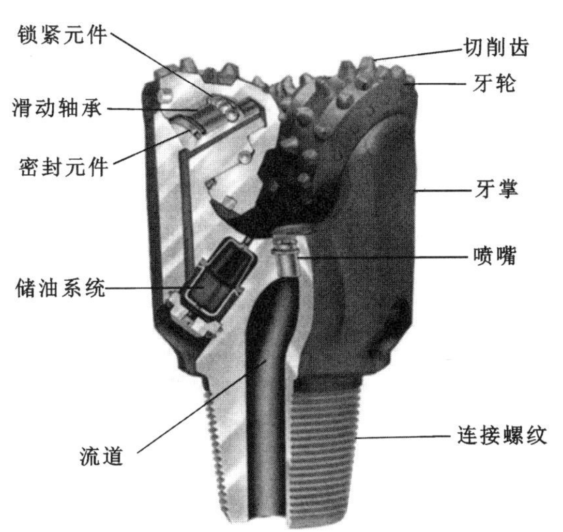

图7-1-1　牙轮钻头结构示意图

牙轮钻头主要由接头、牙掌、牙轮与牙齿、轴承系统、储油密封补偿系统和水力结构等部分组成。

1. 牙轮与牙齿

1) 牙轮

牙轮是用合金钢经过模锻而制成的锥体，见图7-1-2。牙轮锥面铣出牙齿(铣齿钻头)，或镶装硬质合金齿(镶齿钻头)，牙轮内部有轴承跑道及台肩，牙轮外锥面具有两种至多种锥度。

单锥牙轮由主锥和背锥组成，在井底的运动为纯滚动；复锥牙轮由主锥、副锥和背锥组成，在井底工作时除滚动外，还能产生滑动。牙轮在钻头设计中存在超顶、复锥、移轴时，都可以产生滑动作用。

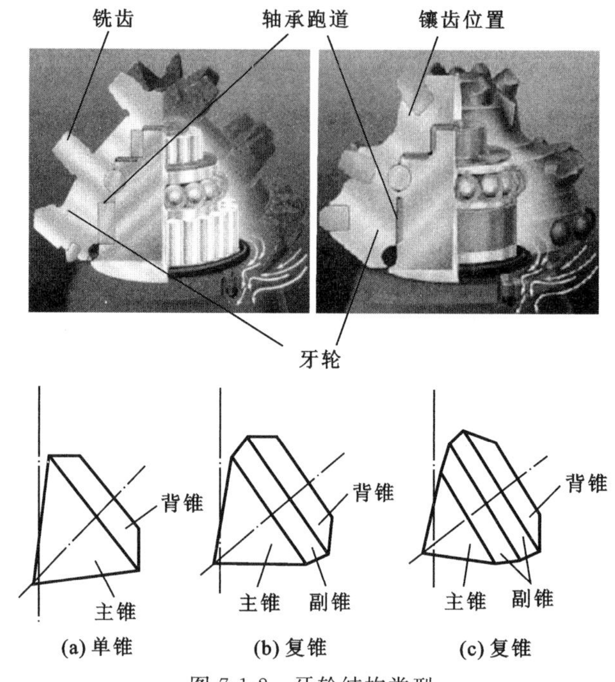

图 7-1-2　牙轮结构类型

实际钻头的超顶、复锥、移轴是根据地层特性设计的，一般遵循以下准则：对于极软到中硬地层，钻头一般兼有移轴、超顶和复锥结构；对于部分中硬或硬地层，钻头有超顶和复锥结构；对于极硬和研磨性很强的地层，钻头基本上是纯滚动而无滑动(即单锥、不超顶、不移轴)。

2) 牙齿

牙齿类型有铣齿和镶齿两类。

铣齿是在牙轮毛坯上直接加工而成的，一般为楔形齿，见图 7-1-3 和图 7-1-4，其表面敷焊有硬质材料以提高研磨性或起自锐作用。镶齿是由碳化钨粉料在高温高压下制成的硬质合金齿，是在牙轮外锥面的齿圈上钻孔，镶装大小及形状不同的硬质合金齿。钻头上三个牙轮的各排齿相互啮合，能有效而不重复地全面破碎井底岩石并防止齿槽泥包。牙齿的形状、大小和数量取决于所钻地层的硬度。地层越软，则牙齿越大越尖，数量越少；反之，地层越硬，则牙齿越小越短，数量越多。

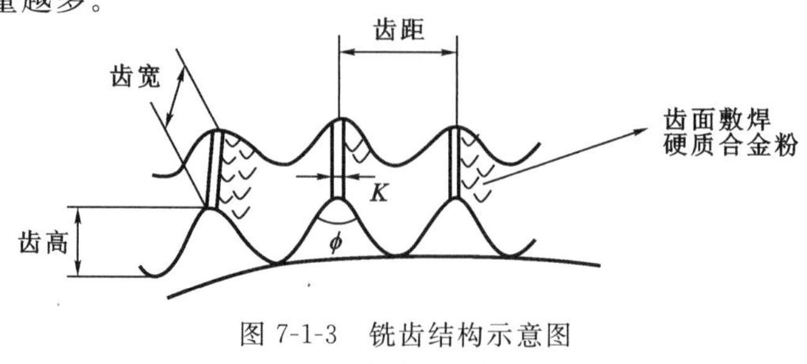

图 7-1-3　铣齿结构示意图

K—齿刃厚度；ϕ—齿顶角

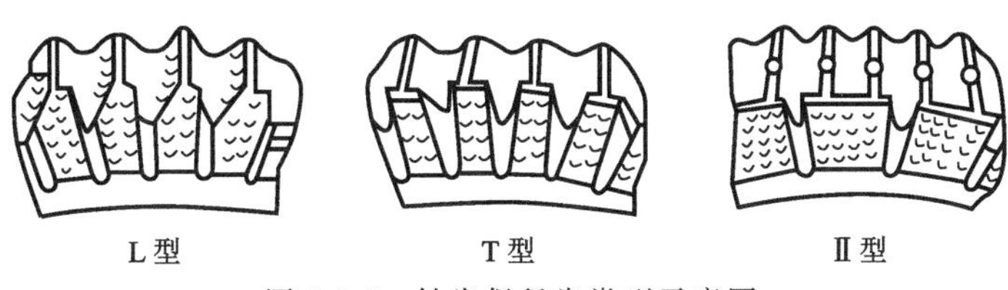

图 7-1-4　铣齿保径齿类型示意图

常用的镶齿齿形有球形、圆锥形、楔形、尖卵形和勺形等，见图 7-1-5。不同的齿形具有不同的破岩特点，因此对于不同的地层，应选择对应齿形的钻头，见表 7-1-1。

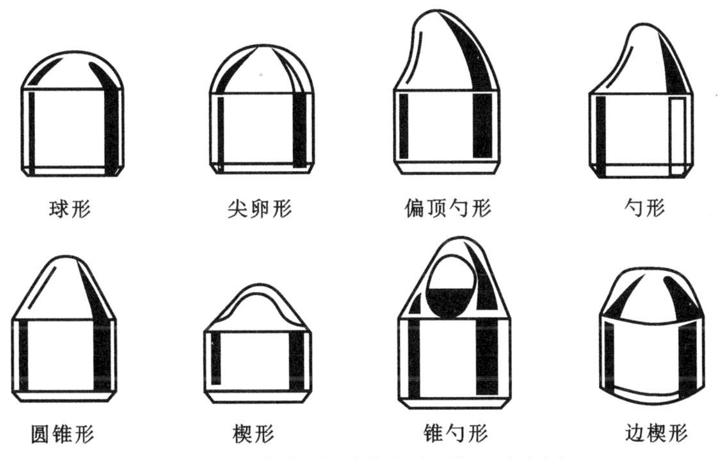

图 7-1-5　镶齿(硬质合金齿)类型示意图

表 7-1-1　适用于不同地层的齿形

齿　形	破岩机理	地　层
球　形	凿击、压碎	硬、极硬
尖卵形	凿击、压碎	硬
圆锥形	凿击、压碎、挖掘、刮削	中硬、硬
楔　形	挖掘、刮削	软至中硬
勺　形	挖掘、刮削	极软至中软

2. 轴承

1）滚动轴承

滚动轴承(见图 7-1-6)可分为非密封滚动轴承与密封滚动轴承。前者能适应高转速，但轴承磨损快，寿命低；后者在牙轮底平面处安装了密封元件，工作寿命大为提高。

2）滑动轴承

滑动轴承(见图 7-1-7)结构包括两种：滑动-滚动(滚珠)-滑动-止推、滑动-滑动(卡簧)-滑动-止推。为提高轴承寿命，使其能适应高温和高压环境，摩擦副材料一般为高强度低碳合金钢，轴颈进行渗碳等硬化处理，牙轮内孔跑道镶焊铜合金或其他减磨材料。

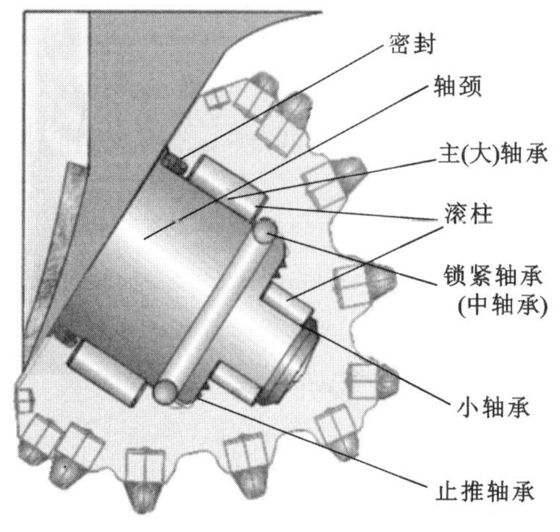

图 7-1-6　滚动轴承示意图

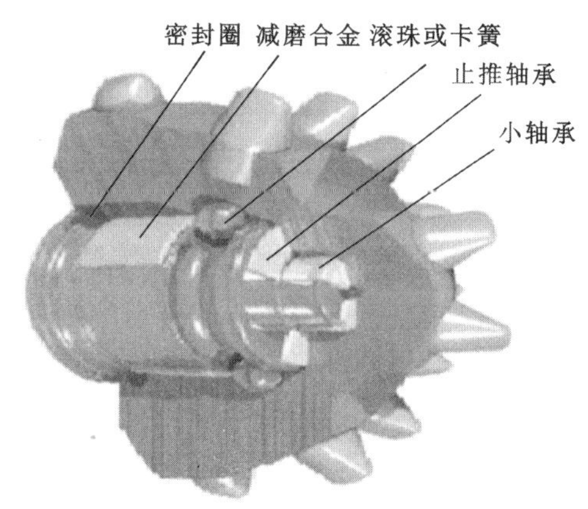

图 7-1-7　滑动轴承示意图

滑动轴承与滚动轴承相比，承压面积大，接触疲劳应力小，使用寿命长。在常规的转速条件下，滑动轴承能承受更高的钻压。除了金属密封滑动轴承外，普通滑动轴承的转速范围一般为 60～140 r/min，低于滚动轴承。

3. 储油密封补偿系统

储油密封补偿系统主要由储油囊、过油孔、密封等部分组成，见图 7-1-8。它的作用是平衡牙轮工作时轴承腔内外的压力差，使轴承密封圈在较小的内外压差下长时间正常工作，防止钻井液进入轴承腔内，避免润滑脂的漏失，并可储存足够的润滑脂以向轴承腔内不断补充，使钻头轴承处于密封状态并在良好的润滑条件下工作。

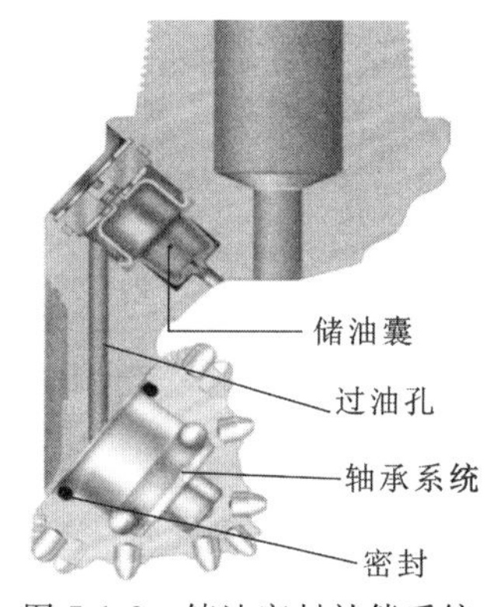

图 7-1-8　储油密封补偿系统

4. 水力结构

钻头水力结构由喷嘴的数量、尺寸形状、空间结构参数组成，见图 7-1-9。喷嘴又称水眼，由硬质合金材料制成。通过优化喷嘴的空间分布、喷距、喷射角度参数可得到携岩、清岩、辅助破岩的最佳效果。

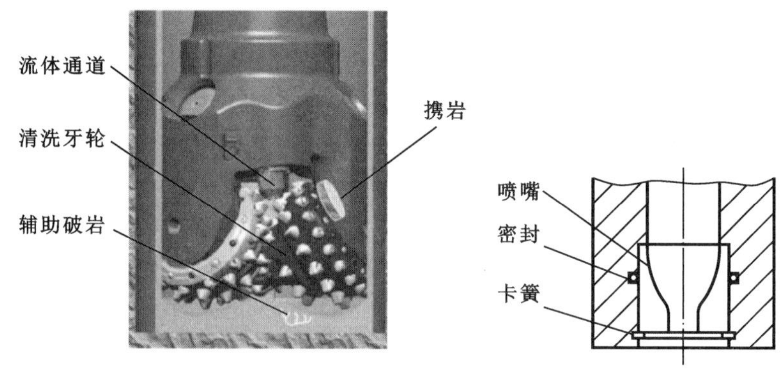

图 7-1-9　水力结构示意图

二、牙轮钻头工作机理

钻头旋转时，牙轮绕牙轮中心轴线旋转，速度取决于钻头的转速，并与牙齿对井底的作用有关。牙轮在滚动过程中，牙齿与井底的接触是单齿、双齿交错进行，使钻头沿轴向做上下往复运动，即钻头的纵向振动，使牙齿产生冲击力，与静载压入力一起形成钻头对地层岩石的冲击、压碎作用(见图 7-1-10)。

牙轮的超顶、复锥、移轴结构使牙齿产生滑动(见图 7-1-11)。超顶和复锥所引起的切线方向滑动除可在切线方向与冲击、压碎作用共同破碎岩石外，还可剪切掉同一齿圈相邻牙齿破碎坑之间的岩石；移轴具有在井底产生滑动和切削地层的作用，可以剪切掉齿圈之间的岩石。

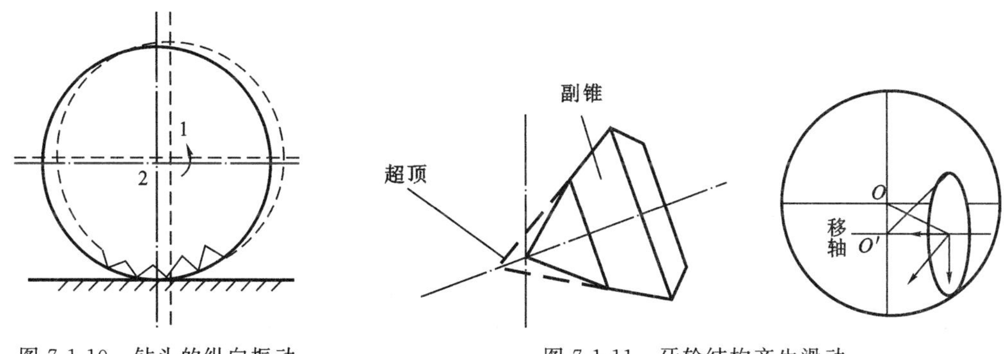

图 7-1-10　钻头的纵向振动　　图 7-1-11　牙轮结构产生滑动

牙轮钻头的自洗是通过牙轮布置使各牙轮的牙齿齿圈互相啮合，一个牙轮的齿圈之间积存的岩屑由另一个牙轮齿圈的牙齿剔除。

三、牙轮钻头分类编码及规范

1. 牙轮钻头分类编码

国际钻井承包商协会(IADC)于 1972 年制订了第一个牙轮钻头的分类标准，按照地层硬度顺序制订了钻头的统一分类编码标准，并于 1987 年对这个分类标准进行了修改，提出了一种四位钻头设计代码：首位数字代码为切削结构类别及地层系列号，第二位数字代码为地层分级号，第三位数字代码为钻头结构特征代号，第四位字母代表附加钻头结构特征代号。1992 年对这个分类标准再次进行修改，增加了几个字母特征代号(B，H，L，M，T，W)，删除了 R 字母特征代号。

IADC 钻头分类表中的编码是在综合考察多个钻头设计因素和操作参数的基础上系统形成的，体现了影响钻头性能因素的含义。表 7-1-2 列出了牙轮钻头的 IADC 代码。说明如下：

1) 第一位数字：切削结构类别及地层系列(1～8)

数字 1～3 表示钢齿(铣齿)钻头及其对应的地层特征，数字 4～8 表示镶齿(碳化钨齿)钻头及其对应的地层特征。

2）第二位数字：地层分级（1～4）

每个地层系列分成四种类型或硬度等级，第 1 类表示钻头设计适用于该系列中最软的地层，第 4 类表示适用于该系列中最硬的地层。

3）第三位数字：轴承/保径（1～7）

轴承特征和保径用 1～7 表示，8～9 作为备用。

1—标准滚动轴承。

2—风冷滚动轴承。

3—滚动轴承/加强保径。

4—密封滚动轴承。

5—密封滚动轴承/加强保径。

6—密封滑动轴承。

7—密封滑动轴承/加强保径。

例："111"代表钢齿钻头，具有标准的非密封滚动轴承，用于钻极软地层；"847"代表镶齿钻头，具有密封滑动轴承，标准加强保径，用于高研磨性的极硬地层。

4）第四位字母：钻头附加特征（可选）

用于个别特殊钻头或附加设计特征，其字母编码在表 7-1-2 中做了定义：

A—空气冷却，用于气体钻井，特别适用于空气作钻井液的钻井情况。

B—特殊轴承密封，提供了特殊应用优势，如高转速能力。

表 7-1-2　牙轮钻头分类及编码

<table>
<tr><th colspan="2" rowspan="2">系　列</th><th rowspan="2">地　层</th><th rowspan="2">分　级</th><th>标准滚动轴承</th><th>风冷滚动轴承</th><th>滚动轴承/加强保径</th><th>密封滚动轴承</th><th>密封滚动轴承/加强保径</th><th>密封滑动轴承</th><th>密封滑动轴承/加强保径</th><th rowspan="2">附加结构特征</th></tr>
<tr><th>1</th><th>2</th><th>3</th><th>4</th><th>5</th><th>6</th><th>7</th></tr>
<tr><td rowspan="12">铣齿牙轮钻头</td><td rowspan="4">1</td><td rowspan="4">抗压强度低、可钻性高的软地层</td><td>1</td><td></td><td></td><td></td><td></td><td></td><td></td><td></td><td rowspan="12">A：空气冷却
B：特殊轴承密封
C：中心喷嘴
D：定向控制
E：加长喷嘴
G：掌背强化
H：水平导向应用
J：定向喷射
L：巴掌垫片
M：马达应用
S：标准钢齿
T：双牙轮钻头
W：加强切削结构
X：楔形镶齿
Y：圆锥形镶齿
Z：其他形状镶齿</td></tr>
<tr><td>2</td><td></td><td></td><td></td><td></td><td></td><td></td><td></td></tr>
<tr><td>3</td><td></td><td></td><td></td><td></td><td></td><td></td><td></td></tr>
<tr><td>4</td><td></td><td></td><td></td><td></td><td></td><td></td><td></td></tr>
<tr><td rowspan="4">2</td><td rowspan="4">抗压强度高的中至中硬地层</td><td>1</td><td></td><td></td><td></td><td></td><td></td><td></td><td></td></tr>
<tr><td>2</td><td></td><td></td><td></td><td></td><td></td><td></td><td></td></tr>
<tr><td>3</td><td></td><td></td><td></td><td></td><td></td><td></td><td></td></tr>
<tr><td>4</td><td></td><td></td><td></td><td></td><td></td><td></td><td></td></tr>
<tr><td rowspan="4">3</td><td rowspan="4">半研磨性或研磨性硬地层</td><td>1</td><td></td><td></td><td></td><td></td><td></td><td></td><td></td></tr>
<tr><td>2</td><td></td><td></td><td></td><td></td><td></td><td></td><td></td></tr>
<tr><td>3</td><td></td><td></td><td></td><td></td><td></td><td></td><td></td></tr>
<tr><td>4</td><td></td><td></td><td></td><td></td><td></td><td></td><td></td></tr>
</table>

续表 7-1-2

系列		地层	分级	标准滚动轴承	风冷滚动轴承	滚动轴承/加强保径	密封滚动轴承	密封滚动轴承/加强保径	密封滑动轴承	密封滑动轴承/加强保径	附加结构特征
				1	2	3	4	5	6	7	
镶齿牙轮钻头	4	抗压强度低、可钻性高的软地层	1								A:空气冷却 B:特殊轴承密封 C:中心喷嘴 D:定向控制 E:加长喷嘴 G:掌背强化 H:水平导向应用 J:定向喷射 L:巴掌垫片 M:马达应用 S:标准钢齿 T:双牙轮钻头 W:加强切削结构 X:楔形镶齿 Y:圆锥形镶齿 Z:其他形状镶齿
			2								
			3								
			4								
	5	抗压强度低的软至中硬地层	1								
			2								
			3								
			4								
	6	抗压强度高的中硬地层	1								
			2								
			3								
			4								
	7	半研磨性或研磨性硬地层	1								
			2								
			3								
			4								
	8	高研磨性极硬地层	1								
			2								
			3								
			4								

C—中心喷嘴，为钻头提供分布更均匀的流场和水力能量。

D—定向控制，特殊切削结构能够控制井斜。

E—加长喷嘴，可将更高的水力能量传递至井底，用于软地层以增强清岩能力，通常用在直径超过 9.5 in 的钻头上。

G—掌背强化，通过敷焊碳化钨层或用碳化钨镶齿到钻头外圈来保护牙轮密封或(和)钻头体，用在地热和定向钻进等特殊场合。

H—水平导向应用，适用于水平井/导向钻井。

J—定向喷射，当地层软到能够用水力冲蚀时，可用此类钻头改变井眼轨迹。这种钻头通常装备有两个标准喷嘴和一个大喷嘴，并且可以朝特定井眼方向定向。

L—巴掌垫片，表示掌背焊扶正块并镶齿，有利于改善钻头工作状态，在定向井和水平井钻井中能有效保护牙掌和储油孔。

M—马达应用，用于井下马达钻井。

S—标准钢齿。

T—双牙轮钻头。

W—加强切削结构。

X　凿(楔)形镶齿，适合中软至中硬地层。

Y—圆锥形镶齿，适合硬脆性地层。

Z—其他形状镶齿。

例："124E"代表带加长喷嘴的密封滚动轴承铣齿牙轮钻头，适用于软地层钻进；"437X"代表具有凿形齿加强保径密封滑动轴承镶齿钻头，适用于软地层钻进。

每个牙轮钻头在IADC分类表中都有一个特定位置，有一个确定的IADC代码，但并不是局限在图表中定义的一个比较窄的地层范围。钻头在一定范围内都可以用于比IADC代码中列出的更软或更硬的地层，只是破岩效果不同。具有相同IADC代码的同类钻头都有类似的用途，但它们在设计细节、质量、成本和工作情况方面都可能有较大的区别。

2. 牙轮钻头规范

IADC规定了牙轮钻头尺寸、公差、连接螺纹标准和推荐上扣扭矩，见表7-1-3。

表7-1-3　牙轮钻头基本尺寸、公差及连接螺纹标准

钻头尺寸		外径公差/mm	连接螺纹/in	推荐上扣扭矩/(kN·m)
mm	in			
95.2～107.9	3¾～4¼	0～0.79	2⅜ in REG	4.1～4.7
120.6	4¾		2⅞ in REG	6.1～7.5
142.9～171.4	5⅝～6¾		3½ in REG	9.5～12.2
190.5～222.2	7½～8¾		4½ in REG	16.3～21.7
241.3～342.9	9½～13½		6⅝ in REG	38.0～43.4
374.6～444.5	14¾～17½	0～1.57	7⅝ in REG	46.1～54.2
508.0～660.4	20～26	0～2.38	8⅝ in REG	54.2～81.3

四、牙轮钻头制造厂家及产品

设计并生产牙轮钻头的厂家主要包括江汉、川石、贝克休斯、瑞得、史密斯等。各钻头制造厂家按照IADC标准生产相应的钻头，虽有自己的代号，但都采用IADC分类标准和编号。

1. 江汉石油钻头股份有限公司

1）牙轮钻头命名方法

江汉石油钻头股份有限公司制造的牙轮钻头主要包括：MD(高速马达钻头)、MiniMD(小井眼钻头)、SMD(超高速马达钻头)、HF(硬地层钻头)、SWT(高效钢齿钻头)、A(气体钻头)、KHD(超大尺寸钻头)、HJ/HJT(滑动轴承金属密封钻头)、GJ/GJT(滚动轴承金属密封钻头)、HA/HAT(滑动轴承橡胶密封钻头)、GA/GAT(滚动轴承橡胶密封钻头)、YC(单牙轮钻头)、SKF(浮动轴承橡胶密封钻头)、SKH(滑动轴承橡胶密封钻头)、SKG(滚动轴承橡胶密封钻头)、SKW(非密封滚动轴承钻头)等系列。

江钻牙轮钻头型号由下面四部分组成:直径代号+系列代号+分类号+附加特征代号。

直径代号:用数字(整数或分数)表示,其数字表示钻头直径(mm 或 in)。

系列代号:按其牙齿、轴承及密封结构主要特征、应用目的,分为 16 个系列。江钻钻头系列代号见表 7-1-4。

表 7-1-4 江钻牙轮钻头系列代号

应用范围	MD	Mini MD	SMD	HF	SWT	A	KHD	YC	HJ/HJT	GJ/GJT	HA/HAT	GA/GAT	SKF	SKH	SKG	SKW
超高转速			√							√						
高转速	√	√	√							√						
高　温	√	√	√	√					√							
高钻压				√					√							
高研磨性	√	√	√	√					√							
小井眼								√			√					
硬地层-中低速				√					√							
硬地层-高速	√	√														
一般地层	√	√	√		√			√	√	√	√	√	√	√	√	√
气体/泡沫钻井						√										

分类号:采用 SPE/IADC 23937 的规定,由三位数字组成。

附加特征代号:钻头为满足钻井或地层的特殊需要进行改进或加强时,在分类号后加附加结构特征,采用字母表示。江钻钻头附加特征代号见表 7-1-5。

表 7-1-5 江钻牙轮钻头附加特征代号

代　号	附加结构特征	代　号	附加结构特征	代　号	附加结构特征
C	中心喷嘴	D	掌背金刚石复合齿保径	E	加长双喷嘴
G	掌背强化	H	牙轮金刚石复合齿保径	J	定向喷射
K	硬塑性地层切削机构	L	巴掌垫片	S	牙轮体保护
T	牙轮特别保径	V	流道强化	W	增强齿形
X	楔　齿	Y	锥球齿		

以“$8\frac{1}{2}$ HJ517GL”钻头为例:$8\frac{1}{2}$ 表示钻头直径为 8.5 in(215.9 mm),HJ 表示滑动轴承金属密封,517 表示 IADC 分类号,G 表示掌背强化;L 表示巴掌垫片。

2) 牙轮钻头系列

(1) MD(高速马达钻头)。

MD 钻头主要应用在定向井和水平井中,适合与螺杆钻具配合使用,可适应 90~300 r/min

的高转速。该系列钻头采用适合高转速的浮动轴承金属密封结构,高效切削齿形及优化切削结构,螺旋式双稳定掌背以及强化保径,并使用牙轮壳体保护技术,可有效提高钻头寿命。钻头尺寸和型号见表 7-1-6。

表 7-1-6 江钻 MD 钻头尺寸和型号

钻头尺寸		钻头型号
in	mm	
7⅞	200.0	MD437,MD447,MD517,MD527,MD537,MD617,MD637,MD647
8½	215.9	MD437,MD447,MD517,MD527,MD537,MD617,MD637,MD647
8¾	222.3	MD437,MD447,MD517,MD527,MD537,MD617,MD637,MD647
9½	241.3	MD437,MD447,MD517,MD527,MD537,MD617,MD637,MD647
12¼	311.2	MD437,MD447,MD517,MD527,MD537,MD617

(2) MiniMD(小井眼钻头)。

MiniMD 钻头主要应用于小井眼井段中,可以与螺杆钻具配合使用。该系列钻头采用镶套轴承金属密封结构和新型储油润滑系统,倾斜式双稳定掌背以及强化保径,有效提高了钻头的可靠性和深井超深井中的安全性。钻头尺寸和型号见表 7-1-7。

表 7-1-7 江钻 MiniMD 钻头尺寸和型号

钻头尺寸		钻头型号
in	mm	
5¾	146.1	MD437,MD517,MD537,MD547,MD617,MD637
5⅞	149.2	MD437,MD517,MD537,MD547,MD617,MD637,MD647
6	152.4	MD437,MD517,MD537,MD547,MD617,MD637,MD647
6⅛	155.6	MD437,MD517,MD537,MD547,MD617,MD637,MD647
6¼	158.8	MD437,MD517,MD537,MD547,MD617,MD637,MD647
6½	165.1	MD437,MD517,MD537,MD547,MD617,MD637,MD647

(3) SMD(超高速马达钻头)。

SMD 钻头主要配合涡轮钻具使用,推荐在 250～600 r/min 高转速下使用。该系列钻头采用滚滑复合轴承金属密封结构和适应超高速钻进的倾斜结构,并使用加长双喷嘴水力结构,保证钻头在高转速和高钻压下的可靠性和寿命。常用的钻头尺寸和型号见表 7-1-8。

表 7-1-8 江钻 SMD 钻头尺寸和型号

钻头尺寸		钻头型号
in	mm	
8⅜	212.7	SMD417,SMD437,SMD447,SMD517,SMD537,SMD617
8½	215.9	SMD417,SMD437,SMD447,SMD517,SMD537,SMD617
8¾	222.3	SMD417,SMD437,SMD447,SMD517,SMD537,SMD617
9½	241.3	SMD417,SMD437,SMD447,SMD517,SMD537,SMD617

续表 7-1-8

钻头尺寸		钻头型号
in	mm	
10⅝	269.9	SMD417,SMD437,SMD447,SMD517,SMD537,SMD617
11⅝	295.3	SMD417,SMD437,SMD447,SMD517,SMD537,SMD617
12¼	311.1	SMD417,SMD437,SMD447,SMD517,SMD537

(4) HF(硬地层钻头)。

HF 钻头主要应用在深部致密塑性泥岩、火山岩和花岗岩等坚硬、强研磨性等地层中。该系列钻头牙掌轴采用全自动表面堆焊耐磨合金技术,提高了轴承承载能力;优选齿形和齿材,应用顶齿强化技术,确保高切削效率;应用超硬材料,强化外排、背锥设计,增强钻头保径能力,使钻头适合于研磨性强的硬地层和极硬地层钻井。钻头尺寸和型号见表 7-1-9。

表 7-1-9　江钻 HF 钻头尺寸和型号

钻头尺寸		钻头型号
in	mm	
7⅞	200.0	HF537,HF547,HF617,HF627,HF637,HF647,HF737
8½	215.9	HF537,HF547,HF617,HF627,HF637,HF647,HF737
8¾	222.3	HF537,HF547,HF617,HF627,HF637,HF647,HF737
9½	241.3	HF537,HF547,HF617,HF627
9⅞	250.8	HF537,HF547,HF617,HF627
12¼	311.2	HF537,HF547,HF617,HF627,HF637

(5) SWT(高效钢齿钻头)。

SWT 钻头主要应用在软或中软地层中。该系列钻头强化齿形结构,优化敷焊工艺,采用高效水力结构,提高了钻头的机械钻速。钻头尺寸和型号见表 7-1-10。

表 7-1-10　江钻 SWT 钻头尺寸和型号

钻头尺寸		钻头型号
in	mm	
8½	215.9	SWT117,SWT127
8¾	222.3	SWT117,SWT127
9½	241.3	SWT117,SWT127
12¼	311.2	SWT117,SWT127
13½	342.9	SWT115,SWT125
13¾	349.3	SWT115,SWT125
15½	393.7	SWT115,SWT125
16	406.4	SWT115,SWT125
17½	444.5	SWT115,SWT125

(6) A(气体钻头)。

A钻头主要应用于气体钻井中。该系列钻头采用滑动轴承金属密封,优化切削结构,获得了高切削效率;采用中心喷嘴结构,提高了井眼清洗能力;强化保径能力,提高了钻头的使用寿命。钻头尺寸和型号见表7-1-11。

表7-1-11　江钻A钻头尺寸和型号

钻头尺寸		钻头型号
in	mm	
5⅞	149.2	A537,A547,A617,A627
6	152.4	A537,A547,A617,A627
6⅛	155.6	A537,A547,A617,A627
7⅞	200.0	A537,A547,A617,A627
8½	215.9	A537,A547,A617,A627
8¾	222.3	A537,A547,A617,A627
9½	241.3	A537,A547,A617,A627
9⅞	250.8	A537,A547,A617,A627
12¼	311.2	A537,A547,A617,A627
12⅜	314.3	A537,A547,A617,A627

(7) KHD(超大尺寸钻头)。

KHD钻头主要适用于大井眼钻井。该系列钻头采用一体式牙掌结构和滚动轴承橡胶密封结构,延长了钻头寿命;加强水力喷射结构设计,能有效清洗牙轮和井底,快速运移钻屑,实现快速钻进。钻头尺寸和型号见表7-1-12。

表7-1-12　江钻KHD钻头尺寸和型号

钻头尺寸		钻头型号
in	mm	
23½	596.9	KHD115,KHD125,KHD135,KHD4355,KHD515,KHD535
24	609.6	KHD115,KHD125,KHD135,KHD4355,KHD515,KHD535
26	660.4	KHD115,KHD125,KHD135,KHD4355,KHD515,KHD535

(8) HJ/HJT(滑动轴承金属密封钻头)。

该系列钻头采用滑动轴承金属密封,优选合金齿齿形,强化保径设计,提高了钻头使用寿命。钻头尺寸和型号见表7-1-13。

(9) GJ/GJT(滚动轴承金属密封钻头)。

该系列钻头采用滚动轴承金属密封,系列镶齿钻头优选合金齿齿形,系列钢齿增加敷焊层厚度和齿的出露高度,大尺寸钻头配有中心喷嘴,能够在中低钻压、中高转速下稳定钻进。钻头尺寸和型号见表7-1-14。

表 7-1-13 江钻 HJ/HJT 钻头尺寸和型号

钻头尺寸		钻头型号
in	mm	
7⅞	200.0	HJ437G,HJ447G,HJ517G,HJT537G
8½	215.9	HJT417CG, HJT437G, HJT447G, HJ517G, HJT517G, HJ527G, HJT527G, HJ537G, HJT537G,HJ547G,HJT547GY
8¾	222.3	HJ437CG,HJ447G,HJT517G,HJ527G
9½	241.3	HJ437G,HJ447G,HJ517G,HJT517G,HJ537G,HJT537G,HJ547G,HJT547G
9⅞	250.8	HJ437G,HJT437G,HJ517G
10½	266.7	HJT517GK,HJT537GK,HJT547GK
10⅝	269.9	HJT517G
12	304.8	HJT517GK,HJT537GK,HJT547GK
12¼	311.2	HJT417G,HJ437G,HJT437G,HJ447G,HJT447G,HJ517G,HJT517G,HJ537G,HJT537G
13½	342.9	HJT517GK,HJT537GK,HJT547G
14¾	374.7	HJT517GK,HJT537GK,HJT547G
17½	444.5	HJ517G,HJT517G,HJ527G
18⅞	479.4	HJT517G,HJT537G

表 7-1-14 江钻 GJ/GJT 钻头尺寸和型号

钻头尺寸		钻头型号
in	mm	
12¼	311.2	GJ115C,GJT115C,GJT125C,GJ135G,GJT415G,GJT435G,GJT445G
16	406.4	GJT435G,GJ515G,GJT515CG,GJ535G,GJ535CG
17½	444.5	GJ115G, GJT115G, GJ135G, GJT135G, GJ415G, GJT415G, GJ435G, GJT435G, GJT445G, GJ515G,GJT515G,GJT525G,GJ535G

(10) HA/HAT(滑动轴承橡胶密封钻头)。

该系列钻头采用滑动轴承橡胶密封,在常规转速下使用可承受较高的钻压,配合不同的切削结构可以适应极软到中硬地层。钻头尺寸和型号见表 7-1-15。

表 7-1-15 江钻 HA/HAT 钻头尺寸和型号

钻头尺寸		钻头型号
in	mm	
3¾	95.3	HA137G,HA217G,HA517G,HA527G,HA537G
3⅞	98.4	HA137G,HA217G,HA517G,HA527G,HA537G
4	101.6	HA137G,HA217G,HA517G,HA527G,HA537G
4⅛	104.8	HA137G,HA217G,HA517G,HA527G,HA537G
4½	114.3	HA117G,HA127G,HAT517G,HA537GL,HA547GL

续表 7-1-15

钻头尺寸		钻头型号
in	mm	
4⅝	117.5	HA117G,HA127G,HAT517G,HA537GL,HA547GL
4¾	120.7	HA117G,HA127G,HAT517G,HA537GL,HA547GL
4⅞	123.8	HA117G,HA127G,HAT517G,HA537GL,HA547GL
5½	139.7	HA117G,HA127G,HAT517G,HA537GL,HA547GL
5⅝	142.9	HA117G,HA127G,HA137G,HA217G,HA437GL,HA517GL,HA537GL,HA547GL
5⅞	149.2	HA117G,HA127G,HA137G,HA217G,HA437GL,HA517GL,HA537GL,HA547GL
6	152.4	HA117G,HA127G,HA137G,HA217G,HA437GL,HA517GL,HA537GL,HA547GL
6⅛	155.6	HA117G,HA127G,HA137G,HA217G,HA437GL,HA517GL,HA537GL,HA547GL
6½	165.1	HA117G,HA127G,HA137G,HA217G,HA437GL,HA517GL,HA537GL,HA547GL
8⅜	212.7	HA117G,HA127G,HA137G,HA217G,HA437GL,HA517GL,HA537GL,HA547GL
8½	215.9	HAT117G,HAT127G,HAT137G,HAT217G,HA317G,HA427G,HA437G,HA447G,HAT517G,HAT537GL,HA547GLY
9½	241.3	HA117G,HAT127G,HA417G,HA437GL,HA447GX,HAT517,HA537G
9⅞	250.8	HA117G,HAT127G,HA217G,HAT427GL,HAT437GL,HAT517G,HAT547GY
10⅝	269.9	HAT117G,HAT127G,HA137G,HAT217G,HAT437GL,HA517GL,HA537G,HA547GY
11	279.4	HAT117G,HAT127G,HA137G,HAT217G,HAT437GL,HA517GL,HA537G,HA547GY
12¼	311.2	HAT117GL,HAT127G,HAT137G,HA217G,HAT437GL,HA517GL,HA527GL,HAT537G,HA547GL

(11) GA/GAT(滚动轴承橡胶密封钻头)。

该系列钻头采用滚动轴承橡胶密封,适合中低钻压的较高转速钻井。钻头尺寸和型号见表 7-1-16。

表 7-1-16 江钻 GA/GAT 钻头尺寸和型号

钻头尺寸		钻头型号
in	mm	
12¼	311.2	GA114G,GAT115,GA124,GA135G,GA215G,GA415G,GA425G,GA435G,GA535G,GA545GY
13½	342.9	GA114G,GA115G,GA135,GAT415G,GAT535G
13¾	349.3	GA114,GA115G,GAT115G,GAT125G,GAT415G,GAT435G,GA515G,GAT515G
14¾	374.7	GA114G,GA115G,GAT115,GA124,GAT125G,GAT435GC,GAT515G,GA535G,GA545GC
16	406.4	GA114,GA115,GAT115,GAT134G,GAT415G,GAT435G,GA515G,GAT535G
17½	444.5	GA114G,GA115G,GAT115G,GAT125G,GA135G,GA215G,GAT415G,GAT435G,GAT445G,GAT515G,GA525G,GAT535G,GA545GY

(12) YC(单牙轮钻头)。

YC 钻头适合老井开窗侧钻和老井加深等小井眼作业。该系列钻头牙轮顶部采用金刚石复合齿,增加了耐磨性和使用寿命;采用新型水力结构,提高了对牙轮和井底的清洗能力;采用的切削保径锥球齿使钻头具有保径作用和倒划眼功能。钻头尺寸和型号见表 7-1-17。

表 7-1-17 江钻 YC 钻头尺寸和型号

钻头尺寸		钻头型号
in	mm	
3¾	95.3	YC537,YC617
4⅛	104.8	YC517,YC527,YC537,YC617
4½	114.3	YC517,YC527,YC537
4⅝	117.5	YC427,YC437,YC517,YC527,YC537
4¾	120.7	YC437,YC517,YC537
5½	139.7	YC517,YC537,YC617,YC637
5⅞	149.2	YC517,YC537,YC617,YC637
6	152.4	YC517,YC537,YC617,YC637
6⅛	155.6	YC517,YC537,YC617,YC637
6½	165.1	YC517,YC537,YC617,YC637

(13) SKF(浮动轴承橡胶密封钻头)。

SKF 钻头主要用于直井和定向井钻进。该系列钻头采用浮动轴承橡胶密封,优化切削结构,采用强化保径技术,具有进尺高和机械钻速快等特点。钻头尺寸和型号见表 7-1-18。

表 7-1-18 江钻 SKF 钻头尺寸和型号

钻头尺寸		钻头型号
in	mm	
8½	215.9	SKF117G,SKF127G,SKF137G,SKF437G,SKF447G,SKF517G,SKF537G
9½	241.3	SKF117G,SKF127G,SKF137G,SKF437G,SKF447G,SKF517G,SKF537G
12¼	311.2	SKF117G,SKF127G,SKF137G,SKF437G,SKF447G,SKF517G,SKF537G

(14) SKH(滑动轴承橡胶密封钻头)。

SKH 钻头主要用于上部均质地层钻进。该系列钻头采用滑动轴承橡胶密封,同时选用吃入性强的切削结构,具有进尺高和机械钻速快等特点。钻头尺寸和型号见表 7-1-19。

(15) SKG(滚动轴承橡胶密封钻头)。

该系列钻头采用滚动轴承橡胶密封,在中低钻压、较高转速情况下,具有进尺高和机械钻速快等特点。钻头尺寸和型号见表 7-1-20。

(16) SKW(非密封滚动轴承钻头)。

该系列钻头无密封,钻井液直接进入轴承腔内冷却轴承,适合各种类型井的表层以及可钻性好的上部地层钻进,具有成本低和机械钻速高等特点。常用的钻头尺寸和型号见表 7-1-21。

表 7-1-19 江钻 SKH 钻头尺寸和型号

钻头尺寸		钻头型号
in	mm	
8½	215.9	SKH116,SKH126,SKH136,SKH216G,SKH137,SKH217G,SKH437G,SKH447G,SKH517G,SKH537G,SKH547G
8¾	222.3	SKH116,SKH126,SKH136,SKH216G,SKH137,SKH217G,SKH437G,SKH447G,SKH517G,SKH537G,SKH547G
9½	241.3	SKH116,SKH126,SKH136,SKH216G,SKH137,SKH217G,SKH437G,SKH447G,SKH517G,SKH537G,SKH547G
9⅝	244.5	SKH116,SKH126,SKH136,SKH216G,SKH137,SKH217G,SKH437G,SKH447G,SKH517G,SKH537G,SKH547G
9⅞	250.8	SKH116,SKH126,SKH136,SKH216G,SKH437G,SKH517G,SKH537G
10⅝	269.9	SKH437G,SKH517G,SKH537G
11⅝	295.3	SKH116,SKH117,SKH127,SKH137,SKH217G,SKH227G,SKH237G,SKH317G,SKH417G,SKH437G,SKH517G,SKH537G,SKH547G,SKH617G,SKH627G,SKH637G
12¼	311.2	SKH116,SKH126,SKH136,SKH216G,SKH437G,SKH517G,SKH537G
13⅝	346.1	SKH117,SKH127,SKH437G,SKH517G,SKH537G
14¾	374.7	SKH117,SKH127,SKH437G,SKH517G,SKH537G
15½	393.7	SKH117,SKH127,SKH437G,SKH517G,SKH537G
16	406.4	SKH117,SKH127,SKH437G,SKH517G,SKH537G
17½	444.5	SKH117,SKH127,SKH437G,SKH517G,SKH537G

表 7-1-20 江钻 SKG 钻头尺寸和型号

钻头尺寸		钻头型号
in	mm	
10⅝	269.9	SKG124,SKG135,SKG425G,SKG535G,SKG545G
11⅝	295.3	SKG114,SKG115,SKG125,SKG135,SKG124,SKG134,SKG214,SKG215,SKG225
12¼	311.2	SKG114,SKG115,SKG124,SKG134,SKG214,SKG225,SKG415G,SKG435G,SKG515G,SKG545G
13⅝	346.1	SKG114,SKG124,SKG125,SKG134,SKG214
13¾	349.3	SKG115,SKG125,SKG435
14¾	374.7	SKG114,SKG124,SKG134,SKG435G,SKG515G,SKG535G
15½	393.7	SKG115,SKG124,SKG134,SKG135G,SKG215G

续表 7-1-20

钻头尺寸		钻头型号
in	mm	
16	406.4	SKG114,SKG124,SKG134,SKG435G,SKG515G,SKG535G
17½	444.5	SKG114,SKG115,SKG124,SKG125,SKG134,SKG135,SKG215,SKG235,SKG435G,SKG515G,SKG535G
18⅞	479.4	SKG114,SKG124,SKG134,SKG435G,SKG515G,SKG535G
20	508.0	SKG114,SKG124,SKG134,SKG435G,SKG515G,SKG535G
22	558.8	SKG114,SKG124,SKG134,SKG435G,SKG515G,SKG535G
24	609.6	SKG114,SKG124,SKG134,SKG435G,SKG515G,SKG535G
26	660.4	SKG114,SKG124,SKG134,SKG435G,SKG515G,SKG535G

表 7-1-21　江钻 SKW 钻头尺寸和型号

钻头尺寸		钻头型号
in	mm	
14¾	374.7	SKW111,SKW121,SKW131,SKW211,SKW241
15	381.0	SKW121
15½	393.7	SKW111,SKW121,SKW131,SKW211,SKW241
16	406.4	SKW111,SKW121,SKW131,SKW211,SKW241
17½	444.5	SKW111,SKW121,SKW131,SKW211,SKW241
20	508.0	SKW111,SKW121,SKW131,SKW211,SKW241
22	558.8	SKW111,SKW121,SKW131,SKW211,SKW241
24	609.6	SKW111,SKW121,SKW131,SKW211,SKW241
26	660.4	SKW111,SKW121,SKW131,SKW211,SKW241

2. 四川成都石油机械厂

四川成都石油机械厂主要生产川石牌 Y,P,M,MP,HP,PC,SH,SHJ,XMP 等系列三牙轮钻头。Y 系列是铣齿滚动轴承钻头;P 系列是铣齿滚动轴承喷射式钻头;M 系列是铣齿滚动密封轴承钻头;MP 系列是铣齿滚动密封轴承喷射式钻头;HP 系列是铣齿滑动轴承喷射式钻头;PC 系列是铣齿滚动轴承中心喷射式钻头;SH 系列是镶齿滑动密封轴承喷射式钻头;SHJ 系列是镶齿金属密封滑动轴承喷射式钻头;XMP 系列是镶齿滚动密封轴承喷射式钻头。钻头型号及推荐参数见表 7-1-22 和表 7-1-23。

表 7-1-22 川石铣齿钻头型号及推荐钻压和转速

<table>
<tr><td colspan="2">地层系列</td><td colspan="9">1(低抗压强度、高可钻性软地层)</td></tr>
<tr><td colspan="2">钻头尺寸</td><td rowspan="2">型 号</td><td rowspan="2">钻压/kN</td><td rowspan="2">转速/(r·min⁻¹)</td><td rowspan="2">型 号</td><td rowspan="2">钻压/kN</td><td rowspan="2">转速/(r·min⁻¹)</td><td rowspan="2">型 号</td><td rowspan="2">钻压/kN</td><td rowspan="2">转速/(r·min⁻¹)</td></tr>
<tr><td>mm</td><td>in</td></tr>
<tr><td>158.8</td><td>6¼</td><td></td><td></td><td></td><td rowspan="2">Y2</td><td rowspan="2">50～70</td><td rowspan="2">120～60</td><td></td><td></td><td></td></tr>
<tr><td>171.5</td><td>6¾</td><td></td><td></td><td></td><td></td><td></td><td></td></tr>
<tr><td>190.5</td><td>7½</td><td></td><td></td><td></td><td>Y2</td><td rowspan="2">80～100</td><td rowspan="2">150～60</td><td>M3</td><td rowspan="2">80～120</td><td rowspan="2">150～50</td></tr>
<tr><td>200.0</td><td>7⅞</td><td></td><td></td><td></td><td>Y2,MP2</td><td>P3</td></tr>
<tr><td rowspan="3">215.9</td><td rowspan="3">8½</td><td>MP1</td><td rowspan="3">80～140</td><td>150～80</td><td>Y2,P2</td><td rowspan="3">80～140</td><td>200～80</td><td>P3</td><td rowspan="3">80～140</td><td>200～50</td></tr>
<tr><td rowspan="2">HP1</td><td rowspan="2">100～60</td><td>MP2</td><td>150～80</td><td>MP3</td><td>150～60</td></tr>
<tr><td>HP2</td><td>90～60</td><td>HP3</td><td>80～60</td></tr>
<tr><td>241.3</td><td>9½</td><td></td><td></td><td></td><td>MP2</td><td>120～160</td><td>150～80</td><td></td><td></td><td></td></tr>
<tr><td rowspan="2">244.5</td><td rowspan="2">9⅝</td><td rowspan="2">MP1</td><td rowspan="2">100～150</td><td rowspan="2">180～80</td><td>P2</td><td>130～160</td><td>200～100</td><td>P3</td><td rowspan="2">130～170</td><td>200～100</td></tr>
<tr><td>MP2</td><td>120～160</td><td>180～80</td><td>MP3</td><td>180～80</td></tr>
<tr><td>250.8</td><td>9⅞</td><td></td><td></td><td></td><td>Y2</td><td>130～160</td><td>200～100</td><td></td><td></td><td></td></tr>
<tr><td rowspan="2">304.8</td><td rowspan="2">12</td><td rowspan="2"></td><td rowspan="2"></td><td rowspan="2"></td><td>MP2</td><td rowspan="5">140～180</td><td>180～80</td><td rowspan="2"></td><td rowspan="2"></td><td rowspan="2"></td></tr>
<tr><td>HP2</td><td>110～80</td></tr>
<tr><td rowspan="3">311.2</td><td rowspan="3">12¼</td><td rowspan="2">MP1</td><td rowspan="3">120～180</td><td rowspan="2">150～80</td><td>P2</td><td>200～100</td><td>P3</td><td rowspan="2">140～180</td><td>180～100</td></tr>
<tr><td>MP2</td><td>150～100</td><td>MP3</td><td>150～100</td></tr>
<tr><td>HP1</td><td>120～80</td><td>HP2</td><td>100～80</td><td>HP3</td><td>140～200</td><td>120～80</td></tr>
<tr><td rowspan="2">346.1</td><td rowspan="2">13⅝</td><td rowspan="3">MP1</td><td rowspan="3">140～200</td><td rowspan="3">150～80</td><td>P2</td><td rowspan="2">140～200</td><td>200～100</td><td rowspan="2"></td><td rowspan="2"></td><td rowspan="2"></td></tr>
<tr><td>MP2</td><td>150～80</td></tr>
<tr><td>349.3</td><td>13¾</td><td></td><td></td><td></td><td></td><td></td><td></td></tr>
<tr><td>374.7</td><td>14¾</td><td></td><td></td><td></td><td>HP2</td><td>160～260</td><td></td><td></td><td></td><td></td></tr>
<tr><td>381.0</td><td>15</td><td></td><td></td><td></td><td>P2</td><td>140～230</td><td>150～60</td><td></td><td></td><td></td></tr>
<tr><td rowspan="2">444.5</td><td rowspan="2">17½</td><td rowspan="2">MP1</td><td rowspan="2">～200</td><td rowspan="2">110～60</td><td>P2</td><td rowspan="2">～250</td><td>120～80</td><td>P3</td><td rowspan="2">～280</td><td>120～80</td></tr>
<tr><td>MP2</td><td>100～60</td><td>MP3</td><td>100～60</td></tr>
<tr><td>559.0</td><td>22</td><td></td><td></td><td></td><td>MP2</td><td>～320</td><td rowspan="2">90～50</td><td></td><td></td><td></td></tr>
<tr><td>660.4</td><td>26</td><td>PC1</td><td>～350</td><td>100～60</td><td>PC2</td><td>～350</td><td>PC3</td><td>～350</td><td>80～50</td></tr>
</table>

续表 7-1-22

<table>
<tr><td colspan="2">地层系列</td><td colspan="6">2(高抗压强度中至中硬地层)</td><td colspan="3">3(半研磨性及研磨性硬地层)</td></tr>
<tr><td colspan="2">钻头尺寸</td><td rowspan="2">型　号</td><td rowspan="2">钻压
/kN</td><td rowspan="2">转速
/(r·min⁻¹)</td><td rowspan="2">型　号</td><td rowspan="2">钻压
/kN</td><td rowspan="2">转速
/(r·min⁻¹)</td><td rowspan="2">型　号</td><td rowspan="2">钻压
/kN</td><td rowspan="2">转速
/(r·min⁻¹)</td></tr>
<tr><td>mm</td><td>in</td></tr>
<tr><td>158.8</td><td>6¼</td><td></td><td></td><td></td><td rowspan="3">Y5</td><td>50～80</td><td rowspan="2">110～60</td><td rowspan="5">Y6</td><td>50～80</td><td rowspan="5">110～60</td></tr>
<tr><td>171.5</td><td>6¾</td><td></td><td></td><td></td><td>50～90</td><td>50～90</td></tr>
<tr><td>200.0</td><td>7⅞</td><td></td><td></td><td></td><td>80～140</td><td>150～50</td><td>80～150</td></tr>
<tr><td rowspan="2">215.9</td><td rowspan="2">8½</td><td>Y4</td><td rowspan="2">100～160</td><td>180～60</td><td>Y5</td><td rowspan="2">100～160</td><td>150～60</td><td rowspan="2">100～160</td></tr>
<tr><td>HP4</td><td>80～50</td><td>HP5</td><td>80～50</td></tr>
<tr><td>250.8</td><td>9⅞</td><td>Y4</td><td>130～180</td><td>200～80</td><td>Y5</td><td>130～180</td><td>150～60</td><td>Y6</td><td>130～180</td><td></td></tr>
<tr><td>304.8</td><td>12</td><td>HP4</td><td>140～200</td><td>90～60</td><td></td><td></td><td></td><td></td><td></td><td></td></tr>
<tr><td rowspan="2">311.2</td><td rowspan="2">12¼</td><td>P4</td><td rowspan="2">160～180</td><td>180～80</td><td rowspan="2">MP5</td><td rowspan="2">160～200</td><td rowspan="2">120～60</td><td rowspan="2">P6
MP6</td><td rowspan="2">160～200</td><td rowspan="2">120～60</td></tr>
<tr><td>MP4</td><td>150～80</td></tr>
<tr><td>381.0</td><td>15</td><td></td><td></td><td></td><td>P5</td><td>160～240</td><td>120～60</td><td></td><td></td><td></td></tr>
</table>

表 7-1-23　川石镶齿钻头型号及推荐钻压和转速

<table>
<tr><td colspan="2">地层系列</td><td colspan="3">4(低抗压强度、高可钻性软地层)</td><td colspan="6">5(低抗压强度软至中硬地层)</td></tr>
<tr><td colspan="2">钻头尺寸</td><td rowspan="2">型　号</td><td rowspan="2">钻压
/kN</td><td rowspan="2">转速
/(r·min⁻¹)</td><td rowspan="2">型　号</td><td rowspan="2">钻压
/kN</td><td rowspan="2">转速
/(r·min⁻¹)</td><td rowspan="2">型　号</td><td rowspan="2">钻压
/kN</td><td rowspan="2">转速
/(r·min⁻¹)</td></tr>
<tr><td>mm</td><td>in</td></tr>
<tr><td>149.2</td><td>5⅞</td><td></td><td></td><td></td><td></td><td></td><td></td><td rowspan="2">SH33</td><td rowspan="2">50～90</td><td rowspan="2">90～50</td></tr>
<tr><td>152.4</td><td>6</td><td></td><td></td><td></td><td rowspan="3">SH22R</td><td rowspan="3">50～80</td><td rowspan="4">90～60</td></tr>
<tr><td>158.8</td><td>6¼</td><td></td><td></td><td></td><td></td><td></td><td></td></tr>
<tr><td>165.1</td><td>6½</td><td></td><td></td><td></td><td></td><td></td><td></td></tr>
<tr><td>190.5</td><td>7½</td><td></td><td></td><td></td><td>SH22
SH22R</td><td>80～140</td><td></td><td></td><td></td></tr>
<tr><td>200.0</td><td>7⅞</td><td></td><td></td><td></td><td>SH22
SH22R</td><td>90～160</td><td>100～60</td><td>SH33</td><td>100～160</td><td rowspan="3">90～50</td></tr>
<tr><td rowspan="2">215.9</td><td rowspan="2">8½</td><td>SH11R</td><td rowspan="2">90～160</td><td>120～60</td><td>SH22R</td><td rowspan="3">100～180</td><td>100～60</td><td rowspan="2">SH33R</td><td rowspan="2">110～180</td></tr>
<tr><td>SHJ11R</td><td>150～80</td><td>SHJ22R</td><td>150～80</td></tr>
<tr><td>222.3</td><td>8¾</td><td></td><td></td><td></td><td>SH22
SH22R</td><td>100～60</td><td></td><td></td><td></td></tr>
</table>

续表 7-1-23

<table>
<tr><td colspan="2">地层系列</td><td colspan="3">4(低抗压强度、高可钻性软地层)</td><td colspan="6">5(低抗压强度软至中硬地层)</td></tr>
<tr><td colspan="2">钻头尺寸</td><td rowspan="2">型　号</td><td rowspan="2">钻压
/kN</td><td rowspan="2">转速
/(r・min⁻¹)</td><td rowspan="2">型　号</td><td rowspan="2">钻压
/kN</td><td rowspan="2">转速
/(r・min⁻¹)</td><td rowspan="2">型　号</td><td rowspan="2">钻压
/kN</td><td rowspan="2">转速
/(r・min⁻¹)</td></tr>
<tr><td>mm</td><td>in</td></tr>
<tr><td rowspan="2">241.3</td><td rowspan="2">9½</td><td>SH11R</td><td rowspan="2">100～180</td><td>120～60</td><td rowspan="2">SH22R</td><td rowspan="2">100～200</td><td rowspan="12">100～60</td><td rowspan="2">SH33</td><td rowspan="2">100～200</td><td rowspan="2">90～50</td></tr>
<tr><td>SHJ11R</td><td>150～80</td></tr>
<tr><td>304.8</td><td>12</td><td></td><td></td><td></td><td rowspan="2">SH22R</td><td rowspan="2">140～220</td><td rowspan="2">SH33
SH33R</td><td rowspan="2">140～230</td><td rowspan="2">90～50</td></tr>
<tr><td>311.2</td><td>12¼</td><td>SH11R</td><td>140～220</td><td>120～60</td></tr>
<tr><td>346.1</td><td>13⅝</td><td></td><td></td><td></td><td rowspan="2">SH22R</td><td rowspan="2">160～250</td><td></td><td></td><td></td></tr>
<tr><td>349.3</td><td>13¾</td><td>SH11R</td><td>160～230</td><td>120～60</td><td></td><td></td><td></td></tr>
<tr><td>374.7</td><td>14¾</td><td></td><td></td><td></td><td>SH22
SH22R</td><td>160～280</td><td></td><td></td><td></td></tr>
<tr><td>406.4</td><td>16</td><td></td><td></td><td></td><td>SH22R</td><td>～300</td><td>SH33
SH33R</td><td>～300</td><td rowspan="2">90～50</td></tr>
<tr><td>444.5</td><td>17½</td><td></td><td></td><td></td><td>SH22
SH22R</td><td>～350</td><td>SH33R</td><td>～360</td></tr>
</table>

<table>
<tr><td colspan="2">地层系列</td><td colspan="6">6(高抗压强度中硬地层)</td><td colspan="3">7(半研磨性及研磨性硬地层)</td></tr>
<tr><td colspan="2">钻头尺寸</td><td rowspan="2">型　号</td><td rowspan="2">钻压
/kN</td><td rowspan="2">转速
/(r・min⁻¹)</td><td rowspan="2">型　号</td><td rowspan="2">钻压
/kN</td><td rowspan="2">转速
/(r・min⁻¹)</td><td rowspan="2">型　号</td><td rowspan="2">钻压
/kN</td><td rowspan="2">转速
/(r・min⁻¹)</td></tr>
<tr><td>mm</td><td>in</td></tr>
<tr><td>200.0</td><td>7⅞</td><td></td><td></td><td></td><td rowspan="3">SH55</td><td>120～160</td><td rowspan="3">70～50</td><td></td><td></td><td></td></tr>
<tr><td>215.9</td><td>8½</td><td rowspan="5">SH44</td><td rowspan="2">120～180</td><td rowspan="5">80～50</td><td rowspan="2">10～180</td><td>SH66</td><td>130～200</td><td>60～45</td></tr>
<tr><td>222.3</td><td>8¾</td><td></td><td></td><td></td></tr>
<tr><td>244.5</td><td>9⅝</td><td>120～200</td><td></td><td></td><td></td><td></td><td></td><td></td></tr>
<tr><td>304.8</td><td>12</td><td rowspan="2">150～240</td><td></td><td></td><td></td><td></td><td></td><td></td></tr>
<tr><td>311.2</td><td>12¼</td><td>SH55</td><td>150～240</td><td>70～50</td><td></td><td></td><td></td></tr>
<tr><td>444.5</td><td>17½</td><td></td><td></td><td></td><td></td><td></td><td></td><td>SH66</td><td>～400</td><td>60～45</td></tr>
</table>

<table>
<tr><td colspan="2">地层系列</td><td colspan="3">8(研磨性极硬地层)</td><td colspan="6"></td></tr>
<tr><td colspan="2">钻头尺寸</td><td rowspan="2">型　号</td><td rowspan="2">钻压
/kN</td><td rowspan="2">转速
/(r・min⁻¹)</td><td rowspan="2"></td><td rowspan="2"></td><td rowspan="2"></td><td rowspan="2"></td><td rowspan="2"></td><td rowspan="2"></td></tr>
<tr><td>mm</td><td>in</td></tr>
<tr><td>215.9</td><td>8½</td><td>SH77</td><td>130～200</td><td>60～45</td><td></td><td></td><td></td><td></td><td></td><td></td></tr>
</table>

注:本表中推荐的钻压和转速范围不可同时采用上限值。

3. 贝克休斯公司

贝克休斯公司生产的钻头选型与结构特点及系列规格见表 7-1-24～表 7-1-26,推荐钻压和转速见表 7-1-27。

表 7-1-24　贝克休斯牙轮钻头选型与结构特点

系列		地层	分级	结构特点								
				标准滚动轴承 1	滚动轴承空气冷却 2	滚动轴承保径 3	滚动密封轴承 4	滚动密封轴承保径 5		滑动密封轴承 6	滑动密封轴承保径 7	
								橡胶密封	金属密封		橡胶密封	金属密封
铣齿钻头	1	低抗压强度、高可钻性软地层	1	R1			GTX-1	GTX-G1，ATX-1	MAX-GT1，MX-1	GT-1，ATJ-1	GT-G1H，GT-G1，STR-1，STX-1	MX-1
			3	R3			GTX-3	GTX-G3，ATX-G3	MAX-GT3，MX-3			MX-3
	2	高抗压强度中至中硬地层	1							ATJ-4	ATJ-G4	
			2	DR5								
	3	硬、半研磨性或研磨性地层	2	R7								
			4								ATJ-G8	
镶齿钻头	4	低抗压强度、高可钻性软地层	1					GTX-00，GTX-03，GTX-03H	MAXGT-00，MAXGT-03，MX-00，MX-03		GT-00，GT-03，H-03，STR-03	MX-00，MX-03
			2					GTX-03C			HX-05C，STR-05C	
			3					GTX-09，GTX-09H，GTX-11H	MAXGT-09，MX-09，MX-11，MX-09H，MX-11S		GT-09，GT-09C，H-09，H-09C，STR-09，STR-09C，STX-09，STX-09C，STX-09H	MX-09，MX-09G，MX-09H，MX-09C，MX-09CG，MX-11，MX-11H，MX-11S
			4						MAXGT-18，MX-18		GT-18，GT-18C，H-18，H-18C，H-18H，HX-18，STR-18，STX-18	MX-18，MX-18H，MX-18C

续表 7-1-24

系列		地层	分级	结构特点								
				标准滚动轴承 1	滚动轴承空气冷却 2	滚动轴承保径 3	滚动密封轴承 4	滚动密封轴承保径 5		滑动密封轴承 6	滑动密封轴承保径 7	
								橡胶密封	金属密封		橡胶密封	金属密封
镶齿钻头	5	低抗压强度软至中地层	1					GTX-20，GTX-20G，GTX-20H	MAXGT-20，MX-20		GT-20，GT-20S，H-20，HX-20，STR-20，STX-20	MX-20，MX-20G，MX-20H
			2					GTX-20C	MAXGT-20CG，MX-28G		GT-20C，GT-28，GT-28C，H-28，H-20C，H-28C，HX-28，HX-28C	MX-20C，MX-28
			3						MAXGT-30，MX-30H		GT-30，GT-30H，H-30，HX-30，STR-30，STX-30	MX-30，MX-30G，MX-30H
			4					GTX-30C	MAXGT-30CG		GT-30C，H-30C，H-30CG，HR-35C，HR-30C，HR-35，STR-35C，STX-30C	MX-35C，MX-35CG
	6	高抗压强度中至中硬地层	1		G44						HR-44，HR-44G，STR-40，STX-40	MX-40，MX-40G
			2					GTX-40C	MAX-44C		HR-40C，HR-44C，HR-44CH，STR-40C，STR-44C，STR-40CG，STX-44C	MX-40CG，MX-40C，MX-44CH

续表 7-1-24

系列		地层	分级	结构特点								
				标准滚动轴承 1	滚动轴承空气冷却 2	滚动轴承保径 3	滚动密封轴承 4	滚动密封轴承保径 5		滑动密封轴承 6	滑动密封轴承保径 7	
								橡胶密封	金属密封		橡胶密封	金属密封
镶齿钻头	6	高抗压强度中至中硬地层	3		G55				MAX-55		HR-50,HR-50R,HR-50RG,HR-55,HR-55R,HR-55RG,STR-50,STX-50	MX-50R,MX-50RG,MX-50,MX-55
			4								HR-60,HR-66	
	7	硬、半研磨性或研磨性地层	3		G77						HR-70,STR-70,STX-70	
	8	研磨性极硬地层	1								HR-80,HR-88,STR-80,STX-80	
			3		G99						HR-90,HR-99,STR-90,STX-90	

表 7-1-25　贝克休斯镶齿牙轮钻头规格

钻头尺寸		API 接头/in	钻头型号	质量	
mm	in			lb	kg
104.8	4⅛	2⅜	STR-70,STX-30,STX-90	16	7.3
114.3	4½	2⅜	STR-35C,STR-70,STX-30	20	9.0
120.7	4¾	2⅞	STR-05C,STR-20,STR-44C,STR-70,STX-20,STX-30,STX-44,STX-60FDX	22	9.9
123.8	4⅞	2⅞	STR-05C,STR-20,STR-44C,STR-30	22	9.9
149.2	5⅞	3½	STR-05C,STR-44C,STR-70,STX-09,STX-30,STX-50	39	17.7
152.4	6	3½	STR-44C, STR-70, STX-09/09H, STX-20/20H, STX-30/30C, STX-40/40C,STX-50	40	18.1
155.6	6⅛	3½	XL-40A,STR-03,STR-09C,STR-40,STR-50,STR-50FDX,STR-70,STR-70FDX,STX-09/09H,STX-18/18H,STX-20/20G,STX-30/30C,STX-35,STX-50,STX-90	40	18.1
158.8	6¼	3½	XL-30A,XL-40A,XL-50A,STR-40/40C,STR-50,STR-70,STX-09/09C,STX-20C,STX-30C,STX-44C,STX-50	41	18.6
165.1	6½	3½	XL-40A,STR-09,STR-20,STR-30/30C,STR-40/40FD,STR-44C/44CG,STR-50/50R,STX-20,STX-50,STX-70G,STX-90	48	21.8
171.5	6¾	3½	STR-09,STR-30C,STR-40,STR-44C,STX-20,STX-30,STX-50	50	22.7
200.0	7⅞	4½	ATJ-77,ATJ-99,XL-30A,XL-40A,XL-50A,GT-03,GT-09/09C,GT-18/18C,GT-20/20S/20C,GT-28/28C,GT-30/30C,GT-35,H-03,H-05CB,H-09/09C,H-18/18C/18CB,H-20/20C/20B,HX-05C,HX-09,HX-18,HX-20,HX-28,HX-30,HR-30C,HR-35,HR-38C,HR-40,HR-44/44H/44C/44CH,HR-50R,HR-55/55R,HR-66,HR-88,HR-99,MX-09,MX-18,MX-20/20H,MX-40,MX-66	80	36.3
212.7	8⅜	4½	HR-66,HR-88,MX-18,MX-20/20G,MX-30/30G,MX-35CG,MX-40G/40CG,MX-55	92	41.7
215.9	8½	4½	XL-30A,XL-50A,GT-03,GT-09,GT-18,GT-20/20C,GT-30C/30H,H-03,H-09,H-20,H-30,HX-09,HX-18,HX-20,HX-30,HR-30C,HR-38C,HR-40,HR-44C/44G,HR-55R/55RG,HR-66,HR-88,HR-99,MX-00,MX-03,MX-09/09C/09G,MX-18/18CH,MX-20/20C/20G/20H,MX-30/30G/30H,MX-35CG,MX-40CG,MX-50/50RG,MX-66	94	42.6
222.3	8¾	4½	XL-30A,XL-50A,GT-00,GT-03,GT-09C,GT-18,GT-20/20S/20C,GT-30/30C, H-03, H-09/09C, H-18, H-28B, HX-03, HX-05C,HX-09/09C,HX-18,HX-20,HX-30,HR-30C,HR-35/35C,HR-38C/38CH,HR-40,HR-44/44C/44G/44CH,HR-50,HR-55R,HR-66,HR-88,HR-99,MX-03,MX-09,MX-18,MX-20/20G/20H,MX-28,MX-30G,MX-44CH,MX-50R,MX-66	96	43.5

续表 7-1-25

钻头尺寸		API接头/in	钻头型号	质　量	
mm	in			lb	kg
241.3	9½	6⅝	ATJ-44C,GT-30,MX-09,MX-18C,MX-20/20C,MX-28,MX-30G,MX-50R	145	65.8
250.8	9⅞	6⅝	ATJ-66,ATJ-77,ATJ-88,ATJ-99,GT-03,GT-09,GT-18,GT-20,GT-30,HR-30/30C,HR-35,HR-38C,HR-44C,HR-55/55R,HR-88,MX-03,MX-09,MX-20/20H,MX-30	155	70.3
269.9	10⅝	6⅝	ATJ-44,GT-03,GT-18,HR-80,MX-09,MX-20G,MX-40CG	175	79.4
279.4	11	6⅝	ATJ-33C,XL-30A,XL-40A,XL-50A,GT-28C,H-20C	180	81.6
304.8	12	6⅝	MX-20,MX-28,MX-35C,MX-40G	235	106.6
311.2	12¼	6⅝	XL-40A,GT-00,GT-03,GT-09/09C,GT-18/18H,GT-20/20C,GT-28/28C,H-03,H-09,H-18H,H-20GJ,H-30,HR-30C,HR-35,HR-40,HR-44/44CC,HR-55R,HR-66,HR-88,HR-99,MX-03,MX-09/09CG/09H,MX-11/11H,MX-18/18H,MX-20,MX-28,MX-30G/30H,MX-35CG,MX-40CG,MX-44/44C	245	111.1
368.3	14½	7⅝	MAXGT-09,MX-20H	325	147.4
374.7	14¾	7⅝	MAXGT-09,MAXGT-18	345	156.5
406.4	16	7⅝	GTX-03/03H,GTX-09/09H,GTX-11H,GTX-20C,MX-00,MX-03,MX-09/09H,MX-11/11S,MX-18,MX-20,MX-22	510	231.3
444.5	17½	7⅝	GTX-03/03H,GTX-09,GTX-11H,GTX-20/20H,GTX-33,GTX-40C,MX-00,MX-03,MX-09/09G/09H,MX-11H,MX-20,MX-30H,MX-44C,MX-55	560	254.0
508.0	20	7⅝	GTX-03,GTX-09,GTX-11H,GTX-22	780	353.8
558.8	22	7⅝	GTX-03/03H,GTX-09,GTX-11/11H,GTX-20G	1 185	537.5
584.2	23	7⅝	GTX-03/03H,GTX-09,GTX-20G	1 195	542.1
609.6	24	7⅝	GTX-00,GTX-03,GTX-20G	1 195	542.1
660.4	26	7⅝	GTX-00,GTX-03,GTX-20G	1 425	646.4
711.2	28	8⅝	GTX-03,GTX-11H	1 490	675.9
762.0	30	8⅝	GTX-03/03C	1 490	675.9

表 7-1-26　贝克休斯铣齿钻头规格系列

钻头尺寸		API接头/in	钻头规格	质　量	
mm	in			lb	kg
104.8	4⅛	2⅜	DR5,STR-1	18	8.2
114.3	4½	2⅜	STR-1,STX-1	18	8.2
120.7	4¾	2⅞	DR5,ATJ-4,STR-1,STX-1	20	9.1

续表 7-1-26

钻头尺寸		API 接头/in	钻头规格	质　量	
mm	in			lb	kg
123.8	4⅞	2⅞	STR-1	22	9.9
149.2	5⅞	3½	ATJ-4,STX-1	37	16.8
152.4	6	3½	ATJ-4,GT-1,STX-1	38	17.2
155.6	6⅛	3½	R7,ATJ-4,GT-1,STX-1	38	17.2
158.8	6¼	3½	GT-1,STX-1	39	17.7
165.1	6½	3½	GT-1,STX-1	44	20.0
171.5	6¾	3½	GT-1,STR-1,STX-1	46	21.9
193.7	7⅝	4½	GT-1,MX-1	69	31.3
200.0	7⅞	4½	ATJ-G4,GT-1,GT-G1H,MX-1	73	33.1
212.7	8⅜	4½	GTX-G3	88	40.0
215.9	8½	4½	R7,ATJ-G8,GT-1,XLX-1,GTX-G3,MX-1,MX-3	90	40.8
222.2	8¾	4½	ATJ-G4,GT-1,XLX-1,MX-1	92	41.7
241.3	9½	6⅝	GT-1,MX-1	140	63.5
250.8	9⅞	6⅝	GT-1,XLX-1,MX-1	145	65.8
269.9	10⅝	6⅝	GT-1,XLX-1,MX-1	168	76.2
279.4	11	6⅝	R1,GT-1,XLX-1	175	79.4
311.2	12¼	6⅝	R1,R7,ATJ-G8,GT-1,XLX-1,GTX-1,GTX-G1,GTX-G3,MX-1,MX-3	225	102.1
342.9	13½	6⅝	R1,GTX-1,MX-1	255	115.7
349.3	13¾	6⅝	R1,GTX-1	265	120.2
368.3	14½	7⅝	GTX-1,GTX-G1	300	136.1
374.7	14¾	7⅝	R1,GTX-1,GTX-G1,GTX-G3,MAX-GT1,MX-1	315	142.9
406.4	16	7⅝	GTX-1,GTX-G1,MX-1,MX-3	450	204.1
444.5	17½	7⅝	R1,R3,GTX-1,GTX-G1,GTX-3,GTX-G3,MX-1,MX-3	515	233.6
508.0	20	7⅝	R1,GTX-G1	705	319.8
558.8	22	7⅝	R1,R3,GTX-G1	1 125	510.3
584.2	23	7⅝	R1	1 145	519.4
609.6	24	7⅝	R1,GTX-G1	1 145	519.4
660.4	26	7⅝	R1,R3,GTX-G1	1 300	589.7
711.2	28	8⅝	R1,R3,GTX-G1	1 380	626.0
762.0	30	8⅝	R1	1 380	626.0

表 7-1-27　贝克休斯牙轮钻头推荐钻压和转速

钻头类型	钻头型号	适应地层	钻压 /(kN·mm^{-1})	转速 /(r·min^{-1})
铣　齿	R1,GT-1,GTX-G1,ATX-1,MAX-GT1,MX-1,R3,GT-3,GTX-G3,ATX-G3,MAX-GT3,MX-3	软	0.54～0.89 0.62～1.04	250～60 200～60
	ATJ-4,ATJ-G4,DR5	中	0.7～1.47	250～60
	R7,ATJ-G8	硬	1.04～1.47	200～60
镶　齿	GTX-00～GTX-11,GTX-00～GTX-18,ATX-05～ATX-09,MX-00～MX-11,H-03～H-18,GT-00～GT-18	极　软	0.54～0.89 0.62～0.89	250～80 200～60
	GTX-20～GTX-30,ATX-44,MX-20～MX-35,H-20～HX-30,GT-20～GT-30	软	0.54～0.89 0.62～0.89	250～80 200～60
	G44,G55,GTX-40C,ATX-44C,MAX-44C,MAX-55,HR-44,HR-40C,HR-55,HR-60,MX-40,MX-50,HR-66	中	0.7～1.04 0.8～1.04	220～60 180～60
	G77,HR-70	硬	0.8～1.31	180～60
	G99,HR-80,HR-88,HR-90,HR-99	极　硬	1.04～1.47	150～60

4. 瑞德公司

瑞德公司生产的钻头选型及结构特点见表 7-1-28,推荐的钻压和转速见表 7-1-29。

表 7-1-28　瑞德牙轮钻头选型与结构特点

系　列		地　层	分　级	结构特点						
				标准型滚动轴承	滚动轴承空气冷却	滚动轴承保径	滚动密封轴承	滚动密封轴承保径	滑动密封轴承	滑动密封轴承保径
铣齿钻头	1	低抗压强度、高可钻性软地层	1	Y11			S11	MS11G	HP11,PMC	MHP11G
			2	Y12					HP12,EHP12	
			3	Y13				S13G,MS13G		HP13G,MHP13G
			4							
	2	高抗压强度中至中硬地层	1					S21G,MS21G		HP21G
			2							
			3							
			4							
	3	硬、半研磨性或研磨性地层	1					S31G		HP31G
			2							
			3							
			4							

续表 7-1-28

系　列		地　层	分　级	结构特点：标准型滚动轴承	结构特点：滚动轴承空气冷却	结构特点：滚动轴承保径	结构特点：滚动密封轴承	结构特点：滚动密封轴承保径	结构特点：滑动密封轴承	结构特点：滑动密封轴承保径
镶齿钻头	4	低抗压强度、高可钻性软地层	1					MS41A		EHP41A,EHP41H
			2							
			3					S43A,MS43A		HP43A,EHP43A,EHP43H
			4					S44A,MS44A		HP44A
	5	低抗压强度软至中地层	1					S51A,MS51A		HP51XM,HP51,HP51A,HP51X,HP51H,EHP51A,EHP51H
			2					S52A		HP52,HP52X,HP52A
			3					S53A		HP53AM,HP53,HP53A,EHP53A,EHP53
			4							HP54
	6	高抗压强度中至中硬地层	1							HP61,HP61A,EHP61,EHP61A
			2		Y62JA			S62A		HP62,HP62A,EHP62,EHP62A
			3		Y63JA					HP63,EHP63
			4							
	7	硬、半研磨性或研磨性地层	1							
			2							
			3		Y73JA					HP73,EHP73
			4							
	8	研磨性极硬地层	1							
			2							
			3		Y83JA					HP83,EHP83
			4							

表 7-1-29　瑞德牙轮钻头推荐钻压和转速

齿　型	钻头型号	适应地层	钻压 /(kN·mm^{-1})	转速 /(r·min^{-1})
铣　齿	Y11,Y12,S11,HP12,MS11G,HP11,MHP11,HP13G,S13G,Y13,MS13G,MHP13G	软	0.54～0.89 0.7～1.04	200～80 180～80
	S21G,MS21G,HP21G	中	0.6～1.04	180～60
	S31G,HP31G	硬	0.6～1.16	180～60
镶　齿	MS41A,EHP41A,EHP41H,S43A,MS43A,HP43A,EHP43A,EHP43H,S44A,MS44A,HP44A	极　软	0.54～0.89	200～40
	S51A, MS51A, S52A, HP51XM, HP51, HP51A, HP51X, HP51H, EHP51A, EHP51H, HP52, HP52X, HP52A, S53A, HP53AM,HP53,HP53A,EHP53A,EHP53,HP54	软	0.54～0.89 0.6～1.04	180～50 180～50
	Y62JA,Y63JA,S62A,HP61,HP61A,EHP61,EHP61A,HP62,HP62A,EHP62,EHP62A,HP63,EHP63	中	0.6～1.04	180～50
	Y73JA,HP73,EHP73	硬	0.7～1.16	140～50
	Y83JA,HP83,EHP83	极　硬	0.7～1.16	120～50

5. 史密斯公司

史密斯公司生产的钻头选型与结构特点见表 7-1-30,推荐的钻压和转速见表 7-1-31。

表 7-1-30　史密斯公司牙轮钻头选型与结构特点

系　列		地　层	分　级	结构特点						
				标准型滚动轴承	滚动轴承空气冷却	滚动轴承保径	滚动密封轴承	滚动密封轴承保径	滑动密封轴承	滑动密封轴承保径
铣齿钻头	1	低抗压强度、高可钻性软地层	1	DSJ			SDS	MSDSH, MSDSSH, NSDSHOD	FDS, FDS+, FDSS+	MFDSH,MFDSSH
			2	DTJ					FDT	
			3	DGJ				SDGH, MSDGH, MSDSHOD	FDG	FDSH
			4							MFDSH
	2	高抗压强度中至中硬地层	1	V2J				SVH	FV	
			2					MSVH		FVH
			3							
			4							
	3	硬、半研磨性或研磨性地层	1							
			2							
			3							
			4							

续表 7-1-30

系列		地层	分级	结构特点						
				标准型滚动轴承	滚动轴承空气冷却	滚动轴承保径	滚动密封轴承	滚动密封轴承保径	滑动密封轴承	滑动密封轴承保径
镶齿钻头	4	低抗压强度、高可钻性软地层	1					MO1S,MO1SOD,MO2S,MO2SOD		MF02
			2					M05S		F05,MF07,F07
			3					M1S,M1SOD		F1,F10D,MF10D
			4					M15SD,M15S,M15SOD		F15,MF15,F15D,F150D,MF15D,MA15,MF150D
	5	低抗压强度软至中地层地层	1					A1JSL,MA1SL,M2S,M2SD,2JS		F2,F2H,F25,F15H,F25A,F17,MF2,F2D,MF2D
			2					M27S,M27SD		F271,F27,MF27D,MF27
			3					3JS,M3S,M3SOD		MF3,F3,F3H,F3D,MF30D,MF3H,MF3D
			4							F35,F35A,F37,F37A,F37D,MF37,MF37D
	6	高抗压强度中至中硬地层	1		4GA			4JS		F4,F4A,F45A,F47,F47A,F4H
			2		47JA,5GA			5JS,47JS		F50D,F47H,F5,MF5D,MF5
			3							F57,F57A,F57D,F570D,F57DD
			4							F670D
	7	硬、半研磨性或研磨性地层	1							
			2							
			3		7JA					MF7,F7,F70D
			4							
	8	研磨性极硬地层	1							F80D,F8DD
			2							
			3		9JA					F9
			4							

表 7-1-31 史密斯公司牙轮钻头推荐钻压和转速

齿 型	钻头型号	适应地层	钻压/(kN·mm^{-1})	转速/(r·min^{-1})
铣 齿	DSJ,DTJ,SDS,MSDSH,FDS,MFDSH,FDTDGJ,SDGH,MSDGH,FDG,FDSH,MFDSH	软	0.35～1.04 0.54～1.24	250～80 200～70
	V2J,SVH,FV,MSVH,FVH	中	0.54～1.39	200～60
镶 齿	MO1S,MO1SOD,MO2S,MO2SOD,MF02,M05S,F05,MF07,F07,M1S,F1,F10D,MF10D,M15S,F15,MF15,MA15,MF150D	软	0.35～0.89 0.54～1.04	200～50
	1JSL,MA1SL,M2S,2JS,F2H,F25,F15H,F25A,F17,MF2,F2D,MF2D,M27S,M27SD,F271,F27,MF27D,MF27,3JS,M3S,M3SOD,MF3,F3,F3H,F3D,MF30D,MF3H,MF3D,F35,F35A,F37,F37A,F37D,MF37,MF37D	软—中	0.54～1.04	180～50
	4GA,4JS,F4,F4A,F45AF47,F47A,F4H,47JA,F47H,47JS5GA,5JS,F50D,F5,MF5D,MF5F57,F57A,F57D,F570D,F57DD,F670D	中 硬	0.54～1.04 0.54～1.04 0.7～1.16	140～50
	7JA,MF7,F7,F70D	硬	0.7～1.16	140～50
	F80D,F8DD,9JA,F9	极 硬	0.7～1.39	120～50

第二节 金刚石钻头

金刚石钻头依靠切削、犁铧、研磨等作用破碎岩石，主要包括 PDC 钻头(Polycrystalline Diamond Compact Bit,聚晶金刚石复合片钻头)、天然金刚石钻头、TSP 钻头(Thermal Stable Polycrystalline Diamond Bit,热稳定聚晶金刚石钻头)和孕镶金刚石钻头等。此外针对工程需求，还开发了特殊钻头，其切削元件以金刚石材料为主。

一、金刚石钻头类型及结构特点

1. 金刚石钻头类型

金刚石钻头按照切削材料和制造工艺分为 PDC 钻头、天然金刚石钻头、TSP 钻头和孕镶金刚石钻头，见图 7-2-1。

2. 金刚石钻头结构特点

1) PDC 钻头

PDC 钻头按制造工艺分为胎体 PDC 钻头和钢体 PDC 钻头。胎体钻头的钻头体是将不同粒度的铸造碳化钨粉和碳化钨粉以及不同配比的浸渍金属料装入设计好的石墨模具中，经无压浸渍高温烧结而成，上面预留了切削齿位置和喷嘴位置。钢体钻头的钻头体是采用整块

(a) PDC钻头

(b) 天然金刚石钻头

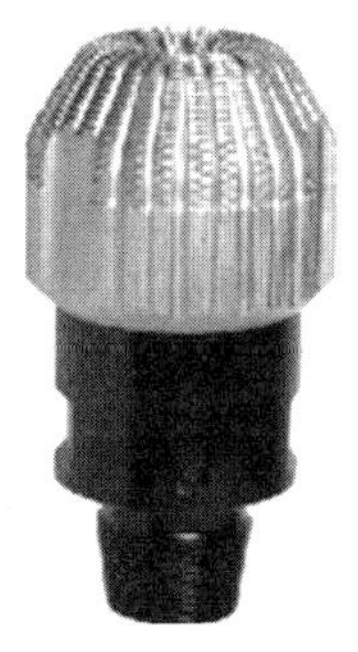
(c) TSP钻头

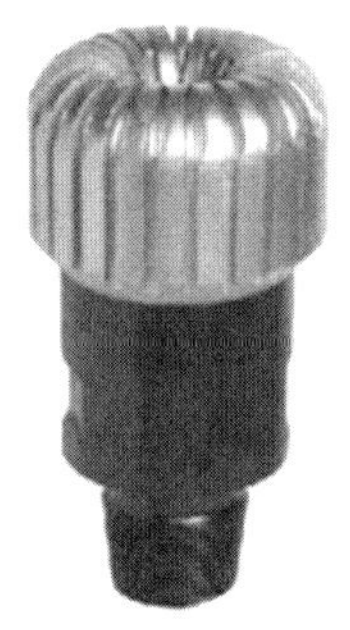
(d) 孕镶金刚石钻头

图 7-2-1　金刚石钻头类型

合金钢毛坯经机加工而成。在钻头体上焊入切削齿，装入喷嘴，再与带 API 公扣的接头焊接在一起成为 PDC 钻头。

PDC 钻头主要由钻头体、切削齿、喷嘴、保径面和接头等组成，见图 7-2-2。

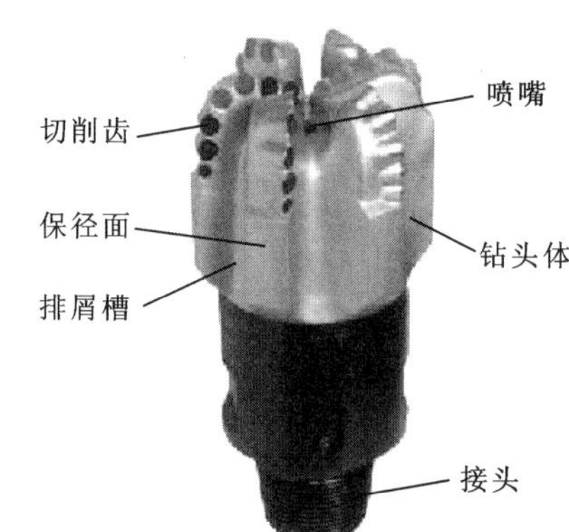

图 7-2-2　PDC 钻头结构示意图

(1) PDC 钻头切削齿。

PDC 钻头切削齿是在高温(1 350～1 500 ℃)、高压(6 000～8 000 MPa)条件下，将 0.6～2.5 mm 薄层人造聚晶金刚石与碳化钨柱在高温高压条件下烧结而成。

复合片的形状一般为标准圆形，最初的标准尺寸为直径(13.3±0.1)mm，随着技术的发展，出现了直径为 8，16，19，25 和 38 mm 等尺寸的复合片。复合片中聚晶金刚石层与硬质合金柱的结合面由平面向复杂界面发展(见图 7-2-3)，增加了聚晶金刚石与硬质合金的结合强度。复合片在钻头体上的固定方式一般为：胎体钻头采用齿穴焊接，钢体钻头采用齿孔镶嵌。

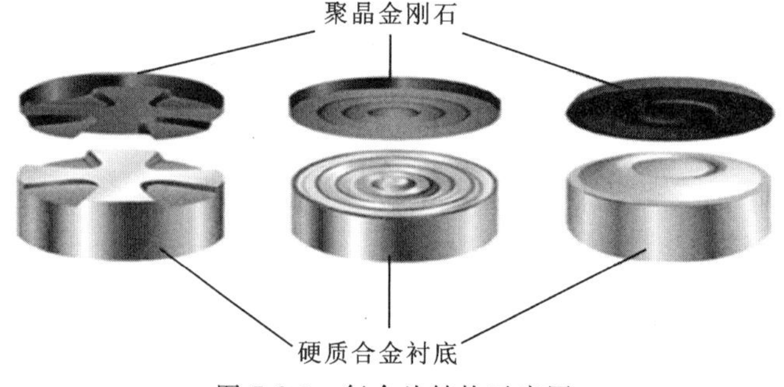

图 7-2-3　复合片结构示意图

(2) PDC 钻头切削结构。

① 钻头冠部。

PDC 钻头的冠部轮廓主要根据钻头设计原则(等切削原则、等磨损原则和等功率原则)和地层的软硬程度确定，一般包括单锥、浅锥、双锥三种基本形式。单锥轮廓钻头常常镶装大切削齿，这种轮廓的钻头容易发挥水力作用，在较软地层中能产生高机械钻速，适合低到中等密度布齿，适用于钻进极软到中软地层。浅锥轮廓钻头由于抗载荷能力加强而具有较长的寿命，常制作成容易清洗的各式各样的钻头，适合低到高密度布齿，适用于钻进软到中硬地层。双锥轮廓钻头具有尖的鼻部和深的内锥，适合中到高密度布齿，适用于钻进中至中硬地层。

通常，具有短锥的浅锥钻头或双锥钻头寿命较长，具有长锥的浅锥钻头或双锥钻头非常锋利，但在硬地层和研磨性地层钻进时容易失效。鱼尾式单锥钻头也非常锋利，切削齿少的鱼尾式单锥钻头最适合钻进较软的地层。

② 切削齿布置。

PDC 钻头的切削齿布置一般是按钻头设计原则在周向和径向上确定切削齿的位置，从而实现钻头的布齿设计目的，确保每个切削齿有序安排在不同的刀翼上，达到切削齿对切削井底的有效覆盖，见图 7-2-4。

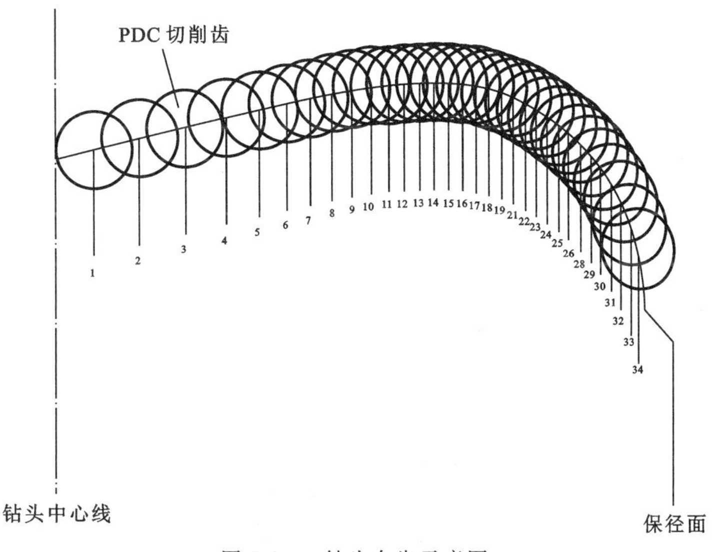

图 7-2-4　钻头布齿示意图

PDC 钻头布齿密度和数量取决于钻头冠部形状。齿的数量越多，磨损越慢，钻头寿命越长，但机械钻速也越低；齿的数量越少，机械钻速越高，但磨损也快。

③ 切削齿角度。

PDC 钻头切削齿的角度包括切削角和侧转角，见图 7-2-5。切削角一般为负前角，范围为 10°～25°。用于软地层的钻头，切削齿的负前角小；用于硬地层的钻头，切削齿的负前角较大；大多数钻头切削齿的负前角为 20°，可适应各种软、硬地层。

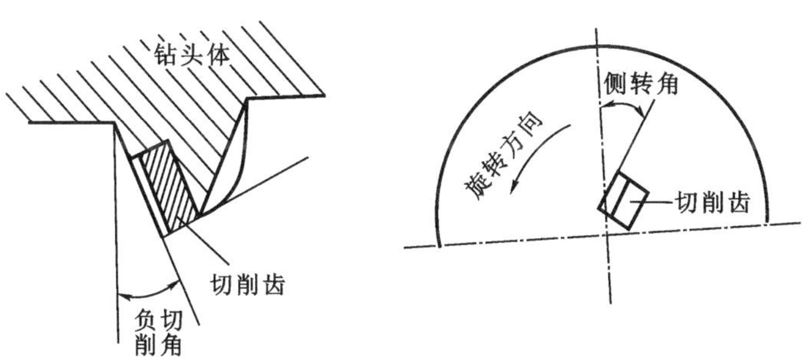

图 7-2-5　切削齿角度示意图

PDC 钻头切削齿的侧转角可在切削齿切削地层时产生外推力，促使岩屑向外缘移动，有利于排除岩屑。切削齿的侧转角一般为 15°左右，此时使用效果最好。

(3) PDC 钻头水力结构。

PDC 钻头水力结构由喷嘴和流道组成(见图 7-2-6)。PDC 钻头的喷嘴布置与切削刀翼相对应，刀翼少的钻头每个刀翼布置一个以上的喷嘴，刀翼多的钻头两个或三个刀翼共用一个喷嘴。喷嘴一般与井底成一定角度，以改善井底流场，利于清除岩屑。刀翼之间构成流道，其过流面积大小根据刀翼上切削齿切削量的多少来调整。

(a) 喷嘴　(b) 钻头流道

图 7-2-6　钻头水力结构示意图

2) 天然金刚石钻头

以天然金刚石作为切削齿，一般采用胎体烧结方式形成钻头。由于受金刚石颗粒大小的限制，钻头在切削齿排列、冠部形状、水力流道等方面具有很高的要求。

(1) 金刚石布齿。

金刚石钻头的布齿通常包括三种排列方式：交错排列、环形排列和脊圈排列，见图 7-2-7。

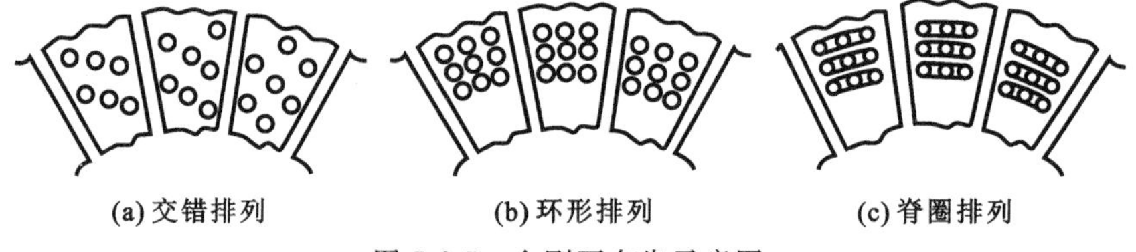
(a) 交错排列　(b) 环形排列　(c) 脊圈排列

图 7-2-7　金刚石布齿示意图

① 交错排列。

金刚石在钻头的表面分布均匀，金刚石颗粒之间的距离几乎相等，切削作用强，对金刚石切削刃的清洗效果好，适用于中硬以上地层钻进。

② 环形排列。

金刚石在钻头表面沿不同的同心圆布置，布齿数量多，是一种强化布齿排列方式，适用于硬及研磨性地层钻进。

③ 脊圈排列。

金刚石镶嵌在钻头表面突起的脊背上，金刚石不出露，抗冲击能力较强，适用于坚硬地层钻进。

(2) 冠部形状。

天然金刚石钻头的冠部设计主要有四种形状：圆弧形(B 形)、双锥形(RB)、抛物线形(EB)和阶梯形，见图 7-2-8。

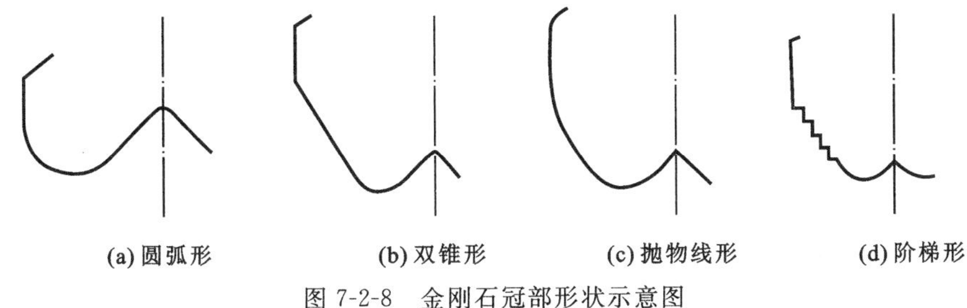

图 7-2-8　金刚石冠部形状示意图

① 圆弧形冠部钻头可防止顶部的金刚石承受过大的点载荷，切削刃磨损均匀，水力清洗效果好，适用于中硬及硬地层钻进。

② 双锥形冠部钻头呈尖状，内外锥面上的金刚石可同时吃入地层，稳定性好，但顶部齿受力大，钻遇硬而致密的地层时顶部金刚石易碎裂，适用于软至中硬地层钻进。

③ 抛物线形冠部钻头顶部呈球形，侧翼呈抛物线形，可以增加金刚石布置数量，载荷分布较均匀，规径部位金刚石较集中，保径效果好，适用于配合井下动力钻具钻进。

④ 阶梯形冠部钻头出刃大，水力清洗效果好，冠顶钻领眼，阶梯部位的金刚石扩眼至正常尺寸，适用于软至中硬地层钻进。

（3）钻头流道。

金刚石钻头的流道大体上可分为四种：逼压式流道、辐射型流道、螺旋型流道和辐射逼压式流道，见图 7-2-9。

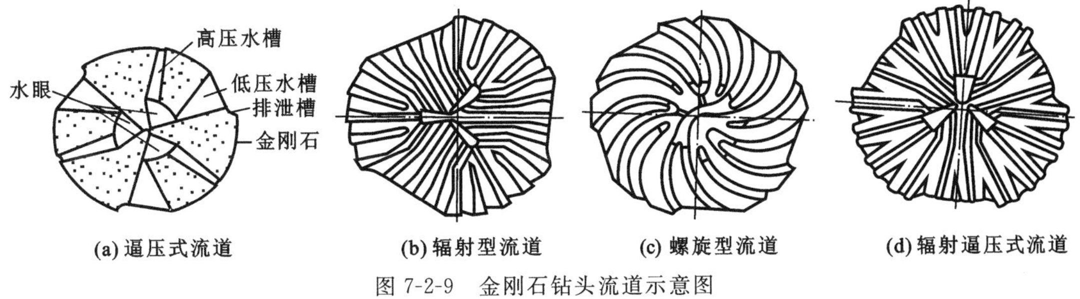

图 7-2-9　金刚石钻头流道示意图

① 逼压式流道的液流由高压流道流向低压流道，横穿金刚石工作面，在高低压流道之间形成一定的压差，能有效地冷却润滑金刚石，清除岩屑，适用于阶梯形冠部和硬地层金刚石钻头。

② 辐射型流道的液流从钻头中心水眼流出后，沿着均匀分布的辐射状流道流向钻头肩部，冷却金刚石、携带岩屑效果好，适用于中硬以上地层钻头。

③ 螺旋型流道的液流从钻头中心向外扩散，在高转速下能有效地清除岩屑、冷却金刚石，常用于涡轮钻井用的金刚石钻头。

④ 辐射逼压式流道的中心部位类似辐射型流道，外侧部分又类似逼压式流道，有高低压区，液流从钻头中心经平行或扩散的流道流向钻头肩部，能加强冷却和清洗效果，适用于中硬以上地层钻头。

3）TSP 钻头

TSP 钻头切削齿是热稳定聚晶金刚石块，工作温度可达 1 200 ℃，更适于承受钻进地层时摩擦产生的高温环境，适用于石灰岩、白云岩、花岗岩、石英岩、硬质页岩等硬且研磨性高的地层。

TSP 钻头布齿结构、冠部形状、水力结构等方面与天然金刚石钻头基本一致，当切削齿尺寸较大时，与 PDC 钻头类似。

（1）切削齿布置。

热稳定聚晶金刚石块可以制作成规则的形状（如三角形、圆柱形、圆片形、长方形等）和尺寸，可以按一定排列形式烧结在钻头体表面上，形成 TSP 钻头的切削结构，兼具复合片的切削和天然金刚石的犁铧等特性。

（2）TSP 钻头的主要特点。

① TSP 钻头的切削齿是将聚晶金刚石块直接烧结在胎体上，不像 PDC 钻头将复合片切削齿焊接在胎体上，因此 TSP 切削齿与钻头体的连接强度更高。

② TSP 钻头的流道与天然金刚石钻头基本类似，多采用辐射型流道或逼压式流道，切削齿的充分出露及其周围的流道可加强对岩屑的清除作用，有利于钻头的清洗和切削齿冷却。

③ TSP 切削齿的形状多样，特别是三角形的，小而锐利，但其强度和抗冲击载荷的能力弱于 PDC 复合片切削齿，使用时应注意控制操作参数稳定和观察地层岩性变化情况。

④ TSP 钻头广泛应用在中硬至硬地层中，使用效果较好。

4）孕镶金刚石钻头

孕镶金刚石钻头是将金刚石微粉掺入碳化钨粉中，布置在钻头冠部表面，厚度为 8～10 mm，再装入碳化钨粉和浸渍合金，直接高温烧结而成，或者将金刚石微粉和碳化钨粉混合后烧结为规则状孕镶块，布置在模具上，装入碳化钨粉和浸渍合金烧结在一起。规则状孕镶块丰富了孕镶金刚石钻头的结构设计。配合高转速井下动力钻具用于高研磨性坚硬地层钻进，孕镶金刚石钻头具有寿命长的明显优势。

孕镶金刚石钻头冠部形状、布齿、水力结构等方面与天然金刚石钻头基本相似。

二、金刚石钻头破岩机理

1. PDC 钻头破岩机理

PDC 钻头实质上就是具有负切削角的微型切削片钻头，在钻压和扭矩的作用下，PDC 复合片吃入地层，利用复合片极硬、耐磨（磨耗比是碳化钨的 100 倍）、自锐的特点进行切削和剪切地层，从而破碎岩石。对于软到中等硬度的塑性地层，切削齿破碎地层类似车床上的车刀切削钢材；对于脆性地层，切削齿碰撞、压碎及小剪切、大剪切地层。

2. 天然金刚石钻头破岩机理

天然金刚石钻头在钻压和扭矩的作用下，以压碎、犁铧等方式破碎岩石，形成体积破碎坑、小沟槽等，钻头在高转速下可以提高硬地层钻进效率。

3. TSP 钻头破岩机理

TSP 钻头切削齿大小介于 PDC 切削齿和大颗粒天然金刚石之间，其破岩机理是综合性的。在软至中硬地层中钻进时，TSP 钻头与 PDC 钻头基本类似，依靠剪切或刮削作用破碎地层；在硬且研磨性高的地层中钻进时，TSP 与天然金刚石钻头基本类似，以犁削和切削为主，辅以研磨和压碎等形式破岩。在IADC钻头分类表中，TSP钻头与天然金刚石钻头被划分为同类，常常与天然金刚石混合布置在钻头表面。

4. 孕镶金刚石钻头破岩机理

孕镶金刚石钻头的破岩机理与砂轮磨削工件相类似，在钻压和钻头扭矩的作用下靠唇面上多而小的金刚石颗粒对井底岩石产生研磨、刻划、压碎和微剪切作用，适合于坚硬地层，如燧石、硅质白云岩、硅质石灰岩等岩石钻进。

三、金刚石钻头分类编码及规范

1. 固定切削齿钻头分类编码

IADC对各类固定切削齿钻头的分类作了标准规定，采用四位字码描述各种型号的固定切削齿钻头七个方面的结构特征：切削齿种类、钻头体材料、钻头剖面形状、水眼（喷嘴）型式、液流分布方式、切削齿大小、切削齿密度（见表7-2-1）。

表7-2-1　固定切削齿钻头IADC分类编码意义

第一位字码	第二位字码	第三位字码	第四位字码
切削齿种类和钻头体材料	钻头剖面形状	水力结构特点	切削齿大小和切削齿密度
D,M,S,T,O	1～9,0	1～9,R,X,O	1～9,0

1）切削齿种类和钻头体材料

第一位字码用D,M,S,T及O五个字母中的一个描述有关钻头的切削齿种类和钻头体材料。具体定义为：D—天然金刚石切削齿（胎体式）；M—胎体、PDC切削齿；S—钢体、PDC切削齿；T—胎体、TSP切削齿；O—其他。

2）钻头剖面形状

第二位字码用数字1～9和0中的一个描述有关钻头的剖面形状。具体定义见表7-2-2。

表7-2-2　钻头剖面形状编码定义

外锥高度(G)	内锥高度(C)		
	高 $C > \frac{3}{8}D_b$	中 $\frac{1}{8}D_b \leqslant C \leqslant \frac{3}{8}D_b$	低 $C < \frac{1}{8}D_b$
高 $G > \frac{3}{8}D_b$	1	2	3
中 $\frac{1}{8}D_b \leqslant G \leqslant \frac{3}{8}D_b$	4	5	6
低 $G < \frac{1}{8}D_b$	7	8	9

注：表中D_b为钻头直径；0用于描述其他剖面形状。

3）钻头水力结构

第三位字码用数字 1～9 或字母 R，X，O 中的一个描述有关钻头的水力结构。水力结构包括水眼型式和液流分布方式。数字 1～9 的具体定义见表 7-2-3，字母 R，X，O 的定义为：R—辐射型流道；X—分流式流道；O—其他形式流道。

表 7-2-3　钻头水力结构编码定义

液流分布方式	水眼型式		
	可换喷嘴	不可换喷嘴	中心出口水眼
刀翼式	1	2	3
组合式	4	5	6
单齿式	7	8	9

4）钻头切削齿大小和密度

第四位字码用数字 1～9 和 0 中的一个表示钻头切削齿大小和密度。具体定义见表 7-2-4。

表 7-2-4　切削齿大小和密度编码定义

切削齿大小	布齿密度		
	低	中	高
大	1	2	3
中	4	5	6
小	7	8	9

注：0 代表孕镶式钻头。

切削齿尺寸的划分方法见表 7-2-5。

表 7-2-5　金刚石切削齿尺寸划分方法

切削齿大小	天然金刚石粒度/(粒·克拉$^{-1}$)	人造金刚石有用高度/mm
大	<3	>15.85
中	3～7	9.5～15.85
小	>7	<9.5

IADC 在《钻井手册》第十一版中对 PDC 钻头、TSP 钻头及天然金刚石钻头的分类作了补充规定，见表 7-2-6 和表 7-2-7。

表 7-2-6　PDC 钻头补充分类

切削齿			钻头体型式(M—胎体，S—钢体)			
密　度	切削齿尺寸/mm		鱼尾形	短	中	长
<30 粒	1	>24	R523(M)			
	2	14～24	PD12(S)			
	3	<14	R423(M) PD10(S)			

续表 7-2-6

切削齿			钻头体型式(M—胎体,S—钢体)			
密　度	切削齿尺寸/mm		鱼尾形	短	中	长
30～40 粒	1	＞24	R525(M)	DS30(S)		R516(M)
	2	14～24	R526(M) TD19(M)			
	3	＜14	R426(M)	R482(M)	LX201(M)	
40～50 粒	1	＞24				
	2	14～24			PD4(S)	
	3	＜14	TD5A1(M)	AR435(M)	PD2(S)	Z528(M)
＞50 粒	1	＞24				
	2	14～24	TD19H(M)	PD5(S)		
	3	＜14		PDS1(S)		R419(M)

表 7-2-7　TSP/天然金刚石钻头补充分类

切削齿			钻头体型式			
尺　寸		切削原件	平　顶	短	中	长
＜3 SPC	1	天然金刚石				D18
	2	热稳定性金刚石		S725	S225	
	3	混合型材料			TBT16	
3～7 SPC	1	天然金刚石	D411 TB26	D41 TB512	D262 TB601	T51 TB703
	2	热稳定性金刚石	SST	TB521	S226	TT593
	3	混合型材料			TBT601	TBT593
＞7 SPC	1	天然金刚石		D24		
	2	热稳定性金刚石				
	3	混合型材料				
	4	孕镶式切削齿	S279	TB5211		

2. 金刚石钻头规范

IADC 规定了固定切削齿钻头尺寸、公差、连接螺纹标准和推荐上扣扭矩,见表 7-2-8。

表 7-2-8　金刚石钻头尺寸、公差、连接螺纹和上扣扭矩

钻头直径		公差/mm	连接螺纹	推荐上扣扭矩/(kN·m)
mm	in			
95.2～107.9	3¾～4¼	+0 −0.38	2⅜ in REG	2.4～3.7
120.6	4¾		2⅞ in REG	4.2～6.9
142.9～171.4	5⅝～6¾		3½ in REG	7.1～11.5

续表 7-2-8

钻头直径		公差/mm	连接螺纹	推荐上扣扭矩/(kN·m)
mm	in			
190.5～222.2	7½～8¾	+0 −0.51	4½ in REG	17.0～26.4
241.3～342.9	9½～13½	+0 −0.76	6⅝ in REG	50.3～57.5
374.6～444.5	14¾～17½	+0 −1.14	7⅝ in REG	65.5～86.1
508.0～660.4	20～26		8⅝ in REG	

四、金刚石钻头生产厂家及产品

1. 四川川克金刚石钻头有限公司及产品

主要产品包括 PDC 钻头系列、TSP 钻头、天然金刚石钻头、双心钻头、取心钻头等，并根据自身特点对钻头进行编码。

1）钻头代码

川克金刚石钻头代码见表 7-2-9。

表 7-2-9　川克金刚石钻头代码

前缀代码		数字代码			后缀代码
字　母		第一位	第二位	第三位	
钻头系列	切削齿系列	钻头冠部形状	布齿密度	选择特征	
G AG AR/R BD STR	复合片	3:⅜ in PDC 4:½ in PDC 5:¾ in PDC	1:长抛物线 2～8:从抛物线至近平顶 9:平顶	1～3:低密度 4～6:中密度 7～9:高密度	D,G,K,M,S,U,C1,C2,C3
S	TSP	2:三角聚晶 7:圆柱聚晶	N/A	1～3:低密度 4～6:中密度 7～9:高密度	G,CE,P
D	天然金刚石	N/A	N/A	N/A	G,GE,SM

以 8½ AG536D 钻头为例：8½—直径为 215.9 mm，AG—金系列抗回旋 PDC 钻头，5—切削齿尺寸为19 mm，3—短抛物线冠部形状，6—中密度布齿，D—可用于定向。

2）金刚石钻头系列型号

金刚石钻头系列型号见表 7-2-10～表 7-2-12。

表 7-2-10　钻头系列型号

牙轮钻头编码	地　层	岩　性	金系列	常规系列	BD 系列	星系列	TSP 及天然金刚石
111～126 417	极软地层，含黏性夹层和低抗压强度	黏土 泥灰岩	G573,G574, G554,AG554	R554,R574, R431,R526, AR554	BD554	STR554	
116～126 417～447	软地层，低抗压强度、高可钻性	黏土 盐岩 石膏 页岩	AG574,AG554, G426,G526, G554,G534, G582,AG526	R526,AR526, AR426,R433, R434,R482, R426	BD535, BD536P, BD445P	STR382	
136～216 417～447	软至中硬地层，低抗压强度的均质夹层地层	砂岩 页岩 白垩	G426,G445,G447, AG526,AG435, G535,G536, G545,G482, G534,G526, G546,G382, G582,G434, G438,G548, G435,G437	R535,AR426, R335,AR435, R435,R436, R434,AR536, AR545,R547, R545,R426	BD445H, BD447P, BD447, BD445, BD535, BD536H	STR445, STR386, STR335	S225, S725, D331, D262, D41
437～517	中至硬地层，中等抗压强度、含少量研磨性夹层的地层	页岩 砂岩 灰岩	AG447,G447, G438,G449, G536,G547, G548,G435, G437,G488	R536,AR536, AR545,R547, R445,R418, R437,R447, AR437,R545	BD536H, BD445H, BD447H, BD449	STR447, STR426, STR445, STR386	S226,S248, S278,S280, S725,D41, D331,D262
517～637	硬至致密地层，高抗压强度、无研磨性地层	粉砂 砂岩 灰岩 白云岩			BD447H, BD449H		D24,S278, S280, S279
647～837	极硬和研磨性地层	火成岩					S278, S279, S280

表 7-2-11　双心钻头型号

钻头型号	软至中硬地层钻头系列型号	中硬至硬地层钻头系列型号	硬至致密地层钻头系列型号
G435B	8½ in EG9½ in, 6 in EG6¹¹⁄₁₆ in		
G437B	6½ in EG9½ in	8½ in EG9½ in	
R335B		4⅝ in EG5⅛ in	
R433B	9¾ in EG11¼ in		

续表 7-2-11

钻头型号	软至中硬地层 钻头系列型号	中硬至硬地层 钻头系列型号	硬至致密地层 钻头系列型号
R435B	$8\frac{1}{2}$ in EG$9\frac{1}{2}$ in, 6 in EG$6\frac{11}{16}$ in		
R437B		$8\frac{1}{2}$ in EG$9\frac{1}{2}$ in	
S225B		$5\frac{7}{8}$ in EG$6\frac{11}{16}$ in,$8\frac{1}{2}$ in EG$9\frac{1}{2}$ in,6 in EG$6\frac{11}{16}$ in	
S226B		$5\frac{7}{8}$ in EG$6\frac{11}{16}$ in,$8\frac{1}{2}$ in EG$9\frac{1}{2}$ in,6 in EG$6\frac{11}{16}$ in	
S248B		$5\frac{7}{8}$ in EG$6\frac{3}{86}$ in, $8\frac{1}{2}$ in EG$9\frac{1}{2}$ in,$4\frac{1}{8}$ in EG$4\frac{3}{8}$ in	
S28-248		$8\frac{1}{2}$ in EG$9\frac{1}{2}$ in,$5\frac{7}{8}$ in EG$6\frac{11}{16}$ in, $6\frac{1}{8}$ in EG$6\frac{1}{2}$ in,$5\frac{5}{8}$ in EG$6\frac{1}{8}$ in,$4\frac{1}{2}$ in EG5 in	
SC226B		$6\frac{1}{8}$ in EG$6\frac{11}{16}$ in	
C201B		6 in EG6 $\frac{3}{8}$ in	
C20B			$5\frac{15}{16}$ in EG$6\frac{19}{64}$ in, $5\frac{15}{16}$ in EG$6\frac{3}{8}$ in

表 7-2-12　取心钻头系列型号

钻头型号	软地层	软至中硬地层	中至硬地层	硬至致密地层
RC10	$8\frac{1}{2}$ in×4 in			
RC376	6 in×$2\frac{5}{8}$ in $5\frac{7}{8}$ in×$2\frac{5}{8}$ in			
RC412	$8\frac{1}{2}$ in×4 in			
RC415	$8\frac{1}{2}$ in×4 in			
RC444	$8\frac{1}{2}$ in×4 in			
RC475		$8\frac{1}{2}$ in×4 in		
RC476		$8\frac{1}{2}$ in×4 in		
RC315		6 in×$2\frac{5}{8}$ in		
SC225		$8\frac{1}{2}$ in×4 in 6 in×$2\frac{5}{8}$ in		
SC226			$8\frac{1}{2}$ in×4 in, 6 in×$2\frac{5}{8}$ in	
SC276			$8\frac{1}{2}$ in×4 in, 6 in×$2\frac{5}{8}$ in	
SC278			$8\frac{1}{2}$ in×4 in, 6 in×$2\frac{5}{8}$ in	
SC279				$8\frac{1}{2}$ in×4 in, 6 in×$2\frac{5}{8}$ in
SC777		$8\frac{1}{2}$ in×4 in, 6 in×$2\frac{5}{8}$ in, $5\frac{7}{8}$ in×$2\frac{5}{8}$ in		

续表 7-2-12

钻头型号	软地层	软至中硬地层	中至硬地层	硬至致密地层
C18			8½ in×4 in，6 in×2⅝ in	
C20			8½ in×4 in，6 in×2⅝ in，5⅞ in×2⅝ in	
C201			8½ in×4 in，6 in×2⅝ in，5⅞ in×2⅝ in	
C22N			8½ in×4 in，6 in×2⅝ in	8½ in×4 in，6 in×2⅝ in
C23N			8½ in×4 in	8½ in×4 in

以 8½ inEG9½ in 钻头为例：8½ in 表示钻头下入井中时直径为 215.9 mm；EG9½ in 表示钻出的扩大井眼直径为 241.3 mm。

以 8½ in×4 in 钻头为例：8½ in 表示取心钻头外径为 215.9 mm；4 in 表示取心钻头内径为101.6 mm。

3）推荐钻压和转速

推荐其产品的使用参数如下：

PDC 钻头：单位钻头直径上的钻压范围 0.10～0.49 kN/mm(2.5～12.5 kN/in)；转速范围 80～300 r/min。

TSP 钻头和天然金刚石钻头：单位钻头直径上的钻压范围 0.16～0.61 kN/mm(4.0～15.5 kN/in)；转速范围 80～500 r/min。

双心 PDC 钻头：单位钻头直径上的钻压范围 0.10～0.57 kN/mm(2.5～14.5 kN/in)；转速范围 80～300 r/min。

双心 TSP 钻头：单位钻头直径上的钻压范围 0.16～0.66 kN/mm(4.0～16.7 kN/in)；转速范围 100～300 r/min。

2. 新疆 DBS 金刚石钻头有限公司及产品

主要产品为 PDC 钻头系列，并根据自身特点对钻头进行了编码。

1）钻头型号含义

新疆 DBS 公司金刚石钻头型号含义见图 7-2-10。

以 8½FS2465 钻头为例：8½—直径 215.9 mm；FS—全面钻进钢体 PDC 钻头，抗回旋、防泥包设计；2—2 000 系列设计技术；4—四个刀翼；6—Φ19 mm 切削齿；5—短抛物线冠部形状。

2）钻头系列型号

钻头系列型号见表 7-2-13。

3）推荐钻压和转速

推荐使用参数如下：

PDC 钻头：单位钻头直径上的钻压范围 0.10～0.49 kN/mm(2.5～12.5 kN/in)；转速范围 60～450 r/min。

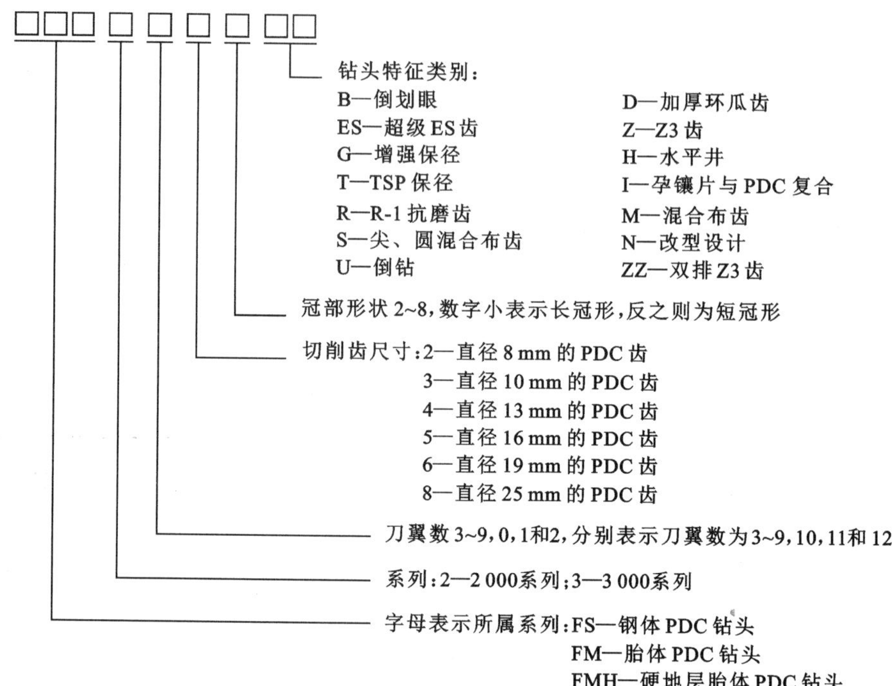

图 7-2-10 钻头代码

表 7-2-13 钻头系列型号

IADC牙轮钻头编码	地层	IADC代码		FS系列	FM系列	TSP孕镶
111～126 417	低抗压强度，含黏性夹层，极软地层	1	1	FS2445，FS2446	FM2445，FM2446	
			2	FS2463，FS2465，FS2466	FM2463，FM2465，FM2466	
116～126 417～447	低抗压强度，高可钻性软地层	2	1	FS2445，FS2446	FM2445，FM2446	
			2	FS2463，FS2465	FM2463，FM2465	
			3	FS2463，FS2465	FM2463，FM2465	
136～216 417～447	低抗压强度，均质夹层，软至中硬地层	4	1	FS2546，FS2563，FS2565	FM2546，FM2563，FM2565	
			2	FS2566，FS2643	FM2566，FM2643	
			3	FS2665，FS2743，FS2745	FM2665，FM2743，FS2745	
			4	FS2862，FS2921	FM2862，FM2921	
437～517	中至硬地层，中等抗压强度，含少量研磨性夹层的地层	5	1	FS2565，FS2665，FS2643	FM2565，FM2665，FM2643	TT561，TBT17
			2	FS2743，FS2846	FM2743，FM2846	
			3	FS2862，FS2865	FM2862，FM2865	TT521，TBT18
			4	FS2921，FS2943	FM2921，FM2943	

续表 7-2-13

IADC 牙轮钻头编码	地　层	IADC 代码		FS 系列	FM 系列	TSP 孕镶
517～637	高抗压强度，无研磨性硬至致密地层	6	1	FS2921，FS2943	FM2921，FM2943	TBT601
			2			
			3			

TSP 钻头和天然金刚石钻头：单位钻头直径上的钻压范围 0.00～0.65 kN/mm(0～16.6 kN/in)；转速范围 80～900 r/min。

3. 成都百施特金刚石钻头有限公司及产品

主要产品包括 PDC 钻头系列、天然金刚石钻头、热稳定聚晶金刚石钻头、孕镶金刚石钻头等，并对钻头进行了编码。

1）钻头代码

成都百施特金刚石钻头代码见表 7-2-14。

表 7-2-14　百施特金刚石钻头代码

系　列	字符及数字代码	变化范围	代表意义
PDC 钻头	字　母	M，MS，MC	钻头系列和类型
	第一组数字	25，19，16，13，08	切削齿尺寸/mm
	第二组数字	3～12	刀翼数量
	第三组数字	1～9	冠部形状和布齿密度
	后缀字母	D，M，R，RS，MSS，SG，SS，SGS	钻头设计特性
天然金刚石钻头	字　母	N，NC 等	钻头类型(全面/取心)
	第一组数字	1～12	金刚石粒度
	第二组数字	1～3	布齿密度
	第三组数字	1～9	冠部形状
热稳定聚晶金刚石钻头	字　母	P，PC	钻头类型(全面/取心)
	第一组数字	1～3	聚晶类型及规格
	第二组数字	1～3	布齿密度
	第三组数字	1～9	冠部形状
孕镶金刚石钻头	字　母	I，IC	钻头类型(全面/取心)
	第一组数字	20～80	单晶粒度
	第二组数字	1～3	孕镶块密度
	第三组数字	1～9	冠部形状

钻头型号含义见图 7-2-11。

以 8½M1963SGS 钻头为例：8½—钻头直径为 8½ in(215.9 mm)；M—胎体 PDC 钻头；

19—切削齿直径为19 mm;6—六个刀翼;3—短抛物线冠部低布齿密度;SGS—特殊保径、螺旋刀翼。

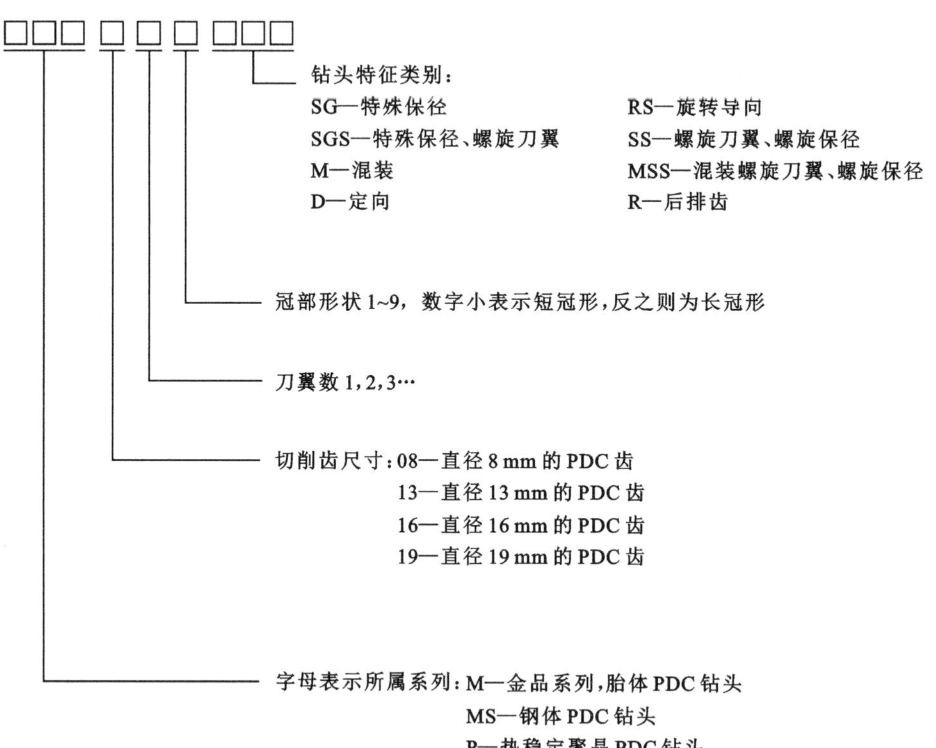

图7-2-11　钻头型号含义

2) 钻头系列型号

钻头系列型号见表7-2-15。

表7-2-15　钻头系列型号

牙轮钻头编码	地　层	岩　性	金刚石钻头
111～124	极软,低抗压强度	黏土、粉砂岩、砂岩	MS1951,M1951,M1953
116～137	软,低抗压强度	黏土、泥灰岩、盐岩、页岩、褐煤、砂岩	MS1951,M1951,M1953,M1963,M1965
517～527	中软,低抗压强度,均质夹层地层	黏土、泥灰岩、褐煤、砂岩、粉砂岩、硬石膏、凝灰岩	MS1951,MS1963,M1953,M1963,M1964,M1965,M1973
517～537	中等抗压强度,非均质夹层地层	泥岩、灰岩、硬石膏、钙质砂岩、页岩	MS1963,M1963,M1964,M1965,M1973,M1974
537～617	中硬,中等抗压强度,含研磨性夹层的地层	灰岩、硬石膏、白云岩、砂岩、页岩	M1963,M1964,M1965,M1973,M1974,M1975,M1985,M1674,M1677,M1365,M1386,M1388
627～637	高抗压强度,硬及致密地层	钙质页岩、硅质砂岩、粉砂岩、灰岩	M1985,M1674,M1677,M1386,M1388
637～837	极硬和研磨性地层	石英岩、火成岩	I3018,I3026,I3028

3）推荐钻压和转速

百施特公司推荐其产品的使用参数如下：

PDC 钻头：单位钻头直径上的钻压范围 0.10～0.49 kN/mm(2.5～12.5 kN/in)；转速范围 60～260 r/min。

TSP 钻头和天然金刚石钻头：单位钻头直径上的钻压范围 0.19～0.42 kN/mm(4.71～10.59 kN/in)；转速范围 60～180 r/min。

孕镶金刚石钻头：单位钻头直径上的钻压范围 0.10～0.37 kN/mm(2.50～9.50 kN/in)；转速范围 60～180 r/min。

五、特殊钻头

特殊钻头是针对井眼尺寸、地层岩性或辅助破岩工具等专门制造的钻头。

1. 侧钻(造斜)钻头

侧钻钻头(见图 7-2-12)保径面短，适合侧钻、造斜等钻进。

2. 双心金刚石钻头

双心金刚石钻头(见图 7-2-13)能够钻出比钻头通过尺寸大的井眼。

图 7-2-12　侧钻钻头

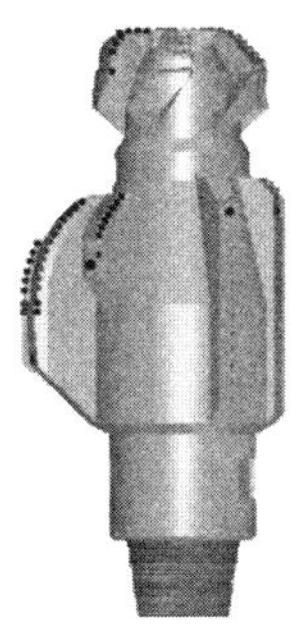

图 7-2-13　双心金刚石钻头

3. PDC 牙轮复合钻头

PDC 牙轮复合钻头(见图 7-2-14)具有 PDC 齿的切削作用和牙轮齿的冲击作用，与普通 PDC 钻头相比，减少了扭转振荡和黏滑现象，适合于钻进软硬交错地层。目前有三牙轮和三刀翼 PDC 钻头、二牙轮和二刀翼 PDC 钻头。

4. 混合金刚石钻头

混合金刚石钻头(见图 7-2-15)具有 PDC 齿、TSP 齿和天然金刚石形成的切削结构，通过 PDC 齿切削地层获得高钻速，结合 TSP 齿和孕镶金刚石刀翼获得长寿命，适用于高研磨性极硬地层钻进。

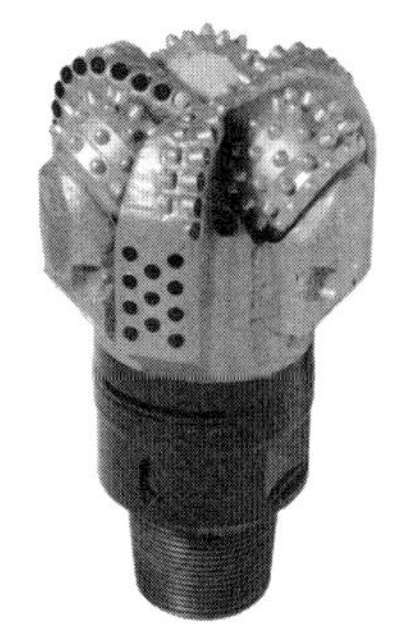

图 7-2-14　PDC 牙轮复合钻头

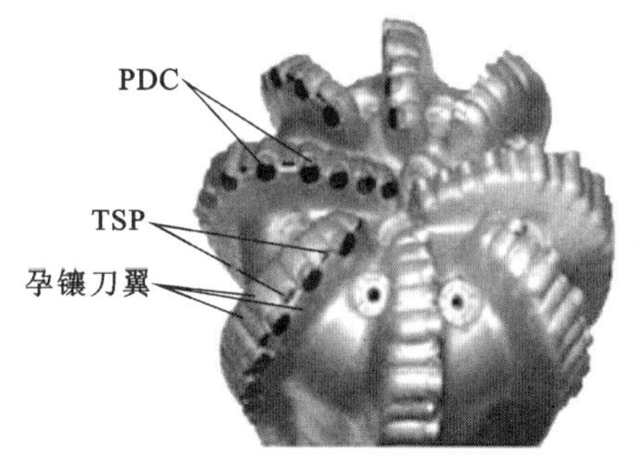

图 7-2-15　混合金刚石钻头

第三节　钻头选型应用与评价

一、岩石可钻性及岩石力学特性

1. 岩石可钻性

岩石可钻性是岩石抗破碎的能力，取决于许多因素，包括岩石自身的物理力学性质以及破碎岩石的工艺技术措施。岩石可钻性只能在具体破碎方法和工艺规程下通过试验来确定。

岩石可钻性的测定方法是在岩石可钻性测定仪(即微钻头钻进实验架)上，使用 31.75 mm(1¼ in)直径钻头及钻压为 889.66 N、转速为 55 r/min 的钻进参数，在岩样上钻三个孔，孔深 2.4 mm，取三个孔钻进时间的平均值为岩样的钻时(t_d，单位为 s)，对其取以 2 为底的对数值作为该岩样的可钻性级值 K_d。K_d 一般取 1～38，地层可钻性按 K_d 的整数值分为 10 级。

$$K_d = \log_2 t_d \tag{7-3-1}$$

2. 岩石的力学特性

1) 岩石的弹塑性

(1) 岩石的弹性。

岩石在外力作用下产生弹性变形，应力与应变的关系符合虎克定律：

$$\sigma = E\varepsilon \tag{7-3-2}$$

式中　σ——应力，MPa；

ε——应变；

E——弹性模量，MPa。

在弹性变形阶段，在一个方向上的应力除产生岩石在此方向的应变外，还会引起其他方向的应变。如果材料是各向同性的，则存在：

$$\mu = -\frac{\varepsilon_x}{\varepsilon_z} = -\frac{\varepsilon_y}{\varepsilon_z} \tag{7-3-3}$$

$$\varepsilon_x = \varepsilon_y = -\mu \frac{\sigma_z}{E} \tag{7-3-4}$$

$$\tau = G\gamma \tag{7-3-5}$$

式中 μ——泊松比；

τ——剪应力，MPa；

γ——剪应变；

G——切变模量(或剪切弹性模量)，MPa。

对于同一材料，三个弹性常数 E，G 和 μ 之间有如下关系：

$$G = \frac{E}{2(1+\mu)} \tag{7-3-6}$$

(2) 岩石的塑性。

岩石在外力作用下产生变形直至破坏的过程是不同的。岩石的塑性是岩石吸收残余形变或吸收岩石未破碎前不可逆形变的机械能量的特性；岩石的脆性是反映岩石破碎前不可逆形变中没有明显地吸收机械能量，即没有明显的塑性变形的特性。

用岩石的塑性系数作为定量表征岩石塑性及脆性大小的参数。塑性系数 K_p 为岩石破碎前耗费的总功与岩石破碎前弹性变形功的比值。计算依据如图 7-3-1 所示的岩石压入破碎过程中的载荷-吃入深度曲线。

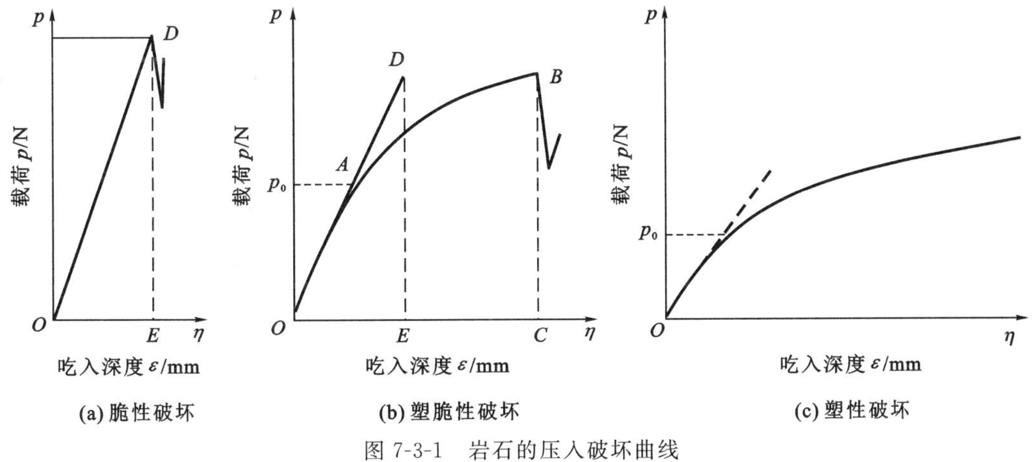

图 7-3-1 岩石的压入破坏曲线

根据岩石的塑性系数的大小，将岩石分为三类六级，见表 7-3-1。

表 7-3-1 岩石按塑性系数的分类

类别	脆性	塑脆性				塑性
级别	1	2	3	4	5	6
塑性系数 K_p	1	1～2	2～3	3～4	4～6	>6

在三轴应力条件下，岩石机械性质的一个显著变化特点是：随着围压的增大，岩石表现出从脆性向塑性转变，并且围压越大，岩石破坏前所呈现的塑性也越大。

表 7-3-2 中列出了几种岩石在室温下破坏前所达到的应变量。可以看出，除了石英砂岩在 200 MPa 围压范围内始终保持脆性破坏以外，其余几种岩石在 100 MPa 以上均具有明显的塑性性质。

脆性破坏和塑性破坏是两种本质上完全不同的破坏方式，破坏这两类岩石要使用不同的破碎工具（不同结构类型的钻头），采用不同的破碎方式（冲击、压碎、挤压、剪切或切削、磨削等）以及不同的破碎参数的合理组合，才能取得较好的破岩效果。因此，了解各类岩石的塑性及脆性性质以及临界值，是设计、选择和使用钻头的重要依据。

表 7-3-2　岩石在不同围压下的塑性变形

岩石类型	不同围压下破坏前的应变量/%	
	$p=100$ MPa	$p=200$ MPa
石英砂岩	2.9	3.8
白云岩	7.3	13.0
硬石膏	7.0	22.3
大理岩	22.0	28.8
砂　岩	25.8	25.9
石灰岩	29.1	27.2
页　岩	15.0	25.0
盐　岩	28.8	27.5

2）岩石的强度

（1）岩石强度。

岩石在一定条件下受外力的作用而达到破坏时的应力，称为岩石在这种条件下的强度，单位是 MPa。岩石强度的大小取决于岩石的内聚力和岩石颗粒间的内摩擦力。

（2）简单应力条件下岩石的强度。

简单应力条件下岩石的强度是指岩石在单一的外载作用下的强度，包括单轴抗压强度、单轴抗拉强度、抗剪强度及抗弯强度。大量的实验结果表明，简单应力条件下岩石的强度有如下规律：

① 在简单应力条件下，对同一岩石，加载方式不同，岩石的强度也不同。岩石的强度有以下顺序关系：抗拉 $<$ 抗弯 $\leqslant$ 抗剪 $<$ 抗压。如果以抗压强度为 1，则其余加载方式下的强度与抗压强度的比例关系见表 7-3-3。

表 7-3-3　岩石各种强度间的比例关系

岩　石	抗压强度	抗拉强度	抗弯强度	抗剪强度
花岗岩	1	0.02～0.04	0.03	0.09
砂　岩	1	0.02～0.05	0.06～0.20	0.10～0.12
石灰岩	1	0.04～0.10	0.08～0.10	0.15

② 沉积岩由于层理的影响，在不同的方向上强度不同。表 7-3-4 是几种沉积岩在平行于层理方向（用“//”表示）及垂直于层理方向（用“⊥”表示）上测出的结果。

表 7-3-4　某些沉积岩强度的各向异性

岩石名称	抗拉强度(σ_t)/MPa		抗弯强度(σ_r)/MPa		抗剪强度(σ_s)/MPa		抗压强度(σ_c)/MPa	
	//	⊥	//	⊥	//	⊥	//	⊥
粗砂岩	4.43	5.1～5.3	11.1～17.2	10.3	48.3	47	118.5～157.5	142.3～176.0
中粒砂岩	7.7	5.2	16.2～22.6	13.1～19.4	33.6～59.4	48.2～61.8	117～210	147.0～200.0
细砂岩	8.1～1.2	6～8	20.9～26.5	17.75	45.2～59.5	52.4～64.9	137.8～241.0	133.5～220.5
粉砂岩	—	—	2.3～16.6	4.3	4.8～11.3	12.9～19.8	34.4～104.3	55.4～114.7

岩石的抗压强度虽不能直接用于石油钻井的井下条件，但仍然可以作为钻头选型的参考。

(3) 复杂应力条件下岩石的强度。

岩石埋藏在地下，受到各向压缩作用，岩石处于复杂应力状态。

三轴应力试验是在复杂应力状态下定量测试岩石机械性质的可靠方法。在三轴应力条件下，岩石强度明显增加。对于所有岩石，当围压增加时强度均增大，但增加的幅度是不一样的。一般来说，压力对砂岩、花岗岩强度的影响要比对石灰岩大。开始增大围压时，岩石的强度增加比较明显，继续增加围压时，相应的强度增量就变得越来越小，最后当压力很高时，有些岩石(如石灰岩)的强度便趋于常量。

3) 岩石的硬度

岩石的硬度是岩石抵抗其他物体表面压入或侵入的能力。

硬度与抗压强度有联系，但又有很大区别。硬度只是固体表面的局部对另一物体压入或侵入时的阻力，而抗压强度则是固体抵抗固体整体破坏时的阻力。

对于脆性岩石和塑脆性岩石，它们最终都产生了脆性破碎，岩石的硬度为：

$$p_Y = \frac{P}{S} \tag{7-3-7}$$

式中　p_Y——岩石的硬度，MPa；

P——产生脆性破碎时压头上的载荷，N；

S——压头的底面积，mm^2。

对于塑性岩石，取产生屈服(即从弹性变形开始向塑性变形转化)时的载荷 P_{OY} 代替 P，即

$$p_Y = \frac{P_{OY}}{S} \tag{7-3-8}$$

钻井过程中，破岩工具在井底岩层表面施加载荷，使岩层表面发生局部破碎，岩石的压入硬度在石油钻井的岩石破碎过程中能相对反映钻井时岩石抗破碎的能力。按岩石硬度的大小将岩石分为六类 12 级，作为选择钻头的主要依据之一(见表 7-3-5)。

表 7-3-5　岩石按硬度的分类

类　别	软		中　软		中　硬		硬		坚　硬		极　硬	
级　别	1	2	3	4	5	6	7	8	9	10	11	12
硬度/(100 MPa)	≤1	1～2.5	2.5～5	5～10	10～15	15～20	20～30	30～40	40～50	50～60	60～70	>70

4）岩石的研磨性

在用机械方法破碎岩石的过程中，钻头和岩石产生连续的或间断的接触和摩擦，在破碎岩石的同时，工具本身也受到岩石的磨损而逐渐变钝，直至损坏。钻头接触岩石部分的材料一般为钢、硬质合金或金刚石，岩石磨损这些材料的能力称为岩石的研磨性。

岩石的研磨性表现为对钻头刃部表面的磨损，即研磨性磨损。它是由钻头工作刃与岩石接触过程中产生的微切削、刻划、擦痕等所造成的。这种研磨性磨损除了与摩擦副材料的性质有关外，还取决于摩擦的类型和特点、摩擦表面的形状和尺寸（如表面的粗糙度）、摩擦面的温度、摩擦体的相对运动速度、摩擦体间的接触应力、磨损产物的性质及其清除情况、参与摩擦的介质等因素。

二、钻头选型

1. 钻头选型方法

根据地层条件合理地选择钻头类型和钻井参数，是提高钻速、降低钻进成本最重要的环节。所选钻头要求既适合待钻地层又能兼顾经济效益。

钻头选型方法有定性和定量之分。定性就是岩石力学参数法，按照岩石力学划分岩石软硬程度，对应钻头也用相应的软硬程度予以标识，据此相互匹配选择钻头；定量则是钻头使用效果评价法，用已钻井的钻头使用效果作为待钻井钻头选型依据；综合法是将定性和定量结合起来进行考虑。

1）每米钻井成本法

每米钻井成本法是以钻头的单位进尺成本作为优选钻头的依据，计算公式如下：

$$C=\frac{C_b+C_r(T+T_t)}{F} \tag{7-3-9}$$

式中 C——每米钻井成本，元/m；

C_b——钻头费用，元/只；

C_r——钻机运转作业费，元/h；

T——钻头纯钻时间，h；

T_t——钻井辅助时间（起下钻、循环钻井液及接单根时间），h；

F——钻头总进尺，m。

2）钻头效益指数法

效益指数法是根据钻头总进尺、钻头机械钻速和钻头成本三个因素的数学计算结果来评价钻头的使用效果，计算公式如下：

$$E_b=\alpha\frac{FR}{C_b} \tag{7-3-10}$$

式中 E_b——钻头经济效益指数；

α——系数，一般取0.6；

R——钻头机械钻速，m/s。

此方法综合考虑了钻头近期经济效益和潜在远期经济效益，比每米钻井成本法更合理，不需要计算难以确定的钻井辅助时间。

3）比能法

将钻头比能（钻头从井底地层钻掉单位体积岩石所需要做的功）作为衡量钻进效果好坏的主要因素。钻头比能越低，说明钻头的破岩效率越高，钻头使用效果越好。比能的计算公式如下：

$$S_e = \frac{480NT_b}{RD_b^2} + \frac{4W}{\pi D_b^2} \tag{7-3-11}$$

式中 N——转速，r/min；

S_e——比能；

T_b——钻头扭矩，kN·m；

W——钻压，kN；

D_b——钻头直径，mm。

4）利用岩石可钻性指导钻头选型

通过实验室微钻头法，测定钻取实验岩样所需时间来评定岩石可钻性，或者通过声波测井，测定岩石声波时差，建立地层可钻性剖面。在此基础上结合 IADC 钻头编码，分地层进行钻头选型。

5）岩石内摩擦角法

岩石的研磨性与岩石抗剪能力密切相关，岩石的抗剪能力与岩石本身的内摩擦角成正比，因而根据岩石内摩擦角就可确定地层研磨性。若某层位岩石内摩擦角持续在 40°以上，则该层位对常规 PDC 钻头而言其研磨性太强，应选用天然金刚石钻头或特殊加工的 PDC 钻头钻进；若岩石内摩擦角在 36°～40°之间，则应结合实际岩性选用不同加强功能的 PDC 钻头；若岩石内摩擦角小于 36°，则选用普通的 PDC 钻头即可。此方法从岩石的抗剪强度入手分析岩石的力学性质，指导金刚石钻头选型，一般不适用于牙轮钻头。

2. 牙轮钻头的选型

牙轮钻头是应用范围最广的钻头，主要原因是改变不同的钻头设计参数（包括齿高、齿距、齿宽、移轴距、牙轮布置等），可以适应不同地层的需要。选择哪种型号、规格的钻头，依据就是地层。国际上通常把地层划分为六个硬度等级：极软（SS）、软（S）、中（M）、中硬（MH）、硬（H）和极硬（EH）。各个硬度级别与牙轮钻头型号的对应关系见表 7-3-6。

表 7-3-6 地层硬度分级与牙轮钻头型号对应表

地层硬度		极软（SS）	软（S）	中（M）	中硬（MH）	硬（H）	极硬（EH）
牙轮钻头 IADC 编码	钢齿钻头	1-1	1-1，1-2	1-2，2-1，1-3，1-4	2-2，2-3，2-4，3-1	3-2，3-3，3-4	
	镶齿钻头	4-1，4-2	4-3，4-4	5-1，5-2，5-3，5-4	5-3，5-4，6-1，6-2，6-3	6-3，6-4，7-1，7-2，7-3	7-4，8-1，8-2，8-3，8-4
岩石类型		黏土、粉砂岩、疏松砂岩	黏土岩、泥灰岩、褐煤、砂岩、粉砂岩、凝灰岩	泥岩、灰岩、钙质砂岩、硬石膏、凝灰岩、褐煤	灰岩、硬石膏、白云岩	钙质页岩、硅质砂岩	石英岩、火成岩

牙轮钻头的选型经验如下：

（1）IADC 牙轮钻头分类和地层硬度分级表作为钻头类型和地层分级能适用于大部分地层，是选择钻头型号的重要指南。

（2）初始钻头类型和特征的选择应从钻井综合成本考虑，特别是对深井超深井钻井等一些高成本、大风险的钻井作业，选择的钻头应具备使用时间长、进尺多、钻井速度快等特点。

（3）对应各种地层特点，基本上都有适用的三牙轮钻头。

（4）选择牙轮钻头的结构特征时应遵循以下原则：

① 在适合地层硬度条件的前提下，使用尽可能长的牙齿，以取得较高的机械钻速，尤其是在较浅和软地层中，长牙齿的钻进效率更为明显。

② 当不能对铣齿钻头施加足够的钻压以产生自锐式牙齿磨损而获得较好的经济效益时，应选择更长的牙齿。

③ 所钻地层含有砂岩夹层时，应考虑使用镶齿保径的钻头。

④ 对易斜地层，宜选择无移轴、无保径、齿多而短的钻头。

⑤ 当钻头的外排齿磨损严重而中间齿磨损较轻时，应选择带保径齿的钻头。

⑥ 当牙齿磨损速率比轴承磨损速率低得多时，应选择较长牙齿、较好的轴承设计或在使用中施加更大的钻压。

⑦ 当轴承磨损速率比牙齿磨损速率低得多时，应选择较短牙齿、较经济的轴承设计或在使用中施加更小的钻压。

⑧ 在浅井段和软地层，应选择机械钻速较高的铣齿钻头；在深井段和硬地层，应选择使用寿命长、进尺多的镶齿钻头，以获得较好的综合效果。

（5）利用各种钻头选型方法针对所钻地层进行综合选型，可使选择的钻头更具实用性。牙轮钻头选型应考虑的地层因素如下：

① 地层的软硬程度。地层的岩性和软硬不同，对钻头的要求及破碎机理也不同。软地层应选择兼有移轴、超顶、复锥三种结构，牙轮齿形较大、较尖，齿数较少的铣齿或镶齿钻头，以充分发挥钻头的剪切破岩作用；随着岩石硬度的增大，选择钻头的上述三种结构值应相应减小，牙齿也要减短、加密。

② 地层研磨性。钻研磨性地层会使牙齿过快磨损，机械钻速迅速降低，钻头进尺少。特别容易磨损钻头的保径齿、背锥以及牙掌的掌尖，将钻头直径磨小，更严重的是会使轴承外露、轴承密封失效，加速钻头损坏。因此，研磨性地层应该选用有保径齿的镶齿钻头。

③ 钻进井段的深浅。浅井段岩石一般较软，同时起下钻所需时间较短，应选用能获得较高机械钻速的钻头；深井段地层一般较硬，起下钻时间较长，应选用有较高进尺的钻头。

④ 易斜地层。在易斜地层钻进时，地层因素是造成井斜的客观因素，而下部钻柱的弯曲以及钻头的选型不当则是造成井斜的技术因素。在易斜地层钻进，应选用不移轴或移轴量小的钻头；同时，在保证移轴量小的前提下，所选钻头适应的地层应比所钻地层稍软一些，这样可以在较低的钻压下提高机械钻速。

⑤ 软硬交错地层。在软硬交错地层钻进时，一般应按其中较硬的岩石选择钻头类型，这样既在软地层中有较高的机械钻速，也能顺利地钻穿硬地层。在钻进过程中钻井参数要及时调整，在软地层钻进时可适当降低钻压并提高转速；在硬地层钻进时可适当提高钻压并降低转速。

选用的钻头对所要钻的地层是否适合，要通过实践的检验才能下结论。对于同一地层使用过的几种类型的钻头，在保证井身质量的前提下，一般以“每米钻井成本”作为评价钻头选型是否合理的标准。

3. 金刚石钻头的选型

1）金刚石钻头的特点

与牙轮钻头相比，金刚石钻头没有活动部件，可以使用高转速，适合于和高转速的井下动力钻具一起使用；可以承受较大的侧向载荷，适合于定向钻井；耐高温、耐磨且寿命长，适合于深井及研磨性高的地层使用；不受具体尺寸限制，能满足非标准的异形尺寸井眼的钻井需要，尤其适合于小井眼钻井；金刚石钻头热稳定性差，抗冲击性载荷性能较差，使用时必须遵照操作规程。

2）金刚石钻头适应的地层

根据地层可钻性选择钻头，可以取得钻速高、进尺多、成本低的效果。根据地层统计可钻性和地层级值梯度公式，可以确定所钻井段的级值与适合于这种级别地层的钻头类型，并建立起对应关系，利用表 7-3-7 进行钻头选型。

表 7-3-7　钻头类型与地层级别对应关系表

地层级别		Ⅰ～Ⅲ	Ⅲ～Ⅳ	Ⅳ～Ⅵ	Ⅵ～Ⅶ	Ⅶ～Ⅹ	≥Ⅹ
可钻性级值		$K_d<3$	$3\leqslant K_d<4$	$4\leqslant K_d<6$	$6\leqslant K_d<8$	$8\leqslant K_d<10$	$K_d\geqslant 10$
地层分类		极软 (SS)	软 (S)	软—中 (S—M)	中—硬 (M—H)	硬 (H)	极硬 (EH)
牙轮钻头	铣　齿	1-1	1-2	1-3,2-1,1-4,2-2	2-3,3-1,2-4,3-2	3-3,3-4	
	镶　齿	4-1,4-2,4-3	4-4	5-1,5-3,5-2,5-4	6-1,6-3,6-2,6-4	7-1,7-3,7-2,7-4	8-1,8-3,8-2,8-4
金刚石钻头	PDC	√	√	√	√		
	金刚石				√	√	√

三、钻头合理使用

1. 钻井参数有效优选试验方法

在钻进设备、所钻地层和钻头一定的条件下，影响钻头指标的主要因素就是钻井参数，尤其是钻压和转速，推荐的钻井参数有效优选试验方法如下：

（1）初选一个合适的钻压和中等转速（60～100 r/min）钻进约 5 min，记下机械钻速（见表 7-3-8）。

（2）保持转速不变，以适当幅度增加钻压，在此钻压下钻进 5 min，记下机械钻速（见表 7-3-8）。

（3）以相同幅度降低钻压，转速保持不变，在此钻压下钻进 5 min，记下机械钻速（见表 7-3-8）。

（4）找出两组试验中机械钻速最快的钻压。

(5) 在最佳钻压下,改变转速,记下机械钻速(见表 7-3-8)。

(6) 选择最快钻速时的转速。

(7) 将钻井参数调整到最佳的钻井参数组合,即钻压 60 kN,转速 120 r/min。

表 7-3-8 钻井参数优选方法

次 数	转速 100 r/min		钻压 60 kN	
	钻压/kN	钻时/($min \cdot m^{-1}$)	转速/($r \cdot min^{-1}$)	钻时/($min \cdot m^{-1}$)
1	80	8	100	7
2	100	9	120	5.5
3	60	7	80	8
选 择	60	7	120	5.5

2. 使用钻头钻遇复杂情况的处理措施

1) 钻头泥包

(1) 将钻头提起后再下放至距离井底 0.5 m 左右,大排量循环钻井液 10～15 min。

(2) 根据钻机情况,分别采用不同的方法旋转钻头,通过离心作用将黏附在钻头表面的黏着物甩掉。

2) 钻头蹩、跳钻

分两种情况:

(1) 地层原因引起的钻头蹩、跳钻。

将钻头提起后再下放至距离井底 0.5 m 左右,通过改变钻压或转速加以克服。如果钻头蹩、跳钻现象没有消除或减轻,且机械钻速大大降低,可以考虑起钻。

(2) 落物、断齿、掉齿等引起的钻头蹩、跳钻。

① 将钻头提起至距离井底 0.5 m 左右,大排量循环钻井液,同时低转速(40～60 r/min)转动钻头 5 min 左右。

② 继续大排量循环钻井液,同时将低速旋转的钻头慢慢下放至井底。

③ 将钻头重新提起,重复上述操作步骤数次,然后以低转速(40～60 r/min)、小钻压(5～10 kN)钻进 0.5 m 左右,将落物等挤至井壁。

④ 钻头蹩、跳钻现象消除后,可继续钻进,否则考虑起钻打捞落物。

3) 钻遇硬夹层、研磨性或硬泥砂岩

(1) 如果预测夹层厚度较薄,可降低转速,缓慢穿过夹层,再恢复正常钻井参数,以延长钻头使用寿命。

(2) 如果预测夹层厚度较厚,可在夹层或研磨性硬地层形成井底后,重新寻找最佳钻井参数组合,或考虑起钻更换钻头类型。

3. 牙轮钻头的合理使用

(1) 选型。针对地层岩性特点,尽量选用适合的钻头。

(2) 合理选用钻井参数。根据钻头的结构、岩性特点和钻井条件、设备、钻具等优选钻压和转速，在易斜井段钻进要按防斜设计执行。

(3) 使用喷射钻头，在正常井段下，不允许取掉喷嘴入井，必须进行水力参数设计，按高压喷射条件来优选喷嘴组合，并满足入口流速小于 21.4 m/s 的条件。

(4) 喷嘴安装前，先清洗喷嘴内外面，涂抹润滑脂，再轻压装入，防止损坏密封圈，禁止使用有缺陷的喷嘴。

(5) 井底必须清洁。当井下有碎铁或硬质合金碎断齿较多时，要磨铣和打捞干净，新钻头要带随钻捞杯方能入井。

(6) 有条件时使用减震器。

(7) 采用优质洗井液，搞好钻井液净化，含砂量小于 0.3%，在管线上必须安装过滤装置，防止堵喷嘴。

(8) 上卸钻头必须使用钻头盒，用吊钳紧扣和松扣，紧扣要适当，不允许用转盘上卸扣。上紧后上提，检查钻头外观上有无损伤。

(9) 下钻速度不得过快，特别是在不规则和复杂井段。

(10) 下钻完或钻进时上提钻具后恢复钻井时，钻头距井底至少 2 m，开泵冲洗井底，然后旋转下放到底。

(11) 新钻头入井应轻压、低转速，钻井 0.3～0.5 m，跑合牙轮后再逐渐加至所需钻压。

(12) 要精心操作，做到不溜、不顿，送钻平稳均匀。严禁加压启动转盘和猛停、猛合转盘。新钻头到底、井下不正常、钻头使用到后期，必须司钻操作。

(13) 钻进中要注意钻压、转速、泵压、机械进尺和井下情况的变化，发现异常及时分析处理，特别要加强钻头使用后期的判断，正确决定起钻时间，起出的钻头新度应控制在 10%～20%范围内，深井、复杂井起出的钻头新度不低于 20%～30%。

(14) 起钻时要首先减小钻压再停转停泵，防止钻具拉伸使钻头加压，损坏轴承。钻头起至复杂井段，应采用低速；遇卡应倒划眼上提，不得硬起。

(15) 钻进中起钻依据与钻头新度控制。

出现以下情况时应起钻查找原因或更换钻头：

① 钻头成本曲线开始上升。

② 用于扩眼，使用时间已接近该井段同类钻头正常使用时间的 1/4(研磨性地层)～1/2(非研磨性地层)。

③ 钻头在非研磨性地层钻进，其使用时间已到该地层同类钻头平均使用时间的 2/3，再钻遇研磨性砂岩、黄铁矿和燧石；新钻头在石英砂岩、黄铁矿、燧石中钻进，其使用时间已到同类钻头的平均使用时间 1/2～1/3；钻过石英砂岩、黄铁矿和燧石等研磨性地层的钻头，再钻非研磨性地层，其使用时间接近同类钻头在非研磨性地层平均使用时间的 1/3，或不到 1/3 但已有蹩跳现象。

④ 钻井参数和地层岩性未变，钻时超过上 1 m 的 1.5 倍。

⑤ 转盘扭矩增加或正常钻进中出现蹩、跳钻。

⑥ 正常钻进中岩性未变，钻速加快(一般为钻头直径磨小)。

⑦ 正常钻进中发现砂样中有找不到原因的铁屑。

⑧ 钻进中泵压下降，地面未发现其他原因。

⑨ 顿钻、溜钻吨数超过该尺寸钻头最大允许钻压 1 倍和严重卡钻。

⑩ 因处理井涌、井喷，泥浆内有硫化氢，或在深井高温高压条件下，浸泡 2～3 d 以上的。

4. 金刚石钻头的合理使用

(1) 根据地层可钻性级值选择金刚石钻头类型。一般情况下，地层可钻性级值小于等于5，即极软到中硬地层选用 PDC 钻头；地层可钻性级值大于 5 且小于 8，即中硬到硬地层选用 TSP 钻头；地层可钻性级值大于等于 8，即硬到坚硬地层选用天然金刚石钻头。

(2) 井底清洁，无落物。

(3) 用专用钻头盒子紧扣，紧扣扭矩符合规定。

(4) 下钻要慢，安全通过转盘、防喷器、井眼中不规则的台阶、"狗腿"、缩径段，保护好切削齿。下到最后一个单根时，应开泵并旋转循环，清除岩屑及沉砂。

(5) 钻头接触井底后，应以低转速(50～60 r/min)和低钻压(10～20 kN)钻进 0.5 m 左右，完成新井底造型。

(6) 做好钻速试验，即固定钻压、改变转速，或固定转速、改变钻压，使钻压和转速合理匹配，以获得最高机械钻速钻进。

(7) 使用组合喷嘴钻进，提高清岩效率。

(8) 应以厂家推荐的钻压与转速的乘积为约束条件，不能同时使用最高钻压和最高转速。钻进中操作要平稳，送钻要均匀，严禁猛提猛放、溜钻和顿钻。

(9) 做好随钻成本计算，只要发现连续几个点的成本上升时，就应起钻。

(10) 如发现钻头无进尺、泵压明显升高或降低、机械钻速突然下降、扭矩增大等现象时，若地面设备无问题，应起钻检查。

四、钻头磨损分级与失效分析

1. 钻头磨损分级标准

IADC 为规范钻头使用情况，制定了钻头磨损分级标准，并得到美国石油学会(API)的认可。

IADC 磨损分级体系可用于各种类型的牙轮钻头和各种类型的固定齿钻头。铣齿钻头、碳化钨镶齿钻头、天然/人造金刚石切削齿钻头均适用于该体系。

表 7-3-9 IADC 钻头磨损分级体系表

切削结构				轴承密封	保　径	其他磨损特征	起钻原因
内排齿	外排齿	磨损特征	磨损位置				
I	O	D	L	B	G	O	R

钻头磨损分级体系表中：

第 1 栏(I—内排齿：钻头直径的 2/3 区内)用于描述钻进时不接触井壁的钻头切削元件的状况。

第 2 栏(O—外排齿：钻头直径的外 1/3 区内)用于描述钻进时接触井壁的钻头切削元件的状况。

根据钻头类型采用线性比例定量描述钻头切削结构的状况。

(1) 铣齿牙轮钻头：切削齿磨损或损坏测量值。0—切削齿无磨损；1—切削齿磨损齿高的 1/8；…；8—切削齿完全磨损。

(2) 镶齿牙轮钻头：切削齿磨损、掉齿、折断的测量值。0—切削齿无磨损；1—切削齿磨损齿高的 1/8(掉齿或折断齿数的 1/8)；…；8—切削齿完全磨损或掉光。

(3) 固定齿钻头：切削齿磨损、掉齿、折断的测量值。0—切削齿无磨损；1—切削齿磨损齿高的 1/8(掉齿或折断齿数的 1/8)；…；8—切削齿完全磨损或掉光。

例：一只钻头内排镶齿有一半脱落或折断，剩余牙齿磨损了其原始高度的 50%，则第一列数值应为 6；如果钻头外排镶齿是完整的，但全部牙齿均磨损原始高度的 50%，则第二列正确的磨损级别应为 4。

第 3 栏(D—切削结构磨损特征)采用两个字母来描述切削结构的主要磨损特征，见表 7-3-10。

表 7-3-10　钻头磨损特征代码

代　码	磨损特征	代　码	磨损特征	代　码	磨损特征
BC	牙轮破损①	HC	热龟裂	SS	自锐磨损①
BF	黏结失效②	JD	落物损坏	TR	齿间磨损①
BT	断　齿	LC	掉牙轮①	WO	钻头冲蚀
BU	钻头泥包	LN	掉喷嘴	WT	牙齿磨损
CC	牙轮破裂①	LT	掉　齿	NO	无其他磨损特征
CD	牙轮卡死①	OC	偏心磨损	LM	断刀翼②
CI	牙轮互咬①	PB	钻头磨尖	DL	复合片脱层②
CR	钻头磨心	PN	堵喷嘴/流道	NR	不能再用
CT	牙齿碎裂	RG	保径磨圆①	RR	可再用
ER	冲　蚀	RO	钻头环磨②		
FC	牙齿齐平磨损①	SD	巴掌底缘损坏①		

注：① 指牙轮钻头磨损特征；② 指金刚石钻头磨损特征。

固定切削齿钻头的磨损特征见图 7-3-2(以 PDC 钻头为例)。

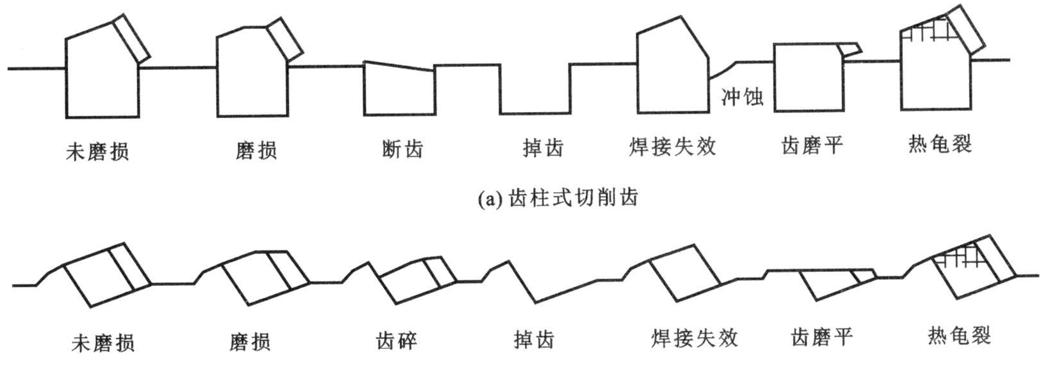

图 7-3-2　切削齿磨损特征示意图

第 4 栏(L—切削结构位置)使用一个字母或数字描述钻头表面切削结构磨损特征发生的位置。

对于牙轮钻头:使用齿排和牙轮号表示。其中,N—顶排齿;M—中排齿;H—外排齿;A—全部;1—1 号牙轮;2—2 号牙轮;3—3 号牙轮。

对于金刚石钻头:磨损位置定义见图 7-3-3,使用刀翼号和部位表示。其中,1—1 号刀翼;2—2 号刀翼;…;C—内锥;N—鼻部;T—外锥;S—肩部;G—保径。

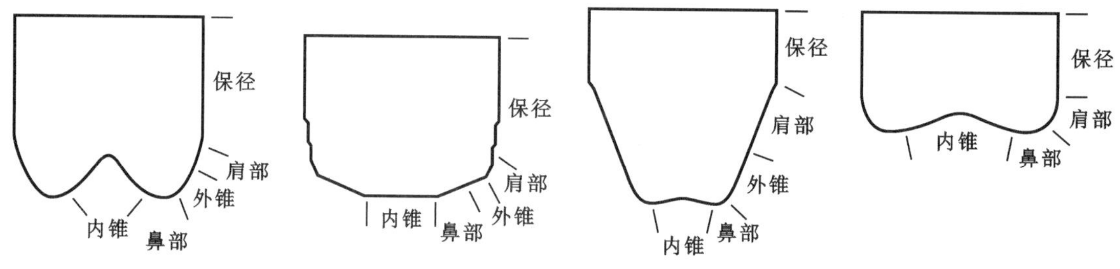

图 7-3-3 磨损位置示意图

第 5 栏(B—轴承密封)根据轴承类型采用一个字母或一个数字描述牙轮钻头的轴承状况。采用线性比例 0～8 描述非密封轴承牙轮钻头已经用去的轴承寿命。其中,0—没有磨损;…;8—全磨损(轴承锁死或脱落)。对于密封轴承(滑动或滚动)钻头,采用一个字母代码来描述轴承的密封状况,E—密封有效;F—密封失效。在密封或轴承情况不能够确定的情况下,N—不能作出评价;X—固定切削齿钻头。

第 6 栏(G—保径)描述钻头保径部分的状况。I—直径无磨损。如果钻头保径减小,则磨损量用 1 in 的 1/16 的倍数来标识。对于三牙轮钻头保径部分磨损量计算适用"2/3"规则。

三牙轮钻头的"2/3"规则:要求钻头量规拉紧,使其接触三个牙轮中的两个,其接触点在最大外径点,测量第三个牙轮与钻头量规间的距离,然后乘以 2/3,四舍五入近似为 $\frac{1}{16}$ in,可以得到正确的直径减小值。

第 7 栏(O—其他磨损特征)用于描述除第三列切削结构磨损特征以外的钻头的任何磨损特征,见表 7-3-10。

第 8 栏(R—起钻原因)用于描述起出钻头的原因,具体内容见表 7-3-11。

表 7-3-11 钻头起钻原因

代　码	起钻原因	代　码	起钻原因
BHA	改变井底钻具组合	LIH	钻头落井
CM	处理钻井液	HR	已到钻头规定使用时间
CP	到达取心井深	LOG	测　井
DP	钻完水泥塞	PP	泵压异常
DMF	井下马达失效	PR	机械钻速低
DTF	井下工具失效	RIG	钻机修理
DSF	钻柱失效	TD	钻达目标井深/下套管井深
DST	钻杆测试	TW	钻具扭坏
FM	地层改变	TQ	扭矩变化

续表 7-3-11

代 码	起钻原因	代 码	起钻原因
HP	井眼有问题	WC	气候异常
WO	钻柱冲蚀		

例：牙轮钻头记录 2-8-WT-H-E-I-ER-PR。表明钻头使用后情况：2—内排齿磨损 1/4；8—外排齿已全部磨损；WT—齿磨损；H—磨损位置在外排齿部位；E—轴承密封有效；I—钻头直径未磨损；ER—牙轮壳体冲蚀；PR—因机械钻速低而起钻。

例：PDC 钻头记录 1-4-WT-S-X-1-NO-PR。表明钻头使用后情况：1—内排齿磨损 1/8；4—外排齿磨损 1/2；WT—齿磨损；S—钻头肩部；X—固定切削齿钻头；1—钻头直径磨损 $\frac{1}{16}$ in；NO—无其他磨损特征；PR—因机械钻速低而起钻。

钻头磨损分级体系代码见图 7-3-4。

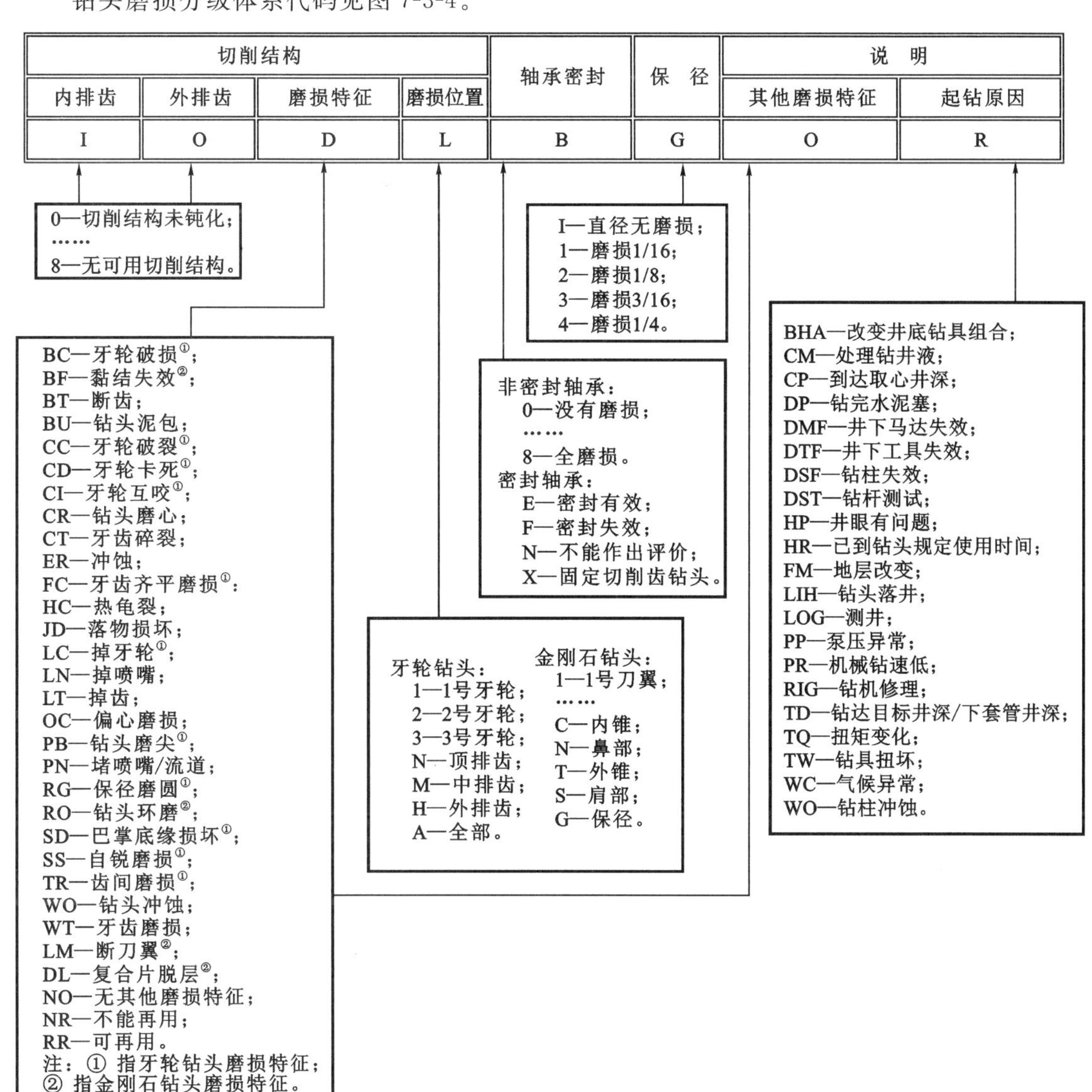

图 7-3-4　钻头磨损分级体系代码

2. 钻头失效分析

1）牙轮钻头失效分析

（1）牙轮破损 BC（见图 7-3-5）。

牙轮破损是指钻头有一个或多个牙轮碎成两块或更多块，但牙轮的大部分还在钻头上。牙轮破损可能由几种原因造成，主要包括：牙轮互咬（在一个轴承失效后，牙轮互相扰动，破坏一个或更多的牙轮）；在下钻或接单根时钻头撞到井壁上台肩；溜钻。

（2）牙轮断齿 BT（见图 7-3-6）。

在某些地层中，断齿是碳化钨镶齿牙轮钻头的正常磨损特征，如果钻头使用时间非常短，断齿可能显示下面的一个或多个情况：需要加减震装置；钻压或转速太高；钻头使用不当。对铣齿牙轮钻头，断齿不是正常的磨损形式，说明了采用不适当的钻头或操作参数。

牙轮断齿的原因包括：钻头碰到井下落物；钻头碰到井壁台肩或突然碰到井底；使用过高的钻压，导致内排齿和中排齿被折断；使用过高的转速，导致保径这一排齿断裂；当井底形状变化较大时，磨合牙轮钻头方法不当；相对所使用钻头来说，地层太硬。

图 7-3-5　牙轮破损

图 7-3-6　牙轮断齿

（3）牙轮破裂 CC（见图 7-3-7）。

牙轮破裂是牙轮破损或掉落的开始，有许多因素都可能引起牙轮破裂，包括：井底有落物；钻头碰到井壁台肩或井底；溜钻；氢脆；钻头过热；因冲蚀造成牙轮外壳变薄；牙轮互咬。

（4）牙轮卡死 CD（见图 7-3-8）。

牙轮卡死描述了钻头钻进的某一过程中一个或多个牙轮不转动，起出后发现一个或多个磨平点。导致牙轮卡死的原因包括：一个或多个牙轮的轴承失效；牙轮之间夹有落物；钻头被压缩，导致牙轮互咬；钻头泥包；磨合时间不够。

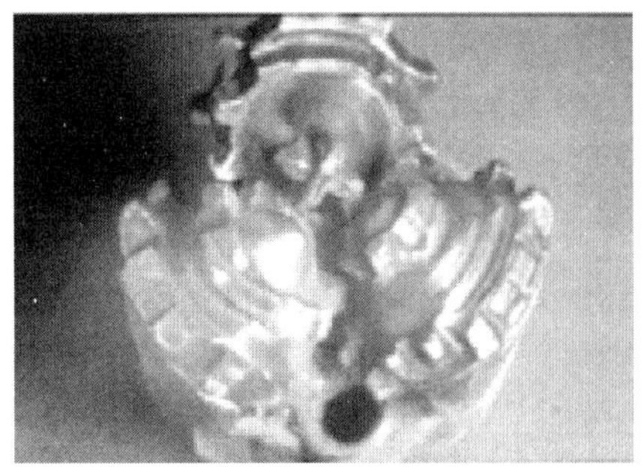

图 7-3-7　牙轮破裂

图 7-3-8　牙轮卡死

（5）牙轮互咬 CI（见图 7-3-9）。

牙轮互咬经常导致牙轮上出现沟槽、牙齿折断，有时会被误认为是地层损害。因牙轮互咬而造成的牙齿折断不是钻头选型的问题。引起牙轮互咬的原因包括：钻头被挤压；在欠尺寸井眼划眼过程中钻压过高；一个或多个牙轮的轴承失效。

（6）钻头磨心 CR（见图 7-3-10）。

牙轮最中心部分被磨损或崩落，或当牙轮中间部分被破坏时也可能造成钻头磨心。其原因包括：地层研磨性超过钻头中心切削齿的耐磨性；当井底形状发生重大变化时，新钻头磨合不充分；牙轮壳体被冲蚀导致掉牙齿；井内落物造成牙轮中心牙齿破坏。

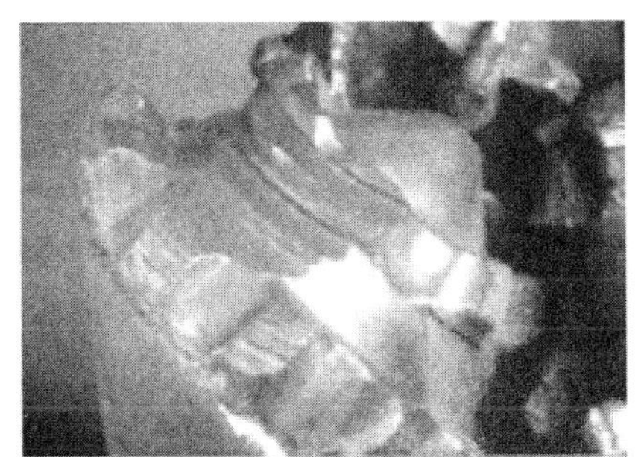

图 7-3-9　牙轮互咬

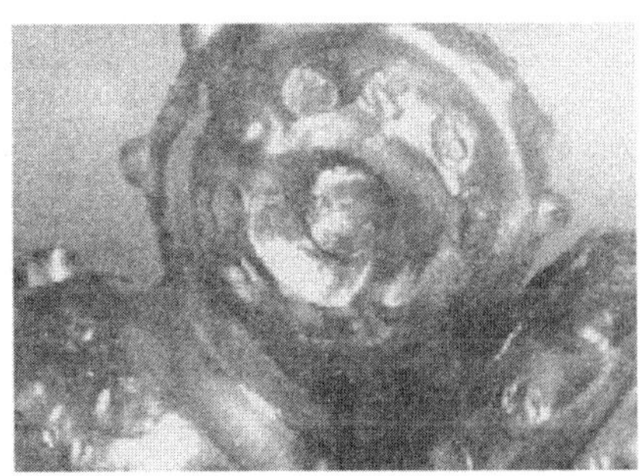

图 7-3-10　钻头磨心

（7）牙齿碎裂 CT（见图 7-3-11）。

在碳化钨镶齿牙轮钻头上，碎裂的镶齿经常变成断齿。如果一个牙齿的大部分仍然留在牙轮壳体上，则这个牙齿被认为是碎裂，而不是折断。引起牙齿碎裂的原因包括：因跳钻造成的冲击载荷过大；轻微的牙轮互咬；空气钻井过程中蹩跳严重。

（8）冲蚀 ER（见图 7-3-12）。

流体冲蚀将导致钻头牙齿减小和/或牙轮壳体材料损失。由于镶齿是靠壳体来支撑和夹紧的，壳体变薄将会导致镶齿脱落。引起流体冲蚀的原因包括：研磨性地层接触切削齿之间的牙轮壳体，这是由钻头齿痕、偏心磨损或过高的钻压引起的；由于水力能量不足，研磨性地层岩屑冲蚀牙轮壳体；水力能量过高则导致高速流体冲蚀，研磨性钻井液或固相控制较差。

图 7-3-11　牙齿碎裂

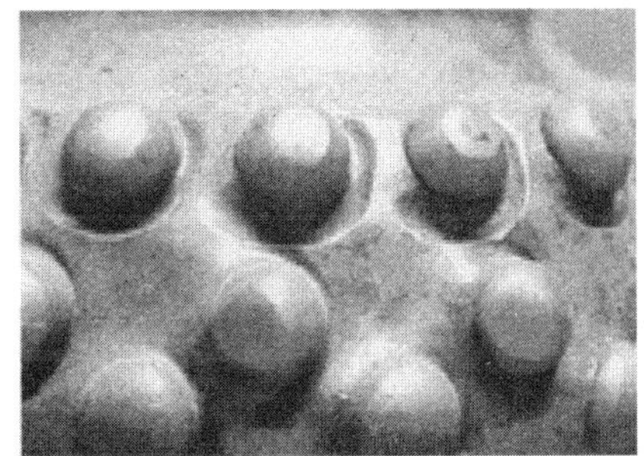

图 7-3-12　冲蚀

（9）牙齿齐平磨损 FC（见图 7-3-13）。

牙齿齐平磨损就是整个切削齿的表面高度平齐降低，其原因有地层因素、表面硬化、钻井参数等，低钻压和高转速条件下试图控制井斜程度时尤其容易造成牙齿齐平磨损。

（10）热龟裂 HC（见图 7-3-14）。

切削齿由于沿井壁被拖拉而过热，然后由于钻井液循环而被冷却，经过多次反复后，热龟裂磨损特征就会发生。以下状况会引起热龟裂：切削齿被拖拉；以高转速在微小尺寸井筒中划眼。

图 7-3-13　牙齿齐平磨损

图 7-3-14　热龟裂

（11）落物损坏 JD（见图 7-3-15）。

落物损坏可通过检测钻头任意部分的痕迹来判断。井下落物损坏能够导致牙齿折断，损坏巴掌底缘，缩短钻头使用时间，给正常施工带来难题。有时必须清除井下落物以便继续钻进。以下列出了常见的情况：从地面掉到井内的一些落物（钳牙、工具等）；来自于钻柱的落物（划眼器销子、稳定器刀翼等）；来自于上次使用钻头的落物（碳化钨镶齿、滚珠轴承等）；来自于现在使用的钻头的落物（碳化钨镶齿等）。

（12）掉牙轮 LC（见图 7-3-16）。

很多原因可能导致掉一只或多只牙轮。在恢复钻井以前，必须清除所掉的牙轮。引起牙轮掉落的原因包括：下钻或接单根时钻头撞到井底或井壁台肩；溜钻；轴承失效（引起牙轮阻挡系统失效）；氢脆。

图 7-3-15　落物损坏

图 7-3-16　掉牙轮

（13）掉喷嘴 LN（见图 7-3-17）。

尽管掉喷嘴不是切削部分的磨损特征，但它是其他磨损特征的重要特征，有助于描述钻头状况。喷嘴掉落会导致压力下降，必须起钻。掉落的喷嘴也是井下落物的来源。引起掉喷嘴的原因包括：水眼安装不当；不适当的喷嘴和/或不适当的喷嘴设计；机械的或水力冲蚀破

坏喷嘴和/或卡喷嘴系统。

(14) 掉齿 LC(见图 7-3-18)。

本特征是指整个碳化钨镶齿掉进井内,这对钻头其余部分牙齿的损害比牙齿折断损害更大。掉齿经常造成井下落物损坏。掉齿可能由以下原因引起:牙轮壳体冲蚀;牙轮上的裂缝使镶齿夹紧部分变松;氢脆形成裂缝。

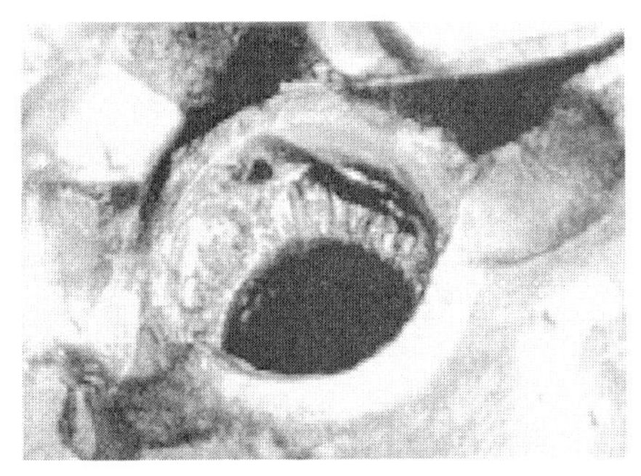

图 7-3-17　掉喷嘴

图 7-3-18　掉齿

(15) 偏心磨损 OC(见图 7-3-19)。

该磨损特征发生于当钻头的几何中心与井眼的几何中心不重合时,结果会造成井眼扩大。偏心磨损的识别方法是:在旧钻头上,切削齿排与排之间的牙轮壳体上磨损,在一个牙轮上保径磨损得比较厉害,同时机械钻速比预计的低。偏心磨损可以通过更换钻头类型的方式来消除,因而也就改变了井底形状。

引起偏心磨损的原因包括:地层由脆性转变为高塑性;在斜井中钻进稳定性不够;对地层与所用钻头而言,施加的钻压不足;静水压力远大于地层孔隙压力。

(16) 钻头磨尖 PB(见图 7-3-20)。

当钻头受机械力使其直径小于原始保径部分外径时,钻头变尖。这种钻头能够导致断齿、牙齿碎裂、牙轮互咬、牙轮卡死以及其他切削结构磨损特征。可能引起钻头直径变小的原因包括:钻头被强制进入小尺寸的井眼;强制牙轮钻头进入固定齿钻头钻过的一段井眼(直径变小);强制钻头通过没有通径修整的套管;钻头盒子不适合钻头;强制钻头通过欠尺寸防喷器组。

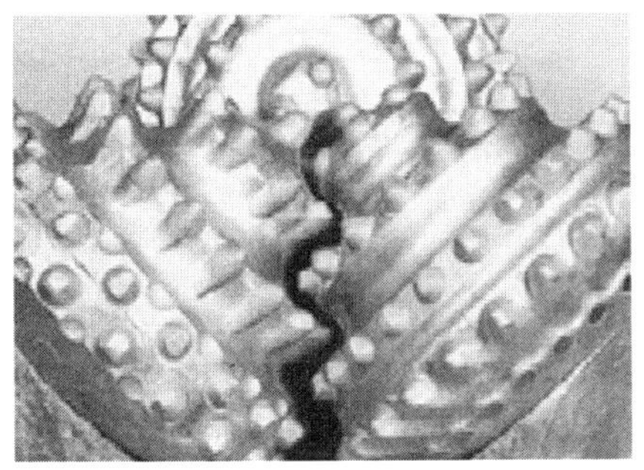

图 7-3-19　偏心磨损

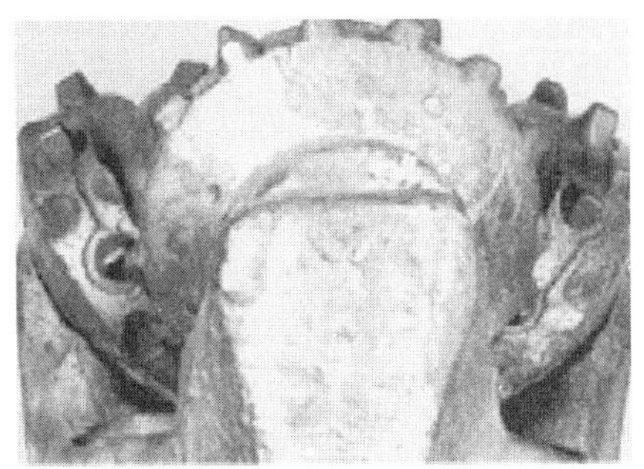

图 7-3-20　钻头磨尖

(17) 堵喷嘴 PN(见图 7-3-21)。

堵喷嘴特征没有描述切削结构,但能够提供关于钻头使用的有用信息。被堵的喷嘴可导致水力能量减小或泵压过高而被迫起钻。堵喷嘴的原因可能有：停泵时沉砂将钻头埋入；接单根时固体物质通过钻头上提从喷嘴进入钻柱，当恢复循环时残留在某一水眼里；固体物质通过钻柱被泵送并堵在某一水眼处。

（18）保径磨圆 RG（见图 7-3-22）。

保径磨圆特征描述了钻头保径部分被磨圆，但所钻井眼仍是满尺寸井眼。保径镶齿可能小于公称钻头直径，但牙轮背锥仍然是公称直径。保径磨圆的主要原因包括：采用过高转速钻进研磨性地层；在缩小尺寸井眼划眼。

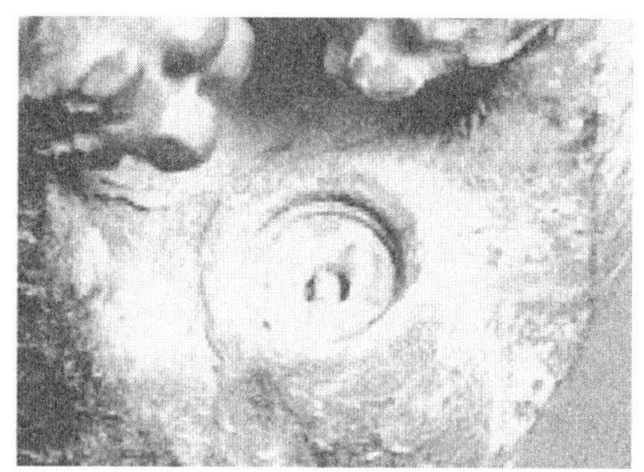

图 7-3-21　堵喷嘴

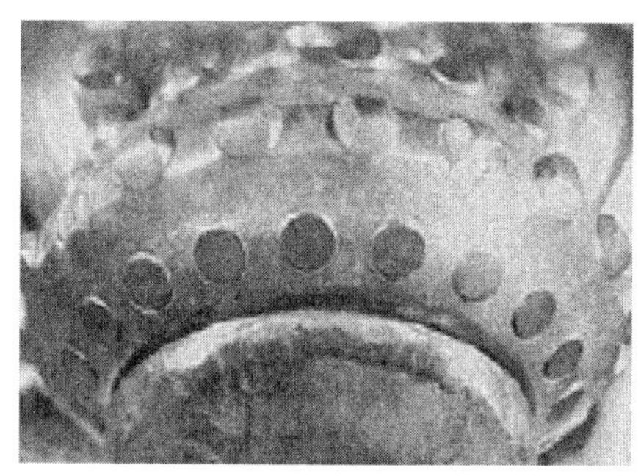

图 7-3-22　保径磨圆

（19）巴掌底缘损坏 SD（见图 7-3-23）。

巴掌底缘损坏不是钻头切削结构的磨损特征，它能导致轴承密封失效。巴掌底缘损坏的原因包括：井内落物；在断层或破碎性地层的小尺寸井眼中划眼；被挤压的钻头可能导致钻头巴掌底缘成为钻头直径的最大部分；水力能量不足；井斜角过大。

（20）自锐磨损（见图 7-3-24）。

当钻头破碎地层时，切削齿磨损后仍保持尖的顶部形状，称为自锐磨损。

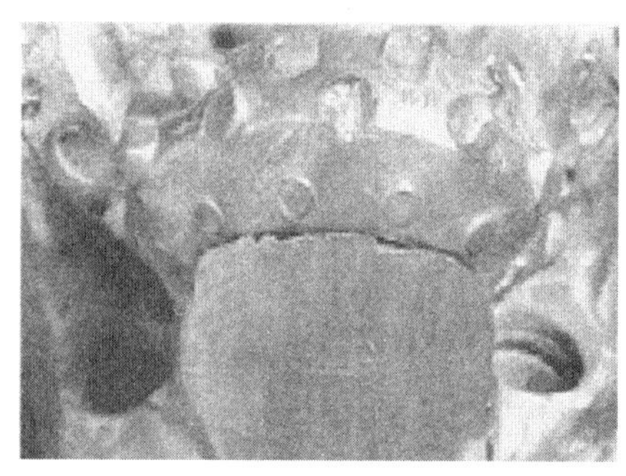

图 7-3-23　巴掌底缘损坏

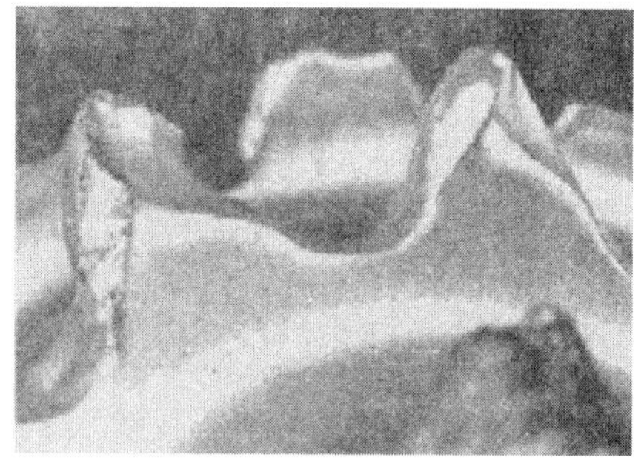

图 7-3-24　自锐磨损

（21）齿间磨损 TR（见图 7-3-25）。

牙齿像齿轮一样啮合吃入地层，发生齿间磨损时，钻头上的牙齿磨损发生在牙齿的前缘和后缘侧面。牙轮壳体磨损发生在切削齿排与排之间。钻头齿间磨损可通过采用更软的钻头钻这种地层和/或降低静水压力的方式来缓解。齿间磨损的原因可能包括：地层由脆性变为塑性；静水压力远超过地层孔隙压力。

（22）钻头冲蚀 WO（见图 7-3-26）。

钻头冲蚀不是钻头切削结构磨损特征，但用作其他磨损特征时可提供一些重要信息。钻头冲蚀可能发生在钻进的任何时间。如果钻头焊接处有孔隙或没有完全闭合，那么钻头一旦开始循环也就开始被冲蚀。通常，焊接部分闭合性良好，但由于接单根时钻头撞击井底或井壁台肩，在钻头行程中会产生裂缝。当产生裂缝且循环钻井液通过裂缝时，发生冲蚀非常快。

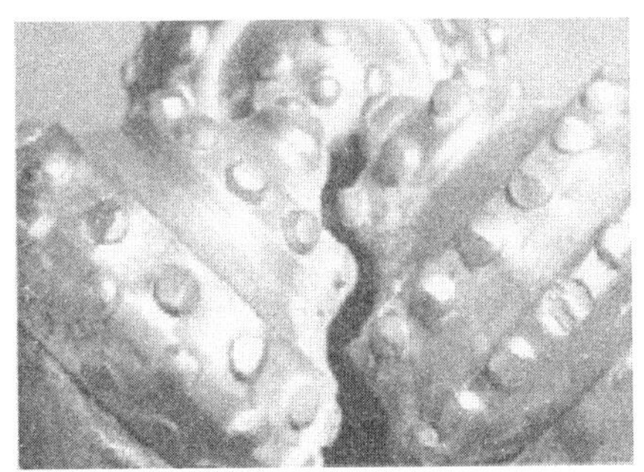
图 7-3-25　齿间磨损

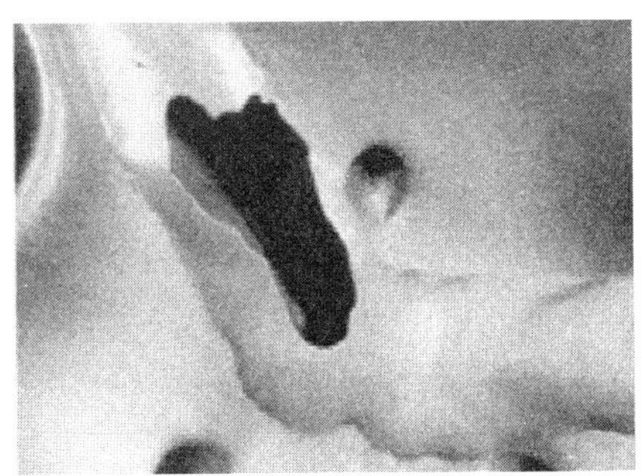
图 7-3-26　钻头冲蚀

(23) 牙齿磨损 WT(见图 7-3-27)。

这是碳化钨镶齿钻头以及软牙齿钻头的一个正常磨损特征。当牙齿磨损发生在铣齿钻头上时，也经常会发生自锐和齐平磨损。

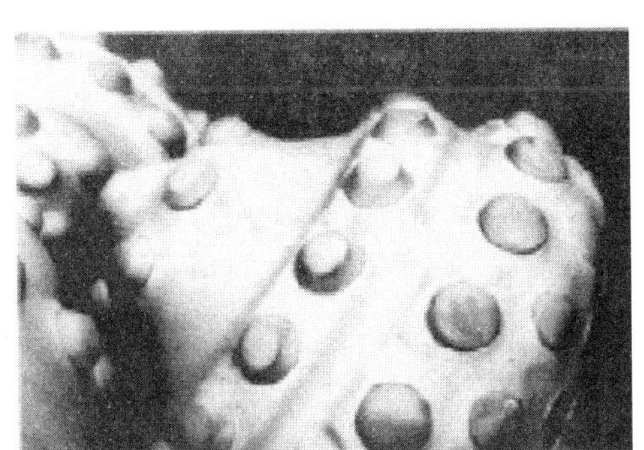
图 7-3-27　牙齿磨损

(24) 无其他磨损特征 NO。

当磨损特征无法用上述特征描述时采用本代码描述。当非钻头原因短起下后，进行起钻常用本代码描述，如钻柱冲蚀。

2) 金刚石钻头磨损分析

以 PDC 钻头为例，它适用于软—中等硬度地层，但钻进的地层最好是均质地层，以避免冲击载荷，因此需要配合稳定器使用。含砾石的地层不能使用 PDC 钻头。

(1) 牙齿碎裂 CT(见图 7-3-28)。

原因：选型不合理；钻压过大；钻遇硬夹层；井底造型不得当；冲击载荷过大；操作不当；钻头跳动等。

措施：选择硬型号钻头；使用减震器；调整钻井参数；规范钻井操作等。

(2) 断齿 BT(见图 7-3-29)。

原因：钻头偏软；钻压过大；转速过高；钻遇硬夹层；冲击载荷过大；操作不当；钻头跳动等。

措施：选择耐冲击切削齿钻头；合理选择钻压和转速；使用减震器；规范钻井操作等。

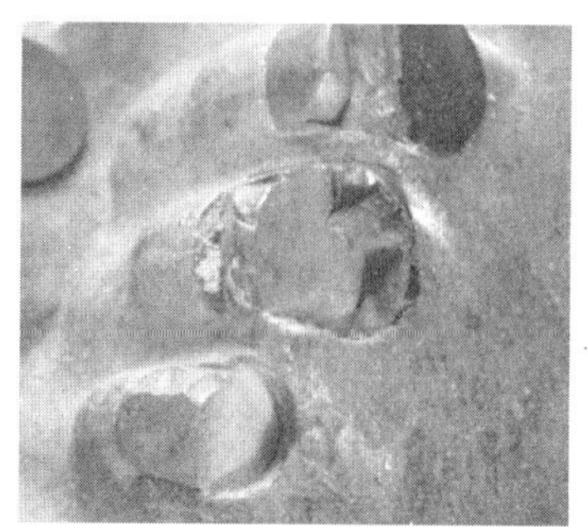

图 7-3-28　牙齿碎裂

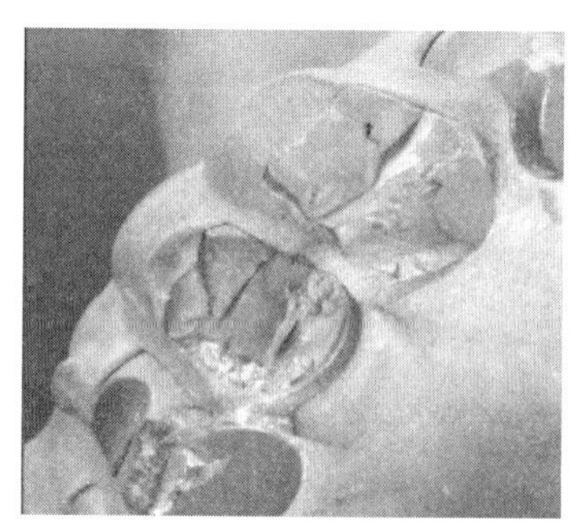

图 7-3-29　断齿

(3) 钻头泥包 BU(见图 7-3-30)。

原因:黏性地层;钻井液性能不好;水力参数不合理;喷嘴组合不当;钻头选型不合理;操作不当等。

措施:优化钻井措施;提高钻井液抑制性;优化水力参数;合理选择钻头型号;规范钻井操作等。

(4) 钻头出心 CR(见图 7-3-31)。

原因:井底落物;冲蚀;钻压过大;钻头偏软;井底造型不当;操作不当;使用时间过长;钻头跳动等。

措施:使用前保证井底干净;选择硬型号的钻头;优化水力参数;调整钻井参数;规范钻井操作等。

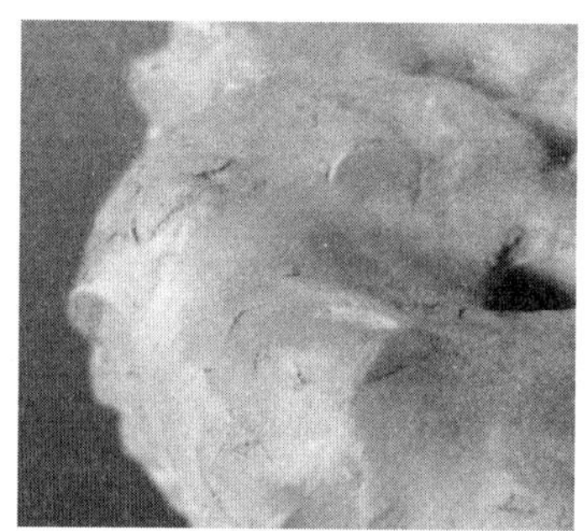

图 7-3-30　钻头泥包

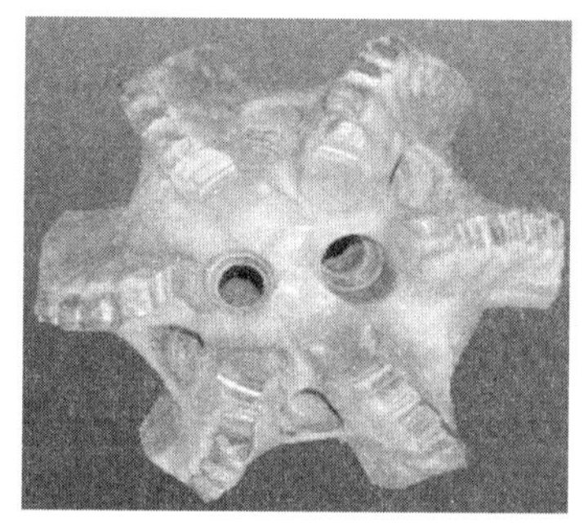

图 7-3-31　钻头出心

(5) 复合片脱层 DL(见图 7-3-32)。

原因:钻压过大;钻遇硬夹层;冲击载荷过大;钻头跳动;操作不当等。

措施:选择抗冲击好的切削齿钻头;使用减震器;合理选择钻井参数等。

(6) 钻头冲蚀 WO(见图 7-3-33)。

原因:喷嘴射流形成涡流;喷嘴组合不合理;钻井液固相含量高等。

措施:改善水力结构;优化水力参数;提高钻头耐冲蚀性;降低钻井液固相含量等。

(7) 热龟裂 HC(见图 7-3-34)。

原因:水力能量小,冷却效果差;高转速钻进;在灰岩或研磨性地层中钻进等。

措施:优化水力参数,改善冷却效果;采用合理转速钻进;采用研磨性好的切削齿钻头等。

图 7-3-32　复合片脱层

图 7-3-33　钻头冲蚀

(8) 断刀翼 LM(见图 7-3-35)。

原因:钻压过大;冲击载荷过大;钻头振动;钻井操作不当;水力不充分等。

措施:合理选择钻压;规范钻井操作;降低转速;增加排量等。

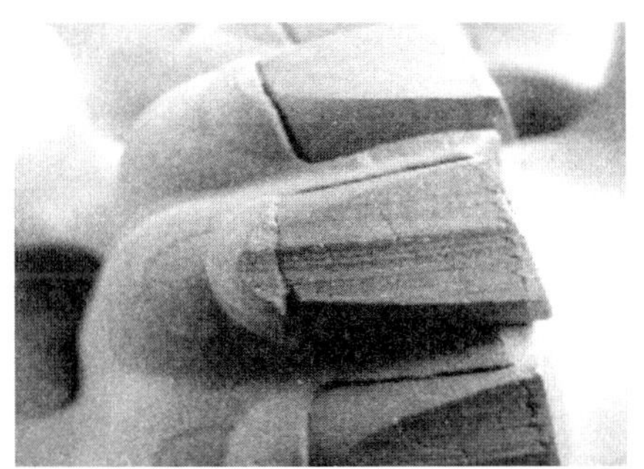
图 7-3-34　热龟裂

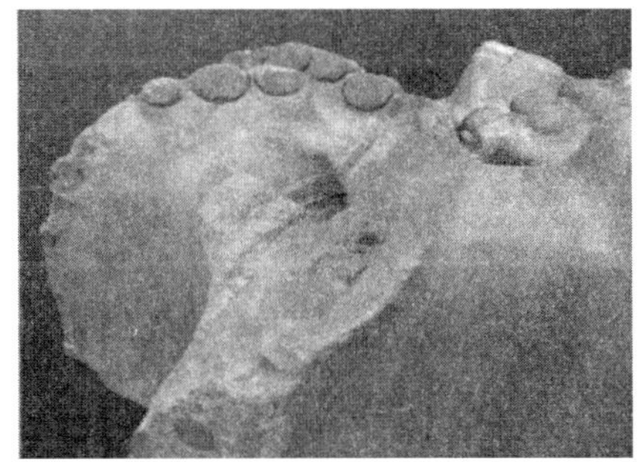
图 7-3-35　断刀翼

(9) 掉齿 LT(见图 7-3-36)。

原因:钻压过大,超过齿焊接承受力;齿焊接缺陷;冲蚀;钻头振动;操作不当等。

措施:选择合理的钻井参数;提高焊接质量;优化水力参数;规范钻井操作等。

(10) 堵喷嘴 PN(见图 7-3-37)。

原因:未开泵,钻头冲入沉砂;泵入外来材料;接单根时碎块进入喷嘴;水力清洗不好等。

措施:规范钻井操作;使用钻具滤清器、单流阀;改善水力清洗效果等。

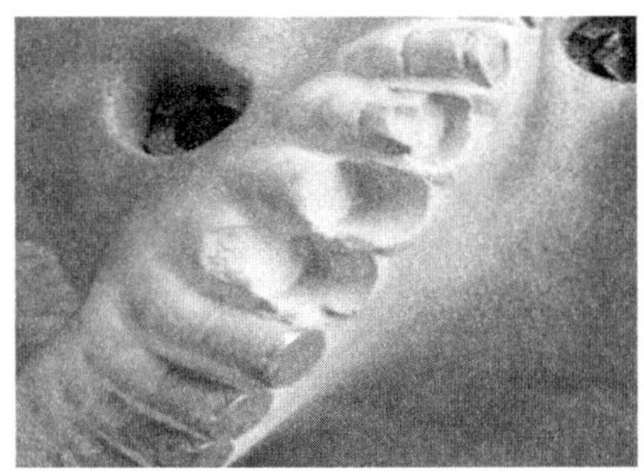
图 7-3-36　掉齿

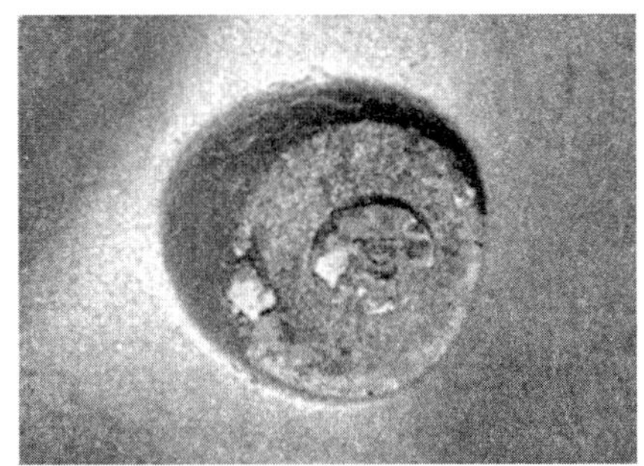
图 7-3-37　堵喷嘴

(11) 钻头环磨 RO(见图 7-3-38)。

原因:钻头偏软;钻压过大;落物损坏;井底造型不当;冲蚀;钻头跳动等。

措施:选择切削齿耐磨损的硬型号钻头;合理选择钻压;选择长寿命钻头;防冲蚀等。

(12) 掉喷嘴 LN(见图 7-3-39)。

原因:钻头喷嘴装配不当;喷嘴与喷嘴座不相配;钻头泥包;喷嘴被冲蚀;钻头跳动等。

措施:按要求装配钻头喷嘴;喷嘴与喷嘴座要匹配;降低固相含量,防泥包和喷嘴冲蚀;规范钻井操作等。

图 7-3-38 钻头环磨

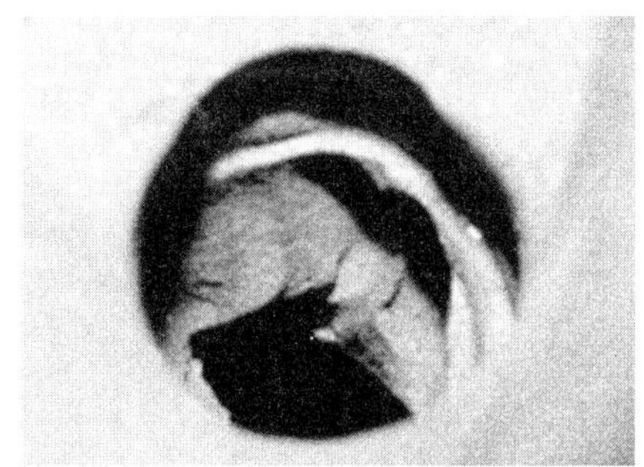

图 7-3-39 掉喷嘴

第四节 辅助破岩工具

一、扭力冲击器

扭力冲击器(TorkBuster)是联合金刚石公司(United Diamond)和阿特拉(Ulterra)钻井技术公司共同研发的钻井工具,可以为 PDC 钻头提供冲击能量,用于在坚韧岩层钻井。扭力冲击器(TorkBuster)安装于钻头上部,给钻头施加高频扭转冲击作用,使 PDC 钻头有效发挥剪切破坏作用。现场试验表明,使用扭力冲击器能使机械钻速平均提高 66%,进尺平均提高 89%,且 PDC 钻头均为正常磨损,钻进效率大幅提高。

PDC 钻头钻坚硬、固结地层时,通常没有足够的扭矩来破碎地层,从而使钻头瞬间停止转动。这时,扭矩能量就开始在钻柱中聚集,钻柱会像发条一样扭紧,一旦达到剪切破碎地层所需的扭矩,钻柱中的扭矩能量就会突然释放出来,钻头将会以高于普通钻头的转速破岩。这种猛烈变化动作称为卡-滑现象,这种现象最终会导致钻头过早失效。扭力冲击器解决钻柱卡-滑现象见图 7-4-1。

TorkBuster 巧妙地将钻井液的流体能量转换成扭向、高频(750~1 500 次/min)、均匀稳定的机械冲击能量并直接传递给 PDC 钻头,这就使钻头不需要等待积蓄足够的扭力能量就可以切削地层。TorkBuster 提供的这种额外的扭向冲击力完全改变了 PDC 钻头的运作方式,相当于每分钟切削地层 750~1 500 次,使钻头和井底始终保持连续性。TorkBuster 大大消除了卡-滑现象,因此不但能够提高机械钻速,而且能够延长钻头及钻柱组合的寿命。

TorkBuster 是联合金刚石公司和阿特拉钻井技术公司自主研发的专利产品,要求在使用 TorkBuster 时,使用专门配套的阿特拉 PDC 钻头,以达到最理想的效果。它是一种纯机械动力工具,由于这种工具相对较短(762~1 016 mm),所以既可以用于旋转钻井,又可以用于钻

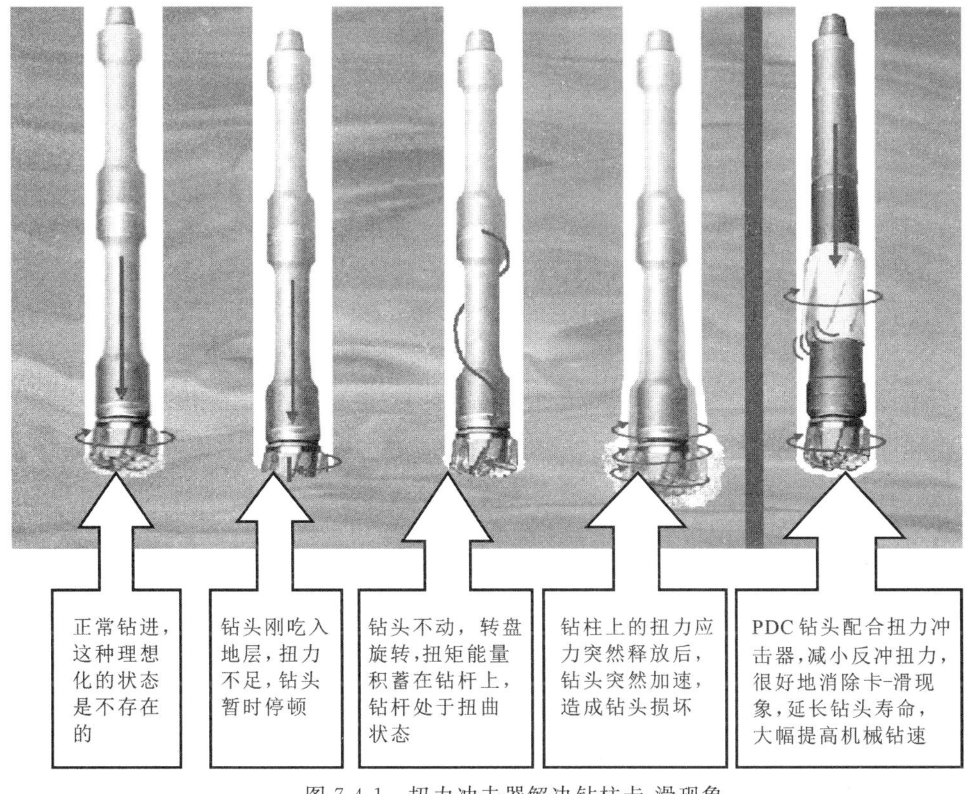
正常钻进，这种理想化的状态是不存在的
钻头刚吃入地层，扭力不足，钻头暂时停顿
钻头不动，转盘旋转，扭矩能量积蓄在钻杆上，钻杆处于扭曲状态
钻柱上的扭力应力突然释放后，钻头突然加速，造成钻头损坏
PDC钻头配合扭力冲击器，减小反冲扭力，很好地消除卡-滑现象，延长钻头寿命，大幅提高机械钻速

图 7-4-1　扭力冲击器解决钻柱卡-滑现象

井液马达钻井。此外，它还可以与螺杆钻具一起使用。

TorkBuster 具有多种型号，有 127 mm 扭力冲击发生器、165 mm 自带有扶正器的扭力冲击发生器、216 mm 扭力冲击发生器、279 mm 自带有扶正器的扭力冲击器等多种类型，见图 7-4-2。表 7-4-1 中列举了三种 TorkBuster 技术参数及规格。

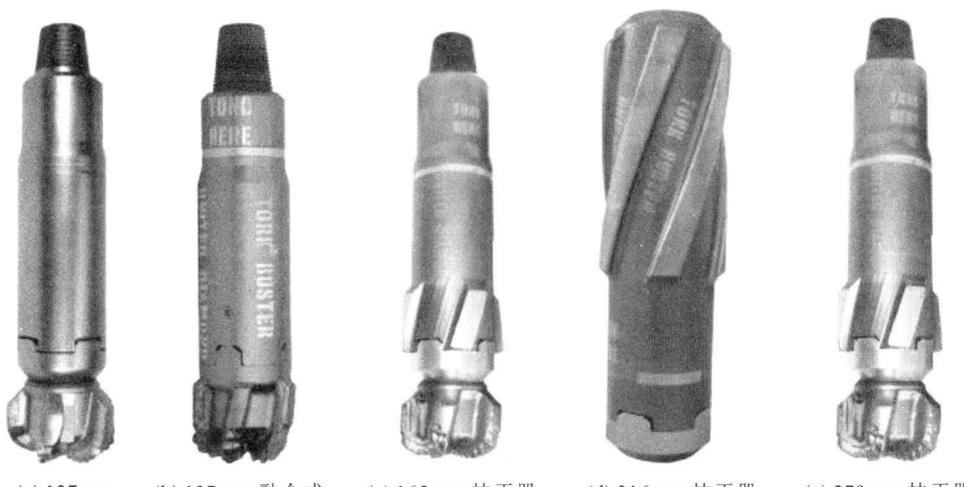

(a) 127 mm　(b) 127 mm 融合式　(c) 165 mm 扶正器　(d) 216 mm 扶正器　(e) 279 mm 扶正器

图 7-4-2　各种规格扭力冲击器

表 7-4-1　三种 TorkBuster 技术参数及规格

外径/mm	127	165	279
流量/(L·s^{-1})	11～20	18～38	38～76
压降/MPa	1.725～2.76	2.2～2.4	1.725～2.76
最高作业温度/℃	210	210	210
最大钻压/N	84 000	111 205	224 000
冲击频率/(次·min^{-1})	680～1 300	1 000～2 400	750～1 500
冲击力矩/(N·m)	610	1 017	1 627
连接扣型	3½ in REG(Pin&Box)	4½ in REG(Pin&Box)	6⅝ in REG(Pin&Box)
打捞颈长度/mm	149	178	273
打捞颈外径/mm	120.7	165	257.2

扭力冲击器在美国德州、墨西哥、中东等油田使用同比提高机械钻速 100%，单只 PDC 钻头进尺增加 40%以上。扭力冲击器在中国玉门、四川元坝地区进行入井试用，试用成功的可以提高机械钻速 1.5 倍。

二、射流式旋转冲击器

旋转冲击器是中国独创的一种采用双稳射流元件作为控制机构的新型工具，它主要由上接头、射流元件、缸体、活塞、冲锤、外缸、砧子、花键套和下接头等组成(见图 7-4-3)。

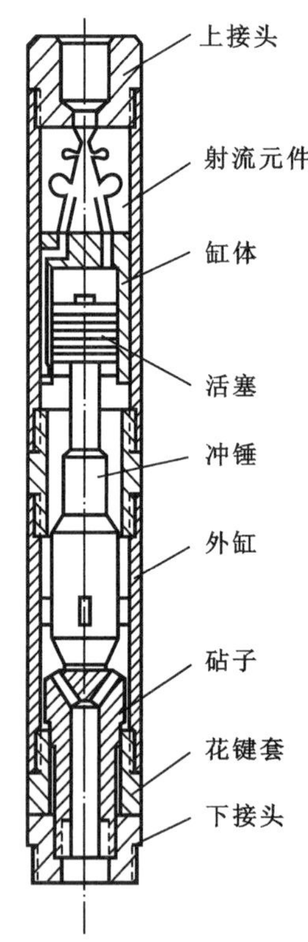

图 7-4-3　射流旋转冲击器结构示意图

旋转冲击器的工作原理(见图 7-4-4)：高压液流从射流元件的喷嘴喷出，假如在附壁作用下先附壁于右侧，高压液流便由 E 输出，进入缸体的上部，推动活塞下行。此时，与活塞连接的冲锤便冲击砧子，因砧子与岩心管相连，冲击能量便经岩心管传至钻头上，完成一次冲击作用。活塞冲程末了，上缸液压升高，反馈信号回到 F，促使射流由 E 切换到 C 输出，液流经 C 进入缸体下缸，推动活塞上行，做返回动作。回程末了，反馈信号又回到 D，将射流切换到开始位置，液流又从 E 输出，进入上缸，如此往返，实现冲击作用。上下缸的回水则通过输出道 E 和 C 而返到放空孔 B 和 A，再经与放空孔连接的水路及砧子内的孔流入岩心管。

旋转冲击器具有以下特点：

(1) 除活塞与冲锤以外，冲击器无其他运动零件，没有弹簧、配水活阀等易损零件，因而钻具工作可靠，使用寿命长。

(2) 冲锤向下撞击砧子时，没有自由行程阶段，也没有弹簧对冲击力的抵消作用，活塞和冲锤下行时始终做加速运动，这有利于提高单次冲击功。

(3) 冲击器工作时不会堵水憋死，不致产生烧钻头及蹩坏水泵零件等事故。

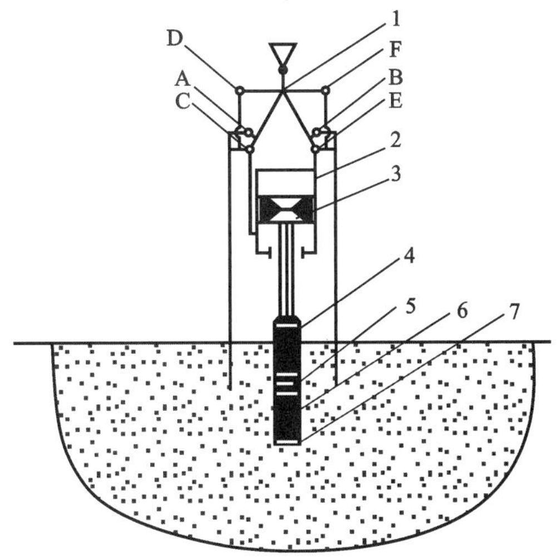

图 7-4-4 旋转冲击器原理图

1—射流元件；2—缸体；3—活塞；4—冲锤；5—砧子；6—岩心管；7—钻头；
D,F—信号孔；C,E—输出道；A,B—放空孔

(4) 冲击器工作时，没有阀的打开与关闭，因而产生的高压水锤波比阀式冲击器要小，高压管路系统震动小，钻具工作平稳，能量损失小，同时，水泵、冲击器、高压管路的零件损失小。

(5) 冲击器的工作条件基本不受围压、温度、介质密度等冲洗介质状态的影响，同时具有抗高压性能，适于深孔钻进。

(6) 冲击器内部结构简单，零件少，有利于冲击器安装、拆卸等。

旋转冲击器的这些特点不仅使其在地质勘探孔、水文水井等领域使用具有良好的效果，而且应用于石油钻井、地热钻井、科学深钻等领域具有更大的潜力。

三、水力脉冲空化射流发生器

水力脉冲空化射流钻井是在钻井过程中将水力脉冲空化射流发生器安装于钻头上部的一种钻井新技术。在分析水力脉冲与空化射流调制机理的基础上，设计出了一种新型水力脉冲与空化射流耦合的水力脉冲空化射流发生器。

1. 水力脉冲空化射流发生器的结构与工作原理

1）结构

水力脉冲空化射流发生器主要由本体、弹性挡圈、导流体、叶轮座、叶轮轴、叶轮及轴套组件、自激振荡腔组成，见图 7-4-5。

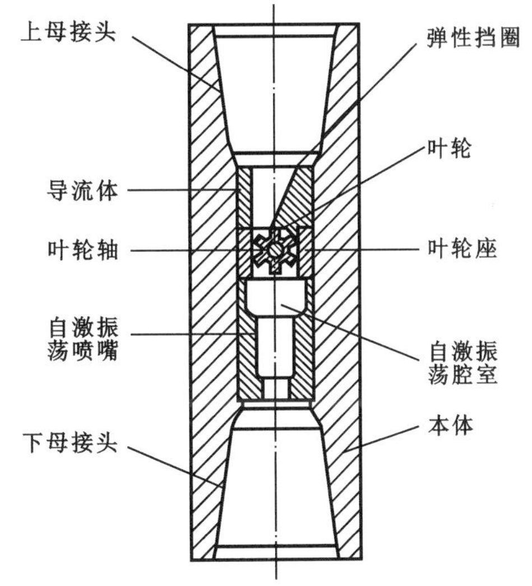

图 7-4-5 水力脉冲空化射流发生器结构图

2）工作原理

导流体置于本体内腔顶部，用以改变钻井液的

流动方向和速度，对叶轮叶片产生切向力，促使叶轮连续不断地高速旋转。叶轮总成主要包括叶轮座、叶轮、叶轮轴和轴套等部件。叶轮安装在轴上，并通过轴套连接坐在叶轮座上，在钻井液对叶片冲击力的作用下，叶轮高速旋转连续改变流道面积，产生脉冲扰动。

叶轮总成产生的水力脉冲相对于自激振荡腔室入口为有源脉冲，位于工具最底部的自激振荡腔室对水力脉冲信号放大并产生流体谐振，当其通过振荡腔室的出口收缩截面进入谐振喷嘴时，产生压力波动，这种压力波动又反射回谐振腔形成反馈压力振荡，从而在谐振腔内产生流体声谐共振，在流体出口端产生强烈脉动脉冲空化涡环流，以波动压力的方式冲击井底。

2. 水力脉冲空化射流钻井提高机械钻速机理

钻井过程中，水力脉冲空化射流发生器安装于钻头上部，将流体脉冲的扰动作用和自振空化效应耦合，将进入钻头的常规连续流动调制成振动脉冲流动，钻头喷嘴出口成脉冲空化射流，产生以下三种效应。

(1) 水力脉冲：改善井底流场，提高井底净化和清岩效率，减少压持和重复破碎。

(2) 空化冲蚀：利用空化冲击能量辅助破岩，提高破岩效率。

(3) 瞬时负压：井底瞬时负压脉冲，局部瞬时欠平衡，改变岩石受力状态使岩石易破。

水力脉冲空化射流钻井技术在钻头喷嘴出口形成脉冲射流，提高射流清岩破岩的作用能力，同时水力脉冲装置产生压力脉动，在钻头附近形成低压区，能够减轻环空液柱压力对井底岩石的压持效应，提高钻井速度。

3. 水力脉冲空化射流发生器规格参数

水力脉冲空化射流发生器规格参数见表 7-4-2。

表 7-4-2 水力脉冲空化射流发生器规格参数表

<table>
<tr><th>型 号</th><th>井眼/in</th><th>工具配合</th><th>扣 型</th><th>排量/(L·s^{-1})</th><th>压耗/MPa</th><th>压力脉动/MPa</th></tr>
<tr><td>HPCJG-120</td><td>6½</td><td>Φ121 mm 钻铤</td><td>NC35×330</td><td>12～16</td><td>0.5～1.0</td><td>1.0～1.5</td></tr>
<tr><td>HPCJG-165</td><td rowspan="3">8½</td><td>Φ165 mm 螺杆</td><td rowspan="2">431×430</td><td rowspan="3">25～35</td><td rowspan="3">1.0～1.5</td><td rowspan="3">1.5～2.0</td></tr>
<tr><td>HPCJG-172</td><td>Φ172 mm 螺杆</td></tr>
<tr><td>HPCJG-178</td><td>Φ178 mm 钻铤</td><td>410×430</td></tr>
<tr><td>HPCJG-228L</td><td>12¼</td><td>Φ244 mm 螺杆</td><td>631×630</td><td rowspan="2">35～50</td><td rowspan="2">1.5～2.0</td><td rowspan="2">2.0～2.5</td></tr>
<tr><td rowspan="3">HPCJG-228</td><td>12¼</td><td rowspan="3">Φ228 mm 钻铤</td><td>710×630</td></tr>
<tr><td>16</td><td rowspan="2">710×730</td><td rowspan="2">50～60</td><td rowspan="2">1.8～2.2</td><td rowspan="2">2.2～2.6</td></tr>
<tr><td>17½</td></tr>
</table>

注：扣型、排量、转速均可根据现场需要进行调整。

4. 水力脉冲空化射流钻井技术常用钻具组合

1) 常规水力脉冲空化射流钻井

常规水力脉冲空化射流钻井是指在常规钻井钻具组合的基础上将水力脉冲空化射流发生器安装在钻头和钻铤之间，通过水力脉冲空化射流发生器将钻铤内连续流动的钻井液转变为脉动空化射流，从而改变井底流场，提高破岩、清岩效果，达到提高机械钻速的目的。

钻具组合：钻头＋水力脉冲空化射流发生器＋钻铤＋钻杆。

2）水力脉冲空化射流复合钻井

水力脉冲空化射流复合钻井是在常规复合钻井的基础上将水力脉冲空化射流发生器安装在钻头和螺杆钻具之间，利用水力脉冲空化射流改变井底流场，从而改变井底岩石受力状态，提高井底清岩效率，与复合钻井的高效破岩相结合，使复合钻井技术更好地发挥提高机械钻速的作用。

钻具组合：钻头＋水力脉冲空化射流发生器＋螺杆钻具＋钻铤＋钻杆。

四、井底增压器

1. 井底增压器的设计原理

井底增压装置是实现井下增压超高压射流钻井技术的关键设备之一，按其水力模型，井底增压器的原理可归纳为串联式和并联式两种。

1）串联式井底增压器设计原理

串联式井底增压器的马达液缸与普通喷嘴串联，见图 7-4-6。

来自地面泵的钻井液到达井下后首先进入增压器马达液缸，推动马达活塞运动。马达液缸流出的钻井液大部分进入钻头上的普通喷嘴，以较低的速度喷出，清洗井底，携带岩屑；小股钻井液进入超高压泵，泵排出的超高压钻井液被引入钻头上的超高压喷嘴，高速射出，冲击井底，破碎岩石。马达活塞杆与超高压泵活塞杆连为一体，马达活塞杆带动超高压泵活塞一起做直线往复运动，并用自动换向阀实现马达活塞的自动换向。钻井液循环系统的其余部分仍和常规钻井一样。

2）并联式井底增压器设计原理

并联式井底增压器为马达液缸与普通喷嘴并联，见图 7-4-7。

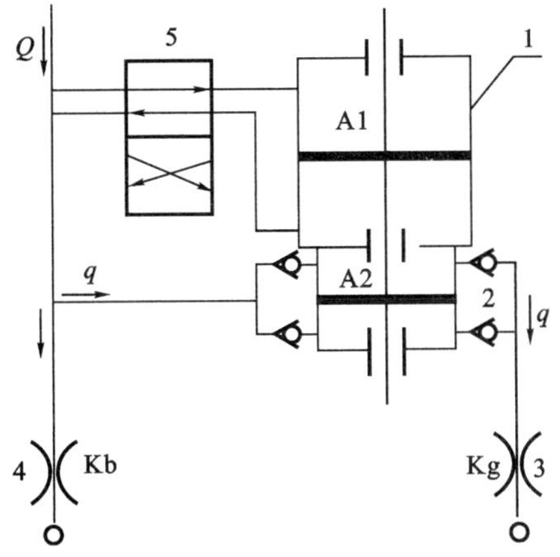

图 7-4-6 串联式井底增压器原理图

1—马达液缸；2—超高压泵；3—超高压喷嘴；4—普通喷嘴；5—自动换向阀

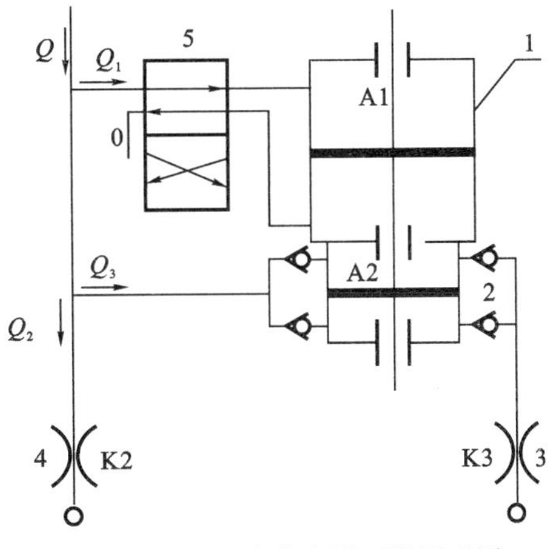

图 7-4-7 并联式井底增压器原理图

1—马达液缸；2—超高压泵；3—超高压喷嘴；4—普通喷嘴；5—自动换向阀

来自地面泵的钻井液分为三股，第一股流量为 Q_1，进入马达液缸，出来后直接进入环空；第二股流量为 Q_2，引入普通喷嘴，与常规钻井一样循环；第三股流量为 Q_3，引入超高压泵，超高压排出的钻井液引入钻头上的超高压喷嘴。马达活塞杆与超高压泵活塞杆直接相连，自动换向阀控制马达活塞自动换向。

显然，要使超高压喷嘴获得相同的功率，串联式井底增压器要求的地面泵功率和排量比并联式井底增压器小，但串联式增压器一旦停止工作，将无法继续钻井，后者则不影响常规钻井，因此，前者的安全可靠性不如后者。

2. 井底增压方案

井下增压方案大致有以下几种。

1）涡轮驱动、多级串联、单联柱塞增压泵

涡轮驱动、多级串联、单联柱塞增压泵的结构示意图见图 7-4-8。

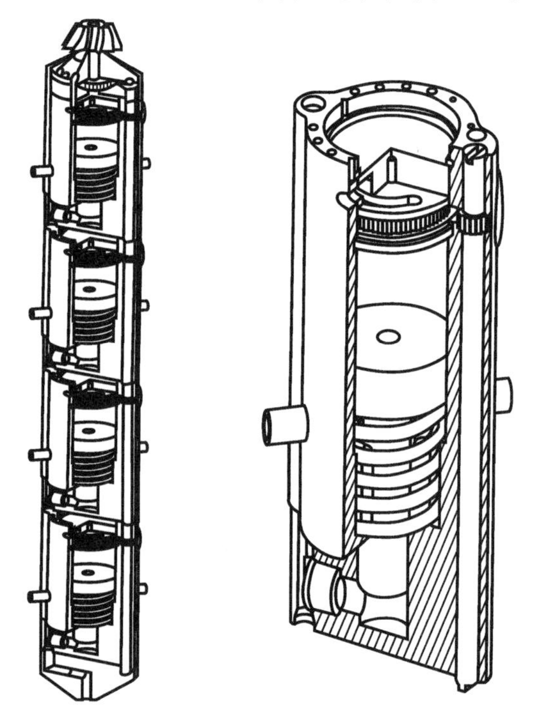

图 7-4-8　涡轮驱动、多级串联、单联柱塞增压泵结构图

（1）工作原理。

钻柱中来自地面钻井泵的钻井液驱动叶轮旋转，该运动通过齿轮传动使阀盘旋转，阀盘上的进出液孔关闭或打开，钻井液进入活塞上腔。活塞下腔与环空相通，活塞上下压力差保持为当前循环压降，推动活塞下行增压，此过程称为压缩过程。活塞复位依靠弹簧作用来完成。控制叶轮转速并使之与活塞工作行程相配合可完成连续的增压工作。

在增压器工作过程中，叶轮的功能在于转动转盘，只需输出较低功率即可，这是该增压器的重要特性，但转盘寿命较低。

（2）结构特点。

① 涡轮驱动换向盘为工作腔提供动力液。

② 串联活塞各级独立，可以通过预设相位差来降低压力波动。

③ 降低单级失效影响整机寿命的风险。

④ 高压射流输出量与涡轮转速关联。

⑤ 喷射压力最大可达到 120 MPa。

2）涡轮驱动、单联柱塞增压泵

当钻井液充满增压器时，带动涡轮转子旋转。当进液盘和大活塞开口相互封闭时，钻井液推动大活塞和小活塞一起向下运动，并压缩弹簧，此时小活塞腔实现增压。钻杆腔与增压器并联，大部分钻井液通过钻杆柱环空进入普通喷嘴，高压钻井液进入超高压喷嘴。当进液盘和大活塞开口相互连通时，活塞上下腔压力平衡，在弹簧作用下活塞复位，为下一个工作过程做准备。

结构特点：

(1) 单级结构紧凑简单。

(2) 增压比可达到 10∶1。

(3) 要求换向盘性能可靠。

(4) 输出排量低，脉动大。

3）行程阀控、双联活塞增压泵

结构特点：

(1) 双联活塞增压可降低线速度。

(2) 行程控制阀换向准确，无死点。

(3) 换向驱动结构复杂。

4）射流元件换向、双联柱塞增压泵

结构特点：

(1) 射流元件换向，可控制换向频率。

(2) 可实现多级串联以满足排量要求。

(3) 增压比可达到 8∶1。

(4) 结构简单紧凑，介质适应性强。

5）涡轮驱动、双联柱塞增压泵

结构特点：

(1) 涡轮驱动加超越离合，可控制换向频率。

(2) 可实现多级串联以满足排量要求。

(3) 增压比可达到 10∶1。

6）多级离心增压泵

结构特点：

(1) 涡轮驱动增速带动离心泵。

(2) 结构简单紧凑。

(3) 介质适应性强。

(4) 可输出最大喷射压力较低(约 25～30 MPa)。

参考文献

[1] 《钻井手册(甲方)》编写组. 钻井手册(甲方)(上、下). 北京:石油工业出版社,1990.

[2] 陈平. 钻井与完井工程. 北京:石油工业出版社,2005.

[3] 陈庭根,管志川. 钻井工程理论与技术. 东营:中国石油大学出版社,2006.

[4] 孙明光. 钻井、完井工程基础知识手册. 北京:石油工业出版社,2002.

[5] 赵金洲,张桂林. 钻井工程技术手册. 北京:中国石化出版社,2007.

[6] Gabolde G,Nguyen J P. 钻井数据手册. 第6版. 王子源,苏勤,译. 北京:地质出版社,1995.

第八章　钻井参数的优选

钻井参数优选是指在充分掌握地层特性参数、钻井参数等因素影响钻井速度规律的基础上，采用最优化的理论与方法，优选合理的钻井参数，使钻井过程达到最优的技术和经济指标，实现安全、优质、快速和低成本钻进的一种钻井工艺技术方法。

钻井参数主要包括钻井液参数、水力参数与机械参数。钻井液参数主要有密度、黏度、滤失量、静切力、动切力、固相含量等；水力参数主要有泵压、排量、钻头压降、环空压耗、冲击力、喷射速度、比水功率、上返速度等；机械参数主要有钻压、转速等。

第一节　钻井参数对钻速的影响规律与钻速方程

一、钻压、转速对钻速的影响

钻压、转速是直接作用于钻头并通过钻头的旋转与冲击来破碎岩石的钻井基本参数。钻压、转速的大小不仅对钻井速度有显著的影响，而且影响钻头的磨损速度和工作寿命。因此在确定钻压、转速时，必须综合考虑这两方面的影响，确定合理的最优配合。

1. 钻压对钻速的影响

在钻进过程中，钻头牙齿在钻压的作用下吃入地层、破碎岩石，钻压的大小决定了牙齿吃入岩石的深度和岩石破碎体积的大小，因此钻压是影响钻速的最直接和最显著的因素之一。大量的钻井实践表明，在其他钻进条件保持不变的情况下，钻速与钻压的典型关系曲线见图8-1-1。

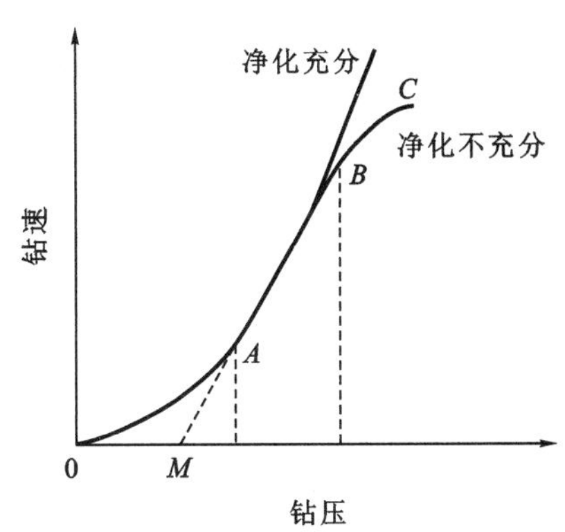

图 8-1-1　钻速与钻压的关系曲线

由图 8-1-1 可以看出，钻压在较大的变化范围内与钻速近似呈线性关系。钻井过程中钻压取值一般都在图中 AB 段线性范围之内。这主要是因为在 A 点之前，钻压太低，钻速很慢；在 B 点之后，钻压增大，产生岩屑多，井底净化不充分，钻速增加不明显，且钻头磨损速度反而加剧。因此，通常以图 8-1-1 中的直线段 AB 为依据建立钻速与钻压的定量关系，即

$$v \propto (W - M) \tag{8-1-1}$$

式中　v——钻速，m/h；

W——钻压，kN；

M——门限钻压，kN。

门限钻压是直线段 AB 在钻压轴上的截距，相当于牙齿开始压入地层时的钻压，其大小主要取决于岩石的特性与埋藏深度。

2. 转速对钻速的影响

钻井实践与实验表明，转速对钻速有显著的影响。随着转速的提高，钻速也相应提高。在钻压和其他钻井参数保持不变的条件下，典型的钻速与转速的关系曲线见图 8-1-2。从图中可以看出，钻速与转速呈指数关系变化，且指数一般小于 1。其原因主要是转速提高后，钻头牙齿与岩石接触时间缩短，每次接触时的岩石破碎深度减小。钻速与转速的关系可以用下式表达：

$$v \propto N^{\lambda} \tag{8-1-2}$$

式中 λ——转速指数；

N——转速，r/min。

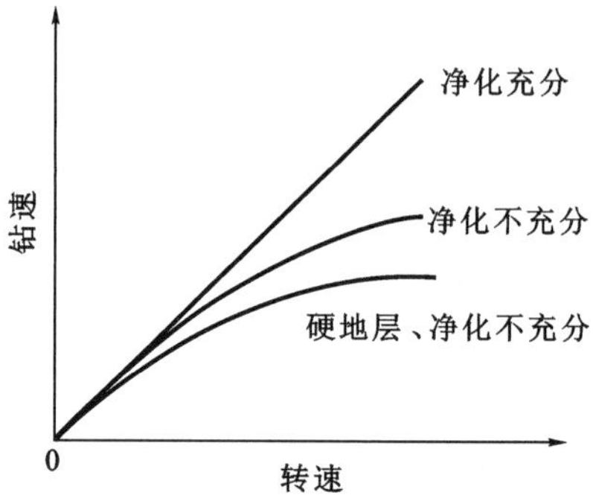

图 8-1-2 钻速与转速的关系曲线

3. 牙齿磨损对钻速的影响

钻进过程中钻头在破碎地层岩石的同时，其牙齿也受到地层的磨损。随着牙齿的磨损，钻头工作效率将明显下降，钻进速度也随之降低。研究表明，在钻压、转速保持不变的情况下，钻速与牙齿磨损量的关系曲线见图 8-1-3，其数学表达式为：

$$v \propto \frac{1}{1+C_2 h} \tag{8-1-3}$$

式中 C_2——牙齿磨损系数（镶齿钻头 C_2 为 2），与钻头齿形结构和岩石性质有关；

h——牙齿磨损量，以牙齿的相对磨损高度表示，即磨损掉的牙齿高度与牙齿原始高度之比，新钻头时 $h=0$，牙齿全部磨损时 $h=1$。

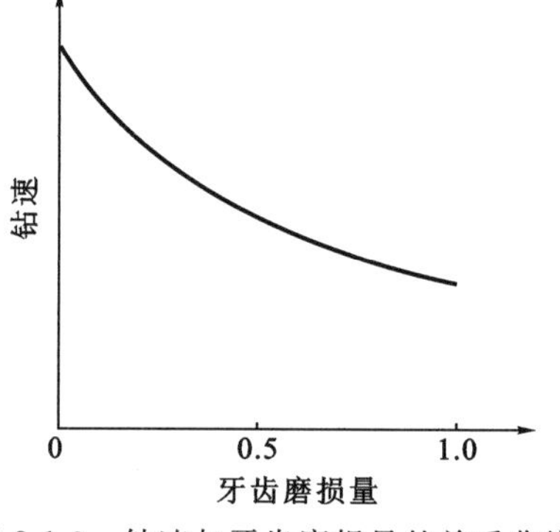

图 8-1-3 钻速与牙齿磨损量的关系曲线

二、钻井液性能对钻速的影响

钻井液的密度、黏度、滤失量和固相含量及其分散性等参数的变化对钻速有不同程度的影响。

1. 钻井液密度对钻速的影响

钻井液密度对钻速的影响主要通过由钻井液密度决定的井内液柱压力与地层孔隙压力之间的压差对钻速的影响来表现。图 8-1-4 是在现场钻页岩岩层时，井底压差对钻速的影响曲线。从图中可以看出，随着压差的增加，钻速明显降低。其主要原因是井底压差对破碎的岩屑有压持作用，阻碍井底岩屑的及时清除，影响了钻头的破岩效率。在低渗透性岩层内钻井时，压差对钻速的影响比在高渗透性岩层内的影响更大，这是由于钻井液难以渗入低渗透性的岩层孔隙，不能及时平衡岩屑上下的压力差。因此，在低渗透性岩层钻进时，应尽量降低钻井液密度，实施平衡压力钻井。

鲍格因(A. T. Bourgoyne)等对以往的大量试验数据进行分析、处理后指出，钻速与压差的关系在半对数坐标上可以用直线表示，其关系式为：

$$v = e^{-\beta \Delta p} v_0 = C_p v_0 \quad (8\text{-}1\text{-}4)$$

式中 v_0——零压差时的钻速，m/h；

Δp——井内液柱压力与地层孔隙压力之差，MPa；

β——压差因子，主要与地层性质有关；

C_p——压差影响系数，即实际钻速与零压差条件下的钻速之比。

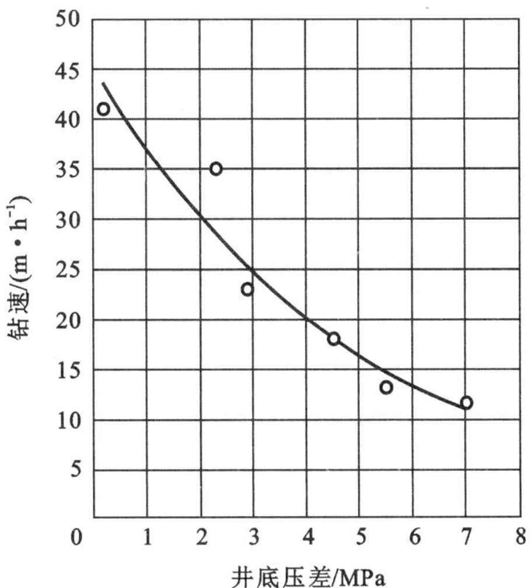

图 8-1-4 钻速与井底压差的关系曲线

2. 钻井液黏度对钻速的影响

钻井液黏度是通过对井底压差和井底净化作用的影响而间接影响钻速的。在一定的地面功率条件下，钻井液黏度增大，将会增大钻柱内和环空内的压降，引起井底压差增大和井底钻头功率下降，从而导致钻速降低。由试验得出的钻速随钻井液运动黏度增加而下降的关系曲线见图 8-1-5。

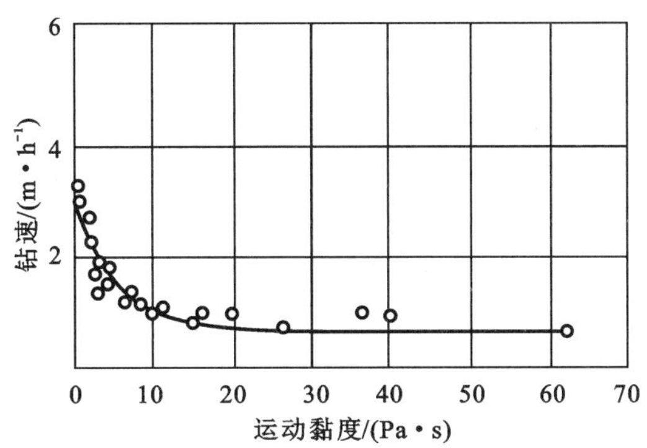

图 8-1-5 钻速与钻井液黏度的关系曲线

3. 钻井液固相含量及其分散性对钻速的影响

钻井液固相含量的多少、固相的类型及颗粒大小对钻速有明显的影响。图 8-1-6 是由 100 多口试验井的统计资料得到的固相含量对钻井指标的影响曲线。由图可见，随着钻井液固相含量的增加，钻速明显降低，钻井天数与钻头数相应增加。因此，应严格控制固相含量，一般采用低固相钻井液钻进。

固体颗粒的大小和分散度也对钻速有明显的影响。钻井液内小于 1 μm 的胶体颗粒越多，对钻速的影响就越大。图 8-1-7 是固体颗粒分散性对钻速的影响曲线。由图可见，固相含量相同时，分散性钻井液比不分散性钻井液的钻速低，且固相含量越少，两者的差别就越大。因此，为了提高钻速，应尽量采用低固相不分散钻井液。

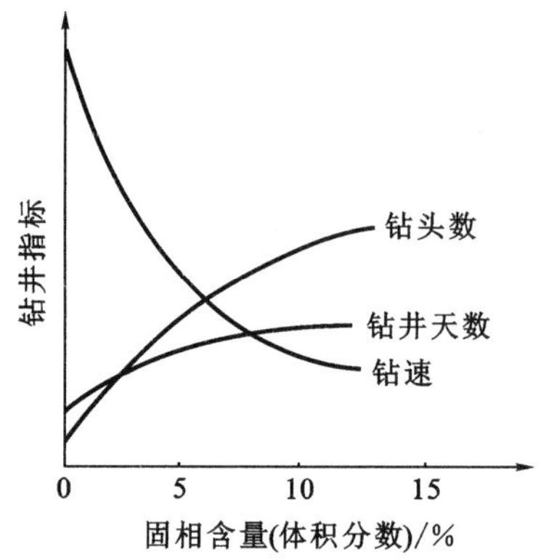

图 8-1-6 钻井液固相含量对钻井指标的影响

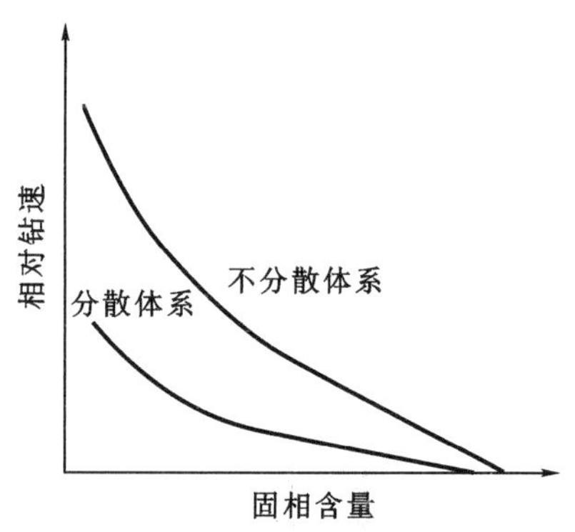

图 8-1-7 固体颗粒分散性对钻速的影响

三、水力因素对钻速的影响

表征钻头射流水力特性的参数统称为水力因素，其总体指标通常用井底单位面积上的平均水功率（称为比水功率）来表示。在钻井过程中，把钻进产生的岩屑及时有效地清离井底，避免岩屑的重复破碎，是提高钻速的一项重要手段。另外，对比较软的地层，在保证井底清洁的情况下，通过加大井底水功率和水力冲击力也可直接产生破碎岩石或辅助破碎岩石的作用，从而使钻速得以提高。

1. 井底清洁对钻速的影响

井底岩屑的清洗是通过钻头喷嘴所产生的钻井液射流水功率对井底的冲洗来完成的，即在特定的钻速情况下产生的岩屑需要一定的水功率才能完全从井底清除，低于此水功率值井底净化就不完善。图 8-1-8 为阿莫科（AMOCO）研究中心建立的钻速与钻头比水功率的关系曲线。

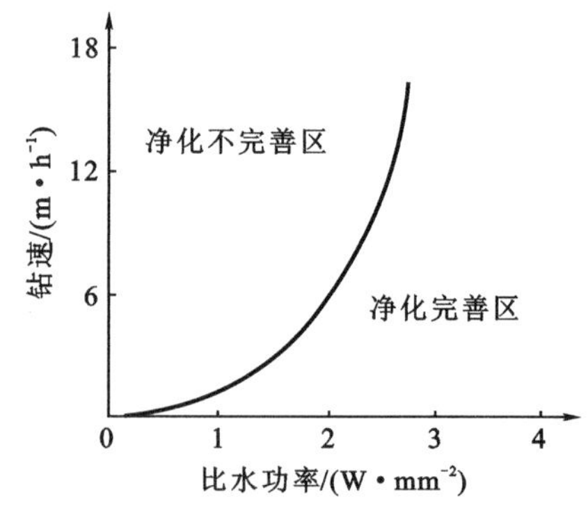

图 8-1-8 钻速与钻头比水功率的关系曲线

从图 8-1-8 中可以看出，如果钻井时的实际比水功率落入净化不完善区，则实际钻速就比净化完善时的钻速低；如果增大比水功率，使井底净化条件得到改善，则钻速会在其他条件不变的情况下相应增加。因而，水力因素对钻速的影响可用井底水力净化程度对钻速的影响描述，通常用水力净化系数 C_h 来表示，其含义为实际钻速与净化完善时的钻速之比，即

$$C_h = \frac{v}{v_{ps}} = \frac{E_h}{E_s} \tag{8-1-5}$$

式中 C_h——水力净化系数；

v_{ps}——净化完善时的钻速，m/h；

E_h——钻头比水功率，W/mm^2；

E_s——净化完善时所需的钻头比水功率，W/mm²。

E_s 的值可通过图 8-1-8 的曲线回归表达式得到：

$$E_s = 0.986 v_{ps}^{0.31} \tag{8-1-6}$$

式(8-1-5)中的 C_h 值应小于等于 1，即当实际比水功率大于净化所需的比水功率时，仍取 $C_h = 1$。其原因是，井底达到完全净化后，随着比水功率的提高，机械钻速不会进一步提高。

2. 水力破岩对钻速的影响

水力因素对钻速影响的另一种形式就是水力能量的破岩作用。当钻头比水功率超过井底净化所需的比水功率后，机械钻速仍有可能增加。图 8-1-9 为钻头比水功率分别为 E_{h1} 与 E_{h2} 情况下的钻速与钻压的关系曲线。

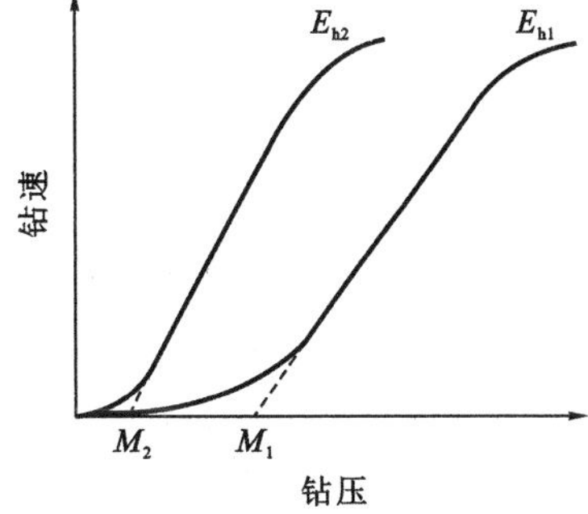

图 8-1-9　比水功率对钻速的影响

分析图 8-1-9 可以得出：

$$v_1 \propto (W - M_1) \propto E_{h1}$$

$$v_2 \propto (W - M_2) \propto E_{h2}$$

$$\Delta M = M_2 - M_1 = C_e(E_{h1} - E_{h2}) \tag{8-1-7}$$

$$C_e = \frac{\Delta M}{E_{h1} - E_{h2}} \tag{8-1-8}$$

$$\begin{aligned} M_1 &= M_0 - C_e E_{h1} \\ M_2 &= M_0 - C_e E_{h2} \\ M &= M_0 - C_e E_h \end{aligned} \tag{8-1-9}$$

式中　C_e——比水功率转换系数，kN/(W/mm²)；

E_h——钻头比水功率，W/mm²；

ΔM——不同比水功率时门限钻压的变化量，kN；

M_0——比水功率为 0 时的门限钻压，kN；

M_1——比水功率为 E_{h1} 时的门限钻压，kN；

M_2——比水功率为 E_{h2} 时的门限钻压，kN；

v_1——比水功率为 E_{h1} 时不同钻压对应的钻速，m/h；

v_2——比水功率为 E_{h2} 时不同钻压对应的钻速，m/h。

由以上分析可知，水力破岩对钻速的影响主要表现为对门限钻压的影响，即增加单位比水功率相当于增加多少钻压所导致的钻速增加量。

四、钻速方程

在综合考虑影响钻速的各因素及参考杨格(S. Young)钻速模式的基础上，建立考虑钻压、转速、牙齿磨损量、压差、水力因素和地层参数等影响因素的综合钻速方程，即修正的杨格钻速方程：

$$v = \frac{dF}{dt} = K_f e^{-\beta \Delta p} \frac{W - M_0 + C_e E_h}{1 + C_2 h} N^{\lambda} \tag{8-1-10}$$

其牙齿磨损方程为：

$$\frac{\mathrm{d}h}{\mathrm{d}t}=\frac{A_{\mathrm{f}}(PN+Q_{\mathrm{a}}N^{3})}{(Z_{2}-Z_{1}W)(1+C_{1}h)} \tag{8-1-11}$$

其轴承磨损方程为：

$$\frac{\mathrm{d}B}{\mathrm{d}t}=\frac{NW^{1.5}}{b} \tag{8-1-12}$$

式中 $\frac{\mathrm{d}F}{\mathrm{d}t}$——机械钻速，m/h；

K_{f}——地层岩石可钻性系数；

$\frac{\mathrm{d}h}{\mathrm{d}t}$——牙齿磨损速度，$\mathrm{h}^{-1}$；

A_{f}——地层研磨性系数；

P，Q_{a}——钻头类型系数(见表 8-1-1)；

Z_1，Z_2——钻压影响系数(见表 8-1-2)；

C_1——钻头牙齿磨损减慢系数；

C_2——牙齿磨损系数；

$\frac{\mathrm{d}B}{\mathrm{d}t}$——钻头轴承磨损速度，$\mathrm{h}^{-1}$；

b——钻头轴承工作系数，$\mathrm{kN}^{1.5}\cdot(\mathrm{r/min})\cdot\mathrm{h}$。

在修正的杨格钻速方程中，除可控因素钻井参数和已知的参(系)数外，还有 8 个待确定的参(系)数，它们是：6 个地层参数 M_0，C_{e}，λ，β，K_{f}，A_{f}和 2 个中间参数 C_2，b。这 8 个参(系)数对钻井参数的优选、优配起着决定性作用，其大小只与地层或钻头有关，是人为所不能改变的，在此称为钻井基础数据。

修正的杨格钻速方程综合考虑了钻井参数、水力参数、地层参数对钻速的影响。在掌握研究地区或区块钻井基础参数的基础上，可以优选钻井参数，预测钻井机械钻速的变化。

表 8-1-1 钻头类型系数

齿 型	适用地层	系列号	类 型	P	Q_{a}	C_1
铣齿钻头	软	1	1	2.5	1.088×10^{-4}	7
			2			
			3	2.0	0.879×10^{-4}	6
			4			
	中	2	1	1.5	0.653×10^{-4}	5
			2	1.2	0.522×10^{-4}	4
			3			
			4	0.9	0.392×10^{-4}	3
	硬	3	1	0.65	0.283×10^{-4}	2
			2	0.5	0.218×10^{-4}	2
			3			
			4			

续表 8-1-1

齿　型	适用地层	系列号	类　型	P	Q_a	C_1
镶齿钻头	特　软	4	1	0.5	0.218×10^{-4}	2
			2			
			3			
			4			
	软	5	1			
			2			
			3			
			4			
	中	6	1			
			2			
			3			
			4			
	硬	7	1			
			2			
			3			
			4			
	坚　硬	8	1			
			2			
			3			
			4			

表 8-1-2　钻压影响系数

钻头直径/mm	159	171	200	220	244	251	270	311	350
Z_1	0.019 8	0.018 7	0.016 7	0.016 0	0.014 8	0.014 6	0.013 9	0.013 1	0.012 4
Z_2	5.50	5.60	5.94	6.11	6.38	6.44	6.68	7.15	7.56

第二节　钻井基础数据求取

钻井基础数据是指钻井过程中反映地层和钻头固有特性的参(系)数。正确掌握和应用钻井基础数据,对认识钻井规律、制订科学的钻井方案并合理且有效地实施具有十分重要的意义。

一、求取钻井基础数据的常规方法

中国石油大学(北京)郭学增教授在求取钻井基础数据方面做了大量的开创性研究工作，提出了处理钻井实钻资料、求取钻井基础数据的系列方法，在此称为常规方法，其流程图见图8-2-1。

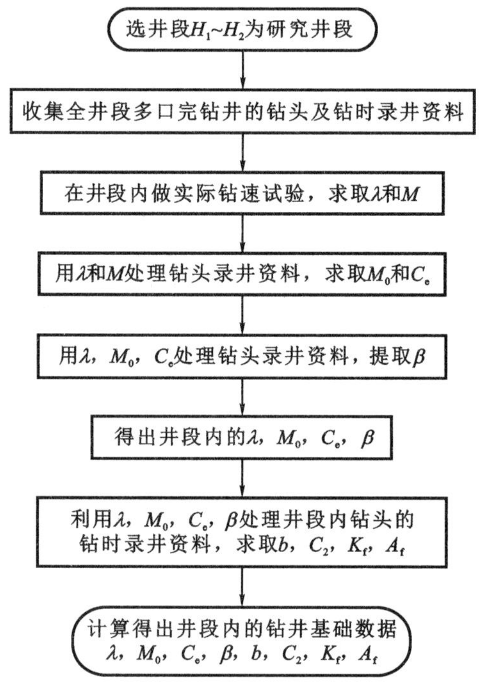

图 8-2-1　常规法求取钻井基础数据流程图

常规方法的提出奠定了求取钻井基础数据的理论基础，为优选参数钻井技术的发展做出了突出贡献。常规方法的核心是在一系列通过实际钻速试验得到某些钻井基础数据的基础上，处理大量的完钻资料来求取另一部分基础数据。因此，该方法需要大量的现场试验并处理大量的完钻井资料，求取钻井基础数据的周期较长。

二、求取钻井基础数据的探区方法

针对常规方法求取钻井基础数据周期长、勘探区井距远、井位及完钻井资料相对较少、钻速试验可比性差等实际问题，在常规方法的基础上，路保平等提出了利用钻头录井资料(钻头的钻进参数与钻进指标)求取钻井基础数据的方法，在此称为探区法，其主要步骤及流程见图8-2-2。

该方法无须做机械钻速试验和处理钻头的钻时录井数据，仅需处理钻头录井一项数据。其核心工作是先假设部分基础数据，依据钻井基础数据之间存在的内在联系及在钻井中相互影响、相互制约的特点，通过逐步逼近的方法求取另一部分基础数据，因而计算程序和工作步骤得到了简化。实践证明，该方法不仅适用于探区，而且适用于油田开发区；与常规方法相比，该方法可缩短钻井基础数据的求取周期。

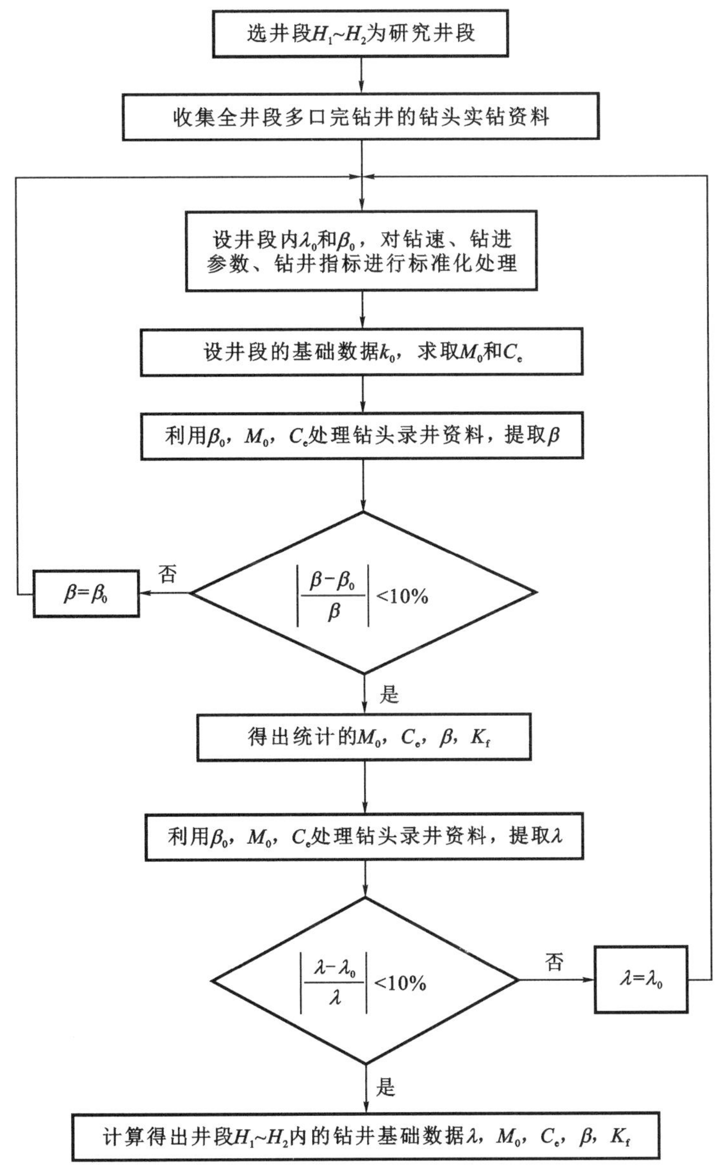

图 8-2-2　探区法求取钻井基础数据流程图

三、利用测井资料求取钻井基础数据的测井方法

测井资料中蕴藏着大量的地层信息，钻井基础数据存在形式及物理意义反映了地层(岩石)在一定的技术措施下抗破坏、变形与破坏破岩工具的能力。这些特性与岩石的弹性力学参数和岩石物理力学性能息息相关。钻井基础数据在一定程度上反映出岩石的强度特性、变形(剪切)特性、可钻性和研磨特性。现代测井技术的发展使利用测井综合信息研究岩石的综合力学性质成为可能，以此为基础，路保平等研究提出了应用测井资料求取钻井基础数据的方法。

为了能全面反映地层的综合特性，经分析研究选用纵波时差 ΔT(μs/m)、横波时差

ΔT_s(μs/m)、泥质含量 V_{cl}(%)、单轴抗压强度 S_c(MPa)、抗拉强度 S_t(MPa)、岩石可钻性级值 K_d和钻头类型系数 C_1为反映钻井基础数据的主要因素(变量),这些变量除 C_1外全部从测井资料中直接获取或由测井资料分析处理转换得出。具体方法为:对应每一井深,由声波测井直接得到 ΔT,由自然伽马测井计算出 V_{cl},由组合测井资料分别计算出 S_c,S_t,K_d和其他岩石力学性质,由横波测井资料得到 ΔT_s 或由常规测井资料利用散射模型理论计算出 ΔT_s。

在建立测井资料数据求取钻井基础数据方法模型的过程中,收集了塔里木盆地、四川盆地、松辽盆地等多口井的钻头使用资料及对应的测井资料,地层从第四纪、新近纪、古近纪、白垩纪、侏罗纪、三叠纪、二叠纪、石炭纪、泥盆纪、自留纪、奥陶纪到寒武纪,井深从 50 m 到 7 000 m。按地层分层的原则分别提取或计算出对应井深地层的 ΔT,ΔT_s,V_{cl},S_c,S_t,K_d和 C_1等测井参数变量,结合常规方法和探区方法求出对应层位的 M_0,C_e,λ,β,K_f,C_2,A_f等钻井基础数据,见表 8-2-1。

表 8-2-1 钻井基础数据与测井变量的关系表

自变量 X_i($i=1\sim7$)								因变量 y_i($i=1\sim7$)						
序号	ΔT /(μs·m^{-1})	ΔT_s /(μs·m^{-1})	V_{cl} /%	S_c /MPa	S_t /MPa	K_d	C_1	M_0 /kN	C_e/(kN·W^{-1}·mm^2)	λ	$-\beta$ /(×10^{-2})	K_f /(×10^{-2})	C_2	A_f /(×10^{-3})
1	414.88	738.12	11.04	5.030	0.42	1.47	7	19.6	1.40	0.80	3.5	14.5	3.5	1.10
2	382.21	681.62	12.27	12.32	1.03	1.82	7	19.6	1.40	0.72	3.0	9.50	3.5	1.25
3	362.44	642.69	13.27	10.52	0.88	2.08	7	19.6	1.40	0.72	2.3	7.87	3.5	1.30
4	343.80	599.02	14.32	13.21	1.11	2.36	7	19.6	1.40	0.72	2.3	5.50	3.5	1.38
5	333.12	574.88	14.55	20.81	1.73	2.52	7	19.6	1.36	0.72	1.86	4.80	3.0	1.40
6	333.04	576.65	14.10	10.07	0.84	2.52	6	19.6	1.36	0.72	1.86	4.66	2.5	1.13
7	323.67	554.65	13.82	23.56	1.02	2.75	6	19.6	1.36	0.72	1.86	3.865	2.8	1.15
8	301.45	515.94	14.99	29.05	2.42	3.12	6	39.2	1.36	0.72	1.86	3.0	2.8	1.15
…	…	…	…	…	…	…	…	…	…	…	…	…	…	…
73	240.71	391.78	29.24	65.89	5.49	4.65	6	58.8	1.08	0.69	0.61	1.8	2.4	1.38
74	244.70	396.65	5.86	48.13	4.01	4.52	6	58.8	1.01	0.68	0.56	2.5	2.9	0.96
75	231.29	371.22	5.36	79.76	6.65	4.94	2	58.8	1.01	0.68	0.56	2.1	2.1	1.34
76	237.23	382.25	5.04	75.17	6.26	4.75	6	58.8	1.01	0.68	0.56	2.2	2.5	0.96
77	249.77	406.91	1.26	62.69	5.22	4.37	6	63.7	1.54	0.67	0.575	2.6	2.0	1.90
78	249.84	408.44	1.82	63.16	5.26	4.37	2	63.7	1.54	0.67	0.575	3.8	2.0	1.90
79	249.99	408.50	3.98	78.78	6.57	4.37	2	63.7	1.54	0.67	0.575	3.8	2.0	1.90
80	240.05	390.35	25.23	62.14	5.18	4.67	2	68.6	0.79	0.67	0.556	2.0	2.0	1.30
81	240.44	390.31	20.69	79.00	6.58	4.65	2	68.6	0.79	0.67	0.556	2.0	2.0	1.30
82	236.12	383.30	23.99	90.71	7.56	4.79	2	68.6	0.79	0.67	0.556	2.5	2.0	1.30
…	…	…	…	…	…	…	…	…	…	…	…	…	…	…

以钻井基础数据为因变量，以测井变量为自变量，采用工程数学中数理统计的方法，建立应用测井变量求取钻井基础数据的关系模型：

$$\lambda = a_1 e^{-b_1 K_d} \tag{8-2-1}$$

$$K_f = a_2 K_d^{-b_2} \tag{8-2-2}$$

$$M_0 = a_3 K_d^{-b_3} \tag{8-2-3}$$

$$\beta = b_{41} + b_{42}\Delta T + b_{43} S_c \tag{8-2-4}$$

$$C_2 = b_{51} + b_{52}\Delta T + b_{53} S_c + b_{54} C_1 \tag{8-2-5}$$

$$C_e = b_{61} - b_{62}\ln V_{cl} + b_{63}\ln \Delta T + b_{64}\ln S_c \tag{8-2-6}$$

$$A_f = b_{71} - b_{72}\ln V_{cl} - b_{73}\ln \Delta T - b_{74}\ln C_1 \tag{8-2-7}$$

$$K_d = b_{81} + b_{82}\ln \Delta T + b_{83}\ln \rho \tag{8-2-8}$$

式中 a_i，b_i——系数；

A_f——地层研磨性系数；

C_1——钻头牙齿磨损减慢系数；

C_2——牙齿磨损系数（镶齿钻头 C_2 为 2）；

C_e——比水功率转换系数，kN/（W/mm²）；

K_f——地层岩石可钻性系数；

K_d——岩石可钻性级值；

M_0——比水功率为 0 时的门限钻压，kN；

S_c——单轴抗压强度，MPa；

V_{cl}——泥质含量，%；

λ——转速指数；

β——与岩石性质有关的系数；

ρ——岩石密度，g/cm³；

ΔT——纵波时差，μs/m。

利用测井资料求取钻井基础数据不但可得到连续的钻井基础数据剖面，而且可大大缩短认识钻井基础数据的周期。

第三节　钻井液参数优选

钻井液参数可分为常规性能参数、固相性能参数和流变参数三大类。钻井液参数的优劣对钻井井下安全与钻井效率的高低有着直接的影响。

一、优快钻井对钻井液参数的要求

优快钻井对钻井液参数的要求至少应包括但不限于以下内容：

（1）钻井液体系具有良好的流变性、触变性、抑制性、稳定性、低储层伤害性以及绿色环保与易调节性能。

（2）钻进时要有利于清除井底岩屑并经环空携带到地面，保持井眼清洁；停止循环时要有悬浮钻屑的能力。

(3) 对所钻遇地层井壁保持适度冲刷，既有利于清除虚泥饼，又能满足保持井壁稳定的需要。

(4) 平衡地层压力和地应力，减少井下复杂情况的发生。

(5) 与地层配伍性好，防止地层膨胀、缩径和垮塌，减少对油气层的伤害。

(6) 保持比较低的钻井液密度、适当的流变参数与固相含量，以降低压力损失，提高钻头比水功率与机械钻速。

(7) 满足钻头、钻具的清洗、冷却与润滑，防止对其冲蚀。

二、钻井液常规性能与固相性能参数的优选

钻井液常规性能参数主要有钻井液密度、漏斗黏度、滤失量、高温高压滤失量、静切力、动切力等，固相性能参数主要有膨润土含量、钻屑含量、总固相含量等。根据现场经验，推荐的钻井液常规性能参数与固相性能参数控制范围如下：

1. 钻井液密度

以地层孔隙压力、地层坍塌压力当量密度为基础，附加合理当量密度，确定合理的钻井液密度 ρ_m。在钻进过程中，要以随钻地层孔隙压力监测结果为依据对钻井液密度进行调整。钻井液密度附加值：油井为 0.05～0.10 g/cm^3 或控制井底压差 1.5～3.5 MPa；气井为 0.07～0.15 g/cm^3 或控制井底压差 3.0～5.0 MPa。在同一井段有盐膏层或易塌泥页岩等岩层时，钻井过程中应取钻该岩层力学平衡所需的钻井液密度。

2. 漏斗黏度

$$F_{Vmax}=64\rho_m-41.1 \tag{8-3-1}$$

$$F_{Vmin}=42\rho_m-27.3 \tag{8-3-2}$$

式中 F_{Vmax}——漏斗黏度上限，s；

F_{Vmin}——漏斗黏度下限，s；

ρ_m——钻井液密度，g/cm^3。

3. 滤失量

$$W_{Lh}=19.5-0.0014H \tag{8-3-3}$$

$$W_{Ln}=4.9-0.00035H \tag{8-3-4}$$

式中 W_{Ln}——常温常压(API)滤失量，mL；

W_{Lh}——高温高压滤失量，mL；

H——井深，m。

4. 切力

$$G_s=2.63-0.718\rho_m \tag{8-3-5}$$

$$G_m = 6.18 - 1.2\rho_m \tag{8-3-6}$$

式中 G_s——初切力，Pa；

G_m——终切力，Pa。

4. 膨润土含量

当 $\rho_m \geqslant 1.32$ 时：

$$B\% = 3.30 - 1.18\rho_m \tag{8-3-7}$$

当 $\rho_m < 1.32$ 时：

$$B\% < 1.6\% \tag{8-3-8}$$

式中 $B\%$——膨润土体积分数，%。

5. 固相含量

$$S\%_{min} = 30.9\rho_m - 29.4 \tag{8-3-9}$$

$$S\%_{max} = 29.6\rho_m - 21.3 \tag{8-3-10}$$

式中 $S\%_{min}$——固相含量下限，%；

$S\%_{max}$——固相含量上限，%。

在进行钻井液常规性能参数和固相性能参数具体设计与现场应用时，可结合第十四章的有关要求进行选择。特别需要指出的是，在确定钻井液密度时应综合考虑钻进地层和压差因子 β 的影响，在 β 值相对较大的地层钻井液密度 ρ_m 应尽可能取下限值。

三、钻井液流变参数的优选

钻井液流变性是指钻井液在外力作用下的流动特性，通常由流变模式（流变曲线）与流变参数来描述。良好的钻井液流变性有助于清洗井底、悬浮与携带岩屑、清洁井眼、稳定井壁、减少井下复杂情况和提高钻速。另外，它还是评价处理剂性能、判别井内钻井液流动状态、进行钻井水力参数优选的重要基础。因此，选择合理钻井液流变模式，优选钻井液流变参数是一项十分重要的工作。

1. 流变模式的选择

1）典型流变模式

钻井液是一种随流速增加而视黏度降低的流体，这种流变性质称为剪切稀释特性。按照流体流动时剪切速率与剪切应力之间的关系，钻井液可以划分为不同的流变模式。许多学者在大量科学实验的基础上，根据不同的流变曲线给出了相应的流变模式。一般来说，良好的流变模式应具备以下条件：

（1）不同速度梯度范围内，剪切应力的实测值与理论值较为符合。

（2）根据不同的流动通道（管内、环状空间及旋转黏度计中），可以推导出既精确又简单的流变参数计算式。

（3）流变模式中，各流变参数能反映流变特性并有明确含义。

钻井液在一般情况下属于非牛顿流体。钻井工程上比较常用的流变模式有宾汉模式、幂律模式、卡森模式和修正幂律模式四种流变模式，其流变曲线示意图见图 8-3-1。

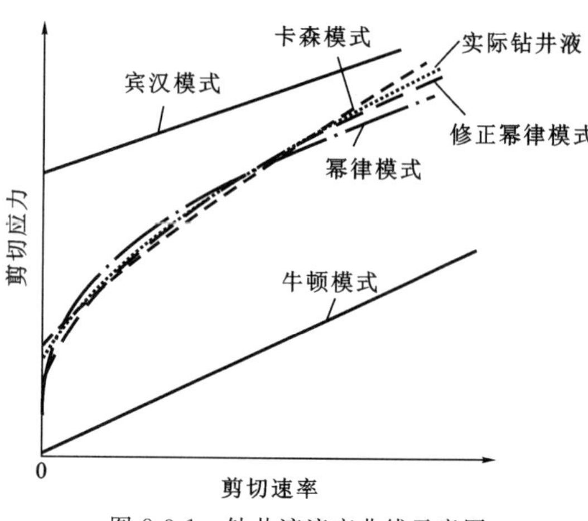

图 8-3-1　钻井液流变曲线示意图

四种钻井液流变模式的数学表达式如下：

（1）宾汉模式。

$$\tau = \tau_y + \mu_p \gamma \qquad (8\text{-}3\text{-}11)$$

其中：

$$\mu_p = \theta_{600} - \theta_{300}$$

$$\tau_y = 0.479(\theta_{300} - \mu_p)$$

（2）幂律模式。

$$\tau = K\gamma^n \qquad (8\text{-}3\text{-}12)$$

其中：

$$n = 3.322\lg\left(\frac{\theta_{600}}{\theta_{300}}\right)$$

$$K = \frac{0.479\theta_{300}}{511^n}$$

（3）修正幂律模式。

$$\tau = \tau_\tau + K\gamma^n \qquad (8\text{-}3\text{-}13)$$

其中：

$$n = 3.322\lg\left(\frac{\theta_{600} - \theta_3}{\theta_{300} - \theta_3}\right)$$

$$K = \frac{0.479}{511^n}(\theta_{300} - \theta_3)$$

$$\tau_\tau = 0.511\theta_3$$

（4）卡森模式。

$$\tau^{1/2} = \tau_c^{1/2} + \eta_\infty^{1/2}\gamma^{1/2} \qquad (8\text{-}3\text{-}14)$$

其中：

$$\tau_c = 0.228\left(\sqrt{6\theta_{100}} - \sqrt{\theta_{600}}\right)^2$$

$$\eta_\infty = \left[1.195\left(\sqrt{\theta_{600}} - \sqrt{\theta_{100}}\right)\right]^2$$

式中　K——稠度系数，$Pa \cdot s^n$；

n——流性指数；

γ——剪切速率，s^{-1}；

η_∞——卡森黏度(接近钻头喷嘴黏度)，mPa·s；

τ——剪切应力，Pa；

τ_c——卡森屈服值，Pa；

τ_τ——钻井液开始流动所需的最低剪切应力(可近似取 $0.511\theta_3$)，Pa；

τ_y——屈服值(动切力)，Pa；

μ_p——塑性黏度，mPa·s；

θ_3——旋转黏度计 3 r/min 时的读数；

θ_6——旋转黏度计 6 r/min 时的读数；

θ_{100}——旋转黏度计 100 r/min 时的读数；

θ_{200}——旋转黏度计 200 r/min 时的读数；

θ_{300}——旋转黏度计 300 r/min 时的读数；

θ_{600}——旋转黏度计 600 r/min 时的读数。

研究与实践表明，幂律模式和宾汉模式在一定程度上均能反映流体在中、高剪切速率下的流动规律；在环空低剪切速率范围内，幂律流体比宾汉流体更接近钻井液的真实流动性能，聚合物钻井液一般符合幂律模式。卡森模式除能较精确地描述低、中剪切速率下的流动规律外，还能够描述钻井液在高剪切速率下的流动性，但不适合高密度钻井液。修正幂律模式能较好地描述钻井液在低、中、高剪切速率下的流变行为，尤其对高温、高压、高密度钻井液适应性更好，所以受到了广泛的重视。

2）流变模式的优选

在实际工作中，采用何种流变模式取决于很多因素，如钻井液体系、钻井液内部组分的相对含量、钻井液的流动速率等。而哪种模式能更准确地表示钻井液的流变性，则只能根据实验数据用特定的方法进行判断。

（1）流变曲线对比法。

流变曲线对比法是通过绘制钻井液理论流变曲线和实测流变曲线并对两者进行比较来确定流变模式的。具体方法为：

① 用旋转黏度计实测 θ_3，θ_6，θ_{100}，θ_{200}，θ_{300}，θ_{600}。

② 计算钻井液的 μ_p，τ_y，n，K，τ_τ，η_∞，τ_c 等参数，代入幂律模式、宾汉模式、卡森模式以及修正幂律模式，分别求出四个模式在 6 个剪切速率 γ 下的剪切应力值 $\tau_{理论}$。

③ 绘制各模式 γ-$\tau_{理论}$ 曲线，以此作为理论流变曲线。

④ 依据 $\tau_i=0.511\theta_i$ 的关系，求出钻井液 6 个实测剪切应力值 τ_i，在同一个坐标轴上绘制 γ-$\tau_{实测}$ 曲线，以此作为实测流变曲线。

⑤ 将实测流变曲线和理论流变曲线进行比较，拟合程度最佳者即为最优流变模式。

这是一种直观定性的判断方法，缺点是计算作图比较烦琐且精度不高，当几条曲线彼此接近时判断比较困难。

（2）相关系数法。

此方法将用六速黏度计实测的剪切速率与切力，按常用的流变模式（宾汉、幂律、修正幂律、卡森等）特有的方式进行线性回归，回归系数高的值对应的流变模式即为与所用钻井液体系适应的流变模式。基本步骤如下：

① 用六速旋转黏度计实测 θ_3，θ_6，θ_{100}，θ_{200}，θ_{300}，θ_{600}，计算 μ_p，τ_y，n，K，τ_τ，η_∞，τ_c 等参数。

② 依据 $\tau_i=0.511\theta_i$，$\gamma_i=1.703N_i$（N_i 为旋转黏度计转数）分别计算黏度计实测的六组剪切速率与切力的值（γ_i，τ_i）。

③ 将宾汉、幂律、修正幂律、卡森模式进行线性形式化解，化解形式为 $\tau_i=\tau_0+\mu\gamma_i$。各参数意义见表 8-3-1。

表 8-3-1　流变模式的线性化解

流变模式	线性回归模式
宾汉模式	$\tau_i=\tau_i$；$\tau_0=\tau_y$；$\mu=\mu_p$；$\gamma_i=\gamma_i$
幂律模式	$\tau_i=\ln\tau_i$；$\tau_0=\ln K$；$\mu=n$；$\gamma_i=\ln\gamma_i$
修正幂律模式	$\tau_i=\ln(\tau_i-\tau_\tau)$；$\tau_0=\ln K$；$\mu=n$；$\gamma_i=\ln\gamma_i$
卡森模式	$\tau_i=\tau_i^{1/2}$；$\tau_0=\tau_c^{1/2}$；$\mu=\eta_\infty^{1/2}$；$\gamma_i=\gamma_i^{1/2}$

④ 计算剪切速率 γ 与切力 τ 的线性相关系数 R 的大小。

$$R=\frac{\sum(\gamma_i-\overline{\gamma})(\tau_i-\overline{\tau})}{\sqrt{\sum(\gamma_i-\overline{\gamma})^2\cdot\sum(\tau_i-\overline{\tau})^2}}\quad(0\leqslant R\leqslant 1)\tag{8-3-15}$$

式中　$\overline{\tau}$——切力的平均值；

$\overline{\gamma}$——剪切速率的平均值。

⑤ 选择流变模式。

R 表示线性回归计算流变参数的相关程度，R 越接近 1 表明拟合效果越好。因此，R 值为最大的值所对应的流变模式即为最合适的流变模式。

(3) 剪切速率优选法。

钻井实践证明，各种类型的钻井液流变曲线在不同的剪切速率范围吻合程度不同。目前通用的做法是：推荐在低、中、高不同剪切速率范围使用更接近实际流变曲线的模式，同时考虑便于计算。

在低剪切速率范围($\gamma<340\ \mathrm{s}^{-1}$)，如环空流动等，推荐采用幂律模式、修正幂律模式与卡森模式。

在中剪切速率范围($\gamma=170\sim1\,022\ \mathrm{s}^{-1}$)，如钻具内流动，实际的流变曲线与各种模式都比较吻合。

在高剪切速率范围($\gamma=10^5\sim10^6\ \mathrm{s}^{-1}$)，如钻头水眼处，卡森模式十分接近实际流变曲线，可以利用卡森模式进行计算。

2. 钻井液流变参数的优选

在试验研究的基础上，路保平等提出了以井壁冲刷系数 K_j、岩屑输送比 K_k、环空动压系数 K_m 为判断标准来优选流变参数的方法。该方法的基本原理就是在钻井液体系、流变模式与合理的排量确定的情况下，通过优选合适的流变参数，确保井眼安全输送岩屑，保持井眼清洁；尽量降低环空压耗，保持较低的循环当量密度，避免地层过度冲刷或保持对地层适当的冲刷，以保持井眼稳定，减少卡钻复杂情况的发生，从而达到保持地层稳定、井眼清洁、提高水功率利用率、减少井下复杂情况和提高钻井效率的目的。

1) 井壁冲刷系数、岩屑输送比、环空动压系数的物理意义

井壁冲刷系数、岩屑输送比、环空动压系数的定义式如下：

(1) 井壁冲刷系数。

$$K_j=(D_{cr}/D_b)-1\tag{8-3-16}$$

(2) 岩屑输送比。

$$K_k = 1 - v_s / v_a \tag{8-3-17}$$

其中：

$$v_a = \frac{4\ 000Q}{\pi(D_b^2 - D_p^2)} \tag{8-3-18}$$

(3) 环空动压系数。

$$K_m = \Delta\rho_m / \rho_m \tag{8-3-19}$$

式中 K_j——井壁冲刷系数；

K_k——岩屑输送比；

K_m——环空动压系数；

D_{cr}——临界井径，mm；

D_b——钻头直径，mm；

D_p——钻杆直径，mm；

v_s——岩屑滑落速度，m/s；

v_a——环空返速，m/s；

$\Delta\rho_m$——环空压降当量钻井液密度，g/cm^3；

ρ_m——钻井液密度，g/cm^3。

临界井径 D_{cr}反映的是环空流态由层流向紊流或由紊流向层流转变时所对应的井径值，它并不等于实际井径值。取钻头直径 D_b 为井眼直径值 D_h，如果所计算的环空流态为层流，则钻井液质点径向动量可忽略不计，对井壁的冲刷作用也可忽略不计，井壁上的泥饼将不断沉积，造成井径愈来愈小，直至环空排量呈紊流状态(环空流态由层流向紊流转变时的井径即为临界井径)，此时 $D_{cr} < D_h$。反之，若环空流态为紊流，则钻井液质点径向动量增大，不断冲刷井壁泥饼与井壁，井眼直径不断扩大，直至扩大到环空流态由紊流转变成层流时所对应的井眼直径，此种状态下 $D_{cr} > D_h$。因此，临界井径可以反映井壁是在受冲刷还是在泥饼沉积中缩小的状态，便于钻井工程师与钻井液工程师了解井壁的变化趋势，从而指导钻井液流变参数的设计。

井壁冲刷系数 K_j 直接反映了在特定流变参数与钻井液排量联合作用下对井壁冲刷能力的大小，K_j 越大说明对井壁的冲刷能力越强。它可以是正值，也可为负值，其中，正值时反映冲刷井壁能力使井径有扩大趋势；负值时井壁冲刷能力较小，井径有缩小趋势。钻屑输送比 K_k 反映了井眼的净化能力，K_k 越大表明携岩能力或井眼净化能力越好。钻井实践表明，$K_k > 0.5$ 即可保证井眼清洁净化。环空动压系数 K_m 反映了钻井液密度的稳定性，K_m 值小表明钻井液性能合理。

2) 井壁冲刷系数、岩屑输送比、环空动压系数的计算

井壁冲刷系数、岩屑输送比、环空动压系数应按选择的流变模式分别进行计算。

(1) 井壁冲刷系数的计算。

井壁冲刷系数计算的核心是计算临界井径 D_{cr}，求出 D_{cr}后代入式(8-3-16)，即可计算出井壁冲刷系数 K_j。不同流变模式情况下计算临界井径的公式如下：

① 幂律模式。

$$F(D_{cr})=Q-1.013\times10^{-4}\left(\frac{20\ 415.5n^{0.387}K}{\rho_m}\right)^{\frac{1}{2-n}}(D_{cr}+D_p)\left(\frac{D_{cr}-D_p}{25.4}\right)^{\frac{2(1-n)}{2-n}}=0 \tag{8-3-20}$$

② 宾汉模式。

$$F(D_{cr})=(D_{cr}+D_p)-\frac{1\ 272.54Q\rho_m}{\mu_p+\sqrt{\mu_p^2+0.25\rho_m\tau_y(D_{cr}-D_p)^2}}=0 \tag{8-3-21}$$

③ 卡森模式。

$$D_{cr}=20B(1-2.4\varphi^{\frac{1}{2}}+1.5\varphi-0.1\varphi^3)-D_p \tag{8-3-22}$$

其中：

$$F(\varphi)=\frac{A\varphi^{\frac{1}{2}}}{1-2.4\varphi^{\frac{1}{2}}+1.5\varphi-0.1\varphi^3}-B(1-2.4\varphi^{\frac{1}{2}}+1.5\varphi-0.1\varphi^3)+0.1D_p=0$$

$$A=\left(\frac{3\times10^{-5}Re}{\rho_d\tau_c}\right)^{\frac{1}{2}}\eta_\infty$$

$$B=\frac{2\times10^5\rho_mQ}{\pi Re\eta_\infty}$$

式中 Q——排量，L/s；

D_p——钻杆直径，mm；

Re——雷诺数，此处取 2 100；

φ——流核系数；

其他符号的物理意义与单位同前。

在以上公式中，井眼尺寸、钻具组合与不同的流变模式所对应的流变参数都是已知数，只有 D_{cr}一个未知数，应用牛顿迭代等数学方法可直接计算出 D_{cr}。

(2) 岩屑输送比的计算。

岩屑输送比的核心是计算岩屑滑落速度 v_s，求出 v_s 后代入式(8-3-17)，即可计算出岩屑输送比 K_k。

不同流变模式情况下计算岩屑滑落速度 v_s 的公式如下：

$$v_s=1.2\times10^{-2}\frac{\mu_e}{d_s\rho_m}\left[\sqrt{1+72.735d_d\left(\frac{\rho_s}{\rho_m}-1\right)\left(\frac{d_s\rho_m}{\mu_e}\right)^2}-1\right] \tag{8-3-23}$$

式中 v_s——岩屑滑落速度，m/s；

μ_e——岩屑滑落钻井液有效黏度，mPa·s；

d_s——岩屑当量直径，mm；

ρ_s——岩屑密度，g/cm³。

宾汉流体的岩屑滑落钻井液有效黏度计算式为：

$$\mu_e=\mu_p+\frac{\tau_y d_s}{v_s} \tag{8-3-24}$$

其中：

$$\mu_p=100(\theta_6-\theta_3)$$

$$\tau_y = 0.511(2\theta_3 - \theta_6)$$

幂律流体的岩屑滑落钻井液有效黏度计算式为：

$$\mu_e = 1\ 000K\left(\frac{1\ 000v_s}{d_s}\right)^{n-1} \tag{8-3-25}$$

其中：

$$n = 0.657\lg\left(\frac{\theta_{100}}{\theta_3}\right) \quad 或 \quad n = 3.322\lg\left(\frac{\theta_6}{\theta_3}\right)$$

$$K = 0.511\left(\frac{\theta_{100}}{170.2^n}\right) \quad 或 \quad K = 0.511\left(\frac{\theta_6}{10.212^n}\right)$$

卡森流体的岩屑滑落钻井液有效黏度计算式为：

$$\mu_e = 1\ 000\left[\frac{\sqrt{\tau_c}}{\sqrt{1\ 000v_s/d_s}} + \sqrt{\frac{\eta_\infty}{1\ 000}}\right]^2 \tag{8-3-26}$$

其中：

$$\tau_c = 2.978(\sqrt{2\theta_3} - \sqrt{\theta_6})^2$$

$$\eta_\infty = 583(\sqrt{\theta_6} - \sqrt{\theta_3})^2$$

由以上公式可知，岩屑滑落钻井液有效黏度也与岩屑滑落速度 v_s 有关，因此求取岩屑滑落速度 v_s 须用数值方法来求解。

(3) 环空动压系数的计算。

计算当量密度增加技术的核心是计算环空压力损耗 p_{la}，进而求出 $\Delta\rho_m$，然后将 $\Delta\rho_m$ 代入式(8-3-19)，即可计算出环空动压系数 K_m。不同流变模式情况下环空压力损耗 p_{la} 的计算公式如下：

① 宾汉模式。

层流状态下：

$$p_{la} = \left[\frac{61.1\mu_p Q}{(D_h - D_a)^3(D_h + D_a)} + \frac{0.006\tau_y}{(D_h - D_a)}\right]L \tag{8-3-27}$$

紊流状态下：

$$p_{la} = k_a L Q^{1.8} \tag{8-3-28}$$

$$k_a = \frac{7\ 628\rho_m^{0.8}\mu_p^{0.2}}{(D_h - D_a)^3(D_h + D_a)^{1.8}} \tag{8-3-29}$$

② 幂律模式。

层流状态下：

$$p_{la} = \frac{0.004K}{(D_h - D_a)}\left[\frac{5.09\times10^6 Q(2n+1)}{(D_h + D_a)(D_h - D_a)^2 n}\right]^n L \tag{8-3-30}$$

紊流状态下：

$$p_{la} = k_a L Q^{[14+(n-2)(1.4-\lg n)]/7} \tag{8-3-31}$$

$$k_a = \frac{79\ 419(\lg n + 2.5)\rho_m}{(D_h + D_a)^2(D_h - D_a)^3} \times$$

$$\left\{\frac{6.296\ 7\times10^{-11}K(D_h + D_a)^2(D_h - D_a)^2}{\rho_m}\left[\frac{5.09\times10^6(2n+1)}{(D_h + D_a)(D_h - D_a)^2 n}\right]^n\right\}^{(1.4-\lg n)/7} \tag{8-3-32}$$

③ 卡森模式。

$$p_{la}=2f\frac{\rho_m v_a^2}{D_h-D_a}L \tag{8-3-33}$$

层流状态下：

$$f=\frac{24}{Re}$$

紊流状态下：

$$f=\frac{a}{Re^{\alpha}}$$

其中：

$$Re=\frac{12\ 000\rho_m v_a^2}{\tau_c}\varphi \quad (Re>2\ 100\text{时为紊流})$$

$$(1-2.4\varphi^{\frac{1}{2}}+1.5\varphi-0.1\varphi^3)\frac{(D_h-D_a)\tau_c}{12\eta_\infty v_a}-\varphi=0$$

式中 a——经验系数，其取值在 0.046～0.079 之间；

α——经验指数，其取值在 0.20～0.25 之间；

p_{la}——环空循环压降（钻杆对应的环空循环压耗为 p_{lpa}，钻铤对应的环空循环压耗为 p_{lca}），MPa；

k_a——环空压耗系数（钻杆对应的环空压耗系数为 k_{pa}，钻铤对应的环空压耗系数为 k_{ca}）；

D_a——钻柱外径（钻杆外径为 D_p，钻铤外径为 D_c），mm；

L——钻具长度，m。

环空压降当量钻井液密度 $\Delta\rho_m$ 的计算公式为：

$$\Delta\rho_m=\frac{p_{la}}{0.009\ 81H} \tag{8-3-34}$$

式中 H——井深，m。

3）井壁冲刷系数、岩屑输送比、环空动压系数的判断标准

不同地层的井壁冲刷系数 K_j、岩屑输送比 K_k、环空动压系数 K_m 有不同的判断标准。一般情况下，岩屑输送比 K_k 取值应大于 0.5，环空动压系数 K_m 不超过 0.03，易漏失地层、压差敏感性地层可取更小的值。井壁冲刷系数 K_j 的取值相对复杂一些，由于钻遇地层不同，钻井中对井壁的冲刷要求也不尽相同，钻井实践证实 K_j 的可行范围在 −0.15～0.1 之间。对于长井段渗透性砂岩及软泥岩，钻进时钻井液含砂量高，固相易沉积在井壁上形成假泥饼，因此需要对井壁进行必要的冲刷，以降低泥饼厚度，防止黏卡等井下故障的发生，建议 K_j 取值范围在 0～0.1 之间；对于水敏性、裂隙型页岩以及破碎地层，应严格控制环空呈层流状态，以防止冲垮地层，因此 K_j 值应取负值，建议在 −0.05 以下；对于砂岩与页岩交互地层，既要考虑对砂岩井段冲刷，又要防止对页岩地层的过度冲刷，K_j 值建议在 −0.05～0.05 之间。因此，应根据不同性质的地层、钻井液流变特性、水力参数及实际井眼情况来统计分析得出 K_j，K_k 和 K_m 判断标准值。表 8-3-2 为推荐标准值。

表 8-3-2 判断系数推荐值

标 准	K_j	K_k	K_m
推荐指标	0.03	>0.5	<0.02
可行指标	−0.15~0.1	>0.5	<0.03

4）流变参数的优选步骤

钻井液流变参数优选的流程见图 8-3-2，其步骤如下：

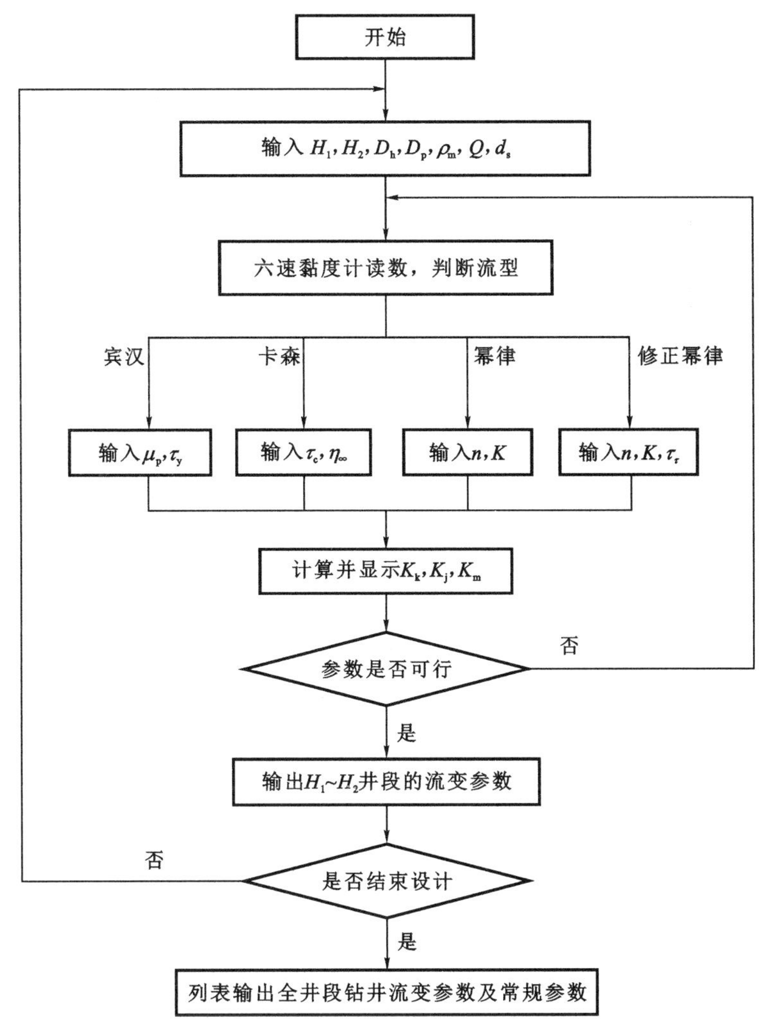

图 8-3-2 钻井液流变参数计算流程示意图

（1）选择与所用钻井液体系相适应的流变模式。

实测所用钻井液的六速黏度计读数并将其转化成相应的剪切速率和切力，再按常用的流变模式（宾汉、幂律、卡森等）特有的方式进行线性回归，回归系数高的值对应的流变模式即为与所用钻井液体系相适应的流变模式。

（2）选择钻井液流变模式对应的流变参数。

宾汉模式对应的流变参数为宾汉塑性黏度 μ_p 与宾汉屈服值 τ_y，幂律模式对应的流变参数为

流型指数 n 与稠度系数 K，卡森模式对应的流变参数为卡森塑性黏度 η_∞ 与卡森屈服值 τ_c。

(3) 计算井壁冲刷系数、钻屑输送比和环空动压系数。

根据施工排量参数、钻井液密度、井眼尺寸、钻具组合、地层性质与初选的流变参数，计算诸因素联合作用下的井壁冲刷系数 K_j、岩屑输送比 K_k、环空动压系数 K_m。

(4) 优选确定钻井液流变参数。

以表 8-3-2 判断标准值为依据，K_j，K_k，K_m 均满足要求时的流变参数即为优选的流变参数，反之应重新优选钻井液流变参数。

5) 钻井液流变参数控制范围

钻井研究与实践表明，满足优选参数钻井工艺要求的钻井液环空流变参数推荐控制范围是：μ_p，3～20 mPa·s；τ_y，1.08～9.6 Pa；n，0.4～0.8；K，0.1～0.5 Pa·s^n；η_∞，3～18 mPa·s；τ_c，0.6～3.0 Pa。

3. 钻井液参数优选实例

1) 基础数据

基础数据见表 8-3-3。

表 8-3-3 基础数据

设计井段	H = 3 000～3 900 m
钻头直径	D_b = 216 mm
钻杆外径	D_p = 127 mm
钻杆内径	D_{pi} = 108.6 mm
钻井液密度	ρ_m = 1.20 g/cm^3
排　量	Q = 25.0 L/s
岩屑直径	d_s = 10 mm
岩屑密度	ρ_s = 2.7 g/cm^3

2) 选择流变模型

以四种流变模型进行计算，判断流变模型。本例为幂律模型，选择的流变参数见表 8-3-4。

表 8-3-4 流变参数

流性指数	n = 0.7
稠度系数	K = 0.144 Pa·s^n

3) 计算井壁冲刷系数、岩屑输送比、环空动压系数(见表 8-3-5)

表 8-3-5 流型参数

井壁冲刷系数	K_j = 0.064
岩屑输送比	K_k = 0.765
环空动压系数	K_m = 0.029

经过判断，上述参数在可行区间。

4) 钻井液参数优选结果

钻井液参数优选计算结果见表 8-3-6。

表 8-3-6 钻井液参数优选结果

项 目	符 号	数 值	单 位
岩屑滑落速度	v_s	0.246	m/s
环空返速	v_a	1.044	m/s
环空临界返速	v_c	0.940	m/s
临界井径	D_{cr}	229.4	mm
井壁冲刷系数	K_j	0.064	
岩屑输送比	K_k	0.765	
环空动压系数	K_m	0.029	
钻井液密度	ρ_m	1.20	g/cm^3
流性指数	n	0.7	
稠度系数	K	0.144	$Pa \cdot s^n$
漏斗黏度	F_V	23～36	s
API 滤失量	W_{Ln}	3～4	mL
高温高压滤失量	W_{Lh}	14～15	mL
初切力	G_s	1.8	Pa
终切力	G_m	4.7	Pa
膨润土含量	$B\%$	1.6	%
固相含量	$S\%$	7.7～14	%
旋转黏度计读数	θ_3	4.711	
	θ_6	7.652	
	θ_{100}	10.941	
	θ_{200}	17.773	
	θ_{300}	23.606	
	θ_{600}	38.346	

第四节 水力参数优选

钻井水力参数是表征钻头水力特性、环空水力特性、钻具内水力特性以及地面水力设备性质的量，主要包括钻井泵的功率、排量、泵压、循环系统压耗、钻头水功率、钻头压力降、钻头喷嘴直径、射流冲击力、射流喷射速度和环空钻井液上返速度等。水力参数优选的目的是寻求合理的水力参数配合，使井底获得最优的水力能量分配，从而达到井底与井眼净化、辅助破岩、提高机械钻速、降低钻井成本的目的。

一、钻头的水力特性

1. 射流水力参数

1）射流喷射速度

钻头喷嘴出口处的射流速度称为射流喷射速度，习惯上称为喷速，其计算式为：

$$v_j = \frac{1\ 000Q}{A_j} \tag{8-4-1}$$

$$A_j = \frac{\pi}{4}\sum_{i=1}^{n} d_i^2 \tag{8-4-2}$$

式中 v_j——射流喷射速度，m/s；

Q——钻井液排量，L/s；

A_j——喷嘴总面积，mm^2；

d_i——钻头喷嘴 $i(i=1,2,3,\cdots,n)$的直径，mm。

2）射流冲击力

射流冲击力是指射流在其作用面积上的总作用力的大小。喷嘴出口处的射流冲击力表达式可以根据动量原理导出，其形式为：

$$F_j = 0.001\rho_m v_j Q \tag{8-4-3}$$

式中 F_j——射流冲击力，kN；

ρ_m——钻井液密度，g/cm^3。

3）射流水功率

射流清洗井底和协助钻头破碎岩石的过程实质是射流不断地对井底和岩屑做功的过程。单位时间内射流所具有的做功能量越大，其清洗井底和破碎岩石的能力就越强。单位时间内射流所具有的做功能量就是射流水功率，其表达式为：

$$N_j = 0.5F_j v_j \tag{8-4-4}$$

式中 N_j——射流水功率，kW。

3. 钻头水力参数

1）钻头压力降

钻头压力降是指钻井液流过钻头喷嘴以后其压力降低的值。当钻井液排量和喷嘴尺寸一定时，根据流体力学中的能量方程，可以得到钻头压力降的计算式：

$$p_b = k_b \rho_m Q^2 \tag{8-4-5}$$

$$k_b = \frac{554.4}{A_j^2} \tag{8-4-6}$$

式中 k_b——钻头压降系数；

p_b——钻头压降，MPa。

2）钻头水功率

钻头水功率是指钻井液流过钻头时所消耗的水力功率。钻头水功率的大部分变成射流水功率，少部分则用于克服喷嘴阻力做功。根据水力学原理，钻头水功率可用下式表示：

$$N_b = p_b Q \tag{8-4-7}$$

式中　N_b——钻头水功率，kW。

3）钻头比水功率

钻头比水功率是指钻头单位面积水功率的值，计算公式为：

$$E_h = \frac{4\ 000N_b}{\pi D_b^2} \tag{8-4-8}$$

式中　E_h——钻头比水功率，W/mm²；

D_b——钻头直径，mm。

二、循环系统压力计算

1. 钻井泵工作特性

充分发挥钻井泵的能力，使钻井泵得到最合理的使用是优选水力参数的关键。钻井泵的最大输出功率称为泵的额定功率。一般情况下，钻井泵配备几种直径不同的缸套，缸套的最大允许压力称为使用该缸套时的额定泵压。额定泵功率和额定泵压对应的排量称为钻井泵的额定排量。

钻井泵的额定功率与额定泵压、额定排量的关系为：

$$N_r = p_r Q_r = \text{const} \tag{8-4-9}$$

式中　N_r——钻井泵额定功率，kW；

p_r——钻井泵额定泵压，MPa；

Q_r——钻井泵额定排量，L/s。

钻井泵实际水功率的计算：

$$N_s = p_s Q \tag{8-4-10}$$

式中　N_s——钻井泵实际水功率，kW；

p_s——钻井泵工作压力，MPa。

钻井泵水功率利用率的计算公式为：

$$\eta = \frac{N_b}{N_s} \tag{8-4-11}$$

式中　η——钻井泵水功率利用率。

钻井泵的两种工作状态见图 8-4-1。当 $Q < Q_r$ 时，由于泵压受到缸套允许压力的限制，即泵压最大只能等于额定泵压 p_r，因此泵功率要小于额定泵功率，且随着排量的减小，泵功率下降，泵的这种工作状态称为额定泵压工作状态。当 $Q \geqslant Q_r$ 时，由于泵功率受到额定泵功率的限制，即泵功率最大只能等于额定泵功率 N_r，因此泵压要小于额定泵压，且随着排量的增加，泵的实际工作压力要降低，泵的这种工作状态称为额定泵功率工作状态。从泵的两种工作

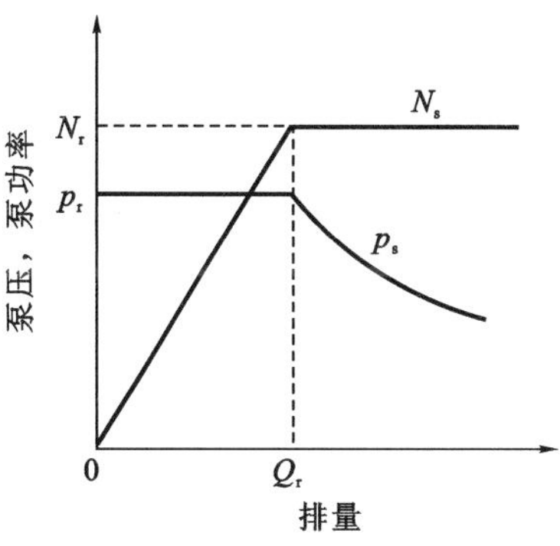

图 8-4-1　钻井泵的工作状态

状态可以看出，只有当泵排量等于额定排量时，钻井泵才有可能同时达到额定输出功率和缸套的最大许用压力。因此，在选择缸套时，应尽可能选择额定排量与实际排量相近的缸套，这样才能充分发挥泵的能力。

2. 水功率传递的基本关系

钻井液循环系统由钻井泵、地面管汇、钻柱、钻头和环空五部分组成。钻井液从钻井泵排出，经钻具传递到钻头、环空，返回地面，重新进入钻井泵，形成循环。钻井液流经地面管汇、钻柱、钻头和环空时都要消耗部分能量而使压力降低。当钻井液返至地面出口管时，其压力变为零。因而，泵压传递的基本关系式可表示为：

$$p_s = p_l + p_b \tag{8-4-12}$$

其中：

$$p_l = p_{ls} + p_{li} + p_{la}$$

式中 p_s——泵压，MPa；

p_l——循环压耗；MPa；

p_{ls}——地面管汇压耗，MPa；

p_{li}——钻柱内压耗（钻杆内压耗为 p_{lpi}，钻铤内压耗为 p_{lci}），MPa；

p_{la}——环空压耗（钻杆对应的环空压耗为 p_{lpa}，钻铤对应的环空压耗为 p_{lca}），MPa；

p_b——钻头压降，MPa。

根据水力学原理，水功率是压力和排量的乘积，则钻井泵水功率可用下式计算：

$$N_s = p_s Q \tag{8-4-13}$$

由于整个循环系统是单一管路，系统各处的排量应相等，因此由式（8-4-12），泵功率传递的基本关系式可表示为：

$$N_s = N_g + N_i + N_a + N_b = N_l + N_b \tag{8-4-14}$$

式中 N_g——地面管汇损耗功率，kW；

N_i——钻柱内损耗功率，kW；

N_a——环空损耗功率，kW；

N_l——循环系统损耗功率，kW；

N_b——钻头损耗功率，kW。

3. 循环系统压耗计算

水力参数优选的目的是获得较高的钻头压降和钻头水功率。在泵压或泵功率一定的条件下，要提高钻头压降或钻头水功率，就必须降低地面管汇、钻柱内和环空这三部分的压力损耗。习惯上将钻井液在这三部分流动时所造成的压力损耗统称为循环系统压耗。根据流体力学的基本理论，不同流型的流体介质在不同的几何空间以不同的流态流动时，其压力损耗的计算方法不同。

1）地面管汇压耗的计算

（1）宾汉流体。

$$p_{ls} = k_s Q^{1.8} \tag{8-4-15}$$

$$k_s = 3.767 \times 10^{-4} \rho_m^{0.8} \mu_p^{0.2} \tag{8-4-16}$$

(2) 幂律流体。

$$p_{ls}=k_sQ^{[14+(n-2)(1.4-\lg n)]/7} \tag{8-4-17}$$

$$k_s=8.09\times10^{-4}(\lg n+2.5)\rho_m\left\{\frac{4.088\times10^{-3}K}{\rho_m}\left[\frac{4.093(3n+1)}{n}\right]^n\right\}^{(1.4-\lg n)/7} \tag{8-4-18}$$

式中 k_s——地面管汇压耗系数。

2) 管内压耗的计算

(1) 宾汉流体。

管内层流:

$$p_{li}=\left[40.744\frac{\mu_pQ}{D_i^4}+5.333\times10^{-3}\frac{\tau_y}{D_i}\right]L \tag{8-4-19}$$

管内紊流:

$$p_{li}=k_iLQ^{1.8} \tag{8-4-20}$$

$$k_i=7\ 628\rho_m^{0.8}\mu_p^{0.2}\frac{1}{D_i^{4.8}} \tag{8-4-21}$$

(2) 幂律流体。

管内层流:

$$p_{li}=0.004\frac{K}{D_i}\left(\frac{3n+1}{4n}\right)^n\left(\frac{1.018\ 6\times10^7Q}{D_i^3}\right)^nL \tag{8-4-22}$$

管内紊流:

$$p_{li}=k_iLQ^{[14+(n-2)(1.4-\lg n)]/7} \tag{8-4-23}$$

$$k_i=\frac{64\ 846(\lg n+2.5)\rho_m}{D_i^5}\left\{\frac{7.71\times10^{-11}D_i^4K}{\rho_m}\left[\frac{2.546\times10^6(3n+1)}{D_i^3n}\right]^n\right\}^{(1.4-\lg n)/7} \tag{8-4-24}$$

(3) 卡森流体。

$$p_{li}=2f\frac{\rho_mv_i^2}{D_i}L \tag{8-4-25}$$

层流状态下:

$$f=\frac{16}{Re}$$

紊流状态下:

$$f=\frac{a}{Re^{\alpha}}$$

其中:

$$Re=\frac{8\ 000\rho_mv_i^2}{\tau_c}\varphi\quad(Re>2\ 100\text{ 时为紊流})$$

$$(21-48\varphi^{\frac{1}{2}}+28\varphi-\varphi^4)\frac{D_i\tau_c}{8\eta_\infty v_i}-21\varphi=0$$

式中 D_i——钻柱内径(钻杆内径为 D_{pi},钻铤内径为 D_{ci}),mm;

L——钻柱长度(钻杆长度为 L_p,钻铤长度为 L_c),m;

k_i——钻柱内压耗系数(钻杆内压耗系数为 k_{pi}，钻铤内压耗系数为 k_{ci})；

p_{li}——管内压耗(钻杆内压耗为 p_{lpi}，钻铤内压耗为 p_{lci})，MPa；

v_i——钻柱内流速，m/h。

3）环空压耗的计算

环空压耗计算的有关计算见公式(8 3 27)--(8-3-33)。

4）循环压耗的计算

$$p_l = p_{ls} + p_{li} + p_{la} = p_{ls} + p_{lp} + p_{lc} \tag{8-4-26}$$

$$p_{lp} = p_{lpi} + p_{lpa} \tag{8-4-27}$$

$$p_{lc} = p_{lci} + p_{lca} \tag{8-4-28}$$

$$k_l = k_s + k_p L_p + k_c L_c \tag{8-4-29}$$

$$k_p = k_{pi} + k_{pa} \tag{8-4-30}$$

$$k_c = k_{ci} + k_{ca} \tag{8-4-31}$$

式中 p_l——循环压耗，MPa；

p_{ls}——地面管汇压耗，MPa；

p_{li}——钻柱内压耗，MPa；

p_{la}——环空压耗，MPa；

p_{lp}——钻杆内压耗与钻杆对应的环空压耗之和，MPa；

p_{lc}——钻铤内压耗与钻铤对应的环空压耗之和，MPa；

p_{lca}——钻铤对应的环空压耗，MPa；

p_{lci}——钻铤内压耗，MPa；

p_{lpa}——钻杆对应的环空压耗，MPa；

p_{lpi}——钻杆内压耗，MPa；

k_l——循环压耗系数；

k_s——地面管汇压耗系数；

k_p——钻杆内压耗系数与钻杆对应的环空压耗系数之和；

k_{pa}——钻杆对应的环空压耗系数；

k_{pi}——钻杆内压耗系数；

k_c——钻铤内压耗系数与钻铤对应的环空压耗系数之和；

k_{ca}——钻铤对应的环空压耗系数；

k_{ci}——钻铤内压耗系数；

L_p——钻杆长度，m；

L_c——钻铤长度，m。

三、水力参数优选

钻井水力参数优选的实质是在综合考虑所钻地层特性、机泵条件、水力参数对机械钻速与钻井成本的影响规律的基础上，通过优选排量、泵压等参数，使机泵效率得以有效发挥，使分配给钻头的水功率或冲击力达到最优，从而实现清洁井眼、辅助破岩、稳定井壁、提高钻速和降低钻井成本的目的。

从井底清洗辅助破岩的角度来看，射流喷速 v_j、射流冲击力 F_j、钻头压降 p_b 和钻头水功率 N_b 四个水力参数越大越有利于提高机械钻速，但这四个参数达到一定程度时钻速提高幅度就不太明显，而钻井成本却相应增加，因此钻头水功率等参数的优选是十分必要的。钻井液排量是水力参数中的一个重要参数，它与钻头水力参数息息相关。排量的优选与实施是快速、安全、优质钻井的基础。图 8-4-2 是钻头水力参数与排量变化关系图(Q_p为最大水功率时的排量，Q_f为最大冲击力时的排量)。从图中可以看出，某一个排量无法使四个钻头水力参数同时达到最大值。因而，通过确定泵压、选择钻头喷嘴直径和排量等参数可使某个钻头水力参数达到最大。现场常用的是最大钻头水功率和最大射流冲击力工作方式，即通过优选泵压、排量、喷嘴直径等参数使钻头水功率或射流冲击力达到最大。

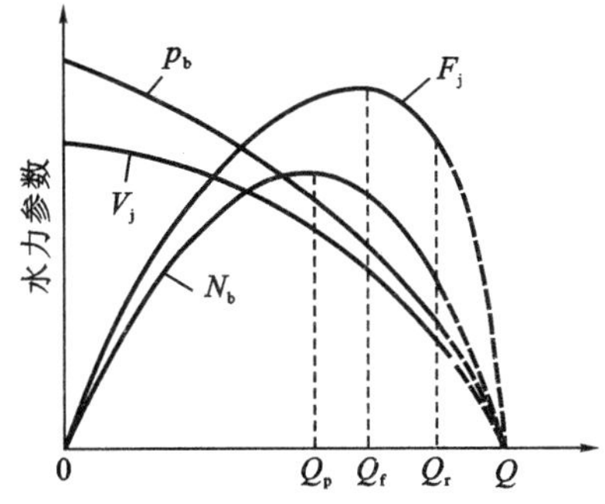

图 8-4-2　各水力参数随排量的变化规律

1. 排量可行区间的确定

排量是最重要的水力参数之一。优选的排量应能同时满足携带岩屑、冷却与润滑钻头、冲刷井壁、防止井壁冲蚀及提高钻速的需要。

1) 排量必须满足井眼清洁的要求

正常钻进时，如岩屑不能及时从井中携带出来，将导致环空中岩屑含量升高，使机械钻速降低并发生一系列钻井复杂情况，因此优选的排量必须满足井眼携带岩屑与井眼清洁的要求。实践证明，当岩屑输送比 K_k 大于 0.5 时，可满足携带岩屑与井眼环空清洁的要求，因此携带岩屑所需的最小排量为：

$$Q_1 = 7.85 \times 10^{-4}(D_b^2 - D_p^2)\frac{v_s}{1-K_k} \tag{8-4-32}$$

当 K_k 取 0.5 时：

$$Q_1 = 1.57 \times 10^{-3}(D_b^2 - D_p^2)v_s \tag{8-4-33}$$

式中　Q_1——携带岩屑所需最小排量，L/s；

D_b——钻头直径，mm；

D_p——钻柱外径，mm；

v_s——岩屑滑落速度，m/s。

2) 排量应满足钻头润滑与冷却的需求

钻头在钻压、转速的作用下，轴承及牙齿都产生大量的热量，为避免钻头早期损坏，必须要有足够的排量以冷却与润滑钻头。冷却与润滑钻头所需求的最小排量为：

$$Q_2 = 2.48 \times 10^{-3}\left(\frac{4D_b^2}{25.4+5D_b}\right) \tag{8-4-34}$$

式中　Q_2——冷却与润滑钻头所需最小排量，L/s。

3) 排量应满足井眼稳定及适当冲刷的需求

钻井实践证明，有些地层需要适当的冲刷，如渗透性砂岩及软泥岩；有些地层应严格防止井壁冲刷，如水敏性页岩及破碎地层；还有一些地层既希望对地层有一定的冲刷又要防止冲刷过度，如砂岩与页岩交互地层。因此，针对不同地层应选择不同的排量，排量既要大于合理的井壁冲刷所需的最低排量 Q_3，又要小于防止冲垮地层的排量 Q_4。

$$Q_3 = 7.856 \times 10^{-4} v_c \{[(1+K_{jl})D_b]^2 - D_p^2\} \tag{8-4-35}$$

$$Q_4 = 7.856 \times 10^{-4} v_c \{[(1+K_{jh})D_b]^2 - D_p^2\} \tag{8-4-36}$$

对于宾汉流体：

$$v_c = \frac{\mu_p + \sqrt{\mu_p^2 + 0.25\rho_m\tau_y(D_b - D_p)^2}}{(D_b - D_p)\rho_m} \tag{8-4-37}$$

对于幂律流体：

$$v_c = \frac{1}{197}\left[\frac{20\,415.5Kn^{0.387}}{\left(\frac{D_b - D_p}{25.4}\right)^n \rho_m}\right]^{\frac{1}{2-n}} \tag{8-4-38}$$

对于卡森流体：

$$v_c = \sqrt{\frac{210\tau_c}{1\,200\rho_m\varphi}} \tag{8-4-39}$$

其中：

$$(1 - 2.4\varphi^{\frac{1}{2}} + 1.5\varphi - 0.1\varphi^3)(D_b - D_p)\frac{\tau_c}{12\eta_\infty v_c} - \varphi = 0$$

式中 Q_3——合理的井壁冲刷所需的最小排量，L/s；

Q_4——防止过度冲刷地层的最大排量，L/s；

v_c——临界环空返速，m/s；

K_{jl}——井壁冲刷系数下限；

K_{jh}——井壁冲刷系数上限。

4）排量应满足快速钻进的要求

正常钻井时，环空钻井液的流动要产生环空循环压耗，在井底产生附加压力。对于一般设计与实施，钻井液密度已考虑到平衡井内压力等因素。从降低井内压差以提高钻速的角度来考虑，环空压耗应尽可能低。大量的钻井实践表明，环空压耗当量密度 $\Delta\rho_m$ 可控制在 $K_k\rho_m$ 以下，因此，由公式(8-3-27)～(8-3-33)可以计算出最大允许环空压耗 p_{la}，即可计算出快速钻进所限制的最大排量 Q_5，其表达函数为：

$$Q_5 = F(p_{la}, \rho_m, \Delta\rho_m, \cdots) \tag{8-4-40}$$

5）排量应小于地层漏失所允许的最大排量

在破碎等易流失地层钻进时，应控制排量确保使其产生的钻井液循环当量密度小于地层漏失压力当量密度 G_f，即

$$G_f = \rho_m + \Delta\rho_m \tag{8-4-41}$$

进而可求出地层漏失所允许的最大排量 Q_6：

$$Q_6 = F(G_f, \Delta\rho_m, \rho_m, \cdots) \tag{8-4-42}$$

6）排量区间确定

从以上分析可以看出，正常钻井时排量必须满足井眼清洁、钻头润滑及井壁合理冲刷的需求，同时又受到快速钻进、防止地层漏失及冲蚀井壁的限制。排量要同时满足以上条件，可采用的最小排量 Q_{min} 必须大于 Q_1，Q_2 和 Q_3 中的最大值，可采用的最大排量 Q_{max} 必须小于

Q_4，Q_5 和 Q_6 中的最小值，因此所选的排量 Q 只能在 Q_{min} 与 Q_{max} 之间，即

$$Q_{min} \leqslant Q \leqslant Q_{max} \tag{8-4-43}$$

2. 水力参数的工作方式

1）最大钻头水功率工作方式

最大钻头水功率工作方式认为钻头水功率是清洗井底与辅助破岩的最主要的因素，在机泵允许的条件下钻头获得的水功率越大越好。

（1）获得最大钻头水功率的条件。

当钻井泵处在额定泵功率状态时，泵功率 $N_s = N_r$。假设钻井液在紊流状态下流动且符合宾汉模式，由水功率的传递关系可得钻头水功率的表达式为：

$$N_b = N_r - N_l = N_r - k_l Q^{2.8} \tag{8-4-44}$$

由式(8-4-44)可知，在井深一定的情况下，N_b 随 Q 的增大而减小，因而在额定泵功率工作状态下，获得最大钻头水功率的条件是 Q 尽可能小。由于在额定泵功率状态下，排量的最小值为 Q_r，所以实际获得最大钻头水功率的条件是 $Q = Q_r$。

当钻井泵处在额定泵压状态时，$p_s = p_r$，则钻头水功率可表示为：

$$N_b = p_r Q - k_l Q^{2.8} \tag{8-4-45}$$

令 $\dfrac{dN_b}{dQ} = 0$，可得：

$$\frac{dN_b}{dQ} = p_r - 2.8 k_l Q^{1.8} = 0 \tag{8-4-46}$$

求得最优排量为：

$$Q = \left(\frac{p_r}{2.8 k_l}\right)^{\frac{1}{1.8}} \tag{8-4-47}$$

对应的循环压耗为：

$$p_l = \frac{p_r}{2.8} = 0.375 p_r \tag{8-4-48}$$

式(8-4-47)或(8-4-48)就是额定泵压状态下获得最大钻头水功率的条件。

（2）钻头水功率随排量和井深的变化规律。

由整个循环系统的水功率分配关系，可得：

$$N_b = N_s - N_l = N_s - k_l Q^{2.8}$$

其中：

$$k_l = k_s - k_p L_c + k_c L_c + k_p H$$

式中　H——井深，m。

当 $Q \geqslant Q_r$ 时：

$$N_b = N_r - k_l Q^{2.8}$$

当 $Q < Q_r$ 时：

$$N_b = p_r Q - k_l Q^{2.8}$$

对不同井深 H，作钻头水功率 N_b 随排量 Q 变化的关系曲线，可得到不同井深和排量下钻头水功率的变化规律（见图 8-4-3）。由图可以看出，随排量变化，获得最大钻头水功率的工

作路线是1→2→3→4。图中，$H_0 < H_1 < H_2 < H_3 < H_{c1} < H_5 < H_{c2} < H_7$。从图中可以看出，当 $H \leqslant H_{c1}$ 时，钻头水功率最大时的排量为额定排量，即 $Q = Q_r$，此时泵处于额定功率工作状态；当 $H_{c1} < H \leqslant H_{c2}$ 时，钻头水功率最大时的最优排量为 Q，此时排量小于额定排量 Q_r，钻井泵处于额定泵压工作状态；当 $H > H_{c2}$ 时，获得最大钻头水功率时的排量小于 Q_{min}，因而只能用排量可行区间的最小排量 Q_{min} 继续钻进。由此可以看出，井深 H_{c1} 和 H_{c2} 在选择排量时具有非常特殊的意义。通常将 H_{c1} 和 H_{c2} 分别称为第一临界井深和第二临界井深。

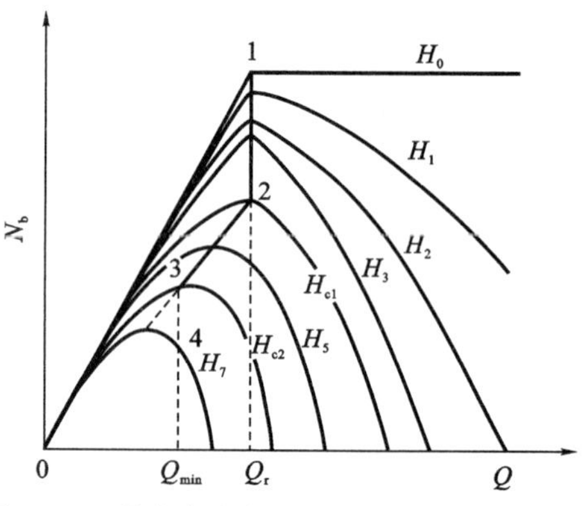

图 8-4-3　钻头水功率随排量和井深的变化规律

2）最大射流冲击力工作方式

最大射流冲击力工作方式认为射流冲击力是井底清洗的主要因素，射流冲击力越大，井底清洗的效果越好。

（1）获得最大射流冲击力的条件。

在额定泵功率工作状态下，$Q \geqslant Q_r$，$N_r = p_r Q_r = p_s Q$ 为常量，式(8-4-3)可变为：

$$F_j = C_j \sqrt{N_r Q - k_1 Q^{3.8}} \tag{8-4-49}$$

$$C_j = 0.01 C_i \sqrt{20\rho_m}$$

式中　C_i——喷嘴的流量系数；

p_s——排量为 Q 时保持额定水功率所允许的最高泵压，MPa。

令 $\dfrac{dF_j}{dQ} = 0$，得出使 F_j 达到最大值的条件为：

$$p_l = p_r / 3.8 = 0.263 p_r$$

$$p_b = p_r - p_l = 0.737 p_r$$

$$Q = \left(\frac{0.263 p_r}{k_1}\right)^{\frac{1}{1.8}}$$

这是在理论上推导出的额定功率状态下获得最大射流冲击力的条件。但在实际工作中，要求 $Q > Q_r$ 对泵的工作是不利的。因此在额定泵功率状态下，实际是以 $Q = Q_r$ 作为最优条件的。

在额定泵压工作状态下，式(8-3-49)可变为：

$$F_j = C_j \sqrt{p_r Q^2 - k_1 Q^{3.8}} \tag{8-4-50}$$

由 $\dfrac{dF_j}{dQ} = 0$，可求得获取最大射流冲击力的条件为：

$$p_l = \frac{p_r}{1.9} = 0.526 p_r \tag{8-4-51}$$

$$Q = \left(\frac{0.526 p_r}{k_1}\right)^{\frac{1}{1.8}} \tag{8-4-52}$$

(2) 最大射流冲击力随排量和井深的变化规律。

当 $Q > Q_r$ 时：

$$F_j = C_j\sqrt{N_r Q - k_1 Q^{3.8}}$$

当 $Q \leqslant Q_r$ 时：

$$F_j = C_j\sqrt{p_r Q^2 - k_1 Q^{3.8}}$$

对不同的井深 H，作射流冲击力 F_j 随排量 Q 变化的关系曲线，可得到不同井深和排量下射流冲击力的变化规律（见图 8-4-4）。由图可知，从理论上推出的获得最大射流冲击力的工作路线为 1′→2→3→4→5。由于 1′→2 段 $Q > Q_r$，所以实际工作中取 1→2→3→4→5 这条路线。井深 H_{c1} 和 H_{c2} 在选择排量时具有特殊的意义，因而将 H_{c1} 和 H_{c2} 分别称为最大射流冲击力条件下的第一临界井深和第二临界井深。

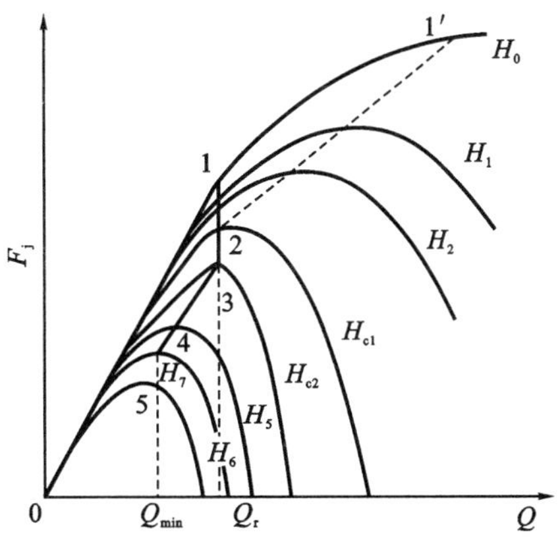

图 8-4-4　射流冲击力随排量和井深的变化规律

3) 临界井深的计算

(1) 最大钻头水功率工作方式情况下的临界井深。

① 宾汉流体：

$$H_{c1} = \frac{0.357 p_r - k_s Q_r^{1.8} - k_c L_c Q_r^{1.8}}{k_p Q_r^{1.8}} + L_c \tag{8-4-53}$$

$$H_{c2} = \frac{0.357 p_r - k_s Q_{min}^{1.8} - k_c L_c Q_{min}^{1.8}}{k_p Q_{min}^{1.8}} + L_c \tag{8-4-54}$$

② 幂律流体：

$$H_{c1} = \frac{\dfrac{7p_r}{21 + (n-2)(1.4 - \lg n)} - (k_s + k_c L_c) Q_r^{[14+(n-2)(1.4-\lg n)]/7}}{k_p Q_r^{[14+(n-2)(1.4-\lg n)]/7}} + L_c \tag{8-4-55}$$

$$H_{c2} = \frac{\dfrac{7p_r}{21 + (n-2)(1.4 - \lg n)} - (k_s + k_c L_c) Q_{min}^{[14+(n-2)(1.4-\lg n)]/7}}{k_p Q_{min}^{[14+(n-2)(1.4-\lg n)]/7}} + L_c \tag{8-4-56}$$

(2) 最大射流冲击力情况下的临界井深。

① 宾汉流体：

$$H_{c1} = \frac{0.263 p_r - k_s Q_r^{1.8} - k_c L_c Q_r^{1.8}}{k_p Q_r^{1.8}} + L_c \tag{8-4-57}$$

$$H_{c2} = \frac{0.526 p_r - k_s Q_r^{1.8} - k_c L_c Q_r^{1.8}}{k_p Q_r^{1.8}} + L_c \tag{8-4-58}$$

② 幂律流体：

$$H_{c1} = \frac{\dfrac{14p_r}{28 + (n-2)(1.4 - \lg n)} - (k_s + k_c L_c) Q_r^{[14+(n-2)(1.4-\lg n)]/7}}{k_p Q_r^{[14+(n-2)(1.4-\lg n)]/7}} + L_c \tag{8-4-59}$$

$$H_{c2}=\frac{\dfrac{28p_r}{28+(n-2)(1.4-\lg n)}-(k_s+k_cL_c)Q_r^{[14+(n-2)(1.4-\lg n)]/7}}{k_pQ_r^{[14+(n-2)(1.4-\lg n)]/7}}+L_c \quad (8\text{-}4\text{-}60)$$

式中 H_{c1}——第一临界井深，m；

H_{c2}——第二临界井深，m；

L_c——钻铤长度，m；

Q_{min}——携岩最小排量，L/s；

Q_r——额定排量，L/s。

4）水力工作方式的确定

以钻头为工作单元，依据所钻地层水功率转换系数 C_e 确定水功率工作方式。在浅部软地层推荐采用最大射流冲击力工作方式，在深部硬地层或 C_e 值比较大的地层采用最大钻头水功率工作方式。C_e 越大，表明破碎地层所需水功率越大，但选择水功率时应考虑钻井泵功率与钻井成本的限制。

3. 排量与泵压的优选及水力参数的计算

排量可行区间及水力参数工作方式确定之后，可根据钻井泵的特性，选择缸套尺寸，确定相应的额定泵压 p_r 和额定排量 Q_r；根据水力工作方式，计算临界井深，优选泵压与排量，确定喷嘴尺寸，完成水力参数设计与计算。

1）最优工作方式情况下排量与泵压的优选

（1）最大钻头水功率工作方式下排量与泵压的优选。

用式(8-4-53)和式(8-4-55)计算临界井深 H_{c1}。

若 $H \leqslant H_{c1}$，则最优排量 Q 与最优泵压 p_s 分别取额定排量 Q_r 和额定泵压 p_r，即 $Q=Q_r$，$p_s=p_r$。

若 $H_{c1}<H \leqslant H_{c2}$，则最优泵压取额定泵压 p_r，即 $p_s=p_r$，最优排量按以下公式计算。

① 宾汉流体：

$$Q=\left(\frac{0.357p_r}{k_1}\right)^{\frac{1}{1.8}} \quad (8\text{-}4\text{-}61)$$

② 幂律流体：

$$Q=\left[\frac{\dfrac{7p_r}{21+(n-2)(1.4-\lg n)}}{k_1}\right]^{7/[14+(n-2)(1.4-\lg n)]} \quad (8\text{-}4\text{-}62)$$

若 $H>H_{c2}$，则最优泵压取额定泵压 p_r，即 $p_s=p_r$，最优排量取 Q_{min}。

（2）最大射流冲击力工作方式下排量与泵压的优选。

用公式(8-4-57)～(8-4-60)计算临界井深 H_{c1} 和 H_{c2}。

若 $H \leqslant H_{c1}$，则最优泵压取 p_s，最优排量 Q 按以下公式计算。

① 宾汉流体：

$$Q=\left(\frac{0.263p_s}{k_1}\right)^{\frac{1}{1.8}} \quad (8\text{-}4\text{-}63)$$

② 幂律流体：

$$Q=\left[\frac{\dfrac{14p_s}{28+(n-2)(1.4-\lg n)}}{k_s+k_pL_p+k_cL_c}\right]^{7/[14+(n-2)(1.4-\lg n)]} \tag{8-4-64}$$

或最优排量 Q 与最优泵压 p_s 分别取额定排量 Q_r 与额定泵压 p_r，即 $Q=Q_r$，$p_s=p_r$。

若 $H_{c1}<H\leqslant H_{c2}$，则最优泵压 p_s 取额定泵压 p_r，即 $p_s=p_r$，最优排量 Q 取额定排量 Q_r，即 $Q=Q_r$。

若 $H>H_{c2}$，则最优泵压 p_s 取额定泵压 p_r，即 $p_s=p_r$，最优排量 Q 按以下公式计算。

① 宾汉流体：

$$Q=\left(\frac{0.526p_r}{k_1}\right)^{\frac{1}{1.8}} \tag{8-4-65}$$

② 幂律流体：

$$Q=\left[\frac{\dfrac{28p_r}{28+(n-2)(1.4-\lg n)}}{k_1}\right]^{7/[14+(n-2)(1.4-\lg n)]} \tag{8-4-66}$$

当计算的 Q 小于 Q_{min} 时，最优排量取 Q_{min}。

最大钻头水功率与最大射流冲击力两种工作方式下的水力参数优选条件见表 8-4-1 和表 8-4-2。

表 8-4-1 最大钻头水功率优选条件

井深范围 /m	$H\leqslant H_{c1}$	$H_{c1}<H\leqslant H_{c2}$	$H>H_{c2}$
排量选择范围 /(L·s^{-1})	$Q\geqslant Q_r$	$Q<Q_r$	$Q=Q_{min}$
优选排量 /(L·s^{-1})	$Q=Q_r$	$Q=\left(\frac{0.357p_r}{k_1}\right)^{\frac{1}{1.8}}$	Q_{min}
优选泵工作压力 /MPa	p_r	p_r	p_r
循环压耗 /MPa	$p_l\leqslant 0.357p_r$	$p_l=0.357p_r$	$p_l=k_lQ_{min}^{1.8}$
钻头压降 /MPa	$p_b\geqslant 0.643p_r$	$p_b=0.643p_r$	$p_b=\frac{554.4}{A_j^2}\rho_mQ_{min}^2$
最大钻头水功率 /kW	$N_b\geqslant 0.643N_s$	$N_b=0.643N_s$	$N_b=\frac{554.4}{A_j^2}\rho_mQ_{min}^3$

表 8-4-2 最大射流冲击力优选条件

井深范围 /m	$H\leqslant H_{c1}$	$H_{c1}<H\leqslant H_{c2}$	$H>H_{c2}$
排量选择范围 /(L·s^{-1})	$Q\geqslant Q_r$	$Q=Q_r$	$Q_{min}\leqslant Q<Q_r$
优选排量 /(L·s^{-1})	$Q=\left(\frac{0.263p_s}{k_1}\right)^{\frac{1}{1.8}}$	$Q=Q_r$	$Q=\left(\frac{0.526p_r}{k_1}\right)^{\frac{1}{1.8}}$
优选循环压耗 /MPa	$p_l=0.263p_s$	$0.263p_r<p_l<0.526p_r$	$p_l=0.526p_r$
优选钻头压降 /MPa	$p_b=0.737p_s$	$0.737p_r>p_b>0.474p_r$	$p_b=0.474p_r$
最大冲击力 /kN	$F_j=1.43Q\sqrt{\rho_m\cdot p_b}$	$F_j=1.43Q_r\sqrt{\rho_m\cdot p_b}$	$F_j=1.43Q\sqrt{\rho_m\cdot p_b}$

2）泵压、喷嘴组合尺寸范围的确定

（1）根据排量可行区间确定钻井泵使用的缸套，根据钻井泵的工况和泵压额定值确定使用泵压 p_s，一般情况下 $p_s=p_r$。

（2）喷嘴尺寸范围的确定。

根据 p_s，Q_{min}，Q_{max} 与井身结构、钻柱尺寸与钻井液流变参数利用式（8-3-27）～（8-3-33）、式（8-4-15）～（8-4-31）分别计算最小循环压耗 p_{lmin}、最大循环压耗 p_{lmax}，进而利用式（8-4-5）、式（8-4-6）和式（8-4-2）计算出最大钻头压耗 p_{bmax}、最小钻头压耗 p_{bmin}、最大喷嘴 A_{jmax}、最小喷嘴 A_{jmin} 与当量喷嘴直径范围 d_e，即 $d_{emin} \leqslant d_e \leqslant d_{emax}$。

（3）喷嘴组合与当量喷嘴尺寸的确定。

喷嘴组合一般有三等径喷嘴、三不等径喷嘴、二等径喷嘴、二不等径喷嘴、单喷嘴。一般推荐使用二不等径喷嘴或三不等径喷嘴。根据钻进的地层、井下工况和井队各种尺寸喷嘴的数量确定喷嘴组合及尺寸，即具体的 d_1，d_2 和 d_3，计算当量喷嘴直径 d_e，确保 d_e 在所选范围之内。

（4）优选确定排量。

根据泵压 p_s、喷嘴当量直径 d_e、水力参数工作方式、钻井液性能、井眼尺寸与钻具组合等参数，由水功率传递有关公式计算出优选排量 Q。

3）水力参数的计算

最优泵压 p_s、最优排量 Q 确定后，由公式（8-4-26）很容易求出循环压耗 p_l，进而求出钻头压降 p_b。

$$p_b = p_s - p_l$$

由式（8-4-2）可求出喷嘴总面积 A_j，由 A_j 可确定喷嘴直径 d_e。

由式（8-3-18），式（8-4-37）～（8-4-39），式（8-3-20）～（8-3-22），式（8-4-1），式（8-4-3），式（8-4-7）和式（8-4-8）分别计算出环空返速 v_a、临界环空返速 v_c、临界井径 D_{cr}、射流喷射速度 v_j、射流冲击力 F_j、钻头水功率 N_b、钻头比水功率 E_h 等水力参数。

四、水力参数优选步骤及实例

1. 计算步骤

钻井水力参数设计的目的是设计排量和喷嘴尺寸，使泵功率能够充分、合理地利用。其优化流程见图 8-4-5。计算步骤为：

（1）根据地层情况和预计钻头进尺把全井分成若干井段，即确定设计井深。

（2）根据井深、地层情况和钻井基础数据确定 K_j，K_k，K_m 与水力工作方式。

（3）确定钻井液流变模式，确定流变性能，计算排量可行区间。

（4）计算排量可行区间与钻井泵型，确定缸套尺寸及对应的额定泵压 p_r、额定排量 Q_r。

（5）计算临界井深 H_c，根据设计井深、水力工作方式优选排量与泵压。

（6）设计喷嘴尺寸，计算其他水力参数。

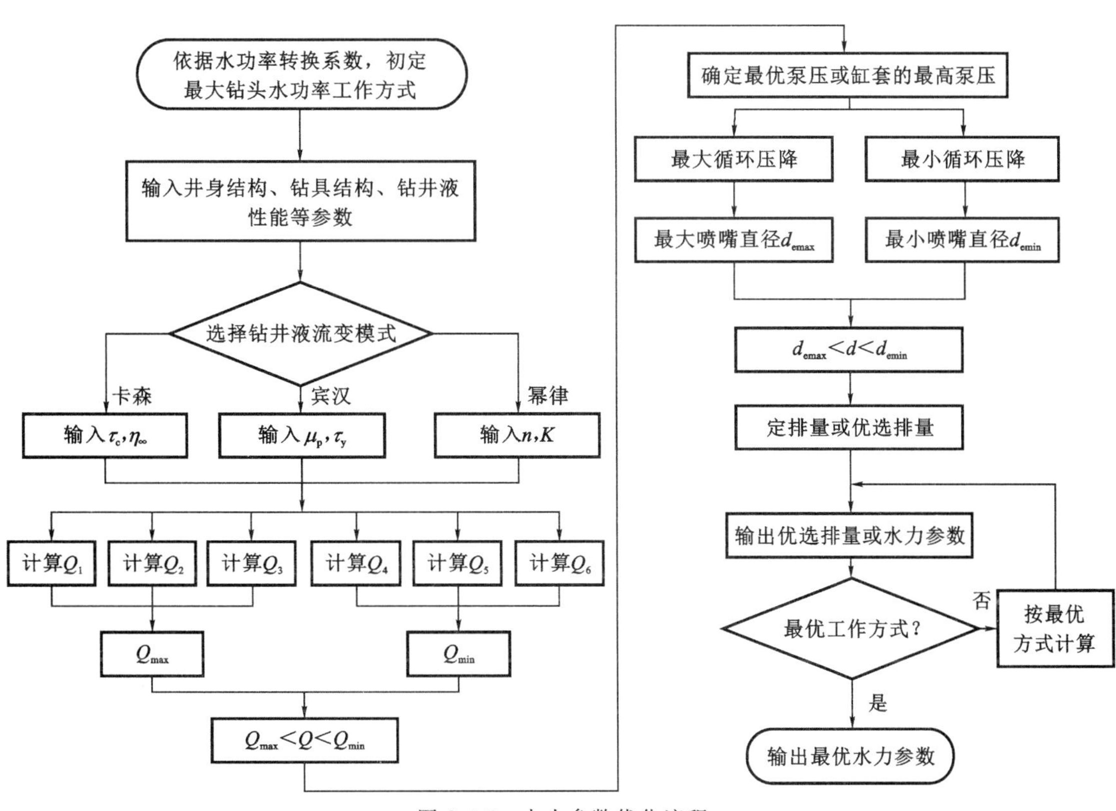

图 8-4-5　水力参数优化流程

2. 钻井水力参数设计算实例

1）已知数据

已知数据见表 8-4-3。

表 8-4-3　已知数据

钻头直径	$D_b=216$ mm
设计井段	2 800～3 300 m
Φ244.5 mm 套管下深	2 805 m
Φ244.5 mm 套管平均内径	$D_{cp}=217$ mm
钻杆外径	$D_p=127$ mm
钻杆内径	$D_{pi}=108.6$ mm
钻铤外径	$D_c=177.8$ mm
钻铤内径	$D_{ci}=71.4$ mm
钻铤长度	$L_c=108$ m
岩屑直径	$d_s=5$ mm
岩屑密度	$\rho_s=2.5$ g/cm^3

续表 8-4-3

钻井液密度	$\rho_m = 1.20 \sim 1.25\ g/cm^3$
旋转黏度计读数 θ_{600}	40.00～45.01
旋转黏度计读数 θ_{300}	25.01～28.12
旋转黏度计读数 θ_{200}	20.00～22.51
旋转黏度计读数 θ_{100}	15.01～16.87

2）选泵型、定流量及钻头进尺

泵型、流量及钻头进尺分段数据见表 8-4-4。

表 8-4-4 泵型、定流量及钻头进尺分段数据

钻井泵额定功率	$N_r = 956$ kW
缸套尺寸	170 mm
额定泵压	$p_r = 20.6$ MPa
泵排量范围	28.0～33.1 L/s
第一只钻头钻进井段	2 810～3 100 m
第二只钻头钻进井段	3 100～3 300 m
最优工作方式	最大钻头水功率
额定排量	$Q_r = 33.1$ L/s

3）第一只钻头水力参数设计

（1）确定流型，计算钻井液流变参数。

① 确定流型。

取钻井液密度和旋转黏度计读数范围的较低值。对四种剪切速率下的切应力进行一元回归：宾汉模式相关系数为 1.000，幂律模式相关系数为 0.992，因此选用宾汉流体模式。

② 计算钻井液流变参数。

钻井液流变参数计算结果见表 8-4-5。

表 8-4-5 钻井液流变参数计算结果

参　数	所用公式	结　果
μ_p	(8-3-11)	14.99 mPa·s
τ_y	(8-3-11)	4.8 Pa

③ 计算临界井深，确定最优排量。

临界井深与最优排量计算结果见表 8-4-6。

由于 $H < H_{c1}$，故 $Q = Q_r$，因而排量取 33.1 L/s 钻进。

④ 计算环空净化系数。

环空净化系数计算结果见表 8-4-7。

表 8-4-6 临界井深计算结果

参 数	所用公式	结 果
k_s	(8-4-16)	7.49×10^{-4}
k_{pi}	(8-4-21)	2.564×10^{-6}
k_{ci}	(8-4-21)	1.919×10^{-5}
k_{pa}	(8-3-29)	5.65×10^{-7}
k_{ca}	(8-3-29)	5.34×10^{-6}
k_p	(8-4-30)	3.13×10^{-6}
k_c	(8-4-31)	2.453×10^{-5}
H_{cl}	(8-4-53)	3 341 m

表 8-4-7 环空净化系数计算结果

参 数	所用公式	结 果
v_a	(8-3-18)	1.36 m/s
v_s	(8-3-23)	0.093 m/s
K_k	(8-3-17)	0.932

$K_k>0.5$，排量可满足净化要求。

⑤ 设计喷嘴。

由式(8-4-2)求得喷嘴总面积为 230.86 mm²。根据组合喷嘴一大两小、小大喷嘴直径比小于 0.60 的原则，装两个直径为 7 mm 喷嘴，一个直径为 14 mm 喷嘴，其面积为 230.91 mm²。也可装两个不等径或等径喷嘴，例如一个直径为 10 mm 喷嘴，一个直径为 14 mm 喷嘴，其面积为 232.48 mm²。

⑥ 其他水力参数。

井深 3 100 m 处的其他参数计算结果见表 8-4-8。

表 8-4-8 其他参数计算结果

参 数	所用公式	结 果
p_l	(8-4-26)	6.94 MPa
p_b	(8-4-5),(8-4-6)	13.67 MPa
p_s	(8-4-12)	20.61 MPa
v_j	(8-4-1)	143.37 m/s
F_j	(8-4-3)	5 694 N
N_b	(8-4-7)	452.68 kW
N_s	(8-4-10)	682.53 kW
E_h	(8-4-8)	12.35 W/mm²
η	(8-4-11)	0.66

泵实际功率应为泵额定功率的 75%以下，并持久工作。$N_s/N_r=0.71$ 在泵要求的范围内。

4) 第二只钻头水力参数设计

(1) 确定流型和计算钻井液流变参数。

取钻井液密度和旋转黏度计读数的较高值，对四种剪切速率下的切应力进行一元回归，选用宾汉流体模式。

计算钻井液流变参数见表 8-4-9。

表 8-4-9　钻井液流变参数计算结果

参　数	所用公式	结　果
μ_p	(8-3-11)	16.89 mPa·s
τ_y	(8-3-11)	5.38 Pa

(2) 计算临界井深，确定最优流量。

临界井深和最优流量的计算见表 8-4-10。

表 8-4-10　临界井深及最优流量计算结果

参　数	所用公式	结　果
H_{cl}	同表 8-4-6 中所用公式	3 223 m
Q	(8-4-47)	32.77 L/s

$H > H_{cl}$ 时按最优流量钻进。

(3) 计算环空岩屑净化系数。

环空岩屑净化系数计算结果见表 8-4-11。

表 8-4-11　环空岩屑净化系数计算结果

参　数	所用公式	结　果
v_a	同表 8-4-7 中所用公式	1.348 m/s
v_s	同表 8-4-7 中所用公式	0.084 m/s
K_k	同表 8-4-7 中所用公式	0.937

$K_k>0.5$，排量可满足净化要求。

由公式(8-4-2)求得喷嘴面积为 233.28 mm^2。装两个直径为 7 mm 的喷嘴和一个直径为 14.25 mm 的喷嘴，其面积为 236.45 mm^2，或装双喷嘴，例如装直径 8.73 mm 和直径 15 mm 的双喷嘴，其面积为 236.57 mm^2。

本只钻头在井深 3 223 m 前，排量取额定排量 33.1 L/s；井深 3 223 m 后，在额定泵压 p_r 条件下，逐渐减小排量，直至井深 3 300 m，排量为 32.77 L/s。

(4) 其他参数。

计算井深 3 300 m 处的其他参数，见表 8-4-12。

表 8-4-12　其他参数计算结果

参　数	所用公式	结　果	参　数	所用公式	结　果
p_l	同表 8-4-8 中所用公式	7.36 MPa	N_b	同表 8-4-8 中所用公式	419.02 kW
p_b	同表 8-4-8 中所用公式	12.78 MPa	N_s	同表 8-4-8 中所用公式	660.16 kW
p_s	同表 8-4-8 中所用公式	20.14 MPa	E_h	同表 8-4-8 中所用公式	11.43 W/mm²
v_j	同表 8-4-8 中所用公式	138.62 m/s	η	同表 8-4-8 中所用公式	0.635
F_j	同表 8-4-8 中所用公式	5 451 N			

第五节　钻井机械参数优选

钻井过程中的机械参数主要包括钻压和转速。机械参数优选的目的是寻求一定的钻压、转速参数配合，使钻井过程达到最佳的技术经济效果，也就是钻井直接成本最低。

一、机械参数优选的约束条件

(1) 最大钻压、最高转速不超过钻头厂家推荐值(W_{max}和 N_{max})。

(2) 钻压 W 与转速 N 的乘积应小于钻头厂家推荐的钻压与转速乘积的允许值，即 $WN \leqslant W_{max}N_{max}$。

(3) 钻头轴承最终磨损量 $B_f \leqslant 1$，牙齿最终磨损量 $H_f \leqslant 1$。

(4) 在易斜地层钻进时钻压、转速组合所产生的全角变化率应达到井身质量项目规定的井身质量指标(见表 8-5-1)。

表 8-5-1　垂直探井全井变化率控制指标

井深/m	井段/m						
	≤1 000	≤2 000	≤3 000	≤4 000	≤5 000	≤6 000	>6 000
≤1 000	≤2.00°						
≤2 000	≤1.75°	≤2.25°					
≤3 000	≤1.50°	≤2.00°	≤2.50°				
≤4 000	≤1.50°	≤1.75°	≤2.25°	≤2.75°			
≤5 000	≤1.25°	≤1.75°	≤2.00°	≤2.50°	≤3.00°		
≤6 000	≤1.25°	≤1.50°	≤2.00°	≤2.25°	≤2.50°	≤3.25°	
>6 000	≤1.25°	≤1.50°	≤1.75°	≤2.25°	≤2.75°	≤3.25°	≤3.50°

二、现场优选机械参数的方法

1. 释放钻压法

释放钻压法是现场常用的优选钻压和转速的方法。在所钻地层性质、机械钻速、转盘扭矩、钻井液性能、水力参数等发生较大变化时，可通过释放钻压法钻速试验重新确定最优的钻压、转速组合。

释放钻压法假定钻柱是一个弹性体，它的长度随受到的张力不同而变化，实质是建立机械钻速与钻压、转速的函数，通过调整 W 和 N，使机械钻速达到最优值。释放钻压法钻速试验方法步骤如下：

(1) 保持泵压不变，即保持井底比水功率恒定。

(2) 置转盘转速在一特定值。

(3) 加大钻压于特定值，刹住绞车，记录钻压每下降一定值(如 10 或 20 kN)所用的时间，直到钻压下降到初始值的一半左右。

(4) 改变转速，重复步骤(3)。

(5) 改变泵压，重复步骤(2)～步骤(4)。

释放钻压法试验方案见表 8-5-2。

图 8-5-1 为释放钻压法在不同的钻压和转速组合条件下钻压每下降 ΔW 所对应的时间值。求得最优钻压与转速的方法就是在钻压、转速与时间的关系图上(或表 8-5-2 中)寻求最小时间段对应的钻压与转速组合，即最优钻压与转速组合。从图 8-5-1 中可以得出，最优钻压为 240～270 kN，最优转速为 70 r/min。

表 8-5-2　释放钻压法试验方案

序　号	转速 /(r·min⁻¹)	泵压 /MPa	钻压/kN \ 时间/s					
1	N_1	p_1	W_{10}	W_{11}	…	…	…	W_{1n}
			T_{10}	T_{11}	…	…	…	T_{1n}
2	N_2	p_1	W_{20}	W_{21}	…	…	…	W_{2n}
			T_{20}	T_{21}	…	…	…	T_{2n}
3	N_3	p_2	W_{30}	W_{31}	…	…	…	W_{3n}
			T_{30}	T_{31}	…	…	…	T_{3n}
4	N_4	p_2	W_{40}	W_{41}	…	…	…	W_{4n}
			T_{40}	T_{41}	…	…	…	T_{4n}

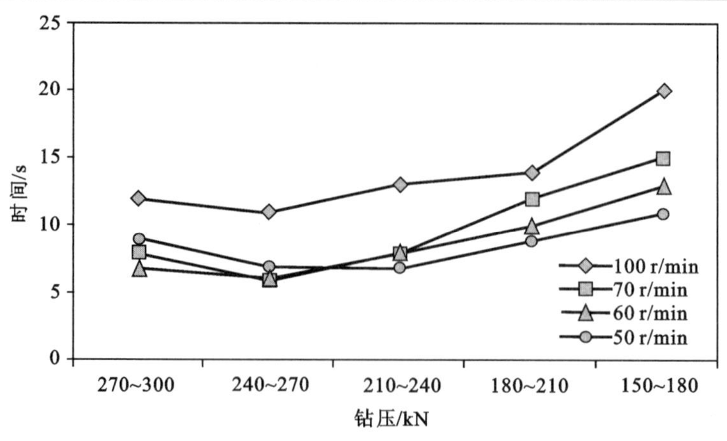

图 8-5-1　释放钻压法曲线

释放钻压法的优越性在于可操作性强，便于现场应用。但在操作过程中由于试验井段岩性的变化往往导致试验失败，另外释放钻压法仅能给出取值范围，无法预测最优钻压转速组合条件下的钻头机械钻速。

2. 厂家推荐法

钻头出厂时，厂家推荐了钻头可使用的最大钻压 W_{max} 和最高转速 N_{max}。在现场选择使用时，可根据地层和现场使用参数，优选钻压、转速。该方法步骤为：

(1) 根据地层特性估算钻压 W 值。按地层由软到硬，单位钻头直径钻压 0.7～1.31 kN/mm 计算 W 值。

(2) 按下式计算转速 N：

$$N=\frac{W_{max}N_{max}}{W} \tag{8-5-1}$$

式中 N——求取的转速，r/min；

N_{max}——钻头厂家推荐的最高转速，r/min；

W_{max}——钻头厂家推荐的最大钻压，kN；

W——估算的钻压，kN。

(3) 若 W 与 N 的乘积不符合 $WN \leqslant W_{max}N_{max}$ 的约束条件，则重复步骤(1) 和(2)，直到符合为止。

(4) 选定 W 和 N 为最优的钻压 W_{opt}、转速 N_{opt} 组合，并实施之。

三、优选机械参数的钻速方程方法

机械参数优选的目的是提高钻井速度，使钻井成本达到最低。根据经典的最优化理论，机械参数优选就是要寻求目标函数——钻井直接成本——最小时的最优机械参数配合。

1. 钻井目标函数——成本方程

衡量钻井整体经济效果的目标函数有多种形式，最常用的是单位进尺成本方程，其表达式为：

$$C=\frac{C_b+C_r(t+t_r)}{F} \tag{8-5-2}$$

式中 C——钻井直接成本，元/m；

C_b——钻头成本，元/只；

C_r——钻机作业费，元/h；

t——纯钻进时间，h；

t_r——起下钻时间，h；

F——钻头进尺，m。

式(8-5-2)中的钻头进尺和钻头工作时间与钻井过程中所采用的各钻井参数有关。建立各钻井参数与钻头进尺和钻头工作时间的关系，即可得到以每米钻井成本所表达的钻井目标函数。

由修正的杨格钻速方程式(8-1-10)和钻头牙齿磨损速度方程式(8-1-11)可得：

$$dF = \frac{K_f e^{-\beta\Delta p}(W - M_0 + C_e E_h)N^{\lambda}(Z_2 - Z_1 W)}{A_f(PN + Q_a N^3)} \cdot \frac{1 + C_1 h}{1 + C_2 h} dh \tag{8-5-3}$$

在钻压、转速恒定的条件下，对式(8-5-3)进行积分，并以 H_f 表示牙齿的最终磨损量，可得：

$$F = \frac{K_f e^{-\beta\Delta p}(W - M_0 + C_e E_h)N^{\lambda}(Z_2 - Z_1 W)}{A_f(PN + Q_a N^3)} \int_0^{H_f} \frac{1 + C_1 h}{1 + C_2 h} dh \tag{8-5-4}$$

$$F = \frac{K_f e^{-\beta\Delta p}(W - M_0 + C_e E_h)N^{\lambda}(Z_2 - Z_1 W)}{A_f(PN + Q_a N^3)} \left[\frac{C_1}{C_2} H_f + \frac{C_2 - C_1}{C_2^2} \ln(1 + C_2 H_f)\right] \tag{8-5-5}$$

在式(8-5-5)中，令：

$$J = K_f e^{-\beta\Delta p}(W - M_0 + C_e E_h) N^{\lambda} \tag{8-5-6}$$

$$S = \frac{A_f(PN + Q_a N^3)}{Z_2 - Z_1 W} \tag{8-5-7}$$

$$E = \frac{C_1}{C_2} H_f + \frac{C_2 - C_1}{C_2^2} \ln(1 + C_2 H_f) \tag{8-5-8}$$

则钻头进尺表达式(8-5-5)可写成：

$$F = \frac{J}{S} E \tag{8-5-9}$$

在上列各式中，J 的物理意义是钻头的初始钻速，即新钻头牙齿磨损量 $h=0$ 时的初始钻速；S 的物理意义是钻头牙齿在 $h=0$ 时的牙齿磨损速度；J/S 的含义为不考虑牙齿磨损影响的钻头理论进尺；E 的物理意义是考虑牙齿磨损对钻速影响后的进尺系数，它是牙齿最终磨损量 H_f 的函数。

将式(8-1-11)对牙齿磨损量 h 积分，可得到牙齿最终磨损量 H_f 的钻头工作时间，即

$$\int dt = \frac{Z_2 - Z_1 W}{A_f(PN + Q_a N^3)} \int_0^{H_f} (1 + C_1 h) dh \tag{8-5-10}$$

$$t = \frac{Z_2 - Z_1 W}{A_f(PN + Q_a N^3)} \left(H_f + \frac{C_1}{2} H_f^2\right) \tag{8-5-11}$$

令：

$$G = H_f + \frac{C_1}{2} H_f^2 \tag{8-5-12}$$

得：

$$t = \frac{G}{S} \tag{8-5-13}$$

分析式(8-5-12)可以看出，G 与进尺系数 E 相似，它的物理意义是考虑牙齿磨损和磨损速度后的钻头寿命。

将进尺表达式(8-5-9)和钻头工作时间表达式(8-5-13)代入成本方程(8-5-2)，则可求得包含各钻进参数的目标函数表达式。

$$C = \frac{C_r}{JE}(t_e S + G) \tag{8-5-14}$$

其中：

$$t_e = \frac{C_b}{C_r} + t_r$$

式中，t_e 为钻头与起下钻成本的折算时间，当钻头成本和钻机作业费一定时，它仅与起下钻时间有关，而与各钻进参数无关。若把 J,E,S 和 F 的各项参数代入式(8-5-2)，则可获得含有四个变量($W,N,h,C_p=e^{-\beta\Delta p}$)的目标函数，即

$$C=\frac{C_r\left[\dfrac{t_eA_f(PN+Q_aN^3)}{Z_2-Z_1W}+H_f+\dfrac{C_1}{2}H_f\right]}{K_f^2e^{-\beta\Delta p}(W-M_0+C_eE_h)N^{\lambda}\left[\dfrac{C_1}{C_2}H_f+\dfrac{C_2-C_1}{C_2^2}\ln(1+C_2H_f)\right]} \tag{8-5-15}$$

2. 成本方程的极值条件和约束条件

在成本方程目标函数(式 8-5-15)中包含四个变量，即 W,N,H_f,C_p。为使钻进成本最低，首先应使 C_p 的值尽可能的大，但其最大值只能达到 1。故在钻井实践中，在保证安全的前提下应尽量保持低的压差，以使 C_p 接近 1。这样目标函数的极小值条件就变为：

$$\frac{\partial C}{\partial W}=0,\quad \frac{\partial C}{\partial N}=0,\quad \frac{\partial C}{\partial H_f}=0 \tag{8-5-16}$$

上式中三个变量 W,N 和 H_f 在实际工况限制下所确定的取值范围，即目标函数的约束条件为：

(1) 牙齿最终磨损量 H_f：

$$0\leqslant H_f\leqslant 1 \tag{8-5-17}$$

(2) 钻压 W：

$M>0$ 时，

$$M<W\leqslant\frac{Z_2}{Z_1} \tag{8-5-18}$$

$M<0$ 时，

$$0<W\leqslant\frac{Z_2}{Z_1} \tag{8-5-19}$$

(3) 转速 N：

$$N>0 \tag{8-5-20}$$

3. 钻头最优磨损量、最优钻压和最优转速的确定

1) 钻头最优磨损量

由 $\dfrac{\partial C}{\partial H_f}=0$ 为可以导出钻头最优磨损量的表达式为：

$$\frac{C_1}{2}H_f^2+\left(\frac{C_1}{C_2}-1\right)H_f-\frac{C_1-C_2}{C_2^2}(1+C_2H_f)\ln(1+C_2H_f)-\frac{A_ft_e(PN+Q_aN^3)}{Z_2-Z_1W}=0 \tag{8-5-21}$$

式(8-5-21)是一个三维非线性方程式，在 W-N-H_f 三维空间中组成一个曲面，称为最优曲面。根据目标函数的约束条件，把每组的 W 和 N 数值代入式(8-5-21)，都可以解出最优磨损量 H_f。

2) 最优钻压

在 W-N-H_f 三维空间中，在约束条件范围内，任取一对转速和磨损量值，都可以求得一个使钻井成本最低的最优钻压。由 $\dfrac{\partial C}{\partial W}=0$ 得出最优钻压为：

$$W = \frac{Z_2}{Z_1} + \frac{R_x}{G} - \sqrt{\frac{R_x}{G}\left(\frac{R_x}{G} + \frac{Z_2}{Z_1} - M\right)} \tag{8-5-22}$$

其中：

$$R_x = \frac{t_e A_f (PN + Q_a N^3)}{Z_1}$$

3）最优转速

在 W-N-H_f 三维空间中，在约束条件范围内，任取一对钻压和磨损量值，都可以求得一个使钻井成本最低的最优转速。由 $\frac{\partial C}{\partial N}=0$ 得出最优转速为：

$$N = \sqrt[3]{\frac{V_x}{2} + \sqrt{\left(\frac{V_x}{2}\right)^2 + \left(\frac{U}{3}\right)^3}} + \sqrt[3]{\frac{V_x}{2} - \sqrt{\left(\frac{V_x}{2}\right) + \left(\frac{U}{3}\right)^3}} \tag{8-5-23}$$

其中：

$$V_x = \frac{G(Z_2 - Z_1 W)\lambda}{t_e A_f Q_a (3-\lambda)}$$

$$U = \frac{(1-\lambda)p}{(3-\lambda)Q_a}$$

在实际钻井机械参数的确定过程中，首先都是根据邻井或同一口井上的钻头与测井资料，求取钻井基础数据，然后根据钻机设备条件、钻井日费、钻头费用、作业水平、水力参数、钻井液参数及钻压、转速的允许范围，由钻井目标函数和最优化理论，优选出钻进成本最低时的最优钻压、转速组合，计算出纯钻进时间、钻头进尺、机械钻速和每米钻井成本。

四、机械参数优选实例

机械参数优选实例见表 8-5-3。

表 8-5-3　机械参数优选实例

输入参数	数　值	输出参数	数　值
钻进起始段/m	700	钻进井段/m	700～961
钻头直径 D_b/mm	215.9	钻压 W/kN	240
钻头型号	H137	转速 N/(r·min^{-1})	109.54
IADC	137	牙齿磨损量 H_f	0.461 3
钻机作业费 C_r/(元·h^{-1})	5 000	轴承磨损量 B_f	1
钻头价格 C_b/元	12 000	初始机械钻速 J/(m·h^{-1})	57.055
牙齿钝化系数 C_2	2.5	初始磨速 S	0.138
门限钻压 M_0/kN	−20	纯钻进时间 t/h	7.95
转速指数 λ	0.7	进尺 F/m	261.128
轴承工作系数 b	500 000	机械钻速 v/(m·h^{-1})	32.842
可钻性系数 K_f	0.035	每米成本 C/(元·m^{-1})	274.769
地层研磨性系数 A_f	0.001 2	总成本 C_1/元	71 750

第六节　钻井参数优选方法步骤

钻井参数优选的步骤总结如下：

(1) 收集邻井和本井地质、物探、钻井、测井、录井等资料。

(2) 求取钻井基础数据。

(3) 结合设计井的地层剖面、地层压力数据，确定井身结构和下部钻具组合。

(4) 根据地层剖面分层数据、分段的岩石可钻性级值，选出合适的钻头类型。

(5) 应用钻井液参数优选方法，优选钻井液密度、黏度、切力和固相含量等常规参数与塑性黏度、卡森黏度、屈服值、流性指数、稠度系数等流变参数。

(6) 应用钻井水力参数优选方法，优选泵压、排量、钻头比水功率、喷嘴组合和泵效等水力参数。

(7) 应用钻井机械参数优选方法，优选钻压、转速等钻井机械参数。

(8) 实施优选的钻井参数，计算预测钻头的纯钻进时间、钻头进尺、机械钻速和每米钻井成本。

钻井参数优选的工作流程见图 8-6-1。

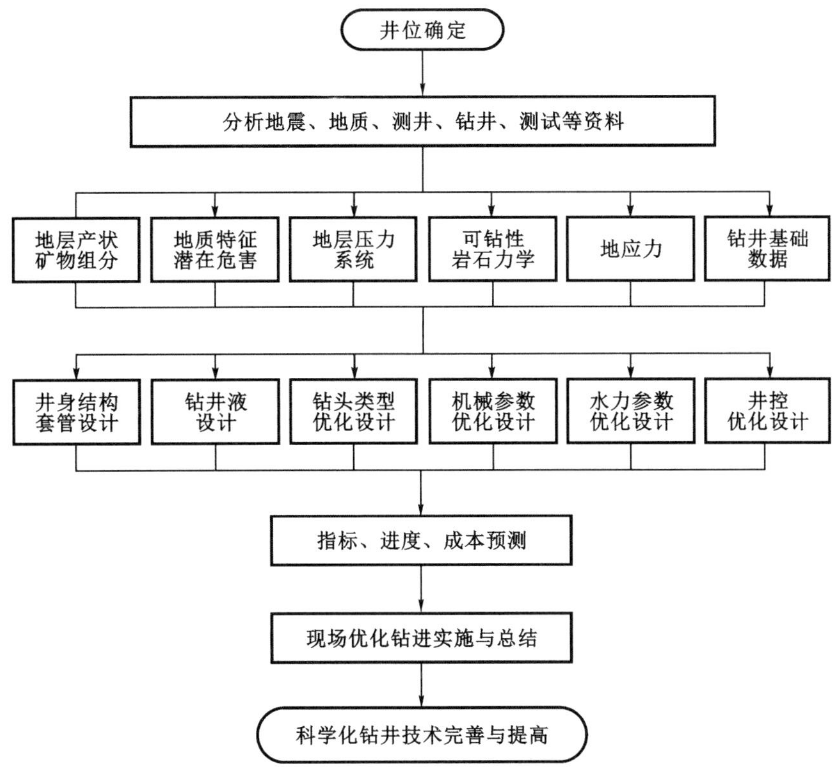

图 8-6-1　钻井参数优选的工作流程

参考文献

[1] 《钻井手册(甲方)》编写组. 钻井手册(甲方)(上、下). 北京:石油工业出版社,1990.

[2] 郭学增. 最优化钻井的理论基础与计算. 北京:石油工业出版社,1988.

[3] 樊洪海. 实用钻井流体力学. 北京:石油工业出版社,2014.

[4] 鄢捷年. 钻井液工艺学. 东营:石油大学出版社,2001.

[5] 鄢捷年,黄林基. 钻井液优化与实用技术. 东营:石油大学出版社,1993.

[6] 刘希圣. 钻井工艺原理. 北京:石油工业出版社,1988.

[7] 陈庭根,管志川. 钻井工程理论与技术. 东营:中国石油大学出版社,2006.

[8] 陈平. 钻井与完井工程. 东营:石油大学出版社,2005.

[9] 夏村. 钻井工程技术规范·标准·条例汇编. 东营:石油大学出版社,1994.

[10] 韩於羹. 应用数理统计. 北京:北京航空航天大学出版社,1993.

[11] 路保平. 石油工程技术新进展. 北京:中国石化出版社,2014.

[12] 张传进,鲍洪志,路保平. 测井资料在钻井工程中应用现状及展望. 天然气工业,2002,22(5):55-57,6.

[13] 路保平. 探区求取钻井基础数据的方法. 石油钻采工艺,1989,11(6):29-34,52.

[14] 路保平,张传进,鲍洪志,等. 用测井资料求取钻井基础数据的方法. 石油钻采工艺,1997,19(1):10-16,19.

[15] 路保平. 钻井液排量可行区间的确定. 钻采工艺,1993,16(4):97-100.

[16] 路保平,蔡雨田. 塔东北地区深探井工艺技术研究. 石油钻探技术,1996,39(5):7-9.

[17] 路保平,张传进,鲍洪志. 利用多测井参数求取岩石可钻性. 石油钻探技术,1998,26(3):4-6.

[18] 楚泽涵,陈丰,刘祝萍,等. 估算地层横波速度的新方法. 测井技术,1995,19(5):313-318.

[19] SY/T 6613—2005 钻井液流变学与水力学计算程序推荐作法.

[20] SY/T 5234—2004 优选参数钻井基本方法及应用.

[21] Masuda Y. Critical cuttings transport velocity in inclined annulus:Experimental studies and numerical simulation. SPE/Petroleum Socity of CIM 65502,2000.

[22] Boyun Guo and Ali Ghalambor. Gas volume requirements for underbalanced drilling. Lafayette:University of Louisiana,2002:9-20.

[23] 胡茂炎,尹文斌,郑秀华,等. 钻井液流变参数计算方法的分析及流变模式的优选. 探矿工程(岩土钻掘工程),2004,31(7):41-45.

[24] 汪海阁,刘希圣. 钻井液流变模式比较与优选. 钻采工艺,1996,19(1):63-67.

[25] 钟兵,付建红,施太和. 预测井下循环压力损失的精确水力模型. 天然气工业,2003,23(1):58-60.

[26] Moore P L. Drilling practice manual. Tulsa:The Petroleum Pubishing Co.,1974.

[27] Lummus J L. Drilling optimization. JPT,1970,22(11):1379-1389.

[28] American Petroleum Institute. Recommended practice on the rheology and hydraulics of oil-well drilling fluids,API RP 13D Third Edition. The American Petroleum Institute,2003.

[29] Young F S. Computerized drilling control. JPT,1969,21(4):483-496.

[30] International Association of Drilling Contractors. IADC Drilling Manual. Houston USA,2000.

[31] Chien S F. Settling velocity of irregularly shaped particles. SPE Drilling & Completion,1994,9(4):281-289.

[32] Chien S F. Annular velocity for rotary drilling operations. International Journal of Rock Mechanics and Mining Sciences & Geomechanics Abstracts,1972,9(3):403-416.

[33] 董法昌. 钻井液水力学理论与应用. 东营:石油大学出版社,2003.

[34] 刘希圣. 环空水力学及携岩理论基础. 华东石油学院,1983.

第九章　井控技术

钻井过程中对井内压力进行控制的工艺技术简称井控，其目的是利用钻井液液柱压力或井控装备控制地层孔隙压力、防止地层流体（油、气、水）进入井眼或造成井喷事故。井控包括一级井控（利用钻井液液柱压力平衡地层压力）、二级井控（利用防喷器组和相关设备控制井内压力）、三级井控（即井内压力失控后进行抢险）。井控的原则是立足一级井控，尽力避免二级井控，杜绝三级井控。本章按照钻井全过程介绍井控内容，包括与井控有关的设计原则和要求、井控工艺和装备、井控操作方法和步骤。

第一节　井控设计

一、井场及周围环境安全要求

（1）油气井井口距高压线及其他永久性设施应不小于 75 m，距居民住宅应不小于 100 m，距铁路、高速公路应不小于 200 m，距学校、医院和大型油库等人口密集性、高危性场所应不小于 500 m。

（2）对井场周围一定范围内的居民住宅、学校、厂矿（包括开采地下资源的矿业单位）、国防设施、高压电线和水资源情况以及风向变化等进行勘察和调查，并在地质设计中标注说明。特别需标注清楚诸如煤矿等采掘矿井坑道的分布、走向、长度和离地表深度；在江河、干渠附近钻井时，要标明井位和井眼轨迹走向。

（3）井场道路应能满足标准要求，不应有乡村公路穿越井场，含 H_2S 油气井场应实行封闭管理。油气井井口间距应不小于 3 m；高含 H_2S 油气井井口间距应大于所用钻机钻台长度，且最低不少于 8 m。

二、钻井液设计要求

（1）根据物探资料及邻井钻探情况，提供欲钻井全井段地层孔隙压力和破裂压力剖面、浅气层资料、油气水显示和复杂情况。

（2）根据地质提供的资料设计钻井液密度值，应以各裸眼井段中的最高地层孔隙压力当量钻井液密度值为基准，另加一个安全附加值：

① 油井、水井为 0.05～0.10 g/cm^3，或增加井底压差 1.5～3.5 MPa；

② 气井为 0.07～0.15 g/cm^3，或增加井底压差 3.0～5.0 MPa。

选择钻井液密度安全附加值时，应根据实际情况考虑下列影响因素：地层孔隙压力预测精度；油层、气层、水层的埋藏深度；地层油气中 H_2S 的含量；地应力和地层破裂压力；井控装置配套情况。

三、井身结构设计要点

(1) 根据地层孔隙压力梯度、地层破裂压力梯度、邻井钻探资料、岩性剖面及保护油气层的需要，设计合理的井身结构和套管程序，并满足如下要求：

① 探井、超深井、复杂井的井身结构应充分估计不可预测因素，留有一层备用套管。

② 在地下矿产采掘区钻井，井筒与采掘坑道、矿井通道之间的距离应不小于 100 m，套管下深应封住开采层并超过开采段 100 m。

③ 套管下深要考虑下部钻井最高钻井液密度和溢流关井时的井口安全关井余量。

④ 含硫化氢、二氧化碳等有害气体和高压气井的油层套管，有害气体含量较高的复杂井技术套管，其材质和螺纹应符合相关的技术要求。

(2) 每层套管固井开钻后，要求测试套管鞋下 3～5 m 新钻地层的破裂压力(或承压能力)。

四、井控设备、装置和仪表

(1) 井控装置配套要符合以下要求：

① 防喷器压力等级应与裸眼井段中最高地层压力相匹配，并根据不同的井下情况选用各次开钻防喷器的压力级别和组合形式。

② 节流管汇的压力等级和组合形式应与全井防喷器的最高压力等级相匹配。

③ 压井管汇的压力等级和连接形式应与全井防喷器的最高压力等级相匹配。

④ 节流、压井管汇上应安装高、低压量程表，且高压量程表能抗震，低压量程表处于常关状态；含硫油气井应安装抗硫压力表。

⑤ 绘制各次开钻井口装置及井控管汇安装示意图，并提出相应的安装、试压要求。

(2) 在钻区域探井、高含硫井、预计高产井时，应安装剪切闸板防喷器，其压力等级、通径应与其配套的井口装置的要求相一致。

(3) 钻具内防喷工具、井控监测仪器、仪表、钻具旁通阀及钻井液处理装置和灌注装置，应根据油气田的具体情况配齐，以满足井控技术的要求。

井控装置配套示意图见图 9-1-1。

五、井控重点措施

(1) 钻井工程设计书中应明确钻开油气层前重钻井液和加重材料的储备量，以及油气井压力控制的主要技术措施，制定可能发生井控事故的预案。

(2) 在可能含硫化氢和二氧化碳等地区钻井，应对其层位、埋藏深度及含量进行预测，并在设计中明确应采取的相应安全和技术措施。

(3) 欠平衡钻井应在地层情况等条件具备的井中进行。欠平衡钻井施工设计书中应制定确保作业安全、防止井喷、井喷失控或着火以及防硫化氢等有害气体伤害的安全措施。

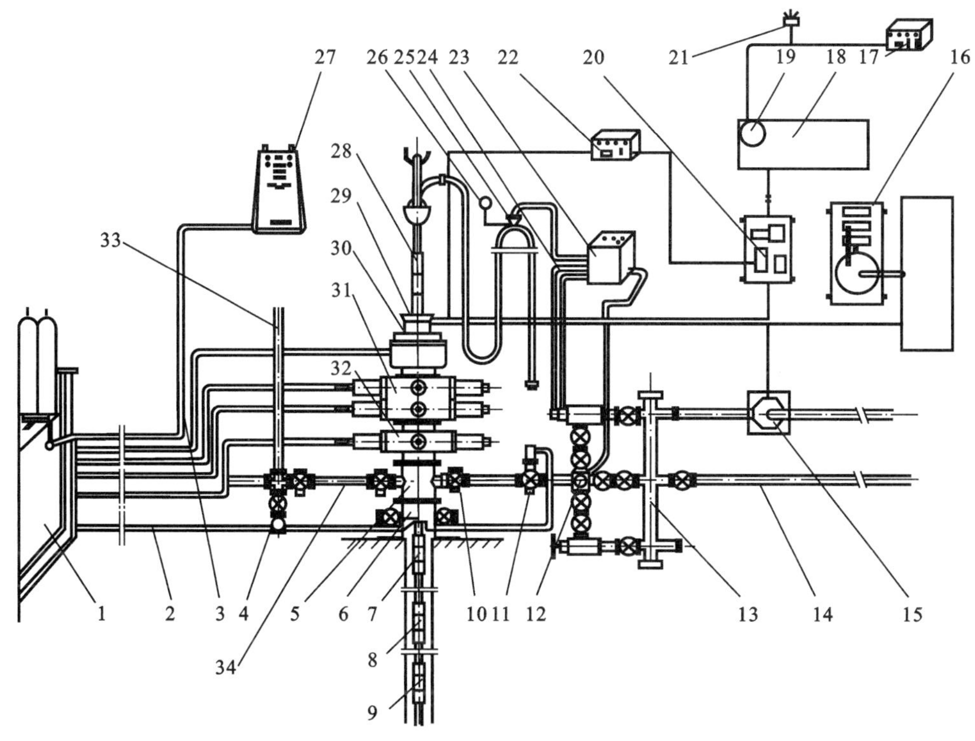

图 9-1-1　井控装置配套示意图

1—液压防喷器控制装置；2—防喷器液压管线；3—防喷器气管束；4—压井管汇；5—钻井四通；6—套管头或底法兰；7—方钻杆下旋塞；8—旁通阀；9—钻具止回阀；10—手动闸阀；11—液动闸阀；12—套管压力表；13—节流管汇；14—放喷管线；15—钻井液液气分离器；16—真空除气器；17—钻井液池液面监测仪；18—钻井液罐；19—钻井液池液面监测传感器；20—自动灌钻井液装置；21—钻井液池液面报警器；22—自动灌钻井液装置报警箱；23—节流管汇控制箱；24—节流管汇控制线；25—压力变送器；26—立管压力表；27—防喷器司钻控制台；28—方钻杆上旋塞；29—防溢管；30—环形防喷器；31—双闸板防喷器；32—单闸板防喷器；33—反循环管；34—防喷管线

(4) 对探井、预探井、资料井，应采用地层压力随钻检(监)测技术绘制本井预测地层压力梯度曲线、设计钻井液密度曲线、d_c 指数随钻监测地层压力梯度曲线和实际钻井液密度曲线，根据监测和实钻结果，及时调整钻井液密度。

(5) 在已开发调整区钻井，要及时查清注水、注气(汽)井分布及注水、注气(汽)情况，提供分层动态压力数据。钻开油气层之前应采取相应的停注、泄压和停抽等措施，直到相应层位套管固井候凝完为止。

第二节　井控工艺

一、井控分级

一级井控，即利用适当的钻井液密度在井眼内产生液柱压力以平衡地层压力；一旦失去平衡，会发生溢流、井涌、井喷事故。二级井控，即利用完善配套的井口装备和工艺技术恢复对井筒压力的控制。要全力避免二级井控失利，防止造成井喷或失控、危及设备和人员生命安全、浪费资源和破坏环境。三级井控,即采取抢险方法恢复对井的控制。

二、溢流的产生和检测

1. 产生溢流的主要因素

(1) 起钻时灌浆不充分。起钻时,如果不能及时正确灌浆,将导致钻井液液面下降,井内液柱压力下降。当下降值足够大时,就会使井底压力小于地层压力而导致溢流。

(2) 起钻抽汲。因起钻速度过快、井眼缩径、钻头泥包、钻井液黏切过高而引起抽汲,导致溢流。

(3) 井漏。严重井漏时,井内钻井液液面下降,使得液柱压力降低,如果不能及时发现并采取有效措施,当液柱压力小于地层压力时即引起溢流。

(4) 钻井液密度过低。因地层压力系数预测不准确,采用的钻井液密度不能平衡地层压力;钻井液稀释(如加水、混油过量、大雨等原因);地层流体尤其是气体入井;加重材料沉降;固井没压稳、候凝时水泥浆失重等。

(5) 地层出现异常高压。

2. 发生溢流的征兆

(1) 钻井液池液面上升。

(2) 钻井液返流速度增加,可从返速计量仪上发现。

(3) 钻井时钻速加快,甚至放空。

(4) 泵压发生变化,通常使钻井泵压力降低。

(5) 钻井液性能发生变化,主要是黏度和密度的改变。油侵时,会使钻井液密度下降,黏度升高;盐水侵时,会使钻井液密度下降,黏度升高,失水增加,氯根含量增加;气侵时,会使钻井液密度下降,黏度升高,可以看到许多气泡。

(6) 起下钻灌浆量异常。正常情况下,起钻时的灌浆量或下钻时的排出量应等于起出或下入钻具的体积。若溢流占据了环形空间,并滑脱上升和膨胀,导致灌浆量小于起出钻具的体积,排出量大于下入钻具的体积。

3. 检测溢流的仪器和装置

1) 钻井液池液面探测仪

钻井液池液面探测仪能及时反映钻井液池液面变化,并能进行报警。

2) 钻井液返速测量仪

钻井液返速测量仪可以发现早期的钻井液流动参数的变化,比钻井液池液面探测仪更早发现钻井液系统的变化。现场常用的返速测量仪有两种类型:流量差式和流速差式。前者测量进出口的流量差,后者反映出口流速的变化。

3) 灌浆装置

起下钻时应使用循环灌浆装置。在起钻过程中,井筒液面下降,需要灌注相应的钻井液以平衡地层压力;在下钻过程中,由于钻具入井使部分钻井液通过溢流管流出,如果流出量超过入井钻具的体积,就要启动灌浆装置进行灌浆。

4. 溢流检查的时机

(1) 起钻前(要求用短起下进行检查)。
(2) 起到套管鞋处。
(3) 起第一柱钻铤之前。
(4) 空井时(不断检查)。
(5) 下钻到套管鞋时。
(6) 下钻到井深的一半。

三、关井方法和步骤

井口设备和管汇主要包括:① 液压防喷器及其控制系统;② 套管头;③ 四通;④ 过渡法兰;⑤ 节流压井管汇及手、液动平板阀和节流阀。其布置见图 9-2-1 和图 9-2-2。其中,套管头连接在套管上,用以支撑上部四通和防喷器组合。过渡法兰用于调整四通的高度,保持防喷管线平直接出。四通是节流循环及放喷的出口。液压防喷器组合用以关闭各种状态下的井口环空。节流压井管汇用于关井、压井及放喷。

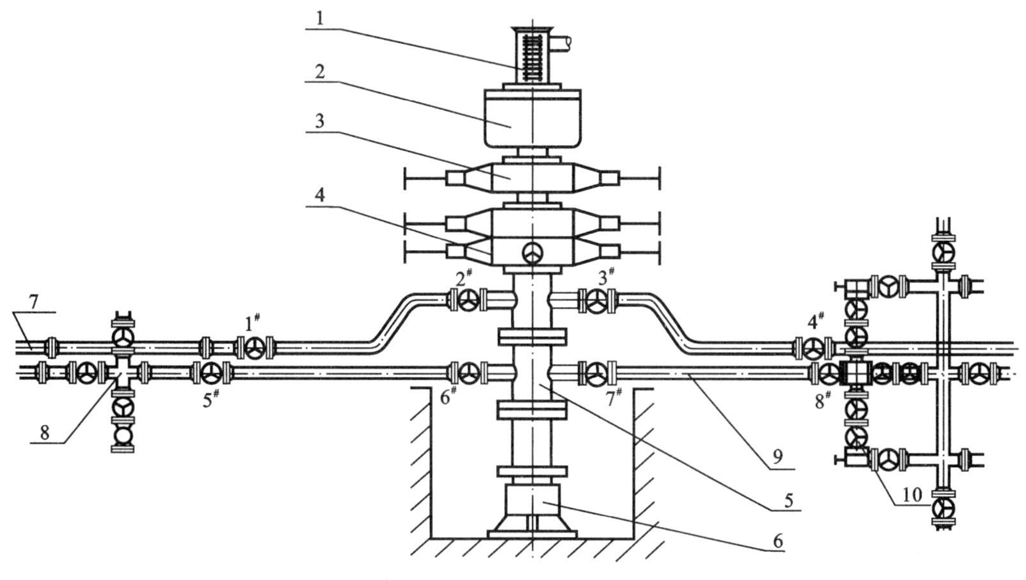

图 9-2-1 双四通井口井控管汇示意图

1—防溢管;2—环形防喷器;3—单闸板防喷器;4—双闸板防喷器;5—四通;
6—套管头;7—放喷管线;8—压井管汇;9—防喷管线;10—节流管汇;1# ~8# —闸门编号

1. 软关井和硬关井

软关井是在节流阀处于半开状态时,先打开液动平板阀,在有钻井液出口的前提下关闭防喷器,最后关节流阀关井;硬关井是不打开液动平板阀,直接关闭防喷器。软关井的主要优

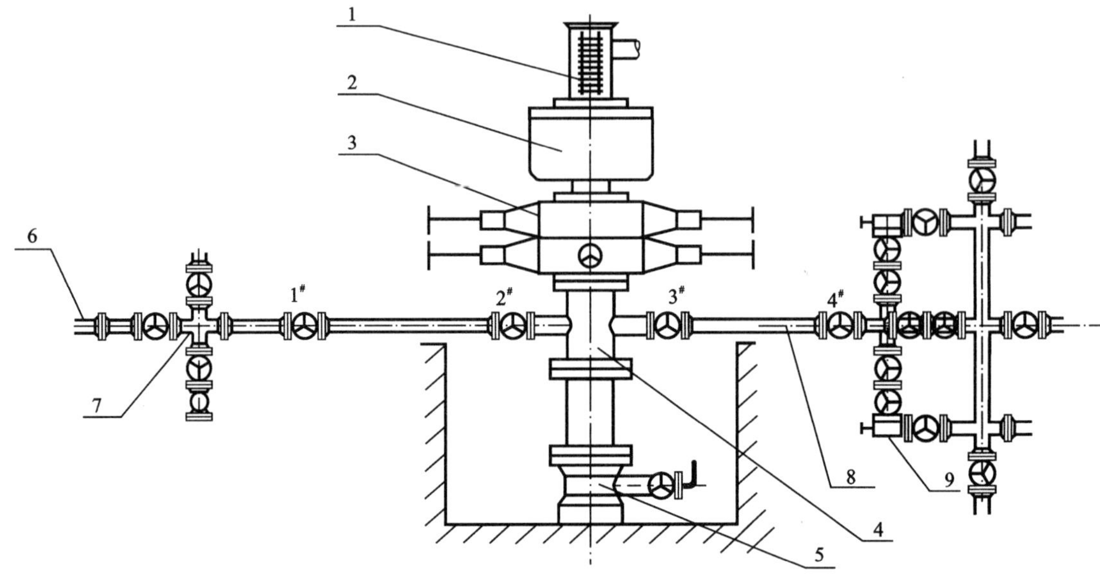

图 9-2-2 单四通井口井控管汇示意图

1—防溢管;2—环形防喷器;3—双闸板防喷器;4—四通;5—套管头;
6—放喷管线;7—压井管汇;8—防喷管线;9—节流管汇;1#～4#—闸门编号

点在于关井时可以减少钻井液对井口的水击作用,且关井时可以观察套压变化,防止关井套压过高而压漏地层,但其关井时间长,导致溢流量大,后续压井过程中套压及套管鞋处压力偏高;硬关井的优点是能够迅速关井,及时控制地层流体的侵入量。

2. 关井原则

(1) 发现溢流应立即关井,疑似溢流应关井检查或循环观察;关井后及时、准确求得关井立管压力、关井套管压力和溢流量。

(2) 最大允许关井套压。

关井时为确保地面设备、套管和地层三方面的安全,必须控制关井套压不超过井口装置额定工作压力、套管抗内压强度的80%和地层破裂压力三者中的最小值,此值称为最大允许关井套压。

3. 关井步骤(以软关井为例)

1) 钻进中发生溢流时

(1) 发出信号。

(2) 停转盘,上提方钻杆,停泵。

(3) 开启液(手)动平板阀。

(4) 关防喷器(先关环形防喷器,后关半封闸板防喷器)。

(5) 先关节流阀(试关井),再关节流阀前的平板阀。

(6) 认真观察,准确记录立管和套管压力以及循环池钻井液增减量,并迅速向井队长及油公司监督汇报。

2）起下钻杆中发生溢流时

（1）发出信号。

（2）停止起下钻作业，尽快将钻具坐于井口。

（3）抢接内防喷工具。

（4）开液（手）动平板阀。

（5）关防喷器（先关环形防喷器，后关半封闸板防喷器）。

（6）先关节流阀（试关井），再关节流阀前的平板阀。

（7）确认关井，认真观察，准确记录立管和套管压力变化、关井时间以及循环池钻井液增减量，并迅速向井队长及油公司监督汇报。

3）起下钻铤中发生溢流时

（1）发出信号。

（2）停止起下钻铤作业。如果只剩一柱钻铤，则抢时间起完，然后按空井处理。

（3）抢接钻具止回阀（或旋塞阀或防喷单根）及钻杆。

（4）开启液（手）动平板阀。

（5）关防喷器（先关环形防喷器，后关半封闸板防喷器）。

（6）先关节流阀（试关井），再关节流阀前的平板阀。

（7）确认关井，认真观察，准确记录立管和套管压力变化、关井时间以及循环池钻井液增减量，并迅速向井队长及油公司监督汇报。

4）空井发生溢流时

（1）发出信号。

（2）开启液（手）动平板阀。

（3）先关环形防喷器，后关剪切/全封闸板防喷器。

（4）先关节流阀（试关井），再关节流阀前的平板阀。

（5）确认关井，认真观察，准确记录套管压力变化、关井时间以及循环池钻井液增减量，并迅速向井队长及油公司监督汇报。

注：空井发生溢流时，若井内情况允许，可在发出信号后抢下几柱钻杆，然后根据关井程序2）进行。

4. 顶驱钻机关井操作程序

1）钻进中发生溢流时

（1）发出信号。

（2）上提钻具，停顶驱，停泵。

（3）开启液（手）动平板阀。

（4）关防喷器（先关环形防喷器，后关半封闸板防喷器）。

（5）先关节流阀（试关井），再关节流阀前的平板阀。

（6）认真观察，准确记录立管和套管压力以及循环池钻井液增减量，并迅速向井队长或钻井技术人员及油公司监督汇报。

2）起下钻杆中发生溢流时

（1）发出信号。

(2) 停止起下钻作业。

(3) 抢接钻具止回阀或旋塞阀。

(4) 开启液(手)动平板阀。

(5) 关防喷器(先关环形防喷器,后关半封闸板防喷器)。

(6) 先关节流阀(试关井),再关节流阀前的平板阀。

(7) 认真观察,准确记录立管和套管压力以及循环池钻井液增减量,并迅速向井队长或钻井技术人员及油公司监督汇报。

3) 起下钻铤中发生溢流时

(1) 发出信号。

(2) 停止起下钻作业。

(3) 抢接钻具止回阀(或旋塞阀或防喷单根)及钻杆。

(4) 开启液(手)动平板阀。

(5) 关防喷器(先关环形防喷器,后关半封闸板防喷器)。

(6) 先关节流阀(试关井),再关节流阀前的平板阀。

(7) 认真观察,准确记录立管和套管压力以及循环池钻井液增减量,并迅速向井队长或钻井技术人员及油公司监督汇报。

4) 空井发生溢流时

(1) 发出信号。

(2) 开启液(手)动平板阀。

(3) 关防喷器(先关环形防喷器,后关全封闸板防喷器)。

(4) 先关节流阀(试关井),再关节流阀前的平板阀。

(5) 认真观察,准确记录套管压力以及循环池钻井液增减量,并迅速向井队长或钻井技术人员及油公司监督汇报。

注:空井发生溢流时,若井内情况允许,可在发出信号后抢下几柱钻杆,然后实施关井。

5. 关井压力数据的读取

确认关井后,应派专人监视立压和套压的变化并定时认真记录。对于没有安装回压阀的钻柱,关井立压可以很方便地读取。如果安装了钻具回压阀,则必须用顶开法获取关井立压数据,其步骤如下:

(1) 关井,记录关井套压 p_a。

(2) 用小排量、高泵压泵入钻井液。

(3) 当止回阀顶开后,关井套压将增加。停泵,记录关井套压的增量 Δp_a 及停泵的泵压 p_{ps}。

(4) 记录关井立管压力 p_d($p_d = p_p - \Delta p_a$)。

四、关井过程中异常情况处理

(1) 套压超过最大允许关井套压。

此时应节流放压,同时补充重钻井液,保持套压接近最大允许关井套压,争取尽快平衡地层压力，排出溢流，恢复钻进。

（2）防喷器失效。

在关井时，应优先使用最上部的防喷器。如果该防喷器失效，可以关闭下部的防喷器，及时对其进行维修，或者更换闸板或胶芯。

（3）当钻具内防喷工具失效或井口处钻具弯曲等原因造成井喷失控而无法关井，采取其他措施也无法控制井口时，用剪切全封闸板剪断井内钻杆或油管控制井口的操作程序为：

① 在确保钻具接头不在剪切全封闸板防喷器剪切位置后，锁定钻机绞车刹车装置。

② 关闭剪切全封闸板防喷器以上的环形防喷器、管子闸板防喷器。

③ 打开主放喷管线泄压。

④ 在钻杆（转盘面上）适当位置安装相应的钻杆死卡，用钢丝绳与钻机连接固定牢固。

⑤ 打开剪切全封闸板防喷器以下的管子闸板防喷器。

⑥ 打开防喷器远程控制装置储能器旁通阀，关闭剪切全封闸板防喷器。

⑦ 关闭全封闸板防喷器，控制井口。

⑧ 手动锁紧全封闸板防喷器和剪切全封闸板防喷器。

⑨ 关闭防喷器远程控制装置储能器旁通阀。

⑩ 将远程控制装置的管汇压力调整至规定值。

（4）无法安装内防喷工具。

抢接内防喷工具时，要保证其处于全开状态。旋塞阀内部通径大，安装阻力小，应优先安装并关闭，再在其上安装回压阀。如果没有旋塞，接回压阀时阻力大，应抢接防喷单根或防喷立柱。如果以上措施都失败，可选择使用剪切闸板或将钻具丢到井内，用全封关井。

五、压井

1. 常用压井计算公式

1）地层压力

$$p_p = 0.009\,8\rho_m H + p_d \tag{9-2-1}$$

式中 p_p——地层压力，MPa；

H——垂直井深，m；

p_d——关井立压，MPa；

ρ_m——原钻井液密度，g/cm^3。

2）压井液密度

$$\rho_{m1} = \rho_m + 102\frac{p_d}{H} \tag{9-2-2}$$

式中 ρ_{m1}——压井液密度，g/cm^3；

ρ_m——原钻井液密度，g/cm^3。

3）需加重的重钻井液体积

$$V = V_m + V_s \tag{9-2-3}$$

式中 V——需加重的重钻井液体积，m^3；

V_m——钻井液池中的钻井液体积，m^3；

V_s——循环系统钻井液体积，m^3。

4）重晶石用量

$$W = V_1 \rho_b \frac{\rho_{m1} - \rho_m}{\rho_b - \rho_{m1}} \tag{9-2-4}$$

式中 W——重晶石用量，t；

ρ_b——重晶石密度，g/cm^3；

V_1——加重之前原钻井液的总体积（钻井液罐容积＋系统容积），m^3。

5）初始循环压力

$$p_i = p_l + p_d \tag{9-2-5}$$

式中 p_i——初始循环压力，MPa；

p_l——低泵速压力，MPa。

6）终了循环压力

$$p_f = p_l \frac{\rho_{m1}}{\rho_m} \tag{9-2-6}$$

式中 p_f——终了循环压力，MPa。

7）压井液从地面到钻头所需泵冲数

$$S_{sb} = \frac{V_{dt}}{C_p} \tag{9-2-7}$$

式中 S_{sb}——压井液从地面到钻头所需泵冲数，冲；

V_{dt}——地面到钻头的管子内容积，L；

C_p——钻井泵每冲容积，L/冲。

8）压井液从钻头到地面所需泵冲数

$$S_{bs} = \frac{V_{abs}}{C_p} \tag{9-2-8}$$

式中 S_{bs}——压井液从钻头至地面所需泵冲数，冲；

V_{abs}——钻头到地面的环空容积，L。

9）压井循环行程所需总泵冲数

$$S_r = S_{sb} + S_{bs} \tag{9-2-9}$$

式中 S_r——压井循环行程所需总泵冲数，冲。

10）压井液从地面到钻头循环行程时间

$$T_{sb} = \frac{V_{dt}}{C_p S_{pm}} = \frac{S_{sb}}{S_{pm}} = \frac{V_{dt}}{Q_p} \tag{9-2-10}$$

式中 T_{sb}——压井液从地面到钻头循环行程时间，min；

S_{pm}——泵冲，冲/min；

Q_p——泵排量，L/min。

11）压井液从钻头到地面循环行程时间

$$T_{bs} = \frac{V_{abs}}{C_p S_{pm}} = \frac{S_{bs}}{S_{pm}} = \frac{V_{abs}}{Q_p} \tag{9-2-11}$$

式中　T_{bs}——压井液从钻头到地面循环行程时间，min。

12）压井液整个循环周行程时间

$$T = T_{bs} + T_{sb} \tag{9-2-12}$$

式中　T——压井液整个循环周行程时间，min。

2. 平时记录数据内容（为压井做准备）

（1）井深（测深、垂深）、井眼尺寸、套管尺寸、鞋深、钻头尺寸。

（2）转盘面至最上闸板防喷器深度（m）。

（3）压力。

① 地层漏失压力（MPa）、当量钻井液密度（g/cm³）、泄漏压力梯度（MPa/m）。

② 套管薄弱处抗内压强度（MPa）、深度（m），以及管外液密度（g/cm³）、水泥返深（m）。

③ 井口（薄弱处）额定工作压力（MPa）。

④ 防喷器额定工作压力（MPa）。

（4）容积（见表 9-2-1 和表 9-2-2）。

表 9-2-1　内容积

名　称	外径/mm	内径/mm	单位容积/(L·m⁻¹)	长度/m	容积/L	备　注
钻　铤						
钻　杆						
地面管线（包括方钻杆）内容积/L						

表 9-2-2　环空容积

名　称	钻具外径×井眼内径/(mm×mm)	单位容积/(L·m⁻¹)	长度/m	容积/L	备　注
钻铤×裸眼					
钻铤×套管					
钻杆×裸眼					
钻杆×套管					

（5）钻井泵参数：型号、缸套直径、冲程、活塞杆直径、泵效、每冲容积。

（6）压井泵冲（冲/min）、排量（L/min）、泵压（MPa）。

（7）套管参数：内径、外径、套管鞋垂深、套管抗内压强度、套管鞋处破裂压力。

（8）钻柱数据：钻头尺寸，钻杆内径、外径、内容积、环空容积（分别对于套管和裸眼），钻铤内径、外径、内容积、环空容积（对于裸眼）。

3. 压井施工单主要内容

压井施工单主要内容见表 9-2-3。

表 9-2-3 压井施工单

压井施工单

日期：________

井号：________

地层强度数据：		
地层漏失时地面压力：	(A)	MPa
测试时钻井液密度：	(B)	g/cm³

最大允许钻井液密度=

$$(B)+\frac{(A)}{0.00981\times 套管鞋垂深}=(C)\ \ g/cm^3$$

初始最大允许关井套压=

[(C)－在用密度]×套管鞋垂深×0.009 81= ________ MPa

1 号泵排量	2 号泵排量
L/冲	L/冲

低泵冲数据	低泵冲泵压	
	1 号泵	2 号泵
冲/min	MPa	MPa
冲/min	MPa	MPa

井的基本数据

在用钻井液密度		g/cm³
压力梯度		MPa/m

套管鞋数据

尺寸		in
测深		m
垂深		m

井眼尺寸

尺寸		in
测深		m
垂深		m

预记录的体积数据：	长 /m	容积 /(L·m⁻¹)	体积 /L	泵冲数 /冲	时间 /min
钻杆		×	=	井眼总容积(H) / 泵每冲排量	泵冲数 / 低泵冲(冲/min)
加重钻杆		×	= +		
钻铤		×	= +		
		×	= +		
		×	= +		
钻柱内容积(D)			(D) L	(E) 冲	min
钻铤/裸眼环空		×	= +		
钻杆/裸眼环空		×	= +		
加重钻杆/裸眼环空		×	= +		
		×	= +		
裸眼段环空容积			(F) L	冲	min
钻杆/套管环空		×	=		
		×	= +		
套管段环空容积			(G) L	冲	min
环空总容积	(H)=(F)+(G)		L	冲	min
井眼总容积	(I)=(D)+(H)		L	冲	min
地面循环罐钻井液体积	(J)		L	冲	
所需压井液体积	(K)=2(I)		L	冲	

续表 9-2-3

压井施工单	日期：______ 井号：______

关井后收集的数据：		
关井立压 SIDPP		MPa
关井套压 SICP		MPa
钻井液池增量		m^3

压井钻井液密度	在用钻井液密度+ $\frac{关井立压SIDPP}{垂深\times0.00981}$ + 安全余量 = _______ g/cm³
初始循环立管压力 ICP	关井立压 SIDPP+低泵速泵压(低泵速循环压耗) ______ + ______ = _______ MPa
终了循环立管压力 FCP	$\frac{压井钻井液密度}{在用钻井液密度}$ × 低泵速泵压(低泵速循环压耗) ______ × ______ = _______ MPa
压力差(L)=ICP-FCP = ____ - ____ = ____ MPa	$\frac{(L)\times100}{(E)}$ = $\frac{\quad\times100}{\quad}$ = _____ MPa/(100冲)

泵冲数/冲	压力/MPa

立管压力/MPa：14.00 13.00 12.00 11.00 10.00 9.00 8.00 7.00 6.00 5.00 4.00 3.00 2.00 1.00 0.00

泵冲数/冲：0 100 200 300 400 500 600 700 800 900 1 000 1 100 1 200 1 300 1 400 1 500 1 600 1 700 1 800 1 900 2 000

4. 压井方法

1）司钻法

司钻法压井需要两个循环周来实现压井，因而也称为两步循环法。第一步用原钻井液循环，顶替井内溢流出井；第二步用压井液顶替原钻井液而实现压井。在整个循环过程中，要保持井底压力等于或稍大于地层压力，见图 9-2-3。

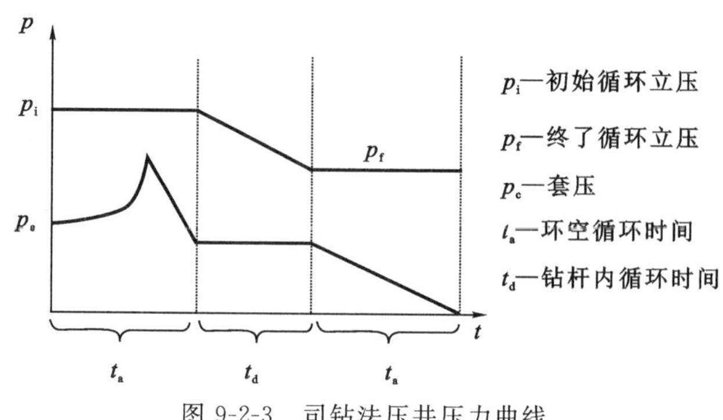

图 9-2-3 司钻法压井压力曲线

（1）司钻法压井步骤。

第一步：发现溢流及时关井。

第二步：待地层压力恢复后，记录关井立压、套压和钻井液池增量。

第三步：进行压井计算，填写压井施工单。

第四步：保持立压不变循环溢流出井。

建立循环之后，读取此时的立压（即初始循环立压），在整个循环过程中调节节流阀，保持此立压值不变直至溢流出井。

第五步：停泵，关井，加重钻井液。

当循环排污时间达到预期时间或总泵冲数达到预计泵冲数时，应停止循环，关井。关井时，要保持当前套压不变。此时应能观察到返出钻井液密度接近入口钻井液密度，且火炬逐渐熄灭。

第一循环完成后关井套压应等于关井立压，否则应继续循环，或者用工程师法压井。

第六步：用重钻井液压井。

当重钻井液准备好后，应进行第二个循环。开泵的程序与第一个循环完全相同，因为此时井内仍是原钻井液。当重钻井液沿钻柱下行时，立管压力应逐渐下降。当重钻井液到达井底时，立管压力应从初始循环立压降至终了循环立压。由于在此过程中，环空内一直是未受污染的原钻井液，所以套压将保持不变。节流阀操作者只要控制套压不变，就可以保持井底压力不变。

当重钻井液到达钻头后，立管压力应降至终了循环立压。此时应读取实际压力并与计算值进行比较。由于在此后的循环过程中，钻柱内的钻井液密度不再发生变化，因此立压也保持终了循环立压不再变化。此时调节节流阀，保持立压不变，直到重钻井液充满环空。由于这时环空内重钻井液液柱压力不断增加，应观察至套压逐渐降到零或所附加的安全压力值。

第七步：停泵，关井，检查压井效果。

当重钻井液返出井口后，可以停泵并关井，关井的程序与前面相同。停泵关井后，应观察至立压和套压都为零。如果立压和套压相同但大于零，则说明有圈闭压力或重钻井液密度计算不准，此时打开节流阀以适当排放钻井液。如果立压和套压回到零且钻井液流动停止，则说明压井成功。如果立压不降，钻井液不停地流动，则说明重钻井液密度偏低，应继续压井。

第八步：开井，调整钻井液性能，恢复作业。

确认井已压稳，即可以开井。开井时应注意按从下到上的顺序打开防喷器。同时，防喷器之间或许圈闭有少量的压力，开井时应告诉钻台上的人员注意。开井后，应循环调整钻井液的性能。如果要起钻，应加上适当的密度附加值，并进行短程起下钻，检查是否压稳，防止造成溢流。

(2) 司钻法压井的特点。

① 操作简单。在两个循环周内立压或套压总有一个保持常量，因此便于控制。

② 用时较长，排污时套压较高。

2）工程师法

工程师法压井是用重钻井液在一个循环周内完成压井和排出溢流，也叫一次循环法或等待加重法。在整个循环过程中，要保持井底压力等于或稍大于地层压力，见图 9-2-4。

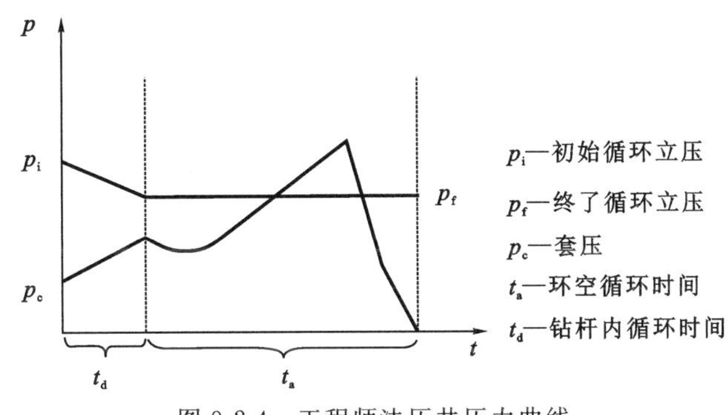

图 9-2-4 工程师法压井压力曲线

工程师法压井步骤：

第一步：发现溢流后，按关井程序及时正确关井。

第二步：待地层压力恢复后，记录关井立压、套压、钻井液池增量及关井时间。

第三步：进行压井计算，填写压井施工单。

第四步：建立循环。

压井计算完成后，根据压井施工单的数据进行循环。在建立循环之前，要检查下列项目：

(1) 压井开始前确认班组每位员工知道自己的责任。

(2) 消除钻机和放喷管线附近的所有点火源，检查放喷节流管线的阀门开关情况及固定情况，并使用下风向的放喷管线。

(3) 检查确认循环系统的连接正确，倒好闸门。

(4) 清零泵冲计数器并记录开始时间。

建立循环时，要注意开泵和开节流阀操作人员之间的协调。为保持井底压力不变，开泵时应同时打开节流阀，并适当调节节流阀开度，使套压在整个开泵过程中保持不变，直到泵速达到压井泵速。

第五步：调节立压循环溢流出井。

建立循环之后，读取此时的立压。读取的立压应等于或接近压井施工单上计算的关井立压与低泵速压力之和。如果读取的立管压力不等于关井立压与低泵速压力之和，应查明原因；否则，按照实际立压调整立压控制图表。最后调节节流阀，使立压值按照立压控制图表变化，直至重钻井液到达井底，记录此时立压。

第六步：保持立压等于终了循环立压，直到重钻井液出井。

当重钻井液到达钻头后，立管压力应降至终了循环立压。由于在此后的循环过程中，钻柱内的钻井液密度不再发生变化,因此立压也保持终了循环立压不再变化。此时调节节流阀,保持立压不变,直到重钻井液充满环空。

第七步:停泵,关井,检查压井效果。

当预计的重钻井液量全部打完,重钻井液返出井口后,可以停泵并关井。关井的程序与前面相同。关井后,应观察至立压、套压都为零。如果立压和套压相同但大于零,则说明有圈闭压力或重钻井液密度计算不准,此时应打开节流阀,适当排放钻井液。如果立压和套压回到零且钻井液流动停止,则说明压井成功。如果立压不降,钻井液不停地流动,则说明重钻井液密度偏低,应继续压井。

在特殊情况下,若关井立管压力为零、套管压力不为零,则处理方法为:

(1) 开节流阀,用选定泵速开泵,然后调节节流阀,使套压等于关井套压,并记下此时立管压力。

(2) 调节节流阀,保持立管压力不变,直到溢流循环排出井口为止。套压、立管压力均为零时压井工作结束。

3) 边加重边循环法

发现溢流正确关井后,取得有关数据,立即边循环边加重压井。压井液密度按照一定的进度逐步提高,计算钻杆内钻井液每提高 0.01 g/cm^3 时的钻杆压力下降值、钻井液从地面到达钻头所需泵冲数、初始循环压力,以及钻井液从原密度达到压井液密度时的终了循环立压等数据,施工时按这些数据控制钻杆压力。当压井液充满钻杆时,钻杆压力降到终了循环立压,然后保持钻杆压力不变,直到环空完全充满压井钻井液,溢流全部排出井口,压井作业结束。

4) 非常规压井法

(1) 空井压井。

空井是指井内无钻具但能关井的状态。空井压井常采用以下方法:

① 置换式压井法(又称顶部压井法)。

所谓置换式压井法是重复向井内挤入定量压井液,关井使钻井液下落至井底,然后泄掉一定量的井口压力,直到井口压力降到一定程度。操作要点为:

a. 确定允许最高关井压力值以及放喷泄压所应控制的最低压力值。

b. 关井至一定井口压力后(不必到最高允许值),节流泄压,随即挤入一定量的压井液,井口压力将降低。挤入的压井液量按下式计算:

$$V = \frac{V_h \Delta p}{0.0098\rho} \tag{9-2-13}$$

式中 V——挤入的压井液量,L;

V_h——井眼或环空容积,L/m;

Δp——节流泄压,MPa;

ρ——挤入的压井液密度,g/cm^3。

c. 整个压井过程始终保持井底压力略高于地层压力,不让地层流体继续侵入井筒。在采用工程师法压井准备之前,为避免井口压力升得过高以至于憋漏地层,也要采用此方法降低井口压力。置换式压井法对地面井口装置尤其是节流管汇耐压要求高,待套压降低到一定程度时可用环形防喷器或井口强下钻装置强行下入一定数量的钻具,再改为常规方法压井。

② 回压压井法。

所谓回压压井法就是从压井管线泵入压井液，把进入井筒的溢流压回地层的压井作业。具体施工方法是：以最大允许关井套压作为施工最高工作压力，向井内挤入原密度或密度稍高一点的钻井液，挤入的钻井液量至少等于关井时循环池的增量，直到井内压力平衡得到恢复。

③ 强行下钻到底循环压井法。

在井口关闭的情况下，强行下钻到底，然后按常规压井法进行压井作业。强行下钻时要根据下入钻具的体积，放掉相同体积的井内钻井液量，或使用强行起下钻装置完成下钻工作。

（2）又喷又漏的压井。

对于井喷与井漏同时存在一裸眼井段中的情况，处理的原则是要先解决井漏后压井，否则因钻井液漏失，液柱压力降低而无法维持井底压力平衡。推荐的做法包括：

① 正循环堵漏和压井。

通过正循环方式连续或间断施工，可将堵漏液放在前面或中间位置，压井液放在后面，实现井内压力平衡。为防止堵漏浆（尤其是桥接复合材料）堵塞循环通道，钻具上要安装旁通阀。

② 反循环堵漏和压井。

该方法的适用条件和施工原则比正循环方法更为严格，需要完善的能够反循环控制的井控装备和系统，上部套管要封住浅部疏松和易漏层，井内钻具下部要处于漏层附近。与正循环堵漏相比，它可迅速阻挡溢流，堵漏和压井成功率高。

③ 反推堵漏和压井。

该方法适用于技术套管下得比较深、钻头水眼偏小或堵塞、近钻头处装有回压阀、不适合通过高浓度大颗粒堵漏材料、含硫化氢高的井以及井内钻具较少或空井等情况，在具有完善的井控装备条件下，通过环空向漏层推入堵漏液，同时用压井液平衡地层压力，但施工过程中井口压力不能超过最高允许关井压力。

六、井喷失控的处理

（1）严防着火。井喷失控后应立即停机、停车、停炉，关闭井架、钻台、机泵房等处全部照明灯和电器设备，必要时打开专用探照灯；熄灭火源，组织警戒；将氧气瓶、油罐等易燃易爆物品撤离危险区；迅速做好储水、供水工作，并尽快由注水管线向井口注水防火或用消防水枪向油气喷流和井口周围设备大量喷水降温，保护井口装置，防止着火或事故继续恶化。同时，立即向上级部门或公司领导进行汇报。

（2）应设置观察点，定时取样，测定井场各处天然气、硫化氢和二氧化碳含量，划分安全范围。

（3）应迅速成立现场抢险指挥组，根据失控状况制定抢险方案，统一指挥、组织和协调抢险工作。制定抢险方案必须同时考虑环保要求并防止出现次生环境污染事故。

（4）抢险过程中每个步骤实施之前，均应进行技术讨论和模拟演习。

（5）井口装置和井控管汇完好条件下井喷失控的处理：

① 检查防喷器及井控管汇的密封和固定情况，确定井口装置的最高承压值。

② 检查方钻杆上下旋塞阀的密封情况。

③ 井内有钻具时，要采取防止钻具上顶的措施。

④ 按规定和指令动用机动设备、发电机及电焊、气焊；对油罐、氧气瓶、乙炔发生器等易燃易爆物采取安全保护措施。

⑤ 迅速组织力量配制压井液，压井液密度根据邻近井地质、测试等资料和油、气、水喷出总量以及放喷压力等来确定，其准备量应为井筒容积的2～3倍。

⑥ 当具备压井条件时，采取相应的特殊压井方法进行压井作业。

⑦ 对具备投产条件的井，经批准可坐钻杆挂以原钻具完钻。

(6) 井口装置损坏或其他原因造成井喷失控或着火的处理：

① 失控井都应清除抢险通道及井口装置周围可能使其歪斜、倒塌、妨碍处理工作进行的障碍物（转盘、转盘大梁、防溢管、钻具、垮塌的井架等），充分暴露和保护井口装置；着火井应在灭火前按照先易后难、先外后内、先上后下、逐段切割的原则，采取氧炔焰切割和水力喷砂切割带火清障；清理工作要根据地理条件、风向，在消防水枪喷射水幕的保护下进行；未着火井要严防着火，清障时要大量喷水和使用铜制工具。

② 采用密集水流法、突然改变喷流方向法、空中爆炸法、液固快速灭火剂综合灭火法以及打救援井等方法扑灭不同程度的油气井大火。其中，密集水流法是其余几种灭火方法须同时采用的基本方法。

(7) 新井口装置按下述原则设计：

① 在油气敞喷情况下便于安装，其内径不小于原井口装置的通径，密封垫环要固定。

② 原井口装置不能利用的应拆除。

③ 大通径放喷以尽可能降低回压。

④ 优先考虑安全控制井喷的同时，控制后进行井口倒换、不压井起下管柱、压井、处理井下事故等作业。

(8) 原井口装置拆除和新井口装置安装作业时，应尽可能远距离操作，尽量减少井口周围作业人数，缩短作业时间，消除着火的可能。

(9) 井喷失控的井场内处理施工应尽量不在夜间和雷雨天进行，以免发生抢险人员人身事故，以及因操作失误而使处理工作复杂化；施工时，不应在现场进行干扰施工的其他作业。

(10) 油气井井喷失控抢险过程中要做好人身安全防护。抢险人员为避免烧伤、中毒、噪音伤害等应根据需要配备护目镜、阻燃服、防水服、防尘口罩、防辐射安全帽、手套、便携式硫化氢检测仪、可燃气体监测仪、空气呼吸器、耳塞等防护用品。

(11) 含硫化氢油气井发生井控失控，在人员生命受到严重威胁、撤离无望，且短时间内无法恢复井口控制时，应按照应急预案实施弃井点火。

第三节　井控设备和装置

一、防喷器

防喷器是最重要的井控设备，钻井作业过程中必须安装防喷器。

防喷器的种类和型号很多，可根据施工需要选用。操作上分为手动和液动防喷器。液压防喷器共有六个压力级别，即 14，21，35，70，105 和 140 MPa，见表 9-3-1。

表 9-3-1　常用防喷器规范

通径代号	公称通径/mm(in)	通井规直径/mm	最大工作压力/MPa					
18	179.4(7⅙)	178.6	14	21	35	70	105	140
23	228.6(9)	227.8	14	21	35	70	105	—
28	279.4(11)	278.6	14	21	35	70	105	140
35	346.1(13⅝)	345.3	14	21	35	70	105	—
43	425.5(16¾)	424.7	14	21	35	70	—	—
48	476.3(18¾)	475.5	—	—	35	70	105	—
53	527.1(20¾)	526.3	—	21	—	—	—	—
54	539.8(21¼)	539.0	14	—	35	70	—	—
68	679.5(26¾)	678.7	14	21	—	—	—	—
76	762.0(30)	761.2	14	21	—	—	—	—

注：通井规直径极限偏差 $^{+0.25}_{0.00}$ mm，长度大于通径 50 mm，最短不小于 300 mm。

防喷器型号表示方法见图 9-3-1。

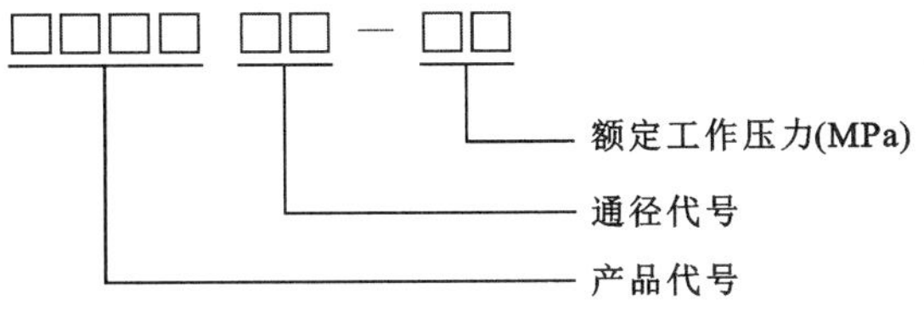

图 9-3-1　防喷器型号表示方法

产品代号：FH，单环形防喷器；2FH，双环形防喷器；FZ，单闸板防喷器；2FZ，双闸板防喷器；3FZ，三闸板防喷器。

示例：对于通径为 346.1 mm，额定工作压力为 70 MPa(10 000 psi)的双闸板防喷器，其型号可表示为 2FZ35-70。

1. 环形防喷器

1) 环形防喷器的具体功用

(1) 在钻进、取心、下套管、测井、完井等作业过程中发生溢流或井喷时，能有效封闭方钻杆、钻杆、钻杆接头、钻铤、取心工具、套管、电缆、油管等工具与井筒所形成的环形空间。

(2) 在使用减压调压阀或缓冲储能器控制的情况下，能通过 18°台肩的钻杆接头进行强行起下钻作业。

2) 环形防喷器的种类

环形防喷器有三种类型，即锥形胶芯环形防喷器、球形胶芯环形防喷器、组合胶芯环形防喷器。锥形胶芯环形防喷器常用的有 Hydril 公司的 GL，GK 和 MSP 型，中国产 FH23-21 型等。下面主要介绍前两种。

(1) 锥形胶芯环形防喷器。

① 结构。

锥形胶芯环形防喷器的顶盖与壳体为爪盘连接，主要由壳体、顶盖、活塞、胶芯、爪盘、外体部套筒、体部套筒、防磨耗板、密封件等零部件构成，见图 9-3-2。

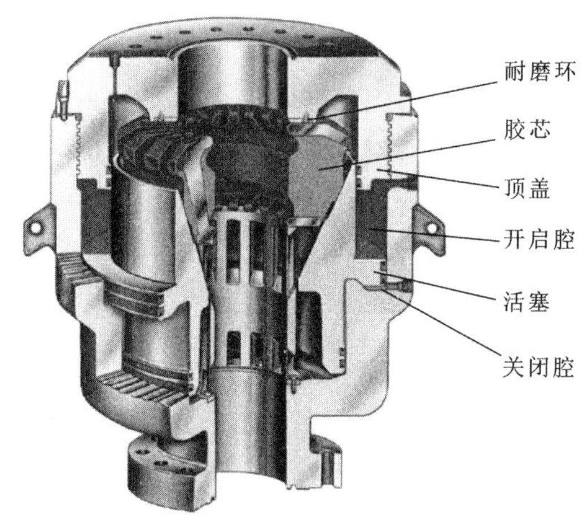

图 9-3-2 锥形胶芯防喷器结构

② 工作原理。

当发现井涌需要封井时，从液压控制装置输来的高压油从壳体下部油口进入活塞下部的关闭腔，推动活塞上行，活塞又推动呈锥面的密封胶芯上行，由于受防磨耗板的限制，迫使胶芯在上行过程中沿着活塞锥面及防磨耗板向上、向井口中心运动，直至支承筋间橡胶被挤出而抱紧钻具或全封闭井口，达到封井的目的。当高压油从壳体上部油口进入活塞上部的开启腔后，推动活塞下行，作用在防磨耗板上的挤压力消除，胶芯在本身弹力的作用下逐渐复位，从而达到开井的目的。

③ 胶芯选择和更换。

a. 胶芯的选择。

a) 天然橡胶，用于水基钻井液，适用操作温度为 0～195 ℃(－30～255 ℉)，使用寿命长，标志色为黑色。

b) 合成橡胶(丁腈橡胶)，用于油基或混油钻井液。在油基钻井液中，在 20～190 ℉之间使用效果很好，标志色为红色。

c) 氯丁橡胶，用于低温环境和油基钻井液，作业温度范围为－30～170 ℉，在低温环境下弹性比丁腈橡胶好，在高温环境下使用受影响，标志色为绿色。

b. 更换胶芯的程序。

a) 空井。

ⓐ 去掉固定螺丝；ⓑ 旋开防喷器顶盖；ⓒ 提起顶盖；ⓓ 润滑活塞腔；ⓔ 提出胶芯；ⓕ 安装新胶芯；ⓖ 清洁、润滑防喷器顶盖和本体丝扣；ⓗ 安装顶盖；ⓘ 安装固定螺丝(见图 9-3-3)。

b) 井内有管柱时。

井内有管柱时也可以更换胶芯。把磨损的胶芯取出来后，按图 9-3-4 所示方法割开新胶芯。切割时要用锋利的刀具，不能用锯或其他工具，这样就不会影响胶芯的密封性。用撬杠撬开胶芯以利于割开。把胶芯充分掰开，扣住管柱，放入防喷器本体，换上顶盖。

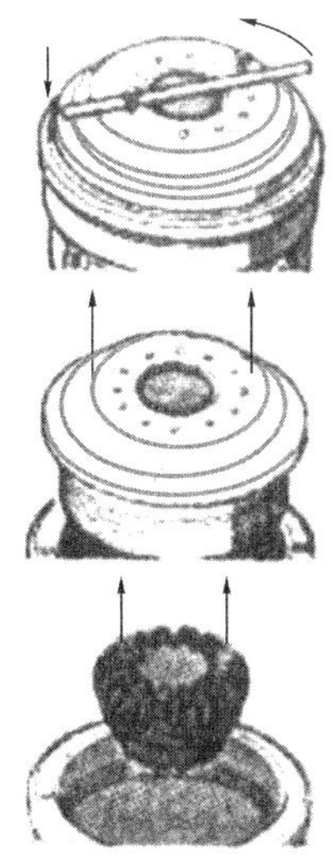

图 9-3-3　空井换胶芯示意图

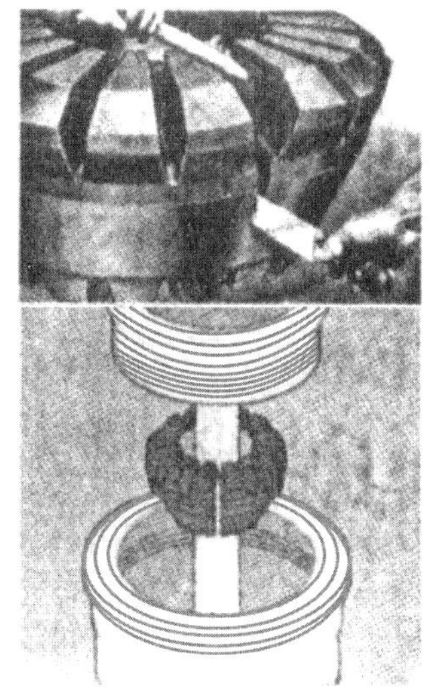

图 9-3-4　切割胶芯示意图

（2）球形胶芯环形防喷器。

① 结构。

球形胶芯防喷器的名字源于其顶盖内剖面的形状像半球状，结构见图 9-3-5。

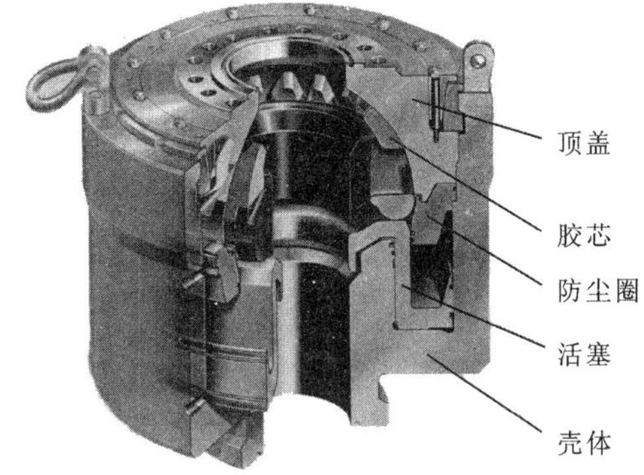

图 9-3-5　球形胶芯防喷器结构图

② 工作原理。

球形胶芯防喷器的密封过程分为两步：一是活塞在液压油作用下推动胶芯向上运动，迫使胶芯沿球面向上、向井口中心运动，支承筋相互靠拢，将其间的橡胶挤向井口中心，从而形成初始密封；二是在井内有压力时，作用在活塞内腔上部环形面积上的井内压力进一步向上推动活塞，促使胶芯封闭更加紧密，从而形成可靠的密封，此称为井压助封作用。

③ 球形防喷器胶芯。

图 9-3-6 所示胶芯可用天然橡胶或丁腈橡胶，以便适用于各种作业——水基钻井液、油基钻井液和各种操作温度。

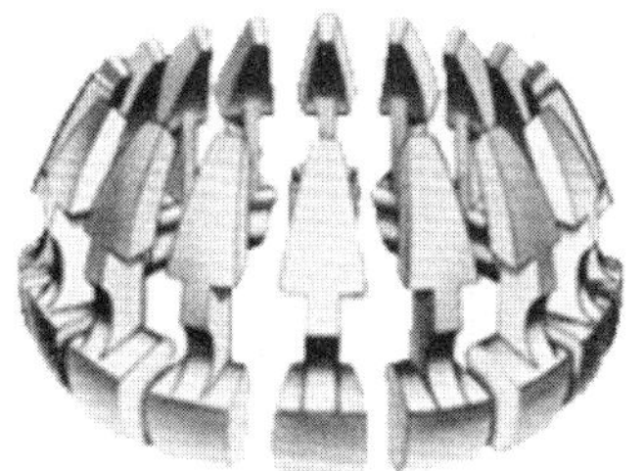

图 9-3-6　球形胶芯的金属加强筋

H_2S 环境会缩短胶芯寿命，应根据钻井液性质选取相应的胶芯。丁腈橡胶对 H_2S 的耐腐蚀性较好。

加强筋铸于胶芯内部，随着胶芯变形，在高压关闭情况下可防止胶芯过分变形，开井时可帮助胶芯复原。

3）环形防喷器的使用和注意事项

（1）环形防喷器的安装方法。

① 环形防喷器在安装前要密封试压至额定工作压力，合格后方能运往井场。根据钻井工程设计和井控规定要求的防喷器组合形式进行安装。液压油管接头方向应和闸板防喷器的接头方向相同。

② 在司钻台和远程控制台上，对环形防喷器试开、关各两次，以检查开关是否与实际一致，管线连接是否正确，并将油路中的空气排除。

③ 环形防喷器安装好后应牢靠固定，要和整套井口装置一起进行静水压力试验，以检验各连接部位和密封性能是否可靠，合格后方允许使用。

（2）环形防喷器的使用方法及注意事项。

① 环形防喷器配用单独的减压调压阀，一般情况下控制压力（关闭油压）应为 8.5～10.5 MPa。该压力与井内压力及所封钻具尺寸有一定的比例关系，钻具直径尺寸大或井内压力低时应将控制压力相应调低以延长胶芯的使用寿命。

② 井涌时应先用环形防喷器封闭井口，但尽量不用作长时间封闭，一是胶芯容易过早损坏，二是无锁紧装置。非特殊情况，不得用于封闭空井。

③ 进入目的层后，必须加强对环形防喷器的检查，每天应在井内有钻具无井压的情况下开关一次，以防胶芯卡死。

④ 利用环形防喷器进行不压井起下钻作业时，必须使用 18°台肩的钻杆接头。在环形防喷器液压控制系统关闭油路上，除了配用单独的减压调压阀外，若能安装储能器，关闭腔内的液压冲击就可以得到更好的缓冲，从而提高胶芯的寿命。强行起下钻过程中，在保证密封的前提下，应将液控压力尽量调低，同时严格控制起下钻速度，特别是过接头时，要慢提慢放。

⑤ 每次打开后，必须检查是否全开，以防挂坏胶芯。

⑥ 严禁用打开防喷器的方法来泄井内压力。

⑦ 环形防喷器处于关闭钻具状态时，允许上下活动钻具，禁止旋转钻具。

（3）现场维护与保养。

① 每口井用完后，拆开与防喷器连接的液压管线，孔口用丝堵堵好，清除防喷器外部和内腔的脏物，检查各密封件及配合面，然后在螺栓孔、垫环槽、顶盖内球面、活塞支撑面等处，涂防水黄油润滑防锈。

② 拆开后的连接件，如垫环、螺栓、螺母、专用工具等应点齐装箱，以免丢失。

③ 经常检查各处螺栓，发现松动应及时拧紧。

④ 要保持液压油的清洁，防止脏物进入油缸，以免拉坏油缸、活塞。

⑤ 所有橡胶备件，均应按下列规定合理存放：

a. 根据入库先后、新旧程度编号，先旧后新，依次使用。

b. 必须存放在较暗而干燥的室内，在松弛状态下存放，严禁露天存放，不可受弯受挤压，最好平放于木箱内。O 形圈禁止悬挂。

c. 不得接触腐蚀介质。要远离电机、高压电气设备，以免因此产生臭氧而腐蚀橡胶件。

2. 闸板防喷器

1）闸板防喷器的种类

根据所能配置的闸板数量将防喷器划分为以下三类。

（1）单闸板防喷器：壳体只有一个闸板室，只能安装一副闸板。

（2）双闸板防喷器：壳体有两个闸板室，可安装两副闸板。

（3）三闸板防喷器：壳体有三个闸板室，可安装三副闸板。

当井内有钻具时，可用与钻具尺寸相应的半封闸板（又称管子闸板）封闭井口环形空间。

当井内无钻具时，可用全封闸板（又称盲板）全封井口。

当井内有钻具，需将钻具剪断并全封井口时，可用剪切闸板迅速剪断钻具并全封井口。

有些闸板防喷器的闸板允许承重，可用以悬挂钻具。闸板防喷器的壳体上有侧孔，在侧孔上连接管线可用以循环钻井液。

2）闸板防喷器的结构

闸板防喷器主要由壳体、侧门、液缸、活塞与活塞杆、锁紧轴、端盖、闸板等部件组成。图 9-3-7 和图 9-3-8 分别为具有矩形闸板室的双闸板和三闸板防喷器结构图。

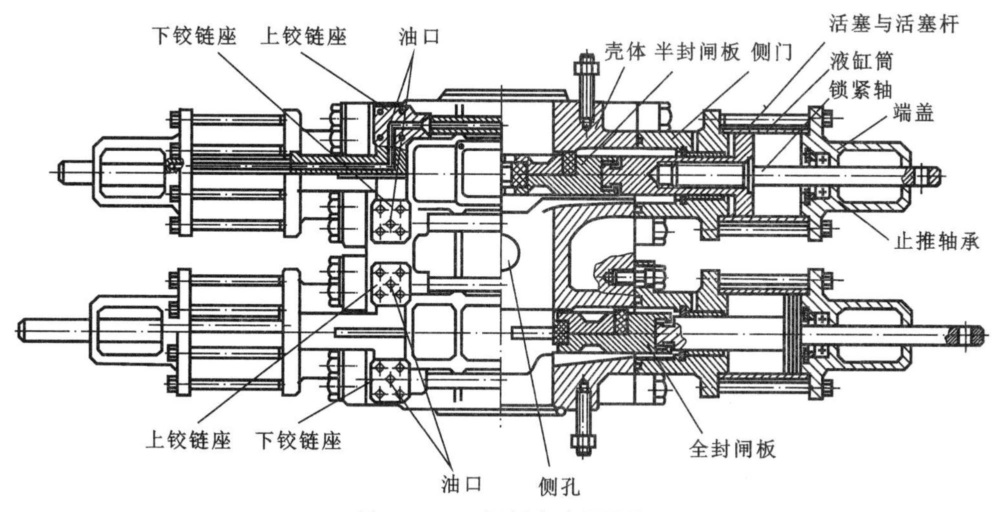

图 9-3-7　双闸板防喷器结构

（1）壳体。

壳体由合金钢铸成，有上下垂直通孔与侧孔。壳体内有上下两个闸板室，以容纳扁平的闸板。壳体上方以双头螺栓连接环形防喷器或直接连接防溢管，壳体下方以双头螺栓连接四通。

（2）侧门、液缸和端盖。

壳体两侧翼用螺栓固定侧门。旋转式侧门由上下铰链座限定其位置，铰链座固定在壳体上。当卸掉侧门的紧固螺栓后，侧门可绕各自的上下铰链座旋转 120°用以更换闸板。直移式侧门拆下侧门紧固螺帽进行液压关井操作，两侧门随即左右移开；更换闸板后进行液压开井操作，两侧门即从左右向中间合拢。这种直移式侧门对井场更换闸板的操作极为有利。

端盖以螺栓固定在侧门凸缘上将液缸压紧。

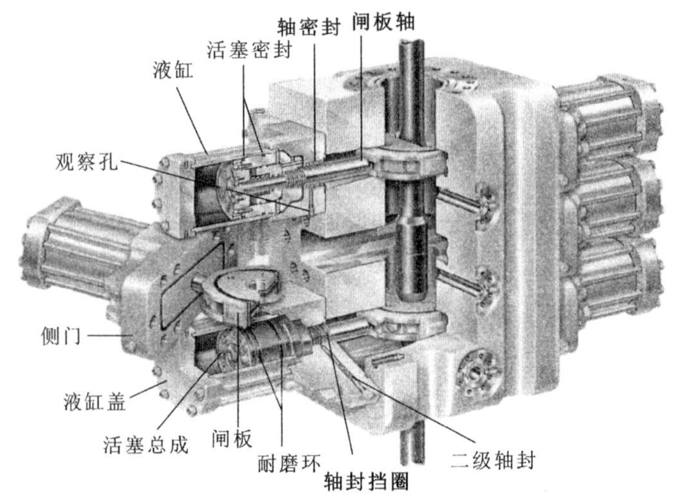

图 9-3-8　三闸板防喷器结构图

侧门上有导油孔道，通向液缸的关井油腔和开井油腔以实现液压开关。

(3) 活塞与活塞杆。

液缸内的活塞与活塞杆为整体结构。活塞杆前端呈 T 形，与闸板 T 形槽配接到闸板体；活塞杆后端连接锁紧轴。

(4) 闸板。

闸板由闸板体、压块、橡胶胶芯等组成。闸板体用于承托胶芯和压块，并与活塞杆连接。压块用于固定胶芯并限制胶芯的变形。胶芯的形状因厂家不同而不同，主要用于形成顶部与前部的密封。

例如，Cameron 半封闸板可用于所有常用尺寸的油管、钻杆、钻铤和套管，胶芯起增压和自进功能，且储胶量大。

剪切全封闸板剪断井内管柱，使闸板关闭并封闭井口，在常规操作时可作为全封闸板。其操作液压为 21 MPa，最大剪断管柱外径为 5½ in，可重复使用而不损坏刀刃。

变径闸板主要用于塔式钻具组合。标准的变径闸板装有像组合内胶芯一样的金属加强筋，当闸板关闭时，加强筋旋转并靠拢，迫使胶芯伸出封闭钻杆。

Hydril 生产的半封、变径、剪切闸板，闸板含胶量大，闸板体通过侧门内的滑道挂入，某些闸板有硬化钢支撑板用于悬挂管柱，前密封及顶密封可在现场方便地更换。

Shaffer 闸板有许多内径系列，闸板总成包括三个主要部件：闸板压块、胶芯和闸板体。胶芯放在闸板体内，然后将压块和胶芯固定在闸板体内形成总成，大多数闸板用两个连接螺丝将压块和闸板体连接但允许压块有稍微的运动以保证胶芯面的自动对正。在闸板体的顶底分别设置导向块以使管柱自动居中。

Shaffer 变径闸板的变径范围为 3～5 in。闸板体与其他闸板相同，只有压块、顶密封和专用密封总成与其他闸板不同，当闸板关闭时，支撑筋向内运动，使内径缩小。

Shaffer-72 型剪切闸板可以在一个操作中实现剪切管柱和密封井眼，起全封的作用，70 MPa 以上压力级别的防喷器活塞直径为 14 in，对低压防喷器可选用 10 in 活塞，操作压力为 21 MPa。

为了使闸板防喷器实现可靠的封井效果，必须保证其四处有良好的密封。这四处密封是：

闸板前部与管子的密封、闸板顶部与壳体的密封、侧门与壳体的密封、侧门腔与活塞杆的密封。

3）闸板防喷器的使用

（1）拆换闸板的操作。

由于闸板损坏或钻杆尺寸变化，常在井场进行拆换闸板作业。拆换闸板操作顺序如下：

① 检查储能器装置上控制该闸板防喷器的换向阀手柄位置，使之处于中位。

② 拆下侧门紧固螺栓，旋开侧门。

③ 液压关井，使闸板从侧门腔内伸出（平直移动，开关的侧门此时自动打开）。

④ 拆下旧闸板，装上新闸板，闸板装正、装平。

⑤ 液压开井，使闸板缩入侧门腔内（平直移动，开关的侧门此时自动关闭）。

⑥ 在储能器装置上操作，将换向阀手柄扳回中位。

⑦ 旋闭侧门，上紧螺栓。

（2）闸板防喷器的锁紧。

闸板防喷器装设机械锁紧装置的目的是保证防喷器可长期可靠地封井以及在液控失效时以手动关井，确保防喷器使用的可靠性。

① 手动锁紧装置。

手动机械锁紧装置由锁紧轴、操纵杆、手轮、万向接头等组成。平时锁紧轴旋入活塞，随活塞运动，并不影响液压关井与开井动作。锁紧轴外端以万向接头连接操纵杆，操纵杆伸出井架底座以外，其端部装有手轮。

液压关井后，闸板应利用锁紧轴锁紧。闸板锁紧的方法是靠人力按顺时针方向同时旋转两个手轮，使锁紧轴从活塞中伸出，直到锁紧轴台肩紧贴止推轴承处的挡盘为止，这时手轮也被迫停止转动。

压井作业完毕需打开闸板时，首先应将闸板解锁，即将锁紧轴重新缩入活塞中，然后才能液压开井。闸板解锁的方法是靠人力按逆时针方向同时旋转两个手轮，直到锁紧轴完全缩入活塞中，轴上台肩到位为止，这时手轮也被迫停止转动。

② 液压锁紧装置。

液压锁紧装置的操作特点是：当闸板防喷器利用液压实现关井后，随即在液控油压的作用下自动完成闸板锁紧动作；反之，当闸板防喷器利用液压开井时，在液控油压作用下首先自动完成闸板解锁动作，然后实现液压开井。

4）闸板防喷器的使用注意事项

（1）半封闸板的尺寸应与所用钻杆尺寸相对应。

（2）井中有钻具时切忌用全封闸板封井。

（3）封井后应锁紧。

（4）在开井以前应首先将闸板解锁，然后再液压开井。液压开井操作完毕应到井口检查闸板是否全部打开。未解锁不许液压开井，未液压开井不得上提钻具。

（5）闸板在手动锁紧或手动解锁操作时，两手轮必须旋转足够的圈数，确保锁紧轴到位。

（6）进入油气层后，每次起下钻前应对闸板防喷器开启与关闭一次。

（7）半封闸板不准在空井条件下试开关。

5）闸板防喷器的故障原因及排除方法

闸板防喷器的故障原因及排除方法见表 9-3-2。

表 9-3-2 闸板防喷器的故障原因及排除方法

序 号	故障现象	产生原因	排除方法
1	井内介质从壳体与侧门连接处流出	① 防喷器壳体与侧门之间的密封圈损坏;② 防喷器壳体与侧门连接螺栓未上紧	更换损坏的密封圈;紧固该部位全部连接螺栓
2	闸板移动方向与控制阀铭牌标志不符	控制台防喷器连接油管线接错	倒换防喷器本身的油路管线
3	液控系统正常,但闸板关不到位	闸板接触端有其他物质或砂子、泥浆块的积淤	清洗闸板及侧门
4	井内介质窜动到油缸内,使油中含水气	活塞杆密封面损坏,活塞杆变形或表面拉伤	更换损伤的活塞杆密封圈,修复损伤的活塞杆
5	防喷器液动部分稳不住压	防喷器油缸、活塞、活塞杆密封圈损坏,密封面损坏	更换各处密封圈,修复密封面或更换新件
6	侧门铰链连接处漏油	密封面拉伤,密封圈损坏	修复密封面,更换密封圈
7	闸板关闭后封不住压	闸板密封胶芯损坏,壳体闸板腔上部密封面损坏	更换闸板密封胶芯,修复密封面
8	控制油路正常,用液压打不开闸板	闸板被泥砂卡住而未解锁	清除泥砂,加大控制压力

二、套管头及四通

1. 套管头

套管头是井口装置的最下端部分,安装在表层套管柱之上,用以悬挂次一级套管,并密封本级套管与次一级套管间的环空通道。套管头由套管头壳体和套管头四通两种构件组成,见图 9-3-9。

1) 结构

套管头主要包括套管头本体、侧通道连接件、套管悬挂器和其他零部件。

(1) 套管头本体:通过悬挂器支撑除表层套管之外的各层套管重量和防喷装置重量,承受井内介质压力,形成主、侧通道。

(2) 侧通道连接件:包括压力表总成、闸阀、转换法兰等,是对井内各套管柱间的环空进行压力检测、使井内的水泥浆和钻井液返出或泵入不同作用流体的通道。

(3) 套管悬挂器:分为心轴式套管悬挂器和卡瓦式套管悬挂器。心轴式套管悬挂器与套管用螺纹连接并形成密封,通过套管头本体悬挂套管,利用橡胶密封件或金属密封件密封与套管头本体形成的环形空间,与上一层套管头或油管头的下部内圆孔利用 O 形橡胶密封件或 BT 型橡胶密封件形成密封。卡瓦式套管悬挂器包括 W 型套管悬挂器、WD 型套管悬挂器、WE 型套管悬挂器,采用多片卡瓦与套管咬合连接,通过卡瓦座与套管头本体悬挂套管,利用橡胶密封件密封所悬挂套管头本体形成的环形空间,其上端的一段套管与上一层套管头或油管头的下部内圆孔利用 O 形橡胶密封件或 BT 型橡胶密封件形成密封。

(4) 其他零部件:包括防磨套、螺栓螺母、密封垫环、橡塑密封件、注塑枪以及注塑密封脂和试压塞等,用于套管头的防磨、连接、密封、试压等。

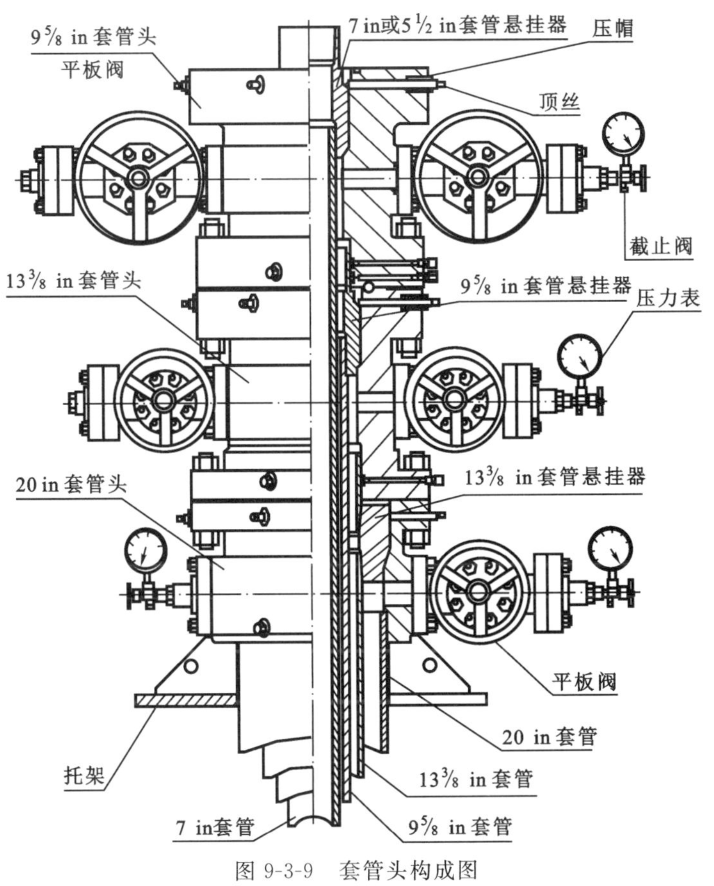

图 9-3-9　套管头构成图

标准套管头分为单级套管头(见图 9-3-10)、双级套管头(见图 9-3-11)、三级套管头(见图 9-3-12)和整体套管头(见图 9-3-13)等组合型式。

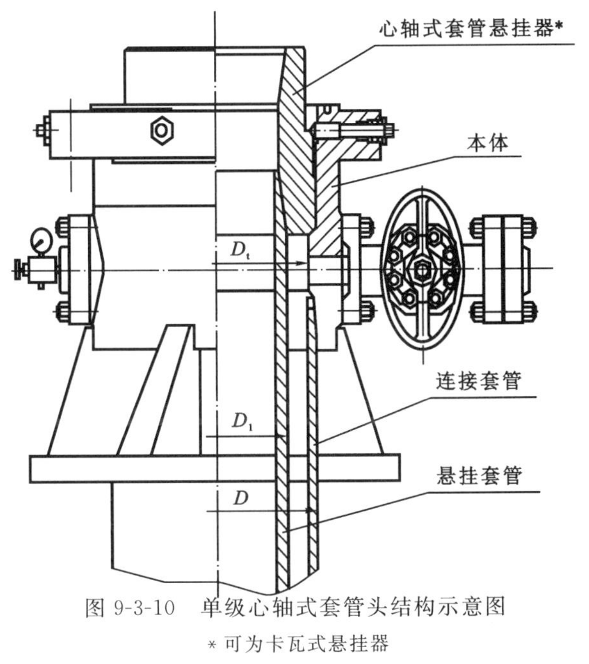

图 9-3-10　单级心轴式套管头结构示意图

* 可为卡瓦式悬挂器

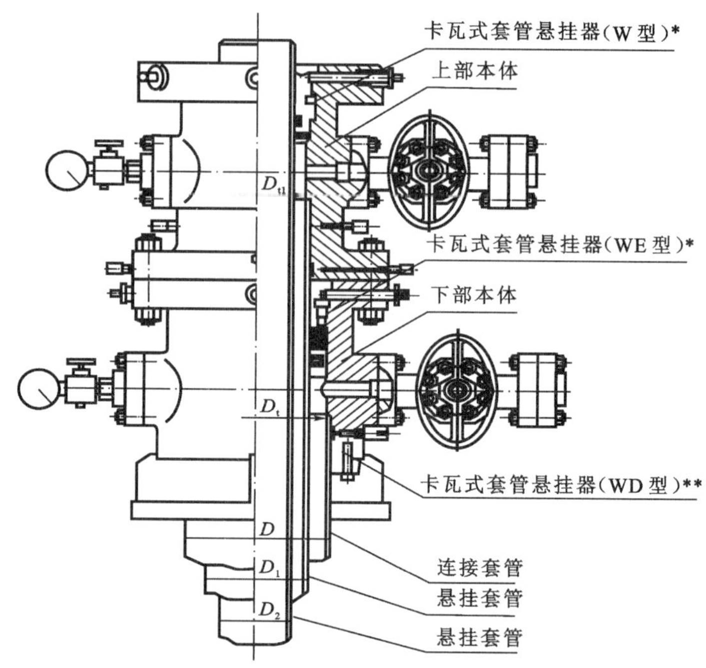

图 9-3-11　双级卡瓦悬挂式套管头结构示意图

* 可为心轴式悬挂器；** 可为螺旋连接

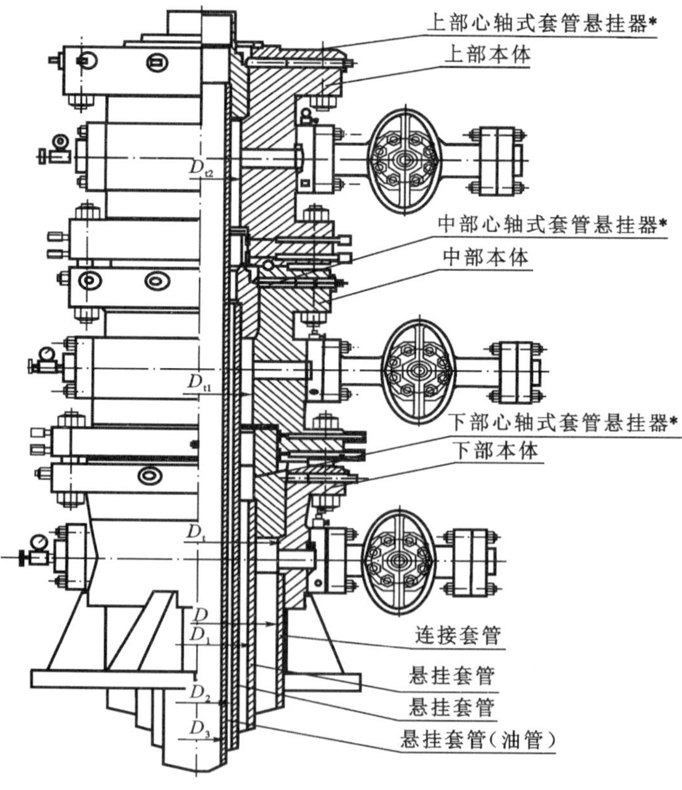

图 9-3-12　三级心轴悬挂式套管头结构示意图

* 可为卡瓦式悬挂器

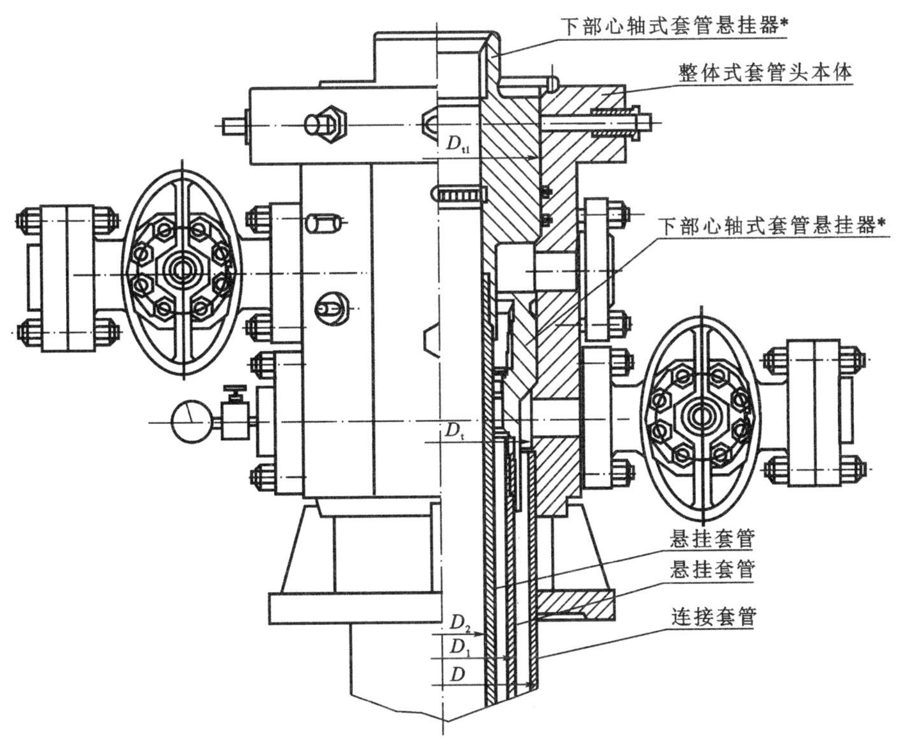

图 9-3-13　整体心轴悬挂式套管头结构示意图

* 可为卡瓦式悬挂器

2) 压力和尺寸系列

单级套管头压力和尺寸基本参数见表 9-3-3。双级套管头压力和尺寸基本参数见表 9-3-4。三级套管头压力和尺寸基本参数见表 9-3-5。整体套管头压力和尺寸基本参数见表 9-3-6。简易套管头连接法兰的主通径尺寸应大于或等于所连接套管的内径。

表 9-3-3　单级套管头基本参数

连接套管外径 D	悬挂套管外径 D_1	本体额定工作压力 /MPa	本体垂直通径 D_t /mm
mm(代号)			
193.7(7⅝)	114.3(4½)	7	178
		14	
		21	
244.5(9⅝)	127.0(5)[①] 139.7(5½) 177.8(7)	7	230
		14	
		21	
		35	
273.0(10¾)	139.7(5½) 177.8(7)	7	254
		14	
		21	
		35	

续表 9-3-3

连接套管外径 D	悬挂套管外径 D_1	本体额定工作压力/MPa	本体垂直通径 D_t/mm
mm(代号)			
298.4(11¾)	139.7(5½) 193.7(7⅝) 177.8(7)	7	280
		14	
		21	
		35	
323.8(12¾)	139.7(5½)①	7	308
		14	
		21	
		35	
339.7(13⅜)	139.7(5½) 177.8(7) 193.7(7⅝) 244.5(9⅝)	7	318
		14	
		21	
		35	

注:① 该尺寸不推荐使用。

表 9-3-4 双级套管头基本参数

连接套管外径	悬挂套管外径		下部本体			上部本体		
D/mm	D_1/mm	D_2/mm	额定工作压力/MPa	连接法兰规格(通径×压力)/(mm×MPa)	垂直通径 D_t/mm	额定工作压力/MPa	连接法兰规格(通径×压力)/(mm×MPa)	垂直通径 D_{t1}/mm
339.7	177.8	127.0 139.7	14	350×21	318	21	280×21 280×35	164
			21			35		
			35	350×35		70	280×70	
	244.5	139.7 177.8	14	350×21	318	21	280×21 280×35	230
			21			35		
			35	350×35		70	280×70	
			70	350×50		105	280×80	
508	339.7	139.7 177.8 244.5	7	540×14	486	14	350×21 350×35	318
			14			21		
			21	530×21		35		
			35	540×35		70	350×50	

注:① 心轴悬挂式套管头本体侧通道出口直径大于或等于 65 mm。

② 卡瓦悬挂式套管头本体侧通道出口直径大于或等于 52 mm。

表 9-3-5　三级套管头基本参数

<table>
<tr><td>连接套管外径</td><td colspan="3">悬挂套管外径</td><td colspan="2">下部本体</td><td colspan="3">中部本体</td><td colspan="3">上部本体</td></tr>
<tr><td rowspan="2">D/mm</td><td rowspan="2">D_1/mm</td><td rowspan="2">D_2/mm</td><td rowspan="2">D_3/mm</td><td rowspan="2">连接法兰规格（通径×压力）/(mm×MPa)</td><td rowspan="2">垂直通径 D_t/mm</td><td colspan="2">连接法兰规格（通径×压力）/(mm×MPa)</td><td rowspan="2">垂直通径 D_{t1}/mm</td><td colspan="2">连接法兰规格（通径×压力）/(mm×MPa)</td><td rowspan="2">垂直通径 D_{t2}/mm</td></tr>
<tr><td>下法兰</td><td>上法兰</td><td>下法兰</td><td>上法兰</td></tr>
<tr><td rowspan="3">339.7</td><td rowspan="3">244.5</td><td rowspan="5">177.8</td><td rowspan="5">127.0</td><td>350×14</td><td rowspan="3">318</td><td>350×14</td><td>280×21</td><td rowspan="3">230</td><td>280×21</td><td>180×35</td><td rowspan="5">164</td></tr>
<tr><td>350×21</td><td>350×21</td><td>280×35</td><td>280×35</td><td>180×70</td></tr>
<tr><td>350×35</td><td>350×35</td><td>280×70</td><td>280×70</td><td>180×80</td></tr>
<tr><td rowspan="4">473</td><td rowspan="4"></td><td>540×14</td><td rowspan="4">455</td><td>540×14</td><td rowspan="6">350×21
350×35</td><td rowspan="10">318</td><td>350×21</td><td>280×35</td></tr>
<tr><td>530×21</td><td>530×21</td><td>350×35</td><td>280×70</td></tr>
<tr><td rowspan="2">244.5</td><td rowspan="2">177.8
139.7</td><td>540×14</td><td>540×14</td><td>350×21</td><td>280×35</td><td rowspan="2">230</td></tr>
<tr><td>530×21</td><td>530×21</td><td>350×35</td><td>280×70</td></tr>
<tr><td rowspan="6">508</td><td rowspan="6">339.7</td><td rowspan="3">177.8</td><td rowspan="3">114.3
139.7</td><td>540×14</td><td rowspan="6">486</td><td>540×14</td><td>350×21</td><td>280×35</td><td rowspan="3">164</td></tr>
<tr><td>530×21</td><td>530×21</td><td>350×35</td><td>280×70</td></tr>
<tr><td>540×35</td><td>530×35</td><td>350×70</td><td>350×70</td><td>280×105</td></tr>
<tr><td rowspan="3">244.5</td><td rowspan="3">177.8
139.7</td><td>540×14</td><td>540×14</td><td>350×21</td><td>350×21</td><td>280×35</td><td rowspan="3">230</td></tr>
<tr><td>530×21</td><td>530×21</td><td>350×35</td><td>350×35</td><td>280×70</td></tr>
<tr><td>540×35</td><td>540×35</td><td>350×70</td><td>350×70</td><td>280×105</td></tr>
</table>

注:① 心轴悬挂式套管头本体侧通道出口直径大于或等于 65 mm。

② 卡瓦悬挂式套管头本体侧通道出口直径大于或等于 52 mm。

表 9-3-6　整体套管头基本参数

<table>
<tr><td>连接套管外径</td><td colspan="2">悬挂套管外径</td><td colspan="2">下部本体</td><td colspan="3">上部本体</td></tr>
<tr><td>D/mm</td><td>D_1/mm</td><td>D_2/mm</td><td>额定工作压力/MPa</td><td>垂直通径 D_t/mm</td><td>额定工作压力/MPa</td><td>垂直通径 D_{t1}/mm</td><td>连接法兰规格（通径×压力）/(mm×MPa)</td></tr>
<tr><td rowspan="4">339. 7</td><td rowspan="4">177. 8</td><td rowspan="4">127.0
139.7
177.8</td><td>14</td><td rowspan="4">330</td><td>21</td><td rowspan="4">344</td><td>350×21</td></tr>
<tr><td>21</td><td>35</td><td>350×35</td></tr>
<tr><td>35</td><td>70</td><td>350×70</td></tr>
<tr><td>70</td><td>105</td><td>350×105</td></tr>
<tr><td rowspan="2">508</td><td rowspan="2">339. 7</td><td rowspan="2">139.7
177.8
244.5</td><td>14</td><td rowspan="2">486</td><td>21</td><td rowspan="2">538</td><td>530×21</td></tr>
<tr><td>21</td><td>35</td><td>540×35</td></tr>
</table>

注:① 心轴悬挂式套管头本体侧通道出口直径大于或等于 65 mm。

② 卡瓦悬挂式套管头本体侧通道出口直径大于或等于 52 mm。

3）安装使用要求

(1) 对于含硫油气井、高压油气井、天然气井、高气油比油井、探井、深井和复杂井，应安装使用标准套管头。

(2) 使用心轴悬挂式标准套管头，套管头本体侧通道出口直径应大于或等于 65 mm。

(3) 选用 35 MPa 及以上额定工作压力的套管头应具有两道 BT 密封注脂结构。

(4) 特殊工艺井和热采井应根据地质情况、钻井设计要求等选择满足特殊要求的套管头。

(5) 使用分体式双级套管头和三级套管头，在安装套管头下部本体后，应安装与上一级套管头本体相当高度的占位承压件，以保证钻井四通和防喷管线在各次开钻中的高度基本不变。

(6) 第一级套管头本体的安装高度，应保证占位承压件、钻井四通安装后，与钻井四通连接的防喷管线能从井架底座工字梁上(或下)穿过，并确保完井时油管头本体上法兰面距地面不超过 0.5 m。特殊情况下，第一级套管头本体的安装高度应使完井井口装置的安装高度满足工程设计要求。

(7) 安装单级或第一层套管头本体时，应使本体侧通道出口中心线与防喷管线中心线重合在同一平面上，且主通径法兰面的水平误差应小于或等于 1 mm。

(8) 安装 WE 型套管悬挂器时，应拆卸套管挂侧面的卡瓦支承螺钉，并在卡瓦卡住套管后将密封压板上的压板螺钉拧紧，使其密封橡胶唇边与套管头本体内壁和套管外壁形成良好的密封。

(9) 安装 WD 型套管悬挂器注密封脂试压合格后，应用扭矩扳手按使用说明书要求紧固卡瓦螺钉，锁紧卡瓦，确保卡瓦牙有效咬合套管。

(10) 卡瓦式套管悬挂器安装就位后，缓慢下放大钩约 25 mm，套管挂卡瓦应卡住套管，套管不再下移。继续下放大钩一定吨位，确认套管不再下移和被完全卡住。否则，应上提套管，重新安装套管挂。

(11) 每一级套管头本体安装完毕，应按套管头使用说明书要求对悬挂器与套管头本体、悬挂器与套管、套管与套管头本体以及套管头上部本体和下部本体法兰钢圈槽的密封进行密封性能试验。试验压力为套管抗外挤强度的 80%与套管头连接法兰额定工作压力两者的最小值，稳压 10 min。

(12) 具有 BT 型密封注脂结构的套管头，应根据季节压注夏季或冬季用密封脂，压注密封脂的压力应为套管抗外挤强度的 80%与套管头相应额定工作压力两者的最小值，稳压 10 min，压降应不大于 0.7 MPa。

(13) 应按套管头使用说明书、钻井操作规程要求正确安装和拆卸防磨套。

(14) 套管头上下本体的连接不允许使用螺纹损坏、螺杆变形的螺栓和螺母。

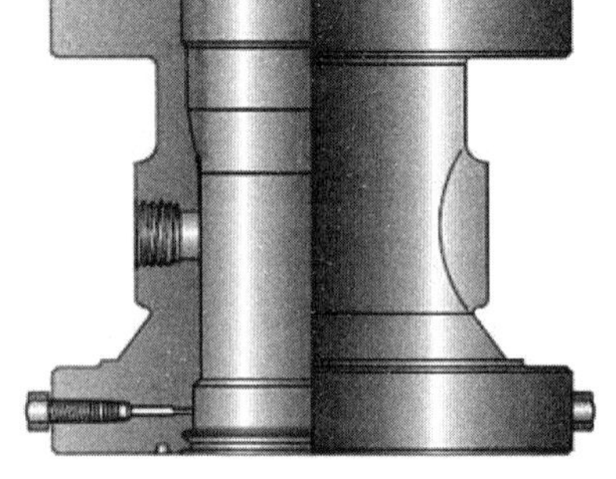
图 9-3-14　套管头四通

2. 套管头四通

套管头四通(见图 9-3-14)的上下端面均为 API 法兰

连接，侧面为 2 in 或 $2\frac{1}{16}$ in 输送管螺纹连接或 API 法兰连接。表 9-3-7 以某品牌套管头四通为例列出了相关尺寸规格。

表 9-3-7　某品牌套管头四通规格表

下部法兰/(in×psi)	上部法兰/(in×psi)	总高度/in	侧面出口高度/in	最小孔径/in	上部法兰内径/in
11×2 000	11×2 000	$20\frac{1}{8}$	$10\frac{1}{16}$	8	$10\frac{31}{32}$
11×2 000	11×3 000	$20\frac{5}{8}$	$10\frac{1}{16}$	8	$10\frac{31}{32}$
11×3 000	11×3 000	21	$10\frac{1}{2}$	8	$10\frac{31}{32}$
11×3 000	11×5 000	$23\frac{3}{4}$	$10\frac{5}{8}$	8	$10\frac{31}{32}$
11×5 000	11×5 000	$25\frac{1}{2}$	$12\frac{3}{8}$	8	$10\frac{31}{32}$
$13\frac{5}{8}$×2 000	11×2 000	$20\frac{1}{4}$	$10\frac{3}{16}$	$9\frac{15}{16}$	$10\frac{31}{32}$
$13\frac{5}{8}$×2 000	11×3 000	$20\frac{3}{4}$	$10\frac{3}{16}$	$9\frac{15}{16}$	$10\frac{31}{32}$
$13\frac{5}{8}$×3 000	11×3 000	$21\frac{1}{2}$	11	$9\frac{15}{16}$	$10\frac{31}{32}$
$13\frac{5}{8}$×3 000	11×5 000	$25\frac{1}{8}$	12	$9\frac{15}{16}$	$10\frac{31}{32}$
$13\frac{5}{8}$×5 000	11×10 000	$25\frac{1}{2}$	$12\frac{3}{8}$	$9\frac{15}{16}$	$10\frac{31}{32}$
$16\frac{3}{4}$×2 000	11×2 000	$21\frac{1}{8}$	$11\frac{1}{16}$	$9\frac{15}{16}$	$10\frac{31}{32}$
$16\frac{3}{4}$×2 000	11×3 000	$22\frac{3}{4}$	$10\frac{3}{4}$	$9\frac{15}{16}$	$10\frac{31}{32}$
$16\frac{3}{4}$×3 000	11×3 000	$24\frac{5}{16}$	$12\frac{5}{16}$	$9\frac{15}{16}$	$10\frac{31}{32}$
$16\frac{3}{4}$×3 000	11×5 000	26	$12\frac{3}{8}$	$9\frac{15}{16}$	$10\frac{31}{32}$
$16\frac{3}{4}$×2 000	$13\frac{5}{8}$×2 000	$21\frac{1}{4}$	$11\frac{1}{16}$	$12\frac{1}{2}$	$13\frac{19}{32}$
$16\frac{3}{4}$×3 000	$13\frac{5}{8}$×3 000	$22\frac{7}{8}$	$11\frac{15}{16}$	$12\frac{1}{2}$	$13\frac{19}{32}$
$16\frac{3}{4}$×3 000	$13\frac{5}{8}$×5 000	$27\frac{1}{16}$	$11\frac{15}{16}$	$12\frac{1}{2}$	$13\frac{19}{32}$
$21\frac{1}{4}$×2 000	$13\frac{5}{8}$×2 000	$22\frac{1}{16}$	$11\frac{7}{8}$	$12\frac{1}{2}$	$13\frac{19}{32}$

3. API 法兰

井控中涉及的法兰多为 API 法兰。API 法兰又分为 6B 型、6BX 型。

API 法兰的压力等级及尺寸见表 9-3-8。

表 9-3-8　6B 和 6BX 型法兰的尺寸规格及压力等级对应表

压力等级/MPa(psi)	法兰规格	
	6B 型/mm(in)	6BX 型/mm(in)
14(2 000)	52～540($2\frac{1}{16}$～$21\frac{1}{4}$)	680～762($26\frac{3}{4}$～30)
21(3 000)	52～527($2\frac{1}{16}$～$20\frac{3}{4}$)	680～762($26\frac{3}{4}$～30)
35(5 000)	52～279($2\frac{1}{16}$～11)	346～540($13\frac{5}{8}$～$21\frac{1}{4}$)
70(10 000)	—	46～540($1\frac{13}{16}$～$21\frac{1}{4}$)
105(15 000)	—	46～476($1\frac{13}{16}$～$18\frac{3}{4}$)
140(20 000)	—	46～346($1\frac{13}{16}$～$13\frac{5}{8}$)

6B 型法兰可以是平面法兰也可以是凸面法兰；而 6BX 型法兰，除栽丝连接式法兰可以是平面法兰外，其他只能是凸面法兰。

4. API 密封垫环

按作用形式不同，密封垫环分为 R 型机械压紧式和 RX 型、BX 型压力自紧式两类。R 型和 RX 型密封垫环用于 6B 型法兰，且可以互换；6BX 型密封垫环只能用于 6BX 型法兰。

按形状不同，密封垫环可分为椭圆形和八角形两种截面形式。RX 型和 BX 型为八角形，R 型既有椭圆形也有八角形。

RX 型和 BX 型垫环是增压型的，井压作用在垫环内表面，帮助提高法兰的密封性。RX 型和 BX 型是不能互换的，但这些垫环上都钻有一条压力传递通孔。

密封垫环具备有限的变形能力，以便被楔压入垫环槽中。这些密封垫环均不能重复使用。

密封垫环型号与对应管子名义尺寸见表 9-3-9。

表 9-3-9　密封垫环型号与管子名义尺寸对照表

管子名义尺寸 /in	各压力等级下密封垫环型号					
	2 000 psi	3 000 psi	5 000 psi	10 000 psi	15 000 psi	20 000 psi
$1\frac{11}{16}$	—	—	—	BX150	BX150	—
$1\frac{13}{16}$	—	—	—	BX151	BX151	BX151
$2\frac{1}{16}$	R/RX23	R/RX24	R/RX24	BX152	BX152	BX152
$2\frac{9}{16}$	R/RX23	R/RX27	R/RX27	BX153	BX153	BX153
$3\frac{1}{16}$	—	—	—	BX154	BX154	BX154
$3\frac{1}{8}$	R/RX31	R/RX31	R/RX35	—	—	—
$4\frac{1}{16}$	R/RX37	R/RX37	R/RX39	BX155	BX155	BX155
$5\frac{1}{8}$	R/RX41	R/RX41	R/RX44	BX169	BX169	—
$7\frac{1}{16}$	R/RX45	R/RX45	R/RX46	BX156	BX156	BX156
9	R/RX49	R/RX49	R/RX50	BX157	BX157	BX157
11	R/RX53	R/RX53	R/RX54	BX158	BX158	BX158
$13\frac{5}{8}$	R/RX57	R/RX57	BX160	BX159	BX159	BX159
$16\frac{3}{4}$	R/RX65	R/RX66	BX162	BX162	—	—
$18\frac{3}{4}$	—	—	BX163	BX164	BX164	—
$20\frac{3}{4}$	—	R/RX74	—	—	—	—
$21\frac{1}{4}$	R/RX73	—	BX165	BX166	—	—
$26\frac{3}{4}$	BX167	BX168	—	—	—	—
30	BX303	BX303	—	—	—	—

5. 钻井四通及升高短节

1）钻井四通

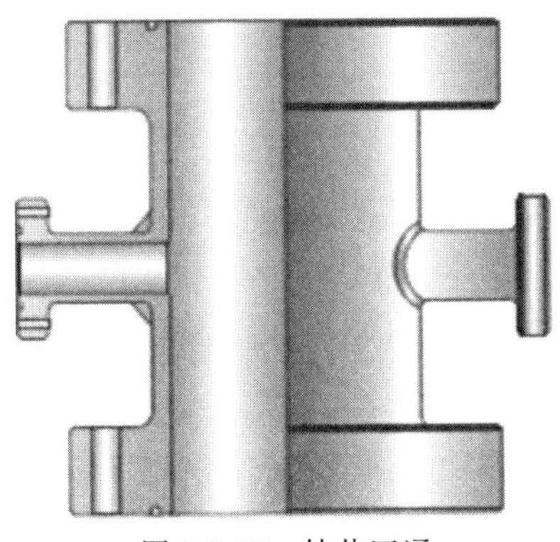
图 9-3-15　钻井四通

钻井四通（见图 9-3-15）是一种带端部连接的装置，用来连接防喷器和井口装置，侧面出口可以与阀门连接或与管汇连接以防止井喷的发生。钻井四通的通径尺寸、法兰规格及压力等级均应遵照 API 6A 以及 API 16A 的相关规定。对于钻井四通的高度尺寸，各生产厂家可形成各自的规范。表 9-3-10 是某厂商生产的钻井四通相关技术数据。

表 9-3-10　钻井四通技术规格表

四通型号	通径 /mm(in)	工作压力 /MPa(psi)	侧面出口通径 /mm(in)	顶部与底部连接法兰	侧面连接法兰	工作温度/℃	整体尺寸（长×宽×高）/(mm×mm×mm)
18-35	180(7 1/16)	35(5 000)	103(4 1/16)	API 6B 18-35 R46	API 6B 103-35 R39	−29～121	680×395×584
18-70	180(7 1/16)	70(10 000)	103/78 (4 1/16/3 1/8)	API 6BX 18-70 BX156	API 6BX 103-70 BX155/API 6BX 78-70 BX154	−29～121	830×480×600
18-105	180(7 1/16)	105(15 000)	103/78 (4 1/16/3 1/8)	API 6BX 18-105 BX156	API 6BX 103-105 BX155/API 6BX 78-105 BX154	−29～121	880×505×700
28-35	280(11)	35(5 000)	103(4 1/16)	API 6B 28-35 R46	API 6B 103-35 R39	−29～121	950×585×650
28-70	280(11)	70(10 000)	103/78 (4 1/16/3 1/8)	API 6BX 28-70 BX156	API 6BX 103-105 BX155/API 6BX 78-70 BX154	−29～121	950×650×650
28-105	280(11)	105(15 000)	103/78 (4 1/16/3 1/8)	API 6BX 28-105 BX156	API 6BX 103-105 BX155/API 6BX 78-105 BX154	−29～121	1 050×812×800
35-21	346(13 5/8)	21(3 000)	—	—	—	−29～121	950×610×600
35-35	346(13 5/8)	35(5 000)	103(4 1/16)	API 6BX 35-35 BX160	API 6B 103-35 R39	−29～121	1 100×672×650

续表 9-3-10

四通型号	通径/mm(in)	工作压力/MPa(psi)	侧面出口通径/mm(in)	顶部与底部连接法兰	侧面连接法兰	工作温度/℃	整体尺寸(长×宽×高)/(mm×mm×mm)
35-70	346(13⅝)	70(10 000)	10⅜(4$\frac{1}{16}$/3⅛)	API 6BX 35-70 BX159	API 6BX 103-105 BX155/API 6BX 78-105 BX154	−29～121	1 100×768×650
35-105	346(13⅝)	105(15 000)	10⅜(4$\frac{1}{16}$/3⅛)	API 6BX 35-105 BX159	API 6BX 103-105 BX155/API 6BX 78-105 BX154	−29～121	1 390×880×1 000
53-21	530(20¾)	21(3 000)	—	—	—	−29～121	1 250×812×800
54-14	540(21¼)	14(2 000)	—	—	—	−29～121	1 250×812×800

2) 升高短节

升高短节在油田生产中用以升高井口装置，其设计及制造规范符合 API 6A 标准。通常其两个端部具有相同的连接尺寸及连接形式。升高短节的主要结构方式见图 9-3-16。升高短节规格见表 9-3-11。

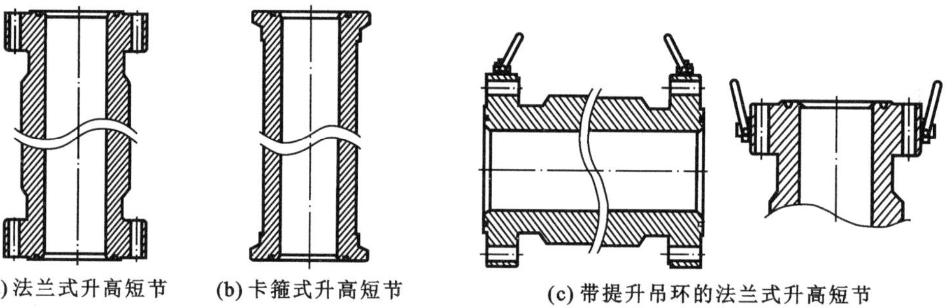
(a) 法兰式升高短节　(b) 卡箍式升高短节　(c) 带提升吊环的法兰式升高短节

图 9-3-16　升高短节结构图

表 9-3-11　升高短节规格表

工作压力	2 000～20 000 psi
工作介质	原油、天然气及钻井液
工作温度	−46～121 ℃
材　质	AA～HH
规格等级	PSL1～PSL4
性能等级	PR1～PR2

三、分流器

分流器主要用于钻井过程中浅层段的井控，当钻遇浅油气层发生井涌时，关井回压可能造成薄弱地层破裂，这时使用分流器系统使带压井内流体按规定的路线排放到安全地点，同时密封井口，保证钻井操作人员和设备的安全。应安装既能密封方钻杆又能密封钻杆的分流器，见图 9-3-17。

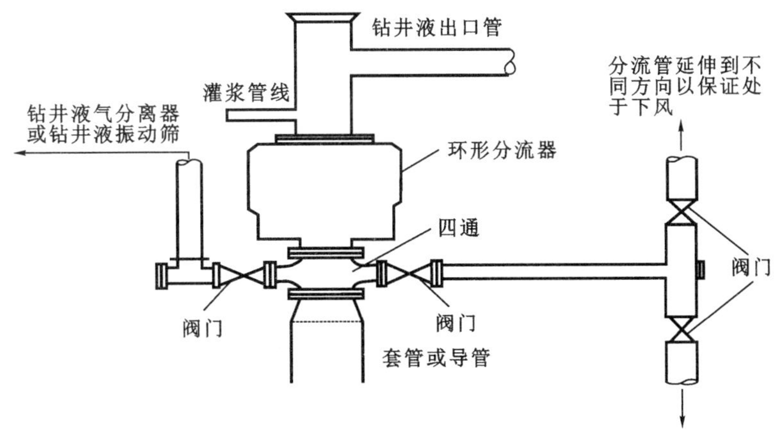

图 9-3-17　分流系统示意图

1. 分流器的操作要求

(1) 单四通出口或分流管内径不得小于 6 in。

(2) 单分流管线长度不低于 150 ft。

(3) 尽可能减少弯头数量和内径变化。

(4) 采取适当措施防止弯头被冲蚀。

① 增大弯头曲率半径。

② 增加弯曲部分的壁厚。

(5) 分流管线固定牢靠。

(6) 分流管路中只使用全开/全闭的阀门。

(7) 分流器关闭时，控制流动方向的阀门要用动力操作，并具有手控能力。

(8) 若钻井液回流管线和分流管线共用同一条管线，或者钻井液回流管线接在分流头以下，则需要安装液动控制阀，当分流器关闭时，液动控制阀能自动关闭以切断钻井液流到钻井液池的通路。

(9) 卡套(箍)式连接不适用于分流系统。

2. 分流系统(无防喷器组)安装后的检查程序

(1) 关分流器封住方钻杆或钻杆。

(2) 检查分流阀是否自动打开。

(3) 如果钻井液回流管线和分流管线共用同一管路，检查钻井液回流管上的阀门关闭时分流阀是否打开。

(4) 检查分流系统里所有阀门的手动操控性。

(5) 安装后，对分流系统进行整体试压，最低 200 psi。

(6) 小排量开泵，逐渐增大排量，流经整个系统，检查所有的分流管是否通畅。

(7) 检查系统是否有泄漏、震动，是否固定妥当。

(8) 在寒冷天气,要保护分流管线,避免结冻,可采用防冻液冲洗、排空管线液体、敷设保温材料、加热等方法。

四、防喷器的组合方式

(1) 压力等级为 14 MPa(2 000 psi)时,其防喷器组合有五种形式供选择,见图 9-3-18。

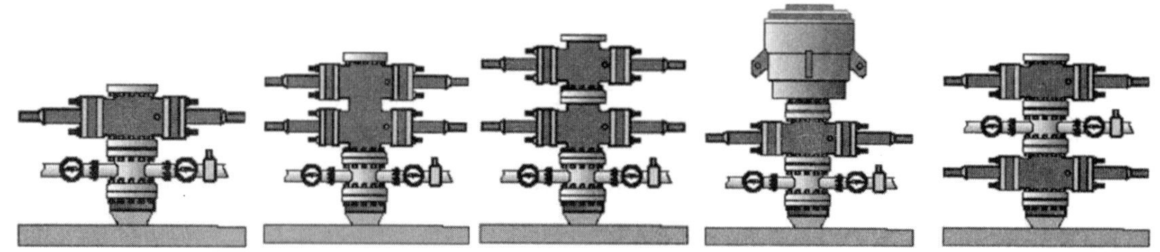

图 9-3-18　14 MPa 防喷器组合

(2) 压力等级为 21 MPa(3 000 psi)和 35 MPa(5 000 psi)时,其防喷器组合有三种形式供选择,见图 9-3-19。

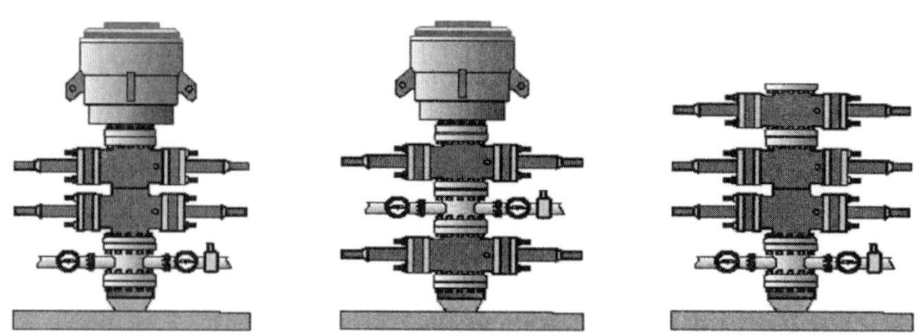

图 9-3-19　21 MPa 和 35 MPa 防喷器组合

(3) 压力等级为 70 MPa(10 000 psi)和 105 MPa(15 000 psi)时,其防喷器组合有四种形式供选择,见图 9-3-20。

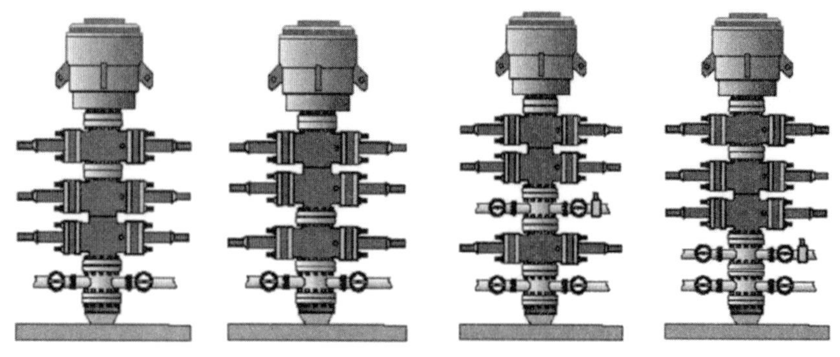

图 9-3-20　70 MPa 和 105 MPa 防喷器组合

(4) 含硫油气井防喷器组合有五种形式供选择(见图 9-3-21)。对于区域深探井、高压及含硫油气井钻井施工,从技术套管固井后至完井,均应安装剪切闸板。安装剪切闸板防喷器的钻井队现场应配备与钻具尺寸相匹配的钻杆死卡和固定绳索。

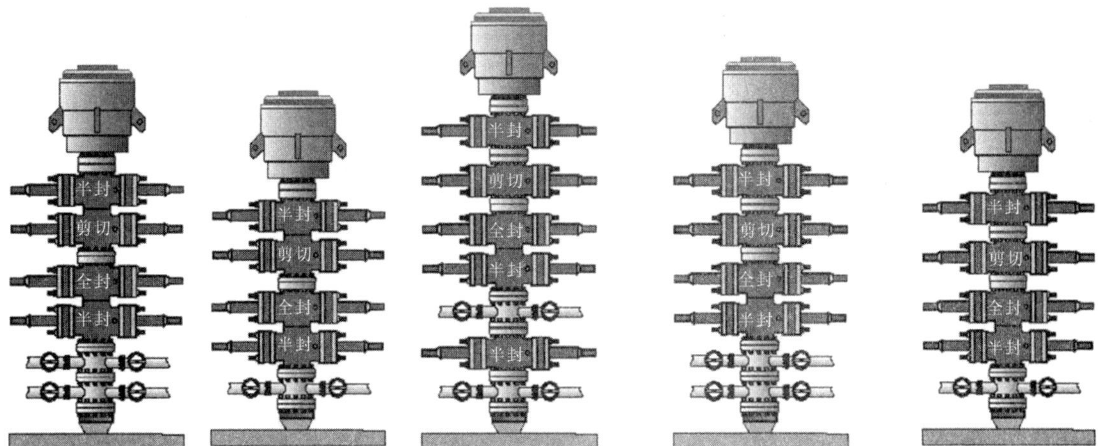

图 9-3-21　含硫油气井防喷器组合

五、节流及压井管汇

1. 功用

1) 节流管汇

(1) 通过节流阀的节流作用实施压井作业,替换出井中被污染的钻井液,同时控制井口套管压力与立管压力,恢复钻井液液柱对井底的压力控制,控制溢流。

(2) 通过节流阀的泄压作用,降低井口压力,实现“软关井”。

(3) 通过放喷阀的大量泄流作用,降低井口套管压力,保护井口防喷器组。

2) 压井管汇

(1) 通过压井管汇实施压井作业。

(2) 发生井喷时,通过压井管汇往井口强注清水,以防燃烧起火。

(3) 当井喷着火时,通过压井管汇往井筒中强注灭火剂,帮助灭火。

(4) 作为副放喷管线使用。

2. 组成形式

1) 节流管汇

(1) 压力等级为 14 MPa(2 000 psi)时,节流管汇组合形式见图 9-3-22,或选择更高压力等级。

(2) 压力等级为 21 MPa(3 000 psi)时,节流管汇组合形式见图 9-3-23,或选择更高压力等级。

(3) 压力等级为 35 MPa(5 000 psi)时,节流管汇组合形式见图 9-3-24,或选择更高压力等级。

(4) 压力等级为 70 MPa(10 000 psi)时,节流管汇组合形式见图 9-3-24。

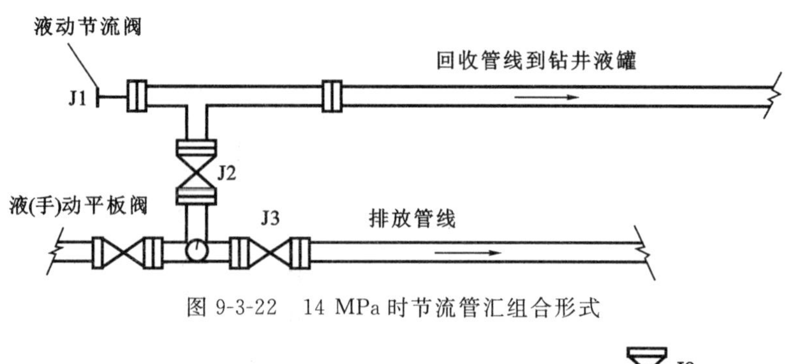

图 9-3-22　14 MPa 时节流管汇组合形式

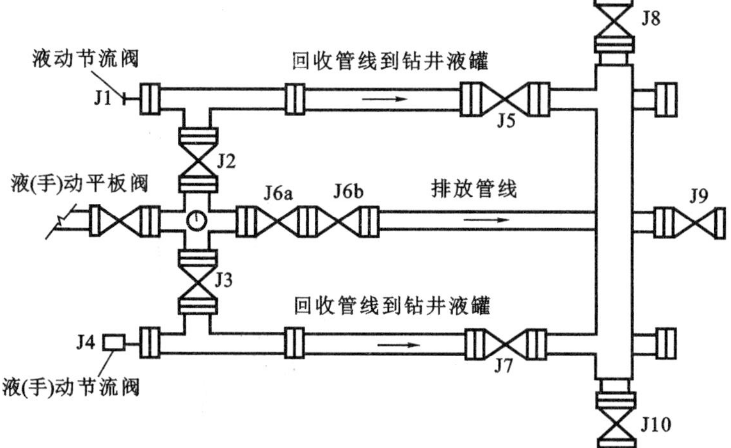

图 9-3-23　21 MPa 时节流管汇组合形式

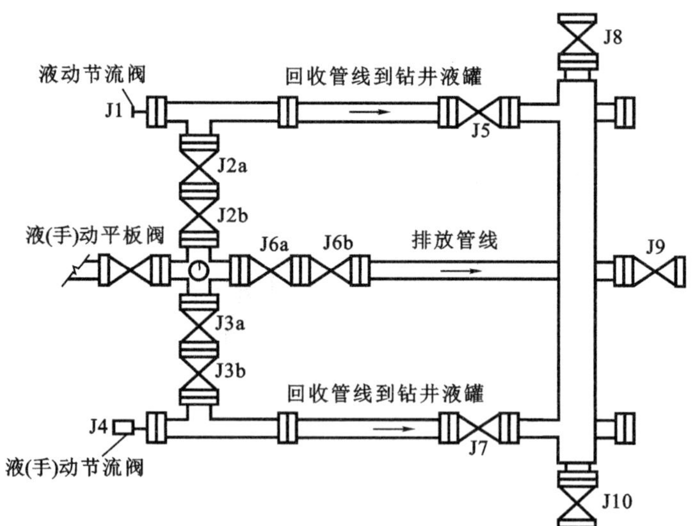

图 9-3-24　35 MPa 和 70 MPa 时节流管汇组合形式

(5) 选用压力等级为 105 MPa(15 000 psi)时,节流管汇组合形式见图 9-3-25。

2) 压井管汇

压井管汇组合形式见图 9-3-26,其压力级别和组合形式应与防喷器的压力级别和组合形式相匹配。

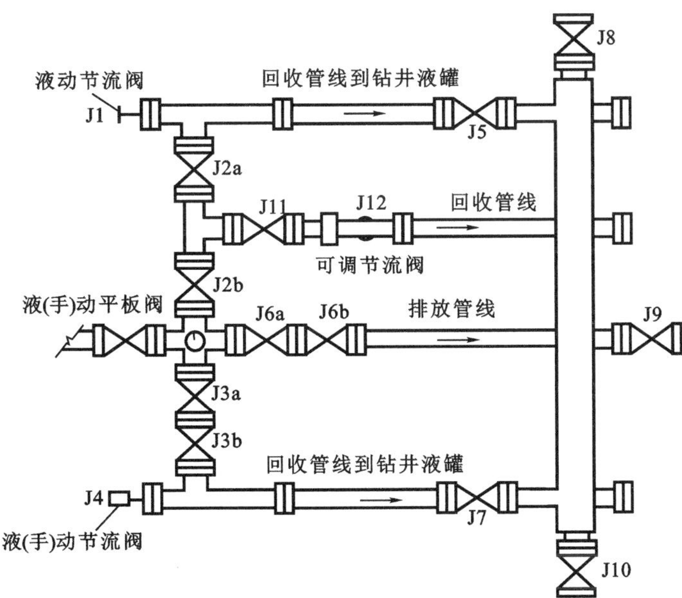

图 9-3-25　70 MPa 和 105 MPa 时节流管汇组合形式

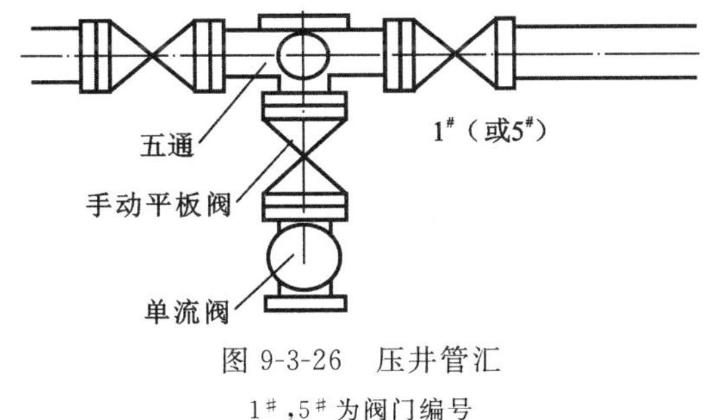

图 9-3-26　压井管汇

1#，5# 为阀门编号

3. 基本要求

(1) 防喷管、节流管汇和压井管汇的额定工作压力不应低于最后一次开钻所配置的钻井井口装置的额定工作压力值。

(2) 防喷管通径不小于 108 mm。

(3) 防喷管和节流管汇之间的液动平板阀由防喷器控制装置控制。

(4) 采用双四通连接时，应考虑上下防喷管线能从钻机底座下顺利穿过，转弯处应用角度大于 120°的预制铸(锻)钢弯头，放喷管线等不允许在现场进行焊接。

(5) 四通两翼各有两个平板阀，紧靠四通的平板阀应处于常开状态，靠外的手动或液动平板阀应接出井架底座以外，寒冷地区在冬季应对控制闸阀以内的防喷管线采取相应的防冻措施。

(6) 防喷管汇长度若超过 7 m，应打基墩固定。

(7) 节流管汇水平安装在双四通的 8 号或单四通的 4 号平板阀外侧的基础上。压井管汇水平安装在双四通的 5 号或单四通的 1 号平板阀外侧。节流压井管汇上所有的平板阀应挂牌编号，并标明开关状态。

(8) 节流阀控制台安装在节流管汇上方的钻台上，套管压力表及变送器安装在节流管汇四通上，立管压力变送器垂直于钻台平面安装，供给控制台的气源管线用专门的闸阀控制，所有液气管线用快速接头连接。

(9) 放喷管线的通径应不小于 78 mm，其布局要考虑当地季节风向、居民区、道路及各种设施等情况，放喷管线出口距井口的距离应不小于 75 m(油井)。每隔 10～15 m 及在转弯处和放喷口处应采用水泥基墩与地脚螺栓或地锚固定，放喷管线悬空处要支撑牢固，转弯处应用角度大于 120°的预制铸(锻)钢弯头，不允许现场焊接。放喷管线走向一致时，两条管线之间应保持大于 0.3 m 的距离，出口应朝不同的方向。

4. 主要阀件

1) 平板阀

平板阀可分为手动和液动两种形式。

手动平板阀的结构见图 9-3-27。手动平板阀只能全开全关，不允许半开半关，否则在井液的高速冲蚀下将使其过早损坏。开、关平板阀的动作要领是：开、关到位后，回旋手轮 1/4～1/2 圈。

液动平板阀的结构见图 9-3-28。液动平板阀在节流管汇上平时处于关闭工况，只在节流、放喷或“软关井”时才开启工作。

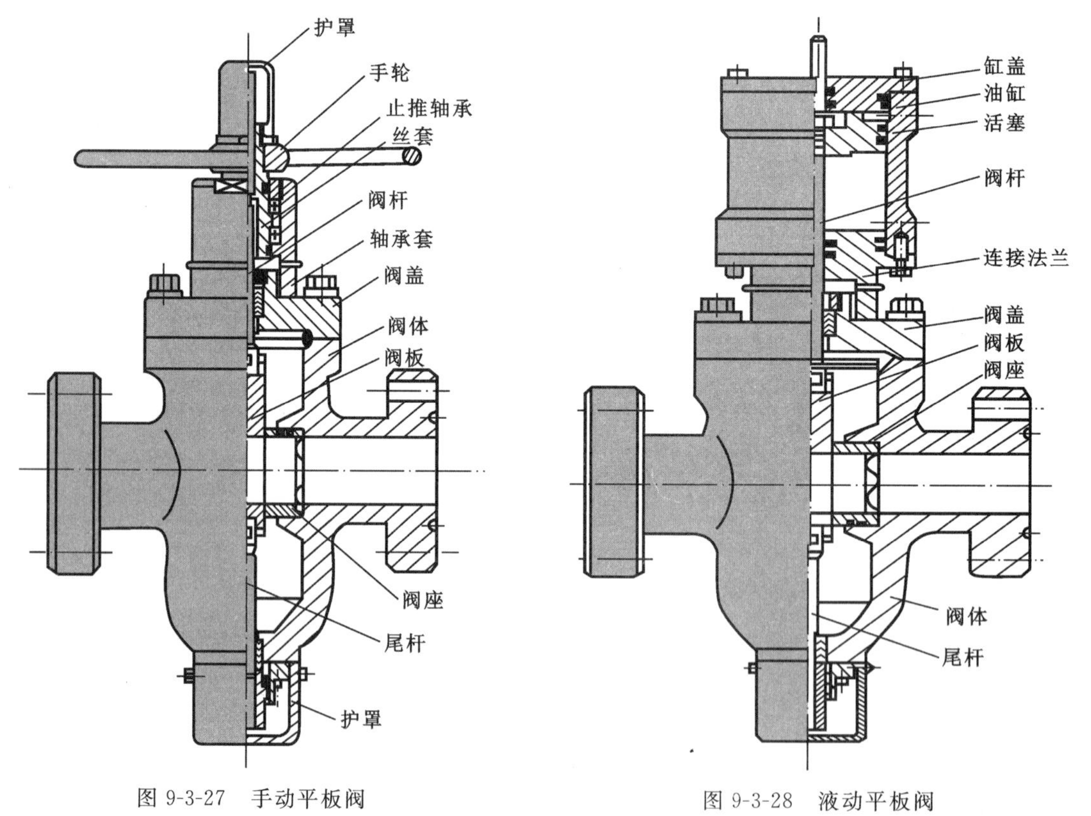

图 9-3-27　手动平板阀　　图 9-3-28　液动平板阀

2) 节流阀

节流阀分手动和气(液)动两种，手动节流阀可以通过调节阀门的开度控制回压和排量，气(液)动节流阀是依靠气(液)的充入量来调节阀杆(一般为活塞杆状)开度控制回压和排量的,节流阀装在节流管汇上。

节流阀有筒形、针形和楔形三种。筒形节流阀阀板呈圆筒形,阀板与阀座间有环隙,入口与出口始终相同,见图 9-3-29,因此该阀关闭时并不密封。节流阀的阀板与阀座皆采用耐磨材料制成,阀板磨损后可调头安装使用,这种节流阀较针形节流阀耐磨蚀、流量大、节流时震动小。

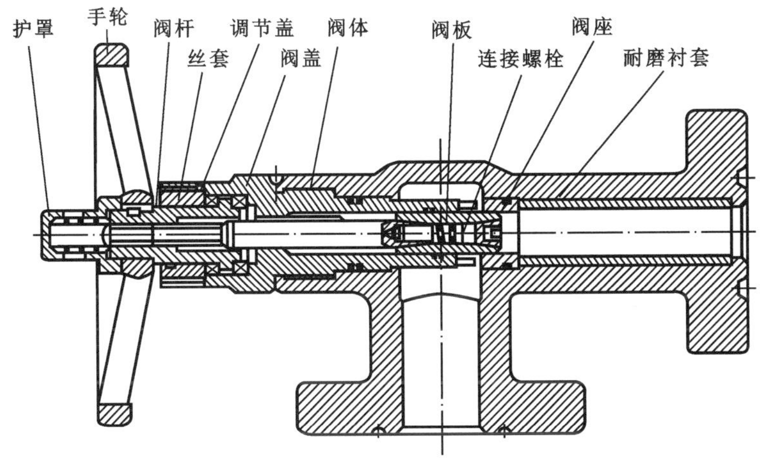

图 9-3-29 (手动)筒形节流阀

操作节流阀时,顺时针旋转手轮,则开启度变小并趋于关闭;逆时针旋转手轮,则开启度变大。节流阀的开启度可以从护罩的槽孔中观察阀杆顶端的位置来判断。平时节流阀在管汇上应处于半开状态。

液动筒形阀板节流阀以油缸、活塞代替手轮机构,其余与手动筒形阀板节流阀相同。液控压力油由钻台上的液控箱提供。

3) 单流阀

压井管汇上装有单流阀,其结构见图 9-3-30。

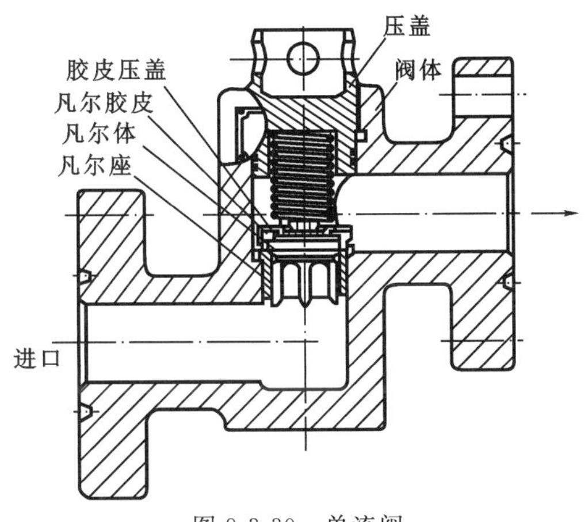

图 9-3-30 单流阀

高压泵将钻井液注入井筒时,钻井液从单流阀低口进入高口输出,停泵时钻井液不会倒流。平时以及井喷时,井口高压流体不会沿单流阀流出。

5. 液控箱

液动节流管汇的节流阀由安装在钻台上的液控箱控制，便于安全、快速地关井和压井。目前高压力级别的节流管汇都是液动的。

液控箱装设在钻台上立管旁边，液控箱内部装有油箱、气泵、备用手压泵、储能器、安全阀、空气调压阀等部件。

六、液气分离器

液气分离器用在节流压井过程中分离钻井液中的气体，通常连在节流管汇的后面。其组成为一个大直径管子，内部焊接许多挡板，用以打散钻井液，使气体易于分离；底部的虹吸设计允许分离后的钻井液回流到振动筛，从而保证容器上部气体具有一定的压力；顶部的排气管直径应足够大，允许气体排至安全距离而不会有过大的摩阻和回压。排气管线直径至少为 8 in，连接方式为法兰或卡子连接，与液气分离器具有同样的压力等级。排气管线端部应建燃烧池，并远离储备库或废品池，以防着火。

七、内防喷工具

1. 方钻杆旋塞

方钻杆旋塞是用于关闭钻柱内孔防止内喷的手动球阀，它连接于方钻杆的上部和下部，上部方钻杆旋塞阀为左旋连接，接于水龙头下端与方钻杆上端之间；下部方钻杆旋塞阀为右旋连接，接于方钻杆下端与钻杆或钻杆保护接头的上端之间，耐压可达 105 MPa。

2. 顶驱旋塞阀

顶驱旋塞阀包括上旋塞阀和下旋塞阀两种，它们是与顶驱系统配套使用的控制阀，可承受来自上下两个方向的高压。

3. 全开口安全阀

安全操作要求钻台上准备好与现用钻具（钻杆/钻铤）相匹配的处于开位的全开口安全阀（包括开关扳手）。如果在卸掉方钻杆的情况下发生井涌，比如起下钻或接单根时，可以立即在钻柱顶部安装合适的全开口安全阀。安全操作经验表明，作为预防措施，当钻机维修或方钻杆处于大鼠洞内时，在钻柱上安装全开口安全阀是个好习惯。使用时要注意全开口安全阀与钻柱顶部丝扣的配合。如果需要强行下钻，可在全开口安全阀上面安装钻杆回压阀，并打开全开口安全阀。下套管时要准备好相应的转换接头。

4. 钻具止回阀(回压阀)

按照结构分为箭形、球形和投入式止回阀。常用的有箭形和投入式止回阀。

箭形止回阀是一种单流阀（或浮阀），可随钻具下入井内以防止内喷，它只能在很低流速下与钻柱连接。最好的办法是先安装全开口安全阀,并关闭,如果决定下钻,再连接箭式回压阀。释放箭杆用于保持回压阀打开,以便在钻柱内喷的情况下安装;去掉释放杆则回压阀关闭,然后拆掉上部的顶盖,再接上钻杆。

投入式回压阀是将阀座事先连接在钻柱上,在需要时将阀芯投入或泵入阀座形成关闭,不需要时可用钢丝收回,属于内防喷工具的一种。

5. 钻具旁通阀

钻开油气层前将钻具旁通阀接在靠近钻头的钻柱处,压井作业中钻头水眼被堵时,利用旁通阀可建立新的通道,继续实施压井作业,使用方法是:发现钻头水眼被堵时,卸掉方钻杆投球,再接方钻杆、开泵,泵压升高到一定压力值后剪断固定销,使阀座下行,直到排泄孔全部打开,从而建立新的循环通道。

八、井控辅助装置

1. 钻井液除气器

除气器能有效地控制钻井液的气侵,排除有毒气体和易燃气体,去除侵入钻井液中直径小于 1.587 mm 的气泡。可根据钻井液的处理量和除气器的处理能力来选择除气器。放空管线应延伸到下风处的安全距离外,至少 45 m(150 ft)。

2. 电子点火装置

电子点火装置能在放喷的瞬间及时、准确地点燃放喷管线出口喷出的有毒可燃气体,消除气体对环境的污染和对人畜的伤害。电子点火装置主要包括装置主体、防回火装置、液化气罐、液化气管线、电子点火控制箱、无线遥控器、充电电缆、点火电缆等部件,见表 9-3-12。

表 9-3-12 典型的电子点火装置技术参数表

型　号	YPD-20/3
燃烧器(火炬)通径	*DN* 200 mm
燃烧器高度	3 m
GDH-2 型电子点火器点火电压	16 kV
GDH-2 型电子点火器点火频率	100～1 000 次/min

九、液压防喷器控制装置及系统

液压防喷器控制装置由储能器装置(又称远程控制台或远程台)、遥控装置(又称司钻控制台或司控台)以及辅助遥控装置组成。

储能器装置是制备、储存与控制压力油的液压装置,由油泵、储能器、阀件、管线、油箱等元件组成。通过操作换向阀可以控制压力油输入防喷器油腔,直接使井口防喷器实现开关动作。储能器装置安装在井口侧前方 25 m 以远处。

遥控装置是使储能器装置上的换向阀动作的遥控系统，间接使井口防喷器开关动作。遥控装置安装在钻台上司钻岗位附近。

辅助遥控装置安置在值班房内，作为应急的遥控装置备用。

1. FKQ 系列地面防喷器控制装置的结构

1）远程控制台

远程控制台由底座、油箱、泵组、储能器组、管汇、各种阀件、仪表及电控箱等组成，其典型结构见图 9-3-31。

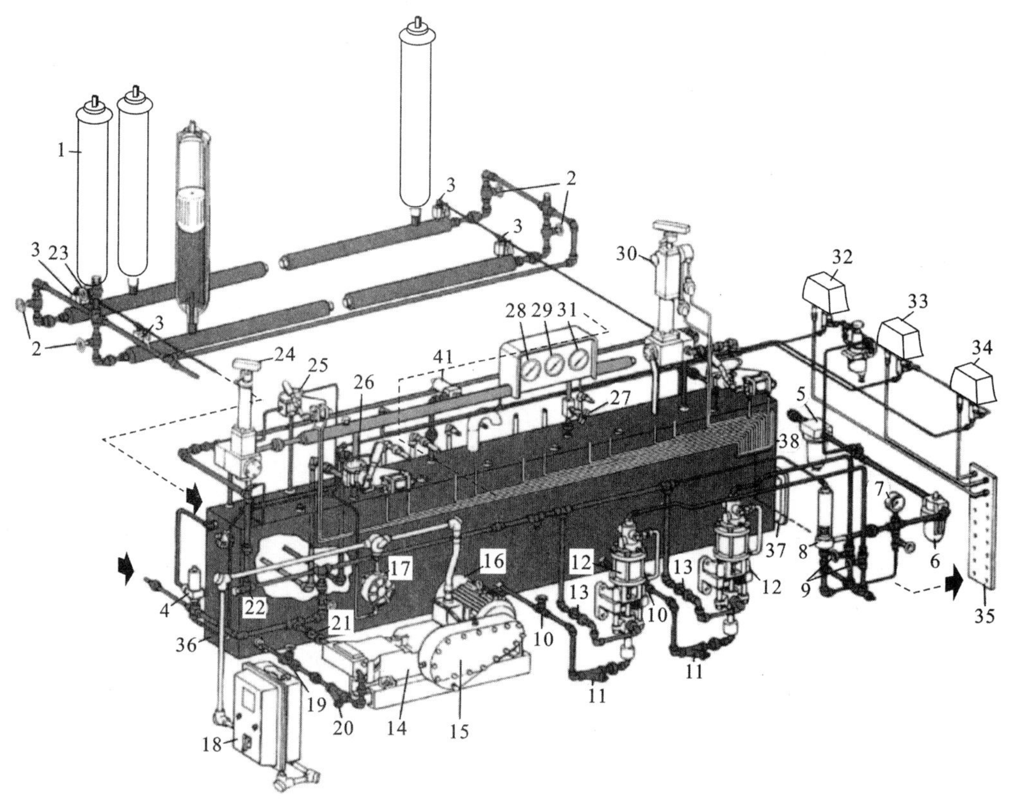

图 9-3-31　典型储能器装置结构示意图（电动 2 000 hp 钻机）

1—储能器瓶；2—储能器组截止阀；3—储能器组放空阀；4—储能器泄压阀；5—分水滤气器；6—油雾器；7—气源压力表；8—压力继气器；9—进气阀；10—进油阀；11，20—滤清器；12—气动油泵；13，21—出口单向阀；14—电动油泵；15—护罩；16—防爆电机；17—液电开关；18—电控箱；19—进液阀；22—高压滤清器；23—切断阀；24—管汇调压阀；25—溢流阀；26—四通换向阀；27—管汇泄压阀；28—储能器压力表；29—管汇压力表；30—环形防喷器调压阀；31—环形防喷器压力表；32—环形防喷器压力变送器总成；33—储能器压力变送器总成；34—管汇压力变送器总成；35—气管束接线盒；36—油箱；37—人孔；38—玻璃液位计

远程控制台的特点是：

（1）配有两套独立的动力源。FKQ 系列配有电动油泵和气动油泵，FK 系列配有电动油泵和手动油泵。即使在断电的情况下，亦可保证系统正常工作。

（2）储能器组有足够的高压液体储备，满足关闭全部防喷器组和打开液动阀的控制要求。任一储能器瓶的失效，储能器供给总液量的损失不大于 25%，符合 API 规范的要求。

(3) 电动油泵和气动油泵均带有自动启动、停止的控制装置。在正常工作中，即使自动控制装置失灵，溢流阀也可以迅速溢流，保证系统安全。

(4) 每个防喷器的开、关动作均由相应的三位四通转阀控制。FKQ 系列控制装置既可直接手动换向，又可气动遥控换向；FK 系列控制装置只能手动换向。

(5) 远程控制台的控制管汇上有备用压力源接口，可以在需要时引入压力源，如氮气备用系统等。

(6) FKQ 系列控制装置的环形防喷器控制回路可以远程气动调压，而且当气源突然失效时，控制压力可以自动恢复为初始设定值，符合 API 规范要求。

2) 司钻控制台

FKQ 系列控制装置配有司钻控制台。司钻控制台通常安装在钻台上，可使司钻能够很方便地对远程控制台进行遥控。

司钻控制台的特点是：

(1) 工作介质为压缩空气，保证操作安全。

(2) 各气转阀的阀芯机能均为 Y 型，并能自动复位，在任何情况下都不影响在远程控制台上对防喷器组进行操作。

(3) 具有操作记忆功能。每个三位四通气转阀分别与一个显示气缸相接，当操作转阀到“开”位或“关”位时，显示窗口便同时出现“开”字或“关”字，气转阀手柄复位后显示标牌仍保持不变，这样可使操作人员了解前一次在司钻台上操作的状态。

(4) 为确保对防喷器组的操作可靠无误，司钻控制台的转阀均采用二级操作的方式，即首先扳动气源转阀，接通气源，然后扳动控制气转阀，才能使相应的控制对象动作。

3) 空气管缆

空气管缆用以连接远程控制台与司钻控制台间的气路。空气管缆由护套及多根管芯组成，两端装有连接法兰，分别与远程控制台和司钻控制台相连，连接法兰之间用橡胶密封垫密封。

4) 液压管线

一般情况下，远程控制台与井口防喷器组之间的距离为 30 m，需要用一组液压管线将它们连接起来。连接方式有硬管线连接和软管线连接。

硬管线包括管排架、闭合弯管、三弯管等。硬管线连接具有安全、可靠等优点，缺点是布置安装不方便。

软管线连接具有简单、方便等优点，但在使用中应注意其安全性。根据现场情况，也可以软、硬管线混合使用，充分发挥各自的优点。

5) 报警装置

远程控制台可以安装报警装置，对储能器压力、气源压力、油箱液位和电动泵的运转进行监视，当上述参数超出设定的报警极限时，可以在远程控制台和司钻控制台上给出声、光报警信号，提示操作人员采取措施。报警装置的功能如下：

(1) 储能器压力低的时候报警。

(2) 气源动力低的时候报警。

(3) 油箱液位低的时候报警。

(4) 电动泵运转指示。

6）氮气备用系统

氮气备用系统由若干与控制管汇连接的高压氮气瓶组成，可为控制管汇提供应急辅助能量。氮气备用系统通过隔离阀、单向阀及高压球阀与控制管汇连接。如果储能器和（或）泵装置不能为控制管汇提供足够的动力液，可以使用氮气备用系统为管汇提供高压气体，以便关闭防喷器。

7）压力补偿装置

压力补偿装置是地面防喷器控制装置的配备设备。在钻井过程中，当钻杆接头通过环形防喷器时，会在液压系统中产生压力波动。将本装置安装在控制环形防喷器的管路上，管路的压力波动会立即被吸收，可以减少环形防喷器胶芯的磨损，同时也会在过接头后使胶芯迅速复位，确保钻井安全。

压力补偿装置安装在地面防喷器控制装置的环形防喷器控制管线中，为保证使用效果，应将该装置安装在距环形防喷器较近的关闭油路上。

8）辅助控制台

为了便于对远程控制台进行控制，FKQ 系列控制装置还可以配备辅助控制台。辅助控制台采用气动控制，通过空气管缆与远程控制台连接，可以在司钻控制台或辅助控制台两处对远程控制台进行控制。

2. FKQ 系列控制装置的使用

1）电动油泵的启、停控制

将远程控制台上电控箱的主令开关旋到“自动”位置，整个装置便处于自动控制状态。此时，如果系统压力低于 19 MPa(2 700 psi)，压力控制器将自动启动电动油泵。压力油经单向阀向储能器组供油（在此之前必须打开储能器组的隔离阀）。当系统压力达到 21 MPa(3 000 psi)时，压力控制器自动切断电源，使电动油泵停止供油。当系统压力降至 19 MPa(2 700 psi)时，电动油泵会自动重新启动工作。

系统处于“自动”状态时，压力控制器使储能器组的压力始终保持在 19～21 MPa(2 700～3 000 psi)，随时可供操作防喷器开启或关闭。

注意：主令开关在“自动”位置时，电动油泵会自动启动，操作者应注意避免电动机突然运转而发生人身和设备事故。

将主令开关旋至“手动”位置时，按下启动按钮，电动油泵将会启动。当系统压力升到 21 MPa(3 000 psi)时，应按下“停止”按钮。

注意：主令开关在“手动”位置时，电动油泵不会自动启动，操作者应注意观察系统压力，在需要时手动停止电动油泵。

2）液压控制

储存在储能器组中的压力油通过储能器隔离阀（高压球阀）、滤清器，经减压溢流阀减压后，进入控制管汇，到各三位四通转阀进油口。同时，来自储能器组的压力油经滤清器进入控制环形防喷器的减压溢流阀，减压后专供环形防喷器使用。只需扳动相应的三位四通转阀手柄，便可实现开、关防喷器的操作。

三位四通转阀的换向也可通过司钻控制台遥控完成。首先扳动司钻控制台上控制气源开关的气转阀至“开”位，同时操作其他三位四通气转阀进行换向，压缩空气经空气管缆进入远程控制台，控制相应的气缸，带动换向手柄，使远程控制台上相应的三位四通转阀换向。在司钻控制台上气转阀换向的同时，压缩空气使显示气缸的活塞移动，司钻控制台上各气转阀上的圆孔内显示“开”或“关”字样，表示各防喷器处于“开”或“关”的状态。

注意：司钻控制台上的转阀为二级操作方式，即扳动各控制对象的转阀时，必须同时扳动气源开关转阀。因为控制系统管线较长，扳动转阀必须保持 3 s 以上，以保证远程控制台上的转阀换向到位。

控制管汇上减压溢流阀的出口压力的调整范围为 0～14 MPa(2 000 psi)，一般情况下调整为 10.5 MPa(1 500 psi)。旁通阀的手柄在“开”位时，减压溢流阀将不起作用，控制管汇的压力与系统压力相同。

控制环形防喷器可以使用手动或气/手动减压溢流阀。系统装有气/手动减压溢流阀时，可以分别在远程控制台或司钻控制台上对该阀的输出压力进行气动调节，也可以通过远程控制台上的分配阀选择气动调压的位置。分配阀有两个位置，分别由远程控制台和司钻控制台控制。

手动调节时，旋转减压溢流阀上端的手轮，可以将输出压力调节为设定压力。气动调压的使用方法如下：

(1) 在气压为零的情况下，先手动调压至输出压力为 10.5 MPa(1 500 psi)或所需的设定压力，锁定调节杆。

(2) 将分配阀手柄旋至“司钻控制台”位置，在司钻控制台上旋转调节旋钮，可以调整环形防喷器的控制压力。其中，顺时针旋转为降低控制压力。

(3) 将分配阀手柄旋至“远程控制台”位置，在远程控制台上旋转调节旋钮，可以调整环形防喷器的控制压力。其中，顺时针旋转为降低控制压力。

注意：使用气动调压时，必须首先手动调压至输出压力为 10.5 MPa(1 500 psi)。气动调压失效时(如气管爆裂等原因使气压为零)，控制台压力控制环形防喷器将会自动恢复为手动设定的初始定值，以保证安全。

在司钻控制台进行气动调压时，由于气控管路较长，减压溢流阀出口压力的变化稍有滞后，操作时应注意观察，缓慢操作。

当远程控制台上所用的三位四通转阀(液转阀)手柄在“中”位时，各腔互不相通，而当手柄处于“开”位或“关”位时，随着压力油进入防喷器中油缸的一端，另一端的油液便经三位四通转阀回到油箱。使用时，转阀的手柄应保持在“开”位或者“关”位。

司钻控制台上各三位四通转阀(气转阀)可以自动复位(“中”位)。

3) 辅助泵的控制

控制装置另外配有一组辅助泵源，FKQ 系列为启动油泵，FK 系列为手动油泵。在没有电或不允许用电时，系统的压力可由气动油泵或手动油泵提供。

对于配有电动油泵的控制系统，打开气源开关阀，关闭液气开关的旁通阀，压缩空气经气源处理元件进入液气开关，如果此时管汇压力低于 19 MPa(2 700 psi)，液气开关将自动开启，压缩空气通过液气开关进入气动油泵，驱动其运转，排出的压力油经单向阀进入管汇。当系统压力升至 21 MPa(3 000 psi)左右时，在压力油的作用下，液气开关自动关闭，切断气源，气动油泵停止工作。

在个别情况下，需要使用高于 21 MPa(3 000 psi)的压力油进行超压工作，只能由气动油泵供油。

3. FKQ 系列地面防喷器控制装置的安装与调试

1）安装

（1）带着保护房吊装远程控制台时，须用四根钢丝绳套在底座的四脚起吊，起吊时要平稳。吊装司钻控制台或管排架时均应将钢丝绳穿过或钩住吊环起吊。

（2）远程控制台应安装于离井口 25 m 以外的适当位置，司钻控制台则安放在钻台上便于司钻操作的地方。

（3）连接油管。

（4）连接气管路。

（5）连接电源。

2）调试

（1）电动油泵启停试验。

将主令开关转到"自动"位置，电动油泵空载运转 10 min 后，关闭控制管汇上的卸荷阀，使储能器压力升到 21 MPa(3 000 psi)，此时应能自动停泵（不能自停时可将电控箱的主令开关转到"手动止"位置，使泵停止运转）。逐渐打开卸荷阀，使系统缓慢卸载，当油压降至 19 MPa(2 700 psi)左右时，电动油泵应能自动启动。

在上述过程中检查并调整压力控制器，直到电动油泵能正确地自动停止和启动。升压过程中应观察远程控制台上各接头等处是否有渗、漏油现象，如果有应及时维修。

（2）气动油泵启停试验。

关闭液气开关的旁通阀，打开通往气动油泵的气源开关阀，使气动油泵工作，待储能器压力升到 21 MPa(3 000 psi)左右时，观察液气开关是否切断气源使气动油泵停止运转。逐渐打开控制管汇上的卸荷阀，使系统缓慢卸载，当系统压力降至 19 MPa(2 700 psi)左右时，气动油泵应能自动启动。

在上述过程中检查并调整液气开关，直到气动油泵能正确地自动停止和启动。升压过程中应观察远程控制台上各接头等处是否有渗、漏油现象，如果有应及时维修。

（3）手动油泵试验。

如果系统装有手动油泵，应关闭管路上的储能器隔离阀，打开控制管汇的旁通阀，摇动手动油泵手柄，观察管汇压力是否上升。当手动油泵手柄摇动较困难时，请将手动油泵上的截止阀关闭，使手动油泵单缸工作，继续升压。

（4）调整减压溢流阀。

在上述升压过程中，观察管汇或环形控制回路的减压溢流阀的出口压力值是否为 10.5 MPa(1 500 psi)，不符合时应进行调节。

（5）换向试验。

将储能器压力升至 21 MPa(3 000 psi)，控制管汇上的旁通阀置"关"位，在远程控制台上操作三位四通阀进行换向，观察阀的"开"、"关"动作是否与防喷器或防喷阀的实际动作一致。在司钻控制台上操作气转阀换向，观察阀的"开"、"关"动作是否与控制对象的动作一致，不一致时应检查管线连接是否有误。

(6) 溢流阀试验。

① 低压溢流阀试验:关闭管路上的储能器隔离阀,将三位四通转阀转到"中"位,电控箱上的主令开关扳至"手动"位置。启动电动油泵,将储能器压力升至 23 MPa(3 300 psi)左右,观察电动油泵出口的溢流阀能否全开溢流。全开溢流后,将主令开关扳至"停止"位置,停止电动油泵,溢流阀应在压力不低于 19 MPa(2 700 psi)时完全关闭。

② 高压溢流阀试验:关闭储能器组隔离阀,将控制管汇上的旁通阀扳至"开"位。打开气源开关阀,打开液气开关的旁通阀,启动油泵,使管汇升压至 34.5 MPa(5 000 psi),观察管汇溢流阀是否全开溢流。全开溢流后,关闭气源,停止气动油泵,溢流阀应在压力不低于 29 MPa(4 200 psi)时完全关闭。必要时,应对溢流阀的溢流压力进行调整。

注意:试验和调整溢流阀时,必须关闭储能器组隔离阀,避免因储能器压力升高而导致事故。

(7) 环形防喷器气动调压试验。

旋转环形防喷器气/手动减压溢流阀的手轮,使阀的出口压力设定在 10.5 MPa(1 500 psi)。

将远程控制台上分配阀的手柄旋至"司钻控制台"位置,然后在司钻控制台上调节气动调压手轮,观察司钻控制台上环形防喷器压力表的读数是否变化,是否与远程控制台上压力表的读数一致。

将分配阀手柄旋至"远程控制台"位置,调节远程控制台上的气动调压手轮,观察环形防喷器压力表的读数。

(8) 检查油箱液面高度。

若在上述调整过程中因漏油过多造成油箱液面过低,应当补充油液,但不宜补充过多,以防储能器组泄压时油液返回并溢出油箱。

4. 控制系统的维护与保养

1) 维护

(1) 控制装置与防喷器连接的液或气管线均不得通过车辆,防止轧坏。

(2) 控制装置在正常钻进时应每班进行一次检查,检查内容包括:

① 油箱液面是否正常。

② 储能器压力是否正常。

③ 电器元件及线路是否安全可靠。

④ 油、气管路有无渗漏现象。

⑤ 压力控制器和液气开关自动启、停是否准确、可靠。

⑥ 各压力表显示值是否符合要求。

⑦ 根据有关安全规定进行防喷器开、关试验。

(3) 用户应当建立使用与维修记录,以随时记录使用情况、故障及检修情况。所有文件和记录须随机转运。

2) 保养

(1) 对于各滤清器及油箱顶部加油口内的滤网,每次上井使用后应当拆检,取出滤网,认真清洗,严防污物堵塞。

(2) 对于气源处理元件中的分水滤气器，应每天打开下端的放水阀一次，将积存于杯子内的污水放掉；每周取下过滤杯与存水杯清洗一次，清洗时用汽油等矿物油滤净，然后用压缩空气吹干，勿用丙酮、甲苯等溶液清洗，以免损坏杯子。

(3) 对于气源处理元件中的油雾器，应每天检查杯中的液面一次，注意及时补充与更换润滑油(N32 号机油或其他适宜油品)，发现滴油不畅时应拆开清洗。

(4) 定期检查储能器预充氮气的压力。最初使用时每周检查一次氮气压力，以后在正常使用过程中每月检查一次，氮气压力不足 6.3 MPa(900 psi)时应及时补充。检查氮气压力必须在储能器瓶完全泄压的情况下进行，可利用储能器底部卸荷阀泄压。

(5) 控制装置远距离运输时，建议将储能器内的氮气放到只剩 1 MPa(140 psi)左右，以免运输中发生意外。

(6) 随时检查油箱液面，定期打开油箱底部的丝堵放水，检查箱底有无泥沙，必要时清洗箱底。应定期检测油箱内液压油的清洁度，以防止由于液压油污浊对控制装置造成的损坏。

(7) 定期检查电动油泵、气动油泵或手动油泵的密封盘根，盘根不宜过紧，只要无明显漏油即可，遇有盘根损坏时应予更换。

(8) 拆卸管线时，应注意勿将快换活接头的 O 形密封圈丢失。拆卸后，应将这些密封圈收集到一起，妥善保管。

(9) 经常擦拭远程控制台、司钻控制台表面，使其保持清洁，注意勿将各种标牌碰掉。

(10) 每钻完一口井后，应对压力表进行一次校验。

(11) 每周用油枪向转阀空气缸的两个油嘴加注适量润滑脂一次。

(12) 每月检查电动泵曲轴箱润滑油液位一次，不足时应补充适量 N32 号机油或其他适宜油品。

(13) 每月拆下链条护罩，检查润滑油情况一次，不足时应补充适量 N32 号机油或其他适宜油品。

5. 控制系统的故障与排除

1) 控制装置运行时有噪音

原因：系统油液中混有气体。

措施：空运转，循环排气；检查储能器胶囊有无破裂，及时更换。

2) 电动机不能启动

(1) 原因：电源参数不符合要求。

措施：检查电路。

(2) 原因：电控箱内电器元件损坏、失灵，或熔断器烧毁。

措施：检修电控箱，或更换熔断器。

3) 电动油泵启动后系统不升压或升压太慢，泵运转时声音不正常

(1) 原因：油箱液面太低，泵吸空。

措施：补充油液。

(2) 原因：吸油口闸阀未打开，或者吸油口滤清器堵塞。

措施：检查管路，打开闸阀、清洗滤清器。

(3) 原因：控制管汇上的卸荷阀未关闭。

措施：关闭卸荷阀。

(4) 原因：电动油泵故障。

措施：检修油泵。

4) 电动油泵不能自动停止运行

(1) 原因：压力控制器油管或接头处堵塞或有漏油现象。

措施：检查压力控制器管路。

(2) 原因：压力控制器失灵。

措施：调整或更换压力控制器。

5) 减压溢流阀出口压力太高

原因：阀内密封环的密封面上有污物。

措施：旋转调压手轮，使密封盒上下移动数次，挤出污物，必要时拆检修理。

6) 在司钻控制台上不能开、关防喷器，或相应动作不一致

原因：空气管缆中的管芯接错，管芯折断或堵死，连接法兰密封垫串气。

措施：检查空气管缆。

十、井控装置的安装、试压、使用和管理

1. 井控装置的安装

1) 钻井井口装置

钻井井口装置包括防喷器、防喷器控制系统、四通及套管头等。

(1) 具有手动锁紧机构的闸板防喷器应装齐手动操作杆，靠手轮端应支撑牢固，其中心与锁紧轴之间的夹角应不大于 30°。挂牌标明开、关方向和到底的圈数。

(2) 防喷器远程控制台的安装要求。

① 应安装在面对井架大门左侧、距井口不少于 25 m 的专用活动房内，距放喷管线或压井管线应有 1 m 以上的距离，并在周围留有宽度不少于 2 m 的人行通道，周围 10 m 内不得堆放易燃、易爆、易腐蚀物品。

② 管排架与防喷管线及放喷管线的距离不少于 1 m，车辆跨越处应装过桥盖板；不允许在管排架上堆放杂物和以其作为电焊接地线或在其上进行焊割作业。

③ 总气源应与司钻控制台气源分开连接，并配置气源排水分离器；严禁强行弯曲和压折气管束。

④ 电源应从配电板总开关处直接引出，并用单独的开关控制。

⑤ 储能器完好，压力达到规定值，并始终处于工作压力状态。

(3) 套管头的安装。

套管头的安装应保证四通与防喷管汇在各次开钻中的位置不变。

① 螺纹悬挂式套管头的安装。

a. 套管头下部本体的安装。

a) 下表层套管前，计算好联顶节长度，以保证套管头下部本体和四通安装后，下部四通防喷管线紧靠井架底座工字梁下(或上)穿过，生产层套管头上法兰顶面距地面不应超过 0.5 m。

b）固井后，卸下联顶节，用双外螺纹短节与套管接箍连接后，套上托盘，套管头下部本体内螺纹与双外螺纹短节公螺纹按规定扭矩上紧，并使其侧法兰对准防喷管线的位置，套管头下部本体内装保护套，拧紧顶丝。

c）根据套管头上部本体高度，将双法兰短节或四通安装在套管头下部本体上，在其之上的全套井口装置通径应大于悬挂器最大外径。

d）将托盘上端面顶住套管头下部本体，托盘端填满沙石、水泥并与地面结合。

e）按钻井设计要求试压，稳压 30 min。

f）钻井过程中定期活动、检查保护套。

b. 下第二层套管的安装。

a）下第二层套管前，先退出顶丝，用专用工具取出保护套。

b）计算好入井套管长度和联顶节长度，最上面一根为双外螺纹套管，与悬挂器下端相连，悬挂器上端接联顶节，将悬挂器坐入套管头下部本体内。

c）从套管头下部本体旁侧孔连接钻井液回收管线到备用三通上。

d）第二层套管固井后，拆下全套防喷器组、四通和双法兰短节等。

e）将套管头上部本体装在套管头下部本体上。下放时注意对正该层套管悬挂器上部密封部位，以免损坏上密封；从对角方向拧紧上下部本体法兰连接螺栓；套管头上部本体内装上保护套，拧紧顶丝；上装四通和防喷器组。在其之上的全套井口装置通径应大于所用悬挂器最大外径。

f）用手动试压泵对套管头一、二级密封试压。试验压力为额定工作压力，稳压 30 min。

c. 下第三层或更多层套管的安装。

a）安装方法同上。

b）将采油(气)井口大四通安装在套管头上部本体上。

② 卡瓦悬挂式套管头的安装。

a. 下表层套管的安装。

a）下表层套管前，计算好联顶节长度，以保证套管头下部本体和四通安装后，下部四通防喷管线紧靠井架底座工字梁下(或上)穿过，生产层套管头上法兰顶面距地面不应超过 0.5 m。

b）根据防喷管线引出的高度计算后，割表层套管，然后把套管头下部本体坐好，定好方向，并进行内外焊接。本体内装保护套，拧紧顶丝。

c）根据套管头上部本体高度，将双法兰短节或四通安装在套管头下部本体上，套管头下部本体以上的全套井口装置通径应大于所用悬挂器的最大外径。

d）按钻井设计要求试压，稳压 30 min。

b. 下第二层套管的安装。

a）下套管前，先退出顶丝，用专用工具取出保护套。

b）下套管固井后，卸开套管头下部本体法兰连接螺栓，上提防喷器、四通和双法兰短节，将其悬挂在专用的钢丝绳上，上提距离为 500～700 mm。

c）将套管悬挂器扣合在防喷器组合和套管头下部本体之间的套管上，缓慢下放套管，使套管悬重传递给卡瓦并将其卡紧。

d）用手动试压泵试压，检查套管悬挂器密封性能。按规定压力试压，稳压 30 min，压降不应超过0.5 MPa。

e) 距套管头下部本体上平面 300 mm 处将套管割断取出，最后在 145 mm 处修割平整，端部外缘倒角。

f) 吊开防喷器、四通和双法兰短节。

g) 将套管上密封、支撑环、压盖等零件安装在套管头上部本体相应位置上，检查顶丝，然后将套管头上部本体安装在套管头下部本体法兰上，旋紧套管头上部本体下法兰的顶丝。

h) 在套管头上部本体内坐入保护套，并用套管头上部本体法兰的顶丝顶紧。

i) 装转换四通和防喷器组，套管头上部本体以上的全套井口装置通径应大于悬挂器最大外径。

c. 下第三层或更多层套管的安装。

a) 安装方法同上。

b) 将套管上密封等零件安装在转换法兰的适当位置，并将转换法兰坐在套管头上部本体上，旋紧上法兰上层的顶丝，使上密封良好，然后将采油(气)井口大四通连接在转换法兰上。

c) 装上采油(气)井口后，对采油(气)井口和套管头试压。

2) 井控管汇

井控管汇包括节流管汇、压井管汇、防喷管线和放喷管线。

(1) 钻井液回收管线、防喷管线和放喷管线应使用经探伤合格的管材。防喷管线应采用标准法兰连接，不允许现场焊接。

(2) 钻井液回收管线出口应接至钻井液罐并固定牢靠，转弯处应使用角度大于 120°的铸(锻)钢弯头，其通径不小于 78 mm。

(3) 放喷管线安装要求：

① 放喷管线至少应有两条，其通径不小于 78 mm。

② 放喷管线不允许在现场焊接。

③ 布局要考虑当地季节风向、居民区、道路、油罐区、电力线及各种设施等情况。

④ 两条管线走向一致时，应保持大于 0.3 m 的距离，并分别固定。

⑤ 管线尽量平直引出，如因地形限制需要转弯，转弯处应使用角度大于 120°的铸(锻)钢弯头。

⑥ 管线出口应接至距井口 75 m 以上的安全地带，距各种设施不小于 50 m。

⑦ 管线每隔 10～15 m、转弯处、出口处用水泥基墩加地脚螺栓或地锚或预制基墩固定牢靠，悬空处要支撑牢固；若跨越 10 m 宽以上的河沟、水塘等障碍，应架设金属过桥支撑。

⑧ 水泥基墩的预埋地脚螺栓直径不小于 20 mm，长度大于 0.5 m。

(4) 防喷器四通两翼应各装两个闸阀，紧靠四通的闸阀应处于常开状态。

3) 钻具内防喷工具

(1) 钻具内防喷工具的额定工作压力应不小于井口防喷器额定工作压力。

(2) 应使用方钻杆旋塞阀，并定期活动；钻台上配备与钻具尺寸相符的钻具止回阀或旋塞阀。

(3) 钻台上准备一根防喷钻杆单根(带与钻铤连接螺纹相符合的配合接头和钻具止回阀)。

4）井控监测仪器及钻井液净化、加重和灌注装置

（1）应配备钻井液循环池液面监测与报警装置。

（2）按设计要求配齐钻井液净化装置，探井、气井及气油比高的油井还应配备钻井液气体分离器和除气器，并将液气分离器排气管线（按设计通径）接出井口 50 m 以上。

2. 井控装置的试压及其频率

（1）防喷器组应在井控车间按井场连接形式组装试压，环形防喷器（封闭钻杆，不试空井）、闸板防喷器和节流管汇、压井管汇、防喷管线试到额定工作压力。

（2）在井上安装好后，在试验压力不超过套管抗内压强度 80%的前提下，环形防喷器封闭钻杆试验压力为额定工作压力的 70%；闸板防喷器、方钻杆旋塞阀和压井管汇、防喷管线试验压力为额定工作压力；节流管汇按各部件额定工作压力分别试压；放喷管线试验压力不低于 10 MPa。

（3）钻开油气层前及更换井控装置部件后，应采用堵塞器或试压塞按照有关条件及要求试压。

防喷器控制系统用 21 MPa 的油压做一次可靠性试压。

（4）除防喷器控制系统采用规定压力油试压外，其余井控装置试压介质均为清水。

（5）试压稳压时间不少于 10 min，密封部位无渗漏为合格。

（6）所有的闸板防喷器、环形防喷器、节流和压井管线、节流管汇、方钻杆旋塞以及安全阀等防喷设备试压频率为：

① 防喷器组安装之后试压。

② 在下套管固井后，钻水泥塞前试压。

③ 钻开油气层前试压。

④ 每隔 14 d 或者距上次试压 14 d 后的第一次全程起钻时试压。

⑤ 拆卸、更换或者修理防喷器组件后（包括闸板芯子、万能胶芯、管线、阀门和节流管汇），要对拆卸、替换和修理的部件进行试压。

⑥ 现场监督认为有必要试压时。

⑦ 当钻达设计井深后，测井、通井、调整钻井液准备下套管或尾管时，则不用每隔 14 d 进行防喷器试压。如果要继续钻进、试井或完井等作业，则要先进行防喷器试压。

⑧ 变径闸板要对每种将要用到的钻具尺寸进行试压。

⑨ 每周从司钻控制台和远程控制台关闭半封、全封闸板防喷器各一次，但 24 h 之内只做一次。

（7）试压过程中要注意以下事项：

① 在试压前，所有的管线和阀门要彻底冲洗，确保系统内无异物。对防喷器控制管线试压到 1 500 psi，检查有无渗漏。

② 如有必要，在试压塞下面接上一柱钻铤以确保试压工具坐放到位。

③ 采取预防措施防止压力传到试压工具下面的套管。

④ 试压管柱要灌满液体或防冻液，以便快速发现有无渗漏。

⑤ 泄压时，采用安全的方法将试压液放回试压泵。

3. 井控装置的使用

(1) 环形防喷器不得长时间关井,非特殊情况不允许用来封闭空井。

(2) 在套压不超过 7 MPa 的情况下,用环形防喷器进行不压井起下钻作业时,应使用具18°斜坡接头的钻具,起下钻速度不得大于 0.2 m/s。

(3) 具有手动锁紧机构的闸板防喷器关井后,应手动锁紧闸板。打开闸板前,应先手动解锁,解锁都应先到底,然后回转 1/4～1/2 圈。

(4) 环形防喷器或闸板防喷器关闭后,在关井套压不超过 14 MPa 的情况下,允许以不大于 0.2 m/s 的速度上下活动钻具,但不准转动钻具或过钻具接头。

(5) 当井内有钻具时,不允许关闭全封闸板防喷器。

(6) 严禁用打开防喷器的方式来泄井内压力。

(7) 检修装有铰链侧门的闸板防喷器或更换其闸板时,两侧门不能同时打开。

(8) 钻开油气层后,定期对闸板防喷器开、关活动及环形防喷器试关井(在有钻具的条件下)。

(9) 井场应备有一套与在用闸板同规格的闸板和相应的密封件及其拆装工具和试压工具。

(10) 闸板防喷器和平行闸板阀有二次密封的,其二次密封功能只能在密封失效至严重漏失的紧急情况下才能使用,且止漏即可,待紧急情况解除后,立即清洗更换二次密封件。

(11) 平行闸板阀开、关到底后,应回转 1/4～1/2 圈。其开、关应一次完成,不允许半开半闭和作节流阀用。

(12) 压井管汇不能用作日常灌注钻井液用;防喷管线、节流管汇和压井管汇应采取防堵、防漏、防冻措施;最大允许关井套压值在节流管汇处以明显的标牌标示。

(13) 井控管汇上所有闸阀都应挂牌编号并标明其开、关状态。

4. 井控装置的管理

(1) 井控装置应按相关要求进行定期检查和维修。

(2) 钻井队在用井控装置的管理、操作应落实专人负责,并明确岗位责任。

(3) 应设置专用配件库房和橡胶件空调库房,库房温度应满足配件及橡胶件储藏要求。

(4) 应制定欠平衡钻井特殊井控作业设备的管理、使用和维修制度。

5. 储能器试验

该试验的目的是确定储能器和防喷器系统的操作状况,这种试验应每 14 d 进行一次,与防喷器试压同时进行。为分析储能器的性能,每次试验结果应与以前的结果进行比较,如果发现关闭的时间和充压时间增长,说明储能器应立即进行全面检查。储能器试验包括以下内容:

(1) 记录储能器容积和可用液量。

(2) 记录储能器压力。

(3) 记录预充气压力和上次检查日期。

(4) 记录每个控制对象的开关时间。

第四节　推荐的井控措施和要求

一、钻开油气层前的准备和检查验收

（1）加强地层对比，及时提出可靠的地质预报，在进入油气层前 50～100 m，应按照下步钻井设计的最高钻井液密度值对裸眼地层进行承压能力检验。

（2）调整井应指定专人按要求检查邻近注水、注气（汽）井停注、泄压情况。

（3）向钻井现场所有工作人员进行工程、地质、钻井液、井控装置和井控措施等方面的技术介绍，并提出具体要求。

（4）作业班每月应进行不少于一次不同工况的防喷演习，钻进作业和空井状态应在 3 min 内控制住井口，起下钻作业状态应在 5 min 内控制住井口，并将演习情况记录于表中。此外，在各次开钻前、特殊作业（取心、测试、完井）前，都应进行防喷演习。

（5）应组织全钻井队职工进行防火演习，含硫地区钻井还应进行防硫化氢演习，并检查落实各方面安全预防工作，直至合格为止。

（6）应指定专人定点观察溢流显示和循环池液面变化，并做好记录。

（7）应检查所有井控装置、电路和气路的安装是否符合规定，功能是否正常，发现问题及时整改。

（8）按设计要求储备足够的重钻井液和加重材料，并定期对储备重钻井液进行循环处理。

（9）钻井队通过全面自检，确认准备工作就绪后，向上级主管部门汇报自检情况，并申请检查验收。

（10）检查验收组应由钻井公司所属单位有关人员组成，按标准进行检查验收。

（11）检查验收情况记录于钻开油气层检查验收证书中，如果存在井控隐患应当场下达井控停钻通知书，钻井队按通知书限期整改；检查合格并经检查人员在检查验收书上签字，由主管生产技术的领导签发钻开油气层批准书后，方可钻开油气层。

二、钻遇浅层气的注意事项及处理

（1）专人现场操作分流器。

（2）钻遇浅层气首先应立即停钻循环观察，若无异常，则继续钻进。

（3）钻具组合中应考虑加装单流阀，并将单流阀位置尽可能接近钻头处，以防止钻具排空。

（4）钻进时尽可能控制钻速，采用多循环并随时观察。

（5）以最大泵速向井内泵入事先配制好的重钻井液。

三、钻开油气层时的井控工作

（1）应严格按工程设计选择钻井液类型和密度值。钻井中要进行以监测地层压力为主

的随钻监测，绘出全井地层压力梯度曲线。当发现设计与实际不相符时，应按审批程序及时申报，经批准后方能修改。但若遇紧急情况，钻井队可先处理，再及时上报。

(2) 发生卡钻需泡油、混油或因其他原因需适当调整钻井液密度时，井筒液柱压力不应小于裸眼段中的最高地层压力。

(3) 每只钻头入井开始钻进前以及每日白班开始钻进前，都要以 1/3～1/2 正常流量测一次低泵速循环压力，并作好泵冲数、流量、循环压力记录。当钻井液性能或钻具组合发生较大变化时应补测。

(4) 下列情况需进行短程起下钻检查油气侵和溢流：

① 钻开油气层后第一次起钻前。

② 溢流压井后起钻前。

③ 钻开油气层井漏堵漏后或尚未完全堵住起钻前。

④ 钻进中曾发生严重油气侵但未溢流起钻前。

⑤ 钻头在井底连续长时间工作后中途需刮井壁时。

⑥ 需长时间停止循环进行其他作业(电测、下套管、下油管、中途测试等)起钻前。

⑦ 水平井目的层钻进后准备起钻之前。

(5) 短程起下钻的两种基本做法：

① 一般情况下试起 10～15 柱钻具，再下入井底循环至少一周。若钻井液无油气侵或油气上窜速度满足安全作业时间，则可正式起钻；否则，应循环排除受侵污钻井液并适当调整钻井液密度后再起钻。

② 特殊情况时(需长时间停止循环或井下出现复杂情况时)，将钻具起至套管鞋内或安全井段，停泵检查一个起下钻周期，再下回井底循环一周观察。

四、起下钻时的井控工作

1. 起下钻前的准备工作

1) 检查井眼状况

开始起钻前，钻井液应处于良好的状态，至少循环一周，钻井液进出口性能基本一致，井下不漏不溢。

2) 准备好灌浆罐

灌浆罐是用于计量起钻灌浆量和下钻返出量的小容积计量罐。卸方钻杆或顶驱之前，应将灌浆罐充满密度适当的钻井液并倒好流程，处于待命状态。灌浆有连续灌浆和定期灌浆之分，不管采取哪种灌浆措施，必须保证井眼充满后多余的钻井液返回灌浆罐，以便准确计量。

3) 准备好起钻数据表

起钻数据表是专门列出不同钻具容积系数和对应排代量的图表，即起出钻具的立柱数和对应的灌浆量。

起钻前应准备好起钻数据表，以便随时校对灌浆量。

4) 准备好内防喷工具

起钻前应准备好适当的内防喷工具和开关工具以及适用于所有钻杆、钻铤的转换配合接头，放在钻台上相应的位置。安全阀及抢接装置应处于全开状态，以便抢装时减少上顶力。

2. 起钻时的井控措施

1）正确灌浆并计量灌浆量

使用连续灌浆设备时，可以通过喇叭口循环并监视罐内钻井液量实现连续灌浆。如果没有连续灌浆设备或不能用，起钻时可以使用钻井泵灌浆。这种情况下，应每起 3～5 柱钻杆、1 柱钻铤灌满一次。起钻时要认真核对灌浆量并填写起钻数据表。

2）溢流检查

溢流检查是在停泵状态下观察井眼情况以确定是否发生溢流。溢流检查的时间长短由监督决定，但无论如何必须有充分的时间（一般时长为 5～10 min）来判定井眼是否稳定。使用油基钻井液钻井时观察时间可适当延长。如果发现异常情况，应随时进行检查。即使没有异常情况，起钻时也应在下列情形检查溢流：

(1) 刚提离井底时（短起下）。

(2) 钻具起至套管鞋处。

之前的起钻都是在裸眼段，容易因缩径等原因造成抽汲。进入套管鞋之后，严重抽汲将不再存在。如果此时井眼稳定，可适当提高起升速度。

(3) 钻铤进入防喷器之前。

3）控制起钻速度

抽汲压力的影响因素之一是起钻速度。应尽量控制起钻速度以减小抽汲压力，规定钻头在油气层中和距油气层顶部 300 m 内起钻速度不得超过 0.5 m/s。

4）划眼

在疏松地层，特别是造浆性强的地层遇阻划眼时应保持足够的流量，防止发生钻头泥包。

5）起钻中止

如果由于各种原因中止起钻作业，应安装旋塞阀或其他内防喷工具，以防止班组人员忙于应对其他问题时发生溢流而难以抢接内防喷工具。

6）给灌浆罐灌浆

给灌浆罐添加钻井液时，应停止起管柱，以便准确计量钻井液体积。

7）起钻完

起钻完后应通过灌浆罐进行灌浆循环，以确保井眼充满钻井液。起钻完应及时下钻，严禁在空井情况下进行设备检修。

3. 下钻时的井控措施

1）正确计量出浆量

下钻时用灌浆罐准确计量排出的钻井液量。

2）分段循环

为了减小过高激动压力的可能性，当套管鞋深度较深时，应在进入裸眼段之前开泵，分段循环以减少开泵引起的井底压力激动，防止憋泵和压漏地层。

3）钻杆内灌浆

如果安装钻杆回压阀，每下 10～15 柱钻杆应灌浆一次，防止因回压阀突然失效而造成井底压力下降。钻铤在裸眼内时，为避免卡钻，灌浆时应上下活动钻具。

4）开始循环

在下钻到底开始循环前，如果罐之间没有隔离就不要从备用罐往现用罐内倒钻井液，且现用罐和倒浆罐的容积应先了解清楚。在开始倒钻井液之前，钻井液录井设备和钻台上的监测系统都应安装好并且启用。

五、测井作业时的井控工作

1. 测井作业前的准备工作

现场测井井控工作应由油公司监督统一管理。

测井作业前，钻井队应使用适合地层特性的钻井液体系和钻井液密度，要符合测井作业技术要求，循环钻井液至少需要两个循环周期，确保井筒内无落物，井内情况正常、稳定。在对油气层进行测井起钻前，应观察是否有溢流发生。储备合理的重钻井液、加重剂和其他处理剂并对储备的重钻井液定期循环处理。电测作业前通井时应掌握油气上窜规律，计算安全测井时间。若电测时间长，应考虑中途通井。

高压井测井时，井口应安装测井防喷装置，钻井队做好防喷准备。电测时，钻台上应备有一根带回压阀并与防喷器闸板尺寸相符的防喷单根（或防喷立柱），用于在具备条件时抢下钻具和封井。测井队需要准备剪切电缆的工具和电缆卡子，并放置在钻台上。

含硫化氢井测井时，测井电缆及入井仪器应具有良好的抗硫性能。测井作业现场应配备足够的正压式空气呼吸器和便携式硫化氢检测仪。

测井车辆应停放在井架大门前距井口 25 m 以外。测井车发动机的排气管应配备阻火器，并配有必要的消防设施。车上不得使用电炉丝直接散热，取暖器应远离易燃物，车上无人时应切断电源，将电暖器放在安全位置。

2. 测井作业中的井控工作

1）电缆测井作业

作业过程中及时发现溢流并迅速控制井口是防止发生井喷的关键。裸眼测井作业出现以下情况时，可以判断溢流已经发生：

（1）下放仪器困难或起升仪器时，绞车张力急剧变小。

（2）出口管处钻井液出现外溢。

（3）钻井液液面上升。

（4）严重时出现井涌。

在确认井内已发生溢流后，必须在 3～5 min 内迅速控制住井口实施关井。进行电缆输送测井作业时，要控制起电缆速度不超过 2 000 m/h。若发现溢流，应立即停止电测作业，尽快强行起出电缆，抢下防喷单根（或防喷立柱）并实施关井；若遇溢流速度明显加快等紧急情况，立即剪断电缆，按“空井”溢流关井操作程序实施关井，不允许用关闭环形防喷器的方法继续起电缆。

2）钻具输送测井仪

在一些大斜度井和水平井中进行测井时，因考虑到测量仪器的顺利下入，往往需要采用钻具输送测井工具来进行测井工作。由于井眼深、井斜角大，所以给测井工作本身和井控工作都带来了很大的困难。

起下钻时，在油气层和油气层顶部以上 300 m 井段内，应控制起钻速度≤0.5 m/s，防止因起下钻速度过快而出现较大的波动（抽汲和激动）压力，造成井喷或井漏。作业过程中，应定期加强活动钻具，防止因钻具在井内静止时间太长而造成卡钻事故和井下复杂情况。输送测井工具的钻具组合下部可不安装钻具止回阀和旁通阀，但钻台上应配备与钻具尺寸相符的钻具止回阀，并配备抢装止回阀的专用工具，放于方便取用处，在大门坡道上准备相应的防喷钻杆单根。

钻具输送测井作业中发生溢流时，应立即停止电测作业，尽快强行起出电缆，抢下防喷单根（或防喷立柱）。若条件不允许，应立即剪断电缆，按起下钻中发生溢流的关井程序进行处理。根据溢流性质和大小决定抢下钻具的深度及剪断电缆实施关井的时机。

六、固井施工中的井控工作

1. 固井作业中井控基本要求

（1）作业前，使用适合地层特性的钻井液体系，储备合理的重钻井液、加重剂和其他处理剂。储备的重钻井液应定期进行循环处理。

（2）固井作业起钻前，应按设计排量洗井，对钻井液进行充分循环，洗井时间不少于两个循环周，确保井口无溢流、不漏失，要压稳，钻井液进出口密度要一致。

（3）下套管前，应采用短程起下钻方法检查油气侵和溢流。

（4）下套管前，需换装与套管尺寸相同的半封闸板芯子并试压合格。可在现场准备一个转换接头，如果发生溢流，可以用该接头接上钻杆下钻，然后进行关井。

（5）下套管中途，加强钻井液循环，通过循环，降低井内钻井液的切力，减小套管的下放阻力，避免下套管中途或下完套管后循环流动阻力过大而造成井漏。下完套管后应充分循环钻井液洗井，洗井时注意控制排量，防止因摩阻过高而压漏地层。

2. 固井过程中发生溢流的原因

（1）套管浮阀失效。

（2）井漏。

（3）环空流体气侵。

（4）隔离液密度不正确。

（5）水泥浆失重。

（6）注水泥设计不当。

3. 下套管过程中发生溢流的关井方法

若在下套管过程中发生溢流，可按起下钻中发生溢流的关井程序进行处理。

4. 固井过程中发生溢流的井控方法

(1) 顶部压井。

(2) 体积法压井。

(3) 如果未下上胶塞,则顶替水泥浆出套管。

(4) 关井候凝。

七、测试施工中的井控工作

1. 中途测试施工中的井控工作

(1) 按照要求做好中途测试设计,设计中编写井控应急预案。

(2) 在中途测试施工前,应根据钻井、录井和测井资料对施工进行风险评估。测试前,应由甲方组织开工验收会,由测试监督组织召开包括钻井、测试、录井、钻井液等专业技术人员参与的施工协调会,并由测试队做测试施工设计技术交底。

(3) 施工前应对钻井井控系统、压井循环系统进行彻底检查。调整好井筒钻井液性能,准备好压井液,保证井壁稳定和井控安全。作业前应做溢流检查,保证钻井液液柱压力应略大于待测地层的预计地层压力。不应在井下情况复杂(漏失严重、黏卡严重、溢流严重)的井进行裸眼中途测试。

(4) 测试期间,井口应有专人控制。在测试管柱起下、开井流动、关井测压等整个测试过程中应密切观察环空液面的变化,发现溢流应立即停止测试,按照有关井控规定,进入井控程序。

(5) 测试完毕解封前,应打开反循环阀,进行反循环压井及正循环脱气,并经溢流检查合格后方可起钻。在起钻过程中要求每起 3～5 柱,环空必须进行补浆。

(6) 对含硫油气井的中途测试,含硫油气井测试所用的井控设备、钻具、测试工具及管材应满足防硫要求;使用硫化氢监测设备对大气情况进行监测,并配备硫化氢监测仪、防毒面具、防护服和冲眼器、清洗液等。配备足够数量的正压式空气呼吸器及与空气压力相对应的空气压缩机、空气瓶,以作快速充气用。对于含硫气井,点火人员应戴防毒面具,避免中毒。

2. 测试过程中放喷时的井控工作

开井放喷测试之前,应对放喷管线、分离器管线进行检查。放喷过程中严禁猛开猛放,防止在放喷过程中因管线抖动和地脚螺栓松动而使放喷管线失去控制。对高压气井,应采取三级降压的措施进行放喷、测试,且放喷和测试管线应采取保温措施,防止形成水化物。

放喷前应先点火,后放喷,或采用电子点火装置,避免点火伤人。对于含硫气井,点火人员应戴防毒面具,避免人员中毒。放喷过程中应有专人控制井口,同时还要有专人观察放喷过程中的燃烧情况。在水、气同产时,井中有液体排出,火焰熄灭后,应立即点火。

加砂压裂后放喷应连续进行,避免人为改变流态而使油管被砂子堵死。用油嘴控制放喷,油嘴刺坏后应及时更换,防止油嘴刺坏后流速加大而刺坏闸门。

放喷过程中应进行有效的控制,避免因开得过大而引起环境污染。放喷过程中闸门的开关顺序为:开井为先内后外,关井为先外后内,逐步开关到位。操作人员在开关闸门时应站在闸门手轮的侧面。

八、井控工作对录井的要求

1. 正常钻进时的录井工作

钻井过程中,利用各种手段随时监测地层压力的变化趋势,以便及时调整钻井液密度和钻井参数,实现安全优质快速钻井。

2. 非钻进时的录井工作

在溢流和压井过程中,地层中有毒有害可燃气体将大量返出地面。虽然经过分离和燃烧,但仍有相当数量的地层流体残存于钻井液中。随着钻井液池的不断搅拌,有毒有害可燃气体将逸散到循环系统附近。因此,录井人员应严密监控有毒有害可燃气体含量,并提醒钻井队采取相应的处理措施。

九、含硫化氢油气井的井控

1. 硫化氢的特性

(1) 硫化氢的物理化学性质。

硫化氢是一种无色、剧毒、强酸性气体。硫化氢的燃点为 250 ℃,燃烧时呈蓝色火焰,产生有毒的二氧化硫。

(2) 硫化氢的毒性较一氧化碳大 5～6 倍,几乎与氰化物具有同样的剧毒。从毒性大小排序上,H_2S 的毒性仅次于氰化物,是一种致命的气体。它致人死亡的浓度为 500 ppm,正常条件下,H_2S 对人的安全临界浓度是 10 ppm。

(3) H_2S 的相对密度为 1.176,比空气重。因此,在通风条件差的环境,它极容易聚集在低凹处。当发生 H_2S 溢出后,千万不能趴在地面上像躲避其他毒气那样匍匐逃生。

(4) H_2S 在低浓度(0.13～4.6 ppm)时,可以闻到臭鸡蛋味。当浓度高于 4.6 ppm 时,人的嗅觉迅速被钝化而闻不到臭鸡蛋味,此种情况是最危险的。

(5) 当 H_2S 体积分数在 4.3%～46%范围时,它与空气形成一种爆炸混合物,遇火就发生剧烈的爆炸。

(6) H_2S 燃烧后的产物(SO_2)仍然有毒,会继续危害人的眼睛与肺部。

(7) H_2S 对人体伤害的部位主要是眼睛、喉道和呼吸道,它会使人的这些部位发生炎症与坏死。H_2S 易溶于水和油,所以在发现 H_2S 的场地逃生时,切忌像躲避火灾一样躲藏到水里。在 20 ℃,1 atm(1 atm = 101 325 Pa)条件下,1 体积的水可以溶解 2.9 体积的 H_2S 气体,故用水和油浸湿的毛巾并不能长久阻止硫化氢进入人体。

(8) H_2S 浓度的表示方法有两种:体积浓度,单位为 ppm(1 ppm = 1/1 000 000);质量浓度,单位为 mg/m^3。

2. 含硫油气田油/套管及钻杆的防腐蚀措施

1）对油管、套管及井口装置的防腐

主要措施是选用防硫管材。一般来讲，低屈服强度（<527.8 MPa）的油管、套管比中、高屈服强度（>563 MPa）的油管、套管更适宜在 H_2S 环境下使用，高屈服强度的油管、套管对 H_2S 极为敏感，不适宜含 H_2S 井的使用。为适应含 H_2S 井的工艺要求，日本 NKK 公司研制了一种较高屈服值的管材，仍可在高含硫地区使用。即在严格控制温度和环境条件下，对 AC-90 钢材的管子内外表面同时进行淬火处理，并控制硬度。生产的 NKAC-95 管材和 NKK95S 钻杆的屈服值均超过 660 MPa，但其抗 H_2S 应力腐蚀的性能有显著提高，低温下具有很高的耐冲击韧性，是很好的抗硫管材。

另一措施是井内反循环加入缓蚀剂。该方法是借助于缓蚀剂分子在金属表面形成保护膜，隔绝 H_2S 与钢材的接触，使之能减缓、抑制钢材的电化学腐蚀作用，达到延长管材和设备寿命的目的。常用缓蚀剂有康多尔、PA23 等。

2）钻杆防腐

由于井内的钻杆受拉、挤、压、扭、冲的复杂动载，且工作环境十分恶劣，因此，对钻杆的防腐就显得更为突出。钻杆防腐的主要措施是：

（1）合理选材。对浅井、中深井尽量使用无机械伤痕、未冷加工的低硬度钻杆，对焊及热影响区应先淬火，再回火调质处理，使其硬度小于 HRC22。

（2）控制钻杆的使用环境。

① 钻井液应为碱性，控制 pH 值>10，这样可中和硫化氢，起到防腐作用。方法是在钻井液中加入碱性物质，如 $NaOH$，$Ca(OH)_2$，Na_2CO_3 等。

中和原理：

$$H_2S + NaOH = NaHS + H_2O$$

$$NaHS + NaOH = Na_2S + H_2O$$

② 使用除硫剂除硫，如加入碱式碳酸锌$[3Zn(OH)_2]ZnCO_3$，生成硫化锌沉淀。

$$[3Zn(OH)_2]ZnCO_3 + 4H_2S = 4ZnS\downarrow + CO_2 + 7H_2O$$

③ 在条件允许的情况下，尽量使用油基钻井液，杜绝清水钻进。

（3）使用内涂层钻杆。

（4）使用除氧剂。

（5）随时对钻杆进行探伤检查。

（6）采用近平衡压力钻井，防止 H_2S 溢出地层。

3）硫化氢对非金属材料的腐蚀

硫化氢能加速非金属材料的老化。在地面设备、井口装置、井下工具中有橡胶、浸油石墨及石棉等非金属材料制作的密封件，它们在硫化氢环境中使用一定时间后，橡胶会鼓泡胀大、失去弹性，浸油石墨及石棉绳上的油会被溶解而导致密封件的失效。

3. 硫化氢对人体的危害、急救与护理

1）硫化氢对人体危害的生理过程

（1）H_2S 危害的原理：夺取人体赖以生存的物质——血液里的溶解氧。

(2) 整个过程中发生氧化-还原反应，H_2S 具有优先与血液中溶解的自由氧(O_2)反应的能力。

(3) 当 H_2S 浓度较低时，血液中的溶解氧就能够将已吸入人体的 H_2S 氧化掉，此时 H_2S 还没有能力损害到人体器官。人体各个器官虽然缺氧，但还能够正常发挥功能，因此人的生命受到 H_2S 的影响并不大。

(4) 当 H_2S 的浓度较高时，进入人体的 H_2S 不仅将血液中溶解的自由氧(O_2)消耗殆尽，还会随着血液循环到人体的各个器官，把各个器官里剩余的自由氧消耗掉，使人体器官因缺氧而不能发挥正常作用，从而危及生命。不同浓度 H_2S 的危害程度见表 9-4-1。

表 9-4-1 不同浓度 H_2S 的危害程度

H_2S 浓度/ppm	危害程度
0.13～4.6	可嗅到臭鸡蛋味，一般对人体不产生危害
4.6～10	刚接触有刺热感，但会迅速消失
10～20	为安全临界浓度范围值，在此浓度下人可以连续待 8 h，否则要戴防毒面具
50	允许人直接接触 10 min
100	接触 3～10 min 就会感到咽喉发痒、咳嗽，接着损伤嗅觉神经、眼睛，有轻微头痛、恶心、脉搏加快等症状，4 h 以上可能死亡
200	立即破坏嗅觉系统，眼睛、咽喉有灼热感，时间长了眼、喉将被灼伤，若不立即离开，将导致死亡
500	失去理智和平衡知觉，呼吸困难，2～15 min 内停止呼吸，如果抢救不及时，将导致死亡
700	很快失去知觉，停止呼吸，若不立即抢救，将马上死亡
1 000	立即失去知觉，造成死亡或永久性脑损伤，智力残损(植物人)
2 000	吸上一口，立即死亡，无法抢救

2) 硫化氢进入人体的途径

由口腔(少量由皮肤)吸入的硫化氢，进入呼吸道，经肺部渗入到血液，再由血液输送到人体各个器官。

3) 硫化氢中毒早期抢救措施

当因硫化氢含量高而导致中毒者停止呼吸和心跳时，如果不立即采取措施进行抢救，帮助中毒者恢复呼吸和心跳，中毒者将会在短时间内死亡。因此，必须采取正确方法对中毒者实施抢救。

(1) 进入毒气区抢救中毒人员之前，自己应先戴上防毒面具，否则自己也会成为中毒者。

(2) 立即把中毒者从硫化氢分布的现场抬到空气新鲜的地方。

(3) 如果中毒者已经停止呼吸和心跳，应立即不停地进行人工呼吸和胸外心脏按压，直至呼吸和心跳恢复或者医生到达，有条件的可使用回生器(又叫恢复正常呼吸器)代替人工呼吸。

(4) 如果中毒者没有停止呼吸，应保持中毒者处于休息状态，有条件的可给予输氧。在医生到达前或送到医生处进行抢救的过程中应注意保持中毒者的体温。

4) 硫化氢中毒的早期护理注意事项

(1) 在中毒者心跳停止之前已被转移到空气新鲜区域且恢复了正常呼吸，可以认为中毒者恢复正常，但须继续护理。

(2) 当中毒者心跳和呼吸完全恢复后，可给中毒者喂食有兴奋作用的饮料，如浓茶、咖啡，且需由专人护理。

(3) 如果眼睛受到伤害，可先用清水清洗，然后作冷敷护理。

(4) 轻微中毒者，如果经短暂休息恢复正常后，本人要求再次回到硫化氢地区进行工作的，应当予以制止。休息 1～2 d 后，经医生检查同意后方可恢复工作。此前应将中毒者留在医院进行医疗监护休息。

(5) 在含有硫化氢气体的油气田从事作业的人员，都要进行硫化氢强制培训，掌握心肺复苏法并定期演习。

4. 硫化氢的检测与呼吸保护设备

1) 硫化氢的检测

(1) 可携式硫化氢电子探测报警器是根据控制电位电解法原理设计的一种优质微型监测报警设备。它能在硫化氢气体对人体危害出现之前对硫化氢气体的浓度进行监测报警。该仪器具有灵敏度高、感应快、体积小、重量轻等优点。

硫化氢电子探测报警器有两个浓度预警值。当浓度超过第一预警值时，仪器将发出断续声光报警；当浓度超过第一预警值的 3 倍时，将发出连续声光报警，且其具体浓度将在液晶数字屏上显示出来。

该仪器设有照明装置，在黑暗处使用时，按下照明按钮，应能从显示屏上清晰读数。当浓度超过40 ppm 时，显示屏上将出现超量符号，当在嘈杂环境时，可将耳塞机插入耳塞插座内监听。

使用该探测报警器应注意如下事项：

① 在显示器上出现超量符号时，应停止使用。

② 该仪器严禁撞击。

③ 严禁在可燃性气体达到危险程度的环境中更换电池。

④ 当电池电压达不到要求时，应更换电池。

⑤ 零位调节时，调不到“0”或不能进行正常调校，显示器显示数值不稳定，需要更换传感器。

(2) 固定式硫化氢探测报警器装在控制室或某中心场所，四台(或六台)感应器可以同时装在这种硫化氢探测报警器上，这些感应器将被安放在工作区域周围。如果需要大量信号，几台固定式硫化氢探测报警器可以同时装在操纵台上。固定式硫化氢探测报警器必须保持良好的操作、维护及定期校正。

2) 呼吸保护设备

(1) 基本要求。

① 当环境空气中硫化氢浓度超过 30 mg/m^3(20 ppm)时，应佩带正压式空气呼吸器，正压式空气呼吸器的有效供气时间应大于 30 min。

② 使用者应接受关于正压式呼吸器限制和正确使用方法的指导和培训。

③ 含硫油气井钻井、试油、测试、修井作业应配备正压式空气呼吸器。钻井队、试油队、测试队、修井队当班生产班组应每人配备一套正压式空气呼吸器，另配备一定数量作为公用。

④ 正压式空气呼吸器每次使用后都应进行清洁和消毒。需要修理的正压式空气呼吸器应作好明显标记并将其从设备仓库中移出，直到磨损或损坏的部件被及时修理和替换为止。

⑤ 含硫油气井钻井、试油、修井作业之前，应确认作业人员的身体状况良好并熟悉正压式空气呼吸器的使用方法。

⑥ 钻井、试油、修井作业中，应对硫化氢作业区的硫化氢浓度和作业人员状况进行持续监测。

(2) 存放、检查和维护。

① 正压式空气呼吸器应存放在人员能迅速取用的安全位置，并应根据应急预案要求配备额外的正压式空气呼吸器。

② 应对正压式空气呼吸器加以维护并将其存放在清洁、卫生的地方，以避免损坏和污染。

③ 对所有正压式空气呼吸器应每月至少检查一次，并且在每次使用前后都应进行检查，以保证其维持正常的状态。月度检查记录(包括检查日期和发现的问题)应至少保留 12 个月。

(3) 面罩的限制。

在工作区域硫化氢、二氧化硫浓度超过安全临界浓度的地方，应使用正压式空气呼吸器。在使用之前宜进行面罩与脸部的密接测试。测试应使用尺寸、类型、样式或构成适合该人员使用的正压式空气呼吸器来进行。

(4) 适应性要求。

对执行含硫油气井有关作业任务需使用正压式空气呼吸器的人员，应举行定期检查和演练，以使其生理和心理适应这些设备的使用。

(5) 空气供应。

正压式空气呼吸器空气的质量应满足下述要求：

① 氧气含量 19.5%～23.5%(体积分数)。

② 空气中凝析烃的含量≤5 μL/L。

③ 一氧化碳的含量≤12.5 mg/m³(10 ppm)。

④ 二氧化碳的含量≤1 960 mg/m³(1 000 ppm)。

⑤ 没有明显的异味。

(6) 呼吸空气压缩机。

所有使用的呼吸空气压缩机应满足下述要求：

① 避免污染的空气进入空气供应系统。当毒性或易燃气体可能污染进气口时，应对压缩机的进口空气进行监测。

② 减少水分含量，以使压缩空气在 1 atm 下的露点比周围温度低 5～6 ℃。

③ 依照制造商的维护说明定期更新吸附层和过滤器。压缩机上应保留有资质人员签字的检查标签。

④ 对于不是使用机油润滑的压缩机，应保证在呼吸空气中的一氧化碳值不超过 12.5 mg/m³(10 ppm)。

⑤ 对于使用机油润滑的压缩机，应使用一种高温或一氧化碳警报，或两者皆备，以监测

一氧化碳浓度。如果只使用高温警报，则应加强入口空气的监测，以防止呼吸空气中的一氧化碳值超过 12.5 mg/m³(10 ppm)。

5. 井场防火、防爆、防硫化氢安全措施

1) 防火、防爆措施

(1) 柴油机排气管无破漏和积炭，并有冷却灭火装置；出口与井口相距 15 m 以上，不朝向油罐。在苇田、草原等特殊区域内施工应加装防火帽。

(2) 钻台上下、机泵房周围禁止堆放杂物及易燃、易爆物，钻台、机泵房下无积油。

(3) 井场内严禁烟火。钻开油气层后应避免在井场使用电焊、气焊。

2) 防硫化氢措施

(1) 在井架上、井场盛行风入口处等地应设置风向标，一旦发生紧急情况，作业人员可向上风方向疏散。

(2) 钻台上下、振动筛、循环罐等气体易聚集的场所，应安装防爆排风扇以驱散工作场所弥漫的有害、可燃气体。

(3) 钻井队技术人员负责防硫化氢安全教育，队长负责监督检查。

(4) 含硫地区钻井液的 pH 值要求控制在 9.5 以上。加强对钻井液中硫化氢浓度的测量，充分发挥除硫剂和除气器的功能，保持钻井液中硫化氢质量浓度在 50 mg/m³ 以下。

(5) 一旦发生井喷事故，应及时上报上一级主管部门，并有消防车、救护车、医护人员和技术安全人员在井场值班。

(6) 控制住井喷后，应对井场各岗位和可能积聚硫化氢的地方进行浓度检测。待硫化氢浓度降至安全临界浓度时，人员方能进入。

6. 井场及钻井设备的布置

(1) 在钻前工程开始之前，应从气象资料中了解当地季节的主要风向。

(2) 井场内的引擎、发电机、压缩机等容易产生引火源的设施及人员集中区域宜部署在井口、节流管汇、天然气火炬装置或放喷管线、液气分离器、钻井液罐、备用池和除气器等容易排出或聚集天然气的装置的上风方向。

(3) 对可能遇有硫化氢的作业井场应有明显、清晰的警示标志，并遵守以下要求。

① 井处于受控状态，但存在对生命健康的潜在或可能危险[硫化氢质量浓度小于 15 mg/m³(10 ppm)]，应挂绿牌。

② 对生命健康有影响[硫化氢质量浓度为 15～30 mg/m³(10～20 ppm)]，应挂黄牌。

③ 对生命健康有威胁[硫化氢质量浓度大于或可能大于 30 mg/m³(20 ppm)]，应挂红牌。

(4) 在确定井位任一侧的临时安全区位置时，应考虑季节风向。当风向不变时，两边的临时安全区都能使用。当风向发生 90°变化时，应有一个临时安全区可以使用。当井口周围环境硫化氢浓度超过安全临界浓度时，未参加应急作业人员应撤离至安全区内。

(5) 测井车等辅助设备和机动车辆应尽量远离井口，宜在 25 m 以外。未参加应急作业的车辆应撤离到警戒线以外。

(6) 井场值班室、工程室、钻井液室、气防器材室等应设置在井场主要风向的上风方向。

(7) 应将风向标设置在井场及周围的点上,一个风向标应挂在正在工地上的人员以及任何临时安全区的人员都能容易看见的地方。安装风向标的可能位置是:绷绳、工作现场周围的立柱、临时安全区、道路入口处、井架上、气防器材室等。风向标应挂在有光照的地方。

(8) 在钻台上、井架底座周围、振动筛、液体罐和其他硫化氢可能聚集的地方应使用防爆通风设备(如鼓风机或风扇),以驱散工作场所弥散的硫化氢。

(9) 钻入含硫油气层前,应将机泵房、循环系统及二层台等处设置的防风护套和其他类似的围布拆除。寒冷地区在冬季施工时,对保温设施可采取相应的通风措施,以保证工作场所空气流通。

(10) 应确保通信系统 24 h 畅通。

(11) 采用标准的火炬口,至少保证两种有效点火方式。

参考文献

[1] 颜廷杰.实用井控技术.北京:石油工业出版社,2010.

[2] SY/T 5964—2006 钻井井控装置组合配套、安装调试与维护.

[3] SY/T 6426—2005 钻井井控技术规程.

第十章　定向钻井技术

石油钻井已不单是构建一条油气开采通道，而且成为提高勘探发现率和开发采收率的重要技术手段。定向钻井可以解决直井难以解决的许多技术问题，在世界范围内已推广应用数十年，并取得了显著的技术经济效益和社会效益。

定向钻井技术以井眼轨道设计、监测及控制等技术方法为基础，以随钻测量、井下工具及导向钻井仪器等为手段，以计算机软件及信息技术为纽带，已成为钻井工程技术体系中的重要组成部分。本章主要介绍定向井井眼轨道设计、井眼轨迹监测、井眼轨迹控制以及导向钻井技术等内容。

第一节　井眼轨道设计

井眼轨道设计是实现定向钻井的首要环节，根据油气藏的构造特征和产状，以有利于提高油气产量和采收率为目标，在满足钻井目的和要求的前提下，尽可能选用形状简单、易于施工的井身剖面，优化设计井眼轨道，减小井眼轨道控制的难度和工作量，从而实现安全、优质、快速、低成本钻井。

根据上述井眼轨道设计原则，在地面环境和地下条件允许的情况下，如果对钻井工艺技术没有特殊的要求，都会将井眼轨道设计成二维剖面。但是，随着油田勘探开发工作的不断深入，钻井所面临的对象越来越复杂，要求钻井技术能够实现对各种三维定向井、水平井的设计和施工。

一、基本概念

定向钻井轨道设计与计算的内容很多，首先给出一些基本概念，有助于明晰后续内容的逻辑性，突出关键技术的要点。这些内容既是定向钻井轨道设计与计算的基础知识，也反映了相关领域的最新技术进展。

1. 井口坐标系及指北方向

设计的井眼轨道是一条连续光滑的空间曲线，要表述这样的空间曲线，既可以用图形将井眼轨道的形状展示出来，也可以用几何参数描述出井眼轨道的形态。这两种方法是相辅相成、互为补充的，应用时往往是二者兼顾，既利用图示法形象、直观的特点，又发挥解析参数准确、灵活的优势。

井口坐标系是最常用的一种坐标系，它采用右手空间坐标系来描绘井眼轨道。通常，井口坐标系的原点 O 选在某井的井口处，以正北方向作为 N 轴的正向，以正东方向作为 E 轴的正向，H 轴铅垂向下指示出垂深方向。在 $O\text{-}NEH$ 坐标系下，沿井深绘制出井眼轨道的坐标，便可得到井眼轨道的三维坐标图，见图10-1-1。因此，井眼轨道的空间坐标等参数通常是以井口点为基准的。在井口坐标系下可以把井眼轨道完整地描述出来，整体感强。但是，由于井眼轨道只是一条曲线，不能像机械零件图那样给人以充分的立体感，所以往往需要借助于一些辅助手段来改善视觉效果。

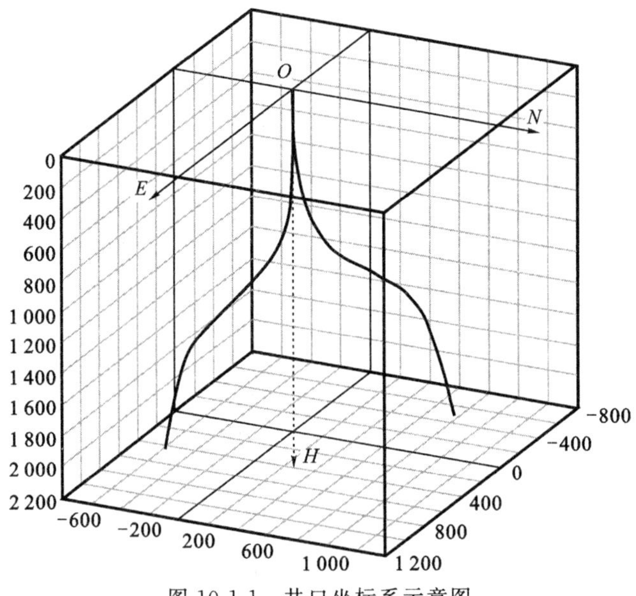

图 10-1-1　井口坐标系示意图

指北方向是指 $O\text{-}NEH$ 坐标系中 N 坐标轴正向的指示方向。定向钻井轨道设计与轨迹计算涉及三个指北方向，即地理北极、地磁北极和地图投影平面坐标纵线北（简称为坐标北或网格北）。指北方向不同，其方位角的起算基准就不同，从而产生了三种方位角：以地理北极方向算起的真方位角、以地磁北极方向算起的磁方位角和以地图投影平面坐标北算起的坐标方位角（也称网格方位角），见图 10-1-2。由于地磁北极是随时间变化的，所以不宜作为指北基准。行业标准要求：轨道设计与轨迹计算应采用地图投影平面坐标北作为指北方向。

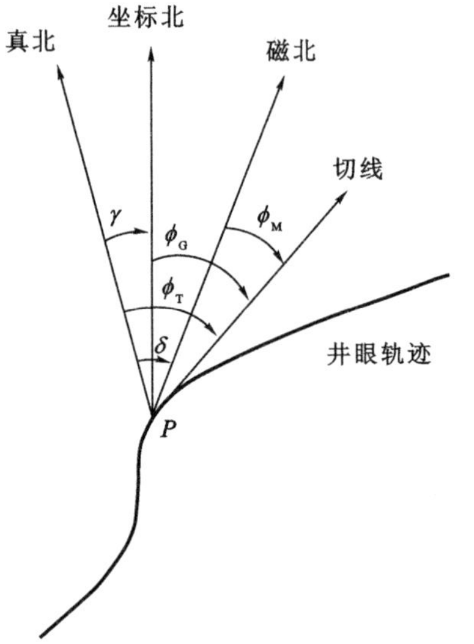

真北
坐标北
磁北
切线
γ
ϕ_G
ϕ_M
ϕ_T
δ
井眼轨迹
P

图 10-1-2　指北方向及方位角归算原理

2. 井眼轨道归算

通常，地质设计提供的井口和靶点位置是用地图投影的平面坐标给出的，由此设计出的井眼轨道将以地图投影平面坐标北为基准。然而，测斜仪中的方位传感器多采用磁通门和陀螺仪，磁通门传感器所测得的方位角为磁方位角，陀螺仪所测得的方位角为真方位角。显然，这样的设计轨道和实钻轨迹具有不同的指北方向，必须将它们归算到相同的指北方向上。

井眼轨道归算既涉及方位角、平移方位等参数，又涉及北坐标、东坐标等参数。其归算方法是：根据所选定的指北方向，先用式(10-1-1)归算方位角，再用归算后的方位角计算北坐标和东坐标，最后计算平移方位等参数。

$$\begin{cases}\phi_G = \phi_T - \gamma \\ \phi_G = \phi_M + \delta - \gamma\end{cases} \tag{10-1-1}$$

式中 ϕ_G——坐标方位角，(°)；

ϕ_T——真方位角，(°)；

ϕ_M——磁方位角，(°)；

γ——子午线收敛角，(°)；

δ——磁偏角，(°)。

3. 磁偏角和子午线收敛角

井眼轨道归算问题涉及磁偏角和子午线收敛角。在此结合大地测量学的有关知识，简要介绍这两个参数的基本概念和计算方法。

1) 磁偏角

地磁场近似于一个置于地心的偶极子磁场，地磁轴与地球自转轴之间的夹角约为 11.5°。地心磁偶极子轴线与地球表面的两个交点称为地磁极，地磁北极和地磁南极指的是地理位置，按磁性来说地磁两极和磁针两极的极性恰好相反。

地磁场是一个弱磁场，地面上的平均磁感应强度约为 0.5×10^{-4} T。地磁场是由各种不同来源的磁场叠加而成的，包括主要来源于地球内部的稳定磁场和主要起源于地球外部的变化磁场。变化磁场比稳定磁场弱得多，最多只占地磁场感应强度的 2%～4%。地磁场的高斯-施密特理论把稳定磁场分为起源于地球内部的内源场和起源于地球外部的外源场，其中内源场占地磁场感应强度的 99%以上，并采用球谐分析方法把地磁要素的分布表示成地理坐标的数学函数。

自 1968 年以来，国际地磁和高空物理协会(IAGA)每 5 年公布一次全球性的国际地磁参考场(IGRF)。国际地磁参考场的误差大约为 100 nT，有的地方甚至达到 200 nT，因此许多国家都有自己的区域性地磁场模型。与国际地磁参考场不同，区域性的地磁场模型不能采用球谐分析方法，其常用的方法是多项式方法、矩谐分析方法、冠谐分析方法等。

地磁场的磁感应强度 **B** 是矢量，具有大小和方向，见图 10-1-3。矢量 **B** 在水平面上的投影称为水平分量，水平分量所指的方向就是地磁北极方向。水平分量偏离地理北极方向的角度 δ 称为磁偏角，它是磁子午线与真子午线之间的夹角。从真子午线起算，磁偏角东偏时为正，西偏时为负。矢量 **B** 偏离水平面的角度 β 称为磁倾角。在北半球的大部分地区磁针的 N 极向下倾，在南半球磁针的 S 极向下倾。磁倾角下倾时为正，上倾时为负。

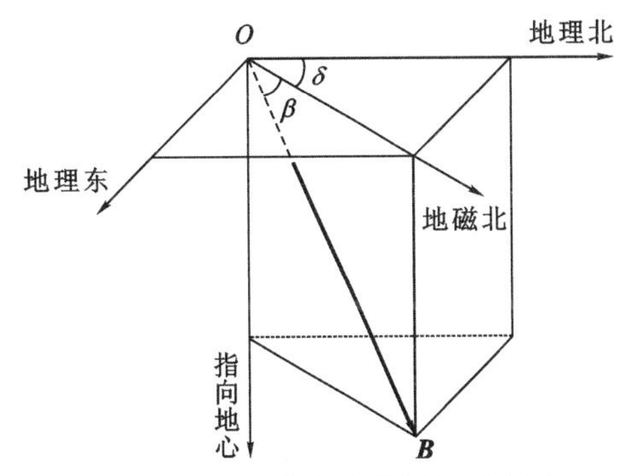

图 10-1-3 磁偏角和磁倾角示意图

磁偏角既可以根据全球性和区域性的地磁场模

型来计算，也可以直接用仪器进行测量。但基本地磁场并非恒定，而是随时间变化的。为了解决地磁场模型在时间上的连续性问题，需要进行年度校正。

世界各地的磁偏角差异很大。日本的磁偏角很小，而格陵兰中部的磁偏角却高达60°。英国伦敦1600年的磁偏角为北偏东8°，之后沿逆时针方向转动，到1800年为北偏西24°。在这200年里磁偏角摆动了32°。随后它又往回移动，到1950年只有北偏西8°。中国境内的磁偏角年变率较小，一般只有2°左右。在东部和沿海地区，磁偏角偏西，而西部和南海地区磁偏角偏东；纬度越高，磁偏角越大。

总之，磁偏角是井眼轨迹监测与控制中的一项重要基础数据，应采用最新公布或实测的地磁数据来确定磁偏角。行业标准规定：磁偏角数据由地质设计提供。

2）子午线收敛角

大地测量及定位问题，包括确定油井靶点和井口位置，需要建立大地坐标系。为了研究全球性问题，需要建立全球性的大地坐标系。然而，地球的形状很不规则，它接近于一个三轴扁梨形椭球，南胀北缩，东西略扁。对于一个国家或地区的大地测量及绘图来说，往往采用最接近于本国或本地区的地球椭球形状，所有的地面测量都按法线投影到这个椭球面上，这样的椭球被称为参考椭球。不同的大地坐标系采用不同的参考椭球和地图投影方法。

中国先后建立了1954年北京坐标系、1980西安坐标系和2000国家大地坐标系共三个大地坐标系，它们均采用高斯-克吕格投影（简称为高斯投影），但采用了不同的参考椭球，其参考椭球的几何参数见表10-1-1。

表10-1-1　中国参考椭球的几何参数

大地坐标系	1954年北京坐标系	1980西安坐标系	2000国家大地坐标系
参考椭球	克拉索夫斯基椭球	1975国际椭球	CGCS2000椭球
长半轴 a/m	6 378 245.000 000 000 0	6 378 140.000 000 000 0	6 378 137.000 000 000 0
短半轴 b/m	6 356 863.018 773 047 3	6 356 755.288 157 528 7	6 356 752.314 100 000 0
极曲率半径 c/m	6 399 698.901 782 711 0	6 399 596.651 988 010 5	6 399 593.625 900 000 0
扁率 α	1/298.3	1/298.257	1/298.257 222 101
第一偏心率平方 e^2	0.006 693 421 622 966	0.006 694 384 999 588	0.006 694 380 022 90
第二偏心率平方 e'^2	0.006 738 525 414 683	0.006 739 501 819 473	0.006 739 496 775 48

高斯投影是将一个椭圆柱面横套在地球椭球体上，使其与某一条中央子午线相切，椭圆柱的轴线通过椭球体的中心，然后将中央子午线两侧一定范围内的区域投影到椭圆柱面上，再将椭圆柱面展开成平面，见图10-1-4。

为了保证投影的精度，使变形不超过一定的限度，需要将地球椭球面沿子午线划分成经差相等的若干个瓜瓣形区域，每个区域称为一个投影带。一般按6°经差进行分带，大比例尺测图和工程测量采用3°带，工程测量控制网也可采用1.5°带或任意带。高斯投影的6°带从0°子午线自西向东每隔6°经差进行分带，投影带的编号依次为1，2，3，…，将全球共分为60个投影带。中国的6°带高斯投影，中央子午线的经度从69°到135°，共计12带，见图10-1-5。高斯投影3°带是在6°带的基础上形成的，其单数带的中央子午线与6°带的中央子午线重合，偶数带的中央子午线与6°带的分界子午线重合。

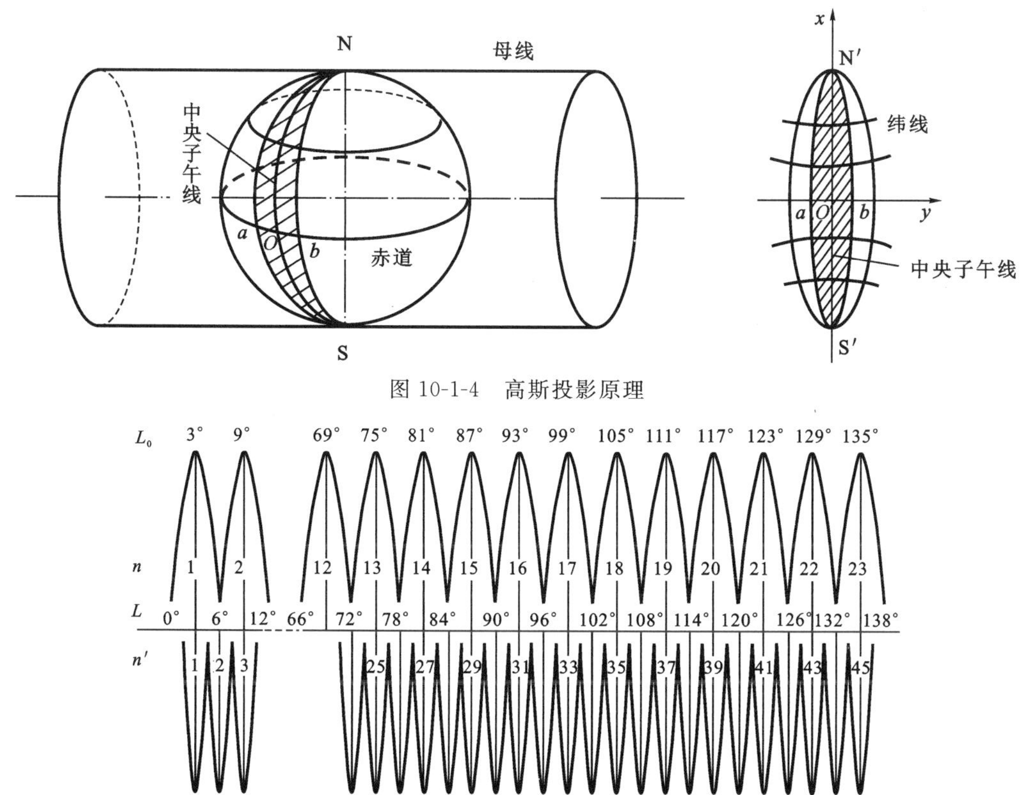

图 10-1-4　高斯投影原理

图 10-1-5　高斯投影的分带

在投影平面内，中央子午线和赤道都是直线且互相垂直，其他子午线都以赤道为对称轴凹向中央子午线，其他纬线都以中央子午线为对称轴向两极弯曲，经纬线成直角相交。以中央子午线的投影作为纵轴 x，以赤道的投影作为横轴 y，以两轴的交点作为坐标原点，在投影面上构成了一个直角坐标系，称为高斯平面直角坐标系。各投影带都有自己的坐标轴和坐标原点，形成相对独立的坐标系统。中国位于北半球，所以 x 坐标都是正值。为方便起见，将横坐标 y 加上 500 000 m，使之也保持为正值，并在前面冠以投影带号。这种坐标称为国家统一坐标。

在高斯投影平面上，子午线的切线方向与高斯平面坐标北之间的夹角称为子午线收敛角 γ，见图 10-1-6。由于大地线上各点的子午线方向不同，所以作为坐标方位角的起算基准就不同，因此各点处的子午线收敛角也是不同的。子午线收敛角正负号的规定为：以子午线投影曲线的切线方向为基准，高斯平面坐标北偏向东侧时为正，偏向西侧时为负，即顺时针方向为正，逆时针方向为负。

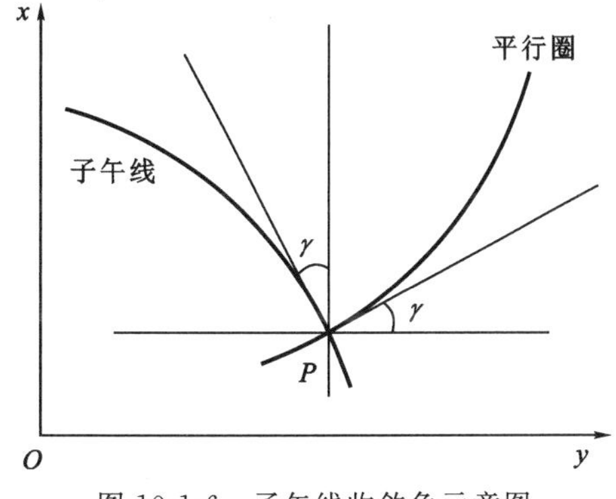

图 10-1-6　子午线收敛角示意图

对于地球椭球表面上的任一点 P，根据其大地坐标(B,L)和高斯平面坐标(x,y)都可以计算出子午线收敛角，其常用的计算公式分别为：

$$\gamma = \sin Bl\left[1 + \frac{1}{3}(1 + 3\eta^2 + 2\eta^4)\cos^2 Bl^2 + \frac{1}{15}(2 - t^2)\cos^4 Bl^4\right] \qquad (10\text{-}1\text{-}2)$$

$$\gamma = \frac{y}{N_f}t_f\left[1 - \frac{y^2}{3N_f^2}(1 + t_f^2 - \eta_f^2 - 2\eta_f^4) + \frac{y^4}{15N_f^4}(2 + 5t_f^2 + 3t_f^4)\right] \qquad (10\text{-}1\text{-}3)$$

其中：

$$t = \tan B,\quad \eta^2 = e'^2\cos^2 B,\quad t_f = \tan B_f,\quad \eta_f^2 = e'^2\cos^2 B_f,\quad N_f = a(1 - e^2\sin^2 B_f)^{-\frac{1}{2}}$$

式中 B——纬度,(°)；

l——P 点经度与中央子午线经度的经度差,(°)；

B_f——底点纬度,(°)；

y——高斯平面东坐标；

a——地球椭球的长半轴,m；

e——地球椭球的第一偏心率,无因次；

e'——地球椭球的第二偏心率,无因次。

研究表明:① γ 为 l 的奇函数,且 l 越大,γ 也越大;② 当 l 不变时,γ 随 B 的增加而增大;③ γ 值有正负,在北半球,γ 与 l 同号。

需要说明的是,如果地质设计给出的是国家统一坐标,应先去掉 y 值中的投影带号,再减去 500 000 m,然后才能使用式(10-1-3)计算子午线收敛角。

4. 井身剖面

设计轨道应从井口开始依次经由每个靶点。对于具有两个及两个以上靶点的多靶井,通常无法“一次性”地设计出全井的井眼轨道,而是需要分别设计从井口到首靶以及后续相邻靶点间的井眼轨道,然后再“组装”起来。为叙述方便,这里将首靶之前以及相邻靶点间的设计轨道称为井身剖面。这样,全井的设计轨道就由若干个井身剖面组成,每个井身剖面的端点为井口点或靶点,且井身剖面与靶点的数量相等。

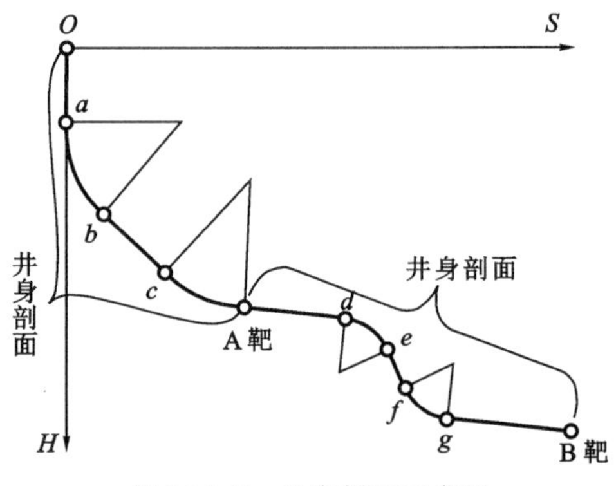

图 10-1-7　井身剖面示意图

如图 10-1-7 所示,水平井有两个靶点,其设计轨道由两个井身剖面组成。第一个井身剖面采用了双增剖面,由 4 个井段和 5 个节点(包括井口点和 A 靶)组成。第二个井身剖面用于设计水平段,采用了阶梯形剖面,由 5 个井段和 6 个节点(包括 A 靶和 B 靶)组成。

显然,分别设计完各井身剖面后,必须按一定的规则进行“组装”。组装原则是:各靶点处相邻井身剖面的井斜角和方位角必须相等,以保证全井的设计轨道连续光滑。显然,对于单靶定向井,仅有一个井身剖面,无须“组装”过程。

5. 井眼轨道参数

用于描述井眼轨道空间形态的参数很多,大致可分为基本参数、坐标参数、挠曲参数和工艺参数。无论是设计轨道还是实钻轨迹,往往都以井深为标识来表述井眼轨道上各点处的轨道参数。计算井眼轨道参数的基本方法是：将设计轨道或实钻轨迹划分成若干个井段，每个井段的井眼轨道特征参数分别保持为常数，即按设计轨道的相邻节点或实钻轨迹的相邻测点来划分。然后，以井段始点为基准，按选定的井眼轨道模型计算井眼轨道上各点处的轨道参数，其计算点既可以是井段末点也可以是井段内的分点。其中，对于空间坐标等参数，需要先计算相对于井段始点的增量，再累加上井段始点的参数。

(1) 基本参数。理论上，如果知道井斜角和方位角沿井深的变化规律，就可以确定出井眼轨道的空间形态。因此，把井深(L)、井斜角(α)和方位角(ϕ)常称为井眼轨道的基本参数。根据井眼轨道模型，可计算出任一井深处的井斜角和方位角。

(2) 坐标参数。坐标参数主要用于描述井眼轨道上各点处的空间位置，主要包括北坐标(N)、东坐标(E)、垂深坐标(H)、水平长度(S)、水平位移(V)、平移方位角(φ)等参数。

对于北坐标、东坐标、垂深坐标和水平长度等参数，先按井眼轨道模型计算出相对于井段始点的增量，再用下列公式计算任一点的轨道参数。

$$\begin{cases} N = N_b + \Delta N \\ E = E_b + \Delta E \\ H = H_b + \Delta H \\ S = S_b + \Delta S \end{cases} \tag{10-1-4}$$

式中，下标"b"表示井段始点。

水平位移 V 和平移方位角 φ 的计算公式为：

$$\begin{cases} V = \sqrt{N^2 + E^2} \\ \tan\varphi = \dfrac{E}{N} \end{cases} \tag{10-1-5}$$

(3) 挠曲参数。挠曲参数主要用于描述井眼轨道的弯曲和扭转程度，包括井斜变化率(κ_α)、方位变化率(κ_ϕ)、垂直剖面图上井眼轨道的曲率(κ_{v})、水平投影图上井眼轨道的曲率(κ_{h})、弯曲角(ε)、井眼曲率(κ)、井眼挠率(τ)等参数。其中，前 4 个参数可根据井眼轨道模型算得，后 3 个参数分别按如下公式计算：

$$\cos\varepsilon = \cos\alpha_1\cos\alpha_2 + \sin\alpha_1\sin\alpha_2\cos(\phi_2 - \phi_1) \tag{10-1-6}$$

$$\begin{cases} \kappa = \sqrt{\kappa_\alpha^2 + \kappa_\phi^2\sin^2\alpha} \\ \kappa = \sqrt{\kappa_{\mathrm{v}}^2 + \kappa_{\mathrm{h}}^2\sin^4\alpha} \end{cases} \tag{10-1-7}$$

$$\tau = \frac{\kappa_\alpha\dot{\kappa}_\phi - \kappa_\phi\dot{\kappa}_\alpha}{\kappa^2}\sin\alpha + \kappa_\phi\left(1 + \frac{\kappa_\alpha^2}{\kappa^2}\right)\cos\alpha \tag{10-1-8}$$

另外，井眼轨道设计与计算常涉及井眼曲率与曲率半径之间的换算关系。对于不同的井眼曲率单位，其通用换算公式为：

$$R = \frac{180C_\kappa}{\pi\kappa} \tag{10-1-9}$$

式中 C_κ——单位换算系数，其数值等于曲率单位中的长度值。当井眼曲率 κ 的单位为(°)/30 m 时，取 $C_\kappa = 30$。

(4) 工艺参数。工艺参数是指能直观反映定向钻井工艺的技术参数，主要包括工具造斜率(κ_{T})、工具面角(ω)等参数。对于轨道设计来说，工具造斜率宜高于井眼曲率 10%～20%。

有时,工具面角也称为装置角。

二、设计内容及步骤

根据设计轨道是否为一条铅垂直线,可将油气井的井型分为直井和定向井两大类。根据设计轨道是否位于一个铅垂平面内,还可将定向井分为二维定向井和三维定向井。在此,首先阐述通用性的井眼轨道设计原则、设计步骤、约束方程和设计结果等内容,这些内容既适用于开钻前的井眼轨道设计也适用于钻井过程中的随钻修正轨道设计。

1. 设计原则

在定向钻井中,首先需要考虑地质条件、钻井目的、工艺要求及施工技术水平等因素,设计出井眼轨道。井眼轨道设计应遵循如下基本原则:

(1) 满足勘探开发要求,应能实现定向钻井的目的。井眼轨道设计首先要满足钻穿多套含油气层系、提高井眼在油气层中的延伸长度及裸露面积、复活枯竭停产油井等勘探开发要求,其次考虑因地面条件限制而移动井位、因地下条件限制而钻绕障井、为治理井喷而钻救援井、因地质目标变更及井下落物而侧钻等钻井工艺技术要求及实现方法。

(2) 应满足完井及采油工艺要求。考虑能顺利下入完井管柱和生产管柱、改善油管和抽油杆的受力及磨损状况等要求,设计轨道应尽量减小井眼曲率。为了有利于电潜泵安装、封隔器坐封等井下作业,应尽量减小相关井段的井斜角。

(3) 应有利于安全优质高效钻井。在考虑钻井工程技术条件的基础上,应尽量选用形状简单、易于施工的井眼轨道,尽量减少井眼轨迹控制的难度及工作量。

然而,这些基本原则往往是相互制约的,有时甚至相互矛盾。例如,较小的井斜角有利于完井及采油作业,但是当井斜角小于15°时会增大钻井施工中方位控制的难度;较小的井眼曲率有利于改善钻井及采油管柱摩阻、减少键槽卡钻及抽油杆磨损等复杂情况,但是将导致造斜点位置高、造斜井段长、稳斜井段短等问题,会增大钻井难度及成本。因此,在具体设计井眼轨道时,应优先解决突出问题,权衡利弊,综合考虑各种因素,最终得到最优的设计结果。

2. 设计步骤

井眼轨道设计的主要内容及步骤为:

(1) 计算各靶点的坐标参数。地质设计给出的井口和靶点坐标往往是国家统一坐标,据此应首先计算出各靶点在井口坐标系下的坐标参数,然后计算出各靶点相对于井口或前个靶点的坐标参数,为井身剖面设计做好数据准备。

(2) 选择井身剖面的形状及作为已知条件的特征参数。根据靶点数量,划分井身剖面并选择其形状,然后根据各井身剖面的类型及形状,确定出作为已知条件的特征参数,如造斜点(侧钻点、分支点)位置、增降斜率等。对于具有 n 个特征参数的二维和三维井身剖面,应分别给出 $n-2$ 个和 $n-3$ 个特征参数。

(3) 设计井身剖面。对于多靶井,应分别设计各井身剖面,宜优先设计目标区的井身剖面。二维和三维井身剖面分别具有2个和3个约束方程:

$$\begin{cases}\sum_{i=1}^{n}\Delta H_i = H_t \\ \sum_{i=1}^{n}\Delta S_i = S_t\end{cases} \tag{10-1-10}$$

$$\begin{cases}\sum_{i=1}^{n}\Delta H_i = H_t \\ \sum_{i=1}^{n}\Delta N_i = N_t \\ \sum_{i=1}^{n}\Delta E_i = E_t\end{cases} \tag{10-1-11}$$

式中,n 为井身剖面的井段数;方程右侧的参数为各靶点相对于井口或前一个靶点的坐标参数;各井段的坐标增量由井眼轨道模型及特征参数确定。

井身剖面设计宜由约束方程求解特征参数,且待求特征参数与约束方程的数量应相等。换句话说,通过求解二维和三维井身剖面的约束方程,可分别确定出 2 个和 3 个待求特征参数。也可使用其他设计方法,但设计结果必须满足相应的约束方程。

必须注意的是,设计轨道应经过每个靶点,且连续光滑。因此,按照井身剖面的组装原则,应保证相邻井身剖面在靶点处的井斜角和方位角必须相等。

(4) 校核及确定设计结果。设计完各井身剖面后,需要组装出全井的设计轨道。为了保证设计结果的正确性,应根据各井段的井眼轨道模型,从井口开始依次计算出各靶点在井口坐标系下的坐标参数,并验证是否与步骤(1)中的相应坐标参数相符。此外,还应校核设计轨道的井斜角、井眼曲率等参数,保证满足设计原则中的各项要求。

要提交井眼轨道的设计结果,需要计算出设计轨道的节点和分点数据,并以井深为自变量增序排列。设计结果应给出井口和靶点坐标、设计轨道的节点和分点数据等,其数据内容及格式见表 10-1-2～表 10-1-4。此外,还应绘制设计轨道的垂直剖面图(或垂直投影图)和水平投影图,甚至三维坐标图。

表 10-1-2　××井基础数据

参考系统			井口坐标			相关数据			
大地坐标系	指北方向	深度基准	海拔高度/m	纵坐标 X/m	横坐标 Y/m	子午线收敛角/(°)	磁偏角/(°)	补心高度/m	口袋长度/m

表 10-1-3　××井靶区数据

靶点名称	靶点坐标						靶区几何			
	海拔/m	纵坐标 X/m	横坐标 Y/m	垂深/m	水平位移/m	平移方位角/(°)	形状	半径/m	高度/m	宽度/m

注:靶区几何中的几何尺寸数据应依靶区形状填写。

表 10-1-4　××井设计轨道节点/分点数据

井深 /m	井斜角 /(°)	方位角 /(°)	垂深 /m	北坐标 /m	东坐标 /m	水平位移 /m	平移方位角 /(°)	水平长度 /m	井眼曲率 /[(°)·(30 m)$^{-1}$]	备　注

注：备注中宜注明井口点、造斜点、靶点等主要节点。

在上述设计步骤中，井身剖面设计是核心内容。对于不同类型的井身剖面，其具体设计方法的差异性很大。因此，关于井眼轨道设计的后续内容，将重点介绍几种典型情况下的井身剖面设计方法。

3. 轨道模型

轨道模型是定向钻井各种设计与计算的基础，既用于井眼轨道设计，也用于井眼轨迹监测与控制。其主要研究内容是轨道模型的特征描述和各种轨道参数的计算方法。已提出的轨道模型很多，这里主要介绍几种广泛应用的轨道模型。

1）直线模型

直线模型是最简单的井眼轨道模型，主要用于描述直井段、水平段和稳斜段。由于直井段和水平段都可看作是稳斜段的特例，所以直线模型主要以稳斜段为研究对象。

直线模型属于一维轨道模型，井斜角和方位角保持不变，井眼曲率和井眼挠率均为零，且水平长度与水平位移相等，见图 10-1-8。因此，直线模型主要轨道参数的计算公式为：

$$\begin{cases}\alpha=\alpha_0\\ \phi=\phi_0\end{cases}\tag{10-1-12}$$

$$\begin{cases}\Delta H=\Delta L\cos\alpha_0\\ \Delta S=\Delta L\sin\alpha_0\end{cases}\tag{10-1-13}$$

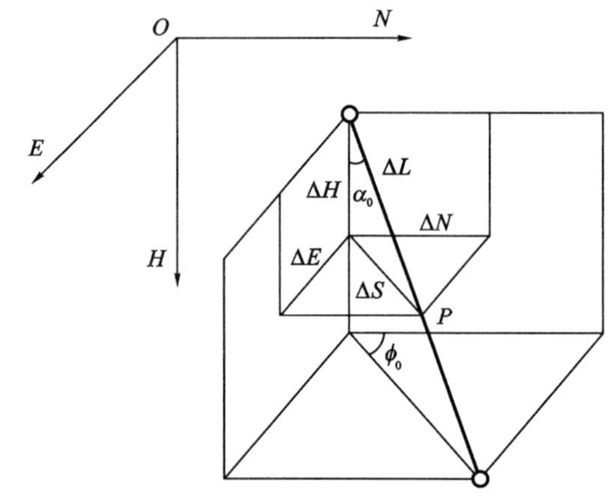

图 10-1-8　井眼轨道的直线模型

$$\begin{cases}\Delta N=\Delta S\cos\phi_0\\ \Delta E=\Delta S\sin\phi_0\end{cases}\tag{10-1-14}$$

式中，下标“0”表示井段始点，各增量参数均相对于井段始点。

2）二维圆弧模型

二维圆弧模型假设井眼轨道为铅垂平面内的圆弧，其井眼曲率或曲率半径保持为常数，且方位角保持不变，主要用于描述二维增斜段和降斜段，见图 10-1-9。

主要轨道参数的计算公式为：

$$\begin{cases}\alpha=\alpha_0+\dfrac{180}{\pi}\dfrac{\Delta L}{R}\\ \phi=\phi_0\end{cases}\tag{10-1-15}$$

$$\begin{cases}\Delta H = R(\sin\alpha - \sin\alpha_0) \\ \Delta S = R(\cos\alpha_0 - \cos\alpha)\end{cases} \quad (10\text{-}1\text{-}16)$$

$$\begin{cases}\Delta N = \Delta S\cos\phi_0 \\ \Delta E = \Delta S\sin\phi_0\end{cases} \quad (10\text{-}1\text{-}17)$$

增斜时，井眼曲率 κ 或曲率半径 R 取正值；降斜时，井眼曲率 κ 或曲率半径 R 取负值。当井眼曲率 κ 为零时，按直线模型计算轨道参数。

3）空间圆弧模型

空间圆弧模型假设井眼轨道为空间斜平面内的圆弧，其主要特征是井眼曲率 κ 或曲率半径 R 保持为常数，这决定了井眼轨道的形状。此外，基于井段始点的井斜角 α_0 和方位角 ϕ_0，空间圆弧的摆放姿态可由初始工具面角 ω_0（井段始点的工具面角）所决定，见图 10-1-10。

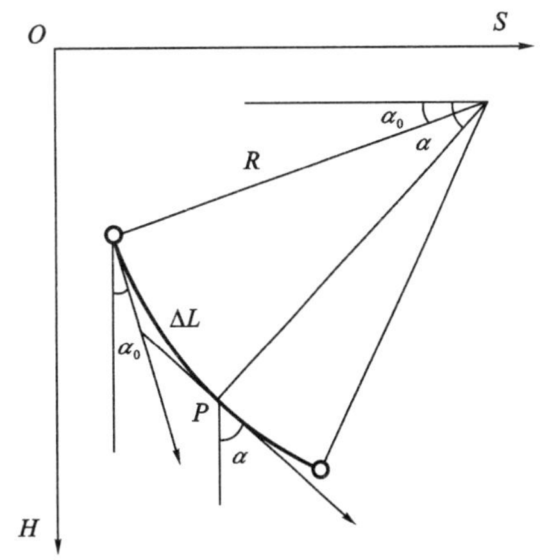

图 10-1-9　井眼轨道的二维圆弧模型

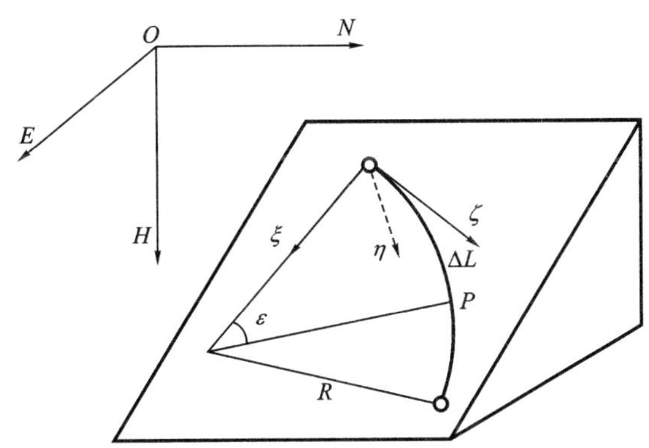

图 10-1-10　井眼轨道的空间圆弧模型

除了井眼曲率 κ 或曲率半径 R 外，空间圆弧模型的其他轨道参数沿井深都是变化的。主要轨道参数的计算公式为：

$$\begin{cases}\cos\alpha = T_{13}\sin\varepsilon + T_{33}\cos\varepsilon \\ \tan\phi = \dfrac{T_{12}\sin\varepsilon + T_{32}\cos\varepsilon}{T_{11}\sin\varepsilon + T_{31}\cos\varepsilon}\end{cases} \quad (10\text{-}1\text{-}18)$$

$$\begin{cases}\Delta N = R[T_{11}(1-\cos\varepsilon) + T_{31}\sin\varepsilon] \\ \Delta E = R[T_{12}(1-\cos\varepsilon) + T_{32}\sin\varepsilon] \\ \Delta H = R[T_{13}(1-\cos\varepsilon) + T_{33}\sin\varepsilon]\end{cases} \quad (10\text{-}1\text{-}19)$$

其中：

$$\begin{cases}T_{11} = \cos\alpha_0\cos\phi_0\cos\omega_0 - \sin\phi_0\sin\omega_0 \\ T_{12} = \cos\alpha_0\sin\phi_0\cos\omega_0 - \cos\phi_0\sin\omega_0 \\ T_{13} = -\sin\phi_0\cos\omega_0\end{cases}$$

$$\begin{cases}T_{31} = \sin\alpha_0\cos\phi_0 \\ T_{32} = \sin\alpha_0\sin\phi_0 \\ T_{33} = \cos\alpha_0\end{cases}$$

$$\begin{cases}\xi = R(1-\cos\varepsilon)\\ \zeta = R\sin\varepsilon\end{cases}$$

$$\varepsilon = \frac{180}{\pi}\frac{\Delta L}{R}$$

由于空间圆弧轨道的水平投影为椭圆弧，所以得不到解析形式的水平长度计算公式。如果将其水平投影近似为圆弧，则水平长度的近似计算公式为：

$$\Delta S = R\tan\frac{\varepsilon}{2}(\sin\alpha_0+\sin\alpha)\frac{\frac{\pi}{180}\frac{\Delta\phi}{2}}{\tan\frac{\Delta\phi}{2}} \tag{10-1-20}$$

当井眼曲率 κ 为零时，按直线模型计算轨道参数。

4）圆柱螺线模型

圆柱螺线模型假设井眼轨道在垂直剖面图和水平投影图上均为圆弧，其主要特征是在垂直剖面图和水平投影图上的曲率 κ_v 和 κ_h 分别保持为常数，见图 10-1-11。由于该模型所描述的井眼轨道在垂直剖面图和水平投影图上的曲率半径 R 和 r 分别保持为常数，所以称为曲率半径模型。后来，由于证明了这样的井眼轨道是圆柱螺线，故又称为圆柱螺线模型。

主要轨道参数的计算公式为：

$$\begin{cases}\alpha = \alpha_0 + \frac{180}{\pi}\frac{\Delta L}{R}\\ \phi = \phi_0 + \frac{180}{\pi}\frac{R}{r}(\cos\alpha_0-\cos\alpha)\end{cases} \tag{10-1-21}$$

$$\begin{cases}\Delta H = R(\sin\alpha-\sin\alpha_0)\\ \Delta S = R(\cos\alpha_0-\cos\alpha)\end{cases} \tag{10-1-22}$$

$$\begin{cases}\Delta N = r(\sin\phi-\sin\phi_0)\\ \Delta E = r(\cos\phi_0-\cos\phi)\end{cases} \tag{10-1-23}$$

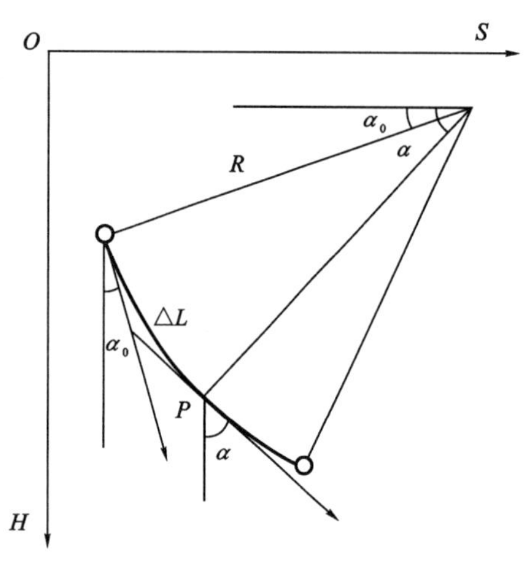

(a) 垂直剖面图

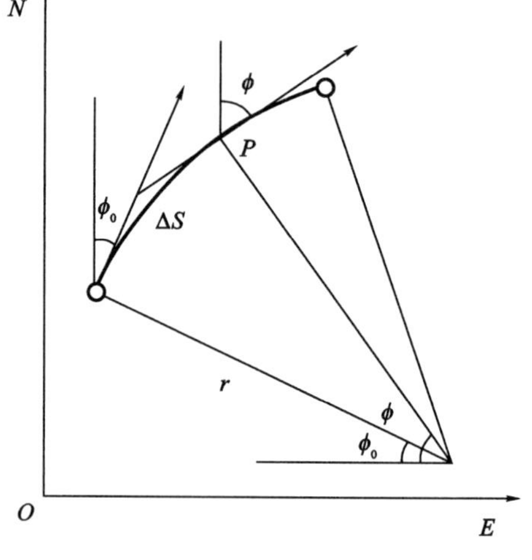

(b) 水平投影图

图 10-1-11　井眼轨道的圆柱螺线模型

增斜时，曲率半径 R 取正值；降斜时，曲率半径 R 取负值。增方位时，曲率半径 r 取正值；减方位时，曲率半径 r 取负值。

当曲率 κ_v 和 κ_h 分别为零时，应使用下列方法替代上述公式：

(1) 当 $\kappa_v=\kappa_h=0$ 时，按公式(10-1-12)～公式(10-1-14)计算。

(2) 当 $\kappa_v=0,\kappa_h\neq 0$ 时，分别按公式(10-1-12)和公式(10-1-13)计算 $\alpha,\Delta H$ 和 ΔS，按公式(10-1-23)计算 ΔN 和 ΔE。其中，方位角的计算公式为：

$$\phi=\phi_0+\frac{180}{\pi}\frac{\Delta L\sin\alpha_0}{r} \tag{10-1-24}$$

(3) 当 $\kappa_v\neq 0,\kappa_h=0$ 时，分别按公式(10-1-21)和公式(10-1-22)计算 $\alpha,\Delta H$ 和 ΔS，分别按公式(10-1-12)和公式(10-1-14)计算 $\phi,\Delta N$ 和 ΔE。

这些轨道模型的计算公式适用于井眼轨道的内插和外插计算，既可用于计算设计轨道的节点和分点数据，也可用于计算实钻轨迹的测点和分点数据。

三、二维轨道设计

在没有特殊要求的情况下，定向井应设计成二维轨道，且宜采用由直线段和圆弧段组成的井身剖面。结合上述井眼轨道设计方法和步骤，在此主要介绍井身剖面的设计方法。

1. 典型设计方法

常规定向井多采用三段式或五段式井身剖面，而常规水平井多采用双增式井身剖面。对于不同形状的井身剖面，早期的设计方法需要分别给出不同的设计公式，已经可以将它们统一为相同的形式。

长期以来，关于二维井身剖面设计，普遍是以稳斜段的段长和井斜角作为待求的特征参数，而将其他参数作为已知数据，所以这里称之为典型设计方法。为了不失一般性，在建立设计公式时，应采用如图 10-1-12 所示的井身剖面。由于定义了增斜段的曲率或曲率半径为正值、降斜段的曲率或曲率半径为负值，所以可使设计公式也适用于五段式的 S 形井身剖面。

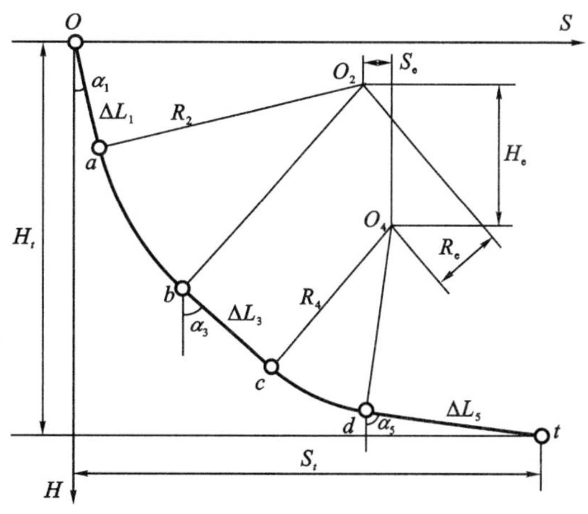

图 10-1-12　典型井身剖面示意图

常用井身剖面的设计公式为：

$$\begin{cases}\Delta L_3=\sqrt{H_e^2+S_e^2-R_e^2}\\ \tan\dfrac{\alpha_3}{2}=\dfrac{H_e-\sqrt{H_e^2+S_e^2-R_e^2}}{R_e-S_e}\end{cases} \tag{10-1-25}$$

特别地，当 $R_e=S_e$ 时，式(10-1-25)简化为：

$$\begin{cases}\Delta L_3 = H_e \\ \tan\dfrac{\alpha_3}{2} = \dfrac{S_e}{H_e}\end{cases} \tag{10-1-26}$$

参数 H_e,S_e 和 R_e 为中间变量,分别表示两个圆弧段曲率中心的垂深差、水平位移差和稳斜段高边方向上的距离,其几何意义见图 10-1-12。

对于三段式剖面:

$$\begin{cases}H_e = H_t - \Delta L\cos\alpha_1 + R_2\sin\alpha_1 \\ S_e = S_t - \Delta L\sin\alpha_1 - R_2\cos\alpha_1 \\ R_e = R_2\end{cases} \tag{10-1-27}$$

对于五段式剖面和双增式剖面:

$$\begin{cases}H_e = H_t - \Delta L_1\cos\alpha_1 - \Delta L_5\cos\alpha_5 + R_2\sin\alpha_1 - R_4\sin\alpha_5 \\ S_e = S_t - \Delta L_1\sin\alpha_1 - \Delta L_5\sin\alpha_5 - R_2\cos\alpha_1 + R_4\cos\alpha_5 \\ R_e = R_2 - R_4\end{cases} \tag{10-1-28}$$

2. 通用设计方法

井身剖面的典型设计方法公式简明、方法实用,多数情况下能满足二维轨道设计的需要,但是还存在一些缺陷:① 不能适用于所有的圆弧型井身剖面。例如,当两个甚至多个圆弧段直接相连而没有中间的稳斜段时,无法使用现有公式。② 只能求解稳斜段的段长和井斜角,不能设计造斜点、增降斜率等参数。③ 各特征参数之间的相互验证和优选困难,不能满足交互式设计的要求。为了解决这些问题,研究提出了通用圆弧型井身剖面及其可任选待求特征参数的设计方法。

通用圆弧型井身剖面定义为:直线段与圆弧段相间排列,且首尾井段均为直线段,见图 10-1-13。该井身剖面的通用性体现在以下几个方面:① 用不同的直线段井斜角可分别表示直井段、水平段和稳斜段;② 用圆弧段曲率或曲率半径的正负值分别表示增斜段和降斜段;③ 通过剔除若干个直线段,可得到圆弧段直接相连的特殊井身剖面。因此,这样的井身剖面适用于由直线段和圆弧段所组成的各种井身剖面。

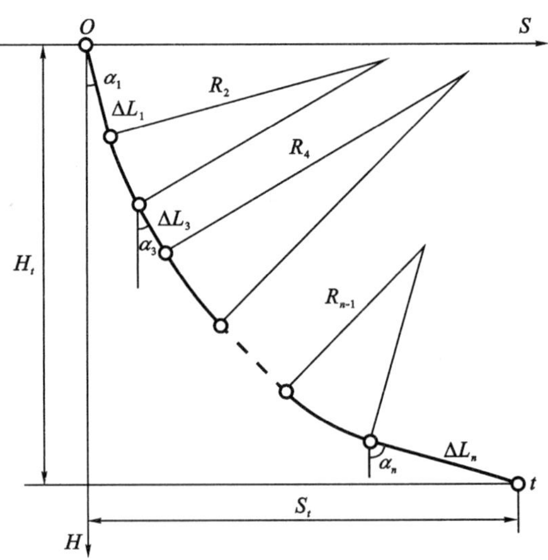

图 10-1-13 通用圆弧型井身剖面

为了建立通用性的设计方法,对于特殊的井身剖面,应根据圆弧段数量 N 先找到所对应的通用井身剖面。其通用井身剖面的井段数为:

$$n = 2N + 1 \tag{10-1-29}$$

井身剖面的形状是由特征参数所决定的。直线段的特征参数是段长和井斜角,圆弧段的特征参数是起始井斜角、终止井斜角和曲率半径(或曲率)。由于要求井身剖面必须连续光滑且直线段与圆弧段相间排列,所以圆弧段的起止井斜角应分别等于相邻直线段的井斜角。而从通用井身剖面上剔除某个直线段的方法是令其段长为零，但作为特征参数的井斜角仍保留。因此，包括特殊井身剖面在内的所有井身剖面，其特征参数的数量为：

$$m=\frac{3n+1}{2}-n_w \tag{10-1-30}$$

式中 n——通用井身剖面的井段数；

m——井身剖面的特征参数数量；

n_w——从通用井身剖面上剔除的直线段数量，常规井身剖面取 $n_w=0$。

由于二维井身剖面设计存在两个约束方程，所以可求解出任意两个特征参数。如果每次选取两个不同的特征参数来设计井身剖面，就可以进行特征参数之间的相互验证和优选，避免盲目试算，从而实现协调和优化特征参数的目的。在 m 个特征参数中任选两个作为待求参数，其求解组合数为：

$$k=\frac{m(m-1)}{2} \tag{10-1-31}$$

由于通用井身剖面的井段数 n 为奇数，所以由式(10-1-30)计算出的特征参数数量 m 必为整数；而 m 与 $m-1$ 必有一个为偶数，所以由式(10-1-31)得出的求解组合数 k 亦必为整数。

然而，根据井身剖面的约束方程，无法得到任选两个待求特征参数的解析通解。为解决这个问题，可将井身剖面的特征参数分为三类：直线段的段长 ΔL、井斜角 α 和圆弧段的曲率半径 R。这样，求解任意两个特征参数共有六种求解组合：① ΔL-ΔL 组合；② R-R 组合；③ ΔL-R 组合；④ ΔL-α 组合；⑤ R-α 组合；⑥ α-α 组合。这样，通过数学推演就可以得到各种求解组合的全部解析解。例如，对于井段序号分别为 p 和 q 的稳斜段段长 ΔL_p 和井斜角 α_q，其 ΔL-α 组合的解析解为：

$$\Delta L_p=b\pm\sqrt{b^2-c} \tag{10-1-32}$$

$$\tan\frac{\alpha_q}{2}=\begin{cases}\dfrac{B\pm\sqrt{A^2+B^2-C^2}}{C+A} & (C+A\neq 0)\\[2ex] \dfrac{C-A}{2B} & (C+A=0)\end{cases} \tag{10-1-33}$$

其中：

$$\begin{cases}b=H_e\cos\alpha_p+S_e\sin\alpha_p\\ c=H_e^2+S_e^2-\Delta L_q^2-(R_{q-1}-R_{q+1})^2\end{cases}$$

$$\begin{cases}A=(R_{q-1}-R_{q+1})\cos\alpha_p+\Delta L_q\sin\alpha_p\\ B=(R_{q-1}-R_{q+1})\sin\alpha_p-\Delta L_q\cos\alpha_p\\ C=H_e\sin\alpha_p-S_e\cos\alpha_p\end{cases}$$

$$R_0=R_{n+1}=0$$

$$\begin{cases}H_e=H_t-\sum\limits_{\substack{i=1\\ i\neq\frac{p+1}{2},i\neq\frac{q+1}{2}}}^{\frac{n+1}{2}}\Delta L_{2i-1}\cos\alpha_{2i-1}+\sum\limits_{\substack{i=1\\ i\neq\frac{q+1}{2}}}^{\frac{n-1}{2}}R_{2i}\sin\alpha_{2i-1}-\sum\limits_{\substack{i=1\\ i\neq\frac{q-1}{2}}}^{\frac{n-1}{2}}R_{2i}\sin\alpha_{2i+1}\\ S_e=S_t-\sum\limits_{\substack{i=1\\ i\neq\frac{p+1}{2},i\neq\frac{q+1}{2}}}^{\frac{n+1}{2}}\Delta L_{2i-1}\sin\alpha_{2i-1}+\sum\limits_{\substack{i=1\\ i\neq\frac{q+1}{2}}}^{\frac{n-1}{2}}R_{2i}\cos\alpha_{2i-1}-\sum\limits_{\substack{i=1\\ i\neq\frac{q-1}{2}}}^{\frac{n-1}{2}}R_{2i}\cos\alpha_{2i+1}\end{cases}$$

显然，典型设计方法不但仅限于 ΔL-α 组合，而且只是其中 $p=q=3$ 的一个解。

总之，通用设计方法研究了井身剖面及特征参数的演化规律，建立了具有普适性的约束方程及求解方法，揭示了井身剖面设计的内涵。

四、三维侧钻井设计

一般情况下，侧钻井也应尽量采用二维设计，并可直接引用二维轨道的设计方法。然而，侧钻点处的井斜角一般不为零，过侧钻点处井眼切线的铅垂平面往往不通过靶点，此时侧钻井的轨道设计就属于三维井眼轨道设计的范畴。

侧钻点的位置一经确定，其井斜角、方位角及坐标等参数就随之确定。而从侧钻点到靶点的轨道设计，类似于钻进过程中的随钻修正轨道设计（或称待钻井眼设计）。就设计方法而言，侧钻井设计与随钻修正轨道设计是基本相同的，二者可以相互引用。

同样，侧钻井的设计方法也适用于分支井设计。由于侧钻/分支井既可以从直井、定向井上进行侧钻/分支，也可以在侧钻/分支井眼上再进行侧钻/分支，因此通过重复这样的过程可设计出多分支井甚至鱼骨井等复杂结构井。

理论上，各种三维井眼轨道模型都可用于三维侧钻井设计，例如圆柱螺线模型、自然曲线模型等。限于篇幅，这里只给出基于空间圆弧模型的设计方法。

1. 侧钻定向井

侧钻定向井只要求中靶，而对入靶方向没有严格限制。因此，设计时一般不限定入靶方向，而是将入靶井斜角和方位角作为设计参数，并校核是否满足地质和工程要求。

当采用空间圆弧模型设计侧钻定向井时，至少应包含一个空间圆弧井段，其典型的井身剖面是“直线段—圆弧段—直线段”剖面，见图 10-1-14。

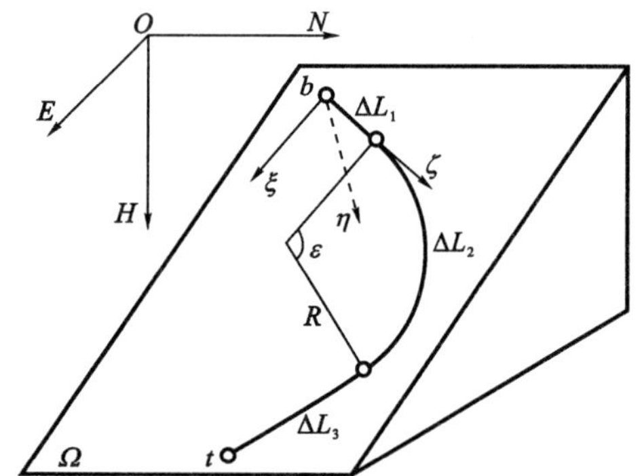

图 10-1-14　侧钻定向井的典型井身剖面

侧钻定向井设计的已知数据主要包括：

(1) 侧钻点的井斜角 α_b、方位角 ϕ_b、坐标（N_b，E_b，H_b）等数据。

(2) 靶点坐标（N_t，E_t，H_t）。

(3) 圆弧段的曲率 κ 或曲率半径 R。

(4) 第一个直线段的段长 ΔL_1。若井身剖面不含第一个直线段，可取 $\Delta L_1=0$。

由于过侧钻点 b 的井眼轨道切线和靶点 t 可确定一个空间斜平面，所以在这个空间斜平面上设计井身剖面，可把三维轨道设计问题转化成二维轨道设计问题。因此，侧钻定向井设计可分为两大步骤：首先通过建立坐标转换关系求得靶点在空间斜平面内的位置，然后用二维轨道设计方法确定井身剖面的特征参数。

1) 坐标变换

为了表征靶点在空间斜平面内相对于侧钻点的位置，以侧钻点 b 为原点，建立右手坐标系 b-$\xi\eta\zeta$。其中，ζ 轴指向井眼轨道的切线方向，η 轴为空间斜平面的法线方向，ξ 轴垂直于 ζ

轴和 η 轴并指向靶点一侧。

若分别用 $\boldsymbol{a}$,$\boldsymbol{b}$ 和 $\boldsymbol{c}$ 表示 ζ 轴、η 轴和 ξ 轴上的单位坐标向量,则在 $O\text{-}NEH$ 坐标系下可表示为:

$$\begin{cases}\boldsymbol{a}=a_N\boldsymbol{i}+a_E\boldsymbol{j}+a_H\boldsymbol{k}\\ \boldsymbol{b}=b_N\boldsymbol{i}+b_E\boldsymbol{j}+b_H\boldsymbol{k}\\ \boldsymbol{c}=c_N\boldsymbol{i}+c_E\boldsymbol{j}+c_H\boldsymbol{k}\end{cases}\tag{10-1-34}$$

式中 $\boldsymbol{i}$,$\boldsymbol{j}$,$\boldsymbol{k}$——N 轴、E 轴和 H 轴上的单位坐标向量。

根据微分几何原理,可按如下步骤确定 $\boldsymbol{a}$,$\boldsymbol{b}$ 和 $\boldsymbol{c}$ 的方向余弦:

(1) 计算单位向量 $\boldsymbol{c}$ 的方向余弦。

$$\begin{cases}c_N=\sin\alpha_b\cos\phi_b\\ c_E=\sin\alpha_b\sin\phi_b\\ c_H=\cos\alpha_b\end{cases}\tag{10-1-35}$$

(2) 计算从侧钻点 b 到靶点 t 方向上单位向量 $\boldsymbol{d}$ 的方向余弦。

$$\begin{cases}d_N=(N_t-N_b)/d\\ d_E=(E_t-E_b)/d\\ d_H=(H_t-H_b)/d\end{cases}\tag{10-1-36}$$

其中:

$$d=\sqrt{(N_t-N_b)^2+(E_t-E_b)^2+(H_t-H_b)^2}$$

(3) 计算单位向量 $\boldsymbol{b}$ 的方向余弦。

$$\begin{cases}b_N=(c_Ed_H-d_Ec_H)/b\\ b_E=(c_Hd_N-d_Hc_N)/b\\ b_H=(c_Nd_E-d_Nc_E)/b\end{cases}\tag{10-1-37}$$

其中:

$$b=\sqrt{(c_Ed_H-d_Ec_H)^2+(c_Hd_N-d_Hc_N)^2+(c_Nd_E-d_Nc_E)^2}$$

(4) 计算单位向量 $\boldsymbol{a}$ 的方向余弦。

$$\begin{cases}a_N=b_Ec_H-c_Eb_H\\ a_E=b_Hc_N-c_Hb_N\\ a_H=b_Nc_E-c_Nb_E\end{cases}\tag{10-1-38}$$

于是,坐标系 $b\text{-}\xi\eta\zeta$ 与 $O\text{-}NEH$ 之间的转换关系为:

$$\begin{Bmatrix}\xi\\ \eta\\ \zeta\end{Bmatrix}=\begin{bmatrix}a_N & a_E & a_H\\ b_N & b_E & b_H\\ c_N & c_E & c_H\end{bmatrix}\begin{Bmatrix}N-N_b\\ E-E_b\\ H-H_b\end{Bmatrix}\tag{10-1-39}$$

由公式(10-1-39)可计算出靶点 t 在 $b\text{-}\xi\eta\zeta$ 坐标系下的坐标(ξ_t,η_t,ζ_t)。由于靶点 t 在空间斜平面上,所以 $\eta_t=0$。

2) 井身剖面的特征参数

要实现轨道设计,工具造斜率 κ 应满足:

$$\kappa>\kappa_{\min}=\frac{5\,400}{\pi}\frac{2\xi_t}{(\zeta_t-\Delta L_1)^2+\xi_t^2}\tag{10-1-40}$$

式中 $\kappa_{\min}$——圆弧段的最小井眼曲率,(°)/30 m。

在满足式(10-1-40)的条件下，可按如下步骤计算井身剖面的特征参数：

(1) 圆弧段的弯曲角。

$$\tan\frac{\varepsilon}{2}=\begin{cases}\dfrac{(\zeta_t-\Delta L_1)-\sqrt{(\zeta_t-\Delta L_1)^2+\xi_t^2-2R\xi_t}}{2R-\xi_t} & (\xi_t\neq 2R)\\ \dfrac{\xi_t}{2(\zeta_t-\Delta L_1)} & (\xi_t=2R)\end{cases}\tag{10-1-41}$$

(2) 圆弧段的段长。

$$\Delta L_2=\frac{\pi}{180}R\varepsilon\tag{10-1-42}$$

(3) 圆弧段的初始工具面角。

$$\tan\omega_b=\left(\frac{a_N}{a_H}\sin\phi_b-\frac{a_E}{a_H}\cos\phi_b\right)\sin\alpha_b\tag{10-1-43}$$

(4) 末尾直线段的段长。

$$\Delta L_3=\sqrt{(\zeta_t-\Delta L_1)^2+\xi_t^2-2R\xi_t}\tag{10-1-44}$$

(5) 末尾直线段的井斜角和方位角。

$$\begin{cases}\cos\alpha_3=\cos\alpha_b\cos\varepsilon-\sin\alpha_b\cos\omega_b\sin\varepsilon\\ \tan\phi_3=\dfrac{\sin\alpha_b\sin\phi_b+(\cos\alpha_b\sin\phi_b\cos\omega_b+\cos\phi_b\sin\omega_b)\tan\varepsilon}{\sin\alpha_b\cos\phi_b+(\cos\alpha_b\cos\phi_b\cos\omega_b-\sin\phi_b\sin\omega_b)\tan\varepsilon}\end{cases}\tag{10-1-45}$$

最后，应校核由式(10-1-40)和式(10-1-45)计算出的井眼曲率和入靶方向是否符合要求。

2. 侧钻水平井

侧钻水平井不仅要求准确中靶，而且还规定了入靶方向。因此，侧钻水平井的设计难度更大，至少应包含两个不在同一平面内的空间圆弧井段，才能满足入靶位置和入靶方向的双重要求。侧钻水平井的典型井身剖面是“直线段—圆弧段—直线段—圆弧段—直线段”剖面，见图 10-1-15。

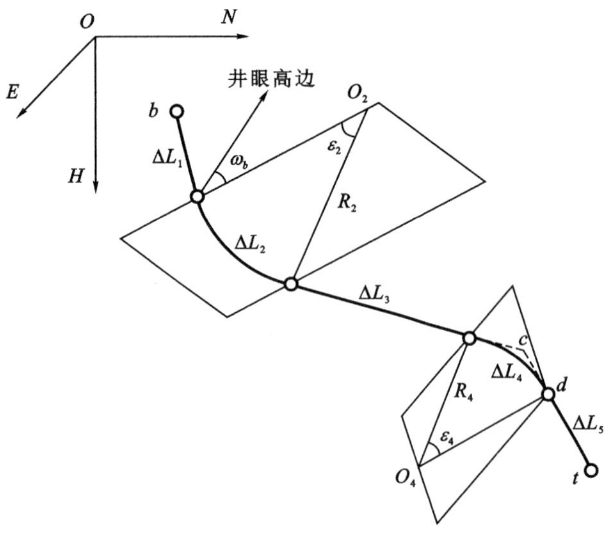

图 10-1-15 侧钻水平井的典型井身剖面

侧钻水平井设计的已知数据主要包括：

(1) 侧钻点的井斜角 α_b、方位角 ϕ_b、坐标(N_b,E_b,H_b)等数据。

(2) 入靶点的井斜角 α_t、方位角 ϕ_t、坐标(N_t,E_t,H_t)等数据。

(3) 两个圆弧段的曲率(κ_2,κ_4)或曲率半径(R_2,R_4)。

(4) 首尾两个直线段的段长 ΔL_1 和 ΔL_5。若不含首尾两个直线段，可分别取 $\Delta L_1=0$，$\Delta L_5=0$。

在侧钻定向井的设计方法基础上，可按如下步骤设计侧钻水平井：

(1) 延长两个圆弧段之间的直线段，交入靶方向线于 c 点。设线段 cd 的长度为 u，并选取初值为 u^0。

(2) 根据入靶位置和入靶方向，计算 c 点的空间坐标：

$$\begin{cases} N_c = N_t - (u^0 + \Delta L_5)\sin\alpha_t\cos\phi_t \\ E_c = E_t - (u^0 + \Delta L_5)\sin\alpha_t\cos\phi_t \\ H_c = H_t - (u^0 + \Delta L_5)\cos\alpha_t \end{cases} \tag{10-1-46}$$

(3) 按侧钻定向井的设计方法，可设计出从侧钻点 b 到 c 点的井眼轨道，并得到第一圆弧段的轨道参数及中间直线段的井斜角 α_3 和方位角 ϕ_3。

(4) 基于第二圆弧段数据，计算出新的 u 值：

$$u = R_4\tan\frac{\varepsilon_4}{2} \tag{10-1-47}$$

其中：

$$\cos\varepsilon_4 = \cos\alpha_3\cos\alpha_t + \sin\alpha_3\sin\alpha_t\cos(\phi_t - \phi_3)$$

(5) 若 $|u-u^0|<\theta$(θ 为要求的计算精度)，则转到步骤(6)；否则，取 $u^0=u$，返回到步骤(2)。

(6) 计算其他的轨道参数[除步骤(3)所计算出的轨道参数外]。

① 中间稳斜段的段长。

$$\Delta L_3 = \sqrt{\zeta_c^2 + \xi_c^2 - 2R_2\xi_c} - u \tag{10-1-48}$$

式中，ξ_c 和 ζ_c 由公式(10-1-39)确定。

② 第二圆弧段的段长。

$$\Delta L_4 = \frac{\pi}{180}R_4\varepsilon_4 \tag{10-1-49}$$

③ 第二圆弧段的初始工具面角。

$$\tan\omega_4 = \frac{\sin(\phi_t - \phi_3)}{\cos\alpha_3\left[\cos(\phi_t - \phi_3) - \dfrac{\tan\alpha_3}{\tan\alpha_t}\right]} \tag{10-1-50}$$

虽然该设计方法属于迭代法，但是具有很好的收敛性和稳定性，可以满足侧钻水平井、软着陆控制方案等设计需要。

五、三维绕障井设计

有时因地面环境的局限，地面井位的选择余地很小，如海上钻井平台、地面建筑群等，而在井口和目标点所在的铅垂面内，存在着不允许通过或难以穿越的障碍物，如已钻井眼、盐丘、金属矿床、断层以及气顶和水锥等，这就需要进行绕障设计。

一些老油田已进入开发中后期，加密井的数量不断增加，井距也越来越小，因此，绕障井的数量正在快速地增长，而且设计和施工难度越来越大。在密集井网条件下，设计一口新井可能需要考虑多口已钻油井等障碍物。

障碍物的形状是各种各样的，而绕障井的设计方法与障碍物的空间形状密切相关。在此主要介绍障碍物可抽象为铅直圆柱或圆台（如障碍物为已钻直井等）情况下的绕障井设计方法。然而，并非所有的绕障井都必须设计成三维井眼轨道。由于三维井眼轨道的设计和施工难度及工作量都比二维井眼轨道大，所以在条件允许的情况下应尽可能设计成二维井眼轨道。对于障碍物为已钻定向井等情况，采用二维井眼轨道往往可以实现绕障。

对于铅直圆柱或圆台形状的障碍物，在水平投影图上的绕障域为圆形，可采用“直线段—圆弧段—直线段”剖面，见图 10-1-16。在垂直剖面图上，绕障井的井身剖面可以是直线段和圆弧段的任意组合。但根据设计原则，应尽可能选用形状简单、易于施工的井身剖面。

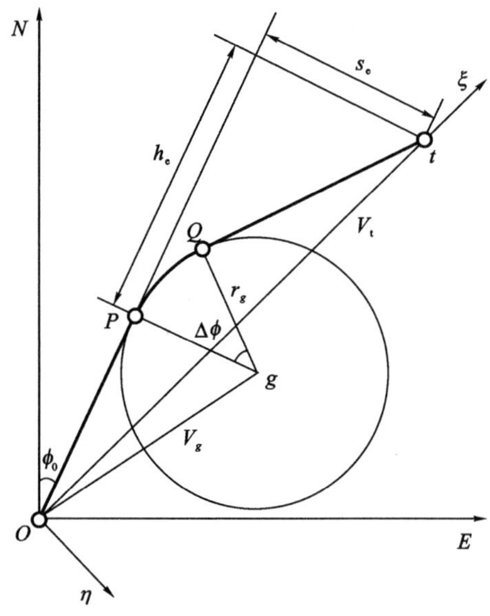

图 10-1-16 绕障井的水平投影图
图中 P 和 Q 分别为绕障开始点和结束点

三维绕障井设计的已知数据包括：

(1) 靶点的垂深 H_t、水平位移 V_t 和平移方位角 φ_t。

(2) 水平投影图上绕障中心点的坐标水平位移 V_g 和平移方位角 φ_g。绕障中心点不一定是障碍物的几何形心，它是水平投影图上绕障圆弧段的曲率中心。

(3) 考虑到障碍域及安全绕障距离等因素所确定的绕障半径 r_g。

(4) 设计垂直剖面图所需要的造斜点、造斜率等参数。

1. 水平投影图设计

三维绕障井应先设计水平投影图上的井身剖面，再设计垂直剖面图上的井身剖面。前者宜采用如下步骤：

(1) 判别绕障设计的必要性。将 $O\text{-}NE$ 坐标系绕井口点顺时针旋转 φ_t 角度，使 ξ 轴通过靶点 t，建立坐标系 $O\text{-}\xi\eta$，则绕障中心 g 点在 $O\text{-}\xi\eta$ 下的坐标为：

$$\begin{cases}\xi_g = V_g\cos(\varphi_g - \varphi_t)\\ \eta_g = V_g\sin(\varphi_g - \varphi_t)\end{cases} \tag{10-1-51}$$

因此，仅当 $0 < \xi_g < V_t$ 且 $|\eta_g| < r_g$ 时，需要进行绕障设计。

(2) 判断绕障方向。

$$\operatorname{sgn}(\eta_g) = \begin{cases}-1 & (\text{左旋绕障})\\ 0 & (\text{左旋或右旋})\\ +1 & (\text{右旋绕障})\end{cases} \tag{10-1-52}$$

式中　sgn——符号函数。

(3) 计算定向方位角。

$$\phi_0 = \varphi_g - \arcsin \frac{r_g}{V_g} \tag{10-1-53}$$

式中，右旋绕障时，r_g 取正值；左旋绕障时，r_g 取负值。

(4) 计算方位扭转角。

$$\tan \frac{\Delta\phi}{2} = \begin{cases} \dfrac{h_e - \sqrt{h_e^2 + s_e^2 - 2r_g s_e}}{2r_g - s_g} & (2r_g \neq s_e) \\ \dfrac{s_e}{2h_e} & (2r_g = s_e) \end{cases} \tag{10-1-54}$$

其中：

$$h_e = V_t \cos(\varphi_t - \phi_0) - V_g \cos(\varphi_g - \phi_0)$$

$$s_e = V_t \left| \sin(\varphi_t - \phi_0) \right|$$

(5) 计算各节点的水平长度。

$$S_P = V_g \cos(\varphi_g - \phi_0) \tag{10-1-55}$$

$$S_Q = S_P + \frac{\pi}{180} r_g \Delta\phi \tag{10-1-56}$$

$$S_t = S_Q + \sqrt{h_e^2 + s_e^2 - 2r_g s_e} \tag{10-1-57}$$

2. 垂直剖面图设计

根据已知的靶点垂深 H_t 和由式(10-1-57)算得的水平长度 S_t，按二维轨道的设计方法来设计垂直剖面图。

3. 绕障节点井深计算

按要求，应计算设计轨道的节点和分点数据。轨道节点包括垂直剖面图和水平投影图上的两个井身剖面的节点。在水平投影图上，除了井口点和靶点外，只有绕障开始点 P 和结束点 Q 两个节点，见图 10-1-16。当完成垂直剖面图设计后，可得到垂直剖面图上各节点的井深、井斜角、垂深、水平长度等参数。例如，若垂直剖面图采用三段式剖面，则有包括井口点和靶点在内的共四个节点，见图 10-1-17。

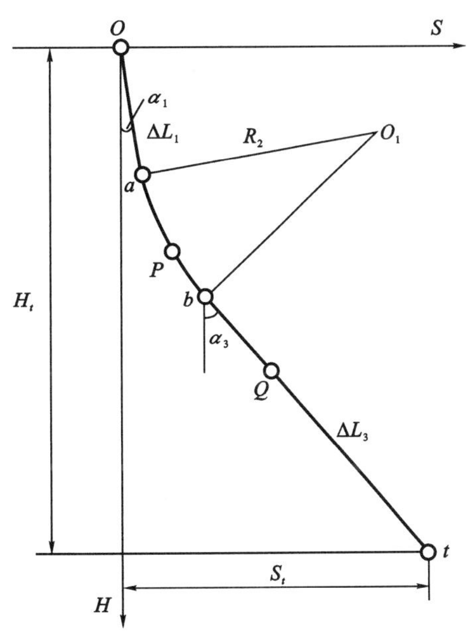

图 10-1-17　绕障井的垂直剖面图

为了使计算方法适用于各种垂直剖面图上的井身剖面，其节点用 $M_i(i=0,1,2,\cdots,n)$ 表示。其中，$i=0$ 表示井口点，$i=n$ 表示靶点。为求得节点 P 和 Q 的井深，依次用垂直剖面图上两相邻节点的水平长度 S_i 和 S_{i+1}，判别节点 P 和 Q 在垂直剖面图上所处的井段。当满足 $S_i \leqslant S_P < S_{i+1}$ 时，说明节点 P 位于 $[L_i, L_{i+1}]$ 井段上。

若井段 $[L_i, L_{i+1}]$ 在垂直剖面图上为直线段，则：

$$L_P = L_i + \frac{S_P - S_i}{\sin \alpha_i} \tag{10-1-58}$$

若井段 $[L_i, L_{i+1}]$ 在垂直剖面图上为圆弧段，则：

$$L_P = L_i + \frac{\pi}{180} R_i (\alpha_P - \alpha_i) \tag{10-1-59}$$

其中：

$$\cos \alpha_P = \cos \alpha_i - \frac{S_P - S_i}{R_i}$$

公式(10-1-58)和公式(10-1-59)同样适用于计算节点 Q 的井深。因节点 Q 位于节点 P 之后，因此宜先确定节点 P 的井深，再从当前井段向后搜寻节点 Q 所在的井段，以减少计算量。

求得节点 P 和 Q 的井深后，将它们与垂直剖面图上的轨道节点一起按井深增序排列，这样便可将井眼轨道按井深划分成若干个井段，使每个井段内垂直剖面图上的曲率和水平投影图上的曲率都分别保持为常数，进而可根据圆柱螺线轨道模型来计算轨道分点数据。

第二节　井眼轨迹监测

定向钻井施工过程中，需要及时了解已钻井眼的轨迹形状，以便判断其发展趋势，及时采取措施，进行轨迹控制，这就需要进行轨迹测量，并根据测量数据计算井眼轨迹、评价井眼轨迹控制质量，为后续井段施工提供基础数据。井眼轨迹监测主要包括井眼轨迹测量、井眼轨迹测斜计算、靶心距计算以及邻井防碰技术等。

一、井眼轨迹测量

井眼轨迹测量需要通过井下测量仪获得工程参数(井斜角、方位角、工具面角、井底温度、钻压、扭矩、环空压力、转速等)和地层参数(伽马、电阻率、孔隙度、密度等)。

1. 电子单多点测量仪

常用电子单多点测量仪主要有投测或吊测式电子单多点测量仪、浮筒式电子单点测量仪。

电子单多点测量仪的突出特点是：结构小巧，使用方便，测量精度高，稳定性好；电源可使用锂电池或碱性电池，工作时间长；数据采集、存储量大；延迟时间、测量间隔时间可选范围大。

浮筒式电子单点测量仪的最大特点是：仪器本身密度小，可利用钻井泵将其送至无磁钻具部位，在较短时间测得井眼轨迹参数，停泵后仪器依靠自身浮力浮出井口。因此，使用该仪器可以简化测量过程，减轻劳动强度，节约测量时间，并可有效预防钻井事故。

1）系统构成

电子单多点测量仪主要由井下测量仪器总成和地面数据读取系统组成。井下测量仪器总成包括仪器外筒和测量仪器。仪器外筒由绳帽头、旋转接头、径向缓冲器、铜接头、抗压筒、加长杆、减震器等组成，见图10-2-1。测量仪器包括电池筒、单多点探管（装在抗压筒内）。地面数据读取系统主要包括计算机、接口电源箱、连接电缆、打印机等。典型电子单多点测量仪主要性能参数见表10-2-1。

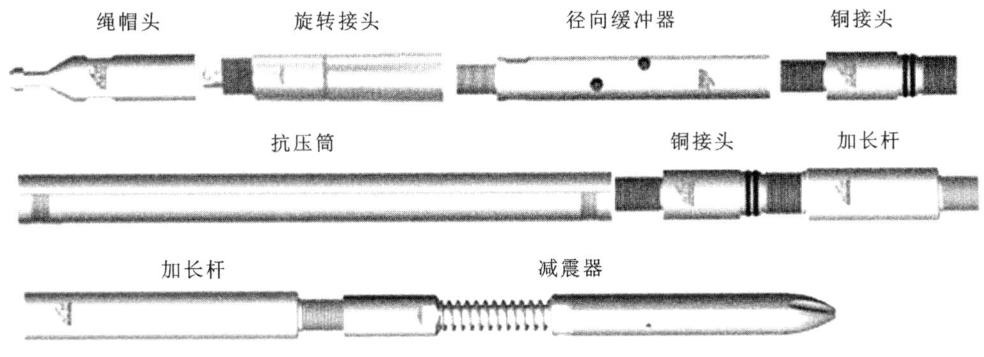

图10-2-1　电子单多点测量仪结构示意图

表10-2-1　典型电子单多点测量仪主要性能参数表

项　目		ESS	YSS		HKCX		EMS	
			25	45G	DZ-AAA	DZ-OAC	27	32
井斜角/(°)	测量范围	0～180	0～180	0～180	0～180	0～180	0～180	0～180
	系统精度	±0.2	±0.2	±0.2	±0.2	±0.2	±0.2	±0.2
方位角/(°)	测量范围	0～360	0～360	0～360	0～360	0～360	0～360	0～360
	系统精度	±1.0	±1.5	±1.5	±1.5	±1.5	±1.5	±1.5
磁工具面角/(°)	测量范围	0～360	0～360	0～360	0～360	0～360	0～360	0～360
	系统精度	±1.5	±1.5	±1.5	±1.5	±1.5	±1.5	±1.5
高边工具面角/(°)	测量范围	0～360	0～360	0～360	0～360	0～360	0～360	0～360
	系统精度	±1.5	±1.5	±1.5	±1.5	±1.5	±1.5	±1.5
探管外径/mm		35	25	25	32	25	27	32
最高工作温度/℃		125	125	150	125	250	125	125
最大工作压力/MPa		102	100	100	90	125	100	100
抗压筒外径/mm		44.5	35	45	45	50	35	45
最多测量点数/点		1 000	1 945	1 945	2 000	2 000	2 000	2 000

浮筒式电子单点测量仪的井下测量仪器总成和地面数据读取系统与普通电子单多点仪器类似，只是仪器外筒有较大区别。其仪器外筒由筒体、上堵头组件、减震器等组成。筒体由三个浮筒组件构成，经连接堵头组件串接固定成一体，堵头间装有密封圈；上堵头组件固定在第一浮筒组件前端；减震器与第三浮筒组件连接在一起，见图10-2-2。典型浮筒式电子单点

测量仪主要性能参数见表10-2-2。

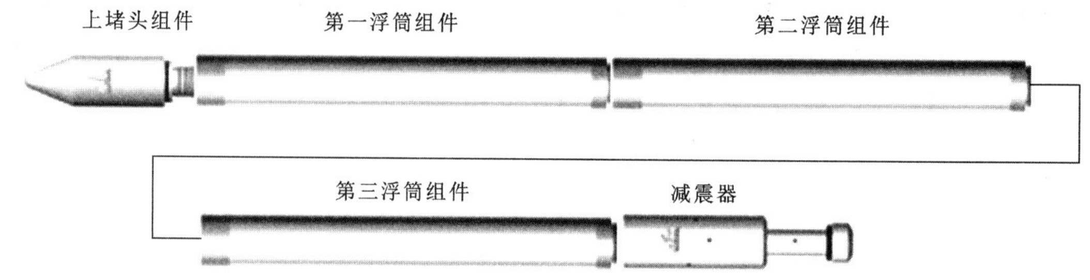

图10-2-2 浮筒式电子单点测量仪结构示意图

表10-2-2 典型浮筒式电子单点测量仪主要性能参数表

项目		YSS-48F	HKCX-DZ-NBK	HKCX-DZ-SBM
井斜角/(°)	测量范围	0～40	0～55	0～55
	系统精度	±0.2	±0.2	±0.2
方位角/(°)	测量范围	0～360	0～360	0～360
	系统精度	±1.5	±0.2	±0.2
工具面角/(°)	测量范围	0～360	0～360	0～360
	系统精度	±1.5	±0.2	±0.2
探管外径/mm		32	32	32
最高工作温度/℃		125	125	250
最大工作压力/MPa		60(碳纤维浮筒) 90(铝合金浮筒)	105	105
浮筒外径/mm		48	48	48
上浮速度/($m \cdot s^{-1}$)		≥2.5	≥2.0	≥2.0
钻井液密度/($g \cdot cm^{-3}$)		0.9～1.8(碳纤维浮筒) ≥1.5(铝合金浮筒)	≥1.3	≥1.3

2）测量准备

(1) 测量前准备与检查。

① 仪器一般要求双配置，配件充足，各种工具齐全。

② 对探管总成、电池筒及电池、电池充电器、抗压筒(浮筒)、减震器等仪器组件进行外观检查，包括本体及螺纹有无损伤、是否发生弯曲变形、通信线连接插孔及电池筒触点是否清洁等。

③ 按仪器使用说明书正确连接地面数据读取系统和探管，通电后检查仪器工作是否正常。

④ 对测量绞车及其附属设备、打捞矛等配套设备进行检查。

(2) 入井准备。

① 按照使用说明书连接电池筒与探管，并与计算机及其他地面处理系统连接，进行地面测试。

② 根据测量需要和操作规程测量设置探管延迟时间及间隔时间。

a. 单点测量延迟及间隔时间设置。

自浮式单点测量的延迟时间按式(10-2-1)和式(10-2-2)计算,吊测式单点测量的延迟时间根据绞车下放速度正确设置。间隔时间通常设置为 2～30 s。

$$T = T_1 + T_2 + T_3 \tag{10-2-1}$$

$$T_1 = HV/Q \tag{10-2-2}$$

式中 T——延迟时间,s;

T_1——测量仪在钻具内下行的时间,s;

T_2——组装仪器并投放仪器进入钻具内至开泵的时间,s;

T_3——适当调整的时间余量,s,一般取 60～120 s;

H——井深,m;

V——钻杆单位容积,L/m;

Q——钻井液循环排量,L/s。

b. 多点测量延迟及间隔时间设置。

延迟时间按式(10-2-3)和式(10-2-4)计算,间隔时间根据现场实际情况设置。

$$T = T_1 + T_2' \tag{10-2-3}$$

$$T_1 = H/v \tag{10-2-4}$$

式中 T_2'——组装仪器并投放仪器进入钻具内的时间,s;

v——仪器下行速度,m/s。

③ 启动探管开始计时,确认探管正常工作后,关闭保护盖。将探管总成装入保护筒,按照使用说明书连接好仪器外筒各组件,并上紧所有螺纹连接。

3) 测量操作

(1) 自浮式单点测量。

① 将仪器平稳吊上钻台并送入钻杆内。

② 装上钻杆滤清器,避免仪器上浮进入方钻杆,造成仪器损坏或者落入井眼环空中。

③ 接上方钻杆或顶部驱动装置,开启钻井泵将仪器送至无磁钻具部位,到达设置时间后再延迟 3 min,停泵,活动钻具。

④ 以 2.0～2.5 m/s 的上浮速度计算仪器上浮时间,预计仪器浮上井口后卸开方钻杆或顶部驱动装置,取出钻杆滤清器及测量仪器。

(2) 吊测式单点测量。

① 将仪器平稳吊上钻台并送入钻杆内,仪器下行速度不得超过 3 m/s,当仪器即将到达无磁钻具部位时,应降低其下行速度。

② 仪器用绞车送入无磁钻具部位,达到设置时间后再延迟 3 min,上提仪器,仪器离开定向键套前上提速度不超过 1 m/s。

(3) 多点测量。

① 将仪器投入钻杆内,在钻井液密度大于 1.8 g/cm^3 或黏度大于 100 s 及大井斜时,可采用小排量间断开泵的方式进行泵送,泵送时泵压和钻井液液柱压力之和不大于仪器外筒额定耐压值。

② 到达设置时间后,起钻测量。

③ 测量间距为一个立柱长度，同时记下每个测量点的时间、立柱号和测量井深，见表10-2-3。

表 10-2-3 多点地面记录表

井号：　　　　队号：　　　　探管号：

序　号	地面时间	立柱号	测量井深/m
1			
2			
3			

④ 测量时保持钻具处于静止状态。

⑤ 测量完毕，用打捞矛将仪器捞出。

(4) 记录测量数据。

单多点测量完毕应读取测量数据，填写表 10-2-4。

表 10-2-4 测量数据记录表

井号：　　　　队号：

探管号：　　　　磁偏角：　　　　子午线收敛角：

序　号	测量井深/m	井斜角/(°)	方位角/(°)
1			
2			
3			

2. 有线随钻测量仪

有线随钻测量仪是利用电缆与井下探管连接，将电子测量仪的测量数据实时传送到地面，通过地面的信号接收、解码等，获得实钻井眼的轨迹参数，达到精确控制井眼轨迹的目的。有线随钻测量仪具有信号传输速度快、稳定、解码率高等优点。但接立柱时，一般需要将仪器和电缆取出井口，作业时效低。

1）系统构成

有线随钻测量仪主要由井下测量系统，地面信号接收、转换、显示系统，信号传输电缆及其密封装置三部分组成。

井下测量系统包括探管总成和仪器外筒总成，探管总成主要由磁力计、重力加速度计等测量元器件和电子线路组成。仪器外筒总成主要由电缆头总成、卡头卡套、电缆密封接头、抗压筒、定向减震接头、加长杆、定向引鞋等组成，见图 10-2-3。

地面接收、转换、显示系统包括地面计算机数据处理系统和司钻读出器。地面计算机数据处理系统是随钻测量仪的控制中心，为井下仪器和地面仪表提供电源，监控仪器的工作状况并随时指示仪器出现的各种故障，选择仪器的工作方式和测取所需要的井眼参数。井下仪器把井眼参数以电信号的形式传输给地面计算机系统，计算机把接收到的井眼参数的电信号进行信号放大、译码处理，分别以数字形式直观显示在面板显示屏、地面司钻读出器上并输入打印机。司钻读出器把从计算机控制系统输出的信号以数字形式和指针表盘将井眼参数(井

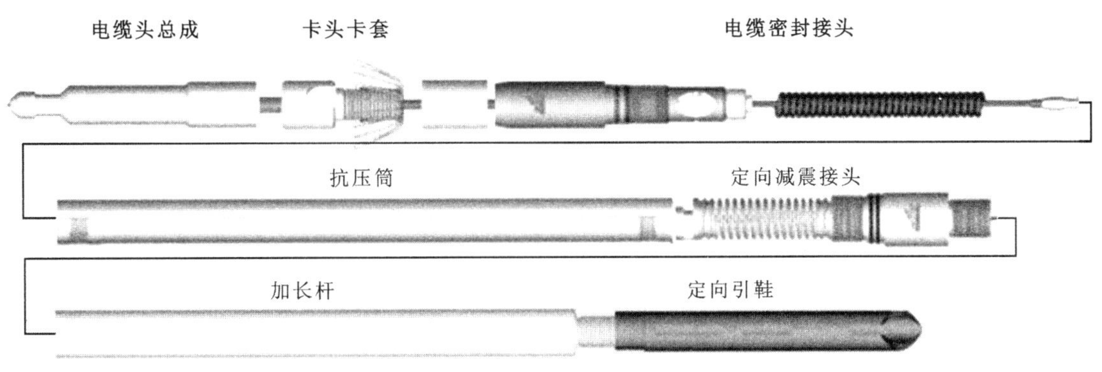

图 10-2-3　有线随钻测量仪结构示意图

斜角、方位角)和工具面角直观展现在司钻操作台前,以便根据井眼轨迹控制的要求合理选择钻井参数(钻压、排量等)。

信号传输电缆及其密封装置主要由电缆、电缆滚筒车(或电缆拖橇)、高压循环头(或侧入接头)、液压管线及手压泵等组成。

典型有线随钻测量仪主要性能参数见表 10-2-5。

表 10-2-5　典型有线随钻测量仪主要性能参数表

项　目		SST		YST		MS3	DST27
		1 000	900	25	35		
井斜角/(°)	测量范围	0～180	0～180	0～180	0～180	0～180	0～180
	系统精度	±0.3	±0.3	±0.2	±0.2	±0.2	±0.2
方位角/(°)	测量范围	0～360	0～360	0～360	0～360	0～360	0～360
	系统精度	±2.0	±2.0	±1.5	±1.5	±1.0	±1.5
工具面角/(°)	测量范围	0～360	0～360	0～360	0～360	0～360	0～360
	系统精度	±2.0	±2.0	±1.5	±1.5	±1.5	±1.5
探管外径/mm		35	25	25	35	35	27
最高工作温度/℃		125	182	125	125	125	125
最大工作压力/MPa		102	102	100	100	102	100
抗压筒外径/mm		44.5	44.5	35	45	44.5	35

2) 测量准备

(1) 测量前准备与检查。

① 仪器一般要求双配置,配件充足,各种工具齐全。

② 对探管总成、抗压筒、加长杆、定向减震接头、定向引鞋、电缆头总成等仪器组件进行外观检查,包括本体及螺纹有无损伤、是否发生弯曲变形、通信线连接插孔触点是否清洁等。

③ 按仪器使用说明书正确连接地面接收、转换、显示系统和探管,通电后检查仪器工作是否正常。

④ 对电缆滚筒车(电缆拖橇)、天滑轮、地滑轮、电缆、高压循环头(或侧入接头)、手压泵等配套设备进行检查。

（2）入井准备。

① 组装与调试地面及井下仪器。依次连接并上紧定向引鞋、加长杆、定向减震接头、抗压筒等仪器组件，将检查调试好的探管装入抗压筒，连接好探管连线接头、电缆头总成等，仪器准备入井。同时将地面接收、转换系统放置于专用仪器房内，司钻读出器安装在司钻易观察的安全位置。

② 装滑轮组。天滑轮、地滑轮的安装位置与电缆滚筒中心在同一平面内。将天滑轮挂在井架二层平台以上合适位置，固定牢靠，并锁住天滑轮保险销；使用侧入接头时，天滑轮可挂在二层平台的横梁上。地滑轮用支架支撑，固定在钻台大门前位置，与井口和电缆滚筒中心成一线。

③ 安装循环头。循环头一端与替根连接并按规定扭矩上紧；另一端与水龙带连接，拴牢保险绳套。将一根试验电缆装入循环头内，依次装入连锁座、电缆橡胶密封件、铁盘根，上紧液压缸，将手压泵打压至 10～14 MPa，开泵至正常排量，试循环钻井液 5～15 min，并观察泵压和循环头各螺纹的连接及密封情况。

④ 不使用循环头时，需要安装侧入接头。安装侧入接头密封盒、内夹板，装配电缆头，连接电缆头与下井仪器，下放仪器到钻具内，侧入接头与井内钻杆连接并安装顶紧机构，保证电缆可以上下拉动。

3）测量操作

使用循环头和侧入接头的测量操作有较大区别。

（1）使用循环头。

① 循环头接在替根上，启动电缆滚筒，将下井仪器提上钻台并穿过循环头放入替根内，使电缆头位于液压缸以下，开机预热探管。

② 卸开液压缸，按顺序放入连锁座、电缆橡胶密封件、铁盘根，上紧液压缸螺纹后，回转一圈。

③ 连接液压管线及手压泵。

④ 将手压泵压力调至 3.45 MPa，滚筒下放电缆 2～3 m，转动大钩使背面朝向电缆滚筒，锁定大钩销子。

⑤ 用大钩提起替根，同步操作电缆滚筒。

⑥ 刹住电缆滚筒，释放手压泵压力。

⑦ 使仪器探管测量部位位于转盘面，深度计数器校零。

⑧ 接好单根后，以不大于 1 m/s 的速度下放仪器，注意电缆的松紧及拉力显示。

⑨ 下放仪器时，观察计算机上的探管温度显示，温度不得超过探管最高允许工作温度。

⑩ 仪器下放至接近定向接头时，减慢下放速度。

⑪ 充分活动钻具后，使循环头液压缸顶面处在便于二层平台井架工安装电缆卡子的位置。

⑫ 反复提放仪器，连续三次坐键，坐键时停止活动钻具，每次工具面角读数差值不大于 2°表明坐键成功。

⑬ 每次提起仪器时，记录脱键深度；最后一次坐键，电缆下放长度超过记录的脱键深度 1.5～2.0 m，并按每 1 000 m 多放 10 m 的长度下放电缆后刹住电缆滚筒，将手压泵压力调至 14 MPa 后，将电缆卡子卡紧在液压缸顶部的电缆上。

⑭ 钻头距井底 0.5～1 m 时，停止下放钻具，记录开始点的测量数据。当井斜角不大于6°时，采用磁性工作方式；当井斜角大于 6°时，采用高边工作方式，根据设计要求测量并记录井眼轨迹数据。

⑮ 钻进过程中，电缆滚筒在空挡位置，随井内钻具同步下放。

⑯ 接单根时，先卸下液压缸顶部电缆卡子，刹住滚筒刹车，释放手压泵压力，释放刹车，以不大于1.5 m/s 的速度上提电缆，当仪器离井口 150 m 左右时逐步减速；在离井口 20 m时，卸开替根，使仪器全部进入替根，开始接单根。

⑰ 核对深度计数器与井深，计数器重新校零。

(2) 使用侧入接头。

① 开机预热探管，以 1 m/s 的速度下放仪器，电缆下放过程中侧入接头高于转盘面。

② 当仪器距井底约 50 m 时，减慢下放速度，充分活动钻具，使侧入接头处于转盘面以上1～1.5 m 的位置。

③ 停止活动钻具，下放仪器坐键，反复提放仪器，连续三次坐键，每次工具面角读数差值不大于 2°表明坐键成功。

④ 安装侧入接头电缆密封胶圈，上紧密封盒螺帽，开泵至正常钻进排量，检查密封情况。

⑤ 电缆从方补心开口槽内通过，不受挤压。

⑥ 在钻进过程中，将侧入接头以上电缆拉紧，用专用卡子将其固定在钻杆上，一般每根钻杆不少于两道。

⑦ 钻进过程中，电缆滚筒在空挡位置，随井内钻具同步下放。

⑧ 接单根时，注意保护好电缆，电缆滚筒随井内钻具同步起放，以防损伤电缆。

3. 无线随钻测量仪

无线随钻测量仪主要用于定向井、水平井随钻测量，与有线随钻测量仪的主要区别在于井下测量数据的传输方式不同。根据井下测量数据的传输方式，无线随钻测量仪可以分为连续波式、正脉冲式、负脉冲式和电磁波式四大类。常用的是正脉冲式和电磁波式无线随钻测量仪。

正脉冲式无线随钻测量仪具有下井仪器结构简单、尺寸小，使用操作和维修方便等优点，但其数据传输速率有限。电磁波式无线随钻测量仪具有数据传输速率高的优点，适合于各种钻井环境下传输定向和地质资料参数，但地层介质对信号的影响较大，电磁波传输的距离有限。

1) 系统构成

(1) 正脉冲式无线随钻测量仪。

正脉冲式无线随钻测量仪由井下测量仪器总成、地面接收仪表和数据处理系统、辅助工具和设备三部分组成。

① 井下测量仪器总成。

包括电源部分、探管总成、脉冲发生器，见图 10-2-4。电源部分为井下磁性探管和脉冲发生器提供电能，有电池、涡轮发电机两种。探管总成由三轴加速计、三轴磁力计、温度传感器等各种测量参数的电子元件组成，用于测取各项井眼参数并进行编码。脉冲发生器用于接收地面控制系统发出的编码指令，把磁性探管测取的各项井眼参数的编码数据通过钻井液压力脉冲传至地面压力脉冲转换器。

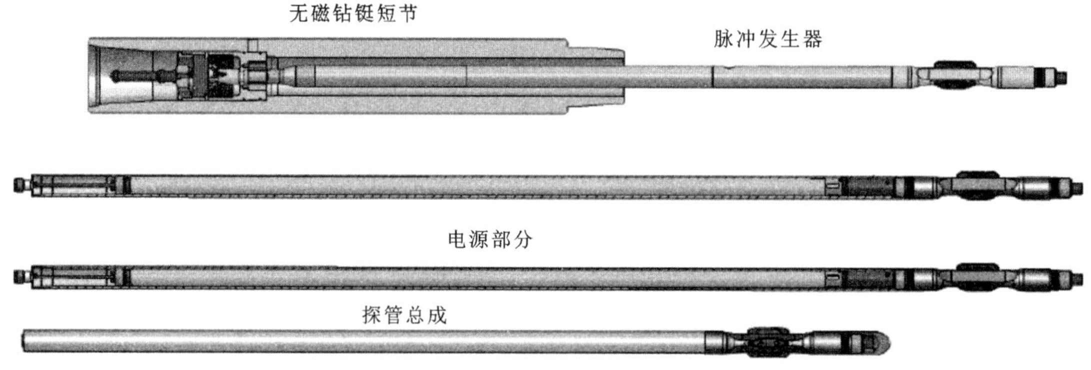

图 10-2-4　正脉冲式无线随钻测量仪井下测量仪器总成结构示意图

② 地面接收仪表和数据处理系统。

主要包括地面数据处理系统、司钻读出器、压力传感器、泵冲传感器、防爆设备、打印机等。地面数据处理系统接收来自压力传感器的测量信息，进行数据的处理和储存，并且在地面数据处理系统和司钻读出器上显示，或进行打印。司钻读出器直观地显示测量的各项井眼参数及工具面角。压力传感器安装在立管上，检测来自井下仪器的脉冲信息，并将该压力脉冲转化成电脉冲信息传至地面数据处理系统。泵冲传感器安装在钻井泵上，计量泵冲数，并将该泵冲数传至地面数据处理系统，用于数据处理时的钻井泵冲滤波。防爆设备用于限制与它连接的其他设备的电压和电流，防止出现电火花，保证仪器设备在现场使用的安全。

③ 辅助工具和设备。

主要包括钻杆滤清器、各种连接电缆、操作工具、测试工具等。

典型正脉冲式无线随钻测量仪主要性能参数见表 10-2-6。

表 10-2-6　典型正脉冲式无线随钻测量仪主要性能参数表

项　目		DWD	QDT	GEOLINGK	YST-48R	PMWD-C	ZT-MWD
井斜角/(°)	测量范围	0～180	0～180	0～180	0～180	0～180	0～180
	系统精度	±0.2	±0.1	±0.1	±0.2	±0.2	±0.2
方位角/(°)	测量范围	0～360	0～360	0～360	0～360	0～360	0～360
	系统精度	±1.5	±1.0	±1.0	±1.0	±1.5	±1.5
磁工具面角/(°)	测量范围	0～360	0～360	0～360	0～360	0～360	0～360
	系统精度	±2.8	±1.0	±1.0	±1.0	±1.5	±1.5
高边工具面角/(°)	测量范围	0～360	0～360	0～360	0～360	0～360	0～360
	系统精度	±2.8	±1.0	±1.0	±1.0	±1.5	±1.5
测量数据修正时间/s		150	—	—	—	—	—
工具面角修正时间/s		14 (0.5 Hz)	—	—	10	18	9
		9.3(0.8 Hz)	—	—			

续表 10-2-6

项　目	DWD		QDT	GEOLINGK	YST-48R	PMWD-C	ZT-MWD
钻井液排量/(L·s^{-1})	Superslim	5.7～12.6	22.1～75.7	30.2～69.3	22.1～75.7	22.1～75.7	9.5～75.7
	350 系统	9.5～22.1					
	650 系统	14.2～41.0					
	1200 系统	22.1～75.7					
钻井液类型	水/油基		水/油基	水/油基	水/油基	水/油基	水/油基
钻井液密度/(g·cm^{-3})	<2.17		<2.17	无限制	<2.17	<2.17	<2.17
含砂量/%	<1		<1	<0.5	<1	<1	<1
塑性黏度/(mPa·s)	<50		<50	无限制	<50	<50	<50
最高工作温度/℃	175		125	150	125	125	150
最大工作压力/MPa	207		138	103.5	100	120	102
堵漏材料质量浓度/(kg·m^{-3})	<57		<57	无特殊要求	<57	—	<57

(2) 电磁波式无线随钻测量仪。

电磁波式无线随钻测量仪主要由井下测量仪器总成、地面接收仪表及数据处理系统组成。

① 井下测量仪器总成。

主要由钻杆天线耦合组件、发射机模块、供电模块、定向模块等组成。钻杆天线耦合组件包括钻杆天线和内绝缘组件两部分，是信号发射的载体，利用天线上、下部分的绝缘，从而形成非对称偶极子天线系统，以电磁波的方式传输信号。发射机模块是信号传输的核心部分，它将探管测得的参数进行编码和载波调制，并对调制信号进行功率放大，通过钻杆天线以电磁波形式发射到地面。供电模块为定向模块及发射电路、功率模块供电。定向模块由探管及外围电路构成，用于采集井斜角、方位角、工具面角等参数。

② 地面接收仪表及数据处理系统。

主要由地面接收机、司钻读出器等组成。地面接收机包括数字信号处理和测量参数监控两部分，主要完成电磁信号的接收、放大、滤波、调理、解调、译码，测量参数的处理、显示、保存、打印等。司钻读出器直观地显示测量的各项井眼参数及工具面角。

典型电磁波式无线随钻测量仪主要性能参数见表 10-2-7。

表 10-2-7　典型电磁波式无线随钻测量仪主要性能参数表

项　目		CEM-1	E-Pulser XR	BlackStar	EMT-MWD	ElectroTrac
井斜角/(°)	测量范围	0～180	0～180	0～180	0～180	0～180
	系统精度	±0.1	±0.1	±0.2	±0.2	±0.1
方位角/(°)	测量范围	0～360	0～360	0～360	0～360	0～360
	系统精度	±1.0	±1.0	±1.0	±1.0	±1.0
工具面角/(°)	测量范围	0～360	0～360	0～360	0～360	0～360
	系统精度	±1.0	±1.5	±1.5	±1.5	±1.5

续表 10-2-7

项　目	CEM-1	E-Pulser XR	BlackStar	EMT-MWD	ElectroTrac
最高工作温度/℃	125	125	150	150	150
最大工作压力/MPa	100	83	138	125	138
井下系统外径/mm	45/165	165/121	95/121/165/203	89/121/165/203/241	121/165/197
最大传输速率/(bit·s^{-1})	10	12	6	10	12
载波频率/Hz	3～20	0.187 5～12	2～12	2～15	2～12

2）测量准备

（1）测量前准备与检查。

① 仪器一般要求双配置，配件充足，各种工具齐全。

② 对探管总成、供电系统、司钻读出器、发射机模块、连接电缆等仪器组件进行外观检查，包括本体及螺纹有无损伤、是否发生弯曲变形、通信线连接插孔触点是否清洁等。

③ 按仪器使用说明书正确连接地面操作系统和探管，通电后检查仪器工作是否正常。

④ 对防爆箱、各种传感器、钻杆滤清器等配套设备进行检查。

（2）入井准备。

按使用说明书组装下井仪器，设置仪器工具面角并输入计算机。将下井仪器总成与下井钻具连接，计算工具面角校正值并输入计算机。确定各传感器的位置参数并输入计算机。下钻 1～2 根立柱，开泵进行浅层测试。

3）测量操作

电磁波式无线随钻测量仪入井后可随时测量、传输数据，而正脉冲式无线随钻测量仪测量操作可分为停泵测量和开泵测量。停泵测量是在不转动转盘的开泵状态下，将钻具放置在测点位置，静止 1 min 停泵，停泵时间按仪器规定执行，然后开泵循环，直到测量数据传输完毕。开泵测量是在不转动转盘的停泵状态下，将钻具放置在测点位置开泵，在仪器规定时间内循环，直到测量数据传输完毕。

4. 陀螺测量仪

陀螺测量仪是一种不受大地磁场和其他磁性物质影响的测量仪器，适用于有磁干扰或磁屏蔽环境条件下的井眼轨迹测量。典型陀螺测量仪主要性能参数见表 10-2-8。下面以 Keeper 自寻北陀螺测量仪为例进行介绍。

表 10-2-8　典型陀螺测量仪主要性能参数表

项　目		Keeper	BOSSII	HKTL-38N	HKTL-45H
井斜角/(°)	测量范围	0～105	0～70	0～70	0～70
	系统精度	±0.1	±0.3	±0.1	±0.1
方位角/(°)	测量范围	0～360	0～360	0～360	0～360
	系统精度	±0.25($\alpha \leqslant 5°$) ±0.1($\alpha > 5°$)	±0.7	±1.0($0.5° \leqslant \alpha \leqslant 60°$) ±1.5($60° < \alpha \leqslant 70°$)	±1.5($0.5° \leqslant \alpha \leqslant 60°$) ±2.0($60° < \alpha \leqslant 70°$)

续表 10-2-8

项目		Keeper	BOSSII	HKTL-38N	HKTL-45H
工具面角/(°)	测量范围	0～360	0～360	0～360	0～360
	系统精度	±0.5	±0.5	±0.5	±0.5
仪器外径/mm		89	89	38	45
最高工作温度/℃		175	125	125	175
最大工作压力/MPa		102	100.7	120	120
工作电流/mA		—	500	—	—
下放速度/$(m \cdot s^{-1})$		1	1	—	—
陀螺漂移率/$[(°) \cdot h^{-1}]$		0.05	—	—	—

1）系统构成

Keeper 自寻北陀螺测量仪由井下测量仪器、地面数据处理系统组成。井下测量仪器主要由绳帽、电缆头、可调扶正器、供电短节、抗压筒、斜口引鞋、Keeper 陀螺总成等组成，见图 10-2-5。地面数据处理系统主要包括地面打印机、多功能接口箱、陀螺测试线等。

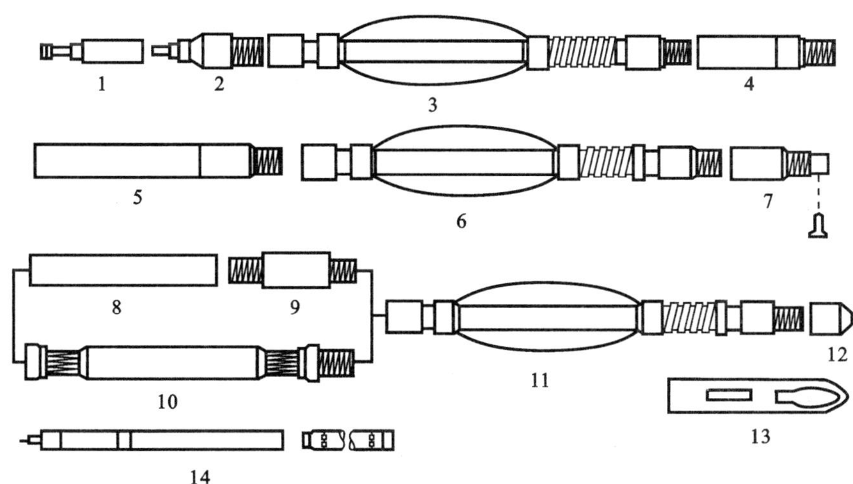

图 10-2-5　Keeper 自寻北陀螺测量仪井下仪器结构示意图

1—绳帽；2—电缆头；3，6，11—可调扶正器；4，7，9—连接接头；5—供电短节；8—抗压筒；10—高温抗压筒；12—着陆头；13—斜口引鞋；14—Keeper 陀螺总成

2）测量准备

（1）测量前准备与检查。

① 仪器一般要求双配置，配件充足，各种工具齐全。

② 对陀螺总成、抗压筒、斜口引鞋、电缆头等仪器组件进行外观检查，包括本体及螺纹有无损伤、是否发生弯曲变形、通信线连接插孔触点是否清洁等。

③ 按仪器使用说明书正确连接地面操作系统和探管，通电后检查仪器工作是否正常。

④ 对天滑轮、地滑轮、深度计数器等配套设备进行检查。

（2）入井准备。

① 根据测量方式（定向测量、多点测量）的需要分别组装井下仪器串，并上紧所有螺纹

连接。

② 将陀螺外筒用支架架起，使陀螺杆件指向东方并保持外筒水平。先启动X陀螺，后启动Z陀螺，进入标定状态。启动软件计算出标定值并保存。进行定向测量时，需对仪器工具面角偏差进行测量，并对工具面角进行地面检查。

③ 将天滑轮挂在井架二层平台以上合适位置，固定牢靠，并锁住天滑轮保险销。地滑轮用支架支撑，固定在钻台大门前位置，与井口和电缆滚筒中心成一线。天滑轮、地滑轮的安装位置与电缆滚筒中心在同一平面内。

3）测量操作

可分为定向测量和多点测量两种状态。

(1) 定向测量。

① 启动软件，运行设置菜单，输入测量井井口的地理纬度。

② 启动陀螺，观察多功能电源箱上的电流与电压显示，电流应达到350 mA，电压应在100～150 V以内并且稳定。

③ 检查陀螺数据导入、导出等工作状态。检查陀螺运行温度，应在31～82 ℃范围内，否则需等待陀螺预热。

④ 磁场标定后输入标定值“di”,“ds”,“asf”和“stsf”。

⑤ 输入当前深度、计数因子、下放时测量间距、上提时测量间距等参数。

⑥ 定向测量。陀螺仪下放到井斜角小于3°的直井段停止，并保持静止状态，进行陀螺漂移检查，设定测量时间间隔等；下放仪器，重复坐键三次，每次陀螺工具面角测量值偏差不超过2°，坐键成功后进行定向；定向完成后，进行自寻北一次。

⑦ 出井后地面标定。仪器杆水平放置，运行陀螺进行标定并记录标定结果“di”,“ds”,“asf”,和“stsf”，如果标定值与校验间获取的标定值偏差超出范围，重新测量。

(2) 多点测量。

① 重复(1)的步骤①～⑤。

② 陀螺仪处于井斜角小于3°的井段，保持静止状态，进行自寻北，运行高速低角模式，测取三组井斜角、陀螺工具面角数据，数据偏差均不大于0.2°方可继续测量。

③ 按规定的测量深度和测量间距进行轨迹测量，测量时输入当前井深，当陀螺运行15 min或井斜角变化15°或方位角变化15°时，做一次漂移检查。

④ 井斜角增至20°时，应转入高速高角模式，读取数据，确认井斜角、方位角稳定后，下放仪器进行测量。

⑤ 井斜角每增加20°，需做一次加速度计偏差补偿，当系统获取加速度计偏差补偿值后，返回高角模式测量。

二、井眼轨迹测斜计算

实钻轨迹是一条连续光滑的空间曲线，但是测斜时只能获得各离散测点处的基本参数，无法知道各测段内井眼轨迹的实际形态，所以实钻轨迹的计算方法都是建立在一定的假设条件和数学模型基础上的。实钻轨迹的测斜计算方法已有20多种，经归纳整理而得到的典型计算方法也有10余种。结合行业标准的要求，在此主要介绍最小曲率法和圆柱螺线法。

无论是钻进过程中的随钻测量还是完成某个井段(或完井)后的复测,都可以得到一系列测点,每个测点将给出对应于井深的井斜角和方位角。测斜计算的主要任务就是根据测斜数据计算出这些测点的坐标位置,从而得到实钻井眼轨迹的形状。

需要注意的是,实钻轨迹和设计轨道必须采用相同的指北方向和坐标系。由于多数测斜仪所得到的方位角是磁方位角,所以在测斜计算时往往要涉及井眼轨道归算问题。

1. 测斜数据的预处理

在测斜计算时,首先应对测斜数据进行预处理:

(1) 测点编号。将井口点、侧钻点或分支点作为计算始点,编号为 0;其他各测点按井深增序编号。

(2) 测段编号。两相邻测点间的井段称为测段。从计算始点与第 1 个测点的测段开始依次增序编号。因此,第 $i-1$ 测点和第 i 测点之间的测段即为第 i 测段。

(3) 计算始点。当从井口点开始计算时,井口点的井深取 $L_0=0$,直井钻机的井斜角取 $\alpha_0=0$、方位角取 $\phi_0=\phi_1$;斜井钻机的井斜角 α_0 取为钻机导斜角,方位角 ϕ_0 取为钻机导斜方位角。当从侧钻点、分支点开始计算时,应根据主井眼轨道用插值法计算 L_0,α_0 和 ϕ_0,其插值模型应与主井眼轨迹的计算方法相一致。

(4) 首测点。当从井口点开始计算且第 1 个测点的井斜角 $\alpha_1 \neq \alpha_0$ 时,需要在井口点和第 1 个测点之间人为插入一个 $\alpha=\alpha_0$ 的假想测点。这个假想测点通常取在第 1 个测点以浅的 25 m 处。

(5) 零井斜角。当测点的井斜角为零时,由于不存在方位角,所以其方位角取为测段另一测点的方位角。如果上下两测点的井斜角均为零,则说明该测段为铅直井段。例如,若 $\alpha_i=0$,当计算第 i 个测段时,取 $\phi_i=\phi_{i-1}$;当计算第 $i+1$ 个测段时,取 $\phi_i=\phi_{i+1}$。

(6) 方位角增量。当 $|\phi_i-\phi_{i-1}|<180°$ 时,取 $\Delta\phi=\phi_i-\phi_{i-1}$;当 $|\phi_i-\phi_{i-1}|>180°$ 时,取 $\Delta\phi=(\phi_i-\phi_{i-1})-\mathrm{sgn}(\phi_i-\phi_{i-1})\times 360$;当 $|\phi_i-\phi_{i-1}|=180°$ 时,按上下测段的方位变化趋势选取 $\Delta\phi$ 的正负号。

2. 计算空间坐标

在"井眼轨道设计"一节中,有关井眼轨道坐标参数和挠曲参数的计算方法适用于实钻轨迹计算。因此,这里只需计算出测段内的坐标增量,便可由式(10-1-4)得到各测点的坐标值,而水平位移、平移方位角及挠曲参数等可直接用式(10-1-5)~式(10-1-8)求得。

行业标准推荐:采用最小曲率法和圆柱螺线法(也称曲率半径法)计算实钻轨迹。由于这两种方法分别属于井眼轨道的空间圆弧模型和圆柱螺线模型,所以可先计算出测段内的轨迹特征参数,然后按式(10-1-18)~式(10-1-24)计算坐标增量等参数。

对于最小曲率法,测段内的轨迹特征参数是曲率半径(或井眼曲率)和初始工具面角,其计算方法为:

$$\begin{cases} R_i=\dfrac{180}{\pi}\dfrac{\Delta L_i}{\varepsilon_i} \\ \sin\omega_i=\dfrac{\sin\alpha_i\sin\Delta\phi_i}{\sin\varepsilon_i} \end{cases} \tag{10-2-5}$$

其中：

$$\Delta L_i = L_i - L_{i-1}$$

$$\Delta\phi_i = \phi_i - \phi_{i-1}$$

$$\cos\varepsilon_i = \cos\alpha_{i-1}\cos\alpha_i + \sin\alpha_{i-1}\sin\alpha_i\cos\Delta\phi_i$$

式中，方位角增量 $\Delta\phi_i$ 按测斜数据的预处理方法求得。

对于圆柱螺线法，测段内的轨迹特征参数是垂直剖面图和水平投影图上实钻轨迹的曲率半径(或曲率)，其计算方法为：

$$\begin{cases} R_i = \dfrac{\pi}{180}\dfrac{\Delta L_i}{\Delta\alpha_i} \\ r_i = \dfrac{\pi}{180}\dfrac{R_i}{\Delta\phi_i}(\cos\alpha_{i-1} - \cos\alpha_i) \end{cases} \tag{10-2-6}$$

其中：

$$\Delta\alpha_i = \alpha_i - \alpha_{i-1}$$

当式(10-2-5)或式(10-2-6)分母为零时，按“井眼轨道设计”一节中关于井眼轨道模型的方法进行处理。

必要时，可在测点间插入分点，其插值模型应与测斜计算所选用的计算方法相一致，且需要计算分点的井斜角和方位角。

3. 计算视水平长度

为了有效监测实钻轨迹沿设计轨道的行进情况，需要绘制井眼轨道的垂直投影图和水平投影图。常选用过井口和靶点的铅垂平面来绘制井眼轨道的垂直投影图。此时，垂直投影图的横坐标分别为设计轨道的水平位移和实钻轨迹的视水平位移，见图10-2-6。

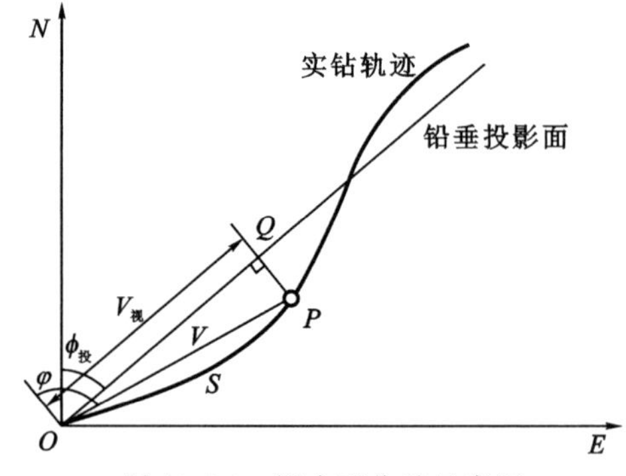

图 10-2-6　视水平位移示意图

视水平位移的计算公式为：

$$V_{视} = V\cos(\varphi - \phi_{投}) \tag{10-2-7}$$

式中　V——实钻轨迹的水平位移，m；

φ——实钻轨迹的平移方位角，(°)；

$\phi_{投}$——铅垂投影平面的方位角，(°)；

$V_{视}$——实钻轨迹的视水平位移，m。

需要说明的是，引入视水平位移的概念不仅是为绘制垂直投影图提供实钻轨迹的横坐标，更为重要的是确定实钻轨迹与设计轨道的对比点，使二者具有可比性。

在多靶井施工过程中，可根据实钻轨迹的井底位置选用不同的铅垂投影平面。例如，对于双靶点三维定向井，当从井口钻向第一个靶点时，其铅垂投影平面常选用过井口和第一个靶点的铅垂平面；当从第一个靶点钻向第二个靶点时，其铅垂投影平面常选用过井口和第二个靶点的铅垂平面。

对于三维定向井，特别是三维多靶井，还可采用曲面投影法来绘制垂直投影图。此外，法面扫描也是监测实钻轨迹与设计轨道偏离程度的一种有效方法。

4. 结果输出

实钻轨迹的计算结果应以图表形式给出：① 以井深为自变量增序排列数据，数据内容及格式见表 10-2-9。② 绘制垂直投影图和水平投影图，还宜绘制三维坐标图。

表 10-2-9　××井实钻轨迹数据

计算方法：

井深 /m	井斜角 /(°)	方位角 /(°)	垂深 /m	北坐标 /m	东坐标 /m	水平位移 /m	平移方位 /(°)	视水平位移 /m	井眼曲率 /[(°)·(30 m)$^{-1}$]	备　注

注：如有插入点，应在备注中注明。

三、靶心距计算

油气勘探开发要求钻达目的层时或在目标区中延伸的井眼轨迹应控制在一定的误差范围内，这种允许的误差范围称为靶区。直井和定向井要求井眼轨迹钻穿目的层，其靶区一般为水平面内的圆形区域；水平井则要求井眼轨迹沿目的层延伸，其靶区多为长方体区域，见图 10-2-7。对于要求井眼轨迹沿目的层延伸的情况，其靶区形状可能会随着井眼轨迹产生弯曲，并且构成靶区的闭合区域会包含有曲面。例如，井斜角不等于 90°的水平井段，其靶区的上下平面将随之倾斜；拱形、阶梯形以及三维水平井段的靶区将含有曲面。由于储层形态的复杂性，靶区的形状可能是千姿百态的，但绝大多数靶区都是简单的几何形状。

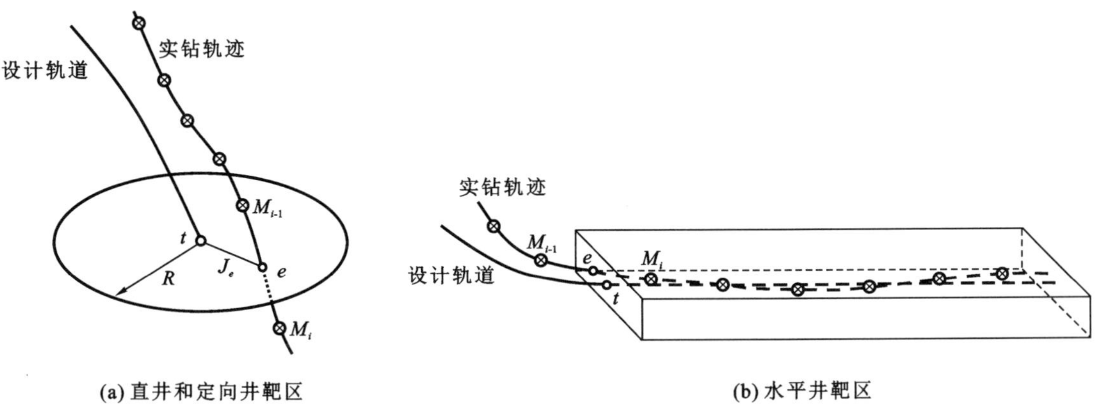

图 10-2-7　典型靶区示意图

为了有效地控制井眼轨迹，靶区内设有称为靶点的关键控制点。一般情况下，定向井有 1 个靶点，水平井有 2 个靶点，多目标井有 2 个以上靶点。设计轨道必须通过这些靶点，而实钻轨迹在靶点处有一定的允许误差。为了表述实钻轨迹偏离靶点的程度，过靶点作一个平面，该平面常称为靶平面；实钻轨迹与靶平面的交点称为入靶点 e，而入靶点与靶点之间的距离称为靶心距 J_e，见图 10-2-7。可见，靶心距不是实钻轨迹与靶点之间的空间距离，而是在靶平面内进行计算的，并且在每个靶点处都要求计算靶心距。

通常，定向井的靶平面为水平面，而水平井的靶平面为铅垂面。但是，对于靶点处的设计轨道而言，定向井轨道的井斜角一般不为零，水平井轨道的井斜角也并非都是 90°。因此，在靶点处设计轨道一般不垂直于靶平面，即设计轨道的切线与靶平面的法线往往是不重合的。尽管靶平面多为水平面和铅垂面，但是可以任意摆放的靶平面其研究结果才更具一般性，见图 10-2-8。

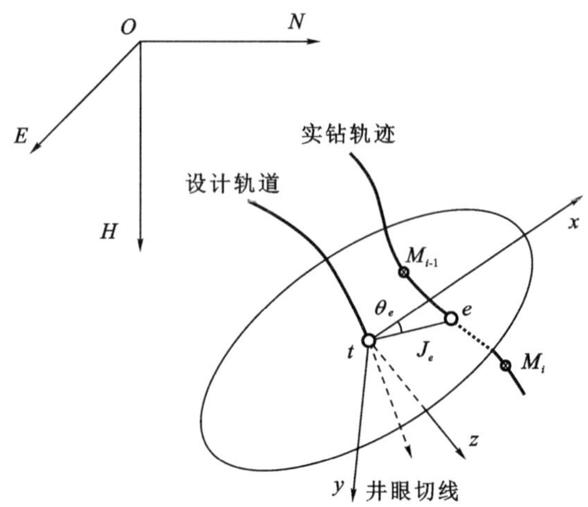

图 10-2-8　靶平面的姿态示意图

靶点坐标决定了靶平面的位置，而靶平面的摆放姿态可用其法线方向来确定。为此，参考井斜角和方位角的定义，可将靶平面的法线方向与铅垂方向以及它在水平面上投影与正北方向的夹角分别定义为靶平面的法线井斜角 α_z 和法线方位角 ϕ_z。显然，靶平面的法线井斜角和法线方位角在形式上类似于井眼轨道的井斜角和方位角，但其含义及数值都是不同的。

在实际应用中，靶平面的法线井斜角和法线方位角与设计轨道的入靶井斜角和入靶方位角有可能相等，如以铅垂方向进入油层的定向井、以水平方向在油层中延伸的水平井等。

计算靶心距的关键是求解入靶点的坐标。入靶点是实钻轨迹与靶平面的交点。入靶点 e 应满足下式：

$$(N_e - N_t)\sin\alpha_z\cos\phi_z + (E_e - E_t)\sin\alpha_z\sin\phi_z + (H_e - H_t)\cos\alpha_z = 0 \qquad (10\text{-}2\text{-}8)$$

式中，靶点坐标(N_t, E_t, H_t)和靶平面姿态参数(α_z, ϕ_z)为已知参数，而入靶点坐标(N_e, E_e, H_e)是实钻轨迹上井深的函数。因此，根据所选定的测斜计算方法，用插值法可计算出入靶点坐标。

由于实钻轨迹是由一系列测点构成的，所以需要先判别入靶点所在的测段，然后确定该测段内的实钻轨迹方程。为此，令：

$$f(L) = (N - N_t)\sin\alpha_z\cos\phi_z + (E - E_t)\sin\alpha_z\sin\phi_z + (H - H_t)\cos\alpha_z \qquad (10\text{-}2\text{-}9)$$

将相邻两测点的坐标依次代入式(10-2-9)，当 $f(L_{i-1})f(L_i) \leqslant 0$ 时，说明入靶点 e 位于测段 $[L_{i-1}, L_i]$ 上。一般情况下，入靶点 e 位于以 M_{i-1} 和 M_i 为测点的测段内，而不是恰好落在某个测点上，所以需要在测段 $[L_{i-1}, L_i]$ 上用插值法计算入靶点的坐标。需要强调的是，所使用的实钻轨迹插值模型必须与该测段的测斜计算方法相一致，否则在理论上是不相容的。例如，在测斜计算时若某测段采用的是最小曲率法，那么就应选用井眼轨道的空间圆弧模型进行插值。总之，无论采用哪种测斜计算方法，总可以将测段内的实钻轨迹坐标表示为井深 L 的函数。这样，将这些坐标函数代入式(10-2-8)便可求出入靶点 e 的实钻井深 L_e 以及坐标(N_e, E_e, H_e)，进而可计算出靶心距：

$$J_e = \sqrt{(N_e - N_t)^2 + (E_e - E_t)^2 + (H_e - H_t)^2} \qquad (10\text{-}2\text{-}10)$$

为了表述入靶点 e 与靶点 t 之间的相对位置关系，除靶心距之外在靶平面内还需要一个参数，为此建立坐标系 $t\text{-}xyz$，见图 10-2-8。该坐标系以靶点 t 为原点，以靶平面的法线为 z 轴，以过 z 轴的铅垂平面与靶平面的交线为 x 轴并取高边方向为正，根据右手法则确定 y 轴。于是，在靶平面上入靶点相对于靶点的位置可用直角坐标(x_e, y_e)和极坐标(J_e, θ_e)来确定。

$$\begin{Bmatrix} x_e \\ y_e \\ z_e \end{Bmatrix} = \begin{bmatrix} \cos\alpha_z\cos\phi_z & \cos\alpha_z\sin\phi_z & -\sin\alpha_z \\ -\sin\phi_z & \cos\phi_z & 0 \\ \sin\alpha_z\cos\phi_z & \sin\alpha_z\sin\phi_z & \cos\alpha_z \end{bmatrix} \begin{Bmatrix} N_e - N_t \\ E_e - E_t \\ H_e - H_t \end{Bmatrix} \tag{10-2-11}$$

$$\begin{cases} J_e = \sqrt{x_e^2 + y_e^2} \\ \tan\theta_e = \dfrac{y_e}{x_e} \end{cases} \tag{10-2-12}$$

式中　θ_e——te 线与 x 轴的夹角，(°)。

由于入靶点 e 位于靶平面内，所以 $z_e \equiv 0$。亦即在 $t\text{-}xyz$ 坐标系下，靶平面方程为 $z=0$。

常用的靶平面姿态及参数意义为：① 对于铅垂靶，$\alpha_z=90°$。x 轴铅垂向上，y 轴水平向右，x_e 和 y_e 分别表示入靶点相对于靶点的上偏和右偏数值。② 对于水平靶，$\alpha_z=0°$，ϕ_z 不存在。宜取 $\phi_z=0$，则 x 轴水平向北，y 轴水平向东，x_e 和 y_e 分别表示入靶点相对于靶点的北偏和东偏数值。

四、邻井防碰技术

在丛式井和加密井的设计与施工中，需要考虑邻井间的距离关系，防止井眼相碰。如果存在距离较近的多口邻井，就需要逐一进行防碰计算。而对于救援井，则期望能与事故井相交，以便采取有效的救援措施。无论是防碰还是救援，都需要计算邻井间的相对位置关系。

在进行邻井间位置关系描述时，常将新设计井或正钻进井称为参考井(也称基准井)，而将用于比较的邻井称为比较井。显然，参考井和比较井既可以是设计轨道也可以是实钻轨迹，其计算方法本身不受井眼轨迹类型限制。

用于表述两井间相对位置关系的方法主要有三种：水平距离扫描、法面距离扫描和最近距离扫描，见图 10-2-9。由于水平距离和法面距离都不是两井间的最近距离，所以它们具有一定的局限性。通常，水平距离扫描法仅适用于参考井和比较井的井斜角都较小的井或井段，而法面距离扫描法仅适用于参考井和比较井的井眼方向较接近的井或井段。因此，这里主要介绍最近距离扫描法。

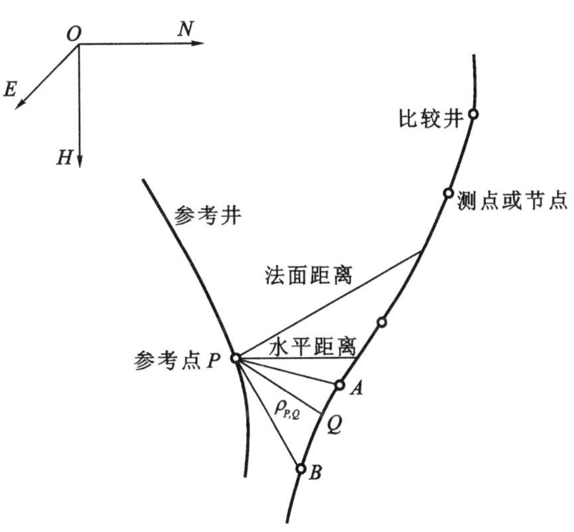

图 10-2-9　邻井间相对位置关系示意图

最近距离扫描的基本思路是：以参考井上任一点为参考点 P，在比较井上寻找一个比较点 Q，使比较点与参考点之间的距离为参考点到比较井的最近距离。其计算步骤如下：

(1) 数据准备。参考井和比较井都要有包括井深、井斜角、方位角及空间坐标在内的轨迹数据。设计轨道至少应有节点数据,实钻轨迹至少应有测点数据。此外,参考井和比较井必须选用相同的指北方向,并且采用相同的坐标系,通常是将比较井的轨迹数据归算到参考井的井口坐标系。

(2) 选取参考点。无论参考井是设计轨道还是实钻轨迹,其节点或测点往往都显得过于稀疏,需要插入若干个分点。其方法是:在参考井轨迹上,将井深按扫描间距要求插入分点,然后计算出分点的井斜角、方位角、空间坐标等参数。

(3) 扫描比较点。参考点到比较井的最近距离应满足:

$$(N_Q - N_P)\sin\alpha_Q\cos\phi_Q + (E_Q - E_P)\sin\alpha_Q\sin\phi_Q + (H_Q - H_P)\cos\alpha_Q = 0 \tag{10-2-13}$$

由于比较井是以设计轨道节点、实钻轨迹测点或它们的分点数据给出的,所以对于比较井上的任一井段$\widehat{AB}$,上式变为:

$$\begin{aligned}&(N_A + \Delta N_{A,Q} - N_P)\sin\alpha_Q\cos\phi_Q + (E_A + \Delta E_{A,Q} - E_P)\sin\alpha_Q\sin\phi_Q + \\&(H_A + \Delta H_{A,Q} - H_P)\cos\alpha_Q = 0\end{aligned} \tag{10-2-14}$$

式中,(N_A, E_A, H_A)和(N_P, E_P, H_P)为已知参数,而(α_Q, ϕ_Q)和$(\Delta N_{A,Q}, \Delta E_{A,Q}, \Delta H_{A,Q})$为比较点井深$L_Q$的函数。因此,当选定比较井的井眼轨迹模型后,由式(10-2-14)可确定比较点Q。

(4) 计算最近距离及扫描角等参数。参考点到比较井的最近距离为:

$$\rho_{P,Q} = \sqrt{\Delta N_{P,Q}^2 + \Delta E_{P,Q}^2 + \Delta H_{P,Q}^2} \tag{10-2-15}$$

显然,P点和Q点是具有一般性意义的两个空间点。要确定这两个空间点的相对位置关系,需要3个参数。在已知两点间距离$\rho_{P,Q}$的条件下,可增加两个角度参数来确定它们之间的相对位置关系。对于不同的参考面,可选用不同的角度参数。

当选用水平面作为参考面时,要增加的两个角度参数可分别用扫描井斜角和扫描方位角来表示,见图10-2-10。扫描井斜角$\alpha_{P,Q}$是指PQ直线与铅垂方向的夹角,扫描方位角$\phi_{P,Q}$是将PQ直线垂直投影到水平面上后与正北方向的夹角。所以,有:

$$\begin{cases}\tan\alpha_{P,Q} = \dfrac{\sqrt{\Delta N_{P,Q}^2 + \Delta E_{P,Q}^2}}{\Delta H_{P,Q}} \\ \tan\phi_{P,Q} = \dfrac{\Delta E_{P,Q}}{\Delta N_{P,Q}}\end{cases} \tag{10-2-16}$$

扫描井斜角$\alpha_{P,Q}$和扫描方位角$\phi_{P,Q}$的值域分别为[0°,180°]和[0°,360°]。

(5) 输出计算结果图表。根据上述方法,当比较点P沿参考井移动时,在比较井上可得到一系列比较点。按参考点井深增序排列这些计算结果,便可得到参考井与比较井之间的最近距离、相互位置

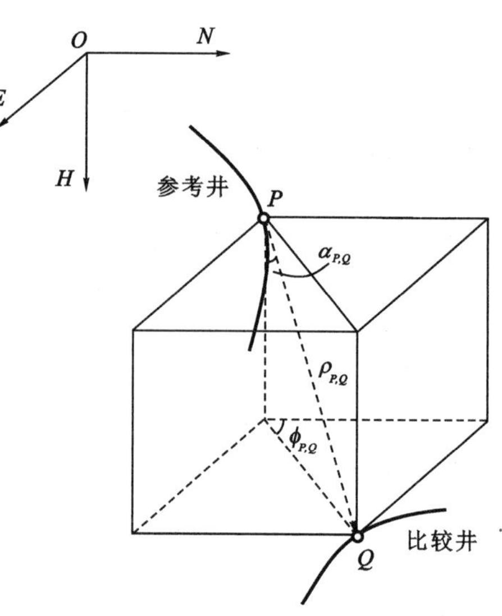

图10-2-10 参考点与比较点的相对位置关系

关系及其变化趋势等结果，进而可用图表等形式输出。

常用的图表形式见表 10-2-10 和图 10-2-11。由于扫描井斜角的值域为[0°,180°]，所以最近距离与扫描井斜角关系图仅占据半圆区域。另外，还可根据需要绘制最近距离与参考井井深等关系图。

表 10-2-10　最近距离扫描数据

参考井			最近距离			比较井		
井深/m	井斜角/(°)	方位角/(°)	最近距离/m	扫描井斜角/(°)	扫描方位角/(°)	井深/m	井斜角/(°)	方位角/(°)

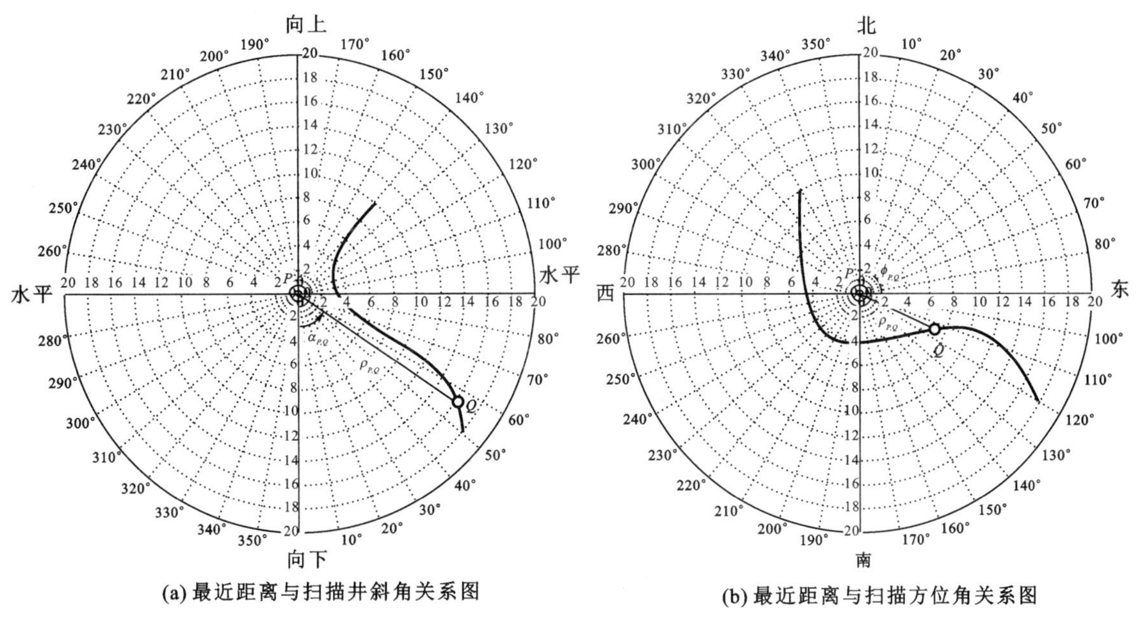

(a) 最近距离与扫描井斜角关系图

(b) 最近距离与扫描方位角关系图

图 10-2-11　最近距离扫描图

第三节　井眼轨迹控制

井眼轨迹控制贯穿定向钻井的全过程，通过优化底部钻具组合、优选钻井参数、采用合适的测量控制系统等，控制钻头沿着设计轨道或依据地质导向要求定向钻进。安全优质钻达地质目标必须有效控制井眼轨迹。本节主要介绍定向造斜工艺、侧钻工艺、井斜控制方法及常用井眼轨迹控制工具等。

一、定向造斜

定向造斜是增斜井段的起始部分，一般从垂直井段开始。现代的定向造斜，除套管开窗侧钻还使用斜向器外，基本都使用井下动力钻具造斜。造斜井段的长度一般以井斜角及方位角达到后续施工要求为准。定向造斜是轨迹控制的基础和关键，定向造斜段的井斜及方位有偏差，会给以后的轨迹控制造成困难。

1. 定向方法

定向造斜的方法可分为地面定向法和井底定向法两大类。

地面定向法是在井口将造斜工具的工具面摆到预定的方位上，在下钻过程中，不断测量和记录其工具面转动的角度，钻头到达预定井深后，在地面通过转盘将工具面转到预定的定向方位上，以此确定造斜工具在井下的实际工具面角。地面定向法施工过程比较烦琐，已经很少应用。

井底定向法是先将造斜工具下到井底，然后利用井下仪器测量工具面在井下的实际方位，并在地面通过转盘将工具面转到预定的定向方位上。井底定向法工序简单，准确性高，是常用的定向方法，但需要先进的定向测量仪器辅助。

较常用的井底定向方法主要有弯接头定向、弯壳体马达定向和无线随钻定向三种。

1）弯接头定向

弯接头通常和井下直马达配合使用。弯接头定向示意图见图 10-3-1。定向键所在的母线标志着造斜工具的工具面方位，定向造斜前利用测量仪器测出定向键所处方位，也就得到了造斜工具的工具面方位。在测量仪器上设有一个标志线，在测量仪器外套的最下面装有定向鞋，定向鞋上设有一个定向槽，在仪器安装时使标志线与定向槽在同一个母线上对齐，当仪器下到井底时，定向鞋的特殊曲线将自动引导定向槽坐在定向键上，从而使测量仪器标志线的方位能表示造斜工具的工具面方位。

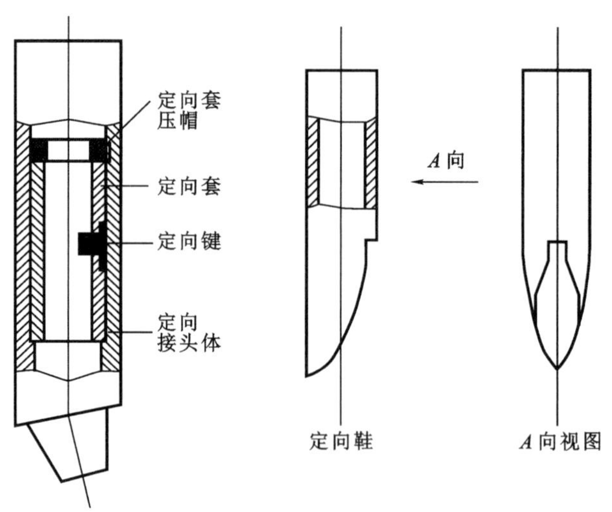

图 10-3-1 弯接头定向

2）弯壳体马达定向

弯壳体马达通常和定向接头配合使用。弯壳体马达定向示意图见图 10-3-2。连接底部钻具组合时，首先测量出直接头定向键与弯壳体马达弯角所在平面之间的角差，下钻到底后再测量出定向直接头定向键的方位，定向键的方位减去这一角差即可得到弯壳体马达的工具面方位。

3）无线随钻定向

无线随钻测斜仪定向法是目前最先进也是最常用的定向方法。使用无线随钻测量仪器时，在仪器本体上设有一标志线，施工过程中无线随钻测量仪器可以随钻指示标志线的方位及其变化情况。连接底部钻具组合时，首先测量出标志线与弯接头或弯壳体马达弯角所在平面之间的角差，标志线的方位减去这个角差即可得到弯接头或弯壳体马达的工具面方位。将角差输入无线随钻测量仪器的地面系统，则定向施工过程中，无线随钻测量仪器将会按设定随钻测量标志线的方位，并将自动校正后造斜工具的真实工具面方位发送到地面显示系统。

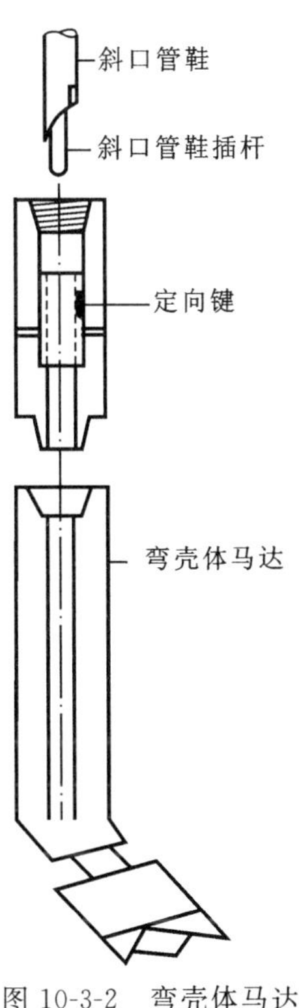

图 10-3-2　弯壳体马达配合直接头定向

2. 钻具组合

常用的定向造斜钻具组合如下：

(1) 钻头＋动力钻具＋定向弯接头＋无磁钻铤(测量仪器)＋其他钻柱。

(2) 钻头＋弯壳体动力钻具＋无磁钻铤(测量仪器)＋其他钻柱。

(3) 钻头＋旋转导向系统＋其他钻柱。

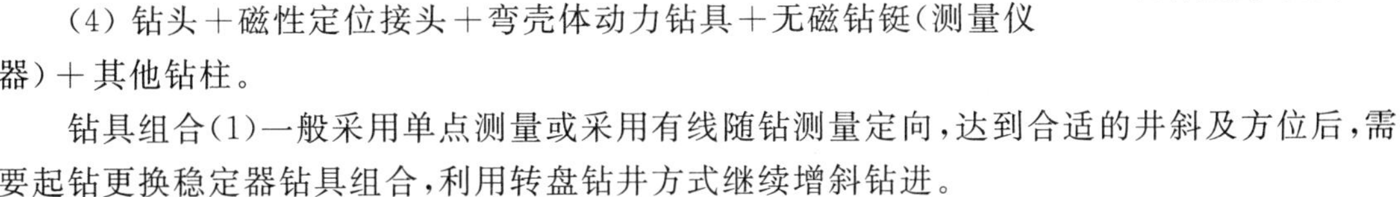

(4) 钻头＋磁性定位接头＋弯壳体动力钻具＋无磁钻铤(测量仪器)＋其他钻柱。

钻具组合(1)一般采用单点测量或采用有线随钻测量定向，达到合适的井斜及方位后，需要起钻更换稳定器钻具组合，利用转盘钻井方式继续增斜钻进。

钻具组合(2)是普遍使用的造斜钻具组合，采用随钻定向法，利用滑动钻进和复合钻进相结合的方式高效连续地控制井眼轨迹。

钻具组合(3)利用先进的旋转导向钻井系统，在全旋转的状态下实现对轨迹的精确控制，主要用于三维绕障、大型丛式水平井组或大位移延伸井等高难度复杂结构井的施工。

钻具组合(4)用于利用磁性定位仪器测量的磁参数进行导向钻井的施工。在正钻井钻头后安装一个永磁短节，钻头旋转时，该短节提供低频交变磁场信号，目标靶区(已完成井)的接收仪器对磁场信号采集与处理，并计算出正钻井钻头与目标靶点间的方位和距离偏差，精确控制两井井眼的空间相对轨迹，使成对水平井、直井-水平井轨迹控制更加有效。

3. 造斜率预测

初步选定定向造斜钻具组合后，需要预测工具的造斜能力，如果不能满足要求，则需要重新选择造斜工具和钻具组合。

表示造斜工具造斜性能的参数是造斜率，某种造斜工具的实际造斜率在数值上等于工具钻出的井眼曲率大小。在定向钻井设计和施工中，常常要根据造斜率来选择和设计钻具组合。造斜工具的造斜率除与底部组合的几何结构有关外，还受钻具在井下的受力及变形、地层特性及钻井参数等的影响，因此准确计算非常困难。常用的工具造斜率预测方法有三点定圆法和极限曲率法等。

1）三点定圆法

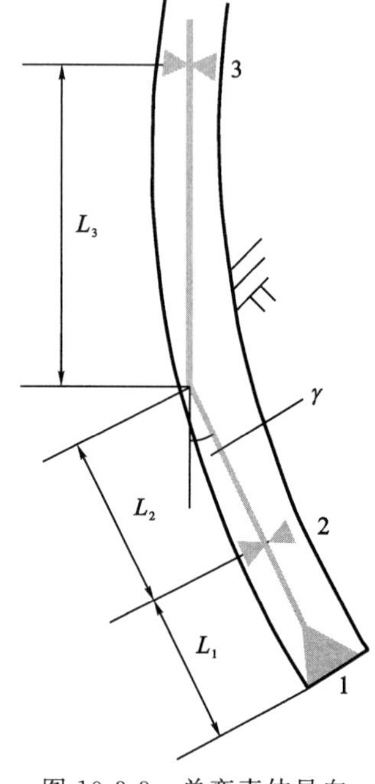

图 10-3-3　单弯壳体导向钻具示意图

三点定圆法是一种计算带有双稳定器单弯壳体动力钻具组合造斜率的方法，由 H. Karisson 等于 1985 年率先提出。该方法认为钻头和两个稳定器这三点肯定与下井壁相接触，由于不共线的三点可以确定一个圆弧，因此这三点确定的圆弧的曲率就是实钻井眼的曲率。由于弯壳体导向钻具的长度较短、刚性较大、变形较小，因此可认为井下的弯壳体导向钻具基本上保持其原有的刚性形状。基于这种假设的工具造斜率称为几何造斜率。典型的单弯壳体导向钻具组合见图 10-3-3。

假设单弯壳体动力钻具的弯角为 θ，(°)；下稳定器到钻头的距离为 L_1，m；下稳定器到弯曲肘点的距离为 L_2，m；上稳定器到弯曲肘点的距离为 L_3，m，则有：

$$K_T = \frac{60}{L_1 + L_2 + L_3}\theta \tag{10-3-1}$$

上式没有考虑结构弯角位置对工具几何造斜率的影响，给出的是导向钻具的最大几何造斜率，有学者对其进行了修正：

$$K_T = \lambda \frac{60}{L_1 + L_2 + L_3}\theta \tag{10-3-2}$$

式中　K_T——计算的工具造斜率，(°)/30 m；

λ——弯角位置影响因子，反映了弯角位置对钻具造斜率的影响，$\lambda = \frac{L_3}{L_2 + L_3}$，无因次。

修正的三点定圆法仍未考虑钻柱受力及变形对工具造斜率的影响，也未考虑井眼扩大对工具造斜率的影响，但基本可以满足工程所要求的精度。

尽管影响钻具造斜率的因素很多，但对于弯壳体导向钻具来说，其结构参数往往占据主导地位。三点定圆法比较直观地反映了钻具的结构参数与造斜率之间的关系，突出了关键因素对钻具造斜率的影响，已成为弯壳体导向钻具设计的一种有效方法。

2）极限曲率法

造斜工具的极限曲率(K_c)指下部钻具组合的侧向力为零时所对应的井眼曲率值。造斜工具造斜率(K_T)指工具在钻井过程中改变井斜和方位的平均综合能力，即全角变化率。根据理论分析和钻井实践，二者间存在如下关系：

$$K_T = AK_c \tag{10-3-3}$$

一般情况下系数 A 可取 0.7～0.85，地层造斜能力强时取上限。

K_c 值是底部钻具组合或造斜工具的结构参数、井眼几何条件和工艺参数的函数，可由求解底部钻具组合受力与变形的计算软件确定。

4. 工具面角的确定

造斜工具的工具面是指造斜工具轴线和钻头轴线构成的平面，具体用工具面角来描述。

定向工具面角是指定向造斜或扭方位时，启动井下马达并加压之后造斜工具工具面所处的方位。在定向造斜之前，要根据直井段实钻测量数据对待钻井眼轨道进行校正设计，确定所需的定向工具面角。

造斜开始时，井眼基本垂直，井底与水平面平行，工具面角可以用地理方位表示（见图10-3-4），它是指以正北方向线为始边，顺时针旋转到装置方向线上所转过的角度，通常用 ϕ_f 表示。通过改变钻头在井底圆周上的位置（即 ϕ_f 的大小），就可以改变井眼的定向方位。由于通常采用磁性测量仪，所以用磁北方位代替正北方位。因此，垂直井眼（或井斜很小，一般小于 3°）中的工具面角也称磁北模式工具面角，其取值范围为 0°～360°。

在倾斜的井眼中，井底圆与水平面有一个夹角（见图 10-3-5），在井底圆上不能准确地表示地理方位，不能使用磁北模式工具面角表达工具面方向。在这种情况下，需要采用高边模式的工具面角表达（现场常称装置角）。井下造斜工具的工具面角是指以高边方向线为始边，顺时针旋转到装置方向线上所转过的角度，通常用 ω 表示。高边模式的工具面角以高边方向为 0°，以低边方向为 180°，其取值范围为 0°～360°。通过改变钻头在井底圆周上的位置（即 ω 的大小），就可以改变井眼的井斜和方位。

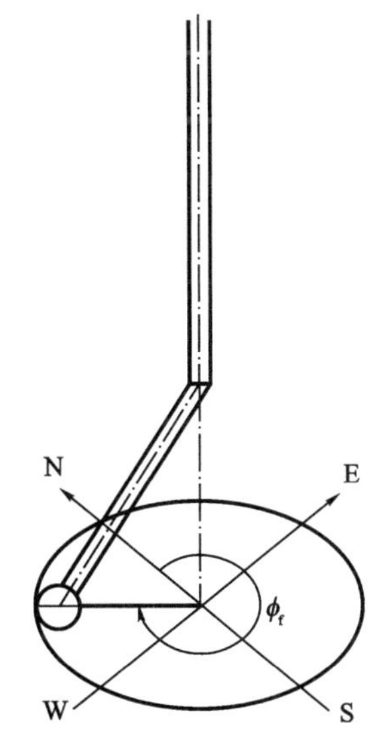

图 10-3-4　垂直井眼的工具面角

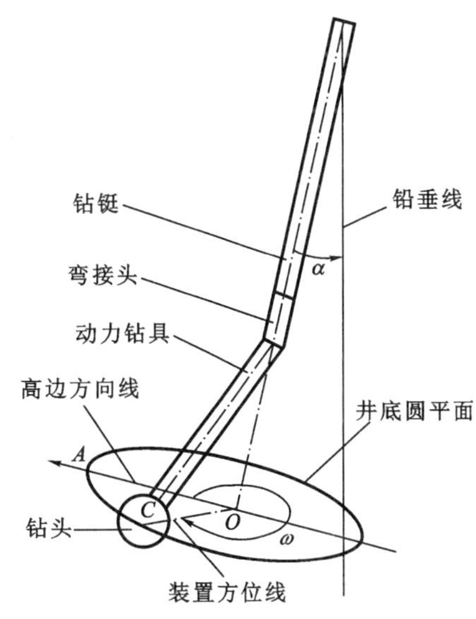

图 10-3-5　倾斜井眼的工具面角

正北或磁北模式的工具面角 ϕ_f 相当于高边模式的工具面角 ω 与当前井底的井斜方位角 ϕ_1 之和。

由于造斜开始时井眼井斜很小，磁北模式工具面角就等于根据直井段实钻测量数据对待钻井眼轨道进行校正设计之后井眼的定向方位。一般井斜大于 3°以后再改用高边模式的工具面角。

动力钻具在井下工作时，钻井流体作用于转子并产生扭矩传给钻头去破碎岩石，流体同时也作用于定子，使定子受到反扭矩的作用，此反扭矩将有使钻柱逆时针旋转的趋势，但由于钻柱在井口处被锁定，所以只能扭转一定的角度，此角度称为反扭角，用 ϕ_n 表示。反扭角将使已确定好的定向工具面角减小。为了弥补反扭角的影响，在给造斜工具定向时，需要在原先确定的定向工具面角上加上此反扭角，称为安置工具面角，即定向造斜时启动井下马达并加压之前造斜工具工具面所处的方位。因此，井下造斜工具高边模式的工具面安置角 ϕ_s 可表示为：

$$\phi_s = \phi_n + \omega \tag{10-3-4}$$

工具面角对反扭角的影响有一定的规律，见图 10-3-6。当工具面角在 0°～180°范围内时，工具面角使反扭角减小，减小的量在 0°～95°范围内逐渐增大，在 95°～180°范围内逐渐减小。当工具面角在 180°～360°范围内时，工具面角使反扭角增大，增大的量在 180°～265°范围内逐渐增大，在 265°～360°范围内逐渐减小。当工具面角为 0°和 180°时，对反扭角的影响最小；在大约 95°和 265°时，对反扭角的影响最大。在相同的井深、相同的工具面角下，井斜角增大，工具面角对反扭角的影响也增大。

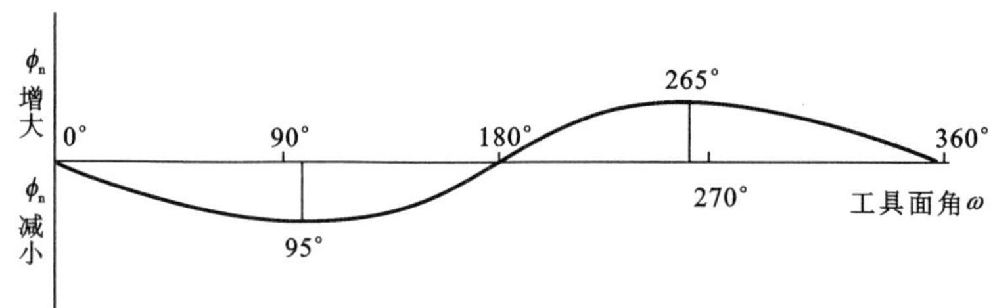

图 10-3-6　工具面角对反扭角的影响

影响反扭角的因素很多，工程上一般采用经验数据或采用实测资料反算得到井下动力钻具的反扭角。

在实际钻进中，由于各种因素的影响，实际的定向工具面角与预计的角度不一定完全相符，需要根据测量所得的数据分析调整。如果使用随钻测量仪器，可以实时调整工具面，使实际的定向工具面角与预计的定向工具面角基本相符。

5. 施工要点

定向造斜是定向钻井的关键，无论采用哪种方式定向造斜，都需要依据工程设计合理选择钻具组合、钻进参数和施工措施，以提高定向造斜效率，为后续施工奠定良好的基础。

(1) 定向造斜前，根据直井段的测斜数据修正设计轨道。

(2) 计算或根据邻井资料预测造斜工具的造斜能力，选择满足设计造斜率要求的定向弯接头或弯壳体马达弯角。施工过程中需要复合钻进的，弯壳体马达弯角一般不大于 1.5°。

(3) 下钻时严格控制下放速度，遇阻不得硬压，不得用动力钻具长井段划眼。若下钻距井底 15 m 以内遇阻，可采用定向划眼方法，否则起钻通井。

(4) 使用定向造斜钻具组合钻进时，要求钻井泵上水正常，排量稳定。

(5) 定向时，为了使造斜工具工具面准确地调整到预定位置，可分几次调整，每转动一次应上提下放活动钻具，消除钻具扭力，确保定向的准确性。

(6) 动力钻具在井下工作结束后，不允许加压循环。

(7) 定向造斜过程中，一般每钻进一根钻杆测斜一次，并根据测量结果调整施工参数。

(8) 定向施工过程中，如地层较硬，钻时很慢，每隔 20～30 min 上提活动钻具一次。

(9) 动力钻具工作中，如遇泵压突然升高 3 MPa 以上，应立即停泵，待泵压回零，上提钻具，然后开泵恢复钻进。

（10）造斜井段的长度一般以井斜角和方位角达到可以使用转盘钻的稳定器钻具组合继续增斜钻进为准。一般井斜角应达到 8°～10°（大井斜、大位移定向井井斜稍大），方位接近设计方位，并适当考虑使用稳定器钻具组合的方位漂移趋势。如果采用弯壳体马达造斜，造斜终点井斜角应适当增大，然后通过复合钻进与滑动钻进相结合的方式施工增斜段。

6. 常用工具

定向造斜使用的井下工具主要包括各种固定式弯接头、定向接头、弯壳体螺杆钻具、涡轮钻具、悬挂短节、可变径稳定器、无磁钻具等。

1）弯接头

弯接头通常与直动力钻具配合使用，主要用于定向、侧钻、扭方位等作业。弯接头的结构弯角一般为 1°，1.25°，1.50°，1.75°，2.00°，2.25°和 2.50°等。弯接头结构与普通接头相似，但其下端螺纹中心线偏离接头本体轴线一定角度，见图 10-3-7。

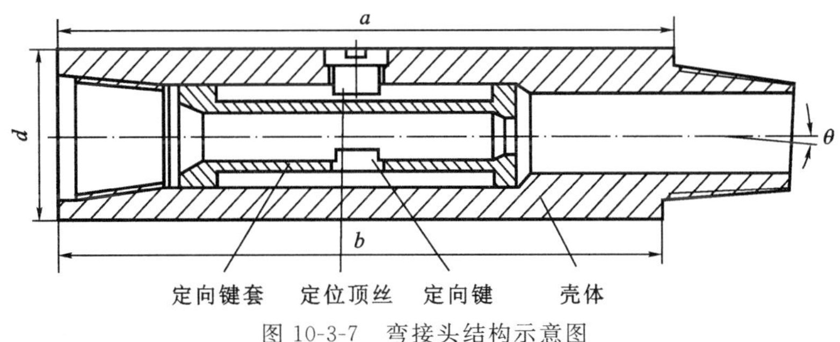

图 10-3-7　弯接头结构示意图

弯接头结构弯角的计算公式如下：

$$\theta = 57.3(a-b)/d \tag{10-3-5}$$

式中　θ——结构弯角，(°)；

a，b——长、短边长度，mm；

d——接头外径，mm。

弯接头主要技术参数见表 10-3-1。

表 10-3-1　弯接头造斜率数据表

弯接头结构弯角/(°)	95 mm 钻具		127 mm 钻具		165 mm 钻具		197 mm 钻具		244 mm 钻具	
	钻头直径/mm	造斜率/[(°)·(30 m)$^{-1}$]	钻头直径/mm	造斜率/[(°)·(30 m)$^{-1}$]	钻头直径/mm	造斜率/[(°)·(30 m)$^{-1}$]	钻头直径/mm	造斜率/[(°)·(30 m)$^{-1}$]	钻头直径/mm	造斜率/[(°)·(30 m)$^{-1}$]
1.0	114	4.0	152	3.5	200	2.5	245	2.5	311	2.0
1.5		4.5		4.75		3.5		3.75		3.0
2.0		5.5		5.5		4.5		5.0		4.0
1.0	121	3.0	171	3.0	213	1.75	270	2.0	394	1.75
1.5		3.5		4.25		3.0		3.5		2.5
2.0		4.0		5.0		3.75		4.25		3.75
2.5		5.0		5.75		5.0		5.5		5.0

续表 10-3-1

弯接头结构弯角/(°)	95 mm 钻具		127 mm 钻具		165 mm 钻具		197 mm 钻具		244 mm 钻具	
	钻头直径/mm	造斜率/[(°)·(30 m)$^{-1}$]	钻头直径/mm	造斜率/[(°)·(30 m)$^{-1}$]	钻头直径/mm	造斜率/[(°)·(30 m)$^{-1}$]	钻头直径/mm	造斜率/[(°)·(30 m)$^{-1}$]	钻头直径/mm	造斜率/[(°)·(30 m)$^{-1}$]
1.0	149	2.0	200	2.5	216	1.25	311	1.75	445	1.25
1.5		2.5		3.5		2.0		2.5		2.25
2.0		3.5		4.5		3.0		3.5		3.0
2.5		4.5		5.5		4.0		5.0		4.0

2）定向接头

定向接头用于随钻测量仪器的定向，通常与弯壳体动力钻具配合使用，主要由壳体、定向键套、定向键和定位顶丝组成，见图 10-3-8。定向接头技术规格见表 10-3-2。

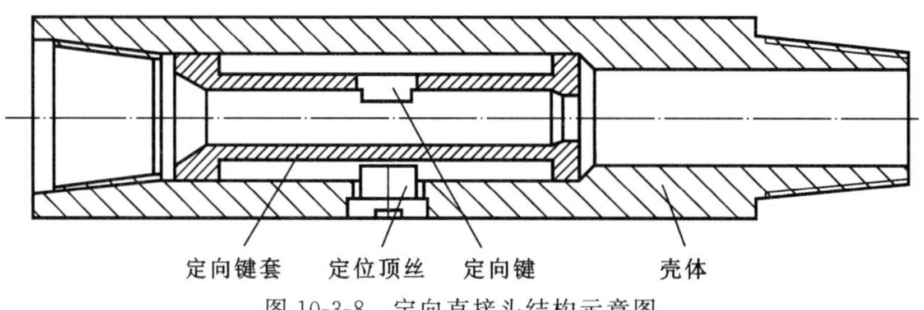

图 10-3-8　定向直接头结构示意图

表 10-3-2　定向接头技术规格

外径/mm	内径/mm	弯曲角度/(°)	长度/mm	备　注
196.85	80	1.25,1.50,1.75,2.00,2.25,2.50	760	衬套内径 50 mm
158.75	70	1.25,1.50,1.75,2.00,2.25,2.50,2.75,3.00	500	衬套内径 50 mm
107.95	57	1.25,1.50,1.75,2.00,2.25,2.50,2.75,3.00	450	衬套内径 35 mm

3）弯壳体螺杆钻具

弯壳体螺杆钻具是依靠循环钻井液将液体动能转化为旋转钻头破碎岩石的机械能的井下动力钻具，主要用于井眼轨迹控制，包括增斜、稳斜、降斜、扭方位等。

(1) 系统组成。

弯壳体螺杆钻具主要由旁通阀总成、马达总成、万向轴总成和传动轴总成、防掉装置组成，见图 10-3-9。

① 旁通阀总成。

旁通阀总成由阀体、阀芯、弹簧、筛板等组成，见图 10-3-10。当无循环或低排量循环时，阀体在弹簧的作用下处于上位，旁通孔打开，钻井液可流入或流出钻柱以平衡钻柱内外的液柱压差。循环钻井液时将推动阀芯压缩弹簧下行，关闭旁通孔，钻井液流经马达。

② 马达总成。

马达总成由定子和转子组成，见图 10-3-11。定子是在精加工的钢筒内硫化一层具有双头或多头螺旋腔的钢体橡胶套。转子是一根用合金钢加工成的单头或多头螺旋钢轴，其表面

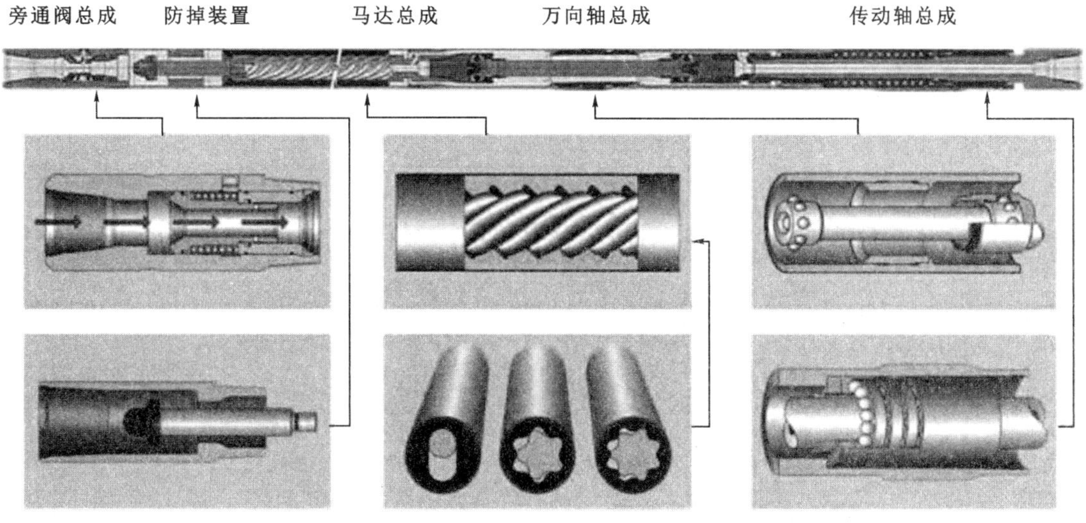

图 10-3-9 弯壳体螺杆钻具结构示意图

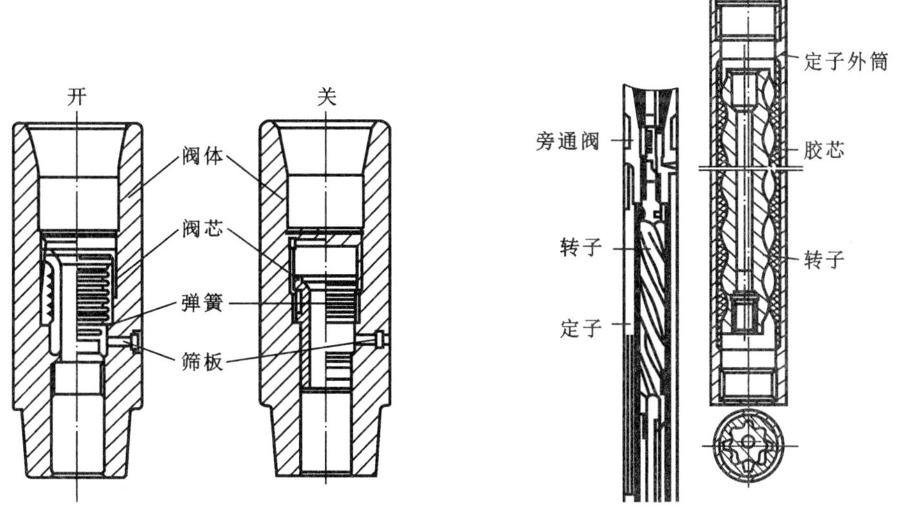

图 10-3-10 螺杆钻具旁通阀结构示意图

图 10-3-11 螺杆钻具马达结构示意图

有一层用于防腐或耐磨的镀铬层，通过镀铬层来控制定、转子的配合间隙。马达总成利用钻井液的液压动能驱动转子转动，而转子将液压动能转变为钻头破碎岩石的机械能。

③ 万向轴总成。

万向轴总成由壳体和万向轴组成。壳体通过上下锥螺纹分别与马达定子壳体下端及传动轴壳体上端相连接。万向轴总成将马达转子的平面行星运动转化为传动轴的定轴转动，同时将马达的工作转矩传递给传动轴和钻头。

④ 传动轴总成。

传动轴总成由壳体、径向轴承、推力轴承、传动轴轴体等组成，将马达的旋转动力传递给钻头，同时承受钻压所产生的轴向和径向负荷。

⑤ 防掉装置。

防掉装置由防掉接头、防掉锁母和防掉杆组成，见图 10-3-12。当异常原因造成壳体断裂或脱扣时，防止壳体落井。

(2) 操作方法。

① 井眼与钻具准备。

a. 保持井眼畅通，确保螺杆钻具顺利下到井底。

b. 处理好钻井液，含砂量不大于1%。

c. 对钻具进行通径，防止钻具水眼中的杂物堵塞螺杆钻具。

② 入井检查。

a. 用木棒等下压旁通阀活塞至下死点，然后松开，检查活塞是否灵活。

b. 将螺杆钻具旁通阀下到转盘面以下且能看见的位置，先小排量开泵顶通，然后逐渐增大到正常排量以检查旁通阀是否关闭。观察从轴承壳体间隙处流出的钻井液量大小，检查心轴转动是否灵活。记录立管压力及排量。

c. 将螺杆钻具提起，测量下轴承壳的下端面与传动轴之间的间隙，记为 A；将螺杆钻具坐在转盘面上，用螺杆钻具自重压紧推力轴承，测量下轴承壳的下端面与传动轴之间的间隙，记为 B，轴向间隙即为 $A-B$。测量方法见图 10-3-13，螺杆钻具允许轴向间隙见表 10-3-3。超过或接近允许最大轴向间隙的螺杆钻具不得入井使用。

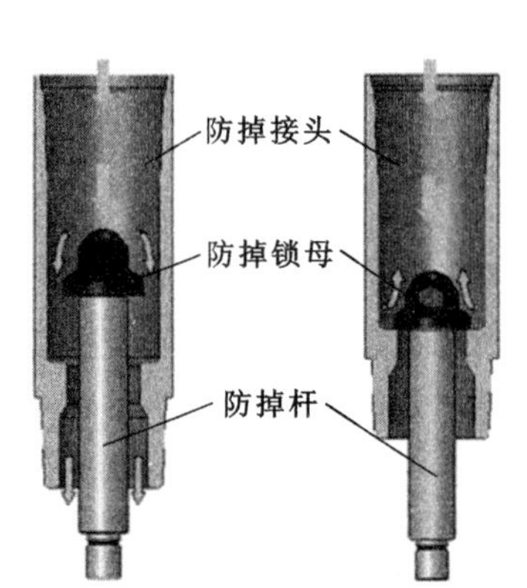

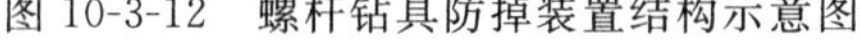

图 10-3-12　螺杆钻具防掉装置结构示意图

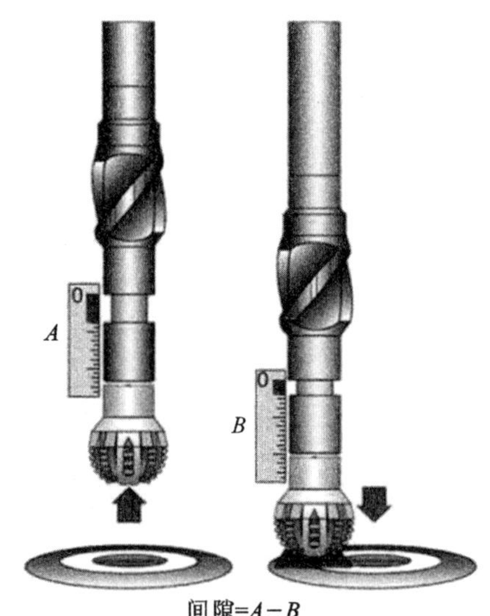

图 10-3-13　螺杆钻具轴向间隙测量方法示意图

表 10-3-3　允许最大轴向间隙表

螺杆钻具外径/mm	允许最大轴向间隙/mm	螺杆钻具外径/mm	允许最大轴向间隙/mm
60	3	159	6
73	3	165	6
79	3	172	6
89	4	197	7
95	4	203	7

续表 10-3-3

螺杆钻具外径/mm	允许最大轴向间隙/mm	螺杆钻具外径/mm	允许最大轴向间隙/mm
105	4	216	7
120	5	228	7
140	5	244	8

d. 调节可调弯壳体。可调弯壳体螺杆钻具结构见图 10-3-14。可调弯壳体可调节角度 0°～3°，具体操作步骤见图 10-3-15。将液压大钳夹紧如图 10-3-15(a)所示的旋扣区域，松开连接；当定位套的牙与上壳体的牙啮合时，顺时针旋开下壳体 2～4 圈(但不完全卸开)；向下滑动定位套至牙齿之间脱离，见图 10-3-15(b)；调节弯壳体角度，顺时针旋转定位套，调到所需角度，见图 10-3-15(c)；标记下壳体和定位套之间的对接面；一起调节下壳体和定位套，并且按规定扭矩紧扣。1.5°弯壳体调节完成后示意图见图 10-3-16。

e. 下钻过程中控制下放速度，以防沉砂堵死钻头喷嘴和螺杆钻具，可以中途短时间开泵循环顶通水眼。

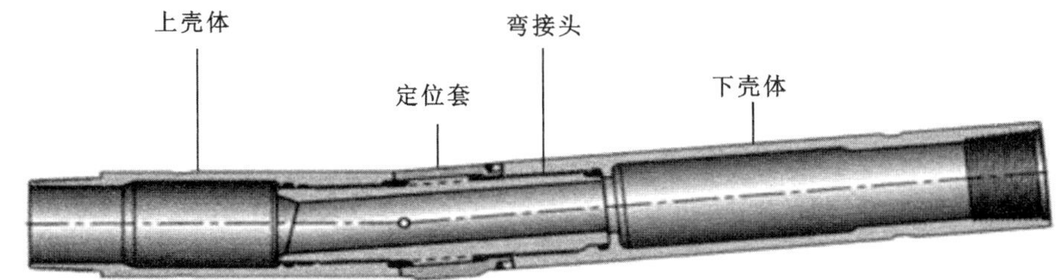

图 10-3-14　可调弯壳体螺杆钻具结构示意图

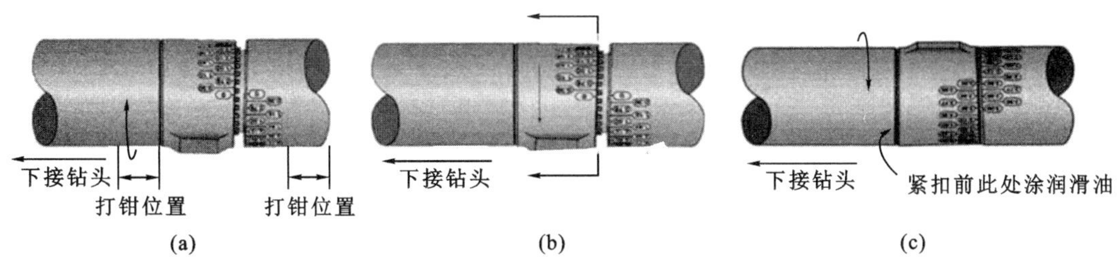

图 10-3-15　可调弯壳体调节过程示意图

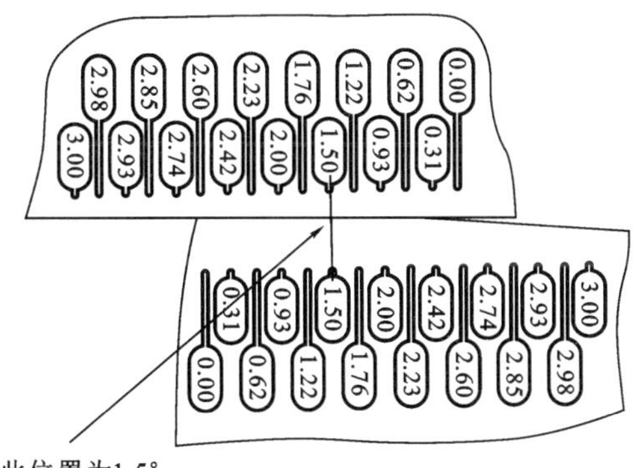

图 10-3-16　1.5°弯壳体调节完成后示意图

③ 钻进。

下钻到井底前，先开泵再下至井底，然后上提，距井底 1～2 m 循环钻井液，记录循环正常后的立管压力，随后逐渐加压钻进。排量、钻压必须在推荐值范围内。密切观察钻压和泵压的变化，防止钻压过大而压死工具；压死后应立即上提钻具，然后减压钻进。

④ 维护保养。

用清水冲洗旁通阀，同时上下移动阀芯，使其活动无阻。从传动轴驱动接头孔中冲洗钻具，正常维护保养后待用。若长时间不用，应向钻具内注入少量的矿物油以防锈蚀。

常用弯壳体螺杆钻具主要技术参数见表 10-3-4。

表 10-3-4　常用螺杆钻具主要技术参数表

厂　家	型　号	适用井径 /mm	推荐排量 /(L·s^{-1})	钻头转速 /(r·min^{-1})	最大压差 /MPa	最大扭矩 /(N·m)	输出功率 /kW
中国石油渤海装备中成机械制造公司	5LZ95×7Y	118～152	3.75～10	90～180	2.4	1 780	8～15
	5LZ120×7Y	149～200	7～16	87～180	2.4	2 847	15～31
	7LZ165×7Y	213～251	10～25	82～180	2.4	5 562	24～52
	5LZ197×7Y	251～311	19～38	89～178	3.2	11 000	51～102
	5LZ210×7Y	251～375	23～54	88～180	4.2	16 600	96～195
北京石油机械厂	5LZ95×7.0	108～149	4.73～11	140～320	3.2	1 240	21
	5LZ120×7.0	149～200	5.8～15.8	70～200	2.5	2 275	55
	5LZ165×7.0	213～251	16～28	100～178	3.2	5 600	80
	5LZ197×7.0	251～311	22～36	95～150	3.2	8 750	120
	5LZ244×14	311～445	51～76	90～140	2.5	16 275	220
德州联合石油机械有限公司	9LZ95×7.0	118～152	6～10	90～150	2.4	900	9～16
	5LZ120×7.0	149～200	9～14	115～220	2.4	1 350	15～22.5
	9LZ172×7.0	213～251	20～30	85～125	3.2	5 200	45～68
	5LZ197×7.0	251～311	35～45	115～150	2.4	5 300	64～83
	5LZ244×7.0	311～445	50～75	115～170	2.4	9 000	108～160
天津立林石油机械有限公司	5LZ95×7.0	118～149	5～13	124～300	2.4	833	32
	5LZ120×7.0	149～200	12～23	140～278	2.4	1 620	57
	7LZ172×7.0	213～251	16～32	78～154	3.2	4 160	126
	5LZ197×7.0	251～311	19～37	79～158	4.0	6 277	130
	5LZ216×7.0	251～311	20～41	72～145	4.0	7 631	147
	7LZ244×7.0	311～445	38～76	68～135	4.0	15 950	310
斯伦贝谢公司	A375M XF	118～149	8～12	240～355	2.3	814	12
	A475M SP	149～200	6～16	105～260	3.8	2 576	38
	A675M XP	213～251	19～38	150～300	5.7	10 577	193
	A825M SP	251～311	19～57	75～225	3.7	10 170	133
	A962M SP	311～445	38～76	65～135	2.9	17 628	150
	A1125M SP	445～660	63～95	115～170	3.2	20 204	237

续表 10-3-4

厂　家	型　号	适用井径 /mm	推荐排量 /(L·s^{-1})	钻头转速 /(r·min^{-1})	最大压差 /MPa	最大扭矩 /(N·m)	输出功率 /kW
贝克休斯公司	Ultra XL-3¾ in	118～149	5～13	150～410	2.2	2 200	94
	Ultra XL-4¾ in	149～200	6.7～20	110～325	9.5	3 530	120
	Ultra X-6½ in	213～251	17～41	90～220	3.2	3 650	51
	Ultra XL-6¾ in	213～251	17～41	90～220	6.0	6 850	158
	Ultra XL-8 in	251～311	25～57	85～195	6.0	10 400	213
	Ultra X-11¼ in	311～660	50～80	70～110	5.0	24 000	276
	X-treme-12¾ in	445～660	50～110	70～150	8.0	40 200	630

4) 涡轮钻具

涡轮钻具是一种井底液力马达，内部装有若干级涡轮(定子和转子)，定子使液体以一定的方向和速度冲击转子，而转子将液体动能转变成带动钻头旋转的机械能。涡轮钻具主要用于井眼轨迹控制，包括增斜、稳斜、降斜、扭方位等。

涡轮钻具按其结构和用途可分为单式涡轮钻具、复式涡轮钻具、短涡轮钻具、弯壳体涡轮钻具、带减速器的涡轮钻具、带滚动轴承的涡轮钻具、高速涡轮钻具等。

(1) 基本结构。

WZ1-215 型单式涡轮钻具由旋转和不旋转两大部分组成，见图 10-3-17。

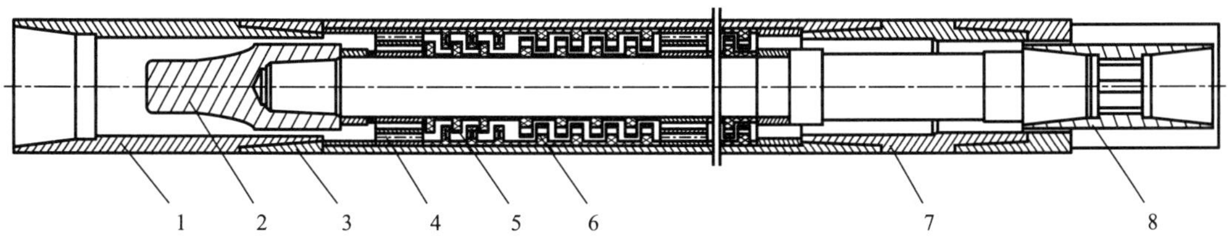

图 10-3-17　单式涡轮钻具示意图

1—涡轮接头；2—轴头螺帽；3—涡轮外壳；4—止推轴承；5—涡轮转子；6—涡轮定子；7—连接接头；8—轴保护接头

① 旋转部分包括防松螺母、紧箍、转子螺母、支承环、支承盘、转子、上挡套、下挡套、下部轴承、轴和轴接头。这些零部件紧固在主轴上。

② 不旋转部分包括大小头、外壳、短节、间隔筒、止推轴承、定子、中部轴承、隔套和下部轴承。

涡轮钻具的主要部件是涡轮，每一级涡轮由一个定子和一个转子组成，见图 10-3-18。定子和转子的形状基本一样，但叶片的弯曲方向相反。定子装在固定不转的外壳内，转子装在可旋转的主轴上。转子和定子之间要保持一定的轴向间隙。

为了承受轴向负荷，在涡轮钻具内装有止推轴承，见图 10-3-19。它由支承盘、支承环和带有橡胶衬套的轴承座组成，轴承座与支承盘之间有 2 mm 的间隙。WZ1-215 型涡轮钻具共有 12 副止推轴承。

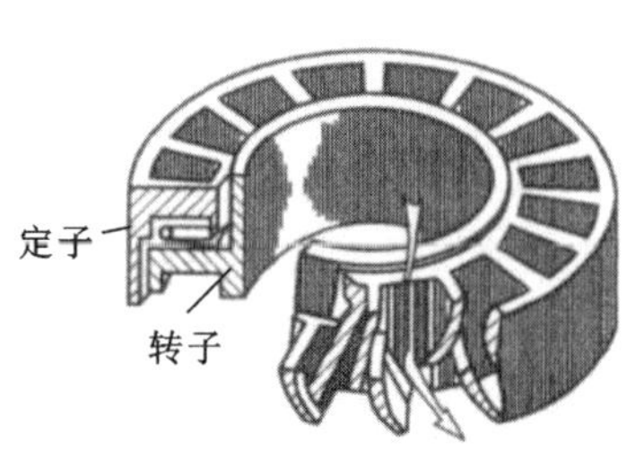

图 10-3-18　一级涡轮示意图

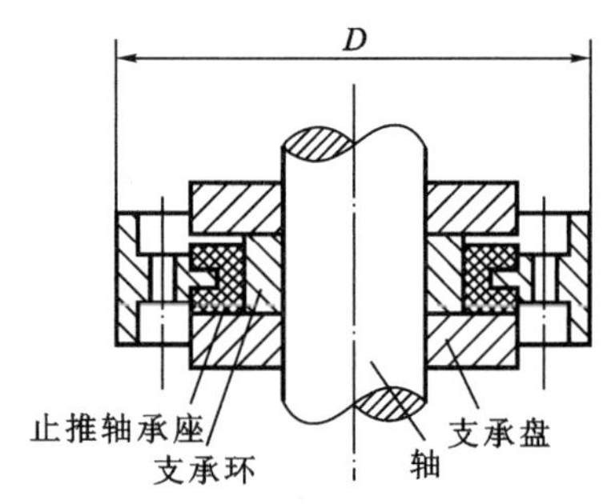

图 10-3-19　涡轮钻具止推轴承示意图

(2) 工作特性。

① 当排量一定时,涡轮钻具功率与转速的工作特性曲线呈抛物线状,如图 10-3-20 所示;当涡轮钻具在井底工作转速等于空转转速一半时,涡轮的输出功率最大。

② 涡轮钻具的转速与排量成正比,转矩与排量的平方成正比,功率与排量的立方成正比,压降与排量的平方成正比。因此,应合理选择钻头水眼和适当增加排量,以提高涡轮钻井的工作效率。

常用涡轮钻具主要技术参数见表 10-3-5。

(3) 操作方法。

① 下井前检查。

a. 外观检查。两端螺纹、台肩完好,无变形、损伤或裂痕。

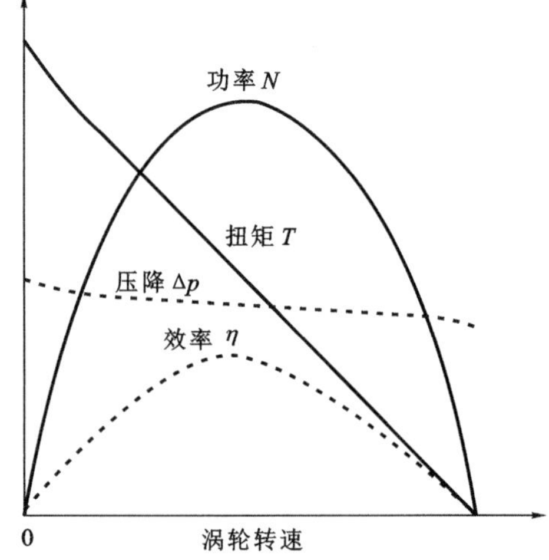

图 10-3-20　涡轮钻具特性曲线图

表 10-3-5　常用涡轮钻具主要技术参数表

产　地	型　号	直径/mm	排量/(L·s⁻¹)	功率/kW	扭矩/(N·m)	转速/(r·min⁻¹)	压降/MPa	长度/mm	质量/kg
中　国	WZ1-170	170	20～28	27～75	451～893	564～790	2.0～3.9	7 680	1 132
	WZ1-195	195	25～35	53～145	795～1 560	620～865	3.3～6.4	8 170	1 404
	WZ1-215	215	30～40	33～78	814～1 442	381～508	1.9～3.3	4 760	836
俄罗斯	TS4A	101.6	8	16.2	191	810	5.4	12 775	629
	TS4A	127	14	53	597	885	8.73	13 635	1 092
	T12M3E	168.3	24	41.9	584	685	4.07	8 440	1 115
	T12M3B	190.5	32	73.5	922	760	4.27	9 100	1 500
	T12M3B	203.2	45	83.2	1 334	595	3.09	8 035	1 676
	T12M3B	228.6	45	113.3	1 805	600	3.83	8 820	2 005
美　国	SH	127	12.6	123	910	1 300	13.4	9 375	
	SH	171.5	25.2	37.5	440	813	2.72	9 144	1 202
	SH	184.5	29.9	375	390	912	18.6	14 750	

续表 10-3-5

产　地	型　号	直径/mm	排量/(L·s^{-1})	功率/kW	扭矩/(N·m)	转速/(r·min^{-1})	压降/MPa	长度/mm	质量/kg
西　欧	TIE-5 in	127	10	24.2	220	1 050	4.48	15 240	1 252
	6⅝ in Sz	168.3	25	143.4	1 687	812	9.02	15 240	2 035
	TT-ZB-7⅝ in N	194	33	142	1 962	690	5.2	12 000	2 400
	8½ in Sz	215.9	38	181	2 806	615	8.44	15 890	3 145

b. 新涡轮的轴向间隙不大于 2 mm，旧涡轮不大于 5 mm。轴向间隙的测量方法：分别在涡轮钻具压在转盘上和涡轮钻具悬空时轴露出短节处作标记，两个标记之间的距离即为轴向间隙值。

c. 入井前必须在井口试运转，检查能否启动及螺纹连接处有无渗漏。

② 涡轮钻井。

a. 钻头距井底 3 m 左右，开泵启动涡轮钻具，逐渐加压钻进。

b. 涡轮不能启动时，可加压 20 kN 左右用转盘迫转，强制启动。

c. 钻进时应按规定加压，加压过大涡轮制动后应将钻头提离井底重新加压钻进。

d. 因地面设备故障被迫停钻又不能活动钻具时，应将钻头放至井底将涡轮压死，保持钻井液循环。

e. 使用涡轮钻具定向，应选配好钻头水眼，一般不宜采用小喷嘴喷射钻井。

5）悬挂短节

悬挂短节用于悬挂式无线随钻测量仪器的定位，根据结构可分为键式和顶丝式两种，特点为短节内有两种内径，主要由壳体、定位键或定位顶丝组成，见图 10-3-21 和图 10-3-22。

图 10-3-21　键式悬挂短节结构示意图

图 10-3-22　顶丝式悬挂短节结构示意图

6）可变径稳定器

可变径稳定器通过调整稳定器的外径，达到准确控制井眼井斜角的目的。Sperry-Sun 公司生产的可变径稳定器(AGS)最具代表性。

(1) 基本结构。

可变径稳定器主要由上活塞、复位弹簧、活塞、控制机构、孔板、流量环等组成，见图 10-3-23。

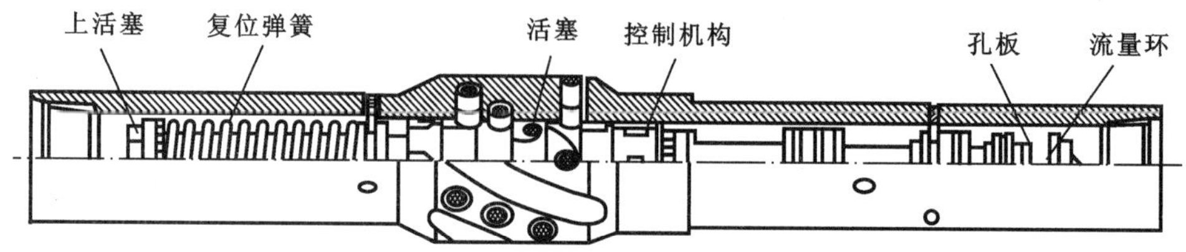

图 10-3-23 可变径稳定器结构示意图

(2) 工作原理。

AGS 有 3 个翼片，每个翼片上有 4～5 个活塞，每个活塞有一个斜面，所有的斜面体一起活动，当压差作用在活塞下部的斜面体上时，活塞通过凸轮筒控制向外伸展，利用压差保持工作状态，当带有斜面的心轴通过作用在自身的压差向下移动时，斜面同时作用所有活塞，活塞从自由状态向外移动，并通过压差控制，与凸轮筒保持固定。当停泵消除压差时，内部弹簧回弹，心轴恢复原位，活塞收缩，并引导凸轮筒到达下一个位置。

记录一定排量下的压力，然后停泵、开泵，记录同样排量下的新的压力值，以此确立 AGS 的工作状态。如果新的压力值高，这时活塞全部伸展，反之亦然。通过对泵简单且快速的调节，实现对井斜的精确控制。

(3) 技术规格。

Φ215.9 mm AGS 技术规格见表 10-3-6。

表 10-3-6 Sperry-Sun 公司 Φ215.9 mm AGS 技术规格

适用井眼尺寸/mm	215.9	心轴通孔/mm	44.45
质量/kg	395	硬饰面厚度/mm	3.18
本体材料	4145 HTSR	最大钻井液密度/(g·cm^{-3})	2.16
最大流量/(L·s^{-1})	35	运转温度范围/℃	0～112.5
压力变化/MPa	1.1～1.75(当活塞伸出时，立管压力增加值)	翼片覆盖范围	右旋 360°螺旋翼片
本体尺寸			
本体直径/mm	171.45	鱼颈长/mm	1 168.40
翼片直径/mm	200.03～203.20	螺旋翼片长度/mm	539.75
位置尺寸			
伸出/mm	215.90	缩回/mm	200.03～203.20
活　塞			
活塞直径/mm	63.50	每套工具数量/个	15

(4) 操作方法。

① AGS 的组装与地面测试。

a. 在底部钻具组合中组装 AGS。

b. 接钻头，AGS 以下钻具的压降需要大于 2.8 MPa，确保工具正常工作。

c. 接方钻杆或顶驱，开泵并且提高排量直至活塞运动。

d. 测量 AGS，如果活塞处于齐平位置，则将在下一个位置伸出。

e. 停泵时 AGS 仪器将恢复静止时的压降。

f. 开泵，按照步骤 d.记录的数据设定冲程。

g. AGS 工具将从静止状态循环到下一操作位置。

h. 再测量一次 AGS 仪器。

i. 记录齐平与伸出位置系统的不同压力。

② 使用前的检查。

检测 AGS 活动压力，推荐的循环压力最低值为 3.15 MPa，最高值为 24 MPa。

③ 现场操作程序。

a. 要与所用钻具一致，检查底部接头的连接、管线的塞子等，确保密封。

b. 在开始钻进之后，尽可能快地确定地面压力/活塞的伸出或齐平位置，并且记录下来，保留规范的泵冲数和压力记录。

7）无磁钻具

无磁钻具包括无磁钻铤和无磁承压钻杆，可为磁性测量仪器提供无磁环境，用于直井、定向井、水平井单多点测量、有线/无线随钻测量等。

(1) 无磁钻具材料。

无磁钻具是一种由蒙乃尔合金、铬-镍合金、铍铜合金、奥氏体合金、锰铬镍钢等制成的不易磁化的钻具，见表 10-3-7。

表 10-3-7　无磁钻具材料性能表

无磁钻具材料	性能特点
蒙乃尔合金	不易腐蚀，但价格昂贵、易磨损
铬-镍合金	约含 18%的铬和镍，易发生塑性变形而导致螺纹过早损坏
铍铜合金	抗钻井液的腐蚀性好，尤其对硫化物应力破坏抵抗性更好；磁化率低，接头不易磨损，机加工性能好，价格较贵(其中铜占 98%，铍占 2%)
奥氏体合金	采用半热锻形变强化法制造，对盐水钻井液应力腐蚀敏感
锰铬镍钢	含锰 16.59%、铬 13.12%、镍 1.91%，相对磁导率小于 1.01

(2) 无磁钻具性能参数。

① 无磁钻具机械性能参数。

无磁钻具机械性能参数见表 10-3-8。

表 10-3-8　无磁钻具机械性能参数表

外径尺寸/mm	屈服强度/MPa	抗拉强度/MPa	伸长率/%	布氏硬度(HB)	夏比冲击功/J
79.4～171.4	⩾758	⩾827	⩾18	285～360	⩾75
177.8～279.4	⩾689	⩾758	⩾20		

② 无磁钻具磁性参数。

a. 当磁场强度为 $\frac{10^5}{4\pi}$A/m 时，无磁钻具的相对磁导率小于 1.01。

b. 无磁钻具沿内孔任意相距 100 mm 的磁感应强度梯度小于等于 0.05 μT。

(3) 无磁钻具安放位置及长度的选择。

① 无磁钻具安放位置。

无磁钻具的安放位置应尽可能靠近钻头，同时考虑钻具组合的特性、钻具尺寸等。

② 无磁钻具长度的选择。

首先根据地球水平磁场强度分区图确定施工井所在区域，见图 10-3-24；然后根据测量井段的井斜角和井斜方位角的大小选定无磁钻具的长度及测量仪器在无磁钻具中的位置，见图 10-3-25。

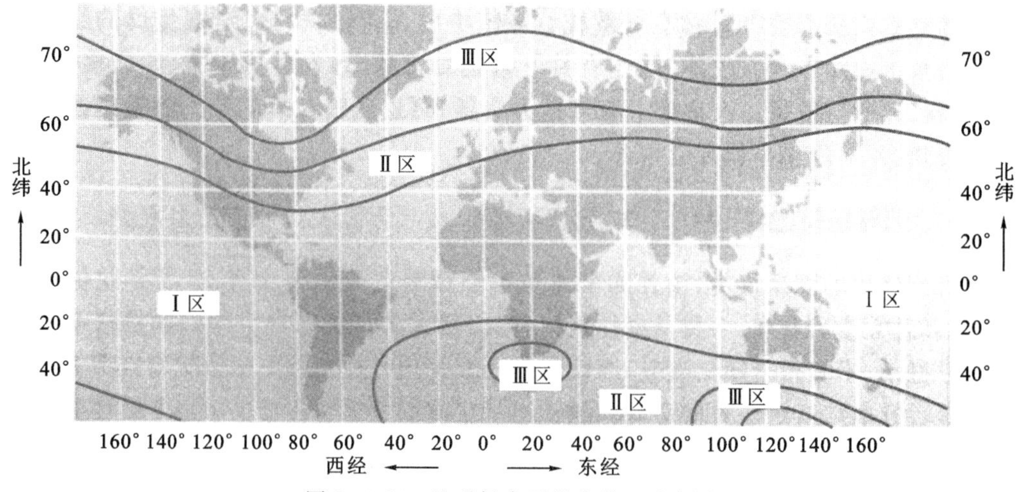

图 10-3-24　地磁场水平强度分区示意图

Ⅰ区水平磁场强度最大，需要的无磁钻具长度最短；Ⅲ区水平磁场强度最小，需要的无磁钻具长度最长；Ⅱ区处于二者之间。

8) 高压循环头

高压循环头是为在定向钻井中使用有线随钻测量仪时替换水龙头而设计的地面井口机械配套装置。使用时，高压循环头的下部接钻杆，侧边接高压水龙带，实现钻井液循环；密封油缸接在其上部，测井电缆从中间通过，下入井底，从而实现随钻测量作业。

(1) 基本结构。

高压循环头主要由循环头、密封头、电缆卡子和手压泵组成。

(2) 主要技术参数。

循环头额定工作压力为 35 MPa；密封油缸额定工作压力为 20 MPa；高压管线额定工作压力为 60 MPa；便携手动泵额定工作压力为 20 MPa。

二、侧钻

侧钻工艺技术是处理井下事故、老油田挖潜增效的重要手段和措施，也是分支井钻井的重要环节。它主要应用于以下情况：

(1) 钻井过程中套管内有落鱼或落物而无法打捞，不能继续进行钻井、完井作业。

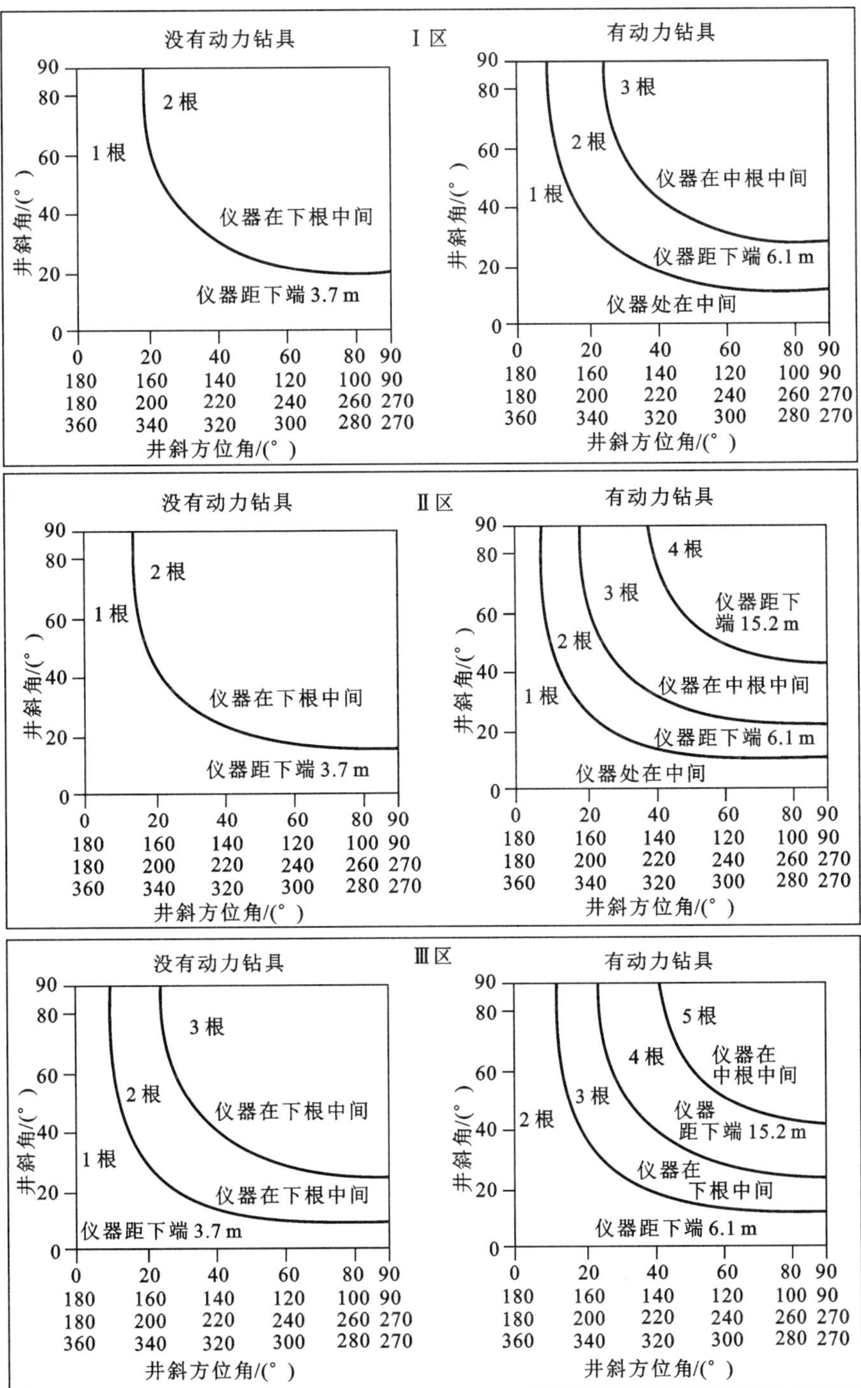

图 10-3-25　无磁钻具长度及仪器位置选择图

(2) 因钻井及采油过程中套管变形严重而影响生产的井。

(3) 采油过程中砂堵砂埋严重，通过修井作业无法恢复生产的井。

(4) 直井落空，偏离油层位置，经勘探其周围还有开采价值的油藏。

(5) 分支井钻井。

(6) 油田开发后期,利用已无开采价值的井,开窗侧钻定向井开采剩余油气。

1. 侧钻方式

侧钻方式选择应根据井眼条件、油藏地质特征、完井类型、采油要求等因素综合考虑。侧钻方式主要有裸眼侧钻、套管内侧钻两大类。

1) 裸眼侧钻

当老井眼为裸眼或取出老井套管后,可以利用定向造斜钻具组合在井眼的下部或造斜点的其他方向侧钻新井眼,或者悬空侧钻,也可以使用裸眼地锚斜向器或采用打水泥塞、下斜向器的侧钻方式。

2) 套管内侧钻

套管内侧钻主要有套管段铣侧钻、套管内开窗侧钻以及套管预留窗口侧钻等方式。

(1) 套管段铣侧钻。

先用套管段铣工具在适当的位置段铣掉一定长度的原井眼套管,然后在该段注入水泥,形成水泥塞段,再利用造斜工具从该段造斜并侧向钻出新井眼。该方法工艺简单,侧钻成功率高,而且有利于后期井眼轨迹的控制,但施工工期较长,适合于浅井及井壁稳定性好的地层。但由于侧钻井段上下存在套管的磁干扰问题,一般需要使用陀螺测量仪进行测量。

(2) 套管内开窗侧钻。

在原井眼合适位置定向下入斜向器,利用开窗工具在套管壁上磨铣出合适的窗口,再利用合适的钻具组合侧钻出新井眼。该方法可靠性高,适用范围广,技术成熟,可以选择最有利的窗口方向,且开窗后井眼有一定角度,有利于侧钻后的造斜钻进,适用于深井、硬地层和高温高压地层。

(3) 套管预留窗口侧钻。

在有些分支井的施工中,为了避免后续钻分支井眼前的开窗作业,采用套管预留窗口侧钻的施工方式。套管预留窗口侧钻是指在主井眼的套管柱中串入预先开好窗口的特殊套管短节,预留窗口由易钻的复合材料充填,套管预留窗口方向、位置与设计分支井眼的方位和深度一致。分支井眼施工时,钻头很容易将封堵窗口的特殊材料钻掉,直接侧钻出定向的分支井眼。

2. 侧钻工艺

裸眼打水泥塞或悬空侧钻、套管段铣侧钻及套管预留窗口侧钻施工与定向造斜施工类似,下面仅就套管定向开窗侧钻工艺进行介绍。

1) 侧钻前准备

(1) 对原井眼复测陀螺,重新计算井眼轨迹。

(2) 查阅原井资料,确定开窗侧钻位置,应尽量避开套管接箍及复杂地层,选择水泥封固质量好、有利于侧钻的地层。

(3) 分析井口至侧钻点井段的原井身数据,查阅套管钢级、壁厚、内外径。

(4) 测量套管压力及液面高度,若原井眼套管压力较高,液面上升较快,应预先在开窗侧钻点以下 100 m 处打水泥塞封固。

(5) 通套管内径,刮蜡,清除原井眼内原油及污物,检查套管是否有损坏或变形。

(6) 测磁性定位,确定开窗点附近套管接箍的位置。

(7) 做出套管定向开窗侧钻设计,制定施工方案、技术措施、作业参数。

2) 开窗点选择

(1) 根据开窗侧钻的一般原则和所采用的侧钻工具的要求,尽量将窗口位置选择在井眼曲率比较小的井段。

(2) 窗口应避开套管接箍,侧钻点附近套管完好,没有变形和其他损坏,水泥胶结状况良好,周围岩性相对比较稳定。

(3) 避免在水层或水层附近开窗。

(4) 开窗点以上套管必须完好,通径、试压合格。

(5) 如果是侧钻多分支井,根据所采用的分支系统确定各分支井眼间开窗点的间距和窗口方位。

3) 开窗侧钻工艺

为了提高作业效率,套管内开窗侧钻一般采用斜向器和复合铣锥,复合铣锥利用销钉和定向回接系统上部的斜向器连接,可以一趟钻完成工具的送入、定向、坐封,以及开窗、修窗和地层试钻。开窗钻具组合:复合铣锥+钻铤+加重钻杆+钻杆。

(1) 由一趟钻将开窗钻具组合及斜向器送入井眼预定位置,利用陀螺仪测量并调整好斜面方位,坐封定位斜向器。

(2) 下压钻柱,剪断斜向器与铣锥的连接销钉。上提钻具 0.2～0.3 m 再下探,缓慢启动转盘,低速旋转,慢慢下放,先磨铣出一个均匀光滑的接触面,然后加压 5～10 kN 开始开窗。

(3) 根据返出钻屑的情况确认复式铣锥进入地层后,上提钻柱,在窗口附近上下活动并转动钻具,重复 3～5 次,看是否有阻卡现象,以检查开窗质量。复式铣锥完成开窗后,一般情况下可进行下步作业,若遇阻卡严重的情况,可利用单式铣锥修窗。

(4) 起钻更换定向造斜钻具组合。根据作业参数要求均匀下放钻具,并随时调整工具面方向,使其一直在预定方位钻进。随时捞取砂样,分析砂样中地层岩屑含量,判断侧钻情况,当砂样全为地层岩屑时,表明钻头已全部进入地层,侧钻基本成功。

3. 常用工具

侧钻工具主要包括段铣工具、斜向器、磨铣工具等。

1) 套管段铣工具

套管段铣工具通过水力扩张的方式,在设计位置切断套管并按要求磨铣掉一定长度的套管,裸露出地层。下面以 TDX 型段铣工具为例进行介绍。

(1) 基本结构。

段铣工具主要由上接头、本体、锥帽、活塞等组成,见图 10-3-26。

(2) 工作原理。

开泵后,活塞在压差的作用下下行,活塞下部推盘则推动刀片张开;停泵后,活塞在弹簧的作用下复位,刀片自动收回。

(3) 主要技术参数。

TDX 型段铣工具主要技术参数见表 10-3-9。

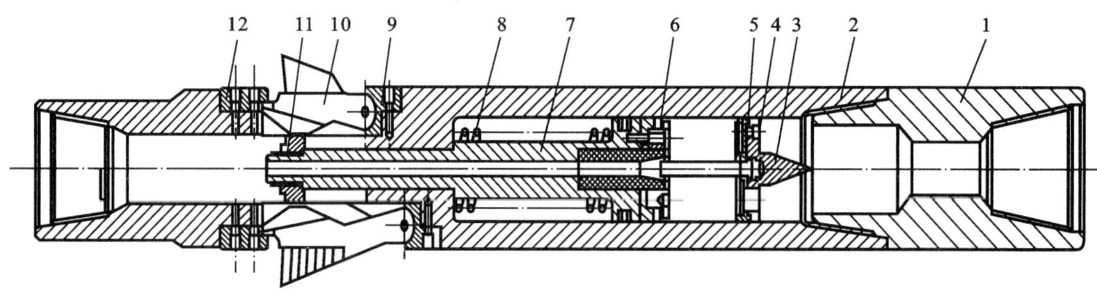

图 10-3-26 TDX 型段铣工具结构示意图

1—上接头；2—本体；3—锥帽；4—小弹簧；5—锥帽座；6—活塞上体；7—活塞下体；8—大弹簧；9—支撑块；10—刀片；11—止推螺母；12—限位块

表 10-3-9 TDX 型段铣工具主要技术参数表

工具型号	连接扣型	本体外径 /mm	刀片收拢时外径 /mm	刀片张开最大外径 /mm	工具总长 /mm	段铣套管外径 /mm
TDX-245	NC50	210	214	310	1 776	244.5
TDX-178	NC38	144	144	210	1 470	177.8
TDX-140	NC31	114	114	170	1 292	139.7

(4) 推荐钻具组合及段铣参数。

推荐钻具组合及段铣参数见表 10-3-10。

表 10-3-10 推荐钻具组合及段铣参数表

段铣工具型号	钻具组合	工艺过程	段铣参数		
			钻压/kN	转速 /(r·min⁻¹)	排量 /(L·s⁻¹)
TDX-245	TDX-245＋Φ177.8 mm 钻铤×1 根＋Φ216 mm 螺旋钻柱稳定器＋Φ177.8 mm 钻铤×8 根＋Φ127 mm 钻杆	切 割		50～60	16
		段 铣	10～30	80～100	24～25
TDX-178	TDX-178＋Φ120.7 mm 钻铤×1 根＋Φ148 mm 螺旋钻柱稳定器＋Φ120.7 mm 钻铤×5 根＋Φ88.9 mm 钻杆	切 割		50～60	9
		段 铣	10～30	90～120	16～17
TDX-140	TDX-140＋Φ88.9 mm/Φ104.8 mm 钻铤×1 根＋Φ116 mm 螺旋钻柱稳定器＋Φ88.9 mm/Φ104.8 mm 钻铤×8 根＋Φ73 mm 钻杆	切 割		50～60	8
		段 铣	10～25	90～120	13～14

2) 斜向器

根据使用条件，斜向器可分为裸眼用斜向器和套管用斜向器；根据功能结构，斜向器可分为地锚式、液压卡瓦式、底部触发卡瓦式等多种。

(1) 裸眼用斜向器。

裸眼用斜向器以贝克休斯公司的工具最具代表性。

① 基本结构。

该工具主要由特殊设计内插管柱(包括定位接头、坐挂接头和插入管)、封隔器、液压丢手、浮阀组成,见图 10-3-27。

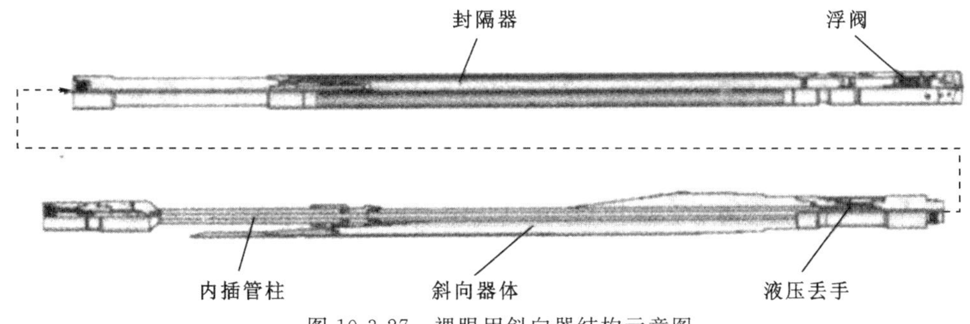

图 10-3-27 裸眼用斜向器结构示意图

② 工作原理。

将斜向器组合下到预定位置并进行定向,然后注入水泥浆使封隔器胀封。当管柱内的压力增加到一定值时,液压丢手脱开,斜向器坐挂在预定位置。

③ 技术参数。

贝克休斯公司的裸眼用斜向器主要技术参数见表 10-3-11。

表 10-3-11 裸眼用斜向器主要技术参数表

裸眼尺寸/mm	斜向器尺寸/mm	管外封隔器			地锚额定扭矩/(N·m)
		外径/mm	长度/mm	段重/(kg·m^{-1})	
152.4~165.1	139.7	114.3	2 130	143.0	8 100
215.9	203.2	139.7	2 130	177.8	13 500

(2) 套管用斜向器。

以贝克休斯公司的 Windowmaster 液压式斜向器为例。

① 基本结构。

Windowmaster 液压式斜向器组合见图 10-3-28。

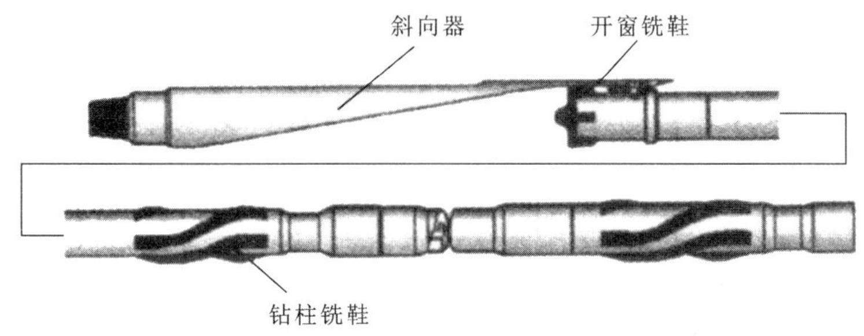

图 10-3-28 Windowmaster 液压式斜向器组合示意图

② 工作原理。

将工具下至预定深度并进行定向,使工具斜面对准设计方位,然后通过开泵憋压推动上下活塞外挤上下卡瓦，使之坐挂到套管壁上，并通过自锁机构锁紧上下活塞，之后正转管柱，倒扣丢手，起出送入杆，从而完成斜向器锚定作业。使用该工具可以实现一趟钻完成下斜向器和开窗作业。

③ 技术参数。

Windowmaster 液压式斜向器主要技术参数见表 10-3-12。

表 10-3-12 Windowmaster 液压式斜向器主要技术参数表

套管外径/mm	套管段重/(kg·m⁻¹)	上部扣型	套管外径/mm	套管段重/(kg·m⁻¹)	上部扣型
139.7	20.8～38.7	2⅞ in IF	244.5	59.6～79.7	4½ in IF
168.3	29.8	3½ in IF	273.1	60.4～76.0	4½ in IF
177.8	29.8～56.6	3½ in IF	298.5	80.7～105.7	4½ in IF
193.7	39.3～70.2	3½ in IF	339.7	90.7～107.1	4½ in IF
219.1	47.7～53.6	4½ in IF			

3）套管开窗磨铣工具

套管开窗磨铣工具包括启始铣鞋、开窗铣鞋、铣锥、钻柱铣鞋、西瓜皮铣鞋等，见图 10-3-29。启始铣鞋用于对套管进行最初的开口磨铣。开窗铣鞋用于经过启始铣鞋磨铣后完成开窗作业，也可以直接完成开窗。铣锥用于完成开窗及修窗作业。铣锥头最先起到磨铣作用并形成上窗口，磨铣到圆柱时，下窗口已经形成，铣锥过渡部分可修整窗口。钻柱铣鞋用于窗口的修整。西瓜皮铣鞋用于窗口的修整及延长窗口。

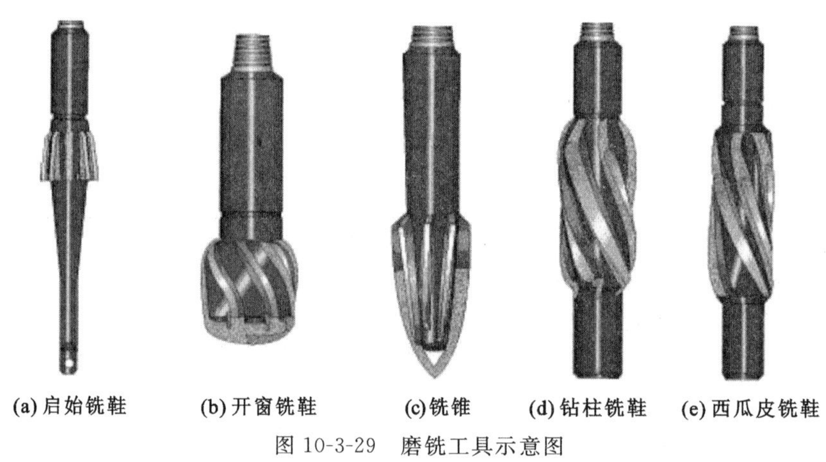

图 10-3-29 磨铣工具示意图

三、井斜控制

井斜控制是在计算分析已钻井眼相关数据的基础上，利用不同的钻进方式、钻具组合和钻井参数，控制钻头沿设计轨道不断向目标靶区钻进。一旦实钻轨迹和设计轨道出现较大偏差，必须采取相应的措施进行纠偏作业，包括对井斜和方位的调整。

井斜控制主要包括两种方式：以转盘钻井的钻具组合为主的轨迹控制方式和以井下动力钻具钻井为主的轨迹控制方式。

井斜控制的原则如下：

(1) 在保证中靶和满足轨迹控制质量的前提下，尽量提高轨迹控制效率。

(2) 利用弯接头定向造斜的，应尽可能多地利用转盘钻扶正器钻具组合钻进增斜和稳斜段；利用单弯动力钻具的，应尽可能多地利用复合钻进方式。

(3) 适当利用地层自然造斜规律。

1. 转盘钻井

底部钻具组合和钻井参数是井眼轨迹控制的基本可控因素。转盘钻井钻具组合主要用于对井斜的控制(包括增斜、稳斜和降斜)，对方位的调控能力有限。此类组合通过调整靠近钻头的底部钻具组合中稳定器的位置和数量等，配合相应的钻井参数，在旋转钻进条件下，使钻头实现不同的钻进效果。

1) 常用钻具组合

(1) 增斜钻具组合。

增斜钻具组合有三种基本形式，见图 10-3-30，其中(a)，(b)，(c)的增斜能力依次减弱，稳方位能力依次增强。其稳定器安放位置见表 10-3-13。

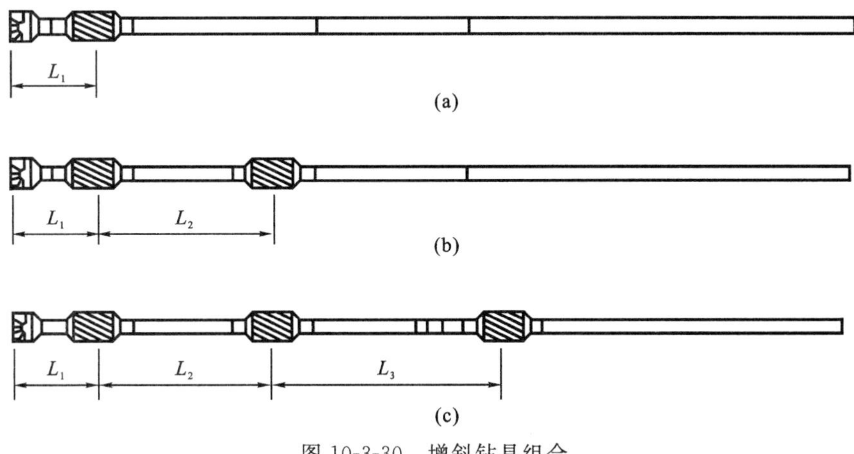

图 10-3-30 增斜钻具组合

(2) 稳斜钻具组合。

稳斜钻具组合有两种基本形式，见图 10-3-31，其中(a)的稳斜能力好于(b)。其稳定器安放位置见表 10-3-13。

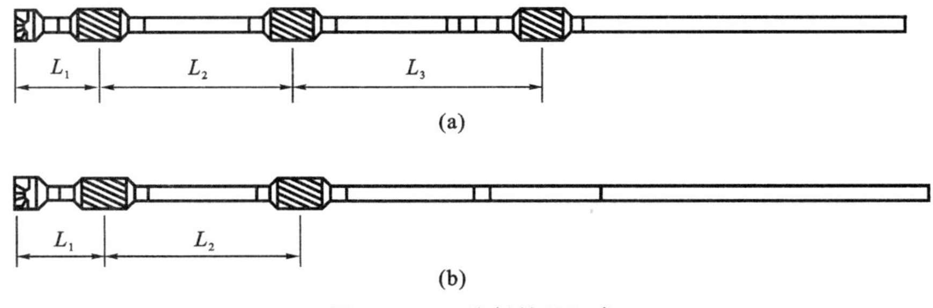

图 10-3-31 稳斜钻具组合

(3) 降斜钻具组合。

降斜钻具组合有两种基本形式,见图 10-3-32,其中(a)的降斜效果好于(b)。其稳定器安放位置见表 10-3-13。

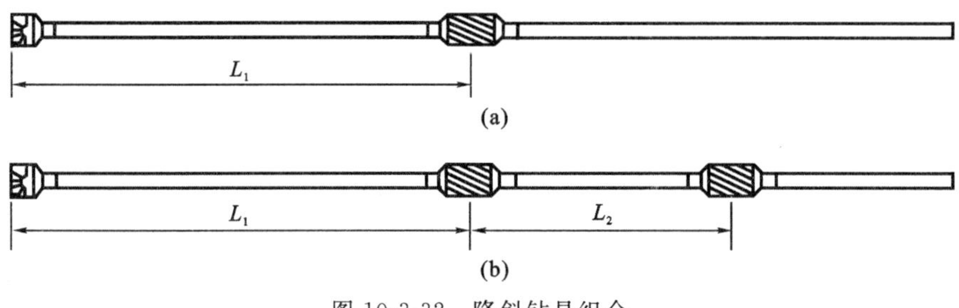

图 10-3-32 降斜钻具组合

表 10-3-13 转盘钻井钻具组合稳定器安放位置

钻具组合类型	基本形式	稳定器安放位置/m		
		L_1	L_2	L_3
增斜钻具组合	(a)	≤1.8	—	—
	(b)	≤1.8	18.0～27.0	—
	(c)	≤1.8	9.0～18.0	9.0～10.0
稳斜钻具组合	(a)	1.0～1.8	3.0～6.0	9.0～10.0
	(b)	1.0～1.8	4.5～9.0	—
降斜钻具组合	(a)	9.0～27.0	—	—
	(b)	9.0～27.0	9.0～10.0	—

2) 底部钻具力学性能对井眼轨迹的影响

转盘钻具组合主要通过以下方式在一定范围内有效控制井眼轨迹:① 利用短钻铤调整基本组合中 L_1 和 L_2 的长度;② 改变近钻头稳定器的外径;③ 调整钻压和转速。

采用增斜钻具组合时,应保持较低的转速。在相同的钻进参数下,钻压越大,增斜能力越强;L_1 越长,增斜能力越弱;近钻头稳定器直径减小,增斜能力减弱。

采用稳斜钻具组合时,应保持稳定的钻压和较高的转速。

采用降斜钻具组合时,应保持较小的钻压和较低的转速。在相同的钻进参数下,L_1 越长,降斜能力越强,但不得与井壁出现新的接触点。

钻进过程中,当出现井眼方位"右漂"现象时,可以适当降低转速,如果仍不能有效控制,需要根据实钻数据选择适当时机起钻调方位。

增加底部钻具组合中稳定器的外径和数量时,需要通井、划眼等作业配合,逐步增加,确保井下安全。

2. 井下动力钻具钻井

这种方式使用 MWD 或 LWD 随钻监测井眼的几何或地质参数,钻井过程中使用同一套钻具组合,在定向造斜和扭方位钻进时,仅利用井下动力钻具及配套造斜工具以滑动钻进方式调整轨迹,其他井段采用转盘及井下动力钻具复合钻进的方式,通过调整滑动钻进和复合

钻进井段的比例，对轨迹进行实时调控，提高钻井效率。

1）常用钻具组合

钻具组合的主体工具为带各种弯角的单弯井下动力钻具及可调弯壳体的井下动力钻具，此外还有异向双弯及同向双弯井下动力钻具等。钻具组合由主体工具和不同尺寸的钻铤、稳定器组合而成。通常采用MWD或LWD随钻测量井眼的几何参数、工程参数和地质参数。

使用较多的滑动导向钻具组合见图10-3-33，主要有三种类型：

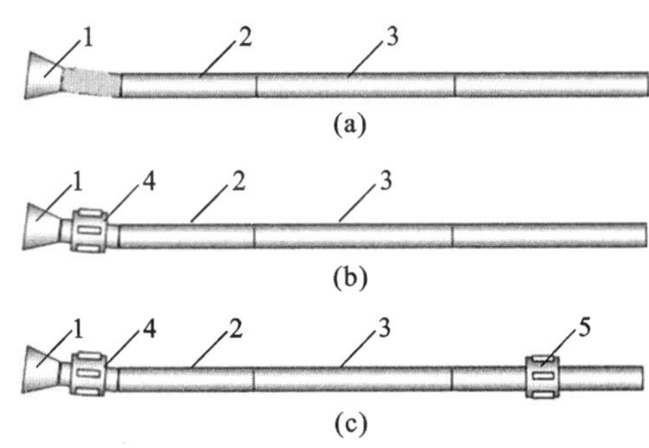

图10-3-33　常用导向钻具组合

1—钻头；2—单弯动力钻具；3—无磁钻铤；4—下稳定器；5—上稳定器

（1）钻头＋不带下稳定器的单弯动力钻具＋无磁钻铤＋MWD短节＋钻铤＋钻杆。

（2）钻头＋带下稳定器的单弯动力钻具＋无磁钻铤＋MWD短节＋钻铤＋钻杆。

（3）钻头＋带下稳定器的单弯动力钻具＋无磁钻铤＋稳定器＋MWD短节＋钻铤＋钻杆。

钻具组合(2)中动力钻具本体稳定器一般设计为偏心垫块形式，外径一般设计为欠尺寸，外径推荐值比井眼直径小1/16～1/8 in(1.588～3.175 mm)。该组合具备较高的造斜能力和调方位能力，使用比较普遍。钻具组合(1)没有稳定器，相同钻井参数下造斜能力和调方位能力较带稳定器组合低，滑动时加压容易，转动时扭矩小，适用于造斜率要求不高、深井、长水平段及易出现井下复杂情况井段的施工。钻具组合(3)增加了上稳定器，相同钻井参数下，造斜能力和调方位能力较前两种组合低，复合钻进时稳斜效果好，但扭矩较大，适用于井况较好的情况。

施工前，应结合工程设计要求和具体的区域地质情况优选合适的钻具组合。

2）施工要点

单弯动力钻具的选择既要考虑钻具的造斜能力，又要考虑复合钻进时的井下安全。合理的施工措施是确保井下安全、提高钻进效率的重要保障。

（1）在进行井身剖面设计时，在满足地质要求的前提下，尽量简化井身剖面。施工中要实时进行井眼轨迹的计算和预测，及时对待钻井眼进行校正。

（2）根据设计需要的造斜率确定动力钻具弯角的大小。常选用级别为1°～1.5°，造斜率可达到(6°～18°)/30 m。由于地层因素的影响，同一组钻具组合在不同的地区和不同的地层其造斜率不同，所以设计的钻具组合造斜率应略大于井眼轨道的设计增斜率。

（3）在稳斜段和水平段以旋转钻进为主，可随时通过滑动钻进进行轨迹调整。在转盘复合钻进时，弯角度数越大，钻头侧向力越大，稳斜效果越差。因此，弯角较大的螺杆应尽可能缩短转盘钻进时间和进尺。

（4）在满足设计要求、地层特性和井眼状态等客观因素的同时，尽可能地简化钻具，少用或不用大直径的稳定器、配合接头和普通钻铤，代之以欠尺寸稳定器、螺旋钻铤和加重钻杆。井斜较大时，需要对钻具进行倒装，加重钻具一般安放在井斜小于30°的井段或直井段，以减小下部钻具的重量，有效地传递钻压。

(5) 优选钻井液体系,确定合理的钻井液参数。保持钻井液性能相对稳定,使其具有良好的携带岩屑能力和润滑性,防止易塌地层被冲蚀,保持井眼稳定。使用四级净化设备,加强固相控制,尽可能彻底除砂和除泥。

(6) 根据施工的实际情况选择钻井参数。在同时保障随钻测量仪既能正常工作又有较大的钻头水功率和喷嘴冲击力的条件下优选水力参数。由于大斜度井的岩屑在环空有下沉堆积的倾向,在保证测量仪器能正常工作的前提下,选用多头中空马达,增大钻井液排量,提高环空返速,可增强携带岩屑的能力。

(7) 滑动钻进过程中,须经常活动钻柱或短时间地开动转盘,避免钻具在井壁长时间静止,防止形成岩屑床,影响施工时钻压的传递和造成卡钻。严格按要求进行短起下钻作业,并分段循环,破坏和消除已形成的岩屑床和键槽。

(8) 每钻进一个单根测斜一次,准确推算造斜率,推算井斜和方位漂移率,准确预测井底的井斜、方位。根据选择的导向工具和钻头的性能参数,实现优化钻井。对井下的异常情况要及时进行分析,并采取相应措施。

3. 扭方位

当实钻轨迹与设计轨道出现较大偏差而难以满足轨迹控制质量要求或按要求中靶时,需要重新下入造斜工具或利用导向钻具组合滑动钻进,以改变井斜和方位角,在工程上称为扭方位。扭方位的实质就是通过调整造斜工具面角的位置,达到改变井斜和方位角的目的。通常采用斜面法进行扭方位设计。

用斜向器扭方位或采用弯接头配合动力钻具以单点测量方式利用井底定向法扭方位时,通常通过锁定钻柱的方式保证工具面的恒定。采用随钻定向法扭方位时,如弯接头加井下动力钻具、定向接头加弯外壳马达配合无线或有线随钻测量仪器,弯外壳马达及旋转导向系统配合无线随钻测量仪器等,随时利用随钻测量仪器检测造斜工具的工具面角,并通过调整钻压等方式保持工具面角基本恒定。

1) 扭方位计算

采用斜面法扭方位时,假设整个扭方位井段都处在空间斜平面上。斜面法扭方位计算的基本公式如下:

$$\cos\gamma = \cos\alpha_1\cos\alpha_2 + \sin\alpha_1\sin\alpha_2\cos\Delta\phi \tag{10-3-6}$$

$$\cos\alpha_2 = \cos\alpha_1\cos\gamma - \sin\alpha_1\sin\gamma\cos\omega \tag{10-3-7}$$

$$\cos\Delta\phi = \frac{\sin\alpha_1\cos\gamma + \cos\alpha_1\sin\gamma\cos\omega}{\sin\alpha_2} \tag{10-3-8}$$

$$\sin\Delta\phi = \frac{\sin\gamma\sin\omega}{\sin\alpha_2} \tag{10-3-9}$$

$$\tan\Delta\phi = \frac{\sin\gamma\sin\omega}{\sin\alpha_1\cos\gamma + \sin\gamma\cos\alpha_1\cos\omega} \tag{10-3-10}$$

式中 α_1,α_2——造斜或扭方位起点和终点的井斜,(°);

$\Delta\phi$——造斜或扭方位终点与起点方位角变化量,(°);

ω——造斜工具的工具面角,(°);

γ——两相邻测点 1 和 2 之间的弯曲角,(°)。

这5个参数中，α_1 已知，给出另外3个参数就可以求出剩下的参数。

(1) 扭方位始点工具面角 ω 的计算。

① 已知 α_1，α_2 和 γ。

$$\omega=\pm\arccos\left(\frac{\cos\alpha_1\cos\gamma-\cos\alpha_2}{\sin\alpha_1\sin\gamma}\right) \tag{10-3-11}$$

式中，当造斜或扭方位终点与当前井斜方位变化量 $\Delta\phi>0$ 时取"+"，当方位变化量 $\Delta\phi<0$ 时取"−"。

② 已知 α_1，$\Delta\phi$ 和 γ。

$$\omega=2\arctan\left[\frac{\sin\gamma\cos\Delta\phi\pm\sqrt{\sin^2\gamma-\sin^2\alpha_1\sin^2\Delta\phi}}{\sin\Delta\phi\sin(\alpha_1-\gamma)}\right] \tag{10-3-12}$$

式中，降斜扭方位取"+"，增斜扭方位取"−"。但当扭方位井段包含井斜角与扭方位井段井眼轨迹所在的斜平面倾角相等的点时，取值符号相反。

当 $\alpha_1=\gamma$ 时，$\omega=2\arctan(\tan\Delta\phi\cos\gamma)$。

③ 已知 α_1，α_2，$\Delta\phi$ 和 γ。

$$\omega=\pm\arccos\left(\frac{\sin\alpha_2\cos\Delta\phi-\sin\alpha_1\cos\gamma}{\cos\alpha_1\sin\gamma}\right) \tag{10-3-13}$$

式中，当方位变化量 $\Delta\phi>0$ 时取"+"，当 $\Delta\phi<0$ 时取"−"。

(2) 弯曲角 γ 的计算。

① 已知 α_1，α_2 和 $\Delta\phi$。

$$\gamma=\arccos(\cos\alpha_1\cos\alpha_2+\sin\alpha_1\sin\alpha_2\cos\Delta\phi) \tag{10-3-14}$$

② 已知 α_1，ω 和 $\Delta\phi$。

$$\tan\gamma=\frac{\sin\alpha_1\tan\Delta\phi}{\sin\omega-\cos\alpha_1\tan\Delta\phi\cos\omega} \tag{10-3-15}$$

当 $\tan\gamma>0$ 时：

$$\gamma=\arctan\left(\frac{\sin\alpha_1\tan\Delta\phi}{\sin\omega-\cos\alpha_1\tan\Delta\phi\cos\omega}\right)$$

当 $\tan\gamma<0$ 时：

$$\gamma=\arctan\left(\frac{\sin\alpha_1\tan\Delta\phi}{\sin\omega-\cos\alpha_1\tan\Delta\phi\cos\omega}\right)+180^\circ$$

③ 已知 α_1，α_2 和 ω。

$$\gamma=\left|\arccos\left(\frac{\cos\alpha_2}{\sqrt{\cos^2\alpha_1+\sin^2\alpha_1\cos^2\omega}}\right)-\arccos\left(\frac{\cos\alpha_1}{\sqrt{\cos^2\alpha_1+\sin^2\alpha_1\cos^2\omega}}\right)\right| \tag{10-3-16}$$

④ 已知 α_1，α_2，ω 和 $\Delta\phi$。

$$\gamma=\left|\arcsin\left(\frac{\sin\alpha_2\cos\Delta\phi}{\sqrt{\cos^2\alpha_1\cos^2\omega+\sin^2\alpha_1}}\right)-\arcsin\left(\frac{\sin\alpha_1}{\sqrt{\cos^2\alpha_1\cos^2\omega+\sin^2\alpha_1}}\right)\right| \tag{10-3-17}$$

(3) 扭方位井段方位角变化量 $\Delta\phi$ 的计算。

① 已知 α_1，γ 和 ω。

$$\tan\Delta\phi=\frac{\sin\gamma\sin\omega}{\sin\alpha_1\cos\gamma+\sin\gamma\cos\alpha_1\cos\omega} \tag{10-3-18}$$

当 $\omega=0^\circ\sim180^\circ$ 且 $\tan\Delta\phi>0$，或 $\omega=180^\circ\sim360^\circ$ 且 $\tan\Delta\phi<0$ 时：

$$\Delta\phi=\arctan\left(\frac{\sin\gamma\sin\omega}{\sin\alpha_1\cos\gamma+\sin\gamma\cos\alpha_1\cos\omega}\right)$$

当 $\omega=0^\circ\sim180^\circ$ 且 $\tan\Delta\phi<0$ 时：

$$\Delta\phi=\arctan\left(\frac{\sin\gamma\sin\omega}{\sin\alpha_1\cos\gamma+\sin\gamma\cos\alpha_1\cos\omega}\right)+180^\circ$$

当 $\omega=180^\circ\sim360^\circ$ 且 $\tan\Delta\phi>0$ 时：

$$\Delta\phi=\arctan\left(\frac{\sin\gamma\sin\omega}{\sin\alpha_1\cos\gamma+\sin\gamma\cos\alpha_1\cos\omega}\right)-180^\circ$$

② 已知 α_1，α_2 和 γ。

$$\Delta\phi=\pm\arccos\left(\frac{\cos\gamma-\cos\alpha_1\cos\alpha_2}{\sin\alpha_1\sin\alpha_2}\right) \tag{10-3-19}$$

③ 已知 α_1，α_2，ω 和 γ。

$$\Delta\phi=\pm\arccos\left(\frac{\sin\alpha_1\cos\gamma+\cos\alpha_1\sin\gamma\cos\omega}{\sin\alpha_2}\right) \tag{10-3-20}$$

式(10-3-19)、式(10-3-20)中，$\omega=0^\circ\sim180^\circ$时取"+"，$\omega=180^\circ\sim360^\circ$时取"−"。

井斜角对方位角的变化有重大影响。在相同的造斜率下，井斜角小时，方位角增量较大，随着井斜角的增大，方位角的增量显著减小。因此，为了降低施工难度，提高轨迹控制效率，应尽可能在井斜较小时将方位角调整到位。

(4) 扭方位终点井斜角 α_2 的计算。

① 已知 α_1，ω 和 γ。

$$\alpha_2=\left|\arccos(\cos\alpha_1\cos\gamma-\sin\alpha_1\sin\gamma\cos\omega)\right| \tag{10-3-21}$$

② 已知 α_1，γ 和 $\Delta\phi$。

$$\alpha_2=\left|\arccos\left(\frac{\cos\alpha_1}{\sqrt{\cos^2\alpha_1+\sin^2\alpha_1\cos^2\Delta\phi}}\right)\pm\arccos\left(\frac{\cos\gamma}{\sqrt{\cos^2\alpha_1+\sin^2\alpha_1\cos^2\Delta\phi}}\right)\right| \tag{10-3-22}$$

式中，增斜时取"+"，降斜时取"−"。但当扭方位井段包含井斜角与扭方位井段井眼轨迹所在的斜平面倾角相等的点时，取值符号相反。

2) 90°扭方位

90°扭方位是指在工具面角 $\omega=\pm90^\circ$ 情况下的扭方位施工。将 $\omega=\pm90^\circ$ 代入式(10-3-10)，可以得出井斜方位角的变化量。

$$\Delta\phi=\pm\arctan\left(\frac{\tan\gamma}{\sin\alpha_1}\right) \tag{10-3-23}$$

式中，$\omega=90^\circ$时取"+"，$\omega=-90^\circ$时取"−"。

将 $\omega=\pm90^\circ$代入式(10-3-21)，可以得出扭方位终点井斜角：

$$\alpha_2=\arccos(\cos\alpha_1\cos\gamma) \tag{10-3-24}$$

由于 $\cos\alpha_2=\cos\alpha_1\cos\gamma<\cos\alpha_1$，故 $\alpha_2>\alpha_1$。这说明扭方位过程中井斜在增大，可见90°扭方位并不能实现稳斜扭方位。

3) 稳斜扭方位

要实现稳斜扭方位，则 $\alpha_2=\alpha_1$，利用式(10-3-11)，可得出稳斜扭方位的工具面角。

$$\omega = \pm \arccos \left(\frac{\tan \dfrac{\gamma}{2}}{\tan \alpha_1} \right) \tag{10-3-25}$$

式中，方位变化量 $\Delta\phi > 0$ 时取“+”，$\Delta\phi < 0$ 时取“−”。

可见稳斜扭方位的工具面角与扭方位井段的井斜以及钻具造斜率相关，在造斜率一定的情况下，稳斜扭方位的工具面角随扭方位井段井斜的变化而不同。

将 $\alpha_2 = \alpha_1$ 代入式(10-3-19)，可以得出井斜方位角的变化量：

$$\Delta\phi = \pm \arccos \left(\frac{\cos \gamma - \cos^2 \alpha_1}{\sin^2 \alpha_1} \right) \tag{10-3-26}$$

式中，$\omega = 0° \sim 180°$时取“＋”，$\omega = 180° \sim 360°$时取“－”。

4）全力扭方位

当井眼方位偏离校正设计方位较大时，需要采取措施尽快将方位调整到合适范围。全力扭方位是指通过调整造斜工具的工具面，在一定的造斜率和扭方位井段，使方位角的变化量最大。

在式(10-3-10)中，要使 $\Delta\phi$ 最大，则：

$$\frac{\mathrm{d}}{\mathrm{d}\omega}(\tan \Delta\phi) = \frac{\mathrm{d}}{\mathrm{d}\omega}\left(\frac{\sin \gamma \sin \omega}{\sin \alpha_1 \cos \gamma + \sin \gamma \cos \alpha_1 \cos \omega} \right) = 0$$

$$\frac{\sin \gamma \sin \omega (\sin \alpha_1 \cos \gamma + \sin \gamma \cos \alpha_1 \cos \omega) + \sin^2 \gamma \cos \alpha_1 \sin^2 \omega}{(\sin \alpha_1 \cos \gamma + \sin \gamma \cos \alpha_1 \cos \omega)^2} = 0$$

上式化简可得：

$$\sin \alpha_1 \cos \gamma \cos \omega + \sin \gamma \cos \alpha_1 = 0$$

$$\cos \omega = -\frac{\sin \gamma \cos \alpha_1}{\sin \alpha_1 \cos \gamma} = -\frac{\tan \gamma}{\tan \alpha_1}$$

则全力扭方位时的工具面角为：

$$\omega = \pm \arccos \left(-\frac{\tan \gamma}{\tan \alpha_1} \right) \tag{10-3-27}$$

式中，方位变化量 $\Delta\phi > 0$ 时取“+”，$\Delta\phi < 0$ 时取“−”。

将 $\cos \omega = -\dfrac{\tan \gamma}{\tan \alpha_1}$ 代入式(10-3-10)并化简，即可得到全力扭方位条件下的方位角变化量：

$$\sin \Delta\phi = \frac{\sin \gamma}{\sin \alpha_1}$$

$$\Delta\phi = \pm \arcsin \left(\frac{\sin \gamma}{\sin \alpha_1} \right) \tag{10-3-28}$$

式中，$\omega = 0° \sim 180°$时取“＋”，$\omega = 180° \sim 360°$时取“－”。

将式(10-3-27)代入式(10-3-21)，可得出全力扭方位终点的井斜角：

$$\alpha_2 = \arccos \left(\frac{\cos \alpha_1}{\cos \gamma} \right) \tag{10-3-29}$$

由于 $\cos \alpha_2 = \dfrac{\cos \alpha_1}{\cos \gamma} > \cos \alpha_1$，故 $\alpha_2 < \alpha_1$。这说明扭方位过程中井斜在减小，可见全力扭

方位实际上是通过减小井斜来实现方位角的最大变化的。

5）工具面角与井斜及方位的变化

扭方位时，工具面角对井斜角和方位角的影响规律见图 10-3-34。

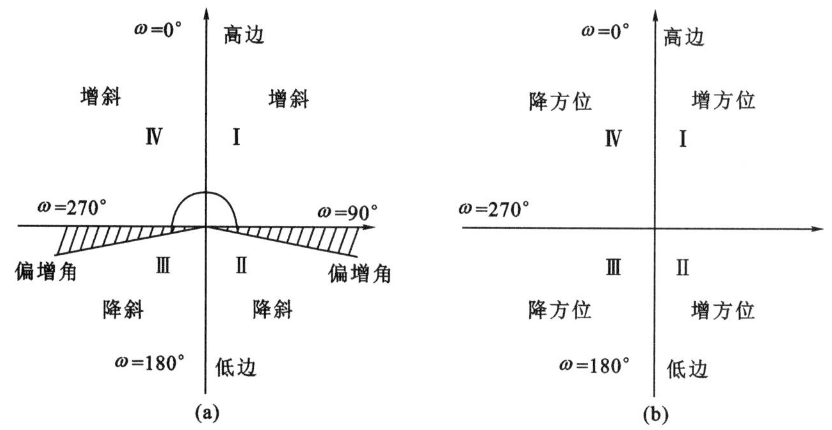

图 10-3-34　井斜角及方位角的变化与工具面角的关系

当工具面角在第Ⅰ象限和第Ⅳ象限，即 $\omega=0°\sim90°$ 和 $\omega=270°\sim360°$ 时，井斜角增大；当工具面角在第Ⅱ象限和第Ⅲ象限，即 $\omega=90°\sim180°$ 和 $\omega=180°\sim270°$ 时，绝大部分区域井斜角减小。工具面越接近高边方向，增斜率越大；越接近底边方向，降斜率越大，见图 10-3-34(a)。

但在第Ⅱ、第Ⅲ象限内都有一个特殊区域，当工具面角处在这两个区域时，井斜角也是增加的，特殊扭方位计算也证实了这一点。人们把这个阴影区称为偏增区。偏增区的大小用偏增角表示。偏增区的存在表明，井斜角随工具面角的变化是不对称的，增斜范围大于降斜范围。理论研究表明，偏增角的大小是一个变化的值，与扭方位的初始井斜角和工具造斜率有关，现场施工中一般取 5°左右。

当工具面角在第Ⅰ象限和第Ⅱ象限，即 $\omega=0°\sim180°$ 时，方位角增大；当工具面角在第Ⅲ象限和第Ⅳ象限，即 $\omega=180°\sim360°$ 时，方位角减小，见图 10-3-34(b)。工具面越接近 90°方向，增方位率越大；越接近 270°方向，降方位率越大。方位角增量的最大值出现在全力扭方位方式下，即偏增角最大值点处。

第四节　导向钻井技术

导向钻井已成为目前定向钻井的主要技术手段。导向钻井条件下，定向造斜和井斜控制是一个连续的过程，中途不需要起钻更换钻具，这使轨迹控制效率得以大幅提高。随着技术的不断发展，导向钻井正逐步向自动化和智能化方向发展。

导向钻井按中靶方式分为几何导向和地质导向两种，按定向控制方式分为滑动导向和旋转导向两种。几何导向钻井是指利用导向钻井系统引导钻头沿着设计井眼轨道钻进，地质导向钻井则是利用随钻测井和随钻地层评价技术引导钻头准确钻达预定的目标地层并在其最佳位置延伸。滑动导向钻井采用滑动钻进和旋转钻进相配合的方式调整井眼轨迹，而旋转导向钻井则采用全旋转方式调整井眼轨迹。本节简要介绍旋转导向和地质导向钻井系统的构成、原理及相应钻井工艺。

一、旋转导向钻井

旋转导向系统(Rotatory Steering System,RSS)是在钻柱旋转钻进过程中,随钻实时实现导向钻进功能的一种导向式钻井系统,是 20 世纪 90 年代以来定向钻井技术的重大变革。旋转导向系统与滑动导向钻井系统相比,具有摩阻小、钻速快、井眼质量好、井眼轨迹平滑、井眼清洁等优点,被认为是现代导向钻井技术的发展方向。

1. 系统组成与特点

旋转导向钻井系统是一种高度智能化和自动化的井眼轨迹控制系统,是由井下闭环控制的钻头偏置机构与无线测量传输仪器(MWD/LWD)联合组成的复杂工具系统。旋转导向钻井系统主要由地面监控系统、地面与井下双向传输通信系统和井下旋转自动导向工具系统三部分组成,见图 10-4-1。井下旋转自动导向工具系统是旋转导向系统的核心,主要由测量系统、偏置导向机构、井下 CPU 和控制系统四部分构成,其控制原理见图 10-4-2。

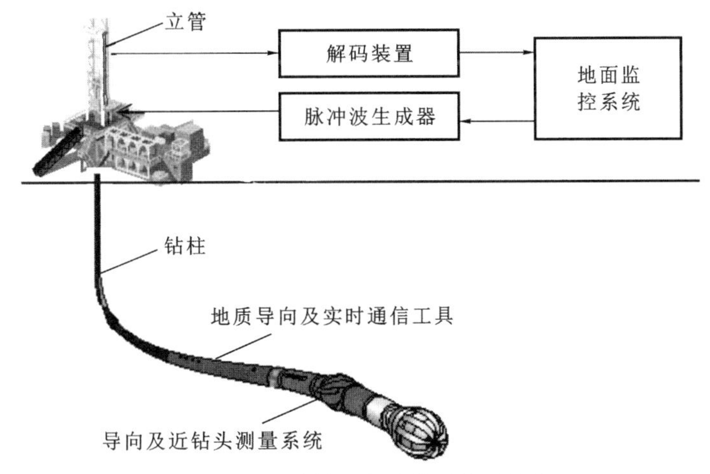

图 10-4-1　旋转导向钻井系统示意图

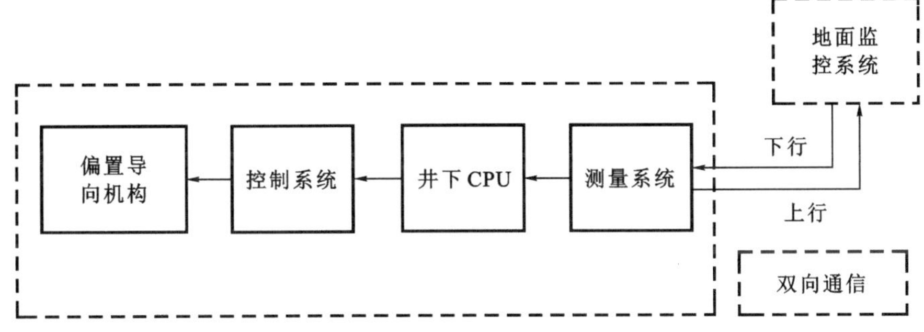

图 10-4-2　旋转导向钻井系统控制原理框图

钻井过程中,由于各种因素的影响,实钻轨迹往往偏离设计的井眼轨道,该偏离为既有距离又有方向的空间几何偏离,将其定义为偏差矢量。偏差矢量的方向就是导向工具控制合力

(偏置方向)或工具面的方向。因此,系统通过计算实钻轨迹与设计轨迹或地质目标的偏差矢量,并在综合考虑偏差大小、方向、轨迹控制所要求的造斜率和旋转导向钻井工具造斜能力的前提下,给出旋转导向钻井系统轨迹控制指令,即导向力的方向和大小。旋转导向偏置工具根据控制指令改变工具面位置和造斜率,使实钻轨迹尽量向设计轨迹或地质目标靠近。控制过程是一个使偏差矢量逐步减小的过程。当偏差矢量值小于工程允许偏差(轨迹控制的允许圆柱半径)时,可以认为实钻轨迹与设计轨迹基本一致,以当前的钻井参数继续沿校正设计轨道钻进能够准确命中目标。

与常规滑动导向钻井系统相比,旋转导向钻井系统具有以下特点:

(1) 在钻柱旋转的情况下,具有导向能力。与传统的滑动导向工具相比,井身质量更高,井眼净化效果更好,位移延伸能力更强。

(2) 可实现连续导向。操作人员无须在旋转钻进和滑动钻进两种方式之间切换,有助于提高机械钻速,减少非生产时间,而且井眼轨迹更加平滑。

(3) 工具设计制造模块化、集成化。可配备全系列标准的地层参数及钻井参数检测仪器,集成近钻头传感器;能够连续、实时、准确地监测钻头的钻进方向和近钻头处地质参数,并根据实时监测到的井下情况,引导钻头在储层中的最佳位置钻进。

(4) 具有双向通信能力。能实时自动调整钻进方向,在不起钻的情况下可沿修正的井眼轨迹钻进。

(5) 如果需要,可以与井下马达一起使用,进一步提高机械钻速。

2. 典型旋转导向钻井系统

旋转导向钻井系统分为推靠钻头式(push the bit)和指向钻头式(point the bit)两大类。推靠钻头式是通过偏置机构(bias units)在钻头附近推靠钻头直接给钻头提供侧向力。指向钻头式是通过偏置机构直接或间接弯曲心轴使钻头与工具轴线产生夹角,指向井眼轨迹控制方向。同时,偏置机构的工作方式又分静态偏置(static bias)和动态偏置(dynamic bias)两种。静态偏置式是指偏置机构在钻进过程中不与钻柱一起旋转,可在某一方向上固定并提供侧向力。动态偏置式是指偏置机构在钻进过程中与钻柱一起旋转,依靠控制系统使其在相应位置产生周期性的定向侧向力。已开发和应用的旋转导向钻井系统基本可以归纳为静态偏置推靠式、动态偏置推靠式、静态偏置指向式及动态偏置指向式四种。

1) 静态偏置推靠式

贝克休斯公司的 AutoTrak RCLS 系统、Noble Corp. 的 Well Director 和 Express Drill 系统以及中国海洋石油公司的可控偏心器式旋转导向钻井系统都属于这一类型。

以贝克休斯公司的 AutoTrak RCLS 系统为例,其井下导向工具系统由不旋转外筒和旋转驱动轴两大部分组成。旋转驱动轴上接钻柱,下接钻头,起传递钻压、扭矩和输送钻井液的作用。不旋转外筒上设置有井下 CPU、测控系统、液压系统和偏置执行机构。AutoTrak RCLS 系统结构见图 10-4-3。

AutoTrak RCLS 系统导向原理见图 10-4-4。井下钻进时,周向均布的三个支撑翼肋分别以不同的液压力支撑于井壁,使不旋转外筒不随钻柱一起旋转,同时井壁的反作用力对井下导向工具产生一个稳定的偏置合力,从而改变钻头的钻进方向。该系统有独立的液压系统为支撑翼肋的支出提供动力,通过井下CPU控制三个支撑翼肋支出液压的大小,达到控制偏置

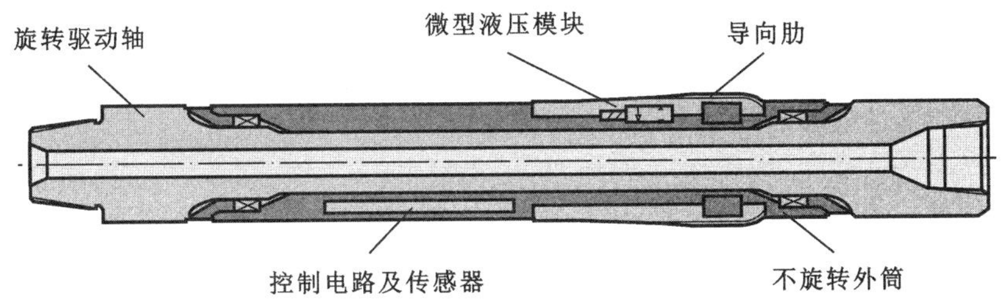

图 10-4-3　AutoTrak RCLS 系统结构示意图

合力大小和方向的目的。这样既可以调节井眼轨迹方向,也可以调节造斜率的大小,从而实现控制导向钻井。井下 CPU 在下井之前预置了井眼轨迹数据,在其工作时,可将 MWD 测量的井眼轨迹信息或 LWD 测量的地层信息与设计数据进行对比,自动产生控制命令,也可按照地面指令来控制液压系统的液压力。

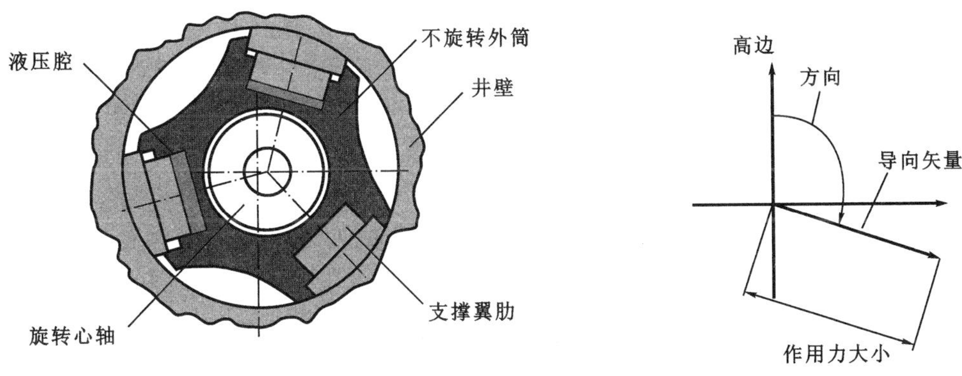

图 10-4-4　AutoTrak RCLS 系统导向原理示意图

支撑翼肋控制原理见图 10-4-5。导向模式下,微处理器将地面下传的目标井斜、方位等参数信息与井下传感器所测值进行比较,计算出三个伸缩块导向力的大小和液压分配值。经电磁阀调节作用在三个伸缩块上的液压,使导向力矢量满足所需导向目标,对定向控制系统进行方位与井斜的调整。稳斜模式下,微处理器根据自身所测伸缩块方位变化值计算出三个电磁阀的液压调节量。振动感应器能够监控工具的工作状况并保证其正常运转。

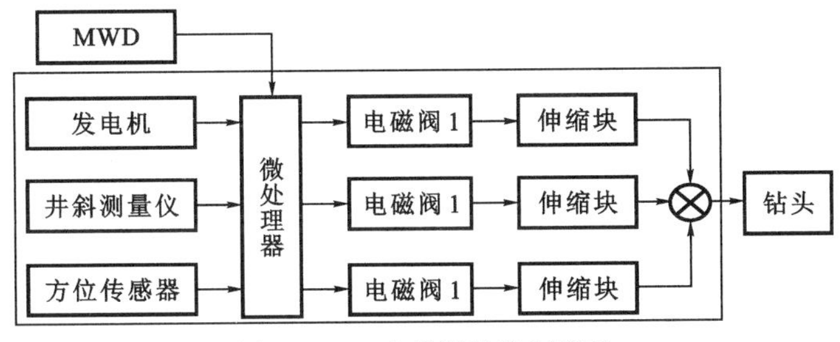

图 10-4-5　支撑翼肋控制原理

贝克休斯公司旋转导向钻井系统主要有 AutoTrak X-treme,AutoTrak eXpress 和 AutoTrak G3 等系列,其性能参数见表 10-4-1、表 10-4-2。

表 10-4-1 AutoTrak X-treme 和 AutoTrak eXpress 系统性能参数表

<table>
<tr><td colspan="2" rowspan="2">项 目</td><td colspan="3">AutoTrak X-treme</td><td colspan="3">AutoTrak eXpress</td></tr>
<tr><td>241.3</td><td>171.5</td><td>120.7</td><td>241.3</td><td>171.5</td><td>120.7</td></tr>
<tr><td colspan="2">总长/m</td><td>26.82</td><td>23.16</td><td>22.86</td><td>19.69</td><td>17.74</td><td>17.31</td></tr>
<tr><td colspan="2">导向头长度/m</td><td>2.50</td><td>2.19</td><td>3.20</td><td>2.50</td><td>2.19</td><td>3.04</td></tr>
<tr><td colspan="2">外径/mm</td><td>241.3</td><td>171.5</td><td>120.7</td><td>241.3</td><td>171.5</td><td>120.7</td></tr>
<tr><td colspan="2">井眼尺寸/mm</td><td>304.8～711.2</td><td>212.7～270</td><td>149.2～171.5</td><td>304.8～711.2</td><td>212.7～270</td><td>149.2～171.5</td></tr>
<tr><td colspan="2">最大造斜率/[(°)·(30 m)$^{-1}$]</td><td>6.5</td><td>6.5</td><td>10</td><td>6.5</td><td>8</td><td>10</td></tr>
<tr><td colspan="2">最高温度/℃</td><td colspan="3">150(最高可达 175 ℃)</td><td colspan="3">150</td></tr>
<tr><td colspan="2">导向模式</td><td colspan="3">推靠式</td><td colspan="3">推靠式</td></tr>
<tr><td colspan="2">最小造斜角/(°)</td><td colspan="3">0</td><td colspan="3">0</td></tr>
<tr><td colspan="2">最大承压/MPa</td><td colspan="3">137.9(可达到 172.4～206.8)</td><td colspan="3">137.9</td></tr>
<tr><td colspan="2">供电类型</td><td colspan="3">涡轮发电机</td><td colspan="3">涡轮发电机</td></tr>
<tr><td colspan="2">下传方式</td><td colspan="3">负脉冲</td><td colspan="3">流量改变</td></tr>
<tr><td rowspan="3">传感器距钻头位置/m</td><td>井 斜</td><td>1.19</td><td>0.95</td><td>1.31</td><td>1.19</td><td>0.95</td><td>1.16</td></tr>
<tr><td>方 位</td><td colspan="3" rowspan="2">由 BHA 决定</td><td>12.44</td><td>10.58</td><td>10.03</td></tr>
<tr><td>伽 马</td><td>11.43</td><td>9.60</td><td>9.02</td></tr>
<tr><td colspan="2">最大转速/(r·min^{-1})</td><td>300</td><td>400</td><td>400</td><td>300</td><td>400</td><td>400</td></tr>
<tr><td colspan="2">最大钻压/kN</td><td>266.89</td><td>160.14</td><td>64.94</td><td>444.82</td><td>244.65</td><td>100.08</td></tr>
<tr><td colspan="2">流量范围/(L·s^{-1})</td><td>33.4～101</td><td>16.7～41.6</td><td>6.6～19.9</td><td>18.9～101</td><td>12.6～56.8</td><td>7.9～22.1</td></tr>
</table>

表 10-4-2 AutoTrak G3 系统性能参数表

<table>
<tr><td>工具系列</td><td>Φ241.3 mm ATK</td><td>Φ209.6 mm ATK</td><td>Φ171.5 mm ATK</td><td>Φ120.7 mm ATK</td></tr>
<tr><td colspan="5">一般参数</td></tr>
<tr><td>适用井眼尺寸/mm</td><td>311.15～711.2</td><td>269.9</td><td>212.7～269.9</td><td>146.1～171.5</td></tr>
<tr><td>造斜率/[(°)·(30 m)$^{-1}$]
311.15～374.7 mm 井眼
406.4～463.6 mm 井眼
508～711.2 mm 井眼</td><td>0～6.5
0～5.0
0～3.0</td><td>0～6.5</td><td>0～6.5</td><td>0～10.0</td></tr>
<tr><td>公称外径/mm</td><td>241.3</td><td>209.6</td><td>171.5</td><td>120.7</td></tr>
<tr><td>上端扣型</td><td>6⅝ in 或 7⅝ in API REG</td><td>6⅝ in 或 API REG</td><td>NC50</td><td>NC38</td></tr>
<tr><td>下端扣型</td><td>6⅝ in API REG
7⅝ in API REG</td><td>6⅝ in API REG</td><td>4½ in API REG
6⅝ in API REG</td><td>3½ in API REG</td></tr>
<tr><td colspan="5">操作参数</td></tr>
<tr><td>排量/(L·s^{-1})</td><td>38.2～68.8</td><td>33.2～56.7</td><td>23.7～41.6</td><td>10.2～15.8</td></tr>
<tr><td>最大钻压/kN</td><td>450</td><td>255</td><td>255</td><td>100</td></tr>
</table>

续表 10-4-2

工具系列		Φ241.3 mm ATK	Φ209.6 mm ATK	Φ171.5 mm ATK	Φ120.7 mm ATK
最高转速/($r \cdot min^{-1}$)		300	400	400	400
最大扭矩/(kN·m)		68	30	30	14
最大拉力/kN		3 800	850	850	1 000
工作温度/℃		−20～175	−20～175	−20～175	−20～150
工作压力/MPa		138	138	138	138
最大钻头压降/MPa		无限制	无限制	无限制	无限制
含砂量/%		<1	<1	<1	<1
允许堵漏材料质量浓度/($kg \cdot m^{-3}$)		114	114	114	114
旋转通过最大狗腿度/[(°)·$(30\ m)^{-1}$]		6.5	6.5	13.0	10.0
滑动通过最大狗腿度/[(°)·$(30\ m)^{-1}$]		13.0	9.0	20.0	30.0
导向模式		推靠式			
供电系统		涡轮发电机			
传感器距钻头位置/m	井　斜	1.19	0.95	0.95	1.31
	方　位	10.10	9.88	8.38	7.99
	伽　马	7.41	6.19	5.40	3.96
	电阻率	7.80	7.80	6.58	6.16

2）动态偏置推靠式

已成形的动态推靠式旋转导向钻井系统主要有斯伦贝谢公司的 Power Drive SRD 系统以及中国石油化工集团公司的 MRST 系统。

以斯伦贝谢公司的 Power Drive SRD 系统为例。该系统主要由测控稳定平台和偏置执行机构组成。测控稳定平台内部包括测量传感器、井下 CPU 和控制电路，通过上下轴承悬挂于外筒内。整个工具系统在随钻柱一起旋转时，稳定平台通过控制其两端的扭矩发生器输出的扭矩大小，使稳定平台不随钻柱一起旋转，处于一种随动稳定状态。Power Drive SRD 系统结构见图 10-4-6。

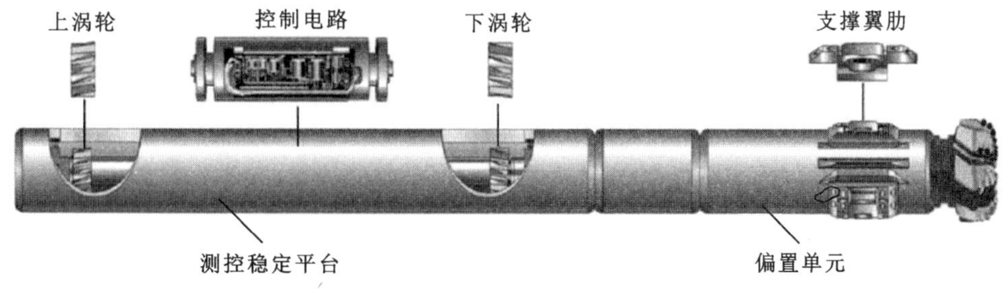

图 10-4-6　Power Drive SRD 系统结构示意图

Power Drive SRD 系统支撑翼肋的支出动力来源是钻井过程中钻柱内外的钻井液压差。其导向原理见图 10-4-7。控制轴从控制部分稳定平台延伸到下部的翼肋支出控制机构，底端固定上盘阀，由稳定平台控制上盘阀的转角。下盘阀固定于井下偏置工具内部，随钻柱一起转动，其上的液压孔分别与翼肋支撑液压腔相通。井下导向系统工作时，稳定平台控制上盘阀相对稳定，而随钻柱一起旋转的下盘阀上的液压孔将依次与上盘阀上的高压孔接通，钻柱内部的高压钻井液通过该临时接通的液压通道进入相关的翼肋支撑液压腔，在钻柱内外钻井液的压差作用下，翼肋被支出。这样，随着钻柱的旋转，每个支撑翼肋都将在相同位置支出，从而为钻头提供一个侧向力，产生导向作用。

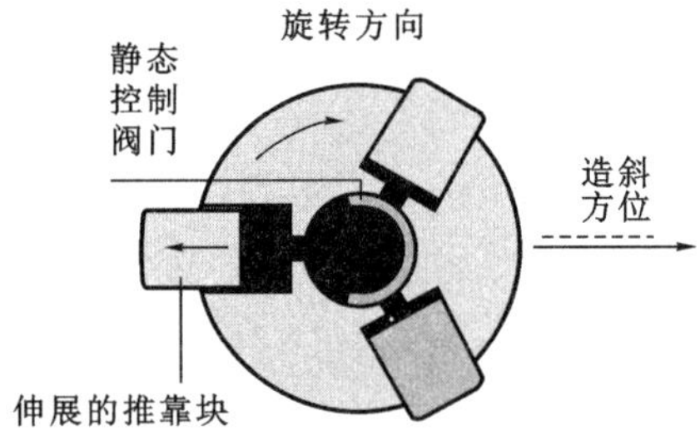

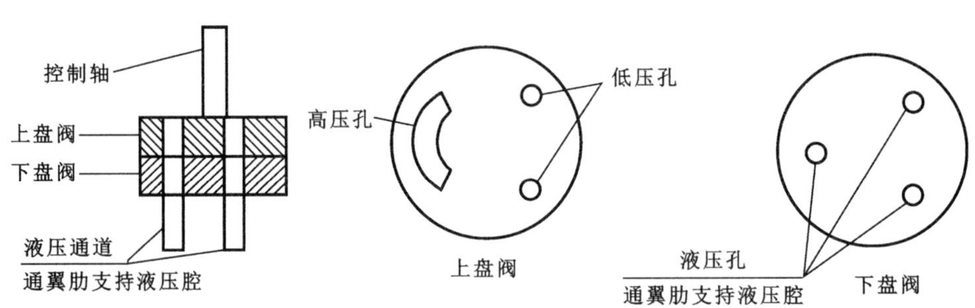

图 10-4-7　Power Drive SRD 盘阀系统结构及导向原理示意图

斯伦贝谢公司旋转导向钻井系统 Power Drive X5 主要性能参数见表 10-4-3。

表 10-4-3　Power Drive X5 性能参数表

工具系列	X5 1100	X5 900	X5 825	X5 675	X5 475
长度/m	4.60	5.03	4.85	4.08	4.75
外径/mm	241.3	228.6	209.6	171.5	120.7
井眼尺寸/mm	393.7～711.2	304.8～374.7	269.9～295.1	215.9～250.8	138.1～171.5
最大造斜率/[(°)·(30 m)$^{-1}$]	4	5	6	8	8
最高温度/℃	150				
最小造斜角/(°)	0				
最大承压/MPa	172.4			206.8	
供电类型	涡轮发电机				
下传方式	流量改变				
导向模式	推靠式				

续表 10-4-3

工具系列		X5 1100	X5 900	X5 825	X5 675	X5 475
传感器距钻头位置/m	井　斜	2.68	2.56	2.56	2.23	2.04
	方　位	3.32	3.20	3.20	2.87	2.68
	伽　马	2.44	2.32	2.32	1.95	1.80
最大转速/($r \cdot min^{-1}$)		220	220	220	220	250
最大钻压/kN		289.13	289.13	289.13	289.13	222.41
流量范围/($L \cdot s^{-1}$)		30.3～120	22.7～120	22.7～94.6	15.8～50.5	8.2～25.2

3）静态偏置指向式

世界上已经成形的静态偏置指向式旋转导向钻井系统近 10 种。如哈里伯顿公司的 Geo-Pilot 和 EZ-Pilot 系统、Gyro-Data Drilling Automation Ltd. 的 Well Guide RSS 系统、Weatherford International Ltd. 的 Revolution 系统等。

哈里伯顿公司的 Geo-Pilot 系统主要由驱动心轴、不旋转外筒和偏心环偏置机构组成。其偏心环偏置机构由外偏心环、内偏心环及各自的偏置驱动机构组成，偏置驱动机构主要由欧式联轴节、减速机构及离合器等组成。其系统结构及导向原理见图 10-4-8。

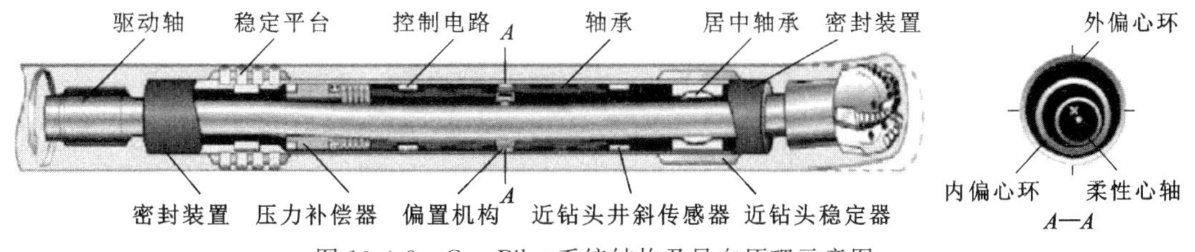

图 10-4-8　Geo-Pilot 系统结构及导向原理示意图

心轴的转动通过欧式联轴节传递到减速机构，经减速机构按 180∶1 的比例减速后，通过离合器传递到偏心环，并带动偏心环转动。当两个偏心环分别转动一定角度以后，离合器脱开并起锁紧作用，阻止偏心环继续转动。这样，通过控制两个偏心环的转动角度，就可以控制心轴的偏置方向和位移，从而实现可控旋转导向。

哈里伯顿公司旋转导向钻井系统可以分为 EZ-Pilot，Geo-Pilot，Geo-Pilot XL 和 Geo-Pilot GXT 等系列，其中 EZ-Pilot 系统和 Geo-Pilot XL 系统的性能参数见表 10-4-4、表 10-4-5。

表 10-4-4　EZ-Pilot 系统性能参数表

工具系列		850 系统	1225 系统
工具外径/mm		171.5	203.2
适用井眼/mm		215.9～250.8	311.15～374.7
工具最大外径/mm		205.7	279.4
工具长度/m		3.97	3.57
扣型及上扣扭矩/($N \cdot m$)	顶　部	4½ in IF box/43 400	6⅝ in REG box/67 800
	底　部	4½in REG box/29 800	6⅝ in REG box/67 800

续表 10-4-4

工具系列	850 系统	1225 系统
设计造斜率/[(°)·(30 m)$^{-1}$]	0～5	0～8
旋转通过最大狗腿度/[(°)·(30 m)$^{-1}$]	4	10
滑动通过最大狗腿度/[(°)·(30 m)$^{-1}$]	17	14
工具最大扭矩/(N·m)	18 710	66 571
转速/(r·min^{-1})	30～280	30～280
最大排量/(L·s^{-1})	88.2	88.2
最大钻压/kN	189	391
震　动	与 LWD 仪器相匹配	
钻井液类型	水基、油基等	
最大含砂量/%	3	
工具压降/MPa	0.1(钻井液密度 1.44 g/cm^3,排量 50.4 L/s)	
最大堵漏材料质量浓度/(kg·m^{-3})	285.3(坚果或纤维)	
最高工作温度/℃	150	
最大工作压力/MPa	138	124
工具最大拉力/kN	284.686	778.439
工具本体抗拉力/kN	1 434.035	4 141.088
向上传输	Sperry DWD/FE/EM	
井斜测量精度/(°)	±0.1	±0.1
近钻头井斜距钻头距离/m	2.29	1.74
导向模式	指向式	
供电系统	锂电池	
最长工作时间/d	7	

表 10-4-5　Geo-Pilot XL 系统性能参数表

工具系列	5200 系列	7600 系列	9600 系列
工具外径/mm	133	171.5	244.5
适用井眼/mm	149.2～171	213～270	311.15～660.4
工具最大外径/mm	133	194	254
工具长度/m	4.9	6.1	6.7
顶部扣型	3½ in IF 母扣	4½ in IF box	6⅝ in REG box
底部扣型	3½ in IF	4½ in IF	6⅝ in REG
设计造斜率/[(°)·(30 m)$^{-1}$]	5～10	0～5	0～6

续表 10-4-5

工具系列		5200 系列	7600 系列	9600 系列
旋转通过最大狗腿度/[(°)·(30 m)$^{-1}$]		14	10	8
滑动通过最大狗腿度/[(°)·(30 m)$^{-1}$]		25	21	14
工具最大扭矩/(N·m)		10 848	27 120	40 680
转速/(r·min^{-1})		60～180	60～250	60～250
最大排量/(L·s^{-1})		25.2	88.2	113.6
最大钻压/kN		111.2	244.64	444.8
震　动		与 LWD 仪器相匹配		
钻井液类型		水基、油基等		
最大含砂量/%		2		
工具压降/MPa		1.04(排量 12.6 L/s)	0.91(排量 31.5 L/s)	0.63(排量 63 L/s)
最大堵漏材料质量浓度/(kg·m^{-3})		342		无限制
工具工作温度/℃		140		
最大工作压力/MPa		138	124/172	138/172
工具最大拉力/kN		266.90	333.62	533.79
工具本体抗拉力/kN		1 423.44	1 668.08	2 224.11
向下传输		泵脉冲		
向上传输		LWD		
井斜测量精度/(°)		±0.1		
导向模式		指向式		
供电系统		锂电池		
最长工作时间/h		200(连续)		
传感器距钻头位置/m	井　斜	3.05	0.91	0.91
	方　位	9.75	7.01	7.01
	伽　马	9.75	0.91	0.91
	电阻率	12.80	12.19	12.19

威德福公司的 Revolution 是一种偏置外推指向式旋转导向系统，它由测控系统和偏置稳定器短节两大部分组成，其偏置稳定器短节由驱动心轴、不旋转外筒和偏置机构等组成，见图 10-4-9。Revolution 的偏置稳定器短节的动力机构是周向均布的一组(12 个)轴向的柱塞泵，当驱动心轴旋转时，带动其上的一个一端带有斜面的圆盘一起转动。圆盘斜面在其每周的转动过程中，依次推动各个柱塞泵，使它们依次产生一次轴向运动，将液压油注入液压腔，使液压腔的液压升高。该液压腔内储集的液压力在测控系统的控制下导入预定的偏置执行机构

活塞列，使该列活塞被支出，将不旋转外筒在该方向推出，从而产生偏置作用。偏置后的不旋转外筒支撑于井壁，在井壁的反作用力作用下，将驱动心轴压弯，在近钻头稳定器的支点作用协助下，使钻头倾斜，产生指向式导向作用。

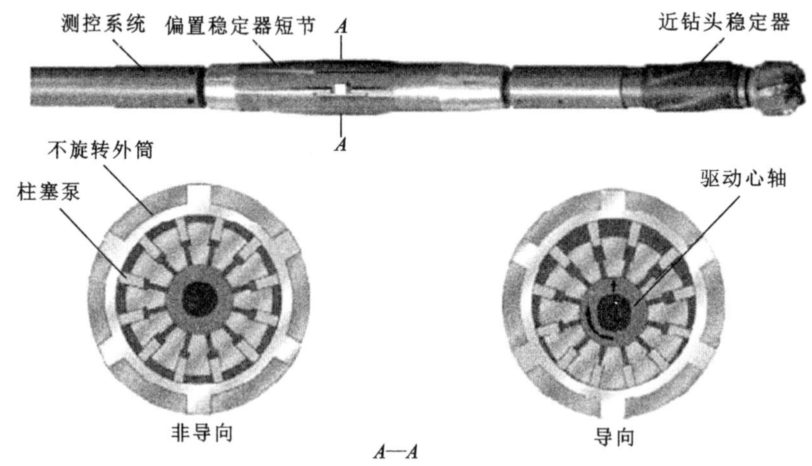

图 10-4-9　Revolution 系统结构及导向原理示意图

威德福公司旋转导向钻井系统分为 Revolution475，Revolution675 和 Revolution825 三个系列，可适用于 149.2～444.5 mm 井眼，其性能参数见表 10-4-6。

表 10-4-6　Revolution 系列旋转导向钻井系统性能参数表

工具系列	Revolution475	Revolution675	Revolution825
名义外径/mm	121	171	210
工具最大外径/mm	152.4～171.4	213～251	311
工具总长/m	3.9	4.53	5.4
上端扣型	3½ in IF	4½ in IF	5½ in IF
下端扣型	3½ in REG	4½ in REG	6⅝ in REG
上扣扭矩/(N·m)	13 423～14 778	32 539～34 166	54 233～71 858
最大扭矩/(N·m)	13 558	27 116	54 233
最大拉力/kN	1 250	1 590	3 170
最大钻压/kN	125	250	475
最大造斜率/[(°)·(30 m)$^{-1}$]	10	10	7.5
最高工作温度/℃	175	175	175
额定压力/MPa	207	207	207
最大排量/(L·s^{-1})	22.08	47.32	94.63
最大含砂量/%	2	2	2
转速/(r·min^{-1})	50～250	50～250	50～250
导向模式	指向式		

续表 10-4-6

工具系列		Revolution475	Revolution675	Revolution825
供电类型		锂电池		
传感器距钻头位置/m	井　斜	2.70	3.40	4.30
	方　位	2.70	3.40	4.30
	伽　马	3.40	3.90	5.03

4）动态偏置指向式

Power Drive Xceed 系统是斯伦贝谢公司的第二代产品，该系统与 Power Drive 系统一样是全旋转的，与井壁没有静止的触点，其导向机构的外筒随钻柱一起旋转，主要由万向节和驱动心轴两大主要部分组成，偏置方式类似 Geo-Pilot 的偏心环结构。其系统结构及导向原理见图 10-4-10。

图 10-4-10　Power Drive Xceed 系统结构及导向原理示意图

万向节用于向钻头传递钻压和扭矩，并允许钻头倾斜。驱动心轴与钻头连接，用于向钻头传送钻井液，同时在偏置机构的作用下一直处于一个固定角度（0.6°）的倾向指向状态，并靠马达相对钻柱的反向旋转保持其指向方向的稳定，实现预定方向的导向。钻柱转速的任何微小变化都会被控制系统的测量传感器捕捉到，然后立即同步调整伺服电机的反向转速，从而保证钻头指向不会因为钻柱转速的改变而发生变化。当不需要导向时，马达控制偏置机构和驱动心轴以一个不同于钻柱转速的速度旋转，使钻头的指向一直处于旋转变化中，导向作用抵消，实现非导向钻进。定向井工程师通过调整保持工具面恒定的钻进时间与工具面转动的钻进时间之间的比例（即导向率）来调整造斜率。10％的导向率表示 10％的时间工具面不变，而 90％的时间工具面随钻具一起转动，此时造斜率就非常低；90％的导向率表示 90％的时间保持工具面不变，而 10％的时间工具面随钻具一起转动。

Power Drive Xceed 系统主要性能参数见表 10-4-7。

表 10-4-7　Power Drive Xceed 系统性能参数表

工具系列	Power Drive Xceed 675	Power Drive Xceed 900
公称外径/mm	171.5	228.6
适用井眼尺寸/mm	212.7～250.8	311.15～444.5
钻铤本体最大外径/mm	139.7	248.9
接箍最大外径/mm	139.7	248.9
钻铤长度/m	7.6	8.5 m
顶部扣型	$5\frac{1}{2}$ in FH	$6\frac{5}{8}$ in FH 或 $7\frac{5}{8}$ in H-90
底部扣型	$4\frac{1}{2}$ in REG	$6\frac{5}{8}$ in REG 或 $7\frac{5}{8}$ in REG

续表 10-4-7

工具系列		Power Drive Xceed 675	Power Drive Xceed 900
旋转通过最大狗腿度/[(°)·(30 m)$^{-1}$]		8	6.5
滑动通过最大狗腿度/[(°)·(30 m)$^{-1}$]		15	12
最大造斜率/[(°)·(30 m)$^{-1}$]		8	6.5
最大钻压/kN		245	367
最大转速/(r·min^{-1})		350	350
最大扭矩/(N·m)		27 116	47 4540
最大抗拉力/kg		22 680	34 019
最大抗震击力/kg		453 592	453 592
工作压力/MPa		138	138
最大工作压差/MPa		13.79	13.79
最高工作温度/℃		150	150
工作排量/(L·s^{-1})		18.3～50.5	28.4～113.6
最高含砂量/%		2	2
堵漏剂最大质量浓度/(kg·m^{-3})		142.7	142.7
导向模式		指向式	
供电系统		涡轮发电机	
传感器距钻头位置/m	井　斜	3.90	5.09
	方　位	3.90	5.09

3. 施工要点

(1) 旋转导向工具具有较强的稳斜能力，井眼轨道可设计尽量长的稳斜段。

(2) 设计方位避开井下工具的“限制区”。部分动态偏置式旋转导向工具(如 Power Drive Xceed)是靠伺服电机转速与钻具转速保持同步(但方向相反)来保持工具面恒定不变的，因此其控制系统使用磁强计来不间断地测量钻具转速。在靠近套管(30 m 以内)的区域，由于磁力比较强，测量系统无法准确测量工具的方位角。另外，旋转导向系统平行于地球磁力线时，磁强计无法准确测量钻具转速，也无法控制工具面。因此，在钻井设计时，如果计划使用动态偏置式旋转导向工具进行导向钻进，井眼轨道要避免位于当地地球磁力线 5°以内。

(3) 根据设计要求、地层和井下具体工况选用相应的旋转导向工具。从工作原理上看，动态推靠式工具系统不适用于坚硬的地层和井下震动较大的工况。

(4) 严格检查入井钻具，工具地面功能测试合格方可入井，以保证工具性能正常、稳定。

(5) 按设计钻具组合装配钻具，入井钻具组合须有打捞示意图，且要标注精准尺寸。

(6) 下钻到底后，通过地面改变泵排量的方式下传指令，设定井下工具的作业模式和导向率，以控制井眼轨迹和全角变化率。

(7) 随钻监测井眼几何参数和地质参数，及时调整井下工具的工作状态，实现优快钻井和精确中靶。

(8) 施工中应尽量减少工具面的变化。旋转导向系统的工具面变化必须进行下联才能完成，而下联则会占用钻井作业时间。

二、地质导向钻井

常规定向钻井大都依据邻井资料和地质设计，以预置的井眼轨道或校正设计的井眼轨道为参考量，将实测的轨迹参数与控制参考量作比较，进行几何导向。这种技术在目的层很厚、地质结构简单时应用效果很好，但在目的层较薄、地质结构复杂或对地下情况不很清楚时导向效率较低。而钻水平井时，尤其在薄油层或有复杂褶皱、断层的油藏中，一般要求井眼轨迹与地层界面（如油层顶部、油水界面等）保持一定距离，这就使几何导向面临着挑战。

地质导向系统是20世纪90年代中期开发出来并应用于石油钻井的定向钻井新技术，也是一次石油钻井技术革命。地质导向系统集多种传感器为一体，能够随钻测量多种地质参数，指导井眼轨迹优化和高效控制。

1. 系统原理

地质导向钻井是指利用随钻测井和随钻地层评价技术，引导钻头准确钻达预定目标地层的钻井方式。其核心是根据随钻实时得到的地层岩性、地层界面、流体性质等地质参数为参考量，及时调整钻头在最佳油层位置中穿行。

地质导向钻井技术的特征在于把导向钻井技术、随钻测井技术及油藏工程技术融合为一体，形成带有近钻头地质参数（伽马、电阻率等）、近钻头钻井参数（井斜角等）及其他辅助参数测量的导向钻井系统，将随钻测量仪器提供的井下实时地质信息和定向数据，用无线信号（电磁波、声波）短传方式或电缆传至MWD，再上传至地面控制系统，由地面软件系统适时做出解释与决策，指导定向工程师实施随钻井眼轨迹控制，引导钻头进入油层并将井眼轨迹保持在产层最佳位置中延伸。

地质导向钻井系统由井下工具系统、地面软件系统以及实现地面和井下系统传输控制的双向通信系统三部分组成。井下工具系统用于井下参数测量和导向钻进；地面软件系统主要包括三维可视化地质建模、基于网络的井下数据处理与存取、随钻测井解释评价、地层对比评价、方位成像分析及边界探测、井眼轨迹优化与控制、远程数据传输与作业控制等主要模块；双向通信系统通过MWD动力脉冲系统用钻井液脉冲或电磁波将测量数据实时发送到地面，控制人员通过变化钻井液泵入流量将控制指令由地面发送回井底。

地质导向钻井的工作流程包括项目规划、施工前的准备、实时钻进以及评估四个阶段，见图10-4-11。项目规划阶段的主要任务是根据地震资料及邻井数据建立地质模型，选择目标层段；施工前准备阶段的主要任务是依据钻井目标，完成轨道优化设计，选择适用导向钻具组合，建立模拟测井曲线；实时钻进阶段的主要任务是实时监控与调整轨迹，实现轨迹优化；评估阶段的主要任务是进行地层评价，根据实钻及实测数据更新储层模型，进行产能跟踪。

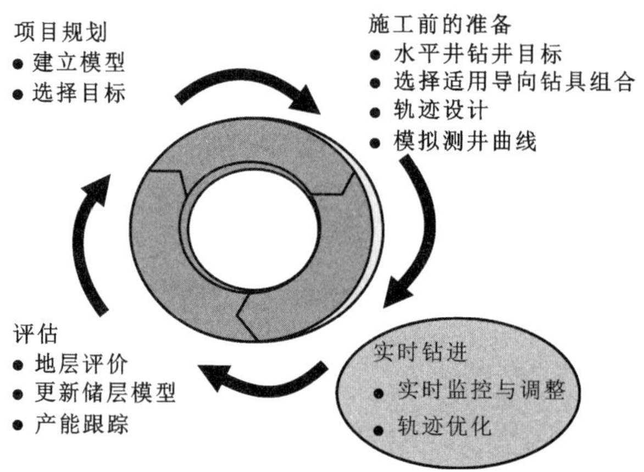

图 10-4-11　地质导向钻井工作流程

2. 井下工具系统构成

地质导向钻井技术井下工具系统主要由地质导向仪器、地质导向井下工具系统和配套工具组成。地质导向仪器由 MWD 和能够测量地质参数的地质传感器共同组成，能实时提供轨迹控制所需要的井眼、工程及地质数据；地质导向井下工具系统主要是指能实现井下导向钻进的工具，对于带近钻头测量系统的导向钻井系统，会采用测传马达；配套工具与导向钻井技术的配套工具相同，在此不再赘述。

1）常规地质导向井下工具系统

常用的地质导向井下工具系统主要由高效 PDC 钻头、弯外壳井下动力钻具、带 2～4 道地质参数的 LWD 及相应的配套接头组成，见图 10-4-12。由于岩石密度和中子孔隙度测量需要放射源，在实际施工中通常使用仅带自然伽马和电阻率 2 道地质参数的 LWD。采用常规地质导向井下工具系统，定向工程师主要利用测井曲线对应拟合技术实施随钻井眼轨迹控制，引导钻头进入油层较佳位置并将井眼轨迹保持在产层中延伸。

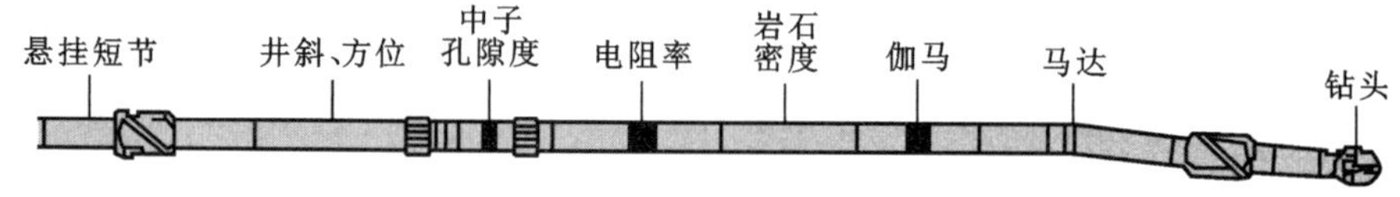

图 10-4-12　常规地质导向井下工具系统

该系统的井眼几何参数和地质数据的测量点离钻头较远（通常在 15～20 m 左右），钻头处的井斜、方位及地质参数只能通过地面控制软件或根据经验预测，在一定程度上影响了导向精度。该系统适用于构造明确、油层标记连贯、地质特性变量较少、无岩相变化、地层的不确定性较小、与水层不相邻的储层，施工过程中可能会有部分轨迹钻出油层。

2）近钻头地质导向井下工具系统

为了克服常规地质导向井下工具系统井眼几何和地质数据的测量点距离钻头较远，在一定程度上影响导向精度的问题，近钻头地质导向井下工具系统采用了特殊设计的测传马达，将电阻率、自然伽马、井斜以及工具面等测量传感器布置到马达的外壳上，使得测量点距井底的距离大大降低（0.5～2 m），而且电阻率、自然伽马探测器是带有方位特性的，便于探测地层界面及其与井眼的相对方位。测量数据通过无线方式传输到上部 MWD，再通过脉冲发生器传输到地面系统，见图 10-4-13。采用该系统，定向工程师可以利用测井曲线对应拟合技术及方位成像分析技术实施随钻井眼轨迹控制，引导钻头进入油层较佳位置，并将井眼轨迹保持在产层中延伸。

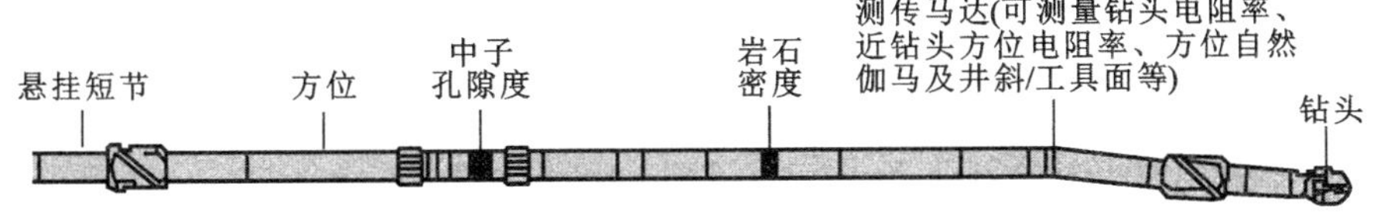

图 10-4-13 近钻头地质导向井下工具系统

近钻头地质导向井下工具系统的导向精度较常规地质导向井下工具系统有较大程度的提高，适用于存在薄夹层、构造虽然存在不确定性但区域构造很明确的储层，允许使用稳定器和旋转钻进、井眼钻出油层虽然可以接受但需要快速返回的情况。

以 CGDS172NB 为例介绍近钻头地质导向钻井系统。

(1) 系统构成。

该地质导向钻井系统包括钻头、测传马达(含近钻头测量短节)、无线接收系统、无线随钻测量系统、井场信息处理与导向决策软件系统，见图 10-4-14。

① 测传马达。

测传马达自上而下由旁通阀、螺杆马达、万向轴总成、近钻头测传短节、地面可调弯壳体总成和带近钻头稳定器的传动总成组成，见图 10-4-15。

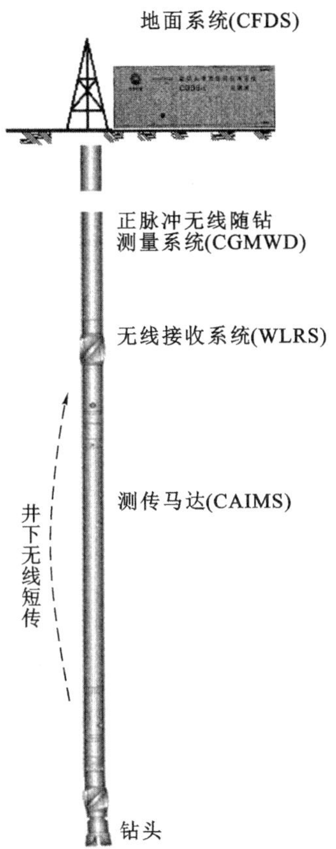

图 10-4-14 近钻头地质导向钻井系统结构

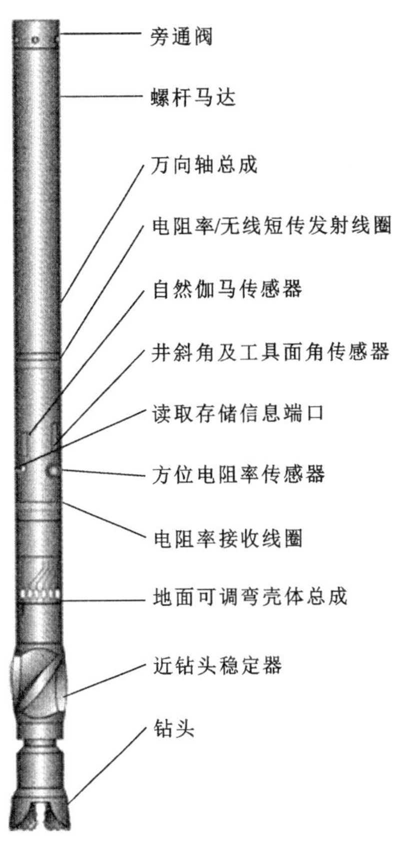

图 10-4-15 测传马达结构示意图

近钻头测传短节由电阻率传感器、自然伽马传感器、井斜传感器、电磁波发射天线和减震装置、控制电路、电池组组成。该短节可测量钻头电阻率、方位电阻率、方位自然伽马、井斜、温度等参数,用无线短传方式把各近钻头测量参数传至位于旁通阀上方的无线短传接收系统。

② 无线接收系统。

无线接收系统主要由上数据连接总成、稳定器、电池与控制电路舱体、短传接收线圈和下接头等组成,见图 10-4-16。该系统上端与 MWD 连接,下端与马达连接,接收由马达下方无线短传发射线圈发射的电磁波信号,由上数据连接总成将短传数据融入 MWD 系统。

③ 无线随钻测井系统。

无线随钻测井系统包括井下仪器和地面设备,井下仪器见图 10-4-17。二者通过钻柱内钻井液通道中的压力脉冲信号进行通信并协调工作,实现钻井过程中井下工具状态、井下工况及有关测量参数(包括井斜角、方位角、工具面等定向参数,伽马、电阻率等地质参数及钻压等其他工程参数)的实时监测。

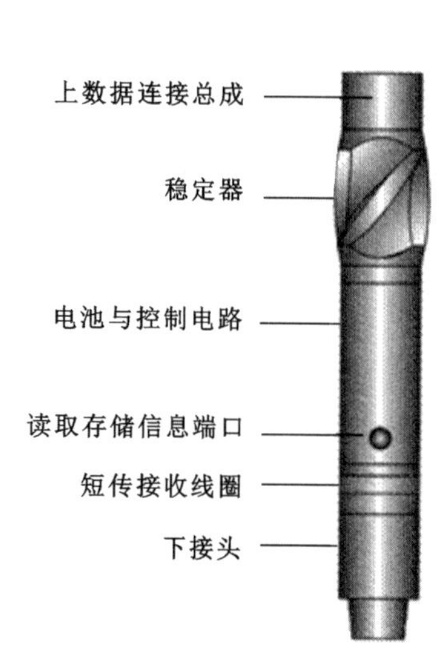

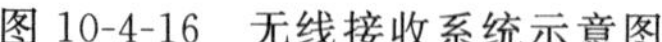
图 10-4-16　无线接收系统示意图

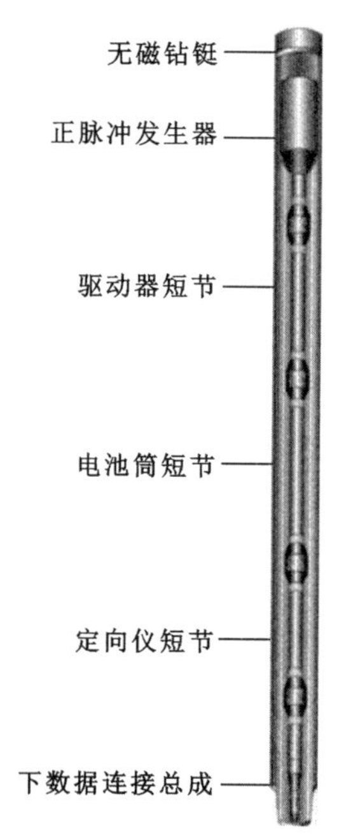

图 10-4-17　井下仪器串示意图

地面设备由地面传感器(压力传感器、深度传感器、泵冲传感器等)、仪器房、前端接收机及地面信号处理装置、主机及外围设备与相关软件组成,具有较强的信号处理和识别能力。

井下仪器部分由无磁钻铤和装在无磁钻铤中的脉冲发生器、驱动器短节、电池筒短节、定向仪短节、下数据连接总成等组成,上接普通或无磁钻铤,下接无线短传接收系统。

地面应用软件系统主要由数据处理分析、钻井轨道设计与导向决策等软件组成,另外还有效果评价、数据管理和图表输出等模块。应用该软件系统可对钻井过程中实时上传的近钻头电阻率、自然伽马等地质参数进行处理和分析,从而对新钻地层性质做出解释和判断,并对待钻地层进行前导模拟;再根据实时上传的工程参数,对井眼轨迹做出必要的调整设计,进行决策和随钻控制。由此可提高探井、开发井对油层的钻遇率和成功率，大幅度提高进入油层的准确性和在油层内的进尺。

（2）主要技术参数。

CGDS172NB 地质导向钻井系统的主要技术指标见表 10-4-8～表 10-4-13。

表 10-4-8　地质导向钻井系统总体技术指标

项　目		指　标	项　目	指　标
公称外径/mm		172	马达流量/($L \cdot s^{-1}$)	19～38
最大外径/mm		190	马达压降/MPa	3.2
适用井眼尺寸/mm		216～244	钻头转速/($r \cdot min^{-1}$)	100～200
近钻头稳定器/mm	216 mm 井眼	213	马达工作扭矩/($N \cdot m$)	3 660
	244 mm 井眼	238		
上部稳定器/mm	216 mm 井眼	210	推荐钻压/kN	80
	244 mm 井眼	235		
造斜能力		中、长半径	最大钻压/kN	160
传输深度/m		4 500	马达输出功率/kW	38.3～76.6
最高工作温度/℃		125	钻头电阻率传感器距马达底面距离/m	2.05
脉冲发生器类型		正脉冲	方位电阻率传感器距马达底面距离/m	2.53
上传传输速率/($bit \cdot s^{-1}$)		5	方位自然伽马传感器距马达底面距离/m	2.70
短传数据率/($bit \cdot s^{-1}$)		200	井斜与工具面传感器距马达底面距离/m	2.85
连续工作时间/h		200	测传马达长度/m	8.30
近钻头测量参数		钻头电阻率、方位电阻率、方位伽马、井斜角、工具面角	无线接收系统长度/m	1.94
最高耐压/MPa		140	无线随钻测量系统长度/m	7.85
最大允许冲击/($m \cdot s^{-2}$)		10 000	仪器总长/m	18.10
最大允许震动/($m \cdot s^{-2}$)		150		

表 10-4-9　无线随钻测量系统技术指标

项　目	测量范围	精　度
方位角/(°)	0～360	±1°(井斜角≥6°) ±1.5°(井斜角 3°～6°) ±2°(井斜角 0°～3°)
井斜角/(°)	0～180	±0.15°
工具面角/(°)	0～360	±1.5°(井斜角≥6°) ±2.5°(井斜角 3°～6°) ±3°(井斜角 0°～3°)
温度/℃	0～150	2.5

续表 10-4-9

项　目	测量范围	精　度
最大允许震动/(m·s^{-2})	200	
最大允许冲击/(m·s^{-2})	5 000	
最高耐压/MPa	140	
最高工作温度/℃	125	
最大含砂量/%	1	
最大狗腿度/[(°)·(30 m)$^{-1}$]	10(旋转),20(滑动)	
最大钻头压降/MPa	不　限	

表 10-4-10　自然伽马测量技术指标

项　目	精　度
测量范围/API	0～250
精度/%	±3
灵敏度/(CPS·API^{-1})	不劣于 4
最高测量速度/(m·h^{-1})	30
分层能力/cm	20
统计起伏/API	±3

表 10-4-11　电阻率测量技术指标

	项　目	测量范围
钻头电阻率		
水基钻井液	测量范围/(Ω·m)	0.2～2 000
	测量精度/%	±0.1(电阻率≤2 Ω·m) ±8(2 Ω·m<电阻率≤200 Ω·m) ±15(电阻率>200 Ω·m)
	垂直分辨率/m	1.8
	探测深度/m	0.45
	工作温度/℃	125
	工作压力/MPa	140
油基钻井液	测量范围/(Ω·m)	0.2～2 000
	测量精度/%	±0.1(电阻率≤2 Ω·m) ±7(2 Ω·m<电阻率≤200 Ω·m) ±12(电阻率>200 Ω·m)

续表 10-4-11

	项　目	测量范围
方位电阻率		
水基钻井液	测量范围/(Ω·m)	0.2～200
	测量精度/%	±0.1(电阻率≤2 Ω·m) ±8(电阻率>2 Ω·m)
	垂直分辨率/m	0.1
	探测深度/m	0.3
	工作温度/℃	125
	工作压力/MPa	140

表 10-4-12　近钻头井斜、工具面测量技术指标

项　目	测量范围	精　度
工具面角测量/(°)	0～360	±0.4
井斜角测量/(°)	0～180	±0.4

表 10-4-13　工具理论造斜率指标　　单位:(°)/30 m

可调弯角/(°)	0.75	1.0	1.25	1.5
216 mm 井眼	3.7～4.6	5～6	6.4～7.3	7.5～8.7
244 mm 井眼	3.6～4.5	5～6	6.3～7.3	7.7～8.7

3）旋转地质导向井下工具系统

旋转地质导向井下工具系统将旋转导向钻井系统、近钻头测量技术和多参数随钻测井仪结合起来,在全程连续旋转钻进的状态下实现精确的地质导向。采用这类系统,定向工程师可以利用测井曲线拟合技术、方位成像分析技术以及油气层边界探测技术等,并能随钻测量井下震动、环空压力、井径等工程参数,指导实施随钻井眼轨迹控制,引导钻头进入油层较佳位置并将井眼轨迹保持在产层中延伸,并向自动闭环控制的方向发展。贝克休斯公司的旋转地质导向井下工具系统见图 10-4-18。

由于该系统能在全程连续旋转钻进的状态下实现精确的地质导向,适用于电阻率非缓慢变化、构造和地层的不确定性很高、存在油水界面、对轨迹控制精度要求高的储层,以及超薄油层、大位移井、分支井及三维绕障等复杂结构井。

3. 施工要点

(1) 确定施工井的地质设计和工程设计,做好施工的前期准备。

(2) 根据施工的需要,合理组织地质导向钻井施工所需要的地质导向仪器、导向工具和配套工具。

(3) 根据施工的实际情况,合理选择地质导向钻具组合。

(4) 根据选择的导向工具和钻头的性能参数,合理确定钻井参数,实现优化钻井。

(5) 根据实时定向参数、地质参数,结合施工的需要,合理选择转动、滑动工作方式,进行

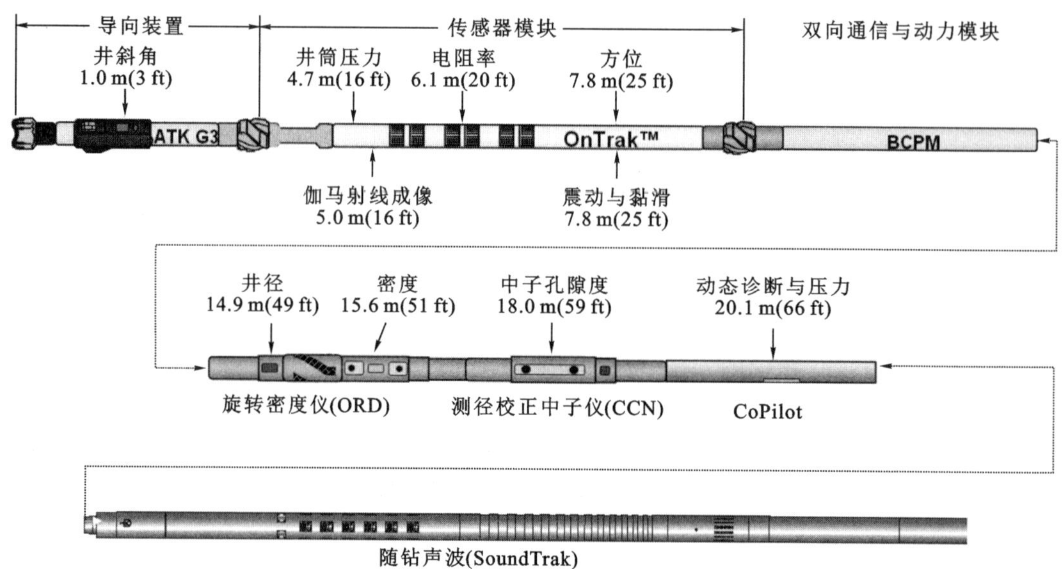

图 10-4-18　旋转地质导向井下工具系统

地质对比和目标控制，实现轨迹的地质导向。

(6) 随钻监测井眼轨迹及井下系统导向能力。

(7) 确定钻头的前探距离及预测的异常情况位置，对地质上的意外情况，采取补救方法，必要时采取绕障措施，或做出侧钻决策。

(8) 施工过程中，加强对井下仪器和工具的保护，采取各种措施满足仪器施工需要，注意施工安全。

(9) 每趟钻施工完毕，读出井下仪器记录的数据，以利用记录的测量数据对地层进行更详细的解释。

(10) 全井施工完毕，按要求进行测井解释、打印出测井曲线，并对地层进行全面、综合评价。

参考文献

[1] 刘修善. 井眼轨道几何学. 北京：石油工业出版社，2006.

[2] Samuel G R，Liu X S. Advanced drilling engineering—Principles and designs. Houston，Texas：Gulf Publishing Company，2009.

[3] SY/T 5435—2012　定向井轨道设计与轨迹计算.

[4] 刘修善. 定向钻井轨道设计与轨迹计算的关键问题解析. 石油钻探技术，2011，39(5)：1-7.

[5] 刘修善. 定向钻井中方位角及其坐标的归化问题. 石油钻采工艺，2007，29(4)：1-5.

[6] 刘修善，王继平. 基于大地测量理论的井眼轨迹监测方法. 石油钻探技术，2007，35(4)：1-5.

[7] 孔祥元，郭际明，刘宗泉. 大地测量学基础. 武汉：武汉大学出版社，2001.

[8] 许绍铨，吴祖仰. 大地测量学. 武汉：武汉测绘科技大学出版社，1996.

[9] 丁鉴海，卢振业，黄雪香. 地震地磁学. 北京：地震出版社，1994.

[10] 徐文耀，朱岗坤. 我国及其邻近地区地磁场的矩谐分析. 地球物理学报，1984，27(7)：511-522.

[11] 陈化然，蒋邦本. 中国地磁基本场模式建立方法探讨. 地壳形变与地震，1997，17(2)：75-81.

[12] 安振昌. 2000 年中国地磁场及其长期变化冠谐分析. 地球物理学报,2003,46(1):68-72.

[13] 刘修善,王珊,贾仲宣,等. 井眼轨道设计理论与描述方法. 哈尔滨:黑龙江科学技术出版社,1993.

[14] Liu X S. New technique calculates borehole curvature, torsion. Oil & Gas Journal, 2006, 104(40):41-49.

[15] 刘修善. 井眼轨迹的弯曲与扭转问题研究. 钻采工艺,2007,30(6):30-34.

[16] 韩志勇. 定向钻井设计与计算. 第 2 版. 东营:中国石油大学出版社,2007.

[17] Taylor H L, Mason C M. A systematic approach to well surveying calculations. SPE Journal, 1972,12(6):474-488.

[18] Zaremba W A. Directional survey by the circular arc method. SPE Journal,1973,13(1):5-11.

[19] 刘修善,郭钧. 空间圆弧轨道的描述与计算. 天然气工业,2000,20(5):44-47.

[20] Wilson G J. An improved method for computing directional surveys. Journal of Petroleum Technology,1968,20(8):871-876.

[21] Callas N P. Computing directional surveys with a helical method. SPE Journal,1976,16(6):327-336.

[22] 韩志勇. 井眼内插法. 石油钻探技术,1990,18(4):55-57.

[23] 刘修善,艾池,王新清. 井眼轨道的插值法. 石油钻采工艺,1997,19(2):11-14,25.

[24] 刘修善,马开华,陈天成,等. 一种钻井井眼轨道设计方法. 中国,200510103356. 9. 2007-03-28.

[25] 刘修善. 二维井身剖面的通用设计方法. 石油学报,2010,31(6):132-136.

[26] Liu X S. Universal technique normalizes and plans various well-paths for directional drilling. SPE 142145,2011.

[27] McMillian W H. Planning the directional well—A calculation method. Journal of Petroleum Technology,1981,33(6):952-962.

[28] Brown D E. Programmed math keeps directional drilling on target. Oil & Gas Journal,1980,78(12):164-167.

[29] 白家祉,苏义脑. 定向钻井过程中的三维井身随钻修正设计与计算. 石油钻采工艺,1991,13(6):1-4.

[30] Liu X S, Shi Z H. Improved method makes a soft landing of well path. Oil & Gas Journal,2001,99(43):47-51.

[31] 刘修善,石在虹. 给定井眼方向的修正轨道设计方法. 石油学报,2002,23(2):72-76.

[32] 刘修善,何树山. 井眼轨道的软着陆设计模型及其应用. 天然气工业,2002,22(2):43-45.

[33] 刘修善,刘喜林,何树山,等. 二维绕障定向井设计方法. 石油学报,1996,17(4):120-127.

[34] 张海山,刘修善. 二维绕障井实用轨道设计方法. 石油钻探技术,2009,37(1):42-45.

[35] 桂德洙,刘今,张振峰. 浮筒式电子单点测斜仪:中国,00233522. 2000-06-01.

[36] SY/T 5416. 2—2007 定向井测量仪器测量及检验第 2 部分:电子单多点类.

[37] 赵金洲,张桂林. 钻井工程技术手册. 北京:中国石化出版社,2005.

[38] SY/T 5416. 4—2007 定向井测量仪器测量及检验 第 4 部分 有线随钻类.

[39] SY/T 5416. 1—2006 定向井测量仪器测量及检验 第 1 部分 无线随钻类.

[40] SY/T 5416. 3—2007 定向井测量仪器测量及检验 第 3 部分 陀螺类.

[41] 刘修善. 三维定向井随钻监测的曲面投影方法. 石油钻采工艺,2010,32(3):49-54.

[42] 韩志勇,宁秀旭. 一种新的定向钻井绘图——法面扫描图. 石油大学学报,1990,14(3):24-30.

[43] 刘修善,岑章志. 井眼轨迹间相互关系的描述与计算. 钻采工艺,1999,22(3):7-12.

[44] 韩志勇. 定向井的靶心距计算. 石油钻探技术,2006,34(5):1-3.

[45] 刘修善.计算靶心距的通用方法.石油钻采工艺,2008,30(1):7-11.

[46] 刘修善,苏义脑.邻井间最近距离的表述及应用.中国海上油气(工程),2000,12(4):31-34.

[47] 陈庭根,管志川.钻井工程理论与技术.东营:中国石油大学出版社,2006.

[48] 胡湘炯,高德利.石油与天然气工程学·油气井工程.北京:中国石化出版社,2003.

[49] SY/T 6332—2012 定向井轨迹控制.

[50] Karisson H,Brassfield T,Krueger V,et al. Performance drilling optimization. SPE/IADC 13474,1985:439-446.

[51] Karisson H,Cobbley R,Jaques G E. New developments in short-,medium-,and long-radius lateral drilling. SPE/IADC 18706,1989:725-736.

[52] 刘修善.导向钻具几何造斜率的研究.石油学报,2004,25(6):83-87.

[53] 苏义脑.极限曲率法及其应用.石油学报.1997,18(3):110-114.

[54] SY/T 5619—2009 定向井下部钻具组合设计方法.

[55] 《钻井手册(甲方)》编写组.钻井手册(甲方)(上、下).北京:石油工业出版社,1990.

[56] SY/T 5144—2007 钻铤.

[57] 张新红,冯定.导向钻井钻具组合结构造斜特性分析.石油天然气学报(江汉石油学院学报),2007,29(2):138-140.

[58] 安克,王敏生.单弯动力钻具滑动导向组合的实践研究.石油钻采工艺,2003,25(4):17-19.

[59] Barr J D,Clegg J M,Russell M K. Steerable rotary drilling with an experimental system. SPE/IADC 29382,1995:435-450.

[60] 杨剑锋,张绍槐.旋转导向闭环钻井系统.石油钻采工艺,2003,25(1):1-5.

[61] 肖仕红,梁政.旋转导向钻井技术发展现状及展望.石油机械,2006,34(4):66-70.

[62] 李琪,杜春文,张绍槐,等.旋转导向钻井轨迹控制理论及应用技术研究.石油学报,2005,26(4):97-101.

[63] 雷静,杨甘生,梁涛,等.国内外旋转导向钻井系统导向原理.探矿工程(岩土钻掘工程),2012,39(9):53-58.

[64] Schaaf S,Pafitis D,Guichemerre E. Application of a point the bit rotary steerable system in directional drilling prototype well-bore profiles. SPE 62519,2000.

[65] 王学明.Power Drive Xceed旋转导向钻井系统在澳大利亚Puffin12井的应用.石油钻探技术,2010,38(5):90-94.

[66] Steve Bonner,Trevor Burgess,Brian Clark,et al. Measurements at the bits:A new generation of MWD tools. Oilfield Review,1993,5(4):44-54.

石油钻井作业手册

（下册）

主编　路保平　李国华

中国石油大学出版社
CHINA UNIVERSITY OF PETROLEUM PRESS

《石油钻井作业手册》编写组

主　编：路保平　李国华

副主编：苏　勤　马开华

成　员：（按姓名笔画排序）

王敏生　毛　迪　冯江鹏　刘修善　安本清
孙明光　杨顺辉　杨培叠　李洪乾　豆宁辉
宋　健　宋明全　张传进　张进双　张明昌
范红康　赵　彦　侯立中　徐恩信　郭健康
崔卫华　鲍洪志

审稿组

主　审：赵复兴　王宝新

成　员：（按姓名笔画排序）

马开华　王敏生　牛新明　毛克伟　许云芳
刘春文　刘修善　苏　勤　李　郇　李　枫
宋明全　陈天成　赵金海　侯绪田　秦　疆
徐恩信　蒋志军　鲍洪志　熊有全

考，经过三年不懈努力，系统总结多年海外钻井实践经验，编写完成“石油钻井作业手册”，并将付梓。在此，谨向为中国石化海外油气工业实现跨越式发展的仁人志士致以衷心感谢！向“石油钻井作业手册”的作者们表示诚挚祝贺！

“石油钻井作业手册”融规范性、可读性、借鉴性和实用性于一体。希望海外油气勘探开发工作者拥有此书，增强能力，勇于探索，开拓创新，为发展我国海外油气工业做出更大贡献，创造新的辉煌。

張耀倉　甲午年夏

序言

鑽井工程是油氣勘探开发的重要手段。在油公司勘探开发投资中，鑽井工程支出占到百分之四十以上，其执行结果直接关系油氣勘探开发質量和效益。油公司与鑽井服務公司合作过程中形成的國際惯例，更加突出油公司的管理責任。

中國石化國際石油勘探开发公司开創了海外油氣事業发展新局面。在多年海外油氣勘探开发实践中，各級技术与管理工作者持续總结提升，建立起較為完善的鑽井工程技术管理體系和標准规範，為中國石化海外油氣勘探开发提供了有力保障。

在國家"十二五"重點圖書的安排下，中國石化國際石油勘探开发公司協同中國石化石油工程技术研究院组织双方鑽井工作者，发揮各自優

前　言

随着中国石化国际化战略的实施与“走出去”步伐的加快，海外项目的科学化管理与实施亟须一部与国际油公司钻井生产管理控制体系相适应的石油钻井作业指导参考手册。为此，中国石化国际石油勘探开发公司与中国石化石油工程技术研究院以试行了多年的内部手册《海外钻井手册》为基础，于2012年启动了《石油钻井作业手册》的编写工作。

本手册的编写本着“准确、先进、全面、实用和方便”的原则，参考了《IADC钻井手册》《壳牌钻井工程师手册》《法国钻井数据手册》《钻井手册（甲方）》等相关手册及国内外规范和标准50余本，吸纳了国际油公司的新技术与作业经验，特别是综合考虑了国内外近年来的钻井技术进展，介绍了钻井作业新技术、新工具与新工艺，同时覆盖了钻井作业HSE管理、钻井项目管理等方面的内容。

本手册由路保平、李国华主编，赵复兴、王宝新主审。主编对全书的内容与结构、编审方式等进行了详细设计，并组织编写人进行认真撰写。初稿完成后，审稿组专家对手册进行了多轮严格审查，历经两年多的时间进行修改完善，最终由主编审阅后定稿。手册第一章“钻井设计”由鲍洪志、孔祥成编写，路保平、侯绪田审定；第二章“钻前准备”由安本清、王恒、申开华编写，侯立中、刘春文审定；第三章“钻机的选择与应用”由冯江鹏、郑德帅编写，李邨、姜成生审定；第四章“井身结构”由李洪乾、李祖光、邢树宾、于玲玲编写，鲍洪志、张传进审定；第五章“套管及套管柱设计”由宋健、韩卫华编写，毛克伟、丁士东审定；第六章“钻具与钻柱设计”由张进双、狄勤丰、白彬珍、臧艳彬编写，陈天成、闫光庆审定；第七章“钻头与辅助破岩工具”由孙明光、豆宁辉编写，路保平、李枫审定；第八章“钻井参数的优选”由路保平、张传进编写，鲍洪志、侯绪田、牛新明、赵金海审定；第九章“井控技术”由徐恩信、王钧编写，赵复兴、熊有全、刘春文审定；第十章“定向钻井技术”由刘修善、李梦刚编写，李国华、王敏生审定；第十一章“欠平衡钻井和控制压力钻井”由杨顺辉、赵向阳编写，侯绪田、陈天成审定；第十二章“钻井取心”由范红康编写，牛新明、孙明光审定；第十三章“钻井故障与井下复杂问题”由崔卫华、何青水、肖超、李燕、徐济银编写，王宝新、姜成生审定；第十四章“钻井液”由郭健康、金军斌、肖超、何青水编写，宋明全、林永学审定；第十五章“固井”由张明昌、杨红歧编写，毛克伟、马开华、丁士东审定；第十六章“特殊钻井技术”由王敏生、光新军编写，刘修善、闫光庆审定；第十七章“测试和完井”由杨培叠、何汉平编写，蒋志军、张宁审定；第十八章“钻井作业HSE管理”由赵彦、戴月兵编写，李国华、苏勤审定；第十九章“钻井项目管理”由侯立中、李启明编写，李国华、苏勤审定。

本手册被列为“十二五”国家重点图书，其内容全面，融入了国内外先进技术与管理理念，既有理论知识，也有实践经验，突出了技术在现场的可操作性，体现了中国石化海外项目运作的特色。本手册适用于现场钻井管理和工程技术人员使用，也可供科研院所技术人员、大专院校师生参考。

本手册在编写过程中得到了石油钻井界众多老前辈、专家、学者的大力支持，他们对手册的编写提出了许多宝贵意见。值手册出版之际，向所有为手册出版付出辛勤劳动的人员，以及手册所引资料的作者表示衷心感谢！

本手册涉及内容多、技术领域广泛，加上作者水平有限，错误之处在所难免，恳请广大专家、学者及工程技术人员批评指正。

2014年9月

目　录

上　册

下 册

第十一章　欠平衡钻井和控制压力钻井

欠平衡钻井是利用专用设备和控制工艺，将井筒压力降低到地层孔隙压力以下并控制地层流体产出的钻井过程，主要用于非储层段的提速、储层段的油气层保护，以提高油气井产量。控制压力钻井是指精确控制井筒压力大于等于地层孔隙压力，且小于破裂压力（或漏失压力）的钻井过程，主要用于解决窄压力窗口所带来的井漏、井涌、井塌等钻井复杂问题。本章主要介绍欠平衡钻井和控制压力钻井的分类、钻井设计、常用设备和工具以及钻井工艺。

第一节　欠平衡钻井和控制压力钻井的分类

参照IADC关于欠平衡钻井和控制压力钻井的分类标准，油井主要依据风险等级（0～5）、应用类别（A，B或C）及流体系统（1～5）进行分类。该标准主要是为了确定最低的设备需求、特殊操作程序以及安全管理措施。

一、风险等级

通常作业风险随着作业的复杂性和油井产能的提高而增加，下面的例子仅为指导性说明。

（1）0级：仅仅提高钻井效率，不涉及油气层。例如利用空气钻井提高机械钻速。

（2）1级：油气依靠自身压力无法流到地面，油井是稳定的，并且从井控的角度来看风险较低，例如低于正常压力系统的油井。

（3）2级：油气依靠自身压力可以流到地面的低产能井、产能衰竭井或异常压力水层，可以通过常规的压井方法进行控制，如果发生设备失效仅能带来有限的影响。

（4）3级：地热井和非产层。最大预计关井压力（MASP）小于欠平衡和控制压力钻井设备的额定压力，例如含硫化氢的地热井。

（5）4级：油气储层、高压或高产油藏、酸性油气井、随钻生产作业，最大预计关井压力小于欠平衡和控制压力钻井设备的额定压力，如果发生设备失效可能会导致严重后果。

（6）5级：最大预计关井压力大于欠平衡和控制压力钻井设备的额定压力，小于井口防喷器组的额定压力，如果发生设备失效可能会立即导致非常严重的后果。

二、应用类别

（1）A类：控制压力钻井，钻井液返至地面，保持环空内钻井液当量密度等于或略大于裸眼井段孔隙压力当量密度。

（2）B类：欠平衡钻井，钻井液返至地面，保持环空内流体当量密度小于裸眼井段孔隙压力当量密度。

（3）C类：泥浆帽钻井，注入钻井液和岩屑进入漏失地层而不返至地面，在漏失层上面的环空内保持一段钻井液液柱。

三、流体系统

（1）气体：气体作为流动介质，没有液体进入。

（2）雾状流：有液体进入，气体为连续相。典型的雾状流含液体小于2.5％。

（3）泡沫：液体为连续相的两相流，泡沫来源于液体中添加的表面活性剂和气体。典型的泡沫含55％～97.5％的气体。

（4）充气液体：充有气体的钻井液。

（5）液体：流体中仅含有单相液体。

例如：一口井采用控制压力钻井方式，流体系统选择液体且最大预计关井压力大于控制压力钻井设备的承压能力，则这口井被划分为：5级，A类，流体系统5，或者5A5。

第二节　欠平衡钻井和控制压力钻井设计

并非所有的油气井都适合欠平衡钻井或控制压力钻井，不当的欠平衡钻井或控制压力钻井施工不但起不到预期的效果，而且往往会造成井壁失稳、特殊储层的严重伤害（如强水敏储层）、井漏或井涌等井下复杂情况，更为严重的可能引起井喷失控等严重事故。因此，在对一口井进行欠平衡钻井或控制压力钻井施工前必须进行科学的设计，设计的主要内容包括地层选择、井身结构、井底压力、钻井液密度、钻井液体系、地面及井下设备等。

一、欠平衡钻井设计

1. 地层选择

在欠平衡钻井中，对于地层的选择，应考虑储层参数、流体参数的影响。储层参数主要考虑地层渗透率、孔隙度、孔喉尺寸、矿物组分、润湿性、水油饱和度、产层分布、压力等；流体参数主要考虑产层流体与空气接触时的闪点，流体与钻井液之间的乳化和沉淀状况等。

欠平衡钻进井段要求地层比较稳定，油气层段比较集中，裸眼段不宜太长，地层压力相对比较单一。如果采用气相欠平衡（气体、雾化、泡沫）钻井，必须考虑地层是否出水以及水量的大小；对于含硫化氢的地层，一般不推荐采用欠平衡钻井。

2. 井身结构设计

（1）井身结构设计应考虑欠平衡钻井可能导致的井壁失稳问题及随钻产出流体对上部裸眼段可能造成的危害，技术套管应封隔可能的破碎带、易坍塌地层以及出水层，并尽可能封至储层顶部。

(2) 按照欠平衡钻井施工可能出现的最小井筒压力对上层套管抗挤强度进行校核。

3. 井底欠压值设计

井底欠压值是指欠平衡钻井时井底压力与地层孔隙压力之间的差值，它是欠平衡设计中的重要参数。如果欠压值过小，则起不到欠平衡钻井的效果；如果欠压值过大，则可能会导致地层流体产出过多，超过地面设备的控制能力，引起井壁垮塌、井口失控等风险。因此，合理的欠压值设计是顺利实施欠平衡作业的保证。在设计时应遵循以下几条原则：

(1) 欠压值小于孔隙压力与地层坍塌压力之差。

(2) 应结合地面设备能力进行欠压值设计，主要包括旋转防喷器(或旋转控制头)和节流管汇的控制能力、液气分离器的处理能力等。

(3) 根据储层类型和岩性特点确定欠压值的大小，避免储层发生应力损害。

(4) 根据地层产液(气)量确定欠压值的大小。地层压力较大，产液(气)量多，则欠压值应尽可能小，反之欠压值应适当放大；气油比高，欠压值应尽可能小，反之欠压值应适当放大。

(5) 考虑毛细管吸入压力的影响。在钻井过程中，即使井底循环压力等于地层孔隙压力，由于毛细管吸入压力的影响，井筒中的液体也会进入地层，造成一定的损害，尤其对于高含黏土矿物的水敏性地层，更要尽量避免这种状况。因此，在进行欠压值设计时，井底欠压值要大于毛细管吸入压力。

油藏岩石的流动孔隙可看做一系列大小不同的毛细管，因此油藏中的水油、水气界面是一个过渡带，从理论上讲过渡带的高度取决于最细毛细管中水(油)柱的上升高度。

对于水油界面：

$$p_{cwo}=\frac{2\sigma_{wo}\cos\theta_{wo}}{r} \tag{11-2-1}$$

对于水气界面：

$$p_{cwg}=\frac{2\sigma_{wg}\cos\theta_{wg}}{r} \tag{11-2-2}$$

式中 p_{cwo}, p_{cwg}——水油、水气界面毛细管力，MPa；

σ_{wo}, σ_{wg}——水油、水气表面张力，N/m；

θ_{wo}, θ_{wg}——水油、水气界面接触角，(°)；

r——孔喉半径，μm。

实验室内测量岩石毛细管力的方法主要有半渗隔板法、压汞法和离心法。这三种方法的基本原理相同，即岩心饱和湿相流体，当外加压力克服毛管喉道的毛细管力时，非湿相进入该孔隙，将其中的湿相驱出。最常用的是压汞法。

(6) 考虑凝析气反凝析带来的油锁伤害。对凝析气藏来说，除了上述原则外，还需要考虑凝析气反凝析带来的油锁伤害。图 11-2-1 表明了某凝析气藏岩心渗透率的实测情况，凝析油饱和前后岩心的渗透率发生了明显的变化，大约降低了 80%，说明该岩心存在明显的油锁伤害。因此，在对凝析气藏进行欠压值的设计时，必须考虑凝析气藏的露点压力，井底压力要大于露点压力，避免凝析油在地层中析出。图 11-2-2 是某凝析气藏的 PVT 相图，由图可知，该气藏地层温度为 167.8 ℃，在该温度下凝析气露点压力为 22.68 MPa，因此在欠平衡钻井过程中要保持井底压力不低于 22.68 MPa。

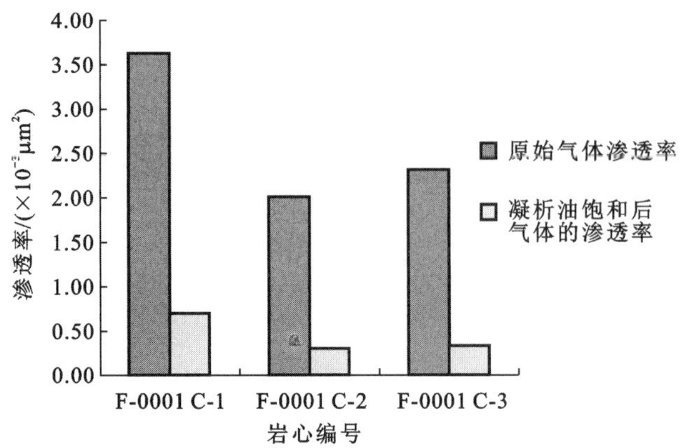

图 11-2-1 某凝析气藏油饱和前后渗透率的变化情况

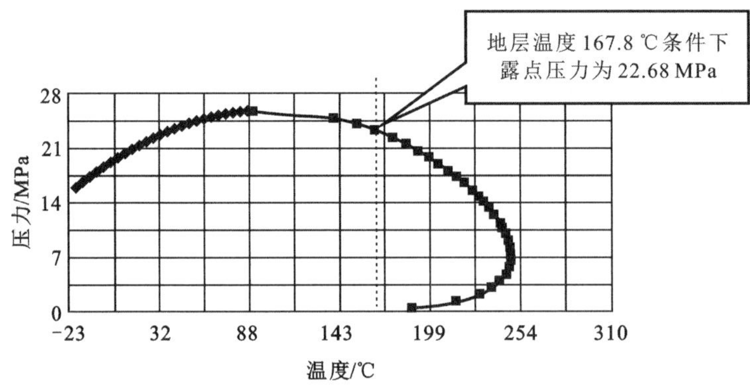

图 11-2-2 某凝析气藏 PVT 包络图

此外，井底欠压值设计还受施工井段的深度、人员技术素质和操作水平的影响等。通过对各因素的综合分析，一般把设计的欠压值控制在 1.0～5.0 MPa 之间。多口井的实践证明，欠压值控制在这一范围内是合理的。具体的欠压值设计流程见图 11-2-3。

4. 钻井液和压井液密度设计

1）钻井液密度设计

对于纯液相欠平衡钻井液密度，按下式计算：

$$\rho_m = \frac{102(p_p - \Delta p - p_{af} - p_b)}{h_v} \tag{11-2-3}$$

式中 ρ_m——钻井液密度，g/cm^3；

p_p——地层孔隙压力，MPa；

Δp——井底欠压值，MPa；

p_{af}——环空压耗，MPa；

h_v——垂深，m；

p_b——井口回压，MPa。

最大井口回压值的设计不宜超过旋转防喷器（旋转控制头）动密封额定压力的 50%。

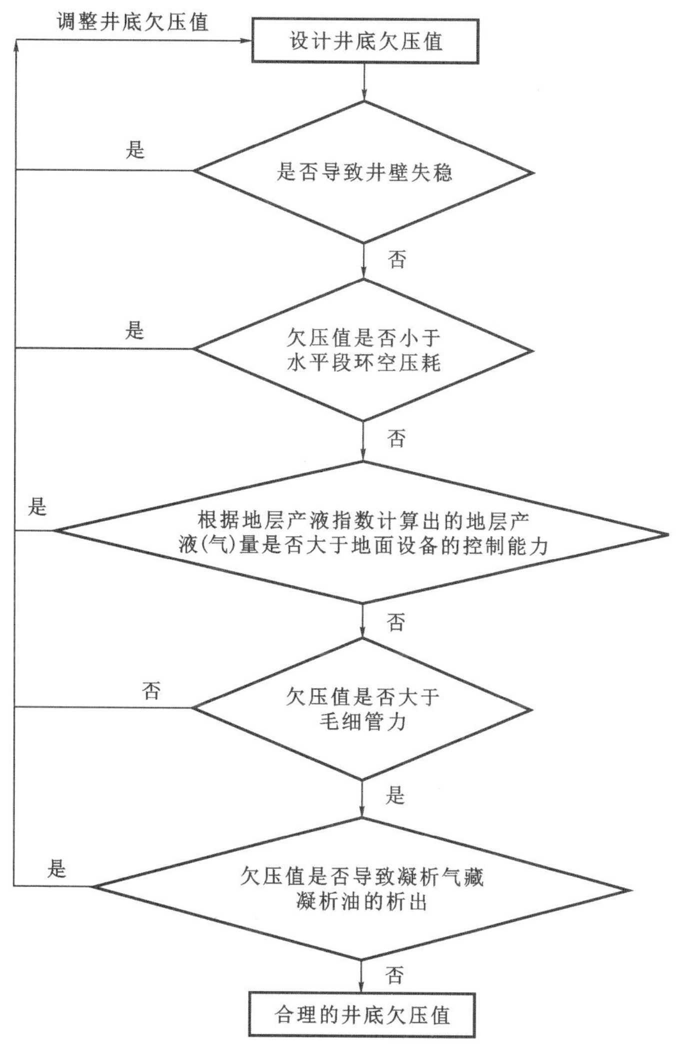

图 11-2-3 井底欠压值的设计流程

环空压耗的求取分以下两种情况：

(1) 紊流时环空压耗按式(11-2-4)计算：

$$p_{af}=\frac{7\ 628\rho_m^{0.8}\mu_p^{0.2}LQ^{1.8}}{(D_h-D_{po})^3(D_h+D_{po})^{1.8}} \tag{11-2-4}$$

式中 μ_p——塑性黏度，mPa·s；

L——钻柱长度，m；

Q——排量，L/s；

D_h——井径，mm；

D_{po}——钻柱外径，mm。

(2) 层流时环空压耗按式(11-2-5)计算：

$$p_{af}=\frac{61.1\mu_p LQ}{(D_h-D_{po})^3(D_h+D_{po})}+\frac{0.004\tau_y L}{(D_h-D_{po})} \tag{11-2-5}$$

式中 τ_y——屈服值，Pa。

如果需要更准确地计算环空压耗，或者计算气相、雾化、泡沫、充气等钻井液中的环空压耗，则需采用多相流专业软件。

2）压井液密度设计

(1) 对于探井、预探井、预测压力系数范围较大的井，液相、充气欠平衡钻进时储备压井液密度以地质设计提供的最大压力系数为基准，密度附加 0.2～0.25 g/cm³；对于气体、雾化、泡沫欠平衡钻井，压井液密度高于设计地层压力当量密度 0.2～0.4 g/cm³。

(2) 开发井储备压井液密度按照 0.15～0.20 g/cm³ 附加。

(3) 实用压井液密度以实测地层压力为基准，油、水井附加 0.05～0.10 g/cm³，气井附加 0.07～0.15 g/cm³。

5. 钻井液体系选择

在常规的过平衡钻井中，钻井液有以下几项基本功能：润滑、冷却、携岩、维持井壁稳定、井下压力控制、为井下动力钻具提供动力、形成泥饼、控制流体和固相侵入地层等。为了实现这些功能，必须在基液中加入钻井液材料和一些化学药品，如：

(1) 加重材料，使钻井液当量密度大于地层压力，确保一级井控安全。

(2) 泥饼材料，保证最小的漏失量。

(3) 化学和增黏材料，保证井眼的清洁效果。

欠平衡钻井液和常规过平衡钻井液在某些要求上并不一致，如：在欠平衡钻井过程中不会发生漏失，因此一些形成泥饼的材料就不需要了；地层流体的产出导致环空返速升高，提高了流体的携岩性能，保持了井眼的清洁，因此增加钻井液黏度的材料与常规钻井相比大量减少。表 11-2-1 列出了常规钻井液和欠平衡钻井液的区别。

表 11-2-1 常规钻井液和欠平衡钻井液的区别

常规钻井液	欠平衡钻井液
利用泥饼来控制流体漏失到地层	欠平衡条件下能防止流体漏失(没有泥饼)
依靠钻井液密度来控制井底压力，防止发生地层流体产出	依靠钻井液密度和井口回压来控制地层压力，改变钻井液密度是为了调节合适的井口回压
通常不考虑与地层流体的相容性问题	必须考虑与地层流体的相容性问题

常用的欠平衡钻井液有气体(空气、氮气、天然气等)、雾化、泡沫、充气以及常规的纯液相钻井液体系。在选择适合的钻井液体系时，要考虑井底压力、欠平衡钻井的目的、井壁稳定和地层流体的相容性等多个方面的因素。常用欠平衡钻井液的密度范围见表 11-2-2。

表 11-2-2 常用欠平衡钻井液密度范围

分类号	欠平衡钻井液体系	密度/(g·cm⁻³)	气体含量/%
1	气 体	0.001～0.01	100
2	雾 化	0.01～0.03	97.5～100
3	泡 沫	0.03～0.6	55～97.5
4	充 气	0.6～1.0	0～55
5	纯液相	>1.0	0

对于不同尺寸井眼所需气量的推荐表见表11-2-3。

表11-2-3 不同尺寸井眼所需气量推荐

井眼尺寸/mm	介 质	井段/m	推荐气量/($m^3 \cdot min^{-1}$)
444.5	空 气	<1 000	110～130
		1 000～2 000	130～150
	雾 化	<1 000	150～180
		1 000～2 000	180～260
311.2	空 气 氮 气 天然气	<1 000	80～110
		1 000～2 000	90～140
		2 000～3 000	120～170
		3 000～4 000	150～210
	雾 化	<1 000	110～160
		1 000～2 000	150～200
		2 000～3 000	190～250
		3 000～4 000	240～300
215.9	空 气 氮 气 天然气	<1 000	60～90
		1 000～2 000	70～115
		2 000～3 000	80～120
		3 000～4 000	90～135
		4 000～5 000	100～170
	雾 化	<1 000	70～110
		1 000～2 000	100～140
		2 000～3 000	130～170
		3 000～4 000	160～190
		4 000～5 000	180～240
152.4	空 气 氮 气 天然气	<1 000	30～55
		1 000～2 000	45～70
		2 000～3 000	55～80
		3 000～4 000	65～90
		4 000～5 000	75～100
		5 000～6 000	85～110
	雾 化	<1 000	40～65
		1 000～2 000	65～85
		2 000～3 000	75～95
		3 000～4 000	85～110
		4 000～5 000	95～135
		5 000～6 000	105～165

6. 地面设备及井下工具配置

对于采用纯液相和充气的欠平衡钻井，其地面设备配置见表11-2-4。

对于采用气相(气体、雾化、泡沫)的欠平衡钻井，其地面设备配置见表11-2-5。

表11-2-4 纯液相和充气欠平衡钻井地面设备配置表

配套装置	欠平衡方式		
	名 称	纯液相钻井液	充气钻井液
压力控制装置	旋转防喷器[①]	√	√
	专用节流管汇	√	√
钻井流体分离装置	液气分离器	√	√
	撇油罐[②]	√	√
气体燃烧装置	自动点火装置	√	√
	火 炬	√	√
	防回火装置	√	√
	排气管线	√	√
充气装置	空气压缩机		√
	增压机		√
	氮气装置[③]		Δ
不压井起下钻装置[④]	套管阀	Δ	Δ
	强制起下钻装置	Δ	Δ

注:"√"必选;"Δ"可选;① 可以使用旋转控制头;② 仅适用于油井;③ 根据现场实际情况选用;④ 用于全过程欠平衡钻井。

表11-2-5 气相欠平衡钻井地面设备配置表

配套装置	欠平衡钻井方式			
	名 称	空气/雾化/泡沫	氮 气	天然气
压力控制装置	旋转控制头[①]	√	√	√
	液动阀		Δ	Δ
	专用节流管汇		Δ	√
气体燃烧装置	自动点火装置		√	√
	火 炬		√	√
	防回火装置		√	√
	排砂管线	√	√	√
注入装置	空气压缩机	√	√	
	增压器[②]	√	√	√
	氮气装置[③]		√	
	雾 泵	√	Δ	Δ

续表 11-2-5

配套装置	欠平衡钻井方式			
	名　称	空气/雾化/泡沫	氮　气	天然气
不压井起下钻装置[④]	套管阀		△	△
	强制起下钻装置		△	△

注:“√”必选;“△”可选;① 可以使用旋转控制头;② 天然气钻井选专用增压机;③ 根据现场实际情况选用;④ 用于全过程欠平衡钻井。

对于钻具、井口特殊工具的配备要求见表 11-2-6。

表 11-2-6　欠平衡钻井钻具、井口特殊工具配置表

序　号	名　称	单　位	数　量
1	六方方钻杆[①]	根	1
2	六方方钻杆补心[①]	套	1
3	18°斜坡钻杆	m	根据具体情况确定
4	18°斜坡吊卡	只	≥3
5	旋　塞	只	根据具体情况确定
6	钻具止回阀	只	根据具体情况确定
7	旁通阀	只	1
8	空气锤	只	根据具体情况确定

注:① 仅当使用转盘钻时使用。

7. 井口压力控制设计

对于欠平衡钻井,井底压力通过环空液柱(钻井液和地层产出物的混合物)的密度、环空摩阻和地面节流管汇所产生的井口回压联合控制。相对于环空液柱密度的调节,井口回压的调节更具有灵活性和便捷性,合理的井口回压控制是欠平衡钻井的一项重要内容。表 11-2-7 给出了井口回压的控制范围和推荐措施。

表 11-2-7　欠平衡井口回压控制矩阵

		井口节流管汇回压 p			
		范围 1(p_1～p_2)	范围 2(p_2～p_3)	范围 3(p_3～p_4)	范围 4(>p_4)
地面产量 Q	范围 1 (0～Q_1)	最　佳	调整系统降低井口压力: —提高液体注入速率 —降低气体注入速率	提离井底,停止旋转: —提高液体注入速率,进行循环 —降低气体注入速率 —监测参数直到稳定	用防喷器关井
	范围 2 (Q_1～Q_2)	调整系统增大井底压力: —提高液体注入速率 —降低气体注入速率 —提高井口回压	停钻,提离井底 —循环和活动钻柱 —提高液体注入速率 —降低气体注入速率	提离井底,停止旋转: —提高液体注入速率 —降低气体注入速率 —提高井口回压	用防喷器关井

续表 11-2-7

		井口节流管汇回压 p			
		范围 1(p_1～p_2)	范围 2(p_2～p_3)	范围 3(p_3～p_4)	范围 4(>p_4)
地面产量 Q	范围 3 (Q_2～Q_3)	停钻,提离井底 —提高液体注入速率 —降低气体注入量 —提高井口回压	停钻,提离井底 —循环和活动钻柱 —提高井口回压 —监测井参数直到稳定	提离井底,停止旋转: —用高密度钻井液循环并调整气体注入速率 —监测井参数直到稳定	用防喷器关井
	范围 4 (>Q_3)	用防喷器关井	用防喷器关井	用防喷器关井	用防喷器关井

该井口回压控制矩阵应用时应针对具体项目,并依据项目施工过程中所采用设备的实际技术参数而定。矩阵充分考虑了欠平衡设备的控制能力以及地面分离系统最大的处理能力,其中各参数的含义如下所述。

井口节流管汇回压 p:

p_1——确保液体进入分离器的最小压力;

p_2——旋转控制装置动额定压力值的 50%;

p_3——取旋转控制装置动额定压力和节流管汇额定压力或主管线额定压力的 70%两个数值中的最小值;

p_4——取旋转控制装置静额定压力值的 70%、节流管汇额定压力或主管线额定压力两个数值中的最小值。

地面流量 Q:

Q_1——分离器额定处理能力的 60%;

Q_2——分离器额定处理能力的 75%;

Q_3——分离器额定处理能力的 90%。

在考虑地面分离设备处理能力的同时,还要考虑地面管线的冲蚀,最大管内流速不超过 55 m/s。

若产量大于 Q_3 或井口回压大于 p_4,应及时调整钻井液密度或井口回压值,使欠平衡钻井回到合理的控制状态。

8. 全过程欠平衡设计

全过程欠平衡是指在不压井的条件下实现欠平衡钻进、带压起下钻具、电测作业、完井作业等。

为了完成上述功能,除了配备常规的欠平衡钻井设备如旋转防喷器、液气分离器、控制系统、自动点火装置等设备外,还需要专门的设备。如需要完成不压井起下钻,主要设备分两类:一类是强行起下钻装置,用它来克服管柱在起出末期或下入初期时井内的上顶力;另一类是井下套管阀,用它来完成井下关井,使井口在不带压的情况下完成管柱起下。此外,为了完成不压井测井工作,还需要配备带高压密封装置的电缆防喷装置,以便实现带压测井。

二、控制压力钻井设计

1. 控制压力钻井方式及选择

控制压力钻井技术有多种实现形式，但其对井底压力控制的目标都是一致的。下面是几种常见的控制压力钻井应用形式。

1）井底恒压控制压力钻井

井底恒压控制压力钻井又称为当量循环密度（ECD）控制。设计时使用低于常规方式的钻井液密度进行近平衡钻井。循环时井底压力等于静液柱压力加上环空压耗。当起下钻或接钻杆时，循环压耗消失，井底压力处于欠平衡状态。此时应加入一定的地面回压，使井底压力保持一定程度的过平衡，以防止地层流体的侵入。理想的情况是静止时加入的地面回压等于循环时的环空压耗。井底恒压控制压力钻井的井筒压力分布情况见图 11-2-4。

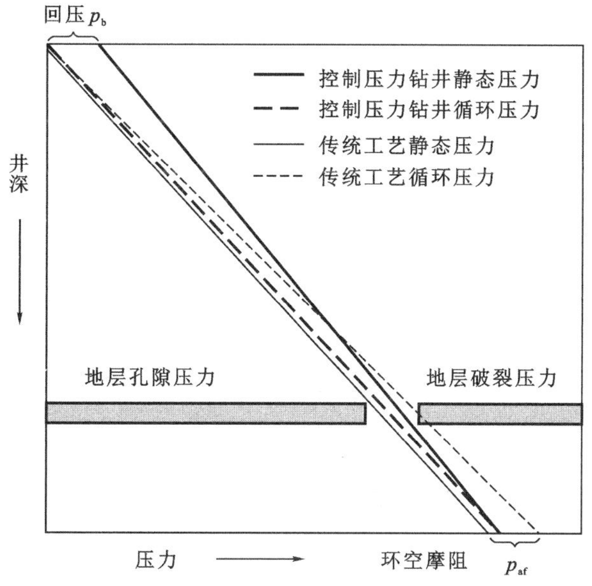

图 11-2-4 井底恒压控制压力钻井的井筒压力分布

井底恒压控制压力钻井无论是在钻进、接单根，还是在起下钻时均保持相对恒定的井底压力。通过井下测量数据和水力学模型计算结果的综合分析，及时调整控制压力钻井的控制参数，从而精确地控制井底压力，使之接近于恒定，避免压裂地层或发生井涌。

2）双梯度控制压力钻井

当井眼内有两种不同的钻井液密度梯度时称之为双梯度控制压力钻井。这种技术的典型实现方式是通过向同心双壁钻杆的环空、附着在套管外面的寄生管内注入低密度的介质来完成的。从连接点处开始注入空气、惰性气体、轻钻井液或者固体添加物以降低从该点到地面之间的钻井液密度。应用双梯度的目的是避免严重的过平衡，使井底压力不超过地层的破裂压力梯度，其井筒压力分布情况见图 11-2-5。

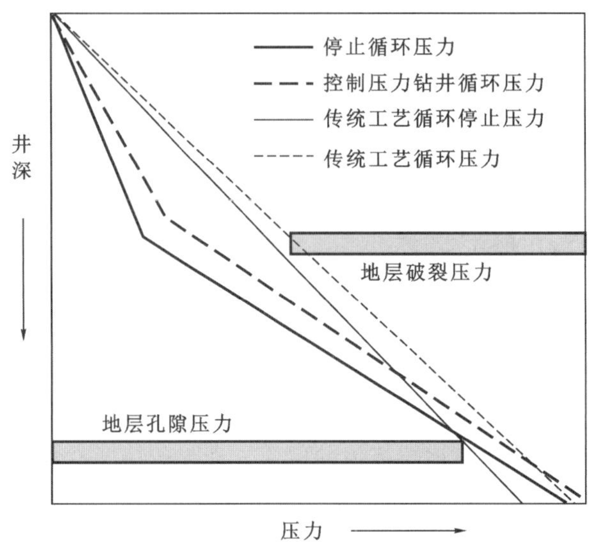

图 11-2-5　双梯度控制压力钻井的井筒压力分布

3）HSE 控制压力钻井

与敞开式循环系统相对比，HSE 控制压力钻井应用了密闭、承压的钻井液循环系统，一般在发生危险而被迫停钻时应用。

闭合式钻井液循环系统一般采用四相分离器，可有效防止钻屑和气体从钻台进入大气，因此可降低 H_2S 气体的含量，减少钻台闪火花的危险。由于该技术可对整个井眼提供精确的压力控制，本身就比常规作业更安全，可以更好地解决由于井下压力大幅度波动所造成的漏失、井涌现象。在钻遇潜在的危险地层时，该技术可提高安全性，保护环境。

4）泥浆帽钻井

参照 IADC 关于欠平衡和控制压力钻井的分类标准，泥浆帽钻井不属于控制压力钻井，而是单独的一类——C 类，是指“注入钻井液和岩屑进入漏失地层而不返至地面，在漏失层上面的环空内保持一段钻井液液柱”。而有时为了保证漏失地层的吸收能力，也通过地面对环空加压，形成加压泥浆帽钻井技术。由于该技术在设备和工艺上与欠平衡、控制压力钻井有很多类似，因此在这里也做一介绍。

泥浆帽钻井是一种处理严重井漏的钻井方法，把预先设计好的高密度钻井液通过旋转控制头泵入环空上部，这段“泥浆帽”起到封隔环空的作用；使用相对密度较小的钻井液来钻开压力衰竭地层，岩屑和通过钻杆注入的低密度钻井液漏进地层的裂隙中。该方法的井筒压力分布示意图见图 11-2-6。

适用范围：碳酸盐岩裂缝和溶洞油藏；全部或部分丧失循环地层；含酸性气体及 H_2S 地层。接收漏失钻井液、钻屑及地层流体的裂缝最好是非生产裂缝。井场附近可以找到足够多的低成本漏失钻井液，用于钻遇很多裂缝或洞穴性地层。

控制压力钻井技术主要用于解决由于窄密度窗口所带来的钻井复杂问题，因此对于一个地层是否适合采用控制压力钻井，以及适合哪一种控制压力钻井方式，必须根据每种控制压力钻井的特点和现场的实际情况综合分析选定。

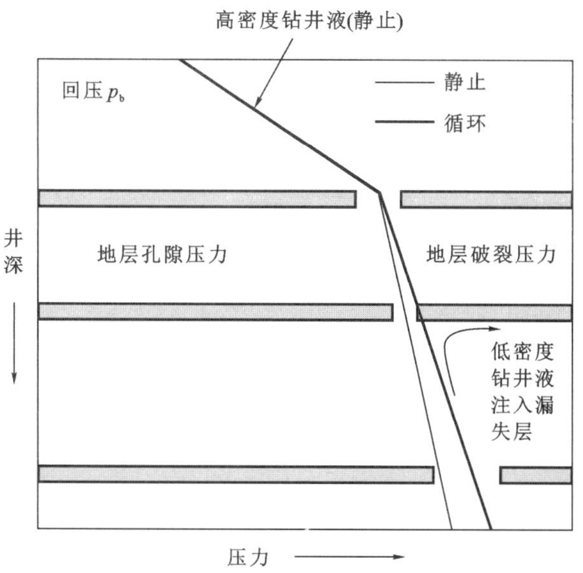

图 11-2-6 泥浆帽钻井的井筒压力分布

2. 井身结构设计

井身结构设计应考虑控制压力钻井可能导致的井壁失稳问题，技术套管应封隔可能的破碎带、易坍塌地层以及出水层，并尽可能封至要实施控制压力钻井段的顶部。

3. 钻井液密度和施工排量设计

液相控制压力钻井，按式(11-2-6)确定钻井液密度。

$$\frac{102(p_f - \Delta p - p_{af} - p_b)}{h_v} \geqslant \rho_m \geqslant \frac{102(p_p + \Delta p - p_{af} - p_b)}{h_v} \tag{11-2-6}$$

式中 p_f——漏失压力或破裂压力，MPa；

ρ_m——钻井液密度，g/cm³；

p_p——地层孔隙压力，MPa；

Δp——综合考虑设备控制精度、计算误差、操作水平对井底压力造成的波动，一般取 0.05 MPa；

p_{af}——环空压耗，MPa；

h_v——垂深，m；

p_b——井口回压，设计时一般取 0 MPa。

循环压耗的计算可作为停泵时施加回压值的参考。液相钻井液循环压耗的计算公式参照式(11-2-4)和(11-2-5)分紊流和层流计算。

在确定钻井液密度的大致范围之后，可用专业的计算软件进行详细的计算分析。图 11-2-7 所示的是一定的排量下不同钻井液密度在不同井深下的井底当量循环密度的变化范围；当确定一个合适的密度后，对这个密度在不同钻井排量下的井底当量循环密度进行计算(见图 11-2-8)。在这两个图中，当选中的钻井液密度和排量所计算的井底当量循环密度都在安全作业窗口之内时，就可作为设计的钻井液密度和施工排量。

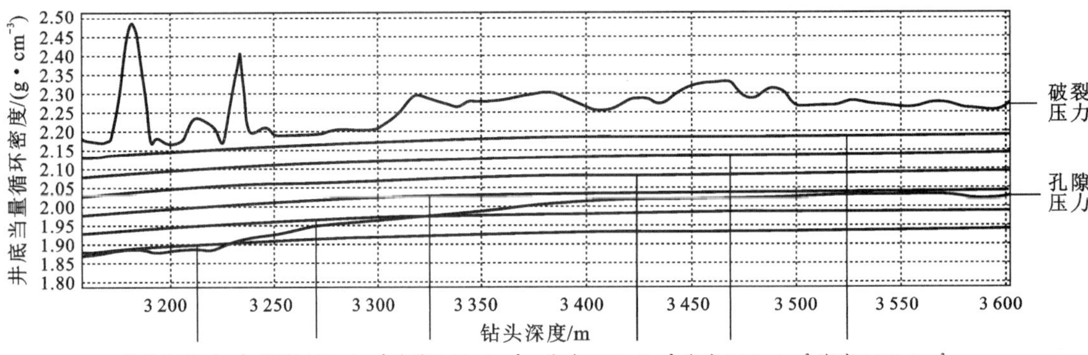

图 11-2-7　一定排量下不同钻井液密度的敏感性分析

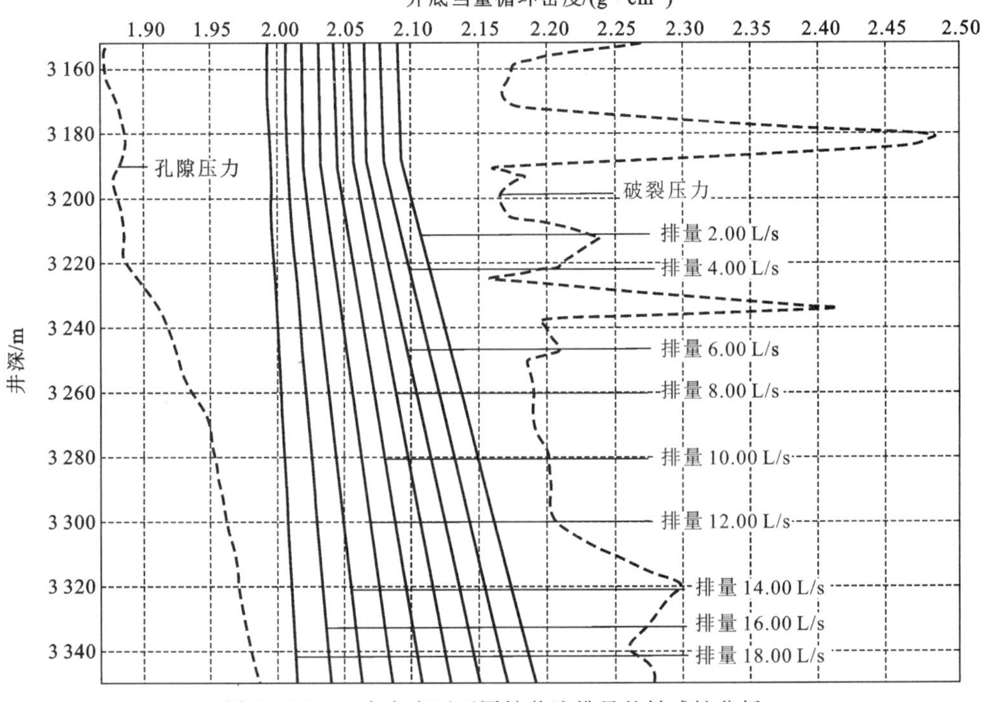

图 11-2-8　一定密度下不同钻井液排量的敏感性分析

4. 钻井液体系选择

由于在控制压力钻井时井底压力都大于或等于地层孔隙压力，因此控制压力钻井液和常规钻井液相比没有太大差异。根据 IADC 的分类，控制压力钻井流体类型有气体（空气、氮气等）、雾化、泡沫、充气以及常规的纯液相钻井液体系。为了保证井底压力大于等于地层孔隙压力，一般的控制压力钻井液类型为液相和充气类型。

5. 设备选择

控制压力钻井的设备配置和欠平衡钻井大致相同，由于控制压力钻井过程中没有流体产出，因此不需要配备撇油罐等处理油气的设备，但为了保证井口能施加回压，需要配置回压补偿泵。如果想更加精确、自动地控制井底压力，还需要配备自动节流管汇、随钻压力测量仪器PWD(Pressure While Drilling)及其他数据采集和监测系统。常用的井底恒压控制压力钻井设备配置见表11-2-8。其钻具、井口特殊工具配备和欠平衡钻井基本相同，见表11-2-6。

表11-2-8 井底恒压控制压力钻井设备配套表

配套装置		设备选择
压力控制装置	旋转控制头	√
	自动节流控制系统	√
	内防喷工具	√
	回压补偿泵	Δ
	套管阀	Δ
采集、监测装置	数据采集系统	Δ
	质量流量计	Δ
	PWD	Δ

注："√"必选，"Δ"可选。

6. 井口压力控制设计

控制压力钻井时，主要通过对井口回压、流体密度、排量、流体流变性、环空液位和井眼几何形态的综合控制，使整个井筒的压力维持在地层孔隙压力和破裂压力之间，有效控制地层流体侵入井眼，减少井涌、井漏、卡钻等钻井复杂情况。这些因素中最容易控制和调节的就是井口回压。和欠平衡钻井相比，由于在控制压力钻井时井底压力大于等于地层压力，地层没有产出，井控风险相对较低，为了保证设备安全和井控安全，一般设计的井口动压值不超过旋转防喷器额定动压的50%。控制压力钻井井口回压控制矩阵见表11-2-9。

表11-2-9 控制压力钻井井口回压控制矩阵

溢流状况	井口节流管汇回压 p		
	范围1(0～p_2)	范围2(p_2～p_3)	范围3(>p_3)
无溢流	最　佳	调整系统降低井口压力： —提高液体注入速率 —提高钻井液密度	用防喷器关井
溢　流	提高井口压力直至无溢流发生	用防喷器关井	用防喷器关井

注：p_2 为旋转控制装置动额定压力值的50%；p_3 为旋转控制装置动额定压力值和节流管汇额定压力或主管线额定压力的70%两个数值中的最小值。

1）开停泵时井口压力控制

由于停泵时随着环空摩阻的消失，井底压力下降，为了保持井底压力恒定，必须在井口施加一定的回压，同时为了保持井底压力的平稳，可以通过逐渐降低泵冲、增加井口回压的方式实现。图11-2-9所示为开停泵时为保持井底恒压井口回压与泵冲之间的关系图。

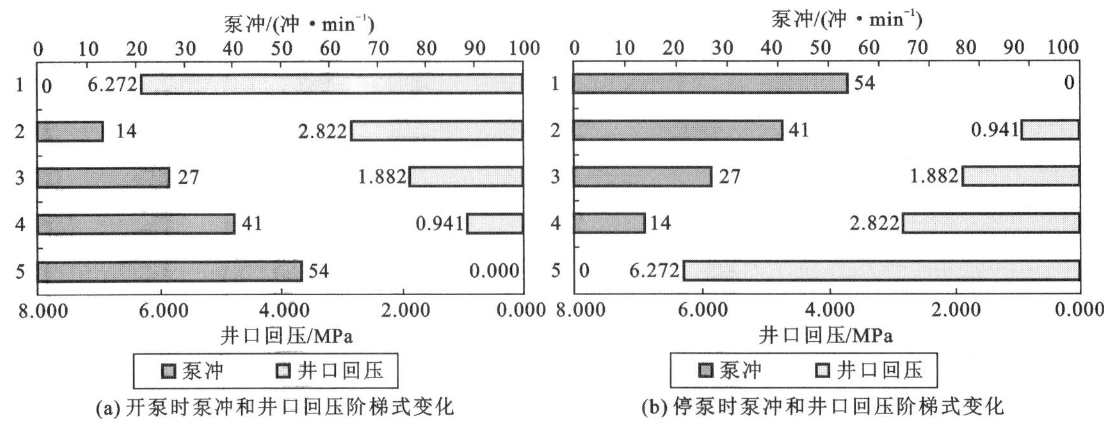

图 11-2-9 开停泵过程中泵冲和井口回压阶梯式变化图

2）起下钻压力控制

由于抽汲和激动压力的存在，造成井底当量循环密度波动，尤其在装有浮阀的情况下，下钻时的激动压力更大。通过井口加回压和适当放慢起下钻速度，控制当量循环密度在安全密度窗口内。需要计算在不同起下钻速度情况下，不同深度处的抽汲和激动压力值，然后在地面井口回压控制时考虑此计算值。

起钻时：

井口回压控制值＝钻进时井口压力控制值＋环空摩阻压力值＋抽汲压力

下钻时：

井口回压控制值＝钻进时井口压力控制值＋环空摩阻压力值－激动压力

第三节 欠平衡钻井和控制压力钻井常用设备和工具

欠平衡钻井和控制压力钻井常用设备和工具包括地面设备和井下工具。地面设备主要有旋转控制设备（旋转控制头或旋转防喷器）、地面节流管汇、分离器、点火管线、自动点火系统、回压泵、计量仪器、仪表等。井下工具主要包括止回阀、旁通阀、套管阀、随钻压力测量仪器（PWD）等。对于气体或充气欠平衡钻井，还需要配备空气压缩机、增压机等设备；如果采用氮气作为钻井流体，还需要有合适的制氮设备；如果采用泡沫作为钻井液，还需要配备合适的泡沫发生设备和注入设备。

一、旋转控制设备

旋转控制设备是欠平衡钻井和控制压力钻井最关键的设备之一，它安装在井口防喷器组的顶部，其作用是密封钻具（六方方钻杆、钻杆等）与井壁之间的环空，在要求的井口压力条件下允许钻具旋转，实施带压钻进作业，允许带压进行起下钻作业，与强行起下钻设备配合可以进行带压强行起下钻作业。

旋转控制设备品种类型较多，按作用形式分为被动式和主动式两种，采用被动式的主要有威德福公司的威廉姆斯系列旋转控制头、四川广汉公司生产的 XK 系列旋转控制头，采用主动式的主要有 Varco 公司的 Shaffer 旋转防喷器及加拿大高山公司的膨胀胶囊型旋转防喷器。其中，威廉姆斯 7100 型和四川广汉 XK35-17.5/35 系列旋转控制头都使用了双胶芯过盈密封，提高了密封的可靠性，可用于井口回压较高的欠平衡钻井和控制压力钻井，在现场得到了广泛的应用。

1. 被动式旋转控制装置

被动式旋转控制装置由壳体、锁紧液缸、卡箍、现场测试装置（包括井压传感器、试压塞等）、高压动密封旋转轴承总成等组成。此外还包括冷却、润滑动力装置、司钻控制台、密封胶芯等。冷却、润滑动力装置可对轴承进行连续强制润滑和冷却，最大限度地延长轴承的寿命，而且润滑系统为高压动密封旋转轴承提供高压润滑油，使轴承保持良好的工作状态。司钻控制台用于检测套压、润滑油压力，为夹紧装置提供动力并控制高压动密封旋转轴承总成的夹紧或松开，通过该装置可以监视旋转防喷器的操作状态。密封胶芯的作用是实现井筒和钻具之间的密封，防止井中高压流体外窜，属易损件。图 11-3-1 是威廉姆斯 7100 型旋转控制头结构图。表 11-3-1、表 11-3-2 分别是威廉姆斯旋转控制头型号、参数指标和 7100 型旋转控制头的技术参数。表 11-3-3 是四川广汉 XK35-17.5/35 型旋转控制头的技术参数。

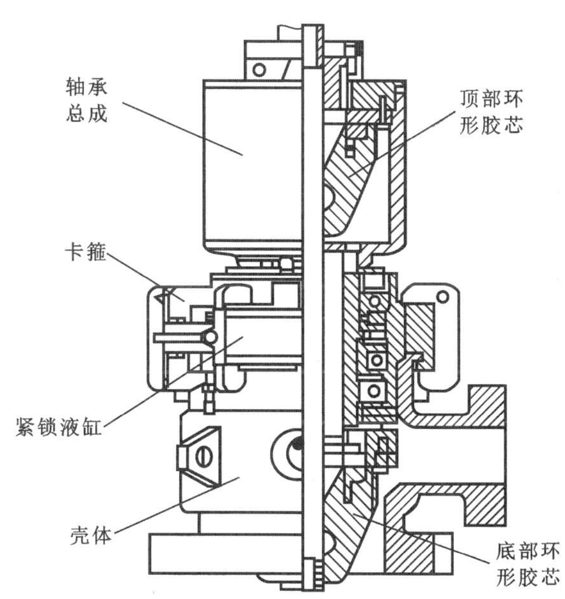

图 11-3-1 威廉姆斯 7100 型旋转控制头结构

表 11-3-1 威廉姆斯旋转控制头型号、参数指标

型　号	动压/MPa	静压/MPa	描　述
8000/9000	3.5	7	弹性密封（单胶芯）
IP1000	7.0	14	强制水冷却（单胶芯）
7000	10.5	21	轴承冷却（双胶芯）
7100	17.5	35	强制水冷却（双胶芯）

表 11-3-2 威廉姆斯 7100 型旋转控制头技术参数

旋转工作压力	17.5 MPa
静止压力	35 MPa
壳体承压能力	70 MPa
最大转盘转速	150 r/min
流体适用环境	抗硫化氢
主通径	350 mm/35 MPa API 标准法兰

续表 11-3-2

电　源	380 V/50 Hz,全天候防爆系统
出口法兰	180 mm API 标准法兰
密封钻具	76～152 mm 六方方钻杆,73～139.7 mm 钻杆
质　量	2 700 kg
套压传感器连接法兰	52.4 mm API 标准法兰

表 11-3-3　广汉 XK35-17.5/35 型旋转控制头技术参数

型　号	XK35-17.5/35
主通径	350 mm
工作压力	动压 17.5 MPa,静压 35 MPa
侧通径	180 mm
最大转速	120 r/min
密封钻具	76～139.7 mm 六方方钻杆,73～127 mm 钻杆
套压传感器连接法兰	52.4 mm API 标准法兰
总体尺寸	总高 1 798 mm,旋转总成外径 440 mm,壳体高度 930 mm

2. 主动式旋转控制设备

Varco 公司生产的 shaffer PCWD(Pressure Control While Drilling)旋转防喷器采用液压主动密封方式,它通过液压控制装置提供的压力挤压一个特制的球型密封胶芯来实现井筒与壳体、井筒与钻具之间的密封。它的主要结构和技术参数见图 11-3-2、表 11-3-4。

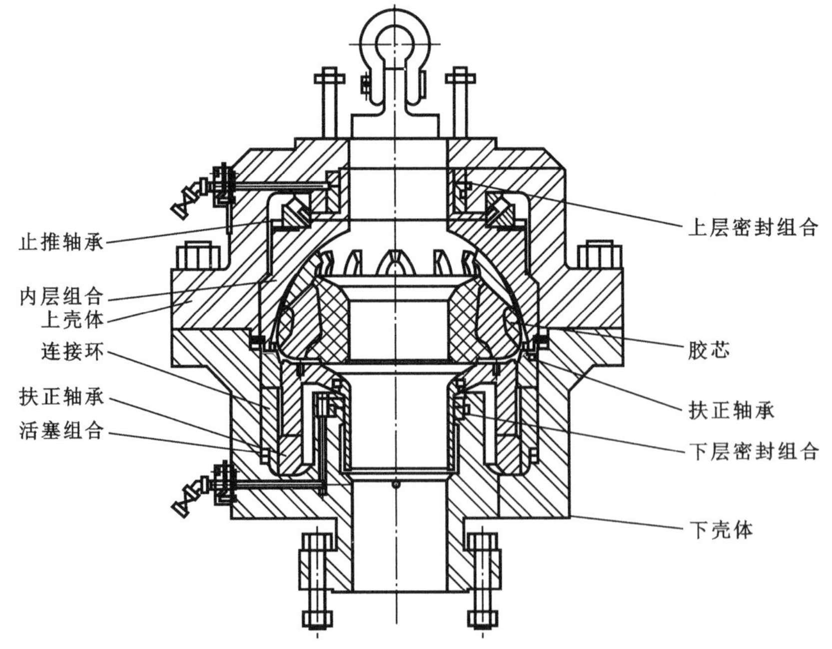

图 11-3-2　PCWD 旋转防喷器结构

表 11-3-4 PCWD 旋转防喷器技术参数

主通径	280 mm
最大旋转动密封压力	21 MPa 转速小于 100 r/min;14 MPa 转速小于 200 r/min
最大静密封压力	35 MPa
最大转速	200 r/min
顶部连接法兰	350 mm/35 MPa 6BX 法兰
底部连接法兰	350 mm/35 MPa 6BX 法兰
适用钻具	76～152 mm 六方方钻杆,73～139.7 mm 钻杆
工作介质	各类气体、泡沫、液相钻井液
主机外径	1 320 mm
主机高度	1 245 mm 底部法兰连接,1 080 mm 底部栽丝法兰连接
主机质量	5 980 kg

二、地面节流管汇

在欠平衡钻井和控制压力钻井过程中始终要使用节流管汇,它的主要用途是通过调节液动节流阀或手动节流阀的开度大小来控制井口回压,保持井底压力在合理的水平之内,同时排放钻井液,以满足欠平衡钻井和控制压力钻井需求。欠平衡钻井和控制压力钻井节流管汇独立于钻井队标配的节流管汇,现场安装时两种管汇彼此完全独立。欠平衡节流管汇与控制压力节流管汇相比,由于要处理地层产出流体,所以具有较大的通径;而控制压力钻井节流管汇更注重对井口回压的精确控制。

按照国际上的划分标准,节流管汇可以划分为三代。第一代类似于钻井队常用的节流管汇,通过手动调节节流阀的开度来控制回压。第二代为自动节流管汇,可以输入要控制的压力,系统自动调节节流阀开度,从而控制回压,而且系统有自反馈功能,能够自动将回压稳定在输入值。第三代为智能型节流管汇,它有三种工作方式:第一种为水力学计算方式,通过水力学计算井底压力,根据设定的模式(欠平衡钻井模式、控制压力钻井模式)实时调节回压泵的排量和节流阀的开度;第二种是和井底压力测量仪器进行实时通信,通过实测的方式来得到井底压力的数据,进而通过地面调节来保持一定的井底压力;第三种是人工干预方式,通过地面输入要控制的回压值,由系统自动调节,相当于第二代节流管汇的功能。

1. 常规欠平衡节流管汇

欠平衡钻井过程中必须始终使用节流管汇,它的主要用途是通过调节液动节流阀或手动节流阀开关度的大小来保证立压不变,防止套压过大,同时排放钻井液和产出物,以满足欠平衡钻井工艺的要求。

节流管汇一般都配有手动和液动两个节流阀,液动节流阀通过远控台进行控制(见图 11-3-3)。常用的节流管汇额定工作压力为 35 MPa 和 70 MPa,一般要求节流阀的公称通径不小于 65 mm,节流管汇的公称通径不小于 103 mm。

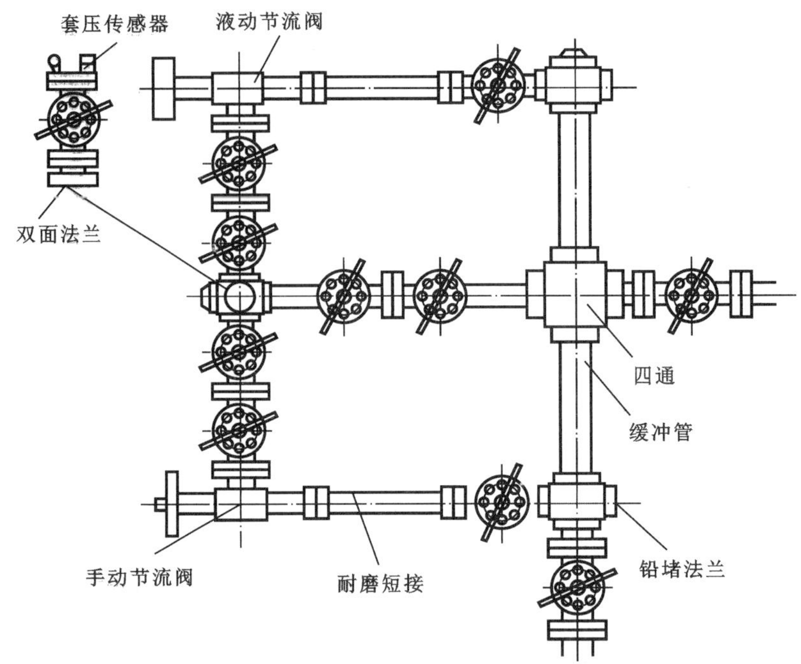

图 11-3-3 常规欠平衡节流管汇

2. 自动节流管汇

自动节流管汇采用先进的嵌入式 CPU 作为现场控制机的核心。电动泵提供高压液压油，储存于气囊压缩储能器中，供驱动节流管汇液动节流阀阀芯的移动。套压、立压、节流阀芯阀位等技术参数能同时数码显示，U 盘记录。也可通过 RS-484 通信接口，传输施工数据至上位机，进行实时监测、数据回放、曲线描绘、下传控制参数等各种功能。

自动节流管汇有三个流体通道，中间通道可直接放喷，双翼分别节流、控制井口压力。液动筒形节流阀一侧通道通过智能控制系统对液动筒形节流阀进行远程自动、手动控制，节流控制井口套压；另一侧手动筒形节流阀通道直接手动操作手动筒形节流阀，节流控制井口回压，进行欠平衡和控制压力钻井。

四川广汉公司生产的自动节流管汇主要技术指标见表 11-3-5。

表 11-3-5 自动节流管汇及控制系统参数指标

节流管汇参数	指　标	控制系统参数	指　标
节流管汇通径/mm	103	自动调节回压范围/MPa	0～10.5
额定工作压力/MPa	35	手动调节回压范围/MPa	0～35.5
自动调节回压范围/MPa	0～10.5	液压系统电动泵	电源 380 V AC，电机功率 0.55 kW，转速 1 420 r/min
手动调节回压范围/MPa	0～35	蓄能器	公称容积 4 L，额定工作压力 10.5 MPa
工作温度/℃	－29～＋121	油箱容积/L	45

续表 11-3-5

节流管汇参数	指　标	控制系统参数	指　标
管汇质量/kg	3 900	控制箱质量/kg	800
外形尺寸/(mm×mm×mm)	3 200×1 800×1 300	外形尺寸/(mm×mm×mm)	860×940×1 200

3. 智能节流管汇

智能节流管汇一般拥有智能控制单元，可以自动实现回压的连续调节，精度较高；可以采集钻井液入口流量、立压、出口流量、套压等关键钻井参数；检测漏失、溢流，识别假井涌，并以此作为依据向自动节流管汇发出指令，调节地面回压、控制井底压力。该系统可以通过不同的方法实现以下功能：手动或自动控制压力，包括控制井底压力、地面回压、立压等；自动检测和控制井涌，测定孔隙压力和破裂压力；自动检测多种常规的钻井事故等。

三、分离器

1. 液气分离器

在欠平衡钻井和控制压力钻井过程中，为了处理钻进过程中地层产出的气体，使钻井流体能维持正常的循环，必须使用液气分离器，将气体从钻井液中分离出来，分离后的钻井液继续入井。实现液气分离主要采用重力沉降法和离心法。重力沉降法原理简单，实现方便；离心法结构复杂，设备要求高，而且在密闭状态下不易实现，所以一般采用重力沉降法。分离器按照放置形式分为立式和卧式两种，大多采用立式。

图 11-3-4 为立式液气分离器结构示意图，主要由底座、罐体、折流板、支架、U 形管、进液管线、出气管线等组成。

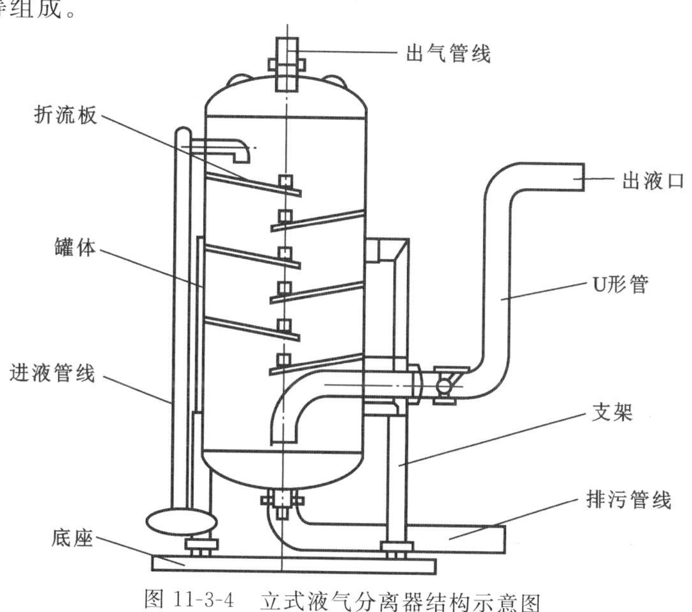

图 11-3-4　立式液气分离器结构示意图

工作原理：带有一定压力的液流从进液管线进入分离器后，由于分离器直径较大，体积突然放大，钻井液中的大气泡破裂，游离气体从液相中分离出来，其中气体密度小，向上运动从排气管中排出，而液体在重力作用下向下运动，经过折流板多次折流，较小气泡继续破裂、分离，提高了分离效率，最后达到分离的目的。分离器工作压力为 1.2～1.8 MPa，液体处理能力为 4 000～8 000 m^3/d，气体处理能力为 1×10^5～5×10^5 m^3/d。

2. 四相分离器

四相分离器可以在密闭的条件下将钻井液中的气、原油及岩屑进行分离和处理，在整个作业的过程中不会对环境造成污染。因此，四相分离器应用于欠平衡钻井施工中，不但可以代替液气分离器、撇油罐等敞开式装置，更重要的是可解决含硫地层欠平衡钻井作业的安全问题。

四相分离器有立式和卧式两种结构形式。立式四相分离器一般有两个罐体，第一个罐体首先对钻井液中的气相和岩屑进行粗略分离，第二个罐体对气相、油以及岩屑进行精细分离。该种形式的四相分离器对气相及岩屑分离效果较好，主要应用于含气地层的钻探。卧式四相分离器一般罐体较长，给罐体内的流体提供了平稳分层的时间，其特点是对钻井液中原油分离效果较好。图 11-3-5 为卧式四相分离器示意图。

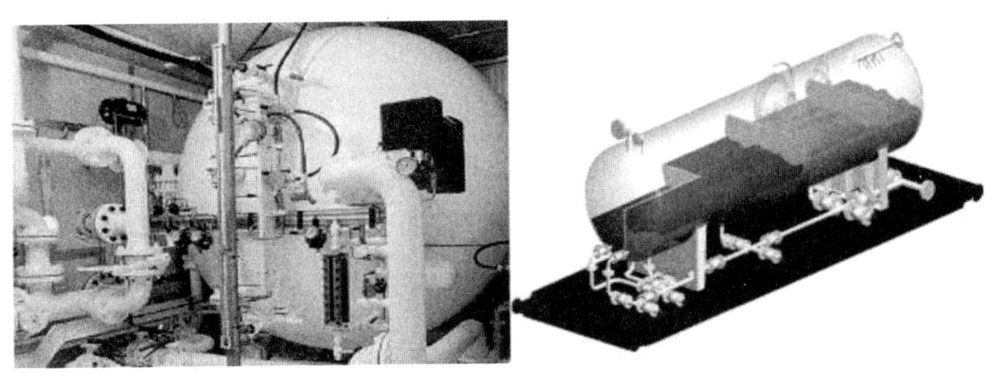

图 11-3-5　卧式四相分离器示意图

四相分离器的选用根据具体地质情况而定。表 11-3-6 列出了四相分离器的主要技术参数。

表 11-3-6　四相分离器主要技术参数

厂　家	Halliburton	Alpine	Micoda	Veteran	广　汉
罐体数量/个	2	1	1	1	2
罐体尺寸(直径×长度)/(m×m)	2.3×3.1	3.13×6.1	2.1×5.5	2.73×12.2	2.4×5.7
容积/m^3	27	25	16.3	67	16.28
额定最大压力/MPa	1.8	1.75	2	1.38～3.45	1.5
最大钻井液处理量/($m^3\cdot h^{-1}$)	231	265	132.5	230	240
最大气体处理量/($m^3\cdot h^{-1}$)	58 000	90 000	40 000	40 000	50 000

四、井下工具

1. 止回阀

为了防止在接单根时地层流体进入钻杆，在欠平衡和控制压力钻井时底部钻具上必须安装止回阀。现场常用的止回阀有舌板式和箭式两种结构。相对而言，舌板式止回阀不易发生固相堵塞，抗冲蚀能力更强，但箭式止回阀具有更好的密封效果，尤其是在水平井段，因此现场根据不同的情况选用不同的止回阀，有时还将两种止回阀串联使用。图 11-3-6 是舌板式和箭式止回阀阀芯示意图。

虽然在一般的欠平衡管柱上安装上面两种结构的止回阀就可以起到防止钻井液回流的目的，但在高风险或者钻井液密度较高、固相含量较高的情况下，为防止止回阀冲蚀后钻柱无法密封，一般还要在止回阀的上部安装投入式止回阀。投入式止回阀由止回阀外壳体和芯子两部分组成。外壳体内有止动环和锯齿形槽，芯子由阀体、卡瓦、上下挡圈、胶筒、钢球、弹簧等组成(见图 11-3-7)。当下部止回阀失效时，将芯子投入钻杆内，开泵循环使阀芯落入壳体内，卡瓦卡在槽内，胶筒密封芯子和壳体之间的孔隙，从而形成一个止回阀。

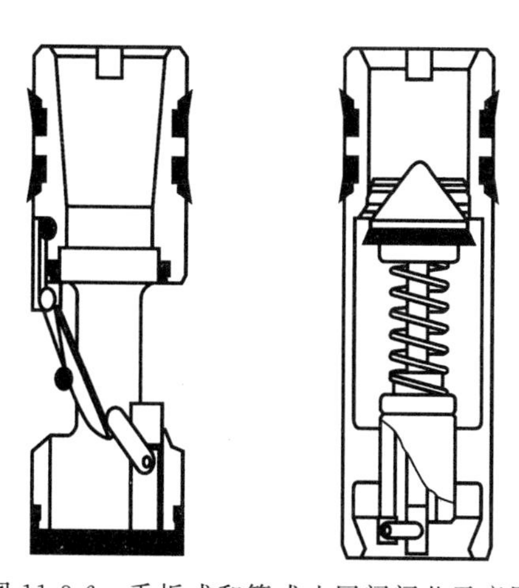

图 11-3-6　舌板式和箭式止回阀阀芯示意图

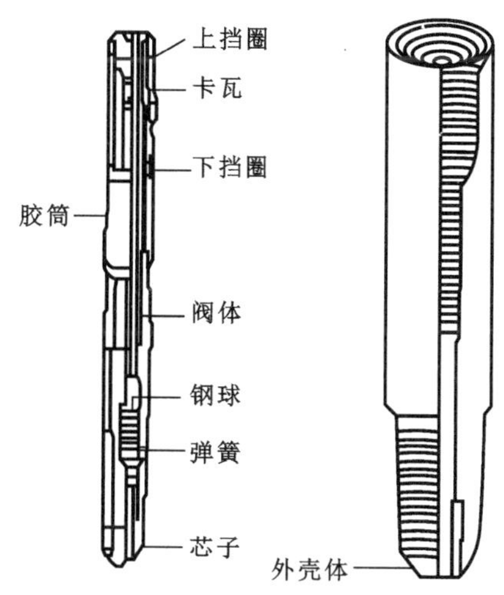

图 11-3-7　投入式止回阀

2. 旁通阀

在欠平衡钻井和控制压力钻井过程中，为了进行中途测试或钻头水眼被堵时进行压井，根据具体要求在钻具组合中安装旁通阀，以便建立循环。图 11-3-8 为常熟石油机械厂生产的 FDF 旁通阀结构示意图。其工作原理是:旁通阀接在止回阀上面，当需要打开时从井口向钻具水眼内投入专用钢球，钢球下落坐在密封滑套上，靠液力推动密封套剪断销钉打开旁通阀，使钻具内外连通，建立循环通路。其技术指标见表 11-3-7。

3. 井下套管阀(Downhole Deployment Valve)

威德福公司在2002年成功研制了井下套管阀，它是一种在起下钻和完井过程中用于隔

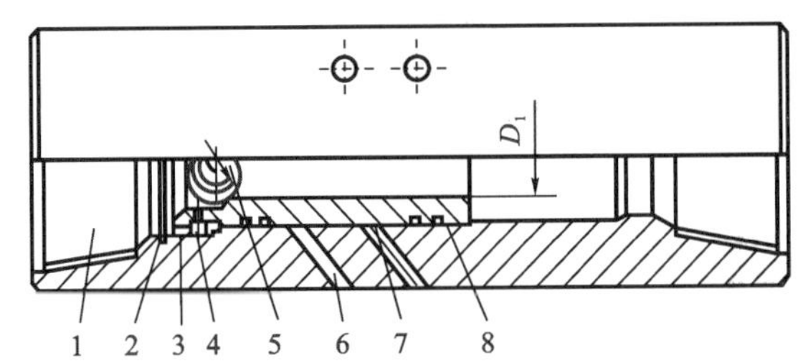

图 11-3-8　FDF 旁通阀结构示意图

1—上部螺纹；2—弹性挡板；3—剪销座；4—剪销；5—钢球；6—旁通孔；7—密封滑套；8—O 形密封圈

表 11-3-7　FDF 旁通阀性能指标

项　目	性能指标	项　目	性能指标
规　格	FDF-159	工作介质	钻井液
剪销压力/MPa	8	适用井眼尺寸/mm	215.9
密封滑套水眼直径/mm	Φ45	钢球直径/mm	Φ50
密封压力/MPa	32	上下连接扣型	NC46
外形尺寸/(mm×mm)	Φ159×600		

离油气的井下工具，其主要部件(见图 11-3-9)包括井下套管阀本体、两条液控管线、控制柜。为了防止液控系统失效而使井下套管阀不能通过液控管线打开，还包括一个强制性机械打开工具。套管阀本体连接在上层套管上，通过套管柱下入井内，通过卡箍将液控管线固定在套管外壁上，出口经过套管头连接到地面控制柜上，通过地面柱塞泵的打压来开关套管阀。

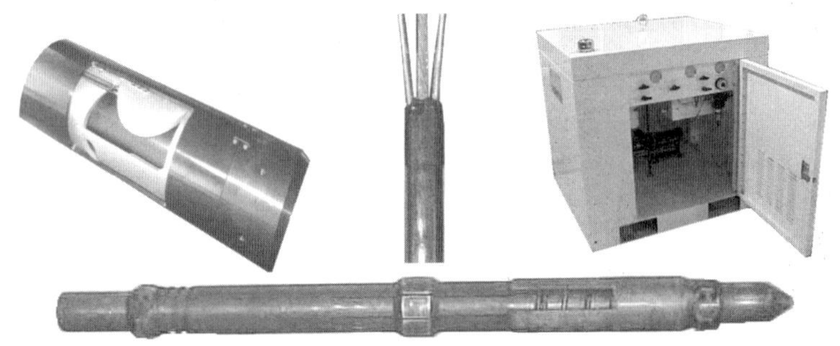

图 11-3-9　套管阀本体、液控管线、控制柜、打开工具

威德福公司的井下套管阀在现场得到了广泛的应用，成功进行了不压井起下钻、不压井下筛管、不压井下油管等作业。其技术指标见表 11-3-8。

表 11-3-8　威德福公司的井下套管阀性能参数

尺寸/mm	最大外径/mm	最小内径/mm	最大抗压、压差/MPa			抗拉/kN	最高温度/℃	阀瓣类型	接　头
			内　压	外　压	压　差				
177.8	215.9	159.4	35	35	35	2 669	148.9	舌瓣型	用户自定
177.8	209.6	154.8	35	35	35	2 669	148.9	舌瓣型	
177.8	211.1	154.8	70	56	70	3 559	148.9	舌瓣型	
244.5	304.8	220.5	35	35	35	3 781	148.9	舌瓣型	

威德福公司井下套管阀使用程序(见图 11-3-10)为:

(1) 常规下钻至接近套管阀的上方,关闸板防喷器并加压至套管阀开启(见图 11-3-10a);

(2) 通过地面控制柜打压打开套管阀,将井口压力降至安全井口流动压力,打开闸板防喷器,利用旋转防喷器控制下钻(见图 11-3-10b);

(3) 开始正常的欠平衡钻井程序(见图 11-3-10c);

(4) 利用旋转防喷器控制起钻至套管阀以上(见图 11-3-10d);

(5) 通过地面控制柜打压关闭套管阀,泄掉套管阀以上的套压,按常规作业方式从井中起出钻柱(见图 11-3-10e)。

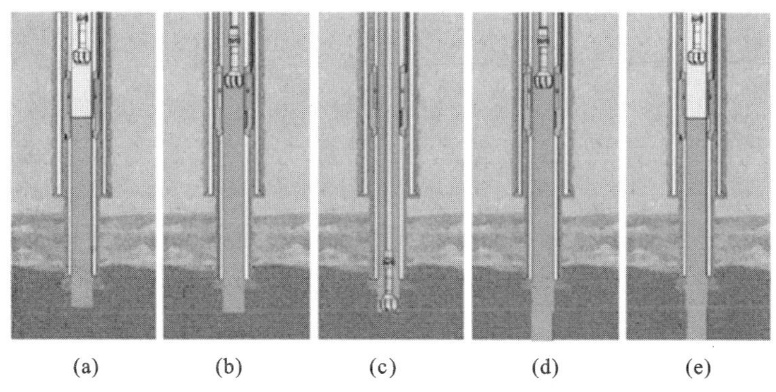

图 11-3-10 井下套管阀应用时的起下钻顺序

新疆石油管理局钻井工艺研究院生产的井下套管阀和威德福井下套管阀具有类似的结构和性能,并且能对套管阀下面的压力进行测量,其产品规格及性能参数见表 11-3-9 和表 11-3-10。

表 11-3-9 新疆井下套管阀规格尺寸

型 号	规格/mm	最大外径/mm	最小内径/mm	总长/mm
FJQ245	244.5	310	220	2 395
FJQ178(Ⅰ)	177.8	210	152	2 400
FJQ178(Ⅱ)	177.8	216	158	2 400

表 11-3-10 新疆井下套管阀性能参数

型 号	规格/mm	抗内压/MPa	抗挤/MPa	抗拉/kN	密封压力/MPa	开关次数/次	下深/m
FJQ245	244.5	66	61	6 870	35	75	2 200
FJQ178(Ⅰ)	177.8	65	43	3 800.	35	75	2 200
FJQ178(Ⅱ)	177.8	65	43	3 800	35	75	2 200

当井内压力对管柱的上顶力超过管柱自重时就会发生“管轻”现象,管柱在井内刚好发生管轻现象的点称为“管轻点”。在该点处管柱的浮重与上顶力相平衡,在该点以下位置,管柱浮重大于上顶力。在下入井下套管阀前,应预测可能产生的最高套压,井下套管阀的下入深度应不小于发生管轻的深度。同时考虑到钻井、完井过程中下部的不规则井下工具的长度,套管阀的下深应该大于这些工具的总长。除此之外,影响井下套管阀下入深度的因素还有固

井方式、液压油的循环压耗、液压副管的承压能力等。

套管阀下入深度越深，正常起下钻的时间就越长，钻井效率就越高，但套管阀的开关时间和可靠性相对降低。总之，为了更好地达到井下套管阀的应用效果，应该依据实际情况对比分析，计算出井下套管阀安装的最佳位置，从而使该工具能够更好地体现其优越性和良好的工作性能。

五、强行起下钻装置

强行起下钻装置用于克服起下管柱时的上顶力，目前全液压强行起下钻装置占主导地位。制造强行起下钻装置或提供强行起下钻技术服务的公司超过 10 个，主要有 Hydra Rig，CUDD，Halliburton，Weatherford 及四川石油管理局等。

1. Hydra Rig 公司的强行起下钻装置

Hydra Rig 公司的强行起下钻设备分为短冲程强行起下钻设备和长冲程强行起下钻设备。短冲程强行起下钻设备适用于任何井口高度，长冲程强行起下钻设备可提高管柱起下速度。

短冲程强行起下钻设备共有五种型号（HRS-150，HRS-225，HRS-340，HRS-460，HRS-600，见表 11-3-11），这五种型号设备的大钩提升能力从 666.8 kN 到 2 669 kN，下推能力从 293.3 kN 到 1 155.8 kN。现有 3.048 m 到 4.267 m 的冲程可供选择。每台设备在移动头上都配有整套的旋转头、防喷盒、卡瓦筒、人字架和双平衡绞车，规格齐全，可满足起下管柱的要求。

表 11-3-11　短冲程液压起下钻设备技术参数

型　号	HRS-150	HRS-225	HRS-340	HRS-460	HRS-600
最大提升能力/kN	666.8	1 044.6	1 511.4	2 044.8	2 669
最大下井能力/kN	293.3	533.4	835.7	980.7	1 155.8
功率/kW	169.2	224.3	224.3	279.5	279.5
转盘扭矩/(kN·m)	3.79	6.77	8.94	13.55	27.10
卡瓦规格/mm	25.4～73.0	25.4～139.7	25.4～193.4	25.4～219.1	25.4～219.1
冲程(标准型)/mm	3 048	3 048	3 048	3 048	4 267
最大通径/mm	203.2	279.4	279.4	279.4	381

长冲程强行起下钻设备有 HRL-120 型和 HRL-142 型两种（见表 11-3-12），均为提高起下管柱的速度而设计的。滑车通过滑轮系统运行，冲程为 10.97 m，这样每小时可起下 100 根单根。采用标准双速操作系统，设备的移动头内都配有完整的转盘，在滑车运动时做双向旋转。整个系统都可以从工作台进行液压控制，标准作业时只需三人，同时系统的故障自动保险连锁系统可保证操作员的安全控制。这种设备现有橇装、拖装和车装三种形式，可供陆上和海上油田应用，根据具体的应用可配用各种不同的设备。

表 11-3-12　长冲程液压起下钻设备技术参数

型　号	HRS-120	HRS-142
最大提升能力/kN	524.5	631.2
最大下井能力/kN	2 667.2	3 156.1
功率/kW	169.2	224.3
转盘扭矩/(kN·m)	4.06	4.06
卡瓦规格/mm	25.4～73.0	25.4～139.7
冲程(标准型)/mm	10 972.8	10 972.8
最大通径/mm	203.2	203.2

2. 四川 600 kN 强行起下钻装置

四川石油管理局研制的 600 kN 强行起下钻装置主要由游动卡瓦、固定卡瓦、液缸、固定装置、机泵组、液压控制系统和管汇等部件组成。它的主要特点如下：

(1) 卡瓦系统更加安全可靠。

(2) 整个装置不仅具有防顶能力，而且还有提升能力。

(3) 液缸的行程大、速度快且运行平稳。

(4) 可提高整个装置的安全性和可靠性。

(5) 操作控制台更加小巧、方便。

(6) 现场安装快速、方便，适应性强。

主要技术参数见表 11-3-13。

表 11-3-13　600 kN 强行起下钻装置技术参数

性能参数	技术指标
额定提升负荷/kN	600
起下最大行程/m	3.5
额定加压防顶力/kN	300
承受最大向下负荷/kN	1 000
公称通径/mm	280
最大下入管串速度/($m \cdot min^{-1}$)	21.0
最大起升管串速度/($m \cdot min^{-1}$)	12.3
发电机装机容量/kW	300
可加压的管串规格/mm	钻杆:50.3～139.7 钻铤:88.9～177.8 套管:114.3～177.8 油管:38.1～101.6

利用强行起下钻作业设备可以对使用裸眼完井、衬管完井等完井方式的井进行欠平衡完井，而对于管外封隔器(ECP)完井则必须考虑封隔器的数量以及下入时的井口密封问题。

六、气体钻井设备和工具

1. 空气压缩机

空气压缩机是提供空气钻井所需空气的主要设备。根据压缩形式可分为旋转叶片式、直瓣式、往复活塞式和旋转螺杆式。油田钻井作业应用最广泛的是螺杆式空气压缩机，它具有体积小、重量轻、操作维护方便、适应性强、可靠性高等特点。

空气压缩机要求具有连续 100 h 以上的工作能力，选用时应考虑海拔及环境温度对工作效率的影响（一般要求工作高度小于海拔 3 000 m，环境温度为－10～50 ℃），以满足野外施工作业需要，其输出的最大工作压力一般为 1.75～2.45 MPa。单台空气压缩机的输出气量一般为 25～42 m^3/min。空气钻井作业时，根据不同的井眼尺寸、井下出水等情况，配备多台空气压缩机，以机组形式并联使用，提供压缩空气，以满足空气钻井需要的空气量。

空气压缩机的主要生产厂家有美国寿力、阿特拉斯、英格索兰、复盛、成都压缩机厂和天津凯德公司等，不同机型空气压缩机的基本参数见表 11-3-14。

表 11-3-14　不同机型空气压缩机基本参数

厂　家	机组型号	压缩级数	额定压力/MPa	额定排量/($m^3\cdot min^{-1}$)	质量/kg	最高温度/℃	适合海拔/m
美国寿力	900XHH	2	3.45	25.5	6 917	50	4 267
	1050XH	2	2.41	29.8	6 917	50	4 267
	1150XH	2	2.41	32.6	6 917	50	4 267
	1350XH	2	2.41	38.3	6 917	50	4 267
	1500XH	2	2.41	42.5	6 917	50	4 267
阿特拉斯	XRVS976CD	2	2.50	27.2	5 500	50	5 000
	XRVS476CD	2	2.50	27.6	6 800	45	5 000
	XRVS1250CD6	2	2.50	36.1	7 557	50	5 000
英格索兰	XHP900WCAT	2	2.41	25.5	5 757	50	5 000
	XHP1070WCAT	2	2.41	30.3	6 609	50	5 000
	XHP1170WCAT	2	2.41	33.1	6 609	50	5 000
复　盛	PDSK900S	2	2.45	25.5	6 350	50	5 000
成都压缩机厂	LK-35/2.5-3QZ	2	2.5	32.5	7 900	50	5 000
天津凯德	UBD1150/2.0	2	2.41	32.5	7 600	50	4 267

2. 增压机

增压机的作用是将来自空气压缩机的空气提升到更高的压力，以满足空气钻井的压力要求。气体钻井用增压机一般为往复活塞式增压机，采取的增压方式有单级、双级或多级增压。生产中应用最广泛的为双级或多级增压机，具有压力范围广、适应性强、热效率较高、排气量可在较大的范围内变化，且对制造加工的金属材料要求不苛刻等特点。但不足之处在于：体积和质量大，结构复杂，易损件多，气流有脉动，运转中有振动等。一般适用于中、小流量及压力较高的条件。

通常一台增压机能处理两台或多台空气压缩机提供的空气，要求空气进气压力为 0.8～1.4 MPa，单台增压机的额定压缩空气量为 50 m^3/min，最高工作压力可以达到 15 MPa。不同型号的增压机的基本参数见表 11-3-15。

表 11-3-15　不同型号增压机的基本参数

型　号	厂　家	压缩机结构形式	压缩级数	进气压力/MPa	排气压力/MPa	排气量/($m^3 \cdot min^{-1}$)	质量/kg
FY400	成都压缩机厂	四列对称平衡式	3	1.0～2.2	7.5～17	34～70	17 000
E3430	天津凯德		3	1.0～2.2	17	60	130 00
飓风 855-62	美国飓风	V 型	1	1.0～2.2	6.2	97.7	7 800
			2	1.0～2.2	14.9	65.1	
Joy WB-12	Joy		2	1.24～3.45	2.07～18.6	34～105	14 642

3. 制氮设备

在气体钻井过程中采用氮气作为钻井液是气体钻井的一种常用形式，它具有气体钻井的所有优点，同时又具有其他气体钻井形式所不具备的特点，即安全性、廉价性、无限性、易得性。氮气钻井与空气钻井相比，由于空气中含有大量助燃剂氧气，当用空气钻井钻探至储层附近时，易发生爆炸并造成井下着火或井下设备严重损坏，而氮气钻井则可以有效避免这种情况的发生，因此具有非常高的安全性。综合其他特点，氮气钻井已成为储层段气体钻井最合适的替代形式。氮气之所以具有廉价性、无限性、易得性，是因为它是空气的主要组成成分，可以从空气中提取。常用的现场制氮方法是空心纤维隔膜制氮方式。

空心纤维隔膜制氮可以从压缩空气中直接制备气态氮。该系统使用一种高分子聚合物，聚合物被制成一些直径很小的空心纤维，这些空心纤维捆扎在一起形成被称为模块的管子。空气压缩机在一定压力下将空气输送到空气冷却器使其冷却，再经过一系列的过滤器除去空气中的污染物如灰尘、压缩机的润滑油、大气中的水分等，然后将压缩空气输入膜滤器中。

压缩空气沿每根膜向前流动，膜对气体的吸附扩散速率不同，其中氧气和水蒸气分子扩散的速度要比氮分子快得多，于是便产生了分离作用，氧气和水蒸气先被排放到大气中，而氮气因扩散速度相对慢而后被排出并收集，从而制备出氮气。分离的氮气输送到增压机，再输送到注入管汇。

膜制氮设备简单、供气连续，是一种方便可行的氮气源。用这种方法生产的氮气不需要低温罐，只需要一个冷却器和一组过滤器，几乎没有运动部件，可以安装在小型橇架上，轻便、易于运输和现场安装，适于现场制取氮气，常与常规空气钻井中使用的增压系统一起使用。

该设备的优点是降低钻井成本，制氮流量的范围很宽；缺点是受温度影响，不同的膜制氮设备需要在不同的最佳工作压力和工作温度下才能获得所需的氮气纯度。

使用这种膜滤装置生产的氮气纯度很容易控制，通过改变空气输送速度、膜数和过滤器组的回压即可实现，能控制的纯度范围为92%～99.5%，氮气最高纯度可达99.9%。

威德福公司NPU800制氮增压系统的特点如下。

(1) 组成：空压机、冷却和清洁系统、增压器和控制系统。

(2) 特点：一台柴油机驱动空压机和增压机，结构紧凑，放在9 m×5 m橇座上，占地面积小，节省运输工具。

(3) 柴油机性能参数：输出功率560 kW，最大转速1 800 r/m，最大燃油量126.69 L/h。

(4) 空压机参数：输入功率335 kW，排出压力2.45 MPa，排量33.04 m^3/min。

(5) 膜制氮装置：型号NPU800，输入压力2.45 MPa，在氮气纯度95%的条件下最大注气量为21.225 m^3/min，氮气回收率52%～66%。

(6) 增压器参数：输出压力为28 MPa，在氮气纯度95%的条件下排量为21.225 m^3/min。

4. 雾化泵

雾化泵用于钻井方式需要转化为雾化钻井或泡沫钻井的作业。中国石油勘探开发研究院研制的WHBJ-02型雾化泵具有调节流量方便、多挡变速传动、泵排量输出范围宽的特点。采用的增压机输出压力一般为14～15 MPa，雾化泵的输出压力为16 MPa，系统的输出流量为0.3～6 L/s，无级可调。雾化泵的基本参数见表11-3-16。

表11-3-16 雾化泵的基本参数

厂 家	型 号	结构形式	最大排量/(L·s^{-1})	最高工作压力/MPa	排量调节
中国石油勘探开发研究院	WHBJ-02	双电机双泵	6	16	无级调节
川庆钻采研究院	GYWB15-38	三缸泵	10	16	无级调节
天津凯德	165T-5M	三缸泵	6.2	16	换挡分级调节
国民油井	165T-5M	三缸泵	3.75	18	换挡分级调节
	Precision165T-5M	三缸泵	5.8	19	换挡分级调节
	KM3300XHP	三缸泵	3.15	14.3	换挡分级调节
	GD 65T(TAC)	三缸泵	3.15	18	换挡分级调节

5. 空气锤

空气锤位于钻柱的最下端，其活塞与钻头直接连接，使钻头产生旋转与直线冲击的复合运动。空气锤的动力来自于钻杆内的压缩空气，由于活塞直接将能量传递给钻头，因而能量不会随着井的加深而分散于钻柱上，因此只要空气量合适，空气锤的性能就不会随着井深的增加而变差。空气锤所钻井眼来自高频冲击而不是高速旋转和大的钻压，因此该工具还具有防斜的作用，在地层倾角较大地层和易发生井斜的情况下非常适用。

1) 分类

空气锤的结构形式很多，按排气方式的不同，可分为中心排气式和旁侧排气式；按配气装置的不同，可分为阀式和无阀式。由于石油钻井中井深较深，钻进时需要较大的气量携带岩屑，而无阀式空气锤更能适合大排气量工况，所以在钻井工程方面得到了广泛应用。

2）性能参数

北京石油机械厂、NUMA、Atlas 生产的几种型号空气锤的性能参数见表 11-3-17。

表 11-3-17　空气锤性能参数

厂　家	北京石油机械厂			NUMA	Atlas
产品型号	KQC275	KQC180	KQC135	P125	QL120
配用钻头/mm	311	217,254	152,165	311～508	311～469
空气锤外径/mm	275	180	135	273	284
气压/MPa	3	3	3	1～2.4	1～2
耗风量/($m^3 \cdot min^{-1}$)	120	90	50	65	60
质量(不含钻头)/kg	618	277	106	510	650

七、其他设备和工具

1. 流量计

流量计用于在欠平衡钻井和控制压力钻井过程中测量和记录井内进出口的流量，根据测量介质不同分为气体流量计和液体流量计。

1）气体流量计

气体流量计种类繁多，现场上常用的 LUXZ 系列旋进漩涡智能流量计的工作原理为：当沿着轴向流动的流体进入流量传感器入口时，叶片强迫流体进行旋转运动，于是在漩涡发生体中心产生漩涡流。漩涡流在文丘里管中旋进，达到收缩段突然节流使旋转频率与介质流速成正比。压电传感器检测的微弱电荷信号经前置放大器放大、滤波、整形后变成频率与流速成正比的脉冲信号，最后送计算机进行计算处理。

LUXZ 系列流量计的主要特点如下：

(1) 集高精度温度、压力、流量传感器和智能流量计算于一体，可检测被测介质的温度、压力和流量，并进行流量自动跟踪补偿和压缩因子修正运算。

(2) 采用 RS-485 通信接口，与上位机联网，每台上位机可带 99 台流量计，便于集中管理。

(3) 采用高性能微处理器和现代滤波技术，软件功能强大，性能较好。

(4) 无机械运动部件，稳定性好，不易腐蚀，无须机械维修。

(5) 液晶显示器对比度较高，可显示标准累计量、标准体积流量、温度、压力值，读数方便，清晰直观。

(6) 具有实时数据储存，可防止更换电池和突然断电时数据丢失，在停电状态下内部参数可永久性保存。

LUXZ 流量计的技术性能指标见表 11-3-18。

表 11-3-18 LUXZ 流量计技术性能指标

型号规格	公称直径/mm	流量范围/($m^3 \cdot h^{-1}$)	工作压力等级/MPa	对应的频率/Hz
LUXZ-20	20	1.2～1.5	1.6/2.5/4.0	1 875
LUXZ-25	25	2～25		1 250
LUXZ-32	32	3.5～45		1 125
LUXZ-50	50	8～100		585
LUXZ-80	80	22～340		445
LUXZ-100	100	50～750		525
LUXZ-150	150	150～2 250		410
LUXZ-200	200	340～3 600		265

用户应根据输气量和介质可能达到的温度和压力范围，估计出最高和最低体积流量，正确选择流量计规格。当两种口径流量计均能覆盖最低和最高体积流量时，在压损允许的情况下，应尽量选小口径。选型计算公式如下：

$$Q_g = \frac{Z_g p_n T_g Q_n}{Z_n T_n (p_g + p_a)} \tag{11-3-1}$$

式中 Q_g——工作状态下的体积流量，m^3/h；

Q_n——标准状态下的体积流量，m^3/h；

Z_g——工作状态下的压缩系数；

Z_n——标准状态下的压缩系数；

T_g——介质的绝对温度，K；

T_n——标准状态下的绝对温度，K；

p_g——流量计压力检测点处的表压，kPa；

p_n——标准状态下的大气压，kPa；

p_a——当地大气压，kPa。

2）液体流量计

科里奥利质量流量计（简称科氏力流量计）是一种利用流体在振动管中流动而产生与质量流量成正比的科里奥利力的原理来直接测量质量流量的仪表。

科氏力流量计由测量管与转换器组成。图 11-3-11 所示为 U 形管式科氏力流量计的测量原理示意图。U 形管的两个开口端固定，流体由此流入和流出。U 形管顶端装有电磁激振装置，用于驱动 U 形管，使其铅垂直于 U 形管所在平面的方向以 *O-O* 为轴按固有频率振动。U 形管的振动迫使管中流体在沿管道流动的同时又随管道做垂直运动，此时流体将受到科氏力的作用，同时流体以反作用力作用于 U 形管。由于流体在 U 形管两侧的流动方向相反，所以作用于 U 形管两侧的科氏力大小相等、方向相反，从而使 U 形管受到一个力矩的作用，管端绕 *R-R* 轴扭转而产生扭转变形。该变形量的大小与通过流量计的质量流量具有确定的关系，因此测得这个变形量即可测得管内流体的质量流量。

质量流量计传感器采用 90°弯管原理，测量精度较高，量程比可达 100∶1。高准（Micro Motion）质量流量计设备主体由流量计传感器和压力变送器两部分组成，见图 11-3-12 和图 11-3-13。

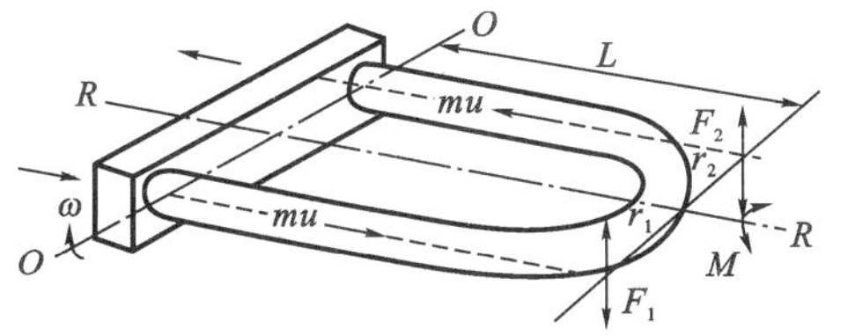

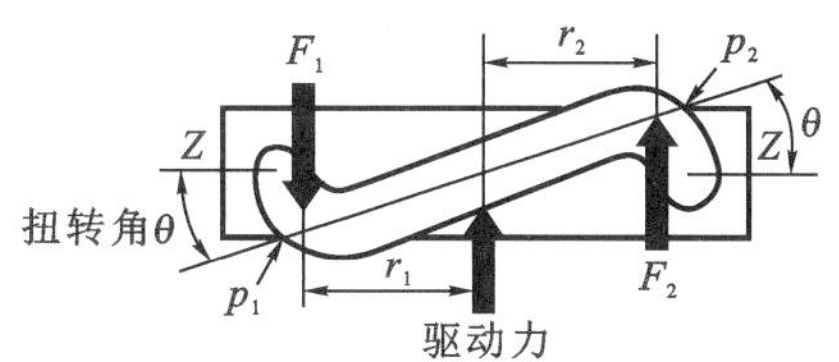

图 11-3-11　科氏力流量计测量原理

图 11-3-12　质量流量计传感器外观图

图 11-3-13　质量流量计变送器(转换器)外观图

常用的质量流量计型号及最大测量指标见表 11-3-19。

表 11-3-19　质量流量计液体流量性能指标

型　号	质量流量/(kg·h^{-1})	体积流量/(L·h^{-1})
CMFS010	108	108
CMFS015	330	330
CMF010	108	108
CMF025	2 180	2 180
CMF050	6 800	6 800
CMF100	27 200	27 200
CMF200	87 100	87 100
CMF300	272 000	272 000
CMF400	545 000	545 000

注:体积流量指标是以密度为 1 g/cm^3(1 000 kg/m^3)的过程流体为基准的。对于密度不为 1 g/cm^3(1 000 kg/m^3)的过程流体,体积流量等于质量流量除以流体密度。

2. 随钻压力测量仪器

在欠平衡钻井和控制压力钻井过程中,为了更加准确地得到井下压力数据,随钻压力测量仪器得到了越来越多的应用,常用的有回放式随钻压力测量系统(存储式)和无线随钻压力测量系统两类。

回放式(存储式)随钻压力测量系统的工作原理为:将压力、温度传感器安装于随钻测量装置上,随钻入井,在钻井过程中按设定程序记录井底压力和温度。待起钻更换钻头时将记录的井底压力和温度数据传输到计算机中，并对其进行回放、分析和处理，用于指导欠平衡钻井施工作业和后期完井作业。常用的压力级别有 40 MPa，70 MPa 和 140 MPa 三种，工作温度最高为 180 ℃。

无线随钻压力测量系统主要包括地面接收处理系统、井下仪器以及钻井液脉冲遥测系统。地面系统主要由系统接口箱、司钻显示器、PWD 专用数据处理仪、泵压传感器、泵冲传感器组成；井下系统由脉冲发生器、驱动器、电池组、探管、扶正器组成。

无线随钻压力测量系统采用井下仪器对井底压力、温度等参数进行采集与存储，由钻井液脉冲遥测系统将采集到的井底数据转换成脉冲信号传输至地面系统，再由地面系统将该信号经过滤波、译码等处理后还原成井斜、井底压力、井底温度、方位、工具面等数据。该系统主要用于欠平衡钻井作业和控压钻井作业中精确测量井底压力、温度等参数，实现安全欠平衡钻井作业和精细压力控制钻井作业。

APS 公司的 PWD 仪器能测量各种尺寸钻具内及环空压力，实时数据通过 APS SureShot MWD/LWD 系统实时传输到地面，或者存储在井下存储器内，待出井后再进行下载与分析。APS 公司的随钻测压有两种模式：一种是集成到 MWD 系统中，形成实时压力传送能力；一种是集成到 WPR 电阻率工具上，形成电阻率工具的一项功能。APS 公司的 PWD 仪器是基于 Sperry-Sun 开发的 Drilldoc 短节上的为用户提供实时井底环空和井底钻具内部压力的一项功能模块，其性能指标见表 11-3-20。

表 11-3-20 APS 随钻测压传感器主要技术指标

测量指标		
指 标	范 围	精 度
环空压力	0～137.9 MPa	±0.02%
钻具内压力	0～137.9 MPa	±0.02%
分辨率	0.1 psi(690 Pa)	
数据采样速度	共 5 s(环空 + 钻具内)	
数据储存	原始及补偿数据打上时间标记后储存在 SureShot 内存里	
工作环境		
作业温度	−25～175 ℃	
最大压力	137.9 MPa	

3. 燃烧系统

燃烧系统包括点火装置、燃烧管线、防回火装置和火炬，用于点燃欠平衡和控制压力钻井过程中液气分离器分离出的可燃有毒气体。

1) 点火装置

点火装置一般都采用高压电脉冲放电打火。高压电脉冲的来源有两种方式：一是利用电能，经过变压器变压，可以形成几千伏甚至上万伏的高压；二是利用太阳能，将其转化为电能。

结构：点火装置主要由点火激发器、点火器两大部分组成。点火激发器主要由高压脉冲电源、控制电路两部分组成；点火器主要由承托架、打火电容、辅助点火管线、遮风板、热电偶等部件组成。

工作原理：点火装置接通电源后，经过控制电路接通激发器，激发器产生高压脉冲电流，通过导线输送到点火电容(点火针)上，使电容在空气介质中受高压激发击穿放电，产生火花点燃从钻井液中分离出来的可燃气体，或先点燃预燃气体，预燃气体的火苗再点燃从钻井液中分离出来的可燃气体。热电偶将热量信号反馈到点火激发器，激发器可以根据点火器处的温度适当调整打火频率。已经开发了可以遥控点火的系统、点火车，增加了安全性。

2）防回火装置

防回火装置的两端是法兰，与燃烧管线连接；内部由抗高温金属丝或金属片缠绕而成，具有一定厚度，作用是防止燃烧的火焰回燃到燃烧管线内部，以免发生重大事故。防回火装置的最大特点是允许气体通过而阻止回火通过。

3）火炬

火炬要和井口保持足够的安全距离，同时尽量安装在下风口。

4. 油水分离系统

在欠平衡钻井过程中，一般会有油气水产出，因此就需要油水分离系统。油水分离系统由撇油罐、储油罐、振动筛、砂泵、气体采集装置等部件组成。油井或具有油层的井一定要使用油水分离系统，将原油从钻井液中分离出来。而对于气井，可以不使用该系统，这样可以降低成本，亦可减轻劳动强度。若不使用该设备，可将从液气分离器中出来的气、液、固三相混合物直接送到常规的振动筛和固控系统、除气器进行处理，这样一般不会影响欠平衡钻井的效果。

5. 安全系统

安全系统包括可燃气体报警仪、H_2S 报警仪、CO_2 报警仪、警笛、风机等设备。

从井内出来的气体一般是可燃的烃类气体，经常会出现 CO_2 和 CH_4 等气体，有些地区甚至出现 H_2S 等有害气体。由于这些有害气体不能被完全分离燃烧，遗留的有害气体就会逸散到井场，危及作业人员，所以在欠平衡钻井中必须使用安全系统，除非是闭环钻井。

现场常用的报警仪安装在撇油罐、振动筛、井口等处，此三处须配有风机，一旦发现警报，即刻打开风机吹散有害气体。如果是 H_2S 报警，可以根据有关 HSE 规定，拉响警笛，疏散现场及周围人员。

对于空气钻井，井下燃爆监测非常重要，其工作原理是在监测到烃类气体的情况下，通过检测 CO_2，CO，O_2 体积分数的变化来判断是否发生井下燃爆。由于井下燃烧为不完全燃烧，返出气体中的 CO_2 和 CO 体积分数会升高，而 O_2 体积分数会降低。因此，只要在正常钻进时出现上述情况即可判断发生了井下燃爆。如果上述三种气体只有其中一种或两种的体积分数发生了变化，则不能视为发生了井下燃爆。同样，在未监测到烃类气体的情况下，无论上述三种气体体积分数如何变化也不能视为发生了井下燃爆。

西南石油大学生产的多功能气体欠平衡钻井监测仪不但能监测井下燃爆，而且能监测井下地层出水、井下环空净化等现象，具有体积小、精度较高、响应快、低功耗且携带方便、现场安装维护速度快、操作简单的特点，具体性能参数见表 11-3-21。

表 11-3-21　多功能气体欠平衡钻井监测仪性能参数

工作温度	－20～50 ℃
工作湿度	15％～90％RH(非冷凝)
工作电源	220 V AC
O_2 体积分数测量范围及精度	0～30％，0.1％

续表 11-3-21

CO 体积分数测量范围及精度	0～1 000 μL/L,5 μL/L
CO_2 体积分数测量范围及精度	0～50 000 μL/L,100 μL/L
H_2S 体积分数测量范围及精度	0～200 μL/L,0.5 μL/L
CH_4 低体积分数(可燃气体)测量范围及精度	0～5%,0.1%
CH_4 高体积分数(可燃气体)测量范围及精度	5%～100%,1%～10%
气体湿度测量范围及精度	5%～95%,3%
取样压力测量范围及精度	0～200 kPa,0.5 kPa
取样流量测量范围及精度	0～3 000 mL/min,150 mL/min
温度测量范围及精度	0～60 ℃,1 ℃
数据信号无线通信可靠距离	100 m
图像信号无线通信可靠距离	200 m

6. 地面设备布置图

纯液相欠平衡钻井地面设备布置图见图 11-3-14,氮气欠平衡钻井地面设备布置图见图 11-3-15,控制压力钻井地面设备布置图见图 11-3-16。

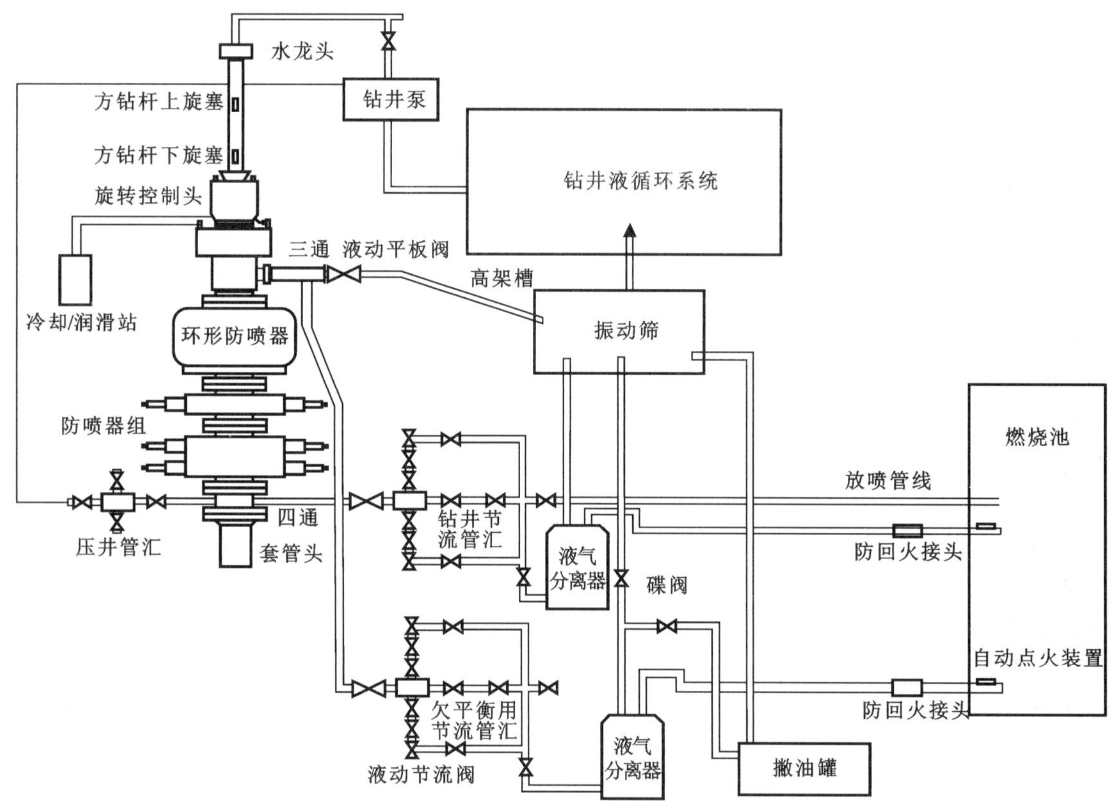

图 11-3-14　纯液相欠平衡钻井地面设备布置图

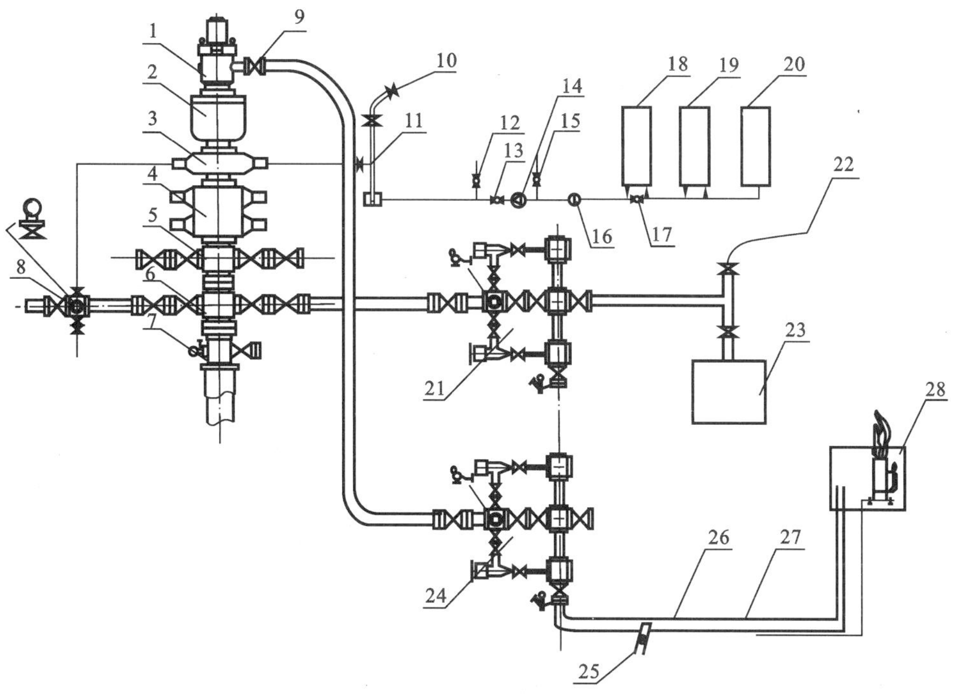

图 11-3-15 氮气欠平衡钻井地面设备布置图

1—旋转控制头；2—环形防喷器；3—单闸板；4—双闸板；5—变径四通；6—特殊四通；7—套管头；8—压井管汇；9—液动阀；10—接钻井泵；11—立管；12—泄压球阀；13—供气球阀；14—单流阀；15—旁通球阀；16—气体流量计；17—球阀；18—增压机组；19—制氮机组；20—空压机组；21—节流管汇；22—接钻井液罐；23—污水池；24—专用节流管汇；25—岩屑取样器；26—取气样口；27—降尘水入口；28—放喷火头

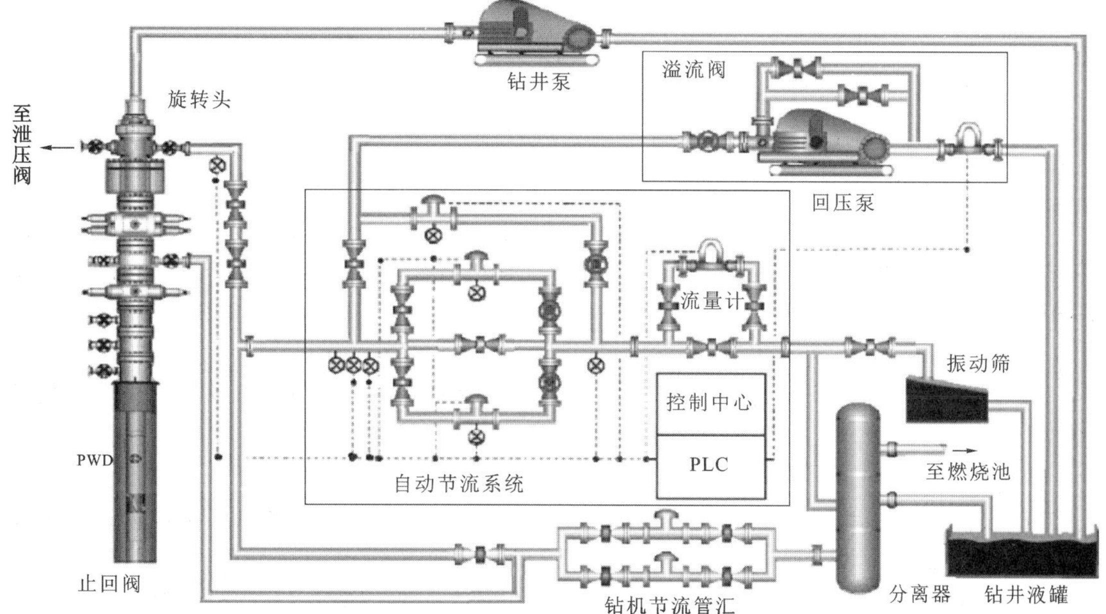

图 11-3-16 控制压力钻井地面设备布置图

第四节　欠平衡钻井和控制压力钻井工艺

一、欠平衡钻井工艺

欠平衡钻井工艺包括作业准备、钻进过程、数据采集等方面，按照钻井液流体的不同又分为液相欠平衡和气相欠平衡。液相欠平衡是指用纯液相和液相内充气作为循环介质的欠平衡作业；气相欠平衡是指用气体、雾或泡沫作为循环介质的欠平衡作业。

1. 液相欠平衡钻井工艺

1）作业准备

(1) 技术交底。

欠平衡技术人员应掌握：

① 施工井段地层压力数据、地层流体类型和产量。

② 旋转控制头(旋转防喷器)与转盘面之间的高度。

③ 各协作单位的负责人，带班队长的姓名和联系方式。

④ 周边居民和工民用设施管理人的联系方式。

欠平衡技术人员与井队、地质及其他施工协作单位的技术交底：

① 欠平衡钻井工艺技术的基本原理。

② 欠平衡钻井工艺流程。

③ 欠平衡钻井钻进、接单根、起钻、下钻、循环的工艺要求。

④ 欠平衡钻井参数的要求及油气侵入时的井筒压力控制。

⑤ 欠平衡钻井井控要求及油气侵入时的井筒压力控制。

⑥ 欠平衡钻井井控要求及防喷、防 H_2S 演习的要求。

⑦ 钻开油气层坐岗制度。

(2) 工具准备。

① 按设计要求准备好与旋转控制头(或旋转防喷器)匹配的方钻杆、方补心，锥形台肩接头钻杆、锥形台肩吊卡，钻具内防喷工具(包括方钻杆上部和下部旋塞阀和钻具止回阀)，反循环阀等。

② 对于新方钻杆，应事先对棱角进行打磨处理，以防割坏胶芯。

③ 钻具入井前应检查其内径能否通过投入式止回阀总成和反循环阀冲杆、接头外径是否统一、有无毛刺及止回阀是否正常。

(3) 设备安装、试压、试运转。

① 欠平衡钻井井口设备安装后应认真校正，天车、转盘、井口三者中心应在一条铅垂线上，最大偏差应≤10 mm。

② 旋转控制头(或旋转防喷器)安装到位后，旋转控制头的顶面与转盘底面应留有空间，便于井口操作。

③ 沉砂罐旁应留有足够的空间用于安装液气分离器和撇油罐，其中液气分离器安装在

节流管汇外侧,用钢丝绳固定牢靠。

④ 排气管线应平直安放,无障碍物。

⑤ 按照规定悬挂警示牌,充气设备及气体高压管线区域设立警戒线。

⑥ 旋转控制头试压,在不超过套管抗压强度 80%和井口其他设备额定工作压力的前提下,清水静压试到额定工作压力的 70%,动压试压不低于额定工作压力的 70%,稳压时间不少于 10 min,压降不超过 0.7 MPa。

⑦ 充气钻井时,按照设计对供气管线进行试压。

⑧ 所有欠平衡钻井设备安装完毕,都应按照欠平衡钻井循环流程试运转。运转正常,连接部位不刺不漏,正常运转时间不少于 10 min。

(4) 应急演练。

① 欠平衡作业施工前,应进行防井喷、防硫化氢中毒等应急演练。

② 按要求进行相应的岗位演练,包括钻进、接单根、起下钻等工况条件下操作程序的演练,使用空气呼吸器的培训及演练,井架工在二层台逃生演练等。

2) 欠平衡钻进

(1) 钻进准备。

液相欠平衡准备工作:

① 用配制好的液相钻井液替换井内原浆,停泵检查地面设备,重点检查:循环罐中的液面;液气分离器是否充满至工作液面;旋转控制头(或旋转防喷器)的泄漏情况,确定是否需要换新胶芯。

② 按常规井控要求进行低泵冲试验。

③ 按设计流量开泵循环,记录循环立管压力,作为井口压力控制的依据。

④ 钻进时注意观察地层流体产出情况,并进行节流控制。

充气欠平衡钻井准备工作:

① 用基浆替换井内原浆,停泵检查地面设备。核查循环罐中的基液量;检查液气分离器是否充满至工作液面;检查进、出口的流量计是否正常工作;检查旋转控制头(或旋转防喷器)的泄漏情况,确定是否需要换新胶芯。

② 先开钻井泵,后充气,进行充气钻井液的循环。开始小排量充气,以免产生太高的瞬时压力。

③ 井内充满充气钻井液,当达到拟稳态后测量循环罐中的基液增量,并根据基液增量计算井底压力的减小值。当计算值与理论计算值误差在 10%以内时,认为气液混合速度是合适的。

④ 如果按基液增量计算出的井底压力减小值偏低,可采取如下措施:减少气体的注入量;提高流体黏度,但要确保液气分离效率;增加流体流量,流体的返速应大于 0.5 m/s,要保证间歇返出缓慢、平稳,间歇流的间隔不大于 2 min;在水基钻井液中,可加入黄原胶等聚合物降低气体滑脱速度。

(2) 井口返出流体流程选择和处理。

① 无油气侵入时:环空→井口→高架槽→振动筛→钻井液循环系统。

② 少量气侵入时:环空→井口→旋转防喷器旁通→专用节流管汇→液气分离器→振动筛→钻井液循环系统。

③ 大量油气侵入时：

a. 环空→井口→钻井四通→节流管汇→液气分离器→撇油罐→振动筛→钻井液循环系统。

b. 环空→井口→钻井四通→节流管汇→放喷管线→放喷池。

④ 分离出的气体经燃烧管线燃烧。

⑤ 分离出的油、水运到指定地点处理。

（3）欠压值控制。

① 液相欠平衡钻井，通过控制节流阀和调节钻井液密度控制欠平衡压差。

② 开始钻进时，全开节流阀，读出此时立管压力值作为立压参考值，供节流调节用。

③ 钻进过程中，钻井参数按工程设计执行。

④ 钻遇油气层，立压逐渐降低，此时逐渐调节节流阀，保持立压值约等于立压参考值。随着井深增加，新的立压参考值应考虑新增加井段的钻具内压耗与环空压耗。

⑤ 当地层流体进入井筒使套压增加过大时，可适当提高立压参考值，减小井底压力与地层压差值，控制地层流体进入量。

⑥ 如果因井下气体滑脱至井口引起的套压升高，可关井排气，使套压降至安全范围内。

⑦ 如果关井排气无法降低套压，造成实际的欠压值过大，则需要进行关井求压，逐步提高钻井液密度，使套压降至合理范围，建立新的欠平衡关系。

⑧ 当用立管压力难以监控井底压力时，可用维持循环罐恒液面的方法进行节流控制。

⑨ 在非循环和非流动条件下，应通过节流阀放掉气体滑脱上升所产生的圈闭压力；当井口压力超出旋转防喷器或旋转控制头动密封压力值 50%时，应向环空挤高密度钻井液来降低井口压力。

⑩ 充气钻井需要节流控制时，需要采用多相流软件计算，通过调节注入气体流量、注入液体流量和节流的方法控制欠平衡压差。井口压力控制方法同上。

⑪ 如果充气钻井时油气侵入，套压上升较快，应停止充气，增大环空当量密度，减小压差值。若仍不能降低套压，则需要进行关井求压，逐步提高钻井液密度，使套压降至合理范围，建立新的欠平衡关系。

⑫ 在井壁稳定的前提下，当因地层压力预告不准，不能产生欠平衡条件时，应逐渐降低钻井液密度，实现欠平衡钻井。

⑬ 因安全等原因需要中断欠平衡钻井时，应按井控技术规程进行压井，转化成常规钻井。

（4）流量控制。

① 合理控制地层产出流体的流量，确保地层产出流体的流量特别是初始流量与塞流引起的瞬时流量小于地面处理设备的处理能力。

② 可采用调节钻井液密度与性能、液体和气体的注入量以及节流等方法进行流量控制。

③ 当塞流引起瞬时流量过大时，应节流排气。

（5）接单根。

① 充分循环，待到返出的岩屑明显减少时停止循环。

② 充气钻井接单根时，先停止向钻具内注气，再继续泵入液体，直到液体将充气钻井液顶入最上面一个钻具止回阀后，再停泵。

③ 卸方钻杆时，缓慢松扣，将钻具中的流体(包括气体)泄放掉。

④ 接单根时，应使用无锐利咬痕的液压大钳钳牙。

⑤ 下放钻具并恢复循环。充气钻井应先开液泵，再注气。

⑥ 待返出口流体正常返出后，恢复钻进。

⑦ 接单根起下钻柱接箍过旋转防喷器时，严格控制起下速度。

(6) 起下钻。

① 起钻前要充分洗井，确保井眼干净。

② 按照井控规范进行压井。

③ 拆掉旋转控制头轴承总成进行常规起钻，每起 10～15 柱，向环空内灌一次压井液。

④ 起钻作业后，检查钻具止回阀是否失效，更换钻头。

⑤ 按常规方法下钻，每下 10～15 柱，向钻柱内灌一次基液。安装旋转控制头轴承总成。

⑥ 对于安装套管阀的井不需要压井，当钻头带压起至套管阀以上 20 m 左右位置时停止起钻，打压关闭套管阀，拆掉旋转控制头轴承总成进行常规起钻，下钻到套管阀以上 20 m 左右位置时停止下钻，安装旋转控制头轴承总成，打压打开套管阀，带压下钻到底。

(7) 更换旋转控制头胶芯。

① 停止钻井或起下钻作业，关闭环形防喷器。

② 打开旋转控制头底座的泄压球阀，放掉旋转控制头与环形防喷器之间的压力，泄完压力后关闭球阀。

③ 拆掉轴承总成上的冷却液管线和润滑油管线，卸开卡箍的安全螺栓。

④ 打开液压卡箍。

⑤ 吊出方瓦，用气动绞车将轴承总成吊住。

⑥ 操作司钻控制台上的环形防喷器调压阀，缓慢降低环形防喷器的控制压力，直到环形胶芯出现轻微泄漏为止。

⑦ 缓慢上提钻具，注意观察指重表，将一根(或一柱)钻杆与轴承总成一起提出，放上方瓦，坐上吊卡。

⑧ 操作司钻控制台调压阀，将压力调至环形防喷器额定控制压力。

⑨ 卸开转盘上部钻具螺纹，从轴承总成中提出钻具。

⑩ 更换坏胶芯。

⑪ 用气动绞车将轴承总成吊住，并在卸掉的钻杆下接头上装上引鞋。

⑫ 将装好引鞋的钻具穿过轴承总成胶芯，然后卸掉引鞋。

⑬ 钻具对扣连接好。

⑭ 上提钻具，去掉吊卡和方瓦，将轴承总成中央红色标记对准卡箍的开口，并检查底座内的密封圈是否完好。

⑮ 操作司钻控制台环形防喷器调压阀，直到环形胶芯出现轻微泄漏为止。

⑯ 缓慢下放钻具和轴承总成，将轴承总成重新坐入底座内。

⑰ 关闭液压卡箍，上紧安全螺栓，接好冷却和润滑管线。

⑱ 缓慢降低环形防喷器调压阀的控制压力，并注意观察监控箱上的井压表，当监控箱上的压力升至与节流管汇套压值一致时，打开环形防喷器，恢复钻进或起下钻作业。

(8) 钻具止回阀失效。

① 接单根泄放钻具内压力时，如果泄放时间明显增加，可判定钻具止回阀失效，最简单的解决办法是在接单根时接一个新的钻具止回阀。

② 在起钻过程中，当起至上部钻具止回阀时，如果其下压力难以泄放，可以判定下部钻具止回阀失效。当钻具中有投入式止回阀时，将投入式止回阀总成从钻具水眼内投入并就位，否则应压稳地层。

(9) 紧急关井。

钻进或起下钻时，若旋转控制头(或旋转防喷器)失效，应实施紧急关井，其步骤为：

① 停止钻进或起下钻。

② 关闭防喷器。

③ 根据需要维修旋转控制头(或旋转防喷器)或者实施压井作业。

3) 液相欠平衡钻井终止条件

(1) 自井内返出的气体，包括天然气，在未与大气接触之前 H_2S 质量浓度大于等于 75 mg/m^3(50 ppm)；或者自井内返出的气体，包括天然气，在其与大气接触的出口环境中 H_2S 质量浓度大于 30 mg/m^3(20 ppm)。

(2) 钻遇大裂缝井漏严重，无法找到微漏钻进平衡点，导致欠平衡钻井不能正常进行。

(3) 欠平衡钻井设备不能满足欠平衡要求。

(4) 井眼、井壁条件不能满足欠平衡钻井正常施工要求。

4) 数据采集与工作记录

应采集下列数据：气体注入流量和液体注入流量、油气产量、立管压力和套管压力、地层压力。

欠平衡钻井设备的工作日志：包括气体注入设备、井口控制设备、地面处理设备和数据采集系统的运转记录。

欠平衡钻井施工日报表：除了施工工序的记录外，还应记录能显示欠平衡状态的情况，如燃烧时间、火焰高度、停泵时的溢流程度等。

欠平衡钻井作业完成后，应提交欠平衡钻井施工技术总结。

2. 气相欠平衡钻井工艺

1) 排液

(1) 分段气举排液。

① 钻完水泥塞后应充分循环，清洁井底。

② 根据井深、钻井液密度、增压机工作压力确定分段气举井深。

③ 气举前应检查相关闸阀的开关状况，关闭半封闸板防喷器，打开注气阀；气举过程中必须派专人负责控制节流阀开度，防止造成污染和伤人；不应用排砂管线进行气举作业。

④ 气举钻具不应带螺杆或空气锤。

⑤ 天然气气举时，当污水池的排液管线出口有气液同喷迹象时，立即倒换至燃烧池，并及时点火。

⑥ 井筒内液体举净后关闭内控闸门，并大排量注气，充分循环干燥井筒。

⑦ 气举过程中应注意对可燃气体、有毒气体的监测，发现异常立即采取相应措施处理。

(2) 充气排液。

① 下钻到底,安装好旋转控制头总成。

② 关闭半封闸板防喷器,开一台钻井泵,以小排量循环,保持较低的立管压力。

③ 打开注气阀,启动空气压缩机和增压机,注入气体,保持立管压力小于增压机额定工作压力。

④ 可开雾泵注入发泡剂,增加排液效率。

⑤ 当气体返到地面时,逐渐减小钻井泵排量,增加气体注入量。

⑥ 立管压力下降后,停钻井泵将井内液体排出。

⑦ 井筒内液体举净后打开半封闸板防喷器,关闭内控闸门,通过排砂管线以大排量充分循环干燥井筒。

⑧ 干燥井筒过程中应注意对可燃气体、有毒气体的监测,发现异常立即采取相应措施处理。

2) 钻进

(1) 正式钻井前应先进行试钻进。试钻进时应控制机械钻速,观察立压、扭矩、岩屑返出是否正常,待一切正常之后方可正常钻进。

(2) 钻进过程中送钻应均匀,钻井参数应根据机械钻速等情况合理调整,并注意悬重、立压、扭矩、岩屑、全烃变化,发现异常及时处理。

① 钻遇不稳定地层,造成立压、扭矩上升,出口失返时,应在增压机安全工作压力范围内憋压,同时大幅度活动钻具或振击解卡,不宜盲目替入液相流体。

② 钻遇油水地层导致携岩困难、扭矩增大、阻卡频繁时,应停止钻进,增大气量循环,观察返出,根据具体情况进行气体、雾化和泡沫之间的转换,保证井眼足够的携岩、携液能力,直至恢复正常钻进。

③ 空气钻井钻遇可燃气体时,应停止钻进,保持排量循环,连续实时地监测可燃气体含量及组分,达到终止条件应转换钻井介质。

④ 钻遇有毒气体时,应先停止注入,实施关井程序控制井口,再实施放喷点火等措施。

(3) 根据接单根泄压时间长短决定是否在钻杆上加装下旋塞和止回阀,起钻或测斜时应将上部钻具旋塞和止回阀取出。

(4) 地面气体注入设备不能正常工作时,应停止钻进,尽可能坚持循环一段时间后起钻至安全井段,并及时进行处理。

(5) 在钻速较高时应合理控制送钻速度,防止携砂不良造成卡钻。

(6) 应对井口、管汇和排砂管线等进行巡回检查,发现异常及时汇报。

(7) 应对可燃气体、有毒气体实时监测,发现异常及时采取相应的处理措施。

(8) 应对储备的钻井液性能进行维护,随时做好替浆和压井准备。

3) 接单根

(1) 空气、氮气钻井。

① 接单根前应循环钻井液,循环时间不低于迟到时间的 1.5 倍,顶驱接立柱循环时间应适当延长。

② 操作步骤:钻台发出停止注气信号→开泄压阀→关注气阀→泄钻具内气体压力→压力泄完后接单根→钻台发出注气信号→开注气阀注气→关泄压阀,待各项参数正常后恢

复钻进。

③ 接单根后应将钻杆接头上的毛刺锉平，并向旋转控制头胶芯加注适量润滑液。

(2) 泡沫、雾化钻井。

① 接单根前应循环钻井液，循环时间不小于 5 min，顶驱接立柱后的循环时间应适当延长。

② 操作步骤：钻台发出停止注入信号→停止雾泵注入→继续注气 2 min→开泄压阀→关注气阀→泄钻具内气体压力→压力泄完后接单根→钻台发出注入信号→开注气阀注气→关泄压阀→开雾化泵，待各项参数正常后恢复钻进。

③ 接单根后应将钻杆接头上的毛刺锉平，并向旋转控制头胶芯加注适量润滑液。

(3) 天然气钻井。

① 接单根前应循环钻井液，循环时间不低于迟到时间的 1.5 倍，顶驱接立柱循环时间应适当延长。

② 操作步骤：钻台发出停止注气信号→关注气阀→开泄压阀→泄钻具内气体压力→开启防爆排风扇→压力泄完后接单根→钻台发出注气信号→关闭泄压阀→开注气阀注气，待各项参数正常后恢复钻进。

③ 接单根后应将钻杆接头上的毛刺锉平，并向旋转控制头胶芯加注适量润滑液。

④ 坡道及钻台面应铺放防撞击垫，钻台上、下应开启防爆排风扇，井口周围操作时应使用防爆工具。

4) 更换胶芯

(1) 发现胶芯刺漏时，应停止钻进，上提钻具 1～2 柱，更换胶芯。

(2) 更换胶芯程序：停止钻进→上提钻具→停气→关半封闸板或环形防喷器→泄钻具内气体压力→打开旋转总成卡箍→用绞车配合游车将旋转头提出转盘面→坐吊卡→卸钻具扣→更换新胶芯→将旋转头下放到位→卡紧旋转总成卡箍→开半封闸板或环形防喷器→注气，待各项参数正常后开始钻进。

5) 起下钻

如果地层没有出气，应按照常规起下钻方式起下钻；如果地层出气，应采用套管阀或强行起下钻装置进行起下钻，或压井后起下钻。

6) 数据采集

欠平衡钻井设备的工作日志至少应包括气体注入设备、井口控制设备、地面处理设备和数据采集系统的运转记录等。

欠平衡钻井施工日报表包括施工工序的记录、各种参数及欠平衡状态的情况等。

7) 气相欠平衡钻井终止条件

(1) 自井内返出的气体、地层流体所含 H_2S 质量浓度大于 75 mg/m^3(50 ppm)，或者自井内返出的气体在其与大气接触的出口环境中 H_2S 质量浓度大于等于 30 mg/m^3(20 ppm)。

(2) 地面装置无法满足处理地层产出油气水的要求，地层产量超过井口装置或者地面管汇的控制能力。

(3) 地层产气量大于 50×10^4 m^3/d。

(4) 钻具内防喷工具失效，不能满足井控要求。

(5) 气体钻井设备不能满足施工要求。

(6) 空气钻井中可燃气体含量持续超过3%。

(7) 井眼、井壁条件不能满足欠平衡钻井正常施工要求。

8) 气液转换注意事项

(1) 因地层出液而无法继续实施气相欠平衡钻井作业时，在保持环空畅通的前提下，上提钻具1～2柱，然后替浆。

(2) 井壁失稳无法继续实施气体欠平衡钻井作业时，应起钻后下光钻杆替浆，并保持钻具活动。

(3) 地层产气量或有毒气体含量达到终止条件时，应关井求压，再实施压井作业。

(4) 提出置换液性能要求、确定井筒替置程序、排气点火以及恢复钻井液钻井方面的技术措施等。

二、控制压力钻井工艺

1. 控压钻井系统

1) Weatherford公司微流量控压钻井系统

Weatherford压力控制钻井系统主要由Secure Drilling与Micro-Flux Circulation(MFC)两个核心子系统组成，包括数据采集与处理、自动节流控压、水力学核心模块，其最重要的特点是具有微溢流量检测系统(MFC)，可以不依靠PWD进行压力监测和快速检测地层压力，具有如下特性：

(1) 实现井涌早期检测。

(2) 允许使用低密度钻井液。

(3) 封闭的井眼系统可以得到更精确的地层孔隙压力信息。

(4) 更安全的气体检测。

(5) 降低非生产时间。

微流量控制钻井系统通过高精度流量计精确测量泵入和返回钻井液的质量与密度，判断溢流，若发现溢流，则及时控制节流管汇以增加井口回压，直到井底压力大于地层孔隙压力。该系统可在涌入量小于8 L时检测到溢流，并可在2 min内控制溢流，使地层流体的总溢流体积小于80 L。其检测流程见图11-4-1。

微流量控制系统是为了提高钻井效率、降低作业费用、提高钻井作业的安全性而研发的。该技术不仅可用于普通井，还可用于复杂井和高风险井，如高温高压井和窄密度窗口井。微流量控制技术通过实时监测井筒参数、控制环空压力和提供自动的溢流监测与控制的方式，切实提高钻井安全性。该技术最独有的特征是它具有通过高精度的流量测量仪测量返回物流量的能力，并可在2 min内完成对溢流和漏失的分析、检测与控制，使井眼内溢流流体或漏失钻井液的体积最小。由于微流量控制技术可使钻井风险和非生产时间降至最小，并能最大限度地保证钻井的安全性和可行性，因此绝大多数井都可获得收益，而风险井、复杂井更可获得相当可观的收益。

微流量控制压力钻井系统由三部分组成：节流管汇、各种高精度传感器和中央数据采集控制系统。微流量控制系统的工作原理是通过高精度传感器测量流入井筒和流出井筒流体

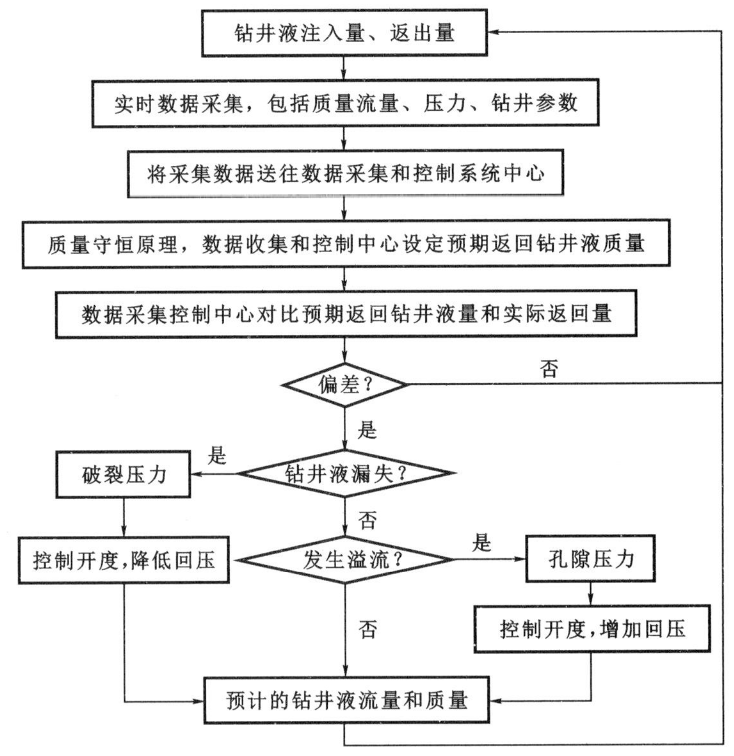

图 11-4-1　微流量检测流程图

的体积，再通过中央数据采集控制系统根据传感器的数据分析，对比两种流量的大小，判定井下状况，然后通过控制中心自动控制节流系统或发出警报提醒钻井工程师井下出现的状况，并能给出相应的处理措施供司钻参考。

微流量控制系统有两种工作模式：标准模式和特定模式。标准模式是专门为过平衡钻井而设计的，可在一两个井段或者全井使用。标准模式可用于任何井或钻机，不需要对原有的井身设计和井控程序进行任何修改，传统工艺中的所有操作程序也无须变动，仅通过打开旋转控制头使流体由正常管线排出即可恢复传统钻井作业。微流量控制的特定模式用在井筒内出现欠平衡状况或钻井液密度低于地层坍塌压力情况下。这种模式在考虑安全和井控的情况下需专门的操作程序，在流体循环中断的情况下需在地表施加回压。

2）Schlumberger 公司动态环空压力控制钻井系统

Schlumberger 公司的动态环空压力控制（DAPC）系统与 Halliburton 公司的控制压力钻井（MPD）系统、Weatherford 公司的微流量控制压力钻井（Secure Drilling）系统相似。

动态环空压力控制系统是一种自动调节回压、动态控制下入过程中的井底压力（BHP）稳定，以及控制由于泵流量变化、钻杆转速或移动引起的意外波动的系统。系统的三个主要组成部件为一套节流管汇、一个可以随时调整的回压泵和一个一体化的压力控制器。其他组成部分还包括计量器、控制室、维修间和发电机。该系统的主要结构见图 11-4-2。

3）Halliburton 公司的控制压力钻井系统

Halliburton 公司的控制压力钻井系统原理和 DAPC 系统完全相同，只是在回压泵上增加了一个入口流量计，在节流管汇中加了一个钻井液直流通道，并改变了安全溢流管线，参数

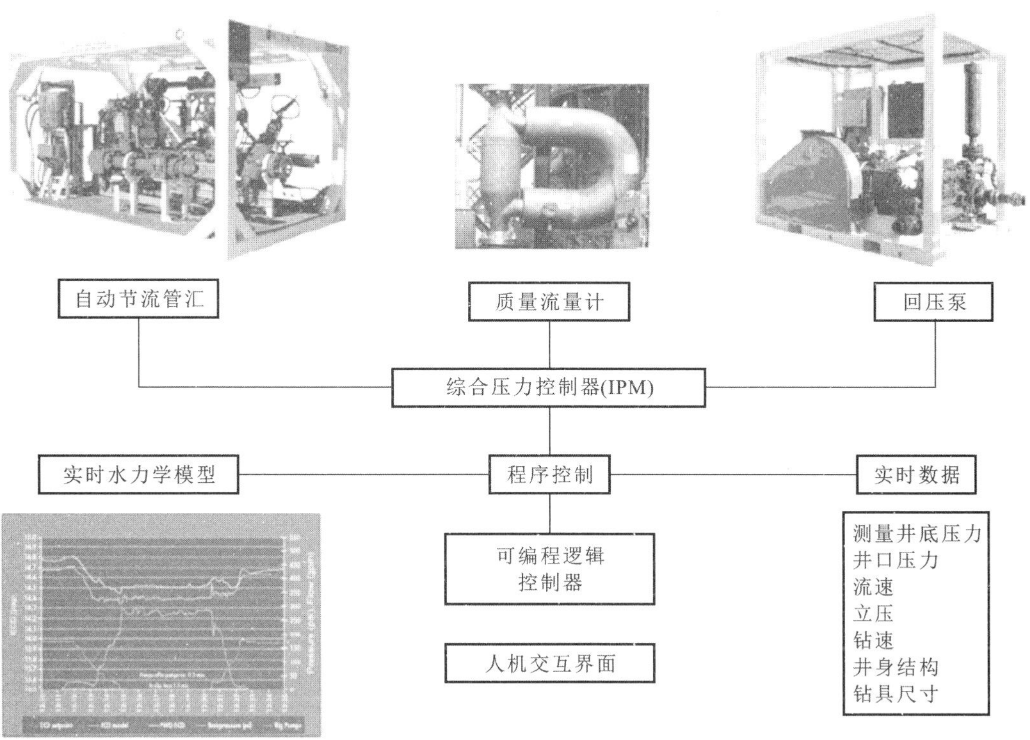

图 11-4-2　Schlumberger 公司的 DAPC 系统组成

指标与 DAPC 系统相同,但在微流量监测方面优于 DAPC 系统。Halliburton 公司的 MPD 技术能实现 0.35 MPa(50 psi)的井底压力波动范围。

Halliburton 公司研发了自动控制节流管汇,配合 Sentry 控制软件,可实现自动控制。全套的控制压力钻井系统包括自动节流管汇、7～13⅝ in 5 000 psi 旋转控制头、回压泵、PWD 随钻测压、止回阀及其相关压力控制设备(见图 11-4-3)。

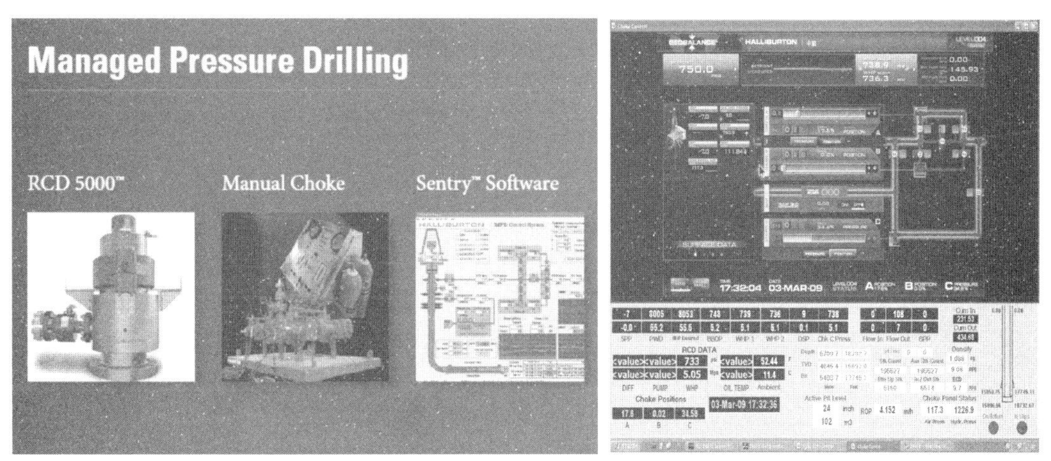

图 11-4-3　Halliburton 公司的 MPD 系统

Halliburton 公司的控制压力钻井系统利用 PWD 实时测量井底压力,利用回压泵和节流阀施加井底回压,利用高精度水力模拟来设计钻井液密度和回压泵及节流阀相关参数,确保井底压力波动不超过 30～50 psi，实现窄密度窗口的安全钻进。

2. 控压钻井工艺

1）控压钻进

(1) 按照设计下入钻具组合，调整钻井液至控压钻井设计性能。

(2) 开始钻进前以 1/3～1/2 的钻进排量测一次低泵速循环压力，并做好泵冲、排量、循环压力记录；当钻井液性能或钻具组合发生较大改变时应重做上述低泵冲试验。这样便于回压控制和为后期作业提供依据。

(3) 通过控压钻井自动节流系统按设计控压值开始控压钻进。司钻准备“开关泵”时要通知控压钻井工程师，在得到答复后才能操作。控压钻井工程师接到通知后调整井口回压以保持井底压力稳定。司钻上提下放钻具要缓慢，避免产生过大的井底压力波动。钻井液要严格按照钻井工程设计要求进行维护，保持性能稳定，防止由于性能不稳定造成井底压力的较大波动。

(4) 控压钻井期间要求坐岗人员和地质录井人员连续监测钻井液池液面，每 5 min 记录一次液面，遇异常情况及时汇报值班工程师，并加密监测。控压钻井技术人员通过微溢流监测装置和数据采集系统，连续监测钻井液动态变化，通过井队、录井、控压钻井三方的联合监测做到及时发现溢流和井漏。

(5) 控压钻井循环流程见图 11-4-4。

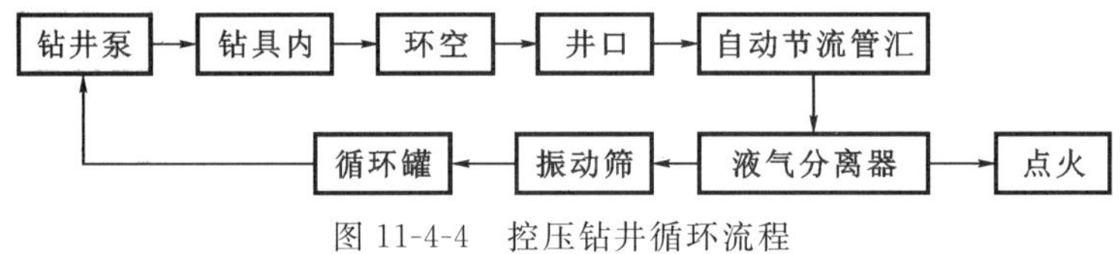

图 11-4-4　控压钻井循环流程

(6) 当钻遇油气显示活跃的地层时，停止钻进，按照控压钻井工程师的指令，通过改变排量和井口回压，改变井底压力找到井侵发生的临界点而求得地层压力。求得地层压力后，在不造成井漏的前提下，立即通过自动节流控制系统增加回压，确保控压钻井系统处于稳定状态且井侵已经停止。继续循环，使用自动节流系统和液气分离器将井侵流体循环出井眼。

(7) 确定实际的地层压力后，控压钻井工程师和钻井工程师确定钻井液密度和回压值，优化控压钻井井底压力操作窗口恢复钻进。司钻按照常规作业的操作，监测上提和下放时的悬重变化，及时发现处理井下复杂情况。

(8) 钻进中发现快钻时、井漏、放空等现象时，必须停钻观察。

(9) 如果在钻进中发生井漏，应停止钻进，按照以下方式处理：

① 首先由控压钻井工程师根据井漏情况，在能够建立循环的条件下，逐步降低井口压力，寻找压力平衡点。

② 如果井口压力降为 0 时仍无效，则降低钻井液排量循环观察。

③ 在降低井口压力和排量均无效的情况下逐步降低钻井液密度，每循环周降低 0.01～0.02 g/cm^3，再降低钻井液密度寻找平衡点后，待液面稳定后恢复钻进。

(10) 加强 H_2S 的监测，发现 H_2S 立即停钻，在钻井液中及时加入碱式碳酸锌，并保持钻井液 pH 值在 9.5 以上，操作人员做好防 H_2S 中毒的措施。如果在未与大气接触之前 H_2S

质量浓度大于等于 75 mg/m^3(50 ppm)，或者与大气接触的出口环境中 H_2S 质量浓度大于 30 mg/m^3(20 ppm)，则终止控压钻井施工。

2) 控压接单根

(1) 钻完单根后，停转盘，按照控压钻井排量循环 5～10 min，上提到接单根位置坐吊卡，准备接单根。告知控压钻井工程师准备接单根。上提钻具要缓慢，避免产生过大的井底压力波动。

(2) 控压钻井工程师根据地层压力预测值或实测值设定合理的井底压力控制目标值，确定停止循环状态下需要补偿的井口压力；逐渐增大回压泵排量进行回压补偿，同时逐渐降低钻井泵排量，在此过程中应尽量保持井底压力恒定。

(3) 控压钻井工程师通知司钻关钻井泵后，司钻缓慢降低泵排量至 0。

(4) 泄掉钻杆和立管内的圈闭压力，确认立压为 0 后再卸扣接单根。

(5) 单根接完后，司钻通知控压钻井工程师准备开泵，得到数控房确认后缓慢开泵，逐渐增加钻井泵排量至钻进排量。控压钻井工程师相应调整井口压力，停回压泵。

(6) 用锉刀将接头上被钳牙刮起的毛刺磨平，以免旋转控制头胶芯过早损坏。

(7) 循环下放钻具，恢复钻进。下放钻具要缓慢，避免产生过大的井底压力波动。

3) 控压更换胶芯

(1) 发现胶芯刺漏时，停止钻进，上提钻柱，司钻同时通知控压钻井工程师，打开井队节流管汇闸门，导通至自动节流管汇通道，关闭环形防喷器，关闭自动节流管汇与旋转控制头间的闸阀，按设定排量启动回压补偿装置，进行压力补偿，充分循环后停泵。

(2) 泄放旋转控制头内的圈闭压力，然后拆卸旋转总成，更换胶芯。

(3) 更换胶芯卸单根时，注意同时泄掉钻具内压力。在更换胶芯的过程中，气动绞车提放旋转总成时，操作人员间要密切配合，避免碰伤人员和设备。

(4) 换好胶芯，装好旋转总成，待司钻通知控压钻井工程师得到确认后缓慢开泵，停止回压补偿装置。打开自动节流管汇与旋转控制头间的闸阀，使环形防喷器上下压力平衡，然后打开环形防喷器，关闭井队节流管汇闸门恢复至钻进时循环通道。

4) 控压起下钻作业

未钻遇油气显示时，根据短程起下钻循环测后效情况决定是否用原钻井液起下钻或进行控压起下钻。

钻遇油气显示后，为了减少正压差起下钻过程中的漏失和溢流复杂，进行带压起下钻作业，带压起钻时井口回压不能控制太高，如果静态欠压值较高，可通过调整钻井液密度或替入平衡液后进行不压井起下钻作业。

(1) 起钻作业。

① 起钻前，充分循环把井筒内的岩屑和油气排净，核实下部钻具的规格和重量。

② 控压起钻，起钻过程中通过回压补偿装置(或水泥车)补充钻井液，控制井口压力保持井底压力稳定，同时控制起钻速度，避免井底出现负压。

③ 控压起钻至钻具重量接近上顶力时，逐步降低井口控压值。

④ 当钻头起到全封闸板防喷器以上 0.3～0.5 m 时，关闭全封闸板，起出钻头，然后利用回压补偿装置或水泥车向井筒补充足够的钻井液，使井口压力保持在带压起下钻初期值，迅速组合钻具下钻。

（2）下钻作业。

① 换钻头后，下钻至全封闸板防喷器芯子之上，装好旋转防喷器旋转总成后，将井口压力泄为零，打开全封闸板。

② 快速下入3柱后，根据钻具重量与上顶力的关系逐渐提高套压值至稳定控压值。

③ 下钻过程中通过回压补偿系统或水泥车实现自动节流系统控压。

④ 下钻过程中监测钻井液罐体积，核实下入钻具体积是否等于环空钻井液返出体积。如果返出量偏高，应适当提高控压值。

⑤ 控制速度下钻，以减少激动压力，避免产生漏失。

⑥ 每下15柱，应向钻柱内灌满钻井液，记录灌入量，并与应灌入量进行校核。

⑦ 控压下钻至套管鞋处，控压循环排后效，然后控压下钻至井底，充分循环钻井液，待正常后恢复控压钻进。

参考文献

[1] 杨顺辉，赵向阳，石宇，等．高温高压凝析气井全过程欠平衡设计．石油钻探技术，2012，40(5)：22-25.

[2] 杨顺辉.IADC 欠平衡作业和控制压力钻井的分类标准．石油钻探技术，2008，36(6)：58.

[3] 杨顺辉．欠平衡作业和控制压力钻井作业方式的分类与选择．探矿工程（岩土钻掘工程），2010，37(3)：8-11.

[4] 苏勤，侯绪田．窄安全密度窗口条件下钻井设计技术探讨．石油钻探技术，2011，39(3)：62-65.

[5] 陈永明．全过程欠平衡钻井中的不压井作业．石油钻探技术，2006，34(2)：22-25.

[6] 杨顺辉．UBD/MPD 技术标准现状分析．石油工业技术监督，2011(7)：38-40.

[7] Taylor J，McDonald C，Fried S. Underbalanced drilling total systems approach. Paper presented at the 1995 1st International Underbalanced Drilling Conference，1995.

[8] Iain Sutherland，Brain Grayson. DDV reduces times to round-trip drilling by three days，saving 400 000 pounds. SPE/IADC 92595，2005.

[9] 赵向阳，孟英峰，李皋，等．充气控压钻井气液两相流流型研究．石油钻采工艺，2010，32(2)：6-10.

[10] Hodgson R. Snubbing units：A viable alternative to conventional drilling rig and coiled tubing technology. SPE 30408，1995.

[11] Kevin Sehmigel，Larry Macpherson. Snubbing provides options for broader application of underbalanced drilling. SPE 81069，2003.

[12] 赵向阳.控压钻井精细流动模型研究.成都：西南石油大学，2011.

[13] Cavender T W，Restarick H L.Well-completion techniques and methodologies for maintaining underbalanced conditions throughout initial and subsequent well interventions. SPE 90836，2004.

[14] Timms A，Muir J K. Downhole deployment valve：Case histories[R]. SPE 93784，2005.

[15] 安本清，赵向阳，侯绪田，等．全过程欠平衡随钻测试替代钻柱测试探讨．石油天然气学报，2011，33(8)：124-128.

[16] GB/T 1.1—2009 标准化工作导则 第1部分 标准的结构和编写.

[17] GB/T 16783.1—2006 石油天然气工业现场钻井液测试 第1部分 水基钻井液.

[18] SY/T 5225—2005 石油天然气钻井、开发、储运防火防爆安全生产管理规定.

[19] SY/T 5964—2006 钻井井控装置组合配套、安装调试与维护.

[20] SY/T 6228—2010 油气井钻井及修井作业职业安全的推荐作法.
[21] SY/T 5087—2005 含硫化氢油气井安全钻井推荐作法.
[22] SY/T 6277—2005 含硫油气田硫化氢监测与人身安全防护规程.
[23] SY/T 6426—2005 钻井井控技术规程.
[24] SY/T 6543.1—2008 欠平衡钻井技术规范 第1部分 液相.
[25] SY/T 6543.2—2009 欠平衡钻井技术规范 第2部分 气相.

第十二章　钻井取心

钻井取心是石油、天然气勘探开发过程中必不可少的重要环节，是评价储层的具有决定意义的手段。在勘探开发地质设计中，取心的层位及方式应根据取心的目的、油气藏的类型和勘探开发阶段的不同来确定；钻井设计时，在取心方式已定的情况下，要根据取心井眼大小、井段深浅、地层岩石软硬与胶结情况来选择相应的取心工具与工艺。本章介绍钻井取心工具和取心钻头的结构原理、技术规范，并从工艺技术、操作规程等方面对如何选择取心工具、如何使用取心工具进行论述。

第一节　取心方式

一、常规取心

对岩心无任何特殊要求的取心称为常规取心。无论是何种油气藏，在勘探阶段或开发阶段都要进行大量的常规取心。常规取心方式如下：

1. 单筒取心

单筒取心是指取心钻进中途不接单根的常规取心。它的工具只含有一节岩心筒，结构简单。

2. 中、长筒取心

中、长筒取心是指钻进中途要接单根的取心。其工具必须含有多节岩心筒。通常只有当地层岩石的胶结性与可钻性较好时，才进行中、长筒取心。中、长筒取心的目的是在保证较高岩心收获率的前提下，尽可能提高取心的单筒进尺，以大幅度提高取心收获率，降低取心成本。

二、特殊取心

对岩心有一定特殊要求的钻井取心称为特殊取心。特殊取心因其取心的特殊性，取心目的不尽相同，有些是为了满足特殊地质资料要求，有些是为了满足特殊地层提高取心效果，还有些是为了满足特殊工艺要求。常用的特殊取心方式如下：

1. 密闭取心

取心钻进中，使用密闭液保护岩心，获得不受钻井液污染的岩心的取心称为密闭取心。

在油田开发初期，采用密闭取心取代油基钻井液取心以求取油藏的原始含油饱和度，从而计算油藏储量。

在油田开发早、中期，认清各油砂体纵向上的含油、含水状况，为开发好油层、制定增产措施提供地质依据；依据岩心、测井和室内分析化验研究含油性与电性之间的相互关系；为测井资料解释油层及认识油藏服务；建立该含水期测井解释图版，提高水淹层的解释精度。

在油田开发中、后期，研究储层物性变化规律和水驱开发后剩余油分布；验证研究成果，分析水驱油效果的影响因素；检验化学采（驱）或热力采（驱）等驱油效果；检查不同位置上的驱油效果，以及注入物的残存状况；分析剩余油在纵向、平面的分布及影响因素。

2. 保压密闭取心

采用特殊的岩心筒和取心工艺措施，使取出的岩心始终保持其在地层中的原始压力状态，这种取心称为保压密闭取心。

在砂岩油田的开发后期，为了准确求得当时井底条件下的储层流体饱和度、储层压力、相对湿度及储层情况等资料，以及制定合理的开发调整方案，提高油田最终采收率，采用保压密闭取心工具与密闭液，在水基钻井液条件下，钻取保持储层流体完整的岩心，即钻取不受钻井液自由水污染并保持当时井底条件下储层原始压力的岩心。这种取心装备与工艺比较复杂，成本高，适用于具有成岩性的软、中硬及硬地层。

3. 保形取心

在疏松砂岩地层中保持岩心原始（出筒前）形状的取心称为保形取心。

对于疏松砂岩地层，由于其岩心强度低，不成柱，岩心出筒后往往自成一堆散砂，无法获得岩心物性资料。因此，保持岩心原有形状，避免人为破坏，就成为保形取心的技术关键。多级双瓣组合式岩心筒、橡皮筒、玻璃钢内筒以及复合材料衬筒均可满足保形取心的要求，但唯有多级双瓣组合式岩心筒成本低、使用方便。

4. 定向取心

能够确定岩心所处的倾角、倾向等要素的取心称为定向取心。

在油气藏的勘探开发过程中，为了直观了解储层的构造参数，全面掌握地质构造的复杂性及其变化，制定出经济合理的勘探开发方案，采用定向取心技术以取出能反映地层倾角、倾向、走向等构造参数的岩心。定向取心只适用于岩心成柱性较好的地层。

5. 定向井、水平井取心

在井斜角大于45°的大斜度井、水平井中的取心称为定向井、水平井取心。

在油气藏的勘探开发过程中，为了获得大斜度井、水平井井斜角大于45°斜井段的岩心，所用取心工具及工艺技术应满足中、长曲率半径水平井取心作业的要求。

6. 绳索取心

利用钢丝绳和打捞器把内岩心筒及岩心一同提出地面的取心称为绳索取心。

绳索取心比普通取心速度快得多，尽管其岩心尺寸受钻具内径的限制。当只需要地层渗透率、孔隙度等资料时，绳索取心是最理想的。由于钻具与外筒始终留在井底，因此要求取心时裸眼井壁必须稳定。

第二节 取心工具

一、常规取心工具

1. 自锁式常规取心工具

岩心爪采用自锁方式割断岩心，用于获取常规地层岩心的取心工具称为自锁式常规取心工具。这种取心工具割心时是利用岩心爪与岩心之间的摩擦力，靠自身结构使岩心爪收缩、自锁卡紧岩心并上提工具拔断岩心。该工具一般适用于中硬—硬地层或岩心成柱性较好地层的取心。

自锁式取心工具结构见图 12-2-1。

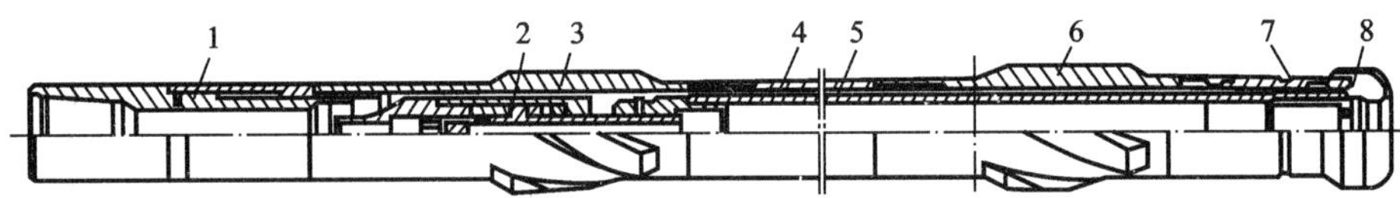

图 12-2-1 自锁式取心工具结构示意图

1—上接头；2—悬挂总成；3—上扶正器；4—外岩心筒；5—内岩心筒；6—下扶正器；7—岩心爪；8—取心钻头

工作原理：下钻完后，用大排量循环钻井液，冲洗内筒和井底；待内筒和井底清洗干净后，停泵投入钢球；待钢球到位后，钻井液经内外筒的间隙从取心钻头水槽泄出。取心时，外筒、取心钻头随钻柱旋转，岩心顶开岩心爪进入内筒，内筒上部连接悬挂轴承，不旋转。取心完毕，上提钻具割心，由于岩心爪带有一定弹性且内径略小于岩心直径，在上提钻具时岩心爪因与岩心间存在摩擦力而相对静止，内筒上的岩心缩径套随钻具上行，产生相对位移，迫使岩心爪收缩、自锁、抱紧并拔断岩心，完成割心起钻。

常用自锁式常规取心工具技术规范见表 12-2-1 及表 12-2-2。

表 12-2-1 中国自锁式常规取心工具技术规范

工具型号	外岩心筒		内岩心筒		工具长度/mm	钻头尺寸/mm	岩心直径/mm	工具扣型	备注
	外径/mm	内径/mm	外径/mm	内径/mm					
Y8120A	194	154	140	127	8 500	215	120	5½ in FH	胜利
Y8120B	194	154	140	127	8 500	215	115	5½ in FH	
Y8100	172	136	121	108	8 500	215	101	NC50	
Y670	133	101	89	76	8 500	150	67	NC38	
川 8-4	180	144	127	112	18 400	215.9～244.5	105	4½ in IF	四川
川 7-4	172	136	121	108	18 400	190.5～244.5	101	4½ in IF	
川 6-4	133	101	89	76	18 400	149.2～165.1	70	3½ in IF	
川 5-4	121	93	85	72	18 400	149.2～165.1	66	3½ in IF	

表 12-2-2 国外自锁式常规取心工具技术规范

工具规范	外筒尺寸	内筒尺寸	岩心直径/mm	备 注
外径×岩心直径×长度/(in×in×ft)	外径×内径×壁厚/(mm×mm×mm)	外径×内径×壁厚/(mm×mm×mm)		
3⅝×1⅞×40	92.08×73.03×9.53	66.68×53.98×6.85	47.68	科德西德
5¾×3⅝×60	146.05×120.65×12.70	107.95×92.08×7.94	85.72	
6⅞×4¼×60	174.63×142.88×15.88	136.53×114.30×11.13	107.95	
4¾×2⅜×60	120.65×88.90×15.88	79.38×66.68×6.35	60.33	
6¼×3×60	158.75×107.95×25.40	95.25×82.55×6.35	76.20	
4¾×2⅝×60	120.65×95.23×12.70	85.73×73.03×6.35	66.68	克里斯坦森
5¾×3½×60	146.05×117.48×14.29	107.95×95.25×6.35	88.90	
6¾×4×60	171.45×136.53×17.46	120.65×107.95×6.35	101.60	
4½×2⅛×60	114.30×82.55×15.88	73.03×60.33×6.35	53.98	
6¼×3×60	158.75×107.95×25.40	95.25×82.55×6.35	76.20	
4½×2⅜×60	114.30×93.66×10.32	82.55×63.50×9.53	60.33	海克洛格
5¾×3½×60	146.05×120.65×12.70	107.95×92.08×7.94	88.90	
6⅞×4⅜×60	174.63×146.05×14.30	133.35×114.30×9.53	111.13	
4¾×2½×60	120.65×85.73×17.46	73.03×60.33×6.35	53.89	
6¼×3½×60	158.75×120.65×19.05	107.95×92.08×7.94	88.90	

2. 加压式常规取心工具

岩心爪采用加压方式割断岩心，用于获取常规地层岩心的取心工具称为加压式常规取心工具。这种取心工具是利用差动装置通过投球加压迫使岩心爪收缩来实现割心的。根据加压方式不同，可分为机械加压和液力加压。该取心工具通常适用于松软或破碎性地层取心。

1）机械加压常规取心工具

工具结构见图 12-2-2。该工具主要由取心钻头、岩心爪、岩心内外筒、悬挂总成、加压接头（见图 12-2-3）组成。

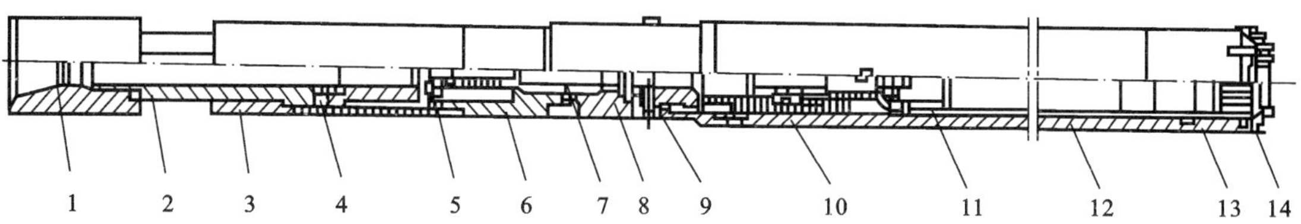

图 12-2-2 机械加压式取心工具结构示意图

1—加压上接头；2—六方杆；3—六方套；4—密封盘根；5—加压球座；6—加压下接头；7—加压中心杆；8—定位接头；9—悬挂销钉；10—悬挂总成；11—内筒；12—外筒总成；13—取心钻头；14—岩心爪

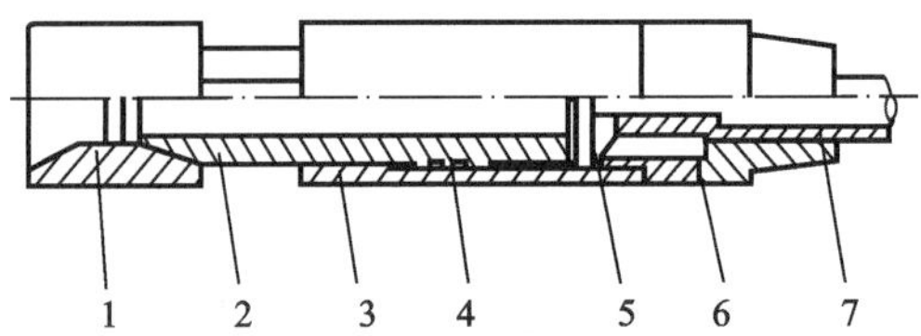

图 12-2-3 机械加压接头结构示意图

1—加压上接头;2—六方杆;3—六方套;4—密封盘根;
5—加压球座;6—加压下接头;7—加压中心杆

工作原理:下钻完,大排量循环钻井液冲洗内筒,正常后小排量取心作业。当取心完毕,进行割心时,上提钻具,在钻头不离开井底的情况下,将加压接头的滑动部分全部拉开,此时,加压接头的加压内台肩位于加压中心杆的球座之上,待加压钢球(4 只)分别投入钻具并到达加压中心杆的球座后,下放钻具,加压内台肩必然压住钢球,钻具重量通过钢球和加压中心杆传递给内筒组合的承压座上,确保内筒的悬挂销钉被剪断(弹簧悬挂和球悬挂除外),并迫使内筒继续受压,使岩心爪沿钻头内腔锥面收缩变形,抱紧并卡断岩心,完成割心起钻。

机械加压取心工具技术规范见表 12-2-3。

表 12-2-3 机械加压取心工具技术规范

工具型号	外岩心筒		内岩心筒		工具长度/mm	钻头尺寸/mm	岩心直径/mm	内筒悬挂方式	工具扣型	备 注
	外径/mm	内径/mm	外径/mm	内径/mm						
R8100	180	140	127	112	9 500	215	100	销钉悬挂	NC50	胜 利
R8120	194	154	139.7	126	9 500	215	115	销钉悬挂	NC50	
YT-100	168	144	127	112		220	100	销钉悬挂		大 港
S904	168	144	127	118		206	100	销钉悬挂		
SR8120	178	153.7	139.7	127		215	115	销钉悬挂		

2)液力加压常规取心工具

工具结构见图 12-2-4。该工具主要由取心钻头、岩心爪、内外筒、分流部分、悬挂总成和加压接头(见图 12-2-5)等组成。外筒为常规厚壁管,一般内筒中装有玻璃钢衬筒。岩心爪为一把爪式,用螺纹与内筒连接。

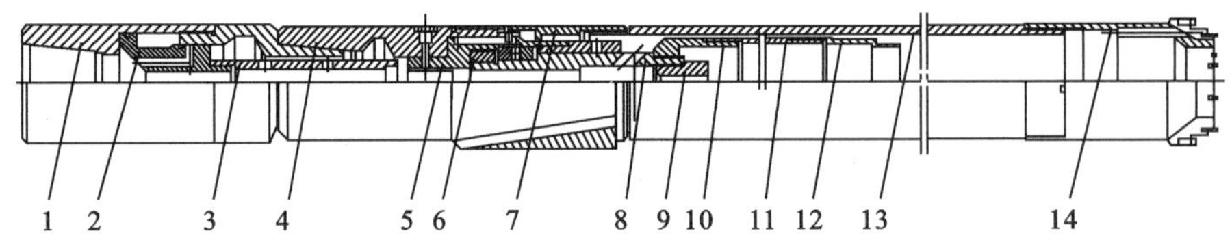

图 12-2-4 液力加压式取心工具结构示意图

1—上接头;2—活塞;3—加压杆;4—定位接头;5—悬挂总成;
6—轴承;7—扶正器;8—分水接头;9—单流座;10—悬挂接头;
11—短节;12—内筒接头;13—外筒;14—下部钻头及岩心爪

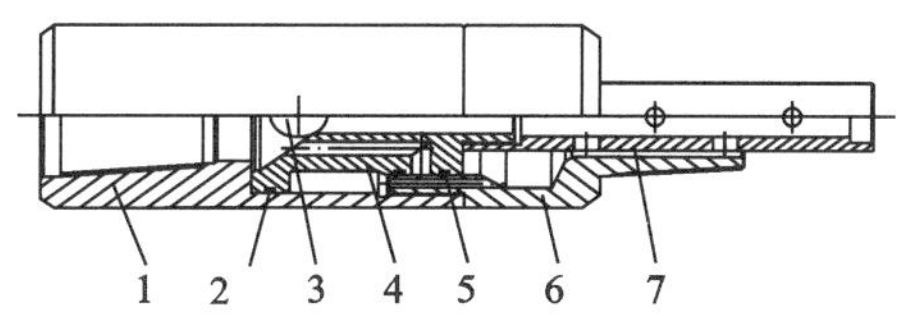

图 12-2-5 液力加压接头结构示意图

1—加压上接头；2—密封圈；3—钢球；4—活塞；5—密封圈；6—加压下接头；7—加压中心杆

工作原理：下钻完，大排量循环钻井液冲洗内筒，正常后小排量取心作业。取心结束后，在高压管线投球处投入一个钢球，投球完毕后用泵送球，当钢球落座时，泵压瞬间上升，剪断悬挂销钉，泵压回落至正常取心时的泵压值，继续憋压到一定的值，内岩心筒下移，迫使岩心爪收缩抓紧岩心，上提钻具割心完成。

液力加压取心工具技术规范见表 12-2-4。

表 12-2-4 液力加压取心工具技术规范

产 地	工具型号	外岩心筒		内岩心筒		工具长度/mm	钻头尺寸/mm	岩心直径/mm	内筒悬挂方式
		外径/mm	内径/mm	外径/mm	内径/mm				
长 庆	长三-1	168	146	127	108	9 500	198	100	钢球悬挂
辽 河	BX115	194	162	152	135	6 100	215	115	销钉悬挂

二、特殊取心工具

1. 密闭取心工具

1）自锁式密闭取心工具

工具结构见图 12-2-6。该工具主要由取心钻头、岩心爪、密封活塞、浮动活塞及岩心筒组成。该工具主要适用于中—中硬地层或岩心成柱性好地层的深井密闭取心。

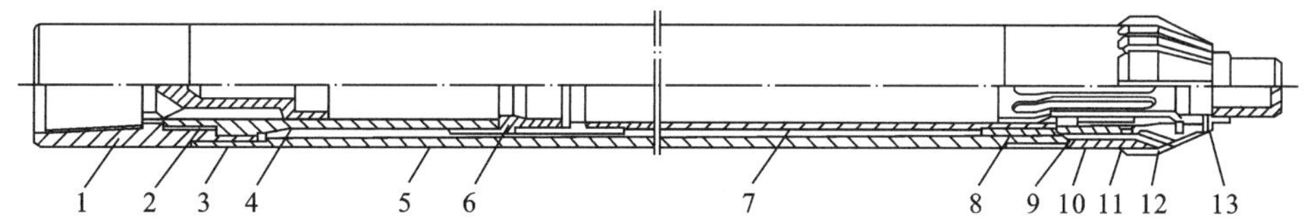

图 12-2-6 自锁式密闭取心工具结构示意图

1—上接头；2—分水悬挂接头；3—浮动活塞；4—Y 形密封圈；5—外筒；6—限位接头；7—内筒；8—下密封活塞；9—内筒鞋；10—取心钻头；11—岩心爪；12—O 形密封圈；13—活塞固定销钉

工作原理：岩心筒外筒下面连接取心钻头，密封活塞通过销钉固定在钻头进口处，内筒与钻头之间有密封圈。内筒在井口装满密闭液，将浮动活塞置于限位接头之上，形成密闭区。下钻过程中，随着井深的增加，密闭区外压增大，浮动活塞压缩密闭液，使密闭区内外压力平衡，从而保证内筒密封的可靠性。在取心钻进前，向钻井液中加入示踪剂，开泵循环，使其分散均匀并达到含量需求。然后将工具下到井底，加压将活塞销钉剪断，钻进时岩心推动活塞上行，内筒的密闭液随岩心的体积增加相应被排出，排出的密闭液在钻头周围形成保护区，并立即黏附在岩心表面形成保护膜，防止钻井液中的水渗入，从而达到密闭取心的目的。

2）加压式密闭取心工具

工具结构见图 12-2-7。该工具主要由密封活塞、取心钻头、岩心爪、岩心筒和机械加压接头等组成。该工具适用于松软或岩心成柱性差的地层密闭取心。

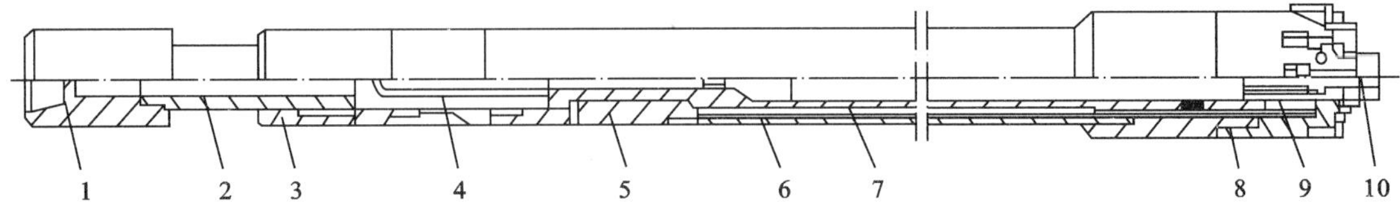

图 12-2-7　加压式密闭取心工具结构示意图

1—加压上接头；2—六方杆；3—六方套；4—加压球座及加压中心杆；5—工具上接头及悬挂部件；6—外岩心筒组合；7—内岩心筒组合；8—取心钻头；9—割心机构；10—密封活塞

工作原理：把加压式取心工具和密闭取心工具结合起来，具有加压式取心工具的特点，在取心过程中类似自锁式密闭取心工具，割心时等同于加压式取心工具。

密闭取心工具技术规范见表 12-2-5。

表 12-2-5　密闭取心工具技术规范

工具型号	割心方式	外岩心筒		内岩心筒		密闭液用量/L	工具长度/mm	钻头尺寸/mm	岩心直径/mm	工具扣型	备注
		外径/mm	内径/mm	外径/mm	内径/mm						
MB243	加压	219	196	168	150	165	9 000	243	136	5½ in FH	大庆
TM215	自锁	178	152	140	124	120	9 500	215	115	5½ in FH	
RM9120	加压	194	170	146	132	116	9 500	235	120	5½ in FH	胜利
YM8115	自锁	194	154	140	121	105	9 500	215	115	5½ in FH	
QXT203-125 RMBX	加压	203	171	159	145		6 100	311	125	4½ in IF	辽河
QXT180-105 YM	自锁	180	144	127	113		9 900	215	105	4½ in IF	

2. 保压密闭取心工具

工具结构见图 12-2-8、图 12-2-9。该工具主要由密闭头、取心钻头、球阀总成、内外筒组合、悬挂与测压机构、差动装置、上接头等组成，适用于 600～2 000 m 井段的软—硬地层取心。

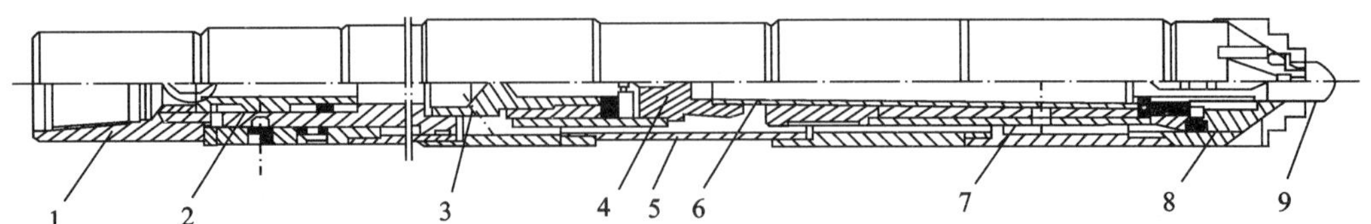

图 12-2-8　中国大庆保压密闭取心工具结构示意图

1—上接头；2—差动装置；3—悬挂总成；4—压力补偿装置；5—外筒；6—内筒；7—球阀总成；8—取心钻头；9—密闭头

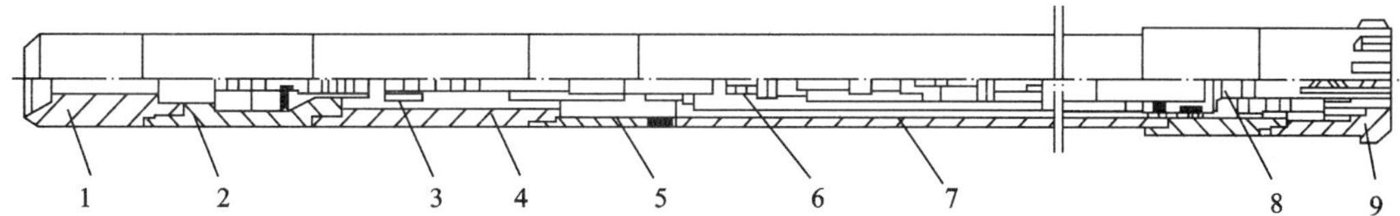

图 12-2-9　美国克里斯坦森保压密闭取心工具结构示意图

1—上接头；2—释放塞；3—锁块；4—花键接头；5—配合接头；6—弹簧；7—外筒总成；8—球阀操作器及球阀；9—取心钻头

工作原理：工具下井之前，预先从密闭头注满密闭液，然后下钻进行正常取心作业，当钻完进尺后，上提钻具割断岩心，再投入 Φ50 mm 钢球，使之落于滑套球座上，待钻井液返出、泵压正常后，说明滑套销钉被剪断。在外筒重力作用下，悬挂球被挤入球座，使六方杆和六方套脱开，瞬间外筒相对内筒下移，其重力作用在球阀的半滑环上产生一定扭矩，促使球阀旋转 90°而关闭，将岩心密闭在内筒中。

保压密闭取心工具技术规范见表 12-2-6。

表 12-2-6　保压密闭取心工具技术规范

产　地	外岩心筒		内岩心筒		密闭液用量/L	充压/MPa	工具长度/mm	钻头尺寸/mm	岩心直径/mm	工具扣型
	外径/mm	内径/mm	外径/mm	内径/mm						
中　国	194	168	89	76	40	40～50	4 500	215	70	5½ in FH
美　国	146	101.6	76.2	69.8	25	30～140	6 600	165.1	63.6	4½ in FH

3. 保形取心工具

工具结构见图 12-2-10。该工具主要由取心钻头、岩心爪、内外筒、稳定器(差值短节)、悬挂总成、液力(机械)加压割心装置等组成。与液力加压式取心工具类似，该工具在内筒中加装了一层衬筒，适用于松散地层的保形取心。

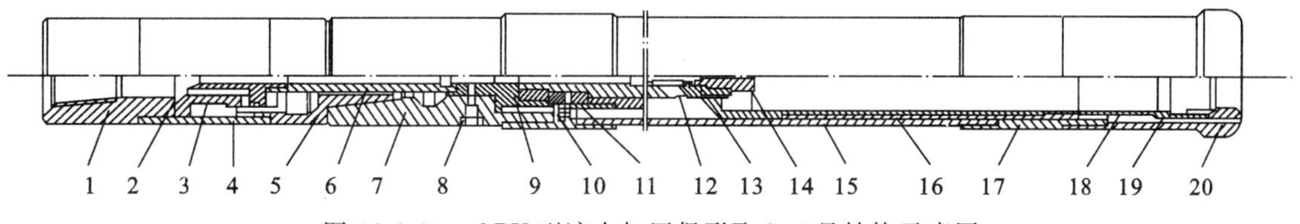

图 12-2-10　QBX 型液力加压保形取心工具结构示意图

1—上接头；2—加压球；3—活塞；4—缸体；5—下接头；6—加压杆；7—定位接头；8—悬挂销钉；9—悬挂接头；10—悬挂螺销；11—悬挂轴承；12—分水接头；13—循环球；14—单流座；15—外岩心筒；16—内岩心筒(内有衬筒)；17—外筒接头；18—内筒接头；19—岩心爪；20—取心钻头

工作原理：在取心工具内筒中增加一层衬筒或多级双瓣衬筒，岩心爪短节、悬挂总成与内筒固定在一起。开始取心钻进前，卸开方钻杆向钻具内投入一个钢球，开泵送钢球落座，开始取心。割心时在高压管线投球处再投入一个大的钢球，待泵送球落座，泵压上升又回落至正常取心钻进的泵压时，割心成功。起钻完，将内筒提出井口，卸下岩心爪短节，依次取出衬筒或多级双瓣衬筒，放入冰柜冷冻，冷冻后取出保持原始形状的岩心。

保形取心工具技术规范见表 12-2-7。

表 12-2-7　辽河、胜利油田保形取心工具技术规范

型　号	外岩心筒		内岩心筒		内衬管		钻头尺寸/mm	岩心直径/mm	工具扣型	备　注
	外径/mm	内径/mm	外径/mm	内径/mm	外径/mm	内径/mm				
QXT273-195RBX	273	247.9	236	220.5	215	205	444.5～311.2	195	4½ in IF	辽　河
QXT203-125RBX	203	171	159	143	140	131	311.2～241.3	125	4½ in IF	
QXT194-115RBX	194	162	152	137	131	121	311.2～215.9	115	4½ in IF	
QXT140-80RBX	140	118	108	95	92	84	215.9～152.4	80	3½ in IF	
QBX194-100	194	154	139.7	127			215.9	100	4½ in IF	胜　利

4. 定向取心工具

定向取心工具结构见图 12-2-11。该工具主要由取心钻头、岩心爪、内外岩心筒、稳定器、悬挂总成、测斜仪、安全接头、无磁钻铤等组成，适用于岩心成柱性较好的中—硬地层取心。

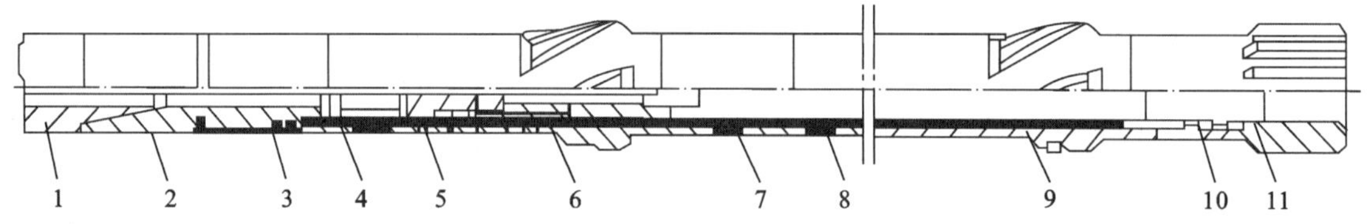

图 12-2-11　DQX180-105 型定向取心工具结构示意图

1—无磁钻铤；2—上接头；3—安全接头；4—测斜仪；5—悬挂总成；6，9—稳定器；7—外岩心筒；8—内岩心筒；10—取心钻头；11—岩心爪

工作原理：在取心内筒下端有三条用于在岩心上刻槽的定向刻刀，工具上部接有无磁钻铤，无磁钻铤内有多点测斜仪器，仪器外面的标记与定向鞋的主刻刀在一条直线上。定向刻刀在岩心上刻出标记，测斜仪器测出与井眼的倾角和方位，即可测量出所钻地层的构造参数。

定向取心工具技术规范见表 12-2-8。

表 12-2-8　定向取心工具技术规范

型　号	外岩心筒		内岩心筒		工具长度/mm	钻头尺寸/mm	岩心直径/mm	工具扣型	备　注
	外径/mm	内径/mm	外径/mm	内径/mm					
DQX133-70	133	101	89	76	9 200	139.7～158.8	195	3½ in IF	四　川
DQX172-101	172	136	121	108	9 200	184.2～244.5	125	4½ in IF	
DQX180-105	180	144	127	112	9 200	215.9～244.5	115	4½ in IF	
DQX133-70	133	101	89	76	4 600	152.4～165.1	70		胜　利
DQX180-105	180	144	127	112	4 600	215.9～244.5	105		
QXT172-101DX	172	136	121	107	19 888	215.9～244.5	101	4½ in IF	辽　河
QXT133-70 DX	133	101	89	76	10 644	158.8～215.9	70	3½ in IF	

5. 定向井、水平井取心工具

工具结构见图 12-2-12、图 12-2-13。定向井、水平井取心工具内筒上具有扶正机构和特殊割心机构，适用于定向井、水平井段取心作业。

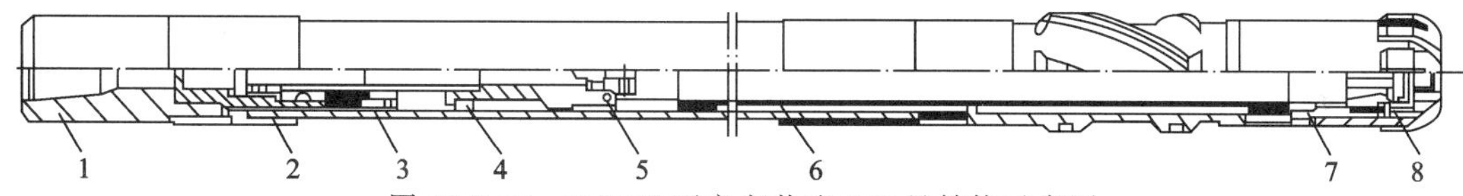

图 12-2-12　D-8100 型定向井取心工具结构示意图

1—上接头；2—外岩心筒；3—悬挂轴承；4—上扶正轴承；5—堵孔钢球；6—内筒组合；7—取心钻头；8—下扶正轴承及割心机构

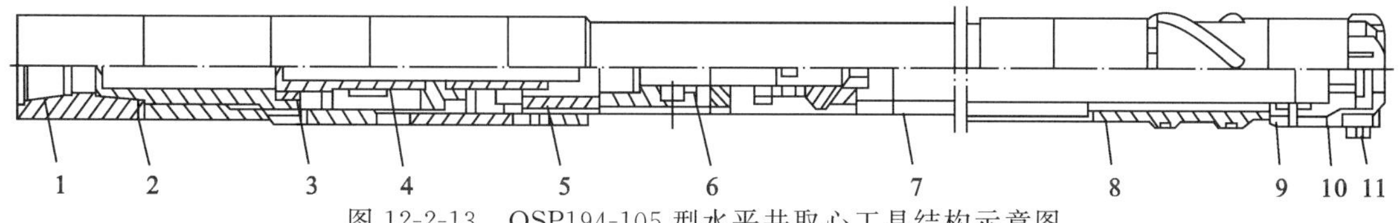

图 12-2-13　QSP194-105 型水平井取心工具结构示意图

1—上接头；2—六方组合；3—弹挂轴；4—承托弹簧；5—内筒组合；6—悬挂总成；7—外筒；8—稳定器；9—取心钻头；10—滚柱轴承；11—卡箍岩心爪组合

工作原理：工具能通过曲率半径较小的井段，内筒上下端加装滚柱轴承以保证内筒始终与钻头中心线重合，保持内筒工作稳定。若采用井下马达驱动取心工具，在井下马达和取心工具中间加装一个特殊的投球短节（见图 12-2-14）以满足取心工艺要求。在水平井取心作业中，取心工具的轴线与重力的方向线相垂直，在重力作用下，取心工具躺卧在井眼低边上，在外筒上设计有扶正装置以确保稳斜取心钻进，同时也设计有内筒扶正装置以防止岩心柱弯曲、堵（卡）岩心筒和岩心磨损。在取心作业中必须将井底清洗干净，以防止在井眼低边形成岩屑床，并减少摩阻和工具的阻卡现象。该原理类似于常规取心。

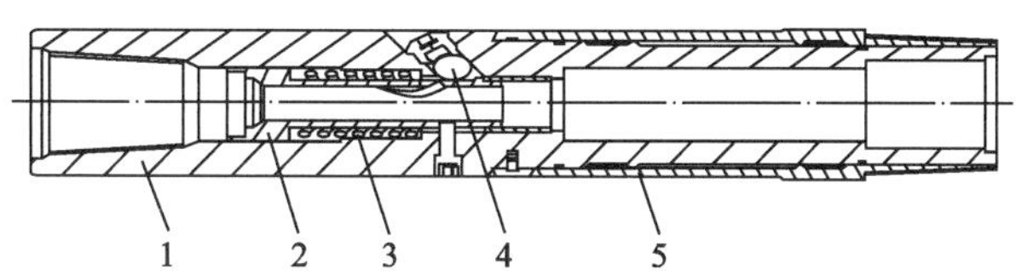

图 12-2-14　投球短节结构图

1—投球接头本体；2—滑套；3—弹簧；4—钢球；5—母接头

水平井取心工具主要技术规范见表 12-2-9。

表 12-2-9　水平井取心工具主要技术规范

型　号	外岩心筒		内岩心筒		工具长度/mm	钻头尺寸/mm	岩心直径/mm	工具扣型	备　注
	外径/mm	内径/mm	外径/mm	内径/mm					
QSP194-105	194	154	127	112	7 900	215.9	105	5½ in FH	胜　利
SPQ172-101	172	136	121	108	4 600	215.9～244.5	101	4½ in IF	四　川
SPQ121-93	121	93	85	72	4 600	149.2～165.1	66	3½ in IF	
SP180-101	180	144	127	108.6	7 235	215.9	100	5½ in FH	大　庆

6. 绳索取心工具

绳索取心工具结构见图 12-2-15,主要由岩心筒、可回收内筒和内筒打捞装置(见图 12-2-16)组成。岩心筒由大接头、矛头、悬挂机构、定位卡板、差动机构、报警机构、外筒、内筒、半合内管、卡心机构、取心钻头等几部分组成。该工具只有当井深、裸眼稳定、岩心成柱性好且岩心直径要求不大时才可采用。

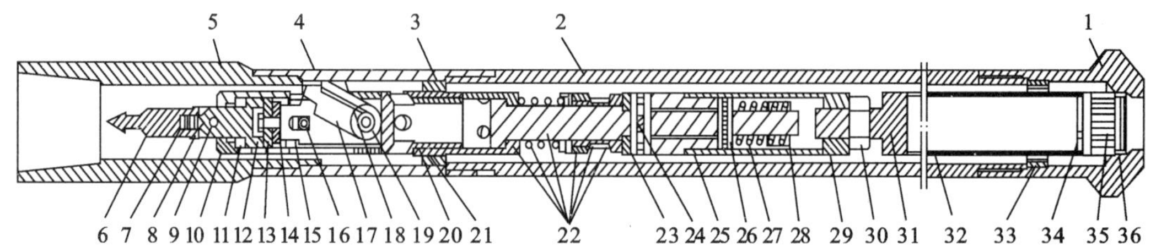

图 12-2-15 绳索取心工具结构示意图

1—钻头;2—外管;3—坐环;4—弹卡室;5—弹卡挡头;6—捞矛头;7—捞矛头弹簧;8—捞矛头定位销;9,16,19—弹性圆柱销;10—回收管;11,15,18,27—弹簧;12—捞矛座;13—弹簧挡板;14—螺钉;17—弹卡钳;20—弹卡架;21—悬挂环;22—堵塞报警机构;23—轴承罩;24,26—推力球轴承;25—轴承座;28—锁紧螺母;29—弹簧套;30—调节螺母;31—调节接头;32—内管;33—扶正环;34—挡圈;35—卡簧;36—卡簧座

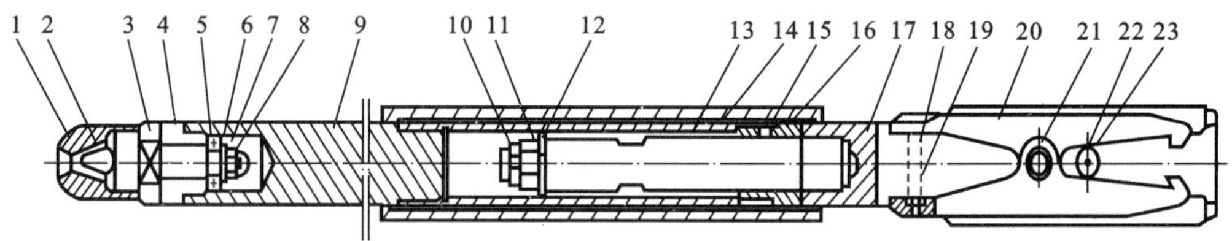

图 12-2-16 绳索取心工具打捞器结构示意图

1—绳卡套;2—绳卡芯;3—小轴;4—压盖;5—轴承;6,12—垫圈;7,11—六角槽形扁螺母;8,10—开口销;9—重锤;13—拉杆;14—连接套;15—脱卡管;16—接头;17—捞钩;18—弹簧;19—铆钉;20—打捞钩;21—弹性圆柱销;22—普通圆柱销;23—定位销套

工作原理:在地面上把岩心内筒固定到岩心外筒中,将岩心筒送到井底,钻取到一定长度的岩心后将钻具提离井底割断岩心,再用钢丝绳将内筒提取工具送入井底并锁定到内筒上。这种内筒提取工具包括一个旋转轴承和一个打捞头,旋转轴承能使提取工具旋转而不会使钢丝绳索扭转,而打捞头可以使内筒上端的打捞爪插入、抓牢。上提钢丝绳索把内筒从井眼中提出,将内筒下端的岩心爪卸开取出岩心。岩心取出之后,重新组合工具,把岩心筒投入井内,用弹簧键固定到岩心外筒中,再次取心作业。

绳索取心不同于常规取心,它的内筒是一种独立的工具,可以更换和回收,也可作为备用。绳索取心筒下部装金刚石取心钻头,可装全面钻进钻头。绳索取心的不足之处是要求钻柱内径足够大,能通过可更换的内筒。

绳索取心工具主要技术规范见表 12-2-10。

表 12-2-10　绳索取心工具主要技术规范

产　地	型　号	井眼尺寸/mm	外岩心筒		内岩心筒		岩心直径/mm	钻柱最小内径/mm
			外径/mm	内径/mm	外径/mm	内径/mm		
中　原	中原 9507	165	146	136	90	70	70	108
	中原 9508	215	178	156	78	70	70	108
华东石油局		152.4	108		62		54	68
华北石油局	MS-215B	215	159	100	89	80	70	108
中石油勘探院	SQM-Ⅰ	215	177.8		84		70	93
辽河油田	SZ70	215	178	100			70	95
无锡钻探工具厂	S150-SF	150	139.7	125	106	98	93	108
东北煤田地质局		215	180	144	84	75.9	70	108

三、取心钻头

1. 切削型取心钻头

切削型取心钻头(见图 12-2-17)以切削方式破碎地层,多为刚体结构,工作面呈刮刀式或阶梯刮刀式,镶硬质合金或聚晶金刚石复合片(PDC),切削片均匀分布在一个同心圆的环形面上。根据岩石可钻性的不同,切削片具有不同的切削角。钻头的切削片与钻头体焊接牢固。另外,钻头的岩心入口离岩心爪近,使岩心一形成就很快进入内筒中而被保护起来。该取心钻头适用于软—中硬地层取心,钻进速度快。

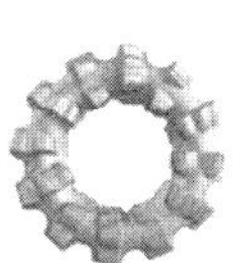

图 12-2-17　切削型取心钻头

2. 微切削型取心钻头

微切削型取心钻头(见图 12-2-18)以切削和研磨同时作用的方式破碎地层。这类钻头多为胎体结构,工作面分为单锥、双锥、抛物线等多种曲面,表镶天然金刚石或人造金刚石。该取心钻头适用于中硬—硬地层取心,钻进速度中等。

3. 研磨型取心钻头

研磨型取心钻头(见图12-2-19)主要以研磨方式破碎地层。这种钻头多为胎体结构、半

图 12-2-18　微切削型取心钻头

圆工作面、低出刃，有表镶或孕镶天然金刚石与聚晶金刚石之分。该取心钻头适用于各种高研磨性的硬地层取心，钻进平稳，钻速慢。

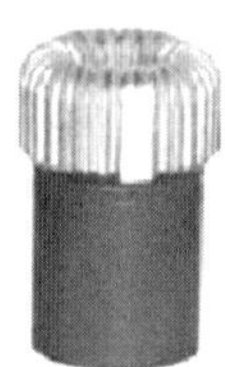
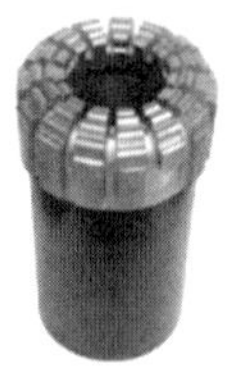
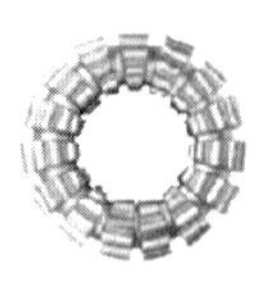

图 12-2-19　研磨型取心钻头

胜利及克里斯坦森取心钻头型号及适应地层类型见表 12-2-11 和表 12-2-12。

表 12-2-11　胜利取心钻头型号及适应地层类型

钻头型号	形式与切削刃材质	外径/mm	内径/mm	地　层			配套工具
				地层类型	硬度级别	IADC 分类	
HSC042-8115	刮刀型-硬质合金	215	115	软	1,2	1,4	R-8120
PSC134-8115	圆弧型-PDC	215	115	软—中硬	1,2,3,4,5,6	1,4,5,2,6	R-8120
HSC042S-8110	刮刀型-硬质合金	215	105	软	1,2	1,4	SP-8100
HSC044bm-8100	刮刀型-硬质合金	215	100	软	1,2	1,4	Mb-8100
HSC644-8120	刮刀型-柱锥形聚晶	215	120	软—中硬	1,2,3,4,5,6	1,4,5,2,6	Y-8120A
HSC644m-8115	刮刀型-柱锥形聚晶	215	115	中　硬	5,6	2,6	Ym-8115
PSC146bm-8100	刀片型-PDC	215	100	软—中硬	1,2,3,4,5	1,4,5	Mb-8100
PSC136D-8100	圆弧型-PDC	215	100	软—中硬	1,2,3,4,5,6	1,4,5,2,6	D-8100
PSC116m-8115	单锥型-PDC	215	115	中　硬	5,6	2,6	Ym-8115
PSC136-8120	圆弧型-PDC	215	120	中　硬	5,6	2,6	Y-8120A
TMC616-8120	单锥型-柱锥形聚晶	215	120	中硬—硬	5,6,7,8	2,6,3,7	Y-8120A
TMC526-8120	双锥型-三角形聚晶	215	120	中硬—硬	5,6,7,8	2,6,3,7	Y-8120B
TMC836-8120	圆弧型-多棱聚晶	215	120	中　硬	5,6	2,6	Y-8120A
TMC616m-8115	单锥型-柱锥形聚晶	215	115	中硬—硬	5,6,7,8	2,6,3,7	Ym-8115
TMC526m-8115	双锥型-三角形聚晶	215	115	硬—极硬	7,8,9,10,11,12	3,7,8	Ym-8115
TMC526D-8100	双锥型-三角聚晶	215	100	中硬—硬	5,6,7,8	2,6,3,7	D-8100
TMC526S-8100	双锥型-三角形聚晶	215	105	中硬—硬	5,6,7,8	2,6,3,7	SP-8100
NMC938-8120	圆弧型-天然金刚石	215	120	硬—极硬	7,8,9,10,11,12	3,7,8	Y-8120A

表 12-2-12 克里斯坦森取心钻头型号及适应地层类型

钻头型号	地层类型	岩石名称	对应牙轮钻头
RC493/M654 RC444/M555 C35/D6X4	软地层带有黏土夹层	黏土 泥岩 泥灰岩	S3S J11
RC476/M585 RC444/M555 C18/D5X5	软地层，高可钻性	泥灰岩 岩盐 石膏 页岩	F2 FP51
RC476/M585 C18/D5X5	软—中地层，有硬夹层	砂岩 页岩 白垩	J33 FP53 F3
C201/D6X5 SC226/T6X5 SC777/T5X5	中—硬地层，有薄的研磨性夹层	页岩 泥岩 石灰岩	J44 F4 FP62
C23/D5Z6，SC226/T6X8 SC777/T5X8，SC278/T6X9	硬—致密地层，无研磨性	石灰岩 白云岩	J55 F57
SC276/T5X8 SC278/T6X9 SC279/D5X0	硬—致密地层，有些研磨性夹层	粉砂岩 砂岩 泥岩	J77 H88 F7
SC279/D5X0	极硬带有研磨性夹层	石英岩 火成岩	J77 H100

第三节 取心工具及取心钻头的选择

一、取心工具的选择

1. 不同井深条件下取心工具的选择

浅井取心由于起下钻速度快，可以选用短筒取心工具。短筒取心工具一般只有一节岩心筒，在取心钻进中不需要接单根。由于它的结构简单，在整个钻井取心工作中所占的比例最大。

随着井深的增加，深井取心作业越来越困难。若取心地层的岩石胶结性与可钻性比较好，应尽可能采用中、长筒取心，以提高单筒取心进尺和岩心收获率，降低取心成本；若取心地层岩性松散、胶结性不好，应采用短筒取心，以提高岩心收获率。

2. 根据地层岩性选择取心工具

根据地层岩性选择合适的取心工具，对取心工作的成败具有决定性意义。一般来说，无论采用哪种取心方式，在松散、松软地层中都应选用加压式取心工具，而在中硬—硬地层以及岩心成柱性较好的软地层中都应选用自锁式取心工具，在这个大前提下再考虑岩心筒的长度问题。当地层易破碎时，应选用外返孔取心工具；当取心井段为水平井眼时，应选用水平井取心工具；当井深、裸眼稳定、岩心成柱性好、对岩心直径要求不大时，可选用绳索式取心工具。

3. 根据取心方式选择取心工具

由地质设计要求确定的取心方式有常规取心和特殊取心两类。可供选择的常规取心工具不仅包括一般的加压式与自锁式取心工具，还包括绳索取心工具等。可供选择的特殊取心工具包括加压式与自锁式密闭取心工具和保形取心工具，还包括保压密闭取心工具、海绵取心工具、定向取心工具和水平井取心工具等。无论采用哪种取心方式，都要根据取心地层的岩性软硬与胶结情况、井眼大小与深浅选择相应的取心工具。不同条件下取心方式、取心工具与取心钻头的选择见表 12-3-1。

表 12-3-1 取心方式、取心工具与取心钻头的选择

<table>
<tr><td rowspan="4">油田开发阶段</td><td rowspan="4">取心方式</td><td rowspan="2">地层软硬</td><td colspan="4">松　软</td><td colspan="2">中　硬</td><td>坚　硬</td></tr>
<tr><td>松　散</td><td>软</td><td>岩心成柱性好</td><td>岩心成柱性好、浅井</td><td>中　硬</td><td>易　碎</td><td>致密坚硬</td></tr>
<tr><td>岩石可钻性</td><td colspan="4">Ⅰ—Ⅲ</td><td colspan="2">Ⅳ—Ⅵ</td><td>Ⅶ—Ⅹ</td></tr>
<tr><td>取心钻头类型</td><td colspan="2">切削型</td><td colspan="2">切削型或微切削型</td><td colspan="2">微切削型</td><td>研磨型</td></tr>
<tr><td rowspan="2">勘探与开发</td><td rowspan="2">常规取心</td><td>单筒取心</td><td colspan="2">加压式</td><td>加压式或自锁式</td><td>自锁式</td><td>自锁式</td><td>外返孔</td><td>自锁式</td></tr>
<tr><td>中、长筒取心</td><td colspan="2"></td><td colspan="2">加压式</td><td>自锁式</td><td colspan="2"></td></tr>
<tr><td rowspan="4">开　发</td><td rowspan="5">特殊取心</td><td>保形取心</td><td colspan="2">加压式或自锁式</td><td colspan="2"></td><td colspan="3"></td></tr>
<tr><td>密闭取心</td><td colspan="2">加压式</td><td colspan="2">加压式或自锁式</td><td colspan="3">自锁式</td></tr>
<tr><td>保压取心</td><td colspan="2"></td><td colspan="2">加压式或自锁式</td><td>自锁式</td><td colspan="2"></td></tr>
<tr><td>海绵取心</td><td colspan="2"></td><td colspan="2">自锁式</td><td>自锁式</td><td colspan="2"></td></tr>
<tr><td>勘探与开发</td><td>定向取心</td><td colspan="2"></td><td colspan="2">自锁式</td><td>自锁式</td><td colspan="2"></td></tr>
</table>

二、取心钻头的选择

取心钻头的选择：当取心方式、工具确定之后，首先根据确定的取心工具选取相应的取心钻头类型，然后参考地层可钻性级值与钻头类型的对应关系，便可进一步确定具体的钻头型号(参照表 12-3-2)。

表 12-3-2 取心钻头类型与地层硬度级别

地层级别	Ⅰ—Ⅲ	Ⅲ—Ⅳ	Ⅳ—Ⅵ	Ⅵ—Ⅷ	Ⅷ—Ⅹ	≥Ⅹ
地层可钻性级值	$K_d<3$	$3\leqslant K_d<4$	$4\leqslant K_d<6$	$6\leqslant K_d<8$	$8\leqslant K_d<10$	≥10
国际地层分类	黏软 (SS)	软 (S)	软—中硬 (S—M)	中硬—硬 (M—H)	硬 (H)	极硬 (EH)

续表 12-3-2

地层级别		Ⅰ—Ⅲ	Ⅲ—Ⅳ	Ⅳ—Ⅵ	Ⅵ—Ⅷ	Ⅷ—Ⅹ	≥Ⅹ
IADC 编码	铣齿钻头	1-1	1-2	1-3,2-1,1-4,2-2	2-3,3-1,2-4,3-2	3-3,3-4	
	镶齿钻头	4-1,4-2,4-3	4-4	5-1,5-3,5-2,5-4	6-1,6-3,6-2,6-4	7-1,7-3,7-2,7-4	8-1,8-3,8-2,8-4
金刚石钻头	全　面	D1	D1	D2	D3	D4	D5
	取　心	D7	D7	D7,D8	D8	D8	D9
胜利取心钻头	金刚石					NMC938	NMC938
	PDC		PSC146	PSC136			
	TSP			TMC616	TMC616	TMC536	TMC536
	刮刀型	HSC043	HSC043				
克里斯坦森取心钻头	金刚石	C18	C18	C18,C22	C201,C22,C23		C23,C40
	PDC	RC473	RC444	RC476	RC493		
	TSP				SC226,SC276,SC249		SC249,SC279

1. 根据岩心成形性选择钻头

在软而松散的地层取心,不宜选用多次成形的取心钻头。对于多次成形的取心钻头,当钻头接触井底开始钻进时,会在井底形成直径较大的岩心,不能立即进入内筒,应在钻压作用下连续切削岩心,形成所需直径的岩心柱进入内岩心筒。若选用该类钻头,在多次成形过程中,岩心受钻压、钻具摆动等外力的多次作用极易破碎,阻碍岩心进入内岩心筒或造成岩心堵塞卡死。对于一次成形取心钻头,当钻头接触井底开始钻进时,会在井底形成与钻头体内径相等或略小的岩心柱,立即进入内筒,在钻压作用下连续切削岩心,形成所需直径的岩心柱进入内岩心筒而得到保护。

2. 根据岩石性质选择钻头

对于软地层,岩石可钻性好,机械钻速高,一般选用切削型取心钻头,包括切削刃较长、较稀的 PDC 取心钻头。对于中硬地层,岩心成柱性好,钻速中等,适合中长筒取心,一般选用微切削型取心钻头,包括布齿较密的 PDC 取心钻头,圆柱形、三角形及片状等稳定聚晶金刚石取心钻头。该类钻头多为胎体结构,工作面呈单锥曲面、双锥曲面、平顶、圆弧形、浅抛物面等形状。对于硬地层,岩石硬度高,研磨性强,可选用胎体结构,工作面呈半圆曲面、低出刃或孕镶研磨型取心钻头。根据地层硬度,布齿方式有格状布齿、同心圆布齿及背镶布齿三种。高低压水道、辐射状水道以及内规径处的水道均有利于钻头的清洗和冷却。

第四节 取心工艺

一、取心准备

(1) 取心前做出取心地层预告,根据地质设计,参照邻井地质资料及本井地层对比电测资料,绘制取心井段地层剖面,卡准层位。

(2) 针对不同地层岩性、井眼尺寸和钻井工程设计,根据邻井取心或录井资料,确定下井取心工具的型号、长度及取心施工技术措施。

(3) 井身质量与钻井液性能符合钻井设计要求,井下无漏失、无溢流,起下钻畅通无阻,井底无落物。

(4) 钻井设备工作性能良好,仪表灵敏可靠。

(5) 检查好取心工具,应符合标准规定;取心工具必须严格丈量、计算、选配。

(6) 根据取心井段的地层岩性选择相适应的取心钻头。

二、技术要求

1. 基本技术要求

(1) 外岩心筒内、外螺纹的最大抗拉力、屈服扭矩值和紧扣扭矩值不得低于表 12-4-1 中的规定。

表 12-4-1 外岩心筒最大抗拉力、屈服扭矩值和紧扣扭矩值

外岩心筒外径/mm	最大抗拉力/kN	屈服扭矩值/(kN·m)	紧扣扭矩值/(kN·m)
89	600	8	4～5
121	1 000	9	6～7
133	1 200	13	8～9
146	1 300	16	10～12
159	1 400	17	12～13
172	1 500	20	13～15
178	1 500	20	13～15
180	1 900	23	13～15
194	2 500	27	13～15
203	2 700	30	16～18
273	2 700	34	18～20

(2) 接头螺纹表面及其台肩面应进行防黏扣处理。

(3) 轴承装配后应有 0.5～1.0 mm 的轴向间隙,并保证转动灵活。

(4) 岩心爪摩擦面敷焊耐磨层应颗粒均匀、平整、牢固;岩心爪弹性好,徒手闭合10次无明显变形为合格。

(5) 稳定器堆焊层不允许有网状裂纹、夹渣及与基体金属熔接不良缺陷;钎焊硬质合金块不允许有松动、破碎,堆焊或贴焊须消除应力。

(6) 安全接头卸扣扭矩值为外岩心筒螺纹紧扣扭矩值的40%~60%。

(7) 密封橡胶件表面光洁、平整,不应有气泡、夹渣、生胶分层、硫化不良等缺陷;橡胶件应耐油、耐弱酸、耐弱碱,耐温不应低于120 ℃,硬度为(80±5)IRHD。

(8) 每件取心工具的短节、稳定器、安全接头在调质处理和粗加工后,应进行全截面超声波无损检测;外岩心筒在调质处理和粗加工后,两端0~500 mm范围内应进行超声波无损检测。无损检测质量级别应达到2级。

(9) 不应在取心工具本体各零件的密封面、接头螺纹表面、端面和台肩面打印或焊接任何标记。

(10) 取心工具整体试压压力为20 MPa,稳压5 min,压降不超过1.5 MPa。

2. 特殊技术要求

1) 密闭取心工具

(1) 密封表面不应有划伤、凹痕等缺陷。

(2) 密封活塞与取心工具应进行清水试验。

2) 保压取心工具

(1) 差动剪销剪断后,差动机构滑动自如,悬挂球应到预定位置。

(2) 差动机构组装后,其最大差动距离为560 mm。

(3) 高压气室组装后,在常温下用40~50 MPa氮气进行试压,30 min内降压不超过0.30 MPa。

(4) 调压室总成在常温下用25 MPa氮气进行试压,30 min内压降不超过0.15 MPa。

(5) 内筒与球阀总成组装后,在常温下用清水进行25 MPa静压试验,稳压10 min不渗不漏。

(6) 气室连通接头总成在常温下用25 MPa氮气进行动压试验,30 min内压降不超过0.15 MPa。

(7) 将高压气室、调压室总成和气室连通接头总成组装在一起,并分别用氮气将压力增加到40 MPa和25 MPa,然后将滑套下滑,压力补偿系统开启后应工作正常。

(8) 完成以上试验后,将各体腔内的试验介质全部排空。

(9) 锥形阀组装后应能开关灵活、密封可靠。

3) 保形取心工具

(1) 复合材料保形衬筒壁厚均匀,误差不大于1.0 mm。

(2) 复合材料保形衬筒直线度公差值不大于1/1 000。

(3) 钢制双瓣衬筒内壁光滑,扣合紧密。

4) 定向取心工具

(1) 岩心爪总成外表面的标记线下端始点与主刀刃周向方位偏差角应小于0.25°。

(2) 刀块拟采用硬质合金制成,刃长不小于20 mm,刀刃直线公差值不大于0.02 mm。

(3) 内岩心筒外表面应刻上连续的标记线，标记线始点相对于终点周向方位偏差角应小于0.25°。

(4) 支撑座上的定向键轴向安放中线与测斜仪标记方位角差应小于0.25°。

5) 水平井取心工具

(1) 当承托弹簧所承受的压力在3～7 kN范围内时，其压缩距应小于100 mm。

(2) 堵孔用尼龙球投入工具后，其循环压力升高1 MPa，差动机构差动，卡板岩心爪复原。

3. 特殊取心设备和材料

1) 密闭取心

(1) 密闭液：油基密闭液和水基密闭液性能应符合规定的技术要求(见本章附录)。

(2) 示踪剂：硫氰酸铵或酚酞。

2) 保压取心工具

(1) 干冰(固态CO_2)或液氮：用于冷冻岩心，每取一筒岩心需干冰300～450 kg或液氮0.5～1.0 m^3。

(2) 液氮车或隔热保温箱：保温箱尺寸1.0 m×0.5 m×0.5 m(长×宽×高)，用于储存干冰；5 m^3液氮车一辆，用于途中冷冻岩心。

(3) 氮气(N_2)：用于向内筒气室充气，每取一筒岩心需2～3瓶标准钢瓶(气压11 MPa)。

(4) 运输车：叉车或自吊卡车一台，用于钻台至服务装置间的岩心筒运输。

(5) 服务装置：配有发电机、压风机、行吊、测试仪表、充气泵和回压冲洗系统的工作间，以供保压取心工具的组装、拆卸、试压、充气岩心冷冻与切割。

(6) 密闭液、示踪剂：同密闭取心。

3) 定向取心

(1) 测斜仪：根据取心井段的位置和岩石可钻性选用测斜仪。

(2) 无磁钻铤：无磁钻铤长度和测斜仪在无磁钻铤中的位置应按SY/T 5416的规定执行。

4) 水平井取心

动力钻具：采用低转速、大扭矩动力钻具。

5) 绳索取心

(1) 绞车：用于提升和下放内筒，其提升力应大于30 kN。

(2) 特殊钻铤和钻杆：内径大于Φ95 mm，保证内筒通过。

三、取心质量要求

取心质量指标主要用来衡量实际取心结果与取心要求满足的程度。主要指标包括：

(1) 取心进尺：钻取岩心时钻进的实际长度。

(2) 单筒取心进尺：下钻起钻一次的取心进尺。

(3) 平均单筒取心进尺：总取心进尺与总取心次数之比。

(4) 岩心长：取出岩心的实际长度。

(5) 取心收获率：实际取出岩心长度与取心进尺的百分比。取心收获率按下式计算：

$$P_{cl}=\frac{L_c}{F_c}\times 100 \tag{12-4-1}$$

式中 P_{cl}——取心收获率，%；

L_c——实际取出岩心长度，m；

F_c——取心进尺，m。

(6) 岩心密闭率：岩心密闭、微浸的长度和与岩心取样总长度的百分比。

(7) 岩心保压率：地面实测岩心压力与井底液柱计算压力的百分比。

(8) 照相成功率：定向取心时定点测斜照相成功点数与总照相点数的百分比。

(9) 岩心定向成功率：定向取心时岩心有刻痕标记的定向成功点数与总定向点数的百分比。

不同取心类型的质量指标见表 12-4-2。

表 12-4-2 不同取心类型的质量指标要求

取心类型		项　目	指标/%	
			一般地层	散碎地层
常规取心		收获率	≥90	≥50
特殊取心	密闭取心	收获率	≥90	≥50
		密闭率	≥80	≥50
	保压取心	收获率	≥80	≥50
		保压率	≥80	≥80
		密闭率	≥70	≥40
	定向取心	收获率	≥80	≥50
		定向成功率	≥80	

四、取心操作规程

1. 下钻

(1) 工具上下钻台应平稳吊升或下放，严防碰撞特殊取心工具的密封活塞；工具出入井口时用大钩提吊；无台肩光钻杆外筒坐于井口时应用安全卡瓦。

(2) 内筒螺纹用链钳紧扣，外筒螺纹用液压钳紧扣。

(3) 上、卸钻头应使用钻头装卸器。

(4) 下钻速度应控制在 0.5 m/s 内，下放钻具要平稳。遇阻不得超过 40 kN，超过时应开泵循环钻井液，上下活动钻具，缓慢下放，否则起钻通井，不得用划眼方式强行下钻。

(5) 特殊取心需加密闭液时，向内筒缓慢灌入，液面至分水接头水眼位置后静置 5 min，保证灌满。

(6) 定向取心工具测斜仪入井时，测斜仪的马蹄槽应与取心工具的归位键完全就位后一起入井。

(7) 水平井取心工具在下钻过程中严禁用排量大于 20 L/s 的钻井液循环，以保证释放钢球停留在投球接头内。

(8) 将取心钻头下至离井底 10 m 左右,缓慢开泵,充分循环钻井液。特殊取心需加示踪剂时,应按规定数量向钻井液中均匀加入,加药时间不少于一个循环周期。在钻头不接触井底条件下,可适当上下活动钻具或转动钻具,使钻井液中的示踪剂含量达到(1±0.2) kg/m^3,且分散均匀,以连续四个检测值符合规定为合格。

2. 钻进

1) 钻进参数

(1) 对于中硬—硬地层,钻压为钻头直径(以 mm 为单位)乘以 0.35～0.59 kN/mm;对于软地层,钻压应降低 1/3;对于极软地层,应及时送钻,避免岩心冲蚀。

(2) 转速为 60～80 r/min。对于软地层可适当增加转速。

(3) 流量应根据井眼尺寸而定,具体见表 12-4-3。

表 12-4-3 井眼尺寸与流量

井眼尺寸/mm	流量/($L \cdot s^{-1}$)
152.4	6～12
190.7	12～19
215.9	16～22

(4) 推荐取心钻进参数见表 12-4-4。

表 12-4-4 推荐取心钻进参数(以 Φ215 mm 钻头为例)

取心地层		树心钻压/kN	树心进尺/m	取心钻压/kN	取心转速/($r \cdot min^{-1}$)	取心排量/($L \cdot s^{-1}$)
松 软	胶结差	5～10	0.2～0.3	100～120	50～60	10～15
	胶结一般	7～15	0.2～0.3	30～50	50～60	15～20
	胶结良好	7～15	0.2～0.3	50～70	50～60	20～23
中硬—硬	胶结差	7～15	0.2～0.3	30～50	50～60	15～20
	胶结好	7～15	0.2～0.3	50～90	50～60	20～23

2) 操作要求

(1) 送钻均匀,钻压应逐渐增加,不允许溜钻;如果遇蹩钻、跳钻,可适当调整钻井参数予以消除。

(2) 钻进中无特殊情况不停泵、不停转,直到取心钻进完成,如遇特殊情况应立即割心。

(3) 应做好钻时记录,随时观察钻时、钻压、泵压与转盘扭矩的变化,发现异常果断处理。

(4) 定向取心使用测斜仪测斜前必须停泵、停转,并保持钻具静止。上提钻具使钻压保持 10～20 kN,先开泵,然后启动转盘逐步调整到正常取心参数,继续取心钻进。

(5) 自锁式取心工具长筒取心钻进要求:① 取心钻进中,需接单根时,上提钻具之前锁住转盘,在转盘上做好方位标记,量好方入;② 接好单根后,转盘对好原方位,缓慢下放钻具至井底,施加比取心钻压大 10%～50%的钻压,上提钻具,恢复悬重解锁后启动转盘继续钻进。

(6) 加压式取心工具长筒取心钻进要求：① 取心钻进中，钻至接单根方入后停转，同时停泵(非松散地层可以多循环 3～5 min)；② 上提方钻杆，以钻头不离开井底而又能坐吊卡为准；③ 卸方钻杆，必须保证井下钻具不转动；④ 接完单根开泵正常后，继续取心钻进。

3. 割心

1) 自锁式取心工具割心

(1) 割心层位应选择成柱性好的井段。

(2) 取心钻进最后 0.3～0.5 m 时，钻压可比原钻压增大 30～50 kN，割心前硬地层应恢复钻压，然后停转、停泵，量方入，缓慢上提钻具，并注意观察指重表显示。若悬重增加后又立即恢复到原悬重值，说明岩心被拔断；若悬重未恢复，应停止上提钻具，保持岩心受拉状态，然后猛转转盘或闪动钻具，或用开泵的方法直到指重表恢复原悬重为止。

(3) 特殊取心工具割心完成后立即卸开方钻杆，投入相应规格的钢球，以与取心钻进时相同的排量泵送钢球，实现内外筒的差动行程，保证球阀关闭。

2) 加压式取心工具割心

(1) 应尽可能选择在泥岩井段割心。

(2) 钻完进尺后停转、停泵，量方入，缓慢上提钻具，保留钻压 5～10 kN。

(3) 应在立管上部投球丝堵处分次进行投球，每次投球一只，然后开泵送球，待前球进入方钻杆后再投后球。按规定数量投球完毕，最后开泵送球，送球时间(以 min 为单位)推荐参考值为井深(以 m 为单位)的 0.004 倍。

(4) 对于特别疏松砂岩，投球完毕可不用泵送，让球自然下落，该时间约为泵送时间的 1.5 倍。

(5) 球下落过程中应适当转动钻具。

(6) 投球完毕，停转、停泵，滑放钻具加压。对于销钉悬挂式工具，指重表指针突然回摆说明悬挂销钉剪断，此时应继续增加 100～200 kN 钻压；对于弹簧悬挂式工具，宜缓慢增加 300 kN，且维持 1 min，然后上提钻具至投球方入，适当转动钻具变化方位，重复压一次，保留钻压 10 kN，间断转动转盘割心。当试转无蹩劲后，开泵顶通水眼，起钻。

4. 起钻

(1) 起钻要求井眼无溢流，钻井液应压稳地层。

(2) 起钻速度应适当，操作应平稳，用液压大钳卸扣。

(3) 起钻时应及时灌浆。

(4) 测量使用后的取心钻头尺寸，若有异常应采取相应措施。

(5) 对于定向取心，在正常情况下测斜仪应随钻起出。读取测斜数据，并做好记录。

(6) 用大钳紧扣的外筒螺纹应松扣后吊下钻台，并戴上保护套。

5. 岩心出筒

(1) 密闭取心要求在 40 min 内出筒并取样完毕，同时确保岩心不与水接触。

(2) 出筒岩心应按顺序摆放，对准茬口，丈量长度。

(3) 含硫产层岩心出筒时，如果空气中 H_2S 的质量浓度大于 20 mg/m^3，操作人员应佩戴防毒用具。

(4) 绳索取心的岩心在起钻时可用打捞机构把带岩心的内筒从钻具中直接取出。

(5) 海绵筒取心的岩心取出后按玻璃钢衬管的长度分开,并将两端用橡胶帽封好。

(6) 保压取心岩心处理:

① 岩心筒提至钻台后,检查岩心筒球阀是否关闭,证实关闭后将内筒提出,将压力岩心筒运送至专用工作间内。

② 将压力岩心筒卡入虎钳中,在工具密封短节处接上传感器,用压力记录仪测量并记录回收的压力值。若压力值低于额定压力,应用气泵补充压力。

③ 连接充气管汇和压力监控系统后,把岩心筒放入冷冻槽中,用氮气维持回收压力,并从岩心筒下端逐渐向上端包放干冰或液氮,冷冻时间分别为 10～12 h 和 6～8 h。

④ 内筒冷冻好后,根据需要用特殊的高速切割机切成 0.5～0.8 m 长的小段。

⑤ 切割的小段两端戴上专用橡胶帽,并用金属卡箍卡紧,每段应挂贴标有井号、取心井段、切割段编号的标签,然后放在装有足够干冰的保温箱内,在冷冻条件下运往化验室进行岩心处理。

五、取心收获率影响因素和异常情况分析

1. 取心收获率影响因素

钻井取心中,影响收获率的因素是多方面的,包括地质、技术、工具、操作技能、生产组织等。

1) 地层因素

(1) 地质构造与地层结构:断层、大倾角、裂缝发育地层,取心钻进中岩心容易破碎,收获率低;大裂缝、大溶洞会出现放空现象,影响收获率。

(2) 地层岩性:① 岩石胶结程度差的地层。松散、薄夹层成柱性差,会导致岩心筒阻塞。② 裂缝发育地层。地层易破碎,易卡在内岩心内筒中,阻止后续岩心入筒。③ 水敏性泥质胶结地层。该地层易吸水膨胀堵塞岩心内筒。④ 含大量可溶性盐类的地层。岩心中的盐溶解到钻井液中丢失岩心。⑤ 岩性软硬变化大的地层。

2) 钻井参数

钻压大,岩心直径大,反之岩心直径小,岩心柱易断;转速高,岩心直径小,内岩心筒易碰断岩心柱;排量大,对岩心冲刷力强,岩心易断。

3) 取心工具和钻头

外岩心筒的刚度和强度低,取心钻进中易出现弯曲、变形,影响岩心收获率;内岩心筒弯曲、变形、内表面不光滑,会造成岩心入筒时受卡,严重影响取心效果;取心钻头的结构、质量、选型对岩心收获率也有很大影响,钻头选型与地层岩性、可钻性不相适应,钻头轴线不正,内外切削刃不同心等质量不符合要求的情况,会产生一个侧向力,使岩心直径变细,易断裂,影响岩心收获率。

4) 操作技能

操作人员对取心工具不熟悉,检查不严格;不能熟练掌握全套取心技能,操作不当;不执

行操作规程，送钻不均匀；不观察分析井下异常情况，责任心差等人为因素会降低岩心收获率。

2. 取心异常情况分析

取心钻进过程中常出现的堵心、磨心和卡心等异常情况，严重影响取心收获率的提高，因而对取出的岩心进行分析是十分必要的。分析的内容、方法及处理措施分别见表 12-4-5 和表 12-4-6。

表 12-4-5　取心钻进中异常情况分析

地面现象		原因分析	处理建议
泵压变化显示	突然升高	① 钻头切削刃损坏或磨损，在钻头底面磨成一道凹形槽； ② 外来材料、污物堵塞岩心筒； ③ 内筒脱扣，落在钻头内体上	① 每小时检查一次泵冲数，校正排量和泵压，若有变化，应首先确定钻井泵是否有问题、钻具有无刺漏； ② 当钻在岩石上，压力波动比正常增加或降低 1.4 MPa 左右时，立即割心起钻，否则会损坏钻头或岩心
	逐渐升高	① 取心钻头损坏； ② 钻头底面开始磨成凹形槽，逐步加深进而切断流道； ② 流道完全堵死，扭矩也随之增加	
	波　动	内筒岩心受卡，致使钻头忽而钻空，忽而钻在岩石上，扭矩不稳	
	下　降	外筒堵塞，岩心不能进入内筒，造成钻头钻空，无进尺	
	逐渐下降	钻杆、钻铤或岩心筒刺漏	
钻时变化显示	突然成倍增加	岩心受卡，入筒受阻，产生磨心，返出岩屑变细	判断清楚，立即割心起钻
	逐渐增加	① 地层变化，由软变硬； ② 钻头用久，切削刃磨钝，返出岩屑变细	分析原因，妥善处理
振动筛返出岩屑有金属片		井下有金属落物	起钻打捞或磨铣

表 12-4-6　岩心出筒后技术分析

异常现象		原因分析
岩心形状	岩心直径粗细不均匀	送钻不均匀，转速不合理，钻压大直径粗，钻压小直径细，转速高直径细
	顶部直径粗，断面粗糙	取心前为修平井底，树心时钻压偏大，未形成"和尚头"圆顶
	根部未形成锥形	割心前未按要求恢复悬重，未从根部割断岩心，井底有"余心"；若无"余心"则为硬性拔断面
	表面不光滑，有螺旋状刻痕	取心钻进期间内筒有转动现象
	表面不光滑，水侵严重	钻井液失水过大，岩心在钻井液中浸泡时间长
岩心爪	自内筒鞋翻出，磨损，卡不住岩心	岩心爪与内筒鞋配合不好，岩心爪第一次割心时外露太多，接单根钻进时岩心爪外翻，卷至内筒鞋上，再割心时岩心爪收不拢
	岩心爪收不拢	岩心爪与内筒鞋卡住，岩心爪失去弹性，岩心太软、太松散
轴承卡死		先卡心，然后导致轴承卡死，轴承滚珠破碎，轴承滚珠限位套断裂；轴承被钻井液中污物卡死

3. 提高岩心收获率措施

(1) 制订取心作业计划。

(2) 正确选择取心工具和取心钻头。

(3) 合理选择取心钻井参数。

(4) 避免设备、仪器仪表故障和异常情况(堵心、卡心和磨心)发生,一旦发生应及时果断处理。

(5) 严格执行取心钻井操作规程。

(6) 加强操作人员技能培训,总结经验,提高工艺技术水平。

附录 12A　密闭液技术要求及密闭程度分级

12A.1　密闭液基本技术要求

密闭取心用密闭液基本技术要求见表 12A-1。

表 12A-1　钻井取心密闭液基本技术要求

油基密闭液		
项　目	指　标	
	高温前(25 ℃±3 ℃)	高温后(135 ℃±5 ℃,养护 12 h)
外　观	黄棕色固相均匀的黏稠液体	黄棕色固相均匀的黏稠液体
抽丝长度/cm	≥30	≥10(在 25 ℃±3 ℃下测定)
黏度/(mPa・s)	≥35 000	≥650(在 135 ℃±5 ℃下测定)
水基密闭液		
项　目	指　标	
	高温前(25 ℃±3 ℃)	高温后(105 ℃±3 ℃,养护 12 h)
外　观	白色或黄棕色固相均匀的黏稠液体	白色或黄棕色固相均匀的黏稠液体
抽丝长度/cm	≥10	<10(在 25 ℃±3 ℃下测定)
黏度/(mPa・s)	≥25 000	≥750(在 105 ℃±5 ℃下测定)

12A.2　DSM 型油基密闭液

DSM 型密闭液是深井、超深井密闭取心所必需的,亦可用于浅井、中深井。它具有配制工艺简单,低温黏度高、流动性好,高温热稳定性好等特点。

12A.2.1　性能

黏度,2 000～6 000 mPa・s;密度,1.05～1.30 g/cm^3;抗高温,180 ℃;抗低温,20 ℃。

12A.2.2　特点

(1) 基液蓖麻油为植物油,不溶于水;QT 提黏剂为油溶物,能溶于蓖麻油中,形成高黏度液体;RF 热稳定分散剂也溶于基液中,且能保持良好的热稳定性和悬浮性。

(2) 高低温性能稳定,适用于中深井及深井密闭取心(地层温度不超过 180 ℃)。

(3) 黏度高且流动性好,易注入工具和出心。

(4) 配制工艺简单,节省人力物力,现场使用方便。

(5) 颜色区别于钻井液颜色,为正确判断是否混浆提供了方便。

12A.2.3　材料

蓖麻油、QT 提黏剂、RF 热稳定分散剂。

12A.2.4 配制工艺

在常温常压下，将一定体积的蓖麻油加入搅拌器中，然后按比例加入 QT 提黏剂，边加药品边搅拌，待搅拌均匀后再加入适量的 RF 热稳定分散剂，再充分搅拌，使 QT 和 RF 完全溶解，并分散均匀，最后装入桶内即可使用。

12A.3 CH 型水基密闭液

CH 型密闭液是一种以化工产品为原料配制而成的非侵入凝胶密闭液。这种密闭液是在 $CaCl_2$ 或者 $CaBr_2$ 盐水中加入羟乙基纤维素(HEC)聚合物和 $CaCO_3$ 及 $BaSO_4$ 颗粒，构成盐水基混合物体系。它具有凝固点低、热稳定性好的特点，在低温或高温下性能稳定，使用范围较广。

12A.3.1 性能

黏度，3 000～15 000 mPa·s；密度，1.3～1.4 g/cm^3；抗高温，150 ℃；耐低温，-60 ℃。

12A.3.2 特点

(1) 密闭液原料 $CaCO_3$ 和 $BaSO_4$ 为不溶于水的物质，HEC 在水中溶解后成为一种高黏度聚合物溶液。该密闭液不与岩心及工具起化学反应。

(2) 黏度高且流动性好，易于装筒和清洗岩心。

(3) 高低温性能稳定，适用于中深井至深井密闭取心和压力密闭取心。

(4) 原料成本低，来源广泛，配制工艺简单。

12A.3.3 材料

(1) 氯化钙($CaCl_2$)或溴化钙($CaBr_2$)：含水≤2%，粒度≥100 目。

(2) 碳酸钙($CaCO_3$)：呈片状，含水≤3%，粒度在 25～30 μm 之间。

(3) 羟乙基纤维素(HEC)：在 2%水溶液中黏度达到 13 000 mPa·s 以上，pH 值小于 7。

(4) 重晶石粉($BaSO_4$)：粒度≥320 目。

12A.3.4 配制工艺

不同取心方式的实验配方见表 12A-2。

表 12A-2 不同取心方式的实验配方(质量比)

取心方式	H_2O	$CaCl_2$, $CaBr_2$	$CaCO_3$	HEC	$BaSO_4$
保压密闭取心	100	56	40	1.4	33
密闭取心	100	0	30	1.8	24

(1) 将一定量的水加入搅拌罐中，然后向搅拌罐中加入无水氯化钙或溴化钙，溶解后慢慢加入碳酸钙，并搅拌均匀，直到碳酸钙颗粒达到完全悬浮起来。

(2) 将溶好的 HEC 溶液加到碳酸钙的分散体系中搅拌均匀。

(3) 在搅拌过程中，根据要求的密度大小均匀加入一定量的重晶石粉，搅拌均匀后即得到所要配制的密闭液。

12A.4 密闭程度分级

密闭取心方法是在水基钻井液条件下实现的。在取心过程中，尽管使用了性能良好的取心工具和配合岩心的密闭保护液，但是所取出的岩心是否真正未受到钻井液污染还应对其进一步检测。

取心过程中未受钻井液滤液侵入和污染的岩心称为密闭岩心，反之称为不密闭岩心。衡量一次取心或全井取心密闭程度的指标叫岩心密闭率，其计算公式为：

$$岩心密闭率=\frac{岩心密闭块数}{取心取样总块数}\times 100\%$$

鉴定岩样是否密闭的方法是在钻井液中加入化学试剂作为钻井液的示踪剂，对所取岩心全部进行选样测定，将取样中示踪剂含量的高低作为判断侵入岩心的指标。常被选作钻井液示踪剂的化学试剂有酚酞、硫氰酸铵等。

12A. 4. 1 酚酞作示踪剂岩心密闭程度分级

1）技术原理

酚酞为酸碱指示剂，在酸性和中性溶液中为无色，在碱性溶液中为红色，溶解在乙醇和碱性溶液中，微溶于水。酚酞在碳酸钠溶液中呈红色，在纯碱性溶液中红色逐渐褪去，为此可用碳酸钠溶液提取酚酞并使其显色，然后与标准系列比色，可计算出酚酞含量。

2）技术要求

钻井液 pH 值控制在 8.5～10.5 范围内，循环时将酚酞溶液慢慢放入钻井液循环池内，其流出速度控制在 1 m^3/h 左右，待钻井液循环均匀后，取钻井液样测定钻井液中酚酞的含量。当钻井液中酚酞的含量高于 50 mg/L 时才算合格。在取心钻进后 20 min 测定钻井液压滤液的酚酞含量，当 pH 值低于 8.5 时应补加工业烧碱，调至 pH 值≥8.5；在割心后，再次取钻井液压滤液测定其酚酞含量，检查酚酞在钻井液中的稳定性和钻井液的稳定性。

3）分级标准

出心后取出岩心，劈开岩心，在中部紧邻饱和度样品取岩样 20 g 进行示踪剂分析，根据表 12A-3 所示标准确定岩样的密闭程度。

表 12A-3 酚酞示踪剂比色法密闭程度分级标准

示踪剂	钻井液中示踪剂含量/($mg\cdot L^{-1}$)	密闭程度分级(岩样中示踪剂含量)/($mg\cdot kg^{-1}$)			
		密　闭	微　侵	侵　入	全　侵
酚　酞	50	0.00	<0.05	0.05	>0.05

12A. 4. 2 硫氰酸铵作示踪剂岩心密闭程度分级

1）技术原理

硫氰酸铵在酸性介质中可以与三价铁离子发生反应生成血红色（浓度低时为橘红色）络合物，其颜色的强度与硫氰酸铵的浓度成正比。

2）技术要求

取心前配置硫氰酸按溶液，加入量按照 1 m^3 钻井液加硫氰酸铵 1 kg 计算，加水（约 2 m^3）并不断搅拌，使之全部溶解。在循环钻井液时，将硫氰酸铵溶液慢慢注入钻井液中，其流速控制在恰好使全部钻井液循环一周。钻井液中硫氰酸铵的质量浓度应控制在（1 000±200） mg/L 内，当质量浓度低于 800 mg/L 时，应补加硫氰酸铵。

3）分级标准

取岩样时应避免钻井液和密闭液污染岩心表面，在岩心的中心部位紧邻饱和度样品处取岩样 20～30 g，分析岩样中硫氰酸铵含量。计算：岩样中侵入钻井液滤液量，按表 12A-4 确定岩样的密闭程度。

表 12A-4　硫氰酸铵示踪剂密闭程度分级标准

示踪剂	钻井液中示踪剂含量/(mg·L^{-1})	密闭程度分级(岩样中侵入钻井液滤液的含量 V_z)/(mL·kg^{-1})			
		密　闭	微　侵	侵　入	全　侵
硫氰酸铵	1 000±200	$V_z \leqslant 2.00$	$2.00 < V_z \leqslant 3.00$	$3.00 < V_z \leqslant 3.50$	$V_z > 3.50$

参考文献

[1]　《钻井手册(甲方)》编写组. 钻井手册(甲方)(上、下). 北京：石油工业出版社，1990.

[2]　董星亮，曹式敬，唐海雄，等. 海洋钻井手册. 北京：石油工业出版社，2009.

[3]　李诚铭. 新编石油钻井工程实用技术手册. 北京：中国知识出版社，2006.

[4]　李克向. 钻采工具手册. 北京：科学出版社，1990.

[5]　赵金洲，张桂林. 钻井工程技术手册. 第 2 版. 北京：中国石化出版社，2010.

[6]　杜晓瑞，王桂文. 钻井工具手册. 北京：石油工业出版社，1999.

[7]　李海石，符国强. 钻井取心技术. 北京：石油工业出版社，1993.

[8]　SY/T 5347—2005　钻井取心作业规程.

[9]　SY/T 5216—2010　钻井取心工具.

[10]　SY/T 5437—2000　钻井取心密闭液基本技术要求.

[11]　王以顺，王彦祺，匡立新，等. Φ152.4 mm 煤层气绳索取心工具的研制与应用. 石油机械，2011，39(S1)：31-33.

第十三章　钻井井下复杂问题及处理

钻井故障主要有卡钻、井喷、钻具或套管断落、固井失效、井下落物等。钻井复杂情况主要表现为井涌、井漏、井壁失稳、砂桥、泥包、键槽、井身质量失控、钻井液污染及有害气体溢出等。导致井下复杂问题、钻井故障的因素有地质和工程两个方面。地质因素包括异常地层压力、不稳定的特殊地层和特殊的地质构造(如断层、裂缝、溶洞)等;而应对客观存在的地质环境所采取的施工措施不适应,则是产生钻井复杂问题和故障的工程方面的主要原因。本章将对卡钻、钻具断落、井下落物、井漏、井壁失稳等钻井井下复杂问题的预防和处理分别进行论述。

第一节　卡　钻

卡钻是钻井过程中最常见的井下故障。按照卡钻形成的原因可以分为黏附卡钻、坍塌卡钻、砂桥卡钻、缩径卡钻、键槽卡钻、泥包卡钻、落物卡钻、干钻卡钻、水泥固结卡钻等。

一、卡点位置及钻具允许扭转圈数的计算

处理卡钻首先要确定卡点的位置。处理过程中经常需要强力活动钻具,而提、放、扭转钻具必须在允许的安全负荷内进行,否则将会造成钻具断裂失效,使故障复杂化或无法处理。

1. 卡点位置

(1) 利用测卡仪测量。

利用测卡仪测求卡点是最准确的方法。测卡仪种类较多,工作原理、技术性能各有不同。测卡仪井下仪器组合见图13-1-1。

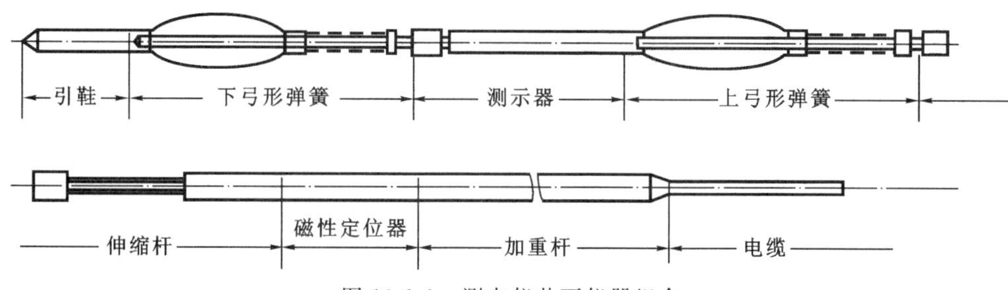

图13-1-1　测卡仪井下仪器组合

测卡仪下井后,上、下弓形弹簧锚定在钻具管柱的内壁,此时对钻柱进行提拉或扭转,未卡的自由管柱将发生变形,上下弹簧锚间会产生相对位移,其间的传感器(测示器)可感知这一位移并上传至地面仪表读出。若测点位于卡点以下,钻具活动时被卡管柱不动,弹簧锚间

没有相对位移,则地面仪表读数为零。由此即可精确地测出卡点位置。

826 型测卡仪技术参数见表 13-1-1。

表 13-1-1 826 型测卡仪技术参数

适用管柱内径/mm	钻柱受力时弹簧锚间的最大位移			分辨率	抗静压/MPa	耐温/℃
	抗拉/mm	压缩/mm	扭转/(°)			
41.5～254	0.33	0.33	0.5	无穷大	104	204

(2) 根据钻具在一定拉力下的弹性伸长进行计算。

这是现场常用的计算方法。由于井下摩阻、井身质量、钻具接头和加厚部分等因素的影响,计算误差较大,但可以满足工程上的需要。基本计算公式如下:

① 同一尺寸钻具卡点深度计算。

$$L = K \frac{\Delta L}{\Delta p} \tag{13-1-1}$$

式中 L——自由钻柱长度,m;

ΔL——在 Δp 作用下的钻柱总伸长,cm;

Δp——钻柱在连续提升时超过自身悬重的两次拉力差值,kN;

K——卡点计算系数,$K=210F$(常用钻具的 K 值见表 13-1-2),10^5 N;

F——钻具管体截面积,cm^2。

表 13-1-2 常用钻杆、钻铤卡点计算系数 *K* 值

钻具	外径		内径/mm	壁厚/mm	截面积/cm^2	$K/(\times 10^5$ N)	备注
	in	mm					
钻杆	2⅜	60.3	50.7	4.83	8.41	1 766	
			46.1	7.11	11.89	2 497	
	2⅞	73.0	62.0	5.51	11.69	2 455	
			54.6	9.20	18.43	3 870	
	3½	88.9	52.4	18.25	40.51	8 506	加重
			76.0	6.45	16.71	3 509	
			70.2	9.35	23.36	4 905	
			66.1	11.41	27.77	5 830	
	4	101.6	65.1	18.25	47.79	10 035	加重
			88.3	6.66	19.85	4 169	
			84.8	8.38	24.55	5 155	
	4½	114.3	69.9	22.20	64.23	13 489	加重
			100.5	6.88	23.23	4 878	
			97.2	8.56	28.43	5 970	
			95.3	9.47	31.50	6 552	
			92.5	10.92	35.47	7 449	

续表 13-1-2

钻具	外径 in	外径 mm	内径/mm	壁厚/mm	截面积/cm^2	$K/(\times 10^5\ N)$	备注
钻杆	5	127.0	76.2	25.40	81.07	17 025	加重
			112.0	7.518	28.22	5 926	
			108.6	9.169	34.02	7 150	
			101.6	12.70	45.60	9 576	
	5½	139.7	92.1	23.81	86.69	18 205	加重
			121.4	9.17	37.60	7 896	
			118.6	11.00	42.77	8 982	
	6⅝	168.3	151.5	8.38	42.11	8 843	
钻铤	3½	88.9	38.10	25.40	50.67	10 640	
	4⅛	104.8	50.80	27.00	65.95	13 850	
	4¾	120.7	57.15	31.78	88.67	18 621	
	5¾	146.1	57.15	44.48	141.99	29 818	
			71.44	37.33	127.45	26 765	
	6	152.4	57.15	47.63	156.75	32 917	
			71.44	40.48	142.33	29 889	
	6¼	158.8	57.15	50.8	172.28	36 179	
			71.44	43.7	157.85	33 149	
	6½	165.1	57.15	54.0	188.43	39 570	
			71.44	46.8	174.00	36 540	
	6¾	171.5	57.15	57.2	205.22	43 096	
			71.44	50.0	190.79	40 066	
	7	177.8	71.44	53.2	208.21	43 724	
	7¼	184.2	71.44	56.4	226.26	47 515	
	7¾	196.9	71.44	62.7	264.26	55 495	
			76.20	60.3	258.74	54 335	
	8	203.2	71.44	65.88	284.21	59 684	
			76.20	63.5	278.69	58 525	
	8¾	222.3	76.2	73.0	342.34	71 891	

② 复合钻具卡点深度计算。

二段复合钻具，$L > L_1$：

$$L = L_1 + K_2 \frac{\Delta L - \Delta L_1}{\Delta p} \tag{13-1-2}$$

三段复合钻具，$L > (L_1 + L_2)$：

$$L = L_1 + L_2 + K_3 \frac{\Delta L - \Delta L_1 - \Delta L_2}{\Delta p} \tag{13-1-3}$$

式中 L——自由钻柱长度，m；

L_1，L_2——自上而下两种钻具的入井长度，m；

ΔL——在 Δp 作用下钻柱总伸长，cm；

ΔL_1，ΔL_2——自上而下第一、第二种钻具的各自伸长，$\Delta L_1 = L_1 \Delta p / K_1$，$\Delta L_2 = L_2 \Delta p / K_2$，cm；

K_1，K_2，K_3——自上而下三种钻具的卡点计算系数，10^5 N；

Δp——钻柱在连续提升时超过自身悬重的两次拉力差值，kN。

2. 钻具允许扭转圈数

钻具允许扭转圈数计算公式为：

$$N = 1.53 \times 10^{-4} \frac{H}{D} \sqrt{\sigma^2 - \left(\frac{qH}{10F}\right)^2} \tag{13-1-4}$$

式中 N——允许扭转圈数；

H——自由钻具长度（当悬重小于自由钻具浮重时取中和点以上的钻具长度），m；

D——卡点以上钻具外径，cm；

σ——钢材屈服强度，MPa；

q——每米钻具的浮重，kg/m；

F——管体截面积，cm^2。

常用 API 钻杆允许扭转圈数见表 13-1-3。

表 13-1-3 常用 API 钻杆允许扭转圈数

钢级	外径/mm	自由钻柱长度/m						
		1 000	2 000	3 000	4 000	5 000	6 000	7 000
S-135	62.3	21.0	42.0	62.0	80.0	97.0	111.0	121.0
	73.0	17.0	34.0	51.0	66.0	79.5	91.0	99.7
	88.9	14.0	28.0	41.8	54.0	65.0	74.8	81.8
	102	12.5	24.7	36.6	47.0	57.0	65.5	71.5
	114	11.0	22.0	32.5	42.0	50.8	58.0	63.5
	127	10.0	19.7	29.0	38.0	45.7	52.3	57.3
	140	9.0	17.9	26.5	33.7	41.5	47.6	52.0
	168	7.5	14.9	22.0	28.0	34.5	39.5	43.2
G-105	60.3	16.4	32.3	47.0	59.8	70.0	76.3	77.2
	73.0	13.5	26.5	38.6	49.2	57.5	62.7	63.4
	88.9	11.1	21.8	31.7	40.5	47.2	51.5	52.0
	102	9.7	19.0	27.9	35.4	41.5	45.1	45.5
	114	8.6	16.9	24.8	31.5	36.9	40.0	40.5

续表 13-1-3

钢级	外径/mm	自由钻柱长度/m						
		1 000	2 000	3 000	4 000	5 000	6 000	7 000
G-105	127	7.8	15.2	22.3	28.3	33.2	36.0	36.5
	140	7.0	14.0	20.0	25.7	30.2	32.7	33.5
	168	5.8	11.6	16.7	21.3	25.1	27.2	27.5
X-95	60.3	14.8	28.9	41.7	52.7	60.0	63.3	59.2
	73.0	12.2	23.9	34.5	43.5	49.7	52.3	48.8
	88.9	10.1	19.6	28.3	35.7	40.8	42.9	40.1
	102	8.8	17.2	24.8	30.9	35.7	37.5	35.1
	114	7.9	15.2	22.0	27.5	31.7	33.4	31.2
	127	7.1	13.7	19.8	24.5	28.6	30.0	28.0
	140	6.4	12.5	18.0	22.5	26.0	27.3	25.5
	168	5.3	10.4	15.0	18.7	21.6	22.7	21.2
E	60.3	11.6	22.4	31.5	38.0	39.2	31.7	
	73.0	9.6	18.5	26.0	31.4	32.4	26.0	
	88.9	7.9	15.2	21.4	25.7	26.6	21.5	
	102	6.9	13.3	18.7	22.5	23.3	18.8	
	114	6.1	11.8	16.6	20.0	20.7	16.7	
	127	5.5	10.6	15.0	18.0	18.6	15.0	
	140	5.1	9.7	13.6	16.3	16.9	13.7	
	168	4.2	8.0	11.3	13.6	14.0	11.3	
D	60.3	8.4	15.7	20.5	20.5			
	73.0	7.0	13.0	16.9	17.0			
	88.9	5.7	10.7	13.9	14.0			
	102	5.0	9.3	12.1	12.2			
	114	4.5	8.3	10.8	10.9			
	127	4.0	7.5	9.7	9.8			
	140	3.6	6.8	8.8	8.9			
	168	3.0	5.6	7.3	7.4			

注:① 表中所列数据为一级钻杆的限制扭转圈数,若使用二级、三级钻杆则应进行适当的调整。

② 当大钩悬重大于自由钻具在钻井液中的浮重时,须按 $N=1.53\times10^{-4}\frac{H}{D}\sqrt{\sigma^2-(10W/F)^2}$ 计算。式中,W 为大钩悬重,kN;其他符号与公式(13-1-4)相同。

二、黏附卡钻

黏附卡钻也称压差卡钻，是钻井液液柱压力大于地层孔隙压力而使钻柱紧贴于井壁滤饼造成的卡钻，其示意图见图13-1-2。

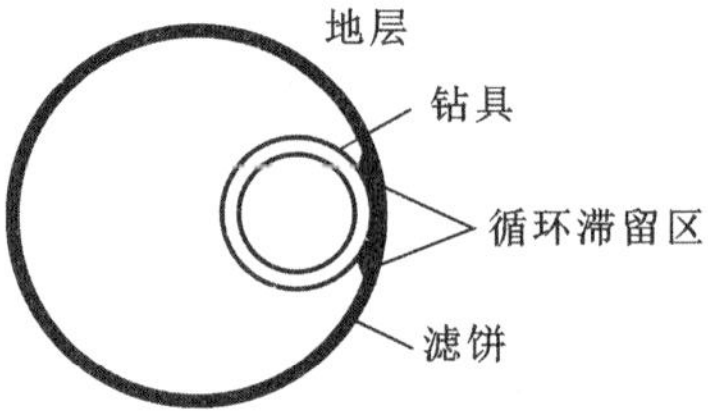

图 13-1-2　黏附卡钻示意图

1. 黏附卡钻的原因

井壁上的滤饼吸附是造成黏附卡钻的内在原因，地层孔隙压力和钻井液液柱压力的压差是形成黏附卡钻的外在原因。因此，改变滤饼的性质，将滤饼表面吸附的负离子转变为正离子，使其与钻具表面吸附的作用力场向正作用力场转化，是解决黏附卡钻的根本途径。

2. 黏附卡钻的特征

（1）黏附卡钻是在钻柱静止的状态下发生的。

（2）黏附卡钻的卡点位置一般在钻铤或钻杆与井壁接触面积较大的部位。

（3）黏附卡钻前后，钻井液循环正常，进出口流量平衡，除了钻具不能自由活动外，其他参数均无明显变化。

（4）黏附卡钻后，若活动不及时，卡点有可能上移，甚至上移至套管鞋附近，导致解卡的难度增大。

3. 黏附卡钻的预防

（1）使用中性钻井液（如油基钻井液、油包水钻井液）或者阳离子体系钻井液，最好是高价阳离子（如 Fe^{3+}，Al^{3+}，Si^{4+}）聚合物体系的钻井液以及类似油基钻井液的聚二醇乳化钻井液。

（2）采用近平衡压力工艺钻进。根据经验，钻井液液柱压力超过地层压力 3.5 MPa 以上时，卡钻的可能性将增大，因此应尽可能减小这一差值。

（3）合理的钻柱结构。如在下部钻具组合中使用螺旋钻铤、稳定器、加重钻杆等，以减少钻具与井壁的接触面积；在钻具组合中加装随钻震击器，有利于黏附卡钻初期的解卡处理。

（4）优化井身剖面，控制全角变化率，保证井身质量，降低狗腿度。

（5）良好的钻井液性能。如较好的润滑性、较小的滤失量、适当的黏度和切力，必要时可加入润滑剂、活性剂、塑料小球等以降低摩阻系数，增强井壁的润滑性；做好固控工作，减少有害固相含量；加重时要用优质的加重材料均匀加入。

（6）减少钻具在井下的静止时间。在钻井过程中一般要求钻柱静止时间不超过 3～5 min；如遇钻头位于井底、钻具无法上提和转动的情况，可将钻柱悬重的 1/2～2/3 压下，将下部钻柱压弯，以减少钻柱与井壁滤饼的接触面积（大斜度定向井、水平井除外）。

（7）无论是钻进还是起下钻过程，都要详细记录并重点关注易于发生黏附卡钻地层层位的扭矩和摩阻情况，及时采取相应措施。

（8）做好设备的维护保养，做到主要设备可靠运转，防止因设备故障而造成不必要的卡钻。

4. 黏附卡钻的处理

1）强力活动

黏附卡钻往往随时间的延长而愈加严重，所以在发现黏附卡钻的最初阶段就应在设备和钻柱的安全负荷以内尽可能地大力活动钻具。如果钻柱上带有随钻震击器，卡钻发生之初即应启动震击器震击；当钻头不在井底时，钻具活动宜以下砸为主，在钻柱施加有一定扭矩的条件下下砸更有利于钻具解卡。

2）浸泡解卡剂

浸泡解卡剂是解除黏附卡钻最常用和最有效的方法之一，在保证井下能够正常循环的条件下，不应轻易放弃浸泡解卡剂的处理方法。广义上讲，解卡剂包括原油、柴油、煤油、油类复配物、盐酸、土酸、清水、盐水、碱水等，一般是指用专门物料配成的用于解除黏附卡钻的特殊溶液，其密度可根据需要随意调整。

(1) 解卡剂选择及用量计算。

解卡剂可分为油基解卡剂和水基解卡剂两类，其中油基解卡剂的解卡效果相对更好。解卡剂应具有良好的流变性和高温稳定性并易于调整，其悬浮性应能满足加重至施工设计密度的需要。表 13-1-4 为油基解卡剂推荐配方。

表 13-1-4　油基解卡剂配方

材　料			配方比例/%				备　注
名　称	规　格	功　用	配方 1	配方 2	配方 3	配方 4	
柴　油	0 号，−10 号	分散介质	100	100	100	70	体积比
原　油	优　质	分散介质，提高黏度				30	体积比
氧化沥青	细度 80 目，软化点大于 150 ℃	提高黏度、切力，降低滤失量	12	4.5	20		质量比
石　灰	细度 120 目	皂化油酸	3		4	3	
油　酸	酸价 190～205，碘价 60～100	乳化剂、润滑剂	1.8	6.2	2	2	
有机土	胶体率 90%，细度 80～100 目	提高黏度、切力，悬浮加重剂	1.6		3	5	
快 T	渗透力为标准品的 100%±5%	润湿、渗透、乳化	1.6	12.4	1.6	5	
PIPE-JAX		解卡剂		5.7			
AS		洗涤剂		4.4			
烷基苯磺酸钠		乳化剂			2		
SPAN-80		乳化剂		2.6	0.5		
清　水	淡水、盐水均可	分散相	5		5	5	
重晶石	密度 4.0 g/cm^3，细度 200 目以上	加重剂	按　需	按　需	按　需	按　需	

对于地处边远的井队，因供应、运输条件所限，一般仅储备桶装（液态）或袋装（粉剂）解卡剂，在使用前需按要求在现场进行复配。为便于施工并保证井控安全，解卡剂密度宜与使用的钻井液一致，复配加重时应特别注意加够足量的有机土，以保证其悬浮稳定性。

解卡剂用量的计算式为：

$$Q=Q_1+Q_2+Q_3=0.785H\left[k\left(D_b^2-D_1^2\right)+D_2^2\right]+Q_3 \qquad (13\text{-}1\text{-}5)$$

式中 Q——解卡剂总用量，m^3；

Q_1——黏卡段环空容量，m^3；

Q_2——黏卡段管内容量，m^3；

Q_3——预留顶替量，m^3；

k——附加系数，一般取 1.2；

H——黏卡段钻柱长度，m；

D_b——钻头直径，m；

D_1——钻杆或钻铤外径，m；

D_2——钻杆或钻铤内径，m。

考虑到卡点计算误差、井径不确定、注入和顶替过程中解卡剂前后可能污染等因素的影响，解卡剂的附加量应按“宜多、不少”的原则，根据实际情况确定。

（2）浸泡施工。

浸泡施工程序为：根据计算用量配制解卡液—泵送解卡剂至被卡钻具环空—浸泡、活动钻具—解卡。

浸泡施工要点如下：

① 解卡剂的选择要根据不同地区的使用经验和不同地层岩性的具体情况确定，一般使用可以调整密度的油基解卡剂；使用酸、碱、盐水或清水解卡剂，必须保证地层有可靠的稳定性。

② 注解卡剂前要确认钻具无刺漏及循环短路问题，否则将不能保证解卡剂注入和替到预计位置，达不到钻具解卡的目的。

③ 使用密度低于钻井液密度的解卡剂时，应对井内存在的压力异常地层特别是浅气层进行压力平衡校核，以防止浸泡施工中因解卡剂密度低、环空液柱压力下降而诱发井控安全问题。此外，注入时钻具内的解卡剂液面要高于环空解卡剂液面，以防浸泡期间井口自动外溢；应在钻柱或方钻杆上接入止回阀或旋塞，以避免施工过程中因地面管汇发生问题造成液体倒流而导致井塌，使井下进一步复杂化。

④ 浸泡期间须定期开泵顶替钻井液，检查钻具和环空是否畅通，一旦出现泵压或返出异常，要立即以小排量开泵排出解卡剂，待井下正常、钻具仍未解卡时再重新组织浸泡施工。

⑤ 浸泡解卡后，排出解卡剂应采用小排量开泵，泵压正常、返出正常后可逐步提高排量循环。排出解卡剂过程中应配合转动钻具，在解卡剂未全部替出井口前不能停泵，以避免浸泡中井壁剥落的滤饼和井内积砂堆聚，造成环空堵塞或憋漏，使钻具重新卡死。

⑥ 解卡剂注入井内后应加强钻具活动，浸泡的时间应根据地层特性和钻井液性能确定，如果每次顶替证实井下情况正常则可适当延长浸泡时间，直至解卡。一次浸泡未能解卡，可以浸泡两次、三次，再次浸泡可增加解卡剂中油基成分和渗透剂的含量，也可以选择其他种类的解卡剂。

3）其他解卡方法

（1）水力脉冲法。

向钻杆内注入密度比钻井液密度低得多的液体（水或油），用孔板阻断的方法降低压力，通过突然卸去施加在钻杆上的拉应力和钻柱内液体上的压应力产生减载冲击波，对滤饼、岩屑及钻具本身施加强烈的水力冲击和振动作用，从而使钻具解卡。另一方面，卸压时钻杆受到挤压，且钻井液以较大的速度从环空流到钻杆内，对滤饼有冲蚀作用，同时环空液面下降，使卡钻井段的压力降低，有利于钻杆解卡。

（2）爆炸震击解卡法。

爆炸震击解卡法是使用由导爆索制成的炸弹解除黏附卡钻的方法。井下炸弹在卡钻井段爆炸时使管柱产生震动，冲击波促使钻杆离开井壁。这种方法适用于卡钻初期和被卡井段不长的情况，或者在浸泡解卡剂处理之后作为一种辅助解卡手段。

（3）降压解卡法。

降压法基于对压差是造成卡钻的主要原因的认识，认为降低压差甚至形成负压差即可以解卡。以低密度胶液来改变钻井液液柱压力和地层压力之间的压差值，降低滤饼的黏附力，同时胶液渗透到钻具与滤饼之间，靠聚合物特有的润滑能力使钻具与滤饼间的摩擦系数大幅度减小。与此同时，在外力的作用下钻具可快速地从所黏附的井壁上脱离，达到解卡的目的。

（4）电渗透解卡法。

电渗透解卡法是将直流电源阴极与钻杆连接、阳极与地层连接，在直流电场内阳离子与吸附于其上的水分子开始向阴极方向（被卡钻具）移动，并在其周围形成水化膜，水化膜渗透到钻杆与泥饼接触区，使钻具周围的流体压力平衡，同时在被卡钻具周围会产生电化学过程，破坏泥饼的约束力，使之解卡。

已开发出多种处理黏附卡钻的方法，可以根据井眼、工具设备条件和对这些技术的认知程度进行选择。在失去井下循环或用其他方法不能解除卡钻的条件下，需采用爆炸松扣、套铣、侧钻等方法进行处理。

黏附卡钻处理程序见图 13-1-3。

三、坍塌卡钻

坍塌卡钻是由井壁失稳后地层坍塌造成的，见图 13-1-4。

1. 地层坍塌的原因

1）地质原因

井眼钻开后，地应力被释放，井内钻井液作用于井壁的压力取代了所钻岩层之前对井壁岩石的支撑，破坏了地层和原有应力的平衡，导致井壁周围应力重新分布。当钻井液密度形成的液柱压力不足以平衡地层原始压力时，井眼围岩差应力（径向应力减小，切向应力增大）水平就升高；当应力超过岩石的抗剪强度时，就会发生剪切破坏，从而发生坍塌。容易发生坍塌的地层包括：未胶结或未胶结好的砂岩、砾岩、砂砾岩；破碎的凝灰岩、玄武岩；节理发育的泥页岩；断层形成的破碎带；未成岩的地层等。坍塌严重到一定程度就可能发生卡钻。

黏附卡钻
可以循环钻井液
否
是
钻头在井底
否
是
上下活动转动解卡
是
否
上提转动解卡
是
否
上下活动转动解卡
是
否
上下震击解卡
是
否
上击解卡
是
否
上下震击解卡
是
否
浸泡解卡剂解卡
是
否
浸泡与震击解卡
是
否
爆松套铣解卡
是
否
套铣倒扣解卡
是
否
侧钻
结束作业

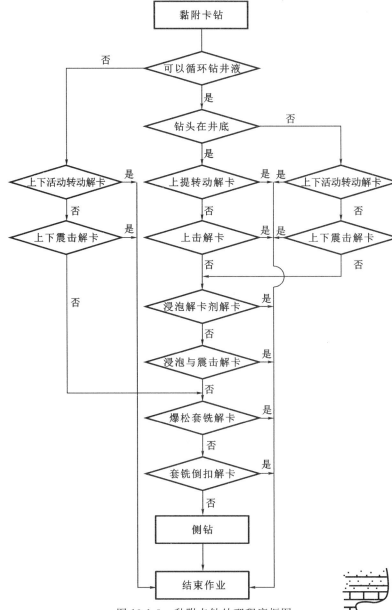

图 13-1-3　黏附卡钻处理程序框图

2）物理化学原因

当地层被钻开后，在井筒中钻井液与地层孔隙流体之间的压差、化学势差和地层毛细管力的驱动下，钻井液滤液进入井壁地层，产生复杂的物理化学作用，包括黏土水化膨胀，从而导致地层岩石黏聚力和内摩擦角降低，导致井壁坍塌。

3）工程技术方面的原因

钻井施工过程中采取的措施不当，如井身质量差、钻井液体系性能与地层特性不适配、钻井液密度偏低或起钻未灌好钻井液致

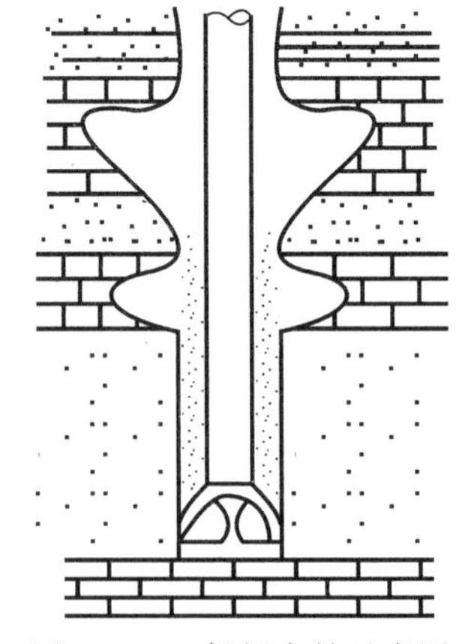

图 13-1-4　坍塌卡钻示意图

使井内压力失去平衡、排量不合理造成井壁泥饼冲蚀剥落、起下钻速度过快或钻具转动不平稳造成压力激动和机械撞击等，都是导致井壁坍塌和坍塌卡钻的重要原因。

2. 井壁坍塌的表现

（1）轻微的坍塌，钻进中表现为钻井液性能不稳定，密度、黏度、切力、含砂量升高，返出钻屑增多并可以发现许多棱角分明的片状岩屑。

（2）钻遇易坍塌地层或岩石破碎带，发生坍塌时钻进扭矩增大，蹩钻严重，停转盘打倒车；泵压上升，钻头提起后泵压可能恢复，但钻头放不到井底。

（3）如果坍塌发生在钻头以上，则钻进时泵压升高，钻头提离井底泵压不降，上提、下放、转动钻具遇阻；停泵有回压，再开泵时泵压上升、悬重下降，井口返出流量减少或憋漏地层；起钻时钻杆内反喷钻井液。

（4）井塌发生后，下钻到塌落碎屑没有聚积的井段，遇阻可能不明显，但井口返出钻井液不正常或有从钻杆内反喷的情况；下钻到塌落碎屑集中段遇阻明显，向下划眼时，泵压有时会突然升高，随之悬重下降、钻具遇卡，井口返出的流量忽大忽小，甚至断流，往往需要反复通划，井下才能转入正常。从返出的岩屑中可以发现新塌落的带棱角的岩块和先前坍塌磨圆的岩屑。

3. 井壁坍塌的预防

1）采用合理的井身结构

井身结构设计中，应尽量利用套管封隔易坍塌的地层，防止在后续钻井作业中受到上部地层坍塌及其引起的复杂问题的干扰，从而避免或减少坍塌卡钻的发生。

表层套管必须封掉上部的松软地层；对于明显的漏层如古潜山风化壳、石灰岩裂缝、溶洞，其上部应用套管封隔，以防钻遇这些地层时发生严重漏失而造成上部垮塌；在同一裸眼井段内应避免存在孔隙压力差异过大的地层，防止因喷、漏共存难以处理而引起地层坍塌。此外，要尽量减小套管鞋以下的大井眼预留长度（一般以 1～2 m 为宜），因为过长的大井眼稳定性差，更容易发生水泥掉块卡钻。

2）使用具有防塌性能的钻井液

（1）油基钻井液。

油基钻井液是以油为分散介质、以氧化沥青为分散相配制的钻井液。

油基钻井液不含水或含少量的水（体积分数＜5%），不会使泥页岩水化膨胀，也不受盐、钙等的污染，抗高温，润滑性好，在钻进复杂地层中可以有效防止和减少井壁坍塌的发生，钻出的井眼比较规则。但由于其配制工艺严格、不便维护处理、成本高、对环境污染和生产安全有较大的影响，因此油基钻井液的推广使用受到一定的限制。

（2）油包水乳化钻井液。

油包水乳化钻井液是以水珠（水相体积分数为 40%～60%）为分散相或内相，以各种油类为连续相或外相，并添加乳化剂、亲水胶体以及其他处理剂所形成的稳定的乳化液。

油包水钻井液可以在井壁与钻井液之间形成一层半透膜，当钻井液中的矿化度大于泥页岩矿化度时，地层中的水向钻井液渗透，不仅能避免钻井液中的水对泥页岩的浸润，还可以利用反渗透压力和泥页岩的吸附压力相抗衡，使水很少进入井壁，因此有良好的防卡、防塌作用。

(3) 硅酸盐钻井液。

硅酸盐钻井液是稳定泥页岩的优良水基钻井液。现场用的硅酸岩钻井液基本上是低固相聚合物钻井液中溶入可溶性硅酸盐。硅酸盐在钻井液中的质量浓度一般为 5～15 kg/m^3。

水溶性硅酸盐浸入泥页岩后，与泥页岩孔隙流体中的多价离子(Ca^{2+} 和 Mg^{2+})迅速发生化学反应而形成不溶性沉淀物，与中性或酸性孔隙流体可以形成胶状物，这种沉淀物和胶状物可以封堵泥页岩的裂缝，阻止滤液的浸入和压力渗透，因而能稳定裂缝性地层。另外，硅酸盐具有阻止黏土分散的能力，可以减少钻井液的稀释率。使用中要随时监测和维护硅酸盐的浓度，使其保持在稳定泥页岩的临界体积分数(0.1%SiO_2)以上。

(4) 钾基钻井液。

钾基钻井液是由含 K^+ 的处理剂配制而成的，特别在有较强水敏性的泥页岩中可以有效抑制页岩水化，维持井眼稳定。常用的钾基钻井液有氯化钾聚合物钻井液(KCl 的体积分数为 2%～10%)、钾褐煤钻井液、四钾钻井液(由腐殖酸钾、氢氧化钾、丹宁酸钾和聚丙烯酸钾四种处理剂组成)等。

(5) 低滤失高矿化度钻井液。

低滤失高矿化度钻井液可以减少泥页岩的水化膨胀压力，常用的有铁铬盐-CMC 盐水钻井液、褐煤-石膏钻井液、褐煤-氯化钙钻井液等。

(6) 含有各种封堵剂的钻井液。

在钻井液中加入各种封堵材料(如氧化沥青、乳化石蜡、淀粉等)可以减少或防止渗透作用和毛细管作用，从而降低滤液向井壁岩石的渗透速度，维持井壁稳定。封堵剂的体积分数一般为 5%～15%。

3) 采取适合的工艺措施

(1) 适应钻进地层的钻井液性能。

对于未胶结和胶结差的砂岩、砾石层，钻井液应有适当的密度和较高的黏度与切力。对于应力不稳定的裂缝发育的泥页岩、煤层、泥煤混层，钻井液应有较高的密度和适当的黏度与切力，并尽量减少滤失量；要控制钻井液的 pH 值在 8.5～9.5 之间，以减弱高碱性对泥页岩的强水化作用；必要时可以用混油的方法降低黏土的吸附力，抑制泥页岩膨胀。

此外，适当提高钻井液的矿化度，引入有利于泥页岩稳定的高价阳离子或带正电功能性基团的聚合物，促进与泥页岩中 Na^+ 的交换作用，都可以有效降低泥页岩的膨胀压力，提高泥页岩的胶结强度。

(2) 保持钻井液液柱压力。

① 起钻时要连续向井内灌入钻井液；停工时必须定时向井内补充钻井液，防止井内液柱压力下降，导致坍塌。

② 下入钻柱或套管柱下部装有止回阀时，要定时向管柱内灌满钻井液，防止止回阀被挤毁，致使钻井液倒流、抽垮井壁。

③ 如果管内外压力不平衡，停泵后立管有回压，不应放回水或卸方钻杆接单根，避免环空液体倒流、液柱压力下降。

(3) 减少压力激动。

① 控制起钻速度，正确处理“拔活塞”现象，减少抽汲作用。

② 对于结构薄弱或有裂缝的地层，钻进时要限制循环压力；严格控制起下钻速度，避免压漏地层，导致井塌。

③ 下钻完及接单根后，开泵不宜过猛，应先小排量开通，待泵压正常、返出正常后再逐渐增加排量，防止憋漏地层。

(4) 钻井液在井内静止的时间不可过长。

(5) 实施欠平衡钻井特别是气体钻井前，必须通过地层力学稳定性的论证。

4. 井壁坍塌的处理

(1) 发生井塌后，可采取如下办法带出塌落的岩屑：

① 使用高屈服值和高动塑比的钻井液洗井。

② 循环中适当提高钻井液排量，或注入高黏高切稠浆段塞，从井底返出清扫井筒。

③ 起钻前，在坍塌井段注入高黏高切钻井液进行封闭，以延缓坍塌，并使坍塌岩屑、掉块分散而不致堆集形成砂桥。

需要注意的是，在任何时候如果发现有井塌现象，开泵时均须用小排量顶通，然后逐渐增加排量，中间不可停泵。如果开泵不通或地层漏失，不可继续挤入钻井液（一般漏失量不超过 5 m^3），以免造成更大的垮塌。如果恢复循环无望，而钻具尚能活动，应立即灌好钻井液起钻。

(2) 若起钻过程中发现井塌现象，应立即停止起钻，开泵循环，待泵压正常、井下畅通、管柱内外压力平衡后，再恢复起钻工作；若起钻遇阻，则须避免因强行上提（不可超过正常悬重 50 kN）而致使钻具卡死，应采取倒划眼措施起出。

(3) 若下钻遇阻、井口不返钻井液或者钻杆内反喷，应立即停止下钻，开泵循环通井或划眼，待井下情况正常后，再恢复下钻工作。

(4) 划眼。

① 软地层中的划眼。

井塌发生后，在软地层用钻头划眼极易划出新井眼，可使用如图 13-1-5 所示或类似的领眼通井工具。划眼中尽量以冲、通为主，轻压、慢转，随时注意泵压变化，发现泵压突然升高应及早停泵，并以下砸为主活动钻具，防止由此造成的钻具“憋卡”。

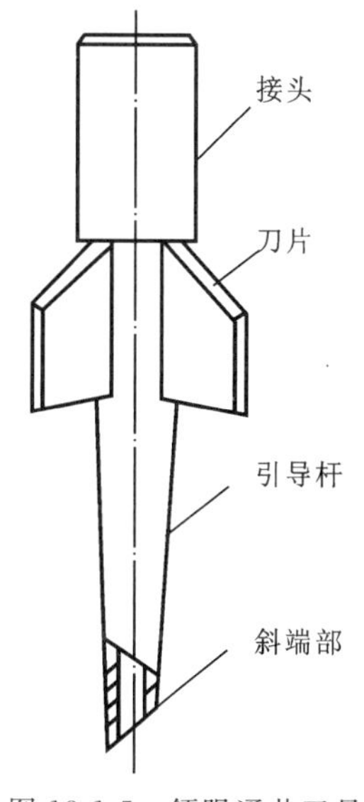

图 13-1-5　领眼通井工具

经验证明，在造浆能力较强的松软地层中，划眼不宜使用高黏切钻井液，否则会造成反复划眼不成，“越划越浅”的结果。

② 硬地层中的划眼。

硬地层或中硬地层坍塌，一般掉块较大，不易破碎，也不易划出新井眼，划眼适宜使用牙轮钻头；在掉块严重、岩性坚硬的破碎带地层，允许使用磨鞋或铣锥进行划眼。可使用高屈服值和高动塑比的钻井液，以利于携带和悬浮破碎的岩屑。

③ 划出新井眼的处理。

在松软地层中通井划眼时，极易钻出新井眼。一旦出现了新井眼，则需要尽早找回老井眼，处理施工的要点如下：

a. 确定钻出的新井眼与老井眼的岔口位置。井塌后通井时要注意观察并记录遇阻井深及开始转动钻具的井深、泵压突然上升的位置、钻井液的颜色变化、岩屑的外形等，以此分析判断开始形成新井眼的位置，必要时利用工程测井确定岔口位置之上的井径大小。

b. 下入通井钻具组合。推荐的通井钻具组合为：领眼通井工具（或公锥）＋弯钻杆＋钻杆，井径大时可在弯钻杆以上加欠尺寸稳定器。

c. 在转盘上划分 8 个（或更多）方向并做好标记，开泵逐一在不同方向控制速度（一般不超过 2 m/h）下放探试。当通井工具下放至相当于新井眼井深时，若遇阻，则说明进入新井眼；若不遇阻，则说明进入老井眼。

d. 证明进入新井眼，应提起通井工具，转动，换一个方向再次循环下放，如此反复直至进入老井眼。在进入老井眼之前，每次上提通井工具必须超过新老井眼岔口的高度；每次钻具转到一个新方向，要固定转盘，上下活动，到井口钻具无扭力时为止。

e. 如果判断已进入老井眼，要一直通井至井底而不急于提出，可以适当增加排量，利用循环上来的岩屑填死新井眼岔口，同时加强钻具上下活动，巩固在老井眼形成的新通道。

f. 如果在各个方向下探都找不到老井眼，应考虑最初判断的分岔位置实际偏高或弯钻杆弯度不够，可把通井工具开始下探的位置提高或重新调整弯钻杆的弯度，重复以上步骤找回老井眼。

5. 坍塌卡钻的处理

井内严重的坍塌或坍塌处理不当，最终会造成坍塌卡钻。发生坍塌卡钻后，可以根据不同的具体情况进行处理：

（1）如果可以小排量顶通，应尽一切可能缓慢增加排量恢复循环，在循环稳定并无漏失的情况下，逐渐调整钻井液性能，争取把坍塌的岩块带出。

能够恢复循环，对于坍塌卡钻及其可能连带发生的黏附卡钻，在后续处理中无疑是十分有利的；特别是对于石灰岩、白云岩坍塌形成的卡钻，还可以考虑泵入抑制性盐酸实现解卡。

（2）坍塌卡钻在更多的情况下是开泵不通、不能循环，此时如果急于憋通、强行开泵，只能越憋越死，应及早采取套铣、倒扣的方法进行处理。

在较浅的松软地层，可以采用长筒套铣；在较硬的地层，须减少套铣筒长度，轻压、慢转，注意防止铣筒蹩断、脱落。套铣至稳定器时，宜下震击器震击解卡，尽量减少磨铣稳定器的工作。

坍塌卡钻处理程序见图 13-1-6。

四、砂桥卡钻

砂桥卡钻的性质和坍塌卡钻类似，是由措施不当、井内沉砂堆聚造成的，因此也称沉砂卡钻。

1. 砂桥形成的原因

（1）在软地层中用清水或悬浮能力很差的钻井液钻进时，由于机械钻速快，钻屑多、粒径大，岩屑下沉快，一旦停止循环时间较长，极易形成砂桥。

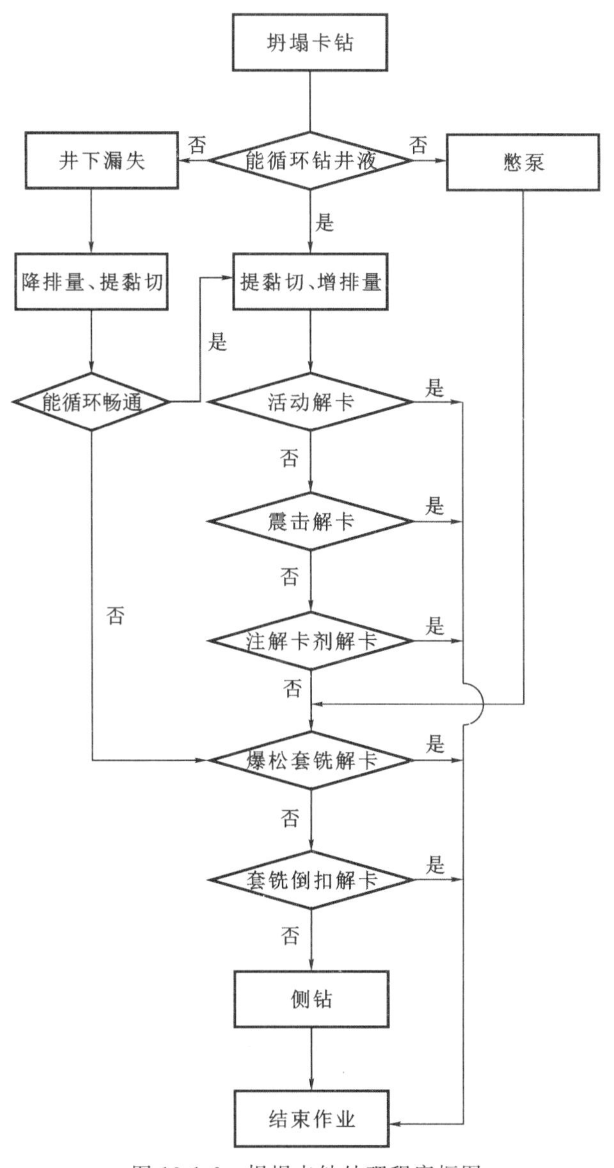

图 13-1-6　坍塌卡钻处理程序框图

(2) 井内的大井径处平时积存有较多的岩屑，井内压力有波动时，其中的沉砂很容易失去支持而下滑，形成砂桥。

(3) 钻井液中加入絮凝剂过量，细碎砂粒和钻井液中的黏土絮凝成团，停止循环时间稍长即可能形成网状结构，进而搭成砂桥。

(4) 在钻速快、钻井液排量不足的情况下，井内环空岩屑浓度过大，部分附于井壁排不出来的岩屑，停泵时容易下沉堆积而形成砂桥。

(5) 转换钻井液体系过急或钻井液性能大幅度变化时，井内原有的平衡关系受到破坏，会导致井壁滤饼剥落和黏附在井壁上的岩屑滑移、沉积，形成砂桥。

(6) 井内钻井液切力低，长期静止后，钻屑向下滑落到某一特定裸眼井段(如缩径、小环空井段)，即可能形成砂桥。

（7）气体钻井钻遇地层水时，如果排量不够，会因钻屑润湿而导致钻具泥包，当局部形成的泥环严重到填满环空时，会切断气流，甚至发生卡钻。

（8）用解卡剂浸泡解除黏附卡钻时，排解卡剂时如果开泵措施不当，很容易把浸泡脱落的滤饼与岩屑挤压在一起，形成砂桥。

2. 形成砂桥时的特征

（1）下钻时钻头进入砂桥后，井口不返或者钻杆内反喷钻井液；随着钻具的继续深入，遇阻逐渐增加，开始时一般是软遇阻且遇阻点不固定，有时钻具下入而悬重不增加。

（2）钻具进入砂桥后，在未开泵以前上下活动与转动自如；开泵循环会出现憋泵现象，泵压升高，井口不返钻井液或返出很少，同时钻具遇卡。

（3）起钻时“拔活塞”，环空灌不进钻井液或液面不降，而钻具内的液面下降很快。

（4）在钻进时，如果钻井液排量小或携砂能力不好，在开泵循环中钻具活动无阻力，一旦停泵则钻具提不起来，特别是使用无固相钻井液时，发生此类情况较多。

（5）气体钻井时发现返出钻屑中有水湿泥团，泵压升高，返出气体量减少甚至不返，起下钻具有阻力。

3. 砂桥卡钻的预防

（1）如果使用清水钻进，必须配合一系列技术安全保证措施，如开钻前设备要进行高压试运转，确保循环系统安全可靠；钻进中早开泵、晚停泵，尽量延长钻井液在井下的循环时间；失去正常循环条件时必须灌浆起钻到安全井段，中途不停；坚持排量由小到大、平稳开泵的操作原则，防止憋泵；采用充足的排量和合理控制钻速的钻进参数；制定有转换钻井液的时间规定等。

（2）当地层松软、机械钻速较快时，应适当控制钻时钻进，以确保环空中钻屑浓度不致过高。

（3）根据地层特性选用合适的排量进行钻进，既要能保持井眼清洁，又不能冲蚀井壁。起钻前要彻底循环，清洗井眼。

（4）优化钻井液设计，钻井液体系及其性能必须满足巩固井壁、携带岩屑的需要。

（5）下钻时，发现井口不返钻井液或者钻杆水眼内反喷，应停止下钻；起钻时，如果发现环空液面不降或者钻杆水眼内反喷，应停止起钻。要立即接顶驱或方钻杆小排量顶通后，逐渐增加排量，待环形空间畅通、钻柱内外压力平衡后，方可继续进行起下钻作业。

（6）在胶结不好的地层，井段尽量不循环、不划眼，避免机械扰动导致大井径处集聚的岩屑滑落，减少循环空间的岩屑浓度。

（7）优化钻井技术、优选钻井液性能，以快制胜，缩短钻井周期，防止井壁坍塌，以减小井内岩屑量和岩屑积聚的空间。

（8）采用浸泡解卡剂解卡施工后，排解卡剂要控制排量、保证连续循环。

（9）裸眼井段钻井液静止的时间不能过长，防止因井壁剥落、岩屑滑移堆积过多而形成砂桥。

4. 砂桥卡钻的处理

砂桥卡钻的性质和处理方法与坍塌卡钻基本相同。

发生砂桥卡钻后，有时可能用小排量进行循环，在这种情况下要特别注意不能急于加大排量，防止砂桥越憋越实；可逐步提高钻井液的黏度、切力，待循环泵压和钻井液返出稳定后，再逐渐增加排量直至能维持正常循环，此时砂桥破坏，钻具即可能解卡。即使钻具不能解卡，争取到能够正常循环这一条件，也有利于下一步的处理。

如果开泵不通，无法正常循环，即应争取时间确定卡点位置，从卡点附近尽早倒开，采用套铣倒扣方法处理、解卡。由于砂桥卡钻的井段一般不会太长，通常可以利用长筒套铣一次铣掉砂桥解除；为避免管柱解卡后下落，更适合使用防掉套铣工具。

五、缩径卡钻

缩径卡钻通常是指所有的小井径卡钻。无论何种原因，当钻头通过的井段的直径小于钻头直径时，处理不当均可造成卡钻。缩径卡钻也是钻井工程中常见的故障之一。

1. 缩径卡钻的原因

1）砂砾岩缩径

对于砂岩、砾岩、砂砾混层，因其滤失量大，容易在井壁上形成厚滤饼而使井眼缩小。在胶结不好的砂砾岩层或使用加重钻井液时，因滤饼增厚造成缩径阻卡的情况往往是不可避免的。

砂岩层段在各向水平地应力不均的情况下，容易产生弹性或弹塑性缩径，形成椭圆井眼。当钻具运动在椭圆井眼长轴端时，即可能发生严重的阻卡。

2）泥页岩缩径

部分泥页岩吸水后膨胀，可导致井径缩小。例如，浅层主要成分为钠蒙脱石泥页岩，具有较高的含水量，在钻进中易出现塑性变形；内摩擦角为零的未固结的黏土，当剪切应力大于胶结强度时，易发生塑性变形；在压力异常带的泥页岩，因其含水量和孔隙压力都远远超过正常值，容易发生塑性变形。

位于盐、膏、膏泥岩间的泥岩层段，地层多是在氧化环境中生成的，多为紫红或棕红色软泥岩，其中盐、膏含量愈大，表现出的分散性和吸水膨胀性愈强。因其含水量大、孔隙压力高，具有塑性大、强度低、初始蠕变速率和稳态蠕变速率高的特点，与盐膏层一样属于容易造成严重缩径卡钻的地层。软泥岩缩径见图 13-1-7。

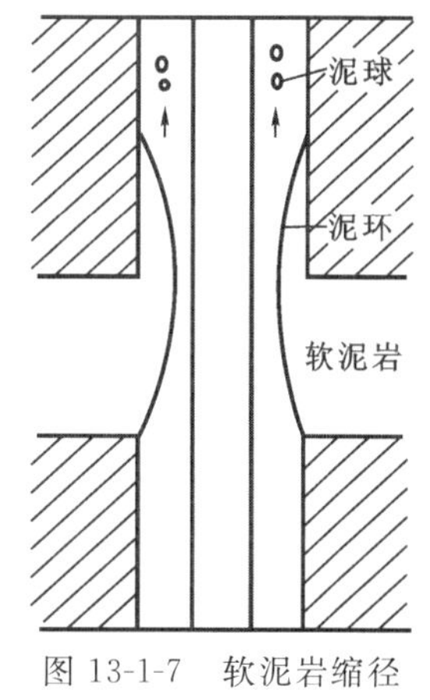

图 13-1-7 软泥岩缩径示意图

3）盐膏层缩径

盐膏层是指主要由盐岩和石膏组成的岩层。

盐岩在一定的温度条件下表现出延展性，且随着温度的上升而迅速增加。盐岩在 100 ℃以下，蠕变量很小；在 100～200 ℃，蠕变速率急剧增加；在 200 ℃以上，盐岩层几乎变成塑性体，在一定的压力下很容易产生塑性流动。在钻井过程中，如果钻井液液柱压力小于盐层压力，盐层将向井内蠕动而使井眼缩小，其闭合速率取决于温度、压差以及盐岩层厚度和地层倾角的大小，如果发现不及时会立刻造成严重的缩径卡钻。

4）石膏层缩径

深部沉积的石膏层在上覆岩层压力下，其中的结晶水被挤掉，成为无水石膏。此类地层钻开时，石膏将吸水膨胀，由于无水石膏变为含水石膏时体积膨胀可达26%，同时强度减弱，从而会使井径缩小。其他盐类如芒硝、氯化镁、氯化钙等也具有类似的性质。

5）小井眼卡钻

钻头使用后期，外径磨小，形成一段小井眼；有些取心钻头，其外径小于正常钻进的钻头，或者在使用后期外径磨小，也会形成一段小井眼。在这种情况下，如果下钻不注意，或扩、划眼过程中发生溜钻，也会造成和缩径性质一样的卡钻。

6）地层错动导致缩径

地层错动会造成井眼横向位移。如果所钻地层有断层和节理存在，当钻井液滤液浸入断层面或节理面后，会引起孔隙压力的升高，从而产生沿断层面或节理面的滑动；在高构造应力的作用下，一定厚度的纯盐岩层段也很容易产生井眼的横向错动，使井眼通径发生变化。此类情况与缩径的性质基本相同，严重的地层错动更会立即卡住钻具。

7）钻井液性能变化导致缩径

当钻井液性能发生较大的变化时，如钻遇石膏层、盐岩层、高压盐水层，钻井液因受污染而导致滤失量增加，黏度、切力增加，滤饼增厚，使某些井段的井径缩小。

2. 缩径卡钻的特征

（1）缩径卡钻的卡点通常在钻头或大直径工具处，阻卡点井深相对固定。

（2）大多数缩径卡钻是在起下钻过程中发生的(钻遇蠕变地层例外)。

（3）如果钻遇蠕变性的盐岩层、沥青层、含水软泥岩层，往往机械钻速加快，转盘扭矩增大，并有蹩钻现象；提起钻头后，放不到原来井深，需要反复划眼才能形成相对稳定的井眼，划眼比钻进耗时更多。若蠕变速率较大，泵压会逐渐上升，直至憋泵，钻具被卡。

3. 缩径卡钻的预防

（1）出入井工具应仔细丈量其外径，不能将大于正常井眼的钻头或工具误下入井；如果发现起出的钻头和稳定器外径磨小，下入新钻头时要随时注意遇阻情况，遇阻时不可硬压，应提前进行划眼下入。使用打捞工具时，其外径应比井眼小10～25 mm。

（2）取心井段必须用常规尺寸钻头扩眼或划眼后，再恢复正常钻进作业。特别是连续取心的井段，软地层每100 m、硬地层每50 m左右，应用常规钻头扩、划眼一次。

（3）下钻遇阻不可强压，起钻遇卡不能硬提。一般起钻遇卡上提不应超过50 kN，下钻遇阻下压不应超过30 kN，应采取划眼或倒划眼的办法消除阻力。当改变钻具组合刚性强度下钻时，应控制速度，遇阻同样不可强行下入。

（4）可以使用油包水乳化钻井液，控制钻井液滤失量及固相含量，防止钻井液性能发生大幅度的变化；使渗透层井段结成薄而韧的滤饼，减少滤饼缩径现象。

（5）在复杂层位钻进，要尽量简化钻具结构，如不用稳定器、少用钻铤(特别是大尺寸钻铤)、使用随钻震击器；可在钻头上部适当位置加接扩眼器，以便在井眼缩径、钻具阻卡时利用正、倒划眼措施起出危险井段。

(6) 对于容易产生蠕变或形成椭圆井眼的地层，可使用偏心微扩孔钻头钻出较大的井眼(井径扩大 4～8 mm)，给地层蠕变留下一定的余地。

(7) 钻遇盐岩层、沥青层及含水软泥岩层时，预防缩径卡钻的措施如下：

① 采用合理的井身结构，技术套管下深和裸眼井段的承压能力必须满足易蠕变地层钻进使用高密度钻井液的需要。

② 提高钻井液密度，增大钻井液的液柱压力，以抗衡围岩的蠕动或塑流。一般可采用如图 13-1-8 所示的曲线，根据井深和温度确定控制盐层蠕变需要的钻井液密度，并在钻进中加强钻井液性能的维护，严格控制密度变化。

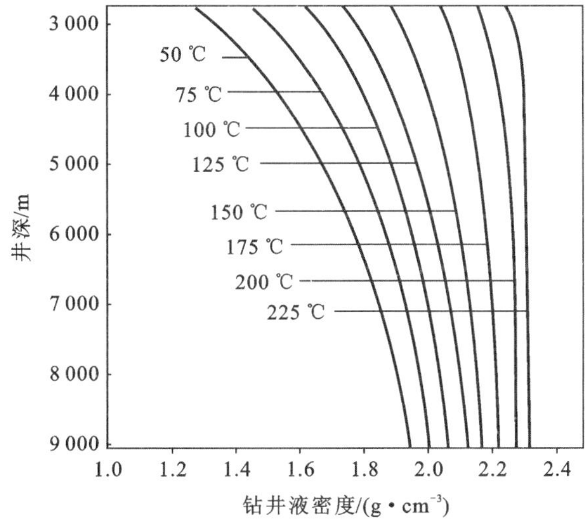

图 13-1-8 钻盐岩层时钻井液的密度

③ 钻开盐岩层宜使用欠饱和盐水钻井液，通过调整 Cl^- 浓度，尽量使钻井液的盐溶解能力与盐层的缩径速率接近平衡，以达到降低盐膏层缩径的目的。

④ 制定严格的安全钻进措施，进入盐膏层后，每钻进 0.3～0.5 m 上提 2～3 m，划眼一次；每钻进 2 m 上提 5～6 m，划眼一次；每钻完一个单根必须划眼一次，正常后方可接单根；定期短起下(提到盐膏层顶部)全部划眼。钻进中密切注意泵压、悬重、扭矩和钻速的变化，发现异常应立即上提，重新划眼到底。

⑤ 钻进中加强地层对比，卡准层位、防止井漏，发生严重漏失时应立即连续灌浆，起钻至技术套管，准备充分再进行堵漏；加强钻井设备的管理，进行维修保养时必须将钻具提出盐膏层顶部。

4. 缩径卡钻的处理

(1) 遇卡初期，应大力活动钻具，争取解卡。若在下钻过程中遇阻，应在钻具和设备的安全负荷限度以内大力上提，但绝不能多压；若在起钻过程中挂卡，应大力下压，不能多提；若在钻进过程中遇卡，应多提或强扭，并保持循环。如果大力活动数次仍不能解卡，应循环钻井液，在适当的拉力和压力范围内定期活动钻柱，以防钻柱黏卡。

(2) 用震击器震击解卡。如果钻柱上带有随钻震击器,应启动震击器进行震击解卡;如果钻柱上未带有随钻震击器,要设法接入震击器。如果是起钻遇卡,而且有足够的钻柱重量,则可以在井口接地面下击器下击;如果是下钻遇阻或在井底遇阻,则最好从卡点以上倒开钻具,将加速器、上击器或超级震击器等接到距卡点较近的位置,然后连续上击。

(3) 对于缩径与黏附的复合卡钻,应先浸泡解卡剂再进行震击解卡;如果缩径是盐层蠕动造成的,且能维持循环,则可以泵入淡水或淡水钻井液至盐层缩径井段以溶蚀盐岩,同时配合震击器震击;如果是泥页岩缩径造成的卡钻,则可以泵入油类和清洗剂或润滑剂,并配合震击器震击。

(4) 如果大力活动钻具与震击均无效,则进行爆松倒扣及套铣倒扣。

(5) 如果套铣倒扣不符合经济处理原则或出现其他技术问题,施工无法继续进行,则应果断进行侧钻。

缩径卡钻处理程序见图 13-1-9。

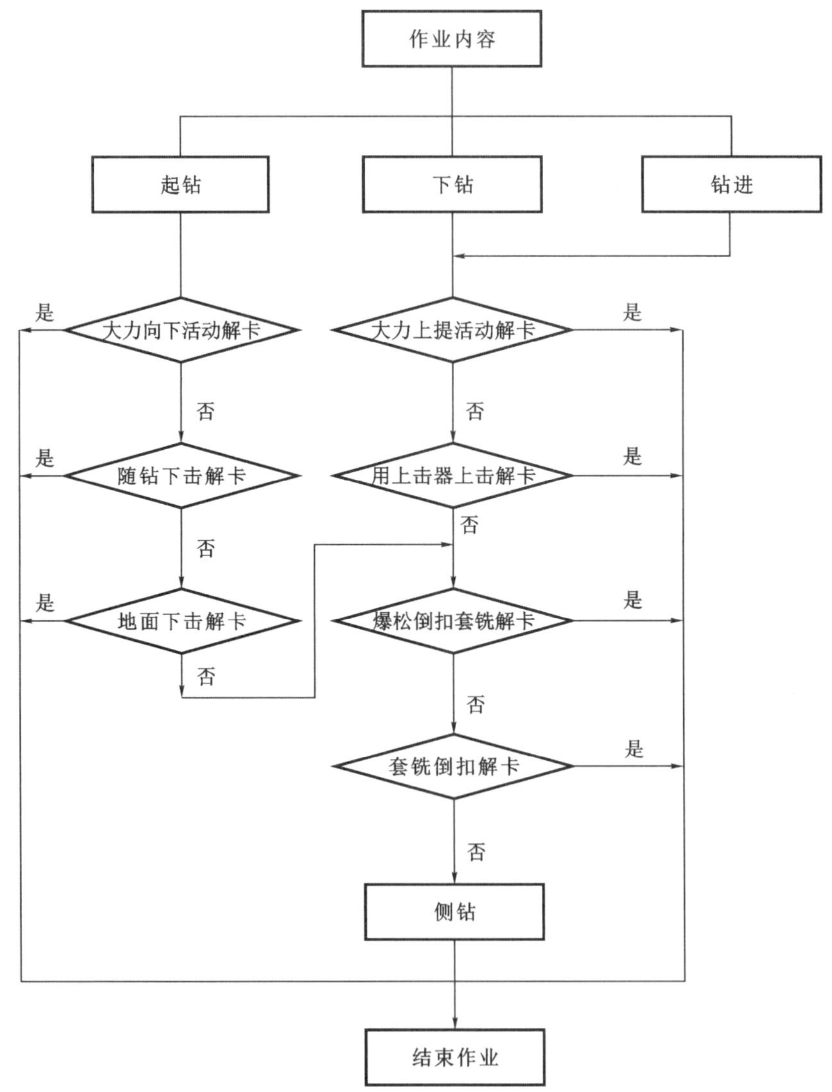

图 13-1-9　缩径卡钻处理程序框图

六、键槽卡钻

键槽卡钻是指由于井壁上形成的沟槽造成的卡钻。

1. 键槽的形成

1）狗腿键槽

键槽形成的主要条件是井身轨迹存在局部弯曲，形成狗腿（包括倾斜狗腿和方位狗腿），钻具在自身重力的作用下贴靠于下井壁，钻杆接头在运动中以其侧向力在狗腿处反复切削，形成一个小于井径的沟槽，称之为键槽，见图 13-1-10。

2）壁阶式键槽

如图 13-1-11 所示，在大段易坍塌的泥页岩中夹有薄层砂岩，当泥页岩坍塌后，薄层砂岩仍保持着钻头井径，形成壁阶。钻柱在倾斜井眼中靠向井眼低边，运动中频繁切削砂层壁阶，形成壁阶键槽。

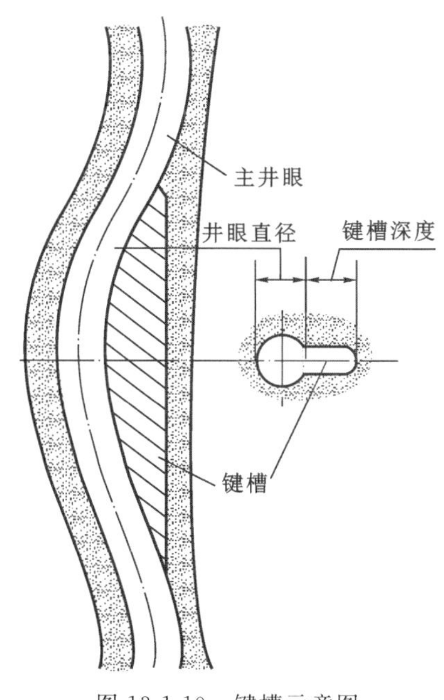

图 13-1-10　键槽示意图

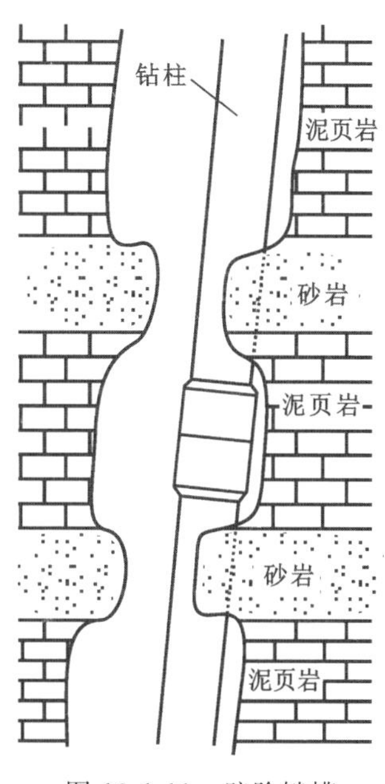

图 13-1-11　壁阶键槽

3）键槽的形成过程

如图 13-1-12 所示，在 a～e 阶段键槽由浅到深，其形成是一个渐变过程。键槽形成的初始阶段（图中 a，b，c 阶段），起钻阻卡现象可能并不严重；当狗腿处出现了较深的键槽（图中 d，e 阶段），直径大于钻杆接头的钻铤或接头起钻至此处将会遇阻、遇卡，或造成卡钻。

2. 键槽卡钻的特征

（1）键槽卡钻只会发生在起钻过程。

（2）只有外径大于钻杆接头的钻铤，工具顶部接触键槽下口时才能遇阻遇卡。

(3) 在岩性均匀、井径规则的地层中，由于键槽是向上、下两端发展的，每次起钻的遇阻点可能向下有少量移动；如果是壁阶式键槽，则遇阻点位置基本固定。

(4) 在键槽中遇阻，拉力稍大，转动转盘很困难，但只要下放钻柱脱离键槽就旋转无阻碍。

(5) 在键槽中遇阻遇卡，开泵循环钻井液时，泵压无变化，钻井液性能无变化，进出口流量平衡。

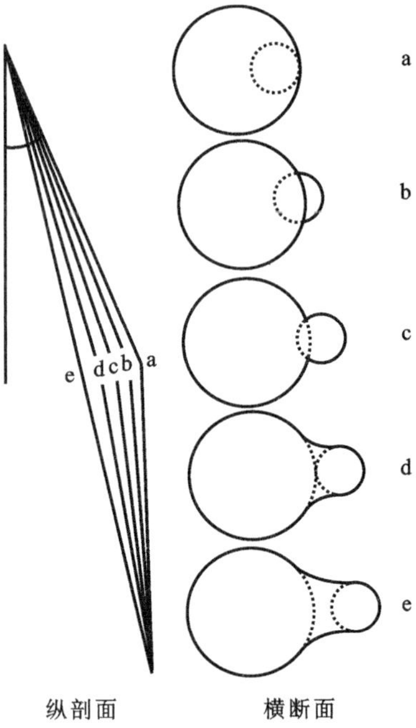

e dcb a

a b c d e

纵剖面　　横断面

图 13-1-12　键槽形成过程

3. 键槽卡钻的预防

(1) 加强井身质量控制，避免或减少产生狗腿。

(2) 钻定向井段时，在地质条件许可的情况下，尽量优化井身轨迹，减小降斜井段和狗腿严重度。

(3) 对于多目标井、大位移井、水平井，在井身结构设计中尽可能用套管封住造斜点和其他易产生键槽的井段。

(4) 套管管鞋以下的口袋不能预留过长，再次开钻钻水泥塞时应采取扶正措施，尽可能保证上下井眼同心，防止下部套管偏磨而形成键槽。

(5) 在钻柱上带随钻震击器，一旦遇卡即可启动下击器下击解卡；对于存在键槽卡钻风险的井，宜在钻铤顶部加接便于上下划眼的铣鞋(如鼓形铣鞋、西瓜铣鞋)或扩孔器，以利起钻遇卡时进行倒划、破槽。

(6) 起钻遇卡不可强提，应配合转动反复活动钻具或采用倒划眼方法，力求起出；倒划眼时，上提拉力不可过多，防止一次提死，使后续处理更加困难。

(7) 破除键槽。

① 每次起钻都要认真观察遇阻情况，详细记录遇阻点井深、阻卡程度，发现有键槽形成迹象，再下钻时可将键槽破坏器(见图 13-1-13)或扩孔器接在靠近键槽(遇阻点)顶部的位置，在钻进中或钻有一段进尺再起钻时进行主动破槽。

② 起钻遇卡，如果键槽遇阻井深小于起出钻具长度，可在地面接键槽破坏器或扩孔器，重新下钻至预计键槽顶部，转动钻具以破除键槽，之后起出钻具。如果遇卡时钻头所处位置超过井深的一半，则应加力上提，卡住钻具，然后爆松起出上部钻具，再接震击器、扩孔器下钻，对扣震击解卡后，向下扩孔破槽。

③ 破除键槽钻具组合(推荐)：足够数量的钻铤 + 长度大于预计键槽长度的钻杆 + 键槽破坏器 + 钻杆。

④ 破槽时应控制上划、下划速度，一般不宜大于该井段机械钻速的 1/3。

图 13-1-13　键槽破坏器

4. 键槽卡钻的处理

（1）发生键槽遇卡时，首先应利用钻具的重量全力下砸，以求压开解卡；将钻具重量全部压上时，可开泵循环钻井液，同时变动泵压，使钻具产生脉动现象，也有助于解卡。

（2）如果钻柱上带有随钻震击器，遇卡时应立即启动下击器下击；如果未带随钻震击器，可接地面震击器下击；必要时，可把钻柱从下部倒开，把下击器接在靠近卡点的位置进行下击。

（3）如果震击无效，可采取倒扣(爆炸松扣)、套铣方法解卡。为便于套铣，钻具倒开的位置应处于键槽上部的主井眼内，鱼顶靠近键槽铣筒不易套入；铣筒长度以能一次铣过卡点为宜。

（4）在石灰岩、白云岩地层形成的键槽卡钻，可以试用抑制性盐酸浸泡，以求解卡。

键槽卡钻处理程序见图 13-1-14。

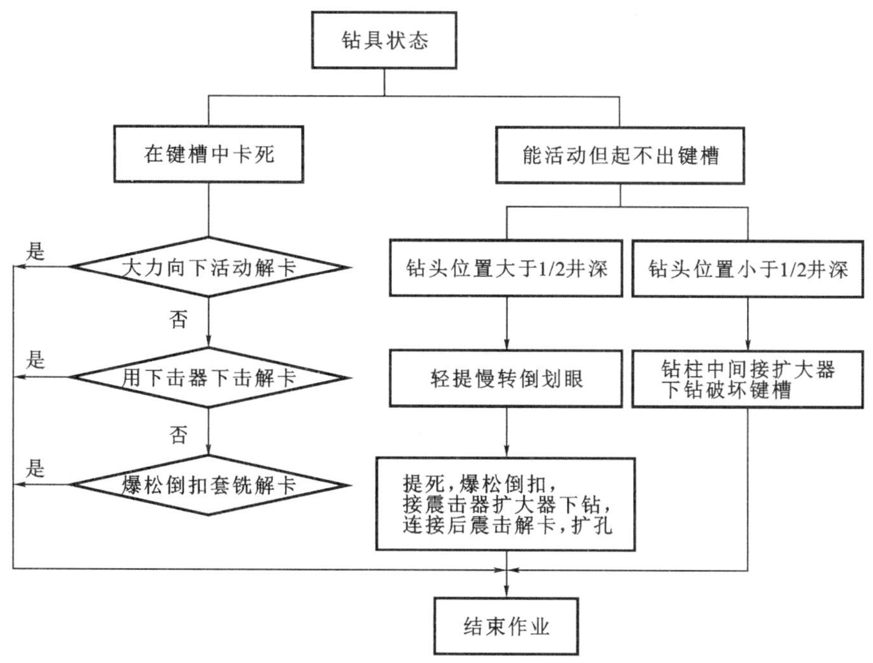

图 13-1-14　键槽卡钻处理程序框图

七、泥包卡钻

钻头或稳定器泥包后，钻进中机械钻速明显降低，严重时起钻遇阻、遇卡，或由于泥包产生的抽汲作用将松软地层抽垮或将产层抽喷，见图 13-1-15。

1. 产生泥包的原因

（1）钻遇松软、水化能力和黏结性很强的泥岩时，切削物极易形成泥团，并牢固地黏附在钻头或稳定器周围，形成泥包。

(2) 钻井液循环排量小，不足以把岩屑携离井底，钻进中岩屑重复破碎，对于水化力较强的泥岩，岩屑更易形成泥团，造成钻具泥包。

(3) 钻井液性能不好，黏度、滤失量过大，固相含量较多，在井壁上结成松软的厚虚滤饼，在起钻过程中被稳定器或钻头刮削、堆积，严重时会将稳定器或钻头周围的间隙完全堵塞。

(4) 钻具刺漏，部分钻井液循环短路，到达钻头的钻井液量越来越少，钻屑无法正常带出，黏附在钻头上，形成钻头泥包。

(5) 气体钻井中如果遇产出量较大的水层，钻进产生的粉尘岩屑易润湿结成泥团，当气体排量不足、举升岩屑的携浮力不够时，即会造成钻具泥包，直至卡钻。

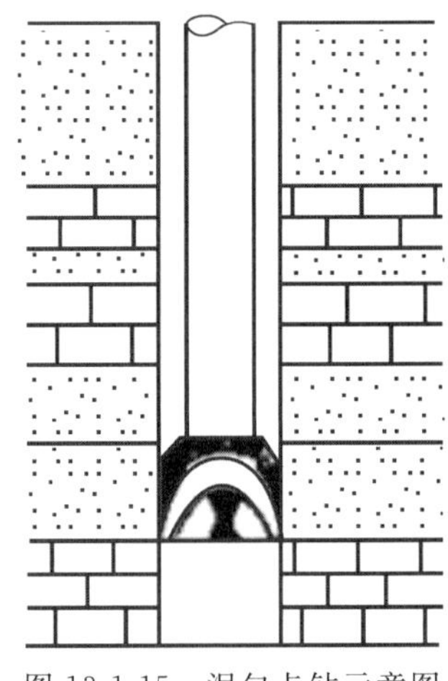
图 13-1-15　泥包卡钻示意图

2. 泥包卡钻的特征

(1) 钻进时，机械钻速逐渐降低，扭矩逐渐增大。如果钻头泥包，则有蹩钻现象；如果钻头或稳定器周围泥包严重，则会减小过流面积，使泵压有所上升。

(2) 上提钻头有阻力。阻力的大小会随泥包程度的不同而有所不同。

(3) 起钻阻力的大小取决于井径的变化，卡钻只发生在小井径处。

(4) 起钻“拔活塞”，环空钻井液灌不进，钻杆内看不到液面。

3. 泥包卡钻的预防

(1) 保持足够的循环排量，特别是在松软地层，因钻速较快、环空钻屑浓度大，必须保证有足够的排量，以便及时带走钻屑，防止钻头泥包。

(2) 在软地层或较硬易水化膨胀的页岩地层，应使用低黏度、低切力的钻井液进行钻进。

(3) 在软地层中钻进，可使用刮刀钻头。

(4) 在松软地层中钻进，应适当控制机械钻速，或增加循环钻井液的时间，降低钻井液中的岩屑浓度。

(5) 在钻进过程中，要随时注意观察泵压和钻井液出口流量的变化情况，及时发现、判断如钻具刺漏或其他井下异常问题，及时采取有效措施消除隐患。

(6) 发现有泥包现象，应停止钻进，提起钻头，采取高速旋转、快速下放等方法，利用钻具旋转的离心力和液流的高速冲刷力将泥包物及时清除。如果有条件，可增大排量，降低钻井液黏度。

(7) 如果已发现有泥包现象且不能有效地清除，起钻时要确保环空灌满钻井液；如果出现灌浆困难，则必须随时通过钻具向井内灌注钻井液，不能在连续遇阻情况下“拔活塞”起钻。

(8) 使用防止黏附的钻井液，降低泥页岩岩屑的塑性变形和钻头表面的黏附力，如石膏、石灰、PHPA/KCl 水基钻井液，乳化聚乙二醇水基钻井液，聚丙烯乙二醇钻井液等。

4. 泥包卡钻的处理

(1) 如果在井底发生泥包卡钻，应尽可能开大泵量，降低钻井液的黏度和切力，并添加清洗剂，以便增大钻井液的冲洗力，同时在钻井设备和钻具的安全负荷内用最大的能力上提，或用上击器上击。

(2) 如果在起钻中途遇卡，则用钻具的重量下压，或用井下震击器或者地面震击器以较大力量下击。在条件许可时，应大排量循环钻井液，大幅度降低钻井液黏度和切力并加入一定量的清洗剂，争取把泥包物冲洗清除。

(3) 如果震击无效，并考虑有黏附卡钻的可能性，可以注入一定量的解卡液，一方面可以消除钻具与滤饼的吸附，另一方面可以减少泥包物与钻头或稳定器的吸附力；或者注入土酸浸泡，使泥包物发泡疏松，破坏其结构力，以便恢复循环时为清除泥包创造有利条件。

(4) 泥包卡钻后如果失去循环钻井液的条件，在活动震击无效的情况下，则须采用倒扣或爆炸松扣的方法倒开钻具，然后进行套铣解卡处理。

(5) 如果卡钻后循环不通，上部又有大段钻具发生黏卡，则可在钻头或稳定器（泥包致卡位置）以上爆破，恢复循环，先浸泡解卡剂消除黏卡，再倒扣、套铣，以尽量减少损失。

八、干钻卡钻

干钻卡钻是指钻进中钻头部位失去钻井液循环，钻头破碎岩石时得不到冷却，当积累的热量达到一定程度时，钻头甚至钻铤下部在外力的作用下产生变形、熔化，和岩屑熔合在一起所造成的卡钻。

1. 干钻的原因

(1) 钻具刺漏。钻具刺漏未及时发现或未及时处理，随着时间的延长，刺漏发展愈加严重，绝大部分甚至全部钻井液经漏点上返，钻头处没有钻井液可供循环。

(2) 钻进中循环系统出现问题，如钻井泵上水不好、高压管线或回水闸门泄漏，导致注入钻井液的排量减小，钻头得不到充分冷却。

(3) 先钻后开泵或停泵不停钻。

(4) 在钻井取心或用打捞筒打捞时，为确保岩心或打捞的碎物不再落井，有人习惯用干钻的方法封堵筒口，若干钻时间稍长则会造成卡钻。

2. 干钻的特征

(1) 如果因钻具刺漏造成短路循环，钻进时泵压会逐步下降；如果钻井泵上水不好或地面管线泄漏，返出井口的钻井液温度会显著下降。

(2) 在排除钻具短路的情况下，干钻将引起泵压升高，直至钻头水眼堵死。

(3) 机械钻速明显下降，转盘扭矩增大。

(4) 干钻的初始阶段表现为钻头泥包，随着干钻程度的加剧，钻具活动阻力越来越大，直至卡钻。

(5) 干钻卡钻后一般不能循环。

3. 干钻的预防

(1) 钻进中要经常注意泵压和井口钻井液返出情况，及时发现、正确判断地面设备和钻具出现的问题，问题未得到彻底处理时不可盲目继续钻进。

(2) 如果发现钻速下降、扭矩增大，甚至有蹩钻、打倒车现象，应结合泵压、井口返出流量、所钻地层特性进行综合分析，出现泥包、干钻迹象应立即停钻进行处理。

(3) 钻进过程中不允许停泵、倒泵，若因设备问题必须停泵，则应将钻头提离井底，然后活动钻具。

(4) 对气侵钻井液，应加强除气工作，以提高钻井泵的上水效率。

(5) 规范操作，摒弃所有人为干钻的不良习惯。

4. 干钻卡钻的处理

(1) 在干钻不很严重，钻头处于泥包状态、尚未变形时，可以用震击器上击解卡。

(2) 严重干钻形成的卡钻，应及早在卡点(钻头)以上爆炸切割，切掉钻头，或用倒扣(有条件尽可能采用爆炸松扣)方法起出上部钻具后再做下步处理。

(3) 在井浅并具备经济可行的条件下，可以考虑采取扩眼、套铣方法进行处理。

(4) 起出钻头以上钻具，填井、侧钻。

九、水泥卡钻

在钻井过程中，根据工程需要使用钻具进行注水泥作业时，钻具因水泥固结而被卡，称为水泥卡钻。

1. 水泥卡钻的原因

(1) 注入井内的水泥浆未做理化性能试验或水泥浆与井浆混配试验，未掌握水泥浆的性能和变化规律。

(2) 注水泥设备或钻具提升设备在施工中途发生问题，使施工不连续或施工时间延长。

(3) 施工措施不当或操作失误。如注水泥的管柱上接钻头和钻铤；注水泥后不能及时将管柱提离水泥填注井段；在水泥塞顶部循环顶替不彻底；在顶替余浆的过程中不活动钻具或因操作失误致使钻具落井等。

(4) 探水泥塞时间过早或措施不当。如未按施工设计要求提前下钻探水泥塞，将钻具压入未凝固的水泥中造成卡钻。

2. 水泥卡钻的预防

(1) 在裸眼井段注水泥塞，要按实际测量井径计算水泥浆用量，附加量不超过30%。

(2) 入井水泥浆必须做理化性能和与井浆混溶的试验，掌握水泥浆的稠化、初凝、终凝时间，施工时间要控制在稠化时间的一半以内。

(3) 尽量简化注水泥塞的钻具结构，一般只下光钻杆，不能带钻头、钻铤或其他直径变化较大的工具。

(4) 注水泥塞或下尾管前，必须保证井下正常，做到压稳、不漏，不能存在有井壁失稳等问题的隐患。

(5) 提升钻具设备和注水泥设备一定要完好，保证能连续工作。

(6) 在注水泥过程中，要不停地活动钻具，以防钻具黏卡；注水泥结束时要立即把钻具提离预计水泥面以上，开泵循环，将多余的水泥浆替出，不能发生任何操作失误；在残余水泥浆未完全返出井口以前，不能随意停泵或倒泵，而且要不停地上下活动和转动钻具。

(7) 探水泥塞一定要在水泥终凝以后进行；钻具下至预计井深，先循环钻井液，使上部井眼畅通，然后停泵逐步向下试探；遇阻后不能硬压，须立即提起钻柱再开泵向下试探。

3. 水泥卡钻的处理

(1) 切割、套铣、倒扣。对于套管内的水泥卡钻，套铣不能使用有外出刃的铣鞋，以避免铣穿套管。

(2) 如果被卡管柱较少，可以用领眼铣鞋把整个被卡管柱铣掉。

第二节 钻具断落

一、钻具断落的原因

钻具断落有断裂和脱扣两种形式。造成钻具断落的主要原因有：

(1) 过载断裂：当钻具受到的拉力或扭矩超过钻具的强度时，钻具本体或接头拉断或扭断。

(2) 脆性断裂：常常发生在高强度或低延展性钻具组合体上，一旦有较小的塑性变形便造成钻具的脆性断裂。断裂位置一般在钻杆、钻铤和转换接头处。造成脆性断裂的内因是材料本身特性（如高强度、低延展性、低韧性等）和组合体材料断面配合不当（如连接螺纹的临界断面模数配比不合理），或材料有微裂纹缺陷（在使用过程中由于应力集中、疲劳、腐蚀等原因，致使材料内部的微裂纹进一步扩展，从而发生脆性断裂）。

(3) 疲劳断裂：疲劳破坏是钻具损坏的主要原因，一般发生在钻杆接头、钻铤和转换接头螺纹部位等截面变化区域，或中和点附近的钻具、处于全角变化率较大井段的钻具，或因表面损伤而造成的应力集中区域。由于整个钻柱承受复杂的交变应力，在应力集中区域容易发生裂纹并扩展，直至断裂。

(4) 腐蚀疲劳断裂：腐蚀破坏是钻具提前损坏的普遍原因。含有酸或溶解盐的钻井液增强了钻井液的导电性，加强了对钻具的电化学腐蚀。在钻杆失效中，腐蚀疲劳断裂与普通疲劳断裂一样，裂纹一般产生在应力集中严重的部位，或以表面腐蚀坑为源萌生裂纹并扩展。

(5) 应力腐蚀断裂：应力与腐蚀介质协同作用引起的金属断裂现象。当钻柱在含硫油气井中工作时，硫化氢对钻具产生氢脆作用而导致硫化物应力腐蚀断裂（氢脆）；当钻柱接触氯化盐等腐蚀介质（如盐酸、氯化物类）时，会发生氯化物应力腐蚀开裂。当材料发生应力腐蚀时，其实际的抗拉强度远远低于材料的屈服强度。

(6) 冲蚀断裂：在接头或钻杆加厚部分的内径突变处，流动的钻井液形成涡流，冲蚀管壁，甚至会把管壁刺穿，降低钻杆的抗拉、抗扭强度。

(7) 机械损伤断裂：钻具因在长期使用中的外伤如卡瓦牙痕、井下落物（钻头牙齿、钳牙、卡瓦牙等）造成的横向刻痕等，或因某些区域管壁变薄或者存在微细裂纹，强度大为减弱，在外力的作用下钻杆被拉断或扭断。

(8) 脱扣落井：钻进时加压过大，或多次发生连续蹩钻，或在遇阻遇卡时强扭，将钻杆母螺纹胀大、胀裂，或蹩钻、打倒车等均可造成钻具脱落；错误连接看似相同而实际上规范不同的螺纹，在使用过程中容易产生磨损而造成钻具脱落。

(9) 空气钻井中，钻具所受冲蚀、腐蚀、振动比常规钻井严重，容易引起钻具断裂和早期失效；在钻遇可燃气产层时，若产生井下燃爆，可以将钻具炸断、落井。

引起钻具断落的原因往往不是单一的，而是多方面原因如钻具的使用工况和环境、钻具的质量、使用者的操作以及钻具的机械损伤等综合作用的结果。

二、钻具断落的预防

钻具断落的预防如下：

(1) 对钻具实行分级管理，分类存放、成套使用。

(2) 钻具应定期进行检验、探伤，防止不合格钻具入井。检验方式、频次须根据井深、钻井液密度、使用环境等因素分别确定。对深井、钻井液密度超过 1.70 g/cm^3 以及地层含 H_2S 分压值大于 0.3 kPa 的井，推荐做法为：钻杆每次下井前进行探伤；加重钻杆、钻铤、稳定器、工具、接头等每次起出时或每使用 150～200 h 进行探伤检验。

(3) 钻具存放到场地时，应清洁吹干，涂好防锈油，戴好护丝。

(4) 做好钻具的使用记录。入井钻具逐根编号并测量关键几何尺寸；特殊工具应绘制详细的结构草图。

(5) 吊放搬运钻具时，要平稳操作，戴好护丝，防止碰坏；钻具入井前要清洗表面和两端螺纹，目测检查；使用高质量、润滑性能优良的钻具螺纹润滑脂；连接时要按照规定扭矩进行紧扣。

(6) 必须在安全抗拉强度和抗扭强度内使用钻具。在钻头与钻铤间宜加入减震器，以避免跳钻损伤钻铤螺纹；钻进中要平稳操作，正确处理蹩钻、跳钻，控制打倒车，防止脱扣事故发生。

(7) 对使用中的钻具，要定期进行错扣检查，定期进行上下钻具倒换。

(8) 在腐蚀性作业环境中，钻井液要加入缓蚀剂、防腐剂，并推荐使用内涂层钻杆。空气钻井中，地层出水影响正常钻进、返出气体中全烃含量连续超过 3%及硫化氢含量连续超过 7.5 mg/m^3(5 ppm)时，应及时转换为钻井液钻井。

三、钻具断落后的井下情况分析

钻具断落的表征现象是：悬重下降、泵压下降、转盘或顶驱扭矩降低、没有进尺或者放空等。

一经发现钻具断落，首先要确认鱼顶位置。在相对小尺寸的井眼(如直径≤216 mm)要先考虑用原钻具探鱼顶；在大井眼中可以直接起钻，先确认落鱼长度，分析鱼顶状况，然后用带钻头或其他端部较大直径的钻具组合下探鱼头，以找到鱼顶位置、判断落鱼在井内的情况。

探鱼顶时，当超过预期判断的落鱼位置时，下探速度要慢并不可下放过多，遇阻不能多压，亦不能强转。如果用钻杆甚至用钻头也探不到鱼顶，可以用弯钻杆或电测的方法在较大范围内探测鱼顶位置。

落鱼在井内所处位置一般有以下几种情况：

(1) 落鱼在井底，落鱼只有一个。鱼顶位置即为井底深度减去落鱼长度的位置，这是最常见的，处理相对容易。

(2) 落鱼在井底，但钻具断成多截。如果断口处井径小于钻具接头直径的两倍，落鱼鱼顶位置也是在井底深度减去落鱼长度的位置；如果断口处井径大于钻具接头直径的两倍，则落鱼有可能穿插下行，实际鱼顶位置和计算鱼顶位置差别可能较大。

(3) 起下钻过程中遇阻挂卡导致钻具断落，落鱼可能在原位置，也可能下行到其他有支撑的地方或井底。首先应探明鱼顶的位置，然后确定打捞方案。

(4) 因顿钻而造成的钻具落井，钻具可能会顿成多截，并极有可能造成钻具严重弯曲；对于钻杆本体折断以及胀扣、爆炸切断的落鱼，将形成不规则鱼顶。

(5) 如果上部井眼很规整，而落鱼鱼顶正处在井径突然变大处，将形成“藏头鱼”，打捞可能比较困难。

四、打捞管柱落鱼

准确确定鱼顶的位置、正确判断落鱼所处状况，是合理选择工具、制定有效处理措施的基本依据。

(1) 打捞管柱的基本钻具组合为：打捞工具＋安全接头＋钻杆。打捞钻具组合应尽量简单，需要时可加入可变弯接头和震击器等有益处理的工具，非必要时不宜使用钻铤、稳定器。

(2) 落鱼鱼顶为钻杆或套管本体，可用外捞工具(如卡瓦打捞筒、母锥等)进行打捞，不可用公锥打捞；鱼顶部位管壁较厚的钻具(钻铤、钻杆加厚处等)，既可用外捞工具也可下内捞工具(公锥、内捞矛等)打捞；钻具脱扣，可使用对扣接头或公锥打捞(因母接头胀大导致的脱扣，需用加大对扣接头)。为便于捞住落鱼后能恢复循环，宜使用不带排屑槽的公锥、母锥。

(3) 如井下存在多节落鱼，应从鱼顶位置最浅的一节开始打捞；若第一节落鱼为下部钻具，不能提出，可采用倒扣方法使下一个鱼顶出露，待成功捞出后再打捞下部钻具落鱼。

(4) 对于贴靠大井眼井壁的落鱼，经常遇有找不到鱼顶的问题，可借助弯钻杆或可变弯接头以及带套筒引鞋的工具进行打捞；使用壁钩拨正落鱼时应谨慎操作，务必注意不可硬蹩，以防造成壁钩折断。

(5) 鱼顶不规则，如断口不齐、不圆、破损严重，必须先用领眼磨鞋或套筒磨鞋修整后，再进行打捞。

(6) 钻具断落后被卡，应采用浸泡解卡剂、套铣等方法先解除卡钻，再进行打捞。

第三节 井下落物

一、井下落物的类型

除钻具断落外，井下落物可分为以下几种类型：

(1) 杆类落物,如测井仪器、动力钻具转子等。

(2) 绳类落物,如电缆、钢丝绳等。

(3) 不规则落物,包括钻头、牙轮、手动工具及其他碎小落物等。

二、井下落物的原因

(1) 钻井参数使用不当:不合适的排量、钻压和转速都可能造成井下钻具破坏而形成井下落物,比如钻头、螺杆的脱落。

(2) 操作不当:钻进中送钻不均或不能正确处理而严重蹩跳,溜钻、顿钻;起下钻过程遇阻遇卡猛提猛压,除会造成卡钻外,也容易导致钻头受损脱落。

(3) 疲劳破坏:井下工具、钻头在工作中承受拉伸、压缩、弯曲、扭切等复杂应力,当使用时间超出其自身应有的寿命时,即会加剧疲劳破坏,造成断落。

(4) 从井口落入物件:在起下钻、接单根、检修设备及其他作业过程中,井口未封闭,井口工具及其他物件如榔头、扳手、钳销、撬杠甚至卡瓦、吊卡等都有可能掉入井中;钻具断落未及时发现,盲目从钻具内投入测斜仪或取心钢球等,落入环空,严重时更会造成卡钻。

(5) 测井作业过程中,仪器遇卡,由于不恰当的操作而导致电缆、仪器拉断落井。

(6) 腐蚀破坏:氧气、二氧化碳、硫化氢、溶解盐类、酸类均可对钢材造成腐蚀和电化学腐蚀,致使金属材料表面出现凹坑、本体变薄,引起应力集中,强度降低或造成疲劳破坏,最后导致钻井工具和入井电缆或钢丝绳发生断裂落入井底。

(7) 其他原因,如钻头和工具的质量问题、制造缺陷等。

三、井下落物的预防

(1) 井口落物的预防:加强对井口常用工具的检查,保证吊卡、卡瓦、安全卡、吊钳等井口工具的螺栓、轴销、穿销紧固齐全;在井口使用手动工具时采取防掉措施,封盖井口,拴保险绳;在上卸钻头时必须使用钻头盒等。

(2) 合理使用并实时调整作业参数。若井下有异常情况如蹩钻、跳钻、扭矩增大、泵压突然下降、钻时增加,应及时判断并调整作业内容和参数。

(3) 做好钻具和工具入井前的检查和日常管理维护,定期探伤,及时发现并更换有缺陷的钻具和工具;使用的螺杆钻具应带有防止转子脱掉的装置。

(4) 严格执行钻井操作规程,杜绝溜钻、顿钻,防止人为机械损害;在钻具和工具的抗拉抗扭强度范围内合理使用钻具,避免起下钻过程中猛提猛砸。

(5) 需要投测或投球憋压时,必须准确判断井下情况,切实保证钻具的完整性,不可盲目投入仪器、钢球。

(6) 使用高矿化度钻井液时,应加缓蚀剂;钻遇硫化氢气体时,钻井液中应加入脱硫剂,pH 值应维持在 9.5 以上,尽量选用防硫钻具和工具。

四、井下落物的判断

1. 井下存在落物的表现

(1) 井底有较大的落物时，钻头一接触落物就会发生蹩钻或跳钻，且钻压越大，蹩、跳越严重；起出钻头检查，有明显的伤痕。

(2) 井底有较小的落物时，有较轻、间歇性的跳钻或蹩钻现象，机械钻速相对较低；起出钻头检查，有断齿或掉齿现象。

若井底有更小的落物，如牙轮的牙齿及轴承的滚珠、滚柱等，钻进时可能不发生跳钻或蹩钻现象，但钻头磨损很快(特别是 PDC 钻头)，达不到预期的进尺和工作时间；起出钻头检查，有断齿和掉齿现象，钻头巴掌外缘有明显的横向刻痕，甚至下部钻铤和配合接头上也有刻痕。

(3) 钻具在井内，从环空中掉入落物，若掉在大井径处，起下钻可能无阻卡显示；若掉在小井径处，则会对钻具的起下形成阻力，严重时会造成卡钻。若落物正好在钻头以上，往往是上提遇阻、下放不遇阻，在没有阻力的情况下可以转动钻具。

(4) 若有较大的落物落不到井底，则下钻会遇阻，转动有蹩劲；起出钻头或其他工具检查，有明显的伤痕。

2. 落物的判断

1) 确定落物鱼顶深度

(1) 若钻具落物在井底，可根据井深、落物长度直接计算出鱼顶深度。

(2) 若落物不在井底，可使用电极、磁性定位仪、感应仪测定鱼顶位置；必要时也可以使用井斜仪、井径仪测定井斜和井径，以了解井下情况(狗腿、键槽、缩径、井眼扩大)，从而确定鱼顶在井眼内的相对位置。

2) 确定鱼顶形状

当未知落物或落物鱼顶状况不易确定时，可采用打印方法探查。一般情况下应选用钻杆送入平底铅模进行打印，起出印模后清洗干净，根据印痕绘图，把鱼顶特征、尺寸描述清楚，以便选择合适的打捞工具和打捞方法。

五、井下落物的处理

1. 落物打捞

(1) 对于不规则的小落物(如牙轮、钳牙、卡瓦牙、小型手动工具等)，常用如指形打捞篮(一把抓)、磁力打捞器、反循环打捞篮、取心打捞器、钢丝捞筒等不同形式的打捞器进行打捞；对于井下掉落的钻头牙齿、滚珠、滚柱或磨铣余留的细碎落物，可以使用随钻打捞杯在钻进中捞出。

(2) 对于镶嵌在井壁、不在井底的落物，一般应使用适合井眼条件的工具将落物拨划到井底后进行处理。

(3) 杆状落物可使用卡板式打捞筒、卡簧式打捞筒、钢丝捞筒等工具打捞，捞筒下部应有直径相对较大、便于落鱼拨入的引鞋。

(4) 打捞电缆、钢丝绳等绳类落物，可使用外钩捞绳器、内钩捞绳器；打捞套管内的落鱼时，外钩捞绳器上部须有外径比套管内径小 6～8 mm 的挡绳帽(圆周可以开 6～8 个斜水槽)，以防止打捞时落物挤过造成卡钻。

(5) 当落物不适合使用其他工具打捞时，可选用平底磨鞋、凹底磨鞋或其他磨铣工具将落物磨碎，使其随钻井液循环携带出地面或挤入井壁，也可以再使用合适的工具打捞。磨铣落物工具上部应接打捞杯；磨铣钻具落物应使用套筒磨鞋或领眼磨鞋；在套管中磨铣，工具不能有外出切削刃。

(6) 对于落于松软地层、打捞困难的落物，如钻表层时落井的吊卡、方瓦等，可用较开孔钻头直径小些、具有固定刀翼的旧钻头，下钻后将井眼冲大，把落物拨入井壁，下入套管使其封固。

打捞工艺是以丰富的实践经验为基础逐渐形成的一门应用学科，没有固定的模式可遵循。打捞工具多种多样，新型工具也在不断出现，其设计原理各有不同，而且现场工作人员还可以根据打捞对象和井下实际情况进行现场设计、制作。常用打捞工具的选择和操作方法参见表 13-3-1、表 13-3-2。

表 13-3-1　常用打捞工具适用范围

<table>
<tr><th>落物类型</th><th colspan="2">工具名称</th><th colspan="2">主要适用范围</th></tr>
<tr><td rowspan="14">管类落物</td><td rowspan="6">内捞工具</td><td>公　锥</td><td rowspan="4">鱼顶为接头(接箍)或钻具加厚部位</td><td>被卡落物</td></tr>
<tr><td>滑块卡瓦打捞矛</td><td>经套铣可倒扣的落物</td></tr>
<tr><td>可退式打捞矛</td><td>可能遇卡的井下落物</td></tr>
<tr><td>倒扣打捞矛</td><td>遇卡落物或经套铣铣出的部分落物</td></tr>
<tr><td>对扣接头</td><td colspan="2">接头螺纹基本完整的落物</td></tr>
<tr><td>水力打捞矛</td><td colspan="2">内径较大、下部无卡的落物</td></tr>
<tr><td rowspan="4">外捞工具</td><td>母　锥</td><td colspan="2">鱼顶为钻杆本体等落物</td></tr>
<tr><td>可退式卡瓦打捞筒</td><td colspan="2">鱼顶外径基本完整且可能有卡的井下落物</td></tr>
<tr><td>倒扣打捞筒</td><td colspan="2">鱼顶外径基本完整、可部分或全部倒出的落物</td></tr>
<tr><td>开窗打捞筒</td><td colspan="2">鱼顶外径基本完整并带接箍或接头台肩的无卡落物</td></tr>
<tr><td rowspan="4">辅助工具</td><td>安全接头</td><td colspan="2">被卡落物不能提出时，退开、起出上部钻具</td></tr>
<tr><td>震击器</td><td colspan="2">辅助被卡落物解卡</td></tr>
<tr><td>铅　模</td><td colspan="2">探测套管内径变形位置、损坏程度以及落物深度、鱼顶状况等</td></tr>
<tr><td>磨铣工具</td><td colspan="2">打捞落物前的先期处理或无法打捞时使用</td></tr>
<tr><td rowspan="4">杆类落物</td><td colspan="2">卡板式打捞筒</td><td colspan="2" rowspan="3">打捞落入井内的细长杆状物件</td></tr>
<tr><td colspan="2">钢丝打捞筒</td></tr>
<tr><td colspan="2">开窗打捞筒</td></tr>
<tr><td colspan="2">测井仪打捞筒</td><td colspan="2">打捞被卡仪器</td></tr>
</table>

续表 13-3-1

落物类型	工具名称	主要适用范围
绳类落物	钻杆穿心打捞工具	打捞仪器被卡而未拉断的电缆
	外钩捞绳器	在井内呈自由状态和挤压成团状的绳类落物
	内钩捞绳器	在井眼较大的条件下使用，绳、缆不易穿越捞绳器以上
	套铣筒	用于打捞压实的绳缆类落物
小件落物	磁力打捞器	可进入筒体内的铁磁落物
	反循环打捞器	体积较小或已成为碎屑的落物
	打捞杯	配合磨铣或随钻进行打捞
	抓捞类打捞工具	未成为碎屑的落物

表 13-3-2　常规打捞工具操作方法

工具名称	操作方法
打捞公锥、打捞母锥	下探至打捞方入，确认达到造扣方入时，加钻压 20～30 kN，以 10～20 r/min 转速造扣，造扣 5～10 圈上提，若指重表悬重增加，则起钻；若悬重未增加，则重复上述操作。造上扣后起钻，如遇卡且采取活动、憋压、旋转（小径公锥不可在受拉时进行旋转）等措施仍不能解卡，则上提钻具至设计倒扣载荷进行倒扣；若指重表悬重逐渐下降到原悬重或稍大且扭矩下降，证明已捞上或倒开，缓慢上提至正常载荷后，正常起钻
滑块卡瓦打捞矛	工具下至距鱼顶 1～1.5 m 时，记下指重表悬重并缓慢下放，若在碰鱼方入遇阻，将钻具旋转不同角度，待工具进入鱼腔后，慢慢上提，抓住落物，若指重表悬重增加，则捞获起钻，如遇卡且经活动等措施仍不能解卡，可采取倒扣措施，倒扣方法同上
可退式打捞矛	边冲洗、边旋转、边下放，指重表悬重有下降显示时，逆时针旋转钻具 1～2 圈（视具体情况也可多转几圈），缓慢上提钻具，若指重表悬重增加，则起钻，如需退出工具，用钻具下击，顺时针旋转钻具 2～3 圈，同时慢慢上提，即可退出
倒扣打捞矛、倒扣打捞筒	工具下至距鱼顶 1～1.5 m，边旋转边下放，待指重表悬重稍有下降，上提至设计载荷倒扣。若悬重逐渐下降到原悬重或稍大，证明已倒开，可起钻。如需退出工具，用钻具下击，边旋转边缓慢上提，即可退出
水力打捞矛	边旋转边下放至打捞方入，开泵憋压。当泵压上升到一定值不变时，慢提钻具，若指重表悬重增加，则起钻。若井深，落物重量轻而使悬重难判断，可重复上述操作打捞 3～4 次后起钻
可退式卡瓦打捞筒	接近鱼顶边旋转、边下放、边循环至打捞方入，待泵压上升，指重表悬重下降，慢慢提起钻具，若悬重增加，则捞获起钻。如需退出工具，可用钻具重量下击，边旋转、边上提，即可退出
开窗打捞筒	工具下放至距鱼顶 2～3 m 时，开泵冲洗，慢慢旋转、下放至打捞方入，待指重表悬重下降 10～50 kN，可缓慢上提钻具，若悬重增加，表示捞获，则起钻。若落物长度较短、悬重难判断，可上提钻具 1～2 m，重复上述操作 3～4 次，超过碰鱼方入、下放遇阻即起钻
磁力打捞器	工具下至距落物 2～3 m 时，充分循环钻井液，慢慢下放到井底，将井底积砂冲洗干净，若用正循环法打捞，可以直接开泵或停泵打捞；若用反循环法打捞，可上提钻具、停泵投球，再下放至距井底 0.3～0.5 m 处循环钻井液，边循环边下放打捞。然后上提 0.3～0.5 m，转动不同方向反复打捞几次，检查方入如各方向一样，即可起钻

续表 13-3-2

工具名称	操作方法
反循环打捞篮	下钻完充分循环，把筒内及井底沉砂冲洗干净，并探井底记好方入；投入钢球，开泵下送，当泵压升高1～2 MPa时，证明钢球入座；边循环边转动钻具下放，直至距井底0.1～0.2 m，维持循环15～20 min后拨动或磨铣到井底。如落物较大、较多，可加10～20 kN钻压磨碎或使落物进入筒内；如果认为打捞不可靠，可以钻进取心0.3～0.5 m，堵塞捞筒底部，以防落物脱落
外钩捞绳器	每次打捞断落井内的电缆前，应利用测井仪器准确测知鱼顶位置(不宜估算)。工具下放不应超过落物鱼顶50 m，转动3～5圈，缓慢上提钻具，若悬重有所增加并稳定后，正常起钻；若起钻过程中遇阻，可慢慢转动、上提，直至工具起出
安全接头	AJ型工具需退开时，先下砸(或加扭矩下砸)解除自锁，使安全接头处保持0.5～10 kN的压力反转，至悬重明显下降时上提钻具；H型工具需先上提、剪断销钉，下放等于安全接头自由行程的长度后，左转1～3圈，在保持扭矩的同时上提钻具，即退开
可变弯接头	可变弯接头接于打捞工具上部，下钻至距鱼顶0.5～1 m开泵循环冲洗、试探鱼头；停泵投入合适的限流塞，以小排量循环、憋压，使接头变弯，转动不同方向进行打捞；捞住落鱼后，可用打捞器将限流塞捞出，使弯接头变直并便于开大排量循环。如落鱼被卡，可配合震击、浸泡等措施解卡
壁　钩	壁钩下深不可超过打捞工具的下端，下至预定位置缓慢转动钻具，若有蹩劲则保持此扭矩锁住转盘、下放钻具对鱼；未带打捞工具时，壁钩下深可多些，但不能超过鱼顶以下的第一个钻杆接头；转动有蹩劲时，保持此扭矩上提钻具出鱼头；反复上述操作，若蹩劲方向有所改变，说明鱼头已被拨动，即可换工具进行打捞
一把抓	下钻至距落鱼0.5～1 m处循环洗井；停泵慢转下放，每次加压转动1～2圈(每英寸管径加压不超过10 kN，转动总圈数不超过6～8圈)；转动钻具在不同方向下探，各处方入相同即可判断捞获
磨铣工具	磨铣钻具组合中应加一定长度钻铤和捞杯，工具下放至距鱼顶2～3 m时，开泵冲洗，缓慢下放钻具接触落物；加钻压10～20 kN，转速控制在50～100 r/min以内，排量应根据磨铣情况和钻井液性能确定，确保碎屑物能带出地面或进入捞杯。磨铣中应保持循环，定时提放钻具将落物赶到井底，以利于磨铣。如长期无进尺或发生严重蹩跳、停转倒车，应及时分析原因，研究下步措施
铅　模	下至鱼顶以上0.5～1 m，开泵冲洗鱼顶；停泵，下放管柱打印，套管内打印一般加压20～30 kN(可适当增减)，最大不能超过50 kN；同一印模一次入井不应重复打印。起出印模后清洗干净，根据印模印痕描述落物特征、尺寸等

2. 落物卡钻的处理

(1) 钻头在井底时发生的落物卡钻，可以在钻具安全负荷内强行转动(正转或倒转)、大力上提，钻具中带有随钻震击器时可向上震击，争取解卡。

(2) 在起钻过程中发生落物卡钻时，不可过多上提，应采取下压、下砸或利用震击器下击的方法使之解卡；若落物可以随钻具上移但不能解卡，则应耐心活动、上提，争取使落物移至大井径处解卡或将落物带出地面，切忌上提过多、一次卡死。

(3) 如果采取以上措施不能解卡，应立即用原钻具倒扣，一方面利用倒转的力量有可能解卡，另一方面有利于倒出尽可能多的钻具，为下一步处理创造良好的条件。

(4) 如果是地层坍塌掉块或水泥块落物造成的卡钻，可考虑泵入抑制性盐酸并配合震击器震击破碎落物，解除卡钻。

(5) 用套铣方法铣除落物。套铣过程中须轻压慢转，避免严重蹩跳；如果铣至钻头仍不能解卡，可以再接震击器震击解卡。

第四节　井　漏

一、井漏的原因

发生漏失的地层必须具备下列条件：① 地层存在漏失通道和能够容纳流体的空间，如孔隙、裂缝或溶洞等；② 井筒钻井液柱压力大于地层漏失压力，即存在正压差；③ 地层孔喉尺寸大于钻井液中固相颗粒的粒径。漏失通道的基本形态见图 13-4-1。

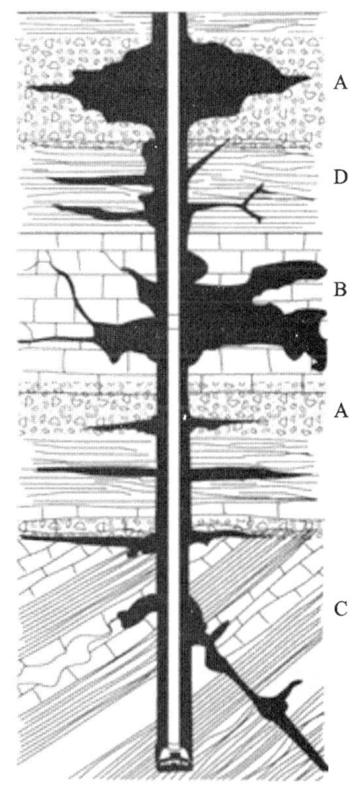

图 13-4-1　漏失通道的基本形态
A—渗透性很强的非胶结孔隙型地层；B—孔洞、溶洞型地层；C—断层和天然裂缝地层；D—诱导裂缝

1. 渗透性漏失

渗透性漏失发生在岩石颗粒粗、胶结差的渗透性较高的地层，如流沙层、大段的砂岩层、砾石层、礁石沉积层等地层，其渗透率超过 14 μm^2 就会发生渗透性漏失。

渗透性漏失表现为逐渐的连续性漏失，循环泵压降低不明显，漏速为 1～10 m^3/h，随着钻进的继续和钻屑封堵，井壁泥饼逐渐形成并变得更为致密，漏失自然消失。但如果起下钻速度过快，开泵过猛，井壁受到破坏，在激动压力的作用下，同一地层可能再次发生漏失。

2. 天然裂缝、孔洞性漏失

石灰岩、白云岩地层的裂缝、孔洞，各种岩性地层的断层、不整合面、破碎带、断裂带以及火成岩侵入体中的孔洞、裂缝等都会发生严重漏失。

天然裂缝、孔洞性漏失发生突然，漏速快，有时伴随钻具放空，不易封堵，严重时会导致处理失败，井报废。

3. 诱发裂缝性漏失

钻井过程中因作业措施不当而使地层破裂，如钻井液加重速度过快、密度过高、下放钻具太快或开泵过猛造成的压力激动都可能压漏地层。

诱发裂缝性漏失发生突然，漏失情况差异很大，严重时井口完全不返钻井液，同时会引起井塌、憋泵、卡钻、井喷等复杂情况。

4. 枯竭产层的漏失

油田开发之后，随着产出和注水的进程，地层孔隙压力、破裂压力发生变化，纵向压力系统紊乱，高压、常压、欠压层相间存在；采取压裂、酸化等增产措施，使地层裂缝增加。钻井中钻井液作用在井壁的压力难以控制，极易发生漏失。

二、漏失位置的确定

在处理井漏时，首先应确定井漏的类型和位置，以便制定合适的处理措施。漏失的分类方法很多，现场常按漏失速度进行井漏级别的分类，见表 13-4-1。

表 13-4-1　井漏级别分类

漏失级别	1	2	3	4	5
漏速/($m^3 \cdot h^{-1}$)	＜5	5～10	10～50	＞50	全部失返
程度描述	微　漏	小　漏	中　漏	大　漏	严重漏失

漏失位置的确定方法主要有以下几种。

1. 根据钻进情况分析

(1) 如果钻井液性能没有变化，在正常钻进中发生井漏，则漏失层即在钻头刚钻达的位置。

(2) 钻进中有放空现象并放空后即发生井漏，则漏失层应在放空井段。

(3) 如果本井所钻层位与邻井曾发生漏失的地层岩性一致或在钻井过程中已发生过漏失，则应首先考虑该层发生漏失的可能性。

(4) 如果因提高钻井液密度发生漏失，最常见的漏失点应是已钻过的易漏层和套管鞋附近。

2. 仪器测试

用于漏失位置测试的专用仪器种类很多，可以通过测量流量、井温、声波、电阻、放射性示踪原子等判断漏失的位置，其中常见的有：

1) 转子流量计

在钻井液中未加入堵漏剂的情况下，可以使用转子流量计测量漏层位置。

如图 13-4-2 所示，该仪器为一带螺旋叶片(转子传感器)的井底流量计，将流量计下到预计漏层附近，然后定点向上或向下进行测量，每次测量时从井口灌入钻井液。如果仪器处于漏层以下，钻井液静止不动，叶片不转，地面仪器无显示；如果仪器处于漏层以上，下行的钻井液冲动叶片，使之转动并带动上部的磁性接收器，将转动情况传至地面仪表，由此确定漏层位置。

2) 井温测井

正常情况下，井眼温度随着深度的增加而均匀增加。下入井温仪器时，先测出一条正常的地温梯度线，然后泵入一定数量的钻井液，并立即进行第二次井温测量。由于新泵入的钻井液温度低于地层温度，在漏失层位会形成局部降温带，对比两次测井温的曲线，发现有异常段即为漏失段。井温测井曲线见图 13-4-3。

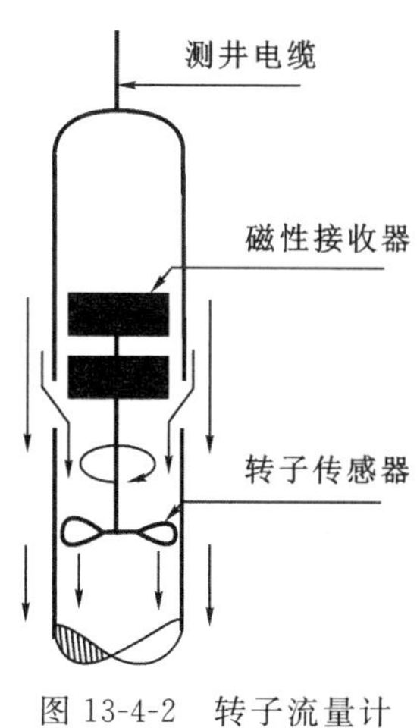

图 13-4-2　转子流量计

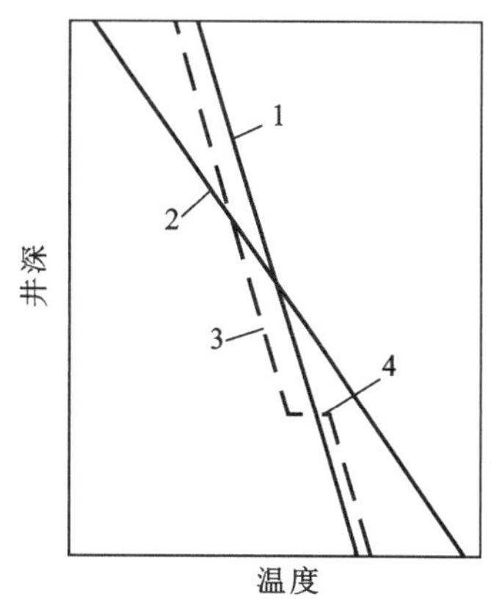

图 13-4-3　井温测井

1—钻井液循环温度；2—地层温度；3—替入钻井液后的温度；4—漏层位置

3）放射性测井

当发生井漏时，在裸眼或通过钻杆进行放射性测井。通常先进行伽马射线测井来确定地层正常的放射性，然后将少量混有放射性材料的钻井液顶替到漏失层，再进行第二次伽马射线测井，最后与基础测井曲线进行比较，根据放射性异常，即可找出漏层位置。此法测量结果非常准确，但费用较高，并有放射性危害的风险。

3. 计算

通过采用正反循环测试、从钻杆内外同时泵注钻井液测试、井漏前后泵压变化测试、注轻钻井液等方法，利用水动力学原理进行计算来确定漏失层的位置。

三、井漏的预防

1. 采用合理的井身结构

设计合理的井身结构，尽量避免在同一裸眼井段存在多个压力差异较大的地层，用套管封隔高压层或漏失层，以保持钻井作业的顺利进行。

2. 降低井筒钻井液动压力

（1）使用尽可能低的钻井液密度；对管鞋处做地层破裂压力试验，确定钻井液最高密度。

（2）避免过大的循环排量；使用低黏切钻井液；控制表层井眼的钻速，防止环空岩屑浓度高，维持较低的当量循环密度。

（3）在开始循环之前转动钻具，上提钻杆，慢慢开泵建立循环；控制管柱下放速度，避免因压力激动而压漏地层。

3. 提高地层承压能力

（1）在易漏井段，用堵漏材料预处理钻井液，随钻堵漏。

(2) 当所钻下部井段存在高压地层时，应对上部裸眼井段中的易漏地层进行先期堵漏，提高上部地层的承压能力。

四、井漏的处理

1. 处理井漏的基本原则

(1) 堵漏施工须注意对产层的保护，产层堵漏应尽量使用可酸化或易降解的材料。

(2) 钻遇非渗透性漏失层，立即灌好钻井液、起钻出裸眼井段，中途不停、不试图开泵；钻开产层起钻必须首先保证井控安全。

(3) 对于岩性疏松、胶结能力差、承压能力低的漏失地层，堵漏施工时应尽量避免使用高强度、高密度堵漏液(高密度堵漏液易压漏地层，高强度胶凝塞重钻时易钻出新井眼)。

(4) 在严重漏失地层进行堵漏施工时，在条件允许及井眼稳定的情况下，应尽可能降低堵漏液的密度，提高堵漏液膨胀性能及填充加固能力；在水源不足的情况下，从钻进开始即应制定和实施尽可能完善的防漏、穿漏、堵漏等措施，做好实施综合堵漏技术的充分准备。

(5) 深井、硬地层所用的桥接堵漏浆宜选用强度高、硬度大、在钻井液中浸泡不易变形的架桥粒子。

(6) 在钻开预计高压层前，对上部裸眼段进行提高承压能力的封堵时，应钻开一段封堵一段，避免长井段及短时间内进行承压试验；注意控制井口挤注压力，防止在薄弱地层产生新的诱导裂缝。

(7) 堵漏后，恢复钻进时应避免钻井液性能大幅度变化，避免在漏层位置开泵。

2. 渗透性漏失的处理

(1) 静止堵漏。发生井漏后，将钻具起入套管静止一段时间(一般为 8～24 h)，使进入漏失通道的钻井液形成较强的结构，以消除漏失。对于其他类型的漏失，在组织堵漏实施准备阶段均可采用静止堵漏措施。

(2) 通过稀释或清除固相将钻井液密度降低。

(3) 改变钻井液流变性能，降低泵排量，降低当量循环密度。

(4) 钻井液加入降滤失剂及孔隙封堵剂(石棉粉、超细碳酸钙、氧化沥青粉、单向压力封闭剂等)。

(5) 加入 0.5%～1.5%的由云母、果壳、木屑、碎玻璃纸片等桥堵剂随钻堵漏。

3. 部分漏失的处理

1) 桥接材料堵漏

由于所用架桥材料的不同，桥接堵漏浆的配方和配置工艺也不同。常用的桥接剂有：

(1) 贝壳渣-聚丙烯酰胺。

贝壳渣-聚丙烯酰胺配置的钻井液既能堵漏又便于酸化解堵，有利于保护油气层，在裂缝发育的生物灰岩中具有良好的堵漏效果。聚丙烯酰胺加量为钻井液体积的 1%～1.5%；水泥(或其他多价金属化合物)加量为钻井液体积的 0.5%～1%；贝壳渣加量为钻井液体积的

3%～5%，其粒度分布为：0.075～0.5 mm 占 20%，0.5～5 mm 占 20%，5～15 mm 占 60%。配制时先把聚丙烯酰胺和水泥加入钻井液中，用泥浆枪冲刺或用搅拌机搅拌、混配，提高钻井液黏度到 50 s，再加入贝壳渣，混合均匀，注入漏层部位。

(2) 柔性堵漏剂。

柔性堵漏剂以橡胶粒和改性石棉、皮屑等复配，其中胶粒起架桥作用，改性石棉和皮屑起充填和固化作用。橡胶粒密度在 1.17～1.27 g/cm^3 之间，能够均匀地分散在钻井液中，并吸附钻井液中的黏土等物质形成一层吸附膜，具有一定的黏结作用。橡胶粒有弹性，容易进入较小的裂缝，且胶粒呈不规则的多面体，能与缝壁产生较大的摩擦力，适用于裂缝性漏失。使用时，应根据裂缝宽度选择胶粒粒度，大于裂缝宽度的胶粒应占 40%～50%，相当于裂缝宽度 1/2～1 的胶粒占 10%～20%，小于裂缝宽度 1/2 的胶粒占 30%～40%，其所形成的堵塞物有一定的强度且比较致密。

OP-1 为一种沥青类型的堵漏剂，其软化点为 160 ℃，颗粒为不规则体，能通过 60～200 目筛的颗粒占 90%，不溶于水，但能很好地分散于水中。OP-1 颗粒在软化点以下有一定的强度，进入漏层后，形成桥接骨架，进而形成垫层和泥饼，起到充填和桥堵漏层的作用。OP-1 堵剂有可塑性，可进入小于颗粒尺寸的裂缝，井下温度接近软化点时，颗粒变形、涂敷在井壁上，形成致密而坚韧的泥饼，可以防漏、防塌。

(3) 膨胀型堵漏剂。

现场使用的膨胀型堵漏剂主要有：

① 聚氨酯泡沫膨体(PAT)颗粒堵漏剂。PAT 为网状连通结构，网格由直径 0.1～0.2 mm 的网丝构成，孔眼直径为 0.4～0.5 mm，具有良好的弹性和强度，其特点是吸水后自身体积可迅速膨胀。由于它在孔隙中的堆集，形成一个渗透性的层段，同时它的网格可以捕集各种微粒充填其间，形成致密的泥饼而起到堵漏作用。

② TP-1090。TP-1090 是由无机金属盐与聚丙烯酰胺反应而成的固体颗粒状物。它在常温下，40 min 开始吸水膨胀，6 h 后可膨胀达 50 倍。当该堵剂进入漏层后，吸水膨胀，即可堵住漏层。

③ SYZ 膨胀性堵漏剂。该堵剂是一种高分子聚合物，具有很强的吸水膨胀性，可吸收自身重量 50～60 倍的水，吸水膨胀发生在与水接触后的 30 min 内，因此在进入漏层以前，不应使其与水直接接触。使用步骤：第一步，用油包水乳状液携带该堵剂至漏层就位；第二步，注入含破乳剂的液体，使之流经漏失通道，并将桥塞孔隙内的油包水乳状液驱出(为充分发挥破乳剂的作用，应间歇驱动，使破乳剂与油包水乳状液有充分的接触时间和接触面积)；第三步，SYZ 吸水膨胀后，再用钻井液挤堵，可形成坚实的堵塞层。

(4) 复合堵漏剂。

复合堵漏方法是将不同粒径的刚性颗粒、柔性颗粒、纤维物质、片状物质按一定比例混合，加入钻井液中，泵送至漏层位置并将其挤入进行堵漏。使用复合堵漏剂配制的钻井液，适用范围广泛，可以封堵不同类型漏失。

复合堵漏剂的作用机理是：桥塞堵漏材料在孔喉通道处挂住、架桥、填充，形成的填塞层与裂缝或孔洞的壁面产生较大的摩擦阻力而不易被推走；利用堵漏浆中薄而光滑、易曲张变形的片状物质进行填塞；以植物纤维的拉筋串联，形成一层致密的填塞层；同时，钻井液中加入的许多高滤失的桥接堵漏材料，在高滤失的渗滤作用下会形成较厚的滤饼；部分桥塞堵漏材料具有一定的吸水膨胀性，当这些材料被挤入地层裂缝形成桥堵垫层后，受到地层中液体的浸泡膨胀，可增加桥堵垫层的封堵能力，从而增强堵漏效果。

典型复合堵漏剂的配方（质量分数）如下：

① 橡胶粒复合堵漏剂：橡胶粒 35%、核桃壳 20%、贝壳粉 15%、锯末 10%、棉籽壳 12%、花生壳 5%、稻草 3%。

② 桥接复合堵漏剂：核桃壳∶云母∶橡胶粒∶棕丝∶蛭石∶棉籽壳∶锯末＝3∶2∶3∶0.1∶2∶1∶1（质量比）。

③ 915 复合堵漏剂：核桃壳 30%、棉籽壳与锯末 45%、蛭石与云母片 25%。

④ 917 复合堵漏剂：核桃壳 20%、橡胶粒 15%、棉籽壳 15%、锯末 20%、蛭石 15%、云母片 15%。

⑤ 棉籽壳丸堵漏剂：将 50%的棉籽粉、31%的棉籽壳、1%的棉绒、18%的膨润土和 0.1%的表面活性剂（如氧化乙烯、氧化丙烯、聚乙二醇的三甲基醚等）混合均匀，在管状炉中用蒸汽加热至 100～160 ℃，然后将加热后的混合料压缩，用制丸机挤压成直径 6.3 mm、长 6.3～25.4 mm 的丸剂。钻遇漏失层时，在钻井液中加入 10%～25%的棉籽壳丸泵入漏层，停留一段时间，棉籽壳丸吸水膨胀、分裂，封堵漏层。

2）酸溶性堵漏剂

由硅藻土、惰性材料、絮凝剂和石灰石粉等复配而成，在压差的作用下能迅速失去水分，体积压缩、密度增加，形成机械强度很高的堵塞物。随着浓度的增加，滤失速度和承压能力也增加；随着黏土量的增加，滤失速度下降。如果漏失通道较大，可加入桥接物质 2%～4%，以增强堵漏效果，堵漏浆密度不宜超过 1.5 g/cm^3。其堵塞物可酸化解堵，酸溶率大于 80%，适于油气层堵漏，一般加量为 10%～18%。

使用时与水复配，形成具有良好流动性的悬浊液，边搅拌边泵送至漏层，混入桥接剂堵层的强度能承受 4 MPa 以上的压差，适于开口在 4 mm 以下的裂缝性漏层的堵漏。如果是完全漏失，堵漏浆液进入漏层一定量后就会建立循环，这时将钻具上提 100～200 m，靠循环加压的方式增加滤饼的强度，1 h 后即可恢复作业；如果是部分漏失，可先提起钻具，然后关井挤压，压力以 2～6 MPa 为宜，不能超过地层破裂压力。

3）高滤失堵漏剂

可使用硅藻土、绿坡缕石、核桃壳、纤维或薄片状的堵漏材料（玻璃纸或云母）等制备高滤失钻井液，材料颗粒大小根据漏失的严重程度调整。挤注高滤失钻井液可用于制止渗透漏失、部分漏失和严重漏失。

配制时先往淡水或海水中加入绿坡缕石（在淡水钻井液中可用膨润土代替），然后加入 6 kg/m^3 的石灰（或水泥），将钻井液加重到需要的密度。堵漏材料的质量浓度为 40～100 kg/m^3。

（1）在钻井液罐中配制需要密度的高滤失钻井液，并进行先导性试验，保持 API 滤失量＞100 mL。

（2）将光钻杆（堵漏浆含有粗颗粒桥塞剂，不能通过钻头喷嘴泵入）下放到漏失层上部。

（3）泵入钻井液并用井浆将其从钻柱中顶出。

（4）灌浆，保持井眼充满。

注浆后立即提起钻杆到达堵漏浆液顶部以上，灌满井眼；尽快在 0.35～1.4 MPa 的压力下通过套管头挤注，将堵漏浆挤入裂缝和孔洞之中，成为较硬的填充基质，并与钻井液共同作用成为致密的、不渗透的井壁滤饼。

4. 严重及失返性漏失

1）挤油泥

“油泥”一般用于描述柴油和膨润土或水泥的混合物。更进一步可分为：柴油-水泥（DOC）、柴油-膨润土（DOB）、柴油-膨润土-水泥（DOBC）、混有胍胶和膨润土的柴油（Ben-Gum）。油泥主要用于完全漏失的情况下。

油泥是在无水罐中加入柴油与膨润土、水泥混合而制得的。推荐的柴油-膨润土浆加量为：柴油∶膨润土＝1∶1.4（质量比）；柴油-膨润土-水泥浆的常用配制比例为：膨润土∶水泥∶柴油＝1∶1∶1.5（质量比），密度可达 1.49 g/cm^3。油泥注入漏失层后与水基钻井液或裂缝里存在的天然水接触发生反应，柴油中的膨润土或水泥膨胀、凝固，封堵漏失。因此，注入时在油泥塞（浆液）的前后须使用柴油隔离，柴油用量取决于井眼大小，一般为 1.5～3 m^3。施工的一般程序如下：

（1）下光钻杆（底端可带混合短节）到漏失层之上约 9 m 的位置。

（2）向钻杆内泵入 1.5～3 m^3 柴油，然后泵入 DOBC（DOB，DOC）浆液，接着注入 0.8 m^3 柴油。

（3）顶替浆液，当前置柴油隔离液到达钻杆末端前，关闭防喷器（环空液面不满时应提前向环空灌入钻井液），保证隔离液不上返。

（4）待前置隔离液出钻柱时，立即从环空注入钻井液；钻柱内外的排量降至 8～10 L/s 为宜。

（5）浆液顶替出钻杆后，向漏失层间歇挤入，以期获得 3.5～14 MPa 的承受压力（取决于漏失地层的深度和承受压力的能力）。环空应留有 1/4 左右的混合堵漏液。

（6）释放环空压力，缓慢起到漏失地层之上 30～60 m 处循环 2 h，起出钻杆。

（7）候凝 8 h 后钻塞，检验堵漏效果或恢复钻进。如果钻进时又发生井漏，则在新的漏失地层 5～10 m 以上重复以上作业。

2）挤水泥

采用水泥浆堵漏一般要求漏失层位置和漏失压力比较确定，大多用来封堵裂缝性和破碎性碳酸盐岩及砾石层的漏失。确定漏失点之后，将钻杆下到漏失层上面，采用平衡注入法将适当体积的水泥浆注入并顶替到合适的位置；对于部分漏失井，水泥浆如不能全部进入漏失层，则应加压挤入。堵漏水泥浆可以通过加入硅酸钠控制其性能；可添加纤维类或如黑沥青和玻璃纸片的桥接剂，使其有效密度减小并提高堵漏效率。

注水泥浆的全部施工中，必须注意连续活动钻具；注水泥结束后，要起出部分钻杆循环出残留于钻具和上部环空中的水泥浆，防止钻具被卡。

3）膨润土-水泥浆堵漏

采用膨润土-水泥浆堵漏，可以封堵较大的裂缝，在现场已得到广泛应用，具有较好的堵漏效果。

具体施工方法：使用水泥车通过安装在高压管汇上的三通泵入密度为 1.8～1.9 g/cm^3 的常规水泥浆，排量 0.5～1 m^3/min；同时使用钻井液泵以相同排量向井内泵入 4%的预水化膨润土浆；两种液体在注入过程中自然混合形成堵漏浆，泵送至漏层位置后，关防喷器憋挤，使之进入地层；将钻具提到套管内憋压静置，候凝 4～8 h 后下钻扫塞。

该堵漏方法的原理是将破碎地层通过可固化的堵漏浆进行黏接，增强岩石骨架强度，从而大幅度提高井眼的承压能力。与常规水泥堵漏相比，该方法的优点是形成的混合物密度低（1.4～1.5 g/cm^3）、黏度高，容易在漏层滞留；形成的固化环强度低，不会对井下安全造成影响；成本低、操作简单，适合现场应用。

4）化学固结堵漏

化学堵漏方法是一种可用于裂缝、大孔洞的广普性堵漏技术。化学固结堵漏浆体系由多种组分复合而成，主要由阳离子型和阴离子型物质，如 PMN 化学凝胶、脲醛树脂、ND-1 堵漏浆、水解聚丙烯腈稠浆、硅酸盐和合成乳胶等组成，可以根据实际需要调整配方加量，满足现场施工要求。

该堵漏浆体系要求固相材料尺寸分布合理，堵漏浆自身要具有好的滞流性能和胶结能力，在充满漏失通道空间的基础上，其活性组分能快速与地层发生化学稠化固结反应，形成凝胶，提高地层承压能力。化学堵漏浆密度较低，凝固时间调节范围大，浆液渗透能力较强，滤液亦能固化；在剪切流动状态下不会发生固结，仅发生稠化现象，正常堵漏施工中不会发生固结钻杆事故。存留井眼中的堵漏剂硬度较低，不会造成掉块卡钻事故。另外，根据地层漏失压力的不同，可使用不同密度的化学固结堵漏剂。低密度化学固结堵漏剂主要用于低压漏失地层的堵漏，如一开及二开井段的堵漏；高密度化学固结堵漏剂用于高压漏失地层的封堵。对失返性漏失地层的堵漏，根据漏失段的长度及裂缝、孔洞空间的大小，化学堵漏剂的加量为 20%～60%。

化学固结堵漏技术施工程序如下：

（1）将光钻杆下至漏失层位置。

（2）使用水泥车通过钻井液高压循环管线注入 2～3 m^3 清水充分冲洗漏失层段。

（3）注入 10～15 m^3 化学堵漏浆，控制其密度范围为 1.25～1.30 g/cm^3。

（4）化学堵漏浆注入结束后，开泵用钻井液将钻杆中堵漏浆全部替出。

（5）将钻具上提 200 m 或至套管安全位置内；如果施工中连续漏失，替完堵漏浆静止堵漏；如果施工中部分漏失或已不漏失，需要关井间歇挤注（挤注压力一般控制在 2～6 MPa），直至地层承压能力达到设计要求。

（6）静置候凝 5～8 h 后下钻探塞面，观察漏失情况。

5）硅酸盐-石灰乳-钻井液堵漏

（1）基本材料为黏土、石灰、烧碱和水玻璃。由于材料组成的比例不同，特性亦不相同，常用的有：

① 低比例石灰乳钻井液。常用配方是石灰乳（密度 1.4 g/cm^3）与钻井液体积比为（1～5）∶10。这种配方在高温条件下固化速度慢，流动度差，可塑性大，适用于中深井低压水层的堵漏。

② 高比例石灰乳钻井液。常用的配方为石灰乳（密度 1.4 g/cm^3）与钻井液（密度 1.4 g/cm^3）体积比为（1～2）∶1。该配方在 70～80 ℃下经过一定时间将产生固化现象，固化后强度较低，适用于深井堵漏。可酸化解堵，在 15%的盐酸中溶解度可达 40%～60%。

③ 速凝石灰乳钻井液。这种配方是在高比例石灰乳钻井液的基础上加入水玻璃和烧碱，性质与高比例石灰乳钻井液基本相同，其配方是以石灰乳钻井液总体积为准加入烧碱

2%、水玻璃1%～3%。

(2) 施工注意事项。

① 配制时,必须先将烧碱(预先溶于配制石灰乳所用的定量水中)加入石灰乳中,以改变石灰乳的流动度;水玻璃在一切施工条件准备就绪后直接加入新浆中,并不停地搅拌,防止凝固成块,导致泵送困难。

② 烧碱石灰乳液和水玻璃钻井液在地面应严格分开进行配制。注入时,一边用水泥车注入石灰乳,一边用水泥车或钻井泵注入钻井液或水玻璃钻井液,使其在钻柱内混合(排量须符合两者配比的设计要求)。注完石灰乳浆液后,再用钻井液将其顶替至漏失层段。如果不漏失,可以关井加压挤注。

③ 注石灰乳钻井液的钻柱以不带钻头和钻铤为宜。

④ 将钻柱下至漏层附近,施工必须连续(石灰乳钻井液替至井底以前的短时间停顿也会憋泵)。把混合好的石灰乳钻井液替出钻柱,挤入地层。在石灰乳钻井液替出钻柱以后,必须连续上下活动钻柱,以防卡钻。

⑤ 起钻至技术套管内候凝。

⑥ 候凝24 h后,循环钻井液,如果不漏,即可下钻头通井,恢复钻进。下钻遇阻应逐根划眼,防止憋泵或卡钻(在漏失层位不宜过多循环划眼)。

⑦ 在封堵有进无出的漏层时,可以从钻柱内注石灰乳,同时从环空注入加有水玻璃的钻井液,其排量应控制在使两者能同时到达井下混合,推至漏层位置。

6) 强行钻进

如果钻井液不能建立循环,则可选择用清水强行钻进。强行钻进时,地面无返出,钻屑被钻井液携带进入漏失地层。因此,强行钻进应具备的条件之一是有充足的水源,以保持足够的环空返速将钻屑携带到漏失地层;另外,已钻过和所需钻的地层须无流体浸入,即无井控风险。强行钻进过程中,要特别注意防止沉砂卡钻,钻过漏失层后下入套管(使用封隔器,上下注水泥)封隔。

7) 重晶石塞

重晶石塞是一种用重晶石和淡水(海水或盐水不适合)配制的混合浆液。当井下存在上漏下喷或喷漏同存的情况时,可以在喷、漏层间注重晶石塞将其分隔,先处理井漏;重晶石在漏层中沉淀,也可以起到封堵作用。

(1) 配浆程序。

① 计算注入的重晶石塞所需的体积,浆液一般应高出待堵塞地层50 m以上,实际配制量可附加10%。

② 配浆水加入烧碱,控制pH值在8.5～10。

③ 每立方米水中加木质素磺酸铬16 kg作为分散剂,充分搅拌。

④ 根据需要加入重晶石,使浆液密度达到1.70～2.50 g/cm^3(最佳为1.92～2.16 g/cm^3)。

(2) 注入程序。

① 下钻到漏层上部,用注水泥设备将重晶石浆注入钻杆,并用钻井液顶替到漏层位置(钻杆内余留0.3 m^{3}左右)。注替过程必须连续作业,防止重晶石在管柱内沉淀。

② 从环空灌入钻井液,迅速卸掉管汇,立即起钻到重晶石塞顶界以上。

③ 如有可能,循环2 h左右,同时降低密度,以求不漏、不涌。

④ 下钻探重晶石塞，观察堵漏效果。

8）充填与堵漏剂复合堵漏

钻遇大裂缝、大溶洞时，伴随钻具放空会同时发生严重漏失，并难于处理。如果井下条件允许（如缝洞封闭、地下水不很活跃等），可以采用充填与堵漏剂复合堵漏方法，即从井口投入碎石、粗砂、水泥球等至井底进行充填，形成大的骨架，待能充填到溶洞或裂缝顶部以上时再注入堵剂，充填于骨架之间，形成新的地层。

充填物可以通过钻具或特殊工具投入，也可以将堵漏材料装入各种不同类型的器具（如水溶性壳体、水溶性密封袋、尼龙袋等）投送到漏层位置。

多种多样的堵漏技术都有其自身的使用条件和适用范围。堵漏的成败取决于操作者对漏失地层的充分了解、准确判断以及对堵漏技术的正确应用。积极发展、应用先进的钻井工艺技术（膨胀管、控压钻井、欠平衡钻井技术等）是从根本上解决井漏问题的有效途径。

附录 13A 常用打捞工具

13A.1 管柱落物打捞工具

13A.1.1 公锥

公锥用于从鱼顶内孔造扣打捞落鱼，打捞螺纹为 8 扣/in，锥度为 1∶16。它由高强度合金钢锻造、加工，并经热处理制成。打捞螺纹表面硬度达 HRC60～65，轴向上有 4～5 道深 2.5 mm 的排屑槽；接头部位硬度为 HB285。

公锥分右旋螺纹和左旋螺纹两种，分别用于相应扣型钻具的打捞或倒扣。结构及常用公锥技术规格分别见图 13A-1 和表 13A-1。另一种大范围打捞公锥，结构见图 13A-2，技术规格见表 13A-2。

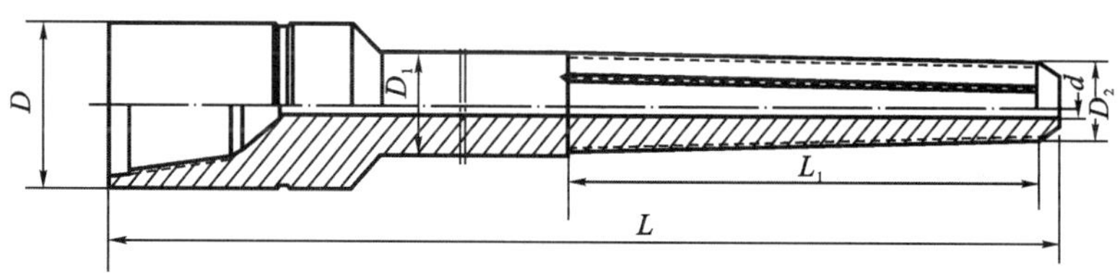

图 13A-1 普通公锥

D—接头直径；D_1—打捞扣大端直径；D_2—打捞扣小端直径；d—接头水眼直径；L—全长；L_1—打捞扣长度

表 13A-1 普通公锥技术规格

单位：mm

型号		GZ 6⅝		GZ 5$\frac{9}{16}$		GZ 5½		GZ 4½～5		GZ 4½			GZ 3½			GZ 2⅞	
接头	螺纹	6⅝ in FH		5½ in FH			5½ in IF	NC50		4½ in FH		NC50	3½ in REG	NC38		2⅞ in REG	NC31
	直径 D	203	203	178	178	178	187	156	156	146	146	156	108	121	121	95	105
	水眼 d	30	50	25	30	25	30	25	25	20	25	20	18	18	20	10	15
全长 L		1 200	1 200	1 200	1 100	900	980	980	800	1 100	1 000	1 300	980	1 050	766	980	1 050
圆杆直径 D_1		146	149	120	122	108	130	115	108	92	95	103	65	75	80	55	68
打捞扣	外径 D_2	112	112	83	85	85	95	85	85	64	65	70	33	52	61	25	45
	长度 L_1	574	592	617	592	392	504	504	392	408	480	680	520	475	466	488	475
	锥度	1∶16	1∶16	1∶16	1∶16	1∶16	1∶16	1∶16	1∶16	1∶16	1∶16	1∶16	1∶16	1∶20	1∶24	1∶16	1∶20
打捞落水内径		118～141	127～141	89～114	89～114	89～103	105～125	89～110	89～103	70～87	70～87	76～97	38～60	57～70	66～76	30～50	50～62
排屑槽数/个		5	5	5	5	5	5	5	5	5	5	5	5	5	5	5	4
钢材		20CrMo		20CrMo		20CrMo		40SiMnMoV	20CrMo	20CrMo			20CrMo		30SiMnNoV	20CrMo	

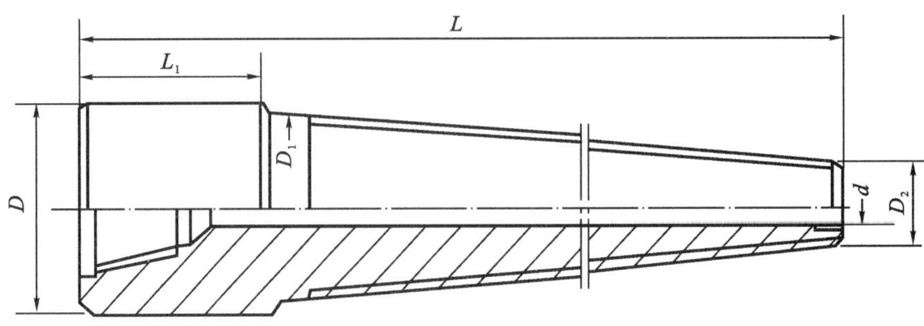

图 13A-2　大范围打捞公锥

D—接头直径；D_1—打捞扣大端直径；D_2—打捞扣小端直径；d—接头水眼直径；L—全长；L_1—接头长度

表 13A-2　大范围打捞公锥技术规格　　单位：mm

型　号	接头螺纹	L	L_1	D	D_1	D_2	d	打捞螺纹
GZ-80	NC31	844	156	80	79.4	36	9	8 扣/in，锥度 1∶16
GZ-105	NC38	1 000	200	105	95	45	20	5 扣/in，锥度 1∶16
GZ-155	NC50	1 450	230	155	130	65	30	5 扣/in，锥度 1∶16
GZ-160	NC50	850	230	160	160	120	80	5 扣/in，锥度 1∶16
GZ-203	6⅝ in REG	680	200	203	200	185	80	8 扣/in，锥度 1∶16

13A. 1. 2　母锥

母锥用于从落鱼外部造扣打捞，内部打捞螺纹为 8 扣/in，锥度为 1∶16（或 1∶24）。它由高强度合金钢锻造、加工，并经热处理制成，性能要求与公锥相同。母锥也分右旋螺纹与左旋螺纹两种，使用母锥的最大外径一般要小于钻头直径 10～20 mm。普通母锥的结构见图 13A-3，常用母锥技术规格见表 13A-3。

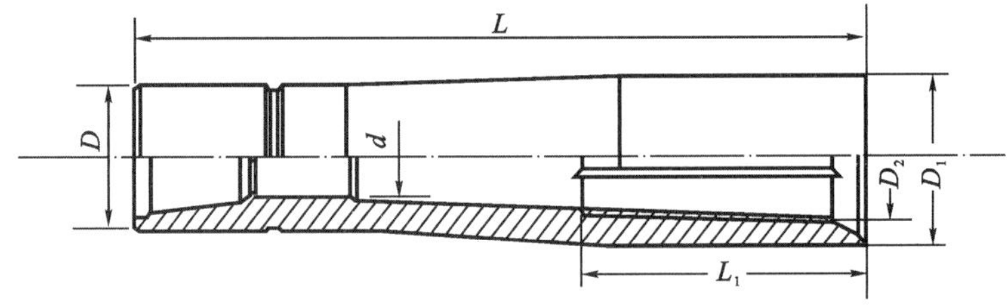

图 13A-3　母锥

D—接头直径；D_1—打捞扣大端直径；D_2—打捞扣小端直径；d—接头水眼直径；L—全长；L_1—打捞扣长度

表 13A-3　普通母锥技术规格　　单位：mm

型　号	接头螺纹	螺纹大端直径	外　径	接头外径	打捞螺纹长度	总　长	可供打捞直径
MZ/NC26	NC26	52	86	86	175	295	48～50
MZ/NC26	NC26	62	95	86	170	280	59～60
MZ/NC26	NC26	75	95	86	206	340	68～73
MZ/NC31	NC31	75	114	105	222	350	69～73
MZ/NC31	NC31	84	114	105	262	390	71～82

续表 13A-3

型　号	接头螺纹	螺纹大端直径	外　径	接头外径	打捞螺纹长度	总　长	可供打捞直径
MZ/NC31	NC31	95	115	105	220	440	89～93
MZ/NC38	NC38	110	135	121	340	480	95～118
MZ/NC38	NC38	105	146	121	349	670	90
MZ/NC50	NC50	135	180	156	400	750	127
MZ/4½ in FH	4½ in FH	120	168	148	350	700	114
MZ/NC5½ in FH	5½ in FH	150	194	178	400	750	141
MZ/NC6⅝ in REG	6⅝ in REG	176	219	203	377	730	168

13A.1.3　卡瓦打捞筒

卡瓦打捞筒是用于抓捞落鱼外径的打捞工具，每套工具可以配备数种不同尺寸的卡瓦，可以使用不同形状的引鞋，打捞的适用范围较广，抓捞和释放落鱼方便。按使用的卡瓦类型，可分为篮状卡瓦打捞筒和螺旋卡瓦打捞筒。螺旋卡瓦打捞筒可以打捞外径尺寸较大的落鱼；使用的卡瓦内径要小于落鱼外径 1～3 mm。常用的 LT/T 型卡瓦打捞筒的主体结构见图 13A-4，技术规格见表 13A-4，配套卡瓦规范见表 13A-5。

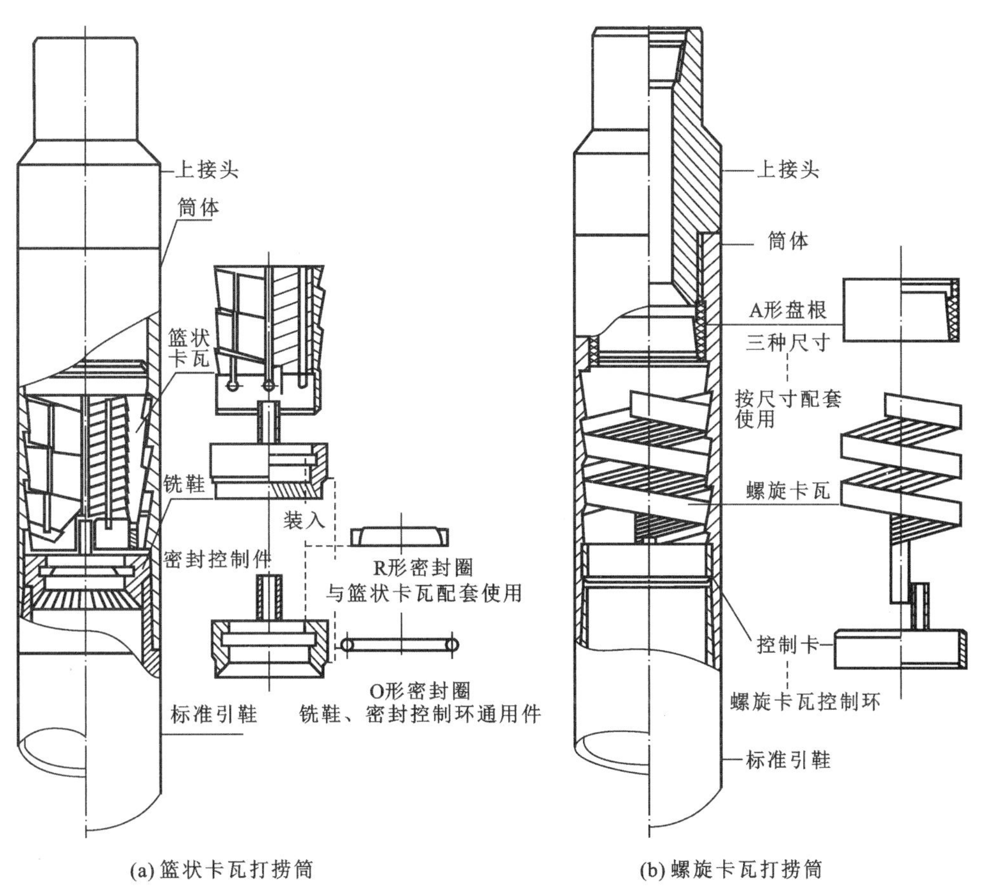

(a) 篮状卡瓦打捞筒　　(b) 螺旋卡瓦打捞筒

图 13A-4　LT/T 型卡瓦打捞筒主体结构

表 13A-4 LT/T 型卡瓦打捞筒技术规格

型　号	打捞筒外径/mm	接头螺纹	最大打捞尺寸/mm		抗拉屈服载荷/kN		
			螺旋卡瓦	篮状卡瓦	螺旋卡瓦	篮状卡瓦	
						无台肩	有台肩
LT/T89	89	NC26	60	47.5	450	450	400
LT/T92	92	NC26	76	66.5	568	470	450
LT/T95	95	NC26	77.5	68	700	500	450
LT/T105	105	NC31	82.5	70.5	960	740	600
LT/T117	117	NC31	92.9	79.4	1 137	955	655
LT/T127	127	NC38	101	87	1 274	1 000	723
LT/T140	140	NC38	117.5	105	1 290	1 100	760
LT/T143	143	NC38	120.7	107.9	1 340	1 170	840
LT/T152	152	NC38	127	114.3	1 370	1 190	860
LT/T162	162	NC46	139.7	117.5	1 530	1 300	928
LT/T168	168	NC50	146	127	1 840	1 501	1 080
LT/T187	187	NC50	159	142.8	2 140	2 040	1 290
LT/T194	194	NC50	159	141.3	2 460	2 170	1 650
LT/T200	200	NC50	159	141.3	2 690	2 330	1 720
LT/T206	206	NC50	178	161.9	2 720	2 420	1 860
LT/T213	213	NC50	178	162	2 790	2 530	2 030
LT/T219	219	NC50	178	165	2 890	2 600	2 090
LT/T225	225	NC50	184	168	2 890	2 600	2 090
LT/T232	232	NC50	190.5	171.5	2 890	2 600	2 090
LT/T238	238	NC50	203.2	183	2 950	2 750	2 340
LT/T241	241	NC50	206	190	2 950	2 750	2 340
LT/T260	260	6⅝ in REG	219	203	2 950	2 750	2 340
LT/T270	270	6⅝ in REG	228.6	209.5	3 000	2 530	2 020
LT/T279	279	6⅝ in REG	237.5	218	3 292	2 746	2 060
LT/T286	286	6⅝ in REG	244.5	225.5	3 380	2 940	2 130
LT/T302	302	6⅝ in REG	254	235	3 760	3 380	2 540

表 13A-5 常用打捞筒的配套卡瓦

单位：mm

规　格	所配卡瓦内径							
	螺旋卡瓦			篮状卡瓦				
116	88.9	92.7		69.8	73.0	76.2	79.4	
143	114.3	117.5	120.6	85.7	88.9	96.8		
194	152.4	155.6	158.7	79.4	114.3	120.6	123.8	127.0

续表 13A-5

规 格	所配卡瓦内径							
	螺旋卡瓦			篮状卡瓦				
200	152.4	155.6	158.7	85.7	114.3	120.6	123.8	127.0
213	171.5	174.6	177.8	123.8	127.0	152.4	155.6	158.7
219	171.5	174.6	177.8	123.8	127.0	152.4	155.6	158.7

13A.1.4 卡瓦打捞矛

打捞矛是从落鱼内孔打捞落鱼的一种常用工具。其打捞卡瓦分组装式和整体式两种，大直径捞矛多用组合式卡瓦，小直径捞矛因受空间限制，多用整体式卡瓦；使用的卡瓦外径要大于落鱼内径 1～3 mm。LM 型卡瓦打捞矛的结构见图 13A-5，技术规格见表 13A-6。

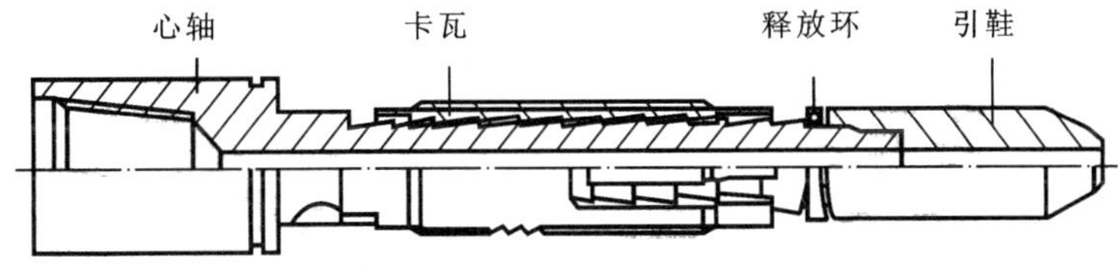

图 13A-5 LM 型卡瓦打捞矛

表 13A-6 LM 型打捞矛技术规格

型号与规格 /mm	抗拉强度 /kN	引鞋直径 /mm	接头螺纹 (代号)	卡瓦外径 /mm	可捞落鱼内径 /mm	可捞落鱼规格及类型
LM24 63.5	590	59	230	64	62	Φ73 mm(油管)
LM34 88.9	588	59	330	63.5	61.79	Φ73 mm(钻杆)
				67	66.09	Φ88.9 mm(钻杆)
				70	68.26	
				72	70.9	Φ165.1 mm(钻铤)
				75.5	73.5	
LM44 114.3	980	78	410	83	79.37	
				86	82.55	
				89	85.73	
				92	90	Φ114.3 mm(钻杆)
				95.5	93.7	
LM50 127	1 470	102	410	111	108.6	Φ127 mm(钻杆)
				115	113	Φ127 mm(钻杆)
				117	114.1	Φ127 mm(套管)
				119	115.8	Φ127 mm(套管)

续表 13A-6

型号与规格 /mm	抗拉强度 /kN	引鞋直径 /mm	接头螺纹 (代号)	卡瓦外径 /mm	可捞落鱼内径 /mm	可捞落鱼规格及类型
LM54 139.7	1 470	102	410	121	118.6	Φ139.7 mm(钻杆)
				124	121.4	
				127	124.3	Φ139.7 mm(套管)
				128	125.7	
				130	127.3	
LM70 177.8			520	154	150.37	Φ177.8 mm(套管)
				156	152.5	
				158.5	154.79	
				160.5	157.07	
				163	159.41	
				165	161.7	
				167.5	163.98	
				169	166.07	
LM75 193.7			630	171.5	168.28	Φ193.7 mm(套管)
				174.5	171.83	
				177.5	174.61	
				180.5	177.01	
				182	178.44	
LM85 219.08			630	194.5	190.78	Φ219 mm(套管)
				197.5	193.68	
				200	196.21	
				202.5	198.76	
				205	201.19	
				207.5	203.63	
				209.5	205.66	
LM95 244.48			730	220.5	216.8	Φ244.5 mm(套管)
				224.5	220.5	
				226.5	222.38	
				228.5	224.41	
				230.5	226.59	
				232.5	228.63	

续表 13A-6

型号与规格/mm	抗拉强度/kN	引鞋直径/mm	接头螺纹(代号)	卡瓦外径/mm	可捞落鱼内径/mm	可捞落鱼规格及类型
LM106 273.05			730	242.5	240.03	Φ273 mm(套管)
				245	242.82	
				247.5	245.36	
				250	247.90	
				252.5	250.19	
				255	252.73	
				257.5	255.27	
LM116 298.45				273.5		Φ298.45 mm(套管)
				276.5	273.61	
				279	276.35	
				281	279.40	
LM133 339.7				313.5		Φ339.7 mm(套管)
				315	313.61	
				317.5	315.34	
				320	317.88	
				322.5	320.42	

13A.1.5 辅助打捞工具

1) 安全接头

安全接头接在管柱的预计部位，能承受拉压和传递扭矩。当打捞的落鱼遇卡不能解除时，可以从安全接头处退开，起出上部管柱。按照不同的内部结构，有 AJ 型、H 型、J 型等各种形式的安全接头。

常用的 AJ 型安全接头结构见图 13A-6，上接头与下接头通过特种锯齿形粗牙螺纹连成一体，便于快速连接或卸开；其结合台肩处有三道等分的反向斜面，使特种螺纹配合面完全接触并相互锁紧，可以承受正反扭矩。必要时采用正确的方法即可退开，使上下接头分离。AJ 型安全接头技术规格见表 13A-7。

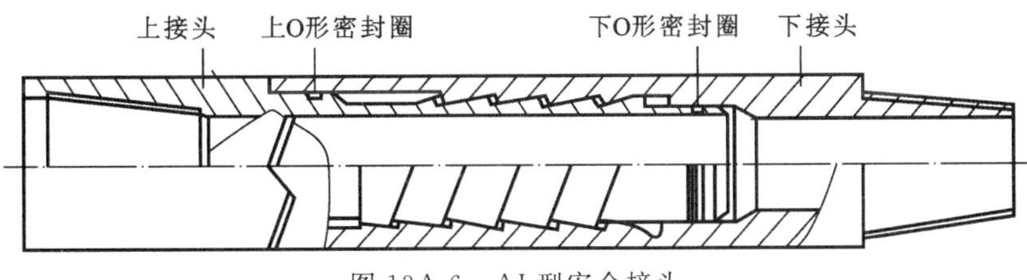

图 13A-6 AJ 型安全接头

表 13A-7　AJ 型安全接头技术规格

型　号	接头外径 /mm	接头螺纹	水眼直径 /mm	最大允许拉力 /kN	最大允许扭矩 /(N·m)
AJ-J86	86	NC26(2⅜ in IF)	41	1 395	9 200
AJ-J95	95	2⅜ in REG	32	1 536	12 100
AJ-J105	105	NC31(2⅞ in IF)	54	2 205	17 900
AJ-J121	121	NC38(3½ in IF)	62	2 612	21 500
AJ-J146	146	NC46(4 in IF)	83	3 802	46 200
AJ-J159	159	NC50(4½ in IF)	95	4 938	60 600
AJ-J178	178	5½ in FH	102	5 568	76 200
AJ-J203	203	6⅝ in REG	127	6 445	100 600
AJ-J229	229	7⅝ in REG	101		
AJ-J254	254	8⅝ in REG	121		

2）可变弯接头

可变弯接头可以配合打捞工具在找鱼顶困难时使用，其结构和作用原理见图 13A-7。KJ 型可变弯接头技术规格见表 13A-8。

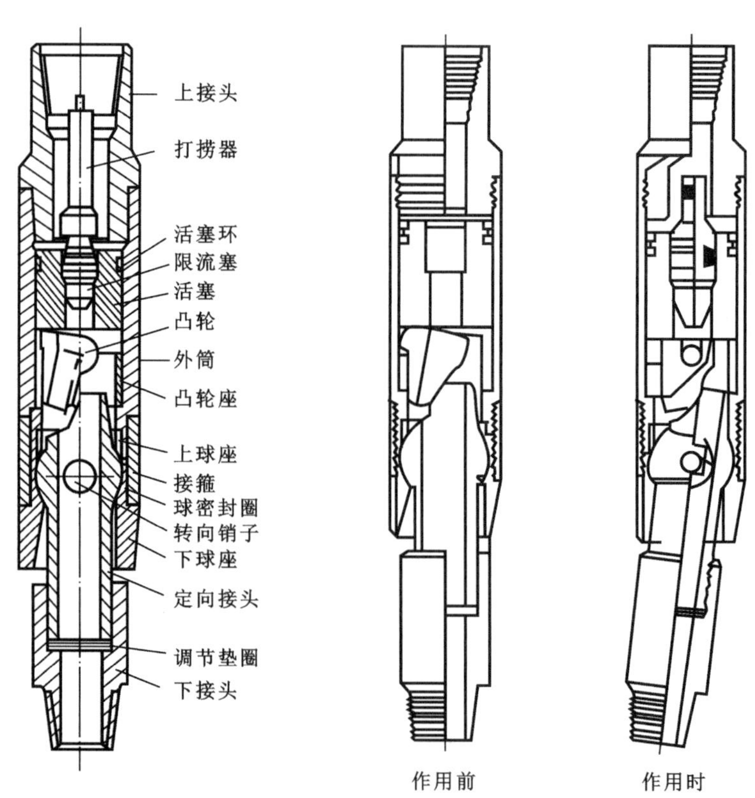

图 13A-7　可变弯接头结构及作用原理示意图

表 13A-8 KJ 型可变弯接头技术规格

型　号	外径/mm	接头螺纹		水眼直径/mm	弯曲角度/(°)	屈服强度/kN	最大扭矩/(kN·m)
		上接头	下接头				
KJ102	102	NC31	NC31	35	7	1 176	10.9
KJ108	108	NC31	NC31	40	7	1 470	15.7
KJ120	120	NC31	NC31	50	7	1 666	22.76
KJ146	146	NC38	NC38	65	7	1 960	30.6
KJ165	165	NC50	NC50	70	7	2 352	39.2
KJ184	184	5½ in FH	NC50	75	7	2 744	49.4
KJ190	190	5½ in FH	NC50	80	7	3 136	60.3
KJ200	200	5½ in FH	NC50	90	7	3 430	63.7
KJ210	210	5½ in FH	NC50	114	7	3 920	81.5
KJ222	222	5½ in FH	NC50	114	7	4 312	101.1
KJ244	244	NC70	NC70	140	7	4 802	105.8

3）壁钩

壁钩用于拨动落鱼，使之改变在井下的处置状态，以便于工具进入（或套入）进行打捞。壁钩无一定规范，下部为螺旋形钩头，其内径比落鱼外径大些，由高强度厚壁管或钻铤切割、锻制而成。长度较短的壁钩可以配合打捞工具或作为引鞋使用；专门用来拨动鱼头的壁钩，其长度在 3～7 m 之间。结构见图 13A-8。

4）磨铣鞋

磨铣鞋由磨鞋本体及所堆焊的硬质合金或其他耐磨材料组成，依其工作面上的硬质材料在钻压的作用下磨碎落物。按其结构形状可分为平底、凹底、梨形、锥形等磨铣鞋，见图 13A-9。基本参数见表 13A-9。

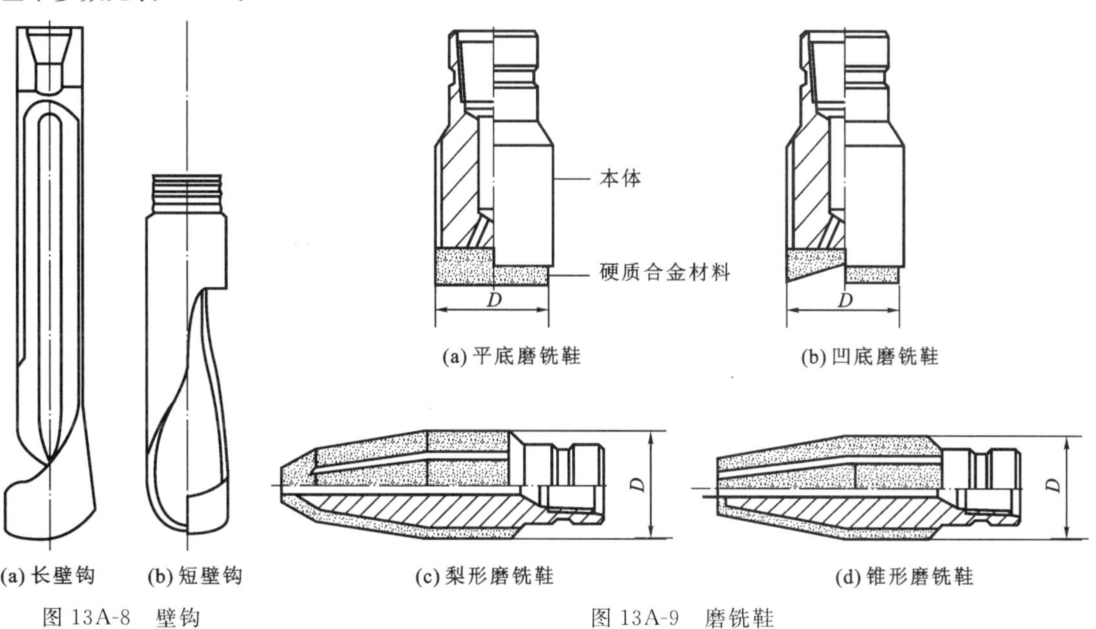

(a) 长壁钩　(b) 短壁钩

图 13A-8　壁钩

(a) 平底磨铣鞋　(b) 凹底磨铣鞋　(c) 梨形磨铣鞋　(d) 锥形磨铣鞋

图 13A-9　磨铣鞋

表 13A-9 平底、凹底、梨形、锥形磨铣鞋基本参数

公称外径 D/mm	接头螺纹(推荐)	适用井眼直径/mm
89	NC26,2⅜ in REG	95.2～101.6
97		107.9～114.3
110	NC31,2⅞ in REG,3½ in REG	117.5～127.0
121		130.0～139.7
130		142.9～152.4
140	NC38,3½ in REG,4½ in REG	155.6～165.1
156		168.0～187.3
178		190.5～209.5
200	NC50,4½ in REG	212.7～241.3
232		244.5～269.9
257	6⅝ in REG	273.0～295.3
279		298.5～317.5
295		320.6～346.1
330		349.3～406.4
381		406.4～444.5
406	7⅝ in REG	431.8～508.0
432		457.2～533.4
534		558.8～660.0
686		711.2～863.6

5）铅模

铅模由铅印接头体和铅体两部分组成。铅模用于探视井下鱼顶形状及落物深度、方位或套管损坏程度、类型，根据入井打印印痕，为制定打捞措施及选择工具提供依据。按结构区分，有平底和锥形两种形式，平底铅模用于探测平面形状，锥形铅模用于探测径向变形。

铅模结构见图 13A-10。铅模尺寸的选择可参照表 13A-10。

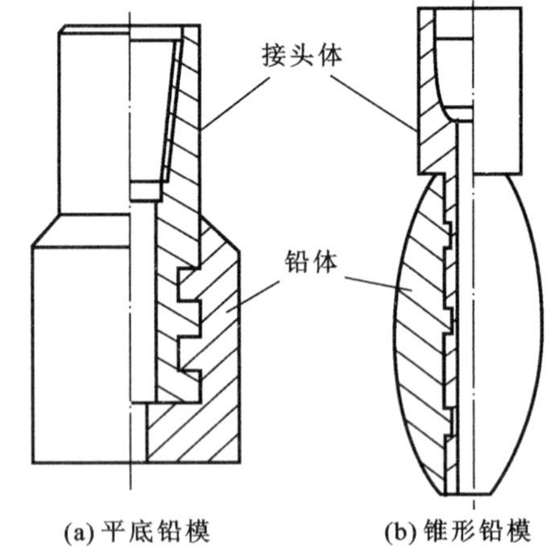

图 13A-10 铅模

13A.2 杆类落物打捞工具

13A.2.1 卡板式打捞筒

卡板式打捞筒用于打捞落入井内的细长杆状物件如测斜仪、电测仪、撬杠等，其结构见图 13A-11。卡板只能向上活动而不能向下活动，平常由于弹簧的作用保持水平状态，因此它只允许落物进入而不允许落物脱出。为便于落物进入捞筒，可以使用不同类型的引鞋，见图 13A-12。

表 13A-10 铅模尺寸的选择

序 号	钻头直径/mm	推荐打印铅模直径/mm
1	444.5	425～430
2	311.0	285～290
3	244.5	225～230
4	215.9	195～200
5	155.58	140～145
6	146.05	130～135

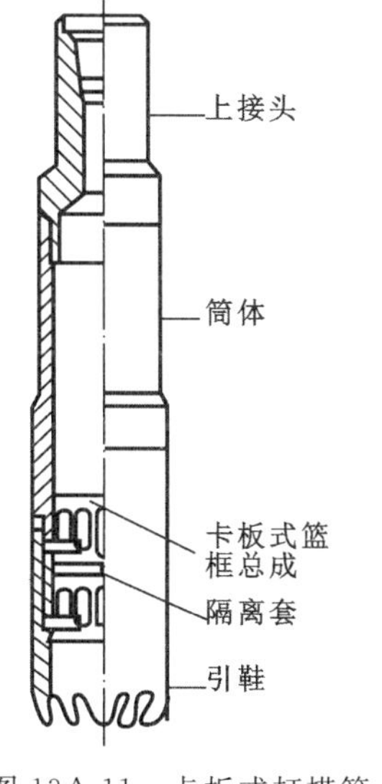

图 13A-11 卡板式打捞筒

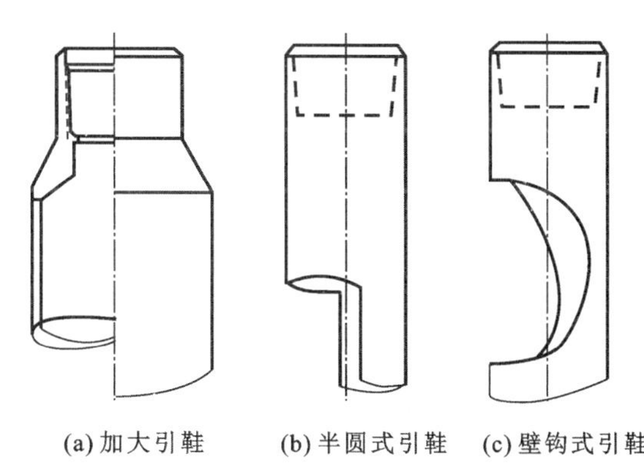

图 13A-12 打捞筒引鞋

13A. 2. 2 开窗打捞筒

开窗打捞筒可用来打捞长度较短的管状、柱状落鱼或具有卡取台阶的落物，结构简单，适于现场制作。

开窗打捞筒筒体与上接头用螺纹连接(现场制作可焊接)，筒体上开有 1～3 排梯形窗舌，窗舌向内腔弯曲，所形成的内径略小于落物最小外径。当落鱼进入筒体并顶入窗舌，窗舌外胀，其反弹力将紧紧咬住落鱼本体或卡住台阶，从而捞住落物。开窗打捞筒的结构见图 13A-13。

13A. 2. 3 旁开式测井仪打捞筒

旁开式测井仪打捞筒多用于浅井或套管鞋处被卡仪器的解卡和打捞，使用时不须截断电缆，可以随时监视仪器和电缆的解卡情况。旁开式测井仪打捞筒的结构见图 13A-14。

下井前将电缆从卡瓦开口处放入打捞筒，通过滚轮使之在筒体内居中，装好侧板后用钻具从电缆一旁下入打捞。下钻时应谨慎操作，防止电缆与钻杆缠绕或被钻杆挤断。当工具下至被卡仪器时，根据电缆张力和上提钻具的显示判断是否捞住；解卡后同时上提钻具和电缆起出。

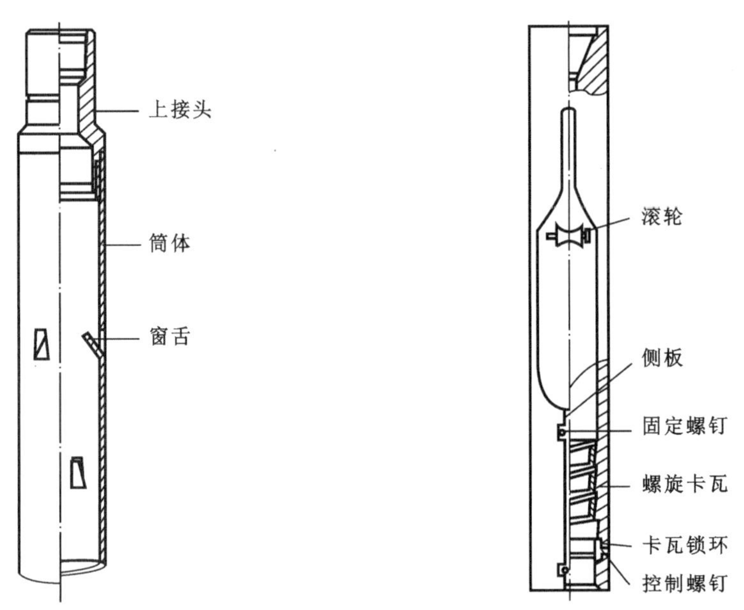

图 13A-13　开窗打捞筒　　图 13A-14　旁开式测井仪打捞筒

13A. 2. 4　钻杆穿心法解卡电缆与仪器工具

在测井仪器被卡、电缆完整的情况下，采用钻杆穿心解卡法是使用最普遍、效率最高且打捞安全性最好的打捞方法。钻杆穿心法解卡打捞工具见图 13A-15。

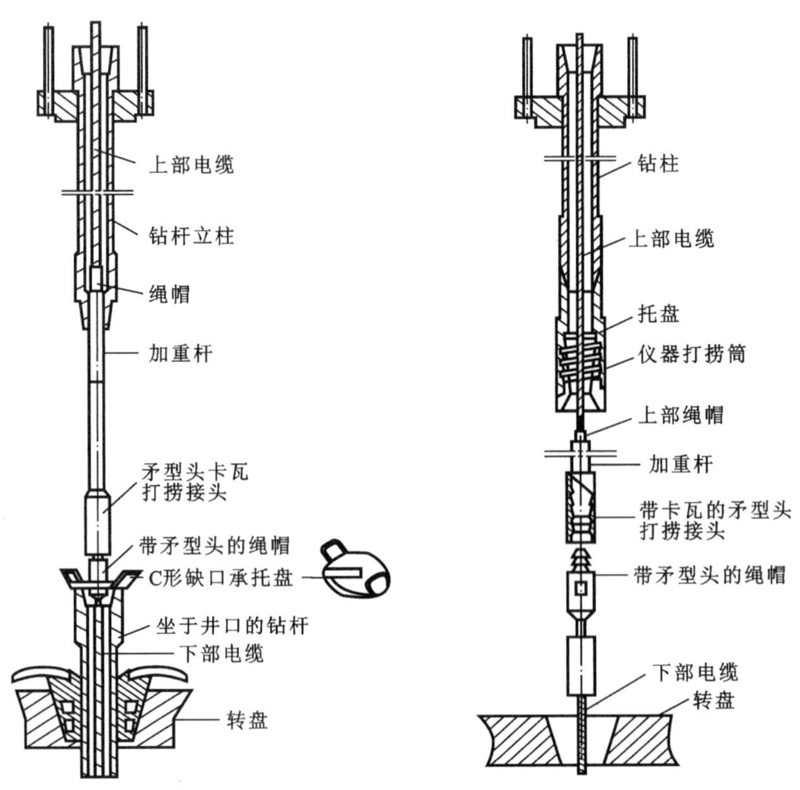

图 13A-15　钻杆穿心打捞工具

工具使用时，先在转盘以上将电缆用卡紧板固定，下放坐在转盘上；截断上部电缆，安装打捞绳帽；将绞车端的电缆装好打捞接头，通过天滑轮从钻杆和所接的仪器捞筒中间穿出，用打捞接头捞住井口一端电缆的绳帽，提紧电缆，下入钻具；每柱（根）钻杆下完、吊卡坐稳后，将井口电缆绳帽用承托盘卡坐在钻杆母接头上，使用专用工具分离打捞头和绳帽；提起电缆，将打捞头从二层台穿入下一根钻杆立柱；重复打捞绳帽及后续操作，下钻到被卡仪器位置，进行打捞。

13A.3 电缆、钢丝绳打捞工具

13A.3.1 内钩捞绳器（内捞矛）

内钩捞绳器用于从套管内或油管内部打捞各种绳类及其他落物，是把厚壁钢管割开、内壁焊上挂钩制成的，挂钩以顺时针方向倾斜。它的结构见图 13A-16，技术规格见表 13A-11。

13A.3.2 外钩捞绳器（外捞矛）

外钩捞绳器用于从套管或油管中打捞各种绳类等落物，结构见图 13A-17。捞绳器本体的锥体部分焊有直径约为 15 mm 的捞钩，捞钩与本体轴线呈正旋方向倾角，挡绳帽的外径应比钻头直径小 8～10 mm，可以现场制作。WG 型外钩捞绳器技术规格见表 13A-12。

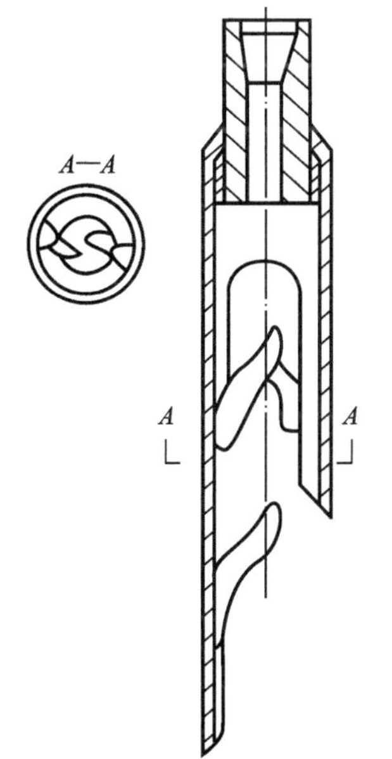

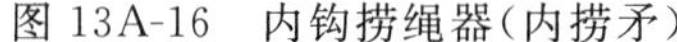

图 13A-16　内钩捞绳器（内捞矛）

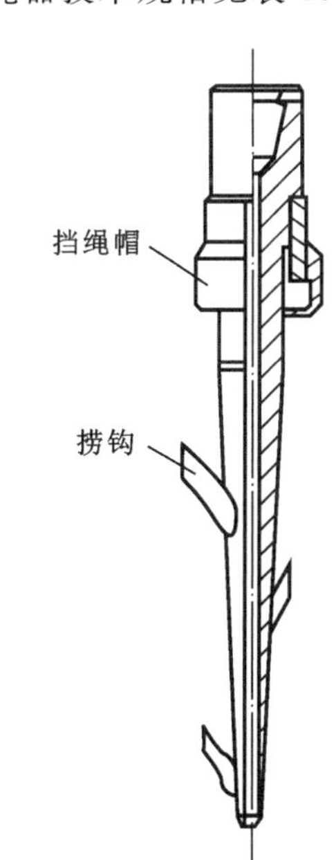

图 13A-17　外钩捞绳器（外捞矛）

表 13A-11　内钩捞绳器技术规格

外径/mm	接头螺纹	挂钩直径/mm	挂钩数目	开口长度/mm	总长/mm
219	NC50	16	6	950	1 400
194	NC50	14	5	800	1 200
168	NC38	14	4	600	1 100
140	NC38	14	3	500	900
102	2$\frac{7}{8}$ in IF	14	3	400	800

表 13A-12　WG 型外钩捞绳器技术规格

型　号	最大外径/mm	接头螺纹	下入套管尺寸/mm(in)
WG73	73	2⅜ in 油管接箍	Φ88.9(3½,油管)
WG95	95	NC26	Φ114.3(4½,油管)
WG114	114	NC31	Φ139.7(5½)
WG136	136	NC31	Φ168.3(6⅝)
WG150	150	NC38	Φ177.8(7)
WG176	176	NC38	Φ219.1(8⅝)
WG190	190	NC50	Φ244.5(9⅝)

13A.4　小件落物打捞工具

13A.4.1　一把抓

图 13A-18 所示的一把抓，其结构简单、加工容易，用于打捞井底不规则的小件落物(在深井、斜井及井径不规则的井中不推荐使用)。一般抓齿长度约为筒身直径的 3/4，齿数以 8～10 个为宜。

图 13A-19 为 BZ 型一把抓结构示意图，其特点是抓齿置于外筒内，下钻时不致被挤碰变形或提前收拢，用于打捞在井底的牙轮等落物。下到井底充分循环洗井后，转动钻具将落物拨入筒内；投入钢球、憋压，使活塞推动捞抓下移，捞抓收拢、捞住落物；继续憋压，打开安全膜，循环起钻至捞出落物。

13A.4.2　随钻打捞杯

随钻打捞杯用于在钻进过程中打捞细碎落物，也用于磨铣井底落物时打捞铣碎的金属块，以保持井底清洁，减少或防止钻头的意外损伤。

随钻打捞杯按其结构分 G(固定)型和 H(可换式)型两种，见图 13A-20，技术规格见表 13A-13。在井下工作时，钻井液上返到杯口处流速会突然下降，形成涡流、携带能力减弱，其中携带的较重碎物可落入杯中，在起钻时随钻具捞出。

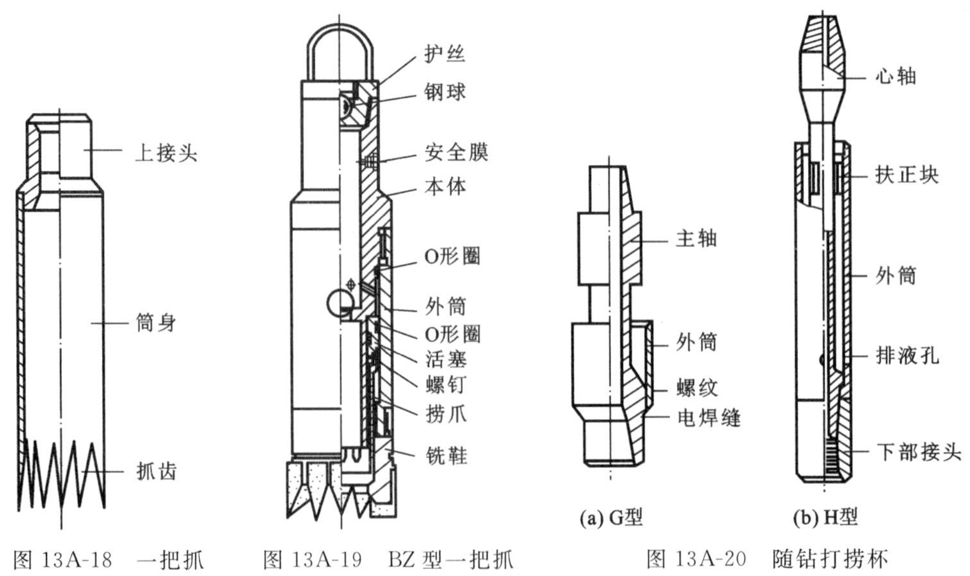

图 13A-18　一把抓　　图 13A-19　BZ 型一把抓　　图 13A-20　随钻打捞杯

表 13A-13　随钻打捞杯技术规格

型　号	井眼尺寸/mm	连接螺纹	最大外径/mm	杯体内径/mm	接头外径/mm	水眼直径/mm	心轴外径/mm
LB-G-102 LB-H-102	117.5～123.8	2⅞ in REG	102	92	95	31.8	66.7
LB-G-114 LB-H-114	130.2～149.2	3½ in REG	114	106	108	38.5	79.0
LB-G-127 LB-H-127	152.4～161.9	3½ in REG	127	116	108	38.5	82.6
LB-G-140 LB-H-140	165.1～190.5	3½ in REG	140	124	108	38.5	82.6
LB-G-168 LB-H-168	193.7～215.9	4½ in REG	168	151	140	57.0	114.3
LB-G-178 LB-H-178	219.0～244.5	4½ in REG	178	160	140	57.0	114.3
LB-G-219 LB-H-219	244.5～288.9	6⅝ in REG	219	202	197	70.0	146.0
LB-G-245 LB-H-245	292.1～330.2	6⅝ in REG	245	217	197	70.0	146.0

13A.4.3　磁力打捞器

磁力打捞器用于打捞井内可被磁化的金属碎物。按磁铁类型分为永磁式和充磁式两种；按打捞循环方式分为正循环式和反循环式两种。正循环磁力打捞器的结构见图 13A-21。

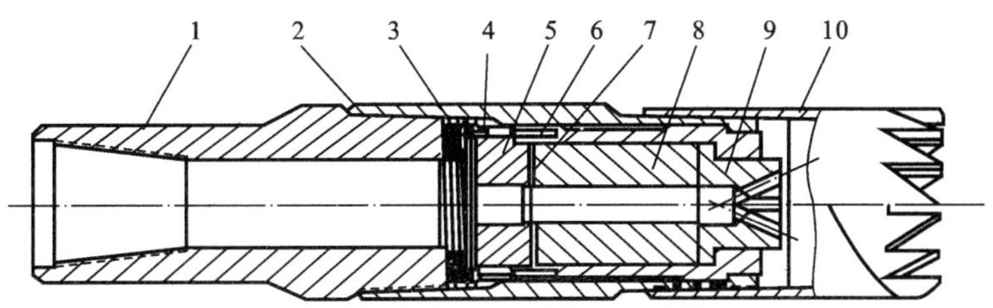

图 13A-21　磁力打捞器

1—接头；2—外筒；3—橡皮垫；4—螺钉；5—压盖；6—绝缘筒；7—垫圈；8—磁铁；9—喷水头；10—铣鞋

磁力打捞器一般适用的温度为 0～210 ℃，在此范围内磁性温度衰减率为 0.07%/℃。振动磁性物质接触衰减率：A 型，1%；B 型，5%。磁力打捞器技术规格见表 13A-14。

表 13A-14　磁力打捞器技术规格

公称直径/mm	连接螺纹	适用井眼直径/mm	最大吸力/kN	
			A 型	B 型
86	NC26	95～108	3.5	1.0
100		108～137	5.5	1.7

续表 13A-14

公称直径/mm	连接螺纹	适用井眼直径/mm	最大吸力/kN	
			A 型	B 型
125	NC31	137～149	9.5	2.2
140		149～184	11	4.0
175	NC50	184～216	18	5.0
190		203～229	21	6.2
200		216～241	23	6.8
225	6⅝ in REG	241～279	28	9.8
255		279～311	38	13.0
290		311～375	42	14.0

13A.4.4 反循环打捞工具

1）反循环打捞篮

反循环打捞篮是以反循环方式打捞井下小件落物的一种工具，其结构见图 13A-22，其中箭头指示的是反循环工作时钻井液的流向。打捞篮下入井内后，在落物以上循环洗井，打捞前投入钢球，在工具处建立局部反循环，将落物冲向筒内进行打捞。反循环打捞篮的技术规格见表 13A-15。

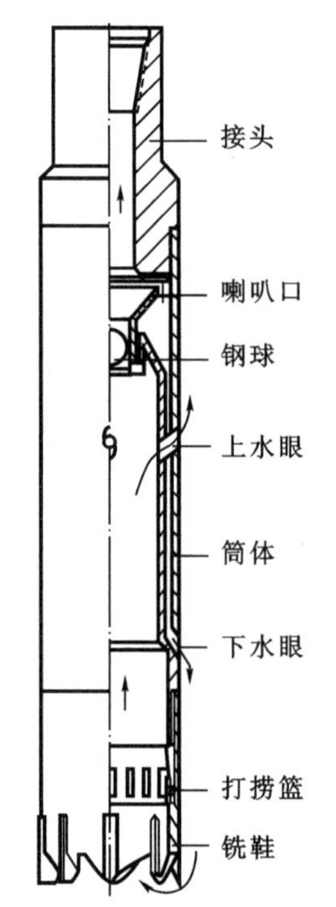

图 13A-22　反循环打捞篮

2）反循环强磁打捞器

反循环强磁打捞器具有反循环打捞篮和强磁打捞器两者的优点，同样是利用钻井液液流在靠近井底处的局部反循环将井下碎物冲入，进行打捞的工具。其结构见图 13A-23，技术规格见表 13A-16。

3）喷射吸入式反循环打捞篮

喷射吸入式反循环打捞篮结构见图 13A-24。它与其他反循环打捞工具的作用原理基本相同，但建立反循环的方式有所不同。它是在上接头的下端安装一个喷嘴，在钻井液射流作用下形成局部负压，将内筒的钻井液抽入混合室，与泵入的钻井液混合再流向井底，这样不仅可增加反循环排量，而且使环空钻井液更容易流入内筒，从而提高打捞效率。

表 13A-15　LL-F 型反循环打捞篮技术规格

型　号	适用井眼直径/mm	筒体外径/mm	落物最大直径/mm	钢球直径/mm	接头螺纹
LL-F89	95.2～101.6	89	60	30	NC26
LL-F97	107.9～114.3	97	64.5	30	NC26
LL-F110	117.5～127.0	110	78	35	NC26
LL-F121	130.0～139.7	121	90.5	35	2⅞ in REG

续表 13A-15

型　号	适用井眼直径 /mm	筒体外径 /mm	落物最大直径 /mm	钢球直径 /mm	接头螺纹
LL-F130	142.9～152.4	130	95.5	40	NC31
LL-F140	155.6～165.0	140	112	40	NC38
LL-F156	168.2～187.3	156	121	45	NC46
LL-F178	190.5～209.5	178	132	45	NC50
LL-F200	212.7～241.7	200	154	50	NC50
LL-F232	244.5～269.6	232	179.5	50	6⅝ in REG
LL-F257	273.0～295.3	257	195.5	55	5½ in HF
LL-F279	298.0～317.5	279	211.5	55	6⅝ in REG
LL-F295	320.6～346.1	295	221	60	7⅝ in REG
LL-F330	349.3～406.4	330	251	60	7⅝ in REG
LL-F381	406.4～444.5	380	282.6	60	7⅝ in REG

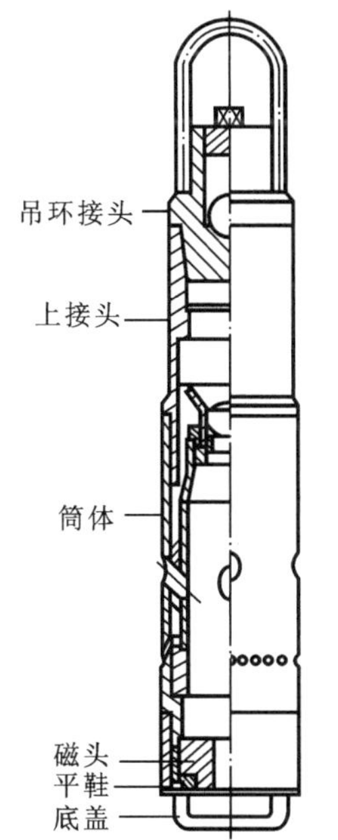

图 13A-23　反循环强磁打捞器

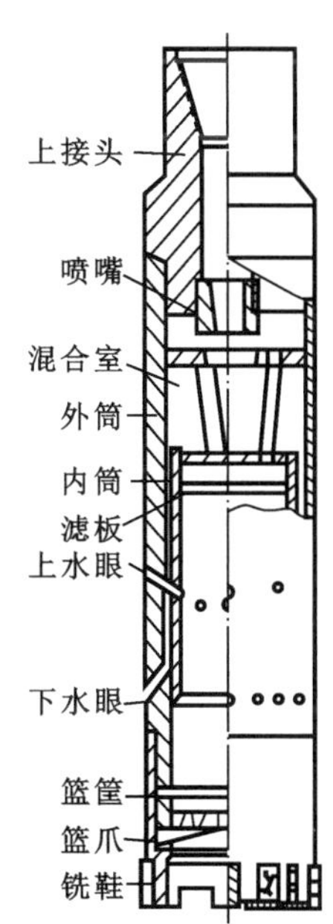

图 13A-24　喷射吸入式反循环打捞篮

表 13A-16　LC-F 型反循环强磁打捞器技术规格

型　号	适用井眼直径 /mm	筒体外径 /mm	落物最大直径 /mm	钢球直径 /mm	接头螺纹	磁　心		引鞋外径 /mm
						外径/mm	理想吸力/kN	
LC-F92	95.2～101.6	92	57.2	30	NC26	45	1.24	94
LC-F102	104.8～114.3	102	63.5	30	NC26	52	1.57	103
LC-F114	117.5～127.0	114	77.8	35	NC26	65	2.65	116
LC-F124	130.0～139.7	124	90.5	35	2⅞ in REG	77	3.72	127

续表 13A-16

型　号	适用井眼直径/mm	筒体外径/mm	落物最大直径/mm	钢球直径/mm	接头螺纹	磁　心		引鞋外径/mm
						外径/mm	理想吸力/kN	
LC-F130	142.9～152.4	130	95.3	40	NC31	81	4.12	132
LC-F146	155.6～165.1	146	111.1	40	NC38	97	5.91	152
LC-F159	168.2～187.3	159	120.7	45	NC46	104	6.79	164
LC-F178	190.5～209.5	178	130.2	45	4½ in REG	110	7.60	184
LC-F200	212.7～241.3	200	154.0	50	NC50	132	10.94	208
LC-F225	244.5	225	176.0	50	NC50	150	14.13	234
LC-F230	244.5～269.9	230	179.4	50	NC50	153	14.70	240
LC-F257	273.0～295.3	257	195.3	55	5½ in FH	165	17.10	264
LC-F279	298.5～317.5	279	211.1	55	6⅝ in REG	180	20.35	292
LC-F295	320.6～346.1	295	220.7	60	7⅝ in REG	190	22.68	304
LC-F302	320.6～346.1	302	220.7	60	7⅝ in REG	190	22.68	314
LC-F330	349.3～406.4	330	249.2	60	7⅝ in REG	218	29.86	344
LC-F381	406.4～444.5	380	279.4	60	7⅝ in REG	245	38.64	400

13A.5　倒扣与套铣工具

13A.5.1　倒扣接头

倒扣接头也叫倒扣矛，结构见图 13A-25。在倒扣作业中，倒扣接头与落鱼对扣后，上提钻柱带动胀大轴上行，其下部锥体使胀大接头胀大并撑紧螺纹，至对扣螺纹能承受下部钻具的倒扣力矩时，实施倒扣。倒扣接头技术规格见表 13A-17。

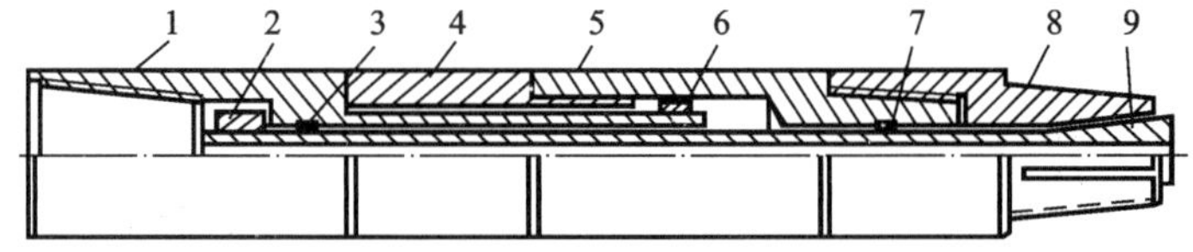

图 13A-25　倒扣接头

1—六方轴；2—调节螺帽；3—上密封环；4—六方套；5—配合接头；6—保险螺帽；7—下密封环；8—胀大接头；9—胀大轴

表 13A-17　倒扣接头技术规格

外径/mm	上接头螺纹(左旋)	打捞螺纹(右旋)	抗拉强度/kN	抗扭强度/(kN·m)
105	2⅞ in IF	2⅞ in IF	500	9
120	NC38	NC38	900	15
156	NC50	NC50	1 500	35
178	5½ in FH，NC50	5½ in FH，NC50	2 000	50
203	6⅝ in REG	6⅝ in REG	2 500	65

13A.5.2 倒扣捞矛

倒扣捞矛的功用包括抓捞落鱼和传递扭矩进行倒扣，工具结构见图 13A-26。

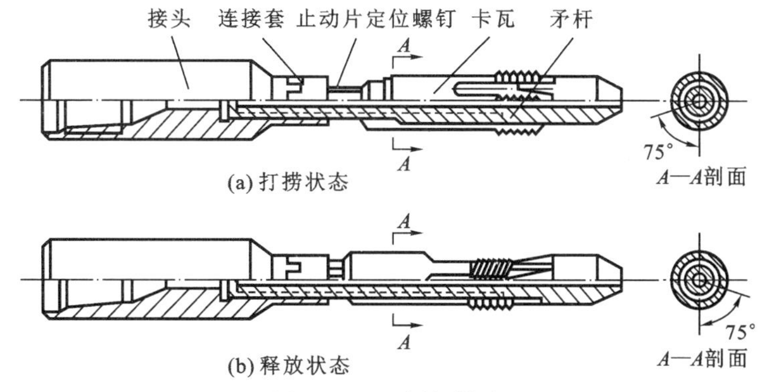

图 13A-26 倒扣捞矛

使用时，将工具下至落鱼位置，循环、冲洗鱼顶；下放钻具使卡瓦进入落鱼内径，上提使卡瓦、矛杆的内外锥面贴合、胀紧，实现打捞；提起预定的悬重、转动钻具，扭矩通过上接头的牙嵌、连接套上的内花键和矛杆上的键，传递于卡瓦和落鱼，实现倒扣。需要退开捞矛时，下击使矛杆锥面与卡瓦分开；右旋 90°，工具即处于释放状态，可起钻、提出。倒扣捞矛技术规格见表 13A-18。

表 13A-18 DLM-T 型倒扣捞矛技术规格

型 号	外形尺寸/mm		接头螺纹	可供打捞落鱼内径/mm	抗拉强度/kN	倒扣参数	
	直 径	长 度				拉力/kN	扭矩/(kN·m)
DLM-T48	95	600	NC26	39.7～41.9	250.6	117.7	3.304
DLM-T60	100	620	NC31	49.7～51.9	329.8	147.1	5.75
DLM-T73	114	670	NC31	61.5～77.9	600	166.7	7.73
DLM-T89	138	750	NC38	75.4～91.0	711.9	166.7	7.73
DLM-T102	145	800	NC38	88.2～102.8	833.6	196	17.16
DLM-T114	160	820	NC50	99.8～102.8	902.2	196	18.44
DLM-T127	160	820	NC50	107.0～115.8	931.6	196	21.22
DLM-T178	175	870	NC50	150.4～166.7	2 400.7	294	25.42
DLM-T245	235	1 170	5½ in FH	216.8～228.7	2 936	343	37.28
DLM-T340	330	1 650	6⅝ in REG	313.6～322.9	3 432	392	42.17

13A.5.3 倒扣打捞筒

倒扣捞筒用于从落鱼外径打捞并可进行倒扣，其工作原理与倒扣捞矛基本相同，结构见图 13A-27，技术规格见表 13A-19。

13A.5.4 爆炸松扣工具

爆炸松扣即通过对钻具施加反扭矩，利用炸药的瞬间压力将钻具连接螺纹迅速倒开，一次取出卡点以上的被卡钻具。爆炸松扣装置见图 13A-28。

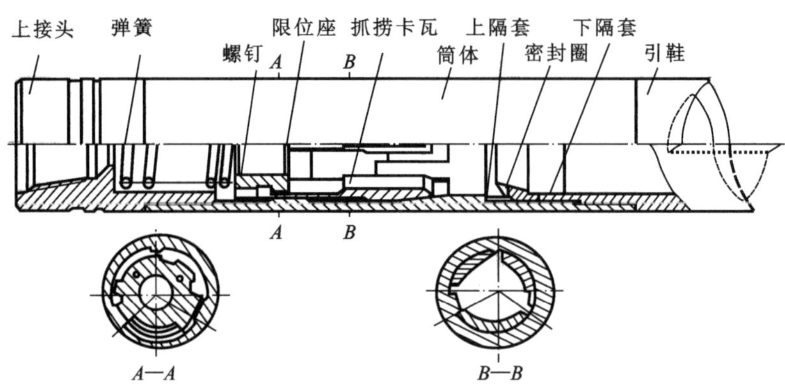

图 13A-27 倒扣打捞筒

表 13A-19 DLT-T 型倒扣打捞筒技术规格

型　号	外形尺寸		接头螺纹	可捞落鱼外径/mm	抗拉强度/kN	规定拉力下的扭矩	
	直径/mm	长度/mm				拉力/kN	扭矩/(kN·m)
DLT-T48	95	650	2⅞ in REG	47～59.3	300	117.7	4.12
DLT-T60	105	720	NC31	59.7～61.3	400	147.1	7.65
DLT-T73	114	735	NC31	72～74.6	450	176.4	10.33
DLT-T89	134	750	NC38	88～91	550	176.4	16.09
DLT-T102	145	750	NC38	101～104	800	196	17.65
DLT-T114	160	820	NC50	113～115	1 000	196	18.63
DLT-T127	185	820	NC50	126～129	1 600	235.4	21.57
DLT-T140	200	850	NC50	139～142	1 800	235.4	25.50
DLT-T178	240	950	NC50	177～180	2 536	294.2	34.32
DLT-T245	305	1 250	5 9/16 in FH	244～247	4 070	343.2	39.23
DLT-T340	400	1 650	6⅝ in REG	339～341	5 295	392.3	49.03

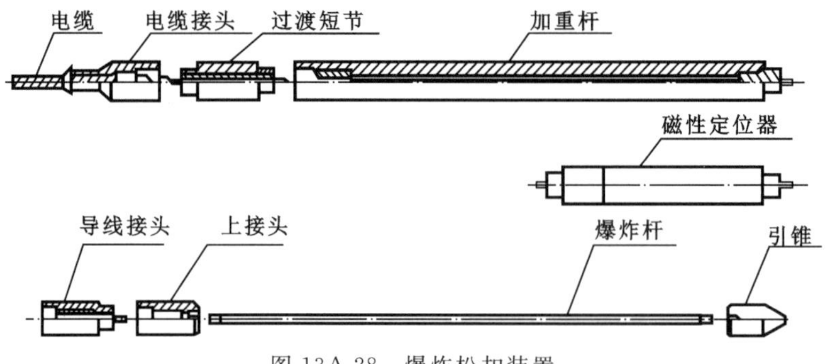

图 13A-28 爆炸松扣装置

爆炸松扣作业中，应首先利用测卡仪测出卡点位置再对钻杆紧扣，以使卡点以上钻柱各连接部位受力均匀，并有足够的紧固程度，以防在施加反扭矩时提前将钻具倒开。紧扣扭矩与爆松前施加反扭矩的扭转圈数参见表 13A-20。工具下入井内之前将导爆索均匀捆绑在爆炸杆上(缠绕直径以能通过钻具水眼为准),炸药用量和钻具的尺寸、井深、钻井液密度及炸药的性能有关,推荐用药量见表13A-21。

表13A-20　钻杆紧扣与松扣的扭转圈数

通称尺寸/mm	140	127	114	89	73	60
紧扣圈数/(圈・km^{-1})	3.5	3.8	4.3	5.5	6.7	8.0
松扣圈数/(圈・km^{-1})	2.5	2.7	3.1	3.9	4.8	5.2

表13A-21　HOMCO公司推荐炸药用量　单位:g

钻具类型	通称尺寸/mm	爆炸井深/m				
		0～500	500～700	700～1 200	1 200～2 700	2 700～4 500
钻　杆	140	150	200	250	300	
	127	150	200	250	300	
	114	100	150	200	250	350
	89	100	150	200	250	250
	73		100	150	200	200
钻　铤	203			400	400	400
	178			300	350	400
	159			250	300	350
	121			200	250	300
油　管	60			50	70	100
	50			50	70	100

钻具施加反扭矩后,锁定转盘,用电缆配合磁性定位器将爆松工具(导爆索)送至预定的钻具连接螺纹中间,引爆后若发现转盘扭矩下降,再倒转几圈即可提出、起钻。

13A.5.5　铣鞋

铣鞋与套铣工具配套,用于钻除、清理井下落鱼环空的堵塞物,使被卡落鱼解卡。基本结构见图13A-29。根据不同的需要,铣鞋可以制成多种多样的形式,见图13A-30,其中A,E,K,L型适用于套铣岩屑堵塞物;C,F,G,H型可用于修理鱼顶外径;B,D,I,J,F,G,M,N型可用于硬地层中套铣或铣切稳定器。

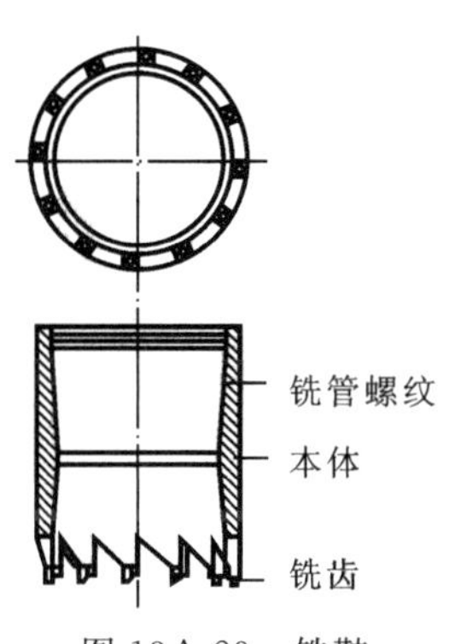

图13A-29　铣鞋

13A.5.6　铣管

铣管是与铣鞋联合使用的套铣工具,采用高强度的合金钢管制成,按连接形式分为有接箍铣管和无接箍铣管。有接箍铣管又可分为内接箍铣管和外接箍铣管。无接箍铣管又可分为单级扣与双级扣两种。铣管结构见图13A-31,技术规格见表13A-22。

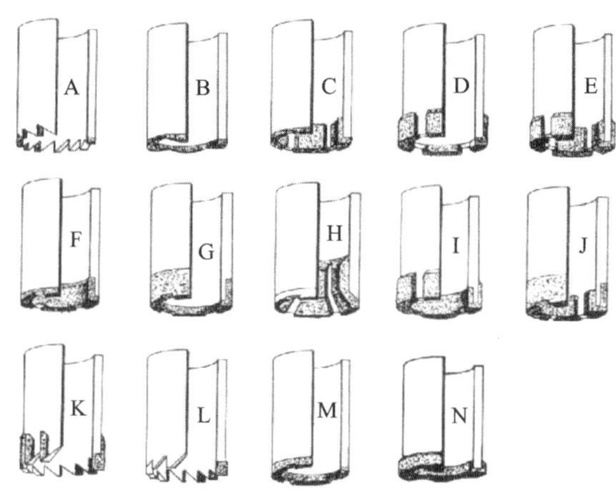

图 13A-30　铣鞋结构形式

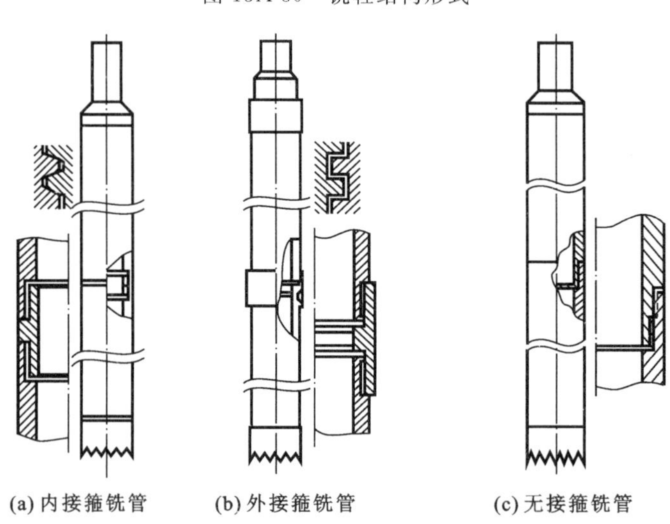
(a) 内接箍铣管　(b) 外接箍铣管　(c) 无接箍铣管

图 13A-31　铣管

表 13A-22　铣管技术规格

外径/mm	壁厚/mm	有接箍			无接箍		强　度		套铣钻压/kN
		接箍外径/mm	使用最小井眼/mm	最大套铣尺寸/mm	使用最小井眼/mm	最大套铣尺寸/mm	抗拉/kN	抗扭/(kN·m)	
298.5	11.05	323.85	349.25	270.00	323.90	270.00	2 756	88	120
273.1	11.43	298.45	323.85	243.80	298.50	243.80	2 534	81	100
244.5	11.05 13.84	269.88	295.28	216.00 210.42	269.90	216.00 210.40	2 223	61	80
228.6	10.80			200.60	254.00	200.60	2 000	47	80
219.1	12.70	244.85 (224)	270.25 (249)	187.30	244.50	187.30	2 223	57	70
206.4	11.94			176.12	231.80	176.12	2 040	47	60

续表 13A-22

外径/mm	壁厚/mm	有接箍			无接箍		强度		套铣钻压/kN
		接箍外径/mm	使用最小井眼/mm	最大套铣尺寸/mm	使用最小井眼/mm	最大套铣尺寸/mm	抗拉/kN	抗扭/(kN·m)	
193.7	9.53	215.90 (210)	241.30 (235)	168.24	219.10	168.24	1 538	34	50
177.8	9.19	194.46	219.86	153.02	203.20	153.02	1 360	24	50
168.3	8.94	187.71	213.11	144.02	193.70	144.02	1 245	21.7	40
139.7	7.72	153.67	179.07	117.86	165.10	117.86	916	12	35
127	9.19	141.30	166.70	102.22	152.40	102.22	1 009	12.2	30
114.3	8.56	127	152.40	90.78	139.70	90.78	831	7.5	20
88.9	6.45			69.60	114.30	69.60	480	4.0	15
57.2	4.85			41.10	82.60	41.10	160	1.0	5

注:① 括号内的数据为专用套铣管尺寸。
② 强度数据指 P-105 钢级双级同步螺纹铣管强度。

13A.5.7 切割工具(割刀)

切割工具用于切割、取出卡点以上或已套铣解卡部分的落鱼。按其结构和原理可分为机械式、水力式和化学切割等不同形式的工具;按切割落鱼部位的不同,也有内割刀和外割刀之分。

1) 机械式内割刀

机械式内割刀是从管具内部进行切割的一种切割工具。ND-J 型机械式内割刀的结构见图 13A-32,技术规格见表 13A-23。

内割刀下入预定切割深度时,正转 3 圈,下放钻具(加压 5～10 kN),把割刀通过卡瓦锚定在管壁上,同时推出刀片;缓慢转动钻具进行切割,切割中每次下放 1～2 mm,当中心轴压到止推环端面上时,即切割完毕。上提中心轴,收回刀片,同时解除锚定,即可提出割刀工具。

2) 机械式外割刀

机械式外割刀是自动给进式从管柱外径向内切割的工具。WD-J 型机械式外割刀的结构见图 13A-33,技术规格见表 13A-24。

表 13A-23 ND-J 型机械式内割刀技术规格

型号	割刀外径/mm	接头螺纹	水眼直径/mm	切割管外径/mm			换刀后切割管外径/mm		
				套管	油管	钻杆	套管	油管	钻杆
ND-J89	57	2⅜ in REG	12		88.9			101.6 114.3	101.6 114.3
ND-J102	83	2¾ in REG	14		101.6				
ND-J114	85	NC26	16	114.3	114.3	114.3 127			

续表 13A-23

型　号	割刀外径/mm	接头螺纹	水眼直径/mm	切割管外径/mm			换刀后切割管外径/mm		
				套　管	油　管	钻　杆	套　管	油　管	钻　杆
ND-J127	102	NC31	18		127		127		
ND-J140	112	NC31	18		139.7				
ND-J168	127	NC38	20	168.3					
ND-J168	138	NC38	20		168.3				
ND-J178	145	NC46	40	177.8			193.7		
ND-J219	185	NC50	50	219.1					
ND-J245	210	NC50	55	244.5					
ND-J298	260	6⅝ in REG	80	298.4					
ND-J340	295	6⅝ in REG	80	339.7					
ND-J406	370	7⅝ in REG	125	406.4					

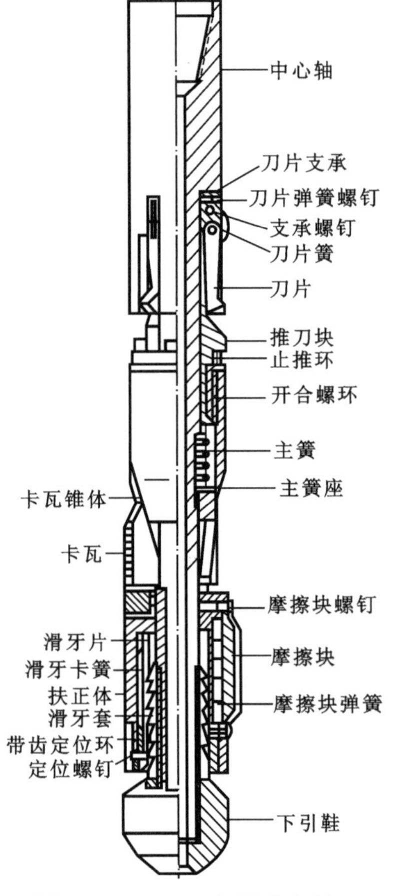

图 13A-32　ND-J 机械式内割刀

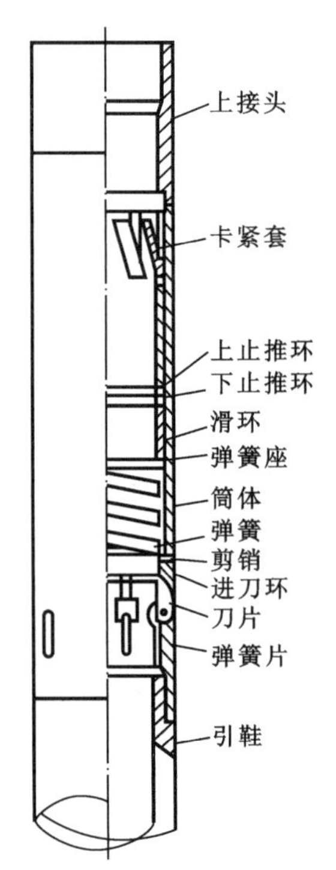

图 13A-33　WD-J 机械式外割刀

表 13A-24　WD-J 型机械式外割刀技术规格

型　号	外径/mm	内径/mm	切割管径/mm	适用最小井眼/mm	能过最大落鱼外径/mm	接头螺纹	销钉剪力/kN	
							单	双
WD-J58	58	41		62			1.29	2.58
WD-J98	98	79	60	105	78		1.29	2.58
WD-J114	114	82	60	120	79	NC31	2.89	5.78
WD-J119	119	98	73	125.4	95	NC38	1.29	2.58
WD-J143	143	111	52 89	146.2	108	NC38	2.89	5.78
WD-J149	149	117	60 89	155.6	114	NC38	2.89	5.78
WD-J154	154	124	60 101	158.8	120	NC46	2.89	5.78
WD-J194	194	162	89 101 114 127	209.5	159	NC50	2.89	5.78
WD-J206	206	168	101 146	219	165	6⅝ in REG	2.89	5.78

割刀与铣管连接下入到达预定切割位置后，上提割刀，使卡紧套上的卡簧顶住落鱼下台肩；继续上提，压缩弹簧，剪断剪销，刀头在弹簧和进刀环的推动下向内伸出（切割中自动进刀），转动钻具进行切割。落鱼割断后，割刀与被割断部分一同起出。

3）水力式内割刀

水力式内割刀是利用液压推动割刀从管子内部切割管体的工具，结构见图 13A-34。TGX 型水力式内割刀技术规格见表 13A-25。

将工具下到需要切割的位置，启动转盘，钻柱旋转正常后开泵；由于调压总成的限流作用，活塞总成两端压差增大，推动活塞下行，使切割刀片向外张开；转动钻具切割管壁。当管壁完全切断时，循环泵压明显下降，停止循环，刀片自动收拢，从井眼内起出工具。

4）水力式外割刀

水力式外割刀是靠液压推动刀头从外向内切割各种类型的管状落鱼的工具，其结构见图 13A-35，技术规格见表 13A-26。

使用时，将工具接在铣管下面，下钻到预定位置；缓慢开泵，活塞上部由于限流孔的作用产生一个压力降，此压力降推动活塞和进刀套下行，剪断销钉，推动刀片向内伸出；转动外割刀，调节压力和排量进行切割。落鱼割断后，扭矩变小、悬重上升，如上提无阻卡，即可起出割刀和被割断的落鱼。

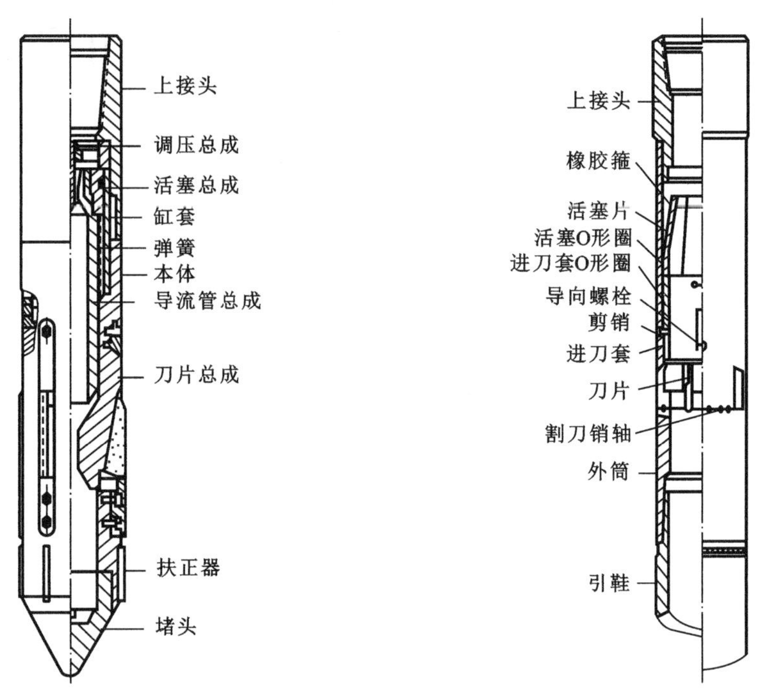

图 13A-34 水力式内割刀　　图 13A-35 水力式外割刀

表 13A-25 TGX 型水力式内割刀技术规格

型　号	接头螺纹	本体外径/mm	刀片收缩外径/mm	刀片张开外径/mm	工具总长/mm	扶正套与扶正块外径/mm	可切割管径/mm	
							外　径	壁　厚
TGX-9	NC50	210	210	310	1 512	222	244.47	8.94
						220		10.03
						218		10.05
						216		11.99
TGX-7	NC38	146	146	210	1 313	158	177.8	8.05
						156		9.19
						154		10.36
						151		11.51
						149		12.65
						147		13.72
TGX-5	NC31	114	114	170	1 287	121	139.7	7.72
						118		9.17
						115		10.54

表 13A-26 水力外割刀技术规格

外径/mm	103.2	112.7	119.1	142.9	154	210
内径/mm	81	92.1	98.4	109.5	124	172
刀尖收拢最小直径/mm	25	40	40	45	50	65
割刀活塞允许通过的最大尺寸/mm	77.8	86	95	110	124	165
切割范围/mm	33.4～69.5	48.3～73	48.3～73	52.4～101	60.3～101.2	88.9～127.0
适用井眼/mm	109.5	119.1	125.4	149.2	159	215.9
割刀允许最大承载/kN	12.6	13.5	16.7	17.3	18.1	34.2
剪销剪断力/kN	9	9	11	11	14	14

5）化学切割工具

化学切割工具是用电缆起下，通过电流引爆一种特殊的药剂(Power Charger)，使之产生高温高压的化学腐蚀剂，并经聚能高速喷出切割管柱的工具。它的结构见图 13A-36。

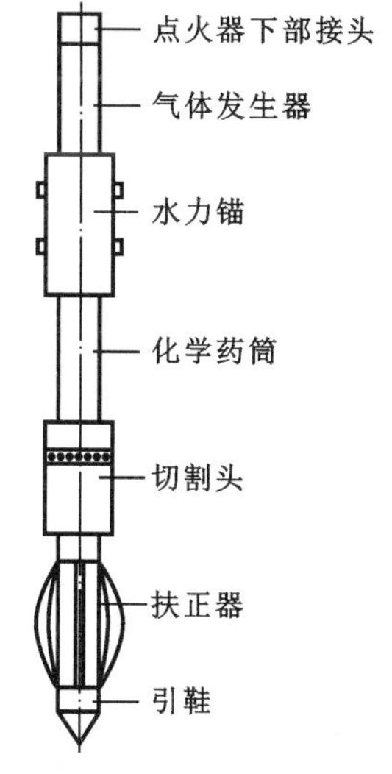

图 13A-36 化学切割工具

使用方法：将电缆头、磁性定位器、加重杆、安全接头与化学切割工具依序连接好。工具下放速度不得超过 25 m/min，防止顿击、猛冲，以免引起切割头活塞下移或切割头落井。接通仪器电源，当工具下到预定切割深度时，将管柱上提到比切割深度以上管柱重力多 30～50 kN 的载荷，固定牢靠。利用磁性定位器使切割头喷射孔避开管柱接头或接箍，点火切割。点火后静止等待 3～4 min，以便化学反应物释放，然后迅速下放电缆，收回锚爪并起出工具，根据悬重变化判断管柱是否被割断。

6）爆炸切割工具

爆炸切割是利用切割弹的聚能效应，引爆后产生高速、高压的金属环状射流，径向喷出切割管柱的方法。切割工具的连接见图 13A-37。聚能切割弹由改性塑性炸药制成，内切割弹外侧为环状抛物面并加有金属药型罩，整体结构见图 13A-38，常用系列的技术规格见表 13A-27。

使用时用电缆借助磁定位器下到预定切割位置，上提管柱重量超过此深度以上钻具重量 30～50 kN，固定好后点火切割，根据地面仪表和悬重变化即可判断钻柱是否割断。

13A.6 震击解卡工具

13A.6.1 上击器

1）液压上击器

液压上击器在上提钻具中，利用油压使钻具积蓄弹性能量，从而实现向上震击、辅助解卡。YSJ 液压上击器的结构见图 13A-39，技术规格见表 13A-28。

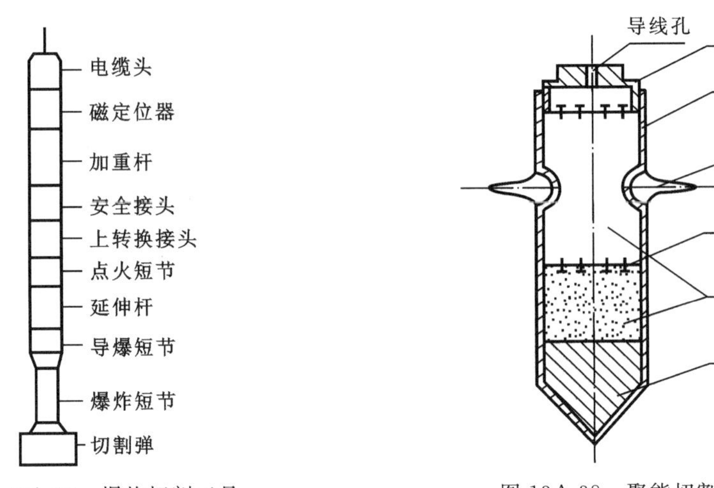

图 13A-37　爆炸切割工具　　　图 13A-38　聚能切割弹剖面

表 13A-27　聚能切割弹技术规格

分　类	尺寸/in	型　号	外形尺寸	耐压/MPa	耐温/[℃·(2 h)$^{-1}$]	药量/g	适用切割管材(外径×通径)/(mm×mm)	备　注
切割油管系列	2½	UQ57RDX-2	Φ57 mm×130 mm	40	160	24	Φ73×Φ62	
	3	UQ68RDX-3	Φ68 mm×145 mm	40	160	39	Φ89×通径≥Φ74.2	
切割套管系列	4½	TQ92RHT-1	Φ92 mm×119 mm	40	78	40	Φ114.3×通径≥Φ98.3	切套管本体(距接头1 m以外)
	5	TQ102RHT-1	Φ102 mm×119 mm	40	78	60	Φ127×通径≥Φ107	
	5½	TQ113RDX-2	Φ113 mm×150 mm	40	160	105	Φ139.7×通径≥Φ118.2	
	7	TQ140RDX-1	Φ140 mm	40	160	420	Φ177.8×通径≥Φ150.4	
	9⅝	TQ200RHT-1	Φ200 mm	20	78	600	Φ244.5×通径≥Φ212.8	
切割钻杆系列	2⅜	ZQ42RDX-1	Φ42 mm	50	160	1 310	Φ60×Φ46	切钻杆本体或接头(钻杆外侧为裸眼井壁)
		ZQ45RDX-1	Φ45 mm	50	160	1 310	Φ60×Φ51	
	2⅞	ZQ48RDX-1	Φ48 mm	50	160	600	Φ73×Φ55	
		ZQ50RDX-1	Φ50 mm	50	160	1 616	Φ60×Φ62	
	3½	ZQ60RDX-1	Φ60 mm	50	160	408	通径≥Φ66	
	5	ZQ60RDX-2	Φ60 mm	50	160	2 200	通径≥Φ70	
		ZQ75RDX-2	Φ75 mm	50	160	960	通径≥Φ80	
切割钻铤系列		ZTQ50RDX-1	Φ50 mm	50	160	1 616	通径≥Φ60	切钻铤本体或接头
		ZTQ60RDX-1	Φ60 mm	60	160	2 200	通径≥Φ70	

注：表中所述聚能切割弹为北方斯伦贝谢油田技术(西安)有限公司产品。

在打捞作业中，震击器应尽量接近卡点。打捞工具捞住被卡落鱼后，以一定的速度上提钻具达到所需的震击拉力，刹车停止数秒即可发生震击。

2）机械上击器

机械上击器是采用摩擦副工作原理实现向上震击的工具，其结构见图 13A-40，技术规格见表 13A-29。

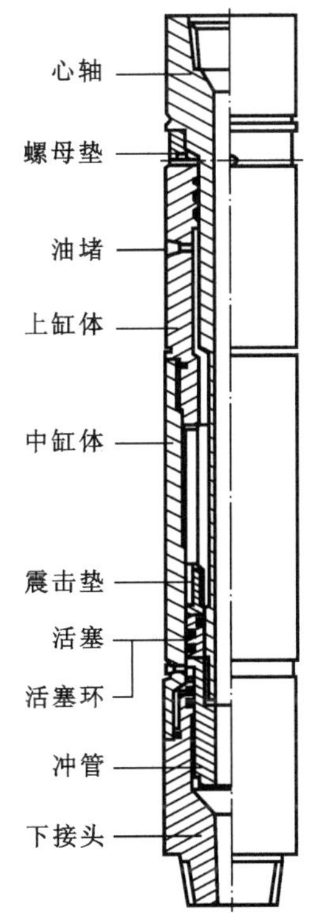

图 13A-39　YSJ 液压上击器

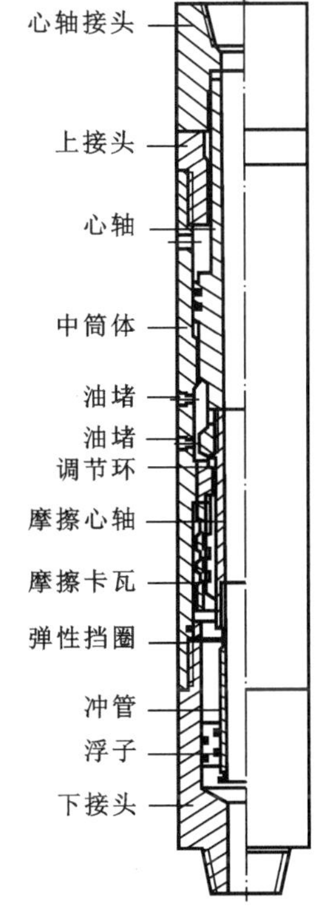

图 13A-40　JS 机械上击器

表 13A-28　(高峰厂)YSJ 型液压上击器技术规格

型　号	外径/mm	内径/mm	接头螺纹	最大行程/mm	密封压力/MPa	最大工作扭矩/(kN·m)	最大震击提拉载荷/kN	最大抗拉载荷/kN	总长/mm
YSJ36	95	38	NC26	305	20	4	160	500	2 041
YSJ40	102	32	NC31	229	20	5	176	600	1 804
YSJ108	108	38	NC31	305	20	6	200	700	2 041
YSJ44	114	38	2⅞ in REG	288	20	7	240	800	1 986
YSJ46Ⅱ	121	38	NC38	290	20	8	280	900	2 114
YSJ62	159	57	NC50	381	20	13	560	1 500	2 690
YSJ70Ⅱ	178	60	NC50	381	20	15	640	1 800	2 616
YSJ80	203	78	6⅝ in REG	381	20	18	800	2 200	2 616
YSJ90	229	76	7⅝ in REG	381	20	20	960	2 500	2 616

表 13A-29　(高峰厂)JS 型机械上击器技术规格

型　号	外径/mm	内径/mm	接头螺纹	工作行程/mm	最大工作扭矩/(kN·m)	抗拉载荷/kN	长度/mm
JS159	159	60	NC50	181～185	13	1 470	2 391
JS70	178	75	5½ in FH	181～185	15	1 760	2 391

3）超级震击器

超级震击器的工作原理与液压上击器相同，由于工艺技术上的改进，它具有更强的震击力，其结构见图 13A-41，技术规格见表 13A-30。

4）加速器

加速器配合上击器使用，利用其内封装硅油的“液体弹簧”作用，使上击器向上运动的速度加快，震击力增强，其结构见图 13A-42，技术规格见表 13A-31。

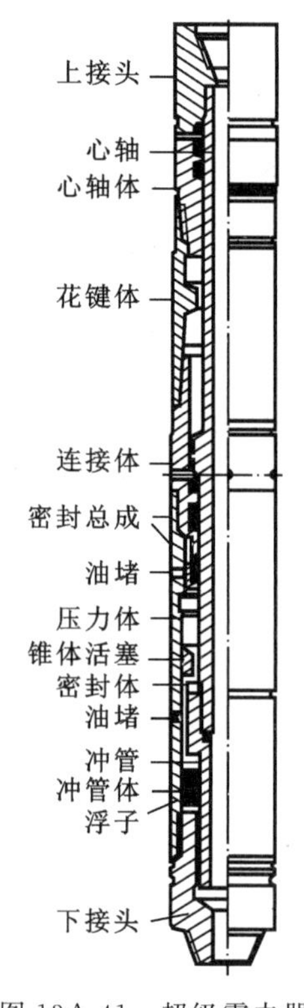

图 13A-41 超级震击器

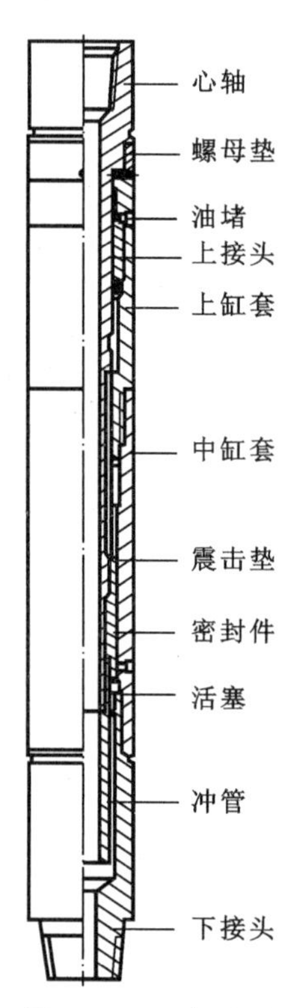

图 13A-42 加速器

表 13A-30 （高峰厂）CSJ 型超级震击器技术规格

型　号	外径/mm	内径/mm	接头螺纹	最大行程/mm	密封压力/MPa	最大工作扭矩/（kN・m）	最大震击提拉载荷/kN	最大抗拉载荷/kN	总长/mm
CSJ95	95	28	NC26	305	20	4	200	500	3 882
CSJ108	108	32	NC31	305	20	6	250	700	3 882
CSJ114	114	38	NC31	305	20	9.8	300	800	3 882
CSJ46 Ⅱ	121	50	NC38	305	20	9.8	350	900	3 882
CSJ140	140	50	NC38	305	20	11.9	400	1 000	3 900
CSJ62 Ⅱ	159	57	NC50	320	20	12.7	700	1 500	3 977
CSJ168	168	57	NC50	320	20	14.7	700	1 600	3 977
CSJ70 Ⅱ	178	60	NC50	320	20	14.7	800	1 800	4 045

续表 13A-30

型　号	外径 /mm	内径 /mm	接头螺纹	最大行程 /mm	密封压力 /MPa	最大工作扭矩 /(kN·m)	最大震击提拉载荷/kN	最大抗拉载荷/kN	总长 /mm
CSJ76Ⅱ	197	78	6⅝ in REG	330	20	19.6	1 000	2 100	4 328
CSJ80Ⅱ	203	78	6⅝ in REG	330	20	19.6	1 200	2 200	4 328
CSJ90Ⅱ	229	76	7⅝ in REG	330	20	20	1 200	2 500	4 328

表 13A-31　(高峰厂)YJQ 型液压加速器技术规格

型　号	外径 /mm	内径 /mm	接头螺纹	总长 /mm	最大抗拉载荷 /kN	最大工作扭矩 /(kN·m)	拉开全行程力 /kN	最大行程 /mm
YJQ36	95	32	NC26	2 845	500	4	150～200	330
YJQ40	102	32	NC26	3 878	600	5	200～250	330
YJQ108	108	32	NC31	3 878	700	6	200～250	330
YJQ44	114	38	NC31	3 422	800	7	250～300	216
YJQ46Ⅱ	121	38	NC38	3 254	900	8	300～350	234
YJQ62	159	57	NC50	4 375	1 500	13	600～700	338
YJQ168	168	57	NC50	4 375	1 600	14	600～700	338
YJQ70Ⅱ	178	60	NC50	4 019	1 800	15	700～800	320
YJQ76	197	78	6⅝ in REG	4 238	2 100	17	900～1 000	341
YJQ80	203	78	6⅝ in REG	4 238	2 200	18	900～1 000	341
YJQ90	229	76	7⅝ in REG	4 180	2 500	20	1 100～1 200	341

13A.6.2　下击器

1）开式下击器

开式下击器在上提钻具、完全打开下击器工作行程后迅速下放，利用下击器以上钻具的重量对下部钻具产生强烈的下击力，以辅助解卡。它的结构见图 13A-43，技术规格见表 13A-32。

2）闭式下击器

闭式下击器的运动部件全部浸浴在封闭的油腔内，故又称油浴下击器。它的工作原理与开式下击器一样，其结构见图 13A-44，技术规格见表 13A-33。

3）地面震击器

地面震击器连接在钻柱的地面部分。上提钻具时，其中的卡瓦与心轴间的摩擦阻力阻止心轴向上运动，使钻具伸长；当达到设定拉力时，心轴脱离卡瓦，伸长的钻具突然收缩，落鱼自由段钻柱重量下传到卡点，可以使卡点受到猛烈下击力。它的结构见图 13A-45，技术规格见表 13A-34。

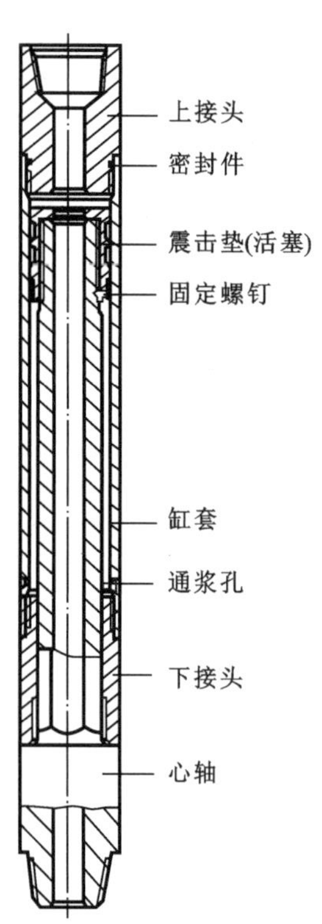

图 13A-43　开式下击器

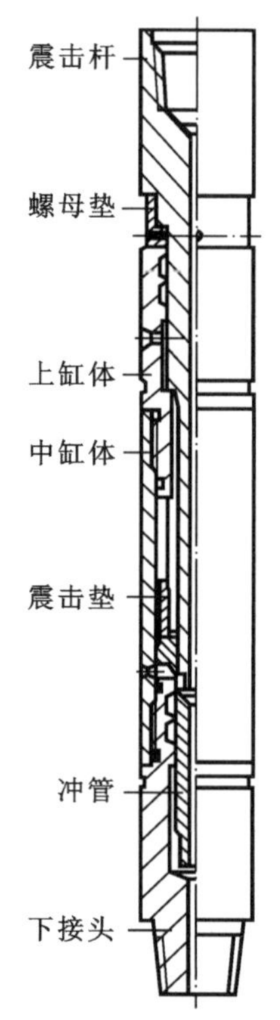

图 13A-44　闭式下击器

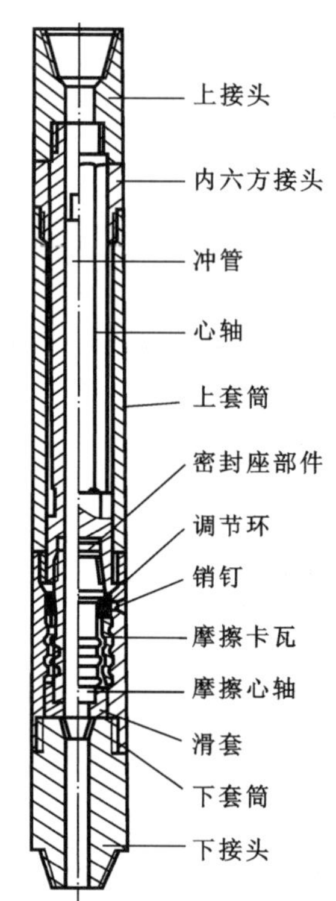

图 13A-45　地面震击器

表 13A-32　(高峰厂)KXJ 型开式下击器技术规格

型　号	外径/mm	内径/mm	接头螺纹	总长/mm	最大抗拉载荷/kN	最大工作扭矩/(kN·m)	最大行程/mm
KXJ36	95	38	NC26	1 800	500	4	508
KXJ40	102	32	2⅜ in REG	1 900	600	5	700
KXJ44	114	38	NC31	1 500	800	7	440
KXJ46	121	38	NC38	1 986	900	8	914
KXJ62	159	51	NC50	2 627	1 500	13	1 400
KXJ165	165	51	NC50	2 633	1 600	14	1 400
KXJ70	178	70	NC50	2 737	1 800	15	1 552
KXJ80	203	70	6⅝ in REG	2 901	2 200	18	1 600
KXJ90	229	76	7⅝ in REG	2 881	2 500	20	1 600

表 13A-33　(高峰厂)BXJ 型闭式下击器技术规格

型　号	外径/mm	内径/mm	接头螺纹	总长/mm	最大抗拉载荷/kN	最大工作扭矩/(kN·m)	最大行程/mm
BXJ89	89	28	NC26	1 837	400	3.5	268
BXJ95	95	32	NC26	1 837	500	4	266
BXJ105	105	32	NC31	2 285	600	5	400

续表 13A-33

型　号	外径 /mm	内径 /mm	接头螺纹	总长 /mm	最大抗拉载荷 /kN	最大工作扭矩 /(kN·m)	最大行程 /mm
BXJ108	108	32	NC31	2 285	700	6	400
BXJ44	114	38	2⅞ in REG	1 832	800	7	268
BXJ46	121	38	NC38	2 285	900	8	405
BXJ62	159	51	NC50	2 763	1 500	13	467
BXJ70	178	70	NC50	2 952	1 800	15	470
BXJ80	203	70	6⅝ in REG	2 952	2 200	18	462

表 13A-34　DJ 型地面震击器技术规格

型　号	外径 /mm	水眼直径 /mm	行程 /mm	闭合长度 /mm	密封压力 /MPa	最大震击拉力/kN	最大抗拉载荷/kN	质量 /kg	接头螺纹
DJ46	121	32	1 000	2 500	15	600	1 200	200	NC38
DJ70	178	51	1 223	3 000	15	1 000	1 500	525	5½ in FH

13A.7　套管开窗侧钻工具

13A.7.1　造斜器

造斜器也称导斜器或斜向器，是用于引导磨铣工具从套管一侧磨铣开窗的专用工具。斜向器主要包括锚定机构、导向引导部分，按锚定方式可分为水力锚定式和卡瓦锚定式。

YTS 型水力锚定斜向器结构见图 13A-46。斜向器下至预定井深后，下入陀螺仪定向，将斜向器斜面对准开窗位置；缓慢开泵，使液体通过背面的传压管传递压力，推动液控系统中的活塞和传压杆，迫使剪切套剪断销钉，激活悬挂系统；在弹簧压缩力的作用下，推动卡瓦片上行卡住套管，而后下放钻柱加压，剪断护送螺钉，完成斜向器在套管中的锚定。另外，该工具还可通过护送销钉连接复式铣锥构成“一趟钻开窗系统”，一次下钻完成斜向器坐挂、套管开窗和修窗等几项作业。YTS 型水力锚定斜向器技术规格见表 13A-35。

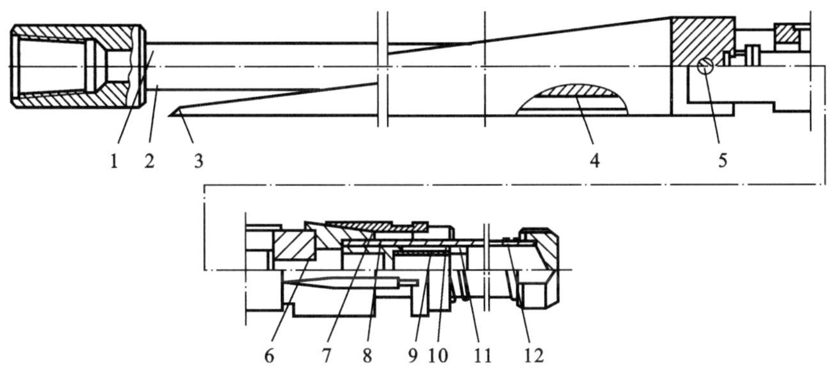

图 13A-46　YTS 型水力锚定斜向器

1—定向键；2—护送体；3—斜向器体；4—传压管；5—销轴；6—锥体；7—卡瓦片；8—活塞；9—传压杆；10—剪切套；11—剪切销钉；12—弹簧

表 13A-35　YTS 型水力锚定斜向器技术规格

规　格	型　号	
	YTS-118	YTS-150
适用套管外径/mm	139.7	177.8
适用套管通径/mm	118.5～130	154～160
母接头螺纹	NC31	NC38
工具总长/mm	3 600	4 400
最大外径/mm	118	150
导斜面斜度/(°)	3	3

13A. 7. 2　磨铣工具

(1) 启始铣鞋:用于从套管内初始切割套管,切削部分以下为导向杆。

(2) 开窗铣鞋:用于在起始磨鞋之后继续对套管开窗磨铣。

(3) 钻柱铣鞋和锥形铣鞋:钻柱铣鞋(井壁修整器、鼓形铣鞋等)通常与锥形铣鞋组合入井,用于开窗铣鞋之后对套管窗口进行修整或加长。

(4) 钻铰式铣锥:钻铰式铣锥为应用最多的开窗工具,可以一次完成开窗和修窗作业。

部分常用开窗磨铣工具的结构见图 13A-47,技术规格参见表 13A-36。

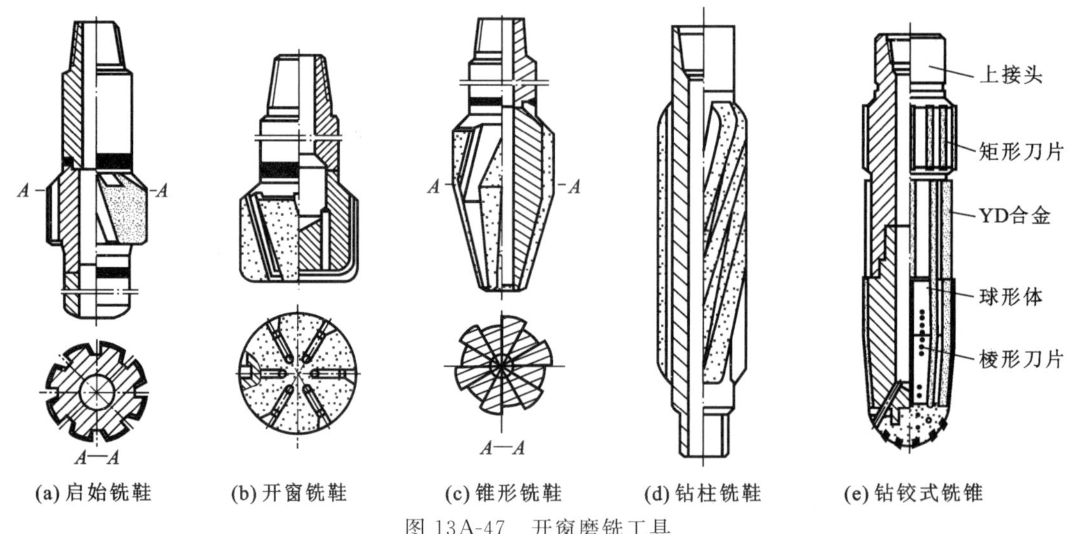

图 13A-47　开窗磨铣工具

表 13A-36　常用开窗磨铣工具技术规格

开窗磨铣工具类型	接头外径/mm	切削部分/mm		导向杆/mm		总长/mm	连接螺纹	开窗套管尺寸/mm
		外　径	长　度	外　径	长　度			
启始铣鞋	146	215	155	140	795	1 179	4½ in IF	244.5
开窗铣鞋	146	215	200			415	4½ in IF	244.5
锥形铣鞋	146	215	—			—	4½ in IF	244.5
钻柱铣鞋	146	215	710			1 410	4½ in IF	244.5
钻铰式铣锥	105	217	1 000			1 250	4½ in IF	244.5

13A. 7. 3 段铣工具

段铣工具是用于在原井预定位置割断并铣掉一部分套管，以建立从原井眼向外侧钻窗口的工具。三洲公司D型段铣器结构见图13A-48，技术规格见表13A-37。

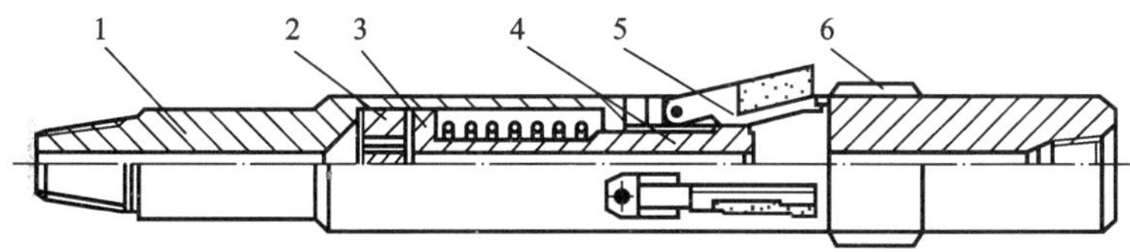

图13A-48 三洲公司D型段铣器

1—外筒；2—分水盘；3—活塞；4—推盘；5—刀片；6—扶正器

表13A-37 三洲公司D型段铣器技术规格

磨铣套管尺寸		最大张开尺寸		工具外径		推荐转速/(r·min^{-1})	连接螺纹
in	mm	in	mm	in	mm		
4½	114.3	5¼	133.4	3¾	95.3	140～180	2⅜ in REG
5½	139.7	6⅝	168.3	4½	114.3	120～150	2⅞ in REG
6⅝	168.3	7¾	196.9	4½	114.3	100～150	2⅞ in REG
7	177.8	8¼	209.6	5½	139.7	100～150	3½ in REG
7⅝	193.7	9	228.6	6¼	158.8	100～150	3½ in REG
8⅝	219.1	10¾	273.1	7¼	184.2	100～150	4½ in REG
9⅝	244.5	12¼	311.2	8¼	209.6	100～150	4½ in REG
10¾	273.1	12¾	323.9	9¼	235.0	100～150	6⅝ in REG
11¾	298.5	13¼	336.6	9¾	247.0	100～150	6⅝ in REG
13⅜	339.7	15½	393.7	11½	292.1	100～150	6⅝ in REG

使用时，将段铣工具下钻到预开窗位置；缓慢开泵，工具内部的活塞在压差作用下下行，压缩弹簧，驱使与活塞相连的推盘推动刀片张开；转动管柱，刀体开始切割套管；套管被割断时，刀片完全撑开，继续下放钻具，加压进行套管段铣。

参考文献

[1] 蒋希文. 钻井事故与复杂问题. 北京：石油工业出版社，2001.

[2] 吴奇. 井下作业工程师手册. 北京：石油工业出版社，2002.

[3] 法国石油研究院. 钻井数据手册. 第6版. 王子源，等译. 北京：地质出版社，1995.

[4] 中油长城钻井有限责任公司钻井液分公司. 钻井液技术手册. 北京：石油工业出版社，2005.

[5] 鄢捷年. 钻井液工艺学. 东营：石油大学出版社，2001.

[6] 张发展. 复杂钻井工艺技术. 北京：石油工业出版社，2006.

第十四章　钻井液

钻井液工艺技术是石油天然气钻井工程的重要组成部分，在安全、快速、优质钻井中起着十分关键的作用。随着科学技术的进步和石油工业的发展，新型钻井液处理剂不断涌现，钻井液类型也越来越多，钻井液服务市场化程度日趋成熟。在实际工作中，需从技术和管理两个方面对钻井液工艺技术及应用进行把控。技术上，需要重点进行把控的环节有钻井液的合理设计、钻井液现场配制和维护、科学处理所遇到的复杂情况等；管理上，应采取合理的措施，选择优秀的钻井液服务商并对其服务质量进行全方位的科学评估。本章围绕上述环节进行内容编排，供相关专业人员参考。

第一节　钻井液设计

一、钻井液设计依据

钻井液设计的依据如下：

(1) 资源国颁布的有关法律、法规和通行做法。

(2) 所钻井的地质及钻井工程设计。

① 地层层序和岩性。

② 地层压力剖面。

③ 复杂情况提示。

④ 地质录井、完井对钻井液的要求。

⑤ 环境保护对钻井液的要求。

(3) 石油行业发布的标准。

二、钻井液类型选择原则

钻井液类型的选择原则如下：

(1) 具有可行性、实用性、经济性和先进性，符合 QHSE 的基本方针和相关政策，满足勘探开发的总体要求，实现勘探开发目的。

(2) 优先采用成熟的钻井液类型。对于新钻井液类型，应坚持先试验、后推广的原则，以提高勘探开发工程质量和经济效益，降低工程风险。

(3) 不影响地质录井。对于探井，要求所选钻井液类型及其所用处理剂按照地质设计的要求执行，以便及时发现储层。

(4) 具有储层保护功能。使用与储层特性相适应的技术保护储层,以便正确评价储层。

(5) 具有环境友好特性。

三、钻井液设计主要内容

1. 钻井液类型设计

钻井液类型的设计依井型、井深和地质环境的不同而异。

(1) 对于深井和超深井,由于其高温、高压的特点,钻井液类型选择的余地相对较小,通常在三磺钻井液、聚磺钻井液及油基钻井液之间选择。

(2) 对于大斜度定向井、水平井,为防止钻进过程中钻具与井壁间的摩阻过高,提高井眼稳定性,常常选择油基钻井液或加有适量润滑剂的优质水基钻井液,使用时必须严格控制滤失量及泥饼质量。

(3) 对于区域探井和预探井,由于地质情况不十分清楚,为此要选用不影响地质录井、有利于发现储层的钻井液类型。通常不推荐使用油基或含油钻井液,而选用性能易于维护的常规水基钻井液。

(4) 对于开发井,因其地层特点已掌握清楚,重点应关注井壁稳定和储层保护,故尽量采用适合地层特点的钻井液类型,实现安全高效钻井的目的。

2. 钻井液主要性能设计

1) 密度

在保持井眼稳定、安全钻进的前提下,应尽量采用较低的钻井液密度,以利于提高钻速和减轻对储层的损害。

确定钻井液密度的方法:依据地质部门提供的地层压力剖面,裸眼井段以最高地层压力梯度为基准,再附加推荐值(油层为 0.05~0.10 g/cm^3,气层为 0.07~0.15 g/cm^3)来确定钻井液密度。对于含有高压水层、盐岩层、盐膏层等的特殊复杂井,当上述附加值不能满足要求时,经工程与地质双方商议,可适当提高附加值,以确保安全钻井。

2) 流变性能

钻井液流变性能优化设计应以发挥钻井液各项功用为基本前提,实现良好的流型、适当的流态、较小的流动阻力和水眼黏度、较好的剪切稀释特性等,不仅能保证钻井液功能的良好发挥,而且有利于提高钻速和井眼稳定性。

(1) 漏斗黏度设计。

设计漏斗黏度的取值范围时,可参考邻井资料及具体的井段数据进行选择。对探井来说,应根据所钻地层特征,参考类似地层和井深的数据进行选择。总体原则是在保障井下安全的条件下,选择较小的漏斗黏度值。

(2) 塑性黏度及动切力设计。

对于非加重钻井液,塑性黏度应控制在 5~12 mPa·s,动切力应控制在 1.4~14.4 Pa。对于不同密度的加重钻井液,其相应的塑性黏度和动切力的取值范围参考表 14-1-1。

表 14-1-1　不同密度钻井液塑性黏度和动切力取值推荐范围

密度/(g·cm^{-3})	1.20	1.32	1.44	1.56	1.80	1.92	2.04	2.16
塑性黏度/(mPa·s)	10～15	10～20	15～20	15～20	20～30	25～40	30～45	35～50
动切力/Pa	2.39～4.79	2.39～4.79	3.35～5.75	3.35～5.75	3.83～7.18	4.79～7.18	4.79～9.18	4.79～9.18

(3) 流性指数设计。

钻井液设计中，通常要求较低的流性指数(用 n 表示)值，以保证钻井液具有良好的剪切稀释特性。一般要求 n 值为 0.4～0.7。实践和实验均表明，当 $n \leqslant 0.6$ 时，钻井液的携岩能力较强，有利于净化井筒。

(4) 水眼黏度设计。

水眼黏度是高剪切速率下的流变性指标，采取卡森流变模式进行计算。降低水眼黏度有利于破岩、清岩及提高钻速。通常的低固相不分散聚合物钻井液的水眼黏度控制在 1～5 mPa·s 为宜。密度较高的分散型钻井液的水眼黏度通常会超过 15 mPa·s。

3) 滤失量

确定钻井液滤失量指标时，应以井下情况是否安全为出发点。井浅时可放宽，井深时应从严；钻裸眼井段时间短时可放宽，钻裸眼井段时间长时应从严；使用强抑制性钻井液时可放宽，使用弱抑制性钻井液时应从严。钻井液滤失量设计时应考虑的一般要求有：

(1) 对于一般地层，API 滤失量应尽量控制在 15 mL 以内，HTHP 滤失量不应超过 20 mL。

(2) 钻易塌地层时，根据地层坍塌的严重程度，须严格控制滤失量。通常 API 滤失量应控制在不大于 5 mL。

(3) 钻开储层时，应严格控制滤失量，以减少对储层的损害。API 滤失量应小于 5 mL，模拟井底温度的 HTHP 滤失量应小于 15 mL。

4) 固相含量

钻井液设计过程中涉及的固相有两种，分别是有用固相和无用固相。在此主要针对膨润土含量和总固相含量的取值范围进行简述。

(1) 膨润土含量的推荐值。

当钻井液密度小于 1.32 g/cm^3 时，每升钻井液中膨润土含量不超过 40 g，膨润土体积分数不高于 1.6%；当钻井液密度大于 1.32 g/cm^3 时，膨润土含量按下式确定：

$$BC = 77.4 - 28.3\rho_{\mathrm{m}} \tag{14-1-1}$$

式中　BC——膨润土含量(质量分数)，%；

ρ_{m}——钻井液密度，g/cm^3。

当钻井液密度在 1.20～2.30 范围内时，膨润土体积分数按下式确定：

$$B = 3.32 - 1.18\rho_{\mathrm{m}} \tag{14-1-2}$$

式中　B——膨润土体积分数，%。

一般来说，钻井液密度越大、井温越高，膨润土含量应越低。钻井液中膨润土含量的一般范围为 20～80 g/L。

（2）总固相含量的推荐值。

钻井液中总固相含量的取值范围与钻井液的密度密切相关，由于高密度钻井液的总固相含量受到一定限制，因而高密度钻井液的膨润土含量相应较低。具体的总固相含量取值范围可根据图 14-1-1 查得。

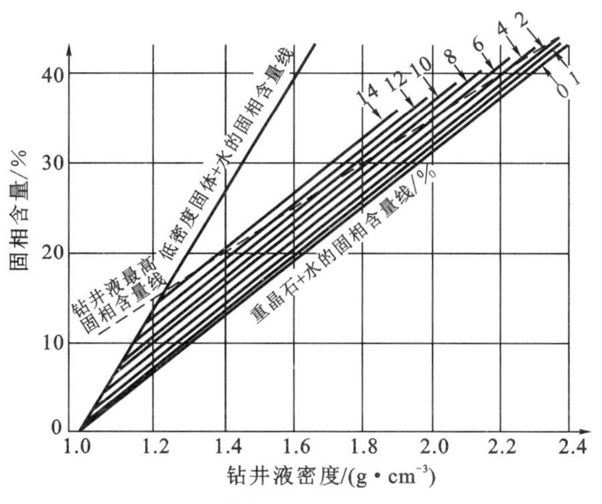

图 14-1-1　钻井液固相含量-密度图版

3. 钻井液维护处理要点设计

应针对每个开次的钻井液维护处理要点进行钻井液设计，其内容至少包括但不限于以下内容：

（1）开钻前应仔细检查钻井液循环系统、加重系统、固控系统、钻井液储备系统及材料储备，使之能满足各钻井阶段的要求。

（2）配膨润土浆必须用淡水，充分水化 24 h 以上，膨润土浆罐与胶液罐、循环罐之间的阀门必须关闭严密。

（3）钻井液性能达到设计要求后，方可开钻。

（4）在补充新浆或加重时，应确保钻井液中聚合物、防塌剂的有效含量，若 API 失水不好控制，则可加入由 LV-CMC、聚阴离子纤维素或淀粉类处理剂所配制的胶液进行调节，以改善泥饼质量、防塌和防卡。

（5）密切注意钻井液返出情况，发现井漏和其他异常情况及时处理。

（6）定期加入润滑剂和防泥包清洁剂，提高钻井液的润滑性能，预防卡钻和钻头泥包。充分利用四级固控清除钻屑，清除钻井液中的有害固相，保持较低的含砂量。开始定向造斜前向循环钻井液中加入足量的液体润滑剂和防塌剂，提高钻井液的润滑性和防塌性。

（7）为防止渗透性漏失，在易漏层钻进时要求按配方加入随钻堵漏剂。

（8）进入储层段前，应对加重装置进行一次全面的检查，发现问题及时解决。按设计要求储备压井液，一旦发生井涌，立即按井控要求准备进行压井作业。

（9）每开次钻完后，应进行短起下钻，补充部分润滑剂。充分循环钻井液，待性能均匀且达设计要求后，方可起钻。完井电测前，加入足量液体润滑剂后封闭斜井段；下套管前，加入足量固体润滑剂确保测井和下套管顺利。

4. 油气层保护要点设计

保护油气层是一项系统工程，从钻井液设计角度来说，有针对性地选择钻井液体系是实现有效保护油气层的前提。根据储层特点选择钻井液体系的一般原则如下：

（1）对特低渗透性储层，钻井液中的固相及滤液不易进入储层，可依据裸眼段地层特点选用有利于安全快速钻进的聚合物钻井液，加快钻速，缩短油气层浸泡时间，降低钻井成本。

（2）对低压低渗透性储层，应根据储层压力系数的大小选用气体类钻井流体、无固相钻井液或油基钻井液，也可采用水包油或低固相钻井液。

（3）对中、高渗透性储层，应尽量使用清洁盐水钻井液和聚合物低固相钻井液，并根据储层的敏感性实施暂堵技术，提高渗透率恢复值。

（4）对裂缝性砂岩和碳酸盐岩储层，因其极易发生漏失，必须严格按储层压力系数选择钻井液类型，尽可能实现近平衡压力钻井，并使用合适的暂堵剂以减轻对储层的损害。

仅有合适的钻井液体系还不够，还需要相应的储层保护工艺作保障，设计时需要重点考虑如下技术工艺：

（1）依据储层特征选择入井工作液的密度、类型和组分，降低压差，缩短浸泡时间，控制其液相和固相颗粒尽可能不进入或少进入储层。

（2）根据地层结构特征及岩性的矿物组成，以及室内的评价实验结果，优选出与油气层岩石和流体相匹配的工作液配方和施工工艺。尽可能不要诱发对储层的潜在损害，或者在油气井投产时可使用现代物理或化学方法加以解堵。

（3）保护储层技术尽可能立足于以预防为主，解堵为辅。

（4）优选各项储层保护技术时，既要考虑各项技术的先进性与有效性，更重要的是要考虑其经济上的可行性。

第二节　钻井液配制及维护处理工艺

一、常用水基钻井液配制、推荐配方及维护处理工艺

1. 细分散钻井液体系

细分散钻井液是由淡水、配浆膨润土和各种对膨润土、钻屑起分散作用的处理剂（简称为分散剂）配制而成的一种水基钻井液。由于它的配制方法简便、处理剂用量较少，所以其成本较低，应用较广泛。通过加入一定的抗高温处理剂，该体系可具有抗高温的特点。目前应用较多的主要有膨润土钻井液体系和三磺钻井液体系。

1）膨润土钻井液

膨润土钻井液通常用于钻导管、表层套管等较浅的井段，实现加固上部地层井壁，防止井漏和坍塌。另外，正常钻进过程中，要储备适量的此类钻井液，防止钻井过程中对钻井液量的应急需求。

(1) 推荐配方。

常用配方见表 14-2-1。

表 14-2-1 膨润土钻井液的推荐配方及主要性能

基本配方		可达到性能	
材料名称	加量/(kg·m^{-3})	项 目	指 标
膨润土	25～55	漏斗黏度/s	35～65
烧 碱	0.5～1.0	塑性黏度/(mPa·s)	8～12
纯 碱	0.7～1.5	动切力/Pa	5～10
CMC	1.0～3.0	滤失量/mL	不控制(通常<20)
		pH 值	9～10

(2) 配制方法。

先在配浆水中加入纯碱和烧碱,去除配浆水中的 Ca^{2+} 和 Mg^{2+},以提高膨润土浆的配制效果。

膨润土浆在使用前应进行预水化:将所需数量的膨润土、水和烧碱或纯碱在罐中搅拌并用泵循环 2～4 h,然后将其静置 16～24 h。根据需要,可加入一定数量的其他处理剂。

(3) 维护要点。

当泥页岩岩屑侵入过多时,钻井液会有增稠趋势。此时,应该采取的措施如下:

① 条件许可时可放掉部分污染严重的钻井液,同时用水进行稀释。

② 加入相应的化学处理剂,如电解质抑制剂或稀的聚合物包被絮凝剂 PHPA 或降黏剂。

③ 加强固控工作,充分利用振动筛、除砂器和除泥器等除掉无用固相。

④ 当滤失量偏高时,加入降滤失剂,如 CMC,PAC 或淀粉类降滤失剂。

2) 分散型三磺钻井液

分散型三磺钻井液是用于钻深井、超深井的经典钻井液,抗温可达 160～200 ℃,密度可达 2.00 g/cm^3 以上。

(1) 推荐配方。

常用配方见表 14-2-2。

表 14-2-2 分散型三磺钻井液的推荐配方及主要性能

基本配方		可达到性能	
材料名称	加量/(kg·m^{-3})	项 目	指 标
膨润土	15～40	密度/(g·cm^{-3})	1.15～2.00
纯 碱	5～8	漏斗黏度/s	30～90
磺化褐煤	30～50	API 滤失量/mL	≤5
磺化栲胶	5～15	HTHP 滤失量/mL	15 左右
磺化酚醛树脂	30～50	泥饼厚度/mm	0.5～1

续表 14-2-2

基本配方		可达到性能	
材料名称	加量/(kg·m^{-3})	项　目	指　标
红矾钾(钠)	2～4	塑性黏度/(mPa·s)	10～55
CMC(低黏)	10～15	动切力/Pa	3～18
Span-80	3～5	静切力(初/终)/Pa	(0～5)/(2～15)
润滑剂	5～15	pH 值	≥10
烧　碱	3 左右	含砂量/%	0.5～1.0
重晶石	视需要而定		
各类无机盐	视需要而定		

(2) 配制方法。

通常情况下都是直接由上开次的井浆转化而成，转化时的关键指标之一是膨润土含量，其具体数值要根据欲配制的钻井液密度来决定，其对应关系参见表 14-2-3。在加入其他处理剂前，先将原井浆进行处理。

表 14-2-3　三磺钻井液的密度与膨润土含量的关系

钻井液密度/(g·cm^{-3})	<1.4	1.6	1.8	2.0	2.2
膨润土含量/(g·L^{-1})	30～40	25～30	20～25	15～20	10～15

将三磺处理剂和其他降滤失剂按照推荐配方配制成胶液，充分搅拌均匀，然后混入处理后的原井浆之中，循环两个循环周期，最后根据需要加入适量的加重剂。

(3) 维护要点。

① 维护时，通常加入按所需要浓度比配成的混合胶液。若黏度、切力过高，可以加入低浓度混合液或磺化栲胶；若滤失量过高，可以同时补充高温降滤失剂。

② 加强固控工作，充分利用振动筛、除砂器、除泥器、离心机等除掉无用固相。

2. 钙处理钻井液体系

钙处理钻井液又称粗分散钻井液，体系中的膨润土颗粒处于适度絮凝的粗分散状态，是细分散钻井液的进一步发展，它在抗盐、钙污染能力和对泥页岩水化的抑制作用方面均有一定的提升。此外，该体系还有固相含量相对较少的特点，容易在高密度条件下维持较低的黏度和切力，有利于提高钻速。此类钻井液体系的典型代表有石膏钻井液和褐煤-氯化钙钻井液两种。

1) 石膏钻井液

该钻井液用石膏粉作絮凝剂，分别用无铬铁铬盐和 CMC 作为稀释剂和降滤失剂，具有较强的抗盐污染和石膏污染的能力，抗温可达 175 ℃左右，可用于 5 000 m 以上的井段。

(1) 推荐配方。

常用配方见表 14-2-4。

表 14-2-4　石膏钻井液的推荐配方及主要性能

基本配方		可达到性能	
材料名称	加量/($kg \cdot m^{-3}$)	项　目	指　标
膨润土	30～40	密度/($g \cdot cm^{-3}$)	1.15～1.20
纯　碱	4～6.5	漏斗黏度/s	35～40
无铬铁铬盐	12～18	静切力(初/终)/Pa	(0～1.0)/(1.0～5.0)
烧　碱	2～4.5	API 滤失量/mL	5～8
CMC	3～4	泥饼厚度/mm	0.5～1.0
磺化栲胶	视需要而定	HTHP 滤失量/mL	<20
石　膏	12～20	pH 值	9.5～10.5
重晶石	视需要而定	含砂量/%	0.5～1.0

(2) 配制方法。

通常是在原有分散钻井液的基础上经转化而成的。转化时首先加入适量淡水,以降低无铬固相含量,所需水量可根据实验确定。然后在 1～2 个循环周内加入约 4 kg/m^3 的烧碱、10～15 kg/m^3 的铁铬盐和 12～18 kg/m^3 的石膏。在添加以上处理剂之后,再在 1～2 个循环周内加入 3～4.5 kg/m^3 的降滤失剂 CMC,最后根据密度需要加入适量的重晶石,循环均匀即可。

(3) 维护要点。

① 经常检测滤液中 Ca^{2+} 含量和 pH 值,维持滤液中 Ca^{2+} 的质量浓度为 600～1 200 mg/L,pH 值在 9.5～10.5 范围内。

② 注意将钻井液中游离的石膏含量控制在 5～9 kg/m^3 范围内。

2) 褐煤-氯化钙钻井液

它是一种以 $CaCl_2$ 作为絮凝剂,分别选用无铬铁铬盐和 CMC 作稀释剂和降滤失剂,用褐煤碱剂进行流型调节的钙处理钻井液。该钻井液具有更强的稳定井壁和抑制泥页岩坍塌及造浆的能力。

(1) 推荐配方。

常用配方见表 14-2-5。

(2) 配制方法。

褐煤-氯化钙钻井液的配制方法与石膏钻井液类似,也常常由分散钻井液转化而来。转化时先加入适量配浆水和褐煤碱剂,防止钻井液过稠,所需要的水量根据小型实验而定。然后在 1～2 个循环周内加入氯化钙。待上述处理剂循环均匀后,再按循环周加入降滤失剂(CMC,PAC)及重晶石等。

(3) 维护要点。

① 维持好钻井液中 $CaCl_2$ 和褐煤碱剂的比例。经验表明,一般维持在(1～1.1)∶100 为最佳。

② 注意滤液中 Ca^{2+} 的质量浓度一般在 1 000～3 500 mg/L 范围内。

③ 加强固控工作,充分利用振动筛、除砂器、除泥器、离心机等除掉无用固相。

表 14-2-5 褐煤-氯化钙钻井液的推荐配方及主要性能

基本配方		可达到性能	
材料名称	加量/(kg·m⁻³)	项　目	指　标
膨润土	30～40	密度/(g·cm⁻³)	1.15～1.20
纯　碱	3～5	漏斗黏度/s	18～24
褐煤碱剂	500左右	API滤失量/mL	5～8
$CaCl_2$	5～10	泥饼厚度/mm	0.5～1.0
CMC	3～6	pH值	10～11.5
重晶石	视需要而定	静切力(初/终)/Pa	(0～1.0)/(1.0～4.0)

注：褐煤碱剂的配比为褐煤：烧碱：水 = 15：(2～3)：(100～150)(质量比)。

3. 盐水钻井液体系

盐水钻井液依其含盐量的不同通常分为四种类型：微咸水钻井液(含盐量在1%～2%之间)、海水钻井液(含盐量在2%～4%之间)、欠饱和盐水钻井液(含盐量在4%与近饱和之间)、饱和盐水钻井液(含盐量达饱和)，前三者也常称为一般盐水钻井液体系。当所钻地层中含有大段盐岩层、盐膏层或盐膏与泥岩互层时，常常会考虑使用盐水钻井液体系。该体系也常常用来钻高压盐水层。

1) 一般盐水钻井液

一般盐水钻井液常用的配浆土有两种：膨润土和抗盐黏土(海泡石、凹凸棒石等)。常用的分散剂有无铬木质素磺酸盐、CMC、褐煤碱液和聚阴离子纤维素等。一般应根据含盐的多少来决定所选用的分散剂的类型和用量。

(1) 推荐配方。

常用配方见表14-2-6。

表 14-2-6 盐水钻井液体系的推荐配方及主要性能

基本配方		可达到性能	
材料名称	加量/(kg·m⁻³)	项　目	指　标
抗盐黏土	20～30	密度/(g·cm⁻³)	1.15～1.20
膨润土(经预水化)	20～30	塑性黏度/(mPa·s)	25～35
聚阴离子纤维素	4～6	动切力/Pa	7.0～9.0
抗盐降黏降滤失剂	30～40	API滤失量/mL	≤5
钠褐煤	15～20	HTHP滤失量/mL	15～22
高黏CMC	1～3	pH值	9.5～10.5
液体润滑剂	15～30	n值	0.6左右
改性沥青	视需要而定		
抗高温处理剂	视需要而定		
消泡剂	1～3		

(2) 配制方法。

在配制盐水钻井液时,最好选用抗盐黏土(海泡石、凹凸棒石等)作为配浆土。若使用膨润土,则必须在淡水中经过预水化,然后按循环周依次加入各种处理剂。

(3) 维护要点。

① 保持所需的含盐量是该类钻井液维护处理的关键所在。为此需经常向钻井液中补充盐或盐水,并用 $AgNO_3$ 滴定法定时检测滤液中的 NaCl 浓度。在维护过程中,应根据含盐量的高低和钻井液性能的变化及时处理好降黏和护胶这两方面的问题。

② 含盐量越低,降黏问题越应受到关注。常用降黏剂有无铬木质素磺酸盐、单宁酸钠和磺化栲胶等。

③ 含盐量越高,护胶问题越重要。高黏 CMC、聚阴离子纤维素及其他抗盐聚合物降滤失剂和包被剂均可用来进行护胶。

④ 加强固控工作,充分利用振动筛、除砂器、除泥器、离心机等除掉无用固相。

2) 饱和盐水钻井液

该钻井液的显著特点是 NaCl 含量达到饱和,抗污染能力强,对地层中黏土的水化膨胀和分散有很强的抑制作用。常用淀粉或聚阴离子纤维素作为降滤失剂。

(1) 推荐配方。

常用配方见表 14-2-7。

表 14-2-7 饱和盐水钻井液的推荐配方及主要性能

基本配方		可达到性能	
材料名称	加量/(kg·m^{-3})	项 目	指 标
增黏剂(PAC141 或 KPAM)	3～6	密度/(g·cm^{-3})	1.20 以上
降滤失剂(CMC 或 SMP)	20～50	漏斗黏度/s	30～55
抗盐降黏剂	一般 30～50	表观黏度/(mPa·s)	9.5～59
NaCl	达饱和	塑性黏度/(mPa·s)	8～50
NaOH	2～5	动切力/Pa	2.5～15
表面活性剂	视需要而定	静切力(初/终)/Pa	(0.2～2)/(0.5～10)
重结晶抑制剂	视需要而定	API 滤失量/mL	3～6
		pH 值	8.5～10
		含砂量/%	<0.5

(2) 配制方法。

用抗盐黏土配制饱和盐水钻井液的方法如下:在 0.159 m^3 淡水中加入 57 kg 工业食盐,搅拌均匀即可得到 1.13 g/cm^3 的饱和盐水。然后在饱和盐水中加入 80～86 kg/m^3 的优质抗盐黏土,即可配成漏斗黏度为 36～38 s 的原浆。接着向其中加入淀粉或 PAC 系列,当加入 11～14 kg/m^3 的淀粉后,体系的滤失量便可降至 15 mL 以下;当加入 23～29 kg/m^3 的淀粉后,则可将滤失量控制到 5 mL 以下。随后可以根据情况适量加入其他处理剂,进行钻井作业。

(3) 维护要点。

① 保持所需的含盐量是该类钻井液维护处理的关键所在,因此需要经常检测钻井液中

的盐含量，不定期向体系中补充盐或盐水。

② 加入 NaCl 后会使 pH 值降低，应不断补充烧碱，以使 pH 值保持在 8.5～10。

③ 使用盐水钻井液经常会出现发泡现象，应加入适量的消泡剂消泡。

④ 对饱和盐水钻井液的维护应以护胶为主，降黏为辅。当发生黏度和切力下降，而滤失量上升时，应及时补充护胶剂，保持性能相对稳定。另外，要特别注意钻盐层循环钻井液时因温差而出现的盐析问题。

4. 聚合物钻井液体系

聚合物钻井液是目前应用最广泛的一种钻井液体系。该体系具有固相含量低、剪切稀释性良好、钻进速度快、对油气层损害小、钻井成本低等特点。目前应用较多且较成熟的主要有三种类型：KCl-聚合物钻井液、聚合物-磺酸盐钻井液和 KCl-聚合醇钻井液。

1）KCl-聚合物钻井液

该钻井液主要利用 K^+ 的镶嵌作用来抑制膨润土水化分散，用聚丙烯酰胺提供絮凝和包被能力，用聚丙烯腈胺盐和聚阴离子纤维素来降滤失。该钻井液通常用于地应力较小、地层造浆能力相对中等、完钻井深在 3 500 m 以内的井中。

（1）推荐配方。

常用配方见表 14-2-8。

表 14-2-8　KCl-聚合物钻井液的推荐配方及主要性能

基本配方		可达到性能	
材料名称	加量/($kg \cdot m^{-3}$)	项　目	指　标
抑制剂(KCl)	50～70	漏斗黏度/s	40～60
絮凝包被剂(PHPA)	1～3	塑性黏度/(mPa · s)	10～25
防塌剂(KPAM)	1～2	动切力/Pa	5～15
降滤失剂(PAC)	2～4	滤失量/mL	3～6
水解聚烯腈胺盐(NH_4-HPAN)	3～6	pH 值	9～10.5
流型调节剂(XC)	2～4		

（2）配制方法。

KCl-聚合物钻井液通常是由上部井段使用的膨润土浆转化而成的。其转化的程序是：先将上部使用的钻井液加水稀释至其膨润土含量为 15～30 kg/m^3，然后依次加入 PHPA、KPAM、KCl、降黏剂和降滤失剂等，充分循环，以使钻井液基本达到设计的性能。

配制时应注意，在加入处理剂前一定要把膨润土含量降下来，否则加入 KCl 和包被增稠剂 PHPA 或 KPAM 后，往往会使黏度升得极高而不能使用。

（3）维护要点。

① 经常检测 K^+ 含量，适时补充 KCl 以保证钻井液中 KCl 的含量在设计范围内。

② 当钻速较快或钻遇强造浆性地层时，要加强固控设备的运转效率，必要时增加清罐次数，维护好钻井液的流变性能。

2）聚合物-磺酸盐钻井液

聚合物-磺酸盐钻井液又称聚磺钻井液，是在常规聚合物钻井液的基础上发展起来的一种应对中深井的钻井液。它同时具有聚合物钻井液和三磺钻井液的优点，具有明显的抑制性、抗化学污染和抗温等能力，目前可以实现抗温 200 ℃以上。这种钻井液体系可以有效地用于钻 6 000 m 或更深的深井、定向井和水平井。

（1）推荐配方。

聚磺钻井液所使用的主要处理剂可大致分为两类：一类是抑制类，包括各种聚合物处理剂及 KCl 等无机盐，其作用主要是抑制地层造浆，保持井壁稳定；另一类是分散剂，包括各种磺化材料、褐煤类处理剂及纤维素等，其作用主要是降滤失和改善流变性。配方见表 14-2-9。

表 14-2-9　聚合物-磺酸盐钻井液的推荐配方及主要性能

基本配方		可达到性能	
材料名称	加量/(kg·m⁻³)	项　目	指　标
KPAM	2～3	密度/(g·cm⁻³)	1.05～1.50
PAC-141	1～3	漏斗黏度/s	45～65
两性离子包被抑制剂	1～3	塑性黏度/(mPa·s)	10～25
NH_4-HPAN	3～5	动切力/Pa	7～18
KCl	50～70	静切力(初/终)/Pa	(0～5)/(2～30)
磺化褐煤	5～15	API 滤失量/mL	<5
磺化酚醛树脂	5～15	HTHP 滤失量/mL	15 左右
磺化单宁	5～15	pH 值	≥10
两性离子降黏聚合物	3～8	含砂量/%	0.5～1.0

（2）配制方法。

聚磺钻井液大多由上部地层所使用的聚合物钻井液在井内转化而成。转化最好在技术套管内进行，可以先将聚合物和磺化类处理剂分别配制成胶液，然后按小型实验的配方要求，与一定数量的井浆混合，或者先用清水把井浆稀释，使其中的膨润土含量达到一定的适宜范围，再将混合胶液混入，充分循环。等循环均匀后，再根据全套性能适当补加相关处理剂。

（3）维护要点。

① 膨润土含量是影响聚磺钻井液性能的关键因素之一，必须控制在设计范围之内。

② 对于深井（>3 500 m）、高温井和地层复杂的井，磺酸盐类降滤失剂、降黏剂的数量必须加够；而对于较浅和地层不太复杂的井，磺酸盐类处理剂的加量可适当少些，一部分可用常规的添加剂代替。

③ 当钻遇高压层使用高密度钻井液时，建议使用活化重晶石和活化铁矿粉加重，这样会使加重的钻井液有更好的流变性能，并可大大降低成本，因为这样可以节省大量的降黏剂、降滤失剂和加重材料。

3）KCl-聚合醇钻井液

KCl-聚合醇钻井液是近年来应用较广泛的一类具有较强抑制性、较好润滑性、环保性能好的钻井液，主要用来应对地层失稳较严重的井段和对储层保护要求较高的地区。该钻井液独特的“浊点”效应，使之具有突出的稳定井壁、润滑、减轻储层损害等作用。

（1）推荐配方。

常用配方见表 14-2-10。

表 14-2-10　KCl-聚合醇钻井液的推荐配方及主要性能

基本配方		可达到性能	
材料名称	加量/(kg·m^{-3})	项　目	指　标
KPAM	2～3	密度/(g·cm^{-3})	1.20～1.90
PHPA	1.0～2.5	漏斗黏度/s	40～80
NH_4-HPAN	5～8	塑性黏度/(mPa·s)	10～40
PAC	2.5～4	动切力/Pa	10～35
聚合醇	10～30	静切力(初/终)/Pa	(3～8)/(5～13)
XC	2～4	API 滤失量/mL	5～7
KCl	50～80	HTHP 滤失量/mL	<12
重晶石	视需要而定	pH 值	9～10.5
		含砂量/%	0.2

（2）配制方法。

KCl-聚合醇钻井液是在 KCl-聚合物钻井液的基础上配制而成的。待 KCl-聚合物钻井液配制完成并循环均匀后，按循环周期加入所需量的聚合醇即可。

（3）维护要点。

① 在使用聚合醇前要搞清地层温度、岩性特点等相关资料，选取适宜浊点的聚合醇处理剂。聚合醇与多数处理剂是兼容的，但在使用前最好还是做小型实验，根据配方加入处理剂。

② 在加入聚合醇后可能有起泡现象，此时可以稍稍加入一些消泡剂。

③ 钻进过程中应不断补充聚合醇的量，确保其含量符合设计要求，进而维持钻井液的抑制和润滑性能。

5. 甲酸盐钻井液体系

甲酸盐钻井液是一种有机盐钻井液，常使用甲酸钠、甲酸钾或甲酸铯为主进行配制。由于该类盐溶液本身具有较高的密度，可以配制成固相含量低的高密度钻井液体系。甲酸盐的溶解性好，与常规处理剂配伍良好，环保性能好，常用在承压能力较强、容易水化分散的地层。对环保要求较高的地区，已在小井眼井、侧钻水平井和连续软管钻井等技术中得到应用，并取得了非常显著的效果。三种甲酸盐溶液的密度差别较大，见表 14-2-11。

1）推荐配方

常用配方见表 14-2-12。

2）配制方法

配制甲酸盐钻井液时通常都配成无固相钻井液，在配浆水中加入所需要量的甲酸盐（通常情况大于 20%，然后在盐水中加入降滤失剂、流变性调节剂、固相封堵剂等，将体系的滤失量降低至 8 mL 以下，循环均匀后即可用于钻进。

表 14-2-11 各种甲酸盐溶液性能

甲酸盐	质量分数/%	密度/(g·cm⁻³)	塑性黏度/(mPa·s)	pH 值
HCOONa	45	1.338	7.1	9.4
HCOOK	76	1.598	10.9	10.6
HCOOCs	83	2.37	2.8	9.0

表 14-2-12 甲酸盐钻井液的推荐配方及主要性能

基本配方		可达到性能	
材料名称	加量/$(kg\cdot m^{-3})$	项　目	指　标
甲酸盐	200～600	密度/$(g\cdot cm^{-3})$	根据需要
PAC	10～15	漏斗黏度/s	45～65
XC	5～10	静切力(初/终)/Pa	(1～5)/(3～10)
KPAM	2～3	API 滤失量/mL	3～6
改性淀粉	4～6	pH 值	10～12.5
乳化沥青	30～50	含砂量/%	0.2
SMP	20～40		
抗盐降滤失剂	10～30		
加重剂	视需要而定		

3）维护要点

(1) 甲酸盐钻井液含盐量较高，对常规不抗盐处理剂有削弱其功能的作用，所以在选用处理剂时一定要注意其抗盐能力。

(2) 由于甲酸盐钻井液多为无固相或低固相钻井液，为维持好它的各项性能指标，应及时将侵入的钻屑清除，防止性能变坏。

(3) 为保持甲酸盐钻井液的密度，应适时监测和补充钻井液中的甲酸盐，使其达到要求的含量，并根据配方加足其他处理剂。

(4) 在该体系需要加重的情况下，最好使用 $CaCO_3$ 和 Fe_2O_3 等酸溶性材料进行加重，有利于保护储层。

二、常用油基钻井液配制、推荐配方及维护处理工艺

油基钻井液以油代替水为连续相，具有抗高温、抗盐钙侵、有利于井壁稳定、润滑性能好和对油气层损害较小等特点，多用于钻高难度的高温深井、大斜度定向井、长水平段水平井，以及各种复杂地层。油基钻井液主要分为三种类型：全油基钻井液、油包水乳化钻井液和合成基钻井液。

1. 全油基钻井液

全油基钻井液是钻井液发展过程中的一类重要钻井液类型，它有许多水基钻井液无法媲

美的优点：① 良好的井壁稳定和页岩抑制能力；② 油气层损害大大减少；③ 良好的润滑性和低的卡钻概率；④ 抗化学污染能力强；⑤ 高温下性能稳定；⑥ 用它所钻井的井径规则，有利于起下钻和测井作业；⑦ 可降低对主要钻井设备的腐蚀程度等。但由于该类钻井液对生态环境影响较大，在一定程度上限制了其应用。

1）推荐配方

油基钻井液的具体配方应根据拟钻井的工程和地质特点、所使用处理剂的种类和性质进行严格的室内实验，进而选定全油基钻井液的配方。表 14-2-13 是常规全油基钻井液的一种推荐配方。

表 14-2-13　全油基钻井液配方及主要性能

基本配方		可达到性能	
材料名称	加量/($kg \cdot m^{-3}$)	项　目	指　标
柴　油	1 m^3	密度/($g \cdot cm^{-3}$)	按要求
亲油膨润土	20～40	表观黏度/(mPa·s)	40～80
氧化沥青	50～90	塑性黏度/(mPa·s)	25～45
亲油聚合物	20～30	动切力/Pa	5～15
辅助乳化剂	15～25	API 滤失量/mL	<3
降滤失剂	10～20	HTHP 滤失量/mL	<8
加重剂	视需要而定	含水量/%	<7

2）配制方法

首先根据欲配制钻井液的数量取适量柴油加入配浆罐中，然后将有机土直接加入柴油中，搅拌 1.5～2 h，使之完全分散。接着在配制好的柴油有机土浆中加入亲油性聚合物处理剂、氧化沥青等搅拌 2 h。为了提高全油基钻井液的稳定性，在上述浆中再加入适量的乳化剂，必要时加入亲油性反絮凝剂，最后根据需要加入加重材料即可。

3）维护要点

(1) 钻进时要防止水进入钻井液中，定时测量流变参数、滤失量、电阻率、含水量、破乳电压等全套性能参数，以保证其各项参数在设计范围之内，特别注意其含水量应一直低于 7%。

(2) 钻井过程中始终保持固控设备正常运转，防止钻屑在钻井液中过多积存。

2. 油包水乳化钻井液

油包水乳化钻井液是目前应用最广泛的一种油基钻井液，它是以水为分散相、油为连续相，并添加适量的乳化剂、润湿剂、亲油胶体和加重剂等所形成的稳定的乳状液体系。与全油基钻井液一样，油包水乳化钻井液多用于钻高难度的高温深井、大斜度定向井、长水平段水平井及各种复杂地层。

1）推荐配方

油包水乳化钻井液配方的组成变化较大，各钻井液公司都根据具体的地层情况和实际问题，通过大量的室内实验进行确定。一种优质的油包水乳化钻井液配方是在对各种组分优化组合的基础上形成的。表14-2-14 中所列配方用于钻高温深井，其油水比相应较高，且所选用乳化剂和润湿剂均耐高温；表 14-2-15 中所列配方用于钻泥页岩严重井塌层，其特点是活度平衡；表 14-2-16 中所列配方则适用于环保要求严格的海上或其他地区，其特点是选择以低毒或无毒矿物油作为基油的配方。

表 14-2-14　油包水乳化钻井液配方及主要性能 1

基本配方		可达到性能	
材料名称	加量/(kg·m^{-3})	项　目	指　标
有机土	20～30	密度/(g·cm^{-3})	0.90～2.00
主乳化剂 环烷酸钙 或油酸 或石油磺酸铁 或环烷酸酰胺	 20 左右 20 左右 100 左右 40 左右	漏斗黏度/s	30～100
		表观黏度/(mPa·s)	20～120
		塑性黏度/(mPa·s)	15～100
		动切力/Pa	2～24
		静切力(初/终)/Pa	(0.5～2)/(0.8～5)
辅助乳化剂 Span-80 或 ABS 或烷基苯磺酸钙	 20～70 20 左右 70 左右	API 滤失量/mL	<5
		HTHP 滤失量/mL	<10
		pH 值	10～11.5
		含砂量/%	<0.5
石　灰	50～100	泥饼摩阻系数	<0.15
30%$CaCl_2$ 溶液	70～150 L/m^3	破乳电压/V	460～1 500
油水比(体积比)	(85～70)∶(15～30)		
氧化沥青	视需要而定		
加重剂	视需要而定		

表 14-2-15　油包水乳化钻井液配方及主要性能 2

基本配方		可达到性能	
材料名称	加量/(kg·m^{-3})	项　目	指　标
有机土	30	密度/(g·cm^{-3})	0.90～2.18
石油磺酸铁	100	漏斗黏度/s	80～100
Span-80	70	表观黏度/(mPa·s)	90～120
腐殖酸酰胺	30	塑性黏度/(mPa·s)	35～100
石　灰	90	动切力/Pa	20～30
NaCl	160	静切力(初/终)/Pa	(2.5～8)/(5～20)
30%$CaCl_2$ 溶液	150 L/m^3	API 滤失量/mL	<4
KCl	50	HTHP 滤失量/mL	<8
零号柴油∶水(体积比)	70∶30	pH 值	10～11.5
加重剂	视需要而定	含砂量/%	<0.5
		泥饼摩阻系数	<0.12
		破乳电压/V	470～550

表 14-2-16　低毒油包水乳化钻井液典型配方及主要性能

基本配方		可达到性能	
材料名称	加量/(kg·m^{-3})	项　目	指　标
油水比(体积比)	90∶10	密度/(g·cm^{-3})	1.92
主乳化剂	10	塑性黏度/(mPa·s)	77
辅助乳化剂	24.2	动切力/Pa	12.9
润湿剂	6.28	静切力(初/终)/Pa	10.1/14.4
30%$CaCl_2$ 溶液	11.1 L/m^3	破乳电压/V	2 000
石　灰	28.5	HTHP 滤失量/mL	3.7
有机土	20		
重晶石	1 266.7		
滤失控制剂	28.5		

2) 配制方法

洗净并准备好两个混合罐。用泵将配浆用基油打入 1 号罐内，按预先计算的量加入所需的主乳化剂、辅助乳化剂和润湿剂。然后进行充分搅拌，直至所有油溶性组分全部溶解。同时，按所需的水量将水加入 2 号罐内，并让其溶解所需 $CaCl_2$ 量的 70%。两者准备好后，在泥浆枪等专门设备强有力的搅拌下，将 $CaCl_2$ 盐水缓慢加入油相。最好是在 3.45 MPa 以上的泵压下，通过直径为 1.27 cm 的泥浆枪喷嘴对钻井液进行搅拌。若泵压达不到 3.45 MPa，则应选用更小喷嘴，并降低加水的速度。接着在继续搅拌条件下加入适量的亲油胶体和石灰。当乳状液形成后，应全面测定其性能，如流变参数、pH 值、破乳电压和 HTHP 滤失量等。待性能达到要求后，加入重晶石以达到所要求的钻井液密度。

3) 维护要点

(1) 油基钻井液的固控工作非常重要，应尽可能使用 200 目的筛网，将固相含量控制在最低范围内。

(2) 保持良好的乳化稳定性。只要乳化稳定性维护好，油基钻井液的各项性能指标就会满足钻井施工要求。

(3) 油包水乳化钻井液体系的活度平衡，是对付强水敏复杂地层最为有效的办法，因为只有这种钻井液才能完全阻止外来液体侵入地层。

(4) 经常测定其流变参数、滤失量、油水体积比、破乳电压、抗温稳定性和水相化学活度等性能。根据测出的性能与设计值之间的偏差进行室内实验，确定处理方案。

3. 合成基钻井液

合成基钻井液无毒、可生物降解、对环境无污染，已在环境要求严格的陆上地区广泛应用。由于该体系的润滑性良好，在大斜度井和水平井中也得到应用。

1) 推荐配方

合成基钻井液的配方与传统的矿物油基钻井液类似，加量也大致相同。它是以人工合成或改性有机物(合成基液)为连续相，盐水为分散相，再加上乳化剂、有机土和石灰等组成的。

表 14-2-17 和表 14-2-18 分别是目前常用的两种合成基钻井液的典型配方和性能。

表 14-2-17 酯基钻井液典型配方及主要性能

基本配方		可达到性能	
材料名称	加量/(kg·m^{-3})	项　目	指　标
酯　类	0.65 m^3	密度/(g·cm^{-3})	1.55
水生动物油乳化剂	36.5	塑性黏度/(mPa·s)	54
有机土	6.3	动切力/Pa	13
HTHP 降滤失剂	31.9	静切力(初/终)/Pa	(4～9)/(6～13)
纯度为 82%的 $CaCl_2$	35.4 L/m^3	破乳电压/V	990
石　灰	4.3	HTHP 滤失量/mL	2.4
降黏剂	5.9		
重晶石	796		
流型控制剂	1.1		
淡　水	130		

表 14-2-18 PAO 钻井液典型配方及主要性能

基本配方		可达到性能	
材料名称	加量/(kg·m^{-3})	项　目	指　标
PAO 基液	0.62 m^3	密度/(g·cm^{-3})	1.60
乳化剂	17.1	塑性黏度/(mPa·s)	29
有机土	5.7	动切力/Pa	9
$CaCl_2$	92.1 L/m^3	静切力(初/终)/Pa	(4～8)/(5～17)
石　灰	22.8	破乳电压/V	1 840
重晶石	475	HTHP 滤失量/mL	5.6
流型控制剂	5.7		
淡　水	210		

2）配制方法

合成基钻井液从本质来说是一种油基钻井液，只是它用合成基油来代替常规油基钻井液中使用的普通基础油配制而成。其配制方法与常规的油基钻井液相似，维护方法也与常规的油基钻井液相同。

三、常用气液混合及气体钻井液配制、推荐配方和维护处理工艺

1. 可循环微泡钻井液体系

可循环微泡钻井液密度可在 0.60～0.99 g/cm^3 范围内调节，可以在低压低渗储层实现近平衡或欠平衡钻井，其性能易控制，施工工艺简单，可以多次重复利用。该钻井液常用于常

规钻井液无法维持钻进或需要在储层保护方面做特殊处理的情况。在该体系中配合使用其他处理剂,可以具有良好的抑制性和抗盐、抗钙能力。

1) 推荐配方

可循环微泡钻井液所用的处理剂有起泡剂、稳泡剂、降滤失剂和流型调节剂等,其基本配方见表14-2-19。

表14-2-19 可循环微泡钻井液配方及主要性能

基本配方		可达到性能	
材料名称	加量/(kg·m^{-3})	项　目	指　标
膨润土	10～30	密度/(g·cm^{-3})	0.60～1.02
XC	2～3	漏斗黏度/s	50～80
PAC-141	0.5～2	塑性黏度/(mPa·s)	12～28
起泡剂	15～25	动切力/Pa	7～16
抑制剂	10～20	静切力(初/终)/Pa	(1～3)/(3～17)
降滤失剂	10～20	滤失量/mL	2～6
		pH值	9～10.5

2) 配制方法

可循环微泡钻井液配制工艺简单,不需要添加任何特殊的设备。一般均在钻至油层前由聚合物钻井液转化而成。转化前调整好基浆性能,从上水罐中缓缓加入起泡剂、稳泡剂,同时打开泥浆枪,充分搅拌循环,然后根据实际情况选择加入抑制剂、降滤失剂等。

3) 维护要点

(1) 转化前加入0.01%的消泡剂,并开启除气器,去除钻井液中原存的一些气泡。

(2) 钻进过程中,根据井口钻井液的密度、黏度、切力和微泡的大小,及时添加处理剂。

(3) 充分利用钻井液循环罐上的搅拌器和泥浆枪将钻井液中的大泡变成微泡,维持钻井泵较好的上水效率。

(4) 在钻井过程中,使固控设备正常运转,以及时清除钻屑。

2. 气体型钻井液

气体型钻井液主要应用于低压油气田、稠油油田、低压强水敏或易发生严重井漏的油气田及枯竭油气田等。气体型钻井液主要有以下几种类型:气体、雾、泡沫流体和充气钻井液,目前较常用的是后两种。

四、储层保护工艺

1. 实施有效储层保护工艺必做的几项基础工作

1) 储层油、气、水及岩心矿物成分分析

此分析是认识油气层地质特征的必要手段,也是储层保护工艺技术中最基础性的工作,油气层的敏感性评价、损害机理的研究、损害机理的综合诊断和保护储层的工艺技术方案都必须以此为基础。岩心分析的手段有多种，常见的有三种，分别是X-射线衍射(XRD)分析、薄片分析和扫描电镜(SEM)分析。

2) 储层敏感性和钻完井液损害室内评价

通过岩心流动实验对储层的速敏性、水敏性、盐敏性、碱敏性和酸敏性强弱及其所引起的储层损害程度进行评价。该评价的结果可为后续的工艺技术制定提供关键性指导。钻完井液损害评价实验的方式是通过测定工作液侵入油层岩心前后渗透率的变化来评价工作液对储层的损害程度，判断它们与储层间的配伍性，进而为优选钻完井液配方和施工工艺提供依据。

3) 储层损害机理分析与诊断

储层损害的机理分析与诊断是有效制定保护储层技术方案的前提。常见的损害机理有钻井液固相颗粒堵塞、微粒运移、黏土水化膨胀、乳状液堵塞和水锁、润湿反转、结垢及细菌堵塞等。对于不同的储层，其储层特征和导致损害的外部环境均有较大差别，因此可能发生的损害机理也不尽相同。对某一目的层，要制定出一个有效的保护储层的技术方案，必须先将其损害机理认识清楚。储层损害机理的正确与否直接影响着保护储层技术方案的正确性。

2. 钻井完井过程中可能的储层损害原因及防控措施

1) 固体颗粒堵塞

在滤饼形成之前，当井筒内流体的液柱压力比储层的孔隙压力大时，其中的固相颗粒便会随液相一起进入储层的孔隙内，堵塞储层通道，影响地层渗透率，进而引起损害。损害的程度与固相颗粒的粒度、质量分数、压力差等因素相关。相应的工艺措施主要有：

(1) 选择适宜的固相颗粒的粒径大小及分布，其中大于孔喉直径1/3的颗粒在工作流体中的含量应大于或等于体系中固相总体积的5%。

(2) 可以考虑使用无固相流体作为工作液，基本上可以避免外来固相颗粒导致的损害。

(3) 可以采取近平衡或欠平衡压力钻井。

2) 钻井完井液与储层岩石不配伍

水敏、碱敏、酸敏及储层润湿反转均可以通过微粒释放、生产沉淀或改变油流通道等方式导致储层渗透率下降。相应的工艺措施主要有：

(1) 提高钻完井液的矿化度和抑制性，可以适度防止水敏损害。

(2) 选择适宜的酸碱处理剂，维持与地层特性相匹配的pH值，可以适度防止碱敏和酸敏。

(3) 根据地层油、气、水及岩石表面等综合特征，选用不易导致明显润湿反转效应的表面活性剂及其用量，优化液相中的离子组成及浓度，优化pH等。

3) 钻完井液与储层流体不配伍

无机垢、有机垢、乳化及细菌堵塞是几种常见的由于流体不匹配而导致的储层损害形式，其损害的程度与所形成的垢的数量、乳状液黏度及菌种有关。相应的工艺措施主要有：

(1) 根据目的层中油、水的化学成分分析结果，对钻完井液所用化学处理剂的种类和质量分数进行无沉淀化优选。

(2) 根据产层油的性质优选表面活性添加剂，使其与产层油接触后不形成乳状液或形成的乳状液稳定性相对弱一些，进而减弱对孔喉的堵塞。

(3) 根据产层中的菌群特征对入井流体的性质进行优化,防止细菌的迅速繁殖。

4) 储层岩石毛细管阻力

由水锁效应引起的油相渗透率降低是毛管阻力造成损害的主要形式,通常由于外来流体侵入地层孔隙而引起,损害程度与侵入量及孔隙半径相关。相应的工艺措施有:

(1) 通过优化钻井液工艺、缩短钻井完井液对油层的浸泡时间和避免钻产层过程中产生井下复杂情况等来控制外来流体的滤失量。

(2) 选用适当的表面活性剂或醇类有机化合物,降低油、水界面张力,进而减少毛管阻力。

总体来讲,对于不同的油气藏,在不同外界条件下,其损害机理各异。因此,必须根据储层的类型和特点,在全面、系统地进行岩心分析和室内损害评价的基础上,才能对某一具体储层的主要损害机理做出准确的诊断,进而制定出合理的保护储层技术工艺措施。

3. 保护储层对钻完井液要求及常用钻完井液体系

1) 基本要求

基本要求有四个方面:

(1) 必须与储层岩石相配伍。

(2) 必须与储层流体相配伍。

(3) 尽量降低固相含量。

(4) 密度可调,以满足不同压力储层近平衡压力钻井的需要。

2) 常用保护储层钻完井液体系

(1) 无固相清洁盐水钻完井液。

该类钻完井液不含任何固相,密度通过加入不同类型和数量的可溶性无机盐进行调节,其流变参数及滤失量通过添加对储层无损害的聚合物来实现。常用的无机盐有 NaCl, $CaCl_2$, KCl, NaBr, KBr, $CaBr_2$, $ZnBr_2$, HCOOK, HCOONa 及 HCOOCs 等。上述盐有时单独使用,有时复配使用,密度可以在 1.0~2.3 g/cm^3 范围内调整,基本上可以在不加任何固相的情况下满足各类油气井对钻井液密度的要求。

使用该类钻完井液具有许多优点:可以避免因固相颗粒堵塞而造成的储层损害;可以在一定程度上提高钻完井液的抑制性,减轻水敏损害。

(2) 屏蔽暂堵类钻完井液体系。

该类钻井液是在常规的水基钻井液体系中采取屏蔽暂堵工艺而形成的一类钻井液体系,其核心是利用钻完井液内有用固相,在正压差作用下,在井壁附近形成渗透率接近于零的暂堵带。该工艺技术还可以较好地解决裸眼井段多套压力层系储层的保护问题,现场已广泛应用,增产效果明显。屏蔽暂堵理论近些年发展较快,先后有 1/3 架桥理论、理想充填理论等。具体施工方案可以根据现场具体情况选择适当的理论进行制定并指导现场施工。

(3) 保护储层的油基钻完井液。

目前常用的保护储层的油基钻井液是油包水乳化钻井液。与常用水基钻井液相比,该类钻井液可以有效地避免对地层的水敏损害。选用此类钻井液时,应特别注意对乳化剂和润湿剂的优选,以防止因润湿反转和乳化堵塞造成储层损害。室内实验和现场应用均表明,对于砂岩储层,尽量不选用亲油性较强的阳离子表面活性剂,最好从非离子或阴离子表面活性剂中优选。

(4) 保护储层的气体型钻井液。

对于低压的裂缝性或易发生严重井漏的储层，要求钻井液密度小于 1.0 g/cm^3，以实现近平衡或欠平衡压力钻进，进而避免由于过大正压差造成的储层损害。此时，气体型钻井液是最佳选择。常用的气体型钻井液流体有空气、雾、泡沫和充气钻井液，其中后两种应用较多。

作为循环流体，钻井液的性能对保护储层起重要作用，但想要达到理想的保护产层的效果，还要与保护储层的钻井工艺技术结合，即要与合理的井身结构、优化的钻井参数、防止井下复杂情况、提高机械钻速等有机配合，才能实现有效保护储层的目的。

第三节　钻井液固相控制

一、固相控制基本方法

1. 钻井液中固相分类及其对钻井的影响

1) 钻井液中固相分类

钻井液中的固相(或称固体)物质除按其作用分为有用固相和无用固相外，还有以下几种不同的分类方法：

(1) 按固相密度分类。

可分为高密度固相和低密度固相两种类型。前者主要指密度大于等于 4.2 g/cm^3 的重晶石，还有铁矿石、方铅矿等其他加重材料；后者主要指膨润土和钻屑，还包括一些不溶性的处理剂，一般认为这部分固相的平均密度为 2.6 g/cm^3。

(2) 按固相性质分类。

可分为活性固相和惰性固相，其中容易发生水化作用或与液相中其他组分发生反应的均称为活性固相，反之则称为惰性固相。前者主要指膨润土，后者包括砂岩、石灰岩、长石、重晶石以及造浆率极低的黏土等。除重晶石外，其余的惰性固相均被认为是有害固相，即固控过程中需清除的物质。

(3) 按固相粒度分类。

按 API 标准，钻井液中的固相可按其粒度大小分为三大类：

① 黏土(或称胶粒)，粒径<2 μm。

② 泥，粒径为 2～73 μm。

③ 砂(或称 API 砂)，粒径>74 μm。

一般情况下，非加重钻井液中粒径大于 2 000 μm 的粗砂粒和粒径小于 2 μm 的胶粒所占的比例都不大。如果以 74 μm(相当于通过 200 目筛网)为界，大于 74 μm 的颗粒只占 3.7%～25.9%(体积分数)，表明大多是小于 74 μm 的颗粒。

2) 钻井液中固相对钻井的影响

(1) 膨润土。

膨润土是水化膨胀性强的活性黏土，是水基钻井液中的基础材料，也是钻井液中的有用固相。它可以赋予钻井液良好的流变性能,滤失和造壁性能,携带、悬浮钻屑和加重材料的能力。如果膨润土含量控制不好,将会严重影响钻井液的性能,进而影响机械钻速。

(2) 加重材料。

加重材料是加重钻井液的必需材料,是钻井液的有用固相。较好的加重材料是具有较高密度的惰性材料,具有较低的硬度和研磨性,且对人身和环境安全。含有大量加重材料的高密度钻井液对机械钻速影响较大。

(3) 岩屑。

岩屑就是钻井过程中被钻头破碎的地层岩石碎屑和剥落坍塌造成的地层岩石碎块或碎屑,其成分主要是黏土、泥岩、石英、长石、石灰岩、白云岩等。岩屑是钻井液中主要的有害固相。岩屑的密度范围为 2.0～3.0 g/cm^3(一般取 2.6 g/cm^3),其颗粒尺寸分布范围非常广泛。由于岩屑的岩石、矿物成分差别极大,它们可具有不同程度的活性或完全不具有活性,而且尺寸范围差异也极大,岩屑可能在钻井过程中造成非常严重的后果。严格地讲,所有岩屑对钻井液都是有害固相,除个别例外的情况,它们都应从钻井液中除去。钻井液中岩屑的含量一般不应超过 6%(体积分数)。

岩屑对钻井液有以下危害:

① 使黏度升高、失控。

② 使泥饼变厚、质量变差,钻井液和泥饼的摩擦性和研磨性增大,设备部件磨损加剧。

③ 压差卡钻的可能性增加。

④ 机械钻速、钻头寿命和进尺下降。特别是小于 1 μm 的颗粒对钻速的影响要比大于 1 μm 的颗粒大 12 倍。

⑤ 钻头泥包概率增加,压力激动升高,发生井漏和井塌的可能性升高。

⑥ 钻井液处理所用的水和处理剂的数量增加。

⑦ 钻井液密度增大,造成一系列井下复杂情况和储层损害加剧。

⑧ 钻井液排放和需要运走的数量增加。

2. 固相控制的方法

1) 机械方法

机械方法是指通过合理地使用振动筛、除砂器、除泥器、清洁器和离心机等机械设备,利用筛分和强制沉降的原理,将钻井液中的固相按密度和颗粒大小不同而分离开,并根据需要决定取舍,以达到控制固相的目的。与其他方法相比,这种方法处理时间短、效果好,并且成本较低。

2) 稀释法

稀释法是指用清水或其他较稀的流体直接稀释循环系统中的钻井液,也可在钻井液罐容积超过限度时用清水或性能符合要求的新浆替换出一定体积的高固相含量的钻井液,使总的固相含量降低。如果用机械方法清除有害固相仍达不到要求,便可用稀释的方法,进一步降低固相含量,有时是在机械固控设备缺乏或出现故障的情况下不得不采用的方法。稀释法虽然操作简便,见效快,但加水的同时必须补充充足的处理剂。如果是加重钻井液,还必须补充大量的重晶石等加重材料,因而会使钻井液成本显著增加。为了尽可能降低成本,一般应遵循以下原则:① 稀释后的钻井液总体积不宜过大;② 部分旧浆的排放应在加水稀释前进行;

③ 一次性多量稀释比多次少量稀释的费用要少。

3）化学絮凝法

化学絮凝法是在钻井液中加入适量的絮凝剂（如部分水解聚丙烯酰胺），使某些细小的固体颗粒通过絮凝作用凝结成较大的颗粒，然后用机械方法排除或在沉淀池中沉淀。这种方法是机械固控方法的补充，两者相辅相成。广泛使用的不分散聚合物钻井液体系正是依据这种方法，使其总固相含量保持在所要求的 4%以下。化学絮凝方法还可用于清除钻井液中过量的膨润土，由于膨润土的最大粒径在 5 μm 左右，而离心机一般只能清除粒径 6 μm 以上的颗粒，因此用机械方法无法降低钻井液中膨润土的含量。化学絮凝总是安排在钻井液通过所有固控设备之后进行。

3. 固相的数学分析

使用蒸馏法测定钻井液中总固相含量和使用亚甲基蓝法测定膨润土含量已经作为常规测定方法在生产现场广泛采用。然而对于现代钻井液工艺和先进的固井技术来讲，只测出这两项固相含量指标是不够的，况且其中膨润土含量是以膨润土的阳离子交换容量（*CEC*）等于 70 mmol/(100 g 土)作为假设条件求得的，实际上是近似表示的相对含量。下面介绍一种实用性强且计算较为简便的方法。

1）钻井液中低密度固相含量的确定

（1）淡水钻井液体系。

以下计算方法仅适用于总矿化度<10 000 mg/L 的淡水钻井液体系。

根据钻井液质量等于各组分质量之和，下式必定成立。

$$\rho_m = \rho_w f_w + \rho_{lg} f_{lg} + \rho_B f_B + \rho_o f_o \tag{14-3-1}$$

式中 ρ_m——钻井液的密度，g/cm^3；

ρ_w——水的密度，g/cm^3；

ρ_{lg}——低密度固相的密度，g/cm^3；

ρ_B——重晶石的密度，g/cm^3；

ρ_o——油的密度，g/cm^3；

f_w——水的体积分数；

f_{lg}——低密度固相的体积分数；

f_B——重晶石的体积分数；

f_o——油的体积分数。

由于总体积分数等于 1，所以有：

$$f_B = 1 - f_w - f_{lg} - f_o \tag{14-3-2}$$

将式(14-3-2)代入式(14-3-1)中得：

$$f_{lg} = [\rho_w f_w + (1 - f_o - f_w)\rho_B + \rho_o f_o - \rho_m]/(\rho_B - \rho_{lg}) \tag{14-3-3}$$

因此，只要测得钻井液的密度 ρ_m，并用蒸馏实验测得 f_w 和 f_o，便可求出重晶石的体积分数 f_B。

如果钻井液中不含油，即 $f_o = 0$，则式(14-3-2)可做简化处理得：

$$f_w = 1 - f_s \tag{14-3-4}$$

$$f_B = f_s - f_{lg} \tag{14-3-5}$$

式中，f_s 表示钻井液中固相的总体积分数。将式(14-3-4)和(14-3-5)代入式(14-3-1)可得：

$$f_s = [\rho_m + f_{lg}(\rho_B - \rho_{lg}) - \rho_w]/(\rho_B - \rho_w) \tag{14-3-6}$$

将 $\rho_B = 4.2\ g/cm^3$，$\rho_{lg} = 2.6\ g/cm^3$ 代入上式，有：

$$f_s = 0.3125(\rho_m - 1) + 0.5f_{lg} \tag{14-3-7}$$

式(14-3-7)也可写成：

$$f_{lg} = 2f_s - 0.625(\rho_m - 1) \tag{14-3-8}$$

式(14-3-8)表明，对于不混油的淡水钻井液，由钻井液的密度 ρ_m 和蒸馏实验测得的 f_s，可以很方便地求出 f_{lg}，并由式(14-3-5)求得 f_B。

(2) 盐水钻井液体系。

盐水钻井液中总固相含量的确定方法是首先查相应的 NaCl 浓度下的体积校正系数 C_f，然后根据蒸馏实验测得的 f_w 和 f_o，由式 $f_s = 1 - f_w C_f - f_o$ 求得 f_s。

至于盐水钻井液中低固相和加重材料的含量，只需将式(14-3-2)和(14-3-3)改写成以下两式后即可求得：

$$f_B = 1 - C_f f_w - f_o - f_{lg} \tag{14-3-9}$$

$$f_{lg} = [\rho'_w C_f f_w + (1 - f_o - C_f f_w)\rho_B + \rho_o f_o - \rho_m]/(\rho_B - \rho_{lg}) \tag{14-3-10}$$

式中，ρ'_w 表示盐水(钻井液滤液)的密度，单位为 g/cm^3；其他符号的意义同前。因此，只要用 $AgNO_3$ 滴定法测得钻井液滤液中 NaCl 的浓度，便可查得 ρ'_w。

2) 钻井液中膨润土含量的确定

由常规亚甲基蓝法测得的钻井液中膨润土的含量只是一个近似的相对含量，其原因有两个：一是蒙脱石的阳离子交换容量(*CEC*)一般在 70～150 mmol/(100 g)的范围内(见表 14-3-1)，而假定膨润土的 *CEC* 等于 70 mmol/(100 g)是不确切的；二是钻井液中，除膨润土外，还常有其他一些可吸附亚甲基蓝的物质。用过氧化氢仅能排除其中有机物的影响，但不能排除来自地层钻屑的影响。由表 14-3-1 可知，钻屑中常含有的页岩、伊利石及高岭石等也都具有一定的 *CEC*，它们所吸附的一部分亚甲基蓝也被计入钻井液的亚甲基蓝容量(*MBC*)中，这显然是不合适的。因此，为了准确地确定钻井液中膨润土的含量，不仅需要测定钻井液中的 *CEC*[用 mmol/(100 mL)表示]，还应同时测定膨润土和钻屑固体的 *CEC*[用 mmol/(100 g)表示]，其中钻井液的 *CEC* 用常规亚甲基蓝法测定。实验用钻屑样品需在 105 ℃下烘干后磨成细粉，并通过 325 目细筛。取 10 g 烘干的膨润土和钻屑细粉分别加至 50 mL 蒸馏水中，经充分搅拌后，再用亚甲基蓝滴定法测定这两种固体物质的 *CEC*。

表 14-3-1　与钻井液有关的常见矿物和岩石的阳离子交换容量

名　称	凸凹棒石	绿泥石	黏性页岩	伊利石	高岭石	蒙脱石	砂　岩	页　岩
CEC /[mmol·(100 g)$^{-1}$]	15～25	10～40	20～40	10～40	3～15	70～150	0～5	0～20

根据 *CEC* 的定义，钻井液中存在如下关系：

$$(CEC)_m = 100\left[f_c\rho_c \frac{(CEC)_c}{100} + f_{ds}\rho_{ds}\frac{(CEC)_{ds}}{100}\right] \tag{14-3-11}$$

式中 $(CEC)_m$——钻井液的阳离子交换容量，mmol/(100 mL)；

$(CEC)_c$——膨润土的阳离子交换容量，mmol/(100 g)；

$(CEC)_{ds}$——钻屑的阳离子交换容量，mmol/(100 g)；

ρ_c——膨润土的密度，g/cm^3；

ρ_{ds}——钻屑的密度，g/cm^3；

f_c——膨润土的体积分数；

f_{ds}——钻屑的体积分数。

将 $\rho_c = 2.6\ g/cm^3$，$\rho_{ds} = 2.6\ g/cm^3$ 代入上式可得：

$$(CEC)_m = 2.6[f_c(CEC)_c + f_{ds}(CEC)_{ds}]$$

再将关系 $f_{ds} = f_{lg} - f_c$ 代入上式，得：

$$f_c = \frac{(CEC)_m - 2.6 f_{lg}(CEC)_{ds}}{2.6[(CEC)_c - (CEC)_{ds}]} \tag{14-3-12}$$

因此，只需将测得的各阳离子交换容量以及式(14-3-3)或式(14-3-8)求得的 f_{lg} 代入式(14-3-12)，便可计算出钻井液中的膨润土的含量 f_c，然后用 f_{lg} 减去 f_c 便可求出 f_{ds}。

二、固控设备配置及使用要求

1. 固控设备简介

1) 振动筛

(1) 振动筛处理能力和效率。

振动筛处理能力即单位时间处理钻井液的体积，它取决于以下因素：振动筛运动轨迹、振动筛振幅、振动筛频率、振动力、筛布的目数和编织方式、钻井液性能、筛面上的载荷等。

(2) 筛布。

随筛网结构、筛布目数、筛孔尺寸和形状、筛布通透面积、筛布编织方式等的不同，筛布的种类有很多。油田常用 API 筛布技术规范见表 14-3-2。

表 14-3-2 API 筛布技术规范

目数	丝径/in	开孔尺寸		通透率/%	API 标示
		in	μm		
8×8	0.028	0.097	2 464	60.2	8×8(2 464×2 464,60.2)
10×10	0.025	0.075	1 905	56.3	10×10(1 905×1 905,56.3)
12×12	0.025	0.060	1 524	51.8	12×12(1 524×1 524,51.8)
14×14	0.020	0.051	1 295	51.0	14×14(1 295×1 295,51.0)
16×16	0.018	0.044 5	1 130	50.7	16×16(1 130×1 130,50.7)
18×18	0.018	0.037 6	955	45.8	18×18(955×955,45.8)
20×20	0.017	0.033	838	43.6	20×20(838×838,43.6)
20×8	0.020/0.032	0.030/0.093	762/2 362	45.7	20×8(762×2 362,45.7)
30×30	0.012	0.021 3	541	40.8	30×30(541×541,40.8)

续表 14-3-2

目　数	丝径/in	开孔尺寸		通透率/%	API 标示
		in	μm		
30×20	0.015	0.018/0.035	465/889	39.5	30×20(465×889,39.5)
35×12	0.016	0.012 6/0.067	320/1 700	42.0	35×12(320×1 700,42.0)
40×40	0.010	0.015	381	36.0	40×40(381×381,36.0)
40×36	0.010	0.017 8/0.015	452/381	40.5	40×36(452×381,40.5)
40×30	0.010	0.015/0.023 3	381/592	42.5	40×30(381×592,42.5)
40×20	0.014	0.012/0.036	310/910	36.8	40×20(310×910,36.8)
50×50	0.009	0.011	279	30.3	50×50(279×279,30.3)
50×40	0.008 5	0.011 5/0.016 5	292/419	38.3	50×40(292×419,38.3)
60×60	0.007 5	0.009 2	234	30.5	60×60(234×234,30.5)
60×40	0.009	0.007 7/0.016	200/406	31.1	60×40(200×406,31.1)
60×24	0.009	0.007/0.033	200/830	41.5	60×24(200×830,41.5)
70×30	0.007 5	0.007/0.026	178/660	40.3	70×30(178×660,40.3)
80×40	0.007	0.005 5/0.018	140/460	35.6	80×40(140×460,35.6)
100×100	0.004 5	0.005 5	140	30.3	100×100(140×140,30.3)
120×120	0.003 7	0.004 6	117	30.9	120×120(117×117,30.9)
150×150	0.002 6	0.004 1	105	37.4	150×150(105×105,37.4)
200×200	0.002 1	0.002 9	74	33.6	200×200(74×74,33.6)
250×250	0.001 6	0.002 4	63	36.0	250×250(63×63,36.0)
325×325	0.001 4	0.001 7	44	30.0	325×325(44×44,30.0)

2）水力旋流器

用于除砂器、除泥器中的水力旋流器的性能规范见表 14-3-3。

表 14-3-3　水力旋流器的性能规范

类　型	尺寸/in	处理量/($m^3 \cdot h^{-1}$)	分离范围/μm
除砂器用旋流器	6～12	28～114	>44
除泥器用旋流器	2～5	5.7～17.0	>8～10

3）清洁器

在加重钻井液中使用清洁器代替除砂器和除泥器，目的是避免重晶石被清除掉。清洁器由一组 4 in 除泥器用旋流器安放在一个细目振动筛(通常为 120～200 目，117～74 μm)之上组成，这样就可使除泥器用旋流器底流再通过振动筛，将大于 74 μm 的颗粒(若使用 200 目筛)筛掉并排至排污池，而含有大量重晶石的钻井液被筛过后回收到循环罐中。清洁器的工作状态应经常进行检查和调节，以减少重晶石的浪费。

4) 离心机

(1) 离心机的功用。

离心机用来清除极细的固体颗粒(小于 7～10 μm)。由于这些细小的固体颗粒对钻井液的流变参数和机械钻速的影响比粗的要大得多,离心机通过清除这些细小的固体颗粒,就可有效地把钻井液流变参数和机械钻速控制在有益的范围内。除此以外,离心机还可用于回收重晶石,同时把钻井液中的细小固体颗粒清除。离心机处理的钻井液量仅为钻井时钻井液循环排量的一小部分(一般为 10%～20%),工作时应用水稀释(20%～75%),以提高分离效率。

(2) 离心机的类型。

① 沉降式离心机(Decanting Centrifuge)。沉降式离心机是应用最广泛的离心机,它由一个转筒和一个装在它里面的螺旋推进器构成。转筒一端为有一定锥度的截锥,有利于被分离的固体颗粒排出。转筒旋转形成大的离心力,从而把粗的固体颗粒甩到它的筒内壁上,螺旋推进器以相对较低的转速旋转,把这些粗颗粒推到底流口。与此同时,除去粗固体颗粒的液相携带着细的固体颗粒流向溢流口。

沉降式离心机有三种类型,即回收重晶石离心机、大容量离心机和高速离心机,详见表 14-3-4。

表 14-3-4　不同类型沉降式离心机的性能

类　型	进口流量/($m^3 \cdot h^{-1}$)	转数/($r \cdot min^{-1}$)	离心力/N	分离点/μm
回收重晶石离心机	2.3～9.1	1 600～1 800	500～700	低密度固体 6～10 高密度固体 4～7
大容量离心机	23～46	1 900～2 200	800	5～7
高速离心机	9.1～27.3	2 500～3 300	1 200～2 100	2～5

② 直转筒式离心机(Rotary Mud Separator Centrifuge,RMS)。直转筒式离心机由一个不转动的外筒和一个有孔的内筒组成,内筒在外筒内以一定转速同心旋转。有两个计量泵,一个泵钻井液,一个泵水,以一定比例同时打入内外筒之间的间隙处,被离心作用积聚的固体颗粒沿着外筒内壁被推向底流口排出,轻的液相流向内筒的中心部,从带孔的中心管作为溢流排出。

与沉降式离心机相比,直转筒式离心机的处理量较大,清除的固体颗粒较粗,其分离点的高低取决于其几何尺寸和结构设计。图 14-3-1 和图 14-3-2 是沉降式离心机和直转筒式离心机的工作示意图。

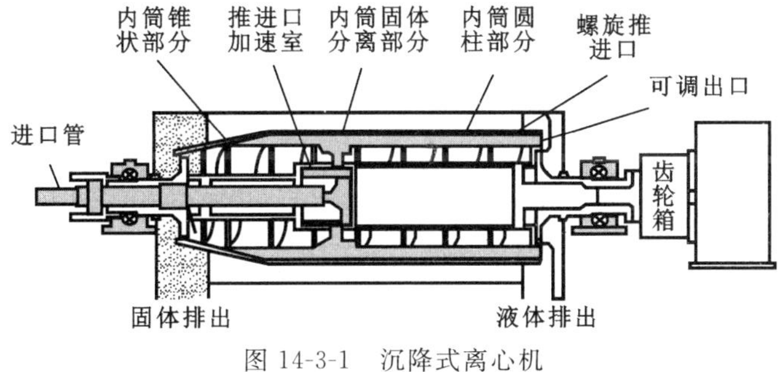

图 14-3-1　沉降式离心机

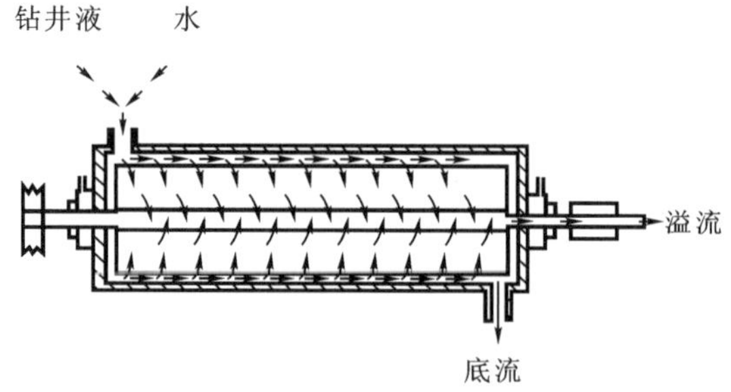

图 14-3-2 直转筒式离心机

2. 固控设备的配置要求

1）钻井液固控设备体系组合原则

（1）一台钻机一般配备 2～3 台振动筛，全部循环的钻井液都应该经过振动筛处理，任何情况都不允许全部或部分循环的钻井液绕过振动筛不经处理。应尽可能选用细目的筛布，以便为除砂器和除泥器的正常工作创造良好条件。

（2）除砂器用旋流器的数量及其工作状态应精心选择和调整，从而使它们能将所有超出下游除泥器或清洁器处理范围的固体颗粒清除干净。

（3）离心机只能处理钻井液循环排量的一部分，通常它们总是在进口处加水并在钻井液稀释的状态下工作。加水的体积与钻井液的体积之比称为稀释率，一般根据钻井液的黏度和固相含量将稀释率控制在 20%～75%之间。

2）常用钻井液固控设备系统布置

（1）常用的非加重钻井液固控设备系统布置见图 14-3-3。

（2）常用的加重钻井液固控设备系统布置见图 14-3-4。

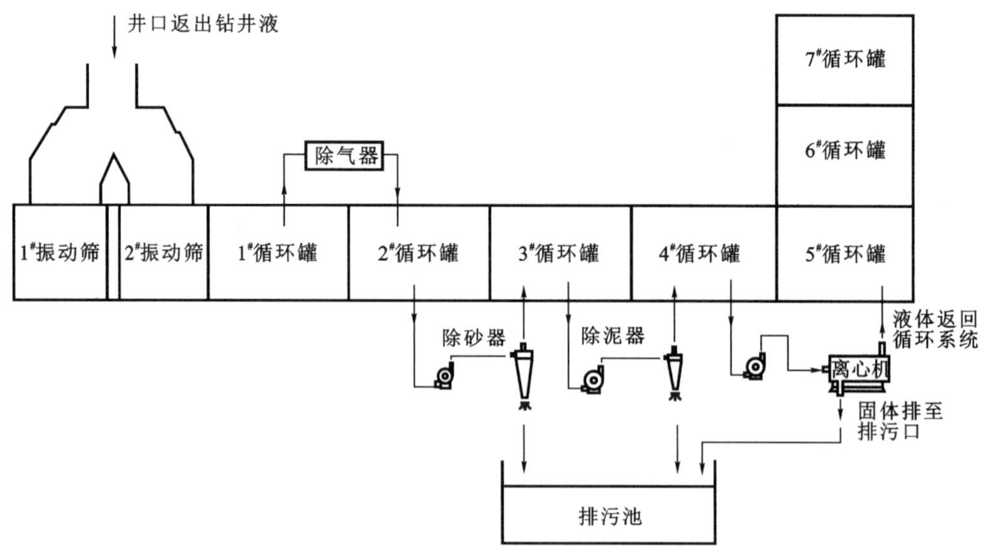

图 14-3-3 非加重钻井液固控设备布置图

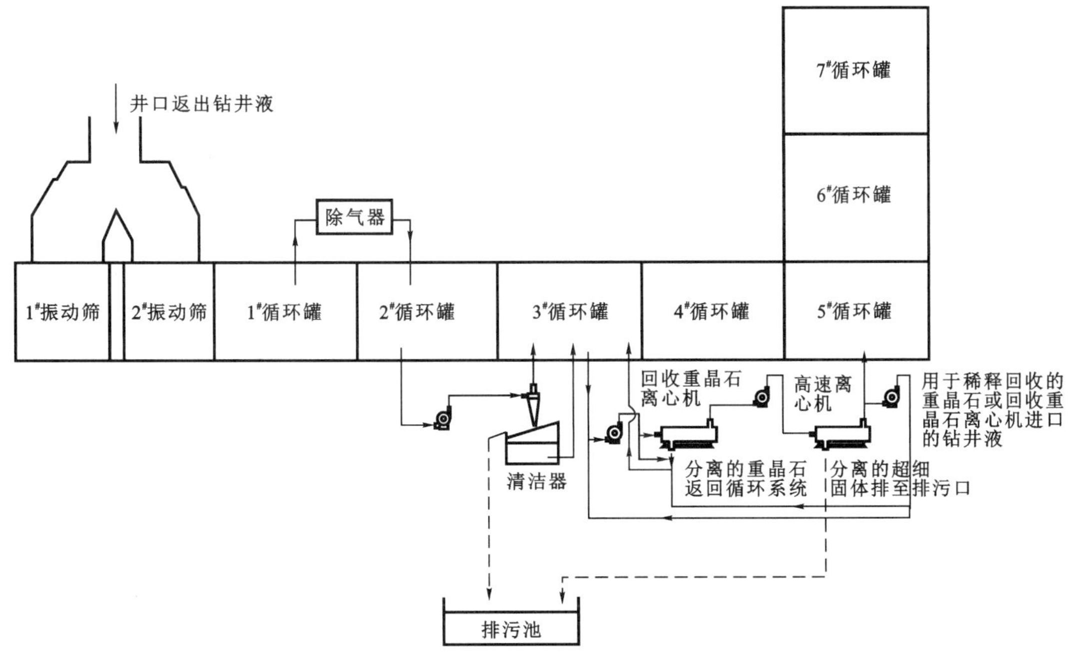

图 14-3-4 加重钻井液固控设备布置图

3. 各种固控设备的使用要求

1）振动筛

（1）筛布目数的确定。建议使用尽可能细的筛布，如果看到明显的岩屑堵筛布的情况或只有 50%或更小的筛布面积被流动的钻井液覆盖，应更换更细一级而不是更粗的筛布。一般来说，大于 74 μm 的固体颗粒是应被振动筛筛除的组分。因此，在钻进黏土或软泥页岩和用聚晶金刚石钻头钻进而且机械钻速较慢时，应该使用 200 目左右的细目筛布。

（2）使用振动筛的数量。一部钻机设置的振动筛的数量主要由这口井使用的最大循环排量与一台振动筛处理能力之比确定，一般为 2～3 台。一种根据实际经验确定的方法是使筛布长度的 75%～80%被流动的钻井液所覆盖。

（3）振动筛的布置。串联：以此方式布置时，钻井液先被一个装有粗目数筛布的振动筛处理，然后被较细目数的振动筛处理。并联：几台振动筛平行布置，钻井液通过分配槽同时流向各个振动筛。

2）除砂器、除泥器

（1）10 in 和 12 in 除砂器的分离点为 40～45 μm，而 4 in 和 5 in 除泥器的分离点为 20～25 μm。由于除砂器和除泥器用于加重钻井液时，在清除钻屑的同时会除去大量的重晶石，因此它们只用于非加重钻井液。为了清除更细的固体颗粒(7～10 μm)，可选择性地使用 2 in 除泥器。

（2）使用旋流器的数量。一台钻机除砂器用旋流器和除泥器用旋流器的数目可用下述方式确定：一定数目的旋流器的一套除砂器的处理能力应等于或稍大于循环排量的 125%，而有一定数量旋流器的一套除泥器的处理能力应等于相应钻机最大循环排量的 150%。

（3）影响水力旋流器工作效能的因素：

① 钻井液密度；

② 上端固控设备的底流钻井液中或此设备进口的钻井液中的固相含量和粒度分布；

③ 钻井液黏度；

④ 进口压力；

⑤ 进口流量；

⑥ 底流嘴尺寸。

(4) 旋流器的工作状态。为了使旋流器高效工作，必须使上端固控设备的底流或进入此设备的钻井液中的固相含量和粒度范围适应本台旋流器。满足以上条件后，调节进口流量、进口压力和更换底流嘴以改变其尺寸。

底流的“伞状喷射”和“绳状流”流型：旋流器在高效能状态工作时，以“伞状喷射”模式排放清除固相颗粒。然而，旋流器底流经常以“绳状流”排放，这时会导致溢流中固相过载、底流嘴堵塞和上部插入管及溢流管连接件、锥斗衬套与砂泵部件磨损的加剧，并且会排掉大量钻井液。出现“绳状流”的原因和使其转变成“伞状喷射”的措施如下。

① 底流嘴太小：加大底流嘴；

② 进口压力太低：提高进口压力；

③ 钻井液黏度过高：加水稀释；

④ 钻井液固相含量过高：用水稀释或使用数量更多的旋流器。

水力旋流器的工作原理见图 14-3-5，水力旋流器的工作曲线见图 14-3-6。

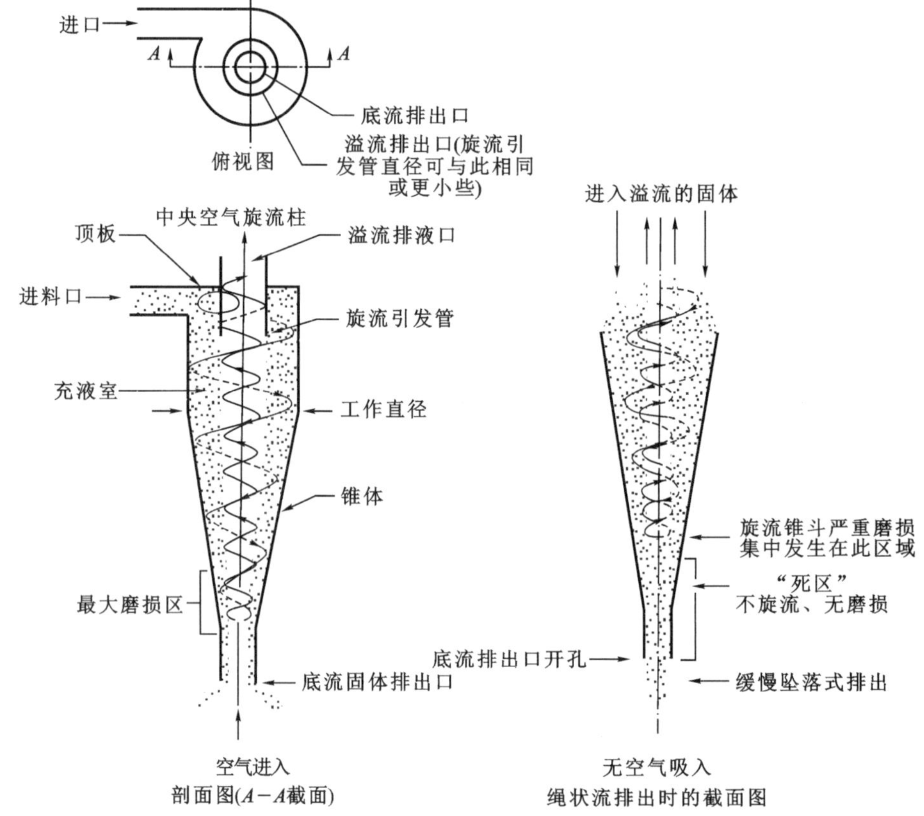

图 14-3-5 水力旋流器工作状态图——伞状喷射底流排出、绳状底流排出

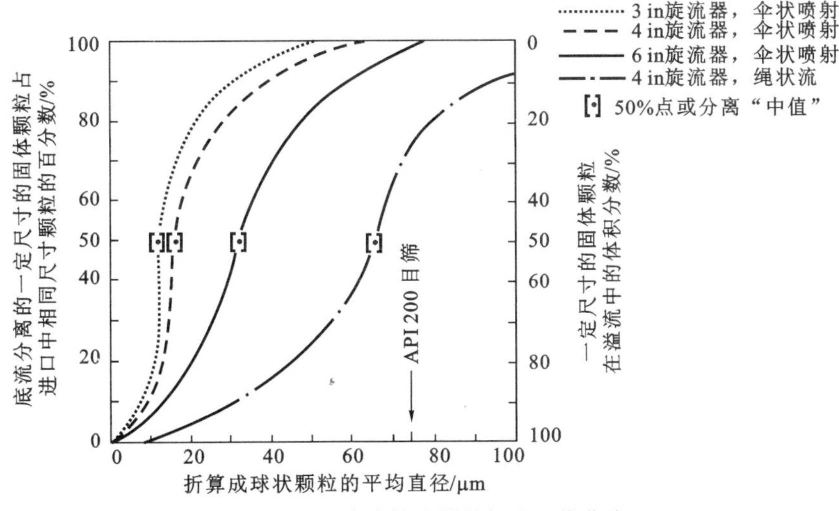

图 14-3-6 水力旋流器的标准工作曲线

“伞状喷射”状态下除砂器和除泥器的底流和进口密度差值范围见表 14-3-5。

表 14-3-5 “伞状喷射”状态下除砂器和除泥器底流和进口密度差值范围

旋流器类型	密度差值($\rho_{unf}-\rho_{feed}$)/(g·cm^{-3})
除砂器	0.30 ～ 0.60
除泥器	0.30 ～ 0.42

注：ρ_{unf}为底流密度，ρ_{feed}为进口密度。

如果密度差值($\rho_{unf}-\rho_{feed}$)处于上述范围，则可认为旋流器处于正常工作状态。

3）离心机

离心机可以下述方式之一工作：

(1) 只用一台回收重晶石的离心机回收加重钻井液中的重晶石和清除超细的胶体颗粒。含有细固体颗粒的液相从溢流口排出，排放至排污池，而含有大量重晶石的被分离出的固体颗粒从底流口排出，返回至钻井液循环系统(见图 14-3-7)。这种方式的主要目的是清除过剩的胶体颗粒以控制钻井液黏度，但其溢流排出量较大，造成大量钻井液浪费。

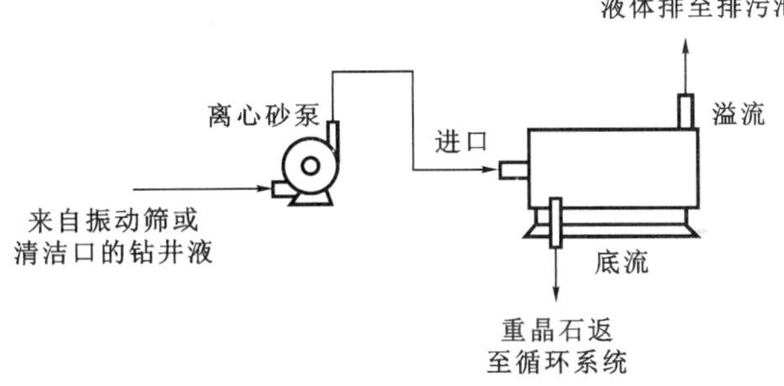

图 14-3-7 用一台回收重晶石离心机回收重晶石

(2) 双离心机用于加重钻井液回收重晶石和清除超细胶体颗粒。前面一台回收重晶石离心机与后面一台高速离心机联合工作。第一台回收重晶石离心机的底流排出的固体绝大部分为重晶石，这部分被回收并引入循环的钻井液体系，而它的溢流(其中含有细的固体颗粒)被引至一个小的储罐,然后泵入下一台高速离心机的进口。第二台高速离心机分离出的含有细固体颗粒的底流被排至排污池,清除了细固体颗粒液相的溢流再送回至循环的钻井液体系中,或用来稀释第一台回收重晶石离心机的进口钻井液或底流排出的重晶石。一些钻井液中的化学添加剂非常昂贵,这种双离心机联合工作方式可以回收其中的水和添加剂,所以是很经济有效的(见图 14-3-8)。

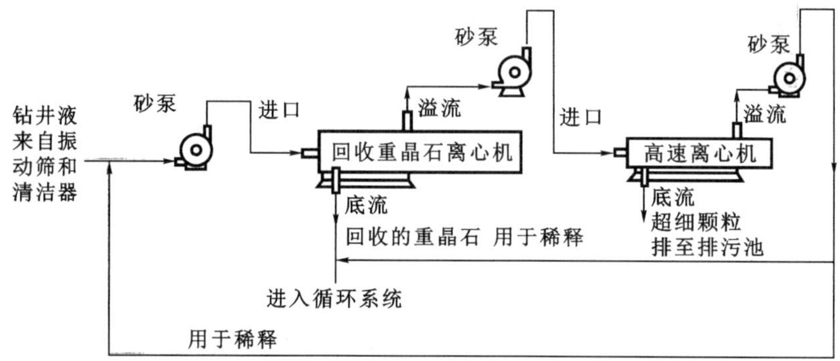

图 14-3-8 双离心机用于回收重晶石和清除超细颗粒

(3) 用于清除未加重钻井液中的固体颗粒。这种方式常使用大处理量离心机。上一级固控设备(振动筛或除砂、除泥器)处理过的钻井液泵入此离心机,被离心机清除的固体从底流口排至排污池,而清洁的液相从溢流口排出返回至循环的钻井液体系(见图 14-3-9)。

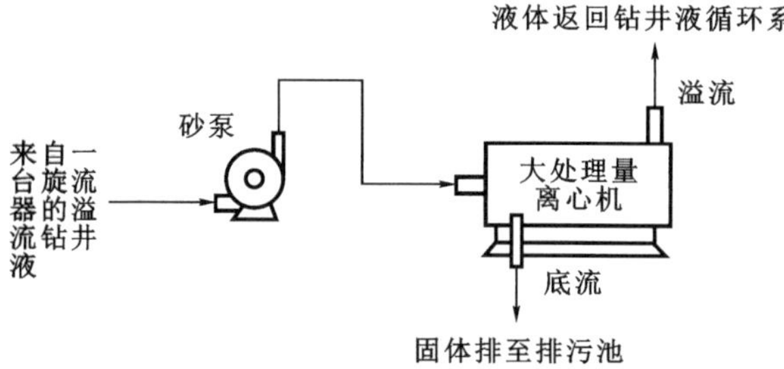

图 14-3-9 用一台大处理量离心机清除未加重钻井液中的低密度固相

(4) 旋流器排出物的再次回收。将上游旋流器的底流排出物泵入一台大容量离心机或一台回收重晶石离心机的进料口,被离心机分离的底流固体被排至排污池,其溢流为清洁的液相,被回送至循环的钻井液体系或泵至一台高速离心机的进料口,进行进一步清除(见图 14-3-10)。这种应用方法的优点是排污池的容量可以小一些,废钻井液运走的量少一些。

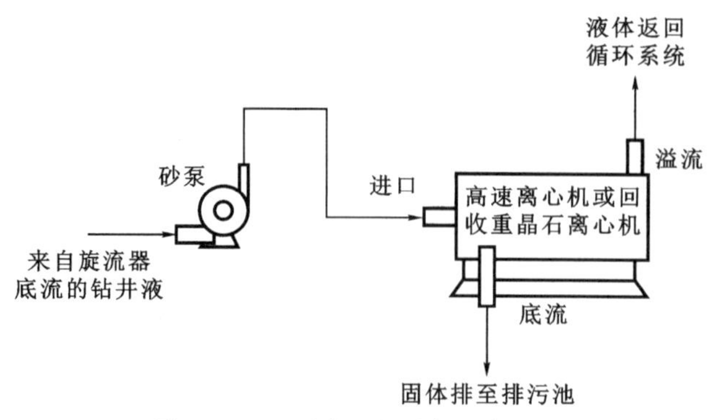

图 14-3-10 用离心机进行二次回收

(5) 从排污池中回收水。将排污池中的钻井液泵入一台高速离心机的进口,用来回收水(见图 14-3-11)。将离心机排出的固相排至排污池,使溢流流出的液相返回至循环的钻井液体系或存入一个储罐,以备下一步使用。这种应用方式经常用于供水困难的地区。

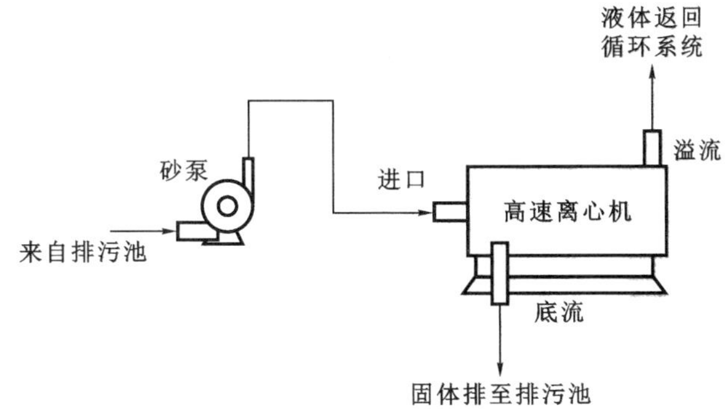

图 14-3-11 用离心机从排污池中回收水

三、固控设备效果评估

1. 固控设备现场使用效果评估

1) 振动筛

使用效果较好的振动筛应满足以下几个方面:

(1) 选用的振动筛数量和筛布目数满足钻井液全流过筛,并以钻井液流经筛布 2/3 面积为宜。

(2) 实现钻屑从振动筛上的有效分离。

(3) 调整振动筛筛布的仰角以达到钻屑的快速分离。

(4) 满足不浪费钻井液的要求。

2) 除砂、除泥器

使用效果较好的除砂、除泥器应满足以下几个方面:

(1) 供液泵达到设备的额定工作压力。

(2) 旋流器入口和出口之间必须达到一定的密度差。

(3) 调整相关参数以保证旋流器出口钻井液以"伞状喷射"的状态流出。

3) 离心机

使用效果较好的离心机应满足以下几个方面:

(1) 供液泵的供液量既保证离心机的处理量又不使离心机过载阻塞。

(2) 重晶石等需要分离的固相均匀地分离出来。

2. 固控设备的经济分析

1) 单台固控设备固体分离效率计算

设固控设备单位时间内底流流出的低密度固体或重晶石体积(或质量)占单位时间内此台固控设备进口进入的低密度固体或重晶石体积(或质量)的百分数为此台固控设备的固体分离效率。

(1) 一台固控设备分离低密度固体效率的计算：

$$E_{R,ls}=\frac{V_{U,ls}Q_U}{V_{ls}Q} \tag{14-3-13}$$

(2) 一台固控设备分离重晶石效率的计算：

$$E_{R,B}=\frac{V_{U,B}Q_U}{V_BQ} \tag{14-3-14}$$

式中 $E_{R,ls}$——低密度固体分离效率,%;

$V_{U,ls}$——底流中低密度固体的体积分数(用固相含量蒸馏器测定),%;

Q_U——底流的体积流量(用秒表-计量罐法测定),m^3/h;

V_{ls}——进口的低密度固体的体积分数(用固相含量蒸馏器测定),%;

Q——进口的体积流量(用流量计读出),m^3/h;

$E_{R,B}$——重晶石分离效率,%;

$V_{U,B}$——底流中重晶石的含量(用固相含量蒸馏器测定),%;

V_B——进口的重晶石的含量(用固相含量蒸馏器测定),%。

2) 固控设备清除钻屑效率计算

(1) 整个固控设备系统清除低密度固体效率的计算。

$$E_{TR,ls}=\frac{V_{1U,ls}Q_{1U}+V_{2U,ls}Q_{2U}+Q_{3U,ls}Q_{3U}+\cdots}{V_{T,ls}Q_T} \tag{14-3-15}$$

式中 $E_{TR,ls}$——整个固控设备系统清除低密度固体的效率,%;

$V_{1U,ls},V_{2U,ls},V_{3U,ls},\cdots$——固控系统中固控设备底流的低密度固体的体积分数,%;

$Q_{1U},Q_{2U},Q_{3U},\cdots$——固控系统中固控设备底流的体积流量(用秒表-计量罐法测定),m^3/h;

$V_{T,ls}$——井口返出的钻井液(振动筛前)中的低密度固体含量,%;

Q_T——井口返出的钻井液(振动筛前)的体积流量,m^3/h。

按式(14-3-15)计算,取得所需数据的手续很繁杂,为简便可按下式计算：

$$E_{TR,ls}=\frac{V_{BPS,ls}}{V_{T,ls}} \tag{14-3-16}$$

式中 $E_{TR,ls}$——固控设备系统后面或钻井泵吸入管前的钻井液中低密度固体含量,%。

可将式(14-3-15)和(14-3-16)得出的 $E_{TR,ls}$ 数值加以比较。

(2) 单台固控设备清除钻屑效率的计算。设固控设备单位时间内分离出的低密度固体的体积占单位时间内钻出的钻屑体积的分数为固控设备清除钻屑效率。

$$\varepsilon_1=V_{1U,ls}Q_{1U}/(0.785D^2R) \tag{14-3-17}$$

(3) 整个固控设备系统清除钻屑效率的计算。

$$\varepsilon_T=\varepsilon_1+\varepsilon_2+\varepsilon_3+\cdots \tag{14-3-18}$$

式中 ε_T——整个固控设备系统清除钻屑效率,%;

$\varepsilon_1,\varepsilon_2,\varepsilon_3,\cdots$——各台固控设备清除钻屑效率,%;

Q_{1U}——单台固控设备底流的体积流量,m^3/h;

$V_{1U,ls}$——单台固控设备底流的低密度固体的体积分数，%；
D——井筒直径，m；
R——机械钻速，m/h。

第四节　钻井液复杂情况诊断及处理

钻井过程中，常有使钻井液性能发生不符合施工要求变化的情况，这种钻井液复杂情况包括各种钻井液受侵污染、高温增稠及起泡等。最常见的受侵污染有盐侵、石膏侵、水泥/石灰侵、硬水侵、CO_2 侵、H_2S 侵等。

一、盐侵诊断及处理

1. 盐侵的来源

盐侵的常见来源有地下盐水层、盐岩层和盐丘等，另外配浆水也是可能的盐侵来源之一。造成盐侵的主要化学成分是氯化钠（NaCl），其他化学成分如氯化钾（KCl）、氯化镁（$MgCl_2$）和氯化钙（$CaCl_2$）也可以导致盐侵的发生。

2. 盐侵的现象

当钻井液受到盐侵后，其中的氯离子含量增加，同时还会有钠离子、钾离子、钙离子或镁离子等金属阳离子存在。此时，钻井液的黏度和切力表现为先升高，在分别达到其最大值后又转为下降，滤失量持续上升，钻井液的 pH 值逐渐降低。

3. 盐侵的原因分析

随着进入钻井液的金属阳离子（Na^+，K^+，Ca^{2+} 等）浓度的不断增大，必然会增加黏土颗粒扩散双电层中阳离子的数目，从而压缩双电层，使扩散层厚度减小，颗粒表面的 ζ 电位下降。在这种情况下，黏土颗粒间的静电斥力减小，水化膜变薄，颗粒的分散度降低，颗粒之间端与面和端与端连接的趋势增强。由于絮凝结构的产生，导致钻井液的黏度、切力和滤失量均逐渐上升。当金属阳离子浓度增大到一定程度之后，压缩双电层的现象更为严重，黏土颗粒的水化膜变得更薄，致使黏土颗粒发生面与面聚结，分散度明显降低，因而钻井液的黏度和切力在分别达到其最大值后又转为下降，滤失量则继续上升。此时如果不及时处理，钻井液的稳定性将完全丧失。另一方面，由于 Na^+ 将黏土中的 H^+ 及其他酸性离子不断交换出去，所以导致钻井液的 pH 值逐渐降低。

4. 盐侵的处理措施

当钻井液受到盐侵或盐水侵之后，应首先判断侵入盐量的多少、是否伴随有海水侵或石膏侵，现场应根据不同的情况采取有针对性的措施。

（1）当盐侵的量较小时，可以向受盐侵的钻井液中加入含有聚合物和有机分散剂的淡水胶液。常用的处理剂有CMC、聚阴离子纤维素、磺化酚醛树脂和改性淀粉等。

(2) 当盐侵的量较大时，较有效的处理方法是加入大量的分散剂、降滤失剂和流型调节剂，将钻井液转化为盐水钻井液体系。常用的分散剂有SMT、无铬木质素磺酸盐；降滤失剂有磺化酚醛树脂SMP、磺化褐煤树脂SPNH、PAC及淀粉类处理剂；流型调节剂有XC、正电胶MMH等。

(3) 当确认地层水中含有氯化镁时，应持续加入氢氧化钠，一是保持一定的pH值，二是调控钻井液滤液中镁离子的浓度。

(4) 当确认地层中有石膏层与盐岩层、盐水层交互存在时，钻井液中的钙离子浓度会随盐溶解度的增加而升高，在这种情况下应向钻井液中加入纯碱，同时还应配合加入一定数量的烧碱，用来控制钻井液中的钙离子浓度。

(5) 处理盐侵时，所有处理剂都应先用淡水配成胶液，使其预水化、预溶解，否则处理效果会受到影响。

二、钙、镁侵诊断及处理

1. 钙、镁侵的来源

钙、镁侵的常见可能来源有以下三个方面：

(1) 不论是来自地下的还是来自地表的配浆水，均有可能以$CaSO_4$，$CaCl_2$，$MgSO_4$，$MgCl_2$或$MgCO_3$的形式含有Ca^{2+}和Mg^{2+}。

(2) 海水中除含有氯化钠外，还含有一定浓度的$MgCl_2$。

(3) 含石膏(有水石膏或无水石膏)地层。不同地区石膏层的厚度差异很大，不少含盐地层中或多或少都间夹有石膏层。

2. 钙、镁侵的现象

当钙侵到一定程度时，钻井液黏度和滤失量有明显增加，严重时，钻井液失去流动性，滤失量失去控制。当镁侵到一定程度时，除钻井液塑性黏度、动切力和滤失量明显增加外，pH值也有所降低。

3. 钙、镁侵的原因分析

Ca^{2+}和Mg^{2+}侵入钻井液后，由于它们易与钠蒙脱石中的Na^{+}发生离子交换，使其转化为钙、镁蒙脱石，而Ca^{2+}和Mg^{2+}的水化能力比Na^{+}要弱得多，导致蒙脱石絮凝程度明显增加，使钻井液的黏度、切力和滤失量增大，最终导致流变性调控困难。

因为Mg^{2+}会与OH^{-}反应生成氢氧化镁沉淀，消耗钻井液中的OH^{-}，使H^{+}浓度相对较高，进而表现为pH值下降。

4. 钙、镁侵的处理措施

当钙、镁侵程度较轻时，可向钻井液中加入纯碱及降黏剂进行处理。常用的降黏剂有水解聚丙烯腈钠盐(NH_4-HPAN)和两性离子稀释剂(XY-27)等。

当钻遇大段石膏层，钙侵程度较严重时，应参考室内小型实验数据，通过加入降黏剂、降滤失剂等将钻井液转化为钙基钻井液体系。

当遇到严重的镁侵时，采取单独的加烧碱会使钻井液黏度和切力再次升高，此时可以根据小型实验用烧碱结合降黏剂和降滤失剂进行处理，将所用钻井液转化成石膏钻井液。

三、水泥/石灰侵诊断及处理

1. 水泥/石灰侵的来源

固井、堵漏或填井侧钻等施工过程中，均会遇到注水泥和钻水泥塞的情况，上述过程中钻井液直接与水泥浆接触或用于钻水泥塞时都会发生水泥侵。水泥中含有一系列含钙的化合物，这些化合物与水发生化学反应都会有氢氧化钙（熟石灰）生成，进而也是部分石灰侵的来源。

2. 水泥/石灰侵的现象

钻井液受侵后其漏斗黏度、动切力、静切力、pH 值和滤失量均有增加的趋势，滤液的酚酞碱度 P_f 值和总硬度也会增加。当温度超过 120 ℃时，被污染的钻井液还可能会发生固化现象。

3. 水泥/石灰侵的原因分析

水泥侵和石灰侵的共同特点是均有钙离子和氢氧根离子进入钻井液。由于 Ca^{2+} 和 OH^- 同时进入钻井液，不仅 Ca^{2+} 易与钠蒙脱石中的 Na^+ 发生离子交换，使其转化为钙蒙脱石，导致蒙脱石絮凝程度增加，进而致使钻井液的黏度、切力和滤失量增大，而且会使钻井液中 OH^- 的浓度增加，进而致使钻井液的 pH 值升高。

4. 水泥/石灰侵的处理措施

常用的水泥/石灰侵的处理措施有：

(1) 最简单也是最常用的处理方法是将受侵的钻井液放掉。

(2) 用碳酸氢钠（$NaHCO_3$）或 SAPP（酸式焦磷酸钠，$Na_2H_2P_2O_7$）来处理。两种处理剂的化学反应式如下。

当加入 $NaHCO_3$ 时：

$$Ca^{2+} + OH^- + NaHCO_3 = CaCO_3 \downarrow + Na^+ + H_2O$$

当加入 SAPP 时：

$$2Ca^{2+} + 2OH^- + Na_2H_2P_2O_7 = Ca_2P_2O_7 \downarrow + 2Na^+ + 2H_2O$$

在以上两个反应中，均既清除了 Ca^{2+}，又适当地降低了 pH 值。

(3) 向受侵的钻井液中加入含有有机酸如褐煤类、单宁酸、腐殖酸和降滤失剂的胶液，这样一方面可以降低钻井液的 pH 值，另一方面可以将钻井液转化为钙基钻井液，该钙基钻井液可以有效抑制黏土和页岩水化，可用于具有潜在钙侵地层的钻进作业。

四、碳酸根和碳酸氢根侵诊断及处理

1. 碳酸根和碳酸氢根侵的来源

碳酸根和碳酸氢根侵的来源较多，常见的有以下几种：

(1) 空气中的二氧化碳通过钻井液混合设备侵入钻井液中，之后产生碳酸根和碳酸氢根。

(2) 有些钻遇的地层中含有二氧化碳，钻遇该类地层时混入钻井液中，生成碳酸根和碳酸氢根。

(3) 处理钙侵或水泥侵时，加入过量的碳酸钠或碳酸氢钠，过量部分的碳酸钠或碳酸氢钠会使钻井液受到碳酸根和碳酸氢根侵。

(4) 部分有机处理剂的高温分解会产生碳酸根和碳酸氢根，如木质素、木质素磺酸盐类处理剂。

(5) 碳酸钙桥堵剂中所含的杂质一起加入钻井液中，会使钻井液受到碳酸根和碳酸氢根侵。

2. 碳酸根和碳酸氢根侵的现象

受侵后可以引起钻井液黏度和静切力增加、动塑比升高、流动性变差、触变性变强；黏切居高不下，挂壁现象严重，下钻到底开泵困难，并返出大量虚泥饼；随着碳酸氢根浓度的增加，静切力呈上升趋势，而随着碳酸根浓度的增加，静切力则先减后增；钻井液滤液的酚酞碱度与钻井液的酚酞碱度比值(P_f/P_m)迅速上升，同时 pH 值有明显的下降。

3. 碳酸根和碳酸氢根侵的原因分析

pH 值的大幅度变化致使黏土的分散状态发生改变，另外碳酸盐和碳酸氢盐的存在也影响了有机处理剂在黏土表面的吸附，导致部分处理剂的效果减弱，进而影响钻井液的整体性能。

4. 碳酸根和碳酸氢根侵的处理措施

由于经这两种离子污染后钻井液性能很难用加入处理剂的方法加以调整，因此只能用化学方法将它们清除。碳酸根可采用处理钙侵的方法，使其生成碳酸钙沉淀将其除去；而碳酸氢根不能直接除去，必须先使其与氢氧根反应，使之转换成碳酸根后再将其除去。现场常用的方法有两种：

(1) 通过加入适量 $Ca(OH)_2$ 清除这两种离子，由于 pH 值的升高，体系中的 HCO_3^- 先转变为 CO_3^{2-}：

$$2HCO_3^- + Ca(OH)_2 = 2CO_3^{2-} + 2H_2O + Ca^{2+}$$

然后 CO_3^{2-} 与 $Ca(OH)_2$ 继续作用，通过生成 $CaCO_3$ 沉淀而将 CO_3^{2-} 除去：

$$CO_3^{2-} + Ca(OH)_2 = CaCO_3 \downarrow + 2OH^-$$

使用该方法处理污染时，会使钻井液的 pH 值升高，此时可以辅助加入有机酸处理剂来缓解 pH 值的过度升高。

(2) 采用石膏处理钻井液，同时配合加入石灰或烧碱，这样可以实现在除污染的同时维持 pH 值相对稳定。

另外，上述两种方法对于深井高密度钻井液受碳酸根和碳酸氢根侵的处理效果往往不明显，此时可采取石灰加水泥的方法进行处理，不仅可以有效除去污染离子，而且有利于井眼稳定，综合效果较好。

不管采用哪种方式，处理时都应提前做好室内实验，同时加入降黏剂和降滤失剂，从而使钻井液获得较理想的流变性和滤失性能。

五、硫化氢侵诊断及处理

1. 硫化氢侵的来源

硫化氢侵的来源主要有两个方面：一是所钻地层中含有硫化氢，污染程度会随地层中硫化氢的含量增大而加剧；二是部分处理剂在井底环境下会产生硫化氢，此类污染往往较轻。

2. 硫化氢侵的现象

在振动筛处或槽面上可以闻到臭鸡蛋味。采用水基钻井液钻遇硫化氢时，通常会发生降黏现象，同时伴随 pH 值的下降，钻井液颜色变暗、变黑。若用油基钻井液则上述现象不明显。

3. 硫化氢侵的处理措施

有两种措施来应对该情况：对于钻井液黏度降低，可以通过加入膨润土进行处理。对于彻底消除 H_2S，应在适当提高 pH 值之后再加入适量碱式碳酸锌[$Zn_2(OH)_2CO_3$]或高价铁等硫化氢清除剂。

六、黏土侵诊断及处理

1. 黏土侵的来源

黏土侵的主要来源在于所钻地层。在易造浆地层快速钻进时，若钻井液抑制能力不足、固控设备效果不理想、处理不力，会导致钻井液中黏土含量超过容量限，导致钻井液性能恶化。另外，某些不合格的加重剂(如重晶石)中的杂质成分也是黏土侵的来源之一。

2. 黏土侵的现象

钻井液发生黏土侵时，首先表现为黏度和切力大幅上升，钻井液密度有上升趋势，MBT 值很高。当黏土侵严重时，随循环的进行，钻井液变得越来越稠，甚至失去流动性。

3. 黏土侵的处理措施

常见的黏土侵的处理方法有：

(1) 在浅部地层且井壁较稳定的情况下,加入浓度较低的处理剂胶液进行稀释处理;加强固控设备使用效率。

(2) 加大抑制性处理剂的加量,提高钻井液体系自身的抗黏土污染能力。

七、油、气侵诊断及处理

1. 油、气侵的来源

在含油、气层中钻进时,当钻井液液柱压力小于油、气层地层压力时,地层中的油、气、水会不断进入钻井液中,形成对钻井液的油、气侵。

2. 油、气侵的现象

油、气侵在现场钻井经常遇到,常见的现象有:

(1) 密度下降、黏度和切力上升。

(2) 钻井液中有明显的气泡存在,振动筛或钻井液槽面上有油花。

(3) 当油、气侵严重时,钻井液流变性变坏,颜色变黑,泥饼变虚,同时地面的钻井液体积增量明显。

3. 油、气侵的处理措施

常用的油、气侵的处理措施有:

(1) 提高钻井液密度,以平衡地层压力,防止油、气进一步进入钻井液中。

(2) 配制含有一定稀释剂的胶液,按循环周加入钻井液中,降低钻井液的黏度和切力,同时加入消泡剂,结合除气器的运转,除去钻井液中的气体。

(3) 当侵入的油、气较少时,可以向钻井液中加入乳化剂,将原油乳化,消除对钻井液流变性的影响。

(4) 当侵入的油、气较多时,可以考虑用新配制钻井液来替换部分受污染的钻井液,同时用含有一定处理剂的胶液进行周期性维护。

八、高温增稠

1. 高温增稠的现象

在高温条件下,钻井液性能变化加剧,最终反映为钻井液滤失量增大、黏度增加,进而导致钻井工程不能正常进行。另外,钻井液中还散发出发霉或腐烂的气味。

2. 高温增稠的原因分析

在高温的作用下,钻井液中的各种成分和添加剂均将因高温的影响而变质(发酵、降解、增稠、失效等)。除无机盐如 KCl,$CaCl_2$,$NaCl$ 等外,所有有机物都有随着温度增高而变质的可能。如配浆用的膨润土当温度超过 121 ℃时就会明显增稠;淀粉类处理剂当温度超 120 ℃时容易发酵;纤维素类和一般高聚合物类当温度超过 140 ℃就会断链,降解失去作用。正是这些变质作用的综合结果，最终导致高温情况下的钻井液增稠。

3. 高温增稠的处理措施

解决这一问题的主要方法是采用能承受高温的钻井液处理剂，如耐高温的高分子材料或表面活性剂。目前可选的处理剂有磺化类材料，如磺化沥青、磺化褐煤等。另外，也可以考虑用油基钻井液来代替水基钻井液实现其抗高温性能，还可以通过选用合适的配浆土如海泡石或凹凸棒土（抗温 371 ℃）或控制膨润土的含量（测定 MBT 含量）来避免钻井液高温增稠。

九、起泡

1. 起泡的现象

钻井液表面或内部含有较多的小气泡，钻井液密度有一定程度降低，黏度略有升高。

2. 起泡的原因分析

钻井液起泡的原因较多，盐水钻井液容易起泡，有些处理剂也容易起泡，如栲胶碱液、聚合醇等，还有气侵亦会引起钻井液起泡。

3. 起泡的处理措施

针对起泡现象有两种处理方式：一是充分利用除气器；二是加入适量的消泡剂进行处理。有多种消泡剂可供选用，其中较为普遍的一种消泡剂是硬脂酸铝。通常将它在柴油中进行分散，然后将这种混合物用细水长流的方式按循环周加入到钻井液循环系统中。在起泡严重的情况下，煤油或轻质柴油的加入可以充当良好的消泡剂。硅基和酒精基消泡剂也是十分有效的，且更具有环保性能。

第五节　钻井液废弃物处理

一、钻井液废弃物包含内容及管理原则

1. 钻井液废弃物涵盖范围

钻井液废弃物通常包含钻井过程中产生的钻屑、固控设备排放物、清罐排出物及完钻后弃用的钻井液。

2. 钻井液废弃物管理原则

总的管理原则是必须满足资源国政府的环保法规要求，具体操作时应以下面几个方面的工作为基本出发点：

1）以 4R 理念细化钻井液废弃物的各项管理工作

4R 原则指源头减少（reduce）、再利用（reuse）、再循环（recycle）和回收（recovery）。目前

世界多国均要求钻井液废弃物实现零排放，从源头减少到合理处理，最终实现对环境污染的最小化。

2）有合理、全面、可操作性好的钻井液废弃物处理方案

油公司必须提前制定好废弃物处理方案，并在实际工作中严格执行。

3）处理方案的选择应充分考虑资源国当地法律法规、技术的先进性和经济上的可行性

制定方案前必须充分调研资源国当地的环保要求，结合具体的钻井施工工艺，选择适宜、经济可靠的处理方案。

4）选择经验丰富、业绩好的服务商具体负责废弃物处理工作

甲方应根据项目实际情况，让专业钻井液服务商或通过招标方式选择专业的废弃物处理服务商来承担废弃物处理具体工作，严格根据处理方案进行施工，并负责取得当地环保部门的验收合格证明。

二、钻井液废弃物处理常用方法

1. 回填法

1）基本工艺

回填法是较常见的处理方法之一，主要有两种类型：简易回填法和密封回填法。

简易回填法主要适用于普通淡水基钻井液，该类钻井液半致死浓度（LC_{50}）值一般为 $10^5 \sim 10^6$ mg/L，属于低毒或无毒范围。该废弃物中的大部分有害指标均低于排放标准，可直接排放。通常的做法是完井后用原开挖时产生的土将钻井液坑回填，回填前可根据需要自然晾晒一段时间，但最长不准超过 12 个月。在可耕种场地开挖钻井液坑时，应注意将表层土隔离堆放，待施工最后将其覆盖在最上层，恢复原始状态。

密封回填法是对简易回填法的改进：回填废弃物的坑需要在底部和四周铺一层有机土或用其他方法进行无渗透处理，然后在上面铺一层 0.5～0.7 mm 厚的聚乙烯塑料作为垫层，再盖一层有机土，也可以在底部和四周加固化层或具有一定强度的防渗膜。密封回填法要求在废弃物之上必须保持顶部的土层有 1.0～1.5 m。该方法适用于盐水钻井液和部分油基钻井液废弃物，尤其适用于沙漠、戈壁等环境敏感性低的地区。

2）优缺点

优点：该方法是最经济的处理方法，操作简单，成本低廉。缺点：可能会造成潜在危害，因为未消除有毒污染物质。

2. 固化法

1）基本工艺

该方法通过向废弃钻井液中加入一定数量的固化剂，使废弃钻井液与固化剂之间发生一系列复杂的物理、化学反应，将废弃钻井液中的有害成分（如重金属离子、高聚物和油类等）和有毒有害物质封固在固化物中，降低毒害物质的渗滤性和迁移扩散，达到防止污染的目的。该方法适用于膨润土钻井液体系、聚合物钻井液体系、三磺（聚磺）钻井液体系、油基钻井液体系等。由于含盐钻屑会造成土地盐碱化，目前还没有较好的处理方法，固化也就成为处理含

盐废弃物的首选方法。

固化作业的常规工艺流程分八步进行，分别是取样化验、处理方案设计、组织材料并进行配料、固化施工、候凝、现场监测、平整井场和验收交接，通常需要几天至几十天的时间。常用的固化剂分无机和有机两大类，无机类主要有水泥、石灰、磷石膏、水玻璃、氯化钙、氯化镁、硫酸铅及无定型硅灰等；有机类主要有聚乙烯醇、甘油、脲醛树脂、氨基甲酸乙酯聚合物、热固（塑）性树脂（如沥青、聚乙烯）等。实际施工中可用的固化剂种类较多，施工前应检测废弃物中有毒有害物质类型，然后选择合适的固化剂类型。

2）优缺点

优点：完井后施工，成本较低，处理时间短。缺点：废弃物处理后体积增大。

3. 井下回注法

1）基本工艺

井下回注法是一种安全且方便的处理方法，可以及时、就地处理废弃钻井液。特别是对有些毒性较大又难以处理的废弃钻井液来说，这种方法方便有效。根据回注位置的不同，回注法又分为两种：环空回注和地层回注。环空回注是将具有可泵性的废弃物注入到表层套管或生产套管环空中。该方法仅能一次性处理废弃物，不适合持续性处理，且该方法受到机械装备和套管被腐蚀的影响，如果管道长期遭受腐蚀，一旦损坏则注入液就可能污染水层。地层回注是将废弃的水基或油基钻井液和钻屑，通过地面处理回注到合适地层。该方法主要受到回注地层的回注水能力和回注过程中的地层堵塞等不确定因素的影响，还涉及地层压裂增注和酸化解堵作业。但该方法对地层有严格的要求，深度必须大于 600 m，以避免废弃物污染地下水源。该方法对水基钻井液和油基钻井液同样有效。

2）优缺点

优点：彻底消除地面污染。缺点：设备相对繁杂，成本高，受限于地层物性，不太适合于勘探井。

4. 固液分离法

1）基本工艺

固液分离法是应用十分广泛的废弃物处理技术，主要用于对水基废弃钻井液的处理。该技术通过加入混凝剂，利用化学絮凝、沉降和机械分离等组合技术将废弃钻井液中的固、液两相分开，液相可以重复利用，固相则进行进一步的无害化处理。由于废弃钻井液是由膨润土、无机盐、化学处理剂、钻屑、加重材料等组成的复杂的悬浮液，简单地通过自然沉降和机械分离是很难破坏钻井液中胶体体系，而合适的絮凝剂可对固液分离效果起到重要作用。絮凝剂的作用机理是通过破坏固体颗粒的表面结构，中和表面的电荷，减少颗粒之间的静电引力，促使固相颗粒聚结变大，从而达到便于固液分离的目的。可用的混凝剂种类达二三百种之多，按其化学成分可分为无机类和有机类。无机类主要有铁盐、铝盐及其水解产物；有机类品种很多，主要是高分子长链化合物，既有天然的化合物，也有人工合成的化合物。

固液分离法的常规工艺流程分五步进行，即将混凝剂加入废弃钻井液中，搅拌，静置，机械脱水，生成污水和浓缩污泥。其中，机械脱水装置常用的有离心机、真空过滤机和压滤机。固液分离后产生的浓缩污泥的含水率较脱水前低，表面变干、总体积缩小，可以将其集中处理。固液分离后产生的污水经处理后可重新用于钻井，特别适合于边远枯水地区的钻井作业。实际施工中可用的混凝剂种类较多，施工前应做相应的室内实验，检测不同混凝剂的絮凝效果，然后再选择合适的混凝剂类型。

2）优缺点

优点：可以实时随钻处理，无须另挖钻井液废弃物坑，也可以循环利用水相，降低钻井用水量及钻井液维护成本。缺点：设备租赁成本较高。

5. 生物处理法

1）基本工艺

生物法处理废弃钻井液的工艺有多种，常见的有微生物降解法和生物絮凝法两种。微生物降解法是利用微生物将有机长链或有机高分子降解为环境可接受的低分子有机物或气体。具体工艺：向钻井液废弃物中引入降解菌和营养物质，通过细菌的生长、繁殖和内呼吸，将钻井液废弃物中的污染物分解，实现无毒化目的。该方法常用于处理含油污土壤和含油污泥。该方法中所用微生物必须是通过自然筛选或诱变培育及基因工程、细胞工程技术获得的特种微生物，这也是该工艺的难点和重点所在。生物絮凝法是利用微生物将有机高分子污染物絮凝并沉淀的原理对废弃物进行无害化处理的，具体工艺是向废弃钻井液中加入特殊的微生物，使具有毒性的高分子有机物絮凝并沉淀。该方法对钻井废水的处理效果明显。

2）优缺点

优点：环保，经济。缺点：选择降解菌困难，降解时间受环境影响大。

6. 热处理法

1）基本工艺

热处理法主要用于处理含油钻井液废弃物。该技术是通过对钻屑进行加热，将钻屑中所含油分、易挥发有机物和水分蒸发出来，收集后处理。现有设备和工艺可以处理固相含量为30%～50%的废弃物，处理后的钻屑含油量小于1%。国际上有一种加热解吸装置，其热解吸系统是一种非氧化过程，采用加温脱附油性废物，大多数是采用燃料燃烧提供的热量，但也有一些系统使用电动或电磁能源热。热解吸系统一般有两种类型：低温系统及高温系统。低温系统的工作温度通常是250～350 ℃，而高温系统的工作温度可高达520 ℃。低温系统足以处理轻油废物，高温系统将能处理含量较低的重油废物。

2）优缺点

优点：物理方法，无需处理剂。缺点：运行成本高，产生烟尘和浓烈气味。

在实际工作中，多数情况下是几种方法相结合，因为并非所有单一方法都能够满足零排放的要求。常用的做法是根据现场具体情况，采用组合方式进行处理，如采用“固液分离＋回填”、“固液分离＋固化”等方法进行处理。

三、常见废弃物处理设备

钻井完井废弃物的成分复杂，不同地区、不同钻井液体系所产生的废弃物的化学成分明显不同，所以废弃物处理设备也不可能是一种固定的装置及流程。为此，当前钻井废弃物处理装置也具有多样性。但最基本的设备都包括废弃物收集传送装置、废弃物固液分离装置、废弃物热解吸装置等。

1. 废弃物收集传送装置

收集和传送装置的种类较多，流行的有两种，一种是螺旋传送系统，另一种是密闭式收集与传送系统，见图 14-5-1 和图 14-5-2。

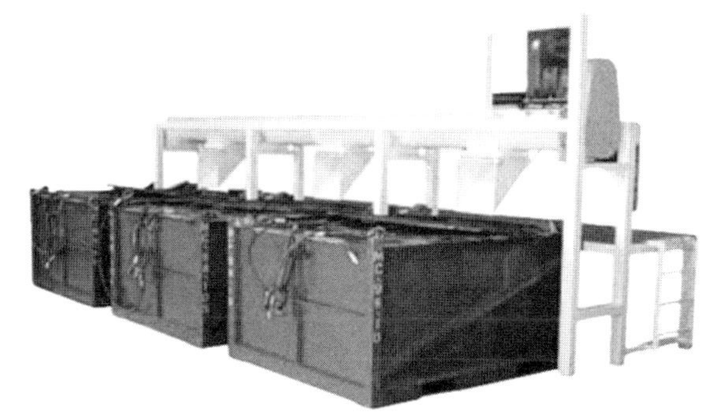

图 14-5-1　螺旋传送系统

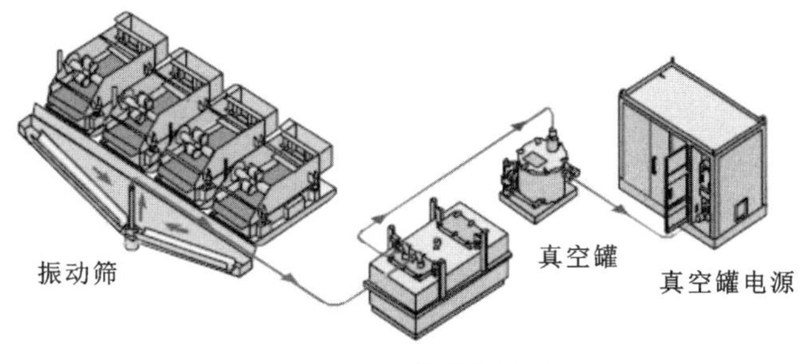

图 14-5-2　密闭式收集与传送系统

这种装置的核心是通过一个真空收集罐将井场产生的废弃物几乎全部收集，基本实现零排放。

2. 废弃物固液分离装置

现场常用的固液分离装置是各式甩干机，不同服务商的设备在外形和结构上有较大差异，但其共同特点是分离效率高、可回收部分钻井液重复利用、易损件更换容易等。图 14-5-3 和图 14-5-4 是两种常见的固液分离装置。

3. 废弃物热解吸装置

该装置主要是针对油基钻井液设计的，被处理废弃物在装置中被加热至 300 ℃以上，油及水均被解吸，仅剩余干的固体废弃物。常见的装置见图 14-5-5 和图 14-5-6。

图 14-5-3 固液分离甩干机(1)

图 14-5-4 中国产固液分离甩干机(2)

图 14-5-5 热解吸装置

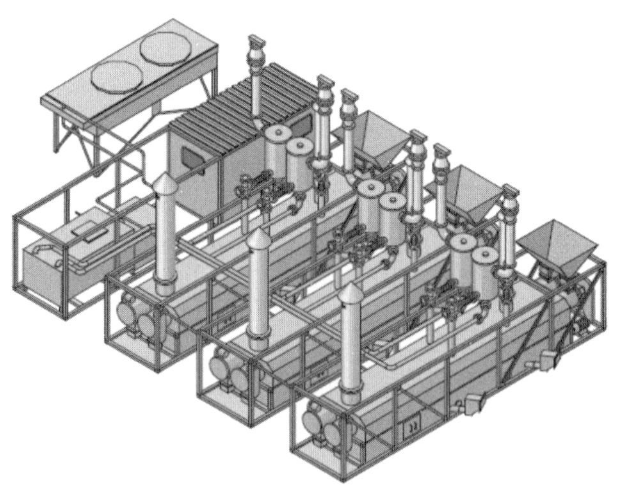

图 14-5-6 热解吸装置示意图

第六节 钻井液工作评估技术

一、评估依据

评估的依据如下：

(1) 油公司制定的有关标准、规定以及签订的合同书。

(2) 钻井液设计书。

(3) 钻井设计书。

二、评估内容

评估的内容如下：

(1) 作业过程中 HSE 规定的遵守情况。

(2) 钻井液的性能维护与处理情况。

(3) 井下复杂情况的处理情况。

(4) 作业过程中处理剂的管理情况。

(5) 钻井液处理剂的供应情况。

(6) 钻井液实验室的管理情况。

(7) 完井验收情况。

(8) 完井后的总体情况。

三、评估要点及要求

表 14-6-1 至表 14-6-8 所述的评估要点及要求是从全方位的管理角度进行设计的，具体执行时可以根据当时当地的具体情况进行适当调整。

表 14-6-1 作业过程中 HSE 规定的遵守情况

评估要点	标准或要求
现场作业中的人身安全和健康保护措施	作业过程中必须穿戴安全帽、防护手套和安全靴；添加任何处理剂时还要佩戴护目镜、口罩等
现场作业中的不安全或违章行为	参照现场作业 HSE 要求以及承包商的 HSE 管理体系
钻井液处理剂的使用和遗撒处理	使用钻井液处理剂以及处理遗撒时，应按照相应材料安全数据单的要求做好安全防护
处理剂包装的处理	钻井液处理剂外包装在使用过后，应按照现场 HSE 规定和材料安全数据单的要求进行处理

表 14-6-2　钻井液性能维护和处理措施

评估要点	标准或要求
钻井液性能调整和维护处理	按照设计要求进行
设计中未考虑到的意外情况	与钻井监督交流并提出合理化建议
钻井液常规性能测试频率	每 1～2 h 一次，测试按 API RP 13B-1 和 API RP 131-2 进行
钻井液全套性能测试频率	每班 2 次(特殊情况下加密测定频率)，测试按 API RP 13B-1 和 API RP 131-2 进行
高温高压钻井液性能测试	井深超过 2 000 m 或按照油公司要求，测试按 API RP 13B-1 和 API RP 131-2 进行
钻井液性能测试仪器的标定	钻井液性能测试仪器应由有资质的单位定期进行标定，仪器应在标定有效期内使用
钻井液密度测定仪的校正	钻井液密度测定仪在使用前应按照 API RP 13B-1 或 API RP 13B-2 的要求用清水进行密度校正
钻井液性能测试所用试剂	钻井液性能测试的试剂规格应符合 API RP 13B-1 和 API RP 13B-2 的要求，并在有效期之内
钻井液日报提交	早晨交接班会议之前提交给现场监督
与现场监督之间的技术交流	经常性地与现场监督人员就可能遇到的井下复杂情况进行交流并提出预防措施和/或应对方案
钻井液循环系统工况检查	每班检查一次并记录，出现问题应立即报修
固控系统工况检查	每班检查一次并记录，出现问题应立即报修
配浆系统工况检查	每班检查一次并记录，出现问题应立即报修
配浆水的储备情况检查	随时检查配浆水的储备情况，保证足够的配浆水储备
坐岗记录	每 30 min 记录 1 次或按要求测量并记录钻井液液面和密度、黏度
压井液性能检查和维护	每班检查一次压井液性能并记录，根据情况维护其性能

注：钻井液常规性能包括密度、漏斗黏度、流变性(六速黏度计)、API 滤失量和 pH 值。

表 14-6-3　井下复杂情况处理

评估要点	标准或要求
对可能出现的复杂情况的准备工作	针对可能出现的井下复杂情况，现场备有充足的材料，并有完善的处理方案
对井下复杂情况的性质的判断	能够准确判断井下复杂情况的性质
与现场监督之间的沟通	能够就井下复杂情况的处理进行充分沟通
处理井下复杂情况的措施	处理措施步骤清晰、有条理、有可操作性

注：针对井下复杂情况的处理方案参考相应的钻井液设计。如果遇到特殊情况，应根据实际情况重新制定处理方案。

表 14-6-4　作业过程中处理剂管理情况

评估要点	标准或要求
现场钻井液材料的库存量	定期清点库存，并根据材料的使用情况尽量减少急料需求
现场处理剂台账	每日消耗量、总消耗量、当日收料量、总收料量、现场当日库存量记录准确、条理清晰

续表 14-6-4

评估要点	标准或要求
进出井场钻井液处理剂的检查	检查并记录进出井场的钻井液材料的数量、名称和状态(完好、破损)
现场处理剂的摆放和标记	材料摆放分门别类,材料标签醒目
钻井液处理剂的保护情况	定期检查处理剂的保护情况(防日晒雨淋和包装破损情况),优先使用包装破损的材料
钻井液材料的使用	按照实际需要进行处理,处理量不清楚者应进行室内实验

注:处理剂出现遗撒需要清理回收时,应按照相应的材料安全数据单的要求进行,以保证安全。回收的处理剂尽量(优先)重新使用。

表 14-6-5 钻井液处理剂供应情况

考查内容	标准或要求
作业基地位置	符合资源国的法律法规,与现场之间的距离以及路况等
钻井液材料保障能力	后勤基地大小、货物储备情况应符合施工要求
设备和配件供应保障能力	作业基地应储备有足够的钻井液现场检测设备和所需的配件
仪器和试剂供应保障能力	作业基地应储备有足够的钻井液现场检测所需的玻璃仪器和各种试剂
投标者的货运能力	应常备运输车辆(包括多少辆车、吨位、车况等)或运输服务商,可以满足现场货运要求

表 14-6-6 钻井液实验室管理情况

序　号	检查内容	数　量	检查结果
1. 基本设备			
1	密度计(符合 API 要求的钻井液密度计)	2	
2	马氏漏斗黏度计(含 946 mL 量杯)	2	
3	直读式黏度计	2	
4	API 钻井液滤失仪	2	
5	高温高压钻井液滤失仪	2	
6	钻井液蒸馏器(固相测量)	2	
7	含砂量测定仪	2	
8	pH 计(或 pH 试纸)	2	
9	硫化氢测定仪(Garret Gas Train)	1	
10	泥饼黏附系数测定仪	1	
2. 附件			
11	秒表	2	
12	滤纸(API 滤失仪用,Whatman No. 50 型或相当者)	若　干	
13	滤纸(高温高压滤失仪用,Whatman No. 50 型或相当者)	若　干	
14	pH 试纸	若　干	
15	搅拌机(转速可调:10 r/min,1 000 r/min,15 000 r/min)	2	
16	磁力搅拌器	2	

续表 14-6-6

序 号	检查内容	数 量	检查结果
17	电炉或电热板	2	
18	离心机(卧式,1 800 r/min,测钾离子含量)	2	
19	加压设备(打气筒和氮气瓶)	2	
	3. 玻璃仪器		
20	温度计(0～105 ℃,0～150 ℃,0～260 ℃)	各 3	
21	量筒(10 mL,25 mL,50 mL)	各 5	
22	量筒(20 mL,钻井液固相含量测定专用量筒)	5	
23	注射器(2.5 mL,5 mL)	各 5	
24	锥形瓶(150 mL,250 mL)	各 5	
25	移液管(1 mL,5 mL,10 mL)	各 5	
	4. 基本试剂		
26	亚甲基蓝溶液(测膨润土含量,3.2 g/L)	若 干	
27	硝酸银溶液(测氯根含量,4.791 g/L)	若 干	
28	EDTA 溶液(测硬度,0.01 mol/L)	若 干	
29	硬度指示剂(测硬度,Calmagite 或相当者)	若 干	
30	钙指示剂(测硬度,Calver Ⅱ 或相当者)	若 干	
31	高氯酸钾(测钾离子含量)	若 干	
32	标准氯化钾溶液(测钾离子含量)	若 干	
33	铬酸钾溶液[5 g/(100 mL 水)]	若 干	
34	过氧化氢溶液(3%)	若 干	
35	硫酸(0.02 mol/L,5 mol/L)	若 干	
36	盐酸(0.1 mol/L)	若 干	
37	酚酞	若 干	
38	甲基橙	若 干	
39	蒸馏水或去离子水	若 干	
	5. 油基钻井液专用设备和试剂		
40	电稳定性测定仪(含电极、标准电阻)	2	
41	溶剂 PNP(油基钻井液)	若 干	
42	异丙醇	若 干	

注:① 本表所有设备的规格均应符合 API RP 13B-1(水基钻井液)和 API RP 13B-2 中的规定。

② 本表列出的基本设备均应包括必要的、足够的附属件(表中未列出),例如固相测定仪应包括刮刀、硅润滑脂等。直读式黏度计应包括钻井液杯等。

③ 本表中仅列出主要试剂,其他配合使用的试剂可参考 API RP 13B-1(水基钻井液)和 API RP 13B-2 中的规定。

④ 表中所列各种设备、仪器的数量是井场应该随时保留的最低数量。

⑤ 油基钻井液专用设备仅在使用油基钻井液时检查。

⑥ 测定钾离子含量的仪器和试剂只有在使用氯化钾钻井液且钾离子质量浓度高于 5 000 mg/L 时检查。

表 14-6-7 完井验收情况

评估要点	标准或要求
现场剩余钻井液材料回收	剩余材料完全回收，使用过的包装袋按规定处理，现场恢复程度符合要求
钻井液实验室的处置	完整回收钻井液实验室，现场不得丢弃有毒、有害和危险物品
钻井液完井资料提交	按照油公司要求，在规定时间内提交钻井液完井资料
钻井液完井报告	钻井液完井报告应包括以下内容：① 作业井的基础数据（地理位置和环境、地质资料、井号、井型、井身结构、井深、开钻、完钻日期等）。② 分开次描述钻井液的作业情况：每个开次钻井液作业概况、作业详细情况描述、钻井液性能的调整和维护、钻井液的使用情况及其数量（漏失、正常损耗、配制的量等）、钻井液材料的使用情况、各个开次的成本和每米成本、遇到的井下复杂情况（如果有）的原因和处理情况。③ 总结：对本井的钻井液作业情况进行总结，并能够提出具有启发性的区块作业提示。钻井液完井报告内容须翔实可靠

注：钻井液完井资料一般应包括钻井液完井报告、钻井液日报、有关的图表和计算结果等，以及其所有保存形式（纸质或光盘等）。

表 14-6-8 项目完成后的总体评价

评价内容	得　分
作业中 HSE 规定的遵守情况	满分 10
钻井液性能维护与处理	满分 5
井下复杂情况的处理	满分 10
钻井液处理剂的供应	满分 10
作业过程中现场处理剂的管理	满分 10
钻井液处理剂的回收	满分 5
钻井液实验室配件的供应	满分 10
现场钻井液实验室的管理	满分 5
钻井液实验室的处置	满分 5
钻井液工程师的能力	满分 10
与其他相关服务商的配合情况	满分 10
承包商的服务态度	满分 10

注：总体评估总分满分为 100 分。该总体评价记录可以作为招投标的重要参考资料。

附录 14A　钻井液测试和分析

14A.1　钻井液密度

14A.1.1　仪器

(1) 钻井液密度计：精确度达到足以测量 0.01 g/cm^3，见图 14A-1。

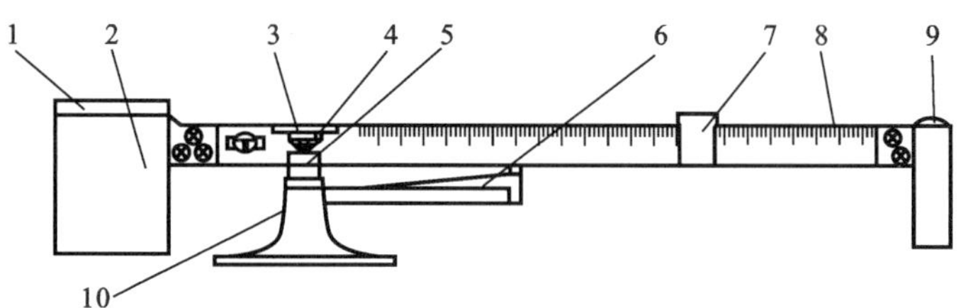

图 14A-1　钻井液密度计

1—杯盖；2—钻井液杯；3—水准泡；4—刀口；5—刀承；6—支撑臂；7—游码；8—杠杆；9—平衡柱；10—底座

(2) 加压式钻井液密度计：精确度达到足以测量 0.01 g/cm^3，可用于测定含有一些气泡的钻井液，见图 14A-2。

(3) 温度计：量程 0～105 ℃。

14A.1.2　常规密度计测试程序

(1) 放好密度计支架使之处于水平位置。

(2) 将待测钻井液注入清洁干燥的密度计杯中，倒出，再注入新的待测钻井液。

(3) 将杯盖缓慢旋入杯中并盖紧，使少量钻井液从盖子的小孔溢出。

(4) 用手指堵住盖孔，洗净溢出的钻井液和杯盖以及液杯。

(5) 将密度计的刀口放在支架的刀口架上，轻轻移动密度计杆上的游码，使密度计杆上水平管中的气泡处于两刻度线之间并使密度计杆处于水平位置。

(6) 读取游码左侧线指示的密度值(精确到 0.01 g/cm^3)。

14A.1.3　加压密度计测量程序

(1) 将钻井液样品注入样品杯中，直到样品液面低于液杯上缘约 6.0 mm 处。

(2) 盖上杯盖，使盖上的单向阀处于向下(开启)位置，将盖子向下推入样品杯口，直至盖子外缘和杯上缘面接触为止；过量的钻井液由单向阀排出；杯盖放在杯

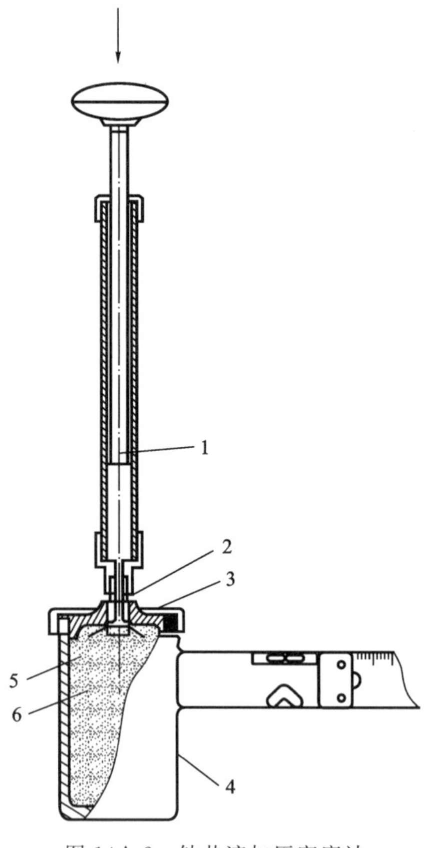

图 14A-2　钻井液加压密度计

1—加压柱塞；2—单向阀；3—密封盖；4—样品杯；5—钻井液样品；6—混入的空气

上后，向上拉单向阀使之处于关闭位置，用水冲洗杯和螺纹，并把丝扣盖拧到杯上。

(3) 加压柱塞的操作与注射器相似：为把钻井液注入柱塞内，将柱塞杆完全向内位置的柱塞筒端浸入钻井液中，然后向上拉柱塞杆以使钻井液注满柱塞筒；应该用柱塞作用排出这部分钻井液，然后重新抽入新的钻井液样品，以保证柱塞筒内的钻井液不会被前次冲洗柱塞时残留的液体所冲稀。

(4) 将柱塞筒端口接到杯盖单向阀 O 形圈的表面上，推柱塞杆，将钻井液样品通过单向阀注入杯中（注入力约 225 N 或更大些）；缓慢退回柱塞筒，将单向阀关闭。

(5) 洗净并擦干样品杯外部，将密度计放在支架刀口架上，测量密度。

14A.2 钻井液流变性能

14A.2.1 马氏漏斗黏度

1) 仪器

(1) 马氏漏斗：漏斗上面带有 12 目的筛网，漏斗内容积 1 500 cm^3，流出 1 quart（夸脱，1 quart＝946 cm^3）(21±3) ℃淡水所需的时间为(26±0.5) s，见图 14A-3。

(2) 带刻度的钻井液杯：有 1 quart 和 1 000 cm^3 的刻度线。

(3) 秒表。

(4) 温度计：量程 0～105 ℃。

2) 测试程序

(1) 清洗漏斗和带刻度的钻井液杯。

图 14A-3　马氏漏斗黏度计

(2) 用手指堵住漏斗的出口管，将经过充分搅拌的钻井液样品通过漏斗上面的筛网注入直立状态的漏斗内，直到钻井液液面达到筛网底部为止（应有 1 500 cm^3）。

(3) 移开堵住出口管的手指，同时按动秒表，测量钻井液从出口管流入带刻度的钻井液杯达到 1 quart 刻度线位置时所需的时间。

(4) 测量并记录钻井液的温度。

(5) 以秒为单位记录马氏漏斗黏度。

14A.2.2 钻井液的表观黏度、塑性黏度、屈服值和静切力

1) 仪器

(1) 直读式旋转黏度计：六速型旋转黏度计，θ_3，θ_6，θ_{100}，θ_{200}，θ_{300}，θ_{600}，见图 14A-4。

(2) 秒表。

(3) 温度计：量程 0～105 ℃。

(4) 可加热恒温的钻井液样品杯（备用）。

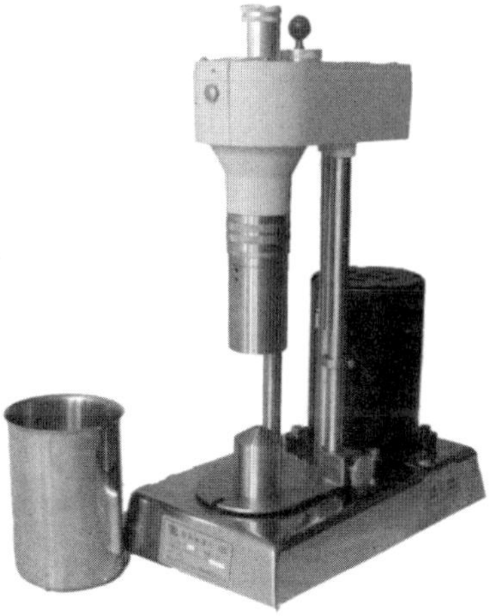

2) 测试程序

(1) 将钻井液样品注入钻井液样品杯中（必要时用可加热恒温的钻井液样品杯），使黏度计的转筒浸入到钻井

图 14A-4　六速型旋转黏度计

液样品中时液面刚好到达外筒的刻度线。应尽量减小钻井液样品搅拌后的耽误时间(小于5 min),且测量时钻井液温度与取样处钻井液的温度不应相差大于6 ℃;记录取样地点和测量时钻井液的温度。

(2) 使外筒以600,300,200,100,6,3 r/min的转速旋转,读取黏度计表盘上已恒定的指针所指示的刻度值,记为θ_{600},θ_{300},θ_{200},θ_{100},θ_6,θ_3。

(3) 将转速设定为600 r/min,转动10 s以上,然后静止10 s,立即开动仪器使外筒以3 r/min的转速转动,读取开始旋转时表盘指针所指示的最大值,记为$G_{10\ s}$。

(4) 再以600 r/min的转速转动10 s以上,然后静止10 min,立即开动仪器使外筒以3 r/min的转速转动,读取开始旋转时表盘指针所指示的最大值,记为$G_{10\ min}$。

(5) 测量完毕后,及时清洗内外转筒并擦干。

3) 计算

宾汉模式:

$$表观黏度\ \mu_a(mPa \cdot s) = \theta_{600}/2$$

$$塑性黏度\ \mu_p(mPa \cdot s) = \theta_{600} - \theta_{300}$$

$$屈服值\ Y_P(Pa) = (2\theta_{300} - \theta_{600})/2$$

$$初切力\ G_{10\ s}(Pa) = \theta_3/2$$

$$终切力\ G_{10\ min}(Pa) = \theta_3/2$$

幂律模式:

$$流性指数\ n = 3.22\lg(\theta_{600}/\theta_{300})$$

$$稠度系数\ K(Pa \cdot s^n) = 0.511\theta_{300}/511^n$$

注:亦可使用浮筒切力计法测得钻井液静切力(特别适用于高温养护后的钻井液),具体如下。

(1) 仪器。

① 不锈钢切力计:长度89 mm,外径36 mm,壁厚0.2 mm。

② 用于放砝码的平板。

③ 一套砝码:以g为单位。

④ 尺子:刻度为mm。

(2) 测试程序。

① 将切力计浮筒及平板小心放置在高温老化后冷却至室温的钻井液样品表面上,并使其平衡。必要时需要移动平板上的砝码以保证浮筒开始进入钻井液时是垂直的。如果在高温老化后的样品表面上形成了一层表皮,应在放置切力计浮筒之前将此表皮轻轻敲破。

② 在平板上小心地加上足量的砝码以使切力计浮筒开始向下移动;除非所加的砝码过重,否则在老化后的钻井液对浮筒表面的静切力足以支撑所加的砝码的位置,切力计浮筒将停止下沉;最好是浮筒没入的深度至少为筒长的一半。

③ 记录包括平板和砝码在内的总质量m_{tm}(g)、切力计浮筒质量m_{ft}(g)、钻井液密度ρ_m(g/cm^3),测量浮筒没入钻井液中的深度d(cm)。可以用在浮筒下沉至最深深度时测量未没入部分的长度的方法更精确地测量其没入深度,即浮筒的长度减去露在外面的长度。

（3）计算。

$$静切力 G(Pa)=\frac{4.40(m_{tm}+m_{ft})}{d}-1.02\rho_m$$

14A.3 钻井液滤失量

14A.3.1 API 滤失量

1）仪器

（1）API 失水仪：过滤面积为(45.8±0.6)cm^2，见图 14A-5。

图 14A-5 API 失水仪

（2）滤纸：Whatman No.50 型或相当的产品，直径 90 mm。

（3）秒表：时间间隔为 30 min。

（4）带刻度量筒：容量 10 mL 或 25 mL，分度值 0.1 mL。

（5）钢板尺：刻度精确至 1 mm。

（6）压力源：二氧化碳或者氮气气源。

2）测试程序

（1）确保失水仪过滤杯各部件清洁干燥，密封垫圈未变形或损坏。

（2）将钻井液样品注入过滤杯中，液面距杯子顶端约 1 cm，放上滤纸，盖上过滤盖。

（3）在过滤杯排出管下面放好量筒以便接收滤液。

（4）迅速加压，要求在 30 s 内使压力达到(690±35) kPa，在加压的同时开始计时。

（5）时间达到 30 min 时，测量滤液体积，关闭压力源。若测定时间不是 30 min，应加以注明(当钻井液样品的滤失量大于 8 mL 时，过滤进行到 7.5 min 时的滤液体积乘以 2 可近似等于实测 30 min 时的滤失量)。

（6）以 mL 为单位记录滤液的体积(精确到 0.1 mL)，同时记录钻井液样品的初始温度，保留滤液以便用于化学分析。

（7）释放过滤杯内的压力，小心拆开杯盖，倒掉钻井液，取出滤纸时应避免损坏滤纸上的滤饼，小心地用缓慢的水流冲去滤饼表面的钻井液，用钢板尺测量滤饼的厚度，精确到 1 mm。以 mm 为单位记录滤饼厚度并注明其软、硬、韧、致密、疏松或坚硬情况。

14A.3.2 高温高压滤失量

1）仪器

（1）高温高压失水仪：主要由压力调节器、承受较高工作压力的钻井液杯、加热系统、能防止滤液蒸发并承受一定回压的滤液接收器以及支撑架等部件组成，见图 14A-6。(注：使用高温高压失水仪时应严格遵守生产厂推荐的样品体积、温度和压力。)

（2）压力源：可用氮气或二氧化碳气体。

（3）过滤介质：当测试温度低于 200 ℃时，用 Whatman No.50 型滤纸或相当的产品；如果测试温度高于 200 ℃，则需用 Dynalloy X-5 型滤纸或相当的多孔介质圆盘，一片只能使用一次。

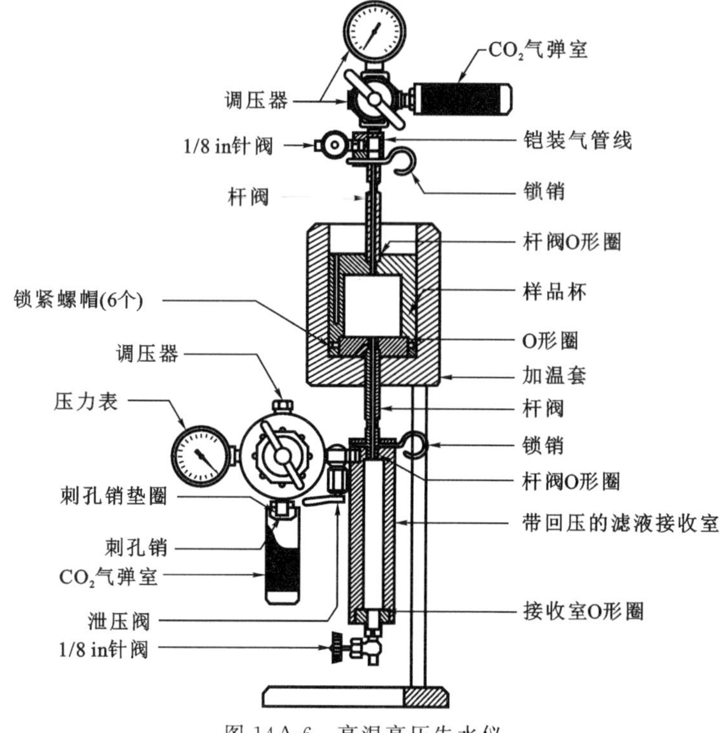

图 14A-6　高温高压失水仪

(4) 计时器:时间间隔为 30 min。

(5) 温度计:量程可达 260 ℃,可采用金属温度计。

(6) 量筒:25 mL 或 50 mL。

(7) 高速搅拌器。

(8) 钢板尺:刻度分度值为 1 mm。

2) 测试程序

(1) 实验温度低于 150 ℃时的测试程序。

① 首先了解所用仪器的生产厂家对仪器使用的说明,必须严格遵守厂家对钻井液样品体积、测试温度及压力等方面的规定。

② 将温度计插入加热套,预热直至比所需实验温度高 6 ℃为止,保持恒温。

③ 将用高速搅拌器搅拌 10 min 之后的钻井液样品注入过滤杯中,液面距顶部至少 15 mm,装上滤纸。

④ 安装好过滤杯并关紧上下阀杆,放入加热套内,插上温度计。

⑤ 将滤液接收器连接到过滤杯底部阀杆上并锁好。将可调节压力的调压器连接压力源并安装到上部阀杆上,同样锁好。

⑥ 在上下阀杆关紧的情况下分别调节上下压力调节器至 690 kPa,打开上部阀杆,将 690 kPa 压力施加到过滤杯内,维持此压力直至达到实验所需温度,保持此温度恒定。过滤杯内的钻井液从预热达到实验温度的过程不应超过 1 h。

⑦ 当温度达到后,将顶部压力增加到 4 140 kPa,同时打开底部阀杆开始收集滤液,计时开始,保持温度在实验温度±3 ℃的范围内,收集滤液 30 min。如果在测定过程中,接收器的

回压超过 690 kPa,可以小心地从滤液接收器中排出一部分滤液,使压力降至 690 kPa。

⑧ 记录滤液体积(mL)、实验温度、压力和时间。

⑨ 实验完后,关紧过滤杯的上下阀杆,并通过压力调节器释放掉压力(过滤杯内仍有约 600 psi 的高压!)。

⑩ 在确保上下阀杆关闭的情况下(并且压力调节器已释放压力)拆除滤液接收器和压力调节器,设法使过滤杯冷却至室温,保持过滤杯垂直向上,小心打开上阀杆,释放出杯内的压力(勿对人!),然后打开杯盖,倒掉钻井液,取出滤饼,用缓慢水流冲去滤饼表面疏松的物质,用钢板尺测量滤饼厚度,精确到 1 mm。最后清洗过滤杯各个部件。

(2) 实验温度高于 150 ℃时的测试程序。

① 首先了解所用仪器的生产厂家对仪器使用的说明,必须严格遵守厂家对钻井液样品体积、测试温度及压力等方面的规定。

② 将温度计插入加热套,将加热套预热升温至比所需实验温度高出约 6 ℃并使之恒温。

③ 用高速搅拌器搅拌钻井液样品 10 min 后,将样品注入过滤杯中并使液面距顶部至少 4.0 cm。放好过滤介质。

④ 安装好过滤杯并关紧上下阀杆,把过滤杯放入加热套内,并插上一支温度计。

⑤ 将滤液接收器连接到底部阀杆上并锁好。

⑥ 将可调节的压力源连接到顶部上阀杆上并锁好。

⑦ 在上下阀杆关紧的情况下,对顶部和底部施加实验温度下所推荐的回压压力(见表 14A-1);样品加热升温期间,打开顶部的阀杆,将压力施加到过滤杯内。

表 14A-1　不同测试温度的推荐回压值

测量温度		蒸汽压力		最低回压值	
℉	℃	psi	kPa	psi	kPa
212	100	14.7	101	100	690
250	120	30	207	100	690
300	150	67	462	100	690
以上是现场测试常用的温度及回压					
350	175	135	932	160	1 104
400	200	247	1 704	275	1 898
450	230	422	2 912	450	3 105

注:不要超过仪器生产厂家所推荐的最高温度、压力和最大体积。

⑧ 确保在 1 h 左右,使过滤杯达到实验所要求的温度,接着将顶部的压力增加到获得 500 psi 的压差(或根据井下实际压差规定实验的压差,但必须在仪器所能承受的范围内),同时打开底部阀杆,收集滤液并开始计时,在保持温度在实验温度±3 ℃的范围内及保持合适的回压和压差情况下,收集滤液 30 min。如果回压上升,可小心地排出一些滤液以降低回压到规定值。

⑨ 实验结束后,关紧顶部和底部上下两个阀杆,从压力调节器释放压力,拆除压力源;等

温度下降后，从滤液接收器中放出全部滤液，记录 30 min 所收到的全部滤液体积(mL)，同时记录实验温度、压力和时间。

⑩ 从底部阀杆上除去滤液接收器，从顶部阀杆上除去压力调节器(这时过滤杯内仍有极高压力)；保持过滤杯直立状态并使之冷却到室温，然后小心打开上阀杆(勿对人!)，放出过滤杯中的压力，再打开过滤杯，倒掉钻井液，取出滤饼，用缓慢水流冲去滤饼表面松散物质，用钢板尺测量滤饼厚度(精确到 1 mm)。

(3) 计算。

钻井液高温高压滤失量(HTHP)F_{L}(mL)＝2×滤液体积(mL)。

钻井液滤饼厚度(mm)即为钢板尺测量值。

14A.4 钻井液 pH 值

14A.4.1 仪器和试剂

(1) pH 计：便携式，见图 14A-7，pH 范围为 0～14，固态电极，工作温度为 0～66 ℃，分辨率为 0.1 pH 单位，准确度为 0.1 pH 单位，附带有三种缓冲溶液(pH＝4.0，7.0 和 10.0)。

(2) 蒸馏水或去离子水。

(3) 温度计：量程为 0～105 ℃。

(4) 广泛 pH 试纸和精密 pH 试纸。

图 14A-7 pH 计

14A.4.2 测试程序

1) 使用 pH 计的操作程序

(1) 使待测样品和缓冲溶液的温度达到(24±3) ℃。

(2) 用蒸馏水冲洗电极并擦干，将电极放入 pH 值为 7.0 的缓冲溶液中，启动仪器，等 60 s 待读值稳定。

(3) 测定 pH 值为 7.0 的缓冲溶液的温度，将 pH 计温度旋钮调至此温度上，再将校正旋钮转至读值为 7.0 的位置上。

(4) 用蒸馏水冲洗电极并擦干。

(5) 如果待测样品是酸性的则用 pH 值为 4.0 的缓冲溶液，如果待测样品是碱性的则用 pH 值为 10 的缓冲溶液，再进行电极的检测，然后用 pH 值为 7 的缓冲溶液进行实验，如果读值发生变化并反复调校均不能满意，说明电极需要进行修复或更换。

(6) 校正好仪器后，用蒸馏水冲洗电极并擦干。

(7) 将电极浸入待测样品中并缓慢搅拌，经过 60～90 s 待读数稳定，记录样品的 pH 值(精确到 0.1 pH 单位)，同时记录样品的温度。小心清洗电极并存放在 pH 值为 4 的缓冲溶液中，避免电极顶端变干。pH 计只能存放在温度 0～49 ℃的环境中。

2) 用 pH 试纸的测定步骤

(1) 取一小条 pH 试纸放进待测样品表面，当液体浸透 pH 试纸时(30 s 内)取出试纸。

(2) 将变色的试纸条与色标进行比较，确定颜色相同的色标，读取其代表的 pH 值。

(3) 如果用广泛 pH 试纸时颜色不好识别，可用近似范围的精密 pH 试纸(精密 pH 试纸可读至 0.2 pH 单位)进行测定。

14A.5 钻井液水、油和固相含量

14A.5.1 仪器

(1) 固相含量测定仪:见图 14A-8,蒸馏杯的容积为 10 mL(精度±0.05 mL)或 20mL(精度±0.1 mL)。

(2) 带刻度量筒:与蒸馏杯容积相对应,10 mL 或 20 mL,刻度分度值为 0.1 mL,精度为±0.05 mL。

(3) 细钢丝毛,无油。

(4) 高温密封润滑脂。

(5) 试管刷。

(6) 专用刮刀。

图 14A-8 固相含量测定仪

14A.5.2 测试程序

(1) 用高温密封脂薄薄涂敷蒸馏杯的丝扣。

(2) 将不含气泡的钻井液样品注入蒸馏杯,样品应先通过马氏漏斗黏度计 12 目筛以除去堵漏材料和大的钻屑。

(3) 在蒸馏杯上部的蒸馏室中填充钢丝毛,数量要适中,太少时会使钻井液中的固相随蒸汽蒸馏出来,造成实验误差。

(4) 小心地盖上蒸馏杯盖,应有过量样品从杯盖中间的小孔中溢出。擦掉蒸馏杯外部和杯盖上面的钻井液,将蒸馏杯安装到蒸馏器上并拧紧。

(5) 将安装好的蒸馏器放入加热套,并在下部排出管下面放置接收冷凝器的量筒。

(6) 加热蒸馏器,收集冷凝液,直到无冷凝液滴出后 10 min 可停止加热。

(7) 冷却至室温后,读取量筒内水和油的体积,最后清洁蒸馏器和蒸馏杯。

14A.5.3 计算

$$\text{钻井液含水量 } V_w(\%) = \frac{\text{蒸馏出水的体积(mL)}}{\text{钻井液样品的体积(mL)}} \times 100$$

$$\text{钻井液含油量 } V_o(\%) = \frac{\text{蒸馏出油的体积(mL)}}{\text{钻井液样品的体积(mL)}} \times 100$$

$$\text{钻井液固相含量 } V_s(\%) = 100 - (V_w + V_o)$$

对于盐水钻井液,利用钻井液的氯离子浓度计算悬浮固相体积分数:

$$V_{sc} = V_s - V_w \frac{C_{Cl}}{1\ 680\ 000 - 1.21C_{Cl}}$$

式中 V_{sc}——悬浮固相体积分数,%;

C_{Cl}——氯离子质量浓度,mg/L。

利用钻井液密度可计算低密度固相体积分数:

$$V_{lg} = \frac{1}{\rho_{wm} - \rho_{lg}}[100\rho_{wc} + V_{sc}(\rho_{wm} - \rho_{wc}) - 100\rho_m - V_o(\rho_{wc} - \rho_o)]$$

式中 V_{lg}——盐水钻井液中低密度固相体积分数,%;

ρ_{wm}——加重材料密度,g/cm³;

ρ_{lg}——低密度固相平均密度，g/cm³（通常取 2.6 g/cm³）；

ρ_{wc}——盐水钻井液滤液的密度（对于氯化钠水溶液，$\rho_{wc}=1+0.000\,001\,09C_{Cl}$），g/cm³；

V_{sc}——盐水钻井液中修正的固相体积分数，%；

ρ_m——盐水钻井液密度，g/cm³；

V_o——盐水钻井液中油相体积分数，%；

ρ_o——油的密度，g/cm³（通常取 0.84 g/cm³）。

加重材料体积分数可按下式计算：

$$V_{wm}(\%)=V_{sc}-V_{lg}$$

按下式计算低密度固相、加重材料及悬浮固相的质量浓度：

$$W_{lg}=10(V_{lg}\rho_{lg})$$

$$W_{wm}=10(V_{wm}\rho_{wm})$$

$$W_{sc}=W_{wm}+W_{lg}$$

式中 V_{wm}——加重材料体积分数，%；

W_{lg}——低密度固相质量浓度，kg/m³；

W_{wm}——加重材料质量浓度，kg/m³；

W_{sc}——悬浮固相质量浓度，kg/m³。

14A.6 钻井液含砂量

14A.6.1 仪器

含砂量测定仪：由直径为 6.35 cm、孔径为 0.074 mm（200 目）的筛子、与筛子配套的漏斗及有刻度的玻璃测量管组成，见图 14A-9。

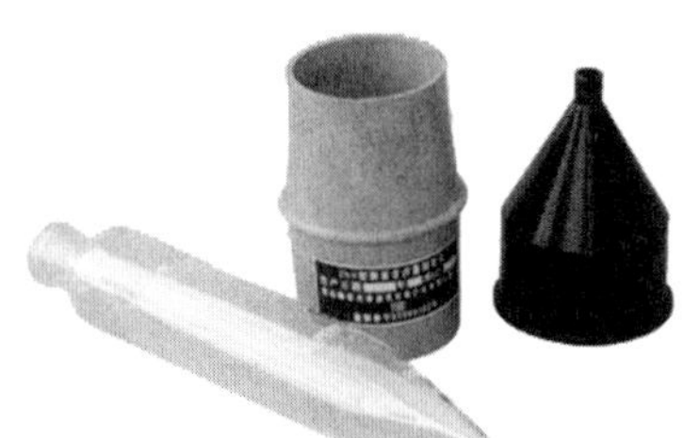

图 14A-9 钻井液含砂量测定仪

14A.6.2 测试程序

（1）将钻井液样品注入玻璃测定管内并达到“钻井液”标记处，再加水至另一个标记处。

（2）用拇指堵住管口剧烈振荡。将上层稀液倒到清洁的 200 目小筛上，弃掉液体。再向玻璃管内加水，冲洗出黏附在管内的固体颗粒并倒入小筛中，重复冲洗直到玻璃管内干净为止。

（3）用水冲洗筛子上的砂子以除去残留的钻井液。

（4）将漏斗套在筛子上，并使漏斗的出口管套入玻璃测量管中，翻转筛子以便砂子能掉入玻璃测量管内，用小股水流冲洗筛子以便使砂子冲入玻璃测量管中。

（5）静置玻璃测量管，使砂子沉降，从玻璃测量管刻度读出砂子的体积分数。

14A.7 钻井液亚甲基蓝容量

14A.7.1 仪器和试剂

（1）亚甲基蓝溶液：用标准试剂级亚甲基蓝（CAS No. 61-73-4）配制，质量浓度 3.20 g/L（1 mL 该浓度的亚甲基蓝溶液的物质的量为 0.01 mmol）。每次配制时，必须先测定亚甲基蓝的含水量。可将 1.00 g 亚甲基蓝在(93±3) ℃温度下干燥至恒重,用下式对样品质量进行校正。

$$取样质量(g)=\frac{3.20}{亚甲基蓝干燥恒重质量(g)}$$

(2) 过氧化氢:3%的溶液。

(3) 稀硫酸:约 2.5 mol/L。

(4) 注射器:2.5 mL 或 3 mL。

(5) 锥形瓶:250 mL。

(6) 滴定管:10 mL。

(7) 微型移液管:0.5 mL。

(8) 带刻度移液管:1 mL。

(9) 量筒:50 mL。

(10) 搅拌棒。

(11) 加热板。

(12) 滤纸或亚甲基蓝试纸。

14A.7.2 测试程序

(1) 用注射器极准确地将 2 mL 钻井液样品(不含有气泡)加入装有 10 mL 水的锥形瓶中,加入 15 mL 的 3%过氧化氢溶液和 0.5 mL 稀硫酸,然后缓慢地煮沸 10 min,再加入蒸馏水稀释至约 50 mL。

(2) 以每次 0.5 mL 的量将亚甲基蓝溶液逐次加入锥形瓶中,摇动 30 s,在黏土颗粒仍悬浮的情况下用搅拌棒取一滴悬浮液滴在滤纸上,当滤纸上的固体颗粒周围显现出蓝色或蓝绿色时,表明已达到滴定终点。

(3) 继续摇动锥形瓶 2 min,再取一滴悬浮液滴在滤纸上,如果蓝色环明显显示,证明终点的确已达到;如果蓝色环不再出现,则再加 0.5 mL 亚甲基蓝溶液继续实验,直到摇 2 min 后取一滴滴在滤纸上能显示蓝色环为止,见图 14A-10。

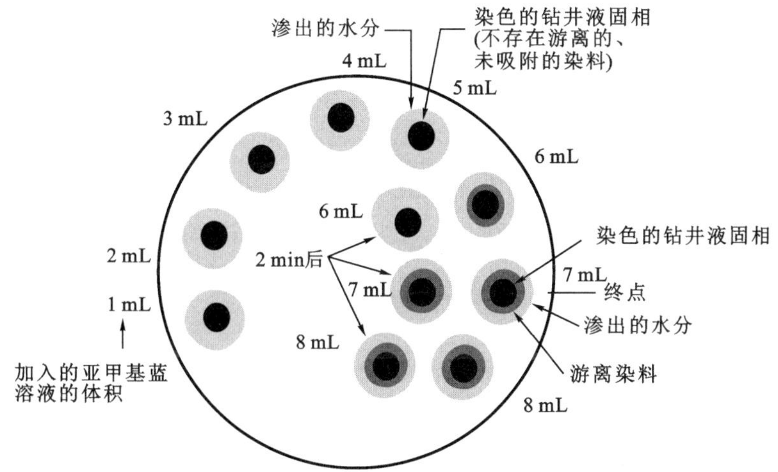

图 14A-10 亚甲基蓝实验和终点的确定

14A.7.3 计算

$$亚甲基蓝容量\ MBT=\frac{亚甲基蓝溶液用量(mL)}{钻井液样品体积(mL)}$$

$$钻井液中膨润土含量(kg/m^3)=14.25\times 亚甲基蓝溶液用量(mL)$$

14A.8 钻井液黏附系数

14A.8.1 仪器

钻井液黏附系数测定仪见图14A-11。为计算方便，扭力盘受压面半径通常为1 in。

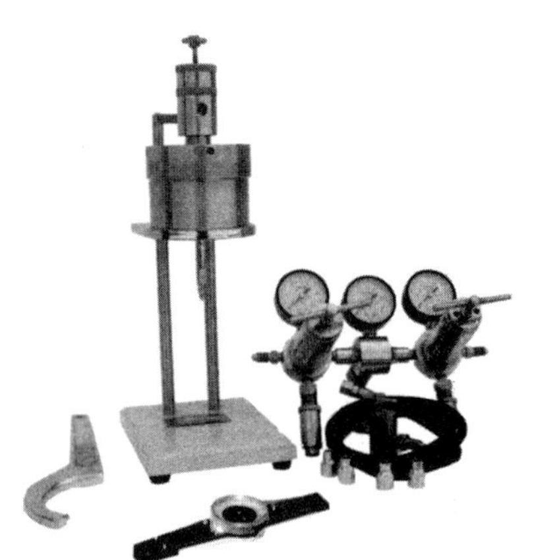

图14A-11 钻井液黏附系数测定仪

14A.8.2 测试程序

(1) 确保扭力盘清洁干净，将扭力盘用研料研磨擦拭，直至盘面闪亮，并用水淋洗，然后将其干燥。

(2) 将滤纸铺在杯内的筛网上。使用高压过滤器时，必须用硬滤纸。

(3) 将橡胶垫圈放在滤纸上。

(4) 将塑料垫圈放在橡胶垫圈上，将止推环旋放在垫圈上。

(5) 注意将滤纸和垫圈居中放置在筛网上，否则会造成泄漏。

(6) 把扭力盘放在滤纸上。

(7) 将钻井液注满液杯，使液面距液杯上缘约3.2 mm。

(8) 把杯盖穿过扭力盘轴放在液杯上扭紧，直至杯盖边缘抵住液杯。

(9) 接好加压管线，顶紧泄压阀；拉出扭力盘，将螺帽上紧。

(10) 用调压器调节压力至3 448 kPa。

(11) 打开调压阀和液杯之间的阀门，记录打开时间。

(12) 使钻井液滤失，参照以前的实验，控制滤失时间，使泥饼达到一定厚度(0.8～1.6 mm)，用撬杆将扭力盘压下，记录滤液体积和时间。注意用力在扭力盘上保持一定的压力差，使扭力盘确实被压下(一般保持1～3 min)。

(13) 记录滤液体积、过滤时间和指示盘指示的扭力盘的位置。

(14) 使扭力盘黏住5 min或更长时间，用扭矩仪测出扭矩(总是按顺时针方向扭转)。

(15) 记录黏附时间、滤液体积和扭矩。

(16) 重复步骤(14)和(15)，备以后参考。

(17) 测试结束，关闭调压器和液杯间的阀门。

(18) 松开泄压阀，释放压力。

(19) 卸开各部件，彻底清洗。

14A.8.3 计算

(1) 将扭矩值乘1.5，转换为滑动力值。

(2) 泥饼黏附系数等于使扭力盘开始转动的滑动力与作用在盘上的正压力的比值。

$$黏附系数=\frac{扭矩仪显示的扭矩(in\cdot lb)\times 1.5}{压力差(psi)\times 扭力盘受压面积(in^2)}$$

(3) 黏附系数数值通常对应压放时间或扭力盘与泥饼接触的总时间绘出的曲线。

14A.9 水基钻井液化学分析

14A.9.1 氯离子含量

1) 仪器和试剂

(1) 硝酸银(CAS No. 7761-88-8)溶液:质量浓度为 4.791 g/L(相当于氯离子含量为 0.001 g/mL)。

(2) 铬酸钾(CAS No. 7789-00-6)溶液:5 g/(100 mL 水)。

(3) 硫酸(CAS No. 7664-93-9)或硝酸(CAS No. 7697-37-2)溶液:0.01 mol/(L 标准溶液)。

(4) 酚酞(CAS No. 518-51-4)指示剂:将 1 g 酚酞溶于 100 mL 50%的酒精水溶液中配制而成。

(5) 碳酸钙:化学纯。

(6) 蒸馏水。

(7) 带刻度的移液管:1 mL 和 10 mL 各一支。

(8) 滴定瓶:100~150 mL,白色。

(9) 搅拌棒。

2) 测试程序

(1) 取 1 mL 或若干毫升滤液于滴定瓶中,加 2~3 滴酚酞溶液。如果显示粉红色,则边搅拌边用移液管逐滴加入酸,直至粉红色消失;如果滤液的颜色较深,则先加入 2 mL 0.01 mol/L 的硫酸或硝酸并搅拌,然后再加入 1 g 碳酸钙并搅拌。

(2) 加入 25~50 mL 蒸馏水和 5~10 滴铬酸钾指示剂,在不断搅拌下,用移液管逐滴加入硝酸银标准溶液,直至颜色由黄色变为橙红色并能保持 30 s 为止,记录达到终点所消耗的硝酸银的体积(mL)。如果硝酸银溶液用量超过 10 mL,则取少一些滤液进行重复测定;如果滤液中的氯离子质量浓度超过 10 000 mg/L,应使用相当于氯离子含量 0.01 g/mL 的硝酸银溶液(即质量浓度 47.91 g/L)。

3) 计算

$$氯离子质量浓度(mg/L)=\frac{1\ 000\times 硝酸银溶液用量(mL)}{滤液样品体积(mL)}$$

如果滤液中的氯离子质量浓度超过 10 000 mg/L,则使用 47.91 g/L 的硝酸银溶液滴定,此时:

$$氯离子质量浓度(mg/L)=\frac{10\ 000\times 硝酸银溶液用量(mL)}{滤液样品体积(mL)}$$

$$滤液\ NaCl\ 含量(mg/L)=1.65\times 氯离子质量浓度(mg/L)$$

14A.9.2 水或滤液的总硬度(以钙离子浓度表示)

1) 仪器和试剂

(1) EDTA 标准溶液(CAS No. 6381-92-6):0.01 mol/L 的乙二胺四乙酸二钠盐溶液,

1 mL 该浓度溶液的摩尔质量与 1 mL 1 000 mg/L 的 $CaCO_3$ 溶液的相同，与 1 mL 400 mg/L 的 Ca^{2+} 溶液的相同。

(2) 缓冲溶液：67.5 g 氯化铵(CAS No. 12125-02-9)加 570 mL 氢氧化铵(CAS No. 1336-21-6)(15 mol/L)，然后用蒸馏水稀释至 1 000 mL。

(3) 硬度指示剂溶液：1.0 g/L 的钙镁指示剂[1-(1-羟基-4-甲基-2-苯偶氮)-2-萘酚-4-磺酸](CAS No. 3147-14-6)水溶液或相当的药品。

(4) 冰醋酸(CAS No. 64-19-7)。

(5) 滴定瓶：150 mL 烧杯。

(6) 带刻度移液管：5 mL 和 10 mL 各一支。

(7) 移液管：1 mL，2 mL 和 5 mL 各一支。

(8) 加热板。

(9) 掩蔽剂：体积比为 1∶1∶2 的三乙醇胺(CAS No. 102-71-6)、四乙烯基戊胺(CAS No. 112-57-2)和蒸馏水混合液。

(10) pH 试纸。

(11) 次氯酸钠溶液(CAS No. 7681-52-9)：5.25%的次氯酸钠去离子水溶液，要确保新鲜且不含次氯酸钙或草酸。

(12) 蒸馏水或去离子水：如果有一定的硬度，则测定结果应进行校正。

2) 测试程序

(1) 取 1.0 mL 或更多一些试样于 150 mL 烧杯中，如果试样颜色较深，可加入 10 mL 次氯酸钠溶液并混匀，再加入 1 mL 冰醋酸混匀，然后煮沸试样以除去氯气。为了保持试样体积不减小，应适时补充蒸馏水或去离子水。将 pH 试纸浸入试样中，如果试纸不被漂白，表明氯气已被除净，否则要继续煮沸。氯气除净后，冷却试样并用蒸馏水或去离子水冲洗烧杯内壁。

(2) 用蒸馏水或去离子水稀释试样至 50 mL，加入 2 mL 硬度缓冲溶液并混匀。如果试样中存在可溶性铁，则滴加 1 mL 掩蔽剂。

(3) 加入足够的硬度指示剂 2～6 滴并混匀，如果存在钙和/或镁离子，试样将显示酒红色。

(4) 边搅拌边用 EDTA 溶液滴定，当试样由红色变成蓝色时，继续加入 EDTA 溶液而不再有由红到蓝的颜色变化即为终点，记录所用 EDTA 溶液的体积。

3) 计算

$$\text{以钙离子计的总硬度 } T_{\mathrm{H}}(\mathrm{mg/L})=\frac{400\times \text{EDTA 溶液用量(mL)}}{\text{滤液样品体积(mL)}}$$

14A.9.3 钙离子与镁离子含量

1) 仪器和试剂

(1) EDTA 标准溶液(CAS No. 6381-92-6)：0.01 mol/L 的乙二胺四乙酸二钠盐溶液，1 mL 该浓度溶液的摩尔质量与 1 mL 1 000 mg/L 的 $CaCO_3$ 溶液的相同，与 1 mL 400 mg/L 的 Ca^{2+} 溶液的相同。

(2) 缓冲溶液：1 mol/L 的氢氧化钠(CAS No. 1310-73-2)溶液。

(3) 钙指示剂：羟基萘酚蓝(CAS No. 63451-35-4)或 Calver Ⅱ。

(4) 冰醋酸(CAS No. 64-19-7)。

(5) 滴定瓶:150 mL 烧杯。

(6) 带刻度移液管:1 mL 一支和 10 mL 两支。

(7) 移液管:1 mL,2 mL 和 5 mL 各一支。

(8) 加热板。

(9) 掩蔽剂:体积比为 1∶1∶2 的三乙醇胺(CAS No. 102-71-6)、四乙烯基戊胺(CAS No. 112-57-2)和蒸馏水混合液。

(10) pH 试纸。

(11) 次氯酸钠溶液(CAS No. 7681-52-9):5.25%的次氯酸钠去离子水溶液(Clorox 或相当的试剂),要确保新鲜且不含次氯酸钙或草酸,应测定其钙离子含量。

(12) 蒸馏水或去离子水:应测定其钙离子含量。

(13) 量筒:50 mL。

2) 测试程序

(1) 取 1.0 mL 或更多一些试样于 150 mL 烧杯中,如果试样颜色较深,可加入 10 mL 次氯酸钠溶液并混匀,再加入 1 mL 冰醋酸混匀,然后将试样煮沸 5 min 以除去氯气。为了保持试样体积不减小,应适时补充蒸馏水或去离子水。将 pH 试纸浸入试样中,如果试纸不被漂白,表明氯气已被除净,否则要继续煮沸。氯气除净后,冷却试样并用蒸馏水或去离子水冲洗烧杯内壁。

(2) 冷却试样后用蒸馏水或去离子水稀释试样至约 50 mL,加入 2 mL 硬度缓冲溶液并混匀。如果试样中存在可溶性铁,则滴加 1 mL 掩蔽剂。加入 10~15 mL NaOH 缓冲溶液使试样 pH 值达到 12~13。

(3) 加入适量的钙指示剂 0.1~0.2 g 并混匀,如果存在钙离子,试样将显示粉红色至酒红色。当指示剂加得过多时,终点将会不明显,可同时加入几滴甲基橙指示剂以改善终点的判断。

(4) 边搅拌边用 EDTA 溶液滴定,当试样由红色变成蓝色时,继续加入 EDTA 溶液而不再有由红到蓝的颜色变化即为终点,记录所用 EDTA 溶液的体积。

3) 计算

$$\text{钙离子质量浓度(mg/L)} = \frac{400 \times \text{EDTA 溶液用量(mL)}}{\text{滤液样品体积(mL)}}$$

注:如果所用的次氯酸钠溶液和蒸馏水中含有钙离子,测定结果应加以校正。

镁离子质量浓度(mg/L)=0.6×(以钙离子计的总硬度 − 钙离子质量浓度)

14A.9.4 钾离子含量

1) 氯化钾质量浓度高于 9.98 kg/m^3(或钾离子质量浓度高于 5 000 mg/L)时的测定

(1) 仪器和试剂。

① 高氯酸钠溶液(CAS No. 7601-89-0):150.0 g $NaClO_4$/(100 mL 蒸馏水)。

② 氯化钾标准溶液(CAS No. 7447-40-7):14.0 g 氯化钾溶于去离子水或蒸馏水配成 100 mL 溶液。

③ 离心机:手摇或电动水平悬摆式,转速能达到 1 800 r/min。

④ 离心试管:10 mL,Kolmer 型。

⑤ 移液管:1 mL,2 mL 和 5.0 mL 各一支。

⑥ 注射器或带刻度移液管:10 mL。

⑦ 蒸馏水或去离子水。

(2) 标准曲线(见图 14A-12)的绘制步骤(对不同类型的离心机必须分别绘制其标准曲线)。

① 用氯化钾标准溶液配制三种样品:分别取 0.5 mL,1.5 mL 及 2.5 mL 氯化钾标准溶液于三支离心试管内。

② 在离心管内,用蒸馏水将试样稀释至 7.0 mL 的刻度并搅匀,分别得到 10 kg/m^3,30 kg/m^3 和 50 kg/m^3 的溶液。

③ 加入 3.0 mL 高氯酸钠标准溶液(不要搅拌)。

④ 在恒定转速(约为 1 800 r/min)下离心 1 min 并立即读出沉淀体积。离心时应该用另一支盛有等重液体的离心试管作为平衡物。

⑤ 用过的离心试管应立即清洗。

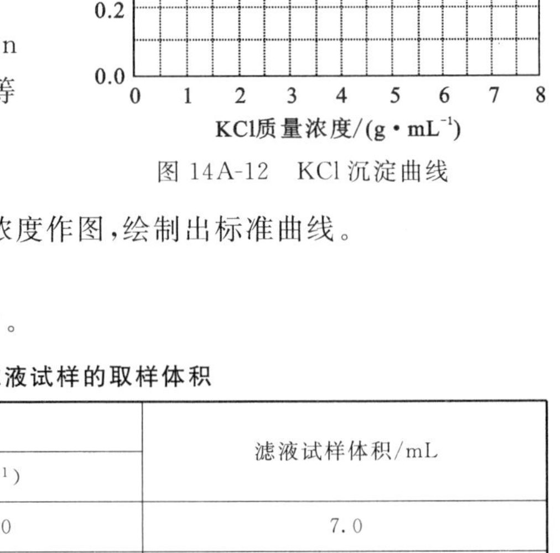

图 14A-12 KCl 沉淀曲线

⑥ 在直角坐标纸上以沉淀体积对氯化钾质量浓度作图,绘制出标准曲线。

(3) 测试程序。

① 参考表 14A-2 中的数据取样,置于离心管中。

表 14A-2 不同质量浓度下滤液试样的取样体积

质量浓度范围		滤液试样体积/mL
KCl/(kg·m^{-3})	K^+/(mg·L^{-1})	
10~50	5 250~26 250	7.0
50~100	26 250~52 500	3.5
100~200	52 500~105 000	2.0
200 以上	105 000 以上	1.0

② 若滤液试样取样体积小于 7.0 mL,则在离心试管内用蒸馏水稀释至 7.0 mL 并搅匀。

③ 加入 3.0 mL 高氯酸钠标准溶液(不要搅拌),如果有钾离子存在,会立即出现沉淀。

④ 在恒定转速(约 1 800 r/min)下离心 1 min,然后立即读取沉淀体积。

⑤ 加入 2~3 滴高氯酸钠溶液于离心试管中,如果仍有沉淀生成,则证明没有测定出全部钾离子,应再参考取样体积表将试样体积减小,并重复上述测定步骤,直至加入 2~3 滴高氯酸钠溶液后不再有沉淀生成,测定结果以该次为准。

⑥ 将所测定的沉淀体积与标准曲线相比较即可确定氯化钾质量浓度。如果经过计算获得的氯化钾质量浓度超过 50 kg/m^3,测定的准确度会变得较差。因此,为了较准确地测定,可按表 14A-2 中规定的取样体积另取一份体积较小的滤液试样重复测定一次。

(4) 计算。

$$\text{滤液氯化钾质量浓度(kg/m}^3\text{)} = \frac{7 \times \text{对照标准曲线所得值}}{\text{滤液试样体积(mL)}}$$

滤液钾离子质量浓度(mg/L)＝525×滤液氯化钾质量浓度(kg/m^3)

2) 氯化钾质量浓度低于 9.98 kg/m^3(或钾离子质量浓度低于 5 000 mg/L)时的测定

(1) 仪器和试剂。

① 四苯硼酸钠标准溶液(CAS No. 143-66-8):8.754 g 四苯硼酸钠溶于 800 mL 去离子水中,加入 10～12 g 氢氧化铝,搅拌 10 min 并过滤,再加入 2 mL 20%的氢氧化钠溶液至滤液中,然后用去离子水稀释至 1 L。

② 季铵盐溶液(CAS No. 57-09-0):500 mL 去离子水中溶解 1.165 g 十六烷基三甲基溴化铵。

③ 氢氧化钠溶液(CAS No. 1310-73-2):质量分数为 20%。

④ 溴酚蓝指示剂(CAS No. 115-39-9):0.04 g 溴酚蓝溶于 3 mL 0.1 mol/L 的氢氧化钠溶液中,再用去离子水稀释至 100 mL。

⑤ 去离子水或蒸馏水。

⑥ 带刻度移液管:2 mL,5 mL 和 10 mL 各一支,刻度值为 0.01 mL。

⑦ 量筒:25 mL 和 100 mL 各两个。

⑧ 烧杯:250 mL 两个。

⑨ 漏斗。

⑩ 滤纸。

(2) 测试程序。

① 参照表 14A-3 中规定的滤液试样用量,取适当滤液试样体积,置于 100 mL 量筒中。

表 14A-3 测定低质量浓度 KCl 时不同浓度下滤液试样的取样体积

质量浓度范围		滤液试样体积/mL
KCl/($kg \cdot m^{-3}$)	K^+/($mg \cdot L^{-1}$)	
0.5～3.0	262.5～1 575	10.0
3.0～6.0	1 575～3 150	5.0
6.0～20.0	3 150～10 500	2.0

② 加入 4 mL 20%的氢氧化钠溶液和 25 mL 四苯硼酸钠溶液,然后用定量的去离子水稀释至 100 mL。

③ 搅拌后静止 10 min。

④ 将上述溶液过滤至 100 mL 量筒内,如果溶液仍浑浊,必须再过滤一次。

⑤ 取 25 mL 上述滤液于 250 mL 烧杯中。

⑥ 加入 10～15 滴溴酚蓝指示剂。

⑦ 用季铵盐溶液滴定到颜色从紫蓝色变为淡蓝色为止。

重要的是每个月要检查季铵盐溶液对四苯硼酸钠溶液的相对浓度。为测定当量季铵盐,取 2 mL 四苯硼酸钠溶液于滴定瓶中,加入 50 mL 去离子水稀释。加入 1 mL 20%的氢氧化钠溶液和 10～20 滴溴酚蓝指示剂。用季铵盐溶液滴定到颜色从紫蓝色变为淡蓝色为止。

如季铵盐溶液与四苯硼酸钠溶液的比值不在 4.0±0.5 范围内,则在钾离子含量(以 mg/L 为单位)计算中要使用校正系数 *CF*。

$$CF=\frac{8}{\text{校正时所用的季铵盐溶液体积(mL)}}$$

(3) 计算。

$$\text{滤液钾离子质量浓度(mg/L)}=\frac{1\,000\times[25-\text{滴定所用季铵盐溶液体积(mL)}]}{\text{滤液样品体积(mL)}}$$

如果需要校正系数,则:

$$\text{滤液钾离子质量浓度(mg/L)}=\frac{1\,000\times[25-CF\times\text{滴定所用季铵盐溶液体积(mL)}]}{\text{滤液样品体积(mL)}}$$

$$\text{滤液氯化钾质量浓度(kg/m}^3\text{)}=\frac{\text{滤液钾离子质量浓度(mg/L)}}{525}$$

14A.9.5 钻井液碱度与石灰含量

1) 仪器和试剂

(1) 硫酸(CAS No.7664-93-9)溶液:0.01mol/L 标准溶液。

(2) 酚酞(CAS No.518-51-4)指示剂溶液:将 1 g 酚酞溶于 100 mL 50%的酒精水溶液中配制而成。

(3) 甲基橙(CAS No.547-58-0)指示剂溶液:将 0.1 g 甲基橙溶于 100 mL 水中配制而成。

(4) pH 计。

(5) 滴定瓶:100～150 mL,最好是白色。

(6) 带刻度移液管:1 mL 和 10 mL 各一支。

(7) 搅拌棒。

2) 测试程序

(1) 测定酚酞碱度 P_f 和甲基橙碱度 M_f。

① 用注射器或移液管取 1 mL 或更多一些滤液于滴定瓶中,加入 2 滴或更多一些酚酞指示剂溶液。如果样品显示粉红色,则用移液管逐滴加入 0.01 mol/L 的硫酸并不断搅拌,直到粉红色恰好消失为止;如果样品颜色较深不能判断颜色变化,则可用 pH 计测定试样的变化,当 pH 值降至 8.3 时即为滴定终点。

② 记录所消耗的 0.01 mol/L 硫酸溶液的体积 V_1(mL)。

③ 在上述试样中再加入 2～3 滴甲基橙指示剂溶液,用移液管逐滴加入 0.01 mol/L 硫酸溶液并不断搅拌,直到颜色从黄色变为粉红色为止(如果用 pH 计,则 pH 值降到 4.3 时即达到滴定终点)。

④ 记录加入甲基橙指示剂后所滴加的 0.01 mol/L 硫酸溶液的体积 V_2(mL)。

(2) 测定钻井液酚酞碱度 P_m。

① 用注射器或移液管取 10 mL 或更多一些钻井液于滴定瓶中,加入 25～50 mL 蒸馏水,再加入 4～5 滴酚酞指示剂溶液,边搅拌边用 0.01 mol/L 的硫酸溶液迅速滴定到粉红色消失(若用 pH 计测定试样的变化,则当 pH 值降至 8.3 时即为滴定终点)。

② 记录所消耗的 0.01 mol/L 硫酸溶液的体积 V_3(mL)。

3) 计算

$$\text{滤液酚酞碱度 }P_f\text{(mL)}=\frac{V_1}{\text{滤液样品体积(mL)}}$$

$$滤液甲基橙碱度\ M_f(mL)=\frac{V_1+V_2}{滤液样品体积(mL)}$$

$$钻井液酚酞碱度\ P_m(mL)=\frac{V_3}{滤液样品体积(mL)}$$

14A. 9. 6 硫酸钙总含量和未溶解的硫酸钙含量

1）仪器和试剂

(1) EDTA 标准溶液（CAS No. 6381-92-6）：0. 01 mol/L 的乙二胺四乙酸二钠盐溶液（1 mL 该浓度 EDTA 溶液的摩尔质量与 1 mL 1 000 mg/L 的 $CaCO_3$ 溶液的相同，与 1 mL 400 mg/L Ca^{2+} 溶液的相同）。

(2) 缓冲溶液：1 mol/L 的氢氧化钠（CAS No. 1310-73-2）溶液。

(3) 钙指示剂：羟基萘酚蓝（CAS No. 63451-35-4）或 Calver Ⅱ。

(4) 冰醋酸（CAS No. 64-19-7）。

(5) 滴定瓶：150 mL 烧杯。

(6) 带刻度移液管：1 mL 一支，10 mL 两支。

(7) 移液管：1 mL，2 mL，5 mL 和 10 mL 各一支。

(8) 加热板。

(9) 掩蔽剂：体积比为 1∶1∶2 的三乙醇胺（CAS No. 102-71-6）、四乙烯基戊胺（CAS No. 112-57-2）和去离子水的混合液。

(10) pH 试纸。

(11) 次氯酸钠溶液（CAS No. 7681-52-9）：5. 25％的次氯酸钠去离子水溶液，要确保新鲜且不含次氯酸钙或草酸钙。

(12) 蒸馏水或去离子水：不应含有钙离子，否则应对其进行测定并用于校正试验的结果。

(13) 量筒：50 mL。

(14) 钻井液蒸馏器。

(15) API 失水仪。

2）测试程序

(1) 将 5 mL 钻井液样品加入到 245 mL 蒸馏水或去离子水中，搅拌 15 min，然后用 API 失水仪过滤收集澄清的滤液。

(2) 用移液管取 10 mL 澄清的滤液于 150 mL 烧杯中，然后按测定钙离子含量的步骤用 EDTA 标准溶液滴定至终点，记录所消耗 EDTA 溶液的体积 V_t(mL)。

(3) 用移液管取 1 mL 原钻井液经 API 失水仪后的滤液，按测定钙离子含量的步骤用 EDTA 标准溶液滴定 1 mL 滤液至终点，记录所消耗 EDTA 溶液的体积 V_f(mL)。

(4) 用钻井液蒸馏器测定钻井液样品的含水体积分数 F_w。

3）计算

钻井液中硫酸钙总含量：

$$硫酸钙总质量浓度(kg/m^3)=6.79V_t$$

钻井液中未溶解（过量的）的硫酸钙含量：

$$过量硫酸钙质量浓度(kg/m^3)=6.79V_t-1.37V_fF_w$$

14A.9.7 硫化物含量

1）仪器和试剂

（1）Garrett 气体测定器。

（2）载气：最好用氮气，也可用 CO_2，不能用空气或其他含氧气的气体。

（3）Drager 硫化氢分析管：用于低浓度硫化氢测定时，使用标有 H_2S 100/A（No. CH-291-01）的管；用于高浓度硫化氢测定时，使用标有 H_2S 0.2%/A（No. CH-281-01）的管。

（4）醋酸铅试纸。

（5）硫酸：约 2.5 mol/L，试剂级。

（6）辛醇消泡剂。

（7）注射器：10 mL 和 2.5 mL，用于取酸；5 mL 和 10 mL，用于取样。

2）测试程序

（1）确保测定器各气室清洁、干燥，并置于水平面上，同时顶盖已被打开。

（2）加入 20 mL 去离子水到 1 号室。

（3）加入 5 滴消泡剂到 1 号室。

（4）参照表 14A-4 确定试样体积和选择合适的 Drager 分析管，并将其两端的尖端部分打碎。

（5）将所选择的分析管按箭头朝下的方向装在一个已打孔的接收器上，同时将流量计管正确安装好，确保 O 形密封圈的密封。

（6）将气体室的顶盖盖上，并用手拧紧所有螺丝以使所有 O 形密封圈封好。

（7）关闭压力调节器，用软管把载气源与 1 号室内的分散管连接。如果使用 CO_2 气弹，则安装并接通后将其连接到分散管上。

（8）用软管连接 3 号室出口和 Drager 分析管。

（9）调整 1 号室的分散管，使其距底部约 5 mm。

（10）缓慢通入载气 30 s 以清除内部空气，并检查是否漏气，然后关闭载气。

（11）收集足量的无固体的滤液（参照表 14A-4 的试样体积）。

表 14A-4　不同硫化物质量浓度下所用 Drager 管型号、试样体积及管系数

硫化物质量浓度范围/(mg·L^{-1})	试样体积/mL	Drager 管型号（见管体标记）	管系数（用于计算）
1.2～24 2.4～48 4.8～96	10.0 5.0 2.5	H_2S 100/a	0.133
30～1 050 60～2 100 120～4 280	10.0 5.0 2.5	H_2S 0.2%/A	1 330

注：管系数应根据生产商的说明改变。

（12）用带针头的注射器取一定量滤液样品，通过橡胶隔膜注入 1 号室内。

（13）用另一支带针头的注射器取 10 mL 硫酸溶液，通过橡胶隔膜注入 1 号室内。

（14）立即通入载气并维持其流速在 200～400 mL/min 范围内。

(15) 观察 Drager 分析管的变化，在前端开始变模糊以前，注意并记录其变色的最大长度(按照分析管上所标出的单位记录)。尽管分析管前端可能发生扩散和出现羽毛状的着色现象，但仍须继续通气使总时间达 15 min。如果试样中有亚硫酸盐存在，则在使用高浓度 H_2S 适用的 Drager 分析管出现黑色时，其前端可能出现橙色(由 SO_2 引起)，在记录变黑长度时，此橙色部分应忽略不计。为了达到高的测定精确度，应注意选择试样体积，以使分析管变黑长度能超过分析管的一半。

(16) 在 3 号室 O 形圈下面装一片醋酸铅试纸代替 Drager 分析管，同样进行实验，如果试纸变黑，表示有硫化物存在，然后再取另一份滤液样品用 Drager 分析管进行定量测定。

(17) 测试完后，拆下软管并取下气体室的顶盖，取出 Drager 分析管的流量计，然后用塞子塞住小孔以保持干燥。用软毛刷与温水和温和的清洁剂刷洗各个气室，用管刷清洗各个气室和各室间通道，冲洗、漂洗并用干燥气体吹干分散管，用去离子水冲洗仪器后应把水排干并吹干。

3) 计算

$$\text{硫化物质量浓度(mg/L)} = \frac{\text{分析管变黑长度单位} \times \text{分析管系数}}{\text{试样体积(mL)}}$$

式中，分析管变黑长度按分析管上所标单位计数。

14A.9.8 碳酸盐含量

1) 仪器和试剂

(1) Garrett 气体测定器。

(2) 载气：装有低压压力调节器的氮气瓶或用 N_2O 气弹。

(3) Drager 二氧化碳分析管：标有 CO_2 100/a 的分析管。

(4) 气袋：1 L 容量，Drager ALCOTEST No. 7626425 型或相当的产品。

(5) 硫酸(CAS No. 7664-93-9)：约 2.5 mol/L，试剂级。

(6) 辛醇消泡剂。

(7) 注射器：1.0 mL，5 mL 各一支，10 mL 两支(一支用于取酸，另一支用于取样)，带 21 号针头。

(8) 手摇真空泵：Drager MULTIGAS DETECTOR 31 型或相当的设备。

(9) 旋塞阀(两通)：装有聚四氟乙烯旋塞的 8 mm 玻璃管。

2) 测试程序

(1) 确保测定器各气室清洁、干燥，并置于水平面上，同时顶盖已被打开。如果此前曾经用 CO_2 载气测定硫化氢含量，则压力调节器、管子和分散管应该用本次测试所用载气进行吹洗。

(2) 加入 20 mL 去离子水到 1 号室。

(3) 加入 5 滴消泡剂到 1 号室。

(4) 参照表 14A-5 中的数据确定试样体积和选择合适的 Drager 分析管。

(5) 将气体室的顶盖盖上，并用手拧紧所有螺丝以使所有 O 形密封圈封好。

(6) 调整分散管，使其距底部约 5 mm。

(7) 关闭压力调节器，用软管把载气气源与 1 号室内的分散管连接。

表 14A-5 不同碳酸盐质量浓度下所用 Drager 管型号、试样体积及管系数

碳酸盐质量浓度范围 /($mg \cdot L^{-1}$)	试样体积/mL	Drager 管型号 (见管体标记)	管系数
25～750	10.0	CO_2 100/a	2.5
50～1 500	5.0		
100～3 000	2.5		
250～7 500	10.0		

(8) 缓慢通入载气 1 min 以清除内部空气,并检查是否漏气。

(9) 完全压紧气袋,检查是否漏气。

(10) 气袋完全压紧后,用软管把旋塞阀和气袋连接到 3 号室的出口上。

(11) 用带针头的注射器按表 14A-5 的规定量取无固相的滤液试样,通过橡胶隔膜注入 1 号气室内,再用另一支带针头的注射器取 10 mL 硫酸溶液,通过橡胶隔膜缓慢注入 1 号室内。

(12) 打开气袋上的旋塞阀,重新开始通入载气并在 10 min 内缓慢地使气袋充气。当气袋有坚硬感觉时(不要使其爆裂),关闭载气气源和旋塞阀,并立即进行下一步操作。

(13) 敲碎 Drager 分析管的两头尖端,从 3 号室取下软管并接到 Drager 分析管的进气一端,再将手动真空泵连接到 Drager 分析管的出气一端。

(14) 打开气袋上的旋塞阀,用手平稳地完全压紧手动泵,而后将手从泵上松开以使气体流出气袋进入 Drager 分析管内。继续操作手动泵并记下压紧的次数,直至气袋被完全抽空为止(10 次压紧和松开应能抽空气袋,如果多于 10 次则表明有漏气,实验会不准确)。

(15) 如果气袋中有 CO_2,则 Drager 分析管出现紫色,记下紫色及淡蓝色部分的长度。为了达到足够的精确度,应精心选择试样体积,以使分析管中紫色的长度能超过分析管长度的一半。

(16) 实验完成后,取下软管和顶盖,用毛刷、温水和温和的清洁剂冲洗气室与通道,再用干燥气体吹分散管,用去离子水漂洗仪器并排干水。气袋要定期更换,建议使用 10 次就一定要更换新袋。

3) 计算

$$可溶性碳酸盐质量浓度(mg/L)=\frac{分析管变紫长度单位\times 分析管系数}{试样体积(mL)}$$

14A.9.9 甲醛含量

1) 仪器和试剂

(1) 酚酞(CAS No. 518-51-4)指示剂:1 g 酚酞溶解于 100 mL 50%的酒精水溶液中。

(2) 氢氧化钠(CAS No. 1310-73-2)溶液:0.02 mol/L。

(3) 硫酸(CAS No. 7664-93-9)溶液:0.01 mol/L。

(4) 亚硫酸钠(CAS No. 7757-83-7)溶液:质量浓度为 4 g/(100 mL 蒸馏水)(配制后超过 30 d 不得使用)。

(5) 移液管:1 mL 和 3 mL 各一支。

(6) 滴定瓶。

(7) 带刻度移液管:10 mL。

2）测试程序

（1）用移液管取 3 mL 滤液样品于滴定瓶中，加 2 滴酚酞指示剂，如果试样仍无色，边搅拌边逐滴加入氢氧化钠溶液，直到出现淡粉红色，然后逐滴加入硫酸溶液直至颜色刚好消失。

（2）如果第一次加入酚酞之后滤液变为粉红色，则逐滴加入硫酸至颜色刚好消失。

（3）在中和后的试样中，加入 1 mL 亚硫酸钠溶液，此时试样将呈现红色。

（4）大约 30 s 后，用硫酸滴定试样至溶液呈现非常淡的粉红色为止，记录硫酸溶液的用量 V_f(mL)。

（5）用蒸馏水代替滤液试样做空白实验，记录所用硫酸溶液的体积 V_b(mL)。

3）计算

$$甲醛质量浓度(kg/m^3)=0.2(V_f-V_b)$$

14A.10　油基钻井液电稳定性

油包水乳状液的相对稳定性是以破乳电压来表示的。稳定状态的油包水乳状液是不导电的，但在实验时，当浸在油包水乳状液内的电极增加电压时，最终会破坏乳状液而有电流通过。油包水乳状液越稳定，出现电流通过时的最低电压就越高。温度对电稳定性有影响，故测量应在(50±2) ℃的温度下进行。

14A.10.1　仪器和试剂

（1）电稳定性测定仪：见图 14A-13，电压范围 0～2 000 V，最好在 0～1 500 V，频率 330～350 Hz。当乳状液被击穿时，瞬时电流 61 mA。电极间距 1.55 mm。

图 14A-13　电稳定性测定仪

（2）温度计：量程为 0～105 ℃。

（3）马氏漏斗黏度计。

（4）恒温杯。

（5）异丙醇。

14A.10.2　测试程序

（1）用马氏漏斗过滤油基钻井液样品，然后放入容器内并用电极搅拌30 s。

（2）将钻井液样品倒入恒温在(50 ± 2)℃的黏度计恒温杯中，记下样品的温度。

（3）将电稳定性测定仪的电极浸没到样品内，但不应接触到容器，测量时不得移动电极。

（4）接通电源，从零读值开始按顺时针方向转动旋钮增加电压，其递增速度大致为 100～200 V/s，直至指示灯亮为止。

（5）记录表盘上的读值，然后将其降回零。

（6）用绢纸清洁电极，然后再用电极搅拌样品 30 s，照上述过程再重复测定一次；两次测定的结果最大偏差不得超过±5%。

14A.10.3　计算

$$电稳定性\ ES(V)=两次表盘读值的平均值$$

14A.11 油基钻井液水相活度

该项实验是确定油包水钻井液中被乳化的水相的活度，也可用于测定地层活度系数(F.A.C)。

14A.11.1 仪器和试剂

(1) 电子湿度计：见图14A-14。

(2) 配制饱和溶液用的各种盐：$CaCl_2$，$Ca(NO_3)_2$，NaCl 和 KNO_3，均为试剂级。

(3) 干燥剂：无水氯化钙。

(4) 带胶塞的广口瓶：约150 mL的容量。

(5) 适合放置广口瓶的泡沫塑料保温套。

(6) 蒸馏水或无离子水。

(7) 温度计：量程0～105 ℃。

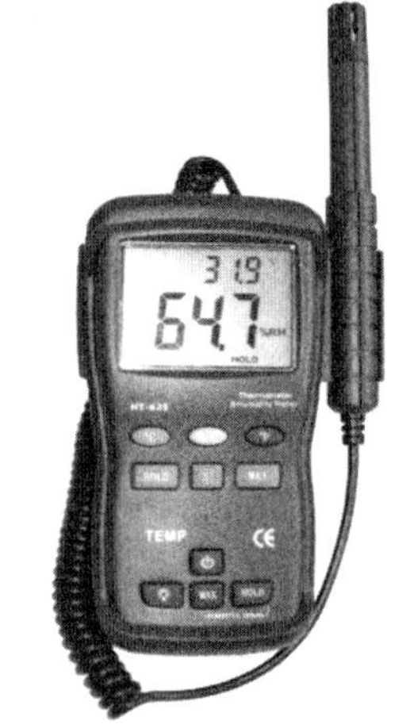

图14A-14 电子湿度计

14A.11.2 测试程序

1) 标准湿度曲线的绘制

(1) 按照表14A-6所规定的加盐量，将盐溶于100 mL蒸馏水或无离子水中，在66～93 ℃温度下搅拌0.5 h，然后冷却到24～27 ℃，容器底部将出现盐的结晶，如果无结晶析出，应加入少量同类盐的晶体以诱发结晶析出。

表14A-6 标准盐溶液的活度和配制用量

盐	活　度	100 mL水中溶解的盐量/g
氯化钙	0.295	100
硝酸钙	0.505	200
氯化钠	0.753	200
硝酸钾	0.938	200

(2) 将广口瓶胶塞打一个可容许湿度计探测头紧密穿过的小孔，把探测头固定在胶塞小孔上，小孔的大小应足以容纳探测头并具有气密作用。

(3) 准备好上述已配制好的各种盐水，每份40 mL，加盖存放，不得受污染。

(4) 用一个平口烧杯(250 mL)装入无水氯化钙。将探测头连带胶塞置于烧杯上面10～15 min，探测头与干燥剂之间应有12 mm的距离。探测头干燥状态时湿度计读数应低于24%相对湿度(RH)。

(5) 将探测头连带胶塞一起移到具有最低活度(见表14A-6)的标准溶液上停放30 min，探测头应和溶液面保持12 mm的距离。平衡后，记录溶液温度和湿度计显示的相对湿度值。

(6) 按活度从低到高依次对每份标准溶液进行同样的测定，并记录每份溶液的温度和相对湿度读值。应确保每份溶液温度都是24～25 ℃。

(7) 测完全部溶液后，在直角坐标纸上以相对湿度对活度(见图14A-15)作曲线。

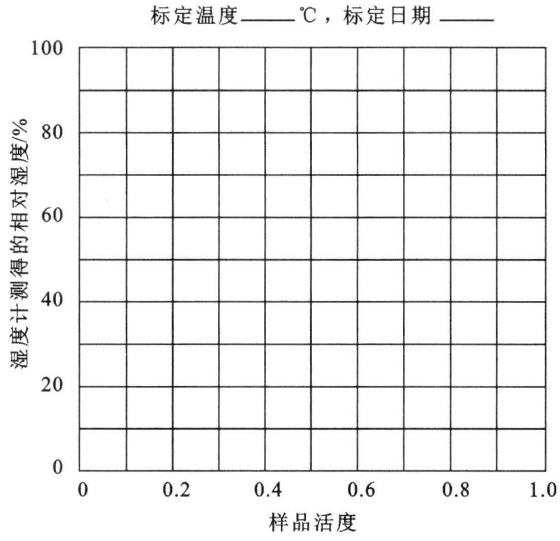

图 14A-15　湿度计标定曲线

2）油基钻井液活度的测定

（1）如上所述，将探测头置于干燥剂上方干燥 10～15 min。

（2）样品杯中放入 40 mL 油基钻井液样品。将探测头从干燥杯中移到钻井液上方 12 mm 处，开启湿度计，等候 30 min，记录相对湿度读数（%RH）及温度。钻井液样品的温度应为 24～25 ℃。

（3）利用测得的相对湿度，通过湿度标定曲线查出油基钻井液样品的活度值。

注：钻井液样品不应出现油水分离现象，否则测定结果是错误的。同时，务必保证试样杯和盖子干净且没有黏附盐晶体。

（4）为了测定页岩钻屑的活度，可从振动筛上取得钻屑，用柴油洗去钻井液，再用纸擦干油迹或油基钻井液的污迹，然后像测定钻井液一样用湿度计进行测定。当用淡水或盐水钻井液钻井时，必须进行专门的取心作业，并且取岩心内部的页岩块进行测定。

14A.12　油基钻井液碱度和石灰含量

油基钻井液的碱度采用化学滴定法进行测定，所用的标准酸液是 0.05 mol/L 的硫酸标准溶液。油基钻井液碱度的符号为 P_{om}。

14A.12.1　仪器和试剂

（1）溶剂：丙二醇正丙基醚（PNP）（CAS No. 1569-01-3）。

（2）硫酸（CAS No. 7664-93-9）标准溶液：0.05 mol/L。

（3）酚酞（CAS No. 77-09-8）指示剂：1 g 酚酞溶解于 100 mL 50%异丙醇水溶液中。

（4）滴定容器：400 mL 烧杯或锥形瓶。

（5）注射器：5 mL。

（6）移液管：1 mL 和 10 mL 各一支，应带有刻度。

（7）磁力搅拌器：带有长为 4 cm 的外包塑料的金属搅棒。

（8）蒸馏水或去离子水。

14A.12.2 测试程序

(1) 在 400 mL 的烧杯或锥形瓶中加入 100 mL PNP 溶剂。

(2) 用 5 mL 的注射器抽取 3 mL 油基钻井液样品，将其中的 2 mL 油基钻井液样品注入上述烧杯或锥形瓶中。

(3) 用磁力搅拌器进行搅拌并加入 200 mL 蒸馏水或去离子水。

(4) 加入 15 滴酚酞指示剂。

(5) 在磁力搅拌下慢慢用移液管滴入 0.05 mol/L 硫酸标准溶液，直至粉红色恰好消失。继续搅拌，若粉红色在 1 min 之内未再出现则停止搅拌。停止搅拌后使两相分离，以便观察水相中指示剂的颜色变化。

(6) 样品静置 5 min，如果未再出现粉红色，则表明已达到终点。若粉红色在 5 min 内重新出现，则需用标准硫酸溶液进行第二次滴定。当第二次滴定后又出现同样情况时，则需进行第三次滴定。若经过三次滴定仍然同样出现粉红色，则可认为已达到终点，不必再增加滴定。

(7) 最后达到终点时，用所消耗的全部标准硫酸溶液的体积计算油基钻井液的碱度。

14A.12.3 计算

$$\text{油基钻井液碱度}\ P_{om}=\frac{\text{消耗的 0.05 mol/L 硫酸溶液体积(mL)}}{\text{钻井液样品体积(mL)}}$$

$$\text{油基钻井液石灰}[Ca(OH)_2]\text{质量浓度}(kg/m^3)=P_{om}\times 3.691$$

$$\text{油基钻井液生石灰}(CaO)\text{质量浓度}(kg/m^3)=P_{om}\times 2.793$$

14A.13 油基钻井液氯离子含量

采用滴定法确定油基钻井液的氯离子含量。可以利用刚测完碱度的钻井液样品，其 pH 值已低于 7.0。

14A.13.1 仪器和试剂

(1) 溶剂：丙二醇正丙基醚(PNP)(CAS No.1569-01-3)。

(2) 硫酸(CAS No.7664-93-9)标准溶液：0.05 mol/L。

(3) 酚酞(CAS No.77-09-8)指示剂：1 g 酚酞溶解于 100 mL 50%异丙醇水溶液中。

(4) 滴定容器：400 mL 烧杯或锥形瓶。

(5) 注射器：5 mL。

(6) 移液管：1 mL 和 10 mL 各一支，应带有刻度。

(7) 磁力搅拌器：带有长为 4 cm 的外包塑料的金属搅拌棒。

(8) 铬酸钾(CAS No.7789-00-6)指示剂：5 g/100 mL 水溶液。

(9) 硝酸银(CAS No.7761-88-8)溶液：0.282 mol/L(硝酸银质量浓度为 47.91 g/L)，应储存在棕色瓶中。

(10) 蒸馏水或去离子水。

14A.13.2 测试程序

(1) 在 400 mL 的烧杯或锥形瓶中加入 100 mL PNP 溶剂。

(2) 用 5 mL 的注射器抽取 3 mL 油基钻井液样品，将其中的 2 mL 油基钻井液样品注入上述烧杯或锥形瓶中。

(3) 用磁力搅拌器进行搅拌并加入 200 mL 蒸馏水或去离子水。

(4) 加入 15 滴酚酞指示剂。

(5) 在磁力搅拌下慢慢用移液管滴入 0.05 mol/L 硫酸标准溶液，直至粉红色恰好消失。继续搅拌，若粉红色在 1 min 之内未再出现则停止搅拌。停止搅拌后使两相分离，以便观察水相中指示剂的颜色变化。

(6) 样品静置 5 min，如果未再出现粉红色，则表明已达到终点。若粉红色在 5 min 内重新出现，则需用标准硫酸溶液进行第二次滴定。当第二次滴定后又出现同样情况时，则需进行第三次滴定。若经过三次滴定仍然同样出现粉红色，则可认为已达到终点，不必再增加滴定。

(7) 继续向待滴定氯根的混合溶液中加入 10～20 滴或更多的 0.05 mol/L 硫酸，以保证混合液 pH 值低于 7.0。

(8) 加入 10～15 滴铬酸钾指示液，在磁力搅拌下慢慢用滴管滴入 0.282 mol/L 的硝酸银标准溶液，直至出现橙红色并至少保持 1 min 不变。在滴定期间可根据需要补充几滴铬酸钾指示剂。必要时可停止搅拌使之产生两相分离，以便观察水相中颜色的变化。

(9) 记录所用 0.282 mol/L 硝酸银溶液的体积。

14A.13.3 计算

$$\text{钻井液氯离子质量浓度(mg/L)} = \frac{10\,000 \times \text{硝酸银溶液用量(mL)}}{\text{钻井液样品体积(mL)}}$$

若水相是单一的 NaCl 溶液，则：

$$\text{NaCl 质量浓度(kg/m}^3\text{)} = \frac{\text{硝酸银溶液用量(mL)} \times 16.5}{\text{钻井液样品体积(mL)}}$$

若水相是单一的 $CaCl_2$ 溶液，则：

$$CaCl_2\ \text{质量浓度(kg/m}^3\text{)} = \frac{\text{硝酸银溶液用量(mL)} \times 15.7}{\text{钻井液样品体积(mL)}}$$

14A.14 油基钻井液钙离子含量

采用化学滴定法确定油基钻井液的钙离子含量。所测得的钙离子来自配制油基钻井液时加入的 $CaCl_2$ 及石灰，也可能有些钙离子来自钻井时所遇到的石膏或硬石膏地层。本测定方法也包括油基钻井液中可能存在的镁离子及其他可水溶的碱土金属离子，但都算作是钙离子。

14A.14.1 仪器和试剂

(1) 溶剂：丙二醇正丙基醚(PNP)(CAS No. 1569-01-3)。

(2) 钙缓冲溶液：1 mol/L 氢氧化钠(CAS No. 1310-73-2)，应密闭保存以减少空气中的二氧化碳侵入。

(3) 钙指示剂：Calver Ⅱ或羟基萘酚蓝(CAS No. 63451-35-4)。

(4) EDTA(CAS No. 139-33-3)标准溶液：0.1 mol/L EDTA，即由二水合乙二胺四乙酸二钠盐(EDTA)配制而成。

(5) 滴定容器：400 mL 的锥形瓶。

(6) 蒸馏水或去离子水。

(7) 注射器:5 mL。

(8) 量筒:25 mL,带刻度。

(9) 磁力搅拌器:带有塑料包覆 4 cm 搅拌棒。

(10) 移液管或滴管:1 mL 和 10 mL,带刻度。

14A.14.2 测试程序

(1) 在 400 mL 的锥形瓶中加入 100 mL PNP 溶剂。

(2) 用 5 mL 的注射器吸取 3 mL 油基钻井液样品,并挤出 2 mL 到上述锥形瓶内,盖紧锥形瓶,用力摇动 1 min。

(3) 向锥形瓶中加入 200 mL 蒸馏水或去离子水,再加入 3.0 mL 钙缓冲溶液。

(4) 加入 0.1~0.25 g 粉状钙指示剂。

(5) 盖紧锥形瓶,用力摇动 2 min,然后静置几分钟,以便上下层分离。如果水相中出现红色,表明有钙离子存在。

(6) 用磁力搅拌器搅动,但应以不使上下层相混合为度,同时用移液管一滴一滴地慢慢滴入 0.1 mol/L EDTA 溶液,当红色明显变为蓝绿色时表明达到终点。记下所加入 EDTA 溶液的体积,用于计算钙离子含量。

14A.14.3 计算

$$\text{钻井液钙离子质量浓度(mg/L)} = \frac{4\ 000 \times \text{EDTA 溶液消耗量(mL)}}{\text{钻井液样品体积(mL)}}$$

14A.15 油基钻井液固相水润湿判断实验

14A.15.1 仪器和试剂

(1) 高速搅拌器。

(2) 配油基钻井液所用基础油(柴油或白油)。

(3) 溶剂:丙二醇正丙基醚(PNP)(CAS No. 1569-01-3)。

(4) 广口玻璃瓶:500 mL。

14A.15.2 测试程序

(1) 将油基钻井液试样高速搅拌 1 h。

(2) 取高速搅拌后的油基钻井液样品 350 mL 倒入 500 mL 的玻璃瓶内。

(3) 加入 100 mL 柴油并摇匀(不要搅拌)。

(4) 加入 50 mL PNP 溶剂并摇匀(不要搅拌)。

(5) 倒掉实验样品,腾空玻璃瓶,将瓶口朝下干燥后进行判断。

14A.15.3 润湿性判定

(1) 如果玻璃瓶壁干净,则表示不存在固相水润湿问题。

(2) 如果玻璃瓶壁不透明,则表示出现严重的固相水润湿。按照 2.85~5.70 kg/m^3 润湿剂加量进行小型实验,再用本实验进行判断。

(3) 如果玻璃壁稍微不透明,表示存在轻度固相水润湿。用 1.425 kg/m^3 润湿剂加量进行小型实验,并再用本实验方法进行判断。

(4) 如果玻璃壁稍微半透明,表示水润湿问题较严重,需要立即加入润湿剂处理。先用 2.85 kg/m^3 润湿剂处理,再用本实验方法进行判断。

14A.16 钻屑黏附油测定

用蒸馏方法可测定用油基钻井液钻井时钻屑黏附的油量。必须特别注意钻屑样品的取样地点、取样方法和取样频率。

14A.16.1 仪器和试剂

(1) 钻井液蒸馏器:蒸馏器样品杯容量为 50 mL,精确度为±0.25 mL;加热套功率为 350 W,温度能控制在(500±40) ℃。

(2) 接收冷凝液的量筒:10 mL 和 20 mL,精度值为±0.05 mL,刻度值为 0.10 mL。

(3) 台式天平:最大量程 2 000 g,精确度为 0.1 g。

(4) 细钢毛:没有油污染。

(5) 螺纹密封/润滑脂:高温润滑脂。

(6) 试管刷。

(7) 样品专用刮刀。

(8) 螺丝刀。

14A.16.2 测试程序

(1) 将钢丝毛充填蒸馏器本体。

(2) 给蒸馏杯和蒸馏器本体上的螺纹涂上密封脂。

(3) 称量蒸馏器本体(连带钢丝毛)与蒸馏杯及其盖子的总质量 m_1(g)。

(4) 将钻屑样品装入蒸馏杯(不要完全装满),盖好杯盖。

(5) 将蒸馏杯(已盖好杯盖)拧到蒸馏器本体上,称量蒸馏器的总质量 m_2(g)。

(6) 安装上冷凝器,并将蒸馏器放进加热套内。

(7) 称量洁净的液体接收器的质量 m_3(g),并将接收器安置在冷凝器出口下方。

(8) 接通蒸馏器电源,加热蒸馏至少 1 h,如果冷凝液中带有固相物质,应重新做实验,并向蒸馏器本体充填更多的钢丝毛。

(9) 停止加热并冷却,记录接收器接收到水的体积 V_w(mL)。如果油水界面有一层乳化液带,可通过加热使乳化液破乳。

(10) 称量接收器及冷凝液的总质量 m_4(g)。

(11) 取下已冷却的冷凝器,将已冷却的蒸馏器总成(不带冷凝器)称重,记录其质量 m_5(g)。

(12) 清洁蒸馏器各部件。

14A.16.3 计算

按以下步骤计算钻屑中所含油的质量:

(1) 湿钻屑质量 $m_w(g)=m_2-m_1$。

(2) 蒸干后钻屑质量 $m_d(g)=m_5-m_1$。

(3) 油的质量 $m_o(g)=m_4-(m_3+V_w)$[假定水的密度为 1 g/cm^3,水的体积 V_w(mL)在数值上与其质量(g)相等]。

质量平衡要求:m_d,m_o 与 V_w 之和与湿样品质量之差应在 5%以内,即

$$0.95 \leqslant \frac{m_d+m_o+V_w}{m_w} \leqslant 1.05$$

如果此项要求得不到满足，应当重做实验。

(4) 每千克干钻屑所含油质量(g) $=\frac{m_o}{m_d}\times 1\ 000$。

注：由于蒸馏时钻屑中的水已被蒸馏出来，因此上述测定的干钻屑含油量要比含水钻屑计算的含油量高一些。

附录 14B 常用钻井液材料功能及代号表

表 14B-1 黏土类

通称或主要成分	中国名称	其他名称	主要用途
优质膨润土、API 钻井级膨润土	天然钠质土	M-I GEL,AQUAGEL,MILGEL,Wyoming Bentonite	水基钻井液中提黏,降滤失建造泥饼及堵漏
未处理天然膨润土	实验用钠膨润土	MILGEL NT,SEAL,AQUAGEL,GOLD	水基钻井液中提黏,降滤失建造泥饼
经处理过的高造浆膨润土、增效膨润土		SUPER-COL,QUIK-GEL	水基钻井液中提黏,表层钻进快速增黏
OCMA 膨润土	行标二级膨润土	MIL-BEN	水基钻井液中提黏,降滤失建造泥饼
高岭土	钻井液用评价土	英国评价土	钻井液实验用
钠蒙脱石或钙锂蒙脱石有机土	有机黏土(801,812,821,4602,4606 等)	CARBO-VIS,GELTONE I,INTERDRILL VISTONE,VG-69,VERSAMOD	油基体系增黏,降滤失建造泥饼及提高悬浮能力

表 14B-2 加重材料

通称或主要成分	中国名称	其他名称	主要用途
铁矿粉	氧化铁粉,钒钛铁矿粉,钛铁矿粉	DENSIMIX,BARODENSE,IDWATR	各种钻井液加重剂
碳酸钙粉($CaCO_3$)	石灰石粉,碳酸钙粉	BARACARB,LO-WATE,LDCARB 75	酸溶性加重剂
方铅矿粉(PbS)	方铅矿粉,硫化铅	Super-Wate,Galena	各种钻井液加重剂,可加重至密度 3.6 g/cm^3
各种无机盐	氯化钠,氯化钙,溴化钙,溴化锌等	NaCl,$CaCl_2$,$CaBr_2$,$ZnBr_2$	主要用于无固相完井液加重

表 14B-3 增黏剂

通称或主要成分	中国名称	其他名称	主要用途
生物聚合物	黄胞胶,黄原胶,XC 聚合物	FLOWZAN,XCD,New-Vis,BARAZAN	各种水基钻井液增黏,提高携砂能力

续表 14B-3

通称或主要成分	中国名称	其他名称	主要用途
高黏度聚阴离子纤维素	高黏度聚阴离子纤维素 PAC	DRISPAC-R，Polypac-HV，MIL-Pac HV	水基钻井液增黏剂及包被剂和降滤失剂
高黏度羧甲基纤维素	高黏 CMC，CMC-HV，HV-CMC	CMC-HV，IDF，RHEOPOL，MILPARK，CELLEX(HV)	水基钻井液增黏剂和降滤失剂
石棉纤维	石棉，HN-1，SM-1，改性石棉	FLOSAL，SUPER，VISBESTOS，VISQUICK	水基钻井液增黏剂
混合金属层状氢氧化物	MMH，MA-01，MSF-1，MLH-2，正电胶	MMH	水基正电钻井液增黏剂

表 14B-4　降黏剂

通称或主要成分	中国名称	其他名称	主要用途
酸式焦磷酸钠	酸式焦磷酸盐	SAPP	低钙钻井液分散剂以及处理水泥污染
铁铬木质素磺酸盐	FCLS，铁铬盐	UNI-CAL，Q-BROXIN，SPERSENE	水基钻井液降黏剂及降失水剂
无铬木质素磺酸盐	FCLS-FC，无铬木质素磺酸盐 M-9，MC	UNI-CAL CF，Q-B Ⅱ，SPESENE CO，CF，LIGNOSULFONATE	水基钻井液降黏剂，无污染钻井液降黏剂
磺化单宁、改性单宁	磺甲基化单宁，SMT，KTN，NaT	DESCO，DESCO CF，TANNEX，TANCO	水基钻井液降黏剂或者抗高温降黏剂
褐煤衍生物	铬褐煤，硝基腐殖酸钠，硝基腐殖酸钾，腐殖酸铁铬，OSHM-K，CrHM，OSAM-K，SMC	XF-20，CC-16，LIGCON，COUSTILIG	水基钻井液高温降黏剂及降滤失剂
合成聚合物高温降黏剂（马来酸酐共聚物）	SSMA	MIL-TEMP，SSMA，THERMA-THIN，MELANEX-T，IDSPERDE HT	抗高温水基钻井液降黏剂
聚合物降黏剂（低聚物降黏剂）	GN-1，XA-40，XB-40	NEW-THIN，THERMA-THIN，TACKLE，IDTHIN 500	水基钻井液降黏剂

14B-4

通称或主要成分	中国名称	其他名称	主要用途
复合离子多元共聚物降黏剂	GD-18,JT-900,XY-27,PSC90-6,PAC145	MIL THIN,THIN-X,CPD	水基钻井液降黏剂
树皮提取物	栲胶,改性栲胶 SMK 和 FSK,磺化栲胶 831	Q-B-T,MIL-QUEBRACHO	石灰钻井液和淡水钻井液降黏剂

表 14B-5 降滤失剂

通称或主要成分	中国名称	其他名称	主要用途
预胶化淀粉或羧甲基淀粉、聚合淀粉、羟丙基淀粉等	PDF-FLO,DFD-Ⅱ,DFD-140,CMS,LSS-1,LS-2,STP	MILSTARCH,IMPERMEX,MY-OL-JEL	水基钻井液降滤失剂,使用时需要添加杀菌剂
低黏聚阴离子纤维素		DRISPAC-SL,MIL-PAC LV,PAC-L,POLYPAC-LV,IDF-FLR XL	水基钻井液降滤失剂及包被剂,不增黏
低、中黏度羧甲基纤维素钠	CMC-LV,CMC,MV-CMC	CMC LOVIS,CMC-LV,CELLEX,MILPARK CMC LV	水基钻井液降滤失剂
AMPS/AAM 共聚物、乙烯酰胺/乙烯磺酸盐共聚物	VSVA	KEM-SEAL,IDFLD HTR,THEREMA-CHEK	水基钻井液高温降滤失剂
AMPS/AM 共聚物		PYRO-TROL,PLOY RX,IDF POLYTEMP,DRISCAL D	水基钻井液高温高压降滤失剂
腐殖酸树脂	SPNH,PSC,SPC,SHR,SCUR,HUC	CHEMTROL X,DURENEX,RESINEX,BARANEX	水基钻井液高温高压降滤失剂
褐煤产物	NaC,GN-1,Na-Hm,Na-NHm	LIGCO,LPC,CARBONOX,LIGCON	淡水钻井液降滤失剂
聚丙烯酸衍生物或聚丙烯酸盐	Na-HPAN,HPAN,Ca-HPAN,CPAN,CPA,NH_4-HPAN,NPAN,PT-1	NEW-TROL,POLYAC,SP-101,IDF AP21,CYPAN,WL-100	淡水钻井液降滤失剂,适用于无钙低固相非分散体系
磺甲基酚醛树脂、磺化木素与树脂等	SMP-1,SMP-2,SCSP,SLSP		水基钻井液抗高温降滤失剂
乙烯基单体多元共聚物	PAC143,CPF,CPA-3,SK-IDⅢ,PAC-142,DHL-1,PAC-143		水基钻井液降滤失剂
复合离子聚合物、阳离子聚合物	JT-888,JT-900,CHSP-I	PAL	水基钻井液抗高温降滤失剂

表 14B-6 絮凝剂

通称或主要成分	中国名称	其他名称	主要用途
部分水解聚丙烯酰胺(液体)	PDF-PLUS(L)	NEW-DRILL, IDBOND, POLY-PLUS	不分散低固相体系,页岩包被抑制剂
部分水解聚丙烯酰胺(粉状)	PDF-PLUS,PHP,PHPA	NEW-DRILL HP, NEW-DRILL PLUS, EZ MUD DP	不分散低固相体系,页岩包被抑制剂
阳离子聚丙烯酰胺	ZXW-Ⅲ	ASP-725, PHPA-500	强絮凝包被剂
选择性絮凝剂		FLOXIT, BARAFLOC, IDFLOC	用于清水钻井,只沉除钻屑固相

表 14B-7 润滑剂

通称或主要成分	中国名称	其他名称	主要用途
油基润滑剂	PDF-LUBE,RT-443,FK-3	MIL-LUBE,LUBE-167, MAGCOLUBE	水基钻井液润滑剂、降摩阻剂
极压润滑剂	RH-3,ZR-110,KRH	LUBRI-FILM, EP MUDLUBE, IDLUBE HP	水基钻井液润滑剂
塑料小球	GRJ-Ⅱ	TORQUE-LESS	钻井液润滑剂、降摩阻剂
石　墨	石墨粉	MIL-GRAPHITE, FLATE GRAPH-LUBE	钻井液润滑剂、降摩阻剂

表 14B-8 抑制剂与防塌剂

通称或主要成分	中国名称	其他名称	主要用途
磺化沥青	FT-342,HL-2,FT-341, JS-90,FT-1,FT-11,SAS	SOLTEX,BARATROL, ASPHASOL	水基钻井液防塌剂,改善泥饼质量,降低 HTHP 滤失量
乳化沥青	NRH	PROTECTOMAGIC	同上
水分散性沥青	SR401,AL,FY-KB	SHALE-BOND, ASPHALT-BAROID	同上
阳离子化合物(小阳离子)	FS-1,NW-1,HT-201,CSW-1	POLY-KAT,MCAT-A	水基钻井液抑制剂
阳离子化合物(大阳离子)	DA-Ⅲ,MP-1, CPAM,SP-2,ND-89	KAT-DRILL,MCAT	水基钻井液页岩包被剂
聚丙烯酸钾、钙等	KPAM,HZN101(Ⅱ), K-PAN,CPA-3,MAN-101		水基体系页岩抑制剂、包被剂
复合离子聚合物	FA-367,FPT-51		水基体系页岩包被剂

续表 14B-8

通称或主要成分	中国名称	其他名称	主要用途
长效黏土稳定剂	BCS-851,JS-7	CS-200,MFS	水基钻井液和完井液用页岩抑制剂
无机盐类	氯化钾,碳酸钾,氯化钠,硫酸铵,硫酸钙,硬石膏		配置抑制性钻井液体系,提供阳离子
有机硅衍生物	硅抑制剂,SAH,PF-WLD,DASM-K,OXAM-K,GWJ		水基体系页岩抑制剂、聚合醇体系抑制剂
聚季铵盐类、长效黏土稳定剂	GB3-1,TB-F3,TDC-15,PTA		水基体系页岩抑制剂
钾铵基水解聚丙烯腈	KNPAN		水基钻井液抑制剂
无荧光防塌剂	SWF-1,MHP,GMFF		水基钻井液防塌剂
聚合醇基抑制剂	PF-JLX		聚合醇水基体系页岩抑制及润滑剂

表 14B-9 堵漏材料

通称或主要成分	中国名称	其他名称	主要用途
核桃壳粒、胡桃壳粒、坚果壳	核桃壳粒	MIL-PLUG,NUT-PLUG	桥堵材料,分粗、中、细等级
云　母	云　母	MILMICA,MICA	桥堵材料,分粗、中、细等级
纤维混合物		MIL-FIBER,FIBERTEX,M-I FIBER	桥堵材料
棉籽壳	棉籽壳	COTTONSEED HULLS	桥堵材料
细碳酸钙	QS-2,OCX-1	MIXICAL,BARACARB	利于产层保护,可酸溶
蛭　石	蛭　石		桥堵材料
单向压力暂堵剂(液体套管)	DF-1,DYT-1	LIQUID CASING,CH-ECKLOW	利于产层保护,可酸溶
脲醛树脂	N 型脲醛树脂		化学堵剂
狄赛尔	高滤失堵漏剂,Z-DTR	DIASEAL M	配置高失水堵浆形成高固相堵塞
油溶性树脂	PF-BPA,JHY		钻井液和完井液桥堵剂,利于产层保护
聚合物膨胀剂		SUPERSTOP	水基钻井液堵漏材料

表 14B-10　发泡剂

通称或主要成分	中国名称	其他名称	主要用途
可生物降解发泡剂	AS	FOAMANT，QUICK-FOAM，FOAMER 76，GEL-AIR	用于空气钻井和喷雾钻井，配置刚性泡沫
钻井液发泡剂	ABS，F-842	AMPLI-FOAM	用于泡沫钻井液和雾化钻井

表 14B-11　消泡剂

通称或主要成分	中国名称	其他名称	主要用途
硬脂酸铝	硬脂酸铝	ALUMINUM STEARATE	水基体系消泡剂，特别适用于铁铬盐体系
烃基消泡剂		LD-8，BARA DEFOAM，IDBREAK	水基钻井液消泡剂
醇基消泡剂	XBS-300，GB-300，N-33025，甘油聚醚 消泡剂 7501	W.O.DEFOAM，BARA BRINE，DEFOAM-A，MAGCONOL，SURFLO	水基钻井液消泡剂
烷基苯磺酸钠	烷基苯磺酸钠	DEFOAMER A-40，DE-FOAM，POLY DEFOAMER	特别适合饱和盐水体系

表 14B-12　水基钻井液用乳化剂

通称或主要成分	中国名称	其他名称	主要用途
阴离子型表面活性剂混合物	ABS，SPAN-80	SWSTRIMULSO，SALINEX，ATLOSOL(-S)	用于淡水钻井液、钙处理钻井液和低 pH 值钻井液
非离子型表面活性剂	OP 系列(OP-4，OP-7，OP-10，OP-15)	DME，HYMUL，AKTAFLO-E	用于水基钻井液乳化剂

表 14B-13　杀菌剂

通称或主要成分	中国名称	其他名称	主要用途
多聚甲醛	多聚甲醛，WC-85，KB-901，KB-892	ALDACIDE，IDCIDE，MAGCOCIDE，BACBANIII	水基钻井液杀菌剂，也可用于完井液
氨基甲酸酯	CT10-1	BARA-B33	防止聚合物和淀粉发酵
可生物降解的硫化氨基甲酸盐		DRYOCIDE，IDCIDE P	防止淀粉发酵
环境许可的广普杀菌剂	CT-101	IDCIDE L	水基钻井液杀菌剂

表 14B-14 高温稳定剂

通称或主要成分	中国名称	其他名称	主要用途
铬酸盐或重铬酸盐	铬酸钾， 重铬酸钾， 铬酸钠， 重铬酸钠		水基钻井液高温稳定剂
专利产品	PF-PTS	PTS-200	水基聚合物钻井液抗高温稳定剂

表 14B-15 碱度控制剂

通称或主要成分	中国名称	其他名称	主要用途
NaOH	烧　碱	Caustic soda	提高 pH 值和除镁
KOH	氢氧化钾	Potassium Hydroxide	提高 pH 值和提供钾离子
Na_2CO_3	纯　碱	Soda Ash	除钙和提高 pH 值
$NaHCO_3$	碳酸氢钠	Bicarbonate	处理水泥污染和除钙
$Ca(OH)_2$	氢氧化钙	MIL-LIME	处理硫化氢和 CO_2 污染或配置石灰钻井液
CaO	氧化钙	MIL-LIME	配置石灰钻井液或水基体系中用作絮凝剂及控制碱度
高温 pH 值缓冲剂(聚合物)		PTS 100， Thermabuff	高温下水基钻井液和完井液的 pH 值控制

表 14B-16 油基钻井液用原材料和添加剂

通称或主要成分	中国名称	其他名称	主要用途
2# 柴油	2# 柴油	DIESEL OIL NO. 2	油基钻井液基础液
低毒矿物油	白　油	ESCAID 110， HDF 200， LVT200， BASE OIL	低毒油基钻井液基础液，能满足一般环保要求
人造油(酯基化合物、醚基化合物或线型 α 链烯烃)	酯基化合物	NOVASAL， ESTERS LAO， PETRO-FREE IO， PAO，ETHERS	人造油油基体系基础液，不污染环境，可取代柴油和白油
$CaCl_2$	氯化钙		配油基体系水相盐水
脂肪酸类乳化剂	环烷酸钙， 硬脂酸钙， 烷基苯磺酸钙， 油酸钙，ABS	CARB-TEC， INVERMUL， VERSAMUL， INTERDRILL FL	油基钻井液主乳化剂，需配合石灰

续表 14B-16

通称或主要成分	中国名称	其他名称	主要用途
脂肪酸的胺衍生物		CARBO-MUL，INVERMUL NT，INTERDRILL EMUL	油基体系乳化剂
高活性非离子型乳化剂		CARBO-MIX，INTERDRILL ESX	用于高含水量的油基体系
油溶性聚酰胺	油酸酰胺	CARBO-MUL HT，EZ MUL NT	抗高温乳化剂及润湿剂
高活性非离子型乳化剂		CARBO-TEC HW，NOVAWET	乳化剂及润湿剂，用于高含水量、高密度油基体系
酯基体系乳化剂		NOVAMUL，NOVAMOD	人造油酯基体系乳化剂
氧化钙	石灰，生石灰	LIME	控制碱度，处理 CO_2 和 H_2S 污染，皂化作用等

附录14C 钻井液常用计算公式

14C.1 与密度相关计算

14C.1.1 配制定量定密度钻井液所需黏土量和水量

1）黏土量的计算

$$m_{土}=\frac{V_{d}\rho_{土}(\rho_{m}-\rho_{w})}{\rho_{土}-\rho_{w}}$$

式中 $m_{土}$——所需黏土的质量，kg；

V_{d}——所需钻井液的体积，L；

$\rho_{土}$——黏土密度（一般为2.2～2.7 g/cm^3）；

ρ_{m}——要配制的钻井液密度，g/cm^3；

ρ_{w}——水的密度，g/cm^3（淡水1.0 g/cm^3，海水1.03 g/cm^3）。

2）水量的计算

$$V_{水}=V_{m}-\frac{m_{土}}{\rho_{土}}$$

式中 $V_{水}$——配制钻井液时所需水量，L；

V_{m}——欲配制的钻井液量，L；

$m_{土}$——配制钻井液时所需黏土的质量，kg；

$\rho_{土}$——用以配制钻井液的黏土密度，g/cm^3。

14C.1.2 配制加重钻井液的计算

1）对现有体积的钻井液加重所需加重剂的质量

$$m_{加}=\frac{\rho_{加}V_{原}(\rho_{重}-\rho_{原})}{\rho_{加}-\rho_{重}}$$

式中 $m_{加}$——所需加重剂的质量，t；

$\rho_{加}$——加重材料的密度，g/cm^3；

$\rho_{原}$——加重前的钻井液密度，g/cm^3；

$\rho_{重}$——加重后的钻井液密度，g/cm^3；

$V_{原}$——加重前的原钻井液体积，m^3。

2）配制预定体积的加重钻井液所需加重剂的质量

$$m_{加}=\frac{V_{重}\rho_{加}(\rho_{重}-\rho_{原})}{\rho_{加}-\rho_{原}}$$

式中 $m_{加}$——所需加重剂的质量，t；

$\rho_{加}$——加重材料的密度，g/cm^3；

$\rho_{原}$——原钻井液的密度，g/cm^3；

$\rho_{重}$——钻井液欲加重的密度，g/cm^3；

$V_{重}$——加重后钻井液体积，m^3。

3）降低钻井液密度时加水量的计算

$$V_{水}=\frac{V_{原}\,\rho_{水}(\rho_{原}-\rho_{稀})}{\rho_{稀}-\rho_{w}}$$

式中 $V_{水}$——所需水量，m^3；

$V_{原}$——原钻井液的体积，m^3；

$\rho_{原}$——原钻井液的密度，g/cm^3；

$\rho_{稀}$——稀释后钻井液的密度，g/cm^3；

ρ_{w}——水的密度，g/cm^3（淡水 1.0 g/cm^3，海水 1.03 g/cm^3）。

14C.2 与钻井液循环相关计算

14C.2.1 钻井液上返速度计算

$$v_a=\frac{1\,274Q}{D_h^2-D_p^2}$$

式中 v_a——钻井液上返速度，m/s；

Q——钻井液流量，L/s；

D_h——井径（钻头直径），mm；

D_p——钻杆外径，mm。

14C.2.2 钻井液循环一周时间计算

$$t=16.67\times\frac{V_h-V_p}{Q}$$

式中 t——循环一周的时间，min；

V_h——井眼容积，m^3；

V_p——钻柱本体体积，m^3。

14C.3 与钻井液流变参数相关计算

14C.3.1 流性指数

$$n=3.32\lg\frac{\theta_{600}}{\theta_{300}}$$

式中 n——流变指数，无因次；

θ_{600}——旋转黏度计 600 r/min 的读数，无因次；

θ_{300}——旋转黏度计 300 r/min 的读数，无因次。

14C.3.2 稠度系数

$$K=\frac{0.511\theta_{300}}{511^n}$$

式中 K——稠度系数，Pa·s^n；

θ_{300}——旋转黏度计 600 r/min 的读数，无因次；

n——流性指数，无因次。

14C.3.3 塑性黏度

$$\mu_p = \theta_{600} - \theta_{300}$$

式中 μ_p——塑性黏度,mPa·s。

14C.3.4 屈服值(动切力)

$$Y_P = \frac{1}{2}(\theta_{300} - \mu_p)$$

式中 Y_P——屈服值(动切力),Pa。

14C.4 与压井相关钻井液计算

14C.4.1 压井时所需钻井液密度

$$\rho_{dl} = \rho_d + \Delta\rho$$

$$\Delta\rho = \frac{1\ 000 p_s}{gH} + \rho_e$$

式中 ρ_{dl}——压井时所需钻井液密度,g/cm^3;

ρ_d——钻柱内钻井液密度,g/cm^3;

$\Delta\rho$——压井所需钻井液密度增量,g/cm^3;

p_s——关井立管压力,MPa;

H——井深,m;

g——重力加速度,9.8 m/s^2;

ρ_e——安全附加当量钻井液密度(油井为 0.05～0.10 g/cm^3,气井为 0.07～0.15 g/cm^3)。

14C.4.2 压井液从地面到达钻头所需时间

$$t'_d = \frac{V_d H}{60 Q_r}$$

式中 t'_d——压井液从地面到达钻头所需时间,min;

V_d——钻具内容积,L/m;

H——井深,m;

Q_r—— 压井流量,$Q_r = (1/3 \sim 1/2)Q$,L/s;

Q——正常钻井时钻井泵实发流量,L/s。

14C.4.3 压井钻井液充满环空所需循环时间

$$t_a = \frac{V_a H}{60 Q_r}$$

式中 t_a——压井钻井液充满环空所需循环时间,min;

V_a——井眼环空容积,L/m;

H——井深,m;

Q_r—— 压井流量,$Q_r = (1/3 \sim 1/2)Q$,L/s;

Q——正常钻井时钻井泵实发流量,L/s。

14C.5 浸泡油量计算

$$V = K\ \frac{\pi}{4}(D^2 - D_1^2)H + \frac{\pi}{4}d^2 h$$

式中 V——浸泡油量,m^3;

K——附加系数,取 1.2～1.5;

D——井筒直径,m;

D_1——钻具外径,m;

H——钻具外浸泡油柱长度,m;

d——钻具内径,m;

h——钻具内油柱长度,m。

参考文献

[1] 鄢捷年. 钻井液工艺学. 东营:石油大学出版社,2001.

[2] 中油长城钻井有限责任公司钻井液分公司. 钻井液技术手册. 北京:石油工业出版社,2005.

[3] 张克勤,陈乐亮. 钻井液技术手册(二) 钻井液. 北京:石油工业出版社,1988.

[4] 《钻井手册(甲方)》编写组. 钻井手册(甲方)(上、下). 北京:石油工业出版社,1990.

[5] GB/T 16783—1997 水基钻井液现场测试程序.

[6] GB/T 16782—1997 油基钻井液现场测试程序.

[7] 中国石油集团公司人事局. 钻井液技师培训教程. 北京:石油工业出版社,2012.

[8] 郑艳茹. 钻井液碳酸根/碳酸氢根污染机理研究. 青岛:中国石油大学,2011.

[9] 刘佑云. 深井钻井液碳酸根和碳酸氢根污染的处理. 石油与天然气化工,2012,41(1):104-106.

[10] ISO 10414-1 Petroleum and natural gas industries—Field testing of drilling fluids,2008.

第十五章　固　井

固井是钻井工程中一项重要的、不可缺少的作业。固井的目的是巩固井壁，封固复杂地层和油气水层，保证安装井口装置、安全钻井和油气测试与开采的顺利进行。固井是一项复杂的工程，需要钻井、钻井液、录井、测井等专业的配合才能完成。由于固井是一次性作业，质量不好或发生故障后不容易补救，且补救的成本很高、成功率很低，因此需要从设备、工具、工艺、外加剂、实验等多个方面精心准备。本章包括 14 节内容，主要介绍固井设计、固井设备、水泥浆实验仪器、套管附件及固井工具、油井水泥、油井水泥外加剂、下套管工具、下套管作业、注水泥工艺、挤水泥与注水泥塞工艺、水泥浆体系与前置液、提高复杂井固井质量的方法和措施、固井质量评价和固井施工中的有关计算等内容。

第一节　固井设计

一、设计基本原则和依据

1. 设计基本原则

(1) 工程设计应具有可行性、实用性、经济性和先进性，符合 HSE 的基本法规和相关政策，达到勘探开发的总体要求和目的。

(2) 工程设计应优先采用已成熟的工艺和行之有效的技术。对于新技术、新成果应坚持先试验、后应用的原则，以提高勘探开发工程质量和经济效益，降低工程风险。

2. 设计依据

(1) 资源国颁布的有关法律、法规和标准。

(2) API/IADC 标准和通行做法。

(3) 中国石油天然气行业标准和通行做法。

(4) 中国石化发布的企业标准、作业规范和管理规定。

(5) SIPC 公司制定的有关标准、规定以及签订的合同书。

(6) 本区和邻区相关资料。

二、固井设计基础资料

固井设计基础资料见表 15-1-1。

表 15-1-1 固井设计基础资料

名 称	内 容
作业概况	作业地域、钻井施工队伍、井名和井号、井型、井别、钻机型号、钻机编号等
地质资料	主要层位深度、地层岩性、地层压力、地层承压能力、地层状态、油气水层分布及特征等
井筒数据	套管钢级、尺寸、壁厚、扣型、机械性能、下深、封固段、附件位置等
电测资料	井径、井斜、井温等
钻井资料	漏失、垮塌与缩径等复杂情况描述，钻井参数、钻井液性能、地层承压能力试验等
其他资料	设备能力及完好状况、水质、水源、道路、水泥存放量及存放时间、施工进度计划等

三、套管串设计

1. 设计原则

(1) 满足钻井作业和油气层开采等后期作业的工艺要求。

(2) 满足大斜度定向井、水平井以及特殊地层条件井(如有盐岩层、泥页岩膨胀、地层蠕动、腐蚀性产层、高压气层)和热采井条件下的工作要求。

(3) 满足固井施工要求，有利于提高固井质量。

2. 套管串结构类型

主要注水泥方式的套管串结构类型见表 15-1-2。

表 15-1-2 主要注水泥方式的套管串结构类型

注水泥方式	套管串结构类型
常规注水泥	引鞋(浮鞋)+套管+浮箍(套管承托环)+套管(扶正器、泥饼刷等)+联顶节
内管注水泥	引鞋+套管+插座+套管(扶正器)+联顶节
分级注水泥	引鞋(浮鞋)+套管+浮箍+承托环+套管(扶正器、泥饼刷、水泥伞等)+分级注水泥器+套管(扶正器、泥饼刷等)+联顶节
尾管注水泥	引鞋(浮鞋)+套管+浮箍+套管+球座+套管(扶正器、泥饼刷等)+尾管悬挂器(回接筒)+送入钻具
尾管封隔器注水泥	引鞋(浮鞋)+套管+浮箍+套管+球座+套管外封隔器+套管(扶正器、泥饼刷等)+尾管悬挂器(回接筒)+送入钻具
尾管回接注水泥	回接插头+套管+节流浮箍(套管承托环)+套管(扶正器、泥饼刷等)+联顶节
带套管外封隔器套管柱注水泥	引鞋(浮鞋)+套管+浮箍(套管承托环)+套管(扶正器、泥饼刷等)+套管外封隔器+套管(扶正器、泥饼刷等)+联顶节
带套管外封隔器套管柱分级注水泥	引鞋(浮鞋)+套管+浮箍(套管承托环)+套管(扶正器、泥饼刷等)+套管外封隔器+分级注水泥器+套管(扶正器、泥饼刷等)+联顶节
筛管顶部注水泥(尾管)	筛管+盲板+套管+套管外封隔器+套管+液压式分级注水泥器+套管(扶正器、泥饼刷等)+尾管悬挂器(回接筒)+送入钻具

续表 15-1-2

注水泥方式	套管串结构类型
筛管顶部注水泥(常规)	筛管＋盲板＋套管＋套管外封隔器＋套管＋液压式分级注水泥器＋套管(扶正器、泥饼刷等)＋联顶节
短回接尾管注水泥	回接插头＋套管＋节流浮箍(套管承托环)＋套管(扶正器、泥饼刷等)＋尾管悬挂器(回接筒)＋送入钻具
旋转尾管注水泥	引鞋(浮鞋)＋套管＋浮箍＋套管＋球座＋套管(扶正器、泥饼刷等)＋旋转尾管悬挂器(带封隔器＋回接筒)＋送入钻具＋旋转水泥头

3. 套管选择原则

(1) 盐岩层和软泥岩层宜根据蠕变地层外载设计套管。

(2) 含 CO_2 气体地层宜使用含铬的合金套管。

(3) 含 H_2S 气体地层应根据 H_2S 含量、套管强度设计结果和管材的抗硫性能选择低碳钢级套管或抗硫化氢腐蚀的套管。

(4) 同时含 CO_2 和 H_2S 气体地层宜采用含镍铬合金套管。

(5) 理论环空间隙小于 19 mm 的井眼宜采用无接箍套管或接箍壁厚小于标准接箍的套管。

(6) 气井的生产套管和生产套管上一层技术套管宜采用金属密封螺纹套管。

4. 套管柱强度校核

(1) 根据油气井实际井况进行套管柱强度(抗挤、抗内压、抗拉、抗弯)校核。高压气井和超深井的强度设计,必须考虑密封因素。套管强度设计对安全系数的要求见表 15-1-3。

表 15-1-3　套管强度设计安全系数

套管层次	设计内容	套管内条件	套管外条件	设计(安全)系数
表层套管	抗　挤	全掏空		1.0～1.125
	抗内压	① 40%气涌; ② 井口压力达极限; ③ 上部钻井液、下部气柱	正常地层压力梯度(10.5 kPa/m)	1.05～1.15
	抗　拉	浮力作用、双轴应力作用		1.60～2.00
技术套管	抗　挤	漏失(部分掏空)	钻井液柱作用	1.0～1.125
	抗内压	① 40%气涌; ② 井口压力达极限; ③ 上部钻井液、下部气柱	正常地层压力梯度(10.5 kPa/m)	1.05～1.15
	抗　拉	浮力作用、双轴应力作用		1.60～2.00
油层套管	抗　挤	全掏空	钻井液柱作用	1.0～1.125
	抗内压	① 气柱＋液柱; ② 气柱	正常地层压力梯度(10.5 kPa/m)	1.1～1.4
	抗　拉	浮力作用、双轴应力作用		1.60～2.00

(2) 套管柱抗挤载荷在正常情况下按钻井液压力梯度值计算。遇到盐岩层等特殊地层时,该井段套管抗外挤载荷计算取上覆地层压力梯度值,且该段高强度套管柱长度在盐岩层段上下至少 50～150 m。

(3) 套管柱强度设计应考虑热采高温注蒸汽过程中套管受循环热应力的影响。

(4) 对含有 CO_2,H_2S 等酸性气体井的套管柱强度设计,在材质选择上应明确提出抗酸性气体腐蚀的要求。有关压裂酸化、注水、开采方面对套管柱的技术要求,应由采油和地质部门在区块开发方案中提出,以作为设计依据。

5. 套管保护方案

(1) 提高固井质量,有效保护套管。

(2) 对于深井、钻井周期长、井眼全角变化率大等能引起钻井过程中套管磨损的钻井工程,应将套管保护纳入钻井工程设计之中。

(3) 对含有 H_2S 和 CO_2 的井应选用防腐蚀套管。

(4) 高构造应力和严重蠕变层段应设计选用高抗挤套管或厚壁套管。

(5) 在条件许可的情况下,宜在特定井段采用有针对性的技术措施,提高钻井速度,减少套管磨损。

(6) 在条件许可的前提下,可考虑适当增加套管层次,以减少单层套管的磨损时间。

6. 固井工具和附件要求

(1) 应根据井深、钻井液密度、井底温度、回压值、井斜等因素选定固井工具及附件。

(2) 材质、防腐性能及本体机械强度应不低于所连接的套管。

(3) 需要钻穿的内部构件应采用 PDC 钻头可钻材料制成。

(4) 套管串下部结构应装两套或两套以上的防回流装置。

(5) 气井人工井底以上应采用气密性套管。

(6) 引鞋(浮鞋)下深应尽可能靠近井底。

(7) 对套管外封隔器、浮鞋、浮箍,应校核其承压密封能力,其密封性能应满足施工要求。

7. 扶正器及安放位置设计

1) 套管扶正器性能要求

(1) 弓形弹簧型套管扶正器。

弓形弹簧型套管扶正器性能要求见表 15-1-4。

表 15-1-4 弓形弹簧型套管扶正器规范

套管规格		中厚套管单位长度质量		支撑间隙比为 67% 时的最小复位力		最大启动力	
in	mm	lb/ft	kg/m	lbf	N	lbf	N
3½	89	9.91	14.8	396	1 761	396	1 761
4	102	11.34	16.9	454	2 019	454	2 019
4½	114	11.6	17.3	464	2 064	464	2 064

续表 15-1-4

套管规格		中厚套管单位长度质量		支撑间隙比为 67%时的最小复位力		最大启动力	
5	127	13.0	19.4	520	2 313	520	2 313
5½	140	15.5	23.1	620	2 758	620	2 758
6⅝	168	24.0	35.7	960	4 270	960	4 270
7	178	26.0	38.7	1 040	4 626	1 040	4 626
7⅝	194	26.4	39.3	1 056	4 697	1 056	4 697
8⅝	219	36.0	53.6	1 440	6 405	1 440	6 405
9⅝	244	40.0	59.6	1 600	7 117	1 600	7 117
10¾	273	51.0	76.0	1 020	4 537	2 040	9 074
11¾	298	54.0	80.4	1 080	4 804	2 160	9 608
13¾	340	61.0	90.8	1 220	5 427	2 440	10 853
16	406	65.0	96.8	1 300	5 783	2 600	11 565
18⅝	473	87.5	130.3	1 750	7 784	3 500	15 569
20	508	94.0	140.0	1 880	8 363	3 760	16 725

注：① 启动力：最大启动力应小于 12.2 m 长的中厚套管的重量。表中所规定的最大启动力应以新的扶正器在全部装好的状态下进行测定。

② 复位力：安装在套管上的扶正器使套管离开井壁的力。达到偏离间隙比为 67%时所要求的最小复位力应不小于表中的规定。

(2) 刚性套管扶正器。

① 刚性套管扶正器外径应与井眼的尺寸配合，推荐刚性扶正器的最大外径比钻头尺寸小 3～5 mm。

② 刚性套管扶正器需要带翼槽和翼片，过流面积的减小应不小于 30%。

③ 下入裸眼段的刚性扶正器的翼片应带有弧度，其角度宜小于 30°，以方便下入。

④ 下入重叠段的刚性扶正器的翼片可不带弧度。

2) 扶正器安放设计

(1) 直井技术套管。

应根据地层岩性和实钻井眼条件以及钻井作业要求，确定套管扶正器的安放间距和数量。扶正器安放位置应选择在地层较致密和井眼较规则的封固井段。以下情况每根套管安装一只弹性扶正器：

① 套管鞋以上 5 根套管；

② 主要封固层位及其上下各 3 根套管；

③ 分级箍以下 2 根、以上 3 根套管；

④ 进入上一层套管重叠段 3 根套管。

(2) 直井油气层套管和尾管。

应根据主要封固段的岩性、井眼条件、钻井液性能和钻井实际情况，确定套管扶正器的安放间距和数量。以下情况每根套管安装一只弹性扶正器或/和刚性扶正器：

① 套(尾)管鞋以上5根套管；

② 油气水层及其间隔层等主要封固段及上下各50 m的套管；

③ 尾管重叠段进入上层套管内的5根套管、尾管悬挂器以下2根套管；

④ 分级箍上下2根套管。

(3) 斜井、水平井套管。

大斜度井、超大环形容积的井段尾管，宜将弓形弹性扶正器和螺旋式刚性扶正器混合使用。直井段尾管可用弓形弹性扶正器。不论什么轨迹井段，要求套管居中度达到67%以上。

① 结合主要封固层段的岩性、井径、井眼轨迹参数、钻井液性能和钻井实际情况，对计算结果进行调整，确定扶正器最终使用数量和类型。

② 套管扶正器使用基本要求如下：

a. 用于大斜度井的扶正器有两种类型，即弹性扶正器和刚性扶正器。弹性扶正器具有弹性，适用于硬地层；刚性扶正器外体是螺旋面，一旦和地层接触便产生旋转作用，既能扶正又不易黏卡。

b. 扶正器间距计算，居中度不得低于67%。

套管加扶正器的最佳方法是弹性扶正器和刚性扶正器的混合使用，其中入井的第一个扶正器应加在浮鞋以上2 m处，最好选用弹性扶正器。

8. 套管外封隔器安放位置设计

套管外封隔器的安装位置应具备的条件为：

(1) 井斜较小、地层稳定、井眼规则、井径小于其最大可封井径。

(2) 当用于防止复杂地层固井漏失或地层流体窜流时，安放在复杂地层上部第一段具备上述条件的井眼处。

(3) 当用于层间封隔时，应安放在两分隔层之间具备上述条件的井眼处。

(4) 封隔器上下应分别安装扶正器。

四、前置液设计

前置液包括冲洗液和隔离液两种。

1. 冲洗液性能要求

冲洗液性能和使用标准应符合以下要求：

(1) 具有较低的基液密度(1.0～1.10 g/cm^3)，流变性接近牛顿流体。

(2) 对泥饼具有较强的浸透力。

(3) 能降低钻井液黏度、切力，稀释性能好，冲刷井壁、套管壁效果好。

(4) 对钻井液中油基成分具有水润湿反转作用。

(5) 与钻井液、隔离液及水泥浆有良好的相容性，不发生闪凝、增稠现象。

(6) 不腐蚀套管。

(7) 具有较低的紊流临界流速(0.3～0.5 m/s)。

2. 隔离液性能要求

隔离液性能和使用标准应符合以下要求：

（1）密度可调节，宜大于钻井液密度而小于水泥浆密度，密度差为 0.12～0.36 g/cm³。

（2）在循环温度下，控制隔离液屈服值 $\tau_m < \tau_g < \tau_s$（其中，τ_m 为钻井液屈服值，τ_g 为隔离液屈服值，τ_s 为水泥浆屈服值）。

（3）在井底循环温度下，API 滤失量应低于 250 mL。

（4）相容性试验稠化时间不短于水泥浆稠化时间。

（5）高温条件下的沉降稳定性好，上下密度差应小于 0.03 g/cm³。

3. 前置液用量

（1）正常情况下，前置液的使用应符合下列要求：

① 与主要封固地层紊流接触时间不少于 10 min。

② 常压地层在满足固井压力平衡、井眼稳定和 10 min 紊流接触时间的条件下，可适当增加冲洗液和隔离液使用量。

③ 同时使用冲洗液和紊流隔离液时，其用量比例应为 2∶1；在满足固井压力平衡和井眼稳定条件下，其用量比例可增加至 3∶1～4∶1。

④ 同时使用冲洗液和塞流隔离液时，其用量比例可增加至 4∶1～5∶1。

（2）如果使用塞流隔离液，其总动液柱压力应小于地层破裂压力，使用量应控制在 150～200 m 井段环空容积范围内。

（3）特殊情况下，冲洗液和隔离液的使用量应符合下列要求：

① 小间隙注水泥浆条件下，冲洗液和隔离液用量至少应达到 400 m 井段的环空容积。

② 大间隙注水泥浆条件下，冲洗液和隔离液用量至少应达到 350 m 井段的环空容积。

③ 在钻井液密度、黏度、切力较高时，为确保井内压力平衡和防止窜槽，不要使用冲洗液。

五、水泥浆设计

水泥浆性能应满足相应要求。对特殊井和特殊地层的水泥浆性能，需要进行方案讨论后确定。

1. 水泥浆性能要求和试验项目

1）水泥浆性能要求

水泥浆性能要求见表 15-1-5。

2）各层套管固井水泥浆试验项目

各层套管固井水泥浆试验项目要求见表 15-1-6。

3）水泥浆相容性要求

钻井液、前置液、水泥浆混合液的稠化时间不低于水泥浆的稠化时间，初始稠度满足水泥浆初始稠度要求。相容性实验项目见表 15-1-7。

表 15-1-5　水泥浆性能要求

项　目	表层套管	技术套管	尾　管	生产套管	盐层段套管
API 滤失量(BHCT×6.9 MPa×30 min)/mL	—	≤100	≤50	≤50	≤50
12 h 抗压强度(BHST×21 MPa)/MPa	—	—	—	>14	>14
24 h 抗压强度(BHST×21 MPa)/MPa	>14	>14	>14	>14	>14
24 h 水泥柱顶部抗压强度(BHST×21 MPa)/MPa	—	—	≥7	≥3.5	≥3.5
48 h 水泥柱顶部抗压强度(BHST×21 MPa)/MPa	≥3.5	≥3.5	≥14	≥14	≥14
稠化时间(30 BC)(比施工时间附加)/min	30～60	30～60	60～90	60～90	60～90
稠化过渡时间(30～100 BC)/min	—	—	30	≤15	≤15
自由液/mL	—	—	0	0	0
沉降稳定性(BJ 实验法)/(g·cm^{-3})	—	—	0.02	0.02	0.02
防气窜性能系数				≤3	

注:① 挤水泥和打水泥塞水泥浆性能指标不低于生产套管指标；

② 尾管及技术套管要封固气层,按气层水泥浆性能指标要求；

③ 套管回接固井水泥浆性能指标参照技术套管指标；

④ — 表示不做要求；

⑤ BHCT 为井底循环温度,BHST 为井底静止温度,BC 为水泥浆稠度值；

⑥ 如出现分类交叉,水泥浆应分别达到项目性能要求。

表 15-1-6　各层套管固井水泥浆实验项目

试验项目	表层套管	技术套管	生产套管	尾　管	尾管回接	特殊地层	大斜度井、水平井	挤水泥	注水泥塞
水泥浆密度	●	●	●	●	●	●	●	●	●
API 滤失量(BHCT×6.9 MPa×30 min)	●	●	●	●	●	●	●	●	—
水泥浆流变性		●	●	●	●	●	●	—	—
12 h 抗压强度(BHST×21 MPa)	●	—	●	—	●	—	—	—	—
24 h 抗压强度(BHST×21 MPa)	●	●	●	●	●	●	●	●	●
48 h 抗压强度(BHST×21 MPa)	◆	◆	◆	◆	●	◆	◆	◆	◆
24 h 水泥柱顶部抗压强度(BHST×21 MPa)	●	●	●	●	●	●	●	—	—
48 h 水泥柱顶部抗压强度(BHST×21 MPa)	●	●	●	●	●	●	●	—	—
稠化时间(100 BC)	●	●	●	●	●	●	●	●	●
自由液			●	●	●	●	●	—	—
沉降稳定性(BJ 实验法)		●	●	●	●	●	●	●	—
相容性	●	●	●	●	●	●	●	●	●
渗透率	—	—	—	—	—	—	—	—	—

续表 15-1-6

试验项目	表层套管	技术套管	生产套管	尾　管	尾管回接	特殊地层	大斜度井、水平井	挤水泥	注水泥塞
防气窜能力预测	—	—	●	●	—	—	●	—	—

注：① ● 表示应做的实验项目；

② ◆ 表示使用低密度水泥浆固井需做的实验项目；

③ — 表示不做要求的试验项目，对于油气层固井有条件时尽可能做。

表 15-1-7　水泥浆相容性实验表(根据固井情况可适当简化)

混合比例/%			实验温度/℃	旋转黏度计读数					塑性黏度/(mPa·s)	动切力/Pa	稠化时间/min
				300	200	100	6	3			
水泥浆	钻井液	隔离液									
25	75	0									
50	50	0									
75	25	0									
0	25	75									
0	50	50									
0	75	25									
25	0	75									
50	0	50									
75	0	25									
33	33	34									

4）水泥浆大样复查

(1) 固井公司应在固井施工前将现场水泥干混料、现场配浆水样送至指定实验室。所送现场水泥干混料、配浆水量均不少于 10 kg。

(2) 检测单位对送样单位、井号、送样日期、送样人进行登记。

(3) 检测单位在固井施工前完成大样复查工作，并出具大样复查报告。大样复查实验项目见表 15-1-8。现场监督可对照固井设计决定是否要求固井公司对现场水泥干混料和配浆水进行调整。调整后仍需重新做大样复查。检测单位对接收现场水泥干混料、现场配浆水应保存至固井施工完成后。

表 15-1-8　大样复查实验项目(根据固井情况可适当简化)

项　目	技术套管	油层套管	尾　管	气　层	盐　层
水泥浆密度	●	●	●	●	●
API 滤失量(BHCT × 6.9 MPa × 30 min)	●	●	●	●	●
水泥浆流变性	●	●	●	●	●
12 h 抗压强度(BHST × 21 MPa)	—	—	—	●	●

续表 15-1-8

项　目	技术套管	油层套管	尾　管	气　层	盐　层
24 h 抗压强度(BHST×21 MPa)	●	●	●	●	●
48 h 抗压强度(BHST×21 MPa)	◆	◆	◆	◆	◆
24 h 水泥柱顶部抗压强度(BHST×21 MPa)		●	●	●	●
48 h 水泥柱顶部抗压强度(BHST×21 MPa)	●	—	—	—	—
稠化时间(100 BC)	●	●	●	●	●
自由液	—	●	●	●	●
稳定性	—	●	●	●	●

注:① ● 表示应做的实验项目;

② ◆ 表示使用低密度水泥浆固井需做的实验项目,强度实验数据不列入大样复查报告。

2. 水泥浆密度设计

根据地层承压能力、地层孔隙压力、水泥浆封固段长等确定水泥浆密度,一般情况下水泥浆密度应至少比同井使用的钻井液密度高 0.1~0.2 g/cm^3。

3. 防气窜性能评价

水泥浆防气窜能力与水泥浆滤失量、稠化过渡时间有关,一般采用水泥浆性能系数(SPN)法来评价水泥浆体系防气窜能力。SPN 按下式计算:

$$SPN = \frac{B(\sqrt{T_{100}} - \sqrt{T_{30}})}{\sqrt{30}} \tag{15-1-1}$$

式中　B——API 滤失量,mL;

T_{100}——稠化实验稠度达 100 BC 的时间,min;

T_{30}——稠化实验稠度达 30 BC 的时间,min。

一般评价标准为:$SPN \leqslant 3$ 时,防气窜能力好;$3 < SPN \leqslant 6$ 时,防气窜能力中等;$SPN > 6$ 时,防气窜能力差。

4. 高温水泥浆性能要求

(1) 高温 API 滤失量应控制在 50 mL 以内。

(2) 当温度高于 110 ℃时,水泥浆应添加抗高温强度衰退材料,防止高温下水泥石强度衰退。

(3) 稠化时间随缓凝剂加量的增加有规律地延长,易于调节和控制,且不具有较强的敏感性。

(4) 流动性好,可减小摩阻,降低施工泵压,有助于施工安全,提高顶替效率,保证固井质量。

(5) 水泥浆浆体稳定,上下密度差不大于 0.02 g/cm^3。

5. 水泥浆量的设计

设计水泥浆量应为需封固的套管外环空容积、套管内水泥塞、口袋容积及附加量之和。

1）井径的确定

按双井径测井数据计算。

2）水泥浆返高的确定

（1）表层固井返至地面。

（2）气层固井返至地面。

（3）返至油气水层顶部以上至少 200 m。

（4）返至盐层、膏层等特殊地层顶部以上至少 100 m。

3）水泥塞长度的确定

水泥塞设计的目的主要是防止替浆过程中套管内泥皮堆积，从而导致浮鞋处固井质量不理想或者替空等问题的发生，其原则为：

（1）双塞固井。

① 表层套管水泥塞长度为 10～20 m。

② 技术套管、油层套管水泥塞长度为 20～30 m。

（2）单塞固井。

水泥塞长度视套管柱长度而定，其原则是能容纳胶塞从套管内壁上刮下的泥皮等混浆物，避免把这些混浆物推出套管鞋而影响套管鞋封固质量。

4）附加量的确定

水泥浆的附加量可根据地区经验和实际钻井情况而定。水泥浆附加量推荐值为：

（1）导管。

设计的水泥浆附加量应达到井眼环空容积的 150%～200%。

（2）表层套管。

设计的水泥浆附加量应达到井眼环空容积的 80%～150%。

（3）技术套管。

设计的水泥浆附加量应达到井眼环空容积的 20%～40%。对于没有井径资料的裸眼，应按钻头直径附加环空容积的 60%～80%。

（4）油气层套管、尾管。

应根据裸眼井径和钻井作业情况确定水泥浆附加量，其附加量为环空容积的 20%～40%。

（5）裸眼水泥塞。

应附加裸眼水泥塞容积的 30%～50%。

（6）挤水泥作业。

应附加挤水泥作业井段容积的 20%～50%。

六、施工参数设计

1. 施工压力

固井施工压力确定的原则为：

（1）环空静液柱压力与环空流动阻力之和应小于地层破裂压力。

(2) 注水泥施工应根据井下情况和设备状况控制施工最高压力。

2. 施工排量设计

在固井设计中应进行注水泥流变学设计:

(1) 以不压漏地层作为注水泥与替浆排量选择的原则。

(2) 合理调整钻井液、前置液、水泥浆之间密度及流变参数的关系,以达到提高顶替效率的目的。

(3) 根据井眼与设备情况确定合理的注替排量,水泥浆流态宜按紊流设计。如果水泥浆不能实现紊流顶替,应改善流变性,根据井内情况选择合适的流态,使施工排量接近有效层流,或推荐采用紊流(前置液)-塞流复合方式顶替。

(4) 设计的注替排量应不超过管汇承压和设备泵入能力。

七、水泥浆"失重"压力计算

水泥浆"失重"压力可按下式计算:

$$p_{gel} = SGS \times 4 \times 10^{-3} L/(D_h - D_c) \tag{15-1-2}$$

式中 p_{gel}——水泥浆"失重"压力,MPa;

SGS——水泥浆静胶凝强度(最大取 240 Pa),Pa;

L——环空水泥浆长度,m;

D_h——井眼直径,mm;

D_c——套管直径,mm。

八、水泥浆压稳设计

水泥浆压稳设计按表 15-1-9 的方法进行计算。

表 15-1-9 压稳设计计算方法表

序 号	项 目	方 法	备 注
1	气层压力 p_{gf}	计算或实测值	
2	井深(气层深度)H	实钻数据	
3	钻井液密度 ρ_m	实钻数据	
4	领浆密度 ρ_{c1}	设 计	
5	尾浆密度 ρ_{c2}	设 计	
6	领浆长度 l_{c1}	设 计	
7	尾浆长度 l_{c2}	设 计	
8	井径 D_h	实 测	
9	套管外径 D_c	实 测	
10	领浆最大失重压力 p_{ls}	计 算	SGS 取领浆实测值

续表 15-1-9

序 号	项 目	方 法	备 注
11	尾浆最大失重压力 p_{ts}	计 算	按 SGS 取 240 Pa 或$(\rho_c l_{c2}-1.0 l_{c2})/100$计算，取其中的小值
12	最终环空液柱压力 p_{fc}	$\frac{\rho_c(l_{c1}+l_{c2})+\rho_m l_m}{100}-(p_{ls}+p_{ts})$	
13	压稳系数 F_{sur}	$\frac{p_{fc}}{p_{gf}}$	如果大于 1，表示可以压稳；否则表示不能压稳，固井后存在气窜危险

九、施工作业设计

(1) 顶替液量：顶替液量为阻流环以上套管串的内容积及附加量，其中附加量应不大于套管内水泥塞容积。

(2) 防漏要求：整个固井作业中任意时间、任意井深处的套管外环空当量压力梯度应低于该处地层破裂压力梯度。

(3) 管内外压力差要求：固井替浆结束时，环空静液柱压力应不低于管内压力，推荐压力差为 3～6 MPa。

(4) 如果发现泵压超过正常值，或者井口钻井液返出量减小或不返，应立即降低替浆排量。

(5) 总设计替量剩余 2～3 m^3 时，采用小排量碰压；碰压值应控制在套管安全负荷范围内，突增压力不超过 5 MPa。

(6) 碰压后，稳压 2～3 min 后泄压。如果浮鞋、浮箍密封好，则开井候凝；否则，关井候凝，注意监控井口压力(井口压力为 2～3 MPa)，在水泥浆凝固放热时注意及时放压。

(7) 候凝时间一般控制在 24～48 h 范围内。超低密度水泥浆固井可放宽到 72 h。

(8) 分级固井和尾管固井时为防止浮鞋、浮箍密封不好，可在分级箍以下或尾管部分替入部分高密度钻井液与管外水泥浆平衡。

第二节 固井设备

一、水泥车(橇)

1. SJX5230TSN 固井水泥车

SJX5230TSN 是中美合资四机赛瓦石油钻采设备有限公司研制的固井水泥车，由车台柴油机和底盘柴油机同时驱动。该设备具有自动混浆及二次混浆功能，整车的操作由电路系统、液压系统、气路系统来实现。该车的固井作业操作均在平台上进行，方便、可靠，可由一人完成，自动化程度高。操作平台上安装有仪表控制台及护栏，吸入管路和排出管路的控制阀都集中在仪表控制台周围，仪表控制台上装有各种仪表、控制装置及自动混浆装置的计算机系统。

1）技术参数

SJX5230TSN 固井水泥车主要技术参数见表 15-2-1。

表 15-2-1　SJX5230TSN 固井水泥车主要技术参数

型　号	SJX5230TSN
外形尺寸	7 200 mm（长）×2 500 mm（宽）×3 250 mm（高）
压力范围	最高工作压力为 14 140 psi(97.5 MPa)（配置 3 in 的液力端时）
最大排量	4.2 m^3/min（配置两个 4½ in 的液力端时）
密度范围	1.3～2.5 g/cm^3 ±0.02 g/cm^3
混浆能力	0.3～2.3 m^3/min
作业温度	−30～50 ℃
相对湿度	90%

2）技术特点

SJX5230TSN 固井水泥车压力高、排量大、效率高、安全耐用；设有自动混浆装置，水泥浆的密度调节更加准确，保证混浆的质量；设有两套超压保护装置，当泵的压力超过预定的压力值时，能停止动力输出，以保证设备安全运行和人身安全；自动混浆装置中离心泵的动力来自底盘车，从而使自动混浆装置的工作状态更加稳定，避免因车台变扭器的换挡所带来的冲击而引起水泥浆密度不稳定，从而提高混浆质量；水泥浆的密度测定采用非放射性密度显示计；混浆槽上设有专门的气体排出口，便于操作员观察液面；自动混浆微处理器具备模拟功能，不用水泥，操作员就可以模拟实际固井作业，既可以提高操作员的操作水平，又可以节省培训费；具有自我保护、自我诊断、数据显示功能。

2. CPT986 双泵水泥车

CPT986 双泵水泥车是美国 DS 公司生产的注水泥设备，车上装两台 PG 水泥浆泵，由两台 DD8V-92T 发动机带动。卡车发动机装有一台双联液压泵以启动台面发动机驱动再循环泵及供水泵，右台面发动机上装有一台单联液压泵以驱动喷射泵运转，设备操作可由一人来完成。还配有超压停泵装置、一个低压密度计，备有安装 PACR 传感器的位置。

1）技术参数

CPT986 双泵水泥车技术参数见表 15-2-2。

表 15-2-2　CPT986 双泵水泥车主要技术参数

型　号	CPT986
外形尺寸	7 200 mm（长）×2 600 mm（宽）×3 250 mm（高）
压力范围	最高工作压力为 49.2 MPa（配置 3 in 的液力端时）
最大排量	3.2 m^3/min（配置两个 4½ in 的液力端时）
密度范围	1.3～2.5 g/cm^3 ±0.02 g/cm^3
混浆能力	0.3～3.2 m^3/min
作业温度	−30～50 ℃
相对湿度	90%

2）技术特点

采用密度自动控制水泥浆混浆系统，采用美国道威尔-斯伦贝谢公司生产的 PG 柱塞泵，设有超压自动保护装置，采用集中控制，自动化程度高，操作方便。

3. ACM70-25 水泥车

ACMS70-25 自动控制密度双泵注水泥车是四机赛瓦石油钻采设备有限公司引进美国 DS 公司的技术，在 CPT986 水泥车的基础上设计生产的性能先进的双泵橇装注水泥设备。

1）技术参数

ACM70-25 水泥车主要技术参数见表 15-2-3。

表 15-2-3　ACM70-25 水泥车主要技术参数

型　号	ACMS70-25
设备总功率	305 kW × 2
压力范围	最高工作压力为 70 MPa(配置 3 in 的液力端时)
最大排量	2.5 m^3/min(配置两个 4½ in 的液力端时)
密度范围	1.0～2.5 g/cm^3 ±0.024 g/cm^3
混浆能力	0.3～2.5 m^3/min
作业温度	−40～50 ℃
相对湿度	90%

2）技术特点

除具备 CPT986 水泥车的全部性能外，又增加了水泥泵的工作压力和水泥浆密度自动控制等功能。

4. PCS-621B 固井水泥橇

PCS-621B 双机双泵固井水泥橇由四机赛瓦石油钻采设备有限公司生产制造，是基于 TPB600 型柱塞泵、ACMⅢ自动混浆系统的新一代固井装备。Serva TPB600 泵的突出优点为体积小、重量轻，总宽度为2 580 mm，可以大幅度减小设备的总尺寸(重量)，尤其适合于车载设备和海洋设备等；该泵的输入功率为 440 kW，其压力和排量明显优于 PG 泵，是目前固井设备的主流泵型之一。

1）技术参数

PCS-621B 固井水泥橇主要技术参数见表 15-2-4。

表 15-2-4　PCS-621B 固井水泥橇主要技术参数

型　号	PCS-621B
最大功率	447 kW
压力范围	最高工作压力为 97.5 MPa(配置 3 in 的液力端时)
最大排量	2.13 m^3/min(配置两个 4½ in 的液力端时)
密度范围	1.3～2.13 g/cm^3 ±0.02 g/cm^3

续表 15-2-4

混浆能力	0.3～2.13 m^3/min
作业温度	−30～50 ℃
相对湿度	90%

2）技术特点

具有高能混浆系统和偏心式下灰阀，有效避免卡灰现象；可提供发动机辅助冷启动、气启动或液压启动；发动机冷却系统可选装风扇水箱或海水热交换器。

5. 哈里伯顿水泥车

哈里伯顿公司固井设备有车装和橇装两种，装有双泵或单泵。哈里伯顿生产的 HT-400 水泥泵动力端最大输出功率可以达到 596.8 kW。该泵可用于压裂、酸化、固井作业。动力端可与 5 种液力端（3⅜，4，4½，5 和 6 in）结合，柱塞中的每种配置度对应不同的应用条件。哈里伯顿固井泵技术参数见表 15-2-5。

表 15-2-5　哈里伯顿固井泵技术参数

参　数	固井用泵柱塞尺寸/in				
	6	5	4½	4	3⅜
最大压力/MPa	43.8	63	78.4	98	140
最大排量 /$(gal \cdot min^{-1})$	810	560	454	360	255
最大输出功率/hp	800(596.8 kW)	800	800	800	800

注：1 gal/min = 3.79×10^{-3} m^3/min。

1）CPT-ZS4 水泥车

单机泵，使用哈里伯顿 HT-400 泵，泵柱塞 4½ in，工作排量 454～563 gal/min，压力 63～78 MPa。使用具有 350 hp 的 Allison HT-755 自动变速箱提供动力。采用哈里伯顿 RCMⅡ混浆系统，两个独立的混浆罐，确保水泥浆密度均匀、一致，并有两个搅拌机，可提供更好的搅拌能力。

2）CPT-Y4 水泥车

CPT-Y4 固井水泥车基于 6×6 防冻底盘，具有以下特点：

（1）两个 Caterpillar C13 发动机，功率 354 kW。

（2）两个 Allison 4700 OFS 自动变速箱，具有 475 hp。

（3）两个哈里伯顿 HT-400 泵组，采用 4½ in 或 5 in 液力端。

（4）一个排水和 RCM 相结合的水箱。

（5）一个 RCMⅢr 混合器和 FLECS 控制系统。

（6）一个 4½ in 的离心混合泵和一个 6 in 的离心循环泵。

（7）一个低压密度计。

(8) Kenworth C500B 长头驾驶室和 Caterpillar C13 底盘。

6. 杰瑞水泥车

中国烟台杰瑞公司生产的水泥车主要有单机单泵和双机双泵两种,有车载式,也有橇装式。

1) 单机单泵水泥车

(1) 产品特点。

① 全天候固井水泥车,能够满足陆地、海洋、沙漠等不同作业区域的需求,适应极寒、极热等环境。

② AMS 双变量智能电控混浆系统,水泥浆密度控制精确。

③ 手/自动无缝切换可选作业模式,以提高井场作业效率。

④ OFM 品牌柱塞泵,全系列柱塞泵,满足全工况作业需求。

⑤ 专业数据采集系统,能够实现固井车作业数据实时记录、采集和分析。

⑥ 具有专业安全防护系统,能够确保施工的安全。

(2) 技术参数。

杰瑞单机单泵水泥车技术参数见表 15-2-6。

表 15-2-6 杰瑞单机单泵水泥车技术参数

形 式	车载、半挂、橇装		
底盘类型	标配:北方奔驰		
发动机型号	DDC S60/Caterpillar		
变速箱型号	Allison 4700 OFS		
柱塞泵型号	OFM 600/OFM 600S		
柱塞直径/in	3½	4	4½
最高工作压力/MPa	71.7	54.9	46.4
最大工作流量/($m^3 \cdot min^{-1}$)	1.28	1.66	2.1
离心泵	喷射、供水(4×3×13)循环、灌注(6×5×11)		
计量罐/m^3	2×2 个		
混浆罐/m^3	1.6		
混浆密度范围/($g \cdot cm^{-3}$)	1~2.6		
最大混浆能力/($m^3 \cdot min^{-1}$)	2.3		
混浆系统	AMS1.6,AMS2.5		

2) 双机双泵水泥车

(1) 产品特点。

双机双泵水泥车的基本特点与单机单泵类似,但具有更高的工作压力,使用两个发动机和泵组工作,设备的安全可靠性更高。

(2) 技术参数。

杰瑞双机双泵水泥车技术参数见表 15-2-7。

表 15-2-7　杰瑞双机双泵水泥车技术参数

形　式	车载、半挂、橇装					
底盘类型	标配:VOLVO/Benz					
发动机型号	DDC S60/Caterpillar					
变速箱型号	Allison 4700 OFS					
柱塞泵型号	OFM 600/OFM 600S				OFM 500W	
柱塞直径/in	3	3½	4	4½	4	4½
最高工作压力/MPa	97.5	71.7	54.9	43.4	96.6	77.2
最大工作流量/($m^3 \cdot min^{-1}$)	0.94	1.28	1.66	2.1	1.21	1.52
离心泵	喷射、供水(4×3×13)循环、灌注(6×5×11)					
计量罐/m^3	2×2 个					
混浆罐/m^3	1.6					
混浆密度范围/($g \cdot cm^{-3}$)	1～2.6					
最大混浆能力/($m^3 \cdot min^{-1}$)	2.3					
混浆系统	AMS1.6,AMS2.5					

二、固井辅助设备

1. 密度自动控制混浆橇

四机赛瓦石油钻采设备有限公司制造的密度自动控制固井水泥混浆系统 ACM-Ⅱ主要包括高能混合器和密度计算机自动控制两个部分。高能混合器的特点是:下灰阀旋转角度与下灰量呈线性关系,混合能力为 2 m^3/min,混浆均匀,水泥浆密度为 1～2.5 g/cm^3。采用非放射源密度计,管理方便,反应速度快,精度高。密度计算机自动控制系统既可保证水泥浆密度的精确控制,又能最大限度地克服混浆槽与柱塞泵排出口水泥浆密度的时间差,手动与自动切换方便,固井质量可靠,管理维护方便。这种固井混浆系统可用于车装、橇装,也可单独组成混浆单元橇。

2. 固井数据采集设备

固井施工数据采集分析管理系统能够录入施工数据,以对固井施工过程和耗材进行管理。该系统的使用可以做到固井施工参数检测计量,兼容使用仪器车的工况数据,而在大多单车固井时亦可以省略仪器车环节,固井车随车数据可直接通过 U 盘导入数据分析管理系统计算机。该系统兼容各种中国产固井车以及哈里伯顿固井车。系统由随车数据采集系统、仪器车采集系统、无线数据语音手持终端、数据分析管理系统等组成,示意图见图 15-2-1。

该系统的主要功能:

(1) 单车固井施工参数的数据采集、数据记录、数据提取。

(2) 仪器车采集系统的数据采集、数据记录、数据提取。

(3) 单车数据采集系统、仪器车采集系统、无线数据语音手持终端之间的连接。

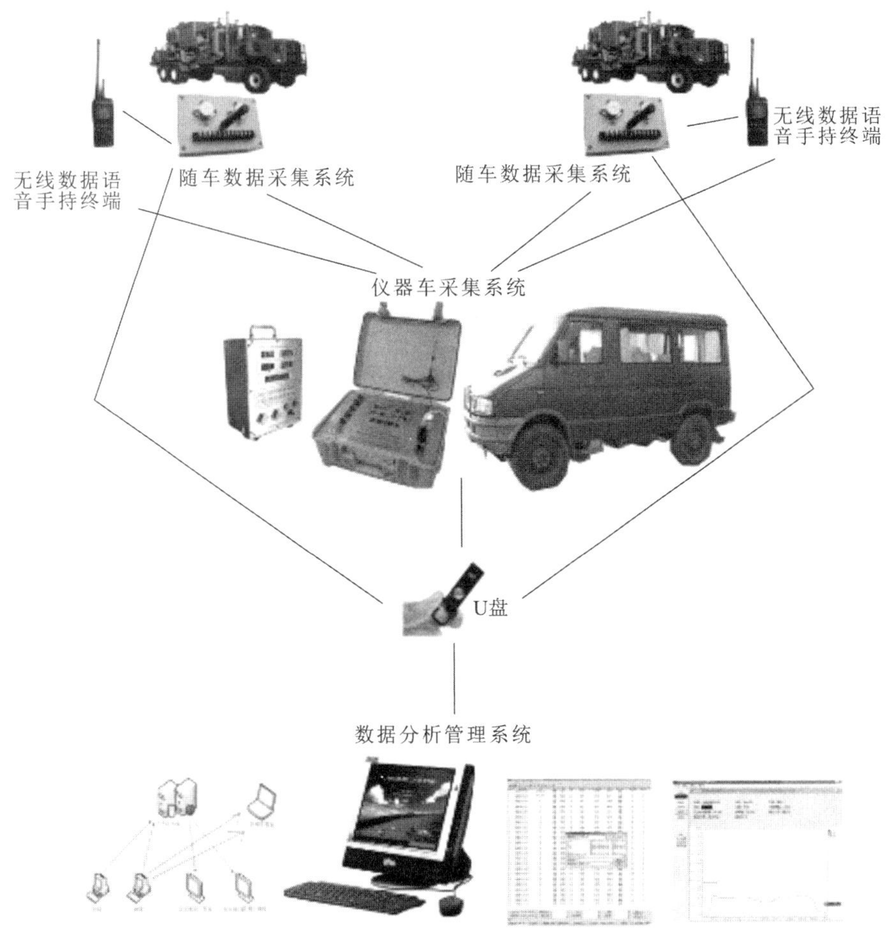

图 15-2-1 固井数据采集系统

(4) 施工参数和历史数据的上位机录入。

(5) 分析单井录入数据,形成以单井为基础的固井施工数据库。

三、供灰设备

供灰设备主要包括气动下灰车、压风机等设备。气动下灰车又称粉粒物料运输车,由专用汽车底盘、罐体、气管路系统、自动卸货装置等部分组成。气动下灰车适用于水泥、粉煤灰、硅粉、重晶石粉、铁矿粉等粉体材料的运输,并可在固井过程中作为下灰装置。

罐体主要由筒体、罐体上端进料口、流态化床、出料管总成、进气管及其他附件组成。罐体顶部装有两个或三个给进料口,前后气室各设一根进气管,通过球阀可分别实现同时开启和单独控制的功能。

系统工作原理:工作动力从汽车变速箱中引出,通过传动装置驱动空压机,产生的压缩空气经控制管路进入气室内,使罐内粉粒物料产生流态化现象。当压力达到 0.196 MPa 时,打开出料蝶阀,实现卸料。气动下灰车主要性能见表 15-2-8。

表 15-2-8　气动下灰车主要性能

型　号	底　盘	生产厂家	性　能				
			形　式	有效容量/t	输送能力/m	卸料速度/$(t\cdot min^{-1})$	剩灰率/%
JSJ5252GXHW	斯特尔 1391	江汉三机厂	卧式圆罐	18	水平 15 垂直 5	≥1.5	≤0.3%
NYC5320GSN	斯特尔 1391	南京压缩机股份有限公司	卧式圆罐	20	水平 15 垂直 5	≥1.2	≤0.4%

四、油井水泥干混系统

油井水泥干混绝大多数是以压缩空气为动力，将几种粉状物料在气化状态下分级稀释，从而完成均匀混拌。油井水泥干混系统示意图见图 15-2-2。

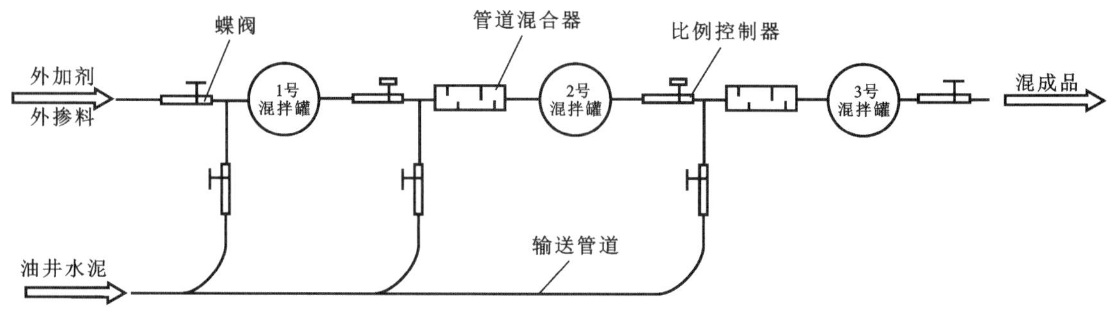

图 15-2-2　油井水泥干混系统示意图

干混装置都是由原料罐区、外加剂罐区、成品罐区和混拌罐区等主要设备以及配套的动力装置(压缩机、储气罐等)、水泥/外加剂拆袋和转运装置组成。干混装置的目的是在常规水泥中加入一定比例的几种外加剂，并使这几种粉状物料在气化、流化状态下均匀混合，从而达到各种固井水泥的性能指标。

该装置在实际工作过程中有手动、自动、统计三种方式。其中，手动方式要求通过工业 PC 显示器，利用鼠标操作来实现人工打开、关闭某一气动截止阀、调节阀，进而控制水泥、外加剂等物料的流向与流量；自动方式则要求从原料罐、外加剂罐的充气、出料开始，经过若干中间流程，一直到合格的成品进入成品罐，全过程自动控制与监视以及相应的故障处理；统计方式要求实时监控各个罐的物料进、出量(各罐物料的进出都通过电子秤进行计量)。

第三节　水泥浆实验仪器

一、水泥浆实验常用仪器

水泥浆实验常用仪器包括密度计、瓦林搅拌器、常压稠化仪、高温高压稠化仪、高温高压养护釜、压力机、静态失水仪、六速黏度计、静胶凝强度测试仪和防气窜模拟分析仪等。水泥浆实验常用仪器及性能参数见表 15-3-1。

表 15-3-1 常用水泥浆实验仪器及性能参数

序 号	名 称	性能特点及参数
1	密度计	测量水泥浆密度，一般用 NB-1 型密度计，其单位为 g/cm^3，测量范围为 0.96～3 g/cm^3，刻度分值为 0.01 g/cm^3，浆杯容积为 130 cm^3
2	瓦林搅拌器	配制水泥浆，两个预置 API 恒定转速挡(4 000 r/min 和 12 000 r/min)，可以实现恒速运转、清晰的转速显示
3	常压稠化仪	按照 API 规范养护水泥浆，测定水泥浆的流变性、自由水和失水
4	高温高压稠化仪	模拟井下条件测定水泥浆的稠化时间
5	高温高压养护釜	模拟井下条件养护水泥石
6	六速黏度计	测定水泥浆流变参数
7	压力机	测定水泥石抗压强度，实验压力范围为 0～300 kN
8	静态失水仪	测定 API 水泥浆滤失量，实验温度范围为 27～260 ℃
9	静胶凝强度测试仪	模拟井下条件测定水泥浆静胶结强度的发展，并能够测定水泥石的强度发展过程
10	防气窜模拟分析仪	模拟井下条件评价水泥浆防气窜性能

二、主要仪器技术特点

1. 高温高压稠化仪

1）功用

高温高压稠化仪是在全封闭的情况下能实现快速加热、增压的仪器，能实时模拟水泥浆入井后温度、压力按某梯度递增的实际环境，以测定水泥浆在井下的稠化时间。

稠化时间是水泥浆在规定的温度和压力条件下，从开始混拌到稠度达 100 BC 所需要的时间。初始稠度表示水泥浆配浆后开始阶段的流动性能。API 规范要求在 15～30 min 内，其稠度应小于 30 BC。从稠度变化曲线可以清楚地判断水泥浆流动性能是否满足施工工艺要求。好的流态的水泥浆在整个注替过程中一直保持一定低的稠度值，当达到稠化时间后稠度值急剧升高。

2）结构组成与工作原理

该仪器主要由釜体、传动系统、供压系统、加温及控温系统、浆杯和信号采集转换系统组成。

它的工作原理是：密封釜体内的磁驱动轴旋转，带动圆柱形浆杯旋转，浆杯内的桨叶则搅动浆体，浆体在转动时受到一定的阻力，阻力由浆杯上部的电位计转变为电信号并交由信号采集处理部分转化成稠度显示。在压力控制器的控制下釜体内的压力按一定的梯度值逐步升高，在温度控制器的控制下釜体内的温度按一定的梯度值逐步升高，直到所需要模拟环境下的温度和压力。

3）仪器主要技术指标

以美国 CHANDLER 公司生产的 8240 型单缸稠化仪（见图 15-3-1）为例，最高温度为 315 ℃，最高压力为 275 MPa，稠度范围为 0～100 BC，浆杯转速为 150 r/min，电源电压为 220 V/50 Hz。

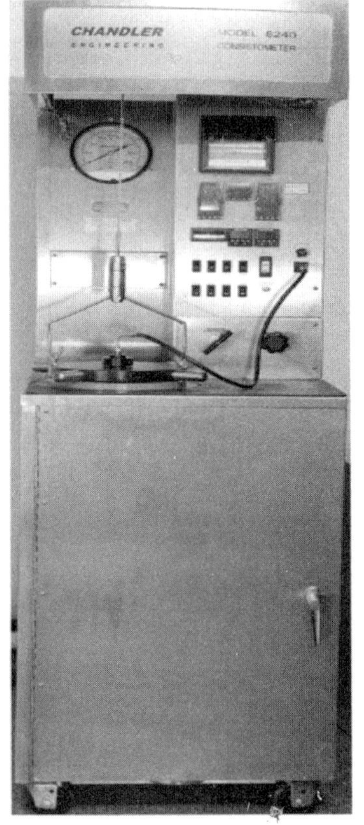

图 15-3-1　8240 型高温高压稠化仪

2. 高温高压养护釜

1）功用

该仪器主要用于在油井水泥研究、水泥外加剂研究和测试、水泥质量检验等工作中，在高温高压条件下对油井水泥石进行养护，以进行水泥石抗压强度实验。

2）结构组成与工作原理

高温高压养护釜是在全封闭的情况下能实现快速加热、增压的仪器，能实时模拟水泥浆入井后温度、压力按某梯度递增的实际环境并测定水泥浆在井下强度发展的情况。

该仪器主要由釜体、养护模具、供压系统、温控系统、信号采集系统组成。它的工作原理是：在密封釜体内，供压系统和加温及控温系统将压力、温度按一定的梯度值逐步升高并保持恒定，使釜体内的样品在设定的温度、压力环境下初凝、终凝直至发展到高强度。

3）仪器主要技术指标

以美国 CHANDLER 公司生产的 7375 型养护釜（见图 15-3-2）为例，最高温度为 350 ℃，最高压力为 25 MPa，试块数量为 8＋8 块（双釜体），输入电压为 220 V/50 Hz。

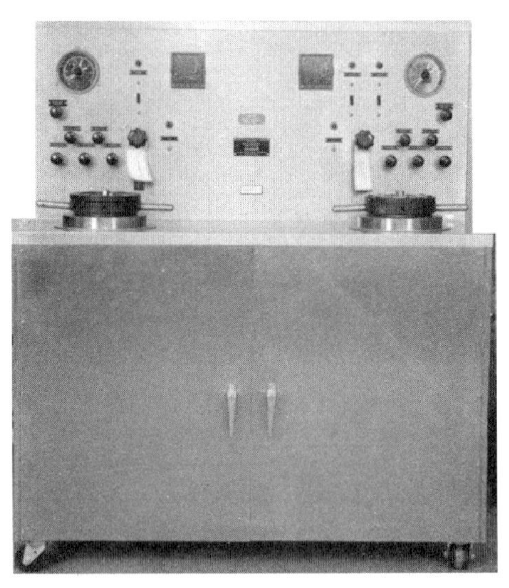

图 15-3-2　7375 型高温高压养护釜

3. 静胶凝强度测试仪（SGSA）

1）功用

静胶凝强度测试仪（SGSA）通过对穿过水泥浆的超声波波形的处理能连续监测静胶凝强度的发展，同时能够静态无损地检测水泥石强度发展的过程，可通过计算机采集到实验过程中任意时刻水泥石的强度。

2）结构组成与工作原理

该测试仪通过对穿过水泥浆的超声波波形的处理连续地监测静胶凝强度的发展。该测试仪应用高速电子技术解析整个波形并将捕获的信号随时间的特性变化进行数字化，进而实现快速精确的计算。与胶凝强度有关的胶凝值按 SGS 算法连续算出，最后绘出胶凝强度曲线。最终结果是初凝和静胶凝强度发展完整而精确的过程。静胶凝强度测试仪原理图见图 15-3-3。

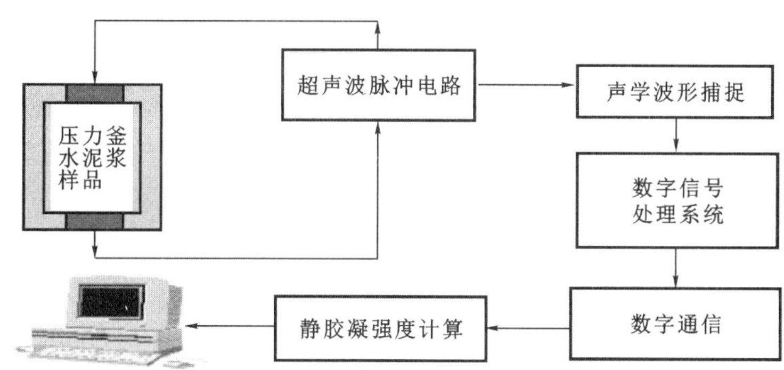

图 15-3-3 静胶凝强度测试仪原理图

3）仪器主要技术指标

以美国 CHANDLER 公司生产的 6265 型静胶凝强度分析仪（见图 15-3-4）为例，最高工作温度为 205 ℃，最高工作压力为 137 MPa，输入功率为 2 500 W，压力介质为水，输入电压为 220 V/50 Hz，加热器功率为 2 000 W，压缩空气压力为 350～700 kPa。

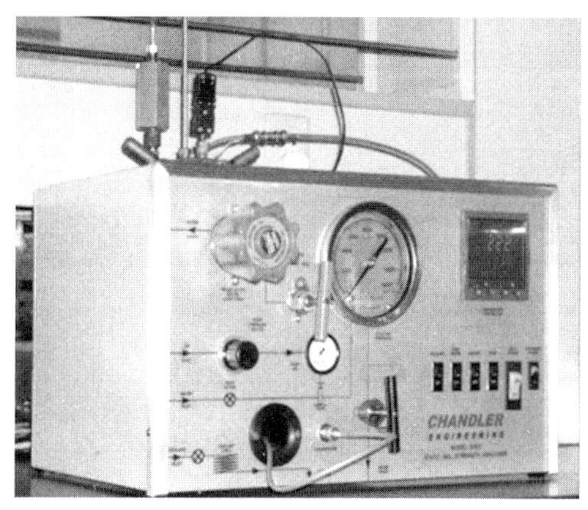

图 15-3-4 6265 型静胶凝强度测试仪

4. 防气窜模拟分析仪

1）功用

该仪器主要用于在注水泥结束后，模拟井下条件，测量水泥浆液柱压力变化规律，研究分析水泥浆在候凝过程中的失重现象和大小，模拟气（水）层侵入，分析是否发生了环空气（水）窜、气（水）窜大小及其原因，并进行水泥浆防气（水）窜性能评价及水泥浆配方优选。

2）结构组成与工作原理

按照 API 规范将养护好的水泥浆倒入水泥浆养护釜中，利用养护釜上部的活塞给水泥浆加压以模拟水泥浆液柱压力；通过养护釜下部的回压装置给养护釜加压以模拟气、水层压力；在养护釜的上下分别装有 325 目的滤网以模拟地层，并可模拟井下条件水泥浆的滤失；在养护釜外套装有加热套给水泥浆加温，并在养护釜中部和下部分别装有热电偶用于控制养护釜温度；通过装在养护釜的压力和压差传感器分别测量水泥浆液柱压力及水泥浆上下压差的变化情况；通过电子天平测量气、水窜量；通过5270型数据采集与处理系统对实验数据进行处理；计算机处理后直接给出实验中的温度变化曲线、水泥浆内部孔隙压力变化曲线、水泥浆滤失量曲线、水泥浆体积变化曲线以及气、水窜流速度等的曲线。可以比较直观地观察到水泥浆体内部的各种变化情况，直接地观察到水泥浆内是否发生了气、水窜流。

3）仪器主要技术指标

以美国CHANDLER公司生产的7150型防气窜模拟分析仪（见图15-3-5）为例。该仪器主要是由水泥浆养护釜，加热及温控系统，加压及压力测量系统，气、水层模拟系统及5270型数据采集与处理系统组成。最高工作温度为205 ℃，最高工作压力为14 MPa，输入功率为2 500 W，压力介质为水，输入电压为220 V/50 Hz，加热器功率为2 000 W。

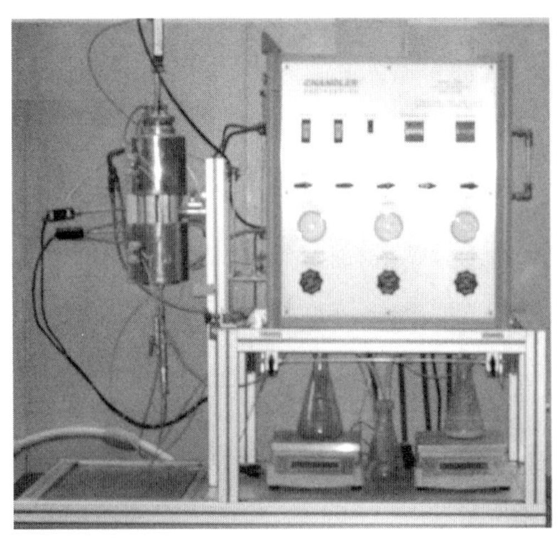

图15-3-5　7150型防气窜模拟分析仪

第四节　套管附件及固井工具

套管附件及固井工具主要包括引鞋、浮鞋、浮箍、套管扶正器、分级注水泥器、尾管悬挂器、套管外封隔器、内管注水泥装置等。

一、常用套管附件

1. 引鞋

引鞋是指用来引导套管柱顺利入井，接在套管柱下端的一个带循环孔的锥状体。引鞋按照制造材料分铸铁引鞋、水泥引鞋和铝引鞋，见图15-4-1。

2. 浮箍、浮鞋

1）浮鞋

浮鞋是指将引鞋、套管鞋和阀体制成一体的装置。

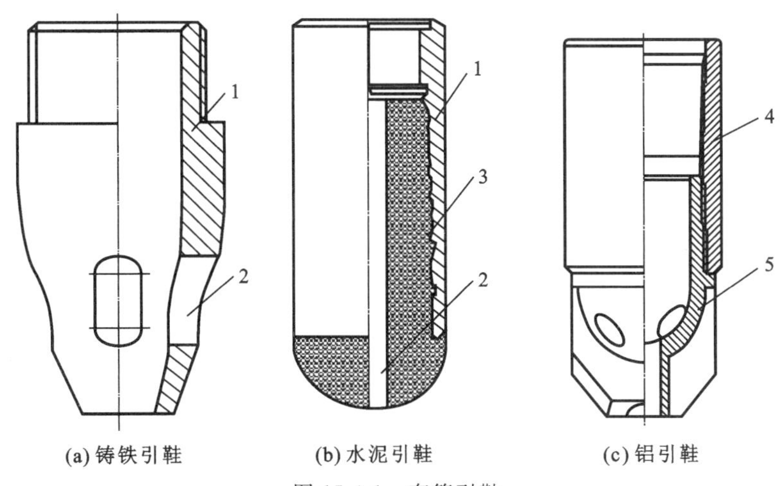

图 15-4-1　套管引鞋

1—本体;2—循环孔;3—水泥石;4—接箍;5—铝头

2）浮箍

浮箍是指装在套管鞋上部套管接箍上带有止回阀的装置。

3）浮箍、浮鞋的作用

(1) 在下套管过程中保持环空钻井液流动,有利于套管顺利下入。

(2) 防止注水泥结束后水泥浆倒流以及实现固井碰压后放压候凝,提高水泥环与套管的胶结质量。

4）浮箍、浮鞋分类

按下井时钻井液的进入方式可分为自灌型(见图 15-4-2)和非自灌型;按回压装置的工作方式分为浮球式(见图 15-4-3)、弹簧式(见图 15-4-4)和舌板式;按结构方式可分为常规式和内嵌式(见图 15-4-5)。

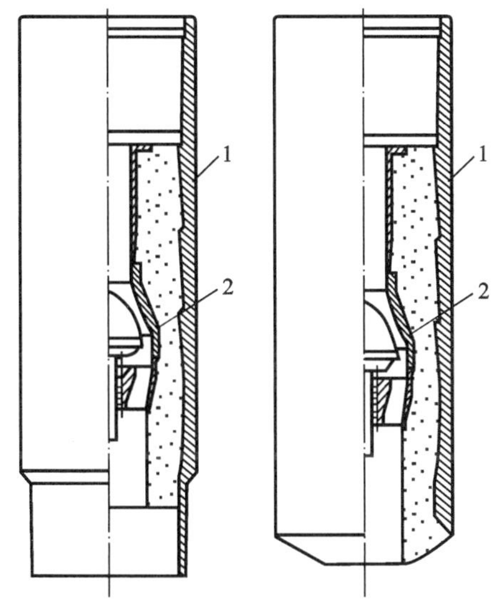

图 15-4-2　自动灌浆浮箍、浮鞋

1—本体;2—带锁紧块弹簧阀

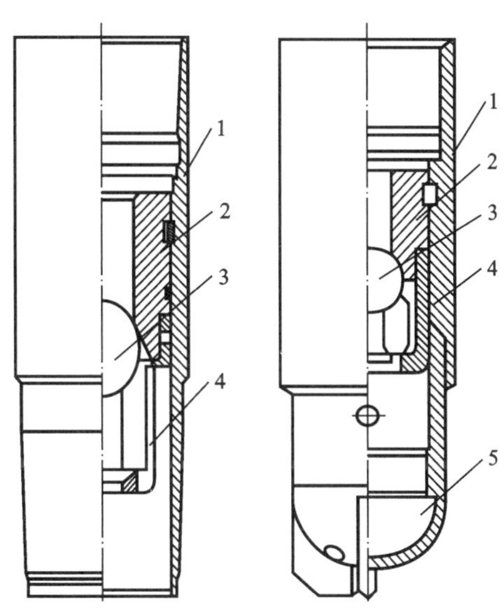

图 15-4-3　浮球式浮箍、浮鞋

1—本体;2—阀座;3—尼龙球;4—托架;5—引鞋

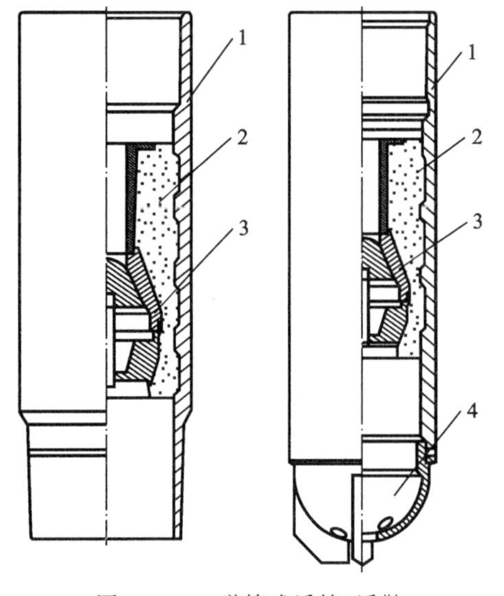

图 15-4-4　弹簧式浮箍、浮鞋

1—本体；2—水泥；3—单向阀；4—引鞋

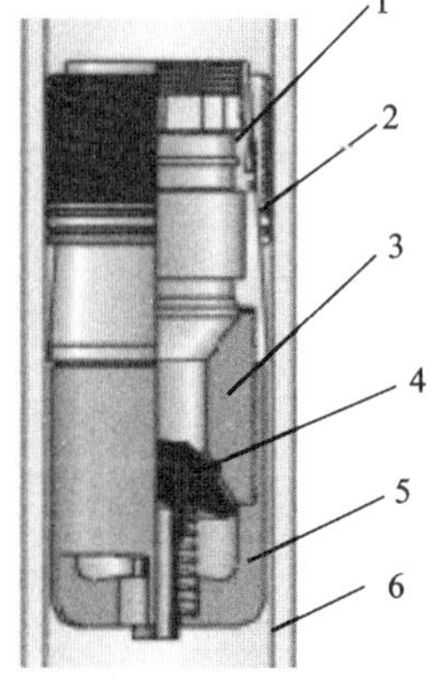

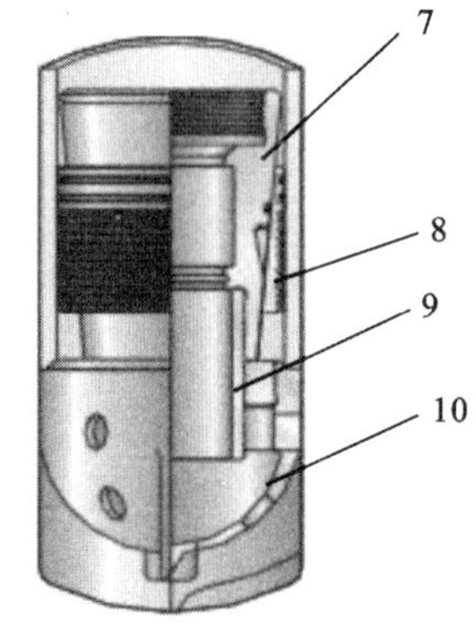

图 15-4-5　内嵌式浮箍、浮鞋

1,7—上锥体；2,8—锚定套；3—凡尔座；4—凡尔；5—花篮；6—套管；9—连接套；10—引鞋

5）旋转浮鞋

旋转浮鞋本体的螺旋肋上镶有合金块，见图 15-4-6。它的特点是在套管下放过程中可以旋转，起到划眼的作用，引导套管顺利下放，同时避免在套管下放过程中扶正器刮蹭井壁。

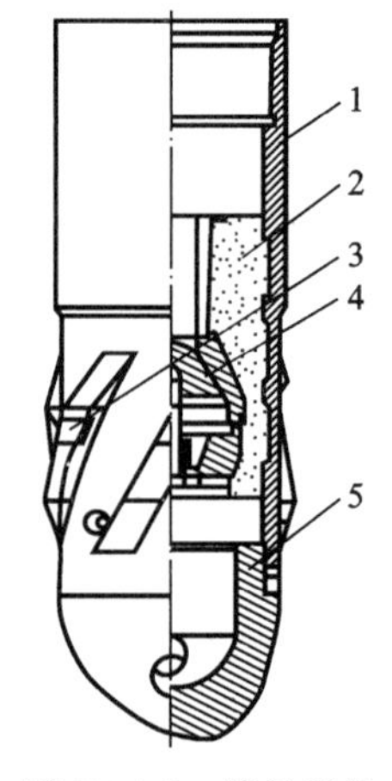

图 15-4-6　旋转浮鞋

1—本体；2—水泥；3—单向阀；4—合金块；5—导向头

3. 套管扶正器

套管扶正器是指装在套管柱上使井内套管柱居中的装置。使用套管扶正器除了能使套管柱在井眼居中外，还可减小下套管时的阻力和避免黏卡套管，有利于提高水泥环的胶结质量。

扶正器的类型基本分两种：刚性扶正器和弹性扶正器。刚性扶正器分为直棱扶正器、螺旋扶正器、树脂扶正器、滚轮扶正器和液压式扶正器等；弹性扶正器分为编织式和焊接式两种。

刚性扶正器结构见图 15-4-7，弹性扶正器结构见图 15-4-8 和图 15-4-9。

图 15-4-7　刚性扶正器

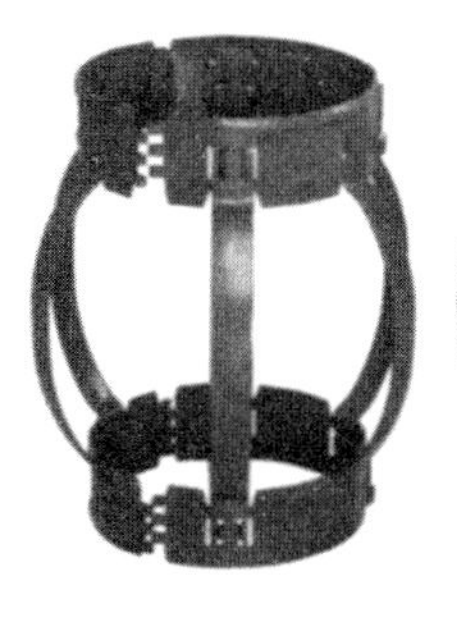
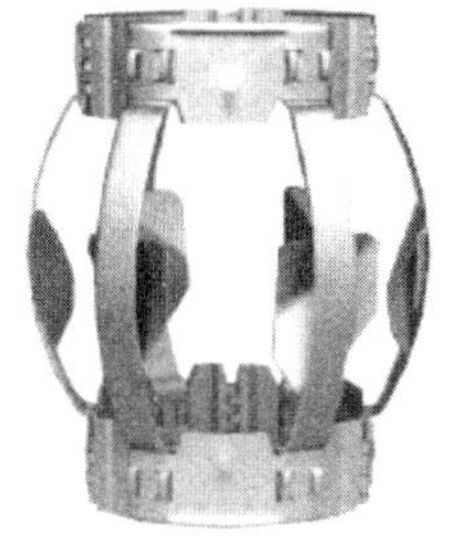

图 15-4-8 弹性扶正器

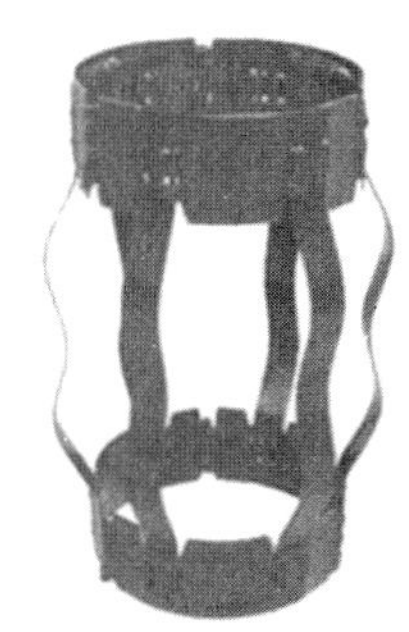

图 15-4-9 双弓扶正器

二、分级注水泥器

常用的分级注水泥器有机械式、液压式(压差式)和免钻塞式。

1. 机械式分级注水泥器

1) 结构组成

机械式分级注水泥器主要由本体、重力型打开塞、关闭塞、挠性塞和挠性塞座等组成，结构见图 15-4-10。

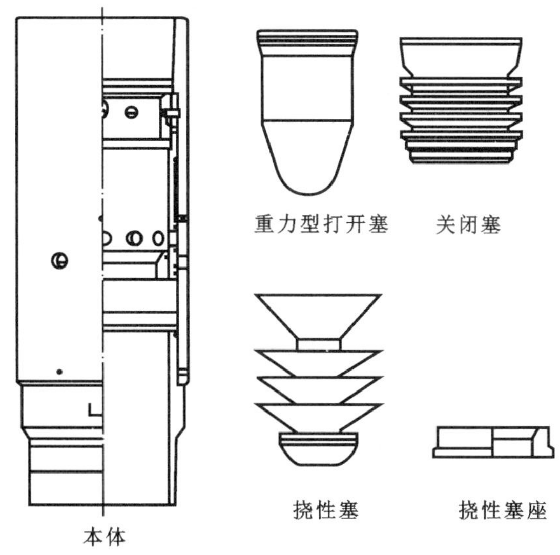

图 15-4-10 机械式分级注水泥器

2) 工作原理

图 15-4-11 为机械式分级注水泥器工作原理示意图。分级注水泥器在下井前、循环钻井液、第一级注水泥以及柔性塞通过分级注水泥器全过程循环孔均处于关闭状态。图(a)是注第一级水泥，释放挠性塞，顶替钻井液；图(b)是当挠性塞运行至挠性塞座后碰压，释放井口压力，投入重力型打开塞；图(c)是重力型打开塞坐入打开塞座后，加压，剪断打开剪钉，打开循环孔，建立循环；图(d)是注第二级水泥后，释放关闭塞，顶替钻井液；图(e)是关闭塞坐入关闭塞座上，加压，剪断关闭剪钉，关闭套下行关闭循环孔。

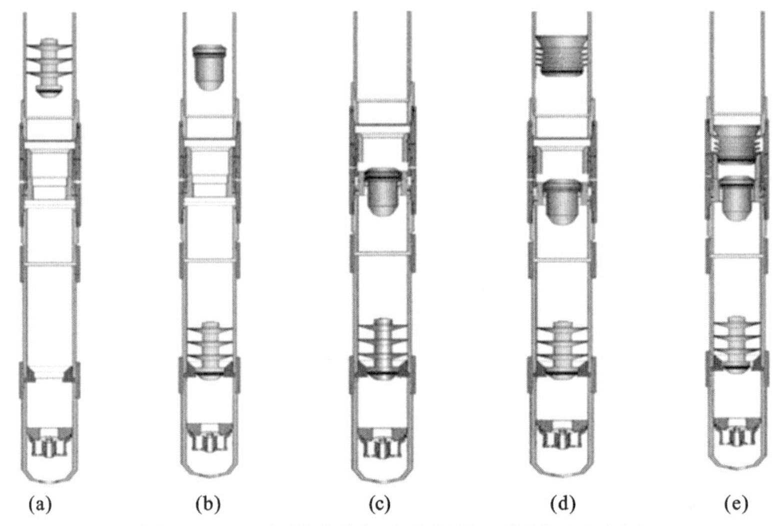

图 15-4-11　机械式分级注水泥器工作原理示意图

2. 液压式分级注水泥器

1）结构组成

液压式分级注水泥器主要由分级注水泥器本体、挠性塞座、挠性塞和关闭塞组成，见图 15-4-12。

2）工作原理

图 15-4-13 为液压式分级注水泥器的施工流程图。图(a)是注第一级水泥，释放挠性塞，顶替钻井液；图(b)是当挠性塞运行至挠性塞座后碰压，加压，剪断打开剪钉，打开循环孔，建立循环；图(c)是注第二级水泥后，释放关闭塞，顶替钻井液；图(d)是关闭塞坐入关闭塞座上，加压，剪断关闭剪钉，关闭套下行关闭循环孔。

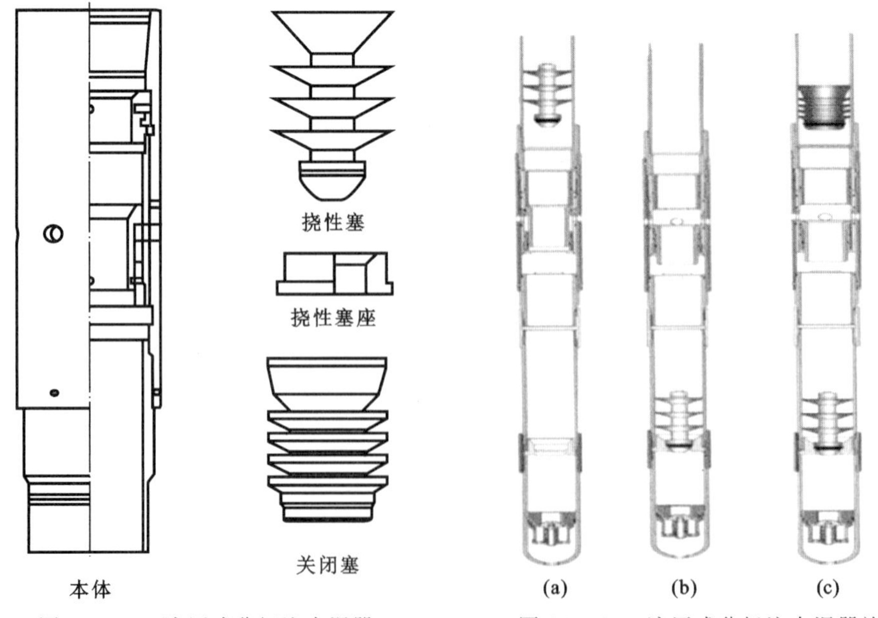

图 15-4-12　液压式分级注水泥器

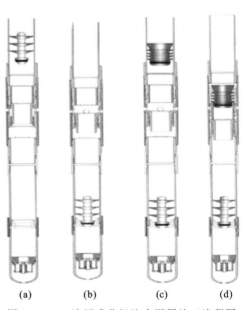

图 15-4-13　液压式分级注水泥器施工流程图

3. 免钻塞分级注水泥器

为避免固井后需下钻钻掉分级注水泥器内套，有多种结构的免钻塞分级注水泥器，下面简要介绍其中两种，一种是碰压后把内部结构下推到井底（常规结构），另一种是固井后由管柱上提出井口。

1）常规结构

（1）结构组成。

免钻塞双级注水泥器本体（双级箍）主要由上接头、外筒、关闭套、上滑套、关闭剪钉、打开套、下滑套、打开剪钉、下滑脱剪钉、下接头、密封圈等主要零部件组成（见图 15-4-14），附件包括一级上胶塞、碰压短节、一级下胶塞短节、重力型打开塞和关闭塞（见图 15-4-15）。

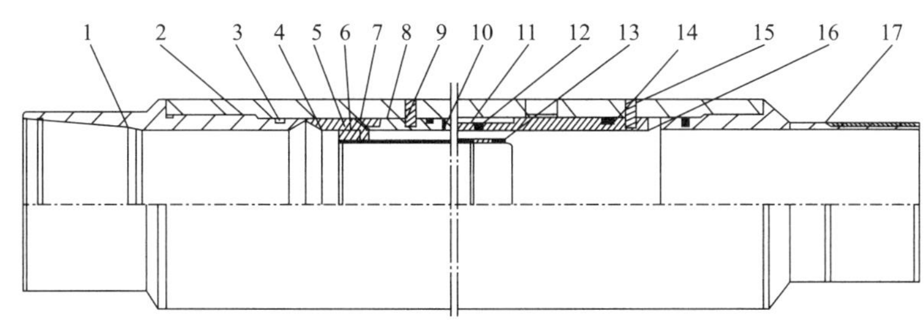

图 15-4-14　免钻塞双级注水器结构示意图

1—上接头；2—外套；3，12，14—O 形密封圈；4—压帽；5—胶塞座；6—弹簧；7，9，15—剪切销钉；8，11—锁定装置；10—上滑套；13—胶塞筒；16—下滑套；17—下接头

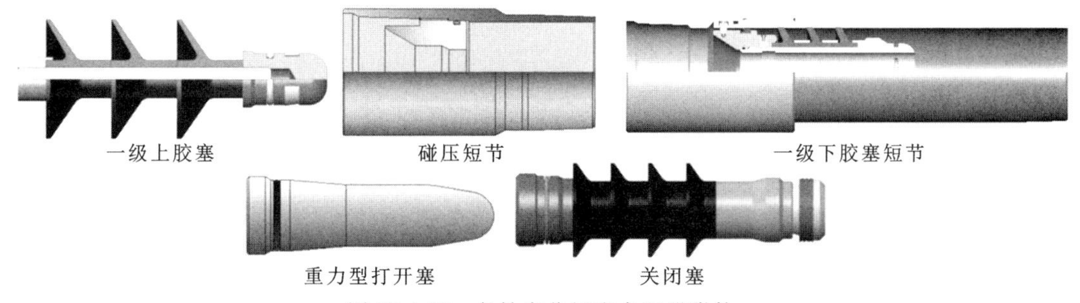

图 15-4-15　免钻塞分级注水泥器附件

（2）工作原理。

① 免钻塞分级箍随套管下到井内设计位置，进行循环顶通。

② 注第一级水泥后，释放上胶塞，替入钻井液或清水，当上胶塞运行至下胶塞位置时，两胶塞合为一体并下行，至井底实现碰压。

③ 释放井口压力，投入打开塞，待其自由下落至下滑套后开泵加压，打开剪钉剪断，下滑套带动内套下行，使内套上的循环孔与外筒上的循环孔对齐，建立循环，循环出分级箍以上多余的水泥浆，进行二级注水泥作业。

④ 注完第二级水泥后，释放关闭塞，替入钻井液，当关闭塞行至上滑套位置后，继续加压，关闭剪钉剪断，上滑套下行并带动内套下行关闭循环孔。

⑤ 继续加压，滑脱剪钉剪断，上滑套、关闭塞、打开塞及下滑套连为一体，一起下行脱离

分级箍直至井底。内套设有自锁装置，可永久关闭循环孔。

2）威德福免钻塞顶部注水泥工具及施工程序

威德福免钻塞顶部注水泥工具具有免钻塞的优点，具有内管柱定位装置，能够很好地判断内管柱的下入位置。工具结构主要分为两部分：连接在套管柱上的工具和内管柱。其中，分级注水泥工具、管外封隔器ACP和定位短节连接在套管柱上；利用内管柱胀封封隔器，打开关闭循环孔。

（1）管串结构。

外管柱：筛管串＋定位短节＋管外封隔器＋套管＋分级注水泥工具＋套管串，见图15-4-16。

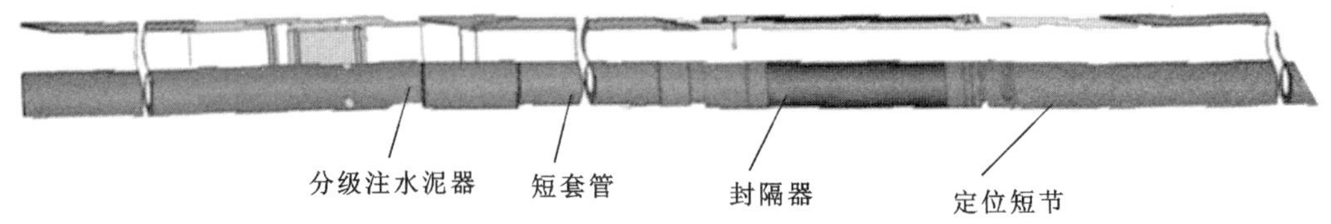

图15-4-16　威德福免钻双级注水泥器外管柱管串图

内管柱：短节（胶塞短节＋带孔的短节）＋胶塞座＋定位接头＋下密封装置＋移动套＋上密封装置＋钻具组合，见图15-4-17。

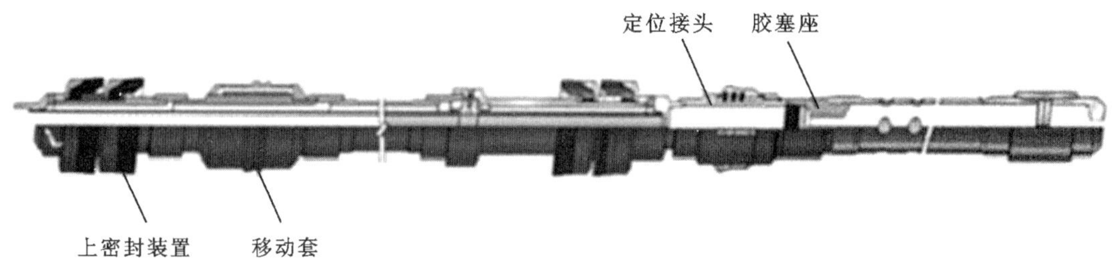

图15-4-17　威德福免钻双级注水泥器内管柱管串图

（2）操作程序。

① 下入套管串到设计位置。

② 下入内管柱。

③ 依靠内管柱上的定位接头探到套管柱上的定位短节，并下压一定重量，判断内管柱是否下到位。

④ 投胶塞，使胶塞坐于胶塞座，堵死循环通道。

⑤ 上提内管柱，使封隔器的传压孔置于上下密封装置内。

⑥ 憋压膨胀封隔器。

⑦ 继续上提，在上提的过程中依靠拉力打开循环孔。

⑧ 循环、注水泥、顶替，顶替结束后下压内管柱关闭循环孔。

⑨ 憋压，确认循环孔关闭情况，如果关闭良好继续憋压以憋掉下部胶塞，建立循环通道。

⑩ 反循环洗出多余的水泥浆，起出内管柱，候凝。

4. 分级注水泥器使用要求

（1）分级注水泥器应安放在外层套管内或地层致密、井径规则、井斜较小的裸眼井段处。

(2) 在分级注水泥器位置上下必须安放扶正器，其他井段也应加入足够数量的扶正器，确保封固质量。

(3) 要求保证浮鞋或浮箍的密封质量，防止分级注水器循环孔打开后一级水泥浆发生倒流而影响二级注水泥的正常进行。为此，要求进行一级注水泥设计时，应考虑套管内外静液柱压差不宜过大，必要时对顶替液进行加重。

(4) 由于关闭分级注水泥器循环孔会引起较高的关闭压力，由此产生附加轴向载荷，因此应对井口段套管进行抗拉校核，其抗拉安全系数值不应小于 1.5。

(5) 应根据工程地质情况和井下条件要求选择不同的分级注水泥方式，具体有非连续式(正规式)双级注水泥、连续打开式双级注水泥和连续双级注水泥三种方式。

(6) 采用连续式或连续打开式双级注水泥方式时，要注意下胶塞与打开塞之间的替浆量应比设计替浆量少 1～1.5 m^3，以确保打开塞碰压而下胶塞不碰压。

三、尾管悬挂器

尾管悬挂器有机械式、液压式、机械-液压双作用式、封隔式、金属膨胀式和具有旋转功能的悬挂器等。

1. 机械式尾管悬挂器

1) 组成

图 15-4-18 所示为轨道式机械尾管悬挂器总成，它包括锥体、卡瓦、转换支撑套、轨道管等部件。

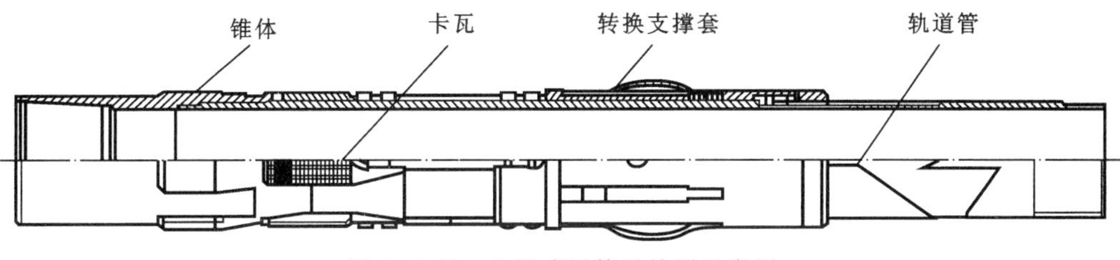

图 15-4-18　机械式尾管悬挂器示意图

2) 工作原理

通过上提、下放使转换支撑套在悬挂器本体轨道上自动换向而实现坐挂，不需投球憋压。

3) 特点

(1) 操作简便。

(2) 机械操作坐挂，不用投球憋压，主要用于较浅的直井和不易遇阻卡的井，并可用于多套液压工具组合使用的复杂完井方式。

(3) 胶塞、锁紧座均设计有锁紧机构，且具有良好的可钻性。

(4) 密封芯子能随送入工具提出井口，可节省钻密封芯子的时间。

(5) 密封总成采用 W 形多组密封件，具有双向密封功能。

(6) 倒扣丢手无须找中和点，只要将送入钻具下压 5～10 t，正转，即可轻易倒开扣。

(7) 悬挂器上下均配有扶正环，既可以保证扶正效果，又可以保护卡瓦不受损伤。

2. 液压式尾管悬挂器

液压式尾管悬挂器按结构可分为单缸单锥、单缸双锥、双缸双锥等。

1）组成

液压式尾管悬挂器由锥体、本体、卡瓦、剪钉、活塞、液缸、倒扣螺母、提升短节、中心管等组成，见图 15-4-19。

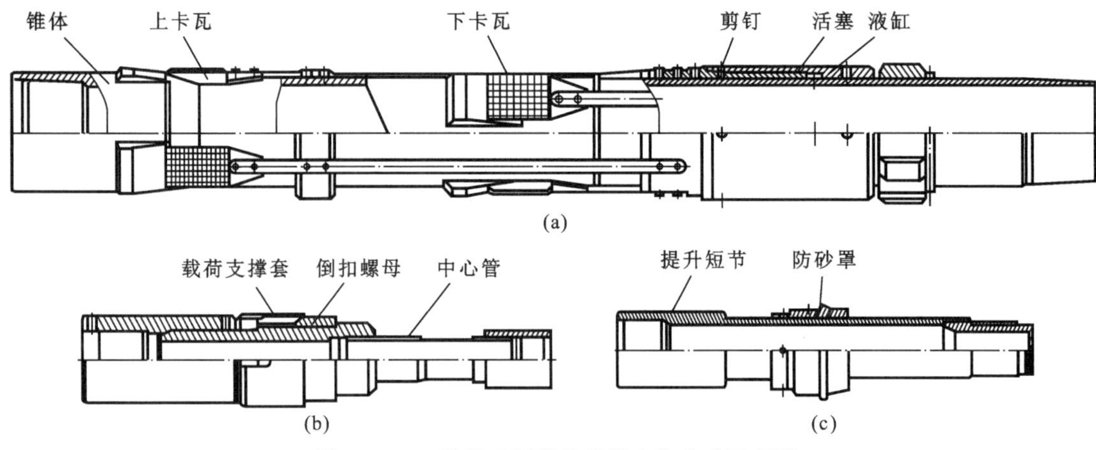

图 15-4-19　液压式尾管悬挂器本体总成示意图

2）工作原理

当尾管悬挂器与尾管下到设计井深后，从井口将一憋压球投入钻柱，待球落到球座，从井口憋压，将液缸销钉剪断，推动环形活塞上行，或液缸推动卡瓦上行，紧贴悬挂器锥体与上层套管内壁，此时下放钻柱就可以实现尾管悬挂，再加压憋通球座循环。固井前给悬挂器下压 30～50 kN 进行倒扣，上提中心管，若证明倒扣成功，则转入正常注水泥作业。碰压后放回水检查浮箍、浮鞋密封情况后，上提中心管，冲洗多余的水泥浆，最后提出送入钻具和中心管。

3）特点

(1) 密封芯子可随送放工具提出井口，无须再下一趟钻钻掉。

(2) 大小胶塞均具有锁紧机构，在注完水泥后可防回压。

(3) 倒扣装置设计巧妙，操作简便易行，无须找中和点，只需将上部钻具下压 3～5 t 即可。

(4) 密封件可耐高温达 180 ℃，耐压达 35 MPa 以上。

(5) 设计有分体式胶塞，适合多种组合的复合送入钻杆。

(6) 附件设计有防转机构，便于附件钻除作业，节省钻除时间。

(7) PDC 钻头可钻。

3. 机械-液压式尾管悬挂器

该尾管悬挂器以液压操作悬挂器为主，在液压操作失败后还可通过机械操作完成尾管悬挂。

1）组成

该尾管悬挂器包括悬挂器本体、卡瓦及卡瓦限位剪钉。送放工具包括提拉短节、倒扣装置、坐挂机构、扶正装置、密封装置五部分。坐挂机构设计在送入工具上，包括液缸、坐挂套、坐挂挡块、剪钉套、剪钉等，见图 15-4-20。

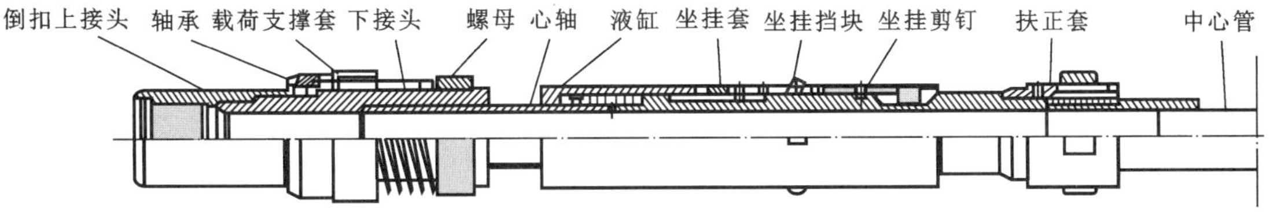

图 15-4-20　双作用式悬挂器送放工具总成

2）工作原理

液压坐挂时，将憋压球投下，憋压球落至球座后加压，高压液体通过心轴上的传压孔进入液缸内。当压力升至液缸剪钉额定剪切压力时，液缸剪钉被剪断，卡瓦在液压力和弹簧力的共同作用下上行并楔紧在本体与外层套管间。此时一经下放，整个尾管柱就会坐挂在外层套管上。继续憋压至剪钉额定剪切压力时，球座剪钉剪断，循环畅通。

若液压坐挂失败，则进行机械坐挂，先将整个尾管下放至井底，下压一定重量以确保浮鞋与井底没有滑动，之后正转，非均匀分布的液缸剪钉相继剪断。继续正转，当累计倒扣圈数达 12～16 圈时，卡瓦在弹簧的作用下上行楔紧在套管与悬挂器本体间，上提尾管至设计坐挂位置，一经下放整个尾管串便坐在外层套管上。

3）特点

（1）万一液压装置失效，可以借助机械转动来释放卡瓦实现坐挂，坐挂可靠性更高。

（2）卡瓦位于本体的凹槽内，下放过程中卡瓦不会受到管柱的碰撞，极适合在定向井及水平井中应用。

（3）内部设有循环通道，过流面积大。

4. 封隔式尾管悬挂器

1）组成

封隔式尾管悬挂器由送入工具、封隔器总成、悬挂器总成等部件组成，见图 15-4-21。送入工具总成主要包括提拉短节、塞帽、坐封总成、倒扣总成及中心管等，见图 15-4-22。

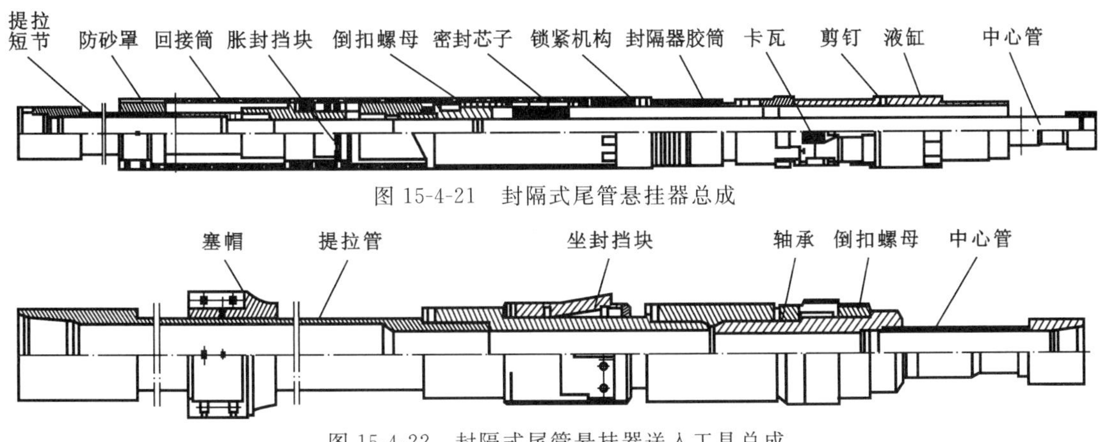

图 15-4-21　封隔式尾管悬挂器总成

图 15-4-22　封隔式尾管悬挂器送入工具总成

2）工作原理

封隔式尾管悬挂器采用液压坐挂悬挂器、机械坐封封隔器方式。使用时配合专用的送入工具，将封隔式尾管悬挂器及尾管下入井内设计深度。投球，当球到达球座后憋压，压力通过悬挂器本体上的传压孔传到液缸内，推动活塞或液缸上行，剪断液缸剪钉，再推动推杆支撑套，并带动卡瓦上行，卡瓦沿锥面胀开，楔入悬挂器锥体和上层套管之间的环状间隙中，当钻具下放时，尾管重量被支撑在上层套管上。继续打压，憋通球座，建立正常循环。倒扣及固井作业完成后，缓慢上提送入工具，当胀封挡块提出回接筒后，胀封挡块在弹簧作用下胀开，下放钻具，胀封挡块压在回接筒上面，再下放，如果钻具不能放回原位置，则证明坐封挡块已经打开。继续下压至200～500 kN，钻具重量通过胀封挡块传至回接筒，再传至锁紧滑套，剪断销钉后挤压封隔器胶筒，封隔器胶筒在外力挤压下变形，将封隔器本体与套管之间的环状间隙封隔住，锁紧滑套自锁。之后，试压，检验封隔器密封能力。

3）主要特点

(1）同时具有可在注水泥前坐挂尾管、注水泥后立即封隔尾管-套管环空两种功能，可避免异常地层压力或因水泥浆失重，致使高压油气水侵入尚未完全凝固的水泥浆而形成窜流通道。

(2）可承受较大的正负压差作用，确保完井作业的顺利完成。

(3）悬挂器、封隔器上下均配有扶正环，既可以保证扶正效果，又可以保护液缸、卡瓦、胶筒不受损伤。

5. 金属膨胀式尾管悬挂器

金属膨胀式尾管悬挂器有里德公司的HETS-LH悬挂器、TIW公司的XPAK悬挂器、哈里伯顿公司的VersaFlex悬挂器和威德福公司的EXR悬挂器。

金属膨胀式尾管悬挂器通过液压力或机械力将可膨胀管材制成的悬挂器本体向外胀开，使其与上层套管形成牢固的锚定连接，从而实现悬挂尾管，实现尾管重叠段密封。它具有外形尺寸小、入井安全方便、环空过流面积大，且在注水泥过程能活动套管以提高顶替效率的特点。

1）组成

TIW XPAK膨胀式尾管悬挂器由膨胀本体、膨胀器式回接筒、多级活塞液压送入工具等组成。多级活塞液压送入工具由中心轴、剪切环、多级活塞、调节筒、坐挂工作筒、套爪、承托环、光短节等组成。

2）工作原理

悬挂器本体的膨胀端外表面安装有提高悬挂能力的楔形卡瓦和用于密封的多组橡胶圈。通过送入工具上的倒扣螺母和弹性套爪将送入工具和悬挂器本体连接在一起，且将膨胀器式回接筒紧固在送入工具和悬挂器本体之间。

在固井施工顶替水泥浆的过程中，压力较小，不足以剪断剪切环上的剪钉，也就不能使多级液压活塞产生作用，从而在施工过程中避免膨胀式尾管悬挂器提前膨胀坐挂的可能性。当胶塞碰压后，继续憋压，直至剪切环上的剪钉剪断，激活多级液缸活塞，通过液压力剪断多级液压膨胀送入工具上的坐挂剪钉，送入工具内部的多级活塞在液压力的推动下沿送入工具本体下行。下行的活塞将位于送入工具和悬挂器本体之间的膨胀式回接筒推入悬挂器本体内，从而胀开尾管悬挂器本体的膨胀端，使悬挂器本体牢牢地固定到外层套管上。

6. 旋转尾管悬挂器

旋转尾管固井是在下尾管和注水泥期间从地面通过顶驱（转盘）旋转钻柱，由钻柱经旋转尾管悬挂器将扭矩传递给尾管，使尾管旋转（包括下套管过程和尾管悬挂器坐挂后循环处理钻井液及注水泥过程），保证尾管顺利下到井底、水泥浆更充分地顶替钻井液，达到提高水泥浆顶替效率和胶结质量的目的。

1）组成

由旋转尾管悬挂器、液压丢手装置、密封总成、全密封防砂装置和球座式胶塞组成。旋转尾管悬挂器由调整环、轴承、锥套、本体、卡瓦、卡瓦支撑套、液缸、扶正环等部分组成，见图15-4-23。液压丢手工具包括上接头、扭矩套、弹性爪、心轴、液缸、下接头、卡簧等零部件。

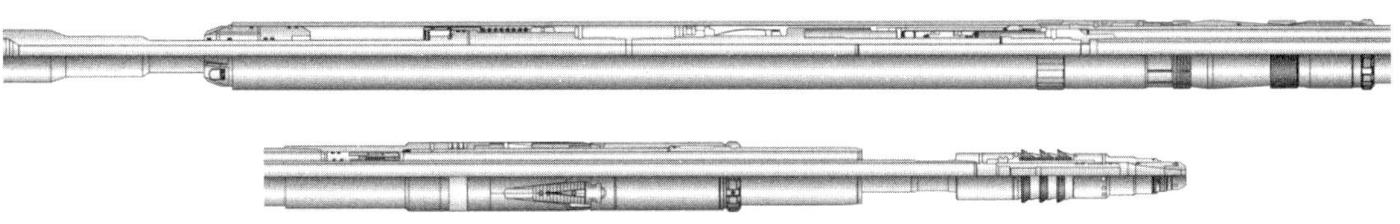

图 15-4-23 旋转尾管悬挂器整体结构示意图

2）工作原理

旋转尾管固井时，将管串下到井内，在入井过程中如果遇阻，可通过旋转尾管协助解阻。当尾管下至设计位置并循环后，从井口投球，当球到球座位置时，将循环通道堵死，继续开泵，压力开始上升，直至设计压力，液缸剪钉被剪断，卡瓦上行直至楔在锥体与上层套管间。此时下放尾管，可实现坐挂。确保坐挂成功后，下压钻具至设计重量，继续憋压至液压丢手剪钉被剪断，液缸带动弹性爪上行脱离密封外壳，实现钻具与尾管的丢手。确保丢手成功后，继续憋压剪断球座剪钉，循环畅通。注水泥，当水泥浆将要进入环空时，以一定速度旋转尾管。如果液压丢手不成功，则可在憋通球座后再次上提钻具判断是否丢手；如果在憋通球座后仍不能使送入工具脱离尾管，则可采用紧急方式实施机械丢手。

3）主要特点

（1）具有坐挂、旋转、液压丢手等多个功能单元，更能适用于深井、超深井、大位移井等复杂井况。

（2）入井过程中及固井过程中均可旋转尾管，帮助解除遇阻并能改善顶替效率，提高固井质量。

（3）具有双保险的丢手方式，正常情况下采用液压方式丢手，当液压丢手失效时可采用机械方式丢手。

四、套管外封隔器

套管外封隔器是指接在套管柱上、在固井碰压之后能使套管与裸眼环空形成永久性桥堵的装置，能够有效防止固井后发生套管外喷冒油、气、水现象，避免异常地层压力或因水泥浆失重现象而导致高压油、气、水侵入候凝期间的水泥环。

1. 常规套管外封隔器

1）结构

套管外封隔器主要由橡胶筒、中心筒、密封环、阀箍等组成。橡胶筒由内胶筒和硫化在骨架上的外胶筒组成；中心筒为一段短套管，可与套管连接；阀箍由两支断开杆和三个并列串联的控制阀组成，这组控制阀分别是锁紧阀、单流阀和限压阀。同时，阀箍中还设滤网装置，可防止钻井液中的颗粒物进入通道堵塞阀孔。

2）工作原理

（1）基本作用原理。

当套管外封隔器内部膨胀到一定压力后，外部压力或压差的增减都会引起内部压力的相应变化。外部压差增加，则封隔器对井壁的密封压力也成比例增加。因此，当套管外封隔器膨胀压力达到一定值后，封隔器就能随着环空压差的变化而变化。通常环空承压能力与环空间隙的大小成反比。

（2）膨胀机理。

套管外封隔器膨胀示意图见图 15-4-24。图(a)为下套管时，锁紧阀被安全销钉锁紧关闭，克服管内液体所施加的压力影响；图(b)为胶塞通过时，剪断安全销钉，液体通过锁紧阀促使橡胶部件膨胀；图(c)为当橡胶部件与环空间的膨胀压力差达到限压阀安全销钉预定界限值时，限压阀将处于永久关闭状态；图(d)为进一步保护膨胀后的元件不受套管压力降低变化的影响，当套管压力减小时，锁紧阀将处于永久性关闭状态。

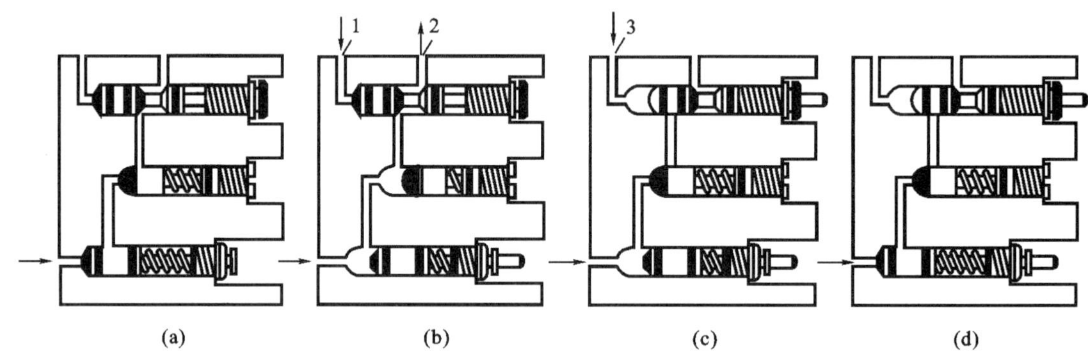

图 15-4-24　套管外封隔器膨胀示意图

1—来自膨胀部件；2—内膨胀部件；3—来自膨胀部件

替浆过程中当胶塞通过中心管和阀箍时，将断开杆打断，胶塞继续运行直到碰压，套管内形成密封，接着憋压，钻井液经过阀箍的进液孔滤网后进入锁紧阀。当达到一定压力值时，锁紧阀的销钉被剪断，锁紧阀和单流阀同时打开。钻井液经限压阀进入中心管与胶筒间的膨胀腔，在液体压力作用下，胶筒膨胀变形与井壁接触形成密封。当膨胀腔内压力达到一定值时，限压阀销钉被剪断，进浆孔道堵死，限压阀关闭。此时套管内压力与膨胀腔内压力相互隔绝，实现安全坐封。将井口放压为零，锁紧阀自动关闭，整个套管外封隔器形成永久桥堵。

（3）锁紧阀的作用。

① 可以限制套管外封隔器的打开压力，该压力值由固井施工作业情况确定。下井前锁紧阀用一销钉销住，当来自套管内高压液体达到销钉的剪切压力值时，锁紧阀销钉被剪断，高

压液体经过锁紧阀、单流阀、限压阀进入胶筒。

② 当套管外封隔器坐封后，套管放压为零，锁紧阀阀芯在弹簧力及液柱压力的作用下恢复到初始状态，同时锁座在弹簧力的作用下推到压帽的第二台阶上，此时阀芯被锁住，套管内高压液体再也不能进入胶筒。

(4) 限压阀的作用原理。

限压阀的作用是控制进入胶筒的液体压力值，当胶筒内的压力达到限定值时，限压阀销钉被剪断，限压阀自动关闭，液体停止进入胶筒，从而保证胶筒不会爆破失效，见图 15-4-25。

单流阀的作用原理见图 15-4-26，可防止进入胶筒内的高压液体回流到套管内。

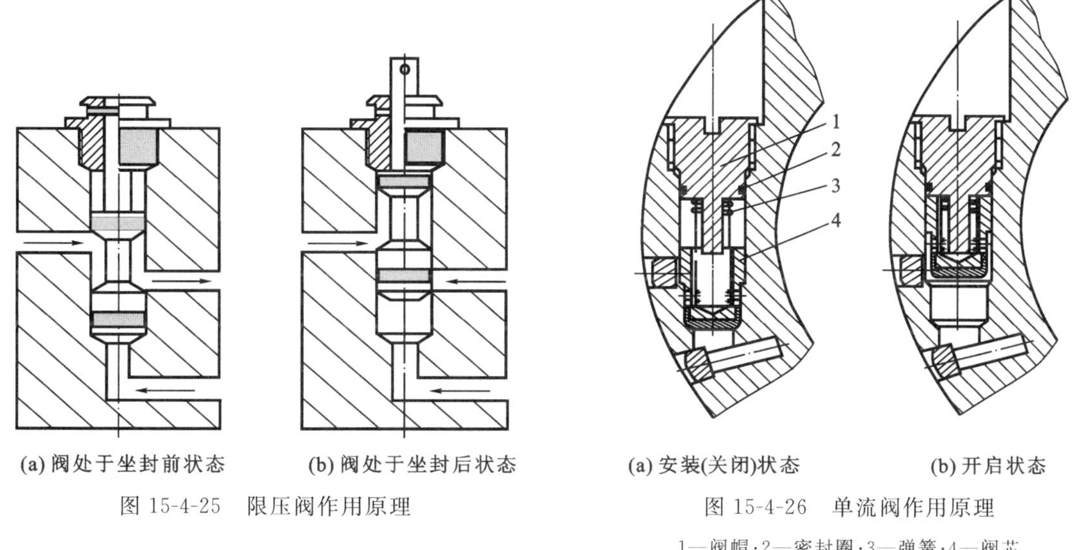

(a) 阀处于坐封前状态 (b) 阀处于坐封后状态

图 15-4-25 限压阀作用原理

(a) 安装(关闭)状态 (b) 开启状态

图 15-4-26 单流阀作用原理

1—阀帽；2—密封圈；3—弹簧；4—阀芯

3) 套管外封隔器技术参数

套管外封隔器技术参数见表 15-4-1。

表 15-4-1 套管外封隔器技术参数

尺寸/mm	型号	最大外径/mm	内径/mm	总长/mm	密封长度/mm	质量/kg	钢级	中心管壁厚/mm	加工处厚度/mm	抗内压强度/MPa	抗挤强度/MPa	抗拉强度/kN	承受压力/MPa		适应井径/mm	
													最大	最小	最大	最小
89	Ⅰ	113	76	2 620	950	45	N-80	6.45	5.45	72.9	45.1	721.6	28	7	160	127
102	Ⅰ	133	89	2 680	950	50	N-80	5.74	4.74	56.7	49.0	653.2	28	7	178	130
113	Ⅰ	136	97	2 660	950	90	P-110	8.56	7.9	94.6	88.4	720.3	28	7	225	155
127	Ⅰ	136	108	2 680	950	105	P-110	9.19	7.2	82.1	66.5	980.8	28	7	235	155
130	Ⅰ	178	118	2 750	950	120	P-110	10.54	7.7	95.1	89.4	1 097.6	28	7	270	200
130	Ⅱ	190	118	2 750	950	130	P-110	10.54	7.7	95.5	101.6	1 097.6	28	7	280	200
178	Ⅰ	204	155	2 790	950	180	P-110	11.51	10.1	78.1	58.5	1 631.7	28	7	280	220
178	Ⅱ	210	155	2 790	950	190	P-110	11.51	10.1	78.1	58.5	1 631.7	28	7	300	280

续表 15-4-1

尺寸/mm	型号	最大外径/mm	内径/mm	总长/mm	密封长度/mm	质量/kg	钢级	中心管壁厚/mm	加工处厚度/mm	抗内压强度/MPa	抗挤强度/MPa	抗拉强度/kN	承受压力/MPa		适应井径/mm	
													最大	最小	最大	最小
245	Ⅰ	286	220	2 790	950	275	P-110	11.99	11	61.5	31.5	2 557.8	28	7	385	300

注:① 套管外封隔器坐封位置处井下静止温度不得超过 150 ℃。

② 保管条件温度−20～35 ℃,相对湿度<80%,保存期 2 年。

③ 表中抗拉强度为阀箍本体螺纹抗拉强度,材料为 20Cr,相当于 J-55 钢级;表中最大外径是胶筒直径。

4) 使用要求

(1) 准备工作。

封隔器搬运时,应轻抬慢放,摆放牢靠,避免撞坏;在现场应置于有垫杠的平坦地面上;下井使用前检查螺纹和胶筒是否完好,管内两支断开杆是否俱在,中心管应无堵塞物。

(2) 使用要求。

井身质量良好,下套管前应认真通井,调整好钻井液性能,以防下封隔器过程遇阻。

固井施工碰压后,应指定一台水泥车进行锁紧阀销钉剪销作业,并有专人观察和记录压力,要求怠速升压。当表压升到剪销值时,表针若出现瞬时停止或稍有下降现象,即表明锁紧阀销钉被剪断,此时可稳压 3～5 min 后放压至零。

2. 遇油遇水自膨胀封隔器

遇油遇水自膨胀封隔器是一种基于橡胶吸收油或水后膨胀原理的封隔器,通过橡胶吸收井下液体产生体积膨胀来密封环空。它主要用于替代常规裸眼封隔器,用于分支井、水平井的分段开采、控水堵水、储层改造等领域,既可实现固井完井,也可用于非固井完井。

1) 工作原理

遇油遇水自膨胀封隔器由特殊橡胶材料与机械组合而成(见图 15-4-27),主要由接箍、防突环、胶筒以及本体组成。胶筒硫化在本体上,两端有防突环,以提高其承受压力的能力。胶筒由利用含有吸油、吸水聚合物的特殊橡胶材料制成,根据封隔压差的不同设计不同的胶筒长度。通过调整橡胶组分的配比及膨胀环境来控制膨胀速率。在施工过程中,封隔器下入到位后,封隔器胶筒遇井内液体发生体积膨胀,封隔周围环空。

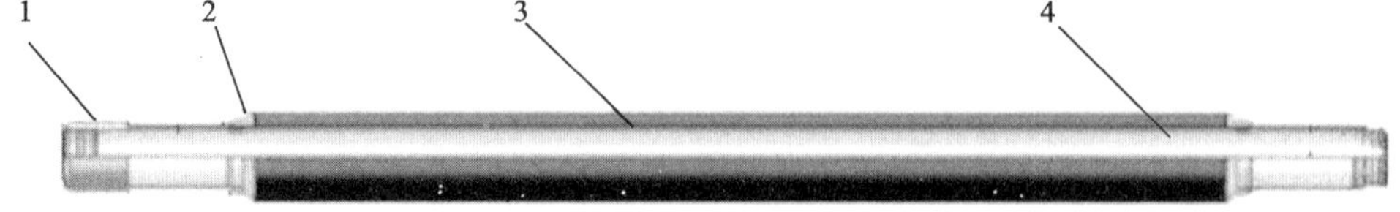

图 15-4-27　遇油遇水自膨胀封隔器

1—接箍;2—防突环;3—胶筒;4—本体

遇油遇水自膨胀封隔器技术参数见表 15-4-2,性能指标见表 15-4-3。

2) 注意事项

(1) 管串入井前通井,保证管串能顺利下到设计深度。

表 15-4-2　遇油遇水自膨胀封隔器技术参数

公称直径/mm	胶筒最大外径/mm	胶筒密封长度/mm	设计使用井径/mm	适用最大井径/mm
114.3	146	1 000/2 000/3 000/4 000/5 000/6 000（可根据封压要求定制）	152.5	163
139.7	207		215.9	224
178	207		215.9	224

表 15-4-3　遇油遇水自膨胀封隔器性能指标

技术参数	遇水膨胀封隔器						遇油膨胀封隔器					
胶筒密封长度/mm	1 000	2 000	3 000	4 000	5 000	6 000	1 000	2 000	3 000	4 000	5 000	6 000
封压性能/MPa	10	15	20	30	40	50	10	15	20	30	40	50
胶筒工作温度/℃	≤130						≤130					
膨胀时间/d	2～10						7～15					
膨胀环境	清水、地层水和完井液（KCl 和 NaCl 含量小于 5%）						柴油、轻质原油等烃类					

（2）选择井眼稳定性好、井壁规则、井径较小的位置坐封封隔器。

（3）相对于常规裸眼封隔器，自膨胀封隔器胀封时间相对较长，如果施工工艺允许，需要提供足够的胀封时间。

五、内管注水泥装置

内管注水泥装置是指在大直径套管内以钻杆或油管作内管，水泥浆通过内管注入并从套管鞋处返至环形空间的注水泥装置。

1. 结构

内管注水泥器由插头和插座两部分组成，见图 15-4-28 和图 15-4-29。

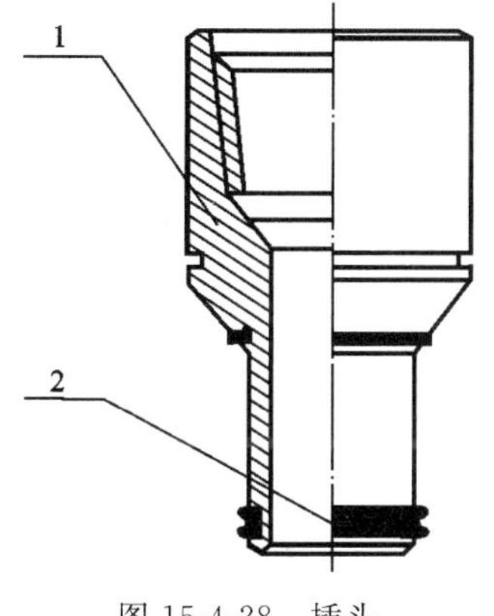

图 15-4-28　插头

1—本体；2—密封圈

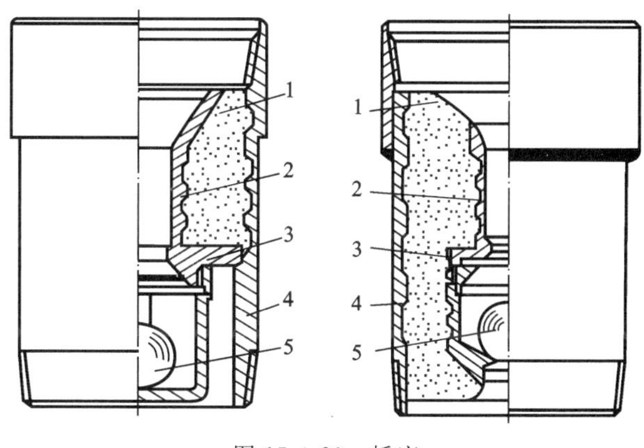

图 15-4-29　插座

1—喇叭口；2—心管；3—承环；4—本体；5—尼龙球

2. 分类

按插座的结构功能可分为水泥浇注型和套管嵌装型。水泥浇注型可分为半浇注式与全浇注式两种;套管嵌装型可分为自灌式和非自灌式两种。

六、水泥头

水泥头是指在注水泥作业中内装胶塞,并具有压塞、注替管汇、阀门连接的高压井口装置。水泥头按其连接螺纹分为钻杆水泥头与套管水泥头两种类型。

1. 常规水泥头

1) 钻杆水泥头

钻杆水泥头在井口与送入钻具连接,是尾管固井(或内插法固井)的一种专用井口工具。钻杆水泥头按功能可分为常规钻杆水泥头(见图 15-4-30)、旋转钻杆水泥头两种类型。在常规钻杆水泥头上连接旋转短节,套管水泥头与井口套管连接,可实现注水泥作业期间旋转套管,有效驱替环空窄间隙的钻井液,提高顶替效率,确保水泥环的封固质量。

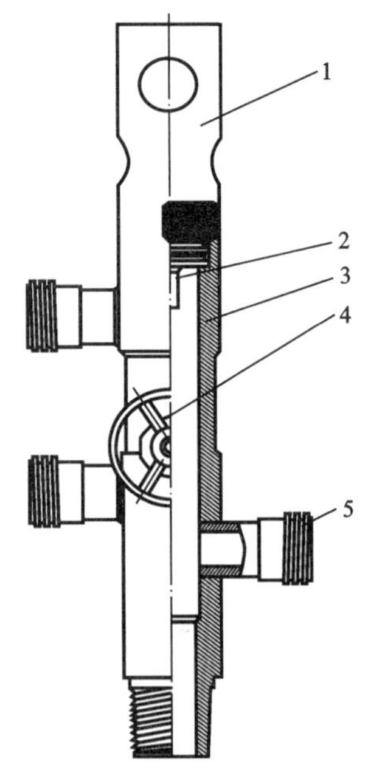

图 15-4-30　常规钻杆水泥头

1—提升短节;2—顶杆;3—筒体;4—螺旋挡销总成;5—由壬接头

2) 套管水泥头

套管水泥头根据用途可分为单塞水泥头和双塞水泥头;根据水泥头与套管的连接机构可分为简易水泥头、快装水泥头,其中快装水泥头按连接方式又分为旋转扣合式快装水泥头和卡箍式快装水泥头,见图 15-4-31。

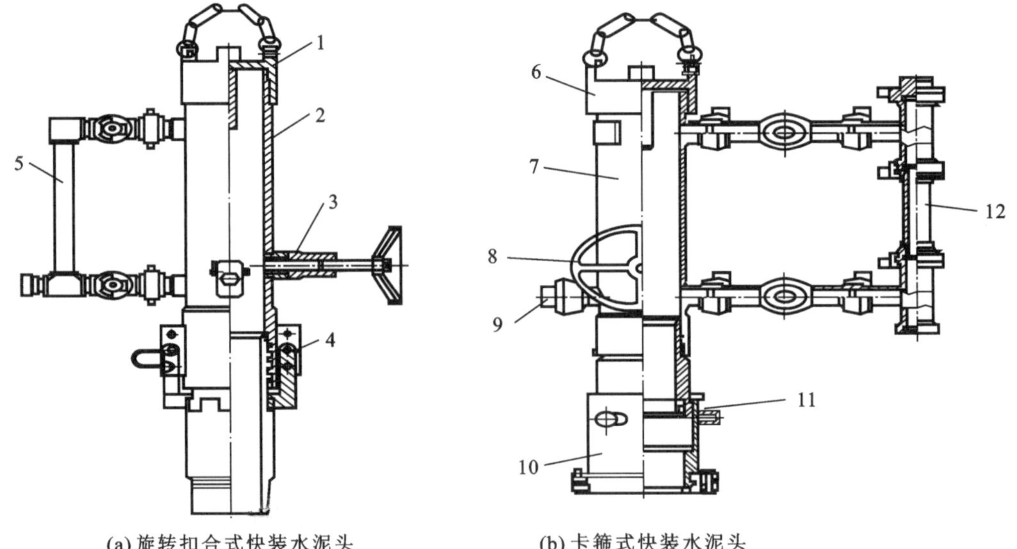

(a) 旋转扣合式快装水泥头　　(b) 卡箍式快装水泥头

图 15-4-31　快装水泥头

1—顶盖;2,7—本体;3,8—挡销;4—快装短节;5,12—管汇组合;6—水泥头盖;9—堵头;10—卡箍;11—垫子

3）技术参数

钻杆水泥头与套管单、双塞水泥头和快装水泥头技术参数分别见表 15-4-4～表 15-4-7。

表 15-4-4　钻杆水泥头技术参数

规格 /mm	内径 /mm	长度 /mm	可容胶塞长度 /mm	工作压力 /MPa	钻杆螺纹 代号
73	55～60	<1 000	≥280	35,50	NC31
89	66～73	<1 000	≥300	35,50	NC38
127	100～108	<1 000	≥350	35,50	NC50
130	111～120	<1 200	≥380	35,50	$5\frac{9}{16}$ in FH

表 15-4-5　单塞水泥头技术参数

<table>
<tr><th>规格
/mm</th><th>外径
/mm</th><th>内径
/mm</th><th>总长
/mm</th><th>可容胶塞长度
/mm</th><th>挡销形式</th><th>工作压力
/MPa</th><th>套管螺纹代号</th></tr>
<tr><td>101</td><td>134</td><td>88～90</td><td rowspan="5">≤1 000</td><td rowspan="2">≥300</td><td rowspan="4">单</td><td rowspan="4">35, 50</td><td>4 in TBG</td></tr>
<tr><td>113</td><td>134</td><td>97～103</td><td>4½ in LCSG,4½ in BCSG</td></tr>
<tr><td>127</td><td>157</td><td>108～116</td><td rowspan="2">≥400</td><td>5 in LCSG,5 in BCSG</td></tr>
<tr><td>139. 7</td><td>170</td><td>119～126</td><td>5½ in LCSG,5½ in BCSG</td></tr>
<tr><td>177. 8</td><td>208</td><td>155～162</td><td rowspan="2">≥450</td><td rowspan="4">单、双</td><td rowspan="4">21, 35</td><td>7 in LCSG,7 in BCSG</td></tr>
<tr><td>193. 7</td><td>217</td><td>168～177</td><td rowspan="7">≤1 300</td><td>7⅝ in LCSG,7⅝ in BCSG</td></tr>
<tr><td>219</td><td>241</td><td>194～201</td><td>≥500</td><td>8⅝ in LCSG,8⅝ in BCSG</td></tr>
<tr><td>244. 5</td><td>275</td><td>220～225</td><td rowspan="3">≥550</td><td>9⅝ in LCSG,9⅝ in BCSG,9⅝ in CSG</td></tr>
<tr><td>273</td><td>303</td><td>248～255</td><td rowspan="3">双</td><td rowspan="4">13, 21</td><td>10¾ in CSG,10¾ in BCSG</td></tr>
<tr><td>298</td><td>342</td><td>274～297</td><td>11¾ in CSG,11¾ in BCSG</td></tr>
<tr><td>339. 7</td><td>370</td><td>313～320</td><td>≥600</td><td>13⅜ in CSG,13⅜ in BCSG</td></tr>
<tr><td>508</td><td>536</td><td>476～486</td><td>≥650</td><td>双、三</td><td>20 in CSG,20 in BCSG</td></tr>
</table>

表 15-4-6　双塞水泥头技术参数

<table>
<tr><th rowspan="2">规格/mm</th><th rowspan="2">外径/mm</th><th rowspan="2">内径/mm</th><th colspan="2">可容胶塞长度/mm</th><th rowspan="2">挡销形式</th><th rowspan="2">工作压力
/MPa</th><th rowspan="2">套管螺纹代号</th></tr>
<tr><th>一　级</th><th>二　级</th></tr>
<tr><td>101</td><td>134</td><td>88～90</td><td rowspan="2">≥240</td><td rowspan="2">≥240</td><td rowspan="4">单</td><td rowspan="4">35, 50</td><td>4 in TBG</td></tr>
<tr><td>113</td><td>134</td><td>97～103</td><td>4½ in LCSG,4½ in BCSG</td></tr>
<tr><td>127</td><td>157</td><td>108～116</td><td rowspan="2">≥260</td><td rowspan="2">≥260</td><td>5 in LCSG,5 in BCSG</td></tr>
<tr><td>139. 7</td><td>170</td><td>119～126</td><td>5½ in LCSG,5½ in BCSG</td></tr>
<tr><td>177. 8</td><td>208</td><td>155～162</td><td>≥290</td><td>≥290</td><td rowspan="4">单、双</td><td rowspan="4">21, 35</td><td>7 in LCSG,7 in BCSG</td></tr>
<tr><td>193. 7</td><td>217</td><td>168～177</td><td rowspan="2">≥310</td><td rowspan="2">≥310</td><td>7⅝ in LCSG,7⅝ in BCSG</td></tr>
<tr><td>219</td><td>241</td><td>194～201</td><td>8⅝ in LCSG,8⅝ in BCSG</td></tr>
<tr><td>244. 5</td><td>275</td><td>220～225</td><td>≥330</td><td>≥330</td><td>9⅝ in LCSG,9⅝ in BCSG,9⅝ in CSG</td></tr>
</table>

续表 15-4-6

规格/mm	外径/mm	内径/mm	可容胶塞长度/mm		挡销形式	工作压力/MPa	套管螺纹代号
			一 级	二 级			
273	303	248～255	≥360	≥360	双	13，21	10¾ in CSG，10¾ in BCSG
298	342	274～297					11¾ in CSG，11¾ in BCSG
339.7	370	313～320	≥600	≥600			13⅜ in CSG，13⅜ in BCSG
508	536	476～486	≥650	≥650	双、三		20 in CSG，20 in BCSG

表 15-4-7 快装水泥头技术参数

型 号		内径/mm	外径/mm	可容胶塞长度/mm	工作压力/MPa	备 注
mm	in					
140	5½	135	185	＞350	50	本水泥头可应用于任何扣型
168	6⅝	173	218	＞350	50	
178	7	183	228	＞350	50	
244	9⅝	249	299	＞350	35	
273	10¾	278	328	＞380	35	
340	13⅜	345	395	＞380	21	

2. 旋转水泥头

1）结构组成

如图 15-4-32 所示，旋转钻杆水泥头包括顶盖、水泥头筒体、外套、旋转内套、下接头、由壬接头、密封圈、轴承、螺旋挡销总成等。顶盖与筒体组成胶塞容腔，上端的顶杆与下端的螺旋挡销可将钻杆胶塞固定在容腔内，使其不会移动；可通过标准的由壬连接管线；下部的旋转内套、轴承装置及密封圈用于实施旋转尾管，端面上的密封圈为防砂圈，可保证各轴承及密封圈在无砂状态下运行，外圆表面的组合密封组件可耐高温、高压，并具有较好的耐磨性；上轴承为球推力轴承，仅承受顶盖、筒体等件的自重，下轴承要承受部分钻具的重量，所以为圆锥滚子轴承，可承受较大的轴向力。

2）工作程序

将旋转水泥头与钻具连接，采用常规方法注水泥，压钻杆胶塞，替钻井液。当钻杆胶塞到达尾管胶塞位置前 1.5 m^3 左右时，降低排量，注意泵压表的变化。当水泥浆出尾管鞋时，驱动转盘带动旋转水泥头及尾管旋转，替浆量剩 1.5 m^3 左右时降低排量，停止旋转，碰压。

3. 无线远程控制旋转水泥头

无线远程控制旋转水泥头主要由无线远程控制系统、提拉端盖、本体、旋转单元、胶塞释放机构、投球装置、连接钻杆的下接头以及气动控制连接管汇组成(见图 15-4-33)。无线远程控制系统是由水泥头完成固井施工作业的指挥部，由便携式无线控制面板发出无线数字信号，经无线控制模块转化模拟信号，通过水泥头本体控制柜中的可编程控制器的控制程序发出指令，控制各电磁阀，驱动各执行机构完成固井作业；旋转单元可以实现钻杆转动，从而提高钻井液顶替效率，提高固井质量；旋转挡销机构是胶塞释放的执行机构，在控制阀的驱动下实现胶塞的释放；投球装置是投球的执行机构，在控制阀的驱动下实现胶塞的释放。

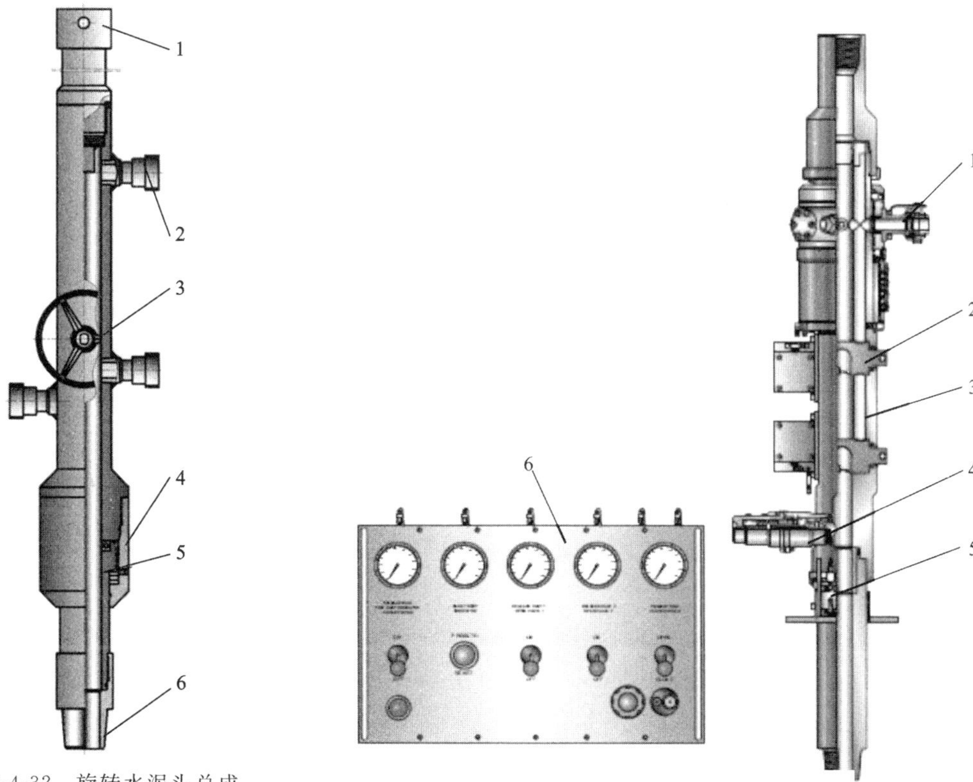

图 15-4-32　旋转水泥头总成

1—顶盖；2—由壬接头；3—筒体；4—外套；5—旋转内套；6—下接头

图 15-4-33　无线远程控制旋转水泥头

1—管汇开关；2—胶塞释放机构；3—本体；4—投球装置；5—胶塞指示器；6—控制系统

七、固井胶塞

固井胶塞是具有多级盘翼状的橡胶体，在固井作业过程中起着隔离、刮削及碰压等作用。按用途固井胶塞可分为上胶塞、下胶塞、尾管胶塞、钻杆胶塞、防转胶塞和自锁胶塞等。常用胶塞结构见图 15-4-34～图 15-4-38。胶塞技术参数见表 15-4-8 和表 15-4-9。

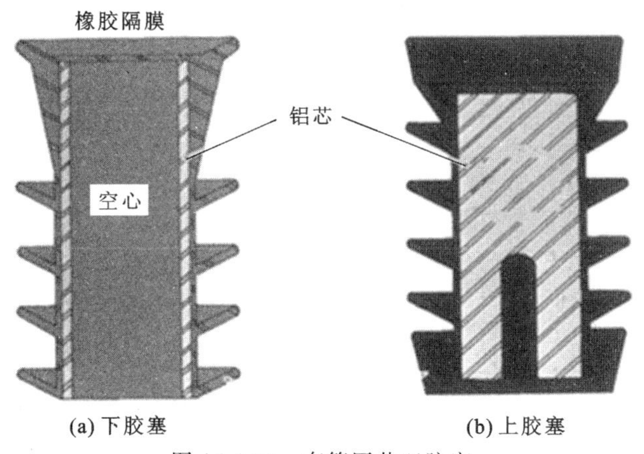

图 15-4-34　套管固井双胶塞

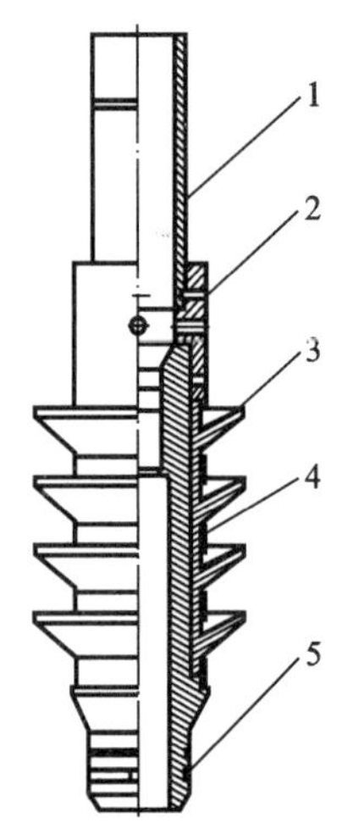

图 15-4-35　尾管下胶塞

1—短节；2—锁紧套；3—胶盘；4—胶塞体；5—卡簧

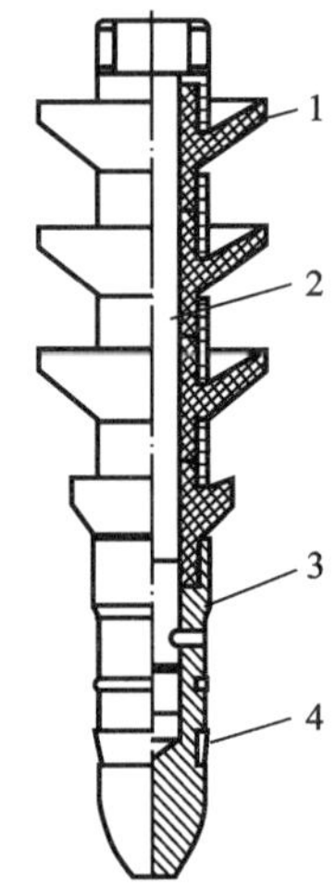

图 15-4-36　尾管钻杆胶塞

1—胶盘；2—心轴；3—导向头；4—卡簧

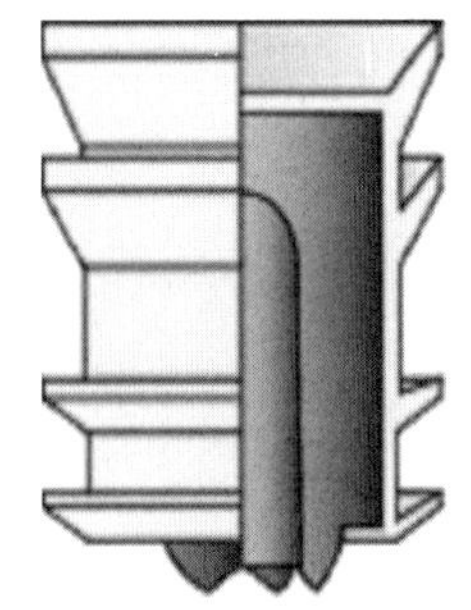

图 15-4-37　防转上胶塞

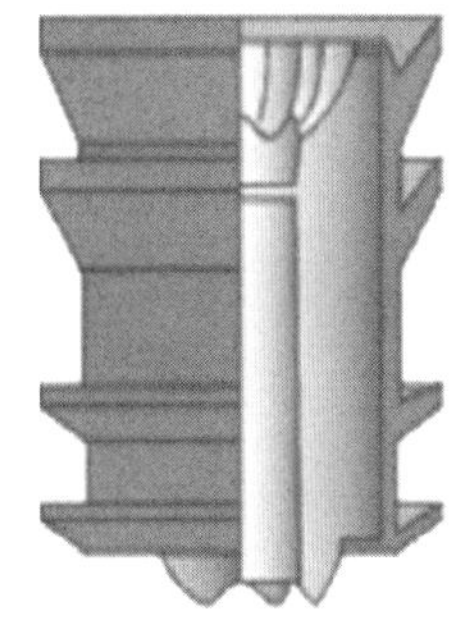

图 15-4-38　防转下胶塞

表 15-4-8　胶塞技术参数表

规格/mm	最大外径/mm	唇部直径/mm	主体直径/mm	下部孔径/mm	心部外径/mm	长度/mm
101	101	94～97	77	≥40	50	100～190
113	113	108～110	80			
127	127	120～123	90	≥50	70	120～210
139.7	140	130～135	105			
177.8	178	138～173	130	≥70	100	150～240
193.7	194	182～189	135			
219	219	210～213	168	≥70	100	180～260
244.5	244	234～239	192			
273	273	262～268	210			220～300
298	298	286～293	236			
339.7	335	328	264			260～350
508	508	490～501	424	≥100	120	360～450

表 15-4-9 自锁胶塞与自锁胶塞座技术参数

<table>
<tr><th rowspan="2">规格
/mm</th><th colspan="4">自锁胶塞</th><th colspan="6">自锁胶塞座</th></tr>
<tr><th>最大外径
/mm</th><th>配合长度
/mm</th><th>配合直径
/mm</th><th>长度
/mm</th><th>外径
/mm</th><th>插座内径
/mm</th><th>长度
/mm</th><th>螺纹长度
/mm</th><th>配合长度
/mm</th><th>配合直径
/mm</th></tr>
<tr><td>127</td><td>115</td><td>65.5</td><td>65</td><td>353</td><td>100</td><td>96</td><td>80</td><td rowspan="3">25</td><td rowspan="3">34</td><td rowspan="3">65</td></tr>
<tr><td>139.7</td><td>134</td><td>65.5</td><td>65</td><td>363</td><td>110</td><td>106</td><td>90</td></tr>
<tr><td>177.8</td><td>170</td><td>65.5</td><td>65</td><td>363</td><td>110</td><td>106</td><td>90</td></tr>
</table>

第五节 油井水泥

油井水泥是指应用于油气井固井、修井、挤注、油井报废等作业的硅酸盐水泥(波特兰水泥)和非硅酸盐水泥,包括掺有各种外掺料或外加剂的改性水泥或特种水泥的油井水泥体系。

通常将 API 各级油井水泥称为基本油井水泥,其他如火山灰水泥、火山灰石灰水泥、树脂水泥(塑性水泥)、石膏水泥、柴油水泥、膨胀水泥、铝酸钙水泥、高铝水泥、高寒水泥、触变水泥、抗腐蚀水泥、纤维水泥等称为特种油井水泥。

一、API 油井水泥(基本水泥)

1. 分类

API 油井水泥现有 A,B,C,G,H 五种,为基本水泥。此外还根据水泥抗硫酸盐能力[C_3A(铝酸三钙)的含量]分为:普通型(O),C_3A 质量分数<15%;中抗硫酸盐型(MSR),C_3A 质量分数≤8%,SO_3 质量分数≤3%;高抗硫酸盐型(HSR),C_3A 质量分数≤3%,[C_4AF(铁铝酸四钙)+$2C_3A$]质量分数≤24%,以示抗硫酸盐侵蚀的能力。

2. 化学要求

不同级别的油井水泥应符合表 15-5-1 规定的相应化学要求。

表 15-5-1 API 油井水泥化学要求

项 目	油井水泥级别				
	A	B	C	G	H
普通型(O)					
氧化镁(MgO)(最大值)/%	6.0	N/A	6.0	N/A	N/A
三氧化硫(SO_3)(最大值)/%	3.5	N/A	4.5	N/A	N/A
烧失量(最大值)/%	3.0	N/A	3.0	N/A	N/A
不溶物(最大值)/%	0.75	N/A	0.75	N/A	N/A
铝酸三钙($3CaOAl_2O_3$)(最大值)/%	NR	N/A	15	N/A	N/A

续表 15-5-1

项目	油井水泥级别				
	A	B	C	G	H
中抗硫酸型(MSR)					
氧化镁(MgO)(最大值)/%	N/A	6.0	6.0	6.0	6.0
三氧化硫(SO_3)(最大值)/%	N/A	3.0	3.0	3.0	3.0
烧失量(最大值)/%	N/A	3.0	3.0	3.0	3.0
不溶物(最大值)/%	N/A	0.75	0.75	0.75	0.75
硅酸三钙($3CaOSiO_2$)(最大值)/% (最小值)/%	N/A N/A	NR NR	NR NR	58 48	58 48
铝酸三钙($3CaOAl_2O_3$)(最大值)/%	N/A	8	8	8	8
以氧化钠(Na_2O)总量表示的总碱量(最大值)/%	N/A	NR	NR	0.75	0.75
高抗硫酸型(HSR)					
氧化镁(MgO)(最大值)/%	N/A	6.0	6.0	6.0	6.0
三氧化硫(SO_3)(最大值)/%	N/A	3.0	3.5	3.0	3.0
烧失量(最大值)/%	N/A	3.0	3.0	3.0	3.0
不溶物(最大值)/%	N/A	0.75	0.75	0.75	0.75
硅酸三钙($3CaOSiO_2$)(最大值)/% (最小值)/%	N/A N/A	NR NR	NR NR	65 48	65 48
铝酸三钙($3CaOAl_2O_3$)(最大值)/%	N/A	3	3	3	3
铁铝酸四钙+2倍铝酸三钙(最大值)/%	N/A	24	24	24	24
以氧化钠(Na_2O)总量表示的总碱量(最大值)/%	N/A	NR	NR	0.75	0.75

注:NR 表示不要求,N/A 表示不适用;表中数据均为质量分数。

3. 物理性能要求

不同级别的油井水泥应符合表 15-5-2 规定的相应物理性能要求。

表 15-5-2 API 油井水泥物理性能要求

项目			油井水泥级别				
			A	B	C	G	H
混合液(质量分数)/%			46	46	56	44	38
细度(最小值)/($m^2 \cdot kg^{-1}$)			280	280	400	NR	NR
游离水/mL			NR	NR	NR	3.5	3.5
抗压强度试验养护 8 h	养护温度	养护压力	抗压强度最小值/MPa				
	38 ℃	常压	1.7	1.4	2.1	2.1	2.1
	60 ℃	常压	NR	NR	NR	10.3	10.3

续表 15-5-2

项　目			油井水泥级别				
			A	B	C	G	H
抗压强度试验养护 24 h	养护温度	养护压力	抗压强度最小值/MPa				
	38 ℃	常　压	12.4	10.3	13.8	NR	NR
不同温度、压力下的稠化时间	15～30 min 稠度最大值/BC		稠化时间最小值/min				
	30		90	90	90	NR	NR
	30		NR	NR	NR	90	90
	30		NR	NR	NR	120(最大)	150(最大)

注:NR 表示不要求。

4. 各级油井水泥最佳密度

纯水泥的密度为 3.15～3.20 g/cm³。水和水泥必须有一个适当的范围,才能将其配制成性能参数都符合设计和施工作业要求的水泥浆。表 15-5-3 为各级油井水泥能配制的最佳密度水泥浆。

表 15-5-3　各级油井水泥最佳密度

水泥级别	水灰比(质量比)	造浆率/($m^3\cdot t^{-1}$)	最佳密度/($g\cdot cm^{-3}$)
A	0.462	0.786～0.778	1.86～1.88
B	0.462	0.786～0.778	1.86～1.88
C	0.558	0.880～0.870	1.77～1.79
G	0.442	0.763～0.755	1.89～1.91
H	0.381	0.704～0.697	1.96～1.98

5. 常用减轻材料掺量和配制水泥浆密度

在封固易漏、高渗透层及低压油气层时,需要使用低密度水泥浆。表 15-5-4 为常用水泥浆减轻材料掺量和配浆的密度。

表 15-5-4　减轻材料掺量和配浆的密度

减轻剂名称	密度/($g\cdot cm^{-3}$)	掺量范围/%	水泥浆密度范围/($g\cdot cm^{-3}$)
膨润土	2.65	2～32	1.38～1.77
粉煤灰	2.10	40～100	1.55～1.70
硅藻土	2.10	10～40	1.33～1.55
漂　珠	0.5～0.7	15～45	1.20～1.65
空心玻璃球	0.42～0.63	10～60	0.72～1.44
泡沫水泥			0.84～1.44

6. 物理性能测试

API 规范及中国行业标准对 API 油井水泥的物理性能进行了规定，主要是对四个性能指标进行检测。

1）细度

在 API 规范中，仅有 A，B 和 C 级水泥要求细度指标，对 G 和 H 级水泥没有要求。API 规范要求必须用浊度法测定，中国标准规定用勃氏法(Blane)测定。A 级和 B 级水泥的最小细度为 280 m^2/kg，C 级水泥的最小细度为 400 m^2/kg。

2）游离液含量

API 规范对 A，B 和 C 级水泥没有游离液要求，对 G 级和 H 级水泥需要有游离液含量值，一般要求原浆水泥游离液含量小于 1.4%。

3）抗压强度

测量抗压强度的立方体试块是在加压或常压两种情况下养护模铸的，究竟是用加压还是常压取决于井深和井下温度。在凝固和硬化状态下，温度对强度的影响更大。

4）稠化时间

稠化时间是油井水泥在规定的温度和压力下，从加水混拌开始到水泥浆达到 100 BC 所经历的时间。初始稠度是指 15～30 min 时的最大稠度。对 G 级水泥来说，稠化时间取决于比表面积和石膏加量。

7. 适用范围

A 级：深度范围 0～1 830 m，温度 77 ℃以内。无特殊性能要求，仅有普通型(O)。只适用于正常的井眼类型。

B 级：深度范围 0～1 830 m，温度 77 ℃以内。属中热水泥，分中抗硫酸盐型(MSR)和高抗硫酸盐型(HSR)。适用于正常的井眼类型，需要适度的抗硫酸盐能力的环境，并适用于高抗硫酸盐类的井。

C 级：深度范围 0～1 830 m，温度 77 ℃以内。属早强水泥，分普通、中抗硫酸盐和高抗硫酸盐型。它是为需要高早期强度的情况设计的，适用于正常井眼和高抗硫酸盐类的井。早期强度通常是通过更细的研磨而得到的。

G 级：深度范围 0～2 440 m，温度 0～93 ℃。配合促凝剂和缓凝剂使用，可覆盖较宽的井深和温度范围。除了硫酸钙或水，或者二者同时具备外，没有其他的添加剂。在 G 级水泥的生产过程中，应与煤渣相互研磨或混合。适用于中等和高抗硫酸盐类的井。

H 级：H 级水泥比 G 级水泥粒度要大，其余与 G 级水泥相同。

G 级和 H 级水泥作为基本井下水泥使用，可以用于大部分井深和温度范围，并且在中度抗硫酸盐和高度抗硫酸盐的要求下都可以使用。

二、特种油井水泥

1. 高铝水泥

这种水泥与波特兰水泥不同，它是由单一的铝酸钙组分组成的，既能承受高温(815 ℃)，又能适应低温(－9 ℃)环境,因此可以用于高温井和永久冻结带环境下。它的局限性是成本相对较高。

2. 树脂水泥

经研究证明,在水泥浆中加入树脂有利于改善水泥石的韧性,有助于提高抗冲击能力、耐磨性能和耐酸性气体腐蚀性能,而且能够显著改善水泥环与地层及套管的胶结质量。

固井中最常用的树脂是水性环氧树脂,通常是将环氧树脂以微粒、液滴或者胶体形式分散于水相中形成稳定的分散体系,可以分为乳液、水分散体系或者水溶液,包括树脂乳液和固化剂。该体系使用时需要配降滤失剂、分散剂、缓凝剂、消泡剂等外加剂,可以加重成高密度水泥浆。

3. 高寒水泥

在某些寒冷地区施工时,地表温度较低,易使水泥浆受冻而使水泥石的强度降低,此种情况下应使用防冻水泥封固。例如在永久性冻土层中、在寒冷的冬季封固表层套管时就应使用这种水泥。防冻水泥是在硅酸盐水泥中加入石膏粉或铝酸钙制成的。石膏粉与水泥各占50%的防冻水泥加入12%的食盐水混浆,可用于－20 ℃的低温条件。铝酸钙与水泥各占50%的铝酸盐防冻水泥,可用于－10 ℃的低温条件。

4. 膨胀水泥

膨胀水泥的优点是凝固后体积略有膨胀,可克服常规水泥凝固后体积缩小对固井质量的影响,使封固性能良好。膨胀水泥多为含有铝粉、钙镁钒盐类的水泥。

膨胀水泥在应用中应注意控制其膨胀率适当,一般在1%左右,过大会造成很大的压应力,损坏套管。

5. 火山灰水泥

这种水泥是通过加入15%的重熟石灰到天然火山灰或飞尘中形成的。它同时含有各种控制凝固的添加剂,适用60～204 ℃的温度范围。它属于高温水泥,稠化时间在温度高达204 ℃以上时可以进行控制,并且显示出高抗压强度而不会衰退。

6. 石膏水泥

石膏水泥主要包括熟石膏和适当的缓凝剂。这种水泥能在水合作用下产生类似石膏的物质,因此获得了石膏水泥这一名称。当石膏与波特兰水泥的质量比为50∶50时,石膏水泥凝固时间很短。这种水泥十分敏感,过去一般用于回堵、修复有裂缝的套管和阻止循环漏失,但应用十分有限。

7. 柴油水泥(DOC)

柴油水泥在堵水和阻止循环漏失方面效果明显。它包括悬浮在柴油或煤油中间的波特兰水泥(A级、B级或C级)。通常使用不同类型的表面活性剂来控制水泥的胶凝时间,主要分两种情况:一种是加速胶凝,指接触到水就立即发生胶凝;另一种是推迟胶凝。

8. 柴油膨润土水泥(DOBC)

这种水泥在阻止循环漏失方面特别有用。它是通过先向柴油中加入水泥和膨润土形成水泥浆,再在井下与等体积的水或钻井液相混合胶凝堵漏的。

9. 纤维水泥

以特种纤维材料为主的防漏增韧水泥浆体系为近年来新开发的特种水泥浆体系,有斯伦贝谢公司开发的CemNET纤维水泥、BJ公司开发的BJ-Fiber纤维水泥、天津中油渤星公司开发的BCE-200S纤维水泥等。纤维除了能够起到防漏堵漏的作用外,还具有增强增韧的效果,可减小井下作业对水泥环的损坏,延长油气井生产寿命。

1) CemNET纤维水泥

CemNET纤维是一种硅质纤维,长度为12 mm左右,直径为20 μm,使用温度可达232 ℃。CemNET纤维表面经过特殊处理,在水泥浆中很容易搅散,形成桥堵网,从而具有堵漏能力。CemNET纤维采用"后批混"施工工艺,即先配好水泥浆,然后将纤维材料加入水泥浆中混合搅拌,再泵入井内。

2) BJ-Fiber纤维水泥

BJ-Fiber纤维与CemNET纤维类似,长度为12 mm左右,直径为18 μm,推荐掺量为0~1%(BWOC,即占水泥质量的百分比)。

3) BCE-200S纤维水泥

BCE-200S特种纤维由圆柱状和片状两种形状纤维混杂而成,可以在水泥中干混,也可以在水泥浆制备好后加入搅散。由于这种纤维增稠作用小,因此很容易制备各种密度的防漏水泥浆。

三、非硅酸盐水泥

1. 磷酸盐水泥

哈里伯顿公司的CorrosaCem NP Cement体系磷酸盐水泥是一种化学结合水泥(Chemical Bonded Cement),不含氢氧化钙、水化硅酸钙、CO_2腐蚀介质。磷酸盐水泥抗温能力达370 ℃,例如在260 ℃条件下,含40%硅粉的普通水泥损失33%的质量,而Thermalock(磷酸盐水泥的商品名)水泥可增加9%的质量,7周后保持较低的渗透性(约0.098 69×10^{-3} μm^2)。这种水泥被用于地热井、热采井、酸性气体井和海上油气田。近年来,已成功研发了与磷酸盐水泥匹配的降失水剂、缓凝剂等外加剂。

2. 氯氧镁水泥

氯氧镁水泥又称索瑞尔水泥,是以菱镁矿和天然白云石煅烧后生成的具有反应活性的MgO和$MgCl_2$浓溶液反应而成的。该体系具有快凝、早期强度发展快和在盐酸中易于溶解等特性,主要用于钻井、完井和修井、漏失地层或井段的封堵。对于生产井或注水井,可在完成封堵后用盐酸酸化解堵,恢复生产。

该水泥可在淡水、海水和盐水中使用，与常用的水泥外加剂如降滤失剂、分散剂、缓凝剂等具有良好的配伍性，还可以使用加重剂进行加重，配成高密度水泥浆体系。

第六节 油井水泥外加剂

一、促凝剂

加入促凝剂或早强剂可以加速水泥水化反应和提高水泥早期强度。常用的促凝剂主要有氯化物促凝剂和无氯促凝剂。

1. 氯化物促凝剂

氯化物促凝剂主要包括氯化钙、氯化钠、氯化钾和氯化钙复合物等。

1）氯化钙

氯化钙一直被成功地用作促凝剂，也有很理想的早强作用，其正常加量为 2%～4%（BWOC），稠化时间在 50 ℃条件下可由 152 min 缩短到 59 min（见表 15-6-1）。当加量超过 6%（质量分数）时，可能发生先期凝固，而且其结果难以预计。

表 15-6-1 $CaCl_2$ 水泥浆体系的稠化时间和抗压强度

$CaCl_2$ 水泥浆体系的稠化时间/min			
$CaCl_2$ 质量分数/%	32 ℃	40 ℃	50 ℃
0	240	210	152
2	77	71	61
4	75	62	59

$CaCl_2$ 水泥浆体系的抗压强度/MPa									
$CaCl_2$ 质量分数/%	15.5 ℃			28 ℃			38 ℃		
	6 h	12 h	24 h	6 h	12 h	24 h	6 h	12 h	24 h
0	—	0.4	2.9	0.3	2.6	8.8	2.6	5.9	12.5
2	0.88	3.4	10.6	2.9	7.1	17.6	7.8	16.6	27.6
4	0.88	4.6	11.0	3.8	8.7	20.0	9.2	17.9	31.2

2）氯化钠

氯化钠影响油井水泥的稠化时间和抗压强度的发展，这取决于它的浓度和环境温度。一般来说，氯化钠在低浓度如水体积的 2%～5%时有促凝作用，在水体积的 16%～18%之上时开始起缓凝作用。

3）氯化钾

氯化钾能促进水泥浆凝固，对其流动性略有影响，与氯化钙复合使用效果更好。在泥岩、页岩、夹缝砂岩、石灰岩等注水泥时，若在水泥浆、隔离液或冲洗液中加入 0.3%～1%的氯化钾，可以抑制黏土膨胀，防止造浆作用，以免影响胶结强度。

4）氯化钙复合物

氯化钙与氯化钠或氯化铵等混合使用效果更好。1%氯化钙与2%氯化铵的混合物，或者2%氯化钙与2%氯化钠的混合物都是良好的复合促凝剂。使用这些复合促凝剂，既能可靠地加速水泥浆凝结和硬化，又不影响水泥浆的流动性能，还能降低水泥浆的游离水。

2. 无氯促凝剂

1）硅酸钠

硅酸钠通常用作水泥的充填料，但它也有促凝作用。在水泥浆液相中硅酸钠和钙离子反应生成水化硅酸钙凝胶，从而促使水泥水化诱导期提前结束。

2）三乙醇胺

三乙醇胺一般被用作促凝剂、塑化剂和助磨剂，主要可加速 C_3A 的水化。三乙醇胺在铝酸盐中促凝，在硅酸盐中缓凝，一般不单独使用，而是与其他外加剂配伍使用，以缓解或消除由某些分散剂或降滤失剂引起的过缓凝。

3）碳酸钠

碳酸钠也称纯碱或苏打，作为油井水泥的增强剂，也可在纤维素类降滤失剂中加入纯碱以增加流动性。如果水泥浆的初凝和终凝时间相隔较长，加入纯碱之后可以缩短这个区间，但是稠化时间会受影响：在加量不同的情况下，有时长，有时短，并不是随加量的增加或减少有规律性地变化，所以使用时应特别慎重。

4）石膏

石膏是常用的促凝早强剂，是指无水石膏或半水石膏，而二水石膏还有缓凝作用，它的加量大小直接影响促凝效果。由半水石膏和等量干水泥配制的石膏水泥，是为控制特种注水泥或浅井的需要而专门设计的“快干”水泥，另外也可以根据需要决定石膏与水泥的比例。

二、缓凝剂

缓凝剂的作用是能够有效地延长或维持水泥浆处于液态和可泵性的时间。

1. 无机缓凝剂

主要分为以下两类：① 酸及其盐，如硼酸（盐）、磷酸（盐）、铬酸（盐）和氟化氢；② 氧化物，如氧化锌、氧化铅。

固井中常使用的无机缓凝剂为氧化锌（ZnO）及锌盐（$ZnSO_4$），一般使用掺量为0.2%～0.6%（BWOC）。氧化锌与木质素磺酸钙、铁铬盐、磺甲基单宁等缓凝剂复合使用，可以用于4 000 m以上的中深井固井；氧化锌与酒石酸等缓凝剂复合使用，可以用于6 000 m以上的深井固井。

2. 有机缓凝剂

1）木质素磺酸及其盐类

主要有木质素磺酸钠、木质素磺酸钙和木质素磺酸铁铬盐等，它们都是木质素改性的聚合物，同时具有一定的降滤失作用。

2）羟基羧酸及其盐类

羟基羧酸及其盐类缓凝剂包括葡萄糖酸、柠檬酸、酒石酸、苹果酸、葡庚糖酸及它们的盐。羟基羧酸的分子结构中带有羟基官能团和羧基官能团，它们具有很强的缓凝能力，很容易在井底循环温度低于 93 ℃时造成过度缓凝。

酒石酸：一般加量为 0.4%～0.6%(BWOC)，小于 0.1%(BWOC)时促凝，而大于 0.7%(BWOC)时又长时间不凝，因此对掺量要求十分严格，必须通过稠化试验找准用量。另外需要注意的是，酒石酸很容易被碱性介质污染，在配制混合水时应彻底清洗钻井液罐，绝不允许有碱性污染物。

柠檬酸及其钠盐：是一种以缓凝为主，兼具分散作用的材料。柠檬酸的一般用量在 0.3%～0.8%(BWOC)范围。其盐柠檬酸钠的缓凝作用比较温和，分散效果也差，最低加量为 0.5%(BWOC)。

葡萄糖酸、葡庚糖酸及其盐：这类缓凝剂以葡庚糖酸及其盐类缓凝效果最佳，葡庚糖酸的七元环赋予其特殊的性能（对温度的敏感性小、稠化时间易调节、水溶性好），但是它的合成较难，通过加氰反应来完成增碳，生产条件苛刻、工艺复杂、成本高。

3）纤维素衍生物

最常用的纤维素缓凝剂是羧甲基羟乙基纤维素（CMHEC）和羧甲基纤维素（CMC），通常使用掺量为 0.2%～0.8%(BWOC)，适用于 135 ℃条件下，更高的温度会使纤维素缓凝剂分解而造成缓凝减弱或失效。这类缓凝剂不仅缓凝效果明显，还具有降滤失作用，但是添加纤维素缓凝剂后会提高水泥浆的黏度，使水泥浆流动度显著下降。

4）有机膦酸（盐）类

特高温缓凝剂主要使用有机膦酸盐，它具有优异的水解稳定性，耐温达 204 ℃。

5）糖类及碳水化合物类

糖类缓凝剂包括葡萄糖（单糖）、蔗糖（二糖）及其衍生物、糖蜜及其衍生物。这类缓凝剂中，缓凝效果最好的是具有五元环的蔗糖和棉籽糖。

6）单宁酸及其磺甲基盐类

这类产品包括单宁酸、单宁酸钠、磺甲基五倍子单宁酸钠（SMT，简称磺化单宁）、磺甲基橡宛单宁酸钠（SMK，简称磺化栲胶）、磺甲基褐煤（简称磺化褐煤，又名磺甲基腐殖酸）、龙胶粉等。一般单宁酸加量在 0.1%(BWOC)以内即可延长稠化时间；磺化单宁和磺化栲胶均有显著的缓凝效果，与硼砂和酒石酸复配可大幅提高使用温度范围。

三、分散剂

分散剂又称减阻剂或紊流诱导剂，它主要通过调节水泥颗粒表面的电荷来降低水泥浆的塑性黏度和屈服值，使水泥浆获得最佳流变参数。油井水泥分散剂分通用型、饱和盐水型和抗沉降型三类。按其化学组分可归纳为以下几类：

1. 木质素磺酸盐及其衍生物

木质素磺酸盐具有缓凝和分散双重作用，其加量应根据稠化时间和流变性的综合要求来确定，一般 0.2%～1.0%(BWOC)较为适宜。

2. 聚萘磺酸盐型

聚萘磺酸盐是β-萘磺酸盐与甲醛的缩合产物，缩写为PNS或NSFC，相当于简称为FDN的β-萘次甲基磺酸钠。市场上出售的产品有棕黄色粉末和40%水溶液两种。用淡水配浆时，正常加量为水的0.5%～1.5%（质量分数）。对于高含盐水泥浆体系，则需增大加量，有时可高达4%。它的特点是减水作用明显，不易起泡，早期强度发展快；缺点是容易引起水泥颗粒沉降，凝固时间受温度影响较大，而且有一定的缓凝作用。

3. 磺化醛酮缩合物

采用丙酮、甲醛和亚硫酸氢钠等廉价化工原料，所以成本较低，而且分散效果较好、耐高温，应用广泛。

4. 水溶性密胺树脂

密胺磺酸盐也称三聚氰胺树脂或密胺树脂，全称为磺化三聚氰胺甲醛树脂，缩写为PMS。它是由三聚氰胺、甲醛和亚硫酸钠按物质的量比1∶3∶1，在一定反应条件下经缩聚而成的。它有两种产品：一种是固体粉末，另一种是质量分数为20%～40%的水溶液。

5. 磺化乙烯基类聚合物及其衍生物

这类化合物中使用最多的是磺化栲胶、磺化单宁、磺化聚苯乙烯、龙胶粉等，还有一些磺化聚合物也有一定的分散作用。

6. 羧酸盐类

羧酸盐类分散剂包括丙烯酰胺-丙烯酸共聚物或甲基丙烯酰胺-甲基丙烯酸共聚物、苯乙烯-马来酸酐共聚物、丙烯酸与其他大单体共聚物等，其他还有一些低分子糖类和羧酸或其盐类（如柠檬酸、柠檬酸盐是强缓凝剂，同时还具有较强的分散能力）。

四、降滤失剂

主要用来控制水泥浆的API滤失量，一方面可减少水泥浆滤液对储层的污染，另一方面能够保持水泥浆始终处于稳定状态。

1. 天然高分子及改性纤维素

改性纤维素是水溶性天然产物中应用较多的一类降滤失剂。可用作降滤失剂的改性纤维素有CMC（羧甲基纤维素）、HEC（羟乙基纤维素）、CMHEC（羧甲基羟乙基纤维素）等。

2. 聚合物类

1）非离子型聚合物

PVA（聚乙烯醇）体系是应用较广的一类非离子型降滤失剂，具有独特的优点。该体系使用温度可达95 ℃，高于此温度后交联键被破坏，降滤失性能变差。此外，该体系抗盐（NaCl）

性能差,抗盐通常不超过 5%。

2) 阴离子型聚合物

阴离子型聚合物是研究最为广泛、产品种类最多的一类降滤失剂。应用最为广泛、最具代表性的产品是以阴离子型单体 AMPS(2-丙烯酰胺基-2-甲基丙磺酸)为主要原材料聚合而成的。AMPS 耐温耐盐能力强、聚合活性高,已形成规模化生产。

哈里伯顿公司的 Halad-344,Halad-413,Halad-4 和 Halad-700,BJ 公司的 FL-32 和 FL-33 等均属于此类产品。中国石化石油工程技术研究院的 DZJ-Y、卫辉的 G310 等阴离子型聚合物在中国应用较多。

五、减轻剂

减轻剂依其作用原理的不同可分为三类。

(1) 吸水性材料:如膨润土类材料,其吸附能力强,造浆率高,即通过水泥浆高的水灰比来降低水泥浆密度;此外还有硅藻土、粉煤灰、微硅等。

(2) 轻质材料:因其自身密度比水泥轻,故加入水泥浆之后可以使水泥浆密度降低,如漂珠、空心玻璃微珠等。

(3) 泡沫水泥:以向水泥浆中充气或化学发气的办法形成泡沫水泥浆,使之形成超低密度。

1. 膨润土

膨润土的密度为 2.6~2.7 g/cm^3,它是最常用的水泥浆减轻剂之一,具有极强的吸水性能,在水中体积可膨胀十几倍。其造浆率很高,使水泥含水容量增大,从而使水泥浆密度降低。当膨润土的量高于 6%时就要加入分散剂以降低水泥浆黏度和胶体强度。据 API 推荐,所有级别的 API 水泥,每加 1%的膨润土要额外补充 5.3%(质量分数)的水。增加膨润土加量可以使水泥浆密度降低,同时也使水泥石的抗压强度下降、渗透率增大,故这种水泥体系的抗腐蚀性能也相应降低。

2. 粉煤灰

粉煤灰又称飞灰,密度为 2.1 g/cm^3 左右。粉煤灰是火电站煤粉燃过的灰烬,主要由含二氧化硅的微细玻璃体组成。粉煤灰的粒度为 1~50 μm,具有较高的比表面积和反应活性,与氢氧化钙或其他碱土金属氧化物反应生成低钙硅酸盐水化物。用粉煤灰配制水泥浆可使其密度降到 1.55~1.70 g/cm^3。粉煤灰低密度水泥体系具有优秀的抗腐蚀能力,其水泥石抗压强度也明显高于膨润土水泥体系。

3. 漂珠

漂珠是应用最普遍的水泥减轻材料,平均密度只有 0.7 g/cm^3,所以主要用于超低密度高强度水泥体系,可解决易漏地层和地热井、热采井的固井施工问题。漂珠的技术指标见表 15-6-2。

表 15-6-2 漂珠技术指标

指 标		性 能
密度/(g·cm^{-3})		0.50～0.70
粒径/μm		40～250
壁厚/μm		8～75
化学组成(质量分数)/%	SiO_2	55～59
	Al_2O_3	35～36
	Fe_2O_3	3～5
	CaO	1.5～3.6
	MgO	0.8～4

4. 3M 高抗挤空心微珠

该产品是美国 3M 公司开发的一种适合油田使用的低密度减轻材料，其性能见表 15-6-3，可用于低密度水泥浆、钻井液等。

表 15-6-3 3M 高抗挤空心微珠性能

参 数		性 能
外 形		壁薄的单个空心球体
成 分		碱石灰硼硅酸玻璃，化学性质稳定
水溶性		不溶于水
颜 色		白 色
密度/(g·cm^{-3})		0.125～0.600
粒径/μm		15～135
pH 值		9.5
软化温度/℃		600
承压能力/MPa	HGS2000	14
	HGS3000	21
	HGS4000	28
	HGS5000	35
	HGS6000	42
	HGS10000	70
	HGS18000	124

5. 微硅

微硅是生产硅、硅铁或其他硅合金的副产品，其本身密度为 2.6 g/cm^3 左右，颗粒粒度小(微硅的颗粒粒径绝大部分在 0.02～0.5 μm 范围内，平均粒径在 0.1～0.2 μm 之间)，具有较大的比表面积，吸水性强且能降低水泥浆自由水含量，也能有效地降低水泥浆密度。微硅细度小，具有很高的活性，能使低密度水泥浆抗压强度形成速度加快，其 SiO_2 含量为 85%～

92%。高纯度的 SiO_2 能提高水泥浆中的硅碳比(物质的量比),防止水泥石在高温条件下的强度衰退。

6. 硅藻土

硅藻土是由海水或淡水中沉淀的硅藻残骸组成的,具有火山灰的性能特点,有一定的活性,有助于降低水泥石的渗透率,增强对硫酸盐液体和腐蚀性液体的抵抗能力,提高水泥石的抗压强度。硅藻土的密度低(2.0~2.2 g/cm^3),颗粒粒径在 5~20 μm 之间的颗粒含量占颗粒总含量的 65%~75%,比表面积大,吸水性强,可有效地降低水泥浆密度。硅藻土中 SiO_2 含量高,可达 80%~90%,SiO_2 可与水泥水化产物及游离的 $Ca(OH)_2$ 反应,生成坚固的硅酸钙凝胶,从而促进水泥石强度的发展。

六、加重剂

1. 重晶石

重晶石($BaSO_4$)是最常用的加重材料,密度为 4.3~4.6 g/cm^3。用重晶石配制的水泥浆密度可达到 2.2 g/cm^3 左右,使用较普遍。

2. 钛铁矿

钛铁矿($FeTiO_3$)是黑色颗粒材料,密度为 4.45 g/cm^3,粒径为 75 μm 左右,能将水泥浆密度调到 2.4 g/cm^3 左右,对稠化时间和抗压强度均无影响。

3. 赤铁矿

赤铁矿为具有金属光泽的黑色粉末,有天然磁性,密度为 5.0~5.3 g/cm^3,粒径约为 75 μm。由于赤铁矿自身密度大,比重晶石所需附加水少,故可使水泥浆密度升高到 2.4 g/cm^3 左右,可制备超高密度水泥浆。当与分散剂、降滤失剂等复合应用时,可使水泥浆密度提高到 2.6 g/cm^3。

4. 锰粉

锰粉为暗红色粉末,密度为 4.9 g/cm^3,粒径集中在 0.5~1.0 μm 范围内,比表面积为 3.0 m^2/g,是水泥颗粒比表面积的 10 倍,因此在水泥浆中悬浮性能好,浆体稳定。使用锰粉可将水泥浆密度调整到 2.5 g/cm^3,锰粉与铁矿粉等复合使用可将水泥浆密度调整到近 3.0 g/cm^3。

常用加重剂性能见表 15-6-4。

表 15-6-4　水泥加重剂性能

加重剂名称	密度/(g·cm^{-3})	粒径/μm	水泥浆密度/(g·cm^{-3})	对抗压强度的影响	对稠化时间的影响
细重晶石	4.3~4.6	48	2.28	降　低	缩　短
钛铁矿	4.45	75~550	2.4	无	无
赤铁矿	5.0~5.3	75~380	2.4~2.6	略　降	缩　短
锰　粉	4.9	0.5~1.0	2.5	无	无

七、防气窜剂

防气窜的途径主要有两个：一是始终有效地压稳气层，确保封固气层的水泥浆液柱压力始终大于气层压力；另一个是降低水泥浆滤饼的渗透率，阻止气体的侵入。防气窜效果最好的是不渗透水泥。主要防气窜剂有PVA非渗透防气窜剂和胶乳。另外在水泥中添加发气剂，可以补偿损失的液柱压力，达到防气窜的效果。

PVA非渗透防气窜剂由高分子聚合物、交联剂组成，在水泥浆碱性条件下发生络合发应，形成络合结构。当水泥浆中非渗透剂和交联剂浓度较高时，络合物分子间就会相互连接形成连续的凝胶结构(非渗透薄膜)。随着水化反应的进行，不断增加的凝胶结构分子会相互靠近、接触、黏结，进而形成均匀稳定的不渗透膜。不渗透膜可以迅速降低滤失渗透率和水泥浆滤失量。

胶乳粒径为0.02～0.5 μm，比水泥颗粒粒径小得多，且具有弹性。水泥浆形成滤饼时，一方面，一部分胶粒挤塞、填充于水泥颗粒间的空隙中使滤饼的渗透率降低；另一方面，胶粒在压差的作用下在水泥颗粒间聚集成膜，这层覆盖在滤饼表面的膜阻止气体窜入水泥浆。胶乳体系水泥浆在较宽的温度范围内(40～170 ℃)都有良好的滤失控制能力，甚至在很低的温度(25 ℃)都能将API滤失量控制在50 mL。适用于高温高压气井固井的胶乳防气窜剂有Schlumberger公司的D600和D700、Halliburton公司的Gascheck等，以及中国石化石油工程技术研究院的DC200。

常规水泥浆是微压缩浆体，其压力损失不能得到有效补充。如果在水泥浆中添加发气剂，借助水泥浆中均匀分散的发气剂与水泥水化产物反应生成可压缩的微泡并高度分散地保留于水泥浆内，储存水泥浆的静液柱压力，在水泥水化体积收缩和失水导致孔隙压力下降时，微小气泡即发生膨胀，就可以补偿压力的降低。这就是可压缩防气窜水泥浆体系的防气窜机理。

八、热稳定剂

在深井、地热井和蒸汽注入井中，凝固的水泥石常处于高于110 ℃的条件下，必须使用热稳定剂。最常用的热稳定剂主要是石英砂(硅粉)，按照细度分为三种，即砂、硅粉、微硅。硅粉的纯度必须大于96%，砂(粗硅粉)的粒径为120 μm，硅粉(细硅粉)的粒径为53 μm。硅粉加量与温度有关，对于井底静止温度处于110～204 ℃的井，硅粉加量为35%～40%；对蒸汽注入井或蒸汽采油井，硅粉加量通常在60%以上。加硅粉耐高温水泥体系的最高温度为358 ℃。

九、防CO_2和H_2S腐蚀材料

防止CO_2和H_2S腐蚀的途径有两个：

1. 降低体系的碱度

降低体系的碱度，主要通过添加无机复配材料，使形成的硬化水泥石组成物质与CO_2和H_2S反应活性大幅度降低，以提高水泥石抗CO_2和H_2S的能力。以在CO_2和H_2S与水存在条件下长期稳定的有机物为添加剂，用以堵塞水泥石的孔隙或与水泥形成耐酸的复合结构，从根本上解决油井水泥腐蚀问题。

2. 增加水泥石的密实度，降低渗透率

在水泥浆中添加具有堵塞作用的纳米级丁苯胶乳，用于堵塞微孔，降低水泥石的渗透率，以阻止酸性气体的腐蚀。

另外，粉煤灰、矿渣凹凸棒土、轻烧煤矸石、纳米氧化铝等材料中的SiO_2，Al_2O_3及Fe_2O_3，同时具有硅氧四面体和铝氧四面体，在液体中可与$Ca(OH)_2$发生反应，消耗$Ca(OH)_2$。产物具有高强度且能置换出微小孔隙中的水并填充孔隙，降低渗透率，提高水泥石的密实度。

十、抑泡剂和消泡剂

部分水泥外加剂在配浆过程中可能引起水泥浆发泡，气泡的聚集可能产生气穴，造成水泥浆密度达不到设计要求，还因气泡太多而影响水泥浆泵送，影响固井质量。

一切能破坏泡沫稳定存在的化学剂均可用作抑泡和消泡剂。消泡剂由主消泡剂、辅助消泡剂、载体、乳化剂、稳定剂组成。消泡剂主要采用大分子的醇、多元醇及其他添加剂。中国的消泡剂有聚乙二醇、甘油聚醚、硬脂酸铝、辛醇、有机硅、磷酸三丁酯、环氧烷聚合物类等。

十一、堵漏剂

水泥浆中常用的堵漏剂是纤维。堵漏纤维是由加有抗老化剂等材料的有机聚合物经热熔、拉丝、表面涂覆、短切等工序制成的，并对表面进行特殊工艺处理，增强了纤维的亲水性，可以防止固井时的水泥浆漏失，同时还可提高水泥浆径向剪切应力，改善水泥环抗冲击韧性，显著提高固井质量。

第七节 下套管工具

一、常用下套管工具

1. 套管吊卡

套管吊卡结构见图15-7-1，套管吊卡规范见表15-7-1。

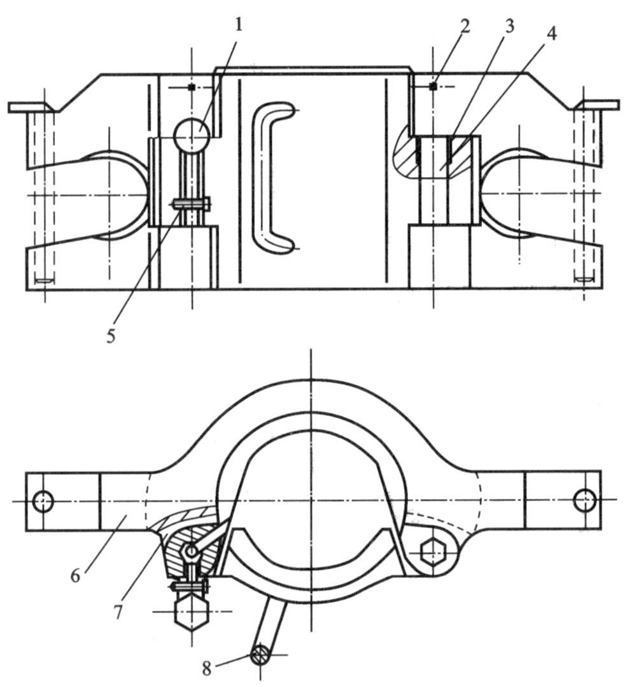

图 15-7-1　吊卡

1—锁销手柄；2—螺钉；3—上锁销；4—活页销；5—开口销；6—主体；7—活页；8—手柄

表 15-7-1　套管吊卡规范

规格型号	吊卡孔径/mm	套管外径		最大载荷/kN
		in	mm	
CD 117/900	116.96	4½	114.3	900
CD 130/900	130.18	5	127.0	
CD 142	142.88	5½	139.7	1 125
CD 171	171.45	6⅝	168.3	
CD 181	180.89	7	177.8	1 350
CD 197	197.64	7⅝	193.7	
CD 223	223.04	8⅝	219.1	
CD 248	248.44	9⅝	244.5	
CD 277	277.83	10¾	273.0	2 250
CD 303	303.23	11¾	298.4	3 150
CD 331	331.08	12⅞	325.0	
CD 344	344.50	13⅜	339.7	
CD 411	411.96	16	406.4	

续表 15-7-1

规格型号	吊卡孔径/mm	套管外径		最大载荷/kN
		in	mm	
CD 478	479.43	18⅝	473.1	4 500
CD 515	515.14	20	508.0	
CD 557	557.24	21½	546.1	
CD 565	565.94	22	558.8	
CD 617	617.55	24	609.6	
CD 630	630.25	24½	622.3	
CD 669	669.14	26	660.4	
CD 694	694.54	27	685.8	
CD 720	720.32	28	711.2	
CD 771	771.53	30	762.0	
CD 822	822.73	32	812.8	
CD 925	925.53	36	914.4	

2. 气动套管卡盘

对于大尺寸套管、大吨位套管、无节箍或小节箍套管、特殊钢级套管等，需要使用套管卡盘来下套管。另外，顶驱下套管系统也需要卡盘来配合。

套管卡盘见图 15-7-2，其性能参数见表 15-7-2。

图 15-7-2 套管卡盘

表 15-7-2 套管卡盘参数表

产品规格型号	卡持管径/in		最大载荷/kN	额定工作压力/MPa
	卡瓦体	管 径		
SE500	5½	4½	4 448	0.6～0.8
		5		
		5½		
		5¾		

续表 15-7-2

产品规格型号	卡持管径/in		最大载荷/kN	额定工作压力/MPa
	卡瓦体	管 径		
SE500	7⅝	6⅝	4 448	0.6～0.8
		7		
		7⅝		
		7¾		
	9⅝	8⅝		
		8¾		
		9⅝		
		9¾		
		9⅞		
	11¾	10¾		
		10⅞		
		11¾		
		11⅞		
	14	13⅜		
		13½		
		13⅝		
		13¾		
		14		
	16	16		
	18⅝	18⅝		
	20	20		
	24	24		
SE350	5½	4½	3 114	
		5		
		5½		
		5¾		
	7⅝	6⅝		
		7		
		7⅝		
		7¾		
	9⅝	8⅝		
		8¾		
		9⅝		
		9¾		
		9⅞		

续表 15-7-2

产品规格型号	卡持管径/in		最大载荷/kN	额定工作压力/MPa
	卡瓦体	管 径		
SE350	11¾	10¾	3 114	0.6～0.8
		10⅞		
		11¾		
		11⅞		
	14	13⅜		
		13½		
		13⅝		
		13¾		
		14		
	16	16		
	18⅝	18⅝		
	20	20		

3. 吊钳

1）吊钳的分类

吊钳分为多扣合吊钳和单扣合吊钳两种类型。

2）吊钳的技术参数

多扣合吊钳技术参数见表 15-7-3，单扣合吊钳技术参数见表 15-7-4，套管动力吊钳基本技术参数见表 15-7-5。

表 15-7-3 多扣合吊钳技术参数

型 号	适用管径范围/mm(in)	最大扭矩/(kN·m)
Q60-273×35	60.3～273(2⅜～10¾)	35
Q340-648×35	339.7～647.7(13⅜～25½)	35
Q86-324×75	85.7～114.3(3½～4½)	55
	114.3～196.9(4½～7¾)	75
	196.9～298.5(7¾～12¼)	55
Q89-299×75	88.9～114.3(3½～4½)	55
	114.3～196.9(4½～7¾)	75
	196.9～298.5(7¾～11¾)	55
Q86-432×90	85.7～216(3⅜～8½)	90
	216～431.8(8½～17)	55
Q102-305×140	101.6～304.8(4～12)	140

表 15-7-4　单扣合吊钳技术参数

型　号	适用管径/mm(in)	适用接箍或接头外径/mm(in)	最大扭矩/(kN·m)
Q324×8	323.9(12¾)	349.2(13¾)	8
Q340×8	339.7(13⅜)	365.1(14⅜)	8
Q375×8	374.7(14¾)	400(15¾)	8
Q425×8	425.5(16¾)	450.9(17¾)	8
Q60×30	60.3(2⅜)	85.7(3⅜)	30
Q73×30	73(2⅞)	105(4⅛)	30

表 15-7-5　套管动力吊钳基本技术参数

基本技术参数	型　号				
	TQ16	TQ16G	TQH20	TQH20G	TQH70
适用管径/mm(in)	52～194(2$\frac{1}{16}$～7⅝)		102～340(4～13⅜)		219～609(8⅝～24)
最大扭矩/(kN·m)	16	25	20	35	70
高挡扭矩/(kN·m)	≥3	≥5	≥3.5	≥6	≥20
低挡转速/(r·min^{-1})	8～16	4～16	6～14	3～14	4～12
高挡转速/(r·min^{-1})	60～90	34～90	50～80	28～80	30～60
质量/kg	≤500	≤550	≤600	≤650	≤1 500

二、顶驱下套管系统

顶驱下套管充分利用了顶驱的优点，实现了套管上扣的自动控制，并且能够在循环钻井液和上下活动套管串的同时旋转套管，降低了卡套管和井下复杂情况的概率。该项技术的应用极大地降低了下套管过程中井下和地面出现复杂情况的可能性，提高了下套管作业的质量、安全和效率，降低了钻井成本，在将来的应用和继续提高上有着极为广阔的前景。

1. 顶驱下套管装置性能特点

(1) 驱动方式。

下套管工具的驱动方式主要有液压驱动和机械驱动。液压驱动主要依靠顶驱的液压源或轻便式液压动力装置，但容易出现液压油泄漏、污染环境及液压油受环境因素影响较大等问题；机械驱动依靠顶驱的转动来完成下套管装置与套管的夹持作业。

(2) 卡瓦类型。

卡瓦有爪牙或钳牙、TAWG 和投掷球(如 CANRIG，2M-TEK)型三种。当套管重量增加时，爪牙或钳牙可能对套管造成损害，而 TAWG 是机械驱动的专用卡瓦，投掷球型是一种新型的卡瓦方式，能够减少套管的损坏。

(3) 辅助工具。

为了提高下套管装置的智能化和自动化水平，确保作业的安全与高效，在辅助系统中开发了智能作业指导软件、视频监控系统、井口套管扶正装置、智能防碰装置和立管压力检测装置等。PLC 自动控制上扣扭矩为最佳上扣扭矩，扭矩曲线实时显示。当作业套管为非标准套管时，程序具备添加功能，以满足实际工况。

2. 不同公司顶驱下套管装置

1）Tesco 公司顶驱下套管装置 CDS™

Tesco 公司的下套管装置通过轻便式液压动力装置或顶驱的液压源使驱动机构上、下油缸充油，推动驱动机构上、下运动，进而实现夹持机构与套管的松开或夹紧。

Tesco 公司主要有内下套管系统（ICDS™）和外下套管系统（ECDS™）两类下套管工具，见图 15-7-3。

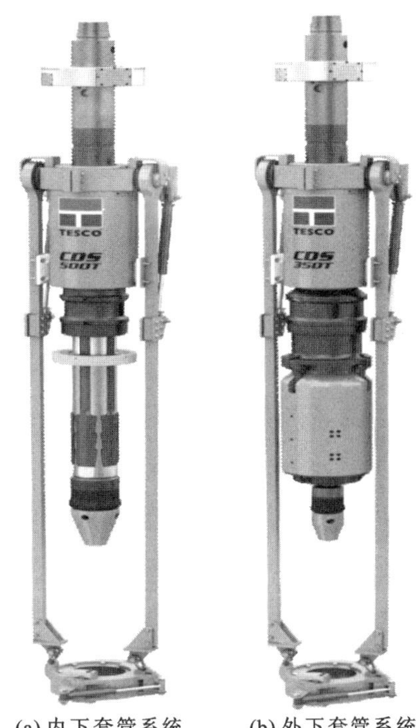

(a) 内下套管系统 (b) 外下套管系统

图 15-7-3 Tesco 公司的下套管工具图

内下套管系统顶驱下套管装置夹持套管内表面，其下部驱动总成有六种尺寸供选择：3½～4½ in，5½ in，7～7⅝ in，9⅝～11⅞ in，13⅜～16 in，18⅝～20 in。

外下套管系统顶驱下套管装置夹持套管外表面，其下部驱动总成有两种尺寸可供选择：4½～7 in 与 7⅝～8¾ in。

Tesco 公司的顶驱下套管装置按额定载荷分为 350 t 外卡、500 t 内卡及 750 t 内卡三种。

Tesco 公司的下套管工具下入的套管尺寸范围比较宽，并且采用液压驱动，配有一系列的配套装置如扶正器、下套管及划眼工具、侧入旋转接头，同时备有专门的液压吊卡，用于单根管柱的起吊作业。

该装置的夹持机构为卡瓦牙结构，驱动机构为楔形锥面结构。这种结构的下套管装置对管柱的夹持力随下放管柱重力的增大而增大，当下放管柱的重力过大时，卡瓦牙夹持机构会损坏管柱表面。

2）Weatherford 公司顶驱下套管装置 TorkDrive™

美国 Weatherford 公司的顶驱下套管装置的工作原理与 Tesco 公司的产品相似。TorkDrive™ 紧凑型工具提供外部或内部夹持型号，从而适合各种尺寸的套管。主要产品有液压驱动的 TorkDrive™ 350，见图 15-7-4。

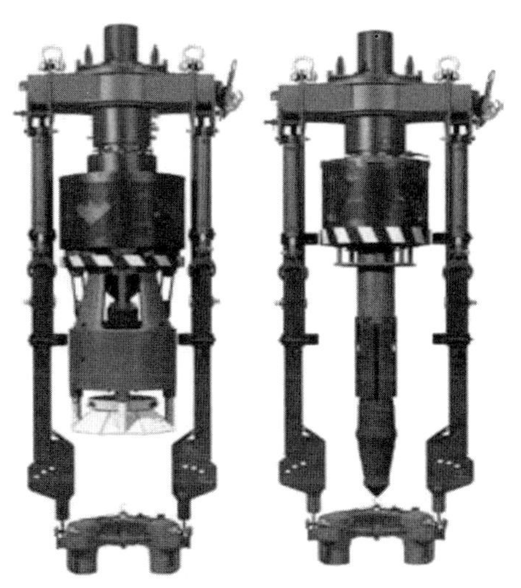

(a) 外部夹具(ECT) (b) 内部夹具(ICT)

图 15-7-4 Weatherford 公司的下套管工具图

TorkDrive™ 外部夹持型工具适用于 88.9～244.5 mm(3½～9 in）的套管，额定载荷 350 t；TorkDrived™ 内部夹持型工具适用于 244.5～508 mm(9⅝～20 in)的套管，额定载荷 500 t。

TorkDrive™ 紧凑型工具非常灵活，它的尺寸较小，便于钻台上的安装和拆卸，是陆地钻机应用的理想工具。它的主要优点有：钻井液节流阀的回流功能可实现灌浆和回流模式的自动切换，因无需移除泥浆回流阀或重新定位工具而节省时间；外部夹持型工具具有液压补偿系统，可避免螺纹损坏，适合于优级扣上扣；多个安全联锁装置可以防止意外事件或套管坠落事故，提高了安全性；采用接头与顶驱连接而不是通过吊环连接，允许旋转速度高达 100 r/min，可实现更快、更高效的上扣和钻井作业。

3）Canrig 公司顶驱下套管装置 SureGrip™

美国 Canrig 与 First Subsea 公司联合开发了一种新型顶驱下套管装置 SureGrip™，它的工作原理与 Tesco 公司的产品相似，采用液压驱动，见图 15-7-5。

SureGrip™ 夹持机构采用新型的钢球夹持机构（见图 15-7-6），可避免尖锐的夹持压痕，减少潜在的套管腐蚀风险，特别适合套管悬重比较大的井。

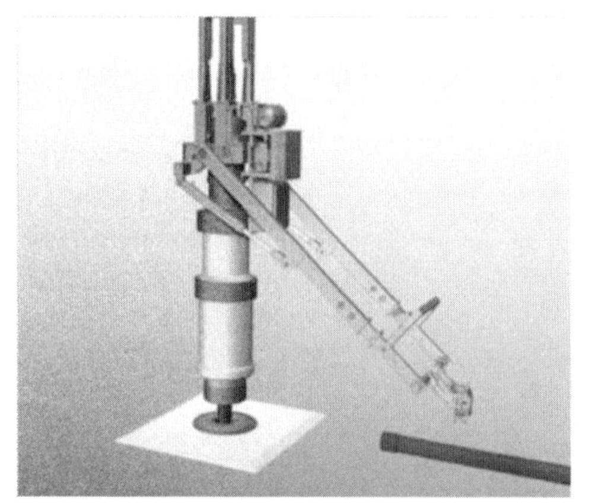

图 15-7-5　Canrig 公司的下套管工具图

图 15-7-6　Canrig 公司的新型钢球夹持系统图

4）Volant 公司顶驱下套管装置 CRTi™

加拿大 Volant 公司研发了依靠顶驱进行机械驱动的下套管装置 CRTi™，见图 15-7-7。

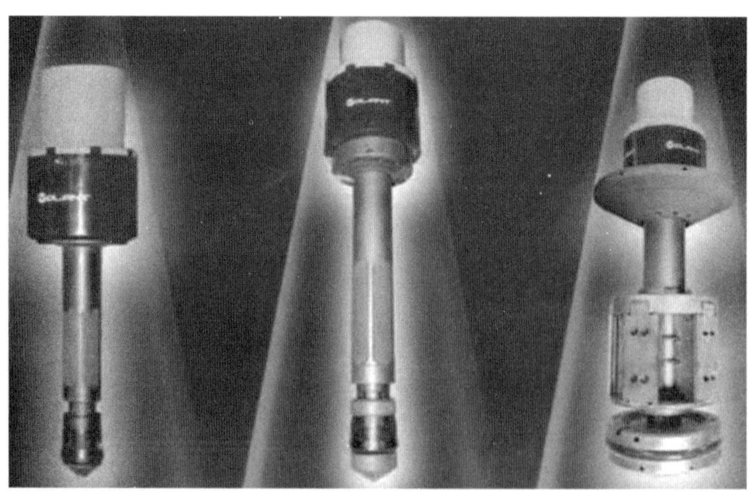

图 15-7-7　Volant 公司的下套管工具图

机械式顶驱下套管装置主要通过顶驱的旋转、上提及下放，实现心轴相对于卡瓦的轴向位移，进而实现卡瓦的径向位移，完成下套管装置与套管的夹持作业。

Volant 公司主要有 CRTi-1-4.5，CRTi-1-5.5，CRTi-1-8.63，CRTi-2-7.0 及 CRTi-4-7.0 等五种型号机械式顶驱下套管装置。该工具的最大承载能力为 660 t，卡瓦设计为 TAWG (Torque Activated Wedge Grip)型，见图 15-7-8。

5) Franks 公司顶驱下套管装置

美国 Franks 公司的顶驱下套管装置主要产品有机械驱动的 Evolution TAWG 和 FA-1、液压驱动的 CRT，并已经在现场成功应用，见图 15-7-9。

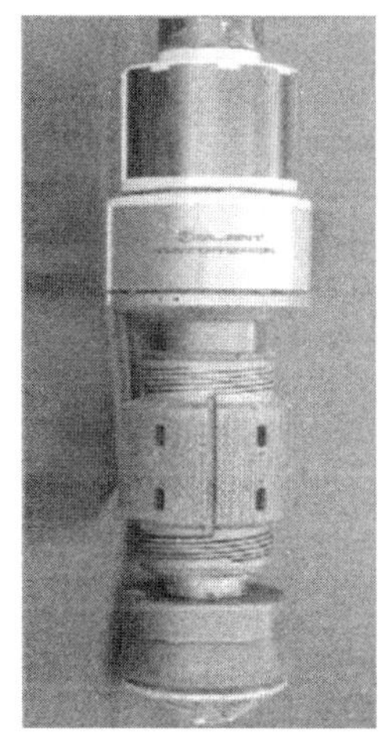

图 15-7-8 Volant 公司的 TAWG 卡瓦图

图 15-7-9 Franks 公司的下套管工具图

Evolution TAWG 属于内部夹持机械驱动型下套管工具，有 4½ in(125 t)，5½ in(200 t)，7～9⅝ in(250 t)，9⅝～13⅜ in(275 t)四种类型。Evolution FA-1 也属于内部夹持机械驱动型下套管工具，有 9⅝～14 in，16～20 in 两种型号，额定承载能力为 500 t。Evolution CRT 属于外卡式液压驱动型下套管工具，适合的套管外径为 4½～9⅝ in，额定承载能力为 350 t。

Franks 公司生产的顶驱下套管装置的主要特点为：配有专利技术的液压卡瓦结构、钻井液回收阀和气螺旋重力补偿机。

不同顶驱下套管系统参数见表 15-7-6。

表 15-7-6 顶驱下套管装置性能参数表

参 数	服务商名称				
	Tesco	Weatherford	Volant	Canrig	Franks
最大额定提升载荷/t	750	500	660	500	500
最大套管尺寸/in	20	20	20	13⅜	22
最大扭矩/(ft・lb)	80 000	80 000	85 000	50 000	70 000(仅钳牙)，27 500(TAWG)
最大循环压力/MPa	35	35	35	35	35
最大旋转速度/($r \cdot min^{-1}$)	150	20/100	240	20	20
质量(全套)/kg	3 175	3 000	2 130	3 460	4 536
最大静止下推力/kg	18 130	18 130	0	9 072	9 072

续表 15-7-6

参　数	服务商名称				
	Tesco	Weatherford	Volant	Canrig	Franks
温度范围/℃	−40～50	−20～40	−40～40	−40～40	−20～40
最快安装时间/min	30	180/60	15	60	90
抓　握	爪牙或钳牙	爪牙或钳牙	TAWG™	投掷球	钳牙或 TAWG

第八节　下套管作业

一、井眼准备

(1) 钻井过程要确保井眼规则，防止井径扩大率和全角变化率超标，影响套管的顺利下入和固井质量。

(2) 钻井液性能应保证井壁稳定、井眼干净、无油气侵和无漏失，符合固井设计要求。

(3) 对于在钻井过程中发生漏失的井，必须在下套管之前先堵漏，确保漏失层达到固井设计中要求的承压能力后再下套管。

(4) 油气井如果出现溢流，必须先压稳产层，对于油井，确保钻井液进出口密度一致；对于气井，进出口密度差小于 0.02 g/cm^3。不能用大幅度降低密度的方式稀释钻井液，以免出现产层压不稳的现象。

(5) 通井时要清除井底沉砂，处理调整好钻井液性能，要求黏度低、动塑比低、泥饼薄而韧；全井性能稳定，流动性好，性能达到设计要求。

(6) 复杂井必须用原钻具通井，并认真做好遇阻遇卡记录，要求在阻卡段进行短程起下钻直至畅通，钻具下到井底后要充分循环，振动筛上无岩屑返出方可起钻。对电测井径小于钻头直径井段，起下钻遇阻、遇卡井段，井斜变化率或全角变化率超过规定井段，存在积砂和砂桥井段，应重点划眼。

(7) 对于定向井、水平井、大位移井应分段循环，在全角变化率大的井段反复大幅度活动钻具，彻底清除岩屑床，到底后大排量循环钻井液并活动钻具；起钻前在大斜度井段、裸眼井段或水平段注入含润滑剂的钻井液。

二、套管及附件和下套管工具准备

1. 套管准备

(1) 钻井承包商应及时清点送井套管、短套管及套管附件，检查其数量、型号是否与送井清单一致；套管和套管附件送井时要有检验合格证和检验记录。

(2) 钻井队应收集好套管及附件合格证备查。送井套管公扣和母扣端必须装齐护丝，以防止碰坏丝扣。逐根清洗并检查套管及附件的丝扣。

（3）对所送套管要复查套管丝扣、壁厚、钢级，由钻井承包商负责丈量（套管长度不含公扣长度，长圆扣套管从公扣根部起丈量，特殊扣套管从“△”标记处起丈量）套管，将套管长度用红漆标记在套管本体上，要求互相核对数据。

（4）按入井顺序编排套管，检查累计的套管长度是否满足井深要求；入井套管和剩余套管分开摆放，将不下的套管用棕绳捆绑，做好标记，并与套管数据复核一致。联顶节长度必须符合井架底座高度要求，两端丝扣抹黄油并装护丝保护好，避免挤压变形。

（5）对送井的套管，在井场上逐根通内径，并记录通内径情况，由操作者签字。

（6）对送井的套管附件，包括分级箍、尾管悬挂器等，要丈量尺寸，绘制草图，检查工具质量。

（7）钻井承包商必须清楚套管总数、入井根数、剩余根数及入井套管的编排顺序。套管长度输入计算机后，必须打印出来并与实际的长度、位置相校核并确认一致。

2. 下套管工具准备

（1）下套管工具应配备齐全，易损件应有备用件，并有质量检验合格证。

（2）准备好下套管工具，对所有工具进行规格、尺寸、承载能力、工作表面磨损程度、液压套管钳扭矩表的准确性及套管钳使用灵活、安全可靠性的质量检查。

（3）下套管工具必须完好，套管吊卡应有明显标记，不能与钻杆吊卡混用。

（4）检查下套管使用的套管吊索、密封脂、灌浆管线、防止套管内落物的盖帽等。

3. 设备和器材准备

（1）下套管作业中最大负荷应小于钻机井架的承载能力。

（2）井控设备、防喷器半封闸板芯子应与套管柱尺寸匹配，并按照规范进行试压。

（3）对钻机井架及底座、提升系统、动力系统、循环系统、仪表等进行检查。

（4）准备好与套管螺纹所对应的螺纹密封脂。

4. 制定下套管技术措施

（1）下套管次序。

（2）套管附件与套管的连接要求及注意事项。

（3）套管上下钻台的保护措施。

（4）套管连接对应的扭矩值。

（5）套管下放速度和灌钻井液要求。

（6）下套管过程中的应急预案。

三、下套管作业

1. 班前协调会

下套管前应做好组织动员，有明确的组织分工，严格执行岗位职责和安全操作规程；工程技术员必须对套管入井顺序进行班前交底；下套管必须有专人盯套管序号，严防入井套管发生错乱。

2. 套管柱的连接

(1) 按照套管串结构设计连接套管附件、套管、固井工具附件、扶正器等。

(2) 套管螺纹上扣前应擦洗干净,上扣时要均匀涂上标准套管密封脂。

(3) 阻流环以下的套管及附件用强力黏合剂进行黏接,严禁用焊接法加固螺纹。

(4) 连接套管必须对正后再上扣,严禁错扣后强行上扣。使用液压套管钳上扣,上扣扭矩应符合 API 规范,特殊套管按照特殊标准执行。发现不合格者必须更换套管,严禁用钻杆液压大钳对套管紧扣;禁止使用钻杆卡瓦下套管,防止挤扁套管。

(5) 直径大于或等于 244.5 mm 的套管,下套管时宜采用套管卡盘。

3. 套管附件与套管柱的连接

在连接下入浮箍、浮鞋、短套管、分级箍和尾管悬挂器等重要附件时,工程技术负责人必须在井口亲自指挥,分级箍、尾管悬挂器等特殊工具或工具扣型为长圆扣的必须进行引扣,防止错扣损坏工具。

4. 套管柱下放

(1) 套管上钻台前应检查套管内无杂物,然后装好护丝。

(2) 下尾管时送入钻具前应按要求使用标准空心通径规通径,钻台上只能使用一只通径规,并指定专人看管。

(3) 下套管操作人员要密切注意防止井口落物,严防通径规或其他物件掉入井内。

(4) 下套管过程中应按要求及时向管内灌注钻井液,如果使用自动灌浆装置,应随时注意其工作状态,必要时补灌钻井液。下套管中途循环及下完套管后循环都应灌满钻井液再开泵循环。

(5) 下套管过程中应尽量缩短套管在井下静止的时间,若静止时间超过 5 min,应活动套管。灌浆时应上下活动套管,其活动距离不小于 2 m。

(6) 下套管前钻台上应准备可与钻杆连接的套管循环接头和钻杆止回阀,以备井涌应急使用。

(7) 严格按设计要求控制套管下放速度,一般不应超过 0.5 m/s。

(8) 下套管过程中有专人负责观察钻井液返出情况,记录灌钻井液后悬重变化情况,如果发现情况异常应采取相应措施。

(9) 下套管若遇阻卡,活动套管拉力或压缩力应控制在强度许可范围内,并保证安全系数大于 1.5。

(10) 如需开泵,应充分考虑井下特殊工具的性能,确定开泵参数。循环活动套管时不应使与循环头连接的套管接箍进入转盘。

(11) 套管全部下完,应清点井场剩余套管根数和附件数量,及时核对套管的实际下深及工具、附件的准确位置。

(12) 下套管到位后小排量开泵顶通建立循环,待泵压稳定、返出正常后按设计要求排量循环洗井两周,直至振动筛上无泥饼和岩屑、钻井液性能达到固井施工要求。

第九节　注水泥工艺

一、常规注水泥工艺

常规注水泥工艺是用水泥车、下灰车及其他地面设备配制好水泥浆，在注入前置液、下胶塞(隔离塞)与钻井液隔离后，一次性地通过高压管汇、水泥头、套管串注入井内，从管串底部进入环空，到达设计位置，实现设计井段的套管与井壁间的有效封固。固井施工流程为：注前置液→释放隔离塞→注水泥浆→压碰压塞(上胶塞)→替钻井液→碰压→候凝。注前置液、注水泥浆及替钻井液工艺流程见图 15-9-1。

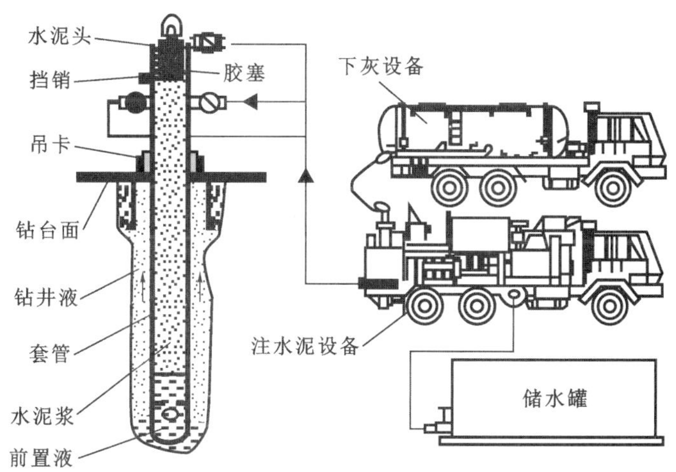

(a) 注前置液、水泥浆流程

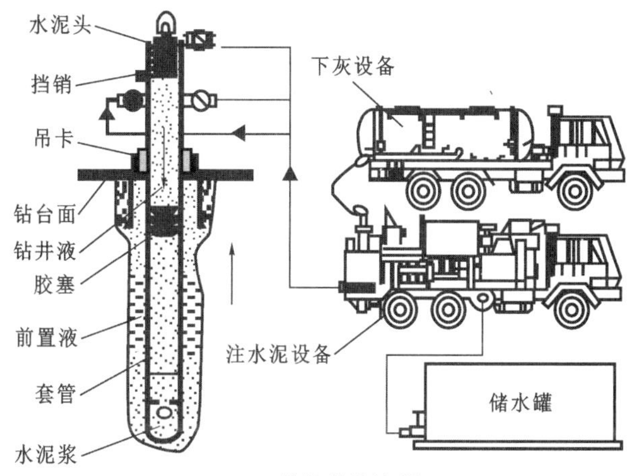

(b) 替钻井液流程

图 15-9-1　常规固井工艺流程示意图

在常规注水泥施工中，具备注水泥施工的基本条件为：

(1) 井眼畅通，井底干净。

(2) 固井前井下不漏失。

(3) 钻井液中无严重油气侵,油气上窜速度小于 10 m/h,特殊情况下气井可放宽到 15 m/h。

(4) 套管井内居中度不小于 67%。

(5) 钻井液性能在不影响井壁稳定且保证井下压稳的情况下,应保证低黏度、低切力、低密度。

(6) 水泥浆稠化时间、流动度等主要常规性能应满足施工要求。

(7) 下灰设备、供水设备、注水泥设备、替钻井液设备及高低压管汇等的性能应满足施工要求。

二、内管法注水泥工艺

内管法注水泥工艺一般用于大直径套管,是用下部连接有浮箍插头的小直径钻杆插入套管的插座式浮箍(或插座式浮鞋)与环空建立循环,用水泥车通过钻杆向套管外环空注水泥。

1. 特点与目的

(1) 减少水泥浆在套管内及环空中与钻井液的掺混。

(2) 缩短顶替钻井液时间。

(3) 水泥浆可提前返出,从而减少因附加水泥量过大而造成的浪费,也避免水泥量不足而造成水泥浆低返。

2. 适用范围

宜用于浅井段的大口径套管(Φ762 mm,Φ508 mm 和 Φ339.7 mm 套管)固井。

3. 工艺流程

工艺流程见图 15-9-2。

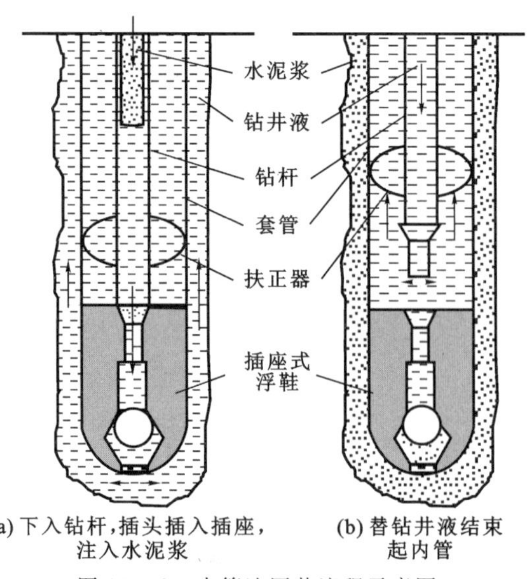

图 15-9-2 内管法固井流程示意图

(1) 下套管,正确安装内管法注水泥浮箍、浮鞋和套管扶正器。

(2) 下钻杆,并按设计要求安放内管扶正器。

(3) 最后一根钻杆应在套管外与方钻杆或顶驱连接,然后入井。

(4) 下放内管,使注水泥插头接近插座,小排量开泵,然后缓慢下放使插头进入插座,加压至预定值。

(5) 顶通建立循环,再逐渐将排量提高至设计施工排量,循环不少于两周,同时观察套管内钻井液是否外返,内管是否上移。

(6) 按设计注水泥浆和顶替液。

(7) 起出内管。

(8) 安装井口,候凝。

(9) 探钻水泥塞及附件。

三、尾管注水泥工艺

尾管注水泥是指不延伸至井口的套管固井,这段不到井口的套管称为尾管。较短的尾管可坐于井底,但绝大部分必须要求实施尾管悬挂。悬挂器装在尾管顶部,尾管由尾管悬挂器悬挂于上层套管内壁。

1. 特点与目的

(1) 具有经济性,可减少套管使用数量,节约成本。

(2) 满足使用复合钻具或复合油管的后期作业。

(3) 改善钻井环空水力条件等。

2. 工艺流程

以液压式尾管悬挂器为例,工艺流程见图 15-9-3。

(1) 下入尾管串后灌满钻井液,接尾管悬挂器,记录悬重,锁死转盘。下钻遇阻或中途循环时,应控制循环压力在标定(或试验)坐挂压力的 80%以内。

(2) 开泵循环。下完最后一根钻杆后灌满钻井液,接方钻杆(或顶驱),在送入管串上标记设计坐挂起始位置、回缩距长度,下放管柱使坐挂起始位置标记线与转盘面平齐,小排量顶通,建立循环,循环压力应低于坐挂压力的 80%,观察并记录排量与压力。坐挂前应使管内钻井液循环至喇叭口以上不少于 200 m。对于油气层固井作业,应循环不少于一周,钻井液入出口密度差小于 0.02 g/cm^3,油气上窜速度小于 10 m/h,振动筛无掉块。

(3) 坐挂。

① 上提送入管串,卸开钻杆接头,投球。

② 小排量泵送球到达球座,缓慢提高泵压至超过标定(或试验)坐挂压力附加 20%以上(或超过 2～3 MPa),但低于标定(或试验)憋通压力的 80%,憋压 5～10 min。

③ 平稳下放管柱,使悬重等于送入钻具称重值,在送入管串上标记指重表悬重开始下降时的位置和悬重降至称重值时的位置,两个位置间距应等于回缩距。

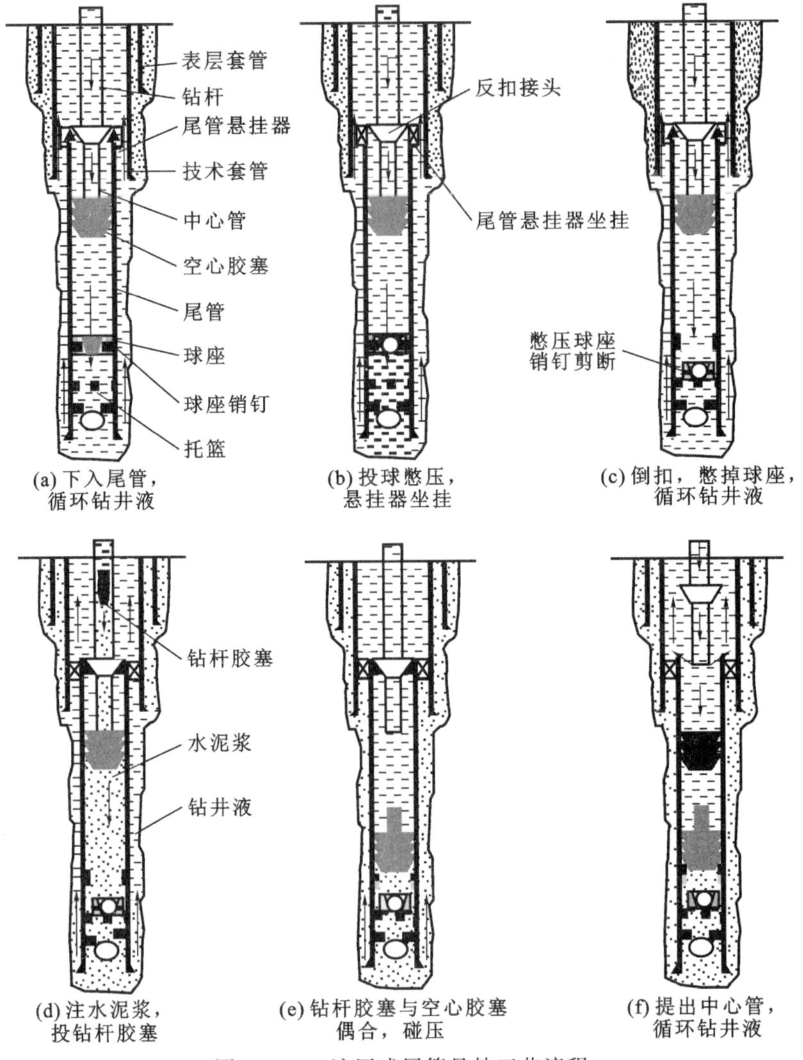

图 15-9-3　液压式尾管悬挂工艺流程

④ 上提钻杆，悬重值不超过尾管浮重的 50%和送入管串浮重之和，再次下放至坐挂终了位置，悬重仍等于送入管串称重值，则证明坐挂成功。

⑤ 下放至坐挂终了位置，提高泵压剪断球座销钉，恢复循环。

(4) 倒扣。

① 停泵，上提送入管串恢复悬重至送入管串称重值后再下放 50～100 kN。

② 将转盘解锁，坐卡瓦，再下放 100～300 kN 并固定卡瓦。

③ 用低于 30 r/min 的转速正转 2～5 圈，检查扭矩，然后正转不少于反扣有效扣数两倍的圈数。

④ 在安全长度内上提送入管串，指重表指示悬重保持为送入钻杆称重值时表明已倒扣成功。

⑤ 下放悬重 50～100 kN。

⑥ 开泵小排量顶通循环，逐渐提至设计施工排量并循环不少于两周，记录压力与排量。

(5) 注水泥作业。

① 装钻杆胶塞,接水泥头及固井管线。

② 对注替管线进行试压。

③ 按设计注入前置液、水泥浆。

④ 释放钻杆胶塞,按照设计注入顶替液,顶替量与送入管串容积相差 3～5 m^3 时降低排量,观察钻杆胶塞与套管胶塞复合时的压力变化情况并校核顶替量。胶塞复合后,将排量提高至设计施工排量。

⑤ 与设计替浆量差 3～5 m^3 时降低排量,直至碰压。若不能碰压,总替浆量不能超过管柱内容积。放回水观察浮鞋、浮箍密封情况。

(6) 起钻、冲洗。

① 起钻至设计水泥塞顶部位置,按照设计排量循环一周,循环过程中应低速转动钻具,派人观察出口返浆情况,及时排掉返出的前置液及混浆、水泥浆。

② 按照设计要求候凝。

③ 按照设计要求探钻水泥塞。

四、尾管回接注水泥工艺

尾管注水泥的目的有两个:一个是节约套管,减少钻井投资;另一个是减少一次下套管负荷,或者减少一次固井封固段,减少一次固井环空流动阻力,防止固井时压漏地层。对于后一种情况,尾管固井后还需要套管回接,以保证上层套管的抗内压强度。尾管回接注水泥工艺与常规注水泥工艺基本相同,只是套管串下部结构有所不同。

尾管回接注水泥工艺流程见图 15-9-4。

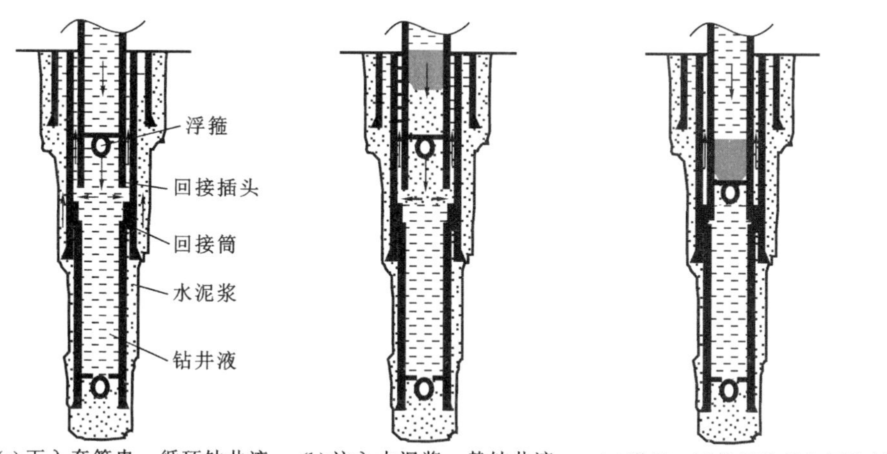

图 15-9-4　尾管回接注水泥工艺流程示意图

1. 磨铣回接筒

(1) 连接专用铣鞋,下钻,磨铣回接筒内表面,以使回接筒内无毛刺和水泥块。

(2) 当铣鞋接触密封短节顶部时(根据泵压和钻压变化判断),记录铣鞋深度,上提钻具 1 m。

(3) 在 40～50 r/min、正常钻进排量下缓慢下放钻具，磨铣回接筒内表面 2～3 次，每次 3～4 min。最后一次磨铣至扭矩突然增大时(即铣到密封短节顶部时)加压 20～30 kN，再磨铣 5 min，并记录此时的铣鞋深度。该深度可作为回接套管下深的重要依据。

(4) 大排量循环一周，将磨铣下的铁屑和水泥循环出井。

(5) 起钻，检查铣鞋的磨损情况，如果有一圈明显的磨痕，并且其直径等于悬挂器密封外壳左旋梯形内螺纹直径，表明已磨铣到回接筒底部。

2. 下带有节流浮箍的回接套管、固井

(1) 下入回接套管串。

(2) 当回接插头接近回接筒时，在 10 L/s 排量下缓慢下放管串，注意泵压变化。当泵压突然升高时停泵，然后继续缓慢下放直到悬重突然下降，表明回接插头接箍已接触到回接筒顶部。记录方余。

(3) 开泵憋压 5 MPa，检查插头密封情况。泄压，上提套管 1 m，使插头循环孔位于回接筒以上，而插头导向头位于回接筒内。

(4) 循环钻井液，按固井设计程序注水泥浆、压胶塞、替钻井液、碰压。

(5) 碰压后附加 3～5 MPa，缓慢下放管串，使回接插头坐到回接筒顶部，并下压 200～300 kN 套管重量。

(6) 卸压检查回流，若无回流，说明插头密封良好；若有回流，应憋压候凝。

3. 提高尾管回接固井质量的要点

(1) 与技术套管固井一样严格控制水泥浆析水、失水。

(2) 采用具有膨胀性能的水泥浆。

(3) 在设备能力允许又能保证施工排量的条件下尽可能降低顶替液的密度。

(4) 在碰压时进行套管试压。

五、旋转尾管注水泥工艺

旋转尾管注水泥工艺是借助旋转尾管悬挂器，在下尾管、循环及注水泥过程中使尾管串转动的注水泥工艺。

1. 特点与目的

(1) 有助于尾管顺利下到设计位置。在尾管下入过程中，如果遇阻，普通尾管悬挂器不能有任何转动，而旋转尾管悬挂器可以转动管串，有助于尾管顺利下入到位。

(2) 有助于提高固井质量。循环及注水泥过程中，转动尾管串对于清除黏附在井壁上的虚泥饼具有积极作用，能够提高固井质量。

(3) 解决定向井套管偏心顶替效率差的问题。

2. 工艺流程

(1) 下尾管操作与常规尾管悬挂器相同。

(2) 坐挂及倒扣。

① 先进行试坐挂操作。受井下条件的限制,有时循环压力过高而导致未投球就将液缸剪钉剪断,在这种情况下,若无旋转水泥头或水泥头上无投球孔时,可直接坐挂。

② 如果没有坐挂,则投球,并以小排量泵送。密切注视泵压变化,当球到达球座后缓慢提高泵压至超过标定(或试验)坐挂压力附加20%以上(或超过2～3 MPa),但低于标定(或试验)憋通压力的80%,憋压5～10 min。慢慢下放钻具,当总悬重下降到等于送入钻具总重量+游车重量时(此时送入钻具回缩距等于或接近计算值),即坐挂成功。

③ 继续下压100～150 kN,检查坐挂可靠性。

④ 坐挂成功后,继续憋压,泵压至超过标定(或试验)脱手压力附加20%以上(或超过2～3 MPa)稳压2 min,然后泄压。

⑤ 在安全长度内上提送入管串,当指重表指示悬重保持在送入钻杆称重值时表明已倒扣成功。

⑥ 脱手正常后,下放送入工具,在悬挂器处加载100 kN左右,继续憋压,剪断球座销钉,恢复循环。

⑦ 当悬挂器处受压100～150 kN时,接水泥头(钻杆胶塞已事先装入),按固井要求循环后固井。

⑧ 固井期间,如需旋转,应控制旋转扭矩小于最大安全扭矩。

⑨ 如果第一次丢手失败,则增大钻具的下压载荷至100～150 kN,逐次在原憋压压力的基础上提高2 MPa,稳压2 min后泄压,重复验证丢手是否成功。如球座憋通后液压丢手仍未丢开,则采用反转钻具的方式进行机械丢手。机械丢手反转扭矩4 kN/m,现场找到中和点后反转扭矩至6 kN/m,先下压50～100 kN,再上提0.5～1.0 m,然后进行机械丢手。

(3) 注水泥。

① 按照设计进行注水泥作业,工序与常规尾管注水泥相同。

② 如需旋转,应控制旋转扭矩小于最大安全扭矩。

六、分级注水泥工艺

分级注水泥工艺是把可以通过地面控制打开和关闭的一种特殊工具串连于套管中的一定位置,使注水泥作业分两次(级)或多次(级)完成。该特殊工具称为分级注水泥器,简称为分级箍(液压式、机械式、免钻塞式)。该工艺的目的主要是解决一次注水泥量过大;对于易漏失地层,防止固井漏失的发生;减少一次性封固段长,有利于防止固井后环空气窜;解决封固段长、上下温差大、水泥浆性能不易调节等技术难题。下面以机械式分级箍为例介绍该工艺的流程。

1. 非连续式分级注水泥工艺

1) 适应条件

(1) 两级封固段不连接的井。

(2) 失重影响较突出的井。

(3) 漏失井。

2）工艺流程

将分级箍按设计位置连接于套管串中→按作业规程下入套管串→开泵循环钻井液→注前置液→注一级水泥浆→释放一级碰压塞（挠性塞）→替钻井液→碰压→放回压检查回压凡尔是否工作正常→释放重力塞→憋压打开循环孔→循环钻井液两周，间断循环至一级水泥浆终凝→注前置液→注二级水泥浆→释放二级碰压塞（关闭塞）→替钻井液→碰压（关闭循环孔）→放回压检查分级箍循环孔是否关闭→候凝。非连续打开式双级注水泥工艺流程示意图见图 15-9-5。

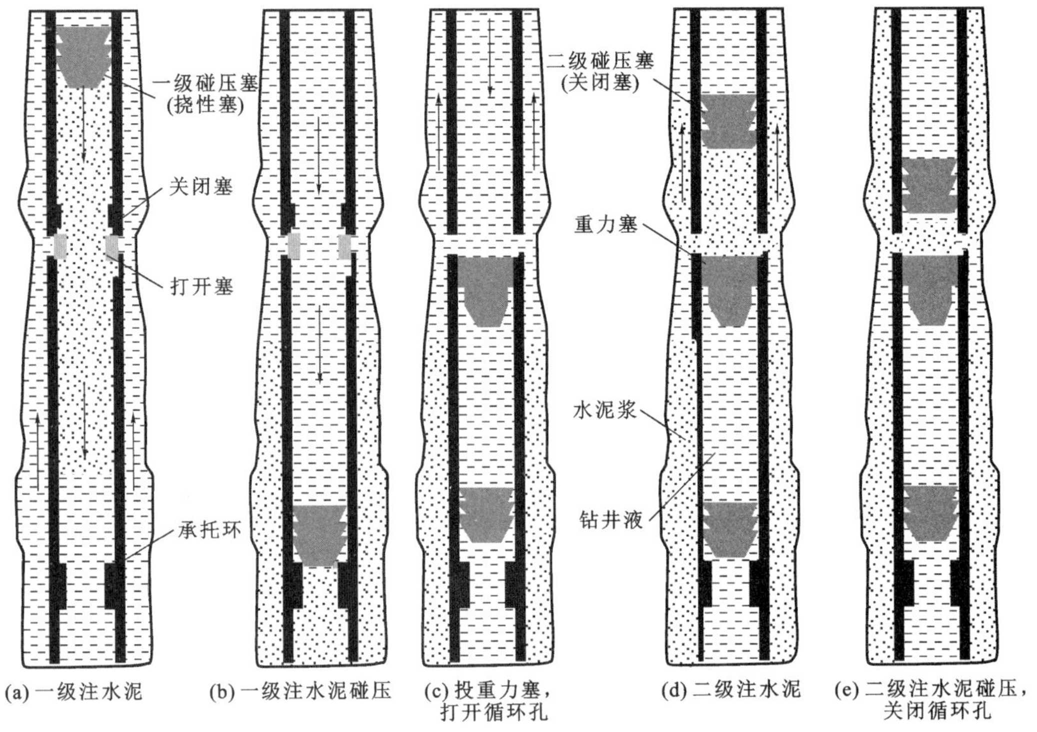

图 15-9-5　非连续打开式双级注水泥工艺流程示意图

2. 连续式分级注水泥工艺

1）适应条件

（1）两级封固段要求连接的井。

（2）封固井段上下温差太大的井。

2）工艺流程

将分级箍按设计位置连接于套管串中→按作业规程将套管串下入井内→开泵循环钻井液→注前置液→注水泥浆→释放挠性塞（一级碰压塞）→替钻井液（分级箍以下管内容积）→释放打开塞→替钻井液（分级箍以上管内容积）→打开循环孔→循环钻井液→注隔离液→注二级水泥浆→释放关闭塞（二级碰压塞）→替钻井液→碰压（关闭循环孔）→放回压检查循环孔是否关闭良好→候凝。用打开塞连续打开式双级注水泥工艺流程示意图见图 15-9-6。

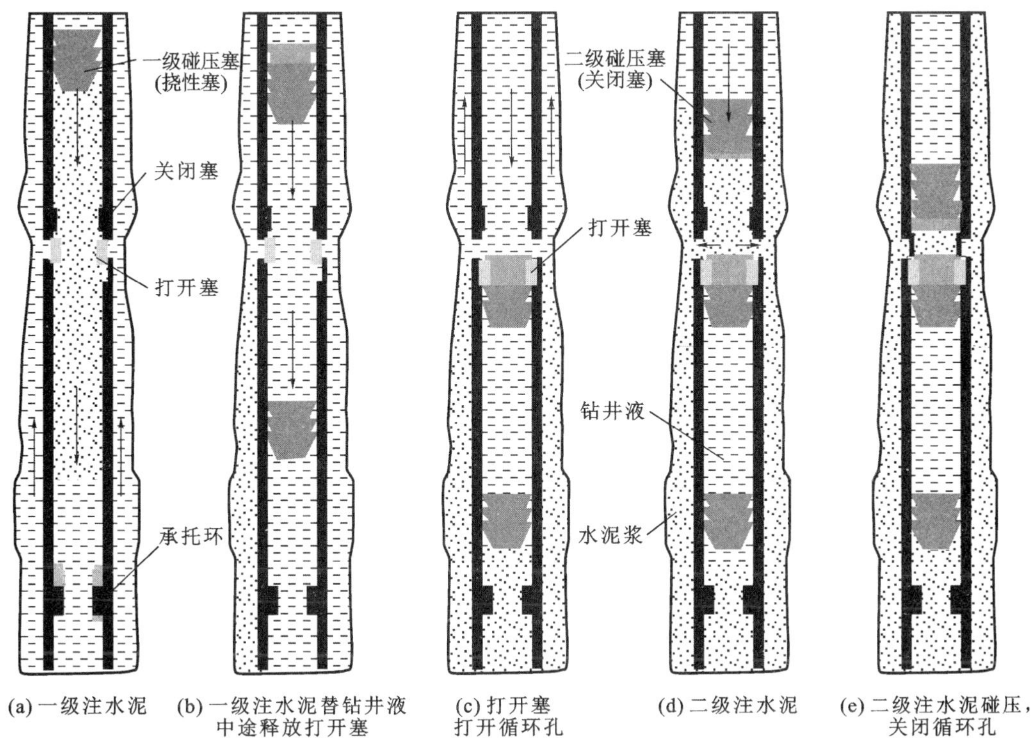

图 15-9-6　用打开塞连续打开式双级注水泥工艺流程示意图

3. 分级注水泥注意事项

(1) 根据工艺要求和井下情况选择分级箍类型。

(2) 分级箍位置要放在井径规则、井壁稳定处。

(3) 机械式分级箍对井斜的要求:井斜角<20°。

(4) 分级箍要放在距上部油层较近、距下部油层较远的位置。

(5) 分级箍上下要加扶正器。

(6) 分级箍丝扣要涂密封胶。

七、稠油热采固井技术

稠油热采是向井内注入 300～350 ℃蒸汽,注汽压力为 20～30 MPa,由于升温升压和降温降压过程交替进行,地层应力、水泥石强度、套管屈服强度都发生相应变化,这种钻井工艺和采油方式对固井工作提出了更高的要求,具有较大的难度。

1. 主要难点

(1) 非均质载荷引起固井水泥环强度衰减或碎裂,水泥石与套管胶结脱离,因此对水泥与地层、套管界面胶结质量、水泥石耐高温性能和强度要求高。

(2) 非均质载荷引起套管屈服强度降低,同时套管表现为注汽时井口套管伸长,停止注汽后套管收缩发生丝扣滑脱或断裂。

(3) 由于套管受热伸长,引起井口损坏或油管抬升。

(4) 热采井固井要求水泥返至地面,封固段长,环空当量密度高,固井易发生漏失。

2. 稠油井热采时套损原因

热采井高温及温度剧烈变化是套管损坏的主要原因。热采井注蒸汽的平均温度一般在320 ℃左右,有的超过 350 ℃,超过了套管允许的最大温度值(204～220 ℃)。普通钢级套管因高温屈服强度降低约 18%,弹性模量降低约 38%,抗拉强度降低约 7%,使套管基本处于屈服状态。热采井普遍采用全封固井,水泥返到地面,而水泥的线膨胀系数和套管的线膨胀系数及弹性模量不同,必然束缚套管的膨胀和收缩,在套管柱内产生内应力(即热应力)。因此,在持续高温和热应力作用下,套管将会产生泄漏、脱扣、疲劳裂纹及压缩变形,从而造成套管损坏。

3. 对热采井套管损坏所采取的主要控制技术

(1) 稠油热采井套管选择及管柱强度设计。

稠油热采井套管柱强度校核应采用应力强度设计方法,并根据油田注蒸汽实际工况计算套管载荷和热应力,根据厂家试验取得的高温下套管屈服强度数据校核和设计套管。

要考虑注汽开采过程中套管受热产生的非线性热应力和温度对套管强度的影响。

首先要根据套管完井和采油过程中的载荷计算套管的 Von Mises 等效应力,然后用高温下套管材料的屈服强度进行校核。

热采井套管应力校核方法不需要用套管材料屈服强度计算抗拉、抗挤和抗内压强度,而是直接用屈服强度校核套管的等效应力。推荐使用厚壁高强度金属对金属套管接箍,套管本体为热轧低钢级厚壁套管(有利于热膨胀的螺纹)。

(2) 配套工具。

直井稠油热采的配套工具有热采套管头(为实现套管在拉伸状态下被固定)、预应力地锚、套管热应力补偿器(在套管柱恰当位置装 1～2 只允许套管具有一定轴向伸缩变形量的热应力补偿器可有效缓解热应力,热应力补偿器最好用在扩径井段)。

(3) 热采井固井水泥浆中应加入 40%～60%硅粉。

(4) 使用耐温 315.6 ℃的丝扣密封脂防止套管接头处泄漏。

(5) 套管拉预应力固井工艺流程:在注水泥前或水泥浆凝固前,给套管提拉一定的拉力,使套管内部预先产生拉应力,从而平衡(减小)套管受热膨胀时所产生的压应力,防止热采过程中套管膨胀损坏。推荐预应力值最小为套管屈服强度的 40%～50%。

① 预应力固井管串结构:地锚＋两根套管＋浮箍＋套管串。

② 预应力固井工艺流程:将带有地锚的套管串下到设计位置→连接管线开泵循环→投球→用水泥车憋压 8～10 MPa,地锚坐挂→上提套管检查坐挂情况→若已坐挂成功则提拉到设计吨位并用吊卡或卡瓦固定套管→继续憋压到 15 MPa 以憋通球座→循环钻井液→注隔离液→注水泥浆→释放碰压塞→替钻井液→碰压→放回压候凝。预应力固井工艺流程示意图见图 15-9-7。

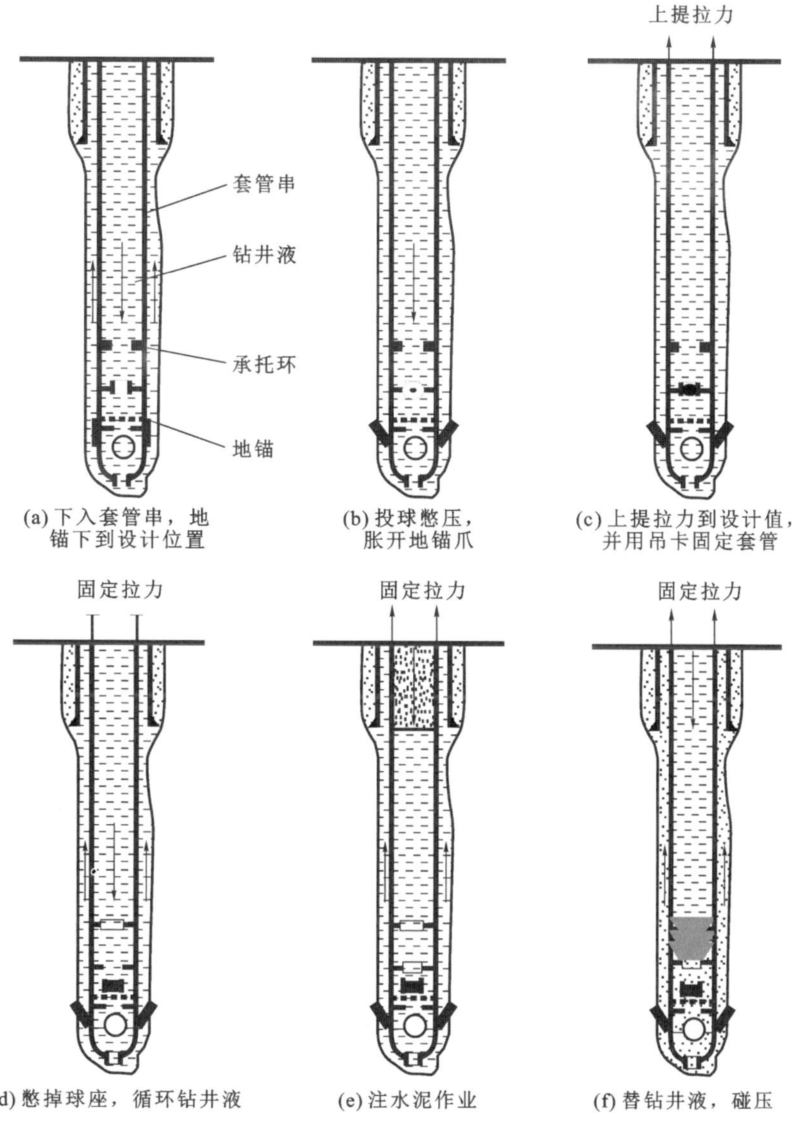

图 15-9-7　预应力固井工艺流程示意图

八、筛管顶部注水泥固井工艺

筛管顶部注水泥固井工艺是根据开发要求，在裸眼井段下入筛管，只向筛管顶部套管注水泥固井，以保证不污染封固段以下的产层。该工艺在水平井完井中使用较多，适用于全井下套管，也适用于尾管。

1. 筛管顶部注水泥固井工艺管串结构

以筛管顶部注水泥固井工艺为例。首先选择不同额定操作压力(按操作顺序每个操作压力依次相差 5 MPa 左右为宜)的套管外封隔器、压差式分级箍和尾管悬挂器，按顺序连接于套管串中，其管串结构为：引鞋＋筛管＋盲板＋一根套管＋套管外封隔器＋分级箍＋套管串＋

尾管悬挂器+送入钻具。筛管顶部注水泥管串结构见图 15-9-8。

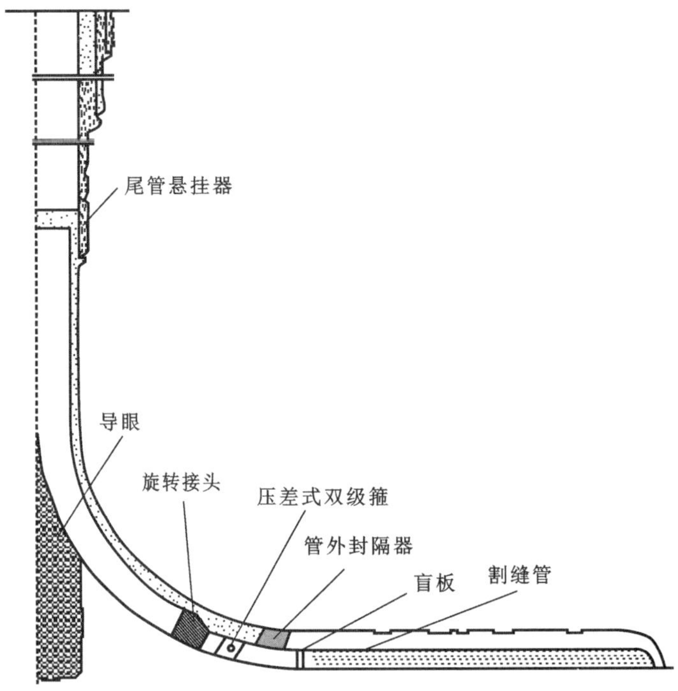

图 15-9-8　筛管顶部注水泥管串结构图

2. 筛管顶部注水泥固井工艺施工流程

筛管顶部注水泥固井工艺施工流程为:按下套管规程下入尾管并送入钻具→憋压坐挂尾管悬挂器→继续憋压胀开封隔器→继续憋压打开分级箍→开泵循环钻井液→注前置液→注水泥浆→释放钻杆胶塞→替钻井液(在钻杆胶塞与空心胶塞偶合时降低替浆排量)→碰压关闭分级箍→放压检查回压凡尔是否倒返→提出中心管并开泵循环出多余水泥浆→固井结束→起出钻具→候凝,钻掉分级箍内套和盲板,电测交井,投入生产使用。

九、气体钻井干法注水泥工艺

空气钻井后直接下套管固井称为干法固井。干法固井不要求转换钻井液,可实现水泥浆与地层充分胶结,避免泥饼带来的不利因素,提高胶结质量。另外,干法固井可免除转换钻井液、调整钻井液性能、通井划眼的时间,从而节省中完作业时间。

1. 干法固井技术难点

(1) 下套管前保持井眼稳定和井眼光滑难度大。

(2) 固井过程中极易井漏,水泥浆返高难以保证。

(3) 水泥浆在非连续流动的情况下,施工参数难于控制。

(4) 套管封闭的空气无法及时排出。

(5) 水泥浆下落过程中容易造成固井工具及固井附件损坏或失效。

(6) 水泥浆的自流效应和失水作用增大了环空堵塞的可能性。

(7) 井下不确定因素多,潜在风险大。

2. 技术对策

(1) 固井前收集区块已钻井不稳定地层和薄弱地层资料,优化固井设计,避免固井时发生井漏。

(2) 下套管前模拟通井,良好的井眼质量和井眼准备工作是顺利下套管的关键。

(3) 使用扶正器保持套管居中。

(4) 优化水泥浆性能,如合理的密度、较低的失水、良好的沉降稳定性和流动性(按油层套管固井对水泥浆的要求)。

(5) 采用冻胶阀技术提高套管内空气排空效果(在水泥浆前注一段黏度较大、润滑性较好的冻胶,使套管内空气与水泥浆隔离)。

(6) 采用低失水、防漏堵漏和流变性良好的低密度水泥浆作为前置液。

(7) 根据地层承压能力选择注水泥方式:

① 采用正注反灌结合方式;

② 采用双级固井技术。

(8) 改进固井工具,使用井下节流器降低注水泥过程中"强自流效应"引起环空返速过快的问题。

3. 一次正注和反灌最高水泥浆量确定

为防止套管挤毁,需要限制一次正注和反灌最高水泥浆量,并对套管的外挤受力进行校核。若套管外载确定,外挤力以水泥浆的液柱压力计算,内压力以全掏空计算,则一次正注和反灌最高水泥浆量的计算公式如下:

$$Q_c = H_c V_a \tag{15-9-1}$$

$$H_c = \frac{p_c}{100\rho_c} \tag{15-9-2}$$

$$Q_c = \frac{p_c V_a}{100\rho_c} \tag{15-9-3}$$

式中 Q_c——水泥浆的量,m^3;

H_c——套管内掏空深度,m;

V_a——环空容积,m^3/m;

p_c——套管外挤强度,MPa;

ρ_c——水泥浆密度,g/cm^3。

第十节 挤水泥与注水泥塞工艺

一、挤水泥工艺

挤水泥的目的是修复套管上的孔洞、堵塞射孔孔眼、密封尾管顶部、减小水/油或水/气比、废弃产层，或修复糟糕的注水泥作业。可以实施各种类型的挤水泥作业来达到上述目的。

由于待挤注的产层差别比较大，故没有具有全修复功能的挤水泥或挤水泥技术。易破裂或高孔隙度地层（超过 $98.69\times10^{-3}\ \mu m^2$）依靠真空吸入整个水泥浆，而低渗透性硬地层可能会很难挤入水泥浆，即使施加高挤注压力也是如此。对于长射孔井段，高滤失水泥浆可能在上部的射孔内脱水，形成一个脱水的固体水泥塞，可能阻止水泥浆到达下部的射孔孔眼。

1. 设计

挤注水泥浆都应进行成批混合。在选择水泥浆量和水泥浆类型以及挤注技术时，除了利用该地区的经验外，地层特性、地层破裂压力梯度、先前的水泥浆处理以及地层类型等都应考虑。同时还要考虑下列几点：① 井眼内流体类型；② 挤水泥工具、封隔器、定位器和桥塞；③ 水泥浆设计；④ 挤注压力、地层破裂压力、施工设备最高工作压力；⑤ 挤水泥技术等。

2. 低压挤水泥

低压挤注方法是在需挤水泥井段注一段低滤失水泥浆（50～100 mL），在挤注过程中挤注压力低于地层破裂压力，在射孔孔眼、沟槽、开启的裂缝等内形成一层脱水水泥浆滤饼。施工程序如下：

（1）把末端开口的管柱下到稍低于挤注井段的位置注入水泥浆。

（2）在挤注过程中，将管柱起到水泥之上，并通过钻杆或油管以及环空泵入，保证两个区域都干净无水泥。

（3）挤注压力不应超过地层破裂压力。在压力开始上升后，最后的压力可以缓慢地增加，利用脱水的水泥浆和高压力来封隔挤注井段。

3. 高压挤水泥

挤水泥施工压力高，需要一个挤水泥封隔器或水泥承留器。以四机塞瓦的 MMR 机械式水泥承留器（见图 15-10-1）为例，对挤水泥施工工艺进行说明。水泥承留器主要用于对油气水层进行临时或永久性封堵或二次固井，通过它将水泥浆挤注进入环空需要封固的井段或进入地层的裂缝、孔隙，以达到堵炮眼、堵套管破损漏失、堵尾管重叠段的目的。施工过程如下：

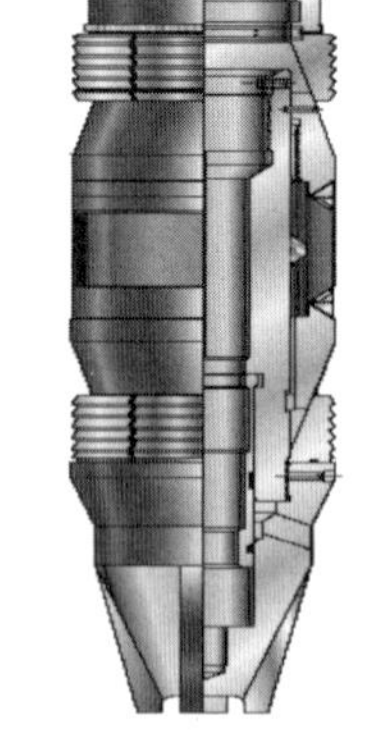

图 15-10-1　挤水泥承留器

（1）平稳下放该工具串，在工具下放时，坐封工具上不得有任何右旋动作。作为一种预防措施，每下放 10～15 柱后，可用管钳手动向左旋方向推动管柱，感受到明显阻力即可（切忌用液压钳，防止脱扣）。

（2）当下放到预定的坐封位置后，将管柱上提 0.6～1.5 m。

（3）充分右旋管柱，使坐封工具右旋至少 10 圈以上。

（4）再次下放管柱到预定的坐封位置，弧形弹簧与套管之间的摩擦力可以使控制套与坐封套保持不动。下放动作可将上卡瓦从坐封套中推出，此时，上卡瓦内的弹簧片可使上卡瓦紧贴在套管壁上。

(5) 缓慢上提管柱(观察指重表,悬重增加说明上卡瓦已正常工作),使坐封工具承受相应的拉力,保持悬重 5 min,然后下放至原悬重,再缓慢上提,保持 5 min,直到达到预定坐封力。

(6) 使坐封工具承受 10 kN 的拉力,右旋机械坐封工具 10 圈,这将剪断水泥承留器上的剪切螺钉,并使控制弹性接头从水泥承留器中旋出。缓慢下放管柱,右旋管柱使坐封工具旋转 10 圈,再上提直至丢手。

(7) 缓慢下放管柱,使插管打开阀体,在水泥承留器上加适当钻压(约 48 t),向挤水泥管柱打压并验证承留器密封情况,然后求取吸入量。根据施工设计,开始混浆并挤注水泥。挤完水泥后,相对于承留器上提 0.5 m 左右,即可关闭阀体,反循环洗井,替出管柱内的多余水泥浆。

4. 挤水泥作业

挤注作业时,安装好挤注管汇,使挤注作业能够顺利进行。

(1) 准确丈量管具。

(2) 计算油管、钻杆、套管以及地面设备的容积。

(3) 挤水泥设备压力测试应高出设计的挤注压力 3.5 MPa。

(4) 如果要用到挤注工具,则要检查循环短节或旁通的工况。

(5) 防喷器试压。

(6) 套管和油管试压。

(7) 在混合水泥浆之前先向地层内泵入水或钻井液,并测量其注入速度和压力。

(8) 如果泵入速度很低,则可以采用高压方法,考虑减少原定的挤注水泥浆量。

(9) 在挤注困难的地区进行作业时,可下入封隔器。这样水泥浆可以从钻杆或油管之下进行顶替,但挤注水泥浆到位可能需要更长的时间。

(10) 开始挤水泥作业。对于采用封隔器或承留器的高压挤注作业,应维持足够的环空压力,防止油管或钻杆爆裂或封隔器上的套管挤毁失效。

(11) 不管是否进行了水泥浆稠化时间测试,不允许水泥浆在挤注管柱内滞留超过 2 h。

(12) 如果井眼内充满盐水或氯化钙,为了防止污染和急速凝固的可能,应在水泥浆之前和之后使用至少 1 m^3 淡水。

(13) 挤注完成后,利用注水泥装置从挤注管柱中将残余水泥浆反循环出来。

(14) 如果水泥浆未能建立挤注压力,则降低速度到 0.16 m^3/min。如果井眼管柱未能挤注,则采用间歇式挤注方法。如果稠化时间允许,则以每 5 min 的间隔重复间歇式挤注。

(15) 如果未能挤注成功,则利用清水清洗孔眼,关闭井眼,准备重新挤水泥。

5. 套管泄漏挤水泥

套管泄漏挤水泥在很多方面与射孔孔眼挤水泥一样。对破裂的套管,使用快速脱水水泥浆挤堵将不会从井眼向外渗透到很远的地方。挤注压力应小于破裂压力,因为可能需要大量的水泥浆来修补裂缝和挤注破裂的地层。在挤水泥时要保持足够的环空压力,防止对套管的进一步损坏。

套管冲蚀会更为复杂,因为原来的水泥护层不是很好或者套管根本就没有固结住,所以应选择挤水泥的方法把水泥浆挤注在套管周围,这时应:

(1) 使用低滤失水泥浆,后面紧跟快速脱水水泥浆。

（2）如果地层吸收大量的水泥浆，可能需要触变水泥浆作为领浆。

6. 套管鞋挤水泥

如果套管鞋处的水泥试压不合格或在钻井作业中泄漏，则需在套管鞋处挤水泥。

（1）在泄漏较小时，使用低滤失水泥浆。

（2）当地层容易吸入水泥浆时，使用快速脱水、滤失可控的水泥浆。

（3）可以利用封隔器在套管鞋处进行挤注或者使用末端开口的管柱挤注水泥浆以及采用盘根式油管头实现挤注。

水泥塞钻掉后必须对套管鞋进行再次试压。

7. 尾管顶部挤水泥

（1）使用低滤失水泥浆。

（2）如果尾管外为漏失地层，则使用黏性的低滤失水泥浆。

8. 射孔直接注水泥

对于施工过程中发生井塌憋泵、砂堵憋泵、水泥浆稠化憋泵以及水泥浆误差等原因造成水泥低返的井，可采取在水泥面顶部射孔注水泥的方法进行补救。采用的方法是在水泥返高顶部射孔，用水泥车将环空顶通，建立循环，然后通过套管内向环空注入水泥，以封固因水泥低返而造成的漏封井段，其施工程序和正常固井一样，注入水泥浆量由吃入量大小而定。射孔直接注水泥工艺见图 15-10-2。

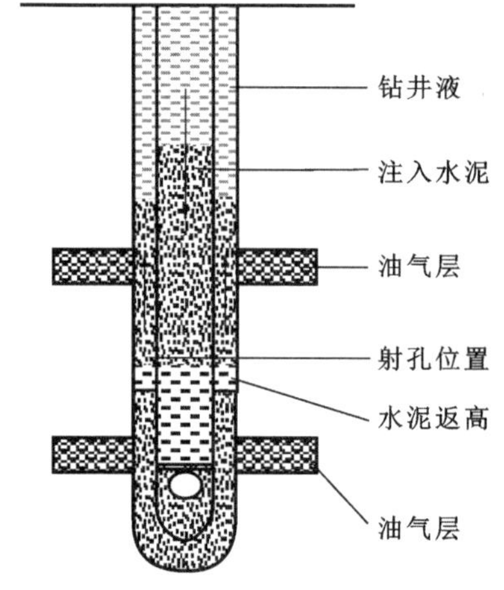

图 15-10-2　射孔直接注水泥示意图

9. 射孔下钻杆挤水泥

对于油水层距离较远、封固质量差的井段，若地层破裂压力系数较低，地层吃入量较大，则可选择在离水层较近、离油层较远的部位射孔挤水泥进行补救。采用的方法是在离水层较近、离油层较远的部位射孔，下入带封隔器的钻（油）管，用水泥车将地层压裂并向地层内挤入水泥，使油水层间封隔。若地层破裂压力系数较高，地层吃入量较小，则必须采用射孔点上部放单流桥塞的办法挤水泥。

二、注水泥塞工艺

井下注水泥塞一般是在井下存在复杂情况需要封堵处理、套管开窗、弃井或底部井段没有油气层而需进行封填等情况下使用。井下注水泥塞的突出难点表现在：水泥塞过短，容易因计量误差问题造成注水泥塞不成功；水泥塞过长，增加扫塞时间，还可能会发生打塞故障。

1. 常规注水泥塞施工程序

需要精确的压力平衡设计。施工程序为：将钻杆下到设计水泥塞底部位置，注入前置液，注入水泥浆，注入后置液，替入钻井液，替到设计量停泵，起钻到设计水泥塞顶部以上，开泵循环出超返水泥浆，注水泥塞结束。常规注水泥塞工艺流程见图 15-10-3。

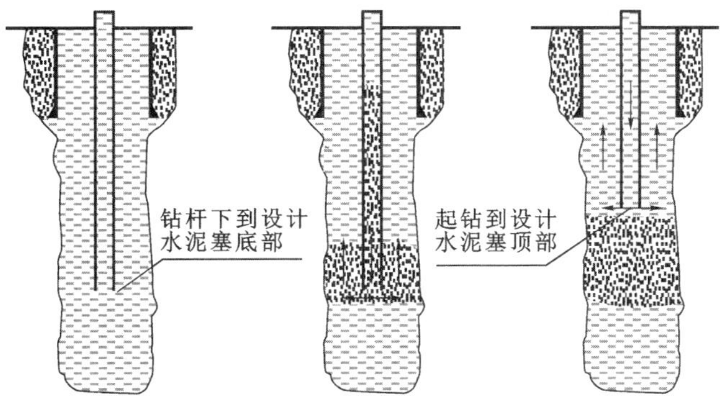

图 15-10-3 常规注水泥塞工艺流程

2. 用水泥塞定位器注水泥塞施工程序

使用水泥塞定位器可以较为准确地确定水泥塞的位置，提高水泥塞的质量和注水泥塞一次成功率，提高经济效益。

1）水泥塞定位器种类

水泥塞定位器有两种：回压凡尔方式和无回压凡尔方式。“回压凡尔方式”注水泥塞时，水泥浆顶替到位后不倒流，但下钻中途必须循环灌浆。“无回压凡尔方式”注水泥塞时，水泥浆顶替到位置后若内外压力不平衡会有轻微倒流现象，但下钻中途可自动灌浆。

2）施工程序

“回压凡尔方式”注水泥塞施工程序为：在下钻杆过程中，每下钻 500～1 000 m 开泵循环一次，将钻杆内灌满钻井液。将定位器下到要注水泥塞的底部位置，循环井下正常后，注入设计水泥浆，注完钻杆外的水泥浆量时投入钻杆胶塞，再注入钻杆内水泥浆量，替钻井液。当钻杆胶塞到达胶塞座时替钻井液压力升高，说明水泥浆已到位，憋压剪断销钉，起钻到水泥塞顶部 30～50 m 开泵循环。“回压凡尔方式”注水泥塞工艺流程见图 15-10-4。

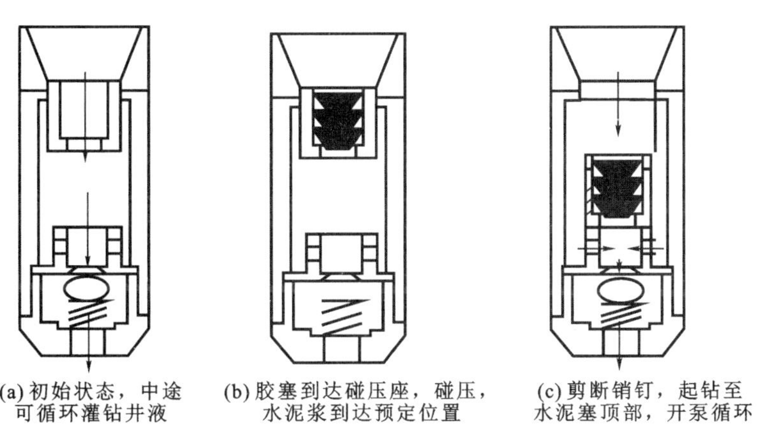

(a) 初始状态，中途
可循环灌钻井液
(b) 胶塞到达碰压座，碰压，
水泥浆到达预定位置
(c) 剪断销钉，起钻至
水泥塞顶部，开泵循环

图 15-10-4 “回压凡尔方式”注水泥塞工艺流程

第十一节 水泥浆体系与前置液

一、水泥浆体系

1. 低密度水泥浆体系

1）漂珠-微硅复合低密度水泥浆

借鉴颗粒级配（Particle Size Distribution，PSD）原理，选择漂珠-微硅复合材料。由于漂珠颗粒密度只有 0.7 g/cm^3 左右，颗粒直径大（平均粒径为 150～250 μm），在水泥浆中会产生大于自身重力的浮力而上浮，使水泥浆体系失稳产生分层，固井时会造成封固段上部封固不良。微硅的平均颗粒直径为 0.15 μm，远比水泥和漂珠小，所以微硅有巨大的比表面积（15～25 m^2/g），因而与水泥混合时需要大量的水来润湿其表面，对水灰比的敏感性较强，加量与降低密度的效率也受到限制。采用漂珠-微硅复合低密度体系正是利用漂珠和微硅各自的优点，同时它们又能互相克服对方的缺点，而且微硅颗粒小，能够充填漂珠和水泥颗粒之间的空隙，正好符合颗粒级配原理。

使用该方法设计的水泥浆非常优良，性能可以达到如下水平：

（1）低密度水泥体系的密度可控制在 1.30～1.65 g/cm^3。

（2）配合早强剂，水泥石抗压强度大于 16 MPa。

（3）优选好降滤失剂，可使水泥浆 API 滤失量控制在 50 mL 以内，稠化时间依据要求可任意调节。

2）高性能中空微珠低密度水泥浆

该水泥浆的设计方法与漂珠-微硅复合低密度水泥浆相同。最常用的高抗挤空心玻璃微珠是美国 3M 公司系列产品。该水泥浆的性能可以达到如下水平：

（1）3M 高抗挤微珠自身承压能力达到 124 MPa，且性能稳定。

（2）零析水，低滤失量，在高温高压下 API 滤失量小于 50 mL。

（3）具有较高的抗压强度（大于 14 MPa），稠化时间可依据要求任意调节。

3）泡沫低密度水泥浆

在水泥浆中充入氮气（空气），并使氮气在水泥浆中分散成均匀气泡，保持泡沫的稳定性，即为泡沫水泥浆。泡沫水泥浆的制备主要有两种方法：一是以前苏联为代表的化学反应充气法；二是以美国为代表的机械充氮法。化学发泡的泡沫水泥浆中含有强氧化剂，在水泥浆中通过化学反应生成氮气，气泡大小不易均匀，易形成气泡窜通，对水泥石的整体性能会产生破坏，且由于化学发泡的化学剂中亚硝酸盐和氨具有腐蚀性和毒性，所以具有一定的局限性。与化学反应生成氮气相比，机械充氮气（空气）法泡沫水泥施工时，现场施工比较简便，将液氮车与泵车通过管线相连，氮气与水泥浆在泡沫发生器中形成泡沫水泥浆后再注入井内，机械充氮气（空气）泡沫水泥浆中的气泡分散均匀且独立，泡沫水泥石强度明显要高。因此，机械充气泡沫水泥浆将是未来主要的发展方向。

泡沫水泥浆的主要组成成分为水泥浆基浆、氮气（或空气）和表面活性剂。虽然成分简

单,但赋予了泡沫水泥浆的"独特"性能。泡沫水泥浆具有以下特点:

(1) 低密度、高强度。地面的泡沫水泥浆的密度可调范围大,能够轻松达到小于 1.0 g/cm^3,而在井底密度可根据含气量进行调整。与相同密度的普通低密度水泥浆相比,泡沫低密度水泥浆的强度要高很多。

(2) 低滤失量,减少对地层的污染。

(3) 泡沫水泥浆黏度高,具有滞胀特性,有助于提高顶替效率,对不规则井眼的顶替更显优势。

(4) 泡沫可压缩,具有储能作用。氮气(空气)泡可压缩、可膨胀,能够补充水泥浆失重带来的液柱压力损失,有助于压稳气层。这一特性使泡沫水泥浆具有优异的防气窜能力。

(5) 弹塑性好,耐冲击。泡沫水泥环能够承受数百次压缩恢复实验并保持完好,而普通水泥环经过十几次实验就会产生裂纹。水泥环经过水力压裂后仍能够保持完整,提高了水泥环的整体寿命。

(6) 低热传导率,隔热保温。泡沫以气泡的形式填充在水泥中,具有良好的绝热性能,使得泡沫水泥浆具有一定的保温性能,并能够减少油井结蜡,提高产量,延长修井周期。

2. 高密度水泥浆体系

1) 设计的理论依据与模型

对高密度水泥浆的设计来讲,水泥浆的流变性和沉降稳定性、水泥浆与水泥石性能同时兼顾是最大的技术难题,特别是在这种高固相、高密度组分的固液组分体系中。为了提高高密度水泥浆的性能,通常依据颗粒级配的紧密堆积理论来进行设计。

紧密堆积理论以颗粒级配原理为依托,把不同级别大小的颗粒放在一起,通过不同颗粒间的搭配,增加被充填的空间,最终形成一种高浓度颗粒的水泥浆,实现良好的孔隙充填,并相应提高颗粒间的范德华力,同时细小颗粒对粗大颗粒能起到滚珠轴承的作用,使混合水泥浆需要的水量减少。另外,低含水量可促进颗粒间的快速桥结,从而提高水泥石的综合性能。

2) 加重材料组分形状要求

大多数水泥外掺料通过磨细得来,颗粒形状多呈不规则形状,而颗粒形状又对颗粒的粉体性状如接触角、摩擦角等影响很大,这些性能决定了外掺料与水泥的掺混能力、水泥浆的稳定性和流动性。紧密堆积理论中要求颗粒的形状至关重要,最好呈圆球形。

颗粒呈圆球形主要有以下好处:① 球的表面流动性好,颗粒的填充量可达到最高,有利于高密度材料的配置加重水泥浆;② 球形粉摩擦系数小,形成的浆体流动性好,容易配置高密度浆体,不增稠;③ 有足够且保持稳定的表面积,但比不规则形状的颗粒小,对水泥添加剂的吸附有规律,不会造成过度吸附,水泥浆容易调整以提高水泥浆性能。

3) 高密度水泥浆体系

对高密度水泥浆体系来讲,保证流变性能和稳定性的协调统一是技术关键。利用紧密堆积理论优选合适的加重剂来设计高密度水泥浆体系,同时优选出相配套的外加剂。

在水泥浆体系滤失控制上,由于浆体本身固相含量很高,已经较稠,因此不宜采用大幅提高液相黏度的方法来提高滤失控制能力;降滤失剂优选考虑引入成膜类的材料,结合固相颗粒的粒度级配,以降低水泥浆滤饼渗透率的方式来控制体系的滤失。

分散剂能吸附在水泥颗粒表面,形成吸附双电层,分散水泥颗粒,降低水泥浆的初始稠度，改善水泥浆的流变性能。通过调整不同加重材料和体系优化，设计出满足不同条件的高密度和超高密度水泥浆体系，其性能可以达到：水泥浆密度范围为 2.25～2.50 g/cm^3；流变性能良好；由于 API 水泥浆滤失量小，过渡时间短；水泥浆防气窜性能系数 SPN 值均小于 3；稠化时间可调。

3. 防气窜水泥浆体系

1）非渗透防气窜剂

非渗透防气窜剂由高分子聚合物、交联剂组成，通过成膜来降低水泥石的渗透率，阻止气窜的发生，同时自身能够控制水泥浆的滤失量，但受使用温度的限制。

2）胶乳防气窜剂

胶乳是最好的胶结辅助剂、防气窜剂、基质增强剂和降滤失剂，它还能够增强水泥石的弹性和具有抗腐蚀性流体的能力。常用的胶乳是使用苯乙烯-丁二烯类或聚丙烯酸胶乳为防气窜主要成分开发出来的胶乳防气窜剂，多用在高压气井中。

胶乳体系具有如下特点：

(1) 胶乳水泥浆是一种无胶凝水泥浆。在水泥水化前胶乳颗粒要在水泥浆中缔结，这些缔结物在压差的作用下聚集，形成抑制渗透的乳胶膜，从而防止气体或液体侵入水泥浆柱中，也可阻止气体在环空中的上窜；小粒径的乳胶颗粒填充于水泥颗粒间的空隙，堵塞通道，降低渗透率，可有效防止气侵；胶乳中有较多的表面活性剂，对侵入的气体有束缚和分散作用。

(2) 胶乳水泥浆中，乳胶粒径为 0.05～0.5 μm，比水泥颗粒粒径(一般为 20～50 μm)小得多，且胶粒具有弹性。水泥浆形成滤饼时一部分胶粒挤塞、填充于水泥颗粒间的孔隙中，使滤饼的渗透率降低；另一方面，胶粒在压差的作用下在水泥颗粒间聚集成膜，这层覆盖在滤饼表面的膜可阻止水泥浆的滤失，使 API 滤失量最低可达 10 mL，从而将水泥在候凝期间的失重效应降到最低。

(3) 零自由水，能有效防止形成自由水通道，满足斜井及水平井防气窜固井要求。

(4) 可实现直角稠化和直角胶凝过渡。水泥浆在凝固前能百分之百传递液柱静压力，能确保平衡和压稳高压层，有效遏制地层气体进入环空破坏水泥基体的完整性。

(5) 优秀的水泥浆分散性能。胶乳中聚合物胶粒被乳化剂包裹成球形颗粒，稳定地分散在水泥浆中，对水泥浆体系具有分散和润滑作用；水泥浆体系的黏度低，流变性好，易于实现紊流；水泥浆的摩擦阻力小，可防止地层在注水泥作业过程中被压裂而诱发漏失，破坏环空压力平衡关系。

(6) 随着水泥水化过程的深入，在水化产物表面积聚的胶粒形成连续薄膜并和水化产物连接在一起，从而形成一种有聚合物和水化产物互相渗透复合的网状结构，提高了水泥石的抗冲击性能，降低了渗透率，提高了抗腐蚀的能力。

4. 自愈合水泥

自愈合材料是指材料发生破坏时，能识别破坏的出现并实现自我修复愈合的一种新型材料。水泥石属于脆性材料，易因材料形变或者外力作用引发微裂缝，若不加以控制，微裂缝就会逐步发展为裂纹，造成水泥石结构性能失效。因此，水泥石的自修复技术是水泥基材料向智能材料发展的高级阶段。自修复技术主要有以下几种：

1）化学渗透结晶自修复技术

水泥基复合材料在干湿循环下的自修复特性：当裂缝宽度小于 0.05 mm 时，微裂缝能够完全自修复；当裂缝宽度为 0.05～0.15 mm 时，只能部分修复。水泥熟料的二次水化和碳化是修复的主要原因。

渗透结晶技术就是利用在水泥基材料内部掺入活性外加剂或在外部涂敷一层含有活性外加剂的涂层，在一定的养护条件下，以水为载体，通过渗透作用，使活性材料在混凝土的微孔及毛细孔中传输，填充并加速混凝土中未完全水化的水泥熟料继续水化（在无水的条件下活性材料处于休眠状态）；当混凝土开裂且有水渗入时，活性材料水化生成新的晶体，自动填充裂缝，实现混凝土微裂缝的自修复。使用渗透结晶修复技术的必要条件是有水（或足够湿度）且无拉应力存在，以及合适的裂缝宽度。对宽度大于 0.4 mm 的裂缝，自修复效果不理想。

2）热致聚合自修复技术

使用一种热可逆的高度交联的聚合物自愈合材料，采用热可逆交联反应，使材料从常温升到高温时部分化学键断开，当温度从高温缓慢降到常温时化学键又会通过逆反应重新键合。此类聚合物具有呋喃环和马来酰亚胺结构单元。这种体系无需加入催化剂、单体分子或其他特殊的表面处理剂，可实现无限次的自我修复功能，但需要高温才能实现自愈合。

3）聚合物固化修复技术

模仿生物组织对创伤部位自动分泌某种物质修复伤口的原理，在混凝土中掺入聚合物修复剂，在感受到外界载荷作用后，释放出修复剂，通过毛细现象使修复剂在整个裂纹中扩散并固化，最终修复微裂纹。聚合物固化修复分为液芯纤维和胶囊固化修复技术两种。

液芯纤维技术模拟动物血管系统，将修复剂通过特殊手段充填到脆性中空纤维管中制得自修复材料，将液芯纤维预埋入水泥石中，当水泥石基体受到外力作用时，预先埋于水泥石中的液芯纤维管断裂，在内部压力作用下修复剂释放填充微裂缝，在催化剂等的作用下达到修复裂缝的目的。

微胶囊技术利用成膜材料将微胶囊内部修复剂与外部隔离而形成具有“核-壳”结构的微小粒子，其修复机理是将含有修复剂的微胶囊埋入基体中，当基体受损产生微裂缝且扩展至微胶囊时，微胶囊破裂释放修复剂，通过毛细作用，修复剂填充裂缝，与基体中的催化剂接触，发生聚合反应，使微裂缝愈合，达到修复的目的。

4）油气触发响应修复技术

油气触发自修复技术是在油井水泥浆中加入多种可由油气刺激引发体积膨胀的自修复材料，当水泥环完整性遭到破坏产生微裂缝和微间隙时，油气会沿微裂缝或者微间隙窜流激活自修复材料，自修复材料体积膨胀，通过密封应力的增加迅速堵塞窜流通道，实现水泥环微间隙和微裂缝的快速自修复。

从油气井固井自愈合水泥浆材料研究来看，仍处于实验室探索阶段，尚未取得实质性的进展，进入工业化运用的阶段还有大量的工作需要做，特别是对自愈合水泥修复材料从制备到应用所存在的问题还有待进一步研究。

5. 抗二氧化碳、硫化氢腐蚀水泥浆体系

酸性气体对水泥的腐蚀的根本原因在于水泥水化产物本身组分及水泥石的微观结构。

水泥石越致密,越能够保持较高的抗腐蚀能力。

1) 防止水泥石腐蚀的途径

(1) 调整水泥熟料的组成。水泥石中氢氧化钙和水化铝酸钙是引起水泥石破坏的内部因素。在水泥熟料中要严格控制 C_3A 的含量(高抗硫型油井水泥规定 C_3A 含量小于 3%),适当增加 C_4AF 的含量。

(2) 降低水泥石中 $Ca(OH)_2$ 晶体含量。在水泥熟料中可掺入硅粉(或微硅)、粉煤灰、矿渣等富含活性 SiO_2 的材料,它们可与 $Ca(OH)_2$ 反应生成水化硅酸钙新物相,降低水泥石的渗透率,提高其抗腐蚀能力。微硅与粉煤灰联合使用会取得较好的抗腐蚀结果。

(3) 采用非硅酸盐固井材料(如磷酸盐水泥、磷铝酸盐水泥)代替传统的硅酸盐水泥基材料,通过酸碱反应产生磷酸钙,具有高强度、低渗透和优异的抗 CO_2 腐蚀能力。

(4) 在水泥中掺入丁苯胶乳可明显提高水泥石的耐腐蚀能力。水泥石耐碳酸氢钠腐蚀的能力明显强于原浆,当胶乳∶水泥=(1～1.5)∶10(质量比)时,水泥石渗透率最小,在酸中的质量损失也最低。

(5) 降低水泥石的渗透率。

利用 PVF(PVF 实际就是堆积密度与绝对密度的比值,PVF 最大可达 0.74)最大化原理,采用不同粒度的材料进行颗粒级配,使单位体积水泥浆内的固相颗粒增加,尽量降低其水灰比,并且提高水泥石的抗压强度,降低其孔隙度和渗透率。水泥石的气相渗透率要小于 $0.1\times10^{-3}\ \mu m^2$。

2) 几种防腐蚀水泥浆体系

(1) 天津中油渤星公司与大港油田合作,优选出了抗腐蚀低密度和高密度水泥浆配方,开发了防腐蚀材料 BCE-750S,在吉林含 CO_2 气田固井中得到应用。

(2) 中国石化工程技术研究院的防腐水泥浆体系。以 DC206 防腐蚀剂为主,配合非渗透防气窜剂或胶乳,形成防腐蚀水泥浆体系。DC206 富含活性 SiO_2 的材料,可以降低水泥石的碱性,减弱酸性气体与水泥的化学反应;非渗透防气窜剂或胶乳可以降低水泥石的渗透率,阻止酸性气体侵入到水泥石中,已在一些地区进行了推广应用。

(3) 哈里伯顿公司抗 CO_2 腐蚀水泥浆体系。如哈里伯顿的 Thermalock 水泥不含有氢氧化钙、硅酸钙,含有铝酸盐水化合物、磷酸钙水化合物、类似硅酸钙硅酸铝的云母粉等。

(4) 斯伦贝谢公司抗 CO_2 腐蚀水泥浆体系。如 EverCRETE 水泥是基于 CemCRETE 颗粒级配技术,减少常规波特兰水泥的用量,不含 $Ca(OH)_2$ 的体系。该体系可限制水泥的性能退化,限制碳酸钙结晶反应,保持较好的机械性能。水泥浆密度为 1.4～1.9 g/cm^3,适用温度为 40～110 ℃(BHST)。

6. MTC 水泥浆体系

矿渣 MTC(Mud To Cement,MTC)技术即将水淬高炉矿渣加入钻井液,同时加入激活剂等处理剂,使钻井液转化为固井用水泥浆的一项技术。由于该技术具有提高固井质量、节约固井成本、保护环境三大优势而受到固井界的重视。该技术 1991 年 9 月首次成功地在墨西哥湾 Auger 油田的 TLP 平台上使用至今,已推广应用到其他油田的各种固井施工作业中。从 4.4 ℃的深水开发井到 315 ℃的高温地热井,从技术套管、油层套管到尾管,从直井、定向井到水平井,各种井型、井况固井应用均证明,矿渣 MTC 可以代替常规波特兰水泥进行固井作业。除此之外，矿渣 MTC 还可用于打水泥塞和隔离液，这方面的应用已在美国取得好的效果。

7. 液硅水泥浆体系

液硅是挪威艾肯公司推出的一种纳米级新型防气窜剂（MicroBlock）。MicroBlock 是二氧化硅颗粒和其他添加剂混合成的一种液体，微硅粉含量为 50%左右，颗粒呈近似球形，其平均粒径为 0.15 μm，比表面积为 21 m^2/g。其二氧化硅呈非结晶态，具有火山灰活性，可与水泥浆中的 $Ca(OH)_2$ 反应，提高水泥石强度。MicroBlock 加入水泥浆可控制水泥浆游离液为零、降低滤失量、降低黏度、提高胶结质量、提高水泥浆稳定性和耐腐蚀性，降低水泥石的渗透率。由于其颗粒微细，大大增加了胶结面的“着力点”，提高了胶结质量和胶结力，改善了固井界面胶结质量。

MicroBlock 防气窜机理与胶乳类似，主要通过颗粒填充，极大地降低了水泥浆滤饼和水泥石的渗透率，一方面可以有效地降低水泥浆的滤失量，另一方面可阻止气体的侵入。相对胶乳，主要成分是无机材料，对水泥浆密度变化、配浆水水质变化、温度变化和配浆搅拌速率变化等敏感性低；水泥浆配方易于调节，使用难度小，风险低；能够长期参与水泥的水化反应，减少水泥石高温下的强度衰退，提高水泥石的长期强度。

8. 盐水水泥浆体系

对于钻遇盐膏层的井，固井时需要使用盐水水泥浆体系。一般在淡水中使用的外加剂在盐水中效果很差，有些甚至失去作用，引起水泥浆的絮凝而使水泥浆失去流动性，无法实现现场施工。因此，必须使用抗盐污染的外加剂来配制盐水水泥浆。

1）抗盐外加剂

（1）抗盐降滤失剂的作用机理。

选用 2-丙烯酰胺基-2-甲基丙磺酸（AMPS）单体与其他单体进行共聚，合成多元聚合物降滤失剂。利用 AMPS 优良的耐温抗盐性能，引入超吸水性的水合基团和具有耐温的环烷酮结构，对水泥浆吸附水化，在水泥颗粒周围形成强化水化膜，促进水泥浆的稳定和护胶作用，从而有利于致密泥饼的形成，达到抗高温耐盐降滤失的目的。

（2）共聚单体。

选取单体 2-丙烯酰胺基-2-甲基丙磺酸（AMPS）、丙烯酰胺（AM）及 N-乙烯基吡咯烷酮（NVP）进行共聚。聚合物主链以 C—C 键相连，热稳定性好，同时具有良好的剪切稀释特性和柔顺性，分子链上的基团比例可以调整。此外，通过选择共聚单体，可在分子链上引入多种吸水性基团和吸附基团，同时带有的较大的侧基，具有良好的化学活性，可以与多种化合物反应。NVP 单体具有刚性环结构，具有较高的热稳定性和抗盐性。

2）抗盐水泥浆体系

针对盐层的固井特点，采用抗盐水泥外加剂，配制成半饱和盐水水泥浆体系，具有低滤失量、短候凝、稠化过渡时间短等优良性能，且早期强度增长快，抗压强度满足固井技术要求。

二、前置液体系

前置液分为冲洗液和隔离液，在固井中的主要作用包括：① 具有对井壁和套管壁的物理冲刷作用和化学冲洗作用，使壁面的油污、油膜和虚泥饼因受水力机械作用而被除去；② 稀释钻井液，改善钻井液的流变性能，提高钻井液被顶替效率；③ 隔离钻井液与水泥浆，防止污染；④ 直接塞流或紊流驱替钻井液，提高水泥浆顶替效率和降低水泥浆紊流顶替设计的难度。

1. 冲洗液

使用最多的是表面活性剂类化学冲洗液，主要是在清水中加入一定量的表面活性剂和钻井液的稀释剂(或降黏剂)，能够很好地改善钻井液的流变性能，降低钻井液黏切值和触变性，使钻井液易于被紊流顶替。同时，利用表面活性剂所特有的表面活性(润湿性、渗透性及乳化性等)作用于井壁和套管壁，可降低界面张力，增强冲洗液对界面的润湿作用和冲洗作用，从而提高顶替效率。

2. 隔离液

常用的隔离液体系主要有乳化隔离液体系，黏性隔离液体系，抗温、抗盐、抗钙及低滤失量类隔离液体系，充气隔离液体系，耐沉降隔离液体系，低黏附力等多用途隔离液体系等。

乳化隔离液主要采用乳化剂或复配型乳化剂，并利用特殊工艺将水与柴油等配制成W/O型乳化隔离液或O/W型乳化隔离液，或等体积的油水混合乳化隔离液。乳化隔离液可以有效地降低摩阻、润湿套管及井壁，从而提高界面的胶结强度；可以有效地隔离钻井液和水泥浆，对井壁稳定性好，对地层的伤害性小。配制隔离液程序较烦琐，给现场使用带来很多不便。

黏性隔离液体系一般具有一定的黏度，主要靠"黏性推移"来实现塞流或低速层流顶替钻井液。

在井下条件复杂的状况下，如井下高温、盐水钻井液和盐水水泥浆以及存在高矿化度地层水等，水泥浆的稳定性尤为重要。为了固井施工安全，需要使用抗温、抗盐、抗钙及降低滤失量隔离液体系。通过加入能够抗温、抗盐、抗钙及降低滤失量的处理剂使隔离液符合要求，还可以加入表面活性剂以提高隔离液的表面润湿性，提高界面胶结强度。

第十二节　提高复杂井固井质量的方法和措施

一、井身质量与钻井液性能要求

(1) 对于高压油气井，下套管前应压稳，控制油气上窜速度小于10 m/h。

(2) 套管与井眼环空间隙一般应不小于19 mm，必要时宜采取扩眼等相应措施。

(3) 对固井过程中可能漏失的井，应先试漏、堵漏，正常后方可以下套管。

(4) 下套管前，用原钻具对不规则井段(井径小于钻头直径井段，起下钻遇阻、遇卡井段，井斜变化率或全角变化率超过设计规定井段)或油气层、重点封固井段认真划眼通井。对于斜井段和水平段，宜短起下并分段循环处理钻井液，充分冲洗岩屑，清除岩屑床。

(5) 下套管前，钻井液 API 滤失量一般应小于 5 mL，泥饼厚度应小于 0.5 mm。对于深井超深井，高温高压滤失量应符合设计要求。

(6) 下套管前通井，应用较大排量洗井，上返速度宜与钻井作业时相同，同时应慢速转动钻具防黏卡。

(7) 注水泥前，钻井液性能应保持良好、稳定。改善钻井液流变性能，降低钻井液屈服值：若钻井液 ρ_m 小于 1.3 g/cm^3，屈服值宜小于 5 Pa；若 ρ_m 在 1.3 ～1.8 g/cm^3 之间，屈服值宜小于 8 Pa；若 ρ_m 大于 1.8 g/cm^3，则屈服值宜小于 15 Pa。

(8) 混油钻井液在注水泥前应进行乳化处理。

(9) 进出口钻井液密度应一致。对于气井，进出口密度差应小于 0.02 g/cm^3。

二、提高水泥浆顶替效率工艺技术

提高固井质量的技术关键是提高水泥浆顶替效率。提高顶替效率的技术方法主要有：

(1) 合理安放扶正器位置。使用软件模拟扶正器安放位置，确保套管在井内的居中度大于 67%，有助于套管顺利下入，提高水泥浆顶替效率。

(2) 对于水平井或大位移井，可使用漂浮接箍，使大斜度井段的套管掏空一定的深度，能够使套管在井内处于漂浮状态，一方面可降低下套管的摩阻，另一方面有助于确保套管在斜井段居中。

(3) 强化钻井液性能处理，在套管下完后尽可能地降低钻井液的黏切值，为提高顶替效率创造良好的条件。

(4) 在循环、注水泥及替钻井液期间，可上下活动套管，若条件允许可旋转套管，以提高顶替效率。

(5) 固井前最后两个循环周要求大排量循环，将钻井液的屈服值和静切力适当降低，改善钻井液的流动性能，提高顶替效率。

(6) 对于油基钻井液，采用高效油基钻井液冲洗液，因其具有良好的润湿反转功能，可以驱替干净油基钻井液形成的油膜泥饼，提高水泥浆胶结质量。

(7) 在保证施工安全的前提下，要求替钻井液时大排量顶替钻井液，确保前置液达到紊流，以提高顶替效率。

三、防漏固井设计与工艺技术

在固井设计封固段中，存在可能发生诱发性漏失的低压易漏失层位，由于不能满足循环过程中的压力平衡，即不能保证平衡压力固井，容易发生固井漏失。而在发生漏失后，固井质量将不能得到保证。因此，针对此种情况，要从固井施工设计和防漏失固井施工工艺措施两个方面开展工作，尽可能地降低固井漏失的风险。

1. 防漏固井设计

1）防漏固井设计原则

（1）应充分掌握井下状况。

① 了解地层的孔隙压力、漏失压力及破裂压力。

② 掌握漏失的层位、深度及循环漏失压力。

③ 了解漏失的类型、特点及其漏失的原因。

（2）以所掌握的漏失情况为基础，注水泥前对低压易漏层进行处理，获得处理后井下已建立的新的压力平衡关系。

（3）按照新的地层平衡压力关系，拟定防止井漏的注水泥方案，控制水泥浆上返过程中的水泥浆柱动压力始终小于漏失层的漏失压力或破裂压力。

2）防漏固井设计

防窜与防漏的措施是相互矛盾的，在做固井施工设计时只有处理好这一矛盾体，才能优质地完成固井施工设计，固井质量才能够得到保障。对于环空中的各种流体密度、流体段长等都要合理设计，在压稳的前提下，确保固井不发生漏失。

2. 防漏固井工艺技术

1）综合防漏堵漏措施

对于存在漏失的井，需要提高井眼的承压能力，尽可能地在下套管前确保不漏失，为固井提供良好的井下环境。

（1）先期防漏堵漏技术。

下套管前对固井时可能出现井漏的层位进行预堵，增强地层抗破能力，然后进行地层漏失试验，必须保证固井时地层能够承受预期的压力，然后才能进行下套管和固井作业。

（2）控制套管下放速度。

下套管时控制套管下放速度，在通过低压易漏井段时尤其应该控制速度，因为高速下放套管时环空钻井液回流速度往往会超过钻井时钻井液上返速度的 1～3 倍，容易压漏地层。

（3）调整好钻井液性能。

钻井液应具有良好的性能，在固井前钻井液必须进行处理，降低其黏度、切力，从而降低顶替过程中的摩阻，防止出现漏失。

2）防漏注水泥工艺技术

（1）一次注水泥技术。

部分低压地层，在钻井过程中不发生漏失，或者发生漏失后经堵漏处理能够完钻，这类井往往在注入水泥过程中由于大排量和较高的密度差而形成高环空流动压力。当液柱流动超过漏层的漏失压力或者大于地层的破裂压力时，会导致固井漏失。

对于这种情况，可以考虑采取降低环空液柱压力与流动阻力的方法进行解决，即在整个固井过程中，使其环空液柱压力小于漏层的漏失压力或地层的破裂压力，达到平衡压力固井的目的。

（2）分级注水泥技术。

分级注水泥多用于长封固段（有效封固段大于 1 500 m）易漏失井固井和长封固段高压油

气井固井。采用分级固井工艺可以有效地降低全井液柱压力，减小井漏发生的可能。

(3) 正注反挤注水泥技术。

正注反挤注水泥技术主要是前两种技术的补充，用于地层承压能力过低、钻井过程中漏失严重的特殊油气井固井。采用正注反挤固井工艺是解决固井前严重井漏、确保水泥浆返高的有效方法之一。

正注反挤注水泥技术是在下套管过程中，或在下套管完成后循环时，或在注替水泥浆的过程中确定发生井漏时，采用套管内正注为主、环空反挤水泥为辅的正注反挤固井工艺，或者采用套管内正注水泥为铺、环空反挤水泥为主的正注反挤固井工艺。具体方法应根据漏失速度、井内钻井液的密度与水泥浆密度的差值等确定。

四、高压防气窜固井工艺技术

水泥浆在凝固过程中出现失重现象是不可避免的，但并不是有失重现象就一定有气体的上窜，相对而言在高压气井中发生气窜的现象比一般气井要多得多，危险性也大得多。防气窜应该采取以下措施：

1. 减轻水泥浆失重的影响

采用分级注水泥技术，减小水泥浆柱长度，从而减小由胶凝强度引起的压力损失；采用多凝水泥固井。一般采用双凝水泥浆，第一段水泥浆超过气层顶界 50～100 m，使其先凝(胶凝强度大于 240 Pa)，发生失重仅在这段水泥浆柱形成，但第二段水泥浆还未达到初凝(胶凝强度小于 48 Pa)，这时整个环空液柱压力大于气层压力，保证压稳气层。

2. 增加环空过平衡压力

通过提高钻井液或水泥浆的密度，或注水泥后在环空加回压等技术措施，可以增加初始过平衡压力。

3. 提高两个界面胶结质量

一是要提高顶替效率，这是最重要的技术措施之一，如活动套管，紊流顶替，增大钻井液、隔离液和水泥浆的密度差等；二是使用膨胀剂。

4. 优选水泥浆体系

根据固井水泥浆密度要求选择合理的水泥浆体系和筛选合理的水泥外加剂。降低水泥浆的滤失和游离水，可以减少环空水泥浆的体积损失，也就减少了环空桥堵，防止产生水槽和水带。

5. 采用套管外封隔器

套管外封隔器能随套管下入井中，碰压后，憋一定压力，使封隔器胶皮膨胀，对环形空间进行密封，从而隔绝油气外窜。

第十三节　固井质量评价

固井质量评价的目的是确定水泥环对地层和套管的密封能力。主要依靠水泥胶结测井(CBL)、变密度测井(VDL)及扇区水泥胶结测井(SBT)等手段，根据水泥环胶结程度进行固井质量评价。由于影响测井结果的因素较多，对于固井质量的评价除了水泥环质量外，还可根据固井施工记录、测井水泥胶结资料和工程判别结果等综合评价。

一、主要检测方法

1. 水泥胶结测井(CBL)

水泥胶结测井(Cement Bond Log)是声幅测井的一种，通过测量套管的滑行波(简称套管波)的幅度或衰减来探测管外水泥的固结情况。水泥胶结测井通常用单发单收声系，即一个声波发射器、一个声波接收器，源距多为 1 m。还有与变密度测井合测的组合测井仪，采用单发双收声系，第一个声波接收器记录 CBL 信号，源距 0.91 m；第二个声波接收器记录 VDL 信号，源距 1.52 m。

注水泥后，如果套管与水泥胶结良好，套管与水泥环的声阻抗差较小，在套管与水泥环的界面上声耦合好，套管波的能量容易通过水泥环向外传播，使套管波信号有较大的衰减，则测得的 CBL 值就很低。若套管与水泥胶结不好，管外为钻井液，则套管与钻井液的声阻抗差别大，声耦合较差，套管波的能量不容易通过钻井液向地层传播，使套管波的信号减小，则 CBL 值较高，在自由套管井段，则会出现 CBL 值的最大值。其图例见图 15-13-1。

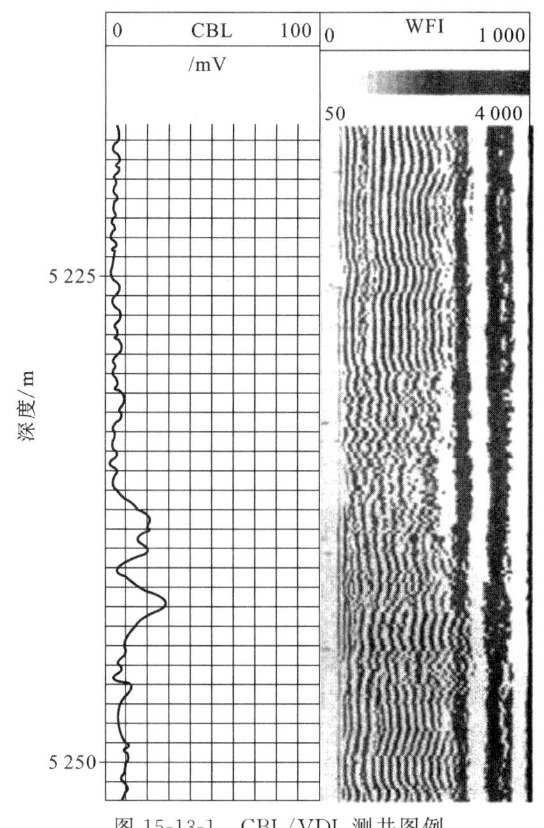

图 15-13-1　CBL/VDL 测井图例

2. 变密度测井(VDL)

声波变密度测井(Variable Density Log)属声幅测井的一种。与 CBL 不同的是，它记录井下声波信号的全波列，因此亦称声波全波列测井。VDL 属于大信息量的测井方法，而 CBL 则只记录声波全波列中的首波幅度。

VDL 通常与 CBL 同测，用单发双收声系组成两种仪器，共用一个发射器。

声波全波列指的是声波从发射器发射后，接收器能接收到的所有声波信息的组合。声波有五条路径从发射器传播至接收器，即仪器主体、井内钻井液、套管、水泥环及地层。为评价固井质量，通过仪器主体传播的声波信号必须消除，因此在VDL仪器上，按时间先后顺序接收到的声波信号分别是：套管波、水泥环波、地层波和钻井液波。其图例见图15-13-1。

3. 扇区水泥胶结测井（SBT）

20世纪80年代末，西方阿特拉斯测井公司推出了一种新的固井质量测井仪，即SBT。它主要从纵向和横向（沿套管圆周）两个方向测量水泥胶结质量。它利用装在6个滑板上的12个高频定向换能器的声系来定量套管周围6个60°区块，有6个动力推靠臂，每个臂把一块发射和接收换能器滑板贴在套管内壁上。该仪器设计考虑的短源距使补偿衰减测量结果基本不受快速地层的影响，从而实现测量的高分辨率360°全方位覆盖。

双发双收补偿测量系统测量6条声波衰减率曲线。衰减率越大，则水泥胶结越好。平均衰减率（ATVT）和最小衰减率（ATMN）的差异反映了水泥胶结的环向不均匀性。平均声幅（AMAV）相当于理想测井条件下的CBL曲线。水泥图环向分辨率较高，可详细、直观地显示水泥环胶结质量。相对方位RB可确定水泥沟槽的方位。此外，可利用5 ft（1.5 m）源距的变密度图评价水泥环与地层界面的胶结状况。SBT测井图例见图15-13-2。

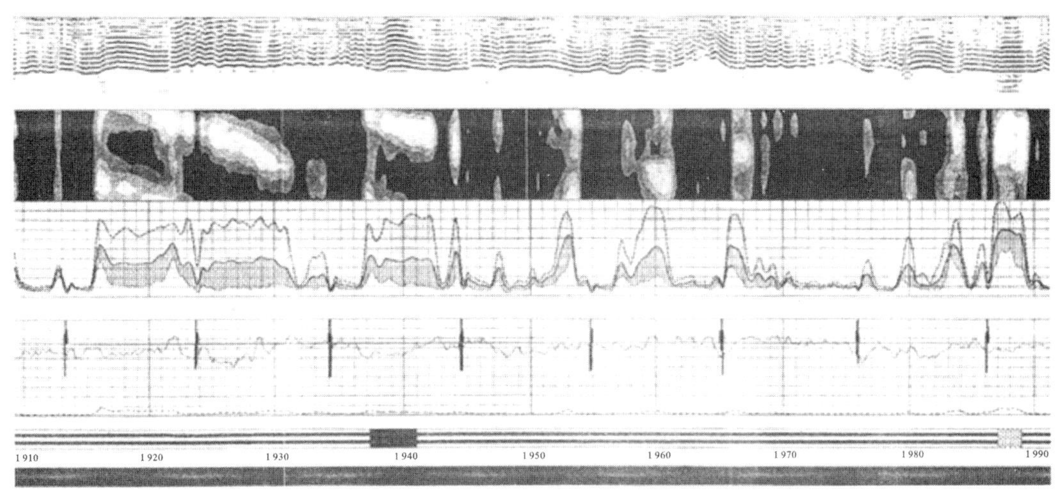

图15-13-2　SBT测井图例

二、固井质量评价

1. 根据CBL定量评价水泥胶结状况

根据CBL可定量评价水泥环第一界面的胶结状况。通常$CBL \leqslant 15\%$为优质，$15\% < CBL \leqslant 30\%$为合格（中等），$CBL > 30\%$为不合格（差）。

对于低密度水泥浆体系，声幅值可适当放松，一般$CBL \leqslant 20\%$为优质，$20\% < CBL \leqslant 40\%$为合格（中等），$CBL > 40\%$为不合格（差）。

2. 根据 VDL 定性评价水泥胶结状况

根据 VDL 可定性评价水泥环第一界面和第二界面的胶结状况(见表 15-13-1)。

表 15-13-1　根据 VDL 定性评价固井质量

VDL 特征		固井质量定性评价结论	
套管波特征	地层波特征	第一界面胶结状况	第二界面胶结状况
很弱或无	地层波清晰,且相线与 AC 良好同步	良　好	良　好
很弱或无	无,AC 反映为松软地层,未扩径	良　好	良　好
很弱或无	无,AC 反映为松软地层,大井眼	良　好	差
很弱或无	较　弱	良　好	部分胶结
较　弱	地层波较清晰	部分胶结(或微间隙)	部分胶结至良好
较　弱	无或地层波弱	部分胶结	差
较　弱	地层波不清晰	中　等	差
较　强	弱	较　差	部分胶结至良好
很　强	无	差	无法确定

注:AC 为在裸眼井中测量的纵波时差曲线。

第二界面胶结质量差测井实例见图 15-13-3,自由套管段 CBL/VDL 测井响应实例见图 15-13-4。

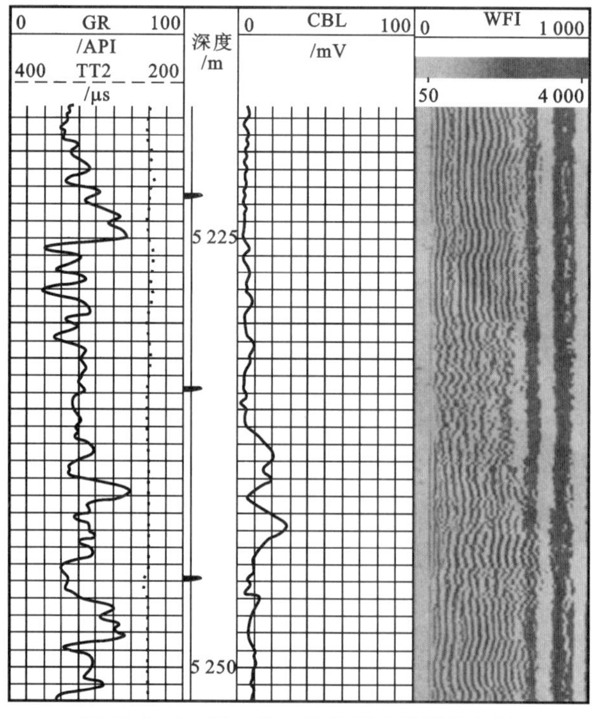

图 15-13-3　第二界面胶结质量差测井实例

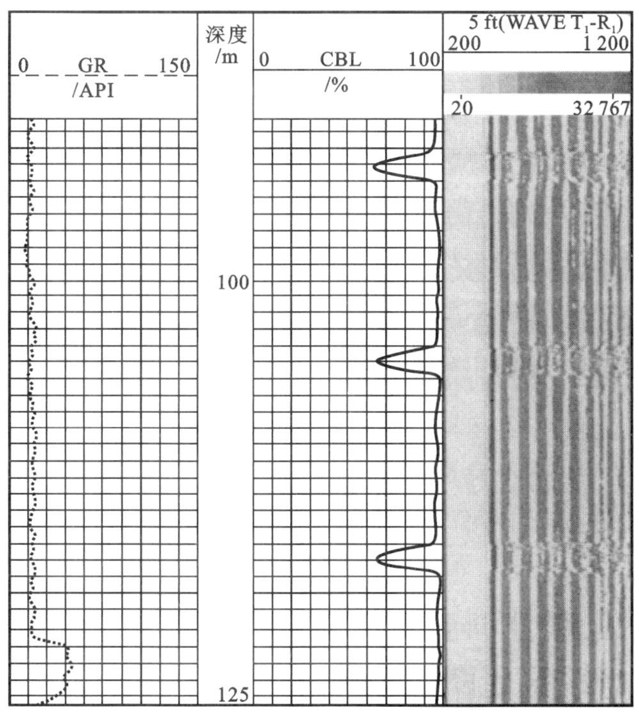

图 15-13-4 自由套管段 CBL/VDL 测井响应实例

3. 根据 SBT 定性评价水泥胶结状况

1）利用衰减率曲线和水泥胶结图评价水泥胶结状况

对于相同的套管尺寸、钻井液性能、水泥参数和水泥环尺寸，衰减率越低，反映水泥胶结越差，反之反映水泥胶结越好。理论上，只要平均衰减率测量值小于本次固井质量的最高衰减率，都可解释为水泥沟槽或第一界面不同程度受钻井液污染引起的水泥胶结状况变差。

SBT 测井解释图实例见图 15-13-5。

衰减率曲线平直反映水泥环纵向胶结均匀，曲线起伏反映水泥环纵向胶结不均匀。水泥胶结图直观地显示了第一界面的胶结状况，衰减率越高，在水泥胶结图上颜色越深，则水泥胶结越好。

2）利用胶结比、胶结指数和视抗压强度评价水泥胶结状况

水泥沟槽井段的胶结比理论上等于该井段管外环空水泥充填率。在非水泥沟槽井段，如果不是微环隙的影响，衰减率相对于胶结最好井段的降低程度主要反映水泥所受钻井液污染的程度。

若不存在微间隙和严重钻井液污染，则水泥视抗压强度越大，其胶结强度也越大。

3）利用贴井壁波形数据评价第二界面胶结状况

STB 测井可以测量并记录贴井壁全波列波形。紧跟在套管波之后的水泥环界面反射波低频组分，对第一界面和第二界面均胶结良好、第一界面胶结良好而第二界面胶结不好以及自由套管这三种情况相当敏感，因而可以用于评价第二界面胶结状况。

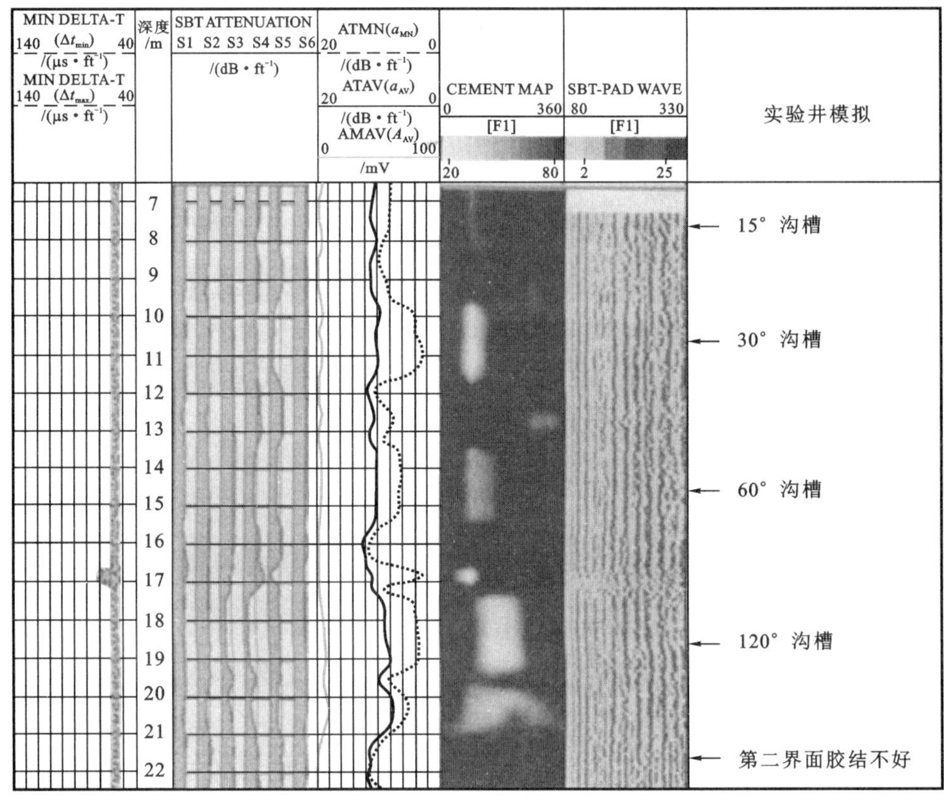

图 15-13-5　SBT 测井实例

4. 根据固井施工作业记录评价固井质量

1）固井施工设计要求

固井施工前应根据实钻情况进行有针对性的固井施工设计。施工设计内容应包括 HSE 预案。

2）固井施工质量评价

（1）固井施工质量评价的使用条件。

① 固井设备配备压力、排量和密度实时监测及采集系统。

② 施工设计合格。

（2）根据固井施工记录，按表 15-13-2 的技术要求打分。如果得分大于 13，则固井施工质量应评估为合格；否则，应通过其他方法检测固井施工质量。

（3）不可通过固井施工质量评价的情况。

出现下列情况之一，不可通过固井施工质量评价，可用其他方法评价。

① 施工过程中发生严重井漏、漏封油气层。

② 水泥浆出套管鞋后施工间断时间超过 30 min。

③ “灌香肠”或替空。

④ 套管未下至设计井深，造成沉砂口袋不符合设计要求。

⑤ 固井后环空冒油、气、水。

表 15-13-2　根据固井施工作业记录评估施工质量

参　数	技术要求	得　分
钻井液屈服值	若 ρ_m<1.3 g/cm³，则屈服值小于 5 Pa； 若 1.3 g/cm³≤ρ_m≤1.8 g/cm³，则屈服值小于 8 Pa； 若 ρ_m>1.8 g/cm³，则屈服值小于 15 Pa	2
钻井液塑性黏度	符合设计要求	2
钻井液滤失量	符合设计要求	1
钻井液循环	大于 2 循环周	1
水泥浆密度波动范围	若自动混拌水泥浆，则为 ±0.025 g/cm³； 若手动混拌水泥浆，则为 ±0.035 g/cm³	2
前置液接触时间	大于 10 min	1
水泥浆稠化时间	符合设计要求	2
水泥浆滤失量	符合设计要求	1
注替浆量	符合设计要求	1
注替排量	符合设计要求	1
套管扶正器加放	符合设计要求	1
活动套管	是	2
固井作业中间断时间	小于 3 min	1
施工过程中复杂情况	无	1
碰　压	是	1
试　压	符合设计要求	1
候凝方式	符合设计要求	1
总分数		20

三、套管柱试压要求

1. 试压时间

（1）表层套管柱、技术套管柱与生产套管柱试压宜在注水泥碰压后立即进行。
（2）未碰压的井、试压不合格的井和尾管，固井套管柱试压应在固井质量评价后进行。

2. 试压装备和介质

（1）表层套管柱、技术套管柱及生产套管柱试压用水泥头或试压接头。
（2）试压设备采用水泥车、钻井泵或其他试压设备。
（3）管内试压液采用原替浆液，管内应充满试压液。

3. 套管柱试压指标

（1）采用注水泥后立即试压的套管柱试压值为套管抗内压强度值和套管螺纹承压状态

下剩余连接强度最小值中最低值的 55%，稳压 10 min，无压降为合格。

(2) 采用固井质量评价后试压的套管柱，套管直径小于或等于 244.5 mm 的套管柱试压值为 20 MPa，套管直径大于 244.5 mm 的套管柱试压值为 10 MPa，稳压 30 min，压降小于或等于 0.5 MPa 为合格。

第十四节　固井施工中的有关计算

一、定向井、水平井满足套管下入的井眼条件

美国石油学会(API)和国际钻井承包商协会(IADC)推荐了套管允许通过的最大井眼曲率公式。两个公式的形式完全相同，只是系数不同。形式如下：

$$C_m = \frac{\sigma_s}{59.9 D_o K_1 K_2} \tag{15-14-1}$$

式中　C_m——套管允许通过的最大井眼曲率，(°)/(30 m)；

K_1——安全系数，API 推荐为 1.8，IADC 推荐为 1.2～1.5；

K_2——螺纹应力集中系数，API 推荐为 3.0，IADC 推荐为 2.0～2.5；

D_o——套管管体外径，m；

σ_s——套管管体的屈服强度，MPa。

在分析套管可通过的最大井眼曲率影响因素的基础上，参照 Φ139.7 mm 套管弯曲试验数据现场经验，提出了一种套管可通过的最大井眼曲率的确定方法，算例表明其更接近实际。该方法的公式为：

$$C_m = 16.63 \frac{P_j - P_e}{D_o K A} \tag{15-14-2}$$

式中　C_m——套管允许通过的最大井眼曲率，(°)/(30 m)；

P_j——套管螺纹连接强度，kN；

P_e——套管已承受的有效轴向力，kN；

D_o——套管管体外径，cm；

K——考虑套管螺纹应力集中等因素的系数，取 $K = 1.65$；

A——套管管体横截面积，cm^2。

二、预应力注水泥有关计算

1. 热应力

套管柱在受热条件下，产生的最大热应力的计算公式为：

$$\sigma_{max} = \lambda E \Delta T \tag{15-14-3}$$

式中　σ_{max}——套管所承受的最大热应力，MPa；

λ——钢材线膨胀系数，取 $\lambda = (13.0 \sim 13.5) \times 10^{-6}$ ℃$^{-1}$；

E——钢材弹性模量(其值见表 15-14-1)，MPa；

ΔT——温度增加值,℃。

表 15-14-1　不同温度下钢材弹性模量

钢　级	弹性模量/($\times 10^5$ MPa)					
	20 ℃	200 ℃	250 ℃	300 ℃	350 ℃	400 ℃
N-80	2.10	1.69	1.52	1.39	1.20	1.13
P-110	2.10	1.88	1.81	1.76	1.70	1.66
TP-110H	1.96	1.79	1.72	1.68	1.65	1.60

2. 应施加预应力和预拉力

$$\Delta\sigma = \sigma_{\max} - K\sigma_{s} \qquad (15\text{-}14\text{-}4)$$

$$F = \frac{\Delta\sigma A}{1\,000} \qquad (15\text{-}14\text{-}5)$$

式中　$\Delta\sigma$——应施加的套管最小预应力,MPa;

σ_s——套管最小屈服应力,MPa;

K——高温条件下套管强度降低系数(见表 15-14-2);

F——应施加的套管最小预拉力,kN;

A——套管管体横截面积,mm^2。

表 15-14-2　不同温度下套管强度降低系数

钢　级	套管强度降低系数					
	20 ℃	200 ℃	250 ℃	300 ℃	350 ℃	400 ℃
N-80	0.77	0.76	0.76	0.76	0.72	0.66
P-110	0.77	0.66	0.65	0.64	0.61	0.57
TP-110H	1.00	0.89	0.87	0.85	0.81	0.77

3. 套管在井内的自重

注水泥后套管在井内的自重(考虑浮力)为:

$$W = \left(qL + \frac{A_i L\rho_m - A_o L\rho_c}{1\,000}\right) \times 9.8 \times 10^{-3} \qquad (15\text{-}14\text{-}6)$$

式中　W——套管在井内的重量,kN;

q——套管单位长度质量,kg/m;

L——套管段长度(热采井水泥返出地面),m;

A_i——套管内横截面积,mm^2;

A_o——套管外横截面积,mm^2;

ρ_c——水泥浆密度,g/cm^3;

ρ_m——钻井液密度,g/cm^3。

4. 井口拉力

$$P = F + W = \frac{\Delta\sigma A}{1\ 000} + W \tag{15-14-7}$$

式中 P——井口拉力，kN；

F——应施加的套管最小预拉力，kN；

W——套管在井内的重量，kN；

$\Delta\sigma$——应施加的套管最小预应力，MPa；

A——套管管体横截面积，mm^2。

5. 套管伸长

$$\Delta L = \frac{10^3 FL}{EA} \tag{15-14-8}$$

式中 ΔL——预拉力 F 作用下的套管实际伸长，m；

L——套管柱长度，m；

F——应施加的套管最小预拉力，kN；

E——钢材弹性模量，MPa；

A——套管管体横截面积，mm^2。

三、内管法注水泥有关计算

1. 套管串浮力

对下入深度大的大直径套管固井，一般采用插入法，要求水泥返出地面。为了保证套管不被浮起，套管串所受的浮力 F_f 必须小于套管串及管内液体重量之和 G_t。

套管串所受的浮力 F_f 为：

$$F_f = 9.8 A_o H \rho_c \tag{15-14-9}$$

式中 F_f——套管串所受的浮力，kN；

A_o——套管外横截面积，m^2；

H——浮箍深度，m；

ρ_c——水泥浆密度，g/cm^3。

套管串的重量与管内钻井液重量之和 G_t 为：

$$G_t = qH \times 10^{-3} + 9.8 A_i H \rho_m \tag{15-14-10}$$

式中 G_t——套管串重量，kN；

q——每米套管重量，N/m；

H——浮箍深度，m；

A_i——套管内横截面积，m^2；

ρ_m——套管内钻井液密度，g/cm^3。

要保证套管串不被浮起，应保证 $G_t \geqslant F_f$。若计算后 $G_t \leqslant F_f$，则必须加重顶替钻井液。一种方法是加大 ρ_m 的值，以提高管内液柱的重量，因此必须进行替入钻井液临界密度 ρ_{min} 的计算。

令 $F_f = G_t$，则：

$$\rho_{min} = (A_o \rho_c - 10^{-4} q) / A_i \quad (15\text{-}14\text{-}11)$$

式中　ρ_{min}——钻井液临界密度，g/cm³。

在进行固井设计时，设计替入钻井液的密度 ρ_m 要大于钻井液临界密度 ρ_{min}，一般附加 0.1～0.2 g/cm³。

2. 钻柱坐封压力

插入法固井内管（钻柱）与浮箍的连接是通过插入接头和浮箍插座用插入的方法连接的，若不在密封球面与承压锥面之间施加一定的压力，施工中就会在泵压的作用下产生钻具"回缩"，使密封球面与承压锥面脱离，从而失去密封作用。因此，在设计中要进行坐封压力的计算。

坐封压力 F_z 的计算公式为：

$$F_z = p_{max} A_m / 10 \quad (15\text{-}14\text{-}12)$$

式中　F_z——需施加的压力（坐封压力），kN；

p_{max}——施工最大泵压，MPa；

A_m——密封面积，cm²。

3. 套管在自重作用下的伸长

$$\Delta L = \frac{\rho_s - \rho_m}{4} L^2 \times 10^{-7} \quad (15\text{-}14\text{-}13)$$

式中　ΔL——套管自重伸长量，m；

ρ_s——钢材密度，取 7.854 g/cm³；

ρ_m——钻井液密度，g/cm³；

L——套管原有长度，m。

4. 套管下缩距

$$\Delta L = \frac{L_1}{E}(L_2 \rho_s - L \rho_m) \times 10^{-2} \quad (15\text{-}14\text{-}14)$$

式中　ΔL——套管下缩距，m；

L——套管总长，m；

L_1——自由段套管长度，m；

L_2——封固段套管长度，m；

ρ_s——钢材密度，取 7.854 g/cm³；

ρ_m——钻井液密度，g/cm³；

E——钢材弹性模量，取 2.06×10^5 MPa。

四、尾管坐挂有关计算

1. 铜球在钻井液中的自由下落速度

$$v_t = \frac{2gD_1^2(\rho_0 - \rho_m)}{36\mu_p} \tag{15-14-15}$$

式中 v_t——铜球下落速度，m/s；

g——重力加速度，取 9.8 m/s^2；

D_1——铜球直径，对于 Φ139.7 mm 的尾管，$D_1=4.2$ cm；

ρ_0——铜球密度，取 8.9 g/cm^3；

ρ_m——钻井液密度，g/cm^3；

μ_p——钻井液塑性黏度，cP。

2. 钻杆一次允许扭转圈数

$$N = RL \tag{15-14-16}$$

式中 N——钻杆允许扭转圈数，圈；

R——扭转系数，圈/m；

L——送入钻具长度，m。

3. 坐挂时钻杆回缩距

$$\Delta l = \frac{KWL}{100EF} \tag{15-14-17}$$

式中 Δl——钻杆回缩距，m；

K——接头影响系数，一般取 0.85～0.95；

L——送入钻具长度，m；

E——钢材弹性模量，取 2.06×10^5 MPa；

F——送入钻具截面积，cm^2；

W——送入钻具承受拉伸负荷，$W=W_1+W_2$，N；

W_1——尾管浮重，N；

W_2——投球憋压时钻具附加负荷，$W_2=\frac{100\pi D^2 p}{4}$，N；

D——送入钻具内径，cm；

p——投球坐挂时所憋压力，MPa。

4. 方余

$$\Delta L = \Delta l + \Delta l' + l_1 + l_2 \tag{15-14-18}$$

$$\Delta l' = \frac{KW'L}{100EF} \tag{15-14-19}$$

式中　ΔL——方余，m；

Δl——钻杆回缩距，m；

$\Delta l'$——坐挂后下压时钻杆回缩距，m；

l_1——吊卡高度，m；

l_2——钻杆（方钻杆）母接头长度，m；

W'——下压重量，N；

K——接头影响系数，一般取 0.85～0.95；

L——送入钻具长度，m；

E——钢材弹性模量，取 2.06×10^5 MPa；

F——送入钻具截面积，cm^2。

五、扶正器居中度及间距计算

1. 套管居中度

$$C_d=\frac{W}{R_2-R_1}\times100\% \tag{15-14-20}$$

式中　C_d——套管居中度；

W——窄边宽度，mm；

R_2——井眼半径（一般取平均半径资料），mm；

R_1——套管半径，mm。

2. 扶正器间距

$$L=\sqrt{\frac{Z_o(D_{co}^4-D_{ci}^4)}{3.06\times10^{-6}q\sin\alpha}} \tag{15-14-21}$$

$$Z_o=\frac{5qL_1^4\sin\Delta\varphi_{2\max}}{38.4EI} \tag{15-14-22}$$

式中　L——扶正器间距，m；

Z_o——套管弯曲挠度，cm；

α——井斜角，(°)；

$\Delta\varphi_{2\max}$——最大全角变化率，(°)；

q——套管单位质量，kg/m；

D_{co}——套管外径，cm；

D_{ci}——套管内径，cm；

E——钢材弹性模量，取 2.06×10^5 MPa；

L_1——斜井段长度，m；

I——转动惯量，cm^4。

六、水泥浆密度计算

1. 基本计算

$$\rho_c = \frac{W_1 + W_3}{V_1 + V_3} \tag{15-14-23}$$

式中 ρ_c——水泥浆密度，g/cm³；

W_1——水泥的质量，g；

W_3——水的质量，g；

V_1——水泥的体积，mL；

V_3——水的体积，mL。

$$V_1 = W_1/\rho \tag{15-14-24}$$

式中 ρ——干水泥密度，一般取 3.15～3.18 g/cm³。

2. 混合物相对密度

对于使用颗粒级配原理设计的水泥浆，采用下面公式计算混合物的相对密度，但需要依据实验数据确定各混合物的比例和水的加量。

$$\gamma = (\rho_c - B)/(1 - B) \tag{15-14-25}$$

式中 γ——混合物相对密度；

ρ_c——水泥浆密度，g/cm³；

B——水与固相质量百分比。

3. 高密度水泥浆

对于高密度水泥浆，也可以使用下面公式对密度进行简单的计算。

$$\rho_1 = \frac{W_1 + W_2}{\dfrac{W_1}{\rho} + \dfrac{W_2}{\rho_w}} \tag{15-14-26}$$

式中 ρ_1——加重水泥密度，g/cm³；

ρ——干水泥密度，g/cm³；

ρ_w——加重剂密度，g/cm³；

W_1——水泥质量，g；

W_2——加重剂质量，g。

七、水泥浆循环温度计算

1. 井底静止温度 T_s 的计算方法

$$T_s = T_0 + G_t H \tag{15-14-27}$$

式中 T_0——地面平均温度，即地表以下 100 m 处恒温层的温度，℃；

G_t——地区地温梯度，℃/m；

H——套管鞋深度，m。

2. 注水泥循环温度 T_c 的计算方法

当 74 ℃ $\leqslant T_s \leqslant$ 212 ℃ 和 1.51 ℃/(100 m) $\leqslant G_t \leqslant$ 4.45 ℃/(100 m) 时，推荐用下列经验公式计算：

$$T_c = -50.6 + 8.05G_t + (1.342 - 0.1222G_t)T_s \tag{15-14-28}$$

当不满足上述条件时，可采用下列公式计算：

$$T_c = T_1 + H/168 \tag{15-14-29}$$

式中　T_1——钻井液循环出口温度，取钻井液循环 1～2 周时的出口温度，℃。

八、注水泥流变参数计算

1. 剪切速率和剪切应力

$$\gamma = 1.7023N \tag{15-14-30}$$

$$\tau = 0.511\theta_N \tag{15-14-31}$$

式中　γ——剪切速率，s^{-1}；

N——黏度计转速，r/min；

τ——剪切应力，Pa；

θ_N——旋转黏度计读数。

2. 流变模式判别

$$F = \frac{\theta_{200} - \theta_{100}}{\theta_{300} - \theta_{200}} \tag{15-14-32}$$

当 $F = 0.5 \pm 0.03$ 时，选用宾汉模式，否则选用幂律模式。

3. 流变参数

1) 宾汉模式

$$\tau = \tau_0 + \mu_p\gamma \tag{15-14-33}$$

水泥浆：

$$\mu_p = 0.0015(\theta_{300} - \theta_{100}) \tag{15-14-34}$$

$$\tau = 0.511\theta_{300} - 511\mu_p \tag{15-14-35}$$

钻井液与前置液：

$$\mu_p = 0.001(\theta_{600} - \theta_{300}) \tag{15-14-36}$$

$$\tau = 0.511\theta_{600} - 1022\mu_p \tag{15-14-37}$$

式中　τ_0——宾汉流体的屈服应力，Pa；

τ——剪切应力，Pa；

μ_p——宾汉流体的塑性黏度，Pa·s；

γ——剪切速率，s^{-1}；

θ_{600}，θ_{300}，θ_{100}——转速分别为 600，300，100 r/min 时的黏度计读数。

2）幂律模式

$$\tau = k\gamma^n \tag{15-14-38}$$

式中 n——幂律流体幂律指数；

k——幂律流体稠度系数，$Pa \cdot s^n$。

水泥浆：

$$n = 2.092\lg\frac{\theta_{300}}{\theta_{100}} \tag{15-14-39}$$

$$k = \frac{0.511\theta_{300}}{511^n} \tag{15-14-40}$$

钻井液与前置液：

$$n = 3.322\lg\frac{\theta_{600}}{\theta_{300}} \tag{15-14-41}$$

$$k = \frac{0.511\theta_{600}}{1\,022^n} \tag{15-14-42}$$

4. 水泥浆返速 v_c

1）宾汉模式

$$v_c = \frac{0.1Re_c\mu_p}{\rho(D_h - D_{co})} \tag{15-14-43}$$

2）幂律模式

$$v_c = 0.01 \times \left[\frac{0.83 \times (3\,470 - 1\,370n)k}{\rho}\right]^{\frac{1}{2-n}} \times \left[\frac{8n+4}{n(D_h - D_{co})}\right]^{\frac{n}{2-n}} \tag{15-14-44}$$

式中 ρ——流体密度，g/cm^3；

n——幂律流体幂律指数；

k——幂律流体稠度系数，$Pa \cdot s^n$；

D_h——井径，cm；

D_{co}——套管外径，cm；

Re_c——临界雷诺数；

μ_p——幂律流体塑性黏度，$Pa \cdot s$。

5. 注水泥流动阻力

注水泥井口压力为压力表指示的数值，包括管内外的循环流动阻力及管内外静液柱压差。注水泥替钻井液的最大压力还包括胶塞接触阻流环碰压时的突增压力。经验数据为：地面管汇流动阻力取 0.5 MPa，碰压突增压力取 3.0～5.0 MPa。

管内外流动阻力的计算有下列三种方法。

1）经验公式近似计算方法一

$H < 1\,000$ m 时：

$$p = 0.0981 \times (0.01H) + 0.8 \tag{15-14-45}$$

1 000 m $< H <$ 5 000 m 时：

$$p = 0.0981 \times (0.01H) + 1.6 \tag{15-14-46}$$

式中　p——循环流动阻力，MPa；

H——套管下深，m。

2）经验公式近似计算方法二

$$p = 0.0015H + 1.2 \tag{15-14-47}$$

3）考虑流速及流体密度因素的流动阻力计算方法

（1）套管内压力降：

$$p_1 = 9.81 \times 10^{-3} h_f / \rho \tag{15-14-48}$$

式中　p_1——套管内压力降，MPa；

ρ——流体密度，g/cm^3；

h_f——管内流动水头损失，m。

$$h_f = \lambda \frac{L_1}{D_1}\frac{v_1^2}{2g} + \lambda \frac{L_2}{D_2}\frac{v_2^2}{2g} + \cdots + \lambda \frac{L_n}{D_n}\frac{v_n^2}{2g} \tag{15-14-49}$$

式中　$L_1, L_2, \cdots, L_n$——不同壁厚段套管长度，m；

$D_1, D_2, \cdots, D_n$——不同壁厚段套管内径，m；

g——重力加速度，取 9.8 m/s^2；

λ——流体摩阻系数，取 0.025～0.030；

$v_1, v_2, \cdots, v_n$——不同内径段流速，m/s。

习惯上 D 值及 v 值取平均值。

（2）环空压力降：

$$p_2 = 9.81 \times 10^{-3} h_f' / \rho \tag{15-14-50}$$

式中　p_2——环空压力降，MPa；

ρ——环空流体密度，g/cm^3；

h_f'——环空流动水头损失，m。

$$h_f' = \lambda \frac{H_1}{D_1 - D}\frac{v_1^2}{2g} + \lambda \frac{H_2}{D_2 - D}\frac{v_2^2}{2g} \tag{15-14-51}$$

式中　λ——流体摩阻系数，一般取 0.025；

H_1——裸眼段长度，m；

H_2——外层套管段长度，m；

D_1——裸眼段平均井径，m；

D_2——外层套管内径，m；

v_1——裸眼段环空平均流速，m/s；

v_2——双层套管段环空平均流速，m/s；

g——重力加速度，取 9.8 m/s^2；

D——套管外径，m。

九、固井后环空气窜预测方法

在防气窜水泥浆性能评价与预测研究方面，有许多评价和预测水泥浆防窜性能的模式与方法，比较普遍的主要有以下两种。

1. 潜气窜系数(GFR)法

该预测方法原理是：固井后发生环空气窜是由于水泥浆失重引起的，而水泥浆失重是由于胶凝强度发展造成的。该方法给出了水泥浆失重的计算公式。

由于水泥浆静胶凝强度发展造成的水泥浆液柱压力损失(失重)为：

$$p_{gel} = SGS \times 4 \times 10^{-3} L / (D_h - D_c) \tag{15-14-52}$$

式中 p_{gel}——水泥浆静胶凝强度发展引起的压力损失，MPa；

SGS——水泥浆静胶凝强度，MPa；

L——环空水泥浆长度，m；

D_h——井眼直径，mm；

D_c——套管直径，mm。

水泥浆顶替到位后初始过平衡压力(OBR)为：

$$OBR = p_{st} - p_g \tag{15-14-53}$$

式中 p_{st}——初始静液柱压力，MPa；

p_g——气层压力，MPa；

OBR——初始过平衡压力，MPa。

$$GFR = p_{gel}/OBR \tag{15-14-54}$$

式中 GFR——潜气窜系数。

GFR 值越大，说明气层发生环空气窜的潜在危险程度越大。分级标准为：GFR 值为 1～3，发生环空气窜的潜在危险程度为轻度；GFR 值为 3～8，发生环空气窜的潜在危险程度为中等；GFR 值大于 8，发生环空气窜的潜在危险程度为严重。

该方法的优点是计算参数易得到，计算简单；缺点是没有考虑水泥浆滤失、体积收缩对水泥浆压力损失的影响。

2. 水泥浆性能系数(SPN)法

水泥浆性能系数法是应用最普遍的评价水泥浆防气窜性能的方法，其数学表达式如下：

$$SPN = \frac{B(\sqrt{T_{100}} - \sqrt{T_{30}})}{\sqrt{30}} \tag{15-14-55}$$

式中 SPN——水泥浆性能系数；

B——水泥浆滤失量(6.9 MPa，30 min)，mL；

T_{100}，T_{30}——水泥浆稠化实验到达 100 BC 和 30 BC 的时间，min。

评价标准为：SPN 值小于 3，防气窜性能良好；SPN 值为 3～6，防气窜性能中等；SPN 值大于 6，防气窜性能差。

参考文献

[1] 张明昌. 固井工艺技术. 北京:中国石化出版社,2007.

[2] 赵金洲,张桂林. 钻井工程技术手册. 北京:中国石化出版社,2005.

[3] 《钻井手册(甲方)》编写组. 钻井手册(甲方)(上、下). 北京:石油工业出版社,1990.

[4] 丁岗,刘东清. 油井水泥工艺及应用. 东营:石油大学出版社,1999.

[5] 丁保刚,王忠福. 固井技术基础. 北京:石油工业出版社,2006.

[6] 刘崇建,黄柏宗,徐同台,等. 油气井注水泥理论与应用. 北京:石油工业出版社,2001.

[7] 刘大为,田锡君,廖润康,等. 现代固井技术. 沈阳:辽宁科学技术出版社,1994.

[8] 张德润,张旭. 固井液设计及应用(下册). 北京:石油工业出版社,2000.

[9] GB/T 19139—2012　油井水泥试验方法.

[10] SY/T 6592—2004　固井质量评价方法.

[11] SY/T 5374.1—2006　固井作业规程　第1部分　常规固井.

[12] SY/T 5374.2—2006　固井作业规程　第2部分　特殊固井.

[13] Q/SH 0276—2009　水平井固井作业规程.

[14] GB 10238—2005　油井水泥.

[15] SY/T 5504—2005　油井水泥外加剂评价方法(降失水剂、减阻剂、缓凝剂、促凝剂、减轻剂).

[16] SY/T 6394—2009　油井水泥与外加剂(外掺料)干混作业与气力输送规程.

[17] SY/T 5083—2005　尾管悬挂器及尾管回接装置.

[18] SY/T 5150—2013　分级注水泥器.

[19] SY/T 5618—2009　套管用浮箍、浮鞋.

[20] SY/T 5611—2001　固井水泥车.

[21] 魏涛. 油气井固井质量测井评价. 北京:石油工业出版社,2010.

第十六章　特殊钻井技术

随着油气勘探难度的不断加大，钻井技术呈现出多样化、快速发展的趋势。近年来，为了提高钻完井效率，减少井下复杂情况，满足页岩气等特殊储层开发、老井重钻以及增大储层接触面积等的需要，发展了套管钻井、连续管钻井、径向钻井、井工厂钻井等特殊钻井技术，并投入现场应用，收到了较好的技术经济效益。本章主要介绍上述特殊钻井技术的原理、关键技术及装备、施工工艺等。

第一节　套管钻井技术

套管钻井是一种新的钻井工艺，将钻进和下套管合并成一个作业过程，可减少起下钻作业次数，提高钻井安全性，缩短钻井和完井时间，有效降低钻井成本，是未来钻井工程的一个重要的发展方向。套管钻井技术发展迅速，已形成了配套的工艺技术，成功地应用于直井、定向井、水平井和开窗侧钻井中，钻井过程中还可以进行取心作业。

一、技术优势

套管钻井技术采用顶驱装置或转盘驱动套管柱（取代传统的钻柱）传递机械和水力能量到套管底部的钻头和可膨胀式扩孔器实现破岩钻进，在钻井的同时完成下套管作业，完钻后套管留在井内直接固井。与常规钻井模式相比，套管钻井技术主要具有以下优点：

（1）缩短起下钻的时间。套管钻井系统利用套管作钻井管柱或利用钢丝绳起下底部钻具组合，从而节约大量的起下钻时间。

（2）减少井下复杂情况。由于套管钻井的井眼自始至终有套管伴随到井底，可大大减少常见的缩径、井壁坍塌、井壁冲刷、键槽或台阶等钻井复杂情况对下套管作业的影响，避免起下钻柱时引起井筒内的抽汲和压力激动，使井控状况得到改善。

（3）改善水力参数、环空上返速度和井筒清洗状况。向套管内泵入钻井液时因其内径比钻杆大，可减少水力损失，从而减少钻井泵的配备功率；钻井液从套管和井壁之间的环形空间返出时，由于环空面积减小，上返速度提高，可改善钻屑的携出状况，从而减小发生砂桥卡钻、黏附卡钻的风险。

（4）使钻井设备小型化。由于套管钻井是基于单根套管进行的，不再需要采用类似双根或三根钻杆构成的立根钻井方式，因此井架高度可以减小，底座的重量可以减轻；同时由于水力参数的改善降低了对钻井泵功率的需求，可以减小钻机尺寸、简化钻机结构，钻机更加轻便，易于搬迁和操作，钻机费用也得到降低。

套管钻井技术按是否能够不起钻更换底部组合及钻头可分为单行程套管钻井技术和多

行程套管钻井技术两类。单行程套管钻井技术是指套管柱底部连接一次性钻头,钻达目的层后直接进行固井,立足于一只钻头钻完全部进尺,而不在套管内起下工具串,主要有采用可钻式钻头和采用普通钻头两种方式。多行程套管钻井技术能够实现不起钻更换底部组合及钻头,主要有可更换底部钻具组合套管钻井和尾管钻井两种方式。

二、采用可钻式钻头的套管钻井技术

采用可钻式钻头的套管钻井技术简单实用、操作成本低,但钻井深度受到限制,对钻头寿命及相关配套井下工具的可靠性要求高,因而限制了其适用范围。目前该技术侧重表层或技术套管的施工,也可以用于较浅地层的油层套管钻进。

1. 系统组成

该技术采用一种专门设计的心部可钻式钻头,这种专用钻头直接连接在套管柱的底部,由连接在顶驱上的驱动系统传递扭矩,通过旋转套管以常规方式进行钻井作业。系统主要由可钻式钻头、固井短节、套管柱以及驱动系统组成,见图16-1-1。专用钻头的独特之处就是易于被常规钻头钻穿;固井短节作为套管柱的一部分一同下井,钻至要求井深后可以立即进行注水泥作业。采用这种方法可以实现一趟钻完成下套管与钻井作业,从而节省钻井时间和作业成本。

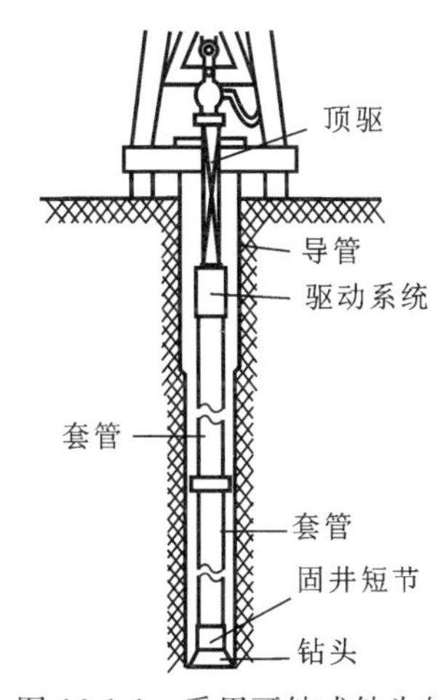

图 16-1-1　采用可钻式钻头的套管钻井管柱示意图

可钻钻头本体内部由可钻材料制成,切削部分与传统的PDC钻头没有本质的区别。由于利用套管柱传递扭矩,套管的螺纹及接头需要特殊设计。基于可钻式钻头所构成的套管钻井系统一般采用顶驱驱动,顶驱下接驱动系统,夹持并驱动套管旋转钻井。它的最大特点是钻井井深受到一定的限制,即必须满足一只钻头打到底的应用条件。

2. 施工工艺及主要技术措施

为保证井下安全,需要制定严格的套管钻井安全操作规程和技术措施,主要包括:

(1) 下钻前认真检查套管接箍、螺纹的完好情况。

(2) 套管单根上钻台必须上好护丝。

(3) 按设计要求连接钻头、套管柱及附件,接套管柱期间应操作准确、快速,并避免螺纹损伤。

(4) 套管柱接触井底前先小排量开泵,缓慢接触井底后逐步增大排量及钻压。

(5) 钻进过程中以不超过设计的最大扭矩为原则,对钻压、转速等钻进参数进行相应控制。

(6) 钻进期间均匀送钻,严禁猛提猛放。

(7) 钻至预定井深后,上提钻柱,视情况循环清洁井眼。

(8) 按常规程序进行固井,准确计算水泥浆用量,认真落实固井措施,保证固井质量。

3. 配套装备及工具

1）套管

在套管钻井中，套管的受力比常规钻井更加复杂，工作环境更加恶劣，套管不仅要承受轴向力、外挤力、内压力，还要承受扭矩、弯矩和冲击振动等载荷的作用。

套管钻井对于套管柱的要求主要体现在其抗扭性、抗疲劳强度方面。螺纹及螺纹连接是套管柱质量和强度的核心部分。套管钻井所用的套管螺纹多为偏梯形螺纹，其抗疲劳性能优于圆螺纹和楔形螺纹。如胜利油田高原公司设计开发的 SLT100H 特殊螺纹套管，螺纹接头扣型为类似 VAM 型的梯形螺纹，接头连接强度与管体拉伸屈服强度相当，达到 N-80 长圆螺纹强度的 1.5 倍以上。Hunting 公司研制的偏梯形扣可转换接箍，接箍的 J 形区内镶有钢质密封环，该密封环可大幅度增加接箍的抗扭能力，并能稳定接箍的抗屈曲和抗疲劳能力。Grant Prideco 公司开发了一种双级加强型扣，具有较高的抗扭强度和抗疲劳性。另外，也可以在连接套管时增加一种套管丝扣止推环。

2）套管钻鞋

可钻式钻头也称可钻式套管钻鞋，有固定式、可涨开式和组合式三种。可钻式套管钻鞋既要满足破岩时的抗扭、抗冲击要求，又要对其材质的硬度有一定控制，以便下部井眼钻进时被小尺寸钻鞋钻穿，其胎体、刀翼、切削齿等组件的材料选择是否恰当是钻鞋能否满足套管钻井要求的关键。

（1）固定式钻鞋。

固定式钻鞋由本体和内核两部分组成，见图 16-1-2。钻鞋本体是一个钢体外壳，起支撑整个钻鞋的作用，尾端可加工成丝扣与套管连接，也可以制成盲扣以焊接方式与套管连接。本体外侧有呈螺旋状排列的保径垫，其上镶嵌硬质合金，主要起保径、扶正作用。钻鞋内核由可钻性较好的铝合金等易钻材料制成，大部分呈圆柱状固定于本体内，仅前端约 10 cm 长的一段呈瓣状突出于本体之外构成刀翼。刀翼的正面镶嵌热稳定聚晶金刚石（TSP）切削齿，以保证钻鞋具有持久的切削能力；侧缘镶嵌一排较大的聚晶金刚石复合片（PDC），以增强其切削和保径能力。刀翼的表面利用高速氧燃气喷涂（HVOF）技术喷涂一层碳化钨保护层，以增强刀翼的强度和耐磨性。各刀翼之间设计有水眼，其数量与钻鞋的尺寸和刀翼的数量有关。一般 Φ244 mm 及更小尺寸的钻鞋有 3 或 4 个水眼，直径大于 Φ244 mm 的钻鞋有 6 或 8 个水眼。水眼内可以安装由铜或陶瓷制成的喷嘴，因而也具有可钻性。由于钻鞋内核及刀翼除切削齿外都是由可钻性材料制造的，而切削齿体积很小，因此整个钻头可以被下一开次的钻头或另一只钻鞋钻穿。

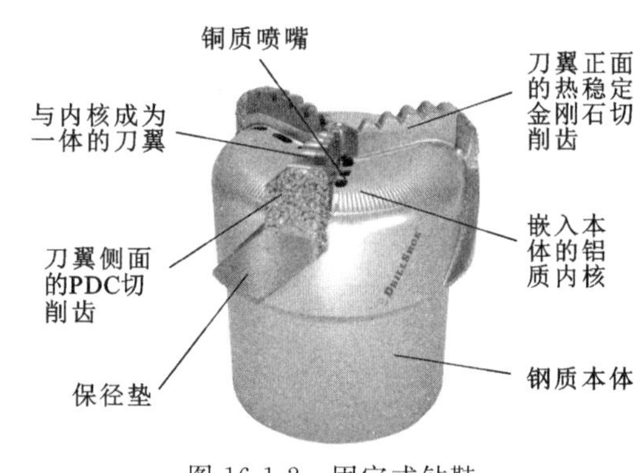

图 16-1-2　固定式钻鞋

（2）可涨开式钻鞋。

可涨开式钻鞋刀翼由钢制成，见图 16-1-3(a)，上面镶嵌着 PDC 切削齿，因此整个刀翼的强度和抗研磨性能大大增强，可以在硬地层中钻进。为了减少钻进过程中的振动、保持井眼规则，在钻鞋的尾部设计了与刀翼数目相等扶正块的扶正器。在钻鞋的内部设计有钢质滑套和铝质内核，并与本体固定在一起，在钻至预定井深后，上提管串，投球憋压至相应压力，剪断固定销钉，内核被向前推出，将刀翼涨开并推向井壁，见图 16-1-3(b)，这样留在井底的就只有具可钻性的内核和喷嘴。钻鞋内核被推出后，钻鞋露出若干个钻井液循环孔，用于固井作业。此外，钻鞋内还设置了阻止被推出的内核再次滑回到钻鞋本体内的弹簧机构。固井作业完成后，整个内核可以被下一开次的钻头或另一只钻鞋钻穿。

(a)

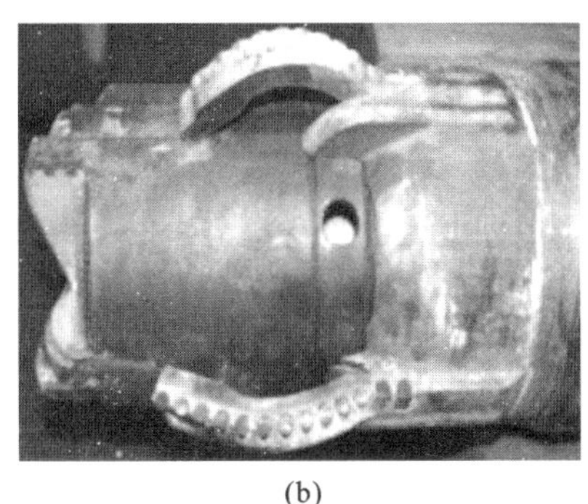
(b)

图 16-1-3 可涨开式钻鞋原貌(a)及刀翼涨开后的钻鞋(b)

(3) 组合式套管钻鞋。

组合式套管钻鞋主要由心部钻头和钻头鞋体两部分组成。在心部钻头的下端镶装有金刚石复合片，上部内腔中镶装有单向止回阀，内腔下部设有一组钻井液喷嘴。钻鞋体的外部焊接有切削刀翼，刀翼的下端镶装有硬质合金片，在钻鞋体的内腔中设有固定心部钻头的卡环。心部钻头与钻鞋体相互之间采用花键连接，用于传递扭矩，以保证同步旋转钻进。心部钻头上部设有提捞卡头，用于打捞回收心部钻头。

在使用前组装好钻鞋体与心部钻头。组合式套管钻鞋与套管连接后即可旋转钻进。钻至设计井深后向套管内投入特殊设计的浮筒，泵入井底，其撑环撑开固位卡环使心部钻头解锁，浮筒的卡爪卡住卡环。停泵卸掉循环接头，心部钻头在浮筒浮力的作用下浮到井口取出。组合式钻鞋本体在井底形成自由通道。

组合式套管钻鞋的心部钻头可以多次重复使用，克服了一体式钻鞋用后被遗弃所造成的浪费。该钻头也可以用于过钻头测井。图 16-1-4 为一种组合式套管钻鞋的剖面图。

3) 套管驱动系统

套管驱动系统与将下入井内的套管尺寸匹配并安装在顶驱的底端，钻进时，通过夹紧装置夹住并驱动套管。套管驱动系统主要由液压启动装置、卡瓦异径适配器、皮碗式封隔器和打捞矛头等部分组成，分内驱动和外驱动两种形式，分别见图 16-1-5(a)和(b)。前者适用于 7 in 及以上的套管，从套管内部锁紧并驱动套管；后者适用于 5½ in 及以下的套管，从套管外部锁紧并驱动套管。

卡瓦异径适配器的卡瓦为双向卡瓦，锁紧套管后，能上提、下放、旋转套管。捞矛体与卡瓦结合，能通过顶驱正转/倒转、上提/下放进行卡瓦的锁紧和释放。

下钻时，套管柱坐放在钻台卡瓦上，顶驱的吊卡和吊环将套管单根从井架大门处提起并悬挂在套管柱上方。顶驱的液压倾斜总成协助对套管单根进行定位。下放顶驱，打捞矛头引导驱动系统进入套管，司钻通过液压遥控驱动系统的卡爪锁紧套管单根，再通过顶驱将上扣

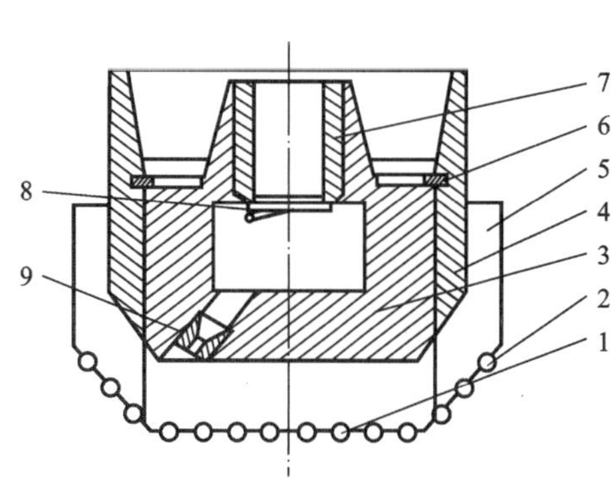

图 16-1-4 组合式套管钻鞋剖面示意图

1—金刚石复合片；2—硬质合金片；3—心部钻鞋；4—钻鞋体；5—刀翼；6—固定的卡环；7—单向止回阀；8—单向翻板；9—喷嘴

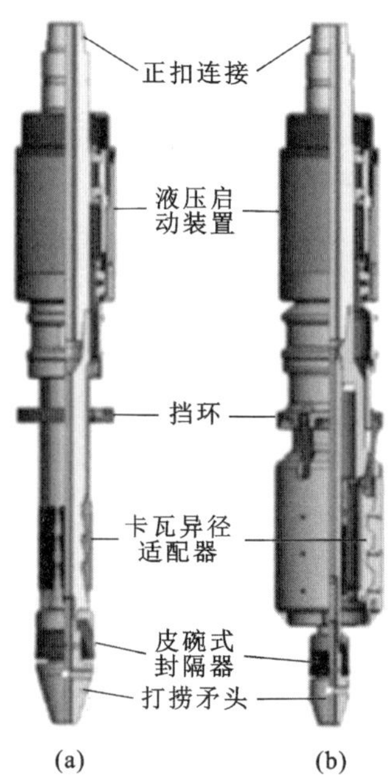

图 16-1-5 套管驱动系统

扭矩增大到套管所需的扭矩值。钻台卡瓦移开后，通过卡瓦异径适配器与套管的锁紧配合支撑着全部负荷(套管柱的重量)，将套管柱下入井内并旋转钻进。

通过皮碗式封隔器在套管内进行密封。皮碗式封隔器碗口向下，承受套管内向上的压力。该压力是单向的，而且压力有助封作用。将套管柱下入井内时亦可进行套管灌浆作业。

司钻通过液压遥控驱动系统的卡爪抓持或释放。卡爪还具有弹簧和重量坐封的防故障安全特性。

三、采用普通钻头的套管钻井技术

套管钻井的实现大都是基于顶部驱动设计的，或者需要对常规钻机进行改造。采用普通钻头的套管钻井技术则立足于利用常规转盘钻机和常规钻井工具，主要用于浅层开发井，从而大大降低钻机改造成本。

1. 系统组成

该套管钻井系统主要由钻头、钻头丢手装置及固井短节、套管柱、套管夹持装置以及方钻杆组成，见图 16-1-6。钻井时，转盘驱动方钻杆旋转，方钻杆带动夹持装置及整个钻柱旋转，实现正常钻井。

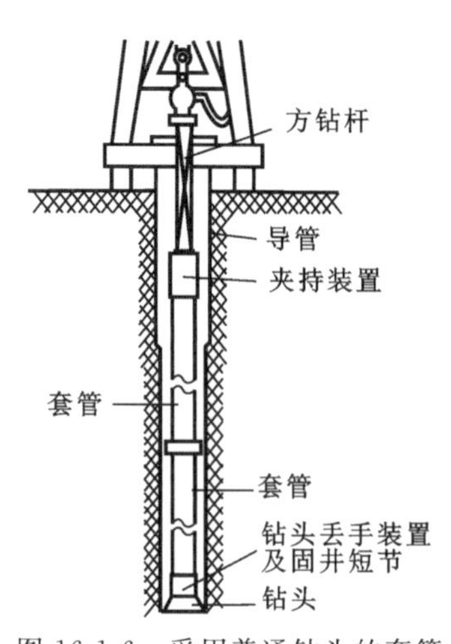

图 16-1-6 采用普通钻头的套管钻井管柱示意图

该技术的主要特点是：

(1) 必须保证一只钻头钻至设计井深，中途不能更换钻头，因此对钻井井深和钻头寿命有一定要求。

（2）采用转盘驱动方钻杆的钻井方式，对钻机无特殊要求，不会增加钻机改造费用。

（3）连接在方钻杆下部的套管夹持装置采用机械式锁紧设计，无需额外的液压系统。

（4）设计有专门的钻头丢手装置，必要时可脱开钻头，实现对油层段的测井。

2. 施工工艺

（1）方钻杆下方连接着套管夹持头，套管夹持头通过机械方式从内部或外部锁紧套管柱，套管柱下端通过特制的钻头丢手装置及固井短节与钻头相连。

（2）采用常规转盘钻井方式钻进至设计井深。

（3）若必须进行主力油层的裸眼测井，则完钻后通过投球丢手方式将钻头与套管柱脱开，钻头落入井底。上提套管柱 3～5 根，暴露出主力油层，下入常规仪器进行裸眼测井。

（4）测井过程完成后，将套管柱重新下入并实施固井工艺过程。固井时，利用特殊设计的固井自封式胶塞，实现注水泥后固井胶塞的碰压及通过固井胶塞的自锁功能实现敞压候凝。

3. 配套工具

1）套管夹持装置

套管夹持头用于连接方钻杆和套管柱。套管钻井时，连接在方钻杆下方的夹持头通过卡块夹紧装置夹住并驱动套管旋转钻进。与液压式套管驱动系统类似，套管夹持装置也有内驱动和外驱动两种形式。

（1）内驱动套管夹持装置。

内驱动套管夹持装置主要适用于 7 in 及以上尺寸套管，结构见图 16-1-7。该装置本体上端通过螺纹与方钻杆相连接，工作时，夹持装置下端的矛头伸入套管水眼，本体上伸出卡块撑住套管内壁，并利用卡块上的卡牙夹紧套管，方钻杆传过来的钻压和扭矩通过卡牙与套管内壁之间的摩擦传递给套管，套管柱驱动钻头破碎地层。

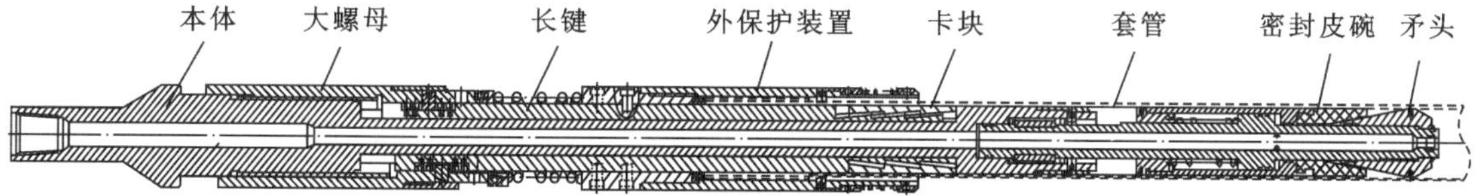

图 16-1-7　内驱动套管夹持装置

锁紧及解锁套管时，转动本体上端的驱动螺母，驱动本体上的长键上下移动，进而驱动卡块张开或收缩。卡块镶在本体上，其夹紧套管的力由驱动螺母的上紧扭矩决定。密封装置在伸入到套管内的中心轴下端，主要由密封皮碗组成，皮碗式封隔器碗口向下，承受套管内向上的压力。为了防止卡块夹不紧套管，保证井下出现卡钻等异常情况下套管柱不会落入井内，并满足一定强制起钻的要求，还设计有外保护装置。

（2）外驱动套管夹持装置。

外驱动套管夹持装置主要适用于 5½ in 及以下尺寸套管，结构见图 16-1-8。该装置本体上端通过螺纹与方钻杆相连接，工作时，夹持装置的矛头伸入套管水眼，装置外壳体包住套管接箍，套管位于中心轴和壳体之间。壳体上开有燕尾槽，卡块通过燕尾槽与壳体连接。旋紧本体上端的驱动螺母，螺母下端面推动卡块沿着燕尾槽下行，卡块上的卡牙撑住套管外壁。钻进时，方钻杆驱动夹持装置本体，依靠卡牙与套管外壁之间的摩擦力驱动套管。需要松开卡块时，驱动壳体下端的另一个螺母，该螺母的上端面推动卡块沿着燕尾槽上移，使卡牙脱离套管外壁。由于外驱动套管夹持装置是从套管外面夹紧套管外壁，一旦发生夹不紧的情况，套管接箍的下端面会碰到卡块，套管柱不会有落井的危险。中心轴的下端有密封皮碗装置，保证夹持装置与套管之间的密封，维持钻井液的正常循环。

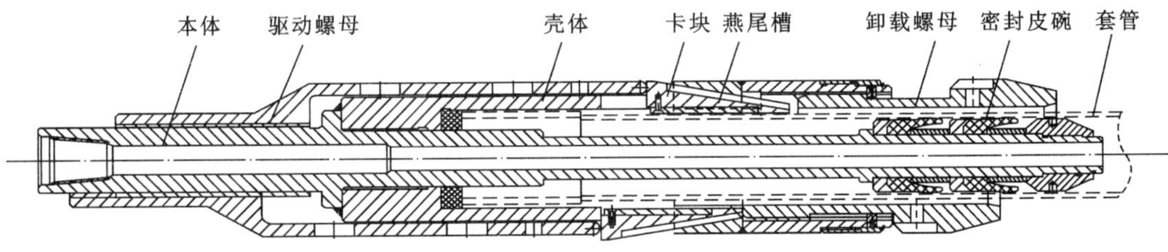

图 16-1-8　外驱动套管夹持装置

2）钻头丢手装置

钻头丢手装置主要由本体、钻头连接体及滑套等组成，结构见图 16-1-9。本体上端是与套管连接的套管螺纹节箍，本体通过花键与钻头连接体连接，钻头连接体下端是与钻头连接的接头。钻进时，套管的动力传到本体上，再通过花键传给钻头连接体及钻头。本体内壁上设计有台阶，钻头连接体上端的弹性爪挂在台阶上，滑套通过销钉固定在弹性爪内壁上。由于滑套下部的特殊设计，正常情况下弹性爪无法向内收缩。需要脱开钻头时，投球到滑套上端，开泵憋压到一定压力，剪断滑套与弹性爪之间的固定销钉，滑套下行留出弹性爪收缩的空间。继续憋压，弹性爪在液体压力的作用下向内收缩，外径变小，从而脱离本体内壁上的台阶，与钻头连接体下端的钻头一起和套管柱脱开。

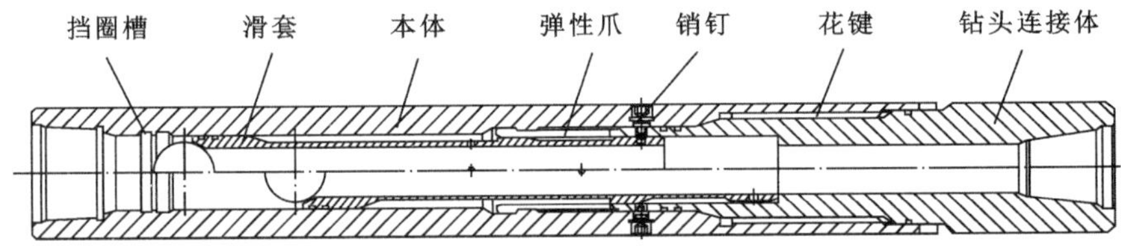

图 16-1-9　钻头丢手装置

本体的上端内壁上有自封式固井胶塞座，当自封式固井胶塞从井口落到胶塞座上时，固井胶塞下端的弹性挡圈便会落到胶塞座的挡圈槽内，从而实现自锁；固井胶塞下端的 O 形圈可以实现敞压候凝，提高固井质量。

四、可更换底部组合的套管钻井技术

可更换底部组合套管钻井技术能够实现不起钻更换底部组合及钻头，大大拓展了套管钻井技术的适用范围。底部组合的送入和回收可以采用绳索回收技术，也可以利用管柱进行回收。

1. 系统组成

可更换底部组合套管钻井技术的井下系统主要由下入及回收工具、底部钻具组合、连接在套管柱末端的坐底套管三部分组成，见图 16-1-10。系统以油田常用的生产套管作为钻井管柱，在钻井的同时完成下套管作业。套管柱通过套管驱动系统和顶驱连接实现旋转，套管把水力和机械能量传递给悬挂在套管底部接箍上的底部钻具组合。通过钻具上部的锁紧装置实现钻具组合与套管的机械连接和液压密封。同时，在套管柱底部安装有一个可以嵌入和取出底部钻具组合的机械装置。钻具组合的最下部是钻头，有时也可能包括其他常规钻井工具，如扩眼器、动力钻具、取心工具或导向系统等。

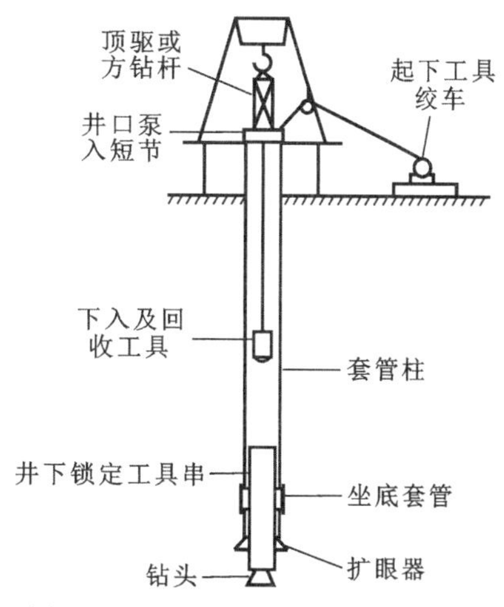

图 16-1-10　多行程套管钻井示意图

套管钻井系统中使用的套管尺寸、重量和等级与常规井套管相同，但套管连接必须提供足够的抗扭强度、抗疲劳强度及流动空间。为了利于定向施工、控制磨损、避免键槽及保证套管居中等，应在套管上加扶正器。

套管钻井既可采用专门套管钻井钻机，也可采用普通钻机，最好配备顶驱，用于钻进时旋转套管及连接套管。

2. 施工工艺

1）井下钻具组合的下入

井下钻具组合一般利用送入工具采用泵送方式下入，下入过程中钻具组合上的旁通阀处于打开状态，钻井液绕过井下钻具组合的中心流道从旁通孔流过，管下扩眼器的切削臂处于收缩状态不会张开。当钻具组合上的止动器到达坐底套管定位台肩位置时，激发震击器进行几次震击，使旁通关闭，同时轴向锁定装置和扭矩锁定装置也分别与轴向锁定短节和扭矩锁定短节锁定，下入工具脱开。钻井液流向井下钻具组合中心流道，进入管下扩眼器。由于此时管下扩眼器的切削臂和钻头已经伸出套管鞋之外，当钻井液的压力增加到一定值时，管下扩眼器的控制阀打开，管下扩眼器中的驱动机构在钻井液压力的驱动下将扩眼器的切削臂张开。一些常规的井下定向工具（弯外壳钻井液马达、无磁钻具、MWD 工具和 LWD 工具）悬挂在工具组合下伸到套管鞋外面。

2）钻进

根据套管尺寸选用内驱动或外驱动式套管驱动系统，套管柱通过套管驱动系统和顶驱连接，通过套管柱为可回收式钻井总成提供液压和机械动力。当底部钻具组合与坐底套管锁定后，钻井过程和常规钻井相同，套管钻井系统采用顶驱驱动套管旋转，钻进过程中根据检测的扭矩情况调整钻压和转速。当定向马达装置用于定向钻井时，套管只有滑动而无转动。有时为减少套管的磨损和疲劳损伤，马达也可用于钻直井。

3）井下钻具组合的起出

当完钻或要更换井下工具时，先将钢丝绳起出工具泵送到井下，打捞矛下入到井底后与井下钻具组合系统上的打捞颈对接。上提钢丝绳，激发液力震击器，使井下钻具组合上的旁通打开，同时解锁轴向锁定装置和扭矩锁定装置，此时钻井液不再流经钻具组合的中心，而是从旁通孔流出，扩眼器切削臂在回位弹簧的作用下自动收缩复位，这时即可用钢丝绳起出工具起出钻具组合。

4）固井作业和钻水泥塞

套管钻井用的套管没有浮箍，固井时需要采用新的固井方法。早期固井作业中使用一个柔性刮塞和一个顶替塞。顶替塞由铝和橡胶制成，具有较好的可钻性。固井时先向套管内泵入一个能刮去管壁滤饼的刮塞，通过加压，刮塞可很容易地被剪断并从套管鞋泵出。注完固井水泥后接着用顶替液泵入一个顶替塞。顶替塞坐放并锁定在轴向锁定接箍上作浮箍使用，可把水泥的上返压力密封在顶替塞之下。需要继续钻进时，可在水泥凝固后用较小直径的套管钻井系统下入到井底，将刮塞、固井浮箍和水泥环钻掉后继续钻进。

由于实际应用中难以确定顶替塞是否坐放并锁定于坐底套管，当套管尺寸较小时难以控制顶替液的量，同时顶替塞难以保证密封住水泥返压，钻除也较难，因此，改用了泵送浮箍的固井工艺。在注水泥之前先将浮箍泵送到位并锁定在坐底套管的锁定短节上，到位并锁定的情况可根据返回的钻井液压力信号判断。浮箍到位后即可采用常规方法进行注水泥作业。

3. 配套装备及工具

1）套管钻机

套管钻井可以使用特制钻机，也可对常规钻机进行改造，使其适用于套管钻井。新型套管钻井钻机均采用全液压驱动，除配备伸缩式井架、专用套管扶正装置以及自动管子操作系统外，还配备了一套钢丝绳系统，能够下入和起升井下工具串；安装了分离的游动滑车、天车以及顶驱，以便于通过套管下入钢丝绳；在顶驱上面安装了一个钢丝绳防喷器和钢丝绳密封装置；增加了套管驱动装置，起到提升管柱、传递扭矩和密封并循环钻井液的作用。套管扶正装置是一种遥控的液压扶正臂，安装在钻台上，可以前后左右移动，保持套管居中，防止套管错扣。

2）套管驱动装置

与单行程套管钻井系统使用的套管驱动装置相同。

3）井下工具系统

井下工具系统主要包括下入及回收工具、井下锁定工具串（底部钻具组合）和坐底套管三部分。

（1）下入及回收工具。

下入及回收工具主要由地面起下工具用液压绞车、井口泵入短节及起下工具矛等组成。液压绞车用于完成起下井下工具串、更换钻头。井口泵入短节主要由主轴、钢丝绳密封装置、皮碗和锁紧螺母等组成，见图 16-1-11，用于泵送起下工具矛并密封钢丝绳。起下工具矛由下入矛（打捞矛）、钢丝绳连接器、安全接头、配重杆等组成。

（2）井下锁定工具串。

井下锁定工具串主要包括密封器、轴向锁定器、止销、扭矩锁定器、井下动力钻具、扩眼器、钻头等，见图 16-1-12(a)。

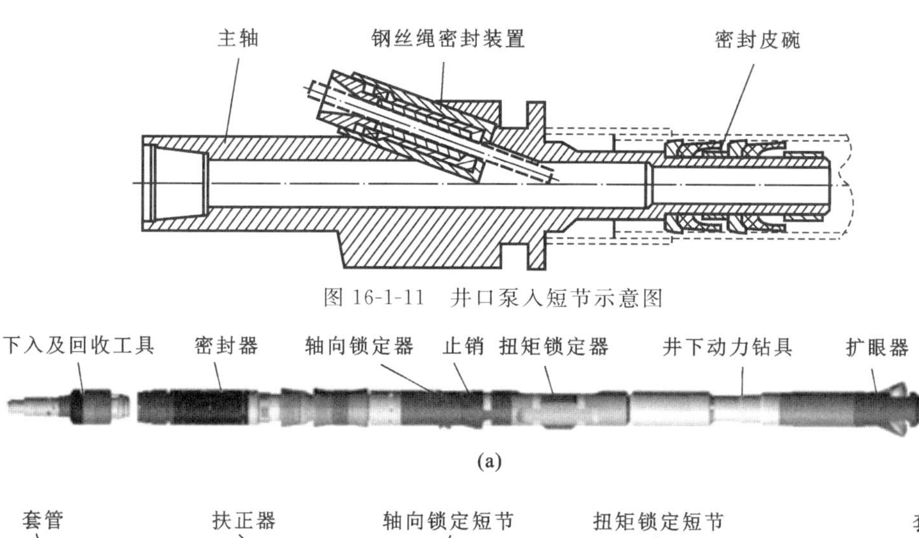

图 16-1-11　井口泵入短节示意图

下入及回收工具　密封器　轴向锁定器　止销　扭矩锁定器　井下动力钻具　扩眼器　钻头

(a)

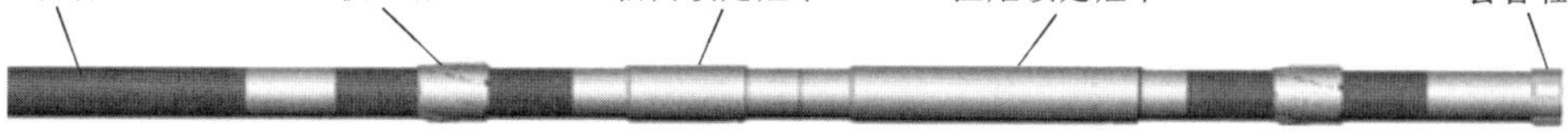

套管　扶正器　轴向锁定短节　扭矩锁定短节　套管鞋

(b)

图 16-1-12　井下工具串

井下锁定装置是套管钻井技术中最具特色的技术，钻进时，井下工具串要锁定在套管上，不得有转动和轴向窜动；更换钻头时，锁定器解锁，井下工具串从套管内打捞到地面。井下锁定装置形式多样，主要由锁定活塞、承载键、承载壳体三部分组成。当锁定活塞下行时，承载键被嵌入承载壳体内，这时承载键可承受钻井扭矩和钻压；当打捞矛提锁定活塞上行时，承载键被挤出承载壳体，即锁定装置解锁，整个井下工具串可提离井底。

井下随钻扩眼器与常规钻井随钻扩眼器相同，其切削齿采用破岩能力极强的大直径 PDC 切削元件，其扩眼刀翼的伸缩通过改变钻井液压力或排量来控制。

领眼钻头可以采用牙轮钻头，也可以用金刚石钻头。定向井和水平井钻进时使用弯壳马达，然后串接随钻测量仪器、无磁钻铤、扩眼器和领眼钻头。在取心作业时使用取心钻头，上接取心筒，再连接到井底钻具组合上。

(3) 坐底套管。

坐底套管位于套管柱末端，主要由轴向锁定短节、扭矩锁定短节和套管鞋等组成，见图 16-1-12(b)。轴向锁定短节及扭矩锁定短节与井下锁定工具串配合，实现底部钻具组合的锁定和扭矩传递。

五、尾管钻井技术

尾管钻井技术是指用常规钻井工艺钻到一定井深后，用钻杆通过专用机构与尾管柱相连，顶驱或方钻杆将钻压和扭矩传递给钻杆柱及尾管柱，驱动底部组合及钻头破岩，完钻后固井并将钻杆起出，而把尾管留在井下的一种钻井技术。尾管钻井一般井深较深、地层较硬，多采用可更换钻头的套管钻井方式。尾管钻井技术与导向钻井技术相结合用于定向井和水平井的作业即为导向尾管钻井技术。

1. 系统组成

尾管钻井系统由内管柱和外管柱组成，见图 16-1-13。

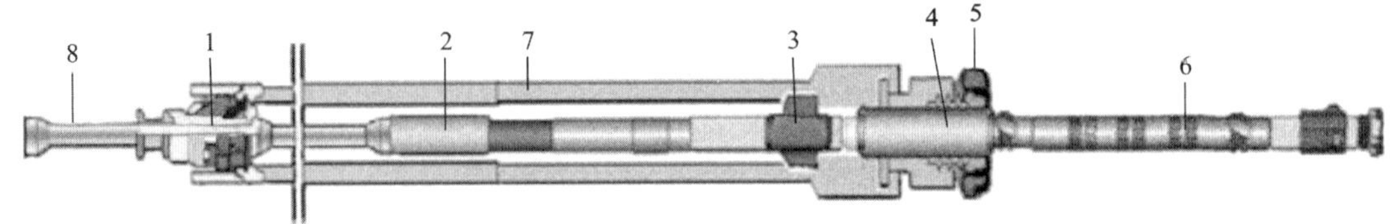

图 16-1-13 尾管钻井系统示意图

1—送入工具；2—推进器；3—马达；4—扩眼钻头驱动短节；
5—扩眼钻头；6—导向钻具组合；7—尾管；8—钻杆

系统的内管柱包括钻杆、马达驱动组件和伸出部分。其中，马达驱动组件包括扩眼钻头和导向 BHA，通过井下马达提供扭转力，这在深井中有更大的优势。钻进中，尾管旋转速度为 10～40 r/min，由于扩眼钻头与尾管体分离，扩眼钻头和导向 BHA 在改进的容积式马达作用下转速可达 100～200 r/min。

伸出部分包括导向部件和储层评价工具。在复杂地层，伸出部分的长度应尽可能短。系统的马达、MWD 脉冲发送器和智能供电系统都在尾管内，因而不会增加伸出部分的长度。LWD 采用模块化设计，可以针对不同的钻井目的选用相应的测量模块描述储层。

外管柱包括尾管、送入工具和扩眼钻头三部分。该部分的所有组件都是现成的，而且扩眼钻头与主要的尾管本体不直接相连，钻井中产生的振动不会直接影响尾管，因而可增加尾管的疲劳寿命。

2. 施工工艺

系统组装、钻进和释放程序见图 16-1-14。

(1) 将尾管、扩眼钻头等接好下入井内，坐放在井口的卡瓦上，使尾管柱呈悬吊状态。

(2) 装配转盘。

(3) 组装导向钻具组合。

(4) 组装并下入内管柱。

(5) 通过钻杆将内管柱下入外管柱中。

(6) 钻至完钻井深。

(7) 释放并起出内管柱。

(8) 下入固井管柱，注水泥固井。

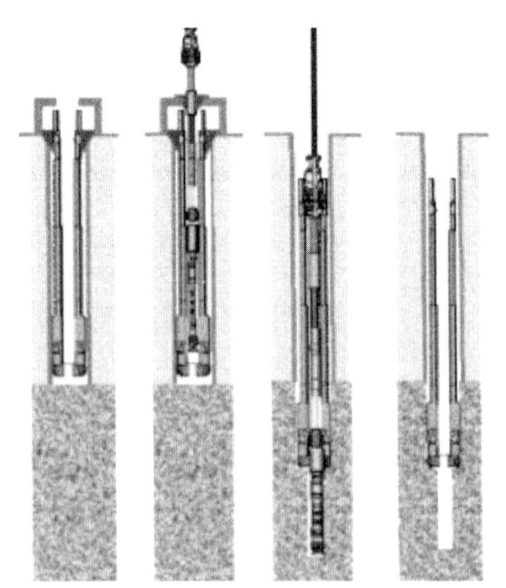

图 16-1-14 系统的作业流程

钻进过程中，如果出现底部钻具组合或内管柱失效的情况，可通过钻井液脉冲的方式遥控释放扩眼钻头驱动短节，从地面投球打开滑套以使尾管送入工具与尾管脱离。如果是因为底部钻具组合或其组件失效而起钻，可在地面更换后重新下入。

3. 配套装备及工具

1）送入工具

系统的送入工具连接内外管柱，在钻杆和尾管之间提供机械连接，同时传递尾管旋转所需的扭矩和起下尾管所需的轴向力。送入工具内设有压力隔离滑套，以防液压过大导致过早释放。需要释放时，可以从地面投球或者从地面施加左旋扭矩来实现。

2）推进器

为了实现内外管柱的长度补偿，在井下钻具上部装有推进器。推进器施加的力推动花键进入位于尾管鞋内的机械阀座，以确定导向 BHA 相对尾管的轴向位置。钻进时，将推力调到大于钻压，以避免导向 BHA 的轴向移动。若需要，可通过位置传感器来实时监测这一情况和调整钻井参数。

3）扩眼钻头驱动短节

扩眼钻头驱动短节带有类似旋转导向系统导向块的伸缩块。这些伸缩块由液压驱动，依据地面控制信号关闭和开启。这些伸缩块的牙爪在扩眼钻头和内管柱之间提供可靠连接及所需的钻压和钻头扭矩。施加给扩眼钻头的力大部分由内管柱提供，而不是尾管鞋，从而可简化尾管鞋的设计，不需使用高级的轴承组件来支撑扩眼钻头。为安全起见，停止循环时，工具会在预定时间内自动复原。扩眼钻头驱动短节见图 16-1-15。

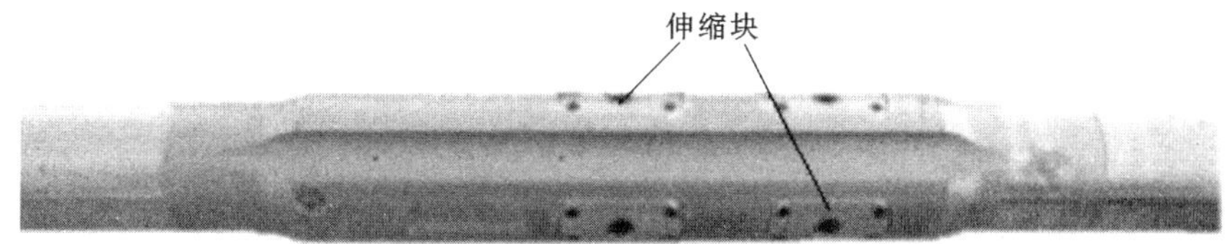

图 16-1-15　扩眼钻头驱动短节

4）导向钻具

导向钻具可以根据需求进行配置，主要由领眼钻头、井下导向马达或旋转导向系统、MWD、随钻测井系统以及扩眼钻头等组成。系统通过释放扩眼钻头驱动短节和尾管送入工具来更换导向钻具时，尾管仍留在井底，而且再一次连接时，只需将内管柱下入外管柱，直至花键到达目标位置，尾管送入工具重新锁定。此外，在扩眼钻头下的 BHA 可安装传感器，用以监测井下的振动和钻压/钻头扭矩。

5）钻头

领眼钻头的选择取决于其导向能力、耐用性和水力状况。在同时使用扩眼器和领眼钻头钻进时，领眼钻头的破岩能力要低于扩眼钻头。通过控制钻头的切削特性，可平衡施加给扩眼器和钻头的力。领眼钻头的切削能力过强，会将过多的钻压转移给扩眼钻头，从而导致导向管柱不稳定。

扩眼钻头没有喷嘴来清除岩屑，因而只能通过环空上返的流体清除岩屑。由于环空流体流速较低，需防止扩眼钻头泥包。可以通过优化切削齿出刃度，确保扩眼器的切削能力优于领眼钻头。

第二节　连续管钻井技术

连续管(Coiled Tubing,CT)是相对于常规螺纹连接管材而言的,又称挠性管、盘管或柔管,是指卷绕在卷筒上拉直后直接下井的长管柱。连续管最初用于下入生产油管内完成特定的修井作业(如洗井、打捞等)。连续管作业装置被誉为"万能作业设备",广泛应用于油气田修井、钻井、完井、测井等作业,在油气田勘探与开发中发挥越来越重要的作用。连续管具有无接头、无变径、挠性大、可实现连续起下和动态密封、强度大、承压高及体积小等特点,可为进行短半径、大位移、分支井和欠平衡、小井眼钻井提供了安全、快捷、有效的技术手段。

一、系统组成及特点

连续管钻井(Coiled Tubing Drilling,CTD)技术是指利用连续管起下底部钻具组合、循环钻井流体,依靠井下动力钻具驱动钻头破岩的钻井方式,主要包括连续管钻井系统、连续管钻井工艺和专用控制系统等。

1. 系统组成

连续管钻井装备主要包括连续管钻机、循环系统、井控系统、辅助设备、井下钻具组合(含随钻测量系统)等,见图 16-2-1。其中,连续管钻机、循环系统、井控系统、辅助设备等构成了连续管钻井地面系统。与常规钻井地面系统相比,连续管钻井的钻井液循环与处理系统、井控系统及相关辅助设备等的原理和功能基本相同,仅在处理能力、功能参数上有所区别,两者标志性的特征差异在于连续管钻机。

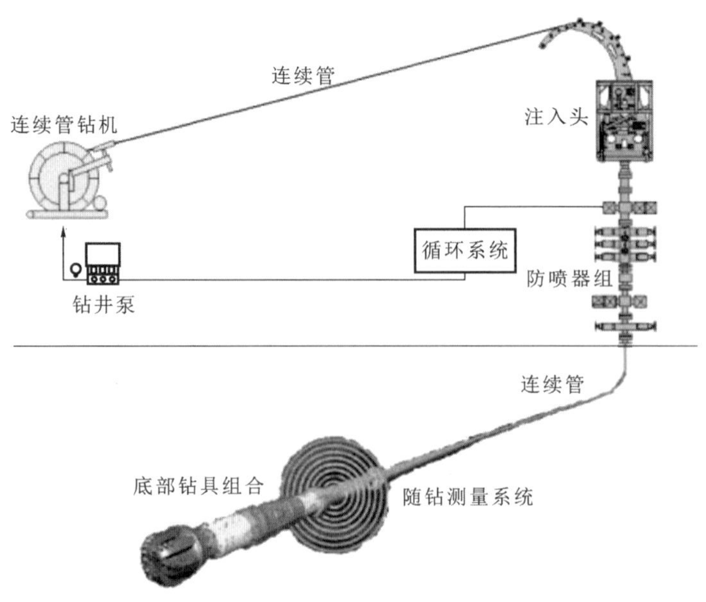

图 16-2-1　连续管钻井系统组成示意图

底部钻具组合对连续管钻井的效率及成败至关重要，不同的钻井工艺对底部钻具组合的要求也有所不同。一套完整而复杂的连续管钻井底部钻具组合往往由 20 多个单元工具构成，用于对钻头施加钻压、扭矩和控制井眼轨迹。典型的底部钻具组合见图 16-2-2，包括钻头、井下(可调弯外壳)马达、随钻测量仪器、钻铤、定向工具、紧急断开接头、连续管连接器等专用工具。根据轨迹控制的需要，还可以配置地质导向系统、随钻测井系统以及水力加压和推进工具等。

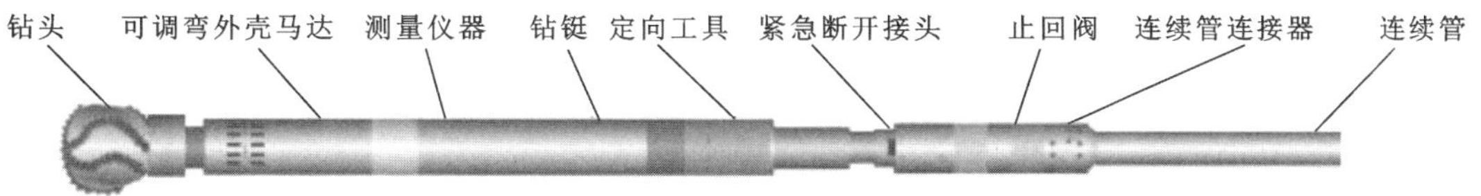

图 16-2-2　典型连续管钻井底部钻具组合

2. 技术特点及应用范围

1) 技术特点

与常规钻杆钻井相比，连续管钻井具有明显的技术优势：

(1) 钻机占地面积小，作业成本低，适合于地面条件受限制的地区或海上平台作业。

(2) 连续管不需接单根，缩短起下钻时间和作业周期，可实现不停泵连续循环和带压作业，提高起下钻速度和作业安全性。

(3) 可进行过油管钻井作业，能非常方便地实现老井加深和过油管侧钻。

(4) 可以确保井下始终处于欠平衡状态，安全地进行全过程欠平衡钻井作业，防止地层伤害。

(5) 可内置电缆传输信号，实现数据的实时传输和压力的连续监测，有利于实现随钻测井和闭环钻井。

该技术也存在一些局限性，主要表现在：

(1) 用连续管钻井之前，通常需要借助常规钻井或修井机做好钻前准备工作，如起出油管和封隔器等。

(2) 尽管连续管可以用来下入较短的衬管，但如果要下入较长的套管柱或尾管柱，则需要借助常规钻机或修井机才能完成。

(3) 所钻井眼直径较小，钻压、扭矩、水力参数和井底钻具组合受到限制，施加钻压困难，钻水平井时水平延伸能力有限。

(4) 连续管不能像常规钻杆那样旋转，无法搅动可能形成的岩屑床，因而增大了卡钻的风险。

(5) 连续管内径较小，钻井液在管内摩擦压耗高，限制了钻井液排量。

2) 适用范围

在一些地区连续管钻井主要用于钻深度在 1 000 m 以内的新井、过油管重入钻井和欠平衡钻井。

(1) 新钻浅井。

采用具有套管装卸能力的连续管钻机钻比较浅的新井(一般 1 000 m 以内)，可以充分发挥连续管钻井速度快、效率高、连续管钻机动迁性能好等优点。

（2）重入钻井。

包括直井加深作业和侧钻水平井及多分支井作业，一般采用中型或大型连续管钻机。连续管直径小，可进行过油管操作，不需起下油管，从而显著地节约钻井成本，适应老井重入钻井。

（3）欠平衡钻井。

连续管不需要接单根，且井口压力控制可达 70 MPa，可实现不停泵连续循环和带压作业，使井下始终处于欠平衡状态，能够实现真正的全过程欠平衡作业。

如果利用连续管钻定向井和水平井，往往需要采用能装卸大直径管柱的大型连续管钻机及专用设备。另外，微小井眼井（34.9～60.3 mm）也是连续管钻井的一个重要发展方向。

二、施工工艺

连续管钻井全过程分为钻前准备、钻井实施、钻后综合评估三个阶段。钻前准备阶段的核心任务是明确工作目标、收集相关资料并论证连续管钻井的可行性、完成工程方案设计、编制工程费用预算及施工安全措施。钻井实施阶段是根据设计的工程方案和项目计划，有效控制钻井全过程，随时解决出现的问题，确保安全钻达目的井深。钻后综合评估阶段是全面分析和总结连续管钻井工程的计划安排、工艺设计、实际执行、数据和结果，以及经验与教训，为以后的连续管钻井作业提供直接指导。

连续管钻井的基本步骤和程序如下：

（1）根据目标井的钻探要求，明确采用连续管钻井工艺对目标井实施钻井的目的。确定井眼尺寸、钻井方式（钻新井还是老井重入、是否采用欠平衡工艺）、完井方式等。

（2）收集分析邻井和目标井的相关资料。若目标井为老井，需重点关注目标井井身结构和井眼状况、油藏性质及存在的问题等。

（3）进行可行性论证。识别采用连续管钻井的风险，提出规避措施，确定在连续管钻井装备就位之前是否需要对目标井进行修井作业。若需要实施修井作业，则应形成相关的作业文件。

（4）若钻定向井，应完成定向井钻井初步方案设计。

（5）确定项目（或工程）所需的连续管钻井设备、所需辅助设备及其对安装位置的要求。

（6）根据地层状况和压力预测确定目标井的井身结构，根据可能出现的异常压力状况确定井控设备的选型。

（7）若钻定向井，要审查并确定最终的定向井钻井施工方案，完成钻具组合及钻井参数设计。

（8）基于油藏信息，设计钻井液体系，并进行井眼水力学计算，判断所选的钻井液与相关系统能否满足要求。

（9）对于需要开窗的目标井，确定合适的开窗方式，并形成相关的作业文件。

（10）确定是否要进行裸眼测井和射孔完井。

（11）评估完井方案，确定完井方案，完井管柱的种类、尺寸、下深等，制定固井工艺方案。

（12）形成最终的钻井工程设计与施工文件。

(13) 组织召开钻前工作会议,讨论修改钻井工程设计与施工文件,制定应急预案。

(14) 整理与准备井场,连续管钻井设备及时就位。组织相关人员、管材及工具到场。对所有的设备进行检测与维护,并形成相关记录文件。

(15) 按照钻井工程设计与施工文件实施钻井作业。有效控制钻井全过程,随时解决出现的问题。

(16) 在钻井过程中,记录、取全、取准相关资料和数据。

(17) 根据设计和施工文件,实施裸眼测井、下完井管柱、固井、射孔等作业。

(18) 收集整理项目数据,对项目或整个工程进行评估总结。

三、配套装备及工具

连续管钻井的配套装备及工具主要包括地面装备和井下工具两大类。

1. 地面装备

连续管钻井的地面装备主要由连续管作业机、钻井液循环系统和井控系统及辅助设备等组成,见图 16-2-3。

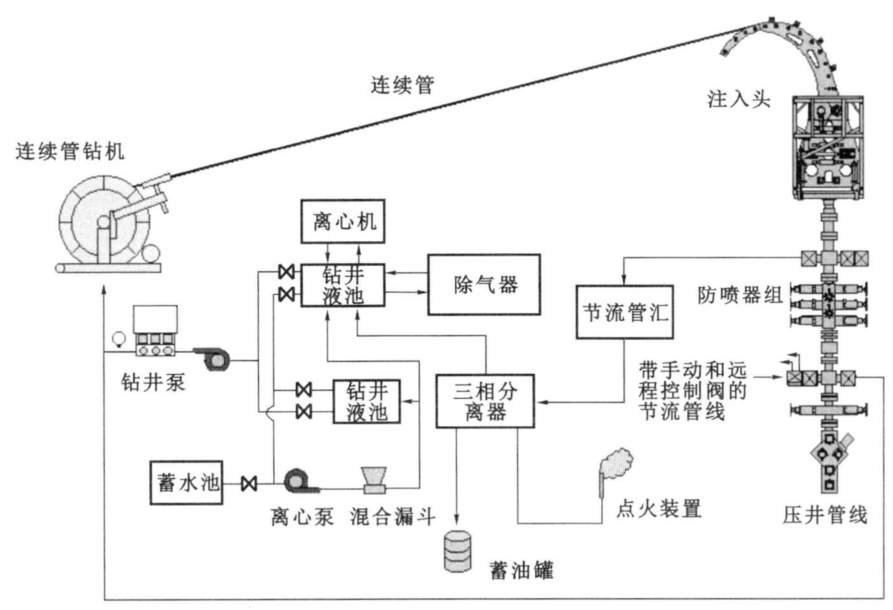

图 16-2-3 连续管钻井地面装备示意图

1) 连续管作业机

连续管作业机主要由连续管注入头、液压操控卷筒、动力系统、控制室和连续管组成,见图 16-2-4。连续管作业机基本参数见表 16-2-1。连续管作业机主要分橇装式和组合式两种类型。橇装式钻机属中小型,主要用于海上钻井,该钻机系统具有安装、拆卸方便,操作可靠、安全等优点。组合式钻机属大尺寸型,类似普通钻机,主要包括连续管作业机、井架、操作台、动力机组、注入头及滚筒等。

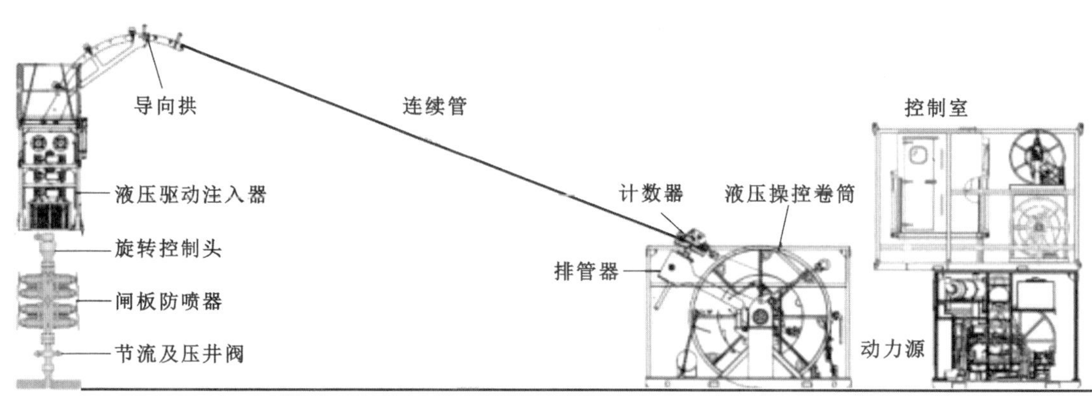

图 16-2-4　连续管作业机组成示意图

表 16-2-1　连续管作业机基本参数

代　号	LG90	LG140	LG180	LG230	LG270	LG360	LG450	LG580	LG680	LG900
最大拉力 /kN	90	140	180	230	270	360	450	580	680	900
最大注入力 /kN	40	70	90	110	130	180	220	290	340	450
最大起升速度 /(m·min^{-1})	60	60	55	50	50	45	40	30	25	15
使用连续管公称外径/mm	25～32	25～38	25～50	25～60	32～60	38～73	45～89	50～89	60～89	89～140

（1）连续管注入头。

由导向拱和液压驱动注入器两部分组成，主要功能是克服连续管在井筒内的浮力及摩擦力而使其下入井内，根据不同工况控制连续管的下入速度，悬挂连续管和控制从井内起出连续管的速度。液压驱动注入器是连续管注入头的关键部件，剖面示意图见图 16-2-5。装置由两个相对的链条盒构成，链条盒上装有两个液压动力装置。液压泵对链条盒提供液压传动力量，带动链条产生运动。链条紧密压合在连续管上，产生轴向的摩擦力，这种摩擦力要远大于连续管本身的自重，使之可自如地对连续管进行上提、下放以及震击等作业。注入头底部还装有载荷传感器，其信号传到控制台，指示连续管重量和提升力。在连续管传送井下工具时，还可使用双作用式传感器指示作用于连续管上的轴向上冲力。

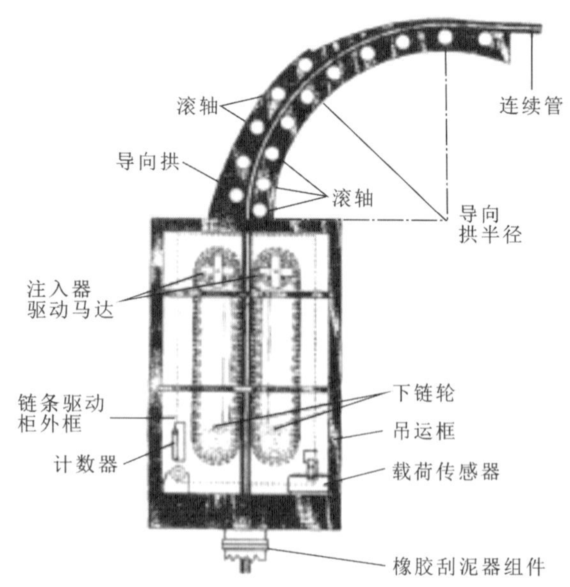

图 16-2-5　液压驱动注入器剖面示意图

(2) 卷筒。

它由筒芯和边凸缘组成。卷筒的转动由液压马达控制。液压马达的作用是在连续管起下时在连续管上保持一定的拉力，使其紧绕在卷筒上。卷筒前上方装有排管器和计数器。卷筒所能缠绕连续管的长度和直径的大小主要取决于卷筒的外径与宽度、筒芯的直径、运输设备的要求等。卷筒筒身半径、导向器半径与连续管直径的关系见表 16-2-2。

表 16-2-2 卷筒筒身半径、导向器半径与连续管直径的关系

连续管直径/mm	卷筒筒身半径/mm	导向器半径/mm
25.4	510～765	1 220～1 375
31.8	640～915	1 220～1 830
38.1	765～1 015	1 220～1 830
44.5	900～1 220	1 830～2 440
50.8	1 015～1 220	1 830～2 440
60.3	1 070～1 375	2 285～3 050
73.0	1 220～1 475	2 285～3 050
88.9	1 400～1 780	2 285～3 050

滚筒的主轴是空心的，通过它可泵送各种液体进入连续管内部。连续管末端的内侧与空心的滚筒支架相连，并直接与旋转接头相接，用循环泵将气体、液体通过此接头泵到井内，从而保证在连续管下入或回收过程中能进行循环。在紧急情况下，可以关掉油管及轴梁间的节流阀。除泵送液体外，连续管还可用于电缆作业，电缆穿入连续管内一起下于井内。类似于液体旋转接头的连接方式，空心轴的另一端安装有旋转电接头，电接头与轴中间的高压堵头有多芯电缆连接，电缆的首端与高压堵头相连以传输电信号。

(3) 动力系统。

动力系统由柴油机、液压泵、液压油箱及液压控制系统组成，它能向连续管的注入头、连续管滚筒控制系统、操作间及防喷器控制系统提供液压动力。

(4) 控制室。

控制室上装有各种仪表、开关及有关控制系统，操作人员在控制室里控制注入头、卷筒、钻井泵、防喷器和节流管汇的工作。连续管滚筒和注入头由双向开关来控制其传输方向，速度的变化由调压阀控制，其压力显示在仪表盘上的两只压力表上。同样，连续管排放器的马达、柴油机的油门、柴油机的紧急关断、井口压力表、连续管悬重仪、防喷器等装置都可以在操作室控制。为防止操作失误而造成事故，防喷器开关上装有保护板以保证安全。另外，在操作室还有备用的手压泵，以便在液压系统失效时控制注入头和防喷盒，以及在储能器失效时用于防喷器紧急关断。

(5) 连续管。

连续管是一种高强度、高韧性管材，是实现连续管钻井的载体。连续管管径及其强度是决定连续管钻井技术应用范围的主要因素。投入商业应用的连续管外径从 60.3～168.3 mm 不等，钻井用连续管外径主要为 60.3 mm 和 73.0 mm。钛合金钢等复合材料的开发和应用，大大改善了连续管的强度和可靠性。抗腐蚀性连续管的应用，为含有 H_2S 和 CO_2 等酸性气体环境油气藏的开发提供了一种安全手段。高强度、大直径连续管的使用拓展了连续管钻井技术应用领域，推动了连续管钻井技术的发展。

2）钻井液循环系统

连续管钻井中所选择的钻井液，既不能损坏钻井液马达橡胶定子，同时又要能最大限度地减少连续管内的摩擦压力损失，使钻井液在环空中具有足够的携岩能力。连续管钻井所用的钻井液循环系统与小井眼钻井所用的钻井液循环系统大致一样。与常规钻井相比，连续管钻井的钻井液循环系统的容积要小一些，其固控设备也包括振动筛、除砂器、除泥器和离心机。钻井泵的功率应满足井下钻井液马达和井眼清洁的要求。

3）井控系统

与常规钻井一样，连续管钻井中的主要井控设备也是防喷器组，通常由闸板防喷器组和旋转防喷器及配套控制设备组成，根据地层情况和施工要求可以有不同的组合。闸板防喷器组主要包括全封闭闸板、剪切闸板、带卡瓦闸板和管子闸板。在欠平衡压力钻井中，通常在井底钻具组合上安装内防喷系统。典型的防喷器组合见图 16-2-6。

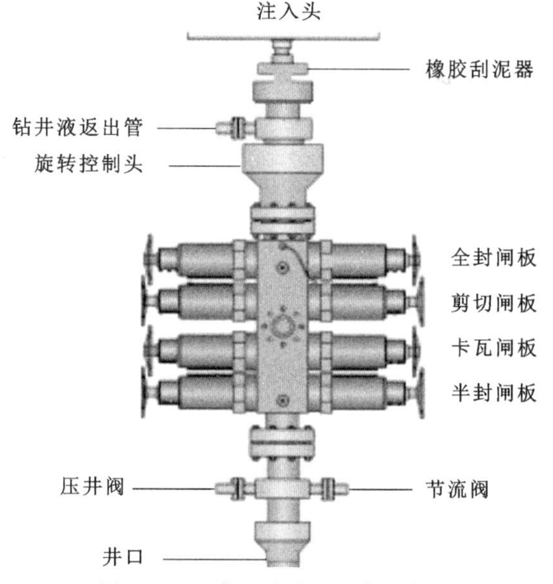

图 16-2-6　典型防喷器组合示意图

2. 井下工具

连续管钻井用井下工具主要有钻头、井下马达、钻铤、随钻测量仪器、定向工具、紧急断开接头、止回阀、连续管连接器等。

1）钻头

用于连续管钻井的钻头在低钻压和高转速下应具有足够的破岩能力，在钻井过程中钻头对扭矩的要求要低，以避免高扭矩使连续管疲劳破坏。目前，常用的钻头有 TSP 钻头、天然金刚石钻头和 PDC 钻头。

2）井下马达

连续管钻井依靠井下动力钻具驱动钻头破岩。连续管钻井使用的马达种类有容积式马达和电动马达，其中使用最多的是容积式马达，通常具有可调弯外壳。连续管钻井中所用的容积式马达主要有高速低扭矩、中速中扭矩和低速高扭矩三种类型，外径范围为 60.3～165.1 mm。在施工中，马达必须与所用的钻头相匹配，如低速高扭矩马达适合 TSP 钻头和天然金刚石钻头，中速中扭矩马达适合 PDC 钻头。

3）定向工具

在用连续管钻定向井和水平井过程中，在下部钻具组合中应配有弯接头和定向工具。用常规钻柱钻定向井或水平井时，底部钻具组合的工具面方位可在地面通过转动钻柱进行调整。但用连续管钻井时，因连续管不能旋转，必须用一种专门的井下工具即定向工具来调整底部钻具组合的工具面方位。主要类型有液力定向器、电驱动及控制定向器和智能无线遥控定向器等。

4）紧急断开接头

在连续管施工过程中，如果下部钻具组合发生卡钻或其他井下事故，可以利用紧急断开接头使连续管与下部钻具组合分离。使用的分离机构主要有液压和剪切机构两种。所用的分离机构必须能够抵抗钻井液马达的反扭矩。

液压机构的工作原理是从地面往连续管内泵入一个小球，当小球下行到球座上时，连续管开始憋压，当压力达到某一限度时，连接工具的剪切销钉被剪断，使下部钻具组合与连续管分离。

剪切机构的工作原理是当发生卡钻时，上提连续管，当连续管被施加一定的拉力时，连接工具的剪切销钉被剪断，使下部钻具组合与连续管分离。当连续管起出井口以后，使用打捞工具来回收下部钻具组合。

5）止回阀

止回阀用于限制流体流动方向，阻止环空流体回流进连续管管线，保证作业安全，通常与连续管连接器相连。连续管钻井使用的止回阀有双瓣止回阀和双球座止回阀，其中双瓣止回阀通径较大，适合大流量和复杂工艺作业。

6）连续管连接器

连续管连接器用来连接连续管和底部钻具组合。先将连续管的端部套螺纹，然后将管子的端部插入连接器内，将连续管与连接器本体上紧，最后拧紧端帽压紧内箍，使连续管与油管连接器牢固地连接在一起，O形盘根保证了管子内外的密封。连续管连接器承受扭矩的能力必须大于钻井液马达所产生的扭矩，同时还需处理下部钻具组合的振动，以确保连续管免遭损坏。其抗拉强度应大于连续管本身的抗拉强度。

第三节 径向钻井技术

径向钻井技术也称超短半径侧钻水平井钻井技术，是指在垂直井眼内沿半径方向钻出的辐射状分布的一口或多口水平井眼的钻井新技术。该技术能使死井复活，是油田老井改造、油藏挖潜和稳产增产的有效手段，尤其适合于薄油层、垂直裂缝、稠油、低渗透等油藏的开发。典型的径向水平井见图16-3-1。

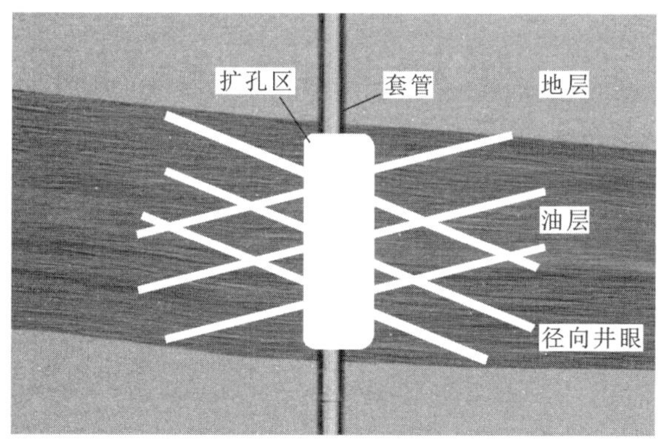

图16-3-1 典型的径向水平井示意图

径向钻井技术使用高压水射流技术进行全面破岩钻进，完全摆脱了机械方法破岩的束缚，无论是所用的设备、工具，还是钻进工艺原理、完井方法等各方面都与常规水平钻井技术有着根本的差别。径向钻井技术较常规水平钻井技术具有以下优点：

(1) 定向工艺简单，进入油层方向和位置准确。由于采用了特殊的斜向器和喷射钻井方法，只需要很短的时间在很短的井段内就可以完成由垂直到水平的转向，因而可大幅度缩短造斜时间，避免用常规的长半径、中半径和短半径方法钻水平井所需要的定向、造斜和复杂的井眼轨迹控制等工艺过程，并能保证水平井段准确地进入目的层。

(2) 可在已不产油的老井或报废井中，利用套管段铣技术，在同一垂直井眼、同一水平面上钻出几口到几十口辐射状水平井，从而使死井复活、老井更新，延长油井的使用寿命，并大幅度提高油井产量和原油采收率。

(3) 地面设备简单，钻井施工操作方便，机械钻速高，建井周期短，经济效益显著。

(4) 井场面积小，排放的钻井液、钻屑少等，有利于环境保护。

(5) 扩大油层裸露面积，提高产量和采收率。它还可以作为一种增产措施，代替重复射孔、酸化压裂等作业，其效果要比重复射孔和酸化压裂好得多。

径向钻井技术主要用于老油井改造，根据对老井套管的处理方式不同，可以分为套管段铣径向钻井技术和套管钻孔径向钻井技术两大类。

一、套管段铣径向钻井技术

套管段铣径向钻井技术一般在目的层井段利用段铣工具段铣掉相应长度的套管，再利用径向钻井系统，通过水力喷射的方式定向侧钻出多个水平井眼。

1. 原理及系统组成

该技术的基本原理：通过钻杆将套管段铣器下入设计深度，磨铣掉一定长度的套管(段铣长度满足下入专用转向器的要求)，再利用扩眼钻头对段铣过的井段进行扩眼。通过油管将井下锚定器和转向器下入扩眼井段，利用陀螺测斜仪测量并调整转向器方位，并通过井下锚定器将转向器固定在扩眼井段。射流钻头与高压软管下端相连，高压软管的另一端与高压油管相连，通过高压油管将高压软管连同水力破岩钻头一起下入井中，通过转向器引导钻头和高压软管进入待钻储层。启动地面压裂泵，利用高速射流对岩石的侵蚀完成径向水平井眼的钻进作业。该径向钻井系统示意图见图 16-3-2。

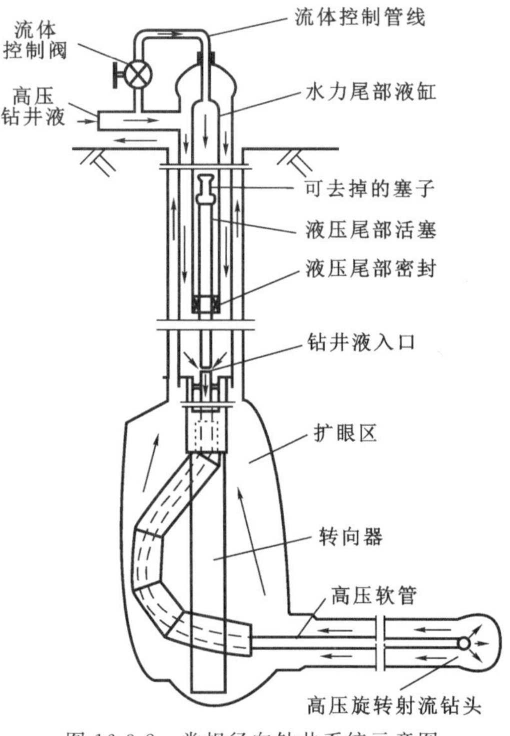

图 16-3-2 常规径向钻井系统示意图

利用该技术可在储层的某一个平面钻出多个径向水平井眼，这些水平井段长度可达 100 m，井眼直径为 30～50 mm。该技术完成径向钻井作业所需的主要设备包括：地面钻机、钢缆绞车、压裂泵车、高压油管、套管段铣器、扩眼钻头、井下锚定器和转向器、高压软管、高压旋转射流钻头等。

2. 施工工艺

套管段铣径向水平井钻井和完井的基本工艺过程如下：

(1) 侧钻段套管段铣。在垂直井眼内下入段铣工具，按设计要求段铣掉生产层相应长度(一般为 3～4 m)的套管。

(2) 段铣段扩眼。下入扩眼工具，扩大已铣掉套管的井眼，使其直径扩大到 600 mm 以上，扩眼井段长度等于或略小于被铣套管段长度。

(3) 下转向器及高压工作管柱。用高压油管将转向器、锚定器、定向短节下井，将专用转向器送入井下的扩眼井段，通过定向短节和陀螺测斜仪定向后，靠井下锚定器的卡瓦牙咬住上部套管而定位固定，同时将入井的油管留在井内作为高压液体工作及循环的通道和高压软管的存放空间。

(4) 下入高压软管及旋转水射流钻头。将高压软管连同水力破岩钻头一起下入井下高压工作管柱内，并使其进入转向器，高压软管通过抽油杆连到井口并与光杆相连。

(5) 地面设备安装、调试。地面设备安装包括地面自动送钻装置与井口光杆的连接、压裂泵车高压管汇与井口高压密封三通的连接，以及光杆密封盘根与井口高压密封三通的连接等。地面设备安装、调试完毕，便可开始径向钻进。

(6) 径向钻进作业。开泵，通过液压方式使转向器转向，实现喷射钻头由垂直到水平的转向。通过地面压裂泵向高压油管内泵入钻井液，一般泵压为 55～65 MPa。高压钻井液随后进入高压软管，到达喷射钻头，自钻头喷嘴处形成旋转射流喷出。射流冲击破碎岩石，并向前延伸形成径向井眼。通过调节射流钻井液的压力和光杆的拉力，借助地面自动送钻装置控制和调节喷射钻进速度。

(7) 回拉高压软管。在钻完一个水平井眼后，通过地面自动送钻装置上拉高压软管，直至软管和水力破岩钻头脱离转向器，使转向器回复到初始状态。

(8) 根据设计重新定向及锚定斜向器。

(9) 重复步骤(1)～(7)，钻进后续多个水平井眼。

(10) 起出高压软管和水力破岩钻头。

(11) 起出高压工作管柱及转向器。

(12) 下砾石充填筛管完井管柱。

(13) 进行砾石充填作业完井。

3. 配套装备及工具

1) 主要地面施工设备

套管段铣径向钻井所需要的地面设备主要有钻机、压裂泵车和远程自动送钻装置等。

(1) 钻机。

径向钻井作业一般利用小型钻机或修井钻机，要具备旋转钻进的能力，以满足套管段铣、扩眼及起下钻具的需要。

(2) 压裂泵车。

额定工作压力 100 MPa 以上，排量不小于 7～10 L/s，带有流量、泵压仪表盘及计算机数据采集系统，其流量、泵压仪表盘可远程控制且能够与远程自动送钻装置配合实现水平钻进工作的要求。

(3) 远程自动送钻装置。

应具有钻柱张力计量与显示、送钻速度计量与显示、累计进尺计量与显示及无级变速自动送进功能。径向钻井时，钻杆及钻头前进动力来源于作用在钻头内腔及钻杆尾端截面上的液体压力，即在液体压力的推拉下前进。远程自动送钻装置在高压软管尾部接上缆绳，另一端缠绕在绞车上，通过缆绳控制和实时监测高压软管的运动速度和钻头位置，从而控制喷射钻进速度。

2) 井下专用工具

径向钻井所需要的井下专用工具主要包括转向器、水力破岩钻头及与之连接在一起的高压软管(柔性钻杆)。

(1) 转向器。

转向器是径向钻井系统的关键结构。这种特殊的转向器能够在很短的井段内完成喷射钻头由垂直到水平的转向，并保证在水平钻进过程中对作为钻杆的高压软管给予稳定的支撑，要求安全可靠、回收方便。转向器由一根金属管开窗而成，内装 3～4 块铰接连接的导向件，导向件装有两排带槽的滚轮。如图 16-3-2 所示，在液压作用下，导向件向金属管的窗口方向侧出，滚轮形成弯曲半径仅为 0.3 m 的滑道，从而使高压软管迅速从垂直方向转向水平方向，确保钻头在地层中钻至合适的位置，减小扩眼直径。导向件出口端的几对滚轮构成校正滑道，确保高压软管水平地伸出转向器并进入地层钻孔。

(2) 水力破岩钻头。

使用的水力破岩钻头有两种结构形式，分别以不同的设计和工作原理钻出符合要求的井眼。

① 多喷嘴组合钻头。

这种水力破岩钻头外形呈半球形，在球面的中心和离开中心一定距离的圆环上分布有多个喷嘴，各喷嘴都以适当的角度导引射流冲击到钻头前面某一区域的岩石上。岩石受到冲蚀破碎，形成一个满足高压软管进入并继续向前钻进的水平井眼。这种钻头的特点是喷嘴多、单个喷嘴喷口小、要求排量较大。对喷嘴的布置和安装角度要进行精心设计才能钻出规则的满足要求的井眼。

为了保证径向钻孔在水力喷射破岩过程中顺利延伸，喷嘴通常采用自进式结构设计，其结构图见图 16-3-3，主要由两组喷嘴构成，其中前喷嘴用以破岩，后喷嘴喷射时的反冲力用以推进。在自进式喷射钻头中，前喷嘴的射流破岩力对喷射系统自进具有阻碍作用，而后喷嘴的射流反冲力对喷射系统自进具有促进作用，后喷嘴射流的反冲力与前喷嘴射流的破岩力之差即为推进力。水力喷射推进力是流体的压力与黏性阻力在喷嘴上综合作用的结果，当推进力大于零时，喷嘴就能够自行前进，顺利完成钻孔。

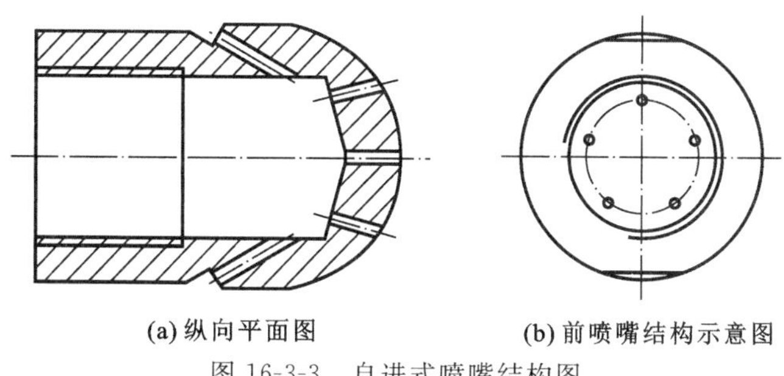

图 16-3-3 自进式喷嘴结构图

② 单喷嘴旋转射流钻头。

该钻头只有一个可以产生旋转射流的喷嘴，由普通的锥形喷嘴加上导向元件组成。当高压流体进入喷嘴腔体流经导向元件后，在导向元件的导引下，流体沿一定的轨迹旋转前进，经过喷嘴内腔收缩并加速后，以极高的速度射出喷嘴出口。流体离开喷嘴后，在压差和离心力的共同作用下，形成旋转的向外扩散的一种空心状射流体。在离开喷嘴的任一射流截面上，都存在射流密度和能量最大的一个圆环面积，而且在一定范围内，离开喷嘴的距离越大，圆环的半径也就越大，射流能够破碎的岩石的面积亦越大。因此，只要压力足够、喷嘴适当，就可以很快形成一个足够大的井眼。这种破岩钻头相对多喷嘴钻头而言，要求排量较小，同时由于射流不仅具有纵向速度，而且具有横向速度，使岩石同时受到纵向冲击和横向剪切的作用，可以大幅度提高破岩效率，但对喷嘴的设计和制造有较高要求。单喷嘴旋转射流钻头剖面图见图 16-3-4。

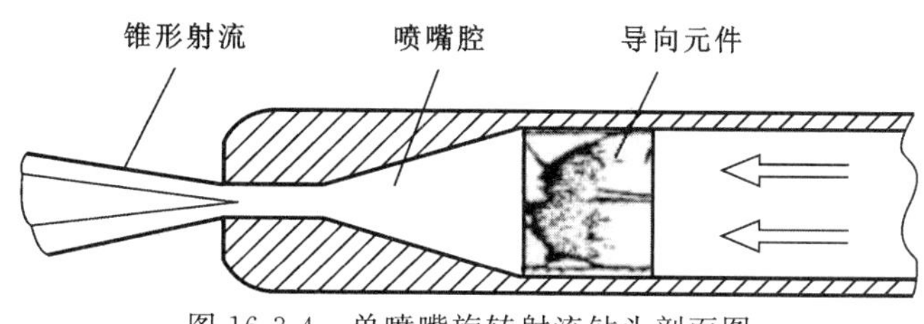

图 16-3-4 单喷嘴旋转射流钻头剖面图

二、套管钻孔径向钻井技术

套管钻孔径向钻井技术不需要段铣老井套管和扩眼作业，而是先在老井套管上直接钻孔，再利用连续管和径向钻井系统，通过水力喷射的方式定向侧钻出多个水平井眼。

1. 原理及系统组成

该技术的基本原理：先用特制的小钻头在油层部位的套管上磨铣出直径 25 mm 的窗口，然后使用带喷嘴的软管，借助高压射流的水力破岩作用在油层中的不同方向上钻出多个水平的小井眼(直径可达 30 mm，长度可达 100 m 左右)，从而增加原井的泄流半径，实现增加原油产量的目的。

套管钻孔径向钻井系统由地面高压泵系统、连续管系统、井下作业管柱系统和辅助系统四部分组成。采用两套钻具组合，一套钻具用于套管和水泥环开孔，另一套钻具用于钻径向水平井段，见图 16-3-5。

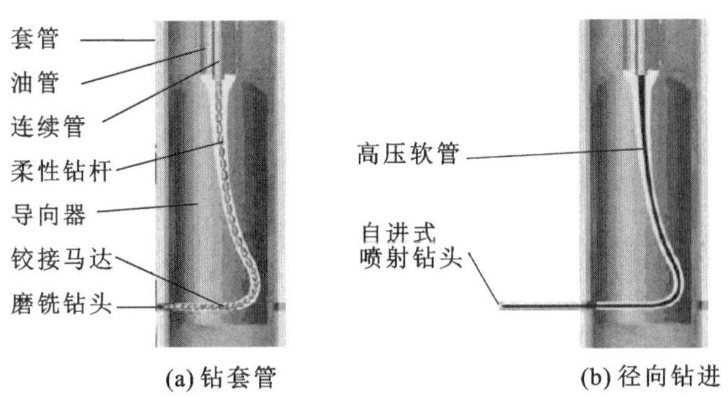

图 16-3-5　套管钻孔径向钻井系统示意图

2. 施工工艺

施工过程概括如下：

(1) 下入导向器。导向器与油管下端相连，通过修井机(或小型钻机)下入设计的径向钻井作业井段。整个径向钻井作业过程中，井下导向器通过油管悬挂在套管中。通过陀螺测量仪测量井下导向器的方位。地面修井机通过旋转油管调整井下导向器方位。

(2) 钻套管及水泥环。用于钻穿套管及水泥环的钻具与连续管相连，从油管中下入。下到设计深度后，钻头和柔性钻杆经井下导向器引导由垂直转向水平，钻头接触套管待开孔位置。启动地面高压泵，连续管将高压钻井液输送至井下铰接螺杆马达，开始钻套管。钻穿套管和水泥环过程中，地面控制系统同时下放连续管。完成该方向套管及水泥环开孔后，调整导向器转向另一设计方位，启动地面高压泵完成该方位的套管及水泥环开孔。重复此工艺步骤，完成导向器下入深度所在平面上设计的所有开孔作业，然后通过连续管从油管中起出铰接螺杆马达、柔性钻杆和磨铣钻头。这种工艺方法可在套管上开出非常规则的圆孔，供高压软管通过，从而大大减小对套管的损伤程度。

(3) 径向水平段钻进。高压软管一端与自进式高速射流钻头相连，另一端与连续管相连。通过连续管作业机将高压软管和自进式高速射流钻头下入油管中。启动地面高压泵，自进式高速射流钻头向后喷出的高速射流与油管内壁间产生的作用力为钻头和高压软管的顺利下入提供牵引力。导向器引导钻头和高压软管通过已开孔的套管和水泥环后进入待钻井眼位置。调节地面高压泵的压力和流量，高速射流喷射钻头通过高速射流的侵蚀作用实现破岩钻孔，完成径向井段的钻井作业。该方位的径向段钻完后，调节导向器方位，使其对准下一个套管开孔处，下放连续管，引导自进式高速射流喷射钻头进入待钻井眼位置，启动地面高压泵完成该径向井段钻进。重复此工艺步骤，完成剩余所有径向井段的钻井作业。

通过调整导向器深度，重复(1)～(3)的工序，可以在不同深度上钻更多的径向井眼。

3. 配套装备及工具

1) 主要地面施工设备

需要的地面施工设备主要有钻机、连续管作业机和地面高压泵等。

(1) 钻机。

一般采用小型钻机或修井机，通过油管起下和悬挂井下导向器，完成径向钻井过程中井下导向器方位的调整。

(2) 连续管作业机。

连续管用于起下两套钻具,并作为将钻井液输送至井下钻具或喷射钻头的通道。

(3) 地面高压泵。

地面高压泵用于为井下径向钻进作业提供能量。钻套管、水泥环时,地面高压泵通过连续管将钻井液输送至井下螺杆马达并转化成旋转机械能带动磨铣钻头旋转;径向钻进时,高压流体直接转化成高速射流,其中向前喷射射流起破岩作用,向后喷射射流起钻头推进作用。

2) 井下专用工具

(1) 井下导向器。

井下导向器用于钻孔的定向,并引导柔性钻杆或高压软管完成由垂直向水平方向的转变,进入待钻点。导向器直径小于作业套管直径,通过油管直接下入井中,并通过油管和修井机悬挂在套管中。

(2) 钻套管及水泥环钻具。

钻套管及水泥环钻具专门用于钻穿套管和水泥环,由小尺寸铰接螺杆马达、高性能柔性钻杆和高效磨铣钻头组成。柔性钻杆由钛合金加工而成,通常采用铰接方式,可弯曲通过导向器下部的转弯段,能承受一定的钻压,保证钻套管、水泥环的作业效率。

(3) 径向钻井钻具。

径向钻井钻具通常使用高压软管连接自进式高速射流喷射钻头,通过高速射流侵蚀的方式破岩,形成径向水平段井眼。钻头前方喷嘴喷出的射流起破岩作用,尾部反方向射流为钻头前进提供推力。

径向钻井过程中还需要辅助系统的配合,主要包括钻孔定位定向测量系统、井口防喷系统等。

第四节 井工厂钻井技术

由于页岩气勘探开发投入成本高、产能低,石油公司面临着诸多挑战,利用有效的钻完井技术,减少非作业时间,缩短建井周期,降低作业成本显得非常重要。井工厂技术用于开发页岩气已被证明是经济可行的方案,其关键技术包括井场集中部署、井组优化设计、批量化作业、高运移性钻机、精确井眼轨迹控制、同步压裂、裂缝监测、钻井液循环利用和压裂液回收利用等。近年来页岩气井工厂开发模式已广泛应用,带来了巨大收益。

一、井工厂开发的特点

页岩气钻井先后经历了直井、水平井到井工厂的发展历程。井工厂开发是使用丛式水平井钻井方式,在一个井场完成多口井的钻井、压裂、完井和生产,以密集的井位形成一个开发工厂,流水线式集中钻井、压裂和生产,以提高钻井时效和压裂时效,循环利用钻完井流体,同时实现开发的集中管理。加拿大英属哥伦比亚省 Horn River 盆地页岩气井工厂布井方式见图 16-4-1。

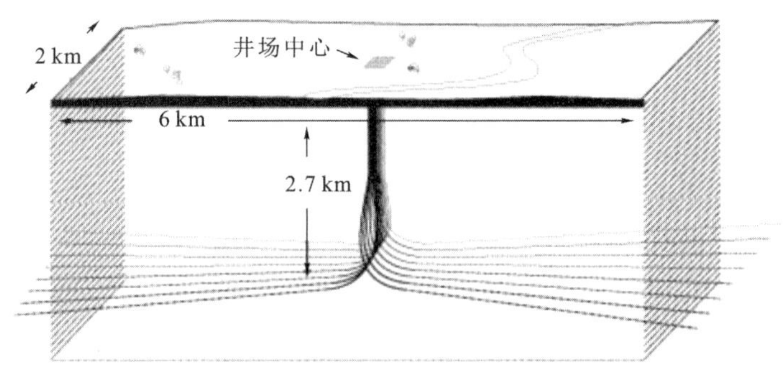

图 16-4-1　井工厂布井示意图

井工厂开发的目的是提高开发的经济性，同时减少钻完井及压裂对环境的影响。井工厂开发主要有以下优点：

(1) 利用最小的丛式井井场使开发井网覆盖储层区域最大化，减少井场的占地面积。

(2) 多口井集中钻完井和生产，减少人力成本、钻完井施工车辆及钻机搬家时间，同时地面工程及生产管理也得到简化，可大大降低作业成本。

(3) 多口井依次一开，固井，二开，再依次固完井，钻井，固井，测井工序间无停待，实现设备利用最大化，从而提高作业效率。

(4) 多口井在相同开次钻井液体系相同，钻井液重复利用，大幅降低钻井液用量，减少钻井费用。

(5) 在同一储层钻多口水平井，增大储层裸露面积。

(6) 多口井进行同步压裂，改变井组间储层应力场的分布，有利于形成网状裂缝，提高页岩气的产能和最终采收率。

(7) 压裂液返排后回收利用，节约成本又有利于保护生态环境。

井工厂开发也存在一些缺点，主要包括：

(1) 增加井眼轨迹控制难度，对设备和技术要求较高。

(2) 总体井组钻井周期较长，一般要在整个井组完钻后才可进行后续的作业。

(3) 会加大现场工程监督的难度。

二、井工厂钻井设计

井工厂钻井设计在井场部署、井组优化设计及井眼轨迹控制等方面与常规的丛式井组及水平井施工有较大区别。

1. 井场部署

区块工厂化模式布井的原则是用尽可能少的井场布合理数量的井，以优化征地费用及钻井费用。单个井场占地面积由井组数决定，一个井场中设计的井组数越多，井场面积越大，需要综合考虑钻井和压裂施工车辆及配套设施的布局。地面工程的设计需要考虑工程和环境的影响，为井工厂开发提供保障，同时使占地面积最小化。井场部署需要考虑的因素有以下几点：

(1) 满足区块开发方案和页岩气集输建设要求。

(2) 充分利用自然环境、地理地形条件,尽量减少钻前工程的难度。

(3) 考虑钻井能力和井眼轨迹控制能力。

(4) 最大程度触及地下页岩气藏目标。

(5) 考虑当地地形地貌、生态环境,以及水文地质条件,满足有关安全环保的规定。

在多山丘、人口稠密、平地多为耕地、征地面临很大挑战等情况下,如何建立适合区域的井场模型是能否顺利开展工厂化钻井作业的关键因素之一。狭长(最大宽度不超过 60 m)、各设备分区的井场模型较为适合丘陵地貌。考虑到作业情况,营房区域、设备材料存放区域、压裂泵(液)摆放区、钻井井场、燃烧火炬场地、生产区域以管线连接等各个作业区以立体、方便建设的方式合理布置。

2. 井组优化设计

页岩气井工厂施工在同一个井场采用多个大型丛式井组,每一个井组平台布井较多,一般为 6～24 口井。页岩气井工厂钻井在单井场曾经最多布 36 口井。所有水平段相互平行,并尽量与最大主应力方向保持垂直,以便通过大型压裂造出大量垂直于水平井眼的人工裂缝,其中水平段一般长 1 000～1 500 m。典型的页岩气水平井组多级分段压裂示意图见图 16-4-2。

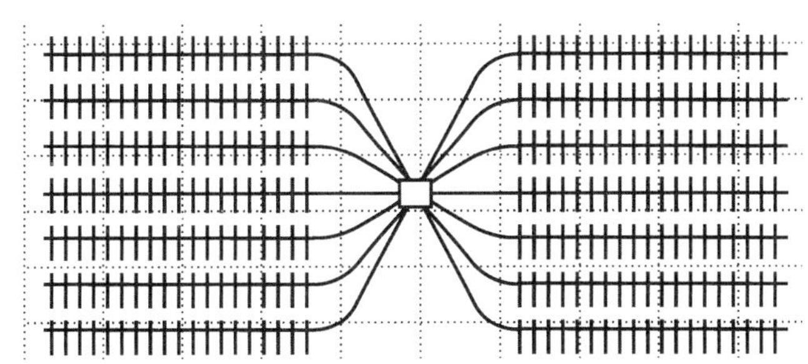

图 16-4-2 典型的页岩气水平井组多级分段压裂示意图

井组采用单排或多排排列,布局需要充分考虑作业规模、地质条件(井生产能力)、地面条件限制等因素。单排丛式井井间距一般为 10～20 m;多排丛式井井间距一般为 10～20 m,排间距为 50 m 左右。

井下水平段间距由压裂主裂缝扩展范围大小决定,其原则是使压裂作业所形成的网络裂缝体积最大化。如果水平井井眼轨迹方位与最小水平主应力平行,有利于压裂主裂缝的扩展,同时容易形成裂缝网络,井下水平段间距一般大于 350 m;如果水平井井眼轨迹方位与最小水平主应力斜交,在高应力各向异性区能防止井壁的坍塌,但是压裂主裂缝的扩展长度有限,井下水平段间距为 200～300 m。

3. 井眼轨迹控制

采用井工厂开发技术在一个井场钻多口井,需要考虑井眼防碰问题。为了减少井间防碰的可能,井工厂多井平台在实钻过程中需要实时调整,具体步骤包括:

(1) 取得最终井位坐标以及修正的地质目标后,确定槽口分配方案。

(2) 利用地质设计的井位与靶点坐标进行初步井眼轨道设计。

(3) 将不同深度处的测量不确定椭圆叠加到井眼轨迹上,观测是否发生井碰。

(4) 在满足钻柱安全的情况下,通过三维轨迹设计,使摩擦扭矩达到最小,保证水平井施工作业安全。

(5) 表层井眼钻成并测量后,根据实际井眼轨迹,重新设计井眼轨道并进行防碰评估。表层特别强调垂直钻进,并且每口井表层都要测斜。

(6) 为了防止浅层井碰,二开造斜率较小,并采用陀螺测斜仪随钻测量工具定向,保证后期作业的安全。三开利用油基钻井液体系、高效 PDC 钻头和高造斜率导向工具钻进至最大深度。

井工厂开发的水平井井眼轨道采用三维井眼,可以降低井眼相碰风险和提高井筒与目标储层的接触面积,但会增加钻井的难度。三维井眼轨道水平井进入水平段的造斜率比二维井眼要高得多,一般需要采用单弯井下马达导向钻具组合,轨迹控制要求严格的井需要采用旋转导向钻井工具。传统的旋转导向系统造斜率为(5°～6°)/30 m,需要较长的曲线段才能钻遇储层,造斜点选在较靠上的位置处。目前开发的高造斜率的旋转导向系统,造斜率可达(10°～15°)/30 m,甚至更高。该系统能使井眼更早到达储层,增大井筒与储层的接触面积。同时,甲方可以在更深的地方选择造斜点,增大垂直段,在垂直段采用空气钻进,可以提高一开钻井作业效率。

三、关键工艺及装备

井工厂钻井的核心是实现作业的高效率、可重复和批量化,通常采用高运移性钻机缩短搬迁时间,通过远程监控、标准化流程及交叉作业提高作业效率,对钻井液进行循环利用以减少废弃物排放。

1. 可快速移动钻机

为了适应井工厂钻井需要,开发出了全液压可快速移动钻机,见图 16-4-3。可快速移动钻机系统以液缸作为提升系统,并由全套液压动力系统取代以往的绞车、井架等设备,具有结构简单、噪音小、污染少、自动化程度高等优点,可大幅度提高作业效率、降低作业成本。相对于常规钻机来说,该类钻机具有以下优势:

图 16-4-3 带平移轨道的可移动液压钻机

(1) 移动性能好。采用底座整体移动技术,通过优化钻机移动模块来实现钻机的自由移动,从而减少钻机的拆卸、搬迁、安装等时间。

(2) 自动化程度高。采用电、液、气一体化智能控制技术,嵌入自动钻井的力学计算程序的数字计算机钻井界面、精确的定位控制和远程控制等,并配备了自动化的管子操作系统。

(3) 所需作业人员少。钻井操作只需要配备 4 名人员，钻台几乎所有的操作都由司钻完成，另外配备地面及其他辅助人员 3 名即可进行钻井生产作业。

(4) 占地面积小。适用于山地、丘陵等地貌及征地困难的地区，对环境保护也具有积极作用。

(5) 适应性强。体形小、重量轻、一般可自行移动，所配设备具备 3 000 m 钻深能力，可以适应不同井型对钻机的要求。

2. 批量化作业

井工厂钻井技术主要通过批量化作业提高作业效率。采用移动钻机依次钻多口不同井的相似层段，固井后再顺次钻下一层段。通过重复作业的学习曲线管理提高作业效率，通过类似作业提高钻具组合利用率、钻井液利用率，通过批量专业工程技术服务节约动复员费并实现工厂化作业。批量化作业流程如下：

(1) 按设计的施工顺序，钻第一口井的表层并下套管，之后迅速转到下一口井，在钻表层时不需要改变钻井液体系和钻具组合。

(2) 顺次一开钻完所有的井后，再移钻机回到第一口井开始二开的钻进及下套管作业，这样重复以上操作直到二开钻完所有的井。对于一开井深不长的情况，可以先一开钻固完表层后继续二开钻井及下套管固井后再移钻机至下一口井开钻。

(3) 再次移钻井平台回到第一口井开始三开，依次类推钻完所有的井。

(4) 移动钻机或进行下一开次作业期间，通过不占用井口操作及无钻机方式进行测井及固井施工，实现交叉作业，提高钻机进尺工作时效。

(5) 通过远程指挥中心监控多个井组的施工，利用重复作业的学习曲线管理提高作业效率。

压裂施工的作业也可以实现批量化施工，在一个中央区对相隔数百米至数千米的井进行压裂，对一口井进行压裂的同时，可以在其他的井进行下压裂管柱作业及微地震裂缝监测。所有的压裂设备都布置在中央区，不需要移动设备、人员和材料就可以对多个井进行压裂，大大降低压裂施工成本。

3. 远程作业支持

提高作业效率的关键方式之一是执行远程操作，包括定向钻井和井场监督。远程控制能够实现钻井参数的实时数据传输和远场控制钻机作业。实时数据传输包括实时钻井参数、井眼轨迹参数、井下工程参数及复杂情况等。远程控制中心分成若干个小组，每个小组由 4～6 人组成，包括定向井工程师、井工厂监督、钻井工程师和地质工程师等，管理 3～6 台钻机。井工厂监督在钻井现场与控制中心之间巡视，确保指令的下达和监督。定向井工程师和地质工程师根据实时轨迹参数，通过优化钻井参数(钻压、扭矩、排量和压力)和调整钻进方式等，确保每台钻机按照远程控制中心的指令控制井眼轨迹进入目的层并保持在合适的位置穿行。钻井工程师负责数据监测和复杂情况的处理与决策。

4. 钻井液循环利用

由于每一个井组平台布井较多，钻井需要使用大量的钻井液，同时涉及水资源的利用和废弃钻井液的处理。特别是在三开钻进时，为了防止页岩井壁发生坍塌，一般采用油基钻井液，导致钻井成本较高。井工厂开发可以使用钻井液循环利用系统去除钻井液中的固相颗粒，将钻井液循环利用，既可节约成本、减少水资源的浪费，又可减少对环境的污染。

钻井液循环利用系统利用物理和化学的方法来清除钻井液中的固相颗粒，通过独特的处理过程重复利用钻井液。物理处理方法主要是利用振动筛、泥砂清除设备、脱水设备和大型钻井液罐进行处理。化学处理方法是通过加入化学助剂，中和钻井液中的固相颗粒，降低钻屑与油基钻井液间的表面张力，将钻屑从流体中分离。相对于传统方法，借助钻井液循环利用系统减少了钻井液、水资源的损耗和钻井液的配制时间，也降低了废弃钻井液的处理成本。

参考文献

[1] Tessari R M Bob，Madell Garret. Casing drilling—A revolutionary approach to reducing well costs. SPE 52789-MS，1999.

[2] Detlef Hahn. Simultaneous drill and case technology—Case histories status and options for further development. SPE/IADC 59126，2000.

[3] Skinazi E. Development of a casing/drilling system improves the drilling process. SPE 62780，2000.

[4] Tarr B，Sukup R. Casing-while-drilling：The next step change in well construction. World Oil，1999，220(10)：34-40.

[5] Steppe R J，Mares S I，Rosenberg S，et al. Drilling with casing overcomes losses to thief zone. OTC 17687，2005.

[6] Dave M，Greg G，Ken D. New developments in the technology of drilling with casing：utilizing a displaceable drillshoe tool. WOCWD-0306-05，2003.

[7] 李月升. 组合式套管钻头：中国，200520003896.5. 2006-08-23.

[8] Tessari R，Madell G，Warren T. Drilling with casing promises major benefits. Oil and Gas Journal，1999，97(20)：58-62.

[9] 李祖光，王力，翟应虎，等. 单行程套管钻井技术研究与应用. 钻采工艺，2008，31(6)：34-36.

[10] 冯来，王辉，王力. 简易套管钻井技术及专用配套工具研究. 石油钻探技术，2007，35(5)：25-28.

[11] 冯来，王辉，王力，等. 可更换钻头套管钻井工具及工艺研究. 石油钻探技术，2007，35(5)：18-21.

[12] Warren T，Tessari R，Houtchens B. Directional casing while drilling. SPE 79914，2003.

[13] Torsvoll A，Abdollahi J，Eidem M，et al. Successful development and field qualification of a 9⅝ in and 7 in rotary steerable drilling liner system that enables simultaneous directional drilling and lining of the wellbore. SPE 128685，2010.

[14] Srinivasan A，Frisby R，Talbot T，et al. New directional drilling with liner systems allows logging and directional control while getting casing across trouble zones. SPE 131391，2010.

[15] Williams T，Deskins G. Sound coiled tubing drilling practices. U.S. Department of Energy，2001.

[16] Crouse P C，Lunan W B. Coiled tubing drilling expanding application key to future. SPE 60706-MS，2000.

[17] Eide E，Brinkhorst J，Voker H，et al. Further advances in coiled tubing drilling. Journal of Petroleum Technology，1995，47(14)：403-408.

[18] 贺会群. 连续管钻井技术与装备. 石油机械，2009，37(7)：1-6.

[19] 苏新亮，李根生，沈忠厚，等. 连续油管钻井技术研究与应用进展. 天然气工业，2008，28(8)：55-57.

[20] SY/T 6761—2009 连续管作业机.

[21] SY/T 6698—2007 油气井用连续管作业推荐作法.

[22] Dickinson W, Dickinson R. Horizontal radial drilling system. SPE 13949, 1985.

[23] Dickinson W, Anderson R R. A second generation horizontal drilling system. IADC/SPE Drilling Conference, 1986.

[24] Dickinson W, Dickinson R, Herrera A, et al. Slim hole multiple radials drilled with coiled tubing. SPE 23639, 1992.

[25] Raul A C, Juan F T. First experience in application of radial perforation technology in deep wells. SPE 107182, 2007.

[26] Bruni M, Biassotti H, Salomone G. Radial drilling in argentina. SPE 107382, 2007.

[27] 崔龙连, 汪海阁, 葛云华, 等. 新型径向钻井技术. 石油钻采工艺, 2008, 30(6): 29-33.

[28] 王敏生, 光新军. 页岩气井工厂开发关键技术. 钻采工艺, 2013, 35(5): 13-16.

[29] Encana. Resource play hub. http://www.encana.com/about/strategy/hub.html.

[30] Poedjono Benny, Zabaldano John, Shevchenko Irina, et al. Case studies in the application of pad drilling in the Marcellus shale. SPE 139045, 2010.

[31] Codesal Pablo A, Salgado Luis. Real-time factory drilling in Mexico: A new approach to well construction in mature fields. SPE 150470, 2012.

[32] Craig Boodoo. A look at batch drilling in Trinidad and Tobago. SPE 81130, 2003.

第十七章 测试和完井

本章主要介绍油气井测试和完井两方面的内容。测试部分介绍测试设计、测试工具和设备、测试作业工序及操作要求，以及测试作业现场组织管理等内容。完井部分介绍完井设计、完井设备和工具、完井作业工序及操作要求、完井作业现场组织管理，以及弃井等内容。

第一节 测 试

一、测试的概念与目的

1. 测试概念

这里的测试专指油气井测试，包括钻井过程中的中途测试和钻井完成后的测试，即建立由地层到井下测试管柱（或完井管柱）和地面流程组成的测试系统，通过开井流动测试（自喷井用不同油嘴控制放喷，非自喷井进行人工举升）、关井地层压力恢复测试和取样（包括油样、气样和水样）获得在此过程中所测量的产量、压力、温度及其变化数据资料，并对这些测试资料进行分析解释，获得测试层的流体性质、生产能力、物理参数（如渗透率、表皮系数等），以及油、气、水关系等的作业过程。一个测试层的测试作业通常要经历一次或多次开关井操作，比如二开二关或三开三关等。

油气井测试一般包括通井、洗井、压井、射孔、地层测试、诱喷与排液、求产计量、取样、油气层封隔等一系列单项工艺。

2. 测试目的

通过测试可获取油气产量、样品和动态条件下的地层特性参数，以深入认识和评价地层，为计算油气储量和对油气藏的经济评价提供必要的依据，为勘探部署的调整和油气开发提供重要依据。

在不同的油气勘探开发阶段，测试目的的侧重点可有不同。对于探井，测试的首要目的是油气发现和取样；对于评价井，测试的首要目的是进行油气藏评价；而对于开发井，测试的首要目的则是达到设计产能以进入生产流程。

二、测试设计

测试设计是测试作业、预算、监督管理、完工验收的依据，应该在测试作业开始前编写完成，并经勘探部门负责人、钻井或生产作业部门负责人审核后，由项目经理批准执行。

进行测试设计时，可将工程部分和施工部分分开进行，分别提供测试工程设计和测试施工设计，但通行做法是采用综合施工设计方式编写，即把工程设计和施工设计综合在一起。

1. 测试设计编写的依据

（1）测试井的地质设计和测试任务通知书。

（2）测试井的井筒条件和测试层的情况。

（3）可用技术装备状况及要求。需要考虑的装备包括钻机（或修井机）、固井装置、当地可用的测试设备和工具等。

（4）资源国的相关规定和要求。

（5）油公司的相关规定和要求。

2. 测试设计的原则

（1）达到测试井的地质目的和要求。

（2）符合健康、安全和环保要求。

（3）工艺和技术可靠、先进。应优选成熟可靠、先进的测试工艺，优选应用成熟的测试工具和设备，并优化施工程序，以达到测试作业安全、顺利，资料录取准确、可靠的目的。

（4）作业高效、经济。进行测试设计时，还应考虑尽可能提高作业效率，降低作业成本。

3. 测试设计的内容

1）测试井的基本数据

提供测试井基本数据的目的是对测试井的基本情况有所了解，为合理配置测试工具和完善测试作业程序提供依据。测试设计中一般需要提供以下基本资料：

（1）井别，比如区域探井、预探井、评价井、资料井、开发准备井等。

（2）测试井的类型，比如直井、斜井、定向井、水平井等。

（3）测试井的坐标及地理位置。

（4）测试井的构造位置。

（5）最大井斜、方位角及其深度位置。

（6）测试层钻进时所用的钻井液的类型、密度和黏度等数据，以及发生漏失或溢流等情况。

（7）井身结构，包括套管程序及套管钢级、壁厚等资料。

（8）固井质量情况。

（9）套管正负压试压情况。

（10）根据测井、录井和岩心分析资料得到的测试层数据，包括测试层段及厚度、射孔层段、地层名称及岩性、测试层压力、井底温度、孔隙度、渗透率、含水饱和度和测井解释结果。

（11）测试层在钻进过程中的油气显示情况。

（12）测试层含 H_2S 和 CO_2 等的情况。

（13）邻井测试情况。若有可能，还应简要提供邻近井的测试资料，如测试层深度、地层压力、最高产量、渗透率和污染系数等，这有助于合理预测测试井的测试结果。

（14）对测试层流体性质及产量的预测。

2）测试的具体目的及资料要求

(1) 验证地层流体性质，取得地层流体样品并进行化验分析。

(2) 测试地层产能。测试产能通常是油气井测试的基本目的。通过系统测试，获得多个油嘴下的稳定产量，经产能分析和评价，最终落实测试井的产能，这对于确定勘探区块的商业价值具有决定性的意义。

(3) 获取(原始)油气藏压力和温度。

(4) 了解和评价地层参数。油气水层分布规律、产能变化特征及地层压力变化趋势、油气藏驱动类型等油气藏参数是编制油气田开发方案必须考虑的因素，了解和评价测试层参数是油气井测试的重要任务，尤其是对于评价井和开发井。

(5) 计算油气藏边界距离。进行探边测试可以确定边界的存在及计算边界的距离，这通常需要较长的测试时间，且在探井测试过程中流出的大量油气一般只能通过燃烧处理掉，浪费了大量的油气资源，所以通常只在必要时才进行探边测试。

另外，测试设计中应具体规定测试资料的录取内容、范围和质量要求。

3）测试作业的基本要求

油气井测试作业必须遵守石油行业的 HSE 规定，以满足 HSE 要求为前提。测试设计中应列出测试过程中必须遵守的基本要求，包括：

(1) 测试作业要避免人员和设备处于不必要的安全风险之中。

(2) 测试作业要避免溢油或失控的油气外喷，以防造成环境污染。

(3) 含 H_2S 或 CO_2 酸性气体井的测试，应该根据情况使用相应等级的耐酸测试工具和设备，并有预案。

(4) 测试作业要以经济高效的方式实现其技术目的。

4）测试工艺的选择

应根据测试井的地质设计要求、测试层和井况特点，确定测试类型，优选成熟、先进、联合作业的测试工艺，选择合适的测试工具。

按不同划分方式，可对测试进行不同的分类：① 按在钻完井过程中所处阶段的不同，可分为中途测试和完井测试；② 按测试井眼状况的不同，可分为裸眼井测试(或称为裸眼测试)和套管井测试；③ 按作业方式的不同，可分为单纯测试和联合作业测试(简称联作)。

中途测试是在钻进过程中，对录井、测井有良好油气显示或可能出油气的层段，暂停钻井作业，利用测试设备及工具进行测试，以快速获取储层油气资料，初步认识、了解和评价储层，测试结束后恢复钻井作业。中途测试通常是裸眼测试(包括坐裸测裸和坐套测裸)，其优点是可以及时评价油气储层，但其缺点也相当明显：由于坐裸测裸风险较大，导致测试时间较短，取得的压力、产能以及储层参数可能有一定的局限性。

完井测试是在钻井完成(包括裸眼完成或其他方式完井)后，对录井、测井、中途测试有良好的油气显示或可能出油气的层段，利用测试设备及工具进行测试，以取得全套的储层油气资料，正确认识和评价储层。完井测试的优点是取得的压力、产能以及储层参数齐全可靠；但其缺点是要等到完井后才能进行测试，由于前期其他作业可能对储层造成污染而影响油气成果。

测试井的井况决定了所选择的测试工艺，决定了测试工具的选择范围。所以，这里主要对裸眼测试工艺和套管井测试工艺进行介绍。

（1）裸眼测试。

裸眼测试指测试井段为裸眼井段的测试。按坐封位置所在井段的不同又可以分为坐裸测裸和坐套测裸测试(见图 17-1-1)。

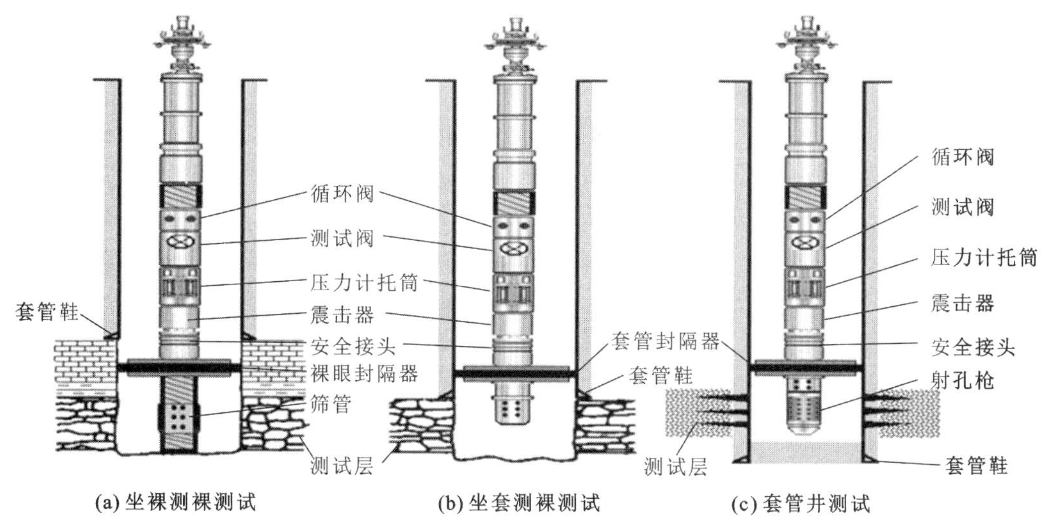

图 17-1-1 测试类型示意图

坐裸测裸测试是指测试井段为裸眼,并将封隔器坐封于裸眼井段而进行的测试,一般使用坐底或选层锚支承式裸眼封隔器,或者使用膨胀式封隔器。坐裸测裸测试只能使用上提下放等机械操作方式的测试工具(如 MFE 和 HST)进行测试,而不能使用环空压力控制操作的测试工具(如 PCT,APR,IRDV 等)进行测试。由于工具类型限制、工具埋卡风险和测试时间过短等原因,目前已较少使用坐裸测裸测试方式。

坐套测裸测试是指测试井段为裸眼,但测试前下套管将测试井段之上的地层封固,测试时将封隔器置于套管内,封隔上下地层或环空,从而对套管之下的整个裸眼井段进行的测试。坐套测裸测试除不需要射孔外,在工具配置和工艺上与套管井测试基本相同。因此,坐套测裸测试可以避免坐裸测裸测试中容易因井壁坍塌造成管柱被埋的风险等问题,测试时间也可以按要求延长。

（2）套管井测试。

套管井测试是指测试井段及上下部地层均用套管封固,测试时先用电缆或油管将射孔枪送入并射开测试地层,然后取出射孔枪,再下入测试管柱,或采用射孔与测试的联作工艺进行的测试(见图 17-1-1)。由于测试工具均在套管内,套管井测试是相对安全的一种测试。

设计采用电缆射孔方式时,要选取合适的射孔液密度,不宜过小或过大,一般要求安装电缆射孔井口防喷装置,以确保射孔作业时的井控安全。

在射孔井段过长、井斜度过大等不适合使用电缆射孔的情况下,需要用油管送入射孔枪。在实际工作中,一般会把射孔枪连接在测试管柱的下部,射孔后立即进行测试,即采用油管传输射孔与地层测试联作方式。

射孔与测试联作方式具有很多优点:可以减少起下钻次数,节省作业时间;负压射开地层,射孔后地层不受钻井液浸泡,减少地层污染;作业过程中井口始终在控制之下,相较电缆射孔作业安全可靠,所以这是比较理想的作业方式。大多数石油公司推荐采用射孔与测试联作方式，尤其是对勘探井的测试。

采用射孔与测试联作方式，需要检查起爆方式的合理性。可选择的起爆方式有环空加压、正加压和投棒三种。一般设计要求采用两种不同的起爆方式，或者仅采用环空加压或正加压起爆方式时有两个不同起爆压力的起爆器，以增加起爆的可靠性。

推荐选择深穿透、高孔密的射孔弹（枪）射开地层，以增大穿透近井污染带的能力，改善近井流动通道，利于地层流体流入井筒。

（3）联合作业测试。

为了保证作业安全、提高作业效率，更多的做法是将测试和其他作业相结合，即测试的同时还进行多种作业，统称为联合作业测试，简称联作。除上面提到的油管传输射孔与地层测试联作测试工艺（TCP＋DST）外，还有油管传输射孔、地层测试与地面直读联作测试工艺（TCP＋DST＋SRO），油管传输射孔、地层测试与人工举升（抽汲/射流泵/螺杆泵/气举）联作测试工艺（TCP＋DST＋Artificial Lift），油管传输射孔、地层测试与储层改造（酸化压裂）联作测试工艺（TCP＋DST＋Stimulation），测试、人工举升与储层改造联作工艺（DST＋Artificial Lift＋Stimulation）等。

5）坐封位置

对于坐裸测裸测试，封隔器坐封位置的选择有如下要求：① 坐封位置应选在地层坚硬、致密，井壁无裂隙及井径规则的井段，最好选在灰岩或胶结致密、坚硬的砂泥岩井段；② 坐封井段长度不少于 5 m；③ 除膨胀式裸眼封隔器外，封隔器胶筒外径与坐封井段井径之差不能超过 25 mm；④ 支承尾管的长度一般要求不大于 150 m，对于砂泥岩支承尾管的长度要求不大于 100 m。

对于坐套测裸或套管井测试，坐封位置应尽量靠近测试层顶部，选择在套管无变形、内壁光滑、无划伤的地方，并避开套管接箍，最好是选择在某一根套管的中部位置。

6）测试液、测试压差及测试垫

（1）测试液。

测试液是指测试工具入井前井筒中所充满的液体，或者是测试过程中测试管柱和套管之间环空所充满的液体。

在满足井控安全的前提下，应尽可能使用无固相测试液。若测试液使用了固相加重剂，则应记录测试液的密度、黏度、含砂量、砂沉速度等参数，尤其是对于高密度的含固相测试液，要特别关注其含砂量和砂沉速度，设计合理的测试时间，确保不发生固相沉积在封隔器之上而导致砂埋。若必要，应在设计中对此风险进行提示。

建议在封隔器坐封位置之上注入一段稠浆，比如 2 m^3 的 CMC 稠液，这有利于防止固相或杂物在封隔器上面沉积。

（2）测试压差。

测试压差是指初开井压差（即测试初始流动压差）和测试过程中的流动压差。测试管柱中的压力小于地层压力时，地层流体才能流入井筒，并进入测试管柱内。从产能方面考虑，一般测试压差越大越有利于冲刷地层内孔道，利于解堵，利于地层流体产出和诱喷排液，而压差过小会导致地层流体无法流出。但测试压差过大会带来如下弊端：① 可能会诱发地层大量出砂，造成测试管柱砂堵或被埋被卡；② 可能导致封隔器渗漏、工具刺漏、挤坏管柱或发生其他工程事故；③ 砂粒高速流动将测试阀等测试工具刺坏；④ 压差过大，地层中的水或气易窜，形成水锥或气锥，从而伤害地层。

因此，需要设计合理的测试压差。确定测试压差需要考虑测试层岩性、胶结情况、地层压力、测试垫类型和测试工具的性能（比如测试管柱承压能力、封隔器上下压差控制要求）等因素。在探井测试设计中，一般按测试层的深度和钻穿该层的钻井液密度估算地层压力。下面列示的原则可以作为设计测试压差的参考：

① 对于砂泥岩地层，测试压差一般不宜大于 20 MPa。疏松的砂泥岩地层要适当减小测试压差。

② 对于石灰岩地层，测试压差一般不大于 35 MPa。

③ 如果有测试层的渗透率资料，可以使用下式确定射孔负压差：

$$\Delta p = 1.841/K^{0.3668} \tag{17-1-1}$$

式中 Δp——负压差，MPa；

K——渗透率，μm^2。

（3）测试垫。

在测试管柱中加适当高度的测试液垫，或者使用适当压力的气垫，可以控制测试初开井压差。

测试常用液垫，其类型有水垫、优质压井液和柴油垫等。使用液垫较简单，省时、费用少，但在测试中途不容易调整测试压差。

如果条件允许，可以使用氮气垫或液气混合垫，这样可以更好地控制测试过程中的压差，特别适合于对低压地层的测试。但采用氮气垫或液气混合垫需要使用更多的设备，工艺较复杂，费用也较高。

7）开关井制度

开关井制度取决于测试的目的。

（1）一般的测试井可以设计为二开二关制度。在二开二关制度下：

① 一开井（或初开井）的目的是清井，将测试垫液和钻井期间侵入地层的滤液排干净，为后面的二开求产做好准备。一开井的时间视排液的情况而定。

② 一关井（或初关井）的目的是恢复地层压力。

③ 二开井的目的是主流动测试，求产、取样在此期间进行。一般选择 3～5 个油嘴进行求产（至少 3 个油嘴），并且要求在每个油嘴下稳定流动至少 8 h（油气产量、气油比、井口油压等相对稳定），以求取可靠的产能公式。油嘴工作制度一般按从小到大的顺序进行。

④ 二关井（或终关井）的目的是测地层压力恢复，二关井压力恢复数据对试井分析和解释非常有用。

关井时间一般为开井时间的 2 倍左右，至少 1.5 倍。渗透性好的地层需要的关井时间短，渗透性差的地层需要的关井时间长。对于低压低渗低产井，应根据现场测试情况适当延长开关井时间。

（2）如果需要测取原始地层压力，可以增加一开一关，变成三开三关制度。此时初开井时间一般较短（通常为 10～30 min），目的在于解堵和释放地层因钻井而造成的超压。初关井相对于初开井时间较长（一般为 4～8 h），以保证地层压力完全恢复，从而测得原始地层压力。

（3）如果需要更好地了解地层的堵塞和解堵情况，可以设计进行两个求产流动期和相应的关井恢复期，根据两组求产产量、压力数据的对比计算，获知地层的解堵情况以及是否存在压力衰减的现象。

上面介绍的只是开关井制度的一般情形，实际的测试开关井工作制度要根据地质要求、实际流动情况和现场作业需要而定。

8）测试管柱设计

井下测试工具对测试来说非常重要，成功的测试作业依赖于性能可靠的井下测试工具和由各种测试工具组合而来的测试管柱的合理性。

井下测试管柱应具备的基本功能和应满足的基本要求如下：

（1）有效封隔测试层与上下部地层和（或）上部环空的联系。

（2）能够实现多次井下开关井操作。

（3）能够对井下压力和温度进行连续、可靠的记录。

（4）至少配置两种不同开启方式或不同开启压力的循环阀工具。其中，一个为正常使用，其他为备用，这样配置的目的在于提高测试结束后建立循环通道的可靠性。

（5）配置震击解卡工具和安全脱开装置。即使封隔器及下部管柱被埋或被卡时，也能够震击解卡，或在解卡无效时能够脱开封隔器及其下部管柱，从而最大限度地起出测试管柱，获取已有的测试资料，后期再进行打捞。

同时，在选择井下测试工具和设计测试管柱结构时，还要注意以下几点：

（1）测试工具的压力等级应满足要求，主要考虑测试层压力和可能的最高操作压力。

（2）测试管柱应经过抗内压、抗挤毁和抗拉等方面的强度校核，尤其是深井、高温井、高压井和产量高的井。

（3）管柱外径及结构应能保证测试管柱顺利入井。

（4）测试管柱内通径能够满足后续作业（如投棒、井下取样、连续油管、生产测井等）的需要。

（5）使用压控测试工具（如 APR，PCT 工具等）时，要注意各种工具操作压力的设计合理性。

（6）测试阀和循环阀之间应有合理的间隔距离，以防止发生堵塞。

（7）要注意封隔器坐封深度是否合理，应避免坐封在套管接箍位置。

9）测试地面流程配置

地面测试设备用于测试流动压力和流量控制，对产出的油、气、水进行分离、计量和处理。

（1）测试地面流程配置的基本功能和要求如下：

① 安全控制。在地面发生油气泄漏、火灾等突发情况时，能够迅速关闭油气流动通道，实现关井；当节流管汇下游的较低压流程压力过高时，有可靠的自动安全泄压装置；有泵入测试管柱内的通道，以实现压井的需要。

② 压力及流量控制。能够通过节流放喷，实现对压力和流量的控制。

③ 能够进行油、气、水的分离和计量。

④ 能够对油、气、水，尤其是天然气和原油进行安全、有效的处理。

（2）在选择地面测试设备时，还要注意如下几点：

① 油嘴管汇及其上游设备（包括数据头、地面安全阀、流动头和管线等）的压力等级的80％应不低于井口最大压力。若测试前未能确定测试层为非气层，比如探井测试（尤其是新区第一口井的测试），一般按井口最大压力等于地层压力来处理，并依此选择测试工具和

设备。

② 井口地面控制和计量、处理设备(如分离器、加热炉等)的处理能力应大于预测的最大测试产量,并留有安全余量。

③ 预测测试层为气层或凝析气层(探井的测试层一般按气层对待)的,测试设计中要考虑到加温措施及加注防冻液等方面的内容。在寒冷地区进行测试作业或测试层为稠油层等情况下,也需要考虑采取加温、保温措施。

10)测试作业前的准备

测试设计中应列出在测试作业开始前需要完成的各项准备工作,包括如下几个方面的内容:

(1)人员的准备。

(2)测试工具及设备的准备。

(3)井筒的准备。

(4)井场的准备。

11)测试作业步骤

测试设计中要逐一列明测试过程的各作业工序,描述每一个工序的过程;明确有关数量、体积、操作压力、时间等作业参数和注意事项。

12)记录及计量要求

测试设计中要列明对测试作业事件的记录要求,包括事件内容和发生时间;要明确压力、温度、流量、液位、密度、含砂量、流体性质等参数的测量点和频率。

13)取样要求

测试设计中要包含关于取样的相关内容,包括取样类型(常规取样、高压取样、地面取样或者井下取样)、取样条件、样品流体类型及数量、取样操作要求、样品标签等。

14)资料和报告提交要求

测试设计中要包含关于提交测试资料和报告的内容,包括提交者、提交内容、提交时限等。

15)层间封隔或弃井

如果测试多层,需要上返测试,或测试结束后弃井,则应设计桥塞或水泥塞的位置和试压要求。桥塞或水泥塞的位置应满足合适的测试口袋要求。

16)HSE 要求

明确测试期间 HSE 方面的要求,以确保人员的安全、避免财产损失、保护环境,包括如下内容:

(1)防喷器、安全阀等安全设备的使用。

(2)测试设备的检验、功能测试和试压要求。

(3)压井液、堵漏材料的储备要求。

(4)个人防护设备的穿戴要求。

(5)防喷、消防等演习要求。

(6)召开作业前会议等安全会议的要求。

(7)H_2S 等有毒气体的监测、防护和应急方案。

(8)作业现场禁止烟火、饮酒,以及有关精神类药品使用的要求。

(9) 防止溢油、无控制外喷等避免环境污染的要求。

(10) 其他 HSE 要求。

17) 应急预案

包括测试过程中发生地面测试设备和管线泄漏或破裂、井下测试管柱发生泄漏、测试工具功能失效、测试管柱被埋被卡、解封或起钻过程中发生溢流及井涌等情况的应对措施和预案。

18) 套管、油管和钻杆数据

可以在测试设计中提供有关套管、油管和钻杆的数据,以方便测试现场查阅和使用。

三、测试工具和设备

1. 井下测试工具

井下测试工具根据所使用测试器(或测试阀)的不同主要分为机械操作(上提下放)测试工具和压控测试工具两种类型(见表 17-1-1)。不同的测试器需要不同的配套工具,如封隔器、循环阀等,但大多数配套工具也可以根据需要在不同的测试器之间搭配使用。

表 17-1-1 井下测试工具分类

工具类型	上提下放型			环空压力控制型		
所用测试器	多流测试器(MFE)	HST (Hydro-Spring Tester)	DC-98-J1 DC-127-J1	压控测试器(PCT)	环空压力反应器(APR)	智能遥控阀(IRDV, Intelligent Remote Dual Valve)
规 格	5 in 4¼ in 3¾ in 3⅛ in	5 in 3⅞ in	5 in 3⅞ in	7 in 5 in 3⅛ in	7 in 5 in 3⅛ in 3 in	7 in 5 in
主要特点	常规(非全通径)	① 常规; ② 全通径	常规	① 全通径; ② 加压开启,泄压关闭	① 全通径; ② 加压开启,泄压关闭	① 全通径; ② 带循环阀功能; ③ 可以锁定开启状态
适用性	① 适用于裸眼井和套管井; ② 不适用于大斜度井和水平井			① 不适用于裸眼井,适用于套管井; ② 可用于大斜度井和水平井		
生产厂家	斯伦贝谢	哈里伯顿	宝鸡石油机械厂	斯伦贝谢	哈里伯顿	斯伦贝谢

1) 测试管柱

测试管柱一般包括引鞋、筛管、封隔器、安全接头、震击器、旁通阀、管柱试压阀、压力计托筒、测试阀、循环阀、伸缩接头等测试工具。如果是射孔+测试联作工艺,封隔器下面还会连接减震器、点火头、射孔枪等射孔工具。根据测试井情况的不同,使用的测试工具有所变化,各测试工具之间的位置也会有所调整。典型的常规测试和射孔+测试联作管柱结构见图 17-1-2。

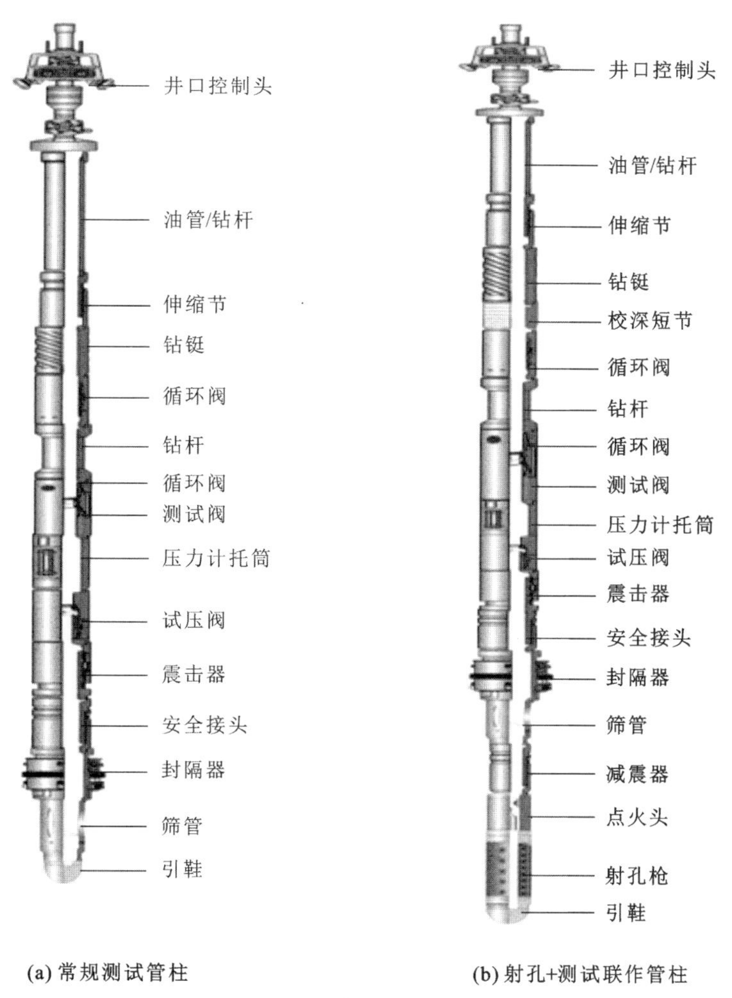

图 17-1-2　两种典型测试管柱结构图

2）引鞋

引鞋位于测试管柱的最下部，下端面光滑，呈锥形，用于引导测试管柱顺利下井。

3）筛管

筛管一般是表面均匀分布有细孔或割缝的管材，测试时它提供地层流体进入管柱内部的通道，同时又能够阻止外部较大的颗粒进入管柱内部而造成堵塞。

4）封隔器

封隔器的作用是封隔测试层与环空液柱的通道。一般可分为裸眼封隔器和套管封隔器，根据坐封方式的不同还可以进行细分。

裸眼封隔器用于裸眼井段内，包括支承式裸眼封隔器、膨胀式裸眼封隔器。

套管封隔器用于套管井段内，包括卡瓦式封隔器、膨胀式封隔器。

高压层测试，或者在测试过程中需进行挤注作业等情况下，封隔器胶筒以下压力可能大于封隔器胶筒以上静液柱压力，这就需要配置水力锚装置，以保证封隔器始终牢固地坐封在套管内壁上，防止封隔器因下部的压力过高而上移。图 17-1-3 所示为卡瓦封隔器示意图。

5）旁通阀

旁通阀在起下测试管柱过程中提供有效连通封隔器上下方的通道，平衡压力，避免产生抽汲或压力激动作用。在封隔器坐封以后，旁通阀关闭，保证测试层和封隔器上部环空的隔绝。

6）安全接头

安全接头是一种安全保护装置。当封隔器及其以下管柱遇卡，采用其他方式解卡不成功时，可通过地面操作从安全接头处倒开，从而起出其上的测试工具。

封隔器通常是测试管柱中外径最大的工具，位于测试管柱下部，靠近测试层，封隔器及其以下管柱是最容易发生被埋被卡的部位。因此，安全接头通常连接在封隔器的上面，当需要从安全接头处脱开时，可以最大限度地起出上部测试管柱，减少损失。

测试中常用的安全接头有 VR 安全接头、RTTS 安全接头等。图 17-1-4 为安全接头示意图。

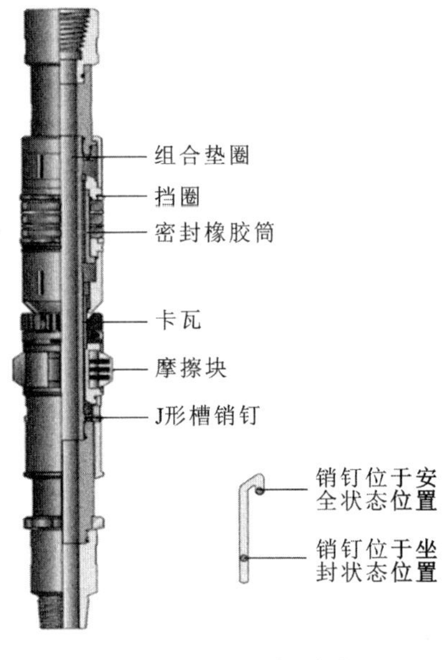

图 17-1-3　卡瓦封隔器

7）震击器

震击器是用于震击解卡的装置，测试通常使用上击震击器。当封隔器及其以下管柱被卡时，上提测试管柱，对震击器施加一定拉伸负荷，就可以产生巨大的向上震击的作用，帮助下部测试管柱解卡。

BJ 震击器和 TR 震击器（见图 17-1-5）是测试中常用的震击器，它们都是液压震击器。

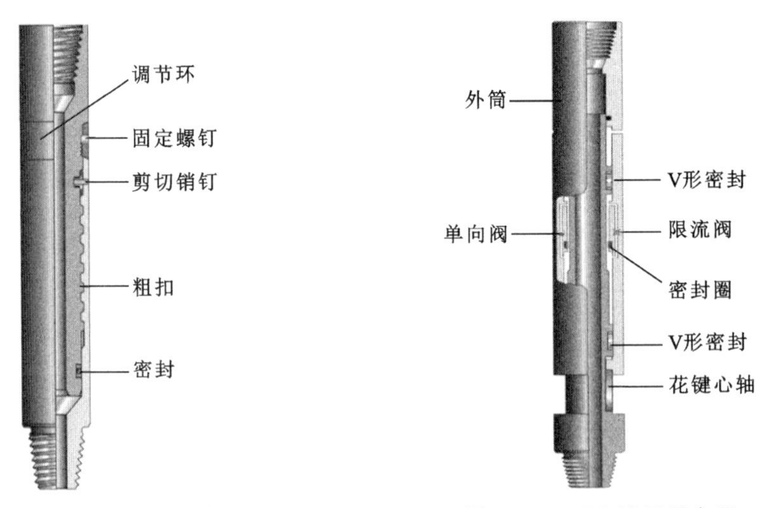

图 17-1-4　安全接头　　图 17-1-5　TR 液压震击器

8）管柱试压阀

使用管柱试压阀可以在下入测试管柱过程中或下完后对管柱进行整体试压，以验证管柱试压阀以上的包括测试阀在内的各个测试工具、油管或钻杆之间连接的密封可靠性。通常，每个测试工具下井前均进行了试压，但组合成测试管柱后的试压只能在下井之后进行。

如果设计的液垫不是加满至测试管柱顶部，则通常不对液垫以上的测试管柱试压。

常用的管柱试压阀有斯伦贝谢的 PTV 阀。PTV 阀还可用来实现第一次开井，但 PTV 阀在开启之后会保持常开状态，不能再关上。图 17-1-6 为 PTV 阀结构示意图。

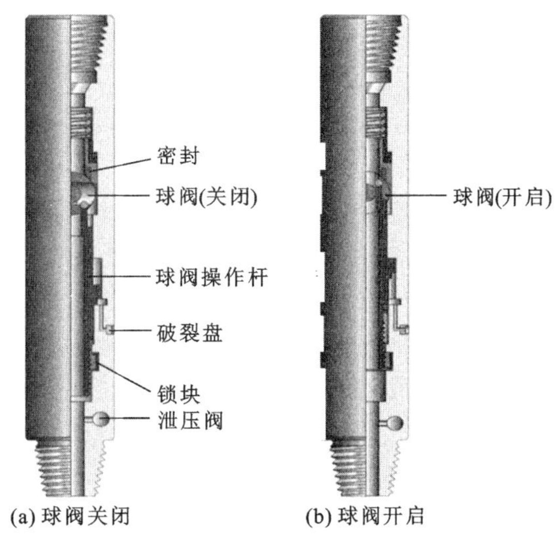

图 17-1-6　管柱试压阀（PTV 阀）

9）压力计托筒

压力计托筒用于放置井下压力计，以便记录井底压力和温度。一般可以调整压力计托筒传压孔的出口方向，选择记录测试管柱内压力还是管柱外压力。

10）井下压力计

压力计分为机械压力计和电子压力计两种。

机械压力计体积大、精度低、记录时间有限，已较少使用。

电子压力计体积小、精度高、记录时间相对较长、抗震性能也较好，应用广泛。

电子压力计按使用方式不同分为井下存储式和地面直读式两种。

采用井下存储方式时，需要等到测试结束起出井下压力计后才能读取压力、温度数据。

采用地面直读方式时，井下压力、温度数据实时传输至地面，可以实时获知井下压力情况，并进行现场试井分析，从而可以科学合理地安排开关井时间和快速调整后续作业计划。

11）测试阀

测试阀用以实现井下开关井，是测试管柱中的关键工具。测试阀的开关操作分为两种方式：① 通过上提下放测试管柱进行操作；② 通过控制环空压力（环空加压或泄压）进行操作。常用的测试阀有 MFE 多流测试阀、HST 测试阀、LPR-N 阀、PCT 测试阀和 IRDV 阀等（见表 17-1-1）。图 17-1-7 为 PCT 测试阀结构示意图。

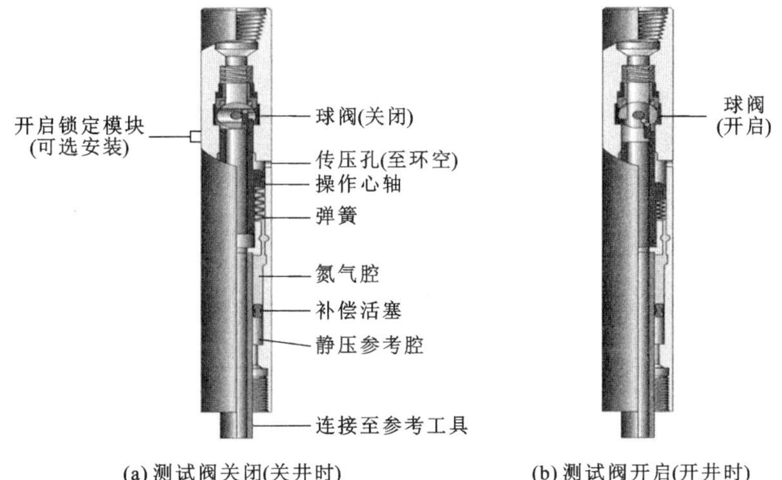

图 17-1-7　PCT 测试阀

12）循环阀

在测试结束后操作循环阀开启，建立测试管柱内、外的循环通道，顶替出测试管柱内的地层流体和进行循环压井。循环阀可以进行正反循环。

循环阀的开启方式分为三种：冲杆撞击打开、环空加压打开和管柱加压（正压）打开。常用的循环阀见表 17-1-2。

表 17-1-2　循环阀分类表

类　型	开启方式	常用循环阀
机械式	冲杆撞击	断销式循环阀
正向液压式	管柱加压	泵开式循环阀
反向液压式	环空加压	RD 循环阀 RD 安全循环阀 SHRV 循环阀

一般的循环阀打开后就不能再关闭，但某些类型的循环阀打开之后还能再将其关闭，即可以重复进行开关操作，这称为多次循环阀，如哈里伯顿的 OMNI 循环阀和斯伦贝谢的 IRDV 循环阀。当测试过程中需要进行压井、洗井、低压替酸、高压挤酸、液氮气举等作业时，若配置了多次循环阀，就不需要起出测试管柱再重新测试，方便且节省时间。图 17-1-8 为液压循环阀示意图。

13）伸缩接头

伸缩接头能够提供一段自由行程，用于调整封隔器的坐封重量和补偿测试过程中因温度和压力变化而引起的测试管柱伸缩量。图 17-1-9 为常见伸缩接头结构示意图。

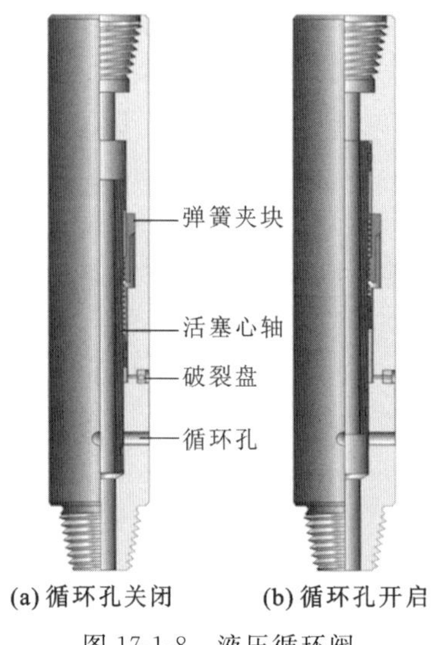

图 17-1-8　液压循环阀

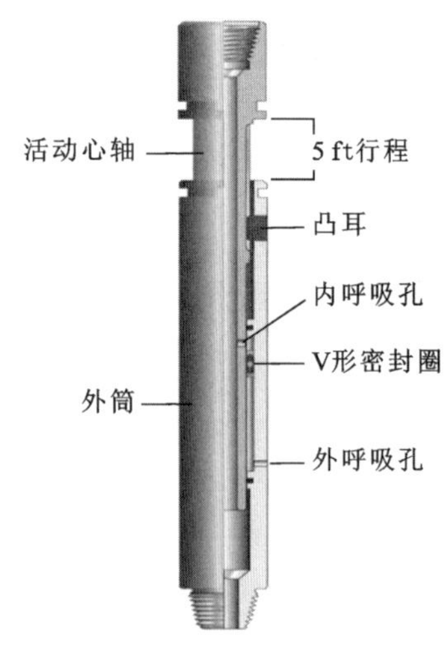

图 17-1-9　伸缩接头

为了获得较大的自由行程，一般将几个伸缩接头串接使用。

14）井下安全阀

井下安全阀用于在发生地面泄漏而地面安全阀失效等紧急情况时实现快速关井，从而保障测试安全。高压高产油气井或含硫化氢井的测试中要求增加配置井下安全阀，作为紧急关闭系统(ESD)的一部分。井下安全阀通常位于井口以下数米到数十米,一般通过液压管线在地面控制开关。在 ESD 中,可以遥控井下安全阀。另外,完井管柱中也可能使用井下安全阀。常用井下安全阀结构示意图见图 17-1-10。

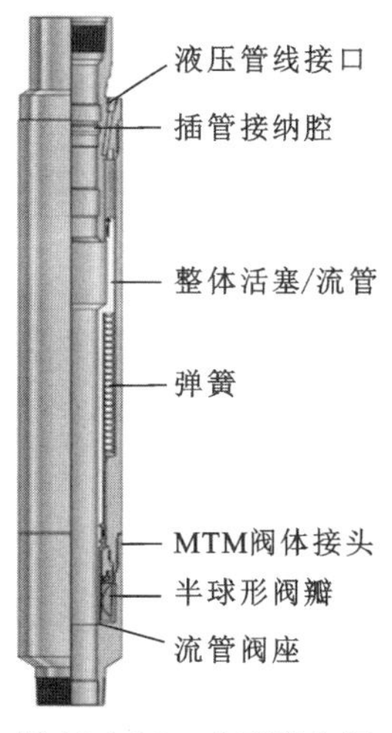

图 17-1-10 井下安全阀

15) 射孔枪

当采用射孔与测试联作工艺时,射孔工具连接在测试管柱下部,一起送入井内。射孔工具除了射孔枪以外,还包括配套的点火头和减震器。

射孔枪主要由枪身、弹架、聚能射孔弹、导爆索和固定件等组成。射孔枪按外径可分为 3½ in,4 in,5 in 和 7 in 等系列。需要考虑的射孔参数有射孔弹相位角、孔径、孔深、孔密等。应根据套管尺寸选择适合的射孔枪,尽可能减小枪身与套管的间隙,并尽量选择深穿透射孔弹、高孔密射孔枪。

16) 点火系统

点火系统包括点火头和延时起爆装置。

点火头用于激发起爆射孔枪。常用的点火系统分机械激发型和压力激发型。

机械激发型点火系统通过在地面释放投棒,投棒在测试管柱内下行,直至撞击点火头而引爆。这种类型只适合与全通径测试工具配合使用,并且不能用于斜度较大的井。

压力激发型点火系统通过向点火头上施加一定液柱压力而引爆。选择与点火头相连的导压孔的出口方向,可以通过管柱内部加压(正加压)或环空加压实现点火。

通常,为了保证射孔弹起爆时测试阀已开启,满足负压射孔要求,需要配备延时起爆装置。若是采用环空加压起爆方式,先环空加压,打开测试阀,而后延时起爆射孔弹;若是采用正加压起爆方式,则先开启测试阀,然后向管柱内加压,接着释放过高的管柱压力,过一定时间后起爆射孔弹,从而实现负压射孔。

17) 减震器

减震器用以吸收射孔枪起爆瞬间产生的冲击和震动。一般应同时配置横向和纵向减震器。

2. 地面测试设备

地面测试设备包括井口控制头、地面安全阀及紧急关闭系统、数据头、油嘴管汇、热交换器、三相分离器、计量装置、缓冲罐、计量罐、输送泵、燃烧器等。根据实际情况的不同,可能会有一些变化。典型的地面测试流程见图 17-1-11。

1) 井口控制头

井口控制头连接在测试管柱的最上部,用于对产出的油气流进行地面控制和安全导流,还可用于进行钢丝绳(或电缆)作业和压井作业等。井口控制头一般由主阀、翼阀(包括流动阀和压井阀)、抽汲阀、四通、旋转短节和提升短节组成(见图 17-1-12)。流动阀通常设计为液压控制,可以快速方便地关闭。另外,流动阀可以融合到紧急关闭系统中,通过遥控方式进行开启或关闭。

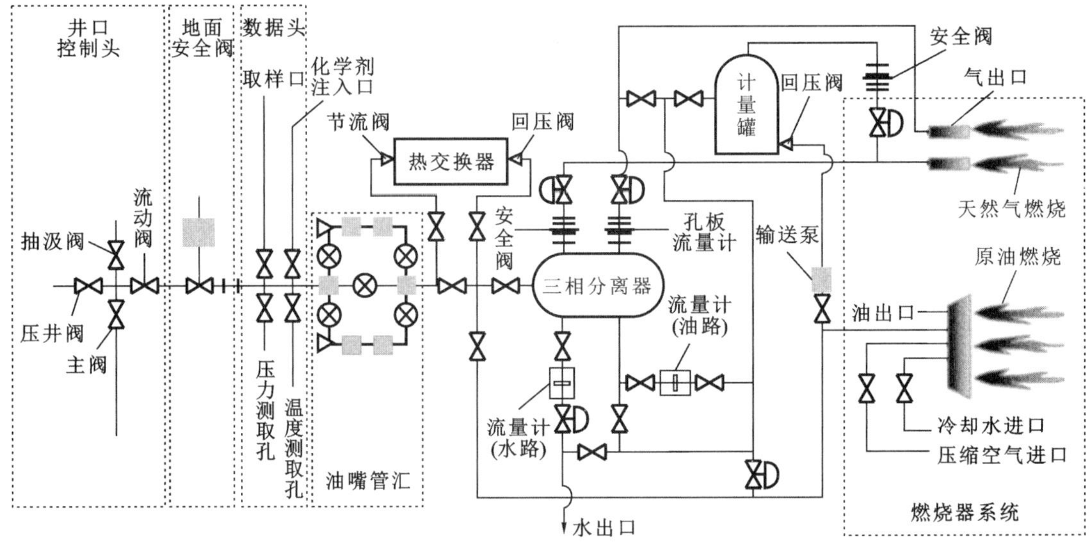

图 17-1-11　地面测试流程图

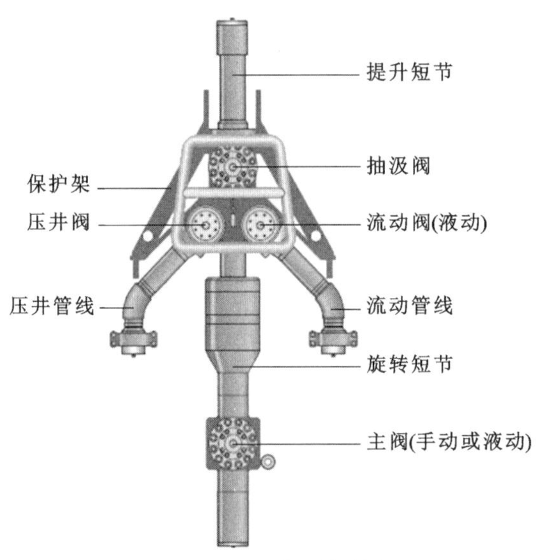

图 17-1-12　井口控制头

井口控制头上的旋转短节用于将井口控制头旋转至所需要的方向。旋转短节的强度应能承受整个测试管柱的重量，但井口控制头承受管柱重量时不允许使用旋转短节进行旋转，否则可能造成损坏。只有将测试管柱用卡瓦坐在转盘上时，才能旋转井口控制头。

2）地面安全阀及紧急关闭系统(Emergency Shutdown System，ESD)

地面安全阀通常安装在油嘴管汇之前，用于在紧急情况下，比如在地面管线和设备过压、破裂泄漏、着火等危急情况下，在地面快速关井，从而提供安全保护。一般要求地面安全阀关闭的动作时间在 5 s 以内。地面安全阀根据所使用的驱动源不同，分为液动安全阀和气动安全阀两种。常见地面安全阀见图 17-1-13。

地面安全阀安装后对其驱动器施加一定的液(气)压，即可将其开启，保持该液(气)压，安全阀将保持在开启状态；释放液（气）压后，安全阀将关闭。测试流动期间，地面安全阀保持常开状态。

通常情况下，由地面安全阀、ESD 控制面板（见图 17-1-14）和 ESD 辅助系统等组成紧急关闭系统，该系统可以实现地面安全阀的远距离控制和自动关井。可以将井口控制头和井下安全阀的控制管线与 ESD 控制面板连接，从而将井口控制头流动阀和井下安全阀融合到紧急关闭系统中。

图 17-1-13　地面安全阀

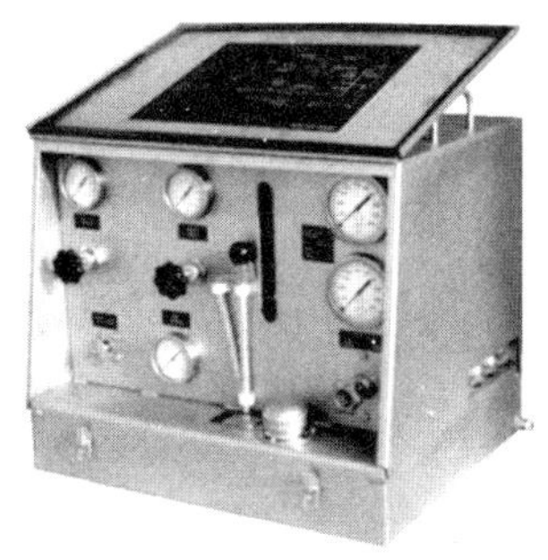
图 17-1-14　ESD 控制面板

ESD 控制面板由管路连接地面安全阀并为其驱动器提供液（气）压，可以通过控制液（气）压（加压或泄压）来开启或关闭地面安全阀。加压通过气动泵或手动泵进行，泄压则通过感应气路来控制。如果感应气路中没有压力，则 ESD 控制面板会释放地面安全阀驱动器中的压力，从而关闭地面安全阀。感应气路的压力可以自动或手动泄压。当高低压感应器检测到流程压力超出设定范围（过高压力或过低压力）时，系统就会自动释放感应气路的压力，并迅速将地面安全阀和井口控制头流动阀关闭，从而起到保护作用；手动泄压在 ESD 控制面板上直接操作进行，或者通过与 ESD 控制面板连接的远程控制按钮实现。

ESD 辅助系统包括远程控制按钮、高低压感应器、快速释放阀等。在测试期间，一般要求在分离器、钻台（司钻房）、紧急集合点、生活区等不同位置安装远程控制按钮，以增加紧急关井的可靠性。

3）数据头

数据头配有多个出口接头及阀门，用于连接压力表、温度表等各种记录仪表和化学注入泵的注入管线。数据头通常安装在油嘴管汇的上游端，有时候也安装在油嘴管汇的下游端。图 17-1-15 为常用数据头的外观图。

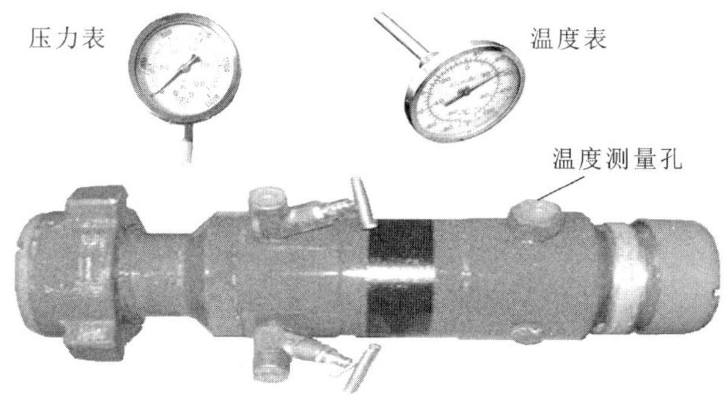

图 17-1-15　数据头及连接的压力表和温度表

4）油嘴管汇

油嘴管汇由4～5个阀门以及节流油嘴组成，基本作用是节流减压，通过选择不同尺寸的油嘴控制井口流动压力及流量。通常也可以通过关闭油嘴管汇阀门，实现地面关井。

油嘴管汇配置可调油嘴和固定油嘴，可以在不关井的情况下更换油嘴，这样可以保证测试流动的连续性。图17-1-16为典型油嘴管汇的外观图。

图17-1-16 带旁通阀的油嘴管汇

5）热交换器

测试所用的热交换器又称加热器，可以对产出的流体进行加温，以降低黏度、减少结蜡，或防止因节流降压后气体膨胀制冷导致产液形成水合物。结蜡或水合物形成均会堵塞流动管线。

测试使用的加热器有直接加热器和间接加热器两种。

直接加热器一般以蒸汽为加热介质，蒸汽走壳程，油气走管程，蒸汽直接与油气管线接触换热。测试现场应用较多的是直接加热器，使用时需要配备蒸汽发生器。

间接加热器以天然气、柴油等为燃料，通过它们的燃烧加热作为中间介质的水或油，然后热水或热油再加热油气管线。间接加热器自带燃烧室，体积较大，操作上不如直接加热器方便，安全性和可靠性也不如直接加热器，测试现场使用较少。

加热器一般配置有节流装置和过压安全阀。图17-1-17所示为典型测试用热交换器的外观图。

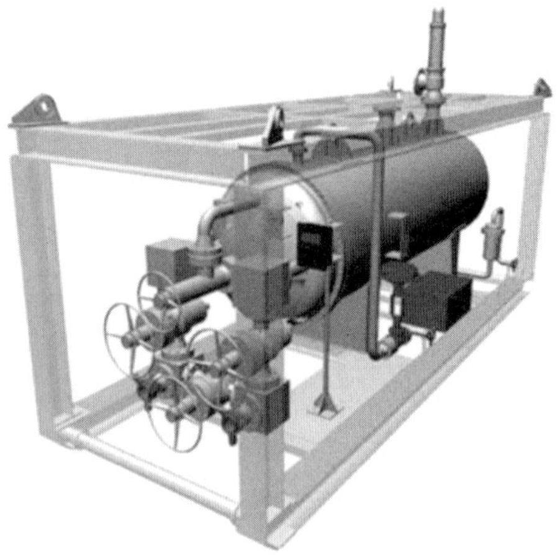

图17-1-17 测试用热交换器

6）三相分离器及计量装置

三相分离器用于将井的流出物进行油、气、水三相分离，以便分别计量各自的产量。

井流出物经过三相分离器分离后，油、气、水分别流经各自的管线和计量表进行产量计量。天然气多用孔板流量计计量，油水使用涡轮流量计或刮板流量计计量。各计量管路均有旁通管路和根据压力或液位控制流量的调节控制装置，从而保证三相分离器中油气水界面的稳定。

三相分离器应配置包括一个弹簧式安全泄压阀和一个破裂盘泄压阀的双重过压安全保护装置。实际上，三相分离器和各计量装置安装在一个橇装上，以便于运输和使用。

图 17-1-18 为三相分离器外观图和内部结构示意图。

(a) 外观图

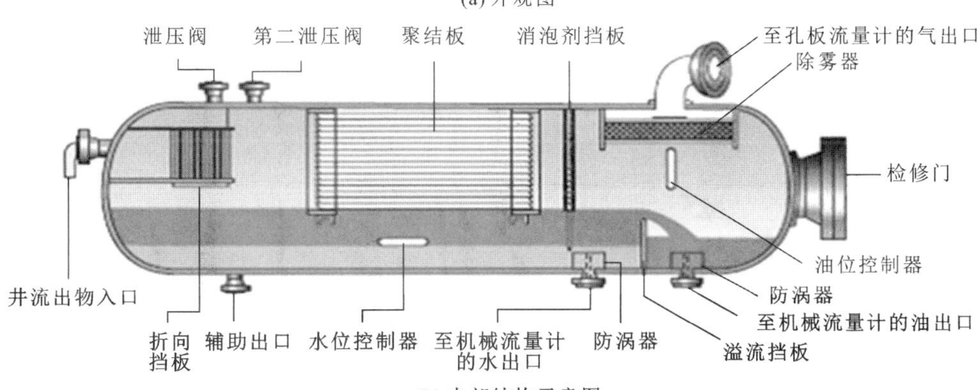

(b) 内部结构示意图

图 17-1-18　三相分离器外观图及内部结构示意图

7）缓冲罐

缓冲罐为一密闭容器，能承受一般不超过 1.38 MPa(200 psi)的低压，它与分离器油路出口连接，对从分离器出来的波动油流提供一个缓冲，便于用其压力而不是分离器的压力将原油输送到其他地方。同时，缓冲罐也起到二级分离的作用，将经过分离器分离出来的原油进一步进行油气分离。

缓冲罐一般带承压玻璃观察窗和液位刻度，故可以对原油进行精确计量，起到计量罐的作用。另外，有些计量罐也被设计成密闭式的，能起到缓冲罐的作用，因此有时缓冲罐和计量罐可以互换，或两者同时配备。

图 17-1-19 所示为缓冲罐外观图。

8）计量罐

计量罐的主要作用是：① 当测试产液量过低时，使用分离器和流量计不能准确计量，可将油水导入计量罐内，读取油水液位高度并分别计算油水产量。② 当原油过稠时，可先将原油导入计量罐，然后用输送泵加压送至燃烧器燃烧。有时还需要在计量罐混入轻质油，以改善燃烧效果。③ 现场用计量罐校对油水流量计，计算其校正系数。

测试一般要求配备双腔室的常压式或密闭式计量罐，以利于原油的连续计量。含 H_2S

地层的测试，配备的计量罐要求是密闭式的。

图 17-1-20 所示为计量罐外观图。

图 17-1-19 缓冲罐

图 17-1-20 计量罐

9）输送泵

输送泵用于将计量罐里的原油泵送到燃烧器燃烧，或者将油水输送到储罐进行储存。测试要求使用防爆型的输送泵。

10）燃烧器

燃烧器用于将测试过程中产出的油气进行燃烧，其配置的原油雾化装置可以提高原油燃烧效率。为了使原油燃烧效果更好，还可以采用空气助燃、柴油助燃或空气-柴油复合助燃等方式，但这些方式需要空气压缩机或柴油混入装置。为保护燃烧器和降低热辐射对周围的影响，应配备水喷淋冷却系统。图 17-1-21 为三个原油喷嘴构成的燃烧器外观图。

图 17-1-21 燃烧器

四、测试作业工序及操作要求

1. 测试作业前的准备

1）人员

检查落实测试人员及协作人员全部到位，并检查全部人员的井控培训证书、硫化氢防护培训证书等持证情况，需符合作业要求。

2）测试工具及设备

（1）检查落实井下测试工具的数量、状况和工作压力、内外径、扣型、长度等。

（2）检查落实地面测试设备、管汇、仪表的数量、状况和规格等。

3）井筒

探（人工）井底、套管试压、套管刮壁、通井和洗井，并将井筒内流体替换成测试液（或完井液）。

射孔与测试联作有可能需要将井筒内压井液替换为较低密度的测试液，从而导致井筒内井底压力低于地层压力。在这种情况下应按要求对套管进行负压试压（负压试压方法参见本章附录),负压试压合格后方能进入下一个作业环节,否则需要采取补救措施或改变测试设计。

4) 井场

(1) 检查落实测试所用的油管或钻杆以及变扣接头的数量、规格和长度等,对测试用管材(油管或钻杆)进行编号、丈量长度并记录、通径、丝扣检查等。

(2) 对防喷器及压井管线按规定试压。

(3) 现场对测试工具和设备进行试压和功能测试。

(4) 按规定挖好燃烧池(亦称测试排污池),连接好放喷管线。

(5) 检查落实配备有足够的压井液。

(6) 检查供水、照明等其他方面的情况。

(7) 在测试作业开始前,进行防喷演习和消防演习。

2. 现场测试作业

1) 组装和下入测试管柱

(1) 所有入井管具入井前均需再次通径确认。

(2) 所用测试工具和管柱按设计依次连接,连接前再次检查确认螺纹和密封面已擦净,在公扣上涂匀丝扣油(丝扣油不允许涂抹在母扣上),按规定扭矩上紧丝扣。紧扣及下钻过程中防止转动井内管柱。

(3) 下钻时要求操作平稳,不得猛放猛刹,防止顿钻溜钻,控制下放速度,防止产生压力激动。

(4) 下钻遇阻不得超过 30 kN,上提恢复原悬重后,分析原因并解决,重新试着下入。

(5) 严防井口管柱内外落物。

(6) 每柱加液垫一次,每三柱加满液垫,直至加完设计液垫。

(7) 下完测试工具和下管柱中途以及加完液垫后分别对管柱进行试压。

(8) 下井测试工具的连接及试压均由服务商 DST 工程师现场指挥。

2) 校深

(1) 要求准确丈量和记录射孔枪顶面到校深短节的长度(零长),并进行核对。

(2) 校深结果由测井人员和现场监督审核签字确认。

(3) 按照校深结果调整测试管柱深度。

3) 坐封

(1) 核对封隔器坐封下移量。

(2) 上提下放管柱并分别记录悬重。

(3) 缓慢上提测试管柱,同时丈量方余并做好深度记号,使射孔枪正对射孔层段。

(4) 按照服务商 DST 工程师现场指挥进行坐封操作。一般 RTTS 卡瓦封隔器的坐封操作是:正转管柱若干圈,在保持右旋扭矩的同时缓慢下放测试管柱,坐封封隔器。

(5) 记录坐封重量和坐封后的管柱悬重。

(6) 若条件适合,可以进行环空试压,以验证封隔器的封隔密封情况。此过程中需控制试压压力,避免误操作。

(7) 在某些情况下,坐封之后还需要再次进行校深,以确保射孔枪正对射孔层段。

4）连接地面流程设备

（1）测试管柱下井结束前应连接好地面流程设备，并完成功能测试和试压，包括对井口控制头的阀门进行试压。

（2）对各种流量仪表进行检查和校准。

（3）地面流动管线若是由壬连接，需加用安全绳捆绑。

（4）放喷管线必须固定牢靠，防止放喷时管线跳动而产生危险。

（5）坐封后，安装井口控制头，将流动阀与测试流程连接，压井阀与泵车连接。若液垫加至井口，可以打开控制头主阀对测试管柱整体试压。若是测试管柱内有掏空段，则需要关闭控制头主阀，只对流动管线及压井管线进行试压。气井测试，尤其是高压高产气井的测试，推荐使用氮气进行试压，检查测试管柱及油嘴管汇上游流程的气密性，以确保测试的安全。

（6）现场应准备好一套固定油嘴，并且另有一套油嘴备用。

（7）测试工作区域须用警示带划定，防止无关人员未经许可进入。

5）射孔、一开井

（1）射孔、开井前需检查确认地面流程正确，各管线阀门处于正确开关位置。特别要检查确认油嘴管汇下游管线的各种阀门处于正确开关位置，保证流程畅通。

（2）再次检查确认紧急关闭系统（ESD）完好待用。

（3）射孔开井前需将放喷池燃烧头处的火种点燃并保持燃烧，以确保油气流出地面后立即被点燃。

（4）检查喷淋冷却系统完好待用。

（5）提前启动蒸汽锅炉，或者根据开井安排及开井显示情况适时准备好加热系统。

（6）在测试工作区域备好灭火装置。高压油气井测试时，应有消防车、水泥车值班。

（7）按照 DST 工程师的指挥打开测试阀，按照 TCP 工程师的指挥起爆射孔枪。

（8）通过井口泡泡头观察射孔开井情况，或使用射孔监测仪监测射孔显示。

（9）应配备碳氢气体检测仪和硫化氢检测仪。对含硫化氢油气井测试，要备有正压式空气呼吸器，测试期间需要不间断地对硫化氢进行监测。

（10）开井流动过程中适当调整油嘴，控制压力和产量。

（11）确保开井期间测试、钻井和录井人员按照各自职责在岗值班。

6）测试产出物处理

通常使用临时性的油、气、水处理装置进行测试，测试过程中产出的油、气、水按照如下方法进行处理：

（1）天然气通过放喷管线引至燃烧池处放空燃烧。出口天然气要及时点燃。特别是对含 H_2S 的井进行测试时，在燃烧器上要安装自动点火和长明火装置，保证含 H_2S 天然气一出地面立即被点燃。

（2）因泥砂或杂质含量高等原因，无法利用分离器对产出的油、气、水混合物进行分离处理时，应将油、气、水混合物引至燃烧池处放空燃烧。

（3）经过分离器分离处理后得到的原油或水可以进入储存罐存放，并适时装运到原油接收点或污水回收站进行下一步处理。

（4）若没有原油回收条件，分离器分离处理后得到的原油需引至燃烧池处放空燃烧。燃烧原油应和燃烧天然气同时进行，并考虑采用助燃措施，以保证原油的燃烧更充分，减少烟雾的产生。

(5) 在没有污水回收条件的情况下，若分离器分离处理后得到的产出水含油量较多，则将产出水如处理原油一样引至燃烧池处放空燃烧；若含油量符合要求，则可以排放至钻井污水池，在井场恢复时再做进一步处理。

(6) 资源国或油公司对测试过程中油、气、水处理有特殊规定和要求时，按照这些规定和要求执行。

7) 一关井

(1) 按照 DST 工程师的指挥操作关闭测试阀进行井下关井，或者在地面关井。

(2) 井下关井时，建议保留一定的井口压力，以方便通过井口压力观察确认测试阀的关闭。这也可以部分平衡测试阀上下压力，利于后面开井时顺利打开测试阀。

(3) 关井期间仍须安排人员值守，并连续监测井口压力、环空压力等情况，发现异常及时处理。

8) 多次开关井

一般测试开关井制度至少是两开两关。因此，一关井结束后，一般还会按照测试要求进行多次开关井，这时的开关井注意事项与前述基本相同。

9) 循环、压井和解封

(1) 在循环、压井前要备足压井液，一般要求不低于 1.5 倍井筒容积的体积。如果无更准确的地层压力数据，则按照钻穿该测试层时所用的钻井液密度来配重压井液。对于高密度压井液，需要注意维护好黏度、切力等性能参数。

(2) 打开反循环阀进行反循环，回收并计量管柱内液体。反循环至管柱内外充满压井液，进出密度一致。一般在终关井结束后接着进行循环压井，此时测试阀处于关闭状态。使用一般的压控测试工具，若在终流动结束后打开反循环阀，测试阀会马上关闭。

(3) 若测试管柱内液面过低，打开反循环阀前可以先将测试管柱灌满清水，以平衡管柱内外压力。

(4) 拆除井口控制头。

(5) 解封。上提管柱超过原悬重一定重量，保持 3～5 min，开启旁通阀和让封隔器胶筒收缩，然后继续上提管柱解封封隔器。解封操作应由 DST 工程师现场指挥进行。

(6) 解封后循环 2 周(2 倍井筒容积)压井液，并且要求最后进出口密度一致。井底口袋较长的测试层可能需要更长的循环时间。

(7) 对于渗透性好、产量高的测试层，需要进行平推压井作业，将井筒中的油气挤回地层。需注意平推压力不能超过地层破裂压力。可在解封封隔器后进行平推压井作业，向环空泵入压井液。如果测试阀具有锁定开启的功能，可以操作将测试阀锁定在开启状态，在解封前向管柱内泵入压井液进行平推。

(8) 循环结束后应溢流观察至少 30 min，无异常后方能开始起钻。

10) 起钻

(1) 起测试管柱前须经溢流检查无异常。

(2) 控制起钻速度，防止抽汲。

(3) 起钻过程中及时灌满套管，并注意检测溢流情况。

11）封堵上返测试

一层测试结束以后，按设计要求注水泥塞或桥塞封堵，并重新进行套管试压，确保符合下一层测试的要求。

一口井所有测试作业结束后，可能继续进行完井作业（测试井转为开发井时），或者进行弃井作业（永久弃井或临时弃井）。

五、测试作业现场组织管理

现场组织管理对安全、顺利进行测试作业至关重要。总的来说，要求做到人员配置有保障、职责内容明确、工作界面清晰。

1. 人员配置

测试作业期间一般应配备2名现场测试监督。对于原钻机测试，现场还应保留钻井监督。测试监督和钻井监督各有一名白班监督和一名夜班监督，以适应全天24 h作业的需要。

一般测试作业现场还应配备安全监督，尤其是对高压高产井、含 H_2S 井等复杂井的测试。

最好有油藏工程师驻测试作业现场，以更好地掌握测试情况和快速解读测试资料。

对于利用修井机进行测试，可以参考上述要求配置人员。

2. 测试期间职责分工

1）测试监督

测试监督是油公司派往测试作业现场的代表，是测试作业的组织者和施工的指挥者，负责测试的动、复员和现场测试施工的组织、协调、指挥和检查，包括对测试承包商的管理，以使测试作业安全、优质、高效进行。测试监督的具体职责如下：

（1）向钻井监督、安全监督和各服务商交代测试目的和技术方案等情况。

（2）负责落实测试作业前的各项准备，包括人员、设备、井场和井筒等方面的准备。

（3）计划测试作业，签发测试施工指令和具体要求，经钻井监督审核后执行。

（4）对测试服务商及其人员进行现场管理。

（5）与钻井监督沟通和协调，安排钻井、钻井液、固井等服务商的工作，以配合测试作业的需要。

（6）指挥和监督测试作业过程，保证测试作业安全、按时、保质完成。

（7）在测试期间主持现场生产例会，参加或主持施工前安全会。

（8）负责测试工作量确认和费用审核。

（9）编写和提交测试日报。

（10）协助钻井监督做好井控工作，参与或需要时负责编制压井施工方案和弃井方案。

（11）配合安全监督做好HSE管理工作。

2）钻井监督

测试作业过程中，钻井监督的主要职责是：

（1）测试作业之前，按照测试设计要求指导有关服务商完成井场和井筒准备。

(2) 负责对钻井、钻井液、固井等服务商的现场管理,以保证其设备良好、材料数量足够、人员到位。

(3) 负责油公司供应材料的管理。

(4) 参与讨论测试作业计划和措施,审核测试施工指令。

(5) 测试作业期间,协助测试监督安排钻井、钻井液、固井等服务商的工作。

(6) 负责井的安全和井控工作,审核测试作业计划和过程是否符合井控要求,编制压井施工方案和弃井方案,或由测试监督编制压井施工方案和弃井方案时,负责对它们进行审核,并监督执行。

(7) 参加生产例会和施工前安全会。

(8) 在没有专门配备安全监督的情况下,履行安全监督的职责。

3) 安全监督

测试作业过程中,安全监督的主要职责是:

(1) 负责现场人员的 HSE 教育和管理,包括进场 HSE 督导和持证检查等。

(2) 从 HSE 角度审核测试作业计划、措施和测试施工指令。

(3) 检查安全设备和工具的性能与状况,确保其处于良好状态。

(4) 检查和监督测试作业过程是否安全进行,如人员劳防用品配戴是否符合要求、个人行为是否安全等。

(5) 参加生产例会,提出安全注意事项和要求。

(6) 主持或参加施工前安全会,提出安全注意事项和要求。

(7) 审核需要作业许可的作业申请,如热工作业、进入受限空间等。

(8) 主持防喷、防火、防硫化氢等安全演习。

(9) 负责 HSE 事故的调查和分析。

4) 油藏工程师

油藏工程师根据测试设计和现场测试情况提出测试应获得资料的各项内容和质量要求,与测试监督讨论后,确定下一步的测试作业工序,如安排开关井时间、调整测试层位等。

3. 工作界面

明确工作界面的目的在于区分有关人员在不同作业期间的工作职责。

1) 钻井作业结束界面

(1) 裸眼完成井。

裸眼完成井在完钻和测井之后,在测试作业之前,需完成下钻通井、清刮套管和循环调整压井液等工序。完成上述工序,并且起钻完毕,该井钻井作业结束。

(2) 套管完成井。

套管完成井在测试作业之前,需完成下钻探水泥塞面、按要求钻水泥塞以保留长度合适的测试口袋、进行测井以确认固井质量合格、对套管进行试压、下钻清刮测试井段套管、按测试要求循环调整压井液等工序。完成上述工序,并且起钻完毕,该井钻井作业结束。

2) 测试作业结束界面

最后一个测试层测试结束,起出全部测试工具后,该井全部测试作业结束。

第二节　完　井

一、完井的概念与目的

从广义上讲，完井是从油气井钻开油气层到正式投产所实施的工程作业，是涉及揭开油气层、下套管固井、下生产管柱、射孔、排液、测试、储层改造、投产等的系统工程。本节的完井专指狭义的完井，其内容包括下生产管柱、射孔、排液、投产等。

完井是油气井建井工程作业中的重要环节。钻井作业的目的是钻达目的层，为完井作业提供基础，而完井作业的实施为油气井的顺利、高效、安全投产提供保障。油气井完井应达到如下目的：

（1）完成油气从油气层流向井眼的通道建设。

（2）提供油气从井下流向井口的通道。

（3）为采用不同的采油工艺技术措施提供条件。

（4）为增产措施的实施提供井筒条件。

二、完井设计

完井设计是完井作业的依据，科学、合理、全面的完井设计是搞好完井工作的前提。从设计编写的先后顺利来讲，完井设计的编写分三个阶段，即完井概念设计、完井详细技术设计和单井完井设计。其中，单井完井设计用于指导现场施工作业，也称单井完井施工设计。本节所述的完井设计主要指单井完井设计，且只列举完井设计结果，不详细描述设计过程。

单井完井设计应与钻井设计同步编写，并在钻井作业开始前完成。在实际钻井作业过程中，可能需要根据实际情况对单井完井设计进行补充或修改。单井完井设计须经钻完井部门或生产作业部门负责人审核，最后由项目经理批准执行。

1. 完井设计编写的依据

（1）总体勘探开发方案和井的地质设计。

（2）井的钻井工程设计与实际施工条件。

（3）可用技术、工艺、装备与工具状况及要求。

（4）资源国的相关规定和要求。

（5）油公司的相关规定和要求。

2. 完井设计的原则

（1）满足开发、采油工程方案要求。

（2）与钻井工程方案的协调、配合。

（3）满足安全作业、高效及环保要求。

（4）符合油气层保护及改造措施的要求。

（5）尽量减少投产后补救性的井下作业及措施工作量。

（6）合理的作业成本。

3. 完井设计的内容

完井概念设计：根据油藏开发方案和采油工艺方案的要求，概述性地编写完井设计中需包含的内容、设计原则（如采用的标准和需考虑的关键因素等）、目的和工艺要求等。

完井详细技术设计：分井别进行详细的工艺设计和编写施工计划，包括完井方式、井口装置、完井井筒、管柱结构、射孔工艺、防砂工艺、完井液及投产措施等。该设计是全面的正式设计，应和采油工艺方案、钻井工程方案详细设计方案协调一致。一般在分类完井设计完成后方案不再变更。

单井完井设计：现场使用的单井完井设计应包括井的基本信息、完井工艺设计、施工准备（人员、场地和设备等）与要求、作业程序与要求、风险与预案、HSE、弃井与交井和附件等内容。

1）基本信息

提供待完成井的基本数据，目的是对待完成井的基本情况有所了解，为合理选择完井工艺、完井工具和设备以及完善完井作业程序提供依据。完井设计中一般需要提供以下基本资料：

（1）井别，如探井、评价井、开发井等。

（2）井的类型，如直井、斜井、定向井、水平井等。

（3）井的坐标、海拔及地理位置。

（4）井的构造位置。

（5）开钻、完钻日期。

（6）井身结构。

（7）完钻井深、完钻地层、完钻目的。

（8）封隔塞（如桥塞、水泥塞等）深度。

（9）最大井斜、方位角及其深度位置。

（10）钻遇地层深度与岩性。

（11）套管程序及套管钢级、壁厚、强度等资料。

（12）固井质量、套管正负压试压情况。

（13）钻进过程中的油气显示情况。

（14）生产层含 H_2S 和 CO_2 等情况。

（15）其他信息。

2）完井方式选择

应根据油田地质特点、油藏类型、开发方式、井别、增产措施等因素，选择或优化完井方式。只有根据油气藏类型和油气层的特性去选择最合适的完井方式，才能有效地开发油气田，延长油气井寿命和提高其经济效益。最常见的完井方式有裸眼完井、割缝衬管完井、套管或尾管射孔完井、混合型完井（上部套管射孔完井、下部裸眼完井）或防砂型完井（套管外防砂和筛管防砂等）等。

上述完井方式的适用条件见表17-2-1。

表 17-2-1　完井方式及适用条件

完井方式	适用条件
裸眼完井	① 岩性坚硬致密、井壁稳定的碳酸盐岩或砂岩储层； ② 无气顶、无底水、无含水夹层及易塌夹层的储层； ③ 单一厚储层，或压力、岩性基本一致的多个储层； ④ 不准备实施分隔层段、选择性处理的储层
割缝衬管完井	① 无气顶、无底水、无含水夹层及易塌夹层的储层； ② 单一厚储层，或压力、岩性基本一致的多个储层； ③ 不准备实施分隔层段、选择性处理的储层； ④ 岩性较为疏松的中、粗砂粒储层
套管射孔完井	① 有气顶，或有底水，或有含水夹层、易塌夹层等复杂地质条件，需实施分隔层段的储层； ② 各分层之间存在压力、岩性等差异，需分层测试、分层采油、分层注水、分层处理的储层； ③ 要求实施大规模的水力压裂作业的低渗透储层； ④ 砂岩储层、碳酸盐岩裂缝性储层
混合型完井	上部层段具有适合采用封闭型完井的地质条件、下部层段具有适合采用敞开型完井的地质条件的储层
防砂型完井	岩性疏松、出砂严重的中、粗和细砂粒储层

3）井口装置、采油树

井口装置包括套管头和油管头两部分，其功能包括：悬挂井下套管柱、油管柱；密封油管、各层套管之间的环形空间以控制油气井生产；进行措施作业（酸化、压裂等）、挤注（注蒸汽、注气、注水）等。

采油树由阀门、变径接头、油嘴、管路配件和安全控制设备组成，是一种用于控制生产，并为钢丝、电缆、连续油管等修井作业提供条件、为油气井产出流体及洗井液等提供出入口的成套装置。

井口装置、采油树的主要设计内容与要求如下：

（1）压力级别。

按开采期内所需最高注采井口压力或作业需要的最高井口压力选择。压力等级和井下管柱压力等级相配套。常规井口装置压力级别有 14，21，35，70 和 105 MPa 系列。

（2）材质。

根据产出流体里腐蚀性流体的类型、分压及井口温度等因素选择油管头和采油树的材质和密封件。

（3）通径。

通径应和所用油管通径一致。

4）完井管柱

完井作业的最终目的是通过完井管柱来实现的。完井管柱主要由油管和井下工具等组成。按照实现的功能，完井管柱一般可分为油井自喷井完井管柱、气井完井管柱和气举井完井管柱。

（1）完井管柱结构设计应满足如下要求：

① 完井管柱应与产能、井下状况（包括油气层层系、流体特性等）相适应。

② 尽可能减少或避免生产过程的起管柱作业。一般都应具备钢丝作业或(和)连续油管作业的功能。

③ 结构和施工尽可能简单。

(2) 完井管柱的主要设计内容与要求如下：

① 油管尺寸、材质的选择。

根据油管敏感性分析，确定油管尺寸。根据产出流体中腐蚀性流体的类型、分压等选择油管材质。

② 井下工具的选择。

根据使用功能的不同，井下工具分为循环压井工具、分层封隔工具、流量控制工具、安全防喷工具、化学药剂注入工具、人工举升配套工具、注水工具、调节管柱受力的工具及防砂专用工具和其他配套工具。

③ 井下工具要求。

a. 强度及压力级别：根据压力级别和压差要求进行工具的选择，并进行强度校核。

b. 工具开关动作：对工具的开关动作及配套工具进行选择，以符合井下管柱的操作要求。

c. 工具尺寸：对工具的内通径、外径进行选择，确保不同工具内通径的配合。外径应适合套管内径，且具有导向斜面和台阶等外形的工具在斜井中能够畅通无阻。

d. 螺纹类型：工具连接螺纹和上下接头螺纹相符，同时所选的螺纹满足密封性和承受拉力等方面的要求。

④ 工具材质及密封件材质的选择。

应根据流体成分，腐蚀性流体类别、含量，以及油气井温度、压力等条件进行选择。

5) 射孔工艺

射孔是油气井完井的一个主要方式。采用射孔完成的油气井，射孔产生的通道是油藏和井筒之间的唯一通道。通过采用合理的射孔工艺，可以尽可能减少对地层产生的伤害，进而获得较高的完成程度，达到预期的油气井产能。

根据射孔枪入井方法的不同，可将射孔分为电缆射孔、油管输送射孔和过油管射孔三种方式。三种不同的射孔方式对射孔枪的各项参数有不同的要求，其射孔效果及应用范围等亦有区别。上述三种射孔方式的适用条件见表 17-2-2。

表 17-2-2　三种射孔方式的适用条件

参　数	射孔方式		
	电缆射孔	油管输送射孔	过油管射孔
枪径/mm	73～177.8	73～177.8	35～54
射孔弹类型	深穿透、大孔径	深穿透、大孔径	深穿透
弹药重/g	15～66	15～66	1.8～17
孔密/(孔·m^{-1})	13～39	13～46	13～19
孔深/mm	400～800	400～800	146～615
孔径/mm	7.1～31.3	7.1～31.3	5.4～14.5
相位/(°)	120,90,60,45,30	120,90,72,60,45,30,20	180,90,60

续表 17-2-2

参　数	射孔方式		
	电缆射孔	油管输送射孔	过油管射孔
负压范围	否	按要求	可控或等压
适应井筒直径/mm	114.3～245	114.3～245	60.3～245
适应最大井斜/(°)	50	90	50
应用范围	普通井	普通井、高压井、防砂井、低渗透井、困难井	生产井、补孔
射孔效果	射孔污染，影响产能	孔眼可冲洗，产能高	部分污染，影响产能

为达到最优的射孔效果，应根据油气层特性、完井方式、开发方案要求等因素，选择射孔方式及设计射孔参数等。

射孔工艺设计内容包括：

(1) 射孔方式的选择。

(2) 射孔枪、射孔弹类型的选择。

(3) 射孔参数(孔密、孔径、孔深、相位)的选择和负压值设计(采用负压射孔时)。

(4) 油管输送射孔管柱结构的设计、施工步骤、工艺要求及安全措施。

(5) 射孔液的要求。

6) 防砂工艺

油气井出砂会造成井下设备、地面设备及工具的磨蚀和损害，也会导致井眼堵塞，降低油气井产量或迫使油气井停产，因此，采取合适的防砂方法对于确保油气井的正常生产是非常重要的。

防砂方法主要可以分为机械防砂、化学防砂、复合防砂和砂拱防砂几类。

选择防砂工艺通常应考虑以下因素：

(1) 完井类型。地质条件相对简单、地层颗粒之间具有一定胶结强度的产层可以考虑裸眼防砂；而对于地层条件复杂，含有水、气、泥岩夹层的井应考虑采用管内防砂。

(2) 完井井段长度。机械防砂不受井段长度的限制，而化学防砂只能在薄层段进行。

(3) 井筒和井场条件。小井眼、异常高压井适合用化学胶结防砂方法，但使用此方法应注意井筒的温度条件。在没有可用的钻机或修井机的井场条件下，不能使用机械防砂方法。

(4) 地层砂粒特点。化学防砂对地层砂粒范围适应性大，膨胀式封隔器适用于泥质低渗透产层，砾石充填防砂对地层渗透率的均匀性要求低。

(5) 产能影响。合理的防砂设计和施工可以取得有效的防砂效果而不会严重影响产能。通常，裸眼防砂能建立较高的、稳定的产能水平，有条件时应尽量采用。

(6) 费用。需从施工成本和综合经济效益两方面考虑选用经济合理的防砂方法。

表 17-2-3 中列出了各主要防砂方法的优缺点。

7) 完井液

完井液是完井作业过程中使用的各种工作液的统称，包括压井液、射孔液、洗井液等。在完井作业过程中，完井液应具备如下功能：①平衡地层压力，保证作业安全；②保护储层，最

表 17-2-3 主要防砂方法对比

<table>
<tr><th colspan="2">防砂方法</th><th>优 点</th><th>缺 点</th></tr>
<tr><td rowspan="3">机械防砂</td><td>绕丝筛管砾石充填</td><td>① 成功率高达 90%以上；
② 有效期长；
③ 适应性强；
④ 裸眼充填，产能为射孔完井的 1.2～1.3 倍</td><td>① 井内有防砂管柱，后期处理复杂，费用高；
② 不适用于细粉砂岩；
③ 管内充填，产能损失大</td></tr>
<tr><td>滤砂管</td><td>① 施工简单、成本低；
② 适合多油层完井、粗砂地层</td><td>① 不适用于细粉砂岩；
② 滤砂管易堵塞，降低产能；
③ 滤砂管易受冲蚀，寿命短</td></tr>
<tr><td>割缝衬管</td><td>① 成本低、施工简单；
② 适用于出砂不严重的中、粗砂岩，水平井常用</td><td>① 不适用于细粉砂岩；
② 砂桥易堵塞，影响产能</td></tr>
<tr><td rowspan="2">化学防砂</td><td>胶固地层</td><td>① 井内无残留物，易后期补救作业；
② 对地层砂粒度适用范围广；
③ 施工简单</td><td>① 渗透率下降，成本高；
② 不宜用于多层长井段和严重出砂井段；
③ 化学剂有毒，易造成污染</td></tr>
<tr><td>人工井壁</td><td>① 化学剂用量少，成本可下降 20%～30%；
② 井内无残留物，补救作业方便；
③ 可用于出砂严重的老井；
④ 成功率高达 85%以上</td><td>① 不宜用于多油层、长井段；
② 不能用于裸眼井</td></tr>
</table>

大限度地减少对储层的损害；③ 携带、悬浮固相颗粒；④ 具有防腐能力，减轻对套管、油管和井下工具的腐蚀。

完井液的主要设计内容与要求如下：

(1) 压井性能。

为保证作业安全，必须压井后才能作业，而且要求完井液具有一定的密度。在大多数情况下，压井液液柱压力为油气层压力的 1.05～1.15 倍(具体为：油层的 1.05～1.10 倍，气层的 1.07～1.15 倍)。当井深及使用的盐类溶液密度受温度影响变化较大时，应以井底及地面温度的平均温度来计算密度。

(2) 配伍性能。

完井液不仅要满足作业功能，还需要具有与储层矿物、储层流体相配伍的性能。不同种类的完井液可以互相转化配制，以提高利用率和效益。

(3) 固相含量控制。

由于固相颗粒侵入产层会产生永久性伤害，且会使井下工具、仪器出现故障，导致事故，因此，一般采用硅藻土及筒式过滤器对完井液进行二级过滤(常用 10 μm 和 2 μm 两级)，最终将固相颗粒直径控制在 2 μm 内，固相含量小于 5%。对于低渗透油气层，需根据喉道直径确定固相粒径控制要求。

(4) 黏度。

当需要清洗井筒和冲砂等作业时，要求完井液具有一定的黏度。一般加入 HEC 和 XC 提黏，但需要具有可泵性和较好的循环返排性。

(5) 防腐性能。

由于盐水完井液和氧气对套管、油管、井下工具及密封件有腐蚀性，当井下工具长期浸泡时，必须在完井液中加入防腐剂、除氧剂等化学剂。

(6) 投产措施。

应根据油藏类型及完井情况选择合理的投产措施：① 油气井完井后要尽快采取排液措施如抽汲、氮气气举或泡沫助排等；② 对灰岩、火成岩等致密和坚硬的油藏及采用裸眼完井或筛管完井的水平井，投产前要对油层进行酸浸、酸洗等投产措施；③ 对低渗透油气层采用压裂或酸化改造措施。

8) 施工准备与要求

完井设计中应列出在完井作业前需要做的各项准备工作，一般包括：人员准备与职责分工、井筒准备、井场准备、完井液及重浆准备、完井工具及设备准备、射孔工具准备和其他作业工具及设备准备等。

9) 作业程序与要求

完井作业程序根据完井方式的不同而异。但完井设计中均要列明完井过程中的各作业工序，描述每一个工序的作业过程，明确有关数量、操作压力、时间等作业参数和注意事项。

10) HSE

明确完井作业期间 HSE 方面的要求，如 HSE 设备与工具准备、现场人员安全行为和操作要求、注意事项等。

11) 风险与预案

一般需要针对以下情况进行风险分析，准备应对措施和预案：

(1) 完井过程中发生地面井口装置和采油树泄漏。

(2) 井下完井管柱断脱。

(3) 井下工具功能失效。

(4) 管柱被卡。

(5) 射孔失败或提前射孔。

(6) 完井过程中发生溢流、井涌等情况。

12) 交井

应列出完井作业完成后需提交的资料，如：① 油气井数据；② 油气井图解；③ 有关证书和试压报告；④ 作业程序和完工报告。若必要，还需给出提交资料应遵循的管理程序。

13) 弃井

弃井设计的内容包括弃井原因、类型、时间、井筒封堵设计及要求、资料提交等。

应根据井别(如探井、开发井)和不同弃井类型(如临时弃井、永久弃井)编写井筒封堵方案。

14) 进度安排与费用预算

进度安排与费用预算的内容包括单项施工时间安排和费用、总完井作业时间和完井作业总费用。

15) 附件

单井完井设计一般应提供如下附件资料：

(1) 完井工艺设计附件，包括如下内容：① 射孔设计；② 防砂设计；③ 酸化设计；④ 压裂设计；⑤ 完井液类型、密度、体积设计等；⑥ 投产措施设计等。

(2) 其他内容，包括井口装置图、生产管柱图、油管数据等。

三、完井设备和工具

1. 井口装置

井口装置包括套管头和油管头等部分。典型的井口装置构成见图 17-2-1。

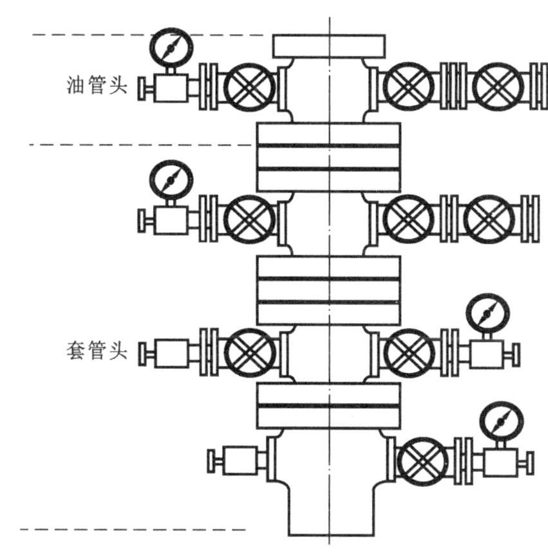

图 17-2-1　油气井井口装置示意图

1) 套管头

套管头连接套管柱上端，由套管悬挂器及锥座、四通、上下法兰组成，用于支承下一层较小的套管柱并密封上下两层套管间的环形空间。

常用套管头的结构见图 9-3-9。

2) 油管头

油管头安装在最上部套管头的上端，由油管悬挂器及锥座、四通、上下法兰组成，主要用于支承油管柱，并密封油管与生产套管间的环形空间。

油管头的通称压力有 7，14，21，35，70，105 和 140 MPa 系列。油管头最大工作压力应不小于井口关井压力。选择油管头时，按照其额定工作压力等于地层破裂压力来确定。油管头的额定工作压力还应与油管悬挂器的额定工作压力相匹配。

常用油管头的结构见图 17-2-2。

2. 采油树

采油树作为控制生产的装置，为油气井产出流体及洗井液等提供出入口，为钢丝、电缆、连续油管等修井作业提供条件。其额定工作压力由组成采油树的具有最小额定工作压力的部件决定。采油树按连接形式分为法兰式和卡箍式。

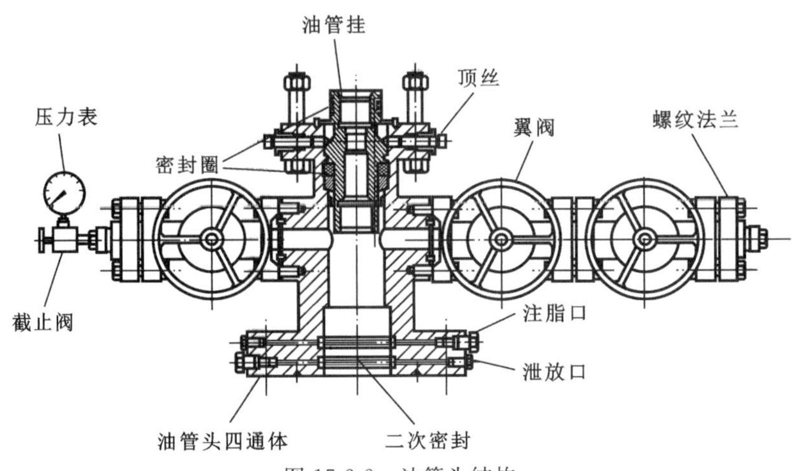

图 17-2-2　油管头结构

采油树根据不同的作用可分为采油、采气、注水、热采、压裂、酸化等专用井口装置，并根据使用压力等级不同而形成系列。典型的采油树结构见图 17-2-3，典型的采气树结构见图 17-2-4。

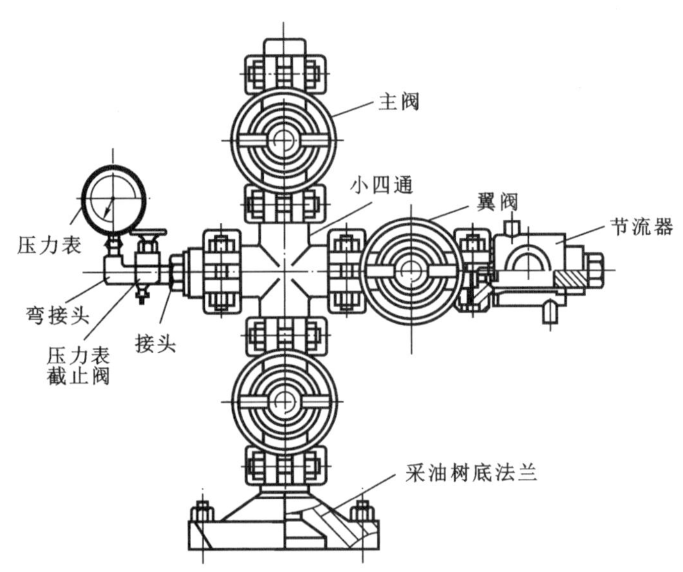

图 17-2-3　采油树结构示意图

此外，一些特殊井（如高压高产井、产出液含腐蚀性流体的井、边远井等）需要自动关井系统。当油气井出现异常情况时，自动关井系统应能自动、及时地关闭油气井并停止油气处理，以防止发生危及安全和造成环境污染的事故。

完井所用的自动关井系统与测试所用的紧急关闭系统类似，包括安全阀、探测装置、井口控制柜和控制管线。安全阀有井口安全阀和地面控制的井下安全阀两种。井口安全阀可以是气动或液压控制的，而井下安全阀一般都是液压控制的。井口安全阀一般安装在采油树上。对于压力较高的油气井，可安装两个井口安全阀，一个在主阀上游或下游，另一个在翼阀上游或下游。一般自动关井系统构成见图 17-2-5。

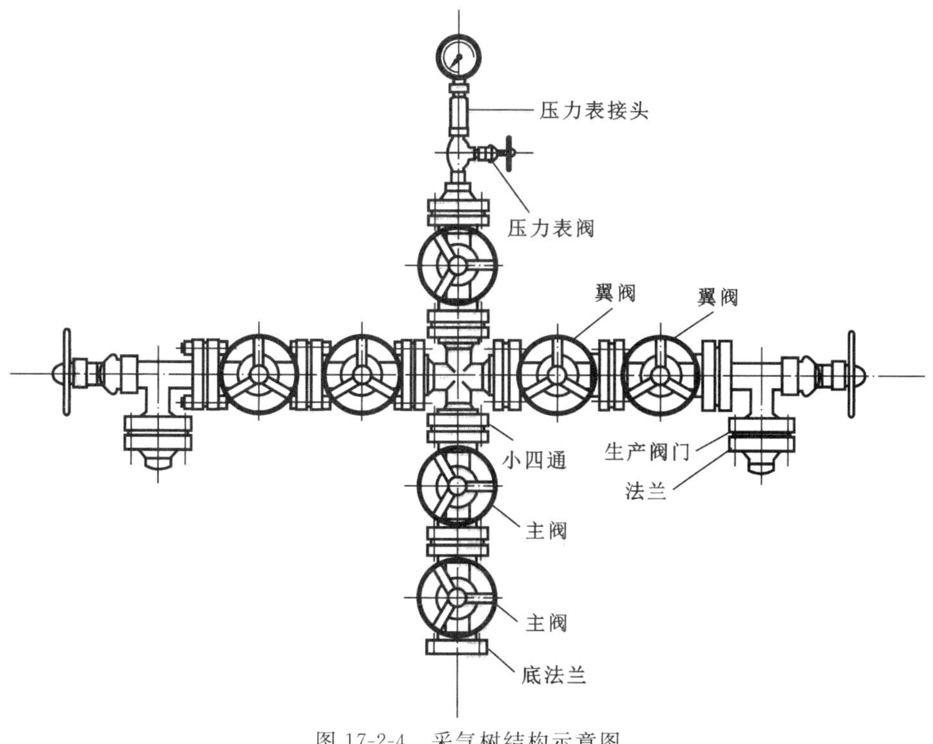

图 17-2-4 采气树结构示意图

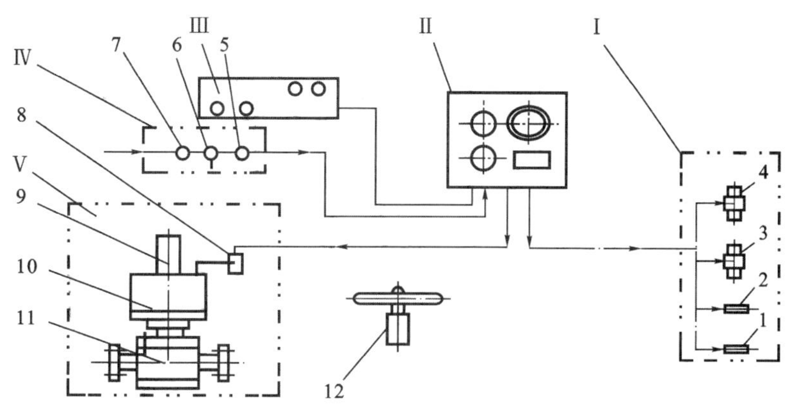

图 17-2-5 自动关井系统示意图

Ⅰ—气动感测单元；Ⅱ—气动控制单元(控制器)；Ⅲ—电子监控仪；Ⅳ—气源过滤调压单元；Ⅴ—气动执行单元；1,2—火警易熔塞；3—低压感测装置；4—高压感测装置；5—精细过滤器；6—高压调压器；7—高压过滤器；8—阀位指示器；9—快速排气阀；10—驱动器；11—井口气控安全阀；12—手动装置

3. 井下完井工具

1）完井管柱

完井管柱结构一般包括井下安全阀、流动短节、伸缩短节、滑套、封隔器、筛管、工作筒、气举阀、化学剂注入阀、导向头等完井工具。对于射孔、生产联作完井，完井管柱下端还会连接点火头与丢枪装置、射孔枪等射孔工具。典型的裸眼常规方式完井管柱结构和射孔、生产联作完井管柱结构分别见图 17-2-6 和图 17-2-7。

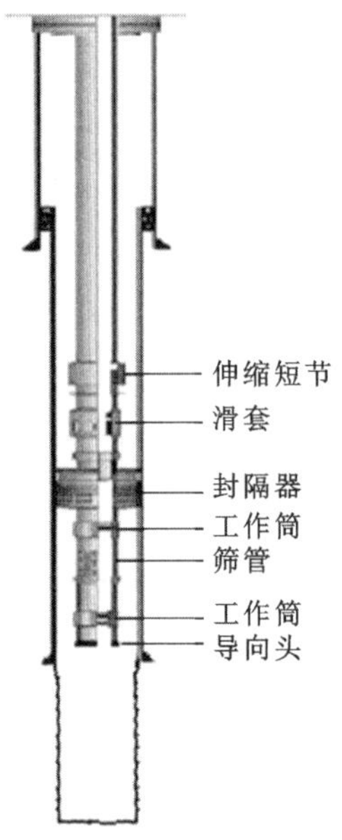

图 17-2-6　裸眼常规方式完井管柱结构

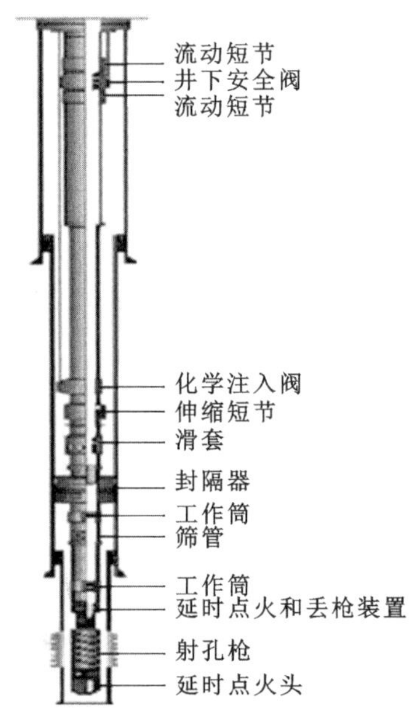

图 17-2-7　射孔、生产联作完井管柱结构

2）井下安全阀

完井所用的井下安全阀与测试所用的基本相同，可见本章第一节“测试”中“测试工具和设备”部分的有关介绍。

3）流动短节

流动短节实际上是加厚管，其内径与油管内径一致，但外径稍大，通常配合井下安全阀使用，连接在安全阀上、下端。高产油气井通常需要使用流动短节，而一般产量的油井可以选择使用。高产油气流在流经井下安全阀时会因缩径而产生节流作用，造成在其上、下两端产生涡流冲蚀磨损，因而需要在井下安全阀的两端安装流动短节，以对其进行保护。

常用流动短节直径有 60.3，73.0，88.9 和 114.3 mm 四种，长度有 0.9，1.22，1.52 和 1.83 m 等，连接螺纹包括 EUE 和 VAM TOP 等。

4）伸缩接头

完井所用的伸缩接头与测试所用的基本相同，可见本章第一节“测试”中“测试工具和设备”部分的有关介绍。

5）滑套

滑套主要用来提供油管内和环空之间的流动通道，由上下短节、流动口、关闭套、密封件等组成，其中上短节有锁定槽，可以坐挂特定的井下工具。常用滑套结构见图 17-2-8。

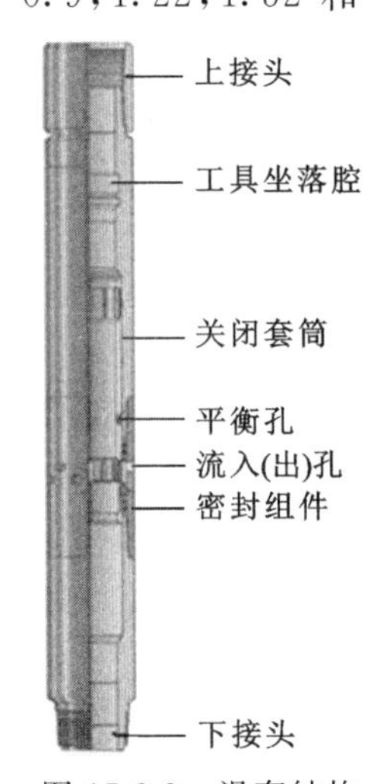

图 17-2-8　滑套结构

滑套用于完井后诱喷、循环压井、气举、在多油层井中进行选择性生产、测试或实施增产措施、实现多层混采、下入堵塞器关井或进行油管试压及循环防腐用化学剂等。

滑套通过钢丝作业方式进行开关。滑套开关工具主要有选择性开关工具和非选择性开关工具两种。

6）封隔器

封隔器是主要的完井工具，它利用弹性密封元件封隔环空、隔绝产层。完井所用封隔器的用途主要是：分隔生产层段，防止层间串通；保留油套管之间环空中的封隔液，起到保护套管和安全生产的作用；满足采油（气）生产和修井作业的各种需要等。

封隔器按是否可回收分为可回收式和永久式两大类型；按坐封方式则可分为液压坐封、机械坐封和电缆坐封三种。封隔器有两种主要的解封方式：一种是通过上提完井管柱至一定拉力，剪断销钉（或剪切环）后解封；另一种是采用上提＋旋转方式解封。

图 17-2-9 和图 17-2-10 分别为 Halliburton PHL 型液压坐封可回收式封隔器和 HPHT 型永久式封隔器的示意图。

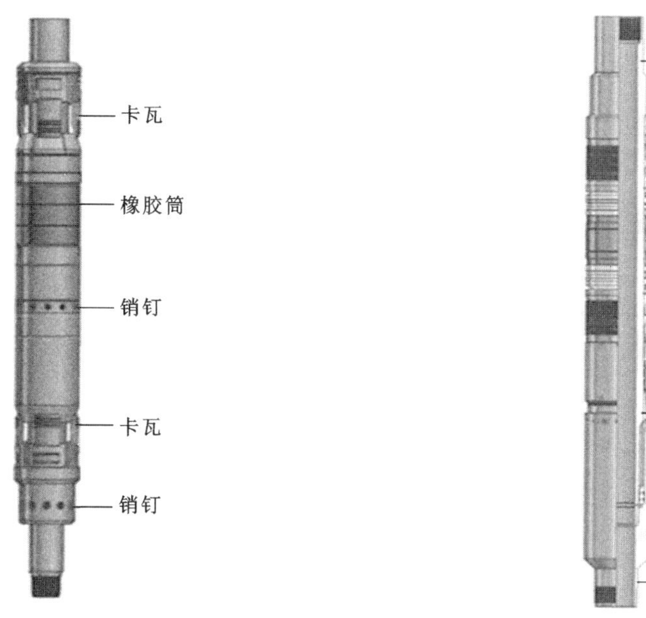

图 17-2-9　PHL 型液压坐封可回收式封隔器

图 17-2-10　HPHT 型永久式封隔器

7）工作筒

工作筒是一种具有不同内腔剖面的短节，是完井管柱结构中使用的一种功能性井下工具。工作筒有如下用途：坐入堵塞器，井下自动控制安全阀、单流阀；下入减压工具（如节流嘴）；与抛光短节配合，安装分离套或短节，修补油层附近的损坏油管或加厚管；坐挂井下测量仪器；防止钢丝或电缆作业时工具串落入井底等。

工作筒按定位方式分为选择型和止动型两类，分别见图 17-2-11 和图 17-2-12。选择型工作筒的内径没有缩径部位，相同规格的坐入工具可以通过它，所以同一完井管柱中可以使用多个相同规格的选择型工作筒。止动型工作筒的缩径段可以阻止外径比它大的工具通过。止动型工作筒一般都安装在完井管柱的最底部，作为仪表挂座，或防止钢丝工具串掉入井底。

工作筒按工作压力不同可分为常压工作筒和高压工作筒，前者用于常规井，后者用于高压油气井。

8）偏心工作筒

偏心工作筒由基管与偏心筒两部分组成，其结构见图17-2-13。基管的尺寸一般与油管

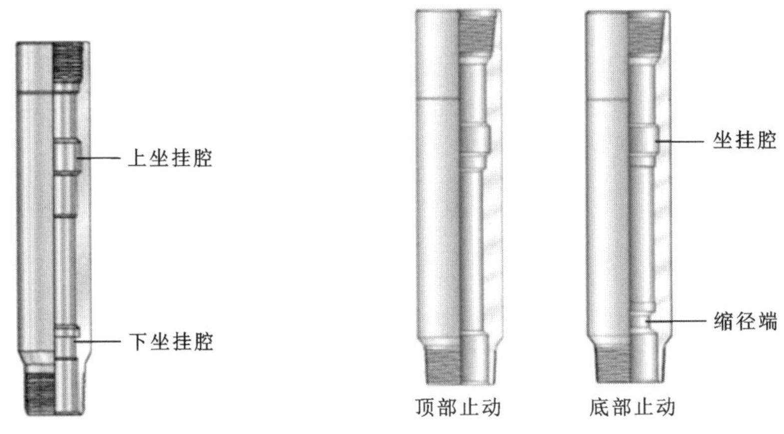

图 17-2-11　选择型工作筒　　图 17-2-12　止动型工作筒

的相同，内部有定位套。而偏心筒内有工具识别头、锁定槽、密封筒以及外部连通孔。偏心工作筒一般有如下用途：可与各种气举阀组合，实现不同的气举方式；可用于下入不同尺寸的水嘴，实现分层配注。

9）气举阀

气举阀是一种安装在完井管柱上实现气举作业的功能阀。气举阀的主要作用有：① 气举作业时的注气通道；② 举升管柱上注气孔的开关；③ 能用较低的启动注气压力把井内的液面降至注气点深度，并在此深度上以正常工作所需的注气压力按预期的产量进行生产；④ 改变举升深度，增大油井生产压差。

气举阀通常有压力控制、弹簧控制、导向控制三种。压力控制气举阀由气包内压力控制，通常处于关闭状态，当注入气压力超过氮气包压力时自动打开，实现气举。弹簧控制气举阀的开关受弹簧张力控制，通常处于关闭状态，注入气体时打开，停止注气时关闭。导向控制气举阀具有进气口大、关闭控制可靠的优点。典型气举阀结构见图 17-2-14。

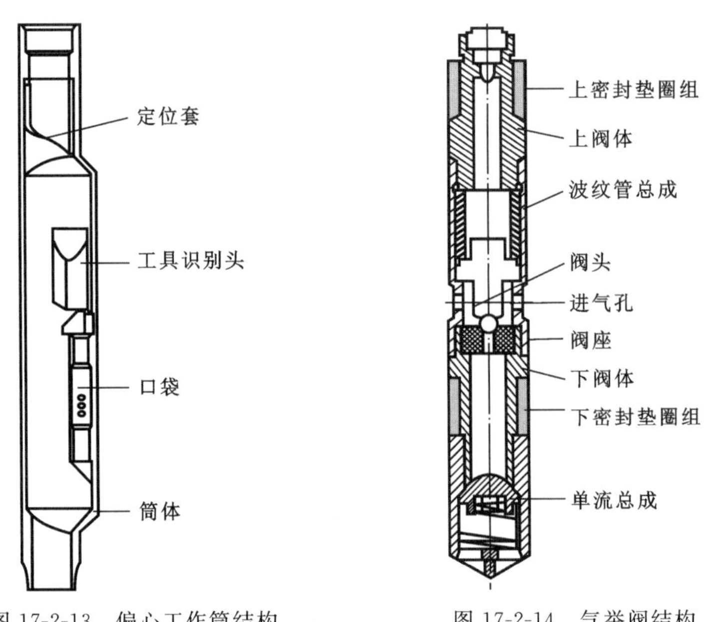

图 17-2-13　偏心工作筒结构　　图 17-2-14　气举阀结构

常用气举阀的尺寸有 25.4 mm 和 38.1 mm 等。选用环空气举还是油管内气举，视气举阀与偏心工作筒类型的配合而定。气举按生产方式分为连续气举和间隙气举两种。

10）化学剂注入阀

化学剂注入阀相当于单向阀，通过它可以将油气生产所需要的化学药剂注入生产管柱中。注入管线将化学剂注入阀和地面连接，在地面开泵加压，就可以将化学剂通过注入阀注入到管柱中。常用的化学剂注入阀为常闭阀，有氮气压力控制、弹簧控制两种控制方式，当地面注入压力超过设定压力时阀自动打开，停止注入时阀自动关闭。常用的化学剂注入阀结构见图 17-2-15。

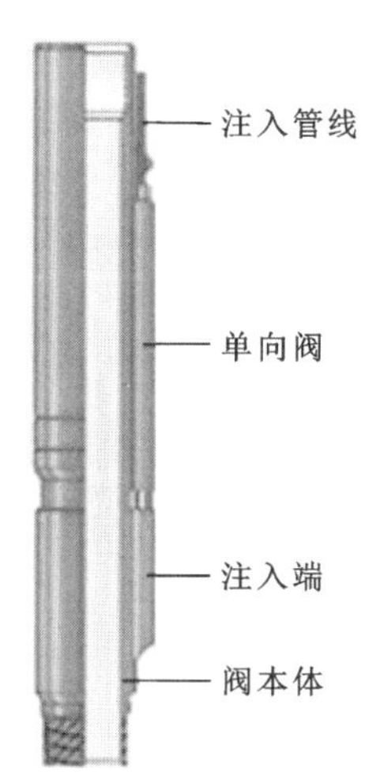

图 17-2-15　化学剂注入阀结构

11）筛管

筛管一般为表面均匀分布细孔或割缝的管材，连接在完井管柱的下部，一方面可以提供地层流体进入管柱内部的通道，另一方面能够阻止大的固相颗粒进入管柱内部，以免对管柱内部造成堵塞和冲蚀。

12）点火头与丢枪装置

完井所用点火头与测试所用点火头相同。在射孔、生产联作的完井管柱结构中一般应用丢枪装置。在这种结构中，当射孔枪点火、起爆后，丢枪装置的释放结构起作用，释放其下面的射孔枪和点火头，使它们掉落至井底，就可以进行后续的过油管作业。丢枪装置一般与点火头组合使用。

13）射孔枪

完井所用的射孔枪与测试所用的射孔枪相似。

14）导向头

导向头位于完井管柱的最下部，其下端面光滑，并具有一定的坡度，用于引导完井管柱顺利入井，以及钢丝作业时回收通过导向头的工具。

四、完井作业工序及操作要求

按照钻井作业完成后井眼是否裸露，可将完井方式分为两大类：套管射孔系列完井和裸眼系列完井。下面以套管射孔完井为例，简要介绍完井作业的一般程序与要求。

1. 完井作业前的准备

1）人员

检查落实完井作业人员及协作人员全部到位，并检查全部人员的井控培训证书、硫化氢防护培训证书以及各专业人员的专业持证情况，需符合作业要求。

2）工具和材料

（1）组装试压。

① 初步检查。

对照工具检查表，记录各工具的部件号、序列号，核对其材质、尺寸（长度和内外径）、扣型、单位重量。检查各部件是否完整、传压孔是否畅通、密封橡胶有无破损、球座投球后是否漏水，并对安全阀进行开关测试。对工具和油管短节进行初次通径。

② 上扣与通径。

先将工具/油管丝扣清理干净，检查是否清晰完整。若有需要，涂上合适的螺纹密封脂。按标准扭矩上扣，做好记录。对合金油管，要注意保护其表面。对不需试压的工具，用标准通径规进行通径，确保能顺利通过；对需试压的工具，在试压结束后再通径。

③ 组装、试压及功能测试。

上扣完成后，选择相应的堵头，灌入合适的试压介质(清水、液压油等)，按照正确的程序分别对各工具进行试压和功能测试，具体内容如下：

a. 工作筒。

按规定的压力和时间，对整个工作筒总成试压，记录压力曲线。泄压后卸掉堵头，再次通径。

b. 封隔器。

对于液压坐封式封隔器，先安装试压销，并取出起始坐封销钉；按要求对整个封隔器总成试压，记录压力曲线；泄压，拆掉试压销，装上坐封销钉，再次通径。

对于带插入密封的封隔器，先将底部接头、插入密封分别与油管短节上扣并通径后，将插入密封插入封隔器并做拉伸试验，确认已啮合；安装试压销，按要求对整个封隔器总成试压，记录压力曲线；泄压，拆掉试压销和多余的剪切销钉，再次通径。

c. 伸缩接头。

拆掉伸缩接头所有的剪切销钉，按要求对整个伸缩接头总成进行第一次试压，记录压力曲线；泄压，将伸缩接头总成的心轴推回，安装试压卡子；按规定的压力和时间进行第二次试压，记录压力曲线；泄压，再次通径，根据所需数量安装剪切销钉。

d. 化学剂注入阀。

按规定的压力和时间对整个注入阀总成试压，记录压力曲线；泄压，再次通径。

e. 滑套。

用相应的开关工具打开滑套，然后调转开关工具关闭滑套；按规定的压力和时间对整个滑套总成进行试压，记录压力曲线；泄压，再次通径。

f. 偏心工作筒。

用相应的下入工具和转向工具安装盲堵阀和锁帽总成到偏心工作筒内；按规定的压力和时间对整个偏心工作筒总成进行试压，记录压力曲线；泄压，再次通径。

g. 井下安全阀。

连接油管短节前，应先对安全阀进行开关压力测试。记录开启压力，完全打开压力，用标准通径规通径；按规定的最高压力和稳压时间试压；缓慢泄压，记录最小关闭压力。重复开关试压一次并比较。

按要求接连油管短节、流动短节和安全阀。根据试压要求对安全阀总成进行试压。试压结束后，对传压孔加压直至完全开启安全阀板，排出管内液体，接着再次通径，用压缩空气清理内表面，涂上润滑油或防腐蚀剂；泄压，关闭阀板，封闭两端，防止杂物进入。

h. 其他工具用品准备

根据现场作业需要，准备好各种设备和工具，并确认其安全可靠。

（2）现场使用前检查。

检查工具状况，确认运输中是否发生损坏和松动，并进行相应处理。对井下安全阀、化学剂注入阀等进行现场测试并做好记录。

3）井筒

（1）探人工井底。

在套管完井的情况下，套管固井后需探人工井底。需要时钻水泥塞，留出所需口袋。裸眼完井情况下，也需要在下完井管柱前探井底的深度。

（2）套管试压。

应根据完井要求对套管进行试压（包括负压试压）。

（3）通井和洗井。

对于裸眼完成井，在下入完井生产管柱前，需要模拟管柱下入条件进行通井。根据电测井径，对存在缩径、狗腿度大的井段进行有针对性的划眼作业。最后一次通井时要大排量循环洗井，尤其在尾管顶部位置；在井内安全的前提下调整钻井液性能，降低黏切和摩阻，使用高黏钻井液清扫井眼，视情况加入液体/固体润滑剂。

对于套管完成井，要按照设计选用的通井规下入通井，并大排量循环洗井，以清洗井筒。

（4）套管固井质量测井。

在完井作业前，可以进行水泥胶结测井，检查固井质量。对于套管或者生产尾管，应测得环空水泥返高。根据固井质量情况，决定是否修复进行补注水泥作业。

（5）套管刮壁。

下入刮管器刮削套管内壁可预防下入完井管柱遇阻和避免损伤封隔器的密封胶筒。一般套管刮壁的做法是：刮管器到达封隔器坐封深度后，开泵循环，上下 50 m 范围内短起下不少于三次，以便刮削套管内壁，清除上面的杂物。

（6）替完井液。

应根据井的类别、地层压力和完井方法，确定替完井液方式与时间。

4）井场

油管运送到现场后，需要进行检查、丈量、通径和洗扣，去除不合格的油管。根据完井管柱尺寸和扣型，准备合适的转换接头，更换匹配的防喷器闸板并按要求试压。根据需要配制合适的压井液。

2. 典型的油管传输射孔、生产联作完井作业程序

1）组装射孔工具

严格按照射孔作业施工设计书的要求，由射孔作业队负责组装射孔枪、延时点火和自动丢枪装置。注意在组装射孔枪过程中要轻拿轻放，并确保整个射孔作业安全。

2）下完井管柱

根据设计要求和顺序，下入带射孔工具和完井工具的完井管柱。下管柱过程中要严格控制下放速度，并按规定通径。对于合金管件，需采用特殊上扣工具，以免损坏合金管件。

3）校深

安装电缆校深作业设备；下入校深工具对射孔枪进行校深；复核入井管串表，根据校深结果调整管柱。

4）坐挂油管悬挂器

将油管悬挂器坐入油管四通，上紧所有顶丝并按照试压要求试压合格。在油管悬挂器内下入双向堵塞阀。应注意当油管悬挂器坐入油管四通时动作要慢，确保其坐正。

5）拆卸钻井防喷器组和安装采油树

拆卸油管四通之上的钻井防喷器，安装采油树。按试压要求对采油树进行试压。在保证安全的前提下，取出双向堵塞阀。

6）坐封封隔器

通过钢丝作业将坐封堵塞器下到封隔器坐封工作筒，然后取出钢丝和堵塞器送入工具。向油管里加压至设定封隔器坐封压力，坐封封隔器，此过程应注意缓慢加压，同时密切注意压力变化。从环空加压对封隔器验封，验封合格后取出堵塞器。

7）射孔与丢枪

向油管内加压至射孔枪起爆压力，射孔枪将在设定的延时时间后起爆并丢枪。注意在实施加压射孔前仔细核实井口各种闸阀的状态。

8）投产等

射孔完毕，转入诱喷测试投产流程，或实施其他措施。

3. 交井

完井作业后，所完成的井达到设计要求、满足交井条件时，可以作为生产井进行移交。通常是由工程作业部门如钻井作业部门将生产井移交给生产部门，一般做法是双方派技术人员到井场进行交接。

交井工作主要涉及生产井井场状况交底与文件资料交接，其中文件资料包括正式的文本资料及电子资料。

交接的文件资料包含但不限于油气井的基础信息、日报、油套管数据表、完井报告等。主要内容包括：

1）油气井数据

（1）井口装置数据和结构图。

（2）采油树数据和结构图。

（3）井身结构（尺寸及深度）。

（4）套管、尾管和油管数据，包括图表和试压记录。

（5）射孔数据。

（6）完井工具数据。

（7）工具设备的信息，如材质、序列号等。

2）油气井图解

（1）井口装置和采油树的图解，包括各阀门的位置。

（2）完井管柱图解，包括安全阀状态、油管内和环空流体状态。

3）证书和试压报告

（1）套管和油管的厂家材料证明书。

（2）井口装置和采油树的厂家材料证明书、试压报告。

（3）套管试压报告。

(4) 井下永久性水泥塞、封隔器等的试压报告。

4) 作业程序和完工报告

(1) 完井设计。

(2) 油气井完工报告,包括时间和成本分析、经验教训等。

五、完井作业现场组织管理

完井作业现场组织管理对于完井作业的顺利实施至关重要,要求做到人员配置到位、分工清晰、职责明确、管理到位。

1. 人员配置

完井作业期间一般应配备两名完井监督,必要时还应配备完井工程师。完井工程师一般协助完井监督工作。对于原钻机完井作业,现场还应保留钻井监督。完井监督和钻井监督分别有一名白班监督和一名夜班监督,可以适应全天 24 h 作业的需要。

另外,对于高压高产井、含 H_2S 井等复杂井的完井作业,现场还应配备安全监督。

2. 岗位职责

1) 完井监督

完井监督是油公司派往完井作业现场的代表,负责组织、协调、指挥、检查和监督现场完井作业施工,以保证完井作业安全、优质、高效进行。其具体职责如下:

(1) 负责完井动、复员工作。

(2) 就完井方案、完井周期等向钻井监督、安全监督和各服务商进行交底。

(3) 负责完井作业各项准备工作的落实,包括人员和设备准备、井场和井筒准备。

(4) 主持完井期间的现场生产例会,参加或主持作业前安全会。

(5) 负责完井服务商及其人员的现场管理。

(6) 与钻井监督沟通和协调,安排钻井、钻井液、固井等服务商的工作内容与要求。

(7) 计划完井作业,编写和发出完井施工指令。针对完井方案的各阶段,提出具体工作要求。

(8) 指挥和监督完井作业过程,保证完井作业安全、按时、保质完成。关键作业如下 TCP 射孔枪、下防砂管串、充填防砂、起下生产管柱、坐封封隔器、钢丝作业、井口施压、安装采油树以及处理复杂情况等,到场监督指挥。

(9) 协助钻井监督做好井控工作。

(10) 配合安全监督做好 HSE 管理工作。

(11) 负责完井工作量确认和费用审核。

(12) 编写和发送完井日报。

2) 完井工程师

完井工程师负责有关完井技术和工艺的把关,并协助完井监督完成完井作业各项工作。

3) 钻井监督

(1) 完井作业之前,协助完井监督指导有关服务商完成井场准备和井筒准备。

(2) 完井作业期间,协助完井监督与钻井、钻井液、固井、完井、下管柱等服务商及其人员进行沟通交流,督促服务商按照完井作业要求做好各自的工作。

(3) 参与讨论完井作业计划和措施。

(4) 负责对钻井、钻井液、固井等服务商的现场管理,保证设备良好、材料数量足够、人员到位。

(5) 负责井的安全和井控工作,审核完井作业计划和过程是否符合井控要求,审核或编制压井施工方案,并监督执行。

(6) 负责油公司供应材料的管理。

(7) 参加生产例会和作业施工前安全会。

(8) 在没有安全监督的情况下,履行安全监督的职责。

4) 安全监督

(1) 负责完井作业现场人员的 HSE 教育和管理,包括进场 HSE 督导和持证检查。

(2) 从 HSE 角度审核完井作业计划、措施和完井施工指令。

(3) 参加生产例会,提出安全注意事项和要求。

(4) 主持或参加施工前安全会,提出安全注意事项和要求。

(5) 监督完井作业过程是否安全进行,人员劳防用品配戴是否符合要求,人员行为是否安全。

(6) 检查安全设备和工具的性能和状况,确保其处于良好状态。

(7) 审核现场焊接、动火等需要作业许可的作业申请。

(8) 主持防喷、防火、防硫化氢等安全演习。

(9) 负责 HSE 事故的调查和分析。

3. 工作界面

由于完井方式和作业措施的不同,要划分清楚完井作业与其他作业之间的工作界面是很困难的。但为了区分有关人员在不同作业期间的工作职责,应该尽可能明确完井作业与其他作业的工作界面。下面以生产井完井后直接投产为例,介绍与完井作业有关的工作界面。

1) 钻井作业结束界面

(1) 裸眼完成井。

裸眼完成井在完钻和测井之后,在完井作业之前,需完成下钻通井、清刮套管和循环调整压井液等工序。完成上述工序,并且起钻完毕,该井钻井作业结束。

(2) 套管完成井。

套管完成井在完井作业之前,需完成下钻探水泥塞面、按要求钻水泥塞以保留长度合适的口袋、用完井液顶替完钻钻井液等工序。完成上述工序,并且起钻完毕,该井钻井作业结束。

2) 完井作业结束界面

射孔、生产联作的油气井,射孔诱喷测试投产完毕,完井作业即告结束。

六、弃井

1. 弃井及类别

弃井是指在油气田勘探开发过程中因地质要求、地面配套设施未建成等原因临时关闭井，或因生产结束、工程事故、井筒出现故障无法修复等原因将井永久废弃，包括临时弃井和永久弃井两种。

2. 弃井作业原则

不管是临时弃井，还是永久弃井，弃井作业均应遵循以下原则：

（1）地层流体不能流入井筒内。

（2）井筒中流体不能外溢出井口。

（3）有效隔离采、注井段和未利用井段，防止层间窜流。

（4）能够保护地下淡水资源。

（5）能够保护地面环境。

（6）节约资源。

（7）对于临时弃井，实施弃井作业还应有利于井的后续恢复作业。

3. 弃井井筒内封堵方法

井筒内封堵方法包括在裸眼井段注水泥塞、在下套管井段注水泥塞、下入桥塞、在完井管柱中下入堵塞器、关闭井下安全阀等。对于天然气井、含腐蚀性流体的井或地层孔隙压力当量密度高于 1.30 g/cm^3 的井（以下简称特殊井），一般采用下入桥塞和注水泥塞相结合的方法，提高井筒封堵能力。

图 17-2-16 是一尾管射孔完成的勘探井永久弃井作业后的井筒结构示意图。

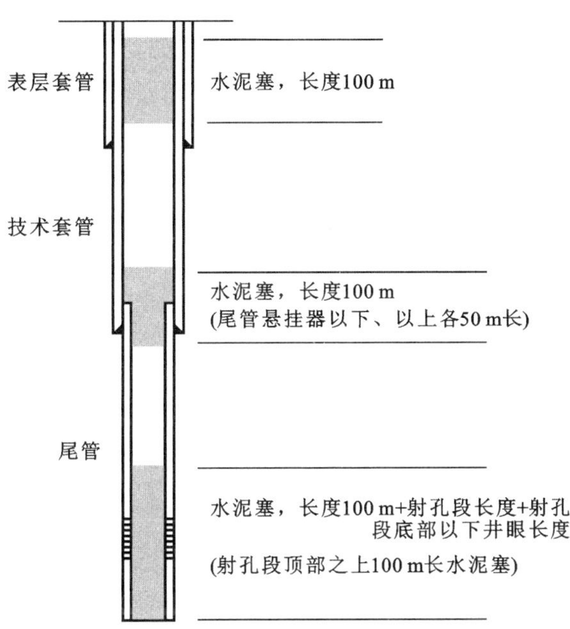

图 17-2-16　尾管射孔完成探井永久弃井作业后井筒结构

4. 临时弃井设计要求

对于探井或开发井，临时弃井在设计上有不同的要求。

1）勘探井

（1）套管或尾管射孔完成井。

① 应在每组射孔段顶部以上 15 m 内下可钻桥塞、试压合格并在其上注一个长度不小于 6 m 的水泥塞或单独注一个长度不小于 50 m 的水泥塞封隔油气层。最上部油气层以上 15 m 内应下桥塞、试压合格并在其上注一个长度不小于 50 m 的水泥塞，或单独注一个长度不小于 100 m 的水泥塞，候凝、探水泥塞顶面并试压合格。

② 在尾管悬挂器、分级箍以下约 50 m 处向上注一个长度不小于 100 m 的水泥塞，候凝并探水泥塞顶面。

③ 在表层套管鞋深度附近的内层套管内或环空有良好水泥封固处向上注一个长度不小于 100 m 的水泥塞，候凝并探水泥塞顶面。

④ 特殊井同上。

（2）裸眼或裸眼筛管完成井。

① 在裸眼井段或筛管内充填保护油气层的完井液。

② 在裸眼上层套管鞋或筛管顶部封隔器以上 30 m 内坐封一只可钻桥塞并试压合格，在其上注一个长度不小于 6 m 的水泥塞（特殊井在桥塞上所注水泥塞长度不应小于 50 m），或单独注一个长度不小于 50 m 的水泥塞封隔油气层，候凝、试压并探水泥塞顶面。

③ 在表层套管鞋深度附近的内层套管内或环空有良好水泥封固处向上注一个长度不小于 50 m 的水泥塞。特殊井应在此位置注一个长度不小于 100 m 的水泥塞。

2）开发井

（1）下套管或尾管固井后未射孔的井，在固井候凝后应全井筒试压并合格，然后充满压井液，安装可监控井口压力并能提供压井通道的井口装置。

（2）射孔井或裸眼完成井，应下入生产管柱并按设计安装好采油（气）树且对井口装置试压合格。对于特殊井，如果完井管柱配置堵塞器工作筒、井下安全阀，则下入堵塞器，关闭井下安全阀，关闭采油树闸阀。

5. 永久弃井设计要求

对于探井或开发井，永久弃井在设计上亦有不同的要求。

1）勘探井

（1）套管或尾管射孔完成的勘探井。

① 油气层层间封隔。自每组油气层底部以下不少于 50 m 向上注水泥塞，水泥塞顶面不应低于射孔段以上 50 m；层间距较短或直接注水泥塞有困难时亦可在油气层射孔段顶部以上 15 m 内下桥塞，试压合格并注一个长度不小于 6 m 的水泥塞。

② 顶部油气层封堵。最上部油气层的水泥塞顶面不应低于射孔段顶部以上 100 m，候凝，试压并探水泥塞顶面；或在最上部射孔段顶部以上 15 m 内下入桥塞，试压合格，并在其上注一个长度不小于 100 m 的水泥塞。

③ 尾管悬挂器、分级箍封堵。在尾管悬挂器、分级箍以下约 50 m 处向上注一个长度不小于 100 m 的水泥塞，候凝并探水泥塞顶面。

④ 上部套管段封堵。在表层套管鞋深度附近的内层套管内或环空有良好水泥封固处向上注一个长度不小于 100 m 的水泥塞，候凝并探水泥塞顶面。

⑤ 特殊井同上。

(2) 裸眼或裸眼筛管完成的勘探井。

① 油气层层间封隔。用水泥塞封堵裸眼井段或封隔裸眼筛管井段的油、气、水渗透层之间流动通道,单个水泥塞长度不应小于 50 m。用水泥塞封堵油、气、水层时,应自所封堵油、气、水层底部 50 m 以下向上覆盖至所封堵层顶以上不少于 50 m。

② 顶部油气层封堵。在裸眼上层套管鞋或筛管顶部封隔器以下 50 m 处,应向上注一长度不小于 100 m 的水泥塞,候凝、探水泥塞顶面并试压合格。特殊井同上,或在裸眼上层套管鞋或筛管顶部封隔器以上 30 m 内下入桥塞,试压合格,并在其上注一个长度不小于 100 m 的水泥塞。

2) 一般开发井

(1) 管柱回收。压井并起出井下生产管柱。

(2) 裸眼段层间封隔。用水泥塞封堵裸眼井段或封隔裸眼筛管井段的油、气、水渗透层之间流动通道,单个水泥塞长度不应小于 50 m。用水泥塞封堵油、气、水层时,应自所封堵油、气、水层底部 50 m 以下上返至所封堵层顶以上不少于 50 m。

(3) 射孔段层间封隔。分段自每组油气层底部以下不少于 50 m 向上注水泥塞,水泥塞面应高出每组油气层顶部不少于 50 m。

(4) 顶部油气水层封堵。最上部油、气、水层的水泥塞面应高于所封堵层顶部不少于 100 m,候凝,探水泥塞顶面并试压合格。

特殊井同上,或在油气层顶部、裸眼上层套管鞋或筛管顶部封隔器以上 30 m 内下入桥塞,试压合格,并在其上注一个长度不小于 100 m 的水泥塞。

3) 井内生产管柱不能全部回收的特殊开发井

井内生产管柱不能全部回收的特殊开发井宜采取以下措施进行永久弃井:

(1) 在无法解封的封隔器以上避开接箍打孔或割断生产管柱,进行压井和洗井作业,切割、回收上部自由生产管柱。

(2) 在距生产管柱打孔或割断位置 2～5 m 坐封挤水泥封隔器。

(3) 通过挤水泥封隔器,采用试挤注、间歇挤水泥的方法进行挤水泥作业,最高挤入压力不超过下部井段最高原始地层破裂压力。

(4) 在挤水泥封隔器上部注一个长度不小于 100 m 的水泥塞。

6. 弃井封堵塞测试要求

1) 裸眼水泥塞

裸眼内的水泥塞要用钻具或注水泥塞管串下压 67 kN(15 000 lb)进行承重测试。若井内有多个水泥塞,仅最上面的水泥塞需要进行承重测试。

同时在裸眼内注多个水泥塞的情况下,当水泥浆凝固时,水泥浆柱压力可能降低至静水柱压力,此时可能出现环空压力失稳导致地层流体窜流。在这种情况下,应保证候凝和水泥浆胶凝时的井内压力平衡。

如果井下有难以打捞的放射源,弃井同样要满足上述要求。打水泥塞时,建议使用染色水泥浆。

2）裸眼段中用于封隔上层套管鞋的水泥塞

裸眼段中用于封隔上层套管鞋的水泥塞要采用钻具下压 67 kN(15 000 lb)进行承重测试，并对之进行试压，确认水泥塞高度和密封性能达到要求。水泥塞试压值应高于套管鞋处漏失压力 7 MPa，但不高于 70%套管试压值，且不能对套管外的水泥胶结产生破坏。

3）下套管井段用于封隔套管鞋的水泥塞

如果固井后试压合格，下套管井段用于封固套管鞋的水泥塞不需再试压，否则需要进行试压。

4）下套管井段用于封固悬挂器或残余套管的水泥塞

该水泥塞必须采用钻具下压 67 kN(15 000 lb)进行承重测试，并对之进行试压，确认水泥塞高度和密封性能达到要求。水泥塞试压值应高于套管鞋处漏失压力 7 MPa，但不高于 70%套管试压值，且不能对套管外的水泥胶结产生破坏。

5）下套管井段中用于封隔的桥塞

桥塞坐封后，下压管柱重量 30～50 kN 探桥塞面，连续探三次，以深度位置不变为合格。还需对之进行试压，验证其密封性。一般用清水试压 20～30 MPa，30 min 压力下降不超过 0.5 MPa 为合格。

6）油气井生产套管试压

套管完井的油气井，临时弃井时，在注最后一个水泥塞后，必须采用正向和负向试压。负向试压即负压试压，推荐的负压试压方法和程序见本章附录。

7. 弃井报告

弃井报告应包含以下主要内容：

(1) 弃井原因。

(2) 完钻测深和垂深。

(3) 所有射孔段位置(已封隔或裸露的)。

(4) 井内所有渗透层位置(已封固或裸眼内)。

(5) 套管和油管数据。

(6) 其他井内工具(完井工具、造斜器等)。

(7) 井眼状况(侧钻井眼、主井眼连通情况)。

(8) 环空水泥高度以及高度的确定方法。

(9) 水泥塞高度、类型、位置。

(10) 桥塞的类型和位置。

(11) 钻井液类型、密度和性能。

(12) 弃井作业计划(补救射孔情况、水泥塞等)。

(13) 水泥塞承重测试和试压情况。

附录 17A 推荐的负压试压方法和程序

17A.1 负压试压推荐方法

17A.1.1 负压试压是指降低套管内液柱压力，使之低于套管外地层压力以验证套管头、套管及其附件、尾管与上层套管重叠段的水泥环密封情况的试压方法。

17A.1.2 负压试压的指导原则。

(1) 负压试压适用于临时/永久弃井、油气测试前、固井结束后下一次开钻前验证井的完整性等。

(2) 负压试压的最大负压值不得大于试压段套管抗外挤强度的 80%，以防套管被挤毁。

(3) 进行负压试压时必须保证井控安全。

(4) 负压试压应在水泥浆确定已凝固且正向套管试压合格后进行。

(5) 负压试压可采用较低密度钻井液或海水部分替换井内钻井液的方法。

17A.2 推荐负压试压程序——光钻杆

17A.2.1 下光钻杆至一定井深。钻杆下深以钻杆内外所产生的负压值不超过 10 MPa 为宜。

17A.2.2 关闸板防喷器，打开节流管汇上的节流阀。在负压试压的整个阶段，应关闭闸板防喷器和压井管汇。

17A.2.3 从井口替入密度低于井内钻井液的试压液，钻井液从节流管汇返出，调节节流阀开度使之保持一定的回压值，该回压值应保证井内液柱压力的当量密度不低于钻进时最大的钻井液密度。

17A.2.4 停泵后，逐步泄压为零，泄压时密切观察立压、套压变化情况，在确认井内稳定后继续下一步操作。若发现异常，应及时关井观察。

17A.2.5 立压、套压泄压为零后，开井观察(观察时间根据井内情况确定)并及时记录压力变化情况，判断套管密封情况。

17A.2.6 负压试压合格后，应根据下一步作业程序的要求将试压液替换为与井内钻井液密度相同的钻井液或打水泥塞弃井。

17A.3 推荐负压试压程序——带封隔器的测试管柱

当检测尾管与上层套管重叠段的密封性时，可采用带封隔器的测试管柱进行负压试压。

17A.3.1 注意事项。

(1) 负压试压值取决于重叠段在后期钻进或油气生产中所承载的最大负压值，包括气举中气举管柱实效的情况。

(2) 管柱内外压差应逐步平稳实现，过快实现或释放管柱内外压差可能会对套管重叠段造成损害。

(3) 管柱内外压差可由掏空部分管柱、管柱内替入部分密度低于井内钻井液的液体(如较低密度钻井液、淡水)来实现。建议采用替入密度低于井内钻井液的液体(如较低密度钻井液、淡水)的方法,以利于管柱试压和井控安全。

(4) 若进行负压试压,以下因素应给予考虑:

① 防喷器/立管/节流管汇/方钻杆旋塞阀试压值。

② 井内钻井液密度。

③ 封隔器坐封井深。

④ 替入管柱内的低密度液体长度或管柱掏空长度。

⑤ 测试管柱组合。

⑥ 测试阀井深。

17A. 3. 2 推荐作业程序。

(1) 根据管柱组成情况,选择合适类型的封隔器、测试阀等工具。

(2) 对防喷器组、节流管汇等地面设备进行试压。

(3) 接井口循环头,测试管柱、压力表及观察软管等。

(4) 测试管柱入井前,确保各工具附件处于作业工况,测试阀处于关闭状态。

(5) 下入管柱时,及时向管柱内灌入钻井液,严格控制掏空段长度和较低密度的钻井液或淡水/海水段长度,确保管柱、套管安全。

(6) 若采用掏空部分管柱的方法进行负压试压,应确保地面设备和管线内无液体。

(7) 坐封封隔器。

注意:在测试阶段建议在环空保持一定压力,若无法进行环空加压,应注意观察环空返出情况。

(8) 打开测试阀 30 min(或根据实际情况来确定),观察井口压力及返浆情况。

(9) 若负压试压成功,关闭测试阀 30 min(或根据实际情况来确定),以确认井内无溢流。

(10) 负压试压合格后,用钻井液替换管柱内的低密度钻井液或淡水/海水,消除管内外压差,解封封隔器,观察井内稳定后起钻。

(11) 若负压试压发现问题,应尽快建立循环,将测试管柱内的测试液体替换为常规钻井液,视井内情况决定起钻或进行压井,根据需要采取补救措施后再重新进行负压试压工作。

参考文献

[1] 刘能强. 实用现代试井解释方法. 第 4 版. 北京:石油工业出版社,2003.

[2] 《试井手册》编写组. 试井手册. 北京:石油工业出版社,1992.

[3] SY/T 5980—2009 探井试油设计规范.

[4] SY/T 6293—2008 勘探试油工作规范.

[5] SY/T 5483—2005 常规地层测试技术规程.

[6] 万仁溥. 现代完井工程. 北京:石油工业出版社,2008.

[7] 《海上油气田完井手册》编写组. 海上油气田完井手册. 北京:石油工业出版社,1998.

[8] SY/T 6464—2010 水平井完井工艺技术要求.

[9] SY/T 5678—2003 钻井完井交接验收规则.

[10] SY/T 6646—2006 废弃井及长停井处置指南.

[11] Q/HS 2025—2010 海洋石油弃井规范.

第十八章　钻井作业 HSE 管理

HSE 是健康(Health)、安全(Safety)、环境(Environment)的缩写。HSE 管理是将生产、生活中的健康、安全与环境管理的机构、职责、做法、程序、过程和资源等要素,通过科学、系统的运行模式有机地融合在一起,相互关联、相互作用,动态管理。

风险控制是 HSE 管理的核心内容。HSE 管理从风险识别入手,通过事前识别与评价,确定活动可能存在的危害及后果的严重性,从而采取有效防范手段、控制措施和应急预案来防止事故的发生或者把风险降低到最低,以减少人员伤害、财产损失和环境污染。

石油天然气钻井作业是石油工业中最危险的专业活动之一。本章以钻井施工期间的 HSE 风险评估与管控技术为基础,从工艺安全管理的架构对钻井施工期间的 HSE 管理和技术进行系统的论述,主要包括钻井 HSE 管理的设计完整性、技术完整性和操作完整性,钻井现场 HSE 风险的识别、评估与控制,钻井关键设备的 HSE 要求,钻井工序、施工过程中所存在 HSE 风险的防范,钻井施工期间的 HSE 事故管理及应急管理。通过实施钻井过程工艺安全管理,达到安全、快速、优质钻井的目的。

第一节　钻井作业现场 HSE 管理组织机构、职责

为保证钻井现场 HSE 工作的有效落实,确保钻井施工安全顺利实施,油公司和钻井承包商应建立完善的钻井管理组织机构,明确各自的职责和分工,共同努力实现钻井作业的安全顺利实施。

一、HSE 管理组织机构

油公司和钻井承包商至少应建立表 18-1-1 所包含的岗位人员组成的钻井作业 HSE 管理组织。

表 18-1-1　油公司和钻井承包商 HSE 管理组织机构

单　位	组织机构
油公司	公司分管钻井经理、钻井总监、钻井经理、HSE 经理、材料基地经理、钻井监督、HSE 监督等
钻井承包商	项目分管钻井经理、钻井经理、HSE 经理、平台经理、带班队长、钻井工程师、材料基地经理等

二、钻井作业现场 HSE 管理架构

钻井作业现场应建立由油公司和钻井承包商有关人员组成的现场监督管理组织。在钻

井监督的统一指挥下，地质监督、HSE 监督、平台经理、钻井液工程师、录井工程师、固井工程师、测井工程师、测试工程师等相互协调配合，共同履行钻井现场 HSE 直接管理职能。钻井现场 HSE 管理组织机构见图 18-1-1。

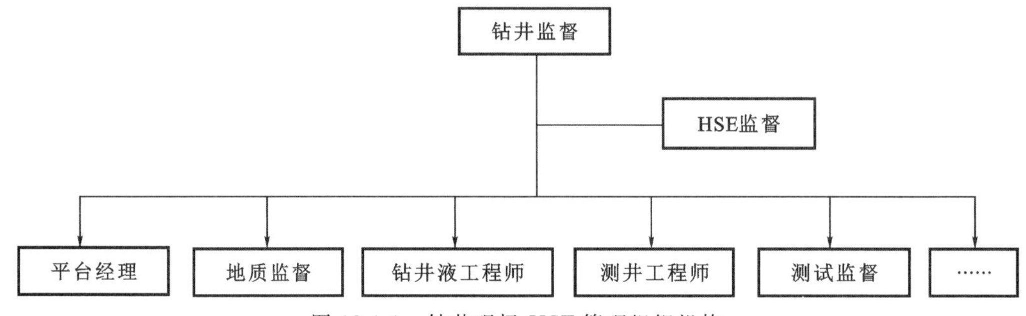

图 18-1-1　钻井现场 HSE 管理组织机构

三、钻井作业 HSE 管理主要岗位职责

为保证钻井作业的安全顺利，油公司和钻井承包商应齐心协力、统筹兼顾，认真履行 HSE 职责，从设备、材料、操作、环境、管理等方面及时消除各类违章或隐患，努力实现安全生产。

HSE 关键岗位应认真落实表 18-1-2、表 18-1-3 所明确的主要 HSE 职责。

表 18-1-2　油公司 HSE 关键岗位职责

岗　位	HSE 职责
公司分管钻井经理	提供钻井作业 HSE 管理所需要的人、财、物等资源；跟踪钻井作业的 HSE 绩效，持续改进
钻井总监	审批钻井作业方案中的 HSE 措施；组织开展年度钻井作业 HSE 管理评估
钻井经理	负责编制钻井作业合同中的 HSE 条款；组织开展钻井作业 HSE 风险的识别和评估；审查钻井作业方案中的 HSE 措施；批准钻井作业过程中的重大 HSE 变更；组织油公司级别的钻井作业现场 HSE 检查
HSE 经理	审查钻井作业方案中的 HSE 措施；组织钻井作业的 HSE 审计；提供 HSE 技术支持
钻井监督	监督钻井作业现场有关 HSE 措施的实施；审查承包商人员资质；负责对用火作业、进入受限空间、临时用电、高空作业、破土作业等执行作业许可；发生变更时，向钻井经理提出变更申请，制定相应的安全措施；在变更得到许可后，监督相关变更的实施；组织召开关键工序安全会议；对钻井作业现场的应急响应全面负责，负责组织应急演练和应急处置工作；组织每日的 HSE 巡查，并跟踪整改情况
HSE 监督	参与每日 HSE 巡查；监督关键工序的实施；监督作业许可 HSE 措施的实施；统计 HSE 绩效数据；开展钻井现场 HSE 月度检查；监督、纠正人员的不安全行为，监督检查 HSE 设施的使用、维护和运转情况，监督各项安全制度和措施得到有效贯彻；组织开展钻井作业现场的 HSE 事故事件的调查分析

钻井承包商为钻井作业现场至少应配备司钻、副司钻、井架工、井口操作工、场地工、吊车操作员、叉车操作员等作业人员，并在落实技能需求的基础上，明确相应 HSE 职责。

表 18-1-3　钻井承包商 HSE 关键岗位职责

岗　位	HSE 职责
项目分管钻井经理	提供钻井作业 HSE 管理所需要的人、财、物等资源；跟踪钻井承包合同实施期间的 HSE 绩效，持续改进
钻井经理	编制钻井作业合同中的 HSE 条款；参与钻井作业 HSE 风险的识别和评估；审查钻井作业人员资质，组织员工 HSE 培训；组织钻井承包商项目级别的钻井作业现场 HSE 检查
HSE 经理	对钻井作业人员提出 HSE 资质要求，配合钻井经理审查人员资质；提供 HSE 技术支持
平台经理	负责钻井作业现场 HSE 管理，协调 HSE 事项
带班队长	负责钻井作业现场 HSE 设备设施的完好；组织开展应急演练，开展钻井作业现场 HSE 事故事件的调查

第二节　钻井作业 HSE 管理

针对钻井作业的高风险特性，必须从钻井作业的人员、设计、技术、设施、操作、管理、应急准备等全方位实施 HSE 管理和风险控制，防范井喷、H_2S 中毒、火灾、爆炸、人身伤害和泄漏等事故的发生，减少对钻井作业造成的财产损失、人员伤害和环境破坏。

一、设计完整性管理

为了确保钻井作业的安全顺利实施，从源头预防各类事故，钻井作业前应组织进行 HSE 危险和危害因素识别和评估。评估主要包括安全、健康和环境保护等方面，形成安全风险评估报告、环境影响评估报告和职业卫生报告，明确钻井作业期间的 HSE 监测与防范措施，并将各项防范措施落实到具体的地质、钻井、测试方案。

1. 钻井作业现场 HSE 风险识别

钻井作业现场的 HSE 危险和危害因素应从人的因素、物的因素、环境因素和管理因素等方面，结合周边环境、地面状况、地下实际、材料、设施、工艺流程等环节入手，进行全面的 HSE 危险和危害因素的识别和评估。钻井作业现场 HSE 危险和危害因素包括但不限于表 18-2-1 中的内容。

表 18-2-1　钻井作业现场 HSE 危险和危害因素

类　别	HSE 危险和危害因素
心理、生理类	体力负荷超限；疲劳；工作场所噪音≥85 dB；现场照度低于 75 lx；心理障碍；生理不胜任；职业禁忌症
行为类	指挥失误；违章指挥；误操作；违章作业
物理类	基础、井架等结构的强度、刚度或稳定性不够；悬、吊、索具的强度不够；固定装置锈蚀严重；钻井液等高压密闭系统刺漏；运动件外露；绞车刹车系统缺陷；安全距离不够；漏电；井口及井下装置的压力等级不够或设施不配套；高空坠落；负载钢丝绳失控；气防、消防设施不齐全或失效

续表 18-2-1

类　别	HSE 危险和危害因素
化学类	钻井液的有毒有害添加剂；硫化氢；二氧化碳；压缩气体和液化气体；氧化物；放射源；易燃物；爆炸物；腐蚀品；粉尘
生物类	生产现场或营地可能存在的细菌、病毒、致病微生物、传染病、致害动植物等
作业场所	平台杂乱或湿滑；护栏缺失；平台面或罐面未封闭；通风不良；恶劣气候和环境；安全通道不畅通
管理因素	职责不明；操作规程不全；应急措施缺陷；培训不够

2. 危险点源分析

HSE 危险和有害因素的识别应按照钻井动力系统、传动系统、提升系统、旋转系统、循环系统、控制系统、仪表系统、井架及底座、辅助系统的划分，结合操作流程，识别单元之间的物质流动、能量转换及信息传递，分析危险源的可靠程度，从而识别相关的 HSE 危害。钻井现场的主要危险点源如下。

1）准备阶段危险源分析

钻前准备阶段主要完成井架放倒、拆卸、搬迁、安装、设备的调试和运转、电线路的架设等工作，同时，井场频繁使用拖拉机、吊车等机械设备，所以危险点源主要分布在以下几个区域。

（1）井架及其附近。

放倒、拆卸、搬迁、安装井架时，由于机械故障或操作失控，可能发生井架倒塌等吊装失控事故，伤及下面及附近人员；井架上可能存留工具或因为安装不牢靠等原因，起放井架时可能发生落物伤人事故。

（2）设备工作区。

各种设备在试运转期间，可能发生伤害事件（因防护设施不全、非规定的操作人员接触等）。

（3）井场。

搬迁、安装时，需动用拖拉机、吊车、拖车等各种机动车辆，易发生车辆伤害事故。

2）钻井作业危险源分析

（1）钻台。

钻井时，各类钻井设施连续运转，如防护设备（护罩等）安装不齐全、保险装置失灵，可能发生机械伤人或设备毁坏事故。起下钻时可能发生的高空落物易造成井口作业人员的伤害；上卸扣时的液压大钳、动力钳在其运转范围内或张力作用下易发生物体打击或机械伤害事故。

（2）泵房区。

钻井泵、管线属高压设施，刺漏后易刺伤人员，或者被吸入或渗入人体内而造成影响。

（3）钻井液循环池。

人员易不慎坠入导致淹溺伤害，同时处理钻井液加入某些材料时可能灼伤人员皮肤、眼睛，或者被吸入或渗入人体内而造成健康危害。

（4）电气设备及线路附近。

电气设备漏电易发生触电伤人或旋转部位机械伤人事故。

(5) 井口。

钻进过程中可能自井底返出可燃、有害气体,危及井口操作人员安全;电测时,要预防放射性物质产生的辐射危害。

3) 完井作业危险源分析

(1) 高压管线附近。

钻井、固井或储层改造施工时,要预防高压管线爆裂或泄漏所造成的伤害。

(2) 钻台上下、大门坡道及井场。

施工作业时,有限空间区域内井口装置的安装、钻台边的操作、气动绞车的使用等,易发生物体打击、高处坠落及机械伤害等事故。

3. HSE 风险评估

针对钻井作业的施工工序,对动迁、安装、开钻、固井、测井、测试作业等整个钻井作业过程逐一分解作业步骤,对每一步中可能存在的 HSE 危险和危害因素分析其危害程度和发生概率,确定其风险等级,并落实改进和防范措施,将风险等级控制在可接受范围内。

具体评估程序如下。

1) 确定事故严重程度

针对识别出的 HSE 危险和危害因素,从人员伤亡、财产损失、环境影响和企业声誉等方面分析可能导致的事故后果。依据表 18-2-2,确定事故的严重程度。

表 18-2-2 事故严重程度分级标准

等级	人员伤害	财产损失	环境影响	企业声誉
1	现场救助、医疗处理事件	财产损失小于1万美元	原油泄漏不大于4桶	轻微影响:当地公众知道但不关注;无报道
2	工作受限事件	财产损失大于1万、小于10万美元	原油泄漏到地表水不大于4桶;放射性物质丢失	较小影响:当地公众关注;当地媒体报道
3	损失工作日事件或暂时性失能伤害	财产损失大于10万、小于100万美元	原油泄漏大于50桶;泄漏到地表水大于5桶	中度影响:在地区或国家有重大影响,整个地区公众关注;当地利益相关者知道,如社区、非政府组织、行业或政府;当地媒体广泛关注;一些地区或国家的媒体报道
4	1~3人死亡或永久性失能伤害	财产损失大于100万、小于1 000万美元	泄漏的围堵和清理设备的重大部署	较大影响:影响扩大并且影响公司名誉,国家公众关注;影响当地或国家利益相关者;可能涉及国家政府和非政府组织,国家媒体广泛关注;一些国际媒体报道,可能受到管理管制,影响生产许可证
5	3人以上死亡	财产损失大于1 000万美元	大范围的严重环境损害	重度影响:严重影响公司声誉,国际公众广泛关注;政府和国际非政府组织高度关注;很可能对国际标准产生影响,进而对进入新地区、获得许可证以及税法造成影响

2) 确定事故发生概率

根据历史事故事件的统计,对分析出的事故事件,依据表 18-2-3 确定其发生可能性。

表 18-2-3　历史事故事件发生可能性

事故类别	可能性	事故类别	可能性
井喷失控	2	触　电	2
井　喷	3	火　灾	2
硫化氢泄漏	3	高处坠落	2
物体打击	3	爆　炸	3
车辆伤害	2	窒　息	3
机械伤害	2	溢　油	2
起重伤害	3	传染病	2

3）确定风险等级

按照 HSE 危险和危害因素可能导致的事故严重程度和可能性，对照表 18-2-4 确定其风险等级。

表 18-2-4　HSE 危险和危害因素的风险等级

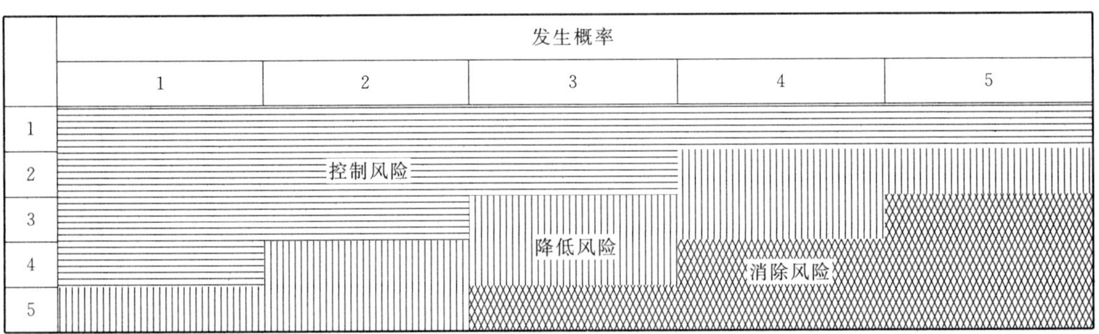

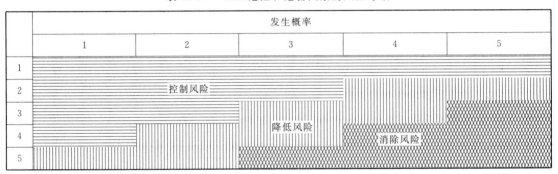

4）制定防范措施

按照 HSE 危险和危害因素的风险等级，即 HSE 危险和危害因素在表 18-2-4 所处位置，依据表 18-2-5 确定相应的防范和控制措施。

表 18-2-5　HSE 风险管控战略

消除或避免风险	通过取消钻井作业或变更设计、作业方式等消除风险
降低或削减风险	通过变更设备设施或所采用的材料等降低风险
工程控制风险	通过工程上的自锁与监控措施进一步控制风险
程序控制风险	通过完善作业程序等从操作上控制风险
防　护	通过使用个人防护用品防范风险

将以上工作内容统一登记在表 18-2-6 风险登记表中，并确认残余风险的等级在可接受范围内，其中的防范与控制措施供设计阶段使用，在钻井作业期间跟踪落实，并填写完成情况和最终状态。

表 18-2-6 HSE 风险登记表

序 号	活动步骤	危害识别	危害后果	风险级别			控制措施	残余风险			完成情况
				概 率	程 度	级 别		概 率	程 度	级 别	

5）环境影响评估

为保证钻井作业对环境所造成的影响降低到最低限度，设备搬迁前应组织进行环境影响评估，具体步骤如下：

（1）联系资源国有关石油部门，提供意向的钻井作业的有关资料，提出环境影响评估的意向。

（2）配合资源国有关环境保护部门勘查现场，取得环境影响评估的授权；负责环境评估的单位可以由资源国环保部门确定，或者自行联系有资质的第三方实施。

（3）配合环境评估单位进行现场勘察，查阅有关资料，分析钻井作业可能造成的环境影响，并确定防范和控制措施。

（4）将环境影响评估单位出具的环境影响评估报告提交资源国相关部门审查；针对资源国有关部门的审查意见，进一步修改完善评估报告，并申请资源国的审批。

环境影响报告应包括但不限于以下内容：

（1）钻井作业项目概况；

（2）钻井作业项目周围环境现状；

（3）钻井作业项目对环境可能造成影响的分析、预测和评估；

（4）钻井作业项目环境保护措施及其技术、经济论证；

（5）钻井作业项目对环境影响的经济损益分析；

（6）对钻井作业项目实施环境监测的建议；

（7）环境影响评价的结论。

环境影响防范和控制措施主要包括但不限于：钻井作业期间所产生的废弃物、污染物的分类收集、集中处理，无法就地处理的污染物应当运送到资源国指定场所进行处理；钻井作业结束后，对钻井过程中产生的废弃钻井液及岩屑进行现场无害化处理；钻井设备搬离井场后，现场清理和地貌恢复措施。现场填埋处置或直接运送至资源国指定场所的处置措施必须预先获得资源国批准。

4. 地质设计

地质设计中应提供地理、环境资料以及有关的 HSE 信息，具体包括但不限于：地理位置及地形、气象水文资料、交通条件；全井地层孔隙压力梯度曲线、破裂压力梯度曲线；可能存在的浅层气、硫化氢含量及层位、表层水层位、地层流体物性、井下复杂情况、灾难性地理地质现象等。同时，针对风险识别与评估的结果，从地质角度提出有关的控制措施。

5. 钻井设计

钻井设计中应提供的 HSE 信息应包括但不限于：施工期间本地区的风向、风力、气温和雨量等有关情况；地形地貌及交通情况；地层孔隙压力梯度和破裂压力梯度预测；井身结构及表层套管水泥返高；含硫化氢井对管材、设施的要求；钻井液性能与处理剂的安全数据；浅层气的预防措施；井口装置的安装要求；井口压力控制装置的配备等。

同时，应在钻井设计中编制 HSE 专篇，具体包括但不限于：

（1）HSE 管理的基本要求；

（2）职业卫生与健康的防范措施及管理要求；

（3）安全防范措施与管理要求；

（4）环境保护的防范措施与管理要求；

（5）HSE 绩效的统计上报与事故调查的相关要求；

（6）应急组织、应急预案与应急演练的要求等。

6. 测试设计

测试设计中应提供有关 HSE 信息，具体包括但不限于：井口压力控制装置的配备；紧急关断装置的配备；完井液性能；压井液性能及储备要求；含硫化氢等腐蚀介质对管材、设施、工具的要求；分离后油、气、水的流向及点火方式；射孔、酸化、压裂等施工的 HSE 要求等。

二、技术完整性管理

钻井作业现场 HSE 管理的技术完整性包括井场布局、设备性能及其检查维护、材料的性能及其检查维护、HSE 设施的配备等。

1. 井场布局

1）井位选择

井位的选择应全面考虑地形、地势、地表环境、土质、地下水位、水源、排水条件、交通状况、安全、环境保护等条件，本着充分利用地形、节约用地、方便施工的原则，落实安全评估报告、环境评估报告中的措施。

（1）井位选择应避开洪水区、山洪暴发区、山体滑坡带、低洼区以及泄洪排水通道，否则钻井作业应在旱季进行，并有相应的防护措施。若有防洪大堤，距离应大于 100 m。井位的地势应选取较高的位置，以便于排水，满足防洪的要求。

（2）钻井生产用水应能就近解决，根据井场附近情况可采用河流、池塘等地面水，也可采用机井井水。

（3）井场道路的选择应和井位的选择同时进行，尽量使公路与井场能够衔接上。通往井场的道路，应利用农村机耕道路、大车道路或其他简易路改建、扩建，尽量少修路、少架桥。井场道路一般由井场前方或侧面进入，便于车辆进出和设备、物资的搬运，并应满足建井周期内各型车辆的安全通过。

(4) 油气井井口距高压线及其他永久设施应不小于 75 m;距民宅应不小于 100 m;距铁路、高速公路应不小于 200 m;距学校、医院和大型油库等人口密集性、高危性场所应不小于 500 m。含 H_2S 油气田的井,其井位应选择在距人口稠密的村镇 1 000 m 以上且较为空旷的位置,尽量在前后或左右方向上能让盛行风通畅。应对拟定探井 3 000 m、开发井 2 000 m 范围内居民住宅、学校、公路、铁路、厂矿等进行勘测并在地质设计书中标明其位置。

(5) 在资源国规定的水源保护区、自然保护区、名胜古迹、风景游览区、水产养殖区以及主要的水利工程区,一般不设置井位。如遇特殊情况,必须经过资源国有关部门和环境保护主管部门批准方可定井位。

(6) 当井场存在潜在地质灾害影响时,应进行专门地质灾害勘察和场地稳定性评估。评估内容主要包括滑坡、危岩崩塌和泥石流,对天然状态和饱和状态的滑坡应查明岩土层分布、滑床坡度、滑带土的内聚力和内摩擦角、滑体的容重,并对滑坡规模进行判断;对危岩的地质灾害勘察主要包括岩石边坡的倾角、倾向、地层产状、裂隙产状及其组合情况,裂隙的充填情况及岩石的风化情况,裂隙水的补给情况和水压力情况。当地质灾害需要治理时,应进行治理设计。

2) 井场建设

(1) 井场面积的确定。

井场面积是指钻机主要设备、辅助设施、沉砂池、排污池、生产用房、锅炉房和井场内道路所占的面积。应根据所选择的钻机型号,按照表 18-2-7 的内容确定井场面积。

表 18-2-7　各类钻机所占井场面积

钻机级别	井场面积/m^2	长度/m	宽度/m
ZJ10Y	≥6 400	≥80	≥80
ZJ20	≥6 400	≥80	≥80
ZJ30	≥8 100	≥90	≥90
ZJ40	≥10 000	≥100	≥100
ZJ50	≥11 025	≥105	≥105
ZJ70	≥13 200	≥120	≥110
ZJ90	≥16 800	≥140	≥120

注:井场前后为长,井场左右为宽。

(2) 井场布置应考虑当地季风的风频、风向。

(3) 井场应平坦坚实,能承受大型车辆的载荷。井场应满足钻井设备的布置及钻井作业的要求。

(4) 井场中部应稍高于四周,以利排水。雨季时,井场周围应挖环形排水沟。井场、钻台下、机房下、泵房要有通向污水池的排水沟。井场应有利于污水处理设施的布置。钻井液储备罐、废液处理池、钻井液池应采取防渗漏及其他措施。发电房和油罐区四周应有环形排水沟,并配备污油回收罐。应回收任何可能溢出井场的流体。排水沟和堤坝设计尺寸应能承受 2 h 内 2~3 倍最大暴雨量和生产生活污水设计排放量总和。

(5) 在河床、海滩、湖泊、盐田、水库、水产养殖场钻井时,井场应设置防洪、防腐蚀、防污染等安全防护设施。在沙漠布置井场时应侧重防风、防沙。农田内井场四周应挖沟或围土堤，与毗邻的农田隔开。井场内的油污、污水、钻井液等不得流入田间或水溪。

(6) 道路。

山岭丘陵地区选定井场道路应避开滑坡、泥石流等不良地质地段。通往井场的道路，应满足建井周期内各型车辆安全通行，特别应考虑满足抢险车辆的通行。根据油气田地质构造和井位布局确定道路走向。

(7) 桥涵。

通往井场的道路桥涵类别应根据油气田运输车辆的特殊性和钻探区的实际情况而定。修筑道路要根据地形合理设计涵洞以利排水。涵洞顶部覆盖土的深度不得小于 0.5 m。

3) 井场布置

(1) 主要设备的布置。

大门方向的确定要求根据大门方向及不同钻机类型确定井架底座、绞车、柴油机及发电机、统一用钻井液罐、钻井泵的位置。柴油机排气管出口要避免指向油罐区。

井场的安全距离应符合以下规定：值班房、发电房、库房、化验室、油罐区距井口不少于 30 m；发电房距油罐区不少于 20 m；在苇塘区钻井时，井场周围防火隔离带宽度不少于20 m；远程控制房距离井口不少于 25 m；野营房应置于井场边缘 50 m 外的上风处。含硫油气井施工时野营房离井口不小于 300 m。

井场的人员集中区域应部署在井口、节流管汇、天然气火炬装置或放喷管线、液气分离器、钻井液罐、备用池和除气器等容易排出或聚集天然气的装置的上风方向。可能散发可燃气体的场所和设施应布置在明火或散发火花地点的季节风的上风侧。火炬和放空管应位于石油天然气站场生产区季节风的下风侧，且宜布置在站场外地势较高处。井场值班室、休息室、钻井液值班室、应急器材储备室等应设置在井场季节风的上风方向。

在确定井位任一侧的临时安全区的位置时，应考虑季节风向。当风向不变时，两边的临时安全区都能使用；当风向发生 90°变化时，应有一个临时安全区可以使用。

钻入含硫油气层前，应将机泵房、循环系统及二层台等处设置的防风护套和其他类似的围布拆除。寒冷地区在冬季施工时，对保温设施采取相应的通风措施，以保证工作场所空气流通。

钻井作业营地建设应符合下列要求：远离野生动物栖息、活动区；盛水容器应加盖；不能长期切断当地的自然排水通道；污水坑应设置防渗层，选择在地表水不能流入的地方；污水坑能容下营地排水，并定期消毒；设置公共厕所；不得在营区随意乱倒垃圾、污油、污水，废弃物和垃圾应集中处理，保持营地内的清洁；最大限度地保存原有树木、灌木、农作物、草原等，保护耕田、井场周围其他有生命的植物；职工宿舍应布置在季节风的上风侧，以减轻噪声的影响。

(2) 井场电路。

发电房严禁使用无渗漏、易燃材料建造，内外无油污、无污水且清洁。柴油机、发电机无渗漏，固定螺栓齐全、紧固。发电机外壳必须接地，接地电阻不大于 4 Ω。

配电柜金属构架应接地，接地电阻不宜超过 10 Ω。配电柜前地面应设置绝缘胶垫，面积不小于 1 m^2。

井场距井口 30 m 以内的电气设备必须符合防爆要求。电气设备均应保护接地(接零)，其接地电阻不超过 4 Ω。钻台、机房、净化系统、井控装置的电器设备、照明器具应分设开关控制。远程控制台、探照灯应设专线。配电房输出的主电路电缆应由井场后部绕过，敷设在距地面 200 mm 高的金属电缆桥架内；过路地段应有电缆保护钢管；钻井液罐及振动筛内侧应焊接电缆桥架和电缆穿线钢管。

井场照明电路应采用橡套电缆。各照明电缆分支应经防爆接线盒或防爆接线箱压接，支路与分支做线路搭接时应做结扣绕线和高压绝缘处理。

露天使用电动机，要有防雨水措施。电动机运转部位必须加护罩，且完好、安装牢固。电动机外壳必须接地，接地电阻不宜大于 4 Ω。在电源总闸、各分闸后和每栋野营铁皮房上应分别安装漏电保护设备。

移动照明灯应采用安全电压工作灯。

钻井作业井场应配备应急电源，供应急响应必须停止一切火源时使用。

2. 设备和材料

1）钻井作业设备

钻井作业设备和相应材料的选择应严格按钻井设计执行。

钻井设备应满足相应规范关于功能、有效性、可靠性和持久性的要求。

钻井作业设备应记载运转及维护保养情况，并执行严格的定期维护保养制度。

钻井作业的关键设备应按照美国石油工程师协会的统一标准，按照表 18-2-8 的要求定期进行检测。该标准将检测分为四类。

表 18-2-8　关键设备的定期检测表

设　备	每　天	7 天	1 个月	3 个月	6 个月	1 年	2 年	5 年
天车轴承与天车轮	Ⅰ	Ⅱ			Ⅲ			Ⅳ
大　钩	Ⅰ	Ⅱ			Ⅲ			Ⅳ
游　车	Ⅰ	Ⅱ			Ⅲ			Ⅳ
吊　环	Ⅰ	Ⅱ			Ⅲ			Ⅳ
吊　卡	Ⅱ				Ⅲ	Ⅳ		
旋转水龙头	Ⅰ	Ⅱ			Ⅲ		Ⅳ	
动力水龙头	Ⅰ	Ⅱ			Ⅲ			Ⅳ
死绳固定器	Ⅰ	Ⅱ			Ⅲ			Ⅳ
卡　瓦	Ⅰ	Ⅱ			Ⅲ			Ⅳ
提升短节	Ⅱ				Ⅲ	Ⅳ		
安全卡瓦	Ⅱ				Ⅳ			
井口工具(大钳)	Ⅱ				Ⅲ	Ⅳ		

种类Ⅰ：操作时，目测检查设备本体是否有裂纹，联结是否松动，部件是否伸长，是否存在磨损、腐蚀或超载。

种类Ⅱ：在种类Ⅰ的基础上，进一步检查腐蚀、变形、松动或部件丢失、损坏、润滑等情况，目测外部裂纹和松紧度等。

种类Ⅲ:在种类Ⅱ的基础上,对关键部位进行无损检测或解体检测,以评估重要部件,或确定磨损程度是否超过厂家规定范围。

种类Ⅳ:在种类Ⅲ的基础上,设备解体进行进一步的无损检测,以确定所有重要承载部件是否满足厂家规范。设备将进行所有重要承载部件和相关重要部件的检测,检测内容包括磨损、裂纹、缺陷、变形。

钻机井架按实际最大承载能力分为A,B,C,D,E五级。

A级:实际最大承载能力不低于额定最大钩载。

B级:实际最大承载能力不低于设计最大钩载的85%。

C级:实际最大承载能力不低于设计最大钩载的70%。

D级:实际最大承载能力不低于设计最大钩载的60%。

E级:实际最大承载能力低于设计最大钩载的60%。

对于首次投入使用的新型井架,开始作业前宜静校井架承载能力检测评定。新井架使用5年内,应进行承载能力检测评定。A级井架每3年应进行一次检测评定;B级和C级井架每2年应进行一次检测评定;D级井架每1年应进行一次检测评定。

有下述情况之一的,应进行井架承载能力检测:

(1) 井架存在屈曲、裂缝开裂、残余变形等异常情况。

(2) 井架结构性能受到损伤或存在重大缺陷。

(3) 发生过摔落、顶天车、井喷失控等重大事故。

(4) 井架经过维修、更换主要部件后。

(5) 遭受重大自然灾害。

凡符合下列条件之一的井架应报废:

(1) 评定为E级。

(2) 井架拥有者要求报废。

2) 钢丝绳

钢丝绳由于承受复杂应力的作用,而且这些应力与滑轮和滚筒直径、钢丝绳结构、钢丝绳润滑和操作条件密切相关,因此使用时要满足其破断拉力和安全系数的要求。作用在钢丝绳和附件上的工作负荷不得超过制造商推荐的安全工作负荷。

钢丝绳报废标准:

(1) 6×7钢丝绳的一捻距中发现3根断丝。

(2) 其他6和8股结构的钢丝绳一捻距中发现6根断丝,或者一捻距中的一股中发现3根断丝。

(3) 抗转结构钢丝绳一捻距中发现4根断丝,或者一捻距中的一股中发现2根断丝。

(4) 作为固定不动的钢丝绳,如绷绳、井架逃生绳等,如果一捻距中发现3根断丝、端部连接部分的绳股沟内发现2根断丝,则不宜继续使用。

(5) 钢丝绳出现腐蚀痕迹、绳端连接部分有锈蚀的钢丝,以及固定连接锈蚀、开裂、弯曲、磨损、明显扭绞等情况不能再继续使用。

(6) 报废后的钢丝绳严禁用于其他起重或牵引作业。

当吨千米计算表明提升钢丝绳(钻井大绳、起架大绳、气动绞车和载人绞车用钢丝绳)使用寿命已到,或者通过外观检查发现断丝、挤压或损坏,应立即采取倒绳、截断或更换措施。

钢丝绳绳卡数量应按表 18-2-9 确定，绳卡之间的间隔最小应等于钢丝绳直径的 6 倍。

表 18-2-9 钢丝绳直径与绳卡的配备要求

钢丝绳直径		钢丝绳绳卡数量
in	mm	
1/8～7/16	3～11	2
1/2～5/8	13～16	3
3/4～7/8	19～22	4
1	25.4	5
1～1/8	29	6
1¼～1⅜	32～35	7
1½～1¼	38～57	8
2½	64	9
2¾～3	70～77	10

绳卡的 U 形端应安装在辅助绳端，绳卡的压盖安装在工作绳端；禁止使用割枪切割钢丝绳；新绳卡使用1 h 后，应重新紧固所有绳卡；绳套使用前，应检查是否过度磨损或损坏；绳套应定期擦油以防腐蚀。

3）吊具索具

使用者应熟知各类吊具及其端部配件的本身性能、使用注意事项。作业前，应对吊具索具及其配件进行检查，确认正常完好后方可投入使用。吊挂时，应正确选择索点，确认起吊物体上设置的起吊连接是否牢固可靠。提升前，应确认捆绑是否牢固。吊具及配件不能超过其额定起重量，吊索不得超过其相应吊挂状态下的最大安全工作载荷。作业中防止损坏吊重物品和吊具索具，必要时应在吊重物品与吊具索具间加保护衬垫。

吊装带使用前应确认吊装带所能承载的重量和长度，并采用正确的吊装方式。注意载荷的重心位置，避免物体掉落。正确选择吊点，提升前应确认捆绑牢固。要有试吊过程，确认稳妥后再继续吊装。使用时不应让吊装带处在打结、扭、绞的状态，不得拖拉吊装带，不允许长时间悬吊货物。在没有护垫保护的情况下，不得用吊装带去吊装有棱角及尖锐边缘的货物，不允许和腐蚀性的化学物品（如酸、碱等）接触。

U 形卡使用前必须检查卸扣表面是否光洁，有无毛刺、过烧等降低强度的局部缺陷，卸扣上的缺陷不许补焊。卸扣应有明显、清晰的强度等级和起重量等标识。严禁超负荷使用，不准横向垂直受力。安装横锁轴时，螺纹旋足后应回转半扣螺距，不准敲击螺纹部位。严禁用其他材料的螺栓取代卸扣配套螺栓。使用完后应将锁轴装回卸扣。

对于大型工件的吊运或装配就位，作业前观察工件的外形情况，掌握工件的重心位置，并根据图纸确认工件的重量；正确选择绳索、卸扣、卡钩等吊具；对于工件本身有专为吊装而设计的吊环（或吊耳），作业前应仔细检查，并应在全部吊环上加索；对于工件本身没有吊环的，应正确选择索点的位置，并使起重机的钩头对准工件重心位置；绳索之间的夹角一般应小于90°；绳索所经过的工件棱角处必须加护角防护；起吊前要有试吊过程，确认稳妥后再吊装。

吊具索具标识应清晰、醒目。吊装带应储存在干燥的地方，避免在紫外线辐射条件下及靠近热源附近存放。常用吊装带应在下列温度范围内使用及储存：聚酯及聚酰胺，－40～100 ℃；聚丙烯，－40～80 ℃。不同等级的吊具索具应使用不同的颜色予以标注。

吊具索具应按照使用和磨损情况进行降级和报废处理。对于降级使用的吊装带，应重新标识其额定起吊重量。对于扁平吊装带的表面出现磨损起丝而未离断时应降级使用，有一处的断裂面达到带宽的 1/4 都应做报废处理。

吊装带有下列情况之一时，应予以报废：

(1) 织带严重磨损、穿孔、切口、撕断，吊装带出现死结。

(2) 承载接缝绽开、缝线磨断，纤维表面粗糙易于剥落。

(3) 吊装带纤维软化、老化、弹性变小、强度减弱。

(4) 吊装带表面有过多的点状疏松、腐蚀、酸碱烧损以及热熔化或烧焦。

(5) 带有红色警戒线吊装带的警戒线裸露。

(6) 标签丢失同时标识严重磨损造成吊装带额定起吊重量难以辨认和确定。

对于长期搁置未使用的吊装带，使用前应进行静载和动载试验进行校检。除日常进行吊装带检查外，应每年进行一次静载和动载试验，在各项性能正常的情况下方可继续使用。若使用环境恶劣及使用频率高，除作业前的检查外，应半年进行一次静载和动载试验，以验证其安全性。对于试验和校检不合格的应做报废处理。

当卸扣的任何部位产生裂纹、塑性变形、螺丝脱扣，锁轴和扣体断面磨损达原尺寸 3%～5%时应报废。

4) 气焊气割安全

(1) 一般要求。

氧气瓶、气瓶阀、接头、减压器、软管及设备必须与油、润滑脂及其他可燃物或爆炸物相隔离。严禁用沾有油污的手或带有油迹的手套去触碰氧气瓶或氧气设备。

检验气路连接处密封性时，严禁使用明火。

严禁用氧气代替压缩空气使用。氧气严禁用于气动工具、油预热炉、启动内燃机、吹通管路、衣服及工件的除尘、为通风而加压或类似的应用。氧气喷流严禁喷至带油的表面、带油脂的衣服或进入燃油或其他储罐内。用于氧气的气瓶、设备、管线或仪器严禁用于其他气体。禁止装设可能使空气或氧气与可燃气体在燃烧前(不包括燃烧室或焊炬内)相混合的装置或附件。

(2) 焊炬及割炬。

使用焊炬、割炬时，必须遵守制造商关于焊、割炬点火、调节及熄火的程序规定。点火之前，操作者应检查焊、割炬的气路是否通畅、射吸能力、气密性等。

点火时应使用摩擦打火机、固定的点火器或其他适宜的火种。焊割炬不得指向人员或可燃物。

(3) 软管及软管接头。

用于焊接与切割输送气体的软管、软管接头，如氧气软管和乙炔软管，其结构、尺寸、工作压力、机械性能、颜色必须符合作业程序中的要求。禁止使用泄漏、烧坏、磨损、老化或有其他缺陷的软管。

(4) 减压器。

只有经过检验合格的减压器才允许使用。减压器只能用于设计规定的气体及压力。减压器的连接螺纹及接头必须保证减压器安在气瓶阀或软管上之后连接良好、无任何泄漏。减压器在气瓶上应安装合理、牢固。采用螺纹连接时,拧足 5 个螺扣以上;采用专门的夹具压紧时,装卡应平整牢固。

从气瓶上拆卸减压器之前,必须将气瓶阀关闭并将减压器内的剩余气体释放干净。同时使用两种气体进行焊接或切割时,不同气瓶减压器的出口端都应装上各自的单向阀,以防止气流相互倒灌。当减压器需要修理时,维修工作必须由专业人员完成。

(5) 气瓶。

所有用于焊接与切割的气瓶都必须按气瓶制造商的推荐做法进行使用和维护。

使用中的气瓶必须进行定期检查,使用期满或送检未合格的气瓶禁止继续使用。

气瓶的充气必须按规定程序由专业部门承担,其他人不得向气瓶内充气。除气体供应者以外,其他人不得在一个气瓶内混合气体或从一个气瓶向另一个气瓶倒气。

为了便于识别气瓶内的气体成分,气瓶必须按表 18-2-10 的要求做明显标识,且必须清晰、不易去除。标识模糊不清的气瓶禁止使用。

表 18-2-10　常用气瓶颜色与气阀结构

气　体	气瓶颜色	气阀结构
氧　气	淡(酞)蓝色	右　旋
乙　炔	白　色	左　旋
氢　气	淡绿色	左　旋
氮　气	黑　色	右　旋
空　气	黑　色	右　旋

气瓶必须储存在不会遭受物理损坏或使气瓶内储存物的温度超过 40 ℃的地方。气瓶必须储存在不会被经过或倾倒的物体碰翻或损坏的指定地点。在储存时,气瓶必须稳固以免翻倒。气瓶在储存时必须与可燃物、易燃液体隔离,并且远离容易引燃的材料(诸如木材、纸张、包装材料、油脂等)至少 6 m 以上,或用至少 1.6 m 高的不可燃隔板隔离。

气瓶在使用时必须稳固竖立或装在专用车(架)或固定装置上。气瓶不得置于受阳光暴晒、热源辐射及可能受到电击的地方。气瓶必须距离实际焊接或切割作业点足够远(一般为 10 m 以上),以免接触火花、热渣或火焰,否则必须提供耐火屏障。

气瓶不得置于可能使其本身成为电路一部分的区域。避免与电动机车轨道、无轨电车电线等接触。气瓶必须远离散热器、管路系统、电路排线等及可能供接地(如电焊机)的物体。禁止用电极敲击气瓶或在气瓶上引弧。

搬运气瓶时,应关紧气瓶阀,而且不得提拉气瓶上的阀门保护帽;用吊车、起重机运送气瓶时,应使用吊架或合适的台架,不得使用吊钩、钢索或电磁吸盘。避免可能损伤瓶体、瓶阀或安全装置的剧烈碰撞。

气瓶不得作为滚动支架或支撑重物的托架。气瓶应配置手轮或专用扳手启闭瓶阀。气瓶在使用后不得放空,必须留有不小于 98～196 kPa(表压)的余气。

当气瓶冻住时,不得在阀门或阀门保护帽下面用撬杠撬动气瓶,应使用 40 ℃以下的温水解冻。

将减压器接到气瓶阀门之前，阀门出口处首先必须用无油污的清洁布擦拭干净，然后快速打开阀门并立即关闭以便清除阀门上的灰尘或可能进入减压器的脏物。

清理阀门时操作者应站在排出口的侧面，不得站在其前面。不得在其他焊接作业点或存在着火花、火焰（或可能引燃）的地点附近清理气瓶阀。

减压器安在氧气瓶上之后，首先调节螺杆并打开顺流管路，排放减压器的气体。其次，调节螺杆并缓慢打开气瓶阀，以便在打开阀门前使减压器气瓶压力表的指针始终慢慢地向上移动。打开气瓶阀时，应站在瓶阀气体排出方向的侧面而不要站在其前面。第三，当压力表指针达到最高值后，阀门必须完全打开以防气体沿阀杆泄漏。

开启乙炔气瓶的瓶阀时应缓慢，严禁开至 1.5 圈以上，一般只开至 3/4 圈以内，以便在紧急情况下迅速关闭气瓶。配有手轮的气瓶阀门不得用榔头或扳手开启。未配有手轮的气瓶，使用过程中必须在阀柄上备有把手、手柄或专用扳手，以便在紧急情况下可以迅速关闭气路。在多个气瓶组装使用时，至少要备有一把这样的扳手以备急用。

气瓶在使用时，其上端禁止放置物品，以免损坏安全装置或妨碍阀门的迅速关闭。使用结束后，气瓶阀必须关紧。

如果发现燃气气瓶的瓶阀周围有泄漏，应关闭气瓶阀拧紧密封螺帽。当气瓶泄漏无法阻止时，应将燃气气瓶移至室外，远离所有起火源，并做相应的警告通知；缓缓打开气瓶阀，逐渐释放内存的气体。

有缺陷的气瓶或瓶阀应做适宜标识，并送专业部门修理，经检验合格后方可重新使用。

5）电焊安全

（1）一般要求。

根据工作情况选择弧焊设备时，必须要考虑到焊接的各方面安全因素。进行电弧焊接时所使用的设备必须符合相应的焊接设备标准规定。每台（套）弧焊设备的操作程序应完备。

被指定操作弧焊人员必须在这些设备的维护及操作方面经适宜的培训及考核，其工作能力应得到必要的认可。

（2）弧焊设备。

弧焊设备的安装，应确保设备的工作环境与其技术说明书规定相符，安放在通风、干燥、无碰撞或无剧烈震动、无高温、无易燃品存在的地方；在特殊环境条件下（如室外的雨雪中，温度、湿度、气压超出正常范围或具有腐蚀、爆炸危险的环境），必须对设备采取特殊的防护措施以保证其正常的工作性能；当特殊工艺需要高于规定的空载电压值时，必须对设备提供相应的绝缘方法（如采用空载自动断电保护装置）或其他措施；弧焊设备外露的带电部分必须设置完好的保护，以防人员或金属物体（如货车、起重机吊钩等）与之相接触。

焊机必须以正确的方法接地（或接零）。接地（或接零）装置必须连接良好，永久性的接地（或接零）应做定期检查。禁止使用氧气、乙炔等易燃易爆气体管道作为接地装置。

在有接地（或接零）装置的焊件上进行弧焊操作，或焊接与大地密切连接的焊件（如管道、房屋的金属支架等）时，应特别注意避免焊机和工件的双重接地。

（3）焊接回路。

构成焊接回路的焊接电缆必须适合于焊接的实际操作条件，电缆必须外皮完整、绝缘良好（绝缘电阻大于 1 MΩ）。用于高频、高压振荡器设备的电缆，必须具有相应的绝缘性能。焊机的电缆应使用整根导线，尽量不带连接接头。需要接长导线时，接头处要连接牢固、绝缘良好。

构成焊接回路的电缆禁止搭在气瓶等易燃品上，禁止与油脂等易燃物质接触。在经过通道、马路时，必须采取保护措施（如使用保护套）。能导电的物体（如管道、轨道、金属支架、暖气设备等）不得用做焊接回路的永久部分。但在建造、延长或维修时可以考虑作为临时使用，其前提是必须经检查确认所有接头处的电气连接良好，任何部位不会出现火花或过热。此外，必须采取特殊措施以防事故的发生。锁链、钢丝绳、起重机、卷扬机或升降机不得用来传输焊接电流。

(4) 操作。

指定操作或维修弧焊设备的作业人员必须了解、掌握并遵守有关设备安全操作规程及作业标准。此外，还必须熟知人员防护、通风、防火等有关安全要求。

完成焊机的接线之后，在开始操作设备之前必须检查每个安装的接头以确认其连接良好。其内容包括：线路连接正确合理，接地必须符合规定要求；磁性工件夹爪在其接触面上不得有附着的金属颗粒及飞溅物；盘卷的焊接电缆在使用之前应展开以免过热及绝缘损坏；需要交替使用不同长度电缆时应配备绝缘接头，以确保不需要时无用的长度可被断开。

不得有影响焊工安全的任何冷却水、保护气或机油的泄漏。当焊接工作中止时（如工间休息），必须关闭设备或焊机的输出端或者切断电源。需要移动焊机时，必须首先切断其输入端的电源。

金属焊条和碳极在不用时必须从焊钳上取下以消除人员或导电物体的触电危险。焊钳在不使用时必须置于人员、导电体、易燃物体或压缩空气瓶接触不到的地方。半自动焊机的焊枪在不使用时必须妥善放置以免枪体开关意外启动。

在有电气危险的条件下进行电弧焊接时，操作人员必须注意遵守下述原则：禁止焊条或焊钳上带电金属部件与身体相接触；焊工必须用干燥的绝缘材料保护自己免除与工件或地面可能产生的电接触。在坐位或俯位工作时，必须采用绝缘方法防止与导电体接触；要求使用状态良好、足够干燥的手套；焊钳必须具备良好的绝缘性能和隔热性能，并且维修正常；焊工不得将焊接电缆缠绕在身上。

(5) 维护。

所有的弧焊设备必须随时维护，保持在安全的工作状态。当设备存在缺陷或安全危害时必须中止使用，直到其安全性得到保证为止。修理必须由认可的人员进行。

焊接设备必须保持良好的机械及电气状态。整流器必须保持清洁。为了避免可能影响通风、绝缘的灰尘和纤维物积聚，对焊机应经常检查、清理。电气绕组的通风口也要做类似的检查和清理。发电机的燃料系统应进行检查，防止可能引起生锈的漏水和积水。旋转和活动部件应保持适当的维护和润滑。为了防止恶劣气候的影响，露天使用的焊接设备应予以保护。保护罩不得妨碍其散热通风。当需要对设备做修改时，应确保设备的修改或补充不会因设备电气或机械额定值的变化而降低其安全性能。

已经受潮的焊接设备在使用前必须彻底干燥并经适当试验。设备不使用时应储存在清洁干燥的地方。

焊接电缆必须经常进行检查。损坏的电缆必须及时更换或修复。更换或修复后的电缆必须具备合适的强度、绝缘性能、导电性能和密封性能。电缆的长度可根据实际需要连接，其连接方法必须具备合适的绝缘性能。

6）材料

在使用任何材料，特别是添加剂和固井外加剂等材料之前，按照资源国的要求，获取相关单据证明，并从生产商或供应商那里取得材料安全数据单，以获取有毒材料的特殊处理要求。现场必须配备用以急救的急救设备、药品。

涉及硫化氢的钻井应使用酸碱度大于或等于 9 的钻井液，并储备一定数量的硫化氢抑制剂。

在没有使用特殊钻井液的情况下，高强度的管材（如 P110 油管和 S135 钻杆）不应用于含硫化氢的环境。

材料安全数据单是化学品生产商和经销商按法律要求必须提供的化学品理化特性（如 pH 值，闪点，燃、爆性能，反应活性等）、毒性、环境危害、对使用者健康（如致癌，致畸等）可能产生的危害以及安全使用、泄漏应急救护处置、法律法规等方面信息的综合性文件。此文件应包括以下主要内容。

（1）化学品及企业标识：主要标明化学品名称、生产企业名称、地址、邮编、电话、应急电话、传真和电子邮件地址等信息。

（2）成分/组成信息：标明该化学品是纯化学品还是混合物。对纯化学品，应给出其化学品名称或商品名和通用名；对混合物，应给出危害性组分的浓度或浓度范围。无论是纯化学品还是混合物，如果其中包含有害性组分，则应给出化学文摘索引登记号（CAS 号）。

（3）危险性概述：简要概述本化学品最重要的危害和效应，主要包括危害类别、侵入途径、健康危害、环境危害、燃爆危险等信息。

（4）急救措施：指作业人员意外受到伤害时所需采取的现场自救或互救的简要处理方法，包括眼睛接触、皮肤接触、吸入、食入的急救措施。

（5）消防措施：主要针对化学品的理化特性，提出相应的着火燃烧情况下的灭火方法及安全注意事项。

（6）泄漏应急处理：指化学品泄漏后现场可采用的简单有效的应急措施、注意事项、应急人员防护、环保措施和消除方法等内容。

（7）操作处置与储存：主要是指化学品操作处置和安全储存方面的信息资料。

（8）接触控制/个体防护：在生产、操作处置、搬运和使用化学品的作业过程中，为保护作业人员免受化学品危害而采取的防护方法和手段。

（9）理化特性：主要描述化学品的外观及理化性质等方面的信息。

（10）稳定性和反应性：主要叙述化学品的稳定性和反应活性方面的信息。

（11）毒理学资料：提供化学品的毒理学信息。

（12）生态学资料：主要陈述化学品的环境生态效应、行为和转归。

（13）废弃处置：是指对被化学品污染的包装和无使用价值的化学品的安全处理方法。

（14）法规信息：主要是化学品管理方面的法律条款和标准。

（15）其他信息：主要提供其他对安全有重要意义的信息。

3. 井筒完整性管理

井筒完整性管理应覆盖工程设计、钻井、完井、作业、弃井各阶段，并通过井筒流体、井下隔离、井口压力控制和压力监控等手段实现。

在钻井作业期间，应努力实现井筒内外的压力平衡。

井筒完整性基本原则：钻井、完井或弃井的井筒，存在压差的地层之间应至少设置一个经过相应试压和试重的隔离，井筒和外部环境之间至少设置两个经过相应试压和试重的隔离。

套管应满足相应的抗拉、抗内压、抗外挤强度；连接在套管串上的附件也应满足相关的强度；套管封隔器、浮箍、浮鞋应满足相应的密封性能。

套管头、采油(气)树、防喷器等井口装置应满足相应的井口承压能力。

4. HSE 设施管理

钻井作业现场应结合施工实际配备相应的 HSE 检测、监测、警示和防护设施，主要有以下几类。

1）安全标志

基本要求：安全标志应设置在醒目的地方；应保证操作人员能识别出所指示的信息隶属于哪类对象物；应保证昼夜均清晰可辨、固定牢靠，安全标志牌的外形尺寸通常为 40 cm × 50 cm。

设置位置如下：

井场入口处应设置“入场须知”、“施工重地，未经许可不得入内”、“禁止非工作人员入内，禁止酒后上岗，禁止烟火”等标志。井场入口处设立安全信息公示牌，简要介绍作业进展、主要 HSE 风险、逃生路线图、紧急集合地点、安全生产天数等信息。井场周围设立的警戒线、网、栏或防护墙。

井场的上风口位置应设置“应急集合”标志和“逃生路线”标志。井场四周、钻台上、振动筛等处应安装风向标。

上钻台处应设置“戴安全帽、必须穿戴防护用品、防掉、防滑、防坠落”等标志。井架梯子入口处应设置“必须系保险带”标志。绞车和辅助小绞车附近应设置“当心缠乱”标志。钻台、坐岗房应设置“当心井喷”标志。大门坡道处应设置“禁止吊管下过人”标志。

绞车、柴油机、发电机等机械设备处应设置“防止机械伤人”标志。油罐区应设置“严禁烟火”标志。发电房开关等处应设置“防止触电”标志。压井管汇、节流管汇、高压闸门组等处应设置“禁止乱动阀门”标志。钻井液材料房应设置“注意通风”标志。

消防器材房、消防器材箱等处应设置“禁止乱动消防器材”标志。电气焊房应设置“禁止混放”标志。储气瓶处应设置“当心超压”标志。

2）二层台紧急逃生装置

井架二层台应配备紧急逃生装置。该装置应具备手动控制速度的功能，紧急逃生绳的一端固定在方便井架工使用逃生装置的位置，另一端固定在空旷区域并与井口保持距离，绳与水平方向的角度不得超过 45°。

3）钻台逃生滑道

钻台逃生滑道应安装牢靠，入口有安全链，着地点配备缓冲垫或缓冲沙坑，缓冲垫平面平行或略低于逃生滑道出口位置高度。

4）硫化氢防范设施

风向标设置在井场及周围的点上，一个风向标应挂在现场作业人员以及任何临时安全区的人员都方便观察的地方。安装风向标的可能位置是：绷绳、工作现场周围的立柱、临时安全区、井场入口处、井架上、应急器材室等。风向标应挂在照明充足的地方。

在钻台上、井架底座周围、振动筛、液体罐和其他硫化氢可能聚集的地方应使用防爆通风设备(如鼓风机或风扇),以驱散工作场所弥散的硫化氢。

对可能遇有硫化氢的作业井场应有明显、清晰的警示标志,并遵守以下要求:所钻井处于受控状态,但存在对生命健康的潜在或可能的危险[硫化氢含量小于 15 mg/m^3(10 ppm)],应挂绿牌;对生命健康有影响[硫化氢含量 15 mg/m^3(10 ppm)~30 mg/m^3(20 ppm)],应挂黄牌;对生命健康有威胁[硫化氢含量大于或可能大于 30 mg/m^3(20 ppm)],应挂红牌。

钻井作业现场应配备固定式硫化氢监测仪。固定式硫化氢监测系统应包括声光警报器,检测探头应分布于井口、钻台、回流管线、敞开式循环罐等和其他硫化氢可能会聚集的工作区。钻井作业现场至少应配备 5 台携带式硫化氢监测仪和二氧化硫监测仪。固定式和携带式硫化氢监测仪的第 1 级预警阀值均应设置为 15 mg/m^3,第 2 级报警阀值均应设置为 30 mg/m^3。硫化氢监测设备宜由有资质的单位或个人每月标校。设备报警的功能测试至少每天一次。

钻井作业现场应按钻井作业班组每人配备一套正压式空气呼吸器,另配一定数量的公用正压式空气呼吸器。井场应配备一定数量的备用空气钢瓶并充满压缩空气,以做快速充气用。

所有的呼吸气瓶都应达到相关的规范要求。额定工作时间少于 15 min 的辅助自给式空气源仅适用于逃生或自救。

个人呼吸保护设备的安放位置应便于快速方便地取得。呼吸保护设备应存放在方便、干净卫生的地方。每次使用前后都应对所有呼吸保护设备进行检测,并至少每月检查一次,以确保设备维护良好。每月检查结果的记录,包括日期和发现的问题,应妥善保存。这些记录应保留 12 个月。

在使用呼吸保护设备之前,应确保戴上指定或随意选择的未指定的呼吸保护设备后,面部密封效果良好。使用者不应戴有镜架伸出面罩密封边缘的眼镜,而应采用合格的适配器,将校正式镜片安装在呼吸保护设备面罩内。

呼吸空气的质量应满足下述要求:氧气含量 19.5%~23.5%;空气中凝析烃的含量小于或等于 5×10^{-6}(体积分数);一氧化碳的含量小于或等于 12.5 mg/m^3(10 ppm);二氧化碳的含量小于或等于 1 960 mg/m^3(1 000 ppm);没有明显的异味。

所用的呼吸空气压缩机应满足下述要求:避免污染的空气进入空气供应系统。当毒性或易燃气体可能污染进气口时,应对压缩机的进口空气进行监测。减少水分含量,以使压缩空气在一个大气压下的露点低于周围温度 5~6 ℃。依照制造商的维护说明定期更新吸附层和过滤器。压缩机上保留有资质人员签字的检查标签。对于不是使用机油润滑的压缩机,应保证呼吸空气中的一氧化碳值不超过 12.5 mg/m^3(10 ppm)。

进入硫化氢浓度超过安全临界浓度 30 mg/m^3(20 ppm)或二氧化硫浓度超过 13.5 mg/m^3(5 ppm)或怀疑存在硫化氢或二氧化硫但浓度不详的区域进行作业之前,应戴好呼吸保护设备。

5) 消防器材

消防器材应设置在明显、便于取用的干燥通风处,放置点标示清楚。一个消防器材配置场所内的灭火器不应少于 2 个,每个设置点的消防器材不宜多于 5 个(消防房除外)。每月对消防器材进行检查，检查其充装压力、瓶体锈蚀情况、管线和喷嘴等附件完好情况。消防器材压力不足(压力表指针指向红区)时，应及时更换。

井场应配备 100 L 泡沫灭火器(或干粉灭火器)2 个，8 kg 干粉灭火器 10 个，5 kg 二氧化碳灭火器 2 个，消防斧 2 把，防火锹 6 把，消防桶 8 只，防火砂 4 m^3，20 m 长消防水龙带 4 根，Φ19 mm 直流水枪 2 支。机房配备 8 kg 二氧化碳灭火器 3 个，发电房配备 8 kg 二氧化碳灭火器 2 个。在野营房区也应配备一定数量的消防器材。

消防器材从出厂日期起，达到表 18-2-11 所示的年限必须报废。

表 18-2-11　各种类型灭火器的报废年限

序　号	类　型	报废年限
1	手提式化学泡沫灭火器	5 年
2	手提式酸碱灭火器	5 年
3	手提式清水灭火器	6 年
4	手提式干粉灭火器(气瓶式)	8 年
5	手提式二氧化碳灭火器	12 年
6	推车式化学泡沫灭火器	8 年
7	推车式干粉灭火器(气瓶式)	10 年
8	推车式 1211 灭火器	10 年
9	推车式二氧化碳灭火器	12 年

6) 洗眼台及喷淋设施

钻井作业现场应在钻台、钻井液罐和值班房处设立洗眼台，并储备充足的冲洗水源；在钻井液配制区的罐面上应设立应急喷淋设施。

7) 防雷防静电设施

井架和底座的接地或安装的防雷装置应完好、有效；井场设备、值班房和营地用房均应有良好的防静电接地，接地电阻不大于 4 Ω。

8) 医疗设施

钻井作业现场应根据周边医疗条件、路途状况和运送时间长短，分别落实相应的现场医疗设施。

钻井作业现场医疗设备的配备，按照现场人员定员分为三类。

A 类：额定人员多于 100 人；

B 类：额定人员为 15～100 人；

C 类：额定人员少于 15 人。

A 类、B 类钻井作业现场必须设有医务室并配备专职医生，C 类钻井作业现场可以不设医务室和医生，但应提供相应的备用急救室。医疗设备的配备应至少符合表 18-2-12 的要求。

表 18-2-12　医疗设备和器材配备标准

序　号	设备及器材名称	A 类	B 类	C 类
1	自动体外除颤器(ADE)	1	1	
2	便携式心肺复苏机	1	1	
3	心电图机	1	1	
4	仪器车(3 层)	1	1	
5	内科急救箱	1	1	
6	外科急救包	1	1	
7	非医生急救箱			1
8	缝合包	6	4	
9	篮式担架	1	1	1
10	铲式担架	1	1	1
11	脊柱固定板	1	1	
12	普通担架	1	1	
13	负压式骨折固定气垫	2	1	
14	理疗仪	2	1	
15	氧气瓶	2	1	
16	地　灯	1	1	
17	血压计	1	1	
18	听诊器	1	1	
19	体温表	4	2	
20	洗眼壶	1	1	
21	耳　镜	1	1	
22	额　镜	1	1	
23	鼻　镜	1	1	
24	枪状镊	1	1	
25	膝状镊	1	1	
26	敷料剪	1	1	
27	带盖方盘	1	1	

钻井作业现场应配备 24 h 待命的救护车、船,并配备必要的氧气瓶、担架等急救器材。远离定点医疗场所的钻井作业现场应提供直升机降落的场所,包括导航指示、照明等设施。

(1) B 类作业设施医务室面积应不小于 10 m^2,A 类钻井作业现场可根据现场情况相应增大医务室面积。对于不能满足面积要求的设施,为了应对特殊情况下医务室空间不足的不利条件,作业设施可指定医务室附近一个较大的房间作为病人转运或抢救的场所。

(2) 应有取暖及通风换气设备,保证最低温度 20 ℃;医务室应有应急照明设施,保证急救时照明;应有足够的电源插座,保证急救设备的使用。

(3) 应有洗手盆和水源供应与排放管汇,供应冷热水;医务室内或临近医务室处至少有一个通风良好的冲水厕所;医务室门口应宽敞,其宽度应能保证担架顺利出入。

(4) 医务室不能作为医生的常设住所,但医生的住处必须靠近医务室。

(5) 掌握最近医院急救能力和联系方式。

(6) 急救室面积不小于 6 m^2,有良好的照明和通风,进出方便,靠近运输工具的停靠地点(如直升机坪)。

(7) 设有能与附近医疗机构联系的电话或其他通信方式。

(8) 配有急救箱,急救箱内物品与器材的配备至少应符合表 18-2-13 的要求。

表 18-2-13 急救箱内物品与器材配备标准

器材名称	数 量	药品名称	数 量
急救箱(铝合金)	1 个	碘伏消毒贴	20 个
手电筒	1 个	酒精消毒贴	40 个
医用剪刀	1 个	肤 贴	5 个
体温表	1 个	硝酸甘油片	1 盒
止血钳	1 个	抗感染药物	2～3 种
止血带	1 个	消化系统用药	2～3 种
三角巾	2 个	呼吸系统用药	2～3 种
夹 板	3 个	解热镇痛抗炎药	2～3 种
绷 带	4 个	外伤用药	2～3 种
弹力绷带	2 个		

注:建议急救包由专人(急救员)负责管理,且管理人员应接受培训,能正确使用包内所有物品;急救包内物品、药品用后及时补充;急救包每月或每季度带到医生处检查一次。

9) 安全带和尾绳

在钻台面或邻边 2 m 以上高度工作的人员,应系上带有尾绳的安全带。使用安全带和尾绳应遵守以下规定:

(1) 安全带应高挂低用。不得将绳打结使用。安全带上的各种部件不得任意拆掉。安全带使用 2 年后,应进行静负荷试验,对抽试过的样带必须更换安全绳后才能继续使用。使用频繁的绳,要经常做外观检查,发现异常时应立即更换新绳。安全带使用期为 3～5 年,发现异常应提前报废。

(2) 安全带应用一根尾绳连接到至少能承受 24 kN(5 400 lb)负荷的锚定物或构件上。

(3) 每个需要尾绳的员工应使用一根单独的直径至少为 12.7 mm(½ in)的尼龙绳或强度相当的材料所制作的尾绳。尾绳长度应能够调节,以保证即使员工失足,其跌落高度也不会超过 1.5 m(5 ft)。

(4) 每次使用安全带和尾绳前,应检查其安全状况。

10) 劳动保护用品

钻井作业现场所有员工应戴安全帽。

从事具有飞来物体、化学剂、有害光线或热射线等伤害眼睛的工作时,宜戴上适合于该项工作的护目镜、面罩或其他保护眼睛的防护用品。

现场所有人员都应穿防砸工作鞋、安全靴、劳保服，不宜穿着饱含任何易燃、有害或刺激性物质的衣服进行工作。

在接触刺激性或可能被皮肤吸收的化学剂时，宜戴上防护手套、防护围裙或使用其他防护设备。

不应佩戴容易被钩住、挂住而会造成伤害的珠宝首饰或其他装饰品进入工作区。

进入或工作在高噪音区域的人员应佩戴听力保护用品。

三、操作完整性管理

1. 资质能力管理

钻井作业现场的所有人员必须接受 HSE 培训，具备相应的安全技能。关键岗位人员和特种作业人员必须具备一定的工作经历，并持有有效的资格证书。具体规定如下。

钻井作业现场的钻井监督、HSE 监督、录井工程师、测井工程师、固井工程师、测试工程师、井下作业工程师应持有效的“井控”、“急救”等证书。

钻井承包商的平台经理、带班队长、司钻、副司钻和井架工应持有有效的“井控证”；带班队长、司钻、副司钻应持有有效的“司钻操作证”；现场钻井作业人员应持有“HSE 上岗证”；特种作业人员（电工作业、电气焊、锅炉司炉、起重指挥人员、起重工、起重机械操作人员等）应持有“特种作业操作资格证”；专职医生应具有正规医疗机构从事临床工作 3 年以上的经验，持有“执业医师执业证书”，并经过急救培训，取得有效的“高级急救员培训合格证”；炊事人员应持有有效的“健康证”。

在含硫地区施工，钻井作业现场的员工均应持有有效的“硫化氢防护培训合格证”。

钻井作业期间，承包商应根据生产进度，组织开展相应的 HSE 培训，着重就钻井作业现场的 HSE 风险识别、评估和风险管控措施等进行教育。

钻井作业现场对外来人员、参观访问人员等应组织进行安全教育，告知 HSE 风险和应急响应措施等。

钻井作业现场应定期开展井控、硫化氢、消防、急救、溢油等应急演练，进一步提高全体人员的安全操作技能和应急处置能力。

2. 钻井作业程序管理

钻井作业现场应建立健全相关的作业程序文件，主要包括：设备安装、起放井架、设备的维护保养、钻进、起下钻、下套管、固井、电磁、声波及放射性测井、井控设施安装、井控设施功能和压力测试、测试、酸化、压裂等作业程序。

在作业程序切换前，应组织召开安全会，适时开展工作安全分析（JSA），合理分配人员，细化作业程序，明确 HSE 风险及控制措施。

钻井作业现场的 JSA 由平台经理、带班队长或负责相应工序的工程师组织，由直接参与施工作业的岗位人员参加，对确定的各项防范措施由 JSA 组织者分别明确责任人。JSA 组织者负责将 JSA 记录报钻井监督（油公司代表）批准，由钻井监督（油公司代表）监督实施。

具体流程参见图 18-2-1,具体步骤及工作内容如下。

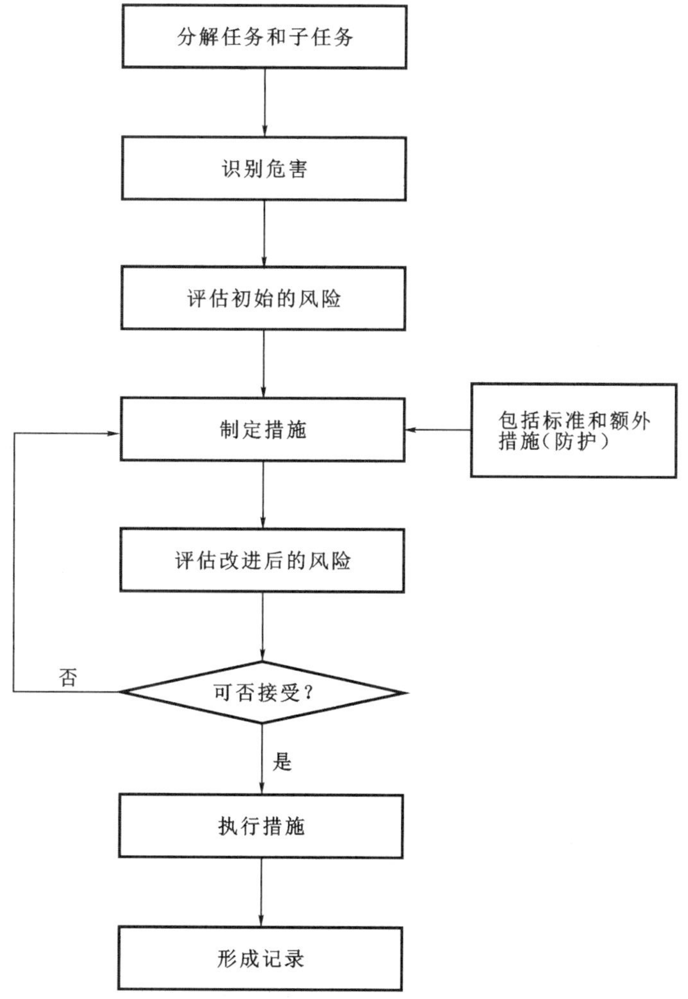

图 18-2-1 工作安全分析流程

1) 确定危险工作

钻井现场的以下作业应视为危险作业,应进行工作安全分析:钻机搬迁、基础就位、起升井架、钻井泵与钻井液罐就位、钻机辅助设施的吊装与就位、钻台安装、测斜仪器就位、冲钻鼠洞、水龙头安装、下套管、固井、防喷器安装、防喷器测试、滑(割)大绳、取心、甩钻具、测井、测斜、配钻井液、钻井泵维修等。

2) 划分工作步骤

每项工作都包含几个步骤,划分工作步骤时主要描述步骤的行为,即做什么。在此过程中可收集工作的操作规程、作业指导书,确保需要完成此工作的所有步骤均列出。

3) 评估风险

考虑从安全、职业健康和环境影响等方面进行识别和分析,对每一个步骤分析可能存在的危险。

4）应对措施

针对每一个危险源及风险，按照风险矩阵确定风险等级，制定出控制措施，消除危险或将风险降到最低。根据风险控制的排除法、代替法、隔绝法、工程方法、管理、个人防护等方法，优先考虑排除风险、减小风险，其次考虑控制风险，最后考虑个人防护。

以上各步骤的结果应记录在表 18-2-14 中，并根据表 18-2-4 分析风险等级。对不可接受风险，应采取相应的防范与控制措施，降低风险。

表 18-2-14　工作安全分析表单

步　骤	作业内容	潜在危害	后　果	预防措施	严重程度	发生频率	风险等级

3. 作业许可管理

鉴于钻井作业现场的特殊性，对以下发生在钻井现场的作业应实施作业许可。具体为：井场范围内的电焊、气焊、气割等用火作业，进罐作业，临时用电和破土作业等。

具体作业许可流程（见图 18-2-2）如下。

（1）识别作业影响的设备或区域可能存在的存储能量，并落实放空、置换、排泄、吹扫、气体释放、清洗、保湿以及其他措施。

（2）设置有关作业区安全检测的设施：可燃气体、有毒气体或氧气含量检测等。

（3）落实作业期间的 HSE 防护措施：静电接地、消防器材、洗眼台、喷淋设施等。

（4）作业人员根据有关作业内容，分别填写表 18-2-15、表 18-2-16、表 18-2-17、表 18-2-18 作业许可表单，提出作业许可申请。

（5）监护人员对施工场所进行监测检查。

（6）批准人员应亲临现场检查，核查有关检测结果和防范措施落实情况，督促用火单位落实防范措施后方可签字授权作业。

（7）作业人员进行现场作业，并对作业许可证所涵盖的作业活动负责。

（8）监护人员现场监督作业的实施。

（9）监护人员拆除自身所安装的隔离锁、标签和其他防护、指示装置，解除设备设施的限制，恢复设备设施的正常使用。

（10）批准人员检查确认作业活动已完成，作业现场在作业活动完成后清理干净，且作业人员安装的所有隔离锁、标签和其他指示装置均已拆除。

作业许可证一式四份，其中作业人员一份，监护人员一份，批准人员一份，一份存放在用火点所在操作控制室或岗位。

完工后的作业许可证应保存一年（自签发之日计起）或法律要求的更长期限。批准人员可指定延长作业许可证保留期限。

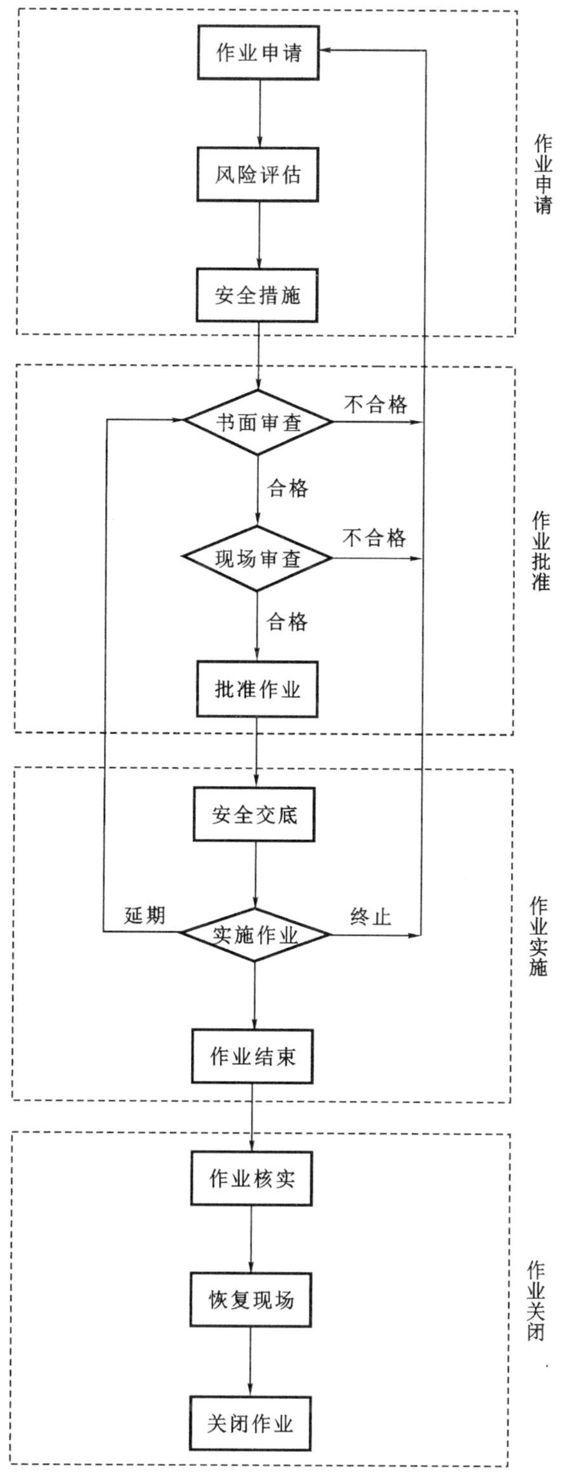

图 18-2-2 作业许可的执行流程

表 18-2-15 用火作业许可证

（ 级）

编 号

申请单位					申请人	
用火具体部位及内容						
用火人			特殊工种类别及编号			
监火人			监火人员工种			
采样检测时间		采样点		分析结果	分析人	
用火时间	年 月 日 时 分至 年 月 日 时 分					

序 号	用火主要安全措施	确认人签名
1	用火设备内部构件清理干净，蒸汽吹扫或水洗合格，达到用火条件	
2	断开与用火设备相连接的所有管线，加盲板（ ）块	
3	用火点周围（最小半径 15 m）的下水井、地漏、地沟、电缆沟等已清除易燃物，并已采取覆盖、铺沙、水封等手段进行隔离	
4	罐区内用火点同一围堰内和防火间距内的油罐不得进行脱水作业	
5	高处作业应采取防火花飞溅措施	
6	清除用火点周围易燃物、可燃物	
7	电焊回路线应接在焊件上，把线不得穿过下水井或其他设备搭接	
8	乙炔气瓶（禁止卧放）、氧气瓶与火源间的距离不得少于 10 m	
9	现场配备消防蒸汽带（ ）根，灭火器（ ）台，铁锹（ ）把，石棉布（ ）块	
10	其他补充安全措施	
危害识别		

申请用火基层单位意见 （签名） 年 月 日	生产、消防等相关单位意见 （签名） 年 月 日	安全监督管理部门意见 （签名） 年 月 日	领导审批意见 （签名） 年 月 日
完工验收	年 月 日 时 分	（签名）	

表 18-2-16 进入受限空间作业许可证

编 号

申请单位				施工单位		
设施名称				作业内容		
原有介质				主要危险因素		
生产单位安全负责人				施工单位安全负责人		
作业人员						
监护人						
采样分析数据	分析项目	氧含量	可燃气	有毒气体			分析人	
	分析结果						采样时间	

续表 18-2-16

开工时间	年 月 日 时 分	
序 号	主要安全措施	确认人签名
1	所有与受限空间有联系的阀门、管线加盲板隔离，列出盲板清单，并落实拆装盲板责任人	
2	设备经过置换、吹扫、蒸煮	
3	设备打开通风孔进行自然通风，温度适宜人员作业；必要时采用强制通风或佩戴空气呼吸器，但设备内缺氧时，严禁用通氧气的方法补充氧	
4	相关设备进行处理，带搅拌机的设备应切断电源，挂“禁止合闸”标志牌，设专人监护	
5	检查受限空间内部是否具备作业条件，清罐时应用防爆工具	
6	检查受限空间进出口通道，不得有阻碍人员进出口的障碍物	
7	盛装过可燃、有毒液体或气体的受限空间，应分析可燃、有毒有害气体含量	
8	作业人员清楚受限空间内存在的其他危害因素，如内部附件、集渣坑等	
9	作业监护措施：消防器材（ ）、救生绳（ ）、气防装备（ ）	
10	其他补充措施	
危害识别		

施工作业负责人意见	基层单位现场负责人意见	基层单位领导审批意见	二级单位领导审批意见
（签名） 年 月 日	（签名） 年 月 日	（签名） 年 月 日	（签名） 年 月 日

完工验收	验收时间 （签名）	施工单位 （签名）	生产单位 （签名）

表 18-2-17 临时用电作业许可证

临时用电许可证号________

编 号		申请作业单位	
工程名称		施工单位	
施工地点		用电设备及功率	
电源接入点		工作电压	
临时用电人		电工证号	
临时用电时间	年 月 日 时 分至 年 月 日 时 分		

序 号	主要安全措施	确认人签名
1	安装临时线路人员持有电工作业操作证	
2	在防爆场所使用的临时电源、电器元件和线路达到相应的防爆等级要求	
3	临时用电的单项和混用线路采用五线制	
4	临时用电线路架空高度在装置内不低于 2.5 m，道路不低于 5 m	
5	临时用电线路架空进线不得采用裸线，不得在树上或脚手架上架设	
6	暗管埋设及地下电缆线路设有走向标志和安全标志，电缆埋深大于 0.7 m	

续表 18-2-17

序　号	主要安全措施		确认人签名
7	现场临时用电配电盘、箱应有防雨措施		
8	临时用电设施安有漏电保护器，移动工具、手持工具一机一闸一保护		
9	用电设备、线路容量、负荷符合要求		
10	行灯电压不应超过 36 V，在特别潮湿的场所或塔、釜、槽、罐等金属设备作业装设的临时照明灯电压不应超过 12 V		
11	其他补充安全措施		
危害识别			
临时用电单位意见 （签名） 年　月　日		供电主管部门意见 （签名） 年　月　日	供电执行单位意见 （签名） 年　月　日
送电开始		（签名） 电工证号	年　月　日　时　分
完工验收		（签名）	年　月　日　时　分

表 18-2-18　破土作业许可证

许可证编号			施工单位		
建设单位			施工地点		
电源接入点			电　压		
作业内容				填写人	
开工时间	年　月　日　时　分				
序　号	主要安全措施				确认人签名
1	电力电缆已确认，保护措施已落实				
2	电信电缆已确定，保护措施已落实				
3	地下供排水管线、工艺管线已确认，保护措施已落实				
4	已按施工方案图划线施工				
5	作业现场围栏、警戒线、警告牌、夜间警示灯已按要求设置				
6	已进行放坡处理和固壁支撑				
7	道路施工作业已报交通、消防、调度、安全监督管理部门				
8	人员进出口和撤离保护措施已落实：A. 梯子；B. 修坡道				
9	备有可燃气体检测仪、有毒介质检测仪				
10	作业现场夜间有充足照明：A. 普通灯；B. 防爆灯				
11	作业人员必须佩戴防护器具				
补充措施					
危害识别					
施工作业负责人意见 （签名） 年　月　日	基层单位现场负责人意见 （签名） 年　月　日		会签单位意见 （签名） 年　月　日		建设单位主管负责人审批意见 （签名） 年　月　日
完工验收	年　月　日　时　分		（签名）		

4. 安全行为观察

安全行为观察卡(STOP)是由安全(Safety)、培训(Training)、观察(Observation)、程序(Program)四个词所组成,旨在鼓励并倡导现场全体作业人员纠正不安全行为,肯定和加强安全行为,以达到防止不安全行为的再发生和强化安全行为的目的。

为便于员工及时和正确使用安全行为观察卡,钻井现场应将表 18-2-19 所示的安全行为观察卡放在员工容易拿到的地方或分发给每个员工。每个员工在进行作业前对照安全行为观察卡进行必要的自我检查,或在作业过程发现人的不安全行为、物的不安全状态后及时进行记录观察。

表 18-2-19 安全行为观察卡

正面	反面
STOP 观察检查表 人的反应 □ □ 调整个人保护用品 □ 改变位置 □ 重新整理工作 □ 停止工作 □ 接地 □ 执行标识程序 防护用品 □ □ 头 □ 眼睛和面部 □ 耳朵 □ 呼吸系统 □ 胳膊和手 □ 身体 □ 腿和脚 人的位置（伤害原因） □ □ 撞到物体 □ 物体打击 □ 夹在物体中 □ 坠落 □ 烧伤 □ 触电 □ 吸入有害气体 □ 吞入有害物质 □ 用力过度 □ 重复动作 □ 站位不对/单一动作 工具和设备 □ □ 在工作中使用错误的工具 □ 使用不正确 □ 处于不安全的状况 程序和秩序 □ □ 程序不合适	STOP 观测报告 观察的安全动作 采取的鼓励持续安全表现的行动 观察的不安全动作 直接的纠正措施 防止重复发生的措施

钻井现场应在钻台值班房、会议室等地方建立安全行为观察卡收集站，员工将当天观察到的不安全行为写在安全行为观察卡上并投进安全行为观察卡收集箱，由 HSE 监督负责收集。

对于所收集的安全行为观察卡进行分析，HSE 监督应对员工所反映的问题及时进行整改和处理，并对相关人员进行培训和教育。

为鼓励员工积极使用安全行为观察卡，钻井现场应对每月收集的安全行为观察卡进行一次评选，对很有价值的安全行为观察卡的观察者给予一定的物质奖励。安全行为观察应结合具体的钻井作业程序，从风险识别与防控的角度，及时消除不安全行为或不安全状态。

安全行为观察的主要内容为：

1）设备搬迁

根据设备的安装顺序，有次序地组织好装车，起吊绳套无断丝、无锈蚀，使用标准吊具。

起吊设备时，根据设备的重量、高度、长度、宽度选择合适的绳套和车辆。设备起吊时，严禁任何人站在设备上或在吊装设备行程下来回走动。起吊设备必须用绳扶正，禁止用手扶正。严禁斜吊重物、任何人随同设备或游动系统升降。起吊超长、超重设备需用 2 台吊车时，吊车司机应密切配合，并专人指挥同时起吊。吊装油罐、钻井液罐、水罐等容器时，必须事先将液体放尽，以保证吊装和行车安全。

设备装车时，应用尾绳稳定设备，慢慢平稳装车，车厢内禁止站人。设备装车后，高度不得超过 4.5 m（自地面算起）。远距离搬迁应有专人巡路、架线。车辆在道路不好的地面上行驶时，应防止设备滑脱。禁止客货混装。

2）设备安装

高处使用手动工具时，必须将手动工具（榔头、扳手、千斤顶、管钳、撬杠）系保险绳。

高处作业人员必须系安全带。遇有 6 级以上（含 6 级）大风，雷电或暴雨、雾、雪、沙暴等能见度小于 30 m 时，应停止设备吊装拆卸及高处作业。

3）钻进作业

转盘启动前，必须清理旋转范围内的物件。起吊钻杆、钻铤时，必须使用专用的吊索，并使用具有保护销的吊钩。钻台范围内严禁使用未防爆的通信工具。

4）起下钻作业

作业前应检查防碰天车的性能，并确认指重表灵敏，悬重与钻具的实际重量相符。

起钻过程中，司钻视角开阔，全面监控钻台操作。卸扣时严禁用转盘绷扣，上扣时严禁转盘紧扣。

5）下套管

准备相对应的吊带；下套管前应对大绳磨损程度进行检查，并检查死活绳头、死绳固定器固定压板螺丝有无松动。

从场地往钻台吊套管时，场地和钻台操作人员必须退至安全位置，套管上钻台避免碰挂。套管上钻台时大门前应加挡绳。不得向钻台下乱扔护丝。

6）电测

电缆测井作业过程中，当班的钻井人员仍然对钻井平台上的安全负责，同时对井口压力控制负责。在测井作业中不断地监控钻井液位的变化。

在确保井筒稳定的前提下方可进行测井。

电缆防喷器的压力等级应该至少等于最大的井口预计压力。

用于测井作业的放射源材料的储存、运输和使用符合当地法律法规。非专业人员不得暴露于放射性排放超过 2.5 μSv/h 的区域。

放射源到达井场后，放射源箱应立即搬运到测井承包商的库房，并且只能由被授权的人员完成。

放射源存储区域附近不得有工作区或生活区，放射源集装箱的上部和下部都应设置必要的屏障。

7）固井

固井施工前必须组织召开安全会。

组织对管线的高低压试压，无关人员远离管线。

泄压后方可进行管线的调整或紧固。

候凝完成后应进行水泥塞的正负压测试，以验证水泥胶结强度。

8）测试

在安全区域组装射孔枪身。下射孔枪前，召开安全会，合理安排人员，非必要人员远离井口。射孔枪下井过程中，应操作平稳，及时清除井口杂物，以防落物过早激发射孔枪。使用过油管及无电缆射孔前，井口应装好控制闸门或井口装置。射孔时应有专人观察井口，有外溢现象时应立即采取措施。

使用原油、轻质油进行替喷时，井场 50 m 以内严禁烟火，并配备消防设备和器材。抽汲前应检查抽汲工具，并装好防喷盒。严禁用空气气举采油。

放喷时应用阀门控制。放喷管线应采用钢质直管线接至放喷池，并固定牢靠。油气分离器安全阀、压力表可靠、准确，分离后的天然气应放空燃烧。观察流量读数时，应站在上风位置。遇雷电天气时禁止量油、取样。

压裂、酸化前组织召开安全会，人员合理分工，落实防火、防爆措施。地面与井口连接管线和高压管汇，按设计要求试压合格，各部阀门应灵活好用。压裂、酸化施工所用高压泵安全销子的切断压力不应超过额定最高工作压力。设备和管线泄漏时，应停泵、泄压后方可检修。高压泵车所配带的高压管线、弯头应有有效的探伤记录。应收集返排出的压裂液、酸液，并进行无害化处理。

9）井场恢复

严格按临时弃井、永久弃井的有关规定进行水泥塞作业；从地面以下切割套管的长度不得少于犁耕的深度。

钻井作业的废弃物必须先进行无害化处理，经检测合格后方可进行固化。

钻井液池在回填之前，相关措施必须得到资源国有关部门认可。

委托第三方处理进行井场恢复，必须做好废弃物的跟踪记录。

5. HSE 检查

钻井作业现场应采用定期或不定期 HSE 检查的方式及时发现并消除各类违章和隐患。

检查方式包括岗位工人自查自改、钻井监督日检、HSE 监督月检、钻井经理季度检查等。

应依据表 18-2-20 的内容，对各项进行全面细致的检查。对检查出的问题，应落实整改措施、整改时间、责任人，并组织复查。

表 18-2-20　钻井作业现场 HSE 检查表

<table>
<tr><th rowspan="2">项　目</th><th rowspan="2">检查内容</th><th colspan="2">符合情况</th><th rowspan="2">存在问题</th><th rowspan="2">责任人</th></tr>
<tr><th>√</th><th>×</th></tr>
<tr><td colspan="6">场地部分</td></tr>
<tr><td rowspan="9">场地管理</td><td>1. 场地所有房子摆放整齐
2. 电源线安装标准、穿胶管、无漏电
3. 开关及插座防爆、完好、固定牢靠
4. 门窗完好、能上锁
5. 接地线标准，电阻小于 4 Ω
6. 室外开关箱门完好</td><td></td><td></td><td></td><td></td></tr>
<tr><td>1. 值班房内卫生达标
2. 制度牌完好、整齐
3. 房内电路完好、无漏电
4. 开关及插座防爆、完好、固定牢靠
5. 输入电源线穿胶管标准
6. 门窗完好、能上锁</td><td></td><td></td><td></td><td></td></tr>
<tr><td>1. 测斜房内接线标准
2. 开关及插座防爆、完好、固定牢靠
3. 测斜绞车护罩螺丝固定牢
4. 电机有地线
5. 房内线路无漏电
6. 输入电源线穿胶管标准</td><td></td><td></td><td></td><td></td></tr>
<tr><td>1. 材料房配件摆放整齐，账卡物相符
2. 输入电源线穿胶管标准
3. 房内线路、开关安装标准无漏电</td><td></td><td></td><td></td><td></td></tr>
<tr><td>1. 施工现场使用低压探照灯、设专线
2. 井场平整、无油污、无污水、无垃圾</td><td></td><td></td><td></td><td></td></tr>
<tr><td>1. 消防房内消防设施配套齐全
2. 灭火器压力在正常范围内、无过期、有标识
3. 消防器材专管专用</td><td></td><td></td><td></td><td></td></tr>
<tr><td>1. 焊把线及电焊钳无破损、无漏电</td><td></td><td></td><td></td><td></td></tr>
<tr><td>1. 场地备有 2 个固体废物回收箱，有标识、有负责人
2. 固废分类正确
3. 固废存放上盖下垫
4. 废料集中存放、有标识</td><td></td><td></td><td></td><td></td></tr>
<tr><td>1. 氧气、乙炔按标准存放
2. 压力表完好，使用完后拆除各压力表
3. 氧气、乙炔管线不漏气</td><td></td><td></td><td></td><td></td></tr>
</table>

续表 18-2-20

项　目	检查内容	符合情况		存在问题	责任人
		√	×		
场地管理	1. 钻具垫杠齐全,钻具排列整齐,丝扣清洁 2. 场地各种物品、用具标识齐全 3. 吊绳、吊带等均有相关标识与检验				
	1. 紧急集合点标牌摆放位置合理 2. 逃生路线标识牌摆放方向正确				
钻台部分					
钻台管理	1. 气动绞车固定好,钢丝绳无破损、排列整齐,使用旋转吊钩,吊钩紧固 2. 吊绳、吊带等均有相关标识与检验 3. 钢丝绳无打结断丝,护罩螺丝无松缺 4. 刹车良好 5. 排气畅通,润滑油油质好、油量符合要求 6. 管线不刺、不漏,附件齐全,润滑油量符合要求 7. 液压旋绳滑轮安装固定标准、有封口				
	1. 转盘固定牢固,顶丝、正反螺丝齐全、紧固 2. 润滑油油量够、油质好				
	1. 钻机主刹车磨损量在安全范围内,螺丝无松缺 2. 各黄油嘴齐全 3. 绞车前后护罩销子、螺丝齐全 4. 加宽台固定牢靠 5. 绞车挡绳器安装标准、固定牢固,有保险绳,钢丝绳无断丝				
	1. 传动链条护罩及转盘链条护罩固定牢、无破损				
	1. 逃生滑道安装标准 2. 逃生绳安装标准,固定螺丝无松缺、方向正确 3. 井架销子、别针齐全、标准				
	1. 钻台护栏、梯子齐全无变形、固定牢靠 2. 销子、别针、螺帽不缺,拴保险绳 3. 警示牌悬挂醒目、清洁干净				
	1. 钻台工具、井口工具摆放整齐 2. 卡瓦、安全卡瓦销子和链子、螺丝、压板齐全 3. 吊卡耳孔上下通 4. 备用下旋塞应有卡子				
	1. 冬季施工钻台无冻块 2. 钻杆盒皮条齐全				
	1. 钻台补空件入槽、加焊、拴保险绳 2. 销子、别针齐全				
	1. 有钻杆钩子和开大钩锁销钩子				

续表 18-2-20

项　目	检查内容	符合情况		存在问题	责任人
		√	×		
钻台管理	1. 死绳固定器螺丝无松缺、有备帽 2. 防跳螺丝齐全 3. 大绳无跳槽 4. 死绳头、活绳头卡子全，方向正确				
	1. 传压器不缺油、不漏油、无冻块				
	1. 立管卡子螺丝无松缺、底座不悬空 2. 压力表安装方向正确、有检验合格证 3. 立管与水龙带拴保险绳，两头各卡 2 个卡子				
	1. 绞车大绳排列整齐、无断丝				
	1. B 型大钳钳尾绳用⅞ in 钢丝绳，无断丝，绳卡标准 2. 吊绳无断丝，销子、别针齐全				
	1. 液压大钳安装标准，钳框无变形 2. 安装有气控开关，油、气管线接头无刺漏 3. 液压站电机固定、护罩固定无松缺，接地线标准，电阻小于 4 Ω				
	1. 使用磁性吊卡销子，销子无变形、有磁性				
	1. 盘刹调节正确，扳手、别针、垫片、螺丝无松缺 2. 刹把角度合适、曲拐灵活，曲拐下无杂物、无冻块 3. 更换刹带(非盘式刹车)、大绳有检查验收记录				
	1. 防碰天车、刹车系统安装标准 2. 无冻结、无漏气				
	1. 电磁刹车安装固定标准 2. 冷却水管线无刺漏、卡子全				
	1. 大钩、吊环、水龙带、保险绳栓安装标准 2. 附件安装标准				
	1. 大门坡道无悬空，保险绳安装标准				
	1. 司钻控制箱(房)仪表齐全、灵敏可靠、固定牢靠 2. 油、气管线不刺漏 3. 压力表灵敏、可靠				
	1. 安全带配备齐全且为全身式安全带(井场应有 4 副)，符合要求 2. 差速器、助爬器符合安全要求，停放位置正确，数量够				
	1. 绞车护罩螺丝齐全、固定牢靠				
	1. 润滑系统、各种设备滤子无脏堵				
	1. 悬吊系统、风动绞车、液压绞车、死绳固定器保养好				
	1. 转盘传动链条护罩固定好 2. 其余设备护罩螺丝固定齐全				

续表 18-2-20

项　目	检查内容	符合情况		存在问题	责任人
		√	×		
钻台管理	1. 转盘链条不缺油 2. 钻机链条不缺油				
	1. 转盘、风动绞车、水龙头等油质、油量符合要求				
	1. 钻台油、气、水无泄漏				
	1. 钻台、井架电路规范，照明完好，线路无老化、无漏电 2. 线路、防爆灯固定好				
	1. 钻台下无钻井液、无杂物，排污沟畅通				
	1. 钻台灭火器压力充足 2. 标识清、无过期				
泵房部分					
泵房管理	1. 钻井泵安装校正符合标准 2. 基础无下沉				
	1. 泵房线路固定牢、无漏电 2. 照明灯完好、光线充足 3. 灯罩齐全固定牢				
	1. 喷淋泵管线卡子全，无漏油、漏水 2. 泵拉杆卡子不缺、不松 3. 泵拉杆箱内冷却水清洁干净 4. 泵中心拉杆跟随盘根无损坏				
	1. 泵齿轮油油量足、不变质 2. 油泵安装固定标准、卫生清洁 3. 呼吸口清洁				
	1. 喷淋泵护罩固定好，螺丝无松缺 2. 警示牌悬挂醒目、清洁干净				
	1. 压力表无损坏、无油泥、读数准确 2. 安装方向正确 3. 有检验合格证				
	1. 泵头连接、三通固定螺丝无松、缺或开焊 2. 泵上水管线卡子标准 3. 上水管线有过桥				
	1. 空气包按规定充氮气，空气包上无杂物 2. 泵安全阀压力调整正确、保养好				
	1. 安全阀泄压管线固定牢固、两头拴标准保险绳 2. 泄压管口方向入罐				

续表 18-2-20

项　目	检查内容	符合情况		存在问题	责任人
		√	×		
泵房管理	1. 泵房工具摆放整齐、配件新旧分开				
	1. 高压阀门组固定好，手柄、螺丝无松缺 2. 高压软管线保险绳拴标准				
	1. 高低压管线安装标准、固定牢 2. 卡子或由壬无松缺 3. 机泵房架角铁螺丝无松缺				
	1. 泵房排污沟畅通、无杂物				
	1. 立管、高压管线、阀门组、保险凡尔冬季保温好 2. 立管有阀门、有放水丝堵 3. 低压有放水丝堵				
机房部分					
机房管理	1. 设备安装、校正、调整符合要求，固定连接螺丝牢靠、螺帽无松缺				
	1. 搭扣连接螺栓不松 2. 销子、别针标准 3. 梯子拴保险绳标准 4. 主机橇底座销子、别针齐全标准				
	1. 设备卫生整洁、标识清晰 2. 气瓶房门窗完好、能上锁				
	1. 设备“三滤”清洁 2. 机油油质、油量符合要求 3. 柴油机仪表无缺损				
	1. 压力容器安全阀灵敏有效，气瓶按时放水排污 2. 压力容器、安全阀定期校验 3. 警示牌悬挂醒目				
	1. 设备无漏油、漏水、漏气 2. 连接销子、别针标准				
	1. 柴油机排气管支架螺丝无松缺				
	1. 工具、配件等物品摆放整齐、清洁、保管好				
	1. 各种管线卡子安装齐全标准 2. 传动护罩无开焊 3. 固定螺丝无松缺 4. 自动压风机固定牢，护罩无开焊 5. 并车厢压板固定牢、无松缺 6. 各顶杠安装标准、备帽全				

续表 18-2-20

项　目	检查内容	符合情况		存在问题	责任人
		√	×		
机房管理	1. 机房灭火器压力充足，标识清、无过期				
	1. 机房电线安装标准 2. 防爆灯具齐全完好、固定牢 3. 排气管带防火罩				
SCR 及电器中控房	1. 两个紧急出口处安装应急灯且工况良好 2. 控制面板前地面铺设绝缘垫 3. 配置二氧化碳灭火器，检查及时 4. 安装 H_2S 报警装置 5. 张贴“高压——禁止用水”的标识 6. 张贴“未经许可不得进入”之类的标识 7. 所有开关盒、连接盒、接线盒盖关闭，有输出电压标识 8. 照明灯有护罩 9. 从 SCR 房到钻台的电缆必须放在电缆槽里或是捆绑好固定在设备上 10. 接地良好，电阻不大于 4 Ω				
发电房管理	1. 设备安装、校正、调整符合要求 2. 电器设备接地标准，电阻不大于 4 Ω				
	1.“三滤”定时清洗 2. 机油油质、油量符合要求 3. 发电机仪表无缺损 4. 室内外线路安装标准、无漏电，开关完好				
	1. 发电房门窗完好、能上锁 2. 警示牌悬挂醒目				
	1. 电瓶、配电盘接线正确、保养好 2. 操作配电盘下有胶皮				
	1. 发电房有消防沙及标识 2. 发电房内物品摆放整齐、清洁无杂物 3. 灭火器压力在正常范围、无过期、有标识				
技术、井控部分					
技术管理	1. 钻头使用后清洗干净 2. 有分析卡片 3. 废旧钻头摆放到指定位置				
	1. 上井钻具分类排放整齐 2. 有编号，丝扣清洁，水眼通畅 3. 上下钻台戴护丝				
	1. 钻具丝扣油涂抹均匀、量足 2. 钻杆入小鼠洞扣吊卡 3. 不用的钻具接头应松扣、卸开				

续表 18-2-20

项　目	检查内容	符合情况		存在问题	责任人
		√	×		
技术管理	1. 现场套管、油管应按要求摆放整齐，戴好护丝 2. 卜套管、油管前应提前通径、检查、清洗、丈量并编号登记，并有签字 3. 坏套管、油管有标识 4. 下套管、油管有扭矩记录 5. 按标准安装套管头				
	1. 钻具使用完后水眼畅通，坏钻具有标记 2. 分类摆放整齐，丝扣干净				
	1. 现场常用工具、转换接头、特殊工具有长度、内外径、下井具体位置记录				
	1. 钻井技术资料齐全，填写无涂改				
井控管理	1. 液面报警器灵活好用				
	1. 完井拆卸防喷器时，禁止井队割焊底法兰等井口配件				
	1. 井控设备及工具的配套，按有关标准执行				
	1. 井控设备和设施落实岗位，指定责任人并挂牌 2. 井口各工种有人"坐岗"观察				
	1. 井控设备冬季有防冻措施，节流管汇加装保温装置 2. 阀门编号、挂牌，手轮开关灵活 3. 钻井液回收装置安装标准 4. 防喷器、节流管汇清洁				
	1. 在钻开油气层前，按规定试压合格 2. 防喷演习有记录 3. 防喷技术措施、应急预案齐全				
	1. 防喷器远程控制台应安装在钻台侧前方，距井口 25 m，接专用电线 2. 电机有地线				
	1. 井控电路安装标准、无漏电 2. 照明灯完好				
	1. 按设计要求储备足够的重晶石粉等压井材料以及压井液				
	1. 防喷器放喷管线每 15 m 打一个基墩 2. 放喷管线出口不得朝向油罐区、宿舍				
	1. 手轮安装标准 2. 液压管线有过桥				
	1. H_2S 和 SO_2 等监测装置、仪器以及防护器材齐全、完好				

续表 18-2-20

<table>
<tr><th rowspan="2">项　目</th><th rowspan="2">检查内容</th><th colspan="2">符合情况</th><th rowspan="2">存在问题</th><th rowspan="2">责任人</th></tr>
<tr><th>√</th><th>×</th></tr>
<tr><td colspan="6">固控部分</td></tr>
<tr><td rowspan="3">钻井液管理</td><td>1. 钻井液设计大表按时上墙
2. 原始记录、交接班记录、材料消耗记录、小型实验记录、固控设备运转记录齐全，填写正规、无涂改</td><td></td><td></td><td></td><td></td></tr>
<tr><td>1. 实验室清洁卫生
2. 各种仪器无损坏、清洁，按时校验
3. 实验室漏电保护器固定牢，室内外线路安装标准、无漏电
4. 开关、插座、灯具完好
5. 实验室门窗干净完好、能上锁</td><td></td><td></td><td></td><td></td></tr>
<tr><td>1. 各种处理剂分类摆放
2. 大宗材料上盖下垫，标识全
3. 贵重物品入库上锁
4. 药品桶、油桶、药品、土粉、重晶石粉等的摆放远离水体、农田
5. 排污坑无固体废弃物</td><td></td><td></td><td></td><td></td></tr>
<tr><td rowspan="2">循环系统</td><td>1. 循环罐按标准接地线，电阻不大于 4 Ω。过桥固定牢、护栏全
2. 罐面无杂物、无漏洞，护栏全、固定牢，销子、别针齐全
3. 罐连接管线使用标准卡子、无漏水
4. 循环罐电路安装标准、无漏电
5. 照明灯设施完好无破损
6. 高架槽安装坡度适中，固定牢，拴保险绳标准
7. 漏电保护器完好
8. 开关箱固定牢、门完好</td><td></td><td></td><td></td><td></td></tr>
<tr><td>1. 振动筛护罩、栏杆齐全，销子、别针标准
2. 电器设备按照标准安装，照明灯完好无破损</td><td></td><td></td><td></td><td></td></tr>
<tr><td rowspan="2">固控管理</td><td>1. 搅拌机护罩固定牢固
2. 不缺油，按时保养
3. 卫生整洁</td><td></td><td></td><td></td><td></td></tr>
<tr><td>1. 除砂器、除泥器、除气器、离心机、供液泵固定牢固、无刺漏
2. 电机接地标准，电阻不大于 4 Ω
3. 离心机排污口及时清理（离心机使用完用清水冲洗干净）、按时保养
4. 除砂器、除泥器压力表好用、读数准确
5. 线路安装标准、无漏电
6. 漏电保护开关固定牢固、接线标准、完好
7. 电源线固定好
8. 长杆泵线路架空、接地标准，电阻不大于 4 Ω</td><td></td><td></td><td></td><td></td></tr>
</table>

续表 18-2-20

项目	检查内容	符合情况		存在问题	责任人
		√	×		
水罐、粉罐	1. 水罐摆放整齐 2. 水泵盘根、闸门、管线无刺漏、使用标准卡了 3. 电机接地、接零标准，电阻不大于 4 Ω 4. 电机护罩固定牢固 5. 漏电保护开关固定牢、接线标准、完好，电阻不大于 4 Ω 6. 电源线固定好				
	1. 粉罐管线畅通、无老化 2. 压力表、安全阀好用 3. 定期校验，标识全 4. 胶管卡子全 5. 阀门灵活好用 6. 罐口密封严、固定牢固				
营地部分					
食堂管理	1. 炊事员上岗穿戴工作服，围裙、套袖、帽子齐全 2. 工作服整洁 3. 食堂炊管人员健康证齐全、无过期				
	1. 炊灶具摆放整齐、干净 2. 液化气罐管线无漏气、卡子齐全标准				
	1. 食品库房物品分类摆放整齐 2. 电路安装标准、无漏电 3. 插座、灯座固定好				
	1. 开水器地线标准、无漏电，接地电阻不大于 4 Ω 2. 热水机、制冰机工作正常				
职工宿舍	1. 营房玻璃窗清洁 2. 门窗完好，能上锁				
	1. 室内电路标准、无漏电 2. 插座、灯座固定牢 3. 无私拉乱接 4. 室外开关箱门完好				
	1. 安全帽挂在外屋墙衣钩上，工衣、手套和工鞋放在外屋柜中 2. 日用衣服放在壁橱中 3. 洗漱用品摆放整齐				
	1. 被子整齐 2. 床单干净				

续表 18-2-20

项　目	检查内容	符合情况		存在问题	责任人
		√	×		
职工宿舍	1. 室内无与生活无关的物品 2. 室内各类箱、柜面上清洁、无灰尘 3. 室内地面保持清洁、无烟头等杂物 4. 室内空调机清洁、无灰尘 5. 室内制度齐全，有负责人				
	1. 墙壁清洁无泥浆、油污				
	1. 电暖器上不许晾晒物品 2. 室内禁止使用功率超过设计的大灯泡 3. 室内禁止使用电炉子取暖				
环保管理	1. 营地备有两个固废回收箱、有标识、有负责人 2. 固废分类存放 3. 营地室外清洁卫生干净 4. 营地食堂、澡堂处有渗水坑				
	1. 营地厕所四周围好 2. 化粪池达标准要求、无渗漏				
澡堂管理	1. 职工洗澡间内干净、无杂物，门窗完好、能上锁 2. 电路系统安装标准、无漏电、无乱接现象 3. 澡房地线安装标准，接地电阻不大于 4 Ω				

第三节　应急响应及 HSE 事故管理

为保障对突发事件的快速响应，降低事故事件的损失，钻井作业公司应建立系统的应急响应体制。勘探开发公司、勘探开发项目和钻井作业现场应实行分级响应联动机制，按照事件的级别和应急的需求，分别落实应急措施、应急支援和应急协调支持。公司、项目和现场均应针对可能存在的潜在事件，建立应急响应程序，并定期演练，不断完善提高。

钻井作业现场应建立快速响应机制。事故事件发生后，立即启动应急预案，有效开展事故事件应急处置和人员、财产、环境保护措施和救助。

事故事件得到控制后，应对事故事件现场进行全面的检查确认。在防范措施落实到位的前提下，方可恢复钻井作业，并组织开展事故事件的调查处置。

一、应急响应

钻井作业现场应建立应急响应小组，编制应急预案，并定期组织演练。

1. 应急小组

1）应急小组人员

组长：钻井监督。

成员：HSE 监督、地质监督、测试监督、固井工程师、测井工程师、录井工程师、钻井液工程师、带班队长、司钻、副司钻、井架工等。

2）应急小组职责

应急小组组长职责：

（1）负责组织开展应急处置，同时迅速向项目公司应急组织报告现场情况。

（2）负责组织有关人员将事件告知可能波及的学校、村庄、厂矿等单位，必要时向地方政府求援。

（3）组织定期的应急演练，并修改完善应急预案。

应急小组成员职责：

（1）积极救助受伤人员，按岗位职责分工，积极参加抢险，清理受灾物资，并做好警戒工作，把受灾损失降低到最低程度。

（2）组织对受灾设备、设施的抢修，尽快恢复生产。

（3）负责做好抢险过程中资料的收集、整理和上报工作。

2. 应急预案

钻井作业现场应编制井喷、硫化氢中毒、火灾、人员伤害、自然灾害等专项应急预案，并按照应急预案的要求，成立应急响应小组，储备应急物资。

处于偏远地区（山区、沙漠、戈壁等）、周边医疗条件欠缺的钻井作业现场，应落实医疗救助应急响应措施，包括应急救援车辆、船舶或飞机。

3. 应急保障

每口井施工前，钻井作业现场应组织对应急预案的可行性进行审查，并结合现场实际修改完善应急预案，组织落实各项具体措施。

当现场生产过程、工艺、环境发生变化时，应及时修订、变更应急预案。

井口装置、防喷器、压井及节流管汇等必须按设计要求试压合格。

各种防护、报警、逃生设备齐全且性能良好。

按标准要求配备消防设施，并放置在规定的位置。

钻井现场配备通信工具，并 24 h 保持畅通。

掌握钻井现场所有人员、当地政府及公安、消防、医疗等救援机构的联系电话。

现场应配备齐全应急物品。

根据井场及设备、设施摆放情况确定逃生路线，并在井场布局图中标出。在含有或可能含有硫化氢井开钻前，应对井场周围 3 km 范围内的居民情况进行统计。

根据季节风向，应在醒目位置设置风向袋以指示风向。

在井场明显地方张贴或悬挂“严禁烟火”、“当心井喷”等清晰的警示标志。

二开到完井，坐岗人员要按规定检测钻井液面变化，正常钻进时每 15 min 测量并记录一次钻井液池增减量，发现溢流应立即向司钻报告并增加测量次数。

4. 应急演练

井喷、硫化氢溢散应急预案：作业班每月应进行不少于一次不同工况下的应急预案演练。在钻开油气层前、特殊作业（取心、测试、完井作业等）前，都应进行演练。

火灾、突发环境事件、食物中毒、洪汛灾害、危险化学品事件、工伤应急预案：按规定针对每口井进行演练；施工超过三个月、风险较大的井应适当增加演练次数。

录井、钻井液、固井、测井、测试等协作方工作人员应共同参加钻井现场的应急演练。

认真做好应急演练记录，并对应急预案的可行性、有效性进行评价。

5. 应急报告

当钻井作业现场发生井喷、硫化氢溢出、火灾、爆炸、环境事件、食物中毒人员伤亡等事故事件时，钻井作业现场应及时启动相应的应急预案，并由钻井监督迅速向上一级应急小组报告。

针对不同事件，主要报告内容应包括但不限于表 18-3-1 的内容。

表 18-3-1　应急事件报告内容

事件类别	应急报告内容
井喷、硫化氢溢出	井号、井位坐标、构造名称；井深、井身结构、钻井液密度；井口装置情况；喷出物类别、喷出高度、失控时间；有无硫化氢气体逸散，硫化氢浓度，失控时间；有无火灾、爆炸；人员中毒、伤亡情况；已采取的措施；压井物资存量；附近地况和居民分布情况等
火　灾	井号、地理位置；发生火灾的类型，程度如何；事故井井身结构及发生时间、原因；人员伤亡情况；配备的消防器材情况；已采取的措施；其他救援请求等
环境事件	突发环境事件名称；污染物的名称、数量；周围有无河流、湖泊等水体，距井场距离；现场已采取的防污染措施和取得的效果；现场气象；预测污染物的扩散趋势和漂移路径；周围居民分布状况及疏散情况；应急物资储备情况等
食物中毒	事件发生的井号、地理位置；食物中毒的类型和特征；人员伤亡情况、临床表现；可能的原因；现场医疗救护物资储备情况；食品储备情况；已采取的应急措施；其他救援请求等
人员伤亡	井号、地理位置；事件发生的时间、经过、原因；人员伤亡情况、临床表现；现场医疗救护物资储备情况；已采取的急救措施；其他救援请求等

6. 应急响应

在应急处置过程中，坚持“以人为本”的指导思想，应首先抢救受伤者，并避免新的伤亡。

应急预案应明确具体状态下的应急处置程序，包括井喷、硫化氢溢散、火灾、突发环境事件、食物中毒、洪汛灾害、危险化学品事件、人员伤亡事件处置等应急响应程序。

发生井喷后应采取措施控制井喷，若井口压力有可能超过允许关井压力须放喷时，应有控制地放喷，并在放喷口先点火后放喷。现场应配备自动点火装置，并备用手动点火器具。点火人员应配戴防护器具，并在上风方向点火。井喷失控后，在人员的生命受到巨大威胁、人员撤离无望、失控无法得到控制的情况下，钻井监督（油公司代表）应在爆炸危险区以外对气井井口实施点火。点火后应对下风方向尤其是井场生活区、周围居民区、医院、学校等人员聚集场所的二氧化硫的浓度进行监测。

二、HSE事故管理

1. 事故处置

凡在钻井作业现场,包括井场、营地发生的各类事故事件,均应调查、统计、分析、报告。

任何人一旦意识到事故事件的发生苗头必须立即报告现场监督。

事件发生后,现场钻井监督(油公司代表)应立即组织事故应急响应,从设备设施的完整性、作业程序、人员教育、生产组织等方面落实整改或防范措施。

2. 事故报告

事故报告应包括以下信息:时间、地点、事故经过、事故后果及应急措施。

钻井作业现场发生任何事故事件,应按有关的事故事件通知、调查和报告程序进行报告。

承包商发生的各类事故也应纳入统一管理。承包商应按油公司事故事件的通知、调查和报告程序要求,将有关服务合同工作范围内的 HSE 事故事件,在规定时间内报告现场钻井监督(油公司代表)。

按照资源国的有关要求,向当地有关部门及相关方报告。

3. 事故调查

事故发生后,现场钻井监督(油公司代表)应立即组织事故调查,分析事故的直接原因和间接原因。

现场监督应按照事故统计调查分析程序的要求,提交事故调查报告,并通过生产会或安全会的形式通报全体人员。事故报告的内容应包括但不限于表 18-3-2 的内容。

表 18-3-2 事故调查报告的主要内容

发生事故的单位名称:	发生事故的单位地址:
事故发生时间:	事故地点:
事故类别:	
事故直接原因:	
事故严重级别:	
伤亡人员情况: 伤亡者姓名、性别、年龄、工种、级别、本工种工龄、文化程度、直接致害原因、伤害部位及程度等	
事故直接经济损失:	事故间接经济损失:
事故详细经过:	

续表 18-3-2

事故原因分析：
事故教训及防范措施：
事故责任分析及处理情况： 包括直接责任、主要责任、领导责任、管理者责任的分析及对事故责任者的处理意见等
附件： 包括相关图片、资料、记录和口录、证明材料及调查组人员签名等

在进行事故调查和原因分析时，通常按照以下步骤进行分析。

（1）整理和阅读调查材料。

（2）分析伤害方式。按以下几方面进行分析：受伤部位、受伤性质、起因物、致害物、伤害方式、不安全状态、不安全行为。

（3）确定事故的直接原因。事故直接原因包括不安全状态和不安全行为。

① 不安全状态。

a. 防护、保险、信号等装置缺乏或有缺陷。包括：无防护罩；无安全保险装置；无报警装置；无安全标志；无护栏或护栏损坏；未接地；绝缘不良；局部通风机无消音系统、噪声大；防护罩未在适当位置；防护装置调整不当；防爆装置不当；电气装置带电部分裸露。

b. 设备、设施、工具、附件有缺陷。包括：结构不合安全要求；制动装置有缺欠；安全间距不够；设备工具有锋利毛刺、毛边；机械强度不够；绝缘强度不够；起吊重物的绳索不合安全要求；设备带“病”运转；超负荷运转；设备失修；地面不平；保养不当、设备失灵。

c. 个人防护用品用具有缺陷。包括：无防护服、手套、护目镜及面罩、呼吸器官护具、听力护具、安全带、安全帽、安全靴等；所用的防护用品、用具不符合安全要求。

d. 生产（施工）场地环境不良。包括：照度不足；作业场地烟雾尘弥漫，视物不清；光线过强；无通风；通风系统效率低；作业场所狭窄；工具、材料堆放不安全；交通线路的配置不安全；操作工序设计或配置不安全；地面有油或其他液体；冰雪覆盖；地面有其他易滑物；储存方法不安全；环境温度、湿度不当。

② 不安全行为。

a. 操作错误，忽视安全，忽视警告。包括：未经许可开动、关停、移动机器；开动、关停机器时未给信号；开关未锁紧，造成意外转动、通电或泄漏等；忘记关闭设备；忽视警示标志、警示信号；按钮、阀门、扳手、把柄等操作错误。

b. 安全装置失效。包括：拆除安全装置；安全装置堵塞，失去作用；调整的错误造成安全装置失效。

c. 使用不安全设备。包括：临时使用不牢固的设施；使用无安全装置的设备。

d. 手代替工具操作。包括：用手代替手动工具；用手清除切屑。

e. 攀、坐平台护栏、汽车挡板、吊车吊钩等不安全位置或在起吊重物下作业、停留。

f. 机器运转时进行加油、修理、检查、调整、焊接、清扫等工作。

g. 有分散注意力的行为。

h. 在必须使用个人防护用品用具的作业或场合中忽视其使用。包括：未使用护目镜、面罩、防护手套、安全鞋、安全帽、呼吸护具、安全带或戴工作帽等。

i. 不安全装束。包括：在有旋转部件的设备旁作业穿过于肥大的服装，或操纵带有旋转零部件的设备时戴手套。

j. 对易燃、易爆等危险物品处理错误。

(4) 确定事故的间接原因。间接原因主要有以下类别：

① 钻井作业的机械设备、仪器仪表、工艺过程、操作方法、维修检验等的设计、施工和材料使用存在问题。

② 教育培训不够或未经培训，缺乏或不懂安全操作技术知识。

③ 劳动组织不合理。

④ 对钻井作业现场工作缺乏检查或指导错误。

⑤ 没有钻井作业安全操作规程或不健全。

⑥ 未遵守规定作业程序或管理程序。

4. 确定事故责任者

确定相关人员责任的基本原则为：

(1) 因地质、钻井、测试设计上的错误和缺陷而发生的事故或造成严重后果的，由设计者负责；相关专业职能部门负相关责任。

(2) 因安装、施工、作业和检修上的错误或缺陷而发生的事故或造成严重后果的，由安装、施工、作业和检修人员负责。

(3) 因现场缺少 HSE 规章制度而发生的事故，由海外机构 HSE 主管部门负责；因违反规定或操作错误而造成事故的，由操作者负责，但未经学习，不懂安全操作知识而发生的事故，由指派者负责。

(4) 因缺少安全防护装置而发生的事故或造成严重后果的，由现场钻井监督负责；因随便拆除安全防护装置而造成的事故，由拆除者或决定拆除者负责。

(5) 对于已发现的重大事故隐患，钻井作业现场能解决但未及时解决而造成的事故，由现场钻井监督负责；现场无力解决且已呈报有关部门，未及时解决而造成的事故，由钻井经理负责。

参考文献

[1] GB/T 13861—2009 生产过程危险和有害因素分类与代码.

[2] GB 6067.1—2010 起重机械安全规程.

[3] GB 18218—2009 危险化学品重大危险源辨识.

第十九章　钻井项目管理

钻井工程的项目管理在国际上通行的做法是采用单价、总包、日费制或集成服务合同，在此基础上又衍生出不同的组合，包括不同井段采用不同承包方式或相应的激励机制。国际油公司对钻井项目的管理一般至少涉及项目的五大管理过程和九大知识领域。本章将立足于日费制着重对钻井项目的计划、组织、执行和改进过程进行论述。

第一节　建井闭环过程管理

国际油公司价值链的管理通常包括三个主要阶段，即进入区块、勘探评价和开发，这三大阶段又细分了相应的活动。钻井工程作为价值链的关键活动，其费用占勘探开发总费用的50％～80％。在开发项目中，钻井投资占到40％～45％，而在勘探项目中，钻井投资占到80％左右。钻井工程的管理对项目的成败具有决定性的作用。

一、钻井项目管理的主要活动

钻井活动的管理须参照PDCA(Plan，Do，Check和Adjust)循环的指导思想，形成闭环以达到持续改进或提高的目的。图19-1-1显示了通常意义上的闭环过程。

图19-1-1中，设定目标和规范主要侧重于项目公司的发展规划。

计划和组织主要指：

(1) 钻井部门的年度计划；

(2) 队伍选择及安排；

(3) 钻井顺序；

(4) 预算；

(5) 合同；

(6) 单井计划。

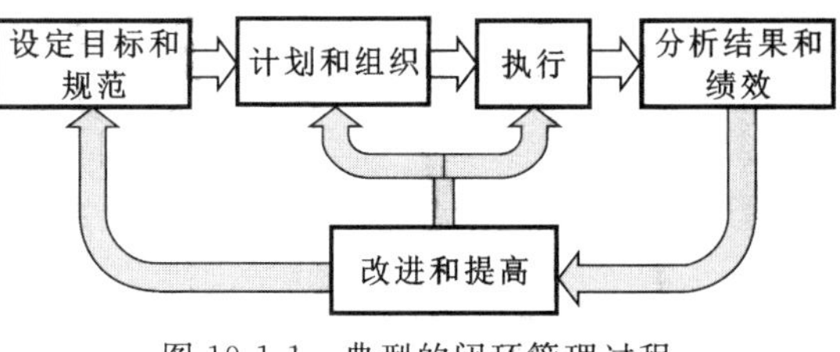

图19-1-1　典型的闭环管理过程

执行是通过下面各项活动来进行的：

(1) 在建井或修井过程中监督承包商按设计进行施工；

(2) 材料供应和HSE管理；

(3) 获取数据，作为持续提高过程中的输入依据。

分析结果和绩效通过下面各项活动来进行：

(1) 完井报告和总结；

(2) 时间/成本与井深关系分析；

(3) 事件报告；

(4) 发布技术说明；
(5) 绩效分析，包括油公司和承包商的绩效。
通过反馈分析结果得到的教训和信息来实现改进和提高：
(1) 对改正条目和技术说明进行跟踪直到关闭；
(2) 对人员进行宣贯；
(3) 更新管理和技术手册；
(4) 填写经验教训登记表；
(5) 定期审查执行和提高的效果。

二、核心过程

核心过程是为了实现最终期望结果所要求的任务，并且显示出其相互关系。如前文所述，为了监控主要活动的进展，必须有一个控制过程伴随着核心过程。控制过程也包括符合性检查。图 19-1-2 列出了核心过程与控制过程的关系。

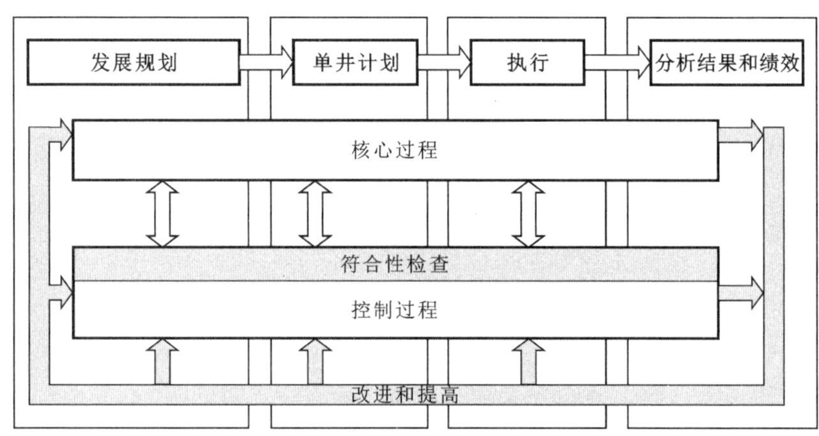

图 19-1-2　核心过程与控制过程的关系

三、闭环过程

将图 19-1-1 和 19-1-2 结合，便得到一个钻井闭环过程。一般来说，钻井项目管理包括项目公司规划、钻井计划和组织、执行、分析与提高等五个过程，如图 19-1-3 所示。项目公司规划通常包括年度生产目标和公司发展战略；钻井计划和组织通常包括年度钻井计划和以作业为导向的钻井顺序及单井设计等内容；执行是对已经计划的作业的实施和监督；分析与提高包括利用相应的分析手段，对钻井活动进行监测并对经验教训进行反馈，以达到改进和提高的目的。

四、钻井管理体系

国际钻井项目的管理需要一套完整的体系来支撑，通常由一系列文件组成，见图 19-1-4。在不同的层次上，不同的手册所阐述的内容也有所不同，它们组成一个有机的整体。

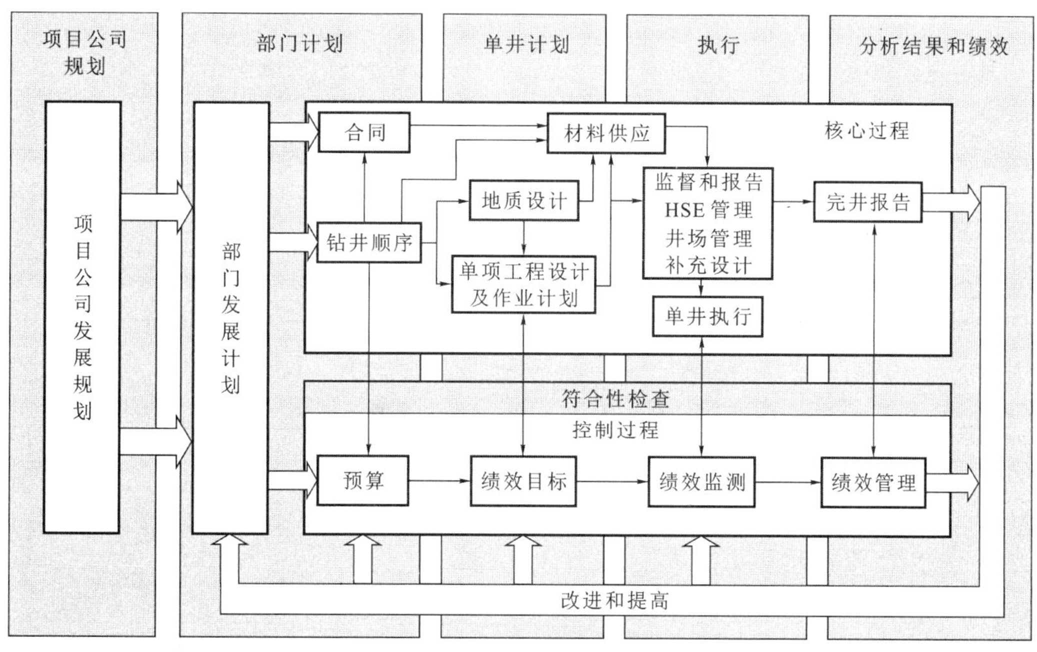

图 19-1-3　钻井闭环管理过程

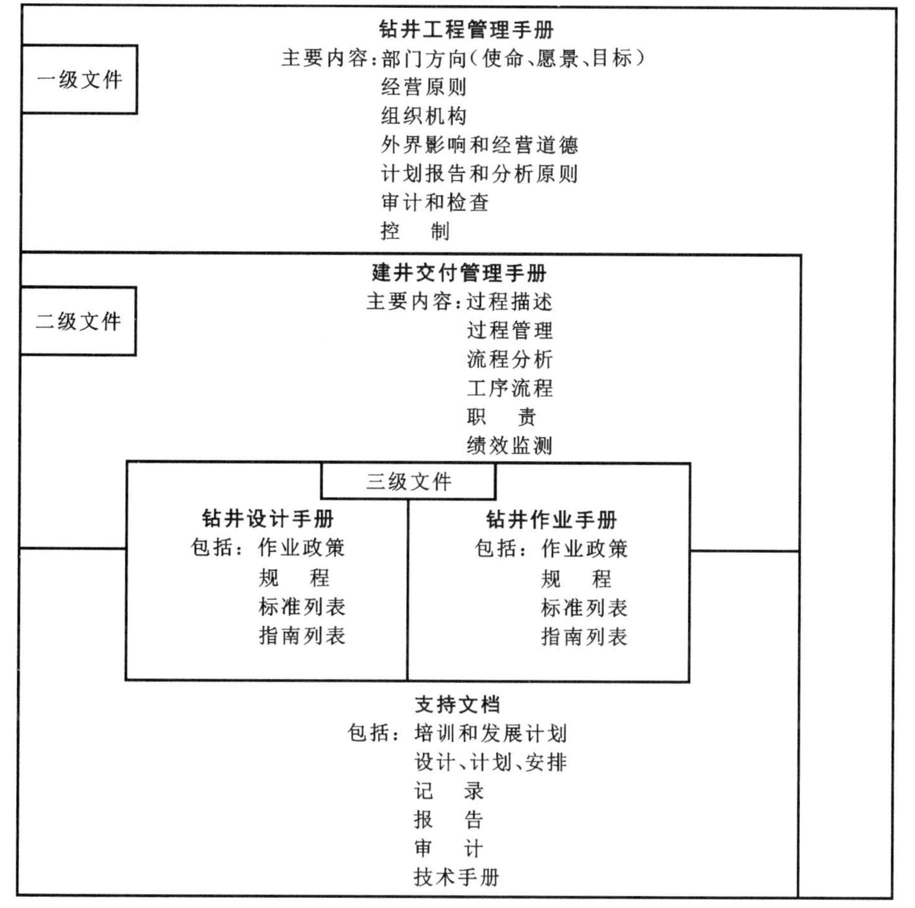

图 19-1-4　典型的钻井管理体系

五、组织结构

典型的钻井组织结构见图 19-1-5。该图以 7 台钻机为例，列出了各岗位之间的关系。需特别说明的是，钻井总监在现场主要侧重于生产运行和后勤保障，而高级钻井工程师则负责钻井技术和合同执行，对该井决策负责。

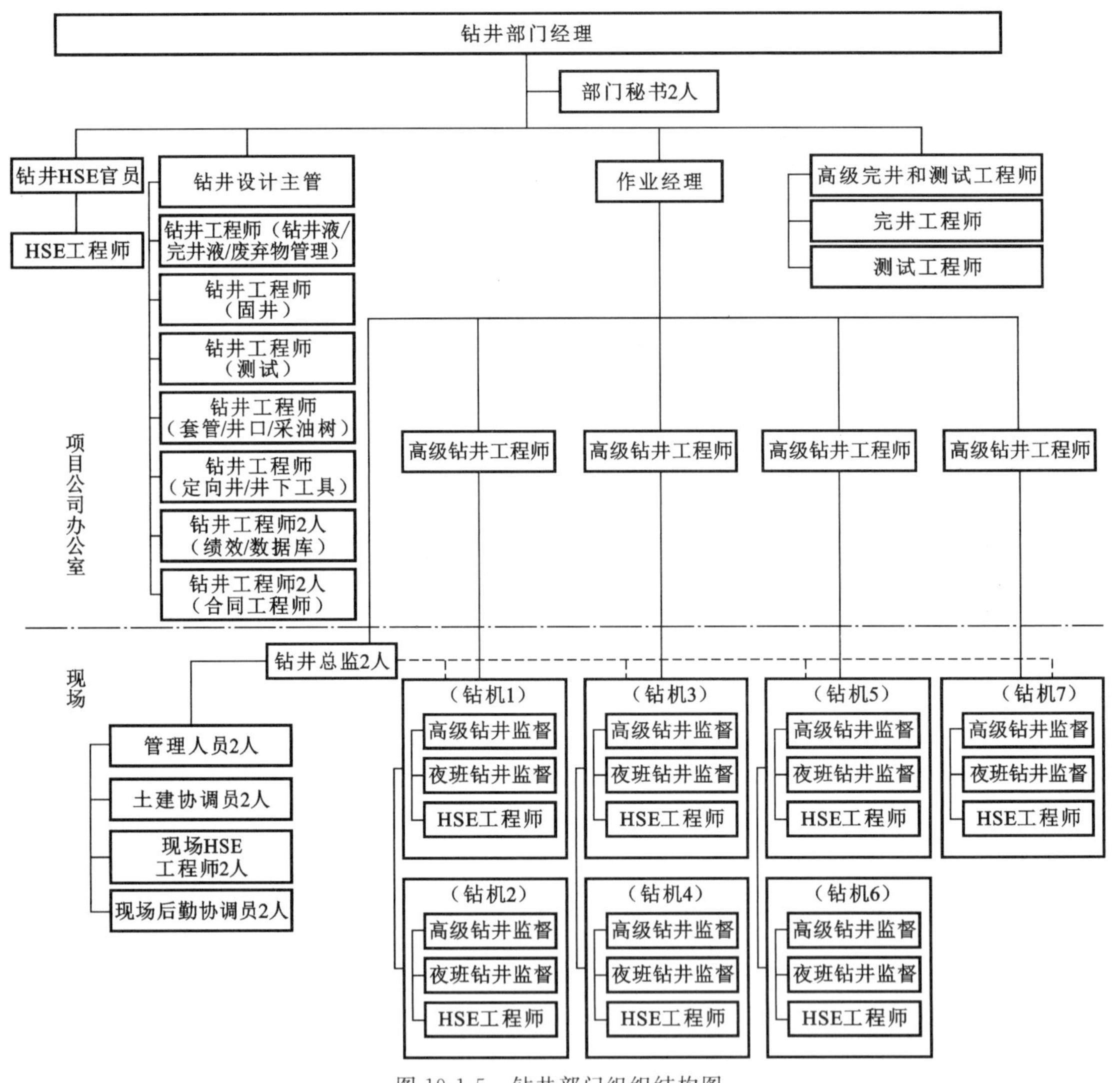

图 19-1-5　钻井部门组织结构图

第二节　计划和组织

计划和组织包括项目公司、钻井部门和单井的计划与组织，见图 19-2-1。该图是从图 19-1-3 中截取的关于计划组织的部分。

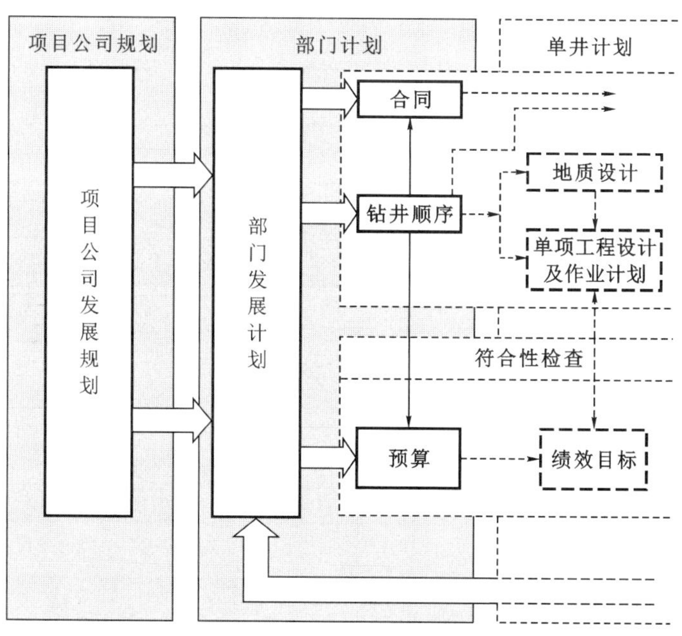

图 19-2-1　项目公司规划

一、项目公司规划

项目公司规划是通过召开周期性的战略会议和编写规划文档来实现的，主要包括：

(1) 公司规划纲要和指南；

(2) 年度计划文件；

(3) 财务计划：

(4) 公司和职能部门的业务规划。

当前年份和未来一年预测是项目公司内部控制的重要方法，而预期的长期钻井顺序包含在年度计划文件中。再往下细分，则周期更短一些，包括更为详细和具体的活动。技术方面和财务计划也同时运行。

编写部门计划的主要目的在于：

(1) 阐明关键业务目标；

(2) 使相关部门提前介入决策过程；

(3) 尽早确定所需资源；

(4) 参与人员就目标达成共识；

(5) 尽可能减少变更；

(6) 设定目标和报告计划；

(7) 根据任务的重要性优化资源分配。

如图 19-2-2 所示，计划是一个持续不断的周期性过程，每年从十月份的董事会开始，延伸至次年六月与合作伙伴的技术交流会议。不同的公司有不同的要求，该图仅是周期计划的示意。根据不同情况，起始时间有所不同。

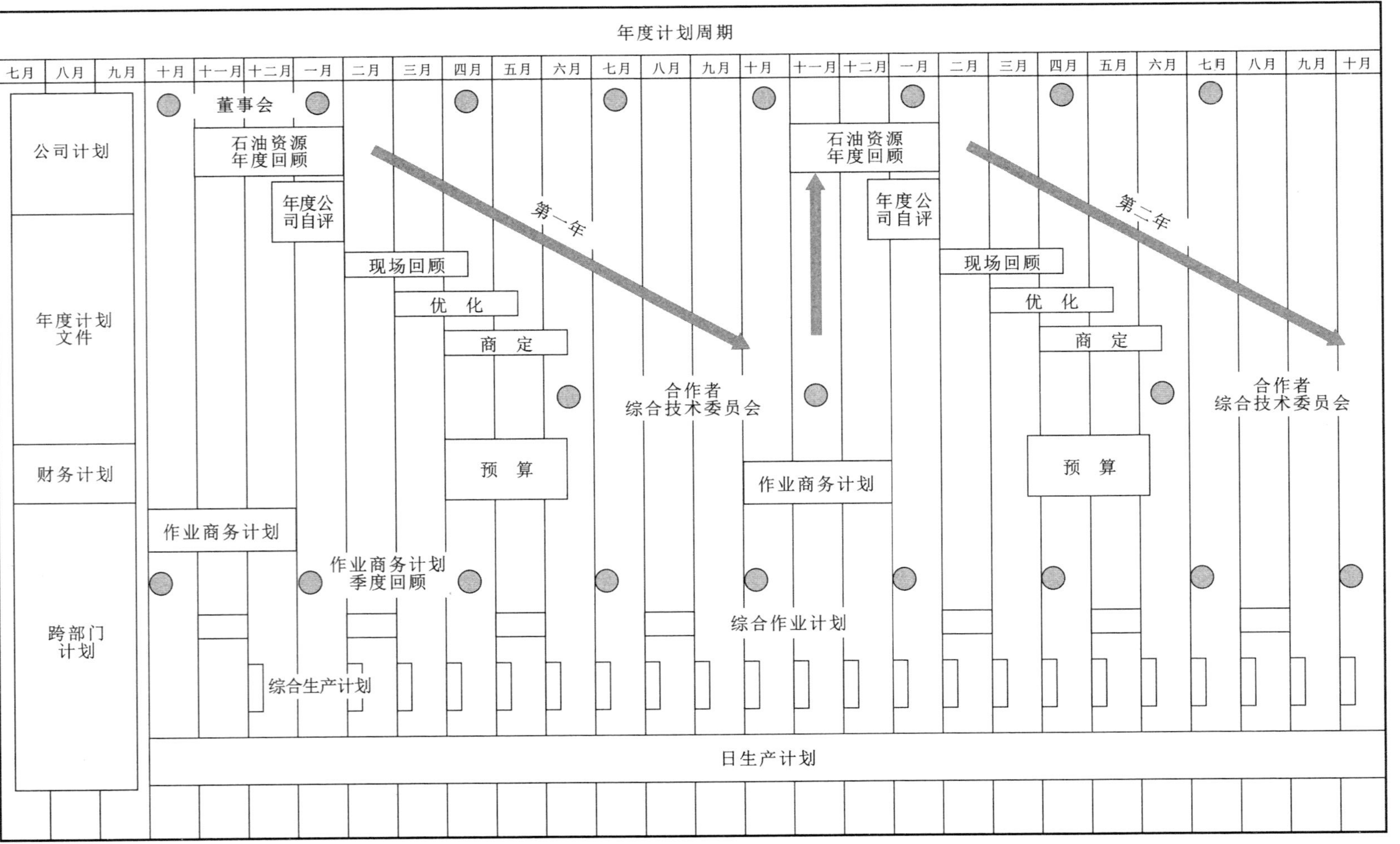

年度计划周期
七月
八月
九月
十月
十一月
十二月
一月
二月
三月
四月
五月
六月
七月
八月
九月
十月
十一月
十二月
一月
二月
三月
四月
五月
六月
七月
八月
九月
十月
公司计划
年度计划文件
财务计划
跨部门计划
董事会
石油资源年度回顾
年度公司自评
现场回顾
优　化
商　定
第一年
预　算
作业商务计划
作业商务计划季度回顾
综合生产计划
合作者综合技术委员会
石油资源年度回顾
年度公司自评
作业商务计划
综合作业计划
现场回顾
优　化
商　定
第二年
预　算
合作者综合技术委员会
日生产计划

图 19-2-2　计划周期图

1. 公司规划纲要和指南

每年十月项目公司通常召开董事会或联管会，其重要的任务之一是批准下面几个主要文件：

(1) 年度产量目标；

(2) 公司发展目标；

(3) 公司发展策略。

批准的目标和策略通常会在次年的一月由总经理签发给相关的人员以便于执行。在每年的十二月或次年的一月会召开年度公司自评会议，其目的是对本年度项目的运行情况与设定的目标进行对比。参加会议的除了项目的管理团队，还包括其他主要的利益相关者。会议的主要内容包括：

(1) 总经理评论；

(2) 上年业绩回顾和今后两年业务规划；

(3) 业绩与目标对比；

(4) 关键认识；

(5) 需要采取的措施；

(6) 三年来的技术里程碑；

(7) 详细绩效分析。

2. 年度计划文件

首先对各个油田进行回顾并对未来五年提出计划。这些回顾包括：

(1) 油田计划网络分析，表示工期和其关联关系，包括地震、地震资料处理、油藏研究、勘探开发部署和地面工程、钻井工程、修井和人工举升等。

(2) 对新的和未来的开发做出预测，需要根据计划网络、最新资源评估和油田数据进行更新。

(3) 根据设计指南对开发成本进行分析。

(4) 产量预测。

其次是技术应用计划，提出具有挑战性的技术应用与创新，包括收益和里程碑。

年度工作计划和预算通常在每年六月初形成初稿，六月中旬发给合作伙伴征求意见，一旦合作伙伴确认，十月的董事会或联管会将通过年度预算文件。年度工作计划的主要内容包括：

(1) 公司目标；

(2) 公司展望；

(3) 油田状态和开发总结；

(4) 工作计划；

(5) 目标和里程碑；

(6) 健康、安全和环保；

(7) 本地人力开发。

3. 财务计划

与年度计划文件对应，每年的四五月份将准备年度预算文件。预算包括所有的开发计划的资本性支出(CAPEX)和生产性支出(OPEX)。CAPEX指用于基础建设、扩大再生产等方面的需要在多个会计年度分期摊销的资本性支出。OPEX指当期的付现成本。

4. 公司和职能部门业务规划

公司业务规划作为高层的管理依据，为下层的作业规划和集成生产规划提供重要的指导。考虑到集成生产规划与油田的生产运行关系密切，仅对作业规划做相应说明。

作业规划是从公司规划衍生而来的，是钻井部门1+4年规划的主要管理依据，是一组策略和作业目标，包括一系列可计量的绩效指标，用于评价历年的作业职能表现。作业计划在每年十月份召开联管会以后至十二月份之前做出，每季度进行一次分析，以监视其进展情况。该计划包括：

(1) 去年计划的回顾；

(2) 来年作业HSE计划；

(3) 年度和月度产量目标；

(4) 对公司作业标准的维护和升级计划；

(5) 成本和预算分析；

(6) 特定的部门目标。

对于从零开始起步的开发项目，图19-2-3显示了典型项目开发的主要活动。对于具体的钻井工程，其活动和时间见图19-2-4。由于钻井工程涉及的活动多且界面关系复杂，计划阶段需要形成详细的项目执行计划(Project Execution Plan,PEP)。PEP的主要内容包括：

(1) 项目定义；

(2) 项目范围；

(3) 合同和采购；

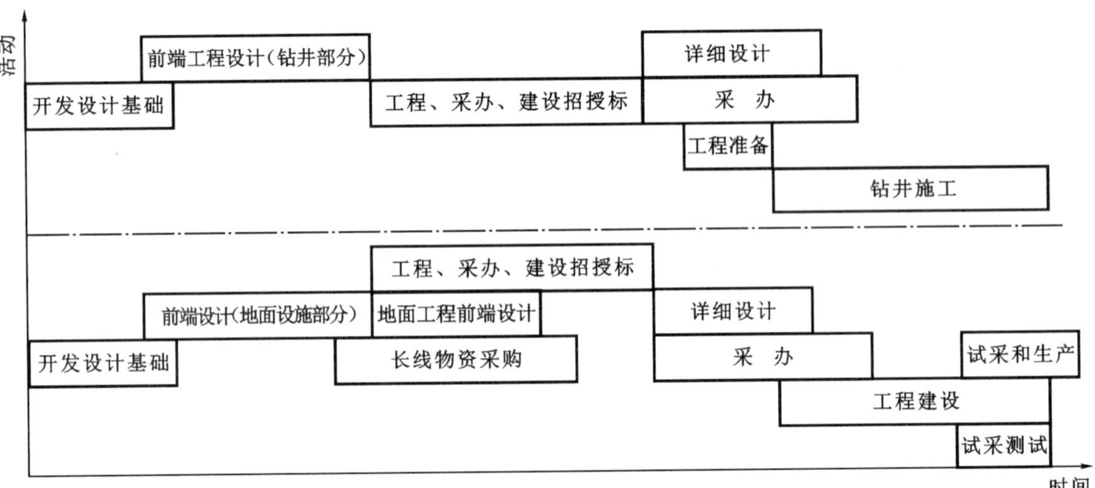

图19-2-3 典型的油田开发项目活动

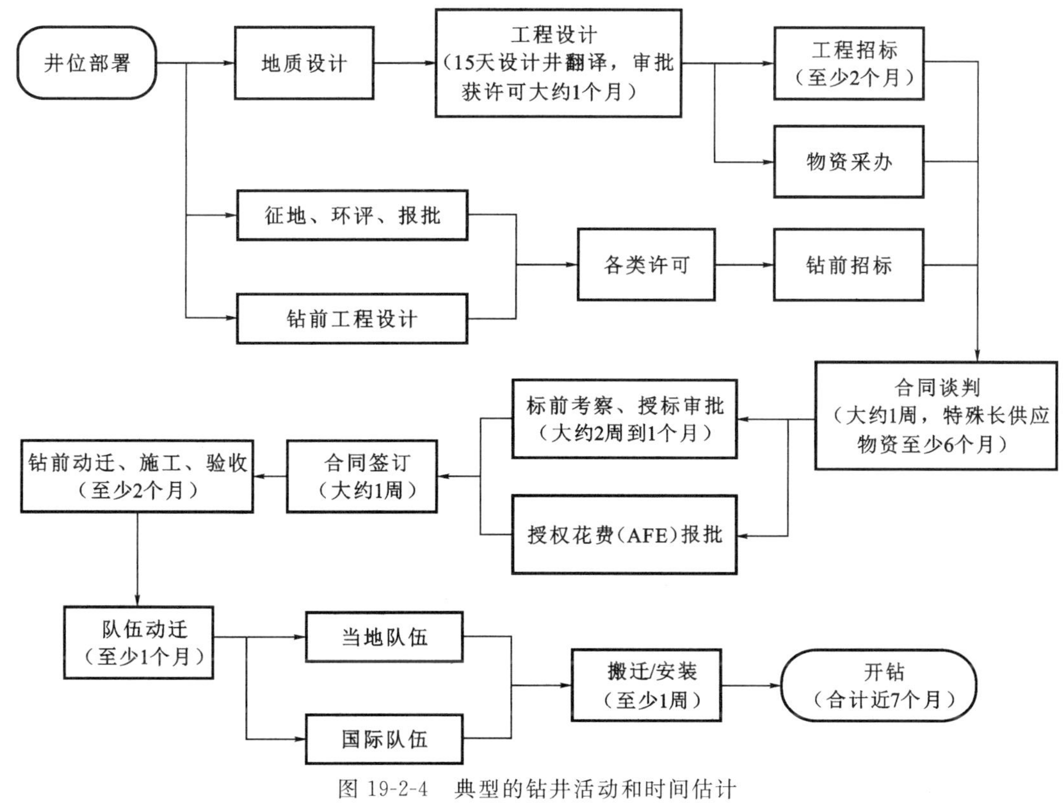

图 19-2-4　典型的钻井活动和时间估计

(4) 组织机构与人力资源；

(5) 质量和 HSE 管理；

(6) 试运和移交；

(7) 系统和规程；

(8) 图、表和附件。

同样，项目保障计划(Project Assurance Plan，PAP)对于做好质量控制也是非常重要的。表 19-2-1 列出了设计和施工阶段保障的主要内容。

表 19-2-1　项目保障计划的主要内容

技术保障活动	从地下研究开始的大约时间（第几周）	预计时间/d
生产技术专家审查生产流动保障和气举	3	3
地下模型状态回顾＋未来研究计划	3	3
根据概念设计，审查油藏要求(长供货周期能否满足要求)	4	1
钻井设计审查	5	1
实验室特殊岩心分析研究计划审查	6	5
油藏工程审查	6	3
地球物理审查	6	3
油层物理审查	7	3

续表 19-2-1

技术保障活动	从地下研究开始的大约时间（第几周）	预计时间/d
技术文档审查	7,8,9	3
审查地质设计	7,8,9	3
钻井极限——纸上钻井（多井型）	10	1
静态模型（综合）审查（地质/孔隙压力）	12	3
动态模型审查（地质/油藏）	18	3
项目保障计划	从钻井前端设计开始的大约时间（第几周）	预计时间/d
地面井场设计和建设：审查、定位、地表勘察	1	3
市场审查并识别承包商	1,2	3
地下：钻井跨专业审查	2	3
增产和测试审查	2	2
长供货周期合同研讨会	2	2
综合团队进程审查	3,6,9,12	3
钻井管理层培训	3,6	2
价值挑战：前端工程技术设计回顾	4	3
合同策略研讨会：钻井服务合同（定向钻井、随钻测量、钻井液、固井）	5	2
钻井支持服务/投标研讨会	7	2

二、部门计划

1. 部门计划

与项目公司的业务计划相匹配，钻井部门将准备多个计划，这些计划包括：

（1）钻井作业计划：是部门1+1年的主要计划和管理手段，包括部门的目标、项目分解下来的目的和战略、与地面和地下相联系的管理层以及项目和跨部门的目的与战略。

（2）HSE计划：目的是将公司的HSE政策和计划分解到钻井人员和承包商。

（3）技术应用计划：旨在鼓励追求和应用新技术。

（4）人力资源计划：旨在确保满足公司长期目标的外籍和本地人员。

（5）信息管理计划：定义部门信息技术的需求。

计划的编写和批准如表19-2-2所示，对这些计划的符合性检查主要是通过周作业会议实现的。

2. 招标和合同

公开招标是广为使用的一种材料采办和服务采办方式，资源国对此都有严格的要求。在

表 19-2-2　部门计划分工表

计划名称	钻井部经理	高级钻井工程师（钻机 A+钻机 B）	高级钻井工程师（钻机 C+钻机 D）	高级钻井工程师（钻机 E+钻机 F）	高级钻井工程师（钻机 G）	高级钻井工程师计划
1. 钻井作业计划	◇	○	○	○	○	◉
2. 钻井部 HSE 计划	◇	◉				
3. 钻井技术应用计划	◇		◉			
4. 钻井人力资源计划	◇			◉		
5. 钻井信息管理计划	◇				◉	
◇ 任务批准人　◉ 任务负责人　○ 任务参与人						

采购的过程中，油公司必须执行严格的招标制度。招标采购的根本目的是及时、按照规定质量并以合理（或最低）成本的采购来满足公司的要求。招标过程是通过招标方和投标方的互动来完成的，图 19-2-5 所示的是招标过程中油公司和承包商的主要分工。

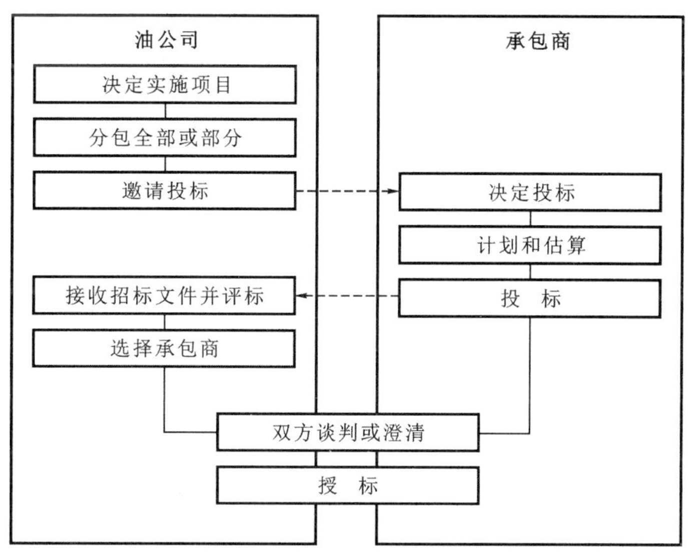

图 19-2-5　招标过程中油公司和承包商的活动

由于资源国通常保留随时对合同进行审查的权利，为了避免潜在的分歧，通常的做法是在招标的不同阶段超过一定金额（例如 60 万美元以上）的采办要经过资源国批准。而对于详细的采办程序，则需要项目公司根据相应的规定来制定，包括资源国法律法规和母公司的规定等，以达到合规和提高执行效率的目的。图 19-2-6 是一个典型的超过 60 万美元的采购程序示意图。

在采办过程中，钻井部门需要指定一名合同联络人（Contract Focal Point，CFP）对采办进行协调，主要通过下面的活动来实现：

（1）启动和推动采办及合同过程。

（2）准备招标文件，包括：① 技术部分；② 作业和后勤支持；③ 与承包商的商务安排。

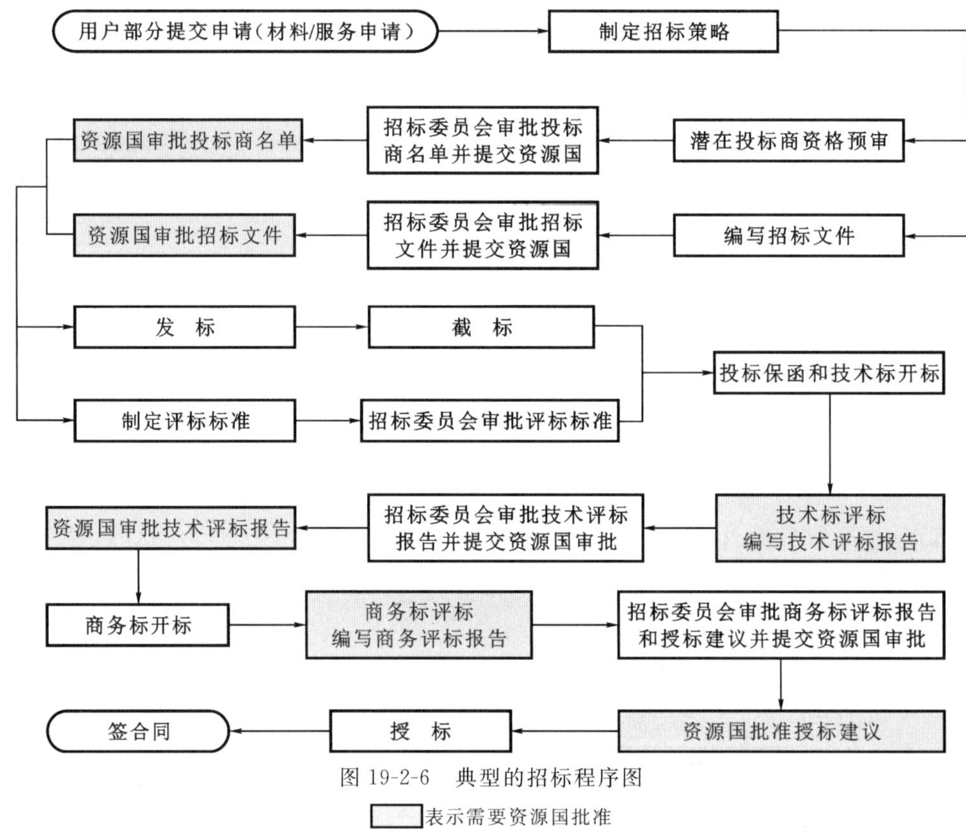

图 19-2-6　典型的招标程序图

▭表示需要资源国批准

(3) 建立评标的技术和商务标准。

(4) 评价承包商的优势和劣势。

(5) 监测承包商的业绩和花费,并与预定目标进行对比。

对于规模较大的项目或合同,该联络人可以把各专业工程师定为合同持有人(Contract Holder,CH),以负责该合同包自启动至终止的所有相关事宜。而对于合同的管理,合同联络人主要通过下面的活动来实现:

(1) 月度合同联络人会议;

(2) 材料协调员会议;

(3) 周钻井管理会议。

1) 合同策略

合同策略又称为分包策略,由合同联络人编写,形成如何招标和编写合同的方向性或纲领性文件,以优化供应商或服务商的产品和服务,为公司提供最大价值的服务。合同策略必须符合采办程序的要求,且须经过管理层的批准,其主要目的是:

(1) 通过与承包商和供应商的沟通建立互惠互利的关系;

(2) 确保根据合同期成本授标且授给优质服务商;

(3) 倡导长期合同(比如 3 年以上),但合同期必须根据合同自身的特点进行评估。

在制定合同策略时,合同联络人应参照下述活动计算出可能的合同价格:

(1) 招标文件中的工作量;

（2）使用的合同策略；

（3）最可能中标人的可能费率；

（4）现有服务商或市场上主流的费率。

表 19-2-3 列出了常见的钻井合同包，它是合同策略的重要组成部分。

表 19-2-3　典型的钻井合同包

编　号	招标文件包	服务/供应的范围
1	石油工业用管材（油套管）	30 in 套管，20 in 套管，13⅜ in 套管，9⅝ in 套管，7 in 尾管，4½ in 割缝衬管，4½ in 尾管，4½ in 油管，3½ in 油管，3½ in 割缝油管，2⅞ in 油管
2	尾管悬挂器、套管附件和服务	浮箍浮鞋，分级箍，扶正器，尾管悬挂系统，送入工具，插入式固井工具，仓储和服务
3	钻头供应和服务	牙轮钻头，不同尺寸和规格的 PDC 钻头，钻头水眼和特殊手动工具，技术咨询服务
4	井口、采油树和服务	设备（含与地面设施接口）和服务，例如：焊接服务、井口/采油树安装
5	完井设备和服务	流动短节，井下安全阀，化学剂注入接头，伸缩节，滑套，封隔器，短节，气举阀，控制管线卡子，永久井下压力计，技术服务
6	钻井与修井装备和服务	钻机、修井机的基本要求，人员，基本打捞工具，吊车，叉车，餐饮，营房，井场和营房的医疗服务，员工车辆，钻机搬迁等
7	固井和泵送服务	固井和泵组装置，批混配浆装置，水泥和外加剂，人员
8	钻井液与完井液服务	钻井液与完井液技术服务，包括但不限于添加剂供应与储存，钻井液性能测试，钻井液处理，废弃物管理，钻井液坑防渗膜铺设
9	管柱检验服务	随叫随到服务：套管检查，油管检查，钻柱检查（包括钻杆、钻铤、所有的接头等），钻机设备检查，检查报告
10	钻井液录井服务	钻井液录井设备，人员，岩层取样和分析服务，气测，钻井参数记录
11	取心服务	取心工具，包括取心筒、取心钻头等，储藏和装箱，取心技术支持和咨询
12	套管和油管上扣服务	设备，工具，人员，丝扣油和螺纹防松剂
13	特殊打捞工具和特殊钻井工具租赁服务	专业打捞工具和钻井工具租赁服务，例如：随钻/打捞震击器，卡瓦打捞筒，打捞杯，超级震击器，加速器，减震器，多次开口/闭口循环接头，3 in 钻铤和 2⅜ in 钻杆，扩眼器，磨铣工具等；套管护箍（钻杆保护接头），套管刮管器，扶正器，油套管修扣，打捞技术支持
14	定向井钻井与测量服务	井下动力钻具，随钻测井，随钻测量，陀螺仪，无磁钻铤，稳定器，套管开窗侧钻服务，斜向器，铣鞋，定向井钻井技术支持
15	电测和相关服务	设备，人员，套管井段测井服务，裸眼测井，生产测井，封隔器和桥塞坐封，测卡仪，适于 5 in 和3½ in钻杆的爆炸松扣和化学切割器，油管传输射孔校深，电缆射孔点火头
16	综合测试服务	地面测试设备，地面取样，钢丝服务，井下测试设备，油管传输射孔，PVT 取样
17	增产服务	酸化增产和压裂的相关设备，人员，材料供应，连续油管服务，氮气服务
18	动员前钻机/修井机检验	随叫随到服务：运输前对钻机/修井机审查的服务直到开钻审查，出具检查报告
19	技术检查（现场监督）	钻井/完井作业监督
20	H_2S 检测服务	压缩机站，自给式呼吸器，H_2S 探测系统，培训服务
21	实验室样品化验	设备，人员，包括以下服务：常规岩心分析，特殊岩心分析，高压样分析，取样，储层保护，岩心测试，优化射孔，酸化处理，沥青质研究，水泥和水泥浆体系性能测试，钻井液体系和化学性能测试

2）招标计划

制订招标计划的目的是准确描述对所需服务的要求，通常由合同联络人与采办部门共同准备，主要内容包括：

（1）提议或主张；

（2）背景介绍；

（3）理由；

（4）技术方面；

（5）商务方面；

（6）合同方面；

（7）招标时间表；

（8）估计的合同价格；

（9）评标规则。

表 19-2-4 列出了一个招标计划实例的主要内容。

表 19-2-4　估值超过 60 万美元的招标计划实例

项目序号		描　述	项目序号		描　述
1		招标计划目标	6		资格预审
2		背　景		6.1	资格预审计划
	2.1	项目简介		6.2	资格预审标准
	2.2	特殊要求		6.3	资格预审评估
	2.2.1	致投标人		6.4	推荐供应商/投标人名单
	2.2.2	致公司(许可/车辆/住宿)	7		招标进度
	2.3	成本估算		7.1	招标时间表
3		工作范围		7.2	影响进度的主要因素
4		采购策略	8		招标工作组
	4.1	采购目标		8.1	技术工作组
	4.2	本地化策略和计划		8.2	商务工作组
	4.3	技术转让策略和计划	9		评标过程和标准
	4.4	采购方法		9.1	评估过程和方法
	4.4.1	单一供应商/谈判/公开招标/限制招标		9.2	技术评估
	4.4.2	密封单独招标/二阶段招标		9.2.1	技术评估标准
	4.5	合同类型		9.3	商务评估
	4.6	合同期限		9.3.1	商务评估标准
5		重要合同条款	10		建　议
	5.1	责任及补偿		10.1	本地化采购分析
	5.2	保　险		10.2	不切实际的低价格分析
	5.3	投标担保		10.3	综合评价排序
	5.4	履约保证		10.4	建　议
	5.5	承包商 HSE 管理体系需求	11		下步计划
	5.6	税　款			

招标计划由钻井部门审查，确保其符合采办程序、服务或供应的工作范围，并经项目总经理批准。合同联络人应准备好评标规则，这是对未来授标起决定作用的文件。

招标计划应包括关键路径分析，且应能显示出在旧的合同结束之前至少一个月签署新合同。

3）资格预审

资格预审的目的是评价承包商是否适合投标，并确定投标人名单。对投标人的评判通常包括下面几个方面：

（1）设备的符合性；

（2）公司的 QA/QC；

（3）以往表现或业绩；

（4）位置；

（5）人员经历；

（6）财务状况。

资格预审的评判规则必须由总经理批准，而且评判的信息要以发给承包商的调查表和相应的支持文件为依据。评判的人员通常由总经理指定的评判委员会选定，初选的投标人名单要经过总经理和资源国批准。

需要指出的是，资源国法律要求不同，进入短名单预审的承包商也有所区别。有的资源国要求在相应级别的媒体上公开发布信息，而有的资源国则要求只要有多于三家本国内的供应商被提名就不用公开发布信息，因此在具体的操作中需严格遵照资源国法律行事。

4）发标

标书的通用条款是由合同联络人在采办部门的协助下完成的，应包括表 19-2-5 的内容，视服务或材料而定。

表 19-2-5　标书主要内容

服务合同	物资采购合同
第 1 部分　一般投标说明	第 1 部分　一般投标说明
第 2 部分　附加投标说明	第 2 部分　附加投标说明
第 3 部分　投标形式	第 3 部分　一般购买条件
第 4 部分　服务合同文件	第 4 部分　投标形式
A　合同文本	第 5 部分　价格协议文件
B　特殊条款	A　价格协议文本
C　标准条款	B　特殊条款
D　工作范围	C　标准条款
E　费率表	D　技术规范
F　承包商 HSE 规定	E　价格表
	F　承包商 HSE 规定

5）技术评标和商务评标

投标文件分为三个密封文件，分别由管理层指定的评标委员会评定。首先检查投标保函，在合格的情况下打开技术标，技术标评定完成之后才能打开商务标。

技术评标报告包括：

(1) 总结；

(2) 工作范围；

(3) 收到的标书；

(4) 初步评定结果；

(5) 澄清传真；

(6) 最后评价结果；

(7) 建议；

(8) 附件。

技术标由管理层批准之后报资源国批准，之后打开商务标并由评标委员会评定。随后，根据评标标准，可以采取最低价中标或者技术与商务加权(如 60%+40%)平均的授标策略，其主要内容示例见表 19-2-6。如果投标人数不足，价格过高或过低，管理层可以指示重新招标或要求所有投标人重新报价。

表 19-2-6　技术标和商务标评分规则示例

项　目	描　述	总分(100)	单项得分	最少要求得分 (因项目不同可自定标准)
1	技术标评分	55		
1.1	钻机技术规范	20		10
	• 2 000 hp 绞车		2	1
	• 3 台 1 600 hp 三缸钻井液泵		2	1
	• 450 t 顶驱		2	1
	• 5 000 kW 的 SCR/VFD 动力系统		2	1
	• 13⅝ in 10 000 psi 防喷器组和 21¼ in 5 000 psi 防喷器组，适用 H_2S 环境		2	1
	• 钻柱规格和总长		2	1
	• 3 000 桶钻井液容积		2	1
	• 符合公司要求的辅助设备		2	1
	• 符合公司要求的营房		2	1
	• 足够的底座高度		2	1
1.2	钻机状况	9		
	• 新钻机(9 分)； 小于 2 年工作年限的钻机——在用(8 分)，封存(7 分)； 2～4 年工作年限的钻机——在用(7 分)，封存(5 分)； 4～6 年工作年限的钻机——在用(5 分)，封存(4 分)； 6 年以上工作年限的钻机——在用(4 分)，备用(3 分)		9	
1.3	QHSE	7		

续表 19-2-6

项　目	描　述	总分(100)	单项得分	最少要求得分(因项目不同可自定标准)
	• ISO 9001 认证		1	
	• ISO 14001 认证		1	
	• 伤害频率(LTAFR)： 小于 4/百万人工时(2 分)； (4～6)/百万人工时(1 分)； 大于 6/百万人工时(0 分)		2	
	• 有 HSE 管理体系并合理应用		2	
	• 质量管理体系按要求就位		1	
1.4	经　验	10		
	• 有本地经验		2	
	• 有 H_2S(酸性气体)环境的作业经验		1	
	• 国际经验		2	
	• 本地有基地		2	
	• 人员经历(主要人员必须具有技术＋国际经验＋证书)		3	
1.5	项目执行计划	4		
	• 按要求提供执行计划		4	
1.6	投标文件一致性	5		
	• 标书完整性		3	
	• 保密协议		1	
	• 条款和条件		1	
2	本地采购评分	5		
	• 本地采购		5	
3	商务标评分	40		
	• 平均日费 商务评标取决于平均日费(Q)，用下式计算： $Q=(A+nB)/D+C$ 其中，A——动迁费和遣散费； B——井间钻机搬迁费或运输费； C——正常使用日费； D——预计总工作时间(730 d)； n——在第一阶段井间一台钻机的搬迁次数。 最低报价(QL)的投标人会得到最高的分数(S_{max})，且该报价定为基准价格。用下式来计算每个投标人的各自得分： $S_1=(QL/Q_1)S_{max}$ $S_2=(QL/Q_2)S_{max}$ … 其中，Q_1，Q_2，…——每个投标人的报价		40	

6）授标

成功的投标人将通过传真通知，通常包括：

（1）成功投标人的姓名和地址；

（2）联系方式；

（3）合同期限；

（4）开始日期；

（5）履约保函。

未能成功中标的投标人要及时通知。

采办部门应准备合同终稿的文档，包括招标文件的合同文档中已经同意的规范、价格、费率、设备规范、图表和进度表等；新合同应在动员之前签署，以便于承包商具有充分的时间进行准备。同时，考虑一定的竞争性和冗余性。

7）管理合同

合同持有人负责全面管理合同，包括：

（1）维护合同往来文件；

（2）维护合同的概要情况；

（3）预防和解决一般问题；

（4）监控花费并与估计合同价对比；

（5）识别未来合同的改进机会；

（6）对承包商的 HSE 业绩等进行报告。

任何改变合同估算价值的变更、修订和索赔都须经公司授权所规定的签署人批准，而对于合同延期则需要管理层批准。

3. 钻井施工顺序

长期钻井施工顺序是年度计划文件的一个组件，它列出了今后 5 年的开发计划。短期钻井施工顺序是现有合同或即将签署合同的每台钻机待钻井或修井的一个滚动表，通常为 24 个月。凡是与钻井相关的跨部门的业务计划活动均使用长期和短期钻井施工顺序作为基础。修井和初始完井施工顺序是指在 6 个月内修井机将要进行的活动列表。

通常，由于公司、油藏、井场和材料的变化，短期钻井施工顺序不稳定。钻井部门要致力于减少变化的频率以确保如下程序：

从正在作业的时间算起，钻井顺序至少在 3 个月内不变，以保证钻井设计的效率和井场的建设。在海外的一个区域内若仅有一口井要施工，至少需要提前 1 年时间准备。

避免最后一刻的增减，因为它会影响计划效率和材料供应以及服务，这些都会影响到作业的优化。

维持 3 个月短期钻井施工顺序不变，对于提高油藏、地面工程和钻井部门之间的工作流程和做法是很重要的，具有表 19-2-7 所列的优缺点。

通过下述会议的回顾与检查能有效地改善对钻井施工顺序的管理：

（1）周钻井管理会议；

（2）月度钻井顺序会议；

（3）月度材料协调会议。

表 19-2-7 维持短期钻井施工顺序不变的优缺点

优 点	缺 点
及时高效地修建井场； 改善与合作伙伴的沟通和关系； 有充分的时间优化设计； 有充分的时间考虑识别 HSE 管理和危害； 对非标准井有利于事先考虑设计和采办的提前时间； 提高资源、采办和物流计划； 提高人员士气	可能失去机会，损失产量； 缺乏数据，会影响计划的优化

1）流程

图 19-2-7 列出了准备和评价短期钻修井施工顺序所要进行的活动，图中实线为现流程，虚线则用于表示待钻井的活动。

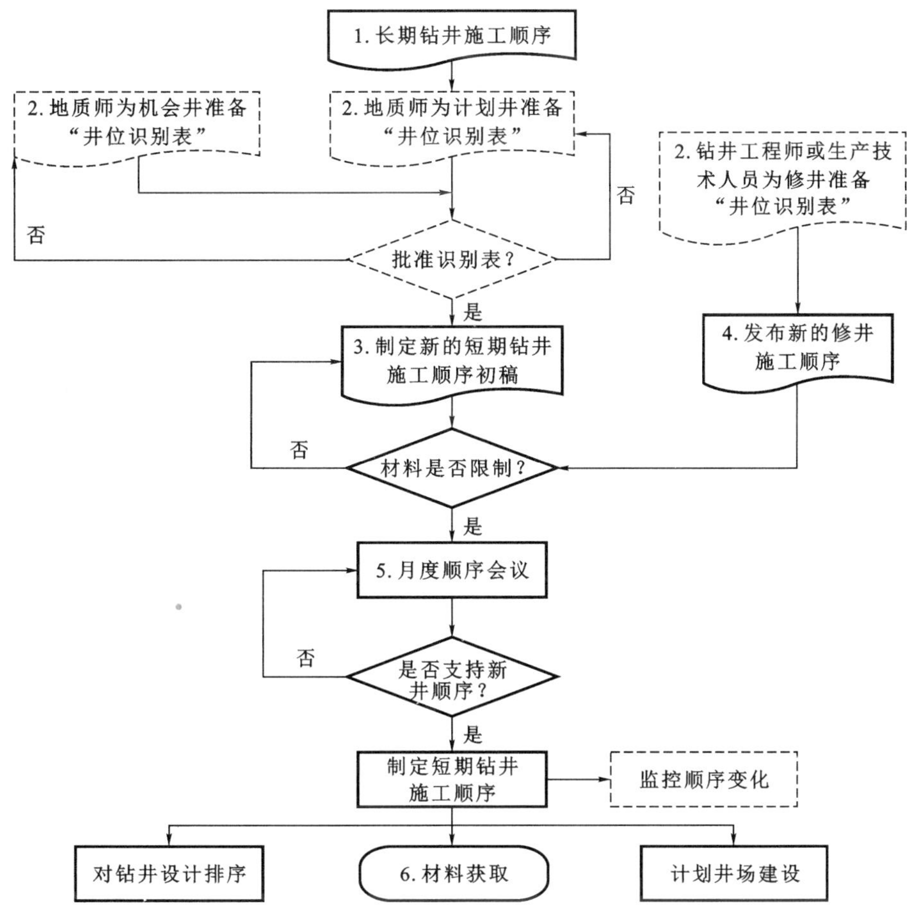

图 19-2-7 确定短期钻修井施工顺序流程

2）分工表

表 19-2-8 列出了编写钻修井施工顺序的人员分工，其流程图见图 19-2-8。

表 19-2-8 编写钻修井顺序的人员分工

名称	钻修井顺序							
	设计主管	油藏主管	生产主管	钻井经理	作业经理	高级工程师	计划工程师	后勤协调员
1. 长期钻井施工顺序	●	○	○	○				
2. 准备井位识别表	○	●	●	○		○		
3. 制定短期钻井施工顺序草稿		●	○		○			
4. 制定修井和初步完井施工顺序草案			●			○		
5. 月度顺序会议	○	○		○	●		○	○
制定短期钻井施工顺序	◇			◇	●			
制定修井施工顺序			◇	◇		●		◇
6. 按施工顺序获取资料							●	●

◇ 任务批准人　● 任务负责人　○ 任务参与人

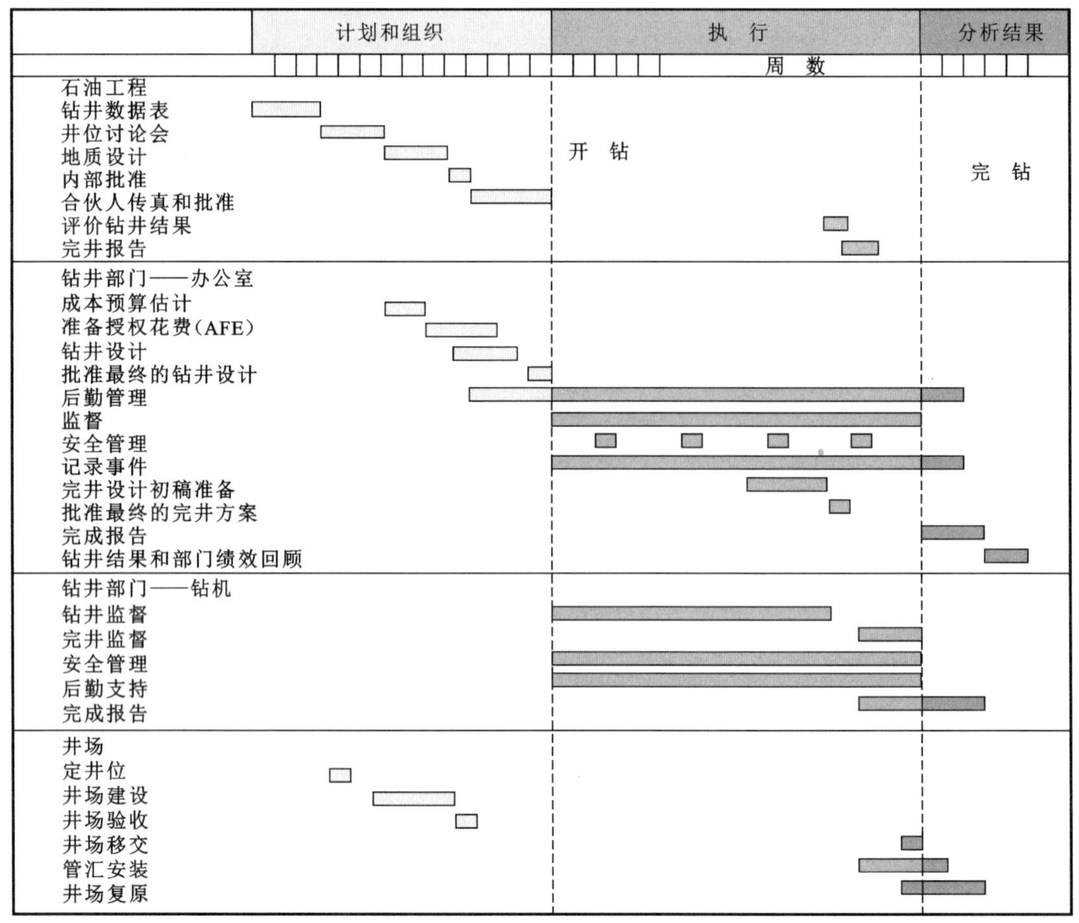

图 19-2-8 钻修井施工顺序流程

4. 预算

年度预算是管理钻井作业的重要手段，在项目公司自评总结会上要报告花费与预算的对比情况。年度预算基于长期钻井施工顺序，包括钻井成本及完井、修井和部门其他操作费用，每年审查两次。预算应能真实反映预期的花费，以利于公司管理层对公司进行真正意义上的控制。

预算的回顾与检查通过下述会议实现：

(1) 月度合同联络人会议；

(2) 周钻井经理会议；

(3) 钻井经理与计划和项目经理的适时会议。

1) 流程

图 19-2-9 显示了预算的流程。

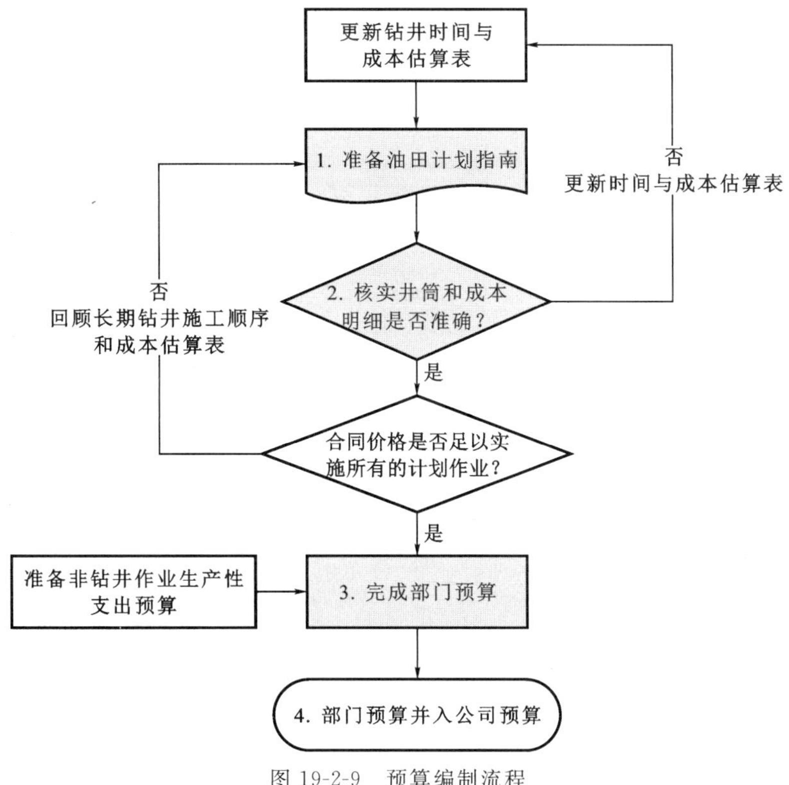

图 19-2-9　预算编制流程

2) 分工表

预算编制分工表见表 19-2-9。

三、单井计划

图 19-2-10 显示了与单井计划相关的活动及其在全流程中的相对位置。

表 19-2-9　预算编制分工表

名　称	年度预算								
	设计主管	油藏主管	钻井经理	合同工程师	计划工程师	财　务	技术经理	董事会	合作伙伴
1. 准备油田计划指南	○	●	○	○			○		
2. 核实井筒和成本明细		○		●	○				
3. 部门预算		○	◇	●	○				
4. 公司预算	○				○	●		◇	◇
◇ 任务批准人　● 任务负责人　○ 任务参与人									

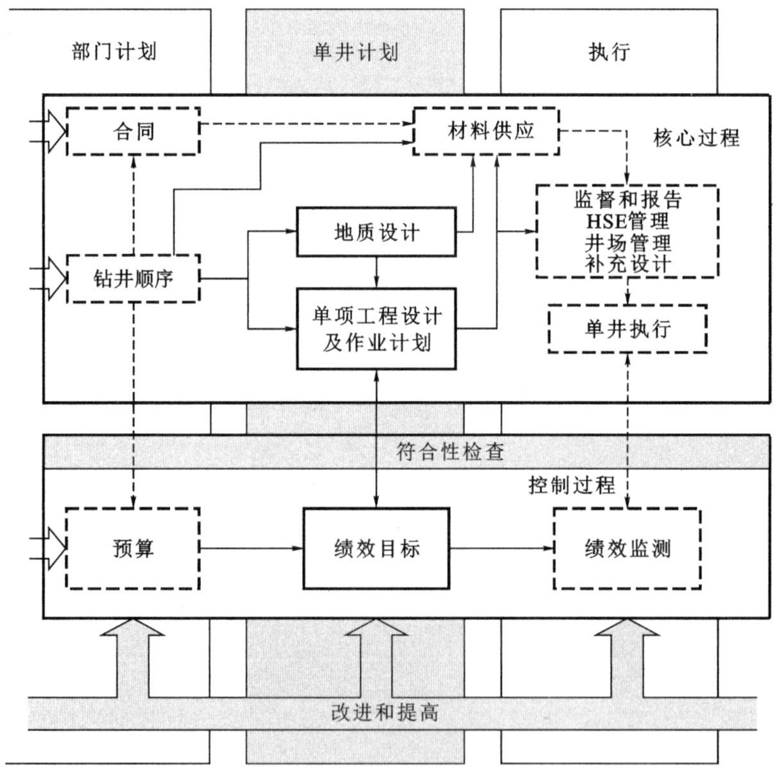

图 19-2-10　单井计划在流程中的位置示意图

单井计划是钻井部门的一项核心活动和职能，目的是满足油藏、地面和生产等客户的需求。单井计划用以保证部门之间的有效沟通，识别并考虑单井的目标。单井的及时有效计划和设计的准备对于安全有效执行钻井作业并优化使用人员和设备具有重要的意义。准确编写钻井周期和成本是一个重要的目标，用于对部门、钻机和工程师的绩效监测及作业的识别与提高。

本节描述的单井计划流程具有如下优点：

(1) 单井工作的设计根据客户的要求来做；

(2) 办公室和现场人员参与计划和决策的流程；

(3) 对每口井都进行了优化；
(4) 认真考虑了安全问题和相关因素；
(5) 及时发布文档以利于有效的作业管理；
(6) 记录并反馈改进的建议，用于后续井设计的优化；
(7) 了解材料的需求，及时启动采办过程。

钻井设计的作用是：
(1) 发布现场指令；
(2) 保证符合公司程序；
(3) 阐述作业安全问题；
(4) 开发和记录钻井部门的专家知识。

因此，有必要使所有经理和人员理解有效计划活动的重要性并一致地贯彻执行设计。

1. 地质设计

地质设计或资本预算建议是向合作伙伴请求钻井、完井和投产预算的一个重要文件。该文件阐述井的目标并提出初步设计、完井和投产的建议。由于涉及几个部门，良好的沟通和充分的准备对保证计划过程顺利运行是非常必要的。为了减少钻井顺序的不稳定性，改善单井计划的过程，使用“井位识别表”可从一开始就澄清待钻井的目标和要求定义的地质设计的范围，并敲定钻井施工顺序。

1) 流程

图 19-2-11 显示出了准备地质设计或修井所要求的活动和流程。

2) 分工表

表 19-2-10 列出了新井的责任分工。

表 19-2-10　新井责任分工表

名　称	地质设计					
	油藏/地球物理/石油技术主管	地质主管	作业经理/高级工程师	副总经理	总经理	合作伙伴
1. 选井讨论	○	●	○			
2. 起草井的地质设计	○	●	○			
4. 初步设计	○		●			
5. 最终提议	○	●	○			
6. 审批				◇	◇	◇
◇ 任务批准人　● 任务负责人　○ 任务参与人						

表 19-2-11 列出了修井的责任分工。

表 19-2-11　修井责任分工表

名　称	修井提议						
	设计主管	油藏主管	生产主管	钻井经理	合同工程师	技术经理	合作伙伴
3. 起草修井草稿		○	●	○	○		

续表 19-2-11

名称		修井提议						
		设计主管	油藏主管	生产主管	钻井经理	合同工程师	技术经理	合作伙伴
4. 初步设计				○	●	○		
5. 最终提议			○	●	○	○		
6. 审批	生产性支出	◇	◇	◇	◇	◇	◇	
	资本性支出	◇	◇	◇	◇	◇	◇	◇
◇ 任务批准人　● 任务负责人　○ 任务参与人								

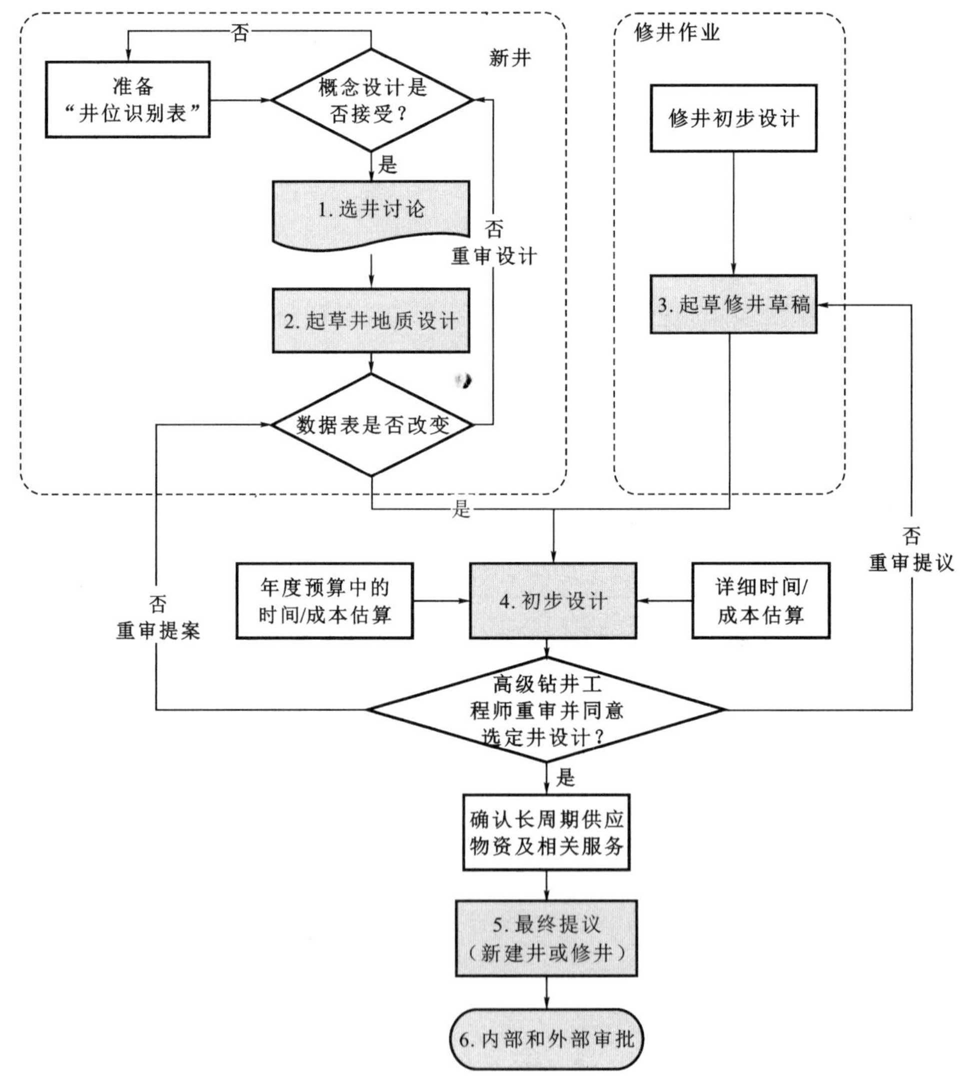

图 19-2-11　准备地质设计或修井设计的活动和流程

2. 钻井设计

钻井设计是一个正式的文档，详述钻井、完井和修井所要求的活动、指令和技术数据。每个设计必须充分准备并审查，以保证作业安全、实用和全面。设计也是向承包商传达正式指令，反映了公司的专业性和操作实践。为避免设计冗长，设计时应引用已经批准成文的手册。

1）流程

图 19-2-12 显示了准备钻井和完井设计的过程和活动。

初步钻井设计
初步完井设计
满足标准设计和设备需求？
否
注明并计算长周期设备或服务
是
承包商和客户输入数据
1. 详细钻井设计
否
高级钻井工程师重审并同意钻井设计？
是
2. 准备AFE
3. 最终钻井设计
是
4. 批准？
否
执行钻井方案
5. 最终完井方案
4. 批准？
否
推迟方案待审批
是
完　井

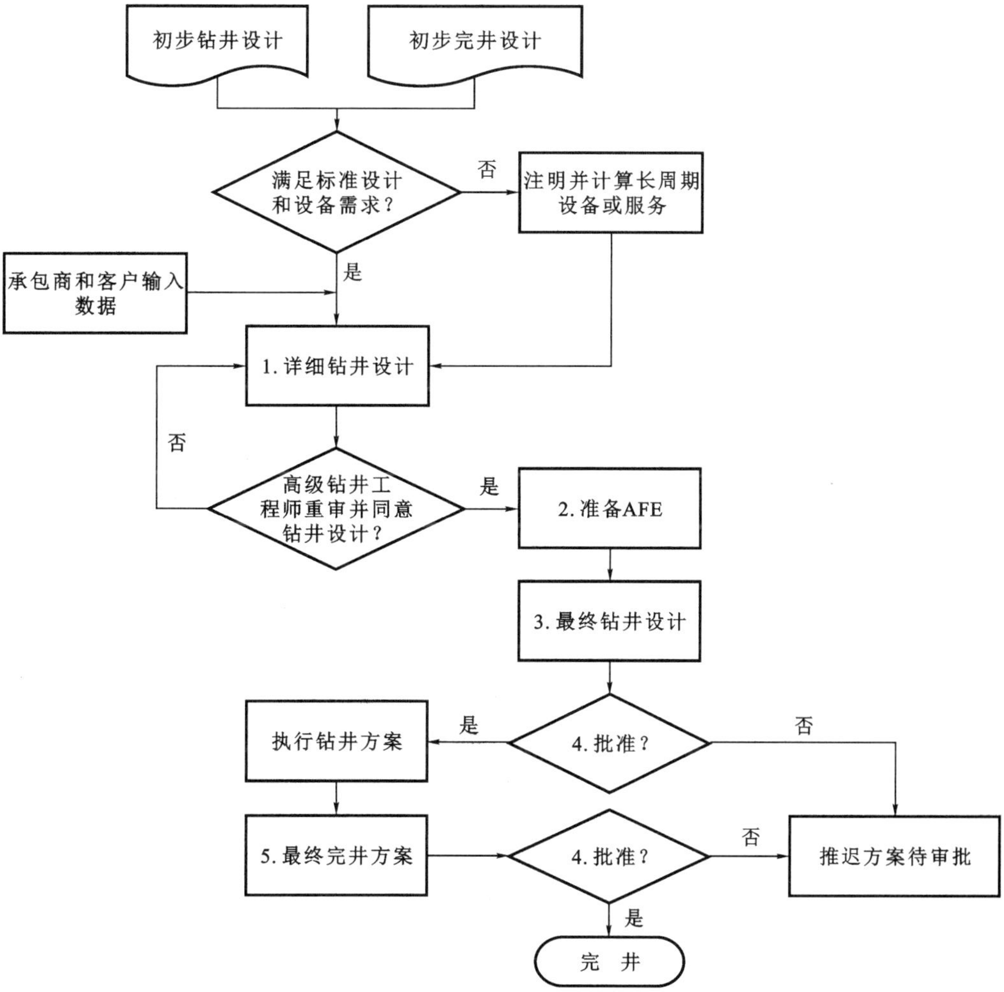

图 19-2-12　准备钻井和完井设计的过程和活动

图 19-2-13 是编制修井设计的流程。

2）责任分工表

钻井和修井设计责任分工表分别见表 19-2-12 和表 19-2-13。

3. 绩效目标

绩效分析对钻井管理体系的成功是很重要的，必须赋予和核心流程同样的重要性。只有将目标量化并计量和记录才能做出有意义的决定，并使管理目标得以持续提高。监测绩效是全年全方位的持续活动，为了获得全面准确的绩效报告，必须建立起开放诚实的文化氛围，以利于人员汇报并无保留地讨论错误和学习经验。

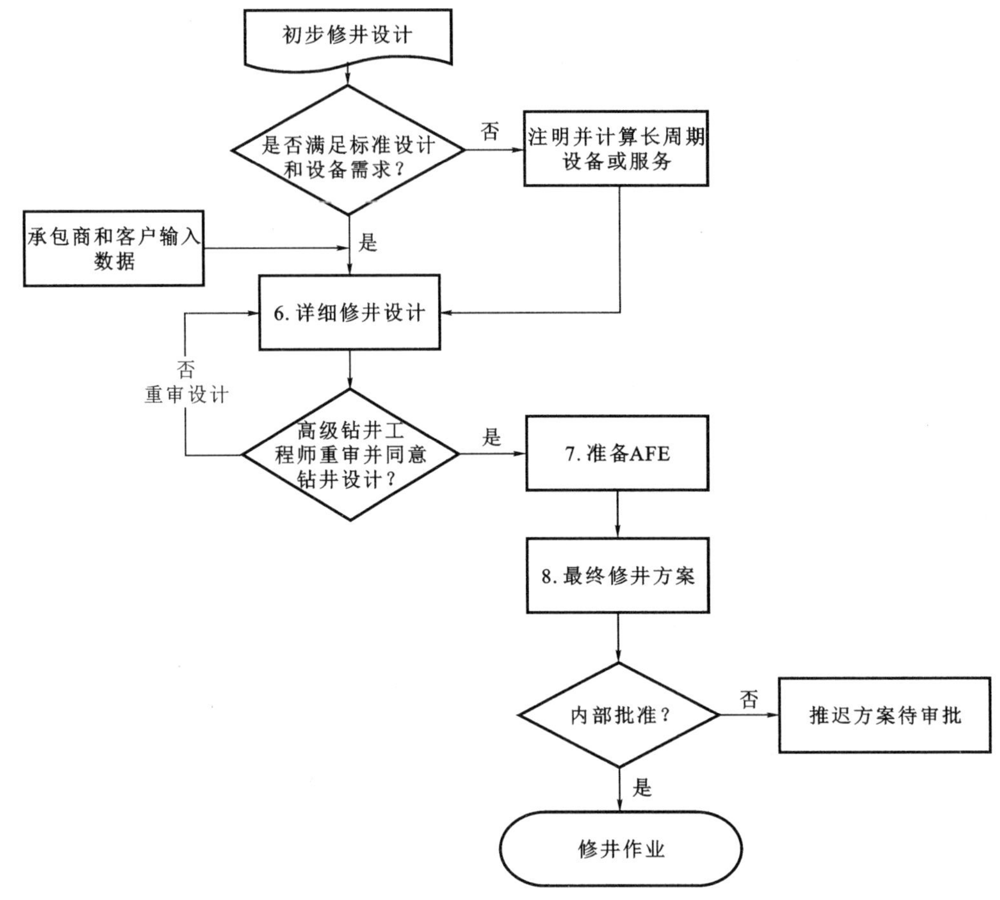

图 19-2-13　编制修井设计的流程

表 19-2-12　钻井设计责任分工表

名　称	钻井和完井设计								
	石油工程主管	生产主管	油藏工程主管	高级钻井工程师	钻井工程师	地面工程师	现场生产作业经理	作业经理	总经理
1. 详细钻井设计		○		○	●	○			
2. 准备授权花费(AFE)		○			●				
3. 最终钻井设计		○		○	●				
4. 批准	◇		◇	◇	●	◇	◇	◇	◇
5. 最终完井设计		○		○	●	○			
◇ 任务批准人　● 任务负责人　○ 任务参与人									

绩效目标是每口井、工作程序或关键活动的可度量的一组数字，通过手工设定。通常包括：可记录事件频率；单位建设成本、单位发现成本、单位操作成本、单井增加产量；单井成本、单井建井时间；非生产时间、隐形损失时间；人员空缺百分比、顾问百分比。每两个月对钻井部门的绩效进行一次评估，并向公司绩效回顾会议报告。绩效目标提供了：

（1）检查单井建井时间和成本的综合方法；

表 19-2-13 修井设计责任分工表

名 称	修井方案						
	生产主管	钻井经理	完井和修井工程师	修井主管	现场生产作业经理	作业经理	合作伙伴批准
6. 详细修井设计	○		◎	○			
7. 准备授权花费(AFE)			◎				
8. 最终修井设计	○	◇	◎	○	◇	◇	◇
◇ 任务批准人 ◎ 任务负责人 ○ 任务参与人							

(2) 钻井建井时间和成本记录；
(3) 识别钻井业绩的主要控制方法；
(4) 用技术说明和研究进行识别和调查的方法；
(5) 评价不同程序和设备影响成本的技术；
(6) 对期望提高活动的目标设定的方法。

绩效管理定期在下述会议上审查：
(1) 周钻井管理会议；
(2) 季度计划审查会议；
(3) 双月公司绩效审查会议。

图 19-2-14 显示了设定绩效目标的活动和流程。

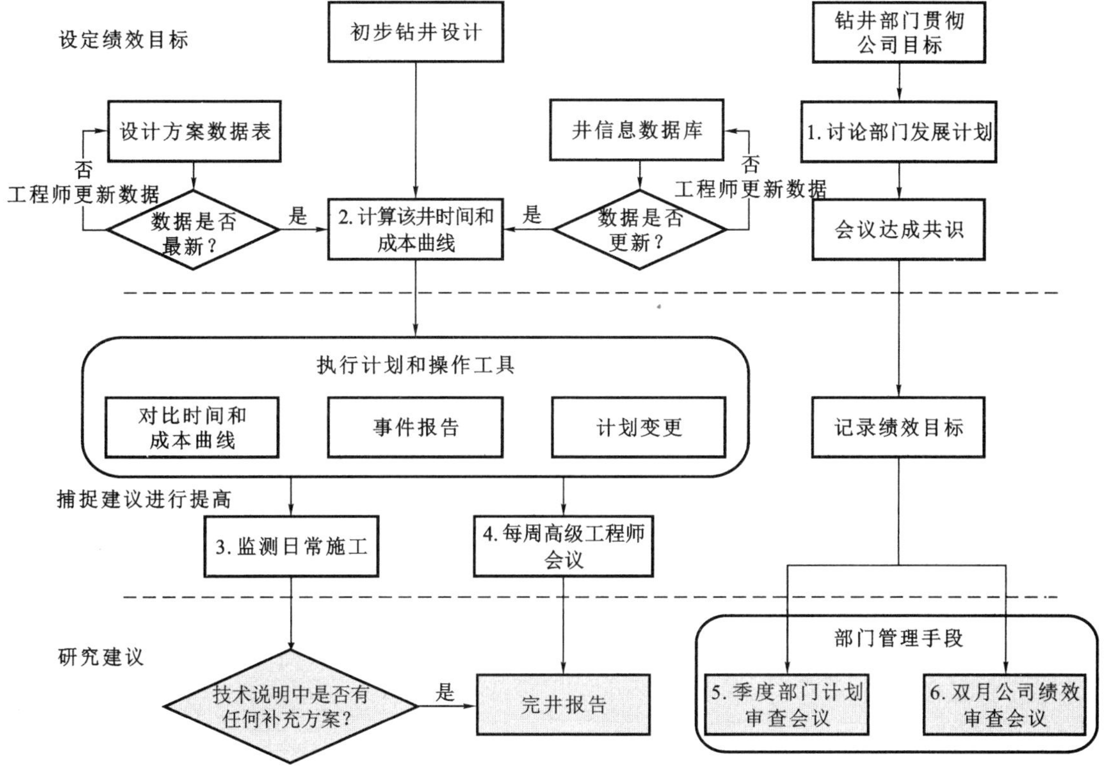

图 19-2-14 设定绩效目标的活动和流程

表 19-2-14 描述了部门中参与控制过程的人员分工。

表 19-2-14　部门中参与控制过程的人员分工

名　称		绩效监控					
		钻井监督	钻井经理	钻井作业经理	钻井设计工程师	钻井计划工程师	钻井工程师
设定绩效目标	1. 发布部门目标		◇	○	○	○	○
	2. 计算时间和成本曲线			○			●
捕捉方法	3. 监测日常施工	●	○	○	○	○	○
	4. 每周高级工程师会议			●			○
研究方法	5. 季度部门计划审查会议		●	○	○	○	○
	6. 双月公司绩效审查会议		●		○	○	
	7. 事件报告审查会议			●	○	○	○
	8. 季度完井报告审查会议		○	●	○	○	○
	9. 研究探讨		◇	○		○	●
	10. 编写技术说明及警示		◇	○		○	●
	11. 商务和合同说明						○
批准和正式变更	12. 更新数据库		●				○
	13. 更新程序和手册		●			○	
◇ 任务批准人　● 任务负责人　○ 任务参与人							

第三节　执　行

执行阶段是整个建井过程的中心任务，覆盖了对业绩、成本和 HSE 等问题具有最重要影响的活动。由于材料供应和井场准备等短期计划贯穿在整个作业阶段，所以把它们列入本节的执行部分。另外，监督和报告、一般 HSE 问题和设计变更也在本节述及，它们是单井施工中必不可少的关键环节。这样做有如下优点：

（1）给 HSE 管理赋予充裕的时间，以便恰当地阐述 HSE 所关心的问题。

（2）及时按照顺序组织资源和安排作业，可以避免混乱和草率的决策。

（3）减少设备的租用时间，最大化地降低成本。

（4）及时总结经验和教训，用于指导未来的作业。

从图 19-1-3 中截取的图 19-3-1 显示了执行过程部分在整个闭环过程中的各个组成部分及其在整个过程中的相对位置。

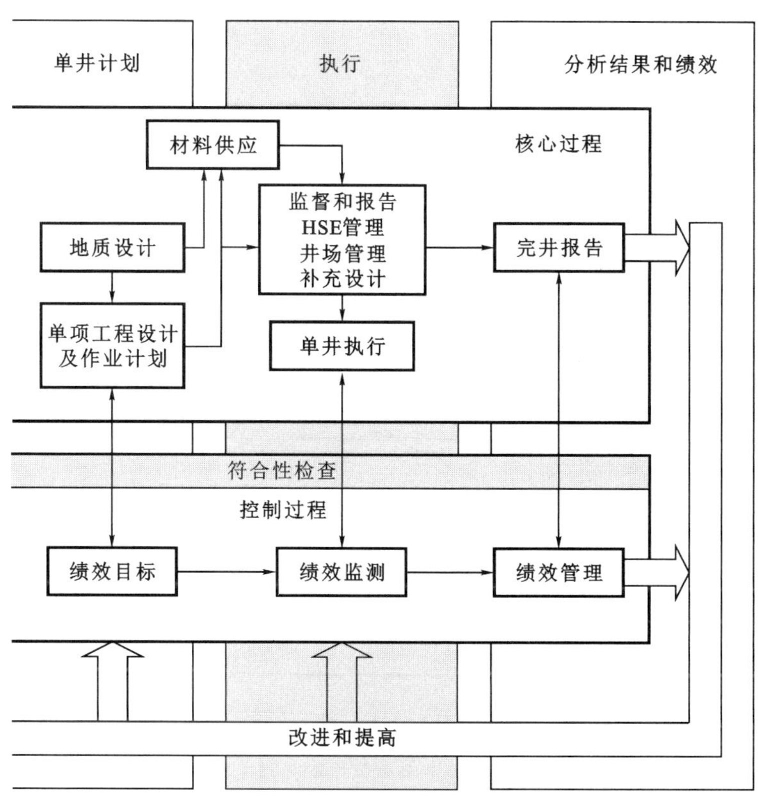

图 19-3-1 执行过程

一、材料供应

作为服务方，采办和物流部门对钻井部门的任务是：通过保障需要提供具有竞争性价格和质量合格的材料，并为公司钻井活动提供高效的采办和物流解决方案。

采办和物流将计划和施工连接起来，也将钻井设计、现场监督、施工和服务管理连接起来，它包括采办、物流部门和钻井部门材料协调员的贡献。钻井施工的成功在很大程度上依赖于材料供应的集成，尽管材料供应被当作钻井的支持服务，但它也是核心过程的重要一环。采办和物流部门向钻井部门提供设备到井场等服务，包括：

(1) 为正在进行的施工提供设备和配件；

(2) 为正在进行的施工提供消耗材料(药品、燃料和水等)；

(3) 短期材料库存和随叫随到服务管理；

(4) 长期设备管理和满足两年钻井施工要求的预测管理。

而对采办和物流流程管理则通过下面几种方式进行检验：

(1) 材料协调会；

(2) 月度库存检验(实物与数据库)；

(3) 日作业会议。

1. 材料供应流程

图 19-3-2 列出了材料供应的流程和相关活动，包括计划和设备运输及服务。

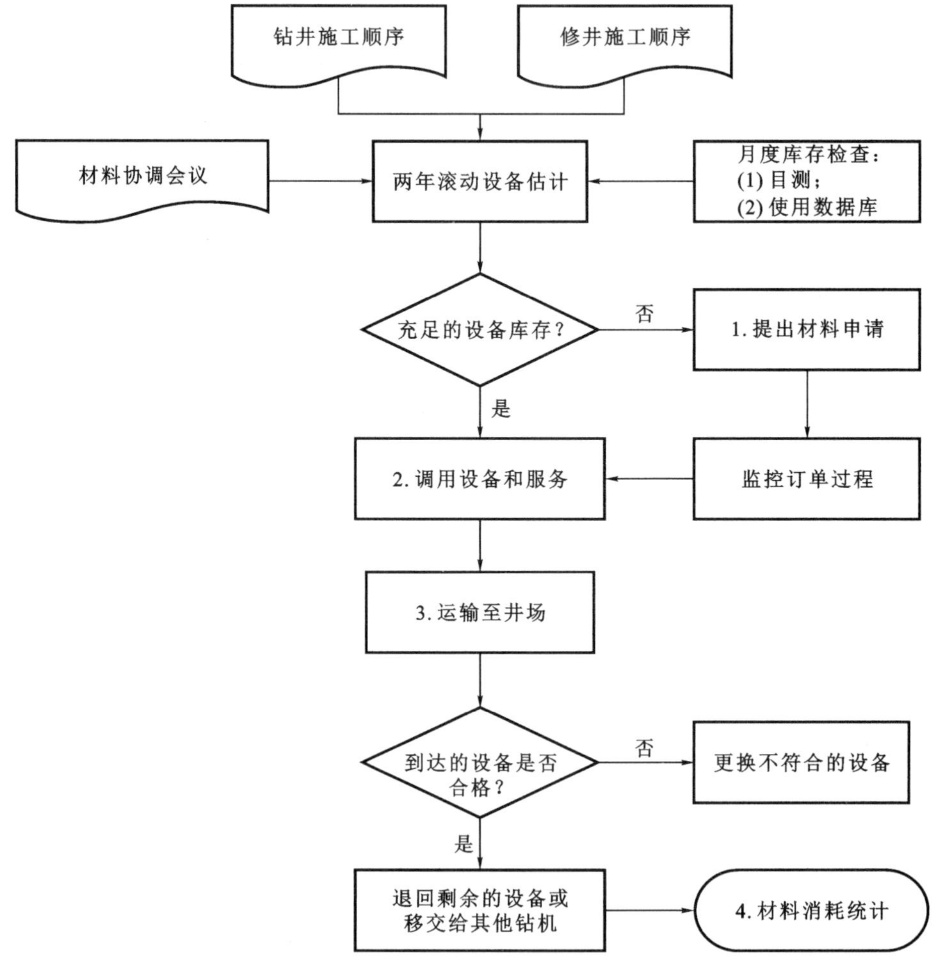

图 19-3-2　材料供应的流程和相关活动

2. 材料供应分工表

材料供应分工表见表 19-3-1。钻井现场的材料管理是非常重要的，这项工作通常由钻井监督进行管理。

二、监督和报告

所有的现场活动是由承包商在公司监督下完成的，而现场活动的监督、确认和控制则是由监督人员完成的，关键环节的支持则有办公室人员参与，以确保这些活动是根据设定的目标和计划、批准的规范和程序进行的。

表 19-3-1 材料供应分工表

名称	材料供应						
	钻井监督	运输和后勤人员	材料协调员	高级钻井工程师	作业钻井工程师	井场钻井工程师	合同工程师
1. 提出材料申请			●	○	●	○	
2. 调用设备和服务	●	●					○
3. 运输至井场	○	●				○	○
4. 材料消耗统计(出入库材料登记、材料费用统计)	●	○				○	
● 任务负责人 ○ 任务参与人							

对批准的设计进行变更和偏离管理是确保钻井持续提高和安全运行的最重要流程之一。若不符合项变更控制和修正则必须及时反映，且钻井部门要及时与利益相关方多方位沟通，以确保该流程的有效管理。正式的变更流程是项目公司的一个重要 HSE 要求，尽管这项活动是被动的，但是设计之外的所有变更必须按照可控的方式完成。

在执行设计时，对施工的监督是不间断地管理和控制，包括：

(1) 监督井场的施工和承包商人员；

(2) 监测日进度、井队和办公室下步作业计划；

(3) 审查和批准授权范围内的设计变更；

(4) 实现与资源国联络以确保目标的完成；

(5) 与高层就公司的全面控制进行沟通；

(6) 监督作业费用、工程质量。

图 19-3-3 展示了井队作业执行、监督和报告时要求的信息及文档传递过程。

图 19-3-4 展示了对钻机监督和报告所要求的活动。

表 19-3-2 列出了钻机作业的监督和报告分工表。

三、HSE 管理

人员和设备安全是公司所有活动中至关重要的方面之一，也是公司的原则之一，这是因为：

(1) 钻井部门在开展钻井活动时将最大限度地考虑其员工及他人的健康、安全和环保工作。

(2) 追求在健康、安全和环保方面的持续提高。

(3) 钻井部门建立安全、健康和环保政策、设计及做法并将其整合到合适的商业流程中，作为管理的一个必要元素。

上述政策主要通过下面的手段来实施：

(1) 编写并遵照执行部门的 HSE 计划；

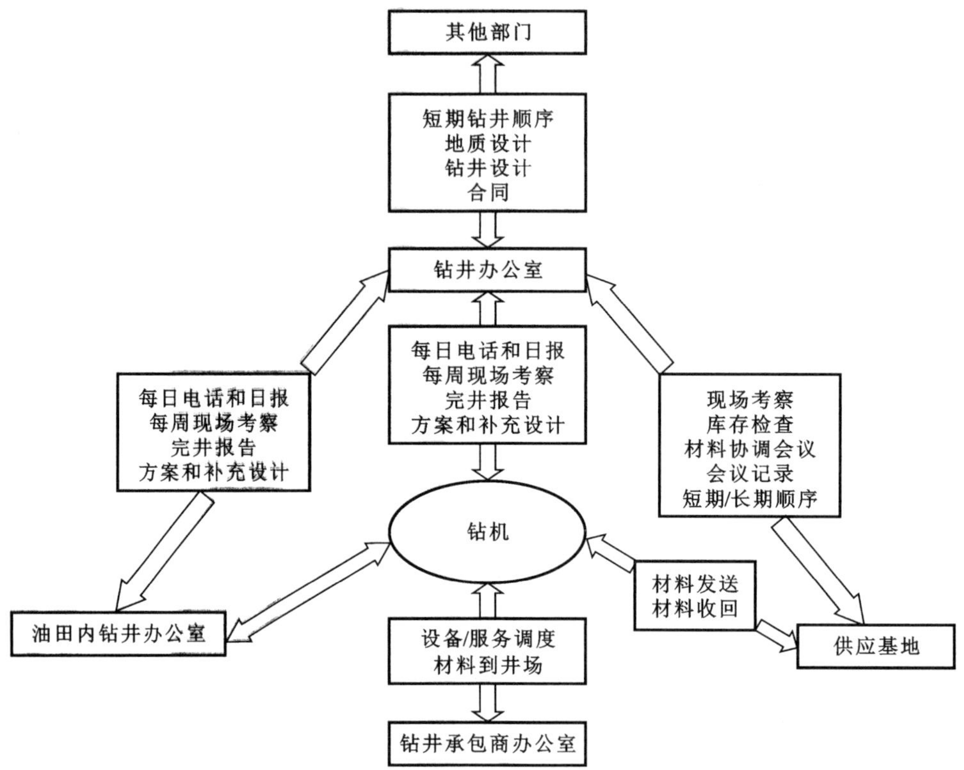

图 19-3-3　井队作业执行、监督和报告时要求的信息及文档传递过程

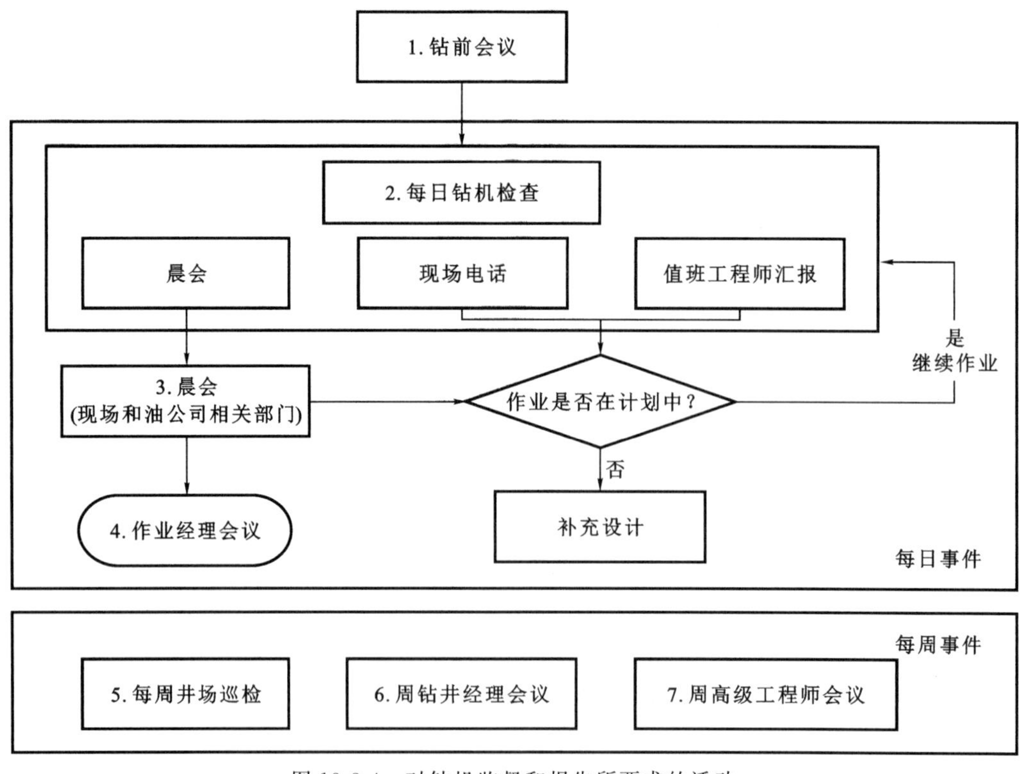

图 19-3-4　对钻机监督和报告所要求的活动

表 19-3-2 钻机作业的监督和报告分工表

名 称	监督和报告							
	钻井监督	实习监督	钻井经理	钻井总监	高级工程师	工程师	合同工程师	作业经理
1. 钻前会议	○	○			●	○		
2. 每日钻机检查	●	○			○	○		
3. 晨会			●	○	○	○	○	
4. 作业经理会议			○					●
5. 每周井场巡检					●			
6. 周钻井经理会议			●	○			○	
7. 周高级工程师会议				●	○			
● 任务负责人 ○ 任务参与人								

(2) 培养所有人员对 HSE 重要性的认识，以 STOP(Safety Training Observation Program，安全培训观察程序)卡提高安全行为。

(3) 对每口井的施工进行标准的危害分析，制定应对措施，以 PTW(Permit to Work，工作许可证)为手段，控制关键环节的安全问题。

(4) 经常在现场举行 HSE 会议、JSA(Job Safety Analysis，工作安全分析)会议。

(5) 与承包商经常就 HSE 相关问题进行讨论。

(6) 例行的安全及井控演习、审查和检查。

钻井 HSE 计划主要详细描述一年中的活动，目的是管理 HSE 事宜和提高 HSE 业绩，是通过开展审查并给相关工程师分派具体活动来完成的。每一个计划的完成是基于：对上次计划的审查、现 HSE 体系优缺点、对承包商 HSE 计划的考虑和去年 HSE 计划的进展。提供设备和服务的承包商必须遵守项目公司的政策和标准。

1. HSE 管理过程

图 19-3-5 显示了钻井施工中所要充分考虑的活动。

2. HSE 管理的分工

表 19-3-3 列出了 HSE 管理的分工。

四、井场管理

前期的室内研究及布井时间往往较长，而给井场施工的时间通常较短，这不仅严重影响了效率，而且增加了建设成本。井场施工的正式指令应由钻前工程的主管或经理负责，但实际上是由钻井总监协调沟通完成的。井场施工是由土建(位于基地或现场)部门完成的，通常包括下述活动：

(1) 通往井场的道路和营地的建设；

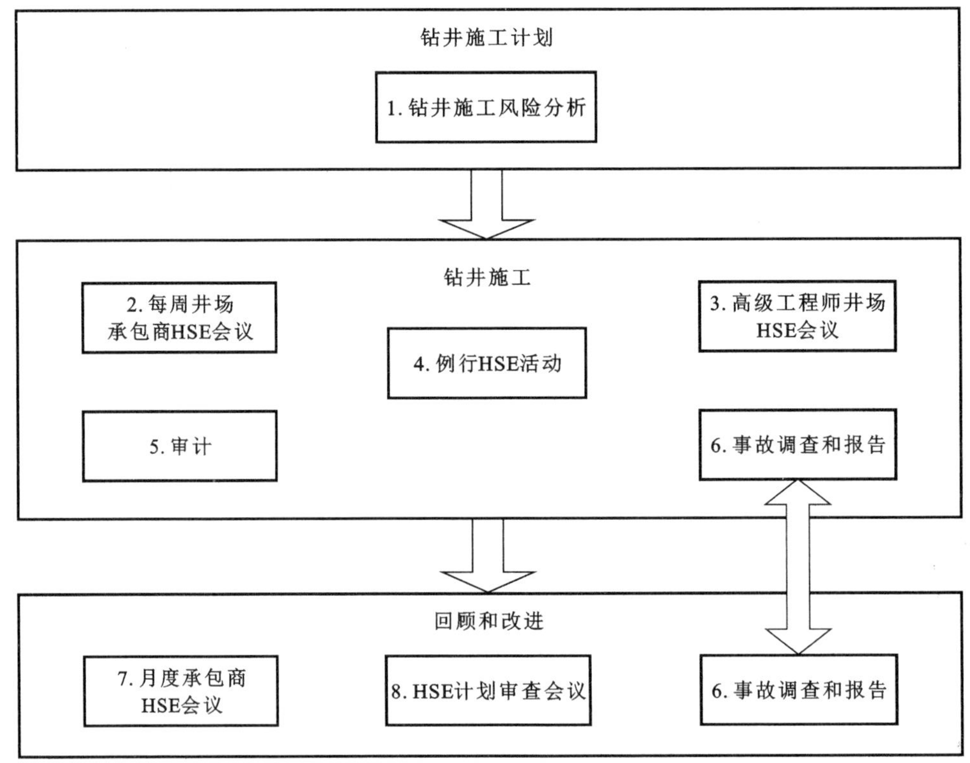

图 19-3-5　钻井施工中所要充分考虑的活动

表 19-3-3　HSE 管理分工表

项　目	HSE 管理							
	钻井监督	实习监督	钻机承包商	承包商管理层	钻井经理	工程师	高级工程师	作业安全顾问
1. 钻井施工风险分析	○					●		
2. 每周井场承包商 HSE 会议	●	○	○					
3. 高级工程师井场 HSE 会议	○		○	○			●	○
4. 例行 HSE 活动	●	○	●				○	
5. 审计	○	○	○	○	●	○	○	○
6. 事故调查和报告	●	○	○	○		○	○	○
7. 月度承包商 HSE 会议				○	●	○		
8. HSE 计划审查会议				○	●	○	○	
● 任务负责人　　○ 任务参与人								

（2）新井场的建设；

（3）为钻机返回老井场而进行的修复；

（4）施工完成后的复原。

土建部门要参加日作业会议、双月公司绩效回顾和钻井进度计划会议。图 19-3-6 列出了建设和复原井场的流程。需要特别指出的是，钻井部门、地面建设部门和生产部门均有紧密的联系和接口，在实际工作中需要设计相应的交接程序，对于其中一时难以解决的问题应采用剩余工作清单(Punch List)的工作方式，以提高工作效率。

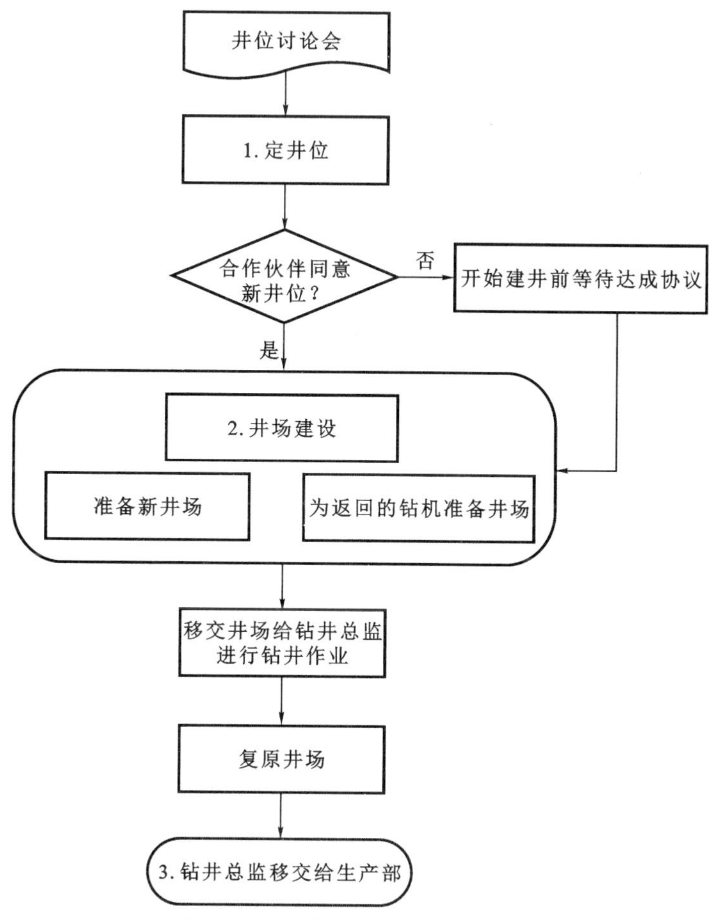

图 19-3-6 建设和复原井场的流程图

表 19-3-4 列出了井场管理的分工。

表 19-3-4 井场管理分工表

名称	井场						
	钻井监督	总监	高级工程师	土建工程师	油藏主管	生产主管	作业安全顾问
1. 定井位			○		◉		
2. 井场建设	○		○	◉			
3. 交井	◉	○	○	○		○	○
◉ 任务负责人 ○ 任务参与人							

五、设计变更

石油工业故障的主要原因之一是对已批准的设计在变更方面管理不善。当熟悉计划和设计的人员对作业及安全方面的变化讨论不充分时，发生问题的可能性就会大大增加，尽管这时的惯例审批程序是按照要求完成的。变更控制对满足 HSE 要求方面也是一项关键活动。

对设计的变更会经常发生，每个变更所需要的努力、重新设计和批准层级取决于变更的严重程度和对施工的影响，见表 19-3-5。

表 19-3-5　变更设计权限

变更的严重程度	执行方	审批方
非常小 例如：钻井参数变更 没有时间损失	钻井监督，钻井工程师或值班工程师	钻井监督做口头变更 钻井工程师或值班工程师做书面变更
小的作业变更 例如：设备或小的规程变更	钻井工程师	钻井部经理
重要变更——安全 例如：有关安全规程的重要变更	钻井工程师（高级钻井工程师和钻井部门主管）	钻井部经理，油藏和地质部，副总经理
重要变更——钻井目的 例如：侧钻或加深钻	钻井工程师（高级钻井工程师和钻井部门主管）	钻井部经理，油藏和地质部，副总经理

变更通常在下述会议上提出：

（1）每日作业会议，钻井和油藏或地质部门参加；

（2）周钻井经理钻井主管会议。

图 19-3-7 所示为变更的流程。表 19-3-6 显示了相应的分工表。

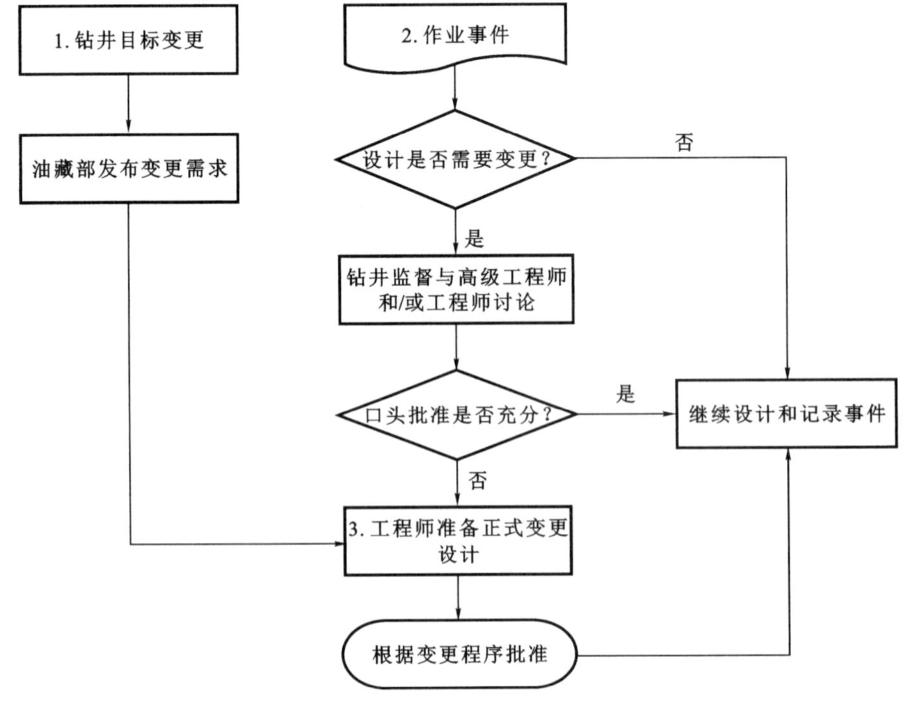

图 19-3-7　变更流程图

表 19-3-6 小的变更分工表

名 称	计 划							
	钻监督	实习监督	油藏主管	钻井经理	高级工程师	工程师	总 监	作业经理
1. 钻井目标变更			◉					
2. 作业事件	◉	○			○	○	○	
3. 工程师准备正式变更设计	○		○		○	◉		◇
◇ 任务批准人 ◉ 任务负责人 ○ 任务参与人								

六、绩效监测

绩效监测是随着施工的进行，就一项作业设定的时间、成本和目标进行跟踪的过程。绩效分析对钻井管理系统的持续提高是一项重要的活动。绩效分析有不同的层次，并使用各种手段捕捉经验以确保学习到的经验能够输入到后续的施工中。这些手段包括：

(1) 部门目标；
(2) 每日回顾、事件和变更；
(3) 技术说明；
(4) 研究；
(5) 完井报告。

准确定期的绩效监测有如下优点：

(1) 对施工业绩立即进行评估以识别出表现的优劣；
(2) 为成本决策提供必要的信息；
(3) 时间、成本超支预警；
(4) 技术说明的使用和研究易于识别出非计划事件；
(5) 利于持续提高作业的长期绩效。

绩效监测在下述会议上定期回顾：

(1) 周钻井主管会议；
(2) 季度部门计划审查会议；
(3) 双月公司绩效审查。

S 曲线在成本和进度监测中是最常用到的项目管理手段，图 19-3-8 和图 19-3-9 分别给出了两个实例。

设定部门绩效目标及在执行中收集建议进行提高的活动见图 19-2-14。

表 19-3-7 列出了绩效监测过程中参与的人员分工。

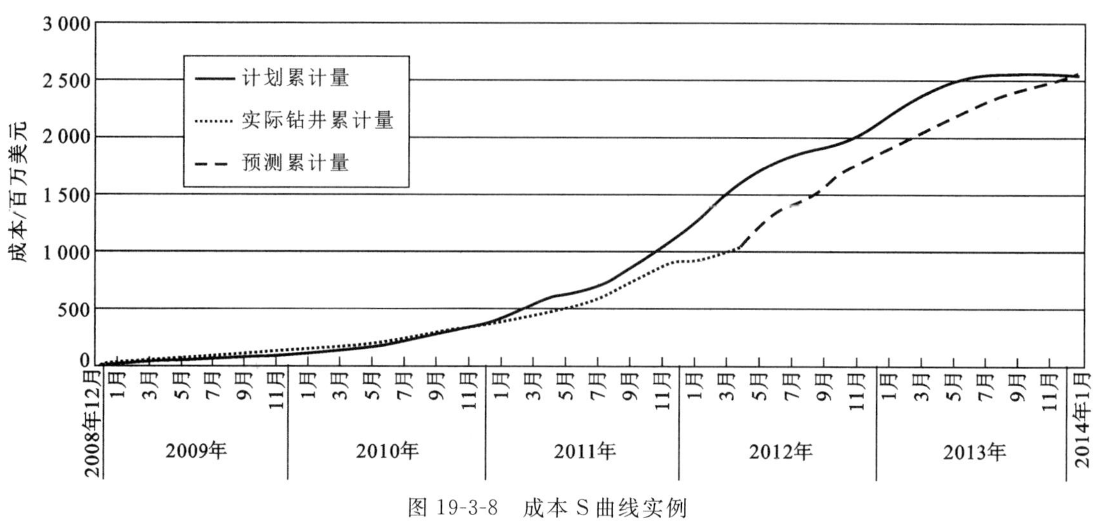

图 19-3-8　成本 S 曲线实例

表 19-3-7　绩效监测过程中参与的人员分工

名　称		绩效监测					
		钻井监督	钻井经理	钻井作业经理	钻井设计工程师	钻井计划工程师	钻井工程师
设定绩效目标	1. 发布部门目标		◇	○	○	○	○
	2. 计算时间和成本曲线			○			●
	3. 监测日常施工	●	○	○	○	○	○
	4. 每周高级钻井工程师会议			●			○
捕捉方法	5. 季度发展计划审查会议		●	○	○	○	○
研究方法	6. 双月公司绩效审查会议		●		○	○	
	7. 事件报告审查会议			●	○	○	○
	8. 季度完井报告审查会议		○	●	○	○	○
	9. 研究探讨		◇	○		○	●
	10. 编写技术说明及警示		◇	○		○	●
	11. 商务和合同说明						○
批准和正式变更	12. 更新数据库		●				○
	13. 更新程序和手册		●			○	
◇ 任务批准人　● 任务负责人　○ 任务参与人							

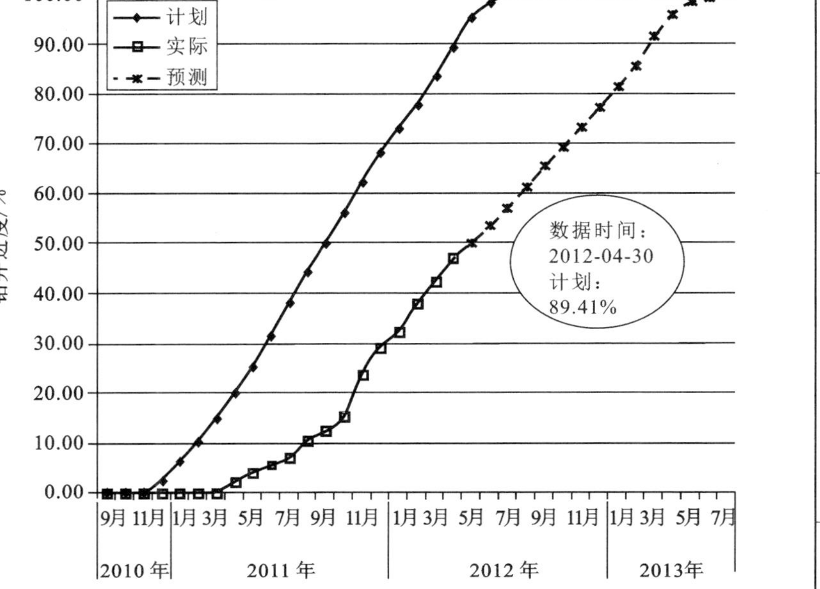

		计划/%	实际/%	预测/%
2010 年	9 月	0.00	0.00	
	10 月	0.00	0.00	
	11 月	0.06	0.00	
	12 月	2.59	0.00	
2011 年	1 月	6.40	0.00	
	2 月	10.31	0.00	
	3 月	14.90	0.00	
	4 月	19.94	2.31	
	5 月	25.40	4.19	
	6 月	31.62	5.72	
	7 月	38.21	7.13	
	8 月	44.56	10.69	
	9 月	50.03	12.52	
	10 月	56.14	15.34	
	11 月	62.26	23.82	
	12 月	68.23	29.21	
2012 年	1 月	73.36	32.38	
	2 月	78.07	37.90	
	3 月	83.63	42.41	
	4 月	89.41	47.06	47.06
	5 月	95.25		50.01
	6 月	98.09		53.41
	7 月	99.86		56.99
	8 月	100.00		61.14
	9 月	100.00		65.17
	10 月	100.00		69.20
	11 月	100.00		73.11
	12 月	100.00		77.19
2013 年	1 月	100.00		81.31
	2 月	100.00		85.47
	3 月	100.00		91.16
	4 月	100.00		95.71
	5 月	100.00		98.32
	6 月	100.00		98.95
	7 月	100.00		100.00

图 19-3-9 钻井进度 S 曲线实例

第四节　持续改进与提高

图 19-4-1 显示了持续改进与提高的相关活动及其在整体流程中的位置。

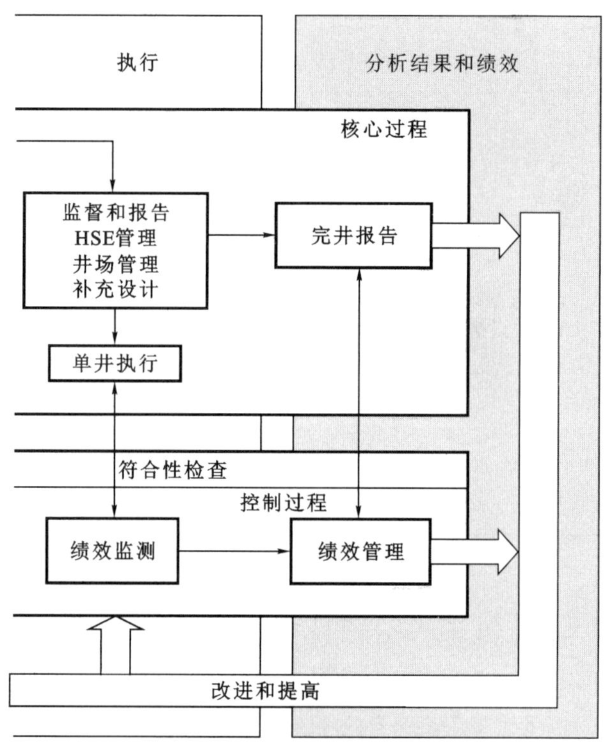

图 19-4-1　持续改进与提高

要想使持续改进取得成功，就必须有不断创造和提高的想法，捕捉到这些想法以后还必须对其进行分析，将结果反馈给所有人员和计划流程，确保实现改进。有规律且透明的绩效管理有如下优点：

(1) 数据报告及时准确；

(2) 持续提高的材料得以准备；

(3) 对部门业绩提供准确的计量；

(4) 对好的或坏的事件的开放式讨论可以最大化地领略学习点并培养人员。

在执行的过程中，当实际业绩与计划偏离时，通过分析下述几点形成提高的想法：

(1) 实际时间和成本与估计；

(2) 事件报告；

(3) 补充设计。

捕捉这些想法的目的是形成技术说明。技术说明是对部门程序和标准修改或更新的核心文件。技术说明中会提到不同方面的问题：

(1) 对于小的问题，在作业过程中研究，技术说明同日即可由钻井工程师准备好。

(2) 对于较大的问题,由钻井工程师和高级工程师负责研究,并准备技术说明阐述结果。

(3) 对于在完井总结会议上或者公司层面需要讨论的问题,需进行长期充分的研究,并在研究结束时形成研究报告,而且技术说明要阐述成果。

一旦技术说明完成,作业主管应对其进行审查并做好登记,钻井经理对技术说明进行批准,作为对部门程序或标准的变更或更新,且每年一次将这些技术说明更新到钻井管理系统的手册中。

一、流程

图 19-4-2 展示了从成功创建、捕捉和反馈提高到系统中所用的操作工具,这些工具由专门工程师协调,用来管理钻井信息。

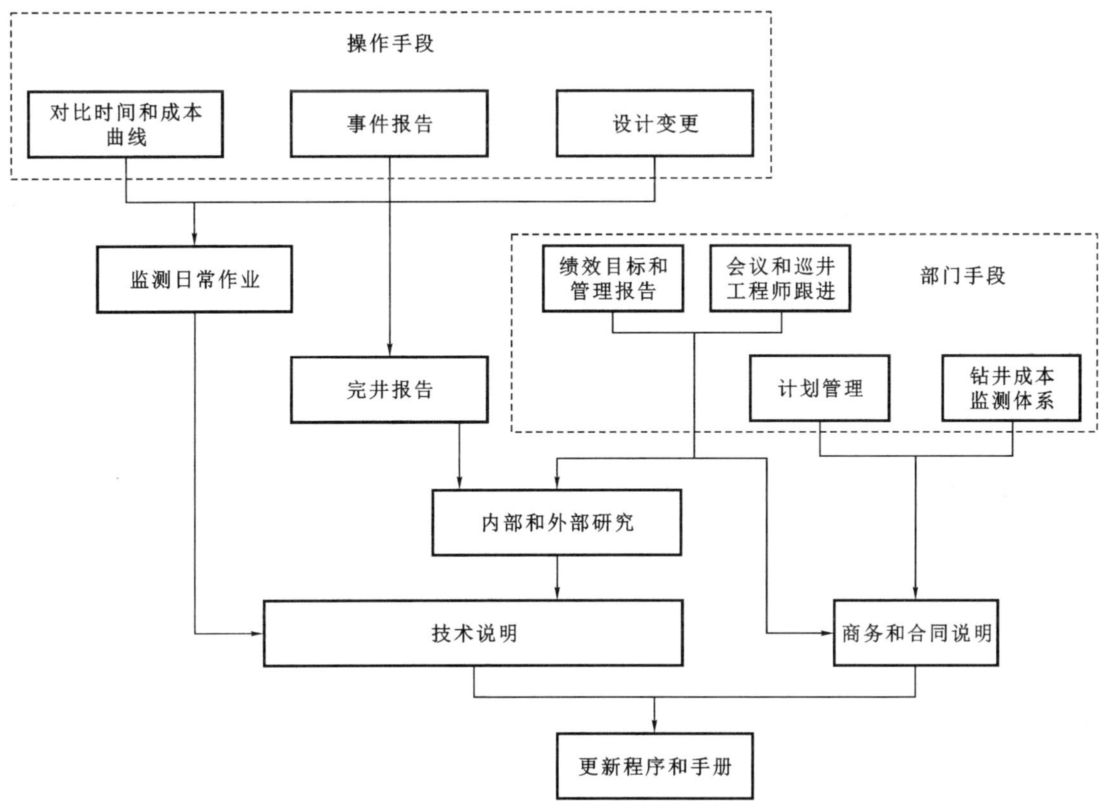

图 19-4-2　成功创建、捕捉和反馈提高以及系统中所用的操作手段

1. 对比时间和成本曲线

通过分析时间-井深-成本曲线,可以找出实际时间和成本与预计的差距,得到成功钻成一口井在时间和成本方面提高的空间。这样,未来的估算精度得到提高,也可以识别出成本-时间的差异,利于对比绩效进行分析,并不断学习改进。

2. 事件报告

当实际情况与预计存在差异时，就发生了事件，这个事件可能是好的也可能是坏的。所有的事件都应该系统地记录下来，但是只有对那些有重大影响的事件才进行研究。通过准确和规范的事件报告，能够识别出原因，并制定出相应措施，使好的事件继续重复，继而避免坏的事件。表 19-4-1 是一个常用的经验教训登记表格式，用以对事件进行记录分析。

表 19-4-1　经验教训登记表-井号(队号)

序　号	时间段（日期）	井　段	事件描述	教训是什么？	建议是什么？	收益是什么？增值部分是什么？（成本、时间和 QHSE）	负责人（需明确）	批准人（名字和岗位）	计划完成日期	首先在哪里应用？	备　注
1		搬家和安装									
2	2010 年 3 月 20 日	钻 36 in 井眼×30 in 导管	8⅜ in 导眼：无浅层气，邻井也无相关报告		考虑取消导眼钻进	节约钻井时间	设计人员	钻井经理	第一轮井结束	第二轮井	
3		……									
4		……									
5		弃　井									

3. 设计变更

通过分析作业的偏差调整补充设计，未来的计划过程可以避免其重复发生。

4. 监测日常作业

在每天早晨的作业会议上，对照时间和成本进行汇报，参加会议的工程师和管理层对事件及问题进行讨论。

5. 完井报告

完井报告总结施工中的亮点和弱点，基于对钻井活动中全井的分析，包括钻井、完井、增产和测试，提出改进的建议。这些提高的方面在季度(月度)完井审查会议上讨论，并决定是否增补进手册。

6. 绩效目标和管理报告

对所有钻机的钻井绩效目标进行不间断记录，对关键参数的绩效目标也进行月度和季度计算及分析，并有选择地将数据引入到公司绩效报告中，供更高管理层参考。

7. 会议和巡井工程师跟进

所有的重要会议都要做记录、归档以备未来参考，要形成一个制度用以回顾对所采取的措施是否按季度进行关闭。巡井工程师按照要求完成巡井报告，包括整改计划和建议等也要记录，每季度关闭一次。巡井的主要内容是根据 HSE 计划对井队进行审计和检查、参加和主持开钻前会议、审计承包商现场和办公室以及与现场人员对项目进行讨论。

8. 计划管理

公司要运行一套系统的计划管理，分层次地制定作业和生产计划，包括活动、资源、提交成果和里程碑，不间断地监测进展情况并与计划对比，对绩效进行分析。

9. 钻井成本监测体系

钻中和钻后每日钻井成本都要输入到成本监测系统中，并与授权花费(AFE)和总账进行对比，这样不仅有利于对正确的财务科目进行控制，也有利于成本对比，进而不间断地对技术及作业问题进行整改和持续提高。表 19-4-2 是一个常用的 AFE 控制表格。

表 19-4-2 单井 AFE 表格示例

		干井	完井	花费/美元
有形成本				
1	井口和采油树			
2	石油管材(导管、套管、尾管)			
3	尾管悬挂器			
4	完井设备及工具			
5	钻头			
	累计有形成本			
无形成本				
6	钻井用水			
7	钻机和相关服务			
8	H_2S 监测服务			
9	井场安保			
10	井口和采油树服务			
11	下套管和下油管服务			
12	水泥和固井服务及设备			
13	钻井液与完井液及其工程服务			
14	钻井液冷却器			
15	废料管理(岩屑处理)			

续表 19-4-2

		干 井	完 井	花费/美元
16	钻井工具			
17	取心服务			
18	录井服务			
19	电测井及关联服务			
20	增产服务			
21	完井服务			
22	综合测井服务			
23	钢丝作业服务			
24	井场监督			
25	其 他			
	累计无形成本			
累计直接成本				

10. 内部和外部研究

当识别出当前领域的提高空间时，有必要进行正式的调查研究，以便于提出建议、新流程和程序。通过对内部和外部的研究，可以识别出新的建议和技术，以备将来应用，这涉及项目公司的相关部门人员、有经验的顾问和公司总部人员。

11. 技术说明

主要用于捕捉对流程和程序变化所提出的建议。它由钻井工程师和钻井监督撰写，在作业中发现问题时用以阐述问题的本质，并提出预防措施。它也用于记录研究成果和对警示提出建议。技术说明由作业经理集中登记管理并定期更新到相关的技术手册，这样这些建议就成为流程的一部分。一旦技术说明得到批准，所有的人员都应该知悉，因为这时项目的手册体系文件尚未更新。

12. 商务和合同说明

这些说明的原始数据来自招标过程中和合同执行中观测到的缺陷、缺点及修改机会。这些数据在月度合同联络人会议和审计时进行整理，用于下次招标时对合同进行修正和提高。

二、完井报告

通常，完井总结工作在作业部门是最得不到重视的，因为注意力经常会很快转移到下一个将要施工的作业上，且重视施工比乏味地回顾历史数据更有趣味。但是，不追溯作业历史细节和分析会发生下面的问题：

(1) 未来做重入计划时会丢掉细节，从而会发生不必要的昂贵费用，且忽略安全问题；

(2) 缺少学习总结的机会,有碍技术提高;
(3) 影响未来施工的业绩;
(4) 不利于个人的成长。

1. 流程

钻井部门的管理层有责任鼓励工程师在施工结束后立即写施工报告。要尽可能地使用计算机自动生成报告。完井报告对绩效管理有直接的影响。

图 19-4-3 展示了钻井和修井作业的完井报告准备流程。需要特别说明的是,钻井信息管理系统大多具备了自动生成完井报告的能力,要充分应用先进的软件工具来降低手工的强度,这样不仅效率高,而且准确程度也高。

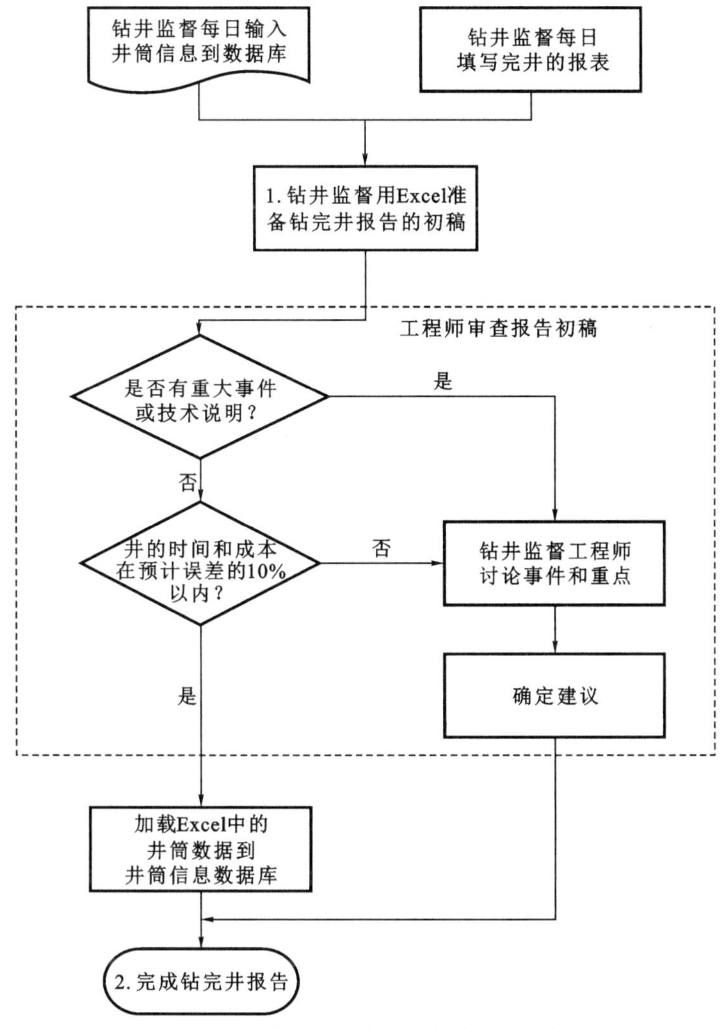

图 19-4-3 钻井和修井作业的完井报告准备流程

2. 责任分工

表 19-4-3 列出了报告准备时的责任分工。

表 19-4-3 报告准备的责任分工表

名 称	完井报告					
	钻井监督	实习监督	总 监	高级工程师	工程师	合同工程师
1. 准备完井报告	●	○				
2. 发布完井报告	○		○	○	●	○
● 任务负责人 ○ 任务参与人						

1）准备完井报告

每日钻井监督应将过去 24 h 的井筒信息填写如下：

(1) 一般数据(坐标、海拔、井型、目的)；

(2) 作业时间(作业设备开始/结束时间)；

(3) 每天的时间和成本(分别按照时间、阶段和活动类型划分)；

(4) 地层；

(5) 钻头数据；

(6) 剖面数据(井眼尺寸、深度、造斜点、套管数据)；

(7) 井口数据(组件类型和尺寸、压力等级和数字)；

(8) 计划数据；

(9) 测斜数据；

(10) 每一井段的叙述总结；

(11) 经验与教训。

完工时，监督对本井数据库中的数据进行整理并打印出一套自动生成的标准表格，包括：

(1) 完井报告封面；

(2) 剖面数据；

(3) 时间与深度曲线；

(4) 成本与深度曲线；

(5) 井口图；

(6) 井身结构图；

(7) 套管磨损统计数据；

(8) 靶心、井斜剖面和俯视图；

(9) 每周成本总结；

(10) 完井报告表格。

一旦数据库输出完成，钻井监督应撰写下面的部分：

(1) 总结；

(2) 经验和教训；

(3) 全井施工的描述；

(4) 补充设计。

完井和修井作业的日报也被当作钻井日报的形式来准备,在施工结束时,钻井监督应准备一个报告初稿,包括:

(1) 施工总结;

(2) 井完整性详述;

(3) 非生产时间;

(4) 待提高的方面;

(5) 附件。

这些初稿均应在施工结束后一周内完成。

2) 发布完井报告

完井报告初稿由钻井和完井工程师审阅,确保报告:

(1) 完整,不丢失数据;

(2) 准确;

(3) 风格一致。

审阅后钻井工程师和高级工程师应进行讨论。施工中的重大事件和技术说明应包含在内,以便于识别提高的方面。特别要指出的是,对于实际工期或成本超过10%的点,应对其原因进行识别和分析。

钻井工程师批准完井报告以后就将其上传到井筒信息数据库中,所有工程师均可查阅。批准后的报告应发布给部门归档人员、公司文控和油藏部门。完井报告应在施工结束后一个月内完成并发布。

三、绩效管理

绩效管理包括关闭在作业中捕捉到的关于提高的建议。通过研究有用的建议,编辑完井报告并更新数据库,可供下一轮的部门和单井计划参考,这样就实现了闭环和持续提高。在适当的时候,作业实践的提高可以整合到钻井管理系统手册中。

1. 绩效管理的流程

绩效管理的流程包括以下几个层次:

(1) 部门层面指标(美元/m,非生产时间 NPT),按照井型、钻机和油田进行分析。

(2) 公司层面指标,按照部门进行分析。

钻井经理有责任确保分配足够的时间和资源,以便于撰写合适、详细、准确的报告。图19-4-4 显示了绩效管理的详细流程。

2. 责任分工

表 19-4-4 列出了关闭会议和编写绩效提高报告的分工。

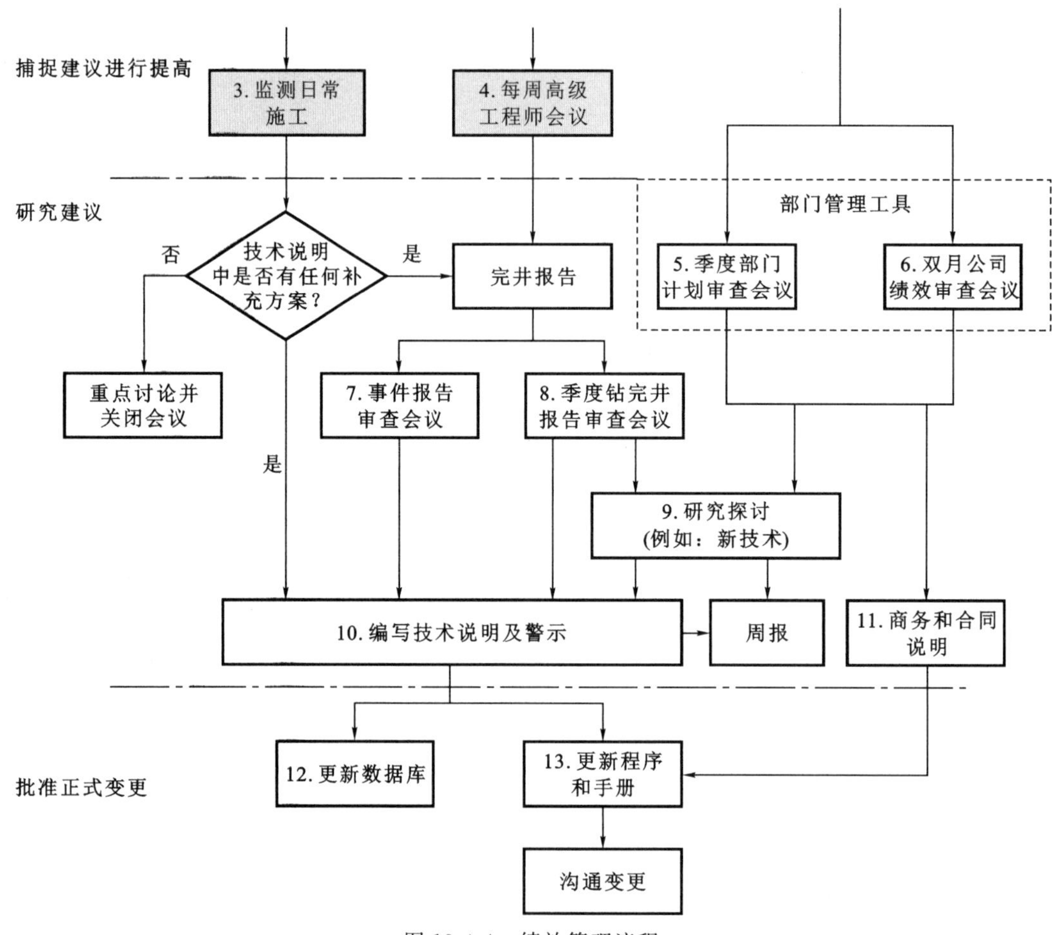

图 19-4-4　绩效管理流程

表 19-4-4　关闭会议和编写绩效提高报告的分工表

名　称		绩效管理					
		钻井监督	钻井经理	钻井作业经理	钻井设计工程师	钻井计划工程师	钻井工程师
设定绩效目标	1. 发布部门目标		◇	○	○	○	○
	2. 计算时间和成本曲线			○			●
	3. 监测日常施工	●	○	○	○	○	○
	4. 每周高级工程师会议			●			○
捕捉方法	5. 季度部门计划审查会议		●	○	○	○	○
研究方法	6. 双月公司绩效审查会议		●		○	○	
	7. 事件报告审查会议			●	○	○	○
	8. 季度钻完井报告审查会议		○	●	○	○	○
	9. 研究探讨		◇	○		○	●

续表 19-4-4

名　称		绩效管理					
		钻井监督	钻井经理	钻井作业经理	钻井设计工程师	钻井计划工程师	钻井工程师
研究方法	10. 编写技术说明及警示		◇	○		●	●
	11. 商务和合同说明						○
批准和正式变更	12. 更新数据库		●				○
	13. 更新程序和手册		●			○	
◇ 任务批准人　● 任务负责人　○ 任务参与人							

参考文献

[1] 项目管理协会. 项目管理知识体系指南(PMBOK® 指南). 第 4 版. 王勇,张斌,译. 北京:电子工业出版社,2009.

[2] 黄琨. 中国石油工程项目管理策略. 北京:石油工业出版社,2006.

[3] 段文胜. 普光气田项目管理手册. 北京:石油工业出版社,2009.

[4] 路保平. 国外钻井项目管理新模式介绍. 石油钻探技术,2002,30(1):70.

[5] 刘顶运,张宇,杨斌,等. 先进管理宜学壳牌. 北京:中国石油企业,2009:80-81.

[6] 张湘宁,宫本涛,邓怀群,等. 中国石油对外合作长北项目 HSE 管理实践. 中国石油勘探,2006(5):58-64.